2021 全国勘察设计注册工程师执业资格考试用书

Yiji Zhuce Jiegou Gongchengshi Zhiye Zige Kaoshi
Jichu Kaoshi Fuxi Jiaocheng

一级注册结构工程师执业资格考试
基础考试复习教程
（下册）

注册工程师考试复习用书编委会／编
曹纬浚／主编

人民交通出版社股份有限公司
北京

内 容 提 要

本书根据2009年新版考试大纲及近几年考试真题编写，内容贴合考试实际，是考生复习必备的经典教材。

本书编写人员全部是多年从事注册结构工程师考试基础课培训工作的专家、教授。本书内容吸取了近几年考试培训的经验和考生回馈意见，以现行考试大纲为依据，以最新规范、教材为基础进行编写，指导考生复习，因此力求简明扼要，联系实际，着重于对概念和规范的理解运用，并注意突出重点。教程的每节后均附有习题，每章后附有习题提示及参考答案。另出版有配套复习用书《2021一级注册结构工程师执业资格考试基础考试真题模拟题解析》《2020一级注册结构工程师执业资格考试基础考试通关试卷》(**新增2020年全套真题及解析、答案**)，可作为考生检验复习效果和准备考试之用。

本书配有丰富数字资源，考生可微信扫描封面二维码登录"注考大师"获取更多学习内容。

由于本书篇幅较大，特分为上、下两册，以便于携带和翻阅。

本书适合参加2021年一级注册结构工程师基础考试的人员使用。

图书在版编目(CIP)数据

2021一级注册结构工程师执业资格考试基础考试复习教程/曹纬浚主编. —北京：人民交通出版社股份有限公司，2021.1

2021全国勘察设计注册工程师执业资格考试用书

ISBN 978-7-114-17047-8

Ⅰ.①2… Ⅱ.①曹… Ⅲ.①建筑结构—资格考试—自学参考资料 Ⅳ.①TU3

中国版本图书馆CIP数据核字(2021)第012859号

2021 Yiji Zhuce Jiegou Gongchengshi Zhiye Zige Kaoshi Jichu Kaoshi Fuxi Jiaocheng

书　　名：**2021一级注册结构工程师执业资格考试基础考试复习教程**

著 作 者：曹纬浚

责任编辑：刘彩云

责任印制：张　凯

出版发行：人民交通出版社股份有限公司

地　　址：(100011)北京市朝阳区安定门外外馆斜街3号

网　　址：http://www.ccpcl.com.cn

销售电话：(010)59757973

总 经 销：人民交通出版社股份有限公司发行部

经　　销：各地新华书店

印　　刷：北京市密东印刷有限公司

开　　本：787×1092　1/16

印　　张：101.25

字　　数：2587千

版　　次：2021年1月　第1版

印　　次：2021年1月　第1次印刷

书　　号：ISBN 978-7-114-17047-8

定　　价：228.00元(含上、下两册)

(有印刷、装订质量问题的图书，由本公司负责调换)

目　录

下　册

第十二章　土木工程材料

复习指导

一、考试大纲

10.1　材料科学与物质结构基础知识

材料的组成:化学组成、矿物组成及其对材料性质的影响。

材料的微观结构及其对材料性质的影响:原子结构、离子键、金属键、共价键和范德华力、晶体与无定形体(玻璃体)。

材料的宏观结构及其对材料性质的影响。

建筑材料的基本性质:密度、表观密度与堆积密度、孔隙与孔隙率特征、亲水性与憎水性、吸水性与吸湿性、耐水性、抗渗性、抗冻性、导热性、强度与变形性能、脆性与韧性。

10.2　材料的性能和应用

无机胶凝材料:气硬性胶凝材料、石膏和石灰技术性质与应用。

水硬性胶凝材料:水泥的组成、水化与凝结硬化机理、性能与应用。

混凝土:原材料技术要求、拌合物的和易性及其影响因素、强度性能与变形性能、耐久性(抗渗性、抗冻性)、碱-骨料反应、混凝土外加剂与配合比设计。

沥青及改性沥青:组成、性质和应用。

建筑钢材:组成和组织与性能的关系、加工处理及其对钢材性能的影响、建筑钢材和种类与选用。

木材:组成、性能与应用。

石材和黏土:组成、性能与应用。

二、复习指导

“土木工程材料”考试大纲提供了一个对复习的基本指南与宏观框架,但很多具体、详细的复习内容不可能在考试大纲中给出,必须加以注意。如果仅仅关注大纲的宏观框架,就可能对复习内容的一些细节掉以轻心,复习得不够全面、充分,致使做题的准确率不高,最终影响考试成绩。因此,在这里综合常见的教材、复习资料、练习题资料和考生普遍、常见的问题,对复习内容整理出尽量具体、详细的提示,希望能对考生的自学复习起到良好的指导作用。

总体而言,各节中以混凝土占的篇幅最多,且混凝土在土木工程中往往是用量最大、作用最为重要的一种结构材料,故第四节混凝土应引起特别重视,作为复习的首要重点。水泥本来仅是混凝土的原材料之一,但由于水泥性能与应用的复杂性,必须将水泥单列一节,给出专门详细的讲解,故从第四节混凝土往前延伸,应先行掌握水泥的内容,在掌握好水泥内容的基础上方可掌握好混凝土的内容。因此,第三节水泥也很重要。水泥仅是胶凝材料的一种,石膏、石灰也属于胶凝材料，但石膏、石灰与水泥有何不同之处，必须明确区分，故在第二节中专门给出胶凝材料的定义与划分以及石膏、石灰的具体特点。第一节则在本教材的开始即给出一些基本、普遍的概念与定义，准确掌握这些概念与定义是十分重要的，因为这些概念与定义在后面的各节中经常要用到。沥青及改性沥青、建筑钢材、木材、石材、黏土作为各具特色的具体材料品种，则在各节中分别列出，虽然相对于混凝土这些具体材料的内容较为简短，但也须分别掌握这些材料的特点。

（一）材料科学与物质结构基础知识

土木工程材料按化学组成可划分为无机、有机和有机无机复合的三大类。通常材料的组成包含化学组成与矿物组成两个不同的含义。化学组成指构成材料的基本化合物或单质；而矿物组成则指构成材料尤其是无机材料的人工合成或天然的以一定具体形式存在的基本化合物。例如硬化前的水泥化学组成为 SiO_2、CaO、$A1_2O_3$ 与 Fe_2O_3，但矿物组成则为 C_3S、C_2S、C_3A 和 C_4AF。

在材料的微观结构中，首先应掌握晶体、非晶体的区别。在非晶体中掌握玻璃体与胶体的区别。

三种密度的区别应注意掌握。密度与孔隙率、空隙率无关，反映材料的本质与化学组成特征；表观密度与密度、孔隙率有关；堆积密度与表观密度、空隙率有关。应掌握用密度、表观密度计算孔隙率，用表观密度、堆积密度计算空隙率的公式。应掌握孔隙与空隙的区别。

在与水有关的性质中，应掌握亲水性与憎水性的工程意义，掌握润湿边角或接触角 θ 的含义。应掌握吸水性与吸湿性的区别与联系，掌握计算公式，尤其应注意公式中分母是材料干燥时的质量。在耐水性中，应掌握材料的软化系数 K、分母与分子的确切含义。如 $K \geqslant 0.85$，则材料具有良好的耐水性。应了解其抗渗性和抗冻性的定义、性能表达方式。在导热性中，应了解其定义与工程意义。在以上性质中，应注意掌握其影响因素，尤其是孔隙率、孔隙连通特征和水的存在对其的影响。

在力学性质中，应掌握在不同受力状态下强度表达式含有哪些参数，掌握强度与孔隙率的关系。区别掌握弹性与塑性、脆性与韧性的不同含义，了解其工程意义。

（二）气硬性无机胶凝材料

应掌握胶凝材料、水硬性、气硬性的特征。

在石灰中，应掌握过火石灰的危害与陈伏的作用。在石灰的硬化中，应掌握两个过程结晶与碳化的含义，掌握建筑石灰和石灰硬化产物的化学组成，分别理解石灰硬化速度慢和气硬性的根源所在。了解石灰的应用，如灰土、三合土、灰砂砖、碳化石灰板。

在石膏中，应掌握建筑石膏与石膏硬化产物的化学组成，理解石膏凝结、硬化过程，理解石膏气硬性的根源所在。了解石膏的性能特点与应用。

（三）水泥

总体而言，主要应掌握六大通用水泥（即硅酸盐水泥、普通硅酸盐水泥、矿渣硅酸盐水泥、火山灰质硅酸盐水泥、粉煤灰硅酸盐水泥和复合硅酸盐水泥）。可根据共性特点将六大通用水泥分为两大类，即硅酸盐水泥、普通硅酸盐水泥为一类，矿渣水泥、火山灰水泥、粉煤灰水泥和复合水泥为另一类，分别掌握；具体在矿渣水泥、火山灰水泥、粉煤灰水泥和复合水泥中，还可分别掌握四种水泥的各自特性。这样就便于化繁为简，理解准确而不易混淆、遗忘，牢固掌握水泥的主要内容。

在硅酸盐水泥中，首先应掌握熟料四大矿物的水化速度、放热量、硬化速度。不必死记硬背水化的每一个化学方程式，但应知道主要由哪些反应物得到哪些主要产物，可将 C_3S、C_2S 同等看待，然后了解 C_3A，C_4AF 也可看作与 C_3A 类似。其中以 C_3A 较为复杂，石膏即因 C_3A 而掺入水泥中，故石膏的作用由此而被牢固掌握。应了解水泥硬化产物的组成与结构。应理解水泥细度、凝结(初凝、终凝)时间的实际意义,理解颗粒尺寸与比表面积的关系。掌握体积安定性的含义,牢固掌握引起安定性不良的三种因素及有关检验方法与标准规定。了解易导致水泥石侵蚀的组成与结构方面的原因,了解防侵蚀的措施。

普通硅酸盐水泥是一种掺加了混合材料的水泥,但由于掺量不大,其性能接近于硅酸盐水泥,故凡硅酸盐水泥的特点基本也适用于普通水泥。

应了解活性混合材料与非活性混合材料的区别。在掺混合材料水泥中应掌握矿渣水泥、火山灰水泥、粉煤灰水泥这三种水泥的共性,也应区别掌握三者的特性。注意这里提到的抗冻性主要指早期抗冻性,抗碳化性在混凝土耐久性中将有详细讲述。复合水泥一般不需专门了解,因为其性能特点主要取决于哪一种混合材料掺量较大,共性则仍同于矿渣水泥、火山灰水泥、粉煤灰水泥。

应理解以上主要五种水泥的性能特点与工程选用。

此外简要掌握铝酸盐水泥和硫铝酸盐水泥。注意掌握这些水泥的主要熟料、主要水化产物、凝结硬化的主要特征、水化产物的强度与耐久性、在哪些工程上适用、有哪些使用禁忌。

白水泥与彩色水泥只需简要了解。白水泥含铁少,在白水泥的基础上加入颜料即可得彩色水泥。注意白水泥的四个等级白度与三个产品等级的划分。快硬硅酸盐水泥是在硅酸盐水泥的基础上增加水化快速的矿物如 C_3A 和 C_3S 而得到的。膨胀水泥和自应力水泥两者的共同特点均是硬化时整体膨胀,其原理均是利用生成膨胀性的高硫型水化硫铝酸钙(钙矾石)。

(四)混凝土

主要应掌握普通混凝土的组成材料,混凝土性能如和易性、力学性能、耐久性、配合比设计。了解重混凝土与轻混凝土的特点与应用。

在混凝土组成材料中,水泥应在第三节掌握。应理解水泥与水组成水泥浆、砂石构成集料、水泥浆与骨料分别所起的作用。在砂石中,结合第一节的空隙率概念,考虑砂或石子堆积形成骨架、填充空隙的效果,从颗粒尺寸-比表面积-水泥消耗量的关系和级配-空隙率-水泥消耗量的关系两个主要角度,理解对砂石细度与级配的技术要求,以满足良好的和易性与降低水泥用量的要求。在以上学习中应重点掌握骨料细度与级配两个概念。了解砂石中的有害杂质的种类与影响。掌握石子压碎指标的含义。结合混凝土耐久性的碱-骨料反应内容,了解石子的碱-骨料反应检测。了解混凝土拌和水的要求。

在混凝土外加剂中,主要应掌握减水剂、引气剂、速凝剂、缓凝剂与早强剂的作用,了解五种减水剂、三乙醇胺早强剂的特点。在混凝土掺合料中,主要了解掺合料与水泥混合材料的同与异。

了解混凝土和易性的含义与测定方法,了解坍落度的范围划分,了解施工中混凝土坍落度选择的原则与要求。理解和易性的影响因素,理解改善和易性的措施。

了解混凝土强度几个主要概念的实际含义。理解强度的影响因素,理解改善强度的措施。牢固掌握混凝土强度公式(即保罗米公式),其中回归系数不必记。

了解混凝土变形中非荷载变形的几种方式、引起变形的原因、变形是否可引起混凝土开裂。了解混凝土变形中受力变形的内容,了解在短期荷载作用下的应力-应变关系与弹性模量测定及其影响因素,了解徐变的影响因素与其对混凝土结构的作用。

了解混凝土耐久性的各分项内容,如抗渗性、抗冻性、碱-骨料反应、抗碳化性、抗化学侵蚀性。了解其影响因素、改善措施。化学侵蚀性可与第三节水泥石的侵蚀与防侵蚀内容相联系。了解氯离子(Cl^-)对钢筋混凝土结构耐久性的影响。

了解混凝土配合比设计的三大步骤,即设计计算、试配与调整、施工配合比换算。在设计计算中,掌握配制强度的计算、水灰比的确定。掌握施工配合比换算公式,可与第一节吸水性与吸湿性计算内容相联系。

（五）沥青及改性沥青

主要掌握石油沥青内容。了解石油沥青的组成特点、组丛的划分及其对沥青性能的影响。掌握沥青主要技术性质如黏性、塑性、温度稳定性、大气稳定性，尤其是前三个的表达方式、与沥青性能的关系。

了解煤沥青的主要优缺点。

了解石油沥青改性的主要方式与效果。

了解沥青的主要应用方式，冷底子油、沥青胶、嵌缝油膏的组成原材料与施工应用特点。了解沥青防水卷材，尤其是石油沥青油毡的标号划分方法、石油沥青卷材与煤沥青卷材的黏结方式特点。

了解合成高分子防水材料相对于沥青防水材料的主要特点，了解三元乙丙橡胶防水卷材的使用温度范围与优缺点。

（六）建筑钢材

了解建筑钢材分别按化学成分与脱氧程度的划分方式。掌握钢材的主要力学性能、工艺性能及指标，注意了解其中低碳钢与硬钢的应力-应变曲线特点、屈服点、$\sigma_{0.2}$、屈强比、伸长率、冷脆性。了解钢材中合金元素与有害元素的划分，掌握各有害元素对钢材性能的影响。掌握钢材的冷加工和冷加工时效两个概念及其对钢材性能的不同影响。

掌握钢材牌号的表达方法与含义，了解常用的 Q235 号钢特点和沸腾钢的使用限制。了解型钢与钢板的使用。了解各种钢筋和钢丝的特点，尤其注意掌握热轧钢筋 I、II、III 级的选用特点，了解冷拉热轧钢筋 I、II、III、IV 级的选用特点，掌握最为经济、常用的冷拔低碳钢丝的甲级、乙级的选用，了解冷轧扭钢筋的特点，了解预应力用钢丝、钢绞线的材质与适用范围。了解钢材防锈与防火的措施。

（七）木材

掌握木材的分类。掌握纤维饱和点、平衡含水率、窑干含水率的含义与数值范围，掌握大于或小于纤维饱和点的含水率对木材强度与体积膨胀的不同影响。掌握木材在不同方向的胀缩变化特点。掌握木材强度的各向异性，如顺纹抗拉、横纹抗拉、横纹抗压等的数值高低。了解木材的防腐、木材初级产品种类。

（八）石材

掌握花岗岩与大理石的岩石属性、选岩矿物、主要化学成分、酸碱性。掌握花岗岩与大理石的主要优缺点、工程适用范围。

（九）黏土

了解土的组成。了解土粒的大小与土的级配。了解颗粒分析两参数与级配的关系。了解土的液相类型。掌握土的干密度与干重度的含义。了解土的相对密实度。了解黏性土的稠度与三种界限含水率的含义。掌握影响土压实性的因素。

土木工程材料，又称建筑材料，是形成土木工程各种建筑物和构筑物的物质基础。材料的性能与质量直接影响着建筑结构的效能与使用寿命。依据结构的设计与使用要求合理地选用材料，将会产生良好的经济效益与社会效益。因此，无论对于结构设计还是施工，建筑材料的使用与选择均占有重要的地位。要做到这一切，重要的一点是对建筑材料有全面与深入的了解。

本章将简要介绍主要建筑材料的组成及内部结构、基本性质及表征指标，并对建筑结构中常用的建材类型分述其性能与应用。

第一节　材料科学知识与土木工程材料的基本性质

一、材料科学知识

材料的组成、结构和构造是决定材料性质的内在因素，要了解材料的性质，必须先了解材料的组成、结构与材料性质之间的关系。

（一）材料的组成

材料的组成分为化学组成和矿物组成。化学组成影响着材料的化学性质，矿物组成影响着材料的物理力学性质。

1. 化学组成

材料的化学组成是指材料的化学成分。金属材料以化学元素表示，如钢材中的化学元素有 Fe、C、Si、Mn、S、P 等；无机非金属材料通常用各种氧化物表示，如水泥主要的氧化物包括 CaO、SiO_2、Al_2O_3、Fe_2O_3 等；有机聚合物则以有机元素链节重复形式表示，如 C—H。

化学组成影响材料的化学性质，如钢材主要化学成分为 Fe，所以容易生锈。有机材料由 C—H 化合物及其衍生物组成，所以容易老化。

由于化学成分对材料的性质影响很大，所以通常按照材料的化学组成将其划分为无机材料、有机材料和复合材料三大类，详见表 12-1-1。

土木工程材料的分类　　表 12-1-1

分类			实例
无机材料	非金属材料	天然石材	毛石、料石、石板、碎石、卵石、砂
		烧土制品	黏土砖、黏土瓦、陶器、炻器、瓷器
		玻璃及熔融制品	玻璃、玻璃棉、矿棉、铸石
		胶凝材料	石膏、石灰、菱苦土、水玻璃以及各种水泥
		砂浆及混凝土	砌筑砂浆、抹面砂浆、普通混凝土、轻骨料混凝土
		硅酸盐制品	灰砂砖、硅酸盐砌块
	金属材料	黑色金属	铁、钢
		有色金属	铝、铜及其合金
有机材料	植物质材料		木材、竹材
	沥青材料		石油沥青、煤沥青
	合成高分子材料		塑料、合成橡胶、胶黏剂
复合材料	金属-非金属		钢纤混凝土、钢筋混凝土
	无机非金属-有机		玻纤增强塑料、聚合物混凝土、沥青混凝土、人造石
	金属-有机		PVC 涂层钢板、轻质金属夹芯板、铝塑板

2. 矿物组成

将材料中具有特定晶体结构和特定物理力学性能的组织结构称为矿物。矿物组成是指构成材料的矿物种类和数量。如花岗岩的主要矿物组成为长石和石英，酸性岩石多，因此，花岗岩强度高，硬度大，耐磨性好，耐酸性好，抗风化性能好。大理石的主要矿物为方解石和白云石，碱性岩石多，因此，大理石强度、硬度、耐磨性不如花岗岩，不耐酸腐蚀，抗风化性能差，不适宜于室外环境。

3. 相组成

将材料中结构相近、性质相同的均匀部分称为相。同一材料可由多相物质组成。如建筑钢材中就有铁素体、珠光体和渗碳体等基本组织，其中铁素体软，渗碳体硬，它们的比例不同，就能生产出不同性能的钢材。复合材料是宏观层次上的多相组成材料，如水泥混凝土。

(二)材料的结构

按照尺度可将材料的结构划分为微观结构、细观结构和宏观结构三个层次，是决定材料性质的重要因素之一。

1. 微观结构

材料的微观结构是指用电子显微镜或X射线来分析研究的原子、分子层次的结构。材料的微观结构决定材料的物理性质，如强度、硬度、熔点、导热、导电性等。

按照材料微观质点的排列特征或联结方式，材料的微观结构分为晶体、非晶体。

(1)晶体结构

在空间上，质点(离子、分子、原子)按特定的规则、呈周期性排列的固体称为晶体。具体来说，内部质点具有长程有序(即沿特定的长度方向规则排列)及平移有序(即晶格结构可以周期式平移)的特点。原子排列示例如图12-1-1a)所示。

晶格构造的有序特点使晶体具有特定的几何外形、固定的熔点和化学稳定性。微观晶体固定的几何外形使其表现为各向异性，但因实际使用的晶体材料通常由众多细小晶粒随机排布而成，这使得宏观晶体材料(如建筑钢材)呈现出各向同性的特点。

根据组成晶体的质点及化学键的不同，晶体分为：

原子晶体：中性原子以共价键结合而成的晶体，如石英。

离子晶体：正负离子以离子键结合而成的晶体，如NaCl。

分子晶体：以范德华力，即分子间结合力结合而成的晶体，如冰、干冰。

金属晶体：以金属阳离子为晶格，由自由电子与金属阳离子间的金属键结合而成的晶体，如铁、铝。

(2)非晶体结构

非晶体包括玻璃体和胶体两类。

熔融状态的材料在急速冷却时，其质点来不及或因某种因素不能规则排列就凝固所形成的结构称为玻璃体，其结构特征为质点在空间上呈现完全无序排列，故又称为无定形体，如图12-1-1b)所示。质点的无序排列使玻璃体没有固定熔点，化学活性高，且表现为各向同性。

胶体是由许多极微小固体粒子(粒径为1～100nm，称为分散质)分散在连续介质中形成的结构。由于分散质颗粒极细，总表面积巨大，使胶体具有吸附性和黏结力。如果胶体中的微粒可做布朗运动，即为溶胶，溶胶可流动；溶胶脱水或微粒因凝结而不再做布朗运动时，则称为凝胶；凝胶完全脱水后则称为干凝胶，具有固体的性质，可产生一定的强度，如硅酸盐水泥水化形成的水化硅酸钙凝结、石油沥青等。

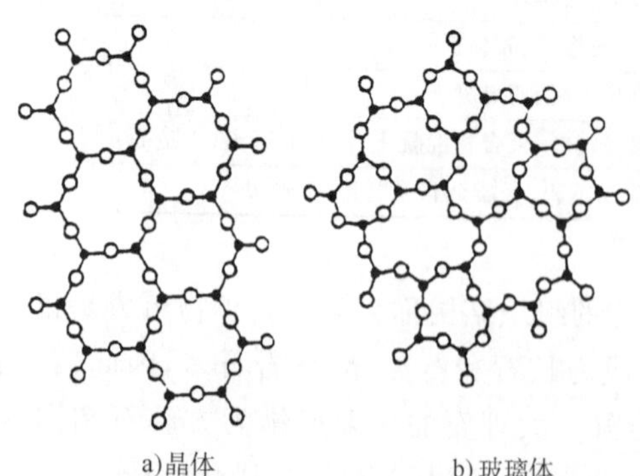

a)晶体　　b)玻璃体

图12-1-1　晶体、玻璃体的原子排列示意图

2. 细观结构

细观结构(也称亚微观结构)是指在光学显微镜下能观察到的结构，主要用于研究材料内部晶粒

的大小及形态、晶界与界面、孔隙与微裂纹等。

材料细观结构层次上各种组织的特征、数量、分布等对材料性能有重要影响，如金属材料晶粒大小、金相组织等直接影响其强度、硬度、塑性、韧性等技术性能。

3.宏观结构

宏观结构是指可以通过目测或放大镜观察到的结构，可根据宏观结构的密实度（或孔隙特征）和构造方式将其细分。

（1）按照材料的宏观构造特征分类

堆聚结构：由骨料与胶凝材料结合而成的材料，如水泥混凝土等。

纤维结构：由纤维状物质构成的材料结构，纤维之间存在相当多的孔隙，如木材、玻璃纤维、有机纤维等，平行纤维方向的抗拉强度较高，能用作保温隔热和吸声材料。

层状结构：将材料叠合而成的结构，如胶合板等，各层材料性质不同，但叠合后材料的综合性质较好，扩大了材料的使用范围。

散粒结构（粒状结构）：材料呈松散颗粒状的结构，如砂石骨料、黏土陶粒等。

（2）按照材料的宏观孔隙特征分类

致密结构：无孔隙存在的材料，如玻璃、钢材等，具有吸水率低、强度好、抗渗性好等性质。

多孔结构：有粗大孔隙的结构，如加气混凝土、泡沫塑料、泡沫混凝土等。

微孔结构：有微细的孔隙结构，如黏土砖、石膏制品等。孔隙率高的材料，质量轻、强度较低，但保温、隔热、吸声性好。

由本节的简要综述可以看出，土木工程材料的性质，从根本上来说，取决于其内部（或自身）的组成与结构。一旦材料组成已经确定，无论在什么尺度上的结构，都会在不同方面影响其性能；或者说，材料的内部结构是材料性质的内因，是理解与运用材料的基础。在随后各节有关性能指标的学习，以及各种重要材料的分论中，都要以这个基本观点与方法来作为理解与掌握的基础。

【例 12-1-1】 两种元素化合形成离子化合物，其阴离子将：

A. 获得电子　　B. 失去电子

C. 既不获得电子也不失去电子　　D. 与别的阴离子共用自由电子

解 两种元素化合形成离子化合物，其阴离子获得电子，带负电荷，阳离子失去电子，带正电荷。

答案：A

【例 12-1-2】 具有一定的化学组成、内部质点周期排列的固体，称为：

A. 晶体　　B 凝胶体

C. 玻璃体　　D. 溶胶体

解 物质按照微观粒子排列方式分为晶体和非晶体（也称玻璃体）。

晶体的基本质点按照一定的规律排列，而且按照一定的周期重复出现，即具有各向异性的性质，具有固定的熔点。

玻璃体的粒子呈无序排列，也称无定型体，无固定熔点，各向同性，导热性差，且具有潜在的化学活性，在一定条件下容易与其他物质发生化学反应。

胶体属于非晶体，是微小固体粒子（粒径为 1～100nm）分散在连续介质中而成，因为质点很微小，表面积很大，所以表面能很大，吸附能力很强，使胶体具有很强的黏结力，胶体又分为凝胶体、溶胶体和溶-凝胶体。

所以具有一定的化学组成、内部质点周期排列的固体为晶体。

答案：A

二、土木工程材料的基本性质

各种建筑物均由材料构建而成。不同的建筑物有不同的功能要求，即使是同一建筑物，其不同部位所起的作用也会有所不同。实现各种功能要求的基本手段之一是合理运用土木工程材料。还需指出，不同的建筑物所处的工作环境不尽相同，而且建筑物还要历经寒暑季节的变化。因此，对土木工程材料基本性质的要求是多方面的，如物理性质、力学性质、耐久性、防火性、装饰性等。

本部分将简要介绍这些基本性质及其指标，并对其中最重要的指标的测定与计算作扼要叙述。

（一）土木工程材料的物理参数

1. 密度

密度是指材料在绝对密实状态下单位体积的质量，又称质量密度（ρ），可表示为：

$$\rho=\frac{m}{V} \tag{12-1-1}$$

式中：ρ——密度（g/cm^3）；

m——材料在干燥状态下的质量（g）；

V——材料在绝对密实状态下的体积（cm^3）。

绝对密实状态下的体积是指不包括孔隙在内的体积，如图 12-1-2c）所示，且与外界条件变化与否无关，只与材料中固体物质的体积有关。测定有孔材料的绝对密实体积时，须将材料磨成细粉，干燥后用李氏瓶（排液置换法）测定。

相对密度（旧称“比重”），是指物质密度与标准大气压下，4℃水的密度的比值，无量纲。标准大气压下，4℃水的密度为 $1g/cm^3$，所以物质的密度与相对密度在数值上相同。

2. 表观密度

表观密度是指材料在自然状态下单位体积的质量，亦称体积密度（ρ_0），可表示为：

$$\rho_0=\frac{m}{V_0} \tag{12-1-2}$$

式中：ρ_0——表观密度（g/cm^3 或 kg/m^3）；

m——材料的质量（g 或 kg）；

V_0——材料在自然状态下体积（cm^3 或 m^3）。

材料自然状态下的体积是指包括内部孔隙在内的体积，如图 12-1-2b）所示。材料表观密度的大小与其含水情况有关，需要说明含水情况，通常材料的表观密度是指气干状态下的表观密度。材料在烘干状态下的表观密度称为干表观密度。

3. 堆积密度

散粒材料在自然堆积状态下单位体积的质量，称为堆积密度（ρ'_0），可表示为：

$$\rho'_0=\frac{m}{V'_0} \tag{12-1-3}$$

式中：ρ'_0——散粒材料的堆积密度（kg/m^3）；

m——散粒材料的质量（kg）；

V'_0——散粒材料在自然堆积状态下的体积（m^3）。

颗粒材料在堆积状态下的体积，不仅包括材料内部的孔隙，还包括颗粒间的空隙，如图 12-1-2a）所示。

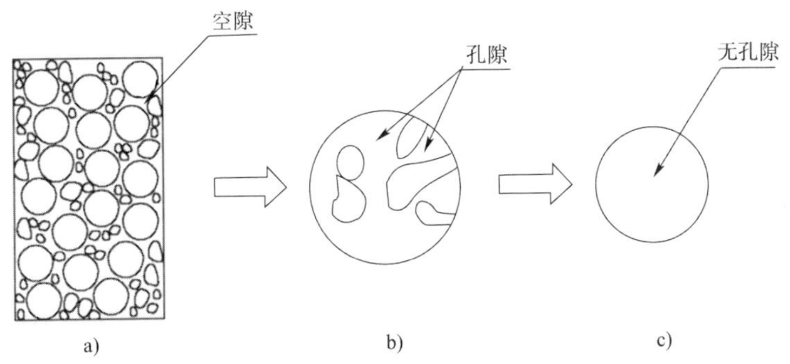

图 12-1-2　材料不同状态下的体积

密度(ρ)、表观密度(ρ_0)和堆积密度(ρ_0')均指材料单位体积的质量，不同之处在于确定单位体积时材料所处的状态不同，所以对于同一材料而言，$\rho > \rho_0 > \rho_0'$。

常用土木工程材料的密度、表观密度及堆积密度见表 12-1-2。

常用土木工程材料的密度、表观密度及堆积密度　　表 12-1-2

材　　料	密度 ρ(g/cm^3)	表观密度 ρ_0(kg/m^3)	堆积密度 ρ_0'(kg/m^3)
石灰石	2.60	2 300～2 600	—
花岗石	2.80	2 500 ～ 2 800	—
碎石(石灰石)	2.60	—	1 400 ～ 1 700
砂	2.60	—	1 450 ～ 1 650
黏土	2.60	—	1 600 ～ 1 800
普通黏土砖	2.50	1 600 ～ 1 800	—
黏土空心砖	2.50	1 000 ～ 1 400	—
水泥	3.10	—	1 200 ～ 1 300
普通混凝土	—	2 000 ～ 2 800	—
轻混凝土	—	800 ～ 1 900	—
木材	1.55	400～800	—
钢材	7.85	7 850	—
泡沫塑料	—	20～50	—

4. 孔隙率与密实度

孔隙率是指材料中孔隙的体积占材料总体积的百分率(P)，可表示为：

$$P=\frac{V_0-V}{V_0}\times 100\%=\left(1-\frac{\rho_0}{\rho}\right)\times 100\% \tag{12-1-4}$$

材料中固体体积占总体积的百分率称为材料的密实度(D)。孔隙率和密实度之和为 1，即 $P+D=1$。

材料的孔隙率和密实度直接反映材料的密实程度。

材料孔隙率的大小及孔隙特征对材料的性能(如吸水性、保温性、抗冻性、抗渗性等)有很大的影响。孔隙特征包括孔隙构造(开口与闭口状态)和孔径大小。开口孔隙与外面大气相连，水、空气能进出；而闭口孔隙封闭在材料内部。一般情况下，孔隙率大的材料适宜用作保温材料和吸声材料，同时，还要考虑孔隙的开口与闭口状态，开口孔隙对吸声有利，但对材料的强度、抗渗性、抗冻性等均不利；微小而均匀的闭口孔隙除对材料的抗渗性、抗冻性有利外，还能降低导热系数，使材料具有绝热性能。总之，对于同种材料，孔隙率相同时，其性质不一定相同。按孔隙尺寸大小又将孔隙分为大孔、中孔和小孔。

5. 空隙率与填充率

空隙率是指散粒材料在堆积体积中，颗粒间空隙体积占总体积的百分率(P')，可由下式计算：

$$P' = \frac{V'_0 - V_0}{V'_0} \times 100\% = \left(1 - \frac{\rho'_0}{\rho_0}\right) \times 100\% \qquad (12\text{-}1\text{-}5)$$

填充率是指散粒材料在堆积体积中，颗粒体积占总体积的百分率，填充率＋空隙率＝1。

空隙率和填充率大小反映了散粒材料颗粒互相填充的致密程度。在配制混凝土时，为了节约水泥，石子空隙被砂子填充，砂子空隙被水泥填充，所以空隙率和填充率可作为控制砂石级配和计算砂率的依据。

【例 12-1-3】 材料的孔隙率降低，则其：

A. 密度增大而强度提高　　B. 表观密度增大而强度提高

C. 密度减小而强度降低　　D. 表观密度减小而强度降低

解 材料的密度是指材料在绝对密实状态下单位体积的质量，不包含材料内部的孔隙。表观密度是指材料在自然状态下单位体积的质量，包含内部孔隙。孔隙率是指孔隙体积占总体积的百分率。所以密度与孔隙率无关，孔隙率降低，即材料中孔隙体积减小，表观密度增大，而强度提高。

答案：B

【例 12-1-4】 密度为 2.6g/cm^3 的岩石具有 10%的孔隙率，其表观密度为：

A. 2 340kg/m^3　　B. 2 680kg/m^3

C. 2 600kg/m^3　　D. 2 364kg/m^3

解

$$\text{孔隙率 } P = 1 - \frac{\text{表观密度}}{\text{密度}}$$

表观密度＝(1－P)×密度＝(1－10%)×2.6＝2.34g/cm^3＝2 340kg/m^3

答案：A

【例 12-1-5】 材料在绝对密实状态下，单位体积的质量称为：

A. 密度　　B. 表观密度　　C. 密实度　　D. 堆积密度

解 材料在绝对密实状态下，单位体积的质量称为密度；材料在自然状态下，单位体积的质量称为表观密度；散粒材料在堆积状态下，单位体积的质量称为堆积密度。材料中固体体积占自然状态体积的百分比称为密实度。

答案：A

（二）土木工程材料的物理性质

1. 材料的亲水性和憎水性

材料表面与水或空气中的水汽接触时，会产生不同程度的润湿。材料表面能被水润湿的性质称为亲水性，材料表面不能被水润湿的性质称为憎水性。表面能被水润湿的材料为亲水材料，如砖、混凝土、木材等；表面不会被水润湿的材料为憎水材料，如石蜡、沥青、树脂、橡胶等，憎水材料适合用作防水和防潮材料。

材料表面吸附水或水汽而被润湿的性质与材料本身的组成和分子结构有关。材料与水接触时，材料分子与水分子间的亲和作用力大于水分子间的内聚力，材料表面易被水润湿，且水能通过毛细管作用而被吸入材料内部，表现为亲水性；反之，当接触的材料分子与水分子间的亲和作用力小于水分子间的内聚力时，材料表面不易被水润湿，表现为憎水性。

材料被水湿润的情况可用润湿边角 θ 表示。当材料与水接触时，在材料、水、空气三相的交点处，作沿水滴表面的切线，此切线与材料和水接触面的夹角 θ，称为润湿边角，如图 12-1-3 所示。θ 角越小，表明材料越容易被水润湿。$\theta \leqslant 90°$时，材料能被水湿润，称为亲水性材料；$\theta > 90°$时，材料表面不易吸附水，称为憎水性材料。

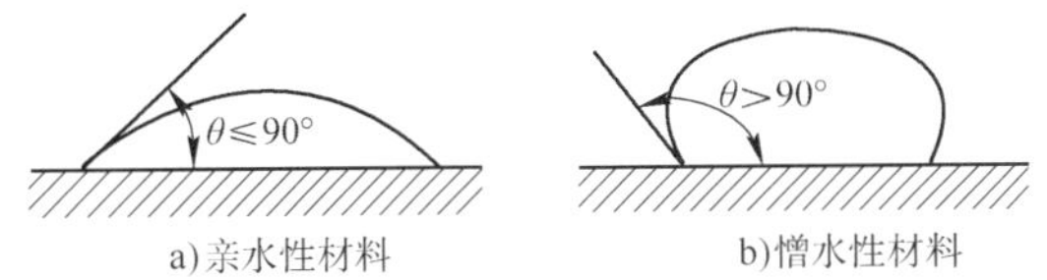

图 12-1-3　材料润湿示意图

2.材料的吸水性和吸湿性

(1)吸水性

吸水性是指材料在水中吸收水分的性质，吸水性的大小用吸水率表示。质量吸水率指材料吸水饱和后，吸入水的质量占材料干燥质量的百分率，可以下式表示：

$$W_m = \frac{m_1 - m}{m} \times 100\% \tag{12-1-6}$$

式中：W_m——材料质量吸水率(%)；

m_1——材料吸水饱和状态下的质量(g 或 kg)；

m——材料在干燥状态下的质量(g 或 kg)。

材料的吸水性与材料的亲水性、憎水性有关，还与材料的孔隙率和孔隙特征有关。封闭孔隙水分不能进入，粗大开口孔隙水分不能留存，所以吸水率都小。细微连通孔隙，孔隙率越大，则吸水率越大。因此，具有很多细微开口孔隙的亲水性材料，其吸水性强。

由于孔隙率和孔隙结构不同，各种材料的吸水率相差很大，如花岗岩等致密岩石的吸水率仅为 0.5%～0.7%，普通混凝土的吸水率为 2%～3%，黏土砖的吸水率为 8%～20%，而加气混凝土、软木等轻质材料的吸水率常大于 100%。

(2)吸湿性

吸湿性是指材料在潮湿空气中吸收水分的性质，用含水率表示。含水率是指材料内部所含水的质量占材料干质量的百分率，可用下式表示：

$$w = \frac{m_{湿} - m}{m} \times 100\% \tag{12-1-7}$$

式中：w——含水率(%)；

$m_{湿}$——材料吸收空气中水分后的质量(g 或 kg)；

m——材料干燥状态下的质量(g 或 kg)。

材料的含水率除与孔隙率有关外，还随环境温度和湿度变化而异，材料含水率与空气湿度达到平衡时的含水率称为材料的平衡含水率。平衡含水率是一种动态平衡，即材料不断从空气中吸收水分，也可以向空气中释放水分，以保持含水率稳定。可利用石膏、木材等多孔材料的平衡含水特性，即当空气干燥时材料释放水分，反之材料吸收水分，微调节室内湿度，使其变化较小。

材料吸水或吸湿含水后都会使材料的性质改变，如表观密度和导热系数增大，强度降低、体积膨胀，因此，水对材料性质会产生不利影响。

3. 材料的耐水性

材料长期在饱和水作用下不破坏，强度也不显著降低的性质称为耐水性。材料的耐水性用软化系数来表示，即材料在水饱和状态下的抗压强度与材料在干燥状态下的抗压强度之比，可用下式表示：

$$K=\frac{f_{b}}{f_{g}} \tag{12-1-8}$$

式中：K——材料的软化系数；

f_{b}——材料在水饱和状态下的抗压强度（MPa）；

f_{g}——材料在干燥状态下的抗压强度（MPa）。

软化系数的大小表明材料在浸水饱和后保持抗压强度的能力，一般材料遇水后，内部质点的结合力减弱，强度会有不同程度的降低，如花岗岩长期浸泡在水中，强度将下降3%，黏土砖和木材吸水后强度降低更大，所以，材料的软化系数在0～1之间，软化系数越小，说明材料吸水后强度降低越多，耐水性越差，通常把软化系数大于0.85的材料称为耐水材料。长期受水浸泡或处于潮湿环境的重要结构，必须选用软化系数不低于0.85的材料；受潮较轻或次要结构的材料，其软化系数不宜低于0.75。

4. 材料的抗渗性

材料抵抗压力水渗透的性质称为抗渗性，或不透水性。材料的抗渗性通常用渗透系数来表示。

$$k=\frac{Qd}{AtH} \tag{12-1-9}$$

式中：k——材料的渗透系数（cm/h）；

Q——渗水量（cm^{3}）；

d——试件厚度（cm）；

H——静水压力水头（cm）；

t——渗水时间（h）；

A——渗水面积（cm^{2}）。

由公式（12-1-9）可知，渗透系数是指一定厚度的材料，在单位压力水头作用下，在单位时间内透过单位面积的水量，渗透系数越小，表明材料渗透的水量越少，抗渗性越好。

对于混凝土或砂浆用抗渗等级表示其抗渗性，抗渗等级是以规定的试件在标准试验方法下所能承受的最大水压力来确定，所以，抗渗等级越大，混凝土或砂浆的抗渗性越好。

材料的抗渗性好坏与其孔隙率及孔隙特征有关。开口大的孔，水易渗入，材料的抗渗性差；微细连通孔也易渗入水，材料的抗渗性差；闭口孔水不易渗入，即使孔隙率较大，材料的抗渗性也良好。

抗渗性是决定材料耐久性的主要因素，对于地下建筑及水工构筑物，因常受到压力水的作用，所以要求材料具有一定的抗渗性。对于防水材料，则要求具有更高的抗渗性。材料抵抗其他流体渗透的性质，也属于抗渗性。

5. 材料的抗冻性

材料在水饱和状态下，能经受多次冻融循环（冻结和融化）作用而不破坏、强度也不严重降低的性质称为材料的抗冻性。

混凝土的抗冻性可用抗冻等级“F*n*”和抗冻标号“D*n*”表示，*n* 为最大冻融次数，如 F25、F50 或 D25、D50 等。抗冻等级是采用 100mm×100mm×400mm 的棱柱体试件，经一定快速冻融试验后，质量损失率不超过 5%，相对动弹性模量值不小于 60%时所承受的最大循环次数。抗冻标号是采用边长 100mm 的立方体试块，进行慢冻试验（冻 4h，融 4h），质量损失率不超过 5%，抗压强度下降不超过 25%时所承受的最大冻融循环次数。抗冻等级或抗冻标号越大，材料的抗冻性越好。对于水工及冬季气温在－15℃的地区施工，应考虑材料的抗冻性。

材料在冻融循环作用下产生破坏主要是由于材料内部孔隙中的水结冰时体积膨胀（约 9%）所致，冰膨胀对材料孔壁产生巨大的压力，由此产生的拉应力超过材料的抗拉强度极限时，材料内部产生微裂缝，强度下降。所以材料的抗冻性与材料的孔隙率、孔隙构造、孔隙被水充满的程度和材料对水分结冰体积膨胀所产生压力的抵抗能力等因素有关。密实或具有封闭孔隙的材料抗冻性好。

抗冻性良好的材料，对于抵抗大气温度变化、干湿交替等风化作用的能力通常也较强，所以抗冻性常作为考查材料耐久性的一项指标。处于温暖地区的建筑物，虽无冰冻作用，但为抵抗大气的作用，确保建筑物的耐久性，有时对材料也提出一定的抗冻性要求。

6. 材料的导热性

在建筑中，除了满足必要的强度及其他性能的要求外，土木工程材料还必须具有一定的热工性质，以降低建筑物的使用能耗，创造适宜的生活与生产环境。导热性是土木工程材料的一项重要热工性质。

导热性是指材料传递热量的能力。材料的导热性可用导热系数来表示，导热系数的物理意义是：厚度为 1m 的材料，当温度改变 1K 时，在 1s 时间内通过 $1m^2$ 面积的热量，可用下式表示。

$$\lambda=\frac{Qa}{(t_1-t_2)At} \tag{12-1-10}$$

式中：λ——材料的导热系数[W/(m·K)]；

Q——总传热量(J)；

a——材料厚度(m)；

t_1-t_2——材料两侧绝对温度之差(K)；

A——传热面积(m^2)；

t——传热时间(s)。

材料的导热系数越小，表示材料的导热性越差，绝热性能越好。几种典型材料的热工性质指标见表 12-1-3。

典型材料的热工性质指标　　表 12-1-3

材　　料	导热系数[W/(m·K)]	比热容[J/(g·K)]	材　　料	导热系数[W/(m·K)]	比热容[J/(g·K)]
铜	370	0.38	绝热用纤维板	0.05	1.46
钢	55	0.46	玻璃棉板	0.04	0.88

续上表

材　　料	导热系数 [W/(m·K)]	比热容 [J/(g·K)]	材　　料	导热系数 [W/(m·K)]	比热容 [J/(g·K)]
花岗石	2.9	0.80	泡沫塑料	0.03	1.30
普通混凝土	1.8	0.88	冰	2.20	2.05
普通黏土砖	0.55	0.84	水	0.58	4.19
松木(横纹)	0.15	1.63	密闭空气	0.023	1.00

影响土木工程材料导热系数的主要因素有：

(1)材料的组成与结构。通常金属材料、无机材料、晶体材料的导热系数分别大于非金属材料、有机材料、非晶体材料。

(2)孔隙率。孔隙率大，含空气多，则材料表观密度小，其导热系数也就小，这是由于空气的导热系数小(为 0.023)的缘故。

(3)孔隙特征。在相同孔隙率的情况下，细小孔隙、闭口孔隙组成的材料比粗大孔隙、开口孔隙的材料导热系数小，因为前者避免了对流传热。

(4)含水情况。当材料含水或含冰时，材料的导热系数会急剧增大，因为水和冰的导热系数分别为 0.58 和 2.20。

工程中通常将导热系数小于 0.23W/(m·K)的材料为绝热材料。

【例 12-1-6】 憎水性材料的润湿边角：

A. $>90°$　　B. $\leqslant 90°$　　C. $>135°$　　D. $\leqslant 180°$

解　材料能被水润湿的性质称为亲水性，材料不能被水润湿的性质称为憎水性。一般可以按润湿边角的大小将材料分为亲水性材料和憎水性材料。润湿边角是指在材料、水和空气的交点处，沿水滴表面的切线与水和固体接触面所形成的夹角。亲水性材料水分子之间的内聚力小于水分子与材料分子间的相互吸引力，润湿边角$\leqslant 90°$；憎水性材料的润湿边角$>90°$。

答案：A

【例 12-1-7】 在组成一定时，为使材料的导热系数降低，应：

A. 提高材料的孔隙率　　B. 提高材料的含水率

C. 增加开口大孔的比例　　D. 提高材料的密实度

解　因为空气的导热系数为 0.023W/(m·K)，水的导热系数为 0.58W/(m·K)，在组成一定时，增加空气含量(即提高孔隙率，降低密实度)可以降低导热系数，如果孔隙中含水，则增大了导热系数，开口孔隙会形成对流传热效果，使导热能力增大。所以在组成一定时，为使材料的导热系数降低，应该提高材料的孔隙率。

答案：A

(三)土木工程材料的力学性质

土木工程材料要达到稳定、安全、适用，材料的力学性质是首先要考虑的基本性质。材料的力学性质是指材料在外力作用下的变形性质和抵抗外力破坏的能力。

1. 材料的强度和强度等级

材料在外力(荷载)作用下抵抗破坏的能力，称为材料的强度。当材料承受外力作用时，内部就产生应力。外力逐渐增加，应力也相应加大，直到质点间作用力不再能够承受时，材料即破坏，此时的极限应力值就是材料的强度。

根据外力作用的形式不同，材料的强度分为抗压强度、抗拉强度、抗弯强度及抗剪强度等，如图 12-1-4 所示。

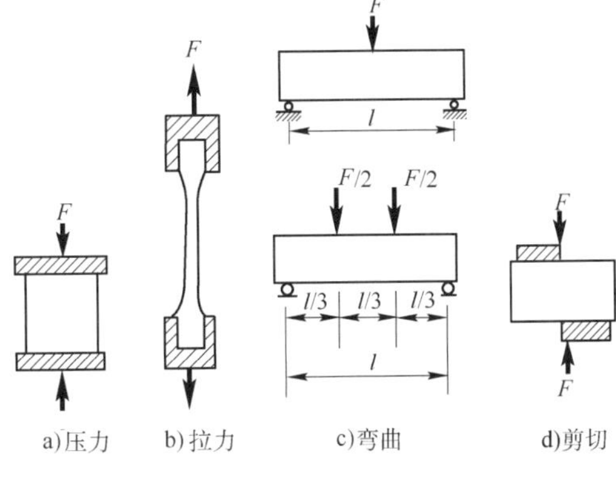

a)压力　b)拉力　c)弯曲　d)剪切

图 12-1-4　材料受力示意图

材料的抗压强度（f_a）、抗拉强度（f_t）及抗剪强度（f_v）的计算公式如下：

$$f=\frac{F}{A} \tag{12-1-11}$$

式中：F——材料破坏时最大荷载（N）；

A——材料受力截面面积（mm^2）。

材料的抗弯强度与受力情况、截面形状及支承条件等有关，通常将矩形截面条形试件放在两支点上，中间作用一集中荷载，称为三点弯曲，抗弯强度计算式为：

$$f_{tm}=\frac{3PL}{2bh^2} \tag{12-1-12}$$

也有时在跨度的三分点上作用两个相等的集中荷载，称为四点弯曲，则其抗弯强度计算式为：

$$f_{tm}=\frac{PL}{bh^2} \tag{12-1-13}$$

式中：f_{tm}——抗弯强度（MPa）；

P——弯曲破坏时最大荷载（N）；

L——两支点间的跨距（mm）；

b、h——试件横截面的宽及高（mm）。

各种土木工程材料的强度特点差异很大，见表 12-1-4。

几种常用材料的强度（单位：MPa）　表 12-1-4

材　料	抗压强度	抗拉强度	抗弯强度
花岗岩	100～250	7～25	10～14
大理石	50～190	7～25	6～20
普通黏土砖	5～20	—	1.6～4.0
普通混凝土	10～60	1～9	—
松木（顺纹）	30～50	80～120	60～100
建筑钢材	240～1 500	240～1 500	—

为了使用方便，土木工程材料常按其强度高低划分为若干个等级，例如钢材按拉伸试验测得的屈服强度确定钢材的牌号或等级，水泥按抗压强度和抗折强度确定强度等级，普通混凝土按其抗压强度确定强度等级。

为衡量材料轻质高强方面的属性，还需规定一个相关的性能指标，称为比强度。比强度是指材料强度对其表观密度的比值，该值越大，表明该材料具有越好的轻质高强属性。

2.弹性与塑性

在外力作用下，材料产生变形，外力取消后变形消失，材料能完全恢复原来形状的性质称为弹性，这种外力去除后即可恢复的变形为弹性变形，属可逆变形，弹性变形值与外力成正比，这个比值称为弹性模量。在弹性变形范围内，E 为常数，即：

$$E=\frac{\sigma}{\varepsilon} \tag{12-1-14}$$

式中：σ——材料的应力(MPa)；

ε——材料的应变。

弹性模量是衡量材料在弹性范围内抵抗变形能力的指标，该值越大，材料抵抗变形的能力越强，材料受力变形越小。

在外力作用下材料产生变形，当外力取消后变形不能恢复，仍保持变形后的形状和尺寸，但不产生裂隙的性质称为塑性，这种不能恢复的变形称为塑性变形，属不可逆变形。

实际上纯弹性材料是没有的，大部分固体材料在受力不大时，表现出弹性变形，当外力达一定值时，则呈现塑性变形。有的材料受力后，弹性变形和塑性变形同时发生，当卸荷后，弹性变形会恢复，而塑性变形不能消失(如混凝土)，这类材料称为弹-塑性材料，其变形曲线如图 12-1-5 所示。

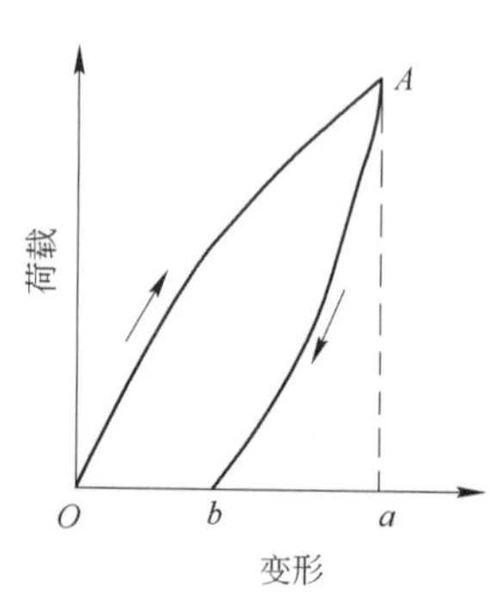

图 12-1-5 弹-塑性材料的变形曲线

3. 材料的脆性和韧性

材料受外力作用，当外力达到一定数值时，材料发生突然破坏，且破坏时无明显的塑性变形，材料的这种性质称为脆性，具有这种性质的材料称脆性材料，如混凝土、玻璃、砖石等。脆性材料的抗压强度比抗拉强度大很多，即拉压比很小，所以脆性材料不能承受振动和冲击荷载，只适合用作承压构件。

材料在冲击、振动荷载作用下，能吸收较大的能量，同时产生较大的变形而不破坏的性质称为韧性(冲击韧性)，一般以测定其冲击破坏时试件所吸收的功作为指标，建筑钢材、木材、建筑塑料等属于韧性材料。在结构设计中，对于承受动荷载(冲击、振动等)的结构物，所用材料应具有较高的韧性。

4. 硬度

材料的硬度是指材料抵抗较硬物压入其表面的能力，通过硬度可大致推知材料的强度。各种材料硬度的测试方法和表示方法不同。如石料可用刻痕法或磨耗法测定，金属、木材及混凝土等可用压痕法测定，矿物可用刻划法测定(矿物硬度分为 10 个等级，最硬的 10 级为金刚石，最软的 1 级为滑石及白垩石)。常用的布氏硬度 HB 可用来表示塑料、橡胶及金属等材料的硬度。

【例 12-1-8】 弹性体受拉应力时，所受应力与纵向应变之比称为：

A. 弹性模量 B. 泊松比 C. 体积模量 D. 剪切模量

解 弹性体受拉应力时，所受应力与纵向应变之比称为弹性模量。

答案：A

【例 12-1-9】 土木工程中使用的大量无机非金属材料，下列叙述错误的是：

A. 亲水性材料 B. 脆性材料

C. 主要用于承压构件 D. 完全弹性材料

解 无机非金属材料容易被水润湿，为亲水性材料；不能承受冲击荷载作用，为脆性材料，故适合用作承压构件；不是完全弹性材料。

答案：D

（四）材料的化学性质

材料的化学性质指材料与它所处外界环境的物质进行化学反应的能力或在所处环境的条件下保持其组成及结构稳定的能力，如胶凝材料与水作用，钢筋的锈蚀，沥青的老化，混凝土及天然石材在侵蚀性介质作用下受到腐蚀等。

（五）材料的耐久性

材料在使用过程中抵抗周围各种介质的侵蚀而不破坏的性能，称为耐久性。耐久性是材料的一种综合性质，诸如抗渗性、抗冻性、抗风化性、抗老化性、耐化学腐蚀性、耐热性、耐光性、耐磨性等均属耐久性的范围。

习　　题

12-1-1　颗粒材料的密度 ρ、表观密度 ρ_0 与堆积密度 ρ_0' 之间存在下列关系（　　）。

A. $\rho_0>\rho>\rho_0'$　　B. $\rho>\rho_0>\rho_0'$　　C. $\rho_0'>\rho_0>\rho$　　D. $\rho>\rho_0'>\rho_0$

12-1-2　脆性材料的特征是（　　）。

A. 破坏前无明显变形　　B. 抗压强度与抗拉强度均较高

C. 抗冲击破坏时吸收能量大　　D. 受力破坏时，外力所做的功大

12-1-3　材料的耐水性可用软化系数表示，软化系数是（　　）。

A. 吸水后的表观密度与干表观密度之比

B. 饱水状态的抗压强度与干燥状态的抗压强度之比

C. 饱水后的材料质量与干燥质量之比

D. 饱水后的材料体积与干燥体积之比

12-1-4　含水率为 5％的湿砂 100g，其中所含水的质量为（　　）g。

A. $100\times5\%=5$　　B. $(100-5)\times5\%=4.75$

C. $100-\dfrac{100}{1+0.05}=4.76$　　D. $\dfrac{100}{1-0.05}-100=5.26$

12-1-5　绝热材料的导热系数与含水率的关系是（　　）。

A. 含水率越大导热系数越小　　B. 导热系数与含水率无关

C. 含水率越小导热系数越小　　D. 含水率越小导热系数越大

12-1-6　一种材料的孔隙率增大时，以下性质哪些一定下降？（　　）

①密度；②表观密度；③吸水率；④强度；⑤抗冻性。

A. ①②　　B. ①③　　C. ②④　　D. ②③

第二节　气硬性无机胶凝材料

能将散粒材料或块状材料黏结成为整体的材料为胶凝材料。胶凝材料按照化学成分分为无机胶凝材料和有机胶凝材料两大类，前者以天然或合成的有机高分子化合物为基本成分，如沥青、树脂等；后者则以无机化合物为主要成分。无机胶凝材料按硬化条件分为气硬性胶凝材料和水硬性胶凝材料两类。气硬性胶凝材料只能在空气中硬化，也只能在空气中保持和发展强度，如建筑石膏、石灰、水玻璃、菱苦土等。水硬性胶凝材料不仅能在空气中硬化，而且能更好地在水中硬化，并保持和发展强度，如各种水泥。气硬性胶凝材料一般只适用于地上干燥环

境，水硬性胶凝材料可在地上、地下或水中使用。

一、石灰

石灰是人类最早使用的一种土木工程材料，因为石灰生产原料来源广泛，工艺简单，成本低廉，使用方便，所以至今仍被广泛用于建筑工程中。

（一）石灰的原料与生产

生产石灰的主要原料是以碳酸钙为主要成分的天然岩石，常用的有石灰石、白云石、白垩等。石灰石原料在适当的温度（900～1 100℃）下煅烧，碳酸钙分解，释放出 CO_2，得到以 CaO 为主要成分的生石灰，其煅烧反应式如下：

$$CaCO_3 \xrightarrow[178kJ/mol]{900℃} CaO + CO_2 \uparrow$$

由于石灰原料中会含有一些碳酸镁，故生石灰中含有一些 MgO，根据其中 MgO 的含量，生石灰分为钙质石灰（MgO≤5%）和镁质石灰（MgO＞5%）。

生石灰质量轻，表观密度为 800～1 000kg/m^3，密度约为 3.2g/cm^3，颜色为洁白或略带灰色。

石灰在生产过程中，应严格控制煅烧温度，否则容易生成“欠火石灰”和“过火石灰”。欠火石灰外部为正常煅烧的石灰，内部尚有未分解的石灰石内核，不仅降低了石灰的利用率，而且有效氧化钙和有效氧化镁含量低，黏结能力差。过火石灰是由于煅烧温度过高，煅烧时间过长所致，其颜色较深，密度较大，颗粒表面部分被玻璃状物质或釉质物所包裹，使过火石灰与水的作用减慢，在工程中使用会影响工程质量。

（二）生石灰的消化

生石灰使用前，需加水使之消解为膏状或粉状的消石灰，这个过程称为石灰的“消化”或“熟化”，成品称为消石灰或熟石灰，主要成分为氢氧化钙。石灰的消化过程用下面的放热反应化学式表示：

$$CaO + H_2O \Leftrightarrow Ca(OH)_2 + Q$$

生石灰熟化过程中大量放热（64.9kJ/mol），并且体积急剧膨胀（体积可增大 1～2.5 倍）。过火石灰熟化慢，当石灰已经硬化后，其中的过火石灰颗粒吸收空气中的水汽才开始熟化，体积逐渐膨胀，使已经硬化的浆体产生隆起、开裂等破坏现象。为消除过火石灰的危害，防止抹灰层爆灰起鼓，必须将石灰浆在储存坑中放置两周以上（称为“陈伏”），方可使用。袋石灰（生石灰粉）使用前也需“陈伏”。

石灰根据产品加工方法分为块状生石灰、生石灰粉、消石灰粉、石灰膏及石灰乳等。

（三）石灰的硬化

石灰的硬化是指石灰浆体由可塑性状态逐步转化为具有一定强度固体的过程。石灰浆体的硬化主要由以下两个作用过程来完成：

1. 结晶作用

石灰浆在干燥环境中，多余的游离水逐渐蒸发，使颗粒聚结在一起，产生一定的强度，同时石灰浆体的内部形成大量的毛细孔隙。另外，当水分蒸发时，液体中氢氧化钙达到一定程度的过饱和，从而产生氢氧化钙的析晶过程，加强了石灰浆中原来的氢氧化钙颗粒之间的结合。这两种增强作用有限，故对石灰浆体的强度增加不大，且遇水后即可丧失。

2.碳化作用

$Ca(OH)_2$在潮湿条件下与空气中的CO_2化合生成$CaCO_3$结晶，释出水分并被蒸发，这一过程称为碳化作用，其反应如下：

$$Ca(OH)_2+CO_2+nH_2O \rightarrow CaCO_3+(n+1)H_2O$$

由于空气中二氧化碳的浓度很低，因此硬化过程极为缓慢，碳化作用在很长时间内仅限于表层。

由石灰的结晶作用和碳化作用过程可知，硬化过程中要蒸发大量的水分，引起体积显著收缩，所以，石灰不宜单独使用，一般要掺入砂、纸筋、麻刀等材料，以减少收缩，增加抗拉强度，并节省石灰。此外，石灰浆的硬化过程很慢，硬化石灰浆体的强度一般不高，强度增长慢，受潮后强度更低。

（四）石灰的应用

1.配制石灰砂浆、石灰乳

石灰砂浆可用于砌筑、抹面，石灰乳可用作涂料。

2.配制石灰土、三合土

石灰土（石灰＋黏土）和三合土（石灰＋黏土＋砂石或炉渣、碎砖等填料），分层夯实，强度及耐水性均较高，可用作基础的垫层等；石灰宜用消石灰粉或磨细生石灰，灰土中石灰用量一般为灰土总重的6％～10％。

3.生产灰砂砖、碳化石灰板

将磨细生石灰或消石灰粉与天然砂配合拌匀，加水搅拌，再经陈伏、加压成型和压蒸处理可制成灰砂砖。

碳化石灰板是将磨细生石灰、纤维状填料（如玻璃纤维）或轻质骨料（如矿渣）搅拌成型，然后以CO_2进行人工碳化（12～24h）制成的一种轻质板材。

另外，石灰还可用来配制无熟料水泥及生产多种硅酸盐制品等。

因为石灰耐水性差，所以石灰不宜用于潮湿环境，也不宜用于重要建筑物的基础。

二、建筑石膏

（一）建筑石膏的原料与生产

生产建筑石膏的主要原料是天然二水石膏（又称生石膏或软石膏）（主要成分为$CaSO_4 \cdot 2H_2O$），二水石膏在107～170℃下煅烧，磨细可得β型半水石膏，即建筑石膏，主要成分为半水硫酸钙（$CaSO_4 \cdot \frac{1}{2}H_2O$）。

若煅烧温度为190℃，可得模型石膏，其成品细度与白度均比建筑石膏高。若将二水石膏置于0.13MPa、124℃的过饱和蒸汽条件下蒸炼，或置于某些盐溶液中沸煮，可获得晶粒较粗、硬化产物较密实从而强度较高的α型半水石膏，即高强石膏。若将生石膏在400～500℃或高于800℃下煅烧，即得地板石膏，其凝结、硬化较慢，硬化后强度较高，耐磨性及耐水性较好。

（二）建筑石膏的水化、凝结与硬化

半水石膏粉末与水搅拌成浆体，初期具有可塑性，但很快就失去可塑性并产生强度，发展成为具有强度的固体，这个过程称为石膏的凝结和硬化。

半水石膏与水反应生成二水石膏，反应式如下：

$$2\left(CaSO_4 \cdot \frac{1}{2}H_2O\right)+3H_2O \rightarrow 2(CaSO_4 \cdot 2H_2O)$$

由于二水石膏的溶解度小于半水石膏的溶解度，半水石膏的饱和溶解度对于二水石膏来说是过饱和的，所以二水石膏会结晶。随着浆体中的自由水分因水化和蒸发而逐渐减少，浆体变稠失去可塑性(凝结)，之后，随着二水石膏胶粒凝聚成晶核并逐渐变大，相互交错和共生，使浆体产生强度，并不断增长，直至完全干燥。

在建筑石膏的凝结硬化过程中，称浆体开始失去流动性为初凝，称完全失去可塑性为终凝。从加水开始到初凝的时间为初凝时间，从加水开始到终凝的时间为终凝时间。

(三)建筑石膏的特性

1.凝结硬化快

建筑石膏凝结快，一般初凝时间只有3～5min，终凝时间在30min以内。

2.硬化后体积微膨胀

石膏在凝结硬化时，不像其他胶凝材料(如石灰、水泥)那样出现收缩，反而略有膨胀(膨胀率为1%)，使石膏硬化体表面光滑饱满，不开裂，可制作出纹理细致的浮雕花饰。

3.硬化体的孔隙率大

建筑石膏硬化时有大量的水分蒸发，使硬化体的孔隙率高达50%～60%，所以硬化体的表观密度小，强度较低，导热系数小，吸声性强，吸湿性大，可调节室内的温度和湿度。

4.防火性好，耐热性差

石膏制品本身为不燃材料，同时在遇到火灾时，二水石膏将脱出结晶水，吸热蒸发，并在制品表面形成蒸汽幕和脱水物隔热膜，有效地减少火焰对内部结构的危害，具有较好的防火性能。但是石膏制品的耐热性差，使用温度应该低于65℃。

5.耐水性和抗冻性能差

建筑石膏硬化体吸湿性强，吸收的水分会削弱晶体粒子的黏结力，使其强度显著降低，因而耐水性差。吸水饱和的石膏制品受冻后，会因孔隙中的水结冰而开裂崩溃，因此抗冻性差。

(四)建筑石膏的应用

建筑石膏可用于室内抹灰、粉刷，生产各种石膏板与多孔石膏制品，制作模型或雕塑，制作吸声板、顶棚、墙面的装饰板，用作装饰涂料的填料、人造大理石等。

习　题

12-2-1　建筑石膏在硬化过程中，体积产生(　　)。

A.收缩　　B.膨胀

C.不收缩也不膨胀　　D.先膨胀后收缩

12-2-2　为消除过火石灰的危害，所采取的措施是(　　)。

A.碳化　　B.结晶　　C.煅烧　　D.陈伏

12-2-3　下列建筑石膏的哪一项性质是正确的？(　　)

A.硬化后出现体积收缩　　B.硬化后吸湿性强，耐水性较差

C.制品可长期用于65℃以上高温中　　D.石膏制品的强度一般比石灰制品低

12-2-4　三合土垫层是用下列哪三种材料拌和铺设？(　　)

A.水泥、碎砖碎石、砂子　　B.消石灰、碎砖碎石、砂或掺少量黏土

C.生石灰、碎砖碎石、锯木屑　　D.石灰、砂子、纸筋

12-2-5 石膏制品抗火性好的原因是(　　)。

A. 制品内部孔隙率大　　B. 含有大量结晶水

C. 吸水性强　　D. 硬化快

第三节　水　　泥

水泥属于水硬性胶凝材料，品种很多，按其用途和性能可分为通用水泥、专用水泥与特种水泥三大类。一般建筑工程中常用的是通用水泥，包括硅酸盐水泥(代号P. I，P. II)、普通硅酸盐水泥(简称普通水泥，代号P. O)、矿渣硅酸盐水泥(简称矿渣水泥，代号P. S)、粉煤灰硅酸盐水泥(简称粉煤灰水泥，代号P. F)、火山灰质硅酸盐水泥(简称火山灰水泥，代号P. P)和复合硅酸盐水泥(简称复合水泥，代号P. C)六大种。适应专门用途的水泥称为专用水泥，如道路水泥、砌筑水泥、大坝水泥等；具有比较突出的某种性能的水泥称为特种水泥，如快硬硅酸盐水泥、膨胀水泥等。按主要水硬性物质名称，水泥又可分为硅酸盐水泥、铝酸盐水泥、硫铝酸盐水泥等。

一、硅酸盐水泥

由硅酸盐水泥熟料，0～5%石灰石或粒化高炉矿渣、适量石膏磨细而成的水硬性胶凝材料，称为硅酸盐水泥(即国外通称的波特兰水泥)。硅酸盐水泥分为两种类型，不掺加混合材料的称为I型硅酸盐水泥，代号为P. I；掺加不超过水泥质量的5%的石灰石或粒化高炉矿渣的称为II型硅酸盐水泥，代号P. II。在生产水泥时，需加入适量石膏($CaSO_4 \cdot 2H_2O$)，其目的是延缓水泥的凝结，便于施工。

(一)硅酸盐水泥熟料的矿物组成

硅酸盐水泥熟料是以适当成分的生料(由石灰质原料与黏土质原料等配成)烧至部分熔融，所得以硅酸钙为主要成分的产物。熟料的主要矿物组成有硅酸三钙、硅酸二钙、铝酸三钙与铁铝酸四钙，其中硅酸钙占绝大部分。各矿物组成的性质见表12-3-1。若调整熟料中各矿物组成之间的比例，水泥的性质即发生相应的变化。如提高硅酸三钙和铝酸三钙含量，硅酸盐水泥凝结硬化快，早期强度高，可制得快硬水泥；降低硅酸三钙和铝酸三钙的含量，提高硅酸二钙的含量，可制得低热水泥。

硅酸盐水泥熟料矿物组成与主要特征　　表12-3-1

矿物名称	化学式	代号	含量(%)	主要特征		
				硬化速度	28d水化放热量	强度
硅酸三钙	$3CaO \cdot SiO_2$	C_3S	37～60	快	多	高
硅酸二钙	$2CaO \cdot SiO_2$	C_2S	15～37	慢	少	早期低，后期高
铝酸三钙	$3CaO \cdot Al_2O_3$	C_3A	7～15	最快	最多	低
铁铝酸四钙	$4CaO \cdot Al_2O_3 \cdot Fe_2O_3$	C_4AF	10～18	快	中	低

由于铝酸三钙凝结硬化速度很快，会使水泥浆体出现瞬时凝结的现象，影响水泥的正常使用，掺入石膏可以达到延缓凝结的目的，即石膏起缓凝作用。

【例12-3-1】 水泥中不同矿物的水化速率有较大差别，因此可以通过调节其在水泥中的

相对含量来满足不同工程对水泥水化速率与凝结时间的要求。早强水泥要求水泥水化速度快,因此以下矿物含量较高的是:

A. 石膏　　B. 铁铝酸四钙　　C. 硅酸三钙　　D. 硅酸二钙

解　早强水泥要求水泥水化速度快,早期强度高。硅酸盐水泥四种熟料矿物中,水化速度最快的是铝酸三钙,其次是硅酸三钙;早期强度最高的是硅酸三钙。所以早强水泥中硅酸三钙的含量较高。

答案:C

(二)硅酸盐水泥的水化及凝结硬化

水泥加水拌和后,成为具有可塑性的水泥浆,水泥颗粒开始水化,随着水化反应的进行,水泥浆逐渐变稠,失去可塑性,但尚未具有强度,这一过程称为"凝结"。随后产生明显的强度并逐渐发展而成为坚硬的水泥石,这一过程称为"硬化"。凝结和硬化是人为划分的,实际上是一个连续的复杂的物理化学变化过程。所以,水化是凝结硬化的前提,凝结硬化是水化的结果。

1. 硅酸盐水泥的水化

水泥加水后,在水泥颗粒表面的熟料矿物立即水化,形成水化产物并放出一定热量。测定水化放热量可以反映水泥水化进程。图 12-3-1 为硅酸盐水泥的水化放热曲线,其中第一个放热峰对应的是铝酸三钙与石膏反应,生成物为钙矾石(三硫型水化硫铝酸钙,代号 AFt),第二放热峰为硅酸三钙的水化放热峰,生成物为水化硅酸钙(C-S-H)凝胶和 $Ca(OH)_2$。

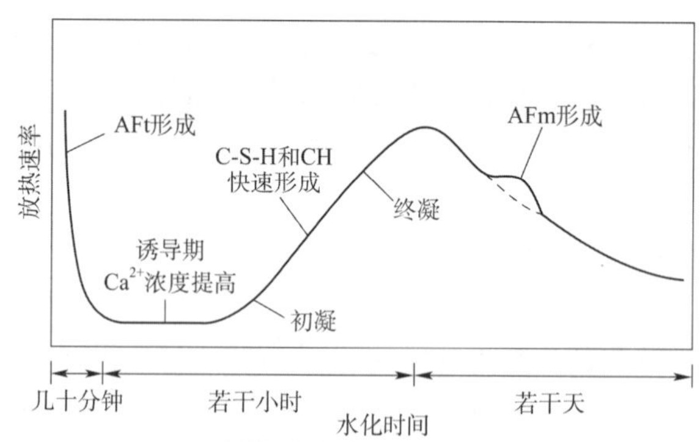

图 12-3-1　硅酸盐水泥的水化放热曲线

硅酸盐水泥熟料矿物的水化反应式如下所示:

$$2(3CaO \cdot SiO_2)+6H_2O=\underset{\text{水化硅酸钙}}{3CaO \cdot 2SiO_2 \cdot 3H_2O}+3Ca(OH)_2$$

$$2(2CaO \cdot SiO_2)+4H_2O=3CaO \cdot 2SiO_2 \cdot 3H_2O+Ca(OH)_2$$

$$3CaO \cdot Al_2O_3+6H_2O=\underset{\text{水化铝酸三钙}}{3CaO \cdot Al_2O_3 \cdot 6H_2O}$$

$$4CaO \cdot Al_2O_3 \cdot Fe_2O_3+7H_2O=3CaO \cdot Al_2O_3 \cdot 6H_2O+\underset{\text{水化铁酸一钙}}{CaO \cdot Fe_2O_3 \cdot H_2O}$$

硅酸盐水泥中掺入的石膏与铝酸三钙反应生成高硫型水化硫铝酸钙(钙矾石,$3CaO \cdot Al_2O_3 \cdot 3CaSO_4 \cdot 32H_2O$)和单硫型水化硫铝酸钙($3CaO \cdot Al_2O_3 \cdot CaSO_4 \cdot 12H_2O$),这两种水化物均为难溶于水的晶体,在水泥颗粒表面形成包裹层,阻碍水化进程,实现缓凝。

硅酸盐水泥水化后生成的主要水化产物有凝胶与晶体两类。凝胶有水化硅酸钙(C-S-H)与水化铁酸钙(CFH),晶体有氢氧化钙[$Ca(OH)_2$]、水化铝酸钙(C_3AH_6)与水化硫铝酸钙等。

在完全水化的水泥石中，水化硅酸钙凝胶约占70%，氢氧化钙约占20%，水化硫铝酸钙约占7%，其中水化硅酸钙凝胶对水泥石的强度和其他性质起决定性作用。

【例12-3-2】 普通硅酸盐水泥的水化反应为放热反应，并且有两个典型的放热峰，其中第二个放热峰对应：

A. 硅酸三钙的水化　　B. 硅酸二钙的水化

C. 铁铝酸四钙的水化　　D. 铝酸三钙的水化

解 普通硅酸盐水泥水化反应为放热反应，并且有两个典型的放热峰，其中第一个放热峰对应的是铝酸三钙水化的放热峰，第二个放热峰对应的是硅酸三钙水化的放热峰。

答案：A

2. 硅酸盐水泥的凝结硬化

水泥加水生成的胶体状水化产物聚集在颗粒表面形成凝胶薄膜，使水泥反应减慢，并使水泥浆体具有可塑性，由于生成的胶体状水化产物不断增多并在某些点接触，构成疏松的网状结构，使浆体失去流动性及可塑性，这就是水泥的凝结。之后由于生成的水化产物（凝胶、晶体）不断增多，它们相互接触连接到一定程度，建立起较紧密的网状结晶结构，并在网状结构内部不断充实水化产物，使水泥具有初步的强度，此后水化产物不断增加，强度不断提高，最后形成具有较高强度的水泥石，这就是水泥的硬化。

水泥浆硬化后的水泥石是由水化产物（包括凝胶和晶体）、未水化的水泥熟料颗粒、孔隙和水等组成的不均质体。水泥石中的孔隙包括存在C-S-H凝胶中的凝胶孔（孔径为1～5nm），水分蒸发留下的毛细孔（孔径为10～1000nm，具体尺寸取决于水灰比和水化程度，一般水化程度较为充分时，毛细孔尺寸小于100nm）和气孔（一般由引气剂引入的封闭孔隙，尺寸为1mm左右）。

3. 影响水泥凝结硬化的因素

影响水泥水化、凝结和硬化速度的因素有水泥熟料矿物组成、细度、水灰比、温度、养护时间等。

【例12-3-3】 硬化水泥浆体中的孔隙分为水化硅酸钙凝胶的层间孔隙、毛细孔隙和气孔，其中对材料耐久性产生主要影响的是毛细孔隙，其尺寸的数量级为：

A. nm　　B. μm　　C. mm　　D. cm

解 水化硅酸钙凝胶的层间孔隙尺寸为1～5nm；毛细孔尺寸为10～1000nm，大小取决于水泥浆体的水化程度和水灰比，多数小于100nm；而气孔尺寸为几毫米。

答案：A

（三）硅酸盐水泥石的侵蚀与防止

硅酸盐水泥加水硬化而成的水泥石，在通常使用条件下，有较好的耐久性，但在某些侵蚀性介质（如流动的软水、酸、镁盐、硫酸盐等）的作用下，硅酸盐水泥石会逐渐被侵蚀导致强度降低，甚至破坏，这种现象称为水泥石的侵蚀。

1. 水泥石侵蚀类型

引起水泥石侵蚀的原因很多，作用也很复杂，根据侵蚀机理，可分为以下几种类型：

(1)溶出性侵蚀

溶出性侵蚀也称为软水侵蚀，在流动的软水作用下，水泥石中的氢氧化钙溶解并流失，使孔隙增多，强度降低。

(2)分解性侵蚀

水泥石中的氢氧化钙与酸(如盐酸、硝酸、醋酸等)反应生成可溶性钙盐,加速氢氧化钙溶解流失,使水泥石孔隙率增大,强度降低。

(3)膨胀性侵蚀

膨胀性侵蚀又称硫酸盐侵蚀,硫酸盐与水泥石中的氢氧化钙反应生成硫酸钙,硫酸钙再与水化铝酸钙反应生成钙矾石(三硫型水化硫铝酸钙),体积膨胀1.5倍以上,在硬化水泥石中产生膨胀应力,造成极大的膨胀破坏作用,导致水泥石破坏。因为钙矾石呈针状晶体,对水泥石危害严重,常称为“水泥杆菌”。

比较三种侵蚀机理,膨胀性侵蚀的危害最大。

2.引起水泥石侵蚀的原因

(1)水泥石中含有氢氧化钙和水化铝酸钙等易被侵蚀的成分,能溶解于水或与其他物质发生化学反应生成或易溶于水,或体积膨胀,或松软无胶凝力的新物质,使水泥石遭受侵蚀。

(2)水泥石本身不密实,有很多毛细孔通道,易使侵蚀性介质侵入内部。

(3)腐蚀与通道的相互作用。

3.防止侵蚀的措施

(1)根据工程所处的环境,选择适当品种的水泥。

(2)提高水泥石的密实度。

(3)当侵蚀作用较强时可在构件表面加做耐侵蚀性高且不透水的保护层,如耐酸石料、塑料、沥青等。

(四)硅酸盐水泥的特性及应用

1.凝结硬化快,强度高

硅酸盐水泥中含有较多的熟料,硅酸三钙多,水泥的早期强度和后期强度均较高。适用于早期强度要求高的工程及冬季施工的工程,地上、地下重要结构物及高强混凝土和预应力混凝土工程。

2.抗冻性好

硅酸盐水泥采用较低的水灰比并经充分养护,可获得较低孔隙率的水泥石,具有较高的密实度,因此,适用于严寒地区遭受反复冻融的混凝土工程。

3.耐侵蚀性差

硅酸盐水泥石中氢氧化钙及水化铝酸钙较多,耐软水及耐化学侵蚀能力差,故不适宜于经常流动的淡水及有水压作用的工程,也不适宜于受海水、矿物水、硫酸盐等作用的工程。

4.耐热性差

硅酸盐水泥石中的水化产物在250～300℃时会产生脱水,强度开始下降,当温度达到700～1 000℃时,水化产物分解,水泥石的结构几乎完全破坏,所以硅酸盐水泥不适宜用于有耐热、高温要求的混凝土工程。

5.耐磨性好

硅酸盐水泥强度高,耐磨性好,适用于道路、地面等对耐磨性要求高的工程。

6.水化放热量多

硅酸盐水泥熟料多,水化放热量大,不适宜用于大体积混凝土工程。

二、掺混合材料的硅酸盐水泥

掺混合材料的硅酸盐水泥包括普通硅酸盐水泥、矿渣硅酸盐水泥、火山灰质硅酸盐水泥、粉煤灰硅酸盐水泥和复合硅酸盐水泥。

在生产水泥时,掺入一定量的混合材料,目的是改善水泥的性能,调节水泥的强度等级,增加水泥品种,提高产量,节约水泥熟料,降低成本。

混合材料为天然的或人工的矿物材料,按其性能不同分为活性混合材料和非活性混合材料两大类。常用的活性混合材料有符合《用于水泥、砂浆和混凝土中的粒化高炉矿渣粉》(GB/T 18046—2017)的粒化高炉矿渣、符合《用于水泥中的火山灰质混合材料》(GB/T 2847—2005)的火山灰质混合材料(如火山灰、浮石、硅藻土、烧黏土、煅烧煤矸石、煤渣等)及符合《用于水泥和混凝土中的粉煤灰》(GB/T 1596—2017)的粉煤灰等。非活性混合材料常用的有活性指标低于标准要求的粒化高炉矿渣、火山灰质混合材料与粉煤灰、磨细石英砂、石灰石粉、黏土、慢冷矿渣等。

活性混合材料的活性成分为活性氧化硅和活性氧化铝,有水的前提下,能与石灰反应形成水化硅酸钙和水化铝酸钙,这一反应称为火山灰反应。掺入水泥中,会和硅酸盐水泥熟料水化形成的氢氧化钙发生二次水化,因而使掺混合材料硅酸盐水泥的性能及应用与硅酸盐水泥有很大的差异。

(一)普通硅酸盐水泥

普通硅酸盐水泥简称普通水泥,其代号为P.O,是由硅酸盐水泥熟料、6%~20%混合材料、适量石膏磨细制成的水硬性胶凝材料。

混合材料由符合标准的粒化高炉矿渣、粉煤灰、火山灰质混合材料组成,可以是一种主要混合材,也可以是两种或三种主要混合材;掺活性混合材料时,最大掺量不得超过20%,其中允许用0~5%符合标准规定的石灰石、砂岩、窑灰中的一种材料代替。

普通水泥中混合材料掺量少,因此,其性能与硅酸盐水泥相近。与硅酸盐水泥性能相比,普通硬化稍慢,早期强度稍低,水化热稍小,抗冻性与耐磨性也稍差。在应用范围方面,水泥与硅酸盐水泥相同,广泛用于各种混凝土或钢筋混凝土工程。由于普通水泥与硅酸盐水泥水化放热量大,且大部分在早期(3~7d)放出,对于大型基础、水坝、桥墩等厚大体积混凝土构筑物,因水化热积聚在内部不易散发,内部温度可达50~60℃以上,内外温度差所引起的应力,可使混凝土产生裂缝,因此,大体积混凝土工程不宜选用这两种水泥。

(二)四种掺加活性混合材料较多的硅酸盐水泥

1.矿渣硅酸盐水泥

由硅酸盐水泥熟料和粒化高炉矿渣、适量石膏磨细制成的水硬性胶凝材料称为矿渣硅酸盐水泥,简称矿渣水泥,代号为P.S。水泥中粒化高炉矿渣掺加量按质量百分比计为20%~70%,并分为A型和B型。A型矿渣掺量大于20%且小于或等于50%,代号为P.S.A;B型矿渣掺量大于50%且小于或等于70%,代号为P.S.B。其中允许用0~8%符合标准规定的粉煤灰、火山灰、石灰石、砂岩、窑灰中的一种材料代替。

2.火山灰质硅酸盐水泥

由硅酸盐水泥熟料和火山灰质混合材料、适量石膏磨细制成的水硬性胶凝材料称为火山灰质硅酸盐水泥,简称火山灰水泥,代号为P.P。水泥中火山灰质混合材料掺加量按质量百分比计为20%~40%。

3.粉煤灰硅酸盐水泥

由硅酸盐水泥熟料和粉煤灰、适量石膏磨细制成的水硬性胶凝材料称为粉煤灰硅酸盐水泥，简称粉煤灰水泥，代号为 P.F。水泥中粉煤灰掺加量按质量百分比计为 20%～40%。

4.复合硅酸盐水泥

由硅酸盐水泥熟料、两种或两种以上混合材料、适量石膏磨细制成的水硬性胶凝材料称为复合硅酸盐水泥，简称复合水泥，代号为 P.C。掺入的混合料总量为质量百分比的 20%～50%。混合材由符合标准规定的粒化高炉矿渣、粉煤灰、火山灰质混合材料、石灰石和砂岩中的三种(含)以上材料组成，其主要混合材不低于三种。

5.四种硅酸盐水泥的特性

(1)早期强度较低，后期强度增长较快。

(2)环境温度、湿度对水泥凝结硬化的影响较大，故适于采用蒸汽养护。

(3)水化热较低，放热速度慢。

(4)抗软水及硫酸盐侵蚀的能力较强。

(5)抗冻性、抗碳化性与耐磨性较差。

以上四种水泥与硅酸盐水泥、普通硅酸盐水泥性质上存在差异的原因，在于这四种水泥中活性混合材料的掺加量较大，熟料矿物的含量相对减少。另外，活性混合材料中的活性 SiO_2 和活性 Al_2O_3 会与熟料水化形成的 $Ca(OH)_2$ 反应，生成水化硅酸钙和水化铝酸钙，这种反应称为二次水化，所以这四种水泥中 $Ca(OH)_2$ 的含量很少。

由于所掺入的主要混合材料的性能不同，这四种水泥又具有各自的特性，例如矿渣水泥的耐热性较强，保水性较差，需水量较大，故抗渗性较差；火山灰水泥保水性好，抗渗性好，硬化干缩更显著；粉煤灰水泥干缩性小，因而抗裂性好，另外粉煤灰水泥流动性较好，因而配制的混凝土拌合物和易性好。

三、通用硅酸盐水泥的选用

水泥的用途取决于其性能特点，通用硅酸盐水泥的性能与选用见表 12-3-2 和表 12-3-3。

通用硅酸盐水泥的性能

表 12-3-2

项目	硅酸盐水泥 (P.I,P.II)	普通水泥 (P.O)	矿渣水泥 (P.S)	火山灰水泥 (P.P)	粉煤灰水泥 (P.F)	复合水泥 (P.C)
主要成分	以硅酸盐水泥熟料为主，0～5%混合材料	在硅酸盐水泥熟料中掺加 6%～20%的混合材料	在硅酸盐水泥熟料中掺入占水泥质量 20%～70%的粒化高炉矿渣	在硅酸盐水泥熟料中掺入占水泥质量 20%～40%的火山灰质混合材料	在硅酸盐水泥熟料中掺入占水泥质量 20%～40%的粉煤灰	掺入三种以上混合材料，但总量不超过 20%～50%
特性	1.硬化快，早期强度高； 2.水化热大； 3.耐冻性好； 4.耐腐蚀与耐软水性差；	1.早期强度较高； 2.水化热较大； 3.耐冻性较好； 4.耐腐蚀与耐软水性较差；	1.早期强度低，后期强度增长快； 2.水化热小； 3.耐冻性差； 4.耐硫酸盐侵蚀及耐软水性较好；	同矿渣水泥的 1～5。 火山灰水泥的独特性能：内表面积大，因而干缩大，抗渗性较好	同矿渣水泥的 1～5。 粉煤灰水泥的独特性能：流动性较好，干缩较小，抗裂性较好	同矿渣水泥的 1～5。 其他性能因掺入的混合材料不同而略有不同

续上表

项目	硅酸盐水泥（P.I,P.II）	普通水泥（P.O）	矿渣水泥（P.S）	火山灰水泥（P.P）	粉煤灰水泥（P.F）	复合水泥（P.C）
	5.耐磨性好； 6.抗碳化能力强	5.耐磨性较好； 6.抗碳化能力较强	5.抗碳化能力差。 矿渣水泥的独特性能：耐热性、耐磨性均较好			
密度（g/cm^3）	3.0～3.15	3.0～3.15	2.8～3.1	2.8～3.1	2.8～3.1	2.8～3.1

通用硅酸盐水泥的选用 表12-3-3

混凝土类型	混凝土工程特点及所处的环境条件		优先选用	可以选用	不宜选用
普通混凝土	1	在一般气候环境中的混凝土	普通水泥	矿渣水泥、火山灰水泥、粉煤灰水泥、复合水泥	
	2	在干燥环境中的混凝土	普通水泥		火山灰水泥、粉煤灰水泥、矿渣水泥
	3	在高湿度环境中或长期处于水中的混凝土	矿渣水泥、火山灰水泥、粉煤灰水泥、复合水泥	普通水泥	
	4	厚大体积的混凝土	矿渣水泥、火山灰水泥、粉煤灰水泥、复合水泥		硅酸盐水泥、普通水泥
有特殊要求的混凝土	1	要求快硬、高强（＞C40）的混凝土	硅酸盐水泥	普通水泥	矿渣水泥、火山灰水泥、粉煤灰水泥、复合水泥
	2	严寒地区的露天混凝土、寒冷地区处于水位升降范围内的混凝土	普通水泥	矿渣水泥（强度等级＞32.5级）	火山灰水泥、粉煤灰水泥
	3	严寒地区处于水位升降范围内的混凝土	普通水泥（强度等级＞42.5级）		矿渣水泥、火山灰水泥、粉煤灰水泥、复合水泥
	4	有抗渗要求的混凝土	普通水泥、火山灰水泥、粉煤灰水泥		矿渣水泥
	5	有耐磨性要求的混凝土	硅酸盐水泥、普通水泥	矿渣水泥（强度等级＞32.5级）	火山灰水泥、粉煤灰水泥
	6	受侵蚀性介质作用的混凝土	矿渣水泥、火山灰水泥、粉煤灰水泥、复合水泥		硅酸盐水泥、普通水泥

【例 12-3-4】 水泥中掺入的活性混合材料能够与水泥水化产生的氢氧化钙发生反应,生成水化硅酸钙的水化产物,该反应被称为:

A.火山灰反应　　　　B.沉淀反应

C.碳化反应　　　　D.钙矾石延迟生成反应

解 水泥中掺入的活性混合材料能够与水泥水化产生的氢氧化钙发生反应,生成水化硅酸钙等水化产物,该反应称为火山灰反应。碳化反应指氢氧化钙(来自生石灰或水泥水化产物)在潮湿条件下与二氧化碳反应生成碳酸钙的反应。钙钒石生成反应指水泥混凝土中的水化铝酸钙与二水硫酸钙(即石膏)反应生成三硫型水化硫铝酸钙(即钙钒石)的反应,该反应会导致体积显著膨胀;钙钒石延迟生成反应是指在已经硬化的混凝土中发生生成钙钒石的反应,由于体积膨胀,会导致混凝土开裂,甚至破坏。

答案:A

四、通用硅酸盐水泥的技术性质

《通用硅酸盐水泥》(GB 175—2007)规定,通用硅酸盐水泥有不溶物、氧化镁、三氧化硫、烧失量、细度、凝结时间、安定性、强度、碱含量和氯离子含量等技术要求。其中影响水泥性质的主要指标有细度、凝结时间、安定性与强度等。碱含量 $Na_2O+0.658K_2O$ 不大于 0.6%的水泥为低碱水泥。氯离子含量不大于 0.10%。

(一)细度

水泥的细度是指水泥的粗细程度。水泥颗粒越细,与水起反应的表面积越大,水化速度越快,早期强度及后期强度均较高,但硬化收缩较大,成本也较高。若水泥颗粒过粗,则不利于水泥活性的发挥,强度低。

国家标准规定,硅酸盐水泥的细度以比表面积表示,不低于 $300m^2/kg$,但不大于 $400m^2/kg$;普通硅酸盐水泥、矿渣水泥、火山灰水泥、粉煤灰水泥和复合水泥的细度以筛余表示,45μm 方孔筛筛余不小于 5%。

(二)凝结时间

水泥的凝结时间分为初凝时间和终凝时间。初凝时间为水泥加水至水泥浆开始失去塑性所需的时间。终凝时间为从水泥加水至水泥浆完全失去塑性并开始产生强度所需的时间。

水泥凝结时间采用标准稠度的水泥净浆,用标准维卡仪测定。所谓标准稠度的水泥净浆,是指在标准维卡仪上,试杆沉入净浆并距底板 6mm±1mm 时的水泥净浆。要配制标准稠度的水泥净浆,需测出达到标准稠度时的所需拌和水量,以占水泥质量的百分率表示,即标准稠度用水量。

国家标准规定,通用硅酸盐水泥的初凝时间不得早于 45min;硅酸盐水泥的终凝时间不得迟于 6.5h,其他通用硅酸盐水泥的终凝时间不得迟于 10h。

(三)体积安定性

水泥的体积安定性是指水泥在凝结硬化过程中,体积变化的均匀性。体积安定性不良,是指水泥硬化后,产生不均匀的体积变化。使用体积安定性不良的水泥,会使构件产生膨胀性裂缝,降低建筑物质量,甚至引起严重事故。

水泥体积安定性不良的主要原因是熟料中所含的游离氧化钙或游离氧化镁过多,或水泥粉磨时掺入的石膏过量。

国家标准规定,由熟料中游离氧化钙引起的安定性不良用沸煮法检验。由游离氧化镁引起的安定性不良由压蒸法检验。石膏的危害则需长期在常温水中才能发现，不便于快速检查。因此，国家标准规定水泥中游离氧化镁含量不得超过6.0%，三氧化硫含量不得超过3.5%。

（四）强度

水泥的强度是表征水泥质量的重要指标。国家标准规定，采用胶砂强度表示水泥的强度，即水泥与中国ISO标准砂的比例为1∶3（质量比），水灰比为0.5，按规定的方法制成40mm×40mm×160mm的试件，在标准温度20℃±1℃的水中养护，分别测定其3d与28d的抗压强度与抗折强度，以此划分水泥的强度等级。

国家标准规定，硅酸盐水泥强度等级分为42.5、42.5R、52.5、52.5R、62.5和62.5R六种，其中有代号R的为早强型水泥，普通水泥的强度等级分为42.5、42.5R、52.5和52.5R四种，各龄期强度不得低于表12-3-4中的数值。矿渣硅酸盐水泥、粉煤灰硅酸盐水泥、火山灰硅酸盐水泥强度等级分为32.5、32.5R、42.5、42.5R、52.5和52.5R六种，复合硅酸盐水泥强度等级分为42.5、42.5R、52.5和52.5R四种，各龄期强度不得低于表12-3-5中的数值。

硅酸盐水泥和普通硅酸盐水泥的强度要求（GB 175—2007） 表12-3-4

强度等级	抗压强度（MPa）		抗折强度（MPa）	
	3d	28d	3d	28d
42.5	17.0	42.5	3.5	6.5
42.5R	22.0	42.5	4.0	6.5
52.5	22.0	52.5	4.0	7.0
52.5R	27.0	52.5	5.0	7.0
62.5	27.0	62.5	5.0	8.0
62.5R	32.0	62.5	5.5	8.0

矿渣水泥、火山灰水泥、粉煤灰水泥和复合水泥的强度要求（GB 175—2007） 表12-3-5

强度等级	抗压强度（MPa）		抗折强度（MPa）	
	3d	28d	3d	28d
32.5	12.0	32.5	2.5	5.5
32.5R	17.0	32.5	3.5	5.5
42.5	17.0	42.5	3.5	6.5
42.5R	22.0	42.5	4.0	6.5
52.5	22.0	52.5	4.0	7.0
52.5R	27.0	52.5	4.5	7.0

【例12-3-5】 水泥颗粒的大小通常用水泥的细度来表征，水泥的细度是指：

A. 单位质量水泥占有的体积

B. 单位体积水泥的颗粒总表面积

C. 单位质量水泥的颗粒总表面积

D. 单位颗粒表面积的水泥质量

解 水泥的细度是指单位质量水泥的颗粒总表面积，单位是m^2/kg。

答案：C

五、水泥的储存

水泥在运输与保管时，不得受潮和混入杂物。不同品种和强度等级的水泥应分别储存，水泥的储存期不宜过长，因为水泥会吸收空气中的水分和二氧化碳，使颗粒表面水化甚至碳化，导致胶凝能力降低。通用硅酸盐水泥的储存期为三个月,因为在一般储存条件下,三个月后水泥的强度降低10%～20%;快硬水泥更易吸收空气中的水分,储存期一般不超过一个月。

六、通用水泥质量等级

根据《通用水泥质量等级》(JC/T 452—2009)的规定,判定水泥质量等级的依据是产品标准和实物质量。质量等级划分为优等品(水泥产品标准必须达到国际先进水平且水泥实物质量水平与国外同类产品相比达到近5年内的先进水平)、一等品(水泥产品标准必须达到国际一般水平且水泥实物质量水平达到国际同类产品一般水平)和合格品(按我国现行水泥产品标准组织生产、水泥实物质量水平必须达到现行产品标准的要求)。

七、其他品种水泥

(一)白色硅酸盐水泥

1.白色硅酸盐水泥的定义

由白色硅酸盐水泥熟料,加入适量石膏和混合材料磨细制成的水硬性胶凝材料。其中,白色硅酸盐水泥熟料和石膏占70%～100%,石灰岩、白云质岩石和石英砂等天然矿物占0%～30%。

白色硅酸盐水泥熟料是指由适当成分的生料烧至部分熔融,得到以硅酸钙为主要成分,氧化铁含量少的熟料。熟料中氧化镁的含量不宜超过5.0%。

2.白色硅酸盐水泥的技术要求

按《白色硅酸盐水泥》(GB/T 2015—2017)规定,白色硅酸盐水泥的主要技术要求有:

(1)细度

45μm方孔筛筛余不大于30.0%。

(2)凝结时间

初凝时间不小于45min,终凝时间不大于600min。

(3)白度

白色硅酸盐水泥按照白度分为1级和2级,代号分别为P.W-1和P.W-2。1级白度不小于89,2级白度不小于87。

(4)强度

白色硅酸盐水泥强度分为32.5、42.5和52.5三个等级。不同龄期强度应符合表12-3-6的规定。

白色硅酸盐水泥的不同龄期强度要求 表12-3-6

强度等级	抗折强度(MPa)		抗压强度(MPa)	
	3d	28d	3d	28d
32.5	≥3.0	≥6.0	≥12.0	≥32.5
42.5	≥3.5	≥6.5	≥17.0	≥42.5
52.5	≥4.0	≥7.0	≥22.0	≥52.5

(5)放射性

水泥放射性内照射指数I_{Ra}不大于1.0,放射性外照射指数I_r不大于1.0。

(二)彩色硅酸盐水泥

彩色硅酸盐水泥是由硅酸盐水泥熟料及适量石膏(或白色硅酸盐水泥)、混合材及着色剂磨细或混合制成的带有色彩的水硬性胶凝材料。混合材掺量不超过水泥质量的50%。

按照《彩色硅酸盐水泥》(JC/T 870—2012)规定,80μm方孔筛筛余不大于6.0%;初凝时间不早于1h,终凝时间不迟于10h;强度分为27.5、32.5和42.5三个等级,不同龄期强度应符合表12-3-7的规定。此外,还需要控制色差和颜色耐久性。

彩色硅酸盐水泥的强度指标 表12-3-7

强度等级	抗压强度(MPa)		抗折强度(MPa)	
	3d	28d	3d	28d
27.5	≥7.5	≥27.5	≥2.0	≥5.0
32.5	≥10.0	≥32.5	≥2.5	≥5.5
42.5	≥15.0	≥42.5	≥3.5	≥6.5

彩色硅酸盐水泥主要用于建筑内外表面的装饰。

(三)快硬硅酸盐水泥

凡以硅酸盐水泥熟料和适量石膏磨细制成的,以3d抗压强度表示强度等级的水硬性胶凝材料,称为快硬硅酸盐水泥,简称快硬水泥。其生产方法与硅酸盐水泥基本相同,提高水泥早期强度增进率的措施有:提高熟料中铝酸三钙与硅酸三钙的含量,适当增加石膏掺量(达8%)以及提高水泥的粉磨细度等。

快硬硅酸盐水泥各龄期强度数值见表12-3-8。主要用于配制早强混凝土,适用于紧急抢修工程与低温施工工程。快硬硅酸盐水泥易吸收空气中的水蒸气,存放时应注意防潮,且存放期一般不超过一个月。

快硬硅酸盐水泥各龄期强度值 表12-3-8

强度等级	抗压强度(MPa)			抗折强度(MPa)		
	1d	3d	28d①	1d	3d	28d①
32.5	15.0	32.5	52.5	3.5	5.0	7.2
37.5	17.0	37.5	57.5	4.0	6.0	7.6
42.5	19.0	42.5	62.5	4.5	6.4	8.6

注:①供需双方参考指标。

(四)膨胀水泥与自应力水泥

这两种水泥的特点是在硬化过程中体积不但不收缩,而且有不同程度的膨胀。在钢筋混凝土中应用膨胀水泥,由于混凝土的膨胀将使钢筋产生一定的拉应力,混凝土则受到相应的压应力,这种压应力能使混凝土免于产生内部微裂缝。当其值较大时,还能抵消一部分因外界因素(例如水泥混凝土管道中输送的压力水或压力气体)所产生的拉应力,从而有效改善混凝土抗拉强度低的缺点。因为这种预先具有的压应力是依靠水泥本身的水化而产生的,所以称为“自应力”,并以自应力值(MPa)表示所产生的压应力大小。自应力值大于或等于2MPa的称为自应力水泥,膨胀水泥的自应力值通常为0.5MPa左右。

按水泥主要成分分类,我国常用的膨胀水泥有硅酸盐膨胀水泥、铝酸盐膨胀水泥、硫铝酸盐膨胀水泥及铁铝酸钙膨胀水泥等品种。其膨胀源均来自于水泥硬化初期,生成高硫型水化硫铝酸钙(钙矾石),导致体积膨胀。

膨胀水泥主要用于配制防水砂浆、防水混凝土,构件的接缝与管道接头,结构的加固与修补等。自应力水泥主要用于制造自应力钢筋(钢丝网)混凝土压力管等。

（五）道路硅酸盐水泥

由道路硅酸盐水泥熟料、适量石膏和混合材料磨细制成的水硬性胶凝材料，代号 P. R。熟料中铝酸三钙含量不应大于 5%，铁铝酸四钙的含量不应小于 15%。

国家标准《道路硅酸盐水泥》（GB/T 13693—2017）规定，道路硅酸盐水泥比表面积为 300～450m^2/kg，初凝时间不小于 90min，终凝时间不大于 720min，28d 干缩率不大于 0.10%，28d 磨耗量不大于 3.00kg/m^2，按照 28d 抗折强度分为 7.5 和 8.5 两个等级，各龄期强度应符合表 12-3-9 的规定。

道路硅酸盐水泥的强度等级与各龄期强度　　表 12-3-9

强度等级	抗折强度(MPa)		抗压强度(MPa)	
	3d	28d	3d	28d
7.5	≥4.0	≥7.5	≥21.0	≥42.5
8.5	≥5.0	≥8.5	≥26.0	≥52.5

道路硅酸盐水泥具有良好的耐磨性和抗干缩性能，主要用于配制道路混凝土。

（六）砌筑水泥

砌筑水泥是由硅酸盐水泥熟料加入规定的混合材料和适量石膏，磨细制成的保水性好的水硬性胶凝材料，代号 M。

国家标准《砌筑水泥》（GB/T 3183—2017）规定，砌筑水泥 80μm 方孔筛筛余不大于 10.0%；初凝时间不小于 60min，终凝时间不大于 720min；保水率不小于 80%；强度分为 12.5、22.5 和 32.5 三个等级，各龄期强度应符合表 12-3-10 的规定。

砌筑水泥的强度指标　　表 12-3-10

强度等级	抗压强度(MPa)			抗折强度(MPa)		
	3d	7d	28d	3d	7d	28d
12.5	—	≥7.0	≥12.5	—	≥1.5	≥3.0
22.5	—	≥10.0	≥22.5	—	≥2.0	≥4.0
32.5	≥10.0	—	≥32.5	≥2.5	—	≥5.5

砌筑水泥主要用于配制砌筑砂浆、抹面砂浆等。

习　　题

12-3-1　大体积混凝土施工应选用（　　）。

A. 硅酸盐水泥　B. 铝酸盐水泥　C. 矿渣水泥　D. 膨胀水泥

12-3-2　生产硅酸盐水泥，在粉磨熟料时，加入适量石膏对水泥起的作用是（　　）。

A. 促凝　B. 增强　C. 缓凝　D. 防潮

12-3-3　蒸气养护效果最好的水泥是（　　）。

A. 矿渣水泥　B. 早强型硅酸盐水泥

C. 普通水泥　D. 高铝水泥

12-3-4　下列混合材料中，哪些属于活性混合材料？（　　）

①水淬矿渣；②黏土；③粉煤灰；④浮石；⑤烧黏土；⑥慢冷矿渣；⑦石灰石粉；⑧煤渣。

A. ①②③④⑤　　B. ②③④⑤⑥

C. ①③④⑤⑧　　D. ①③④⑤⑥

12-3-5　一般，石灰、石膏、水泥三者的胶结强度的关系是(　　)。

A. 石灰＞石膏＞水泥　　B. 石灰＜石膏＜水泥

C. 石膏＜石灰＜水泥　　D. 石膏＞水泥＞石灰

12-3-6　根据水泥石侵蚀的原因，下列(　　)是不正确的硅酸盐水泥防侵蚀措施。

A. 提高水泥强度等级

B. 提高水泥的密实度

C. 根据侵蚀环境特点，选用适当品种的水泥

D. 在混凝土或砂浆表面设置耐侵蚀且不透水的防护层

12-3-7　有耐磨性要求的混凝土，应优先选用下列哪种水泥？(　　)

A. 硅酸盐水泥　　B. 火山灰水泥　　C. 粉煤灰水泥　　D. 硫铝酸盐水泥

12-3-8　水泥的凝结与硬化与下列哪个因素无关？(　　)

A. 硬化时间　　B. 水泥的细度　　C. 拌和水量　　D. 水泥的体积和重量

12-3-9　以下关于水泥与混凝土凝结时间的叙述，正确的是(　　)。

A. 水泥浆凝结的主要原因是水分蒸发

B. 温度越高，水泥凝结得越慢

C. 混凝土的凝结时间与配制该混凝土所用水泥的凝结时间并不一致

D. 水灰比越大，凝结时间越短

第四节　混　凝　土

混凝土是指由胶凝材料、粗骨料、细骨料和水按适当的比例配合、拌制成的混合物，再经一定时间后硬化而成的人造石材。

根据表观密度的大小分，混凝土分为普通混凝土(表观密度为 2 000～2 800kg/m^3，建筑工程中应用最广泛、用量最大)、轻混凝土(表观密度小于 1 950kg/m^3，可用作结构混凝土、保温用混凝土以及结构兼保温混凝土)和重混凝土(表观密度 2 800kg/m^3 以上，主要用作核能工程的屏蔽结构材料)三类。

混凝土抗压强度高、耐久性好，组成材料中砂、石占 80%，成本低，与钢筋黏结力高(钢筋受拉、混凝土受压，两者膨胀系数相同)。主要缺点为抗拉强度低、受拉时变形能力差、易开裂、自重大。

一般对混凝土质量的基本要求是：具有符合设计要求的强度，与施工条件相适应的施工和易性，以及与工程环境相适应的耐久性。

一、普通混凝土组成材料的技术要求

(一)普通混凝土组成材料的作用

普通混凝土主要是由水泥、水和天然的砂、石骨料所组成的复合材料，通常还掺入一定量的掺合料和外加剂。混凝土组成材料中，砂、石是骨料，对混凝土起骨架作用，同时起抑制收缩的作用。水泥和水形成水泥浆体，包裹在粗、细骨料的表面并填充骨料之间的空隙。在混凝土凝结、硬化以前，水泥浆体起着润滑作用，赋予混凝土拌合物流动性，便于施工；在混凝土硬化以后，水泥浆体起着胶黏剂作用，将砂、石骨料黏结成为一个整体，使混凝土产生强度，成为

坚硬的人造材料。

（二）水泥

选择水泥要考虑品种与强度等级两个方面。

1.品种

应根据混凝土工程特点、工程所处环境条件及施工条件，进行合理选择，可参考表12-3-3。

2.强度等级

水泥的强度等级应与混凝土的设计强度相适应。若用高强度等级水泥配制低强度等级的混凝土，只需用少量水泥就可满足混凝土强度要求，但水泥用量偏少会影响混凝土拌合物的工作性与密实度，可考虑掺入一定数量的掺合料（如粉煤灰）。若用低强度等级水泥配制高强度等级的混凝土，为满足强度要求，需较多的水泥用量，过多的水泥用量不仅不经济，还会影响混凝土其他技术性质（如硬化收缩增大，会引起混凝土开裂），可以掺各种减水剂，通过降低水灰比（水胶比）来提高强度。

（三）细骨料

粒径小于4.75mm的骨粒为细骨料，包括天然砂和机制砂。天然砂是由自然生成的、经人工开采和筛分的粒径小于4.75mm的岩石颗粒，包括河砂、湖砂、山砂、淡化海砂，但不包括软质、风化的岩石颗粒。机制砂是经除土处理、由机械破碎、筛分制成的、粒径小于4.75mm的岩石、矿山尾矿或工业废渣颗粒，但不包括软质、风化的颗粒，俗称人工砂。

配制混凝土时所采用的细骨料的技术要求主要有以下几方面：

1.有害杂质

凡存在于砂或石子中会降低混凝土性质的成分均称为有害杂质。砂中有害杂质包括泥、泥块、云母、轻物质、硫化物与硫酸盐、有机物质及氯化物等。其中泥是指天然砂中粒径小于75μm的颗粒；泥块是指砂中粒径大于1.18mm，经水浸洗、手捏后小于600μm的颗粒。泥、云母、轻物质等能降低骨料与水泥浆的黏结，泥多还增加混凝土的用水量，从而加大混凝土的收缩，降低抗冻性与抗渗性；硫化物与硫酸盐、有机物质等对水泥有侵蚀作用；泥块、轻物质强度较低，会形成混凝土中的薄弱部分。氯盐能引起钢筋混凝土中钢筋的锈蚀，破坏钢筋与混凝土的黏结，使混凝土保护层开裂。总之，有害杂质会降低混凝土的强度与耐久性，为保证混凝土质量，有害杂质含量应符合表12-4-1的规定。

砂中有害杂质限量表

表12-4-1

项　目	指　标		
	Ⅰ类	Ⅱ类	Ⅲ类
含泥量（按质量计，%）	≤1.0	≤3.0	≤5.0
泥块含量（按质量计，%）	0	≤1.0	≤2.0
云母（按质量计，%）	≤1.0	≤2.0	
轻物质（按质量计，%）	≤1.0		
有机物（比色法）	合格		
硫化物及硫酸盐（按 SO_3 质量计，%）	≤0.5		
氯化物（以氯离子质量计，%）	≤0.01	≤0.02	≤0.06

2.颗粒级配与粗细程度

混凝土用砂的选用，主要应从砂对混凝土和易性与水泥用量（即混凝土的经济性）的影响这两个方面进行考虑，也就是说，主要考虑砂的颗粒级配和粗细程度。

砂的颗粒级配是指砂中不同粒径颗粒的搭配情况。级配良好的砂，具有较小的空隙率和总表面积，配制混凝土时，不仅水泥浆量较少，而且还可提高混凝土的流动性、密实度和强度。

砂的粗细程度是指不同粒径的砂粒混合在一起后的平均粗细程度，通常有粗砂、中砂与细砂之分。在相同用砂量条件下，中砂的总表面积和空隙率较小，包裹砂粒表面所需的水泥浆少，因此节省水泥。

砂的颗粒级配与粗细程度采用筛分析法测定。该法是用一套孔径为 9.50mm、4.75mm、2.36mm、1.18mm、0.60mm、0.30mm 的标准方孔筛，将 500g 干砂由粗到细依次过筛，计算出各筛上的分计筛余百分率 α_i（各筛上的筛余量占砂样总重的百分率）与累计筛余百分率 A_i（各个筛与比该筛粗的所有筛的分计筛余百分率之和）。

砂的颗粒级配以级配区表示。国家标准根据 0.60mm 方孔筛的累计筛余量分为三个级配区，见表 12-4-2。

砂的颗粒级配 表 12-4-2

砂的分类	天然砂			机制砂		
级配区	1 区	2 区	3 区	1 区	2 区	3 区
方孔筛	累计筛余(%)					
4.75mm	10～0	10～0	10～0	10～0	10～0	10～0
2.36mm	35～5	25～0	15～0	35～5	25～0	15～0
1.18mm	65～35	50～10	25～0	65～35	50～10	25～0
600μm	85～71	70～41	40～16	85～71	70～41	40～16
300μm	95～80	92～70	85～55	95～80	92～70	85～55
150μm	100～90	100～90	100～90	97～85	94～80	94～75

砂的粗细程度用细度模数 M_x 表示，计算式为：

$$M_x=\frac{(A_2+A_3+A_4+A_5+A_6)-5A_1}{100-A_1} \tag{12-4-1}$$

细度模数越大，表示砂越粗。细度模数为 1.5～0.7 的为特细砂，2.2～1.6 为细砂，3.0～2.3 为中砂，3.7～3.1 为粗砂。

综上所述，混凝土用砂，应优先选用级配良好的中砂，这种砂的空隙率与总表面积均小，不仅水泥用量较少，还保证了混凝土有较高的密实度与强度。

【例 12-4-1】 描述混凝土用砂的粗细程度的指标是：

A. 细度模数　　B. 级配曲线　　C. 最大粒径　　D. 最小粒径

解 描述混凝土用砂粗细程度的指标是细度模数。最大粒径是描述混凝土用石粗细程度的指标。级配曲线反映了砂石骨料不同粒径的搭配情况。

答案：A

（四）粗骨料

骨料中粒径大于 4.75mm 的称为粗骨料，混凝土用粗骨料有碎石和卵石两种。碎石表面粗糙，具有棱角，与水泥浆黏结较好，而卵石多为圆形，表面光滑，与水泥浆的黏结较差，在水泥用量和水用量相同的情况下，碎石拌制的混凝土强度较高，但流动性较小。

普通混凝土用石子的技术要求有以下几个方面：

1. 有害杂质

粗骨料中的有害杂质包括泥、泥块、硫化物与硫酸盐、有机质等，其含量应符合表 12-4-3 中的规定。

粗骨料中有害杂质限量 表 12-4-3

项　　目	指　　标		
	I 类	II 类	III 类
含泥量(按质量计，%)	≤0.5	≤1.0	≤1.5
泥块含量(按质量计，%)	0	≤0.2	≤0.5
硫化物及硫酸盐(按 SO_3 质量计，%)	≤0.5	≤1.0	≤1.0
有机质(比色法)	合格	合格	合格
针、片状颗粒(按质量计，%)	≤5	≤10	≤15

2. 颗粒形状

颗粒形状最好为小立方体或球体，应控制针、片状颗粒。针状颗粒是指颗粒长度大于该颗粒所属粒级的平均粒径的 2.4 倍，片状颗粒是指颗粒厚度小于平均粒径的 0.4 倍。平均粒径是指该粒级上、下限粒径的平均值。

针、片状颗粒受力易折断；当含量较多时，会增大石子的空隙率，影响混凝土的工作性及强度，因此含量应加以限制，见表 12-4-3。

3. 颗粒级配和最大粒径

石子颗粒级配是指大小粒径石子搭配情况，合理的级配可使石子的空隙率和总表面积均比较小，这样拌制的混凝土水泥用量少、密实度较好，有利于改善混凝土和易性，并提高其强度。

石子的颗粒级配也是通过筛分析试验来测定。普通混凝土用石子的颗粒级配应符合表 12-4-4 的规定。

普通混凝土用石的级配范围 表 12-4-4

级配情况	公称粒级(mm)	累计筛余(%)											
		筛孔尺寸(方孔筛)(mm)											
		2.36	4.75	9.5	16.0	19.0	26.5	31.5	37.5	53.0	63.0	75.0	90.0
连续粒级	5～16	95～100	85～100	30～60	0～10	0	—	—	—	—	—	—	—
	5～20	95～100	90～100	40～80	—	0～10	0		—	—	—	—	—
	5～25	95～100	90～100	—	30～70	—	0～5	0	—	—	—	—	—
	5～31.5	95～100	90～100	70～90		15～45		0～5	0	—	—	—	—
	5～40	—	95～100	70～90	—	30～65			0～5	0	—	—	—
单粒级	5～10	95～100	80～100	0～15	0	—	—	—	—	—	—	—	—
	10～16	—	95～100	80～100	0～15	—	—	—	—	—	—	—	—
	10～20	—	95～100	85～100	—	0～15	0	—	—	—	—	—	—
	16～25	—	—	95～100	55～70	25～40	0～10	—	—	—	—	—	—
	16～31.5	—	95～100	—	85～100	—	—	0～10	0	—	—	—	—
	20～40	—	—	95～100	—	85～100	—	—	0～10	0	—	—	—
	40～80	—	—	—	—	95～100	—	—	70～100	—	30～60	0～10	0

单粒级一般不单独使用，可用于组合成具有要求级配的连续粒级，也可与连续粒级的石子混合使用，以改善它们的级配或配成较大粒度的连续粒级。

石子公称粒级的上限，称为石子的最大粒径。随着石子最大粒径的增大，在质量相同时，其总表面积减小，因此，在条件许可下，石子的最大粒径应尽可能选得大一些，以节约水泥。

一般在可能情况下，混凝土应尽量选用大粒径的石子，但是最大粒径的选择，还要受到混凝土结构截面尺寸及配筋间距的限制。按照《混凝土结构工程施工质量验收规范》(GB 50204—2015)的规定，混凝土用石子的最大粒径不得超过结构截面最小尺寸的1/4，同时不得超过钢筋间最小净距的3/4。对于混凝土实心板，石子最大粒径不宜超过板厚的1/3，且不得超过40mm。

4.强度

碎石的强度用岩石的块体抗压强度或压碎指标表示，卵石的强度用压碎指标表示。

石子的抗压强度，是指在母岩中取样制作边长为50mm的立方体试件(或直径与高度均为50mm的圆柱体试件)，在水中浸泡48h测得的强度，要求岩石的抗压强度与混凝土抗压强度之比不小于1.5。而且，火成岩的抗压强度不宜低于80MPa，水成岩不宜低于45MPa，变质岩不宜低于60MPa。

压碎指标的测定方法为采用一定质量的气干状态下粒径为9.5～19mm的石子，装入一标准圆筒内，在压力机上施加荷载至200kN，并稳定5s，卸荷后称取试样质量m_0，再用孔径为2.36mm的筛筛除被压碎的细粒，称出筛余量m_1，则压碎指标Q_a为：

$$Q_a=\frac{m_0-m_1}{m_0}\times 100\% \tag{12-4-2}$$

石子压碎指标越大，其强度越低。石子的压碎指标值见表12-4-5。

石子压碎指标和坚固性指标　　表12-4-5

项　目	指　标		
	I类	II类	III类
碎石压碎指标(%)	≤10	≤20	≤30
卵石压碎指标(%)	≤12	≤14	≤16
质量损失(%)	≤5	≤8	≤12

5.坚固性

坚固性是指石子在自然风化和其他外界物理化学因素作用下抵抗破裂的能力。采用硫酸钠溶液浸渍法进行试验，石子经5次循环浸渍后，其质量损失应符合表12-4-5的规定。

【例12-4-2】 混凝土用骨料的粒形对骨料的空隙率有很大的影响，会最终影响到混凝土的：

A.孔隙率　　B.强度　　C.导热系数　　D.弹性模量

解　混凝土用骨料的粒形最好为球形或立方体，不规则粒形有针状(颗粒的长度大于该颗粒平均粒径的2.4倍)和片状(颗粒的厚度小于该颗粒平均粒径的0.4倍)。针片状颗粒过多会降低混凝土的泵送性能、强度和耐久性。

答案：B

(五)水

拌制和养护混凝土用水，不得影响混凝土的和易性及凝结；不得有损于混凝土强度发展；不得降低混凝土的耐久性；不得加快钢筋腐蚀及导致预应力钢筋脆断；不得污染混凝土表面。

饮用水、地下水、地表水及经过处理达到要求的工业废水均可用作混凝土拌和用水，宜优先采用符合国家标准的饮用水。若采用其他水源时，水质要求应符合《混凝土用水标准》(JGJ 63—2006)的规定，对水的pH值以及不溶物、可溶物、氯化钠、硫化物、硫酸盐等含量也均有限制。

(六)外加剂

根据《混凝土外加剂术语》(GB/T 8075—2017)，混凝土外加剂是一种在混凝土搅拌之前或拌制过程中加入的、用以改善新拌混凝土和(或)硬化混凝土性能的材料。

混凝土外加剂按其主要使用功能分为四类:

(1)改善混凝土拌合物流变性能的外加剂,包括各种减水剂和泵送剂等;

(2)调节混凝土凝结时间、硬化性能的外加剂,包括缓凝剂、促凝剂和速凝剂等;

(3)改善混凝土耐久性的外加剂,包括引气剂、防水剂、阻锈剂和矿物外加剂等;

(4)改善混凝土其他性能的外加剂,包括膨胀剂、防冻剂、着色剂等。

1.减水剂

减水剂是指在混凝土坍落度基本相同的条件下,能减少拌和用水量的外加剂。

减水剂的作用效果有:

(1)在配合比不变,且不影响混凝土强度的前提下,改善混凝土拌合物工作性,提高流动性;

(2)在保持一定流动性的前提下,减少用水量,提高混凝土拌合物的强度;

(3)在保持强度和工作性不变的情况下,减少水泥用量;

(4)改善混凝土拌合物的可泵性及其他物理力学性能。

常用减水剂有多环芳香族磺酸盐减水剂(萘系减水剂)、聚羧酸减水剂等。

2.早强剂

早强剂是指能加速混凝土早期强度发展的外加剂。主要用于冬季施工或紧急抢修施工工程中。常用的早强剂有氯化物系、硫酸盐系、三乙醇胺系。

(1)氯化物系早强剂

如 $CaCl_2$,除提高早期强度外,还有促凝、防冻效果,缺点是 Cl^- 会使钢筋锈蚀,所以在钢筋混凝土中掺量不得超过 1%,不得用于预应力混凝土中。

(2)硫酸盐系早强剂

如 Na_2SO_4,又名元明粉。

(3)三乙醇胺系早强剂

三乙醇胺为无色或淡黄色透明油状液体,易溶于水,有缓凝作用,一般不单独使用,常与其他早强剂复合使用。

3.缓凝剂

缓凝剂是指能延长混凝土凝结时间的外加剂。主要用于高温季节混凝土、大体积混凝土、泵送和滑模混凝土施工以及远距离运输的商品混凝土。常用缓凝剂有糖类及其碳水化合物、羟基羧酸盐、多元醇及其衍生物等有机缓凝剂,磷酸盐、锌盐、硫酸铁、硫酸铜、氟硅酸盐等无机缓凝剂。

4.引气剂

引气剂是指在混凝土搅拌过程中能引入大量均匀分布、稳定而封闭的微小气泡且能保留在硬化混凝土中的外加剂。常用引气剂有松香类引气剂(如松香皂、松香热聚物等)、木质素磺酸盐类引气剂等。

引气剂产生的气泡直径在 0.05~1.25mm 之间,可改善混凝土拌合物的和易性,提高混凝土的抗渗性、抗冻性等,但含气量增大会导致混凝土强度降低。

5.速凝剂

速凝剂是指能使混凝土迅速凝结硬化的外加剂,主要有铝氧熟料加碳酸盐系速凝剂、硫铝酸盐系速凝剂、水玻璃系速凝剂等。广泛用于喷射混凝土、灌浆止水混凝土及抢修补强混凝土工程中，如矿山井巷、隧道涵洞、地下工程等。

6.防水剂

防水剂是指能提高砂浆、混凝土抗渗性能的外加剂。按化学成分，防水剂分为无机防水剂和有机防水剂。

无机防水剂通过水泥凝结硬化过程中与水发生化学反应，生成物填充在砂浆、混凝土的孔隙内，提高密实度，从而实现防水抗渗作用，包括水玻璃、氯化铁、氯化铝等。有机防水剂有憎水性表面活性剂和天然或合成聚合物乳液水溶性树脂等。

(七)矿物掺合料

矿物掺合料(简称掺合料)是为改善混凝土性能、节约水泥而在混凝土拌合物中掺入的矿物材料，也称矿物外加剂。工程中常采用的矿物掺合料有粉煤灰、磨细矿渣粉、沸石粉、煅烧煤矸石、硅灰等。

粉煤灰的活性较低，掺入混凝土中，可以显著降低水化热，还可以提高抗侵蚀性，是应用最为普遍的掺合料。

硅灰的活性很高，可以大幅度提高混凝土的强度，但其价格较贵，只用于C80以上的高强混凝土中。

【例12-4-3】 现代混凝土使用的矿物掺合料不包括：

A.粉煤灰　　B.硅灰

C.磨细的石英砂　　D.粒化高炉矿渣

解 现代混凝土常用矿物掺合料有粉煤灰、硅灰、粒化高炉矿渣等，这些矿物掺合料微观结构为玻璃体，具有活性。磨细石英砂具有晶体结构，常温下不具有活性，现代混凝土使用的矿物掺合料中不包括磨细石英砂。

答案：C

二、普通混凝土的技术性质

(一)混凝土拌合物的和易性

混凝土凝结硬化之前称为混凝土拌合物，或新拌混凝土，必须具有良好的和易性(也称工作性)。

1.和易性概念及指标

和易性是指混凝土拌合物易于施工操作(拌和、运输、浇筑、捣实)，并能获得质量均匀、成型密实混凝土的性能。和易性为一项综合的技术性质，包括流动性(能流动，均匀密实地填满模板的性能)、黏聚性(组成材料之间具有一定的黏结力，不分层、不离析的性能)和保水性(不泌水的性能)。

2.和易性指标

按《普通混凝土拌合物性能试验方法标准》(GB/T 50080—2016)的规定，混凝土拌合物流动性的指标为稠度，可用坍落度(图12-4-1)、维勃稠度(图12-4-2)或扩展度表示。坍落度是指混凝土拌合物在自重作用下坍落的高度，坍落度试验方法适用于坍落度值不小于10mm、骨料最大公称粒径不大于40mm的混凝土拌合物坍落度的测定。维勃稠度检验适用于维勃稠度为5～30s的混凝土拌合物，扩展度是指混凝土拌合物坍落后扩展的直径，扩展度试验方法宜用于骨料最大公称粒径不大于40mm，坍落度不小于160mm的混凝土扩展度的测定，适用于泵送高强混凝土和自密实混凝土。

坍落度或扩展度越大，表明混凝土拌合物流动性越好；维勃稠度越大，说明混凝土拌合物的流动性越差。

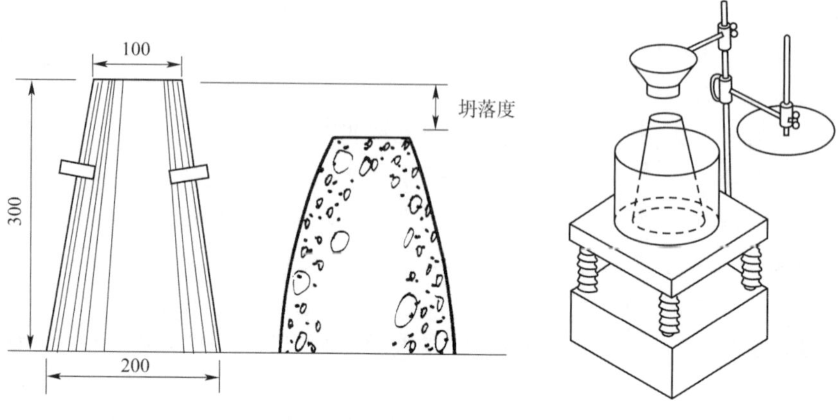

图 12-4-1 混凝土拌合物坍落度的测定(尺寸单位：mm)　　图 12-4-2 维勃稠度仪

《混凝土质量控制标准》(GB 50164—2011)将混凝土拌合物按照坍落度划分等级，见表 12-4-6。

混凝土拌合物的坍落度等级划分　　表 12-4-6

等　级	坍落度(mm)	等　级	坍落度(mm)
S1	10～40	S4	160～210
S2	50～90	S5	≥220
S3	100～150		

混凝土拌合物的黏聚性与保水性无指标，凭直观经验目测评定。

3. 坍落度的选择

施工中选择混凝土拌合物的坍落度，一般依据构件截面的大小、钢筋疏密和捣实方法来确定。当构件截面尺寸较小或钢筋较密或人工插捣时，坍落度可选择大些。总的原则是在保证能顺利施工的前提下，坍落度尽量选小些。

4. 影响和易性的因素

(1)浆体的数量和稠度

浆体是由水泥、矿物掺合料和水拌和而成，具有流动性和可塑性，是影响混凝土拌合物和易性的主要因素。原材料一定时，坍落度主要取决于浆体的数量和稠度。增大稠度，即增加用水量，同时增大水胶比，坍落度增大，但混凝土拌合物稳定性降低(即易离析、泌水)，也会降低硬化混凝土的密实度、强度和耐久性。所以通常通过保持水胶比不变，调整浆体数量来满足工作性的要求，也可以通过掺加外加剂来调整和易性。

(2)砂率

砂率是指混凝土中砂的质量占砂、石总质量的百分比。砂率的变动会使骨料的空隙率与总表面积有显著改变，因而对混凝土拌合物的和易性产生显著影响。砂率过大(总表面积增大)或过小(空隙率过大)，在浆体含量不变的情况下，均会使混凝土拌合物的流动性减小。因此，在配制混凝土时，砂率不能过大，也不能太小，应选用合理的砂率值。所谓合理砂率，是指在用水量及胶凝材料用量一定的情况下,能使混凝土拌合物获得最大的流动性,且能保持黏聚性及保水性良好时的砂率值,如图 12-4-3a)所示。或者,从另一角度考虑,当采用合理砂率时,能使混凝土拌合物获得所要求的流动性及良好的黏聚性与保水性,而水泥用量为最少,如图 12-4-3b)所示。

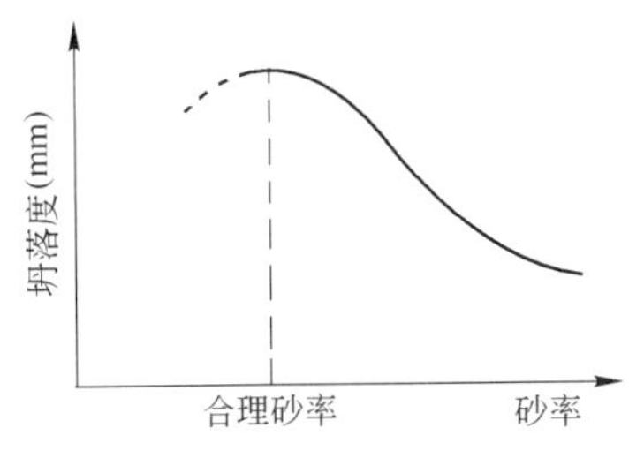

a)坍落度与砂率的关系(水和水泥用量一定)

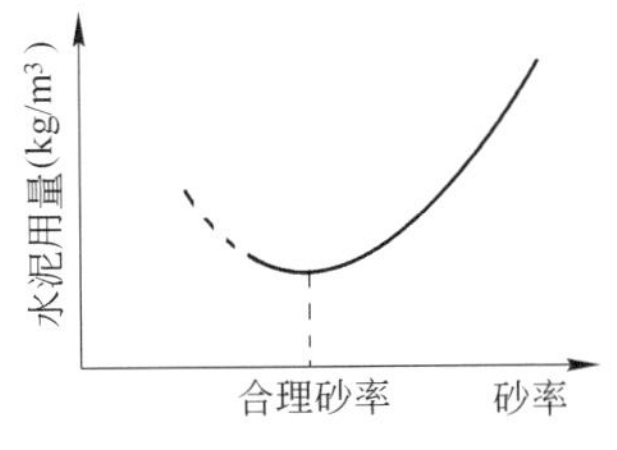

b)水泥用量与砂率的关系(达到相同坍落度)

图 12-4-3 砂率与坍落度和水泥用量的关系

确定合理砂率的方法很多,可参照表 12-4-7,也可根据砂、石的堆积密度、空隙率等参数确定。

混凝土砂率选用表(%) 表 12-4-7

水灰比(W/C)	卵石最大粒径(mm)			碎石最大粒径(mm)		
	10	20	40	16	20	40
0.40	26~32	25~31	24~30	30~35	29~34	27~32
0.50	30~35	29~34	28~33	33~38	32~37	30~35
0.60	33~38	32~37	31~36	36~41	35~40	33~38
0.70	36~41	35~40	34~39	39~44	38~43	36~41

注:1. 表中数值为中砂的选用砂率,对细砂或粗砂,可相应地减少或增加砂率。

2. 本砂率表适用于坍落度为 10~60mm 的混凝土,坍落度如大于 60mm 或小于 10mm,则应相应地增加或减小砂率,详见《普通混凝土配合比设计规程》(JGJ 55—2011)中的有关条文。

3. 只用一个单粒级粗骨料配制混凝土时,砂率值应适当增加。

4. 掺有各种外加剂或掺合料时,其合理砂率值应经试验或参照其他有关规定选用。

(3)骨料品种与品质

在骨料用量一定的情况下,采用卵石和河砂拌制的混凝土拌合物,其流动性比用碎石和山砂拌制的好。石子最大粒径较大时,需要包裹的浆体少,流动性好,但容易离析。级配好的骨料拌制的混凝土拌合物的流动性大。

(4)水泥、矿物掺合料和外加剂

与普通水泥相比,采用矿渣水泥、火山灰水泥的混凝土拌合物流动性较小。但是矿渣水泥的保水性差,尤其低温时泌水较大。

矿物掺合料不仅自身水化缓慢,优质矿物掺合料还有一定的减水效果,同时还减缓了水泥的水化速度,使混凝土工作性更加流畅,并防止泌水及离析的发生。

在拌制混凝土拌合物时,加入适量外加剂,如减水剂、引气剂等,能使混凝土在较低水胶比、较小用水量的条件下,仍能获得较高的流动性。

(5)时间和温度

混凝土拌合物随着时间的延长会变得越来越干稠。混凝土工作性还受温度的影响,随着环境温度的升高,混凝土的工作性降低很快。

5. 改善和易性的措施

在实际工作中，可采取以下措施调整拌合物的和易性(需考虑对混凝土强度、耐久性等的影响)：

(1)尽可能采用合理砂率，以提高混凝土的质量与节约水泥。

(2)改善砂、石级配。

(3)尽量采用较粗的砂、石。

(4)当混凝土的配合比初步确定后，如发现拌合物坍落度太小，则可保持水胶比不变，增加适量的浆体以提高混凝土坍落度，满足施工要求；若坍落度太大，则可增加适量砂、石，从而减小坍落度，达到施工要求，避免出现离析、泌水等不利现象。

(5)掺外加剂(减水剂、引气剂)，均可提高混凝土的流动性。

(二)混凝土的强度

1. 混凝土的受力变形及破坏形式

硬化后的混凝土在未受力作用之前，由于水泥水化造成的物理收缩和化学收缩引起砂浆体积的变化，或者因泌水在骨料下部形成水囊，而导致骨料界面可能出现界面裂缝(如图 12-4-5 未加荷载所示)，在施加外力时，微裂缝处出现应力集中，随着外力的增大，裂缝就会延伸和扩展，最后导致混凝土破坏。混凝土的受压破坏实际上是裂缝的失稳扩展到贯通的过程。混凝土的裂缝扩展可分为如图 12-4-4 所示的四个阶段，每个阶段的裂缝状态示意图如图 12-4-5 所示。当荷载到达"比例极限"(约为极限荷载的 30%)以前，界面裂缝无明显变化(图 12-4-4 第 I 阶段，图 12-4-5 中 I)。此时，荷载与变形接近直线关系(图 12-4-4 曲线 OA 段)；荷载超过"比例极限"以后，界面裂缝的数量、长度、宽度都不断扩大，界面借助摩擦阻力继续承担荷载，但尚无明显的砂浆裂缝(图 12-4-5 中 II)。此时，变形增大的速度超过荷载的增大速度，荷载与变形之间不再接近直线关系(图 12-4-4 曲线 AB 段)。荷载超过"临界荷载"(为极限荷载的 70%～90%)以后，在界面裂缝继续发展的同时，开始出现砂浆裂缝，并将临近的界面裂缝连接起来成为连续裂缝(图 12-4-5 中 III)。此时，变形增大的速度进一步加快，荷载-变形曲线明显地弯向变形轴方向(图 12-4-4 曲线 BC 段)。超过极限荷载后，连续裂缝急速地扩展(图 12-4-5 中 IV)。此时，混凝土的承载力下降，荷载减小而变形迅速增大，以致完全破坏，荷载-变形曲线逐渐下降而最后结束(图 12-4-4 曲线 CD 段)。因此，混凝土受力破坏过程实际上是混凝土裂缝的发生和发展过程，也是混凝土内部结构裂缝由连续到不连续的演变过程。

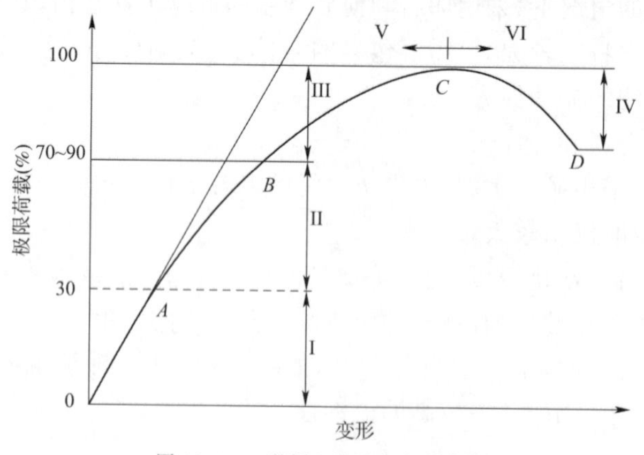

图 12-4-4 混凝土的受力变形曲线

I-界面裂缝无明显变化；II-界面裂缝增长；III-出现砂浆裂缝和连续裂缝；IV-连续裂缝迅速发展；V-裂缝缓慢增长；VI-裂缝迅速增长

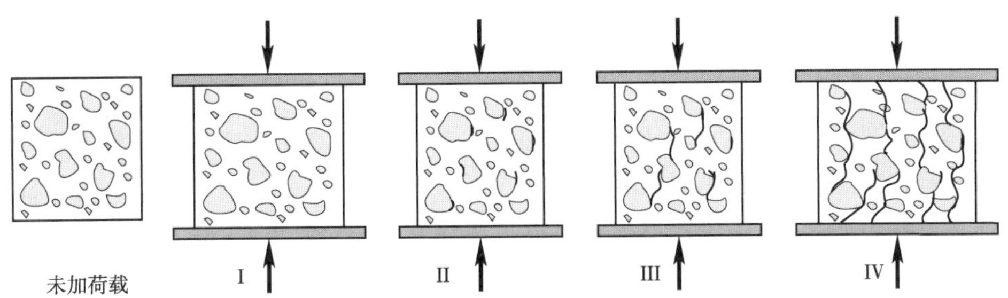

图 12-4-5　不同受力阶段裂缝示意图

2. 混凝土立方体抗压强度及强度等级

根据《混凝土物理力学性能试验方法标准》(GB/T 50081—2019)制作边长为 150mm 的立方体标准试件，在标准条件(温度 20℃±2℃，相对湿度 95%以上)下，养护到 28d 龄期，用标准试验方法测得的抗压强度值，称为混凝土立方体抗压强度，用 f_{cu} 表示。

在实际施工中，允许采用非标准尺寸的试件，但试件尺寸越大，测得的抗压强度值越小(原因是大试件环箍效应的相对作用小，另外，存在缺陷的概率增大)。混凝土强度等级小于 C60 时，用非标准试件测得的强度值应乘以尺寸换算系数，对尺寸为 200mm×200mm×200mm 的试件可取为 1.05，对尺寸为 100mm×100mm×100mm 的试件可取为 0.95。

根据《混凝土强度检验评定标准》(GB/T 50107—2010)的规定，混凝土的强度等级应按其立方体抗压强度标准值确定。混凝土强度等级采用“C”与立方体抗压强度标准值 $f_{cu,k}$ 表示。

混凝土立方体抗压强度标准值应为按标准方法制作和养护的边长为 150mm 的立方体试件，用标准试验方法在 28d 龄期测得的混凝土抗压强度总体分布中的一个值，强度低于该值的概率应为 5%。

《混凝土质量控制标准》(GB 50164—2011)规定，混凝土强度等级应按立方体抗压强度标准值(MPa)划分为 C10、C15、C20、C25、C30、C35、C40、C45、C50、C55、C60、C65、C70、C75、C80、C85、C90、C95 和 C100。

【例 12-4-4】 混凝土强度的形成受到其养护条件的影响，主要是指：

A. 环境温湿度　　B. 搅拌时间　　C. 试件大小　　D. 混凝土水灰比

解　养护是指控制合适的温度和湿度使水泥混凝土正常水化硬化，所以养护条件是指温度、湿度。

答案：A

【例 12-4-5】 混凝土材料在单向受压条件下的应力-应变曲线呈现明显的非线性特征，在外部应力达到抗压强度的 30%左右时，图线发生弯曲，这时应力-应变关系的非线性主要是由于：

A. 材料出现贯穿裂缝　　B. 骨料被压碎

C. 界面过渡区裂缝的增长　　D. 材料中孔隙被压缩

解　混凝土材料在单向受压条件下的应力-应变曲线表现出明显的非线性特征，在外部应力达到抗拉强度的 30%左右时，由于混凝土内部界面过渡区裂缝增长，使曲线发生弯曲。当外部应力达到抗拉强度的 90%以上时，材料出现贯穿裂缝。

答案：C

3. 混凝土轴心抗压强度

轴心抗压强度又称棱柱体抗压强度。在实际工程中，混凝土受压构件大部分是棱柱体或圆柱体，为了与实际情况相符，在混凝土结构设计、计算轴心受压构件（如柱子、桁架的腹杆等）时，应采用轴心抗压强度作为设计依据。根据《混凝土物理力学性能试验方法标准》（GB/T 50081—2019）的规定，轴心抗压强度应采用尺寸为 150mm×150mm×300mm 的棱柱体作为标准试件。试验表明，轴心抗压强度为立方体抗压强度的 70%～80%。

4. 混凝土抗拉强度

混凝土的抗拉强度很低，只有其抗压强度的 1/20～1/10，且这个比值随着强度等级的提高而降低。混凝土抗拉强度对于混凝土抗裂性具有重要作用，是结构设计中确定混凝土抗裂度的主要指标，有时也用来间接衡量混凝土与钢筋的黏结强度等。一般采用劈裂法来测定混凝土的劈裂抗拉强度，简称劈拉强度。

根据《混凝土物理力学性能试验方法标准》（GB/T 50081—2019）的规定，劈裂抗拉强度采用边长为 150mm 的立方体标准试件，按规定的劈裂抗拉装置检测劈拉强度，按下式计算劈裂抗拉强度：

$$f_{ts}=\frac{2F}{\pi A}=0.637\frac{F}{A} \tag{12-4-3}$$

式中：f_{ts}——劈裂抗拉强度（MPa）；

F——破坏荷载（N）；

A——试件劈裂面面积（mm^2）。

5. 影响混凝土抗压强度的因素

（1）胶凝材料的强度和水胶比

胶凝材料的强度和水胶比是影响混凝土强度最主要的因素。试验证明：胶凝材料的强度越高，则混凝土的强度越高；在胶凝材料组成和强度相同时，混凝土强度随着水胶比的增大而有规律地降低。水胶比增大，多余的水分多（水泥水化所需的结合水，一般只占水泥质量的 23%左右），当混凝土硬化后，多余的水分就残留在混凝土中形成水泡或蒸发后形成气孔，大大地减少了混凝土抵抗荷载的实际有效断面，而且可能在孔隙周围产生应力集中，使混凝土强度降低，反之，水胶比越小，水泥浆硬化后强度越高，与骨料表面的黏结力越大，则混凝土强度也越高。但若水胶比太小，拌合物过于干稠，难以施工捣实，混凝土会出现较多的蜂窝孔洞，强度也会降低。

瑞士学者保罗米通过大量试验研究，提出以下混凝土强度（f_{cu}）与水泥强度（f_{ce}）、水灰比（W/C）之间的经验公式：

$$f_{cu}=\alpha_a f_{ce}\left(\frac{C}{W}-\alpha_b\right) \tag{12-4-4}$$

式中：α_a、α_b——回归系数，与粗骨料种类、水泥品种等因素有关，其数值通过试验求得，《普通混凝土配合比设计规程》（JGJ 55—2011）规定，对碎石混凝土，α_a 可取 0.53，α_b 可取 0.20；对卵石混凝土，α_a 可取 0.49，α_b 可取 0.13。

（2）温度和湿度

养护温度和湿度是保证水泥正常水化的必要条件，也是决定水泥水化速度的重要条件。若温度升高，则水泥水化速度加快，混凝土强度发展也就加快；反之，温度降低时，水泥水化速度降低，混凝土强度发展相应迟缓。当温度降至冰点以下时，水泥水化反应停止，混凝土的强度也停止发展而且还会因混凝土中的水结冰产生体积膨胀导致开裂。所以混凝土冬期施工时，要特别注意保温养护，以免混凝土早期受冻破坏。

周围环境的湿度对混凝土强度也有显著影响。若湿度不够，混凝土会因失水干燥而影响水泥水化作用的正常进行，甚至停止水化。这将严重降低混凝土的强度，且因水化作用不充分，使混凝土结构疏松，或形成干缩裂缝，从而影响混凝土耐久性。因此要求在混凝土凝结后（一般在12h以内），表面加以覆盖和浇水，一般硅酸盐水泥、普通水泥和矿渣水泥配制的混凝土，需浇水保温至少7d；使用火山灰水泥、粉煤灰水泥或掺用缓凝型外加剂，或有抗渗要求的混凝土，浇水保湿不少于14d。

总之，已浇筑完毕的混凝土，必须注意在一定时间内维持周围环境有一定温度和湿度。而且混凝土施工时，夏季注意浇水保持必要的湿度，冬季注意保持必要的温度。

(3)龄期

混凝土在正常养护条件下，其强度随龄期的增加而增长，最初7～14d内，强度增长较快，28d以后增长缓慢，但只要有一定的温度与湿度，强度仍有所增长。可根据混凝土早期强度大致估计其28d的强度。如用普通水泥配制的混凝土，在标准条件下养护，其强度发展有如下关系式：

$$\frac{f_n}{f_{28}}=\frac{\lg n}{\lg 28} \tag{12-4-5}$$

式中：f_n——nd混凝土抗压强度(MPa)；

f_{28}——28d混凝土抗压强度(MPa)；

n——养护龄期(d)，$n\geqslant 3$。

6.提高混凝土强度的措施

(1)降低水灰比或水胶比。

通过掺入高性能减水剂，降低水灰比或水胶比，减少拌合物中游离水分，从而使混凝土硬化后留下的孔隙少，提高混凝土的密实度和强度。

(2)采用高强度等级水泥或早强类水泥。

(3)采用湿热养护——蒸气养护与蒸压养护。

蒸气养护是将混凝土放在低于100℃的常压蒸气中养护。目的是提高混凝土的早期强度。一般混凝土经16h左右蒸气养护后，其强度可达正常条件下养护28d强度的70%～80%。蒸气养护的最适宜温度，用硅酸盐水泥或普通水泥时为80℃左右，用矿渣水泥时则为90℃。

蒸压养护是将混凝土放在温度为175℃、8个大气压的蒸压釜中进行养护。在这样的条件下养护，水泥水化析出的氢氧化钙，不仅能与活性氧化硅结合，而且也能与结晶状态的氧化硅结合，生成结晶较好的水化硅酸钙，使水泥水化、硬化加速，可有效提高混凝土的强度。

(4)采用机械搅拌与振捣。

可提高混凝土均匀性、密实度与强度，对用水量少、水灰比小的干硬性混凝土，效果显著。

(5)掺入混凝土外加剂和掺合料。

在混凝土中掺入早强剂，可显著提高混凝土的早期强度。掺入减水剂，拌和用水量减少，水胶比降低，可提高混凝土的强度。在混凝土拌合物中，除掺入高效减水剂、复合外加剂外，同时掺入硅粉、粉煤灰等矿物掺合料，可配制高强度的混凝土。

【例 12-4-6】 混凝土材料的抗压强度与下列哪个因素不直接相关：

A. 骨料强度　　B. 硬化水泥浆强度

C. 骨料界面过渡区　　D. 拌和用水的品质

解　混凝土主要由硬化水泥浆、骨料及硬化水泥浆与骨料的界面过渡区组成，所以硬化水泥浆强度越高，骨料的强度越高，界面过渡区结合越紧密，则混凝土强度越高。所以混凝土材料的抗压强度与拌和用水的品质没有直接关系。

答案：D

【例 12-4-7】 混凝土强度是在标准养护条件下达到标准养护龄期后测量得到的，如实际工程中混凝土的环境温度比标准养护温度低了 10℃，则混凝土的最终强度与标准强度相比：

A. 一定较低　　B. 一定较高　　C. 不能确定　　D. 相同

解　混凝土的养护温度越低，其强度发展越慢，所以，当实际工程混凝土的环境温度低于标准养护温度时，在相同的龄期时，混凝土的实际强度比标准强度低，但是一定的时间后，混凝土的最终强度会达到标准养护条件下的强度。

答案：D

（三）混凝土的变形性能

1. 化学收缩

混凝土的化学收缩是由于水泥水化引起的。这种收缩是不能恢复的，收缩量随龄期的延长而增加，一般在混凝土成型后 40 多天内增长较快，以后渐趋稳定。总收缩量一般不大。

2. 干湿变形

干湿变形是指混凝土随周围环境湿度变化而产生的湿胀干缩变形。混凝土的湿胀变形量很小，一般无明显破坏作用。混凝土干燥时，首先蒸发气孔和大毛细孔中的水，这部分水分蒸发不会产生体积收缩；随着环境湿度降低，小毛细孔中水分蒸发，并产生体积收缩；当相对湿度小于 30%时，凝胶孔中的凝胶水分开始蒸发，使凝胶体紧缩，体积显著减小。所以干缩变形对混凝土危害较大，会使混凝土表面出现拉应力而导致开裂，严重影响混凝土的耐久性。

影响混凝土干缩变形的因素有水泥品种、细度和用量，水灰比，骨料用量及养护条件等。一般说，水泥用量大，水灰比大，骨料用量少，则干缩变形值大。

在工程设计中，通常采用混凝土的线收缩值为 $150\times10^{-6}\sim200\times10^{-6}$，即每 1m 收缩 0.15～0.20mm。

3. 自身收缩

自身收缩是混凝土在初凝之后随着水化的进行，在恒温恒重条件下体积的减缩，也称为自收缩。自收缩产生的原因是随着水泥水化的进行，内部孔中的水分被水化反应所消耗，结果产生毛细孔应力，从而造成硬化水泥石受负压作用而产生收缩。

与干燥收缩不同，自收缩是由于毛细孔中的水分被水化反应消耗，而不是蒸发所致，所以，自收缩没有质量减少现象。通常，随着水胶比降低，自收缩增大，而干缩减小。

4. 温度变形

温度变形指混凝土随温度变化产生热胀冷缩的变形。混凝土的温度线胀系数约为 10×10^{-6}/℃，即温度每升高 1℃，每 1m 膨胀约 0.01mm。

混凝土硬化期间由于水化放热产生温升而膨胀，到达温峰后降温期间产生收缩变形。升温期间由于混凝土弹性模量还很低，膨胀变形只产生较小的压应力，且因徐变作用而松弛；降温期间因弹性模量增长，徐变松弛作用减小，在受约束时收缩变形则产生较大的拉应力，当拉应力超过抗拉强度(断裂能)时开始开裂。降温幅度越大,产生的拉应力越大。

混凝土是热的不良导体,散热较慢,因此大体积混凝土内部的温度较外部高,有时可达 50～70℃,这将使内部混凝土的体积产生较大的相对膨胀,而外部混凝土产生较大的收缩。内部膨胀与外部收缩相互制约,在外层混凝土中将产生很大的拉应力,严重时使混凝土产生裂缝,因此,大体积混凝土工程必须尽量减少混凝土发热量,常用的方法有:

(1)最大限度减少水泥用量;

(2)掺加粉煤灰等低活性掺合料;

(3)采用低热水泥;

(4)选用热膨胀系数低的骨料;

(5)预冷原材料;

(6)在混凝土中埋设冷却水管,表面绝热,减少热变形;

(7)对混凝土合理分块、分缝,减轻约束。

5. 在荷载作用下的变形

(1)在短期荷载作用下的变形

混凝土是一种弹塑性材料,即在外力作用下,既能产生可恢复的弹性变形,也能产生不可恢复的塑性变形,其应力-应变关系不是直线,而是曲线,如图 12-4-6 所示。

《混凝土物理力学性能试验方法标准》(GB/T 50081—2019)规定,混凝土静力弹性模量(简称弹性模量)的测定,是指应力为 1/3 轴心抗压强度时的割线弹性模量(严格地讲,混凝土的应力与应变的比值称为变形模量)。采用这种方法测定的弹性模量 E_c,可作为混凝土结构设计的依据。当混凝土的强度等级在 C10～C60 之间时,其弹性的模量值为 17.5～36GPa。混凝土的弹性模量主要取决于骨料与水泥石的弹性模量,以及它们之间的体积比和混凝土含气量。所以水灰比较小,水泥用量较少,骨料弹性模量较高,养护较好及龄期较长时,混凝土的弹性模量就较大。

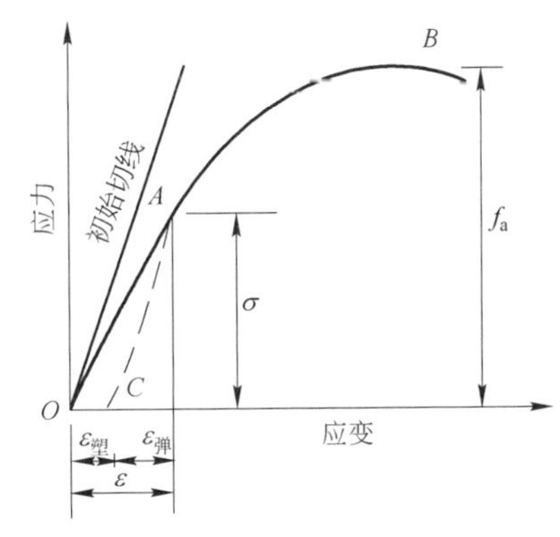

图 12-4-6 混凝土在压力作用下的应力-应变曲线

(2)徐变

混凝土在长期荷载作用下随时间而增加的变形称为徐变。混凝土的徐变曲线如图 12-4-7 所示。当混凝土受荷作用后,即产生瞬时变形,瞬时变形以弹性变形为主。随着荷载持续时间的增长,徐变逐渐增长,以后逐渐变慢,一般延续 2～3 年,渐趋于稳定。徐变一般可达 300×10^{-6}～1500×10^{-6},即 0.3～1.5mm/m。混凝土在变形稳定后,卸去荷载,则部分变形可以产生瞬时恢复,部分变形在一段时间内逐渐恢复,称为徐变恢复,但仍会残余大部分不可恢复的永久变形,称为残余变形。

混凝土徐变一般认为是水泥石中的凝胶体在长期荷载作用下产生黏性流动,并向毛细孔中移动,同时吸附在凝胶粒子上的凝胶水也向毛细孔中迁移的结果。在混凝土早期时,水泥尚未充分水化,凝胶含量较多,且毛细孔较多,所以徐变发展较快;在晚龄期,由于水泥硬化,凝胶体含量相对减少,毛细孔也少,徐变发展较慢。

混凝土的徐变能消除钢筋混凝土内的应力集中,使应力较均匀地重新分布,也可消除一部分大体积混凝土因温度变形所产生的破坏应力。但会使预应力钢筋混凝土结构中钢筋的预加应力受到损失。

影响混凝土徐变的因素包括荷载大小和持续时间、水泥用量、水灰比、环境湿度等，一般水泥用量越大，水灰比越大，徐变越大。通常，徐变与强度相反，混凝土强度越高，徐变越小。需要强调的是，为了避免混凝土开裂，混凝土早期应该保有一定的徐变。

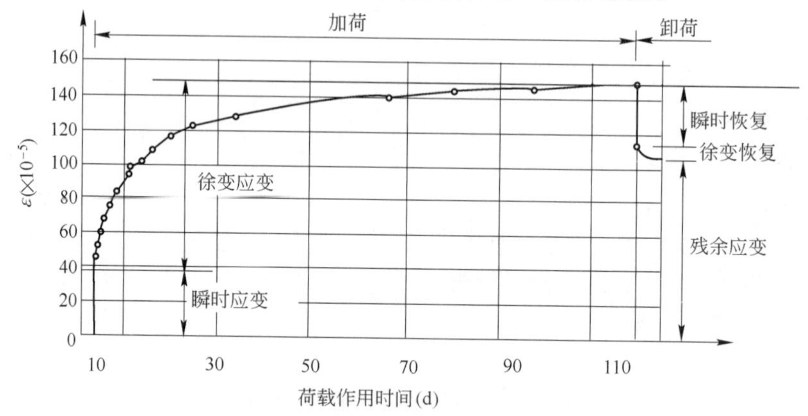

图 12-4-7　混凝土的徐变曲线

【例 12-4-8】 混凝土的干燥收缩和徐变的规律相似，而且最终变形量也相互接近，原因是两者具有相同的微观机理，均为：

A. 毛细孔的排水　　B. 过渡区的变形

C. 骨料的吸水　　D. 凝胶孔水分的移动

解　徐变是由于凝胶孔中的水分向毛细孔中迁移引起的。干燥收缩是由于湿度降低导致凝胶孔和毛细孔失去水分引起的。所以凝胶孔水分的移动是干燥收缩和徐变的共同机理。

答案：D

(四)混凝土的耐久性

耐久性是指混凝土在长期外界因素作用下，抵抗各种物理和化学作用破坏的能力。耐久性是一个综合概念，包括的内容很多，如抗渗性、抗冻性、抗侵蚀性、抗碳化性能和抗碱-骨料反应等。这些性能决定着混凝土经久耐用的程度，但必须强调的是脱离具体环境谈混凝土结构的耐久性是不正确的。

1. 抗渗性

混凝土的抗渗性指混凝土抵抗压力水(或油等液体)渗透的性能，是决定混凝土耐久性最基本的因素。因为水能够渗透到混凝土内部是导致破坏的前提，也就是说水或者直接导致膨胀和开裂，或者作为侵蚀性介质扩散进入混凝土内部的载体，所以，抗渗性直接影响混凝土的抗冻性、抗侵蚀性、钢筋锈蚀。

混凝土的抗渗性用抗渗等级表示。国家标准《混凝土质量控制标准》(GB 50164—2011)规定，混凝土抗渗等级分为 P4、P6、P8、P10、P12 和＞P12 六个等级。

混凝土的抗渗性主要取决于混凝土的密实度及内部孔隙的特征，混凝土孔隙率越低(即密实度越大)，连通孔隙越少，微小封闭孔隙越多，抗渗性越好。

2. 抗冻性

(1)抗冻性的定义

混凝土的抗冻性指混凝土在水饱和状态下，能经受多次冻融循环作用而不破坏，同时也不严重降低强度的性能。

(2)抗冻性的表征

混凝土的抗冻性用抗冻等级和抗冻标号表示。国家标准《混凝土质量控制标准》(GB 50164—2011)规定,混凝土的抗冻等级(快冻法)分为F50、F100、F150、F200、F250、F300、F350、F400和>F400九个等级;抗冻标号(慢冻法)分为D50、D100、D150、D200和>D200五个等级。

快冻法采用尺寸为100mm×100mm×400mm的棱柱体试件,以快速冻融循环试验后,质量损失率不超过5%,同时相对动弹性模量值不小于60%时所承受的最大循环次数表示抗冻等级。慢冻法常用边长为100mm的立方体试件,以冻融循环试验后,质量损失率不超过5%,同时抗压强度损失率不超过25%时所承受的最大循环次数表示抗冻标号。

根据快速冻融循环最大次数,按下式可以求出混凝土的耐久性系数。

$$K_n = P_n \times \frac{N}{300} \tag{12-4-6}$$

式中:K_n——混凝土耐久性系数;

N——满足抗冻法控制指标要求的最大冻融循环次数(次);

P_n——经n次冻融循环后试件的相对动弹性模量。

(3)除冰盐对混凝土的破坏

在冬季,高速公路和城市道路为防止因结冰和积雪使汽车打滑造成交通事故,常在路面撒盐(NaCl或$CaCl_2$)以降低冰点去除冰雪。而除冰盐对混凝土路面和桥面会造成严重的破坏,即不仅引起路面和桥面破坏,渗入混凝土中的氯盐还将导致严重的钢筋锈蚀,还会加速碱-骨料反应。

盐冻从混凝土表面开始,逐渐向内部发展,表面砂浆剥落,骨料暴露;这种破坏非常快,少则一年,多则数年,就会产生严重的剥蚀破坏。

(4)提高抗冻性的措施

决定抗冻性的重要因素有混凝土的密实度、孔隙构造和数量、孔隙的充水程度等。通常以提高混凝土的密实度或掺加引气剂以减小混凝土内孔隙的连通程度等方法提高混凝土的抗冻性。具体措施有:

(1)降低混凝土水胶比,降低孔隙率;

(2)掺加引气剂,保持含气量在4%~5%;

(3)提高混凝土强度,在相同含气量的情况下,混凝土强度越高,抗冻性越好。

【例12-4-9】 在寒冷地区的混凝土发生冻融破坏时,如果表面有盐类作用,其破坏程度:

A. 会减轻　　B. 会加重

C. 与有无盐类无关　　D. 视盐类浓度而定

解 在寒冷地区混凝土发生冻融破坏时,表面有盐类会使破坏程度加重。

答案:B

3. 抗侵蚀性

抗侵蚀性指混凝土抵抗各种化学介质侵蚀的能力,主要取决于混凝土中水泥石的抗侵蚀性。凡提高水泥抗化学侵蚀性的方法均可提高混凝土的抗化学侵蚀性,详见第三节“水泥”中的“硅酸盐水泥石的侵蚀与防止”内容。

4.碳化和钢筋锈蚀

(1)碳化的定义

碳化指空气中的二氧化碳与水泥石中的氢氧化钙在有水的条件下发生化学反应,生成碳酸钙和水。碳化过程是二氧化碳由表及里向混凝土内部逐渐扩散的过程。未碳化的混凝土pH=12~13,碳化后混凝土内部的pH=8.5~10。

混凝土的抗碳化性能指混凝土抵抗内部的$Ca(OH)_2$与空气中的CO_2在有水的条件下反应生成$CaCO_3$,导致混凝土内部原来的碱性环境变为中性环境的能力,故又可称为抗中性化的能力。

(2)混凝土保护钢筋不锈的原因

混凝土的孔溶液中通常含有较多的Na^+、K^+及少量的Ca^{2+}等离子,为保持离子电中性,OH^-离子浓度较高,即pH值较大,未碳化的混凝土pH=12~13,在这样的强碱环境中,钢筋表面生成一层厚2~6nm的致密钝化膜,使钢材难以进行化学电化学反应,即电化学腐蚀难以进行。碳化后混凝土内部的pH=8.5~10,接近中性,而中性环境易使钢筋表面的钝化膜遭到破坏,如果钢筋周围有一定水分和氧时,钢筋就会生锈。

(3)钢筋锈蚀及对混凝土的影响

抗碳化性能的高低反映了混凝土抗钢筋锈蚀能力的高低,因为混凝土内部的碱性环境是使钢筋得到保护而免遭锈蚀的环境。此外,碳化还会使混凝土碳化层产生拉应力,进而产生微细裂缝,而使混凝土抗拉、抗折强度降低。

(4)氯离子对钢筋锈蚀的影响

氯离子是一种极强的钢筋锈蚀因子,扩散能力很强,混凝土中含有0.3~0.8kg/m^3的氯离子就足以破坏钝化膜,腐蚀钢筋,即使混凝土没有碳化,如使用了未经淡化处理的海砂、氯盐防冻剂等。

(5)提高抗碳化性能的措施

通常以提高混凝土密实度或增大混凝土内$Ca(OH)_2$数量等方法提高混凝土的抗碳化性能。

5.抗碱-骨料反应

混凝土中的碱性氧化物(Na_2O、K_2O)与骨料中的活性二氧化硅或活性炭酸盐发生化学反应生成碱硅酸凝胶或碱-碳酸盐凝胶,沉积在骨料与水泥石界面上,吸水后体积膨胀3倍以上,导致混凝土开裂破坏,这种碱性氧化物与骨料中活性成分之间的化学反应称为碱-骨料反应。

为防止碱-骨料反应对混凝土的破坏作用,应严格控制水泥中碱(Na_2O、K_2O)的含量;禁止使用含有活性氧化硅(如蛋白石)或活性炭酸盐的骨料,对骨料应进行碱-骨料反应检验;还可在混凝土配制中加入活性掺合料,以吸收Na^+、K^+,使反应不集中于骨料表面。

【例12-4-10】 混凝土的碱-骨料反应是内部碱性孔隙溶液和骨料中的活性成分发生了反应,因此以下措施中对于控制工程中碱-骨料反应最为有效的是:

A.控制环境温度　　B.控制环境湿度

C.降低混凝土含碱量　　D.改善骨料级配

解 混凝土的碱-骨料反应是内部碱性孔隙溶液和骨料中的活性成分发生了反应,因此控制工程中碱-骨料反应的措施包括:①降低混凝土中的含碱量;②控制活性骨料的使用;③采用活性掺合料(如粉煤灰、矿渣粉等);④加入碱-骨料反应抑制剂等。四个选项中,控制碱-骨料反应的最有效措施为降低混凝土含碱量。

答案:C

6. 提高混凝土耐久性的措施

(1)选择适当品种的水泥;

(2)严格控制水胶比与胶凝材料用量。

《混凝土结构设计规范》(GB 50010—2010)(2015年版)规定了与所处环境相应的混凝土最大水胶比、最低强度等级、最大氯离子含量与最大碱含量,见表12-4-8,以满足耐久性要求。

混凝土材料的耐久性要求　　表12-4-8

环境等级	最大水胶比	最低强度等级	最大氯离子含量(%)	最大碱含量(kg/m^3)
一	0.60	C20	0.30	不限制
二a	0.55	C25	0.20	3.0
二b	0.50(0.55)	C30(C25)	0.15	
三a	0.45(0.50)	C35(C30)	0.15	
三b	0.40	C40	0.10	

注:1. 氯离子含量为其占胶凝材料总量的百分比。

2. 预应力构件混凝土中的最大氯离子含量为0.06%,其最低混凝土强度等级宜按表中的规定提高两个等级。

3. 素混凝土构件的水胶比及最低强度等级的要求可适当放松。

4. 有可靠工程经验时,二类环境中的最低混凝土强度等级可降低一个等级。

5. 处于严寒和寒冷地区二b、三a环境中的混凝土应采用引气剂,并可采用括号内的有关参数。

6. 当使用非碱活性骨料时,对混凝土中的碱含量可不作限制。

(3)选用质量好的骨料。

(4)掺入减水剂、引气剂等外加剂。

(5)保证混凝土施工质量。

【例12-4-11】 从工程角度,混凝土中钢筋防锈的最经济有效措施是:

A. 使用高效减水剂　　B. 使用环氧树脂涂刷钢筋表面

C. 使用不锈钢钢筋　　D. 增加混凝土保护层厚度

解 以上措施均可以提高钢筋混凝土中钢筋的防锈效果。使用环氧树脂涂刷钢筋和使用不锈钢钢筋都会大幅度增加成本;增加混凝土保护层厚度会增加混凝土用量,减小有效使用面积,不经济。所以比较而言,通过使用高效减水剂提高混凝土的密实度,是最经济有效的措施。

答案:A

三、普通混凝土配合比设计

(一)混凝土配合比的设计原则

混凝土配合比,是指为配制有一定性能要求的混凝土,单位体积的混凝土中各组成材料的用量或其之间的比例关系。混凝土配合比设计的任务,就是在满足混凝土工作性、强度和耐久性等技术要求的条件下,比较经济合理地确定水泥、掺合料、外加剂、水、砂和石子等组成材料的用量比例关系。混凝土配合比应根据原材料性能及对混凝土的技术要求进行计算,并经实验室试配试验,再进行调整后确定。

(二)混凝土配合比设计的三个参数

普通混凝土主要材料的相对比例,通常由以下三个参数来控制。

1. 水胶比(水灰比)

水灰胶比是指混凝土中水与胶凝材料(胶凝材料由水泥和掺合料组成)的质量比。水胶比对混凝土拌合物的和易性、硬化混凝土强度和耐久性都有重要的影响,因此,通常依据强度和耐久性要求确定水胶比。

需要说明的是,不掺加掺合料时,为水灰比,即水与水泥质量比。

2. 砂率

砂率是指砂子质量占砂石总质量的百分比。砂率对混凝土拌合物的和易性影响较大,若选择不恰当,还会影响影响混凝土强度和耐久性。因此,宜选择合理砂率。

3. 用水量

用水量指 1m^{3}混凝土拌合物中水的用量。在水灰(胶)比确定后,混凝土中单位体积用水量也表示水泥浆与骨料之间的比例关系。为节约水泥和改善耐久性,在满足流动性条件下,应尽可能取较小的用水量。

(三)混凝土配合比设计计算

进行配合比设计时,应按下列步骤计算出供试配的混凝土配合比。

1. 确定混凝土配制强度($f_{cu,o}$)

一般按下式计算:

$$f_{cu,o} = f_{cu,k} + 1.645\sigma \tag{12-4-7}$$

式中:$f_{cu,o}$——混凝土配制强度(MPa);

$f_{cu,k}$——混凝土立方体抗压强度标准值(MPa);

σ——混凝土强度标准差(MPa),这是施工单位混凝土质量控制水平高低的反映,强度标准差宜根据同类混凝土统计资料计算确定,当无统计资料时,可按《普通混凝土配合比设计规程》(JTJ 55—2011)选用。

2. 确定水灰比(W/C)

$$\frac{W}{C} = \frac{\alpha_a f_{ce}}{f_{cu,o} + \alpha_a \alpha_b f_{ce}} \tag{12-4-8}$$

其中,α_a、α_b 的取值参见公式(12-4-4)的说明。

计算所得的水灰比值应符合其他标准对满足耐久性要求所规定的最大水灰比值。

3. 确定单位用水量(m_{w0})

查表 12-4-9 选定。

塑性和干硬性混凝土的用水量(单位:kg/m^3)　　表 12-4-9

项　　目	指　　标	卵石最大粒径(mm)			碎石最大粒径(mm)		
		10	20	40	16	20	40
坍落度(mm)	10～30	190	170	150	200	185	165
	30～50	200	180	160	210	195	175
	50～70	210	190	170	220	205	185
	70～90	215	195	175	230	215	195
维勃稠度(s)	15～20	175	160	145	180	170	155
	10～15	180	165	150	185	175	160
	5～10	185	170	155	190	180	165

注:1. 本表用水量为采用中砂时的平均取值,如采用细砂或粗砂,则 1m^3 混凝土用水量应相应增减 5～10kg。

2. 掺用各种外加剂或掺合料时,可相应增减用水量。

3. 本表不适用于水灰比小于 0.4 或大于 0.8 的混凝土以及采用特殊工艺的混凝土。

4. 确定水泥用量(m_{c0})

$$m_{c0}=\frac{m_{w0}}{\frac{W}{C}} \tag{12-4-9}$$

5. 确定砂率(β_s)

可通过查表法或计算法确定砂率。查表法即为查表 12-4-7 选取。计算法在此不作介绍，具体内容详见有关教科书。

6. 确定粗骨料用量(m_{g0})和细骨料用量(m_{s0})

(1)质量法。按下式计算：

$$m_{c0}+m_{g0}+m_{s0}+m_{w0}=m_{cp} \tag{12-4-10}$$

式中：m_{cp}——$1m^3$ 混凝土拌合物的假定质量(kg)，其值可取 2 400～2 450kg。

$$\beta_s=\frac{m_{s0}}{m_{s0}+m_{g0}}\times 100\% \tag{12-4-11}$$

(2)体积法。按下式计算：

$$\frac{m_{c0}}{\rho_c}+\frac{m_{g0}}{\rho_{0g}}+\frac{m_{s0}}{\rho_{0s}}+\frac{m_{w0}}{\rho_w}+0.01\alpha=1 \tag{12-4-12}$$

$$\beta_s=\frac{m_{s0}}{m_{s0}+m_{g0}}\times 100\% \tag{12-4-13}$$

上述式中：ρ_c——水泥密度(kg/m^3)，可取 2 900～3 100kg/m^3；

ρ_{0g}——石子的表观密度(kg/m^3)；

ρ_{0s}——砂子的表观密度(kg/m^3)；

ρ_w——水的密度(kg/m^3)，可取 1 000kg/m^3；

α——混凝土的含气量百分数，在不使用引气型外加剂时，α 可取为 1。

(四)混凝土配合比的试配、调整与确定

前面计算得出的配合比，配成的混凝土不一定与原设计要求完全相符。因此必须检验其和易性，并加以调整，使之符合设计要求，然后实测拌合物的表观密度，计算出调整后的配合比(基准配合比)，再以此配合比复核强度，按《普通混凝土配合比设计规程》(JGJ 55—2011)的规定方法确定混凝土设计配合比(通常称实验室配合比)。

(五)混凝土施工配合比换算

混凝土实验室配合比计算用料是以干燥骨料为基准的，实际工地使用的骨料常含有一定的水分，因此需根据工地石子和砂的实际含水率进行换算。施工配合比每立方米混凝土中各材料用量应为：

$$m'_c=m_c \tag{12-4-14}$$

$$m'_s=m_s(1+a) \tag{12-4-15}$$

$$m'_g=m_g(1+b) \tag{12-4-16}$$

$$m'_w=m_w-m_s\times a-m_g\times b \tag{12-4-17}$$

式中：a——工地砂子含水率(%)；

b——工地石子含水率(%)。

【例 12-4-12】 混凝土配合比设计中需要确定的基本变量不包括：

A. 混凝土用水量　　B. 混凝土砂率

C. 混凝土粗骨料用量　　D. 混凝土密度

解 混凝土配合比设计的目的是确定各组成材料的用量，所以需要确定的基本变量中不包括混凝土的密度。

答案:D

四、其他品种混凝土

(一)轻混凝土

轻混凝土是指干表观密度小于1 950kg/m^3的混凝土,包括轻骨料混凝土、多孔混凝土和大孔混凝土。

1.轻骨料混凝土

根据《轻骨料混凝土应用技术标准》(JGJ/T 12—2019),轻骨料混凝土是用轻粗骨料、轻砂或普通砂、胶凝材料、外加剂和水配制而成的干表观密度不大于1 950kg/m^3的混凝土。轻骨料混凝土分为全轻混凝土(由轻砂做细骨料配制而成的轻骨料混凝土)、砂轻混凝土(由普通砂或普通砂中掺加部分轻砂作细骨料配制而成的轻骨料混凝土)和大孔轻骨料混凝土(用轻粗骨料、水泥、矿物掺合料、外加剂和水配制而成的无砂或少砂的混凝土)。

(1)轻骨料的种类及技术性质

轻骨料按原料来源分为以下三类:

①天然轻骨料:如浮石、火山渣等。

②工业废渣轻骨料:利用工业废料加工而成,如粉煤灰陶粒、膨胀矿渣珠等。

③人造轻骨料:利用天然原料加工而成,如黏土陶粒、页岩陶粒、膨胀珍珠岩等。

轻骨料性质直接影响轻骨料混凝土的性质,各项技术指标应符合有关规定。主要技术要求有堆积密度、强度(筒压强度或强度等级)、级配及吸水率等。

(2)轻骨料混凝土的技术性能

①强度等级

轻骨料混凝土强度等级应按立方体抗压强度标准值确定,划分为CL5.0、CL7.5、CL10、CL15、CL20、CL25、CL30、CL35、CL40、CL45、CL50、CL55、CL60。

②密度等级

轻骨料混凝土的密度等级划分为600、700、800、900、1000、1100、1200、1300、1400、1500、1600、1700、1800、1900。

(3)轻骨料混凝土的性能

与普通混凝土相比,轻骨料混凝土的刚度差,变形大,抗震性能好。

2.多孔混凝土

(1)加气混凝土

由钙质材料(石灰、水泥)、硅质材料(砂、粉煤灰、矿渣等)和加气剂(铝粉等)拌制、浇筑、切割、养护而成。

$$Al + 3Ca(OH)_2 + 6H_2O \rightarrow 3CaO \cdot Al_2O_3 \cdot 6H_2O + 3H_2\uparrow$$

加气剂铝粉与氢氧化钙反应生成氢气,在料浆中产生大量的气泡而形成多孔结构。

加气混凝土的表观密度为400~700kg/m^3,抗压强度为0.5~1.5MPa。

(2)泡沫混凝土

由水泥浆与泡沫剂拌和后硬化而成。泡沫剂在机械搅拌作用下能产生大量稳定的气泡。常用泡沫剂有松香泡沫剂等。

3.大孔混凝土

由水泥、水、粗骨料配制而成，又称无砂混凝土。有时也加入少量砂子以提高混凝土强度。大孔混凝土中水泥用量少，所以强度较低，但是保温性能好，可制作小型空心砌块和板材，用于非承重的墙体。

(二)聚合物混凝土

聚合物混凝土分为聚合物水泥混凝土(PCC)、聚合物浸渍混凝土(PIC)及聚合物胶结混凝土(PC)。

1.聚合物水泥混凝土(PCC)

聚合物水泥混凝土(PCC)是在水泥混凝土拌合物中再加入高分子聚合物，以聚合物和水泥共同作为胶凝材料制备的混凝土。

2.聚合物浸渍混凝土(PIC)

聚合物浸渍混凝土(PIC)是将已经硬化的混凝土干燥后浸入有机单体或聚合物中，使液态有机单体或聚合物渗到混凝土的孔隙或裂缝中，并在其中聚合成坚硬的聚合物，使混凝土和聚合物成为整体；这种混凝土致密度高，几乎不渗透，抗压强度高达200MPa。

3.聚合物胶结混凝土(PC)

聚合物胶结混凝土(PC)是指以有机高分子聚合物为胶凝材料制作的混凝土，其耐腐蚀性较好。

(三)耐热混凝土

耐热混凝土又称耐火混凝土，是一种能长期经受900℃以上(有的可达1 800℃)的高温作用并在高温下保持所需要的物理力学性能的混凝土。同耐火砖相比，具有工艺简单、使用方便、成本低廉等优点，而且具有可塑性和整体性，便于复杂制品的成型，其使用寿命有的与耐火砖相近，有的比耐火砖长。

耐热混凝土是由胶凝材料，耐热粗、细骨料(有时掺入矿粉)和水按比例配制而成，主要用于工业窑炉上。耐热混凝土可用矿渣硅酸盐水泥、铝酸盐水泥以及水玻璃等胶凝材料配制。

(四)耐酸混凝土

耐酸混凝土由水玻璃(加硅氟酸钠促硬剂)、耐酸骨料及耐酸粉料按比例配合而成。能抵抗各种酸(氢氟酸、300℃以上的热磷酸等除外)和大部分腐蚀性气体(如氯气、二氧化硫、三氧化硫等)的侵蚀，不耐高级脂肪酸或油酸的侵蚀。

水玻璃耐酸混凝土的施工环境温度应在10℃以上，施工及养护期间，严禁与水或水蒸气直接接触，并防止烈日暴晒；严禁直接铺设在水泥砂浆或普通混凝土的基层上；施工后必须经过养护，养护后还需进行酸化处理。

水玻璃耐酸混凝土抗压强度一般为10～20MPa。

(五)纤维混凝土

纤维混凝土以普通混凝土为基体，外掺各种纤维材料而成。掺入纤维可以提高混凝土的抗拉强度，降低脆性。常用纤维有钢纤维、聚丙烯纤维等。

钢纤维混凝土可用于飞机跑道、高速公路路面、断面较薄的轻薄结构及压力管道等。

习　题

12-4-1　压碎指标是表示(　　)强度的指标。

A. 砂子　B. 石子　C. 混凝土　D. 水泥

12-4-2　用高强度等级水泥配制低强度混凝土时，为保证工程的技术经济要求，应采用(　　)措施。

A. 掺混合材料　B. 减少砂率　C. 增大粗骨料粒径　D. 增加砂率

12-4-3　泵送混凝土施工选用的外加剂是(　　)。

A. 早强剂　B. 速凝剂　C. 减水剂　D. 缓凝剂

12-4-4　混凝土碱-骨料反应是指(　　)。

A. 水泥中碱性氧化物与骨料中活性氧化硅之间的反应

B. 水泥中 $Ca(OH)_2$ 与骨料中活性氧化硅的反应

C. 水泥中的 C_3S 与骨料中 $CaCO_3$ 的反应

D. 水泥中的 C_3S 与骨料中活性氧化硅之间的反应

12-4-5　混凝土配合比计算中，试配强度高于混凝土的设计强度，其提高幅度取决于(　　)。

①混凝土强度保证率要求；②施工和易性要求；③耐久性要求；④施工控制水平；⑤水灰比；⑥骨料品种。

A. ①②　B. ①③　C. ①⑤　D. ①④

12-4-6　影响混凝土强度的主要因素有(　　)。

①水泥强度；②水灰比；③水泥用量；④养护温湿度；⑤砂石用量。

A. ①②③　B. ②③④　C. ①②⑤　D. ①②④

12-4-7　分析混凝土开裂原因，正确的是(　　)。

①因水泥水化产生体积膨胀而开裂；②因干缩变形而开裂；③因水化热导致内外温差而开裂；④因水泥安定性不良而开裂；⑤因抵抗温度应力的钢筋配置不足而开裂。

A. ①②③④　B. ②③④⑤

C. ①②③⑤　D. ①②④⑤

12-4-8　进行混凝土配合比设计时，确定水灰比的根据是(　　)。

①强度；②和易性；③耐久性；④坍落度；⑤骨料品种。

A. ①④　B. ①⑤　C. ①③　D. ④⑤

12-4-9　配制混凝土，在条件许可时，尽量选用最大粒径大的粗骨料，是为了(　　)。

①节省骨料；②节省水泥；③减少混凝土干缩；④提高混凝土强度。

A. ①②　B. ②③　C. ③④　D. ①④

12-4-10　影响混凝土拌合物流动性的主要因素是(　　)。

A. 砂率　B. 水泥浆数量　C. 骨料的级配　D. 水泥品种

12-4-11　海水不得用于拌制钢筋混凝土和预应力混凝土，主要是因为海水中含有大量盐，(　　)。

A. 会使混凝土腐蚀　B. 会导致水泥快速凝结

C. 会导致水泥凝结变慢　D. 会促使钢筋被腐蚀

第五节　建筑钢材

建筑钢材是指在建筑工程中使用的各种钢质板、管、型材，以及在钢筋混凝土中使用的钢筋、钢丝等。钢的主要元素是铁与碳，含碳量在 2%以下；含碳量大于 2%的为生铁。

一、钢材的分类

按化学成分，钢材可分为碳素钢与合金钢两大类。

根据含碳量可将碳素钢分为低碳钢（含碳小于 0.25%）、中碳钢（含碳量为 0.25%～0.60%）与高碳钢（含碳大于 0.60%）。根据合金元素总量可将合金钢分为低合金钢（合金元素总量小于 5%）、中合金钢（合金元素总量为 5%～10%）与高合金钢（合金元素总量大于 10%）。

按钢材在冶炼过程中脱氧程度可将钢材分为沸腾钢（F）、半镇静钢（b）、镇静钢（Z）及特殊镇静钢（TZ）。沸腾钢在冶炼过程中脱氧不完全，组织不够致密，气泡较多，化学偏析严重，故质量较差，但成本较低。

按钢材中有害杂质（主要为硫和磷）含量，钢材可分为普通钢、优质钢和高级优质钢。

按用途，钢材可分为结构钢、工具钢和特殊性能钢。

二、建筑钢材的主要力学性能

（一）抗拉性能

以低碳钢为例，钢材试件在拉伸过程中的应力-应变曲线可分为四个阶段，即弹性阶段（OB 段）、屈服阶段（BC 段）、强化阶段（CD 段）和颈缩阶段（DE 段），如图 12-5-1 所示。

1. 屈服强度（σ_s）

图 12-5-1 中，试件被拉伸进入塑性变形屈服段 BC，屈服下限 $C_下$ 所对应的应力 σ_s 称为屈服强度或屈服点。钢材受力达到屈服点后，由于变形迅速发展，尽管尚未破坏，但已不能满足使用要求，故设计中，一般采用 σ_s 作为强度取值的依据。

但对于屈服现象不明显的钢，如中碳钢或高碳钢（硬钢），其应力-应变曲线与低碳钢的明显不同（图 12-5-2），其抗拉强度高，塑性变形小，屈服现象不明显。对这类钢材难以测得屈服点，故规范规定以产生 0.2% 残余变形时的应力值作为名义屈服点，以 $\sigma_{0.2}$ 表示。

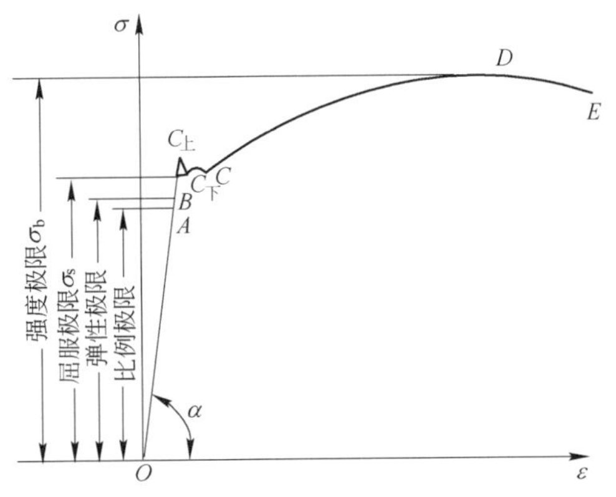

图 12-5-1　低碳钢受拉时的应力-应变曲线

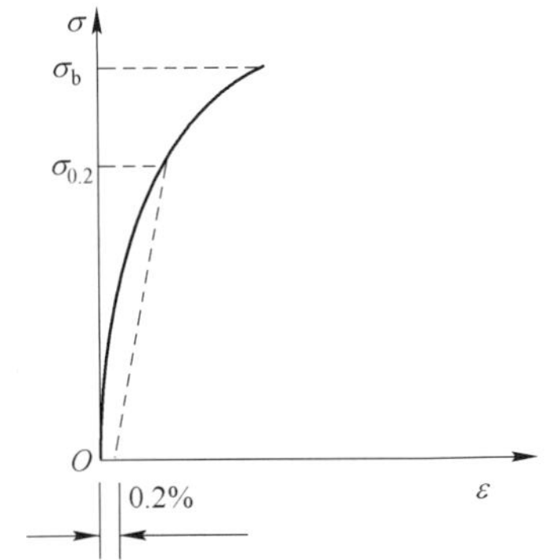

图 12-5-2　中碳钢或高碳钢受拉的应力-应变曲线

2. 抗拉强度（σ_b）

应力-应变图（图 12-5-1）中，曲线最高点 D 对应的应力 σ_b 称为抗拉强度。在设计中，屈强比 σ_s/σ_b 有参考价值。在一定范围内，屈强比小则表明钢材在超过屈服点工作时可靠性较高，较为安全。但屈强比太小，则反映钢材不能有效地被利用。

3. 伸长率(δ)

伸长率为钢材试件拉断后的伸长值占钢材原标距长度的百分率，反映了钢材的塑性变形能力。

$$\delta=\frac{L_1-L_0}{L_1}\times 100\% \tag{12-5-1}$$

式中：L_1——试件拉断后标距长度(cm)；

L_0——试件原标距长度(cm)。

常用 $L_0/d_0=5$ 及 $L_0/d_0=10$ 两种试件，相应的 δ 分别记作 δ_5 与 δ_{10}。对同一种钢材，$\delta_5>\delta_{10}$。

(二)冲击韧性

冲击韧性指钢材抵抗冲击荷载的能力，按《金属材料 夏比摆锤冲击试验方法》(GB/T 229—2007)的规定，将带有V形或U形缺口的试件，进行冲击试验，试件在冲击荷载作用下折断时所吸收的能量，称为冲击吸收功(或V形冲击功)A_{kV}(J)。

钢材的化学成分、组成状态、内在缺陷及环境等都是影响冲击韧性的重要因素。A_{kV} 值随温度的下降而减小，当温度降低达到某一范围时，A_{kV} 急剧下降而呈现脆性断裂，这种现象称为冷脆性。发生冷脆时的温度称为脆性临界温度，其数值越低，说明钢材的低温冲击韧性越好。因此，对直接承受动荷载而且可能在负温下工作的重要结构，必须进行冲击韧性检验。脆性临界温度应低于使用环境的最低温度。

(三)耐疲劳性

材料在交变应力作用下，在远低于抗拉强度时突然发生断裂，这种现象称为疲劳破坏。钢材在交变应力作用下，在规定的周期基数内不发生脆断所承受的最大应力值为疲劳极限。

疲劳破坏经常是突然发生的，因而具有很大的危险性，往往会造成严重的工程质量事故。所以在实际工程设计和施工中应该给予足够的重视。

(四)硬度

硬度指钢材表面局部体积抵抗硬物压入而产生塑性变形的能力。表征值通常采用布氏硬度HB(试件单位压痕面积上所承受的荷载)，此外还有洛氏硬度(压头压入钢材试件中的深度)、维氏硬度等。

钢材的HB值与抗拉强度之间有较好的相关关系，材料的硬度越高，塑性变形抵抗能力越强，硬度值也越大，故可以通过测定钢材的HB值，推算钢材的抗拉强度值。

(五)冷弯性能

冷弯性能指钢材在常温下承受弯曲变形的能力，反映了钢材在恶劣条件下的塑性，是建筑钢材一项重要的工艺性能。

冷弯性能指标以试件被弯曲的角度(90°,180°)及弯心直径 d 与试件厚度(或直径)α 的比值(d/α)来表示。试验时所采用的弯曲角度越大，弯心直径对试件厚度(或直径)的比值越小，表明对钢材的冷弯性能要求越高。钢材按规定的弯曲角度和弯心直径进行冷弯试验后，如在试件弯曲处未发生裂纹、裂断或起层现象，则认为冷弯性能合格。

【例 12-5-1】 衡量钢材的塑性高低的技术指标为：

A. 屈服强度　　B. 抗拉强度　　C. 断后伸长率　　D. 冲击韧性

解 断后伸长率(即伸长率)是衡量钢材塑性变形的指标。屈服强度和抗拉强度是衡量钢材抗拉性能的指标，冲击韧性是衡量钢材抵抗冲击荷载作用能力的指标。

答案：C

三、影响建筑钢材性能的主要因素

(一)建筑钢材的晶体组织

钢材中的铁和碳可以由固溶体(Fe中固溶微量的C)、化合物(Fe_3C)及它们的混合物的形式构成一定形态的聚合物,称为钢材的组织。常温下钢材中的基本组织有铁素体、渗碳体和珠光体三种。

1.铁素体

铁素体是C在α-Fe(铁在常温下形成的体心立方晶格)中的固溶体。α-Fe原子间间隙较小,其溶碳能力较差,在室温下铁素体中含C很少(<0.006%),所以铁素体塑性、韧性良好,而强度与硬度低。

2.渗碳体

渗碳体是铁与碳的化合物,分子式为Fe_3C,含碳量高达6.67%。其晶格结构复杂,塑性差,性质硬脆,抗拉强度低。

3.珠光体

珠光体是铁素体与渗碳体的机械混合物,含碳量较低(0.8%),具有层状结构,性质介于铁素体和渗碳体之间,故塑性较好,强度与硬度均较高。

钢材的含碳量不大于0.8%,其基本组织为铁素体与珠光体。随含碳量增大时,珠光体的相对含量随之增大,铁素体则相应减少,钢材的强度随之提高,而塑性与韧性则相应下降。

建筑钢材的含碳量一般均在0.08%以下,其基本组织为铁素体和珠光体,而无渗碳体,所以,建筑钢材既具有较高的强度和硬度,又具有较好的塑性和韧性,因而能够很好地满足各种工程所需的技术性能要求。

(二)化学成分

建筑钢材中除铁元素外,还包含碳(C)、硅(Si)、锰(Mn)、磷(P)、硫(S)、氧(O)等元素,在许多情况下还要考虑各种合金元素。它们对钢材会产生有利或不利的影响。

1.碳(C)

当含碳量小于或等于0.8%时,随着含碳量的增加,钢材的强度和硬度提高,塑性和韧性降低,焊接性能、耐腐蚀性也随之下降(图12-5-3)。当含碳量大于1.0%时,钢材的强度反而下降。含碳量超过0.3%时,钢的可焊性显著降低。建筑结构用的钢材多为含碳0.25%以下的低碳钢及含碳0.52%以下的低合金钢。

2.合金元素

(1)硅(Si)

当含硅量小于1%时,Si含量的增加可以显著提高钢材的强度及硬度,且对塑性及韧性无显著影响,其原因在于:此时大部分Si溶于铁素体中,使铁素体得以强化。正是由于适量的Si可以多方面改善钢的力学性能,所以它是钢材的主要合金元素之一。

(2)锰(Mn)

锰可起脱氧去硫作用,故可有效消减因硫引起的热脆性,还可显著改善耐腐及耐磨性,增强钢材的强度及硬度。锰的这些作用的机理在于:锰原子溶于铁素体中使其强化,而且还将珠光体细化,从而提高了强度。所以锰也是钢材的主要合金元素之一。

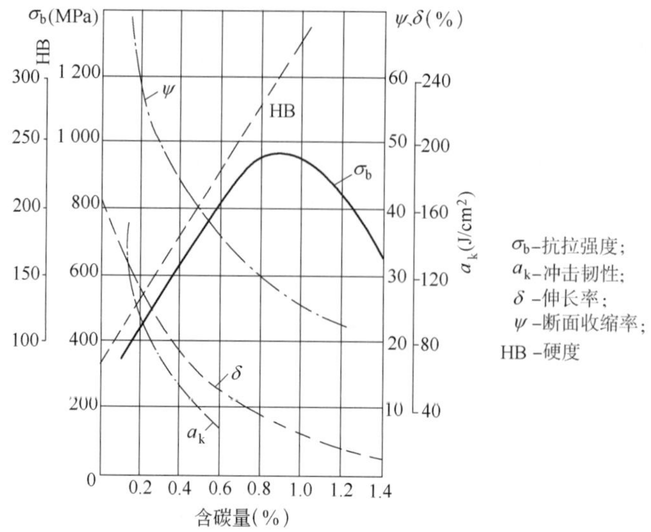

图 12-5-3 含碳量对碳素钢性能的影响

3. 有害元素

(1)硫(S)

硫能引发热脆性,大大降低钢材的热加工性和可焊性,在热加工过程中易断裂,同时还会降低钢材的冲击韧性、疲劳强度和耐蚀性。建筑钢材要求含硫量低于 0.045%。

(2)磷(P)

磷能引起冷脆性,使钢材在低温下的冲击韧性大为降低。磷还能使钢材的焊接性和冷弯性能变差。但是磷可以提高钢材的强度、硬度、耐磨性和耐腐蚀性。

其他如氧也是钢中有害元素;氮对钢材性质的影响与碳、磷相似,在有铝、铌、钒等的配合下,氮可作为低合金钢的合金元素。合金元素还有钛、钒、铌等。

(三)冶炼过程

钢的冶炼过程对钢材的性能有直接的影响。钢在冶炼过程中,使化学成分得以严格控制,其中要特别指出的是要进行脱氧。通过加入脱氧剂(铝、锰、硅等)将氧化铁还原。按脱氧程度分为沸腾钢(脱氧不充分,铸锭时大量 CO 气体逸出)、镇静钢(脱氧充分)以及介于二者之间的半镇静钢。沸腾钢中 S、P、N 等有害夹杂偏析严重,氧化夹杂物较多,因而可焊性、冲击韧性等性能均较差。镇静钢与之相反,因而性能良好,半镇静钢则介于二者之间。

(四)冷加工和时效处理

冷加工是指将钢材于常温下进行冷拉、冷轧或冷拔,使其产生塑性变形,从而提高屈服点的过程。冷加工可提高钢材的屈服点,使塑性、韧性和弹性模量降低,但是抗拉强度不变。

经过冷加工后的钢材,在常温下存放 15~20d 或加热到 100~200℃并保持一定时间的处理称为时效处理。时效处理可使屈服点进一步提高,抗拉强度增大,塑性和韧性继续降低,还可消除冷加工产生的内应力。钢材的弹性模量在时效处理后恢复。

【例 12-5-2】 钢材中的含碳量降低,会降低钢材的:

A. 强度　　B. 塑性　　C. 可焊性　　D. 韧性

解 随着含碳量降低,钢材强度降低,塑性和韧性增大,可焊性提高,耐腐蚀性提高,所以建筑用钢多为低碳钢。

答案:A

【例 12-5-3】 使钢材冷脆性加剧的主要元素是：

A. 碳(C) B. 硫(S) C. 磷(P) D. 锰(Mn)

解 随着含碳量的增加，钢材的强度和硬度提高，塑性和韧性降低，钢的冷脆性和时效敏感性增大，耐锈蚀性降低。锰为钢材的合金元素，可提高钢材的强度、耐腐蚀性和耐磨性，消除热脆性。硫是钢材的有害元素，会引起热脆性，使机械性能、焊接性能及抗腐蚀性能下降。磷也是有害元素，会引起冷脆性，降低塑性、韧性、焊接性和冷弯性，提高耐磨性及耐腐蚀性。所以使钢材冷脆性加剧的主要因素是磷。

答案：C

四、建筑钢材的标准与选用

(一)建筑钢材的主要钢种

1. 碳素结构钢

按《碳素结构钢》(GB/T 700—2006)的规定，碳素结构钢共有四个牌号，牌号由屈服点字母、屈服点数值、质量等级符号与脱氧方法符号组成。例如 Q235-A・F，表示屈服点为 235MPa 的 A 级沸腾钢。牌号增大，含碳量及强度增大，冷弯性和伸长率下降。各牌号钢的力学性质应符合表 12-5-1 的规定。

碳素结构钢的力学性能指标(GB/T 700—2006) 表 12-5-1

牌号	质量等级	屈服强度[①] R_{eH}(N/mm²)						抗拉强度[②] R_m (N/mm²)	断后伸长率 A(%)					冲击试验(V 形缺口)	
		厚度(或直径)(mm)							厚度(或直径)(mm)					温度(℃)	冲击吸收功(纵向)(J)
		≤16	>16~40	>40~60	>60~100	>100~150	>150~200		≤40	>40~60	>60~100	>100~150	>150~200		
Q195	—	≥195	≥185	—	—	—	—	315~430	≥33	—	—	—	—	—	—
Q215	A	≥215	≥205	≥195	≥185	≥175	≥165	335~450	≥31	≥30	≥29	≥27	≥26	—	—
	B													+20	≥27
Q235	A	≥235	≥225	≥215	≥215	≥195	≥185	375~500	≥26	≥25	≥24	≥22	≥21	—	—
	B													+20	≥27[③]
	C													0	
	D													−20	
Q275	A	≥275	≥265	≥255	≥245	≥225	≥215	410~540	≥22	≥21	≥20	≥18	≥17	—	—
	B													+20	≥27
	C													0	
	D													−20	

注：①Q195 的屈服强度值仅供参考，不作交货条件。

②厚度大于 100mm 的钢材，抗拉强度下限允许降低 20N/mm²。宽带钢(包括剪切钢板)抗拉强度上限不作交货条件。

③厚度小于 25mm 的 Q235B 级钢材，如供方能保证冲击吸收功值合理，经需方同意，可不作检验。

碳素结构钢冶炼方便，成本较低，具有良好的塑性及各种加工性能。在恶劣条件下，如冲击、温度大幅度变化或超载时具有良好的安全性。但与低合金钢相比，其强度较低，在一些特殊情况下不能满足性能要求。Q235 是常用钢材种类。

2. 低合金钢高强度结构钢

在碳素结构钢的基础上加入总量小于5%的合金元素(如硅、锰、钒等),即得低合金高强度结构钢。

根据国家标准《低合金高强度结构钢》(GB/T 1591—2018)的规定,低合金高强度结构钢的状态可分为:热轧状态、正火状态(N)、正火轧制(+N)和热机械轧制(M)。

(1)热轧状态:钢材未经任何特殊轧制和(或)热处理的状态。

(2)正火状态(N):钢材加热到高于相变点温度以上的一个合适的温度,然后在空气中冷却至低于某相变点温度的热处理工艺。

(3)正火轧制(+N):最终变形是在一定温度范围内的轧制过程中进行,使钢材达到一种正火后的状态,以便即使正火后也可达到规定的力学性能数值的轧制工艺。

(4)热机械轧制(M):钢材的最终变形是在一定温度范围内进行的轧制工艺,从而保证钢材获得仅通过热处理无法获得的性能。

低合金高强度结构钢的牌号由代表屈服强度"屈"字的汉语拼音首字母Q、规定的最小上屈服强度数值、交货状态代号、质量等级符号(B、C、D、E、F)四个部分组成。交货状态为热轧时,交货状态代号AR或WAR可省略;交货状态为正火或正火轧制状态时,交货状态代号均用N表示。如Q355ND表示屈服强度不小于355MPa,交货状态为正火或正火轧制,质量等级为D级。

热轧钢的牌号包括Q355、Q390、Q420、Q460,正火、正火轧制钢的牌号包括Q355N、Q390N、Q420N、Q460N,热机械轧制钢的牌号包括Q355M、Q390M、Q420M、Q460M、Q500M、Q550M、Q620M、Q690M。

低合金高强度结构钢强度较高,耐腐蚀、耐低温性、抗冲击韧性及使用寿命等综合性能良好,焊接性及冷加工性能好,易于加工和施工。

3. 优质碳素结构钢

优质碳素结构钢的特点是生产过程中对硫、磷等有害杂质控制较严(S<0.035%,P<0.035%),其性能主要取决于含碳量。

优质碳素钢的钢号用两位数字表示,它表示平均含碳量的万分数。根据其含锰量不同,可分为普通含锰量(含Mn<0.8%,共20个钢号)和较高含锰量(含Mn0.7%~1.2%,共11个钢号)。例如45Mn即表示含碳量为0.42%~0.52%、含锰量为0.70%~1.20%的优质碳素结构钢。

优质碳素结构钢可用于重要结构的钢铸件、碳素钢丝及钢绞线等。

【例12-5-4】 钢材牌号(如Q390)中的数值表示钢材的:

A. 抗拉强度　　B. 弹性模量　　C. 屈服强度　　D. 疲劳强度

解 钢材牌号中的数值表示钢材的屈服强度。

答案:C

(二)常用建筑钢材

1. 钢筋

(1)热轧钢筋

热轧钢筋分为热轧光圆钢筋和热轧带肋钢筋,是一般钢筋混凝土结构中应用最多的钢筋。

根据《钢筋混凝土用钢 第1部分:热轧光圆钢筋》(GB/T 1499.1—2017),热轧光圆钢筋指经热轧成型,横截面通常为圆形,表面光滑的产品钢筋,牌号为HPB300,其屈服强度特征值为300级,力学性能与工艺性能要求见表12-5-2。

热轧光圆钢筋的力学性能与工艺性能 表 12-5-2

牌 号	下屈服强度 R_{el} (MPa)	抗拉强度 R_m (MPa)	断后伸长率 A (%)	最大力总延伸率 A_{gt} (%)	180°冷弯试验
	不小于				
HPB300	300	420	25	10.0	$d=\alpha$

注:d-弯芯直径;α-钢筋公称直径。

根据《钢筋混凝土用钢 第 2 部分:热轧带肋钢筋》(GB/T 1499.2—2018),带肋钢筋指横截面通常为圆形,且表面带肋的混凝土结构用钢材。热轧带肋钢筋分普通热轧带肋钢筋(按热轧状态交货的钢筋)和细晶粒热轧带肋钢筋(在热轧过程中,通过控轧和控冷工艺形成的细晶粒钢筋)两类。热轧带肋钢筋按屈服强度特征值分为 400、500、600 级。普通热轧钢筋的牌号由 HRB 和屈服强度特征值构成,包括 HRB400、HRB500、HRB600、HRB400E、HRB500E。细晶粒热轧带肋钢筋牌号由 HRBF 和屈服强度特征值构成,包括 HRBF400、HRBF500、HRBF400E、HRBF500E。其中"E"为地震的英文(earthquake)首位字母,指抗震钢筋。热轧带肋钢筋的力学性能见表 12-5-3,弯曲性能见表 12-5-4,对牌号带 E 的钢筋应进行反向弯曲试验,经反向弯曲试验后,钢筋受弯曲部位表面不得产生裂纹。

热轧带肋钢筋的力学性能 表 12-5-3

牌 号	下屈服强度 R_{el} (MPa)	抗拉强度 R_m (MPa)	断后伸长率 A (%)	最大力总延伸率 A_{gt} (%)	R_m^o/R_{el}^o	R_{el}^o/R_{el}
	不小于					不大于
HRB400 HRBF400	400	540	16	7.5	—	—
HRB400E HRBF400E			—	9.0	1.25	1.30
HRB500 HRBF500	500	630	15	7.5	—	—
HRB500E HRBF500E			—	9.0	1.25	1.30
HRB600	600	730	14	7.5	—	—

注:R_m^o 为钢筋实测抗拉强度;R_{el}^o 为钢筋实测下屈服强度。

热轧钢筋的弯曲性能 表 12-5-4

牌 号	公称直径 d	弯曲压头直径
HRB400 HRBF400 HRB400E HRBF400E	6~25	4d
	28~40	5d
	>40~50	6d

续上表

牌　　号	公称直径 d	弯曲压头直径
HRB500 HRBF500 HRB500E HRBF500E	6～25	$6d$
	28～40	$7d$
	>40～50	$8d$
HRB600	6～25	$6d$
	28～40	$7d$
	>40～50	$8d$

(2)冷拉热轧钢筋与冷拔低碳钢丝

将热轧钢筋在常温下拉伸至超过屈服点(小于抗拉强度)的某一应力,然后卸荷即得冷拉钢筋,冷拉可使钢筋屈服点提高17%～27%,但伸长率降低。冷拉后不得有裂纹、起层等现象。冷拉钢筋分为四个等级,冷拉Ⅰ级钢筋适用于钢筋混凝土结构中的受拉钢筋,冷拉Ⅱ、Ⅲ、Ⅳ级钢筋可用作预应力混凝土结构中的预应力筋,但在负温及冲击或重复荷载下易脆断。

将直径为6.6～8mm的Q235(或Q215)热轧盘条,在常温下通过截面小于钢筋截面的拔丝模,经一次或多次拔制即得冷拔低碳钢丝。冷拔可提高屈服强度40%～60%。材质硬脆,属硬钢类钢丝。其级别可分为甲级及乙级,甲级为预应力钢丝;乙级为非预应力钢丝,用于焊接或绑扎骨架、网片或箍筋。凡伸长率不合格者,不得用于预应力混凝土构件中。

(3)冷轧带肋钢筋

冷轧带肋钢筋由热轧圆盘条经冷轧而成,其表面带有沿长度均匀分布的三面或两面月牙横肋,根据《冷轧带肋钢筋》(GB/T 13788—2017)规定,钢筋分为CRB550、CRB650、CRB800、CRB600H、CRB680H、CRB800H六个牌号。

冷轧带肋钢筋是采用冷加工方式强化的产品,与传统的冷拔低碳钢丝相比,具有强度高、塑性好、握裹力强、节约钢材、质量稳定等优点。

(4)热处理钢筋

热处理钢筋是钢厂将热轧中碳低合金钢筋经淬火和回火调质热处理而成。强度显著提高,韧性高,而塑性降低不大,综合性能较好。通常有直径为6mm、8.2mm、10mm三种规格。表面常轧有通长的纵筋与均布的横肋。使用时不能用电焊切割,也不能焊接。可用于预应力混凝土工程中。

(5)预应力混凝土用钢丝及钢绞线

为钢厂用优质碳素结构钢经冷加工、再回火、冷轧或绞捻等加工而成,又称优质碳素钢丝及钢绞线。若将预应力钢丝经辊压出规律性凹痕,即成刻痕钢丝。钢绞线以一根钢丝为芯,6根钢丝围绕其周围绞合而成七股的钢绞线。

钢丝与钢绞线适用于大荷载、大跨度及曲线配筋的预应力混凝土结构。

(6)冷轧扭钢筋

采用直径为6.5～10mm的低碳热轧盘条钢筋,经冷轧扁和冷扭转而成的具有一定螺距的钢筋。冷轧扭钢筋屈服强度高,与混凝土的握裹力大,因此无须预应力和弯钩即可用于普通混凝土工程,可节约钢材30%。可用于预应力及承重荷载较大的建筑部位,如梁、柱等。

2. 型钢和钢板

(1)热轧型钢

有角钢、I 字钢、槽钢、T 型钢、H 型钢、Z 型钢等。主要用于钢结构中。

(2)冷弯薄壁型钢

用 2～6mm 的薄钢板冷弯或模压而成,有角钢、槽钢等开口薄壁型钢及方形、矩形等空心薄壁型钢。主要用于轻型钢结构。

(3)钢板和压型钢板

用光面轧辊轧制而成的扁平钢材,以平板状态供货的称钢板,以卷状供货的称钢带。主要用碳素结构钢经热轧或冷轧而成。热轧钢板按厚度分为中厚板(＞4mm)和薄板(0.35～4mm),冷轧钢板只有薄板(厚度为 0.2～4mm)一种。

薄钢板经冷压或冷轧成波形、双曲形、V 形等形状,称为压型钢板。可采用有机涂层薄钢板(即彩色钢板)、镀锌薄钢板(俗称白铁皮)等生产。压型钢板主要用于围护结构、楼板、屋面等。

五、建筑钢材的防锈与防火

(一)建筑钢材的防锈

1. 钢材锈蚀

当钢材表面与环境介质发生各种形式的化学作用时,就有可能遭到腐蚀,例如,因受 O_2、SO_2、H_2S 等腐蚀性气体作用而被氧化;当环境潮湿或与含有电解质的溶液接触时,也可能因形成微电池效应而遭电化学腐蚀。即钢材的锈蚀分为化学锈蚀和电化学锈蚀。

2. 钢结构的防锈

防止钢结构防锈方法是表面涂刷防锈漆,防锈漆包括底漆和面漆。防锈底漆要求具有较好的附着力和防锈蚀能力;涂刷面漆的目的是防止底漆老化,所以要求面漆有良好的耐候性、耐湿性和耐热性等,且应具有良好的外观色彩。

常用的底漆有红丹、铁红环氧底漆、锌铬黄漆、沥青清漆和环氧富锌漆等。

3. 钢筋防锈

埋于混凝土中的钢筋具有一层碱性保护膜,故在碱性介质中不致锈蚀。但氯等元素的离子可加速锈蚀反应,甚至破坏保护膜,造成锈蚀迅速发展。因此,混凝土配筋的防锈措施应考虑:限制水灰比和水泥用量,限制氯盐外加剂的使用,采取措施保证混凝土的密实性,还可以采用掺加防锈剂(如重铬酸盐等)的方法。

(二)建筑钢材的防火

钢结构具有良好的机械性能,尤其是具有很高的强度,但容易忽视的是在高温时,情况会发生很大的变化。裸露的未做处理的钢结构,耐火极限仅 15min 左右,在温升 500℃的环境下,强度迅速降低,甚至会垮塌。因此,对于钢结构,尤其是有可能经历高温环境的钢结构,需要做必要的防火处理。钢结构防火的主要方法是涂敷防火隔热涂层。

习　题

12-5-1　某碳素钢的化验结果有下列元素:①S;②Mn;③C;④P;⑤O;⑥N;⑦Si;⑧Fe。下列哪一组全是有害元素?(　　)

A. ①②③④　　B. ③④⑤⑥　　C. ①④⑤⑥　　D. ①④⑤⑦

12-5-2　金属晶体是各向异性的，而金属材料却是各向同性的，其原因是(　　)。

A. 因金属材料的原子排列是完全无序的

B. 因金属材料中的晶粒是随机取向的

C. 因金属材料是玻璃体与晶体的混合物

D. 因金属材料多为金属键结合

12-5-3　要提高建筑钢材的强度并消除脆性，改善性能，一般应适量加入下列元素中的哪一种？(　　)

A. C　　B. Na　　C. Mn　　D. K

第六节　沥青及改性沥青

沥青属有机胶凝材料，是由很多高分子化合物组成的复杂的混合物，常温下呈固态、半固态或黏稠液态。

按产源，沥青分为地沥青(包括天然沥青和石油沥青)与焦油沥青(包括煤沥青和页岩沥青等)两大类。建筑工程中主要使用石油沥青，煤沥青也有少量应用。

一、石油沥青

(一)石油沥青的组成和结构

石油沥青为石油经提炼和加工后所得的副产品。由很多高分子碳氢化合物及其非金属(氧、氮、硫等)衍生物混合而成，成分复杂且差异较大，因此一般不做化学分析。通常，从使用的角度出发，按其中的化学成分及物理力学成分相近者划分为若干组，这些组称为“组丛”或“组分”。石油沥青的组丛及其主要特性如下：

1. 油分

油分常温下为淡黄色液体，赋予沥青以流动性。

2. 树脂

树脂常温下为黄色到黑褐色的半固体，赋予沥青以黏性与塑性。

3. 地沥青质

地沥青质也称地沥青，常温下为黑色固体，是决定沥青热稳定性与黏性的主要组分。

此外，石油沥青中还有少量沥青碳、似碳物和石蜡等有害组分。沥青碳和似碳物均为黑色粉末，会降低沥青的黏结力；石蜡会降低沥青的黏性和塑性，增大沥青的温度敏感性。

石油沥青属胶体结构，以地沥青固体颗粒为核心，在其周围吸附树脂与油分的互溶物，形成胶团，无数的胶团分散在油分中，从而形成了胶体结构。由于各组丛间相对比例的不同，胶体结构可划分为溶胶型、凝胶型和溶凝胶型三种类型。在建筑工程中使用较多的氧化沥青多属凝胶型胶体结构。

(二)石油沥青的技术性质

1. 黏结性(黏性)

石油沥青的黏性反映沥青内部阻碍相对流动的特性。黏稠石油沥青的黏性用针入度表示。针入度是指在规定温度(25℃)下，以规定重量(100g)的标准针，在规定时间(5s)内贯入试样中的深度(按 1/10mm 计)，针入度越小，表明沥青的黏度越大，黏性越好。

2.塑性

塑性指沥青在外力作用下产生变形而不破坏,除去后,仍能保持变形后的形状的性质,反映沥青开裂后的自愈能力。石油沥青的塑性用延度来表示。将“8”字形的标准试件放入延度仪25℃的水中,以5cm/min的速度拉伸至拉断,拉断时的长度(cm)称为延度,延度越大,塑性越小。

3.温度敏感性

温度敏感性又称温度稳定性、耐热性,反映了沥青的黏性和塑性随温度升降的变化性能。石油沥青的温度敏感性用软化点表征,一般采用环球法测定。将沥青试样置于规定的铜环内,上置一个规定质量的钢球,在水或甘油中逐渐升温,试件受热软化下垂,测得与底板接触时的温度(℃)即软化点。软化点高表示沥青的耐热性或温度稳定性好(即温度敏感性小)。

4.大气稳定性

大气稳定性也称抗老化性或耐久性,是指石油沥青抵抗各种自然因素和交通荷载的能力。一般用蒸发试验(160℃,5h)测定。其指标为蒸发损失率和蒸发后针入度比(蒸发后针入度与蒸发前针入度之比),蒸发损失率大,蒸发后针入度比小,耐久性好,老化慢。

沥青老化是由于其中的组分发生了递变,即油分—树脂—地沥青质,最终沥青中地沥青质含量增加,沥青变硬、变脆。

(三)石油沥青的牌号及技术标准

石油沥青按针入度指划分牌号,延度和软化点等也需符合要求。具体指标要求见表12-6-1。

石油沥青的技术标准 表12-6-1

项　　目	道路石油沥青(NB/SH/T 0522—2010)					建筑石油沥青(GB/T 494—2010)		
	200	180	140	100	60	40	30	10
针入度(25℃,100g)(0.1mm)	200～300	150～200	110～150	80～110	50～80	36～50	26～35	10～25
延度(25℃)(cm),不小于	120	100	100	90	70	3.5	2.5	1.5
软化点(℃)	30～48	35～48	38～51	42～55	45～58	≥60	≥75	≥95
溶解度(三氯甲烷、四氯化碳或苯)(%),不小于	99.0					99.0		
蒸发减量(160℃,5h)(%),不大于	1.3	1.3	1.3	1.2	1.0	1		
蒸发后,针入度比(%),不小于	报告					65		
闪点(开口)(℃),不低于	180	200	230	230	230	260		

同一品种中,牌号越小则针入度越小(黏性增大),延度越小(塑性越差),软化点越高(温度稳定性越好)。应根据工程性质、气候条件及工作环境来选择沥青的品种与牌号,如一般屋面用沥青材料的软化点应比本地区屋面最高温度高20℃以上。在满足使用要求的前提下,应尽量选用牌号较大者为好。

【例12-6-1】 为了提高沥青的温度稳定性,可以采取的措施是:

A.增加地沥青质的含量　　B.降低环境温度

C.增加油分含量　　D.增加树脂含量

解 沥青的温度稳定性反映了沥青的黏性和塑性随温度升降的变化性能。油分常温下为淡黄色液体,赋予沥青以流动性。树脂常温下为黄色到黑褐色的半固体,赋予沥青以黏性与塑性。地沥青质常温下为黑色固体,是决定沥青热稳定性与黏性的主要组分。所以,为了提高沥青的温度稳定性,可以增加地沥青质的含量。

答案:A

二、煤沥青

煤沥青是煤焦厂或煤气厂的副产品,烟煤干馏时得到煤焦油,煤焦油有高温和低温两种,多用高温煤焦油,煤焦油分馏加工提取各种油类(其中重油为常用的木材防腐油)后所剩残渣即为煤沥青。根据蒸馏程度的不同,划分为低温、中温、高温煤沥青三类。建筑工程中多使用低温煤沥青。

与石油沥青相比,煤沥青塑性较差,受力时易开裂,温度稳定性及大气稳定性均较差。但与矿料的表面黏附性较好,防腐性较好。所以煤沥青更多用作防腐材料。

三、改性石油沥青

石油加工厂生产的沥青通常只控制耐热性指标(软化点),其他的性能,如塑性、大气稳定性、低温抗裂性等则很难全部达到要求,从而影响了使用效果。为解决这个问题而采用的方法之一是:在石油沥青中加入某些矿物填充料等改性材料,得到改性石油沥青,或进而生产各种防水制品。

常用的改性材料有橡胶、树脂及矿物填充料等。

1. 矿物填充料

在石油沥青中加入矿物填充料(粉状,如滑石粉;纤维状,如石棉绒),可提高沥青的黏性和耐热性,减少沥青对温度的敏感性。

2. 合成橡胶

橡胶是沥青的重要改性材料。常用氯丁橡胶、丁基橡胶、再生橡胶与耐热型丁苯橡胶(SBS)等作为石油沥青的改性材料,其中 SBS 是对沥青改性效果最好的高聚物。橡胶与沥青间有较好的混溶性,并可使改性沥青具有橡胶的许多优点,如高温变形性小,低温柔性好等。

3. 合成树脂

树脂作为改性材料可提高沥青的耐寒性、耐热性、黏性及不透气性。但由于树脂与石油沥青的相溶性较差,故可用的树脂品种较少,常用的有古马隆树脂、聚乙烯、聚丙烯树脂、酚醛树脂及天然松香等。

由于树脂与橡胶之间有较好的相溶性,故也可同时加入树脂与橡胶来改善石油沥青的性质,使改性沥青兼具树脂与橡胶的优点与特性。

【例 12-6-2】 下列几种矿物粉料中,适合做沥青的矿物填充料的是:

A. 石灰石粉　　B. 石英砂粉　　C. 花岗岩粉　　D. 滑石粉

解　*在沥青中加入的矿物填充料的粉料主要有滑石粉。*

答案:D

四、沥青的应用

(一)防水卷材

1. 沥青防水卷材

沥青防水卷材必须具备良好的耐水性、温度稳定性、强度、延展性、抗断裂性、柔韧性及大气稳定性等性质。

(1)油毡

石油沥青纸胎油毡，简称油毡，是防水卷材中历史最早的品种。油毡是用低软化点沥青浸渍原纸，然后以高软化点沥青涂盖两面，再涂刷或撒布隔离材料(粉状或片状)而制成的纸胎防水卷材。油毡的防水性能较差，耐久年限低，一般只能用作多层防水。

(2)其他胎体材料的油毡

为了克服纸胎的抗拉能力低、易腐烂、耐久性差的缺点，通过改进胎体材料，使沥青防水卷材的性能得到改善，如玻璃布沥青油毡、玻璃纤维沥青油毡、黄麻织物沥青油毡、铝箔胎沥青油毡。这些油毡的抗拉强度高、柔韧性好、延伸率大、抗裂性和耐久性好。

需注意的是：在施工时，石油沥青油毡要用石油沥青胶黏结。

(3)沥青再生胶油毡

沥青再生胶油毡是一种无胎防水卷材，由再生橡胶、10号石油沥青及碳酸钙填充料，经混炼、压延而成。沥青再生胶油毡具有较好的弹性、不透水性与低温柔韧性，以及较高的延伸性、抗拉强度与热稳定性。这些优点使之适用于水工、桥梁、地下建筑物管道等重要防水工程，以及建筑物变形缝的防水处理。

2.高聚物改性沥青防水卷材

聚合物改性沥青防水卷材是以合成高分子聚合物为涂盖层，纤维织物或纤维毡为胎体，粉状、胶状、片状或薄膜材料为覆面材料制成的防水卷材。高聚物改性沥青防水卷材具有高温不流淌、低温不脆裂、拉伸强度高和延伸率较大等优点。

(1)SBS改性沥青防水卷材

SBS改性沥青防水卷材属弹性体沥青防水卷材，以玻纤毡、聚酯毡等增强材料为胎体，以丁苯橡胶(SBS)改性沥青为浸渍涂盖层，表面带有砂粒或覆盖聚乙烯(PE)膜，是一种柔性防水卷材。SBS改性沥青油毡的延伸率高，对结构变形有很高的适应性，具有较高的耐热性、低温柔性、弹性及耐疲劳性等，适合寒冷地区和结构变形频繁的建筑。

这种油毡通常采用冷粘贴(氯丁黏合剂)施工，也可以热熔粘贴(使用汽油喷灯等)。

(2)APP改性沥青防水卷材

APP改性沥青防水卷材属于塑性体改性沥青防水卷材，以玻纤毡或聚酯毡为胎体，以无规聚丙烯(APP)改性沥青为涂盖层，上面撒上隔离材料，下层覆盖聚乙烯薄膜或撒布细砂制成的防水卷材。该类卷材具有良好的弹塑性、耐热性、耐紫外线照射及耐老化性能，特别适合于紫外线辐射强烈及炎热地区屋面防水。

(二)防水涂料

将防水涂料涂布在基体表面，经溶剂或水分挥发，或各组分间的化学反应，形成具有一定弹性的连续薄膜，使基体表面与水隔绝，并能抵抗一定的水压力，从而起到防水和防潮作用。

1.沥青基防水涂料

(1)冷底子油

冷底子油是一种沥青涂料，是将建筑石油沥青(30%～40%)与汽油或其他有机溶剂(60%～70%)相融合而成，属于常温下的沥青溶液。其黏度小，渗透性好。

在常温下将冷底子油刷涂或喷到混凝土、砂浆或木材等材料表面后，即逐渐渗入毛细孔中，待溶剂挥发后，便形成一层牢固的沥青膜，使在其上做的防水层与基层得以牢固粘贴。要求基面洁净、干燥，水泥砂浆找平层的含水率≤10%。

(2)乳化沥青

乳化沥青是一种冷施工的防水涂料，是沥青微粒（粒径 1μm）分散在有乳化剂的水中而成的乳胶体。乳化剂可分为阴离子乳化剂（如肥皂、洗衣粉等）、阳离子乳化剂（如双甲基十八烷溴胺等）、非离子乳化剂（如石灰膏、膨润土等）等。

2. 高聚物改性沥青防水涂料

沥青防水涂料通过适当的高聚物改性可以显著提高其柔韧性、弹性、流动性、气密性、耐化学腐蚀性和耐疲劳性。高聚物改性沥青防水涂料是一般用再生橡胶、合成橡胶等改性沥青制得的水乳型或溶剂型防水涂料。

(1)水乳型再生橡胶改性沥青防水涂料

该涂料以水为分散剂，具有无毒、无味、不燃等优点，可在常温下冷施工，并可在稍潮湿、无积水的表面施工。涂膜具有一定的柔韧性和耐久性。

(2)SBS 改性沥青防水涂料

SBS 改性沥青防水涂料是一种水乳型弹性沥青防水涂料。该涂料具有低温柔韧性好、抗裂性好、黏结性能优良、耐老化性能好等优点，可冷施工。

SBS 改性沥青防水涂料适用于复杂基层的防水防潮施工，如卫生间、地下室、厨房、水池等，特别适合于寒冷地区的防水施工。

(三)密封材料

1. 沥青嵌缝油膏

沥青嵌缝油膏是以石油沥青为基料，加入改性材料（如废橡胶粉或硫化鱼油）、稀释剂（如松节油等）及填充剂（如石棉绒、滑石粉等）等混合而成，主要用在屋面、墙面、沟槽等处作防水层的嵌缝材料，是一种冷用膏状材料。

施工时，应注意基层表面的清洁与干燥，用冷底子油打底并干燥后，再用油膏嵌缝。油膏表面可加覆盖层（如油毡、塑料等）。

2. 沥青胶

沥青胶即玛蹄脂，为沥青与矿质填充料的均匀混合物。填充料可为粉状的，如滑石粉、石灰石粉；也可为纤维状的，如石棉屑、木纤维等。

沥青胶分为热用与冷用两种，主要用于粘贴沥青基防水卷材，也可用作接缝材料等。

五、合成高分子防水材料

合成高分子防水材料主要有以合成橡胶、合成树脂或这两者的共混体为基料的防水卷材。这类防水卷材具有强度高，延伸率大，弹性高，高、低温特性好等特点。

(一)防水卷材

1. 三元乙丙橡胶防水卷材

三元乙丙橡胶是乙烯、丙烯和非共轭二烯烃的三元共聚物，三元乙丙的主要聚合物链是完全饱和的，本质上是无极性的，对极性溶液和化学物具有抗性。这个特性使得三元乙丙橡胶可以抵抗热、光、氧气，尤其是臭氧，是橡胶中耐老化性能最好的。

三元乙丙防水卷材是以三元乙丙橡胶为主体制成的无胎卷材，具有良好的耐候性，耐臭氧性，耐酸碱腐蚀性，耐热性与耐寒性，抗拉强度高达 7.0MPa 以上，延伸率超过 450%，可在 −60～120℃的温度范围内使用，寿命可长达 20 年以上，是目前耐老化性最好的一种卷材，主要缺点是遇到机油时将产生溶胀。

三元乙丙橡胶防水卷材可用于各种工程的室内外防水和防水修缮，是屋面、地下室和水池防水工程的主题材料。

施工时，基层处理剂可用聚氨酯底胶，基层胶黏剂可用 CX-404 胶，可以采用合成橡胶类胶黏剂，如 CX404-BN2 等进行黏结，用银色着色剂作保护涂层。

2. 聚氯乙烯防水卷材

聚氯乙烯防水卷材是一种树脂基无胎卷材，根据基料的组成和特性分为 S 型(以煤焦油与聚氯乙烯树脂为基料)和 P 型(以增塑的聚氯乙烯树脂为基料)。

聚氯乙烯防水卷材抗拉强度和伸长率高，对基层伸缩、开裂、变形的适应性强；低温柔韧性好，可在较低温度下施工和应用；具有良好的尺寸稳定性与耐腐蚀性；卷材的搭接除了可用胶黏剂外，还可以用热空气焊接的方法，接缝处应严密。

与三元乙丙橡胶防水卷材相比，除在一般工程中使用外，聚氯乙烯防水卷材更适用于刚性层下的防水层及旧建筑混凝土构件屋面的修缮工程，以及有一定耐腐蚀要求的室内地面工程的防水、防渗工程等。

3. 氯丁橡胶防水卷材

氯丁橡胶防水卷材以氯丁橡胶为主要原料制成，其性能与三元乙丙橡胶卷材相似，但多项指标稍差些，尤其是耐低温性能。广泛用于地下室、屋面、桥面、蓄水池等防水层。

4. 氯化聚乙烯-橡胶共混防水卷材

这类防水卷材不但具有氯化聚乙烯特有的高强度和优异的耐臭氧、耐老化性能，而且具有橡胶所特有的高弹性、高延伸性和良好的低温柔性。

5. 丁基橡胶防水卷材

丁基橡胶(IIR)是由异丁烯和少量异戊二烯合成，耐老化性能仅次于三元乙丙橡胶。丁基橡胶防水卷材是以丁基橡胶为主体制成的，具有抗老化、耐臭氧以及气密性好等特点；此外，它还具有耐热、耐酸碱等性能。丁基橡胶防水卷材最大的特点是耐低温性能好，特别适用于严寒地区的防水工程及冷库的防水工程。

(二)合成高分子防水涂料

合成高分子防水涂料是以合成橡胶或合成树脂为主要成膜物质，加入其他辅料而配制而成的单组分或多组分防水涂料。

1. 聚氨酯涂膜防水涂料

聚氨酯涂膜防水涂料属双组分反应型涂膜防水涂料。该涂料涂膜固化时无体积收缩，可形成较厚的防水涂膜，具有弹性高、延伸率大、耐高低温性好、耐油、耐化学药品、耐老化等优点。为高档防水涂料，价格较高。施工时双组分需准确称量拌和，使用较麻烦，且有一定的毒性和可燃性。

聚氨酯涂膜防水涂料广泛应用于屋面、地下工程、卫生间、游泳池等防水，也可用于室内隔水层及接缝密封，还可用作金属管道、防腐地坪、防腐池的防腐处理等。

2. 硅橡胶防水涂料

硅橡胶是指主链由硅和氧原子交替而成的，硅原子上通常连有两个有机基团的橡胶。具有良好的抗紫外线、耐老化性，耐低温性好，耐热性能突出。

硅橡胶防水涂料是以硅橡胶乳液为主要基料，掺入无机填料及各种助剂配制而成的乳液型防水涂料，通常由 1 号和 2 号组成，1 号用于表层和底层，2 号用于中间作为加强层。

这种涂料兼有涂膜防水和渗透防水材料两者的优良特性，具有良好的防水性、抗渗透性、成膜性、弹性、黏结性、耐水性和耐高低温性，适应基层变形能力强，可渗入基底，与基底牢固黏结，成膜速度快，可在潮湿基层上施工，无毒、无味、不燃，可配成各种颜色。

硅橡胶防水涂料适用于地下工程、屋面等防水、防渗及渗漏修补工程，也是冷藏库优良的隔汽材料，但价格较高。

3.聚氯乙烯防水涂料

聚氯乙烯防水涂料是以聚氯乙烯和煤焦油为基料配制而成的水乳型防水涂料，施工时一般要铺设玻纤布、聚酯无纺布等胎体进行增强处理。

该类防水涂料弹塑性好、耐寒、耐化学腐蚀、耐老化，可在潮湿的基层上冷施工。聚氯乙烯防水涂料可用于各种一般工程的防水、防渗及金属管道的防腐工程。

（三）密封材料

1.聚氨酯密封膏

聚氨酯密封膏是性能最好的密封材料之一。一般用双组分配制，甲、乙两组分按比例混合，经固化反应成弹性体。具有高的弹性、黏结力与防水性，良好的耐油性、耐候性、耐久性及耐磨性。与混凝土的黏结好，且不需打底，故还可用于屋面、墙面的水平与垂直接缝，公路及机场跑道的外缝、接缝，还可用于玻璃与金属材料的嵌缝以及游泳池工程等。

2.硅酮密封膏

硅酮密封膏具有优异的耐热、耐寒性和良好的耐候性，分为F类和G类两类。F类为建筑接缝用，G类为镶嵌玻璃用。大多用单组分（聚硅氧烷）配制，施工后与空气中的水分进行交联反应，形成橡胶弹性体。

3.聚氯乙烯嵌缝接缝膏和塑料油膏

聚氯乙烯嵌缝接缝膏（即聚氯乙烯胶泥）以煤焦油和聚氯乙烯树脂粉为基料，配以增塑剂、稳定剂及填充材料在140℃下塑化而成的热施工防水材料。

塑料油膏则是以废旧聚氯乙烯塑料代替聚氯乙烯树脂粉、其余材料不变生产的聚氯乙烯嵌缝接缝膏，成本低。宜热施工，也可冷施工。

这两种油膏具有良好的黏结性、防水性、弹塑性，还有良好的耐热、耐寒、耐腐蚀和耐老化性。适用于屋面嵌缝、输供水系统及大型墙板嵌缝。

4.丙烯酸类密封膏

丙烯酸密封膏通常为水乳型，有良好的抗紫外线性能及延伸性能，但耐水性不是很好。

5.硅橡胶密封材料

硅橡胶是指主链由硅和氧原子交替构成，硅原子上通常连有两个有机基团的橡胶。硅橡胶耐低温性能良好，一般在−55℃下仍能工作；引入苯基后，可达−73℃。硅橡胶的耐热性也非常突出，在180℃下可长期工作，在高于200℃的环境中也能承受数周或更长时间并保持弹性，瞬时可耐300℃以上的高温。

6.聚硫橡胶密封材料

聚硫橡胶是由二卤代烷与碱金属或碱土金属的多硫化物缩聚合成的橡胶。当聚硫橡胶与环氧树脂混合后，末端的硫醇基与环氧树脂发生化学反应，从而进入固化后的环氧树脂结构中，形成环氧聚硫橡胶。聚硫橡胶具有较好的韧性，可用作耐受较大压力的容器的密封材料。

7.硫化橡胶密封材料

硫化橡胶是指硫化过的橡胶。硫化后生胶内形成空间立体结构，具有较高的弹性、耐热性、拉伸强度以及在有机溶剂中的不溶解性等。

习　　题

12-6-1　沥青卷材与改性沥青卷材相比较，沥青卷材的缺点有(　　)。

①耐热性差；②低温抗裂性差；③断裂延伸率小；④施工及材料成本高；⑤耐久性差。

A. ①②③⑤　　B. ①②③④　　C. ②③④⑤　　D. ①②④⑤

12-6-2　评定石油沥青主要性能的三大指标是(　　)。

①延度；②针入度；③抗压强度；④柔度；⑤软化点；⑥坍落度。

A. ①②④　　B. ①⑤⑥　　C. ①②⑤　　D. ③⑤⑥

12-6-3　冷底子油在施工时对基面的要求是(　　)。

A. 平整、光滑　　B. 洁净、干燥　　C. 坡度合理　　D. 除污去垢

第七节　木　　材

一、木材的分类与构造

(一)木材的分类

按照外观形状可将木材分为针叶树和阔叶树两大类。

1. 针叶树

针叶树树干通直高大，纹理平顺，材质均匀，表观密度和胀缩变形小，耐腐蚀性较强，易加工，多数质地较软，故又称为软木树，为建筑工程中主要用材，多用作承重构件。常用的有红松(也叫东北松)、白松(也叫臭松或臭冷杉)、樟子松(海拉尔松)、鱼鳞松(也叫鱼鳞云杉)、马尾松(也叫本松或宁国松，纹理不匀，多松脂，干燥时有翘裂倾向，不耐腐，易受白蚁侵害。一般只可用来做小屋架及临时建筑等，不宜用于做门窗)及杉木(又叫沙木)等。

2. 阔叶树

阔叶树质地一般较硬，故又称硬木树。一般强度较高，胀缩、翘曲变形较大，易开裂，较难加工，有些树种具有美丽的纹理，适于用作室内装修、制作家具等。常用的有水曲柳、榆木、柞木(又叫麻栎或蒙古栎)、桦木、椴木(又叫紫椴或籽椴，质较软)、黄菠萝(又叫黄檗或黄柏)及柚木、樟木、榉木等，其中榆木、黄菠萝及柚木等多用作高级木装修等。

(二)木材的构造

木材由树皮、木质部和髓心等部分组成，木质部是木材的主要使用部分。在靠近髓心的部分颜色较深，称为心材；外面颜色较浅的部分称为边材。边材含水量较大，易翘曲变形，抗腐蚀性较差。从横切面上可看到深浅相间的同心圆，称为年轮，其中深色较密实部分是夏秋季生长的，称为夏材；浅色较疏松部分是春季生长的，故称春材。夏材部分越多，木材强度越高，质量越好。

从显微镜下可以看到木材的组织。木材是由无数管状细胞紧密结合而成的，每个细胞都有细胞壁与细胞腔两部分，细胞壁由若干细纤维组成，其纵向联结较横向牢固，细纤维间具有极小的空隙，能吸附与渗透水分。

【例 12-7-1】　下列木材中适宜用作装饰材料的是：

A. 松木　　B. 杉木　　C. 水曲柳　　D. 柏木

解 木材分为针叶树和阔叶树。针叶树(又称软木树)的树干通直高大,纹理平顺,材质均匀,表观密度和胀缩变形小,耐腐蚀性较强,材质较软,多用作承重构件,有松、杉、柏。阔叶树(又称硬木树)强度较高,纹理漂亮,胀缩翘曲变形较大,易开裂,较难加工,适合作装饰,有水曲柳、桦木、椴木、柚木、樟木、榉木、榆木等。

答案:C

二、木材的物理力学性质

(一)吸湿性

1.水的分类

木材中所含水可分为吸附水与自由水两类。

(1)吸附水

吸附水首先被吸入木材中,存在于细胞壁内,被细纤维吸附,是影响木材胀缩和强度的主要因素。

(2)自由水

水分在木材中被细胞壁吸附达到饱和,即达到纤维饱和点后,水分开始存在于细胞腔与细胞间隙中构成自由水。自由水不影响木材的体积和强度,仅影响木材的表观密度、抗腐蚀性与可燃性。

2.纤维饱和点

当木材中细胞壁中充满吸附水,细胞腔和细胞间隙中没有自由水时的含水率称为纤维饱和点。当含水率小于纤维饱和点时,含水量变化对木材强度和体积有影响。当木材含水率大于纤维饱和点时,含水量变化对强度和体积没有影响。所以,纤维饱和点是木材物理力学性质发生改变的转折点,是含水率影响强度和体积变化的临界值。一般为20%~35%,平均为30%。

3.平衡含水率

当木材的含水率与周围空气相对湿度达到平衡时的含水率为平衡含水率。我国各地木材的平衡含水率一般为10%~18%。木材使用前需干燥至环境的平衡含水率,以防制品变形、开裂。

(二)湿胀干缩

当木材由潮湿状态干燥至纤维饱和点时,其尺寸不变,而继续干燥到其细胞壁中的吸附水开始蒸发时,则木材开始发生体积收缩(干缩)。在逆过程中,即干燥木材吸湿时,随着吸附水的增加,木材将发生体积膨胀(湿胀),直到含水率到达纤维饱和点为止,此后,尽管木材含水量会继续增加,即自由水增加,但体积不再发生膨胀。

木材的胀缩性随树种而有差异,一般体积密度大的、夏材含量多的木材,胀缩较大;另外变形也存在方向性,顺纹方向最小,径向较大,弦向最大。胀缩会使木材构件接头松弛或凸起。

(三)强度

木材在强度方面也表现为各向异性,木材强度有顺纹强度和横纹强度之分。从理论上讲,在不考虑木材的各种缺陷影响的前提下,同一木材,以顺纹抗拉强度为最大,抗弯强度、顺纹抗压、横纹抗剪强度依次递减,横纹抗拉强度、横纹抗压强度比顺纹小得多,见表12-7-1。

木材理论上各强度大小关系 表 12-7-1

抗压强度		抗拉强度		抗弯强度	抗剪强度	
顺纹	横纹	顺纹	横纹		顺纹	横纹切断
1	$\frac{1}{10}\sim\frac{1}{3}$	2～3	$\frac{1}{20}\sim\frac{1}{3}$	$1\frac{1}{2}\sim2$	$\frac{1}{7}\sim\frac{1}{3}$	$\frac{1}{2}\sim1$

影响木材强度的主要因素如下：

1.含水率

当木材含水率在纤维饱和点以下时，其强度随含水率增加而降低，这是由于吸附水的增加使细胞壁逐渐软化所致。当木材含水率在纤维饱和点以上时，木材的强度等性能基本稳定，不随含水率的变化而变化。

含水率对木材的顺纹抗压及抗弯强度影响较大，而对顺纹抗拉强度几乎无影响。

因为含水率会影响木材的强度，所以在测定木材强度时，需要规定木材的含水率。《木材物理力学试验方法总则》(GB/T 1928—2009)、《木材顺纹抗压强度试验方法》(GB/T 1935—2009)和《木材横纹抗压试验方法》(GB/T 1939—2009)等都规定测定强度时木材含水率为12%，并规定木材含水率为12%时的强度为标准强度。

2.负荷时间

木材长期负荷强度一般为极限强度的50%～60%。

3.温度

木材使用温度长期超过50℃时，强度会因木材缓慢炭化而明显下降，所以在这种环境下不应使用木结构。

4.缺陷

木材的缺陷有木节、斜纹、裂纹、腐朽及虫害等，缺陷越多，木材强度越低，其中缺陷使木材顺纹抗拉强度降低最为显著，而对顺纹抗压强度影响较小。

三、木材的干燥、防腐与防火

(一)木材的干燥

木材干燥的目的是防止木材腐蚀、虫蛀、翘曲与开裂，保持尺寸及形状的稳定性，便于做进一步的防腐与防火处理。

(二)木材的防腐

木材的腐朽是由真菌中的腐朽菌寄生引起的。腐朽菌在木材中生存与繁殖必须同时具备水分、空气与温度三个条件。当木材含水率为15%～50%，温度为25～30℃，又有足够空气时，腐朽菌最适宜繁殖。另外，木材还会受到白蚁、天牛等昆虫蛀蚀。

防腐方法有：将木材置于通风干燥的环境中、表面涂油漆或用化学防腐剂处理。

(三)木材的防火

木材防火的常用方法是：

(1)在木材表面涂刷防火涂料，常用的防火涂料有膨胀型丙烯酸乳胶防火涂料等；

(2)在木材表面覆盖难燃或不燃材料，如金属等；

(3)注入防火剂，如将磷-氮系列及硼化物系列防火剂或磷酸铵和硫酸铵的混合物等浸注。

四、木材的应用

按加工程度和用途的不同，木材可分为原条、原木、锯材。

人造板材是以木材或其他含有一定量纤维的植物为原料加工而成。主要包括以下几种：

1. 胶合板

用数张(一般为 3～13 层，层数为奇数)由原木沿年轮方向旋切的薄片，使其纤维方向相互垂直叠放，经热压而成。胶合板克服了木材各向异性的缺点，材质均匀，强度高，幅面大，平整易于加工，干湿变形小，板面具有美丽的花纹，装饰性好。

胶合板主要用于室内的隔墙罩面、顶棚和内墙装饰、门面装修及各种家具的制作。

2. 纤维板

纤维板是将木材加工下来的树皮、刨花、树枝等废料，经破碎浸泡，研磨成木浆，再加入一定的胶合剂，经热压成型、干燥处理而成的人造板材。纤维板材质均匀，各向强度一致，不易翘曲开裂与胀缩，无木节、虫眼等缺陷，主要用于制作室内壁板、门板、地板、家具等。

3. 刨花板

刨花板是将木材加工的剩余物，如刨花碎片、短小废木料、木丝、木屑等，经过加工干燥，并加入胶合剂拌和后，压制而成的人造板材。刨花板具有质量轻、强度低、隔声、保温、耐久、防虫等特点，适用于室内墙面、隔断、顶棚等处的装饰用基面板。

4. 热固性树脂层压板

以专用纸浸渍氨基树脂、酚醛树脂为原料经热压而成。

5. 薄木贴面板

薄木贴面板是一种高级的装饰材料，是将珍贵树种(如柚木、桦木、柳桉或树根瘤多的木段)的木材软化后旋切成厚 0.1～1mm 的薄木片，再用胶黏剂粘贴在基板上面制得。薄木贴面板可压贴在胶合板等表面，作墙、门等的面板。

习　　题

12-7-1　导致木材物理力学性质发生改变的临界含水率是(　　)。

A. 最大含水率　　B. 平衡含水率　　C. 纤维饱和点　　D. 最小含水率

12-7-2　木材的力学性质为各向异性，表现为(　　)。

A. 抗拉强度，顺纹方向最大　　B. 抗拉强度，横纹方向最大

C. 抗剪强度，横纹方向最小　　D. 抗弯强度，横纹与顺纹方向相近

12-7-3　干燥的木材吸水后，其变形最大的方向是(　　)。

A. 纵向　　B. 径向　　C. 弦向　　D. 不确定

12-7-4　影响木材强度的因素较多，但下列哪些因素与木材强度无关？(　　)

A. 纤维饱和点以下的含水量变化　　B. 纤维饱和点以上的含水量变化

C. 负荷时间　　D. 疵病

12-7-5　木材从干燥到含水会对其使用性能有各种影响，下列表述正确的是(　　)。

A. 木材含水会使其导热性减小，强度降低，体积膨胀

B. 木材含水会使其导热性增大，强度不变，体积膨胀

C. 木材含水会使其导热性增大，强度降低，体积膨胀

D. 木材含水会使其导热性减小，强度提高，体积膨胀

第八节　石　　材

一、岩石分类

天然石材是从天然岩体中开采出来，经加工成块状或板状材料的总称。天然岩石根据生成条件可分为以下三种：

1. 岩浆岩

岩浆岩又称火成岩，是地壳内熔融岩浆在地下或喷出地面后冷却结晶而成的岩石。在地壳深处生成的岩浆岩称为深成岩，如花岗岩；喷出地面后凝结而成的岩浆岩称为喷出岩，如玄武岩等。

2. 沉积岩

沉积岩又称水成岩，是露出地表的各种岩石，在外力、地质作用下，经风化、搬运、沉积、压实、胶结等再造作用在地表及地表以下不太深的地方形成的岩石，如石灰岩、砂岩等。

3. 变质岩

变质岩是岩浆岩或沉积岩经过岩浆活动和构造运动，因高温高压而变质后形成的一类新岩石，如大理岩、片麻岩、石英岩等。

二、饰面石材

用于建筑装饰用的石材主要有花岗岩和大理石两类。

1. 花岗岩

花岗岩属于岩浆岩，主要造岩矿物是长石（结晶铝硅酸盐）、石英（结晶 SiO_2）、云母（片状含水铝硅酸盐）及少量暗色矿物。其主要化学成分为 SiO_2 与 Al_2O_3，故花岗岩为酸性岩石。

花岗岩构造细密、质地坚硬，属硬石材（硬度常用摩氏硬度表征），耐磨，抗压强度高，属于耐酸岩石（但不耐氢氟酸和氟硅酸），化学稳定性好，不易风化变质，耐久，使用寿命为 75～200 年，但是耐火性差，含有的大量石英，在 573℃和 870℃的高温下发生晶型转变，产生体积膨胀，火灾时造成花岗岩爆裂；有些花岗岩含有微量放射性元素。常用于室内外墙面及地面装饰。

2. 大理石

大理石属于变质碳酸盐类岩石，主要矿物成分为方解石和白云石，属于碱性岩石，若用于室外在空气中遇到二氧化碳、二氧化硫、水汽以及酸性介质等，容易风化与溶蚀，使表面失去光泽，粗糙多孔，降低装饰效果，所以除汉白玉、艾叶青等杂质少的品种外，大理石一般不宜用于室外。

大理石构造致密、强度较高，但硬度不大，属中硬石材，比花岗石易加工和表面磨光。

【例 12-8-1】 地表岩石经长期风化、破碎后，在外力作用下搬运、堆积，再经胶结、压实等再造作用而形成的岩石称为：

A. 变质岩　　B. 沉积岩　　C. 岩浆岩　　D. 火成岩

解 岩石根据形成机理分为岩浆岩、沉积岩和变质岩三种。其中，地表岩石经长期风化、破碎后，在外力作用下搬运、堆积，再经胶结、压实等再造作用形成的岩石称为沉积岩。

答案：B

习　题

12-8-1　大理石属于(　　)。

A. 岩浆岩　　B. 变质岩

C. 沉积岩　　D. 深成岩

12-8-2　以下关于花岗岩和大理石的叙述,不合理的是(　　)。

A. 一般情况下,花岗岩的耐磨性优于大理石

B. 一般情况下,花岗岩的耐蚀性优于大理石

C. 一般情况下,花岗岩的耐火性优于大理石

D. 一般情况下,花岗岩的耐久性优于大理石

12-8-3　石材吸水后,其导热系数随之增加,这是因为(　　)。

A. 水的导热系数比密闭空气大　　B. 水的比热比密闭空气大

C. 水的密度比密闭空气大　　D. 材料吸水后导致其中的裂纹增大

第九节　黏　土

一、土的组成

土是固体颗粒、水与空气的混合物,即三相系。土的颗粒互相连接形成土的骨架。当土骨架中的孔隙全部被水占领时,这种土称为饱和土;当土骨架中的孔隙仅含空气时,称之为干土;三相并存,则称之为湿土。

(一)土的固相

1. 成土矿物

原生矿物:石英、长石、云母,吸水能力弱、无塑性。

次生矿物:黏土矿物、高岭石、伊利石、蒙脱石、吸水能力强、可胀缩、有塑性。

2. 黏土矿物的晶体结构

硅-氧四面体与铝-氧八面体构成含水铝硅酸盐。

3. 土粒的大小与土的级配

根据土粒的大小将土划分为不同的范围,即粒组。巨粒组:漂石粒、卵石粒;粗粒组:砾粒、砂粒;细粒组:粉粒、黏粒。

土的级配:土中各范围粒组中土粒的相对含量。级配良好的土,压实时能达到较高的密实度,故透水性低、强度高、压缩性低。

4. 颗粒分析试验

土的级配曲线有两种:粒径分布曲线(横坐标为土粒粒径,纵坐标为小于某粒径的土粒含量)、粒组频率曲线(横坐标为某粒组平均粒径,纵坐标为该粒组的土粒含量)。

从粒径分布曲线可得以下两个参数:

不均匀系数

$$C_u=\frac{d_{60}}{d_{10}} \tag{12-9-1}$$

曲率系数

$$C_c=\frac{(d_{30})^2}{d_{60}d_{10}} \tag{12-9-2}$$

其中,d_{60}、d_{30}、d_{10}分别表示曲线上纵坐标为60%、30%、10%所对应的横坐标即粒径。

国家标准规定：对于砾、砂，$C_u \geqslant 5$，且 $C_c = 1 \sim 3$，则土的级配良好。

(二)土的液相

土的液相类型及主要作用力见表 12-9-1。

土的液相类型与主要作用力　　表 12-9-1

水的类型		主要作用力
吸着水		物理化学力
自由水	毛细管水	表面张力与重力
	重力水	重力

二、土的物理性质

(一)直接指标

(1)土的密度 ρ 与重度 γ：

$$\gamma = \rho g \tag{12-9-3}$$

式中：ρ——单位体积土的质量。

(2)土粒相对密度 d_s：土粒的质量与 4℃时同体积纯水的质量之比。

(3)土的含水率 w：土中水的质量与干燥土粒质量之比，百分率。

(二)间接指标

(1)土的孔隙比 e：土中孔隙体积与土粒体积之比，小数。

(2)土的孔隙率 n：土中孔隙体积与土的总体积之比。

(3)土的饱和度 S_r：土中孔隙体积被水填充的百分数。干土的饱和度为 0，饱和土的饱和度为 100%。

(4)土的干密度 ρ_d 与干重度 γ_d：这是评定土密度程度的指标。两参数越大，则土越密实，反之越疏松。

三、无黏性土的相对密实度、黏性土的稠度与土的压实性

1. 无黏性土的相对密实度 D_r

$$D_r = \frac{e_{max} - e_0}{e_{max} - e_{min}} \tag{12-9-4}$$

式中：e_{max}、e_0、e_{min}——分别为无黏性土最松状态、天然状态、最密状态的孔隙比。

在工程上，用 D_r 划分土的状态：

$0 < D_r \leqslant 1/3$　　疏松的

$1/3 < D_r \leqslant 2/3$　　中密的

$2/3 < D_r \leqslant 1$　　密实的

2. 黏性土的稠度

稠度是指黏性土的干湿程度，或在某一含水率下抵抗外力作用而变形的能力，是黏性土最主要的物理状态指标。

在黏性土的状态转变过程中，有三种界限含水率或稠度界限：

液限(w_L)——流态→可塑状态转变的界限含水率；

塑限(w_p)——可塑态→半固态转变的界限含水率；

缩限(w_s)——半固态→固态转变的界限含水率。

塑性指数即液限与塑限的差值，塑性指数越大，表明土的颗粒越细，黏聚力越大，内摩擦角越小。

3. 土的压实性

影响压实性的因素有：

(1)含水率：当含水率较小时，土的干密度随含水率增大而提高；当含水率等于最佳含水率时，干密度达到最大值；达到最佳含水率后，干密度随含水率的增加反而降低。

(2)击数。

(3)土类与级配：含水率相同时，黏性土的黏粒含量越高或塑性指标越大，则越难以压实；对同一类土，级配良好，则易于压实，反之则不易压实。

(4)粗粒含量：粗粒含量过大，则表明土的级配不佳，不易压实。

【例 12-9-1】 土的塑性指数越高，土的：

A. 黏聚性越高　　B. 黏聚性越低　　C. 内摩擦角越大　　D. 粒度越粗

解 土的塑性指数是指液限与塑限的差值。塑性指数越大，表明土的颗粒越细，比表面积越大，土处在可塑状态的含水量变化范围就越大。

答案：A

习　题

12-9-1　以下关于土壤的叙述，合理的是(　　)。

A. 土壤压实时，其含水率越高，压实度越高

B. 土壤压实时，其含水率越高，压实度越低

C. 黏土颗粒越小，液限越低

D. 黏土颗粒越小，其孔隙率越高

12-9-2　黏土塑限高，说明(　　)。

A. 黏土粒子的水化膜薄，可塑性好　　B. 黏土粒子的水化膜薄，可塑性差

C. 黏土粒子的水化膜厚，可塑性好　　D. 黏土粒子的水化膜厚，可塑性差

习题题解及参考答案

第一节

12-1-1　**解**：通常，由于孔隙的存在，使表观密度 ρ_0 小于密度 ρ；而由于孔隙和空隙的同时存在，使堆积密度 ρ'_0 小于表观密度 ρ_0。

答案：B

12-1-2　**解**：脆性与韧性的区别在于破坏前没有或有明显变形、受力破坏吸收的能量低或高。

答案：A

12-1-3　**解**：软化系数是饱水状态的抗压强度与干燥状态的抗压强度之比。

答案：B

12-1-4　**解**：含水率＝水重/干砂重，湿砂重＝水重＋干砂重。

答案：C

12-1-5 **解**:水的导热能力强,含水率越大则导热系数越大。

答案:C

12-1-6 **解**:孔隙率变化,一定引起强度与表观密度的变化,可能引起吸水率和抗冻性的变化,但密度保持不变。

答案:C

第二节

12-2-1 **解**:建筑石膏硬化后体积微膨胀约1%。

答案:B

12-2-2 **解**:通过陈伏可以消除过火石灰的危害。

答案:D

12-2-3 **解**:建筑石膏硬化后体积微膨胀,在略高于100℃温度下化学分解,强度比石灰高。

答案:B

12-2-4 **解**:三合土是由石灰+黏土+砂或碎砖、碎石组成的。

答案:B

12-2-5 **解**:石膏制品抗火性好的原因主要是含有大量结晶水,其次是孔隙率大、隔热性好。

答案:B

第三节

12-3-1 **解**:大体积混凝土施工应选用水化热低的水泥,如矿渣水泥等掺混合材料水泥。

答案:C

12-3-2 **解**:硅酸盐水泥中加入适量石膏的作用是缓凝。

答案:C

12-3-3 **解**:掺混合材料水泥最适合采用蒸汽养护等充分养护方式。

答案:A

12-3-4 **解**:普通黏土、慢冷矿渣、石灰石粉不属于活性混合材料。

答案:C

12-3-5 **解**:水泥强度最高,石膏强度高于石灰。

答案:B

12-3-6 **解**:提高水泥强度等级并不一定就能提高水泥的耐侵蚀性。

答案:A

12-3-7 **解**:在六大通用水泥中,硅酸盐水泥的耐磨性最好。硫铝酸盐水泥虽具有快硬早强、微膨胀的特点,但在一般混凝土工程中较少采用。

答案:A

12-3-8 **解**:水泥的凝结和硬化与水泥的细度、水灰比(拌和水量)、硬化时间、温湿度均有关。

答案:D

12-3-9 **解**:无论是单独的水泥还是混凝土中的水泥,其水化的主要原因是水泥的水化反应,其速度主要取决于水化反应速度的快慢,但也受到温度、水灰比等的影响。尤其应注意的是,混凝土的凝结时间与配制该混凝土所用水泥的凝结时间可能不一致，因为混凝土的水灰比可能不等于水泥凝结时间测试所用的水灰比，且混凝土中可能还掺有影响凝结时间的外加剂。

答案:C

第四节

12-4-1 **解**:压碎指标是表示粗骨料石子强度的指标。

答案:B

12-4-2 **解**:在用较高强度等级的水泥配制较低强度的混凝土时，为满足工程的技术经济要求，应采用掺混合材料或掺合料的方法。

答案:A

12-4-3 **解**:泵送混凝土施工选用的外加剂应能显著提高拌合物的流动性，故应采用减水剂。

答案:C

12-4-4 **解**:混凝土碱-骨料反应是指水泥中碱性氧化物，如 Na_2O 或 K_2O 与骨料中活性氧化硅之间的反应。

答案:A

12-4-5 **解**:试配强度

$$f_{cu,o}=f_{cu,k}+t\sigma$$

式中：$f_{cu,o}$——配制强度；

$f_{cu,k}$——设计强度；

t——概率(由强度保证率决定)；

σ——强度波动幅度(与施工控制水平有关)。

答案:D

12-4-6 **解**:由混凝土强度公式可知，影响混凝土强度的主要因素是水泥强度和水灰比。此外，还与养护条件(即温湿度)有关。

答案:D

12-4-7 **解**:水泥正常水化产生的膨胀或收缩一般不致引起混凝土开裂。

答案:B

12-4-8 **解**:进行混凝土配合比设计时，确定水灰比是采用混凝土强度公式，根据混凝土强度计算而初步确定，然后根据耐久性要求进行耐久性校核，最终确定水灰比的取值。

答案:C

12-4-9 **解**:选用最大粒径的粗骨料，主要目的是减少混凝土干缩，其次也可节省水泥。

答案:B

12-4-10 **解**:影响混凝土拌合物流动性的主要因素是水泥浆的数量与流动性，其次为砂率、骨料级配、水泥品种等。

答案:B

12-4-11 **解**:海水中的盐主要对混凝土中的钢筋有危害，促使其被腐蚀；其次，盐对混凝土中的水泥硬化产物也有腐蚀作用。

答案:D

第五节

12-5-1 **解**:S、P、O、N是钢材中的有害元素。

答案:C

12-5-2 **解**:金属材料各向同性的原因是金属材料中的晶粒随机取向,使晶体的各向异性得以抵消。

答案:B

12-5-3 **解**:通常合金元素可改善钢材性能,提高强度,消除脆性。Mn属于合金元素。

答案:C

第六节

12-6-1 **解**:相比之下,沥青卷材有多种缺点,但其施工及材料成本低。

答案:A

12-6-2 **解**:评价黏稠石油沥青主要性能的三大指标是延度、针入度、软化点。

答案:C

12-6-3 **解**:冷底子油在施工时对基面的要求是洁净、干燥。

答案:B

第七节

12-7-1 **解**:导致木材物理力学性质发生改变的临界含水率是纤维饱和点。

答案:C

12-7-2 **解**:木材的抗拉强度顺纹方向最大。

答案:A

12-7-3 **解**:木材干湿变形最大的方向是弦向。

答案:C

12-7-4 **解**:纤维饱和点以上的含水率变化,不会引起木材强度的变化。

答案:B

12-7-5 **解**:在纤维饱和点以下范围内,木材含水使其导热性增大,强度减低,体积膨胀。

答案:C

第八节

12-8-1 **解**:大理石属于变质岩。

答案:B

12-8-2 **解**:在一般情况下,花岗岩的耐火性比大理石差。

答案:C

12-8-3 **解**:水的导热系数比密闭空气大。

答案:A

第九节

12-9-1 **解**:对同一类土,级配良好,则易于压实。如级配不好,多为单一粒径的颗粒,则孔隙率反而高。

答案:D

12-9-2 **解**:塑限是黏性土由可塑态向半固态转变的界限含水率。黏土塑限高,说明黏土粒子的水化膜厚,可塑性好。

答案:C

第十三章 工程测量

复习指导

一、考试大纲

11.1　测量基本概念

地球的形状和大小,地面点位的确定,测量工作的基本概念。

11.2　水准测量

水准测量原理,水准仪的构造、使用、检验校正,水准测量方法及成果整理。

11.3　角度测量

经纬仪的构造、使用、检验校正,水平角观测,垂直角观测。

11.4　距离测量

卷尺量距,视距测量,光电测距。

11.5　测量误差基本知识

测量误差分类与特性,评定精度的标准,观测值的精度评定,误差传播定律。

11.6　控制测量

平面控制网的定位与定向,导线测量,交会定点,高程控制测量。

11.7　地形图测绘

地形图基本知识,地物平面图测绘,等高线地形图测绘。

11.8　地形图应用

地形图应用的基本知识,建筑设计中的地形图应用,城市规划中的地形图应用。

11.9　建筑工程测量

建筑工程控制测量,施工放样测量,建筑安装测量,建筑工程变形观测。

二、复习指导(重点和难点提示)

(一)测量基本概念

1.重点及重点概念

重点:测定和测设,大地水准面,独立平面直角坐标系,绝对高程,相对高程,测量工作的原则,确定地面点位的三要素(基本要素)。

重点概念:测量学,测定、测设,水准面、大地水准面,相对高程、绝对高程,高斯平面直角坐标、独立平面直角坐标,测量工作的原则和程序,确定地面点位的三要素。

2.难点

高斯平面直角坐标系,水平面代替水准面的范围。

(二)水准测量

1.重点及重点概念

重点:水准测量原理、水准仪的构造及使用中涉及的基本概念,外业测量方法及测量数据的记录、成果计算。

重点概念:水准测量,水准点,前视、后视,转点,水准管零点、水准管轴、水准管分划值,圆水准器零点、圆水准器轴、圆水准器分划值,仪器竖轴,视准轴,视差,附合水准路线、闭合水准路线、支水准路线,高差闭和差。

2.难点

水准仪的检验和校正方法,水准测量误差分析及其消除方法。

(三)角度测量

1.重点及重点概念

重点:用经纬仪测量水平角、竖直角的基本原理,外业测量方法及测量数据的记录、成果计算,水平角、竖直角测量误差及其消除方法。

重点概念:水平角、竖直角,仪器横轴,经纬仪盘左、盘右位置,竖盘指标差。

2.难点

经纬仪的检验和校正方法,角度测量误差分析及其消除方法。

(四)距离测量及直线定向

1.重点及重点概念

重点:钢尺丈量的方法,视距测量的原理,光电测距的原理,直线定向的方法。

重点概念:直线定线,尺长方程式,视距测量,相位法测距,测距仪的标称精度,全站仪。

2.难点

钢尺精密量距外业成果的改正,坐标方位角的计算。

(五)测量误差的基本知识

1.重点及重点概念

重点:观测条件的含义,系统误差与偶然误差的含义以及偶然误差的特性,各种精度评定指标的含义与计算方法,误差传播定律的理解与应用。

重点概念:观测误差和观测条件,等精度观测和不等精度观测,系统误差和偶然误差,真误差、中误差、相对误差、极限误差、容许误差,误差传播定律,最或然值,改正数。

2.难点

中误差的含义与计算方法,误差传播定律的应用,等精度直接观测平差最或然值的计算与精度评定的方法。

(六)控制测量

1.重点

闭合、附合导线的外业测量工作及内业计算。

2.难点

闭合、附合导线的内业计算。

(七)地形图测绘

1.重点及重点概念

重点:比例尺精度及其在测绘工作中的用途,等高线及其特性,经纬仪测绘法,全站仪数字化测图。

重点概念：地形图，地形图的比例尺，比例尺精度，等高线，等高距，等高线平距，坡度。

2. 难点

比例尺精度，经纬仪测绘法。

(八)地形图应用

1. 重点及重点概念

重点：地形图应用的基本内容，应用地形图求点的平面坐标和高程、求直线的坐标方位角、长度和坡度，量算图上某区域的面积。

重点概念：坡度，纵断面，汇水面积。

2. 难点

地形图在工程中的具体应用，按限制坡度在地形图上选最短线路，应用地形图绘制某一方向的纵断面图、确定汇水面积、绘出填挖边界线，以及进行土地平整中的土石方量估算等。

(九)建筑工程测量

1. 重点

高程及点的平面位置的测设方法，建筑物的施工控制测量，民用建筑物的施工测量。

2. 难点

高程的测设，点的平面位置测设数据计算。

(十)全球定位系统(GPS)简介

重点：卫星定位系统的概念、特点，系统各个组成部分的功能，GPS定位方法的原理与分类。

第一节　测量基本概念

一、测量学及其基本内容

(一)测量学

测量学是研究地球的形状和大小以及确定地面(包括空中、地表、地下和海底)点位的科学。

(二)测量学的基本内容

1. 测定

测定是指使用测量仪器和工具，通过测量和计算，得到一系列测量数据，或把地球表面的地形绘成地形图，供经济建设、规划设计、科学研究和国防建设使用。

2. 测设

测设是指把图纸上规划设计好的建筑物、构筑物的位置在地面上标定出来，作为施工的依据。

二、地球的形状和大小

(一)基准线和基准面

某点的基准线是该点所受到的地球引力和地球自转的离心力的合力方向线，即重力方向线。地球表面71%是海洋，可以假想静止的海水面延伸穿过陆地包围整个地球，形成一个闭合曲面，称为水准面，特点是水准面上任意一点的铅垂线都垂直于该点上的曲面。与水准面相切的平面称为水平面。位于不同高度的水准面有无穷多个，其中与平均海水面相吻合的水准面称为大地水准面，它就是点位投影和高程计算的基准面。

【例 13-1-1】 下列何项作为测量野外工作的基准线：

A. 水平线　　B. 法线方向　　C. 铅垂线　　D. 坐标纵轴方向

解　测量野外工作的基准线是铅垂线。

答案:C

(二)地球形状和大小

由大地水准面所包围的形体称为大地球体,可看作是地球的实际形状。由于地球内部质量分布不均匀,致使大地水准面成为一个非常复杂而又难于用数学式表达的曲面。为便于计算与制图,测量学中选用一个和大地水准面总体形状非常接近的数学形体即参考椭球体来代表地球形体。数世纪以来,许多学者曾分别测算参考椭球体元素的长半轴 a、短半轴 b,以及扁率 α。我国目前采用的元素值为

$$\left.\begin{aligned}a &= 6\ 378.140\text{km}\\ \alpha &= (a-b)/a = 1/298.257\end{aligned}\right\} \tag{13-1-1}$$

由于扁率很小,普通测量学近似地把地球作为半径 $R=(2a+b)/3=6\ 371\text{km}$ 的圆球来看待。

三、地面点位的确定

地面点的空间位置用点的高程 H 和平面坐标 x、y 表示。

(一)高程

地面上任一点到水准面的铅垂距离就是该点的高程。点到大地水准面的铅垂距离称为绝对高程,又称为海拔。长期以来,我国是以 1956 年青岛验潮站所确定的黄海平均海水面作为高程起算的大地水准面,求得青岛水准原点的高程为 72.289m。目前我国采用的是“1985 国家高程基准”,是根据青岛验潮站 1952~1979 年验潮资料计算确定的平均海水面,于 1987 年由国家测绘局颁布作为我国统一的测量高程基准。求得青岛水准原点的高程为72.260m。在引测绝对高程有困难的局部地区,也可以假定一个水准面作为高程起算面。地面点到假定水准面的铅垂距离称为相对高程。两点高程之差称为高差,如图 13-1-1 所示。A、B 两点的绝对高程为 H_A、H_B,两点的相对高程为 H_A'、H_B',则 B 点对于 A 点的高差 $h_{AB}=H_B-H_A=H_B'-H_A'$。

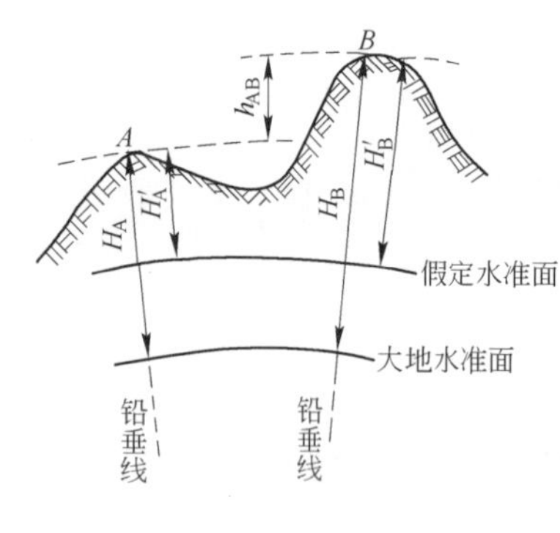

图　13-1-1

(二)坐标

1. 地理坐标系

地理坐标是以经度和纬度表示点在旋转椭球体面上投影的球面位置,又称为绝对位置。它把整个地球置于一个球面坐标系中,地面上某点的经度 λ 即通过该点的子午面与通过格林尼治天文台的首子午面所夹的二面角,自首子午线以东 0°~180°为东经,以西 0°~180°为西经。某点的纬度 φ 即通过该点的法线同赤道平面的夹角,自赤道向北 0°~90°为北纬,向南0°~90°为南纬。经度和纬度用天文方法测定。例如北京某点的地理坐标为 λ=东经 116°28′,φ=北纬 39°54′。

2. 高斯平面直角坐标系

高斯平面直角坐标系是采用高斯横椭圆柱投影的方法建立的平面直角坐标系,是一种球面坐标与平面坐标相关联的坐标系统。高斯投影是以首子午线起,经差每 6°为一带,将地球自西向东等分为 60 带,带号 N 依次为 1、2、…、60,位于各带边缘的子午线称为分带子午线,位于各带中央的子午线称为中央子午线。第 N 带中央子午线的经度 λ 按下式计算

$$\lambda = 6°N - 3° \tag{13-1-2}$$

每带均独立进行投影,使地球椭球上某 6°带的中央子午线与椭圆柱面相切,使椭球面与

椭圆柱面上的图形保持等角条件下，将整个6°带投影到椭圆柱面上，再将椭圆柱沿通过南北极的母线切开并展成平面，即得到6°带在平面上的影像。中央子午线和赤道投影展开后为互相垂直的直线，分别为x轴和y轴，交点为原点，则组成高斯平面直角坐标系。我国位于北半球，纵坐标均为正值，而为避免横坐标出现负值，规定纵轴向西平移500km，并在横坐标值前冠以带号。如A、B点位于第20带，横坐标的自然值为$y_A'=56\ 103$m，$y_B'=-56\ 103$m；则横坐标的通用值为$y_A=20\ 556\ 103$m，$y_B=20\ 443\ 897$m。

高斯投影中，各带中央子午线投影不变形，离中央子午线越远变形越大且两侧对称。为使投影变形更小，可采用3°带投影法，从东经1°30′起，自西向东，经差每3°为一带，将整个地球划分为120带，每带独立投影。第n带中央子午线的经度λ'按下式计算

$$\lambda' = 3°n \tag{13-1-3}$$

我国在陕西省泾阳县永乐镇某点建立了中华大地原点，由此而建立起全国统一坐标系，称为“1980国家大地坐标系”。

3.独立直角坐标系

当测区面积较小时，可不考虑地球曲率的影响，用水平面代替水准面，将地面点沿铅垂线直接投影到水平面上，由直角坐标值表示点的投影位置。采用的平面直角坐标系，规定南北方向为纵轴x，向北为正，向南为负；东西方向为横轴y，向东为正，向西为负。象限以坐标纵轴北方向为起始，按顺时针编号为Ⅰ、Ⅱ、Ⅲ、Ⅳ。方位角则是以坐标纵轴北方向为起始，顺时针量到直线的水平角。这些规定，使测量坐标与数学坐标的计算公式一致。

4.我国的大地坐标系

大地坐标系是采用大地纬度、经度和大地高程来描述空间位置的坐标系统，它的确立包括旋转椭球体的选择、对椭球进行定位和确定大地起算数据。球体的形状、大小和定位、定向都已确定的椭球叫参考椭球。参考椭球一旦确定，则标志着大地坐标系已经建立。在测量工作在中，大地坐标系又分地心坐标系、参心坐标系。以地球的质心作为坐标原点的坐标系称之为地心坐标系。参心坐标系则是以参考椭球的几何中心为原点的大地坐标系。

在测量中，为了处理观测成果和传算地面控制网的坐标，通常须选取一参考点作为大地测量的起算点，利用该点的天文观测量来确定参考椭球在地球内部的位置和方向，这样的起算点称为大地原点。

(1)1954年北京坐标系

1954年北京坐标系(简称54坐标系)是与苏联1942年建立的以普尔科夫天文台为原点的大地坐标系统相联系建立的坐标系统，54坐标系的参考椭球面普遍低于我国的大地水准面，平均误差约为29m。许多方面不能满足我国高精度定位以及地球科学、空间科学和战略武器发展的需要。

(2)1980西安坐标系

1980年国家大地坐标系是我国于1978年4月经全国天文大地网会议决定并由国家有关部门批准建立的坐标系。该坐标系是利用多点定位方法建立的国家大地坐标系统。椭球参数采用1975年国际大地测量与地球物理联合会(IUGG)推荐的地球椭球，由于该坐标系的大地原点选在陕西咸阳市泾阳县永乐镇，故称1980西安坐标系。

(3)2000国家大地坐标系

2000国家大地坐标系是我国当前最新的国家大地坐标系，英文名称为China Geodetic Coordinate System 2000，英文缩写为CGCS2000。2000国家大地坐标系采用的地球椭球参数

为：长半轴 $a=6\ 378\ 137\text{m}$，扁率 1/298.257 222 101。自 2008 年 7 月 1 日起，我国开始全面启用 2000 国家大地坐标系。该坐标系属于地心坐标系，精确的地心坐标系对于卫星大地测量、全球性导航和地球动态研究等都具有重要意义。

四、用水平面代替大地水准面的范围

当测区范围较小时，用水平面代替大地水准面，理论推导和计算表明，在半径为 10km 的范围内，用水平面代替大地水准面所产生的水平距离变形误差可忽略不计，故在 10km 的半径范围内进行距离测量时，可以用水平面代替大地水准面，不必考地球曲率对距离的影响；但用水平面代替大地水准面在高程上产生的变形误差是很大的，不能忽略地球曲率对高程的影响。因此，高程测量中不能用水平面代替大地水准面。

【例 13-1-2】 在测区半径为 10km 的范围内，面积为 100km^2 之内，以水平面代替大地水准面所产生的影响，在普通测量工作中可以忽略不计的为：

A. 距离影响、水平角影响　　B. 方位角影响、竖直角影响

C. 距离影响、高差影响　　C. 坐标计算影响、高程计算影响

解 在测区半径 10km 的范围内，用水平面代替大地水准面，对距离和水平角的影响可忽略不计。

答案：A

五、测量工作的基本概念

工程测量工作的目的是为了确定地面点的空间位置，即平面坐标 x、y 和高程 H，以便绘制地形图，并为工程建设部门提供必要的测设数据。为了避免测量误差的传递和积累增大到不能允许的程度，保证必要的测量精度，应遵循“从整体到局部”、“从高级到低级”、“从控制到碎部”的原则（详见本章第六节）。

测量工作的外业是利用测量仪器和工具在野外测定角度、距离和高差；内业是将外业测量资料在室内进行整理、数据处理和绘制成图。水平角度、水平距离和高差是测量工作的基本观测量，也是确定地面点位的基本要素。

【例 13-1-3】 “从整体到局部、先控制后碎部”是测量工作应遵循的原则，遵循这个原则的目的包括下列何项？

A. 防止测量误差的积累　　B. 提高观测值精度

C. 防止观测值误差积累　　D. 提高控制点测量精度

解 遵循测量工作的原则可防止测量误差的积累。

答案：A

习　题

13-1-1　目前中国采用统一的测量高程系是指（　　）。

A. 渤海高程系　　B. 1956 高程系

C. 1985 国家高程基准　　D. 黄海高程系

13-1-2　北京某点位于东经 116°28′、北纬 39°54′，则该点所在 6°带的带号及中央子午线的经度分别为（　　）。

A. 20、120°　　　　B. 20、117°　　　　C. 19、111°　　　　D. 19、117°

13-1-3　已知 M 点所在的 6°带高斯坐标值为 $x_M=366\ 712.48\text{m}$，$y_M=21\ 331\ 229.75\text{m}$，则 M 点位于（　　）。

A. 21 带、在中央子午线以东　　　　B. 36 带、在中央子午线以东

C. 21 带、在中央子午线以西　　　　D. 36 带、在中央子午线以西

13-1-4　测量工作的基本原则是从整体到局部、从高级到低级和（　　）。

A. 从控制到碎部　　　　B. 从碎部到控制

C. 控制与碎部并行　　　　D. 测图与放样并行

第二节　水 准 测 量

一、水准测量原理

水准测量是利用水准仪提供的水平视线截取竖立在地面上 M、N 两点处的水准尺高度 a 和 b，以求得两点高差。如果其中一点的高程为已知，则另一点高程即可算出，如图 13-2-1 所示。

高差法

$$\left.\begin{aligned} h_{MN} &= a-b \\ H_N &= H_M + h_{MN} \end{aligned}\right\} \tag{13-2-1}$$

视线高法

$$\left.\begin{aligned} H_i &= H_M + a \\ H_N &= H_i - b \end{aligned}\right\} \tag{13-2-2}$$

以上两式中：a——已知高程点 M 的水准尺读数，称为后视读数；

b——欲求高程点 N 的水准尺读数，称为前视读数；

h_{MN}——N 点对 M 点的高差；

H_i、H_M、H_N——分别为视线高（程）、已知点高程、欲求点高程。

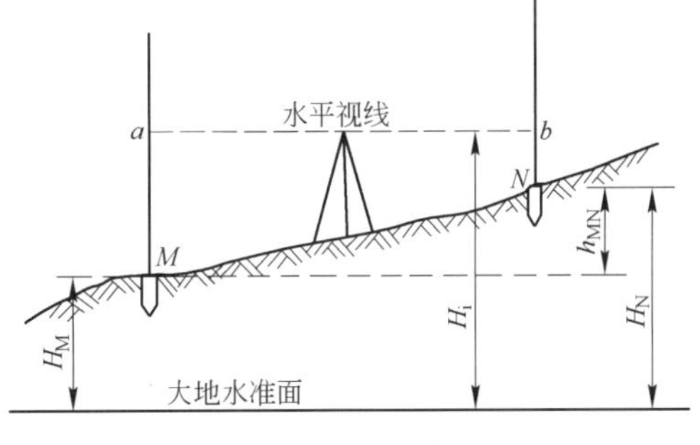

图　13-2-1

【例 13-2-1】　下列哪一项是利用仪器所提供的一条水平视线来获取的？

A. 三角高程测量　　　　B. 物理高程测量

C. GPS 高程测量　　　　D. 水准测量

解　用仪器提供水平视线，获取地面两点间的高差，属于水准测量。

答案：D

二、水准仪的构造

水准仪有 $DS_{0.5}$、DS_1、DS_3 等多种，数字 0.5、1、3 代表该仪器的精度，即每公里往返测量高差中数的中误差值（以 mm 计）。微倾式水准仪主要由望远镜、水准器和基座三部分组成，各部件名称见图 13-2-2。

（一）望远镜

望远镜由物镜、物镜对光螺旋、目镜、目镜对光螺旋、十字丝分划板等组成。望远镜的主要作用是照准目标并读取水准尺上的读数。

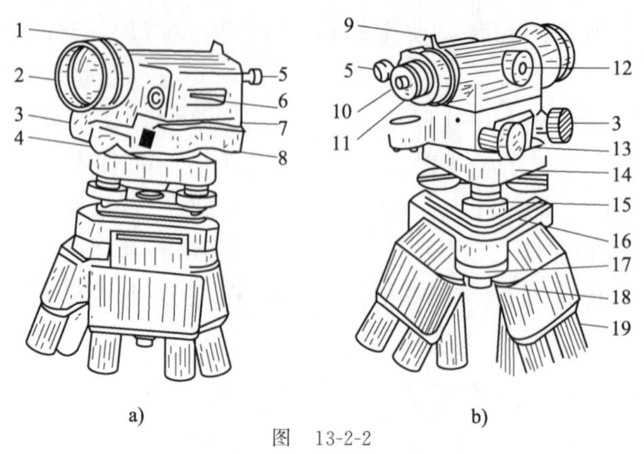

图 13-2-2

1-准星;2-物镜;3-微动螺旋;4-制动螺旋;5-符合水准器观测镜;6-水准管;7-水准盒;8-校正螺丝;9-照门;10-目镜;11-目镜对光螺旋;12-物镜对光螺旋;13-微倾螺旋;14-基座;15-脚螺旋;16-连接板;17-架头;18-连接螺旋;19-三脚架

十字丝分划板上刻有互相垂直的十字丝,还刻有两对称的短横丝,称视距丝。十字丝中央交点与物镜光心的连线称为视准轴,即照准目标时的视准线。在使用望远镜观察目标时,眼睛晃动一下,如目标影像与十字丝有相互移动的现象,称为视差现象。这说明目标影像没有落在十字丝平面上。为了消除视差,应在十字丝清晰的情况下继续调整物镜对光螺旋。

(二)水准器

1.管水准器

管水准器又称水准管,它是用乙醇和乙醚的加热混合液装入玻璃管后封闭冷却形成一真空泡,称为气泡。水准管内壁圆弧中点称为零点,过零点所作圆弧的纵向切线称为水准管轴,以 LL 表示。当气泡的中心与零点重合时,称为气泡居中,此时水准管轴水平。为了提高气泡居中的精度,微倾式水准仪在水准管两端上方安装一组棱镜,组成符合水准系统,可方便地观察到气泡两端的吻合情况。而对于自动安平水准仪,则借助补偿器取代复合水准系统,安置仪器使水准器气泡居中后,借助安平机构和补偿元件、灵敏元件和阻尼元件的作用,使十字丝中央交点能自动得到视线水平状态下的读数。水准管的灵敏度可用水准管分划值 τ 表示,它是从零点向水准管两端每隔 2mm 刻一分划线,相邻两分划线所对圆心角,圆的半径越大,分划值越小,水准管灵敏度越高。即为

$$\tau = \frac{2}{R}\rho'' \tag{13-2-3}$$

式中:R——水准管内壁圆弧半径,$\rho''=206\ 265''$。

DS_3 型工程水准仪的水准管分划值 $\tau=20''/2$mm,亦即气泡移动 2mm,水准轴相应倾斜的角度为 $20''$,用于精密整平。

2.圆水准器

圆水准器顶面内壁为一球面,中心外壁刻一圆,其圆心称为零点,过零点的球面法线称为圆水准轴。当气泡居中时,圆水准轴处于铅垂位置。DS_3 型的圆水准器的 $\tau=8'/2$mm,用于概略整平。

(三)基座

基座由轴座、脚螺旋和连接板组成。仪器上部以竖轴(纵轴、仪器旋转轴)插入轴座,由基

座承托，整个仪器用中心连接螺旋与三脚架相连接，调节脚螺旋可使圆气泡居中。

三、水准仪的使用和检验、校正

（一）水准仪的使用

将三脚架调整到高度适当后立于地上，用连接螺旋将水准仪安置在架头上，仪器置于距前后视点大致相等处。

1. 粗平

用脚螺旋使圆气泡居中，以达到竖轴铅直，视准轴粗略水平。

2. 瞄准

用望远镜瞄准标尺，通过目镜对光和物镜对光，达到十字丝、标尺刻划和注记数字清晰，并消除视差。

3. 精平

用微倾螺旋使水准管气泡居中，以达到视准轴精确水平。

4. 读数

读取中央横丝所截标尺高度，依次读出米、分米、厘米和估读毫米，读数后检查水准管气泡是否仍居中。

（二）微倾水准仪的检验与校正

水准仪的主要轴线如图 13-2-3 所示，水准管轴 LL、视准轴 CC、圆水准轴 L′L′和仪器竖轴（纵轴、仪器旋转轴）VV。各轴线应满足的几何条件是：L′L′∥VV、十字丝中央横丝⊥VV 和 LL∥CC。使用前须进行检验与校正。当限于条件不能完善地校正仪器时，则可用一定的操作方法临时处理残差，以削弱仪器残余误差的影响。

1. L′L′∥VV 的检验与校正

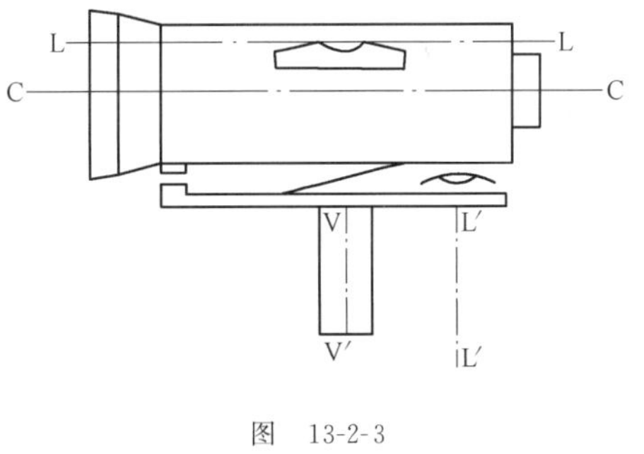

图 13-2-3

检验：安好仪器，调整脚螺旋使圆气泡居中，仪器绕竖轴旋转 180°，如气泡仍居中，则条件满足，否则应校正。

校正：在检验的基础上，用脚螺旋调回气泡偏差的一半，用校正针拨动水准器的校正螺丝调回另一半，使气泡居中。

残差处理：如发现仪器处在相差 180°的两个位置上时，气泡有偏差，则只用脚螺旋调回偏差的一半，达到竖轴的铅垂，这种方法称为等偏定平法。

2. 十字丝中央横丝垂直于竖轴的检验与校正

检验：整平圆水准器，以横丝一端对准远处一点，转动水平微动螺旋，同时观察横丝应始终通过原来的一点，则条件满足，否则应校正。

校正：取下十字丝护盖，松开固定十字丝环的四个平头螺丝，转动十字丝环后，使横丝从一端移动到另一端均不离开一固定目标点，再拧紧固定螺丝。

残差处理：每次均使用十字丝中央交点进行水准尺读数。

3. LL∥CC 的检验与校正

这是水准仪应满足的最重要条件。

检验：如图 13-2-4 所示，在较平坦处选相距 80～100m 的两点 M 和 N；水准仪安置在距 M、N 两点等距的中点处，用水准仪求得正确高差 $h_{MN}=a_1-b_1$；仪器移至一端，如距后视点 M

为 2～3m 处，读 M 尺为 a_2，因距离很小，读数 a_2 所含 LL 与 CC 之夹角的影响可忽略不计，这时可求得应读前视 $b_2=a_2-h_{MN}$；如果在气泡居中时 N 尺上的实际读数为 b'_2，如与 b_2 相等，则 LL∥CC，否则应进行校正。

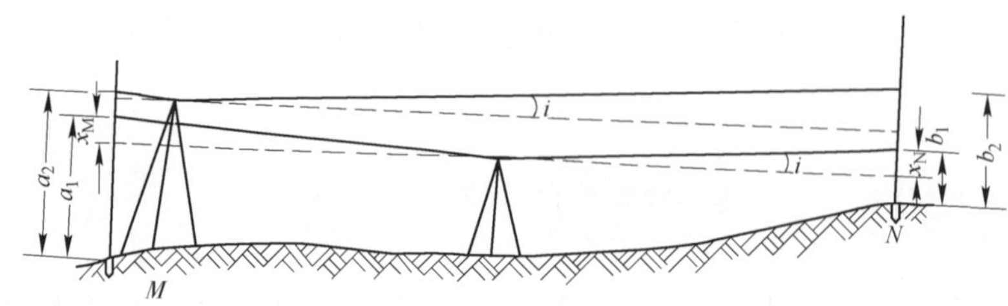

图 13-2-4

校正：在检验的基础上，转动微倾螺旋，使十字丝交点对准 b_2，这时符合气泡必不居中，用校正针拨动水准管一端的校正螺丝使气泡居中。

残差处理：采用中间法，即在一个测站上的前后视线长大致相等的情况下施测高差。中间法同时还可消除或削弱地球曲率和大气折光的影响。

四、水准测量方法及成果整理

(一)水准测量方法

1. 路线水准测量

如图 13-2-5 所示，当欲测高差的两点距离较远或高差较大或遇障碍，不能在一个测站完成时，应按连续设站的水准路线进行。水准测量中，已知高程的地面固定点称为水准点；中间起传递高程作用的点称为转点。水准路线的布置形式一般有如下三种。

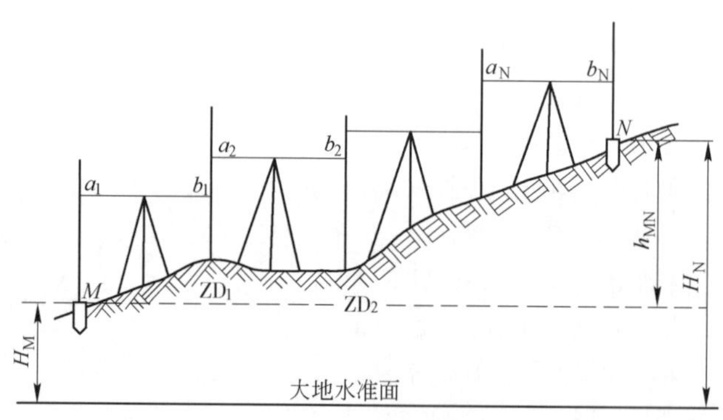

图 13-2-5

闭合水准路线：从一个水准点出发，沿线测量各待定点，最后又回到原来的水准点上。

附合水准路线：从一个水准点出发，沿线测量各待定点，最后闭合到另一个水准点上。

支水准路线：从一个水准点出发，沿线测量待定点(不得超过两点)，应进行往返观测。

2. 水准测量的校核工作

测站校核：有变动仪器高法、双面尺法和双仪器法，两次测出的高差之差不超过规定值，即可取两次高差的平均值。

计算校核
$$\sum h=\sum a-\sum b \tag{13-2-4}$$

成果校核：亦称路线校核。检核高差闭合差 f_h 是否在规定的允许误差(见规范)范围内。

f_h 的计算如下式：

$$\left.\begin{aligned} &\text{闭合路线} && f_h=\sum h_{测} \\ &\text{附合路线} && f_h=\sum h_{测}-(H_{终}-H_{始}) \\ &\text{支路线} && f_h=\sum h_{往}+\sum h_{返} \end{aligned}\right\} \quad (13\text{-}2\text{-}5)$$

【例 13-2-2】 水准测量实际工作时，计算出每个测站的高差后，需要进行计算检核，如果 $\sum h=\sum a-\sum b$ 算式成立，则说明：

A. 各测站高差计算正确　　B. 前、后视读数正确

C. 高程计算正确　　D. 水准测量成果合格

解 如果 $\sum h=\sum a-\sum b$，说明各测站高差计算正确。

答案：A

（二）成果整理

路线校核精度合格后，即可进行闭合差的分配，原则是改正数 v 与测站数 n（或路线长度 l，以 km 计）成正比，并与闭合差反符号。则测段改正数为

$$\left.\begin{aligned} &v_i=(-f_h/\sum n)n_i \\ \text{或}\quad &v_i=(-f_h/\sum l)l_i \end{aligned}\right\} \quad (13\text{-}2\text{-}6)$$

将改正数加在相应测段的高差观测值上得到改正后高差，即可从起始水准点高程加上改正后高差逐点推算所求点高程。

（三）水准测量的误差

1. 仪器误差

水准仪的几何条件不满足，水准尺刻划不准或弯曲等。

2. 置平误差

读数时水准管轴未精确水平。

3. 水准尺倾斜

水准尺未竖直，使读数总是偏大，且视线越高误差越大。

4. 水准仪下沉

仪器随安置时间而下沉，使后视读数与前视读数不处于同一水平视线上。

5. 外界环境的影响

大气折光影响，日照和风力影响等。

习　题

13-2-1 平整场地时，水准仪读得后视读数后，在一个方格的四个角 M、N、O 和 P 点上读得前视读数分别为 1.254m、0.493m、2.021m 和 0.213m，则方格上最高点和最低点分别是（　　）。

A. P、O　　B. O、P　　C. M、N　　D. N、M

13-2-2 M 点高程 $H_M=43.251$m，测得后视读数 $a=1.000$m，前视读数 $b=2.283$m。则 N 点对 M 点的高差 h_{MN} 和待求点 N 的高程 H_N 分别为（　　）。

A. +1.283m，44.534m　　B. −3.283m，39.968m

C. +3.283m，46.534m　　D. −1.283m，41.968m

13-2-3 水准仪有 $DS_{0.5}$、DS_1、DS_3 等多种型号，其下标数字 0.5、1、3 等代表水准仪的精度，为水准测量每公里往返高差中数的中误差值，单位为(　　)。

A. km　　B. m　　C. cm　　D. mm

13-2-4 水准仪置于 A、B 两点中间，A 尺读数 $a=1.523\text{m}$，B 尺读数 $b=1.305\text{m}$，仪器转移至 A 点附近，尺读数分别为 $a'=1.701\text{m}$，$b'=1.462\text{m}$，则(　　)。

A. $LL /\!/ CC$　　B. $LL \not\parallel CC$

C. $L'L' /\!/ VV$　　D. $L'L' \not\parallel VV$

13-2-5 公式(　　)用于附合水准路线的成果校核。

A. $f_h=\sum h$　　B. $f_h=\sum h_{测}-(H_{终}-H_{始})$

C. $f_h=\sum h_{往}-\sum h_{返}$　　D. $\sum h=\sum a-\sum b$

第三节　角度测量

一、经纬仪的构造

光学经纬仪有 DJ_1、DJ_2、DJ_6 等多种，数字 1、2、6 代表该仪器所能达到的精度指标，表示水平方向测量一测回的方向观测中误差(以秒计)。经纬仪由照准部、水平度盘和基座三部分组成。各部件名称见图 13-3-1。

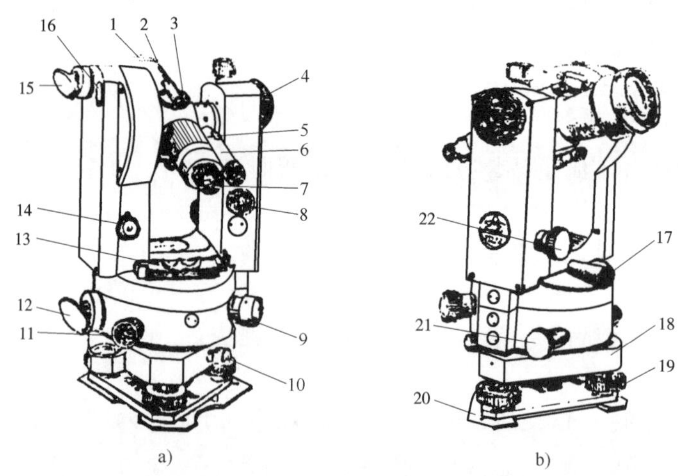

图 13-3-1

1、7-望远镜物镜、目镜；2-粗瞄器；3-粗瞄器观察目镜；4-测微轮；5-物镜对光螺旋；6-读数显微镜；8-换向手轮；9-换盘手轮；10-锁紧螺丝；11-水平制动螺旋；12、15-反光镜；13-水准管；14-自动归零旋钮；16-调指标差盖板；17-光学对中器；18-轴座；19-脚螺旋；20-连接板；21、22-望远镜微动、制动螺旋

(一)照准部

照准部由望远镜、读数设备、竖直度盘、支架、竖轴(纵轴、仪器旋转轴)和横轴(望远镜旋转轴)等部分组成。

(二)水平度盘

水平度盘由一个玻璃制精密刻度圆盘、水准管和度盘变换装置等组成。

(三)基座

基座由轴座、脚螺旋和连接板等组成。很多仪器装有光学对中器。

二、经纬仪的使用和检验、校正

(一)经纬仪的使用

1. 对中

用垂球或光学对中器使水平度盘中心与测站点位于同一铅垂线上。

2. 整平

先用脚螺旋使圆气泡居中以示粗平,再在互相垂直的两个方向使水准管气泡居中以示精平。此时,仪器竖轴铅直,水平度盘水平。

3. 瞄准

望远镜目镜对光、粗瞄目标,物镜对光并消除视差,使十字丝中央交点对准目标。

4. 读数

读取相应目标在水平度盘上的读数。分微尺可直接读数,单平板玻璃测微器应使度盘的一条整分划线夹在指标双线的中央再读数,双平板玻璃测微器应在双向符合后再读数。每次读数应读出度和分,以及与最小分划值相适应的秒数。

【例 13-3-1】 经纬仪有四条主要轴线,如果视准轴不垂直于横轴,此时望远镜绕横轴旋转时,则视准轴的轨迹是:

A. 一个圆锥面　B. 一个倾斜面　C. 一个竖直面　D. 一个不规则的曲面

解 视准轴不垂直于横轴,望远镜绕横轴旋转形成一个圆锥面。

答案:A

【例 13-3-2】 经纬仪的操作步骤是:

A. 整平、对中、瞄准、读数　　B. 对中、瞄准、精平、读数

C. 对中、整平、瞄准、读数　　D. 整平、瞄准、读数、记录

解 经纬仪的操作步骤是:对中、整平、瞄准、读数。

答案:C

(二)经纬仪的检验与校正

光学经纬仪的主要轴线如图 13-3-2 所示,水准管轴 LL、视准轴 CC、横轴(望远镜旋转轴)HH、竖轴(纵轴、仪器旋转轴)VV。各轴线应满足的几何条件是:LL⊥VV、十字丝竖丝⊥HH、CC⊥HH 和 HH⊥VV,使用前须进行检验与校正。当限于条件不能完善地校正仪器时,则可用一定的操作方法临时处理残差,以削弱仪器残余误差的影响。

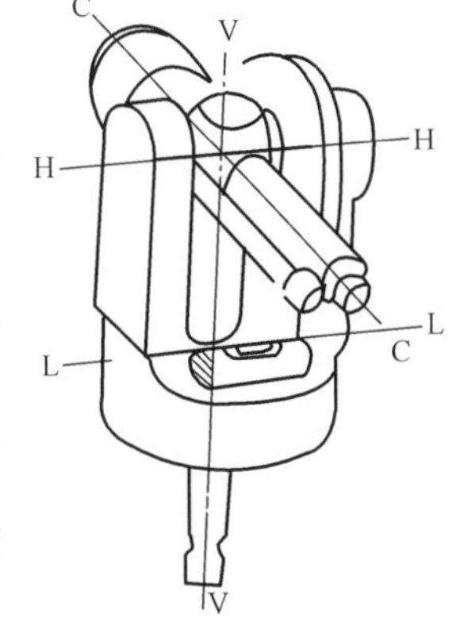

图 13-3-2

1. LL⊥VV 的检验与校正

检验:安置经纬仪,使水准管平行任意两个脚螺旋的连线,调节这两个脚螺旋使水准管气泡居中;旋转照准部 180°,若气泡仍居中,说明 LL⊥VV,如偏差超过一格则应进行校正。

校正:在检验的基础上,用脚螺旋使气泡退回偏差的一半;用校正针拨动水准管校正螺丝,使气泡退回偏差的另一半。

残差处理:如发现仪器处在相差 180°的两个位置上时,气泡有偏差,则只用脚螺旋退回偏差的一半,达到竖轴铅直。

2. 十字丝竖丝⊥HH 的检验与校正

检验:仪器精平后,用十字丝一端点精确照准一清晰目标点,轻轻转动望远镜微动螺旋,如

十字丝竖丝始终在目标上移动，则说明十字丝竖丝⊥HH，否则应校正。

校正：取下十字丝护盖，松开固定十字丝环的平头螺丝，转动十字丝环后，使竖丝从一端移到另一端均不离开一固定目标点，再拧紧固定螺丝。

残差处理：每次均用十字丝中央交点瞄准目标。

3. CC⊥HH 的检验与校正

视准轴不垂直横轴时，其偏离垂直位置的角值 C 称为视准误差。

检验：在平坦场地相距约 100m 的两点中央 O 处安置经纬仪，一端设一标志 A，另一端横放一根水平尺。盘左时照准 A，纵转望远镜在横尺上照准得一点 B_1；盘右时照准 A，纵转望远镜在横尺上照准得一点 B_2；如 B_2 与 B_1 重合，则 CC⊥HH，否则应校正。

校正：保持盘右位置，在 B_2B_1 上量取 B_3 点，使 $B_2B_3=B_2B_1/4$；取下十字丝护盖，松开十字丝校正螺丝，拨动左右两个校正螺丝，使十字丝交点与 B_3 重合，此时已消除了视准误差 C。

残差处理：盘左、盘右观测取平均值作为结果。

4. HH⊥VV 的检验与校正

检验：在与目标 M(如墙上某点)距离约 30m、仰角约大于 30°处安置经纬仪。盘左照准 M 点，然后将望远镜放水平在墙上标出一点 m_1，盘右同样标出 m_2。如果 m_1 与 m_2 重合，则 HH⊥VV，否则应校正。

校正：取 m_1m_2 的中点 m，保持盘右位置，照准 m 点，仰起望远镜至 M 点附近。调节横轴的校正机构，拨动偏心轴承，调节支架一端的高度使十字丝中心对准 M。

残差处理：盘左、盘右观测取平均值作为结果。

5. 光学对中器的检验与校正

当照准部水准管轴水平时，光学对中器的视线经棱镜折射后成铅垂方向，且与竖轴重合。

检验：整平经纬仪后，用对中器中心在地上标一点 O_1；照准部旋转 180°，再标出 O_2；如 O_1 与 O_2 不重合，则应校正。

校正：调节对中器的校正螺丝，使对中器中心刻划线对准 O_1O_2 连线的中点。

【例 13-3-3】 经纬仪有四条主要轴线，当竖轴铅垂，视准轴垂直于横轴时，但横轴不水平，此时望远镜绕横轴旋转时，则视准轴的轨迹是：

A. 一个圆锥面　B. 一个倾斜面　C. 一个竖直面　D. 一个不规则的曲面

解 依题意，竖轴垂直，视准轴垂直于横轴，但横轴不水平，属于横轴不垂直于竖轴误差，望远镜绕横轴旋转时，视准轴的轨迹为倾斜面。

答案：B

三、水平角观测

工程测量中，水平角是指测站点至两观测目标点分别连线在水平面上投影后的夹角。

(一)测回法

如表 13-3-1 所示备注，O 为测站，A、B 为始目标和终目标。观测$\angle AOB$ 步骤如下：

(1)在 O 点安置经纬仪，对中与整平。

(2)盘左位置，照准 A，读水平度盘读数 $a_{左}$，一般使初始读数略大于 0°，顺时针转动照准部

照准目标 B,读出 $b_{左}$。盘右位置,照准 B,读出 $b_{右}$,逆时针转动照准部照准 A,读出 $a_{右}$。记录与计算见表 13-3-1。

测回法观测手簿 表 13-3-1

测站	竖盘位置	目标	水平盘读数(° ′ ″)	半测回角值(° ′ ″)	一测回角值(° ′ ″)	平均角值(° ′ ″)	备注(略图)
O	左	A	0 00 30	185 51 12	185 51 03		
		B	185 51 42				
	右	A	180 00 54	185 50 54			
		B	5 51 48				

(3)盘左、盘右观测,分别称为上半测回和下半测回,合称为一测回。半测回角值之差不超过 40″(DJ_6)或 24″(DJ_2),则取平均值作为一测回角值。

$$\left.\begin{aligned}\beta_{左} &= b_{左} - a_{左} \\ \beta_{右} &= b_{右} - a_{右} \\ \beta &= \frac{\beta_{左} + \beta_{右}}{2}\end{aligned}\right\} \qquad (13\text{-}3\text{-}1)$$

(4)当观测的测回数 $n>1$ 时,为减小度盘刻划误差影响,每测回起始目标读数应增加180°/n。

(二)全圆测回法

当一个测站上的观测目标为 3 个或 3 个以上时,可采用全圆测回法或称为方向观测法观测。例如,在测站 O 上观测 A、B、C、D 四个目标的操作步骤如下。

(1)盘左位置,选一清晰目标 A 作为起始方向,顺时针依次瞄准 A、B、C、D、A,分别读取读数 a、b、c、d、a'。a 与 a' 之差为半测回归零差。

(2)盘右位置,逆时针依次瞄准 A、D、C、B、A,并分别读取对应读数。

(3)数据整理与计算。

①两倍照准误差 $2C$=盘左读数-(盘右读数±180°)。

②各方向平均读数=[盘左读数+(盘右读数±180°)]/2。起始方向 A 有两个平均读数,应再次平均写在该测回平均读数的最上方,并以圆括号标明。

③归零方向值=各方向平均读数-起始方向平均读数(圆括号内的值)。此时该测回的起始方向值已强制归化为 0°00′00″。

④任意两方向间的水平角等于对应的归零方向值之差。

(三)水平角观测的误差

(1)仪器误差:仪器制造时加工不完善、仪器轴系的几何条件未能满足、照准部偏心等。

(2)对中误差:测站偏心误差、瞄准目标偏心误差。

(3)观测误差:照准误差、读数误差。

(4)外界条件的影响。

四、竖直角观测

竖直角是指同一竖直面内的视线方向与水平方向的夹角。当视线水平时,竖直度盘读数为 90°的整数倍。竖直角观测只要照准目标并读取竖盘读数,即可计算出竖直角。步骤如下:

(1)对中整平后,盘左,十字丝交点照准目标。打开自动归零装置,如无此装置,则转动竖盘指标水准管微动螺旋使气泡居中,读取盘左竖盘读数 L。

(2)盘右,同法读取盘右竖盘读数 R。

(3)计算,竖直角计算公式取决于竖盘的刻划形式。在盘左时,将望远镜略水平后向上仰,若竖盘读数减小,则竖直度盘为顺时针注记,反之则为逆时针注记。竖直角计算公式为:

顺时针注记
$$\left.\begin{aligned}\alpha_L&=90^\circ-L\\\alpha_R&=R-270^\circ\end{aligned}\right\}\tag{13-3-2}$$

逆时针注记
$$\left.\begin{aligned}\alpha_L&=L-90^\circ\\\alpha_R&=270^\circ-R\end{aligned}\right\}\tag{13-3-3}$$

一测回角值
$$\alpha=\frac{\alpha_L+\alpha_R}{2}\tag{13-3-4}$$

表 13-3-2 为竖直角观测示例。

当视线水平,指标水准管气泡居中时,竖盘指标偏离正确位置的值 x 称为竖盘指标差。

$$x=-\frac{\alpha_L-\alpha_R}{2}\tag{13-3-5}$$

竖直角观测手簿 表 13-3-2

测站	目标	竖盘位置	竖盘读数 (° ′ ″)	半测回直角 (° ′ ″)	一测回竖角值 (° ′ ″)	备注
A	P	左	101 15 30	11 15 30	11 15 18	盘左 270 0 180 90
		右	258 44 54	11 15 06		
	Q	左	80 16 12	−9 43 48	−9 43 42	
		右	279 43 36	−9 43 36		

【例 13-3-4】 测量中的竖直角是指在同一竖直面内,某一方向线与下列何项之间的夹角:

A. 坐标纵轴　　B. 仪器横轴　　C. 正北方向　　D. 水平线

解 竖直角是在同一竖直面内,某一方向与水平线的夹角。

答案:D

五、电子经纬仪

电子经纬仪是通过在度盘上获取电信号,再根据电信号转换成角度的电子测角仪器。它的读数系统是采用光电扫描度盘自动计数、自动显示系统,实现了读数的自动化与数字化。

习　题

13-3-1 光学经纬仪有 DJ_1、DJ_2、DJ_6 等多种型号,数字下标 1、2、6 表示(　　)中误差的值,以秒计。

A. 水平角测量一测回角度　　B. 竖直方向测量一测回方向

C. 竖直角测量一测回角度　　D. 水平方向测量一测回方向

13-3-2 经纬仪观测中,取盘左、盘右平均值是为了消除(　　)的误差影响,而不能消除水准管轴不垂直竖轴的误差影响。

A. 视准轴不垂直横轴　　B. 横轴不垂直竖轴

C. 度盘偏心　　D. A、B 和 C

13-3-3　水平角观测中，盘左起始方向 OA 的水平度盘读数为 358°12′15″，终了方向 OB 的对应读数为 154°18′19″，则∠AOB 前半测回角值为(　　)。

A. 156°06′04″　　B. −156°06′04″

C. 203°53′56″　　D. −203°53′56″

13-3-4　测站点 O 与观测目标 A、B 位置不变，如仪器高度发生变化，则观测结果(　　)。

A. 竖直角改变、水平角不变　　B. 水平角改变、竖直角不变

C. 水平角和竖直角都改变　　D. 水平角和竖直角都不变

13-3-5　经纬仪盘左时，当视线水平，竖盘读数为 90°；望远镜向上仰起，读数减小。则该竖直度盘为顺时针注记，其盘左和盘右竖直角计算公式分别为(　　)。

A. $90°-L, R-270°$　　B. $L-90°, 270°-R$

C. $L-90°, R-270°$　　D. $90°-L, 270°-R$

第四节　距离测量及直线定向

距离是指两点连线的长度。水平距离是指线段投影在水平面上的长度。

一、钢尺量距

钢(卷)尺的长度有 30m、50m 等多种，每 m、dm 和 cm 刻划线有数字注记，整尺刻划到 mm。尺前端有一刻划线作为零点。

当地面坡度较大或两点间距离超过一个尺长需分段丈量时，在两点间加设一些点以标明直线的位置，这项工作称为直线定线。按要求的不同，可用经纬仪定线或目估定线。钢尺量距要做到“直、平、准、齐”，即定线要直，尺身要水平，拉力、对点、投点和读数要准，配合要齐。为检核并提高量距精度，应进行往返丈量。其量距相对误差用分子为 1 的分数式表示

$$K = \frac{|D_{往} - D_{返}|}{D_{平均}} = \frac{1}{M} \tag{13-4-1}$$

钢尺一般量距法达到的精度一般不高于 1/5 000。如精度要求更高则应采用钢尺精密量距法检定钢尺。求得钢尺在 t℃时长度 l_t 的表达式，即尺长方程式

$$l_t = l_0 + \Delta l + \alpha(t - t_0)l_0 \tag{13-4-2}$$

式中：l_0——钢尺名义长度；

Δl——一整尺的尺长改正数；

α——钢尺的线膨胀系数 0.000 012 5/℃，即温度变化 1℃时钢尺单位长度的变化量；

t——丈量时的温度；

t_0——钢尺检定时的温度，称为标准温度，取 20℃。

丈量时，用经纬仪定线定桩，每次稍移动尺的位置即进行三次读数并求得平均长度(注意使用检定过的钢尺，采用标准拉力取 100N)。测温度，测相邻两桩顶的高差。丈量长度经如下三项改正后得实长。

（一）尺长改正数

$$\Delta l_d=\frac{l'-l_0}{l_0}l=\frac{\Delta l}{l_0}l \tag{13-4-3}$$

式中：l'——钢尺在标准温度和标准拉力下的实际长度；

l——丈量长度。

（二）温度改正数

$$\Delta l_t=\alpha(t-t_0)l \tag{13-4-4}$$

式中：α——钢尺的线膨胀系数 0.000 012 5/℃，即温度变化 1℃时钢尺单位长度的变化量；

t——丈量时的温度；

t_0——钢尺检定时的温度，称为标准温度，取 20℃。

（三）倾斜改正数

$$\Delta l_h=-\frac{h^2}{2l} \tag{13-4-5}$$

式中：h——相邻两桩顶的高差。

（四）改正后的尺段实长

$$D=l+\Delta l_d+\Delta l_t+\Delta l_h \tag{13-4-6}$$

钢尺量距的误差来源有定线误差、拉力误差、对点与投点误差、尺身不平与垂曲误差，还有尺长、温度和高差引起的误差。

【例 13-4-1】 精密量距时，对钢尺量距的结果需要进行下列何项改正，才能达到距离测量精度的要求：

A. 尺长改正、温度改正及倾斜改正　　B. 尺长改正、拉力改正及温度改正

C. 温度改正、读数改正及拉力改正　　D. 定线改正、倾斜改正及温度改正

解　钢尺精密量距需进行尺长改正、温度改正及倾斜（高差）改正。

答案：A

二、视距测量

视距测量是间接测定地面两点水平距离和高差的方法。它是通过量仪器高、观测竖直角，并利用十字丝板的上、中、下三丝所截尺上的读数来计算。由于精度不高，常用于地形测量。

（一）视线水平时的水平距离和高差公式

$$\left.\begin{aligned}D&=kl\\h&=i-v\end{aligned}\right\} \tag{13-4-7}$$

式中：k——100，为视距乘常数；

l——尺间隔，为上、下视距丝读数之差；

i——仪器高；

v——中丝读数。

（二）视线倾斜时的水平距离和高差公式

$$\left.\begin{aligned}D&=kl\cos^2\alpha\\h&=D\tan\alpha+i-v\end{aligned}\right\} \tag{13-4-8}$$

式中：α——视线在中丝读数为 v 时的竖直角。

【例 13-4-2】 用视距测量方法求 A、B 两点间距离，通过观测得尺间距 $l=0.386\text{m}$，竖直角 $\alpha=6°42'$，则 A、B 两点间水平距离为：

A. 38.1m B. 38.3m C. 38.6m D. 37.9m

解 按视距测量水平距离计算公式：

$$D=kl\cos^2\alpha=100\times0.386\cos^2(6°42')=38.1\text{m}$$

答案：A

三、电磁波测距

为了改变长距离丈量的繁重劳动，20 世纪 50 年代研制了光电测距仪，60 年代发展了激光技术及电子技术，70 年代采用了 GaAs 发光二极管作光源，其体积小、亮度高、功耗小、寿命长且能连续发光，通过改变注入电流的大小可以改变发光强度，直接发射出调制光，从而使短程测距仪得到广泛应用。光源的发光波长在 0.8～1μm 之间，位于波谱的红外区，所以采用这种光源测距的仪器称为红外测距仪。

（一）测距原理

欲测量 A、B 两点间距离，置测距仪于 A，置反射棱镜于 B，仪器发射的光束经反射镜反射后又返回仪器并接收，则 AB 距离为

$$\left.\begin{aligned}D&=\frac{vt}{2}\\v&=\frac{c}{n}\end{aligned}\right\}\tag{13-4-9}$$

式中：v——电磁波在空气中的传播速度；

t——往返传播时间；

c——电磁波在真空中的传播速度，约为 299 792 458m/s；

n——大气折射率，是温度、湿度、压力和波长的函数。

1. 脉冲法测距

直接测定仪器间断发射的脉冲信号在所测距离上往返传播的时间，代入上式计算出距离。这类仪器受脉冲宽度和电子计数器时间分辨率的限制，测距精度较低。

2. 相位法测距

利用测定连续的电磁波在所测距离往返测程上的相位差来计算距离。

$$D=\frac{c}{2f}\left(N+\frac{\Delta\varphi}{2\pi}\right)=\frac{\lambda}{2}(N+\Delta N)\tag{13-4-10}$$

式中：f——频率，每秒钟光强变化的周期数；

N——整周期数；

ΔN——不足一个周期的比例数；

$\Delta\varphi$——不足一个周期的相位差；

λ——调制光的波长。

令 $\frac{\lambda}{2}=u$，上式可写成：$D=u(N+\Delta N)$

上式可以理解为用一把测尺长度为 u 的测尺量距，N 为整尺段数，ΔN 为不足一整尺段的

尾数。但仪器用于测量相位的装置(称相位计)只能测量出尺段尾数 ΔN,而不能测量整周数 N,例如当测尺长度为 u=10m 时,要测量距离为 35.4m 时,测量出的距离只能为 5.4m,即此时只能测量小于 10m 的距离。为此,要增大测程则要增大测尺长度,但相位计的测相误差和测尺长度成正比,由测相误差所引起的测距误差约为测尺长度的 1/1 000,增大测尺长度会使测距误差增大。为了兼顾测程和精度,采用不同的测尺长度的测尺,即所谓"粗测尺"(长度较大的尺)和"精测尺"(长度较小的尺)同时测距,然后将粗测结果和精测结果组合得最后结果,这样,既保证了测程,又保证了精度。例如测量距离时采用 u_1=10m 测尺和 u_2=1 000m 测尺,测量结果如下

精测结果	5.486
粗测结果	835.4
仪器显示	835.486

【例 13-4-3】 某双频测距仪设置的第一个调制频率为 15MHz,其光尺长度为 10m,设置的第二个调制频率为 150kHz,它的光尺长度为 1 000m,若测距仪测相精度为1∶1 000,则测距仪的测尺精度可达到:

A. 1cm　　B. 100cm　　C. 1m　　D. 10cm

解 取精测尺 10m 进行计算,Δd=10×0.001 = 0.01m=1cm。

答案:A

(二)测距仪分类与标称精度

测距仪按测程划分为 3km 以下的短程测距仪、3～15km 的中程测距仪、15km 以上的远程测距仪;按结构形式分为组合式、整体式和分离式。图 13-4-1 为 DCH3 型红外测距仪,组合式结构,测距仪主机安装在 DJ_2 经纬仪上,望远镜和测距主机一起转动,进行距离、竖直角和水平角测量。

电磁波测距仪的标称精度表达式为

$$m_D = \pm(A + B \cdot D) \tag{13-4-11}$$

式中:A——固定误差(mm);

B——比例误差系数(mm/km);

D——所测距离(km);

m_D——测距中误差;

$B \cdot D$——比例误差,也可写成 $C \cdot$ ppm,表示 1km 比例误差 C(mm),ppm 即 10^{-6},如某仪器标称精度为±(3mm+3ppm),观测距离为 2 500m,则测距中误差 m_D=±(3mm+$3\times10^{-6}\times$2 500 000mm)=±10.5mm。

四、全站仪

全站仪的全称是电子全站仪(Electronic Total Station),指能在一个测站上完成几乎全部测量工作的测量仪器设备,它是由电子经纬仪、电磁波测距、微处理器数据处理系统集成一体的光电测量仪器。其基本功能是测量水平角、竖直角和倾斜距离,这三种基本测量数据经仪器内部微处理器计算处理,可以转化为水平距离、高差、被测目标点的三维坐标等,在机载软件的控制下,仪器还可以进行偏心测量、悬高测量、对边测量、导线测量、后方交会等各种测量工作,并将测量数据存储在仪器中。实现观测数据结果的数字化和信息化。全站仪还可以与外接计算机进行通信,进行测量成果的内业输出。全站仪的这些特点极大地方便了测量工作,已成为测量工作中日益广泛应用的重要测量设备。

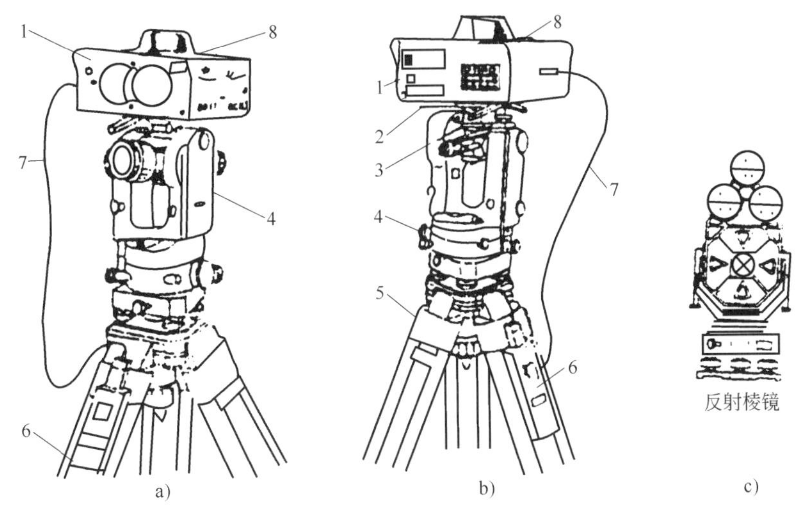

图 13-4-1

1-测距仪主机;2-夹紧装置;3-连接器;4-光学经纬仪;5-三脚架;6-电池盒;7-电源电缆线;8-橡皮盖

五、直线定向

直线定向是指确定直线和某一参照方向(称标准方向)的关系。

(一)标准方向的种类

1.真子午线方向

过地球上某点及地球北极和南极的半个大圆为该点的真子午线。通过该点真子午线的切线方向称为该点的真子午线方向,它指出地面上某点的真北和真南方向。真子午线方向是用天文测量方法或用陀螺经纬仪来测定的。由于地球上各点的真子午线都收敛于两极,所以地面上不同经度的两点,其真子午线方向是不平行的。两点真子午线方向间的夹角称为子午线收敛角。

2.磁子午线方向

自由悬浮的磁针静止时,磁针北极所指的方向即是磁子午线方向,又称磁北方向。磁子午线 方向可用罗盘仪来测定。由于地球南北极与地磁场南北极不重合,故真子午线方向与磁子午线方向也不重合,它们之间的夹角为 δ,称为磁偏角。磁子午线北端在真子午线以东为东偏,其符号为正;以西时为西偏,其符号为负。

3.坐标纵轴方向

由于地面上任何两点的真子午线方向和磁子午线方向都不平行,这会给直线方向的计算带来不便。采用坐标纵轴作为标准方向,在同一坐标系中任意点的坐标纵轴方向都是平行的,从而极大方便了使用。因此,在平面直角坐标系中,一般采用坐标纵轴作为标准方向。坐标纵轴方向,又称坐标北方向。我国采用高斯平面直角坐标系,在每个 6°带或 3°带内都以该带的中央子午线作为坐标纵轴。如采用假定坐标系,则用假定的坐标纵轴(x 轴)。以过 O 点的真子午线作为坐标纵轴,所以任意点 A 或 B 的真子午线方向与坐标纵轴方向间的夹角就是任意点与点 O 间的子午线收敛角 γ。当坐标纵轴方向的北端偏向真子午线方向以东时,γ 定为正值,偏向西时 γ 定为负值。

(二)直线定向的方法

直线定向是确定直线和标准方向的关系,这一关系常用方位角或象限角来描述。

1.方位角

从标准方向的北端量起，沿顺时针方向量到直线的水平角称为该直线的方位角。方位角的取值范围为 0°～360°。当标准方向取为真子午线时，称真方位角，用 $A_{真}$ 来表示。当标准方向取为磁子午线时，称磁方位角，用 $A_{磁}$ 来表示。真方位角和磁方位角的关系为

$$A_{真}=A_{磁}+\delta \tag{13-4-12}$$

在平面直角坐标系中，当标准方向取为坐标纵轴时，称坐标方位角，用 α 来表示。

真方位角和坐标方位角的关系为

$$A_{真}=\alpha+\gamma \tag{13-4-13}$$

2.正反方位角

若规定直线一端量得的方位角为正方位角，则直线另一端量得的方位角为反方位角，正反方位角是不相等的。对于真方位角，其正反方位角的关系为

$$A_{12}=A_{21}+\gamma\pm180° \tag{13-4-14}$$

对于坐标方位角，由于在同一坐标系内坐标纵轴方向都是平行的，所以正反坐标方位角的关系为

$$\alpha_{12}=\alpha_{21}\pm180° \tag{13-4-15}$$

3.象限角

直线与标准方向所夹的锐角称象限角。象限角由标准方向的指北端或指南端开始向东或向西计量，其取值范围为 0°～90°，以角值前加上直线所指的象限名称来表示，如北东 41°。

4.象限角与坐标方位角关系(见表 13-4-1)

表 13-4-1

象　　限	象限角与坐标方位角的关系	象　　限	象限角与坐标方位角的关系
象限 I	北东 $R=\alpha$	象限 III	南西 $R=\alpha-180°$
象限 II	南东 $R=180°-\alpha$	象限 IV	北西 $R=360°-\alpha$

5.真方位角的测定

常用的方法有两种：天文测量法和陀螺经纬仪法。

6.磁方位角的测定

由于地球磁极的位置不断在变动，以及磁针易受周围环境等的影响，所以磁子午线方向不宜作为精确定向的标准方向。但是由于磁方位角的测定很方便，所以在精度要求不高时可使用。磁方位角可用罗盘仪测定。

7.坐标方位角的推算

为了使整个测区的坐标系统统一，测量工作中不是直接测定每条边的方向，而是通过与已知方向的联测，推算出各边的坐标方位角。推算坐标方位角的一般公式为

$$\alpha_{前}=\alpha_{后}\mp180°\pm\beta \tag{13-4-16}$$

式中，β 为左角时取正号，减 180°；为右角时，取负号，加 180°。

【例 13-4-4】 已知直线 AB 的方位角 $\alpha_{AB}=60°30'18''$，$\angle BAC=90°22'12''$，若$\angle BAC$ 为左角，则直线 AC 的方位角 α_{AC} 等于：

A. 150°52′30″　　B. 29°51′54″　　C. 89°37′48″　　D. 119°29′42″

解　根据方位角及左角定义可得：

$\alpha_{AC}=\alpha_{AB}+\beta_{BAC}=60°30'18''+90°22'12''=150°52'30''$

答案：A

习　题

13-4-1　某钢尺尺长方程式为 $l_t=50.0044\text{m}+1.25\times10^{-5}\times(t-20)\times50\text{m}$，在温度为31.4℃和标准拉力下量得均匀坡度两点间的距离为49.9062m，高差为−0.705m，则该两点间的实际水平距离为(　　)。

A. 49.904m　　B. 49.913m　　C. 49.923m　　D. 49.906m

13-4-2　视距测量时，经纬仪置于高程为162.382m的 A 点，仪器高为1.40m，上、中、下三丝读得立于 B 点的尺读数分别为1.019m、1.400m和1.781m，求得竖直角 $\alpha=-3°12'10''$，则 AB 的水平距离和 B 点高程分别为(　　)。

A. 75.962m，158.131m　　B. 75.962m，166.633m

C. 76.081m，158.125m　　D. 76.081m，166.639m

13-4-3　某电磁波测距仪的标称精度为±(3+3ppm)mm，用该仪器测得500m距离，如不顾及其他因素影响，则产生的测距中误差为(　　)mm。

A. ±18　　B. ±3　　C. ±4.5　　D. ±6

13-4-4　由标准方向北端起顺时针量到所测直线的水平夹角，该角的名称及其取值范围是(　　)。

A. 象限角、0°～90°　　B. 象限角、0°～±90°

C. 方位角、0°～±180°　　D. 方位角、0°～360°

第五节　测量误差的基本知识

一、误差的分类与特性

(一)误差的定义

观测值与客观存在的真值之差称为测量真误差。有时某些量无法得到真值，常采用平均值作为该量的最可靠值，称为最或是值，又称似真值。观测值与平均值之差称为最或是误差，又称似真误差。

$$\left.\begin{aligned}&\text{真误差}=\text{观测值}-\text{真值}\\&\text{最或是误差}=\text{观测值}-\text{平均值}\end{aligned}\right\}\tag{13-5-1}$$

测量误差按性质分为系统误差与偶然误差。产生误差的原因有三种：测量仪器的构造不完善、观测者感觉器官的鉴别能力有限、外界环境与气象条件不稳定等。观测成果的精确程度称为精度，取决于观测时的有关仪器、人和环境所构成的观测条件。具有同样技术的人，用同等精度的仪器，在同样的外界环境下进行观测，即观测条件相同的各次观测称为等精度观测，观测条件不同的各次观测称为非等精度观测。

(二)系统误差及特性

在相同观测条件下对某量进行多次观测，其误差大小与符号保持不变或按一定规律变化，这种误差称为系统误差。例如钢尺实长与名义长不等引起的距离误差、水准管轴不平行于视准轴引起的水准尺读数误差等。

系统误差的特性是因其符号不变而具有累积性，对观测结果影响较大。在找到系统误差的规律之后，可有针对性地采取一定的措施：对观测值加改正数，严格进行仪器和工具的检验校正，选用适当的观测程序和方法等，使系统误差得到抵消或削减。

（三）偶然误差及特性

在相同观测条件下对某量进行多次观测，其误差大小和符号没有一致的倾向性，表现为偶然性，但从整体看，大量观测误差具有偶然事件的统计规律，这种误差称为偶然误差，亦称随机误差。例如望远镜的照准误差、水准尺上毫米数的估读等。偶然误差应按其规律进行调整以求得最可靠值。

偶然误差的特性：

(1)偶然误差的绝对值不超过一定的界限，即有界性；

(2)绝对值小的误差比绝对值大的误差出现的或然率大，即小误差密集性；

(3)绝对值相等的正、负误差出现的或然率相等，即对称性；

(4)当观测次数趋于无穷大时，偶然误差的算术平均值的极限为零，即抵偿性。

（四）过失误差

观测过程中可能出现粗差，亦称过失误差或错误，不允许存在于观测结果中，也不属测量误差讨论的范畴。应在工作中仔细认真，提高责任心，严格遵守作业规范，避免错误。

【例 13-5-1】 测量误差按其性质的不同可分为两类，它们是：

A. 读数误差和仪器误差　　B. 观测误差和计算误差

C. 系统误差和偶然误差　　D. 仪器误差和操作误差

解 测量误差按性质主要分为两类：系统误差和偶然误差。

答案：C

二、评定精度的标准

中误差、相对误差和允许误差常作为评定观测成果精度的标准。

（一）中误差

在等精度观测条件下，对某一真值为 X 的物理量观测 n 次，观测值为 $l_i(i=1,2,\cdots,n)$，真误差 $\Delta_i=l_i-X$，则中误差为

$$\left.\begin{aligned} m &= \pm\sqrt{\frac{[\Delta\Delta]}{n}} \\ [\Delta\Delta] &= \Delta_1\Delta_1+\Delta_2\Delta_2+\cdots+\Delta_n\Delta_n \end{aligned}\right\} \tag{13-5-2}$$

（二）相对误差

观测误差的绝对值与观测值之比并化为分子为 1 的分数形式，称为相对误差。即

$$\left.\begin{aligned} &\text{往返丈量相对误差} \quad K=\frac{|D_{往}-D_{返}|}{D_{平均}}=\frac{1}{M} \\ &\text{相对中误差} \quad K=\frac{|m|}{D}=\frac{1}{M} \end{aligned}\right\} \tag{13-5-3}$$

相对误差常用于距离丈量的精度评定，而不能用于角度测量和水准测量的精度评定，因后两者的误差大小与观测量（角度、高差）的大小无关。

（三）允许误差

允许误差亦称极限误差。从偶然误差的有界性知道，偶然误差的绝对值不会超过一定界

限。绝对值大于 2 倍中误差的偶然误差出现概率为 4.6%，而大于 3 倍中误差者概率为 3‰，所以，规范中规定取 2 倍(或 3 倍)中误差作为允许误差。即

$$\Delta_{允} = 2m \quad 或 \quad \Delta_{允} = 3m \tag{13-5-4}$$

三、等精度观测的精度评定

在等精度观测条件下，某量的 n 次观测值的算术平均值为 $x=[l]/n$，似真误差为 $v_i=l_i-x(i=1,2,\cdots,n)$，观测值中误差为

$$m=\pm\sqrt{\frac{[vv]}{n-1}} \tag{13-5-5}$$

算术平均值中误差为

$$M=\frac{m}{\sqrt{n}} \tag{13-5-6}$$

四、误差传播定律

某些非直接观测量，是由另一些直接观测量按一定的函数关系通过计算间接得到的。阐明观测值中误差与函数值中误差之间关系的函数式称为误差传播定律。

(一)一般函数的中误差

设有一般函数 $Z=F(x_1,x_2,\cdots,x_n)$；x_1、x_2、…、x_n 为各自独立的直接观测量，其对应中误差分别为 m_1、m_2、…、m_n。则一般函数的中误差为

$$m_Z=\pm\sqrt{(\frac{\partial F}{\partial x_1})^2m_1^2+(\frac{\partial F}{\partial x_2})^2m_2^2+\cdots+(\frac{\partial F}{\partial x_n})^2m_n^2} \tag{13-5-7}$$

即函数的中误差等于函数对各观测量的偏导数与相应观测值中误差乘积之平方和的平方根。

(二)几种常见函数的中误差

应用误差传播定律可以导出各种函数中误差的表达式。

1.和差函数的中误差

$$Z=x_1\pm x_2\pm\cdots\pm x_n$$

则

$$m_Z=\pm\sqrt{m_1^2+m_2^2+\cdots+m_n^2} \tag{13-5-8}$$

即多个独立观测量代数和的中误差等于各对应观测值中误差之平方和的平方根。

2.倍函数的中误差

$$Z=kx \quad (k 为常数)$$

则

$$m_Z=km \tag{13-5-9}$$

即观测量与常数乘积的中误差等于观测值中误差与常数的乘积。

3.直线函数的中误差

$$Z=k_1x_1\pm k_2x_2\pm\cdots\pm k_nx_n$$

则

$$m_Z=\pm\sqrt{k_1^2m_1^2+k_2^2m_2^2+\cdots+k_n^2m_n^2} \tag{13-5-10}$$

即直线函数的中误差等于各个常数与相应观测值中误差乘积之平方和的平方根。

(三)误差传播定律的应用

1.钢尺量距的精度

钢尺丈量的中误差与距离的平方根成正比，即

$$m_D=\mu\sqrt{D} \quad (\mu=m/\sqrt{l}) \tag{13-5-11}$$

式中：m——丈量一尺段的中误差；

l——一尺段长；

D——量得的距离；

μ——单位长度的量距中误差；

m_D——量得距离的中误差。

2. 水平角观测的精度

$$\left.\begin{array}{ll}\text{一测回角值的中误差} & m_\beta = m\sqrt{2} \\ \text{半测回角值的中误差} & m'_\beta = m_\beta\sqrt{2} \\ \text{盘左盘右角值之差的中误差} & m_{\Delta\beta} = m'_\beta\sqrt{2} \\ \text{盘左盘右角值之差的极限误差} & m_{\text{极}} = 2m_{\Delta\beta}(\text{或 } 3m_{\Delta\beta})\end{array}\right\} \tag{13-5-12}$$

式中：m——一测回方向观测值中误差。

3. 高差测量的误差

$$\left.\begin{array}{ll}\text{高差中误差} & m_h = m\sqrt{2} \\ \text{两次高差之差的中误差} & m_{\Delta h} = m_h\sqrt{2} \\ \text{两次高差之差的极限误差} & m_{\Delta h\text{极}} = 2m_h\sqrt{2}(\text{或 } 3m_h\sqrt{2})\end{array}\right\} \tag{13-5-13}$$

式中：m——前视或后视水准尺上的读数中误差。

4. 路线水准测量的误差

$$\text{高差总和的中误差} \quad \left.\begin{array}{l} m_{\Sigma h} = m_h\sqrt{n} = m_d\sqrt{2n} \\ m_{\Sigma h} = m\sqrt{L}\end{array}\right\} \tag{13-5-14}$$

式中：m_d——前视或后视尺的读数中误差；

m_h——高差中误差；

n——测站数；

m——水准路线单位长度的高差中误差；

L——水准路线长度(km)。

【例 13-5-2】 有甲、乙两组各自用相同的条件观测了六个三角形的内角，得三角形的闭合差(即三角形内角和的真误差)分别为：

甲：+3″、+1″、−2″、−1″、0″、−3″；

乙：+6″、−5″、+1″、−4″、−3″、+5″。求其测量精度。

解 有限次观测个数 n 计算出标准差的估值为中误差 m，计算公式为

$$m = \pm\hat{\sigma} = \pm\sqrt{\frac{[\Delta\Delta]}{n}}$$

由中误差公式计算得

$$m_{\text{甲}} = \pm\sqrt{\frac{[\Delta\Delta]}{n}} = \pm\sqrt{\frac{3^2+1^2+(-2)^2+(-1)^2+0^2+(-3)^2}{6}} = \pm 2.0''$$

$$m_{\text{乙}} = \pm\sqrt{\frac{[\Delta\Delta]}{n}} = \pm\sqrt{\frac{6^2+(-5)^2+1^2+(-4)^2+(-3)^2+5^2}{6}} = \pm 4.3''$$

从上述两组结果中可以看出，甲组的中误差较小，所以观测精度高于乙组。在测量工作中，普遍采用中误差来评定测量成果的精度。

【例 13-5-3】 在比例尺为 1∶500 的地形图上，量得两点的长度 d=23.4mm，其中误差

$m_d=\pm 0.2\text{mm}$。求该两点的实际距离 D 及其中误差 m_D。

解 函数关系式为 $D=Md$，属倍数函数，$M=500$ 是地形图比例尺分母。

$$D = Md = 500 \times 23.4 = 11\,700\text{mm} = 11.7\text{m}$$

$$m_D = Mm_d = 500 \times (\pm 0.2) = \pm 100\text{mm} = \pm 0.1\text{m}$$

两点的实际距离结果可写为 11.7m±0.1m。

【例 13-5-4】 水准测量中，已知后视读数 $a=1.734\text{m}$，前视读数 $b=0.476\text{m}$，中误差分别为 $m_a=\pm 0.002\text{m}$，$m_b=\pm 0.003\text{m}$。试求两点的高差及其中误差。

解 函数关系式为 $h=a-b$，属和差函数，得

$$h = a - b = 1.734 - 0.476 = 1.258\text{m}$$

$$m_h = \pm\sqrt{m_a{}^2 + m_b{}^2} = \pm\sqrt{0.002^2 + 0.003^2} = \pm 0.004\text{m}$$

两点的高差结果可写为 1.258m±0.004m。

【例 13-5-5】 在斜坡上丈量距离，其斜距为 $L=247.50\text{m}$，中误差 $m_L=\pm 0.05\text{m}$，并测得倾斜角 $\alpha=10°34'$，其中误差 $m_\alpha=\pm 3'$。求水平距离 D 及其中误差 m_D。

解 首先列出函数式

$$D = L\cos\alpha$$

水平距离

$$D = 247.50 \times \cos 10°34' = 243.303\text{m}$$

这是一个非线性函数，所以对函数式进行全微分，先求出各偏导值如下

$$\frac{\partial D}{\partial L} = \cos 10°34' = 0.983\,0$$

$$\frac{\partial D}{\partial \alpha} = -L \cdot \sin 10°34' = -247.50 \times \sin 10°34' = -45.386\,4$$

写成中误差形式

$$\begin{aligned} m_D &= \pm\sqrt{\left(\frac{\partial D}{\partial L}\right)^2 m_L{}^2 + \left(\frac{\partial D}{\partial \alpha}\right)^2 m_\alpha{}^2} \\ &= \pm\sqrt{0.983\,0^2 \times 0.05^2 + (-45.386\,4)^2 \times \left(\frac{3'}{343\,8'}\right)^2} = \pm 0.06\text{m} \end{aligned}$$

注：$1\text{rad}=343\,8'$，故 $3'=\dfrac{3'}{343\,8'}\text{rad}$

故得 $D=243.30\text{m}\pm 0.06\text{m}$

【例 13-5-6】 设在三角形 A、B、C 中，直接观测了 $\angle A$ 和 $\angle B$。$m_A=\pm 4''$、$m_B=\pm 5''$，由 $\angle A$、$\angle B$ 计算 $\angle C$，则 $\angle C$ 的中误差 m_C：

A. $\pm 9''$　　B. $\pm 6.4''$　　C. $\pm 3''$　　D. $\pm 4.5''$

解 按误差传播定律，$\angle C$ 的中误差计算公式为：

$$\angle C = 180° - \angle A - \angle C$$

$$m_C = \sqrt{m_A^2 + m_B^2} = \sqrt{4^2 + 5^2} = \sqrt{41} = \pm 6.4''$$

答案：B

【例 13-5-7】 图根水准测量中，已知每次读水准尺的中误差为 $m_i=\pm 2\text{mm}$，假定视距平均长度为 50m。若以 3 倍中误差为容许误差，试求在测段长度为 L(km) 的水准路线上，图根水准测量往返测所得高差闭合差的容许值。

解 已知每站观测高差为

$$h = a - b$$

则每站观测高差的中误差为

$$m_h = \sqrt{2} m_i = \pm 2\sqrt{2} \text{mm}$$

因视距平均长度为 50m，则每公里可观测 10 个测站，L 公里共观测 $10L$ 个测站，L 公里高差之和为

$$\sum h = h_1 + h_2 + \cdots + h_{10L}$$

L 公里高差和的中误差为

$$m_{\Sigma} = \sqrt{10L} m_h = \pm 4\sqrt{5L} \text{mm}$$

往返高差的较差（即高差闭合差）为

$$f_h = \sum h_{往} + \sum h_{返}$$

高差闭合差的中误差为

$$m_{fh} = \sqrt{2} m_{\Sigma} = \pm 4\sqrt{10L} \text{mm}$$

以 3 倍中误差为容许误差，则高差闭合差的容许值为

$$f_{h容} = 3m_{fh} = \pm 12\sqrt{10L} \approx 38\sqrt{L} \text{mm}$$

【例 13-5-8】 对某角等精度观测 6 次，其观测值见表。试求观测值的最或然值、观测值的中误差以及最或然值的中误差。

解 由本节可知，等精度直接观测值的最或然值是观测值的算术平均值。首先计算各观测值的改正数 v_i，并利用公式进行检核，计算结果列于表中。

等精度直接观测平差计算 例 13-5-8 表

观　测　值	改正数 $v('')$	$vv('')^2$
$L_1 = 75°32'13''$	2.5	6.25
$L_2 = 75°32'18''$	−2.5	6.25
$L_3 = 75°32'15''$	0.5	0.25
$L_4 = 75°32'17''$	−1.5	2.25
$L_5 = 75°32'16''$	−0.5	0.25
$L_6 = 75°32'14''$	1.5	2.25
$x = [L]/n = 75°32'15.5''$	$[v] = 0$	$[vv] = 17.5$

观测值的中误差为

$$m = \pm\sqrt{\frac{[vv]}{n-1}} = \pm\sqrt{\frac{17.5}{6-1}} = \pm 1.87''$$

最或然值的中误差为

$$M = \frac{m}{\sqrt{n}} = \pm\frac{1.87''}{\sqrt{6}} = \pm 0.76''$$

习　题

13-5-1　等精度观测是指（　　）的观测。

A. 允许误差相同　B. 系统误差相同　C. 观测条件相同　D. 偶然误差相同

13-5-2　用钢尺往返丈量120m的距离，要求相对误差达到1/10 000，则往返较差不得大于(　　)m。

A. 0.048　B. 0.012　C. 0.024　D. 0.036

13-5-3　对某一量进行n次观测，则根据公式$M=\pm\sqrt{\dfrac{[vv]}{n(n-l)}}$求得的结果为(　　)。

A. 算术平均值中误差　B. 观测值中误差

C. 算术平均值真误差　D. 一次观测中误差

13-5-4　用DJ_6经纬仪观测水平角，要使角度平均值中误差不大于3″，应观测(　　)测回。

A. 2　B. 4

C. 6　D. 8

13-5-5　在$\triangle ABC$中，直接观测了$\angle A$和$\angle B$，其中误差分别为$m_{\angle A}=\pm3''$和$m_{\angle B}=\pm4''$，则$\angle C$的中误差$m_{\angle C}$为(　　)。

A. $\pm8''$　B. $\pm7''$

C. $\pm5''$　D. $\pm1''$

第六节　控 制 测 量

测量工作中为了扩展测量工作面及防止误差的积累，应遵循的原则是在布局上从整体到局部，在精度上从高级到低级，在工作程序上从控制到碎部。即在测区内选择一些具有全局性控制意义的点，用精确的方法测定它的平面坐标和高程位置，以这些点作为基础，再以低一级的精度测出其他点。这些在布局、精度和程序上具有控制意义的点称为控制点，由控制点组成的几何图形称为控制网，分为平面控制网和高程控制网。测定控制点平面位置和高程位置的工作分别称为平面控制测量和高程控制测量。

一、平面控制网的定位与定向

地面点的平面位置用平面坐标表示，点与点之间可根据其水平距离和方位角计算坐标增量，如果其中一个点的坐标已知，则另一点的坐标即可求出。

确定一直线与标准方向的夹角的工作称为直线定向。标准方向有三种：真子午线方向、磁子午线方向和中央子午线方向(坐标纵轴方向)。真子午线方向与磁子午线方向的夹角称为磁偏角，真子午线方向与中央子午线方向的夹角称为子午线收敛角。由标准方向北端起顺时针量到直线的水平夹角称为方位角，有真方位角、磁方位角和坐标方位角三种。方位角的取值范围为0°～360°。直线AB的坐标方位角α_{AB}与直线BA的坐标方位角α_{BA}互为正反方位角，相差180°。直线的方向还可用象限角表示，它是由标准方向的北端或南端起依顺时针或逆时针量到直线的锐角。直线的象限角不仅要说明大小，而且还要指出所在象限，如直线OA的象限角R_{OA}=南东60°36′(或S60°36′E)，象限只能用北东(NE)、北西(NW)、南东(SE)和南西(SW)来表示。坐标方位角和象限角可互相换算，如R_{OA}=南东60°36′，则$\alpha_{OA}=119°24'$。

二、导线测量

(一)导线的一般知识

导线是由若干条直线段连成的折线,相邻点的连线称为导线边,用测距仪或钢尺或其他方法测定。相邻边的水平角称为转折角,用经纬仪测定。当给定起始边方位角和起始点坐标,就可推算各导线点坐标。它适用于城市的密集建筑区、隐蔽地区和地下工程,也适用于狭长地带。根据不同情况和要求,导线布置形式有:

闭合导线:起止于同一已知点和已知方位角的导线。

附合导线:起始于一个已知点和一个已知方位角,终止于另一个已知点和另一个已知方位角的导线。

支导线:从一个已知点和一个已知方位角开始延伸出去的导线。

导线网:由若干条导线组成的多边形网状导线或结点形式网状导线。

(二)导线测量的外业

导线测量外业包括踏勘选点与建立标志、边长丈量、转折角测量和连接测量即连接角和连接边的测量。

【例 13-6-1】 导线测量的外业工作在踏勘选点工作完成后,然后需要进行下列何项工作:

A. 水平角测量和竖直角测量　　B. 方位角测量和距离测量

C. 高程测量和边长测量　　D. 水平角测量和边长测量

解 导线测量外业工作在踏勘选点完成后,需要进行的测量工作是水平角测量和边长测量。

答案:D

(三)闭合导线测量的内业计算

导线测量内业计算的目的是根据已知数据,利用外业观测成果和校核条件,正确计算出各导线点的最后坐标。

1. 角度闭合差的计算与调整

n 边闭合多边形的内角和 $\sum\beta_{测}$ 与理论值 $(n-2)180°$ 之差称为闭合多边形角度闭合差。

$$f_{\beta}=\sum\beta_{测}-(n-2)180° \tag{13-6-1}$$

按表 13-6-1 的指标检查 f_{β} 是否在 $f_{\beta允}$ 的范围内。如果精度合格,则 f_{β} 的分配原则是:将角度闭合差反符号并平均分配到各观测角上(如不能整除时,余数可分配到短边有关角上),则

$$\left.\begin{aligned}v_{\beta}&=\frac{-f_{\beta}}{n}\\ \beta_{改正后}&=\beta_{测}+v_{\beta}\end{aligned}\right\} \tag{13-6-2}$$

导线测量的主要技术要求　　表 13-6-1

等级	导线长度(km)	平均边长(km)	测角中误差(″)	测距中误差(mm)	测距相对中误差	测回数		方位角闭合差(″)	相对闭合差
						DJ_2	DJ_6		
一级	4	0.5	±5	±15	≤1/30 000	2	4	$\pm10\sqrt{n}$	≤1/15 000
二级	2.4	0.25	±8	±15	≤1/14 000	1	3	$\pm16\sqrt{n}$	≤1/10 000

续上表

等级	导线长度（km）	平均边长（km）	测角中误差（″）	测距中误差（mm）	测距相对中误差	测回数		方位角闭合差（″）	相对闭合差
						DJ_2	DJ_6		
三级	1.2	0.1	±12	±15	≤1/7 000	1	2	$\pm24\sqrt{n}$	≤1/5 000
图根	≤ 1.0M	≤1.5 倍测图最大视距	一般 30 首级 20				1	一般 $\pm60\sqrt{n}$ 首级 $\pm40\sqrt{n}$	≤1/2 000

注：n 为测站数，M 为测图比例尺的分母。

【例 13-6-2】 图根平面控制可以采用图根导线测量，对于图根导线作为首级控制时，其方位角闭合差应符合下列规定：

A. 小于 $40''\sqrt{n}$　　B. 小于 $45''\sqrt{n}$　　C. 小于 $50''\sqrt{n}$　　D. 小于 $60''\sqrt{n}$

解 根据现行《工程测量规范》，图根导线作为首级控制时，方位角闭合差应小于 $40''\sqrt{n}$。

答案：A

2.用改正后的角值计算各边方位角

当导线点编号为逆时针时，转折角在导线前进方向的左侧，则转折角称为左角；反之称为右角。推算方位角的公式分别如下：

$$\left.\begin{aligned}&\text{左角}\quad \alpha_{前} = \alpha_{后} - 180^\circ + \beta_{左}\\&\text{右角}\quad \alpha_{前} = \alpha_{后} + 180^\circ - \beta_{右}\end{aligned}\right\}\tag{13-6-3}$$

3.坐标增量闭合差的计算与调整

由边长丈量值和推算的方位角值可求坐标增量。由于量距有误差，改正后的角度有残余误差致使推得的方位角含有误差，因而只能计算出未经改正的坐标增量。

$$\left.\begin{aligned}\Delta x' &= D\cos\alpha\\ \Delta y' &= D\sin\alpha\end{aligned}\right\}\tag{13-6-4}$$

从理论上讲，闭合导线各边坐标增量总和 $\sum\Delta x_{理}$ 和 $\sum\Delta y_{理}$ 均应为零。但实际上 $\sum\Delta x'$ 与 $\sum\Delta y'$ 并不为零，这个值就称为坐标增量闭合差。

$$\left.\begin{aligned}f_x &= \sum\Delta x'\\ f_y &= \sum\Delta y'\end{aligned}\right\}\tag{13-6-5}$$

而 $f_D=\sqrt{f_x^2+f_y^2}$ 称为导线全长闭合差。为了评定导线的精度，应求出导线全长相对闭合差。

$$K=\frac{f_D}{\sum D}=\frac{1}{M}\tag{13-6-6}$$

按表 13-6-1 的指标检查 K 是否在 $K_{允}$ 的范围内。如果精度合格，则 f_x 和 f_y 的分配原则是：将增量闭合差反符号并按与边长成正比分配到对应边的增量上，则

$$\left.\begin{aligned}v_x &= \left(\frac{-f_x}{\sum D}\right)D\\ v_y &= \left(\frac{-f_y}{\sum D}\right)D\end{aligned}\right\}\tag{13-6-7}$$

则改正后坐标增量为

$$\left.\begin{aligned}\Delta x &= \Delta x' + v_x\\ \Delta y &= \Delta y' + v_y\end{aligned}\right\}\tag{13-6-8}$$

4.各点坐标计算

根据起始点坐标和改正后的坐标增量,依次计算各导线点的坐标如下式

$$\left.\begin{aligned} x_{i+1} &= x_i + \Delta x_{i(i+1)} \\ y_{i+1} &= y_i + \Delta y_{i(i+1)} \end{aligned}\right\} \tag{13-6-9}$$

最后推算得起始点坐标应与已知值相等,以此作为计算校核。

5.闭合导线计算实例

【例 13-6-3】 见表。

(四)附合导线测量的内业计算

附合导线计算步骤与闭合导线相同。由于导线的形式不同和原始数据不同,则在角度闭合差和增量闭合差的计算与调整上有所不同。

1.角度闭合差的计算与调整

$$\left.\begin{aligned} &\text{右角} \quad \sum\beta_{理}=\alpha_{始}-\alpha_{终}+n\times180^\circ \\ &\text{左角} \quad \sum\beta_{理}=\alpha_{终}-\alpha_{始}+n\times180^\circ \\ &f_\beta=\sum\beta_{测}-\sum\beta_{理} \\ &v_\beta=-\frac{f_\beta}{n} \end{aligned}\right\} \tag{13-6-10}$$

许多书中是采用测算出来的终边方位角 $\alpha'_{终}$ 与已知的终边方位角 $\alpha_{终}$ 之差求 f_β,称为方位角闭合差。

$$\left.\begin{aligned} &\text{右角} \quad \alpha_{终}'=\alpha_{始}+n\times180^\circ-\sum\beta_{测} \\ &\text{左角} \quad \alpha_{终}'=\alpha_{始}-n\times180^\circ+\sum\beta_{测} \\ &\text{即} \quad f_\beta=\alpha_{终}'-\alpha_{终} \\ &\text{右角} \quad v_\beta=\frac{f_\beta}{n} \\ &\text{左角} \quad v_\beta=-\frac{f_\beta}{n} \end{aligned}\right\} \tag{13-6-11}$$

2.坐标增量闭合差的计算与调整

$$\left.\begin{aligned} &\sum\Delta x_{理}=x_{终}-x_{始} \\ &\sum\Delta y_{理}=y_{终}-y_{始} \\ &f_x=\sum\Delta x_{测}-\sum\Delta x_{理} \\ &f_y=\sum\Delta y_{测}-\sum\Delta y_{理} \end{aligned}\right\} \tag{13-6-12}$$

f_x、f_y 的分配原则同闭合导线式(13-6-7)。

3.附合导线计算实例

【例 13-6-4】 见表。

闭合导线计算表

例 13-6-3 表

<table>
<tr><th rowspan="2">点号</th><th colspan="2">水平角</th><th rowspan="2">方位角
(° ′ ″)</th><th rowspan="2">距离
(m)</th><th colspan="2">增量计算值</th><th colspan="2">改正后增量值</th><th colspan="2">坐标</th><th rowspan="2">点号</th></tr>
<tr><th>观测值
(° ′ ″)</th><th>改正后角值
(° ′ ″)</th><th>$\Delta x'$</th><th>$\Delta y'$</th><th>Δx</th><th>Δy</th><th>x(m)</th><th>y(m)</th></tr>
<tr><td>A</td><td>(左)</td><td></td><td></td><td></td><td></td><td></td><td></td><td></td><td>1 000.000</td><td>2 000.000</td><td>A</td></tr>
<tr><td></td><td></td><td></td><td>125 59 36</td><td>140.272</td><td>−21
−82.437</td><td>−10
+113.492</td><td>−82.458</td><td>+113.502</td><td></td><td></td><td></td></tr>
<tr><td>B</td><td>+5
107 48 38</td><td>107 48 43</td><td></td><td></td><td></td><td></td><td></td><td></td><td>917.542</td><td>2 113.502</td><td>B</td></tr>
<tr><td></td><td></td><td></td><td>53 48 19</td><td>106.881</td><td>−16
+63.117</td><td>+8
+86.254</td><td>+63.101</td><td>+86.262</td><td></td><td></td><td></td></tr>
<tr><td>C</td><td>+5
73 00 22</td><td>73 00 27</td><td></td><td></td><td></td><td></td><td></td><td></td><td>980.643</td><td>2 199.764</td><td>C</td></tr>
<tr><td></td><td></td><td></td><td>306 48 46</td><td>172.358</td><td>−25
+103.277</td><td>−13
−137.989</td><td>+103.252</td><td>−137.976</td><td></td><td></td><td></td></tr>
<tr><td>D</td><td>+5
89 33 56</td><td>89 34 01</td><td></td><td></td><td></td><td></td><td></td><td></td><td>1 083.895</td><td>2 061.788</td><td>D</td></tr>
<tr><td></td><td></td><td></td><td>216 22 47</td><td>104.186</td><td>−15
−83.880</td><td>+8
−61.796</td><td>−83.895</td><td>−61.788</td><td></td><td></td><td></td></tr>
<tr><td>A</td><td>+6
89 36 43</td><td>89 36 49</td><td></td><td></td><td></td><td></td><td></td><td></td><td>1 000.000</td><td>2 000.000</td><td>A</td></tr>
<tr><td></td><td></td><td></td><td>125 59 36</td><td></td><td></td><td></td><td></td><td></td><td></td><td></td><td></td></tr>
<tr><td>B</td><td></td><td></td><td></td><td></td><td></td><td></td><td></td><td></td><td></td><td></td><td>B</td></tr>
<tr><td>Σ</td><td>359 59 39</td><td></td><td></td><td>523.697</td><td>+0.077</td><td>−0.039</td><td>0.000</td><td>0.000</td><td></td><td></td><td></td></tr>
</table>

$\sum\beta_{测}=359°59'39''$

$\sum\beta_{理}=(n-2)180°=360°$

$f_\beta=\sum\beta_{测}-\sum\beta_{理}=-21''$

$f_{\beta允}=\pm24''\sqrt{n}=\pm48''$

$v_\beta=-f_\beta/n=+5.2''$

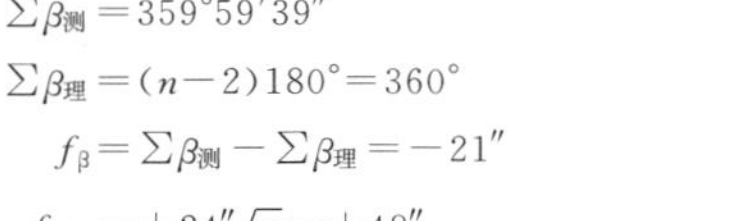

$f_x=\sum\Delta x'=+0.077\text{m}$

$f_y=\sum\Delta y'=-0.039\text{m}$

$f_D=\sqrt{f_x^2+f_y^2}=0.086\text{m}$

$K=f_D/\sum D=1/6\ 000$

$K_{允}=1/5\ 000$

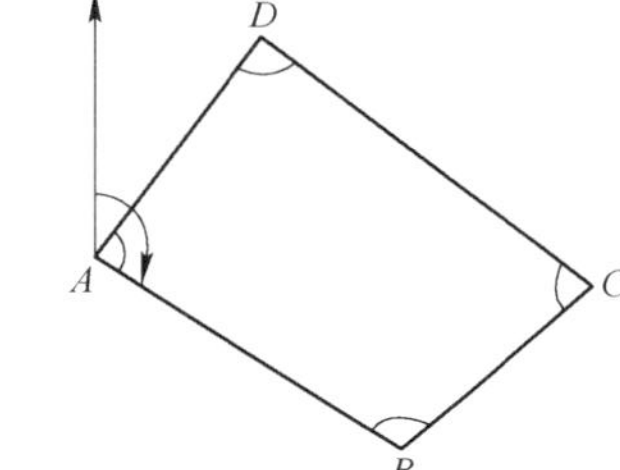

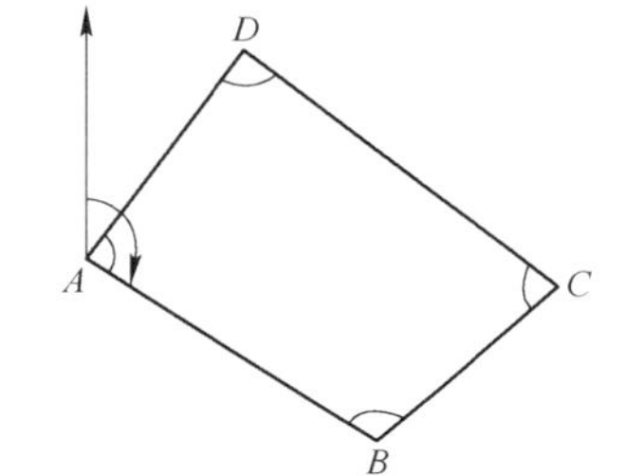

附合导线计算表

例 13-6-4 表

点号	水平角 观测值 (° ′ ″)	水平角 改正后角值 (° ′ ″)	方位角 (° ′ ″)	距离 (m)	增量计算值 Δx′	增量计算值 Δy′	改正后增量值 Δx	改正后增量值 Δy	坐标 x(m)	坐标 y(m)	点号
A	(右)										A
			65 32 18								
B	+7 95 17 17	95 17 24							3 800.000	4 500.000	B
			150 14 54	217.624	+13 −188.938	−8 +107.994	−188.925	+107.986			
1	+7 251 36 49	251 36 56							3 611.075	4 607.986	1
			78 37 58	178.718	+11 +35.225	−6 +175.212	+35.236	+175.206			
2	+7 147 25 24	147 25 31							3 646.311	4 783.192	2
			111 12 27	194.129	+12 −70.226	−7 +180.982	−70.214	+180.975			
C	+7 171 16 21	171 16 28							3 576.097	4 964.167	C
			119 55 59								
D											D
Σ	665 35 51	665 36 19		590.471	−223.939	+464.188	−223.903	+464.167			

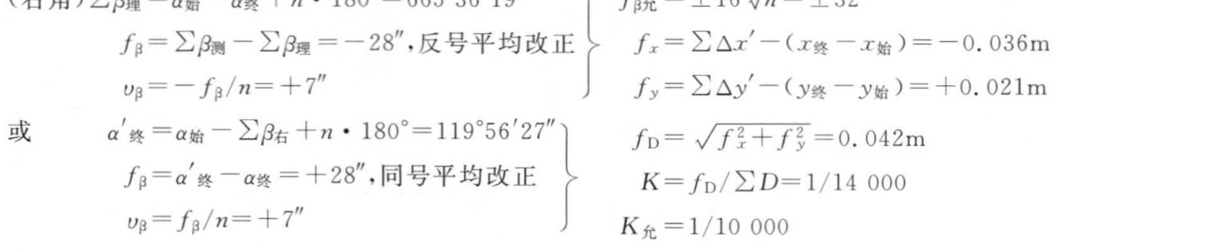

(右角) $\sum\beta_{理}=\alpha_{始}-\alpha_{终}+n\cdot180^\circ=665^\circ36'19''$

$f_\beta=\sum\beta_{测}-\sum\beta_{理}=-28''$，反号平均改正

$v_\beta=-f_\beta/n=+7''$

或 $\alpha'_{终}=\alpha_{始}-\sum\beta_{右}+n\cdot180^\circ=119^\circ56'27''$

$f_\beta=\alpha'_{终}-\alpha_{终}=+28''$，同号平均改正

$v_\beta=f_\beta/n=+7''$

$f_{\beta允}=\pm16''\sqrt{n}=\pm32''$

$f_x=\sum\Delta x'-(x_{终}-x_{始})=-0.036\text{m}$

$f_y=\sum\Delta y'-(y_{终}-y_{始})=+0.021\text{m}$

$f_D=\sqrt{f_x^2+f_y^2}=0.042\text{m}$

$K=f_D/\sum D=1/14\ 000$

$K_{允}=1/10\ 000$

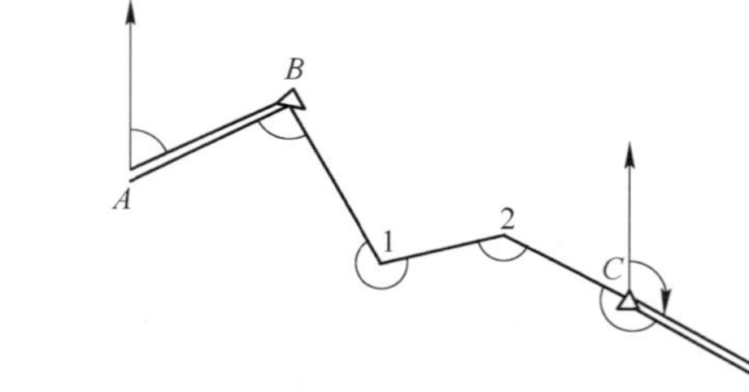

三、交会定点

当测区内解析控制点密度不够时，可以利用两个或两个以上已知点进行测角交会定点、测边交会定点等，以加密控制。

(一)测角交会法

它包括前方交会、侧方交会和后方交会。这里介绍前方交会，如图 13-6-1 所示。在 A、B 两个已知坐标点上设站分别测得 α、β 角，就可求得待定点 P 的坐标值。

计算方法一：将 A、B、P 三点按逆时针顺序编号，然后应用变形的戎格公式解算。

$$\left.\begin{aligned} x_P &= \frac{x_A\cot\beta + x_B\cot\alpha + (y_B - y_A)}{\cot\alpha + \cot\beta} \\ y_P &= \frac{y_A\cot\beta + y_B\cot\alpha + (x_A - x_B)}{\cot\alpha + \cot\beta} \end{aligned}\right\} \tag{13-6-13}$$

计算方法二：先计算 AP、BP 边的方位角和边长，公式有 $\alpha_{AP} = \alpha_{AB} - \alpha$，$\alpha_{BP} = \alpha_{BA} + \beta$，$\gamma = 180° - (\alpha + \beta)$，$D_{AP} = D_{AB} \times \sin\beta/\sin\gamma$，$D_{BP} = D_{AB} \times \sin\alpha/\sin\gamma$。然后计算 AP、BP 边的坐标增量，并分别从 A、B 推算 P 点坐标，计算公式参考式(13-6-4)和式(13-6-9)。

(二)测边交会法

如图 13-6-2 所示，已知 A、B 点坐标，用电磁波测距仪测定 D_{AP}、D_{BP}，可以求得待定点 P 的坐标值。当 A、B、P 三点按逆时针顺序编号时，P 点坐标计算公式如下

$$\left.\begin{aligned} r &= \frac{D_{AB}^2 + D_{AP}^2 - D_{BP}^2}{2D_{AB}} \\ h &= \sqrt{D_{AP}^2 - r^2} \\ x_P &= x_A + r\cos\alpha_{AB} + h\sin\alpha_{AB} \\ y_P &= y_A + r\sin\alpha_{AB} - h\cos\alpha_{AB} \end{aligned}\right\} \tag{13-6-14}$$

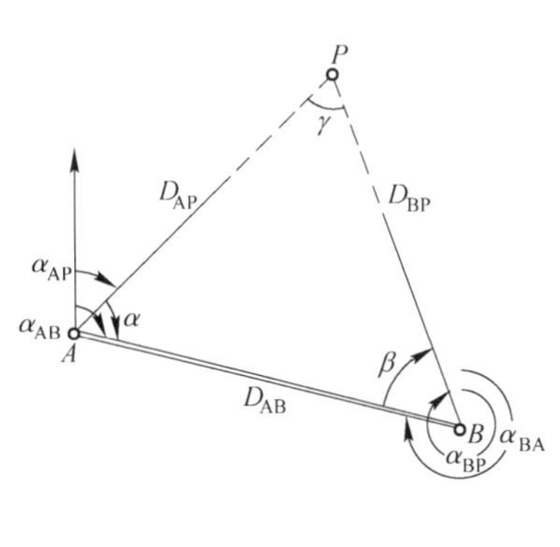

图 13-6-1

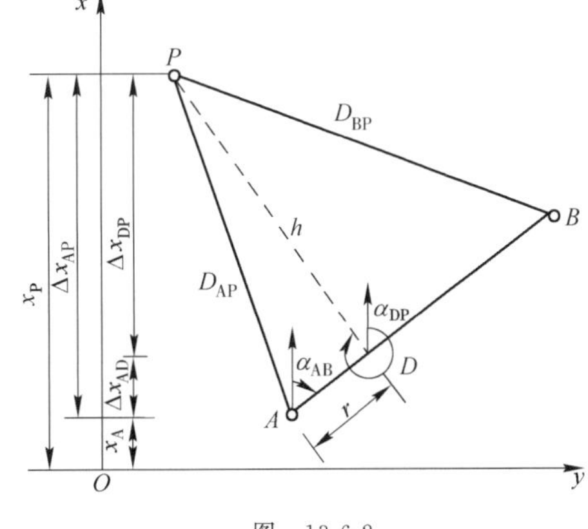

图 13-6-2

四、高程控制测量

小地区高程控制是以三、四等水准测量为首级高程控制，以满足地形图测绘和工程建设测量的需要。

(一)三、四等水准测量

三、四等水准测量应从国家一、二等水准点引出三、四等水准路线。点位应选择在土质坚实易长期保存处，并埋设标石；观测应在通视良好、成像清晰的条件下进行；观测方法是用红黑双面尺法，也可用变更仪器高法进行。三等水准测量采用双面尺法的观测程序是后黑—前黑—前红—后红，

四等则可为后黑—后红—前黑—前红。后前前后的观测程序可以消除或削弱水准仪下沉误差的影响。往返观测取平均值可以消除或削弱水准尺下沉误差的影响。

（二）图根水准测量

图根水准测量是在测区内为测绘地形图而加密高程控制点所进行的水准测量工作，精度低于测区的首级高程控制。

（三）三角高程测量

测区内需要有一定数量的水准点，但在地形复杂地区，可采用三角高程测量加密高程控制点，常用于测图高程控制。如图13-6-3所示，高差的计算公式为

$$h_{AB}=D_{AB}\tan\alpha+i-v \tag{13-6-15}$$

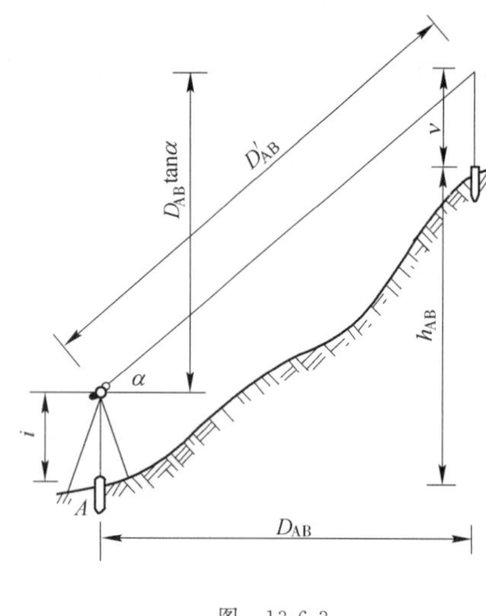

图 13-6-3

式中：D_{AB}——水平距离，由直接丈量或图解求得，当其大于400m时，高差应作地球曲率和大气折光修正；

α——竖直角；

i——仪器高(度)；

υ——觇标高。

电磁波测距为三角高程测量提供了有利条件，并顾及大气折光因素影响后，公式可写为

$$h_{AB}=D'_{AB}\sin\alpha+\frac{1}{2R}(D'_{AB}\cos\alpha)^2+i-v \tag{13-6-16}$$

式中：D'_{AB}——测距仪测得的斜距；

R——地球半径，取6 371km；

$\frac{1}{2R}(D'_{AB}\cos\alpha)^2$——大气折光对高差的影响。

习　题

13-6-1　已知直线AB的方位角$\alpha_{AB}=87°$，$\beta_{右}=\angle ABC=290°$，则直线BC的方位角$\alpha_{BC}$为(　　)。

A. 23°　　B. 157°　　C. 337°　　D. −23°

13-6-2　导线测量外业包括踏勘选点与埋设标志、边长丈量、转折角测量和(　　)测量。

A. 定向　　B. 连接边和连接角

C. 高差　　D. 定位

13-6-3　导线坐标增量闭合差调整的方法是将闭合差按与导线长度成(　　)的关系求得改正数，以改正有关的坐标增量。

A. 正比例并同号　　B. 反比例并反号　　C. 正比例并反号　　D. 反比例并同号

13-6-4　公式(　　)用来计算导线全长闭合差。

A. $f_D=\sqrt{f_x^2+f_y^2}$　　B. $K=f_D/\sum D=1/M$

C. $f_x=\sum\Delta x-(x_{终}-x_{始})$　　D. $f_y=\sum\Delta y-(y_{终}-y_{始})$

13-6-5　已知边长 $D_{MN}=73.469$m，方位角 $\alpha_{MN}=115°18'12''$，则 Δx_{MN} 与 Δy_{MN} 分别为(　　)。

A. +31.401m，+66.420m　　B. +31.401m，+66.420m

C. −31.401m，+66.420m　　D. −66.420m，+31.401m

第七节　地形图测绘

一、地形图基本知识

地形图是按一定比例尺，用规定的符号表示地物、地貌的平面位置和高程的正射投影图。所谓地形是地物和地貌的总称。地物是指地面上有明显轮廓的自然形成或人工构筑的物体，如河流、湖泊、房屋、道路等；地貌是指地面上高低起伏形态，如山岭、谷地、陡崖等。当测区范围很大，须考虑地球曲率的影响，并采用特定的投影方式编辑绘制成图，称为地图。地形图和地图相比，地形图上的长度、角度和面积都不会变形，而地图上则要变形，即地图上各部分的比例尺甚至发自一点的各方向线上的比例尺也是不同的。

国家颁发了《地形图图式》，规定了各种比例尺地形图的格式、符号和注记，供测图和用图时使用。

下面介绍有关地形图的一些知识。

(一)比例尺

地形图上一线段 d 与地面相应的水平线段 D 之比称为地形图比例尺，它可分为数字比例尺(以分子为1的分数形式，即 $1/M$ 表示)、图示比例尺和复式比例尺。图上 0.1mm×M，称为地形图比例尺精度。根据比例尺精度可以确定测图时地物量测精度，亦可用来按所需精度选择测图比例尺。

【例 13-7-1】　某城镇需测绘地形图，要求在图上能反映地面上 0.2m 的精度，则采用的测图比例尺不得小于：

A. 1∶500　　B. 1∶1000　　C. 1∶2000　　D. 1∶100

解　按比例尺的精度定义可知，1∶2000 地形图比例尺的精度为 0.2m，所以该地形图测图比例尺不得低于 1∶2000。

答案：C

【例 13-7-2】　由地形图上量得某草坪面积为 632mm^2，若此地形图的比例尺为 1∶500，则该草坪实地面积 S 为：

A. 316m^2　　B. 31.6m^2　　C. 158 m^2　　D. 15.8m^2

解　$S_{实地}=S_{图}\times500^2=632\times500^2=158000000\text{mm}^2=158.00\text{m}^2$

答案：C

(二)分幅

地形图分幅分为两类：按经纬线分幅的梯形分幅法，又称国际分幅，用于中小比例尺的国家基本图的分幅；按坐标格网分幅的矩形分幅法，用于城市与工程建设大比例尺图的分幅。

(三)图廓

图廓线是图幅四周的框线，一般分为内、外图廓。内图廓是图幅的边线，是测图的实际范围线，用细实线表示；外图廓是图幅最外边的框线，仅起装饰作用，用粗实线表示。

（四）经纬格网和坐标格网

在中小比例尺图中，图廓的四个角点注有经纬度，内外图廓之间绘制经差和纬差均为 1′ 间隔的黑白相间的粗短线称为分度线，其相应端点之连线构成经纬格网。在大比例尺图中，图廓的四个角点注有坐标值，图上间隔为 10cm，绘制平行于图廓的长度为 10mm 的纵横细直线，构成平面直角坐标格网。

（五）图名、图号、接图表

图名以图幅内著名的或重要的地名或厂矿机关等名称来命名。图号是为储存、检索和使用而给予各图的编号，可采用经纬度编号法、行列编号法和自然序数编号法。采用矩形分幅时，大比例尺地形图编号，常用图幅西南角坐标值公里数编号法，如西南角 $x=3\ 052.3$km，$y=5\ 230.5$km，则其编号为“3052.3—5230.5”。当比例尺为 1∶500 时，坐标值应取至 0.01km。图名和图号均注记在本图图廓的上方中央。接图表反映本图与相邻周边图幅的联系，绘注在图廓左上方。

二、地物平面图测绘

应用地物符号将地物的平面位置描绘成图，称为地物平面图。地物符号分为比例符号、非比例符号、线性符号和地物注记等四种。测定和描绘地物的仪器可用大平板仪或小平板仪，大比例尺图一般用小平板仪。目前，航测成图和数字化成图已较普遍。

（一）测图前的准备工作

测图前应做好测图板的准备工作，包括：图纸准备、绘制坐标格网、展绘控制点。

（二）平板仪测图原理

如图 13-7-1 所示，A、B 为控制点，展绘在测图纸上为 a、b，图纸固定在图板上。当以 A 为测站，平板仪须经对中（即 a 与 A 在同一铅垂线上）、整平（即图板安置为水平）、定向（即 ab 与 AB 在同一铅垂面内）。为了测定地物点 C 在图上的位置 c，可将 AC 方向线正投影到图纸上得 ac；丈量 AC 水平距离，并按测图比例尺缩绘在 ac 方向上，即定出图上 c 点。其他地物点均可同法测绘。

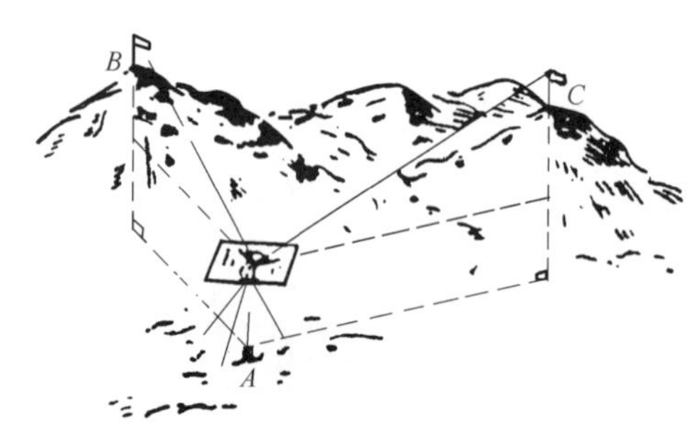

图 13-7-1

（三）全站仪数字化测图

全站仪与计算机结合，将全站仪数据采集的结果利用全站仪与计算机之间的通信接口，直接输入计算机，由计算机进行绘图、管理和输出。

（四）地物碎部点的选择、地物点测定方法与地物平面图的描绘

地物点应选在地物轮廓线的转折点，称为地物特征点，以及选在非比例符号表示的独立地物的中心等。地物点测定方法有极坐标法、方向交会法、距离交会法、直角坐标法、方向距离交会法。地物描绘应按碎部点相连接而成为与实际地物相似的图形，或按图式规定的符号表示。

三、等高线地形图测绘

地形图是在平面图的基础上增加地貌内容。等高线地形图测绘方法、使用仪器等与，地物平面图测绘相同，常见有四种：经纬仪测绘法、小平板仪与经纬仪联合测绘法、大平板仪测绘法、电磁波测距仪测绘法；在有条件的情况下还有另外两种：航测成图和数字化成图。

（一）地貌碎部点的选择与测定

地貌点应选在地貌特征点上。反映地貌特征的山脊线、山谷线和山脚线称为地性线。地性线上的特征点是坡度变换点和方向变换点，还有山顶、谷底、谷口、鞍部中心点等。此外，在坡度无显著变化处应使碎部点间距不超过图上 2～3cm。地貌点的测定，其平面位置与地物平面图测绘方法相同。其高程可用视距测量法，注记于点位旁。

（二）等高线及分类

地貌符号——等高线是地面上高程相同的相邻点连成的闭合曲线。相邻等高线的高差称为等高距，相邻等高线的水平距离称为等高线平距。对于悬崖、峭壁、土坎、冲沟等无法用等高线表示的地貌则用规定符号表示。等高线的特性有五方面：同一等高线上的各点高程相同；等高线是一条条不能中断的闭合曲线；等高线只有在悬崖或绝壁处才会重合或相交；等高线通过山脊线与山谷线时须改变方向，且与山脊线、山谷线正交；等高距相同时，等高线越密则坡度越陡，等高线越稀则坡度越缓，等高线间隔相等则坡度均匀。等高线分为四类：首曲线——按测图比例尺规定的等高距（称为基本等高距）测绘的等高线；计曲线——由零等高线起，每 5 倍等高距加粗并注记的等高线；间曲线——按 1/2 基本等高距绘制的等高线；助曲线——按 1/4 基本等高距绘制的等高线。

（三）等高线的勾绘

勾绘等高线时，先根据同一地性线上两相邻点之高差，按等坡度的平距与高差成正比的关系，内插出两点间能通过的各等高线的位置，然后将高程相同的点对照地形变化连成等高线。注意几种典型地貌的等高线的图形：山头和洼地的等高线都是一组闭合曲线，从高程注记和示坡线（垂直于等高线并指向低处的短线）可以区分山头和洼地；山脊等高线是一组凸向低处的曲线；山谷等高线是一组凸向高处的曲线；鞍部等高线是在一组大的闭合曲线内套有两组小的闭合曲线。特殊地貌用规定的符号表示。

（四）地形图的拼接、检查与整饰

地形图的拼接是指相邻图幅衔接处的地物和地貌应完全吻合，当误差符合接边限差要求时，取相邻图幅的地物和等高线的平均位置改正两图即可。地形图的检查包括图面检查、野外巡视和设站检查。地形图的整饰是指对地形图上的所有地物和地貌均应按国家图式的规定符号清绘与书写；整饰的次序是先图框内后图框外，先注记后符号，先地物后地貌（等高线通过注记和地物应断开）。整饰后的地形图作为地形原图加以保存。

习　题

13-7-1　大比例尺地形图按矩形分幅时常用的编号方法：以图幅的（　　）编号法。

A. 西北角坐标值公里数　　B. 西南角坐标值公里数

C. 西北角坐标值米数　　D. 西南角坐标值米数

13-7-2　既反映地物的平面位置，又反映地面高低起伏状态的正射投影图称为（　　）。

A. 平面图　　B. 断面图　　C. 影像图　　D. 地形图

13-7-3　地形图的等高线是地面上高程相等的相邻点连成的（　　）。

A. 闭合曲线　　B. 直线

C. 闭合折线　　D. 折线

13-7-4　地形图上 0.1mm 的长度相应于地面的水平距离称为（　　）。

A. 比例尺　　　　B. 数字比例尺　　C. 水平比例尺　　D. 比例尺精度

13-7-5　要求地形图上能表示实地地物最小长度为0.2m，则应选择(　　)测图比例尺为宜。

A. 1/500　　　　B. 1/1 000

C. 1/5 000　　　　D. 1/2 000

第八节　地形图应用

一、地形图应用基本知识

(一)确定图上某点的坐标和高程

地形图上都留有坐标格网的十字交点，根据某点所在格网的西南网点坐标值，再加上该点在此格网中的坐标增量即可求得该点坐标值。地形图上的等高线可用以确定点的高程，当某点恰在等高线上，该点高程即是它所在等高线的高程；当某点在两等高线之间则按比例内插求该点高程。

(二)确定两点间的水平距离和直线的方位角

图上两点距离乘以测图比例尺分母，即得对应地面两点的实际水平距离；也可先求得两点坐标值，再计算坐标增量，即可计算水平距离

$$D = \sqrt{\Delta x^2 + \Delta y^2} \tag{13-8-1}$$

求直线AB的方位角，可用图解法，过A点作平行于X轴的直线，其与AB线的夹角用精密量角器量取，即为方位角α_{AB}；也可用解析法，读取两点坐标计算增量，即可计算两点连线的方位角

$$\alpha = \arctan\frac{\Delta y}{\Delta x} \tag{13-8-2}$$

(三)确定直线的坡度

直线AB的坡度i_{AB}是直线两端点的高差h_{AB}与水平距离D_{AB}之比。当h_{AB}为正，则直线AB为升坡；当h_{AB}为负，则AB为降坡。在地形图上可求两点高差和实地水平距离，则

$$i_{AB} = \frac{h_{AB}}{D_{AB}} \tag{13-8-3}$$

【例13-8-1】 若施工现场附近有控制点若干个，如果采用极坐标方法进行点位的测设，则测设数据为：

A. 水平角和方位角　　　　B. 水平角和边长

C. 边长和方位角　　　　D. 坐标增量和水平角

解　极坐标法测设点位采用水平角和边长数据进行测设。

答案：B

【例13-8-2】 下列表示AB两点间坡度的是：

A. $i_{AB}=\frac{b_{AB}}{D_{AB}}\%$　　　　B. $i_{AB}=\frac{H_B-H_A}{D_{AB}}\%$

C. $i_{AB}=\frac{H_A-H_B}{D_{AB}}$　　　　D. $i_{AB}=\frac{H_A-H_B}{D_{AB}}\%$

解　坡度为两点间的高差与实地水平距离之比，即选项B正确。通常，也将比值乘以100%来表示坡度，而选项A、D均应乘以100%。

答案：B

二、地形图在工程设计中的应用

(一)在地形图上绘出已知坡度的最短路线

在铁路、公路、管道等设计中,要求以一定的限制最大坡度选择最短路线。做法是:根据限制坡度 $i_{最大}$、地形图比例尺 $1/M$、等高距 h,先求得跨越一个等高距的实地最短距离 $D_{最短}=h/i_{最大}$,再化为图上距离 $d=D_{最短}/M$。以路线起点(在某一条等高线上)为圆心、d 为半径画弧求得与相邻等高线的交点;再以此交点为圆心,d 为半径画弧求得与另一等高线的交点;依此类推。最后连接相邻交点所成路线即为限制坡度下的最短路线。

(二)利用地形图绘制指定方向的纵断面图

在铁路、公路、隧道、管道等设计中,需要将某一指定方向线上的高低起伏状况绘制成图,称为纵断面图。如指定方向线为 AB,则在地形图上 AB 与各等高线相交,各交点高程即为等高线的高程,相邻交点的平距可在地形图上取得。纵断面图的横坐标代表水平距离,比例尺为 $1/M$;而纵坐标代表高程,比例尺为水平距离比例尺的 10~20 倍。将 AB 方向线与等高线交点的有关高程和水平距离展绘于该直角坐标系中,展绘的各相邻点相连即为纵断面图。

(三)在地形图上确定汇水范围

设计桥梁或涵洞的孔径大小时,需要知道降雨(雪)时,有多大地面范围的水汇集起来通过桥涵排泄出去。汇水范围的边界是将山顶沿着山脊线并通过鞍部连接而成。

【例 13-8-3】 在 1∶2000 的地形图上,量得某水库图上汇水面积为 $P=1.6\times10^4\text{cm}^2$,某次降水过程雨量为(每小时平均降雨量)$m=50\text{mm}$,降水时间 n 持续 2.5h,设蒸发系数 $k=0.4$,按汇水量 $Q=P\cdot m\cdot n\cdot k$ 计算,本次降水汇水量为:

A. $1.0\times10^{11}\text{cm}^3$　　B. $3.2\times10^{11}\text{cm}^3$

C. $1.0\times10^7\text{cm}^3$　　D. $2.0\times10^4\text{cm}^3$

解 实地汇水面积 $P_s=P\times M^2=1.6\times10^4\times2000^2=6.4\times10^{10}\text{cm}^2=6.4\times10^6\text{m}^2$

降水量 $Q=P_s\cdot m\cdot n\cdot k=6.4\times10^6\times50\times10^{-3}\times2.5\times0.4=3.2\times10^5\text{m}^3=3.2\times10^{11}\text{cm}^3$

答案:B

(四)利用地形图进行土地平整的设计

土地平整一般采用方格法和断面法。在现状地形图上,根据土地平整设计所要求的条件绘制设计等高线,则可找出有关点的原地面高程与设计高程之差即为该点处的填挖高度,其面积乘以其上各点平均填挖高度即为土(石)方工程量。

(五)利用地形图计算面积

地形图上量测面积的方法有透明方格法、平行线法、求积仪法、划分简单几何图形法、解析法(根据闭合图形各点坐标按公式计算面积)。

三、地形图在城市规划中的应用

(一)地形图在城市用地地形分析中的应用

根据城市各项建设对地形的要求,应进行如下的地形分析:在地形图上标明分水线(山脊线)、集水线(山谷线)和地面流水方向;划分不同坡度的地段;特殊地段包括冲沟、坎地、沼泽地等的调查与分析。

(二)地形图在建筑设计中的应用

充分结合地形确定建筑群体的布置方案;考虑服务半径与服务高差进行服务性建筑的布

置;在山地或丘陵地结合风向与地形的关系考虑建筑分区和布置;根据地貌的坡度和坡向,密切结合建筑布置形式和朝向,确定合理的建筑日照间距。

习　题

13-8-1　1/2 000 地形图与 1/5 000 地形图相比,(　　)。

A. 比例尺大,地物与地貌更详细　　B. 比例尺小,地物与地貌更详细

C. 比例尺小,地物与地貌更粗略　　D. 比例尺大,地物与地貌更粗略

13-8-2　在 1/2 000 地形图上量得 M、N 两点距离为 $d_{MN}=75\text{mm}$,高程为 $H_M=137.485\text{m}$、$H_N=141.985\text{m}$,则该两点坡度 i_{MN} 为(　　)。

A. +3%　　B. −4.5%　　C. −3%　　D. +4.5%

13-8-3　确定汇水面积就是确定一系列(　　)与指定断面围成的闭合图形面积。

A. 山谷线　　B. 山脊线

C. 某一高程的等高线　　D. 集水线

第九节　建筑工程测量

一、建筑工程控制测量

勘测时期建立的控制网是为了测图的需要,在观测精度、点的密度、点位分布上都未考虑建筑施工的需要,同时由于平整场地时控制点多被破坏,所以在施工开始前,建筑场地应建立新的专门的建筑工程控制网。

(一)建筑工程平面控制网

一般有建筑基线、建筑方格网、导线网和多边形网等多种形式。

建筑场地比较小,采用建筑基线作为平面控制。基线布置根据建筑物分布、场地地形和原有控制点的状况而定。基线点数不得少于 3 个,形式如图 13-9-1 所示。

在大中型建筑群施工场地上,采用正方形或矩形网,其轴线与场地上建筑物主要轴线相平行,称为建筑方格网,作为施工控制网。其布置应根据建筑设计总平面图上的建筑物、构筑物及各种管线的布置情况并结合地形而定。常分二级布设,首级采用"+"、"□"等形式,然后加密为格网。图 13-9-2 为先选定建筑方格网中的主轴线,然后再全面布设格网。

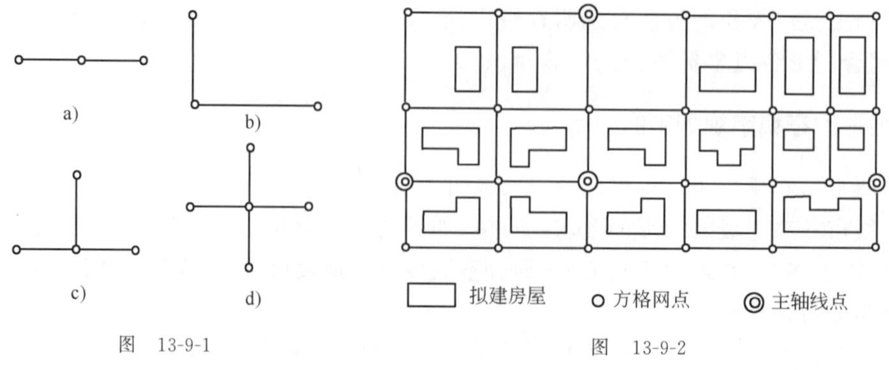

图　13-9-1　　　图　13-9-2

【例 13-9-1】　施工控制网一般采用建筑方格网,对于建筑方格的首级控制技术要求应符

合《工程测量规范》的要求，其主要技术要求为：

A. 边长：100～300m，侧角中误差：5″，边长相对中误差：1/30 000

B. 边长：150～350m，侧角中误差：8″，边长相对中误差：1/10 000

C. 边长：100～300m，侧角中误差：6″，边长相对中误差：1/10 000

D. 边长：800～200m，侧角中误差：7″，边长相对中误差：1/15 000

解 按现行《工程测量规范》，建筑方格网首级控制技术要求：边长 100～300m；角中误差：5″；边长相对中误差小于 1/30 000。

答案：A

（二）建筑工程高程控制网

在建筑施工场地上，水准点的密度要尽可能满足安置一次仪器即可测设出所需的高程点，而勘测时期的水准点不能满足施工的需求。一般在基线点和方格网点桩面上中心点旁设置一凸起的半球形标志即可作为水准点标志。建筑场地高程控制常用四等水准测量，但对于自流管道、大型连续生产车间采用三等水准测量。此外，为测设方便和减小误差，在建筑物内部或附近专门设置±0 水准点。注意设计中各建筑物的±0 水准点其高程不一定相等。

二、施工放样测量

（一）准备工作

熟悉图纸，核对图纸尺寸，现场踏勘，了解现场地物和地貌情况；平整和清理场地；拟订测设计划，绘制测设草图。

（二）施工测量的基本工作

1. 测设已知水平距离

在已知线段起点和方向的情况下，从起点沿线段方向丈量出给定的已知水平距离，将线段的另一点在地面标定出来的工作称为测设已知水平距离。方法如下：欲测设地面已知水平距离 D，根据尺长方程式、测设时的温度、线段两端点高差，直接按公式计算尺长改正 Δl_d[式(13-4-3)]、温度改正 Δl_t[式(13-4-4)]和倾斜改正 Δl_h[式(13-4-5)]，则在实地上的应量长度为

$$D' = D - \Delta l_d - \Delta l_t - \Delta l_h \qquad (13\text{-}9\text{-}1)$$

另一种方法：从线段起点 A，概量一段距离 AB'（它应与欲测设的已知水平距离 D_{AB} 相近）。仍按前法的公式计算丈量 AB' 的三项改正数和 AB' 经改正后的实际长度 $D_{AB'}$。计算 $\Delta D = D_{AB} - D_{AB'}$，当 ΔD 为正，从 B' 沿 AB' 量 ΔD 得 B 点；当 ΔD 为负，从 B' 沿 $B'A$ 量 ΔD 得 B 点，B 点即为测设已知水平距离在地面标定的点。此法称为端点改正法。

2. 测设已知数值的水平角

地面上已有一条已知方向线，在角顶点上把与该方向线夹角为已知值的另一方向线标定在地面的工作称为测设已知数值的水平角。一般采用测回法测设（又称盘左、盘右分中法），即用经纬仪盘左、盘右分别测设出方向线得 B' 和 B''，取其平均位置 B 即可，如图 13-9-3 所示。当要求精密时，在测站 O，对上述测设出的角度用多个测回精确测定角值 β'，与给定的欲测设角值 β 比较，其差值 $\Delta\beta = \beta - \beta'$。丈量 OB 的水平距离，即可求出垂直改正距离为

$$BB_0 = OB\tan\Delta\beta \qquad (13\text{-}9\text{-}2)$$

当 $\Delta\beta$ 为正，则过 B 点向角的外侧改正至 B_0；当 $\Delta\beta$ 为负，则过 B 点向角的内侧改正至 B_0，B_0 即为所求点。

3. 测设已知高程

根据水准点将已知数值的高程在实地设置标志的工作称为测设已知高程，见图 13-9-4。

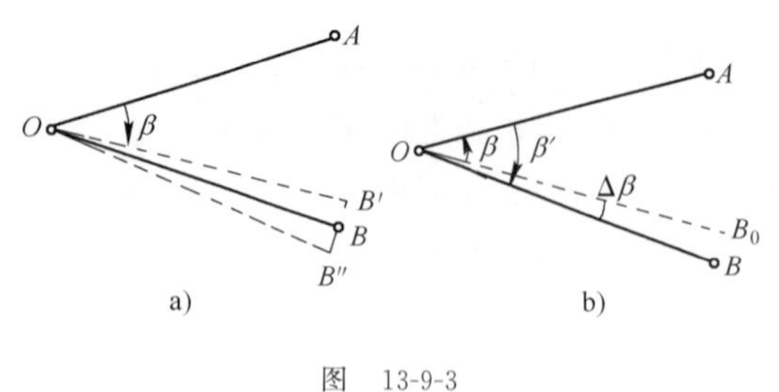

图 13-9-3

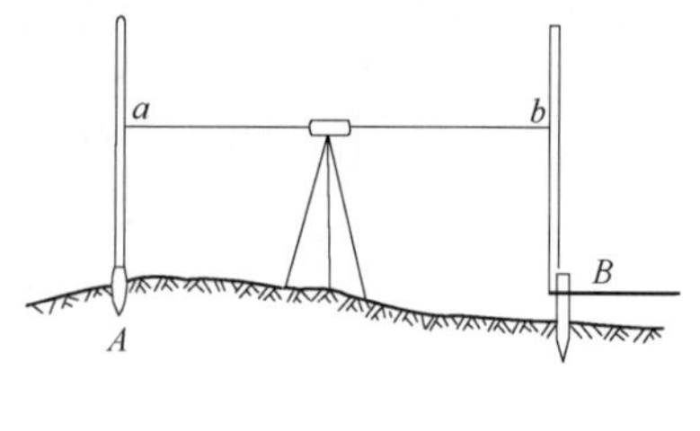

图 13-9-4

视线高法：水准点 A 的高程为 H_A，欲测设 B 桩的已知高程为 H_B，水准仪水平视线在 A 点尺上读数为 a，则视线高程 $H_i=H_A+a$，而 B 桩处水准尺读数应为 $b=H_i-H_B$。上下移动水准尺当水平视线正好读出应读前视读数 b 时，尺底划线标志即为所测设的 B 点。

高差法：在已知点 A 立一木杆，水准仪的水平视线在木杆上画一点 a。计算反数 $\Delta h=H_B-H_A$，当 Δh 为正，由 a 向下量 Δh，在木杆上画一点 b；当 Δh 为负，由 a 向上量得 b 点。木杆移至 B 桩处，上下移动木杆，当仪器水平视线正好瞄准 b，此时在木杆底画线标志即为 B 点。

悬吊钢尺法：如图 13-9-5 所示，水准点 BM_0 的高程为 H_0，欲测设 A 桩处的已知高程 H_A，悬吊钢尺零刻划线在下，则 $H_A=H_0+(a_1-b_1)+(a_2-b_2)$，由此可推知 A 桩处的应读前视为

$$b_2=a_2+(a_1-b_1)-(H_A-H_0) \tag{13-9-3}$$

当坑下水准仪的水平视线正好读出应读前视 b_2 时，尺底划线标志即为所测设的 A 点。

（三）测设点的平面位置的方法

1. 直角坐标法

场地上布置了互相垂直的控制轴线（例如建筑方格网）时，采用直角坐标法测设点位，只需测设直角和测设有关点的坐标增量值即可在地面上标定欲测设点位。

2. 极坐标法

如图 13-9-6 所示，欲测设给定坐标的点 $M(x_M,y_M)$，利用已知的控制点 $G(x_G,y_G)$ 和已知方位角 α_{GF} 的边作为极点和极轴，计算极角即 GM 与 GF 的夹角 β，极距即 G 与 M 的水平距离 D_{GM}，则通过测设极角 β 和极距 D_{GM} 在地面标定 M 点，这种方法称为极坐标法定点。

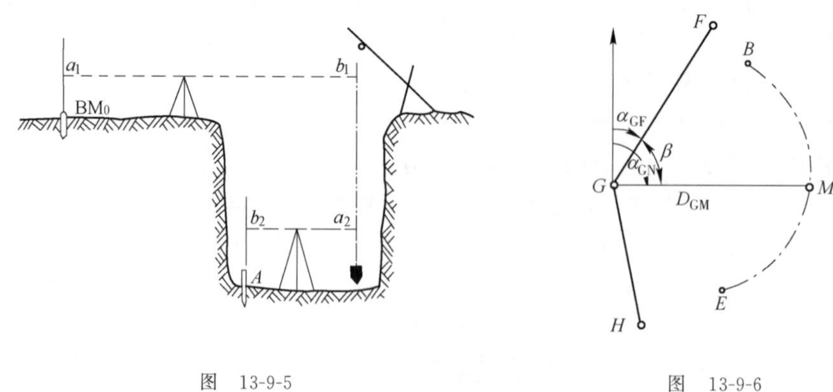

图 13-9-5

图 13-9-6

极轴的方位角 α_{GF} 可直接给定，也可利用给定控制点坐标 $G(x_G,y_G)$ 和 $F(x_F,y_F)$ 计算得到。有关数据的计算公式如下

$$\left.\begin{aligned}\alpha_{GF} &= \arctan\frac{y_F - y_G}{x_F - x_G} = \arctan\frac{\Delta y_{GF}}{\Delta x_{GF}}\\ \alpha_{GM} &= \arctan\frac{y_M - y_G}{x_M - x_G} = \arctan\frac{\Delta y_{GM}}{\Delta x_{GM}}\\ \beta &= \alpha_{GM} - \alpha_{GF}\\ D_{GM} &= \sqrt{\Delta x_{GM}^2 + \Delta y_{GM}^2}\end{aligned}\right\} \tag{13-9-4}$$

3.距离交会法

通过两个或两个以上的已知水平距离(或利用两点坐标计算两点水平距离)的交会即可在地面标定欲测设的点位。

4.角度交会法

通过两个或两个以上已知角度的方向线交会即可在地面标定欲测设的点位。交会时,角度值的计算可参考式(13-9-4)。当三条方向线交会出现误差三角形时,应取其重心。

(四)建筑物的定位

建筑物的定位是根据设计,以一定的精度把建筑物外廓各轴线的交点测设到实地上,然后根据这些点进行细部放样。由于设计条件和现场情况不同,有三种定位依据:依据与原有建筑物的关系定位;依据建筑基线、建筑方格网定位;依据控制点、红线桩定位。

建筑物的详细测设是依据定位主轴线,放样出建筑物各部位的细部轴线和边线。

由于基础开挖时建筑物外廓轴线交点将被挖掉,所以必须将轴线延长到基坑外并作出标志称为轴线控制桩,作为恢复各轴线的依据;或采用龙门板亦可。

(五)基础施工的测量工作

开挖基槽(坑)不得超挖基底,要随时注意挖土的深度,当挖到离槽(坑)底0.3~0.5m时,用水准测量在槽(坑)壁上每隔2~3m或拐角处钉一水平桩,测设水平桩高程等于某已知高程(例如槽底设计高程加上一整数0.5m),用作控制挖槽深度和铺设垫层的依据。

当垫层做好后,根据轴线控制桩或龙门板上的轴线钉将轴线投测到垫层上,再用墨线弹出中线和边线称为撂底。完成后经自检合格,交验线部门验线。

(六)高层建筑物轴线投测与高程传递

基础工程完工后,要逐层向上投测轴线。先根据建筑场地平面控制网校测轴线控制桩,再将建筑物外廓各轴线交点和各细部轴线,精确地测设到±0.000首层平面上并弹线。向上投测时,将经纬仪安置在轴线延长线的固定点上,以盘左盘右照准首层平面上所设的轴线标志,向上投测到每层楼面上,并取盘左盘右投测的中点即得该层上的轴线点。按此方法分别投测纵横轴线点,则纵横轴线交点即是该层楼面的施工控制点,这种方法称为轴线延长法竖向投测。当场地窄小,无法延长轴线时,可采用侧向借线法或正倒镜挑直法投测出施工层上的轴线位置。以上是用经纬仪投测,注意严格检验校正仪器,尤应注意LL⊥VV,安置仪器时水平度盘水准管气泡严格居中。另外,可用垂准线法作竖向投测,有吊重垂球法、激光准直仪法和光学铅垂仪法。

高层建筑的高程传递,要将高程由下层楼面向上层传递,可利用皮数杆传递高程法、采用钢尺直接丈量传递高程法、沿楼梯用水准测量传递高程法、电磁波测距三角高程法传递高程。另外还可用悬吊钢尺和水准仪传递高程,如图13-9-7所示。将±0.000的高程传递到施工层的A',则

$$H_{A'} = H_{\pm 0} + a - b + b' - a' \tag{13-9-5}$$

式中:a、b、a'、b'——尺读数,悬吊钢尺的零刻划线在下。

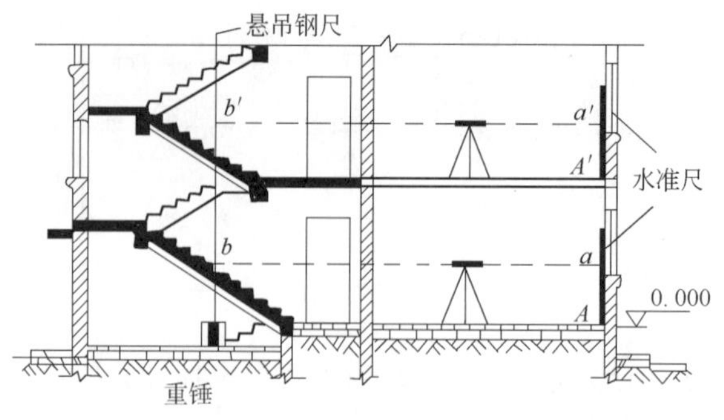

图 13-9-7

【例 13-9-2】 建筑场地高程测量，为了便于建(构)筑物的内部测设，在建(构)筑物内设±0 点，一般情况建(构)筑物的室内地坪高程作为±0，因此，各个建(构)筑物的±0 应该是：

A. 同一高程　　　　B. 根据地形确定高程

C. 依据施工方便确定高程　　　　D. 不是同一高程

解 在建(构)筑物内设置±0 点，是根据建(构)筑物的室内地坪设计高程确定的，通常±0 点是室内地坪的设计高程。由于不同建(构)筑物的室内地坪设计高程不一定相同，所以各建(构)筑物内的±0 点不是同一高程。

答案：D

三、结构安装测量

(一)柱子安装测量

柱子起吊前的准备工作有投测柱列轴线、柱身侧面标出中心线、柱长检查与杯底标高测定(杯底抄平)。

吊装时，为使柱子牛腿顶面或柱顶面的高程符合设计高程，应使柱身上的±0 线与杯口内壁标志的±0 线吻合，此时应注意杯底找平。为使柱子的平面位置符合设计位置，应使柱身上的三个侧面中心线与相应杯口上的柱轴线吻合。为使柱身铅直，应用两台经纬仪安置在距离约 1.5 倍柱高的纵横两条轴线附近，同时校正柱身的铅直，先瞄准柱子根部的中心线之后望远镜仰视，再使柱子上部中心线吻合在十字丝交点上为止。

同截面的柱子，可把经纬仪安置在轴线一侧校正几根柱子的铅直；变截面柱子的上下部中心线不在同一铅垂线上，则必须将经纬仪逐一安置在各自的有关纵向或横向柱轴线上校正柱子的铅直。经纬仪应严格校正，安置时应使水平度盘水准管气泡严格居中。

(二)吊车梁安装测量

为使吊车梁顶面高程符合设计高程，用水准点检查柱身的±0 线和牛腿面高程，并在柱子靠牛腿的一面测设出一条梁面高程的水平线，安装时使梁的顶面与该水平线吻合即可。为使吊车梁的平面位置符合设计位置，应在地面上根据柱列轴线标出梁中心线，之后用经纬仪将梁中心线位置向上投测到牛腿面上，安装时使梁顶面所画中心线与投测到牛腿面上的梁中心线吻合即可。

(三)吊车轨道安装测量

在吊车梁上找出吊车轨道中心线。先在地面定出一条与吊车轨道相距 1m(或其他间距)的平行线，称为借线。用经纬仪将该线向上投测，通过在吊车梁上移动横放的木尺还回所借间隔即可在梁面上得到轨道中心线，然后将轨道上的中心线与梁面上的轨道中心线吻合即可。

吊车轨道就位后，利用安置在吊车梁上的水准仪，在轨顶上立尺，检查轨顶高程是否符合设计高程。还应利用钢尺检查两条吊车轨道的跨距是否符合设计间距。

四、建筑工程变形观测

建筑物、构筑物在自重、外力、运营过程中的反复荷载作用下会产生变形，常有沉降、倾斜、水平位移和裂缝等。如果变形超出允许值将危害建筑物的使用和安全，所以变形观测对保证安全施工和正常使用非常重要，并能验证设计理论及对今后合理设计提供重要资料。

(一)沉降观测

沉降观测是测定建筑物在铅垂方向的位移量。对于重要建筑物、20 层以上的高层建筑物、造型复杂的 14 层以上的高层建筑物、对地基变形有特殊要求的建筑物、单桩承受荷载在 4 000kN以上的建筑物，以及工业高炉、水塔、烟囱等均应进行沉降观测。

沉降观测采用几何水准测量或液体静力水准测量。几何水准测量中，为了保证准确性，水准基点不得少于 3 个，应埋设在变形区以外的稳固处，冰冻区应埋设在冻土层以下0.5m；为了提高观测精度，水准点和观测点不能相距太远。观测点的数量和位置应能全面反映建筑物的变形情况，一般是均匀设置，但在荷载有变化的部位、平面形状变化处、沉降缝两侧、具有代表性的支柱和基础上，应加设足够的观测点。

沉降观测的任务是周期性地对变形观测点进行多次重复观测，以取得相邻时间间隔的变化量。一般在观测点埋设稳定后即进行第一次观测。高层建筑每增加 1～2 层，电视塔、烟囱等每增高 10～15m 观测一次；基础混凝土浇筑、回填土、结构安装前后、基础周围大量积水等情况，均应进行观测，竣工后如变形速度减缓可 2～3 个月观测一次。

大型、重要的建筑物用精密水准仪 $DS_{0.5}$、DS_1 进行观测，一般精度要求时则可采用 DS_3 水准仪进行。为了保证观测精度，注意前后视距离尽可能相等。

每次观测后将结果列入成果表中，并计算每次的沉降量和累计沉降量，同时绘制沉降量、荷载、时间等关系曲线图。

【例 13-9-3】 沉降观测的基准点是观测建筑物垂直变形值的基准，为了相互校核并防止由于个别基准点的高程变动造成差错，沉降观测布设基准点一般不能少于：

A. 2 个　　B. 3 个　　C. 4 个　　D. 5 个

解 根据现行《工程测量规范》，变形监测水准基准点布设不少于 3 个。

答案：B

(二)倾斜观测

建筑物倾斜观测是测定基础和上部结构的倾斜变化，包括倾斜大小、方向和速率。

基础倾斜观测一般采用精密水准测量方法，测量基础两端点的差异沉降量 Δh，再根据两点间的距离 D，则可求得基础的倾斜度 $i=\Delta h/D$。

建筑物上部倾斜观测方法有三种：其一是悬挂垂球法，根据上、下应投影在同一位置的点直接测定倾斜位移量；其二是经纬仪投影法测定倾斜量；其三是差异沉降量推算法，此法同基础倾斜观测，当建筑物高度为 H，则倾斜量 $\Delta=iH=(\Delta h/D)H$。

(三)位移观测

位移观测的目的是为了测定建筑物在平面位置上随时间移动的大小和方向。位移观测可采用盘左、盘右投点法求出位移值，也可采用测角的方法，设第一次仪器在 O 点，瞄准观测点 A 与控制点 M，测得$\angle MOA$ 为 β_1，第二次测得 β_2，两次观测角之差为 $\Delta\beta=\beta_2-\beta_1$，如测站到观测点的距离为 D，则水平位移值为 $\delta=D\Delta\beta''/\rho''$。

(四)裂缝观测

裂缝观测包括裂缝所在位置、走向、长度和宽度等。如在裂缝处可绘制方格网坐标时,可用钢尺量测;必要时,可埋设特制的能测定三维变化的标志,用游标卡尺量测。大面积或不可及的裂缝可用近景摄影测量方法量测。

五、竣工测量和竣工现状总图的编绘

竣工测量成果是验收与评价工程按图施工的基本依据,也是工程交付使用后进行管理、维修、改建和扩建的依据。竣工现状总图是对竣工地区内的地上、地下建(构)筑物的形状、大小、位置与高程等竣工后情况的全面真实反映。一般可在施工图上相应部位加上文字说明,标注有关洽商记录、编号与条款。重要工程应重新绘制竣工图。

习　题

13-9-1　建筑施工放样测量的主要任务是将图纸上设计的建筑物(构筑物)的(　　)位置测设到实地上。

A. 平面　　B. 相对尺寸　　C. 高程　　D. 平面和高程

13-9-2　利用高程为 44.926m 的水准点,测设某建筑物室内地坪标高±0(高程为 45.229m),当后视读数为 1.225m 时,则前视尺读数为(　　)m 时,尺底画线即为 45.229m 的高程标志。

A. 1.225　　B. 0.303　　C. −0.303　　D. 0.922

13-9-3　两红线桩 A、B 的坐标分别为 $x_A = 1\ 000.000$m、$y_A = 2\ 000.000$m,$x_B = 1\ 060.000$m、$y_B = 2\ 080.000$m;欲测设建筑物上的一点 M,$x_M = 991.000$m、$y_M = 2\ 090.000$m。则在 A 点以 B 为后视点,用极坐标法测设 M 点的极距 D_{AM} 和极角 $\angle BAM$ 分别为(　　)。

A. 90.449m、42°34′50″　　B. 90.449m、137°25′10″

C. 90.000m、174°17′20″　　D. 90.000m、95°42′38″

13-9-4　建筑施工测量包括(　　)、建筑施工放样测量、变形观测和竣工测量。

A. 控制测量　　B. 高程测量　　C. 距离测量　　D. 导线测量

第十节　全球导航卫星系统(GNSS)简介

GNSS(Global Navigation Satellite System)的全称是全球导航卫星系统,它是泛指所有的卫星导航系统。目前,GNSS 包含了美国的全球定位系统 GPS、俄罗斯的格洛纳斯卫星导航系统 GLONASS、中国的北斗卫星导航系统 BDS、欧盟的伽利略卫星导航系统 GALILEO,可用的卫星数目达 100 颗以上。

一、全球定位系统(GPS)

GPS 由空间部分、控制部分和用户部分组成。空间部分由 21 颗工作卫星和 3 颗备用卫星组成,卫星在全球定位系统中的主要功能是接收、存储由地面控制站输入的信息,依据原子铯钟保持精确的时间,向海洋、陆地、航空等用户发射导航、定位信息,在地面站控制下,用推进器调整卫星状态,微处理机完成局部的数据处理。控制部分由分布在全球的 5 个地面站组成,

其主要任务是处理和监测收到的全部信息，纠正偏离轨道的卫星，推算卫星星历和GPS的时间系统，并将计算出的星历、钟差、卫星电文遥控指令等输入到相应卫星的存储系统中，监测全部卫星发射的信号和卫星内部部件的功能状况。用户按使用性质分为军用和民用两种，按使用地区分为陆地、海洋、空中和近地轨道等。

GPS具体运转状态是：24颗工作卫星分配在6个轨道平面内，每个轨道平面内均匀分布四颗卫星，轨道间隔为60°，轨道周期为11小时58分，倾角63°，使得地球上任何地方、任何时刻，只要在纬度20°以上就能同时观测到4～6颗卫星，以连续完成对海上、空中、地面的三维导航和定位，为用户服务。每颗卫星装有两台原子铯钟，由地面站进行检验。两台钟表面时差和钟速在观测中发射给用户。

GPS定位原理分为绝对定位和相对定位两种。绝对定位即利用GPS确定用户接收机天线在WGS-84坐标系中的绝对位置。它广泛应用于导航和大地测量中的单点定位。相对定位的最基本情况是用两台接收机分别安置在基线两端，并同步观测相同的GPS卫星，以确定基线端点在世界地球坐标系中的相对位置。它广泛应用于大地测量、精密工程测量和地球动力学的研究。

GPS测量可应用于控制测量、工程变形监测、海洋测绘、交通运输和军事等方面。

二、北斗卫星导航系统(BDS)

BDS(BeiDou Navigation Satellite System)是中国自行研制的全球卫星导航系统。是继美国的GPS、俄罗斯的GLONASS之后第三个成熟的卫星导航系统。北斗卫星导航系统BDS和美国的GPS、俄罗斯的GLONASS、欧盟的GALILEO，是联合国卫星导航委员会已认定的供应商。

北斗卫星导航系统由空间段、地面段和用户段三部分组成：空间段由若干地球静止轨道卫星、倾斜地球同步轨道卫星和中圆地球轨道卫星组成；地面段包括主控站、注入站、监测站及星间链路运行管理设施；用户段包括北斗及兼容其他卫星导航系统的芯片、模块、天线等基础产品，以及终端设备、应用系统与应用服务等。

北斗卫星导航系统的特点：空间段采用三种轨道卫星组成的混合星座，与其他卫星导航系统相比，高轨卫星更多，抗遮挡能力强，尤其低纬度地区性能特点更为明显；北斗卫星导航系统提供多个频点的导航信号，能够通过多频信号组合使用等方式提高服务精度；北斗卫星导航系统创新融合了导航与通信能力，具有实时导航、快速定位、精确授时、位置报告和短报文通信服务五大功能。

北斗卫星导航系统的发展历程：20世纪后期，中国开始探索适合国情的卫星导航系统发展道路，逐步形成了“三步走”发展战略。2000年底，建成北斗一号系统，向中国提供服务；2012年底，建成北斗二号系统，向亚太地区提供服务；2020年前后，建成北斗全球系统，向全球提供服务。2017年11月5日，中国第三代导航卫星顺利升空，标志着中国正式开始建造北斗卫星导航系统。2018年，面向“一带一路”沿线及周边国家提供基本服务。2020年6月23日9时43分，在西昌卫星发射中心用长征三号乙运载火箭，成功发射北斗卫星导航系统第55颗导航卫星。至此，北斗三号全球卫星导航系统组网卫星全部到位，星座部署比原计划提前半年全面完成。2020年7月31日上午，北斗三号全球卫星导航系统正式开通运行。“北斗”进入服务全球、造福人类的新时代。

北斗三号全球卫星导航系统可在全球范围内全天候、全天时为各类用户提供高精度、高可靠定位、导航、授时等服务，并具有短报文通信能力。定位精度可达分米、厘米级别，测速精度0.2m/s，授时精度10ns。

北斗卫星导航系统使用的坐标系统是2000中国大地坐标系CGCS2000。

三、GNSS测量模式及终端设备

工程测量中，GNSS测量工作可分为静态定位和动态定位两种模式。静态定位是在定位过程中，接收机天线（测点）的位置相对于周围地面点而言，处于静止状态，静态定位是通过大量的重复观测来提高精度的，是一种高精度的测量方法，主要用于控制测量；动态定位是在测量过程中，接收机天线（测点）的位置相对于周围地面点而言，处于运动状态，动态定位精度较低。

工程测量中，采用动态实时差分（Real Time Kinematic，RTK）技术来提高动态定位的精度。RTK基本原理是在基准站（通常为测量控制点）上安置一台接收机，对所有可见的GNSS卫星进行连续观测，利用基点坐标和卫星观测数据（星历）计算GNSS观测值的校正值，将其通过无线电台实时传输给动态用户观测站（测点，又称流动站），动态用户将测点的观测数据结合基站的校正值，实时高精度地解算出测站点的坐标。RTK测量技术主要用于工程测量中的施工放样、地形测绘等工作。

全球卫星导航系统用户终端的重要设备是GNSS接收机。根据GNSS接收机的用途，通常可将其分为以下三类：

（1）导航型接收机：主要用于各类运动载体，如飞机、汽车、轮船等移动物体的导航，可实时给出载体的位置和速度。一般采用伪距测量，定位精度较低，通常为10m左右。接收机价格便宜，应用广泛。

（2）测地型接收机：主要用于大地测量和工程测量。接收机主要由主机、天线、无线电台等组成，通常采用载波相位测量。数据处理配合专业GNSS数据处理平差软件进行。根据具体测量任务和精度要求，可采用绝对定位或相对定位方法完成测量工作。测地型接收机定位精度高，仪器静态定位精度：平面3mm+1ppm，高程5mm+1ppm；动态定位精度：RTK（动态实时差分）平面10mm+1ppm，高程20mm+1ppm。测地型GNSS接收机仪器结构复杂，相较于导航型接收机，价格昂贵。

（3）授时型接收机：主要利用GNSS卫星提供的高精度时间标准进行授时，常用于天文台、无线通信及电力网络中时间同步。

习　题

13-10-1　GNSS（Global Navigation Satellite System）全球导航卫星系统包含（　　）。

①GPS；②BDS；③GLONASS；④GALILEO。

A. ①②③　　B. ②③④　　C. ①③④　　D. ①②③④

13-10-2　北斗卫星导航系统使用的坐标系统是（　　）。

A. WGS-84坐标系　　B. 1980西安坐标系

C. CGCS2000坐标系　　D. 1954年北京坐标系

13-10-3　北斗卫星导航系统空间段由（　　）组成。

①地球静止轨道卫星；②倾斜地球同步轨道卫星；③中圆地球轨道卫星。

A. ① B. ①② C. ①③ D. ①②③

13-10-4 北斗卫星导航系统地面段包括(　　)。

①主控站;②注入站;③监测站;④星间链路运行管理设施。

A. ①② B. ①③ C. ①②③④ D. ①②③

13-10-5 北斗卫星导航系统创新融合了(　　)功能。

①实时导航;②快速定位;③精确授时;④位置报告;⑤短报文通信。

A. ①②④ B. ①②③④⑤ C. ①②③⑤ D. ①②③

13-10-6 全球卫星导航系统(GNSS)用户接收机,根据其用途,通常可分类为(　　)。

①导航型接收机;②测地型接收机;③授时型接收机。

A. ① B. ①② C. ①②③ D. ①③

习题题解及参考答案

第一节

13-1-1 **解**:目前国家采用统一的高程基准为1985国家高程基准。

答案:C

13-1-2 **解**:带号;$N=\text{Int}(\frac{L+3}{6}+0.5)$,中央子午线的经度$L=6n-3$。

答案:B

13-1-3 **解**:根据高斯-克吕格坐标的轴系定义进行判断。

答案:C

13-1-4 **解**:测量工作的基本原则是先控制后碎部。

答案:A

第二节

13-2-1 **解**:读数越大,点的高程越低。

答案:A

13-2-2 **解**:$H_B=H_A+h_{AB}=H_A+(a-b)$。

答案:D

13-2-3 **解**:表示水准仪精度指标中误差值的单位为毫米。

答案:D

13-2-4 **解**:$h_{ab}=a-b=0.218$;$h'_{ab}=a'-b'=0.239$,$h'_{ab}\neq h_{ab}$,视准轴不平行于水准管轴。

答案:B

13-2-5 **解**:参见附合水准路线的检核公式。

答案:B

第三节

13-3-1 **解**:表示水平方向测量一测回的方向中误差。

答案:D

13-3-2 **解**:见盘左、盘右平均值所能消除的误差。

答案:D

13-3-3 解:$\angle AOB$ 前半测回角值$=OB-OA+360°$。

答案:A

13-3-4 解:水平角是两竖直面间的二面角。

答案:A

13-3-5 解:见经纬仪的竖直角观测原理。

答案:A

第四节

13-4-1 解:参见尺长改正计算。

$\Delta l = 0.004\,4, \Delta l_t = 0.007\,1, \Delta l_h = -0.005\,0$,所以 $l = 49.912\,7$

答案:B

13-4-2 解:AB 的水平距离=斜距×cos(竖直角),$H_B = H_A + h_{AB}$。

答案:A

13-4-3 解:$m_D = \pm(A + B \times D)$,ppm 为百万分之一,即 10^{-6}。

答案:C

13-4-4 解:参见方位角的定义。

答案:D

第五节

13-5-1 解:等精度观测是在观测条件相同下的观测。

答案:C

13-5-2 解:$K = \frac{|m|}{D}$。

答案:B

13-5-3 解:算术平均值中误差$=\frac{m}{\sqrt{n}}$。

答案:A

13-5-4 解:$M = \frac{m}{\sqrt{n}}$,$m = 6''\sqrt{2}$,$M = 3''$。

答案:D

13-5-5 解:$\angle C=180°-\angle A-\angle B$,用误差传播定律计算。

答案:C

第六节

13-6-1 解:$\alpha_{BC} = \alpha_{AB} - \beta_{右} + 180°(\pm 360°)$。

答案:C

13-6-2 解:参见导线测量的外业工作。

答案:B

13-6-3 解:参见导线测量的内业计算。

答案:C

13-6-4 **解:**导线全长闭合差的计算公式。

答案:A

13-6-5 **解:** $\Delta x = D\cos\alpha$, $\Delta y = D\sin\alpha$ 。

答案:C

第七节

13-7-1 **解:**大比例尺地形图的图幅划分方法。

答案:B

13-7-2 **解:**参见地形图的定义。

答案:D

13-7-3 **解:**等高线是闭合的曲线。

答案:A

13-7-4 **解:**参见比例尺精度的定义。

答案:D

13-7-5 **解:**根据比例尺精度的定义,应有 $\frac{0.1}{0.2\times10^3}=\frac{1}{M}\Rightarrow M=2\,000$,故测图比例尺应选择 1∶2 000 。

答案:D

第八节

13-8-1 **解:**比例尺越大,地形图所表征的地物与地貌更详细。

答案:A

13-8-2 **解:** $\frac{75\times10^3}{S_{MN}}=\frac{1}{2\,000}\Rightarrow S_{MN}=150\text{m}, i_{MN}=\frac{H_N-H_M}{S_{MN}}=+3\%$。

答案:A

13-8-3 **解:**汇水面积的确定是将一系列的分水线(山脊线)连接而成。

答案:B

第九节

13-9-1 **解:**它的主要任务是将图纸上设计的平面和高程位置测设到实地上。

答案:D

13-9-2 **解:** $\Delta h=45.229-44.926=0.303\text{m}$,而 $\Delta h=h_{后}-h_{前}\Rightarrow h_{前}=h_{后}-\Delta h=1.225-0.303=0.922\text{m}$。

答案:D

13-9-3 **解:** $D_{AM}=\sqrt{\Delta x_{AM}^2+\Delta y_{AM}^2}=90.449\text{m}$

$\alpha_{AB}=\arctan\alpha_{AB}\frac{\Delta y_{AB}}{\Delta x_{AB}}=53°07'48''$,在第一象限

$\alpha_{AM}=\arctan\alpha_{AB}\frac{\Delta y_{AM}}{\Delta x_{AM}}$,在第二象限

故 $\alpha_{AM}=95°42'38''$,则 $\angle BAM=\alpha_{AM}-\alpha_{AB}=42°34'50''$

答案:A

13-9-4 **解:**建筑施工测量前应引入控制点。

答案:A

第十节

13-10-1 **解:**GNSS全球导航卫星系统包含美国的GPS、俄罗斯的GLONASS、中国的BDS、欧盟的GALILEO系统。

答案:D

13-10-2 **解:**北斗卫星导航系统使用的坐标系统是CGCS2000。

答案:C

13-10-3 **解:**北斗卫星导航系统空间段由若干地球静止轨道卫星、倾斜地球同步轨道卫星和中圆地球轨道卫星组成。

答案:D

13-10-4 **解:**北斗卫星导航系统地面段包括主控站、注入站、监测站及星间链路运行管理设施。

答案:C

13-10-5 **解:**北斗卫星导航系统创新融合了实时导航、快速定位、精确授时、位置报告和短报文通信服务五大功能。

答案:B

13-10-6 **解:**全球卫星导航系统(GNSS)用户接收机,根据其用途,通常可分类为导航型接收机、测地型接收机、授时型接收机。

答案: C

第十四章 职业法规

第一节 设计文件编制的有关规定

一、编制建设工程勘察、设计文件的依据

(一)项目批准文件;

(二)城市规划;

(三)工程建设强制性标准;

(四)国家规定的建设工程勘察、设计深度要求。

铁路、交通、水利等专业建设工程,还应当以专业规划的要求为依据。

编制建设工程勘察文件,应当真实、准确,满足建设工程规划、选址、设计、岩土治理和施工的需要。

二、设计工作程序

城市建筑设计可分为三个阶段,即:方案阶段、初步设计阶段和施工图阶段。小型和技术简单的城市建筑,可以方案设计阶段代替初步设计阶段,对技术复杂而又缺乏经验的项目,需增加技术设计阶段。

(一)前期准备

研究设计依据,收集原始资料,现场勘查及调查研究

1. 可行性研究报告。

2. 规划局核定的用地位置、界限、核发的《建设用地规划许可证》。

3. 有关的政策、法令、规范、标准。

4. 气象资料、地质条件、地理环境。

5. 市政设施供应情况。

6. 建设单位的使用要求及所提供的设计要求。

7. 设计合同。

(二)方案设计

方案设计阶段的文件编制深度应符合住建部2017年1月1日开始执行的《建筑工程设计文件编制深度规定》(2016年版)。编制方案设计文件,应满足编制初步设计文件的需要,应满足方案审批或报批的需要。

(三)初步设计

初步设计要以建设单位及有关主管部门的方案批准为依据。初步设计阶段的文件编制深度应符合《建筑工程设计文件编制深度规定》(2016年版)。编制初步设计文件,应满足编制施工图设计文件的需要,应满足初步设计审批的需要。

(四)施工图设计

施工图设计阶段的文件编制深度应符合《建筑工程设计文件编制深度规定》(2016年版)。

编制施工图设计文件，应满足设备材料采购、非标准设备制作和施工的需要。

三、有关修改设计文件方面的规定

建设单位、施工单位、监理单位不得修改建设工程勘察、设计文件；确需修改建设工程勘察、设计文件的，应当由原建设工程勘察、设计单位修改。经原建设工程勘察、设计单位书面同意，建设单位也可以委托其他具有相应资质的建设工程勘察、设计单位修改。修改单位对修改的勘察、设计文件承担相应责任。

施工单位、监理单位发现建设工程勘察、设计文件不符合工程建设强制性标准、合同约定的质量要求的，应当报告建设单位，建设单位有权要求建设工程勘察、设计单位对建设工程勘察、设计文件进行补充、修改。

建设工程勘察、设计文件内容需要作重大修改的，建设单位应当报经原审批机关批准后，方可修改。

另外，建设工程勘察、设计文件中规定采用的新技术、新材料，可能影响建设工程质量和安全，又没有国家技术标准的，应当由国家认可的检测机构进行试验、论证，出具检测报告，并经国务院有关部门或者省、自治区、直辖市人民政府有关部门组织的建设工程技术专家委员会审定后，方可使用。

习　题

14-1-1　建筑工程设计文件编制深度的规定中，施工图设计文件的编制深度应满足下列哪项要求？（　　）

①能据以编制预算；②能据以安排材料、设备订货和非标准设备的制作；③能据以进行施工和安装；④能据以进行工程验收。

A. ①②③④　　B. ②③④　　C. ①②④　　D. ③④

14-1-2　工程初步设计说明书中总指标应包括下列哪些内容？（　　）

①总用地面积、总建筑面积、总建筑占地面积；②总概算及单项建筑工程概算；③水、电、气、燃料等能源总消耗量与单位消耗量，主要建筑材料（三材）的总消耗量；④其他相关的技术经济指标及分析；⑤总建筑面积、总概算（投资）存在的问题。

A. ①②③⑤　　B. ①②④⑤　　C. ①③④⑤　　D. ①②③④

14-1-3　结构初步设计说明书中应包括（　　）。

A. 设计依据、设计要求、结构设计、需提请在设计审批时解决或确定的主要问题

B. 自然条件、设计要求、对施工条件的要求

C. 设计依据、设计要求、结构选型

D. 自然条件、结构设计、需提请在设计审批时解决或确定的主要问题

14-1-4　民用建筑设计项目一般应包括下列哪些设计阶段？（　　）

①方案设计阶段；②初步设计阶段；③技术设计阶段；④施工图设计阶段。

A. ①②③④　　B. ①②④　　C. ②③④　　D. ①③④

第二节　工程建设强制性标准的有关规定

标准，是指“对重复性事物和概念所做的统一规定。它以科学技术和实践检验为基础，经

有关方面协商一致，由主管机构批准，以特定形式发布，作为共同遵守的准则和依据。”工程建设标准，是指工程建设过程中对勘察、规划、设计、施工、安装、验收等需要协调统一时所制定的标准。按其内容可分为技术标准、经济标准和管理标准。

1990年4月6日七届人大五次会议通过了《中华人民共和国标准化法》。

1988年12月19日国务院发布了《中华人民共和国标准化法实施条例》。

工程建设标准的分类：

按照其使用范围分：有国家标准、行业标准、地方标准。

按照其性质分：有强制性标准和推荐性标准。

强制性标准包括：工程建设勘察、规划、设计、施工、安装、验收等专用的综合性标准、有关安全、卫生和环境保护的标准、专用的术语、符号、代号、量与单位、制图方法、试验检验和评定标准等。

2000年8月21日中华人民共和国建设部发布了第81号令《实施工程建设强制性标准监督规定》。

工程建设强制性标准是指直接涉及工程质量、安全、卫生及环境保护等方面的工程建设标准强制性条文。

国家工程建设标准强制性条文由国务院建设行政主管部门会同国务院有关行政主管部门确定。

工程建设中拟采用的新技术、新工艺、新材料，不符合现行强制性标准规定的，应当由拟采用单位提请建设单位组织专题技术论证，报批准标准的建设行政主管部门或者国务院有关主管部门审定。

建设项目规划审查机构应当对工程建设规划阶段执行强制性标准的情况实施监督。

施工图设计文件审查单位应当对工程建设勘察、设计阶段执行强制性标准的情况实施监督。

建筑安全监督管理机构应当对工程建设施工阶段执行施工安全强制性标准的情况实施监督。

工程质量监督机构应当对工程建设施工、监理、验收等阶段执行强制性标准的情况实施监督。

工程建设标准批准部门应当定期对建设项目规划审查机关、施工图设计文件审查单位、建筑安全监督管理机构、工程质量监督机构实施强制性标准的监督进行检查，对监督不力的单位和个人，给予通报批评，建议有关部门处理。

工程建设标准批准部门应当对工程项目执行强制性标准情况进行监督检查。监督检查可以采取重点检查、抽查和专项检查的方式。

强制性标准监督检查的内容包括：

（一）有关工程技术人员是否熟悉、掌握强制性标准；

（二）工程项目的规划、勘察、设计、施工、验收等是否符合强制性标准的规定；

（三）工程项目采用的材料、设备是否符合强制性标准的规定；

（四）工程项目的安全、质量是否符合强制性标准的规定；

（五）工程中采用的导则、指南、手册、计算机软件的内容是否符合强制性标准的规定。

建设单位有下列行为之一的，责令改正，并处以20万元以上50万元以下的罚款：

（一）明示或者暗示施工单位使用不合格的建筑材料、建筑构配件和设备的；

（二）明示或者暗示设计单位或者施工单位违反工程建设强制性标准，降低工程质量的。

勘察、设计单位违反工程建设强制性标准进行勘察、设计的，责令改正，并处以10万元以上30万元以下的罚款。

有前款行为，造成工程质量事故的，责令停业整顿，降低资质等级；情节严重的，吊销资质证书；造成损失的，依法承担赔偿责任。

施工单位违反工程建设强制性标准的，责令改正，处工程合同价款2%以上4%以下的罚款；造成建设工程质量不符合规定的质量标准的，负责返工、修理，并赔偿因此造成的损失；情节严重的，责令停业整顿，降低资质等级或者吊销资质证书。

工程监理单位违反强制性标准规定，将不合格的建设工程以及建筑材料、建筑构配件和设备按照合格签字的，责令改正，处50万元以上100万元以下的罚款，降低资质等级或者吊销资质证书；有违法所得的，予以没收；造成损失的，承担连带赔偿责任。

第三节　勘察设计注册工程师管理规定

第一章　总　　则

第一条　为了加强对建设工程勘察、设计注册工程师的管理，维护公共利益和建筑市场秩序，提高建设工程勘察、设计质量与水平，依据《中华人民共和国建筑法》、《建设工程勘察设计管理条例》等法律法规，制定本规定。

第二条　中华人民共和国境内建设工程勘察设计注册工程师(以下简称注册工程师)的注册、执业、继续教育和监督管理，适用本规定。

第三条　本规定所称注册工程师，是指经考试取得中华人民共和国注册工程师资格证书(以下简称资格证书)，并按照本规定注册，取得中华人民共和国注册工程师注册执业证书(以下简称注册证书)和执业印章，从事建设工程勘察、设计及有关业务活动的专业技术人员。

未取得注册证书及执业印章的人员，不得以注册工程师的名义从事建设工程勘察、设计及有关业务活动。

第四条　注册工程师按专业类别设置，具体专业划分由国务院建设主管部门和人事主管部门商国务院有关部门制定。

除注册结构工程师分为一级和二级外，其他专业注册工程师不分级别。

第五条　国务院建设主管部门对全国的注册工程师的注册、执业活动实施统一监督管理；国务院铁路、交通、水利等有关部门按照国务院规定的职责分工，负责全国有关专业工程注册工程师执业活动的监督管理。

县级以上地方人民政府建设主管部门对本行政区域内的注册工程师的注册、执业活动实施监督管理；县级以上地方人民政府交通、水利等有关部门在各自的职责范围内，负责本行政区域内有关专业工程注册工程师执业活动的监督管理。

第二章　注　　册

第六条　注册工程师实行注册执业管理制度。取得资格证书的人员，必须经过注册方能以注册工程师的名义执业。

第七条　取得资格证书的人员申请注册，由省、自治区、直辖市人民政府建设主管部门初审，国务院建设主管部门审批；其中涉及有关部门的专业注册工程师的注册，由国务院建设主管部门和有关部门审批。

取得资格证书并受聘于一个建设工程勘察、设计、施工、监理、招标代理、造价咨询等单位的人员，应当通过聘用单位向单位工商注册所在地的省、自治区、直辖市人民政府建设主管部门提出注册申请；省、自治区、直辖市人民政府建设主管部门受理后提出初审意见，并将初审意见和全部申报材料报审批部门审批；符合条件的，由审批部门核发由国务院建设主管部门统一制作、国务院建设主管部门或者国务院建设主管部门和有关部门共同用印的注册证书，并核发执业印章。

第八条　省、自治区、直辖市人民政府建设主管部门在收到申请人的申请材料后，应当即时作出是否受理的决定，并向申请人出具书面凭证；申请材料不齐全或者不符合法定形式的，应当在5日内一次性告知申请人需要补正的全部内容。逾期不告知的，自收到申请材料之日起即为受理。

省、自治区、直辖市人民政府建设主管部门应当自受理申请之日起20日内审查完毕，并将申请材料和初审意见报审批部门。

国务院建设主管部门自收到省、自治区、直辖市人民政府建设主管部门上报材料之日起，应当在20日内审批完毕并作出书面决定，自作出决定之日起10日内，在公众媒体上公告审批结果。其中，由国务院建设主管部门和有关部门共同审批的，审批时间为45日；对不予批准的，应当说明理由，并告知申请人享有依法申请行政复议或者提起行政诉讼的权利。

第九条　二级注册结构工程师的注册受理和审批，由省、自治区、直辖市人民政府建设主管部门负责。

第十条　注册证书和执业印章是注册工程师的执业凭证，由注册工程师本人保管、使用。注册证书和执业印章的有效期为3年。

第十一条　初始注册者，可自资格证书签发之日起3年内提出申请。逾期未申请者，须符合本专业继续教育的要求后方可申请初始注册。

初始注册需要提交下列材料：

（一）申请人的注册申请表；

（二）申请人的资格证书复印件；

（三）申请人与聘用单位签订的聘用劳动合同复印件；

（四）逾期初始注册的，应提供达到继续教育要求的证明材料。

第十二条　注册工程师每一注册期为3年，注册期满需继续执业的，应在注册期满前30日，按照本规定第七条规定的程序申请延续注册。

延续注册需要提交下列材料：

（一）申请人延续注册申请表；

（二）申请人与聘用单位签订的聘用劳动合同复印件；

（三）申请人注册期内达到继续教育要求的证明材料。

第十三条　在注册有效期内，注册工程师变更执业单位，应与原聘用单位解除劳动关系，并按本规定第七条规定的程序办理变更注册手续，变更注册后仍延续原注册有效期。

变更注册需要提交下列材料：

（一）申请人变更注册申请表；

（二）申请人与新聘用单位签订的聘用劳动合同复印件；

（三）申请人的工作调动证明（或者与原聘用单位解除聘用劳动合同的证明文件、退休人员的退休证明）。

第十四条　注册工程师有下列情形之一的，其注册证书和执业印章失效：

（一）聘用单位破产的；

（二）聘用单位被吊销营业执照的；

（三）聘用单位相应资质证书被吊销的；

（四）已与聘用单位解除聘用劳动关系的；

（五）注册有效期满且未延续注册的；

（六）死亡或者丧失行为能力的；

（七）注册失效的其他情形。

第十五条　注册工程师有下列情形之一的，负责审批的部门应当办理注销手续，收回注册证书和执业印章或者公告其注册证书和执业印章作废：

（一）不具有完全民事行为能力的；

（二）申请注销注册的；

（三）有本规定第十四条所列情形发生的；

（四）依法被撤销注册的；

（五）依法被吊销注册证书的；

（六）受到刑事处罚的；

（七）法律、法规规定应当注销注册的其他情形。

注册工程师有前款情形之一的，注册工程师本人和聘用单位应当及时向负责审批的部门提出注销注册的申请；有关单位和个人有权向负责审批的部门举报；建设主管部门和有关部门应当及时向负责审批的部门报告。

第十六条　有下列情形之一的，不予注册：

（一）不具有完全民事行为能力的；

（二）因从事勘察设计或者相关业务受到刑事处罚，自刑事处罚执行完毕之日起至申请注册之日止不满2年的；

（三）法律、法规规定不予注册的其他情形。

第十七条　被注销注册者或者不予注册者，在重新具备初始注册条件，并符合本专业继续教育要求后，可按照本规定第七条规定的程序重新申请注册。

第三章　执　　业

第十八条　取得资格证书的人员，应受聘于一个具有建设工程勘察、设计、施工、监理、招标代理、造价咨询等一项或多项资质的单位，经注册后方可从事相应的执业活动。但从事建设工程勘察、设计执业活动的，应受聘并注册于一个具有建设工程勘察、设计资质的单位。

第十九条　注册工程师的执业范围：

（一）工程勘察或者本专业工程设计；

（二）本专业工程技术咨询；

（三）本专业工程招标、采购咨询；

（四）本专业工程的项目管理；

（五）对工程勘察或者本专业工程设计项目的施工进行指导和监督；

（六）国务院有关部门规定的其他业务。

第二十条　建设工程勘察、设计活动中形成的勘察、设计文件由相应专业注册工程师按照规定签字盖章后方可生效。各专业注册工程师签字盖章的勘察、设计文件种类及办法由国务院建设主管部门会同有关部门规定。

第二十一条　修改经注册工程师签字盖章的勘察、设计文件，应当由该注册工程师进行；因特殊情况，该注册工程师不能进行修改的，应由同专业其他注册工程师修改，并签字、加盖执业印章，对修改部分承担责任。

第二十二条　注册工程师从事执业活动，由所在单位接受委托并统一收费。

第二十三条　因建设工程勘察、设计事故及相关业务造成的经济损失，聘用单位应承担赔偿责任；聘用单位承担赔偿责任后，可依法向负有过错的注册工程师追偿。

第四章　继续教育

第二十四条　注册工程师在每一注册期内应达到国务院建设主管部门规定的本专业继续教育要求。继续教育作为注册工程师逾期初始注册、延续注册和重新申请注册的条件。

第二十五条　继续教育按照注册工程师专业类别设置，分为必修课和选修课，每注册期各为60学时。

第五章　权利和义务

第二十六条　注册工程师享有下列权利：

(一)使用注册工程师称谓；

(二)在规定范围内从事执业活动；

(三)依据本人能力从事相应的执业活动；

(四)保管和使用本人的注册证书和执业印章；

(五)对本人执业活动进行解释和辩护；

(六)接受继续教育；

(七)获得相应的劳动报酬；

(八)对侵犯本人权利的行为进行申诉。

第二十七条　注册工程师应当履行下列义务：

(一)遵守法律、法规和有关管理规定；

(二)执行工程建设标准规范；

(三)保证执业活动成果的质量，并承担相应责任；

(四)接受继续教育，努力提高执业水准；

(五)在本人执业活动所形成的勘察、设计文件上签字、加盖执业印章；

(六)保守在执业中知悉的国家秘密和他人的商业、技术秘密；

(七)不得涂改、出租、出借或者以其他形式非法转让注册证书或者执业印章；

(八)不得同时在两个或两个以上单位受聘或者执业；

(九)在本专业规定的执业范围和聘用单位业务范围内从事执业活动；

(十)协助注册管理机构完成相关工作。

第六章　法律责任

第二十八条　隐瞒有关情况或者提供虚假材料申请注册的，审批部门不予受理，并给予警告，一年之内不得再次申请注册。

第二十九条　以欺骗、贿赂等不正当手段取得注册证书的，由负责审批的部门撤销其注册，3年内不得再次申请注册；并由县级以上人民政府建设主管部门或者有关部门处以罚款，其中没有违法所得的，处以1万元以下的罚款；有违法所得的，处以违法所得3倍以上但不超过3万元的罚款；构成犯罪的，依法追究刑事责任。

第三十条　注册工程师在执业活动中有下列行为之一的，由县级以上人民政府建设主管部门或者有关部门予以警告，责令其改正，没有违法所得的，处以1万元以下的罚款；有违法所得的，处以违法所得3倍以上但不超过3万元的罚款；造成损失的，应当承担赔偿责任；构成犯罪的，依法追究刑事责任：

(一)以个人名义承接业务的；

(二)涂改、出租、出借或者以形式非法转让注册证书或者执业印章的；

(三)泄露执业中应当保守的秘密并造成严重后果的；

(四)超出本专业规定范围或者聘用单位业务范围从事执业活动的；

(五)弄虚作假提供执业活动成果的；

(六)其它违反法律、法规、规章的行为。

第三十一条　有下列情形之一的，负责审批的部门或者其上级主管部门，可以撤销其注册：

(一)建设主管部门或者有关部门的工作人员滥用职权、玩忽职守颁发注册证书和执业印章的；

(二)超越法定职权颁发注册证书和执业印章的；

(三)违反法定程序颁发注册证书和执业印章的；

(四)对不符合法定条件的申请人颁发注册证书和执业印章的；

(五)依法可以撤销注册的其他情形。

第三十二条　县级以上人民政府建设主管部门及有关部门的工作人员，在注册工程师管理工作中，有下列情形之一的，依法给予行政处分；构成犯罪的，依法追究刑事责任：

(一)对不符合法定条件的申请人颁发注册证书和执业印章的；

(二)对符合法定条件的申请人不予颁发注册证书和执业印章的；

(三)对符合法定条件的申请人未在法定期限内颁发注册证书和执业印章的；

(四)利用职务上的便利，收受他人财物或者其他好处的；

(五)不依法履行监督管理职责，或者发现违法行为不予查处的。

第七章　附　　则

第三十三条　注册工程师资格考试工作按照国务院建设主管部门、国务院人事主管部门的有关规定执行。

第三十四条　香港特别行政区、澳门特别行政区、台湾地区及外籍专业技术人员，注册工程师注册和执业的管理办法另行制定。

第三十五条　本规定自2005年4月1日起施行。

第四节　房地产开发程序

房地产是房产和地产的总称。在物质形态上房产和地产总是联结为一体的。由于房地产位置的不可移动性故又称“不动产”。近年所称的“物业”，实际上就是我们所说的房地产。

房地产业包括：土地的开发、房屋的建设、管理、维修，土地使用权的划拨、转让，房屋所有权的买卖、租赁，房地产的抵押。其核心内容就是土地和建筑物。

房地产业与建筑业互相依存互相联系，但又是性质完全不同的两种行业。建筑业是建筑产品的生产部门，属第二产业。房地产业不仅是土地和房屋的经营部门，而且还从事部分土地的开发和房屋的建设活动，具有生产、经营、服务三重性质，是以第三产业为主的产业部门。

房地产开发程序：

一、项目建议书。

房地产综合开发项目建议书的编制应由城市综合开发主管部门根据城市分区规划或控制性详细规划组织编制。

项目建议书应阐明项目的性质、规模、环境、资金来源、期限、进度、指标、拆迁、经营方式、经济效益等。属于直辖市或计划单列市的城市报市计委批准，大型项目还要报建设部初审后再报国家计委批准。非直辖市或非计划单列市的大型项目由城市综合开发主管部门批准后，报建设部初审，再报国家计委批准。

二、可行性研究。

可行性研究应包括：项目背景及概况、建设条件、进度、投资估算、财务效益分析等内容。

三、建设用地规划许可证。

在城市规划区内建设需要申请用地的必须持国家批准建设项目的有关文件，向城市规划行政主管部门申请定点，由城市规划行政主管部门核定其用地位置和界限，提供规划设计条件，核发建设用地规划许可证。

四、土地使用权证书。

土地所有权。《中华人民共和国土地管理法》第二条规定：中华人民共和国实行土地的社会主义公有制，即全民所有制和劳动群众集体所有制。

土地使用权出让，是指国家将国有土地使用权在一定年限内出让给土地使用权者，由土地使用者向国家支付土地使用权出让金的行为。

土地使用权出让是一种国家垄断行为。因为国家是国有土地的所有者，只有国家才能以土地所有者的身份出让土地。城市规划区集体所有的土地，必须依法征用转为国有土地后，方可出让土地使用权。

土地使用权出让可以采取拍卖、招标或协议的方式。

拍卖，是指土地所有者的代表在指定的时间、地点组织符合条件的受让人到场，就所出让使用权的土地公开叫价竞投，按照“价高者得”的原则确定土地使用权受让人的一种出让方式。

招标，是指在指定的期限内，由符合条件的单位或个人，用书面投标的形式竞投土地使用出让权，由招标人择优确定土地使用者的方式。

招标方式的中标者不一定是标价中的最高者。因为在评标时，不仅要考虑到投标价，而且要对投标规划方案和投标者的资信情况进行综合评价。

土地使用权期限，一般根据土地的使用性质来确定，不同用途的土地使用权出让的最高年限为：

居住用地70年；

工业用地50年；

教育、科技、文化、体育用地50年；

商业、旅游、娱乐用地40年；

综合或其他用地50年；

以出让方式取得土地使用权的土地，超出合同约定的动工开发日期，而未动工开发的可以征收相当土地使用出让金20%以下的土地闲置费。满两年未动工的，可以无偿收回土地使用出让权。

五、拆迁安置。

六、组织实施勘察、设计工作，办理建设工程规划许可证。在取得建设工程规划许可证之后方可办理开工证的手续。

七、土地开发。土地开发的主要内容是指房屋建设的前期准备，平整场地、实现水通、电通、路通的“三通一平”。把自然状态的土地变成可供建设房屋和各类设施的建筑用地。

八、施工招标、投标。

九、申领开工证，进入施工安装阶段。

《中华人民共和国建筑法》第7条规定申领开工证应由业主向县以上政府部门办理。

第八条 申领开工许可证的条件：

1. 已经办理建筑工程用地批准手续。

2. 依法应当办理建设工程规划许可证的已经取得规划许可证。

3. 需要拆迁的拆迁进度符合施工要求。

4. 已定好施工企业。

5. 有满足施工需要的资金安排、施工图纸及技术资料。

6. 有保证工程质量和安全的措施。

建筑法规定：施工许可证的有效期是3个月，过期作废，可以延期两次，每次3个月。

十、办理商品房预售许可证。

1994年11月15日建设部发布了第40号令《城市商品房预售管理办法》。该办法规定：“商品房预售应当符合下列条件：已交足土地使用出让金，取得土地使用证书。持有建设工程规划许可证，投入的资金达工程总投资的25%以上，并已经确定施工进度交付日期。”

一个正规的房地产开发商应当向顾客公开出示下列证件：

1. 建设用地规划许可证；

2. 国有土地使用证；

3. 建设工程规划许可证；

4. 建设工程开工证；

5. 商品房销售(或外销)许可证。

十一、竣工验收。

竣工验收是全面考核开发成果、检验设计和工程质量的重要环节，是开发成果转入流通和实用阶段的标志。《城市房地产管理法》第二十六条规定：房地产开发项目竣工，经验收合格后，方可使用。1993年11月12日建设部建法字814号文《城市住宅小区竣工综合验收管理办法》规定：除单体验收外还要进行小区综合验收，即验收规划是否落实、配套设施是否建完、拆迁是否落实、物业管理是否落实等项内容。

十二、物业管理。

国务院2007年8月26日发布《关于修改〈物业管理条例〉的决定》，对原来2003年发布并执行的《物业管理条例》作出了新的修改。

该条例所称物业管理，是指业主通过选聘物业服务企业，由业主和物业服务企业按照物业服务合同约定，对房屋及配套的设施设备和相关场地进行维修、养护、管理，维护物业管理区域内的环境卫生和相关秩序的活动。

国家提倡业主通过公开、公平、公正的市场竞争机制选择物业服务企业。一个物业管理区域成立一个业主大会。

同一个物业管理区域内的业主，应当在物业所在地的区、县人民政府房地产行政主管部门或者街道办事处、乡镇人民政府的指导下成立业主大会，并选举产生业主委员会。业主委员会执行业主大会的决定事项，履行下列职责：

（一）召集业主大会会议，报告物业管理的实施情况。

（二）代表业主与业主大会选聘的物业服务企业签订物业服务合同。

在业主、业主大会选聘物业服务企业之前，建设单位选聘物业服务企业的，应当签订书面的前期物业服务合同。

国家提倡建设单位按照房地产开发与物业管理相分离的原则，通过招投标的方式选聘具有相应资质的物业服务企业。

从事物业管理活动的企业应当具有独立的法人资格。

国家对从事物业管理活动的企业实行资质管理制度。

【例 14-4-1】 下列关于项目选址意见书的叙述，正确的是：

A. 内容包含建设项目基本情况、规划选址的主要依据、选址用地范围与具体规划要求

B. 以划拨方式提供国有土地使用权的建设项目，建设单位应向人民政府行政主管部门申请核发选址意见书

C. 由城市规划行政主管部门审批项目选址意见书

D. 大、中型限额以上的项目由项目所在地县市人民政府核发选址意见书

解 《中华人民共和国城乡规划法》第三十六条规定，按照国家规定需要有关部门批准或者核准的建设项目，以划拨方式提供国有土地使用权的，建设单位在报送有关部门批准或者核准前，应当向城乡规划主管部门申请核发选址意见书。

选项 A 的内容不全，选项 B 的表述与第三十六条不符，选项 D 大中型项目不能由所在地县市人民政府核发选址意见书，故均错误。

答案：C

习　题

14-4-1 建设单位应在竣工验收合格后（　　）内，向工程所在地的县级以上地方人民政府建设行政主管部门备案，报送有关竣工资料。

A. 1 个月　　B. 3 个月　　C. 15 天　　D. 1 年

14-4-2 商品房在预售前应具备下列哪些条件？（　　）

①已交付全部土地使用权出让金，取得土地使用权证书；②持有建设工程规划许可证；③按提供预售的商品房计算，投入开发建设的资金达到工程建设总投资的百分之十五以上，并已确定施工进度和竣工交付日期；④向县级以上人民政府房地产管理部门办理预售登记，取得商品房预售许可证明

A. ①②③　　B. ②③④　　C. ①②④　　D. ③④

14-4-3 工程完工后必须履行下面（　　）手续才能使用。

A. 由建设单位组织设计、施工、监理四方联合竣工验收

B. 由质量监督站开具使用通知单

C. 由备案机关认可后下达使用通知书

D. 由建设单位上级机关批准认可后即可

14-4-4　房地产开发企业应向工商行政部门申请登记，并获得(　　)才允许经营。

A. 营业执照　　　　B. 土地使用权证

C. 商品房预售许可证　　　　D. 建设规划许可证

第五节　工程监理的有关规定

一、监理的由来与发展

1988 年 7 月原建设部颁发了《关于开展监理工作的通知》，对建设监理的范围、对象、监理的内容、开展监理的步骤等作出明确规定，并选择了八个城市和部委开始了监理试点。

1993 年起用三年时间完成稳步发展。

1996 年监理进入全面推行阶段。

监理应当依据建设法律、行政法规和技术标准、设计文件和建筑工程承包合同，对承包单位在施工质量、建设工期和建设资金使用等方面，代表业主实施监督。工程监理人员认为工程施工不符合工程设计要求、施工技术标准及合同约定的，有权要求施工单位改正。

《中华人民共和国建筑法》第三十条明确规定：国家推行建筑工程监理制度，国务院可以规定实行强制监理的建筑工程范围(如国家重点工程、大中型公益事业工程、住宅小区、三资工程等)。

建设监理是我国建设领域里的又一项重大改革。

二、监理的任务及工作内容

三控两管一协调，即：投资控制、质量控制、进度控制、合同管理、信息管理、协调各方关系。

施工监理的范围：依据建设单位与监理单位签订的建设监理合同文本中所涉及的范围。施工阶段是从施工前准备、开工审批手续、分包审查、材料设备厂家选定、施工进度、施工质量及工程造价控制到竣工结算、缺损责任认定和工程保修的全过程。

三、监理单位的资质与管理

2015 年 5 月 4 日原建设部对原工程监理企业资质进行了修订。从注册资本、专业技术人员数量、监理业绩等方面分为综合资质、专业资质、事务所资质等三类。

四、建设监理的原则

公平、独立、诚信、科学。

五、监理工程师注册制度

资格考试：每年考一次，报名条件：高工或有三年经验的工程师。

参加监理工程师资格考试者，由所在单位向本地区监理工程师资格委员会提出书面申请，经审查批准后，方可参加考试。考试合格者，由监理工程师注册机关核发“监理工程师资格证书”。取得“监理工程师资格证书”后，可到当地注册机关注册取得“监理工程师岗位证书”。

国家行政机关的现职人员不得申请注册监理工程师。

习　题

14-5-1　从事工程建设监理活动的原则是(　　)。

A. 为业主负责　　　　B. 为承包商负责

C. 全面贯彻设计意图原则　　　　D. 守法、诚信、公正、科学

14-5-2　监理单位与项目业主的关系是(　　)。

A. 雇佣与被雇佣关系　　　　B. 平等主体间的委托与被委托关系

C. 监理单位是项目业主的代理人　　　　D. 监理单位是业主的代表

14-5-3　监理工程师不得在以下哪些单位兼职？（　　）

①工程设计；②工程施工；③材料供应；④政府机构；⑤科学研究；⑥设备厂家。

A. ①②③④　　B. ②③④⑤　　C. ②③④⑥　　D. ①②③④⑥

14-5-4　下列表述中哪一项不合适？（　　）

A. 工程施工不符合设计要求的，监理人员有权要求施工企业改正

B. 工程施工不符技术标准要求的，监理人员有权要求施工企业改正

C. 工程施工不符合合同约定要求的，监理人员有权要求施工企业改正

D. 监理人员认为设计不符合质量标准的，有权要求设计人员改正

14-5-5　监理的依据是以下哪几项？（　　）

①法规；②技术标准；③设计文件；④工程承包合同。

A. ①②③④　　B. ①　　C. ①②③　　D. ④

14-5-6　工程监理人员发现工程设计不符合建筑工程质量标准或者合同约定的质量要求的应当（　　）。

A. 报告建设单位要求设计单位改正　　B. 书面要求设计单位改正

C. 报告上级主管部门　　D. 要求施工单位改正

第六节　勘察设计行业职业道德准则

原建设部在1994年颁发了《勘察设计职工职业道德准则》，其内容为：

（一）发扬爱国、爱岗、敬业精神，既对国家负责同时又为企业服好务，珍惜国家资金、土地、能源、材料设备，力求取得更大的经济、社会和环境效益。

（二）坚持质量第一，遵守各项勘察设计标准、规范、规程，防止重产值、轻质量的倾向，确保公众人身及财产安全，对工程质量负责到底。

（三）钻研科学技术，不断采用新技术、新工艺，推动行业技术进步；树立正派学风，不搞技术封锁，不剽窃他人成果，采用他人成果要表明出处，尊重他人的正当技术、经济权利。

（四）认真贯彻勘察设计的各项方针政策，合法经营，不搞无证勘察设计，不搞越级勘察，不搞私人勘察设计，不出卖图签图章。

（五）遵守市场管理，平等竞争，严格按规定收费，不超收、不压价，勇于抵制行业不正之风，不因收取“回扣”、“介绍费”等而选用价高质次的材料设备，不贬低别人，抬高自己。

（六）信守勘察设计合同，以高速、优质的服务，为行业赢得信誉。

（七）搞好团结协作，树立集体观念，甘当配角，艰苦奋斗，无私奉献。

（八）服从单位法人管理，有令则行，有禁必止。

习题题解及参考答案

第一节

14-1-1　**解：**见《建设工程设计文件编制深度规定》（2016年版）第1.0.5条。

1.0.5　各阶段设计文件编制深度应按以下原则进行(具体应执行第2、3、4章条款)：

1　方案设计文件,应满足编制初步设计文件的需要,应满足方案审批或报批的需要。

注:本规定仅适用于报批方案设计文件编制深度。对于投标方案设计文件的编制深度,应执行住房和城乡建设部颁发的相关规定。

2　初步设计文件,应满足编制施工图设计文件的需要,应满足初步设计审批的需要。

3　施工图设计文件,应满足设备材料采购、非标准设备制作和施工的需要。

注:对于将项目分别发包给几个设计单位或实施设计分包的情况,设计文件相互关联处的深度应满足各承包或分包单位设计的需要。

答案:A

14-1-2　**解:**见《建筑工程设计文件编制深度规定》(2016年版)第3.2.3条总指标：

1　总用地面积、总建筑面积和反映建筑功能规模的技术指标；

2　其他有关的技术经济指标。

题目中⑤是总面积和总投资问题,不是指标,所以有⑤的选项都不对,其他几项都是技术经济指标。

答案:D

14-1-3　**解:**见《建设工程设计文件编制深度规定》(2016年版)第3.5.2条。

答案:A

14-1-4　**解:**见《建筑工程设计文件编制深度规定》(2016年版)第1.0.3条。

答案:B

第四节

14-4-1　**解:**《建设工程质量管理条例》第四十九条规定,建设单位应当自建设工程竣工验收合格之日起15日内,将建设工程竣工验收报告和规划、公安消防、环保等部门出具的认可文件或者准许使用文件报建设行政主管部门或者其他有关部门备案。

答案:C

14-4-2　**解:**选项C是错误的,投入开发建设的资金应达到工程建设总投资的25%以上。

答案:C

14-4-3　**解:**《建设工程质量管理条例》第十六条规定,建设单位收到建设工程竣工报告后,应当组织设计、施工、工程监理等有关单位进行竣工验收。建设工程竣工验收应当具备下列条件：

(一)完成建设工程设计和合同约定的各项内容；

(二)有完整的技术档案和施工管理资料；

(三)有工程使用的主要建筑材料、建筑构配件和设备的进场试验报告；

(四)有勘察、设计、施工、工程监理等单位分别签署的质量合格文件；

(五)有施工单位签署的工程保修书，建设工程经验收合格的,方可交付使用。

答案:A

14-4-4 **解:**《中华人民共和国城市房地产管理法》第三十条,房地产开发企业是以营利为目的,从事房地产开发和经营的企业。设立房地产开发企业,应当具备下列条件:

(一)有自己的名称和组织机构;

(二)有固定的经营场所;

(三)有符合国务院规定的注册资本;

(四)有足够的专业技术人员;

(五)法律、行政法规规定的其他条件。

设立房地产开发企业,应当向工商行政管理部门申请设立登记。工商行政管理部门对符合本法规定条件的,应当予以登记,发给营业执照;对不符合本法规定条件的,不予登记。设立有限责任公司、股份有限公司,从事房地产开发经营的,还应当执行公司法的有关规定。

房地产开发企业在领取营业执照后的一个月内,应当到登记机关所在地的县级以上地方人民政府规定的部门备案。

答案:A

第五节

14-5-1 **解:**《工程建设监理规定》第四条规定,从事工程建设监理活动,应当遵循守法、诚信、公正、科学的准则。

答案:D

14-5-2 **解:**《中华人民共和国建筑法》第三十四条规定,工程监理单位应当根据建设单位的委托,客观、公正地执行监理任务。

《工程建设监理规定》第十八条规定,监理单位与项目法人之间是委托与被委托的合同关系,与被监理单位是监理与被监理的关系。

答案:B

14-5-3 **解:**《工程建设监理规定》第三十四条规定,工程监理单位应当在其资质等级许可的监理范围内,承担工程监理业务。工程监理单位应当根据建设单位的委托,客观、公正地执行监理任务。工程监理单位与被监理工程的承包单位以及建筑材料、建筑构配件和设备供应单位不得有隶属关系或者其他利害关系。

答案:C

14-5-4 **解:**监理人员认为设计不符合质量标准的应通过业主请设计单位改正。

答案:D

14-5-5 **解:**《中华人民共和国建筑法》第三十二条规定,建筑工程监理应当依照法律、行政法规及有关的技术标准、设计文件和建筑工程承包合同,对承包单位在施工质量、建设工期和建设资金使用等方面,代表建设单位实施监督。

答案:A

14-5-6 **解:**《中华人民共和国建筑法》第三十二条规定,工程监理人员发现工程设计不符合建筑工程质量标准或者合同约定的质量要求的,应当报告建设单位,要求设计单位改正。

答案:A

第十五章　土木工程施工与管理

复 习 指 导

一、考试大纲

13.1　土石方工程　桩基础工程

土方工程的准备与辅助工作　机械化施工　爆破工程　预制桩、灌注桩施工　地基加固处理技术

13.2　钢筋混凝土工程与预应力混凝土工程

钢筋工程　模板工程　混凝土工程　钢筋混凝土预制构件制作　混凝土冬、雨季施工　预应力混凝土施工

13.3　结构吊装工程与砌体工程

起重安装机械与液压提升工艺　单层与多层房屋结构吊装　砌体工程与砌块墙的施工

13.4　施工组织设计

施工组织设计分类　施工方案　进度计划　平面图　措施

13.5　流水施工原理

节奏专业流水　非节奏专业流水　一般的搭接施工

13.6　网络计划技术

双代号网络图　单代号网络图　网络计划优化

13.7　施工管理

现场施工管理的内容及组织形式　进度、技术、全面质量管理　竣工验收

二、复习重点与难点

(一)土方与桩基工程

土的工程分类、可松性、渗透性,基坑开挖土壁支撑(不支撑的条件和支撑的主要方法),控制地下水位的方法,土方机械的种类和应用范围。预制桩与灌注桩的分类和施工方法,填土压实方法、要求与影响因素,流沙产生的原因和主要防治方法。

(二)钢筋混凝土与预应力混凝土

钢筋的进场检查。钢筋的焊接方法,钢筋的机械连接方法,搭接焊缝长度的规定,钢筋接头位置和绑扎搭接长度的规定。模板类型及应用(滑升模板的组成,爬模、大模板的应用),梁模板起拱的要求,模板拆除对混凝土强度的要求。混凝土搅拌机的分类和应用条件;混凝土制备强度的确定和混凝土运输的基本要求;泵送混凝土的概念及其对石子粒径的要求;混凝土捣固的主要方法,内部振动器插入深度及间距;施工缝概念及其应留设的位置;大体积混凝土浇筑方案,防止产生裂缝的措施;混凝土自然养护的最短时间;混凝土试件强度确定的方法;混凝

土冬季施工的原理与要求；混凝土受冻临界强度的概念。预应力混凝土的概念；先张法和后张法的概念及施工工艺；超张拉的概念和目的；后张法孔道预留的方法；孔道灌浆的要求。

（三）结构吊装工程和砌体工程

起重机的种类及应用范围，起重机主要技术参数（Q、R、H）及相互关系；单层厂房柱子吊装工艺（柱子的绑扎、起吊方法），屋架的吊装方法；结构吊装起重机的选择；柱子与屋架平面的布置方法；分件吊装法与综合吊装法的区分。

砌筑砂浆石灰熟化时间的要求，砌筑砂浆饱满程度的要求，砌筑砂浆拌制后使用时间的要求，砖与砌块强度的划分及表示方法，砌筑灰缝的要求，砌筑墙体留槎的要求与规定，墙体砌筑的方法，内构造柱的留设方法及配筋，砌块的种类和砌筑方法。

（四）工程施工组织设计

施工组织设计的分类及应用条件，施工组织设计的内容及相互间的关系，施工方案的内容，进度计划的编制步骤与表达方法，评价工程进度计划的指标，施工平面图的设计及应优先考虑的内容，单位工程施工组织设计的核心内容与主要内容的编制顺序。

（五）流水施工

流水施工的概念，流水施工参数（流水节拍、流水步距、流水段数、施工过程数和间歇、搭接时间等）的概念及其对工程工期的影响。节奏专业流水、非节奏专业流水和一般搭接流水施工的概念、方法，不同流水施工工期的计算。

（六）网络计划技术

网络计划技术的概念，单代号及双代号网络图的概念和表达方式，网络图的三要素，双代号网络图的绘制规则，双代号网络计划的时间参数计算、工期的计算，时标网络计划的表达方式。

（七）施工管理

施工管理的内容（施工准备、项目管理、施工调度、竣工验收、保修），施工管理的形式（部门控制式、工程队式、矩阵式），全面质量管理概念，全面质量管理者的构成、PDCA 的含义，技术管理的主要任务、环节与制度，竣工验收的依据、条件和组织（主持者和参与者）。

三、复习方法与解题分析

（一）复习方法

土木工程施工与管理的内容可分为三大部分，即施工技术、施工组织和施工管理。在复习时，应针对三部分内容的特点和要求进行。

1. 施工技术部分

主要学习各分部分项工程的施工方法（包括施工工艺、施工的基本要求等），不同施工方法的适用范围，以及主要施工机械设备的类型和特点。

此部分题型以记忆类为多，但不宜死记硬背，应通过运用本专业的基础理论和专业知识加深对施工技术问题的理解和掌握。

2. 施工组织部分

重点学习施工组织设计的概念、分类和应用范围。流水施工、网络计划技术的基本概念和计算方法。该部分题型包括记忆类、基本概念类和计算类。

3. 施工管理部分

主要针对大纲中的内容，掌握一些基本概念。

（二）解题分析

(1)记忆类题型：属于技术规范性的题目，主要是背过记住；属于施工工艺性的题目，通过熟悉工艺特点，并加以理解，使记忆更牢靠。

【例 15-0-1】 当施工场地地面标高与柱顶设计标高相同时，对于桩数为 4 根以上有承台桩基中的桩，其打桩施工的桩位允许偏差为：

A. 100mm　B. 1/2 桩径或边长　C. 150mm　D. 1/3 桩径或边长

解　依据《建筑地基基础工程施工质量验收标准》(GB 50202—2018)第 5.1.2 条表 5.1.2 对承台桩的规定，桩数大于或等于 4 根桩基中的预制桩，其桩位允许偏差为 1/2 桩径(边长)＋0.01H。其中，H 为桩基施工面至设计标桩顶的距离；当施工场地地面标高与柱顶设计标高相同时，$H=0$。

答案：B

注：此类题属于技术规范性题目，应熟悉规范，主要以记忆为主。

【例 15-0-2】 当基坑降水深度超过 8m 时，比较经济的降水方法是：

A. 轻型井点　B. 喷射井点

C. 管井井点　D. 明沟排水法

解　明沟排水法、一级轻型井点适宜降水深度 6m，再深需要二级轻型井点，不经济。管井井点设备费用大。喷射井点设备轻型，而且降水深度可达 8～20m。

答案：B

注：该题属于施工工艺性的题目，不同降水设备性能不一样，应用条件和范围也不一样，理解后，就不难记忆。

(2)基本概念类题型：只有基本概念清楚，答题思路才清晰。

【例 15-0-3】 流水施工中，流水节拍是指：

A. 一个施工过程在各个施工段上的总持续时间

B. 一个施工过程在一个施工段上的持续工作时间

C. 两个相邻施工过程先后进入流水施工段的时间间隔

D. 流水施工的工期

解 流水节拍的含义是指一个施工过程在一个施工段上的工作持续时间。

答案：B

【例 15-0-4】 全面质量管理要求下列哪些人员参加质量管理：

A. 所有部门负责人　B. 生产部门的全体人员

C. 相关部门的全体人员　D. 企业所有部门和全体人员

解　全面质量管理的一个基本观点是“全员管理”。上自经理，下至每一个员工，做到人人关心企业，人人管理企业。

答案：D

注：例 15-0-3、例 15-0-4 两题题解中，什么是流水步距？什么叫流水节拍？什么是全面质量管理？只要基本概念清楚，问题就会迎刃而解。

(3)计算类题型：此类题除熟悉计算程序外，还要概念清楚，才能计算无误。

【例 15-0-5】 某工程按表要求组织流水施工，相应流水步距 $K_{A\text{-}B}$ 及 $K_{B\text{-}C}$ 应为：

A. 2 天，2 天　B. 2 天，3 天　C. 3 天，3 天　D. 5 天，2 天

解　该工程组织为非节奏流水施工，相应流水步距 $B_{A\text{-}B}$ 及 $B_{B\text{-}C}$ 应按“节拍累加数列错位相减取大差”的方法计算。累加数列

A　2，5，7，10

－B　　2，3，5，6

2　3　4　5　－6

B　2，3，5，6

－C　　2，5，7，8

2　1　0　－1　－8

例 15-0-5 表

施工过程＼施工段	一	二	三	四
A	2	3	2	3
B	2	1	2	1
C	2	3	2	1

取大值后

$$K_{A\text{-}B}=5 \qquad K_{B\text{-}C}=2$$

答案：D

注：解此题的关键，一是要清楚非节奏流水施工的概念；二是熟悉“节拍累加数列错位相减取大差”计算流水步距的程序。

【例 15-0-6】 某工程双代号网络图如图所示，工作 1-3 的自由时差为：

A. 1 天　　B. 2 天　　C. 3 天　　D. 4 天

解　经计算工作 1-3 的紧后工作 3-4 的最早开始时间是 7 天，工作 1-3 的最早完成时间为 5 天。工作 1-3 的自由时差＝紧后工作的最早开始时间－本工作的最早完成时间＝7－5＝2 天。

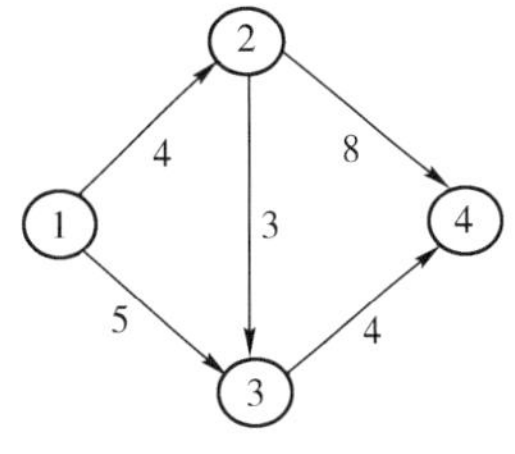

例 15-0-6 图

答案：B

注：此题数字计算很简单，关键是明白“自由时差”的含义，以及“自由时差＝紧后工作的最早开始时间－本工作的最早完成时间”的计算规则。概念清楚，计算结果才会正确。

第一节　土石方工程与桩基础工程

建筑工程施工中的土方工程常见的有场地平整、开挖基坑和沟槽、人防工程及地下建筑物的土方开挖、路基填筑及基坑回填等。

土方工程施工中主要有土壤的开挖、运输、填筑、平整等。土方工程施工，要求标高、断面准确，土体有足够的强度和稳定性，土方量少，工期短，费用省。因此，在施工前，先要进行调查研究，了解土壤的种类和工程性质、土方工程的施工工期、质量要求和施工条件，以及施工区的地形、地质、水文气象等资料，以此作为合理拟定施工方案，计算土方工程量，计算土壁边坡和支撑，进行施工排水或降水的设计，选择土方机械和运输工具并计算其需要量，以及选择施工方法和组织施工的依据。此外，还应完成场地清理、地面水的排除和测量放线等工作。施工中，应及时做好施工排水、打设土壁临时支撑，严防流沙及塌方等意外事故的发生。

土方工程的特点是面广量大、劳动繁重、施工条件复杂。为了减轻繁重体力劳动、提高劳动生产率、加快工程进度、降低工程成本，组织施工时应尽可能采用新技术和机械化施工。准确计算土方量，是合理选择施工方案和组织施工的前提；尽可能减少土方量，是降低工程成本的有效措施。

一、土的工程分类与性质

（一）土的分类与现场鉴别方法

在土方工程施工中，根据土的开挖难易程度，将土分为松软土、普通土、坚土、砂砾坚土、软石、次坚石、坚石、特坚石等八类。前四类为一般土，后四类为岩石。正确区分和鉴别土的种类，有助于合理选择施工方法。土的工程分类与现场鉴别方法见表15-1-1。

土的工程分类与现场鉴别方法　　表15-1-1

土的分类	土的名称	土的可松性系数		现场鉴别方法
		K_s	K_s'	
一类土（松软土）	砂、亚砂土、冲击砂土层、种植土、泥炭（淤泥）	1.08～1.17	1.01～1.03	能用锹、锄头挖掘
二类土（普通土）	亚黏土、潮湿的黄土、夹有碎（卵）石的砂、种植土、填筑土及亚砂土	1.14～1.28	1.02～1.05	用锹、锄头挖掘，少许用镐翻松
三类土（坚土）	软及中等密实土、重亚黏土、粗砾石、干黄土及含碎（卵）石的黄土、亚黏土、压实的填土	1.24～1.30	1.04～1.07	主要用镐，少许用锹、锄头挖掘，部分用撬棍
四类土（砂砾坚土）	重黏土及含碎（卵）石的黏土、粗卵石、密实的黄土、天然级配砂石、软泥灰岩及蛋白石	1.26～1.32	1.06～1.09	整个用镐、撬棍，然后用锹挖掘，部分用楔子及大锤
五类土（软石）	硬石灰及黏土、中等密实的页岩、泥灰岩、白垩土、胶结不紧的砾岩、软的石灰岩	1.30～1.45	1.10～1.20	用镐或撬棍、大锤挖掘，部分使用爆破方法
六类土（次坚石）	泥岩、砂岩、砾岩、坚实的页岩、凝灰岩、密实的石灰岩、风化花岗岩、片麻岩	1.30～1.45	1.10～1.20	用爆破方法开挖，部分用风镐
七类土（坚石）	大理岩、辉绿岩、玢岩、粗（中）粒花岗岩，坚实的白云岩、砂岩、砾岩、片麻岩、石灰岩、有风化痕迹的安山岩、玄武岩	1.30～1.45	1.10～1.20	用爆破方法开挖
八类土（特坚石）	安山岩、玄武岩、花岗片麻岩，坚实的细粒花岗岩、闪长岩、石英岩、辉长岩、辉绿岩、玢岩、角闪岩	1.45～1.50	1.20～1.30	用爆破方法开挖

注：土的种类不同，其开挖难易程度也不同，类别越高，开挖难度越大，工程费用越高，松散后的体积越大。

（二）土的基本工程性质

1. 土的密度

土在天然状态下单位体积的质量叫土的密度。不同的土，密度不同。密度越大，土的强度越高。土的密度由下式计算

$$\rho = \frac{m}{V} \tag{15-1-1}$$

式中：ρ——土的密度；

m——土的总质量；

V——土的体积。

2. 土的含水率

土的含水率即土中水与固体颗粒间的质量比，以百分数表示。

$$w = \frac{m_w}{m_s} \times 100\% \tag{15-1-2}$$

式中：w——土的含水率；

m_w——土中水的质量；

m_s——土颗粒的质量。

土的含水率对挖土的难易程度、施工时边坡的稳定性、回填土的夯实质量均有影响。在一定含水率条件下，用夯实机具可使回填土达到最大的密实度，此含水率被称为“最佳含水率”。

3. 土的可松性

土的可松性是指自然状态下的土，经开挖以后，其体积因松散而增加；以后虽经回填压实，仍不能恢复到原来的体积。土的可松性程度用最初可松性系数和最后可松性系数表示。

(1)最初可松性系数 K_s：开挖后松散状态土体积 V_2 与自然状态土体积 V_1 的比值。即

$$K_s - \frac{V_2}{V_1} \tag{15-1-3}$$

(2)最后可松性系数 K_s'：开挖后的土，经回填压实后的体积 V_3 与自然状态土体积 V_1 的比值。即

$$K_s' = \frac{V_3}{V_1} \tag{15-1-4}$$

土的可松性对土方的平衡调配、基坑开挖留弃土方量、运输工具数量计算等，均有直接影响。土的最初可松性系数 K_s 是计算车辆装运土方体积及选择挖土机械的主要参数；土的最后可松性系数 K_s'是计算填方所需挖土工程量的主要参数。可松性系数的大小与土的类别和土质有关。

【例 15-1-1】 某工程开挖 5 000m^3 的基坑，地下室占去体积 3 500m^3。请问基坑回填夯实后，弃松土多少立方米？已知 K_s=1.20，K_s'=1.05。

解 基坑开挖出的松土体积 5 000m^3×K_s=5 000m^3×1.20=6 000m^3

基坑回填夯实所需松土体积 (5 000m^3−3 500m^3)/1.05×1.20=1 714m^3

基坑回填后应弃松土体积 6 000m^3−1 714m^3=4 286m^3

4. 土的渗透性

土的渗透性是指土体中水可以渗流的性能。土体孔隙中的自由水在重力作用下会发生流动，当基坑(槽)开挖至地下水位以下，地下水会不断流入基坑(槽)。地下水在土中渗流流动中受到土颗粒的阻力，其大小与土的渗透性及地下水渗流的路程长短有关。法国学者达西根据如图 15-1-1 所示的砂土渗透试验，发现水在土中的渗流速度(v)与水力坡度(I)成正比。即

$$v = k \cdot I \tag{15-1-5}$$

水力坡度 I 是图 15-1-1 中 A、B 两点的水位差 h 与渗流路程 L 之比，即 $I=h/L$。显然，渗流速度 v 与 h 成正比，与渗流的路程长度 L 成反比。比例系数 k 称为土的渗透系数(m/d)。可以理解为，土的渗透系数是当水力坡度为 1 时，水在土中的渗透速度。不同的土，渗透系数

不一样。这与土的颗粒级配、密实程度等有关。渗透系数值,一般由试验确定,表 15-1-2 的数值可供参考。

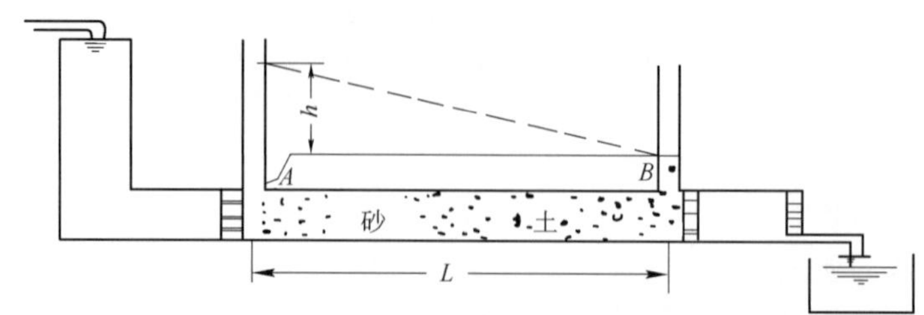

图 15-1-1 砂土渗透试验

土的渗透系数参考表

表 15-1-2

土 的 名 称	渗透系数 k(m/d)	土 的 名 称	渗透系数 k(m/d)
黏土	<0.005	中砂	5.0～20.00
亚黏土	0.005～0.10	均质中砂	35～50
轻亚黏土	0.10～0.50	粗砂	20～50
黄土	0.25～0.50	圆砾石	50～100
粉砂	0.50～1.00	卵石	100～500
细砂	1.00～5.00		

土的渗透系数是选择各种人工降低地下水位和排水方法的依据,也是分层填土时,确定相邻两层结合面形式的依据。

二、土方工程的准备与辅助工作

(一)场地平整及施工准备工作

场地平整的施工准备工作包括以下内容:

(1)场地清理:包括拆除房屋、古墓,拆迁或改建通信、电力设备、上下水管道以及其他建筑物,迁移树木,去除耕植土及河塘淤泥等。

(2)排除地面水:场地内低洼地区的积水必须排除,同时应注意雨水的排除,使场地保持干燥,以利土方施工。

(3)修筑好临时道路及供水、供电等临时设施。

小型场地平整且对场地标高无特定要求时,一般可以根据平整前和平整后的土方量相等(即挖填平衡)的原则求得设计标高。计算前先将场地平面划成方格网,并根据地形图将每方格的角点标高标于图上。若平整前和平整后的土方量相等,则

$$H_0=\frac{\sum H_1+2\sum H_2+3\sum H_3+4\sum H_4}{4M} \tag{15-1-6}$$

式中: H_0——所计算场地的设计标高;

H_1——一个方格仅有的角点标高;

H_2、H_3、H_4——分别为 2 个、3 个、4 个方格共有的角点标高;

M——场地内的方格数。

当进行大型场地竖向规划设计时,要正确选择设计标高。需考虑以下因素:

(1)与已有建筑物的标高相适应，满足生产工艺和运输的要求；

(2)尽量利用地形，以减少填、挖土方量；

(3)根据具体条件，争取场区内的挖方同填方相互平衡，以降低土方运输费用；

(4)要有一定的泄水坡度，以满足排水要求。

(二)土方边坡与土壁支撑

1.土方边坡

为了防止塌方，保证施工安全，在挖方或填方的开挖深度或填筑高度超过一定限度时，均应在其边沿做成具有一定坡度的边坡。土方边坡的坡度以其高度 H 与宽度 B 之比表示，即

$$土方边坡坡度 = \frac{H}{B} = \frac{1}{\frac{B}{H}} = 1:m \tag{15-1-7}$$

式中：m——坡度系数，当边坡高度为已知 H 时，其边坡宽度 B 则等于 $m \cdot H$。

土方边坡稳定的条件是，在土体的重力及外部荷载作用下所产生的下滑力 T 小于土体的抗剪力 C，即 $T<C$。土体的下滑力主要由下滑土体重力在可能滑坡面方向的分力构成，它受坡上荷载、含水率、静水及动水压力的影响。而土体的抗剪力主要由土质决定，且受气候、含水率及动水压力的影响。因此，在确定土方边坡坡度时应考虑土质、边坡高度、留置时间、排水情况、坡上的荷载情况以及土方施工方法等因素。

根据相关规范的规定，当地下水位低于基底，在湿度正常的土层中开挖基坑或管沟，且敞露时间不长时，可做成直立壁不加支撑，但挖方深度不宜超过下列规定：①砂土和碎石土不大于 1m；②粉土或粉质黏土不大于 1.25m；③黏土或碎石土不大于 1.5m；④坚硬的黏性土不大于 2m。施工过程中应经常检查沟壁的稳定情况。

当土的湿度、土质及其他地质条件较好且地下水位低于基底时，临时性挖方边坡取值，见表 15-1-3。

临时性挖方边坡值 表 15-1-3

土的类别		边坡坡度
砂土(不包括细砂、粉砂)		1：1.25～1：1.50
一般黏性土	坚硬	1：0.75～1：1.00
	硬塑	1：1.00～1：1.25
	软	1：1.50 或更缓
碎石类土	密实、中密	1：0.50～1：1.00
	稍密	1：1.00～1：1.50

注：1.设计有要求时，应符合设计标准。

2.如采用降水或其他加固措施，可不受本表限制，但应计算复核。

3.开挖深度，对软土不应超过 4m，对硬土不应超过 8m。

2.土壁支护

土壁稳定主要是由土体内摩阻力和黏聚力来保持平衡的。一旦土体失去平衡，土壁就会塌方。造成土壁塌方的原因主要有：①边坡过陡或土质差，基坑开挖深度大；②雨水、地下水渗入基坑，使土泡软，抗剪能力降低；③基坑上边缘有静荷载或动荷载作用。

为了保证土体稳定和施工安全，可采取以下措施：

(1)放足边坡：边坡的留设应符合规范要求，其坡度的大小，应根据土壤的性质、水文地质条件、施工方法、开挖深度、工期长短等因素而定；

(2)设置支护:为了缩小施工面,减少土方量,或受场地的限制不能放坡时,则应设置土壁支护。常用基坑支护按作用原理分为稳定式(土钉墙)、重力式(水泥土墙)、支挡式三类。选择时,应依据土的性状及地下水条件、基坑深度及周边环境、地下结构形式及施工方法、基坑形状及尺寸、场地条件等综合考虑。

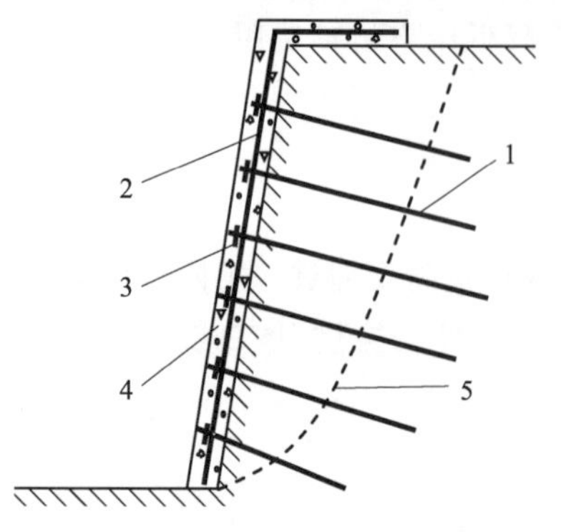

图 15-1-2 土钉墙支护剖面
1-土钉;2-钢筋网;3-垫板或加强钢筋;4-混凝土墙面板;5-可能滑坡面

1)土钉墙支护

土钉墙是由土钉、钢筋混凝土面板及加固的原位土体所构成(见图 15-1-2)。它能提高边坡的稳定性,增强土体破坏的延性,对边坡起到加固作用。

土钉墙是随基坑的分段、分层开挖而及时施作,通过打入钢花管(或钻土钉孔→插入钢筋)→注浆→绑扎固定钢筋网→喷射混凝土面板等工序而成。具有构造及施工简单、费用较低等优点。适用于淤泥质土、黏土、粉土、砂土等土质,且无地下水、深度在 12m 以内的基坑土壁支护。当基坑较深、开挖时稳定性差、需要挡水者,可加设锚杆(坑深不得超过 15m)、微型桩、水泥土墙等构成复合式土钉墙。

2)水泥土墙支护

水泥土墙通过沉入地下设备将喷入的水泥浆与土均匀拌和,形成柱状的水泥加固土桩,并相互咬合搭接而成(见图 15-1-3)。靠其自重和刚度进行挡土护壁,且具有截水功能。

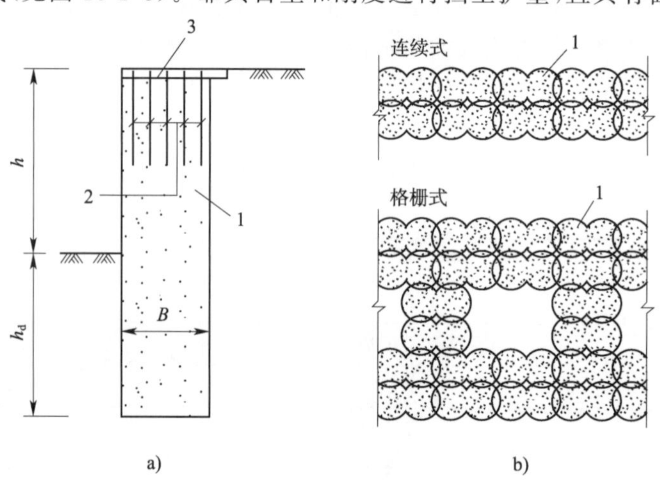

图 15-1-3 水泥土墙的一般构造
1-搅拌桩;2-插筋;3-面板

水泥土墙的施工方法有深层搅拌、旋喷和粉喷法。具有坑内无支撑,便于挖土及坑内作业、造价较低等优点。适于淤泥、淤泥质土、黏土、粉土、填土等土层,深度不大于 7m 的基坑支护。

3)支挡式结构

支挡式结构是以挡土构件或再加设锚杆、支撑等形成的支护结构。它主要是依靠结构本身来抵抗坑壁土体下滑并限制其变形。该种支护结构种类较多,属于非重力式。挡土构件(挡墙)按有无截水功能,分为透水式和止水式两种。

常用的挡土构件(挡墙)包括:

①钢板桩挡墙

钢板桩的截面形状有 Z 形、U 形(见图 15-1-4)及多种组合形式，由带锁口或钳口的热轧型钢制成。钢板桩互相连接打入地下，形成连续钢板桩墙，既能挡土又能起到止水帷幕的作用，可作为坑壁支护、防水围堰等。它打设方便，承载力较大，可重复使用，有较好的经济效益，但刚度较小。可用于深 5～10m 的基坑。

图 15-1-4 常用钢板桩截面形式

②型钢水泥土墙

它是在水泥土墙内插入型钢而成的复合挡土隔水结构(见图 15-1-5)。型钢承受土的侧压力，而水泥土具有良好的抗渗性能，因此具有挡土与止水的双重作用。其特点是构造简单，止水性能好，工期短，型钢可回收。适用于填土、淤泥质土、黏性土、粉土、砂土、饱和黄土等地层，深度 8～10m 的基坑支护。

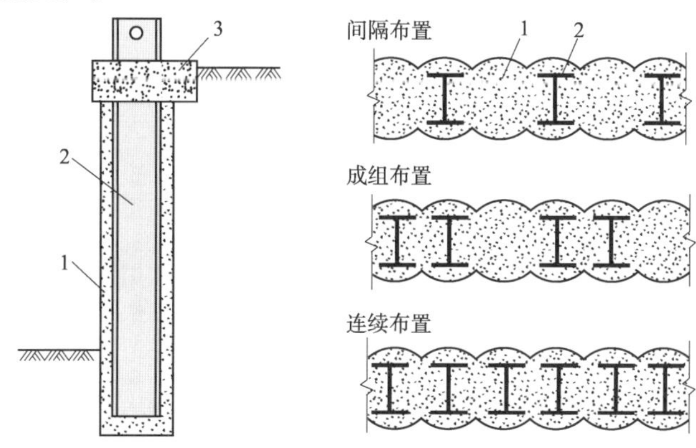

图 15-1-5 型钢水泥土墙构造

1-搅拌桩；2-H 型钢；3-冠梁

③排桩式挡墙

该类挡墙常用混凝土灌注桩、钢管桩及钢管混凝土桩等，在开挖前设置于基坑周边形成桩排，并通过顶部浇筑的冠梁等相互联系而成(见图 15-1-6)。它挡土能力强、适用范围广，但造价较高，一般无阻水功能。有阻水要求时，可布置成连续式、交错式、搭接式，或设置止水帷幕及其他封闭措施。

④地下连续墙

地下连续墙是在待开挖的基坑周围，修筑一圈厚度不小于 600mm 的连续钢筋混凝土墙体，以满足基坑开挖及地下施工过程中的挡土、截水防渗要求，还可用于逆作法施工。施工分单元槽段进行(见图 15-1-7)，连接后形成整体挡墙。其特点是刚度大、整体性好，但工艺技术复杂，费用高，常作为地下结构的一部分以降低造价。适用于黏土、砂砾石土、软土等多种土层，且地下水位高、施工场地较小或周围环境限制严格的深基坑工程。

常用的挡墙支撑结构包括悬臂式、抛撑式、拉锚式、锚杆式、坑内水平支撑等五种(见图 15-1-8)。

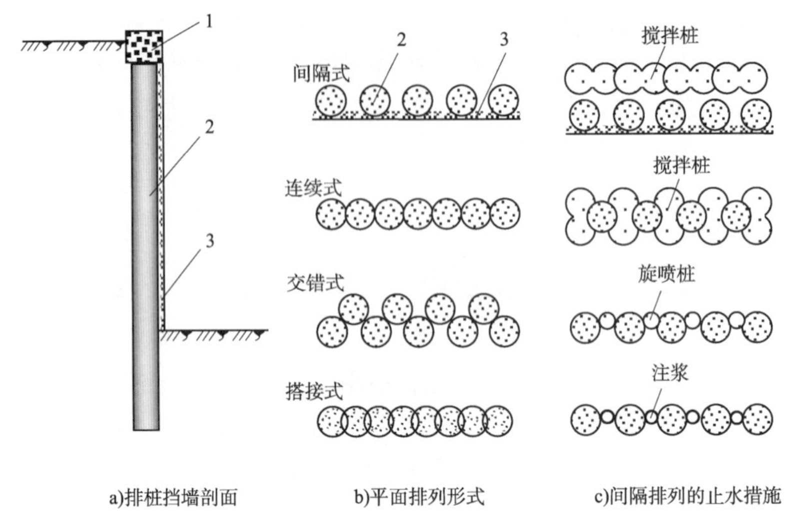

图 15-1-6　混凝土排桩挡墙形式

1-冠梁(连梁);2-灌注桩;3-钢丝网混凝土护面

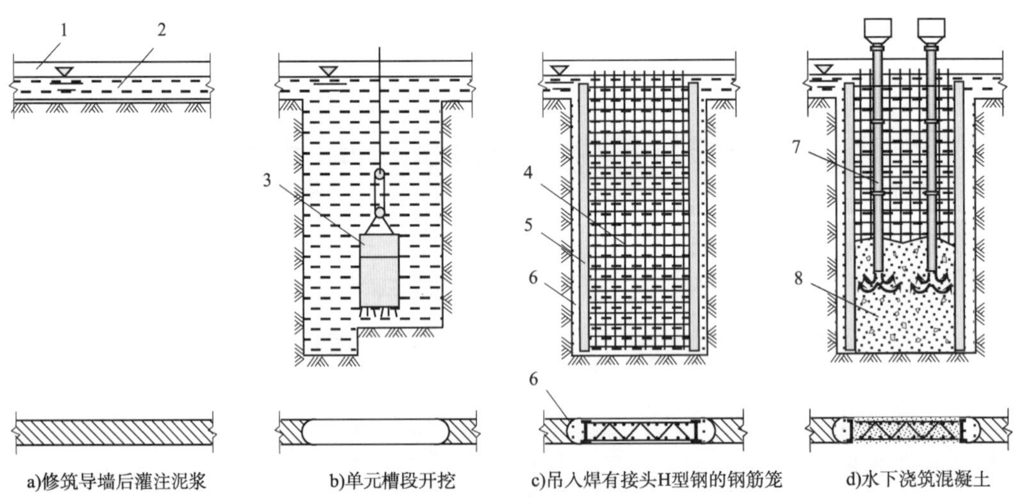

图 15-1-7　地下连续墙单元槽段施工过程示意图

1-导墙;2-泥浆;3-成槽机;4-钢筋笼;5-H 型钢;6-充填苯板及沙包;7-导管;8-浇筑的混凝土

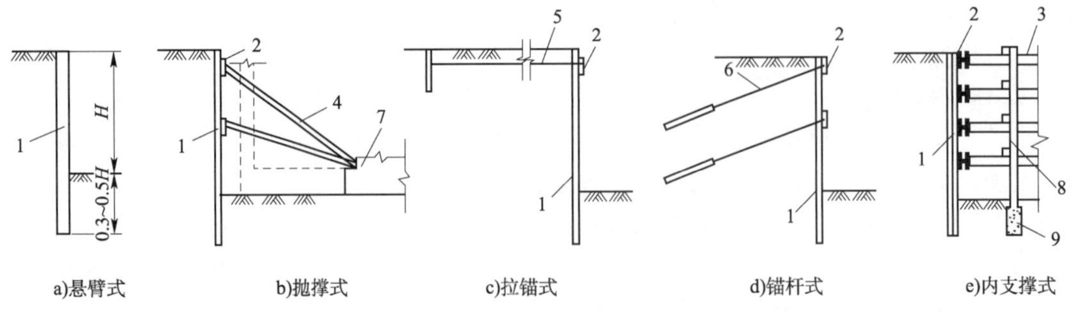

图 15-1-8　挡土灌注桩支护形式

1-挡墙;2-围檩(连梁);3-支撑;4-抛撑;5-拉锚;6-锚杆;7-先施工的基础;8-支承柱;9-灌注桩

①悬臂式(自立式)

悬臂支撑形式的挡墙不设支撑或拉锚,嵌固能力较差,要求埋深大;且挡墙承受的弯矩、剪力较大且集中,受力形式差,易变形,故基坑深度不宜大于5m。

②抛撑式

支撑的挡墙受力较合理,但挡墙根部的土需待抛撑设置后开挖、再补做结构,且对基础及地下结构施工有一定影响,还需注意做好后期的换撑工作。适用于土质较差且面积大的基坑工程。

③拉锚式

由拉杆和锚桩组成,抗拉能力强,挡墙位移小、受力较合理;锚桩长度一般不小于基坑深度的3/10～1/2,其打设位置应距基坑有足够远的距离,因此需有足够的场地;且由于拉锚只能在地面附近设置一道,故基坑深度不宜超过12m。

④锚杆式

土层锚杆具有较强的锚拉能力,且可依据基坑深度随开挖设置多道,并常施加预应力,提高土壁的稳定性,减少挡墙的位移和变形;不影响基坑开挖和基础施工;费用较低。常用于土质较好且周围无障碍的深基坑支挡结构中。

⑤内支撑式

内支撑是设置在基坑内的由钢或钢筋混凝土组成的水平支撑部件。可依据基坑深度设置多道,每层先撑后挖。内支撑式刚度大、支承能力强。但给坑内挖土和结构施工带来不便,且需进行换撑作业,费用也较高。适用于深度较大,周围环境不允许设置锚杆或软土地区的深基坑支护。

(三)地下水控制

开挖基坑时,如不控制好地下水并及时排走流入坑内的地面水,不但会使施工条件恶化,引发滑坡、塌方,而且还会影响地基的承载力。因此,在土方施工中,做好地下水控制和排水工作,保持土体干燥是十分重要的。

常用的地下水控制方法包括集水明排、降水、截水和回灌四类。

1.集水明排

集水明排是采用截、疏、抽的一种排水方法。“截”是截住水流;“疏”是疏干积水;“抽”是在基坑开挖过程中,在坑底设置集水井,并沿坑底的周围或中央开挖排水沟,使水流入集水井中,然后用水泵抽走(见图15-1-9),降水深度不大于3m。

2.降水

降水就是在基坑开挖前,先在基坑周围埋设一定数量的滤水管(井),利用抽水设备从中抽水,使地下水位降落到坑底以下500mm之下,直到地下施工完毕且具有足够的抗浮能力为止。这样,可使基坑在保持干燥状态下开挖,防止流沙发生,改善了基础施工条件。但降水前,应考虑在降水影响范围内的已有建筑物和构筑物可能产生的附加沉降位移,应事先采取防护措施。人工降低地下水位的方法有轻型井点、喷射井点、电渗井点、管井井点等。

(1)轻型井点

轻型井点(见图15-1-10)是沿着基坑四周或一侧每隔一定距离埋入井点管(下端为滤管)至蓄水层内,井点管上端通过弯联管与总管连接,利用抽水设备将地下水从井点管内不断抽出,使原有地下水位降至坑底标高以下的一种降水方法。此方法设备轻便,造价低,被广泛应用。但是由于真空泵效率问题,一般降水深度不大于6m;当采用多级轻型井点时,降水深度为6～10mm。

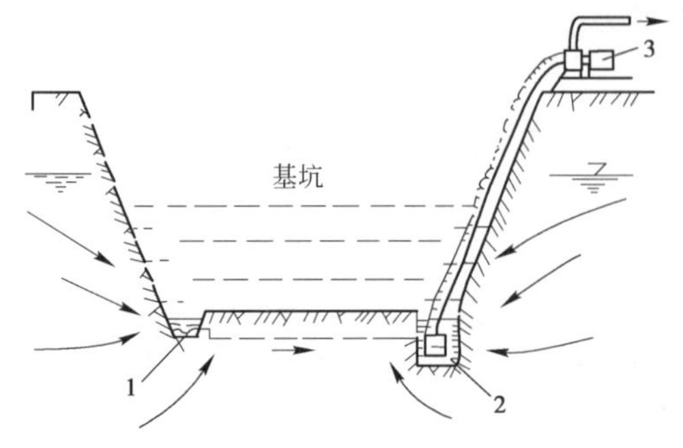

图 15-1-9 集水明排

1-排水沟;2-集水井;3-水泵

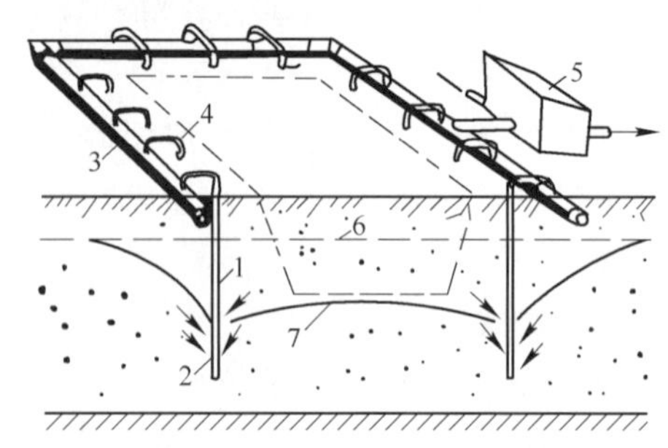

图 15-1-10 轻型井点

1-井点管;2-滤管;3-总管;4-弯联管;5-水泵房;6-原地下水位线;7-降低后的地下水位线

(2)喷射井点

喷射井点根据工作时所使用的液体或气体的不同,分为喷水井点和喷气井点两种。其设备主要由喷射井管、高压水泵和管路组成。

喷射井管分外管与内管两部分,在内管下端设有喷射器与滤管相连。喷射器由喷嘴、混合室、扩散室等组成。工作时,用高压水泵把压力为0.7～0.8MPa的水经过总管分别压入井点管中,高压水经外管与内管之间的环形空间,并经喷射器侧孔流向喷嘴,由于喷嘴处截面突然缩小,压力水经喷嘴以很高的流速喷入混合室,使该室压力下降,造成一定的真空。此时,地下水被吸入混合室与高压水汇合流经扩散管,沿内管上升经排水总管排出,地下水不断从井点管中抽走,而使地下水位逐渐下降,达到设计要求的降水深度。

采用喷射井点,降水深度可达 8～20m(对于 $k=3\sim20$m/d 的砂土最有效,在 $k=0.1\sim3$m/d 的粉砂、淤泥质土中使用效果也显著)。

(3)电渗井点

在土的渗透系数很小($k<0.1$m/d),采用轻型井点、喷射井点基坑(槽)降水效果很差时,宜改用电渗井点降水。

电渗井点是以原有的井点管(轻型井点或喷射井点)本身作为阴极,沿基坑(槽)外围布置,采用套管冲枪成孔埋设;以钢管(ϕ50～75)或钢筋(ϕ25 以上)作为阳极,埋在井点管内侧,通入直流电后,带正电荷的孔隙水自阳极向阴极移动(即电渗现象)。在电渗与真空的双重作用下,强制地下水在井点管附近积集,经井点管快速排出,地下水位逐渐下降。

电渗井点适用于在黏土、粉质黏土、淤泥等土质中降水。

(4)管井井点

管井井点就是沿基坑隔一定距离设置一个管井,每个管井单独用一台水泵不断抽水以降低地下水位。适用于渗透系数较大($k=20\sim200$m/d)、地下水量大的情况。当采用离心泵或真空降水设备时,降水深度为 6～10m;采用潜水泵或深井泵时,降水深度可达数十米。

渗透系数不同,降水深度不同,所采用的降水方法也不同。各类降水井点适用条件见表 15-1-4。

井点降水类别及适用条件 表 15-1-4

降水类型＼适用条件	渗透系数(cm/s)	可降低水位深度(m)	降水类型＼适用条件	渗透系数(cm/s)	可降低水位深度(m)
轻型井点及多层轻型井点	10^{-2}～10^{-5}	3～6 6～10	电渗井点	<10^{-7}	宜配合其他形式降水使用
喷射井点	10^{-3}～10^{-6}	8～20	管井井点	≥10^{-5}	>6

3.截水

截水是在基坑周围设置止水挡墙或截水帷幕等封闭基坑，切断外部向基坑内的渗水通道，仅在基坑内进行疏干降水的地下水控制方法，也称封闭式降水法，如图 15-1-11 所示。该法有利于保护地下水环境，避免基坑周围地面沉降带来的隐患。

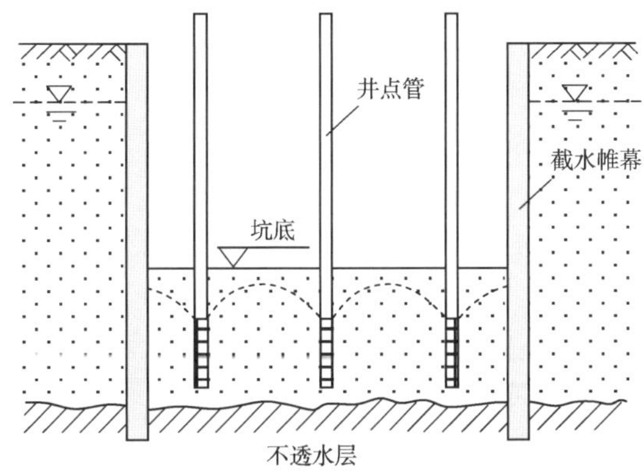

图 15-1-11 截水法(封闭式降水)示意图

常用截水帷幕的做法有深层搅拌法、压密注浆法、冻结法等。常用止水挡墙有地下连续墙、水泥土墙、型钢水泥土墙、小齿口钢板桩、咬合桩等阻水支护挡墙，也可在排桩间用旋喷、摆喷水泥土桩进行封闭。

截水帷幕的厚度应满足防渗要求，其深度应插入下卧不透水层或封底层内 $0.2h$～$0.5b$（其中 h 为作用水头，b 为帷幕厚度）。坑内设置降水井点将土疏干并使水位降至基坑底 0.5m 以下，当有较大压力的承压水层时，还应设置减压井，防止坑底隆起或突涌。

4.回灌

降排地下水会造成土颗粒流失或土体压缩固结，易引起周围地面沉降，可能导致临近建筑物倾斜、下沉、道路开裂或管线断裂。当基坑外地下水位降幅较大、基坑周围存在需要保护的建(构)筑物或地下管线时，宜采用地下水人工回灌等措施。

回灌法是在降水井点与需保护的建筑物、构筑物间设置一排回灌沟、井。在降水的同时，向土层内灌入适量的水，使原建筑物下仍保持较高的地下水位，以减小其沉降程度，如图 15-1-12 所示。对于浅层潜水可用砂井、砂沟进行自然回灌，对于承压水则需用加压回灌井进行回灌。

为确保基坑施工安全和回灌效果，同层回灌沟、井与降水井点之间应保持不小于 6 m 的距离，且降水与回灌应同步进行。同时，在回灌沟、井两侧要设置水位观测井，监测水位变化，调节控制降水井点和回灌井点的运行以及回灌水量。

(四)流沙防治

当基坑开挖到地下水位以下时，有时坑底土会呈流动状态，随地下水涌入基坑，这种现象称为流沙现象。此时，基底土完全丧失承载能力，土边挖边冒，施工条件恶化，严重时会造成边坡塌方，甚至危及临近建筑物。

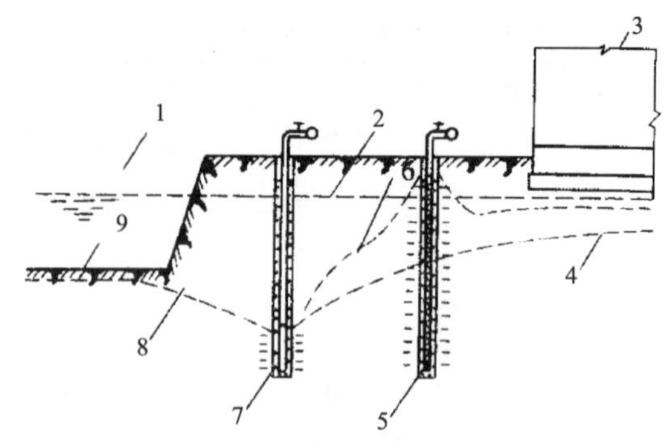

图 15-1-12　回灌井点布置示意图

1-开挖基坑；2-原有地下水位线；3-原有建筑物；4-不回灌时的水位线；5-回灌井点；6-降灌井点间水位线；7-降水井点；8-降水后的水位线；9-基坑底

1. 流沙发生的原因

动水压力是流沙发生的重要条件。地下水流动受到土颗粒的阻力，而水对土颗粒具有冲动力，这个力即称为动水压力。动水压力 $G_D=\gamma_w I=\gamma_w \cdot \Delta h/L$，它与水力坡度 I 成正比，水位差 Δh 越大，动水压力越大；而渗透路程 L 越长，则动水压力越小。动水压力的方向与水流方向一致。

处于基坑底部的土颗粒，土不仅受水的浮力作用，而且受动水压力的作用，有上举趋势，见图 15-1-13。当动水压力 G_D 等于或大于土的浸水密度(Q-F)时，土颗粒处于悬浮状态，并随地下水一起流入基坑，即发生流沙现象。

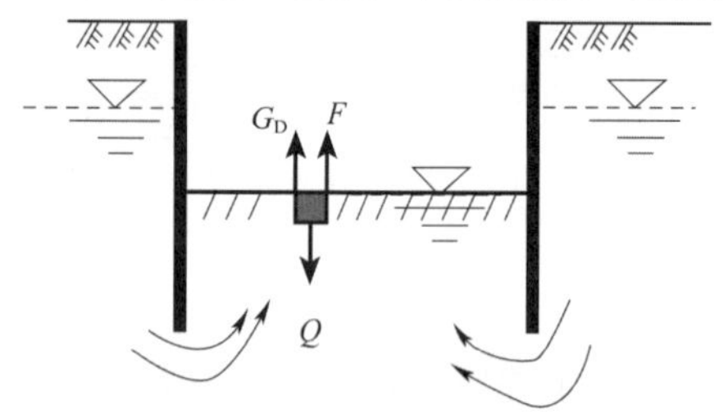

图 15-1-13　流沙现象原理示意图

流沙现象常发生在地下水位高、土壤粒径小且无黏性(如细砂、粉砂及砂质粉土)的土层中。在粗大砂砾中，因孔隙大，水在其间流过时阻力小，动水压力也小，不易出现流沙。而在黏性土中，由于土粒间黏聚力较大，不会发生流沙现象，但有时在承压水作用下会出现整体隆起现象。

2. 流沙的防治

防治流沙的主要途径是减小、平衡、消除动水压力，或改变其方向。具体措施为：

(1)加深挡墙法：在基坑周围设置截水挡墙，增加地下水流入坑内的渗流路程，从而减小动水压力。

(2)水下挖土法：采用不排水施工，使坑内水压与坑外地下水压相平衡，抵消动水压力。

(3)截水封闭法：可避免地下水向开挖后的基坑内渗流，从而消除动水压力，杜绝流沙现象。

(4)井点降水法：通过降低地下水位改变动水压力的方向，可防止流沙发生。

三、填土压实

1. 对填土的要求

(1)淤泥土、冻土、强膨胀性土、过盐渍土、有机质含量大于 8%的土，均不能用作填料；基坑回填不得用有机质含量大于 5%的土。

(2)应水平分层填土、分层夯实，每层的厚度根据土的种类及压实机械而定。

(3)采用两种透水性不同的土料时，应分别分层填筑，透水性较小的土宜在上层。

(4)不同填料不应混填。

2. 压实方法

(1)碾压法：利用机械滚轮的压力压实土壤，使之达到所需的密实度，适用于大面积填筑。碾压机械有平碾和羊足碾。碾压时，行驶速度不宜过快；对松土应先轻碾初步压实，再用重碾或振动碾压，以避免土层强烈起伏；对无限制的填土，应先压边部后压中间，利于压实。

(2)夯实法：利用夯锤下落的冲击力来夯实土壤，此法主要用于小面积回填土。常用夯实法有人工夯实法(如木夯、石夯等)和机械夯实法(夯实机械如夯锤、内燃夯土机、蛙式打夯机等)。

(3)振动压实法：将振动压实机置于土层表面，借助振动机构使压实机械振动，土颗粒发生相对位移而达到紧密状态。此方法对于非黏性土效果较好。

3. 影响填土压实质量的因素

(1)压实功的影响：填土压实后的重度与压实机械在其上所施加的功有一定的关系。实际施工中，填土压实后的密实度与压实遍数有关。土在一定含水率下，开始压实时土的密实度急剧增加，接近土的最大干密度后，虽经反复压实，但密度无变化。对于不同的土，以及压实后的密实度要求不同时，各类压实机械的压实遍数也不同。

(2)含水率的影响：干燥的土，由于颗粒之间的摩阻力较大，填土不易被压实；含水率较大的土，由于土颗粒间的孔隙全部被水填充而呈饱和状态，土也不能被压实且易出现"橡皮土"；只有处于最佳含水率范围内的土才易被压实。

(3)铺土厚度的影响：土在压实功作用下，所受压应力随深度增加而减小，其影响深度与压实机械、土的性质和土的含水率有关。铺土厚度应小于压实机械压土时的作用深度，最优铺土厚度可使土方压实机械的功耗费最小且土被压的更密实。

土方填筑厚度及压实遍数应根据土质、压实系数及所用机具确定。如无试验依据时，可参照表 15-1-5 的规定。

填土施工时的分层厚度及压实遍数 表 15-1-5

压实机具	分层厚度(mm)	每层压实遍数	压实机具	分层厚度(mm)	每层压实遍数
平碾	250～300	6～8	打夯机	200～250	3～4
振动压实机	250～350	3～4	人工打夯	≤200	3～4

土的压实质量，需通过取样，测其干密度进行检验。取样位置为每层压实后土的下半部。

【例 15-1-2】 压实松土时，应采用：

A. 先用轻碾后用重碾　　B. 先振动碾压后停振碾压

C. 先压中间再压边缘　　D. 先快速后慢速

解 先用轻碾后用重碾的方法易将松土碾压密实。

答案：A

【例 15-1-3】 下列可作为检验填土压实质量控制指标的是：

A. 土的可松性　　B. 土的压实度　　C. 土的压缩比　　D. 土的干密度

解 土的干密度是指单位体积土中固体颗粒的质量，用 ρ_d 表示，它是检验填土压实质量的控制指标。

答案：D

四、土方机械化施工

(一)主要土方机械

1. 推土机

推土机是土方工程施工的主要机械之一，可以独立完成铲土、运土及卸土三种作业。它操纵灵活，运转方便，所需工作面较小，转移方便，因此应用范围广。推土机多用于场地的清理和平整，开挖深度不大的基坑，填平沟坑，以及配合铲运机、挖土机工作等。其推运距离宜在100m以内，运距在50m左右经济效果最好。

2. 铲运机

铲运机是一种能综合完成全部土方施工工序（挖土、运土、卸土和平土）的机械。铲运机管理简单，生产效率高，且运行费用低，常用于大面积场地平整、开挖大型基坑、填筑路基等。自行式铲运机适用于运距为800～3 500m的大型土方工程施工，以运距在800～1 500m以内生产效率最高；拖式铲运机适用于运距为80～800m的土方工程施工，以运距在200～350m效率最高。

3. 单斗挖土机

单斗挖土机在土方工程中应用较广，种类很多，按其工作装置可分为正铲、反铲、拉铲和抓斗等不同挖土机，但常用的为正铲和反铲挖土机。正铲挖土机的工作特点是"前进向上、强制切土"，适于开挖停机面以上的土方，且需与汽车配合完成整个挖运作业。反铲挖土机的工作特点是"后退向下、强制切土"，用以挖掘停机面以下的土方，主要用于开挖基坑、基槽或管沟。拉铲挖土机的工作特点是"后退向下、自重切土"，适于填筑路基、开挖沟渠或水中挖土。抓铲（抓斗）挖土机的工作特点是"直上直下、自重或强制切土"，适于深的井、坑、槽开挖。

（二）土方机械的选择

（1）当地形起伏不大，坡度在20°以内，土方开挖或场地平整的面积较大，土的含水量适当，平均运距在1km以内时，采用铲运机较合适。

（2）地形起伏较大，一般挖土高度在3m以上，运距超过1km，工程量较大且又集中时，一般可根据情况从下述三种方式中进行选择：①正铲挖土机配合自卸汽车进行施工，并在弃土区配备推土机平整土堆；②用推土机将土推入漏斗，用自卸汽车在漏斗下装土并运走；③用推土机预先将土推成一堆，用装载机把土装到汽车上运走。

（3）开挖基坑时，可根据运距长短、挖掘深浅，分别采用推土机、铲运机或挖土机配合自卸汽车进行施工。

注：必须清楚，不同的土方机械具有不同的适应条件和范围。

五、土、石方爆破工程

把炸药埋置于地下深处引爆后，由于原来体积很小的炸药在极短时间内通过化学变化立刻转化为气体状态，体积迅速增加，产生极大的压力、冲击力和很高的温度，使周围的介质（土、石等）受到不同程度的破坏，称之为爆破。

（一）炸药、炸药量的计算及起爆方法

1. 炸药

在外界能量作用下，能由其本身的能量发生爆炸的物质叫炸药。不同种类的炸药，其爆速、爆力、猛度和敏感度及安定性是不同的，在使用时应予以注意。

2. 炸药量的计算

爆破时，用药量应根据岩石的硬度、岩石的缝隙、临空面的多少、估计爆破的土石方量以及施工经验来确定，一般通过理论计算后再通过试爆复核，最后确定实际的用药量。

3. 起爆方法

（1）火花起爆：它是利用导火索在燃烧时的火花引爆雷管，然后再使炸药发生爆炸。用火花起爆时，同时点燃导火索的根数要受到限制，因此，同时爆破的药包也受到限制。

(2)电力起爆：它是利用电雷管中的电力引火装置，使雷管中的起爆炸药爆炸，然后使药包爆炸。大规模爆破及同时起爆较多炮眼时，多采用电力起爆。

(3)导爆索起爆：导爆索的外形和导火索相似，但它的药芯由高级烈性炸药组成。皮线绕以红色线条以与导火索区别。导爆索起爆不需雷管，但本身必须用雷管引爆。这种方法成本较高，主要用于深孔爆破和大规模的药室爆破，不宜用于一般的炮眼法爆破。

(4)导爆管起爆：它是用直径约3mm、内壁涂有混合炸药粉末的塑料软管构成的导爆管，将击发雷管产生的爆轰波传递至非电毫秒雷管而起爆。导爆管具有良好的传爆、耐火、抗冲击、抗水、抗电和强度性能，起爆感度高、传爆速度快，应用普遍。

(二)爆破方法

1.炮眼法

炮眼法属于小爆破，是在被爆破的岩石内凿直径为25～75mm、深度为1～5m的筒形炮眼，然后装药进行爆破。

2.拆除爆破

拆除爆破又名控制爆破，它通过一定的技术措施，严格控制爆破能量和爆破规模，使爆破的声响、振动、破坏区以及破碎物的散坍范围，控制在规定限度内的一种爆破技术。它在城市和工厂的发展过程中，对已有房屋和构筑物的改建、拆除提供了安全有效的方法。

六、桩基础工程

桩的作用在于将上部建筑结构的载重传递到深处承载力较大的土层上，或者使软土层挤实，以提高土壤的承载力和密实度，保证建筑物的稳定和减少其沉降量。当上部结构质量很大，而软弱土层又较厚时，采用桩基施工可省去大量的土方工作量、支撑工作量和排水、降水设施，一般均能获得良好的经济效果。

(一)桩的分类

根据桩在土壤中的工作性质，可分为端承桩、摩擦桩、锚固桩三种。穿过软土层而桩端达到岩层或坚硬土层的桩，称之为端承桩；反之，悬在软土层中靠摩擦力承重的桩，称之为摩擦桩；主要承受抗拔拉力和水平力的桩，称之为锚固桩。

按桩的施工方法不同，分为预制桩和灌注桩两大类。预制桩是在工厂或施工现场制成各种材料和形式的桩，而后用沉桩设备将桩打入、压入、振入或旋入土中；灌注桩是在施工现场的桩位上先成孔，然后在孔内灌注混凝土而成。

(二)预制钢筋混凝土桩施工

1.预制钢筋混凝土打入桩

1)打桩设备

(1)桩锤

桩锤是对桩施加冲击，把桩打入土中的主要机具。桩锤主要有四种：落锤、柴油锤、汽锤和液压锤。桩锤型号选择应遵循“重锤轻击”的原则，以利桩的下沉，避免锤头回弹或打碎桩头。

(2)桩架

桩架是支持桩身和桩锤，在打桩过程中引导打桩的方向，并在打桩前吊桩就位的设备。常用的桩架有两种基本形式：一种是具有托盘或船形轨道的步履式桩架，另一种是装在履带底盘上的打桩架。

(3)动力设备

动力设备主要是指为汽锤提供汽源的设备。

2)预制钢筋混凝土桩的制作、起吊、运输和堆放

较短的桩多在预制厂生产,较长的桩一般在打桩现场附近或打桩现场就近预制。现场预制桩多用叠浇法施工,但不宜超过三层。桩之间要做好隔离层。上层桩或邻桩的浇筑,应在下层桩或邻桩的混凝土达到设计强度的30%以后方可进行。当混凝土桩达到设计强度的100%后,方可起吊和运输。起吊时,起吊点的位置由设计决定。桩堆放时,地面必须平整坚实,垫木的间距应根据吊点位置确定。各层垫木应位于同一垂直线上,预制桩的堆放层数不宜超过四层。不同规格的桩,应分别堆放。

3)打桩

(1)打桩准备

打桩前,应做好现场自然条件、地质条件、附近建筑物及管线情况调查工作;清除地上及地下障碍物;做好场地平整、排水工作;放线和定桩位,并设置不少于2个水准点;打试桩不少于2根,以检验工艺是否合理、设备是否正常;确定合理的沉桩顺序,以保证沉桩速度、质量和周围建筑物及管线的安全。

确定沉桩顺序的原则为先深后浅、先大后小、先长后短、先密后疏。对于密集桩群(中心距小于桩断面边长或直径的4倍),应自中心向两侧或四周对称施打。当一侧毗临建筑物时,由毗临处向外施打。

(2)打桩方法

在桩架就位后,即可吊桩。垂直对准桩位中心缓缓放下,插入土中,位置要准确。在桩顶扣好桩帽或桩箍,使桩稳定后,即可除去吊钩,起锤劲压并轻击数锤,随即观察桩身与桩帽、桩锤等是否在同一轴线上,接着可正常施打。在打桩过程中,要经常注意观察,如发现问题应及早纠正。

(3)打桩质量控制

打桩的质量要视打入后的偏差是否在允许范围之内(见表15-1-6)、贯入度与沉桩标高是否满足设计要求以及桩顶、桩身是否被打坏而定。终止打桩的原则为:对端承桩以控制最后贯入度(最后10击的入土深度)为主,以沉桩标高为辅;对摩擦桩则相反。

预制桩(钢桩)桩位的允许偏差(单位:mm)　　表15-1-6

序　号	项　目		允许偏差
1	盖有基础梁的桩	垂直基础梁的中心线	$100+0.01H$
		沿基础梁的中心线	$150+0.01H$
2	承台桩	桩数为1～3根桩基中的桩	$100+0.01H$
3		桩数为4根及以上桩基中的桩	1/2桩径(或边长)$+0.01H$

注:H为施工现场地面标高与桩顶设计标高的距离。

当桩顶设计标高与施工场地标高相同时,或桩基施工结束后,应对桩位进行检查。

当桩顶设计标高低于施工场地标高,送桩后,无法对桩位进行检查时,对打入桩可在每根桩的桩顶沉至场地标高时,进行中间验收;待全部桩施工结束,承台或底板开挖到设计标高后,再进行最终验收。

打(压)入桩(预制混凝土方桩、预应力管桩、钢桩)的桩位偏差,必须符合表15-1-6的规定。斜桩倾斜度的偏差不得大于倾斜角正切值的15%(倾斜角是指桩的纵向中心线与铅垂线间的夹角)。

2.静力压桩

打入桩噪声大,在城市中施工会带来公害。因此,当条件具备时,可采用静力压桩。

静力压桩(见图15-1-14)是利用自身的动力设备将压桩架自重和配重的重力传至桩顶或

桩身,将桩逐节压入土中。压桩架用型钢制成,一般高度为16～20m,静压力为800～1500kN,现常用液压压桩机,包括抱压式和顶压式。桩应分节预制,每节长6～10m。当第一节压入土中,其上端距地面0.5～1m时,即将第二节桩接上,然后继续压入。接桩的弯曲矢高不大于0.1%,其接头方式如图15-1-15所示。

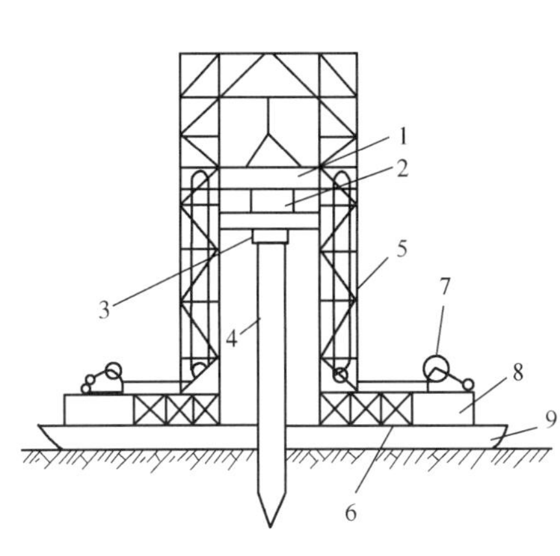

图15-1-14 静力压桩

1-活动压梁;2-油压表;3-桩帽;4-桩;5-桩架;6-加重物仓;7-卷扬机;8-底盘;9-轨道

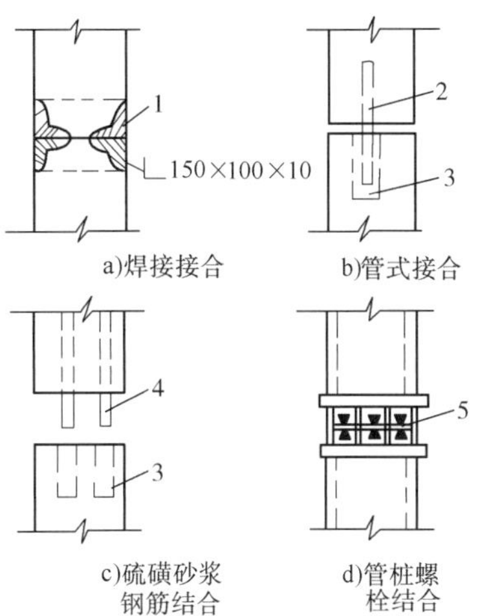

图15-1-15 桩的接头形式

1-∟150×100×10;2-预埋钢管;3-预留孔洞;4-预埋钢筋;5-法兰螺栓连接

3.射水沉桩

射水沉桩就是利用高压水流冲刷桩尖下面的土壤,以减小桩表面与土壤之间的摩擦力和桩下沉时的阻力,使其在自重或锤击作用下,很快沉入土中。沉至距桩尖设计标高1～2m时,停止射水,再打或振到设计标高。射水停止后,冲松的土壤沉落,又可将桩身压紧。

射水沉桩适用于砂土、砾石或其他坚硬的土层,特别是对于打较重的钢筋混凝土桩更为有效。施工中常将这种方法与桩锤打入法联合使用,可提高工效40%～80%。

4.振动沉桩

其原理是借助于固定在桩头上的振动沉桩体所产生的振动力,以减小桩与土壤颗粒之间的摩擦力,使桩在自重与机械力的作用下沉入土中。振动沉桩机是由电动机、弹簧支承、偏心振动块和桩帽组成。振动机内的偏心振动块,分左右对称两组,其旋转速度相等、方向相反。两组偏心块的离心力的水平分力相抵消,使垂直分力相加在一起形成垂直的振动力,使桩下沉。

振动沉桩法主要适用于砂石、黄土、软土和亚黏土层,在含水砂层中的效果更为显著。

(三)灌注桩施工

灌注桩施工是直接在桩位上成孔,然后利用混凝土就地灌注而成。与预制桩相比,其优点是施工方便,节约材料,可降低成本约1/3;其缺点是操作要求较严,稍有疏忽,容易发生缩颈、断裂现象,技术间歇时间较长,不能立即承受荷载,冬季施工中困难较多。

1.钻孔灌注桩

钻孔灌注桩是利用钻孔机钻出桩孔,然后灌注混凝土或钢筋混凝土而成。施工时无振动,不挤土,能在各种土层条件下施工。根据地层情况及地下水位埋深,可采用干作业成孔或泥浆护壁成孔工艺。但这种桩承载能力较低,沉降量也较大。

钻孔灌注桩钢筋骨架主筋的直径不宜小于16mm,间距不得小于10cm,箍筋直径宜用6～

8mm，骨架应一次绑扎好，起重机起吊，用导向钢筋送入孔内，防止带入泥土杂物。钢筋定位后，应立即灌注混凝土，以防止塌孔。灌注前应进行清孔，孔底泥渣厚度：端承桩不大于50mm，摩擦桩不大于150mm。宜采用压灌混凝土后插筋法或后注浆工艺，以提高承载力、减少沉降量。

2.挖孔灌注桩

随着高层及超高层、重型及超重型工业与民用建筑的发展，小直径单桩和群桩基础在承受大荷载或满足沉降要求等方面已受到一定的限制，因而大直径灌注桩已被许多国家采用。其桩径为1～3m，桩深为20～40m，最深可达80m。其成孔常采用人工或大型机械挖孔。人工挖孔设备简单、施工无噪声和振动，在市区或狭窄的现场较机械挖孔更具适应性。

3.沉管灌注桩

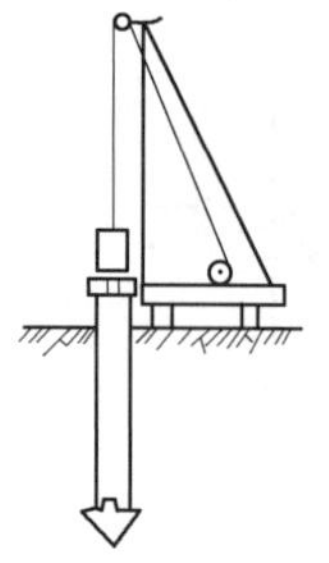
a)钢管打入土中

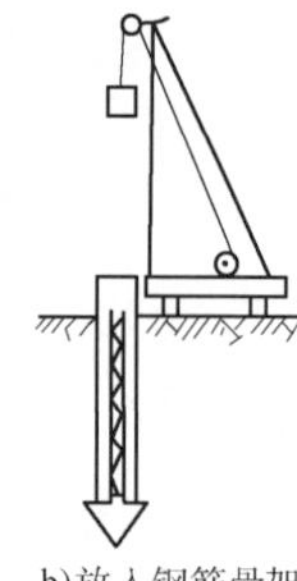
b)放入钢筋骨架

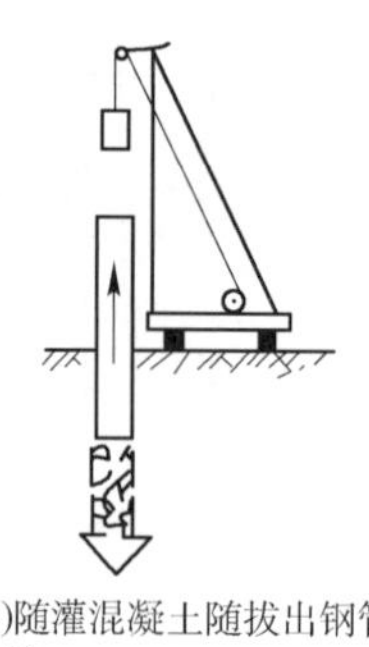
c)随灌混凝土随拔出钢管

图15-1-16 沉管灌注桩

沉管灌注桩，是利用与桩的设计尺寸相适应的一根钢管，在端部套上预制的桩靴，打入土中，然后将钢筋骨架放入钢管内，再灌注混凝土，并随灌随将钢管拔出，利用拔时的振动将混凝土捣实。其施工步骤如图15-1-16所示。沉管灌注桩的施工方法根据承载力的要求不同，可分别采用单打法、复打法和反插法。反插法是在拔管时，每上拔1m，再下沉0.5m的施工方法；复打法是在灌注混凝土前不放钢筋笼，拔管后在原位复打，放入钢筋笼后，再次灌混凝土成桩。单打法的桩截面比沉入的钢管扩大不超过30%，复打法可扩大约80%，反插法可扩大约50%。因此，这种灌注法还具有用小钢管灌注出大断面桩的效果。

沉管灌注桩施工，宜采用复打法，避免产生缩颈现象。

4.爆扩灌注桩

爆扩桩包括爆扩桩身和做扩大头。爆扩桩身是在钻好的细孔中放入炸药条，引爆后形成桩孔。爆扩大头是在桩孔底放入炸药，再灌入适量的混凝土，然后引爆，使孔底形成扩大头。此时，孔内混凝土落入孔底腔内，再放置钢筋骨架，灌注桩身混凝土，制成灌注桩。爆扩法适用于地下水位以上的黏土、粉土层中成孔。

【例15-1-4】 在沉桩前进行现场定位放线时，需设置的水准点应不少于：

A. 1个　　B. 2个　　C. 3个　　D. 4个

解 为了保证施工质量，沉桩施工前应布置测量控制网、水准基点，按平面图进行测量放线。设置的控制点和水准点的数量不得少于2个，并应设在打桩影响范围以外。

答案：B

【例15-1-5】 灌注桩的承载能力与施工方法有关，其承载能力由低到高的顺序依次为：

A. 钻孔桩、复打沉管桩、单打沉管桩、反插沉管桩

B. 钻孔桩、单打沉管桩、复打沉管桩、反插沉管桩

C. 钻孔桩、单打沉管桩、反插沉管桩、复打沉管桩

D. 单打沉管桩、反插沉管桩、复打沉管桩、钻孔桩

解 四种方法中钻孔桩承载力最低。沉管桩有挤土效应，承载力可提高。且单打法桩截面还可较钢管扩大不超过30%，反插法可扩大约50%，复打法可扩大约80%。

答案：C

【例15-1-6】 在锤击沉桩施工中，如发现桩锤经常回弹大，桩下沉量小，说明：

A. 桩锤太重　　B. 桩锤太轻　　C. 落距小　　D. 落距大

解　桩锤太轻冲击力小，且能量被桩吸收，造成桩不下沉，反而桩锤回弹。

答案：B

七、地基加固处理技术

当地基的强度不足或土的压缩性较大，不能满足建筑物对地基的要求时，就需要针对不同的情况，对地基进行加固处理。

地基加固处理又可称为土质稳定。其目的：①提高地基土的抗剪强度；②降低软弱土的压缩性，减少基础的沉降和不均匀沉降；③改善土的透水性，起到截水防渗作用；④改善土的动力特性，防止液化作用。

按照其作用机理，地基处理大致可分为：①土质改良：是指用机械（力学）、化学、电、热等手段增加地基土的密度，或使地基土固结，此方法是尽可能利用原有地基；②土的置换：是将软土层换填为良质土；③土的补强：是采用薄膜、绳网、板桩等约束地基土，或者在土中放入抗拉强度高的补强材料形成复合地基以加强和改善地基土的剪切特性。

地基加固处理的方法分为五类，见表 15-1-7。表中所列各种方法是根据软弱土的特点和所需处理目的而发展起来的。各种方法的具体选用，应从地基条件、处理的指标及范围、工程费用、工作进度、材料来源及当地环境等多方面进行考虑。

地基处理方法分类　　表 15-1-7

分类	处理方法	原理及作用	适用范围
换土垫层	素土垫层 砂垫层 碎石垫层	挖除浅层软土，用砂、石等强度较高的土料代替，以提高持力层土的承载力，减少部分沉降量；消除或部分消除土的湿陷性、胀缩性；防止土的冻胀作用；改善土的可液化性能	适用于处理浅层软弱土地基、湿陷性黄土地基、膨胀土地基、季节性冻土地基
碾压夯实	机械碾压法 振动压实法 重锤夯实法 强夯法	通过机械碾压或夯击压实土的表层，强夯法则利用强大的夯击能量，迫使深层土液化和动力固结而密实，从而提高地基土的强度，减少部分沉降量，消除或部分消除黄土的湿陷性，改善土的可液化性能	一般适用于砂土、含水量不高的黏性土及回填土地基。强夯法应注意其振动对附近建筑物的影响
排水固结	堆载预压法 砂井堆载预压法 排水板法 井点降水预压法	通过改善地基的排水条件和施加预压荷载，加速地基的固结和强度增长，提高地基的强度和稳定性，并使基础沉降提前完成	适用于处理广度较大的饱和软土层，但需要具有预压的荷载和时间，对于厚的泥炭层则要慎重对待
振动挤密	砂桩挤密法 土桩挤密法 灰土桩挤密法 石灰桩挤密法 振冲法	通过挤密或振动使深层密实，并在振动挤压过程中，回填砂、砾石等材料，形成砂桩或碎石桩，与桩周围的土一起组成复合地基，从而提高地基承载力，减少沉降量	适用于处理粉砂土或部分黏土颗粒含量不高的黏性土
化学加固	硅化法 旋喷法 碱液加固法 水泥灌浆法 深层搅拌法	通过注入化学浆液，将土粒黏结，或通过化学作用、机械拌和等方法，改善土的性质，提高地基承载力	适用于处理砂土、黏性土、湿陷性黄土等地基，特别适用于对已建成的工程地基事故处理

习 题

15-1-1 根据土的开挖难易程度，土的工程分类可分为(　　)。

A. 三类　　B. 五类　　C. 八类　　D. 六类

15-1-2 开挖后的土经过回填压实后的体积与自然状态土体积的比值是(　　)。

A. 最后可松性系数　　B. 最初可松性系数

C. 中间可松性系数　　D. 土的压缩性系数

15-1-3 在湿度正常的砂土和碎石土中开挖基坑或管沟，可做成直立壁不加支撑的深度是(　　)。

A. ≤0.5m　　B. ≤1.0m　　C. ≤1.5m　　D. ≤2.0m

15-1-4 某基坑深度较大、土质差、地下水位高，宜采用的支护挡墙为(　　)。

A. 土钉墙　　B. 水泥土墙

C. 灌注桩排桩　　D. 型钢水泥土墙

15-1-5 人工降低地下水位施工中，当土的渗透系数很小(k<0.1m/d)时，宜采用(　　)方法降水。

A. 轻型井点　　B. 电渗井点　　C. 喷射井点　　D. 管井井点

15-1-6 下列关于填土施工的表述中，不正确的是(　　)。

A. 不得用淤泥土、强膨胀性土、过盐渍土和有机物含量大于8%的土作为填料

B. 先低后高逐层填筑，下层检验合格后再填上层

C. 不同的填料不应混填

D. 渗透系数大的土料应填在上部

15-1-7 一般人工夯填土，分层填土厚度为(　　)mm。

A. 小于200　　B. 250～300　　C. 200～250　　D. 大于250

15-1-8 影响土方夯实的因素与(　　)无关。

A. 每层填土厚度　　B. 压实遍数

C. 土的渗透性　　D. 土的含水率

15-1-9 以挖作填以及基坑和管沟的回填，运距在60～100m内时，宜选用(　　)。

A. 挖土机　　B. 铲运机

C. 推土机　　D. 装载机

15-1-10 反铲挖土机的挖土特点是(　　)。

A. 前进向上，强制切土　　B. 后退向下，强制切土

C. 后退向下，自重切土　　D. 直上直下，自重切土

15-1-11 由于桩对土体产生挤压，因此打桩时应拟定合理的打桩顺序。以下沉桩顺序表述不正确的是(　　)。

A. 先深后浅　　B. 先大后小、先长后短

C. 先疏后密　　D. 从中间向两侧或向四周对称施行

15-1-12 在河岸淤泥质土层中做直径为500mm的灌注桩时，宜采用的成孔方法是(　　)。

A. 螺旋钻钻孔法　　B. 沉管法　　C. 爆扩法　　D. 人工挖孔法

第二节　钢筋混凝土工程与预应力混凝土工程

混凝土结构按施工方法可分为现浇和预制装配两种。前者整体性好、抗震能力强、结构形体灵活，但工期较长、受气候条件影响大。后者构件常在工厂批量生产，具有施工工期短、机械化程度高、劳动强度低、绿色环保程度高等优点，但耗钢量较大，需大型起重运输设备。为了发挥长处，这两种方法在施工中往往兼而有之。

钢筋混凝土工程是由钢筋、模板和混凝土三个分项工程组成，其工艺流程见图 15-2-1。

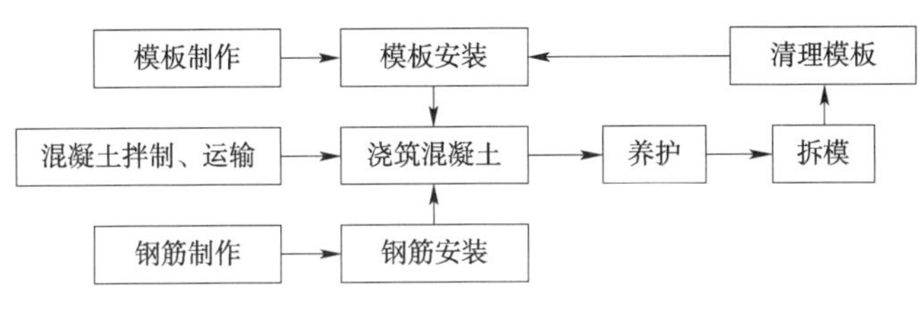

图 15-2-1　钢筋混凝土工程的主要工艺流程图

一、钢筋工程

（一）钢筋的种类

混凝土结构用的普通钢筋，可分为热轧钢筋、热处理钢筋和冷加工钢筋。热轧钢筋包括低碳钢（HPB）、低（微）合金钢（HRB）钢筋；热处理钢筋包括用余热处理（RRB）或晶粒细化（HRBF）等工艺加工的钢筋，该类钢筋强度较高，但强屈比低且焊接性能不佳；冷加工钢筋强度较高但脆性大，已很少使用。热轧或热处理钢筋按屈服强度分为 300MPa、335MPa、400MPa、500MPa 级四个等级，按表面形状分为光圆钢筋和带肋钢筋；直径 12mm 以下的钢筋来料多为盘圆，16mm 以上为直条。

预应力筋按材料类型可分为预应力用钢丝、螺纹钢筋、钢绞线等。螺纹钢筋的屈服强度为 785～1 080MPa；消除应力钢丝和钢绞线为硬钢，无屈服强度，极限强度为 1 570～1 960MPa。

（二）钢筋的检验

钢筋进场时，应检查产品合格证及出厂检验报告等质量证明文件、钢筋外观，并抽样检验力学性能和重量偏差。钢筋外观应全数检查，要求平直、无损伤，表面无裂纹、油污、颗粒状或片状老锈。抽样检验应按国家标准分批次、规格、品种，每 5～60t 抽取 2 根钢筋制作试件，通过试验检验其屈服强度、抗拉强度、伸长率、弯曲性能和重量偏差，检验结果应符合相关标准规定。

抗震结构所用抗震钢筋的实测强屈比不得小于 1.25，屈服强度实测值与标准值之比不大于 1.3，最大作用力下总伸长率不小于 9%。

当施工中发现钢筋脆断、焊接性能不良或力学性能显著不正常等现象时，应对该批钢筋进行化学成分检验或其他专项检验。

（三）钢筋的连接

钢筋的连接方法包括焊接、机械连接和绑扎搭接。连接的一般规定如下：

（1）钢筋的接头宜设置在受力较小处；抗震设防结构的梁端、柱端箍筋加密区内不宜设置接头，且不得进行钢筋搭接。

（2）同一纵向受力钢筋不宜设置两个或两个以上接头。

（3）接头末端至钢筋弯起点的距离不应小于钢筋直径的 10 倍。

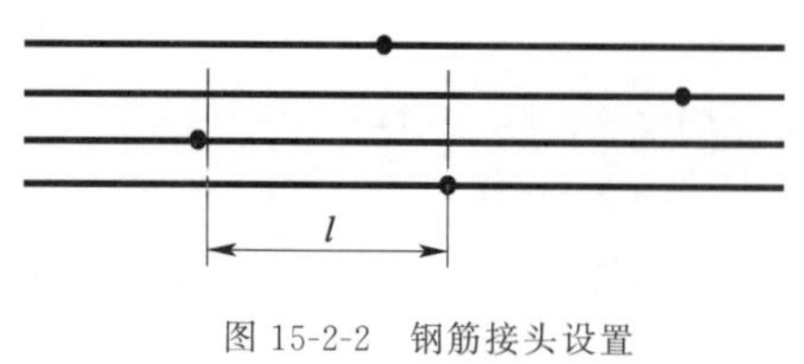

图 15-2-2　钢筋接头设置

注：l 区段内有接头的钢筋面积按两根计

(4)钢筋接头位置宜相互错开。当采用焊接或机械连接时，在同一连接区段(长为 35 倍钢筋直径且不小于 500mm)内，受拉接头的面积百分率不应大于 50%(图 15-2-2)；受压接头，或避开框架梁端、柱端箍筋加密区的Ⅰ级机械接头不限。

(5)直接承受动力荷载的结构构件中，不宜采用焊接接头；采用机械连接时，同区段内的接头量不应大于 50%。

1. 焊接连接

钢筋焊接常用方法及适用范围见表 15-2-1。

常用钢筋焊接方法及适用范围　　表 15-2-1

焊接方法		接头形式	适用范围	
			钢筋牌号	钢筋直径(mm)
闪光对焊		d	HPB300 HRB335～500，HRBF335～500 RRB400W	8～22 8～40 8～32
电弧焊	帮条双面焊	2d(2.5d)　2.5　d　4d(5d)	HPB300 HRB335～400，HRBF335～400 HRB500，HRBF500 RRB 400W	10～22 10～40 10～32 10～25
	帮条单面焊	4d(5d)　2.5　d　8d(10d)		
	搭接双面焊	4d(5d)　d	HPB300 HRB335～400，HRBF335～400 HRB500，HRBF500 RRB400W	10～22 10～40 10～32 10～25
	搭接单面焊	8d(10d)　d		
电渣压力焊			HPB300 HRB335～400 HRB500	12～22 12～32 12～32
电阻点焊			HPB300 HRB335～500，HRBF335～400 CRB550	6～16 6～16 3～8

注：接头形式栏中，括号内的数据用于 HRB335～500 钢筋，括号外数据用于 HPB300 钢筋。

焊工必须持证上岗，并经现场焊接工艺试验合格，方可正式焊接。当环境温度低于－5℃时应调整焊接参数或工艺，低于－20℃时不得进行焊接，雨、雪及大风天气应采取遮挡措施。直径大于 28mm 的热轧钢筋及细晶粒钢筋的焊接参数应经试验确定，余热处理钢筋不宜焊接。

(1)闪光对焊

它是在对焊机上,将两接触的钢筋通以低电压的强电流,闪光熔化后,轴向加压顶锻使两钢筋焊接到一起的压焊方法。该法焊接质量好、适用范围广、价格低廉,用于粗钢筋下料前的接长或制作闭口箍筋。焊接工艺有连续闪光焊、预热闪光焊和闪光—预热闪光焊三种。

(2)电弧焊

它是利用弧焊机使焊条与焊件之间产生高温电弧,熔化焊条和焊件金属,待其凝固后便形成焊缝或接头。电弧焊广泛用于各种钢筋接头、钢筋骨架、钢筋与钢板的焊接及结构安装的焊接。钢筋接头的常用形式有搭接焊、帮条焊、剖口焊等。

(3)电渣压力焊

电渣压力焊是利用强电流将埋在焊药中的两钢筋端头熔化,然后施加压力使其熔合。用于柱、墙等竖向钢筋的接长。它比电弧焊工效高、成本低、质量好。

(4)电阻点焊

电阻点焊是利用钢筋交叉点电阻较大,在通电瞬间受热而熔化,并在电极的压力下焊合。用于钢丝或较细钢筋的交叉连接,常用来制作钢筋骨架或网片。

2.机械连接

钢筋机械连接是利用与连接件的咬合作用来传力的连接方法。具有接头强度高(可与母材等强),不受气候及环境条件影响、无火灾隐患等优点,可用于柱、梁、板、墙等构件的竖向、水平或任何倾角的粗钢筋连接。常用机械连接方法有冷挤压连接和螺纹连接。

(1)冷挤压连接

它是将两根待连接的钢筋插入套筒,再利用千斤顶挤压,使套筒变形而与钢筋咬合将两钢筋连接在一起的一种连接方法(见图15-2-3)。该方法只能连接带肋钢筋,且直径16mm以上。由于所用套筒大且对钢材要求高,故价格高。

(2)螺纹连接

螺纹连接是采用专用设备将钢筋端部做出螺纹,拧入套筒而连接的一种连接方法。包括锥螺纹(基本淘汰)、镦粗直螺纹和滚轧直螺纹连接。滚轧直螺纹(见图15-2-4)是用机床的滚轮将钢筋端部轧出直径相同的螺纹丝扣,利用钢材"变形硬化"的特性,使接头与母材等强,该方法施工速度快、费用低,可用于直径16mm以上的光圆、带肋钢筋连接,应用广泛。

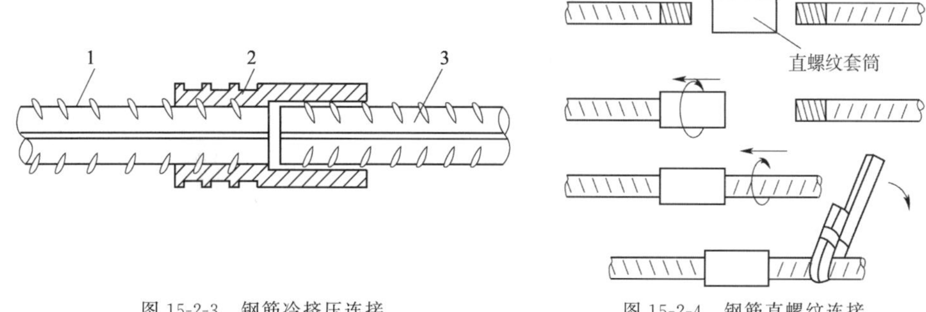

图15-2-3　钢筋冷挤压连接

1-已挤压的钢筋;2-钢套筒;3-待挤压的钢筋

图15-2-4　钢筋直螺纹连接

(四)钢筋的配料和加工

钢筋的配料,就是根据施工图纸,分别计算出各根钢筋切断时的直线长度,然后编制配料单。为了加工方便,根据配料单上的钢筋编号,分别填写配料牌,作为钢筋加工的重要依据。

施工中如供应的钢筋品种和规格与设计图纸要求不符时,可以进行代换。钢筋代换的方法有以下三种：

(1)当结构构件是按强度控制时，可按强度相等的原则代换，称“等强代换”，即

$$A_{g2} \cdot R_{g2} \geqslant A_{g1} \cdot R_{g1} \tag{15-2-1}$$

式中：A_{g1}、R_{g1}——分别为原设计钢筋的计算面积和设计强度；

A_{g2}、R_{g2}——分别为拟代换钢筋的计算面积和设计强度。

(2)当构件按最小配筋率控制时，可按钢筋面积相等的原则代换，称“等面积代换”，即

$$A_{g2} \geqslant A_{g1} \tag{15-2-2}$$

(3)当结构构件按裂缝宽度或抗裂性要求控制时，钢筋的代换需进行抗裂性验算。

钢筋加工包括调直、除锈、下料剪切、接长、弯曲等工作。预制构件的吊环，必须采用HPB300级钢筋制作，严禁用其他钢筋代换。对重要构件，不得用光圆钢筋代换带肋钢筋。

钢筋工程属于隐蔽工程，在浇筑混凝土前应对钢筋及预埋件进行验收，并做好隐蔽工程记录。

二、模板工程

模板是新浇混凝土成型用的模型，要求能保证结构和构件的形状、尺寸的准确；具有足够的承载力、刚度和整体稳定性；拆装方便，能多次周转使用；接缝严密、不漏浆。

(一)模板的种类

1.木模板

木模板主要由拼板和支撑件组成。拼板由一些板条用拼条钉拼而成，板条厚度一般为25～50mm，宽度不宜超过200mm，以保证干缩时，模板的缝隙均匀，浇水后易于密缝。但梁的底模板板条宽度不限制，以免漏浆。拼板的拼条一般平放，但梁的侧模板拼条则应立放。拼条的间距取决于新浇混凝土的侧压力和板条的厚度，多为400～500mm。浇混凝土前对木模板要浇水湿润。

2.定型组合模板

定型组合模板是一种工具式模板，它由具有一定模数的小型板块、角模、支撑和连接件组成，有多种规格。用它可以拼出多种尺寸和几何形状，以适应多种类型建筑物的梁、柱、板、墙、基础和设备基础等施工的需要。另外，也可用它拼成大模板、隧道肋高模和台模不同等。按材料分为钢、铝、塑料及钢框胶合板模板，按肋高分为不同系列。

3.大模板

大模板是一种大尺寸的工具式模板，其尺寸与墙面尺寸相同。因其质量大，装、拆皆需起重机械吊装，但也因此而提高了机械化程度，减少了用工量和缩短了工期，是目前我国筒体和剪力墙体系的高层建筑施工用得最多的一种模板，已形成一种工业体系。

4.滑升模板

滑升模板即是在构筑物或建筑物的底部，沿其墙、柱、梁等构件的周边组装高1.2m左右的滑升模板，随着不断地向模板内分层浇筑混凝土，采用液压提升设备而使模板不断地向上滑升，直至需要浇筑的高度为止。

滑升模板由模板系统、操作平台系统和液压滑升系统三部分组成。

滑升模板多用于现场浇筑高耸的构筑物和建筑物，如烟囱、筒仓、电视塔和剪力墙体系及筒体体系的高层建筑等。用滑升模板施工，可大量节约模板和支撑材料，加快施工速度和保证结构的整体性。但一次性投资多，耗钢量大，对建筑的立面造型和构件断面变化有一定的限制。

5.爬升模板

爬升模板简称爬模。它由爬升模板、爬架和爬升设备三部分组成，是施工剪力墙体系和筒

体体系的钢筋混凝土结构高层建筑的一种有效模板体系。由于模板能借助爬升设备自行爬高，不需起重机械吊起，减少了吊运工作，能避免大模板因大风影响而停止工作的情况发生。由于自爬的模板上悬挂有脚手架，所以还省去了结构施工阶段的外脚手架。但用爬升模板施工时，底层墙由于无法固定爬架仍需用一般的支撑方法进行施工。

（二）模板的安装与拆除

安装上层模板及支架时，下层楼板应具有足够的承载能力，否则应加设支撑。梁、板模板支架下应设垫板，并采取纵横拉杆、斜撑等防倾覆措施；跨度大于等于4m的梁、板模板必须起拱，跨中的起拱高度应为跨度的1‰～3‰。

模板拆除时，可采取先支的后拆、后支的先拆，先拆非承重模板、后拆承重模板的顺序，并应从上而下进行拆除。现浇钢筋混凝土拆模时应符合下列规定：

（1）侧模应在混凝土强度能保证其表面及棱角不受损伤后，方可拆除。

（2）底模及支架应在同条件养护的试件满足如下要求后方可拆除：跨度小于等于2m的板，应达到设计强度等级值的50％以上；跨度2～8m的板和跨度小于等于8m的梁、拱、壳，应达到75％；跨度大于8m的梁、板、拱、壳以及任何跨度悬臂的构件，应达到100％。

（3）后张法施工的预应力混凝土构件，侧模宜在张拉前拆除，底模应在张拉后拆除。

三、混凝土工程

混凝土工程包括混凝土的制备、运输、浇筑捣实和养护等施工过程。

（一）混凝土的制备

1.混凝土施工配制强度的确定

混凝土制备前应先确定混凝土的施工配制强度，以使混凝土成品的强度保证率达到95％以上。

（1）对低于C60的混凝土：

$$f_{cu,o}=f_{cu,k}+1.645\sigma \tag{15-2-3}$$

式中：$f_{cu,o}$——混凝土的施工配制强度（MPa）；

$f_{cu,k}$——设计的混凝土强度标准值（MPa）；

σ——施工单位的混凝土强度标准差（MPa）。

当施工单位具有近期混凝土强度的统计资料时，σ可按下式计算

$$\sigma=\sqrt{\frac{\sum f_{cu,i}^2-n\mu_{fcu}^2}{n-1}} \tag{15-2-4}$$

式中：$f_{cu,i}$——第i组混凝土试件强度（MPa）；

μ_{fcu}——n组混凝土试件强度的平均值（MPa）；

n——统计周期内相同混凝土强度等级的试件组数，$n\geqslant 30$。

当混凝土强度等级为C30及其以下时，如计算得到的$\sigma<3.0$MPa时，取$\sigma=3.0$MPa。当混凝土强度等级高于C30且低于C60时，如计算得到的$\sigma<4.0$MPa，则取$\sigma=4.0$MPa。

当没有近期的同品种混凝土强度资料时，对C20及以下的混凝土，取$\sigma=4.0$MPa；对C25～C45的混凝土，取$\sigma=5.0$MPa；对C50～C55的混凝土，取$\sigma=6.0$MPa。

（2）对不低于C60的混凝土：$f_{cu,o}\geqslant 1.15f_{cu,k}$。

2.混凝土的搅拌

（1）混凝土搅拌机的选择

混凝土搅拌机按搅拌原理划分，可分为自落式搅拌机和强制式搅拌机。

自落式搅拌机宜用于搅拌塑性混凝土，强制式搅拌机宜用于搅拌干硬性混凝土、轻骨料混凝土、高性能混凝土等各种混凝土。

(2)混凝土搅拌制度的确定

搅拌制度即搅拌时间、投料顺序和进料容量等规章。

搅拌时间是指自原材料全部投入搅拌筒时起，到开始卸料时止所经历的时间。它与搅拌质量密切相关。它随搅拌机的类型和出料量、混凝土坍落度的不同而变化，但最短不小于60s。

投料顺序常用的有一次投料法和两次投料法。一次投料法是在上料斗中先装石子，再加水泥和砂，然后一次投入到搅拌机内。两次投料法亦称“裹砂石法混凝土搅拌工艺”。它是分两次加水，两次搅拌。用这种工艺搅拌时，先将全部的石子、砂和70%的拌和水倒入搅拌机，拌和15s使骨料湿润，再倒入全部水泥进行造壳搅拌30s左右，然后再加入30%的拌和水再进行糊化搅拌60s左右即完成。与普通搅拌工艺相比，该工艺可使混凝土强度提高10%～20%或节约水泥5%～10%。

进料容量是将搅拌前各种材料的体积积累起来的容量，如任意超载，就会使材料在搅拌筒内无充分的空间进行掺和，影响混凝土拌合物的均匀性。

(二)混凝土的运输

对混凝土拌合物运输的基本要求是：不产生离析现象，保证规定的坍落度和在混凝土初凝之前能有充分时间进行浇筑和捣实。

混凝土运输工作分为地面运输、垂直运输和楼面运输三种情况。混凝土地面运输，如采用商品混凝土，运输距离较远时，多采用混凝土搅拌运输车。混凝土如来自工地搅拌站，则多用载重约1t的小型机动翻斗车，近距离亦可用双轮手推车等。混凝土垂直运输，我国多用塔式起重机、混凝土泵、快速提升斗和井架。混凝土楼面运输，我国以双轮手推车为主，亦用机动灵活的小型机动翻斗车。采用泵送混凝土时，则用布料杆布料。

(三)混凝土的浇筑和捣实

1.混凝土浇筑应注意的问题

(1)防止离析：普通混凝土浇筑的倾落高度，当骨料粒径在25mm及以下时，不得超过6m；骨料粒径大于25mm时，不得超过3m，否则应沿串筒、斜槽、溜管或振动溜管等下料。

(2)正确留置施工缝：混凝土结构多要求整体浇筑，如因技术或组织上的原因不能连续浇筑时，且停顿时间有可能超过混凝土的初凝时间，则应事先确定在适当位置上留置施工缝。施工缝是结构中的薄弱环节，宜留设在受剪力最小、施工方便的部位。

施工缝的处理：待接槎处强度达到1.2MPa后，清理松动石子，冲洗干净，先浇筑与混凝土浆液成分相同的砂浆一层，方可继续施工新的混凝土。

2.混凝土的浇筑方法

(1)现浇多层钢筋混凝土框架结构的浇筑：浇筑柱子时，一个施工段内的每排柱子应由外向内对称地浇筑，不要由一端向另一端推进，预防柱子模板逐渐受推倾斜而导致误差积累难以纠正。在一般情况下，梁和板同时浇筑，从一端开始向前推进。只有当梁的高度大于1m时才允许将梁单独浇筑，此时的施工缝留在楼板板面下20～30mm处。为保证捣实质量，混凝土应分层浇筑，每层厚度应符合有关规定。

(2)大体积钢筋混凝土结构浇筑：为保证结构的整体性，大体积钢筋混凝土的浇筑方案，有全面分层、分段分层和斜面分层三种。全面分层用于面积较小的大体积混凝土，面积大时常用斜面分层，也可用分段分层。应根据结构物的具体尺寸、捣实方法和混凝土的供应能力，通过计算选择浇筑方案。此外,对大体积混凝土还需采用多种控温措施,避免开裂。

(3)水下浇筑混凝土:水下或泥浆中浇筑混凝土,目前多用导管法。

3.混凝土的密实成型

混凝土拌合物浇筑之后,需经密实成型才能赋予混凝土制品或结构一定的外形和内部结构。另外,强度、抗冻性、抗渗性、耐久性等皆与密实成型的好坏有关。在建筑施工中,多借助于机械振动、挤压、离心等方式使混凝土拌合物密实成型。

振动机械按其工作方式分为内部振动器、表面振动器、外部振动器和振动台。

内部振动器又称插入式振动器,其振动棒体在电动机带动下高速转动而产生高频微幅的振动,多用于振实梁、柱、墙、厚板和大体积混凝土结构等。

表面振动器又称平板振动器,它在混凝土表面进行振捣,适用于楼板、地面等薄型构件。

外部振动器又称附着式振动器,它固定在模板的外部,通过模板将振动传给混凝拌合物,宜于振捣断面小且钢筋密的构件。

振动台是混凝土制品厂中的固定生产设备,用于振实预制构件。

4.混凝土养护

此处指混凝土的自然养护。自然养护分洒水养护和喷涂薄膜养生液养护两种。洒水养护即用草帘等将混凝土覆盖,经常洒水使其保持湿润,养护时间长短取决于水泥品种。喷涂薄膜养生液养护适用于不易洒水养护的高耸构筑物和大面积混凝土结构。它是将过氯乙烯树脂塑料溶液用喷枪喷涂在混凝土表面上,溶液挥发后在混凝土表面形成一层塑料薄膜,将混凝土与空气隔绝,阻止其中水分的蒸发以保证水化作用的正常进行。

浇筑完的混凝土应及时洒水养护,在日最低温度低于5℃时,不得洒水养护。自然养护时间,普通硅酸盐水泥和矿渣水泥不少于7d,抗渗混凝土、C60以上的混凝土要求不少于14d。

5.混凝土质量的检查

为了保证混凝土的质量,在搅拌和浇筑过程中,应检查混凝土组成材料的质量和用量,并在搅拌和浇筑地点检查混凝土坍落度。上述检查在每一工作班内至少两次,如混凝土配合比有变动时,还应及时检查。

对施工完毕的混凝土,应作出最后鉴定。其内容除检查混凝土的外观质量外,主要是检查混凝土抗压强度。对于特殊混凝土,还应按设计要求进行抗冻、抗渗和耐腐蚀等特殊性能的检查。

混凝土的外观检查,主要检查表面有无蜂窝、麻面、裂缝、露筋、脱皮掉角等缺陷和几何尺寸是否正确。

为了确定混凝土是否能达到设计强度等级,确定结构和构件能否拆模、起吊,以及预应力筋张拉和放松的时间等,在浇筑过程中,应该用同样的混凝土制作一批试块,分别在标准条件及与构件相同的条件下进行养护,经过一定时间后进行检验试压。标准条件下养护28d的试块用来评定混凝土是否达到设计强度等级;而用与构件相同条件下养护的试块来确定构件当时的实际强度,以判断能否拆模、张拉、起吊和承受施工荷载。

(四)混凝土的冬期施工

气象资料显示,室外日平均气温连续5d稳定低于5℃时,混凝土就进入冬季施工。混凝土冬季施工的核心是使其达到受冻临界强度之前,不遭受冻害。受冻临界强度是指混凝土遭受冻害,后期强度损失在5%以内的预养护强度值。普通硅酸盐水泥配制的混凝土,其临界强度定为混凝土设计强度等级值的30%,矿渣硅酸盐水泥配制的混凝土为40%。

混凝土的冬季施工方法主要有蓄热法、蒸气加热法、电热法、暖棚法和掺外加剂法。无论采用什么方法，均应保证混凝土在冻结前达到受冻临界强度。

蓄热法是常用的方法，首先要将水和骨料加热，或采用热拌混凝土，使混凝土在搅拌、运输和浇筑过程中不致受冻，且出机温度不低于 10℃、入模温度不低于 5℃。应优先采用加热水的方法，只有当水加热至允许的温度而热量尚不能满足时，才考虑对砂石骨料加热。水及骨料的加热温度应根据热工计算确定，但不得超过表 15-2-2 的规定。

拌和水及骨料最高温度(单位:℃)　　表 15-2-2

项　目	拌和水	集　料
强度等级小于 42.5 的普通水泥、矿渣水泥	80	60
强度等级等于及大于 42.5 的普通水泥、矿渣水泥	60	40

配制冬期混凝土，应选用硅酸盐水泥或普通硅酸盐水泥，水泥强度等级不应低于 32.5，最小水泥用量每立方米混凝土不少于 280kg，水胶比不应大于 0.55。混凝土搅拌时间要比常温下规定的时间增加 50%，使其拌制均匀和传热均匀。

【例 15-2-1】 影响混凝土受冻临界强度的因素是：

A. 水泥品种　B. 骨料粒径　C. 水灰比　D. 构件尺寸

解 影响混凝土受冻临界强度的因素是水泥品种，不同水泥品种的强度增长速度不同，水化反应产生的水化热不同，直接影响混凝土的温度及早期强度。

答案：A

【例 15-2-2】 冬季施工时，混凝土的搅拌时间应比常温搅拌时间：

A. 缩短 25%　B. 缩短 30%　C. 延长 50%　D. 延长 75%

解 冬季施工时，天气冷，热水拌水泥不容易拌制均匀，因此需要比常温搅拌时间延长 50%，使得各种材料温度融合、拌制均匀。

答案：C

【例 15-2-3】 混凝土施工缝宜留置在：

A. 结构受剪力较小且便于施工的位置　B. 遇雨停工处

C. 结构受弯矩较小且便于施工的位置　D. 结构受力复杂处

解 因施工缝处粗骨料不能相互嵌固，大大影响了混凝土的抗剪强度，故《混凝土结构工程施工规范》(GB 50666—2011)第 8.6.1 条规定：施工缝和后浇带宜留设在结构受剪力较小且便于施工的位置。

答案：A

四、钢筋混凝土预制构件制作

尺寸和质量大的构件，可在施工现场就地制作，以避免繁重的运输。定型化的中小型构件，则应发挥工厂化生产的优点在预制厂(场)制作。

施工现场就地制作构件，为节省模板材料，可用土胎膜或砖胎膜，还可安装活动底板，用分节脱模法加速模板周转。为节约底模板，或场地狭小，屋架、柱子等大型构件可平卧叠浇，即利用已预制好的构件作底模板，沿构件两侧安装侧模板再浇上层构件混凝土。上层构件的构件模板安装和混凝土浇筑，需待下层构件混凝土强度达到 5MPa 后方可进行。

现场制作空心构件，为形成孔洞，除用内模外，还可用胶囊充以压缩空气作内模，待混凝土初凝后，将胶囊放气抽出，便形成圆形等孔洞。胶囊内的气压根据气温、胶囊尺寸和施工外力而定，以保证几何尺寸准确。

预制厂制作构件的工艺方案，根据成型和养护不同，有以下三种方案。

（一）台座法

台座是表面光滑平整的混凝土地坪、胎膜或混凝土槽。构件的成型、养护和脱模等生产过程都在台座上的同一地点进行。构件在整个生产过程中固定在一个地方，而操作工人和生产机具是顺序地从一个构件移至另一个构件，来完成各项生产过程。

用台座法生产构件，设备简单，投资少；但占地面积大，机械化程度较低，生产受气候影响。设法缩短台座的生产周期是提高生产效率的重要手段。

（二）机组流水法

此法在车间内生产，将整个车间根据生产工艺的要求划分为几个工段，每个工段皆配备相应的工人和机具设备，构件成型、养护、脱模等生产过程分别在有关的工段循序完成。生产时，构件随同模板沿着工艺流水线，借助于起重运输设备，从一个工段移至下一个工段，分别完成各有关的生产过程，而操作工人的工作地点是固定的。构件随同模板在各工段停留的时间长短可以不同。此法比台座法效率高，机械化程度较高，占地面积小；但建厂投资较大，生产过程中运输繁忙，宜于生产定型的中小型构件。

（三）传送带流水法

用此法生产，模板在一个呈封闭环形的传送带上移动，生产工艺中的各个生产过程（如清理模板、涂刷隔离剂、排放钢筋、预应力筋张拉、浇筑混凝土等）都是在沿传送带循序分布的各个工作区中进行。生产时，模板沿着传送带有节奏地从一个工作区移至下一个工作区，则各工作区要求在相同的时间内完成各自的有关生产过程，以保证有节奏连续生产。此法是目前最先进的工艺方案，生产效率高，机械自动化程度高；但设备复杂，投资大，宜于大型预制厂大批量生产定型构件。

五、预应力混凝土工程

普通钢筋混凝土构件受力后，由于混凝土抗拉极限应变值只有 0.000 1～0.000 15，如果要保证混凝土不开裂，则受拉钢筋的应力只能达到 20～30MPa，即使构件允许出现裂缝，当裂缝的宽度限制在 0.2～0.3mm 时，受拉钢筋的应力也只能达到 150～250MPa。为了克服普通钢筋混凝土构件过早出现裂缝这一缺点，充分发挥高强材料的作用，可采用对钢筋混凝土施加预应力的方法。即在构件的受拉区域，利用钢筋的回弹力，对混凝土预先施加压应力，使混凝土产生一定的压缩变形。当构件受力后，受拉区混凝土的拉伸变形首先由压缩变形抵消，然后随着外力的增加混凝土才继续被拉伸，这就延缓了裂缝的出现。通过合理设计和精心施工，能使构件在使用荷载作用下不出现裂缝。这种施加预应力的混凝土，叫预应力混凝土。它比普通钢筋混凝土构件的截面小、质量轻、刚度大、抗裂性和耐久性好，能节约材料、降低造价，并能扩大预制装配程度，因而，在建筑工程中得到了广泛应用。

预应力混凝土的施工工艺有先张法、后张法、后张自锚法和电热法。这里仅讨论先张法和后张法施工。

（一）先张法

先张法是在浇筑混凝土构件之前，张拉预应力筋，将其临时锚固在台座或钢模上，然后浇筑混凝土构件，待混凝土达到一定强度（一般不低于混凝土强度标准值的 75%）并使预应力筋与混凝土之间有足够黏结力时，放松预应力筋，预应力筋弹性回缩，借助混凝土与预应力筋之间的黏结，对混凝土施加了预压应力。

用台座法施工时（见图 15-2-5），预应力筋的张拉、锚固，混凝土构件的浇筑、养护和预应力筋的放松等工序皆在台座上进行，预应力筋的张拉力由台座承受。

先张法施工工艺有预应力筋的张拉、混凝土的浇筑与养护和预应力筋的放松。

1.预应力筋的张拉

张拉时的控制应力按设计确定。张拉后实际预应力值的偏差不得大于或小于规定值的5%，张拉程序可按下列程序之一进行：$0 \longrightarrow 105\%\sigma_{con} \xrightarrow{持荷2min} \sigma_{con}$ 或 $0 \longrightarrow 103\%\sigma_{con}$。其中，$\sigma_{con}$ 为预应力筋的张拉控制应力。前者通过超张拉并保持2min，使钢筋的松弛变形基本完成来减少钢筋松弛造成的预应力损失；后者是储存3%的控制应力，以弥补松弛预应力损失。

预应力筋的张拉控制应力，不得超过表15-2-3的规定。当有下列情况之一时，可比表15-2-3的规定提高 $0.05f_{ptk}$：

(1)为提高构件在施工阶段的抗裂性能而在使用阶段受压区内设置的预应力筋；

(2)为部分抵消由于应力松弛、摩擦、钢筋分批张拉，以及预应力筋与张拉台座之间的温差等因素产生的预应力损失。

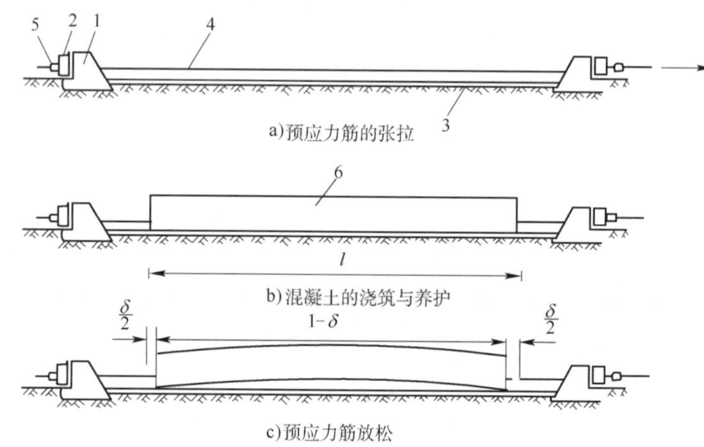

图15-2-5 先张法生产示意图

1-台座承力结构；2-横梁；3-台面；4-预应力筋；5-夹具；6-构件

预应力筋张拉控制应力 σ_{con} 限值 表15-2-3

钢筋种类	张拉控制应力 σ_{con} 限值
消除应力钢丝、钢绞线	$0.4f_{ptk} < \sigma_{con} \leq 0.80f_{ptk}$
中强度预应力钢丝	$0.4f_{ptk} < \sigma_{con} \leq 0.75f_{ptk}$
预应力螺纹钢筋	$0.5f_{pyk} < \sigma_{con} \leq 0.90f_{pyk}$

注：f_{ptk} 指预应力筋极限强度标准值；f_{pyk} 指预应力螺纹钢筋屈服强度标准值。

张拉时，为避免台座承受过大的偏心压力，应先张拉靠近台座截面重心处的预应力筋。张拉完毕，预应力筋对设计位置的偏差不得大于5mm，也不得大于构件截面最短边长的4%。

在浇混凝土前，对于断裂、滑脱的预应力筋必须更换。

多根同时张拉的钢丝，应抽查钢丝的应力值，其偏差不得大于或小于按一个构件全部钢丝预应力总值的5%。

2.混凝土的浇筑与养护

确定预应力混凝土的配合比时，应尽量减小混凝土的收缩和徐变。

混凝土振捣密实时，振动器不应碰撞钢丝，混凝土未达到一定强度前，不允许碰撞或踩动钢丝。

当预应力混凝土进行湿热养护时，应采取正确的养护制度以减少由于温差引起的预应力损失。

3.预应力筋的放松

混凝土强度达到设计规定的数值（一般不小于混凝土标准强度的75%）后，才可放松预应力筋。过早放松会由于预应力筋的回缩而引起较大的预应力损失。预应力筋的放松应根据配筋情况和数量，选用正确的方法和顺序，否则会引起构件翘曲、开裂和预应力筋断裂等现象发生。

（二）后张法

构件或块体制作时，在放置预应力筋的部位预先留设孔道（或放置无黏结预应力筋），待混凝土达到规定强度后，孔道内穿入预应力筋，用张拉机具夹持预应力筋，并将其张拉至设计规定的控制应力，然后借助锚具，将预应力筋锚固在构件端部，最后进行孔道灌浆（亦有不灌浆者）和封端处理，这种方法称为后张法。

后张法施工工艺有孔道留设、预应力筋张拉和孔道灌浆（无黏结预应力筋除外）三部分。

1.孔道留设

孔道留设是后张法构件制作中的关键工艺之一。孔道直径取决于预应力筋和锚具。孔道留设方法有钢管抽芯法、胶管抽芯法和预埋波纹管法，后两种方法可用于曲线形孔道。

(1)钢管抽芯法：预先将钢管埋设在模板内孔道位置处，在混凝土浇筑过程中和浇筑之后，每间隔一段时间慢慢转动钢管，使之不与混凝土黏结，待混凝土初凝后、终凝前抽出钢管，即形成孔道。

(2)胶管抽芯法：胶管有五层或七层夹布胶管和钢丝网胶管两种。前者质软，用间距不大于0.5m的钢筋井字架固定位置，浇筑混凝土前，先往胶管内充入0.6～0.8MPa的压缩空气或压力水，待浇筑的混凝土初凝后，放出压缩空气或压力水，管径缩小而与混凝土脱离，便于抽出。后者质硬，留孔的方法与钢管一样，只是浇筑混凝土后不需转动，由于其具有一定的弹性，抽管时在拉力作用下断面缩小易于拔出。胶管应待混凝土终凝后(200℃h)拔出。

(3)预埋波纹管法：波纹管为特制的带波纹的金属管或塑料管，与混凝土有良好的黏结力。波纹管不再抽出，用间距不大于0.8m的钢筋井字架予以固定。该法施工方便、张拉阻力小，适合现场施工。

2.预应力筋张拉

张拉预应力筋时，构件混凝土的强度应满足设计规定和锚具要求，且同条件养护试件的抗压强度不低于设计等级值的75%。

后张法预应力筋的张拉应注意下列问题：

(1)对配有多根预应力筋的构件，不可同时张拉时，只能分批、对称地进行张拉。

(2)对平卧叠浇的预应力混凝土构件，上层构件的重力产生的水平摩阻力，会影响下层构件在预应力筋张拉时混凝土弹性压缩的自由变形，待上层构件起吊后，由于摩阻力影响消失会增加混凝土弹性压缩的变形，从而引起预应力损失，因此，张拉应从上至下进行且逐层加大张拉力来弥补该预应力损失。但顶、底构件的应力差不得超过5%，不能满足时应进行二次补强。

(3)为减少预应力筋与预留孔孔壁摩擦而引起的损失，对长度大于20m的曲线形预应力筋和长度大于35m的直线形预应力筋宜在两端张拉；对较短的预应力筋，可在一端张拉。对无黏结预应力筋，当其长度大于40m时宜两端张拉。

3.孔道灌浆

预应力筋张拉后，应随即进行孔道灌浆。灌浆宜用强度等级不低于32.5的普通硅酸盐水泥调制的水泥浆，其强度不宜低于30MPa，且应有较大的流动性和较小的干缩性、泌水性。水灰比不应大于0.45。

【例 15-2-4】 现浇框架结构中,厚度为 150mm 的多跨连续预应力混凝土楼板,其预应力施工宜采用:

A. 先张法　　B. 铺设无黏结预应力筋的后张法

C. 预埋螺旋管留孔道的后张法　　D. 钢管抽芯预留孔道的后张法

解　先张法不能用于现浇结构。在多跨连续结构构件中预应力筋需曲线形设置,而楼板较薄,难以留设孔道,故宜采用铺设无黏结预应力筋的后张法施工。

答案:B

【例 15-2-5】 采用钢管抽芯法留设孔道时,抽管时间宜为:

A. 混凝土初凝前　　B. 混凝土初凝后,终凝前

C. 混凝土终凝后　　D. 混凝土达到 30%设计强度

解　混凝土初凝后抽管才能保证所留孔道不塌陷,而终凝后钢管将难以抽出且易拉裂混凝土。故应在混凝土初凝后,终凝前抽管。

答案:B

习　　题

15-2-1　钢筋进场时需进行检验和抽样复验,其内容一般不包括(　　)。

A. 外观　　B. 力学性能　　C. 化学成分　　D. 重量偏差

15-2-2　在钢筋混凝土柱施工中,主筋的焊接通常采用(　　)。

A. 电弧焊　　B. 电阻点焊　　C. 电渣压力焊　　D. 闪光对焊

15-2-3　在钢筋混凝土剪力墙施工中,用得最为普遍的模板形式为(　　)。

A. 组合钢模板　　B. 爬升模板　　C. 大模板　　D. 滑升模板

15-2-4　搅拌干硬性混凝土宜选用(　　)。

A. 双锥式搅拌机　　B. 鼓筒式搅拌机　　C. 自落式搅拌机　　D. 强制式搅拌机

15-2-5　较长距离的商品混凝土的地面运输,宜采用(　　)。

A. 自卸汽车　　B. 混凝土搅拌运输车

C. 小型机动翻斗车　　D. 混凝土泵

15-2-6　为防止混凝土离析,规范规定,普通泵送混凝土浇筑的最大倾落高度不应超过(　　)。

A. 2.0m　　B. 4.0m　　C. 6.0m　　D. 8.0m

15-2-7　浇筑混凝土楼盖时,施工缝应设置在(　　)。

A. 主梁中间 1/3 跨度范围内　　B. 主梁端部 1/3 跨度范围内

C. 次梁中间 1/3 跨度范围内　　D. 次梁端部 1/3 跨度范围内

15-2-8　浇筑多层钢筋混凝土框架结构的柱子时,应(　　)。

A. 一端向另一端推进　　B. 由外向内对称浇筑

C. 由内向外对称浇筑　　D. 任意顺序浇筑

15-2-9　为保证大体积混凝土的整体性,对厚度及面积均较大的基础采用多台设备浇筑时,宜采用的浇筑方案是(　　)。

A. 全面分层　　B. 分段分层　　C. 斜面分层　　D. 局部分层

15-2-10　大体积混凝土的振捣密实,宜选用(　　)。

A. 内部振动器　　B. 表面振动器　　C. 振动台　　D. 外部振动器

15-2-11　某冬季施工工程使用普通硅酸盐水泥拌制的C40混凝土施工，允许混凝土受冻时的最低强度为（　　）。

A. 5N/mm^2　　B. 9N/mm^2　　C. 12N/mm^2　　D. 16N/mm^2

15-2-12　采用先张法制作预应力混凝土管桩时，在放松预应力筋时应（　　）。

A. 同时放松　　B. 从两侧向中间逐根放松

C. 从中间向两侧逐根放松　　D. 从一侧向另一侧逐根放松

15-2-13　后张法施工，当设计无具体要求时，预应力筋可一端张拉的是（　　）。

A. 28m长弯曲孔道　　B. 30m长直线孔道

C. 22m长弯曲孔道　　D. 45m长的无黏结预应力筋

15-2-14　现浇框架结构楼盖预应力张拉时，各种构件的张拉顺序应为（　　）。

A. 主梁→次梁→楼板　　B. 次梁→主梁→楼板

C. 楼板→主梁→次梁　　D. 楼板→次梁→主梁

第三节　结构吊装工程与砌体工程

一、起重安装机械

结构吊装工程常用的起重安装机械有桅杆式起重机、自行杆式起重机和塔式起重机。

（一）桅杆式起重机

桅杆式起重机包括独脚拔杆、人字拔杆、悬臂拔杆和牵缆式拔杆。

（二）自行杆式起重机

自行杆式起重机包括以下几种。

1. 履带式起重机

履带式起重机由行走装置、回转机构、机身及起重杆等部分组成，采用链式履带的行走装置，使对地面的平均压力大为减少，装在底盘上的回转机构可使机身回转360°，机身内部有动力装置、卷扬机及操纵系统。它操作灵活，使用方便，起重杆可分节接长，可在一般平整坚实的场地上负重行驶和进行吊装作业。目前在单层工业厂房装配式结构吊装中得到了广泛使用，但它的缺点是稳定性较差，不宜超负荷吊装。

2. 汽车式起重机

汽车式起重机是把起重机构安装在通用或专用汽车底盘上的全回转起重机。起重杆采用高强度钢板做成筒形结构，吊臂可根据需要自动逐节伸缩，并设有各种限位和报警装置。起重机构所用动力由汽车发动机供给。这种起重机的优点是转移迅速，对路面的破坏性很小；缺点是吊重时必须使用支腿，因而不能负荷行驶，适用于构件运输的装卸工作和结构吊装作业。

3. 轮胎起重机

轮胎起重机是把起重机构装在加重型轮胎和轮轴组成的特制底盘上的全回转起重机械，一般吊重时都用四条支腿支撑。轮胎起重机的特点是：①行驶时对路的破坏性较小，行驶速度比汽车起重机慢，但比履带起重机快；②稳定性较好，起重量较大；③吊重时一般需要支腿，否则起重量大大减小。

(三)塔式起重机

塔式起重机具有竖直的塔身,起重臂安装在塔身的顶部,形成"Γ"形的工作空间,具有较高的有效高度和较大的工作半径,起重臂可回转360°,因此,塔式起重机在多层及高层装配式结构吊装中得到了广泛应用。

1.轨行塔式起重机

该种机型能在轨道上行驶,大大增加了作业范围,但稳定性较差,宜用于高度不超过10层、长度较大的房屋结构吊装。

2.爬升式塔式起重机

爬升式塔式起重机是一种安装在建筑物内部(电梯井或特设开间)的结构上,借助爬升机构,随着建筑物的增高而爬升的起重机械。一般每隔2层楼便爬升一次。这种起重机主要用于高层或超高层建筑施工。

爬升式塔式起重机借助套架托梁和爬升系统钢丝绳进行爬升。采用液压爬升机构的80HC型、120HC型塔式起重机的内爬升过程如图15-3-1所示。

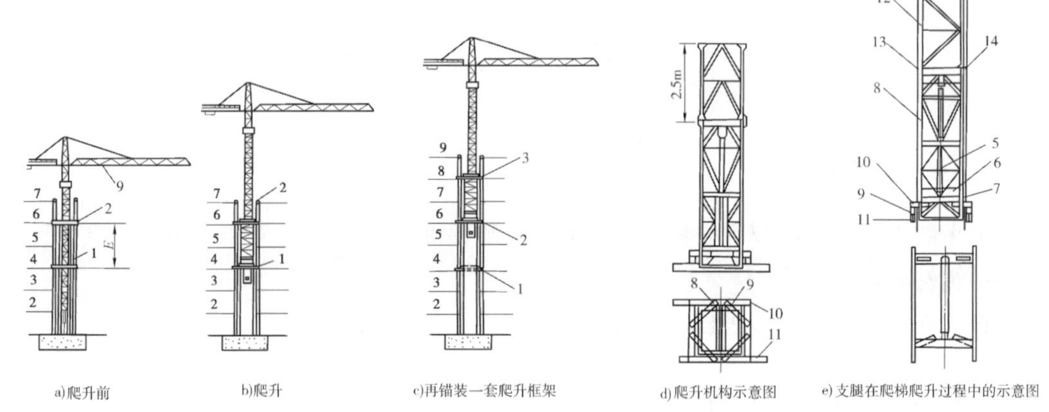

图15-3-1 80HC型、120HC型塔式起重机的内爬升过程

1-下爬升框架;2-上爬升框架;3-爬升框架;4-油缸;5-活塞;6-爬升下横梁;7-支腿;8-爬梯;9-下承重横梁;10-承受垂直力大梁;11-连接建筑结构大梁;12-标准节(2.5m);13-爬升节;14-爬升上横梁;E-上、下爬升框架最小锚固间距

3.附着式塔式起重机

附着式塔式起重机是固定在建筑物近旁混凝土基础上的起重机械,它可借助顶升系统随着建筑施工进度而自行向上接高。为了减小塔身的自由长度,规定每隔20m左右将塔身与建筑物通过附着装置连接起来。这种塔式起重机适用于高层建筑施工。附着式塔式起重机还可以装在建筑物内作为爬升式塔式起重机使用,或作为轨道式起重机使用。QT-10型起重机,每顶升一次升高2.5m,常用的起重臂长30m,此时最大起重力矩为160tm,起重量为5~10t,起重半径为3~30m,起重高度为160m。

QT-10型附着式塔式起重机的液压顶升系统主要包括顶升套架、长行程液压千斤顶、承座、顶升横梁及定位销等。其顶升过程可分为五个步骤,如图15-3-2所示。

二、钢筋混凝土单层工业厂房结构吊装

单层工业厂房的主要承重结构一般由基础、柱、吊车梁、屋架、天窗架、屋面板等组成,除基础在施工现场就地灌筑外,其他多采用装配式钢筋混凝土预制构件。尺寸大、构件重的大型构件一般都在施工现场就地预制,中小型构件都集中在构件预制厂制作,然后运到现场吊装。重型厂房也可采用钢结构。

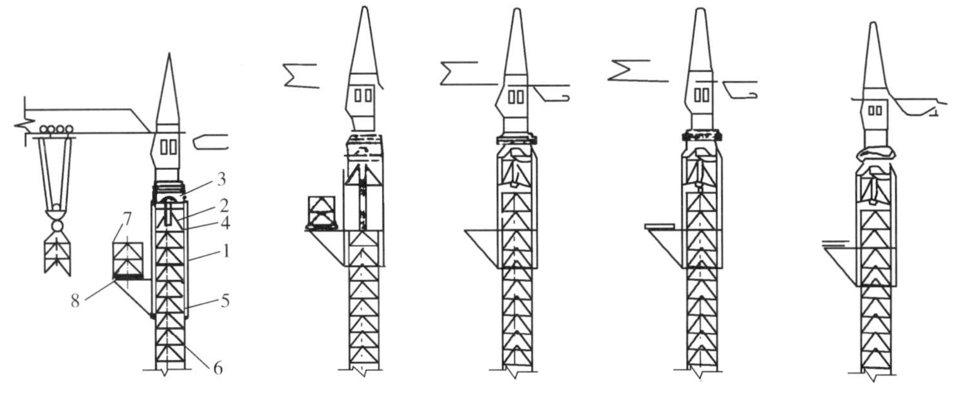

图 15-3-2 QT-10 型附着式塔式起重机的顶升过程

1-顶升套架;2-液压千斤顶;3-承座;4-顶升横梁;5-定位销;6-过渡节;7-标准节;8-摆渡小车

(一)构件吊装前的准备工作

构件吊装前应做好下列准备工作:

(1)场地清理与道路铺设;

(2)吊装前对所有构件进行全面质量复查;

(3)构件弹线与编号,作为构件吊装、对位和校正的依据;

(4)钢筋混凝土杯形基础的准备工作,包括杯口顶面标线及杯底找平;

(5)组织好构件运输和构件的堆放;

(6)构件吊装前的拼装及临时加固。

(二)构件吊装工艺

预制构件吊装过程一般包括绑扎、起吊、对位、临时固定、校正、最后固定等工序。构件吊装时,钢丝绳与水平面的夹角应大于 45°。

1.柱的吊装

(1)柱的绑扎:按柱吊起后柱身是否垂直,分为直吊法和斜吊法。相应的绑扎方法有:①斜吊绑扎法(见图 15-3-3),它绑扎简单,但吊装就位稍难,当柱子的宽面抗弯能力满足吊装要求时,可采用此法;②直吊绑扎法(见图 15-3-4),吊装前要先将柱翻身,再绑扎起吊,易于插入杯口就位。

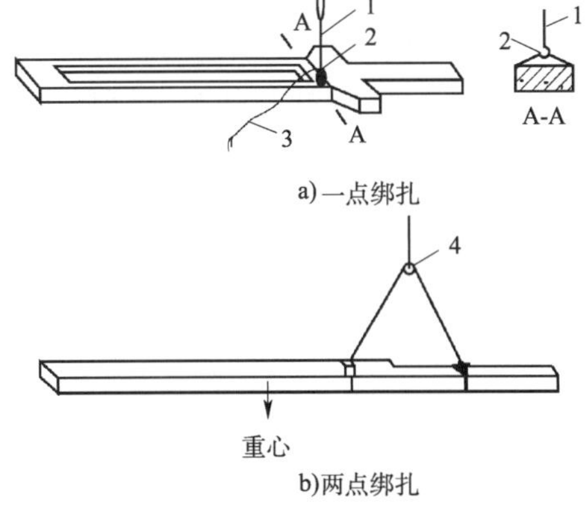

图 15-3-3 斜吊绑扎法

1-吊索;2-活络卡环;3-卡环销拉绳;4-滑车

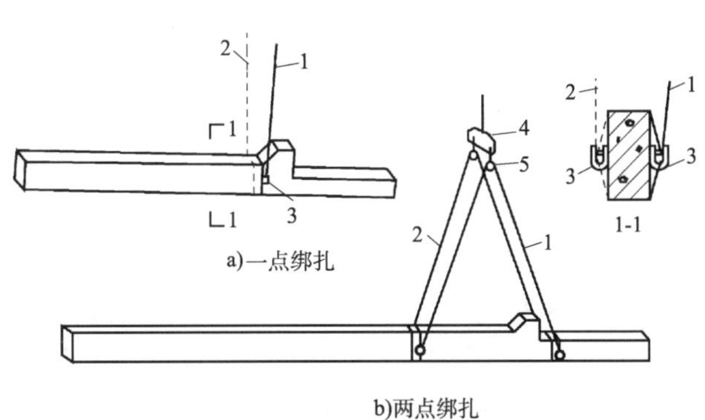

图 15-3-4 直吊绑扎法

1-第一支吊索;2-第二支吊索;3-活络卡环;4-横吊梁;5-滑车

(2)柱的起吊:用单机吊装时,按柱在吊升过程中柱身运动的特点分为旋转法和滑行法两种吊升方法。①旋转法(见图 15-3-5):这种方法是起重机边起钩、边回转起重杆,使柱子绕柱脚旋转而立直,再吊起插入杯口。该法应使柱子的绑扎点、柱脚中心和杯口心三点共弧,该弧的圆心为起重机的回转中心,半径为起重机吊柱的起重半径。柱子堆放时,应尽量使柱脚靠近基础,以提高吊装速度。②滑行法(见图 15-3-6):柱子吊升时,起重机只升吊钩,起重杆不动,使柱脚沿地面滑行逐渐直立,然后插入杯口。采用此法吊升时,柱的绑扎点应布置在杯口附近,并与杯口中心位于起重机同一工作半径的圆弧上,以便移动吊柱就位。

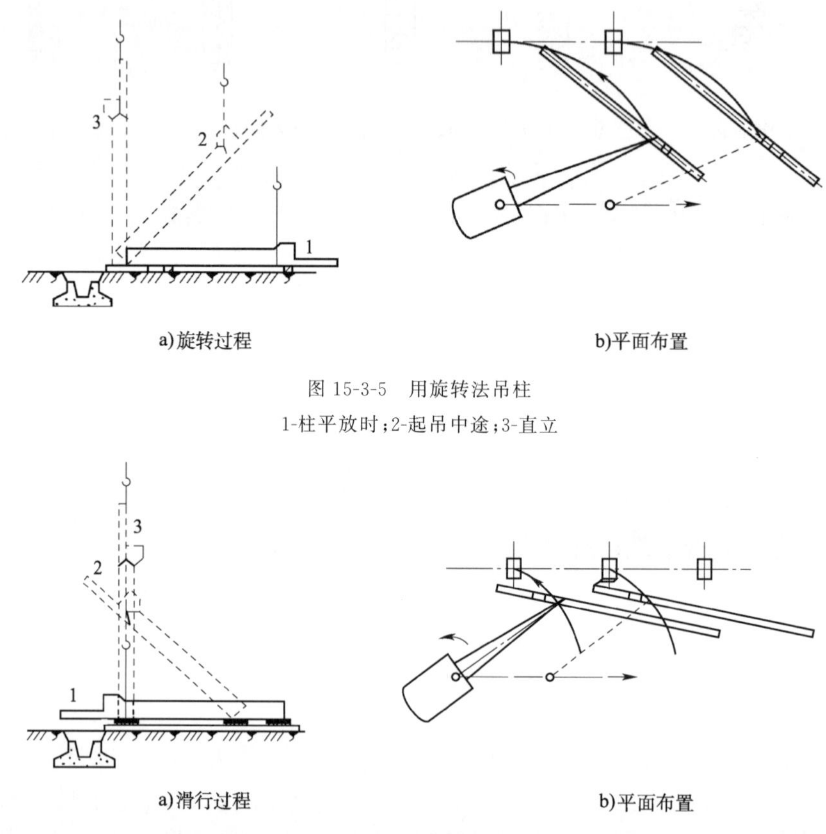

a)旋转过程　　b)平面布置

图 15-3-5　用旋转法吊柱

1-柱平放时;2-起吊中途;3-直立

a)滑行过程　　b)平面布置

图 15-3-6　用滑行法吊柱

1-柱平放时;2-起吊中途;3-直立

(3)柱的对位和临时固定:柱脚插入杯口后,先进行悬空对位,用八只楔块从柱的四边插入杯口,并用撬棍撬动柱脚使柱子的安装中心线对准杯口的安装中心线,使柱身基本保持直立,即可落钩将柱脚放到杯底,并复查对线;随后,由两人面对面地打紧四周楔子加以临时固定。

(4)柱的校正:校正内容包括平面定位轴线的位置、标高和垂直度的校正,主要是垂直度。

(5)柱的最后固定:钢筋混凝土柱的底部四周与基础杯口的空隙之间,分两次浇筑细石混凝土,捣固密实,作为最后固定。

【例 15-3-1】 在柱子吊装时,采用斜吊绑扎法的条件是:

A. 柱平卧起吊时抗弯承载力满足要求

B. 柱平卧起吊时抗弯承载力不满足要求

C. 柱混凝土强度达到设计强度 50%

D. 柱身较长,一点绑扎抗弯承载力不满足要求

解 柱子常常用平卧预制。不进行翻身，直接绑扎为斜吊绑扎法。该法绑扎简单，但由于只能在上表面这一侧有吊索，进行起吊时柱子不可能立直，安装就位时需要牵拉扶正。由于起吊时受力截面高度较小，因此其起吊时的抗弯承载力一定要满足要求。柱吊装时，其混凝土强度不得低于设计强度等级值的75%。一点绑扎与斜吊法绑扎是不同的概念。故选A。

答案：A

2.吊车梁的吊装

吊车梁绑扎时，吊钩应对准重心，起吊后使构件保持水平。吊车梁就位时应缓慢落下，争取使吊车梁中心线与支承面的中心线能一次对准，并使两端搁置长度相等。吊车梁的校正，应在屋盖结构构件校正和最后固定后进行。

3.屋架的吊装

工业厂房的钢筋混凝土屋架，一般在现场平卧叠浇。吊装的施工顺序是：绑扎，扶直就位，吊升、对位，临时固定，校正，最后固定。吊装时，混凝土强度应达到设计强度的100%。

(1)绑扎：屋架的绑扎点，应选在上弦节点处或其附近，对称于屋架的重心，吊点的数目及位置，与屋架的形式和跨度有关，一般由设计确定。吊索与水平面的夹角宜不小于60°，且不应小于45°。

(2)扶直就位：由于屋架在现场平卧预制，吊装前要先翻身扶直。扶直时，屋架部分地改变了构件的受力性质。因此，必要时应采取加固措施。扶直屋架有两种方法：①正向扶直，即起重机位于屋架下弦一边，首先以吊钩对准屋架的上弦中心，收紧吊钩，然后略略起臂使屋架脱模；接着升钩、起臂，使屋架以下弦为轴缓缓转为直立状态；②反向扶直，即起重机位于屋架上弦一边，吊钩对准上弦中心，随着升钩、降臂，使屋架绕下弦转动而直立。

(3)吊升、对位与临时固定：屋架吊至柱顶以上，使屋架的端头轴线与柱顶轴线重合，然后用缆风绳与地面牵拉或用钢管与已固定的屋架连接，进行临时固定，屋架固定稳妥后起重机才能脱钩。

(4)校正、最后固定：屋架主要校正垂直偏差，使其符合规范规定；校正无误后，立即用电焊焊牢作为最后固定。

(三)结构吊装方案

1.起重机型号的选择

一般钢筋混凝土单层工业厂房的结构吊装，多采用自行式起重机。

起重机型号选择取决于起重机的三个工作参数，即起重量Q、起重高度H、起重半径R。它们均应满足结构吊装的要求。

(1)起重量Q

起重机的起重量必须大于所吊装构件的重量与索具重量之和，即

$$Q \geqslant Q_1 + Q_2 \tag{15-3-1}$$

式中：Q——起重机的起重量(t)；

Q_1——构件的重量(t)；

Q_2——索具的重量(t)。

(2)起重高度H(见图15-3-7)

起重机的起重高度必须满足所装构件的吊装高度要求，即

$$H \geqslant h_1 + h_2 + h_3 + h_4 \tag{15-3-2}$$

式中：H——起重机的起重高度(m)，从停机面算起至吊钩中心；

h_1——安装支座表面高度(m)，从停机面算起；

h_2——安装空隙，一般不小于0.3m；

h_3——绑扎点至所吊构件底面的垂直距离(m)；

h_4——索具高度(m)，自绑扎点至吊钩中心的高度。

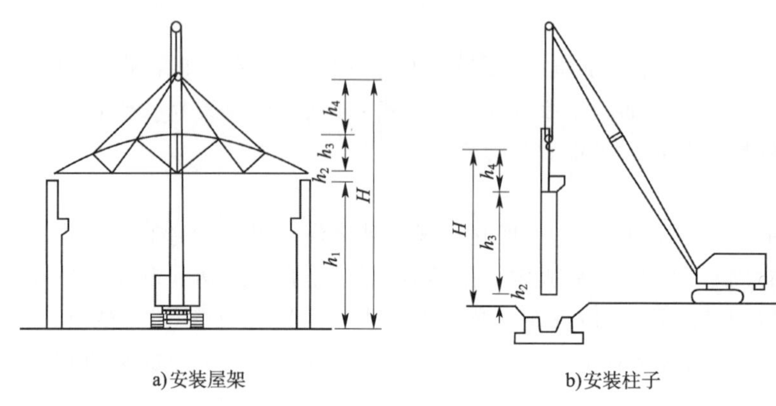

图15-3-7 起重高度计算简图

(3)起重半径 R

当起重机可以不受限制地开到构件安装位置附近时，可不验算起重半径；但是当起重机受到限制不能靠近安装位置时，则应验算起重机的起重半径为一定值时的起重量、起重高度能否满足吊装构件的要求。

2.起重机台数的确定

起重机台数，根据厂房的工程量、工期和起重机的台班产量，按下式确定

$$N=\frac{1}{T\cdot C\cdot K}\sum\frac{Q_i}{P_i} \tag{15-3-3}$$

式中：N——起重机台数；

T——工期；

C——每天工作班数；

K——时间利用系数，一般取0.8～0.9；

Q_i——某种构件的安装工程量(件或t)；

P_i——起重机相应的产量定额(件/台班或t/台班)。

3.结构吊装方法

(1)分件吊装法：起重机每开行一次，仅吊装一种或几种构件的吊装方式，通常分三次开行吊装完全部构件。第一次开行，吊装全部柱，经校正和最后固定；待接头混凝土达到设计强度的70%后，第二次开行，吊装全部吊车梁、连系梁及柱间支撑；第三次开行，依次按节间吊装屋盖系统(包括屋架、天窗架、屋面板及屋面支撑等)。

(2)综合吊装法：起重机在厂房内一间一间地吊装，直至完成。即先吊装一个节间柱子，随后吊装这个节间的吊车梁、连系梁、屋架和屋面板等构件；一个节间的全部构件吊装完后，起重机退至下一个节间进行吊装，直至整个厂房结构吊装完毕。

4.现场预制构件的平面布置和吊装前的构件堆放

(1)现场预制构件的平面布置：单层工业厂房在现场预制的构件主要是柱子和屋架，有时

还有吊车梁。在预制时,应对它们的预制位置仔细加以规划布置,以便于施工。

①柱子的布置有斜向布置和纵向布置两种。

②屋架的布置有斜向布置,以及正、反斜向布置和正、反纵向布置三种,其中以斜向布置方式采用较多。

③吊车梁可靠近柱子基础顺纵轴线或略作倾斜布置,也可插在柱子之间预制。

(2)吊装前构件的堆放:为配合吊装工艺的要求,各种构件在起吊前应按一定要求进行堆放。

三、多层房屋结构吊装

(一)结构吊装方法与吊装顺序

多层装配式框架结构的吊装方法,按构件吊装顺序不同,有分件吊装法和综合吊装法。

1. 分件吊装法

按其流水方式的不同,又分为分层分段流水吊装法和分层大流水吊装法。前者是以一个楼层为一个施工层,而每一个施工层又再划分成若干个施工段,以便流水作业,起重机在某一施工段内作数次往返开行。每次开行,吊装该段内的某一种构件,直至吊完该施工段的全部构件,依次转入后续施工段;后者是每个施工层不再划分施工段而按一个楼层组织各工序的流水。

2. 综合吊装法

它是以一个节间或若干个节间为一个施工段,以房屋的全高为一个施工层来组织各工序的流水。起重机把一个施工段的构件吊装至房屋的全高,然后转移到下一个施工段。

(二)构件的平面布置与堆放

多层房屋的预制构件,除较重、较长的柱子需在现场就地预制外,其他构件大多数在工厂集中预制后运入工地吊装。因此,构件的平面布置要着重解决柱子的现场预制布置和预制构件的堆放问题。

(三)结构构件的吊装

1. 框架结构构件的吊装

多层装配式框架结构由柱、主梁、次梁、楼板组成。在吊装过程中,要注意处理好柱子的绑扎和校正以及柱接头和梁、柱接头。吊装顺序:按构件底部安装标高,由低向高进行。

2. 大型墙板结构构件的吊装

装配式大型墙板的吊装方法主要有储存吊装法和直接吊装法两种。储存吊装法,即将构件从生产场地或预制厂运至吊装机械工作半径范围内储存。直接吊装法即随运随吊。吊装时应逐间封闭,以利稳定。

【例 15-3-2】 对平面呈板式的 6 层钢筋混凝土预制结构吊装时,宜采用:

A. 人字桅杆式起重机　　B. 履带式起重机

C. 轨道式塔式起重机　　D. 附着式塔式起重机

解 人字桅杆式起重机起重范围小,不便移动,仅能用于设备安装或少量平面尺寸小的构件吊装,不能用于大面积房屋结构吊装;履带式起重机适合于 5 层以下的房屋结构吊装;附着式塔式起重机起重高度大,但不便移动,吊装平面范围取决于臂长,适合于高度或超高层、塔式房屋结构吊装;而轨道式塔式起重机移动方便、服务范围大,最适合 10 层以下、长度较大的板式房屋结构吊装,且经济合理。

答案:C

四、砌体工程

砌体工程是指用砂浆等胶结材料，将砖、石、砌块等块体垒砌成墙、柱等的工程。

(一)砌筑材料

1. 块体

(1)砖。主要有烧结普通砖和多孔砖、蒸压灰砂砖和粉煤灰砖等。强度等级分为MU30、MU25、MU20、MU15、MU10。实心砖的规格为240mm×115mm×53mm。多孔砖为240mm×115mm×90mm。

(2)砌块。常用砌块有普通混凝土小型空心砌块、轻骨料混凝土小型空心砌块等。按其强度分为MU20、MU15、MU10、MU7.5、MU5五个强度等级。常用规格为390mm×190mm×190mm。

2. 砂浆

常用的砌筑砂浆有水泥砂浆、混合砂浆，按强度分为M15、M10、M7.5、M5和M2.5五个等级，按拌制地点分为现拌砂浆和干混砂浆，按用途分为一般砂浆和专用砂浆。

水泥砂浆强度高，但流动性和保水性较差，常用于强度要求高、地下及处于潮湿环境的砌体。混合砂浆由于掺入了塑性外掺料(如石灰膏、粉煤灰等)，既可节约水泥，又可提高砂浆的可塑性，应用广泛。

拌制砂浆的水泥应做好进场检查，并对其强度、安定性进行复验。不同品种的水泥不得混用。砂宜用中砂并过筛，不得混有草根、树叶等杂物，含泥量满足限制要求。对生石灰、磨细生石灰粉均应熟化成石灰膏，且其熟化期分别不得少于7d和2d。

砌筑砂浆应有适当的稠度和良好的保水性，以便于操作、易于饱满，避免泌水和离析而影响砌筑质量。砌筑砂浆应进行配合比设计，采用重量比。在拌制砂浆时应配料准确，搅拌时间不得少于2min，掺粉煤灰或外加剂者不得少于3min。砂浆应随拌随用，在拌后3h内用完；当气温超过30℃时，应在2h内用完。

(二)砌筑工艺

1. 墙体砌筑的施工工艺

(1)抄平放线：砌墙前，应用水准仪确定标高，在基础面上先用水泥砂浆或C15细石混凝土找平，然后以龙门板上轴线定位钉为标志拉上麻线，沿麻线吊挂垂球将轴线放到基础面上，并据此弹出纵横墙边线，定出门窗洞位置。

(2)摆砖样：按山丁檐跑方式排砖，保证搭接错缝合理，减少砍砖且竖向灰缝均匀。

(3)立皮数杆：用来控制墙体竖向尺寸及各部位构件的标高，并保证水平灰缝厚度的均匀。

(4)盘角、挂线：盘角是确定墙面横平竖直的主要依据，一般根据皮数杆先砌墙角，然后拉准线砌中间墙身。

(5)砌筑：常用的方法有“三一”砌砖法(即一铲灰，一块砖，一挤揉)和铺浆法(铺浆长度不大于750mm)。

(6)勾缝：是砌清水墙的最后一道工序。当用砌筑砂浆随砌随勾缝时，称为原浆勾缝；待墙体砌筑完毕后，再用1∶1的水泥砂浆或加色砂浆勾缝时，称为加浆勾缝。

2. 砌筑要求及保证质量措施

砌筑质量的具体要求应符合相关规范的要求。砖墙砌体应横平竖直，砂浆饱满，上下错缝，内外搭砌，接槎牢固。

横平竖直：要求每一皮砖的灰缝横平竖直，以保证砖砌体的稳定。

砂浆饱满：要求砖砌体水平灰缝的砂浆饱满度不得低于80%。对于小型混凝土空心砖，竖向及水平灰缝砂浆饱满应不得小于90%，以满足砌体抗压强度要求。影响饱满度的因素主要有砖的含水率、砂浆的和易性和砌筑操作方法。

上下错缝：指砖砌体上下两层砖的竖缝应当错开，以避免"通天缝"。

内外搭砌：使同皮的里外侧砖通过相邻上下皮的砖搭砌拉结而组砌牢固。

接槎牢固：接槎是指相邻砌体不能同时砌筑而设置的临时中断。为使接槎牢固，须保证接槎部分的砌体砂浆饱满。接槎要求如下：

①砖砌体的转角处和交接处应同时砌筑，严禁无可靠措施的内外墙分砌施工。②在抗震设防烈度为8度及8度以上地区，对不能同时砌筑而又必须留置的临时间断处应砌成斜槎，普通砖砌体斜槎水平投影长度不应小于高度的2/3（见图15-3-8a）。多孔砖砌体的斜槎长度不应小于高度的1/2。斜槎高度不得超过一步脚手架的高度。③非抗震设防及抗震设防烈度为6度、7度地区的临时间断处，当不能留斜槎时，除转角处外，可留直槎，但直槎必须做成凸槎。留直槎处应加设拉结钢筋，拉结钢筋按墙高每500mm设置一道，每道不少于2根且每120mm墙厚1根ϕ6钢筋；埋入长度从留槎处算起，每边均不应小于500mm，对抗震设防烈度为6度、7度的地区，则不应小于1 000mm，末端应有90°弯钩（见图15-3-8b）。

每日的砌筑高度不得超过1.5m和一步脚手架的高度。

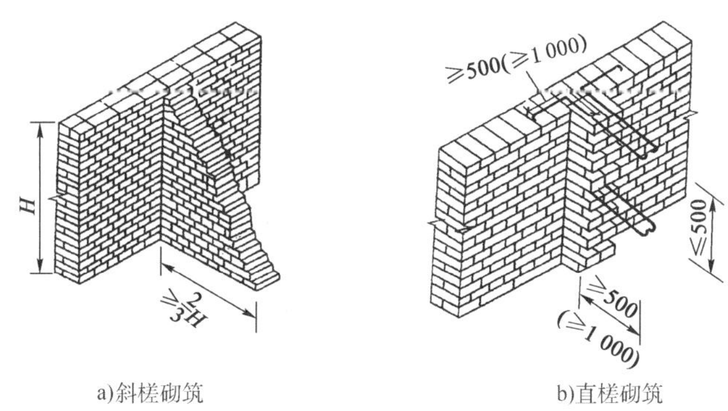

图15-3-8　砖砌体的交接处留槎（尺寸单位：mm）

（三）砌块砌体施工

1.施工准备

（1）砌块和砂浆的强度应符合设计要求，承重墙严禁使用断裂小砌块。砌块的龄期不应少于28d，以避免块体收缩引起砌体开裂。

（2）砂浆强度等级不得低于M5，宜用预拌砂浆或专用砌筑砂浆。

（3）施工前，应编绘平、立面排块图以便指导砌块准备和砌筑施工。砌块排列应错缝搭接，并以主规格砌块为主，不得与其他块体或不同强度等级的块体混砌。

2.施工要求

砌块砌体施工的主要工艺包括抄平弹线、基层处理、立皮数杆、砌块砌筑、勾缝。主要要求如下：

（1）底层砌块下用砂浆找平，当找平层厚度大于20mm时，应用豆石混凝土找平。

（2）防潮层以下用水泥砂浆砌筑，且用不低于C20的混凝土灌实砌块孔洞。

（3）墙体砌筑应从房屋外墙转角定位处开始，按照设计图纸和排块图进行施工。

（4）砌筑时空心砌块应上下皮孔对孔、肋对肋错缝搭接，单排孔砌块的搭接长度不少于1/2块长，多排孔者不少于1/3块长。搭接长度不满足要求时应设钢筋拉结网片（见

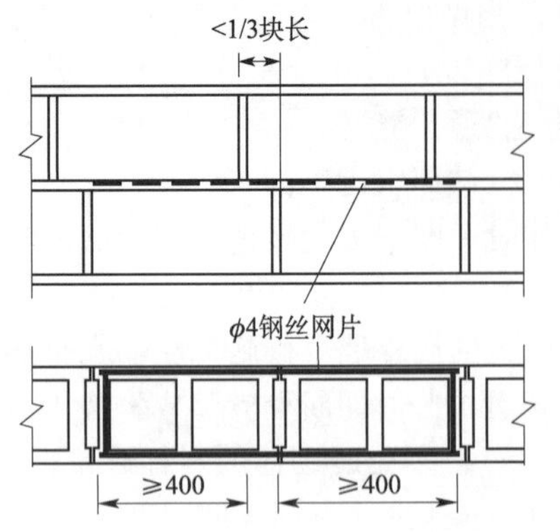

图 15-3-9　设置拉结钢筋网片(尺寸单位:mm)

图 15-3-9)。

(5)应将砌块制作时的底面朝上反砌于墙上,以利铺设砂浆和保证饱满度。为保证芯柱断面不削弱,该处砌块底部的毛边应清理干净。

(6)墙体转角处和纵横交接处应同时砌筑。其他临时间断处应砌成斜槎,其水平投影长度不小于斜槎高度。

(7)采用铺浆砌法,随铺随砌。水平灰缝及竖向灰缝的砂浆饱满度均应不低于净截面面积的 90%。随砌随用原浆勾缝。

(8)芯柱(见图 15-3-10)混凝土应待墙体砌筑砂浆强度大于 1MPa 后浇筑。

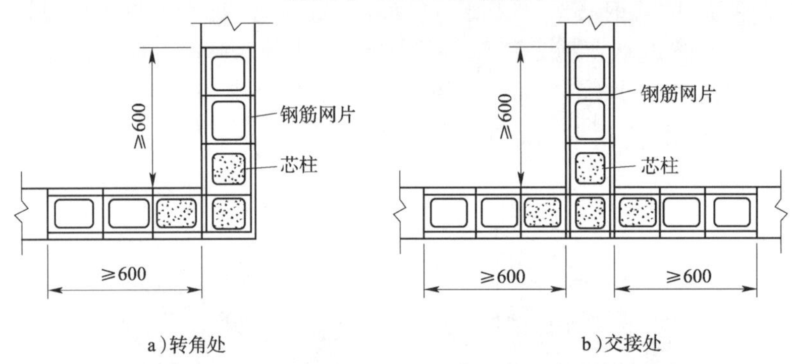

图 15-3-10　钢筋混凝土芯柱平面(尺寸单位:mm)

习　题

15-3-1　多跨装配式单层工业厂房的结构吊装时,宜使用(　　)。

A. 自行杆式起重机　　B. 附着式塔式起重机

C. 人字拔杆起重机　　D. 轨道式塔式起重机

15-3-2　用单机旋转法吊装柱子,要求柱子布置时三点共弧。这三点是(　　)。

A. 柱的绑扎点、柱脚中心和起重机回转中心

B. 柱的绑扎点、柱脚中心和柱基杯口中心

C. 柱的重心、柱脚中心和起重机回转中心

D. 柱的重心、柱脚中心和柱基杯口中心

15-3-3　起重机在厂房内每移动一次就吊装完一个节间内的全部构件,这种吊装方法称为(　　)。

A. 旋转法　　B. 滑行法　　C. 分件吊装法　　D. 综合吊装法

15-3-4　已安装了大型设备的单层工业厂房,其结构吊装方法宜采用(　　)。

A. 综合吊装法　　B. 分件吊装法

C. 分层分段流水吊装法　　D. 分层大流水吊装法

15-3-5　砌体结构施工时,下述对砌筑砂浆要求的说法中,不正确的是(　　)。

A. 不得直接使用消石灰粉

B. 现场拌制时各种材料应采用体积比计量

C. 搅拌时间不得少于 2min

D. 砂浆拌制后的使用时间不得超过 3h

15-3-6 为了提高砖砌体的砂浆饱满度、保证砌筑质量，下列措施中不当的是(　　)。

A. 砌筑前浇水湿润满足含水率要求

B. 采用“三一”砌砖法砌筑

C. 砂浆中掺入磨细生石灰粉提高和易性

D. 砂浆随拌随用，在拌后 2h 内用完

15-3-7 普通砖砌体的墙面处留斜槎时，其长度不得小于高度的(　　)。

A. 1/3　　B. 2/3　　C. 1/2　　D. 3/4

15-3-8 砌筑混凝土小型空心砌块墙体时，下列不符合要求的做法是(　　)。

A. 每日砌筑高度≤1.4m 或一步架高　　B. 使用龄期不少于 21d 的砌块

C. 地面以下用 C20 混凝土灌孔　　D. 砌筑砂浆 1MPa 后灌芯柱混凝土

15-3-9 小型空心砌块墙体施工时，下列做法正确的是(　　)。

A. 小砌块应底面在下砌于墙上

B. 灰缝砂浆饱满度不低于 80%

C. 上下皮孔对孔、肋对肋错缝搭接

D. 墙面临时间断处应砌成斜槎，其长度不小于高度的 2/3

第四节　施工组织设计

施工组织设计是施工单位对拟建工程进行施工准备、规划、协调和指导全部施工活动的技术经济文件。它的基本任务是根据国家对建设项目的要求，确定经济合理的规划方案，对拟建工程在人力和物力、时间和空间、技术和组织上作出全面而合理的安排，以保证建设项目多快好省地完成。

一、施工组织设计的分类

施工组织设计按编制对象划分，可分为施工组织总设计、单位工程施工组织设计和施工方案三类。

(一)施工组织总设计

它是以特大型项目或建筑群为编制对象，用以指导其施工全过程各项活动的技术、经济的综合性文件。它是整体建筑项目施工的战略部署，其范围较广，内容比较概括。它是在初步设计或扩大初步设计批准后，由总承包单位的项目负责人主持、项目总工程师负责，会同建设、设计和其他分包单位的工程师共同编制。它也是施工单位编制年施工计划和单位工程施工组织设计的依据。

(二)单位工程施工组织设计

它是以一个建筑物、构筑物或一个交竣工工程系统为编制单位，用以指导其施工全过程各项活动的技术、经济综合文件。它是施工企业年度施工计划和施工组织总设计的具体化，其内容更加详细。它是在施工图完成后，由工程项目的项目经理组织、项目主管工程师负责编制，作为施工单位编制季度、月度和分部(分项)工程作业计划的依据。

(三)施工方案

施工方案，又可称为分部(分项)工程作业计划。它是以分部(分项)工程为编制单位，用以指导其各项施工活动的技术经济文件。它结合施工企业的月旬作业计划，把单位工程施工组

织设计进一步具体化,是专业工程更具体的施工设计。它是在编制单位工程施工组织设计的同时,由栋号工程技术人员编制的。

二、施工组织设计的编制程序

一般情况下,单位工程施工组织可按如图 15-4-1 所示的程序编制。

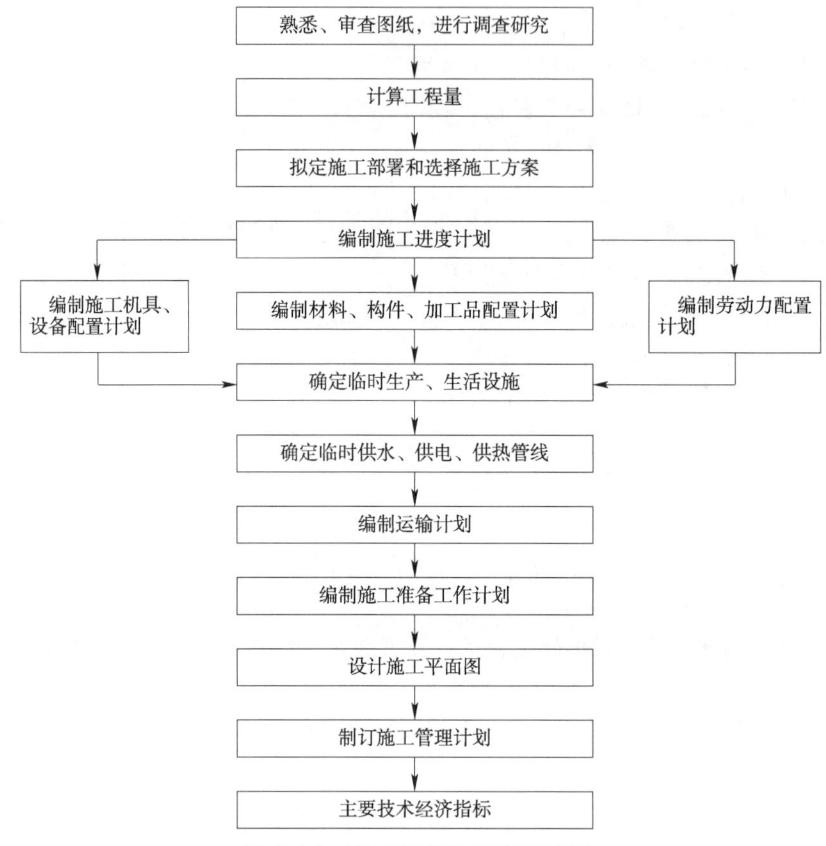

图 15-4-1　施工组织设计编制程序框图

【例 15-4-1】 以整个建设项目或建筑群为编制对象,用以指导整个建筑群或建设项目施工全过程的各项施工活动的综合技术经济文件为:

A. 分部工程施工组织设计　　B. 分项工程施工组织设计

C. 施工组织总设计　　D. 单位工程施工组织设计

解 《建筑施工组织设计规范》(GB/T 50502—2009)第 2.0.2 条规定,施工组织总设计时以若干单位工程组成的群体工程或特大型项目为主要对象编制的施工组织设计,对整个项目的施工过程起统筹规划、重点控制的作用。故选项 C 较符合题意。

答案:C

【例 15-4-2】 施工单位的计划系统中,下列哪类计划是编制各种资源配置计划和施工准备工作计划的依据?

A. 施工准备工作计划　　B. 工程年度计划

C. 单位工程施工进度计划　　D. 分部分项工程进度计划

解 施工单位施工前应进行单位工程施工组织设计的编制,包括单位工程施工进度计划、各种资源需要量计划和施工准备工作计划等。其中,单位工程施工进度计划是关键,要优先编制,它是各种资源配置计划和施工准备工作计划的重要依据。

答案:C

三、施工部署与施工方案的选择

施工部署与施工方案是单位工程施工组织设计的核心。它包括施工方法和施工机械的选择、施工段的划分、工程开展的顺序和流水施工的安排等。这些都必须在熟悉施工图纸、明确工程特点和施工任务、充分研究施工条件、正确进行技术经济比较的基础上作出决定。施工方案的合理与否直接关系到工程的成本、工期和质量。

(一)施工部署

应遵循"先地下、后地上","先土建、后设备","先主体、后围护","先结构、后装修"的一般原则,结合具体工程的建筑结构物特征、施工条件和建设要求,合理确定工程项目的施工程序,包括确定工程项目各楼层、各单元(跨)的施工顺序,施工段的划分,确定各主要施工过程的流水方向等。

在确定各施工过程的先后顺序时,应考虑:①施工工艺的要求;②施工方法和施工机械的要求;③施工组织的要求;④施工质量的要求;⑤当地的气候条件;⑥安全技术的要求。

【例 15-4-3】 下列关于单位工程的施工流向安排的表述正确的是:

A. 对技术简单、工期较短的分部分项工程一般应优先施工

B. 室内装饰工程一般有自上而下、自下而上及自中而下再自上而中三种施工流向安排

C. 当有高低跨并列时,一般应从高跨向低跨处吊装

D. 室外装饰工程一般应遵循自下而上的流向

解 确定施工起点流向时应考虑以下因素:

(1)建设单位的要求。如建设单位对生产、使用要求在先的部位应先施工。

(2)车间的生产工艺过程。先试车投产的段、跨优先施工,按生产流程安排施工流向。

(3)施工的难易程度。技术复杂、进度慢、工期长的部位或分部分项工程应先施工。

(4)构造合理、施工方便。如基础施工应"先深后浅",一般为由下向上(逆作法除外);当有高低跨并列时,应从并列处开始,由低跨向高跨处吊装;屋面卷材防水层应由檐口铺向屋脊;有外运土的基坑开挖应从距大门或坡道的远端开始等。

(5)保证质量和工期。如室内装饰及室外装饰面层的施工一般宜自上至下进行,有利于成品保护,但需结构完成后开始,使工期拉长;当工期极为紧张时,某些施工过程(如隔墙、抹灰等)也可自下而上,但应与结构施工保持足够的安全间隔;对高层建筑,也可采取沿竖向分区、在每区内自上而下(各区之间随结构自下而上)的装饰施工流向,既可使装饰工程提早开始以缩短工期,又易于保证质量和安全。

可见,选项 B 表述正确。

答案:B

(二)选择施工方案

应遵循先进性、可行性、安全性和经济性的原则,选择主要施工过程的施工方法、施工机械、工艺流程和措施。

施工方法和施工机械的选择是紧密联系的,在技术上它是解决各主要施工过程的施工手段和工艺问题。这些问题的解决,在很大程度上受到结构形式和建筑特征的制约。

在选择施工方案时,不仅要拟定进行某一施工过程的操作过程和方法,而且要提出质量要求,以及达到这些质量要求的技术措施,并要预见可能发生的问题和提出预防措施,同时提出

必要的安全措施。凡按常规做法和工人熟练的项目，不必详细拟定，只要提出这些项目在本工程上的一些特殊要求即可。

在选择施工方案时，应考虑：①施工方法的技术先进性与经济合理性的统一；②施工机械的适用性与多用性的兼顾，尽可能充分发挥施工机械的效率和利用程度；③施工单位的技术特点和施工习惯，以及现有机械可能利用的情况。

(三)施工方案的技术经济比较

在确定施工方案时，对主要工程项目的施工方法应进行方案的技术、经济比较。比较时，务必从实际的施工条件出发，使最终选定的施工方案在技术上是先进的，施工上是合理有效的，所需的设备是可能取得的，在投资费用和成本上是经济的。一般来说，各个施工方案都有其优缺点，在进行方案比较时，应着重分析其在该工程的特定条件下的有利条件，解决主要矛盾。

四、编制进度计划

施工进度计划是以施工部署及施工方案为基础，根据规定工期和技术物资的供应条件，遵循各施工过程的合理工艺顺序，统筹安排各项施工活动进行编制的。它的任务是为各施工过程指明一个确定的施工日期，并以此为依据确定施工活动所需的劳动力和各种技术物资供应计划。施工进度计划通常采用横道图或网络图的形式来表达。施工进度计划可按下列步骤进行编制：

(1)划分施工项目；

(2)计算各施工项目的工程量；

(3)计算劳动量和机械台班量；

(4)确定各施工项目的作业时间；

(5)按各施工项目的施工顺序和搭接关系，编制初始施工进度计划；

(6)检查调整施工进度计划，直至得到最终的施工进度计划。

五、设计施工平面图

施工平面图是对施工活动在空间上的安排与布置。它要表明工程施工所需的施工机械、加工场地、材料、加工半成品和构件堆放场地及临时运输道路、临时供水、供电、供热管网和其他临时设施等的合理布置。

(一)施工平面图的内容

(1)地上及地下一切建筑物、构筑物和管线；

(2)测量放线标桩、地形等高线、土方取弃场地；

(3)垂直运输机械和施工道路、供水供电设施等；

(4)材料、加工半成品、构件和机具堆放场；

(5)生产、生活用临时设施并附一览表，一览表中应分别列出名称、规格和数量；

(6)安全、防火设施。

(二)施工平面图设计的步骤

(1)确定垂直运输机械的位置；

(2)确定搅拌站、仓库和材料、加工半成品、构件堆场的位置；

(3)布置运输道路；

(4)布置生产、生活用临时设施；

(5)布置水电管网等。

必须指出的是，工程施工是一个复杂多变的生产过程，各种施工机械、材料、构件等都是随着工程的进展而逐渐进场的，而且又随着工程的进展而逐渐变动、消耗，因此，对大型的、施工期限较长或施工现场较为狭小的工程，就需要按不同施工阶段分别设计不同的施工平面图，以合理有效地使用场地，保证施工安全、顺利地进行。

注：在单位工程施工平面图设计中，应优先确定大型起重机械的位置。

【例 15-4-4】 在单位工程施工平面图设计中应该首先考虑的内容为：

A. 工人宿舍　　B 垂直运输机械

C. 仓库和堆场　　D 场地道路

解 起重及垂直运输机械的布置位置，是施工方案与现场安排的重要体现，是关系到现场全局的中心一环；它直接影响到现场施工道路的规划、构件及材料堆场的位置、加工机械的布置及水电管线的安排，因此应首先布置。然后布置运输道路，布置搅拌站、加工棚、仓库和材料、构件，布置行政管理及文化、生活、福利用临时设施，布置临时水电管网及设施。

答案：B

六、拟定技术组织措施或施工管理计划

在施工组织设计中，应从具体工程的建筑、结构特征，以及施工条件、技术要求和安全生产的需要出发，拟定技术组织措施。它是进行施工作业交底、明确施工技术要求和质量标准、预防可能发生的工程质量事故和生产安全事故的重要内容。技术组织措施主要有：①保证工程质量措施；②保证施工安全措施；③保证施工进度措施；④冬雨季施工措施；⑤降低工程成本措施；⑥提高劳动生产率措施；⑦节约材料措施；⑧环保措施。

习　　题

15-4-1 施工组织设计按编制的对象不同共有（　　）类。

A. 2　　B. 3　　C. 4　　D. 5

15-4-2 编制单位工程施工组织设计时，以下内容的编制顺序较合理的是（　　）。

A. 施工部署→施工进度计划→施工方案→施工平面图

B. 施工部署→施工方案→施工进度计划→施工平面图

C. 施工进度计划→施工部署→施工平面图→施工方案

D. 划分工序→计算持续时间→绘制初始方案→确定关键线路

15-4-3 确定一般建筑工程项目的施工程序时，不宜采取的是（　　）。

A. 先地下后地上　　B. 先设备后土建

C. 先主体后围护　　D. 先结构后装修

15-4-4 在安排各施工过程的先后顺序时，可以不考虑（　　）。

A. 施工工艺的要求　　B. 施工组织的要求

C. 施工质量的要求　　D. 施工管理人员的素质

15-4-5 在制定施工方案时，选择施工方法和施工机械的基本要求是（　　）。

A. 首先要满足施工工艺及技术要求　　B. 首先要符合质量、安全和工期要求

C. 首先要能提高工厂化、机械化程度　　D. 首先要符合经济、先进的要求

15-4-6 施工进度计划可用（　　）或（　　）表示，其中（　　）提供的进度信息更为全面、

丰富。

A. 横道图，网络图，网络图

B. 网络图，横道图，横道图

C. 单代号网络图，双代号网络图，双代号网络图

D. 双代号网络图，单代号网络图，单代号网络图

15-4-7 在设计施工平面图时，首先应(　　)。

A. 布置运输道路　　B. 确定垂直运输机械的位置

C. 布置生产、生活用临时设置　　D. 布置搅拌站、材料堆场的位置

第五节　流水施工原理

流水施工是将拟建工程在平面上划分为若干个工程量基本相等的施工段落，并使每个施工过程都由相应的工作队依次连续地在各段上完成自己的工作，而不同的工作队在同一时间内、在不同空间上进行平行作业，达到连续、均衡施工的目的。流水施工根据使用对象的不同，可分为分项工程、分部工程、单位工程、建筑群体流水施工。

一、流水施工参数

流水施工参数包括工艺参数(施工过程数、流水强度)、空间参数(施工层数、施工段数、工作面)和时间参数(流水节拍、流水步距、流水工期、间歇时间、搭接时间)等三类。主要如下：

(一)施工过程数 n

在组织流水施工时，用以表达流水施工在工艺上开展层次的有关过程，称为施工过程。施工过程的数目，通常用 n 表示。

(二)施工段数 m

把拟建工程在平面上划分为若干个劳动量大致相等的施工段落，即为施工段。施工段的数目，一般以 m 表示。

每一个施工段在某一段时间内只供一个施工过程的工作队使用。在划分施工段时，应考虑以下几点：

(1)施工段的分界同施工对象的结构界限(如温度缝、沉降缝或单元等)尽量取得一致；

(2)各施工段上所消耗的劳动量尽可能相近；

(3)每个施工段应满足专业工种对工作面的要求；

(4)当房屋有层间关系，分段又分层时，应使各工作队能够连续施工，为此 $m_{\min} \geqslant n$。

(三)流水节拍 t

流水节拍是指每个专业工作队在各施工段上完成各自施工所需的持续时间，通常用 t 表示。

流水节拍的确定，应考虑劳动力、材料和施工机械供应的可能性，以及劳动组织和工作面使用的合理性。流水节拍可按下式计算

$$t_i = \frac{Q_i}{S_i R_i N} = \frac{P_i}{R_i N} \tag{15-5-1}$$

式中：t_i——某施工过程在某施工段上的流水节拍；

Q_i——某施工过程在某施工段上的工程量；

S_i——某专业工种或机械的产量定额；

R_i——某专业工作队人数或机械台数；

N——某专业工作队或机械的工作班次；

P_i——某施工过程在某施工段上的劳动量。

(四)流水步距 K

在流水施工过程中，相邻两个专业工作队先后开始施工的时间间隔，称为流水步距，通常用 K 表示。确定流水步距的基本原则是：

(1)始终保持两施工过程的先后工艺顺序；

(2)保持各施工过程的连续作业；

(3)使相邻专业工作队实现最大限度地、合理地搭接。

(五)间歇时间 S

在流水施工中，由于工艺要求或组织安排，相临两个施工过程间的工作等待时间，称为间歇，通常用 S 表示。

(六)搭接时间 C

在流水施工中，为了缩短工期，前一个施工队在某一施工段还未完成，就允许后一个施工队进入，两者在同一施工段上同时施工的时间，称为搭接时间，通常用 C 表示。

(七)流水工期 T

从第一个施工队投入流水施工开始，到最后一个施工队完成该流水组施工为止的整个持续时间，称为流水工期，用 T 表示。由于一项工程往往由多个流水组构成，故流水工期并非工程的总工期。

二、流水施工的组织方法

按流水节拍的特征，流水施工可分为有节奏流水和无节奏流水。其中，有节奏流水又分为等节奏流水和异节奏流水。不同节奏的流水效果有较大差异(见图 15-5-1)。

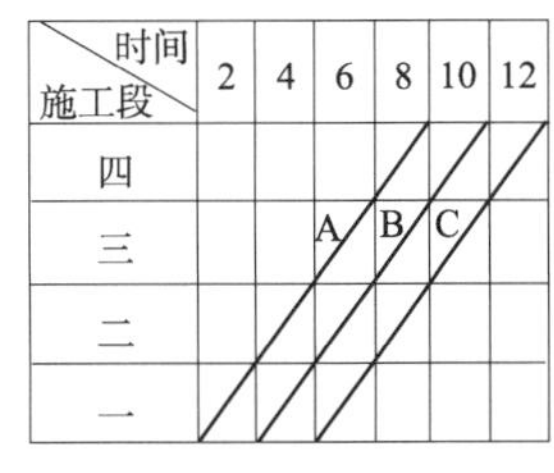

a)等节奏流水

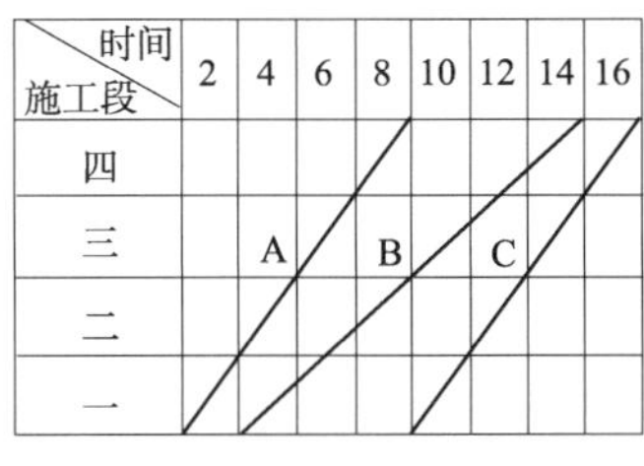

b)异节奏流水

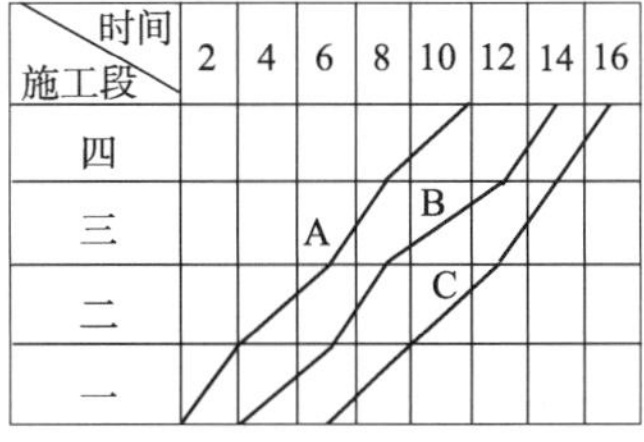

c)无节奏流水

图 15-5-1 不同节奏流水施工的垂直图表

注：A、B、C 指施工过程

等节奏流水的组织方法是固定节拍流水法，异节奏流水的组织方法有一般异节奏流水(可用分别流水法)和成倍节拍流水法，无节奏流水的组织方法是分别流水法。分别阐述如下。

(一)固定节拍流水

固定节拍流水(也称全等节拍流水)是在各个施工过程的流水节拍全部相等(为一固定值)条件下，组织的等节奏流水施工。其流水步距都等于流水节拍。流水工期可按下式计算：

$$T=\sum K+T_N=(n-1)K+rmt=(rm+n-1)K \qquad (15\text{-}5\text{-}2)$$

当有间歇和搭接时，其流水工期则为：

$$T=(rm+n-1)K+\sum S-\sum C \qquad (15\text{-}5\text{-}3)$$

式中：r ——施工层数；

T_N——最后一个工作队作业总时间。

例：某混凝土框架结构分为①～④四个流水段施工，其中柱子施工包括绑钢筋、支模板、浇筑混凝土三个施工过程，节拍均为 1d。要求模板支设完毕后，各段均需 1d 验收（间歇时间）后方允许浇筑混凝土。其施工进度表的形式及工期计算见图 15-5-2。

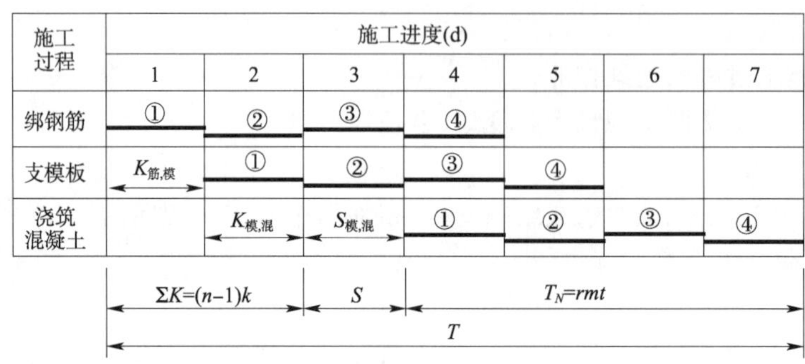

图 15-5-2　固定节拍流水形式

（二）成倍节拍流水

成倍节拍流水是在同一个施工过程的节拍全都相等，而不同施工过程间的节拍不尽相等，但同为某一常数的倍数条件下，为缩短工期，通过调整施工队数目而组织的异节奏流水。

任何两个施工过程间的流水步距均等于各个施工过程流水节拍的最大公约数，即 $K=t_{gy}$。而每个施工过程所需工作队数目 $b_i=t_i/K$。

成倍节拍流水施工的工期（见图 15-5-3）可按下式计算

$$T=\Sigma K+T_N+\Sigma S-\Sigma C=(rm+\Sigma b_i-1)K+\Sigma S-\Sigma C \tag{15-5-4}$$

式中：Σb_i——工作队数总和。

例：某构件预制工程有扎筋、支模、浇筑混凝土三个施工过程，分两层施工，每层有 6 个施工段。各施工过程的流水节拍确定为 $t_{筋}=4\text{d}$，$t_{模}=4\text{d}$，$t_{混}=2\text{d}$。

则流水步距 $K=2\text{d}$。扎筋：$b_{筋}=t_{筋}/K=4/2=2$ 个队。同理，支模：$b_{模}=2$ 个队；浇筑混凝土：$b_{混}=1$ 个队。共 5 个队。流水工期 $T=(2\times6+5-1)2+0-0=32\text{d}$。见图 15-5-3。

（三）分别流水法

分别流水法是在同一施工过程的流水节拍相等或不尽相等或不等，不同施工过程间的节拍也无规律情况下，组织的无节奏流水。

组织这种无节奏流水施工的基本要求，是必须保证每一个施工段上的工艺顺序是合理的，且每一个施工过程在各施工段上的施工是连续的，即工作队一旦投入施工是不间断的，同时各个施工过程之间的施工时间为最大限度的搭接，能满足流水施工的要求。但必须指出，部分施工段上允许出现暂时的空闲，即暂时没有工作队投入施工的现象。

无节奏流水施工的工期 T

$$T=\Sigma K_{i,j}+\Sigma t_n \tag{15-5-5}$$

有搭接和间歇时：

$$T=\Sigma K_{i,j}+\Sigma t_n+\Sigma S-\Sigma C \tag{15-5-6}$$

式中：$K_{i,j}$——相邻两个施工过程间的流水步距；

Σt_n——最后一个施工过程在各施工段上流水节拍的总和。

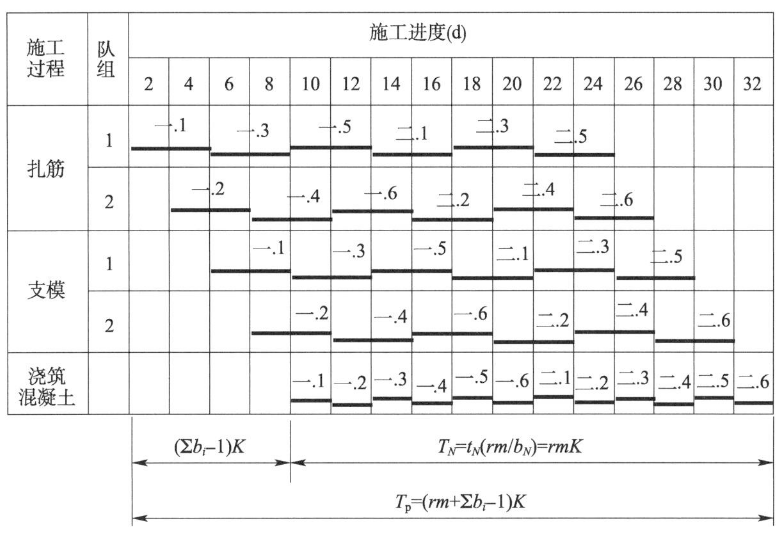

图 15-5-3 成倍节拍流水施工进度表

无节奏流水施工的组织方法：先用“节拍累加数列错位相减取大差”的方法求出各 $K_{i,j}$，然后利用式(15-5-5)求出流水施工工期 T 并绘制进度图表。下面举例说明分别流水(节奏流水)施工的组织过程。

【例 15-5-1】 某工程有三个施工过程，划分四个施工段，各施工过程在各施工段上的流水节拍均不同，见表。要求对此无节奏流水施工过程组成专业流水，并计算无节奏流水施工工期。

各施工过程在各施工段的流水节拍表(单位：d) 例 15-5-1 表

施工段 施工过程	①	②	③	④
A	3	3	2	2
B	4	2	3	4
C	2	3	4	3

解 第一步：依次计算每个施工过程在各施工段上流水节拍的累加值数列，即

过程 A 3,6,8,10

过程 B 4,6,9,13

过程 C 2,5,9,12

第二步：用“节拍累加数列错位相减取大差”的方法求出各 $K_{i,j}$

求 $K_{A,B}$

$$\begin{array}{rrrrrr} & 3, & 6, & 8, & 10 & \\ -) & & 4, & 6, & 9, & 13 \\ \hline & 3 & 2 & 2 & 1 & -13 \end{array}$$

$K_{A,B}=\max\{3,2,2,1,-13\}=3$

求 $K_{B,C}$

$$\begin{array}{rrrrrr} & 4, & 6, & 9, & 13 & \\ -) & & 2, & 5, & 9, & 12 \\ \hline & 4 & 4 & 4 & 4 & -12 \end{array}$$

$K_{B,C}=\max\{4,4,4,4,-12\}=4$

第三步：求最后一个施工过程在各施工段上流水节拍的总和 $\sum t_n$

$$\sum t_C=2+3+4+3=12$$

第四步：求无节奏流水施工工期 T

$$T=\sum K_{i,j}+\sum t_n=(3+4)+12=19$$

第五步：绘制无节奏流水进度计划图(见解图1和解图2)。

施工过程	工作进度																		
	1	2	3	4	5	6	7	8	9	10	11	12	13	14	15	16	17	18	19
一		①			②		③			④									
二		$K_{A,B}$			①			②			③			④					
三					$K_{B,C}$				①		②			③				④	

$\Sigma K_{i,j}$　　$T_N=\Sigma t_n$

$T=\Sigma K_{i,j}+\Sigma t_n$

例15-5-1解图1　无节奏流水进度计划(水平图表)

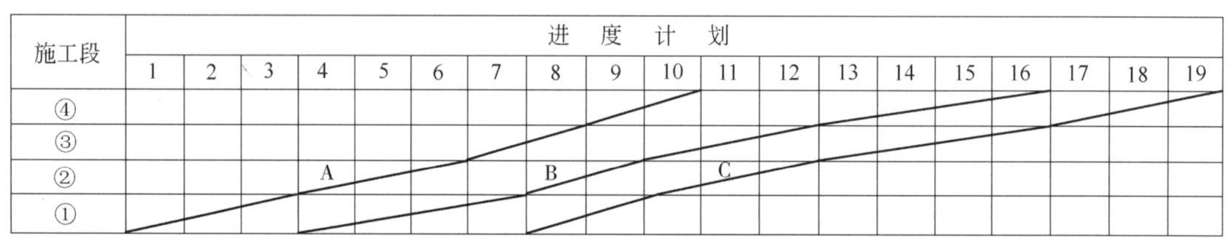

例15-5-1解图2　无节奏流水进度计划(垂直图表)

三、一般搭接施工

一般搭接施工不同于节奏专业流水和成倍节拍流水及非节奏专业流水。其主要施工过程要求连续，其他施工过程允许间断，施工的特点在于充分利用工作空间，使单位工程的工期缩短。因此搭接施工不需要计算相邻施工过程之间的流水步距，但需要调节好非主导施工过程的间断时间。

常见搭接施工有施工段无层间关系的搭接施工、施工段有层间关系的搭接施工。

施工段无层间关系的搭接施工，每一施工过程在某一施工段的开始时间，取决于前一施工过程在该施工段作业的结束时间，以及本施工过程在前一施工段作业的结束时间。施工段有层间关系的搭接施工，则不仅取决于前一施工过程在该施工段作业的结束时间，还要受楼板层的条件约束。

习　　题

15-5-1　流水施工中的流水节拍是指(　　)。

A. 一个施工队在各个施工段上的总持续时间

B. 一个施工队在一个施工段上的施工作业持续时间

C. 相邻两个施工队开始进行施工的时间间隔

D. 流水施工的工期

15-5-2　在流水施工过程中，相邻两个专业工作队开始施工的时间间隔称为（　　）。

A. 技术间歇　　B. 流水步距　　C. 流水节拍　　D. 流水间隔

15-5-3　某二层楼进行固定节拍专业流水施工，每层施工段数为 3，施工过程有 3 个，流水节拍为 2 天，流水工期为（　　）。

A. 16 天　　B. 10 天　　C. 12 天　　D. 8 天

15-5-4　在成倍节拍流水中，任何两个相邻专业工作队间的流水步距等于所有流水节拍的（　　）。

A. 最小值　　B. 最小公倍数　　C. 最大值　　D. 最大公约数

15-5-5　组织无节奏流水（分别流水）的关键就是正确计算（　　）。

A. 流水节拍　　B. 流水步距　　C. 间歇时间　　D. 搭接时间

15-5-6　某分部工程有甲、乙、丙三个施工过程，流水节拍分别为 4d、6d、2d，施工段数为 6 个，甲乙间需工艺间歇 1d，乙丙间可搭接 2d，现组织等步距的成倍节拍流水施工，则计算工期为（　　）。

A. 19d　　B. 21d　　C. 23d　　D. 25d

15-5-7　某工程按题表要求组织流水施工，相应流水步距 $K_{A\text{-}B}$、$K_{B\text{-}C}$ 及流水工期应为（　　）。

题 15-5-7 表

施工段 / 施工过程	一	二	三	四
A	2	3	2	3
B	2	1	2	1
C	2	3	2	1

A. 2 天，2 天，12 天　　B. 2 天，3 天，13 天

C. 3 天，3 天，14 天　　D. 5 天，2 天，15 天

第六节　网络计划技术

网络图是由箭线和节点组成，用来表示工作流程的有向、有序的网状图形。在网络图中加注工作的时间参数而形成的进度计划称为网络计划。网络图表达了各项工作的先后顺序和相互关系，具有逻辑严密，主要矛盾突出，有利于计划优化、计划调整和计算机的应用等优点。工程中常用的网络计划有双代号网络计划、单代号网络计划、时标网络计划等。

一、双代号网络计划

（一）网络图的基本概念

1. 工作（活动）

工作是网络图的组成部分，根据计划编制的粗细不同，工作既可以是一项简单的操作工序，也可以是一个复杂的施工过程或一项工程任务。它需要消耗时间和资源，或只消耗时间而不消耗资源，工作用实箭线“→”表示。

只表示工作之间的逻辑关系，且既不消耗资源也不消耗时间的工作叫虚工作，用虚箭线“⇢”表示。

2. 节点

在双代号网络图中，表示工作的开始、完成或连接关系的圆圈称为节点。箭线出发的节点叫工作的开始节点，箭头指向的节点叫工作的完成节点。

3. 线路

从起点节点出发顺箭线方向行至终点节点所形成的通路称为网络图的线路。

4. 逻辑关系

工作之间的先后顺序关系叫逻辑关系。逻辑关系包括工艺关系和组织关系。生产性工作之间由工艺技术决定的、非生产性工作之间由工作程序决定的先后顺序叫工艺关系。工作之间由于组织安排或资源调配需要而规定的先后顺序关系叫组织关系。

（二）网络图的绘制方法

1. 绘图规则

(1)网络图必须按已定的逻辑关系绘制。

(2)不允许出现闭合回路。

(3)只能有一个起点节点和一个终点节点。

(4)不允许出现无箭头线段或双向箭线。

(5)不允许出现同样编号的工作。

(6)绘制网络图时，宜避免箭线交叉，当交叉不可避免时，可采用如图 15-6-1 所示的几种表示方法。

(7)节点的编号应由小指向大。

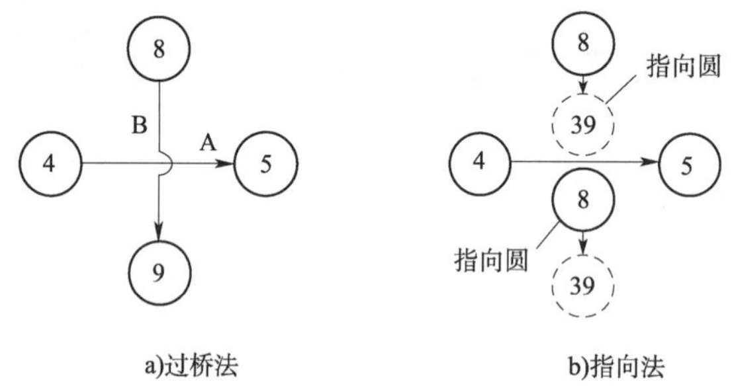

a)过桥法　b)指向法

图 15-6-1　箭线交叉的表示方法

2. 绘图方法

双代号网络图中的逻辑关系表示方法见表 15-6-1。

几种逻辑关系的表示方法　　表 15-6-1

序号	逻 辑 关 系	双代号表示方法	单代号表示方法
1	A 完成后进行 B B 完成后进行 C	A B C	A B C
2	A 完成后同时进行 B 和 C	A B C	A B C
3	A 和 B 都完成后进行 C	A B C	A B C

续上表

序号	逻 辑 关 系	双代号表示方法	单代号表示方法
4	A 和 B 都完成后进行 C 和 D	A, B, C, D	A, B, C, D
5	A 完成后进行 C B 完成后进行 D、C	A, C, B, D	A, C, B, D
6	A、B 均完成后进行 D A、B、C 均完成后进行 E D、E 均完成后进行 F	A, B, D, F, C, E	A, D, B, F, E, C
7	A、B 均完成后进行 C B、D 均完成后进行 E	A, C, B, D, E	A, C, B, E, D
8	A 完成后进行 C A、B 均完成后进行 D B 完成后进行 E	A, C, D, B, E	C, A, D, B, E
9	A、B 两项先后进行的工作各分为三段进行 A_1 完成后进行 A_2、B_1 A_2 完成后进行 A_3、B_2 B_1 完成后进行 B_2 A_3、B_2 完成后进行 B_3	A_1, B_1, A_2, B_2, A_3, B_3	B_1, B_2, A_1, B_3, A_2, A_3

(三)双代号网络计划的时间参数计算

网络计划时间参数计算的目的在于确定各项工作的时间参数、找出关键工作和关键线路,并求出工期,为网络计划的执行、调整和优化提供必要的时间依据。

双代号网络计划时间参数的标注形式有四时标注法和六时标注法两种,见图 15-6-2。

1. 工作最早开始时间 $ES_{i\text{-}j}$

以起点节点 i 为箭尾节点的工作 i-j,如未规定其最早开始时间,其值等于零。其他工作 i-j的最早开始时间 $ES_{i\text{-}j}$ 可计算为

$$ES_{i\text{-}j} = \max\{ES_{h\text{-}i} + D_{h\text{-}i}\} = \max[EF_{h\text{-}i}] \quad (15\text{-}6\text{-}1)$$

式中:$ES_{h\text{-}i}$——工作 i-j 的紧前工作 h-i 的最早开始时间;

$ES_{i\text{-}j}$	$LS_{i\text{-}j}$
$TF_{i\text{-}j}$	$FF_{i\text{-}j}$

ⓘ 工作名称 → ⓙ
持续时间

a)四时标注法

$ES_{i\text{-}j}$	$EF_{i\text{-}j}$	$TF_{i\text{-}j}$
$LS_{i\text{-}j}$	$LF_{i\text{-}j}$	$FF_{i\text{-}j}$

ⓘ 工作名称 → ⓙ
持续时间

b)六时标注法

图 15-6-2　双代号网络计划时间参数标注形式

$D_{h\text{-}i}$——工作 i-j 的紧前工作 h-i 的持续时间。

工作 i-j 的最早开始时间 $ES_{i\text{-}j}$应从网络图的起点节点开始，顺着箭线方向依次逐项计算。

2. 工作的最早完成时间 $EF_{i\text{-}j}$

工作 i-j 的最早完成时间 $EF_{i\text{-}j}$可计算为

$$EF_{i\text{-}j} = ES_{i\text{-}j} + D_{i\text{-}j} \tag{15-6-2}$$

3. 网络计划的工期

网络计划的计算工期 T_c 可计算为

$$T_c = \max\{EF_{j,n}\} \tag{15-6-3}$$

式中：$EF_{i\text{-}n}$——以终点节点 n 为完成节点的工作 i-n 的最早完成时间。

网络计划的计划工期应按下列情况分别确定：

(1)当已规定了要求工期 T_r 时，$T_p \leqslant T_r$；

(2)当未规定要求工期时，$T_p = T_c$。

4. 工作的最迟完成时间 $LF_{i\text{-}j}$

以终点节点 j=n 为完成节点的工作的最迟完成时间应按网络计划的计划工期 T_p确定，即

$$LF_{i\text{-}n} = T_p \tag{15-6-4}$$

其他工作 i-j 的最迟完成时间 $LF_{i\text{-}j}$可计算为

$$LF_{i\text{-}j} = \min\{LF_{j\text{-}k} - D_{j\text{-}k}\} = \min[LS_{j\text{-}k}] \tag{15-6-5}$$

式中：$LF_{j\text{-}k}$——工作 i-j 的紧后工作 j-k 的最迟完成时间；

$D_{j\text{-}k}$——工作 i-j 的紧后工作 j-k 的持续时间。

工作 i-j 的最迟完成时间 $LF_{i\text{-}j}$应从网络图的终点节点出发，逆着箭线方向依次逐项计算。

5. 工作的最迟开始时间 $LS_{i\text{-}j}$

工作 i-j 的最迟开始时间 $LS_{i\text{-}j}$可计算为

$$\begin{aligned} LS_{i\text{-}j} &= LF_{i\text{-}j} - D_{i\text{-}j} = \min\{LF_{j\text{-}k} - D_{j\text{-}k}\} - D_{i\text{-}j} \\ &= \min LS_{j\text{-}k} - D_{i\text{-}j} \end{aligned} \tag{15-6-6}$$

6. 工作的总时差 $TF_{i\text{-}j}$

工作 i-j 的总时差 $TF_{i\text{-}j}$是在不影响工期的前提下，工作所具有的机动时间，其值可计算为

$$TF_{i\text{-}j} = LS_{i\text{-}j} - ES_{i\text{-}j} = LF_{i\text{-}j} - EF_{i\text{-}j} \tag{15-6-7}$$

7. 工作的自由差 $FF_{i\text{-}j}$

工作 i-j 的自由时差是在不影响其紧后工作最早开始的前提下，工作所具有的机动时间，其值可计算为

$$FF_{i\text{-}j}=\min ES_{j\text{-}k}-ES_{i\text{-}j}-D_{i\text{-}j}=\min ES_{j\text{-}k}-EF_{i\text{-}j} \quad (15\text{-}6\text{-}8)$$

式中：$ES_{j\text{-}k}$——工作 i-j 的紧后工作 j-k 的最早开始时间。

8.关键线路、关键工序

总时差最小的工作为关键工作，连接各关键工作所组成的线路为关键线路。

【例 15-6-1】 某项工作有三项紧后工作，其持续时间分别为 4 天、5 天、6 天，其最迟完成时间分别为第 18 天、16 天、14 天末，本工作的最迟完成时间是第几天末：

A. 14　　B. 11　　C. 8　　D. 6

解 本工作的最迟开始时间应为其各项紧后工作最迟开始时间中取最小值，以保证不影响工期。

每项工作最迟开始时间＝工作最迟完成时间－该工作持续时间

三项紧后工作的最迟开始时间分别为：

18－4＝14

16－5＝11

14－6＝8

在 14、11、8 中取小值为 8，即本工作的最迟完成时间是第 8 天末。

答案：C

(四)双代号时标网络计划

它是以时间坐标为尺度编制的双代号网络计划。以箭线长度及节点位置，明确表达工作的持续时间及工作间的时间关系，综合了网络计划和横道计划的优点，便于使用。特点如下：

(1)能清楚地展现计划的时间进程、工作间的逻辑关系和时间关系。

(2)直接显示各工作的最早开始与完成时间、自由时差和关键线路。

(3)可通过叠加确定各个时段的材料、机具、设备及人力等资源的需要量。

(4)绘图、修改较麻烦，宜利用计算机进行计划的编制与管理。

1.表达方法

(1)以实箭线表示工作。宜用水平箭线或水平段与垂直段组合的形式，不宜用斜箭线。

(2)以水平波形线表示自由时差或与紧后工作之间的时间间隔。

(3)以虚箭线表示虚工作。必须用垂直虚箭线。当不足以与其完成节点连接时，用水平波形线补足，它体现了该虚工作所连接的两项工作之间的间隔时间。

时标网络计划宜按最早时间编制，以保证实施的可靠性。故绘图时，节点尽量向左靠，但箭线不得向左斜。例如某装修工程有三个楼层，有吊顶、顶墙涂料和铺木地板三个施工过程，自上而下施工。其中每层吊顶确定为三周、顶墙涂料为两周、铺木地板为一周完成。其标时网络计划如图 15-6-3 所示，绘制的时标网络计划如图 15-6-4 所示。

2.关键线路和时间参数的判定

(1)关键线路的判定

逆箭线寻找，自终点至起点无波线的线路即为关键线路。在图 15-6-4 中为双线所示。

(2)时间参数的判定与推算

①“计划工期”。终点节点时标至起点节点时标。图 15-6-4 所示工程为 12 周。

②工作的最早时间。最早开始时间：箭尾节点中心所对应的时标值。最早完成时间：箭头节点中心或与波形线相连接的实箭线右端的时标值。

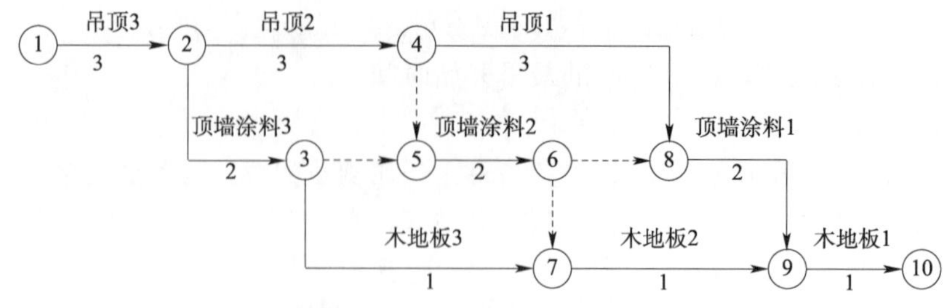

图 15-6-3　标注时间的一般网络计划

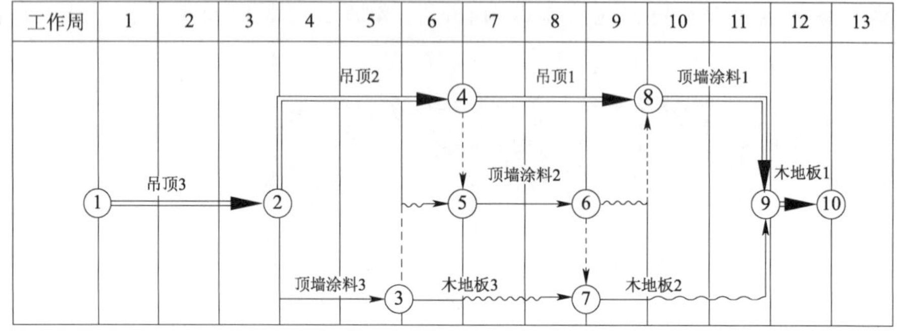

图 15-6-4　据图 15-6-3 绘制的时标网络计划

③自由时差。其波形线的水平投影长度。如图 15-6-4 中，"木地板 3"的自由时差为 2 周。

④总时差的推算。工作的总时差应自右向左逐个推算。

最后工作的总时差：计划工期与本工作最早完成时间之差。即

$$\mathrm{TF}_{i\text{-}n}=T_{\mathrm{P}}-\mathrm{EF}_{i\text{-}n} \tag{15-6-9}$$

其他工作的总时差：各紧后工作总时差的最小值与本工作自由时差之和。即

$$\mathrm{TF}_{i\text{-}j}=\min\{\mathrm{TF}_{j\text{-}k}\}+\mathrm{FF}_{i\text{-}j} \tag{15-6-10}$$

如图 15-6-4 所示，"木地板 1"和"顶墙涂料 1"的总时差均为 0；"木地板 2"的总时差为 0+2=2；虚工作 6－8 的总时差为 0+1=1，6－7 的总时差为 2+0=2；"木地板 3"的总时差为 2+2=4；"顶墙涂料 2"的总时差为 min{1,2}+0=1 周。

⑤工作的最迟时间的推算。

最迟完成时间=总时差+最早完成时间。即 $\mathrm{LF}_{i\text{-}j}=\mathrm{TF}_{i\text{-}j}+\mathrm{EF}_{i\text{-}j}$ (15-6-11)

最迟开始时间=总时差+最早开始时间。即 $\mathrm{LS}_{i-j}=\mathrm{TF}_{i-j}+\mathrm{ES}_{i\text{-}j}$ (15-6-12)

如图 15-6-4 所示，"木地板 3"的最迟完成时间为 4+6=10 周末，最迟开始时间为 4+5=9 周以后(即第 10 周)。

【例 15-6-2】 在双代号时标网络计划中，若某项工作的箭线上没有波形线，则说明该工作：

A. 为关键工作　　B. 自由时差为 0

C. 总时差等于自由时差　　D. 自由时差不超过总时差

解 双代号时标网络计划中，波形线代表该项工作的自由时差。当网络计划工期与计算工期相等(常见)时，关键工作的自由时差、总时差都为 0，但自由时差为 0 不一定是关键工作，非关键线路上的工作也可以自由时差为 0，所以没有波形线，只说明该工作自由时差为 0。

答案：B

二、单代号网络计划

单代号网络图与双代号网络图的最大不同在于：在单代号网络图中，用节点及其编号表示工

作，用箭线表示工作之间的逻辑关系。单代号网络图具有容易绘制、没有虚箭线、便于修改等优点。

(一)单代号网络图的绘制

在单代号网络图中，节点的表示方法和时间参数的标注形式如图 15-6-5 所示。

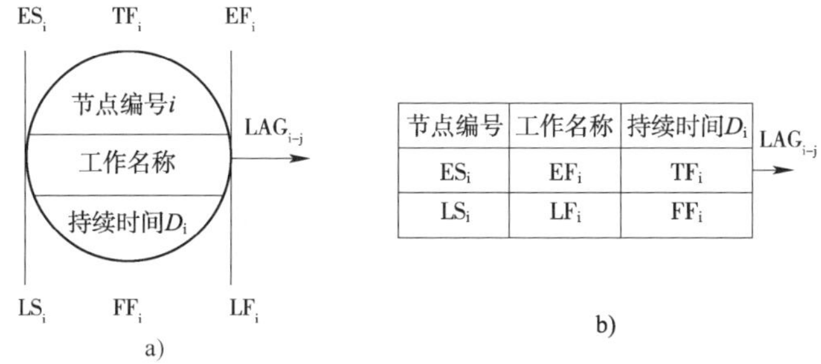

图 15-6-5　单代号网络图的表示方法

在绘制单代号网络图时，也须遵循如绘制双代号网络图一样的绘制规则。

(二)单代号网络图时间参数的计算

1. 工作的最早开始时间 ES_i

起点节点的最早开始时间 ES_i 如无规定，则可定为零。其他工作 i 的最早开始时间 ES_i 可计算为

$$ES_i = \max\{ES_h + D_h\} \tag{15-6-13}$$

式中：ES_h——工作 i 的紧前工作 h 的最早开始时间；

D_h——工作 i 的紧前工作 h 的持续时间。

2. 工作的最早完成时间 EF_i

工作 i 的最早完成时间 EF_i 可计算为

$$EF_i = ES_i + D_i \tag{15-6-14}$$

3. 网络计划的工期

网络计划的计算工期 T_c 可计算为

$$T_c = EF_n \tag{15-6-15}$$

式中：EF_n——终点节点 n 的最早完成时间。

网络计划的计划工期 T_p 的确定同双代号网络计划。

4. 时间间隔 $LAG_{i\text{-}j}$

相邻两工作 i 和 j 之间的时间间隔 $LAG_{i\text{-}j}$ 可计算为

$$LAG_{i\text{-}j} = ES_j - EF_i \tag{15-6-16}$$

式中：ES_j——工作 i 的紧后工作 j 的最早开始时间。

5. 工作的最迟完成时间 LF_i

终点节点所代表的工作 n 的最迟完成时间 LF_n 可确定为

$$LF_n = T_p \tag{15-6-17}$$

其他工作 i 的最迟完成时间 LF_i 可计算为

$$LF_i = \min\{LF_j - D_j\} \tag{15-6-18}$$

式中：LF_j——工作 i 的紧后工作 j 的最迟完成时间；

D_j——工作 i 的紧后工作 j 的持续时间。

工作 i 的最迟完成时间 LF_i 应从网络图的终点节点出发，逆着箭线方向依次逐项计算。

6. 工作的最迟开始时间 LS_i

工作 i 的最迟开始时间 LS_i 可计算为

$$LS_i = LF_i - D_i \tag{15-6-19}$$

7. 工作的总时差 TF_i

工作 i 的总时差 TF_i 可计算为

$$TF_i = LS_i - ES_i = LF_i - EF_i \tag{15-6-20}$$

8. 工作的自由时差 FF_i

工作 i 的自由时差 FF_i 可计算为

$$FF_i = \min\{LAG_{i\text{-}j}\} \tag{15-6-21}$$

（三）关键工作和关键线路

在网络图中，总时差为零或最小值的工作称为关键工作。

由关键工作组成的线路称为关键线路。

【例 15-6-3】 下列关于单代号网络图表述正确的是：

A. 箭线表示工作及其进行的方向，节点表示工作之间的逻辑关系

B. 节点表示工作，箭线表示工作进行的方向

C. 节点表示工作，箭线表示工作之间的逻辑关系

D. 箭线表示工作及其进行的方向，节点表示工作的开始或结束

解 双代号网络图，是用两个节点的代号及箭线表示一项工作，箭线是工作，节点表示工作的开始或完成。而单代号网络图恰恰相反，它是用节点及其编号表示工作，箭线表示工作间的逻辑关系 。

答案：C

三、网络计划的优化

网络计划的优化，是在满足既定约束的条件下，按某一目标，通过利用时差不断改进网络计划寻求满意方案。

网络计划的优化目标，应按计划任务的需要和条件选定，包括工期目标、费用目标、资源目标。

（一）工期优化

当计算工期大于要求工期时，可通过压缩关键工作的持续时间满足工期要求。工期优化应按下列步骤进行：

(1)计算并找出网络计划中的关键工作和关键线路。

(2)按要求工期计算应缩短的时间。

(3)确定各关键工作能缩短的持续时间。

(4)选择相应的关键工作，压缩其持续时间，并重新计算网络计划的计算工期。需注意，按照经济合理的原则不能将关键工作压缩成非关键工作。

(5)若计算工期仍超过要求，则重复以上步骤，直到满足工期要求或工期已不能再缩短为止。

(6)当所有关键工作的持续时间都已达到其能缩短的极限而工期仍不满足要求时，就应对计划的原技术、组织方案进行调整或对要求工期重新审定。

在选择应缩短持续时间的关键工作时，应首先缩短：①持续时间对质量和安全无影响的工作；②有充足备用资源的工作；③持续时间所需增加的费用或风险影响最少的工作。

(二)资源优化

资源优化是通过改变工作的开始时间,使资源接时间分布符合优化的目标。

资源优化的前提条件是:

(1)在优化过程中,不得改变各工作的持续时间;

(2)各工作的单位时间资源需要量为常数且合理,优化中不予改变;

(3)在优化过程中,不得改变网络计划各工作间的逻辑关系;

(4)除规定可中断的工作外,其他工作均应连续,不得中断。

1."资源有限,工期最短"优化

"资源有限,工期最短"优化是通过调整计划安排以满足资源限制条件,并使工期增加最少的过程。应按下述步骤调整工作的最早开始时间:

(1)计算网络计划每天的资源需用量。

(2)从计划开始日期起,逐日检查每天资源需用量是否超过资源限量,如果在整个工期内每天均能满足资源限量的要求,可行的优化方案就编制完成,否则必须进行计划调整;

(3)从前往后逐一分析超过资源限量的时段,将其中一个工作放在另一个工作完成之后进行,调整时须选择工期延长值 $\Delta T_{m\text{-}n,i\text{-}j}=EF_{m\text{-}n}-LS_{i\text{-}j}$(将 i-j 工作放在 m-n 工作之后)为最小的方案进行(当 $\Delta T_{m\text{-}n,i\text{-}j}$ 为负值或 0 时,该调整对工期无影响;为正值时,工期将延长)。

(4)绘制调整后的网络计划。

(5)重复以上步骤,直到满足资源限量要求。

【例 15-6-4】 进行网络计划"资源有限,工期最短"优化时,前提条件不包括:

A. 任何工作不得中断

B. 网络计划一经确定,在优化过程中不得改变各工作的持续时间

C. 各工作每天的资源需要量为常数,而且是合理的

D. 在优化过程中不得改变网络计划的逻辑关系

解 "资源有限,工期最短"优化,是在保证任何工作的持续时间不发生改变;各工作的单位时间资源需要量为常数且合理,优化中不予改变;网络计划逻辑关系不变的前提下,调整出现资源冲突的若干工作之间的先后开始次序,使资源量满足限制要求,且工期增量又最小的过程。在优化过程中,除规定可中断的工作外,其他工作均应连续,不得中断,即不是"任何工作不得中断"。

答案:A

2."工期固定,资源均衡"优化

"工期固定,资源均衡"优化是用削高峰法(利用时差降低资源高峰值),获得资源消耗量尽可能均衡的优化方案。优化可按下述步骤进行:

(1)计算网络计划的每天资源需用量;

(2)确定削峰目标,其值等于每天资源需用量的最大值减一个单位量;

(3)找出高峰时段的最后时间 T_h 及有关工作的最早开始时间 $ES_{i\text{-}j}$(或 ES_i)和总时差 $TF_{i\text{-}j}$(或 TF_i);

(4)按下列公式计算有关工作的时间差值 $\Delta T_{i\text{-}j}$ 或 ΔT_i:

对双代号网络计划

$$\Delta T_{i\text{-}j}=TF_{i\text{-}j}-(T_h-ES_{i\text{-}j}) \tag{15-6-22}$$

对单代号网络计划

$$\Delta T_i = TF_i - (T_h - ES_i) \tag{15-6-23}$$

优先以时间差值最大的工作 i-j 或工作 i 作为调整对象，令 $ES_{i\text{-}j} = T_h$ 或 $ES_i = T_h$；

(5)若峰值不能再减少，即求得资源均衡优化方案，否则重复以上步骤。

(三)费用优化

费用优化又叫工期-费用优化，是利用压缩工期时直接费用会增加，而间接费用会降低的原理(见图 15-6-6)，以寻求最低成本时的工期及相应的进度安排(或按规定工期寻求最低费用及其进度安排)。

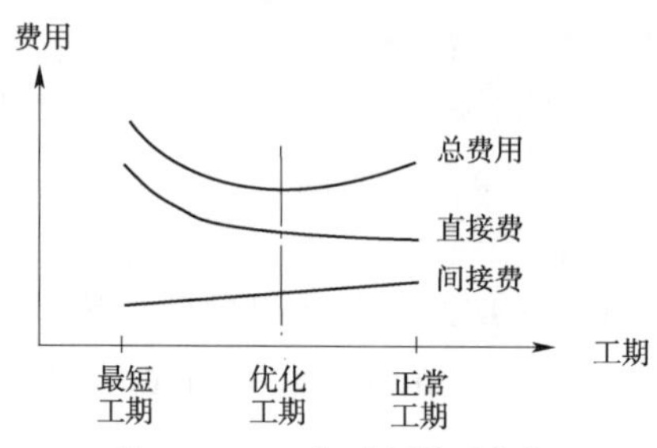

图 15-6-6　工期-费用关系曲线

【例 15-6-5】 在进行"资源有限、工期最短"优化时，当将某工作移出超过限量的资源时段后，计算发现总工期增量 $\Delta>0$，以下说法正确的是：

A. 总工期会延长　　B. 总工期会缩短

C. 总工期不变　　D. 无法判断

解　"资源有限、工期最短"优化，是在保证任何工作的持续时间不发生改变、任何工作不中断、网络计划逻辑关系不变的前提下，通过调整出现资源冲突的若干工作的开始时间及其先后次序，使资源量满足限制要求，且工期增量又最小的过程。工期延长值＝排在前面工作的最早完成时间－排在后面工作的最迟开始时间，即 $\Delta T_{m-n,i-j} = EF_{m-n} - LS_{i-j}$。调整中，若计算出的工期增量 $\Delta \leqslant 0$(这种情况仅会出现在所调整移动的资源冲突的工作均为非关键工作时，而工期是由关键工作决定的)，则对工期无影响，即工期不变；若工期增量 $\Delta>0$(这种情况出现在所调整移动的资源冲突的工作中含有关键工作，或该调整移动使非关键工作变成了关键工作)，则工期将延长该正值。

答案：A

费用优化可按下述步骤进行：

(1)计算工程总直接费，其值等于组成该工程的全部工作的直接费总和。

(2)计算各工作直接费的费用率 $\Delta C_{i\text{-}j}^{D}$

$$\Delta C_{i\text{-}j}^{D} = \frac{C_{i\text{-}j}^{C} - C_{i\text{-}j}^{N}}{D_{i\text{-}j}^{N} - D_{i\text{-}j}^{C}} \tag{15-6-24}$$

式中：$D_{i\text{-}j}^{N}$——工作 i-j 的正常持续时间；

$D_{i\text{-}j}^{C}$——工作 i-j 的最短持续时间；

$C_{i\text{-}j}^{C}$——工作 i-j 的最短时间直接费；

$C_{i\text{-}j}^{N}$——工作 i-j 正常时间直接费。

(3)确定间接费的费用率 $\Delta C_{i\text{-}j}^{I}$。

(4)找出网络计划中的关键线路，并计算出计算工期。

(5)在网络计划中找出直接费用率(或组合直接费用率)最低的一项关键工作或一组关键工作作为缩短持续时间的对象。

(6)缩短找出的一项关键工作或一组关键工作的持续时间，其缩短值必须符合不能将关键线路变成非关键线路和缩短后的持续时间不小于最短持续时间的原则。若被压缩工作的直接费率或组合直接费率等于间接费率，则已得到优化方案；若小于间接费率，则需继续压缩；若大于间接费率，则此前的压缩方案即为优化方案。

(7)计算相应的费用增加值。

(8)考虑工期变化带来的间接费及其他损益，在此基础上计算总费用

$$C_t^{\mathrm{T}} = C_{t+\Delta T}^{\mathrm{T}} + \Delta T \cdot \Delta C_{\mathrm{i\text{-}j}}^{\mathrm{D}} - \Delta T \cdot \Delta C_{\mathrm{i\text{-}j}}^{\mathrm{I}} \tag{15-6-25}$$

式中：C_t^{T}——将工期缩至 t 时的总费用；

$C_{t+\Delta T}^{\mathrm{T}}$——前一次的总费用；

ΔT——工期缩短值。

(9)重复以上(5)、(6)、(7)、(8)步骤直到总费用不再降低为止。

【例 15-6-6】 在进行网络计划工期-费用优化时，被压缩对象的直接费用率等于工程间接费用率时：

A. 应压缩关键工作的持续时间

B. 应压缩非关键工作的持续时间

C. 停止压缩关键工作的持续时间

D. 停止压缩非关键工作的持续时间

解 工期-费用优化是通过逐步压缩直接费率或组合直接费率最小的关键工作的持续时间，使工期缩短，但直接费用将增加；而随着工期缩短，工程的间接费用会降低；通过两者叠加比较，即可求出工程费用最低时的相应最优工期。因此优化时，在确定了一个压缩方案后，必须将被压缩工作的直接费用率与间接费用率进行比较，如果直接费用率小于间接费用率，则需继续压缩；如果直接费用率已等于间接费用率，则已得到优化方案，停止压缩；如果直接费用率已大于间接费用率，则在此之前的直接费用率小于间接费用率的压缩方案即为优化方案。

答案:C

习　题

15-6-1 双代号网络图的三要素是(　　)。

A. 时差、最早时间和最迟时间　　B. 总时差、自由时差和计算工期

C. 箭线、节点和线路　　D. 箭线、节点和关键线路

15-6-2 如图所示，依据网络图绘制规则，判定(　　)网络图是正确的。

A.

B.

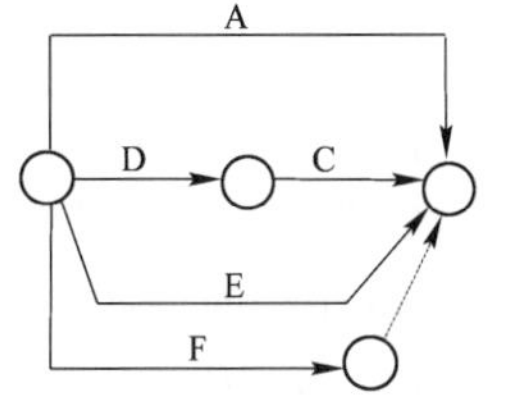

C.

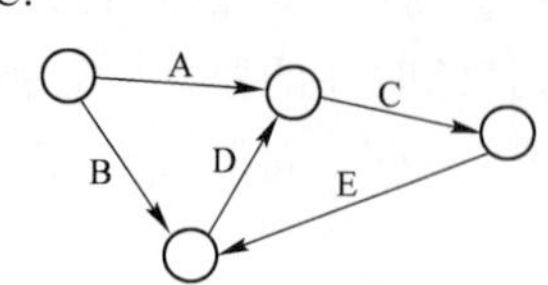

D.

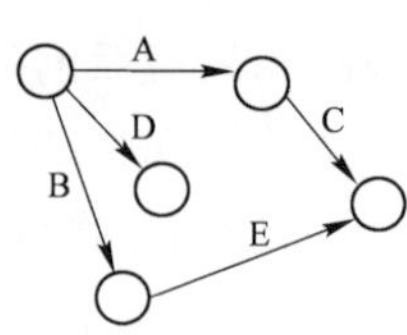

15-6-3　某项工作有 3 项紧后工作，其持续时间分别为 4 天、5 天、6 天，其最迟完成时间分别为第 18 天、16 天、14 天末，本工作的最迟完成时间是第几天末？（　　）

A. 14　　B. 11　　C. 8　　D. 6

15-6-4　下列有关网络计划中关键线路的说法，正确的是（　　）。

A. 一个网络图中，关键线路只有一条

B. 关键线路是没有虚工作的线路

C. 关键线路是耗时最长的线路

D. 关键线路是需要资源最多的线路

15-6-5　在网络计划中，当计算工期等于要求工期时，（　　）的工作为关键工作。

A. 总时差为零　　B. 有自由时差

C. 没有自由时差　　D. 所需资源最多

15-6-6　某工程双代号网络计划如图所示，工作 1-3 的自由时差为（　　）。

A. 1 天　　B. 2 天

C. 3 天　　D. 4 天

题 15-6-6 图

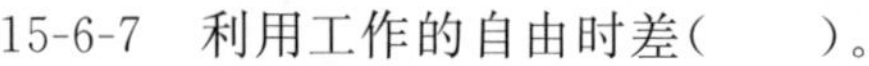

15-6-7　利用工作的自由时差（　　）。

A. 不会影响紧后工作，也不会影响总工期

B. 不会影响紧后工作，但会影响总工期

C. 会影响紧后工作，但不会影响总工期

D. 会影响紧后工作，也会影响总工期

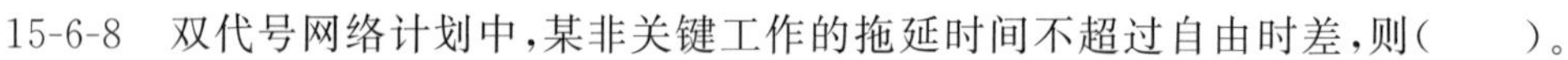

15-6-8　双代号网络计划中，某非关键工作的拖延时间不超过自由时差，则（　　）。

A. 后续工作最早可能开始时间不变

B. 仅改变后续工作最早可能开始时间

C. 后续工作最迟必须开始时间改变

D. 紧后工作最早可能开始时间改变

15-6-9　在双代号时标网络计划中，其关键线路是（　　）。

A. 自始至终没有虚工作的线路　　B. 自始至终没有波形线的线路

C. 既无虚工作，又无波形线的线路　　D. 所需资源最多的工作构成的线路

15-6-10　下列关于单代号网络图表述正确的是（　　）。

A. 箭线表示工作及其进行的方向，节点表示工作之间的逻辑关系

B. 节点表示工作，箭线表示工作进行的方向

C. 节点表示工作，箭线表示工作之间的逻辑关系

D. 箭线表示工作及其进行的方向，节点表示工作的开始或结束

15-6-11　有关单代号网络图的说法，正确的是（　　）。

A. 用一个节点及其编号代表一项工作

B. 用一条箭线及其两端节点的编号代表一项工作

C. 箭杆的长度与工作的持续时间成正比

D. 不需要任何虚工作

15-6-12 下列关于网络计划的工期优化的表述不正确的是(　　)。

A. 一般通过压缩关键工作来实现

B. 可将关键工作压缩为非关键工作

C. 应优先压缩对成本、质量和安全影响小的工作

D. 当优化过程中出现多条关键线路时,必须同时压缩各关键线路的持续时间

15-6-13 在网络计划的资源优化过程中,为了使工程所需资源按时间的分布符合优化目标,调整网络计划的方法通常是(　　)。

A. 只改变工作的进行时间

B. 改变关键工作的开始时间或持续时间

C. 改变工作的持续时间或工作之间的逻辑关系

D. 只改变工作之间的逻辑关系

第七节　施　工　管　理

一、现场施工管理的内容及组织形式

施工管理是指建筑产品(项目)施工全过程(从施工准备开始到施工验收、保修回访为止)的组织和管理,即以建筑产品(项目)为对象的管理,其内容包括施工准备、施工组织设计、项目管理、施工调度、竣工验收、保修回访等。

施工管理的组织形式有以下三种。

(一)部门控制式

它是按照职能原则建立的项目组织,是在不打乱企业现行建制的条件下,把项目委托给企业内某一专业部门或施工队,由单一部门的领导负责组织项目的实施。

这种组织形式一般只适用于小型简单的项目,不需涉及众多部门。其优点是:职责明确,职能专一,关系简单,便于协调。其缺点是:不能适应大型复杂项目或者涉及多个部门的项目,因而局限性较大。

(二)工程队式

它是完全按照对象原则组织的项目管理机构,企业职能部门处于服从地位。它是由公司任命项目经理,而由项目经理从其他部门抽调或招聘得力人才组成项目管理班子,然后抽调施工队伍组成工程队。在这里,所有人员都只服从项目经理的领导。

这种组织形式适用于大型项目和工期要求紧迫的项目,或者要求多工种、多部门密切配合的项目。其优点是:各种人才都在现场,解决问题迅速,减少了扯皮和浪费时间的现象发生;权力集中,决策及时,有利于提高工作效率;减少了结合部,易于协调关系。其缺点是:容易造成忙闲不均;同一专业人员由于分散在不同项目上,相互交流困难,专业职能部门的优势无法发挥作用。

(三)矩阵式

它吸收了部门控制式和工程队式的优点,发挥职能部门的纵向优势和项目组织的横向优势,把职能原则和对象原则结合起来,形成了一种纵向职能机构和横向项目机构相交叉的“矩

阵”型组织形式。

在矩阵式组织中，企业的专业职能部门和临时性项目组织同时交互作用。纵向职能部门负责人对所有项目中的本专业人才均负有领导责任，并按项目实施的要求把他们有效地组织协调到一起，为实现项目目标共同配合工作。这种组织形式能充分利用人才，但对项目经济的组织协调工作提出了更高的要求。它适合于在大型综合施工企业或多工种、多部门、多技术配合的项目中采用。

二、施工进度控制

施工进度控制的主要任务：一是准确、及时、全面、系统地收集、整理、分析进度计划执行过程中的有关资料，明确地反映施工进度状况，进行必要的检查和监督；二是通过施工进度计划的执行情况，为计划的调整及如何加强进度控制提供必要的依据。

(一)施工进度计划的动态控制原理

施工进度计划的动态控制原理见图 15-7-1。

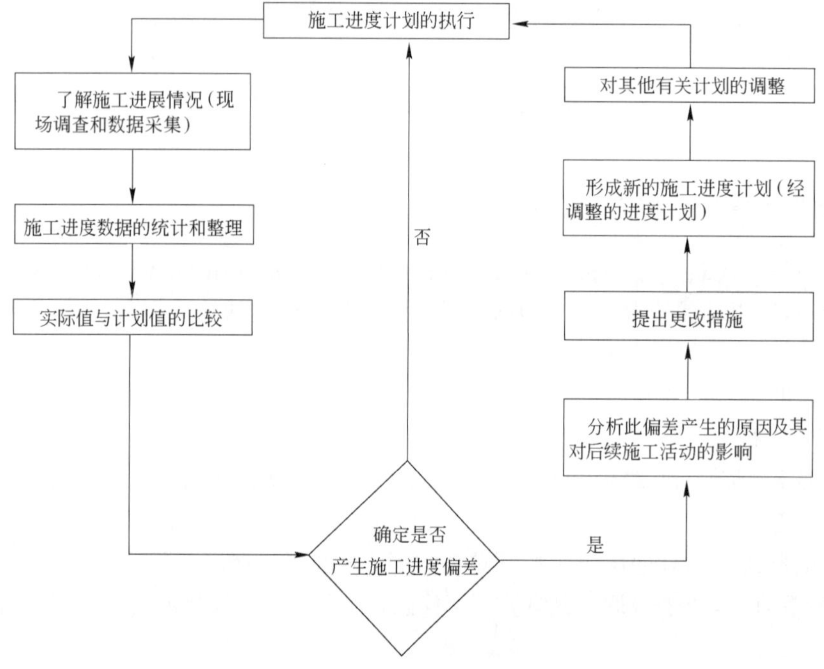

图 15-7-1　施工进度计划动态控制原理

(二)影响施工进度的因素

(1)相关单位进度的影响；

(2)设计变更因素的影响；

(3)材料物资供应进度的影响；

(4)资金原因；

(5)不利的施工条件；

(6)技术原因；

(7)施工组织不当；

(8)不可预见事件的发生。

(三)施工进度计划的检查

施工进度的检查是进度控制的关键步骤。进度计划的检查方法主要是对比法,即实际进度与计划进度进行对比,从而发现偏差,以便调整和修改计划。根据计划图形的不同,常见的有横道图比较法、前锋线比较法和香蕉曲线比较法。

1.横道图比较法

横道图比较法用于以横道图形式编制的进度计划。它是将项目实施过程中检查收集的实际进度数据,经加工整理后直接用横道线平行绘于原计划的横道线处,进行实际进度与计划进度的比较。该法可以形象、直观地反映实际进度与计划进度的比较情况。

(1)示例:某匀速进展横道计划局部如图 15-7-2 所示,在检查日期第 12 天结束时,天棚、墙面抹灰工作进度超前 1 天,而铺地砖工作进度拖后 2 天。

序号	工作名称	工作时间(天)	施工进度(天)											
			2	4	6	8	10	12	14	16	18	20	22	24
1	安钢窗	6												
2	天棚、墙面抹灰	12												
3	铺地砖	8												
4	安玻璃、刷油漆	4												
5	贴壁纸	6												
…														

计划进度
实际进度
检查日期

图 15-7-2 横道图比较法示例

(2)归纳分析:采用横道图比较法检查进度状况时,实际进度线右端若落在检查日期位置的左侧,则表明实际进度拖后;若二者重合,则表明实际进度与进度计划一致;若落在右侧,则表明实际进度超前。

2.前锋线比较法

前锋线比较法适用于时标网络计划。所谓前锋线,是指在原时标网络计划上,从检查时刻的时标点出发,用点划线依次将各项工作实际进展位置点连接而成的折线。该法就是通过实际进度前锋线与原进度计划中各工作箭线交点的位置来判断工作实际进度与计划进度的偏差,进而判定该偏差对后续工作及总工期的影响程度。

(1)示例:如图 15-7-3 所示,某分部工程施工时标网络计划在第 4 天下班时的施工进度前锋线,通过比较可知:

①工作 C 实际进度拖后 1 天,因其总时差和自由时差均为 2 天,既不影响总工期,也不影响其后续工作的正常进行;

②工作 D 实际进度与计划进度相同,对总工期和后续工作均无影响;

③工作 E 实际进度提前 1 天,对总工期无影响,将使其后续工作 F、I 的最早开始时间提前 1 天。

综上所述,该检查时刻各工作的实际进度对总工期无影响,将使工作 F、I 的最早开始时间提前 1 天。

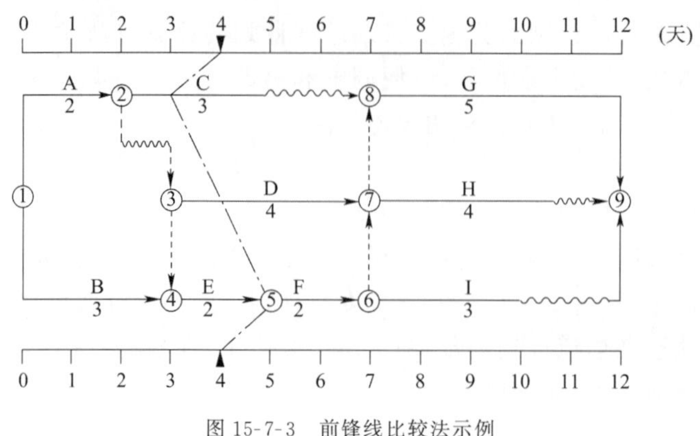

图 15-7-3　前锋线比较法示例

(2)影响分析：

①若进度偏差发生在关键线路上,则肯定会影响工期。

②若进度偏差发生在非关键线路上：

a.若偏差值小于或等于工作的自由时差,则进度计划不会受到影响；

b.若偏差值大于工作的自由时差,但小于或等于工作的总时差,则紧后工作的最早开始时间会受到影响,但工期不会受到影响。

③偏差值大于工作的总时差,则肯定会影响到工期。

3.香蕉曲线比较法

图 15-7-4 为根据计划绘制的累计完成数量与时间对应关系的轨迹。其中,一条 S 形曲线是按最早开始时间绘制的进度计划曲线,简称 ES 曲线;而另一条 S 形曲线是按最迟开始时间绘制的进度计划曲线,简称 LS 曲线。两条 S 形曲线形成一条类似香蕉形状的闭合曲线,故称为香蕉曲线。

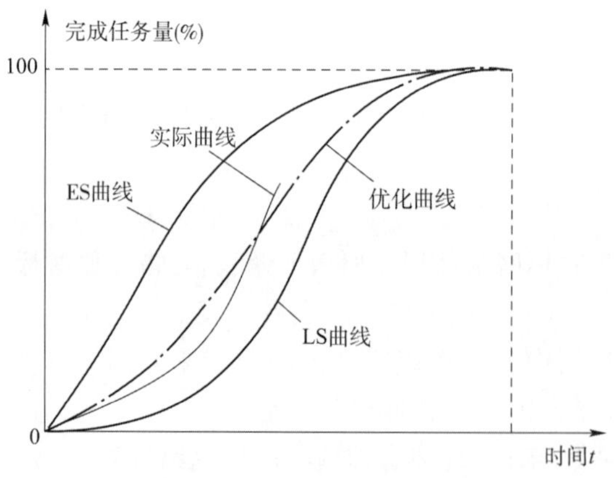

图 15-7-4　香蕉曲线比较法示例

在项目实施过程中,理想的状况是任一时刻的实际进度均在这两条曲线所包区域内。如果工程实际进展点落在 ES 曲线的左侧,则表明此刻实际进度比按最早开始时间安排的计划进度还超前;如果实际进展点落在 LS 曲线的右侧,则表明此刻实际进度比按其最迟开始时间安排的计划进度还拖后。

4.挣值法(赢得值法)在进度控制中的应用

挣值法是一种工程进度、成本状况的偏差分析方法。其基本原理是用货币量代替工程量,以资金已经转化为工程成果的量来衡量工程进度和成本状况，可以通过三个基本参数的运算得到四个评价指标。主要用于工程项目费用、进度的综合分析控制。

(1)挣值法的三个基本参数

已完工作预算费用(BCWP)＝已完成工作量×预算单价

计划工作预算费用(BCWS)＝计划工作量×预算单价

已完工作实际费用(ACWP)＝已完成工作量×实际单价

(2)四个评价指标

①费用偏差(CV)＝已完工作预算费用－已完工作实际费用

＝已完工作量×(预算单价－实际单价)

CV 为负值时，即表示项目运行超出预算值(亏损)；为正值时，表示项目运行节支(挣得)。

②进度偏差(SV)＝已完工作预算费用－计划工作预算费用

＝(已完工程量－计划工程量)×预算单价

SV 为负值时，表示进度延误；为正值时，表示进度提前。

③费用绩效指数(CPI)＝已完工作预算费用(BCWP)/已完工作实际费用(ACWP)

CPI 小于 1 时，表示超支；大于 1 时，表示节支。

④进度绩效指数(SPI)＝已完工作预算费用(BCWP)/计划工作预算费用(BCWS)

SPI 小于 1 时，表示进度延误；大于 1 时，表示进度超前。

(四)进度计划的调整

若工程的进度计划工期由于某种原因受到影响，则须对原进度计划进行调整。调整的方法是：

(1)改变工作之间的逻辑关系；

(2)缩短关键线路上各关键工作的持续时间。

【例 15-7-1】 当采用匀速进展横道图比较工作的实际进度与计划进度时，如果表示实际进度的横道线右端落在检查日期的右侧，这表明：

A. 实际进度超前

B. 实际进度拖后

C. 实际进度与进度计划一致

D. 无法说明实际进度与计划进度的关系

解 采用匀速进展横道图比较法检查进度状况时，实际进度线右端若落在检查日期位置的左侧，则表明实际进度拖后；若二者重合，则表明实际进度与进度计划一致；若落在检查日期的右侧，则表明实际进度超前。

答案：A

【例 15-7-2】 某土方工程总挖方量为 1 万 m^3。预算单价 45 元/m^3，该工程总预算为 45 万元，计划用 25 天完成，每天完成 400m^3。开工后第 7 天早晨刚上班时，经业主复核确定的挖方量为 2 000m^3，承包商实际付出累计 12 万元。应用挣值法(赢得值法)对项目进展进行评估，下列哪项评估结论不正确？

A. 进度偏差＝－1.8 万元，因此工期拖延

B. 进度偏差＝1.8 万元，因此工期超前

C. 费用偏差＝－3 万元，因此费用超支

D. 工期拖后 1 天

解 用挣值法对项目进展进行评价：

进度偏差＝已完工作预算费用－计划工作预算费用

＝2 000×45－400×6×45＝90 000－108 000＝－180 00 元(负值,工期拖延)

费用偏差＝已完工作预算费用－已完工作实际费用

＝2 000×45－120 000＝－30 000 元(负值,费用超支)

工期拖后时间＝(400×6－2 000)/400＝1 天

工期拖后,费用偏差不能为正值。

答案:B

三、技术管理

技术管理是对施工生产中一系列技术活动和技术工作进行计划、组织、指挥、调节和控制,亦即采用科学有效的方法和制度对施工生产中的各种复杂技术因素进行合理安排,以保证有组织、有计划地进行施工,并不断提高企业的科学技术和管理水平。

(一)技术管理的任务

(1)正确贯彻执行国家各项技术政策和法令,认真执行国家和有关主管部门制定的技术规范和规定。

(2)科学组织各项技术工作,建立企业正常的生产技术秩序,保证施工生产的顺利进行。

(3)充分发挥各级技术人员和工人群众的积极作用,促进企业生产技术不断更新和发展,推进技术进步。

(4)加强技术教育,不断提高企业的技术素质和经济效益,以达到保证工程质量、节约材料和能源、降低工程成本的目的。

(二)技术管理环节、条件

技术管理的三个环节是:

(1)施工前的各项技术准备工作;

(2)施工中的贯彻、执行、监督和检查;

(3)施工后的验收总结和提高。

技术管理的五个条件是:

(1)合格的人员;

(2)先进的技术装备;

(3)严格的技术要求;

(4)科学的管理制度;

(5)科学试验条件。

(三)技术管理制度

(1)施工图纸学习与会审制度;

(2)方案制订和技术交底制度;

(3)材料检验制度;

(4)计量管理制度;

(5)翻样和加工订货制度;

(6)工程质量检查及验收制度;

(7)施工工艺卡的编制和执行;

(8)设计变更和技术核定制度;

(9)工程技术档案制度和技术资料管理制度。

四、全面质量管理

全面质量管理是企业为了保证和提高产品质量，综合运用一套质量管理体系、手段和方法而进行的系统管理活动。它要求企业全体职工和所有部门参加，综合运用现代科学和管理技术成果，控制影响质量全过程的各因素，并以研制、生产和提供用户满意的产品和服务为主要目标。全面质量管理在保证和提高工程质量、提高工效和降低成本方面，比传统的质量管理方法有着显著的成效。

(一)全面质量管理的特点

(1)质量和质量管理的概念是广义的；

(2)预防与检查相结合，以预防为主；

(3)实行从计划、勘察设计、施工直到使用过程的全面质量管理；

(4)企业各部门全体人员共同参加质量管理；

(5)采用科学的管理方法，尊重客观实际，用数据说话；

(6)不仅要达到质量标准，还要满足用户的需要；

(7)在管理过程中不断总结提高，实行标准化、制度化。

(二)全面质量管理的实施

(1)要有明确的质量目标和质量计划；

(2)按质量管理工作的 PDCA 循环组织质量管理的全部活动；

(3)要建立专职的质量管理部门；

(4)建立质量责任制；

(5)开展质量管理小组活动；

(6)建立高效率的质量信息反馈系统，实现质量管理业务的标准化等。

五、施工质量验收

(一)质量验收的划分与顺序

检验批验收→分项工程验收→分部工程验收→单位工程验收。

其中，检验批可根据施工及质量控制和专业验收需要按楼层、施工段、变形缝等进行划分。

(二)施工质量验收的要求

(1)验收应在施工单位自检合格的基础上进行。

(2)参验的各方人员应具备相应的资格。

(3)检验批的质量应按主控项目和一般项目验收。其合格要求为：主控项目抽样检验均合格；一般项目抽样检验合格，计数项合格点率符合规范，且无严重缺陷。

(4)对于涉及结构安全、节能、环保、主要使用功能的试件、材料应按规定见证检验。

(5)隐蔽工程在隐蔽前验收，合格后方可继续施工。

(6)对于涉及结构安全、节能、环保、使用功能的重要分部工程，应在验收前抽样检验。

(7)工程的观感质量，应由验收人员现场检查，共同确认。

(三)检验批质量不合要求时的处理

(1)经返工返修或更换构件部件应重新进行验收。

(2)经有资质的检测单位检测鉴定，达到设计要求的应予以验收；达不到设计要求，但经原设计单位核算，可满足结构安全和使用功能的可予以验收。

(3)经返修或加固处理，能够满足结构可靠性要求的，可根据技术处理方案和协商文件进行验收。

【例 15-7-3】 有关施工过程质量验收的内容正确的是：

A. 检验批可根据施工及质量控制和专业验收需要按工程量、楼层、施工段、变形缝等进行划分

B. 一个或若干个分项工程构成检验批

C. 主控项目可有不符合要求的检验结果

D. 分部工程是在所含分项验收基础上的简单相加

解 《建设工程施工质量验收统一标准》(GB 50300—2013)第 4.0.5 条规定，“检验批可根据施工、质量控制和专业验收需要，按工程量、楼层、施工段、变形缝进行划分”，故选项 A 说法正确。

答案：A

六、竣工验收

竣工验收是建设全过程的最后一个程序。它是建设投资成果转入生产或使用的标志，是全面考核基本建设成果、检验设计和施工质量的重要环节，是建设单位会同施工单位、设计单位(国家主管部门代表)汇报建设项目按批准的设计内容建成后的工程质量、造价、形成的生产能力和综合效益等全面情况及交付新增固定资产的过程。竣工验收对促进建设项目及时投入生产，发挥投资效果，总结建设经验，都有着重要作用。

(一)竣工验收的依据

上级主管部门批准的计划任务书、初步设计或扩大初步设计、施工图纸和说明书、设备技术说明书、招标投标文件和经济合同、施工过程中的设计修改签证、现行施工技术验收标准及规范，以及主管部门的有关审批、修改、调整意见等。

(二)竣工验收的条件

(1)生产性工程和辅助公用设施，已按设计建成，能满足生产要求。

(2)主要工艺设备已安装配套，经联动负荷试车合格，安全生产和环境保护符合要求，已形成生产能力，能够生产出设计文件中所规定的产品。

(3)生产性建设项目中的职工宿舍和其他必要的生活福利设施以及生产准备工作，能适应投产初期的需要。

(4)非生产性建设项目，土建工程及房屋建筑附属的给水排水、采暖通风、电气、煤气及电梯已安装完毕，室外的各种管线已施工完毕，可以向用户供水、供电、供暖、供煤气，具备正常的使用条件。

(三)竣工验收的组织

竣工验收的组织要根据建设项目的重要性、规模大小和隶属关系而定。竣工验收的组织形式有验收委员会、验收领导小组或验收小组等。

建设项目的竣工验收，应在施工单位自检合格后，向建设单位提交验收申请；建设单位负责人组织，会同施工、生产或使用、设计、监理单位及与项目有关的单位共同进行验收。

习 题

15-7-1 大型综合施工企业宜采用(　　)现场施工管理组织形式。

A. 部门控制式　　B. 工程队式　　C. 矩阵式　　D. 混合制式

15-7-2 网络计划执行中,某项工作延误时间超过了其自由时差,但未超过其总时差,则该延误将使得(　　)。

A. 紧后工作的最早开始时间后延　　B. 总工期延长

C. 紧后工作的最迟开始时间后延　　D. 后续关键工作的最早开始时间后延

15-7-3 图纸会审工作是属于(　　)方面的工作。

A. 全面质量管理　　B. 技术管理　　C. 现场施工管理　　D. 文档管理

15-7-4 全面质量管理不强调(　　)的质量管理。

A. 全面质量　　B. 全过程　　C. 全方位　　D. 全体人员

15-7-5 质量管理需按 PDCA 循环组织质量管理的全部活动,其中的 D 是指(　　)。

A. 计划　　B. 实施　　C. 检查　　D. 行动

15-7-6 工程的竣工验收应由(　　)提出申请。

A. 主管部门　　B. 建设单位　　C. 设计单位　　D. 施工单位

15-7-7 以下有关建筑工程施工质量验收要求,说法不正确的是(　　)。

A. 工程质量验收均应在监理单位检查评定的基础上进行

B. 工程的观感质量,应由验收人员现场检查,共同确认

C. 对于涉及结构安全、节能、环保和使用功能的试件、材料,应按规定见证检验

D. 对于涉及结构安全、节能、环保和使用功能的重要分部工程,应在验收前按规定抽样检验

15-7-8 检验批验收的项目包括(　　)。

A. 主控项目和一般项目　　B. 主控项目和合格项目

C. 主控项目和允许偏差项目　　D. 优良项目和合格项目

15-7-9 分包单位完成所分包的工程后,应将工程有关资料交(　　)。

A. 建设单位　　B. 监理单位　　C. 设计单位　　D. 总包单位

习题题解及参考答案

第一节

15-1-1 **解:**根据土的开挖难易程度,土的工程分类可分为八类,前四类为土,后四类为岩石。

答案:C

15-1-2 **解:**松土的体积与自然状态土体积的比值是最初可松性系数,而回填压实后的土体积与自然状态土体积的比值是最后可松性系数。

答案:A

15-1-3 **解:**开挖基坑或管沟可做成直立壁不加支撑,挖方深度宜为:①砂土和碎石土≤

1m;②粉土及粉质黏土≤1.25m;③黏土≤1.5m;④坚硬的黏土≤2m。

答案:B

15-1-4 **解**:一般的水泥土墙、灌注桩排桩不具备截水功能,水泥土墙能适应土质差且有截水功能,但不能用于较深的基坑(一般不超过5m)。而型钢水泥土墙具有挡土、截水功能,且能用于深度较大、土质差的基坑。

答案:D

15-1-5 **解**:当土的渗透系数很小(k<0.1m/d)时,地下水流动很慢,需要用电极催流,故宜采用电渗井点。

答案:B

15-1-6 **解**:根据《土方与爆破工程施工及验收规范》(GB 50201—2012)第4.5.1条、第4.5.2条规定,选项A、B、D表述正确,选项D表述不正确。若采用的土料渗透性不同,则应将透水性好(渗透系数大)的土料填在下部,能使上部渗下的水迅速下渗排走,从而避免出现水囊现象或浸泡基础。

答案:D

15-1-7 **解**:一般人工打夯力量小,分层填土厚度不宜过厚,即小于200mm。

答案:A

15-1-8 **解**:影响土方夯实的因素有每层填土的厚度、压实功、土的含水率。其中,压实功包括压实力和压实遍数。

答案:C

15-1-9 **解**:运距在60~100m内的挖填土作业,最适用的土方机械是推土机,经济合理。

答案:C

15-1-10 **解**:反铲挖土机的挖土特点是"后退向下,强制切土"。选项A、C、D分别是正铲、拉铲和抓铲挖土机的挖土特点。

答案:B

15-1-11 **解**:为了避免沉桩挤土效应造成桩位偏移、桩体上涌和地面过多隆起等事故,打桩前必须合理确定打桩顺序。按照《建筑地基基础工程施工规范》(GB 51004—2015)第5.5.16条规定,沉桩顺序应按先深后浅、先大后小、先长后短、先密后疏的次序进行,对于密集桩群,宜自中间向两侧或向四周对称施打。

答案: C

15-1-12 **解**:螺旋钻钻孔法、爆扩法均适用于土质较好时的干作业成孔,人工挖孔法一般用于大直径灌注桩施工,故均不适用题列条件。只有沉管法适用于土质较差、地下水位高的较小直径灌注桩施工。

答案:B

第二节

15-2-1 **解**:钢筋进场时除需对外观、质量证明文件进行检验外,还需由第三方进行见证抽样检验(即复验)。复验的内容包括钢筋的力学性能(抗拉强度、屈服强度、伸长率、弯曲性能)和重量偏差。一般不检查化学成分,但当施工中发现钢筋脆断、焊接性能不良或力学性能显著不正常时,应进行化学成分检验。

答案:C

15-2-2 **解**:电渣压力焊适于竖向较粗钢筋的焊接,因此,柱的主筋适宜采用该焊接方法。电弧焊虽适用范围较广,但对柱的主筋焊接较为困难、效率低且质量不易保证。而电阻点焊适于直径16mm以下的交叉钢筋焊接,如钢筋网片、骨架等,不能用于柱子主筋的接长焊接。闪光对焊主要用于钢筋加工中对粗钢筋的水平接长,由于机械较笨重,不能用于现场焊接,更不适合竖向钢筋连接。

答案:C

15-2-3 **解**:大模板属于工具式模板,施工速度快,墙面效果好,费用较爬模低,因此在剪力墙结构中普遍使用。

组合钢模板通用性强,能适合各种结构构件,但施工效率低,混凝土表面平整度差,在有大量墙体的剪力墙结构中很少使用。

爬升模板施工速度快、质量好,可减少塔吊的运输量,不需另外搭设脚手架,但造价较高,常用于超高层的筒体结构施工。

滑升模板在遇有水平构件时需要空滑和等待,适于筒仓、水塔、烟囱、桥墩等高耸的竖向构筑物施工,在房屋建筑中已很少使用。

答案:C

15-2-4 **解**:自落式搅拌机是通过搅拌筒转动,内部叶片将拌和材料提升后自由下落、冲击、交流、掺和而搅拌均匀,适用于搅拌骨料较粗重的塑性混凝土,而干硬性混凝土难以下落和拌匀。

强制式搅拌机是通过多个搅拌铲在搅拌筒内旋转,推动拌和材料旋转、剪切、交流、掺和而达到均质状态,搅拌强烈、效率高、质量好,但耗能多、磨损大,适于搅拌各种混凝土。

对于干硬性混凝土、轻骨料混凝土、高强度高性能混凝土均应采用强制式搅拌机进行拌制。

选项A、B所列的双锥式、鼓筒式搅拌机均属于自落式搅拌机。

答案:D

15-2-5 **解**:较长距离的商品混凝土的地面运输,宜采用混凝土搅拌运输车,它可以边运输,边搅拌,能避免混凝土分层离析,保证混凝土的坍落度和质量。

答案:B

15-2-6 **解**:普通泵送混凝土的最大骨料粒径一般不超过25mm。《混凝土结构工程施工规范》(GB 50660—2011)第8.6.3条规定,对骨料粒径不超过25mm的混凝土,浇筑时的倾落高度不应超过6.0m,对骨料粒径大于25mm者,浇筑高度不应超过3m;否则应加设串筒、溜管、溜槽等装置,以避免落差过高使混凝土产生离析现象。

答案:C

15-2-7 **解**:混凝土施工缝处由于粗骨料不能很好地相互嵌固,使该处的抗剪能力大大降低。因此《混凝土结构工程施工规范》(GB 50666—2011)第8.6.1条规定,施工缝宜留设在结构受剪力较小且便于施工的位置。第8.6.3条规定,有主次梁的楼板,竖向施工缝应留设在次梁跨度中间1/3范围内(梁板同时浇筑)。

答案:C

15-2-8 **解**:浇筑多层钢筋混凝土框架结构的柱子时,应由外向内对称浇筑,避免由一端向另一端推进而受推倾斜造成累积误差。

答案:B

15-2-9 **解**:为保证大体积混凝土的整体性,常用的浇筑方法有全面分层、分段分层和斜面分层三种。全面分层用于面积较小的大体积混凝土;分段分层用于面积大但厚度不太大的工程(如2层,否则施工繁琐);斜面分层施工简单,适用于厚度、面积均大但宽度不太大的工程。对于宽度虽大,但采用多台设备同时浇筑时,每台设备负责一条或一带的宽度则不大。因此,常采用斜面分层浇筑,既使得施工简单又能保证整体性。

答案:C

15-2-10 **解**:大体积混凝土的振捣密实,宜选用内部振捣器,易插入到任何位置。因混凝土体积大,外部、表面振捣器不易振动均匀,振动台适用于工厂制作中小型构件。

答案:A

15-2-11 **解**:《混凝土结构工程施工规范》(GB 50666—2011)第10.2.12条规定,混凝土受冻临界强度为:采用硅酸盐水泥、普通硅酸盐水泥配制的混凝土为设计强度等级值的30%,采用矿渣硅酸盐水泥、粉煤灰硅酸盐水泥、火山灰质硅酸盐水泥、复合硅酸盐水泥配制的混凝土为设计强度等级值的40%。故普通硅酸盐水泥拌制的C40混凝土施工,允许受冻的最低强度为$40 \times 30\% = 12\text{N/mm}^2$。

答案:C

15-2-12 **解**:预应力混凝土管桩属于轴心受预压的预应力构件,在放松预应力筋时应同时放松。对预应力板等宽度较大的构件,可从中间向两侧逐根放松,避免构件偏心受力。

答案:A

15-2-13 **解**:《混凝土结构工程施工规范》(GB 50666—2011)第6.4.7条规定,当设计无具体要求时,有黏结预应力筋长度不大于20m时,可一端张拉;预应力筋为直线形时,一端张拉的长度可延至35m。无黏结预应力筋长度不大于40m时,可一端张拉。因此各选项中,只有30m长直线孔道(有孔道者为有黏结预应力筋)可一端张拉。

答案:B

15-2-14 **解**:预应力张拉的顺序应根据结构受力特点、施工方便及操作安全等因素确定,原则是均匀、对称、分批、逐步渐进地进行,以避免结构或构件扭转、侧弯或损坏。因此,《混凝土结构工程施工规范》(GB 50666—2011)第6.4.6条规定,对于现浇预应力混凝土楼盖,宜先张拉楼板、次梁的预应力筋,后张拉主梁的预应力筋。

答案:D

第三节

15-3-1 **解**:自行杆式起重机移动灵活,能满足安装要求且较经济,一般适宜1～5层房屋结构安装。

答案:A

15-3-2 **解**:采用旋转法吊装的柱子,就地预制或吊前布置时,应使柱的绑扎点、柱脚中心和柱基杯口中心三点均在以起重机回转中心为圆心,以回转半径为半径的圆弧上,以满足吊装要求。

答案:B

15-3-3 **解:**该题是一道真题,题干说法不够准确,但不影响答案。准确的说法是,起重机一个节间、一个节间地进行吊装,一次开行就能安装完全部构件,这种吊装方法称为综合吊装法。而分件吊装法是指起重机一次开行仅吊装一两种构件,经过多次开行方能完成房屋吊装的吊装方法。选项A、B的旋转法、滑行法是吊装柱子的方法。

答案:D

15-3-4 **解:**对已安装了大型设备的单层工业厂房结构吊装时,由于不便于机械行走,宜采用综合吊装法安装。选项C、D的分层流水是对多层房屋结构进行分件吊装的不同方法,不能用于单层厂房。

答案:A

15-3-5 **解:**砌筑用的混合砂浆若掺入石灰类材料,则必须是满足熟化期要求的石灰膏,而不得直接使用消石灰粉。砌筑砂浆属于结构材料,必须采用重量配比。《砌体结构工程施工规范》(GB 50924—2014)第5.3.2条规定,配制砌筑砂浆时,各组分材料应采用质量计量,故选项B采用体积比计量的说法不正确。选项C、D的说法符合规范要求。

答案:B

15-3-6 **解:**影响砂浆饱满度的主要因素是砖的含水率、砂浆的和易性、砌筑操作方法。所以,浇水湿润、采用"三一"砌砖法、掺入塑性外掺料(如石灰膏、粉煤灰等)及控制砂浆的使用时间都有益于砂浆的和易性。但磨细生石灰粉必须浸泡2d以上,成为充分熟化的石灰膏方可用于拌制砂浆,不得直接掺入。

答案: C

15-3-7 **解:**《砌体结构工程施工规范》(GB 50924—2014)第6.2.4规定,砖砌体的转角处和交接处应同时砌筑。在抗震设防烈度8度及以上地区,对不能同时砌筑的临时间断处应砌成斜槎。其中,普通砖砌体的斜槎的水平投影长度不应小于高度的2/3,多孔砖砌体不应小于1/2。斜槎高度不得超过一步脚手架的高度。

答案:B

15-3-8 **解:**采用保湿养护或蒸压养护的砌块,砌筑时,其龄期必须达到28d以上,以防止因块体收缩变形而引起墙体裂缝。

答案:B

15-3-9 **解:**空心砌块砌筑时,应将砌块制作时的底面朝上反砌于墙上,以利铺设砂浆和提高饱满度。灰缝砂浆饱满度应不低于净截面面积的90%。墙体转角处和纵横交接处应同时砌筑;其他临时间断处应砌成斜槎,其水平投影长度不小于斜槎高度。

答案:C

第四节

15-4-1 **解:**施工组织设计按编制的对象不同分为施工组织总设计、单位工程施工组织设计、施工方案三类。

答案:B

15-4-2 **解:**选项A、B、C所列内容是单位工程施工组织设计的主要内容,施工方案需依据施工部署进行编制,施工进度计划需依据施工部署及施工方案进行编制,施工进度计划编制后才能制订资源配置计划、施工准备计划等,这些计划制订后才能布置施工现场。因此选项B所列的编制顺序合理。选项D所列内容不属于单位工程施工组织设计,而是其中的施工进度计划的编制步骤。

答案:B

15-4-3 **解:**确定一般的单位工程施工展开程序的原则是:先地下后地上、先主体后围护、先结构后装修、先土建后设备。不宜采取先设备后土建的顺序,但对于某些重工业厂房(如炼铁厂)的生产设备与土建的顺序除外。

答案:B

15-4-4 **解:**各施工过程的先后顺序与施工组织、施工工艺、施工质量有密切关系。

答案:D

15-4-5 **解:**选择施工方法和施工机械的基本要求是要有可行性,其次是合理性、经济性和先进性。因此首先要满足施工工艺及技术要求。

答案:A

15-4-6 **解:**横道图简单、直观,易于使用。网络图提供的信息更为全面、丰富,对复杂、重要工程必须使用网络图。

答案:A

15-4-7 **解:**在设计施工平面图时,首先应确定垂直运输机械的位置,因为搅拌站、材料堆场的位置、运输道路等,都取决于重直运输机械的位置。

答案:B

第五节

15-5-1 **解:**流水节拍是指一个施工队在一个施工段上的施工作业持续时间。而相邻两个专业工作队开始施工的时间间隔称为流水步距。

答案:B

15-5-2 **解:**在流水施工过程中,相邻两个专业工作队开始施工的时间间隔称为流水步距。

答案:B

15-5-3 **解:**固定节拍专业取流水等距K=流水节拍t,则流水工期$T=(rm+n-1)K=(2\times3+3-1)\times2=16$天。

答案:A

15-5-4 **解:**在成倍节拍流水中,任何两个相邻工作队间的流水步距等于各施工过程流水节拍的最大公约数。

答案:D

15-5-5 **解:**组织无节奏流水(分别流水)的关键,就是正确计算流水步距,以保证各施工过程间既不相互干扰,又能最大限度地搭接,且各施工队一旦开始施工就能连续地完成各段的作业。该流水步距计算的常用方法是"节拍累加数列错位相减取大差"法。

答案:B

15-5-6 解:题目所给条件符合成倍节拍流水条件要求(同一施工过程节拍相等,而不同施工过程间节拍不等,但同为某一常数的倍数)。

首先确定流水步距,取各施工过程流水节拍的最大公约数,即 $K=2$ 天。

第二步,确定各施工过程的施工队数,即 $b_{甲}=\frac{t_{甲}}{K}=\frac{4}{2}=2$ 个,$b_{乙}=\frac{t_{乙}}{K}=\frac{6}{2}=3$ 个,$b_{丙}=\frac{t_{丙}}{K}=\frac{2}{2}=1$ 个,共 6 个队。

第三步,计算流水工期:$T=(rm+\sum b_i-1)K+\sum S-\sum C=(1\times6+6-1)\times2+1-2=21$ 天。

答案:B

15-5-7 解:利用流水节拍累计相加数列错位相减取大差计算 $K_{A\text{-}B}$ 及 $K_{B\text{-}C}$,得出 5 天、2 天。即:

	A-B		B-C
A	2,5,7,10	B	2,3,5,6
−B	2,3,5,6	−C	2,5,7,8
	2 3 4 5 −6		2 1 0 −1 −8

而流水工期:$T=\sum K+T_N=(2+5)+8=15$ 天。

答案:D

第六节

15-6-1 解:双代号网络图的三要素是箭线、节点和线路。

答案:C

15-6-2 解:选项 B 两节点间箭线不唯一(即有编号相同的工作 AE),选项 C 有闭合回路,选项 D 网络图出现两个终点节点。

答案:A

15-6-3 解:本工作最迟完成时间应以保证不影响任一紧后工作的最迟开始为前提。所以,应取各紧后工作最迟开始时间的小值。即:$LF_{本}=\min\{18-4,16-5,14-6\}=\min\{14,11,8\}=8$。

答案:C

15-6-4 解:关键线路是耗用时间最长的线路,它们决定了工期。

答案:C

15-6-5 解:网络计划中总时差最小的工作为关键工作。当计算工期等于要求工期时,总时差的最小值为零。即:当计算工期等于要求工期时,总时差为零的工作为关键工作。

答案:A

15-6-6 解:自由时差是用紧后工作最早开始时间减去本工作的最早完成时间,开始工作①→③的紧后工作是③→④,而③→④的最早开始时间是 $\max\{4+3,5\}=7$,则①→③的自由时差为 $7-5=2$ 天。

答案:B

15-6-7 **解**:利用工作的自由时差,不会影响紧后工作,更不会影响总工期。

答案:A

15-6-8 **解**:自由时差是本工作在不影响紧后工作最早开始时间的前提下,所具有的机动时间。故拖延时间在自由时差范围内时,对总工期及后续工作均不会产生任何影响,故都不会发生“改变”。

答案:A

15-6-9 **解**:在双代号时标网络计划中,自始至终没有波形线的线路为关键线路(注:找关键线路应从终点节点向起点节点进行,找无波形线的工作所构成的线路)。关键线路与有无虚工作及所需资源无关。

答案:B

15-6-10 **解**:单代号网络图是由一个节点表示一项工作,以箭线表示工作之间逻辑关系的网络图。

答案:C

15-6-11 **解**:选项B是双代号网络图中工作的表达方法;选项C为时标网络计划的表达方法;而选项D为错误说法,因为在单代号网络图中,当有多个无内向箭线的节点或多个无外向箭线的节点时,则需要添加“开始”或“完成”这样的虚拟节点(即虚工作),才能保证网络图只有一个起点节点和一个终点节点。

答案:A

15-6-12 **解**:在进行工期优化时,不得将关键工作直接压缩成非关键工作。否则,虽然付出了代价,而工期并不能按照所压数值缩短。(但允许压缩别的工作时,某些关键工作被动地变成了非关键工作。)

答案:B

15-6-13 **解**:资源优化是使工程所需资源按时间的分布符合优化目标。优化的方法通常是改变工作的开始和完成时间(即进行时间),以便错开高峰或避免冲突。而不改变工作的持续时间或逻辑关系。

答案:A

第七节

15-7-1 **解**:大型综合施工企业宜采用矩阵式现场施工管理组织形式。

答案:C

15-7-2 **解**:当工作延误是发生在非关键线路上时,若所延误时间小于或等于自由时差,则对工期及后续工作无任何影响;若所延误时间超过总时差,则既影响工期又影响后续工作;若所延误时间超过了自由时差,但未超过总时差,则不影响工期,但会影响后续工作,即使得后续工作不能按时开始。所以,题中所给情况将使得紧后工作的最早开始时间后延。三个选项B、C、D所给情况只有在延误时间超过总时差时才会出现。

答案:A

15-7-3 **解**:图纸会审工作是属于技术管理方面的工作。图纸会审是技术制度。

答案:B

15-7-4 **解**:全面质量管理强调全体人员、全过程、全面质量的质量管理。

答案:C

15-7-5 **解**:质量管理需按PDCA循环组织质量管理的全部活动,PDCA分别指计划、实施、检查、处置,故其中的D是指实施。

答案:B

15-7-6 **解**:《建筑工程施工质量验收统一标准》(GB 50300—2013)第6.0.5条、第6.0.6条规定,单位工程的竣工验收应由施工单位提出申请,由建设单位组织进行。

答案:D

15-7-7 **解**:选项A的说法不正确,根据《建筑工程施工质量验收统一标准》(GB 50300—2013)第3.0.6条第1款的规定,工程质量验收均应在施工单位自检合格的基础上进行。

答案:A

15-7-8 **解**:《建筑工程施工质量验收统一标准》(GB 50300—2013)第5.0.1条规定,检验批质量验收的项目包括主控项目和一般项目。具体要求为:主控项目抽样检验均合格;一般项目抽样检验合格,当采用计数抽样时,合格点率应符合专业验收规范的规定,且不得存在严重缺陷。

答案:A

15-7-9 **解**:《建筑工程施工质量验收统一标准》(GB 50300—2013)第6.0.4条规定,分包工程完工后,分包单位应对所分包的工程项目进行自检,并应按规定的程序进行验收。验收时,总包单位应派人参加。分包单位应将所分包工程的质量控制资料整理完整,并移交给总包单位。

答案:D

第十六章　结构力学

复 习 指 导

一、考试大纲

14.1.1　平面体系的几何组成

几何不变体系的组成规律及其应用

14.1.2　静定结构受力分析与特性

静定结构受力分析方法　反力　内力的计算与内力图的绘制　静定结构特性及其应用

14.1.3　静定结构位移

广义力与广义位移　虚功原理　单位荷载法　荷载下静定结构的位移计算　图乘法　支座位移和温度变化引起的位移　互等定理及其应用

14.1.4　超静定结构受力分析及特性

超静定次数　力法基本体系　力法方程及其意义　等截面直杆刚度方法　位移法基本未知量　基本体系基本方程及其意义　等截面直杆的转动刚度　力矩分配系数与传递系数　单结点的力矩分配　对称性利用　超静定结构位移　超静定结构特性

14.1.5　结构动力特性与动力反应

单自由度体系　自振周期　频率　振幅与最大动内力　阻尼对振动的影响

二、复习指导

(一)平面体系的几何组成分析

要能正确地认知和表述与组成分析有关的名词概念,掌握无多余约束几何不变体系的组成规则,对常见结构能进行几何构造性质的分析,理解结构的几何特性与静力特性的关系。

(二)静定结构的受力分析与特性

静定结构的受力分析与计算非常重要,一定要注意概念,多做练习,力求把基础打好。要注意理解静定结构的基本特征与一般性质,并能灵活运用。静定结构反力、内力计算的关键是恰当选取隔离体和平衡方程,结构受力分析时要与结构的组成分析相联系,从中找出计算的途径,一定要注意通过练习,提高恰当选取隔离体与灵活运用平衡方程的能力。熟练掌握静定梁与静定刚架反力、内力的计算与弯矩图的绘制,掌握静定桁架与组合结构的内力计算方法,理解三铰拱的力学特性与合理拱轴的概念。注意对称性的利用。

(三)结构的位移计算

结构位移计算的理论基础是虚功原理。要理解虚功、广义力、广义位移等概念,理解虚功原理的内容及应用条件,懂得用单位荷载法求位移的过程与方法,重点掌握应用图形相乘法计算互等定理的内容及其应用。

(四)超静定结构的受力分析与特性

要注意理解静定结构的基本特性与一般性质,会判断结构的超静定次数。掌握力法、位移法及力矩分配法,懂得其物理概念及求解过程,对于常见的各种系数如柔度系数、刚度系数(转动刚度系数、侧移刚度系数)、力矩分配系数、传递系数等,要懂得其物理概念并会计算,常用的有关数据要记住。注意对称性的利用,会取对称结构的半结构计算简图。

(五)结构的动力特性与动力反应

结构的动力分析包含动力特性与动力反应两方面内容。研究自由振动就是为了掌握动力特性,注意分析影响动力特性的因素(质量与刚度),会判断振动体系的动力自由度,掌握自振频率的概念及计算。掌握单自由度体系在简谐荷载作用下动力系数的概念及计算,以及动位移、动内力的计算。了解阻尼对振动的影响。

第一节　平面体系的几何组成分析

一、几何组成分析的目的

体系的几何组成分析(又称几何构造分析、机动分析)是将材料刚化,从几何学、运动学的角度分析体系有无运动的可能。

体系(部件+约束)可分为:

$$\begin{cases}\text{几何不变体系——不计应变,体系的位置和形状都不能改变。}\\ \text{几何可变体系——不计应变,体系的位置或形状可以改变。}\end{cases}$$

几何瞬变体系是几何可变体系的特殊情况。如果某一几何可变体系发生微量位移后即成为几何不变体系,则称此体系为几何瞬变体系(此时构件有高阶微量的变形,会产生无穷大的内力)。能发生有限量位移的体系称为常变体系。

只有几何不变体系才能用作常规结构。

研究体系几何组成分析的目的是:

(1)判定给定体系是否几何不变,掌握几何不变体系的组成规则及其应用,以确保结构的几何不变性。

(2)了解结构各部分的组成关系,以便于受力分析。

二、几何不变体系的三条组成规则

(1)两刚片规则:两个刚片用不共点的三根链杆连接,组成几何不变体系,且无多余约束。

(2)三刚片规则:三个刚片用不共线的三个铰相互连接,组成几何不变体系,且无多余约束。

(3)二元体规则:增减二元体(不共线两链杆铰结点)不改变原有体系的几何构造性质。

这三条规则实质上就是三角形规则。然而根据连接两个刚片的两杆约束与铰可相互代换,又可演变出多种组成形式,如图 16-1-1 所示,需注意灵活应用。

在上述规则中都有一定的限制条件,当不满足这些条件时,体系一般为瞬变体系(有时为常变体系),见图 16-1-2,a)~d)为瞬变,e)、f)为常变。

【例 16-1-1】 对如图所示体系进行几何组成分析。

解 如图 b)所示刚片 I、II、III 由不共线的三铰 A、B、C 相互连接,再增加上面的二元体即为所给体系。故所给体系为几何不变无多余约束的体系。

【例 16-1-2】 对如图 a)所示的铰接体系进行几何组成分析。

解 撤去不影响几何构造性质的顶部的二元体及底部的简支支座后，剩下九根杆件，可视为三个刚片，六根链杆，见图 b)。刚片 I、II、III 用虚铰(1,2)、(2,3)、(3,1)相互连接，若三铰共线，则原体系为瞬变体系。

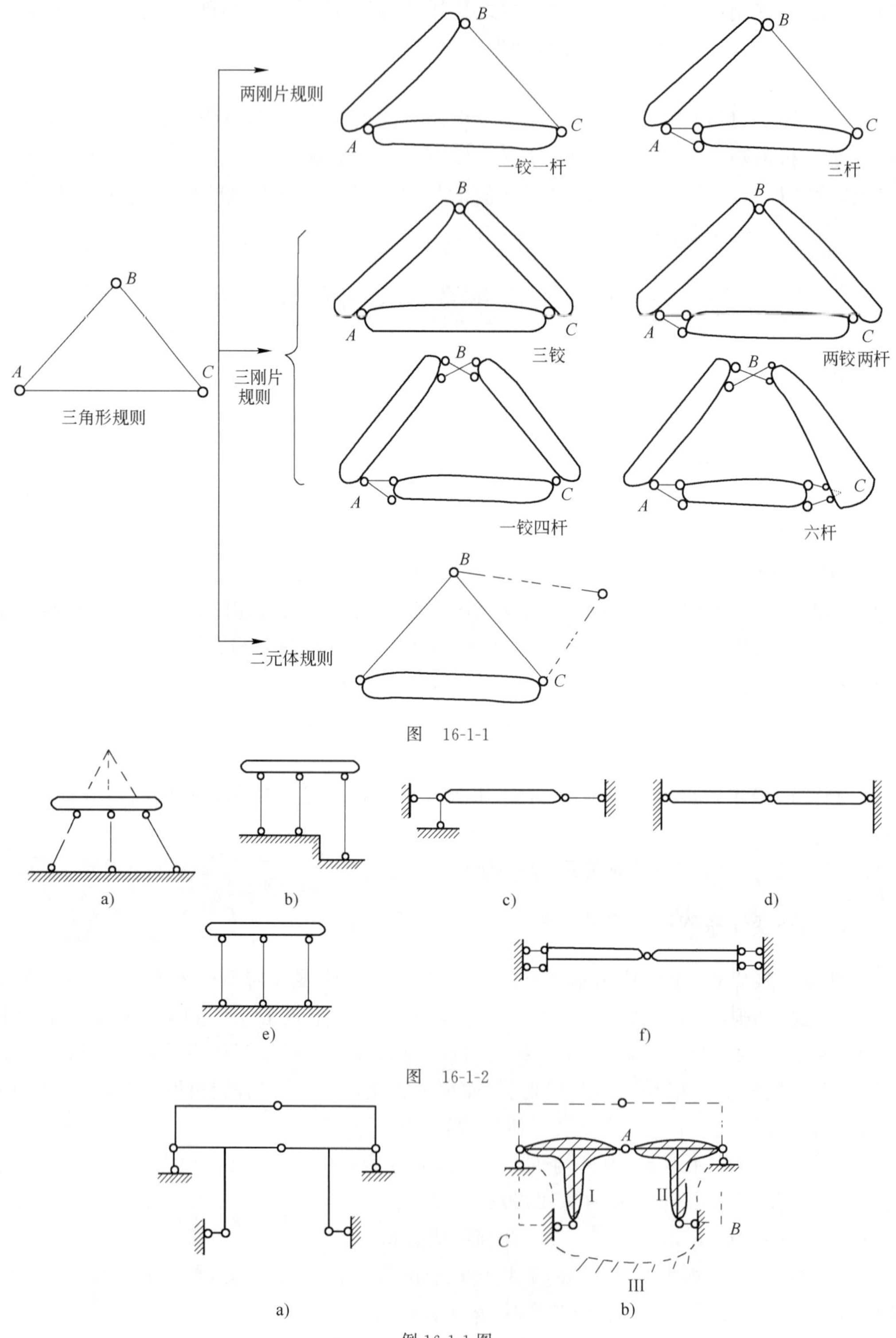

图 16-1-1

图 16-1-2

例 16-1-1 图

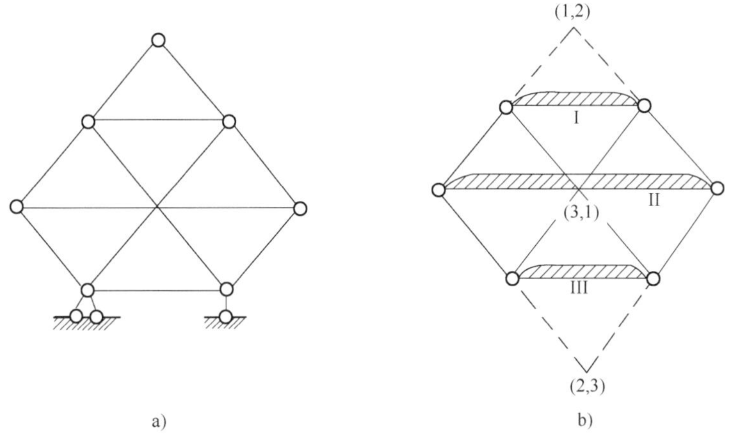

例 16-1-2 图

【例 16-1-3】 对如图 a)所示的体系进行几何组成分析。

解 体系的左半部分见图 b),是两个刚片用两个铰连接,组成有一个多余约束的大刚片,同理,体系的右半部分也是有一个多余约束的大刚片,但左、右两部分与地面连接少一根链杆,所以整体为几何可变体系。

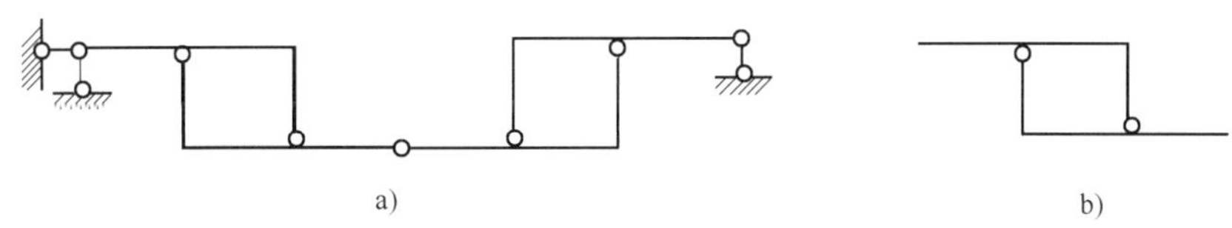

例 16-1-3 图

在进行几何组成分析时,有时会遇到虚铰在无穷远的情况,这时需引用射影几何学的定理:“平面上不同方向所有无穷远点的集合是一条直线(无穷远直线),而一切有限远点均不在此直线上”的结论,才能正确进行分析。

三、注意事项及例题分析

(1)组成分析这部分内容的重点要求是能正确地理解和表述与组成分析有关的名词概念,能应用无多余约束几何不变体系的组成规则分析平面体系的几何构造性质。

(2)对体系进行组成分析常采取的措施:

①撤去不影响几何构造性质的部分以使问题简化。如可撤去二元体,可撤去与某刚片(基础)只用不共点三链杆相连的部分,见图 16-1-3。

②逐次应用基本组成规则将小刚片合成为大刚片,将体系归结为两刚片或三刚片相连的情况。见图 16-1-4。

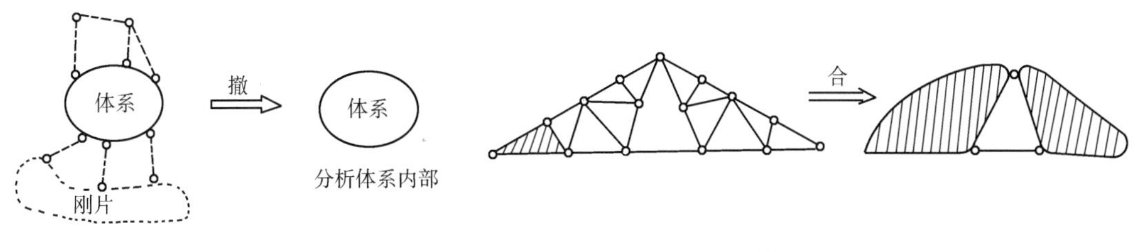

图 16-1-3

图 16-1-4

③根据分析的需要,有时可作等效代换,例如:

连接两个刚片的两根链杆与一个单铰可作等效代换(见图 16-1-5)。

具有两个连接铰的刚片与一根链杆可作等效代换(见图 16-1-6)。

具有三个连接铰的刚片与三根链杆可作等效代换(见图 16-1-7)。

三根链杆汇交的 Y 形结点(见图 16-1-8),必须有一杆视为刚片。

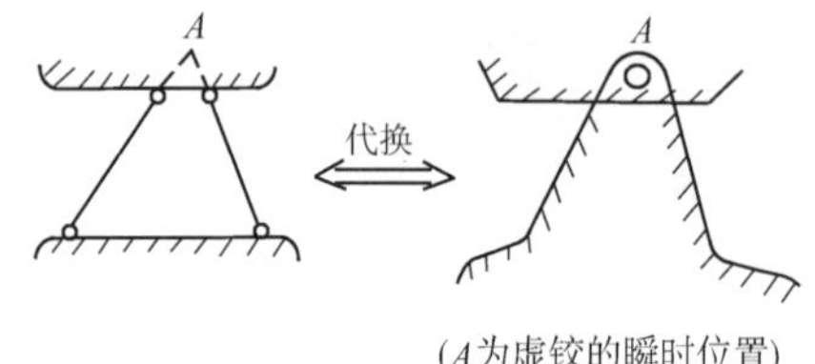

图 16-1-5

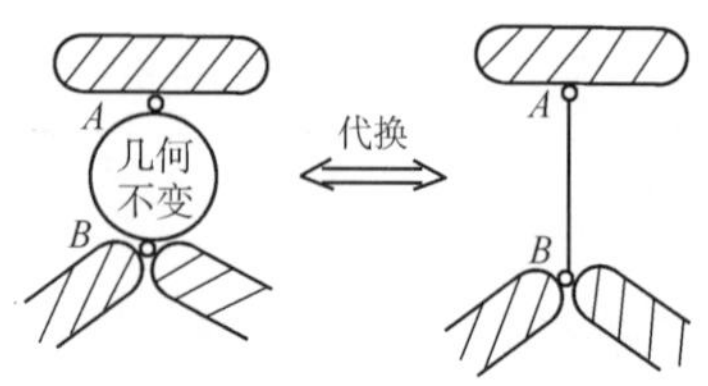

图 16-1-6

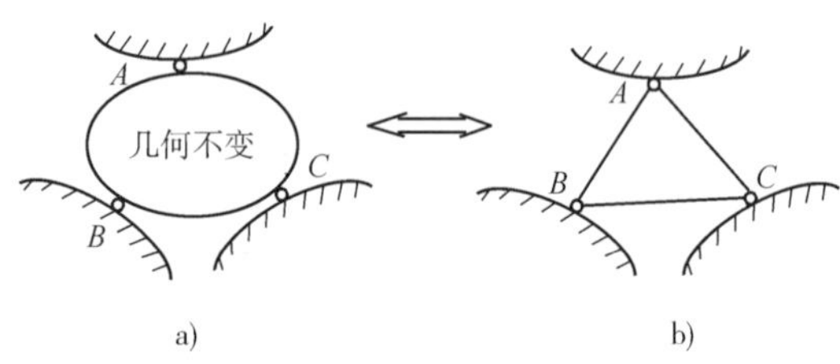

图 16-1-7

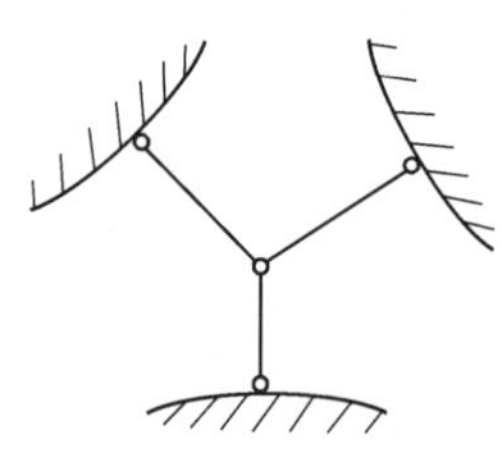

图 16-1-8

【例 16-1-4】 如图 a)所示体系为:

A. 几何不变体系,无多余约束

B. 几何不变体系,有多余约束

C. 几何常变体系

D. 几何瞬变体系

解 先撤去上面三个二元体及下面的简支支座,分析图 b)内部,再将三角形合成为大三角形,得刚片 I、II,并将中间竖杆等效代换为刚片 III 可看出,刚片 I、II、III 用不共线的三铰(1,2)、(2,3)、(3,1)相互连接,故体系为几何不变、且无多余约束的体系。

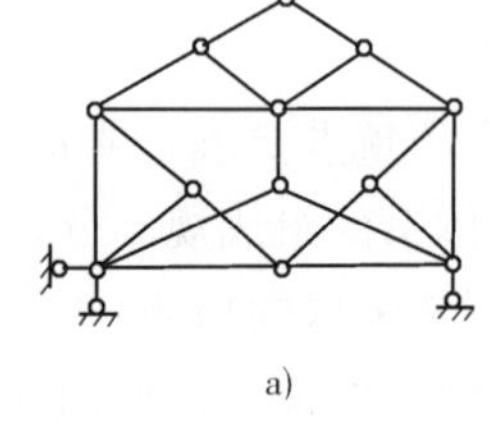

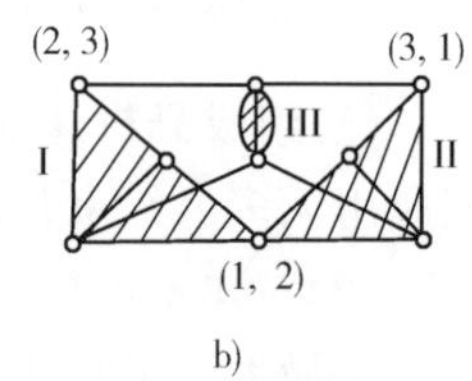

例 16-1-4 图

答案:A

【例 16-1-5】 如图 a)所示体系可用:

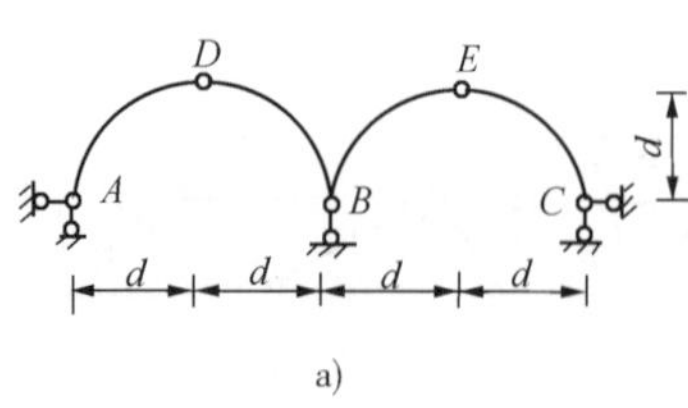

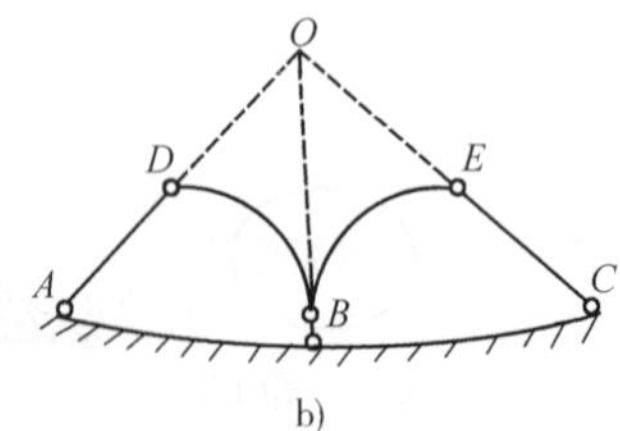

例 16-1-5 图

A. 两刚片规则分析为几何不变体系

B. 两刚片规则分析为几何瞬变体系

C. 三刚片规则分析为几何不变体系

D. 三刚片规则分析为几何瞬变体系

解 将 A、C 处的支座链杆用铰 A、C 代替并将看似刚片的曲杆 AD、CE 用直线链杆代替，如图 b)所示，则刚片 DBE 与地面用交于 O 点的三链杆相连，故体系为瞬变体系。

答案：B

【例 16-1-6】 图示体系的几何组成为：

A. 几何不变，无多余约束

B. 几何不变，有多余约束

C. 瞬变体系

D. 常变体系

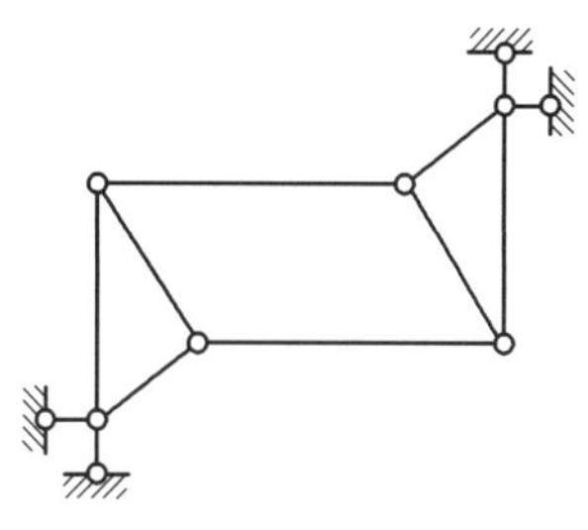

例 16-1-6 图

解 按三刚片规则分析，右上三角形刚片与基础用右上铰连接，左下三角形刚片与基础用左下铰连接，两个三角形刚片用两个平行链杆连接形成无限远铰，三铰不共线，故体系为几何不变且无多余约束。

答案：A

【例 16-1-7】 如图 a)所示体系可用三刚片规则进行分析，三个刚片应是：

A. △ABC，△CDE 与基础　　B. △ABC，杆 FD 与基础

C. △CDE，杆 BF 与基础　　D. △ABC，△CDE 与△BFD

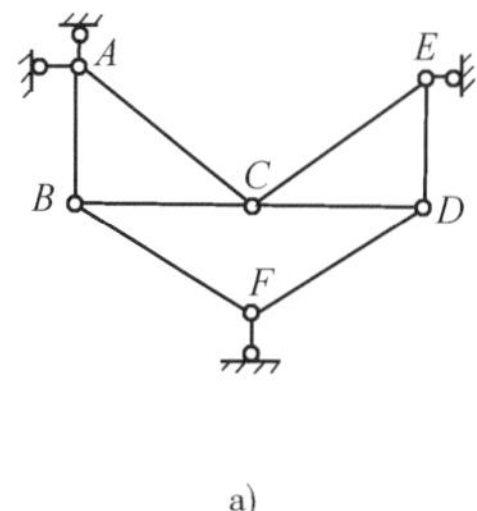

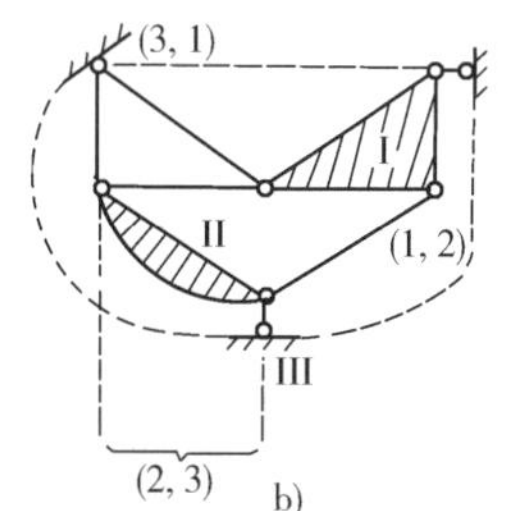

例 16-1-7 图 1

解 选项 D 不含基础，且△BFD 不能构成刚片，显然不对，选项 A，交于 F 点的三根链杆都看成约束，无法分析，故杆 BF、FD 之一需视为刚片，而△ABC 与△CDE 只能其中之一视为刚片，正确分析见图 b)，刚片 I(△CDE)、II(杆 BF)及 III(基础)用不共线三铰(1,2)、(2,3)及(3,1)相连，为几何不变体系，且无多余约束，答案应选 C。

答案：C

注：若将此题变化成下图 a)、b)、d)，分析方法相同，分别见图 c)、e)，但由于连接三个刚片的三个铰位置不同，其结论也不相同，其中几何不变部分 ABC 起着限制 A、B、C 三点相对距离不变的约束作用，故可用相应三个链杆代替。

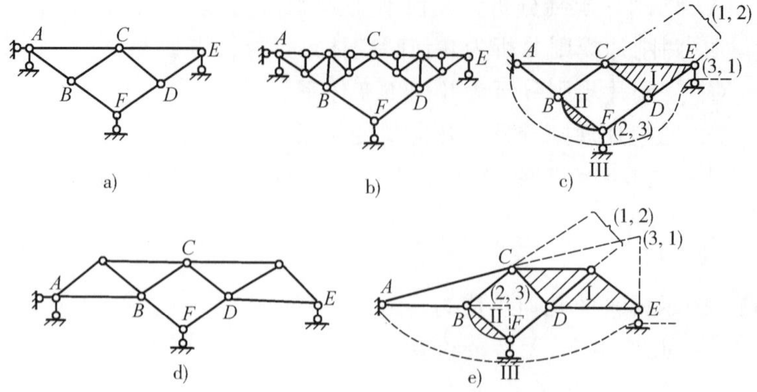

例 16-1-7 图 2

习　　题

16-1-1　三个刚片用三个铰(包括虚铰)两两相互连接而成的体系是(　　)。

A. 几何不变　　B. 几何常变

C. 几何瞬变　　D. 几何不变或几何常变或几何瞬变

16-1-2　在图示体系中,视为多余联系的三根链杆应是(　　)。

A. 5、6、9　　B. 5、6、7　　C. 3、6、8　　D. 1、6、7

16-1-3　对图示体系作几何组成分析时,用三刚片组成规则进行分析。则三个刚片应是(　　)。

A. △143,△325,基础　　B. △143,△325,△465

C. △143,杆 6-5,基础　　D. △352,杆 4-6,基础

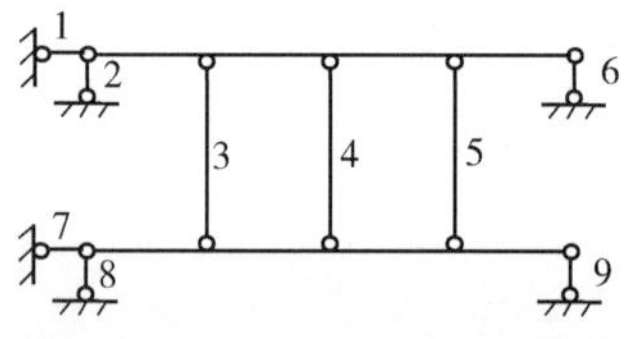

题 16-1-2 图

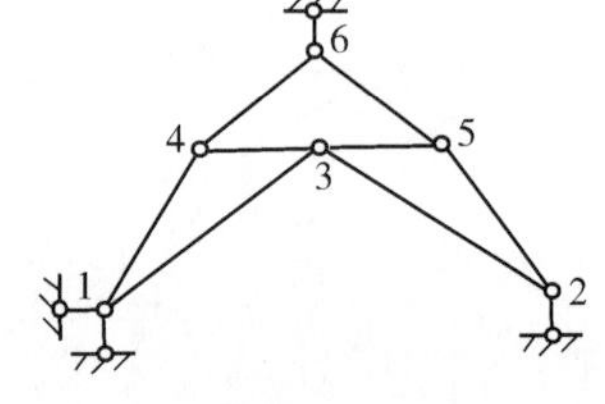

题 16-1-3 图

16-1-4　判断下图中各图所示体系为(　　)。

A. 几何不变无多余约束　　B. 几何不变有多余约束

C. 几何常变　　D. 几何瞬变

(1)

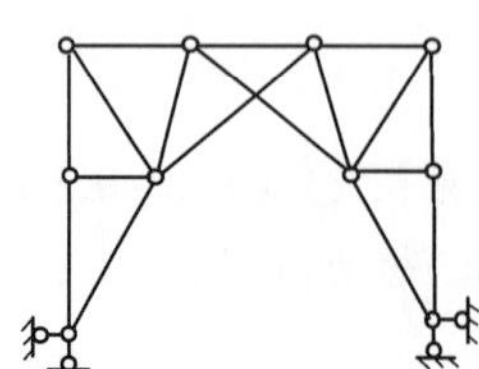

(2)

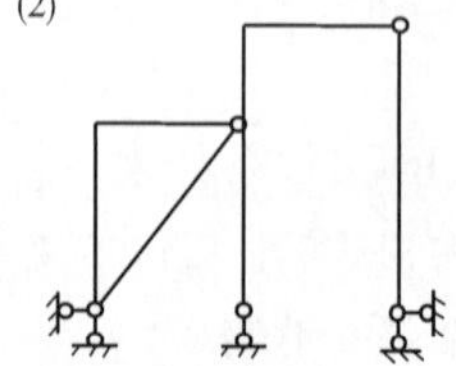

(3)

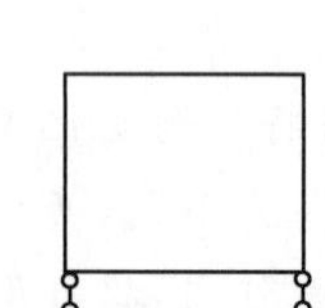

题 16-1-4 图 1

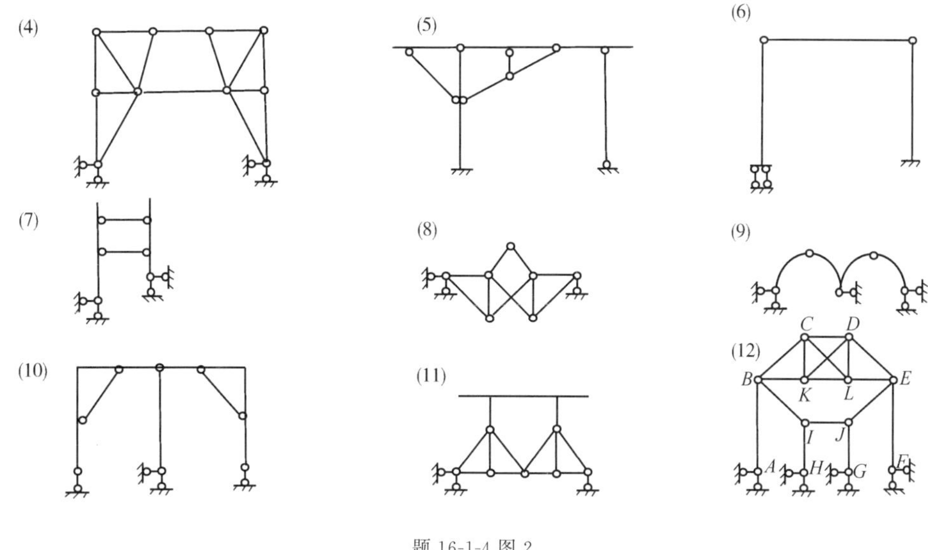

题 16-1-4 图 2

第二节　静定结构的受力分析与特性

一、静定结构的一般概念

(一)静定结构的基本特征

几何特征:几何不变且无多余约束

静力特征:未知力数与独立平衡方程式数相等

满足平衡方程的反力、内力解答唯一

静定结构的几何特征与静力特征是相互对应的,每一特征都可作为静定结构的定义。

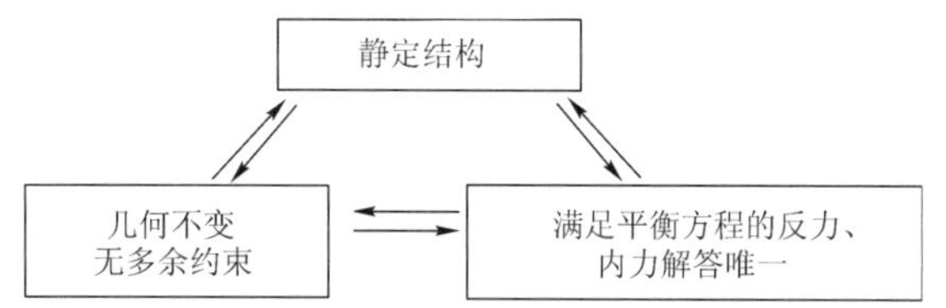

(二)静定结构的一般性质

根据静定结构的基本特征可派生出如下一般性质,它们都可以应用满足平衡方程内力解答的唯一性得到证明。

(1)静定结构由于给定荷载引起的内力与组成结构的材料以及杆件的截面形状尺寸无关,即与截面刚度(EA,EI)无关。

(2)在静定结构中,支座移动、温度改变及制作误差等非荷载因素不会引起内力。亦即只要不受荷载,静定结构就不会产生内力。

(3)静定结构的局部平衡性。

在静定结构中,如果某一局部可以与外力维持平衡,则其余部分的内力为零。

与外力维持平衡的局部,可以是几何不变部分,如图 16-2-1 所示的 ABC;也可以是几何可变部分,如图 16-2-2 所示的 $ABCDE$。

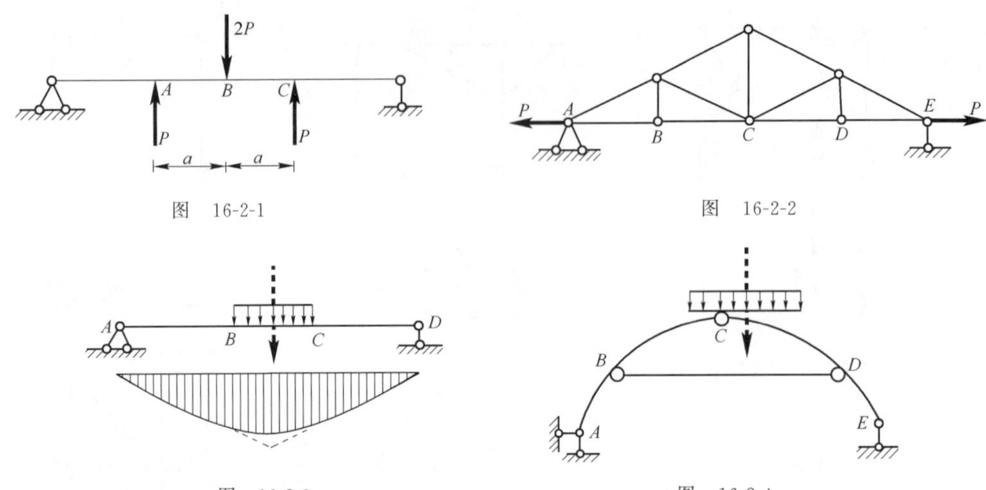

图 16-2-1　　图 16-2-2

图 16-2-3　　图 16-2-4

(4)静定结构的荷载等效变换特性。

当静定结构上的荷载做等效变换(保持合力不变)时,其影响范围是包含荷载变化范围的最小几何不变部分,而其余部分的内力保持不变。例如在图 16-2-3 及图 16-2-4 中,若用合力代替均布荷载,则其内力发生变化的范围分别是图 16-2-3 中的 BC 部分及图 16-2-4 中的 $BCDB$ 部分。

(5)静定结构的几何构造变换特性。

当静定结构的某一局部作几何构造变换时,其影响范围是包含构造变换局部的最小几何不变部分,而其余部分的内力不变。

例如,在图 16-2-5 中若用 BD 杆代替 AC 杆时,内力发生变化的范围仅是 $ABCDA$ 部分。

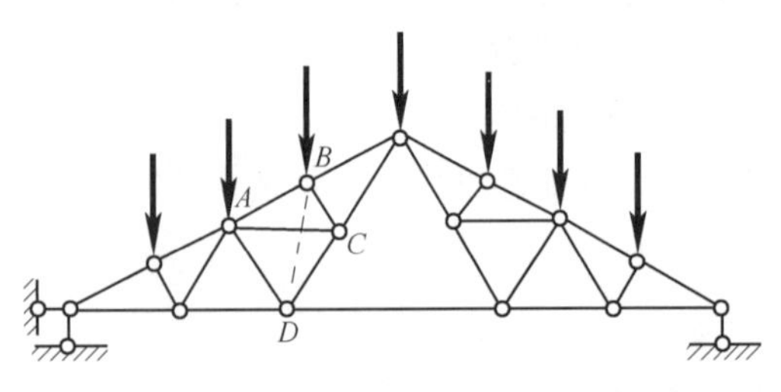

图 16-2-5

(6)基本部分上的荷载只使基本部分受力,而附属部分上的荷载使附属部分及基本部分都受力。

掌握静定结构的上述性质,有时会给内力求解工作带来诸多方便。例如,根据局部平衡特性很容易得到如图 16-2-6、图 16-2-7 所示的内力。

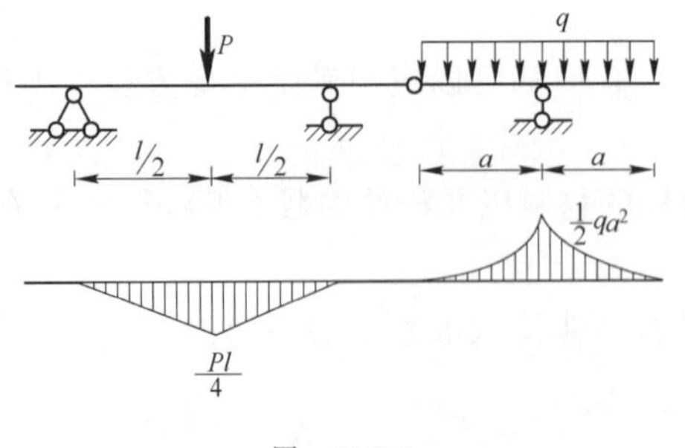

图 16-2-6

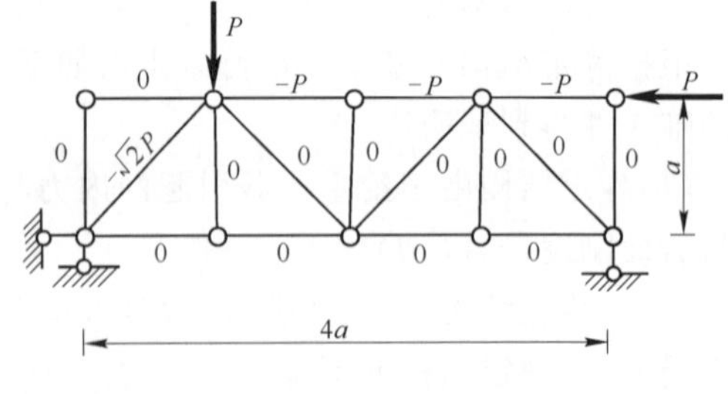

图 16-2-7

二、静定结构受力分析的基本方法

根据静定结构的基本特征可知静定结构的受力分析就是研究平衡问题,因而进行受力分析的基本原则和方法是：

$\begin{cases}\text{用截面法截取适当的隔离体，画受力图}\\ \text{针对隔离体受力图，应用平衡方程计算反力及内力}\end{cases}$

在静定结构的计算中应注意以下两点：

(1)注意把受力分析与几何组成分析联系起来，根据结构的几何组成特点选取合适的计算途径。一般来说，组成分析是“搭”的顺序，而受力分析是“拆”的顺序。

(2)在应用平衡方程时，应注意矩心及投影轴的选取，最好使一个平衡方程只含一个未知力，尽量避免解联立方程，以节省工作量，减少计算错误。

静定结构的计算步骤，一般是先求支座反力，然后求杆件截面内力，再作内力图。

(一)支座反力的计算

根据结构的几何组成特点，可分以下几种情况：

1. 与基础按两刚片规则组成的结构——用截面法计算

这类结构的计算特点是采用截面法切断与基础的三个联系，考虑一个隔离体的平衡，用平面一般力系的三个平衡方程求解三个未知反力。为使一个平衡方程只含一个未知力，一般可选两个未知力延长线的交点作为力矩中心，用力矩平衡方程求第三个未知力。当两个未知力平行时，用投影平衡方程(选投影轴与平行力垂直)求另一未知力。如图 16-2-8 所示，用 $\sum M_A=0$ 求 R_1，用 $\sum M_B=0$ 求 R_2，用 $\sum X=0$ 求 R_3(x 轴与平行力 R_1、R_2 垂直)。

如图 16-2-9 所示结构有两个集中反力和一个反力偶，宜用两个投影平衡方程和一个力矩平衡方程求解。

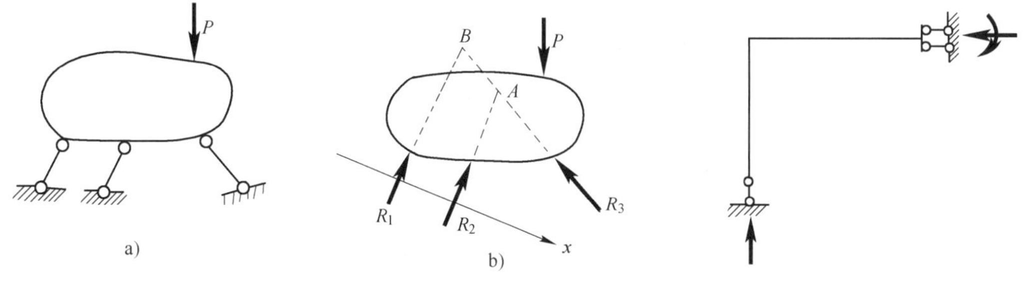

图 16-2-8　　　　图 16-2-9

悬臂结构，一般不需求支座反力，由自由端算起即可求得内力。

2. 与基础按三刚片规则组成的结构——用双截面法计算

这类结构的计算特点是：必须两次应用截面法，考虑两个隔离体的平衡，才能求得全部约束力。如图 16-2-10a)所示，原则上必须从铰 C 处拆开(注意作用力与反作用力等值反向的关系)，分别建立两个刚片各自的平衡方程(图 16-2-10b)，或分别建立整体平衡方程及一个刚片的平衡方程(图 16-2-10c)，联立求解，才能求得铰 A、铰 B 两处的四个反力及铰 C 处的两个约束力。

有时针对题目的具体情况计算还可得到简化。

例如图 16-2-11 所示三铰刚架，可考虑整体平衡，用下面四个平衡方程求得四个支座反力。

$\sum M_B=0$，求 V_A；

$\sum M_A=0$，求 V_B；

$\sum X=0$，建立 H_A 与 H_B 的关系；

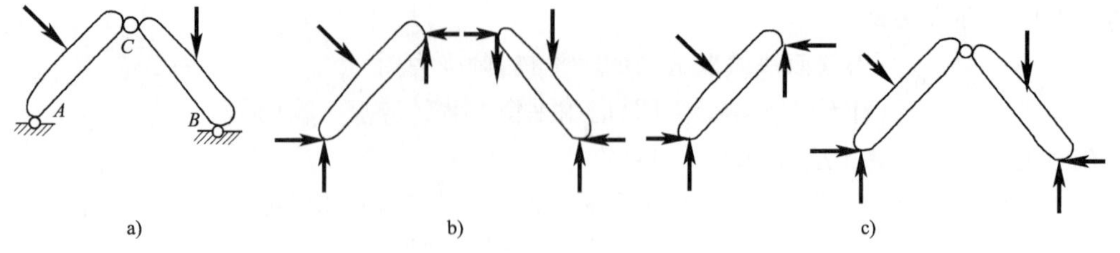

图 16-2-10

$M_C=0$，求 H_A 或 H_B。

其中第四个方程 $M_C=0$（铰 C 处弯矩为零）与从铰 C 处拆开，与根据一侧刚片为隔离体建立的 $\sum M_C=0$ 的实质是一样的。

3. 由基本部分及附属部分组成的结构（主从结构）——拆开从附属部分算起

这类结构只要将附属部分与基本部分拆开，先算附属部分，后算基本部分，就可归结为前两种情况，如图 16-2-12 所示。

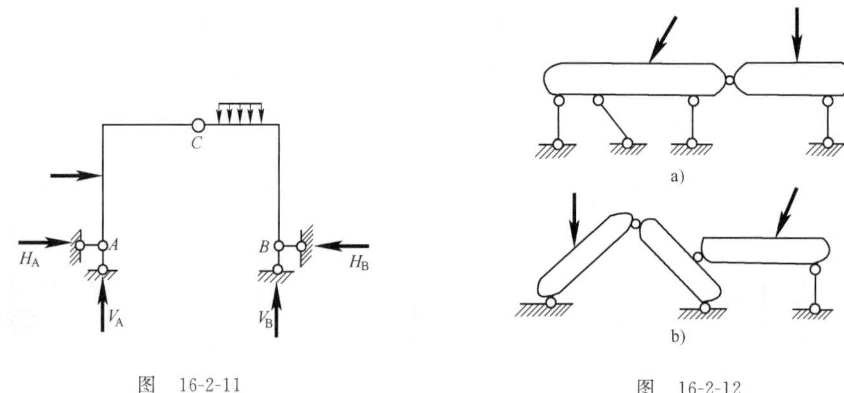

图 16-2-11

图 16-2-12

（二）杆件截面内力的计算

求内力的基本方法是截面法。

杆件某截面的内力一般有弯矩 M、剪力 Q 及轴力 N 三个分量，其计算规律及符号规定如下：

$$M=\sum_{\text{截面一侧}}\text{外力对截面形心力矩}\qquad M(+)$$

即某截面的弯矩等于该截面一侧隔离体上所有外力对截面形心力矩的代数和。对于弯矩的符号，不作统一硬性规定，弯矩图画在受拉侧，不注符号。。

$$Q=\sum_{\text{截面一侧}}\text{平行于截面外力}\qquad Q(+)$$

即某截面的剪力等于该截面一侧隔离体上所有平行于该截面外力分量的代数和。剪力的符号以使微体产生顺时针旋转倾向的错动为正。

$$N=\sum_{\text{截面一侧}}\text{垂直于截面外力}\qquad N(+)$$

即某截面的轴力等于该截面一侧隔离体上所有垂直于该截面外力分量的代数和，轴力的符号以拉力为正。

上述三条计算规律，实际上就是截面一侧隔离体的三个平衡方程，如图 16-2-13 所示，其中 R_x、R_y 及 m_0 分别代表截面左侧隔离体上的外力向截面形心简化所得主向量的分量及主矩，也就是 M、Q、N 三个表达式中的右端项。这三条计算规律是截面内力计算的依据，非常重要，一定要正确理解并熟练掌握其应用。

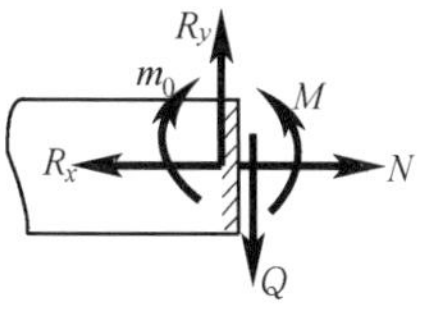

图 16-2-13

（三）内力图的绘制

对于梁和刚架需绘制其内力图，一般是先作弯矩图，再作剪力图及轴力图。

作内力图的步骤如下：

(1)应用前述截面内力的计算规律，分段求控制截面的内力。荷载不连续处、杆件汇交处需选作为控制截面。

(2)根据荷载与内力间的微分关系，分段判别图线性质。

(3)逐段描点绘图。

荷载与内力间的微分关系（见图 16-2-14）主要指 $\dfrac{\mathrm{d}M}{\mathrm{d}x}=Q$；$\dfrac{\mathrm{d}Q}{\mathrm{d}x}=-q$；$\dfrac{\mathrm{d}^2M}{\mathrm{d}x^2}=-q$ 。

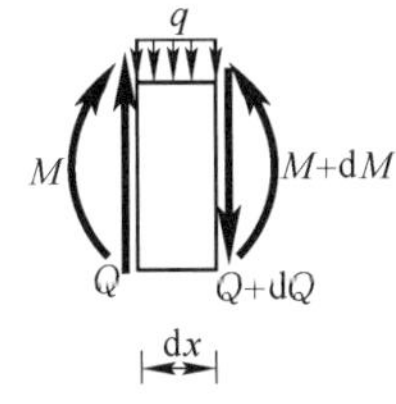

图 16-2-14

它们是微体的平衡方程，根据这些微分关系，在作 M、Q 图时应注意下面一些特点：

(1)在无载区段，$q=0$，$Q=$常数，Q 图为平行于基线的直线，M 图为斜直线。若 $Q>0$，M 图自左至右向下斜，若 $Q<0$，M 图向上斜；若 $Q=0$，M 图为平行于基线的直线。

(2)在均载区段，$q=$常数，Q 图为斜直线，自左至右斜的方向与 q 的指向一致，M 图为二次抛物线，其凸向与 q 的指向一致。

(3)在集中力作用处，Q 图发生突变，其突变值等于该集中力沿截面方向的分量，M 图发生方向改变，方向转折所形成的尖角与该集中力的指向相同。

(4)在集中力偶作用处，Q 图不变，M 图发生突变，其突变值等于该力偶的力偶矩。

(5)M 图的极值点发生在 $Q=0$ 处。

在作 M 图时，经常使用区段叠加法，它是叠加原理在内力分析中的应用，如图 16-2-15 所示，其中图 16-2-15a)是从结构中取出的某区段 AB，其受力情况与如图 16-2-15b)所示的相应简支梁相同，根据叠加原理可分解为图 16-2-15c)与图 16-2-15d)的组合。如图 16-2-15d)所示为相应简支梁的 M 图，靠下方的图只是将基线放斜了，各截面弯矩竖标都不改变。

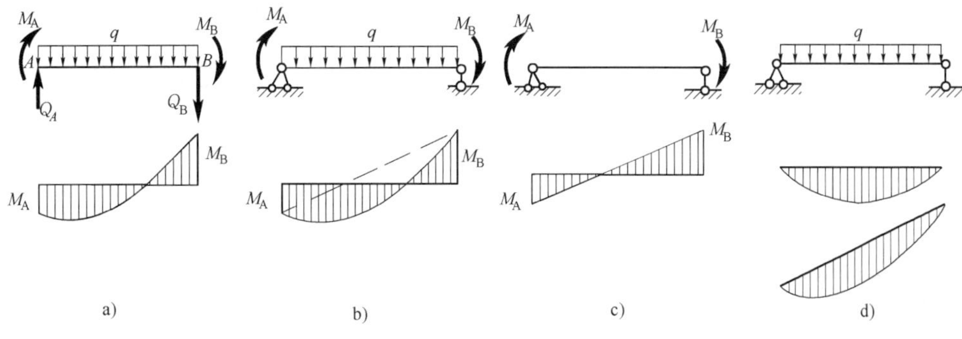

图 16-2-15

区段叠加法作 M 图的步骤如下：

(1)求控制截面的弯矩,在 M 图上取得相应的控制点。

(2)将 M 图的控制点之间连成直线,并以此为基线叠加相应简支梁的弯矩图。

三、各类静定结构的力学特性及计算

(一)静定梁

梁的力学特性是以受弯为主。单跨梁是计算的基础。多跨静定梁是由几根单跨梁连接而成的主从结构。分析的关键是拆成单跨梁,画出层次受力图,从附属部分算起,将各单跨梁的内力图连接起来,就是多跨静定梁的内力图。

【例 16-2-1】 作如图 a)所示多跨静定梁的 Q、M 图。

解 先作出层次受力图并求反力(见图 b),进一步再作 Q 图(见图 c)及 M 图(见图 d)。

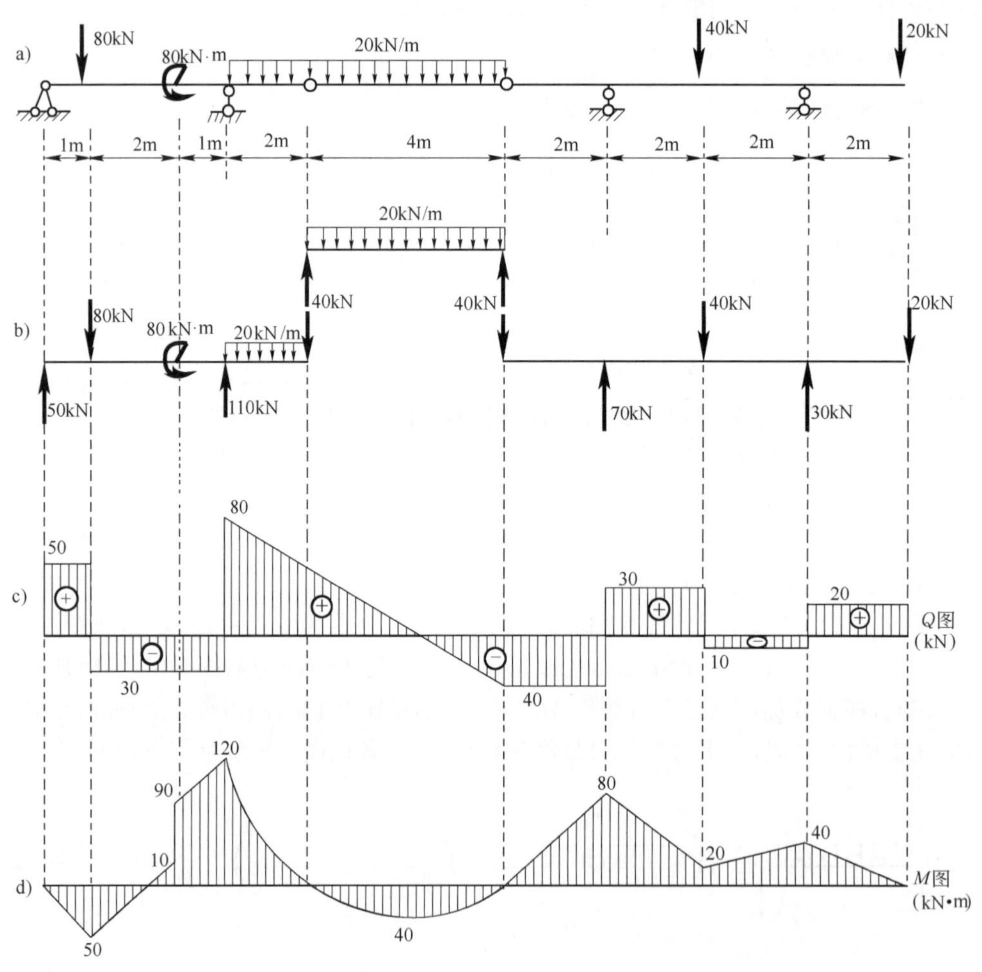

例 16-2-1 图

(二)静定刚架

1. 刚架的特点

刚架是用刚性结点将杆件连接起来而组成的几何不变体系。其力学特性也是以受弯为主。

刚架的特点是由刚性结点引起的。刚结点与铰结点不同之处见表 16-2-1。

表 16-2-1

特点＼结点	铰　结　点	刚　结　点
几何特点	所连各杆端间的夹角可变	所连各杆端间的夹角不变
受力特点	不能传递弯矩，只能传递剪力和轴力	既能传递弯矩也能传递剪力和轴力

由于刚架的几何不变性需要依靠结点的刚性来维持，所以刚架的整体性好，可作大空间，且受力比较均匀，可减小内力的峰值，如图 16-2-16 所示。

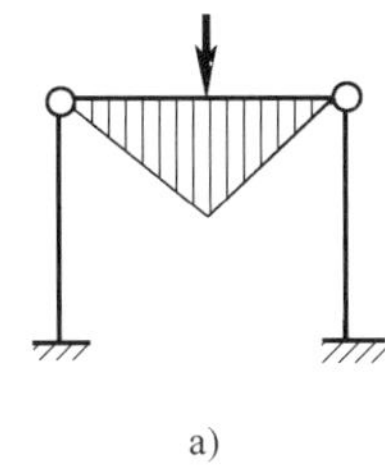
a)

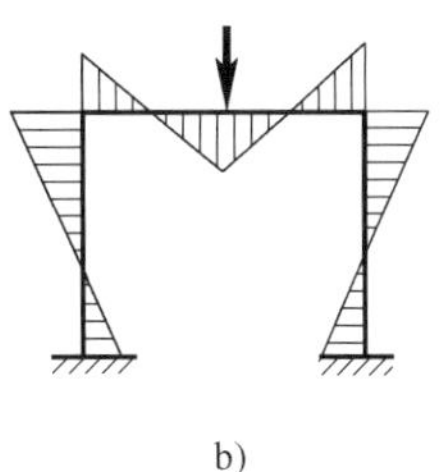
b)

图　16-2-16

2. 静定刚架的计算

静定刚架内力图的绘制：先按前述基本方法求控制截面内力，然后分段判断图线性质，之后描点绘图。

【例 16-2-2】　作如图 a)所示刚架的 M、Q、N 图。

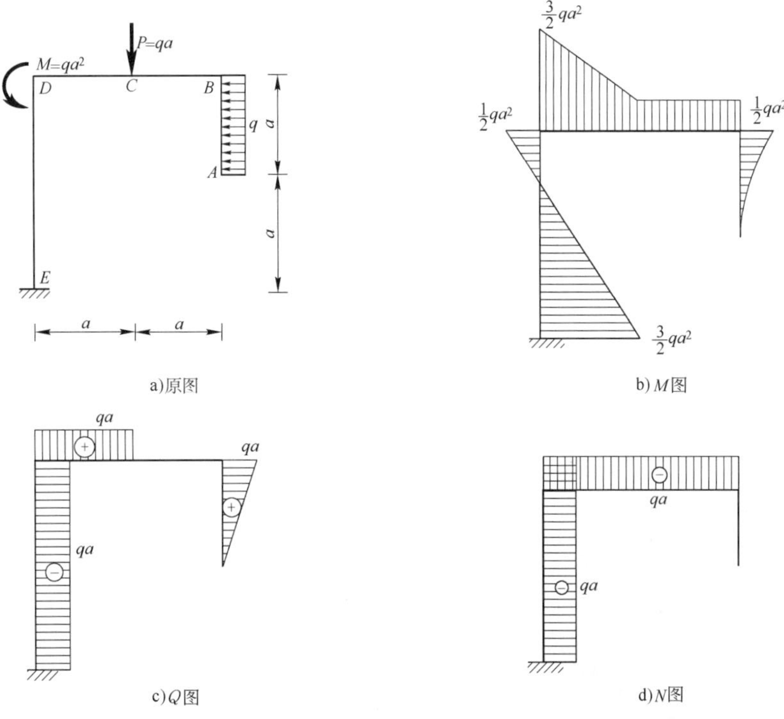

a)原图　b) M图　c) Q图　d) N图

例 16-2-2 图

解　作 M 图：AB 段　二次曲线，向左凸

$$M_{AB}=0$$

$$M_{BA}=\frac{1}{2}qa^2（外侧受拉）$$

BC 段　平直线

$$M_{BC}=\frac{1}{2}qa^2（上侧受拉）$$

CD 段　斜直线

$$M_{CD}=\frac{1}{2}qa^2（上侧受拉）$$

$$M_{DC}=\frac{3}{2}qa^2（上侧受拉）$$

DE 段　斜直线

$$M_{DE}=\frac{1}{2}qa^2（外侧受拉）$$

$$M_{ED}=\frac{3}{2}qa^2（内侧受拉）$$

作 Q 图

$$Q_{AB}=0$$

$$Q_{BA}=+qa$$

$$Q_{BC}=0$$

$$Q_{CD}=+qa$$

$$Q_{DE}=-qa$$

作 *N* 图

$$N_{BA}=0$$

$$N_{BD}=-qa$$

$$N_{DE}=-qa$$

校核：结点 *D*

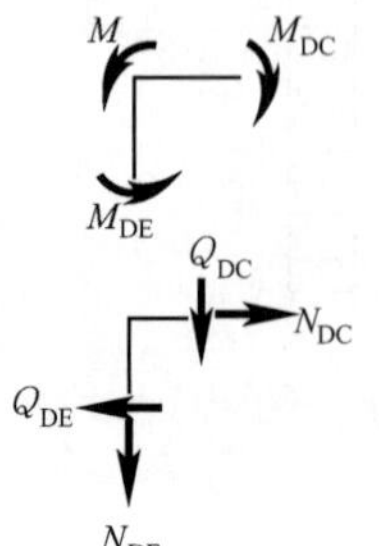

$$M_{DC}=M_{DE}+M$$

$$Q_{DE}=N_{DC}$$

$$D_{DC}=-N_{DE}$$

【例 16-2-3】 作如图 a)所示刚架的内力图。

解 先求反力,再求控制截面内力,分段作图。

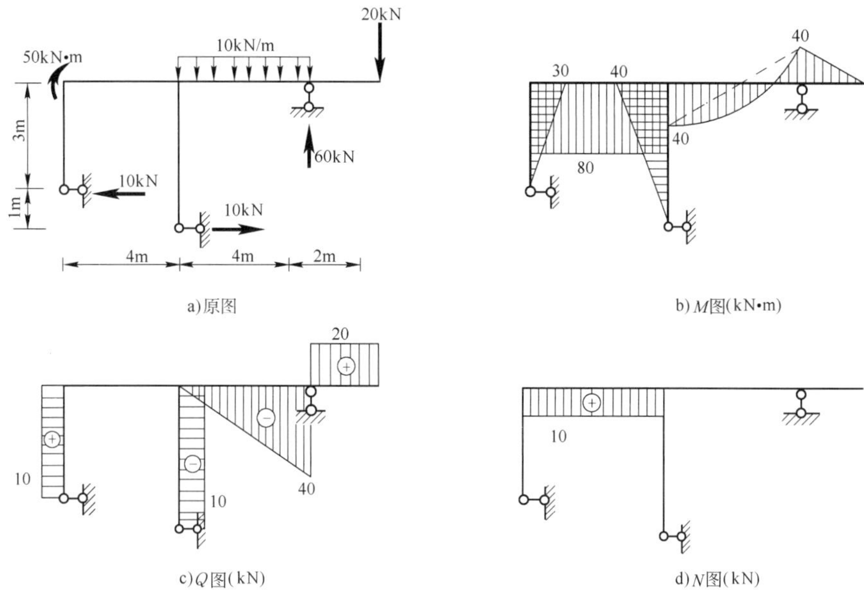

a)原图 b) M图(kN•m) c) Q图(kN) d) N图(kN)

例 16-2-3 图

【例 16-2-4】 作如图 a)所示刚架的内力图。

解 先解左面附属部分,再解右面基本部分。

a)原图 b) M图 c) Q图 d) N图

例 16-2-4 图

(三)三铰拱

1. 拱的力学特性

在竖向荷载作用下,不仅能产生竖向反力,而且能产生水平反力(推力)的曲线型结构称为拱。由于推力的存在,使拱截面上的弯矩较相应简支梁的弯矩大为减小,拱截面上增加了轴向力,使截面上正应力的分布趋于均匀,能较充分地发挥材料的作用,是一种较经济合理的结构形式。

2. 三铰拱的计算(两底铰等高的三铰拱受竖向荷载作用)

(1)支座反力:取决于荷载及三个铰的位置,与拱轴形状无关。如图 16-2-17 所示。

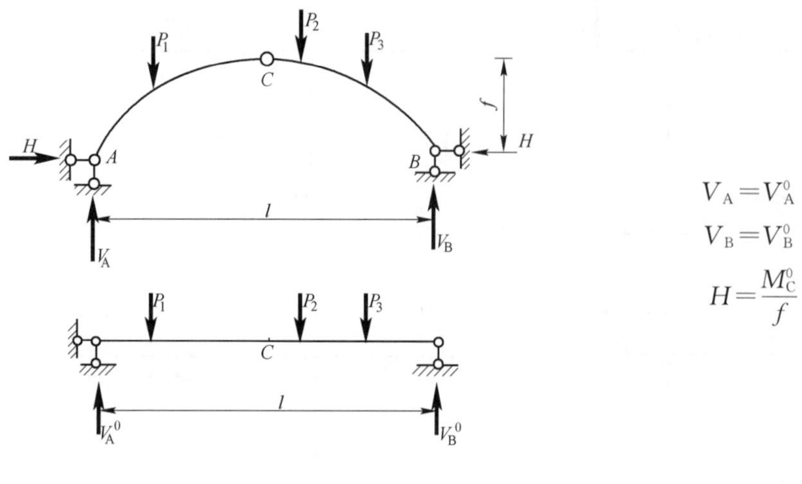

$$V_A = V_A^0$$
$$V_B = V_B^0$$
$$H = \frac{M_C^0}{f}$$

图 16-2-17

(2)截面内力:取决于荷载、三个铰的位置及拱轴形状。如图 16-2-18 所示。

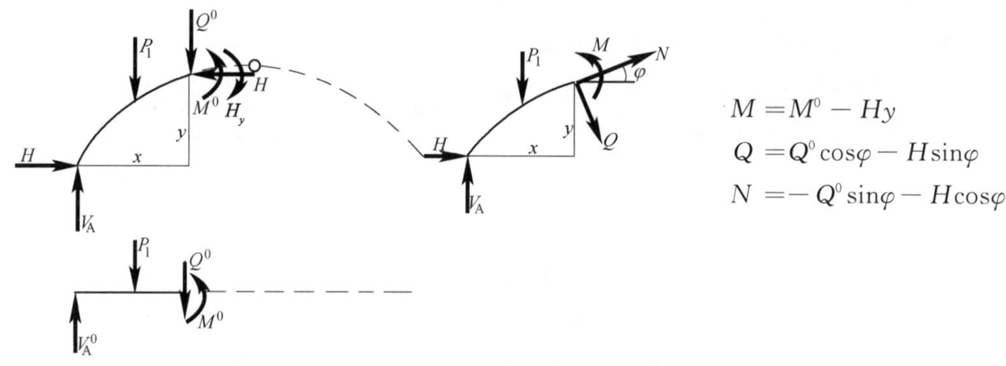

$$M = M^0 - Hy$$
$$Q = Q^0\cos\varphi - H\sin\varphi$$
$$N = -Q^0\sin\varphi - H\cos\varphi$$

图 16-2-18

【例 16-2-5】 图示三铰拱 $y=\frac{4f}{l^2}x(1-x)$,$l=16$m,D 右侧截面的弯矩值为:

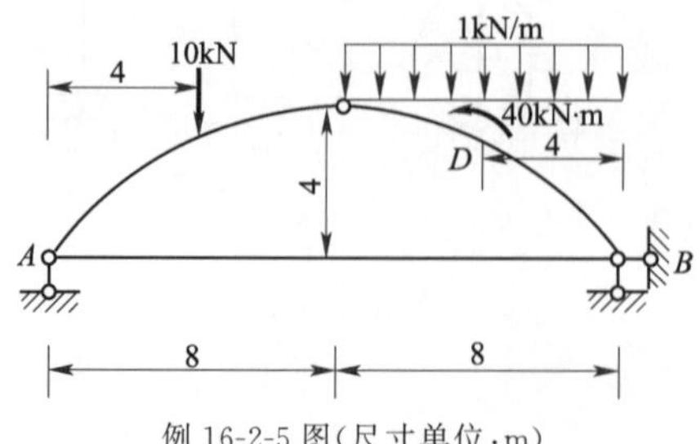

例 16-2-5 图(尺寸单位:m)

A. 26kN·m　　B. 66kN·m

C. 58kN·m　　D. 82kN·m

解 $V_B=\dfrac{10\times4+1\times8\times12-40}{16}=6\text{kN}(\uparrow)$

$N_{AB}=\dfrac{6\times8-1\times8\times4+40}{4}=14\text{kN}(拉)$

$y_D=\dfrac{4\times4}{16^2}\times12\times(16-12)=3\text{m}$

$M_{D右}=6\times4-1\times4\times2-14\times3=-26\text{kN}\cdot\text{m}$

答案:A

3.合理拱轴的概念

在一定荷载作用下,使拱处于无弯矩状态(各截面弯矩、剪力均为零,只受轴力)的轴线称为拱的合理轴线。

求法:

$$y(x)=\frac{M^0(x)}{H}$$

由此式可知,拱的合理轴线的纵坐标与相应简支梁的弯矩成正比,故合理轴线的形状与相应简支梁的弯矩图(倒置)相似。

图 16-2-19 给出了几种荷载情况下的合理轴线,其中,沿水平线的均布荷载作用下的合理拱轴为二次抛物线(图 16-2-19d),填土荷载作用下的合理拱轴为悬链线(图 16-2-19e),均匀内压或外压作用下的合理轴线为圆(图 16-2-19f)。

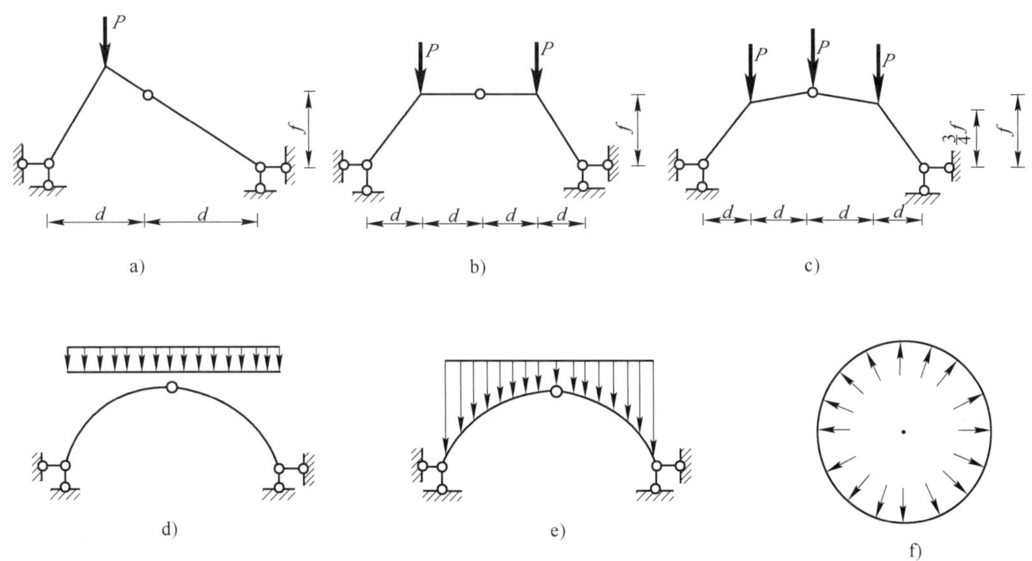

图 16-2-19

(四)静定桁架

1.桁架的特点

桁架是铰接几何不变体系。理想桁架的杆件都是二力杆,杆件截面内力只有轴力,能充分发挥材料的作用,是一种经济合理的受力形式。

2.静定桁架内力的解法

结点法:依次(使未知力不超过两个)截取结点为隔离体,应用平面汇交力系的平衡方程求杆件内力。

截面法:用适当的截面截取桁架的一部分(至少含两个结点)为隔离体,应用平面一般力系的平衡方程求截断杆的内力。

3.应用技巧

(1)注意结点平衡的特殊情况(零杆判断),参见图 16-2-20。

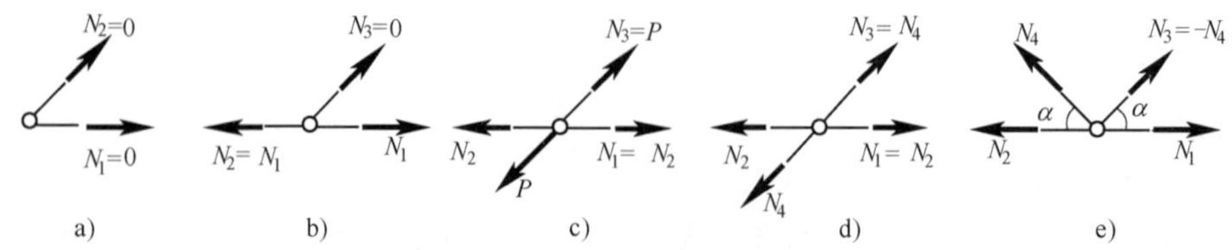

图 16-2-20

①不共线两杆结点,若不受荷载,则两杆内力为零,如图 16-2-20a)所示。

②三杆结点,其中两杆共线,若不受荷载,则另一杆(单杆、独杆)内力为零,共线两杆内力相同,见图 16-2-20b),若外力 P 与单杆共线,则共线的两力相等,如图 16-2-20c)所示。

③四杆结点,两两共线,若不受荷载,则共线的两杆内力相同,如图 16-2-20d)所示。

④四杆结点,两杆共线,另两杆在同侧且倾斜角相同(K 形结点),则同侧两杆内力大小相等,受力性质相反,如图 16-2-20e)所示。

(2)注意应用投影比例关系。由图 16-2-21 可得

$$\frac{N}{L}=\frac{X}{L_x}=\frac{Y}{L_y}$$

$$N=\frac{L}{L_x}X=\frac{L}{L_y}Y$$

一般可先求出分力 X 或 Y,再求轴力 N。

(3)恰当地选取矩心和投影轴,尽量使一个平衡方程只含一个未知量。

若隔离体上只有三个未知力,一般可选其中两个未知力的交点作为力矩中心,用力矩平衡方程求第三个未知力,并沿其作用线移动到适当的位置分解,以使力臂易求,如图 16-2-22a)所示,将 N_2 移到 D 点分解,用 $\sum M_A=0$ 求 Y_2,再利用投影关系求 N_2。当两个未知力平行时,用投影平衡方程求第三个未知力,投影轴与平行力垂直,如图 16-2-22b)所示,用 $\sum Y=0$ 求 Y_2,再求 N_2。

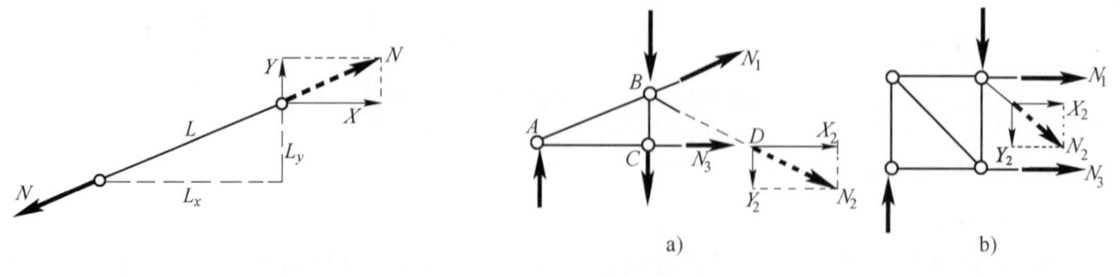

图 16-2-21

图 16-2-22

(4)应用截面法时,一个截面截断的杆数一般不宜超过三根,当有特殊条件可以利用时,可超过三根,如图 16-2-23 所示。

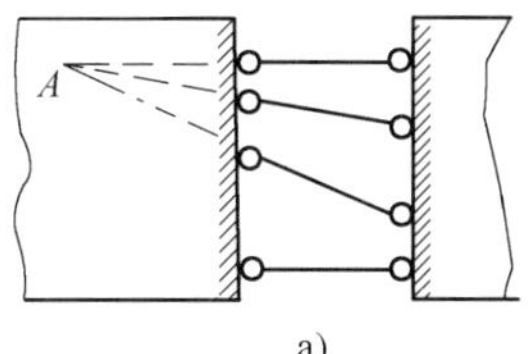

a)

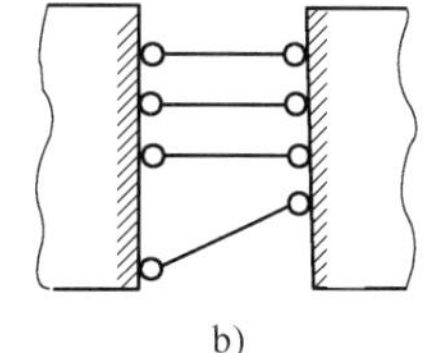
b)

图 16-2-23

(5)对于联合桁架,宜先用截面法求出联系杆的内力。

(6)利用对称性。

对称桁架在对称荷载作用下,对称杆的内力大小相等、受力性质相同。位于对称轴线上的无载 K 形结点有零杆,如图 16-2-24a)所示。

对称桁架在反对称荷载作用下,对称杆的内力大小相等、受力性质相反。位于对称轴线上的杆件内力为零,如图 16-2-24b)所示。

对称桁架在一般荷载作用下,可考虑(如果计算简单)分解为对称荷载与反对称荷载两种情况的组合。

4.桁架杆件内力的计算

【例 16 2 6】 求如图所示桁架各杆的内力。

解 判断零杆后,用结点法求解,如图所示。

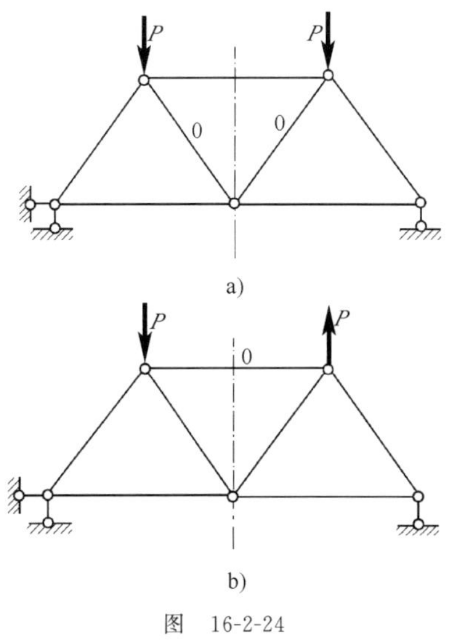

图 16-2-24

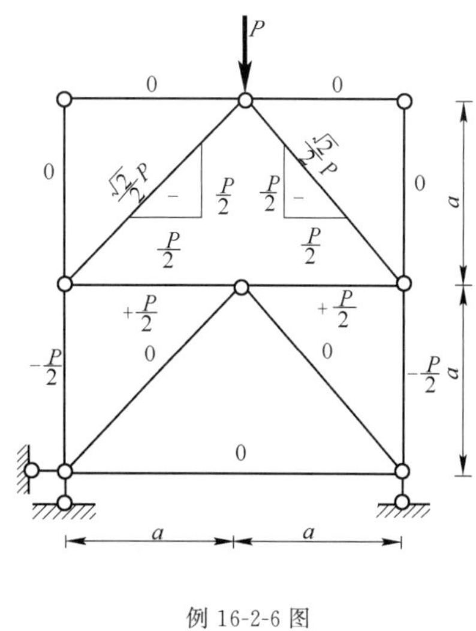

例 16-2-6 图

【例 16-2-7】 求如图 a)所示桁架杆①的内力。

解 取隔离体如图 b)所示。

由$\sum M_C=0$得

$$Y_1=\frac{60\times12-90\times15}{18}=-35\text{kN}$$

$$N_1=-35\sqrt{2}=-49.5\text{kN}(压)$$

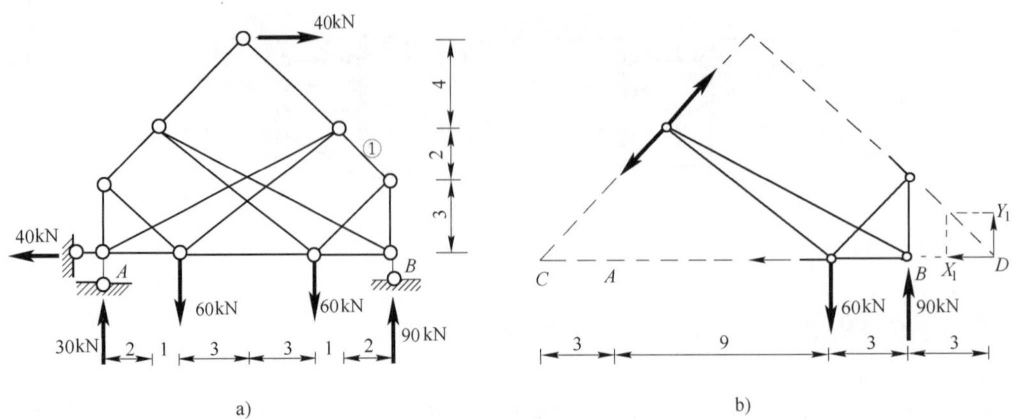

例 16-2-7 图

【例 16-2-8】 求如图 a)所示桁架杆①、杆②的内力。

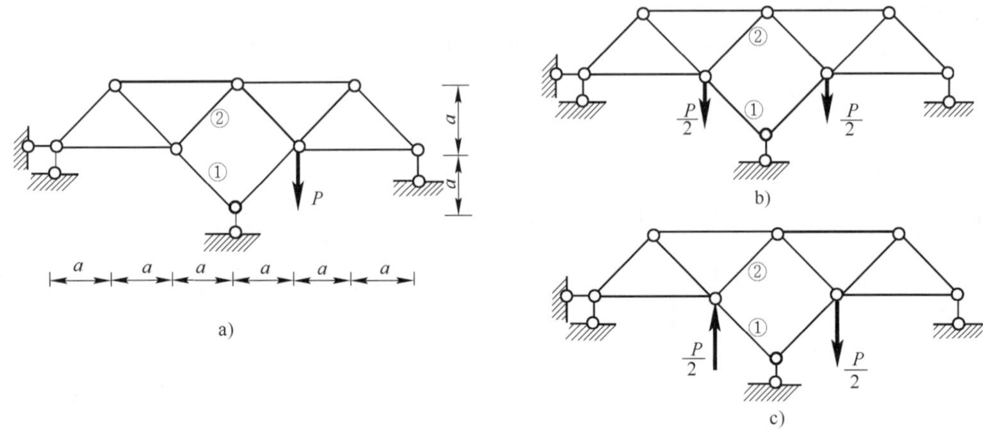

例 16-2-8 图

解 将图 a)分解为图 b)与图 c)的组合，可得

$$N_1=-\sqrt{2}P(\text{压})$$

$$N_2=-\frac{\sqrt{2}}{3}P(\text{压})$$

(五)静定组合结构

(1)组合结构的特点：既有只受轴力的二力杆(链杆、桁架杆件)，又有受弯的梁式杆，如图 16-2-25所示，AC、CB 为梁式杆，其余为链杆。

(2)内力解法：关键是分清杆件的受力性质，将链杆与梁式杆区分清楚，正确地选取隔离体。链杆的截面内力只有轴力，而梁式杆的截面内力有弯矩、剪力和轴力。为了不使隔离体上的未知力过多，在应用截面法时，应尽力避免将梁式杆切断。一般可先求链杆的轴力，再取梁式杆为隔离体作其内力图。

四、注意事项及例题分析

(1)静定结构的学习，要注意理解静定结构的基本特征与一般性质，并注意其在题目分析中的应用。

(2)静定结构受力分析与计算的关键是恰当的选取隔离体和平衡方程。要牢固掌握静定梁、静定刚架指定截面内力的计算，掌握静定桁架杆件内力的计算及静定组合结构的内力计算。对于三铰拱，要着重理解其力学性能及合理拱轴的概念，指定截面的内力也应会算。梁与刚架弯矩图的绘制非常重要，尽管选择型的考题一般不会直接考弯矩图的绘制，但若熟知弯矩图，常会对题目的分析带来不少方便。

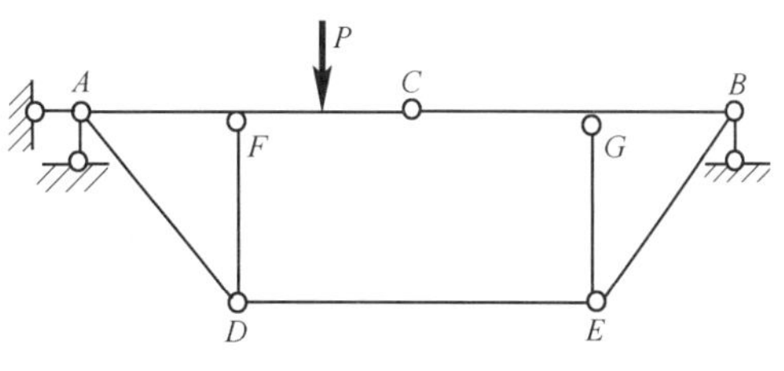

图 16-2-25

(3)静定结构反力、内力的计算，宜先考察结构的几何组成，从中找出求解的途径。

(4)对称结构注意利用对称性简化计算，有的结构仅支座约束不对称，在一定条件下仍处于对称受力状态，内力分析仍可利用对称性(注意，位移常不对称)。

(5)要注意基本概念的灵活应用，针对不同情况使用不同的技巧，常作结点平衡及截面平衡校核，一定要多做练习，熟能生巧，才能在考场上用较短的时间作出准确的判断。

【例 16-2-9】 如图所示梁截面 C 的剪力 Q_C 为：

A. -3kN　　B. -2kN　　C. 0　　D. $+2$kN

例 16-2-9 图

解 此题若直接求反力再计算截面 C 的剪力较费事，若根据题目的特点，使用叠加原理可知，AB 间的均布荷载引起截面 C 的剪力为零，而将两个外伸端上的荷载向支座处简化所得两力偶为等值、反向，也不引起截面 C 的剪力，故只需考虑力偶荷载引起截面 C 的剪力，即知 $Q_C=-\dfrac{12}{6}=-2$kN。上述过程完全可以心算求得。

答案:B

【例 16-2-10】 如图所示梁截面 A 的弯矩 M_A 为：

A. $\dfrac{3}{2}ql^2$(上侧受拉)　　B. ql^2(上侧受拉)

C. $\dfrac{1}{2}ql^2$(上侧受拉)　　D. $\dfrac{1}{2}ql^2$(下侧受拉)

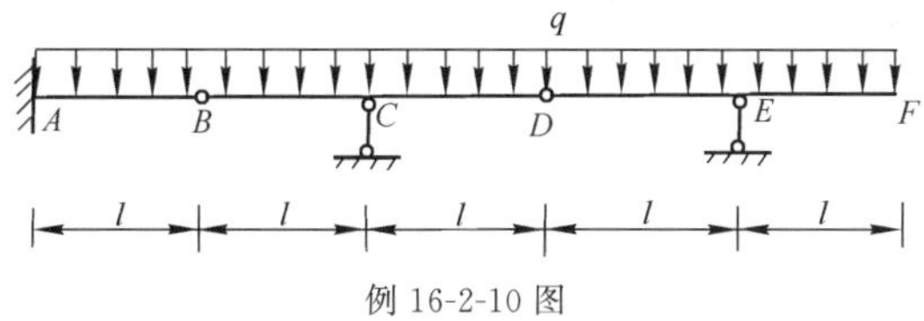

例 16-2-10 图

解 将 DF 部分上的荷载求和引起支座 E 的反力，组成平衡力系，对别处的内力无影响，同理 BD 部分上的荷载也只引起自身的内力，截面 B 的剪力为零，所以 $M_A=\dfrac{1}{2}ql^2$(上面受拉)。

答案:C

【例 16-2-11】 如图所示梁截面 F 的弯矩(以下侧受拉为正)M_F 为:

A. $-\frac{Pa}{2}$　　B. $-\frac{Pa}{4}$　　C. $+\frac{Pa}{4}$　　D. $+\frac{Pa}{2}$

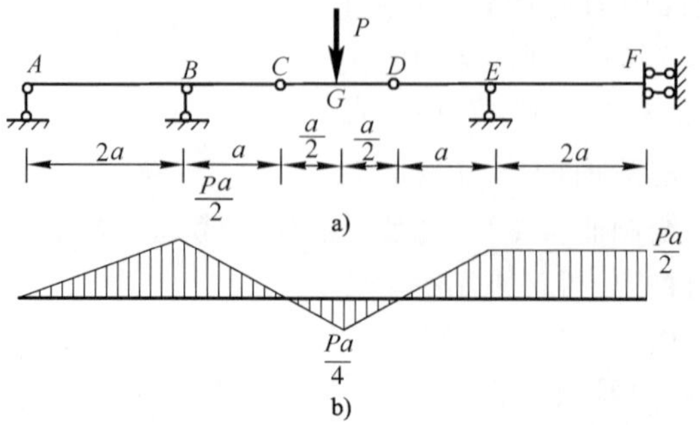

例 16-2-11 图

解 由 CD 部分简支梁弯矩图向外扩展,GDE 部分为一条直线,EF 部分为一条平线(F 点滑动支座处剪力为零,EF 杆不受剪),所以 $M_F=-\frac{Pa}{2}$。

答案:A

【例 16-2-12】 如图所示梁,截面 A、C 的弯矩(以下侧受拉为正)M_A、M_C 分别为:

A. $-\frac{1}{2}qa^2,-\frac{1}{2}qa^2$

B. $-\frac{3}{2}qa^2,\ \frac{1}{2}qa^2$

C. $2qa^2,\ 0$

D. $\frac{1}{2}qa^2,-\frac{3}{2}qa^2$

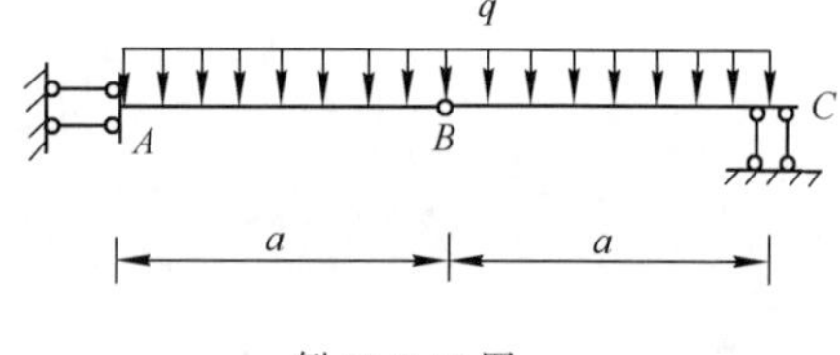

例 16-2-12 图

解 由 AB 杆段的平衡得截面 B 的剪力 $Q_B=-qa$,进而可得 $M_A=\frac{1}{2}qa^2$,$M_C=-\frac{3}{2}qa^2$。

答案:D

【例 16-2-13】 如图 a)、b)所示两种斜梁仅右支座链杆方向不同,则两种梁的弯矩 M、剪力 Q 及轴力 N 图形的状况为:

A. M、Q 图相同,N 图不同　　B. Q、N 图相同,M 图不同

C. N、M 图相同,Q 图不同　　D. M、Q、N 图都不相同

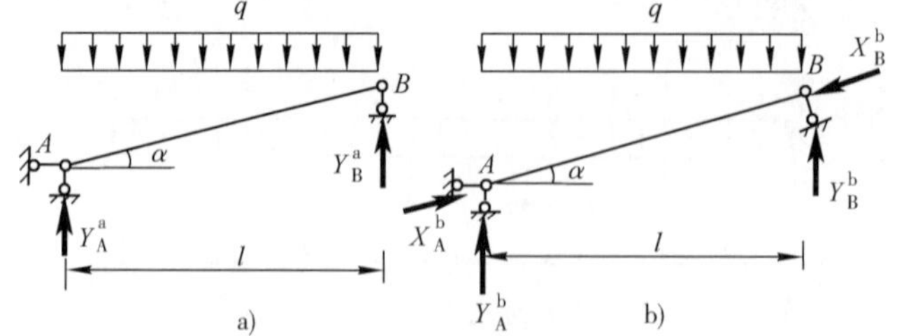

例 16-2-13 图

解 若将图 b)的支座反力沿竖向及梁轴方向分解,则竖向力 $Y_A^b=Y_A^a$、$Y_B^b=Y_B^a$ 及均布荷

载 q 组成平衡力系，两图完全相同，而梁轴方向的一对平衡力 $X_A^b = X_B^b$ 只影响轴力 N，对梁的弯矩 M、剪力 Q 无影响，所以两斜梁的 M、Q 图相同，而 N 图不同。

答案:A

【例 16-2-14】 如图所示结构，剪力 Q_{DA} 等于：

A. -3kN　　B. -1.5kN

C. 0　　D. 1.5kN

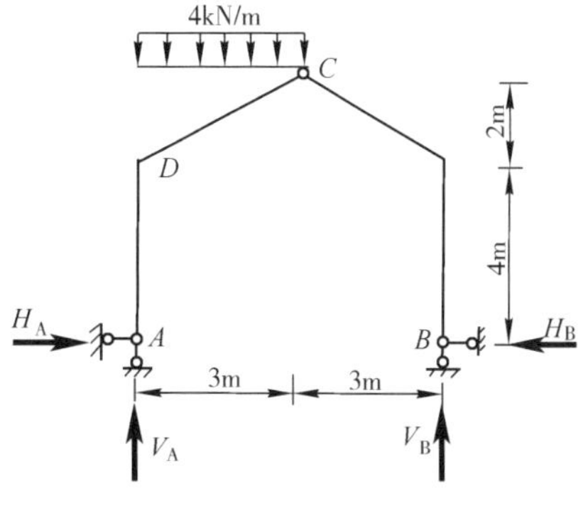

例 16-2-14 图

解 此三铰刚架在竖向荷载作用下的竖向反力与相应简支梁的竖向反力相同，均布荷载的合力在跨度的四分点，易知

$V_B = \frac{1}{4} \times 4 \times 3 = 3$kN(↑)

再由 $M_C = 0$，得 $H_A = H_B = 1.5$kN(→←)

进而可得 $Q_{DA} = -1.5$kN

答案:B

【例 16-2-15】 图 a)示刚架 M_{DC} 为(下侧受拉为正)：

A. 0kN·m　　B. 20kN·m　　C. 40kN·m　　D. 60kN·m

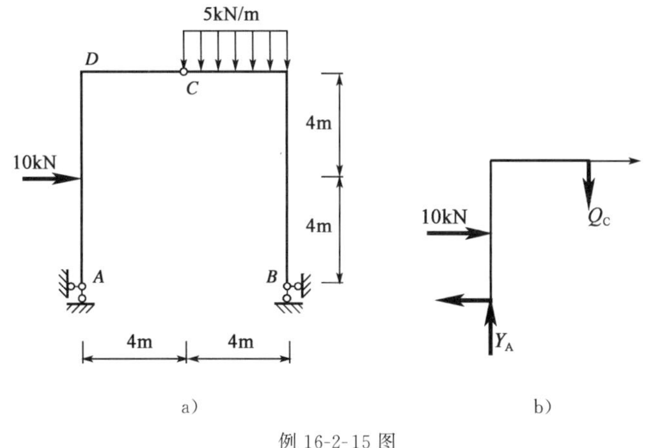

例 16-2-15 图

解 由整体平衡可得(见图 b)：$Y_A = 0$

C 左隔离体平衡可得：$Q_C = 0$，$M_{DC} = 0$

答案:A

【例 16-2-16】 如图 a)所示结构，截面 A、B 的受拉侧分别为：

A. 外侧、外侧　　B. 内侧、内侧

C. 外侧、内侧　　D. 内侧、外侧

解 由于 C 处为滑动连接，则 BD 杆剪力为零，由 CDE 部分平衡可知 E 处反力为零，进而将荷载对 A、B 取矩可判断其受拉侧，或心算弯矩图形状(见图 b)，注意均布荷载合力作用线与 AB 线的交点弯矩为零，即可作出判断。

答案:D

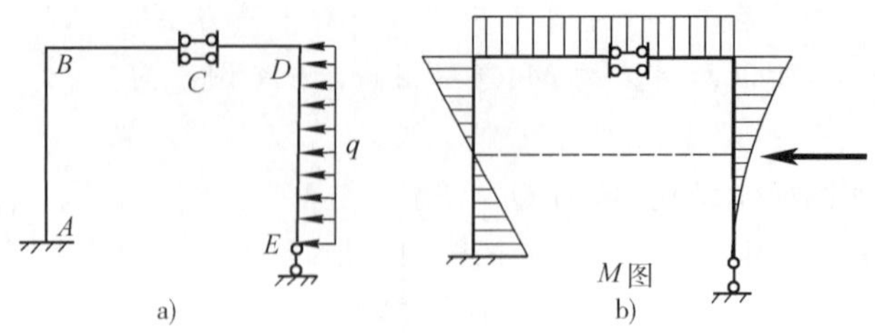

例 16-2-16 图

【例 16-2-17】 如图所示结构弯矩 M_{AB} 的绝对值等于：

A. 0　　B. $\frac{1}{8}ql^2$　　C. $\frac{1}{2}ql^2$　　D. ql^2

解 此题为对称结构承受对称荷载，则铰 B 处剪力为零，取 AB 部分为隔离体可得弯矩 $M_{AB}=\frac{1}{2}q(\frac{l}{2})^2=\frac{1}{8}ql^2$，也可根据 AC 区段的弯矩曲线与相应简支梁的弯矩曲线相同，但最低点应通过铰 B 作出判断。

答案：B

【例 16-2-18】 如图所示结构，弯矩 M_{EF} 的绝对值等于：

A. $\frac{1}{2}qd^2-Pd$　　B. $M+Pd$

C. $\frac{1}{2}Pd$　　D. Pd

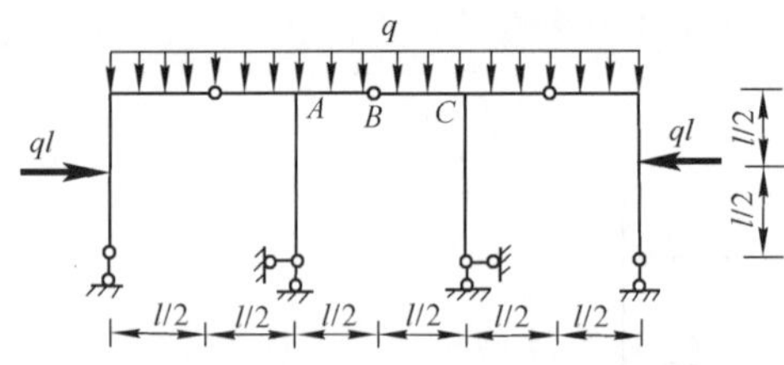

例 16-2-17 图

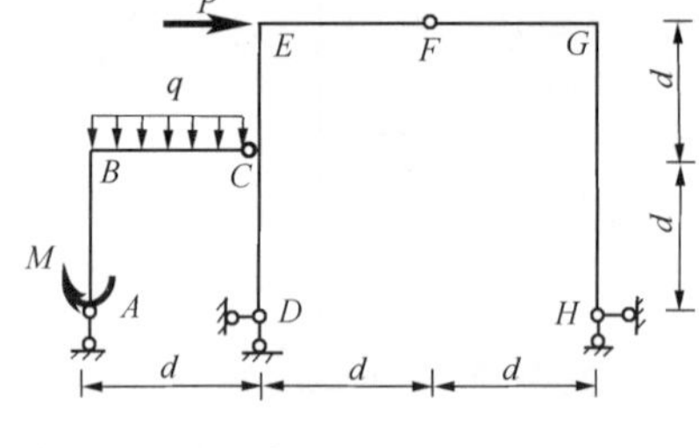

例 16-2-18 图

解 由附属部分 ABC 的平衡可知，铰 C 处的水平约束力为零，所以荷载 M 及 q 对右边基本部分的弯矩没有影响，故可排除选项 A、B。而基本部分为对称三铰刚架，若将 E 处集中力的一半 $\frac{P}{2}$ 沿其作用线移至 G 处（此变化只影响 EG 段的轴力，而对弯矩没有影响）则为对称结构承受反对称荷载；引起支座 D、H 的反对称水平反力为 $\frac{P}{2}$（←），故可得 $M_{ED}=\frac{P}{2}(2d)=Pd$，再由结点 E 平衡，得 $M_{EF}=Pd$（内侧受拉）。

答案：D

【例 16-2-19】 如图 a)所示结构，截面 A 的弯矩（以下侧受拉为正）为：

A. $-qa^2$　　B. $-\frac{1}{2}qa^2$　　C. $\frac{1}{2}qa^2$　　D. qa^2

解 除悬臂部分外，其他杆弯矩图均为直线，注意两根竖杆剪力为零，弯矩为常数，铰处弯矩为零，并注意结点平衡，不难心算求得弯矩图如图 b)所示，可知 $M_A=qa^2$。

答案：D

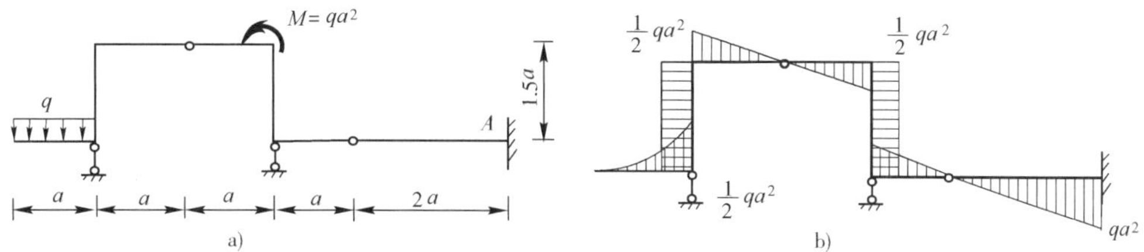

例 16-2-19 图

【例 16-2-20】 如图所示三铰拱,若用合力代替其所受的荷载,则其:

A. 竖向反力增大,水平反力不变　　B. 竖向反力减小,水平反力不变

C. 竖向反力不变,水平反力增大　　D. 竖向反力不变,水平反力减小

解　此三铰的竖向反力可由整体平衡求得,与其相应简支梁的反力相同,据此可排除选项 A、B,用合力代替后,相应简支梁上与顶铰对应截面的弯矩 M_C^0 增大,由 $H=\dfrac{M_C^0}{f}$ 可知其水平反力增大。

答案:C

【例 16-2-21】 如图所示三铰拱,当拱轴上各点纵坐标 y 增至 ky 时(k 为任意常数),则拱截面 D 的弯矩:

A. 增大　　B. 减小

C. 不变　　D. 不定,当 $k>1$ 时增大,$k<1$ 时,减小

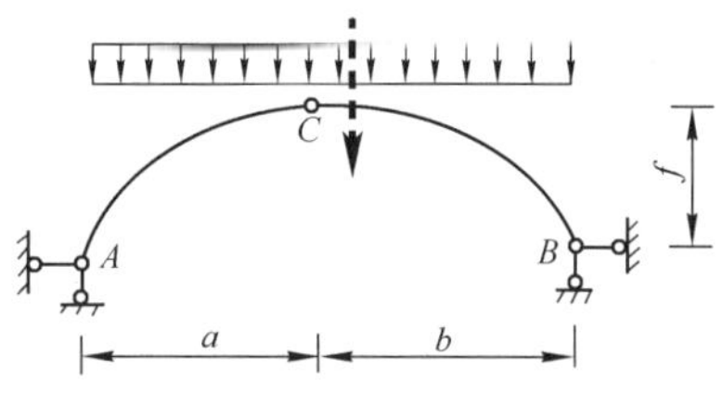

例 16-2-20 图

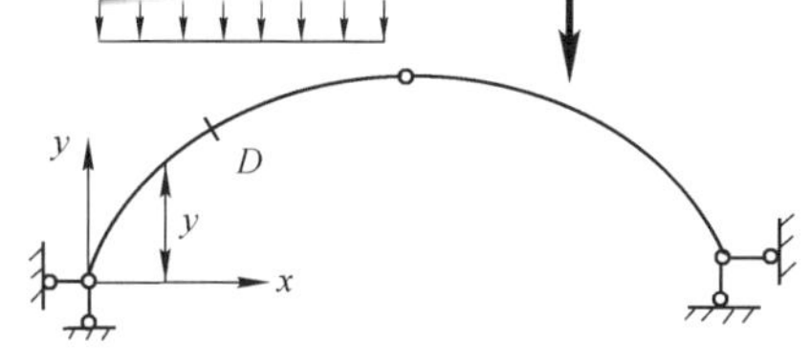

例 16-2-21 图

解　图示三铰拱任一截面的弯矩 $M=M^0-Hy$,当 y 变为 ky 时,M^0 不变,H 变为 $\dfrac{H}{k}$,而乘积 $\dfrac{H}{k}\cdot ky=Hy$ 不变,所以 M 不变。

答案:C

【例 16-2-22】 已知如图所示三铰拱的轴线方程为 $y=px^2$,则截面 K 的弯矩为:

A. 0　　B. $\dfrac{1}{8}ql^2$　　C. $\dfrac{1}{4}ql^2$　　D. $\dfrac{1}{2}ql^2$

解　所给拱轴为抛物线,是全跨均布荷载所对应的合理拱轴,各截面弯矩为零。

答案:A

【例 16-2-23】 如图所示三铰拱 AB 杆的拉力等于:

A. 18kN　　B. 20.66kN　　C. 23.33kN　　D. 24kN

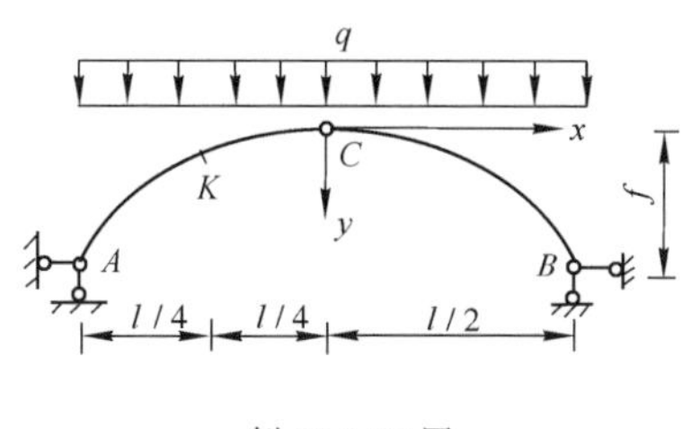

例 16-2-22 图

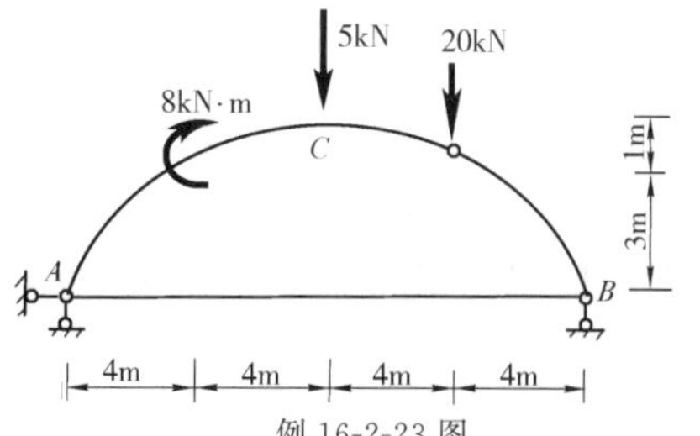

例 16-2-23 图

解 整体平衡可求得 $V_B=\frac{3}{4}\times20+\frac{1}{2}\times5+\frac{8}{16}=18\text{kN}(\uparrow)$，再由 CB 部分平衡可求得 $N_{AB}=\frac{18\times4}{3}=24\text{kN}$(拉)。

答案:D

【例 16-2-24】 图示静定三铰拱，拉杆 AB 的轴力等于：

A. 6kN　　B. 8kN　　C. 10kN　　D. 12kN

解 $Y_B=6\text{kN}$，$N_{AB}=\frac{6\times4}{3}=8\text{kN}$

答案:B

【例 16-2-25】 如图所示桁架零杆的数目(不计支座链杆)是：

A. 6　　B. 8　　C. 11　　D. 13

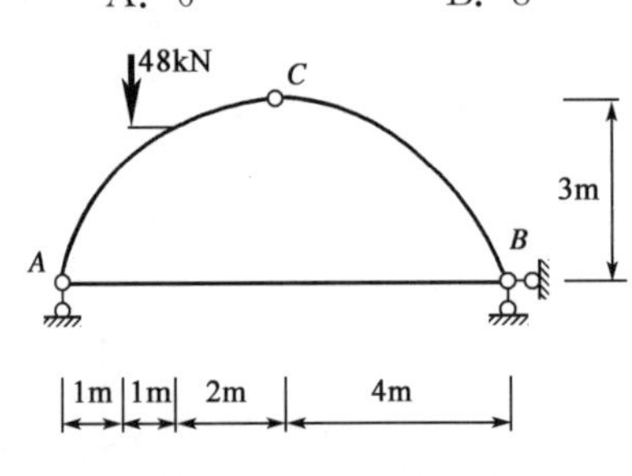

例 16-2-24 图

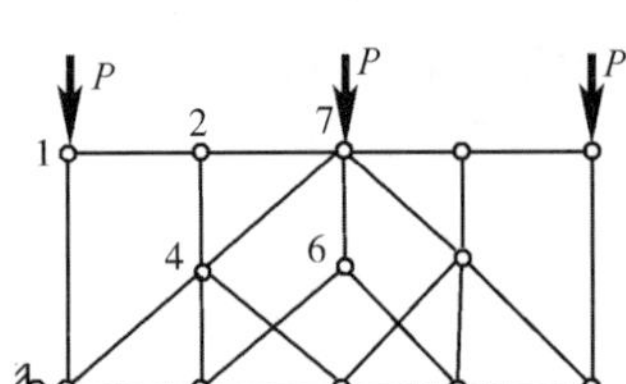

例 16-2-25 图

解 由结点 1 可知 12 为零杆。再由结点 2 知 24、27 为零杆。注意到水平反力为零，桁架处于对称受力状态，结点 3 为无载 K 形结点，两斜杆为零杆，继续按结点 4、5、6 的顺序，并注意对称性，可判断零杆总数为 13。

答案:D

【例 16-2-26】 图 a)示桁架 a 杆轴力为：

A. 15kN　　B. 20kN　　C. 25kN　　D. 30kN

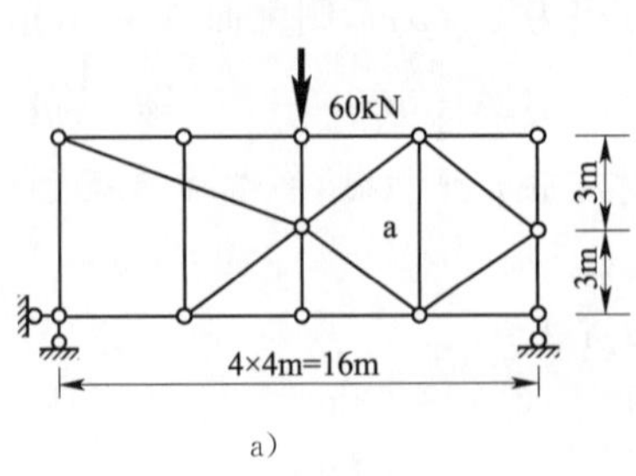

a)

b)

例 16-2-26 图

解 见图 b)，判断零杆后由节点法可得：$N_a=30\text{kN}$(压)。

答案:D

【例 16-2-27】 图示桁架杆①的轴力为：

A. $-\frac{1}{3}P$　　B. $-\frac{2}{3}P$　　C. $\frac{2}{3}P$　　D. P

解 此桁架为联合桁架，切断三根联系杆，取出 ABC 部分为隔离体，由$\sum M_A=0$，可得 $N_1=-\frac{2Pa}{3a}=-\frac{2}{3}P$。

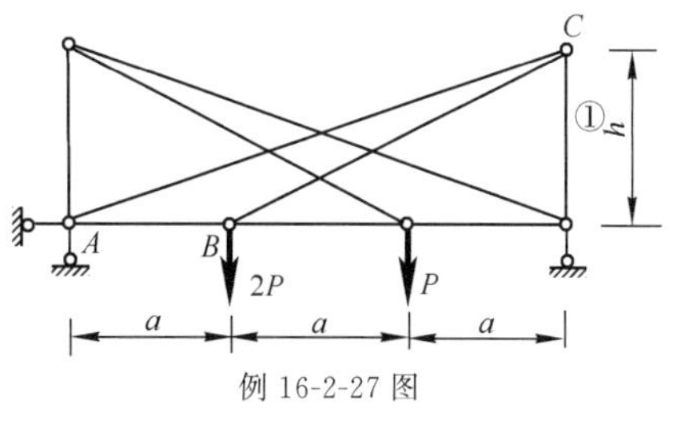

例 16-2-27 图

答案:B

【例 16-2-28】 如图所示桁架杆①的轴力为：

A. $-10\sqrt{2}$kN

B. $-15\sqrt{2}$kN

C. $10\sqrt{2}$kN

D. $15\sqrt{2}$kN

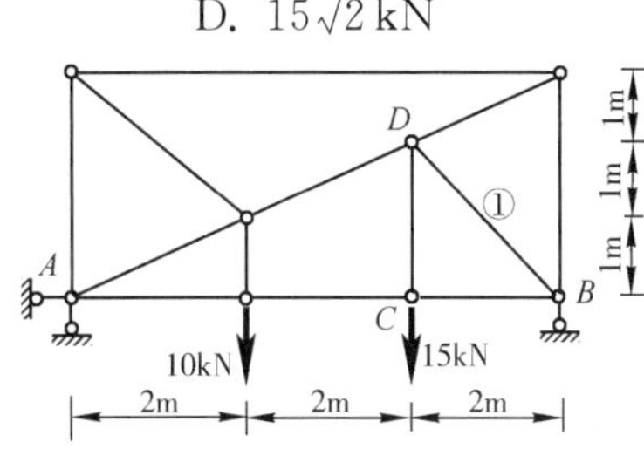

例 16-2-28 图

解 用截面取出包含杆 CD 的隔离体如图 b)所示，由$\sum M_A=0$，可得

$$N_1=Y_1\sqrt{2}=-\frac{15\times4}{6}\sqrt{2}=-10\sqrt{2}\text{kN}$$

答案:A

【例 16-2-29】 如图所示桁架杆①的轴力为：

A. $-\frac{P}{2}$ B. 0 C. $\frac{P}{2}$ D. P

解 支座 A 的水平反力为 P(←)，若在结点 C 和 B 处各加一对大小为$\frac{P}{2}$的反向水平平衡力$\left(\frac{P}{2}\leftarrow\circ\rightarrow\frac{P}{2}\right)$，则可将结构的受力状态分解为对称受力$\left(此时\ N_1=\frac{P}{2}\right)$与反对称受力(此时 $N_1=0$)的组合，所以在图示荷载作用下 $N_1=\frac{P}{2}$(拉)。

答案:C

【例 16-2-30】 如图所示结构，杆①的轴力为：

A. $-P$ B. $-0.5P$ C. 0 D. P

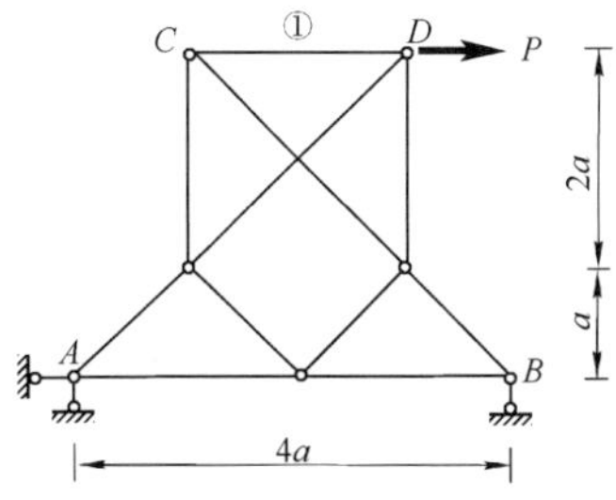

例 16-2-29 图

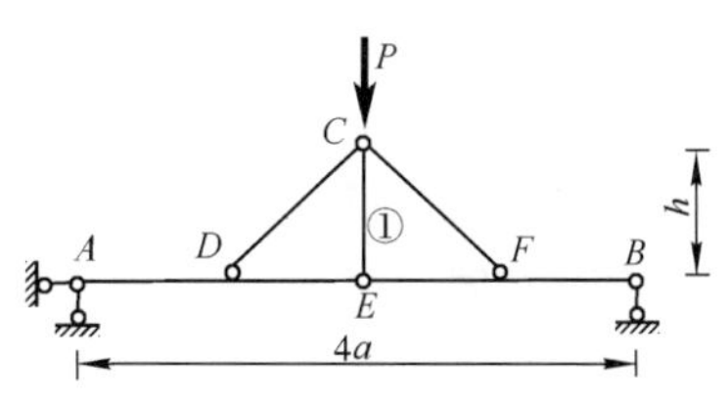

例 16-2-30 图

解 此题为组合结构，需注意区分梁式杆与链杆，支座 A、B 的反力均为$\frac{P}{2}$，方向向上，由梁式杆 AE 的平衡可求得链杆 CD 的竖向分力为 $Y_{CD}=-P$(压)，同理 $Y_{CF}=-P$(压)，再由结点 C 的平衡可得 $N_1=P$(拉)。

答案：D

【例 16-2-31】 如图所示结构弯矩 M_{FC} 等于：

A. $\frac{1}{4}qa^2$(左侧受拉)

B. $\frac{1}{2}qa^2$(左侧受拉)

C. 0

D. $\frac{1}{2}qa^2$(右侧受拉)

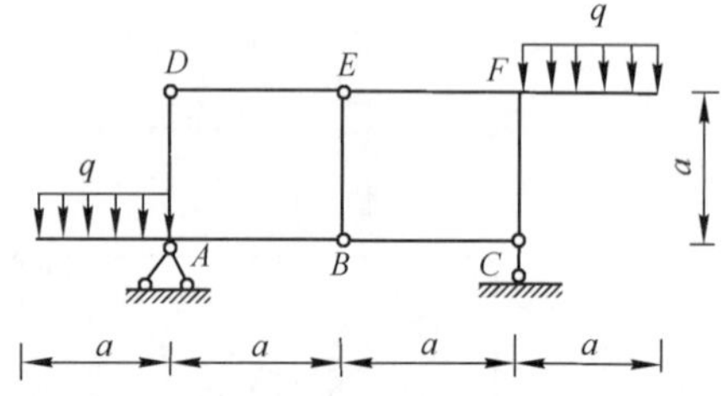

例 16-2-31 图

解 支座 A、C 处的反力均为 qa 向上。过三链杆 DE、EB、BC 作截面，由一侧平衡可得 $N_{EB}=0$，由杆段 EF 平衡可得 $M_{FE}=0$，再由结点 F 的平衡可得$M_{FC}=\frac{1}{2}qa^2$，左侧受拉。也可由一侧平衡求得 $N_{BC}=-\frac{1}{2}qa$，再由杆段 FC 的平衡求得 $M_{FC}=\frac{1}{2}qa^2$，左侧受拉。

答案：B

【例 16-2-32】 图示刚架 M_{DC} 为(下侧受拉为正)：

A. 20kN·m

B. 40kN·m

C. 60kN·m

D. 80kN·m

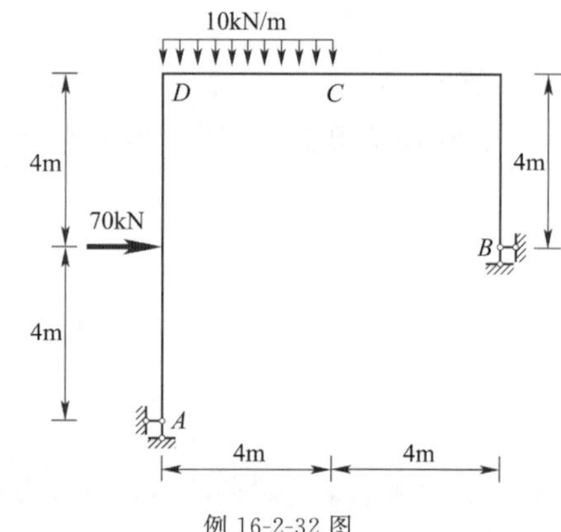

例 16-2-32 图

解 取整体平衡，以 BC 与 AD 延长线的交点为矩心建立力矩平衡方程，可求得支座 A 的水平反力为 40kN(向左)，再由 AD 杆隔离体平衡对 D 点取矩，可得 $M_{DC}=40\text{kN}\cdot\text{m}$。

答案：B

习 题

16-2-1 图示梁中，反力 V_E 和反力 V_B 的值应为( )。

A. $V_E=P/4$，$V_B=0$ B. $V_E=0$，$V_B=P$

C. $V_E=0$，$V_B=P/2$ D. $V_E=P/4$，$V_B=P/2$

16-2-2 图示一结构受两种荷载作用，对应位置处的支座反力关系为( )。

A. 完全相同

B. 完全不同

C. 竖向反力相同，水平反力不同

D. 水平反力相同，竖向反力不同

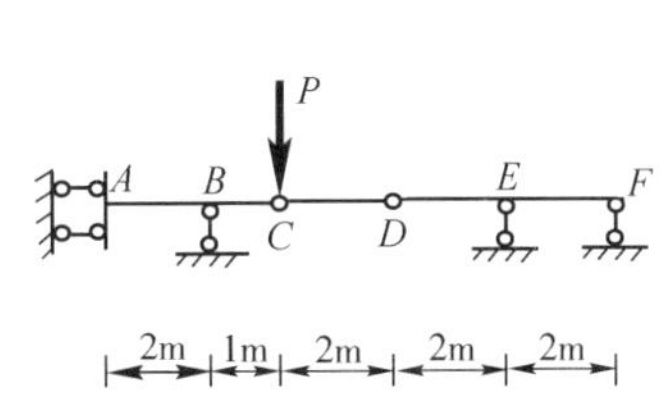

题 16-2-1 图

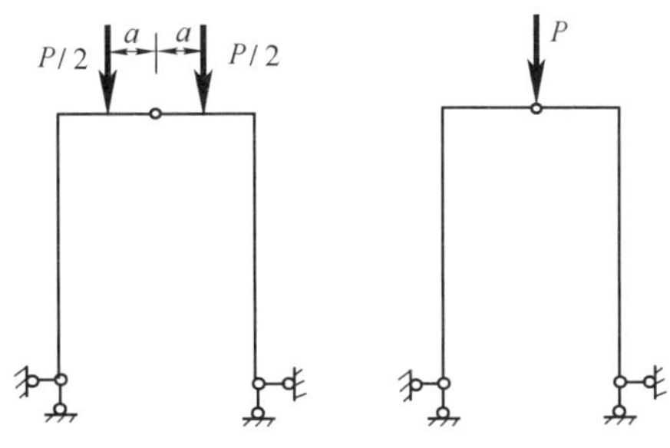

题 16-2-2 图

16-2-3 图示结构 K 截面弯矩值为(　　)。

A. 10kN・m(右侧受拉)　　B. 10kN・m(左侧受拉)

C. 12kN・m(左侧受拉)　　D. 12kN・m(右侧受拉)

16-2-4 图示结构 K 截面弯矩值为(　　)。

A. 0.5kN・m(上侧受拉)　　B. 0.5kN・m(下侧受拉)

C. 1kN・m(上侧受拉)　　D. 1kN・m(下侧受拉)

16-2-5 图示结构 K 截面剪力为(　　)。

A. 0　　B. P　　C. $-P$　　D. $P/2$

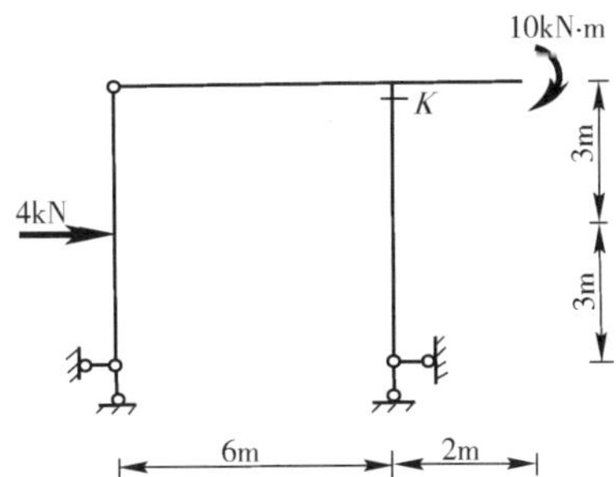

题 16-2-3 图

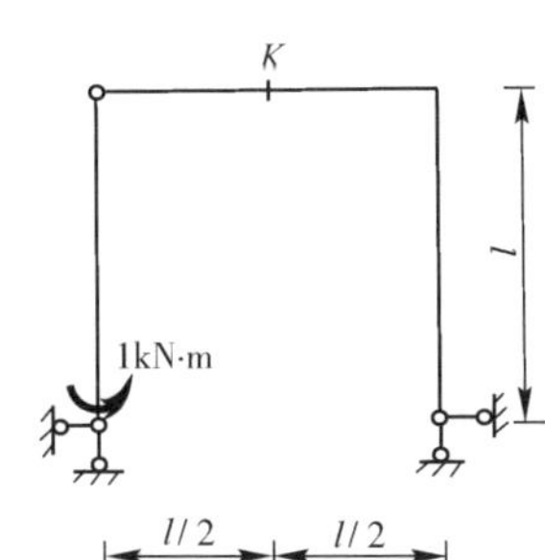

题 16-2-4 图

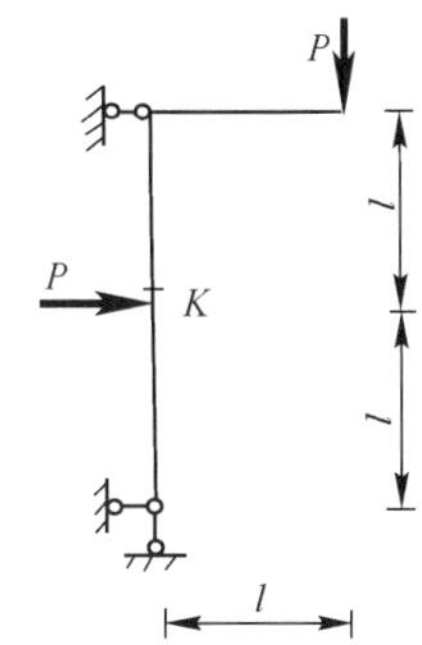

题 16-2-5 图

16-2-6 图示结构 A 支座反力偶的力偶矩 M_A 为(　　)(下侧受拉为正)。

A. $-ql^2/2$　　B. $ql^2/2$　　C. ql^2　　D. $2ql^2$

16-2-7 图示结构 K 截面剪力为(　　)。

A. -1kN　　B. 1kN　　C. -0.5kN　　D. 0.5kN

16-2-8 图示结构 A 支座反力偶的力偶矩 M_A 为(　　)。

A. 0　　B. 1kN・m(右侧受拉)

C. 2kN・m(右侧受拉)　　D. 1kN・m(左侧受拉)

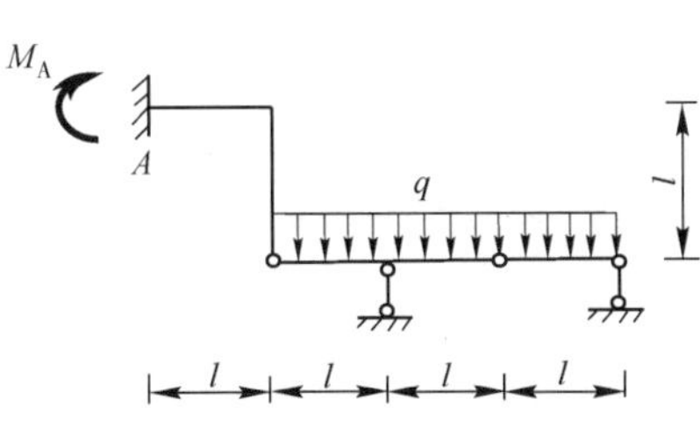

题 16-2-6 图

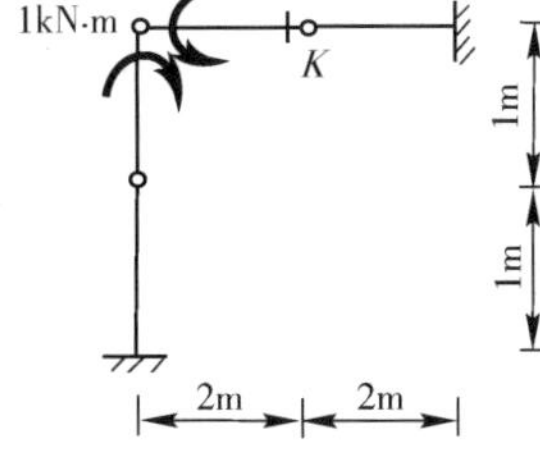

题 16-2-7 图

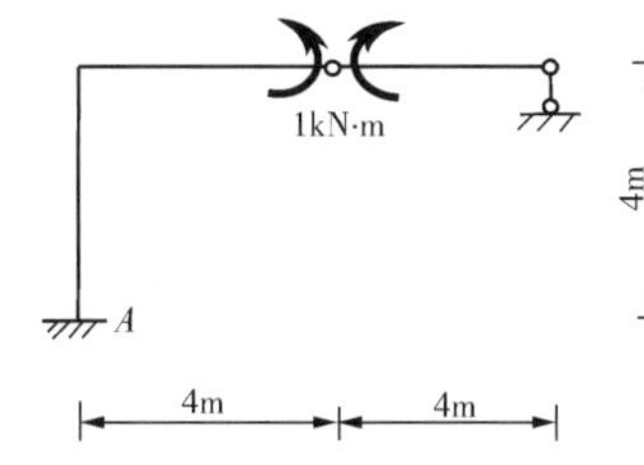

题 16-2-8 图

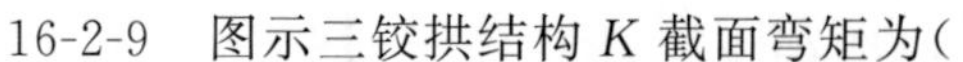

16-2-9　图示三铰拱结构 K 截面弯矩为(　　)。

A. $ql^2/2$　　B. $3ql^2/8$　　C. $7ql^2/8$　　D. $ql^2/8$

16-2-10　图示桁架结构杆①的轴力为(　　)。

A. $3P/4$　　B. $P/2$　　C. $0.707P$　　D. $1.414P$

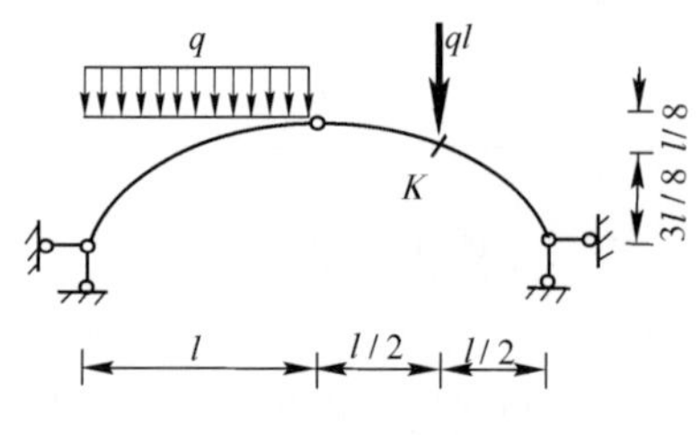

题 16-2-9 图

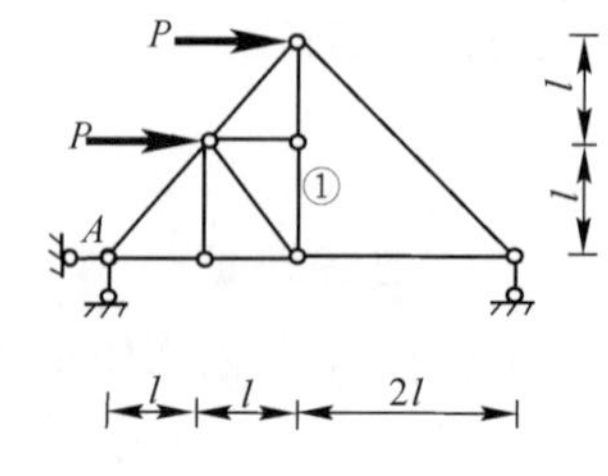

题 16-2-10 图

16-2-11　图示桁架结构杆①的轴力为(　　)。

A. $-P/2$　　B. P　　C. $-P$　　D. $-2P$

16-2-12　图示桁架结构杆①的轴力为(　　)。

A. $-P$　　B. $-2P$　　C. $-P/2$　　D. $-1.414P$

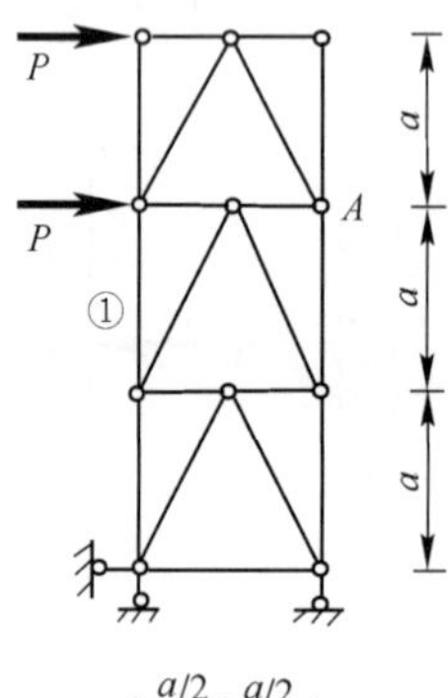

题 16-2-11 图

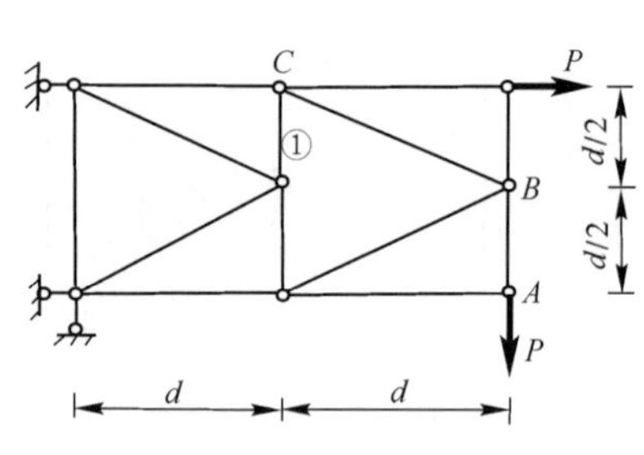

题 16-2-12 图

16-2-13　图示结构当高度增加时,杆①的内力(　　)。

A. 增大　　B. 减小　　C. 不确定　　D. 不变

16-2-14　图示结构杆①的轴力为(　　)。

A. 0　　B. P　　C. $-P$　　D. $1.414P$

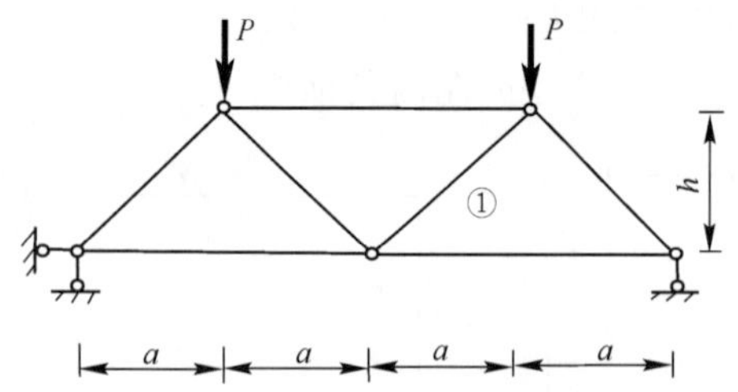

题 16-2-13 图

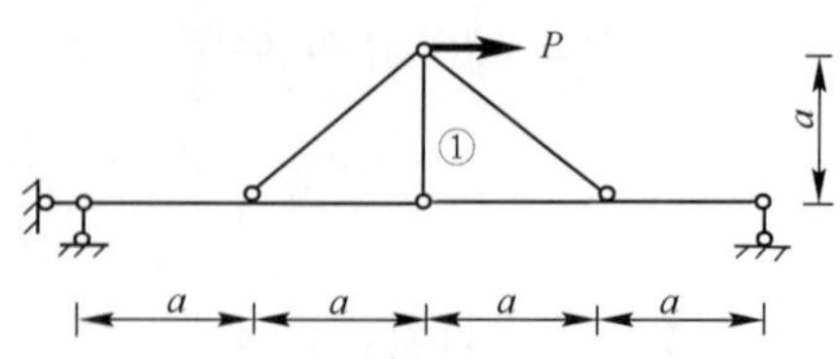

题 16-2-14 图

16-2-15　图示结构杆①的轴力为(　　)。

A. 0　　B. $-ql/2$　　C. $-ql$　　D. $-2ql$

16-2-16　图示结构杆①的轴力为(　　)。

A. 0　　B. $-P$　　C. P　　D. $-P/2$

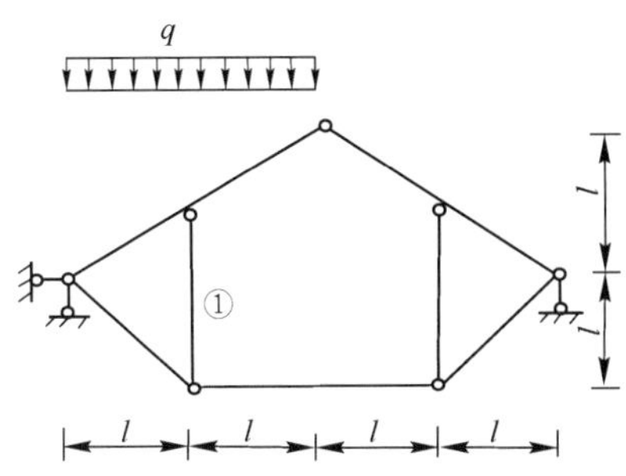

题 16-2-15 图

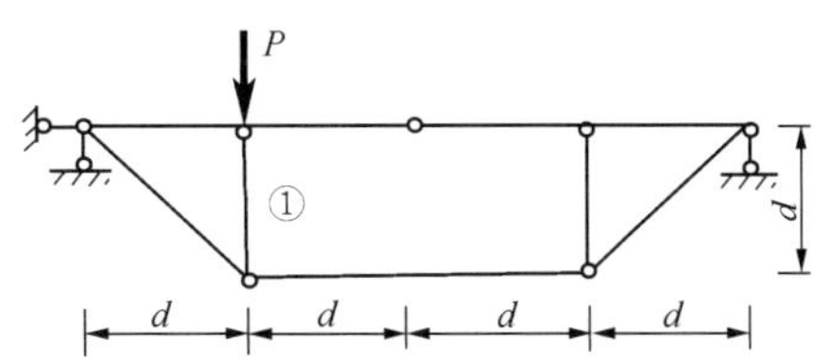

题 16-2-16 图

16-2-17　图示结构中,a 杆的轴力 N_a 为(　　)。

A. 0　　B. -10kN　　C. 5kN　　D. -5kN

16-2-18　图示结构中,a 杆的内力为(　　)。

A. P　　B. $-3P$　　C. $2P$　　D. 0

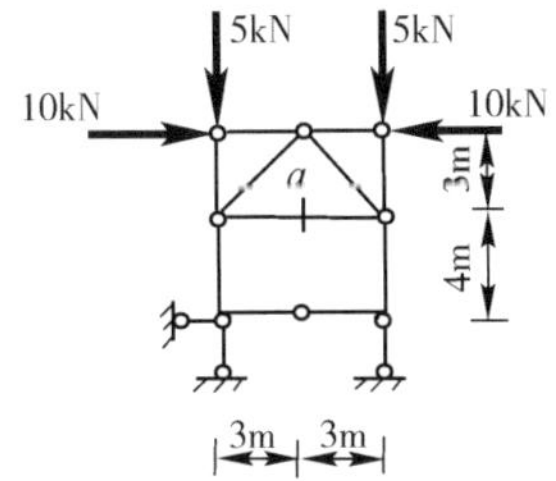

题 16-2-17 图

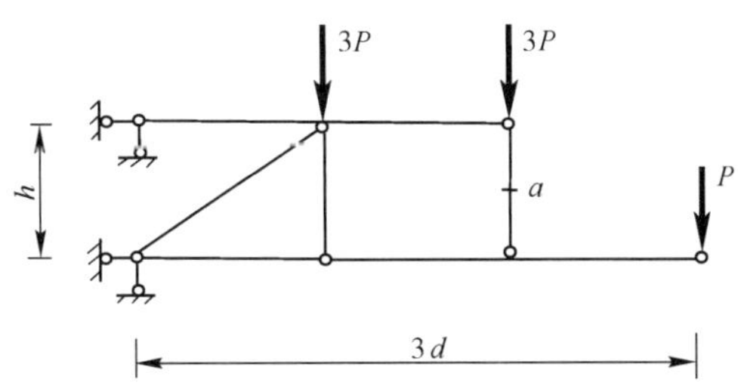

题 16-2-18 图

16-2-19　图示桁架中 a 杆的轴力 N_a 为(　　)。

A. $+P$　　B. $-P$　　C. $+\sqrt{2}P$　　D. $-\sqrt{2}P$

16-2-20　图示半圆弧三铰拱,半径为 r,$\theta=60°$。K 截面的弯矩为(　　)。

A. $(\sqrt{3})Pr/2$　　B. $(-\sqrt{3})Pr/2$

C. $(1-\sqrt{3})Pr/2$　　D. $(1+\sqrt{3})Pr/2$

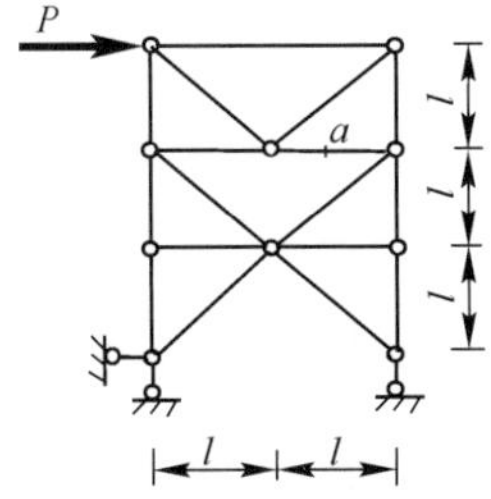

题 16-2-19 图

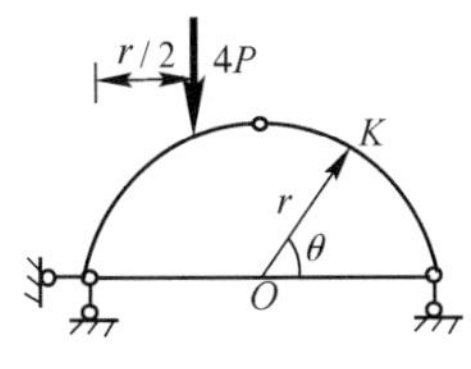

题 16-2-20 图

16-2-21　静定结构由于温度改变会产生(　　)。

A. 反力　　B. 内力　　C. 变形　　D. 应力

16-2-22　图示结构 A 截面的弯矩(以下边受拉为正)M_{AC} 为(　　)。

A. $-Pl$　　B. Pl　　C. $-2Pl$　　D. $2Pl$

16-2-23　图示结构中，梁式杆上 A 点右截面的内力为(　　)。

A. $M_A = Pd, Q_{A右} = P/2, N_A \neq 0$　　B. $M_A = Pd/2, Q_{A右} = P/2, N_A \neq 0$

C. $M_A = Pd/2, Q_{A右} = P, N_A \neq 0$　　D. $M_A = Pd/2, Q_{A右} = P/2, N_A = 0$

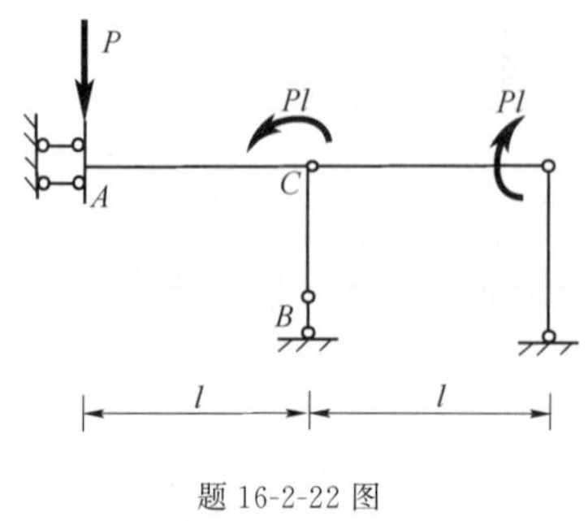

题 16-2-22 图

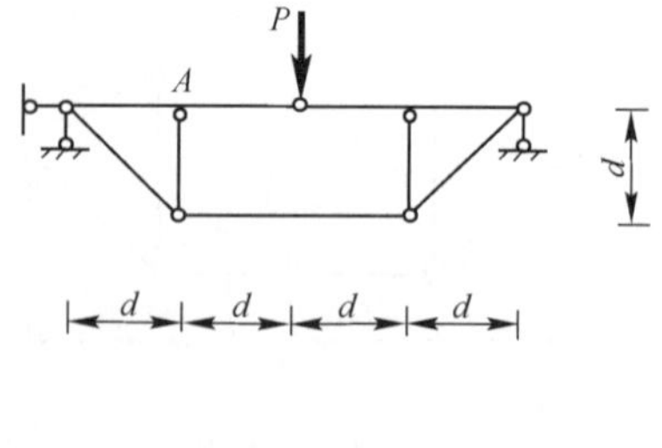

题 16-2-23 图

第三节　结构的位移计算

结构位移计算的目的：

(1)结构的刚度要求，需控制结构的最大位移在允许的范围之内。

(2)为解超静定结构以及结构动力计算等打下基础。

一、虚功原理

(一)虚功的概念

功的定义　　**力的功＝力×相应的位移**

相应位移是指力的作用点沿力方向上的位移。

虚功是指做功的力与其所乘的相应位移，两者独立无关，是力与其他原因引起的相应位移的乘积，力与相应位移分别属于两种可能状态。

在功的定义中，力和相应位移都可以是广义的。广义力如集中力偶、一对等值反向共线的集中力、一对等值反向的集中力偶等；相应广义位移是角位移、相对线位移、相对角位移等。还可能有更一般的情况，但要求广义力与相应广义位移的乘积是功。

广义力×相应广义位移⇒功

(二)两种可能状态

(1)静力平衡可能状态：指结构所受的外力、内力满足全部静力平衡条件的状态，简称可能力状态。

(2)位移协调可能状态：指结构所发生的位移、变形满足全部几何连续条件的状态，简称可能位移状态。

两种可能状态分别是单纯从静力平衡的角度(前者)和单纯从变形几何连续的角度(后者)来讨论结构可能存在的状态，它们不一定是结构所处的真实状态。结构所处的真实状态，应该既是可能力状态，同时又是可能位移状态。

(三)变形体虚功原理的内容

可能力状态中的外力在可能位移状态相应位移上所做的虚功(称为外力虚功)等于可能力状态中的内力在可能位移状态相应变形上所做的虚功(称为内力虚功或虚变形功)。

外力虚功＝内力虚功

虚功原理的数学表达式称为虚功方程，它是以功的形式表达的静力平衡方程和几何连续方程的综合形式。

(四)虚功原理的应用条件

(1)外力、内力满足全部静力平衡条件，属于可能力状态。

(2)位移、变形满足全部几何连续条件，属于可能位移状态。

虚功原理与物性无关，既可应用于弹性、线性问题，也可应用于非弹性、非线性问题。

(五)虚功原理的两种表现形式和两种应用

(1)虚位移原理：是在虚设可能位移状态前提下的虚功原理，虚位移方程等价于静力平衡方程，可用于求解平衡问题。

(2)虚力原理：是在虚设可能力状态前提下的虚功原理，虚力方程等价于几何连续方程，可用于结构位移计算问题。

上述各原理之间的关系如图16-3-1所示。

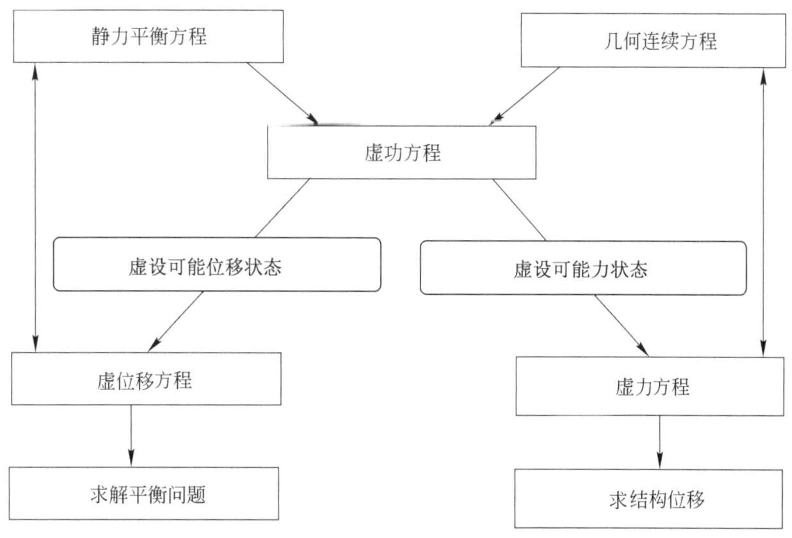

图 16-3-1

二、结构的位移计算——单位荷载法

(一)结构位移计算的一般公式

应用虚力原理可导出结构位移计算的一般公式。图16-3-2a)虚线表示结构在荷载、支座移动及温度变化等实际外因作用下的真实变形，当然是可能位移状态。为求K截面沿K-K方向的位移分量Δ，虚设图16-3-2b)，是在K截面沿K-K方向施加单位力而引起的某一可能力状态。应用虚力原理可得

$$\Delta=\sum\int\overline{M}\mathrm{d}\theta+\sum\int\overline{Q}\mathrm{d}v+\sum\int\overline{N}\mathrm{d}u-\sum\overline{R}c \tag{16-3-1}$$

此式既可用于静定结构，也可用于超静定结构由于各种原因引起的位移的计算。

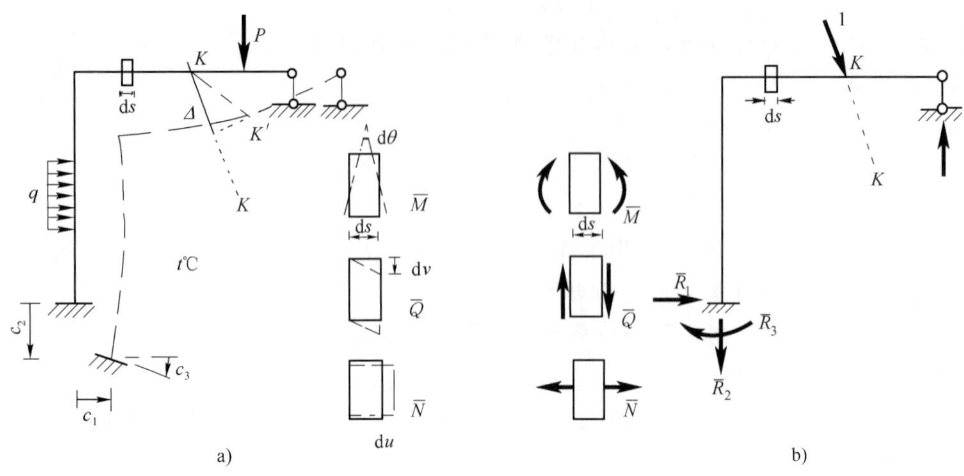

图 16-3-2

(二)各种结构的位移计算

1.梁和刚架在荷载作用下的位移

梁和刚架的位移可只考虑弯曲变形的影响,将荷载引起的 $d\theta=\frac{M_P}{EI}ds$ 代入式(16-3-1),即得:

位移积分公式

$$\Delta=\sum\int\frac{\overline{M}M_P}{EI}ds \tag{16-3-2}$$

图形相乘法公式

$$\Delta=\sum\frac{\omega y_0}{EI} \tag{16-3-3}$$

在应用图乘法求梁和刚架的位移时,要注意下面几点:

(1)图乘法的应用条件:

①直杆;

②分段等截面;

③相乘的两个弯矩图中至少有一个是直线形弯矩图。

(2)单位力的施加方法:在所求位移的地点,沿所求位移的方向加单位力(可以是广义单位力)。

(3)图形相乘是指将一个弯矩图(曲线或直线)的面积乘以其形心所对另一弯矩图(必须是直线)的竖标,然后除以该段的抗弯刚度 EI,分段求和。

(4)常见图形的面积及形心位置(见图 16-3-3)。

(5)注意分段,一般在荷载不连续处、截面变化处及杆件方向改变处需分开。分段的概念是分段积分。

(6)注意弯矩图的分块,将弯矩图分解成几个面积及形心位置能直接计算的规则图形的组合。分块的概念是叠加原理的应用。

(7)同侧相乘为正,异侧相乘为负。求和后最后的正(负)号表示位移的实际方向与所加单位力的方向相同(相反)。

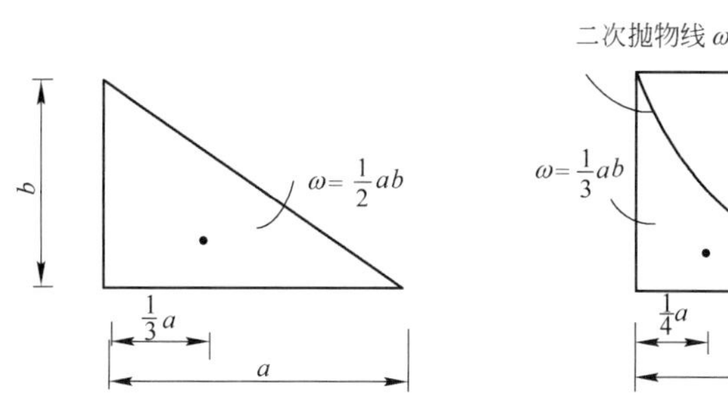

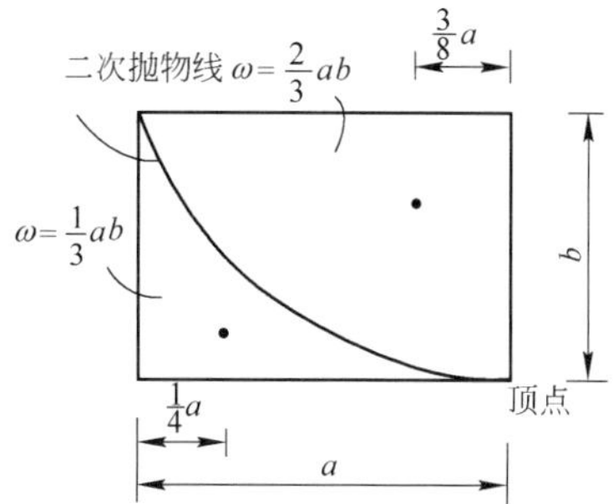

图 16-3-3

【例 16-3-1】 求如图 a)所示结构 C 点的竖向位移 Δ_{CV}（$EI=2.1\times10^5\text{kN}\cdot\text{m}^2$）。

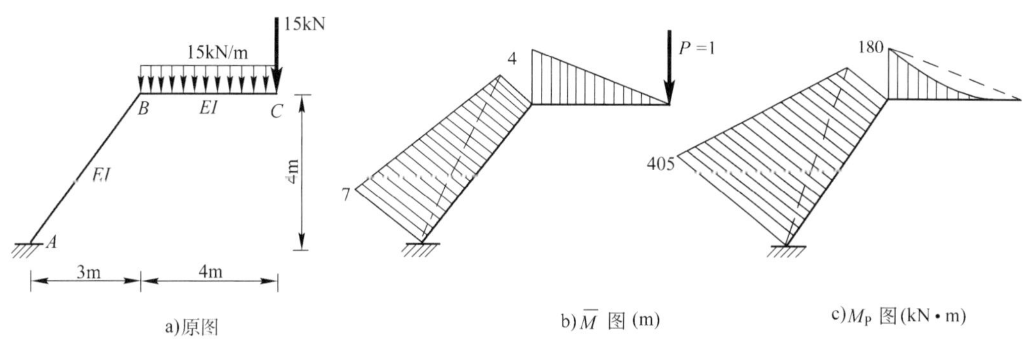

例 16-3-1 图

解 在 C 点加竖向单位力，作 $\overline{M}$ 图(见图 b)，并作 M_P 图(见图 c)，图乘可得

$$\Delta_{CV}=\frac{1}{2.1\times10^5}\left[\frac{1}{2}\times180\times4\times\frac{2}{3}\times4-\frac{2}{3}\times\frac{15\times4^2}{8}\times4\times\frac{1}{2}\times4+\frac{1}{2}\times180\times 5\times\left(\frac{2}{3}\times4+\frac{1}{3}\times7\right)+\frac{1}{2}\times405\times5\times\left(\frac{1}{3}\times4+\frac{2}{3}\times7\right)\right]$$

$$=0.0435\text{m}=4.35\text{cm}(\downarrow)$$

2.桁架在荷载作用下的位移

桁架杆件仅有轴向变形，将荷载引起的 $du=\frac{N_P}{EA}ds$ 代入式(16-3-1)得

$$\Delta=\sum\frac{\overline{N}N_Pl}{EA} \tag{16-3-4}$$

【例 16-3-2】 求如图 a)所示桁架结点 C 的竖向位移 Δ_C^V，各杆 EA 相同。

解 求荷载引起的轴力 N_P(见图 a)，在 C 点加竖向单位力求轴力 $\overline{N}$(见图 b)，可得

$$\Delta_C^V=\frac{2}{EA}\left[\left(-\frac{P}{\sqrt{3}}\right)\left(-\frac{1}{\sqrt{3}}\right)a+\left(\frac{P}{2\sqrt{3}}\right)\left(\frac{1}{2\sqrt{3}}\right)a\right]=\frac{5}{6}\frac{Pa}{EA}(\downarrow)$$

3.组合结构在荷载作用下的位移

梁式杆只考虑弯曲变形的影响，链杆只有轴向变形的影响，故位移计算公式为

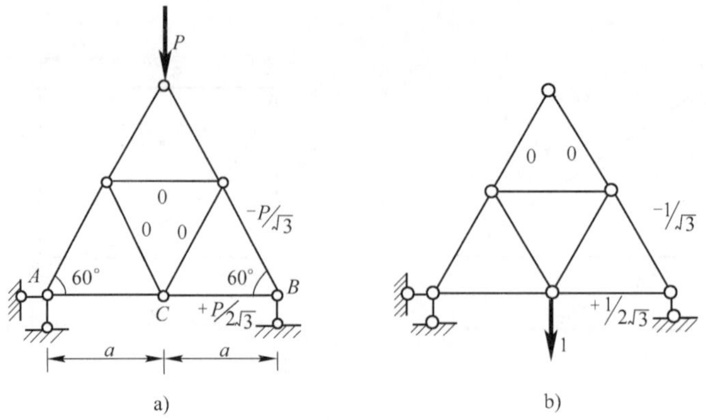

例 16-3-2 图

$$\Delta=\sum\int\frac{\overline{M}M_{\mathrm{P}}}{EI}\mathrm{d}s+\sum\frac{\overline{N}N_{\mathrm{P}}l}{EA}\tag{16-3-5}$$

【例 16-3-3】 求如图 a)所示组合结构 D 点的水平位移 $\Delta_{\mathrm{D}}^{\mathrm{H}}$。

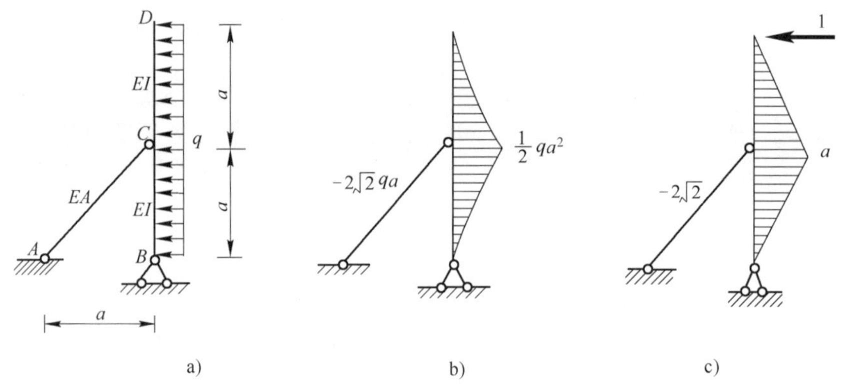

例 16-3-3 图

解 作 M_{P} 图(见图 b)及 D 点单位水平力引起的 $\overline{M}$ 图(见图 c),并求链杆轴力 N_{P} 及 $\overline{N}$,可得

$$\Delta_{\mathrm{D}}^{\mathrm{H}}=\frac{2}{EI}\left(\frac{1}{3}\times\frac{qa^2}{2}a\times\frac{3}{4}a\right)+\frac{1}{EA}(-2\sqrt{2}qa)\times(-2\sqrt{2})\sqrt{2}a=\frac{qa^4}{4EI}+\frac{8\sqrt{2}qa^2}{EA}(\leftarrow)$$

4.静定结构由于支座移动引起的位移

静定结构由于支座移动不引起内力及变形,只产生刚体位移,将 $\mathrm{d}\theta=\mathrm{d}v=\mathrm{d}u=0$ 代入式(16-3-1)得

$$\Delta=-\sum\overline{R}c\tag{16-3-6}$$

【例 16-3-4】 求如图 a)所示三铰刚架由于图示支座移动引起结点 C 的竖向位移 $\Delta_{\mathrm{C}}^{\mathrm{V}}$ 及 C 点左右两侧截面的相对转角 φ_{C} 左右。

解 在 C 点加竖向单位力,求反力(见图 b),可得

$$\Delta_{\mathrm{C}}^{\mathrm{V}}=-\left(-\frac{l}{4h}a-\frac{1}{2}b\right)=\frac{l}{4h}a+\frac{1}{2}b(\downarrow)$$

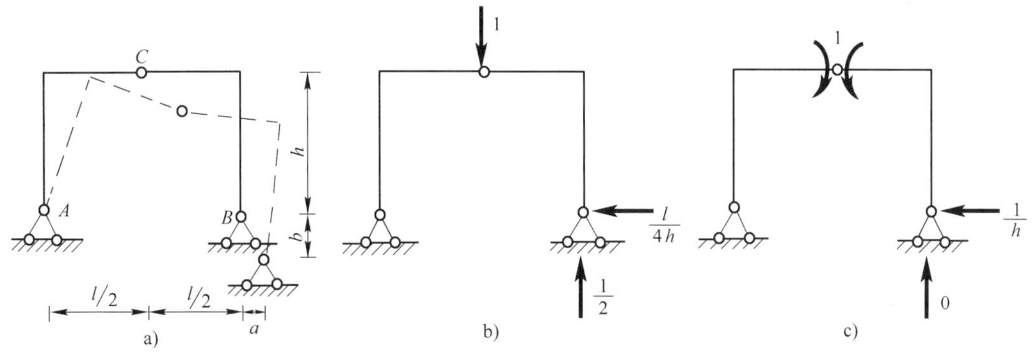

例 16-3-4 图

在 C 点两侧加一对反向单位力偶求反力(见图 c),可得

$$\varphi_{C左右}=-\left(-\frac{1}{h}a\right)=\frac{1}{h}a(\curvearrowright\curvearrowleft)$$

5. 静定结构由于温度变化引起的位移

设杆件两侧温度变化分别为 t_1 及 t_2,并沿截面高度呈线性变化,如图 16-3-4 所示,则轴线温度变化为 $t_0=\frac{t_1h_2+t_2h_1}{h}$,温差 $\Delta t=t_2-t_1$,将 $\mathrm{d}\theta=\alpha\frac{\Delta t}{h}\mathrm{d}s$ 及 $\mathrm{d}u=\alpha t_0\mathrm{d}s$ 代入式(16-3-1),得

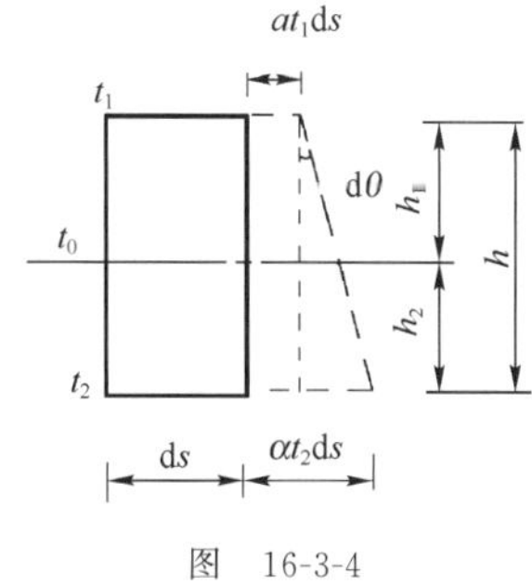

图 16-3-4

$$\Delta=\sum\int\overline{M}\cdot\alpha\frac{\Delta t}{h}\mathrm{d}s+\sum\int\overline{N}\cdot\alpha t_0\mathrm{d}s$$

$$=\sum\alpha\frac{\Delta t}{h}\omega_{\overline{M}}+\sum\alpha t_0\omega_{\overline{N}}\qquad(16\text{-}3\text{-}7)$$

式中,$\omega_{\overline{M}}$ 及 $\omega_{\overline{N}}$ 分别为 $\overline{M}$ 图及 $\overline{N}$ 图的面积,求和计算需考虑每项的正负号,以 $\overline{M}$、$\overline{N}$ 在温度变形上做正功为正。

【例 16-3-5】 求如图 a)所示刚架由于图示温度变化引起 C 点的竖向位移 Δ_{Ct}^{V},已知材料的线膨胀系数为 α,各杆截面均为矩形,截面高度为 h。

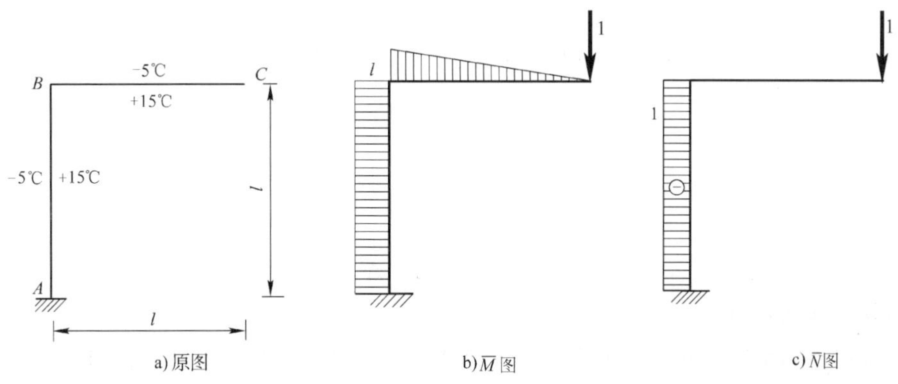

例 16-3-5 图

解 轴线温度变化 $t_0=\frac{-5+15}{2}=5℃$，温差 $\Delta t=15-(-5)=20℃$

在 C 点加竖向单位力，作 $\overline{M}$ 图（见图 b）及 $\overline{N}$ 图（见图 c），可得

$$\Delta_{Ct}^{V}=-\alpha\frac{20}{h}\left(\frac{1}{2}l\cdot l+l\cdot l\right)-\alpha\cdot 5\cdot 1\cdot l$$

$$=-\left(30\frac{\alpha l^2}{h}+5\alpha l\right)(\uparrow)$$

6.静定桁架由于制作误差引起的位移

可将桁架杆件制作误差视为杆件的伸缩变形 Δl，由式(16-3-1)，得

$$\Delta=\sum\overline{N}\Delta l \tag{16-3-8}$$

【例 16-3-6】 欲使如图 a)所示桁架起拱 3cm，求下弦杆各需加长 Δl 的值。

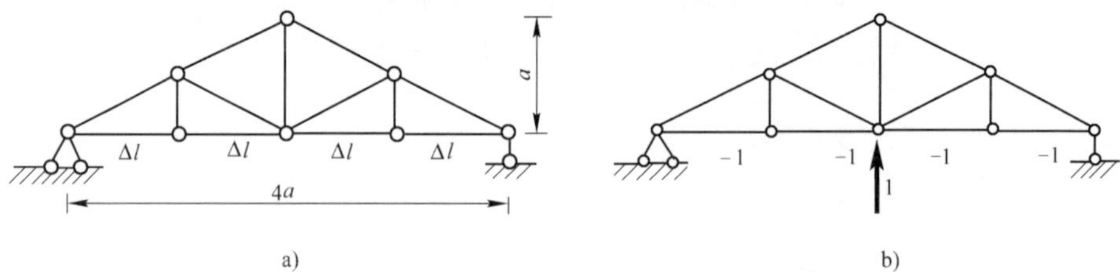

例 16-3-6 图

解 在下弦跨中结点加竖向单位力求轴力 $\overline{N}$（见图 b），根据式(16-3-8)，可得

$$3=4\cdot(-1)\cdot\Delta l$$

$$\Delta l=-\frac{3}{4}=-0.75\text{cm}$$

下弦各杆均需截短 0.75cm。

三、线弹性体系的互等定理

根据虚功原理，引用线弹性条件，可推得下面几个互等定理。

(一)功的互等定理

第一状态的外力在第二状态相应位移上所做的虚功，等于第二状态的外力在第一状态相应位移上所做的虚功，如图 16-3-5 所示。

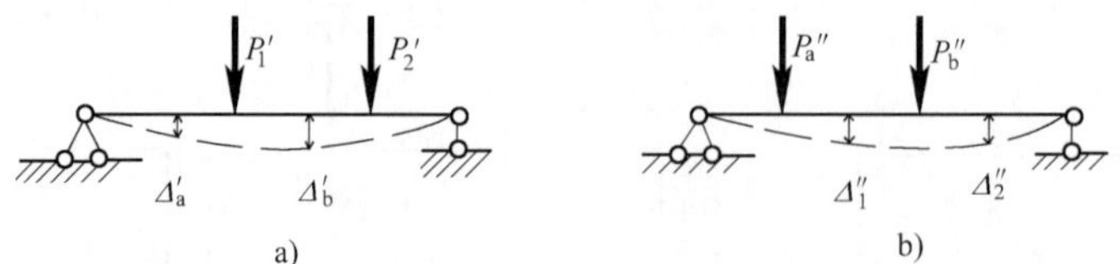

图 16-3-5

$$\sum P'\Delta''=\sum P''\Delta' \tag{16-3-9}$$

(二)位移互等定理

第一单位力引起的与第二单位力相应的位移，等于第二单位力引起的与第一单位力相应的位移，如图 16-3-6 所示。

$$\delta_{21}=\delta_{12} \tag{16-3-10}$$

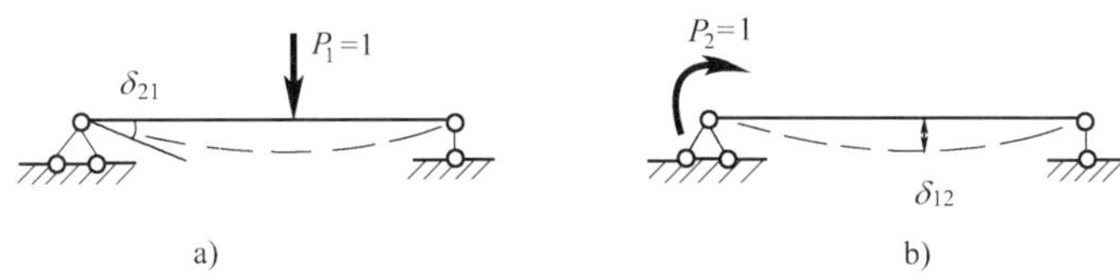

图 16-3-6

(三)反力互等定理

第一约束的单位位移引起第二约束的反力,等于第二约束的单位位移引起第一约束的反力,如图 16-3-7 所示。

$$r_{21} = r_{12} \tag{16-3-11}$$

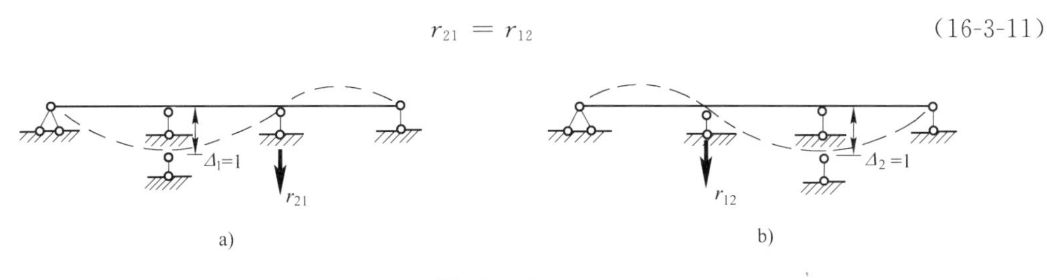

图 16-3-7

(四)反力位移互等定理

第一单位力引起的第二约束的反力,等于第二约束的单位位移引起的与第一单位力相应位移的负值,如图 16-3-8 所示。

$$r_{21}' = -\delta_{12}' \tag{16-3-12}$$

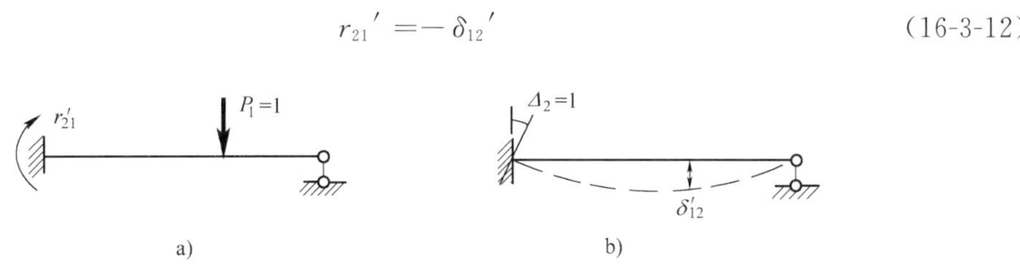

图 16-3-8

四、注意事项及例题分析

(1)要在虚功及两种可能状态概念的基础上理解变形体虚功原理的内容及其应用条件。知道虚位移原理与平衡条件等价、虚力原理与几何连续条件等价,懂得根据虚力原理求位移的过程,当所求位移没有现成公式可以利用时(如制作误差、材料收缩等局部已知变形引起的位移),可直接应用虚力原理来求。

(2)位移计算的重点是应用图乘法求静定梁与刚架指定截面的位移,以及简单的桁架及组合结构的位移计算,应很好掌握。要注意虚设的单位力应与所求广义位移相匹配(乘积为功),位移计算公式中每一项都是虚力在实际位移上所做的虚功。有的题目并不要求计算出具体数值而是要求位移的方向,这就需要根据基本概念及虚功的正负符号来做出判断。静定结构支座移动引起的位移属刚体位移,简单情况可直接根据几何关系思考,也可应用刚体体系虚功原理来求。

(3)如果是对称结构(结构的几何图形、支座及刚度均对称),应注意利用对称性,特别是零位移的判断:对称结构受对称荷载作用,反对称位移为零;对称结构受反对称荷载作用,对称位移为零。有的结构仅支座不对称,当处于对称受力状态时,其位移状态并不对称,但常与对称位移状态仅差一刚体位移。

(4)互等定理只适用于线弹性(弹性、小变形)结构,需懂得其内容及应用。

【例 16-3-7】 如图 a)所示梁中点的挠度为:

A. $\frac{1}{12}\frac{Pl^3}{EI}$　　B. $\frac{3}{32}\frac{Pl^3}{EI}$

C. $\frac{5}{48}\frac{Pl^3}{EI}$　　D. $\frac{1}{8}\frac{Pl^3}{EI}$

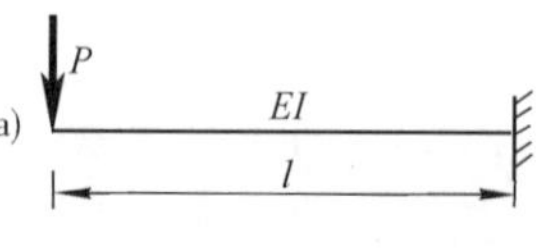

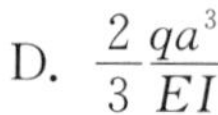

例 16-3-7 图

解 作图 b)、c),图乘可得中点挠度为

$$\frac{1}{EI}\times\frac{1}{2}\times\frac{l}{2}\times\frac{l}{2}\times\frac{5}{6}Pl=\frac{5}{48}\frac{Pl^3}{EI}(\downarrow)$$

答案:C

【例 16-3-8】 如图 a)所示结构截面 A、B 间的相对转角 φ_{AB} 为:

A. $\frac{1}{6}\frac{qa^3}{EI}$　　B. $\frac{1}{3}\frac{qa^3}{EI}$　　C. $\frac{1}{2}\frac{qa^3}{EI}$　　D. $\frac{2}{3}\frac{qa^3}{EI}$

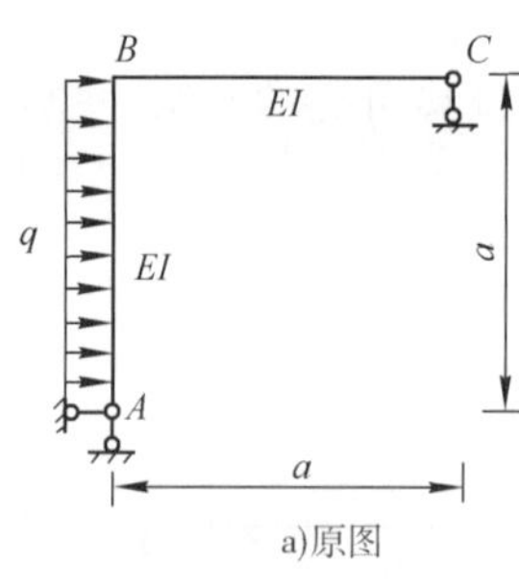

a)原图

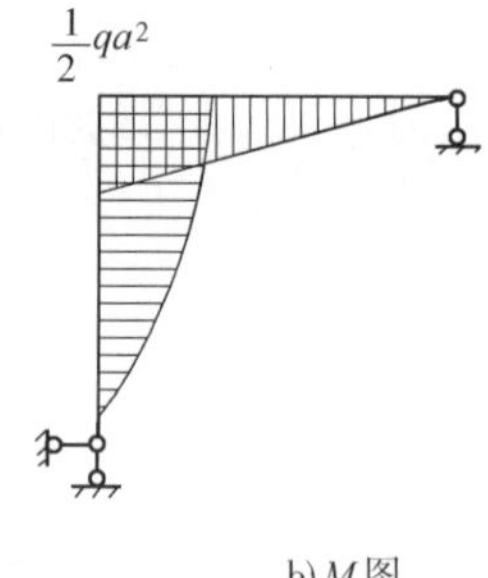

b)M图

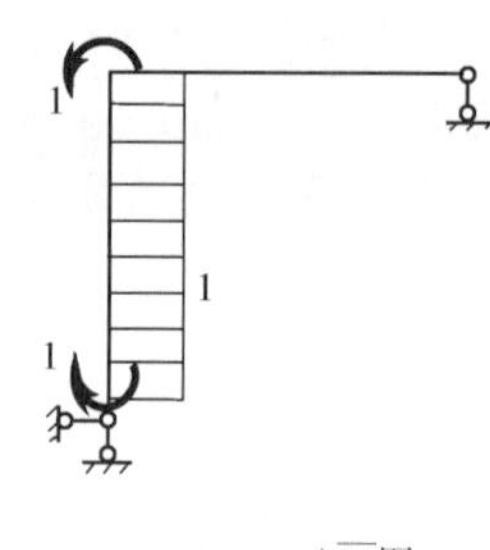

c)$\overline{M}$图

例 16-3-8 图

解 作图 b)、c),图乘可得 $\varphi_{AB}=\frac{1}{EI}\times\frac{2}{3}\times\frac{qa^2}{2}\times a=\frac{1}{3}\frac{qa^3}{EI}$。

答案:B

【例 16-3-9】 如图所示结构各杆 EI 相同,结点 D 的竖向位移 Δ_{DV} 为:

A. $\frac{5}{192}\frac{ql^4}{EI}+\frac{1}{24}\frac{Pl^3}{EI}$

B. $\frac{5}{96}\frac{ql^4}{EI}+\frac{1}{12}\frac{Pl^3}{EI}$

C. $\frac{5}{24}\frac{ql^4}{EI}+\frac{1}{6}\frac{Pl^3}{EI}$

D. $\frac{5}{12}\frac{ql^4}{EI}+\frac{1}{3}\frac{Pl^3}{EI}$

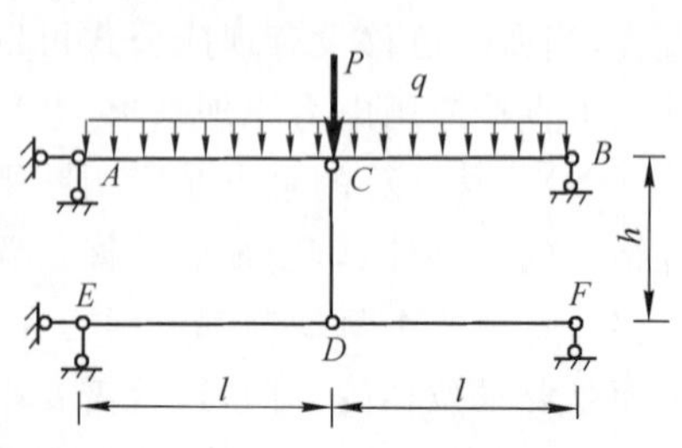

例 16-3-9 图

解 下部杆件 CD、ED、DF 为附属部分,不受力,

所以Δ_{DV}与简支梁AB中点C的挠度相同$\Delta_{DV}=\Delta_{CV}=\frac{5q(2l)^4}{384EI}+\frac{P(2l)^3}{48EI}=\frac{5ql^4}{24EI}+\frac{Pl^3}{6EI}$。

答案:C

【例 16-3-10】 如图所示结构a、l、h均大于零,B点水平位移:

A. 向左

B. 向右

C. 为零

D. 不定,需据a、l、h的比值而定

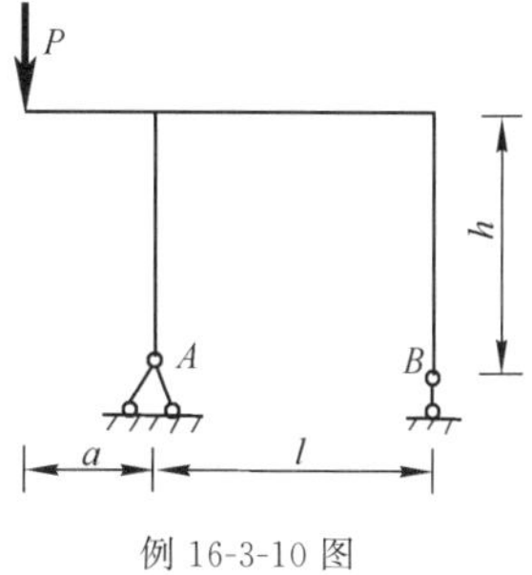

例 16-3-10 图

解 荷载P引起的弯矩图在水平杆的上侧,竖杆弯矩为零,若在B点虚设向左的单位集中力,它引起的单位弯矩图在外侧,图乘为正,所以B点水平位移向左。

答案:A

【例 16-3-11】 如图所示结构,各杆EI相同,在荷载P作用下,C、D两点:

A. 间距增大　　B. 间距减小

C. 都向左移相同距离　　D. 都向右移相同距离

解 此题为对称结构,可将所给荷载分解为对称与反对称两组。对称的两个$\frac{P}{2}$仅使杆EF、FG受压,不引起C、D两点的位移。反对称的两个$\frac{P}{2}$引起反对称的弯矩图,为求C、D两点间的相对线位移,需在C、D加一对反向单位集中力,引起对称的单位弯矩图,两者图乘求和为零,故C、D两点间无相对线位移。另外,注意到荷载弯矩图CA段在左侧,在C点加向右的单位力才能图乘得正号,所以,C、D两点都向右移相同距离。

答案:D

【例 16-3-12】 如图所示桁架各杆EA相同,结点B的竖向位移Δ_{BV}等于:

A. 0　　B. $\frac{1}{\sqrt{2}}\frac{Pd}{EA}$　　C. $\frac{Pd}{EA}$　　D. $\sqrt{2}\frac{Pd}{EA}$

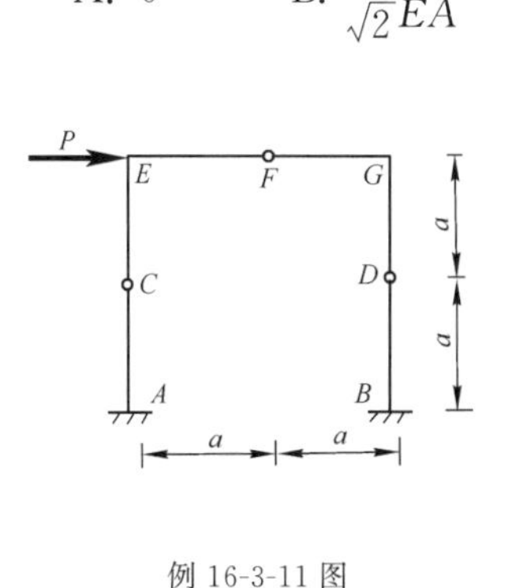

例 16-3-11 图

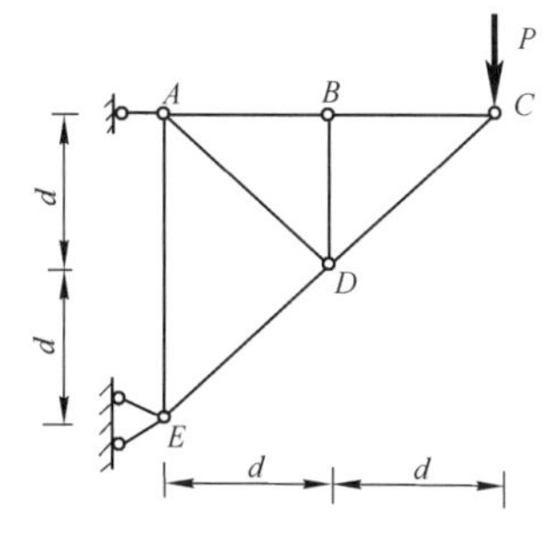

例 16-3-12 图

解 荷载P引起AB、BC、CD、DE四杆内力为非零值,其中$N_{DE}=-\sqrt{2}P$。在B点施加竖直向下单位集中力引起BD、AD、DE、AE四杆的内力为非零值,其中$\overline{N}_{DE}=-\frac{\sqrt{2}}{2}$,可见荷载$P$与单位力引起的非零内力只有DE杆重叠,故$\Delta_{BV}=\sum\frac{\overline{N}N_P l}{EA}=\frac{(-\sqrt{2}P)\times\left(-\frac{\sqrt{2}}{2}\right)\times\sqrt{2}d}{EA}=\sqrt{2}\frac{Pd}{EA}$。

答案:D

【例 16-3-13】 如图所示桁架,各杆 EA 相同,结点 C 的竖向位移等于:

A. 0　　B. $\sqrt{2}\frac{Pd}{EA}$　　C. $2\frac{Pd}{EA}$　　D. $2\sqrt{2}\frac{Pd}{EA}$

解 注意到位于此对称桁架对称轴线上的无载 K 形结点 C 两斜杆内力为零,可知荷载 P 仅使斜杆 AD、DB 受力。而当在 C 点施加竖向单位集中力时,交于结点 D 的斜杆 AD、DB 内力为零。可见荷载 P 与单位力引起的非零内力互不重叠,故 $\Delta_{CV}=\sum\frac{\overline{N}N_{P}l}{EA}=0$。

答案:A

【例 16-3-14】 如图所示结构支座 A 左移 a、下沉 b 为已知,则 D 点的竖向位移 Δ_{DV} 为:

A. $a+b$(↑)　　B. b(↑)　　C. b(↓)　　D. $\frac{1}{2}b$(↓)

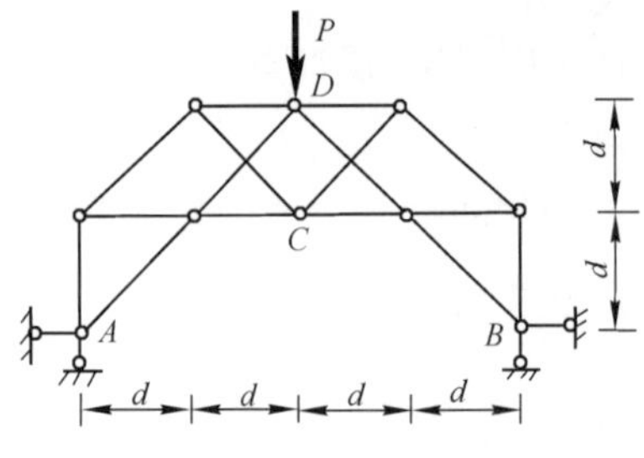

例 16-3-13 图

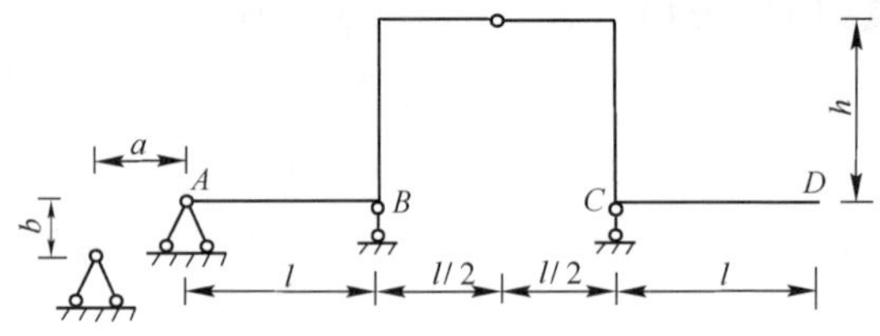

例 16-3-14 图

解 在 D 点虚设向下的单位集中力,用平衡条件可求得支座 A 的水平反力 $\overline{H}_{A}=0$,竖向反力 $\overline{V}_{A}=1$(↑),或注意到结点平衡,容易作出单位力作用下的弯矩图,求得 $\overline{M}_{BA}=l$(下侧受拉),再由 $\overline{M}_{BA}=\overline{V}_{A}l$ 反求得 $\overline{V}_{A}=1$(↑)。应用静定结构由于支座移动的位移公式得

$$\Delta_{DV}=-\sum\overline{R}l=-(0\cdot a-1\cdot b)=b(\downarrow)$$

答案:C

【例 16-3-15】 如图 a)所示桁架,当 AC 杆因温度升高而伸长时,AC 杆:

A. 作顺时针转动　　B. 作逆时针转动

C. 不转动　　D. 转向不定,随 α 值而定

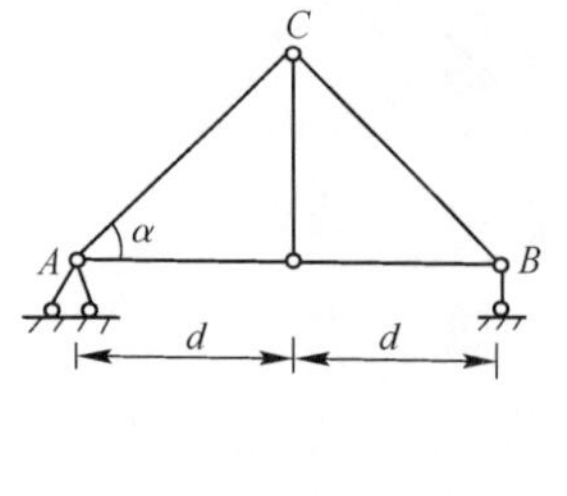

a)

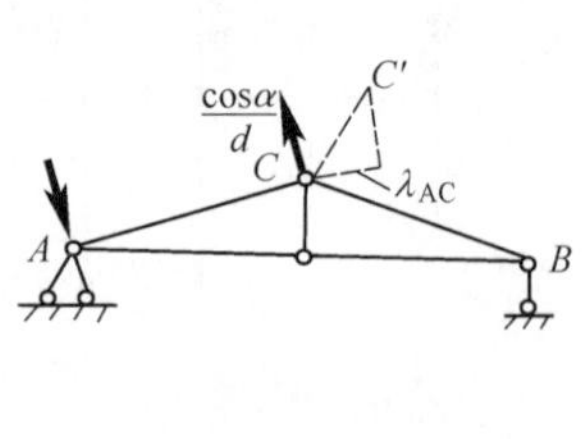

b)

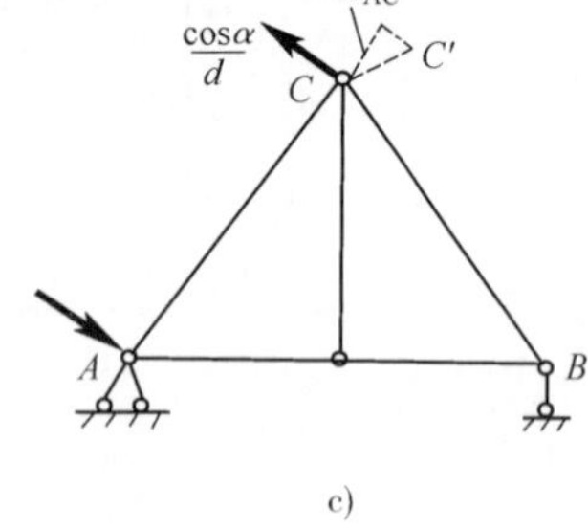

c)

例 16-3-15 图

解 在 AC 杆上虚设反对针转向的单位力偶(化为垂直于杆的结点集中力$\frac{\cos\alpha}{d}$),由虚力原理可知

$$1\cdot\varphi_{AC}=\overline{N}_{AC}\lambda_{AC}$$

其中温度变形 λ_{AC} 为伸长。可见当 $\alpha<45°$ 时,$\overline{N}_{AC}$ 为拉力,φ_{AC} 为正值,AC 杆逆时针转动

(见图 b)；而当 $\alpha>45°$时，$\overline{N}_{AC}$为压力，φ_{AC}为负值，AC 杆顺时针转动(见图 c)；$\alpha=45°$时，$\varphi_{AC}=0$。AC 杆不转动。AC 杆的转向也可用几何作图的方法由变形后的结点位置 C'来确定，如图 b)、c)所示。

答案:D

【例 16-3-16】 如图所示组合结构，EI，EA 均为有限值，C、B 两点水平位移 Δ_{CH}、Δ_{BH}的关系是：

A. $\Delta_{CH}=\Delta_{BH}=0$

B. $\Delta_{CH}=0$ 或 $\Delta_{BH}=0$

C. $\Delta_{CH}=\Delta_{BH}\neq 0$

D. $\Delta_{CH}=\dfrac{1}{2}\Delta_{BH}\neq 0$

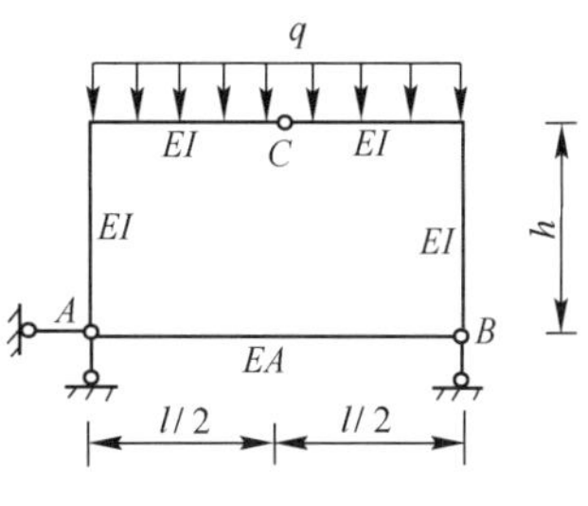

例 16-3-16 图

解 需注意荷载作用时，水平反力为零，引起对称的 M_P 图，杆 AB 产生拉力 N_P，但位移并不对称。若用单位荷载法求位移，当在 C 点加向右的单位力时，引起反对称的 $\overline{M}$ 图，杆 AB 产生拉力 $\overline{N}=\dfrac{1}{2}$；而当在 B 点加向右单位力时，弯矩全为零，杆 AB 产生拉力 $\overline{N}=1$。根据组合结构位移计算公式，弯矩图乘求和为零，只有杆 AB 轴向变形的影响，故得 $\Delta_{CH}=\dfrac{N_P l}{2EA}$，$\Delta_{BH}=\dfrac{N_P l}{EA}$。

此题由于支座 A、B 约束不同，不是对称结构，但水平反力为零，仍可利用对称性分析。设想没有支座 A 的水平链杆，在图示对称荷载作用下仍能平衡并产生对称的受力状态和对称的变形状态，这时 A 点向左移$\dfrac{1}{2}\dfrac{N_P l}{EA}$，$B$ 点向右移$\dfrac{1}{2}\dfrac{N_P l}{EA}$，但原题 A 点位移为零，故需整体右移$\dfrac{1}{2}\dfrac{N_P l}{EA}$才能与原题相符，故正确答案为 D。

答案:D

【例 16-3-17】 图示对称结构 C 点的水平位移$\Delta_{CH}=\Delta(\rightarrow)$，若 AC 杆 EI 增大一倍，BC 杆 EI 不变，则 Δ_{CH}变为：

A. 2Δ B. 1.5Δ

C. 0.5Δ D. 0.75

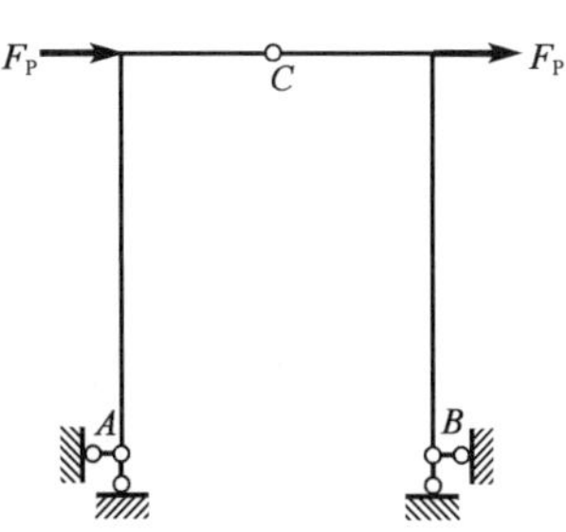

例 16-3-17 图

解 本题荷载弯矩图及求位移加单位力引起的弯矩图均为反对称图形，故图乘时可分左、右分别图乘然后相加。按题意，位移可表达为 $\Delta_{CH}=\dfrac{1}{2}\Delta+\dfrac{1}{2}\Delta=\Delta$。

当 AC 杆刚度由EI 变为 $2EI$ 时，由于图乘时刚度在分母，故新的位移为 $\Delta'_{CH}=\dfrac{1}{2}\dfrac{1}{2}\Delta+\dfrac{1}{2}\Delta=\dfrac{3}{4}\Delta$。

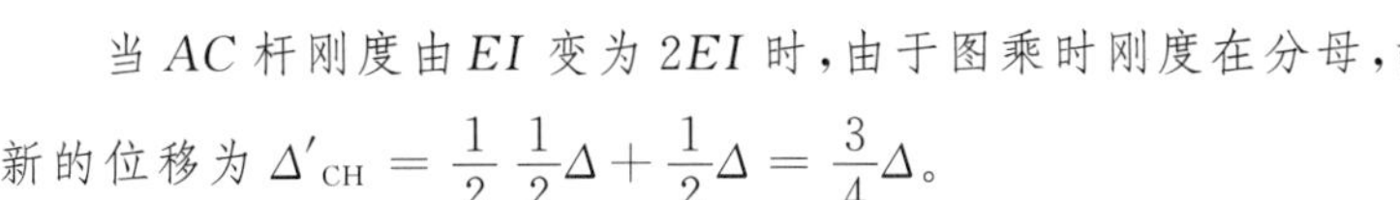

答案:D

【例 16-3-18】 图示结构不考虑轴向变形，$\Delta_{CH}=\Delta(\rightarrow)$，若结构 EI 增大一倍，则 Δ_{CH} 变为：

A. 2Δ B. 1.5Δ

C. 0.5Δ D. 0.75Δ

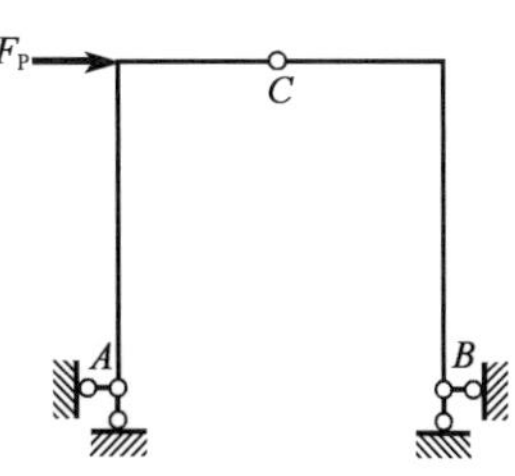

例 16-3-18 图

解 在线弹性结构位移计算公式中，刚度为分母，结构的位移与刚度成反比。

答案:C

习　题

16-3-1　图示结构杆长为 l,EI=常数,C 点两侧截面相对转角 φ_C 为(　　)。

A. $\dfrac{3Pl}{2EI}$　　B. $\dfrac{Pl^2}{12EI}$　　C. 0　　D. $\dfrac{Pl^3}{6EI}$

16-3-2　图示刚架 B 点水平位移 Δ_{BH} 为(　　)。

A. $\dfrac{qa^4}{4EI}$(→)　　B. $\dfrac{7qa^4}{12EI}$(→)　　C. 0　　D. $\dfrac{4qa^4}{12EI}$(→)

16-3-3　图示为刚架在均布荷载作用下的 M 图,曲线为二次抛物线,横梁的抗弯刚度为 $2EI$,竖柱为 EI,支座 A 处截面转角为(　　)。

A. $\dfrac{5qa^3}{12EI}$(顺时针)　　B. $\dfrac{5qa^3}{12EI}$(逆时针)

C. $\dfrac{qa^3}{2EI}$(顺时针)　　D. $\dfrac{qa^3}{2EI}$(逆时针)

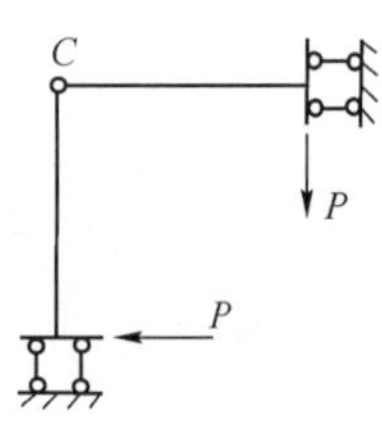

题 16-3-1 图

题 16-3-2 图

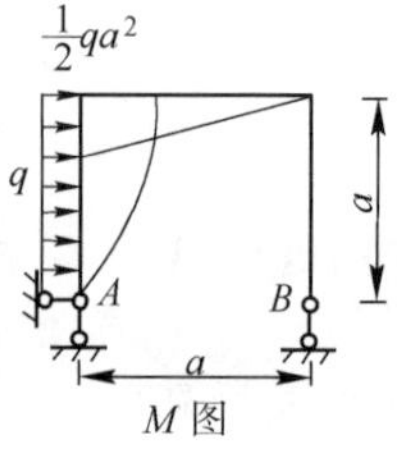

题 16-3-3 图

16-3-4　图示梁铰 C 左侧截面转角时,其虚拟的单位力状态应取(　　)。

A. 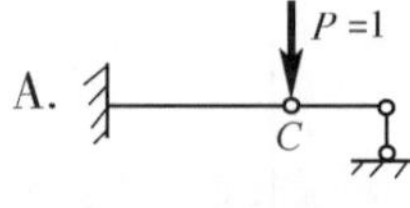

B. 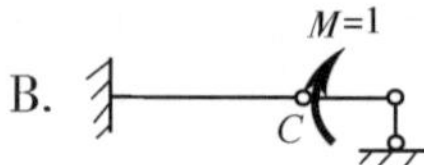

C. 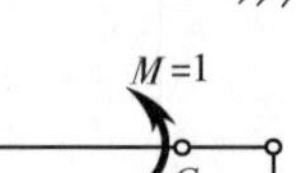

D.

16-3-5　图示结构中 AC 杆的温度升高 t℃,则杆 AC 与 BC 间的夹角变化是(　　)。

A. 增大　　B. 减小　　C. 不变　　D. 不定

16-3-6　图示结构 EI=常数,截面 C 的转角是(　　)。

A. $ql^3/(8EI)$(逆时针)　　B. $5ql^3/(24EI)$(逆时针)

C. $ql^3/(24EI)$(逆时针)　　D. $ql^3/(24EI)$(顺时针)

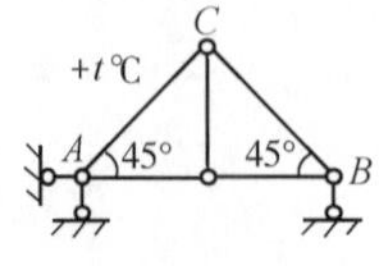

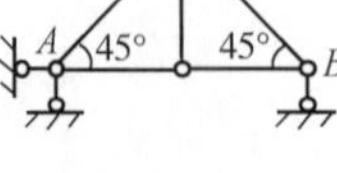

题 16-3-5 图

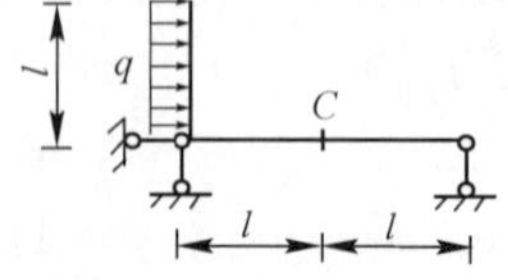

题 16-3-6 图

16-3-7　图示梁当 EI＝常数时，B 端的转角是(　　)。

A. $5ql^3/(48EI)$(顺时针)　　B. $5ql^3/(48EI)$(逆时针)

C. $7ql^3/(48EI)$(逆时针)　　D. $9ql^3/(48EI)$(逆时针)

16-3-8　图示桁架 B 点竖向位移(向下为正)Δ_{BV} 为(　　)。

A. $\dfrac{4+2\sqrt{2}}{EA}Pa$　　B. $\dfrac{-4+2\sqrt{2}}{EA}Pa$

C. $\dfrac{2+2\sqrt{2}}{EA}Pa$　　D. 0

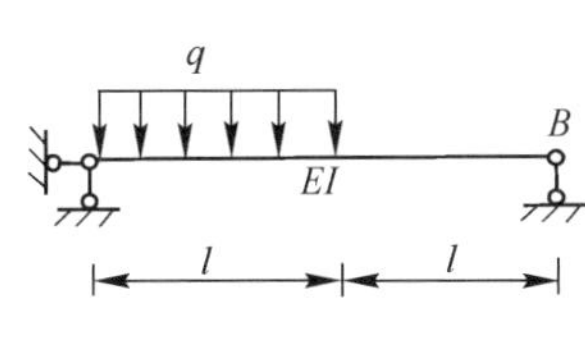

题 16-3-7 图

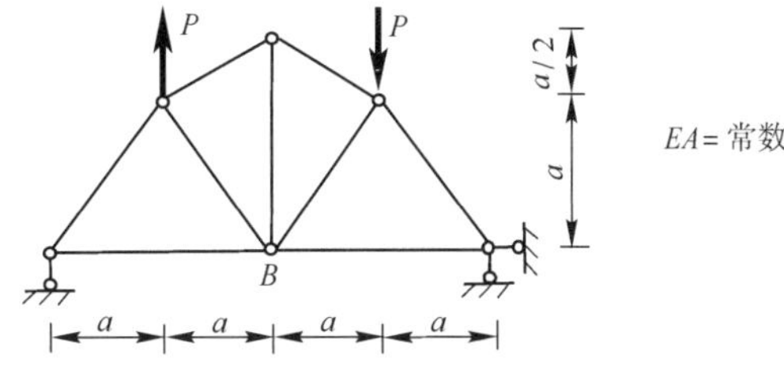

题 16-3-8 图

16-3-9　图示结构 A、B 两点相对竖向位移 Δ_{AB} 为(　　)。

A. $\dfrac{2\sqrt{2}Pa}{EA}$　　B. $\dfrac{3Pa}{EA}$　　C. $\dfrac{8Pa}{EA}$　　D. 0

16-3-10　设 a、b 及 φ 分别为图示结构 A 支座发生的移动及转动，由此引起 B 点的水平位移(向左为正)Δ_{BH} 为(　　)。

A. $h\varphi-a$　　B. $h\varphi+a$　　C. $a-h\varphi$　　D. 0

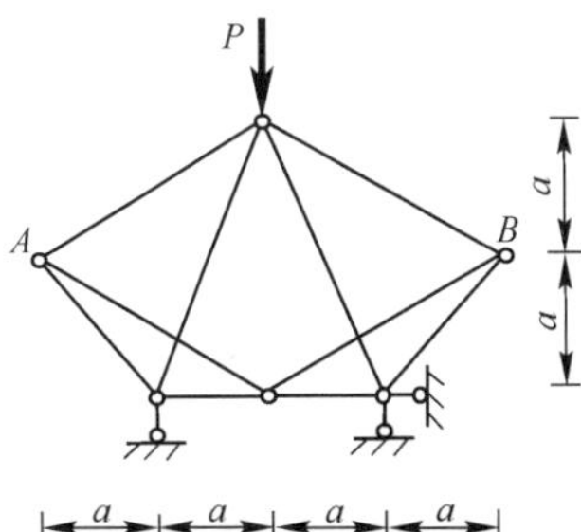

题 16-3-9 图

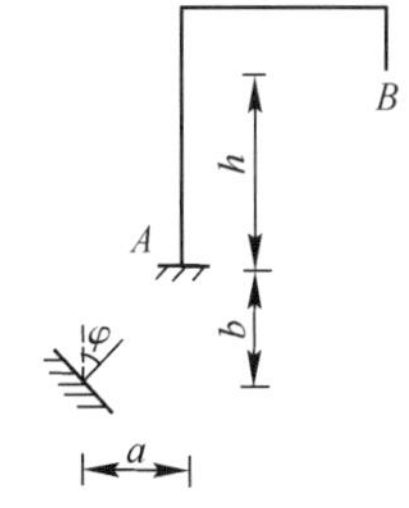

题 16-3-10 图

16-3-11　用图乘法求位移的必要应用条件之一是(　　)。

A. 单位荷载作用下的弯矩图为一直线

B. 结构可分为等截面直杆段

C. 所有杆件 EI 为常数且相同

D. 结构必须是静定的

16-3-12　变形体虚位移原理的虚功方程中包含了力系与位移(及变形)两套物理量，其中(　　)。

A. 力系必须是虚拟的，位移是实际的

B. 位移必须是虚拟的，力系是实际的

C. 力系与位移都必须是虚拟的

D. 力系与位移两者都是实际的

16-3-13　位移互等及反力互等定理适用的结构是(　　)。

A. 刚体　　　　B. 任意变形体

C. 线性弹性结构　　　　D. 非线性结构

16-3-14　如图 a)、b)所示两种状态中,作用于 A 截面的水平单位集中力 $P=1$ 引起 B 截面的转角为 φ,作用于 B 截面的单位集中力偶 $M=1$ 引起 A 点的水平位移为 δ,则 φ 与 δ 两者(　　)。

A. 大小相等,量纲不同　　　　B. 大小相等,量纲相同

C. 大小不等,量纲不同　　　　D. 大小不等,量纲相同

16-3-15　如图 a)、b)所示两种状态中,梁的转角 φ 与竖向位移 δ 间的关系为(　　)。

A. $\delta=\varphi$

B. δ 与 φ 关系不定,取决于梁的刚度大小

C. $\delta>\varphi$

D. $\delta<\varphi$

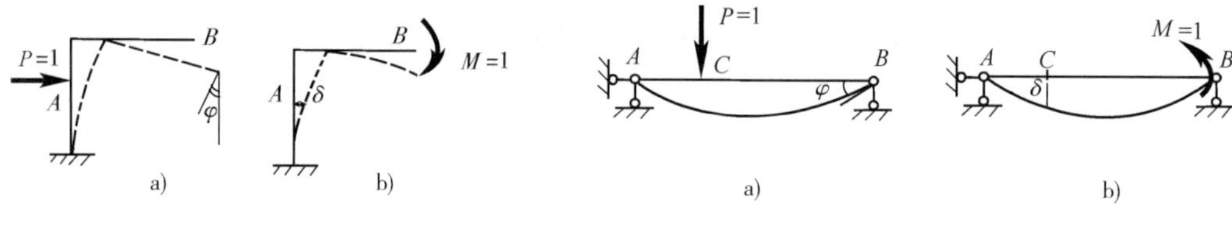

题 16-3-14 图　　　　题 16-3-15 图

16-3-16　图示结构当 E 点有 $P=1$ 向下作用时,B 截面产生逆时针转角 φ,则当 A 点有图示单位力偶荷载作用时,E 点产生的竖向位移为(　　)。

A. φ(↑)　　B. φ(↓)　　C. φa(↑)　　D. φa(↓)

16-3-17　图示结构 EA=常数。C、D 两点的水平相对线位移为(　　)。

A. $2Pa/EA$　　B. Pa/EA　　C. $3Pa/2EA$　　D. $Pa/3EA$

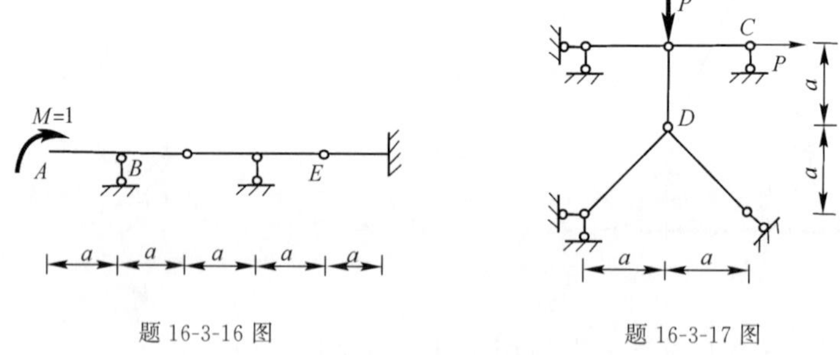

题 16-3-16 图　　　　题 16-3-17 图

第四节　超静定结构的受力分析与特性

一、超静定结构的基本概念

(一)超静定结构的基本特征

(1)几何特征:几何不变,有多余约束。

(2)静力特征:未知力数大于独立平衡方程式数,仅依靠平衡方程不能将全部反力及内力都求出。满足平衡的内力解答不唯一。

几何特征与静力特征相互对应，每一特征都可作为超静定结构的定义，该含义可表示如下（见图 16-4-1）：

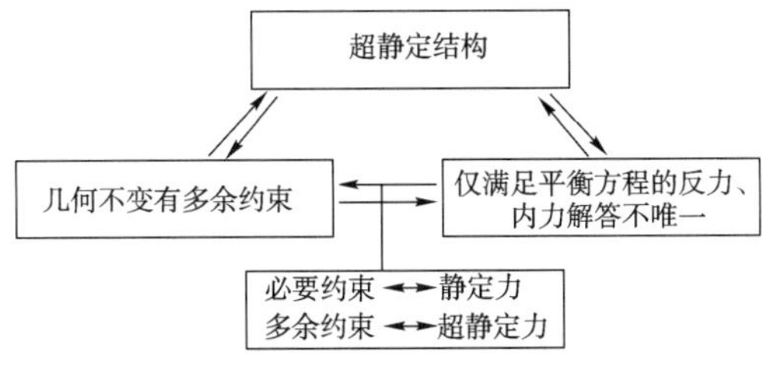

图 16-4-1

超静定结构的多余约束数，即未知力数多于独立平衡方程式的数目，称为超静定次数。判定超静定次数的实用方法是：将原超静定结构变为几何不变的、静定的结构，所需撤去多余约束的数目，即为超静定次数。

（二）超静定结构内力求解的基本原则

超静定结构的真实内力分布必须同时满足：

（1）平衡方程。

（2）变形协调方程（包括几何方程和物理方程）。

（三）超静定结构的一般性质

（1）超静定结构的内力分布与各杆件的刚度有关。关于刚度对内力分布的影响应注意：

①在荷载作用下，超静定结构的内力分布决定于各杆件刚度的比值，计算时允许使用刚度的相对值。在非荷载因素（如支座移动、温度变化及制作误差等）作用下，超静定结构的内力分布决定于各杆件刚度的绝对值，计算时必须使用刚度的绝对值。

②改变各杆件的刚度，一般都将引起超静定结构内力的重新分布，据此，可通过改变杆件刚度的办法来调整内力分布，使其均匀合理。

例如图 16-4-2a）所示刚架，若横梁刚度远大于立柱刚度，横梁的弯矩图接近于简支梁的弯矩图，跨中弯矩很大，如图 16-4-2b）所示，这种内力状态不利。反之，若立柱的刚度远大于横梁的刚度，横梁的弯矩图接近于两端固定梁的弯矩图，横梁端部弯矩值大，立柱顶端弯矩值也大，如图 16-4-2c）所示，这种内力状态也不够有利。适当调整梁-柱的刚度比例，可以使横梁的跨中弯矩与端部弯矩绝对值大体相等，可使弯矩分布较均匀合理。

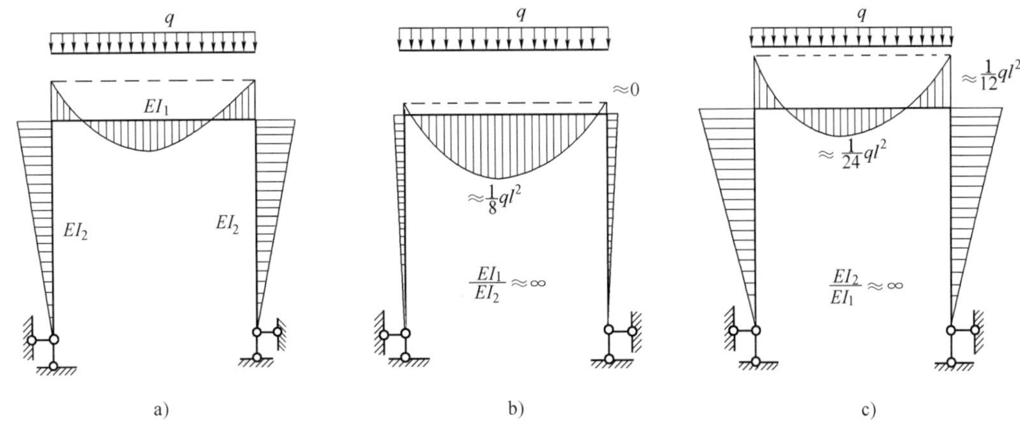

图 16-4-2

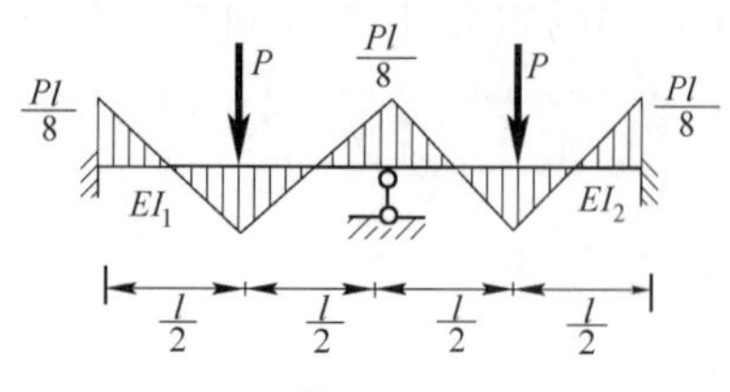

图 16-4-3

③某些特定结构在某些特定荷载作用下，其内力分布有可能不受截面刚度变化的影响。例如图 16-4-3 所示，当两杆截面刚度发生变化时并不引起内力的重新分布。

(2)非荷载因素会在超静定结构中引起内力，这种内力称为自内力。关于自内力应注意：

①“没有荷载就没有内力”这句话只适用于静定结构。静定结构不会产生自内力，超静定结构则有产生自内力的可能。支座移动、温度变化、制作误差及材料收缩等因素都会使超静定结构产生内力。

②自内力与结构各杆件刚度的绝对值有关，计算时不能使用相对值。

③自内力一般与结构各杆件刚度的绝对值成正比，增大杆件的刚度，则其自内力也相应增大，故依靠增加刚度来提高结构对非荷载因素的抵抗能力并非有效措施。

④可以主动地利用自内力来调整结构的内力状况，例如预应力结构的应用。

(3)超静定结构的整体性好，刚度大，防护能力强，内力分布比较均匀。

①局部荷载影响范围大，内力分布比较均匀合理。

例如图 16-4-4 所示，荷载 P 的作用，图 16-4-4a)只使基本部分受力，而图 16-4-4b)使全梁受力，影响范围大，受力比较均匀，也减少了内力的峰值，变形也比较均匀。

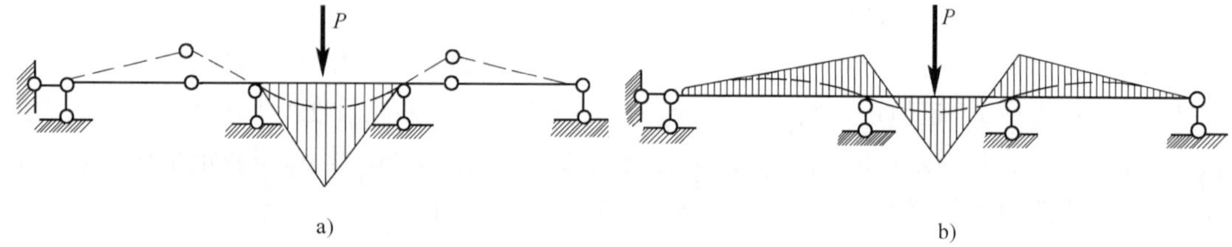

图 16-4-4

又如图 16-4-5 所示，荷载等效变化，图 16-4-5a)只影响局部，而图 16-4-5b)影响全梁。

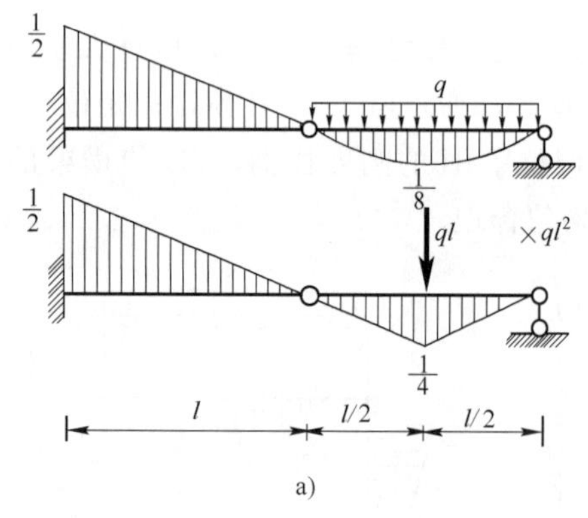

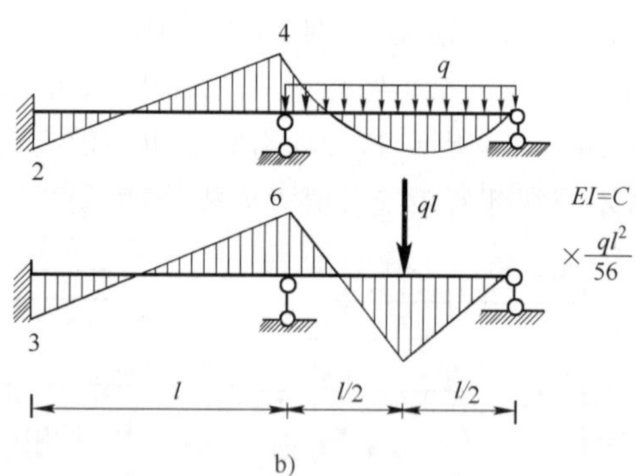

图 16-4-5

②防护能力强。多余约束遭到破坏仍可维持几何不变，仍有一定承载能力。

③整体性好，刚度大，稳定性好。

例如，如图 16-4-6 所示，梁的最大挠度，图 16-4-6b)仅为图 16-4-6a)的$\frac{1}{5}$。又如图 16-4-7 所示，柱的临界荷载，图 16-4-7b)为图 16-4-7a)的 4 倍。

下面讨论超静定结构内力的解法——力法、位移法、力矩分配法。

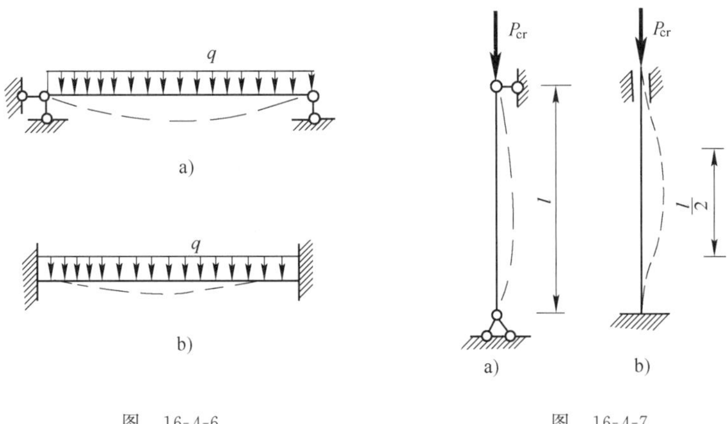

图 16-4-6　　　　图 16-4-7

二、力法

(一)力法基本思路(见图 16-4-8)

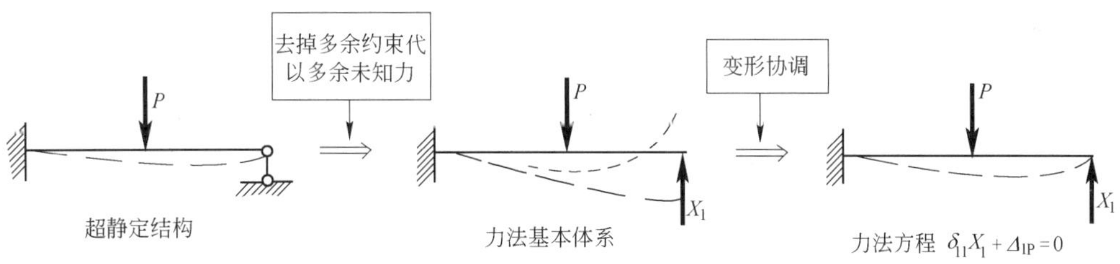

图 16-4-8

(二)力法原理要点

力法是以多余未知力为基本未知量的求解方法,其要点是:

1. 选择力法基本未知量和力法基本结构,建立力法基本体系

原则是:去掉多余约束,代之以相应的多余未知力(即力法基本未知量),使原超静定结构变为几何不变的、静定的结构(称为力法基本结构)。将实际荷载等外因和多余未知力共同作用在基本结构上,形成力法基本体系。

显然,力法基本体系处于平衡状态,它已满足了平衡条件,但多余未知力的值不唯一。

2. 建立力法典型方程

原则是:使力法基本结构在荷载等外因和多余未知力的共同作用下,沿多余未知力方向的位移等于原超静定结构的相应给定位移,从而实现与原结构的变形完全一致。

据此建立起的力法方程实际上是变形协调方程。

如图 16-4-9a)所示为某一高次超静定结构,承受荷载、支座移动及温度变化等外因的作用,其力法基本体系如图 16-4-9b)所示,力法典型方程的形式为

$$\left.\begin{aligned}\Delta_1=\overline{\Delta}_1,\quad \delta_{11}X_1+\delta_{12}X_2+\delta_{13}X_3+\Delta_{1P}+\Delta_{1C}+\Delta_{1t}=\overline{\Delta}_1\\ \Delta_2=\overline{\Delta}_2,\quad \delta_{21}X_1+\delta_{22}X_2+\delta_{23}X_3+\Delta_{2P}+\Delta_{2C}+\Delta_{2t}=\overline{\Delta}_2\\ \Delta_3=\overline{\Delta}_3,\quad \delta_{31}X_1+\delta_{32}X_2+\delta_{33}X_3+\Delta_{3P}+\Delta_{3C}+\Delta_{3t}=\overline{\Delta}_3\end{aligned}\right\}\tag{16-4-1}$$

对于 n 次超静定结构,力法典型方程的一般形式可缩写为

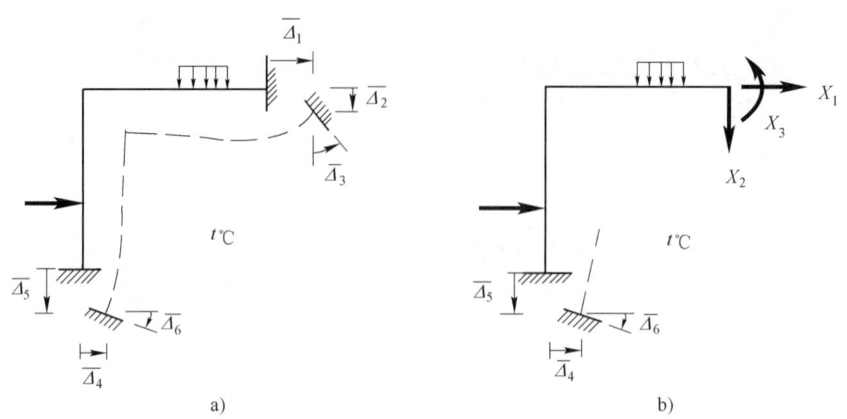

图 16-4-9

$$\sum_{j=1}^{n}\delta_{ij}X_j+\Delta_{iP}+\Delta_{iC}+\Delta_{it}=\overline{\Delta}_i \qquad (i=1,2,\cdots,n) \tag{16-4-2}$$

其中,柔度系数 δ_{ij} 表示在基本结构上由于 $X_j=1$ 引起的 X_i 方向上的位移,根据位移互等定理可知 $\delta_{ij}=\delta_{ji}$;自由项 Δ_{iP}、Δ_{iC}、Δ_{it} 分别表示基本结构上由于荷载、支座移动、温度变化引起 X_i 方向上的位移;等式右端的 $\overline{\Delta}_i$ 表示原超静定结构沿 X_i 方向上的给定位移。对于无支座移动的刚性多余约束或结构内部多余约束,其切口处的相对位移 $\overline{\Delta}_i=0$。

力法方程等式左端是基本体系沿多余未知力方向的位移,等式右端是原结构沿同一方向的位移,两者大小相等,变形协调。

由力法方程解出的多余约束力,既满足平衡方程,又满足变形协调方程,即是真解。

(三)用力法计算超静定结构的内力

【例 16-4-1】 用力法解如图 a)所示刚架,并作弯矩图,EI=常数。

解 力法基本体系如图 b)所示。

力法方程为

$$\delta_{11}X_1+\delta_{12}X_2+\Delta_{1P}=0$$
$$\delta_{21}X_1+\delta_{22}X_2+\Delta_{2P}=0$$

系数计算

$$\delta_{11}=\frac{2}{EI}\left[\frac{1}{2}\times2\times2\sqrt{5}\times\frac{2}{3}\times2+\frac{1}{2}\times2\times4\times\left(\frac{2}{3}\times2+\frac{1}{3}\times6\right)+\frac{1}{2}\times6\times4\times\left(\frac{1}{3}\times2+\frac{2}{3}\times6\right)\right]=\frac{150.59}{EI}$$

$$\delta_{12}=\delta_{21}=0$$

$$\delta_{22}=\frac{2}{EI}\left[\frac{1}{2}\times4\times2\sqrt{5}\times\frac{2}{3}\times4+4\times4\times4\right]=\frac{175.7}{EI}$$

$$\Delta_{1P}=\frac{1}{EI}\,\frac{1}{3}\times80\times4\times\left(\frac{3}{4}\times6+\frac{1}{4}\times2\right)=\frac{533.33}{EI}$$

$$\Delta_{2P}=\frac{1}{EI}\,\frac{1}{3}\times80\times4\times4=\frac{426.67}{EI}$$

代入力法方程求解

$$X_1=-\frac{\Delta_{1P}}{\delta_{11}}=-\frac{533.33}{150.59}=-3.54\text{kN}\qquad(\leftarrow\ \rightarrow)$$

$$X_2=-\frac{\Delta_{2P}}{\delta_{22}}=-\frac{426.67}{175.7}=-2.43\text{kN}\qquad(\uparrow\ \downarrow)$$

作弯矩图，见图 f)。

$$M=\overline{M}_1X_1+\overline{M}_2X_2+M_P$$

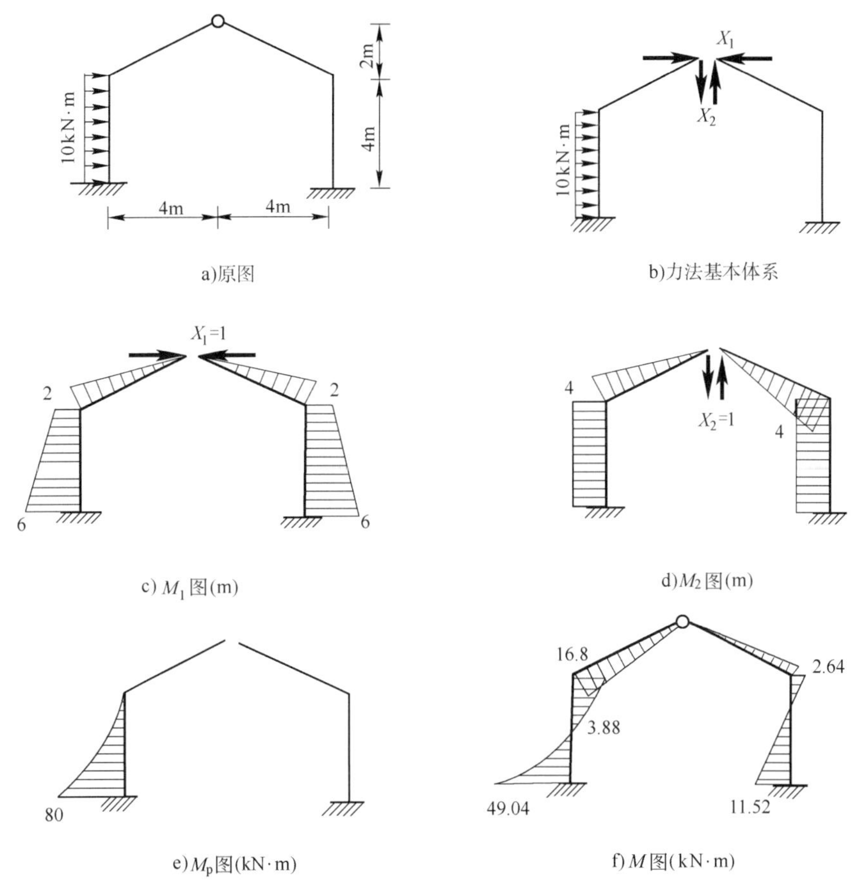

例 16-4-1 图

【例 16-4-2】 求如图 a)所示桁架各杆的内力，各杆 EA 相同。

解 选力法基本体系，见图 b)。

力法方程为

$$\delta_{11}X_1+\Delta_{1P}=0$$

系数计算

$$\delta_{11}=\sum\frac{\overline{N}_1^2l}{EA}=\frac{4}{EA}1^2d+\frac{2}{EA}(-\sqrt{2})^2\sqrt{2}d=(4+4\sqrt{2})\frac{d}{EA}$$

$$\Delta_{1P}=\sum\frac{\overline{N}_1N_Pl}{EA}=\frac{1}{EA}1Pd+\frac{1}{EA}(-\sqrt{2})(-\sqrt{2}P)\sqrt{2}d=(1+2\sqrt{2})\frac{Pd}{EA}$$

代入力法方程得

$$X_1=-\frac{\Delta_{1P}}{\delta_{11}}=-\frac{1+2\sqrt{2}}{4+4\sqrt{2}}P=-0.396P(\text{压})$$

计算各杆内力

$$N=\overline{N}_1X_1+N_P$$

最后结果如图 e)所示。

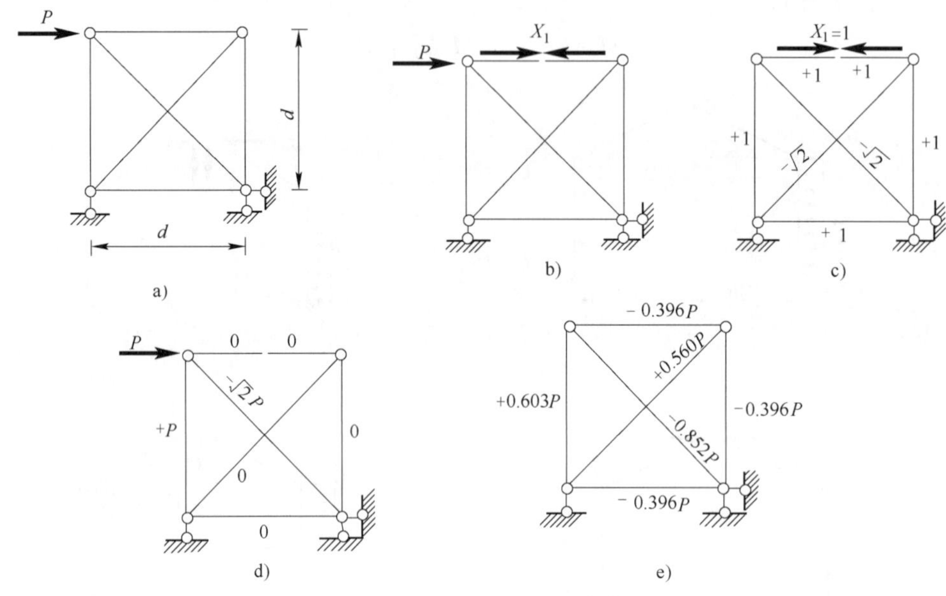

例 16-4-2 图

【例 16-4-3】 求如图 a)所示梁由于转角 θ_A 及 θ_B 引起的内力,并作弯矩图。

方法 1:选如图 b)所示的力法基本体系,建立力法方程如下

$$\begin{cases}\dfrac{l^3}{3EI}X_1-\dfrac{l^2}{2EI}X_2-\theta_A l=0\\[2ex]-\dfrac{l^2}{2EI}X_1+\dfrac{l}{EI}X_2+\theta_A=\theta_B\end{cases}$$

解得

$$X_1=6\frac{EI}{l^2}(\theta_A+\theta_B)=6\frac{i}{l}(\theta_A+\theta_B)$$

$$X_2=2\frac{EI}{l}(\theta_A+2\theta_B)=2i(\theta_A+2\theta_B)$$

其中线刚度 $i=\dfrac{EI}{l}$。

方法 2:选如图 e)所示的力法基本体系,相应力法方程为

$$\frac{l}{3EI}X_1-\frac{l}{6EI}X_2=\theta_A$$

$$-\frac{1}{6EI}X_1+\frac{l}{3EI}X_2=\theta_B$$

解得

$$X_1=2i(2\theta_A+\theta_B)$$

$$X_2 = 2i(\theta_A + 2\theta_B)$$

最后弯矩图见图 h)。

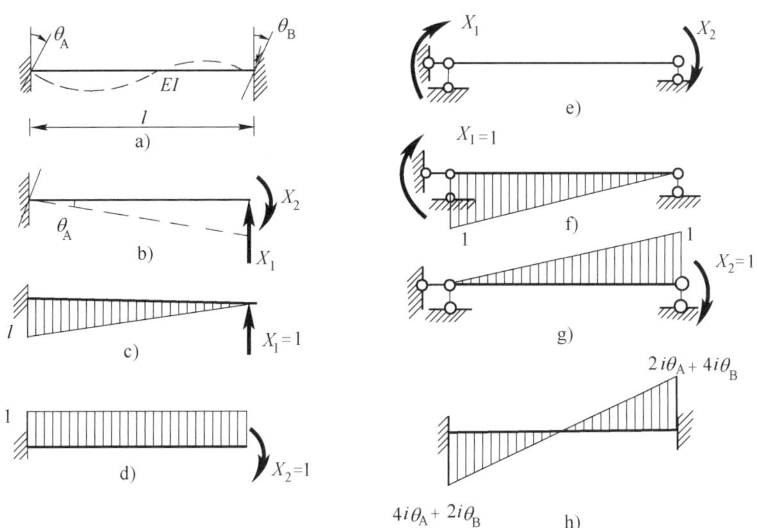

例 16-4-3 图

【例 16-4-4】 求如图 a)所示梁由于侧移 Δ 引起的内力,并作弯矩图。

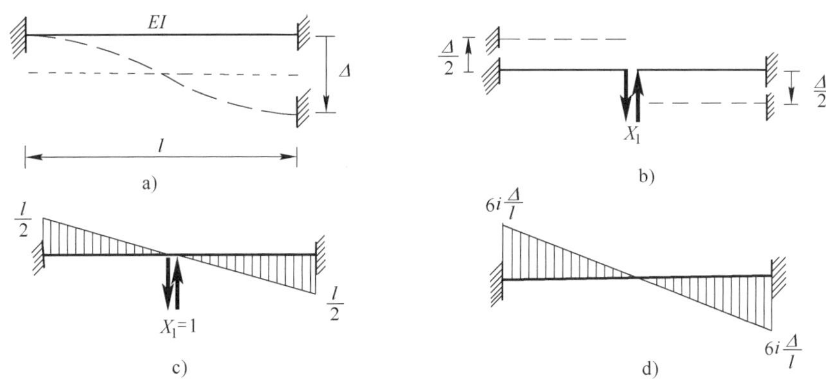

例 16-4-4 图

解 将图 a)视为对称结构,承受反对称外因,选如图 b)所示力法基本体系,相应力法方程为

$$\frac{l^3}{12EI}X_1 - \Delta = 0$$

解得

$$X_1 = 12\frac{EI}{l^3}\Delta = 12\frac{i}{l^2}\Delta$$

最后弯矩图见图 d)。

【例 16-4-5】 求如图 a)所示结构由于温度变化引起的内力,并作弯矩图。已知截面为矩形,高 $h=0.1l$,EI=常数,线膨胀系数为 α,内外温度分别升高 $t_1=10$℃和 $t_2=30$℃。

解 轴线平均温度变化

$$t_0 = \frac{10+30}{2} = 20℃$$

温差

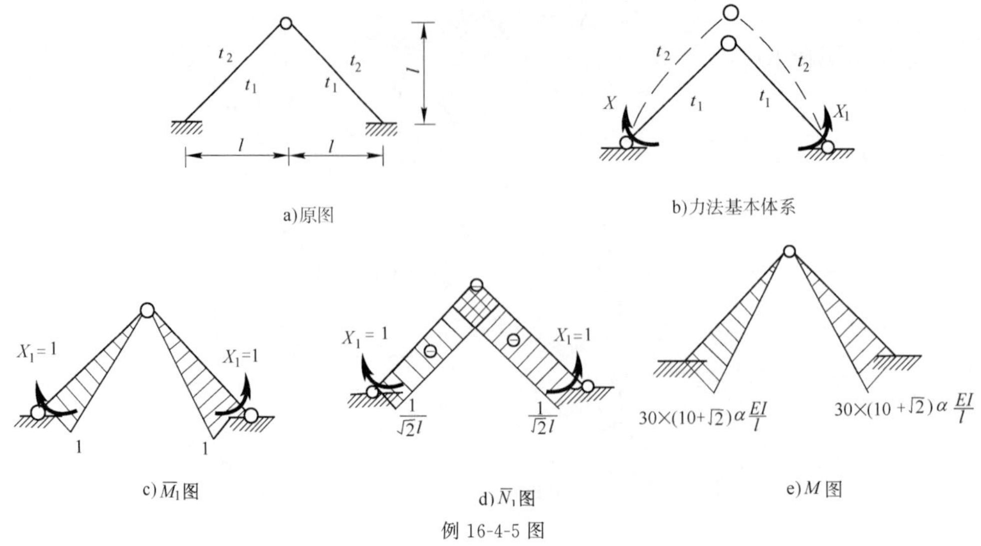

例 16-4-5 图

$$\Delta t=30-10=20℃$$

选力法基本体系如图 b)所示,建立相应力法方程为

$$\delta_{11}X_1+\Delta_{1t}=0$$

系数计算

$$\delta_{11}=\frac{2}{EI}\frac{1}{2}\times1\times\sqrt{2}\,l\,\frac{2}{3}=\frac{2\sqrt{2}\,l}{3EI}$$

$$\begin{aligned}\Delta_{1t}&=\sum\left(-\alpha\,\frac{\Delta t}{h}\omega_{\overline{M}}-\alpha t_0\,\omega_{\overline{N}}\right)\\&=2\times\left(-\alpha\,\frac{20}{h}\frac{1}{2}\times1\times\sqrt{2}\,l-\alpha\times20\times\frac{1}{\sqrt{2}\,l}\sqrt{2}\,l\right)\\&=-2\times\left(10\sqrt{2}\,\frac{l}{h}+20\right)\alpha\\&=-2\times(100\sqrt{2}+20)\alpha\end{aligned}$$

代入力法方程,解得

$$X_1=-\frac{\Delta_{1t}}{\delta_{11}}=\frac{2\times(100\sqrt{2}+20)\alpha}{2\times\dfrac{\sqrt{2}\,l}{3EI}}=30\times(10+\sqrt{2})\frac{\alpha EI}{l}$$

最后弯矩图见图 e)。

注意:(1)由温度变化引起的内力计算,必须同时考虑温度变化引起的弯曲变形及轴向变形的影响。

(2)杆件两侧温差变化引起的弯矩图总在降温侧。

三、位移法

(一)位移法基本思路

位移法基本思路如图 16-4-10 所示。

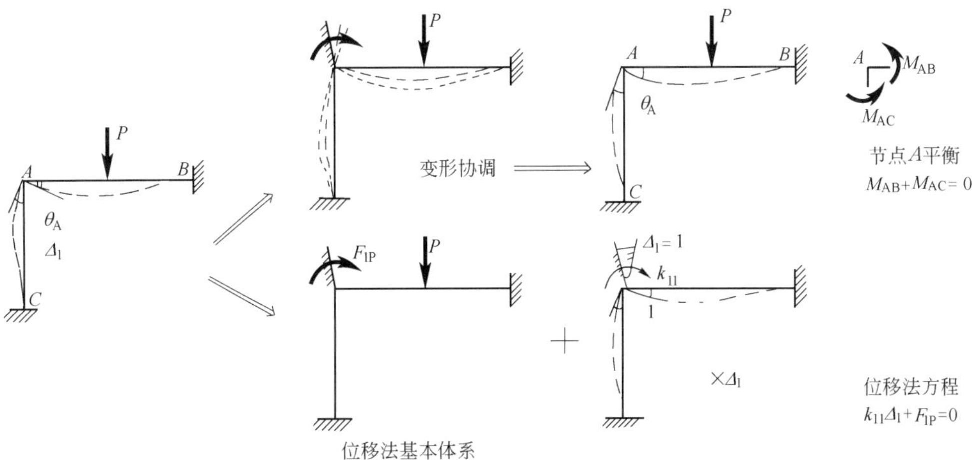

图 16-4-10

（二）位移法计算的基础——转角位移方程

符号规定：杆端内力及位移以如图 16-4-11 所示为正。

转角位移方程的基本形式

$$\left.\begin{aligned} M_{AB}&=4i_{AB}\theta_A+2i_{AB}\theta_B-6i_{AB}\frac{\Delta_{AB}}{l_{AB}}+M_{AB}^F \\ M_{BA}&=2i_{AB}\theta_A+4i_{AB}\theta_B-6i_{AB}\frac{\Delta_{AB}}{l_{AB}}+M_{BA}^F \end{aligned}\right\} \tag{16-4-3}$$

当远端 B 为铰支时

$$\left.\begin{aligned} M_{AB}&=3i_{AB}\theta_A-3i_{AB}\frac{\Delta_{AB}}{l_{AB}}+M_{AB}^F \\ M_{BA}&=0 \end{aligned}\right\} \tag{16-4-4}$$

当远端 B 为滑动支座时

$$\left.\begin{aligned} M_{AB}&=i_{AB}\theta_A+M_{AB}^F \\ M_{BA}&=-i_{AB}\theta_A+M_{BA}^F \end{aligned}\right\} \tag{16-4-5}$$

杆端剪力的计算

$$\left.\begin{aligned} Q_{AB}&=-\frac{M_{AB}+M_{BA}}{l_{AB}}+Q_{AB}^0 \\ Q_{BA}&=-\frac{M_{AB}+M_{BA}}{l_{AB}}+Q_{BA}^0 \end{aligned}\right\} \tag{16-4-6}$$

（三）位移法基本未知量的确定

位移法基本未知量的数目与计算要求的精度有关，经典位移法假定结构处于小变形状态，对于受弯杆忽略轴向变形及剪切变形。

位移法基本未知量数等于独立的节点角位移数与节点线位移数之和。

节点角位移数＝刚接点数

节点线位移数＝变刚接（含固定端）为铰接所得体系的自由度数

＝阻止节点线位移所需增加链杆的最小数目

位移法基本未知量的选取需同时考虑变形协调条件，且与所用的转角位移方程相适应。例如图 16-4-12 所示结构，C、D 两处虽有转角 θ_C、θ_D，可不作为基本未知量，但杆 BC、BD 必须使用一端为铰支的转角位移方程[见式(16-4-4)]。

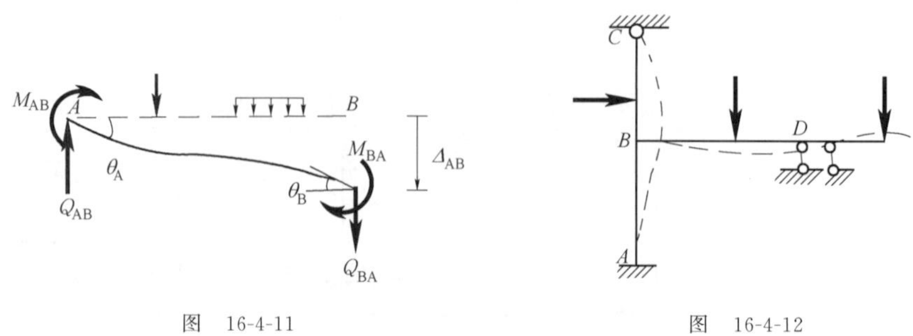

图 16-4-11　　图 16-4-12

(四)位移法求解的两种途径及其原理要点

位移法是以节点位移为基本未知量的求解方法，它有两种求解途径：

1. 通过平衡条件建立位移法基本方程

(1)选择位移法基本未知量，通过转角位移方程，用基本未知量表达杆端内力。

(2)建立位移法基本方程：针对角位移，建立相应节点隔离体的平衡方程；针对线位移，建立相应截面截取隔离体的平衡方程，如图 16-4-13 所示。

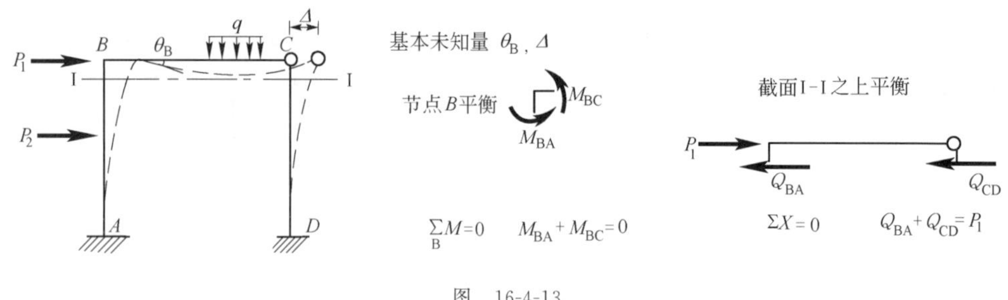

图 16-4-13

2. 通过基本体系建立位移法典型方程

(1)选择位移法基本未知量和位移法基本结构，建立位移法基本体系。

原则是：针对节点位移(位移法基本未知量)，在原结构上人为增加附加约束(位移法基本结构)，控制节点位移。针对角位移，增加附加刚臂，控制节点旋转；针对线位移，增加附加支承链杆，控制节点移动。将实际荷载等外因和受控制的节点位移共同作用在基本结构上，形成位移法基本体系。

显然，位移法基本体系已满足变形协调条件，但节点位移的值不唯一。

(2)建立位移法典型方程。

原则是：使位移法基本结构在荷载等外因和结点位移(附加约束位移)共同作用下，附加约束中的总反力为零，从而实现与原结构受力情况完全一致。

据此建立的位移法方程实际上是平衡方程。

例如图 16-4-14 所示，在节点 B 附加刚臂，在节点 C 附加水平链杆，形成位移法基本体系，相应的位移法典型方程为

$$k_{11}\Delta_1 + k_{12}\Delta_2 + F_{1P} = 0$$

$$k_{21}\Delta_1 + k_{22}\Delta_2 + F_{2P} = 0 \tag{16-4-7}$$

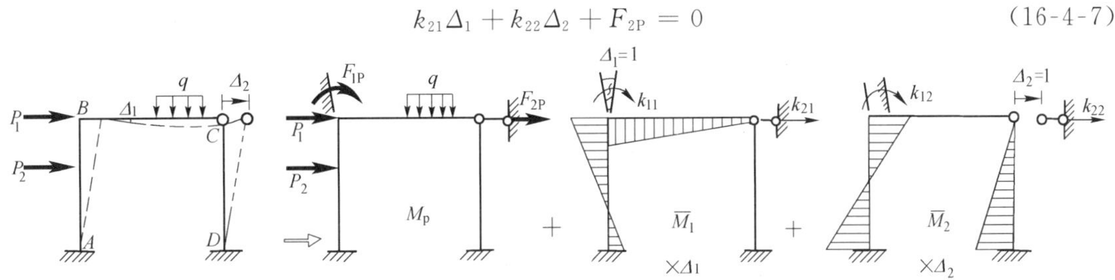

图　16-4-14

对于具有 n 个独立节点位移的结构，位移法典型方程的一般形式可缩写为

$$\sum_{j=1}^{n} k_{ij}\Delta_j + F_{iP} = 0 \qquad (i=1,2,\cdots,n) \tag{16-4-8}$$

其中刚度系数 k_{ij} 表示在基本结构上，由于第 j 个附加约束产生单位位移而引起第 i 个附加约束中的反力，根据反力互等定理可知，$k_{ij}=k_{ji}$；自由项 F_{iP} 表示在基本结构上由于荷载作用引起第 i 个附加约束中的反力。

位移法方程等式左端是基本体系上附加约束中的总反力，而原结构并无附加约束，故其值应等于零。此时，体系无附加约束而达平衡状态，与原结构受力完全一致。

由位移法方程解出的节点位移，既满足变形协调条件，与之相应的内力又满足平衡条件，所以是真解。

（五）用位移法计算结构的内力

【例 16-4-6】 用位移法解如图 a)所示刚架，并作弯矩图，各杆 EI、l 相同。

解 基本未知量 θ_C、Δ。

用基本未知量表达杆端内力

$$M_{AB} = -3i\frac{(-\Delta)}{l} \qquad Q_{BA} = -3i\frac{\Delta}{l^2}$$

$$M_{CB} = 3i\theta_C + \frac{1}{8}ql^2$$

$$M_{CD} = 4i\theta_C - 6i\frac{\Delta}{l}$$

$$M_{DC} = 2i\theta_C - 6i\frac{\Delta}{l} \qquad Q_{CD} = -6i\theta_C\frac{1}{l} + 12i\frac{\Delta}{l^2}$$

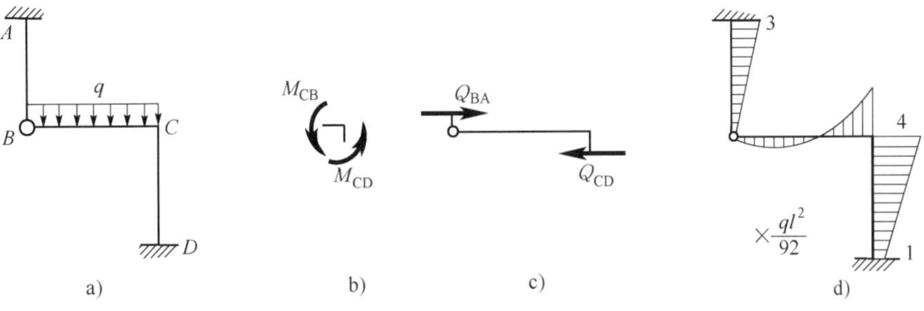

例 16-4-6 图

建立节点及截面平衡方程

图 b)

$$\sum_{C} M=0 \qquad 7i\theta_C-6i\frac{\Delta}{l}+\frac{1}{8}ql^2=0 \qquad ①$$

图 c)

$$\sum X=0 \qquad -6i\frac{1}{l}\theta_C+15i\frac{\Delta}{l^2}=0 \qquad ②$$

联立①式、②式解得

$$\theta_C=-\frac{5}{184}\frac{ql^2}{i}(\circlearrowright)$$

$$\Delta=-\frac{1}{92}\frac{ql^3}{i}(\leftarrow)$$

代回转角位移方程计算杆端弯矩，并作弯矩图，见图 d)。

【例 16-4-7】 用位移法解如图 a)所示刚架，并作弯矩图。

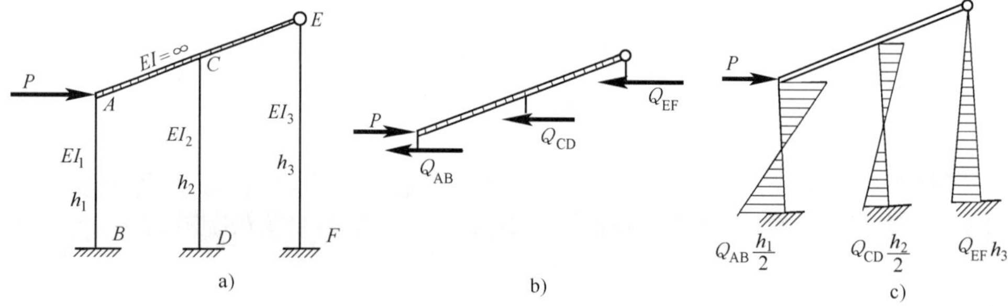

例 16-4-7 图

解 基本未知量 Δ。

用基本未知量表达杆端内力如下

$$M_{AB}=M_{BA}=-6\frac{EI_1}{h_1}\frac{\Delta}{h_1} \qquad Q_{AB}=12\frac{EI_1}{h_1^3}\Delta=k_1\Delta$$

$$M_{CD}=M_{DC}=-6\frac{EI_2}{h_2}\frac{\Delta}{h_2} \qquad Q_{CD}=12\frac{EI_2}{h_2^3}\Delta=k_2\Delta$$

$$M_{FE}=-3\frac{EI_3}{h_3}\frac{\Delta}{h_3} \qquad Q_{EF}=3\frac{EI_3}{h_3^3}\Delta=k_3\Delta$$

式中 k_1、k_2、k_3 分别为三个柱子的侧移刚度(或抗剪刚度)系数。

建立截面平衡方程(图 b)

$$\sum X=0 \quad Q_{AB}+Q_{CD}+Q_{EF}=P$$

$$(k_1+k_2+k_3)\Delta=(\sum k)\Delta=P$$

解得

$$\Delta=\frac{1}{\sum k}P$$

计算杆件的剪力

$$\left.\begin{aligned}Q_{AB}&=\frac{k_1}{\sum k}P\\Q_{CD}&=\frac{k_2}{\sum k}P\\Q_{EF}&=\frac{k_3}{\sum k}P\end{aligned}\right\}$$

可统一写成

$$Q_i=\frac{k_i}{\sum k}P \tag{16-4-9}$$

可见柱的剪力按各柱的侧移刚度进行分配，这就是剪力分配法。一般用于带有刚性横梁的有侧移结构。

最后弯矩图见图c)。

四、力矩分配法

(一)力矩分配法的基本概念——单节点力矩分配

如图16-4-15所示，按位移法原理，图16-4-15a)可以分解为图16-4-15b)与图16-4-15c)的组合。由图16-4-15b)节点A的平衡可得：约束力矩M_A等于节点A各杆固端弯矩的代数和

$$M_A=M_{A1}^F+M_{A2}^F+M_{A3}^F=\sum M_{Aj}^F \tag{16-4-10}$$

由图16-4-15c)可得各杆近端分配弯矩

$$M_{A1}^{\mu}=4i_1\theta_A=S_{A1}\theta_A$$

$$M_{A2}^{\mu}=3i_2\theta_A=S_{A2}\theta_A$$

$$M_{A3}^{\mu}=i_3\theta_A=S_{A3}\theta_A$$

节点A平衡

$$M_{A1}^{\mu}+M_{A2}^{\mu}+M_{A3}^{\mu}=-M_A$$

$$(S_{A1}+S_{A2}+S_{A3})\theta_A=(\sum S_{Aj})\theta_A=-M_A$$

解得

$$\theta_A=\frac{1}{\sum S_{Aj}}(-M_A)$$

从而得

$$M_{A1}^{\mu}=\frac{S_{A1}}{\sum S_{Aj}}(-M_A)=\mu_{A1}(-M_A)$$

$$M_{A2}^{\mu}=\frac{S_{A2}}{\sum S_{Aj}}(-M_A)=\mu_{A2}(-M_A)$$

$$M_{A3}^{\mu}=\frac{S_{A3}}{\sum S_{Aj}}(-M_A)=\mu_{A3}(-M_A)$$

相应远端弯矩(称为传递弯矩)

$$M_{1A}^{C}=\frac{1}{2}\times 4i_1\theta_A=\frac{1}{2}M_{A1}^{\mu}=C_{A1}M_{A1}^{\mu}$$

$$M_{2A}^{C}=0\times 3i_2\theta_A=0\times M_{A2}^{\mu}=C_{A2}M_{A2}^{\mu}$$

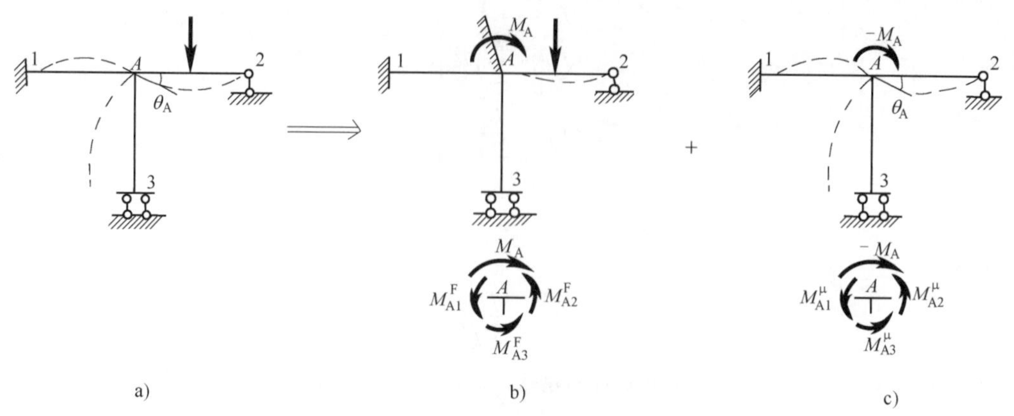

图 16-4-15

$$M_{3A}^C=-1\times i_3\theta_A=-1\times M_{A3}^\mu=C_{A3}M_{A3}^\mu$$

上面各杆端弯矩的计算可统一写成：

分配系数

$$\mu_{Ak}=\frac{S_{Ak}}{\sum S_{Aj}} \tag{16-4-11}$$

分配弯矩

$$M_{Ak}^\mu=\mu_{Ak}(-M_A) \tag{16-4-12}$$

传递弯矩

$$M_{kA}^C=C_{Ak}\cdot M_{Ak}^\mu \tag{16-4-13}$$

C_{Ak}为由 A 端向 k 端的传递系数。

最后杆端弯矩还需叠加各杆的固端弯矩

$$M_{Ak}=M_{Ak}^F+M_{Ak}^\mu$$

$$M_{kA}=M_{kA}^F+M_{kA}^C$$

(二)力矩分配法的三个基本要素

1.固端弯矩

一般可查表，常见数据应记住，见图 16-4-16。

2.分配系数

$$杆件近端的力矩分配系数=\frac{近端转动刚度}{交于近端各杆端转动刚度之和}$$

近端转动刚度是指：使近端产生单位转角所需要的近端弯矩，它取决于杆件的线刚度及远端的支承形式，见表 16-4-1。

表 16-4-1

支承形式	远端固定	远端铰支	远端滑动
近端转动刚度 S_{Ak}	$4i_{Ak}$	$3i_{Ak}$	i_{Ak}
传递系数 C_{Ak}	$\frac{1}{2}$	0	-1

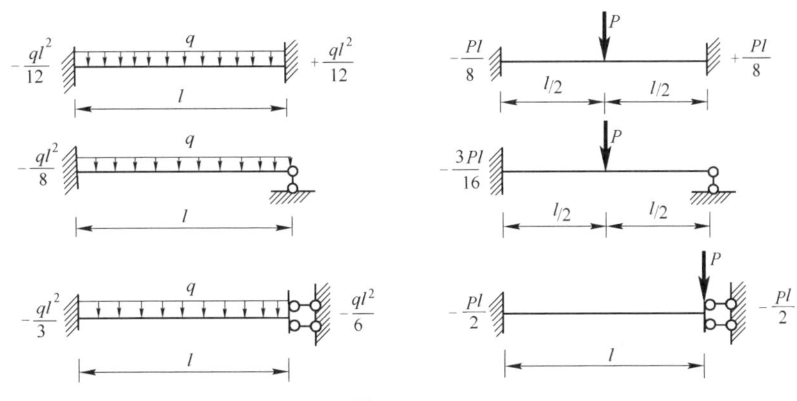

图　16-4-16

$$分配弯矩=分配系数\times(-约束力矩)$$

3. 传递系数

杆件由近端传向远端的传递系数是指：当近端产生转角时，远端弯矩与近端弯矩之比。它取决于远端的支承形式，见表 16-4-1。

$$传递弯矩=传递系数\times分配弯矩$$

（三）多节点力矩分配及力矩分配法的物理概念

力矩分配法可应用于连续梁及无侧移刚架的计算。多结点力矩分配是通过一系列单节点力矩分配来实现的。下面通过例题说明计算过程及物理概念。

【例 16-4-8】 用力矩分配法计算如图所示连续梁。

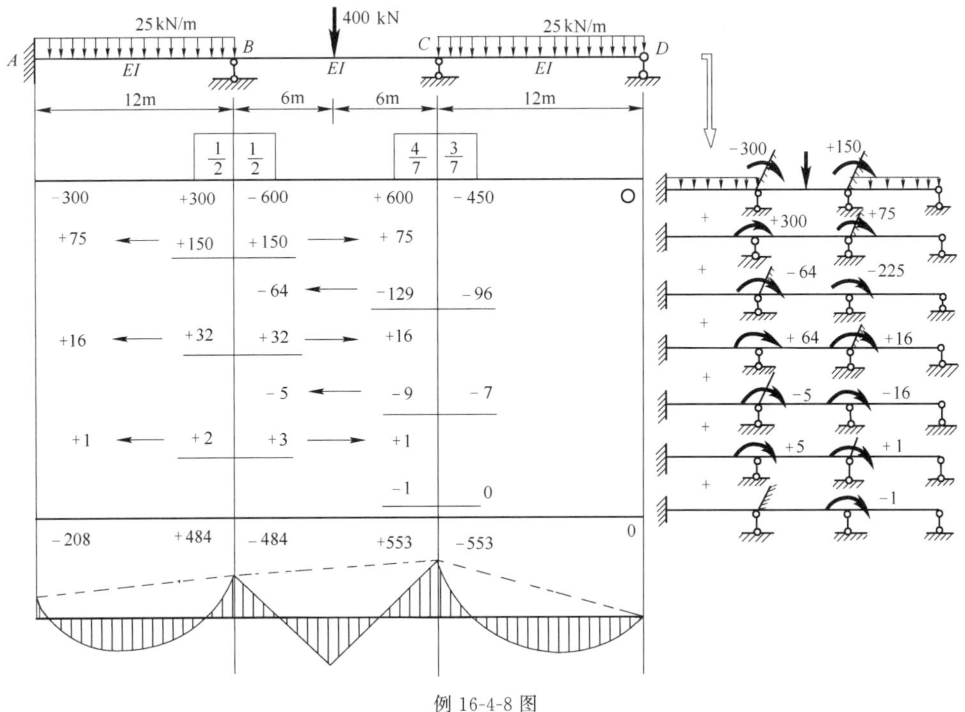

例 16-4-8 图

解　结果如图所画。

综上所述可知：

(1)力矩分配法是基于位移法原理的一种渐近解法。

(2)力矩分配法的优点是：物理概念清楚，计算方法可遵循一定的机械步骤循环进行，易于掌握。只要求出固端弯矩、分配系数及传递系数三个要素，以后的计算是循环进行单节点力矩分配，总是将约束力矩改号乘分配系数得分配弯矩，再乘传递系数向远端传递。其物理概念是对变形及内力分布进行局部调整，经若干循环，各节点都达到平衡状态，即可停止计算。

(3)力矩分配法只能适用于无侧移问题，但当侧移为已知时，只要求出相应的固端弯矩，也同样可用力矩分配法计算。

五、几个问题的讨论

（一）对称性的利用

对于对称结构，利用对称性可简化计算。

1. 对称结构的条件

(1)结构的几何图形对称。

(2)结构所受的约束形式对称。

(3)结构杆件的刚度对称。

2. 利用对称性简化计算的依据

（1）对称结构在对称荷载作用下，其内力分布及位移分布都是对称的，反对称的内力及位移为零。

（2）对称结构在反对称荷载作用下，其内力分布及位移分布都是反对称的，对称的内力及位移为零。

【例 16-4-9】 图 a)示对称结构 $M_{AD}=ql^2/36$(左拉)，$F_{NAD}=5ql/12$(压)，则 M_{BC} 为(以下侧受拉为正)：

A. $-ql^2/6$　　　　B. $ql^2/6$

C. $-ql^2/9$　　　　D. $ql^2/9$

解　此结构为双轴对称结构承受对称荷载，其内力分布对称，可知杆 AD 及 CF 的中点剪力为零。

通过杆 AD 中点及点 B 作截面取出隔离体(图 b)，对 B 取矩得：

$$M_{BA}=\frac{5ql}{12}l-\frac{ql^2}{36}-ql\,\frac{l}{2}=-\frac{ql^2}{9}$$

由于对称，故 $M_{BC}=M_{BA}=-\frac{ql^2}{9}$

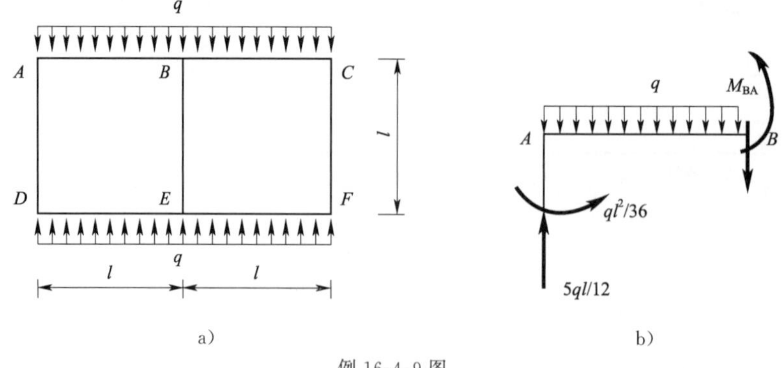

例 16-4-9 图

答案:C

3. 半结构法

利用对称性，用对称轴作截面，截取半边结构进行计算。在截断处需添加适当的支座，以保证与原结构受力情况及位移情况完全一致。半结构的选取方法如下。

(1)奇数跨结构(见图 16-4-17)

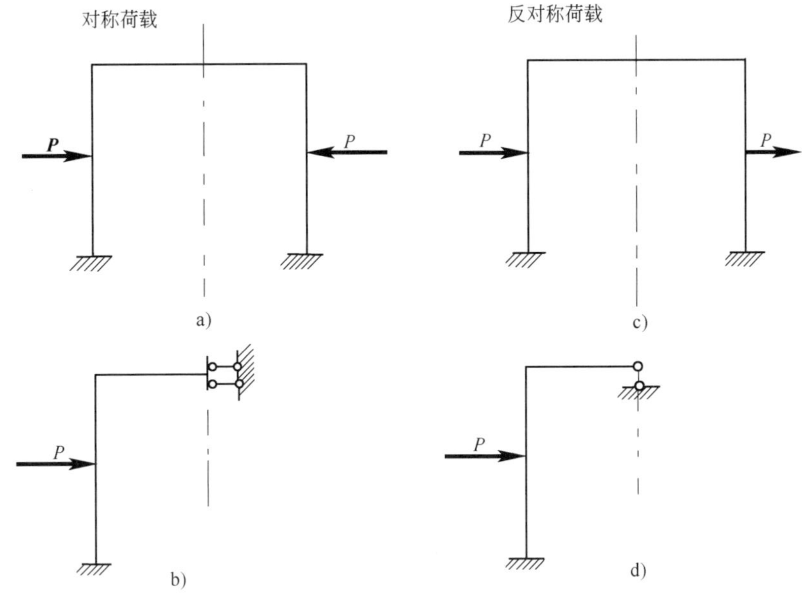

图 16-4-17

(2)偶数跨结构(见图 16-4-18)

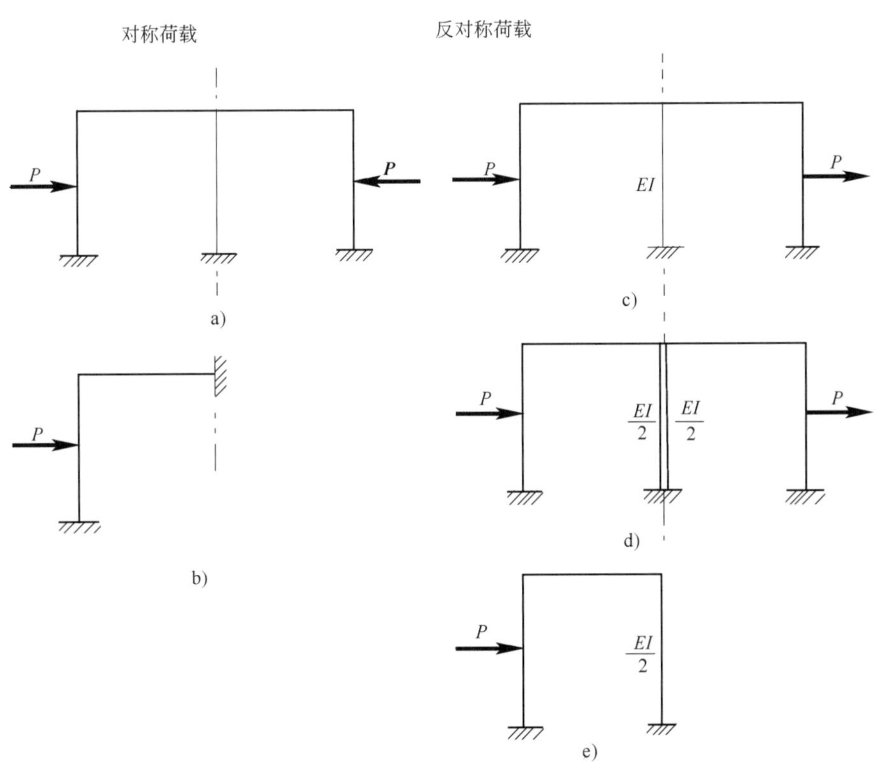

图 16-4-18

取半结构后,可根据具体情况选用较简捷的方法进行计算,另一半结构的内力可利用对称性来确定。

4.一般荷载的分解

对称结构在一般非对称荷载作用下,可考虑(如果计算简单)将一般荷载分解为对称荷载和反对称荷载两种情况,分别选取半结构计算,然后将对称荷载引起的内力与反对称荷载引起的内力叠加,即为最后内力。

(二)刚架无弯矩情况的判定

在计算超静定刚架时,为简化计算,常忽略杆件的轴向变形。这时,某些刚架在结点集中力作用下有时无弯矩、无剪力,只产生轴力。这种情况若能预先判断出来会带来很大的方便。

刚架无弯矩情况判定的准则是:忽略杆件轴向变形,当集中力作用在无线位移的结点上时,各杆弯矩为零。

常见无弯矩情况有以下几种:

(1)集中力沿柱子的轴线作用,见图 16-4-19a)。

(2)一对等值、反向、共线的集中力作用在一直杆的轴线上,见图 16-4-19b)。

(3)集中力作用在不动结点上,见图 16-4-19c)。

(4)有时不易立即判断结点是否有线位移,但在结点集中力作用下,若将所有刚接点(含固定端)都变为铰接点所得体系仍能与结点集中力维持平衡,则原刚架弯矩为零,见图 16-4-19d)、e)。

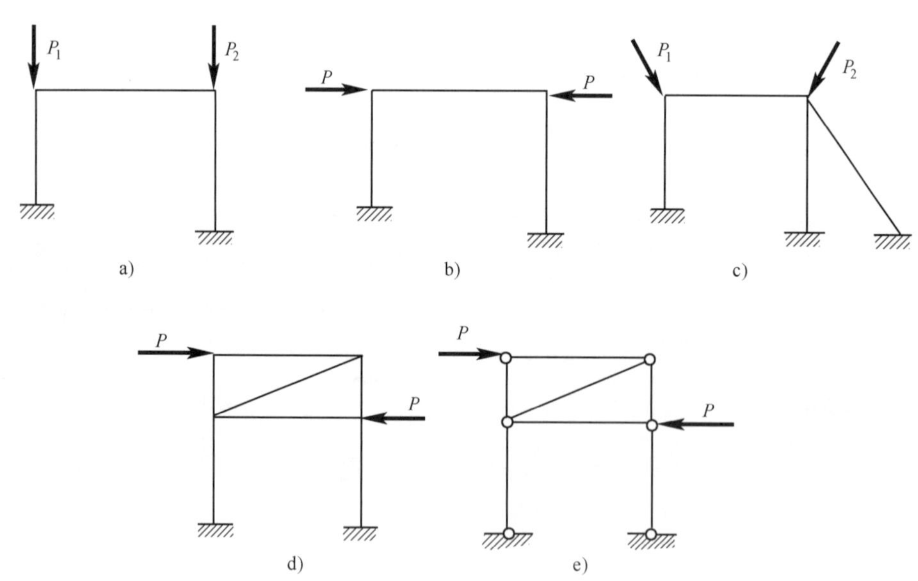

图 16-4-19

【例 16-4-10】 作如图所示刚架的弯矩图。

解 求解过程见图。

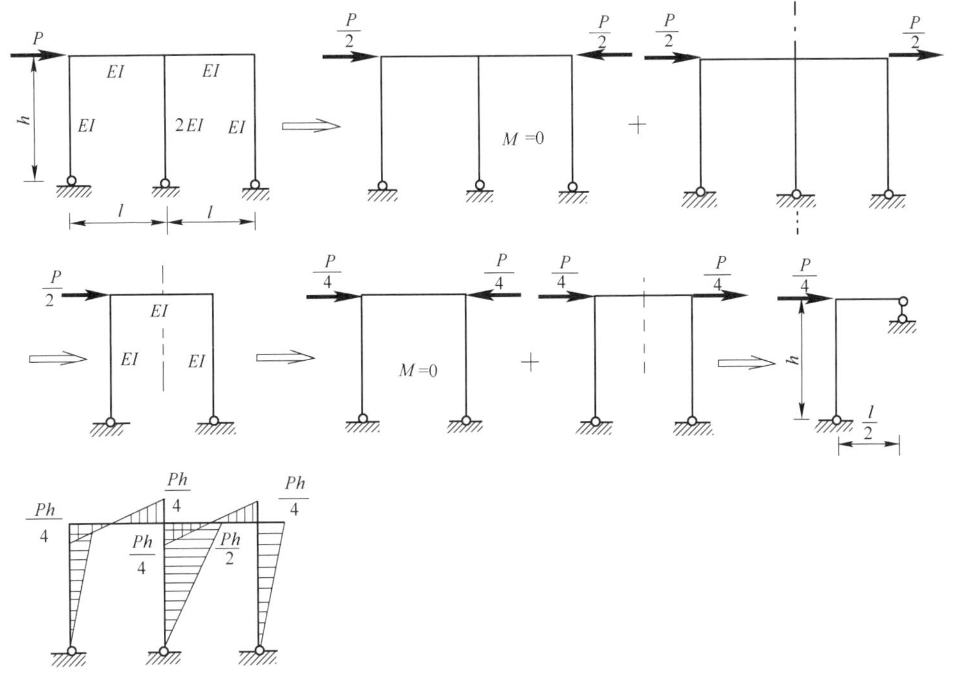

例 16-4-10 图

【例 16-4-11】 图示等截面梁正确的 M 图是：

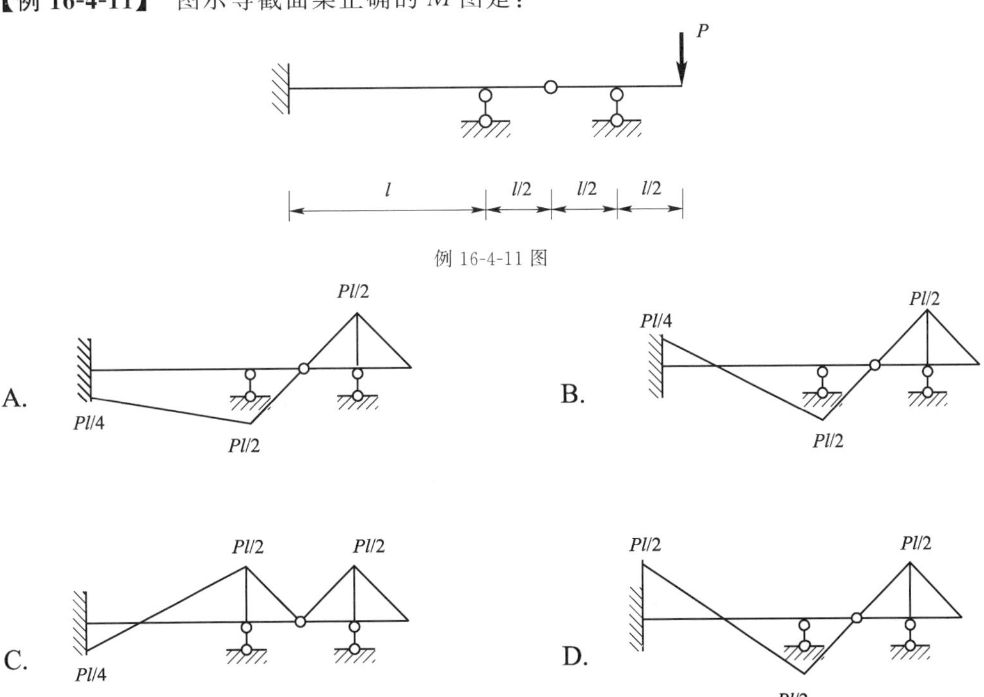

解 此题左边第一跨为超静定梁，右边为静定梁。先求得右链杆支座处截面弯矩 $Pl/2$（上部受拉）及铰结点弯矩 0，连直线，即可得到静定部分的弯矩图，并求得中间链杆处截面弯矩 $Pl/2$（下部受拉），再按力矩分配法向远端（固定端）传递 1/2，得全梁弯矩图，固定端截面弯矩为 $Pl/4$（上部受拉）。

答案：B

(三)超静定结构的位移计算

超静定结构位移的计算,仍是采用第三节所讲的单位荷载法。注意需先求出超静定结构由于实际外因引起的内力,并在所求位移地点沿所求位移方向虚设单位力,求其相应内力,代入位移计算公式(对梁和刚架常采用图乘法)进行计算。为简化计算,虚设单位力可加在由原超静定结构变来的任何一个静定结构上。

【例 16-4-12】 求如图 a)所示梁 D 点的竖向位移。

解 作超静定结构的 M_P 图,如图 b)所示,在静定结构上加单位力,作 $\overline{M}$ 图,如图 c)所示,应用图乘法,得

$$\Delta_{DV}=\frac{-1}{EI}\ \frac{1}{2}\ \frac{qa^2}{4}\ \frac{l}{3}\ \frac{2}{3}\ \frac{l}{3}=-\frac{qa^2l^2}{108EI}(\uparrow)$$

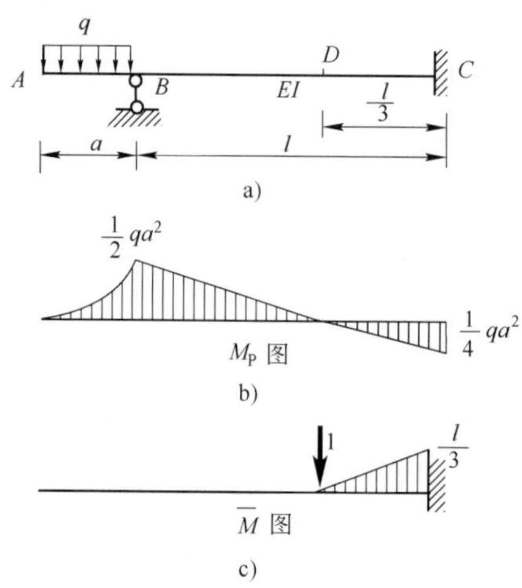

例 16-4-12 图

六、注意事项及例题分析

(1)要在多余约束概念的基础上,正确理解超静定结构的基本特征及一般性质,并根据题目的具体情况加以灵活应用。要能正确地判定结构的超静定次数。

(2)超静定结构的求解必须同时满足平衡条件和变形协调条件(包括几何条件和物理条件)要求掌握力法、位移法和力矩分配法,懂得其物理概念及求解过程,会计算有关的系数,如柔度系数、刚度系数、力矩分配系数及传递系数等。注意位移法系统符号规定的特点,对于常见基本杆件的变形常数及荷载常数(转角位移方程)应记清楚。

(3)对于对称结构要注意对称性的利用,要能正确地分析受力、位移的对称、反对称状态,熟记对称结构,对称荷载只引起对称的内力及位移,反对称荷载只引起反对称的内力及位移,注意零内力、零位移的判断。

(4)称为超静定的结构中,并不一定所有的内力都超静定,有时超静定结构可能包含局部静定部分(如悬臂端),有时某项内力静定(如某杆剪力或轴力静定),这就需清楚的区分必要约束与多余约束,凡是必要约束所对应的约束力,一定是静定力,可由平衡条件直接解出,而多余约束所对应的约束力是超静定力,需同时应用平衡条件和变形协调条件才能解出。由此可知,

如果支座移动、温度变化等非荷载因素作用在必要约束方向，它并不使结构产生内力。

(5)在分析题目时，一定要注意审题，看清楚题目所给条件，根据基本概念进行具体分析判断，注意某些附加条件(如受弯杆忽略轴向变形，设某杆刚度无穷等)带来的影响。

【例 16-4-13】 如图所示结构的超静定次数为：

A. 7　　B. 8　　C. 9　　D. 10

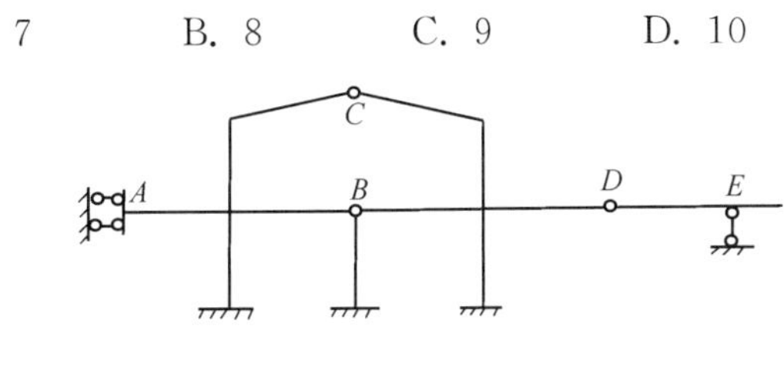

例 16-4-13 图

解　撤去支座 A(2 个约束)、铰 C(2 个约束)及复铰 B(4 个约束)，结构即变为静定，右部 DE 为静定附属部分，所以超静定次数为 8。

答案：B

【例 16-4-14】 如图 a)所示为二次超静定结构，用力法求解时，不能用作基本结构的是：

A. 图 b)　　B. 图 c)　　C. 图 d)　　D. 图 e)

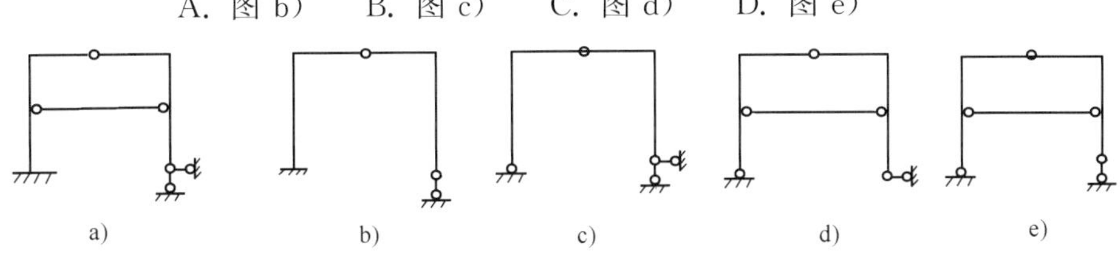

例 16-4-14 图

解　图 d)为瞬变体系，不能用作力法基本结构。

答案：C

【例 16-4-15】 如图 a)所示结构，若选用图 b)作为力法基本体系，则力法方程中的荷载项 Δ_{1P} 等于：

A. $\dfrac{ql^4}{48EI}$　　B. $\dfrac{ql^4}{24EI}$　　C. $\dfrac{ql^4}{16EI}$　　D. $\dfrac{ql^4}{12EI}$

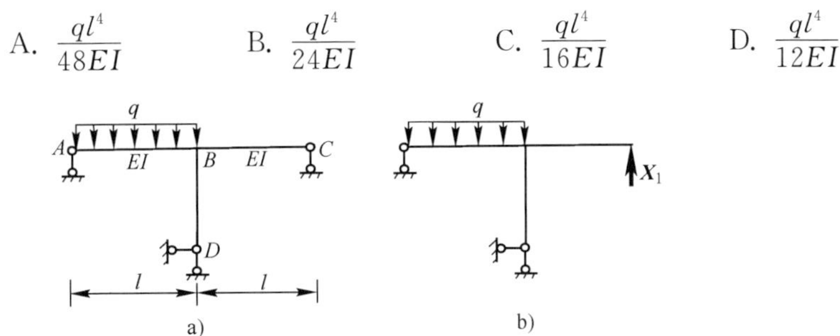

例 16-4-15 图

解　分别作荷载弯矩图(与 AB 简支梁弯矩图相同)与 $X_1=1$ 单位弯矩图(在 ABC 上为三角形弯矩图)，图乘可得 $\Delta_{1P}=\dfrac{1}{EI}\times\dfrac{2}{3}\times\dfrac{ql^2}{8}l\times\dfrac{l}{2}=\dfrac{ql^4}{24EI}$。

答案：B

【例 16-4-16】 如图 a)所示结构用力法求解时，若选用图 b)为力法基本体系，则相应力法方程的右端项：

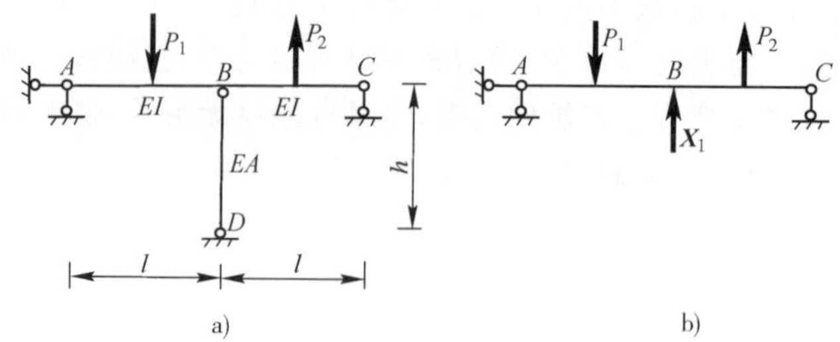

例 16-4-16 图

A. >0　　B. $=0$

C. <0　　D. 不定，需根据荷载 P_1、P_2 的大小而定

解　力法方程的右端项是原超静定结构沿基本未知力 X_1 方向的位移，以与 X_1 方向一致为正，现所设 X_1 的方向对应 BD 杆受压，B 点下降，与 X_1 反向，故右端项为负。

答案：C

【例 16-4-17】　如图 a)所示结构，采用图 b)为力法基本体系，则力法方程中的荷载项 Δ_{1P}：

A. >0　　B. $=0$　　C. <0　　D. 不定，由 I_1、I_2 的比值而定

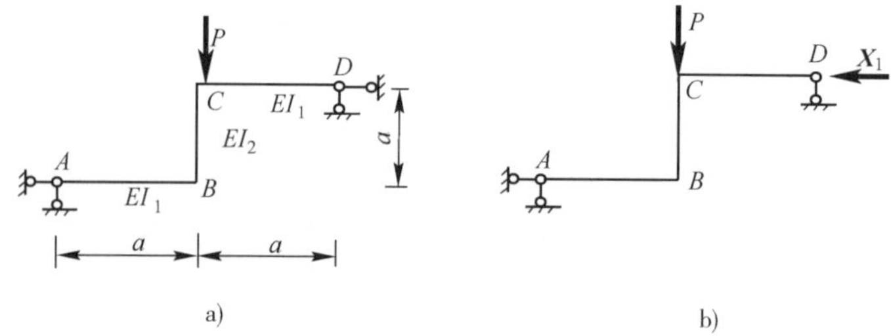

例 16-4-17 图

解　力法基本结构上的荷载弯矩图，AB、CD 段为三角形，均在下侧，BC 段为矩形，在右侧；而 $X_1=1$ 的单位弯矩图，AB 段为三角形，在下侧，CD 段为三角形，在上侧，BC 段为过中点的斜线。按图乘法，AB 段为同侧图乘，CD 段为异侧图乘，数值相同，求和为零，而 BC 段有弯矩零点，图乘也为零，所以 $\Delta_{1P}=0$。

答案：B

【例 16-4-18】　如图 a)所示梁，支座 A 发生逆时针转角 θ，同时支座 B 下沉 a，选用如图 b)所示力法基本体系，则力法方程 $\delta_{11}X_1+\Delta_{1C}=\bar{\Delta}_1$，中 Δ_{1C}、$\bar{\Delta}_1$ 应分别为：

A. $\dfrac{a}{l}, 0$　　B. $\dfrac{a}{l}, \theta$　　C. $-\dfrac{a}{l}, \theta$　　D. $\theta, -\dfrac{a}{l}$

解　Δ_{1C} 的含义是在基本结构上，由于支座移动引起 X_1 方向的位移应为 $-\dfrac{a}{l}$，$\bar{\Delta}_1$ 的含义是原结构中 X_1 方向的位移应为 θ。

答案：C

【例 16-4-19】　如图 a)所示结构，由于图示温度变化而产生内力，AB、BC 杆的受拉侧分别是：

A. 外侧、外侧　　B. 内侧、内侧　　C. 内侧、外侧　　D. 外侧、内侧

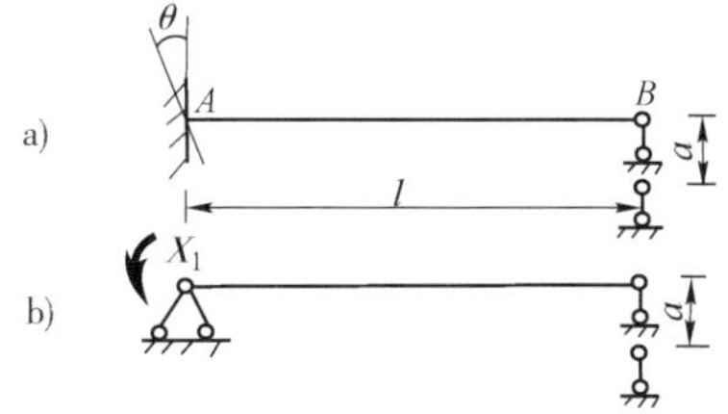

例 16-4-18 图

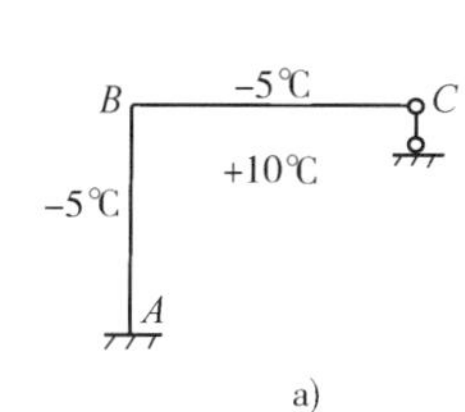

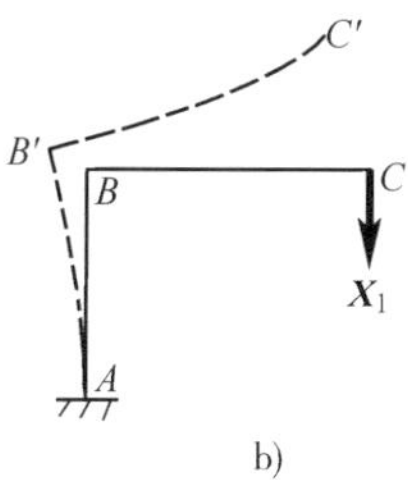

例 16-4-19 图

解 按力法,若选图 b)作为基本体系,由于图示长度变化作用在基本结构上使 C 点上移,为满足变形协调,C 点反力 X_1 必须向下,从而使 AB、BC 杆均外侧受拉。

答案:A

【例 16-4-20】 如图所示结构,在应用位移法求解时,基本未知量的数目是:

A. 4　　B. 5

C. 6　　D. 7

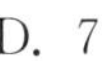

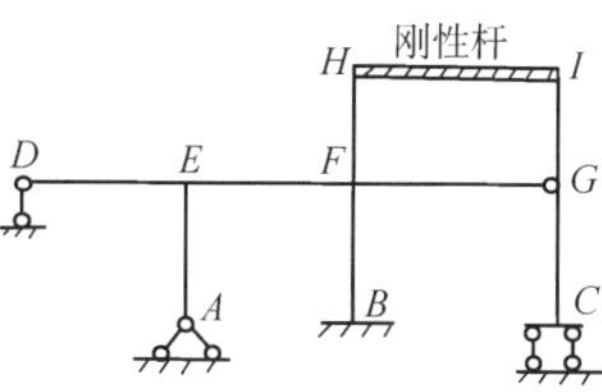

例 16-4-20 图

解 位移法节点位移基本未知量的选择,注意与三类基本杆件的转角位移方程匹配。此题 E、F、G 刚接点有独立角位移 θ_E、θ_F、θ_G,在忽略轴向变形的前提下,有上、下两个独立线位移 Δ_I、Δ_G,故基本未知量总数为 5。

答案:B

【例 16-4-21】 如图 a)所示结构用位移法求解时,刚度系数 k_{11} 等于:

A. $7\dfrac{EI}{l}$　　B. $11\dfrac{EI}{l}$　　C. $14\dfrac{EI}{l}$　　D. $16\dfrac{EI}{l}$

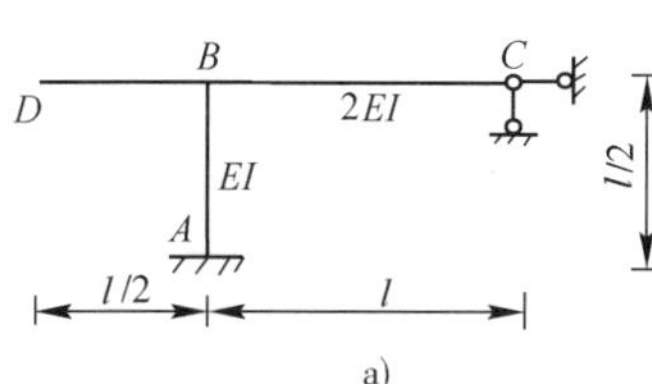

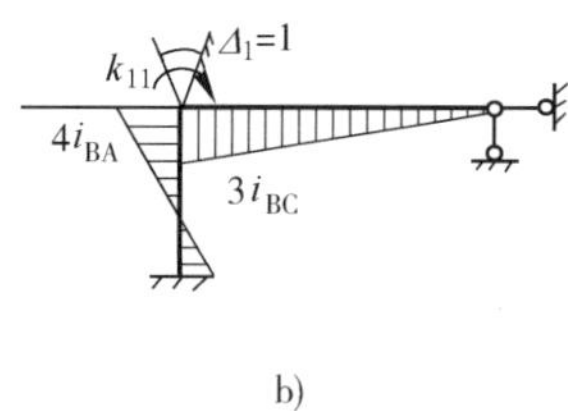

例 16-4-21 图

解 位移法基本未知量为节点 B 的转角 Δ_1。相应刚度系数 $k_{11}=4\times\dfrac{EI}{\frac{l}{2}}+3\dfrac{2EI}{l}=14\dfrac{EI}{l}$(见图 b)。

答案:C

【例 16-4-22】 如图 a)所示结构,位移法方程的荷载项 F_{1P} 等于:

A. $-\dfrac{3}{8}qh$　　B. $-\dfrac{1}{2}qh$　　C. 0　　D. $\dfrac{5}{8}qh$

解 位移法基本体系如图 b)所示,由截面 m-m 以上隔离体的平衡可得 $F_{1P}=-\dfrac{1}{2}qh$。

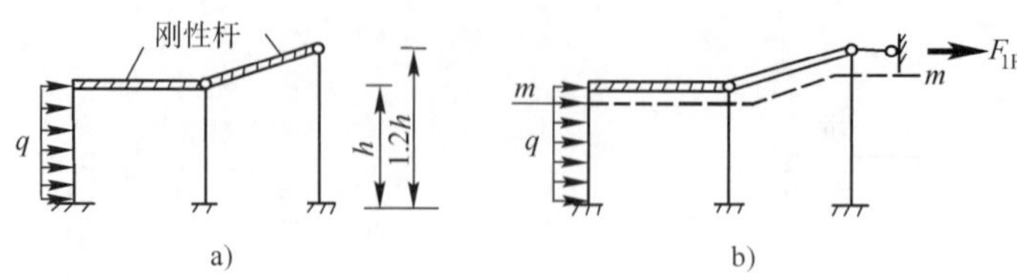

例 16-4-22 图

答案:B

【例 16-4-23】 如图所示连续梁各跨线刚度 $i=\frac{EI}{l}$ 相同,位移法基本未知量为节点 1、2、3 的转角 Δ_1、Δ_2、Δ_3,则位移法方程中的刚度系数 k_{13}、k_{33} 分别为:

A. $4i,0$　　B. $2i,5i$　　C. $0,7i$　　D. $-2i,8i$

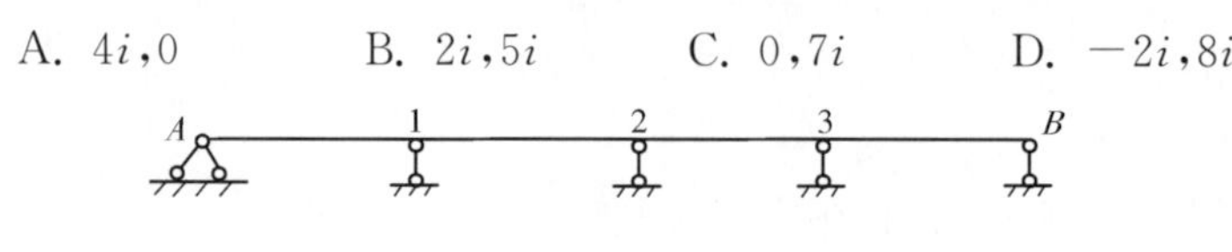

例 16-4-23 图

解 由刚度系数 k_{ij} 的物理概念,考虑节点平衡可得 $k_{13}=0$,$k_{33}=7i$。

答案:C

【例 16-4-24】 如图所示结构 C 点的水平位移 Δ_C^H 等于:

A. $\frac{Ph^2}{6EI}$　　B. $\frac{Ph^3}{6EI}$　　C. $\frac{Ph^2}{12EI}$　　D. $\frac{Ph^3}{12EI}$

解 选项 A、C 量纲不对,可排除。由于杆 BC 刚度无穷,节点 B 无转角,杆 AB 相当于两端固定杆发生侧移,其侧移刚度系数 $k=\frac{12EI}{h^3}$,所以 $\Delta_C^H=\frac{Ph^3}{12EI}$。

答案:D

【例 16-4-25】 如图所示结构,支座 A 发生已知逆时针转角 $\bar{\theta}$,则弯矩 M_{BC} 等于:

A. $-\frac{6EI}{7l}\bar{\theta}$(上侧受拉)　　B. $\frac{3}{4}\frac{EI}{l}\bar{\theta}$(下侧受拉)

C. $\frac{6}{7}\frac{EI}{l}\bar{\theta}$(下侧受拉)　　D. $\frac{6}{5}\frac{EI}{l}\bar{\theta}$(下侧受拉)

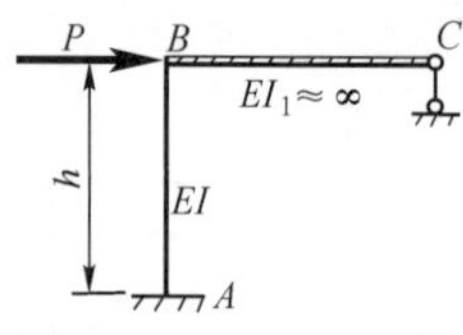

例 16-4-24 图

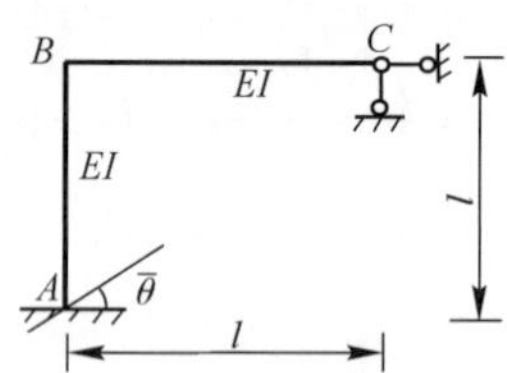

例 16-4-25 图

解 建立节点 B 的平衡方程 $4i\theta_B+2i(-\bar{\theta})+3i\theta_B=0$,得 $\theta_B=\frac{2}{7}\bar{\theta}$,所以 $M_{BC}=3i\left(\frac{2}{7}\bar{\theta}\right)=\frac{6}{7}\frac{EI}{l}\bar{\theta}$,下侧受拉。

答案:C

【例 16-4-26】 如图所示结构,为使支座 A 不产生水平反力,则悬臂长 a 的取值应为:

A. $\frac{1}{\sqrt{12}}l$　　B. $\frac{1}{\sqrt{6}}l$　　C. $\frac{1}{4}l$　　D. $\frac{1}{2}l$

解 A 点水平反力为零时，AB 杆不弯，节点 B 转角为零，相当于固定端，由节点 B 的平衡 $\frac{1}{2}qa^2-\frac{1}{12}ql^2=0$，可得 $a=\frac{1}{\sqrt{6}}l$。

答案：B

【例 16-4-27】 如图所示结构，各杆线刚度 i 相同，A6 杆 A 端的力矩分配系数 μ_{A6} 为：

A. $\frac{1}{18}$　　B. $\frac{1}{15}$　　C. $\frac{2}{9}$　　D. $\frac{4}{15}$

解 注意当节点 A 转动时，A6 杆的 6 端既无角位移也无线位移，从形式上看属滑动支座，但杆倾斜时滑动不起来（忽略轴向变形时），故其约束性能相当于固定端，2、5、8 处都无线位移，是铰支座，4 处相当于悬臂，所以 $\mu_{A6}=\frac{4i}{4i+3i+i+0+3i+4i+0+3i}=\frac{4}{18}=\frac{2}{9}$。

答案：C

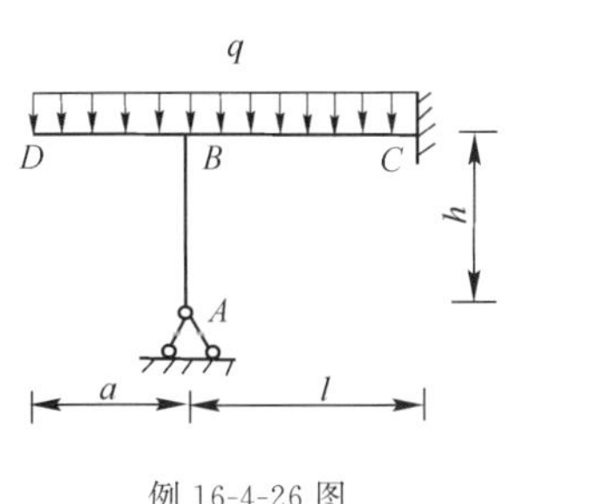

例 16-4-26 图

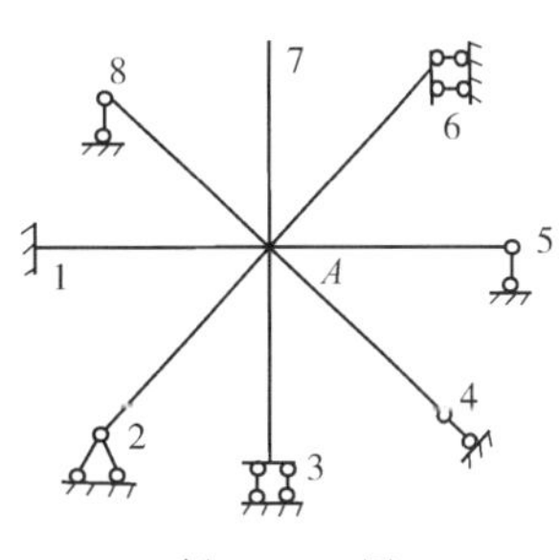

例 16-4-27 图

【例 16-4-28】 用力矩分配法分析图结构，先锁住节点 B，然后再放松，则传递到 C 支座的力矩为：

A. $ql^2/27$　　B. $ql^2/54$　　C. $ql^2/23$　　D. $ql^2/46$

解 $\mu_{BC}=\frac{1}{9}$，$M_{BC}^{\mu}=\frac{1}{9}\left(-\frac{ql^2}{3}\right)=-\frac{ql^2}{27}$，$M_{CB}^{C}=\frac{ql^2}{27}$

答案：A

【例 16-4-29】 如图所示结构，弯矩 M_{AB} 等于：

A. $\frac{1}{8}ql^2$　　B. $\frac{1}{7}ql^2$　　C. $\frac{2}{7}ql^2$　　D. $\frac{1}{4}ql^2$

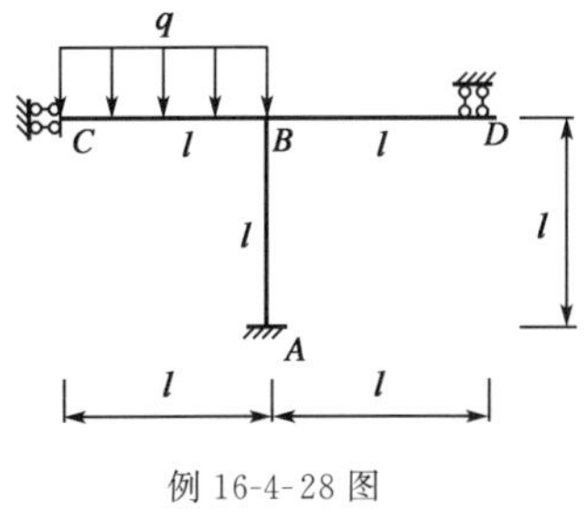

例 16-4-28 图

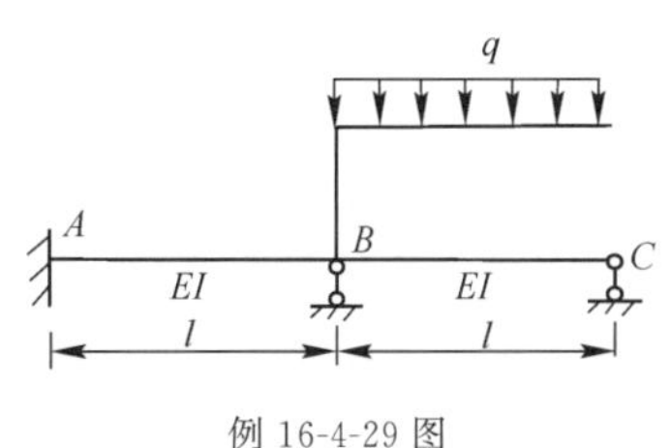

例 16-4-29 图

解 上部为静定，可将荷载向 B 点简化，相当于在 B 点有一顺时针转向的力偶 $\frac{1}{2}qa^2$，力

矩分配系数 $\mu_{BA}=\frac{4}{7}$，传递系数 $C_{BA}=\frac{1}{2}$，故 $M_{AB}=\frac{ql^2}{2}\times\frac{4}{7}\times\frac{1}{2}=\frac{1}{7}ql^2$，下侧受拉。

答案：B

【例 16-4-30】 如图所示结构截面 A 的弯矩 M_{AB} 等于：

A. $\frac{1}{6}Ph$　　B. $\frac{1}{5}Ph$　　C. $\frac{2}{5}Ph$　　D. $\frac{4}{5}Ph$

解 柱 AB 和 CD 的侧移刚度分别为 $12\frac{EI}{h^3}$ 和 $3\frac{EI}{h^3}$，两柱的剪力按侧移刚度进行分配得 $\frac{4}{5}P$ 和 $\frac{1}{5}P$，柱 AB 的反弯点在柱中点，所以 $M_{AB}=\frac{4}{5}P\times\frac{h}{2}=\frac{2}{5}Ph$。

答案：C

【例 16-4-31】 已知如图 a）所示结构的弯矩图见图 b），则结点 C 的转角 θ_C（绝对值）等于：

A. $\frac{1}{120}\frac{ql^3}{EI}$　　B. $\frac{1}{90}\frac{ql^3}{EI}$　　C. $\frac{1}{60}\frac{ql^3}{EI}$　　D. $\frac{1}{30}\frac{ql^3}{EI}$

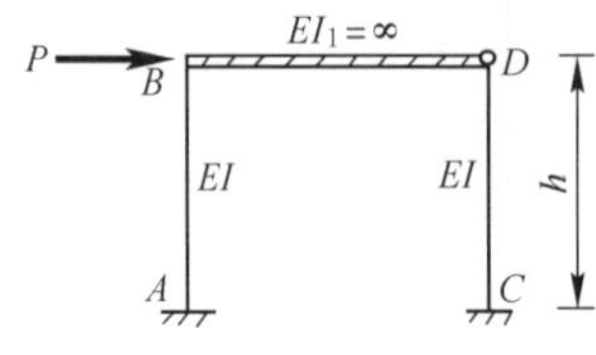

例 16-4-30 图

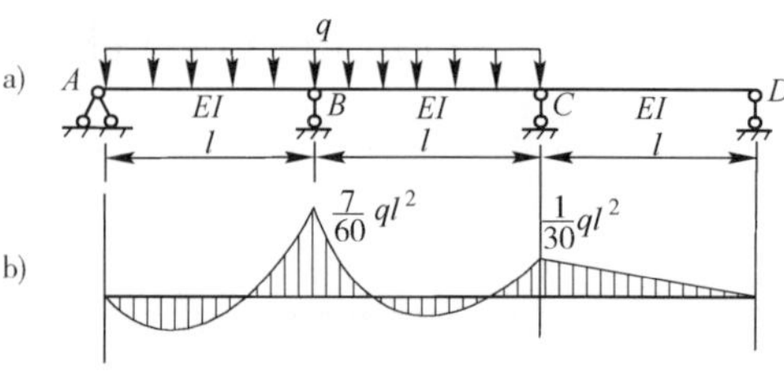

例 16-4-31 图

解 由于 $M_{CD}=3i\theta_c$，所以

$$\theta_C=\frac{M_{CD}}{3i}=\frac{-\frac{1}{30}ql^2}{3\frac{EI}{l}}=-\frac{1}{90}\frac{ql^3}{EI}\text{（逆时针）}$$

答案：B

【例 16-4-32】 如图所示结构，剪力 Q_{BC} 等于：

A. $-\frac{1}{2}qh$　　B. 0　　C. $\frac{1}{2}qh$　　D. qh

解 杆 BC 为剪力静定杆，取杆 BC 为隔离体，由平衡条件得 $Q_{BC}=qh$。

答案：D

【例 16-4-33】 如图所示对称结构，各杆 EI 相同，弯矩 M_{AB} 等于：

A. $\frac{1}{16}Pl+\frac{1}{4}Fl$　　B. $\frac{1}{12}Pl+\frac{1}{8}Fl$

C. $\frac{1}{8}Pl$　　D. $\frac{1}{4}Pl$

解 此题上部为静定附属部分三铰拱，F 引起拱的反力反向后作用在下部不动节点上，不引起弯矩。利用对称性，将作用在 C 点的荷载视为两个 $\frac{P}{2}$，其中间铰 C 剪力为零，由杆段 BC 的平衡可得 $M_{BC}=\frac{P}{2}l$，再在节点 B 力矩分配传递一次，可得 $M_{AB}=\frac{1}{2}\times\frac{1}{2}\times\frac{Pl}{2}=\frac{1}{8}Pl$。

答案：C

【例 16-4-34】 图所示结构 M_{BA} 值的大小为：

A. $pl/2$　　B. $pl/3$　　C. $pl/4$　　D. $pl/5$

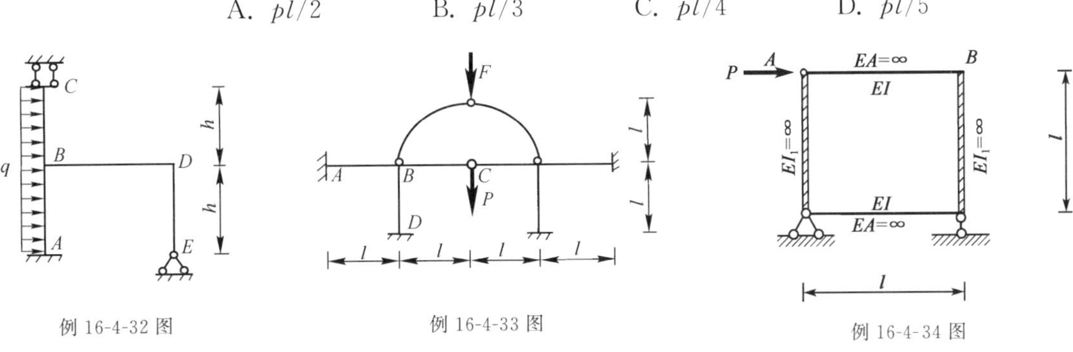

例 16-4-32 图　　例 16-4-33 图　　例 16-4-34 图

解 用静力平衡条件求得反力后，利用对称性可作解图所示转化，从而求得 $M_{BA}=\dfrac{Pl}{2}$。

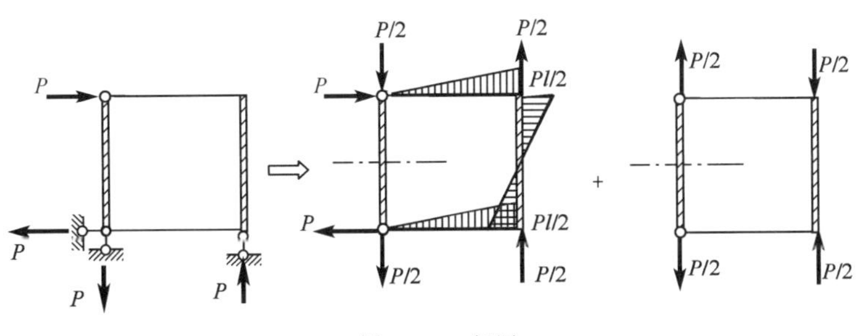

例 16-4-34 解图

答案:A

【例 16-4-35】 图示梁 $EI=$常数，固定端 A 发生顺时针方向角位移 θ，则铰支端 B 的转角(以顺时针方向为正)为：

A. $\theta/2$　　B. θ　　C. $-\theta/2$　　D. $-\theta$

解 $M_{BA}=4i\theta_B+2i\theta=0$，$\theta_B=-\dfrac{\theta}{2}$。

答案:C

【例 16-4-36】 图示结构 $EI=$常数，在给定荷载作用下，水平反力 H_A 为：

A. P　　B. $2P$　　C. $3P$　　D. $4P$

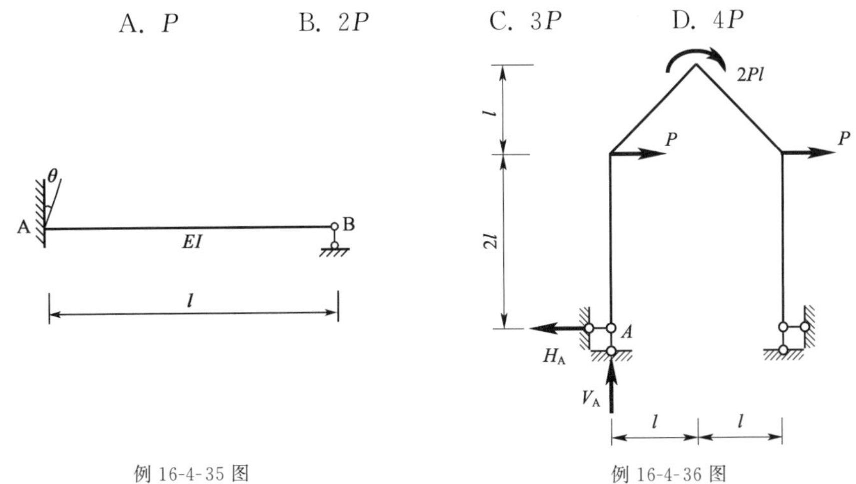

例 16-4-35 图　　例 16-4-36 图

解 结构对称荷载反对称，其反力及内力必为反对称，可知两个水平反力等值同向，设方向向左，根据结构整体平衡有：

$$\sum X=0, H_A+H_B=2H_A=P+P$$

$$H_A=P$$

答案：A

【例 16-4-37】 图 a)示梁的抗弯刚度为 EI，长度为 l，欲使梁中点 C 弯矩为零，则弹性支座刚度 k 的取值应为：

A. $3EI/l^3$ B. $6EI/l^3$ C. $9EI/l^3$ D. $12EI/l^3$

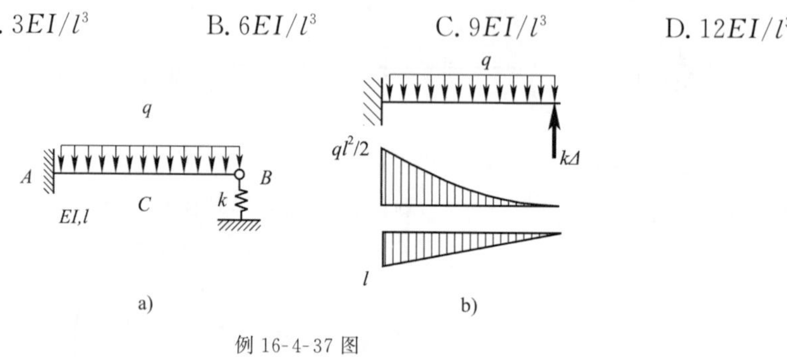

例 16-4-37 图

解 设弹簧压缩量为 Δ，按题意由 CB 段的平衡可知，$k\Delta=\frac{ql}{4}$

按图 b)可建立力法方程：

$$\frac{l^2}{2EI}\cdot\frac{2l}{3}\cdot k\Delta-\frac{1}{3EI}\cdot\frac{ql^2}{2}l\,\frac{3l}{4}=-\Delta$$

联立以上两式，解得 $k=\frac{6EI}{l^3}$

答案：B

【例 16-4-38】 图示梁的抗弯刚度为 EI，长度为 l，$k=6EI/l^3$，跨中 C 截面弯矩为(以下侧受拉为正)：

A. 0 B. $\frac{1}{32}ql^2$ C. $\frac{1}{48}ql^2$ D. $\frac{1}{64}ql^2$

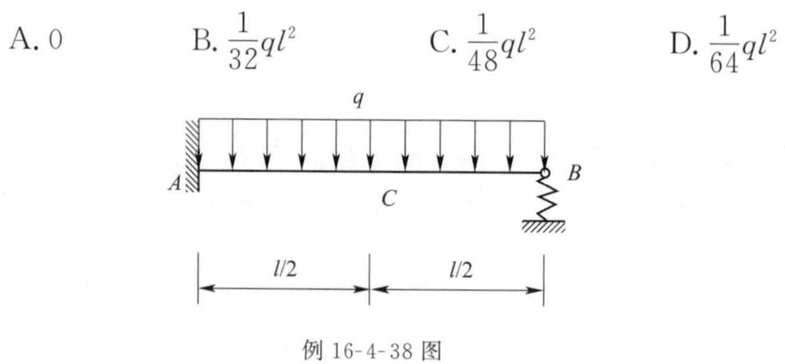

例 16-4-38 图

解 由解图建立力法方程 $\delta_{11}X_1+\Delta_{1p}=-\frac{X_1}{k}$

已知 $k=\frac{6EI}{l^3}$

求得 $\delta_{11}=\frac{l^3}{3EI}$，$\Delta_{1p}=\frac{ql^4}{8EI}$

解得 $X_1=\frac{ql}{4}$

再由 CB 段隔离体平衡，可得 $M_C=0$

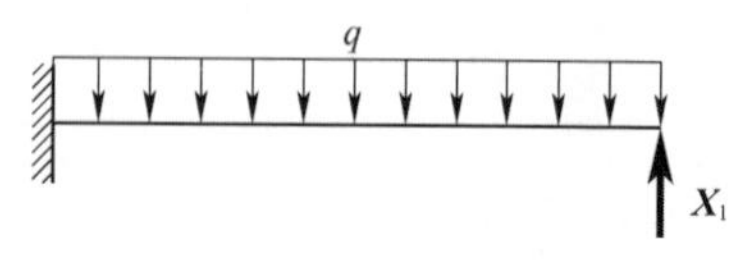

例 16-4-38 解图

答案:A

【例 16-4-39】 图示结构 EI=常数,当支座 A 发生转角 θ 时,支座 B 处截面的转角为(以顺时针为正):

A. $\frac{1}{3}\theta$　　　B. $\frac{2}{5}\theta$

C. $-\frac{1}{3}\theta$　　　D. $-\frac{2}{5}\theta$

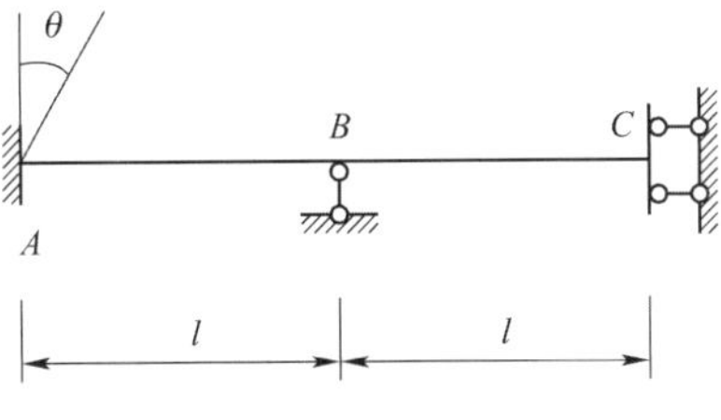

例 16-4-39 图

解 按位移法由节点 B 的平衡,知

$$M_{BA}+M_{BC}=0$$

即 $(4i\theta_B+2i\theta)+i\theta_B=0$,得到 $\theta_B=-\frac{2}{5}\theta$

答案:D

【例 16-4-40】 图示结构 B 处弹性支座的弹簧刚度 $k=3EI/l^3$,则节点 B 向下的竖向位移为:

A. $\frac{Pl^3}{12El}$　　　B. $\frac{Pl^3}{6El}$

C. $\frac{Pl^3}{4El}$　　　D. $\frac{Pl^3}{3El}$

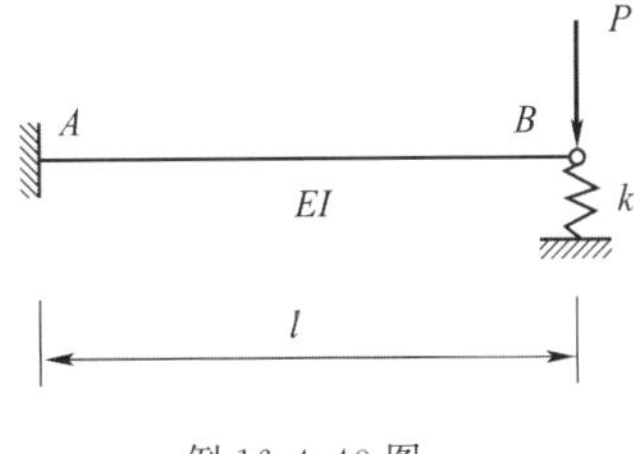

例 16-4-40 图

解 设所求位移为 Δ,按位移法取节点 B 平衡,可得

$$3\frac{EI}{l^3}\Delta+k\Delta=P$$

已知 $k=\frac{3EI}{l^3}$,解得 $\Delta=\frac{Pl^3}{6EI}$

答案:B

【例 16-4-41】 图示结构 M_{BA} 的大小为:

A. $P_L/2$　　　B. $P_L/3$　　　C. $P_L/4$　　　D. $P_L/5$

解 由整体平衡求得支座水平反力为 P(向左)、竖向反力为 P(左下、右上)。在荷载作用下 AB 杆右移、刚性竖杆转动后,两个弹性杆发生相同的变形弹性曲线,中点为反弯点。设上面杆的剪力为 Q,则下面杆的剪力为 $Q/2$(因刚度减半)。作竖直截面取半边结构为隔离体(见解图)建立竖向力平衡方程,可得:

$$Q+\frac{Q}{2}+P=0$$

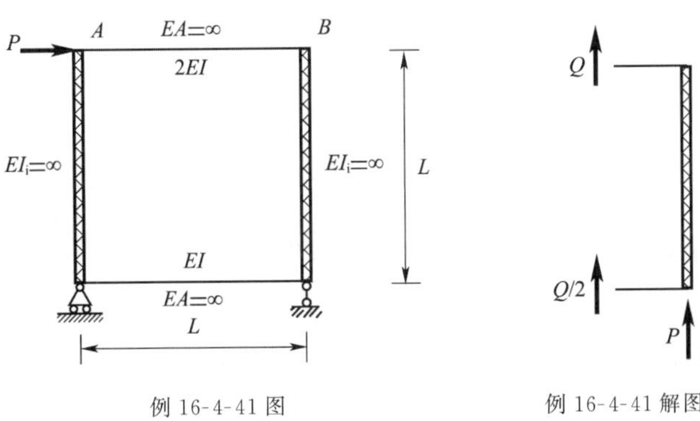

例 16-4-41 图　　　例 16-4-41 解图

即 $Q=-\frac{2}{3}P$

则 $M_{BA}=Q\frac{L}{2}=\frac{PL}{3}$(上面受拉)

答案:B

习 题

16-4-1 图 b)为图 a)结构的力法基本体系,则力法方程中的系数和自由项为(　　)。

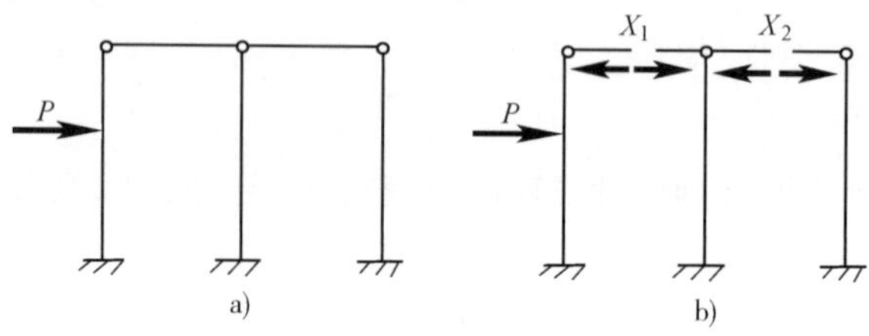

题 16-4-1 图

A. $\Delta_{1P}>0,\delta_{12}<0$　B. $\Delta_{1P}<0,\delta_{12}<0$　C. $\Delta_{1P}>0,\delta_{12}>0$　D. $\Delta_{1P}<0,\delta_{12}>0$

16-4-2 在力法方程 $\sum\delta_{ij}X_j+\Delta_{1C}=\Delta_1$ 中,肯定有(　　)。

A. $\Delta_1=0$　　B. $\Delta_1>0$

C. $\Delta_1<0$　　D. 前三种答案都有可能

16-4-3 力法方程是沿基本未知量方向的(　　)。

A. 力的平衡方程　　B. 位移为零方程

C. 位移协调方程　　D. 力与位移间的物理方程

16-4-4 图 a)结构的最后弯矩图为(　　)。

A. 图 b)　B. 图 c)　C. 图 d)　D. 图 e)

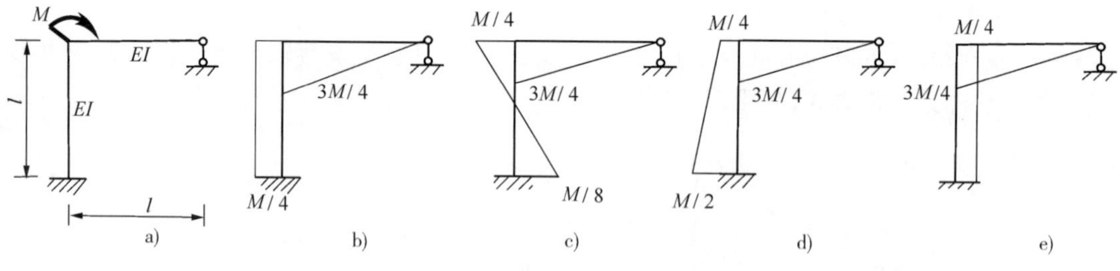

题 16-4-4 图

16-4-5 图示结构中,杆 CD 的轴力 N_{CD} 为(　　)。

A. 拉力　　B. 零

C. 压力　　D. 不定,取决于 P_1 与 P_2 的比值

16-4-6 图示桁架取 B 支座反力为力法的基本未知量 X_1(向左为正),各杆抗拉刚度 EA,则有(　　)。

A. X_1 随 EA 取值而变　　B. $X_1=0$

C. $X_1>0$　　D. $X_1<0$

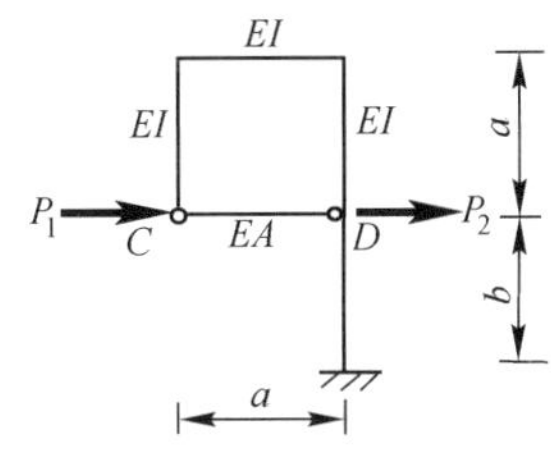

题 16-4-5 图

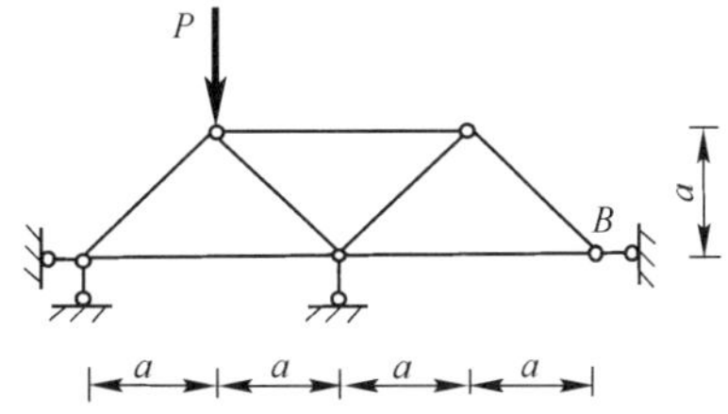

题 16-4-6 图

16-4-7　图示桁架取杆 AC 轴力(拉为正)为力法的基本未知量 X_1，则有(　　)。

A. $X_1=0$　　B. $X_1>0$

C. $X_1<0$　　D. X_1 不定，取决于 A_1/A_2 值及 α 值

16-4-8　图示结构，若取梁 B 截面弯矩为力法的基本未知量 X_1，当 I_2 增大时，则 X_1 绝对值(　　)。

A. 增大　　B. 减小

C. 不变　　D. 增大或减小，取决于 I_2/I_1 比值

16-4-9　在图中取 A 支座反力为力法的基本未知量 X_1，当 I_1 增大时，柔度系数 δ_{11}(　　)。

A. 变大　　B. 变小

C. 不变　　D. 或变大或变小，取决于 X_1 的方向

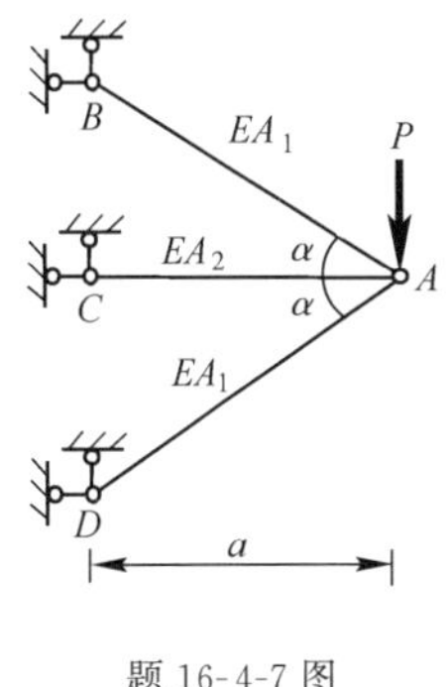

题 16-4-7 图

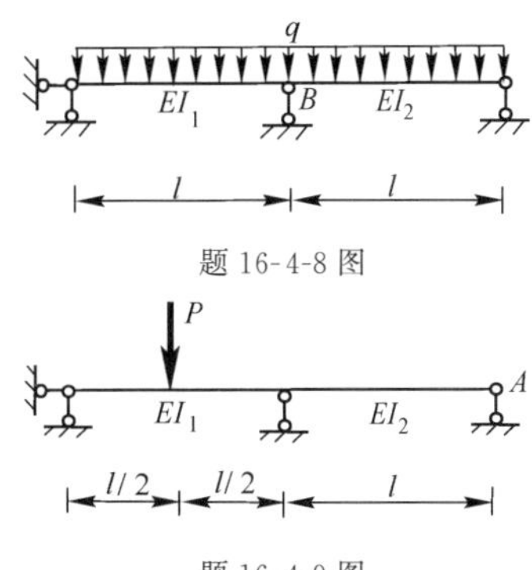

题 16-4-8 图

题 16-4-9 图

16-4-10　图 a)所示桁架，EA＝常数，取图 b)为力法基本体系，则力法方程系数间的关系为(　　)。

A. $\delta_{22}<\delta_{11},\delta_{12}>0$　　B. $\delta_{22}>\delta_{11},\delta_{12}>0$

C. $\delta_{22}<\delta_{11},\delta_{12}<0$　　D. $\delta_{22}>\delta_{11},\delta_{12}<0$

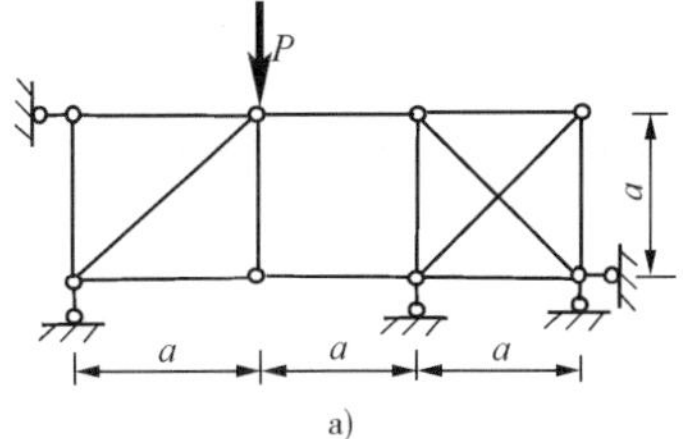

a)

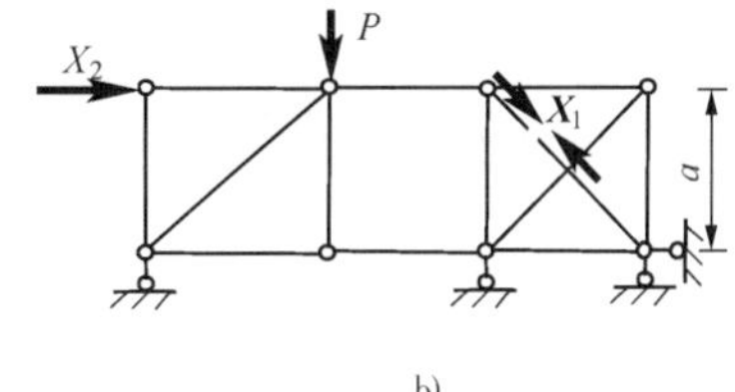

b)

题 16-4-10 图

16-4-11　图示结构 EI＝常数，在给定荷载作用下，剪力 Q_{BA} 为(　　)。

A. $P/2$　　B. $P/4$　　C. $-P/4$　　D. 0

16-4-12　图示结构 EI＝常数，弯矩 M_{CA} 为(　　)。

A. $Pl/2$(左侧受拉)　　B. $Pl/4$(左侧受拉)

C. $Pl/2$(右侧受拉)　　D. $Pl/4$(右侧受拉)

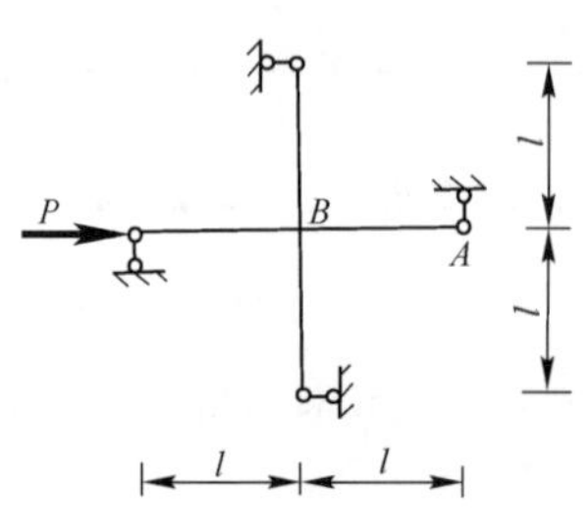

题 16-4-11 图

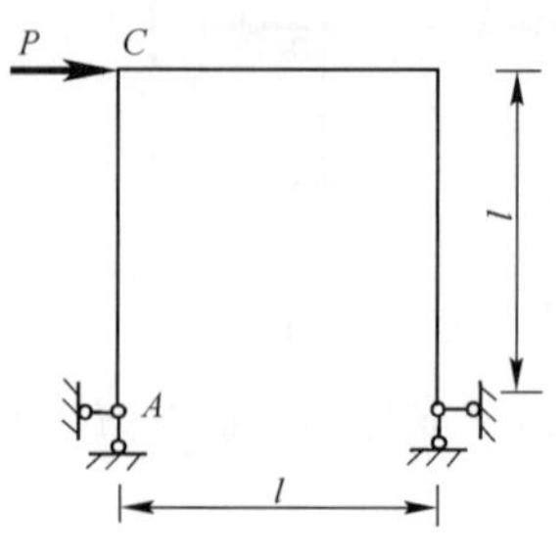

题 16-4-12 图

16-4-13　图示结构 EI=常数,在给定荷载作用下,剪力 Q_{AB}为(　　)。

A. $\frac{1}{\sqrt{2}}P$　　B. $3P/16$　　C. $P/2$　　D. $\sqrt{2}P$

16-4-14　图示结构(杆件截面为矩形)在图示温度变化($t_1>t_2$)时,其轴力为(　　)。

A. $N_{BC}>0, N_{AB}=N_{CD}=0$　　B. $N_{BC}=0, N_{AB}=N_{CD}>0$

C. $N_{BC}<0, N_{AB}=N_{CD}=0$　　D. $N_{BC}<0, N_{AB}=N_{CD}>0$

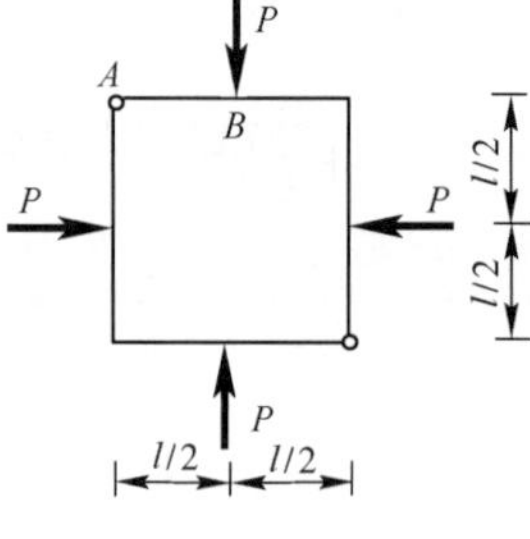

题 16-4-13 图

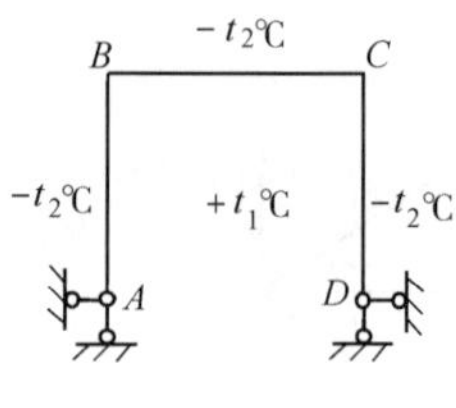

题 16-4-14 图

16-4-15　图示对称结构其半结构计算简图为图(　　)。

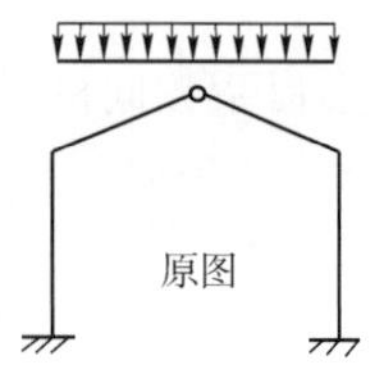

题 16-4-15 图

A.
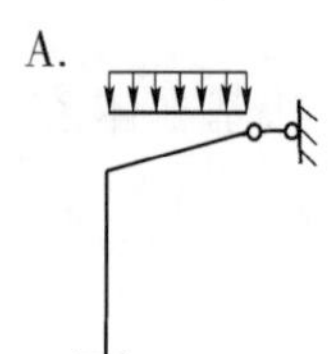

B.
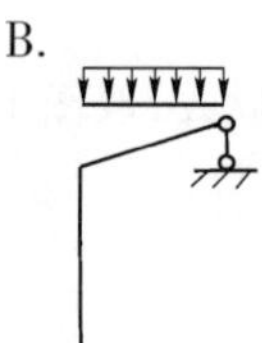

C.
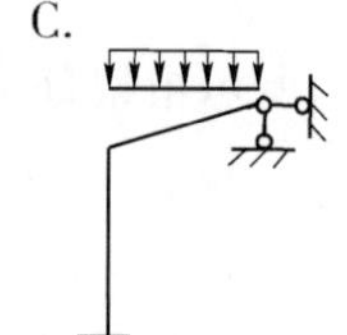

D.
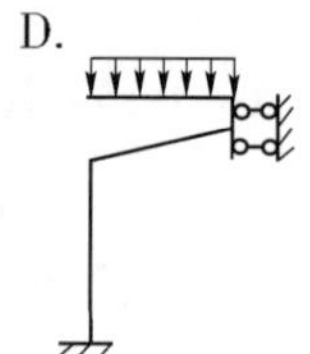

16-4-16　图示对称刚架具有两根对称轴,利用对称性简化后的计算简图为图(　　)。

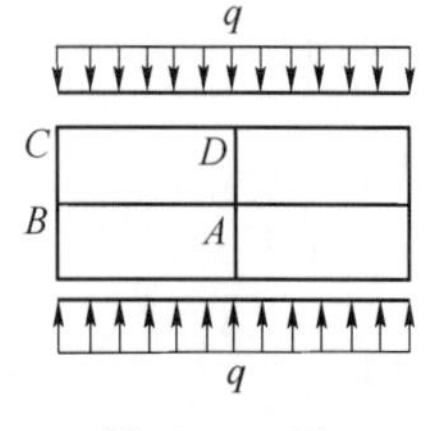

题 16-4-16 图

A.
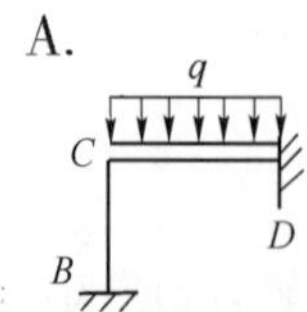

B.
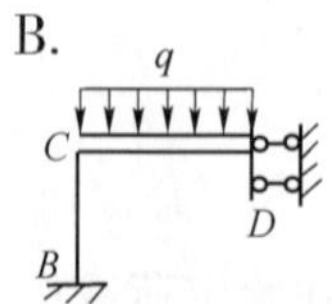

C.
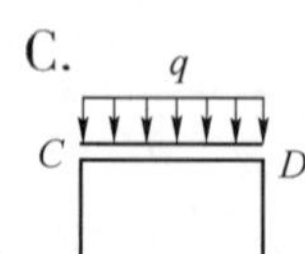

D.
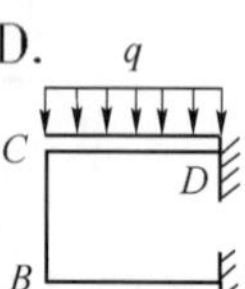

16-4-17　图示结构的超静定次数为(　　)。

A. 12　　B. 15　　C. 24　　D. 35

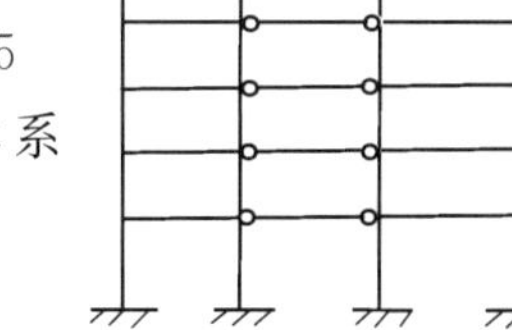

题 16-4-17 图

16-4-18　图示超静定刚架用力法计算时,可选取的基本体系是(　　)。

A. 图 a)、图 b)和图 c)

B. 图 a)、图 b)和图 d)

C. 图 b)、图 c)和图 d)

D. 图 a)、图 c)和图 d)

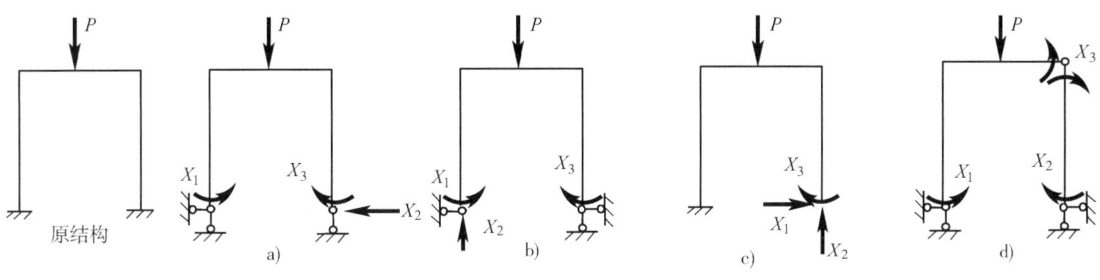

题 16-4-18 图

16-4-19　图示两刚架的 EI 均为常数,已知 $EI_a = 4EI_b$,则图 a)刚架各截面弯矩为图 b)刚架各相应截面弯矩的(　　)。

A. 2 倍　　B. 1 倍　　C. $\frac{1}{2}$　　D. $\frac{1}{4}$

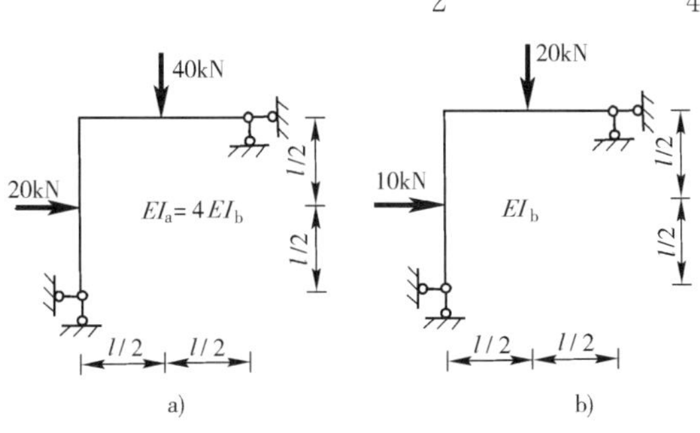

题 16-4-19 图

16-4-20　图 a)结构,取图 b)为力法基本体系,相应力法方程为 $\delta_{11}X_1 + \Delta_{1C} = 0$,其中 Δ_{1C} 为(　　)。

A. $\Delta_1 + \Delta_2$　　B. $\Delta_1 + \Delta_3$　　C. $\Delta_2 - \Delta_3$　　D. $\Delta_1 - 2\Delta_2$

16-4-21　图示结构用位移法计算时的基本未知量最小数目为(　　)。

A. 10　　B. 9　　C. 8　　D. 7

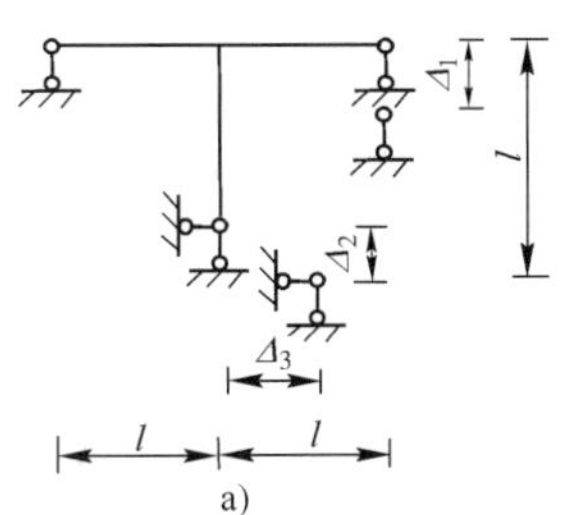

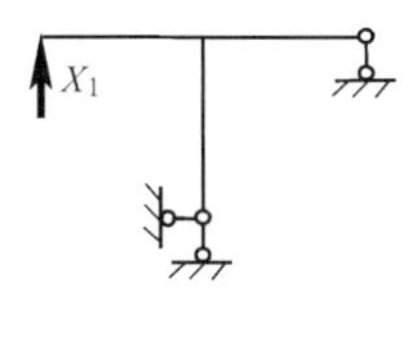

题 16-4-20 图

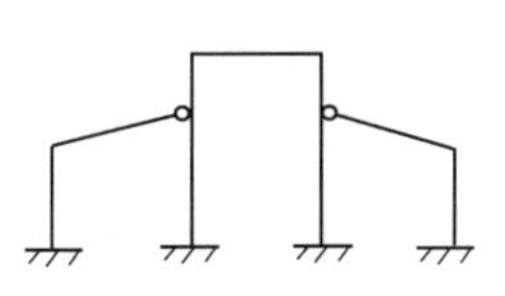

题 16-4-21 图

16-4-22　图示结构 EI＝常数，欲使节点 B 的转角为零，比值 P_1/P_2 应为(　　)。

A. 1.5　　B. 2　　C. 2.5　　D. 3

16-4-23　图示连续梁 EI＝常数，已知支承 B 处梁截面转角为：$-7Pl^2/240EI$（逆时针向），则支承 C 处梁截面转角 φ_C 应为(　　)。

A. $Pl^2/60EI$　　B. $Pl^2/120EI$

C. $Pl^2/180EI$　　D. $Pl^2/240EI$

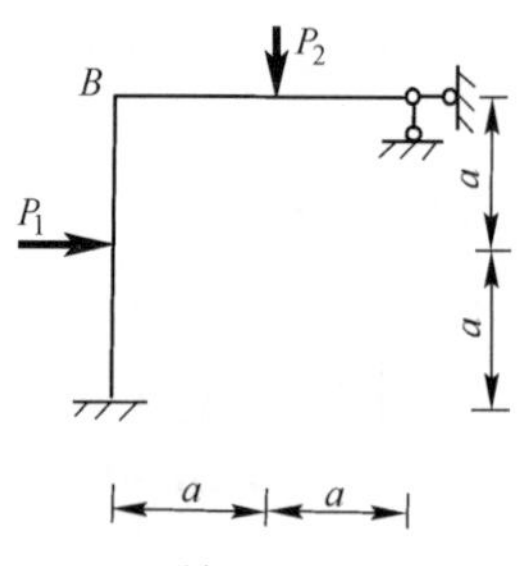

题 16-4-22 图

题 16-4-23 图

16-4-24　图示结构 EI＝常数，已知节点 C 的水平线位移为 $\Delta_{CH}=7ql^4/184EI(\rightarrow)$，则节点 C 的角位移 φ_C 应为(　　)。

A. $ql^3/46EI$(顺时针向)　　B. $-ql^3/46EI$(逆时针向)

C. $3ql^3/92EI$(顺时针向)　　D. $-3ql^3/92EI$(逆时针向)

16-4-25　图示刚架各杆线刚度 i 相同，则节点 A 的转角大小为(　　)。

A. $m_0/(9i)$　　B. $m_0/(8i)$　　C. $m_0/(11i)$　　D. $m_0/(4i)$

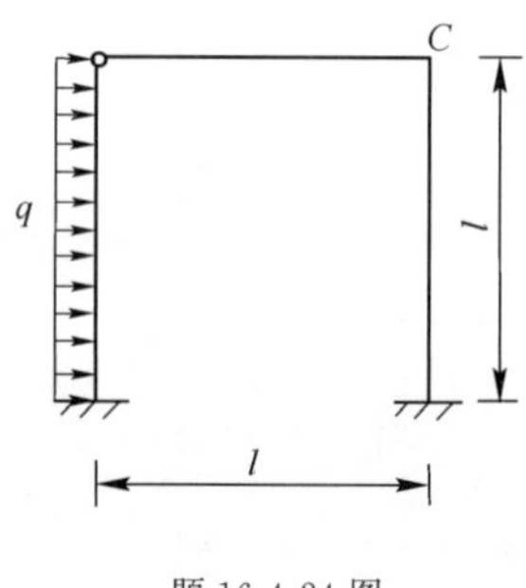

题 16-4-24 图

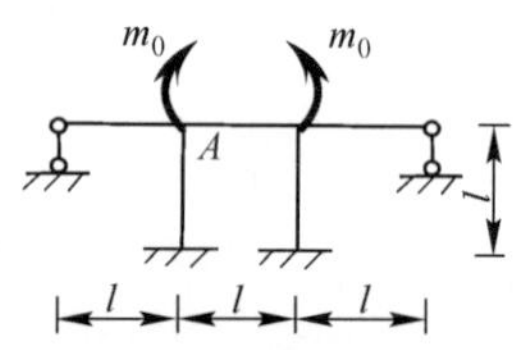

题 16-4-25 图

16-4-26　图示排架，已知各单柱柱顶有单位水平力时产生柱顶水平位移为 $\delta_{AB}=\delta_{EF}=h/100D$，$\delta_{CD}=h/200D$，$D$ 为与柱刚度有关的给定常数，则此结构柱顶水平位移为(　　)。

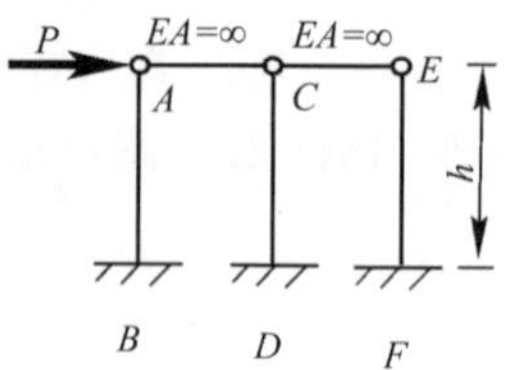

题 16-4-26 图

A. $5Ph/(200D)$

B. $Ph/(100D)$

C. $Ph/(200D)$

D. $Ph/(400D)$

16-4-27　图示两结构中，正确的弯矩关系为(　　)。

A. $|M_A|=|M_C|$　　B. $|M_D|=|M_F|$

C. $|M_A|=|M_D|$　　D. $|M_C|=|M_F|$

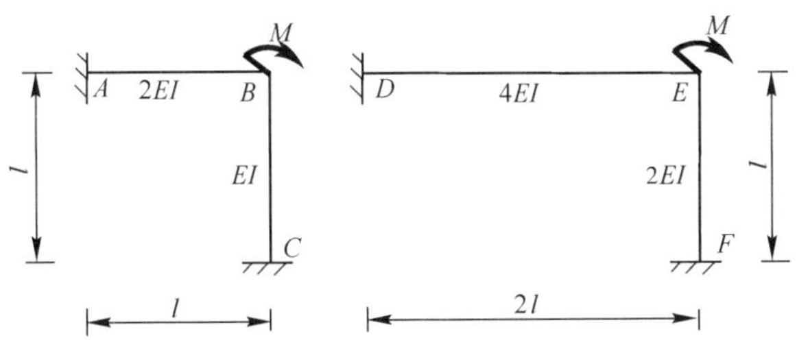

题 16-4-27 图

16-4-28　图示铰接排架，如略去杆件的轴向变形，当 A 点发生单位水平位移时，则 P 的大小为（　　）。

A. $6\dfrac{EI}{h^3}$　　B. $12\dfrac{EI}{h^3}$　　C. $24\dfrac{EI}{h^3}$　　D. $48\dfrac{EI}{h^3}$

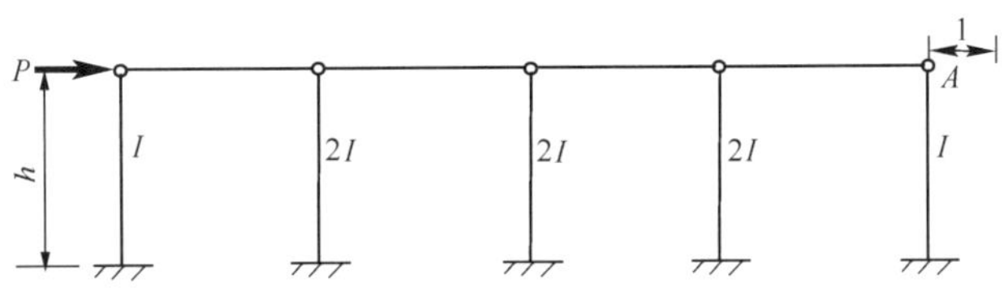

题 16-4-28 图

16-4-29　图示结构各杆 EI 常数，截面 C、D 两处的弯矩值 M_C、M_D 分别为（　　）。（单位：kN · m）

A. 1.0，2.0　　B. 2.0，1.0

C. −1.0，−2.0　　D. −2.0，−1.0

16-4-30　已知刚架的弯矩图如图所示，A B 杆的抗弯刚度为 EI，BC 杆的为 $2EI$，则节点 B 的角位移等于（　　）。

A. $10/3EI$　　B. $20/EI$

C. $20/3EI$　　D. 由于荷载未给出，无法求出

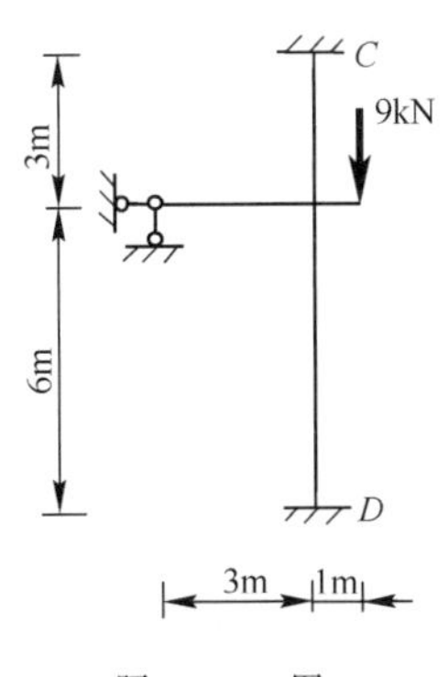

题 16-4-29 图

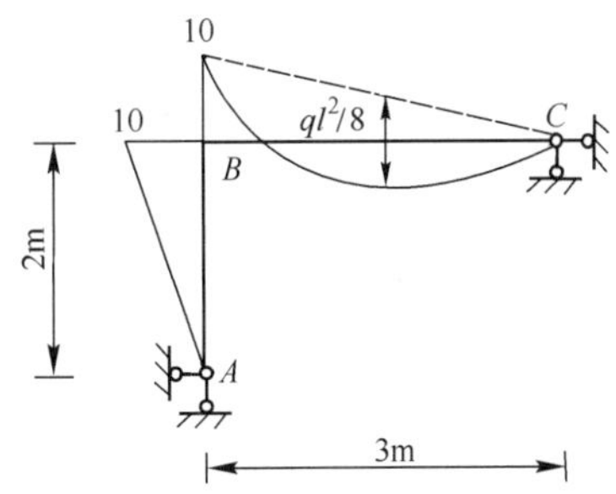

题 16-4-30 图

16-4-31　用位移法计算图示刚架时位移法方程的主系数 k_{11} 等于（　　）。

A. $4\dfrac{EI}{l}$　　B. $6\dfrac{EI}{l}$　　C. $10\dfrac{EI}{l}$　　D. $12\dfrac{EI}{l}$

16-4-32　图示杆件 AB 之 A 端转动刚度（劲度）系数是（　　）。

A. A 端单位角位移引起 B 端的弯矩

B. A 端单位角位移引起 A 端的弯矩

C. B 端单位角位移引起 A 端的弯矩

D. B 端单位角位移引起 B 端的弯矩

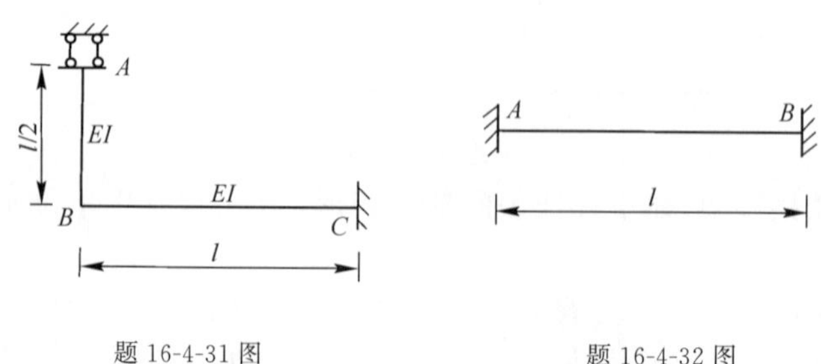

题 16-4-31 图　　　　题 16-4-32 图

16-4-33　图示各结构中，除特殊注明者外，各杆件 $EI=$常数。其中不能直接用力矩分配法计算的结构是(　　)。

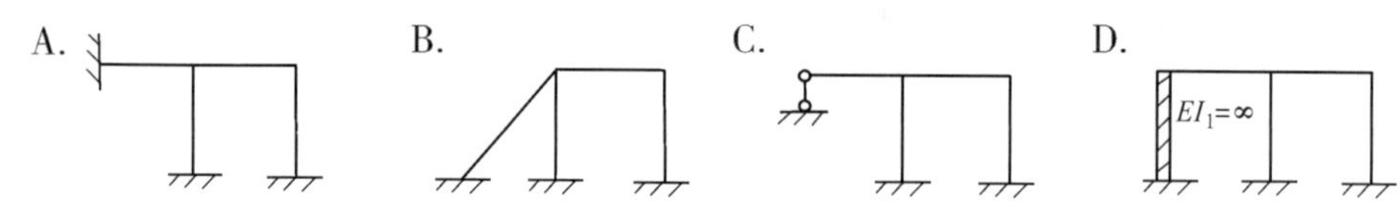

16-4-34　图示对称刚架在节点力偶作用下，弯矩图的正确形状是(　　)。

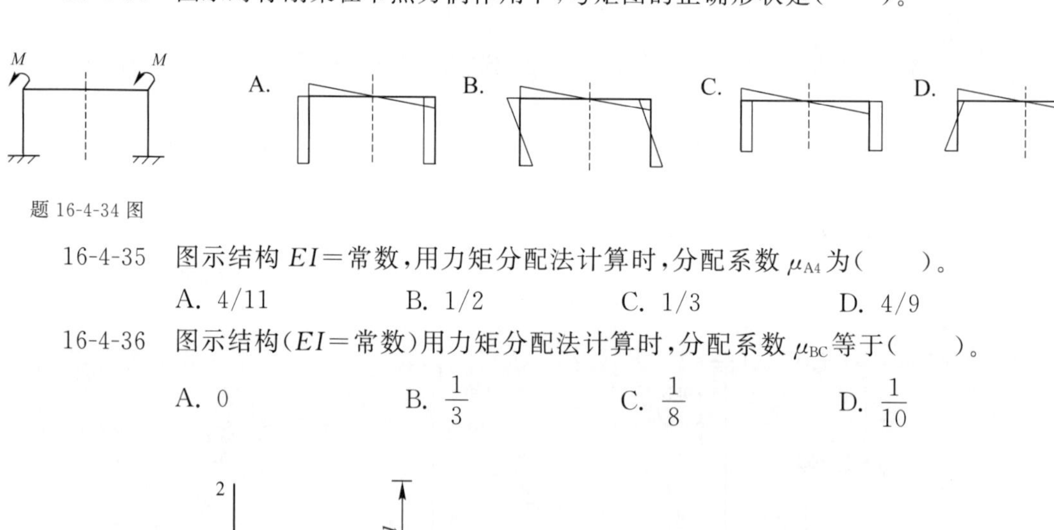

题 16-4-34 图

16-4-35　图示结构 $EI=$常数，用力矩分配法计算时，分配系数 μ_{A4} 为(　　)。

A. 4/11　　B. 1/2　　C. 1/3　　D. 4/9

16-4-36　图示结构($EI=$常数)用力矩分配法计算时，分配系数 μ_{BC} 等于(　　)。

A. 0　　B. $\frac{1}{3}$　　C. $\frac{1}{8}$　　D. $\frac{1}{10}$

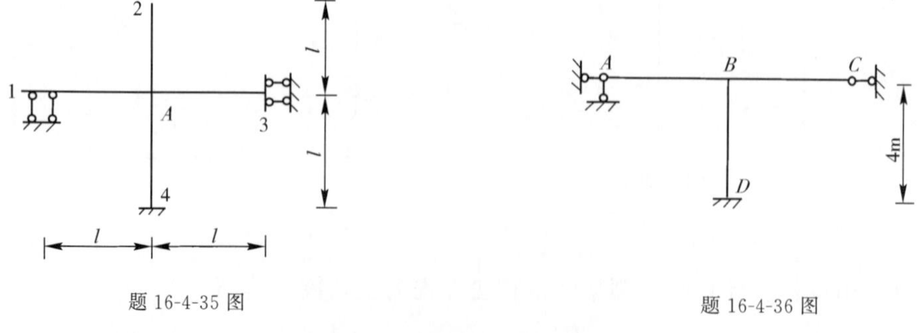

题 16-4-35 图　　　　题 16-4-36 图

16-4-37　图示各结构，可直接用力矩分配法计算的为(　　)。

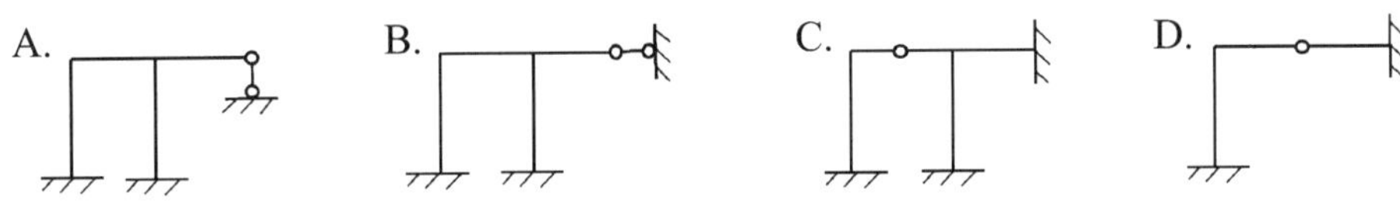

题 16-4-37 图

16-4-38　图示结构的最终弯矩 M_{BA} 和 M_{BC} 分别为(　　)。

A. 0.5M,0.5M　　B. 0.4M,0.6M

C. 3/7M,4/7M　　D. 0.6M,0.4M

16-4-39　图示结构用力矩分配法计算时,分配系数 μ_{BC} 等于(　　)。

A. $\frac{1}{8}$　　B. $\frac{3}{10}$　　C. $\frac{5}{21}$　　D. $\frac{5}{17}$

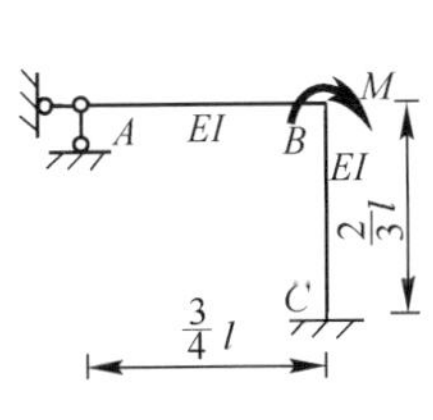

题 16-4-38 图

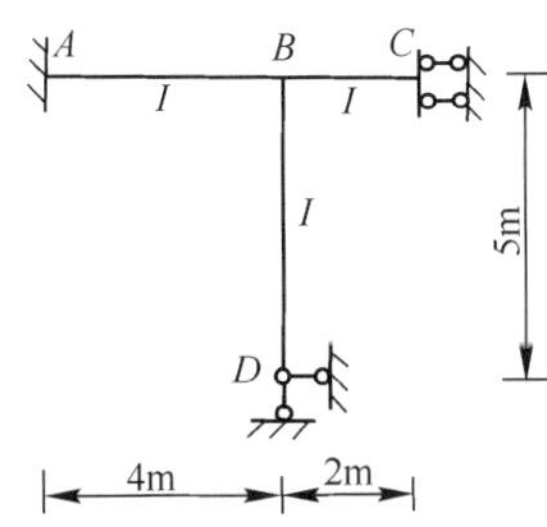

题 16-4-39 图

16-4-40　图示结构各杆线刚度 i 相同,用力矩分配法计算时,力矩分配系数 μ_{BA} 及传递系数 C_{BC} 分别为(　　)。

A. 1/2,0　　B. 4/7, 0　　C. 4/7, $\frac{1}{2}$　　D. 4/5,−1

16-4-41　图示结构各杆线刚度 i 相同,用力矩分配法计算时,力矩分配系数 μ_{BA} 应为(　　)。

A. 1/2　　B. 4/7　　C. 4/5　　D. 1

16-4-42　图示结构各杆线刚度 i 相同,角 $\alpha \neq 0$,用力矩分配法计算时,力矩分配系数 μ_{AB} 应为(　　)。

A. $\frac{1}{8}$　　B. $\frac{3}{10}$　　C. $\frac{4}{11}$　　D. $\frac{1}{3}$

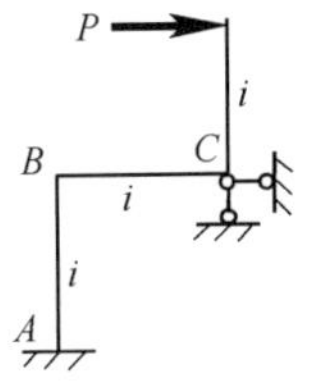

题 16-4-40 图

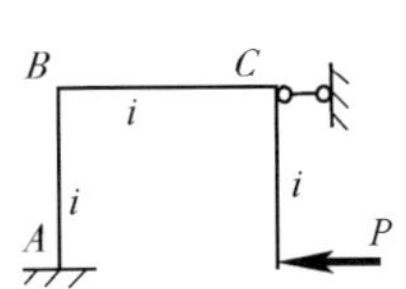

题 16-4-41 图

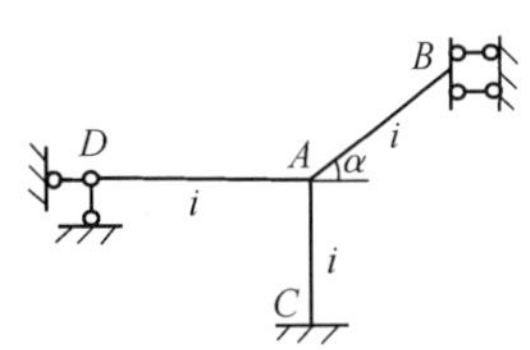

题 16-4-42 图

第五节　影响线及应用

一、影响线的定义

当方向不变(通常向下)的单位集中力 $P=1$ 在结构上移动时,表示结构某量(称为影响量)随单位集中力 $P=1$ 位置变化规律的图线,称为该量的影响线。

$$影响线竖标的量纲=\frac{影响量的量纲}{集中力的量纲}$$

影响线是研究移动荷载作用下结构计算的有力工具。通过叠加原理即可计算实际移动荷载对结构产生的影响。

二、影响线的作法

(一)静力法

通过静力分析作影响线的方法叫静力法。

用静力法作静定结构反力及内力影响线的步骤是:

(1)建立坐标系,用横坐标 x 表示单位集中力的位置;

(2)用平衡方程求影响量,建立影响量与横坐标 x 之间的函数关系,即影响方程;

(3)作影响方程的图像即影响线。

【例 16-5-1】 用静力法作如图所示外伸梁 R_B、R_A、Q_C、M_C、$Q_{B右}$ 及 M_B 的影响线。

解

$$R_B=\frac{x}{l}$$

$$R_A=1-\frac{x}{l}$$

$$Q_C=\begin{cases}-R_B & -c\leqslant x<a\\ +R_A & a<x\leqslant l+d\end{cases}$$

$$M_C=\begin{cases}R_Bb & -c\leqslant x<a\\ R_Aa & a<x\leqslant l+d\end{cases}$$

$$Q_{B右}=\begin{cases}0 & -c\leqslant x<l\\ 1 & l<x\leqslant l+d\end{cases}$$

$$M_B=\begin{cases}0 & -c\leqslant x<l\\ -(x-l) & l<x\leqslant l+d\end{cases}$$

【例 16-5-2】 求如图所示桁架 R_A、R_B、N_{CD}、N_{Cd}、N_{Ab} 及 N_{Dd} 的影响线。

解

$$N_{CD}=\frac{M_d}{h}$$

$$N_{Cd}=\begin{cases}R_B\dfrac{\sqrt{h^2+d^2}}{h} & (P=1\text{ 在 }C\text{ 左})\\ \left(R_B-\dfrac{x}{d}\right)\dfrac{\sqrt{h^2+d^2}}{h} & (P=1\text{ 在 }CD\text{ 上})\\ -R_A\dfrac{\sqrt{h^2+d^2}}{h} & (P=1\text{ 在 }D\text{ 右})\end{cases}$$

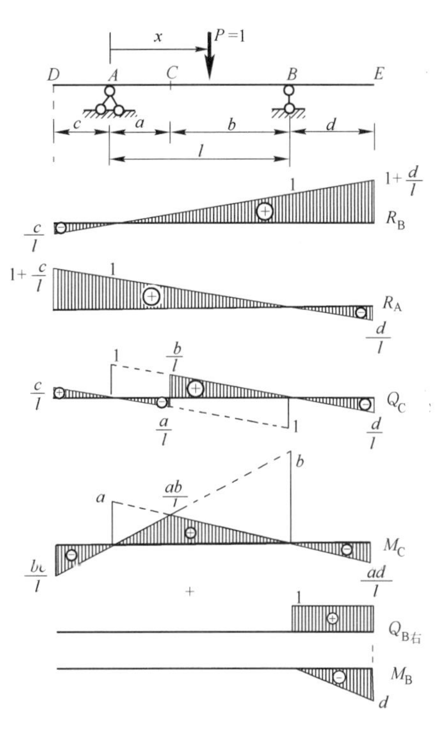

例 16-5-1 图

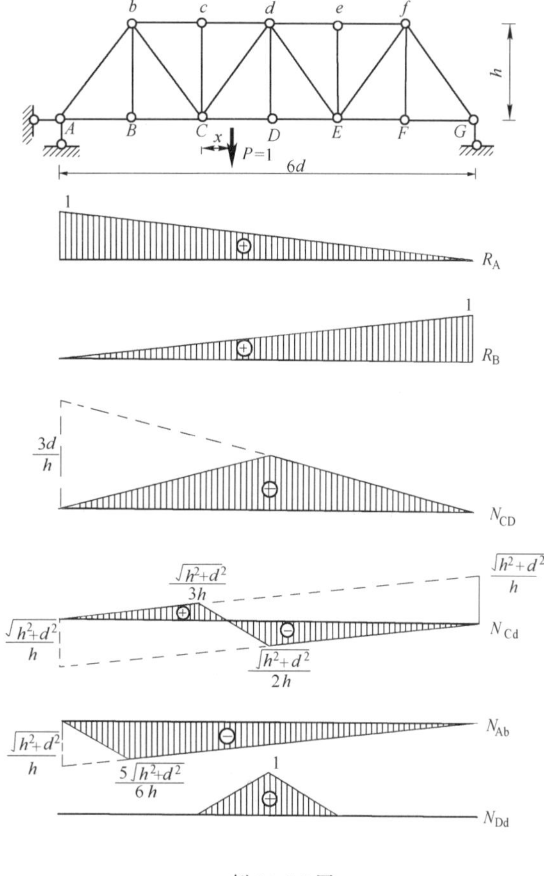

例 16-5-2 图

（二）机动法

利用虚位移原理作影响线的方法叫机动法。如图 16-5-1 所示，应用虚位移原理可得

$$Z \cdot \delta_Z + 1 \cdot \delta_P = 0$$

$$Z = -\frac{1}{\delta_Z}\delta_P \tag{16-5-1}$$

此式表明，δ_P 图即按一定比例代表 Z 的影响线。若取 $\delta_Z = 1$，则

$$Z = -\delta_P \tag{16-5-2}$$

这时，δ_P 图就是 Z 的影响线。

机动法作静定结构反力及内力影响线的步骤是：

(1)撤去与影响量相应的约束，代以正号的影响量 Z。

(2)沿影响量 Z 的正方向给以单位位移，形成机构位移图。

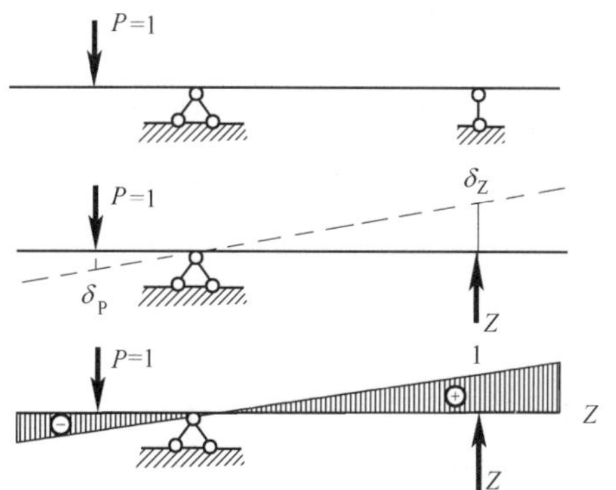

图 16-5-1

(3)单位集中力的作用点，沿单位集中力方向所形成的位移图，即 δ_P 图，就是该影响量 Z 的影响线。在基线以上为正，基线以下为负。

【例 16-5-3】 用机动法作如图所示多跨静定梁 R_E、M_D、Q_D、$Q_{E右}$、Q_B 的影响线。

解 结果见图。

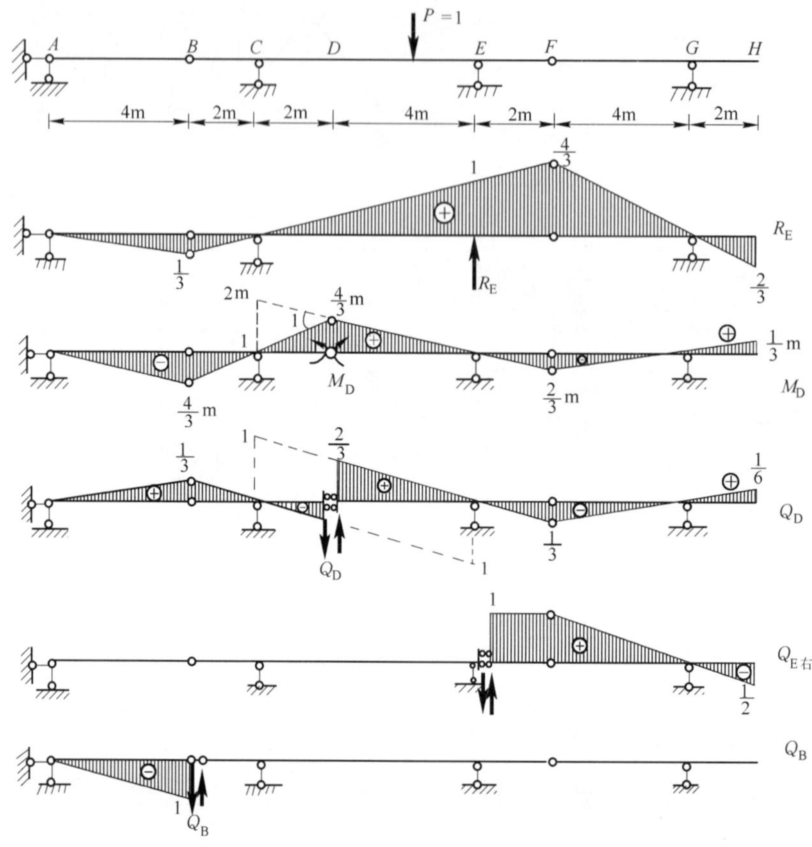

例 16-5-3 图

三、影响线的应用

(一)求固定荷载作用下影响量的值

欲求结构某量 Z 在固定荷载作用下的值,可先作出该量的影响线,应用叠加原理,将固定荷载与其所对应的影响线竖标相乘求和,即为该量的值。

1.集中力系的作用(见图 16-5-2)

$$Z = P_1 y_1 + P_2 y_2 + \cdots + P_n y_n = \sum P y \tag{16-5-3}$$

2.均布荷载的作用(见图 16-5-3)

ω 代表均布荷载所对应的影响线面积,在基线以上取正值,基线以下取负值。

$$Z = \int_A^B y\, q\, \mathrm{d}x = \int_A^B q y\, \mathrm{d}x = q\int_A^B \mathrm{d}\omega = q\omega \tag{16-5-4}$$

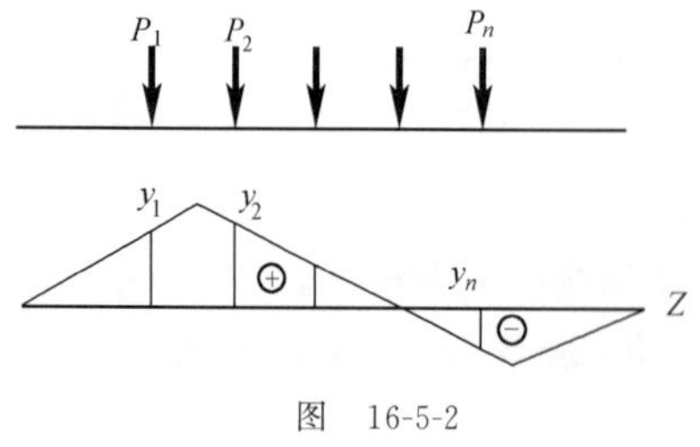

图 16-5-2

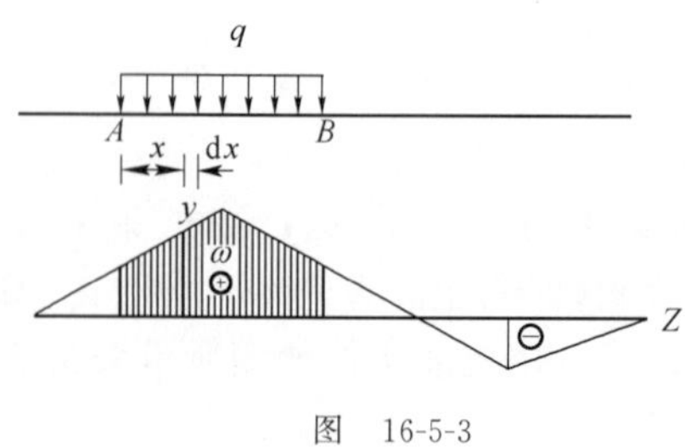

图 16-5-3

【例 16-5-4】 求如图所示梁的 M_D、$Q_{B左}$ 及 $Q_{B右}$。

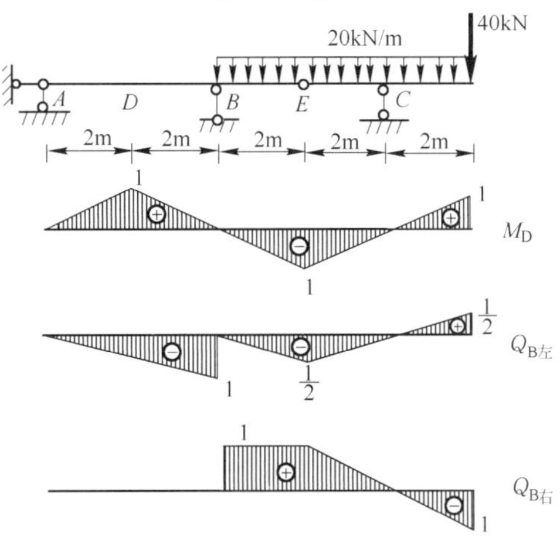

例 16-5-4 图

解

$$M_D=40\times1-20\times\frac{1}{2}\times1\times2=20\text{kN}\cdot\text{m}$$

$$Q_{B左}=40\times\left(\frac{1}{2}\right)-20\times\frac{1}{2}\times\frac{1}{2}\times2=10\text{kN}$$

$$Q_{B右}=40\times(-1)+20\times1\times2=0$$

（二）求移动荷载的最不利位置

使结构某量 Z 产生最大值 Z_{max}（或最小值 Z_{min}）相应的荷载位置，称为该量 Z 的荷载最不利位置。它可利用 Z 的影响线来确定。

1.简单情况

(1)单个集中力 P 的作用：P 在影响线最大竖标位置产生 Z_{max}，P 在影响线最小竖标位置产生 Z_{min}，如图 16-5-4a)、b)所示。

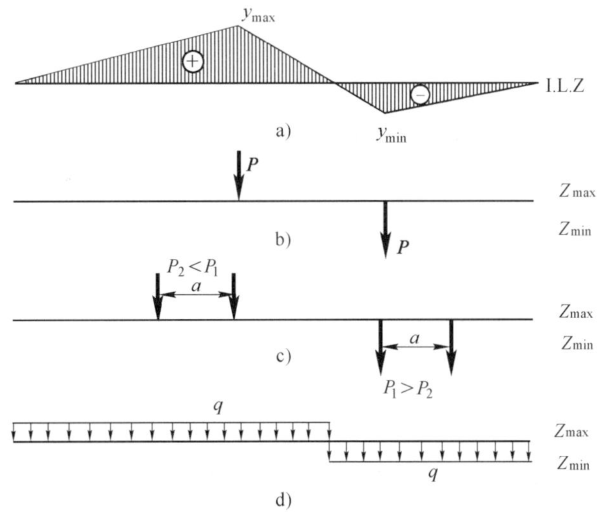

图 16-5-4

(2)间距不变的两个集中力的作用：如汽车的轮压，这时常需考虑汽车掉头。将较大的荷载放在影响线最大（最小）竖标的位置，而将另一荷载放在影响线坡度较缓的一侧，可得 Z_{max}（Z_{min}），如图 16-5-4a)、c)所示。

(3)长度任意的均布荷载作用：将正号(负号)影响线面积相应的位置布置均布荷载，可得 $Z_{max}(Z_{min})$，如图 16-5-4a)、d)所示。

2.一般情况

在一般行列荷载(大小、间距不变的多个集中力，如火车、汽车车队的轮压)作用下，常需先判断荷载的临界位置，再在所有临界位置中选择荷载的最不利位置。

荷载的临界位置是指使结构某量 Z 产生极值相应的荷载位置，下面讨论其判别准则。

(1)多边形影响线

如图 16-5-5 所示，当荷载移动 Δx 时，影响量 Z 的增量

$$\Delta Z=\Delta x\sum R_i\tan\alpha_i$$

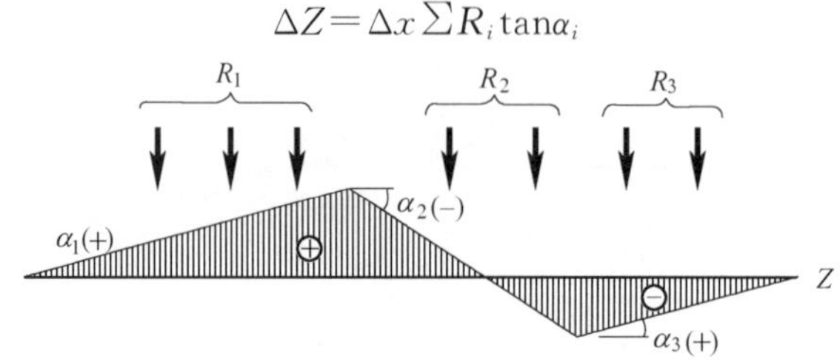

图 16-5-5

若荷载在 Z_{max} 的临界位置，则要求当荷载前进 $\Delta x>0$ 时，$\sum R_i\tan\alpha_i\leqslant 0$；当荷载后退 $\Delta x<0$ 时，$\sum R_i\tan\alpha_i\geqslant 0$。

由此可推断，必有某一集中力 P_K 在影响线的某一个顶点上，P_K 称为该顶点的临界荷载。一个影响线顶点可能对应有若干个临界荷载及相应的临界位置，计算各临界位置相应的 Z 值，并求出其中的最大值 Z_{max}，与最大值 Z_{max} 相应的荷载位置即为最不利荷载位置。

(2)三角形影响线(见图 16-5-6)

Z_{max} 的临界位置应满足

$$\frac{R_{左}}{a}\leqslant\frac{P_K+R_{右}}{b} \tag{16-5-5}$$

$$\frac{R_{左}+P_K}{a}\geqslant\frac{R_{右}}{b} \tag{16-5-6}$$

即将 P_K 算在哪边，哪边的平均荷载大。

若荷载为定长均布荷载，Z_{max} 的最不利荷载位置应满足(见图 16-5-7)

$$\frac{R_{左}}{a}=\frac{R_{右}}{b} \tag{16-5-7}$$

即

$$y_1=y_2$$

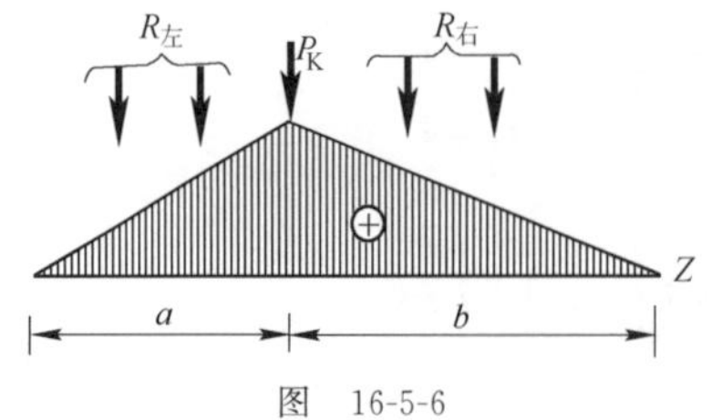

图 16-5-6

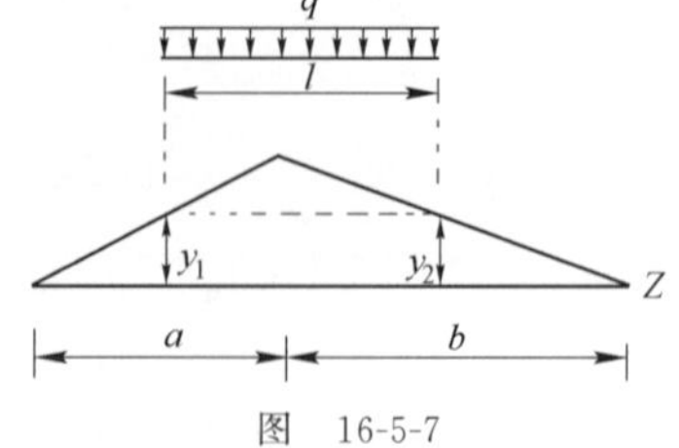

图 16-5-7

四、连续梁的影响线及内力包络图的概念

(一)连续梁的影响线

为求结构某量 Z[如图 16-5-8a)中的 R_D]的影响线，撤去与 Z 相应的约束，沿 Z 的正方向

给以单位位移,如图 16-5-8b)所示,根据反力位移互等定理可得

$$Z=-\delta_P \tag{16-5-8}$$

即由此所得 δ_P 图就是 Z 的影响线,基线以上为正,基线以下为负。

图 16-5-8c)为 Q_K 的影响线。

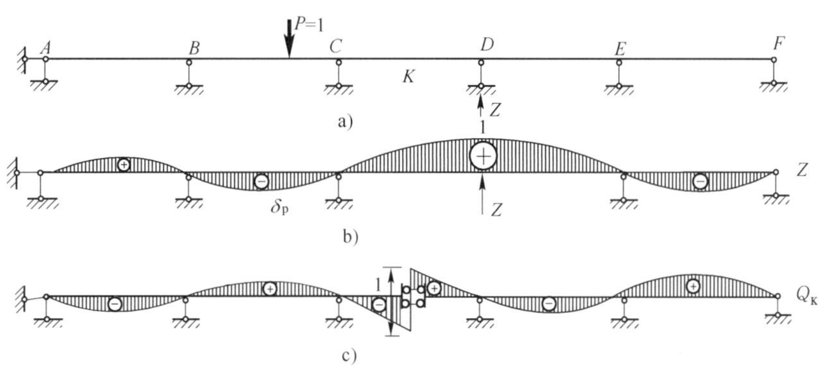

图 16-5-8

(二)连续梁的均布活载最不利分布

作出连续梁某内力(如跨中弯矩、支座弯矩)的影响线形状,即可布置均布活载最不利分布,如图 16-5-9 所示。

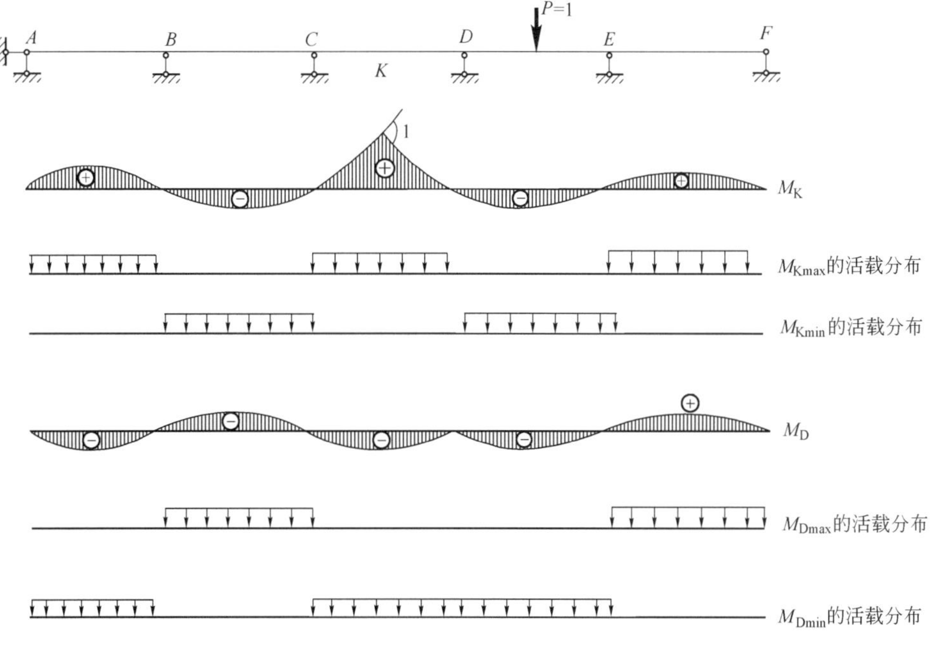

图 16-5-9

(三)内力包络图的概念

考虑结构在恒载作用下产生的内力及各种活载最不利影响所产生的内力加以组合,每个截面都可算出实际可能产生的内力的最大值及最小值,用图形表示,将各截面内力最大值连接

起来所形成的曲线，称为最大内力包络曲线；将各截面内力最小值连接起来所形成的曲线，称为最小内力包络曲线，这两条曲线即形成内力包络图，它表示在各种可能荷载作用下截面内力的变化范围。有了内力包络图，就可知道结构上所有截面可能出现的最大内力及最小内力（负号最大内力），并以此作为设计的依据。

五、注意事项及例题分析

(1)影响线这部分内容要求掌握影响线的概念、作法及应用这三个问题，其中正确清楚地理解影响线的定义非常重要，是掌握好这部分内容的关键。对影响线的定义不但要能从字面叙述上理解，而且还一定要清楚地理解其坐标的含义：影响线上点的横坐标表示单位移动荷载的位置，而纵坐标（竖标、竖距）表示影响量（某反力、某截面内力等）的值。有的选择题（如求与结构某点相对应的影响线竖标）就可直接据此概念求解回答。

(2)静定结构反力、内力影响线均由直线组成，而连续梁属超静定结构，其反力、内力影响线为曲线。对于含有局部静定部分（如悬臂端、杆端为滑动约束的剪力静定杆）的超静定结构，要注意，静定力的影响线为直线，而超静定力的影响线为曲线。

(3)作影响线的静力法、机动法各有其优点。静力法是基本方法，要求能熟练用静力法作静定单跨梁反力、内力的影响线，并熟记这些影响线的特点。对于单跨和多跨静定梁可以很容易地用机动法作出其影响线，而对于桁架等其他结构，一般不易准确判断机构位移图；这时可按影响线竖标含义，用静力法求出控制点，连以直线。连续梁影响线的形状由机动法绘出，注意变形曲线要符合支座的约束性能。

(4)影响线的应用需掌握固定荷载作用下影响量值的计算，能确定较简单情况的最不利荷载位置。懂得内力包络图的概念。

【例 16-5-5】 如图 a)所示结构，杆①轴力（以受拉为正）影响线正确的是：

A. 图 b)　　B. 图 c)　　C. 图 d)　　D. 图 e)

解 $P=1$ 在 A 点时，$N_1=-\frac{\sqrt{2}}{2}$，$P=1$ 在 B 点时，$N_1=0$，可知 N_1 影响线正确的是图 c)。

答案：B

例 16-5-5 图

【例 16-5-6】 如图所示桁架，杆①轴力（以受拉为正）影响线在与节点 C 对应位置的竖标为：

A. $-\frac{1}{4}$　　B. $\frac{1}{4}$

C. $\frac{3}{16}$　　D. $\frac{5}{16}$

解 将 $P=1$ 放在 C 点，可求得

$$N_1=\frac{1}{4}\times\frac{5}{4}=\frac{5}{16}\text{（拉）}$$

答案：D

【例 16-5-7】 如图所示结构，单位力 $P=1$ 在 EF 范围内移动，构成弯矩（下侧受拉为正）M_C 影响线的是：

A. 一条向右上方倾斜的直线　　B. 一条向右下方倾斜的直线

C. 一条平行于基线的直线　　D. 两条倾斜的直线

解　若按静力法，$M_C=\frac{1}{4}N_{CD}l$（N_{CD}压力为正），M_C 与 N_{CD} 影响线成比例，为一条过基线左端点向右上方倾斜的直线。也可按 $M_C=R_B\cdot\frac{l}{2}$作出判断。

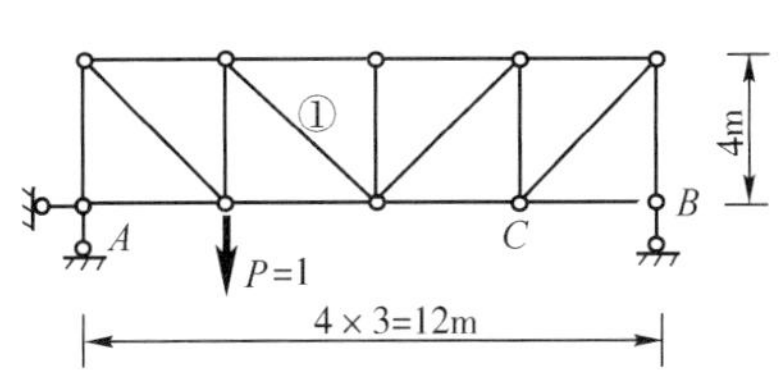

例 16-5-6 图

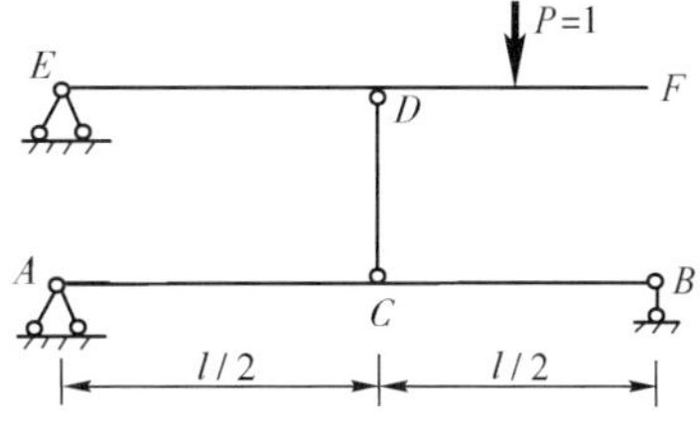

例 16-5-7 图

若按机动法，将 C 处刚结变铰接，沿正号弯矩 M_C 方向给以单位相对转角，这时杆 EF 向右上方倾斜，形成 δ_P 图，即 M_C 的影响线。

答案：A

【例 16-5-8】　图示圆弧曲梁 K 截面轴力F_{NK}（受拉为正）影响线在 C 点竖标为：

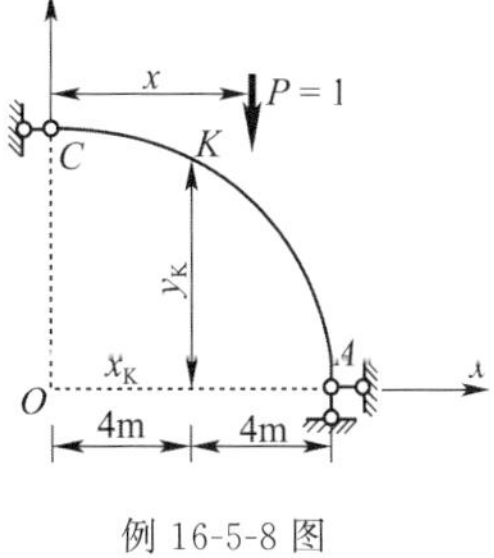

例 16-5-8 图

A. $\frac{\sqrt{3}-1}{2}$　　B. $-\frac{\sqrt{3}-1}{2}$

C. $\frac{\sqrt{3}+1}{2}$　　D. $-\frac{\sqrt{3}+1}{2}$

解　所求即为当单位移动荷载行至 C 点（$x=0$）时 K 截面的轴力，此时三个反力值均为 1，可用轴力公式计算，也可取 CK 隔离体（见解图）用平衡条件计算。

$N_K(x=0)$　　$N_K(x=0)=-\frac{\sqrt{3}}{2}-\frac{1}{2}=-\frac{\sqrt{3}+1}{2}$

例 16-5-8 解图

答案：D

【例 16-5-9】　图 a)所示简支梁在所示移动荷载下截面 K 的最大弯矩值为：

A. 90kN·m　　B. 120kN·m

C. 150kN·m　　D. 180kN·m

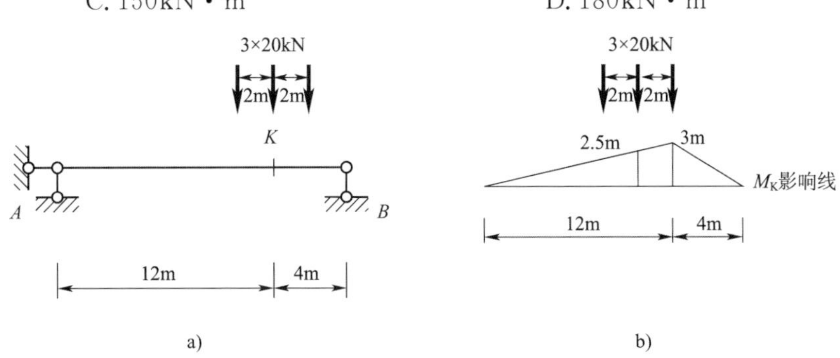

例 16-5-9 图

解　作 M_K 影响线如图 b)所示，按图示荷载最不利位置（用判别式或试算）可得

$$M_{K,max}=3\times20\times2.5=150\text{kN}\cdot\text{m}$$

答案:C

【例 16-5-10】 如图 a)所示梁，承受两个间距不变的移动荷载作用，截面 B 弯矩 M_B 绝对值最大为：

A. 30kN·m　　B. 35kN·m

C. 40kN·m　　D. 45kN·m

解 作出 M_B 影响线如图 b)所示，将较大荷载 15kN 放置在影响线顶点对应的位置 C 处，另一荷载 10kN 放置在影响线的右侧，则

$$M_B=15\times2+10\times1=40\text{kN}\cdot\text{m}$$

答案:C

【例 16-5-11】 如图所示连续梁，截面 K 的剪力 Q_K、弯矩 M_K 的影响线在 AK 段分别为：

A. 曲线、曲线　　B. 直线、直线

C. 曲线、直线　　D. 直线、曲线

解 剪力 Q_K 为静定力，其影响线由直线组成，弯矩 M_K 为超静定力，其影响线为曲线。

答案:D

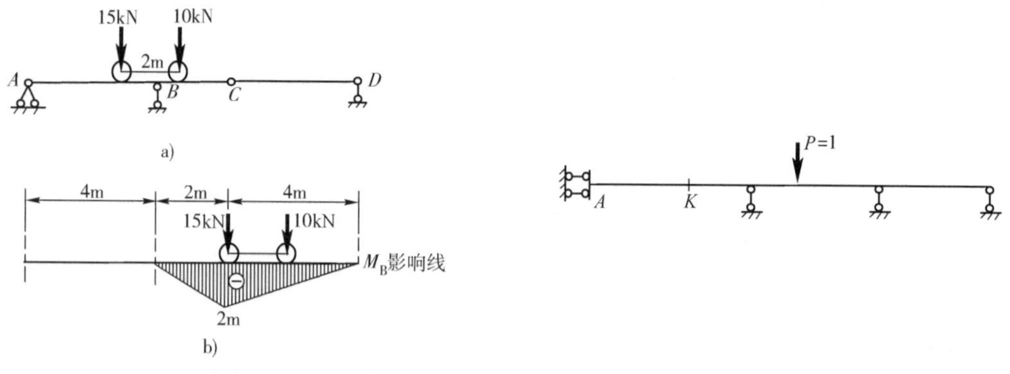

例 16-5-10 图　　例 16-5-11 图

【例 16-5-12】 图示简支梁在移动荷载作用下截面 K 的最大弯矩值是：

A. 120kN·m　　B. 140kN·m　　C. 160kN·m　　D. 180kN·m

解 作 M_K 影响线并布置荷载不利位置如解图所示，可得 $M_K=140\text{kN}\cdot\text{m}$

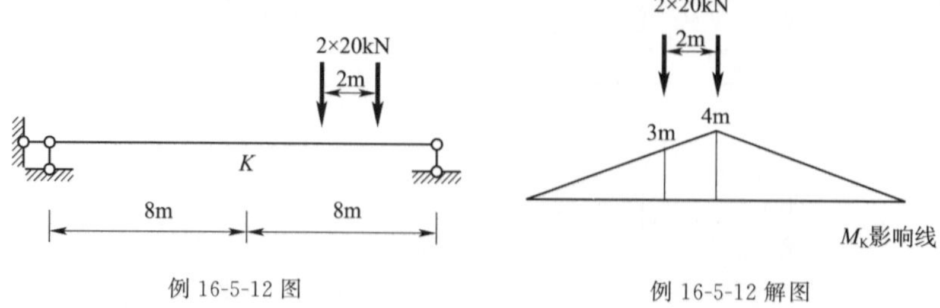

例 16-5-12 图　　例 16-5-12 解图

答案:B

习　　题

16-5-1　图示结构 M_A 影响线($P=1$ 在 BE 上移动,M_A 右侧受拉为正)在 B、D 两点的纵标(单位:m)分别为(　　)。

A. 4,4　　B. −4,−4　　C. 0,−4　　D. 0,4

16-5-2　图示结构剪力 $Q_{C右}$ 的影响线正确的是(　　)。

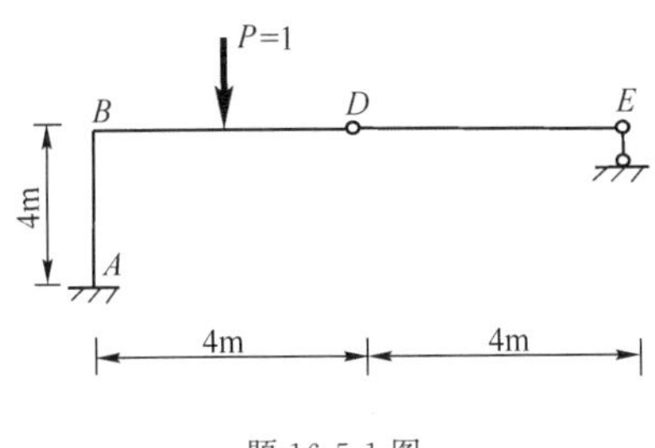

题 16-5-1 图

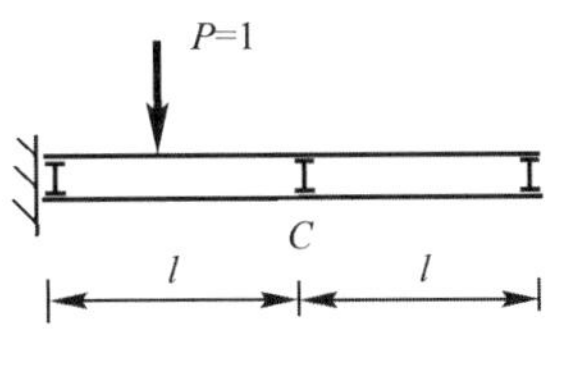

题 16-5-2 图

A. ⊕ 1　　B. ⊕ 1

C. ⊕ 1　　D. 1 ⊕

16-5-3　图示结构弯矩 M_K 影响线在 K 点的竖标为(　　)。

A. $1.414d/2$　　B. $d/4$　　C. 0　　D. $d/2$

16-5-4　如图所示,欲使剪力 Q_K 出现最大值 Q_{Kmax},均布活荷载的布置应为(　　)。

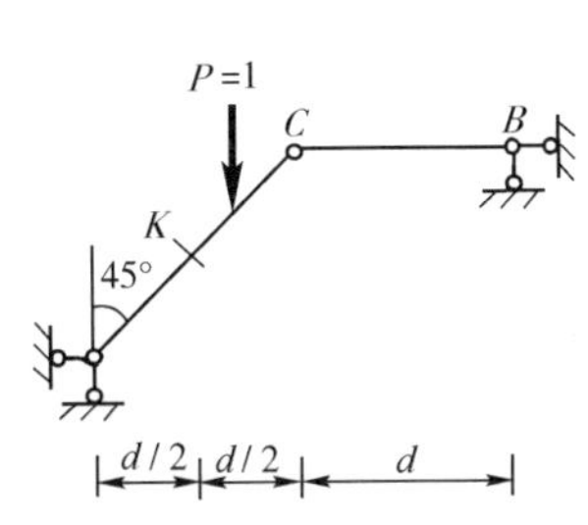

题 16-5-3 图

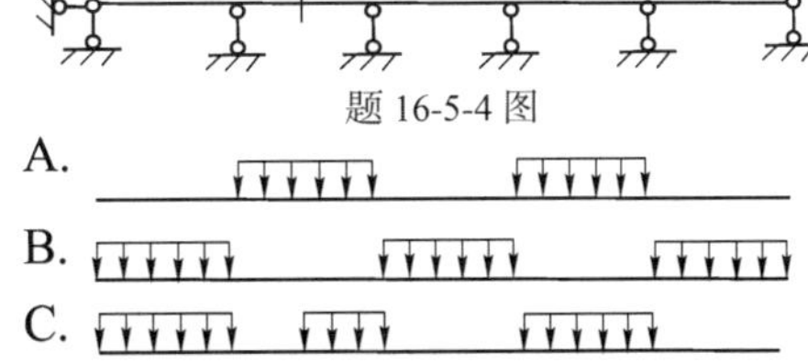

题 16-5-4 图

A.

B.

C.

D.

16-5-5　图示支座反力 R_C 的影响线形状应为(　　)。

16-5-6　单位力 $P=1$ 沿图示桁架下弦移动,杆①内力影响线为(　　)。

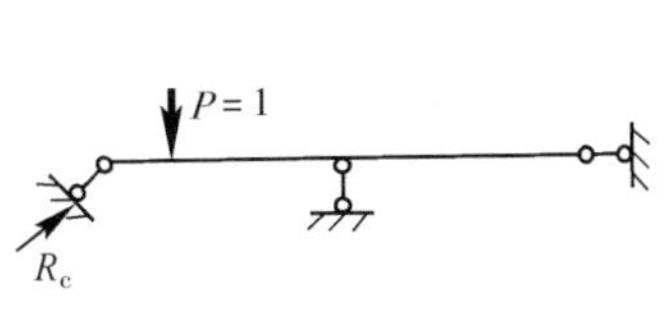

题 16-5-5 图

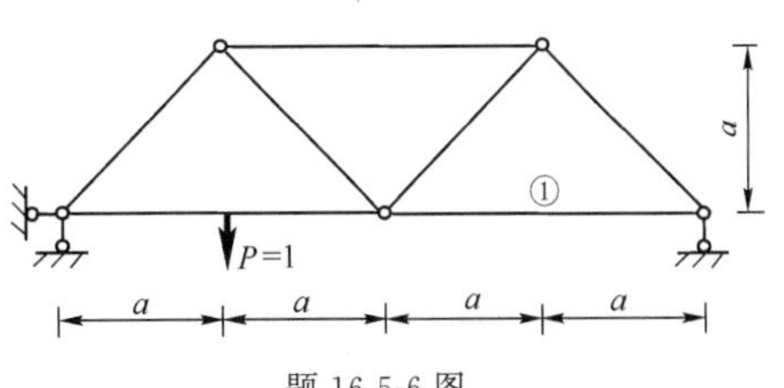

题 16-5-6 图

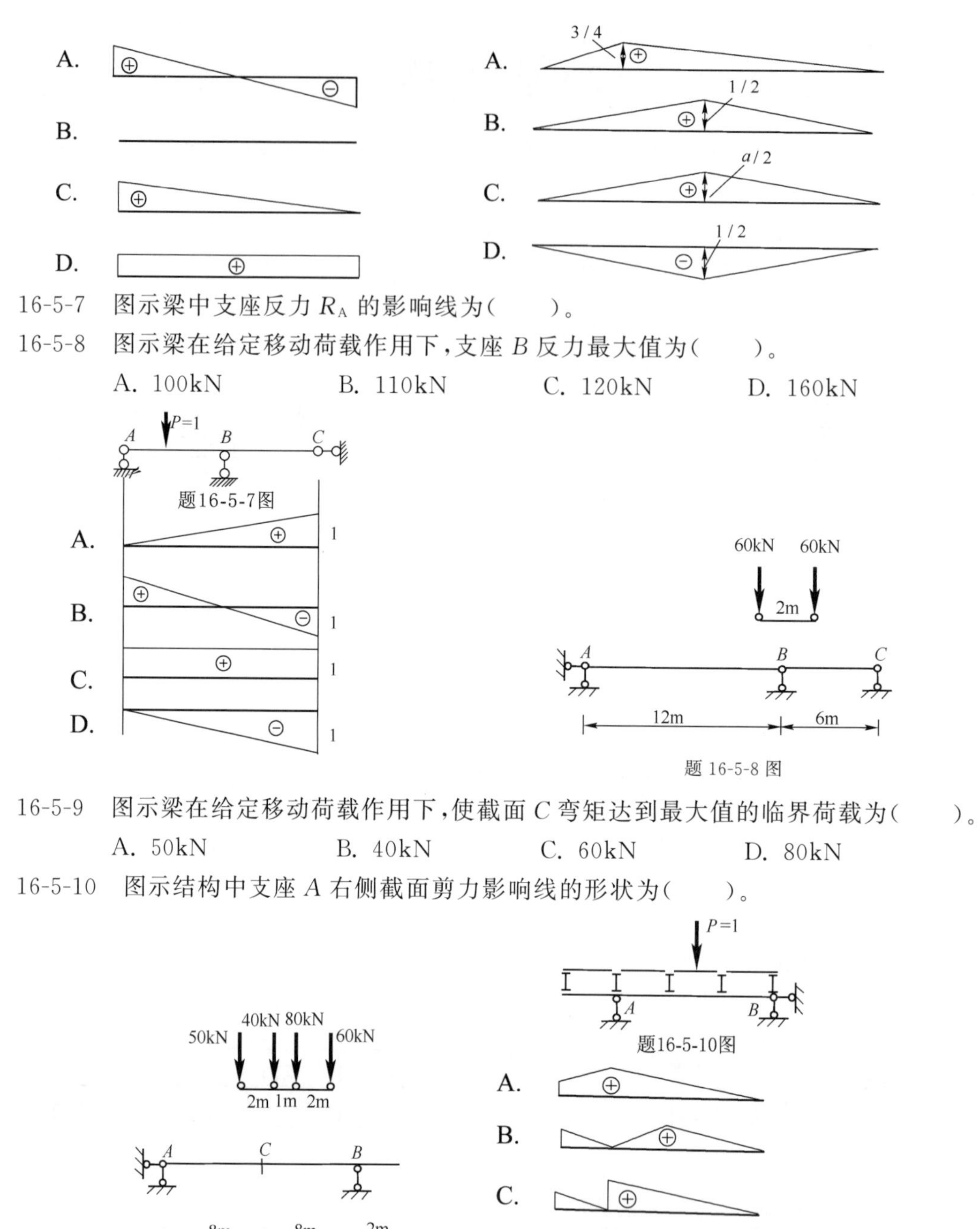

16-5-7　图示梁中支座反力 R_A 的影响线为(　　)。

16-5-8　图示梁在给定移动荷载作用下,支座 B 反力最大值为(　　)。

A. 100kN　　B. 110kN　　C. 120kN　　D. 160kN

16-5-9　图示梁在给定移动荷载作用下,使截面 C 弯矩达到最大值的临界荷载为(　　)。

A. 50kN　　B. 40kN　　C. 60kN　　D. 80kN

16-5-10　图示结构中支座 A 右侧截面剪力影响线的形状为(　　)。

第六节　结构的动力特性与动力反应

一、结构动力计算的特点

结构在动力荷载作用下的计算称为动力计算,其特点是荷载的大小、方向、作用位置随时间而变化,在结构中引起的内力和位移也都随时间而变化。结构产生明显的振动,各质点产生的加速度不能忽略。计算时必须考虑惯性力的作用。

结构在动力荷载作用下所产生的动内力和动位移等,通常称为动力反应。结构的动力反应不仅与所受动力荷载的量值及变化规律有关,而且与结构本身的动力特性(结构本身内在因素所决定的特性,如自振频率、振型及阻尼等)有密切关系。所以,结构的动力计算首先要研究结构的动力特性,求结构的自振频率及振型,然后再研究结构的动力反应,求在给定动力荷载作用下所产生的动内力及动位移。

结构动力计算的基本原理与基本方法是应用达朗伯原理,采用动静法,即结构除受实际作用力以外,若设想在各质点加上惯性力的作用,则结构在实际受力及惯性力的共同作用下,每一瞬时都处于形式上的平衡状态(动力平衡),从而可以用静力分析的手段解决动力计算问题。

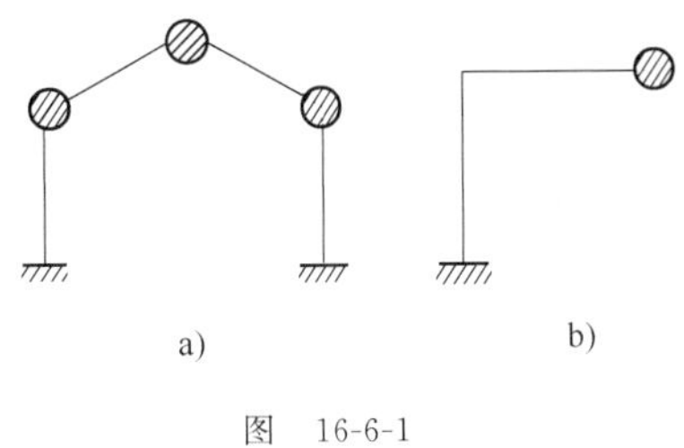

图 16-6-1

结构的动力计算需首先选取合理的计算模型,确定其动力自由度。为确定运动体系全部质体位置所需独立几何参数的数目称为该体系的动力自由度。它与计算要求的精度有关。如图 16-6-1 所示集中质量体系,在忽略受弯杆的轴向变形及质量的前提下,图 16-6-1a)、b)的动力自由度均为 2。

二、单自由度体系的自由振动(无阻尼)

经初始干扰后,体系自身的振动(没有动荷载作用)称为自由振动,研究自由振动是为了掌握体系的动力特性。

图 16-6-2 代表一单自由度振动体系,取静平衡位置为坐标原点,重力 mg 与相应静弹性恢复力 $S_{静}=-k\Delta_{st}$ 满足静力平衡条件,与动位移 $y(t)$ 相应的惯性力 $I(t)=-m\ddot{y}(t)$ 及弹性恢复力 $S(t)=-ky(t)$ 满足动力平衡条件,如图 16-6-2c)所示,则

$$m\ddot{y}(t)+ky(t)=0 \tag{16-6-1}$$

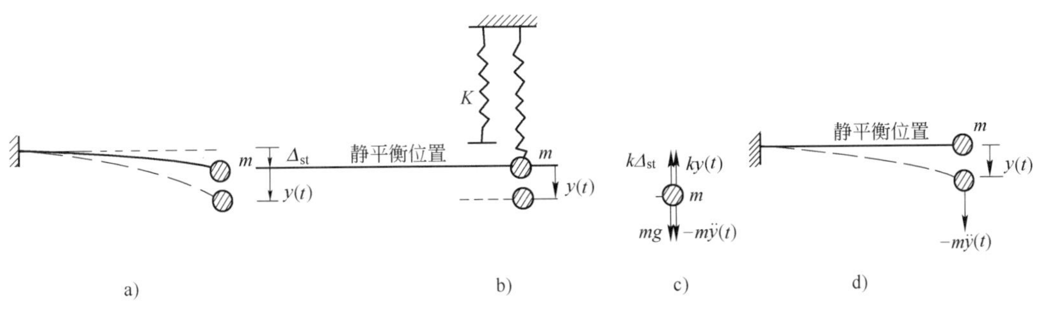

图 16-6-2

这就是单自由度体系自由振动的振动微分方程。这种利用刚度系数 k 建立动力平衡方程的方法称为刚度法。由于刚度系数 k 与柔度系数 δ 互为倒数,故振动微分方程又可写为

$$y(t)=\delta\cdot[-m\ddot{y}(t)] \tag{16-6-2}$$

此式的含义是:动位移就是将惯性力当成静荷载所产生的静位移,如图 16-6-2d)所示,这种利用柔度系数建立位移方程(写动位移的表达式)的方法称为柔度法。

引入

$$\omega=\sqrt{\frac{k}{m}}=\sqrt{\frac{1}{m\delta}}$$

振动微分方程可写成

$$\ddot{y}(t)+\omega^2 y(t)=0 \tag{16-6-3}$$

考虑初始条件，用初位移 y_0 及初速度 v_0 确定积分常数后，可得运动方程

$$\begin{aligned}y(t)&=y_0\cos\omega t+\frac{v_0}{\omega}\sin\omega t\\&=A\sin(\omega t+\alpha)\end{aligned} \tag{16-6-4}$$

其中：振幅 $A=\sqrt{y_0^2+\left(\frac{v_0}{\omega}\right)^2}$

初相角 $\alpha=\arctan\left(\frac{y_0\omega}{v_0}\right)$

由以上的分析可知：

(1)振动微分方程的建立可使用以下两种方法：

①刚度法——建立动力平衡方程。

②柔度法——建立位移方程(动位移的表达式)。

(2)单自由度体系无阻尼自由振动的运动规律是简谐振动，运动状态的描述取决于振幅及初相位角，由初始条件确定。对位移 $y(t)$ 求导可知，加速度及惯性力的值都与位移成正比，三者随时间都按正弦规律变化，并同时达到最大值(幅值)。加速度最大值 $\ddot{y}_{max}=\omega^2 A$，由振幅位置指向平衡位置；惯性力最大值 $I_{max}=m\omega^2 A$，由振幅位置背离平衡位置；而速度的最大值 $\dot{y}_{max}=\omega A$，发生在平衡位置。

(3)体系的动力特性——自振周期 T 和频率 ω。

单自由度体系简谐振动的自振周期为

$$T=\frac{2\pi}{\omega} \tag{16-6-5}$$

其含义为振动一个循环所用的时间，而

$$\omega=\frac{2\pi}{T}$$

为 2π 秒内振动的次数，称为自振圆频率，简称为自振频率。自振周期 T 及频率 ω 都是反映振动快慢的量，是体系本身固有的性质而与外界初始条件无关。

自振频率的计算公式为

$$\omega=\sqrt{\frac{k}{m}}=\sqrt{\frac{1}{m\delta}}=\sqrt{\frac{g}{W\delta}}=\sqrt{\frac{g}{\Delta_{st}}} \tag{16-6-6}$$

可看出 ω^2 与刚度系数 k 成正比而与质量 m 成反比，增加刚度、减小质量可提高自振频率。

【例 16-6-1】 求如图 a)所示刚架的自振频率。

解 由图 b)，刚度系数 k 由两立柱的剪力平衡，可得 $k=\frac{24EI}{h^3}$，$\omega=\sqrt{\frac{24EI}{mh^3}}$。

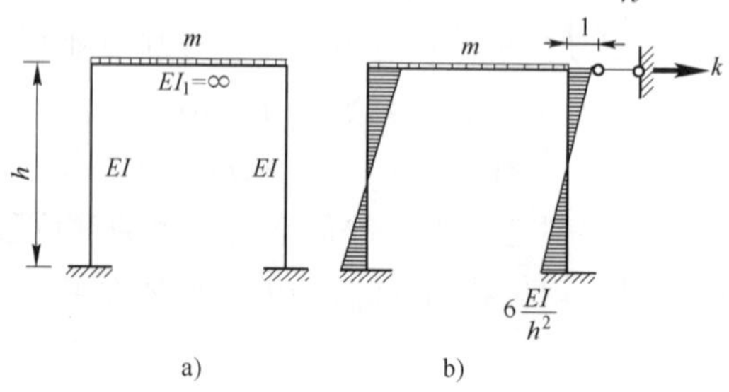

例 16-6-1 图

【例 16-6-2】 求如图 a)所示梁的自振频率,EI=常数。

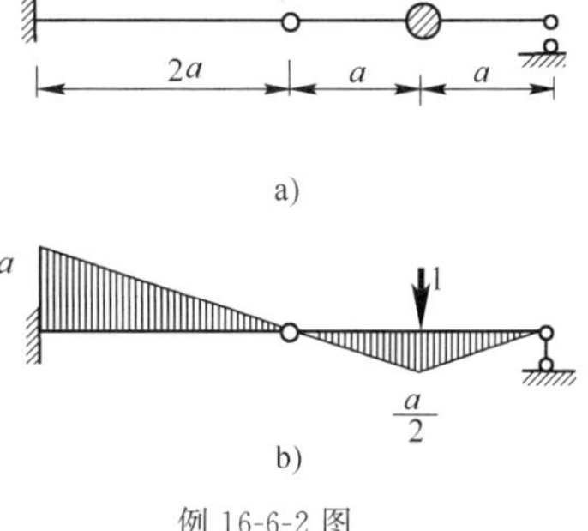

例 16-6-2 图

解 作图 b)自乘,可得

$$\delta=\frac{1}{EI}\left(\frac{1}{2}a\times 2a\times\frac{2}{3}a+2\times\frac{1}{2}\times\frac{a}{2}\times a\times\frac{2}{3}\times\frac{a}{2}\right)$$

$$=\frac{5}{6}\times\frac{a^3}{EI}$$

$$\omega=\sqrt{\frac{6EI}{5ma^3}}$$

【例 16-6-3】 无阻尼等截面梁承受一静力荷载 P,设在 $t=0$ 时,撤掉荷载 P,点 m 的动位移为:

A. $y(t)=\dfrac{Pl^3}{3EI}\cos\sqrt{\dfrac{3EI}{ml^3}}t$

B. $y(t)=\dfrac{Pl^3}{3EI}\sin\sqrt{\dfrac{3EI}{ml^3}}t$

C. $y(t)=\dfrac{Pl^3}{8EI}\cos\sqrt{\dfrac{3EI}{ml^3}}t$

D. $y(t)=\dfrac{Pl^3}{8EI}\sin\sqrt{\dfrac{3EI}{ml^3}}t$

例 16-6-3 图

解 按题意,质点作初速为零、初位移为 $\dfrac{Pl^3}{3EI}$(可用图乘法求)的单自由度体系无阻尼自由振动,其运动方程为 $y(t)=y_0\cos\omega t+\dfrac{v_0}{\omega}\sin\omega t=\dfrac{Pl^3}{3EI}\cos\omega t$ 。

答案:A

三、单自由度体系的强迫振动(无阻尼)

体系在动力荷载(干扰力)作用下的振动称为强迫振动。研究强迫振动是为了计算动力反应,求干扰力引起的动位移、动内力的变化规律,并计算其最大值。

如图 16-6-3 所示的单自由度体系在干扰力 $P(t)$作用下产生强迫振动,其动力平衡方程为

$$I(t)+S(t)+P(t)=0 \tag{16-6-7}$$

当干扰力为简谐荷载 $P(t)=P\sin\theta t$ 时,其振动微分方程为

$$m\ddot{y}(t)+ky(t)=P\sin\theta t \tag{16-6-8}$$

其稳态强迫振动解为

$$y(t)=A\sin\theta t \tag{16-6-9}$$

其中
$$A=\beta y_{st}=\beta\frac{P}{m\omega^2}=\beta\cdot\delta\cdot P$$

β 称为动力系数,其含义是最大动位移(振幅)A 与干扰力幅值所生静位移 y_{st} 的比值,故又称放大系数,其计算公式为

$$\beta=\frac{1}{1-\left(\dfrac{\theta}{\omega}\right)^2} \tag{16-6-10}$$

由式(16-6-10)及其图像(见图 16-6-4)可看出：

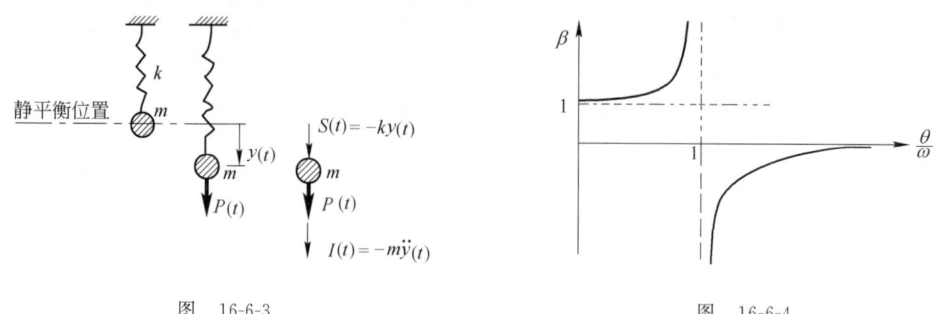

图 16-6-3　　图 16-6-4

(1)当 $0\leqslant\theta<\omega$ 时，β 为正值，动位移与干扰力同向，且 $\beta\geqslant1$，动位移大于干扰力幅值所产生的静位移，β 随$\dfrac{\theta}{\omega}$增大而增大。

(2)当 $\theta>\omega$ 时，β 为负值，动位移与干扰力反向，β 的绝对值随$\dfrac{\theta}{\omega}$增大而减小，如果 $\theta\gg\omega$，$\beta\approx0$，动位移趋于零。

(3)当 $\theta\approx\omega$ 时，$|\beta|\approx\infty$，会引起非常大的位移，这就是共振。一般认为$\dfrac{\theta}{\omega}=0.75\sim1.25$为共振区，在进行工程结构设计时，应躲开共振区。

如果干扰力的频率变化很慢，$\dfrac{\theta}{\omega}\leqslant\dfrac{1}{5}$，$\beta\leqslant1.041$ 时，可忽略动力影响。

关于动力反应的计算，只需算出干扰力幅值所产生的静内力、静位移，再乘以动力系数，即得动内力、动位移的最大值，再与静平衡位置的内力、位移叠加，即为总的内力、位移的最大值(若干扰力不作用在振动质点上，需分别计算位移动力系数及内力动力系数，这时两者不相同)。

干扰力为突加荷载时，动力系数 $\beta=2$。

四、阻尼对振动的影响

实际结构都有阻尼，一般采用黏滞阻尼理论，在动力平衡方程中尚需加入阻尼力 $R(t)=-c\dot{y}$，c 为黏滞阻尼系数。

(一)单自由度体系有阻尼自由振动

振动微分方程为

$$m\ddot{y}(t)+c\dot{y}(t)+ky(t)=0 \tag{16-6-11}$$

引入

$$\omega^2=\frac{k}{m}\quad \xi=\frac{c}{2m\omega}$$

上式可写为

$$\ddot{y}(t)+2\xi\omega\dot{y}(t)+\omega^2y(t)=0 \tag{16-6-12}$$

式中：ω——无阻尼的自振频率；

ξ——阻尼比，它是阻尼系数 c 与临界阻尼系数 c_r($\xi=1$ 时的阻尼系数，$c_r=2m\omega=2\sqrt{mk}$)的比值。

对于小阻尼($\xi<1$)的情况，上面振动微分方程的解为

$$\begin{aligned}y(t)&=e^{-\xi\omega t}\left(y_0\cos\omega_r t+\frac{v_0+\xi\omega y_0}{\omega_r}\sin\omega_r t\right)\\&=e^{-\xi\omega t}A\sin(\omega_r t+\alpha)\end{aligned} \tag{16-6-13}$$

其中
$$A=\sqrt{y_0^2+\left(\frac{v_0+\xi\omega y_0}{\omega_r}\right)^2}$$
$$\tan\alpha=\frac{y_0\omega_r}{v_0+\xi\omega y_0}$$
$$\omega_r=\omega\sqrt{1-\xi^2}$$

由上式及其图像(见图 16-6-5)可看出阻尼对自由振动的影响是:

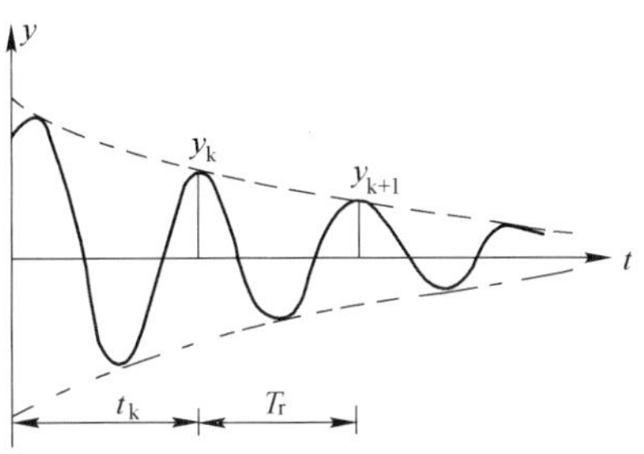

图 16-6-5

有阻尼的自振频率 ω_r 略小于无阻尼的自振频率 ω。但一般建筑结构的 ξ 值很小,当 $\xi<0.2$ 时,可近似取 $\omega_r=\omega$,即忽略阻尼对自振频率的影响。

阻尼对振幅的影响较为明显。由于阻尼,振幅随时间逐渐衰减,振动能量逐渐消耗。严格讲,这种运动已不再具有周期性,但仍具有波动性和明显的等时性,习惯上称它为衰减振动。阻尼比 ξ 越大,振动衰减的速度越快。阻尼比 ξ 是反映振动体系阻尼情况的基本参数,其值可通过实测相差一个周期 T_r $\left(T_r=\frac{2\pi}{\omega_r}\approx\frac{2\pi}{\omega}\right)$的两个振幅 y_k 及 y_{k+1} 由下式计算得到

$$\xi=\frac{1}{2\pi}\ln\frac{y_k}{y_{k+1}} \tag{16-6-14}$$

对于大阻尼($\xi>1$)及临界阻尼($\xi=1$)的情况,振动微分方程的解函数已不再具有波动性,不会出现振动现象。

(二)单自由度体系有阻尼强迫振动

当干扰力为简谐荷载 $P\sin\theta t$ 时,振动微分方程为

$$\ddot{y}(t)+2\xi\omega\dot{y}(t)+\omega^2y(t)=P\sin\theta t \tag{16-6-15}$$

上式的一般解由两部分组成,第一部分是按频率 ω_r 振动求得的齐次解,由于阻尼的存在它将逐渐衰减而最后消失;第二部分是按荷载频率 θ 振动求得的特解,它受动荷载的周期影响而不衰减,称为稳态强迫振动,其解为

$$y(t)=A\sin(\theta t-\alpha) \tag{16-6-16}$$

其中
$$A=\beta y_{st}=\beta\frac{P}{m\omega^2}=\beta\delta P$$
$$\alpha=\arctan\frac{2\xi\left(\frac{\theta}{\omega}\right)}{1-\left(\frac{\theta}{\omega}\right)^2}$$

动力系数

$$\beta=\frac{1}{\sqrt{\left(1-\frac{\theta^2}{\omega^2}\right)^2+4\xi^2\frac{\theta^2}{\omega^2}}} \tag{16-6-17}$$

可见,动力系数 β 不仅与频率的比值$\frac{\theta}{\omega}$有关,而且与阻尼比 ξ 有关。对于不同的 ξ 值,可画出相应的 β 与$\frac{\theta}{\omega}$之间的关系曲线,如图 16-6-6 所示。

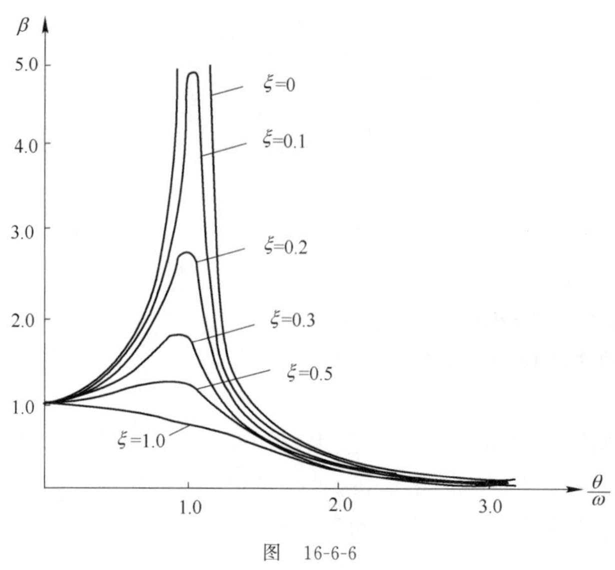

图 16-6-6

由以上的分析可知：

(1)随着阻尼比 ξ 值的增大($0\leqslant\xi\leqslant 1$ 范围内)，动力系数 β 的峰值明显下降。

(2)在 $\frac{\theta}{\omega}=1$ 共振时，动力系数为

$$\beta\Big|_{\frac{\theta}{\omega}=1}=\frac{1}{2\xi} \tag{16-6-18}$$

如果忽略阻尼，动力系数会趋于无穷大，但实际结构都有阻尼，因而即使共振时，动力系数也是一个有限值，其值随阻尼的增大而下降。在共振区 $0.75\leqslant\frac{\theta}{\omega}\leqslant 1.25$ 范围内 ξ 对 β 的影响很大，所以研究共振时的动力反应应考虑阻尼的影响。而在共振区之外，可忽略阻尼的影响，按无阻尼问题考虑。

(3)由于阻尼的存在，动位移总是滞后于动荷载。位移及受力的特点是：

①当 $\frac{\theta}{\omega}$ 很小时，体系振动很慢，惯性力、阻尼力都很小，这时动荷载主要由弹性恢复力平衡、位移与荷载基本同步；

②当 $\frac{\theta}{\omega}$ 很大时，体系振动很快，惯性力很大，而弹性力和阻尼力较小，这时动荷载主要由惯性力平衡，位移与动荷载方向相反；

③当 $\frac{\theta}{\omega}\approx 1$ 时，位移与荷载的相位角相差接近于 $90°$，这时惯性力与弹性恢复力平衡，而动荷载与阻尼力平衡，而且当荷载值最大时，弹性力和惯性力都很小，与动荷载相平衡的阻尼力起重要作用，所以在共振区，阻尼的影响不容忽视。

阻尼对自振频率的影响很小，计算自振频率时，可按无阻尼体系计算。

五、多自由度体系的自由振动

研究多自由度体系自由振动的目的是为了掌握体系的动力特性，求体系的自振频率和相应的振型。阻尼的影响很小，可忽略。现以两个自由度体系为代表，分别用刚度法和柔度法进行讨论。

(一)刚度法——建立动力平衡方程

当体系的刚度系数容易计算时,宜采用刚度法,如图 16-6-7 所示,其动力平衡方程为

$$\left.\begin{aligned}m_1\ddot{y}_1(t)+k_{11}y_1(t)+k_{12}y_2(t)=0\\m_2\ddot{y}_2(t)+k_{21}y_1(t)+k_{22}y_2(t)=0\end{aligned}\right\}\tag{16-6-19}$$

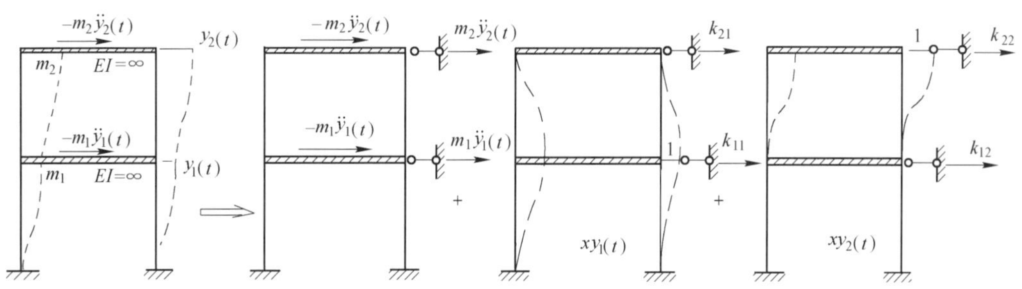

图 16-6-7

设解

$$\left.\begin{aligned}y_1(t)=Y_1\sin(\omega t+\alpha)\\y_2(t)=Y_2\sin(\omega t+\alpha)\end{aligned}\right\}\tag{16-6-20}$$

其运动的特点是:

(1)各质点作同频率、同相位的简谐振动;

(2)任一时刻,位移比值保持不变,即

$$\frac{y_1(t)}{y_2(t)}=\frac{Y_1}{Y_2}=\text{常数}$$

这种按单一频率自由振动而位移比值保持不变的振动形式,称为与该频率相应的主振型,简称为振型。

将式(16-6-20)代入式(16-6-19)整理后得

$$\left.\begin{aligned}(k_{11}-\omega^2m_1)Y_1+k_{12}Y_2=0\\k_{21}Y_1+(k_{22}-\omega^2m_2)Y_2=0\end{aligned}\right\}\tag{16-6-21}$$

式(16-6-21)称为振型方程,为求 Y_1、Y_2 的非零解,应有

$$\begin{vmatrix}k_{11}-\omega^2m_1 & k_{12}\\k_{21} & k_{22}-\omega^2m_2\end{vmatrix}=0\tag{16-6-22}$$

式(16-6-22)称为频率方程,由此式可求出第一频率 ω_1 及第二频率 ω_2,分别将 ω_1 及 ω_2 代入式(16-6-21)中的任一式,可得相应的两个主振型为

$$\left.\begin{aligned}\rho_1=\frac{Y_1}{Y_2}\bigg|_{\omega_1}=-\frac{k_{12}}{k_{11}-\omega_1^2m_1}=-\frac{k_{22}-\omega_1^2m_2}{k_{21}}\\\rho_2=\frac{Y_1}{Y_2}\bigg|_{\omega_2}=-\frac{k_{12}}{k_{11}-\omega_2^2m_1}=-\frac{k_{22}-\omega_2^2m_2}{k_{21}}\end{aligned}\right\}\tag{16-6-23}$$

据此可作第一主振型图及第二主振型图,如图 16-6-8a)、b)所示。

(二)柔度法——建立位移方程(动位移的表达式)

当体系的柔度系数容易计算时,宜采用柔度法,如图 16-6-9 所示,其位移方程为

$$\left.\begin{aligned}y_1(t)=\delta_{11}[-m_1\ddot{y}_1(t)]+\delta_{12}[-m_2\ddot{y}_2(t)]\\y_2(t)=\delta_{21}[-m_1\ddot{y}_1(t)]+\delta_{22}[-m_2\ddot{y}_2(t)]\end{aligned}\right\}\tag{16-6-24}$$

设解仍按式(16-6-20)为

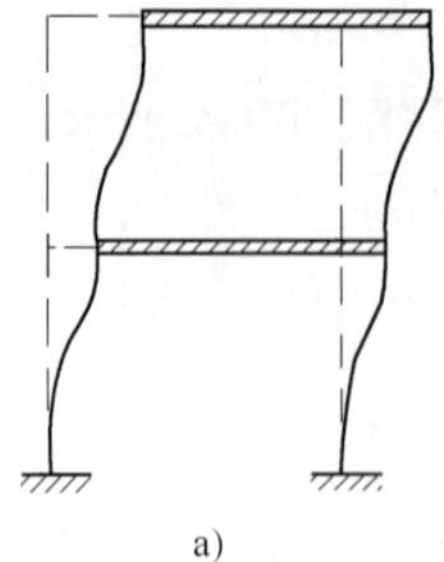

a)

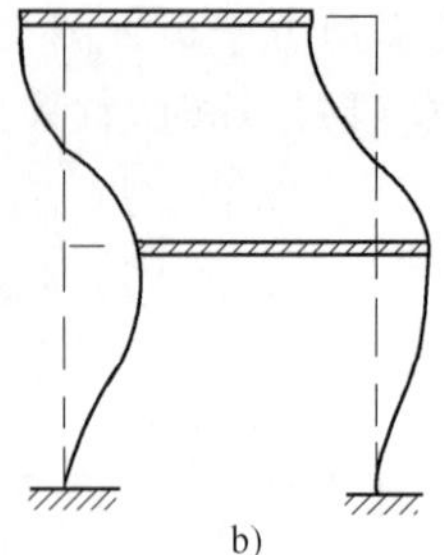

b)

图　16-6-8

$$
\left.\begin{aligned}
y_1(t) &= Y_1 \sin(\omega t + \alpha) \\
y_2(t) &= Y_2 \sin(\omega t + \alpha)
\end{aligned}\right\}
$$

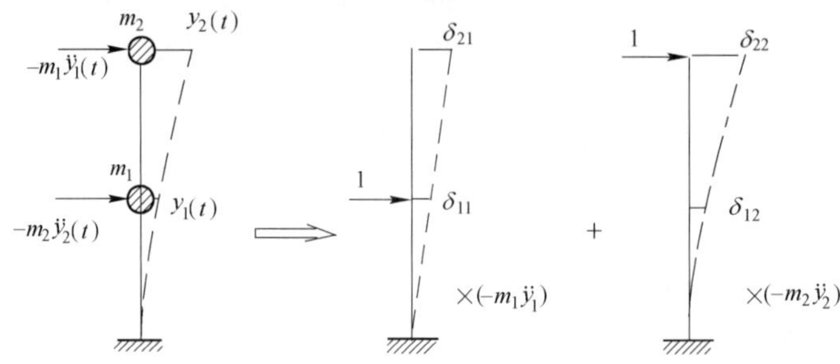

图　16-6-9

代入式(16-6-24)整理后,得振型方程

$$
\left.\begin{aligned}
\left(\delta_{11} m_1 - \frac{1}{\omega^2}\right) Y_1 + \delta_{12} m_2 Y_2 &= 0 \\
\delta_{21} m_1 Y_1 + \left(\delta_{22} m_2 - \frac{1}{\omega^2}\right) Y_2 &= 0
\end{aligned}\right\} \tag{16-6-25}
$$

Y_1、Y_2 的非零解应满足

$$
\begin{vmatrix}
\delta_{11} m_1 - \dfrac{1}{\omega^2} & \delta_{12} m_2 \\
\delta_{21} m_1 & \delta_{22} m_2 - \dfrac{1}{\omega^2}
\end{vmatrix} = 0 \tag{16-6-26}
$$

这是柔度法的频率方程,由此可求得 ω_1 及 ω_2,相应的主振型为

$$
\rho_1 = \frac{Y_1}{Y_2}\bigg|_{\omega_1} = -\frac{\delta_{12} m_2}{\delta_{11} m_1 - \dfrac{1}{\omega_1^2}} = -\frac{\delta_{22} m_2 - \dfrac{1}{\omega_1^2}}{\delta_{21} m_1} \tag{16-6-27}
$$

$$
\rho_2 = \frac{Y_1}{Y_2}\bigg|_{\omega_2} = -\frac{\delta_{12} m_2}{\delta_{11} m_1 - \dfrac{1}{\omega_2^2}} = -\frac{\delta_{22} m_2 - \dfrac{1}{\omega_2^2}}{\delta_{21} m_1} \tag{16-6-28}
$$

据此可作相应的主振型图,如图 16-6-10a)、b)所示。

下面讨论主振型的正交性。

与某频率相应的主振型曲线,就是与该频率相应的惯性力所产生的位移曲线。图 16-6-11a)、b)表示某体系的两个主振型及相应的惯性力,根据功的互等定理可得

$$\omega_1^2 m_1 Y_{11} Y_{12} + \omega_1^2 m_2 Y_{21} Y_{22} = \omega_2^2 m_1 Y_{12} Y_{11} + \omega_2^2 m_2 Y_{22} Y_{21}$$

移项得
$$(\omega_1^2 - \omega_2^2)(m_1 Y_{11} Y_{12} + m_2 Y_{21} Y_{22}) = 0$$

由于 $\omega_1 \neq \omega_2$，所以

$$m_1 Y_{11} Y_{12} + m_2 Y_{21} Y_{22} = 0 \tag{16-6-29}$$

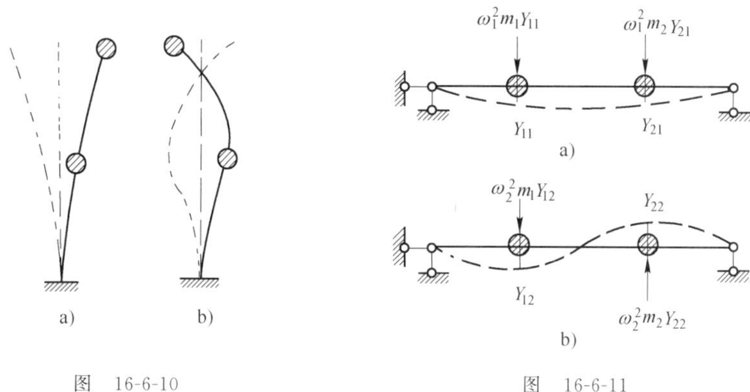

图　16-6-10　　　　图　16-6-11

推广到 n 个自由度体系，写成矩阵形式，设 $\boldsymbol{Y}^{(k)}$ 及 $\boldsymbol{Y}^{(l)}$ 分别代表第 k 及第 l 振型向量，则它们必须满足

$$\boldsymbol{Y}^{(k)\mathrm{T}} \boldsymbol{M} \boldsymbol{Y}^{(l)} = 0 \tag{16-6-30}$$

式(16-6-30)称为两个不同主振型间关于质量矩阵的正交性条件。其物理概念是某一主振型的惯性力不在另一主振型上做功，亦即某一主振型的动能不向别的主振型转移。

另外，还需满足

$$\boldsymbol{Y}^{(k)\mathrm{T}} \boldsymbol{K} \boldsymbol{Y}^{(l)} = 0 \tag{16-6-31}$$

式(16-6-31)称为两个不同主振型间关于刚度矩阵的正交性条件。其物理概念是某一主振型的弹性恢复力不在另一主振型上做功，亦即某一主振型的弹性势能不向别的主振型转移。

同时满足式(16-6-30)及式(16-6-31)即某一主振型的机械能不向别的主振型转移。

主振型正交性条件可用来校核所求主振型的正确性及简化动力计算。

从上面的讨论可归纳出以下几点：

(1)多自由度体系的自振频率可由频率方程得出，自振频率的个数与体系动力自由度的数目相等。n 个自由度体系就有 n 个自振频率。

(2)对应于每个自振频率都可由振型方程求出相应的主振型。主振型就是单频自由振动的振动形式。n 个自由度体系，有 n 个主振型，它们反映了体系自由振动的基本形式。若初始干扰严格符合某一主振型的要求，就会实现按该主振型的振动。在任意初始干扰下体系的振动是各主振型的线性组合。

(3)体系的自振频率、主振型及主振型的正交性，都是体系本身固有的动力性质，取决于体系本身的刚度(柔度)及质量的分布情况，而与外界荷载无关。

六、注意事项及例题分析

(1)结构动力计算包括动力特性及动力反应两个方面。动力特性指由结构内在因素(质量、刚度等)所确定的动力学方面的性质。如结构的自振频率、主振型、阻尼等，是结构本身固有的性质，与外界因素无关。动力特性需通过自由振动的研究获取。而动力反应是指结构在

动荷载作用下所产生的动内力和动位移等，是强迫振动问题。对于单自由度体系，要求能进行动力特性、动力反应两方面的计算，而对于多自由度体系要求懂得动力特性的主要概念。

(2)应用达朗伯原理(动静法)，动力计算就转化为静力计算，所以静力计算仍是重要的基础。要熟记单自由度体系自振频率的计算公式，要清楚地理解公式中的 k、δ 分别是结构沿振动方向的刚度系数、柔度系数，要求能对较简单的结构进行分析计算。

(3)单自由度体系在简谐荷载作用下动力反应的计算关键是动力系数的计算，要求懂得概念并能进行正确计算。了解阻尼对振动的影响，知道阻尼比的概念。知道突加荷载作用时动力系数为 2。

(4)多自由度体系动力特性的计算，需解频率方程和振型方程，计算量一般较大，学习时可侧重于从概念上理解，懂得动力自由度、自振频率及主振型的概念及其间的关系，知道主振型正交性的表达式及其物理概念。

对于某些可利用对称性简化为单自由度体系的结构也应会进行分析。

【例 16-6-4】 如图所示体系的动力自由度数是：

A. 2　　B. 3　　C. 4　　D. 5

解 在集中质量体系的动力分析中，一般都假定杆件有弹性而无质量，且不计受弯杆件的轴向变形。在此事先约定的前提下，在 A 点加一个水平链杆即可确定 A、B 的位置，在 C 点需加水平、竖向两根链杆，才能确定 C 点的位置。所以该体系有 3 个动力自由度。

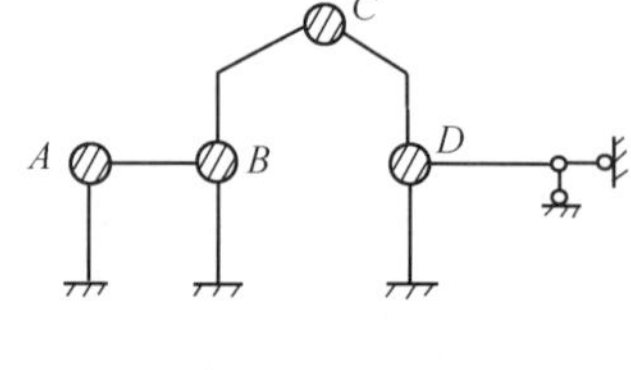

例 16-6-4 图

答案：B

【例 16-6-5】 如图 a)所示结构的自振频率 ω 为：

A. $\sqrt{\dfrac{4EI}{3ml^3}}$　　B. $\sqrt{\dfrac{2EI}{ml^3}}$　　C. $\sqrt{\dfrac{4EI}{ml^3}}$　　D. $\sqrt{\dfrac{6EI}{ml^3}}$

解 作图 b)，图乘得 $\delta=\dfrac{1}{EI}\left(\dfrac{l}{2}\times\dfrac{l}{2}\times\dfrac{l}{2}+\dfrac{1}{2}\times\dfrac{l}{2}\times\dfrac{l}{2}\times\dfrac{2}{3}\times\dfrac{l}{2}\right)=\dfrac{l^3}{6EI}$，所以 $\omega=\sqrt{\dfrac{1}{m\delta}}=\sqrt{\dfrac{6EI}{ml^3}}$。

答案：D

【例 16-6-6】 如图 a)所示结构的自振周期 T 等于：

A. $2\pi\sqrt{\dfrac{ml^3}{3EI}}$　　B. $4\pi\sqrt{\dfrac{ml^3}{3EI}}$　　C. $2\pi\sqrt{\dfrac{ml^3}{EI}}$　　D. $4\pi\sqrt{\dfrac{ml^3}{EI}}$

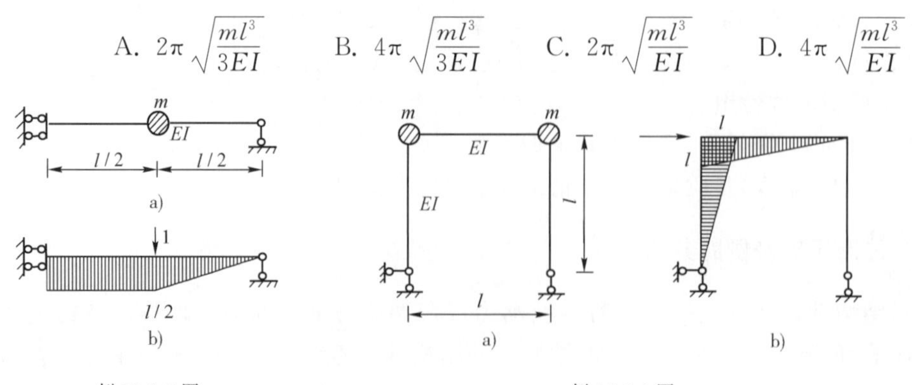

例 16-6-5 图　　例 16-6-6 图

解 注意振动方向的质量为 $m+m=2m$，作图 15-6-6b)，图乘得

$$\delta=\frac{2}{EI}\left(\frac{1}{2}l\times l\times\frac{2}{3}l\right)=\frac{2l^3}{3EI}$$

所以

$$T=\frac{2\pi}{\omega}=2\pi\sqrt{(m+m)\frac{2l^3}{3EI}}$$

$$=2\pi\sqrt{\frac{4}{3}\times\frac{ml^3}{EI}}=4\pi\sqrt{\frac{ml^3}{3EI}}$$

答案：B

【例 16-6-7】 如图所示两端固定梁的自振频率 ω 为：

A. $\sqrt{\frac{48EI}{ml^3}}$　　B. $\sqrt{\frac{96EI}{ml^3}}$

C. $\sqrt{\frac{192EI}{ml^3}}$　　D. $\sqrt{\frac{384EI}{ml^3}}$

例 16-6-7 图

解 设想在 C 点附加竖向链杆，并令其产生单位竖向位移，则链杆反力即为振动方向的刚度系数 k。由于对称，截面 C 转角为零，杆段 AC、CB 都相当于两端固定杆产生单位侧移，根据其侧移刚度系数，并考虑 C 处微段竖向平衡可得

$$k=2\times\left[12\frac{EI}{\left(\frac{l}{2}\right)^3}\right]=192\frac{EI}{l^3}$$

所以自振频率　　$\omega=\sqrt{\frac{k}{m}}=\sqrt{\frac{192EI}{ml^3}}$

此题也可通过图乘法求柔度系数 δ 来解答。

答案：C

【例 16-6-8】 如图 a)、b)所示两结构仅支承形式不同，经初始干扰后：

A. 图 a)振动得快　　B. 图 b)振动得快

C. 振动得一样快　　D. 受干扰大的振动得快

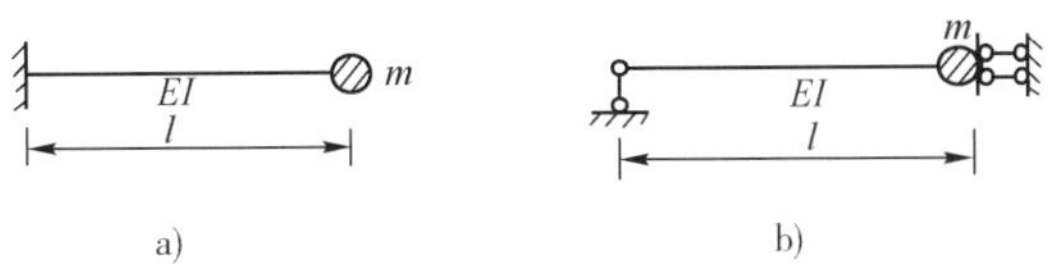

例 16-6-8 图

解 两图柔度系数同为 $\delta=\frac{l^3}{3EI}$（刚度系数同为 $k=\frac{3EI}{l^3}$），自振频率相同，故两图振动快慢相同。

答案：C

【例 16-6-9】 某单自由度振动结构自振频率为 ω，考虑作用质点上动荷载的两种情况：

(1) $P_1(t)=P\sin\frac{3\omega}{4}t$，产生振幅 A_1；

(2) $P_2(t)=2P\sin\frac{\omega}{4}t$，产生振幅 A_2。

振幅 A_1、A_2 的关系是：

A. $A_1>A_2$　　B. $A_1<A_2$　　C. $A_1=A_2$　　D. 不能确定

解　$P_1(t)$作用时，动力系数 $\beta_1=\dfrac{1}{1-\left(\dfrac{3}{4}\right)^2}=\dfrac{16}{7}$，振幅 $A_1=\dfrac{16}{7}\delta P$；

$P_2(t)$作用时，动力系数 $\beta_2=\dfrac{1}{1-\left(\dfrac{1}{4}\right)^2}=\dfrac{16}{15}$，振幅 $A_2=\dfrac{16}{15}\delta(2P)$。

比较可知，$A_1>A_2$。

答案：A

【例 16-6-10】　如图所示结构，在作振动计算时所使用的质量矩阵应为：

A. $\begin{bmatrix} m & 0 \\ 0 & m \end{bmatrix}$

B. $\begin{bmatrix} 2m & 0 \\ 0 & 2m \end{bmatrix}$

C. $\begin{bmatrix} 2m & 0 \\ 0 & m \end{bmatrix}$或$\begin{bmatrix} m & 0 \\ 0 & 2m \end{bmatrix}$

D. $\begin{bmatrix} m & 2m \\ 2m & m \end{bmatrix}$或$\begin{bmatrix} 2m & m \\ m & 2m \end{bmatrix}$

例 16-6-10 图

解　此题为两个自由度振动体系，水平振动的质量为 $m+m=2m$，竖向振动的质量为 m，形成对角阵，答案应为 C。

答案：C

【例 16-6-11】　如图 a)所示结构，水平自振频率 ω^{H} 与竖向自振频率 ω^{V} 的关系是：

A. $\omega^{\mathrm{H}}=\omega^{\mathrm{V}}$　　B. $\omega^{\mathrm{H}}>\omega^{\mathrm{V}}$　　C. $\omega^{\mathrm{H}}<\omega^{\mathrm{V}}$　　D. 不能确定

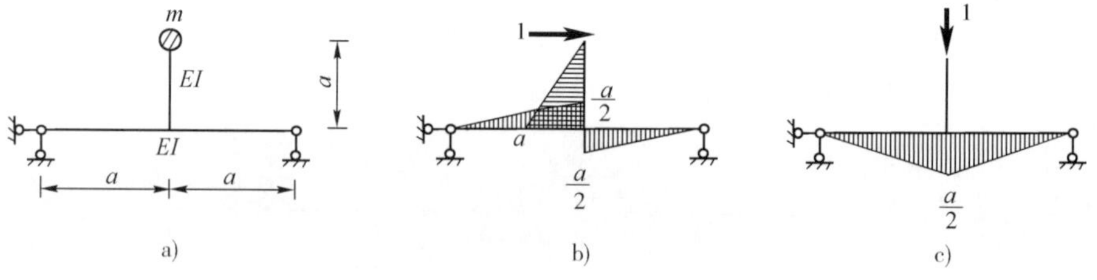

例 16-6-11 图

解　作图 b)、c)，两图互乘可知 $\delta_{12}=\delta_{21}=0$，相当于两个单自由度体系，图 b)自乘所得柔度系数 δ_{11} 大于图 c)自乘所得柔度系数 δ_{22}，所以 $\omega^{\mathrm{H}}<\omega^{\mathrm{V}}$。

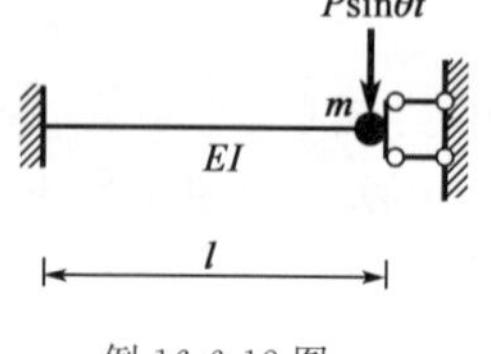

例 16-6-12 图

答案：C

【例 16-6-12】　在图示结构中，若要使其自振频率 ω 增大，可以：

A. 增大 P　　B. 增大 m

C. 增大 EI　　D. 增大 l

解　由频率计算公式 $\omega=\sqrt{\dfrac{k}{m}}$ 可知，增大刚度可增大自振频率。

答案:C

【例 16-6-13】 不计阻尼时,图示体系的运动方程为:

A. $m\ddot{y}+\dfrac{24EI}{l^3}y=M\sin\theta t$

B. $m\ddot{y}+\dfrac{24EI}{l^3}y=\dfrac{3M}{l}\sin\theta t$

C. $m\ddot{y}+\dfrac{3EI}{l^3}y=\dfrac{3M}{2l}\sin\theta t$

D. $m\ddot{y}+\dfrac{3EI}{l^3}y=\dfrac{3M}{8l}\sin\theta t$

Msinθt
EI
m
l

例 16-6-13 图

解 本题动荷载不是沿质点振动方向,质点的动位移需分别考虑惯性力及动荷载的影响,应用叠加原理求得。为此,先按解图 a)求柔度系数

$$\delta_{11}=\frac{l^3}{3EI},\delta_{12}=\frac{l^2}{2EI}$$

再按图 b)加惯性力,用柔度法建立运动微分方程

$$\begin{aligned}y&=\delta_{11}(-m\ddot{y})+\delta_{12}(M\sin\theta t)\\&=\frac{l^3}{3EI}(-m\ddot{y})+\frac{l^2}{2EI}(M\sin\theta t)\end{aligned}$$

即 $m\ddot{y}+\dfrac{3EI}{l^3}y=\dfrac{3M}{2l}\sin\theta t$

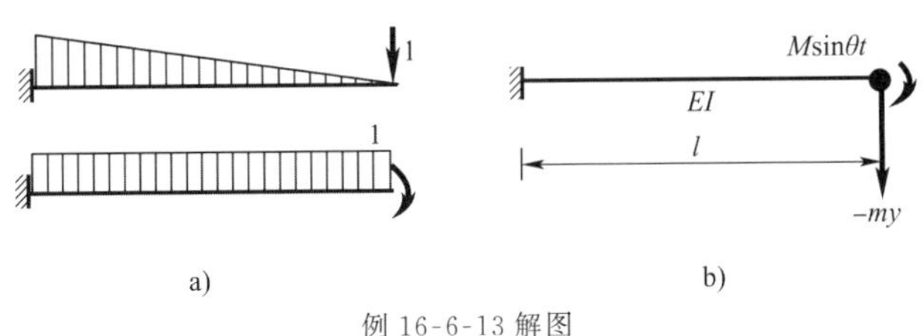

例 16-6-13 解图

答案:C

【例 16-6-14】 设 μ_a 和 μ_b 分别表示图 a)、b)两结构的位移动力系数,则:

A. $\mu_a=\dfrac{1}{2}\mu_b$　　B. $\mu_a=-\dfrac{1}{2}\mu_b$　　C. $\mu_a=\mu_b$　　D. $\mu_a=-\mu_b$

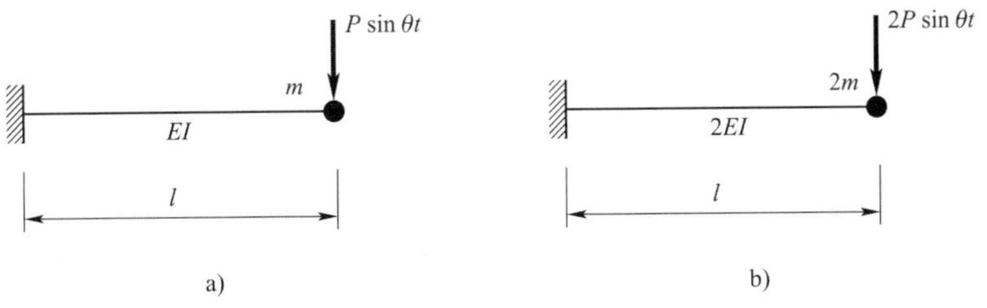

例 16-6-14 图

解 两图外荷载的 θ 相同,结构的频率 ω 相同,故动力系数 $\beta=\dfrac{1}{1-\dfrac{\theta^2}{\omega^2}}$ 相同。

答案:C

习　题

16-6-1　图示梁自重不计,在集中重量 W 作用下,C 点的竖向位移 $\Delta_C = 1\text{cm}$,则该体系的自振周期为(　　)。

A. 0.032s　　B. 0.201s　　C. 0.319s　　D. 2.007s

16-6-2　单自由度体系的其他参数不变,只有刚度增大到原来刚度的 2 倍,则其周期与原周期之比为(　　)。

A. 1/2　　B. $1/\sqrt{2}$　　C. 2　　D. $\sqrt{2}$

16-6-3　图示结构不计杆件分布质量,当 EI_2 增大时,结构的自振频率(　　)。

A. 不变　　B. 增大

C. 减小　　D. 增大或减小取决于 EI_2 与 EI_1 的比值

16-6-4　设直杆的轴向变形不计,如图所示体系的动力自由度数为(　　)。

A. 1　　B. 2　　C. 3　　D. 4

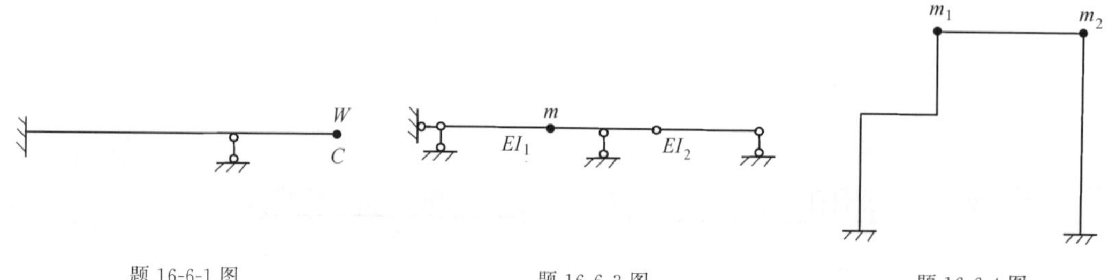

题 16-6-1 图　　题 16-6-3 图　　题 16-6-4 图

16-6-5　图示体系不计阻尼的稳态最大动位移 $y_{max} = 4Pl^3/(9EI)$,其最大动力弯矩为(　　)。

A. $7Pl/3$　　B. $4Pl/3$　　C. Pl　　D. $Pl/3$

16-6-6　设 $\theta = 0.5\omega$(ω 为自振频率),则如图所示体系的最大动位移为(　　)。

A. $Pl^3/40EI$　　B. $4Pl^3/18EI$　　C. $Pl^3/3EI$　　D. $4Pl^3/36EI$

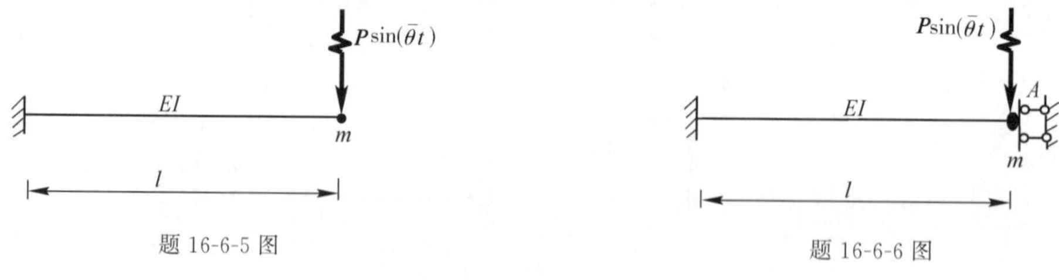

题 16-6-5 图　　题 16-6-6 图

16-6-7　如图所示为无阻尼等截面梁承受一静力荷载 P,设在 $t=0$ 时把这个荷载突然撤除,则质点 m 的位移为(　　)。

A. $y(t) = \frac{11}{EI}\cos\sqrt{\frac{3EI}{4m}}t$　　B. $y(t) = \frac{4mg}{3EI}\cos\sqrt{\frac{3EI}{4m}}t$

C. $y(t) = \frac{11}{EI}\cos\sqrt{\frac{4EI}{3mg}}t$　　D. $y(t) = \frac{4mg}{3EI}\cos\sqrt{\frac{EI}{11}}t$

16-6-8　图示三种单自由度动力体系中，质量 m 均在杆件中点，各杆 EI、l 相同。其自振频率的大小排列次序为（　　）。

A. 图 a）＞图 b）＞图 c）　　B. 图 c）＞图 b）＞图 a）

C. 图 b）＞图 a）＞图 c）　　D. 图 a）＞图 c）＞图 b）

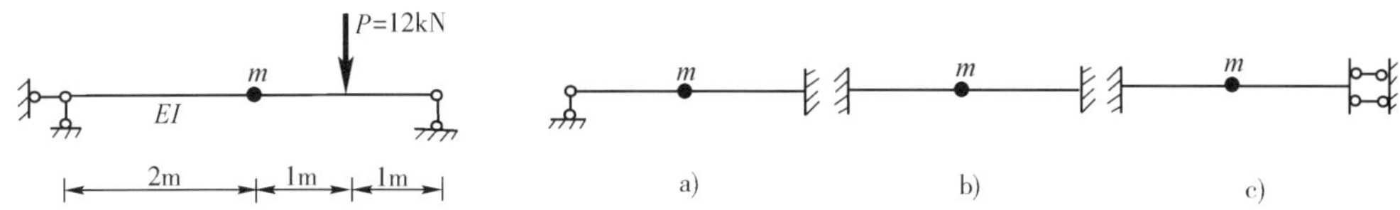

题 16-6-7 图　　题 16-6-8 图

16-6-9　图示结构各杆 EI、l 相同，质量 m 在杆件中点，其自振频率为（　　）。

A. $3\sqrt{\dfrac{3EI}{ml^3}}$　　B. $2\sqrt{\dfrac{6EI}{ml^3}}$　　C. $4\sqrt{\dfrac{3EI}{ml^3}}$　　D. $4\sqrt{\dfrac{6EI}{ml^3}}$

16-6-10　图示结构刚性横梁质量为 m，立柱无质量，高为 l，抗弯刚度为 EI，其自振频率为（　　）。

A. $\sqrt{\dfrac{12EI}{ml^3}}$　　B. $\sqrt{\dfrac{15EI}{ml^3}}$　　C. $\sqrt{\dfrac{24EI}{ml^3}}$　　D. $\sqrt{\dfrac{30EI}{ml^3}}$

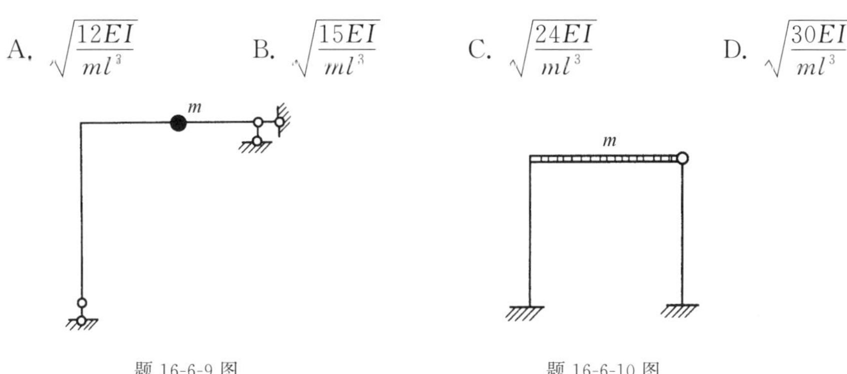

题 16-6-9 图　　题 16-6-10 图

题解及参考答案

第一节

16-1-1　**解**：需视三铰是否共线。

答案：D

16-1-2　**解**：易知 1、7 为必要联系，可先排除选项 D、B。

答案：C

16-1-3　**解**：铰接三角形不一定都视作刚片，但交于点 6 的杆必须有一杆视作刚片。

答案：D

16-1-4　(1)**解**：用三刚片规则，有一多余约束。

答案：B

(2)**解**：用二刚片规则，有一多余约束。

答案：B

(3)**解**:外部缺少一个约束,内部有三个多余约束。

答案:C

(4)**解**:三刚片规则,三铰共线。

答案:D

(5)**解**:二刚片规则。

答案:A

(6)**解**:二刚片规则。

答案:A

(7)**解**:三刚片规则。

答案:A

(8)**解**:少一杆。

答案:C

(9)**解**:二刚片规则。

答案:A

(10)**解**:一个自由度,两个多余约束。

答案:C

(11)**解**:上部相当于一杆。

答案:A

(12)**解**:上部相当于一杆,有一内部多余约束,用三刚片规则,三铰共线。

答案:D

第二节

16-2-1 **解**:分清基本部分、附属部分。

答案:B

16-2-2 **解**:整体隔离体平衡,求竖向反力;铰一侧隔离体平衡,求水平反力。

答案:C

16-2-3 **解**:先由铰处弯矩为零求左支座水平反力,再由整体平衡求右支座水平反力。

答案:D

16-2-4 **解**:先由整体平衡求左支座竖向反力,再利用铰右截面剪力求 K 截面弯矩。

答案:B

16-2-5 **解**:对上支座处取矩,易知下支座水平反力为零。

答案:C

16-2-6 **解**:利用铰的竖向约束力求 M_A。

答案:B

16-2-7 **解**:视 K 截面所在杆段为简支梁,求剪力。

答案:D

16-2-8 **解**:水平杆弯矩图为一直线,竖直杆为纯弯。

答案:C

16-2-9 **解**:利用右支座反力或顶铰处轴力求 M_K,顶铰处剪力为零。

答案:D

16-2-10　**解:**先判断零杆,再用截面法以 A 为矩心求 N_1。

答案:B

16-2-11　**解:**用截面法,以 A 为矩心求 N_1。

答案:B

16-2-12　**解:**按 A、B、C 顺序用节点法求,BC 杆只需求竖向分力。

答案:C

16-2-13　**解:**利用对称性,判断零杆。

答案:D

16-2-14　**解:**化为反对称受力状态,或直接用平衡条件判断。

答案:A

16-2-15　**解:**求右支座反力,用截面法求下弦杆轴力,再用节点法求 N_1。

答案:B

16-2-16　**解:**求右支座反力,用截面法求下弦杆轴力,再用节点法求 N_1。

答案:D

16-2-17　**解:**利用静定结构的局部平衡性判断。

答案:A

16-2-18　**解:**取 P 所在的杆为隔离体求 N_a。

答案:C

16-2-19　**解:**先判断零杆,再用截面法求 N_a 的大小。

答案:B

16-2-20　**解:**先求右支座竖向反力及拉杆的拉力,再求 M_K。

答案:C

16-2-21　**解:**由静定结构的性质判断。

答案:C

16-2-22　**解:**右边附属部分在刚节点 C 处用铰与左边相连,对 M_{AC} 无影响。

答案:D

16-2-23　**解:**将荷载 P 视为两个 $\frac{P}{2}$,利用对称性,可知中间铰处无剪力。

答案:B

第三节

16-3-1　**解:**结构对过铰 45°方向的轴线对称;受反对称荷载作用,产生的位移是反对称的。

答案:C

16-3-2　**解:**应用图乘法。

答案:B

16-3-3　**解:**应用图乘法。

答案:A

16-3-4　**解:**虚拟单位力乘以所求位移应构成功。

答案:C

16-3-5　**解:**与夹角变化方向一致的虚拟单位力(一对单位力偶,化为节点力)应使 AC 杆受拉，或根据几何关系判断。

答案：B

16-3-6 **解**：应用图乘法。

答案：C

16-3-7 **解**：应用图乘法。

答案：C

16-3-8 **解**：去掉水平支杆，为反对称受力状态，相应产生反对称位移状态。水平支杆的作用是限制水平刚体位移。

答案：D

16-3-9 **解**：去掉水平支杆，为对称受力状态，相应产生对称位移状态。水平支杆的作用是限制水平刚体位移。

答案：D

16-3-10 **解**：用 $\Delta=-\sum\overline{R}c$ 计算，或直接根据位移后的几何关系分析。

答案：C

16-3-11 **解**：图乘法的应用条件是：直杆结构、分段等截面、相乘的两个弯矩图中至少有一个为直线型。

答案：B

16-3-12 **答案**：B

16-3-13 **解**：需有线弹性条件。

答案：C

16-3-14 **解**：位移互等定理。

答案：B

16-3-15 **解**：位移互等定理。

答案：A

16-3-16 **解**：位移互等定理。

答案：A

16-3-17 **解**：竖向力引起对称的内力与变形，D 点无水平位移，水平力仅使水平杆拉伸；或在 C、D 处加一对反向水平单位力，用单位荷载法求解。

答案：A

第四节

16-4-1 **解**：图乘法求 Δ_{1P}、δ_{12} 时，同侧弯矩图相乘为正，异侧相乘为负。

答案：B

16-4-2 **解**：Δ_i 为原超静定结构沿基本未知量 X_i 方向的位移，与 X_i 同向、反向或为零都有可能。

答案：D

16-4-3 **解**：力法方程是位移协调方程。

答案：C

16-4-4 **解**：注意节点平衡，竖杆剪力为零。

答案：A

16-4-5 **解**:取杆 CD 的轴力为力法基本未知量 X_1,其真实受力应使 Δ_{1P} 为负值。

答案:C

16-4-6 **解**:Δ_{1P} 为负值。

答案:C

16-4-7 **解**:对称结构,受反对称荷载作用,只引起反对称内力。

答案:A

16-4-8 **解**:从力法求解角度看,Δ_{1P} 与 δ_{11} 的比值不变;或从力矩分配角度看,B 点约束力矩为零。

答案:C

16-4-9 **解**:在 δ_{11} 的表达式中,刚度 EI 在分母上。

答案:B

16-4-10 **解**:利用杆的拉压性质判断副系数,通过计算判断主系数。

答案:B

16-4-11 **解**:利用对称性判断。或用力法判断支座 A 的反力为零。

答案:D

16-4-12 **解**:将荷载分解为对称与反对称两组,先利用对称性求水平反力,再求 M_{CA}。

答案:C

16-4-13 **解**:利用对称性。

答案:C

16-4-14 **解**:竖向无多余约束,竖杆轴力静定。水平方向有多余约束,轴线温度升高,产生向内的水平反力。

答案:C

16-4-15 **解**:半结构应与原结构相应位置受力及位移情况完全一致。

答案:A

16-4-16 **解**:$\frac{1}{4}$结构应与原结构相应位置受力及位移情况完全一致。

答案:A

16-4-17 **解**:切断一链杆相当于去掉一个约束,受弯杆作一切口相当于去掉三个约束。

答案:D

16-4-18 **解**:必要约束不能撤,需保证基本结构为几何不变。

答案:D

16-4-19 **解**:荷载作用下的内力,取决于杆件的相对刚度,且与荷载值成正比。

答案:A

16-4-20 **解**:用公式 $\Delta=-\sum\overline{R}c$ 求,或根据几何关系分析。

答案:D

16-4-21 **解**:铰所在部位为复合节点,上下杆刚节,有独立角位移。

答案:B

16-4-22 **解**:B 相当于固定端,两边固端弯矩绝对值相等。

答案:A

16-4-23 **解**:由节点 C 的平衡求。

答案:B

16-4-24 **解**:由节点 C 的平衡求。

答案:C

16-4-25 **解**:利用对称性,并建立节点 A 的平衡方程。

答案:A

16-4-26 **解**:建立截面平衡方程。

答案:D

16-4-27 **解**:利用力矩分配与传递的概念判断。

答案:B

16-4-28 **解**:建立截面平衡方程,各柱侧移刚度求和。

答案:C

16-4-29 **解**:用力矩分配法。

答案:B

16-4-30 **解**:使用 BA 杆的转角位移方程。

答案:C

16-4-31 **解**:节点 B 平衡,两杆转动刚度求和。

答案:B

16-4-32 **解**:转动刚度系数是近端单位角位移引起的近端弯矩。

答案:B

16-4-33 **解**:力矩分配法只能直接用于无未知线位移的结构。

答案:C

16-4-34 **解**:利用对称性,注意竖杆无剪力,注意节点平衡。

答案:C

16-4-35 **解**:支座 1 相当于固定端。

答案:D

16-4-36 **解**:转动刚度 $S_{BC}=0$。

答案:A

16-4-37 **解**:力矩分配法可直接用于无未知节点线位移的结构(中间铰也是节点)。

答案:B

16-4-38 **解**:计算分配系数。

答案:B

16-4-39 **解**:计算分配系数。

答案:C

16-4-40 **解**:节点 C 可视为 BC 杆的铰支端。

答案:B

16-4-41 **解**:BC 杆弯矩静定,转动刚度系数 $S_{BC}=0$。

答案:D

16-4-42 **解**:支座 B 相当于固定端。

答案:C

第五节

16-5-1 **解**:分别将 $P=1$ 放在 B、D 点求 M_A。

答案:C

16-5-2 **解:**按静力法或机动法求。

答案:A

16-5-3 **解:**将 $P=1$ 放在 K 点求 M_A。

答案:B

16-5-4 **解:**用机动法求。

答案:C

16-5-5 **解:**用静力法或机动法求。

答案:A

16-5-6 **解:**用静力法求。

答案:B

16-5-7 **解:**用机动法或静力法求。

答案:B

16-5-8 **解:**做支座 B 反力影响线,将一个集中力放在影响线顶点处,另一集中力放在影响线的缓侧,求支座 B 反力。

答案:B

16-5-9 **解:**将临界荷载放在三角形影响线顶点的哪一侧,该侧的平均荷载就大。

答案:D

16-5-10 **解:**先做直接荷载影响线,再将节点的投影点连成直线。

答案:B

第六节

16-6-1 **解:**$T=2\pi\sqrt{\frac{\Delta_{st}}{g}}$。

答案:B

16-6-2 **解:**$T=2\pi\sqrt{\frac{m}{k}}$。

答案:B

16-6-3 **解:**质点振动方向的刚度(或柔度)系数与 EI_2 无关。

答案:A

16-6-4 **解:**确定全部质点位置所需链杆的最小数目。

答案:B

16-6-5 **解:**先求动力系数 $\beta=\frac{y_{max}}{y_{st}}$。

答案:B

16-6-6 **解:**先求动力系数 β 及 P 所产生的最大静位移。

答案:D

16-6-7 **解:**余弦前的系数应为初位移 y_0,与 mg 无关,故可排除选项 B、D;根号部分应为自振频率 $\omega=\sqrt{\frac{48EI}{m4^3}}$,与 g 无关,可排除选项 C。

答案:A

16-6-8　**解**:三图质量 m 相同,沿振动方向刚度系数 k 大,其自振频率 ω 就大。

答案:C

16-6-9　**解**:求柔度系数。

答案:C

16-6-10　**解**:求刚度系数。

答案:B

第十七章 结构设计

复习指导

一、考试大纲

14.1 钢筋混凝土结构

材料性能:钢筋 混凝土 黏结

基本设计原则:结构功能 极限状态及其设计表达式 可靠度

承载能力极限状态计算:受弯构件 受扭构件 受压构件 受拉构件 冲切 局部承压 疲劳

正常使用极限状态验算:抗裂 裂缝 挠度

预应力混凝土:轴拉构件 受弯构件

构造要求

梁板结构:塑性内力重分布 单向板肋梁楼盖 双向板肋梁楼盖 无梁楼盖

单层厂房:组成与布置 排架计算 柱 牛腿 吊车梁 屋架 基础

多层及高层房屋:结构体系及布置 框架近似计算 叠合梁 剪力墙结构 框-剪结构 框-剪结构设计要点 基础

抗震设计要点:一般规定 构造要求

14.2 钢结构

钢材性能:基本性能 影响钢材性能的因素 结构钢种类 钢材的选用

构件:轴心受力构件 受弯构件(梁) 拉弯和压弯构件的计算和构造

连接:焊缝连接 普通螺栓和高强度螺栓连接 构件间的连接

钢屋盖:组成 布置 钢屋架设计

14.3 砌体结构

材料性能:块材 砂浆 砌体

基本设计原则:设计表达式

承载力:抗压 局压

混合结构房屋设计:结构布置 静力计算 构造

房屋部件:圈梁 过梁 墙梁 挑梁

抗震设计要求:一般规定 构造要求

二、复习指导

根据考试的大纲要求,结构设计一章包括了钢筋混凝土结构、钢结构、砌体结构的全部内容,以及高层混凝土结构、抗震设计的部分内容,主要考查结构工程师是否掌握结构设计所需的基本理论知识。复习时，考生应紧扣大纲内容，全面复习与突出重点相结合，即通过本复习教程对基本概念、基本原理和基本知识有一个整体把握，并在此基础上对每节的主要内容重点复习，重点掌握。

根据基础考试命题的特点，复习时不要偏重难度大、过大繁杂的知识，而应注重"基本"知识的理解和记忆，掌握"基本"概念、"基本"假设、"基本"思想及主要结论和应用。

结构设计包括了三类不同的结构，每一类结构基本由三部分组成：①材料性能；②基本计算方法；③构造。不同类型的结构之间，或同一类结构的不同受力构件之间存在着相同点与不同点，应善于分析比较，找出规律性，这样不仅可以加深记忆，也可事半功倍。

在熟练掌握考试大纲要求知识点的基础上，还应做一定数量的配套习题，查漏补缺，总结适合自己特点的解题技巧。

结构设计需要应用许多基本知识，只有较全面系统地理解与掌握了下列这些基本知识，才能更好地进行结构设计。

第一节　钢筋混凝土结构材料性能

钢筋混凝土是由钢筋和混凝土两种材料组成的。这两种物理与力学性能不同的材料之所以能有效地结合在一起并共同工作，主要是由于混凝土硬化后钢筋与混凝土之间产生了良好的黏结力，使两者可靠地结合在一起，从而保证在外荷载作用下，钢筋与相邻混凝土能相互作用，协调变形，共同受力。其次，钢筋与混凝土两种材料的温度线膨胀系数接近(钢筋为 1.2×10^{-5}，混凝土为 $1.0\times10^{-5}\sim1.5\times10^{-5}$)，当温度变化时，两者之间不会产生较大的相对变形而导致黏结力破坏。

一、钢筋

(一)钢筋的分类

混凝土结构用的钢材有钢筋和钢丝两类，主要包括热轧钢筋、热处理钢筋、预应力钢丝(光面钢丝、螺旋肋钢丝)、钢绞线和预应力螺纹钢筋。

根据钢筋的力学性能可分为有明显屈服点和明显流幅的软钢、无明显屈服点和无明显流幅的硬钢。其中热轧钢筋属于软钢，预应力钢丝和预应力螺纹钢筋则为硬钢。

(二)钢筋力学性能指标

1.极限抗拉强度

该指标对于硬钢是作为强度标准值取值的依据；对于软钢，虽不作为标准强度取值的依据，但仍有一个最低限值的要求，如 HPB300 级钢筋不小于 462MPa。

2.屈服强度

该指标对于软钢是作为强度标准值取值的依据，并有最小限值的要求，如 HPB300 级钢筋不小于 300MPa；对于硬钢因无明显屈服点，但为了满足设计理论的需要，一般常取残余应变为 0.2%时所对应的应力值作为假定的屈服强度，称为"条件屈服强度"或"条件屈服点"，用 $\sigma_{0.2}$ 表示。对于预应力钢丝、钢绞线和预应力螺纹钢筋，《混凝土结构设计规范》(GB 50010—2010)(以下简称《混凝土规范》)统一取 0.85 倍极限抗拉强度作为 $\sigma_{0.2}$。

3.伸长率

这是衡量钢筋延性性能的一个指标，《混凝土规范》明确提出了对钢筋延性的要求。根据我国钢筋标准，将最大力下总伸长率 δ_{gt} 作为控制钢筋延性的指标。最大力下总伸长率 δ_{gt} 不受

断口—颈缩区域局部变形的影响，反映了钢筋拉断前达到最大力(极限强度)时的均匀应变，故又称为均匀伸长率，其值为

$$\delta_{gt}=\left(\frac{l-l_0}{l_0}+\frac{\sigma_b}{E_s}\right)\times 100\% \tag{17-1-1}$$

式中：δ_{gt}——最大力作用下的总伸长率(%)；

l——试验后量测标记之间的距离；

l_0——试验前的原始标距(不包含颈缩区)；

σ_b——钢筋的最大拉应力(即极限抗拉强度)；

E_s——钢筋的弹性模量。

式(17-1-1)括号中的第一项反映了钢筋的塑性残余变形，第二项反映了钢筋在最大拉应力作用下的弹性变形。

对不同品种的钢筋，《混凝土规范》规定了不同的最大拉力下的总伸长率限值，如HPB300钢筋要求 $\delta_{gt}\geqslant 10.0\%$。

4.冷弯性能

它是检验钢筋塑性性能的另一种方法，也可以检查钢筋的脆性倾向。冷弯试验的两个主要参数是弯心直径 D 和冷弯角度 α(见图17-1-1)。对不同强度等级的钢筋，对 D 值及 α 值的要求不同。在规定的 D 值及 α 值下冷弯试验后的钢筋应无裂缝、鳞落或断裂现象。对HPB300级和HRB335级钢筋，$\alpha=180°$，$D=(1\sim4)d$；对HRB400级钢筋，$\alpha=90°$，$D=(3\sim6)d$。

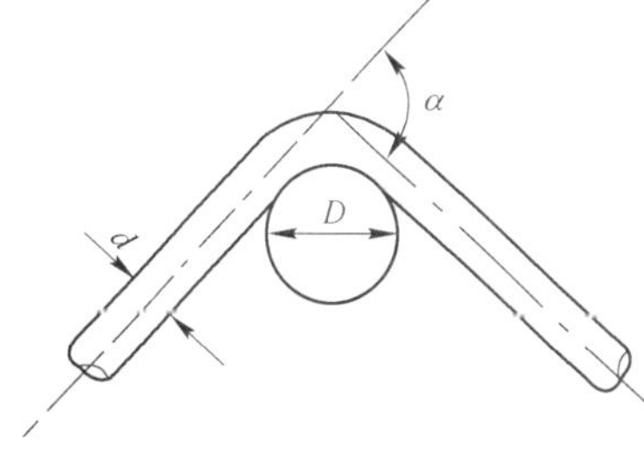

图17-1-1 钢筋的冷弯试验

(三)对钢筋的质量要求

对钢筋的质量要求有三个方面，即应满足强度、延性性能及可焊性的规定要求。在工程应用中，应对钢筋的机械性能和冷弯性能及可焊性进行检验，以满足相应国家标准规定的要求。

钢筋的强度与延性性能属于钢筋的机械性能，其极限抗拉强度、屈服强度、伸长率、冷弯性能应符合规范要求。钢筋的可焊性由以下几点来衡量：

(1)焊接接头的强度应不低于被焊钢筋的强度；

(2)焊接接头及其附近不应出现焊接裂纹；

(3)焊接接头的塑性不应比被焊钢筋未焊前差。

对于可焊性不同的钢筋，应注意选用适宜的焊接工艺或采用不同的连接方法加以区别对待。

(四)钢筋的选用

钢筋混凝土结构中的纵向受力钢筋和预应力混凝土结构中的普通钢筋，宜采用HRB400、HRB500钢筋，也可采用HPB300、HRB335、RRB400钢筋。

箍筋宜采用HRB400、HPB300、HRB500钢筋，也可采用HRB335钢筋。

预应力筋宜采用预应力钢丝、钢绞线和预应力螺纹钢筋。

二、混凝土

混凝土是由水泥、砂、石和水按一定配合比，经搅拌、振捣、养护凝固而成，并与时间因素有关的多孔隙非匀质的弹塑性人造石材。

(一)混凝土的强度等级及其选用

《混凝土规范》规定混凝土强度等级是为了在设计、施工及质量检验中便于统一控制与应用。混凝土强度等级应按立方体抗压强度标准值确定。《混凝土规范》规定的混凝土强度等级有 C15、C20、C25、C30、C35、C40、C45、C50、C55、C60、C65、C70、C75、C80 共十四级。

选用混凝土时应遵循以下原则:

(1)素混凝土结构的混凝土强度等级不应低于 C15;钢筋混凝土结构的混凝土强度等级不应低于 C20;采用强度等级 400MPa 及以上的钢筋时,混凝土强度等级不应低于 C25。承受重复荷载的钢筋混凝土构件,混凝土强度等级不应低于 C30。

(2)预应力混凝土结构的混凝土强度等级不宜低于 C40,且不应低于 C30。

(二)混凝土的力学指标及其相互关系

1. 立方体抗压强度标准值 $f_{cu,k}$

立方体抗压强度标准值 $f_{cu,k}$ 是混凝土各种力学指标的基本代表值。它是指按照标准方法制作养护的边长为 150mm 的立方体试件,在 28d 龄期用标准试验方法测得的具有 95%保证率的抗压强度。也可采用截面为 100mm×100mm×100mm 或 200mm×200mm×200mm 的非标准立方体试块。由于尺寸效应的影响,必须将非标准试块的强度乘以换算系数后换算为边长 150mm 的标准试块的强度,其换算系数分别为 0.95 或 1.05。

2. 轴心抗压强度标准值 f_{ck}

轴心抗压强度试件一般采用尺寸为 150mm×150mm×300mm 或 150mm×150mm×450mm 的棱柱体,其制作和试验条件与立方体抗压强度相同。根据试验资料统计的公式为

$$f_{ck} = \alpha_{c1}\alpha_{c2}f_{cu,k} \tag{17-1-2}$$

式中:α_{c1}——棱柱体强度与立方体强度的比值,对 C50 及以下,$\alpha_{c1}=0.76$,对 C80,$\alpha_{c1}=0.82$,中间值按线性内插;

α_{c2}——混凝土脆性折减系数,对 C40 及以下,$\alpha_{c2}=1.0$,对 C80,$\alpha_{c2}=0.87$,中间值按线性内插。

考虑到结构中混凝土强度与试件混凝土强度之间的差异,根据以往的经验,并结合试验分析,以及参考其他国家的有关规定,《混凝土规范》考虑试件混凝土强度修正系数为 0.88,则

$$f_{ck} = 0.88\alpha_{c1}\alpha_{c2}f_{cu,k} \tag{17-1-3}$$

国外,例如美国、日本和欧洲混凝土协会(CEB)是采用直径 150mm、高 300mm 圆柱体试件的抗压强度作为轴心抗压强度指标,用 f_c' 表示,$f_c' \approx 0.79f_{cu,k}$。

3. 抗拉强度标准值 f_{tk}

轴心受拉试件,我国采用尺寸为 100mm×100mm×500mm 的棱柱体试件,两端分别对中埋设长度为 150mm 的 1ϕ16 钢筋。试验机夹紧两端伸出钢筋,使试件受拉,破坏时的平均应力即为混凝土轴心抗拉强度值。通过统计分析给出混凝土抗拉强度标准值的经验公式为

$$f_{tk} = 0.395f_{cu,k}^{0.55}(1-1.645\delta)^{0.45}\alpha_{c2} \tag{17-1-4}$$

与 f_{ck} 取值类似,亦考虑到构件与试件差别、尺寸效应及加荷速度等因素,《混凝土规范》给出

$$f_{tk} = 0.348f_{cu,k}^{0.55}(1-1.645\delta)^{0.45}\alpha_{c2} \tag{17-1-5}$$

式中:δ——混凝土立方体抗压强度的变异系数。

混凝土的抗拉强度试验也有采用劈裂试验的方法,其劈拉强度为

$$f_t = \frac{2P}{\pi dl} \tag{17-1-6}$$

式中：P——所施加的破坏压力；

d——圆柱体直径或立方体边长；

l——圆柱体长度或立方体边长。

混凝土抗拉强度离散性大而且低，并随混凝土强度等级的提高而降低，$f_{tk} \approx (0.1 \sim 0.05) f_{cu}$。

（三）复杂应力状态下混凝土的强度

1. 双向受力时的强度

（1）混凝土双向受压时两个方向的抗压强度比单轴受压时有所提高，最大的抗压强度发生在两个方向的压应力比介于 0.5～2.0 之间时，其中较大的压应力可比单轴时提高 27%。双向抗压强度的提高是由于变形受到约束的缘故。

（2）混凝土一个方向受压，另一个方向受拉时，其抗压或抗拉强度都比单轴抗压或抗拉时的强度低，这是由于异号应力加速变形的发展，较快地达到极限应变值的缘故。

（3）混凝土双向受拉时，其抗拉强度与单轴受拉时无明显差别。

2. 三向受压时的强度

圆柱体在等侧压应力下的三轴受压试验表明，其抗压强度有较大的提高。提高后的抗压强度最低值约为圆柱体单轴抗压时强度值加上 4 倍的侧向压应力值。在实际工程中，对于钢管混凝土柱或配置密排螺旋筋的钢筋混凝土柱，由于混凝土受到钢管壁或螺旋筋的约束，使它处于三向受力状态，可以利用这一特性，考虑混凝土抗压强度的提高。

3. 剪应力与单轴正应力共同作用下的强度

试验结果表明，当存在剪应力 τ 时，混凝土的抗压、抗拉强度都将有所降低。当压应力 σ 存在时，若 $\sigma \leqslant 0.6 f_c$（f_c 为混凝土轴心抗压强度值），其抗剪强度将随 σ 的增大而提高；但在 $\sigma > 0.6 f_c$ 之后，其抗剪强度将随 σ 的加大而下降；当 σ 趋近于 f_c 时，将降至小于纯剪强度。当存在拉应力时，其抗剪强度将降低。

【例 17-1-1】 有关横向约束逐渐增加对混凝土竖向抗压性能的影响，下列说法中正确的是：

A. 抗压强度不断提高，但其变形能力逐渐下降

B. 抗压强度不断提高，但其变形能力保持不变

C. 抗压强度不断提高，但其变形能也得到改善

D. 抗压强度和变形能力均逐渐下降

解 横向约束抑制了混凝土内部开裂的倾向和体积的膨胀，可显著提高混凝土的抗压强度。

答案：A

（四）短期荷载作用下混凝土的应力-应变关系

1. 一次加荷的应力-应变关系

一次加荷的应力应变 σ-ε 曲线如图 17-1-2 所示，以峰值应力为界可分为上升段与下降段。

上升段大体又可分为三个阶段，当 $\sigma \leqslant 0.3 f_c$ 时，应力应变呈线性关系，变形主要取决于混凝土内部的弹性变形，黏结裂缝没有明显发展。当 $\sigma = (0.3 \sim 0.8) f_c$ 时，由于混凝土内部水泥凝胶体的黏性流动，以及黏结裂缝的稳态发展，使应变的增长比应力的增长快，应力应变曲线发生明显的转折，表现为弹塑性性质。当 $\sigma > 0.8 f_c$ 时，水泥石中的裂缝将黏结裂缝连接起来

形成贯通内裂缝，已进入非稳态发展阶段，塑性变形发展很快，曲线斜率明显减小。当 $\sigma=f_c$ 时，σ-ε曲线达到了峰值。此后，σ-ε 曲线进入下降段，由于内部裂缝形成破坏面，将混凝土分割成若干小柱体，破坏面上剪切滑移与裂缝的不断延伸扩大，使应变急剧增大，承载力不断下降，直至破坏。其下降段只有当试验机的刚度足够大时才测得出来。

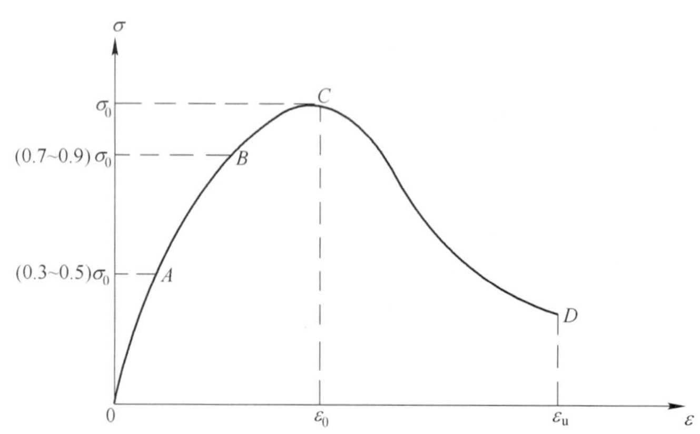

图 17-1-2　混凝土典型应力-应变曲线（$\sigma_0=f_c$）

随着混凝土强度等级的提高，曲线峰值曲率增大，而下降段缩短，延性减小。

2. 混凝土的弹性模量与变形模量

混凝土为弹塑性材料，反映应力应变关系的模量值不是常数，因此《混凝土规范》中给出了弹性模量（E_c）值的确定方法：采用棱柱体试件，取应力上限值为 $0.5\sigma_0$ 重复加荷 5～10 次，当应力与变形关系趋于线性关系时，该直线的斜率即为混凝土的弹性模量值。根据不同等级混凝土的弹性模量试验值统计分析得出 E_c 与 $f_{cu,k}$ 的关系为

$$E_c=\frac{10^5}{2.2+\dfrac{34.7}{f_{cu,k}}} \tag{17-1-7}$$

应力应变曲线上任一点与原点连线的割线斜率称为混凝土的变形模量 E_c'。

$$E_c'=\frac{\varepsilon_e}{\varepsilon}E_c=\upsilon E_c \tag{17-1-8}$$

式中：ε——总应变；

ε_e——弹性应变；

υ——弹性系数，$\upsilon=\varepsilon_e/\varepsilon$。

3. 多次重复加荷下的应力-应变关系

多次重复加荷试验表明，只要重复应力上限值 $\sigma=(0.3\sim0.5)f_c$，加荷与卸荷循环多次将形成塑性变形积累，但塑性变形积累是收敛的，即随循环次数的增加，滞回环收敛成一直线，混凝土将处于弹性工作状态。在工程中，利用这一原理测定混凝土的弹性模量。当重复应力上限值 $\sigma>0.5f_c$ 时，循环一定次数之后，滞回环亦收敛成一条直线；但在某一循环之后，又重新开始出现塑性变形，其塑性变形积累为发散，不收敛，且一次比一次大，当累积的变形超过混凝土的极限变形能力时，混凝土被疲劳压坏，破坏时应力的上限值称为疲劳应力。

疲劳应力的大小与循环应力的上限、下限及循环次数有关。通常以使材料破坏所需荷载循环次数 $n\geqslant2\times10^6$ 次时的疲劳应力作为疲劳强度。

（五）荷载长期作用时的变形——徐变

混凝土在不变的应力长期持续作用下，随时间增长的变形称为徐变。

影响徐变的主要因素有持续应力的大小、加荷龄期、混凝土配合比、振捣养护条件、结构所处环境等。

当持续应力 $\sigma_c \leqslant 0.5f_c$ 时，徐变与持续应力呈线性关系，称为线性徐变；当 $\sigma_c = (0.5 \sim 0.8)f_c$ 时，徐变与持续应力不再呈线性关系，称之为非线性徐变，且徐变是收敛的；但当 $\sigma_c \geqslant 0.8f_c$ 时，持续受压，则徐变不收敛，徐变发散将导致混凝土破坏。因此在长期荷载作用下应控制 $\sigma_c \leqslant 0.8f_c$。一般认为线性徐变是混凝土的软质凝胶体产生黏性流动的结果，非线性徐变是微裂缝随时间发展的结果。

加载时的龄期越短，徐变越大；水灰比和水泥用量大，振捣不密实，养护与工作环境湿度小，养护时间短，则徐变大。为了减小徐变，应注意养护与控制水灰比，不要过早地拆模板支柱或施加长期荷载。

徐变能使构件变形增大，使预应力产生损失，使高应力受压构件发生突然性破坏等不利影响。但徐变引起的内力或应力重分布及应力松弛有时对结构亦产生有利作用，如对轴心受压柱，可使钢筋与混凝土的应力都可能达到各自的抗压强度；徐变可使温度应力降低。

（六）混凝土收缩

混凝土在空气中硬结时产生体积变小的现象称为收缩，是一种非受力变形。

收缩包括凝缩与干缩两部分。混凝土中水泥与水起化学作用产生的体积变化为凝缩，大部分出现在早期。干缩是混凝土中自由水蒸发引起的体积缩小。收缩是使混凝土内产生初始微裂缝的主要原因，导致混凝土的抗拉强度降低与离散性变大。

混凝土收缩主要出现在早期，往后逐渐减慢，第一个月的收缩应变可完成50%左右，两个月可完成75%左右，1年以后逐渐趋于稳定，最终收缩量约为$(2 \sim 5) \times 10^{-4}$。对于一般混凝土可取 3×10^{-4}。

除受力因素之外，凡对徐变产生影响的因素对收缩都产生影响。此外，水泥强度等级越高，表面积与体积比越大，环境温度越高，收缩值也就越大。

收缩对结构与构件的不利影响是产生收缩裂缝与预应力的损失。当混凝土的收缩变形受到内部或外部约束时，将会产生收缩拉应力或裂缝。通常采用限制水灰比、水泥用量，加强振捣与养护，适量设置构造筋与变形缝及后浇带等措施减小收缩。

三、钢筋与混凝土之间的黏结与锚固

钢筋与混凝土之间的黏结与锚固是两者能共同工作的基础。

（一）形成黏结的因素

（1）水泥胶的水化作用，使钢筋与混凝土的接触面上形成胶结力。

（2）混凝土收缩对钢筋产生的握裹力。

（3）混凝土与钢筋之间的机械咬合力。

（二）钢筋与混凝土之间的黏结应力

钢筋与混凝土的接触界面上沿钢筋纵向分布的纵向剪应力称之为黏结力。在下列三种情况下可能产生黏结应力：

（1）当钢筋伸入混凝土支座内并受到拉力或压力作用时，在钢筋锚固长度范围内产生与拉力或压力相平衡的纵向剪应力，即为锚固黏结应力。

(2)当弯矩沿跨度方向变化时，相邻截面受拉钢筋的应力也发生变化，产生应力差，这使混凝土与钢筋之间产生了黏结应力，称之为弯曲黏结应力。

(3)当弯矩或轴力沿纵向不变，构件一旦开裂，则在两相邻裂缝之间的钢筋应力不均匀，存在应力差，在混凝土与钢筋之间产生黏结应力，称之为局部黏结应力。

(三)钢筋与混凝土之间的黏结强度

钢筋与混凝土之间黏结面上单位面积所能承担的最大黏结应力，称之为黏结强度。

黏结强度的高低对钢筋的锚固长度、搭接长度、裂缝的间距与宽度都有直接的影响。黏结强度越高，则锚固长度、搭接长度及裂缝间距和宽度都将减小。

习　题

17-1-1　对于有明显屈服点的钢筋，其强度标准值取值的依据是(　　)。

A. 极限抗拉强度　　B. 屈服强度

C. 0.85倍的极限抗拉强度　　D. 钢筋比例极限对应的应力

17-1-2　对于无明显屈服点的钢筋，进行钢筋质量检验的主要指标是(　　)。

①极限强度；②条件屈服强度；③伸长率；④冷弯性能。

A. ①③④　　B. ①②④　　C. ①②③　　D. ①②③④

17-1-3　《混凝土结构设计规范》中，混凝土各种力学指标的基本代表值是(　　)。

A. 立方体抗压强度标准值　　B. 轴心抗压强度标准值

C. 轴心抗压强度设计值　　D. 轴心抗拉强度设计值

17-1-4　混凝土双向受力时，何种情况下强度最低？(　　)

A. 两向受拉　　B. 两向受压

C. 一拉一压　　D. 两向受拉，且两向拉应力值相等时

第二节　基本设计原则

根据国家标准《建筑结构可靠性设计统一标准》(GB 50068—2018)(以下简称《结构统一标准》)所确定的原则，结构设计时采用以概率理论为基础的极限状态设计方法。现将基本设计原则简述如下。

一、结构功能要求和设计使用年限

结构设计的目的是要使所设计的结构能够完成全部预定功能要求，并具有足够的可靠性。结构功能要求可概括为下列三个方面。

(一)安全性

结构在正常设计、施工和使用条件下，应该能够承受可能出现的各种作用(各种荷载、外加变形、约束变形等)；而且在偶然荷载作用，或偶然事件发生时或发生后，结构应能保持必需的稳定性，不致倒塌。

(二)适用性

结构在正常使用时应能满足预定的使用要求，有良好的工作性能，其变形、裂缝或振动等均不超过规定的限值。

(三)耐久性

结构在正常使用和正常维护条件下,在规定的使用期限内应有足够的耐久性,如保护层不能过薄,裂缝不得过宽而引起钢筋锈蚀,不发生混凝土严重风化、腐蚀、老化,而影响结构的预定使用期限。

上述功能要求,即结构在规定的时间内(在设计基准期内),在规定的条件下(正常设计、正常施工、正常使用和正常维修)完成预定功能的能力,称为结构的可靠性。

结构的设计使用年限见表 17-2-1。

设计使用年限分类　　表 17-2-1

类　别	设计使用年限(年)	示　　例	类　别	设计使用年限(年)	示　　例
1	5	临时性结构	3	50	普通房屋和构筑物
2	25	易于替换的结构构件	4	100	标志性建筑和特别重要的建筑结构

【例 17-2-1】 建筑结构的可靠性包括:

A. 安全性、耐久性、经济性　　B. 安全性、适用性、经济性

C. 耐久性、经济性、适应性　　D. 安全性、适用性、耐久性

解 建筑结构的可靠性包括安全性、适用性和耐久性。

答案:D

二、结构的极限状态

结构能够满足结构功能要求称之为结构“可靠”或“有效”;反之则称结构为“不可靠”或“失效”。鉴别结构是处于“可靠”或“失效”的某一特定的鉴别标准,称之为结构的极限状态。

我国《结构统一标准》将结构极限状态分为两类。

(一)承载能力极限状态

承载能力极限状态指结构或构件达到了最大承载能力,出现疲劳破坏或者产生了不适于继续承载的过大变形。当结构或结构构件出现下列状态之一时,即认为超过了承载能力极限状态:

(1)结构构件或其连接因超过材料强度而破坏(包括疲劳破坏),如短的轴心受压构件中混凝土和钢筋分别达到抗压强度而破坏,构件中的钢筋锚固长度不够而被拔出,或构件因过度变形而不适于继续承载。

(2)整个结构或结构的一部分作为刚体失去平衡,如烟囱在风力作用下整体倾倒。

(3)结构转变为机动体系,如简支梁跨中截面达到抗弯承载力而形成三铰共线的机动体系,丧失承载能力。

(4)结构或构件丧失稳定,如细长柱达到临界荷载后压屈失稳而破坏。

(5)结构因局部破坏而发生连续倒塌。

(6)地基丧失承载能力而破坏(如失稳等)。

(7)结构或构件发生疲劳破坏。

(二)正常使用极限状态

正常使用极限状态对应于结构或结构构件达到正常使用或耐久性能的某项规定限值。当出现下列状态之一时,即认为超过了正常使用极限状态:

(1)影响正常使用或外观的变形,如梁的变形过大影响正常使用或观瞻。

(2)影响正常使用或耐久性的局部损坏,如裂缝过宽影响水池的正常使用或导致钢筋锈蚀。

(3)影响正常使用的振动，如楼盖梁板的振幅过大影响正常使用。

(4)影响正常使用的其他特定状态，如基础相对沉降过大等。

(三)耐久性极限状态

耐久性极限状态对应于结构或结构构件达到耐久性能的某项规定限值。当结构或结构构件出现下列状态之一时，应认定为超过了耐久性极限状态：

(1)影响承载能力和正常使用的材料性能劣化。

(2)影响耐久性能的裂缝、变形、缺口、外观、材料削弱等。

(3)影响耐久性能的其他特定状态。

三、结构上的作用、作用效应 S、结构抗力 R、结构的功能函数 Z

(一)结构上的作用

结构上的作用是指施加在结构上的集中荷载与分布荷载(包括永久荷载、可变荷载等)或引起结构外加变形或约束变形因素的总称。

施加在结构上的集中荷载与分布荷载称为直接作用。引起结构外加变形或约束变形的其他作用称为间接作用，如基础沉降、温度变化、混凝土收缩、焊接变形等。

结构上的作用按下列原则分类。

1.按随时间变化分类

(1)永久作用：在设计基准期内其值不随时间变化，或其变化与平均值相比可以忽略不计的作用。如结构自重、建筑层、土压力等。

(2)可变作用：在设计基准期内其值随时间变化，且其变化与平均值相比不可忽略的作用。如楼面活荷载、雪荷载、风荷载、吊车荷载等。

(3)偶然作用：在设计基准内可能出现，也可能不出现，但一旦出现其值很大且持续时间较短的作用。如爆炸、撞击等作用。

2.按随空间的变化分类

(1)固定作用：在结构空间位置上具有固定分布的作用。如结构自重、固定的设备等。

(2)自由作用：在结构空间位置上的一定范围内可以任意布置的作用。如楼面上的活荷载、吊车荷载等。

3.按结构的反应特点分类

(1)静态作用：使结构或结构构件产生的加速度很小可以忽略不计的作用。如楼面的活荷载等。

(2)动态作用：使结构或结构构件产生的加速度不可忽略不计的作用。如吊车荷载、地震、起吊荷载等。

4.按有无限值分类

(1)有界作用：具有不能被超越的且可确切或近似掌握界限值的作用。

(2)无界作用：没有明确界限值的作用。

(二)作用效应 S

施加在结构上的直接作用或者间接作用，在结构或结构构件内产生的内力和变形(如轴力、弯矩、剪力、扭矩、挠度、转角、裂缝、应力与应变等)，总称为作用效应，用“S”表示。由直接作用产生的作用效应称之为荷载效应。

（三）结构抗力 R

结构或结构构件承受内力和变形的能力，总称为结构抗力，如构件的承载能力、刚度、抵抗裂缝的能力等。结构抗力与结构构件的截面形式、尺寸、材料强度等级等因素有关。

（四）结构的功能函数 Z 与极限状态方程

结构或结构构件的工作状态是处于安全可靠还是处于失效状态，可以由反映作用效应 S 与结构抗力 R 两者之间关系的功能函数 Z 来表达。结构安全可靠的基本条件应符合下式要求

$$Z = g(R,S) = R - S \geqslant 0 \tag{17-2-1}$$

式（17-2-1）称之为结构的功能函数。当结构处于极限状态时，则

$$Z = R - S = 0 \tag{17-2-2}$$

式（17-2-2）称之为结构的极限状态方程。

功能函数是判别结构失效或可靠的标准

$$\left.\begin{array}{l}\text{当 } Z>0 \text{ 时，结构处于可靠状态} \\ \text{当 } Z=0 \text{ 时，结构处于极限状态} \\ \text{当 } Z<0 \text{ 时，结构处于失效状态}\end{array}\right\} \tag{17-2-3}$$

四、结构可靠度

结构安全、适用、耐久是结构可靠的标志，总称为结构的可靠性。

（一）结构的可靠度

结构的可靠度是指在规定的设计基准期内（我国为50年），在规定的条件下（正常设计、正常施工、正常使用），完成预定功能（结构安全性、适用性、耐久性）的概率。结构可靠度是结构可靠性的概率度量。

（二）结构的可靠概率和失效概率与可靠指标

若结构功能函数 $Z=R-S$ 的概率分布曲线如图17-2-1所示，属于正态分布，则结构的可靠概率 P_s、失效概率 P_f、结构的可靠指标 β 之间存在下列关系。

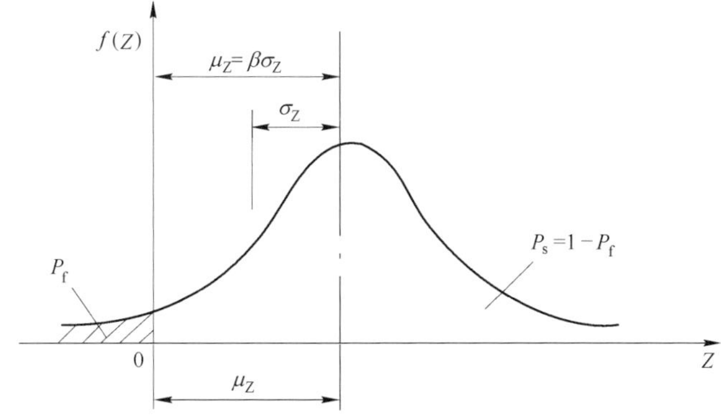

图 17-2-1　正态分布图上可靠概率、失效概率和可靠指标的表示方法

（1）结构可靠概率是指结构能够完成预定功能 $Z=R-S>0$ 的概率。

$$P_s = \int_0^{\infty} f(Z)\mathrm{d}Z \tag{17-2-4}$$

（2）结构失效概率是指结构不能完成预定功能的概率。

$$P_f = \int_{-\infty}^{0} f(Z)\mathrm{d}Z \tag{17-2-5}$$

(3)结构的可靠概率与失效概率的关系是

$$P_s + P_f = 1 \tag{17-2-6}$$

或

$$P_s = 1 - P_f \tag{17-2-7}$$

(4)结构的可靠指标 β 为结构功能函数 Z 的平均值 μ_Z 与其标准差 σ_Z 的比值。

$$\beta = \frac{\mu_Z}{\sigma_Z} \tag{17-2-8}$$

或

$$\mu_Z = \beta\sigma_Z \tag{17-2-9}$$

$$\mu_Z = \mu_R - \mu_S \tag{17-2-10}$$

$$\sigma_Z = \sqrt{\sigma_R^2 + \sigma_S^2} \tag{17-2-11}$$

式中:μ_R、σ_R——分别为结构抗力 R 正态分布随机变量平均值与标准差;

μ_S、σ_S——分别为作用效应 S 正态分布随机变量平均值与标准差。

用失效概率 P_f 来度量结构的可靠性有明确的物理意义,能较好地反映问题的实质。但结构功能函数包含多种因素影响,而且每一种因素不一定完全服从正态分布,需要对它们进行当量正态化处理。计算失效概率一般要进行多维积分,数学上复杂。由于可靠指标 β 与失效概率 P_f 在数量上有一一对应关系(见图 17-2-1),β 越大,P_f 越小;反之,β 越小,P_f 则越大。若用 β 来度量结构可靠度,可使问题简化。

(5)《结构统一标准》根据建筑结构的破坏后果,即危及人的生命、造成经济损失、产生社会影响等的严重程度,将结构安全等级分为三级:①破坏后果很严重的重要建筑物,安全等级为一级;②破坏后果严重的一般工业与民用建筑为二级;③破坏后果不严重的次要建筑为三级。并且规定了各类结构构件按承载能力极限状态设计时采用的可靠指标[β]值,见表17-2-2。

结构构件的可靠指标[β]值 表 17-2-2

破坏类型	安全等级		
	一级	二级	三级
延性破坏	3.7	3.2	2.7
脆性破坏	4.2	3.7	3.2

按表 17-2-2 可靠指标进行设计的准则,称之为可靠指标设计准则。由于确定可靠指标 β 时,将作用效应 S 与结构抗力 R 作为两个服从正态分布的独立随机变量,只考虑平均值和标准差的影响,没有考虑两者的联合分布特征等因素,在计算中又作了假定与简化,所以称之为近似概率准则。

结构构件在正常使用极限状态的可靠指标,宜根据其可逆程度取 0~1.5。

结构构件在耐久性极限状态的可靠指标,宜根据其可逆程度取 1.0~2.0。

五、极限状态设计表达式

对于一般结构构件,若根据规定可靠指标[β]去进行结构设计,则必须利用荷载、材料、构件尺寸等的概率分布规律、统计参数,计算时复杂。因此,我国《结构统一标准》建议采用结构构件实用设计表达式。

(一)荷载的代表值

1.荷载标准值

在结构设计基准期内,在正常情况下可能出现的最大荷载值,也是极限状态设计时采用的荷载代表值。

永久荷载标准值 G_k 是按构件的设计尺寸和材料容重的标准值确定的值。

可变荷载标准值 Q_k 是统一由设计基准期最大荷载概率分布的某一分位数确定的，一般取具有95%保证率的上分位值，即取平均值加1.645倍的标准差。但对不少尚缺少研究的可变荷载，一般还沿用传统习惯的经验数值。

2.荷载组合值

荷载组合值为可变荷载标准值乘以荷载组合值系数。这是考虑到两种或两种以上的可变荷载同时达到最大值的可能性较小，在设计中采用荷载组合值。

3.荷载频遇值

荷载频遇值为可变荷载标准值乘以荷载频遇值系数，是指在设计基准期内被超越的总时间仅为设计基准期一小部分的荷载值；或在设计基准期内其超越概率为某一给定频率的荷载值，主要用于当一个极限状态被超越时将产生局部损害、较大变形或短暂振动等情况。

4.荷载准永久值

荷载准永久值为可变荷载标准值乘以荷载准永久值系数，是指在设计基准期内被超越的总时间为设计基准期一半的荷载值，主要用在当长期效应是决定因素时的一些情况。

(二)荷载分项系数与荷载设计值

1.荷载分项系数

它是设计计算中反映荷载不定性关系与结构可靠度相关联的分项系数。

(1)永久荷载分项系数 γ_G：当其效应对结构不利时，对由可变荷载控制的组合，取1.2；对由永久荷载控制的组合，取1.35。当其效应对结构有利时，一般情况下取1.0；对结构的倾覆、滑移或漂浮验算，应取0.9。

(2)可变荷载分项系数 γ_Q：一般情况下取1.4，对标准值大于 $4kN/m^2$ 的工业房屋楼面结构的活荷载应取1.3。

对于某些特殊情况，可按建筑结构有关设计规范的规定确定。

2.荷载设计值

荷载设计值为荷载代表值乘以荷载分项系数后的值。只有按承载力极限状态计算荷载效应时才需考虑荷载分项系数与荷载设计值。

(三)材料强度指标取值

1.强度标准值

强度标准值是结构设计时采用的材料性能基本代表值。材料强度的概率分布宜采用正态分布或对数正态分布。材料强度的标准值可取其概率分布的0.05分位值确定，即 $\mu_R-1.645\sigma_R$ 值，它具有95%的保证率。当试验数据不足时，可根据经验分析确定(其值详见有关设计规范)。

2.材料分项系数

材料分项系数是在按承载力极限状态设计时，按规定的可靠度指标[β]值在计算模式中所采用的系数值。我国规范根据[β]值及材料、几何参数、荷载基本参量，求出了各种结构用材料的分项系数，例如：

混凝土材料的分项系数 $\gamma_c=1.4$；

HPB300级、HRB335级、HRB400级和RRB400级钢筋的分项系数 $\gamma_s=1.1$；

HRB500级钢筋的分项系数 $\gamma_s=1.15$；

预应力钢丝、钢绞线和预应力螺纹钢筋的分项系数 $\gamma_s=1.2$。

3. 材料强度设计值

材料强度设计值是材料强度的标准值 f_k 除以材料分项系数值后的值(其值详见有关设计规范)。在承载力极限状态设计中采用材料强度设计值。

(四)极限状态设计实用表达式

1. 承载力极限状态设计表达式

我国《混凝土规范》采用以概率理论为基础的极限状态设计法,结构构件的承载力设计应根据荷载效应的基本组合和偶然组合进行。其一般公式为

$$\gamma_0 S \leqslant R \tag{17-2-12}$$

1)结构构件重要性系数

对安全等级不同的结构,结构构件重要性系数取值如下:

安全等级为一级　　$\gamma_0=1.1$

安全等级为二级　　$\gamma_0=1.0$

安全等级为三级　　$\gamma_0=0.9$

建筑物中各类结构构件的安全等级,宜与整个结构的安全等级相同,对其中部分结构构件的安全等级可根据其重要程度适当调整,但不得低于三级。对有特殊要求的建筑物,其安全等级应根据具体情况另行确定。

2)荷载效应的组合设计值 S

(1)荷载效应基本组合

对于基本组合,荷载效应组合的设计值 S 应从下列组合值中取最不利值确定。

①由可变荷载效应控制的组合

$$S=\gamma_G S_{Gk}+\gamma_{Q1}S_{Q1K}+\sum_{i=2}^{n}\gamma_{Qi}\psi_{ci}S_{Qik} \tag{17-2-13}$$

式中:γ_G——永久荷载的分项系数;

γ_{Qi}——第 i 个可变荷载的分项系数,其中 γ_{Q1} 为可变荷载 Q_1 的分项系数;

S_{Gk}——按永久荷载标准值 G_k 计算的荷载效应值;

S_{Qik}——按可变荷载标准值 Q_{ik} 计算的荷载效应值,其中 S_{Q1k} 为诸可变荷载效应中起控制作用者;

ψ_{ci}——可变荷载 Q_i 组合值系数,应根据不同可变荷载按《建筑结构荷载规范》(GB 50009—2012)(以下简称《荷载规范》)取用;

n——参与组合的可变荷载数。

②由永久荷载效应控制的组合

$$S=\gamma_G S_{Gk}+\sum_{i=1}^{n}\gamma_{Qi}\psi_{ci}S_{Qik} \tag{17-2-14}$$

基本组合中的设计值仅适用于荷载与荷载效应为线性的情况。

对于一般排架、框架结构可采用以下简化式:

由可变荷载效应控制的组合

$$\left.\begin{aligned}S&=\gamma_G S_{Gk}+\gamma_{Q1}S_{Q1k}\\S&=\gamma_G S_{Gk}+0.9\sum_{i=1}^{n}\gamma_{Qi}\psi_{ci}S_{Qik}\end{aligned}\right\} \tag{17-2-15}$$

由永久荷载效应控制的组合仍按公式(17-2-14)采用。

(2)偶然组合

荷载效应组合的设计值宜按下列规定确定:偶然荷载的代表值不乘分项系数,与偶然荷载

同时出现的其他荷载可根据观测资料和工程经验采用适当的代表值。各种情况下荷载效应的设计值公式，可参照有关规范执行。

3）结构构件承载力设计值 R

结构构件承载力设计值取决于截面几何尺寸、截面材料种类、强度等级、截面形式等因素。对钢筋混凝土构件，可表达为

$$R=R(f_c,f_s,a_k,\cdots)/\gamma_{Rd} \tag{17-2-16}$$

式中：f_c、f_s——分别为混凝土、钢筋的强度设计值；

a_k——几何参数的标准值，当几何参数的变异性对结构性能有明显的不利影响时，应增减一个附加值；

γ_{Rd}——结构构件的抗力模型不定性系数，静力设计取 1.0，对不确定性较大的结构构件，根据具体情况取大于 1.0 的数值，抗震设计时采用承载力抗震调整系数 γ_{RE} 代替 γ_{Rd}。

2. 正常使用极限状态表达式

正常使用极限状态应根据不同的设计要求，采用荷载的标准组合、频遇组合、准永久组合或标准组合并考虑长期作用影响，采用下列极限状态设计表达式

$$S\leqslant C \tag{17-2-17}$$

式中：C——结构或结构构件达到正常使用要求的规定限值，例如变形、裂缝、振幅、加速度、应力等限值。

（1）标准组合

荷载效应组合的设计值 S 应按下式采用

$$S=S_{Gk}+S_{Q1k}+\sum_{i=2}^{n}\psi_{ci}S_{Qik} \tag{17-2-18}$$

（2）频遇组合

荷载效应组合的设计值 S 应按下式采用

$$S=S_{Gk}+\psi_{f1}S_{Q1k}+\sum_{i=2}^{n}\psi_{qi}S_{Qik} \tag{17-2-19}$$

式中：ψ_{f1}——可变荷载 Q_1 的频遇值系数；

ψ_{qi}——可变荷载 Q_i 的准永久值系数。

（3）准永久组合

荷载效应组合的设计值 S 应按下式采用

$$S=S_{Gk}+\sum_{i=1}^{n}\psi_{qi}S_{Qik} \tag{17-2-20}$$

以上组合中的设计值仅适用于荷载与荷载效应为线性的情况。

3. 挠度验算

钢筋混凝土受弯构件的最大挠度 f_{max} 应按荷载的准永久组合，预应力混凝土受弯构件的最大挠度应按荷载的标准组合，并均应考虑荷载长期作用的影响进行计算，其计算值不应超过《混凝土规范》规定的挠度限值 f_{lim}，即

$$f_{max}\leqslant f_{lim} \tag{17-2-21}$$

4. 裂缝验算

根据正常使用阶段对结构构件裂缝的不同要求，将结构构件正截面的裂缝控制等级分为三级：

一级——严格要求不出现裂缝的构件，在荷载标准组合计算时，构件受拉边缘混凝土不应产生拉应力。

二级——一般要求不出现裂缝的构件，在荷载标准组合计算时，构件受拉边缘混凝土拉应力不应大于混凝土抗拉强度标准值。

三级——允许出现裂缝的构件，对钢筋混凝土构件，按荷载准永久组合并考虑长期作用影响计算时，构件的最大裂缝宽度 w_{max} 不应超过《混凝土规范》规定的最大裂缝宽度限值 w_{lim}。对预应力混凝土构件，按荷载标准组合并考虑长期作用影响计算时，构件的最大裂缝宽度 w_{max} 不应超过《混凝土规范》规定的最大裂缝宽度限值 w_{lim}，即

$$w_{max} \leqslant w_{lim} \tag{17-2-22}$$

对二 a 类环境的预应力混凝土构件，尚应按荷载准永久组合计算，且构件受拉边缘混凝土的拉应力不应大于混凝土的抗拉强度标准值。

5. 耐久性规定

混凝土结构应根据设计使用年限和环境类别进行耐久性设计。混凝土结构暴露的环境类别应按表 17-2-3 的要求划分；设计使用年限为 50 年的混凝土结构，其混凝土材料宜符合表 17-2-4的规定。

混凝土结构的环境类别 表 17-2-3

环境类别	条件
一	室内干燥环境； 无侵蚀性静水浸没环境
二 a	室内潮湿环境； 非严寒和非寒冷地区的露天环境； 非严寒和非寒冷地区与无侵蚀性的水或土壤直接接触的环境； 严寒和寒冷地区的冰冻线以下与无侵蚀性的水或土壤直接接触的环境
二 b	干湿交替环境； 水位频繁变动环境； 严寒和寒冷地区的露天环境； 严寒和寒冷地区冰冻线以上与无侵蚀性的水或土壤直接接触的环境
三 a	严寒和寒冷地区冬季水位变动区环境； 受除冰盐影响环境； 海风环境
三 b	盐渍土环境； 受除冰盐作用环境； 海岸环境
四	海水环境
五	受人为或自然的侵蚀性物质影响的环境

注：1. 室内潮湿环境是指构件表面经常处于结露或湿润状态的环境。
2. 严寒和寒冷地区的划分应符合现行国家标准《民用建筑热工设计规范》(GB 50176)的有关规定。
3. 海岸环境和海风环境宜根据当地情况，考虑主导风向及结构所处迎风、背风部位等因素的影响，由调查研究和工程经验确定。
4. 受除冰盐影响环境是指受到除冰盐盐雾影响的环境，受除冰盐作用环境是指被除冰盐溶液溅射的环境以及使用除冰盐地区的洗车房、停车楼等建筑。
5. 暴露的环境是指混凝土结构表面所处的环境。

结构混凝土材料的耐久性基本要求 表 17-2-4

环境等级	最大水胶比	最低强度等级	最大氯离子含量（%）	最大碱含量（kg/m^3）
一	0.60	C20	0.30	不限制
二 a	0.55	C25	0.20	3.0
二 b	0.50(0.55)	C30(C25)	0.15	
三 a	0.45(0.50)	C35(C30)	0.15	
三 b	0.40	C40	0.10	

注：1.氯离子含量系指其占胶凝材料总量的百分比。

2.预应力构件混凝土中的最大氯离子含量为0.06%，其最低混凝土强度等级宜按表中的规定提高两个等级。

3.素混凝土构件的水胶比及最低强度等级的要求可适当放松。

4.有可靠工程经验时，二类环境中的最低混凝土强度等级可降低一个等级。

5.处于严寒和寒冷地区二 b、三 a 类环境中的混凝土应使用引气剂，并可采用括号中的有关参数。

6.当使用非碱活性骨料时，对混凝土中的碱含量可不作限制。

习　　题

17-2-1　下列情况属于超出正常使用极限状态的是（　　）。

A. 雨篷倾倒

B. 现浇双向楼板在人行走时振动较大

C. 连续板中间支座出现塑性铰

D. 钢筋锚固长度不够而被拔出

17-2-2　安全等级为二级的延性结构构件的可靠性指标为（　　）。

A. 4.2　　B. 3.7　　C. 3.2　　D. 2.7

17-2-3　我国规范度量结构构件可靠度的方法是（　　）。

A. 用可靠性指标 β，不计失效概率 P_f

B. 用荷载、材料的分项系数及结构的重要性系数，不计 P_f

C. 用 β 表示 P_f，并在形式上采用分项系数和结构构件的重要性系数

D. 用荷载及材料的分项系数，不计 P_f

17-2-4　可变荷载在设计基准期内被超越的总时间为（　　）的那部分荷载值，称为该可变荷载的准永久值。

A. 10 年　　B. 15 年　　C. 20 年　　D. 25 年

17-2-5　一计算跨度为 4m 的简支梁，梁上作用有恒载标准值（包括自重）15kN/m，活荷载标准值 5kN/m，其跨中最大弯矩设计值为（　　）。

A. 50kN·m　　B. 50.3kN·m

C. 100kN·m　　D. 100.6kN·m

17-2-6　混凝土材料的分项系数为（　　）。

A. 1.25　　B. 1.35　　C. 1.4　　D. 1.45

17-2-7　结构在设计使用年限超过设计基准期后，结构将发生（　　）。

A. 立即丧失其功能　　B. 可靠度降低

C. 不失效则可靠度不变　　D. 可靠度降低，但可靠指标不变

第三节　钢筋混凝土构件承载能力极限状态计算

一、钢筋混凝土受弯构件

(一)正截面抗弯承载力

1.受弯构件沿正截面可能发生的三种破坏形态

(1)少筋破坏

当构件受拉配筋率 $\rho = A_s/(bh_0) < \rho_{min}$(最小配筋率)时,构件一旦开裂即丧失承载能力,呈脆性破坏,无明显预兆,材料不能充分利用,在设计中应加以防止。

(2)适筋破坏

当正截面混凝土受压区的高度 $x \leqslant \xi_b h_0$(ξ_b 为相对界限受压区高度),$\rho = A_s/(bh_0) \geqslant \rho_{min}$ 时,构件纵向受拉筋先达到屈服,然后受压区混凝土被压坏,呈塑性破坏,有明显的塑性变形和裂缝预告,在设计中应设计成这种梁。

(3)超筋破坏

当正截面混凝土受压区高度 $x > \xi_b h_0$ 时,由于受压区混凝土先压碎,而受拉钢筋尚未达到屈服,破坏前有一定的变形与裂缝预兆,但不如适筋梁明显,属脆性破坏,材料不能充分利用,在设计中应加以避免。

2.适筋梁的三个应力阶段

(1)I 阶段

截面开裂前的阶段为 I 阶段。当受拉区边缘的混凝土拉应变达到极限拉应变,即 $\varepsilon_t = \varepsilon_{tu}$,拉区即将开裂时,称之为 I_a 阶段,即为第 I 阶段末。将 I_a 阶段应力状态作为抗裂验算的依据。

(2)II 阶段

从截面受拉区开裂开始至纵向受拉钢筋刚达到屈服时止为 II 阶段。钢筋刚达到屈服时称为 II_a 阶段。II_a 阶段应力状态是正常使用极限状态的刚度与裂缝宽度验算的依据。

(3)III 阶段

从受拉钢筋屈服后至受压区混凝土压坏为止为 III 阶段。当受压区混凝土压坏时称为 III_a 阶段。III_a 的应力状态是正截面抗弯承载力计算的依据。

3.受弯构件正截面承载力计算的基本假定

(1)截面平均应变符合平截面假定;

(2)不考虑受拉区混凝土的抗拉强度;

(3)受压区混凝土的应力-应变曲线(见图 17-3-1)。

当 $\varepsilon_c \leqslant \varepsilon_0$ 时

$$\sigma_c = f_c\left[1 - \left(1 - \frac{\varepsilon_c}{\varepsilon_0}\right)^n\right] \tag{17-3-1}$$

当 $\varepsilon_0 < \varepsilon_c \leqslant \varepsilon_{cu}$ 时

$$\sigma_c = f_c \tag{17-3-2}$$

$$n = 2 - \frac{f_{cu,k} - 50}{60}, n \leqslant 2.0 \tag{17-3-3}$$

$$\varepsilon_0 = 0.002 + 0.5(f_{cu,k} - 50) \times 10^{-5} \tag{17-3-4}$$

$$\varepsilon_{cu} = 0.0033 - (f_{cu,k} - 50) \times 10^{-5} \tag{17-3-5}$$

式中：σ_c——混凝土压应变为 ε_c 时的混凝土压应力；

f_c——混凝土轴心抗压强度设计值；

ε_0——混凝土压应力刚达到 f_c 时的混凝土压应变，$\varepsilon_0 \geqslant 0.002$；

ε_{cu}——正截面混凝土的极限压应变，当处于非均匀受压时，按式(17-3-5)计算，且 $\varepsilon_{cu} \leqslant 0.0033$，当处于轴心受压时，$\varepsilon_{cu}=\varepsilon_0$。

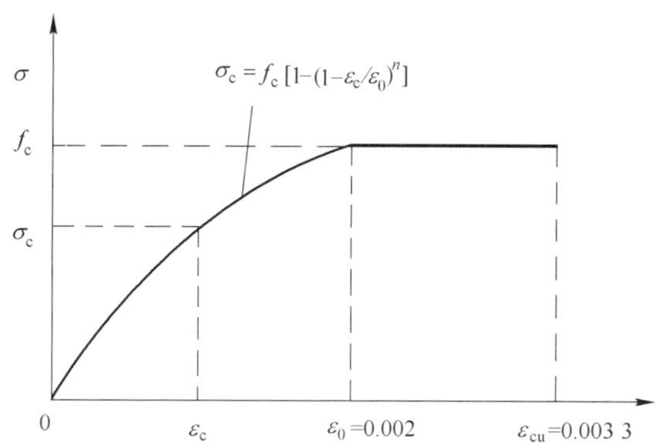

图 17-3-1 混凝土应力-应变曲线

设计计算时，如图 17-3-1 所示的受压区混凝土应力图形可简化为等效的矩形应力图。

(4)纵向钢筋的应力取等于钢筋应变与其弹性模量的乘积，但其绝对值不应大于其相应的强度设计值。纵向受拉钢筋的极限拉应变取为 0.01。

4.矩形截面或翼缘位于受拉区的倒 T 形截面受弯构件

其正截面抗弯承载力计算及适用条件为

$$M \leqslant \alpha_1 f_c bx\left(h_0-\frac{x}{2}\right)+f'_y A'_s(h_0-a'_s)$$

或

$$M \leqslant \alpha_s \alpha_1 f_c bxh_0^2+f'_y A'_s(h_0-a'_s)$$

$$\alpha_s=\xi\left(1-\frac{\xi}{2}\right) \tag{17-3-6}$$

式中：α_1——系数，对 C50 及以下混凝土，$\alpha_1=1.0$；对 C80，$\alpha_1=0.94$；中间按线性内插。

混凝土受压区高度 x 按下式确定

$$\alpha_1 f_c bx = f_y A_s - f'_y A'_s$$

或

$$\xi=\frac{f_y A_s - f'_y A'_s}{\alpha_1 f_c bh_0} \tag{17-3-7}$$

式(17-3-6)和式(17-3-7)的适用条件为

$$x \leqslant \xi_b h_0 \tag{17-3-8}$$

$$x \geqslant 2a'_s \tag{17-3-9}$$

式(17-3-8)是为了防止超筋破坏，保证受拉钢筋 A_s 达到屈服强度，$\sigma_s=f_y$；式(17-3-9)是为了保证能充分利用受压钢筋 A'_s 的强度，$\sigma'_s=f'_y$；同时，为了防止少筋破坏，尚应满足 $\rho=A_s/(bh_0)\geqslant \rho_{min}$(最小配筋率)(主要对于 $A'_s=0$ 时的单筋梁易出现这种情况)。

5.翼缘位于受压区的 T 形截面受弯构件

其正截面抗弯承载力计算及适用条件如下。

(1)当符合下列条件时

$$f_y A_s \leqslant \alpha_1 f_c b'_f h'_f + f'_y A'_s \tag{17-3-10}$$

则混凝土受压区高度 $x \leqslant h'_f$，按宽度为 b'_f 的矩形截面计算。

（2）当不符合式（17-3-10）的条件时，则受压区高度 $x > h'_f$，计算中应考虑截面中腹板受压的作用，其正截面抗弯承载力按下列公式计算

$$\left.\begin{aligned} &M \leqslant \alpha_1 f_c bx\left(h_0 - \frac{x}{2}\right) + \alpha_1 f_c (b'_f - b) h'_f \left(h_0 - \frac{h'_f}{2}\right) + f'_y A'_s (h_0 - a'_s) \\ \text{或}\quad &M \leqslant \alpha_s \alpha_1 f_c b h_0^2 + \alpha_1 f_c (b'_f - b) h'_f \left(h_0 - \frac{h'_f}{2}\right) + f'_y A'_s (h_0 - a'_s) \\ &\alpha_s = \xi\left(1 - \frac{\xi}{2}\right) \end{aligned}\right\} \tag{17-3-11}$$

混凝土受压区高度按下列公式确定

$$\left.\begin{aligned} &\alpha_1 f_c [bx + (b'_f - b) h'_f] = f_y A_s - f'_y A'_s \\ \text{或}\quad &\xi = \frac{A_s f_y - f'_y A'_s - \alpha_1 f_c (b'_f - b) h'_f}{b h_0 \alpha_1 f_c} \end{aligned}\right\} \tag{17-3-12}$$

应用式（17-3-11）与式（17-3-12）时，为了防止出现超筋破坏，且保证 A_s 的 $\sigma_s = f_y$ 及 A'_s 的 $\sigma'_s = f'_y$，也应满足下式要求

$$x \leqslant \xi_b h_0$$

$$x \geqslant 2a'_s$$

而且 b'_f 的取值应符合《混凝土规范》表 5.2.4 的规定。

【例 17-3-1】 若钢筋混凝土双筋矩形截面受弯构件的正截面受压区高度小于受压钢筋混凝土保护层厚度，表明：

A. 仅受拉钢筋未达到屈服

B. 仅受压钢筋未达到屈服

C. 受拉钢筋和受压钢筋均达到屈服

D. 受拉钢筋和受压钢筋均未达到屈服

解 设计中规定，当混凝土受压区高度 x 小于 $2a'_s$ 时，取 $x = 2a'_s$，其目的是为了满足破坏时受压区钢筋的应力等于其抗压强度设计值的假定。

答案：B

6. 相对界限受压区高度 ξ_b 值计算公式

当受拉钢筋刚达到屈服应变 $\varepsilon_y = f_y / E_s$，受压区外边缘混凝土达到受弯的极限压应变 ε_{cu} 时的相对界限受压区高度，可以根据平截面假定的比例关系确定。

（1）对于有屈服点钢筋

$$\xi_b = \frac{\beta_1}{1 + \dfrac{f_y}{E_s \varepsilon_{cu}}} \tag{17-3-13}$$

（2）对于无屈服点钢筋

$$\xi_b = \frac{\beta_1}{1 + \dfrac{0.002}{\varepsilon_{cu}} + \dfrac{f_y}{E_s \varepsilon_{cu}}} \tag{17-3-14}$$

式中：f_y——纵向钢筋抗拉强度设计值；

E_s——钢筋弹性模量；

ε_{cu}——非均匀受压时的混凝土极限压应变，按式(17-3-5)计算；

β_1——系数，对C50及以下，$\beta_1=0.8$，对C80，$\beta_1=0.74$，中间按线性内插。

【例17-3-2】 下列哪种情况是钢筋混凝土适筋梁达到承载能力极限状态时不具有的：

A. 受压混凝土被压溃

B. 受拉钢筋达到其屈服强度

C. 受拉区混凝土裂缝多而细

D. 受压区高度小于界限受压区高度

解 当正截面混凝土受压区高度 $x\leqslant\xi_b h_0$，$\rho=\dfrac{A_s}{bh_0}\geqslant\rho_{min}$时，构件纵向受拉钢筋先达到屈服，然后受压区混凝土被压碎，呈塑性破坏，有明显的塑性变形和裂缝预示，这种破坏形态是适筋破坏。

答案：C

7. 纵向受压钢筋 A_s 的作用

(1)可提高截面极限抗弯承载力，当 $x>x_b$ 时，可以增加 A_s'，使 $x\leqslant x_b$。

(2)可承受变号弯矩。

(3)可减小混凝土徐变，提高构件长期刚度。

(4)可作架立筋用。

(5)可提高构件延性，改善抗震性能。

(二)斜截面承载力

1. 影响斜截面破坏特征的两个主要因素及破坏形态

除混凝土强度等级及截面尺寸外，影响其破坏形态的还有两个主要因素，即剪跨比和配箍率。

(1)剪跨比 λ

对于集中荷载作用的简支梁，剪跨比 λ 为

$$\lambda=\frac{M}{Vh_0}=\frac{a}{h_0} \tag{17-3-15}$$

式中：M——集中力作用截面处的弯矩设计值；

V——支座截面的剪力设计值；

a——第一个集中力(计算截面)至剪力较大一侧支座截面的距离，称为剪跨。

(2)配箍率 ρ_{sv}

$$\rho_{sv}=\frac{nA_{sv1}}{bs} \tag{17-3-16}$$

式中：A_{sv1}——单肢箍筋截面积；

n——同一截面内箍筋的肢数；

b——梁(肋)宽度；

s——箍筋间距。

(3)破坏形态

随着 λ 及 ρ_{sv} 的变化，斜截面可能发生以下三种破坏形态。

①当 $\rho_{sv}<\rho_{sv,min}$(最小配箍率)，$\lambda>3$ 时，斜裂缝一出现，箍筋马上屈服并进入强化阶段，立即丧失斜截面的承载力，产生斜拉破坏。这种破坏预兆性很差，承载力低，不能充分利用材料，设计中应加以防止。

②当 $\rho_{sv,max}\geqslant\rho_{sv}\geqslant\rho_{sv,min}$ 或者虽然 $\rho_{sv}<\rho_{svmin}$，但 $1\leqslant\lambda\leqslant3$ 时，当临界斜裂缝形成后，箍筋先屈

服，然后斜裂缝顶端剪压区混凝土达到了复合受力的极限强度，丧失了斜截面抗剪压的承载力，称为剪压破坏。这种破坏事前有一定的预兆，其承载力随 ρ_{sv} 加大而提高，远大于斜拉破坏承载力。

③当 $\rho_{sv} > \rho_{sv,max}$ 或虽然 $\rho_{sv} < \rho_{sv,max}$，但 $\lambda < 1$ 时，使梁的腹板上产生多条近似平行的斜向裂缝，腹板的混凝土发生斜向压坏，称之为斜压破坏。这种破坏是由于主压应力达到混凝土的抗压强度而引起的，承载力很高，但破坏预兆差，箍筋达不到屈服，强度不能充分利用，在设计中也应加以避免。

2. 矩形、T 形和 I 形截面的受弯构件抗剪承载力计算

(1)为了防止构件发生斜压破坏，配置箍筋过多，达不到屈服，不能充分利用材料，其受剪截面应符合下列条件

当 $\frac{h_w}{b} \leqslant 4$ 时 $$V \leqslant 0.25\beta_c f_c b h_0 \tag{17-3-17}$$

当 $\frac{h_w}{b} \geqslant 6$ 时 $$V \leqslant 0.2\beta_c f_c b h_0 \tag{17-3-18}$$

当 $4 < \frac{h_w}{b} < 6$ 时，按直线内插法取用。

式中：V——剪力设计值；

b——矩形截面宽度，T 形与 I 形截面的腹板宽度；

h_w——截面的腹板高度，矩形截面取有效高度，T 形截面取有效高度减去翼缘高度，I 形截面取腹板净高；

β_c——混凝土强度影响系数，对 C50 及以下，$\beta_c = 1.0$，对 C80，$\beta_c = 0.8$，中间按线性内插。

(2)计算抗剪承载力时的计算位置应按下列规定采用：

①剪力最大的支座边缘截面；

②受拉区弯起钢筋弯起点处截面，因此处的抗剪承载力中，其弯筋抗剪承载力值 $V_b = 0.8 A_{sb} f_y \sin\alpha_s$ 已全部不起作用，截面的抗剪承载力突然降低；

③箍筋截面面积或间距改变处的截面，因该截面的箍筋抗剪承载力突然降低；

④腹板宽度改变处，当腹板宽度突然变小时，混凝土抗剪承载力将降低。

(3)矩形、T 形和 I 形截面抗剪承载力计算：

对于一般受弯构件

$$V \leqslant 0.7 f_t b h_0 + f_{yv} \frac{A_{sv}}{s} h_0 + 0.8 f_y A_{sb} \sin\alpha_s \tag{17-3-19}$$

对于集中荷载作用下的矩形截面独立梁(包括作用有多种荷载，且其中集中荷载对支座截面或节点边缘所产生的剪力值占总剪力值 75%以上的情况)，则

$$V \leqslant \frac{1.75}{\lambda + 1} f_t b h_0 + f_{yv} \frac{A_{sv}}{s} h_0 + 0.8 f_y A_{sb} \sin\alpha_s \tag{17-3-20}$$

式中：λ——计算截面的剪跨比，可取 $\lambda = a/h_0$，a 为计算截面至支座截面或节点边缘的距离，计算截面取集中荷载作用点处的截面，当 $\lambda < 1.5$ 时，取 $\lambda = 1.5$，当 $\lambda = 3$ 时，取 $\lambda = 3$，计算截面至支座之间的箍筋，应均匀配置；

f_t——混凝土轴心抗拉强度设计值。

(4)为防止发生斜拉破坏，由式(17-3-19)及式(17-3-20)求出的配箍率及选用的箍筋间距 s 和直径 d_{sv} 尚应满足下列要求：

①$\rho_{sv} \geqslant \rho_{sv,min} = 0.24 f_t / f_{yv}$；

②$s \leqslant s_{max}$（s_{max}见表 17-3-1）；

③当截面高度 $h>800$mm 时，箍筋直径 $d_{sv} \geqslant 8$mm；当 $h \leqslant 800$mm 时，$d_{sv} \geqslant 6$mm；当梁中配有计算需要的纵向受压钢筋时，箍筋直径 $d_{sv} \geqslant 0.25d$（d 为受压钢筋最大直径）。

梁中箍筋最大间距 s_{max}（单位：mm） 表 17-3-1

梁高 h(mm)	$V>0.7f_tbh_0$	$V \leqslant 0.7f_tbh_0$
$150<h \leqslant 300$	150	200
$300<h \leqslant 500$	200	300
$500<h \leqslant 800$	250	350
$h>800$	300	500

（三）受弯构件的构造要求

受弯构件承载力除满足正截面抗弯承载力和斜截面抗剪承载力之外，尚应满足构造要求，以防止出现支座钢筋锚固破坏或因钢筋弯起过早或切断过早而引起的斜截面受弯破坏，应注意下列方面的构造规定。

1.纵向受力钢筋

纵向受力钢筋的经济配筋率，板为 0.4%～0.8%，梁为 0.6%～1.5%。纵向受力钢筋在支座处的锚固不应小于《混凝土规范》规定的锚固长度（见《混凝土规范》第 8.3 条），并注意伸入支座的最少根数与最小面积。

2.钢筋的搭接长度

对受拉钢筋不应小于 $1.2l_a$（l_a 为受拉钢筋的锚固长度），且不小于 300mm；对受压钢筋不应小于受拉钢筋搭接长度的 70%，且不小于 200mm。在搭接长度范围内，箍筋的直径不应小于搭接钢筋较大直径的 1/4。当钢筋受拉时，箍筋间距不应大于 $5d$（d 为纵筋最小直径）与 100mm；当钢筋受压时，箍筋间距不应大于 $10d$ 与 200mm。当受压钢筋直径 $d>25$mm 时，尚应在搭接接头两个端面外 100mm 范围内个设置两个箍筋。

3.纵筋的弯起

(1)为了保证正截面和斜截面的抗弯承载力，应使抵抗弯矩图 M_u 包住设计弯矩图 M，受拉区钢筋应在离该钢筋充分利用点截面 $h_0/2$ 以后才能弯起。

(2)为了保证斜截面抗剪承载力，抗剪承载力图 V_u 应包住剪力设计值图 V，前一道弯起钢筋的下弯点至下一道弯起钢筋的上弯点之间的距离应不大于 s_{max}（箍筋允许的最大间距）。

4.钢筋的切断

(1)为了保证理论断点处不出现裂缝，钢筋强度仍能充分被利用，纵筋实际截断点应延伸至理论断点以外 $20d$ 处。

(2)为了保证钢筋强度能充分发挥，自充分利用点至钢筋截断点的距离 l_a，当 $V \leqslant 0.7f_tbh_0$ 时为 $1.2l_a$；当 $V>0.7f_tbh_0$ 时为 $1.2l_a+h_0$。

应取(1)与(2)两者中的较大值作为钢筋的实际截断点位置。

5.架立筋与梁侧构造钢筋

当梁的跨度 $l<4$m 时，架立筋直径不宜小于 8mm；当 $l=4$～6m 时，不宜小于 10mm；当 $l>6$m 时，不宜小于 12mm。当梁的腹板高度 $h_w \geqslant 450$mm 时，在梁的两侧应沿高度配置纵向构造钢筋，每侧构造钢筋的截面面积不应小于腹板截面面积 bh_w 的 0.1%，且其间距不宜大于 200mm。

6. 箍筋

当梁中配有按计算需要的纵向受压钢筋时，箍筋应做成封闭式。此时，箍筋的间距不应大于15d（d为纵向受压钢筋的最小直径）与400mm；当一层内的纵向受压钢筋多于5根且直径大于18mm时，箍筋间距不应大于10d；当梁的宽度大于400mm且一层内的纵向受压钢筋多于3根时，或当梁的宽度不大于400mm但一层内的纵向受压钢筋多于4根时，应设置复合箍筋。

7. 其他构造

其他构造详见《混凝土规范》。

二、受扭构件

（一）影响钢筋混凝土纯扭构件破坏特征的主要因素

除混凝土强度等级及截面尺寸外，影响其破坏特征的还有以下三个主要因素：

（1）受扭纵向钢筋配筋率 $\rho_{t1}=\dfrac{A_{stl}}{bh}$，其中 A_{stl} 为对称布置的全部受扭纵向钢筋截面面积，b、h 分别为受扭构件截面短边和长边尺寸。

（2）受扭箍筋配筋率 $\rho_{sv}=\dfrac{2A_{stl}}{bs}$，其中 A_{stl} 为沿构件截面周边所配箍筋的单肢截面面积，s 为受扭箍筋间距。

（3）受扭构件纵向钢筋与箍筋的配筋强度比值 ζ，即沿截面核心周长单位长度上受扭纵筋的强度与沿构件轴线单位长度上受扭箍筋的强度之比，可按下式计算

$$\zeta=\frac{\dfrac{f_y A_{stl}}{u_{cor}}}{\dfrac{f_{yv}A_{stl}}{s}}=\frac{f_y A_{stl}s}{f_{yv}A_{stl}u_{cor}} \tag{17-3-21}$$

式中：u_{cor}——截面核心部分的周长，$u_{cor}=2(b_{cor}+h_{cor})$，$b_{cor}$、$h_{cor}$ 分别为截面核心的短边和长边尺寸。

（二）钢筋混凝土纯扭构件的破坏形态

1. 受扭少筋破坏

当 ρ_{t1} 与 ρ_{sv} 均很小时，一旦出现受扭裂缝，即出现类似素混凝土的纯扭脆性断裂，破坏无预兆，材料不能充分利用，设计中应当避免。

2. 受扭适筋破坏

当 ρ_{t1}、ρ_{sv}、ζ 值均适当且配筋满足构造要求时，在出现多条螺旋状裂缝之后，与斜裂缝相交的纵筋与箍筋都达到了屈服，然后受压区混凝土达到极限压应变值，发生三面受拉、一面受压的空间扭曲截面破坏。破坏前有预兆，可充分利用材料，设计中应采用这种构件。

3. 受扭部分超筋破坏

当 ρ_{t1} 与 ρ_{sv} 之中的一个值太大，ζ 值过大或过小，受压面混凝土压坏时，与斜裂缝相交的纵筋或箍筋中的一种尚达不到屈服。破坏也有一定预兆，但部分材料强度不能充分利用，在设计中也可采用。

4. 受扭超筋破坏

当 ρ_{t1}、ρ_{sv} 均太大，受压面混凝土被压坏时，与斜裂缝相交的纵筋和箍筋应力均达不到屈服。构件破坏预兆不明显，材料不能充分利用，在设计中应加以避免。

【例 17-3-3】 钢筋混凝土受扭构件随受扭箍筋配筋率的增加，将发生的受扭破坏形态是：

A. 少筋破坏

B. 适筋破坏

C. 超筋破坏

D. 部分超筋破坏或超筋破坏

解 受扭钢筋包括受扭纵筋和受扭箍筋，当受扭纵筋与受扭箍筋的强度比值$0.6 \leqslant \zeta \leqslant 1.7$时，两者应力均可以达到屈服强度，为延性破坏。随着箍筋配筋率的增加，可能导致破坏时箍筋达不到屈服，此类构件为部分超筋构件，也具有一定的延性。

答案：D

（三）矩形截面纯扭构件的抗扭承载力计算

（1）为了防止受扭超筋破坏，材料不能充分利用，其截面应符合下列公式要求：

当$h_0/b \leqslant 4$时 $$T \leqslant 0.20\beta_c f_c W_t \tag{17-3-22}$$

当$h_0/b = 6$时 $$T \leqslant 0.16\beta_c f_c W_t \tag{17-3-23}$$

当$4 < h_0/b < 6$时，按线性内插确定。

式中：T——扭矩设计值；

W_t——受扭构件的截面抗扭塑性抵抗矩，按式（17-3-24）计算；

b、h_0——分别为矩形截面的宽度和有效高度。

矩形截面的受扭塑性抵抗矩按下式计算

$$W_t = \frac{b^2}{6}(3h - b) \tag{17-3-24}$$

根据变角空间桁架理论可得到矩形截面抗扭承载力计算公式为

$$T_u = 2\sqrt{\zeta}\,\frac{f_{yv}A_{stl}}{s}A_{cor} \tag{17-3-25}$$

试验结果表明，式（17-3-25）计算结果对于低配筋纯扭构件偏保守，对高配筋纯扭构件偏不安全。《混凝土规范》建议按下式计算

$$T \leqslant 0.35 f_t W_t + 1.2\sqrt{\zeta} f_{yv}\frac{A_{stl}A_{cor}}{s} \tag{17-3-26}$$

式中：f_t——混凝土抗拉强度设计值；

ζ——受扭构件纵向钢筋与箍筋的配筋强度比，为避免出现受扭超筋破坏，材料不能充分发挥作用，ζ值应符合$0.6 \leqslant \zeta \leqslant 1.7$的要求，一般取$\zeta = 1 \sim 1.2$为佳，当$\zeta > 1.7$时，取$\zeta = 1.7$。

（2）为了防止出现少筋破坏构件，当符合下式时

$$T \leqslant 0.7 f_t W_t \tag{17-3-27}$$

要求$\rho_{sv} = \frac{2A_{stl}}{bs}$不应小于$\rho_{sv,min}$值，即

$$\rho_{sv} \geqslant \rho_{sv,min} = \frac{0.28 f_t}{f_{yv}} \tag{17-3-28}$$

而且箍筋的间距不应超过表17-3-1的要求。

其纵向钢筋配筋率$\rho_{tl} = A_{stl}/(bh)$不应小于$\rho_{tl,min}$值，即

$$\rho_{tl} = \frac{A_{stl}}{bh} \geqslant \rho_{tl,min} = \frac{0.85 f_t}{f_y} \tag{17-3-29}$$

而且纵筋的间距不应大于200mm与构件短边边长。

（四）矩形截面剪扭构件的抗剪扭承载力计算

（1）为了防止设计成剪扭超筋构件，当 $h_w/b\leqslant6$ 时，其截面应符合下列公式要求：

当 $h_0/b\leqslant4$ 时
$$\frac{V}{bh_0}+\frac{T}{0.8W_t}\leqslant0.25\beta_c f_c \tag{17-3-30}$$

当 $h_0/b=6$ 时
$$\frac{V}{bh_0}+\frac{T}{0.8W_t}\leqslant0.20\beta_c f_c \tag{17-3-31}$$

当 $4<h_0/b<6$ 时，按线性内插确定。

（2）在剪力与扭矩共同作用下的矩形截面钢筋混凝土一般剪扭构件，考虑剪扭承载力降低的相关性，其抗剪扭承载力应按下式计算：

①受剪扭构件的抗剪承载力

$$V\leqslant0.7f_t bh_0(1.5-\beta_t)+f_{yv}\frac{A_{sv}}{s}h_0 \tag{17-3-32}$$

②受剪扭构件的抗扭承载力

$$T\leqslant0.35\beta_t f_t W_t+1.2\sqrt{\zeta}f_{yv}\frac{A_{st1}A_{cor}}{s} \tag{17-3-33}$$

式中：β_t——剪扭构件混凝土抗扭承载力降低系数，应按式（17-3-34）计算。

一般构件
$$\beta_t=\frac{1.5}{1+0.5\dfrac{VW_t}{Tbh_0}} \tag{17-3-34}$$

当 $\beta_t<0.5$ 时，取 $\beta_t=0.5$；当 $\beta_t>1$ 时，取 $\beta_t=1$。

对集中荷载作用下的矩形截面钢筋混凝土剪扭构件（包括作用有多种荷载，且其中集中荷载对支座截面或节点边缘所产生的剪力值占总剪力值的75%以上的情况），式（17-3-32）改为

$$V\leqslant\frac{1.75}{\lambda+1}f_t bh_0(1.5-\beta_t)+f_{yv}\frac{A_{sv}}{s}h_0 \tag{17-3-35}$$

而且式（17-3-33）及式（17-3-35）中的 β_t 值应按下式计算

$$\beta_t=\frac{1.5}{1+0.2(\lambda+1.0)\dfrac{VW_t}{Tbh_0}} \tag{17-3-36}$$

式中：λ——计算截面剪跨比，同抗剪承载力计算时的取值。

按式（17-3-32）或式（17-3-35）算出 $\frac{A_{sv}}{s}$ 和按式（17-3-33）算出 $\frac{A_{st1}}{s}$ 之后，剪扭构件总配箍量可按下式计算

$$\frac{A_{svt}}{s}=\frac{A_{sv}}{s}+\frac{A_{st1}}{s} \tag{17-3-37}$$

（3）为了避免设计成受扭少筋构件，剪扭构件的箍筋配筋率和纵筋配筋率应符合下列规定：

①箍筋的配筋率
$$\rho_{sv}\geqslant\rho_{sv,min}=\frac{0.28f_t}{f_{yv}} \tag{17-3-38}$$

②受扭纵向钢筋配筋率 ρ_{tl}

$$\rho_{tl}=\frac{A_{stl}}{bh}\geqslant\rho_{tl,min}=0.6\sqrt{\frac{T}{Vb}}\frac{f_t}{f_y} \tag{17-3-39}$$

当 $T/(Vb)>2.0$ 时，取 $T/(Vb)=2.0$。

(五)弯剪扭构件承载力计算

(1)为了防止出现剪扭超筋破坏，其截面尺寸应符合式(17-3-30)和式(17-3-31)的要求。

(2)弯剪扭构件的抗剪和抗扭承载力仍按式(17-3-32)～式(17-3-37)计算。即考虑剪扭之间的相关性，但弯矩不考虑它们之间的相关性，仅按叠加原理进行计算。并应注意由抗弯承载力计算的 A_s 应配置在截面受拉区，而按抗扭承载力计算的 A_{st1} 应沿截面核心周边均匀布置。

(3)为了防止出现剪扭少筋构件和受弯扭少筋构件，其箍筋配箍率和纵筋配筋率应满足下列条件：

箍筋配箍率 $\rho_{sv}\geqslant$ 由式(17-3-38)确定的 $\rho_{sv,\min}$

纵向钢筋配筋率 $\rho\geqslant\rho_{\min}+\rho_{tl,\min}$

式中，$\rho_{\min}$ 为受弯构件受拉钢筋最小配筋率，$\rho_{tl,\min}$ 为受剪扭构件纵向钢筋最小配筋率，按式(17-3-39)计算。

(六)弯剪扭构件构造要求

1. 箍筋

(1)直径：同受弯构件对箍筋直径的要求。

(2)间距：$s\leqslant s_{\max}$，$s_{\max}$ 同受弯构件箍筋的最大间距(见表 17-3-1)。

(3)形式：必须为封闭式，当采用绑扎骨架时，箍筋末端应做不小于 135°弯钩，弯钩端头平直段长度不应小于 $10d$(d 为箍筋直径)。

2. 纵向钢筋

(1)直径：$d>10$mm。

(2)布置：受扭纵筋沿截面周边布置，在四角必须设置；受弯部分钢筋应设置在受拉边区域内。

(3)间距：$s\leqslant 200$mm 和梁宽 b。

(4)锚固：伸入支座或节点内的长度不应小于受拉钢筋强度充分利用的最小锚固长度 l_a。

(七)T 形和 I 形截面纯扭构件抗扭承载力

对 T 形和 I 形截面构件，可将其截面划分为几个矩形截面，分别按矩形截面受扭计算。

1. 每个矩形的截面扭矩设计值

(1)腹板
$$T_w=\frac{W_{tw}}{W_t}T \tag{17-3-40}$$

(2)受拉翼缘
$$T_f=\frac{W_{tf}}{W_t}T \tag{17-3-41}$$

(3)受压翼缘
$$T'_f=\frac{W'_{tf}}{W_t}T \tag{17-3-42}$$

2. 截面受扭塑性抵抗矩

(1)矩形截面
$$W_t=\frac{b^2}{6}(3h-b) \tag{17-3-43}$$

(2)T 形和 I 形截面

①全截面
$$W_t=W_{tw}+W'_{tf}+W_{tf} \tag{17-3-44}$$

②腹板
$$W_{tw}=\frac{b^2}{6}(3h-b) \tag{17-3-45}$$

③受压翼缘
$$W'_{tf}=\frac{h'^2_f}{2}(b'_f-b) \tag{17-3-46}$$

④受拉翼缘 $$W_{tf}=\frac{h_f^2}{2}(b_f-b) \tag{17-3-47}$$

以上式中：b——腹板宽度；

h'_f、b'_f——分别为截面受压区翼缘的高度与宽度；

h_f、b_f——分别为截面受拉区翼缘的高度与宽度。

而且应符合 $b'_f \leqslant b+6h'_f$ 及 $b_f \leqslant b+6h_f$ 的规定。

（八）简化计算规定

(1)当 $\frac{V}{bh_0}+\frac{T}{W_t}\leqslant 0.7f_t$ 时，可按构造要求配置箍筋，不需计算。

(2)当 $V\leqslant 0.035f_tbh_0$ 或 $V\leqslant 0.875f_tbh_0/(1+\lambda)$ 时，可按弯扭构件计算，不考虑剪力作用的影响。

(3)当 $T\leqslant 0.175f_tW_t$ 时，可按受弯构件计算，不考虑扭矩的影响。

三、受压构件

（一）普通箍筋轴心受压构件

其破坏特征与承载力如下：

(1)当长细比 $l_0/b\leqslant 8$ 时，将发生短柱破坏，构件出现纵向裂缝，混凝土被压碎，纵筋压屈外鼓呈灯笼状。其正截面抗压承载力为

$$N\leqslant 0.9(f_cA+f'_yA'_s) \tag{17-3-48}$$

式中：N——轴向力设计值；

A——构件截面面积，当纵向钢筋配筋率大于 3%时，式中 A 改为混凝土净截面积 A_n，$A_n=A-A'_s$；

A'_s、f'_y——分别为受压钢筋全部截面积及受压钢筋抗压强度设计值；

f_c——混凝土轴心抗压强度设计值。

(2)当 $l_0/b>8$ 时，将发生长柱破坏，其一侧出现纵向裂缝，混凝土被压碎，纵筋压屈外鼓；而另一侧出现横向裂缝，钢筋应力可能达不到屈服强度。其正截面承载力为

$$N\leqslant 0.9\varphi(f_cA+f'_yA'_s) \tag{17-3-49}$$

式中：φ——钢筋混凝土构件轴心受压的稳定系数，随构件长细比(l_0/b，l_0/d，l_0/i)的增加而降低(详见《混凝土规范》表 6.2.15)，对于短柱取 $\varphi=1$。

在实际工程中，不存在理想的轴心受压构件，对于长细比较小的构件，混凝土将承受大部分的轴向压力，在施工中控制混凝土质量特别重要。

（二）配有螺旋筋的轴心受压构件

对于符合适用条件的螺旋式或焊接环式间接钢筋，可以考虑螺旋筋对柱核心混凝土约束的间接作用，混凝土为三向受压。其正截面的抗压承载力为

$$N\leqslant 0.9(f_cA_{cor}+f'_yA'_s+2\alpha f_{yv}A_{ss0}) \tag{17-3-50}$$

式中：A_{cor}——构件的核心截面面积；

f_{yv}——间接钢筋的抗拉强度设计值；

A_{ss0}——螺旋式或焊接环式间接钢筋的换算截面面积，$A_{ss0}=\frac{\pi d_{cor}A_{ss1}}{s}$；

d_{cor}——构件的核心直径；

A_{ss1}——螺旋式或焊接环式单根间接钢筋的截面面积；

s——沿构件轴线方向间接钢筋的间距；

α——间接钢筋对混凝土约束的折减系数，C50 及以下时，取 1.0，C80 时，取 0.85，中间按线性内插。

应当注意，按式(17-3-50)设计时应考虑下列应用条件：

(1)式(17-3-50)算得的设计值不应大于由式(17-3-49)算得的设计值的 1.5 倍，这是为了保证在使用荷载作用下不发生保护层剥落；

(2)式(17-3-50)不适用于下列情况：

①当 $l_0/d>12$ 时，因为这种柱由于侧向挠度引起的附加偏心距过大，使承载力降低过多，螺旋筋作用不能充分发挥；

②当间接钢筋的换算截面面积小于纵向钢筋全部截面积 A_s' 的 1/4，或者螺旋筋的间距 $s>d_{cor}/5$ 或 80mm 时，螺旋筋的约束作用小，不能充分约束混凝土；

③当按式(17-3-50)计算的设计承载力小于按式(17-3-49)计算的设计承载力时，与实际情况不符合；

④螺旋筋的间距过小，将不便于施工，为了施工方便，$s\geqslant40$mm。

(三)影响偏心受压构件破坏形态的主要因素与偏心受压构件的破坏形态

1.影响偏心受压构件破坏形态的主要因素

除构件截面尺寸、形式及材料强度等级对破坏形态有影响外，影响偏心受压构件破坏形态的主要因素还有构件的长细比(计算长度 l_0 与偏心方向截面高度 h 之比 l_0/h，或 l_0/i，i 为弯矩作用平面内的回转半径)、相对偏心距 $\left(e_0/h_0=\dfrac{M}{Nh_0}\right)$、纵向钢筋的配筋率(靠近轴力一侧的受压钢筋配筋率 ρ' 与远离轴向力一侧的配筋率 ρ)。

2.偏心受压短柱随 e_0/h_0、ρ、ρ' 变化发生的破坏形态

1)大偏心受压破坏(拉坏)

(1)当相对偏心距 e_0/h_0 较大，但受拉钢筋的配筋率 $\rho<\rho_{min}$ 时，将发生少筋破坏。这种破坏构件的材料不能充分发挥作用，预兆性差，设计中应避免。

(2)当 e_0/h_0 较大，且 ρ 适当时，发生大偏心受压破坏，或称拉坏。这种破坏始于拉区，其特点是远离轴向力一侧受拉区混凝土出现多条横向裂缝，最终有一条是主裂缝，在主裂缝处纵筋先受拉屈服，以后随着主裂缝的开展，受压区缩小，导致受压区混凝土压碎，受压钢筋达到抗压强度设计值(可以屈服或不屈服)。

2)小偏心受压破坏(压坏)

(1)当 e_0/h_0 较小或很小，或虽然 e_0/h_0 较大，但 ρ 也很大时，将发生小偏心受压破坏。其破坏始于靠近荷载一侧的受压区，受压区的钢筋先达到抗压强度设计值(一般能达到屈服)，混凝土出现纵向裂缝并且先压碎。而远离轴向力一侧不出现横向裂缝或者存在一些小的横向裂缝，但不存在主横向裂缝，其钢筋一般达不到屈服强度(可能受拉或受压)。

(2)当 e_0/h_0 较小，但 ρ' 远大于 ρ，截面几何重心与物理重心相差较多，轴向力 N 位于这两者之间时，构件将首先发生远离轴向力一侧混凝土压碎，钢筋 A_s 达到受压屈服，而 A'_s 却达不到屈服。对于这种小偏心破坏，材料利用不合理，在设计中应加以避免。

3.长细比对偏心受压构件破坏形态的影响

随着长细比的加大，偏心受压柱将发生短柱破坏、长柱破坏、细长柱破坏三种。现以矩形

截面柱加以说明。

(1)当 $l_0/h \leqslant 8$ 时为短柱,发生材料破坏。设计时可以忽略纵向弯曲二阶效应的作用,不考虑偏心距增大系数 η 的影响。

(2)当 $8 < l_0/h \leqslant 30$ 时(一般工程中常取 $l_0/h \leqslant 15$)为长柱。虽然也发生材料破坏,但在设计中纵向弯曲的二阶效应不能忽略,应考虑弯矩增大系数 η_{ns}。

(3)当 $l_0/h > 30$ 时为细长柱,将发生失稳破坏。材料强度不能充分发挥作用,设计中应避免。

(四)考虑二阶效应后控制截面的弯矩设计值 M

(1)弯矩作用平面内截面对称的偏心受压构件,当同一主轴方向的杆端弯矩比 M_1/M_2 不大于 0.9 且轴压比不大于 0.9 时,若构件的长细比满足公式(17-3-51)的要求,可不考虑轴向压力在该方向挠曲杆件中产生的附加弯矩影响,即不考虑二阶效应。

$$l_c/i \leqslant 34 - 12(M_1/M_2) \tag{17-3-51}$$

式中:M_1、M_2——分别为已考虑侧移影响的偏心受压构件两端截面按结构弹性分析确定的对同一主轴的组合弯矩设计值,绝对值较大端为 M_2,绝对值较小端为 M_1,当构件按单曲率弯曲时,M_1/M_2 取正值,否则取负值;

l_c——构件的计算长度,可近似取偏心受压构件相应主轴方向上下支撑点之间的距离;

i——偏心方向的截面回转半径。

(2)当不满足公式(17-3-51)的要求时,除排架结构柱外,其他偏心受压构件考虑轴向压力在挠曲杆件中产生的二阶效应后控制截面的弯矩设计值,应按下列公式计算:

$$M = C_m \eta_{ns} M_2 \tag{17-3-52}$$

$$C_m = 0.7 + 0.3M_1/M_2 \tag{17-3-53}$$

$$\eta_{ns} = 1 + \frac{1}{1\,300(M_2/N + e_a)/h_0}\left(\frac{l_c}{h}\right)^2 \zeta_c \tag{17-3-54}$$

$$\zeta_c = 0.5 f_c A/N \tag{17-3-55}$$

当 $C_m \eta_{ns} < 1.0$ 时取 1.0;对剪力墙及核心筒墙,可取 $C_m \eta_{ns} = 1.0$。

式中:C_m——构件端截面偏心距调节系数,当小于 0.7 时取 0.7;

η_{ns}——弯矩增大系数;

N——与弯矩设计值 M_2 相应的轴向压力设计值;

e_a——附加偏心距,应取 20mm 和偏心方向截面最大尺寸的 1/30 两者中的较大值;

ζ_c——截面曲率修正系数,当计算值大于 1.0 时取 1.0;

h——截面高度,对环形截面取外径,对圆形截面取直径;

h_0——截面有效高度,对环形截面取 $h_0 = r_2 + r_s$,对圆形截面取 $h_0 = r + r_s$,其中,r_2 为环形截面的外径,r_s 为纵向钢筋重心所在圆周的半径,r 为圆形截面的半径;

A——构件截面面积。

(五)矩形截面偏心受压构件正截面抗压承载力计算

1. 非对称配筋矩形截面的计算公式

$$N \leqslant \alpha_1 f_c bx + f_y' A_s' - \sigma_s A_s \tag{17-3-56}$$

$$Ne \leqslant \alpha_1 f_c bx\left(h_0 - \frac{x}{2}\right) + f_y' A_s'(h_0 - a_s') \tag{17-3-57}$$

$$e = e_i + \frac{h}{2} - a \tag{17-3-58}$$

$$e_i = e_0 + e_a \tag{17-3-59}$$

式中：e——轴向压力作用点至纵向受拉钢筋合力点的距离；

σ_s——受拉边或受压较小边的纵向钢筋应力；

e_i——初始偏心距；

a——纵向受拉钢筋合力点至截面近边缘的距离；

e_0——轴向压力对截面重心的偏心距，取为 M/N，当需要考虑二阶效应时，M 为按式(17-3-52)计算的弯矩设计值。

在应用式(17-3-56)时，应考虑下列具体情况：

(1)当 $\zeta=x/h_0\leqslant\zeta_b$(界限相对受压区高度)时，为大偏心受压，取 $\sigma_s=f_y$。

(2)当 $\zeta>\zeta_b$ 时，为小偏心受压。而且应注意：

①σ_s 可能受拉或受压，其值应按下式确定

$$\sigma_s=\frac{f_y(\xi-\beta_1)}{\xi_b-\beta_1} \tag{17-3-60}$$

而且由式(17-3-60)计算的值，应满足 $f_y'\leqslant\sigma_s\leqslant f_y$；

②当 $\xi>h/h_0$ 时，应取 $\xi=x/h_0=h/h_0$ 代入式(17-3-56)和式(17-3-57)进行计算。

(3)为了确保式(17-3-57)中 A_s' 的 $\sigma_s'=f_y'$，应满足 $x\geqslant2a_s'$。当 $x<2a_s'$ 时，其正截面抗压承载力应按下列方法确定：

①近似取 $x=2a_s'$

$$Ne'=f_yA_s(h_0-a_s') \tag{17-3-61}$$

$$e'=e_i-\frac{h}{2}+a_s' \tag{17-3-62}$$

②不考虑 A_s' 的作用，用式(17-3-56)和(17-3-57)求出承载力值。

③取按①及②各自所算承载力中的较大值为其承载力值。

(4)对于小偏心受压构件，为了避免远离轴向力一侧混凝土压坏，尚应按下式验算

$$Ne'\leqslant\alpha_1f_cbh\left(h_0'-\frac{h}{2}\right)+f_y'A_s(h_0'-a) \tag{17-3-63}$$

式中：e'——轴向力作用点至受压区钢筋合力点之间的距离，初始偏心距取 $e'_i=e_0-e_a$，$e'=\frac{h}{2}-a_s'-(e_0-e_a)$。

2.对称配筋矩形截面偏心受压构件正截面承载力计算

(1)大、小偏心受压的判别条件

由式(17-3-56)，当对称配筋，且 $\xi<\xi_b$ 时，$A_sf_y'=A_s'f_y'$，可得其相对受压区高度 ξ 值为

$$\xi=\frac{N}{\alpha_1f_cbh_0} \tag{17-3-64}$$

①当 $\xi\leqslant\xi_b$ 时，为大偏心受压；

②当 $\xi>\xi_b$ 时，为小偏心受压。

(2)大偏心受压构件($\xi\leqslant\xi_b$)承载力计算

①当 $\frac{2a_s'}{h_0}\leqslant\xi\leqslant\xi_b$ 时

$$N\leqslant\alpha_1f_cbx$$

$$Ne\leqslant\alpha_1f_cbx\left(h_0-\frac{x}{2}\right)+f_y'A_s'(h_0-a_s')$$

$$e = e_i + \frac{h}{2} - a$$

②当 $\xi < 2a'_s/h_0$ 时
$$Ne' = A_s f_y (h_0 - a'_s)$$

$$e' = e'_i - \frac{h}{2} + a'_s$$

(3)小偏心受压构件($\xi > \xi_b$)承载力计算

$$N \leqslant \alpha_1 f_c bx + f'_y A'_s - \sigma_s A_s$$

$$Ne \leqslant \alpha_1 f_c bx \left(h_0 - \frac{x}{2}\right) + f'_y A'_s (h_0 - a'_s)$$

$$\sigma_s = \frac{f_y(\xi - \beta_1)}{\xi_b - \beta_1}$$

$$e = e_i + \frac{h}{2} - a$$

也可以用下面简化法求 ξ 值

$$\xi = \frac{N - \xi_b \alpha_1 f_c bh_0}{\dfrac{Ne - 0.43\alpha_1 f_c bh_0^2}{(\beta_1 - \xi_b)(h_0 - a'_s)} + \alpha_1 f_c bh_0} + \xi_b \qquad (17\text{-}3\text{-}65)$$

由式(17-3-65)求出 ξ 值,直接代入式(17-3-57),即可以求出承载力或配筋。

3.偏心受压构件弯矩作用平面外的验算

偏心受压构件除应计算弯矩作用平面的抗压承载力外,尚应按轴心受压构件验算垂直于弯矩作用平面的抗压承载力,此时,可不计入弯矩的作用,但应考虑稳定系数 φ 的影响。

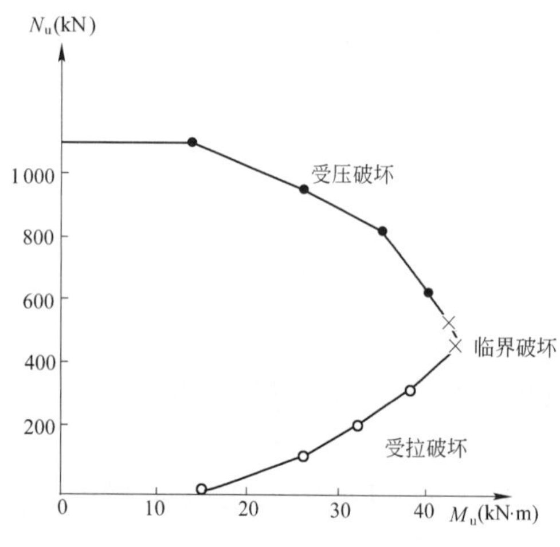

图 17-3-2 N_u-M_u 试验相关曲线

(六)M-N 承载力相关曲线

偏心受压构件实际上是弯矩 M 和轴心压力 N 共同作用的构件,偏心距 $e_0 = M/N$。因此,弯矩和轴心压力的不同组合使偏心距不同,将对给定材料、截面尺寸和配筋的偏心受压构件的承载力产生不同的影响,即在达到承载力极限状态时,截面承受的轴力 N 与弯矩 M 具有相关性,构件可以在不同 N 和 M 的组合下达到承载能力极限状态。

试验表明,在“受压破坏”的情况下,随着轴力的增加,构件的抗弯能力随之减小;但在“受拉破坏”的情况下,轴力的存在反而使构件的抗弯能力提高。在界限状态时,构件的抗弯能力达到最大值,见图 17-3-2。

由如图 17-3-2 所示偏心受压构件的 M-N 相关曲线可以得出以下结论:

(1)当 $N > N_b(\xi > \xi_b)$ 时,为小偏心受压,随着 N 的加大,截面能够承担的 M 将减小;反之亦然;或者说,对称配筋时,随着 N 或 M 的加大,$A'_s = A_s$ 将增加。

(2)当 $N < N_b(\xi \leqslant \xi_b)$ 时,为大偏心受压,当 N 加大时,截面能够承担的 M 加大。或者说,随着 N 的加大,对称配筋时,$A'_s = A_s$ 将减小。

(3)当 $N = N_b(\xi = \xi_b)$ 时,为界限破坏,达到了最大的抗弯承载力 M_{max}。

(七)偏心受压构件斜截面抗剪承载力计算

试验结果表明,当轴向力 N 的轴压比$\frac{N}{f_cA}\leqslant0.3$时,随着轴压比的增大,轴力将使构件的抗剪承载力提高,可近似取线性关系;但当$\frac{N}{f_cA}>0.5$之后,由于内部微裂缝的发展,将使构件的抗剪承载力降低。因此,《混凝土规范》中偏于安全地取

$$V\leqslant\frac{1.75}{\lambda+1}f_tbh_0+f_{yv}\frac{A_{sv}}{s}h_0+0.07N \tag{17-3-66}$$

式中:λ——偏心受压构件计算截面的剪跨比,对框架柱,可取$\lambda=H_n/2h_0$,当$\lambda<1$时,取$\lambda=1$,当$\lambda>3$时,取$\lambda=3$,H_n为柱净高,对承受均布荷载的其他偏心受压构件,取$\lambda=1.5$;

N——与剪力设计值 V 相对应的轴向压力设计值,当 $N>0.3f_cA$ 时,取 $N=0.3f_cA$;

A——构件的截面面积,矩形柱 $A=bh$。

为了防止出现斜拉破坏,偏心受压构件的受剪截面应符合式(17-3-17)和式(17-3-18)的规定。当符合下式要求时

$$V\leqslant\frac{1.75}{\lambda+1}f_tbh_0+0.07N \tag{17-3-67}$$

可不进行斜截面抗剪承载力计算,仅需按构造要求配置箍筋。

(八)受压构件的基本构造要求

1.材料

混凝土强度等级应大于等于C20,且以等级高为宜;钢筋以 $f_y\leqslant0.002E_s$ 为宜,一般为热轧钢筋。

2.截面

轴压以方形、圆形为宜,偏压以矩形(现浇柱)、I形(预制柱)为宜,最小截面尺寸为250mm×250mm。

3.纵筋

直径 $d\geqslant12$mm;配筋率(按全部受压钢筋计算),$\rho_{min}=0.6\%$,$\rho_{max}=5\%$;净距 $s_n\geqslant50$mm(竖直浇筑混凝土),$s_n\geqslant30$mm 及 $1.5d$(水平浇筑混凝土);中距 $s\leqslant300$mm(轴压);偏心受压柱中,垂直弯矩作用平面的纵向受力钢筋,$s\leqslant300$mm;当截面高度 $h\geqslant600$mm 时,在侧面应设置直径为10~16mm的纵向构造钢筋,并相应地设置复合箍筋或拉筋。

4.箍筋

(1)箍筋应做成封闭式,末端应做成135°弯钩,弯钩末端平直段长度不应小于箍筋直径的5倍。

(2)间距不应大于400mm及构件截面短边尺寸,且不应大于$15d$,d为纵筋的最小直径。

(3)直径不应小于$d/4$,且不应小于6mm,d为纵筋的最大直径。

(4)当全部纵向受力钢筋的配筋率大于3%时,箍筋直径不应小于8mm,间距不应大于$10d$(d为最小受力钢筋直径),且不应大于200mm;箍筋末端应做成135°弯钩且弯钩末端平直段长度不应小于箍筋直径的10倍;箍筋也可焊成封闭环式。

(5)当柱截面短边尺寸大于400mm且各边纵向钢筋多于3根时,或当柱截面短边尺寸不大于400mm,但各边纵向钢筋多于4根时,应设置复合箍筋。

(6)在纵筋搭接长度范围内箍筋的间距,当搭接钢筋为受拉时,不应大于$5d$,且不应大于100mm;当搭接钢筋为受压时,不应大于$10d$,且不应大于200mm,d为搭接钢筋的最小直径。

(九)双向偏心受压构件的计算

对截面具有两个互相垂直的对称轴的钢筋混凝土双向偏心受压构件(见图 17-3-3),其正截面抗压承载力可按下式计算

$$N \leqslant \frac{1}{\frac{1}{N_{ux}}+\frac{1}{N_{uy}}-\frac{1}{N_{u0}}} \tag{17-3-68}$$

式中:N_{u0}——构件的截面轴心抗压承载力设计值,$N_{u0}=f_c A+f'_y A'_s$;

N_{ux}——轴向压力作用于 x 轴并考虑相应的计算偏心 e_{ix} 后,按全部纵向钢筋计算的构件偏心抗压承载力设计值;

N_{uy}——轴向压力作用于 y 轴并考虑相应的计算偏心 e_{iy} 后,按全部纵向钢筋计算的构件偏心抗压承载力设计值。

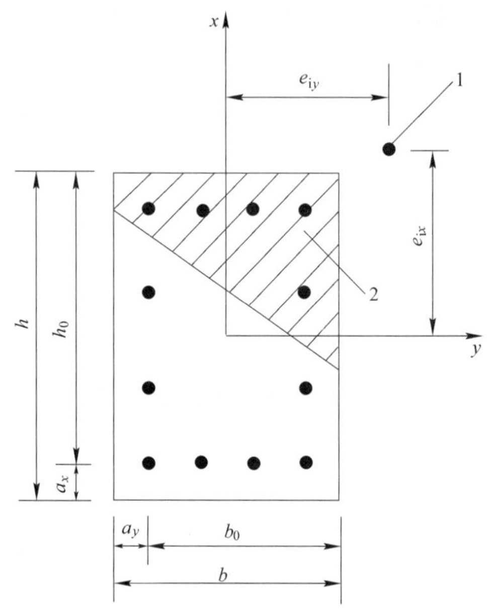

图 17-3-3　双向偏心受压构件截面

1-轴向压力作用点;2-受压区

构件偏心抗压承载力设计值 N_{ux}、N_{uy} 的计算方法与前面单向偏心受压构件的计算方法相同,但应取等号,并将 N 以 N_{ux}、N_{uy} 代替。

四、受拉构件

(一)受拉构件的受力特点及其分类

根据轴向拉力作用位置与偏心距的不同,其受力特点不同,可分为四类。

1. 轴心受拉

当轴向拉力沿截面重心轴线作用(偏心距 $e_0=0$)时,则截面均匀受拉。破坏时,将出现横向贯穿全截面的裂缝,拉力全部由钢筋承担,并达到屈服强度。

2. 小偏心受拉

当轴向拉力作用在 A_s(离轴向力近侧钢筋)与 A'_s(离轴向力远侧钢筋)的合力点之间,即 $e_0 \leqslant h/2-a_s$ 时,构件应力为全截面非均匀受拉。破坏时也出现贯穿全截面的横向裂缝,但靠近 A_s 一侧宽,靠近 A'_s 一侧窄。

3. 大偏心受拉

当轴向拉力不作用在 A_s 与 A'_s 的合力点之间，即 $e_0>h/2-a_s$ 时，构件截面应力为靠近拉力 N 近侧的混凝土为拉应力，远侧的混凝土为压应力，仅在受拉区出现横向裂缝。

4. 双向偏心受拉

当轴向拉力 N 对构件截面重心轴在两个正交方向 x 和 y 轴上均有偏心距 e_{0x}、e_{0y}时，截面上的应力将随 e_{0x}、e_{0y}值的大小，出现非均匀受拉或部分受拉与部分受压。

（二）受拉构件正截面抗拉承载力计算

1. 轴心受拉构件（$e_0=0$）

$$N \leqslant f_y A_s \tag{17-3-69}$$

2. 小偏心受拉构件（$e_0 \leqslant h/2-a_s$）

将轴向拉力设计值 N 与 A_s 及 A'_s 产生的设计拉力合力分别对 A_s 或 $A_s{}'$重心取力矩，即可得

$$Ne' \leqslant f_y A_s(h'_0-a_s) \tag{17-3-70}$$

$$Ne \leqslant f_y A_s{}'(h_0-a'{}_s) \tag{17-3-71}$$

式中：e——N 至 A_s 合力点距离，$e=h/2-e_0-a_s$；

e'——N 至 A'_s 合力点距离，$e'=e_0+h/2-a'_s$。

3. 大偏心受拉构件（$e_0>h/2-a_s$）

$$N \leqslant f_y A_s - f'_y A'_s - \alpha_1 f_c bx \tag{17-3-72}$$

$$Ne \leqslant \alpha_1 f_c bx\left(h_0-\frac{x}{2}\right)+f'_y A'_s(h_0-a'_s) \tag{17-3-73}$$

适用条件：

(1) $x \leqslant \xi_b h_0$，防止超筋破坏，保证 A_s 的 $\sigma_s=f_y$；

(2) $x \geqslant 2a'_s$，保证 A'_s 的应力 $\sigma'_s=f'_y$。

当 $x<2a'_s$ 时，可取 $x=2a'_s$，所有外拉力及内力对 A'_s 合力作用点取力矩可得

$$Ne' \leqslant f_y A'_s(h'_0-a_s)$$

4. 对称配筋的矩形截面偏心受拉构件

不论大、小偏心受拉，均可按上式计算。显然，按对称配筋计算的用钢量较非对称配筋的用钢量大。

（三）偏心受拉构件斜截面抗剪承载力计算

根据试验研究结果，截面上存在拉应力时将使抗剪承载力降低，《混凝土规范》偏于安全地给出下列抗剪承载力计算公式

$$V \leqslant \frac{1.75}{\lambda+1} f_t bh_0 + f_{yv}\frac{A_{sv}}{s}h_0 - 0.2N \tag{17-3-74}$$

式中：N——与剪力设计值 V 相应的轴向拉力设计值；

λ——计算截面的剪跨比，取 $\lambda=a/h_0$，a 为集中荷载至支座或节点边缘的距离，当 $\lambda<1.5$ 时，取 $\lambda=1.5$，当 $\lambda>3$ 时，取 $\lambda=3$。

应当注意，当式(17-3-74)的右边计算值小于 $f_{yv}\frac{A_{sv}}{s}h_0$ 时，应取等于 $f_{yv}\frac{A_{sv}}{s}h_0$，且 $f_{yv}\frac{A_{sv}}{s}h_0$ 值不应小于 $0.36f_t bh_0$。这是为了确保安全，设计剪力全部由箍筋承担，并且规定了最小的配箍条件。

五、抗冲切承载力计算

(一)钢筋混凝土板冲切计算

(1)冲切破坏面取局部荷载或集中反力作用面积周边以45°角倾斜的锥体斜面,见图17-3-4。

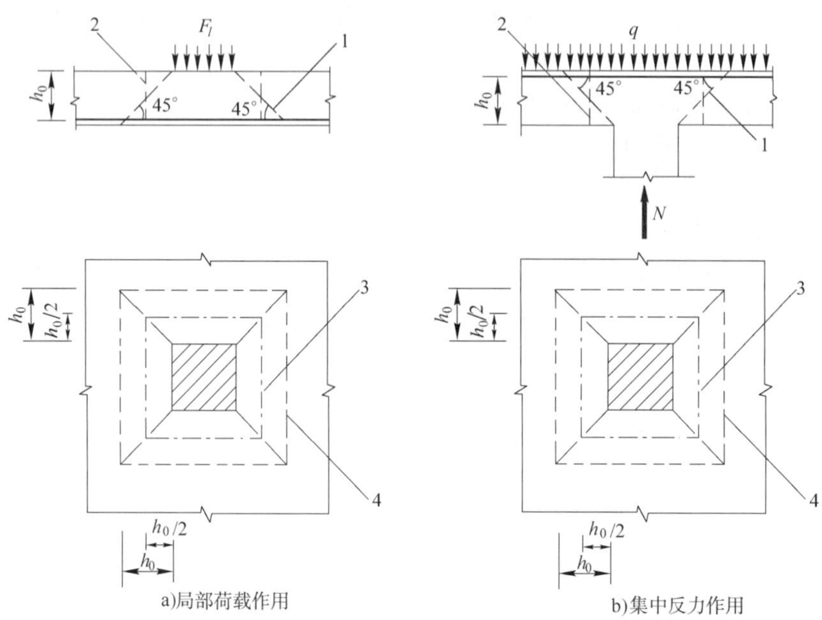

图17-3-4 板受冲切破坏面

1-冲切破坏锥体的斜截面;2-计算截面;3-计算截面的周长;4-冲切破坏锥体的底面线

(2)不配箍筋或弯起钢筋的混凝土板,其受冲切承载力按下式计算

$$F_l \leqslant 0.7\beta_h f_t \eta u_m h_0 \tag{17-3-75}$$

式中的系数 η 应按下列两个公式计算,并取其中的较小值

$$\eta_1 = 0.4 + \frac{1.2}{\beta_s} \tag{17-3-76}$$

$$\eta_2 = 0.5 + \frac{\alpha_s h_0}{4u_m} \tag{17-3-77}$$

式中:F_l——局部荷载设计值或集中反力设计值,对板柱结构的节点,取柱所承受的轴向压力设计值的层间差值减去冲切破坏锥体范围内板所承受的荷载设计值;

β_h——截面高度影响系数,当 $h \leqslant 800$mm 时,取 $\beta_h = 1.0$,当 $h \geqslant 2\,000$mm 时,取 $\beta_h = 0.9$,中间按线性内插;

u_m——计算截面的周长,为距离局部荷载或集中反力作用面积周边 $h_0/2$ 处板垂直截面的最不利周长;

h_0——截面有效高度,取两个配筋方向的截面有效高度的平均值;

η_1——局部荷载或集中反力作用面积形状的影响系数;

η_2——计算截面周长与板截面有效高度之比的影响系数;

β_s——局部荷载或集中反力作用面积为矩形时的长边与短边尺寸的比值,β_s 不宜大于4,当 $\beta_s < 2$ 时,取 $\beta_s = 2$,对圆形冲切面,取 $\beta_s = 2$;

α_s——柱位置影响系数,对中柱,取 $\alpha_s = 40$,对边柱,取 $\alpha_s = 30$,对角柱,取 $\alpha_s = 20$。

（3）当式(17-3-75)不能满足，且板厚受到限制不能再增高时，可配置箍筋或弯起钢筋以提高其抗冲切承载力。此时，受冲切截面应符合下列条件(为了控制板厚不致过小，抗冲切钢筋不致过多)

$$F_l \leqslant 1.2 f_t \eta u_m h_0 \tag{17-3-78}$$

①配置箍筋时受冲切承载力按下式计算

$$F_l \leqslant 0.5 f_t \eta u_m h_0 + 0.8 f_{yv} A_{svu} \tag{17-3-79}$$

②配置弯起钢筋时受冲切承载力按下式计算

$$F_l \leqslant 0.5 f_t \eta u_m h_0 + 0.8 f_y A_{sbu} \sin\alpha \tag{17-3-80}$$

式中：A_{svu}、A_{sbu}——分别为与呈45°冲切破坏锥体斜截面相交的全部箍筋和全部弯起钢筋的截面面积；

α——弯起钢筋与板底面的夹角。

③钢筋混凝土板中配置的抗冲切箍筋或弯起钢筋，应符合《混凝土规范》第9.1.11条的构造规定。

④对配置抗冲切钢筋的冲切破坏锥体以外的截面，尚应按式(17-3-75)进行受冲切承载力计算，此时，u_m 应取配置抗冲切钢筋的冲切破坏锥体以外 $0.5h_0$ 处的最不利周长。

(二)矩形截面柱的阶形基础受冲切计算

在柱与基础交接处以及基础变阶处的抗冲切承载力计算详见《混凝土规范》第6.5.5条。

六、局部抗压承载力计算

(1)配置间接钢筋的混凝土构件，其局部受压区的截面尺寸应符合下列要求

$$F_l \leqslant 1.35 \beta_c \beta_l f_c A_{ln} \tag{17-3-81}$$

$$\beta_l = \sqrt{\frac{A_b}{A_l}} \tag{17-3-82}$$

式中：F_l——局部受压面上作用的局部荷载或局部压力设计值，对后张法预应力混凝土构件中的锚头局部受压区的压力设计值，应取1.2倍张拉控制力；

β_l——混凝土局部受压时的强度提高系数；

A_l——混凝土局部受压面积；

A_{ln}——混凝土局部受压净面积；

A_b——局部受压的计算底面积。

局部受压的计算底面积 A_b，可由局部受压面积与计算底面积按同心、对称的原则确定；对常用情况，可按图17-3-5取用。

(2)对配置方格网式或螺旋式间接钢筋的局部抗压承载力按下式计算

$$F_l \leqslant 0.9(\beta_c \beta_l f_c + 2\alpha \rho_v \beta_{cor} f_{yv}) A_{ln} \tag{17-3-83}$$

其中体积配筋率 ρ_v 按下列公式计算：

对方格网式配筋(图17-3-6a)
$$\rho_v = \frac{n_1 A_{s1} l_1 + n_2 A_{s2} l_2}{A_{cor} s} \tag{17-3-84}$$

对螺旋式配筋(图17-3-6b)
$$\rho_v = \frac{4A_{ss1}}{d_{cor} s} \tag{17-3-85}$$

式中：β_{cor}——配置间接钢筋的局部抗压承载力提高系数，按式(17-3-82)计算，但 A_b 用 A_{cor} 代替，

当 $A_{cor}>A_b$，应取 $A_{cor}=A_b$；

α——间接钢筋对混凝土约束的折减系数，混凝土强度等级为 C50 及以下时取 1.0，C80 时取 0.85，中间按线性内插；

f_{yv}——间接钢筋的抗拉强度设计值；

A_{cor}——混凝土的核心面积，其重心应与 A_l 的重心重合；

n_1、A_{s1}——分别为方格网沿 l_1 方向的钢筋根数、单根钢筋的截面面积；

n_2、A_{s2}——分别为方格网沿 l_2 方向的钢筋根数、单根钢筋的截面面积；

A_{ss1}——单根螺旋式间接钢筋的截面面积；

d_{cor}——螺旋式间接钢筋内表面范围内的混凝土截面直径；

s——方格网式或螺旋式间接钢筋的间距，宜取 30～80mm。

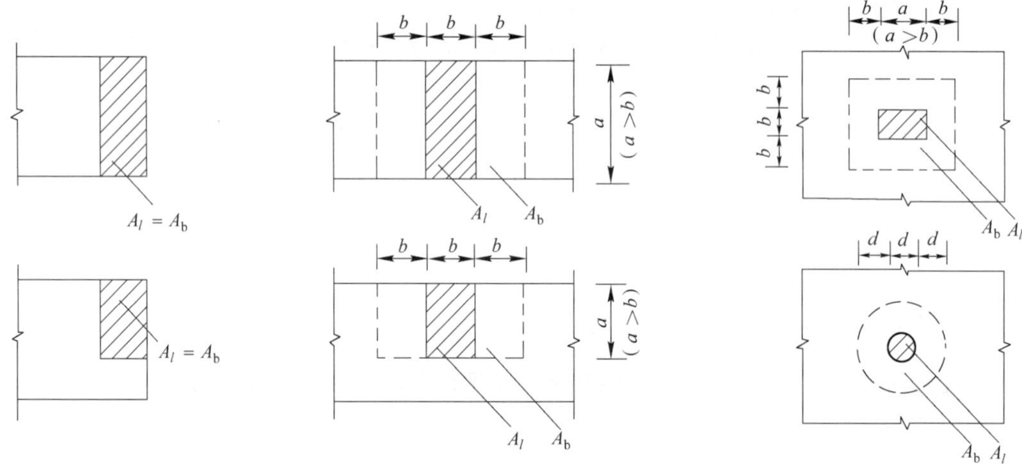

图 17-3-5 局部受压的计算底面积

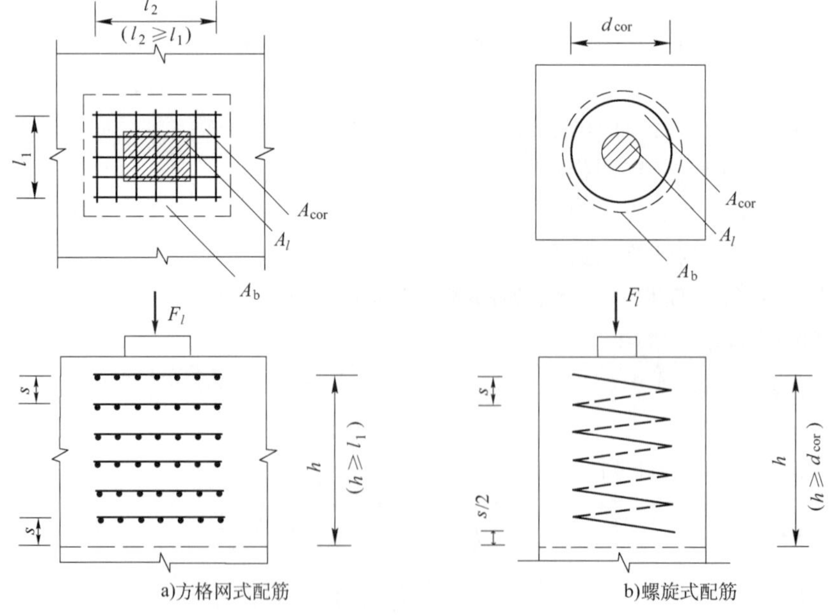

图 17-3-6 局部受压区的间接钢筋

(3)间接钢筋应配置在图 17-3-6 所规定的高度 h 范围内，对方格网，不应少于 4 片；对螺旋式钢筋，不应少于 4 圈。对柱接头，h 尚不应小于 $15d$，d 为柱的纵向钢筋直径。

【例 17-3-5】 关于混凝土局部受压强度，下列描述中正确的是：

A. 不小于非局部受压时的强度

B. 一定比非局部受压时强度要大

C. 与局部受压时强度相同

D. 一定比非局部受压时强度要小

解 混凝土局部受压时的强度提高系数 $\beta_l=\sqrt{A_b/A_l}$，其中，A_l 为混凝土局部受压面积，A_b 为局部受压计算底面积。当构件处于边角局部受压时，$A_b=A_l$，即 $\beta_l=1.0$。见《混凝土规范》第 6.6.1 条、第 6.6.2 条。

答案：A

七、疲劳验算

(1)需做疲劳验算的混凝土受弯构件，其正截面疲劳应力应按以下基本假定进行计算：

①截面应变保持平面。

②受压区混凝土的法向应力图形取为三角形。

③对钢筋混凝土构件，不考虑受拉区混凝土的抗拉强度，拉力全部由纵向钢筋承受；对要求不出现裂缝的预应力混凝土构件，受拉区混凝土的法向应力图形取为三角形。

④采用换算截面计算。

(2)在疲劳验算中，荷载应采用标准值。对吊车荷载应乘以动力系数，对悬挂吊车(包括电动葫芦)及工作级别 A1～A5 的软钩吊车，动力系数可取 1.05；对工作级别为 A6～A8 的软钩吊车、硬钩吊车和其他特种吊车，动力系数可取 1.1。

(3)钢筋混凝土受弯构件疲劳验算时，应计算下列部位的应力：

①正截面受压区边缘纤维的混凝土应力和纵向受拉钢筋的应力幅；

②截面中和轴处混凝土的剪应力和箍筋的应力幅。

注：纵向受压钢筋可不进行疲劳验算。

(4)钢筋混凝土受弯构件正截面的疲劳应力采用下列公式验算

$$\sigma_{cc,max}^{f}\leqslant f_c^f \tag{17-3-86}$$

$$\Delta\sigma_{si}^{f}\leqslant \Delta f_y^f \tag{17-3-87}$$

式中：$\sigma_{cc,max}^{f}$——截面受压区边缘纤维混凝土的压应力，按《混凝土规范》第 6.7.5 条计算；

$\Delta\sigma_{si}^{f}$——截面受拉区第 i 层纵向钢筋的应力幅，按《混凝土规范》第 6.7.5 条计算，当纵向受拉钢筋为同一钢种时，可仅验算最外层钢筋的应力幅；

f_c^f——混凝土轴心抗压疲劳强度设计值；

Δf_y^f——钢筋的疲劳应力幅限值，见《混凝土规范》表 4.2.6-1。

(5)钢筋混凝土受弯构件斜截面的疲劳验算应符合下列规定：

①截面中和轴处的剪应力，当符合式(17-3-88)的条件时，该区段的剪力全部由混凝土承受，箍筋可按构造要求配置。

$$\tau^f\leqslant 0.6f_t^f \tag{17-3-88}$$

式中：τ^f——截面中和轴处的剪应力。

②截面中和轴处的剪应力不符合式(17-3-88)的区段，其剪力应由箍筋和混凝土共同承受，箍

筋的应力幅应符合下列规定

$$\Delta\sigma_{sv}^{f} \leqslant \Delta f_{yv}^{f} \tag{17-3-89}$$

式中：$\Delta\sigma_{sv}^{f}$——箍筋的应力幅；

Δf_{yv}^{f}——箍筋的疲劳应力幅限值，见《混凝土规范》表 4.2.6-1。

(6)对需做疲劳验算的钢筋混凝土梁，应在下部 1/2 梁高的腹板内沿两侧配置直径 8～14mm、间距 100～150mm 的纵向构造钢筋，并应按下密上疏的方法布置。在上部 1/2 梁高的腹板内，可按普通混凝土梁配置纵向构造钢筋。

其他有关疲劳验算的规定详见《混凝土规范》第 6.7 节。

【例 17-3-6】 关于钢筋混凝土受弯构件疲劳验算，下列哪种描述正确：

A. 正截面受压区混凝土的法向应力图可取为三角形，而不再取抛物状分布

B. 荷载应取设计值

C. 应计算正截面受压边缘处混凝土的剪应力和钢筋的应力幅

D. 应计算纵向受压钢筋的应力幅

解 根据《混凝土规范》第 6.7.1 条第 2 款，钢筋混凝土受弯构件的正截面疲劳应力验算时，假定受压区混凝土的法向应力图形取为三角形。

答案：A

习　题

17-3-1 当构件截面尺寸和材料强度等相同时，钢筋混凝土受弯构件正截面承载力 M_u 与纵向受拉钢筋配筋率 ρ 的关系是（　　）。

A. ρ 越大，M_u 亦越大

B. ρ 越大，M_u 按线性关系增大越大

C. 当 $\rho_{min} \leqslant \rho \leqslant \rho_{max}$ 时，M_u 随 ρ 增大按线性关系增大

D. 当 $\rho_{min} \leqslant \rho \leqslant \rho_{max}$ 时，M_u 随 ρ 增大按非线性关系增大

17-3-2 钢筋混凝土受弯构件，当受拉纵筋达到屈服强度时，受压区边缘的混凝土也同时达到极限压应变，称为（　　）。

A. 少筋破坏　　B. 界限破坏

C. 超筋破坏　　D. 适筋破坏

17-3-3 T 形截面梁，尺寸如图所示，如按最小配筋率 $\rho_{min}=0.2\%$ 配置纵向受力钢筋 A_s，$A_s=$（　　）。

A. $600\times465\times0.2\%=558\text{mm}^2$

B. $600\times500\times0.2\%=600\text{mm}^2$

C. $200\times500\times0.2\%=200\text{mm}^2$

D. $[200\times500+(600-200)\times120]\times0.2\%=296\text{mm}^2$

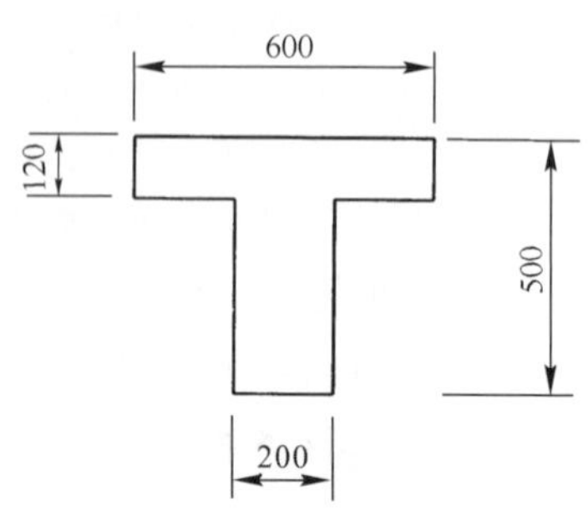

题 17-3-3 图（尺寸单位：mm）

17-3-4 一矩形截面梁，$b\times h=200\text{mm}\times500\text{mm}$，混凝土强度等级 C20（$f_c=9.6\text{MPa}$），受拉区配有 4 Φ 20（$A_s=1256\text{mm}^2$）的 HRB335 级钢筋（$f_y=300\text{MPa}$）。该梁沿正截面的破坏为（　　）。

A. 少筋破坏　　B. 超筋破坏

C. 适筋破坏　　　　　　　　D. 界限破坏

17-3-5　适筋梁，当受拉钢筋刚达到屈服时，其状态是(　　)。

A. 达到极限承载能力

B. 受压边缘混凝土的压应变 $\varepsilon_c=\varepsilon_u$($\varepsilon_u$ 混凝土的极限压应变)

C. 受压边缘混凝土的压应变 $\varepsilon_c \leqslant \varepsilon_u$

D. 受压边缘混凝土的压应变 $\varepsilon_c=0.002$

17-3-6　设计双筋矩形截面梁，当 A_s 和 A'_s 均未知时，使用钢量接近最少的方法是(　　)。

A. 取 $\xi=\xi_b$　　　　　　　　B. 取 $A_s=A'_s$

C. 使 $x=2a'_s$　　　　　　　　D. 取 $\rho=(0.8\sim1.5)\%$

17-3-7　无腹筋钢筋混凝土梁沿斜截面的抗剪承载力与剪跨比的关系是(　　)。

A. 随剪跨比的增加而提高

B. 随剪跨比的增加而降低

C. 在一定范围内随剪跨比的增加而提高

D. 在一定范围内随剪跨比的增加而降低

17-3-8　素混凝土构件的实际抗扭承载力应(　　)。

A. 按弹性分析方法确定

B. 按塑性分析方法确定

C. 大小于按弹性分析方法确定的而小丁按塑性分析方法确定的

D. 小于按弹性分析方法确定的而大于按塑性分析方法确定的

17-3-9　在钢筋混凝土纯扭构件中，当受扭纵筋与受扭箍筋的强度比 $\zeta=0.6\sim1.7$时，则受扭构件的受力状态为(　　)。

A. 纵筋与箍筋的应力均达到了各自的屈服强度

B. 只有纵筋和箍筋配得不过多或过少时，才能使两者都达到屈服强度

C. 构件将会发生超筋破坏

D. 构件将会发生少筋破坏

17-3-10　钢筋混凝土大偏心受压构件的破坏特征是(　　)。

A. 远离轴向力一侧的钢筋先受拉屈服，随后另一侧钢筋压屈，混凝土压碎

B. 远离轴向力一侧的钢筋应力不定，随后另一侧钢筋压屈，混凝土压碎

C. 靠近轴向力一侧的钢筋和混凝土应力不定，而另一侧钢筋受压屈服，混凝土压碎

D. 靠近轴向力一侧的钢筋和混凝土先屈服和压碎，而另一侧钢筋随后受拉屈服

17-3-11　钢筋混凝土偏心受压构件，其大小偏心受压的根本区别是(　　)。

A. 截面破坏时，远离轴向力一侧的钢筋是否受拉屈服

B. 截面破坏时，受压钢筋是否屈服

C. 偏心距的大小

D. 受压一侧的混凝土是否达到极限压应变

17-3-12　在钢筋混凝土双筋梁、大偏心受压和大偏心受拉构件的正截面承载力计算中，要求受压区高度 $x\geqslant 2a'_s$ 是为了(　　)。

A. 保证受压钢筋在构件破坏时能达到其抗压强度设计值

B. 防止受压钢筋压屈

C. 避免保护层剥落

D. 保证受压钢筋在构件破坏时能达到其极限抗压强度

17-3-13　矩形截面对称配筋的偏心受压构件，发生界限破坏时的 N_b 值为(　　)。

A. 将随配筋率 ρ 值的增大而增大　　B. 将随配筋率 ρ 值的增大而减小

C. N_b 与 ρ 值无关　　D. N_b 与 ρ 值无关，但与配箍率有关

17-3-14　某矩形截面柱，截面尺寸为 400mm×400mm，混凝土强度等级为 C20(f_c=9.6MPa)，钢筋采用 HRB335 级，对称配筋。在下列四组内力组合中，以(　　)为最不利组合。

A. M=30kN·m，N=200kN　　B. M=50kN·m，N=300kN

C. M=30kN·m，N=205kN　　D. M=50kN·m，N=305kN

17-3-15　轴向压力 N 对构件抗剪承载力 V_u 的影响是(　　)。

A. 不论 N 的大小，均可提高构件的抗剪承载力 V_u

B. 不论 N 的大小，均会降低构件的 V_u

C. N 适当时提高构件的 V_u

D. N 大时提高构件的 V_u，N 小时降低构件的 V_u

17-3-16　偏心受压矩形截面构件，在(　　)情况下，令 $x=x_b$ 来求配筋。

A. $A_s \neq A'_s$，而且均未知的大偏心受压构件

B. $A_s \neq A'_s$，而且均未知的小偏心受压构件

C. $A_s \neq A'_s$，且 A'_s 已知的大偏心受压构件

D. $A_s = A'_s$，且均未知的小偏心受压构件

第四节　正常使用极限状态验算

一、结构构件的裂缝控制要求

(一)产生裂缝的原因

引起构件产生裂缝的原因很多，但可归结为两大类：一类为荷载效应引起，其裂缝宽度与裂缝处的钢筋应力 σ_{sk} 近似地成正比，裂缝发生在受拉区内，称为受力裂缝；另一类是由外加变形或约束变形引起，如基础不均匀沉降、收缩、温度变化，以及混凝土碳化引起钢筋锈蚀的膨胀等，其出现在结构的某些部位，这类裂缝与结构设计及施工条件有密切关系，称为变形裂缝。实际工程中结构构件的裂缝绝大部分由变形因素引起，由荷载效应引起的裂缝为少数。对受力裂缝主要通过构件抗裂度计算及构造加以控制，对于变形裂缝主要通过结构设计、构造措施及施工方法解决。如设伸缩缝、沉降缝，加强保温措施及加强混凝土养护、改进施工条件，减小混凝土的收缩等。

(二)裂缝的控制及裂缝控制等级

(1)裂缝控制的目的及荷载裂缝控制等级详见本章第二节的二、(二)、2. 及五、(四)、4. 部分的有关阐述。

(2)对于由收缩及温度引起的裂缝，应控制钢筋混凝土结构伸缩缝的最大间距 L 满足《混凝土规范》的规定，即

$$L \leqslant [L] \tag{17-4-1}$$

式中：$[L]$——《混凝土规范》规定的钢筋混凝土结构伸缩缝间距(m)，见《混凝土规范》表 8.1.1。

(3)对于混凝土碳化引起的沿钢筋方向的裂缝，主要是控制保护层厚度 C 满足《混凝土规范》最小保护层厚度的要求，即

$$c \geqslant [c] \tag{17-4-2}$$

式中：$[c]$——《混凝土规范》规定的混凝土保护层最小厚度(mm)，见《混凝土规范》表 8.2.1。

(4)对地基不均匀沉降引起的裂缝，主要通过正确的选用地基处理、基础方案及基础设计解决。

二、影响受力裂缝的主要因素及最大裂缝宽度的计算

(一)影响受力裂缝宽度的主要因素

试验结果表明，受力裂缝宽度与下列因素有关：

(1)混凝土保护层厚度 c，当 $c \geqslant 20$mm 时，裂缝间距及宽度将随 c 值增大而增大；

(2)钢筋直径 d，在其他条件相同的条件下选择细一点的钢筋，则裂缝间距及宽度将有所减小；

(3)钢筋拉应力 σ_{sk}，σ_{sk} 越大，裂缝宽度越大；

(4)有效受拉区配筋率 ρ_{te}，ρ_{te} 值越大，裂缝间距及宽度越小；

(5)选用变形钢筋比光圆钢筋的裂缝宽度小。

(二)最大裂缝宽度的计算

1. 荷载标准组合下的平均裂缝间距

受弯构件
$$l_m = \left(1.9c_s + \frac{0.08d_{eq}}{\rho_{te}}\right) \tag{17-4-3a}$$

受拉构件
$$l_m = 1.1\left(1.9c_s + \frac{0.08d_{eq}}{\rho_{te}}\right) \tag{17-4-3b}$$

2. 荷载标准组合下的平均裂缝宽度

产生裂缝宽度的原因是在平均裂缝间距之间的钢筋伸长与混凝土的伸长的伸长差，即

$$\begin{aligned} w_m &= (\bar{\varepsilon}_s - \bar{\varepsilon}_c)l_m = \bar{\varepsilon}_s\left(1 - \frac{\bar{\varepsilon}_c}{\bar{\varepsilon}_s}\right)l_m \\ &= \psi\varepsilon_s\left(1 - \frac{\bar{\varepsilon}_c}{\bar{\varepsilon}_s}\right)l_m \\ &= \psi\frac{\sigma_{sk}}{E_s}\left(1 - \frac{\bar{\varepsilon}_c}{\bar{\varepsilon}_s}\right)l_m \\ &= 0.85\psi\frac{\sigma_{sk}}{E_s}l_m \end{aligned} \tag{17-4-4}$$

式(17-4-4)中，根据试验结果取平均裂缝间距 l_m 之内的混凝土与钢筋平均应变的比值 $\bar{\varepsilon}_c/\varepsilon_s = 0.15$；$\sigma_{sk}$ 为在荷载标准组合下钢筋混凝土构件纵向受拉钢筋的应力；$\psi = \bar{\varepsilon}_s/\varepsilon_s$ 为平均裂缝间距 l_m 之内钢筋的平均应变与裂缝截面处钢筋应变的比值。

(1)σ_{sk} 的计算

轴心受拉：$\sigma_{sk} = N_k/A_s$；偏心受拉：$\sigma_{sk} = N_k e'/A_s(h_0 - a_s')$；受弯：$\sigma_{sk} = M_k/0.87h_0 A_s$；偏心受压：$\sigma_{sk} = N_k(e - z)/A_s z$。其符号与意义见《混凝土规范》第 7.1.4 条。

(2)裂缝间纵向受拉钢筋应变不均匀系数 ψ

$$\psi = \frac{\bar{\varepsilon}_s}{\varepsilon_s} = 1.1 - \frac{0.65f_{tk}}{\rho_{te}\sigma_{sk}} \tag{17-4-5}$$

当 $\psi < 0.2$ 时，取 $\psi = 0.2$；当 $\psi > 1$ 时，取 $\psi = 1$；对直接承受重复荷载的构件，取 $\psi = 1$。

3. 荷载标准组合下的最大裂缝宽度 w_{kmax}

受弯构件 $w_{kmax} = 1.66w_m$

轴心受拉构件 $w_{kmax} = 1.9w_m$

其中，系数 1.66 与 1.9 为考虑超越概率为 5%的裂缝宽度分位值与平均裂缝宽度的比值。

4.考虑荷载长期作用影响的最大裂缝宽度 $w_{\max}$

$$w_{\max} = 1.5w_{\mathrm{kmax}}$$

其中 1.5 是考虑荷载长期作用影响的裂缝宽度扩大系数。

5.按荷载标准组合并考虑长期作用影响的最大裂缝宽度

其计算公式统一表示为

$$w_{\max} = \alpha_{\mathrm{cr}}\psi\frac{\sigma_{\mathrm{sk}}}{E_{\mathrm{s}}}\left(1.9c_{\mathrm{s}} + 0.08\frac{d_{\mathrm{eq}}}{\rho_{\mathrm{te}}}\right) \tag{17-4-6}$$

式中：α_{cr}——构件受力特征系数，对受弯、偏心受压构件，$\alpha_{\mathrm{cr}}=1.9$，对偏心受拉构件，$\alpha_{\mathrm{cr}}=2.4$，对轴心受拉构件，$\alpha_{\mathrm{cr}}=2.7$；

c_{s}——最外层纵向受拉钢筋外边缘至受拉区底边的距离，当 $c_{\mathrm{s}}<20\mathrm{mm}$ 时，取 $c_{\mathrm{s}}=20\mathrm{mm}$，当 $c_{\mathrm{s}}>65\mathrm{mm}$ 时，取 $c_{\mathrm{s}}=65\mathrm{mm}$；

ρ_{te}——按有效受拉混凝土截面面积计算的纵向受拉钢筋配筋率，$\rho_{\mathrm{te}}=A_{\mathrm{s}}/A_{\mathrm{te}}$，当 $\rho_{\mathrm{te}}<0.01$ 时，取 $\rho_{\mathrm{te}}=0.01$；

A_{te}——有效受拉混凝土截面面积，对轴心受拉构件，取构件截面面积，对受弯、偏心受压和偏心受拉构件，取 $A_{\mathrm{te}}=0.5bh+(b_{\mathrm{f}}-b)h_{\mathrm{f}}$，$b_{\mathrm{f}}$、$h_{\mathrm{f}}$ 分别为受拉翼缘的宽度、高度；

d_{eq}——受拉区纵向钢筋的等效直径（mm），$d_{\mathrm{eq}}=\sum n_i d_i^2/\sum n_i \upsilon_i d_i$；

d_i、n_i——分别为受拉区第 i 种纵向钢筋的公称直径（mm）和根数；

υ_i——受拉区第 i 种纵向钢筋的相对黏结特征系数，详见《混凝土规范》表 7.1.2-2。

6.承受吊车荷载但不需作疲劳验算的受弯构件，可将计算求得的最大裂缝宽度乘以系数 0.85。对 $e_0/h_0\leqslant 0.55$ 的偏心受压构件，可不进行裂缝宽度验算。

三、受弯构件的挠度验算

（一）短期刚度计算的基本假定与短期刚度

1.平截面假定

采用裂缝之间截面受拉区与受压区的平均应变符合平截面假定，即平均应变沿截面高为线性分布。由此假定可得平均曲率为

$$\varphi = \frac{1}{\gamma_{\mathrm{m}}} = \frac{\varepsilon_{\mathrm{cm}} + \varepsilon_{\mathrm{sm}}}{h_0} \tag{17-4-7}$$

式中：$\varepsilon_{\mathrm{cm}}$、$\varepsilon_{\mathrm{sm}}$——分别为受压边缘混凝土的平均应变与受拉钢筋的平均应变；

h_0——截面有效高度。

由弯矩与曲率的关系可得短期刚度 B_{s} 为

$$B_{\mathrm{s}} = \frac{M_{\mathrm{k}}}{\varphi} = \frac{M_{\mathrm{k}}h_0}{\varepsilon_{\mathrm{cm}} + \varepsilon_{\mathrm{sm}}} = \frac{E_{\mathrm{s}}A_{\mathrm{s}}h_0^2}{1.15\psi + 0.2 + \dfrac{6\alpha_{\mathrm{E}}\rho}{1 + 3.5\gamma_{\mathrm{f}}'}} \tag{17-4-8}$$

式中：ψ——裂缝间纵向受拉钢筋应变不均匀系数，按《混凝土规范》第 7.1.2 条确定；

α_{E}——钢筋弹性模量与混凝土弹性模量的比值，$\alpha_{\mathrm{E}}=E_{\mathrm{s}}/E_{\mathrm{c}}$；

ρ——纵向受拉钢筋配筋率，对钢筋混凝土受弯构件，取 $\rho=A_{\mathrm{s}}/(bh_0)$，对预应力混凝土受弯构件，取 $\rho=(A_{\mathrm{p}}+A_{\mathrm{s}})/(bh_0)$；

γ_f'——受压翼缘截面面积与腹板有效截面面积的比值。

2.最小刚度假定

即在等截面钢筋混凝土受弯构件中的同号弯矩区段内，假定其刚度为常数，而且取该区段弯矩绝对值最大处的截面刚度，即最小刚度作为该区段的刚度。这一假定偏于安全，使计算大为简化。但对变截面梁应考虑采用分段总和法进行计算。

(二)受弯构件考虑荷载长期作用影响的刚度 B(简称"长期刚度")与挠度验算

1.长期刚度 B

按荷载短期效应组合并考虑荷载长期作用影响的"长期刚度"B 主要是考虑了受压区混凝土徐变的影响，以及受拉区钢筋与混凝土黏结滑移徐变和混凝土收缩的影响，并利用挠度增大系数 θ 来反映，$f=\theta f_s$。对于矩形、T 形、倒 T 形和 I 形截面受弯构件的"长期刚度"为

$$B=\frac{M_k}{M_q(\theta-1)+M_k}B_s \tag{17-4-9}$$

式中：M_k——按荷载效应的标准组合计算的弯矩，取计算区段内的最大弯矩；

M_q——按荷载效应的准永久组合计算的弯矩，取计算区段内的最大弯矩；

θ——考虑荷载长期作用对挠度增大的影响系数，当 $\rho'=0$ 时，取 $\theta=2.0$，当 $\rho'=\rho$ 时，取 $\theta=1.6$，当 ρ' 为中间值时，θ 按线性内插，此处，$\rho'=A_s'/(bh_0)$，$\rho=A_s/(bh_0)$，对翼缘位于受拉区的倒 T 形截面，θ 应增加 20%。

2.受弯构件挠度验算

(1)受弯构件挠度计算公式

其挠度值 f 可以根据 B 利用结构力学的方法计算，对于均布荷载作用下的简支梁为

$$f=\frac{5M_k l_0^2}{48B} \tag{17-4-10}$$

一般公式为

$$f=S\frac{M_k l_0^2}{B} \tag{17-4-11}$$

式中：S——与荷载形式及支座条件有关的系数。

(2)挠度验算

由式(17-4-10)或式(17-4-11)计算的 f 值不应超过《混凝土规范》规定的挠度限值 f_{lim}，即

$$f\leqslant f_{lim} \tag{17-4-12}$$

3.提高刚度与减小挠度的方法

(1)B_s 与梁宽 b 成正比，与梁有效高度 h_0 的平方成正比。

(2)当 $\rho=A_s/bh_0=0.01\sim0.02$ 时，提高混凝土强度对 B_s 增大不多；当 $\rho\leqslant0.005$ 时，效果大为提高。

(3)B_s 将随 $\alpha_E\rho$ 的增大近似线性增大。

在设计中可以综合考虑上述影响因素。

【例 17-4-1】 提高钢筋混凝土矩形截面受弯构件的弯曲刚度最有效的措施是：

A.增加构件截面的有效高度

B.增加受拉钢筋的配筋率

C.增加构件截面的宽度

D.提高混凝土强度等级

解 抗弯刚度与截面有效高度的平方成正比，因此增加构件截面的有效高度是提高混凝土受弯构件抗弯刚度最有效的措施。

答案：A

【例 17-4-2】 关于钢筋混凝土简支梁挠度验算的描述，不正确的是：

A. 作用荷载应取其标准值

B. 材料强度应取其标准值

C. 对带裂缝受力阶段的截面弯曲刚度按截面平均应变符合平截面假定计算

D. 对带裂缝受力阶段的截面弯曲刚度按截面开裂处的应变分布符合平截面假定计算

解 挠度验算为正常使用阶段，荷载和材料强度均应取标准值。（荷载效应为荷载准永久组合）。对于带裂缝受力阶段的混凝土，裂缝截面处与裂缝间截面，受拉钢筋的拉应变与受压区边缘混凝土的压应变是不均匀的，截面的弯曲刚度 B_s 是根据各水平纤维的平均应变沿截面高度的变化符合平截面假定建立的。

答案：D

习　题

17-4-1 受弯构件减小受力裂缝宽度最有效的措施是（　　）。

A. 增加截面尺寸

B. 提高混凝土的强度等级

C. 增加受拉钢筋截面面积，减小裂缝截面的钢筋应力

D. 增加钢筋的直径

17-4-2 控制钢筋混凝土构件因碳化引起的沿钢筋走向裂缝最有效的措施是（　　）。

A. 减小钢筋直径

B. 提高混凝土的强度等级

C. 选用合适的钢筋保护层厚度

D. 增加钢筋的截面面积

17-4-3 进行简支梁挠度计算时，用梁的最小刚度 B_{min} 代替材料力学公式中的 EI，B_{min} 值是指（　　）。

A. 沿梁长的平均刚度

B. 沿梁长挠度最大处截面的刚度

C. 沿梁长内最大弯矩处截面的刚度

D. 梁跨度中央处截面的刚度

第五节　预应力混凝土

混凝土结构构件在承受作用（荷载）以前，利用张拉钢筋回弹挤压混凝土使混凝土截面受到预压应力，而被张拉的钢筋中存在预拉应力，称之为预应力混凝土结构。它与钢筋混凝土结构的受力差别是截面上的混凝土增加了预压应力，预应力筋增加了预拉应力，因而提高了构件的抗裂度与刚度，从而可以而且必须选用高强度的材料。

一、一般规定

(一)预应力混凝土构件的计算内容

1. 承载力极限状态计算

根据使用条件进行正截面抗弯承载力与斜剪面抗剪承载力计算,必要时包括疲劳验算。

2. 正常使用极限状态验算

根据使用条件进行变形、抗裂、裂缝宽度和应力验算。

3. 施工阶段验算

按具体情况对制作、运输、吊装等施工阶段进行验算。

(二)适用范围、材料及施加预应力方法

1. 适用范围

(1)先张法预应力混凝土

先张法宜用于预制厂大批制作的中、小型构件;设计和施工条件许可时,也可用于生产非常用的构件。

(2)后张法预应力混凝土

后张法宜用于大型构件及现浇构件;根据具体情况,如施工条件、构件类型、受力特点、工作环境等可以选用有黏结预应力或无黏结预应力混凝土。

2. 预应力混凝土材料

(1)预应力筋:宜采用预应力钢丝、钢绞线和预应力螺纹钢筋。

(2)普通钢筋:宜采用 HRB400、HRB500 钢筋,也可采用 HPB300、HRB335、RRB400 钢筋。

(3)混凝土:混凝土强度等级不宜低于 C40,且不应低于 C30。

(4)锚具:必须采用由持有生产许可证的制造厂生产,并有合格证书及使用说明书的锚具。

3. 施加预应力方法(见表 17-5-1)

施加预应力方法 表 17-5-1

类别	工序	原理	特点
先张法	1. 在台座或钢模上张拉钢筋; 2. 支模绑扎其他钢筋,浇筑混凝土; 3. 混凝土达到一定强度后,切断或放松钢筋,挤压混凝土	预应力筋张拉时截面缩小;混凝土硬化后切断端部预应力筋,回缩受阻;通过端部黏结应力传递预应力使混凝土预压	1. 工艺较简单,无需锚具; 2. 需要台座或钢模; 3. 张拉钢筋一般为直线; 4. 适合于中、小型工厂化生产
后张法	1. 浇筑混凝土构件,预留孔洞; 2. 混凝土达到一定强度后,穿预应力筋,并张拉钢筋,预压混凝土,锚固钢筋保持预压应力; 3. 孔道灌浆或不灌浆	利用构件本身作为支点张拉钢筋预压混凝土,利用端部锚具固定预应力筋以保持混凝土预压状态	1. 工艺较复杂,需要锚具; 2. 无需台座与钢模张拉; 3. 可以采用直线或曲线; 4. 可现场制作大、中型构件或整体结构; 5. 是结构或构件重要的拼装手段

(三)预应力筋张拉控制应力、预应力损失及预应力损失组合

1. 预应力筋张拉控制应力 σ_{con}

预应力筋张拉控制应力 σ_{con} 是张拉钢筋时施加给预应力筋从制造到使用阶段承受的最大应力。σ_{con} 值越高,越可以充分利用预应力筋对混凝土建立较高的预应力,节约材料。但若过高,使 σ_{con} 值很接近 f_{puk} 值,则构件出现裂缝时的荷载接近极限荷载,破坏前预兆性差;而且进行超张拉时可能使个别钢筋超过屈服强度,产生永久变形或脆断;同时使钢筋松弛损失加大。

但若σ_{con}过低，经过预应力损失之后，建立预压应力的效果差，不经济，而且有丧失预应力的危险，因此预应力筋的张拉控制应力σ_{con}应符合表17-5-2的规定。消除应力钢丝、钢绞线、中强度预应力钢丝的张拉控制应力值不应小于$0.4f_{ptk}$；预应力螺纹钢筋的张拉应力控制值不宜小于$0.5f_{pyk}$。

张拉控制应力限值　　表17-5-2

消除应力钢丝、钢绞线	$\sigma_{con}\leqslant 0.75f_{ptk}$
中强度预应力钢丝	$\sigma_{con}\leqslant 0.70f_{ptk}$
预应力螺纹钢筋	$\sigma_{con}\leqslant 0.85f_{pyk}$

2.预应力损失

预应力损失包括：张拉端锚具变形和钢筋内缩引起的损失σ_{l1}，预应力筋的摩擦损失σ_{l2}，混凝土加热养护时受张拉的钢筋与承拉设备之间的温差引起的损失σ_{l3}，预应力筋的应力松弛引起的损失σ_{l4}，混凝土的收缩和徐变引起的损失σ_{l5}，以及采用螺旋式预应力筋配筋的环形构件，当直径$d\leqslant 3$m时，由于混凝土的局部挤压引起的损失σ_{l6}。各项预应力损失值的计算见《混凝土规范》第10.2条。为了保证安全，《混凝土规范》给出了预应力总损失的最小值，即当计算的预应力总损失σ_l小于下列值时，应按下列数值取用：

先张法构件　　100MPa

后张法构件　　80MPa

3.预应力损失值的组合

预应力混凝土构件在施工、运输、吊装及使用阶段的预应力损失值宜按表17-5-3的规定进行组合。

各阶段预应力损失值的组合　　表17-5-3

预应力损失值的组合	先张法构件	后张法构件
混凝土预压前（第一批）的损失	$\sigma_{l1}+\sigma_{l2}+\sigma_{l3}+\sigma_{l4}$	$\sigma_{l1}+\sigma_{l2}$
混凝土预压后（第二批）的损失	σ_{l5}	$\sigma_{l4}+\sigma_{l5}+\sigma_{l6}$

（四）预应力及预应力合力

1.预加应力产生的混凝土法向应力及相应阶段预应力筋的应力计算

（1）先张法构件

由预加应力产生的混凝土法向应力

$$\sigma_{pc}=\frac{N_{p0}}{A_0}\pm\frac{N_{p0}e_{p0}}{I_0}y_0 \tag{17-5-1}$$

相应阶段预应力筋的有效预应力

$$\sigma_{pe}=\sigma_{con}-\sigma_l-\alpha_E\sigma_{pc} \tag{17-5-2}$$

预应力筋合力点处混凝土法向应力等于零时的预应力筋应力

$$\sigma_{p0}=\sigma_{con}-\sigma_l \tag{17-5-3}$$

（2）后张法构件

由预加应力产生的混凝土法向应力

$$\sigma_{pc}=\frac{N_p}{A_n}\pm\frac{N_pe_{pn}}{I_n}y_n \tag{17-5-4}$$

相应阶段预应力筋的有效预应力

$$\sigma_{pe}=\sigma_{con}-\sigma_l \tag{17-5-5}$$

预应力筋合力点处混凝土法向应力等于零时的预应力筋应力

$$\sigma_{p0}=\sigma_{con}-\sigma_{l}+\alpha_{E}\sigma_{pc} \tag{17-5-6}$$

上述式中：A_0、A_n——分别为换算截面面积(包括扣除孔道、凹槽等削弱部分以外的混凝土全部截面面积以及全部纵向预应力筋和普通钢筋截面面积换算成混凝土截面面积，对于不同混凝土强度等级组成的截面，应根据混凝土弹性模量比值折换算成同一混凝土强度等级的截面面积)、净截面面积(换算截面面积减去全部纵向预应力筋截面面积换算成混凝土的截面面积)；

I_0、I_n——分别为换算截面惯性矩、净截面惯性矩；

e_{p0}、e_{pn}——分别为换算截面重心、净截面重心至预加力作用点的距离，按式(17-5-8)、式(17-5-10)计算；

y_0、y_n——分别为换算截面重心、净截面重心至所计算纤维处的距离；

σ_l——相应阶段的预应力损失；

α_E——钢筋弹性模量与混凝土弹性模量的比值，$\alpha_E=E_s/E_c$；

N_{p0}、N_p——分别为先张法构件、后张法构件的预加力，按式(17-5-7)、式(17-5-9)计算。

2.预加力及其作用点的偏心距(见图17-5-1)

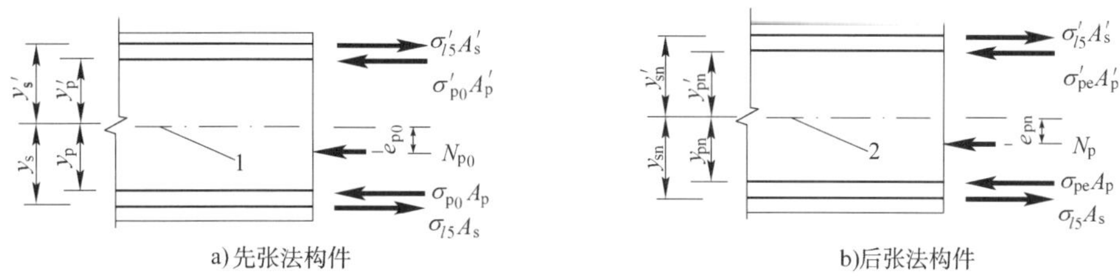

图17-5-1　预应力筋及普通钢筋的合力位置

1-换算截面重心轴；2-净截面重心轴

可按下列公式计算：

(1)先张法构件

$$N_{p0}=\sigma_{p0}A_p+\sigma_{p0}'A_p'-\sigma_{l5}A_s-\sigma_{l5}'A_s' \tag{17-5-7}$$

$$e_{p0}=\frac{\sigma_{p0}A_py_p-\sigma_{p0}'A_p'y_p'-\sigma_{l5}A_sy_s+\sigma_{l5}'A_s'y_s'}{\sigma_{p0}A_p+\sigma_{p0}'A_p'-\sigma_{l5}A_s-\sigma_{l5}'A_s'} \tag{17-5-8}$$

(2)后张法构件

$$N_p=\sigma_{pe}A_p+\sigma_{pe}'A_p'-\sigma_{l5}A_s-\sigma_{l5}'A_s' \tag{17-5-9}$$

$$e_{pn}=\frac{\sigma_{pe}A_py_{pn}-\sigma_{pe}'A_p'y_{pn}'-\sigma_{l5}A_sy_{sn}+\sigma_{l5}'A_s'y_{sn}'}{\sigma_{pe}A_p+\sigma_{pe}'A_p'-\sigma_{l5}A_s-\sigma_{l5}'A_s'} \tag{17-5-10}$$

上述式中：σ_{p0}、σ_{p0}'——分别为受拉区、受压区的预应力筋合力点处混凝土法向应力等于零时的预应力筋应力；

σ_{pe}、σ_{pe}'——分别为受拉区、受压区预应力筋的有效预应力；

A_s、A_s'——分别为受拉区、受压区的普通钢筋的截面面积；

A_p、A_p'——分别为受拉区、受压区的预应力筋截面面积；

y_p、y_p'——分别为受拉区、受压区的预应力合力点至换算截面重心的距离；

y_s、y'_s——分别为受拉区、受压区的普通钢筋重心至换算截面重心的距离；

σ_{l5}、σ'_{l5}——分别为受拉区、受压区的预应力筋在各自合力点处混凝土收缩和徐变引起的预应力损失值；

y_{pn}、y'_{pn}——分别为受拉区、受压区预应力合力点至净截面重心的距离；

y_{sn}、y'_{sn}——分别为受拉区、受压区的普通钢筋重心至净截面重心的距离。

当式(17-5-7)～式(17-5-10)中的 $A'_p=0$ 时，可取 $\sigma'_{l5}=0$。

3.混凝土法向应力为零时的 N_{p0} 及 e_{p0} 值

对先张法和后张法预应力混凝土构件，在承载力和裂缝宽度验算中，所有的混凝土法向应力为零时的预应力筋及普通钢筋合力 N_{p0} 及相应偏心距 e_{p0}，均应按式(17-5-7)及式(17-5-8)计算，但式中的预应力筋的应力 σ_{p0} 及 σ'_{p0} 则应分别按先张法式(17-5-3)及后张法式(17-5-6)计算。

（五）先张法构件预应力筋的预应力传递长度 l_{tr} 计算

计算公式如下

$$l_{tr}=\alpha\frac{\sigma_{pe}}{f'_{tk}}d \tag{17-5-11}$$

式中：σ_{pe}——放张时预应力筋的有效预应力；

d——预应力筋的公称直径；

α——预应力筋的外形系数，按《混凝土规范》表 8.3.1 采用；

f'_{tk}——与放张时混凝土立方体抗压强度 f'_{cu} 相应的轴心抗拉强度标准值。

当采用骤然放松预应力筋的施工工艺时，l_{tr} 的起点应从距构件末端 $0.25l_{tr}$ 处开始计算。

计算先张法预应力混凝土构件端部锚固区的正截面和斜截面抗弯承载力时，锚固长度范围内的预应力筋抗拉强度设计值在锚固起点处应取为零，在锚固终点处应取为 f_{py}，两点之间可按线性内插确定。预应力筋的锚固长度 l_a 应按《混凝土规范》第 8.3.1 条确定。

（六）施工阶段的验算要求

1.施加预应力时混凝土的强度

施加预应力时，所需的混凝土立方体抗压强度应经计算确定，但不宜低于混凝土设计强度值的 75%。

2.施工阶段验算时，截面法向应力应满足的要求

对制作、运输及安装等施工阶段预拉区允许出现拉应力的构件或预压时全截面受压的构件，在预加应力、自重及施工荷载作用下(必要时应考虑动力系数)，截面边缘的混凝土法向应力宜符合下列规定(见图 17-5-2)

$$\sigma_{ct}\leqslant f'_{tk} \tag{17-5-12}$$

$$\sigma_{cc}\leqslant 0.8f'_{ck} \tag{17-5-13}$$

截面边缘的混凝土法向应力可按下式计算

$$\sigma_{cc}(\text{或}\ \sigma_{ct})=\sigma_{pc}+\frac{N_k}{A_0}\pm\frac{M_k}{W_0} \tag{17-5-14}$$

上述式中：σ_{cc}、σ_{ct}——分别为相应施工阶段计算截面边缘纤维的混凝土压应力、拉应力；

f'_{tk}、f'_{ck}——分别为与各施工阶段混凝土立方体抗压强度 f'_{cu} 相应的抗拉强度标准值、抗压强度标准值；

N_k、M_k——分别为构件自重及施工荷载的标准组合在计算截面产生的轴向力值、弯矩值；

W_0——验算边缘的换算截面弹性抵抗矩。

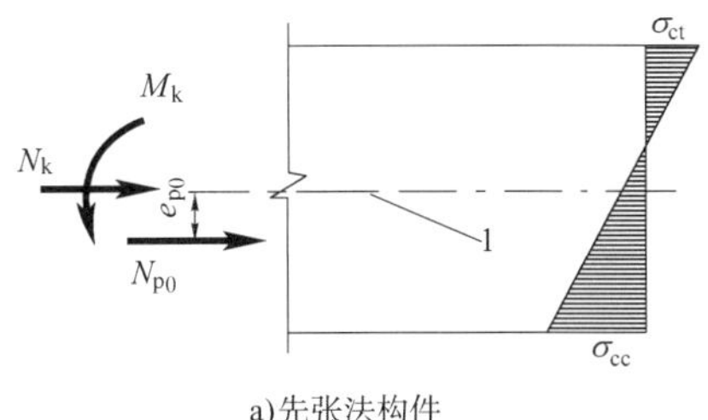

a)先张法构件

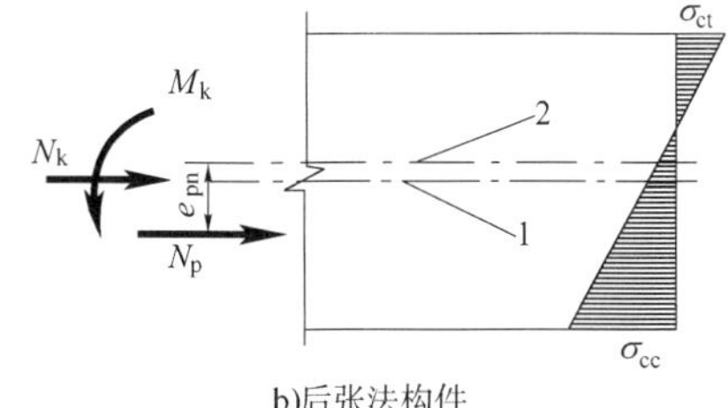

b)后张法构件

图 17-5-2 预应力混凝土构件施工阶段计算

1-换算截面重心轴;2-净截面重心轴

当 σ_{pc} 为压应力时,取正值;当 σ_{pc} 为拉应力时,取负值。当 N_k 为轴向压力时,取正值;当 N_k 为轴向拉力时,取负值。由 M_k 产生的边缘纤维应力,压应力取正号,拉应力取负号。

当有可靠工程经验时,叠合式受弯构件预拉区的混凝土法向拉应力可按 σ_{ct} 不大于 $2f'_{tk}$ 控制。

3.预应力混凝土构件预拉区的纵向钢筋

施工阶段预拉区允许出现拉应力的构件,预拉区纵向钢筋的配筋率$(A'_s+A'_p)/A$ 不宜小于 0.15%,对后张法构件不应计入 A'_p,其中,A 为构件截面面积。预拉区纵向普通钢筋的直径不宜大于 14mm,并应沿构件预拉区的外边缘均匀布置。

二、轴心受拉构件

(一)轴心受拉构件截面应力状态及计算公式(见表 17-5-4)

(二)先张法及后张法的应力分析小结

1.施工阶段

两者的应力计算公式是不同的:先张法预应力筋应力(σ_p)比后张法减少 $\alpha_E\sigma_{pcI}$ 或 $\alpha_E\sigma_{pc}$,在计算混凝土预压应力公式中,先张法用 A_0,后张法用 A_n。

2.使用阶段

施加外荷载以后,用 σ_{p0} 及 N_{p0} 表达不同状态的轴力计算公式,两者形式完全相同,但 σ_{p0} 公式对先张法和后张法不同。

3.引入 σ_{p0} 及 N_{p0} 的目的

(1)将先张法与后张法的 N 公式统一起来。

(2)把预应力与普通钢筋混凝土轴心受拉构件承载力计算公式统一起来。当 $N>N_{cr}$ 以后取 σ_{pc},$N_{p0}=0$ 时,即变为普通钢筋混凝土计算公式。由此引出 $\sigma_p-\sigma_{pc}$ 值相当于钢筋混凝土拉杆开裂后的钢筋应力 σ_s,即在验算预应力混凝土的裂缝宽度计算公式中取 $\sigma_s=\sigma_p-\sigma_{p0}=\dfrac{N-N_{p0}}{A_p+A_s}$。

(三)使用阶段正截面承载力计算

正截面抗拉承载力按下式计算

$$N\leqslant f_{py}A_p+f_yA_s \tag{17-5-15}$$

式中:f_{py}——预应力筋抗拉强度设计值。

(四)使用阶段裂缝控制验算

(1)一级裂缝控制等级构件,在荷载标准组合下,受拉边缘应力应符合下列规定

$$\sigma_{ck}-\sigma_{pc}\leqslant 0 \tag{17-5-16}$$

表 17-5-4

轴心受拉构件截面应力计算公式

受力阶段		预应力筋应力 σ_p(拉)		普通钢筋应力 σ_s		混凝土应力 σ_c		N 计算公式
		先张法	后张法	先张法	后张法	先张法	后张法	
施工阶段	完成第一批预应力损失 σ_{lI}	放张预应力钢筋时 $\sigma_{pI} = \sigma_{con} - \sigma_{lI} - \alpha_E \sigma_{pcI}$ $\sigma_{p0I} = \sigma_{con} - \sigma_{lI}$	终拉终止时 $\sigma_{pI} = \sigma_{con} - \sigma_{lI}$	放松预应力筋时 $\sigma_{sI} = -\alpha_E \sigma_{pcI}$	张拉终止时 $\sigma_{sI} = -\alpha_E \sigma_{pcI}$	$\sigma_{p0I} = \frac{(\sigma_{con} - \sigma_{lI}) A_p}{A_0}$ $A_0 = A_c + \alpha_E A_s + \alpha_E A_p$	$\sigma_{p0I} = \frac{(\sigma_{con} - \sigma_{lI}) A_p}{A_n}$ $A_n = A_c + \alpha_E A_s$	—
	完成第二批预应力损失时 σ_l	$\sigma_{pII} = \sigma_{con} - \sigma_l - \alpha_E \sigma_{pcII}$	$\sigma_{pII} = \sigma_{con} - \sigma_l$	$\sigma_s = -\alpha_E \sigma_{pcII} - \sigma_{l5}$	$\sigma_s = -\alpha_E \sigma_{pcII} - \sigma_{l5}$	$\sigma_{pc} = \frac{(\sigma_{con} - \sigma_l) A_p - \sigma_{l5} A_s}{A_0}$	$\sigma_{pc} = \frac{(\sigma_{con} - \sigma_l) A_p - \sigma_{l5} A_s}{A_n}$	—
使用阶段	N_{p0} 作用下消压状态	$\sigma_{p0} = \sigma_{con} - \sigma_l$	$\sigma_{p0} = \sigma_{con} - \sigma_l - \alpha_E \sigma_{pc}$	$\sigma_{s0} = -\sigma_{l5}$	$\sigma_{s0} = -\sigma_{l5}$	0	0	$N_{p0} = \sigma_{pc} A_0$ $= \sigma_{p0} A_p - \sigma_{l5}$
	N_{cr} 作用下开裂前瞬间	$\sigma_{pcr} = \sigma_{con} - \sigma_l + \alpha_E f_{tk}$	$\sigma_{pcr} = \sigma_{con} - \sigma_l - \alpha_E \sigma_{pcII} + \sigma_E f_{tk}$	$\sigma_{scr} = -\sigma_{l5} + \alpha_E f_{tk}$	$\sigma_{scr} = -\sigma_{l5} + \alpha_E f_{tk}$	$\sigma_c = f_{tk}$	$\sigma_c = f_{tk}$	$N_{cr} = (\sigma_{pcII} + f_{tk}) A_0$ $= N_{p0} + f_{tk} A_0$
	N_u 作用下破坏阶段	$\sigma_{pu} = f_{py}$	$\sigma_{pu} = f_{py}$	$\sigma_{su} = f_y$	$\sigma_{su} = f_y$	—	—	$N_u = f_{py} A_p + f_y A_s$

(2)二级裂缝控制等级构件，在荷载标准组合下，受拉边缘应力应符合下列规定

$$\sigma_{ck} - \sigma_{pc} \leqslant f_{tk} \tag{17-5-17}$$

(3)三级裂缝控制等级时，预应力混凝土构件的最大裂缝宽度可按荷载标准组合并考虑长期作用影响的效应计算。最大裂缝宽度应符合下列规定

$$w_{max} \leqslant w_{lim}$$

对二 a 类环境的预应力混凝土构件，在荷载准永久组合下，受拉边缘应力尚应符合下列规定：

$$\sigma_{cq} - \sigma_{pc} \leqslant f_{tk} \tag{17-5-18}$$

预应力混凝土轴心受拉构件的最大裂缝宽度可按式(17-4-6)计算，其中构件受力特征系数$\alpha_{cr}=2.2$；纵向受拉钢筋的有效配筋率$\rho_{te}=(A_p+A_s)/A_{te}$；受拉区纵向钢筋的等效应力$\sigma_{sk}$按下式计算

$$\sigma_{sk} = \frac{N_k - N_{p0}}{A_p + A_s} \tag{17-5-19}$$

(五)施工阶段验算

1.先张法放张钢筋或后张法张拉钢筋时混凝土的预压应力

$$\sigma_{cc} \leqslant 0.8 f'_{ck}$$

2.后张法构件端部锚固区局部抗压承载力计算

详见本章第三节“六、局部抗压承载力计算”。

三、受弯构件

(一)应力计算公式及说明

表 17-5-5 及表 17-5-6 分别为先张法和后张法预应力混凝土受弯构件在施工阶段和使用阶段的应力计算公式，其中：

σ_{peI}、σ_{pe}、σ_{p0}、σ_{pcr}、σ_{pu}与σ'_{peI}、σ'_{pe}、σ'_{p0}、σ'_{pcr}、σ'_{pu}分别为受拉区与受压区预应力筋在完成第一、二批预应力损失，以及在M_0、M_{cr}、M_u作用下的应力。

σ_{sI}、σ_s、σ_{s0}、σ_{scr}、σ_{su}与σ'_{sI}、σ'_s、σ'_{s0}、σ'_{scr}、σ'_{su}分别为受拉区与受压区的普通钢筋在完成第一、二批预应力损失，以及在M_0、M_{cr}、M_u作用下的应力。

σ_{pcI}、σ_{pc}分别为预应力筋完成第一批及全部预应力损失后产生的混凝土法向应力。

σ_{pcIs}、σ_{pcs}与σ'_{pcIs}、σ'_{pcs}分别为预应力筋完成第一批及全部预应力损失后，在A_s重心与A'_s重心处产生的混凝土法向应力。

M_0、M_{cr}、M_u分别为受弯构件在消压状态(截面下边缘的$\sigma_{pc}=0$)，裂缝即将出现时以及达到承载力极限状态时截面所承担的弯矩。

(二)使用阶段正截面受弯承载计算

1.矩形截面或翼缘位于受拉边缘的 T 形截面受弯构件

其正截面抗弯承载力应按下列公式计算(见图 17-5-3)

$$M \leqslant \alpha_1 f_c bx\left(h_0 - \frac{x}{2}\right) + f'_y A'_s(h_0 - a'_s) - (\sigma'_{p0} - f'_{py})A'_p(h_0 - a'_p) \tag{17-5-20}$$

混凝土受压区高度按下列公式计算

$$\alpha_1 f_c bx = f_y A_s - f'_y A'_s + f_{py} A_p + (\sigma'_{p0} - f_{py})A'_p \tag{17-5-21}$$

混凝土受压区高度应符合下列要求：

为了避免出现超筋梁 $x \leqslant \xi_b h_0$ (17-5-22)

为了使A'_s达到f'_y值 $x \geqslant 2a'$ (17-5-23)

先张法预应力混凝土受弯构件截面应力计算公式

表 17-5-5

受力阶段		预应力筋应力		普通钢筋应力		混凝土应力	
		A_p 的应力	A'_p 的应力	A_s 的应力	A'_s 的应力	截面上任一点的应力	截面下缘的应力
施工阶段	完成第一批预应力损失	$\sigma_{peI}=\sigma_{con}-\sigma_{lI}-\alpha_E\sigma_{peI}$	$\sigma'_{peI}=\sigma'_{con}-\sigma'_{lI}-\alpha_E\sigma'_{peI}$	$\sigma_{sI}=-\alpha_E\sigma_{pcIs}$	$\sigma'_{sI}=-\alpha_E\sigma'_{pcIs}$	$\sigma_{peI}=\frac{N_{p0I}}{A_0}\pm\frac{N_{p0I}e_{p0I}}{I_0}y_0$	$\sigma_{pcI}=\frac{N_{p0I}}{A_0}+\frac{N_{p0I}e_{p0I}}{I_0}y_{0max}$
	完成第二批预应力损失	$\sigma_{pe}=\sigma_{con}-\sigma_l-\alpha_E\sigma_{pc}$	$\sigma'_{pe}=\sigma'_{con}-\sigma'_l-\alpha_E\sigma'_{pc}$	$\sigma_s=-\alpha_E\sigma_{pcs}-\sigma_{l5}$	$\sigma'_s=-\alpha_E\sigma'_{pcs}-\sigma'_{l5}$	$\sigma_{pc}=\frac{N_{p0}}{A_0}\pm\frac{N_{p0}e_{p0}}{I_0}y_0$	$\sigma_{pc}=\frac{N_{p0}}{A_0}+\frac{N_{p0}e_{p0}}{I_0}y_{0max}$
使用阶段	M_0 作用下	$\sigma_{p0}=\sigma_{con}-\sigma_l$	$\sigma'_{p0}=\sigma'_{con}-\sigma'_l$	$\sigma_{s0}=\sigma_s+\alpha_E\sigma_{cos}$	$\sigma'_{s0}=\sigma'_s+\alpha_E\sigma'_{cos}$	$\sigma_{c0}=\sigma_{pc}\pm\frac{M_0}{I_0}y_0$	0
	M_{cr} 作用下	$\sigma_{pcr}=\sigma_{p0}+2\sigma_E f_{tk}$	$\sigma_{pcr}'=\sigma_{p0}'-2\alpha_E f_{tk}$	$\sigma_{scr}=\sigma_{s0}-2\alpha_E f_{tk}$	$\sigma'_{scr}=\sigma'_{s0}+2\alpha_E f_{tk}$	$\sigma_c=\sigma_{pc}\pm\frac{M_{cr}}{I_0}y_0$	f_{tk}
	M_u 作用下	$\sigma_{pu}=f_{py}$	$\sigma'_{pu}=\sigma'_{p0}-f'_{py}$	$\sigma_{su}=f_y$	$\sigma_{su}=f'_y$	受拉区混凝土 $\sigma_c=0$ 受压区混凝土 $\sigma_c=\alpha_1 f_c$	0

后张法预应力混凝土受弯构件截面应力计算公式

表 17-5-6

受力阶段		预应力筋应力		普通钢筋应力		混凝土应力	
		A_p 的应力	$A_p{}'$ 的应力	A_s 的应力	$A_s{}'$ 的应力	截面上任一点的应力	截面下缘的应力
施工阶段	完成第一批预应力损失	$\sigma_{peI}=\sigma_{con}-\sigma_{lI}$	$\sigma_{peI}{}'=\sigma'_{con}-\sigma'_{lI}$	$\sigma_{sI}=-\alpha_E\sigma_{pcIs}$	$\sigma'_{sI}=-\alpha_E\sigma'_{pcIs}$	$\sigma_{peI}=\frac{N_{pI}}{A_n}\pm\frac{N_{pI}e_{pnI}}{I_0}y_0$	$\sigma_{pcI}=\frac{N_{pI}}{A_n}+\frac{N_{pI}e_{pnI}}{I_n}y_{nmax}$
	完成第二批预应力损失	$\sigma_{pe}=\sigma_{con}-\sigma_l$	$\sigma_{pe}{}'=\sigma'_{con}-\sigma'_l$	$\sigma_s=-\alpha_E\sigma_{pcs}-\sigma_{l5}$	$\sigma'_s=-\alpha_E\sigma'_{pcIs}-\sigma'_{l5}$	$\sigma_{pc}=\frac{N_p}{A_n}\pm\frac{N_p e_{pn}}{I_n}y_0$	$\sigma_{pc}=\frac{N_p}{A_n}+\frac{N_p e_{p0}}{I_n}y_{nmax}$
使用阶段	M_0 作用下	$\sigma_{p0}=\sigma_{con}-\sigma_l+\alpha_E\sigma_{pc}$	$\sigma'_{p0}=\sigma'_{con}-\sigma_l{}'+\alpha_E\sigma'_{pc}$	$\sigma_{s0}=\sigma_s+\alpha_E\sigma_{cos}$	$\sigma'_{s0}=\sigma'_s+\sigma'_{con}$	$\sigma_{c0}{}'=\sigma_{pc}\pm\frac{M}{I_0}y_0$	0
	M_{cr} 作用下	$\sigma_{pcr}=\sigma_{p0}+2\alpha_E f_{tk}$	$\sigma'_{per}=\sigma'_{p0}-2\alpha_E f_{tk}$	$\sigma_{scr}=\sigma_{s0}+2\alpha_E f_{tk}$	$\sigma'_{scr}=\sigma'_{s0}-2\alpha_E f_{tk}$	$\sigma_c=\sigma_{pc}\pm\frac{M}{I_0}y_0$	f_{tk}
	M_u 作用下	$\sigma_{pu}=f_{py}$	$\sigma'_{pu}=\sigma'_{p0}-f'_{py}$	$\sigma_{su}=f_y$	$\sigma_{su}=f'_y$	受拉区混凝土 $\sigma_c=0$ 受压区混凝土 $\sigma_c=\alpha_1 f_c$	0

上述式中：a'——纵向受压钢筋合力点至受压区边缘的距离，当受压区未配置纵向预应力筋或受压区纵向预应力筋的应力（$\sigma'_{p0}-\sigma'_{py}$）为拉应力时，式（17-5-23）中的 a' 应用 a'_s 代替；

ξ_b——相对界限受压区高度，按下列公式计算

$$\xi_b=\frac{\beta_1}{1+0.002/\varepsilon_{cu}+\dfrac{f_{py}-\sigma_{p0}}{E_s\varepsilon_{cu}}} \tag{17-5-24}$$

σ_{p0}——受拉区纵向预应力筋合力点处混凝土法向应力等于零时的预应力筋应力。

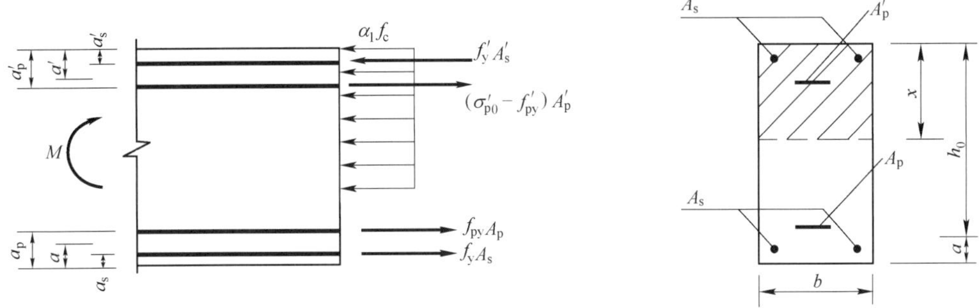

图 17-5-3　矩形截面受弯构件正截面抗弯承载力计算

2.翼缘位于受压区的 T 形截面受弯构件（见图 17-5-4）

其正截面抗弯承载力应按下列情况计算

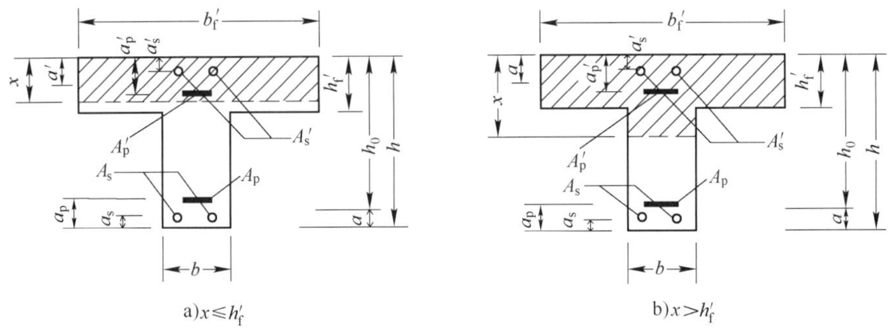

图 17-5-4　T 形截面受弯构件受压区高度位置

（1）当符合下式条件时

$$f_yA_s+f_{py}A_p\leqslant\alpha_1 f_c b_f{}'h'_f+f'_yA'_s-(\sigma'_{p0}-f'_{py})A_p{}' \tag{17-5-25}$$

则按宽度为 b'_f 的矩形截面计算。

（2）当不符合式（17-5-25）的条件时，计算中应考虑截面中腹板的受压作用，其正截面抗弯承载力按下列公式计算

$$M\leqslant\alpha_1 f_c bx\left(h_0-\frac{x}{2}\right)+\alpha_1 f_c(b'_f-b)h'_f\left(h_0-\frac{h'_f}{2}\right)+$$
$$f'_yA'_s(h_0-a'_s)-(\sigma'_{p0}-f'_{py})A'_p(h_0-a'_p) \tag{17-5-26}$$

其混凝土受压区高度按下列公式确定

$$\alpha_1 f_c[bx+(b'_f-b)h_f]=f_yA_s-f'_yA_s+f_{py}A_p+(\sigma'_{p0}-f'_{py})A_p \tag{17-5-27}$$

上述式中：h'_f——T 形截面受压区翼缘高度；

b_f'——T 形截面受压区翼缘计算宽度，应按《混凝土规范》表 5.2.4 中所列各项中的最小值取用。

应用式(17-5-26)和式(17-5-27)时，混凝土受压区高度尚应符合式(17-5-22)和式(17-5-23)的要求。

(3)在计算中考虑普通受压钢筋 A_s'，若不符合 $x \geqslant 2a'$ 的条件时，正截面抗弯承载力可按下式计算

$$M \leqslant f_{py}A_p(h-a_p-a_s')+f_yA_s(h-a_s-a_s')+(\sigma_{p0}'-f_{py}')A_p(a_p'-a_s') \quad (17\text{-}5\text{-}28)$$

【例 17-5-1】 关于预应力混凝土受弯构件的描述，正确的是：

A. 受压区设置预应力筋的目的是增强该受压区的强度

B. 预应力混凝土受弯构件的界限相对受压区高度计算公式与钢筋混凝土受弯构件相同

C. 承载力极限状态时，受拉区预应力筋均能达到屈服，且受压区混凝土被压溃

D. 承载力极限状态时，受压区预应力筋一般未能达到屈服

解 受压区(预拉区)设置预应力筋是为了减小预拉区的拉应力，减小构件的反拱值，选项 A 错误。

由于预压应力的存在，预应力混凝土受弯构件的相对界限受压区高度 ξ_b 的计算公式与普通钢筋混凝土受弯构件不同，选项 B 错误。

承载能力极限状态时，预应力混凝土受弯构件与钢筋混凝土受弯构件相似，当 $\xi \leqslant \xi_b$ 时，受拉区的预应力筋先达到屈服，而后受压区混凝土被压碎使构件破坏，当不满足$\xi \leqslant \xi_b$ 时，选项 C 错误。

受压区的预应力筋初始应力为拉应力，承载能力极限状态时，预应力筋的应力为拉应力或压应力，但一般不能达到其受压屈服强度，选项 D 正确。

答案：D

(三)使用阶段斜截面承载力计算

(1)矩形、T 形及 I 形截面的预应力混凝土受弯构件，其受剪截面应符合的条件同普通钢筋混凝土梁，即按式(17-3-17)和式(17-3-18)的条件。

(2)在计算预应力混凝土受弯构件斜截面的抗剪承载力时，其计算位置同普通钢筋混凝土梁的规定，即：

①支座边缘处的截面；

②受拉区弯起钢筋弯起点处的截面；

③箍筋截面面积或间距改变处的截面；

④腹板宽度改变处的截面。

(3)矩形、T 形和 I 形截面的预应力混凝土受弯构件，当配有箍筋和弯起钢筋时，其斜截面抗剪承载力应按下式计算

$$V \leqslant V_{cs}+V_p+0.8f_yA_{sb}\sin\alpha_s+0.8f_{py}A_{pb}\sin\alpha_p \quad (17\text{-}5\text{-}29)$$

式中：V——构件斜截面上最大剪力设计值；

V_{cs}——构件斜截面上混凝土和箍筋的抗剪承载力值，按式(17-5-29)和式(17-5-30)计算

一般受弯梁 $$V_{cs}=0.7f_tbh_0+f_{yv}\frac{A_{sv}}{s}h_0 \quad (17\text{-}5\text{-}30)$$

集中荷载作用下的矩形独立梁

$$V_{cs}=\frac{1.75}{\lambda+1}f_t b h_0+f_{yv}\frac{A_{sv}}{s}h_0 \tag{17-5-31}$$

式(17-5-31)中 λ 为计算截面剪跨比，取值同式(17-3-20)中的数值；

V_p——由预应力所提高的构件抗剪承载力设计值，其值为

$$V_p=0.05N_{p0} \tag{17-5-32}$$

应注意，当 N_{p0} 产生的弯矩 M_p 与荷载产生的弯矩 M 同向时应取 $V_p=0$；

N_{p0}——计算截面上混凝土法向预应力等于零时的预加力，按式(17-5-7)计算，当 $N_{p0}>0.3f_cA_0$ 时，取 $N_{p0}=0.3f_cA_0$，而且计算 N_{p0} 时不考虑预应力弯起钢筋的作用，应注意：当 N_{p0} 引起的截面弯矩与荷载引起的弯矩相同时，以及预应力混凝土连续梁和允许出现裂缝的预应力简支梁，均取 $V_p=0$，对先张法预应力混凝土构件，在计算合力 N_{p0} 时，应考虑预应力筋传递长度的影响；

f_{py}——预应力筋的抗拉强度设计值；

A_{pb}——同一弯起平面内的预应力弯起钢筋的截面面积；

α_s——斜截面上预应力弯起钢筋的切线与构件纵向轴线的夹角；

其余符号意义同钢筋混凝土受弯构件。

(4)矩形、T形和I形截面的预应力混凝土受弯构件，当符合式(17-5-33)和式(17-5-34)要求时，则均可不进行斜截面抗剪承载力计算，而仅需按构造要求配置箍筋。

一般受弯构件

$$V_{cs}\leqslant 0.7f_t b h_0+0.05N_{p0} \tag{17-5-33}$$

集中荷载作用下矩形截面独立梁

$$V_{cs}\leqslant\frac{1.75}{\lambda+1}f_t b h_0+0.05N_{p0} \tag{17-5-34}$$

(四)使用阶段正截面裂缝控制验算

(1)对裂缝控制等级为一级、二级的预应力混凝土受弯构件，同轴心受拉构件，应符合式(17-5-16)、式(17-5-17)的规定。但公式中的 $\sigma_{ck}=M_k/W_0$，$\sigma_{cq}=M_q/W_0$。

(2)对裂缝控制等级为三级(允许出现裂缝)的构件，按荷载效应的标准组合并考虑长期作用影响的最大裂缝宽度应符合 $w_{max}\leqslant w_{lim}$。预应力混凝土受弯构件的最大裂缝宽度可按公式(17-4-8)计算，其中构件受力特征系数 $\alpha_{cr}=1.5$；纵向受拉钢筋的有效配筋率 $\rho_{te}=(A_p+A_s)/A_{te}$；受拉区纵向钢筋的等效应力 σ_{sk} 按下式计算

$$\sigma_{sk}=\frac{M_k-N_{p0}(z-e_p)}{(A_p+A_s)z} \tag{17-5-35}$$

$$z=\left[0.87-0.12(1-\gamma_f')\left(\frac{h_0'}{e}\right)^2\right]h_0 \tag{17-5-36}$$

$$e=e_p+\frac{M_k}{N_{p0}} \tag{17-5-37}$$

$$\gamma_f'=(b_f'-b)\frac{h_f'}{bh_0}$$

当 $h_f'>0.2h_0$ 时，取 $h_f'=0.2h_0$ (17-5-38)

式中：z——受拉区纵向普通钢筋和预应力筋合力点至截面受压区合力点的距离；

e_p——混凝土法向预应力等于零时的预加力 N_{p0} 的作用点至受拉区纵向预应力和普通钢筋合力点的距离。

(五)使用阶段斜截面裂缝控制验算

(1)预应力混凝土受弯构件斜截面裂缝的控制验算,主要是验算截面的混凝土主拉应力与主压应力,应符合下列规定:

①混凝土的主拉应力 σ_{tp}

对严格要求不出现裂缝的构件 $\sigma_{tp} \leqslant 0.85 f_{tk}$ (17-5-39)

对一般要求不出现裂缝的构件 $\sigma_{tp} \leqslant 0.95 f_{tk}$ (17-5-40)

②混凝土的主压应力 σ_{cp}

对严格要求和一般要求不出现裂缝的构件

$$\sigma_{cp} \leqslant 0.6 f_{ck} \tag{17-5-41}$$

应当注意,应选择跨度内不利位置的截面,对该截面的换算截面重心处和截面宽度剧烈改变处进行验算。对允许出现裂缝的吊车梁,在静力计算中应符合式(17-5-40)及式(17-5-41)的规定。

(2)混凝土主拉应力和主压应力应按《混凝土规范》第 7.1.7 条规定计算。

(3)对先张法预应力混凝土构件端部进行斜截面抗剪承载力计算及正截面、斜截面抗裂验算时,应考虑预应力筋在预应力传递长度 l_{tr} 范围内实际应力值的变化。

(4)应验算抗裂的部位:

①在构件长度方向,应根据剪力及弯矩图形变化的特点和构件外形及截面变化情况选择最危险区段:a. 支座边缘截面;b. 腹板宽度削弱处;c. 弯起预应力筋在跨中的锚固终点处截面。

②沿截面高度方向,一般应验算截面的重心轴线处及截面腹板厚度有剧烈变化的部位,即翼缘与腹板相交处。

③吊车梁斜截面抗裂验算部位,需考虑两种荷载位置,即轮压作用在宽度剧烈变化的截面上和轮压作用在离该截面 $0.6h$ 处(向跨中方向)。

(六)使用阶段变形验算

预应力混凝土受弯构件的挠度由两部分组成,一部分是由荷载作用产生的挠度 f_1,另一部是由预应力作用产生的反拱 f_2。

1. 荷载作用下的挠度值 f_1

(1)荷载效应标准组合作用下的短期刚度 B_s 可按下列公式计算:

①使用阶段要求不出裂缝的构件

$$B_s = 0.85 E_c I_0 \tag{17-5-42}$$

②使用阶段允许出现裂缝的构件

$$B = \frac{0.85 E_c I_0}{\kappa_{cr} + (1 - \kappa_{cr})\omega} \tag{17-5-43}$$

$$\kappa_{cr} = \frac{M_{cr}}{M_k} \tag{17-5-44}$$

$$\omega = (1.0 + 0.21/\alpha_E \rho)(1 + 0.45\gamma_f) - 0.7 \tag{17-5-45}$$

$$M_{cr} = (\sigma_{pc} + \gamma \cdot f_{tk}) W_0 \tag{17-5-46}$$

$$\gamma = (0.7 - 120/h)\gamma_m \tag{17-5-47}$$

上述式中:κ_{cr}——预应力混凝土受弯构件正截面的开裂弯矩 M_{cr} 与弯矩 M_k 的比值,当 $\kappa_{cr} >$ 1.0 时,取 $\kappa_{cr} = 1.0$;

α_E——钢筋弹性模量与混凝土弹性模量的比值,$\alpha_E = E_s / E_c$;

σ_{pc}——扣除全部预应力损失后，由预应力在抗裂验算截面边缘产生的混凝土预压应力；

γ_f——受拉翼缘截面面积与腹板有效截面面积的比值，$\gamma_f=(b_f-b)h_f/(bh_0)$；

I_0——换算截面惯性矩；

γ_m——混凝土构件的截面抵抗矩塑性影响系数基本值，见《混凝土规范》表 7.2.4。

对预压时预拉区出现裂缝的构件，B_s 应降低 10%。

(2)预应力混凝土受弯构件考虑荷载长期作用影响的刚度 B(简称"长期刚度")可按式(17-4-9)计算，公式中的影响系数 θ 取为 2.0。

(3)正常使用下由荷载作用产生的挠度 f_1，根据式(17-4-9)求出的 B，即可按结构力学的方法计算。在等截面构件中，可假定各同号弯矩区段内的刚度为常数，并取该区段弯矩绝对值最大处的截面刚度(最小刚度)。

2. 预应力产生的反拱值 f_2

在偏心压力作用下预应力构件产生的反拱值 f_2 可按两端作用有弯矩为 $N_p e_p$ 的简支梁的挠度计算。

(1)施工阶段刚预压时产生的短期反拱值 f_{2s}

$$f_{2s}=\frac{N_{p0I}e_{p0I}}{8E_cI_0} \tag{17-5-48}$$

在计算 N_{p0I}、e_{p0I}时，预应力筋的应力应扣除混凝土预压前的第一批损失 σ_{l1}。

(2)使用阶段预应力产生的反拱值 f_2 应考虑混凝土的徐变作用，其值为

$$f_2=\frac{2N_{p0}e_{p0}}{8E_cI_0}=\frac{N_{p0}e_{p0}}{4E_cI_0} \tag{17-5-49}$$

在计算 N_{p0}、e_{p0}时，预应力筋的应力应扣除全部预应力损失 $\sigma_l=\sigma_{l1}+\sigma_{lII}$。

(3)使用阶段的挠度值

$$f_{max}=f_1-f_2\leqslant f_{lim} \tag{17-5-50}$$

(七)施工阶段验算

1. 施工阶段验算的要求

详见本节一、(六)的内容。

2. 预拉区不允许出现裂缝的构件

(1)使用荷载作用下受拉区允许出现裂缝的构件，为了避免上、下裂缝贯通，预拉区不应再有裂缝；

(2)经受重复荷载作用需作疲劳计算的吊车梁，为了避免使用阶段抗裂度降低和影响构件工作性能，预拉区应按不允许出现裂缝的条件设计；

(3)预拉区有较大翼缘的构件，由于翼缘部分混凝土的抗裂弯矩所占比重较大，一旦开裂，钢筋应力将有较大增长，因裂缝开展宽度过大，不易控制，预拉区应按不允许出现裂缝条件设计。

习　题

17-5-1　先张法和后张法预应力混凝土构件传递预应力方法的区别是(　　)。

A. 先张法是靠钢筋与混凝土之间的黏结力来传递预应力，后张法是靠锚具来保持预应力

B. 先张法是靠锚具来保持预应力，后张法是靠钢筋与混凝土之间的黏结力来传

递预应力

C. 先张法是靠传力架来保持预应力，后张法是靠千斤顶来保持预应力

D. 先张法和后张法均是靠锚具来保持预应力，只是张拉顺序不同

17-5-2 条件相同的钢筋混凝土和预应力混凝土轴心受拉构件相比较（ ）。

A. 前者的承载力高于后者

B. 前者的抗裂性比后者差

C. 前者与后者的承载力和抗裂性相同

D. 在相同外荷载作用下，截面混凝土的应力两者相同

17-5-3 条件相同的先、后张法预应力混凝土轴心受拉构件，如果 σ_{con} 及 σ_l 相同时，预应力筋中的应力 σ_{peII} 是（ ）。

A. 两者相等 B. 后张法大于先张法

C. 后张法小于先张法 D. 谁大谁小不能确定

17-5-4 后张法预应力混凝土轴心受拉构件完成全部预应力损失后，预应力筋的总预拉应力 $N_{pII}=50\text{kN}$，若加荷至混凝土应力为零时，外荷载 N_0 为（ ）。

A. $N_0=50\text{kN}$ B. $N_0>50\text{kN}$

C. $N_0<50\text{kN}$ D. $N_0=50\text{kN}$ 或 $N_0>50\text{kN}$，应看 σ_l 的大小

第六节 构造要求

关于钢筋混凝土和预应力混凝土结构的构造规定及结构构件的规定详见《混凝土规范》第8章及第9章。

第七节 钢筋混凝土梁板结构

一、塑性内力重分布

钢筋混凝土连续梁内力计算有两种方法，按弹性理论计算和考虑塑性内力重分布的计算。对直接承受动力荷载作用的结构和要求不出现裂缝的抗裂控制等级为一、二级的结构及低温下工作的结构，应采用弹性理论计算。

（一）钢筋混凝土受弯构件的塑性铰

钢筋混凝土适筋受弯构件的正截面应力状态从 II_a 的纵向受拉钢筋刚达到受拉屈服强度开始，至截面受压区混凝土被压碎的 III_a 应力阶段为止；第 III 应力分布阶段的弯矩 M 与截面曲率 Φ 的关系是，在弯矩 M 增加不多的情况下，曲率 Φ 急剧增大；在屈服截面附近形成了一个集中的转动区域，相当于一个铰，称之为塑性铰。

钢筋混凝土塑性铰与理想铰不同，理想铰可以正反两个方向自由转动，但不能承担任何弯矩，而塑性铰只能在 $M_y \leqslant M \leqslant M_u$ 作用下作有限的转动，而且其转动能力与混凝土极限压应变 ε_u，混凝土的相对受压区高度 $\xi=x/h_0$ 及钢筋等级等有关，并且不能作反方向转动（对单筋梁）。

（二）超静定结构的塑性内力重分布

按照弹性理论计算的连续梁内力包络图来选择构件的截面和配筋，当连续梁的任意一个截面上的弯矩 M 达到截面的受弯极限弯矩 M_u 时，认为整个结构已达到破坏状态。这种概念

对于脆性材料结构及塑性材料的静定结构是正确的;但对塑性材料超静定结构来说,当某一截面出现塑性铰,即 $M=M_u$ 时,该截面处 M 不再增加,而转角可以继续增大,仅相当于使超静定结构减少一个约束,结构可以继续增加荷载而不破坏。当出现足够数量的塑性铰并使结构成为几何可变体系时,结构才达到破坏。

塑性内力重分布理论与弹性理论计算法的对比结果如下所述。

(1)塑性内力重分布理论认为钢筋混凝土超静定结构的破坏是一个塑性内力重分布的过程。首先在超静定结构中,在一个或几个截面处形成塑性铰,随着荷载的增加,塑性铰是陆续出现的,结构的内力经历了一个重新分布的过程,直到形成破坏机构为止。而且其内力解不是唯一的,内力可随配筋率的不同而变化,内力与外力只需满足平衡条件;而转角相等的变形协调条件不再适用,即塑性铰截面处梁的变形曲线不再有共同的切线。而按弹性理论计算,当荷载与跨度确定后,内力解是唯一确定的,内力与外力不仅平衡而且变形协调。

(2)钢筋混凝土超静定结构可以通过控制截面的配筋来控制塑性铰出现的早晚与位置,可以通过内力的调幅控制配筋。调幅越大,截面出现塑性铰越早,要求截面具有的塑性转动能力也越大。而弹性理论计算则无此功能。

(3)钢筋混凝土不是理想的弹塑性材料,塑性铰的转动能力受混凝土的极限压应变与配筋率的限制,因此实现充分内力重分布是有条件的。

(三)钢筋混凝土连续梁塑性内力重分布条件

为了使钢筋混凝土连续梁在荷载作用下能够按预期的顺序出现塑性铰,并按照选定的调幅值达到预期极限荷载,实现塑性内力充分重分布,应符合下列条件:

(1)为了满足使用荷载作用下裂缝的宽度要求,支座截面下调的弯矩幅度应不大于30%,即 $M_{塑}\geqslant 0.7M_{弹}$;

(2)为了能够实现设计中允许的最大调幅值30%,应当限制 $\xi=x/h_0\leqslant 0.35$;

(3)选用的钢筋应为HRB335级或HPB300级,而且截面不能发生受剪或锚固破坏;

(4)应当满足平衡条件,调整后的每个跨度两端支座弯矩 M_A、M_B 绝对值的平均值与跨中弯矩 M_C 之和应不小于按简支梁计算的跨中弯矩 M_0,即 $(M_A+M_B)/2+M_C\geqslant M_0$。

(四)钢筋混凝土连续梁调幅法的原则

(1)为了节约钢筋,应使弯矩包络图的面积为最小;

(2)为了便于浇筑混凝土,应减少支座上部承受负弯矩的钢筋;

(3)为了便于布置钢筋,应力求各跨的跨中最大弯矩与支座的最大弯矩接近相等。

二、单向板肋梁楼盖(要点)

由板、次梁和主梁组成的楼盖结构中,每一区格都有梁或墙支承,形成四边支承板。当全部荷载通过短跨方向受弯传给长边支座时,称为单向板肋梁楼盖。当板的长跨 l_2 与短跨 l_1 之比大于2时,通常按单向板设计。

(一)单向板设计计算要点

1.计算简图和计算跨度

(1)支承在砖墙或梁上的板支座均按铰支座考虑。

(2)计算跨度 l_0 与支座情况及板的厚度有关,可参照有关结构设计手册的规定采用。

(3)计算简化:多跨连续板,当跨度相差不超过10%,且各跨截面尺寸及荷载相同时,可近似按等跨连续板计算；跨度在 5 跨以内，按实际跨数计算；跨度超过 5 跨，近似按 5 跨计算，其余各中间跨的内力，按 5 跨连续板的第 3 跨采用。

2. 荷载计算

(1)板的永久荷载标准值按实际计算，楼面荷载标准值按《荷载规范》采用。

(2)取宽度为 1m 的板带作为计算单元，板带上的荷载按均布计算。

(3)折算荷载：考虑计算简图(铰支)与实际工作状态的差异，用增大永久荷载和减小可变荷载的办法进行调整。折算永久荷载 g' 和折算可变荷载 q' 按下式计算

$$\left.\begin{aligned} g' &= g + \frac{q}{2} \\ q' &= \frac{q}{2} \end{aligned}\right\} \tag{17-7-1}$$

式中：g——实际永久荷载；

q——实际可变荷载。

支承在墙上或钢梁上的板不作此调整。

(4)最不利荷载：多跨连续板，计算各跨跨中弯矩时，可变荷载除本跨布置外尚应隔跨布置；计算各中间支座弯矩时，可变荷载应在其相邻两跨布置，再隔跨布置。永久荷载则各跨均布置。

【例 17-7-1】 五等跨连续梁，为使第 2 和 3 跨之间的支座上出现最大负弯矩，活荷载应布置在以下哪几跨？

1 2 3 4 5

例 17-7-1 图

A. 第 2、3、4 跨　　B. 第 1、2、3、4、5 跨

C. 第 2、3、5 跨　　D. 第 1、3、5 跨

解 根据连续梁最不利荷载布置原则，为使第 2 跨与第 3 跨间的支座出现最大负弯矩，应在该支座相邻两跨布置荷载，并隔跨布置，即在第 2、3、5 跨布置荷载。

答案：C

3. 计算内力方法的选择

除直接承受动力荷载作用的构件，以及要求不出现裂缝或处于侵蚀环境等情况下的结构外，其余均可按塑性理论方法计算。

跨中及支座弯矩　$$M = \alpha(g + q)l_0^2 \tag{17-7-2}$$

支座剪力　$$V = \beta(g + q)l_n \tag{17-7-3}$$

式中：α、β——分别为弯矩、剪力系数，按表 17-7-1 采用；

g、q——分别为均布恒载、均布活载；

l_0、l_n——分别为板的计算跨度、净跨。

对于跨度差小于 10%的不等跨连续板，仍可按式(17-7-1)、式(17-7-2)计算，但支座弯矩应按相邻跨的较大计算跨度计算，跨中弯矩仍取本跨的计算跨度计算。

4. 截面配筋计算

(1)按构造要求确定板厚度，板应满足最小厚度和最小厚跨比的要求(详见有关结构设计手册规定)。

(2)考虑钢筋混凝土板的推力效应，对四周与梁整体连接的单向板，其中间跨的跨中截面及中间支座截面的计算弯矩可减少 20%，其他截面不折减。

(3)选择钢筋时应先内跨后外跨，先跨中后支座，以便于充分弯起钢筋。

5. 单向板构造规定

板的最小厚度、最小厚跨比、支承长度、配筋构造规定及方法详见有关钢筋混凝土结构设计手册或《混凝土规范》第 9.1 条规定。

(二)次梁设计计算要点

1. 计算简图和计算跨度

(1)支承条件:支承在砖墙或主梁上按铰支考虑。支承在柱上,当梁柱的线刚度比大于 5 时,按铰接于柱的连续梁计算;否则,应按弹性嵌固于柱上的框架梁计算。

(2)计算跨度应以弹性理论或塑性理论,分别按不同规定采用(详见有关结构设计手册)。

2. 计算内力规定

(1)次梁承受的荷载为次梁两侧由板短跨传来的永久荷载和可变荷载的均布荷载,5 跨或 5 跨以内的连续梁按实际跨数计算;5 跨以上的连续梁,当跨度相差不超过 10%,且各跨截面尺寸和荷载相同时,可近似按 5 跨梁计算。

(2)对于直接承受动力荷载作用,以及要求不出现裂缝的连续梁,应按弹性理论计算。连续梁的永久荷载为各跨布置,对可变荷载应考虑最不利组合和截面包络图。在设计整体楼盖时,应考虑支座宽度的影响,支座计算内力应取支座边缘处内力。计算内力时应取折算永久荷载和折算可变荷载,即

$$\left.\begin{aligned}&\text{折算永久荷载}\qquad g' = g + \frac{1}{4}q\\&\text{折算可变荷载}\qquad q' = \frac{3}{4}q\end{aligned}\right\}\tag{17-7-4}$$

(3)除上述(2)的情况外,均可按塑性理论方法计算。对均布荷载作用下的等跨连续梁,可由调幅法求得下列弯矩和剪力

$$M = \alpha(g + q)l_0^2 \tag{17-7-5}$$

$$V = \beta(g + q)l_n \tag{17-7-6}$$

式中:α、β——分别为弯矩、剪力系数,按表 17-7-1 和表 17-7-2 采用。

弯矩系数 α 表 表 17-7-1

截面		边跨中	第一内支座	中跨中	中间支座
α	板	1/11	−1/14	1/16	−1/16
	次梁	1/11	−1/11	1/16	−1/16

注:表中系数是在 $q/g=3$ 和跨数为 5 时求得的。

剪力系数 β 表 表 17-7-2

截面		边支座	第一内支座左	第一内支座右	中间支座
β	板	0.4	0.6	0.5	0.5
	次梁	0.4	0.6	0.5	0.5

注:表中系数是在 $q/g=3$ 和跨数为 5 时求得的。

3. 梁的截面配筋计算

(1)按正截面抗弯承载力计算配筋时,对跨中取 T 形截面,对支座则取矩形截面。

(2)当梁高跨比 $h/l=1/18\sim1/12$,截面的宽高比 $b/h=1/3\sim1/2$ 时,一般可不作使用阶段的挠度和裂缝宽度验算。

(三)主梁设计计算要点

1. 计算简图和计算跨度

(1)支承条件的确定同前述次梁。

(2)计算跨度的取值应分别按弹性或塑性理论计算方法根据有关结构设计手册确定。

2. 计算规定

(1)主梁承受的荷载为主梁两侧由次梁传来的集中永久荷载和集中可变荷载(支反力)。主梁的自重可简化为集中力,与次梁传来的集中力叠加。计算简图、跨数的取法同前述次梁。

(2)对于直接承受动力荷载作用以及要求不出现裂缝的主梁,应按弹性理论计算。内力计算时要考虑荷载的最不利组合和截面的包络图。对支座的计算内力(M、V)应考虑主梁支座的宽度影响,配筋计算时应取支座边缘的内力。

(3)连续主梁按塑性理论计算时,须按弹性理论考虑荷载的最不利组合,并作出截面内力包络图,然后利用调幅法进行计算,对最不利荷载作用下的弹性弯矩图进行调整,而且应当符合本节前述一、(三)的塑性内力重分布条件。

3. 主梁的截面配筋计算

(1)计算正截面抗弯承载力时,通常跨中按T形截面,支座按矩形截面计算。

(2)考虑到主梁支座处,存在板、次梁、主梁钢筋的交错重叠,主梁上部的负弯矩纵向钢筋的有效高度 h_0 将减小。单排布置时,取 $h_0=h-(50\sim60)$;双排布置时,取 $h_0=h-(70\sim90)$。

(3)在次梁与主梁相交的次梁两侧应设置附加吊筋或附加抗剪箍筋,并按下列规定设置。

①承载力计算

$$F \leqslant 2f_y A_{sb}\sin\alpha + mnA_{sv1}f_{yv} \tag{17-7-7}$$

式中:F——作用于主梁上的集中力;

A_{sb}——吊筋总截面面积;

A_{sv1}——附加箍筋单肢面积;

n——同一截面内附加箍筋肢数;

m——在配筋区布置长度 s 范围内附加箍筋的个数;

α——吊筋的弯起角度;

f_{yv}、f_y——分别为箍筋、吊筋的抗拉强度设计值。

②附加箍筋的布置长度 s

由式(17-7-7)确定的附加箍筋或吊筋应设置在以次梁为中心的"附加箍筋布置长度 s"的范围内。

$$s = 2h_1 + 3b \tag{17-7-8}$$

式中:b——次梁宽度;

h_1——次梁底至主梁底的距离。

(四)单向板肋梁楼盖的板、次梁、主梁的构造要求

此部分内容详见《混凝土规范》第9.1条、第9.2条的规定。

三、双向板肋梁楼盖(要点)

(一)双向板设计计算方法

一般当板的区格长边 l_2 与短边 l_1 的比值 $l_2/l_1\leqslant2$(按弹性理论计算)或 $l_2/l_1\leqslant3$(按塑性

理论计算)时,称为双向板。双向板通过两个方向的弯曲变形,将荷载传递给四边的梁,并双向设受力钢筋。

1.弹性理论计算方法

(1)单区格双向板实用计算法

根据弹性薄板小挠度理论,已编制了一套计算表,并且符合工程需要的精度,设计时可直接查相关资料。

(2)多区格双向板的实用计算法

对于多跨连续双向板,计算各跨板内力时,要考虑活荷载的最不利布置对跨内弯矩的影响,其计算方法要点如下:

①首先将永久荷载 g 与可变荷载 q 分为 $g+q/2$ 与 $\pm q/2$ 两部分。

②当全板各区格均作用有 $g+q/2$ 时,可近似地将内部区格看作为四边固定的双向板;角区格看作两内边固定、两外边简支的双向板;边区格看作三内边固定、一外边简支板;如果所要计算的跨内弯矩的区格作用有 $q/2$,而其相邻区格均作用有 $-q/2$ 时,可按四边简支板计算;最后将所求区格在两部分荷载作用下的跨中弯矩叠加,即为跨中最大弯矩。

③假定全板各区格均作用有 $g+q$ 时,所求的支座弯矩即为最大支座弯矩。

④当各区格板计算所得的公共边中点的支座弯矩不同时,应取两者的平均值进行截面设计。

⑤考虑周边梁对板产生拱水平推力的影响时,中间跨的跨中截面及中间支座上的计算弯矩可减少 20%;边跨的跨中截面及从楼板边缘算起的第二支座上的计算弯矩,当 $l_2/l_1\leqslant1.5$ 时,减少 20%,当 $1.5\leqslant l_2/l_1\leqslant2$ 时,减小 10%。

2.塑性理论计算方法

四边连续板,在荷载作用下,沿板的支座边由于负弯矩的作用形成塑性绞线,跨中的板底在正弯矩作用下沿长边方向并向四角发展形成塑性绞线,根据虚功原理及极限荷载的上限定理可以求出双向板的极限荷载。

(1)在设计双向板时,通常已知荷载设计值($g+q$),净跨 l_x、l_y,要求确定内力和配筋,共有四个未知量,取跨中弯矩 m_x、m_y,支座弯矩 $m'_x=m''_x$、$m'_y=m''_y$,但仅有一个方程式,因此,应当设 $m_y/m_x=\alpha=1/n^2$、$n=l_y/l_x$、$m'_x/m_x=m''_x/m_x=m'_y/m_y=m''_y/m_y=\beta=1.5\sim2.5$,即可以求出 m_x,然后利用 α、β,可依次求出 m_y、$m'_x=m''_x$、$m'_y=m''_y$。

(2)考虑四边整体梁起拱的影响时,应对计算弯矩加以折减。

(3)多区格板的计算简图同弹性板。

(4)配筋率 $\rho=0.4\%\sim0.8\%$为宜,钢筋直径不宜相差过大,且应均匀布置。

(二)梁的设计计算要点

1.计算简图和计算跨度

支承在砖墙上按简支梁计算。当支承在柱上,梁柱的线刚度比大于 5 时,按铰接于柱的连续梁计算;否则按弹性嵌固于柱上的框架梁计算。

2.计算跨度取值

其计算详见有关结构设计手册。

3.荷载

各区格板从板角做 45°分角线,与板的短跨中线相交,形成荷载分割面积,分别以三角形荷载传给短边梁,梯形荷载传给长边梁。

4.其他

其他方面同单向板楼盖梁。

四、无梁楼盖

无梁楼盖也是一种双向受力的楼盖，但沿柱中心线不设置梁，楼面荷载直接通过板的弯曲变形传给柱，板内双向布置受力钢筋。

(一)无梁楼盖受力特点

无梁楼盖中板的受力可视为支承在柱上的交叉"板带"体系，可划分为柱上板带与跨中板带。跨中板带可视为支承在另一方向的柱上板带的多跨连续梁，而柱上板带则相当于以柱为支点的多跨连续梁或与柱形成连续框架梁(视柱的线刚度大小而定)。由于柱的存在，柱上板带的刚度要比跨中板带大得多，要承担的弯矩也大得多。

(二)无梁楼盖的破坏形态

1.沿柱上板带或跨中板带产生受弯破坏。

2.沿板柱连接面，即柱的四周边产生45°方向的冲切破坏。为了提高板柱连接面的抗冲切能力，可设柱帽。

(三)无梁楼盖的计算方法

若按弹性理论计算，可采用下列两种方法。

1.直接设计法

在试验研究与实践经验基础上给出了两个方向截面总弯矩分配系数，再将截面总弯矩分配给柱上板带和跨中板带，该方法只适用于规则柱网情况，并必须满足一定的条件。

2.等代框架法

将无梁楼盖作了下列假设，简化成等代框架进行计算：

(1)将无梁楼盖沿纵、横柱列方向划分为纵、横方向的等代框架；

(2)等代梁的宽度取等于板跨中心线间的距离，等代梁的高度取板厚，等代梁的跨度等于$\left(l_x-\dfrac{2}{3}c\right)$或$\left(l_y-\dfrac{2}{3}c\right)$；

(3)等代柱截面取柱本身截面，楼层等代柱的计算高度取层高减去柱帽高度，底层等代柱的计算高度取基础面至底层楼板底面的高度减去柱帽高度；

(4)当仅有竖向荷载时，可采用远端固定的分层法进行计算。

按简化等代框架计算时，应考虑活荷载的不利组合，并将最后等代框架的弯矩值按计算的弯矩分配系数分配给柱上板带和跨中板带。

(四)柱帽及无梁楼盖的构造要求和配筋方法

此部分内容可查阅有关参考书。

习　题

17-7-1　按塑性理论计算现浇单向板肋梁楼盖时，对板和次梁应采用换算荷载进行计算，这是因为(　　)。

A. 考虑到在板的长向也能传递一部分荷载

B. 考虑到板塑性内力重分布的有利影响

C. 考虑到支座转动的弹性约束将减小活荷载布置对内力的不利影响

D. 荷载传递时存在拱的作用

第八节 单层厂房

一、组成与布置

(一)组成

1. 屋盖结构

(1)有檩屋盖体系:由压型钢板或小型屋面板、檩条、屋架及支撑系统组成。

(2)无檩屋盖体系:由大型屋面板、天沟板、屋架或屋面梁及屋盖支撑系统组成。

(3)为采光及通风设有天窗时,由天窗架、挡风板、支撑组成。

(4)对于有抽柱的厂房,在抽柱部位设有托架。

2. 横向排架

(1)中部横向排架:由屋面梁或屋架、横向柱列和基础组成。

(2)端部横向排架:除具有中部横向排架的组成外,一般还设有抗风柱、抗风梁、基础梁。

3. 纵向排架

纵向排架由纵向柱列、连系梁、吊车梁、柱间支撑、基础梁、基础组成。

4. 围护结构

围护结构由纵墙、山墙(横墙)、墙梁、抗风柱(有时设有抗风梁或抗风桁架)、基础梁、基础等组成。

由上述四部分组成空间受力与围护结构。

(二)结构布置

1. 厂房平面布置

柱网布置首先满足生产工艺要求,并应符合统一模数,厂房跨度可选 9m、12m、15m、18m、21m、24m、27m、30m、33m、36m 等。柱间距可选用 6m、9m 和 12m。厂房应按《混凝土规范》要求设置变形缝。除有要求外,一般可不设沉降缝。在地震区应按防震缝要求做伸缩缝。变形缝处应设双排架。

2. 厂房剖面布置

柱高按生产工艺要求确定,应满足吊车轨顶标高及吊车安全运行的要求,并应符合模数。

3. 屋盖结构布置

屋盖应优先采用自重较轻的压型钢板、轻质大型屋面板等。有檩屋盖中,常用冷弯薄壁型钢、轻型 H 型钢檩条,檩条应布置在屋架节点上。

天窗架应从两端的第二柱间开始布置,对于抗震设防烈度为 8 度及 8 度以上的地区,则应从第三柱间开始布置。有抽柱时,应沿纵向布置托架。

4. 支撑系统布置

支撑系统主要是用于加强厂房的整体刚度和稳定,并传递风荷载及吊车水平荷载,可分为屋盖支撑和柱间支撑两大类。屋盖支撑包括上弦横向水平支撑、下弦横向水平支撑、纵向水平支撑、竖向支撑及纵向水平系杆,天窗架支撑等。柱间支撑分为上柱支撑和下柱支撑。

横向水平支撑布置在温度区段的两端。上、下弦横向水平支撑最好布置在同一柱间内。

纵向水平支撑一般是由交叉角钢等杆件和屋架下弦第一节间组成水平桁架。

竖向支撑一般是由角钢杆件与屋架中的直腹杆或天窗架中的立柱组成垂直桁架，一般布置在厂房温度区段两端第一或第二柱之间，并在下弦柱高度处布置通长水平受拉系杆。

系杆一般通长设置，一端最终连接于竖向支撑或上、下弦横向水平支撑节点上。

关于各种支撑的设置原则，详见有关结构设计手册。

柱间支撑的上柱柱间支撑一般设在温度区段两侧与屋盖横向水平支撑相对应的柱间，以及温度区段中央柱间；下柱柱间支撑设置在温度区段中部与上柱柱间支撑相应的位置。

5. 围护结构布置

厂房檐口处的柱高小于等于 8m、跨度小于等于 12m 时，抗风柱可用砖壁柱，一般采用钢筋混凝土抗风柱。对圈梁、过梁、连系梁和基础梁应综合考虑，尽可能一梁多用。

【例 17-8-1】 钢筋混凝土排架结构中承受和传递横向水平荷载的构件是：

A. 吊车梁和柱间支撑　　B. 吊车梁和山墙

C. 柱间支撑和山墙　　D. 排架柱

解 吊车梁承受吊车横向水平制动力，并传递纵向水平制动力；柱间支撑是为保证建筑结构整体稳定、提高侧向刚度和传递纵向水平力而在相邻两柱之间设置的连系杆件。承受和传递横向水平荷载的构件是排架柱。

答案：D

二、排架计算

（一）横向排架

1. 计算单元与计算简图

沿相邻柱距的中心线截出一个横向典型区段，称为横向排架的计算单元。假定屋面梁（或屋架）的刚度为无穷大（但对下弦杆采用圆钢的屋架除外），并与柱顶为铰接，柱与基础为刚接，排架柱的高度为固定端至柱顶铰接点处的距离，排架的跨度为以厂房的横向轴线为准，由此构成排架的计算简图。

2. 荷载

横向排架承受的荷载有屋盖自重（屋面构造层、屋面板、天沟板、天窗架、屋架、支撑及与屋架连接的设备管道等）、屋面的雪荷载及施工荷载、积灰荷载、柱与吊车梁及其轨道连接自重、桥式吊车竖向荷载与横向水平荷载、风荷载，在地震区还有地震作用。其荷载的取值与计算方法应按照《荷载规范》的规定。

3. 排架计算

(1)用剪力分配法计算等高排架

①柱顶作用水平集中力 F 时，第 i 柱顶剪力 V_i 可按下式计算

$$V_i = \eta_i F \tag{17-8-1}$$

式中：η_i——柱 i 的剪力分配系数；

$$\eta_i = \frac{\frac{1}{\delta_i}}{\sum_{i=1}^{n} \frac{1}{\delta_i}} \tag{17-8-2}$$

δ_i——悬臂柱 i 顶部作用单位水平力时在柱顶产生的水平位移。

②任意荷载作用时，先在排架柱顶附加不动铰支座，查有关单阶柱（或多阶柱）柱顶反力与

位移系数表可得相应的柱顶支反力 R 值；然后撤销不动铰支座，并在此处加上反作用力 R，以恢复到原来的实际情况。分别求出这两种情况的内力，然后叠加即求得排架的内力。

(2)内力组合

一般排架的控制截面、荷载组合和内力组合可按表 17-8-1 采用。

内力组合表　　表 17-8-1

项　目	选择内容
控制截面	上柱的下端截面、下柱的牛腿顶及柱底截面
荷载组合	①恒载＋0.9(活＋风)；②恒＋活载组合；③恒＋风
内力组合	①$+M_{max}$、N、V；②$-M_{max}$、N、V；③N_{max}、M、V；④N_{min}、M、V

(3)非等高排架计算

对非等高排架应按结构力学方法计算。

(二)纵向排架

1.计算单元与计算简图

沿纵向厂房的跨度中线为界截出一个区段作为厂房的纵向计算单元。纵向排架的计算简图为柱底嵌固于基础上，柱顶与系杆铰接，牛腿顶的吊车梁与柱子铰接，在排架两端第一柱间的上柱与上柱支撑相连接，在排架中部下柱柱间与下柱支撑相连接。

2.荷载

纵向排架的荷载项同横向排架，但对风荷载应取纵向风荷载，对桥式吊车的水平力应取纵向水平制动力，对地震作用应取纵向地震作用力。其详细计算原则与方法详见《荷载规范》及有关单层工业厂房参考书。

3.排架计算

详见单层工业厂房教材。

三、柱

柱子分为排架柱与抗风柱。排架柱设计计算应考虑下列要点。

1.截面形式和尺寸

(1)厂房柱常用截面形式：应根据厂房跨度、高度和吊车起重量确定，一般可参照柱截面高度 h 大小选型。当 $h\leqslant$500mm 时，可选矩形截面；$h=$600～800mm 时，可选矩形或工字形；$h=$900～1 200mm时，可选工字形截面；$h=$1 300～1 500mm 时，可选工字形或双肢柱；$h>$1 600mm 时，可选双肢柱。

(2)柱截面尺寸：由计算确定，且应符合最小截面的构造规定，其目的是保证必要的横向刚度。一般可不必验算横向水平位移。

2.截面配筋计算要点

(1)柱的计算长度可按《混凝土规范》第 6.2.20 条取用。

(2)已知柱子计算长度 l_0、截面尺寸，及控制截面内力 M、N、V，选定截面材料后即可按偏心受压构件进行截面配筋计算。

(3)运输及吊装验算：构件平卧浇制时，采用平吊较为方便，应按平吊验算；当平吊验算不够时，可采用翻身起吊验算。

3. 柱的构造要求

柱的构造要求见《混凝土规范》第 9.3 条。

四、牛腿

根据牛腿所受竖向荷载作用点到牛腿下边根部的水平距离 a 与牛腿有效高度 h_0 的比值，将其划分为长牛腿与短牛腿。当 $a/h_0>1$ 时，为长牛腿，可按悬臂梁设计；当 $a/h_0\leqslant 1$ 时，为短牛腿。实腹短牛腿是一个变截面的深梁，在选择截面时，应符合裂缝控制及构造要求；在配筋计算时，应满足垂向与水平拉力的共同作用要求；在选择吊车梁下垫板时，应满足局部抗压要求；牛腿水平箍筋及是否应设置弯起钢筋都应满足构造规定。其设计方法详见《混凝土规范》第9.3条。

五、吊车梁

(一)吊车梁类型

常用的吊车梁有钢筋混凝土吊车梁、预应力混凝土吊车梁、钢吊车梁，主要包括：钢筋混凝土等截面吊车梁、预应力混凝土等截面或变截面吊车梁、部分预应力混凝土吊车梁、组合式吊车梁、实腹式钢吊车梁、下撑式或桁架式钢吊车梁等。

(二)吊车梁受力特点

(1)承受吊车竖向移动轮压(P_{max}、P_{min})作用；

(2)承受吊车横向及纵向水平制动力作用；

(3)吊车梁和轨道自重作用；

(4)吊车梁截面受弯剪扭共同作用以及疲劳作用。

(三)吊车梁的选型

各种吊车梁均有标准图集可以选用。首先应根据工艺要求和吊车特点(工作制、最大起重量、跨度、台数等)，结合当地施工技术条件和材料供应情况，选出吊车梁形式，再从相应图集中找到符合设计要求的吊车梁编号。

六、屋架(或屋面梁)

(一)屋架(或屋面梁)种类与选型

常用的屋架(或屋面梁)有钢筋混凝土屋架和预应力混凝土(或工字形薄腹屋面梁)屋架。可由钢筋混凝土、预应力混凝土、轻质钢组成各种类型的屋架，它们具有各种不同跨度、形状与应用范围，而且均有标准图集可以选用。应根据设计的具体条件，按下列方法选出适宜的屋架。

1. 确定屋架形式

根据工艺和建筑设计要求(跨度、下弦标高、吊车吨位及工作制、有无悬挂吊车和工艺设备、有无天窗、屋面排水坡度、有无天沟及做法)、屋面荷载情况(屋面板和天窗架集中力位置、屋面构造等)、施工条件和材料供应(预应力设备、吊装能力、焊接技术、构件制作水平、运输能力)、各种屋架的适用范围和经济指标等选出所需屋架类型。

2. 选定屋架型号中所需的屋架编号

由选定的屋架形式选择有关的标准图集，由标准图集的编制说明及内容选出屋架型号中所需的屋架编号。

（二）屋架的作用及受力特点

1.屋架的作用

（1）保证厂房内部有一个必要的大空间；

（2）作为排架分析中的水平横梁，承受拉压力；

（3）承受屋盖上的永久荷载和可变荷载；

（4）与屋盖支撑体系组成水平及竖向的空间受力结构体系，保证厂房整体刚度和稳定。

2.屋架的受力特点

屋架由梁演变而来，上、下弦杆主要承担弯矩，相当于工字形梁翼缘；腹杆主要承担剪力，相当于梁的腹板。屋架在等节点荷载作用下，弯矩包络图接近于抛物线，中间大、两端为零。由此可以得出：对平行弦屋架，因高度不变，其弦杆轴力是中间大、两端小，腹杆内力和梁剪力一样，两端大、中间小；对拱形屋架，上弦轴线接近于抛物线，弦杆轴力比较均匀，腹杆内力几乎为零；三角形屋架的高度是线性变化，弦杆轴力是中间小、两端大；折线形屋架受力状态介于拱形与三角形之间；梯形屋架则介于平行弦屋架与三角形屋架之间。

七、基础

此部分内容详见第十八章土力学与地基基础。

第九节　钢筋混凝土多层及高层房屋

一、结构体系及布置

多层及高层房屋的层数与高度的划分是一个相对的概念，国内外还没有一个统一的划分标准，但我国《高层建筑混凝土结构技术规程》（JGJ 3—2010）（以下简称《高层混凝土规程》）中将10层及10层以上或房屋高度超过28m的住宅建筑和房屋高度大于24m的其他民用建筑划分为高层建筑。

（一）结构体系选择

随着建筑物高度的增加，水平荷载（风荷载或地震作用）对结构起的作用越来越大，除内力增加之外，结构的侧向位移增加得更大。结构的轴力 N 与建筑的高度 H 为线性增长，弯矩与建筑高度为2次方增长，而侧向位移则随 H 为4次方增长。因此抗侧力成为高层建筑结构的主要问题。在地震区，地震对高层建筑的危害比多层建筑要大。因此，在选择结构体系时，除考虑使用要求、施工条件、经济等因素外，还应特别重视各结构体系的应用范围和条件。

1.框架体系

由梁、柱构件通过节点连接构成的承受各种竖向和水平作用的结构称为框架体系。框架结构的优点是建筑平面布置灵活，立面也可变化，容易满足各种工业与民用建筑的使用要求。其缺点是抗侧刚度较小，因梁柱截面不能太大，其使用高度受到限制，一般宜控制在15层以下，高度不超过70m。在高层建筑中梁柱必须做成刚节点。

2.剪力墙结构

由纵横方向的竖向墙体组成的承重与抗侧力体系称为剪力墙结构。墙体同时又作为分隔房间和维护构件。剪力墙结构的侧向刚度比框架结构大很多，侧移小，抵御地震作用的能力强，但结构自重大，建筑平面布置局限性大，难以满足建筑内部大空间的要求，在10～50层范围内都适用，但从经济上看，30 层左右较适宜。为了满足首层大空间及中间各层一些大空间的需要，可采用底层部分框支剪力墙或部分剪力墙落地的底层大空间剪力墙结构以及跳层剪力墙结构。

3. 框架-剪力墙及框架-筒体结构

在框架结构中的适当部位布置剪力墙或筒体结构，即成为框架-剪力墙或框架-筒体结构。这两种结构集框架与剪力墙及筒体的优点于一身，既具有框架建筑布置灵活，又具有剪力墙与筒体抗侧移刚度大的优点。框-剪结构可用于 10～20 层，框-筒结构可建造 30～40 层。

4. 筒体结构

(1)框筒结构：由建筑外围周边间距很密的柱和截面很高的窗裙梁组成的筒体结构。

(2)筒中筒结构：由外面框筒和内部剪力墙围成的薄壁实筒组成的结构。

(3)多筒结构：在平面内将多个筒体组合在一起形成多筒结构体系，或者是将几个单筒体并联成为整体刚度很大的筒体。

筒体结构抗侧力刚度大，一般宜用于 40 层以上。

(二)结构布置原则

在多层、高层建筑中，除根据使用要求和建筑高度等选择合理的结构体系之外，还要合理选择和布置建筑物的平面、剖面和立面。应当正确地理解与运用下列布置原则。

1. 结构的最大适用高度及结构适用的最大高宽比

为避免建筑结构侧移过大及可能发生倾覆，对建筑结构的最大高度及高宽比 B/H 应加以控制。钢筋混凝土高层建筑结构的最大适用高度和高宽比分为 A 级和 B 级。B 级高度建筑结构的最大适用高度和高宽比可较 A 级适当放宽，但其结构抗震等级、有关的计算和构造措施应相应加严，并应符合《高层混凝土规程》有关条文的规定。钢筋混凝土高层建筑结构的最大适用高度及适用的最大高宽比分别见表 17-9-1～表 17-9-3。

2. 结构平面与竖向布置要求

结构平面与竖向体型应力求简单、规则、对称，质量和刚度变化均匀，减少扭转的影响。对抗震要求应从严掌握。高层建筑的开间、进深尺寸和选用的构件类型应减少规格，以利建筑工业化。

A 级高度钢筋混凝土高层建筑的最大适用高度(单位：m)　　表 17-9-1

结构体系		非抗震设计	抗震设防烈度				
			6 度	7 度	8 度		9 度
					0.20g	0.30g	
框架		70	60	50	40	35	—
框架-剪力墙		150	130	120	100	80	50
剪力墙	全部落地剪力墙	150	140	120	100	80	60
	部分框支剪力墙	130	120	100	80	50	不应采用
筒体	框架-核心筒	160	150	130	100	90	70
	筒中筒	200	180	150	120	100	80
板柱-剪力墙		110	80	70	55	40	不应采用

注：1. 表中框架不含异形柱框架。

2. 部分框支剪力墙结构指地面以上有部分框支剪力墙的剪力墙结构。

3. 甲类建筑，6、7、8 度时宜按本地区抗震设防烈度提高一度后符合本表的要求，9 度时应专门研究。

4. 框架结构、板柱-剪力墙结构以及 9 度抗震设防的表列其他结构，当房屋高度超过本表数值时，结构设计应有可靠依据，并采取有效的加强措施。

B 级高度钢筋混凝土高层建筑的最大适用高度(单位:m)　　表 17-9-2

结构体系		非抗震设计	抗震设防烈度			
			6 度	7 度	8 度	
					0.20g	0.30g
框架-剪力墙		170	160	140	120	100
剪力墙	全部落地剪力墙	180	170	150	130	110
	部分框支剪力墙	150	140	120	100	80
筒体	框架-核心筒	220	210	180	140	120
	筒中筒	300	280	230	170	150

注:1. 部分框支剪力墙结构指地面以上有部分框支剪力墙的剪力墙结构。

2. 甲类建筑,6、7 度时宜按本地区设防烈度提高一度后符合本表的要求,8 度时应专门研究。

3. 当房屋高度超过表中数值时,结构设计应有可靠依据,并采取有效的加强措施。

钢筋混凝土高层建筑结构适用的最大高宽比　　表 17-9-3

结构体系	非抗震设计	抗震设防烈度		
		6 度、7 度	8 度	9 度
框架	5	4	3	—
板柱-剪力墙	6	5	4	—
框架-剪力墙、剪力墙	7	6	5	4
框架-核心筒	8	7	6	4
筒中筒	8	8	7	5

(1)平面布置

在高层建筑的一个独立结构单元内,结构平面形状宜简单、规则,质量、刚度和承载力分布宜均匀。不应采用严重不规则的平面布置。高层建筑宜选用风作用效应较小的平面形状。

抗震设计的混凝土高层建筑,其平面宜简单、规则、对称,减少偏心;平面长度不宜过长(见图 17-9-1),L/B 宜符合表 17-9-4 的要求;平面凸出部分的长度 l 不宜过大,宽度 b 不宜过小,l/B_{max}、l/b 宜符合表 17-9-4 的要求;建筑平面不宜采用角部重叠或细腰形平面布置。

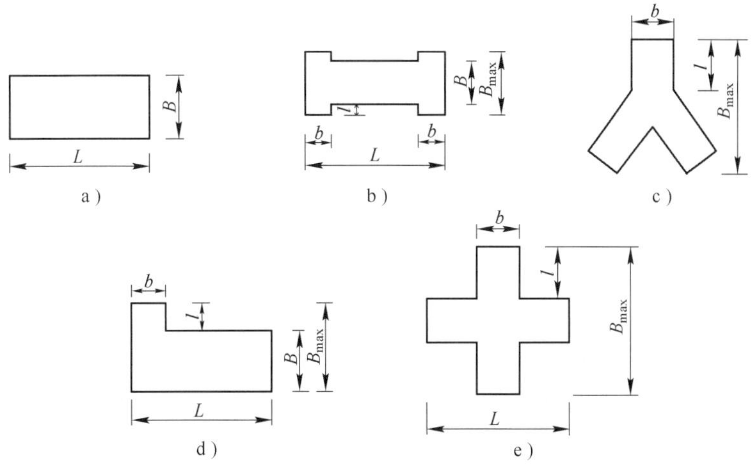

图 17-9-1　建筑平面

平面尺寸及凸出部位尺寸的比值限值　　表 17-9-4

设防烈度	L/B	l/B_{max}	l/b
6 度、7 度	≤6.0	≤0.35	≤2.0
8 度、9 度	≤5.0	≤0.30	≤1.5

抗震设计时，B 级高度钢筋混凝土高层建筑、混合结构高层建筑以及复杂高层建筑结构，其平面布置应简单、规则，减少偏心。

当楼板平面比较狭长、有较大的凹入或开洞时，应在设计中考虑其对结构产生的不利影响。有效楼板宽度不宜小于该层楼面宽度的 50%；楼板开洞总面积不宜超过楼面面积的 30%；在扣除凹入或开洞后，楼板在任一方向的最小净宽度不宜小于 5m，且开洞后每一边的楼板净宽度不应小于 2m。

(2)竖向布置

①高层建筑的竖向体型宜规则、均匀，避免有过大的外挑和内收。结构的侧向刚度宜下大上小、均匀变化，不应采用竖向布置严重不规则的结构。

②A 级高度建筑的楼层层间抗侧力结构的抗剪承载力不宜小于其上一层抗剪承载力的 80%，不应小于其上一层抗剪承载力的 65%；B 级高度建筑的楼层层间抗侧力结构的抗剪承载力不应小于其上一层抗剪承载力的 75%。

③抗震设计的建筑，其楼层侧向刚度不宜小于相邻上部楼层侧向刚度的 70%或其上相邻三层侧向刚度平均值的 80%。

④抗震设计时，当结构上部楼层收进部位到室外地面的高度 H_1 与房屋高度 H 之比大于 0.2 时，上部楼层收进后的水平尺寸 B_1 不宜小于下部楼层水平尺寸 B 的 3/4，见图 17-9-2a)、b)；当上部结构楼层相对于下部楼层外挑时，下部楼层的水平尺寸 B 不宜小于上部楼层水平尺寸 B_1 的 9/10，且水平外挑尺寸 a 不宜大于 4m，见图 17-9-2c)、d)。

⑤结构顶层取消部分墙、柱形成空旷房间时，应进行弹性动力时程分析计算并采取有效构造措施。

⑥高层建筑宜设地下室。

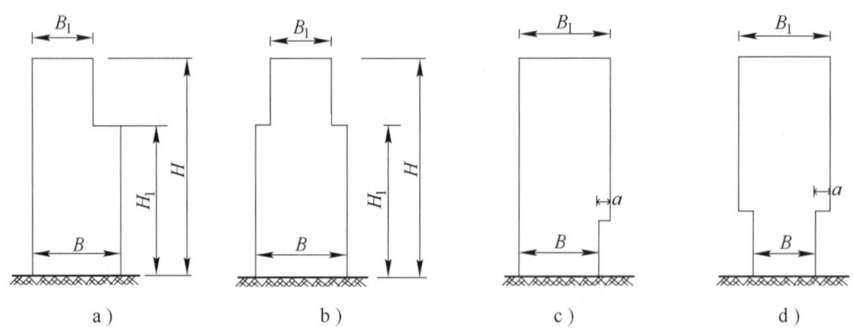

图 17-9-2　结构竖向收进和外挑示意

3. 防震缝、伸缩缝和沉降缝的设置

(1)抗震设计时，建筑宜调整平面形状和结构布置，避免结构不规则，不设防震缝。当建筑平面形状复杂而又无法调整其平面形状和结构布置使之成为较规则的结构时，宜设置防震缝将其划分为较简单的几个结构单元。防震缝的设置应符合下列规定。

①防震缝最小宽度应符合下列要求：

a.框架结构房屋,高度不超过15m不应小于100mm;超过15m的部分,抗震设防烈度为6度、7度、8度和9度相应每增加高度5m、4m、3m、2m,宜加宽20mm。

b.框架-剪力墙结构房屋可按框架房屋结构规定数值的70%采用,剪力墙结构房屋可按框架结构规定数值的50%采用,但均不宜小于100mm。

②防震缝两侧结构体系不同时,防震缝宽度应按不利的结构类型确定;防震缝两侧的房屋高度不同时,防震缝宽度应按较低的房屋高度确定。

③当相邻结构的基础存在较大沉降差时,宜增大防震缝的宽度。

④防震缝宜沿房屋全高设置,地下室、基础可不设,但在与上部防震缝对应处应加强构造和连接。

⑤结构单元之间或主楼与裙房之间如无可靠措施,不应采用牛腿托梁的做法设置防震缝。

(2)抗震设计时,伸缩缝、沉降缝的宽度均应符合防震缝最小宽度的要求。

(3)高层建筑结构伸缩缝的最大间距宜符合表17-9-5的规定。

伸缩缝的最大间距 表17-9-5

结构体系	施工方法	最大间距(m)
框架结构	现浇	55
剪力墙结构	现浇	45

注:1.框架-剪力墙的伸缩缝间距可根据结构的具体布置情况取表中框架结构与剪力墙结构之间的数值。

2.当屋面无保温或隔热措施、混凝土的收缩较大或室内结构因施工外露时间较长时,伸缩缝间距应适当减小。

3.位于气候干燥地区、夏季炎热且暴雨频繁地区的结构,伸缩缝间距宜适当减小。

当采用下列构造措施和施工措施减少温度和混凝土收缩对结构的影响时,可适当放宽伸缩缝的间距:

①顶层、底层、山墙和纵墙开间等温度变化影响较大的部位提高配筋率;

②顶层加强保温隔热措施,外墙设置外保温层;

③每30~40m间距留出施工后浇带,带宽800~1 000mm,钢筋采用搭接接头,后浇带混凝土宜在45d后浇灌;

④采用收缩小的水泥,减少水泥用量,在混凝土中加入适宜的外加剂;

⑤提高每层楼板的构造配筋率或采用部分预应力结构。

4.楼盖结构体系选择

楼盖结构不仅是承重的重要结构体系,而且也是保证高层建筑结构的空间整体性和水平力有效传递的结构,应保证在自身平面内有足够大的刚度。《高层混凝土规程》规定,现浇楼盖和装配整体式楼盖的适用范围如下:

(1)房屋高度超过50m时,框架-剪力墙结构、筒体结构及复杂高层建筑结构应采用现浇楼盖结构,剪力墙和框架结构宜采用现浇楼盖结构;

(2)房屋高度不超过50m时,8度、9度抗震设计的框架-剪力墙结构宜采用现浇楼盖结构;6度、7度抗震设计的框架-剪力墙结构可采用装配整体式楼盖;

(3)房屋的顶层、结构转换层、大底盘多塔楼结构的底盘顶层、平面复杂或开洞过大的楼层、作为上部结构嵌固部位的地下室楼层应采用现浇楼盖结构。一般楼层现浇板厚度不应小于80mm,当板内预埋暗管时不宜小于100mm;顶层楼板厚度不宜小于120mm,宜双层双向配筋;普通地下室顶板厚度不宜小于160mm;作为上部结构嵌固部位的地下室楼层的顶楼盖应采用梁板结构,楼板厚度不宜小于180mm,应采用双层双向配筋,且每层每个方向的配筋率不宜小于 0.25%。

二、框架近似计算

（一）平面结构假定

任何建筑结构都是空间结构，但在下列两个假定下可以简化为按平面结构考虑。

（1）一片框架或一片剪力墙可以抵抗在本身平面内的侧向力，而在平面外的刚度很小，可以忽略。

（2）各个平面抗侧力结构之间通过楼板互相联系并协同工作。楼板在其自身平面内的刚度很大，可视为刚度无限大的平板；楼板平面外的刚度很小，可以忽略。

在以上两个假定下，可以把空间结构简化为沿纵向和横向的若干个平面结构，共同抵抗与平面结构平行的侧向荷载，而垂直于该平面方向的结构不参与受力。

（二）竖向荷载作用下的内力近似计算——分层计算法

多层多跨框架在一般竖向荷载作用下侧移比较小，可作为无侧移框架按力矩分配法进行内力分析。由于各层荷载对其他层杆件内力影响不大，因此作以下两个基本假定，即可按分层法进行计算：

（1）在竖向荷载作用下框架侧移的影响可忽略不计；

（2）每层梁上的荷载对其他各层梁、柱的影响忽略不计。

计算时，可将每层框架梁连同上、下柱组成基本计算单元，梁与柱为刚接，上、下柱远端视为固结，用弯矩分配法或其他方法（如迭代法）进行计算。在计算分配系数时，除底层柱下端为固定端外，其余均应考虑支座转动的影响，即除首层柱外的其他柱的线刚度均应乘以折减系数 0.9，相应的传递系数为 1/3（底层为 1/2）。竖向荷载产生的固端弯矩只在本层内进行弯矩分配，单元之间不再传递。梁的弯矩取分配后的数值；柱的弯矩取相邻两个单元对应柱端弯矩之和。验算节点弯矩时，如不平衡弯矩值偏大，可在节点重新分配一次，但不再传递。计算框架梁惯性矩时，对现浇楼面边框架梁，取 $I=1.5I_r$；对中框架梁，取 $I=2I_r$，I_r 为矩形部分的惯性矩。

（三）水平荷载作用下的框架内力近似计算

水平荷载作用下的框架内力，当梁柱的线刚度比 $i_b/i_c \geqslant 3$ 时，可采用反弯点法计算；当 $i_b/i_c < 3$ 时，可采用 D 值法计算。

1. 反弯点法

首先把作用在每个楼层上的总风荷载或总地震力分配到各榀框架上。反弯点计算法是假定梁的刚度无限大，根据柱子两端无转角，但有单位水平位移，可得柱的抗侧移刚度为

$$d=\frac{V}{\delta}=\frac{12i_c}{h^2} \tag{17-9-1}$$

式中：V——柱剪力；

δ——柱层间位移；

h——柱层高；

i_c——柱线刚度，$i_c=\frac{EI}{h}$，EI 为柱抗弯刚度。

（1）根据同层各柱柱端的层间侧移相等，同层中各柱 i 所承担的剪力 V_{ij} 可按抗侧移刚度进行分配，即

$$V_{ij}=\frac{d_{ij}}{\sum_{i=1}^{m}d_{ij}}V_{pj} \tag{17-9-2}$$

式中：d_{ij}——第 j 层第 i 根柱抗侧移刚度，按式(17-9-1)计算；

V_{pj}——第 j 层的总剪力值；

m——第 j 层柱的数量。

(2)求各柱反弯点高度 y_{jh}。

当梁的线刚度 i_b 无限大，柱两端完全无转角且弯矩相等时，反弯点在柱中点，$y_h=\frac{1}{2}h$；当 $i_b/i_c \geqslant 3$ 时，除底层柱外，其余各层可近似取 $y_{jh}=\frac{1}{2}h$，$(j=2,3,\cdots,n)$，底层柱 $y_{1h}=\frac{2}{3}h$。

(3)根据各柱分配到的剪力及反弯点高度计算各柱端弯矩值。

$$\left.\begin{aligned}&\text{第 1 层第 } i \text{ 柱：上端弯矩} \quad (M_{i1}^{上})_c=V_{i1}\cdot h_1/3\\&\text{下端弯矩} \quad (M_{i1}^{下})_c=V_{i1}\cdot 2h_1/3\end{aligned}\right\} \tag{17-9-3}$$

第 j 层第 i 柱：则上下端弯矩相等，即

$$(M_{ij}^{上})_c=(M_{ij}^{下})_c=V_{ij}\ \frac{h}{2} \tag{17-9-4}$$

(4)根据节点平衡计算梁弯矩。

j 层边柱边梁端弯矩

$$(M_j)_b=(M_j^{上})_c+(M_{j+1}^{下})_c \tag{17-9-5}$$

j 层中柱的左、右梁端弯矩

$$\left.\begin{aligned}(M_{j左})_b&=[(M_j^{上})_c+(M_{j+1}^{下})_c]\frac{i_{bj左}}{i_{bj左}+i_{bj右}}\\(M_{j右})_b&=[(M_j^{上})_c+(M_{j+1}^{下})_c]\frac{i_{bj右}}{i_{bj左}+i_{bj右}}\end{aligned}\right\} \tag{17-9-6}$$

(5)根据力的平衡，由梁两端弯矩求出梁的剪力值。

2. D 值法

D 值法亦可称为改进反弯点法。该法考虑了当 i_b/i_c 值较小时，因节点转角对柱抗侧移刚度及反弯点高度的影响，修正了柱的抗侧移刚度及调整了反弯点高度。修正后的抗侧移刚度用 D 值表示，故称 D 值法。对于 $i_b/i_c<3$ 的框架，可以明显地提高其精度。D 值法的计算步骤与反弯点法基本相同，仅在求柱抗侧移刚度的公式及确定反弯点的方法上有些不同，其计算步骤如下。

(1)求柱抗侧移刚度 D 值

$$D=\alpha_c\frac{12i_c}{h^2} \tag{17-9-7}$$

式中：α_c——考虑梁柱线刚度比影响的柱刚度修正系数；

$$\left.\begin{aligned}&\text{一般层柱} \quad \alpha_c=\frac{K}{2+K}\\&\qquad K=\frac{i_1+i_2+i_3+i_4}{2i_c}\\&\text{底层柱} \quad \alpha_c=\frac{0.5+K}{2+K}\\&\qquad K=\frac{i_1+i_2}{i_c}\end{aligned}\right\} \tag{17-9-8}$$

i_1、…、i_4——分别为所计算 D 值柱的上、下节点两侧梁的线刚度；

i_c——计算 D 值柱的线刚度。

(2)确定柱反弯点高度系数 y 值。

距柱下端反弯点高度 y_h 的反弯点高度系数 y 值为

$$y = y_n + y_1 + y_2 + y_3 \tag{17-9-9}$$

式中： y_n——各层标准反弯点高度比，根据水平荷载作用形式及 K 值、结构总层数 n 与第 j 层位置，可查有关高层建筑结构参考书中的专用表格；

y_1、y_2、y_3——分别为考虑上、下梁线刚度变化或上、下柱高度变化，反弯点高度系数修正值，亦可查有关高层建筑结构参考书中的专用表格。

(3)求各柱反弯点处剪力 V_{ij}。

荷载在各楼层 j 产生的剪力 V_{pj} 在各柱 i 间可按各柱的 D_{ij} 比例分配，第 j 层第 i 柱的剪力为

$$V_{ij} = \frac{D_{ij}}{\sum_{i=1}^{n} D_{ij}} V_{pj} \tag{17-9-10}$$

(4)求柱端弯矩。

$$\left.\begin{aligned} &\text{第 } j \text{ 层第 } i \text{ 柱上端弯矩} \quad (M_{ij}^{上})_c = V_{ij}(1-y)h \\ &\text{下端弯矩} \quad (M_{ij}^{下})_c = V_{ij}yh \end{aligned}\right\} \tag{17-9-11}$$

(5)求梁端弯矩。

第 j 层边跨梁端 $$(M_j)_b = (M_j^{上})_c + (M_{j+1}^{下})_c \tag{17-9-12}$$

在 j 层中跨梁端弯矩，根据节点力矩平衡原则，按左右梁线刚度进行分配：

$$\left.\begin{aligned} &\text{左梁的右梁端} \quad (M_{j左})_b = [(M_j^{上})_c + (M_{j+1}^{下})_c]\frac{i_{bj左}}{i_{bj左} + i_{bj右}} \\ &\text{右梁的左梁端} \quad (M_{j右})_b = [(M_j^{上})_c + (M_{j+1}^{下})_c]\frac{i_{bj右}}{i_{bj左} + i_{bj右}} \end{aligned}\right\} \tag{17-9-13}$$

(6)求框架剪力。

利用力的平衡原理及已求出的梁端、柱端弯矩，即可求出框架的剪力。

(7)由上到下，逐层叠加左右梁的剪力，可得柱的轴力。

(8)在竖向荷载作用下，可以考虑梁端塑性内力重分布，对梁端负弯矩进行调幅。其调幅系数：装配整体式框架 0.7～0.8，现浇框架 0.8～0.9。梁端负弯矩减小后，应按力的平衡条件计算调幅后的跨中弯矩。

(四)水平荷载作用下的框架位移近似计算

框架侧移 u 为梁柱弯曲变形产生的侧移 u_m 与柱轴向变形产生的侧移 u_n 之和，即

$$u = u_m + u_n \tag{17-9-14}$$

1.梁、柱弯曲变形产生的侧移 u_m

由 D 值法可以求出每层的层间位移 Δu_j

$$\Delta u_j = \frac{V_j}{\sum_{j=1}^{j} D_j} \tag{17-9-15}$$

第 j 层侧移 $$u_j = \sum_{j=1}^{j} \Delta u_j \tag{17-9-16}$$

顶点侧移 $$u_{\mathrm{m}}=\sum_{j=1}^{n}\Delta u_j \tag{17-9-17}$$

2. 柱轴向变形产生的侧移 u_{n}

在水平荷载作用下由框架柱轴向变形产生的侧移，近似地简化为由框架两侧边柱中的一侧柱为拉力，另一侧柱为压力引起的拉、压变形产生的侧移，而忽略中柱的影响。根据结构力学的计算公式，在水平荷载作用下，由柱轴力产生的变形为

$$u_{\mathrm{n}}=2\int_0^{\mathrm{h}}\frac{\overline{N}N}{EA}\mathrm{d}s=\frac{V_0H^3}{EA_1B}F_{\mathrm{n}} \tag{17-9-18}$$

式中：V_0——水平荷载作用下的基底剪力；

H、B——分别为框架结构的总高度和宽度；

A_1——框架边柱底层柱截面面积；

F_{n}——与荷载形式有关的系数，其具体计算公式及曲线可参阅有关高层建筑结构设计计算参考书。

（五）框架结构截面设计和结构构造

此部分内容见《高层混凝土规程》第 6 章。

三、叠合梁设计计算要点

叠合梁在装配式框架中应用时，如果在施工阶段对预制部分梁设有可靠的下部支撑，则在竖向荷载作用下的框架内力分析应考虑安装和使用两个阶段。

1. 安装阶段

梁上设计荷载为 q_1（梁板自重加上施工荷载），梁高为预制部分高度 h_1，按简支梁计算内力及相应的承载力和挠度（$f_1\leqslant f_{\mathrm{lim}}$）。

2. 使用阶段

梁上设计荷载为 $q_2=q-q_1$，q 为全部使用荷载设计值，梁高为预制部分高度 h_1 加上后浇混凝土高度，梁的总高度为 h，按框架分析内力，其框架梁内力为

跨中 $$M_{\mathrm{b中}}=M_{\mathrm{b}}^{\mathrm{I}}+M_{\mathrm{b}}^{\mathrm{II}} \tag{17-9-19}$$

支座 $$M_{\mathrm{b}}'=M_{\mathrm{b}}^{\mathrm{II}\prime} \tag{17-9-20}$$

式中：$M_{\mathrm{b}}^{\mathrm{I}}$——安装阶段在 q_1 作用下的跨中弯矩；

$M_{\mathrm{b}}^{\mathrm{II}}$、$M_{\mathrm{b}}^{\mathrm{II}\prime}$——分别为使用阶段在 q_2 作用下按框架分析求得的跨中和支座弯矩。

应当注意，在截面配筋计算时，当 $M_{\mathrm{b}}^{\mathrm{II}}<M_{\mathrm{b}}^{\mathrm{I}}$，即简支梁跨中弯矩较大时，钢筋存在超应力现象，为了减小超应力值，按式(17-9-19)计算的 $M_{\mathrm{b中}}$ 应乘以超应力系数 1.1，梁的配筋取安装阶段内力和使用阶段组合内力算得的 A_{s1} 与 A_{s2} 中的较大者。

四、剪力墙结构

剪力墙结构是利用建筑的纵向和横向墙体作为竖向承重和抵抗侧力的结构，墙体同时又作为维护和分隔房间的构件。

（一）剪力墙结构布置的基本要求

剪力墙宜沿主轴方向或其他方向双向布置，抗震设计的剪力墙结构，应避免仅单向有墙的结构布置形式。剪力墙墙肢截面宜简单、规则。剪力墙结构的侧向刚度不宜过大。

剪力墙的门窗洞口宜上下对齐、成列布置，形成明确的墙肢和连梁，宜避免墙肢刚度相差

悬殊的洞口设置。抗震设计时，一、二、三级抗震等级剪力墙的底部加强部位不宜采用错洞墙；一、二、三级抗震等级的剪力墙均不宜采用叠合错洞墙。

较长的剪力墙宜开设洞口，将其分成长度较为均匀的若干墙段，墙段之间宜采用弱连梁连接，每个独立墙段的总高度与其截面高度之比不应小于2。墙肢截面高度不宜大于8m。

剪力墙宜自下到上连续布置，避免刚度突变。

抗震设计时，短肢剪力墙的抗震等级应比《高层混凝土规程》规定的剪力墙的抗震等级提高一级采用。各层短肢剪力墙在重力荷载代表值作用下产生的轴力设计值的轴压比，抗震等级为一、二、三时分别不宜大于0.5、0.6、0.7；对于无翼缘或端柱的一字形短肢剪力墙，其轴压比限值相应降低0.1。

(二)剪力墙的截面尺寸和混凝土强度等级

1.剪力墙截面尺寸

剪力墙的厚度，抗震等级一、二级不应小于160mm且不宜小于层高或无支长度的1/20；三、四级不应小于160mm且不宜小于层高或无支长度的1/25。无端柱或翼墙时，一、二级不宜小于层高或无支长度的1/16；二、四级不宜小于层高或无支长度的1/20。

底部加强部位的墙厚，抗震等级一、二级不应小于200mm且不宜小于层高或无支长度的1/16；二、四级不应小于160mm且不宜小于层高或无支长度的1/20。无端柱或翼墙时，一、二级不宜小于层高或无支长度的1/12；二、四级不宜小于层高或无支长度的1/16。

非抗震设计的剪力墙厚度不宜小于160mm。

剪力墙井筒中，分隔电梯井或管道井的墙肢截面厚度可适当减小，但不宜小于160mm。

为了防止剪力墙配筋过多、斜裂缝过大以及发生斜压破坏，其受剪截面尚应符合下列要求：

(1)无地震作用组合时

$$V_w \leqslant 0.25\beta_c f_c b_w h_{w0} \tag{17-9-21}$$

(2)有地震作用组合时

剪跨比$\lambda>2.5$时

$$V_w \leqslant \frac{1}{\gamma_{RE}}(0.20\beta_c f_c b_w h_{w0}) \tag{17-9-22}$$

剪跨比$\lambda\leqslant2.5$时

$$V_w \leqslant \frac{1}{\gamma_{RE}}(0.15\beta_c f_c b_w h_{w0}) \tag{17-9-23}$$

式中：V_w——剪力墙截面剪力设计值；

h_{w0}——剪力墙截面有效高度；

β_c——混凝土强度影响系数；

λ——计算截面处的剪跨比。

2.混凝土强度等级

剪力墙结构混凝土强度等级不应低于C20，带有筒体的剪力墙结构的混凝土强度等级不宜低于C30。

(三)剪力墙结构的计算要点

1.剪力墙结构分析

布置较复杂的剪力墙宜按薄壁杆件系统进行三维空间分析，对一般布置较规则的剪力墙可以简化为沿纵向与横向分别按平面结构进行内力与位移分析，但可以考虑纵横墙的协同工作。纵墙的一部分可作为横墙的有效翼缘，横墙的一部分也可作为纵墙的有效翼缘。每侧有效翼缘宽度可取翼缘厚度的6倍、墙间距的一半和总高度的1/20三者中的最小值，且不大于至洞口边缘的距离。

2.剪力墙的类型及判别方法

采用简化计算时,可以把剪力墙分为下列各类,分别采用不同的方法计算。

1)整体悬臂墙

当剪力墙孔洞面积与墙面面积之比不大于0.16,且孔洞净距及孔洞边至墙边距离大于孔洞长边尺寸时,可作为整体截面悬臂构件计算,按平截面假定计算截面应力分布。其等效刚度为

$$E_c I_{eq}=\frac{E_c I_w}{1+\frac{9\mu I_w}{A_w H^2}} \tag{17-9-24}$$

式中:$E_c I_{eq}$——等效刚度;

E_c——混凝土的弹性模量;

I_w——剪力墙惯性矩,小洞口整体截面墙取组合截面惯性矩,整体小开口墙取组合截面惯性矩的80%;

A_w——无洞口剪力墙的截面积,小洞口整体截面墙取折算截面面积,$A_w=\left(1-1.25\sqrt{\frac{A_{op}}{A_f}}\right)A$,整体小开口墙取墙肢截面面积之和$A_w=\sum_{i=1}^{m}A_i$;

A——墙截面毛面积;

A_{op}——墙面洞口面积;

A_f——墙面总面积;

A_i——第i墙肢截面面积;

H——剪力墙总高度;

μ——截面形状系数,矩形截面$\mu=1.2$。

剪力墙惯性矩按下式计算

$$I_w=\frac{\sum I_i h_i}{\sum h_i} \tag{17-9-25}$$

式中:I_i——剪力墙有洞截面及无洞截面的惯性矩;

h_i——相应各段的高度。

2)整体小开口墙

当剪力墙开洞不符合整体悬臂墙条件,但符合下列条件时,可按整体小开口墙计算。

(1)整体系数

$$\alpha \geqslant 10 \tag{17-9-26}$$

(2)扣除墙肢惯性矩后剪力墙的惯性矩对剪力墙组合截面惯性矩之比

$$\frac{I_n}{I}\leqslant \zeta \tag{17-9-27}$$

$$\alpha=\begin{cases} H\sqrt{\dfrac{12I_b a^2}{h(I_1+I_2)l^3}\cdot\dfrac{I}{I_n}} & \text{(双肢墙)} \\ H\sqrt{\dfrac{12}{\tau h\sum\limits_{j=1}^{m+1}I_j}\cdot\sum\limits_{j=1}^{m}\dfrac{I_{bj}a_j^2}{l_{bj}^3}} & \text{(多肢墙)} \end{cases} \tag{17-9-28}$$

式中:τ——系数,当墙肢为3～4肢时取0.8,5～7肢时取0.85,8肢以上取0.9;

I——剪力墙对组合截面形心的惯性矩;

I_n——扣除墙肢惯性矩后剪力墙的惯性矩，$I_n = I - \sum_{j=1}^{m+1} I_j$；

I_{bj}——第 j 列连梁的折算惯性矩，$I_{bj} = \dfrac{I_{bj0}}{1 + \dfrac{30\mu I_{bj0}}{A_{bj} I_{bj}^2}}$；

I_1、I_2——分别为墙肢 1、2 的截面惯性矩；

m——洞口列数；

h——层高；

H——剪力墙总高度；

a_j——第 j 列洞口两侧墙肢轴线距离；

l_{bj}——第 j 列连梁计算跨度，取洞口宽度加梁高的一半；

I_j——第 j 墙肢的截面惯性矩；

ζ——系数，由 α 及层数按表 17-9-6 取用。

系数 ζ 的数值 表 17-9-6

α	层数 n					
	8	10	12	16	20	≥30
10	0.886	0.948	0.975	1.000	1.000	1.000
12	0.866	0.924	0.950	0.994	1.000	1.000
14	0.353	0.908	0.934	0.978	1.000	1.000
16	0.844	0.896	0.923	0.964	0.988	1.000
18	0.836	0.888	0.914	0.952	0.978	1.000
20	0.831	0.880	0.906	0.945	0.970	1.000
22	0.327	0.875	0.901	0.940	0.965	1.000
24	0.824	0.871	0.897	0.936	0.960	0.989
26	0.822	0.867	0.894	0.932	0.955	0.986
28	0.320	0.864	0.890	0.929	0.952	0.982
≥30	0.818	0.861	0.887	0.926	0.950	0.979

3)联肢剪力墙

当满足式(17-9-29)时，可作为联肢墙

$$\alpha < 10; I_n/I \leqslant \zeta \quad (17\text{-}9\text{-}29)$$

此时连梁刚度小，整体性差，而且连梁的反弯点在跨中。

4)壁式框架

当满足式(17-9-30)时，可按壁式框架计算

$$\alpha \geqslant 10; I_n/I > \zeta \quad (17\text{-}9\text{-}30)$$

此时结构整体性虽然较好，但墙肢上均有反弯点，受力性能为带刚域的框架。

3.剪力墙结构的内力及位移计算

1)整体小开口墙

整体小开口墙的内力为组合截面的整体作用内力和各墙肢的局部作用内力之和，可按下列方法计算

$$\left.\begin{aligned}&\text{墙肢弯矩} && M_j=0.85M\frac{I_j}{I}+0.15M\frac{I_j}{\sum I_j}\\&\text{墙肢轴力} && N_j=0.85M\frac{A_j y_j}{I}\\&\text{墙肢剪力} && V_j=\frac{V}{2}\left(\frac{A_j}{\sum A_j}+\frac{I_j}{\sum I_j}\right)\end{aligned}\right\}\tag{17-9-31}$$

式中：M、V——分别为计算所得的弯矩和剪力；

I_j、A_j——分别为第 j 墙肢的截面惯性矩和截面面积；

y_j——第 j 墙肢截面形心至组合截面形心的距离；

I——组合截面惯性矩。

连梁的剪力可由上、下墙肢的轴力差计算。

剪力墙多数墙肢基本均匀，又符合整体小开口墙的条件，当有个别细小墙肢时，仍可按整体小开口墙计算内力，但小墙肢端部宜按下式计算附加局部弯曲的影响

$$M_j = M_{j0} + \Delta M_j$$

$$\Delta M_j = V_j\frac{h_0}{2}\tag{17-9-32}$$

式中：M_{j0}——按整体小开口墙计算的墙肢弯矩；

ΔM_j——由丁小墙肢局部弯曲增加的弯矩；

V_j——第 j 墙肢剪力；

h_0——洞口高度。

整体小开口墙的顶点位移可按下式计算

$$u=\begin{cases}1.2\times\dfrac{qH^4}{8EI}\left(1+\dfrac{4\mu EI}{GAH^2}\right) & \text{（均布荷载）}\\[2ex]1.2\times\dfrac{11q_{\max}H^4}{120EI}-\left(1+\dfrac{3.67\mu EI}{GAH^2}\right) & \text{（倒三角形分布荷载）}\\[2ex]1.2\times\dfrac{PH^3}{3EI}\left(1+\dfrac{3\mu EI}{GAH^2}\right) & \text{（顶点集中荷载）}\end{cases}\tag{17-9-33}$$

式中：A——截面总面积，$A=\sum_{j=1}^{m+1}A_{j0}$；

I——剪力墙组合截面的惯性矩。

2)联肢墙

联肢墙内力和位移在下列假定下，简化为按连续连杆法计算：

(1)连梁的反弯点在跨中，连梁的作用可以用沿高度均匀分布的连续弹性薄片代替；

(2)各墙肢的变形曲线相似；

(3)连梁和墙肢考虑弯曲和剪切变形，墙肢还应考虑轴向变形的影响。

联肢墙的内力和位移计算公式及计算用图表可参阅有关高层建筑结构设计计算参考书。

3)壁式框架

壁式框架内力和位移的计算类同一般框架的计算方法，只需将壁式框架带刚域的梁、柱分别等效为等截面的梁、柱，即对带刚域的梁、柱进行刚度修正，即可采用 D 值法进行简化计算。

壁式框架梁、柱轴线由剪力墙连梁和墙肢的形心轴线决定，梁、柱相交的节点区中，梁柱的弯曲刚度为无限大而形成刚域(见图 17-9-3)。刚域的长度可按下式计算

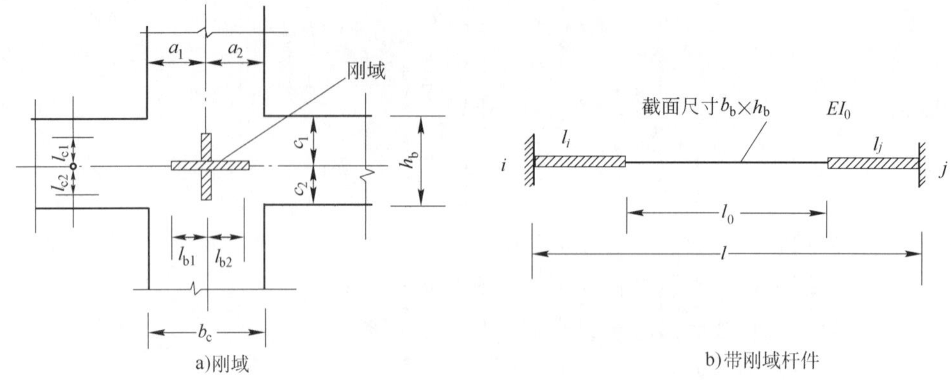

图 17-9-3　刚域及带刚域杆件

$$\left.\begin{aligned} l_{b1} &= a_1 - 0.25h_b \\ l_{b2} &= a_2 - 0.25h_b \\ l_{c1} &= c_1 - 0.25h_c \\ l_{c2} &= c_2 - 0.25h_c \end{aligned}\right\} \tag{17-9-34}$$

当计算的刚域长度小于零时，可不考虑刚域的影响。

带刚域杆件的等效刚度可按下式计算

$$EI = EI_0 \eta_v \left(\frac{l}{l_0}\right)^3 \tag{17-9-35}$$

上两式中：EI_0——杆件中段截面刚度；

η_v——考虑剪切变形的刚度折减系数，按表 17-9-7 取用；

l_0——杆件中段的长度；

h_b——杆件中段截面高度。

η_v　取　值　　　表 17-9-7

h_b/l_0	0.0	0.1	0.2	0.3	0.4	0.5	0.6	0.7	0.8	0.9	1.0
η_v	1.00	0.97	0.89	0.79	0.68	0.57	0.48	0.41	0.34	0.29	0.25

（四）剪力墙结构的截面设计

剪力墙结构的截面设计详见《高层混凝土规程》第 7 章。

五、框架-剪力墙结构

（一）框架-剪力墙结构布置

框架-剪力墙结构应设计成双向抗侧力体系。抗震设计时，结构在两主轴方向均应布置剪力墙。

主体结构构件之间除个别节点外，不应采用铰接，梁与柱或柱与剪力墙的中线宜重合。框架梁、柱中线之间有偏离时，其偏心距，9 度抗震设计时不应大于柱截面在该方向宽度的 1/4；非抗震设计和 6～8 度抗震设计时不宜大于柱截面在该方向宽度的 1/4；如偏心距大于该方向柱宽的 1/4 时，可采取增设梁的水平加腋等措施。

1. 框架-剪力墙结构中剪力墙的布置要求

（1）剪力墙宜均匀布置在建筑物的周边附近、楼梯间、电梯间、平面形状变化及恒载较大的部位，剪力墙间距不宜过大。

（2）平面形状凹凸较大时，宜在凸出部分的端部附近布置剪力墙。

(3)纵、横剪力墙宜组成L形、T形和[形等形式。

(4)单片剪力墙底部承担的水平剪力不宜超过结构底部总水平剪力的30%。

(5)剪力墙宜贯通建筑物的全高,宜避免刚度突变;剪力墙开洞时,洞口宜上下对齐。

(6)楼梯间、电梯间等竖井宜尽量与靠近的抗侧力结构结合布置。

(7)抗震设计时,剪力墙的布置宜使结构各主轴方向的侧向刚度接近。

2.长矩形平面或平面有一部分较长的建筑中,其剪力墙的布置要求

(1)横向剪力墙沿长方向的间距宜满足表17-9-8的要求,当这些剪力墙之间的楼盖有较大开洞时,剪力墙的间距应适当减小。

剪力墙间距(单位:m) 表17-9-8

楼盖形式	非抗震设计(取较小值)	抗震设防烈度		
		6度、7度(取较小值)	8度(取较小值)	9度(取较小值)
现浇	5.0B,60	4.0B,50	3.0B,40	2.0B,30
装配整体	3.5B,50	3.0B,40	2.5B,30	—

注:1.表中B为剪力墙之间的楼盖宽度(m)。
2.装配整体式楼盖的现浇层应符合《高层混凝土规程》第3.6.2条的有关规定。
3.现浇层厚度大于60mm的叠合楼板可作为现浇板考虑。
4.当房屋端部未布置剪力墙时,第一片剪力墙与房屋端部的距离,不宜大于表中剪力墙间距的1/2。

(2)纵向剪力墙不宜集中布置在房屋的两尽端。

(二)框架-剪力墙结构计算

1.计算的基本原则

框架与剪力墙是通过刚性楼板连接,将两者联系成相互作用、共同工作的结构,在水平荷载作用下,其侧向变形曲线既不同于框架的剪切型曲线,也不同于剪力墙的弯曲型曲线,而是两者的协调变形。其下部主要呈弯曲型,而上部主要呈剪切型。因此,框架-剪力墙结构应按协同工作条件进行内力、位移分析,不宜将楼层剪力简单地按某一比例在框架和剪力墙之间分配。

框架结构中设置了电梯井、楼梯井或其他剪力墙型的抗侧力结构后,应按框架-剪力墙结构计算。

2.框架-剪力墙结构的计算方法(要点)

对于体型和平面复杂的框架-剪力墙结构,当采用计算机进行计算时,可采用协同工作程序或空间三维分析程序计算。但对于一般框架-剪力墙结构均可按下列简化方法计算。框架-剪力墙结构采用简化方法计算时,作了如下假定:

(1)在整个高度上,框架和剪力墙的几何和力学特性不变,总框架(包括总连梁)作为竖向悬臂剪切构件,总剪力墙作为竖向悬臂弯曲构件,它在同一楼层上水平位移相等。

(2)结构单元内所有框架合并为总框架,所有连梁合并为总连梁,所有剪力墙合并为总剪力墙;总框架、总连梁和总剪力墙的刚度分别为各单个结构刚度之和。

(3)风荷载及水平地震作用由总框架(包括总连梁)和总剪力墙共同分担。

在上述假定下,把框架与剪力墙的连梁作为多余未知力并加以连续化,建立满足变形协调和力平衡的微分方程,通过解微分方程利用剪力墙底端和顶端的边界条件求出剪力墙(也是框架)的侧移曲线计算公式;进而利用材料力学的基本公式,可以求出总剪力墙和总框架的内力及荷载;然后按各榀框架的等效抗侧刚度对总框架的剪力进行分配;同样,按各片剪力墙的等效抗弯刚度将总剪力墙的弯矩和剪力分配到每片剪力墙上;最后分别对每榀框架和每片剪力

墙进行设计计算。

设计计算时用的具体计算公式和图表可查阅有关高层建筑结构设计计算参考书。

3.框架剪力的调整

在地震作用下，结构已进入弹塑性状态，剪力墙和框架之间的内力将会出现重分布，框架承受的地震力将增加。因此，抗震设计时，框架-剪力墙结构计算所得的框架各层总剪力 V_f（各框架柱剪力之和）应按下列方法调整。

（1）规则建筑中的楼层按下列方法调整框架总剪力：

①$V_f \geqslant 0.2V_0$ 的楼层不必调整，V_f 可按计算值采用；

②$V_f < 0.2V_0$ 的楼层，设计时 V_f 取 $1.5V_{max,f}$ 和 $0.2V_0$ 两者中的较小值，其中，V_0 为地震作用产生的结构底部总剪力，$V_{max,f}$ 为各层框架部分所承担总剪力中的最大值。

（2）当屋面凸出部分也采用框架-剪力墙结构时，凸出部分框架的总剪力取本层框架部分计算值的1.5倍。

（3）按振型分解反应谱法计算时，调整在振型组合之后进行。

（4）各层框架总剪力调整后，按调整前后的比例调整各柱和梁的剪力和端部弯矩，柱轴向力不调整。

（三）框架-剪力墙结构设计和构造要求

框架-剪力墙结构设计和构造要求详见《高层混凝土规程》第8章。

【例17-9-1】 承受水平荷载的钢筋混凝土框架-剪力墙结构中，框架和剪力墙协同工作，但两者之间：

A.只在上部楼层，框架部分拉住剪力墙部分，使其变形减小

B.只在下部楼层，框架部分拉住剪力墙部分，使其变形减小

C.只在中间楼层，框架部分拉住剪力墙部分，使其变形减小

D.在所有楼层，框架部分拉住剪力墙部分，使其变形减小

解 水平荷载单独作用于框架结构时，结构侧移曲线呈剪切型，单独作用于剪力墙结构时，结构侧移曲线呈弯曲型。所以，在结构的底部，框架结构的侧向变形较剪力墙结构大，在结构的顶部，剪力墙结构的侧向变形较框架结构大。两者协同工作后，在上部楼层，框架部分拉住剪力墙部分，使其变形减小。

答案:A

【例17-9-2】 与钢筋混凝土框架-剪力墙结构相比，钢筋混凝土筒体结构所特有的规律是：

A.弯曲型变形与剪切型变形叠加

B.剪力滞后

C.是双重抗侧力体系

D.水平荷载作用下是延性破坏

解 钢筋混凝土筒体结构是由四片密柱深梁框架所组成的立体结构。在水平荷载作用下，四片框架同时参与工作。水平剪力主要由平行于荷载方向的"腹板框架"承担，倾覆力矩则由垂直于荷载方向的"翼缘框架"和"腹板框架"共同承担。由于"翼缘"和"腹板"是由密柱深梁的框架所组成，相当于墙面上布满洞口的空腹筒体。尽管深梁的跨度很小，截面高度很大，深梁的竖向弯剪刚度仍然是有限的，因此出现剪力滞后现象，使得柱的轴向力愈接近角柱愈大，框筒的"翼缘框架"和"腹板框架"的各柱轴向力分布均呈现曲线变化。

答案:B

六、高层建筑基础

（1）高层建筑的基础设计，应综合考虑建筑场地的工程地质和水文地质状况、上部结构的

类型和房屋高度、施工技术和经济条件等因素，使建筑物不致发生过量沉降或倾斜，满足建筑物正常使用要求；还应了解邻近地下构筑物及各项地下设施的位置和标高等，减少与相邻建筑的相互影响。

(2)在地震区，高层建筑宜避开对抗震不利的地段；当条件不允许避开不利地段时，应采取可靠措施，使建筑物在地震时不致由于地基失效而破坏，或者产生过量下沉或倾斜。

(3)基础设计宜采用当地成熟可靠的技术，宜考虑基础与上部结构相互作用的影响。施工期间需要降低地下水位的，应采取避免影响邻近建筑物、构筑物、地下设施等安全和正常使用的有效措施；同时还应注意施工降水的时间要求，避免停止降水后水位过早上升而引起建筑物上浮等问题。

(4)高层建筑应采用整体性好、能满足地基承载力和建筑物容许变形要求并能调节不均匀沉降的基础形式；宜采用筏形基础或带桩基的筏形基础，必要时可采用箱形基础。当地质条件好且能满足地基承载力和变形要求时，也可采用交叉梁式基础或其他形式基础；当地基承载力或变形不满足设计要求时，可采用桩基或复合地基。

(5)高层建筑主体结构基础底面形心宜与永久作用重力荷载重心重合；当采用桩基础时，桩基的竖向刚度中心宜与高层建筑主体结构重力荷载重心重合。

(6)在重力荷载与水平荷载标准值或重力荷载代表值与多遇水平地震标准值共同作用下，高宽比大于4的高层建筑，基础底面不宜出现零应力区；高宽比不大于4的高层建筑，基础底面与地基之间零应力区面积不应超过基础底面面积的15%。质量偏心较大的裙楼与主楼可分别计算基底应力。

(7)基础应有一定的埋置深度。在确定埋置深度时，应综合考虑建筑物的高度、体型、地基地质、抗震设防烈度等因素。基础埋置深度可从室外地坪算至基础底面，并宜符合下列规定：

①天然地基或复合地基，可取房屋高度的1/15；

②桩基础，不计桩长，可取房屋高度的1/18。

当建筑物采用岩石地基或采取有效措施时，在满足地基承载力、稳定性要求及第(6)条规定的前提下，基础埋深可比本条第①、②两款的规定适当放松。

当地基可能产生滑移时，应采取有效的抗滑移措施。

(8)高层建筑的基础和与其相连的裙房的基础，设置沉降缝时，应考虑高层主楼基础有可靠的侧向约束及有效埋深；不设沉降缝时，应采取有效措施减少差异沉降及其影响。

(9)高层建筑基础的混凝土强度等级不宜低于C25。当有防水要求时，混凝土抗渗等级应根据基础埋置深度按表17-9-9采用，必要时可设置架空排水层。

基础防水混凝土的抗渗等级 表17-9-9

基础埋置深度 H(m)	抗渗等级	基础埋置深度 H(m)	抗渗等级
$H<10$	P6	$20\leqslant H<30$	P10
$10\leqslant H<20$	P8	$H\geqslant 30$	P12

习　　题

17-9-1　单层工业厂房设计中，若需将伸缩缝、沉降缝、抗震缝合成一体时，其设计构造做法是(　　)。

A. 在缝处从基础底至屋顶把结构分成相互独立的两部分，其缝宽应按沉降缝要

求设置

B. 在缝处只需从基础顶以上至屋顶将结构分成两部分，缝宽取三者中的最大值

C. 在缝处从基础底至屋顶把结构分成两部分，其缝宽取三者的平均值

D. 在缝处从基础底至屋顶把结构分成两部分，其缝宽按抗震缝要求设置

17-9-2 钢筋混凝土高层建筑结构的最大适用高度和高宽比分为 A 级和 B 级，其主要区别是（　　）。

A. B 级高度建筑结构的最大适用高度和高宽比较 A 级适当放宽

B. B 级高度建筑结构的最大适用高度和高宽比较 A 级更加严格

C. B 级高度建筑结构较 A 级的抗震等级、有关的计算和构造措施放宽

D. 区别不大

17-9-3 某一钢筋混凝土框架-抗震墙结构为丙类建筑，高度为 60m，设防烈度为 8 度，II 类场地，其抗震墙的抗震等级为（　　）。

A. 一级　　B. 二级　　C. 三级　　D. 四级

17-9-4 已经按框架计算完毕的框架结构，后来再加上一些抗震墙，结构将变得（　　）。

A. 更加安全　　B. 不安全

C. 框架的下部某些楼层可能不安全　　D. 框架的顶部楼层可能不安全

17-9-5 采用简化计算时，当满足（　　）条件时，抗震墙可按整体小开口抗震墙计算。

A. 剪力墙孔洞面积与墙面面积之比大于 0.16

B. $\alpha \geqslant 10, I_n/I \leqslant \zeta$

C. $\alpha < 10, I_n/I \leqslant \zeta$

D. $\alpha \geqslant 10, I_n/I > \zeta$

第十节　抗震设计要点

一、一般规定

（一）设防依据

（1）设防依据为“抗震设防烈度”。

（2）抗震设防烈度必须按国家规定的权限审批、颁发的文件确定。一般情况下，抗震设防烈度可采用中国地震动参数区划图的地震基本烈度[《建筑抗震设计规范》（GB 50011—2010）（以下简称《抗震规范》）设计基本地震加速度值所对应的烈度值]。

（二）设防范围

《抗震规范》适用于抗震设防烈度为 6 度、7 度、8 度和 9 度地区建筑工程的抗震设计及隔震、消能减震设计。抗震设防烈度大于 9 度地区的建筑和行业有特殊要求的工业建筑，其抗震设计应按有关专门规定执行。

（三）设防分类

（1）建筑抗震设防类别划分，应根据下列因素的综合分析确定：

①建筑破坏造成的人员伤亡、直接和间接经济损失及社会影响的大小。

②城镇的大小、行业的特点、工矿企业的规模。

③建筑使用功能失效后，对全局的影响范围大小、抗震救灾影响及恢复的难易程度。

④建筑各区段的重要性有显著不同时，可按区段划分抗震设防类别。下部区段的类别不应低于上部区段。

⑤不同行业的相同建筑，当所处地位及地震破坏所产生的后果和影响不同时，其抗震设防类别可不相同。

注：区段指由防震缝分开的结构单元、平面内使用功能不同的部分或上下使用功能不同的部分。

(2)建筑工程应分为以下四个抗震设防类别：

①特殊设防类，指使用上有特殊设施，涉及国家公共安全的重大建筑工程和地震时可能发生严重次生灾害等特别重大灾害后果，需要进行特殊设防的建筑，简称甲类。

②重点设防类，指地震时使用功能不能中断或需尽快恢复的生命线相关建筑，以及地震时可能导致大量人员伤亡等重大灾害后果，需要提高设防标准的建筑，简称乙类。

③标准设防类，指大量的除①、②、④款以外按标准要求进行设防的建筑，简称丙类。

④适度设防类，指使用上人员稀少且震损不致产生次生灾害，允许在一定条件下适度降低要求的建筑，简称丁类。

(3)各抗震设防类别建筑的抗震设防标准，应符合下列要求：

①标准设防类，应按本地区抗震设防烈度确定其抗震措施和地震作用，达到在遭遇高于当地抗震设防烈度的预估罕遇地震影响时不致倒塌或发生危及生命安全的严重破坏的抗震设防目标。

②重点设防类，应按高于本地区抗震设防烈度1度的要求加强其抗震措施；但抗震设防烈度为9度时，应按比9度更高的要求采取抗震措施；地基基础的抗震措施，应符合有关规定。同时，应按本地区抗震设防烈度确定其地震作用。

③特殊设防类，应按高于本地区抗震设防烈度提高1度的要求加强其抗震措施；但抗震设防烈度为9度时，应按比9度更高的要求采取抗震措施。同时，应按批准的地震安全性评价的结果且高于本地区抗震设防烈度的要求确定其地震作用。

④适度设防类，允许比本地区抗震设防烈度的要求适当降低其抗震措施，但抗震设防烈度为6度时不应降低。一般情况下，仍应按本地区抗震设防烈度确定其地震作用。

(4)设防水准及其概率水平，见表17-10-1。

(四)地震影响

建筑所在地区遭受的地震影响，应采用相应于抗震设防烈度的设计基本地震加速度和特征周期表征。

设防水准及其概率水平　　表17-10-1

水准	含义	要求	设计基准期内的超越概率
第一水准	小震不坏	当遭受低于本地区抗震设防烈度的多遇地震影响时，主体结构不受损坏或不需修理可继续使用	多遇地震对应的(众值)烈度63.2%
第二水准	中震可修	当遭受相当于本地区抗震设防烈度的地震影响时，可能损坏，经一般修理仍可继续使用	基本(设防)烈度10%
第三水准	大震不倒	当遭受高于本地区抗震设防烈度的罕遇地震影响时，不致倒塌或发生危及生命的严重破坏	罕遇地震对应的烈度2%～3%

注：1.根据规范组研究，我国地震强度概率分布符合极值III型；多遇地震对应的烈度为位于地震烈度概率密度曲线的峰点，在设计基准期内平均重现一次的地震烈度，又称众值烈度，其超越概率为63.2%。

2.按小震不坏、大震不倒的要求进行抗震设计，又称为二阶段设计。

抗震设防烈度和设计基本地震加速度取值的对应关系应符合表 17-10-2 的规定。设计地震加速度为 0.15g 和 0.30g 地区内的建筑，除《抗震规范》另有规定外，应分别按抗震设防烈度为 7 度和 8 度的要求进行抗震设计。

抗震设防烈度和设计基本地震加速度值的对应关系 表 17-10-2

抗震设防烈度	6	7	8	9
设计基本地震加速度值	0.05g	0.10(0.15)g	0.20(0.30)g	0.40g

注：g 为重力加速度。

地震影响的特征周期应根据建筑所在地的设计地震分组和场地类别确定。《抗震规范》的设计地震共分为三组。

我国主要城镇(县级及县级以上城镇)中心地区的抗震设防烈度、设计基本加速度值和所属的设计地震分组，可按《抗震规范》附录 A 采用。

(五)抗震设计概念和基本要求

1. 场地和地基

(1)选择建筑场地时，应根据工程需要和地震活动情况、工程地质和地震地质的有关资料，对地震有利、一般、不利和危险地段作出综合评价。对不利地段，应提出避开要求；当无法避开时，应采取有效措施。对于危险地段，严禁建造甲、乙类建筑，不应建造丙类建筑。

(2)建筑场地为 I 类时，甲、乙类建筑应允许仍按本地区抗震设防烈度的要求采取抗震构造措施；丙类建筑应允许按本地区抗震设防烈度降低一度的要求采取抗震构造措施；但抗震设防烈度为 6 度时仍应按本地区抗震设防烈度的要求采取抗震构造措施。

(3)建筑场地为 III、IV 类时，对设计基本地震加速度为 0.15g 和 0.30g 的地区，除《抗震规范》另有规定外，宜分别按抗震设防烈度为 8 度(0.20g)和 9 度(0.40g)时各类建筑的要求采取抗震构造措施。

(4)地基和基础设计应符合下列要求：

①同一结构单元的基础不宜设置在性质截然不同的地基上；

②同一结构单元不宜部分采用天然地基，部分采用桩基；

③地基为软弱黏性土、液化土、新近填土或严重不均匀土时，应根据地震时地基不均匀沉降和其他不利影响，采取相应的措施。

2. 建筑形体及其构件布置的规则性和防震缝

(1)建筑形体及其构件布置的规则性

建筑设计应根据抗震概念设计的要求明确建筑形体的规则性。不规则的建筑，应按规定采取加强措施；特别不规则的建筑，应进行专门研究和论证，采取特别的加强措施；严重不规则的建筑，不应采用。(形体指建筑平面形状和立面、竖向剖面的变化)

建筑设计应重视其平面、立面和竖向剖面的规则性对抗震性能及经济合理性的影响，宜择优选用规则的形体，其抗侧力构件的平面布置宜规则对称，侧向刚度沿竖向宜均匀变化，竖向抗侧力构件的截面尺寸和材料强度宜自下而上逐渐减小，避免侧向刚度和承载力突变。

平面不规则类型和竖向不规则类型分别见表 17-10-3 和表 17-10-4。

平面不规则的类型 表 17-10-3

不规则类型	定义和参数指标
扭转不规则	在规定的水平力作用下，楼层的最大弹性水平位移(或层间位移)，大于该楼层两端弹性水平位移(或层间位移)平均值的 1.2 倍
凹凸不规则	平面凹进的尺寸，大于相应投影方向总尺寸的 30%
楼板局部不连续	楼板的尺寸和平面刚度急剧变化，例如，有效楼板宽度小于该层楼板典型宽度的 50%，或开洞面积大于该层楼面面积的 30%，或较大的楼层错层

竖向不规则的类型 表 17-10-4

不规则类型	定义和参数指标
侧向不规则	该层的侧向刚度小于相邻上一层的 70%，或小于其上相邻三个楼层侧向刚度平均值的 80%；除顶层或出屋面小建筑外，局部收进的水平向尺寸大于相邻下一层的 25%
竖向抗侧力构件不连续	竖向抗侧力构件(柱、抗震墙、抗震支撑)的内力由水平转换构件(梁、桁架等)向下传递
楼层承载力突变	抗侧力结构的层间受剪承载力小于相邻上一楼层的 80%

(2)防震缝

体形复杂、平立面不规则的建筑，应根据不规则程度、地基基础条件和技术经济等因素的比较分析，确定是否设置防震缝，并分别符合下列要求：

①当不设置防震缝时，应采用符合实际的设计模型，分析判明其应力集中、变形集中或地震扭转效应等导致的易损部位，采取相应的加强措施。

②当在适当部位设置防震缝时，宜形成多个较规则的抗侧力结构单元。防震缝应根据抗震设防烈度、结构材料种类、结构类型、结构单元的高度和高差以及可能的地震扭转效应的情况，留有足够的宽度，其两侧的上部结构应完全分开。

③当设置伸缩缝和沉降缝时，其宽度应符合防震缝的要求。

3. 抗震等级

钢筋混凝土房屋应根据设防类别、烈度、结构类型和房屋高度采用不同的抗震等级，并应符合相应的计算和构造措施要求。丙类建筑的抗震等级应按表 17-10-5 确定。

现浇钢筋混凝土房屋的抗震等级 表 17-10-5

<table>
<tr><td colspan="3" rowspan="2">结构类型</td><td colspan="12">设防烈度</td></tr>
<tr><td colspan="2">6</td><td colspan="4">7</td><td colspan="4">8</td><td colspan="2">9</td></tr>
<tr><td rowspan="3">框架结构</td><td colspan="2">高度(m)</td><td>≤24</td><td>>24</td><td colspan="2">≤24</td><td colspan="2">>24</td><td colspan="2">≤24</td><td colspan="2">>24</td><td colspan="2">≤24</td></tr>
<tr><td colspan="2">框架</td><td>四</td><td>三</td><td colspan="2">三</td><td colspan="2">二</td><td colspan="2">二</td><td colspan="2">一</td><td colspan="2">一</td></tr>
<tr><td colspan="2">大跨度框架</td><td colspan="2">三</td><td colspan="4">二</td><td colspan="4">一</td><td colspan="2">一</td></tr>
<tr><td rowspan="3">框架-抗震墙结构</td><td colspan="2">高度(m)</td><td>≤60</td><td>>60</td><td>≤24</td><td colspan="2">25～60</td><td>>60</td><td>≤24</td><td colspan="2">25～60</td><td>>60</td><td>≤24</td><td>25～50</td></tr>
<tr><td colspan="2">框架</td><td>四</td><td>三</td><td>四</td><td colspan="2">三</td><td>二</td><td>三</td><td colspan="2">二</td><td>一</td><td>二</td><td>一</td></tr>
<tr><td colspan="2">抗震墙</td><td colspan="2">三</td><td>三</td><td colspan="3">二</td><td>二</td><td colspan="3">一</td><td colspan="2">一</td></tr>
<tr><td rowspan="2">抗震墙结构</td><td colspan="2">高度(m)</td><td>≤80</td><td>>80</td><td>≤24</td><td colspan="2">25～80</td><td>>80</td><td>≤24</td><td colspan="2">25～80</td><td>>80</td><td>≤24</td><td>25～60</td></tr>
<tr><td colspan="2">剪力墙</td><td>四</td><td>三</td><td>四</td><td colspan="2">三</td><td>二</td><td>三</td><td colspan="2">二</td><td>一</td><td>二</td><td>一</td></tr>
<tr><td rowspan="4">部分框支抗震墙结构</td><td colspan="2">高度(m)</td><td>≤80</td><td>>80</td><td>≤24</td><td colspan="2">25～80</td><td>>80</td><td>≤24</td><td colspan="2">25～80</td><td rowspan="4"></td><td colspan="2" rowspan="4"></td></tr>
<tr><td rowspan="2">抗震墙</td><td>一般部位</td><td>四</td><td>三</td><td>四</td><td colspan="2">三</td><td>二</td><td>三</td><td colspan="2">二</td></tr>
<tr><td>加强部位</td><td>三</td><td>二</td><td>三</td><td colspan="2">二</td><td>一</td><td>二</td><td colspan="2">一</td></tr>
<tr><td colspan="2">框支层框架</td><td colspan="2">二</td><td colspan="3">二</td><td>一</td><td colspan="3">一</td></tr>
</table>

续上表

<table>
<tr><th colspan="2" rowspan="2">结构类型</th><th colspan="7">设防烈度</th></tr>
<tr><th colspan="2">6</th><th colspan="2">7</th><th colspan="2">8</th><th>9</th></tr>
<tr><td rowspan="2">框架-核心筒结构</td><td>框架</td><td colspan="2">三</td><td colspan="2">二</td><td colspan="2">一</td><td>一</td></tr>
<tr><td>核心筒</td><td colspan="2">二</td><td colspan="2">二</td><td colspan="2">一</td><td>一</td></tr>
<tr><td rowspan="2">筒中筒结构</td><td>外筒</td><td colspan="2">三</td><td colspan="2">二</td><td colspan="2">一</td><td>一</td></tr>
<tr><td>内筒</td><td colspan="2">三</td><td colspan="2">二</td><td colspan="2">一</td><td>一</td></tr>
<tr><td rowspan="3">板柱-抗震墙结构</td><td>高度(m)</td><td>≤35</td><td>>35</td><td>≤35</td><td>>35</td><td>≤35</td><td>>35</td><td rowspan="3"></td></tr>
<tr><td>框架、板柱的柱</td><td>三</td><td>二</td><td>二</td><td>二</td><td colspan="2">一</td></tr>
<tr><td>抗震墙</td><td>二</td><td>二</td><td>二</td><td>一</td><td>二</td><td>一</td></tr>
</table>

注：1. 建筑场地为Ⅰ类时，除6度外，应允许按表内降低一度所对应的抗震等级采取抗震构造措施，但相应的计算要求不应降低。

2. 接近或等于高度分界时，应允许结合房屋不规则程度及场地、地基条件确定抗震等级。

3. 大跨度框架指跨度不小于18m的框架。

4. 高度不超过60m的框架-核心筒结构按框架-抗震墙的要求设计时，应按表中框架-抗震墙结构的规定确定其抗震等级。

4. 对抗震结构的要求

抗震结构体系应根据建筑的抗震设防类别、抗震设防烈度、建筑高度、场地条件、地基、结构材料和施工等因素，经技术、经济和使用条件综合比较确定。

(1)抗震结构体系

①应具有明确的计算简图和合理的地震作用传递途径；

②应避免因部分结构或构件破坏而导致整个结构丧失抗震能力或对重力荷载的承载能力；

③应具备必要的抗震承载力、良好的变形能力和消耗地震能量的能力；

④对可能出现的薄弱部位，应采取措施提高其抗震能力；

⑤宜有多道抗震防线；

⑥宜具有合理的刚度和承载力分布，避免因局部削弱或突变形成薄弱部位，产生过大的应力集中或塑性变形集中；

⑦结构在两个主轴方向的动力特性宜相近。

(2)结构构件

抗震结构的构件，应力求避免出现脆性破坏，并采取下列措施，以改善其变形能力。

①砌体结构应按规定设置钢筋混凝土圈梁和构造柱、芯柱，或采用约束砌体、配筋砌体等。

②混凝土结构构件应控制截面尺寸和纵向受力钢筋、箍筋的设置，防止剪切破坏先于弯曲破坏、混凝土的压溃先于钢筋的屈服、钢筋的锚固黏结破坏先于钢筋破坏。

③预应力混凝土构件，应配有足够的普通钢筋。

④钢结构构件的尺寸应合理控制，避免局部失稳或整个构件失稳。

⑤多、高层的混凝土楼、屋盖宜优先采用现浇混凝土板。当采用混凝土预制装配式楼、屋盖时，应从楼盖体系和构造上采取措施确保各预制板之间连接的整体性。

(3)构件连接

①构件节点的破坏，不应先于其连接的构件；

②预埋件的锚固破坏，不应先于连接件；

③装配式结构构件的连接，应能保证结构的整体性；

④预应力混凝土构件的预应力筋，宜在节点核心区以外锚固。

(4)装配式单层厂房

各种抗震支撑系统,应保证地震时厂房的整体性和稳定性。

【例 17-10-1】 钢筋混凝土结构中抗震设计要求"强柱弱梁"是为了防止出现的破坏模式是:

A. 梁中发生剪切破坏,从而造成结构倒塌

B. 柱先于梁进入受弯屈服,从而造成结构倒塌

C. 柱出现失稳破坏,从而造成结构倒塌

D. 柱出现剪切破坏,从而造成结构倒塌

解 地震作用下,框架柱的破坏一般发生在柱的上下端,对于一般的框架结构,柱内弯矩以地震作用产生的弯矩为主,"强柱弱梁"就是为了防止柱先于梁进入受弯屈服,导致整体结构破坏。

答案:B

5. 对非结构构件的要求

非结构构件,包括建筑非结构构件和建筑附属机电设备,自身及其与结构主体的连接,应进行抗震设计。非结构构件的抗震设计,应由相关专业人员分别负责进行。

(1)附属结构构件

附着于楼、屋面结构上的非结构构件,以及楼梯间的非承重墙体,应与主体结构有可靠的连接和锚固,避免地震时倒塌伤人或砸坏重要设备。

(2)框架结构围护墙和隔墙

应考虑其设置对结构抗震的不利影响,避免不合理设置而导致主体结构的破坏。

(3)室外装饰物

幕墙、装饰贴面与主体结构应有可靠连接,避免地震时脱落伤人。

(4)附属设备

安装在建筑上的附属机械、电气设备系统的支座和连接,应符合地震时使用功能的要求,且不应导致相关部件的损坏。

6. 隔震和消能减震

隔震和消能减震设计,可用于对抗震安全性和使用功能有较高要求或专门要求的建筑。采用隔震或消能减震设计的建筑,当遭遇到本地区的多遇地震影响、设防地震影响和罕遇地震影响时,可按高于《抗震规范》第 1.0.1 条的基本设防目标进行设计。

7. 结构材料与施工

抗震结构对材料和施工质量的特别要求,应在设计文件中注明。

(1)砌体结构材料

①普通砖和多孔砖的强度等级不应低于 MU10,其砌筑砂浆强度等级不应低于 M5;

②混凝土小型空心砌块的强度等级不应低于 MU7.5,其砌筑砂浆强度等级不应低于Mb7.5。

(2)混凝土结构材料

混凝土的强度等级,框支梁、框支柱及抗震等级为一级的框架梁、柱、节点核芯区,不应低于 C30;构造柱、芯柱、圈梁及其他各类构件不应低于 C20。

混凝土的强度等级,抗震墙不宜超过 C60;其他构件,9 度时不宜超过 C60,8 度时不宜超过 C70。

(3)钢筋

普通钢筋宜优先采用延性、韧性和焊接性较好的钢筋;普通钢筋的强度等级,纵向受力钢筋宜选用符合抗震性能指标的不低于 HRB400 级热轧钢筋,也可采用符合抗震性能指标的 HRB335 级热轧钢筋;箍筋宜选用符合抗震性能指标的不低于 HRB335 级热轧钢筋,也可选

用 HPB300 级热轧钢筋。

抗震等级为一级、二级的框架结构，其纵向受力钢筋采用普通钢筋时，钢筋的抗拉强度实测值与屈服强度实测值的比值不应小于 1.25，钢筋的屈服强度实测值与强度标准值的比值不应大于 1.3，且钢筋在最大拉力下的总伸长率实测值不应小于 9%。

在施工中，当需要以强度等级较高的钢筋替代原设计中的纵向受力钢筋时，应按照钢筋抗拉承载力设计值相等的原则换算，并应满足最小配筋率要求。

(4)钢结构材料

①钢材的屈服强度实测值与抗拉强度实测值的比值不应大于 0.85；

②钢材应有明显的屈服台阶，且伸长率应大于 20%；

③钢材应有良好的焊接性和合格的冲击韧性；

④钢材宜采用 Q235 等级 B、C、D 的碳素结构钢及 Q345 等级 B、C、D、E 的低合金高强度结构钢；当有可靠依据时，尚可采用其他钢种和钢号；

⑤采用焊接连接的钢结构，当接头的焊接约束度较大、钢板厚度不小于 40mm 且承受沿板厚方向的拉力时，钢板厚度方向截面收缩率，不应小于国家标准《厚度方向性能钢板》(GB 50313)关于 Z15 级规定的容许值。

(5)施工

钢筋混凝土构造柱和底部框架-抗震墙房屋中的砌体抗震墙，其施工应先砌墙后浇构造柱和框架梁柱。

二、构造要求

结构抗震设计包括概念设计、抗震验算与构造要求三部分。构造要求是解决在前两部分的抗震设计与验算中尚未包括的重要和关键部分，从构造要求上加以补充，以提高结构、结构构件及节点的延性和耗能能力。具体的构造要求很多，可参阅有关规范及结构设计计算手册。下面仅提供应注意的要点。

(一)框架结构的构造措施

1. 梁的截面尺寸要求

(1)截面宽度不宜小于 200mm；

(2)截面高宽比不宜大于 4；

(3)净跨与截面高度之比不宜小于 4。

其中第(1)条是为了使梁柱节点能具有较好的约束条件，以利改善抗震性能；第(2)条是由于高宽比大于 4 后，不仅抗剪承载力下降，且易导致腹板破坏，抗震性能降低；第(3)条是由于梁净跨与截面高度之比小于 4 后，已属于短深梁，若沿用《抗震规范》中框架梁的抗震设计方法设计，则易导致剪切破坏，延性差，难以达到抗震设计要求。

2. 对梁配筋的要求

(1)纵向钢筋

梁的延性和耗能能力将随梁端截面纵向受拉钢筋配筋率及混凝土相对受压区高度的加大而降低，而且还与梁端截面底面和顶面配筋比等有关，因此梁的纵向配筋应符合下列要求：

①梁端纵向受拉钢筋的配筋率不宜大于 2.5%，且计入受压钢筋的梁端混凝土受压区高度和有效高度之比，一级不应大于 0.25，二、三级不应大于 0.35。

②梁端截面的底面和顶面纵向钢筋配筋量的比值，除按计算确定外，一级不应小于 0.5，

二、三级不应小于0.3。

③沿梁全长顶面和底面的配筋，一、二级不应少于2ϕ14，且分别不应少于梁两端顶面和底面纵向配筋中较大截面面积的1/4，三、四级不应少于2ϕ12。

④一、二、三级框架梁内贯通中柱的每根纵向钢筋直径，对矩形截面柱，不宜大于柱在该方向截面尺寸的1/20；对圆形截面柱，不宜大于纵向钢筋所在位置柱截面弦长的1/20。

(2)箍筋

在框架梁的两端为塑性铰区，加强和加密箍筋对提高梁端抗震性能有利，因此梁端加密区的箍筋应符合下列要求：

①加密区的长度、箍筋最大间距和最小直径应按表17-10-6采用，当梁端纵向受拉钢筋配筋率大于2%时，表中箍筋最小直径数值应增大2mm；

梁加密区的长度、箍筋最大间距和最小直径 表17-10-6

抗震等级	加密区长度(采用较大值)(mm)	箍筋最大间距(采用最小值)(mm)	箍筋最小直径(mm)
一	$2h_b$,500	$h_b/4,6d$,100	10
二	$1.5h_b$,500	$h_b/4,8d$,100	8
三	$1.5h_b$,500	$h_b/4,8d$,150	8
四	$1.5h_b$,500	$h_b/4,8d$,150	6

注：d为纵向钢筋直径，h_b为梁截面高度。

②加密区的箍筋肢距，一级不宜大于200mm和20倍箍筋直径的较大值，二、三级不宜大于250mm和20倍箍筋直径的较大值，四级不宜大于300mm。

3.柱的截面尺寸要求

(1)柱的截面宽度和高度均不宜小于300mm，圆柱直径不宜小于350mm；

(2)剪跨比宜大于2；

(3)截面长边与短边的边长比不宜大于3；

(4)柱轴压比不宜超过表17-10-7的规定，建造于IV类场地且较高的高层建筑，柱轴压比限值应适当减小。

柱轴压比限值 表17-10-7

结构类型	抗震等级			
	一	二	三	四
框架结构	0.65	0.75	0.85	0.90
框架-抗震墙，板柱-抗震墙、框架-核心筒及筒中筒	0.75	0.85	0.90	0.95
部分框支抗震墙	0.6	0.7	—	

注：1.轴压比指柱组合的轴压力设计值与柱的全截面面积和混凝土轴心抗压强度设计值乘积之比值，可不进行地震作用计算的结构，取无地震作用组合的轴力设计值。

2.表内限值适用于剪跨比大于2、混凝土强度等级不高于C60的柱；剪距比不大于2的柱轴压比限值应降低0.05；剪跨比小于1.5的柱，轴压比限值应专门研究并采取特殊构造措施。

3.沿柱全高采用井字复合箍且箍筋肢距不大于200mm、间距不大于100mm、直径不小于12mm，或沿柱全高采用连续复合螺旋筋，螺旋筋净距不大于100mm、箍筋肢距不大于200mm、直径不小于12mm，或沿柱全高采用连续复合矩形螺旋筋，螺旋筋净距不大于80mm、箍筋肢距不大于200mm、直径不小于10mm，轴压比限值均可增加0.10；上述三种箍筋的配筋特征值均应按增大的轴压比由表17-10-10确定。

4.在柱的截面中部附加芯柱，其中另加的纵向钢筋的总面积不少于柱截面面积的0.8%，轴压比限值可增加0.05；此项措施与注3的措施共同采用时，轴压比限值可增加0.15，但箍筋的配箍特征值仍可按增加0.10的要求确定。

5.柱轴压比不应大于1.05。

【例 17-10-2】 钢筋混凝土结构抗震设计中轴压比限值的作用是：

A. 使混凝土得到充分利用　　B. 确保结构的延性

C. 防止构件剪切破坏　　D. 防止柱的纵向屈曲

解 轴压比是指柱组合的轴压力设计值与柱的全截面面积和混凝土轴心抗压强度设计值乘积之比值。限制柱的轴压比主要是为了保证柱的塑性变形能力和保证结构的抗倒塌能力。

答案：B

4. 柱的配筋要求

(1)纵向钢筋应符合下列要求：

柱纵向钢筋的最小总配筋率应按表 17-10-8 采用，同时每一侧配筋率不应小于 0.2%；对建造于 IV 类场地且较高的高层建筑，表中的数值应增加 0.1%。

柱截面纵向钢筋的最小总配筋率(单位：%)　　表 17-10-8

类别	抗震等级			
	一	二	三	四
中柱和边柱	0.9(1.0)	0.7(0.8)	0.6(0.7)	0.5(0.6)
角柱、框支柱	1.1	0.9	0.8	0.7

注：1. 表中括号内数值用于框架结构的柱。

2. 钢筋强度标准值小于 400MPa 时，表中数值应增加 0.1，钢筋强度标准值为 400MPa 时，表中数值应增加 0.05。

3. 混凝土强度等级高于 C60 时，上述数值应相应增加 0.1。

柱的纵向钢筋配置，尚应符合下列要求：

①宜对称布置；

②截面尺寸大于 400mm 的柱，纵向钢筋间距不宜大于 200mm；

③柱的总配筋率不应大于 5%；

④一级且剪跨比不大于 2 的柱，每侧纵向钢筋配筋率不宜大于 1.2%；

⑤边柱、角柱及抗震墙端柱在小偏心受拉时，柱内纵向钢筋总截面面积应比计算值增加 25%；

⑥柱纵向钢筋的绑扎接头应避开柱端的箍筋加密区。

(2)柱的箍筋加密范围，应按下列规定采用：

①柱端，取截面高度(圆柱直径)、柱净高的 1/6 和 500mm 三者中的最大值；

②底层柱，柱根不小于柱净高的 1/3，当有刚性地面时，除柱端外尚应取刚性地面上下各 500mm；

③剪跨比不大于 2 的柱和因设置填充墙等形成的柱净高与柱截面高度之比不大于 4 的柱，取全高；

④框支柱，取全高；

⑤一级及二级框架的角柱，取全高。

(3)柱箍筋加密区的箍筋间距和直径，应符合下列要求：

①一般情况下，箍筋的最大间距和最小直径，应按表 17-10-9 采用。

柱箍筋加密区的箍筋最大间距和最小直径　　表 17-10-9

抗震等级	箍筋最大间距(采用较小值，mm)	箍筋最小直径(mm)
一	$6d$，100	10
二	$8d$，100	8
三	$8d$，150(柱根 100)	8
四	$8d$，150(柱根 100)	6(柱根 8)

②二级框架柱的箍筋直径不小于10mm且箍筋肢距不大于200mm时，除柱根外最大间距应允许采用150mm；三级框架柱的截面尺寸不大于400mm时，箍筋最小直径应允许采用6mm；四级框架柱剪跨比不大于2时，箍筋直径不应小于8mm。

③框支柱和剪跨比不大于2的柱，箍筋间距不应大于100mm。

(4)柱箍筋加密区箍筋肢距，一级不宜大于200mm，二、三级不宜大于250mm，四级不宜大于300mm。至少每隔一根纵向钢筋宜在两个方向有箍筋或拉筋约束；采用拉筋复合箍时，拉筋宜紧靠纵向钢筋并钩住箍筋。

(5)柱箍筋加密区的体积配箍率应符合下式要求：

$$\rho_v \geqslant \frac{\lambda_v f_c}{f_{yv}} \tag{17-10-1}$$

式中：ρ_v——柱箍筋加密区的体积配箍率，一级不应小于0.8%，二级不应小于0.6%，三、四级不应小于0.4%，计算复合箍的体积配箍率时，其非螺旋筋的体积应乘以换算系数0.8；

f_c——混凝土轴心抗压强度设计值，强度等级低于C35时，应按C35计算；

f_{yv}——箍筋或拉筋抗拉强度设计值；

λ_v——最小配箍特征值，宜按表17-10-10采用。

柱箍筋加密区的箍筋最小特征值 表17-10-10

抗震等级	箍筋形式	柱轴压比								
		≤0.3	0.4	0.5	0.6	0.7	0.8	0.9	1.0	1.05
一	普通箍、复合箍	0.10	0.11	0.13	0.15	0.17	0.20	0.23		
	螺旋筋、复合或连续复合矩形螺旋筋	0.08	0.09	0.11	0.13	0.15	0.18	0.21		
二	普通箍、复合箍	0.08	0.09	0.11	0.13	0.15	0.17	0.19	0.22	0.24
	螺旋筋、复合或连续复合矩形螺旋筋	0.06	0.07	0.09	0.11	0.13	0.15	0.17	0.20	0.22
三	普通箍、复合箍	0.06	0.07	0.09	0.11	0.13	0.15	0.17	0.20	0.22
	螺旋筋、复合或连续复合矩形螺旋筋	0.05	0.06	0.07	0.09	0.11	0.13	0.15	0.18	0.20

注：1.普通箍指单个矩形箍或单个圆形箍，复合箍指由矩形、多边形、圆形箍或拉筋组成的箍筋，复合螺旋筋指由螺旋筋与矩形、多边形、圆形箍或拉筋组成的箍筋，连续复合矩形螺旋筋指全部为同一根钢筋加工而成的箍筋。

2.框支柱宜采用复合螺旋筋或井字复合箍，其最小配箍特征值应比表内数值增加0.02，且体积配筋率不应小于1.5%。

3.剪跨比不大于2的柱宜采用复合螺旋筋或井字复合箍，其体积配箍率不应小于1.2%，9度一级时不应小于1.5%。

(6)柱箍筋非加密区的体积配箍率不宜小于加密区的50%；箍筋间距，一、二级框架柱不应大于10倍的纵向钢筋直径，三、四级框架柱不应大于15倍的纵向钢筋直径。

(7)框架节点核心区箍筋的最大间距和最小直径宜按表17-10-9采用，一、二、三级框架节点核心区配箍特征值分别不宜小于0.12、0.10和0.08，且体积配箍率分别不宜小于0.6%、0.5%和0.4%。柱剪跨比不大于2的框架节点核芯区配箍率不宜小于核芯区上、下柱端的较大配箍率。

5.砌体填充墙

钢筋混凝土结构中的砌体填充墙，宜与柱脱开或采用柔性连接，并应符合下列要求：

(1)填充墙在平面和竖向的布置，宜均匀对称，宜避免形成薄弱层或短柱。

(2)砌体的砂浆强度等级不应低于M5；实心块体的强度等级不宜低于MU2.5，空心块体的强度等级不宜低于MU3.5；墙顶应与框架梁密切结合。

(3)填充墙应沿框架全高每隔500～600mm设2ϕ6拉筋，拉筋伸入墙内的长度，抗震设防烈度为6度、7度时宜沿墙全长贯通，8度、9度时应沿墙全长贯通。

(4)墙长大于5m时，墙顶与梁宜有拉结；墙长超过8m或层高的2倍时，宜设置钢筋混凝土构造柱；墙高超过4m时，墙体半高宜设置与柱连接且沿墙全长贯通的钢筋混凝土水平系梁。

(二)抗震墙结构的构造措施

(1)抗震墙的厚度，一、二级不应小于160mm且不宜小于层高或无支长度的1/20，三、四级不应小于140mm且不宜小于层高或无支长度的1/25；无端柱或翼墙时，一、二级不宜小于层高或无支长度的1/16，三、四级不宜小于层高或无支长度的1/20。

底部加强部位的墙厚，一、二级不应小于200mm且不宜小于层高或无支长度的1/16，三、四级不应小于160mm且不宜小于层高或无支长度的1/20；无端柱或翼墙时，一、二级不宜小于层高或无支长度的1/12，三、四级不宜小于层高或无支长度的1/16。

(2)一、二、三级抗震墙在重力荷载代表值作用下墙肢的轴压比，一级时，9度不宜大于0.4，7、8度不宜大于0.5；二、三级时，不宜大于0.6。

注：墙肢轴压比指墙的轴压力设计值与墙的全截面面积和混凝土轴心抗压强度设计值乘积之比值。

(3)抗震墙竖向、横向分布钢筋的配筋，应符合下列要求：

①一、二、三级抗震墙的竖向和横向分布钢筋最小配筋率均不应小于0.25%，四级抗震墙分布钢筋最小配筋率不应小于0.20%。

注：高度小于24m且剪压比很小的四级抗震墙，其竖向分布筋的最小配筋率应允许按0.15%采用。

②部分框支抗震墙结构的落地抗震墙底部加强部位，竖向和横向分布钢筋配筋率均不应小于0.3%。

(4)抗震墙竖向和横向分布钢筋的配置，尚应符合下列规定：

①抗震墙的竖向和横向分布钢筋的间距不宜大于300mm，部分框支抗震墙结构的落地抗震墙底部加强部位，竖向和横向分布钢筋的间距不宜大于200mm。

②抗震墙厚度大于140mm时，其竖向和横向分布钢筋应双排布置，双排分布钢筋间拉筋的间距不宜大于600mm，直径不应小于6mm。

③抗震墙竖向和横向分布钢筋的直径，均不宜大于墙厚的1/10且不应小于8mm，竖向钢筋直径不宜小于10mm。

(5)抗震墙两端和洞口两侧应设置边缘构件，边缘构件包括暗柱、端柱和翼墙，并应符合下列要求：

①对于抗震墙结构，底层墙脚底截面的轴压比不大于表17-10-11规定的一、二、三级抗震墙及四级抗震墙，墙肢两端可设置构造边缘构件，构造边缘构件的范围可按图17-10-1采用，构造边缘构件的配筋除应满足抗弯承载力要求外，并宜符合表17-10-12的要求。

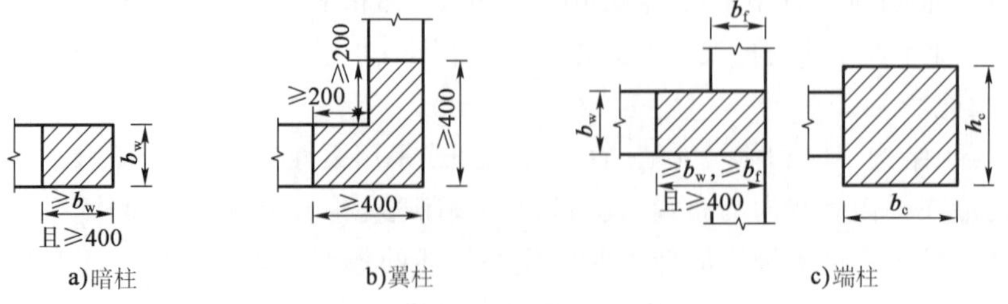

图17-10-1　抗震墙的构造边缘构件范围(尺寸单位：mm)

抗震墙设置构造边缘构件的最大轴压比 表 17-10-11

抗震等级或烈度	一级(9 度)	一级(7、8 度)	二、三级
轴压比	0.1	0.2	0.3

②底层墙肢底截面的轴压比大于表 17-10-11 规定的一、二、三级抗震墙，以及部分框支抗震墙结构的抗震墙，应在底部加强部位及相邻的上一层设置约束边缘构件，在以上的其他部位可设置构造边缘构件。约束边缘构件沿墙肢的长度、配箍特征值、箍筋和纵向钢筋宜符合表 17-10-13的要求(见图 17-10-2)。

抗震墙构造边缘构件的配筋要求 表 17-10-12

抗震等级	底部加强部位			其 他 部 位		
	纵向钢筋最小量(取较大值)	箍筋		纵向钢筋最小量(取较大值)	拉筋	
		最小直径(mm)	沿竖向最大间距(mm)		最小直径(mm)	沿竖向最大间距(mm)
一	$0.010A_c$,6ϕ16	8	100	$0.008A_c$,6ϕ14	8	150
二	$0.008A_c$,6ϕ14	8	150	$0.006A_c$,6ϕ12	8	200
三	$0.006A_c$,6ϕ12	6	150	$0.005A_c$,4ϕ12	6	200
四	$0.005A_c$,4ϕ12	6	200	$0.004A_c$,4ϕ12	6	250

注：1. A_c 为边缘构件的截面面积。

2. 其他部位的拉筋，水平间距不应大于纵筋间距的 2 倍，转角处宜采用箍筋。

3. 当端柱承受集中荷载时，其纵向钢筋、箍筋直径和间距应满足柱的相应要求。

抗震墙约束边缘构件的范围及配筋要求 表 17-10-13

项 目	一级(9 度)		一级(8 度)		二、三级	
	$\lambda \leqslant 0.2$	$\lambda > 0.2$	$\lambda \leqslant 0.3$	$\lambda > 0.3$	$\lambda \leqslant 0.4$	$\lambda > 0.4$
l_c(暗柱)	$0.20h_w$	$0.25h_w$	$0.15h_w$	$0.20h_w$	$0.15h_w$	$0.20h_w$
l_c(翼墙或端柱)	$0.15h_w$	$0.20h_w$	$0.10h_w$	$0.15h_w$	$0.10h_w$	$0.15h_w$
λ_v	0.12	0.20	0.12	0.20	0.12	0.20
纵向钢筋(取较大值)	$0.012A_c$,8ϕ16		$0.012A_c$,8ϕ16		$0.010A_c$,6ϕ16(三级 6ϕ14)	
箍筋或拉筋沿竖向间距	100mm		100mm		150mm	

注：1. 抗震墙的翼墙长度小于其 3 倍厚度或端柱截面边长小于 2 倍墙厚时，按无翼墙、无端柱查表。

2. l_c 为约束边缘构件沿墙肢长度，且不小于墙厚和 400mm；有翼墙或端柱时，不应小于翼墙厚度或端柱沿墙肢方向截面高度加 300mm。

3. λ_v 为约束边缘构件的配箍特征值，体积配箍率可按式(17-10-1)计算，并可适当计入满足构造要求且在墙端有可靠锚固的水平分布钢筋的截面面积。

4. h_w 为抗震墙墙肢长度。

5. λ 为墙肢轴压比。

6. A_c 为图 17-10-2 中约束边缘构件阴影部分的截面面积。

(6)抗震墙的墙肢长度不大于墙厚的 3 倍时，应按柱的有关要求进行设计；矩形墙肢的厚度不大于 300mm 时，尚宜全高加密箍筋。

(7)跨度比较小的高连梁，可设水平缝形成双连梁、多连梁或采取其他加强抗剪承载力的构造。顶层连梁的纵向钢筋伸入墙体的锚固长度范围内，应设置箍筋。

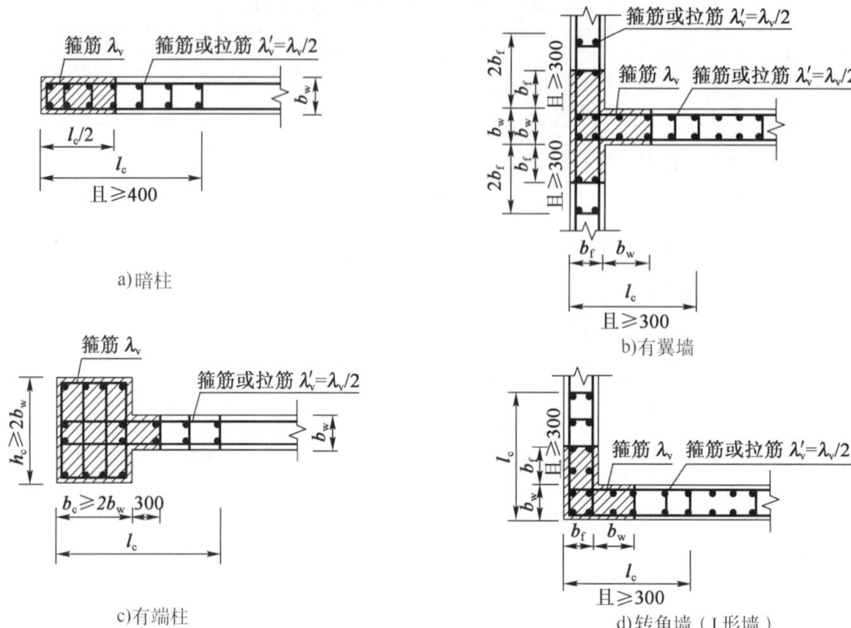

图 17-10-2　抗震墙的约束边缘构件(尺寸单位:mm)

(三)框架-抗震墙结构的构造措施

(1)框架-抗震墙结构的抗震墙厚度和边框设置,应符合下列要求:

①抗震墙的厚度不应小于 160mm 且不宜小于层高或无支长度的 1/20,底部加强部位的抗震墙厚度不应小于 200mm 且不宜小于层高或无支长度的 1/16。

②有端柱时,墙体在楼盖处宜设置暗梁,暗梁的截面高度不宜小于墙厚和 400mm 的较大值;端柱截面宜与同层框架柱相同,并应满足规范对框架柱的要求;抗震墙底部加强部位的端柱和紧靠抗震墙洞口的端柱宜按柱箍筋加密区的要求沿全高加密箍筋。

(2)抗震墙的竖向和横向分布钢筋,配筋率均不应小于 0.25%,钢筋直径不宜小于 10mm,间距不宜大于 300mm,并应双排布置,双排分布钢筋间应设置拉筋。

(3)楼面梁与抗震墙平面外连接时,不宜支承在洞口连梁上;沿梁轴线方向宜设置与梁连接的抗震墙,梁的纵筋应锚固在墙内;也可在支承梁的位置设置扶壁柱或暗柱,并应按计算确定其截面尺寸和配筋。

(4)框架-抗震墙结构的其他抗震构造措施,应符合本节框架及抗震墙的有关要求。

三、其他一些补充规定

其他一些补充规定详见《高层混凝土规程》的有关章节。

习　　题

17-10-1　三水准抗震设防标准中的“小震”是指(　　)。

A. 6 度以下的地震

B. 设计基准期内,超越概率大于 63.2%的地震

C. 设计基准期内,超越概率大于 10%的地震

D. 6 度和 7 度的地震

17-10-2 设计计算时，地震作用的大小与下列(　　)因素有关。

①建筑物的质量；②场地烈度；③建筑物本身的动力特性；④地震的持续时间。

A. ①③④　　B. ①②④　　C. ①②③　　D. ①②③④

17-10-3 《抗震规范》规定框架-抗震墙结构抗震墙的厚度不应小于(　　)。

A. 100mm　　B. 120mm　　C. 140mm　　D. 160mm

17-10-4 抗震等级为二级的框架结构，一般情况下，柱的轴压比限值为(　　)。

A. 0.65　　B. 0.9　　C. 0.75　　D. 0.85

17-10-5 高度为 24m 的框架结构，抗震设防烈度为 8 度时，防震缝的最小宽度为(　　)。

A. 100mm　　B. 160mm　　C. 120mm　　D. 140mm

第十一节　钢结构钢材性能

一、基本性能

(一)钢材的两种破坏形式

当钢材的应力超过其屈服应力，发生很大塑性变形后的破坏，称之为塑性破坏；钢材在没有明显塑性变形情况下发生的破坏，称之为脆性破坏。钢材虽然有较好的塑性，但在某一特定使用条件下，也可能发生脆性破坏。在设计、施工和使用中，应注意防止发生脆性破坏。

(二)钢材的主要机械性能

钢材的主要机械性能指标有抗拉强度、屈服强度、伸长率、冷弯性能和冲击韧性五项。前三项指标由标准拉伸试验确定，后两项指标分别由冷弯试验和冲击试验确定。钢材的机械性能指标详见有关钢结构参考用书。

抗拉强度是钢材断裂前的最大强度，表示钢材屈服后安全储备的大小。屈服强度是确定钢材强度标准值的依据。伸长率和冷弯性能是反映钢材塑性变形大小及冷加工时对出现裂缝的抵抗能力。冲击韧性是反映钢材在冲击荷载和三轴应力下抵抗脆性破坏的能力。

二、影响钢材机械性能的因素

(一)化学成分的影响

碳素钢材主要由纯铁及很少量的碳、硅、锰、硫、磷、氮、氧等元素组成。其中纯铁占 99%，其余成分占 1%。

随着含碳量的增加，钢材的强度提高，但塑性、冷弯性能、韧性、可焊性变差。钢结构用钢的含碳量一般不大于 0.22%，对焊接结构不宜大于 0.2%。硫、磷、氮、氧是对钢材性能有害的元素，硫、氧将使钢材发生热脆，磷、氮将使钢材发生冷脆，这些元素都将使钢材塑性、韧性、冷弯性能变差，在炼钢时都应严格加以限制。适当增加硅、锰、钒等元素的含量对钢材的性能会产生有利影响，但其含量通常不超过 3%，称之为低合金钢。

(二)冶金缺陷、冶炼和轧制过程的影响

常见的冶金缺陷有偏析、非金属夹杂、裂纹和分层。沸腾钢偏析元素硫和磷要比镇静钢严重。偏析将使钢材的塑性、冲击韧性、冷弯性能、可焊性变差；非金属夹杂、裂缝和分层都将使钢材抵抗塑性破坏的能力降低。

我国结构用钢的冶炼方法有碱性平炉炼钢法、顶吹氧气转炉炼钢法和侧吹碱性转炉炼钢法。这三种方法冶炼的钢材其抗拉强度、屈服强度、伸长率和冷弯性能比较接近，但冲击韧性有明显差别。其中侧吹碱性转炉钢有害元素的含量较高，性能相对较差。

根据脱氧的程度不同，钢材可分为沸腾钢、镇静钢、半镇静钢和特殊镇静钢。脱氧程度取决于脱氧剂量和种类。这几种钢所用的脱氧剂量和种类有所不同，因此对钢材性能有影响。镇静钢用锰和适量硅脱氧，脱氧程度取决于硅含量；沸腾钢采用锰脱氧，两者相比，前者比后者机械性能及可焊性好，但成本高、成品率较低、表面质量较差。

钢材的轧制不仅改变钢材的形状与尺寸，也改变了钢材的内部组织与性能。它使钢材的强度提高，但塑性和韧性降低。因此同一钢材按轧制的厚度或直径分成若干组，取不同的强度设计值。

（三）钢材硬化的影响

1.时效硬化

时效硬化指随着时间的延长，钢材的强度提高、塑性和韧性降低的现象。

2.应变硬化

应变硬化指钢材冷加工产生塑性变形后，屈服强度提高、塑性和韧性降低的现象。

3.应变时效

应变时效指应变硬化和时效硬化的复合作用。

钢材经过硬化后会变脆，常成为裂缝产生的原因。普通钢结构不利用硬化现象所提高的强度，对承受动力荷载作用的重要结构，还应将冷作硬化的边缘部分除去。

（四）温度的影响

当温度升高，开始时的钢材强度和弹性模量基本不变，塑性的变化也不大。当 $t \geqslant 160℃$ 时，随着 t 的增加钢材的强度略有下降，塑性增加。当温度 $t \approx 250℃$ 时，钢材的抗拉强度提高而塑性和冲击韧性下降，这种现象称为“蓝脆现象”（表面氧化膜呈现蓝色），应避免钢材在蓝脆温度范围内进行热加工。当温度超过 300℃以后，屈服点和极限强度显著下降，达到 600℃时强度几乎等于零。

当钢材的温度从常温下降时，其强度略有提高而塑性和冲击韧性有所下降（变脆）。特别是当温度下降到某一数值时，钢材的冲击韧性突然急剧下降，试件断口属于脆性破坏，这种现象称为低温冷脆现象。因此在低温工作的结构（$t < -20℃$），特别是低温下承受动力荷载时，应保证负温（$-20℃$或$-40℃$）冲击韧性合格。

（五）应力集中的影响

当构件内部存在构造缺陷或截面急剧改变时都将产生应力集中。应力集中将使钢材抗拉强度提高，屈服点变得不明显，塑性变小变脆，是造成构件脆断的主要原因之一。设计和加工时应避免截面陡变、产生刻槽等缺陷，表面应尽可能光滑。

（六）复杂应力作用下的影响

根据材料力学能量强度理论，在复杂应力作用下，当钢材的折算应力 $\sigma_{eq} < f_y$ 时，钢材处于弹性状态；当 $\sigma_{eq} \geqslant f_y$ 时，钢材进入塑性状态。其折算应力按式(17-11-1)计算

$$\sigma_{eq} = \sqrt{\frac{1}{2}[(\sigma_1 - \sigma_2)^2 + (\sigma_2 - \sigma_3)^2 + (\sigma_3 - \sigma_1)^2]} \tag{17-11-1}$$

很明显，当三个主应力 σ_1、σ_2、σ_3 同号且相差不大时，即使 $|\sigma_1| > f_y$、$|\sigma_2| > f_y$、$|\sigma_3| > f_y$

时，也很难使$\sigma_{eq}\geqslant f_y$（进入塑性状态），至破坏时塑性变形不明显，呈脆性破坏特征。钢材破坏状态与三个主应力的大小与符号有关。

（七）重复荷载作用下的影响

钢材在重复荷载作用下的疲劳强度取决于应力循环中的最大应力值、最大应力与最小应力比值、应力循环次数，以及钢材本身的应力集中，而与钢材的静力强度关系不大。

三、结构钢种类

在钢结构设计文件中，应注明采用的钢材牌号（包括质量等级、脱氧方法、供货条件等）、连接材料的型号（或钢号）和对钢材所要求的力学性能、化学成分及其他的附加保证项目。

（1）普通碳素钢按规定应保证的条件分为甲类钢、乙类钢、特类钢三类，建筑结构常用甲类钢材。

甲类钢——按机械性能供应的钢。

乙类钢——按化学成分供应的钢。

特类钢——按机械性能与化学成分供应的钢。

（2）普通碳素钢，按炼钢炉种类分为平炉钢、氧气转炉钢、空气转炉钢。

（3）普通碳素钢，按脱氧程度分为沸腾钢、镇静钢、半镇静钢。

（4）低合金高强度钢是加入适量硅、锰、钒等元素，使钢材的力学性能提高。常用的钢号有Q345、Q390、Q420和Q460。

【例 17-11-1】 建筑钢结构经常采用的钢材牌号是Q345，其中345表示的是：

A. 抗拉强度　　B. 弹性模量　　C. 屈服强度　　D. 合金含量

解 碳素结构钢的牌号由代表屈服点的字母、屈服强度、质量等级符号、脱氧方法四个部分组成。如Q235-B. F，Q表示钢材屈服强度，235表示屈服强度为235N/mm^2，B表示质量等级，F表示沸腾钢。

答案：C

四、钢材的选用

为保证承重结构的承载能力和防止在一定条件下出现脆性破坏，应根据结构的重要性、荷载特征、结构形式、应力状态、连接方法、钢材厚度和工作环境等因素综合考虑，选用合适的钢材牌号和材性。

钢材宜采用Q235、Q345、Q390、Q420、Q460和Q345GJ钢，其质量应分别符合现行国家标准《碳素结构钢》（GB/T 700）、《低合金高强度结构钢》（GB/T 1591）和《建筑结构用钢板》（GB/T 19879）的规定。

承重结构所用的钢材应具有屈服强度、抗拉强度、断后伸长率和硫、磷含量的合格保证，对焊接结构尚应具有碳当量的合格保证。

焊接承重结构以及重要的非焊接承重结构采用的钢材应具有冷弯试验的合格保证，对直接承受动力荷载或需验算疲劳的构件所用钢材尚应具有冲击韧性的合格保证。

钢材质量等级应符合下列规定：

（1）A级钢仅可用于结构工作温度高于0℃的不需要验算疲劳的结构，且Q235A钢不宜用于焊接结构。

（2）需验算疲劳的焊接结构用钢材应符合下列规定：

①当工作温度 $t>0$℃时，其质量等级不应低于 B 级；

②当工作温度 0℃ $\geqslant t>-20$℃时，Q235、Q345 钢的质量等级不应低于 C 级，Q390、Q420 及 Q460 钢的质量等级不应低于 D 级；

③当工作温度 $t\leqslant-20$℃时，Q235 钢和 Q345 钢的质量等级不应低于 D 级，Q390 钢、Q420 钢、Q460 钢的质量等级应选用 E 级。

(3)需验算疲劳的非焊接结构，其钢材质量等级要求可较上述焊接结构降低一级但不应低于 B 级。吊车起重量不小于 50t 的中级工作制吊车梁，其质量等级要求应与需要验算疲劳的构件相同。

工作温度 $t\leqslant-20$℃的受拉构件及承重构件的受拉板材应符合下列规定：

(1)所用钢材厚度或直径不宜大于 40mm，其质量等级不宜低于 C 级；

(2)当钢材厚度或直径不小于 40mm 时，其质量等级不宜低于 D 级。

【例 17-11-2】 结构钢材牌号 Q345C 和 Q345D 的主要区别在于：

A. 抗拉强度不同　　B. 冲击韧性不同

C. 含碳量不同　　D. 冷弯角不同

解 钢材牌号最后的字母代表冲击韧性合格保证，其中 A 级为不要求 V 型冲击试验，B 级为具有常温冲击韧性合格保证。对于 Q235 和 Q345 钢，C 级为具有 0℃（工作温度 -20℃ $<t\leqslant 0$℃）冲击韧性合格保证，D 级为具有 -20℃（工作温度 $t\leqslant-20$ ℃）冲击韧性合格保证，B 选项正确。

答案：B

【例 17-11-3】 结构钢材的主要力学性能指标包括：

A. 屈服强度、抗拉强度和伸长率　　B. 可焊性和耐候性

C. 碳、硫和磷含量　　D. 冲击韧性和屈强比

解 钢材的主要力学指标包括屈服强度、抗拉强度和伸长率。对于低温条件下的结构钢材，还应有冲击韧性的合格保证。

答案：A

五、钢材强度设计值的折减

计算下列情况的结构构件或连接时，强度设计值应乘以相应的折减系数。

(1)单面连接的单角钢：

①按轴心受力计算强度和连接　　0.85

②按轴心受压计算稳定性

等边角钢　　$0.6+0.0015\lambda$，但不大于 1.0

短边相连的不等边角钢　　$0.6+0.0025\lambda$，但不大于 1.0

长边相连的不等边角钢　　0.70

λ 为长细比，对中间无连系的单角钢压杆，应按最小回转半径计算。当 $\lambda<20$ 时，取 $\lambda=20$。

(2)无垫板的单面施焊对接焊缝　　0.85

(3)施工条件较差的高空安装焊缝和铆钉连接　　0.90

(4)沉头和半沉头铆钉连接　　0.80

注：当几种情况同时存在时，其折减系数应连乘。

习　题

17-11-1　钢结构一般不会因偶然超载或局部超载而突然断裂，这是由于钢材具有(　　)。

A. 良好的塑性　　B. 良好的韧性

C. 均匀的内部组织　　D. 良好的弹性

17-11-2　下面四种因素中，(　　)对钢材的疲劳强度影响不显著。

A. 应力集中的程度　　B. 应力循环次数

C. 钢材强度　　D. 最大最小应力的比值

17-11-3　起重量为75t的中级工作制吊车梁(焊接)，处于−20℃的露天料场，应采用的钢号为(　　)。

A. Q235-A. F　　B. Q235-B. b　　C. Q235-C　　D. Q235-D

17-11-4　焊接残余应力对构件的(　　)无影响。

A. 变形　　B. 静力强度

C. 疲劳强度　　D. 整体稳定性

第十二节　钢结构基本构件

一、轴心受力构件

(一)轴心受拉构件

1. 强度计算

轴心受拉构件的强度(除摩擦型高强度螺栓连接处外)应按下式计算

毛截面屈服：

$$\sigma = \frac{N}{A} \leqslant f \tag{17-12-1}$$

净截面断裂

$$\sigma = \frac{N}{A_n} \leqslant 0.7 f_u \tag{17-12-2}$$

式中：N——所计算截面处的拉力设计值；

f——钢材的抗拉强度设计值；

A——构件的毛截面面积；

A_n——构件的净截面面积，当构件多个截面有孔时，取最不利的截面；

f_u——钢材的抗拉强度最小值。

【例 17-12-1】　设计螺栓连接的槽钢柱间支撑时，应计算支撑构件的：

A. 净截面惯性矩　　B. 净截面面积

C. 净截面扭转惯性矩　　D. 净截面扇性惯性矩

解　支撑一般按拉杆设计，所以应取净截面面积计算其抗拉强度设计值。

答案：B

2. 刚度验算

为防止制作、运输安装和使用中出现刚度不足现象，对于桁架、支撑等受拉构件应按下式验算其长细比

$$\lambda_{max} = \left(\frac{l_0}{i}\right)_{max} \leqslant [\lambda] \tag{17-12-3}$$

式中：λ_{max}——两个主轴方向长细比的较大值；

$[\lambda]$——构件的容许长细比，《钢结构设计标准》(GB 50017—2017)(以下简称《钢结构标准》)规定的受压、受拉构件的容许长细比见表 17-12-1 和表 17-12-2。

受压构件的长细比容许值 表 17-12-1

构 件 名 称	容许长细比
轴心受压柱、桁架和天窗架中的压杆	150
柱的缀条、吊车梁或吊车桁架以下的柱间支撑	150
支撑	200
用以减小受压构件计算长度的杆件	200

注：1. 当杆件内力设计值不大于承载能力的 50%时，容许长细比值可取 200。

2. 计算单角钢受压构件的长细比时，应采用角钢的最小回转半径，但计算在交叉点相互连接的交叉杆件平面外的长细比时，可采用与角钢肢边平行轴的回转半径。

3. 跨度等于或大于 60m 的桁架，其受压弦杆、端压杆和直接承受动力荷载的受压腹杆的长细比不宜大于 120。

4. 验算容许长细比时，可不考虑扭转效应。

受拉构件的容许长细比 表 17-12-2

构 件 名 称	承受静力荷载或间接承受动力荷载的结构			直接承受动力荷载的结构
	一般建筑结构	对腹杆提供平面外支点的弦杆	有重级工作制起重机的厂房	
桁架的构件	350	250	250	250
吊车梁或吊车桁架以下柱间支撑	300	—	200	—
除张紧的圆钢外的其他拉杆、支撑、系杆等	400	—	350	—

注：1. 除对腹杆提供平面外支点的弦杆外，承受静力荷载的结构受拉构件，可仅计算竖向平面内的长细比。

2. 在直接或间接承受动力荷载的结构中，计算单角钢受拉构件的长细比时，应采用角钢的最小回转半径，但计算在交叉点相互连接的交叉杆件平面外的长细比时，可采用与角钢肢边平行轴的回转半径。

3. 中、重级工作制吊车桁架下弦杆的长细比不宜超过 200。

4. 在设有夹钳或刚性料耙等硬钩起重机的厂房中，支撑的长细比不宜超过 300。

5. 受拉构件在永久荷载与风荷载组合作用下受压时，其长细比不宜超过 250。

6. 跨度等于或大于 60m 的桁架，其受拉弦杆和腹杆的长细比，承受静力荷载或间接承受动力荷载时不宜超过 300，直接承受动力荷载时，不宜超过 250。

7. 柱间支撑按拉杆设计时，竖向荷载作用下柱子的轴力应按无支撑时考虑。

【例 17-12-2】 设计钢结构圆管截面支撑压杆时，需要计算构件的：

A. 挠度 B. 弯扭稳定性 C. 长细比 D. 扭转稳定性

解：根据《钢结构标准》第 7.4.6 条表 7.4.6，受压的支撑构件，其容许长细比为 200。

答案：C

（二）轴心受压构件

1. 实腹式

（1）强度计算

实腹式轴心受压构件的强度（除摩擦型高强度螺栓连接处外）应按式（17-12-1）、式（17-12-2）计算。

（2）稳定性计算

轴心受压构件尚应按下式计算其稳定性

$$\sigma=\frac{N}{\varphi Af}\leqslant 1.0 \tag{17-12-4}$$

式中：N——轴心压力设计值；

A——构件的毛截面面积；

φ——轴心受压构件的稳定系数（取截面两主轴稳定系数的较小者），应根据构件的长细比、钢材屈服强度和截面分类（截面分为 a、b、c 和 d 类），按《钢结构标准》附录 D 采用。

（3）抗剪计算

轴心受压构件所承受的剪力由下式计算

$$V\leqslant\frac{Af}{85\varepsilon_k} \tag{17-12-5}$$

$$\varepsilon_k=\sqrt{235/f_y}$$

并认为剪力设计值沿构件全长不变。对实腹式轴心受压构件一般可不进行抗剪计算。对格构式轴心受压构件，剪力 V 应由承受该剪力的缀材面（包括整体连接板的面）分担。

（4）局部稳定验算

板件的局部失稳不能先于构件的整体失稳。要保证构件的局部稳定性，必须控制板件的宽厚比。为此《钢结构标准》规定，在轴心受压构件中，翼缘板自由外伸宽度 b 与其厚度 t_f 之比，应符合下列要求

$$\frac{b}{t_f}\leqslant(10+0.1\lambda)\varepsilon_k \tag{17-12-6}$$

在工字形及 H 形截面的轴心受压构件中，腹板计算高度 h_0 与其厚度 t_w 之比，应符合下列要求

$$\frac{h_0}{t_w}\leqslant(25+0.5\lambda)\varepsilon_k \tag{17-12-7}$$

式中：λ——构件两个方向长细比的较大值，当 $\lambda<30$ 时，取 $\lambda=30$，当 $\lambda>100$ 时，取 $\lambda=100$。

2. 格构式

（1）格构式构件分类

格构式构件分为缀板式构件和缀条式构件。

（2）格构式构件与实腹式构件在设计上的主要区别

①格构式构件绕虚轴的整体稳定性必须考虑剪切变形的影响（应满足换算长细比限值）；

②除验算整体稳定性外，还应验算格构式构件的分肢的稳定性（应满足分肢长细比限值）；

③对格构式构件的缀材应进行计算。

【例 17-12-3】 钢结构轴心受拉构件的刚度设计指标是：

A. 荷载标准值产生的轴向变形　　B. 荷载标准值产生的挠度

C. 构件的长细比　　　　D. 构件的自振频率

解　钢结构轴心受拉构件的轴向变形一般不需要计算，选项 A 错误。荷载标准值下产生的挠度为受弯构件的一个刚度设计指标，选项 B 错误。自振频率为构件的固有动态参数，选项 D 错误。钢结构轴心受拉构件除了应进行强度计算外，还应进行刚度验算，对不同的受拉构件，《钢结构标准》规定了构件的容许长细比来满足刚度要求。

答案：C

【例 17-12-4】　轴心受压钢构件常见的整体失稳模态是：

A. 弯曲失稳　　　　B. 扭转失稳

C. 弯扭失稳　　　　D. 以上三个都是

解　轴心受压构件整体失稳的破坏形式与截面形式有关。一般情况下，双轴对称截面，如工字形截面、H 形截面在失稳时只出现弯曲变形，称为弯曲失稳。单轴对称截面，如不对称工字形截面、T 形截面等在绕非对称轴失稳时是弯曲失稳，而绕对称轴失稳时，不仅出现弯曲变形还有扭转变形，称为弯扭失稳。对于十字形截面和 Z 形截面，除出现弯曲失稳外，还可能出现只有扭转变形的扭转失稳。

答案：D

二、受弯构件（梁）

（一）型钢梁

1. 强度计算

（1）抗弯强度

在主平面内受弯的实腹构件，其抗弯强度应按下式计算

$$\frac{M_x}{\gamma_x W_{nx}} + \frac{M_y}{\gamma_y W_{ny}} \leqslant f \tag{17-12-8}$$

式中：M_x、M_y——分别为同一截面处绕 x 轴和 y 轴的弯矩（对工字形截面，x 轴为强轴，y 轴为弱轴）；

W_{nx}、W_{ny}——分别为对 x 轴、y 轴的净截面模量；

γ_x、γ_y——分别为沿 x 轴、y 轴的截面塑性发展系数，对工字形截面，$\gamma_x=1.05$，$\gamma_y=1.20$，对箱形截面 $\gamma_x=\gamma_y=1.05$，对其他截面，可按《钢结构标准》表 8.1.1 采用，需要计算疲劳的梁宜取 $\gamma_x=\gamma_y=1.0$。

（2）抗剪强度

$$\tau = \frac{VS}{It_w} \leqslant f_v \tag{17-12-9}$$

式中：V——计算截面沿腹板平面作用的剪力；

S——计算剪应力处以上（或以下）毛截面对中和轴的面积矩；

I——毛截面惯性矩；

t_w——腹板厚度；

f_v——钢材的抗剪强度设计值。

（3）局部抗压强度

当梁上翼缘作用有沿腹板平面的集中荷载，且该荷载又未设置支承加劲肋时，腹板计算高度上边缘的局部抗压强度按下式计算

$$\sigma_c = \frac{\psi F}{t_w l_z} \leqslant f \tag{17-12-10}$$

式中：F——集中荷载，对动力荷载应考虑动力系数；

ψ——集中荷载增大系数，对重级工作制吊车梁，$\psi=1.35$，对其他梁，$\psi=1.0$；

l_z——集中荷载按 45°扩散在腹板计算高度上边缘的假定分布长度，其值应根据支座具体尺寸确定。

【例 17-12-5】 设计一悬臂钢架如图所示，最合理的截面形式是：

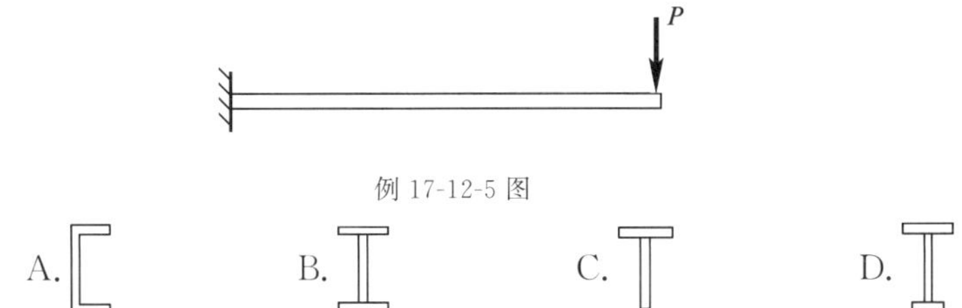

例 17-12-5 图

解 根据悬臂梁的受力特点可知，上翼缘承受拉应力，下翼缘承受压应力，钢材的抗拉、抗压强度相同，故应选择上、下翼缘面积相同的截面形式。

答案：B

2.整体稳定计算

(1)当铺板密铺在梁的受压翼缘上并与其牢固相连，能阻止梁受压翼缘的侧向位移时，可不计算梁的整体稳定性。

(2)当箱形截面简支梁满足第(1)项要求或其截面尺寸满足 $h/b_0 \leqslant 6$，$l_1/b_0 \leqslant 95\varepsilon_k^2$ 时，可不计算整体稳定性。其中，h 为梁高，b_0 为两腹板间的距离，l_1 为受压翼缘侧向支承点间的距离(梁的支座处视为有侧向支承)。

当不满足以上情况时，在最大刚度主平面内受弯的构件，其整体稳定性应按下式计算

$$\frac{M_x}{\varphi_b W_x f} \leqslant 1.0 \tag{17-12-11}$$

在两个主平面内受弯的 H 型钢截面或工字形截面构件，其整体稳定性应按下式计算

$$\frac{M_x}{\varphi_b W_x f} + \frac{M_y}{\gamma_y W_y f} \leqslant 1.0 \tag{17-12-12}$$

上述式中：M_x、M_y——分别为绕强轴(x 轴)、弱轴(y 轴)作用的最大弯矩；

W_x、W_y——分别为按受压纤维确定的对 x 轴、y 轴的毛截面模量；

φ_b——绕强轴弯曲所确定的梁整体稳定系数($\varphi_b>0.6$ 时应修正)。

3.挠度验算

$$f_{max} \leqslant [f] \tag{17-12-13}$$

式中：f_{max}——按全部荷载标准值计算的梁最大挠度值；

$[f]$——受弯构件挠度容许值，按《钢结构标准》采用。

(二)组合梁

组合梁的强度、刚度及整体稳定性验算公式与型钢梁相同，但应注意翼缘与腹板的局部稳定。根据翼缘失稳不先于构件破坏的原则，按弹性设计时($\gamma_x=1.0$)，梁受压翼缘自由外伸宽度 b 与其厚度 t 之比，应符合下式要求

$$\frac{b}{t} \leqslant 15\varepsilon_k \tag{17-12-14}$$

四、疲劳计算

(1)直接承受动力荷载重复作用的结构构件及其连接,当应力变化的循环次数 $n \geqslant 5 \times 1.0^4$ 次时,应进行疲劳计算。

(2)重级工作制吊车梁和重级、中级工作制吊车桁架,应进行疲劳计算。

(3)对非焊接的构件和连接,其应力循环中不出现拉应力的部位可不计算疲劳强度。

(4)需要疲劳计算的构件所用钢材应具有冲击韧性的合格保证,钢材质量等级应符合《钢结构标准》的相关规定。

(5)疲劳计算应采用基于名义应力的容许应力幅法,名义应力应按弹性状态计算。容许应力幅按构件和连接类别、应力循环次数以及计算部位的板件厚度确定。

【例 17-12-7】 设计起重量为 $Q=100\text{t}$ 的钢结构焊接工字形截面吊车梁且应力变化的循环次数 $n \geqslant 5 \times 10^4$ 次时,截面塑性发展系数取:

A. 1.05　　B. 1.2　　C. 1.15　　D. 1.0

解 《钢结构标准》第 16.1.1 条规定,直接承受动力荷载重复作用的钢结构构件,当应力变化的循环次数 $n \geqslant 5 \times 10^4$ 次时,应进行疲劳计算;第 6.1.2 条第 3 款规定,对需要计算疲劳的梁,其截面塑性发展系数宜取 1.0。

答案:D

五、构造要求

基本构件的构造要求详见《钢结构标准》的有关规定。

习　　题

17-12-1　钢结构轴心受压构件的整体稳定性系数 φ 与下列(　　)因素有关。

A. 构件的截面类别和构件两端的支承情况

B. 构件的截面类别、长细比及构件两个方向的长度

C. 构件的截面类别、长细比和钢材的钢号

D. 构件的截面类别和构件计算长度系数

17-12-2　双轴对称工字形简支梁,有跨中荷载作用于腹板平面内,作用点位于(　　)时,整体稳定性最好。

A. 形心位置　　B. 上翼缘

C. 下翼缘　　D. 形心与上翼缘之间

17-12-3　承受动力荷载的焊接工字形截面简支梁,在验算翼缘局部稳定性时,要求受压翼缘自由外伸宽度 b 与其厚度 t 的比满足(　　)。

A. $b/t \leqslant 13\varepsilon_k$　　B. $b/t \leqslant 18\varepsilon_k$

C. $b/t \leqslant 40\varepsilon_k$　　D. $b/t \leqslant 15\varepsilon_k$

17-12-4　配置加劲肋是提高焊接组合梁腹板局部稳定性的有效措施,当 $h_0/t_w > 170\varepsilon_k$ 时,(　　)。

A. 可能发生剪切失稳,应配置横向加劲肋

B. 可能发生弯曲失稳,应配置纵向加劲肋

C. 剪切失稳与弯曲失稳均可能发生，应同时配置横向加劲肋和纵向加劲肋

D. 可能发生剪切失稳，应配置纵向加劲肋

第十三节　钢结构的连接设计计算

钢结构的连接方法有焊缝连接、铆钉连接、普通螺栓连接和高强度螺栓连接。焊接是钢结构的最主要连接方法。

一、焊接连接

焊接方法有电弧焊、气焊、电渣焊和电阻焊等。焊接的形式有平接、搭接、T形连接和角接四种。焊缝形式主要有对接焊缝和角焊缝。焊缝质量检验一般可用外观检查及无损检验。焊缝质量检验和质量标准分为三级：一级焊缝的检验项目除外观检查与超声波检验外，还需进行X射线检验；二级焊缝的检验项目是外观检查与超声波检验；三级焊缝的检验项目是对全部焊缝作外观检查。钢结构中一般采用三级焊缝，但对较大拉应力的对接焊缝、直接承受动力荷载构件的较重要焊缝以及对动力和疲劳性能要求较高的焊缝，应采用不低于二级的焊缝。

（一）对接焊缝

对接焊缝通常有五种截面形式：不剖口的矩形，剖口的V形、X形、U形和K形。这种焊缝的优点是用料经济、传力均匀，没有显著的应力集中。对于承受动力荷载作用的结构采用对接焊缝最为有利。

1. 强度计算

(1)在对接接头和T形接头中，垂直于轴心拉力或压力的对接焊缝，其强度按下式计算

$$\sigma=\frac{N}{l_w h_e}\leqslant f_t^w(f_c^w) \tag{17-13-1}$$

(2)在对接接头和T形接头中，承受弯矩和剪力共同作用的对接焊缝，其正应力和剪应力应按式(17-13-2)和式(17-13-3)分别进行计算；但在同时受有较大正应力和剪应力处(如梁腹板横向对接焊缝的端部)，应按式(17-13-4)计算折算应力

$$\sigma=\frac{M}{W_f}\leqslant f_t^w \tag{17-13-2}$$

$$\tau=\frac{VS_f}{I_f h_e}\leqslant f_v^w \tag{17-13-3}$$

$$\sqrt{\sigma^2+3\tau^2}\leqslant 1.1f_t^w \tag{17-13-4}$$

上述式中：N——轴心拉力或压力设计值；

M——弯矩设计值；

V——剪力设计值；

l_w——焊缝计算长度，当焊缝无法采用引弧板或引出板施焊时，计算中应将每条焊缝的长度减去$2t$；

h_e——在对接接头中为连接板件的较小厚度，在T形接头中为腹板的厚度；

W_f——焊缝的截面模量；

I_f——焊缝截面惯性矩；

S_f——焊缝截面面积矩；

f_t^w、f_c^w、f_v^w——分别为对接焊缝抗拉、抗压和抗剪强度设计值。

(3)当承受轴心力作用的板件用斜焊缝对接，焊缝与作用力间的夹角 θ 符合 $\tan\theta \leqslant 1.5$ 时，其强度可不计算。

2. 构造要求

(1)对接焊缝的坡口形式，宜根据板厚和施工条件按有关现行国家标准的要求选用。

(2)在对接焊缝的拼接处，当焊件的宽度不同或厚度在一侧相差 4mm 以上时，应分别在宽度方向或厚度方向从一侧或两侧做成坡度不大于 1∶2.5 的斜角；直接承受动力荷载作用且需要进行疲劳验算的结构，斜角坡度不应大于 1∶4。当厚度不同时，焊缝坡口形式应根据较薄焊件厚度要求确定。

(3)当采用部分焊透的对接焊缝时，应在设计图中注明坡口的形式和尺寸，其计算厚度 h_e(mm)不得小于 $1.5\sqrt{t}$，t 为焊件的较大厚度(mm)。在直接承受动力荷载作用的结构中，垂直于受力方向的焊缝不宜采用部分焊透的对接焊缝。

(二)直角角焊缝

1. 强度计算

(1)在通过焊缝形心的拉力、压力或剪力作用下

正面角焊缝(作用力垂直于焊缝长度方向)的强度按下式计算

$$\sigma_f = \frac{N}{h_e l_w} \leqslant \beta_f f_f^w \tag{17-13-5}$$

侧面角焊缝(作用力平行于焊缝长度方向)的强度按下式计算

$$\tau_f = \frac{N}{h_e l_w} \leqslant f_f^w \tag{17-13-6}$$

(2)在各种力的综合作用下，σ_f 和 τ_f 共同作用处

$$\sqrt{\left(\frac{\sigma_f}{\beta_f}\right)^2 + \tau_f^2} \leqslant f_f^w \tag{17-13-7}$$

上述式中：σ_f——按焊缝有效截面($h_e l_w$)计算，垂直于焊缝长度方向的应力；

τ_f——按焊缝有效截面计算，沿焊缝长度方向的剪应力；

h_e——角焊缝的计算厚度，当两焊件间隙 $b \leqslant 1.5$mm 时，$h_e = 0.7h_f$，当 1.5mm $< b \leqslant$ 5mm 时，$h_e = 0.7(h_f - b)$，h_f 为焊脚尺寸；

l_w——角焊缝的计算长度，对每条焊缝取其实际长度减去 $2h_f$；

f_f^w——角焊缝的强度设计值；

β_f——正面角焊缝的强度设计值增大系数，对承受静力荷载作用和间接承受动力荷载作用的结构，$\beta_f = 1.22$，对直接承受动力荷载作用的结构，$\beta_f = 1.0$。

2. 构造要求

(1)角焊缝最小焊脚尺寸宜按表 17-13-1 取值，承受动荷载作用的角焊缝焊脚尺寸不宜小于 5mm。

角焊缝最小焊脚尺寸(单位：mm)　　表 17-13-1

母材厚度 t	角焊缝最小焊脚尺寸 h_f
$t \leqslant 6$	3

续上表

母材厚度 t	角焊缝最小焊脚尺寸 h_f
$6 < t \leqslant 12$	5
$12 < t \leqslant 20$	6
$t > 20$	8

注：1. 采用不预热的非低氢焊接方法进行焊接时，t 等于焊接连接部位中较厚件厚度，宜采用单道焊缝；采用预热的非低氢焊接方法或低氢焊接方法进行焊接时，t 等于焊接连接部位中较薄件厚度；

2. 焊缝尺寸 h_f 不要求超过焊接连接部位中较薄件厚度的情况除外。

(2)断续角焊缝焊段的最小长度不应小于最小计算长度。

(3)角焊缝的最小计算长度应为其焊脚尺寸(h_f)的 8 倍，且不应小于 40mm；焊缝计算长度应为扣除引弧、收弧长度后的焊缝长度。

(4)被焊构件中较薄板厚度不小于 25mm 时，宜采用开局部坡口的角焊缝。

(5)采用角焊缝焊接连接，不宜将厚板焊接到较薄板上。

(6)角焊缝的搭接焊缝连接中，当焊缝计算长度 l_w 超过 $60h_f$ 时，焊缝的承载力设计值应乘以折减系数 α_f，$\alpha_f = 1.5 - \dfrac{l_w}{120h_f}$，并不小于 0.5。

【例 17-13-1】 焊接 T 形截面构件中，腹板和翼缘相交处的纵向焊接残余应力为：

A. 压应力　　B. 拉应力　　C. 剪应力　　D. 零

解 焊接 T 形截面构件，腹板与翼缘用焊缝顶接，翼缘与腹板相交处因焊缝收缩受到两边钢板的阻碍而产生纵向拉应力。

答案：B

二、普通螺栓连接

普通螺栓根据加工精度分为 A、B 和 C 三级。C 级螺栓(粗制螺栓)连接的抗剪性能较差，主要用于受拉安装连接、次要结构或可拆卸结构的受剪连接以及安装时的临时定位连接。

(一)普通螺栓连接计算

普通螺栓连接可分为受剪螺栓连接和受拉螺栓连接。受剪螺栓连接依靠螺杆抗剪和孔壁承压传力，可能发生以下五种破坏形式：螺杆剪断、孔壁挤压破坏、连接板净截面被拉或压破坏、连接板端部剪坏和螺杆受弯破坏。前三种破坏通过计算避免，后两种可通过构造措施避免。

在受拉连接中考虑到可能存在撬力而产生附加拉力，将螺栓的抗拉强度设计值 f_t^b 取为 80% 的钢材抗拉强度设计值 f，即 $f_t^b = 0.8f$。

受剪或受拉螺栓连接的计算步骤是，先按式(17-13-8)～式(17-13-10)计算单个螺栓承载力设计值，然后对螺栓连接进行内力分析，并使最不利螺栓的内力不大于单个螺栓的承载力设计值。

1. 受剪连接

在普通螺栓的受剪连接中，每个螺栓的承载力设计值应取抗剪和抗压承载力设计值中的较小者：

抗剪承载力设计值

$$N_v^b = n_v \frac{\pi d^2}{4} f_v^b \tag{17-13-8}$$

抗压承载力设计值

$$N_c^b = d f_c^b \sum t \tag{17-13-9}$$

上述式中：n_v——受剪面数目；

d——螺栓杆直径；

$\sum t$——在不同受力方向中一个受力方向承压构件总厚度的较小值；

f_v^b、f_c^b——分别为螺栓的抗剪和抗压强度设计值。

2.受拉连接

在普通螺栓的受拉连接中，每个螺栓的承载力设计值应按下式计算

$$N_t^b = \frac{\pi d_e^2}{4} f_t^b \tag{17-13-10}$$

式中：d_e——螺栓在螺纹处的有效直径；

f_t^b——螺栓的抗拉强度设计值。

（二）构造要求

（1）A 级螺栓用于 $d \leqslant 24$mm 和 $l \leqslant 10d$ 或 $l \leqslant 150$mm（按较小值）的螺栓，B 级螺栓用于 $d > 24$mm 和 $l > 10d$ 或 $l > 150$mm（按较小值）的螺栓。d 为公称直径，l 为螺杆公称长度。

（2）A、B 级螺栓孔的精度和孔壁表面粗糙度，C 级螺栓孔的允许偏差和孔壁表面粗糙度，均应符合现行国家标准《钢结构工程施工质量验收规范》（GB 50205）的要求。

（3）每一杆件在节点上以及拼接接头的一端，永久性螺栓数目不宜少于 2 个。对组合构件的缀条，其端部连接可采用 1 个螺栓。

（4）C 级螺栓宜用于沿其杆轴线方向受拉的连接，在下列情况下可用于受剪连接：

①承受静力荷载或间接承受动力荷载作用的结构中的次要连接；

②承受静力荷载作用的可拆卸结构的连接；

③临时固定构件用的安装连接。

（5）对直接承受动力荷载作用的普通螺栓受拉连接，应采用双螺帽或其他防止螺帽松动的有效措施。

（6）沿杆轴方向受拉的螺栓连接中的端板（法兰板），应适当增强其刚度（如加设加劲肋），以减少撬力对螺栓抗拉承载力的不利影响。

三、高强度螺栓连接

高强度螺栓的连接可分为摩擦型高强度螺栓连接和承压型高强度螺栓连接。前者只靠被连接板件的摩擦力传力，以摩擦力被克服作为承载能力的极限状态；后者起初靠摩擦力传力，摩擦被克服后依靠栓杆抗剪和承压传力，以栓杆剪切或孔壁承压破坏作为受剪的极限状态，并要求在正常使用状态下（取荷载标准值计算）被连接板间不发生滑移。这两种形式的螺栓在受拉时没有区别，在材料、螺栓预拉力和构件摩擦面处理等施工操作技术要求上也完全相同。但承压型高强度螺栓连接的承载能力比摩擦型的高，可节约螺栓，但其连接的剪切变形较大。《钢结构标准》规定，高强度螺栓承压型连接不应用于直接承受动力荷载作用的结构。

（一）高强度螺栓连接计算

1.摩擦型高强度螺栓

（1）在抗剪连接中，每个高强度螺栓的承载力设计值应按下式计算

$$N_v^b = 0.9 k n_f \mu P \tag{17-13-11}$$

式中：N_v^b——一个高强度螺栓的抗剪承载力设计值；

k——孔型系数，标准孔取 1.0，大圆孔取 0.85，内力与槽孔长向垂直时取 0.7，内力与槽孔长向平行时取 0.6；

n_f——传力摩擦面数目；

μ——摩擦面的抗滑移系数，可按《钢结构标准》表 11.4.2-1 取值；

P——一个高强度螺栓的预拉力设计值，按《钢结构标准》表 11.4.2-2 取值。

(2)在螺栓杆轴方向的受拉连接中，每个高强度螺栓的承载力设计值取

$$N_t^b = 0.8P \tag{17-13-12}$$

(3)当高强度螺栓同时承受摩擦面间的剪力和螺栓杆轴方向的外拉力时，其承载力应按下式计算

$$\frac{N_v}{N_v^b} + \frac{N_t}{N_t^b} \leqslant 1 \tag{17-13-13}$$

式中：N_v、N_t——分别为某个高强度螺栓所承受的剪力和拉力；

N_v^b、N_t^b——分别为一个高强度螺栓的抗剪、抗拉承载力设计值。

2.承压型高强度螺栓

(1)在抗剪连接中，每个承压型连接的高强度螺栓的承载力设计值的计算方法与普通螺栓相同；但当剪切面在螺纹处时，其抗剪承载力设计值应按螺纹处的有效面积计算。

(2)在杆轴方向的受拉连接中，每个承压型高强度螺栓的承载力设计值的计算方法与普通螺栓相同。

(3)同时承受剪力和杆轴方向拉力的承压型高强度螺栓，应符合下式的要求

$$\sqrt{\left(\frac{N_v}{N_v^b}\right)^2 + \left(\frac{N_t}{N_t^b}\right)^2} \leqslant 1 \tag{17-13-14}$$

$$N_v \leqslant \frac{N_c^b}{1.2} \tag{17-13-15}$$

式中：N_c^b——一个高强度螺栓的抗压承载力设计值。

其余符号意义同上。

(二)构造要求

(1)承压型连接的高强度螺栓的预拉力 P 应与摩擦型连接的高强度螺栓相同。连接处构件接触面应清除油污及浮锈。

(2)高强度螺栓承压型连接采用标准圆孔时，其孔径 d_0 可按《钢结构标准》表 11.5.1 采用。

(3)高强度螺栓摩擦型连接可采用标准孔、大圆孔和槽孔，孔型尺寸可按《钢结构标准》表 11.5.1 采用。采用扩大孔连接时，同一连接面只能在盖板和芯板其中之一的板上采用大圆孔或槽孔，其余仍采用标准孔。

【例 17-13-2】 计算图示高强度螺栓摩擦型连接节点时，假设螺栓 A 所受的拉力为：

A. $\frac{Fey_1}{5.5y_1^2 + y_2^2}$　　B. $\frac{Fey_1}{2y_1^2 + 2y_2^2}$

C. $\frac{F}{10}$　　D. $\frac{F}{5}$

解　螺栓群的转动中心(形心)为中间一排螺栓，受力为零，形心以上螺栓受拉，形心以下螺栓受压。螺栓受力大小与其到形心的距离成正比，有 $\frac{N_1}{y_1/2}=\frac{N_2}{y_2/2}$，则 $N_2=\frac{N_1 y_2}{y_1}$。

根据弯矩平衡，有 $Fe=2N_1y_1+2N_2y_2$

螺栓 A 所受的拉力 $N_1=\frac{Fey_1}{2y_1^2+2y_2^2}$

答案：B

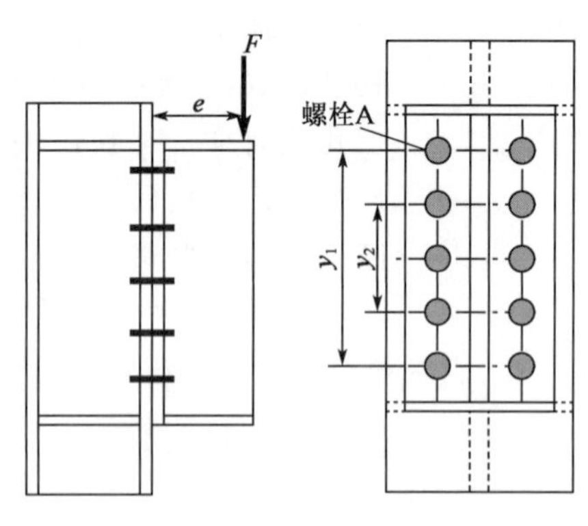

例 17-3-2 图

【例 17-13-3】　计算拉力和剪力同时作用的高强度螺栓承压型连接时，螺栓的：

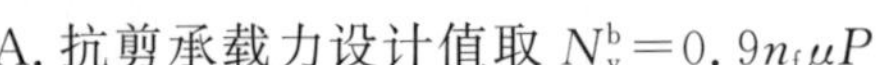

A. 抗剪承载力设计值取 $N_v^b=0.9n_f\mu P$

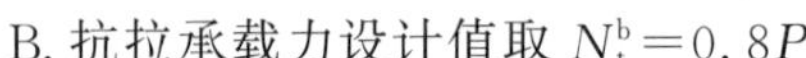

B. 抗拉承载力设计值取 $N_t^b=0.8P$

C. 承压承载力设计值取 $N_c^b=d\sum tf_c^b$

D. 预拉力设计值应进行折减

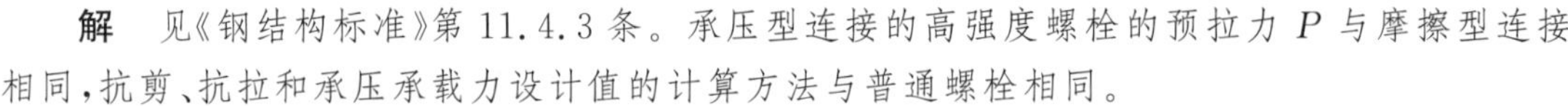

解　见《钢结构标准》第 11.4.3 条。承压型连接的高强度螺栓的预拉力 P 与摩擦型连接相同，抗剪、抗拉和承压承载力设计值的计算方法与普通螺栓相同。

答案：C

四、构件间的连接

构件间的连接可以采用焊缝连接、螺栓连接或者栓焊混合连接。连接构造设计的原则是传力明确简捷、安全可靠、构造简单、便于制造与施工。下面仅介绍其连接构造形式，其详细的设计计算详见有关钢结构设计计算教材。

(一)次梁与主梁的连接

次梁和主梁的连接一般设计成铰接，次梁为简支梁，即主梁只承受次梁的反力而不承受端弯矩。次梁可以叠接于主梁之上(见图 17-13-1)或侧接于主梁的侧面(见图 17-13-2)。当次梁按连续梁设计时，则应有保证连续梁在主梁位置处传递弯矩的构造措施。

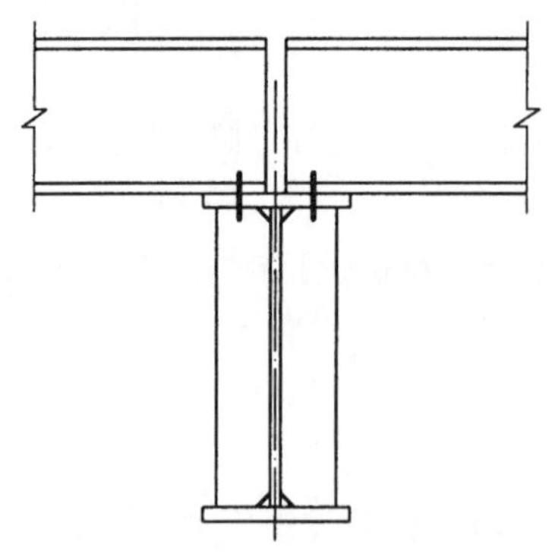

图 17-13-1　次梁叠接于主梁

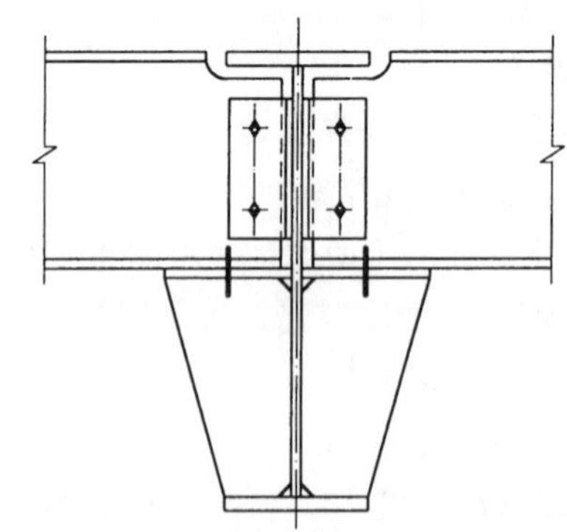

图 17-13-2　次梁侧接于主梁

(二)梁与柱的连接

梁与柱的顶部连接部分称为柱头。梁与轴心受压柱的连接应为铰接，常采用顶接(见图

17-13-3)和侧接(见图 17-13-4)。框架结构的梁柱节点,多数做成刚性连接,其构造要保证将梁端的弯矩和剪力可靠地传递给柱,如图 17-13-5 所示。

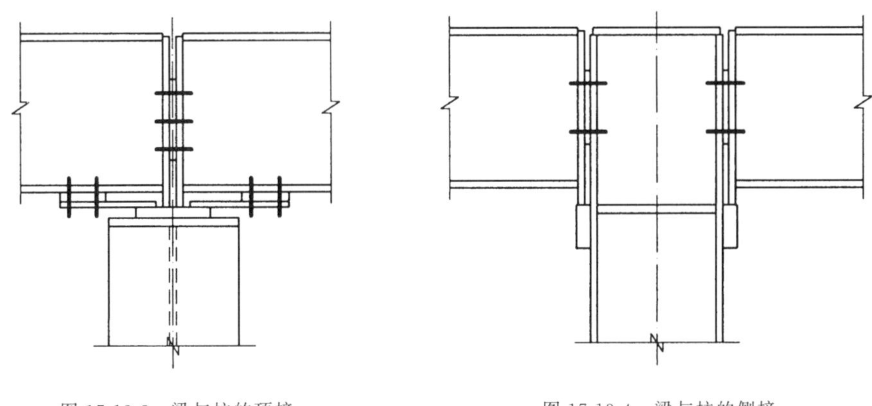

图 17-13-3　梁与柱的顶接

图 17-13-4　梁与柱的侧接

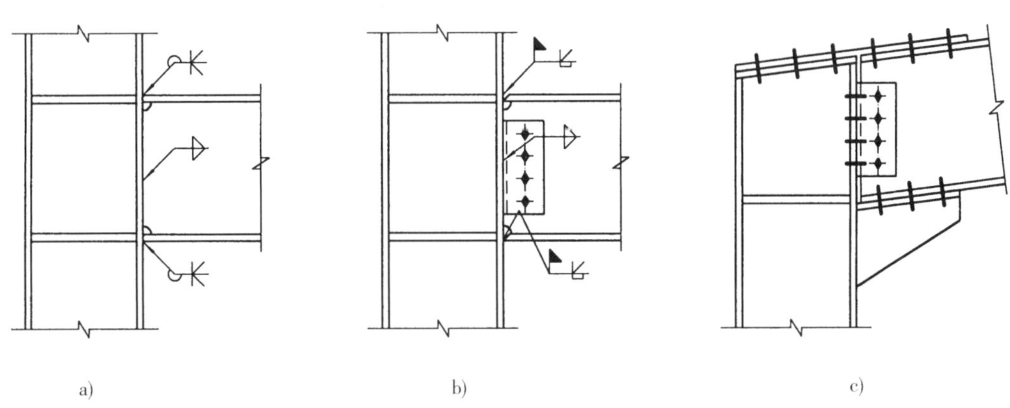

图 17-3-5　框架梁柱连接

【例 17-13-4】　钢框架柱拼接不常用的是:

A. 全部采用坡口焊缝

B. 全部采用高强度螺栓

C. 翼缘用焊缝而腹板用高强度螺栓

D. 翼缘用高强度螺栓而腹板用焊缝

解　框架柱安装拼接接头宜采用高强螺栓和焊接组合节点或全焊缝节点。采用高强度螺栓和焊缝组合节点时,腹板应采用高强度螺栓连接,翼缘板应采用单面 V 形坡口加衬垫全焊透焊缝连接;采用全焊缝节点时,翼缘板应采用单面 V 形坡口加衬垫全焊透焊缝,腹板宜采用 K 形坡口双面部分焊透焊缝。

答案:D

(三)柱脚

柱脚是柱下端与基础相连的部分,分铰接和刚接两种类型。对轴心受压柱多采用铰接柱脚(见图 17-13-6),框架柱多采用刚接柱脚(见图 17-13-7)。对于肢间距离很大的格构柱,可在每个肢的下端设置独立柱脚,组成分离式柱脚。

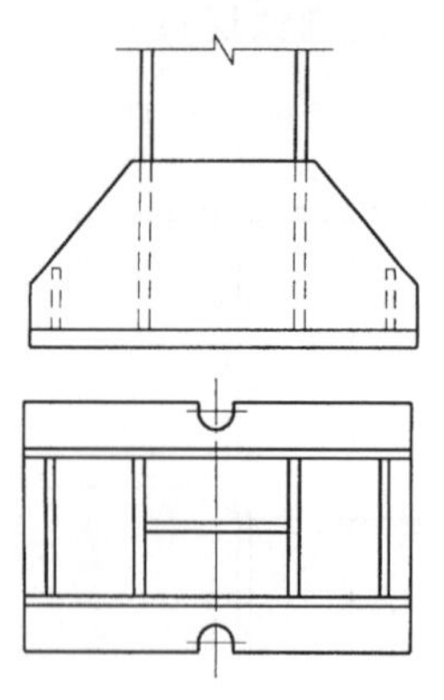

图 17-13-6　整体式铰接柱脚

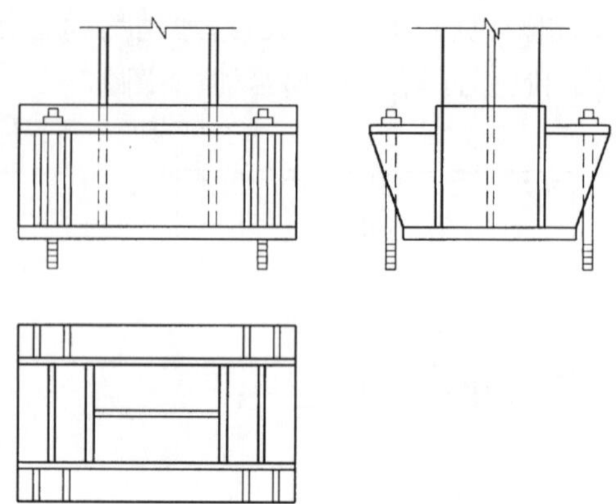

图 17-13-7　整体式刚接柱脚

习　题

17-13-1　如图所示的拼接，主板为—240×12，两块拼板为—180×8，采用侧面角焊缝连接，钢材 Q235，焊条 E43 型，角焊缝的强度设计值 $f_t^w=160\text{MPa}$，焊脚尺寸 $h_f=6\text{mm}$，此焊缝连接可承担的静载拉力设计值为(　　)。

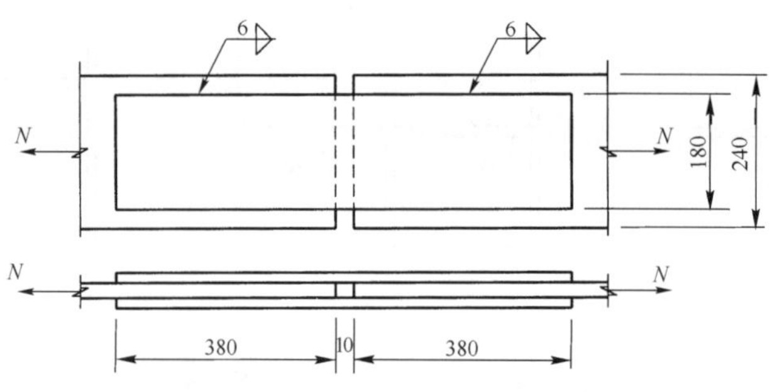

题 17-13-1 图　(尺寸单位：mm)

A. 2×0.7×6×160×380　　B. 4×0.7×6×160×(380－12)

C. 4×0.7×6×160×(60×6－12)　　D. 0.99×4×0.7×6×160×(380－12)

17-13-2　如图所示的拼接，板件分别为－240×8 和－180×8，采用三面角焊缝连接，钢材 Q235，焊条 E43 型，角焊缝的强度设计值 $f_t^w=160\text{MPa}$，焊脚尺寸 $h_f=6\text{mm}$，此焊缝连接可承担的静载拉力设计值为(　　)。

A. 4×0.7×6×160×300＋2×0.7×6×160×180

B. 4×0.7×6×160×(300－10)＋2×0.7×6×160×180

C. 4×0.7×6×160×(300－10)＋1.22×2×0.7×6×160×180

D. 4×0.7×6×160×(300－2×6)＋1.22×2×0.7×6×160×180

17-13-3　摩擦型与承压型高强度螺栓连接的主要区别是(　　)。

A. 高强度螺栓的材料不同　　B. 摩擦面的处理方法不同

C. 施加的预加拉力不同　　D. 受剪的承载力不同

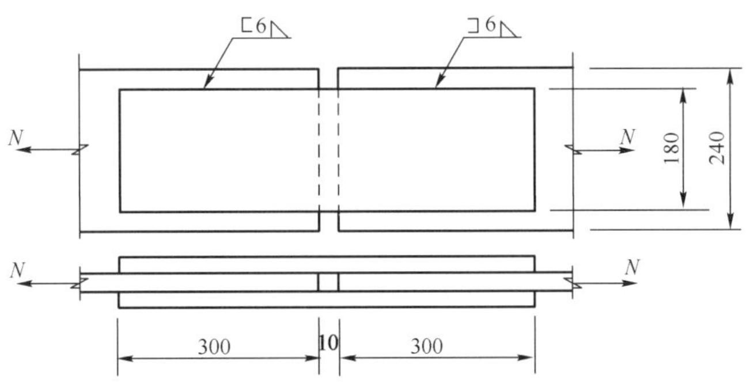

题 17-13-2 图(尺寸单位:mm)

17-13-4 在螺栓杆轴方向受拉的连接中,采用摩擦型高强度螺栓或承压型高强度螺栓,承载力设计值(　　)。

A. 后者大于前者　　B. 前者大于后者

C. 相等　　D. 不一定相等

第十四节　钢屋盖结构

一、钢屋盖结构组成

钢屋盖结构分为无檩屋盖和有檩屋盖。无檩屋盖采用尺寸为 1.5m×6.0m 的大型屋面板直接搁置在屋架或天窗架上。有檩屋盖是在屋架或天窗架上设置实腹式型钢檩条或桁架式檩条来支承屋面材料(如波形石棉瓦、瓦楞铁或压型钢板)。

钢屋盖结构一般由屋架、托架、天窗架、檩条(有檩屋盖)、屋面构件(大型屋面板)或其他屋面材料(波形石棉瓦、瓦楞铁、压型钢板)、屋盖支撑系统组成,与第八节的钢筋混凝土屋盖一样,两者区别仅在于组成承重构件的材料不同。

二、钢屋盖布置(详见第八节)

钢屋盖的布置同钢筋混凝土屋盖布置类同,但由于钢屋盖应用的跨度要比钢筋混凝土屋盖大,而且有些用于大吨位重级工作制吊车的厂房,其支撑布置要求严格一些,设计时可查阅有关单层工业厂房结构设计或结构构造设计手册。下面仅就钢屋盖的主要内容加以说明。

(一)屋盖支撑的种类与作用

屋盖支撑通常可分为上弦横向水平支撑、下弦横向水平支撑、下弦纵向水平支撑、竖向支撑和系杆五种类型。屋盖支撑的主要作用:

(1)保证在施工和使用阶段厂房屋盖结构的空间几何稳定性;

(2)保证屋盖结构的横向、纵向空间刚度和空间整体性;

(3)为屋架弦杆提供必要的侧向支撑点,避免压杆侧向失稳和防止拉杆产生过大的振动;

(4)承受和传递水平荷载。

(二)屋盖支撑的布置

所有屋盖必须设置上弦横向水平支撑、竖向支撑和系杆,是否设置下弦横向或纵向水平支撑则视具体情况而定。

1.横向水平支撑

横向水平支撑是由交叉角钢和屋架上弦或下弦组成的水平桁架。上弦横向水平支撑应设置在房屋的两端或横向温度缝区段的两端。一般设在第一柱间或第二柱间(此时第一柱间设置刚性系杆),间距(净距)不宜大于 60m。下弦横向水平支撑若需设置时,一般宜设在厂房端部及伸缩缝处的第一柱间,并且与上弦横向水平支撑布置在同一柱间。若具有下列情况之一时,宜设置下弦横向水平支撑:

(1)山墙抗风柱与屋架下弦连接,纵向水平力通过下弦传递;

(2)厂房内设有重级工作制吊车,或起重量大于 10t 的中级工作制吊车,或设有振动设备时;

(3)有纵向运行的悬挂吊车且吊点设在下弦时;

(4)钢屋盖跨度大于 18m 时。

2.竖向支撑

竖向支撑一般是角钢杆件与屋架中的直腹杆或天窗架中的立柱组成的垂直桁架。跨度不超过 30m 的梯形屋架以及跨度不超过 24m 的三角形屋架,应在跨中设置一道竖向支撑;当跨度大于上述数值时,宜在 1/3 跨度附近或天窗架侧腿处设置两道;梯形屋架还应在两端各设一道,当有托架时可由托架代替;天窗架的竖向支撑,一般在两侧设置,当天窗架宽度大于 12m 时,还应在中央设置一道,竖向支撑应与上、下弦横向水平支撑设置在同一柱间。

3.下弦横向或纵向水平支撑

下弦纵向水平支撑设在屋架下弦(三角形屋架也可设在上弦)端节间,沿两纵向柱列通长布置,与下弦横向水平支撑组成封闭体系。凡符合下列条件之一时,均应设置下弦纵向水平支撑:

(1)厂房高度或跨度大于 24m 时;

(2)厂房内设有重级工作制吊车或起重量大于 50t 的中级工作制吊车时;

(3)厂房内设有较大振动设备(如大于 5t 的自由锻锤)时;

(4)在厂房排架计算中考虑空间工作时;

(5)柱距等于或大于 12m 且设有托架时,应在局部加设纵向支撑,并由托架两端各延伸一个柱间设置。

4.系杆

系杆的作用是充当屋架上、下弦的侧向支撑点。系杆一般通长设置,一端最终连接于竖向支撑或上、下弦横向水平支撑的节点上。能承受拉力又能承受压力的系杆为刚性系杆,通常采用双角钢组成的十字形截面;只能承受拉力的系杆为柔性系杆,通常采用单角钢截面。屋脊节点及主要支座节点处需通长设置刚性系杆;当横向水平支撑设在房屋端部第二柱间时,第一柱间所有系杆均应为刚性系杆;竖向支撑平面内一般在上、下弦设置柔性系杆;跨度等于或大于 18m 的芬克式屋架,在主斜杆与下弦节点处设置柔性系杆;弯折下弦的屋架应在弯折点通长设置柔性系杆;天窗侧柱及下弦跨中或跨中附近应设置柔性系杆,需设置系杆的部位若已设有托架、连系梁或圈梁,可以此代替系杆,大型屋面板或檩条也可以代替系杆发挥作用。系杆应与横向支撑的节点相连。

三、钢屋架设计

(一)杆件的内力计算

1.基本假设

计算中假设钢屋架为理想的铰接平面桁架,荷载作用在桁架节点上,而且不管实际荷载是否作用在节点上，均按水平投影面积来汇集节点荷载（见图 17-14-1），用结构力学的方法求各杆的轴力。

2. 荷载组合

荷载汇集时要区分永久荷载和可变荷载，要将沿屋面（斜平面）分布的荷载化成水平投影面分布荷载。一般应考虑如下三种荷载组合：

①全跨永久荷载＋全跨可变荷载；

②全跨永久荷载＋半跨可变荷载；

③全跨屋架、天窗架和支撑自重＋半跨屋面板重＋半跨施工活荷载和雪荷载的较大值。

在荷载组合时，因屋面均布活荷载和雪荷载一般不同时出现，可取两者中的较大值。对于三角形屋架，通常第一种组合计算的内力为最不利内力；对于梯形屋架，大多数杆件按第一种组合计算为最不利，但在第二种和第三种组合下，跨中附近的斜腹杆可能由拉杆变为压杆或内力增大。

对轻质屋面材料的屋架，当风荷载较大时，风吸力（荷载分项系数取 1.4）可能大于屋面永久荷载（荷载分项系数取 1.0），此时，屋架弦杆和腹杆中的内力均可能变号，故必须考虑此项荷载组合。

3. 屋架弦杆局部弯矩计算

对有节间荷载作用的屋架弦杆，除按上述方法计算各杆件轴力外，尚需计算节间荷载产生的局部弯矩，在截面设计时，这类杆件按压（拉）弯构件计算。为了简化局部弯矩的计算，可取端节间正弯矩为 $0.8M_0$，其他节点正弯矩和节点负弯矩均为 $0.6M_0$（见图 17-14-2）。其中 M_0 为将弦杆节间视为简支梁所得的跨中弯矩。

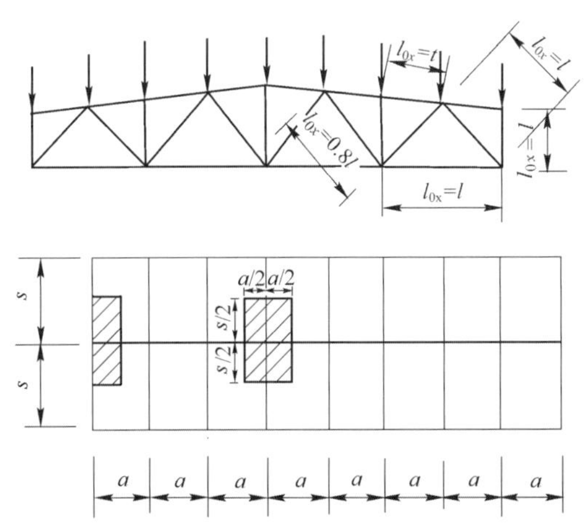

图 17-14-1　节点荷载汇积图

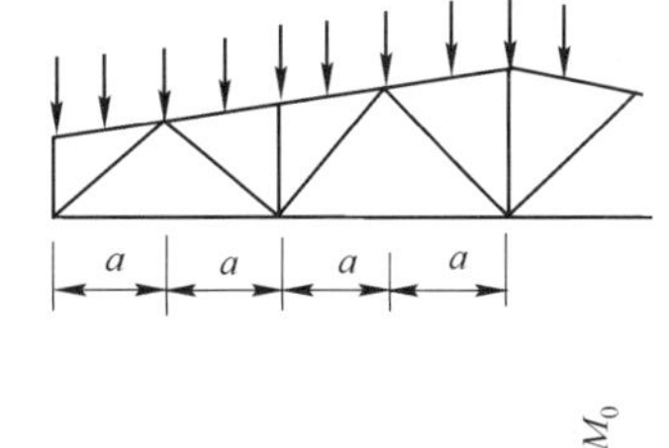

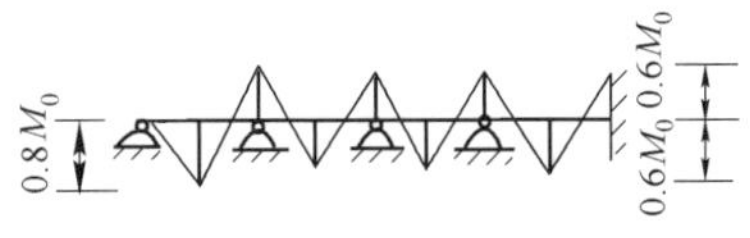

图 17-14-2　上弦杆局部弯矩计算简图

（二）杆件截面设计

1. 杆件计算长度

屋架杆件在屋架平面内的计算长度 l_{0x} 与杆端嵌固程度有关。弦杆、支座斜杆和支座竖杆的自身刚度较大，端节点上的拉杆又少，故嵌固程度弱，取屋架平面内的计算长度 $l_{0x}=l$（l 为几何长度）。其他中间腹杆上端嵌固程度较小，但下端嵌固程度很大，取屋架平面内的计算长度 $l_{0x}=0.8l$（见图 17-14-1）。

弦杆在屋架平面外的计算长度 l_{0y} 应取侧向支撑点之间的距离 l_1，即 $l_{0y}=l_1$。腹杆的节点板在屋架平面外相当于板铰，故所有腹杆在屋架平面外的计算长度 l_{0y} 应取其几何长度 l_1，即 $l_{0y}=l$。

对单面连接的单角钢腹杆及双角钢十字形截面腹杆，其斜平面计算长度 $l_0=0.9l$。

2.杆件的合理截面形式

屋架杆件的截面形式，应该保证杆件具有较大的承载能力，较大的抗弯刚度，同时应满足稳定性条件和便于与支撑连接，宜采用下列形式：

(1)对于上弦杆，宜采用两个不等边角钢短肢相连或两个等边角钢相连的 T 形截面；

(2)当上弦(或下弦)有节间荷载时，宜采用两个等边角钢相连或两个不等边角钢长肢相连的 T 形截面；

(3)下弦杆的桁架平面外计算长度较大，宜采用两个不等边角钢短肢相连的 T 形截面；

(4)支座竖杆或斜杆，两个方向计算长度相等，宜采用两个不等边角钢长肢相连的 T 形截面；

(5)中间腹杆在屋架平面外的计算长度较大，宜采用两个等边角钢相连的 T 形截面；

(6)与竖向支撑连接的竖杆，宜采用等边角钢相连的十字形截面；

(7)为了保证相连的两角钢能共同受力，必须每隔一定距离设置垫板使两角钢连成整体，垫板的厚度与节点板厚度相同，而节点板的厚度由弦杆最大内力(三角形屋架)或腹杆最大内力(梯形屋架)确定，但不小于 6mm。

3.杆件截面选择

已知屋架各杆的内力设计值之后，即可按一般的轴心受拉或受压构件，或者压弯或拉弯构件进行承载力计算和稳定性计算。选取截面时，为使角钢规格尽量统一，一般一个屋架不宜多于 5～6 种规格的角钢，且不宜使用肢宽相同而厚度不同的角钢，以免制造时混料。对跨度大于 24m 的屋架，根据内力变化，上、下弦杆可改变一次截面。

【例 17-14-1】 简支平行弦钢屋架下弦杆的长细比应控制在：

A.不大于 150　　B.不大于 300

C.不大于 350　　D.不大于 400

解 屋架下弦杆一般为受拉杆件，《钢结构标准》规定，一般建筑结构桁架的受拉杆件容许长细比为 350。

答案:C

4.钢屋架节点设计

(1)节点设计的一般原则

各杆件的形心线应与杆件轴线重合并交汇于节点中心，但为了制造时划尺寸线的方便，常将角钢肢背至形心线的距离调整为 5mm 的倍数。

(2)节点计算

钢屋架节点的计算，主要是角钢杆件、支座加劲肋和支座底板与节点板的连接焊缝计算。只要弄清楚传力路径及各传力焊缝的受力性质，即可以进行计算。

(3)节点构造

①腹杆角钢与弦杆角钢或腹杆角钢与腹杆角钢间的距离应尽量靠近，但不宜小于 20mm，承受动力荷载时应适当增大，以便施焊和避免焊缝密集使钢材过热变脆。

②节点板一般应伸出弦杆 10～15mm，以便施焊，但当上弦节点上需搁置屋面板或檩条时，只能把节点板全部或局部缩进 5～10mm，以便设塞焊焊缝；节点板的平面尺寸应根据腹杆角

钢的宽度和倾角、焊缝长度及便于加工等因素确定，以包络各连接焊缝为原则，在画施工图时按比例量取其平面尺寸。节点板的平面形状至少应有两平行边，杆轴线与节点板边缘夹角不小于15°～20°。

③主要节点构造图。

图 17-14-3 是一屋脊拼接节点构造图。其中屋架分左半跨和右半跨两个单元，运至工地后进行拼装；a、b 分别是右单元的上弦杆和腹杆，需在现场插入节点板后定位，并用拼接角钢 c 和安装螺栓临时固定，最后将 a、b 杆与节点板焊接，并将拼接角钢 c 与上弦杆焊接。

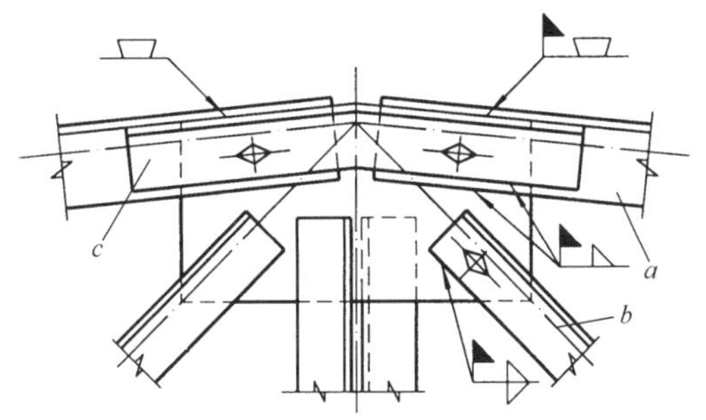

图 17-14-3　屋脊拼接节点构造

a、b-杆件；c-拼接角钢

图 17-14-4 是梯形屋架铰支于柱顶时的支座节点和与柱刚性连接时上、下节点的构造示例。与柱刚接的屋架，除按简支屋架计算杆件内力外，还应叠加框架内力分析所得的屋架端弯矩和轴力引起的内力。

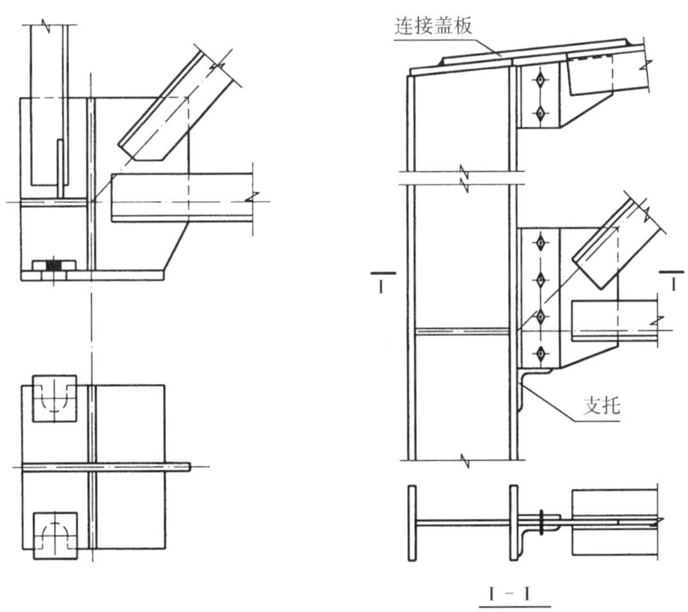

图 17-4-4　屋架与柱的铰接和刚接

习　题

17-14-1　当屋架杆件在风吸力作用下由拉杆变为压杆时，其允许长细比应为(　　)。

A. 150　　B. 200　　C. 250　　D. 350

17-14-2　钢屋盖结构的支撑系统必须设置(　　),以保证屋盖结构的空间刚度和空间整体性,为屋架弦杆提供必要的侧向支撑点,承受和传递水平荷载以及保证在施工和使用阶段屋面结构的空间几何稳定性。

A. 屋架上弦横向水平支撑,下弦横向水平支撑和纵向水平支撑

B. 屋架上弦横向水平支撑,竖向支撑和系杆

C. 屋架下弦横向水平支撑,纵向水平支撑和系杆

D. 屋架下弦横向水平支撑,纵向水平支撑和竖向支撑

17-14-3　有重级工作制吊车的厂房,屋架间距和支撑节间均为6m,选择屋架下弦交叉支撑的断面是(　　)。

A. $\angle 63\times 5, i_x = 1.94$cm　　B. $\angle 70\times 5, i_x = 2.16$cm

C. $\angle 75\times 5, i_x = 2.32$cm　　D. $\angle 80\times 5, i_x = 2.43$cm

第十五节　砌体结构材料性能

砌体结构是以砌体(砖、石、砌块)为主要材料建造的结构。砌体的胶结材料主要是砂浆(水泥石灰混合砂浆、石灰砂浆、水泥砂浆)。

一、块材

常用的砌体有砖、砌块和石材,其强度等级根据块体的标准试件,在标准试验条件下测得的抗压强度划分,用“MU”表示。

(一)砖

烧结普通砖、烧结多孔砖的强度级分为 MU30、MU25、MU20、MU15 和 MU10;蒸压灰砂普通砖、蒸压粉煤灰普通砖的强度等级分为 MU25、MU20 和 MU15。

烧结普通砖是以黏土、贝岩、煤矸石或粉煤灰为主要原料,经过焙烧而成的实心或孔洞率不大于规定值且外形尺寸符合规定的砖,分烧结黏土砖、烧结贝岩砖、烧结煤矸石砖、烧结粉煤灰砖。

烧结多孔砖的主要原料与烧结普通砖相同,经过焙烧而成,孔洞率不小于25%,孔的尺寸小而数量多,主要用于承重部位,简称多孔砖。目前多孔砖分为P型砖和M型砖。

蒸压灰砂普通砖是以石灰和砂为主要原料,经坯料制备、压制成型、蒸压养护而成的实心砖,简称灰砂砖。

蒸压粉煤灰普通砖是以粉煤灰、石灰为主要原料,掺加适量石膏和集料,经坯料制备、压制成型、高压蒸气养护而成的实心砖,简称粉煤灰砖。

(二)砌块

砌块的强度等级分为 MU20、MU15、MU10、MU7.5 和 MU5。

砌块由普通混凝土或轻集料混凝土制成,主要为规格尺寸390mm×190mm×190mm、空心率在25%~50%之间的空心砌块,有单排孔、双排孔和多排孔砌块。

(三)石材

石材的强度等级分为 MU100、MU80、MU60、MU50、MU40、MU30 和 MU20。

石材一般由重质岩石或轻质岩石制成,按其加工后的外形规则程度可分为料石和毛石。料石又可分为细料石、半细料石、粗料石和毛料石。石材的强度等级可用边长为70mm的立

方体试块的抗压强度表示。

二、砂浆

砌体中常用的砂浆有水泥石灰混合砂浆、石灰砂浆和水泥砂浆(纯水泥砂浆)。石灰砂浆强度低,但砌筑方便。水泥砂浆适用于潮湿环境的砌体,但施工中保水性和流动性差,和易性不好。砂浆的强度等级分为M15、M10、M7.5、M5和M2.5,由边长70.7mm的立方体试块的抗压强度表示。采用同强度等级的水泥砂浆和混合砂浆砌筑的砌体,前者的砌体强度设计值低于后者。施工阶段砂浆尚未硬化的新砌砌体,或经检测砂浆未硬化的已建砌体,均可按砂浆强度为零确定其砌体强度。

在施工中很容易产生砂浆强度低于设计强度的现象,应特别注意砂浆配合比和使用水泥的质量,通过试配确定配合比。

三、砌体

(一)砌体抗压强度

砌体是由块体用砂浆垫平黏结而成,因而它的受压工作与匀质的整体结构构件有很大差别。由于灰缝厚度和密实性的不均匀,以及块体和砂浆交互作用等原因,使块体的抗压强度不能充分发挥,即砌体的抗压强度将低于块体的抗压强度。

砌体能承受的最大压应力,称为砌体抗压强度。它是确定砌体及其构件受压破坏能力的一个重要指标。

各类砌体轴心抗压强度平均值按下式计算

$$f_m = k_1 f_1^a (1 + 0.07 f_2) k_2 \tag{17-15-1}$$

式中:f_1——块体(砖、石、砌块)的抗压强度等级值(MPa);

f_2——砂浆抗压强度平均值(MPa);

k_1、a、k_2——系数,见表17-15-1。

各类砌体轴心抗压强度平均值的计算系数 表17-15-1

砌体类别	k_1	a	k_2
烧结普通砖、烧结多孔砖、蒸压灰砂普通砖、蒸压粉煤灰普通砖、混凝土普通砖、混凝土多孔砖	0.78	0.5	当$f_2<1$时,$k_2=0.6+0.4f_2$
混凝土砌块、轻集料混凝土砌块	0.46	0.9	当$f_2=0$时,$k_2=0.8$
毛料石	0.79	0.5	当$f_2<1$时,$k_2=0.6+0.4f_2$
毛石	0.22	0.5	当$f_2<2.5$时,$k_2=0.6+0.24f_2$

注:1. k_2在表列条件以外时均取等于1。

2. 混凝土砌块砌体的轴心抗压强度平均值,当$f_2>10$MPa时,应乘以系数$1.1-0.01f_2$,MU20的砌体应乘以系数0.95,且满足$f_1 \geq f_2$,$f_1 \leq 10$MPa。

(二)砌体轴心抗拉强度

砌体轴心受拉时,视拉力作用于砌体的方向,有三种破坏形态。当轴心拉力与砌体水平灰缝平行时,砌体可能发生沿齿缝灰缝截面的受拉破坏,而对于烧结普通砖砌体也可能发生沿砖块体截面的拉坏。当轴心拉力与砌体水平灰缝垂直时,砌体可能沿通缝截面发生受拉破坏,由于沿通缝截面轴心抗拉强度很低,所以在设计时应予以避免。

各类砌体轴心抗拉强度平均值按下式计算

$$f_{t,m} = k_3 \sqrt{f_2} \tag{17-15-2}$$

式中：k_3——系数，见表17-15-2。

各类砌体轴心抗拉、弯曲抗拉和抗剪强度平均值的计算系数 表17-15-2

砌体类别	k_3	k_4		k_5
		沿齿缝	沿通缝	
烧结普通砖、烧结多孔砖、混凝土普通砖、混凝土多孔砖	0.141	0.250	0.125	0.125
蒸压灰砂普通砖、蒸压粉煤灰普通砖	0.09	0.180	0.090	0.090
混凝土砌块	0.069	0.081	0.056	0.069
毛料石	0.075	0.113	—	0.188

【例17-15-1】 砌体的抗拉强度主要取决于：

A. 块材的抗拉强度　　B. 砂浆的抗压强度

C. 灰缝厚度　　D. 块材的整齐程度

解 见《砌体结构设计规范》(GB 50003—2011)（以下简称《砌体规范》）第3.2.2条第1款，由表3.2.2可以看出，砌体的抗拉强度与砂浆的强度等级（抗压强度）有关。

答案：B

（三）砌体弯曲抗拉强度

砌体弯曲时可能出现三种破坏形态。当弯矩平行于砌体通缝的平面方向作用时，则可能发生沿齿缝截面或沿块体截面的破坏；当弯矩沿垂直于砌体通缝截面作用时，则发生沿通缝截面的破坏。

各类砌体弯曲抗拉强度平均值按下式计算

$$f_{tm,m} = k_4 \sqrt{f_2} \tag{17-15-3}$$

式中：k_4——系数，见表17-15-2。

（四）砌体抗剪强度

砌体抗剪强度是指砌体能承受的最大剪应力。砌体受剪后，其强度实质上取决于砂浆与块体间的黏结强度，因此砌体的抗剪强度主要由砂浆强度决定。

各类砌体抗剪强度平均值按下式计算

$$f_{v,m} = k_5 \sqrt{f_2} \tag{17-15-4}$$

式中：k_5——系数，见表17-15-2。

（五）砌体强度标准值

砌体强度标准值是结构设计时采用的强度基本代表值，由概率分布的0.05分位数确定，即

$$f_k = f_m - 1.645\sigma_f = (1 - 1.645\delta_f) f_m \tag{17-15-5}$$

式中：σ_f——砌体强度的标准差；

δ_f——砌体强度的变异系数。

（六）砌体强度设计值

砌体强度设计值是采用可靠度分析方法或工程经验校准法确定的，直接用于结构或构件的承载力计算。龄期为28d的以毛截面计算的各类砌体强度设计值，按下式计算

$$f = \frac{f_k}{\gamma_f} \tag{17-15-6}$$

式中：γ_f——砌体结构的材料性能分项系数，一般情况下，宜按施工控制等级为B级考虑，取 $\gamma_f=1.6$；当为C级时，取 $\gamma_f=1.8$；当为A级时，取 $\gamma_f=1.5$。

（七）砌体强度设计值的调整

在某些情况下，砌体强度有可能降低，为保证结构构件的安全度，在设计计算时需考虑强度设计值的调整。《砌体规范》规定，在下列情况下的各类砌体，其砌体强度设计值应乘以调整系数 γ_a：

(1)对无筋砌体构件，其截面面积 A 小于 $0.3m^2$ 时，$\gamma_a=0.7+A$；对配筋砌体构件，当其中砌体截面面积 A 小于 $0.2m^2$ 时，$\gamma_a=0.8+A$；构件截面面积 A 以 m^2 计。

(2)当砌体用水泥砂浆砌筑，且强度等级小于M5.0时，对各类砌体的抗压强度设计值，$\gamma_a=0.9$；对沿砌体灰缝截面破坏时砌体的轴心抗拉、弯曲抗拉和抗剪强度设计值，$\gamma_a=0.8$。

(3)当验算施工中房屋的构件时，$\gamma_a=1.1$。

【例 17-15-2】 用水泥砂浆与用同等级混合砂浆砌筑的砌体（块材相同），两者的抗压强度：

A. 相等　　B. 前者小于后者

C. 前者大于后者　　D. 不一定

解：《砌体规范》第3.2.3条第2款规定，当砌体用强度等级小于M5.0的水泥砂浆砌筑时，各类砌体的抗压强度设计值应乘以调整系数0.9；其余同混合砂浆。

答案：D

习　题

17-15-1　下面关于砌体抗压强度正确的说法是（　　）。

A. 砌体的抗压强度随砂浆和块体的强度等级的提高按一定比例增加

B. 块体的外形越规则、平整，则砌体的抗压强度越高

C. 砌体中灰缝越厚，则砌体的抗压强高越高

D. 砂浆的变形性能越大，越容易砌筑，砌体的抗压强度越高

第十六节　砌体结构设计基本原则

砌体结构设计的基本设计原则与钢筋混凝土结构相同。按承载能力极限状态设计时，应考虑可变荷载控制和永久荷载控制的两种组合，按下列公式中的最不利组合进行计算

$$\gamma_0(1.2S_{Gk}+1.4\gamma_L S_{Q1k}+\gamma_L\sum_{i=2}^{n}\gamma_{Qi}\psi_{ci}S_{Qik})\leqslant R(f,a_k\cdots) \tag{17-16-1}$$

$$\gamma_0(1.35S_{Gk}+1.4\gamma_L\sum_{i=1}^{n}\psi_{ci}S_{Qik})\leqslant R(f,a_k\cdots) \tag{17-16-2}$$

式中：γ_0——结构重要性系数；

γ_L——结构构件的抗力模型不定性系数，对静力设计，考虑结构设计使用年限的荷载调整系数，设计使用年限少50年，取1.0，设计使用年限为100年，取1.1；

S_{Gk}——永久荷载标准值的效应；

S_{Q1k}——在基本组合中起控制作用的第一个可变荷载标准值的效应；

S_{Qik}——第 i 个可变荷载标准值的效应；

$R(f, a_k \cdots)$——结构构件的抗力函数；

γ_{Qi}——第 i 个可变荷载的分项系数；

ψ_{ci}——第 i 个可变荷载的组合系数，一般情况下应取 0.7；

f——砌体的强度设计值；

a_k——几何参数标准值。

当砌体结构作为一个刚体需验算整体稳定性时，例如倾覆、滑移、漂浮等，应按下式验算

$$\gamma_0 (1.2 S_{G2k} + 1.4 \gamma_L S_{Q1k} + \gamma_L \sum_{i=2}^{n} S_{Qik}) \leqslant 0.8 S_{G1k} \quad (17\text{-}16\text{-}3)$$

$$\gamma_0 (1.35 S_{G2k} + 1.4 \gamma_L \sum_{i=1}^{n} \psi_{ci} S_{Qik}) \leqslant 0.8 S_{G1k} \quad (17\text{-}16\text{-}4)$$

式中：S_{G1k}——起有利作用的永久荷载标准值的效应；

S_{G2k}——起不利作用的永久荷载标准值的效应。

第十七节　砌体墙、柱的承载力计算

一、抗压承载力

(一)无筋砌体墙、柱的承载力计算

对无筋砌体墙、柱的承载力应按下式计算

$$N \leqslant \varphi f A \quad (17\text{-}17\text{-}1)$$

式中：N——轴向力设计值；

φ——高厚比 β 和轴向力的偏心距 e 对受压构件承载力的影响系数，可按《砌体规范》附录 D 的规定采用；

A——截面面积，对各类砌体均应按毛截面计算，对带壁柱墙，其翼缘宽度可按《砌体规范》采用；

f——砌体的抗压强度设计值。

对矩形截面构件，当轴向力偏心方向的截面边长大于另一方向的边长时，除按偏心受压计算外，还应对较小边长方向，按轴心受压进行验算。

(二)构件高厚比

构件高厚比 β 应按下列公式确定：

对矩形截面
$$\beta = \gamma_\beta \frac{H_0}{h} \quad (17\text{-}17\text{-}2)$$

对 T 形截面
$$\beta = \gamma_\beta \frac{H_0}{h_T} \quad (17\text{-}17\text{-}3)$$

式中：γ_β——不同砌体材料的高厚比修正系数，按表 17-17-1 采用；

H_0——受压构件的计算高度，按表 17-17-2 确定；

h——矩形截面轴向力偏心方向的边长，当轴心受压时为截面较小边长；

h_T——T 形截面的折算厚度，可近似按 $3.5i$ 计算；

i——截面回转半径。

高厚比修正系数 γ_β　　表 17-17-1

砌体材料类别	γ_β	砌体材料类别	γ_β
烧结普通砖、烧结多孔砖	1.0	蒸压灰砂普通砖、蒸压粉煤灰普通砖、细料石	1.2
混凝土普通砖、混凝土多孔砖、混凝土及轻集料混凝土砌块	1.1	粗料石、毛石	1.5

注：对灌孔混凝土砌块，γ_β 取 1.0。

受压构件的计算高度 H_0　　表 17-17-2

房屋类别			柱		带壁柱墙或周边拉结的墙		
			排架方向	垂直排架方向	$s>2H$	$2H \geqslant s>H$	$s \leqslant H$
有吊车的单层房屋	变截面柱上段	弹性方案	$2.5H_u$	$1.25H_u$	$2.5H_u$		
		刚性、刚弹性方案	$2.0H_u$	$1.25H_u$	$2.0H_u$		
	变截面柱下段		$1.0H_l$	$0.8H_l$	$1.0H_u$		
无吊车的单层和多层房屋	单跨	弹性方案	$1.5H$	$1.0H$	$1.5H_u$		
		刚弹性方案	$1.2H$	$1.0H$	$1.2H_u$		
	多跨	弹性方案	$1.25H$	$1.0H$	$1.25H_u$		
		刚弹性方案	$1.1H$	$1.0H$	$1.1H_u$		
	刚性方案		$1.0H$	$1.0H$	$1.0H$	$0.4s+0.2H$	$0.6s$

注：1. 表中 H_u 为变截面柱的上段高度，H_l 为变截面柱的下段高度。
2. 对于上端为自由端的构件，$H_0=2H$。
3. 独立砖柱，当无柱间支撑时，柱在垂直排架方向的 H_0 应按表中数值乘以 1.25 后采用。
4. s 为房屋横墙间距。
5. 自承重墙的计算高度应根据周边支承或拉结条件确定。

(三)矩形截面单向偏心受压构件承载力影响系数

当 $\beta \leqslant 3$ 时

$$\varphi=\frac{1}{1+12\left(\frac{e}{h}\right)^2} \tag{17-17-4}$$

当 $\beta>3$ 时

$$\varphi=\frac{1}{1+12\left[\frac{e}{h}+\sqrt{\frac{1}{12}\left(\frac{1}{\varphi_0}-1\right)}\right]^2} \tag{17-17-5}$$

$$\varphi_0=\frac{1}{1+\alpha\beta^2} \tag{17-17-6}$$

上述式中：e——轴向力的偏心距；

h——矩形截面的轴向力偏心方向的边长；

φ_0——轴心受压构件的稳定系数；

α——与砂浆强度等级有关的系数，当砂浆强度等级大于或等于 M5 时，$\alpha=0.0015$，当砂浆强度等级等于 M2.5 时，$\alpha=0.002$，当砂浆强度等级等于 0 时，$\alpha=0.009$；

β——构件的高厚比。

计算 T 形截面受压构件的 φ 时，应以折算厚度 h_T 代替式(17-17-4)中的 h。

【例 17-17-1】 截面尺寸为 240mm×370mm 的砌块短柱，当轴向力 N 的偏心距如图所示时，受压承载力的大小顺序为：

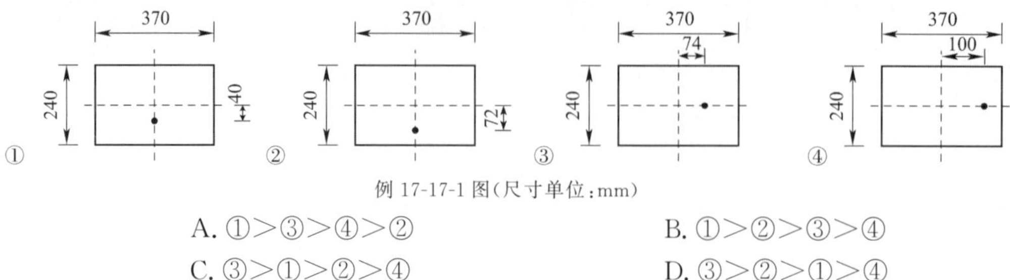

例 17-17-1 图(尺寸单位：mm)

A. ①>③>④>② B. ①>②>③>④

C. ③>①>②>④ D. ③>②>①>④

解 e/h 越小(e-偏心距，h-偏心方向柱的边长)，受压构件承载力的影响系数 φ 越大，N_u 越大。四种情况的 e/h 分别为 0.17、0.3、0.2、0.27。

答案：A

(四)轴心受压柱的承载力计算

由以上公式可知，对于轴心受压短柱，即 $e=0$，$\beta\leqslant3$，此时承载力影响系数 $\varphi=1.0$。其抗压承载力可按下式计算

$$N\leqslant fA \tag{17-17-7}$$

对于轴心受压长柱，即 $e=0$，$\beta>3$，此时承载力影响系数 $\varphi=\varphi_0$。其抗压承载力可按下式计算

$$N\leqslant \varphi_0 fA \tag{17-17-8}$$

(五)轴向力偏心距限值

轴向力的偏心距 e 按内力设计值计算，并不应超过 $0.6y$，y 为截面重心到轴向力所在偏心方向截面边缘的距离。

二、局部抗压承载力

荷载作用于砌体部分截面上的受压，称为砌体局部受压。如梁端下面的砌体或柱下面与基础接触部分属于砌体局部受压。砌体的局部受压，视局部压应力分布是否均匀可分为均匀局部受压和不均匀局部受压，后者常指梁端支承处砌体的局部受压。砌体局部受压的特点是其抗压强度有所提高，但局部受压面积一般很小，设计时应加以校核，明确是否需要采取构造措施。

(一)砌体截面局部均匀受压的承载力

1. 砌体截面中受局部均匀受压时的承载力

$$N_l\leqslant \gamma fA_l \tag{17-17-9}$$

式中：N_l——局部受压面积上的轴向力设计值；

γ——砌体局部抗压强度提高系数；

f——砌体的抗压强度设计值，局部受压面积小于 0.3m^2，可不考虑强度调整系数 γ_a 的影响；

A_l——局部受压面积。

2. 砌体局部抗压强度提高系数 γ

$$\gamma=1+0.35\sqrt{\frac{A_0}{A_l}-1} \tag{17-17-10}$$

式中：A_0——影响砌体局部抗压强度的计算面积。

由式(17-17-10)计算的 γ 值，尚应符合下列规定：

(1)在图 17-17-1a)的情况下，$\gamma\leqslant2.5$；

(2)在图 17-17-1b)的情况下，$\gamma \leqslant 2.0$；

(3)在图 17-17-1c)的情况下，$\gamma \leqslant 1.5$；

(4)在图 17-17-1d)的情况下，$\gamma \leqslant 1.25$；

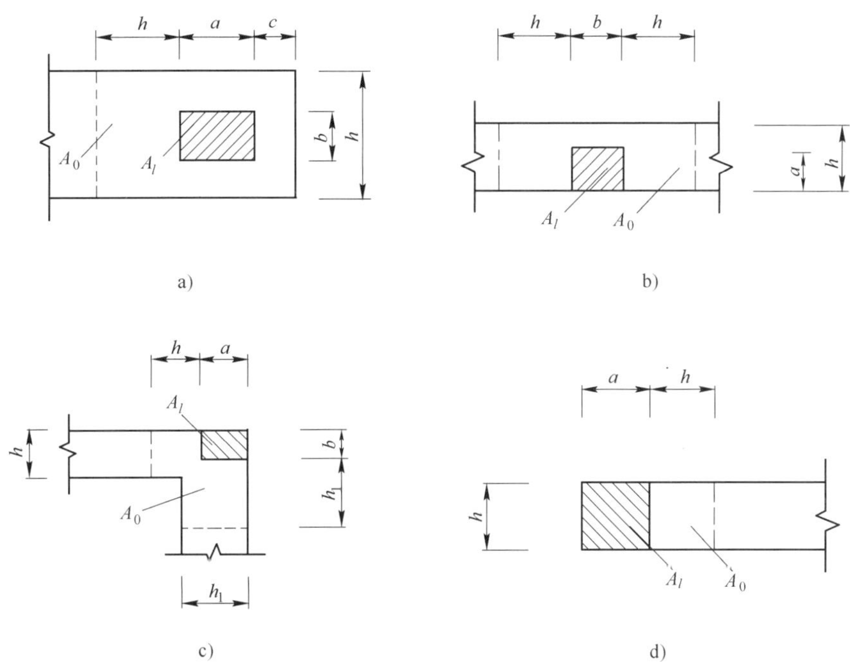

图 17-17-1

(5)要求灌孔的砌块砌体，在(1)、(2)款的情况下，尚应符合 $\gamma \leqslant 1.5$；未灌孔的混凝土砌块砌体，$\gamma = 1.0$。

3.影响砌体局部抗压强度的计算面积

(1)在图 17-17-1a)的情况下，$A_0 = (a + c + h)h$；

(2)在图 17-17-1b)的情况下，$A_0 = (b + 2h)h$；

(3)在图 17-17-1c)的情况下，$A_0 = (a + h)h + (b + h_1 - h)h_1$；

(4)在图 17-17-1d)的情况下，$A_0 = (a + h)h$。

式中：a、b——矩形局部受压面积 A_l 的边长；

h、h_1——墙厚或柱的较小边长、墙厚；

c——矩形局部受压面积的外边缘至构件边缘的较小距离，当大于 h 时，应取 h。

(二)梁端支承处砌体的局部抗压承载力

当梁直接支承在砌体上(见图 17-17-2)，其局部抗压承载力应按下列公式计算

$$\psi N_0 + N_l \leqslant \eta \gamma f A_l \tag{17-17-11}$$

$$\psi = 1.5 - \frac{0.5A_0}{A_l} \tag{17-17-12}$$

$$N_0 = \sigma_0 A_l \tag{17-17-13}$$

$$A_l = a_0 b \tag{17-17-14}$$

$$a_0 = 10\sqrt{\frac{h_c}{f}} \tag{17-17-15}$$

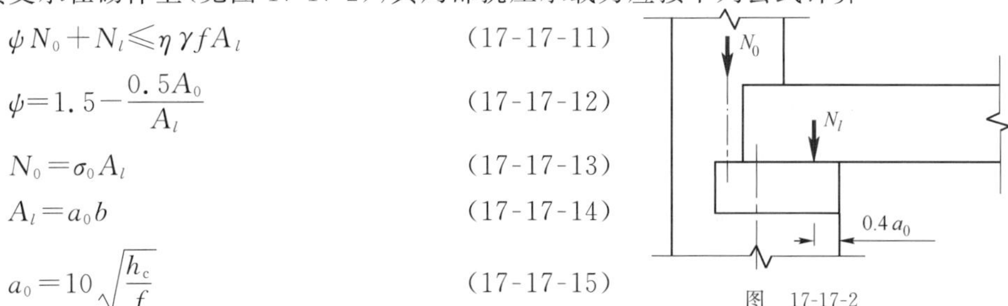

图 17-17-2

上述式中：ψ——上部荷载的折减系数，当 $A_0/A_l \geqslant 3$ 时，$\psi=0$；

N_0——局部受压面积内上部轴向力设计值(N)；

N_l——梁端支承压力设计值(N)；

σ_0——上部平均压应力设计值(MPa)；

η——梁端底面压应力图形的完整系数，应取 0.7，对于过梁和墙梁应取 1.0；

a_0——梁端有效支承长度(mm)，当 $a_0>a$ 时，应取 $a_0=a$；

a——梁端实际支承长度(mm)；

b、h_c——分别为梁的截面宽度和高度(mm)；

f——砌体的抗压强度设计值(MPa)。

式(17-17-11)中采用上部荷载的折减系数 ψ，是由于上部荷载通过砌体传至梁端支承处局部受压面积上时，产生一定的内拱卸载作用。由式(17-17-12)可知，随 A_0/A_l 的增大，上述内拱卸载作用增大，当 $A_0/A_l \geqslant 3$ 时，$\psi=0$，即完全不考虑上部荷载 N_0 的作用。

(三)梁端设有刚性垫块的砌体局部抗压承载力

如果梁端支承处砌体局部抗压承载力不足时，可以在梁端下面设置预制垫块或与梁现浇成整体的垫块，以增大局部受压面积，提高砌体局部抗压承载力。

1.设置刚性垫块下的砌体局部抗压承载力

$$N_0 + N_l \leqslant \varphi\gamma_1 f A_b \tag{17-17-16}$$

$$N_0 = \sigma_0 A_b \tag{17-17-17}$$

$$A_b = a_b b_b \tag{17-17-18}$$

上述式中：N_0——垫块面积 A_b 内上部轴向力设计值(N)；

φ——垫块上 N_0 及 N_l 合力的影响系数，应采用 $\beta \leqslant 3$ 时的 φ 值；

γ_1——垫块外砌体面积的有利影响系数，γ_1 应为 0.8γ，但不小于 1.0，γ 为砌体局部抗压强度提高系数，按式(17-17-10)以 A_b 代替 A_l 计算；

A_b——垫块面积(mm^2)；

a_b——垫块伸入墙内的长度(mm)；

b_b——垫块的宽度(mm)。

2.刚性垫块的构造要求

(1)刚性垫块的高度不宜小于 180mm，自梁边算起的垫块挑出长度不宜大于垫块高度 t_b；

(2)在带壁柱墙的壁柱内设刚性垫块时(见图 17-17-3)，其计算面积应取壁柱范围内的面积，而不计算翼缘部分，同时壁柱上垫块伸入翼墙内的长度不应小于 120mm；

(3)当现浇垫块与梁端整体浇筑时，垫块可在梁高范围内设置。

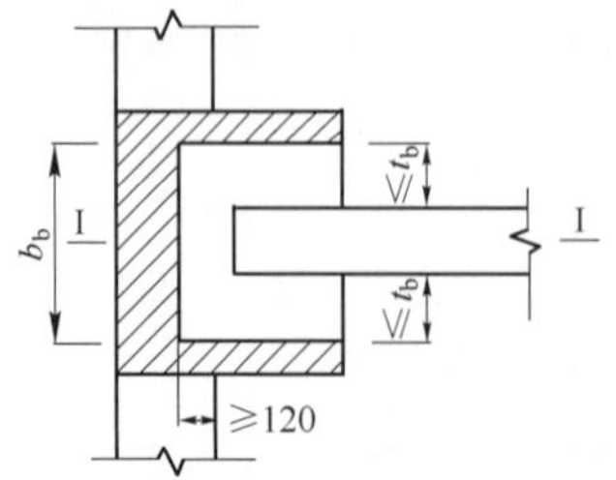

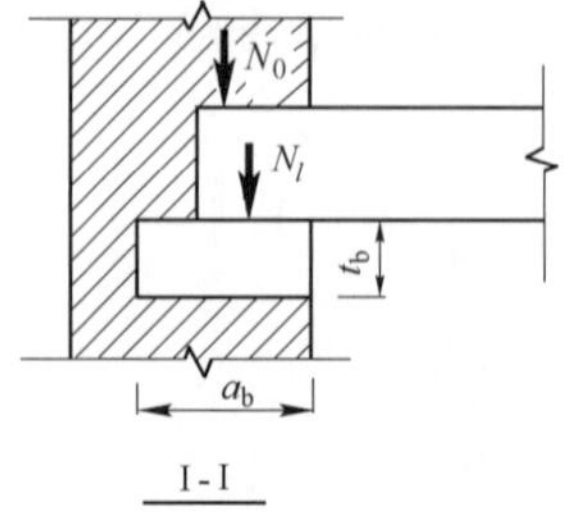

图 17-17-3

3. 梁端设有刚性垫块时的梁端有效支承长度 a_0

$$a_0 = \delta_1 \sqrt{\frac{h}{f}} \tag{17-17-19}$$

式中：δ_1——刚性垫块的影响系数，按表 17-17-3 采用。

垫块上 N_l 作用点的位置可取 $0.4a_0$ 处。

系　数　δ_1　值　　　　表 17-17-3

σ_0/f	0	0.2	0.4	0.6	0.8
δ_1	5.4	5.7	6.0	6.9	7.8

注：表中其间的数值可采用插入法求得。

（四）梁下设有垫梁的砌体局部抗压承载力

梁下设有长度大于 πh_0 垫梁的砌体局部抗压承载力应按下列公式计算（见图 17-17-4）。

$$N_0 + N_l \leqslant 2.4\delta_2 f b_b h_0 \tag{17-17-20}$$

$$N_0 = \frac{\pi b_b h_0 \sigma_0}{2} \tag{17-17-21}$$

$$h_0 = 2\sqrt[3]{\frac{E_c I_c}{E h_c}} \tag{17-17-22}$$

上述式中：N_0——垫梁上部轴向力设计值（N）；

b_b——垫梁在墙厚方向的宽度（mm）；

δ_2——系数，当荷载沿墙厚方向均匀分布时 δ_2 取 1.0，不均匀时可取 0.8；

h_0——垫梁折算高度（mm）；

E_c、I_c——分别为垫梁的混凝土弹性模量和截面惯性矩；

E——砌体的弹性模量；

h——墙厚（mm）。

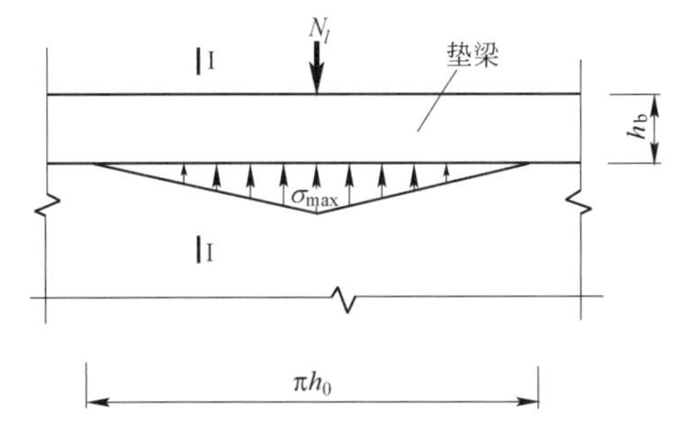

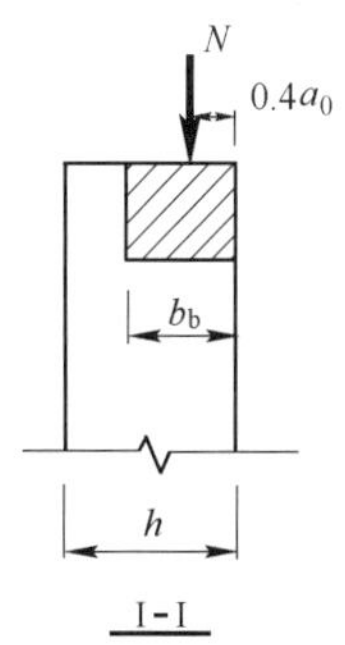

图　17-17-4

垫梁上梁端有效支承长度 a_0 可按式（17-17-19）计算。

【例 17-17-2】　砌体局部受压强度的提高，是因为：

A. 局部砌体处于三向受力状态

B. 非局部受压砌体有起拱作用而卸载

C. 非局部受压面积提供侧压力和力的扩散的综合影响

D. 非局部受压砌体参与受力

解　砌体的局部受压，按受力特点的不同，可以分为局部均匀受压和梁端局部受压两种。由于局部受压砌体有套箍作用及应力扩散的存在，所以砌体抵抗压力的能力有所提高，在计算砌体局部抗压承载力时,用局部抗压提高系数 γ 来修正。

答案:C

习　题

17-17-1　截面尺寸、砂浆和块体强度等级均相同的砌体受压构件,下面说法正确的是(　　)。

①承载力随高厚比的增大而减小;②承载力随偏心距的增大而减小;③承载力与砂浆的强度等级无关;④承载力随相邻横墙间距的增加而增大。

A. ①②　　　　B. ①②③

C. ①②③④　　　　D. ①③④

17-17-2　截面尺寸为 240mm×370mm 的砖砌短柱,轴向压力的偏心距如图所示,其抗压承载力的大小顺序是(　　)。

A. ①>②>③>④　　　　B. ③>①>②>④

C. ④>②>③>①　　　　D. ①>③>④>②

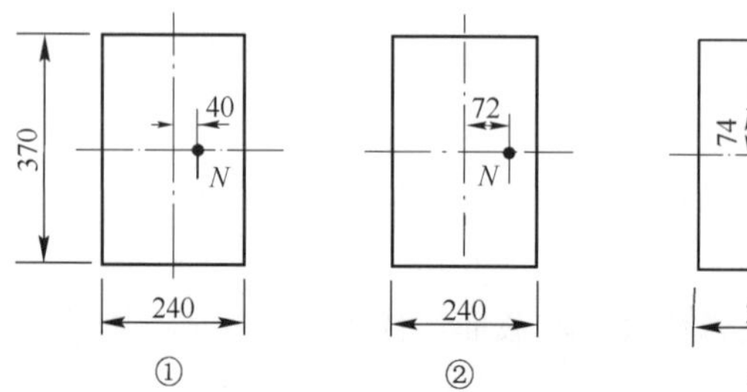

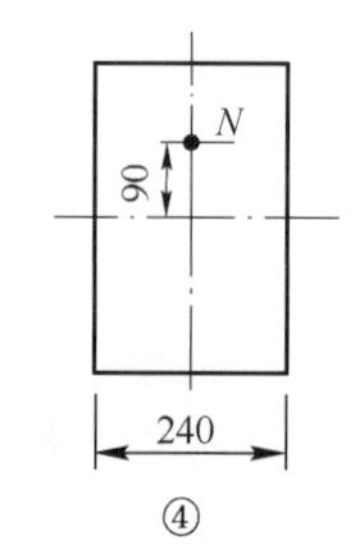

题 17-17-2 图(尺寸单位:mm)

17-17-3　如图所示,截面尺寸为 240mm×250mm 的钢筋混凝土柱,支承在 490mm 厚的砖墙上,墙采用 MU10 砌块、M2.5 混合砂浆砌筑,可能最先发生局部受压破坏的是(　　)。

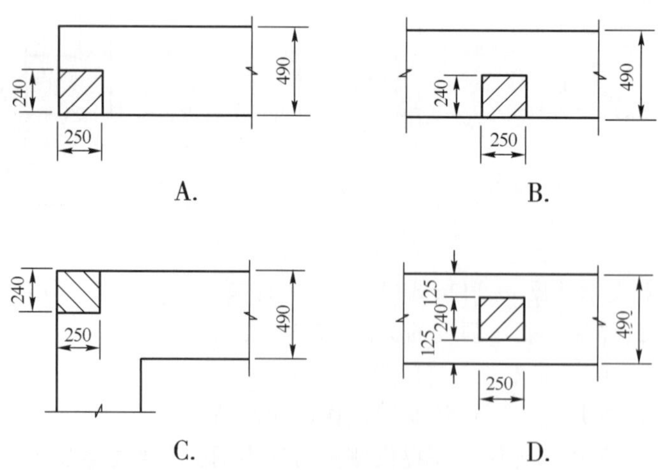

17-17-4　某带壁柱砖墙及轴向压力的作用位置如图所示,设计时轴向压力的偏心距 e 不应大于(　　)。

A. 161mm　　B. 193mm　　C. 225mm　　D. 321mm

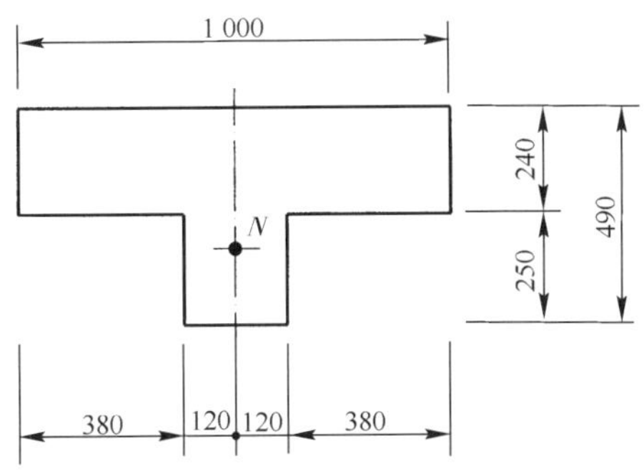

题 17-17-4 图(尺寸单位:mm)

第十八节　混合结构房屋设计

混合结构房屋通常是指屋盖、楼盖等水平构件采用钢筋混凝土材料或木材,而墙、柱、基础等竖向构件采用砌体材料的房屋。混合结构房屋设计包括结构布置,房屋静力计算,墙、柱设计及构造设计。

一、结构布置

(一)结构布置方案

按结构的承重体系及荷载的传递路线,房屋的结构布置方案可分为四种类型。

1.横墙承重体系

它是由横墙直接承受屋盖、楼盖荷载的结构承重体系。其特点是:

(1)房屋横向刚度较大,整体性好,外纵墙不承重,便于设置洞口大的门窗,外墙面的装饰也容易处理;

(2)楼盖结构较简单,施工方便,楼盖的材料用量较少,但墙体材料用量较多。

这种体系适用于横墙间距较密的多层住宅、宿舍和旅馆等建筑。

2.纵墙承重体系

它是由纵墙直接承受屋盖、楼盖荷载的结构承重体系。其特点是:

(1)横墙较少,楼盖跨度较大,建筑平面布置较灵活;但楼盖材料用量较多,纵墙承受的荷载较大,往往要设扶壁柱,且纵墙上门窗洞口尺寸和位置受到一定的限制;其墙体材料用量较横墙承重体系少。

(2)房屋的横向刚度较横向承重体系差。

这种体系适用于要求空间较大的教学楼、办公楼、实验楼、影剧院和仓库等建筑。

3.纵横墙承重体系

它是由纵墙和横墙混合承受屋盖、楼盖荷载的结构承重体系,兼有上述两种承重体系的优点。在多层房屋中一般采用这种承重体系。

4.底层框架或多层内框架承重体系

它是指底层为钢筋混凝土框架而上面各层仍为混合结构,或由房屋内部的钢筋混凝土框架和外部砌体墙、柱构成的承重体系(见图 17-18-1)。其特点是:

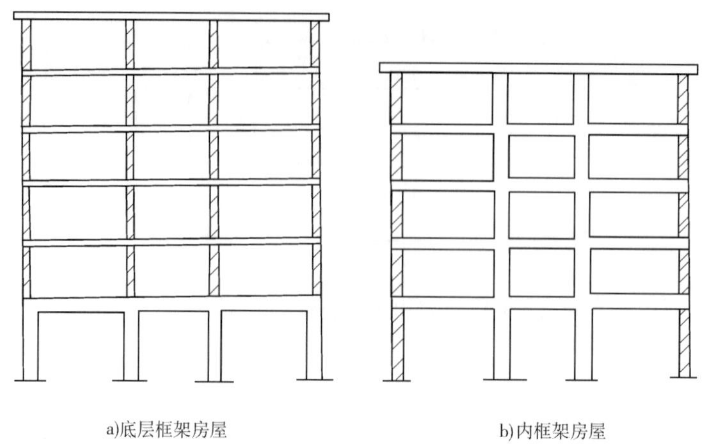

a)底层框架房屋　　　　b)内框架房屋

图 17-18-1　底层框架和多层内框架房屋

(1)房屋或房屋底层开间大，平面布置较为灵活，但横墙或房屋底层的横墙较少，房屋刚度或底层刚度较差。

(2)多层内框架房屋由钢筋混凝土和砌体两种性能不同的材料组成，在荷载作用下，墙、柱将产生不同的压缩变形，从而在结构中引起较大的附加内力，抵抗地基不均匀沉降和抗震能力较弱；对于底层为框架上层为混合结构的房屋，其抗震性能也较差。因此，在抗震设防地区选用这种承重体系时，应注意限制层数、总高度及满足抗震墙的最大间距要求。

(3)与钢筋混凝土框架结构房屋相比，可节省材料。

(二)结构布置主要规定

与钢筋混凝土结构相比，砌体结构的抗震性能较差，其震害随砌体房屋的高度增加而加剧，特别是高烈度区尤为严重。因此，对抗震设计的砌体房屋，应符合《抗震规范》中关于房屋层数和总高度、房屋的最大高宽比、抗震横墙最大间距的规定，见表 17-18-1～表 17-18-3，以及其他构造规定。

房屋的层数和总高度限值(单位：m)　　表 17-18-1

房屋类别		最小抗震墙厚度(mm)	烈度和设计基本地震加速度											
			6		7				8				9	
			0.05g		0.10g		0.15g		0.20g		0.30g		0.40g	
			高度	层数	高度	层数	高度	层数	高度	层数	高度	层数	高度	层数
多层砌体房屋	普通砖	240	21	7	21	7	21	7	18	6	15	5	12	4
	多孔砖	240	21	7	21	7	18	6	18	6	15	5	9	3
	多孔砖	190	21	7	18	6	15	5	15	5	12	4	—	—
	混凝土砌块	190	21	7	21	7	18	6	18	6	15	5	9	3
底部框架-抗震墙砌体房屋	普通砖 多孔砖	240	22	7	22	7	19	6	16	5	—	—	—	—
	多孔砖	190	22	7	19	6	16	5	13	4	—	—	—	—
	混凝土砌块	190	22	7	22	7	19	6	16	5	—	—	—	—

注：1. 房屋的总高度指室外地面到主要屋面板板顶或檐口的高度，半地下室从地下室室内地面算起，全地下室和嵌固条件好的半地下室应允许从室外地面算起；对带阁楼的坡屋面应算到山尖墙的 1/2 高度处。

2. 室内外高差大于 0.6m 时，房屋总高度应允许比表中的数据适当增加，但增加量应少于 1.0m。

3. 乙类的多层砌体房屋仍按本地区设防烈度查表，其层数应减少一层且总高度应降低 3m；不应采用底部框架-抗震墙砌体房屋。

房屋最大高宽比　　表 17-18-2

烈　　度	6	7	8	9
最大高宽比	2.5	2.5	2.0	1.5

注：1. 单面走廊房屋的总宽度不包括走廊宽度。

2. 建筑平面接近正方形时，其高宽比宜适当减小。

房屋抗震横墙的间距(单位:m)　　表 17-18-3

房屋类别		烈度			
		6	7	8	9
多层砌体房屋	现浇或装配整体式钢筋混凝土楼、屋盖	15	15	11	7
	装配式钢筋混凝土楼、屋盖	11	11	9	4
	木屋盖	9	9	4	—
底部框架-抗震墙砌体房屋	上部各层	同多层砌体房屋			—
	底层或底部两层	18	15	11	—

注：1. 多层砌体房屋的顶层，除木屋盖外的最大横墙间距应允许适当放宽，但应采取相应加强措施。

2. 多孔砖抗震横墙厚度为 190mm 时，最大横墙间距应比表中数值减少 3m。

二、房屋的静力计算

(一)划分房屋静力计算方案的依据

划分房屋静力计算方案的目的是为了选用与其相适应的内力计算方法。影响房屋空间工作性能的因素较多，但主要是屋、楼盖的刚度及横墙的刚度和间距。对于不同屋盖或楼盖的房屋，当横墙间距 s 符合表 17-18-4 的规定，即可把房屋划分为三种静力计算方案：刚性方案、刚弹性方案、弹性方案。

房屋的静力计算方案　　表 17-18-4

屋盖或楼盖类别	刚性方案	刚弹性方案	弹性方案
整体式、装配整体式和装配式无檩体系钢筋混凝土屋盖或钢筋混凝土楼盖	$s<32$m	32m$\leqslant s \leqslant$72m	$s>72$m
装配式有檩体系钢筋混凝土屋盖、轻钢屋盖和有密铺望板的木屋盖或木楼盖	$s<20$m	20m$\leqslant s \leqslant$48m	$s>48$m
瓦材屋面的木屋盖和轻钢屋盖	$s<16$m	16m$\leqslant s \leqslant$36m	$s>36$m

注：对无山墙或伸缩缝处无横墙的房屋，应按弹性方案考虑。

对于刚性和刚弹性方案房屋的横墙，应符合下列规定：

(1)横墙中开有洞口时，洞口的水平截面面积不应超过横墙截面面积的 50%。

(2)横墙的厚度不宜小于 180mm。

(3)单层房屋的横墙长度不宜小于其高度，多层房屋的横墙长度不宜小于横墙总高度的 1/2。

(4)当横墙不能同时符合上述要求时，应对横墙的刚度进行验算。如其最大水平位移 $u_{max} \leqslant H/4\,000$($H$ 为横墙总高度)时，仍可视作刚性或刚弹性方案房屋的横墙。

(5)凡符合上述第(4)项刚度要求的一段横墙或其他结构构件(如框架等)，也可视作刚性或刚弹性方案房屋的横墙。

【例 17-18-1】 影响砌体结构房屋空间工作性能的主要因素是下面哪一项：

A. 房屋结构所用块材和砂浆的强度等级

B. 外纵墙的高厚比和门窗洞口的开设是否超过规定

C. 圈梁和构造柱的设置是否满足规范的要求

D. 房屋屋盖、楼盖的类别和横墙的距离

解 砌体结构房屋静力计算时，根据房屋的空间工作性能分为刚性方案、刚弹性方案和弹性方案。影响房屋空间工作性能的主要因素有屋盖或楼盖的类别和横墙的间距。见《砌体规范》第 4.2.1 条表 4.2.1。

答案：D

（二）计算单元划分

对于承重纵墙一般选取一段有代表性的、宽度等于一个开间的竖条墙、柱为计算单元，受荷宽度为相邻两开间宽度之和的一半。当计算截面有窗洞时，取窗间墙宽度内的截面面积；无窗洞时，取一个开间宽度内的墙截面面积。

对于承重横墙，一般可沿横墙取宽度为 1m 的墙作为计算单元，受荷范围为计算单元 1m 内的两侧各二分之一开间内的所有荷载。计算截面取每层墙顶的大梁底面及墙底截面。

（三）刚性方案墙、柱内力分析

刚性方案的房屋在屋盖和楼层处认为无侧移。在进行内力计算时，作下列简化和规定。

1. 单层房屋

在荷载作用下，墙、柱可视为上端以不动铰支承于屋盖，下端则嵌固于基础的竖向构件，见图 17-18-2。

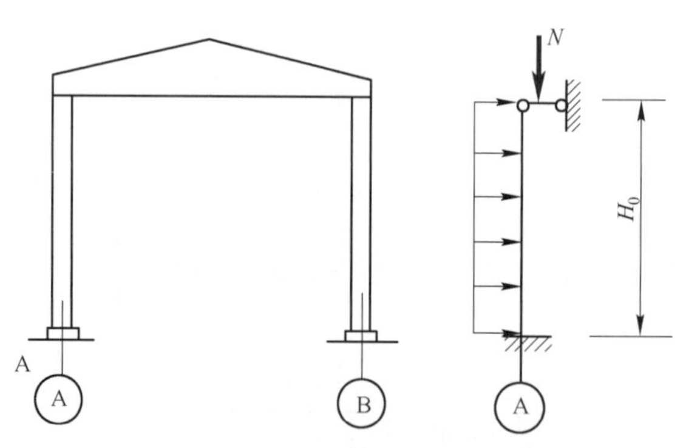

图 17-18-2 单层房屋刚性方案计算简图

2. 多层房屋（见图 17-18-3）

（1）在竖向荷载作用下，墙、柱在每层高度范围内为两端铰支的竖向构件，见图 17-18-3c）、d）。

（2）在水平荷载作用下，墙、柱为竖向连续梁，见图 17-18-3e）、f）。

多层房屋在风荷载作用下，当外墙上洞口水平截面面积小于全截面面积的 2/3；房屋的层高和总高不超过表 17-18-5 的规定，且房屋自重不小于 0.8kN/m² 时，在静力计算中可不考虑风荷载影响。如果必须考虑风荷载影响时，由风荷载设计值 w 引起的弯矩 $M=wH_i^2/12$。

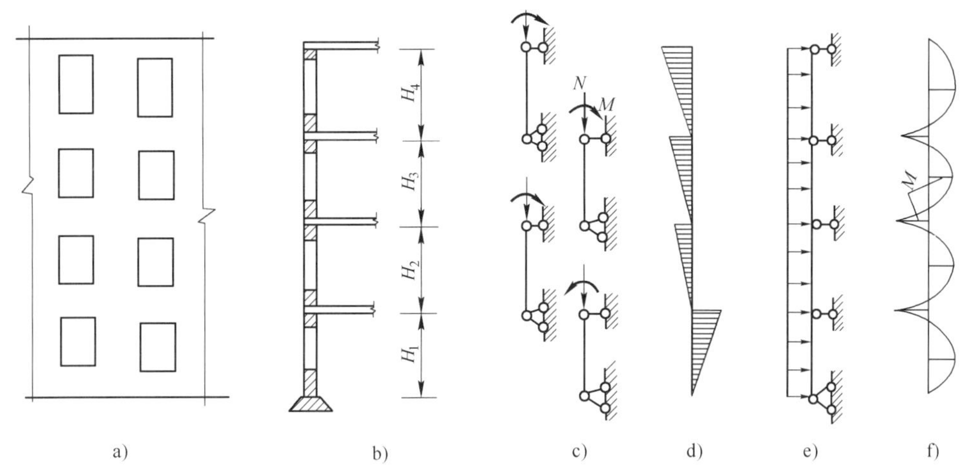

图 17-18-3　多层房屋刚性方案内力分析

外墙不考虑风荷载影响时的最大高度　　表 17-18-5

基本风压值 (kN/m²)	层高 (m)	总高 (m)	基本风压值 (kN/m²)	层高 (m)	总高 (m)
0.4	4.0	28	0.6	4.0	18
0.5	4.0	24	0.7	3.5	18

注：对于多层混凝土砌块房屋，当外墙厚度不小于 190mm、层高不大于 2.8m、总高不大于 19.6m、基本风压不大于 0.7kN/m²时，可不考虑风荷载的影响。

【例 17-18-2】 对多层砌体房屋进行承载力验算时，"墙在每层高度范围内可近似视作两端铰支的竖向构件"所适用的荷载是：

A. 风荷载　　B. 水平地震作用　　C. 竖向荷载　　D. 永久荷载

解 根据《砌体规范》第 4.2.5 条第 2 款，刚性方案多层砌体房屋在竖向荷载作用下，墙、柱在每层高度范围内，可近似视作两端铰支的竖向构件；在水平荷载作用下，墙、柱可视作竖向连续梁。

答案：C

墙、柱截面上的轴向力和作用位置，应考虑竖向荷载对墙、柱的偏心影响，其中梁端支承压力 N_l 至墙内边缘的距离应取梁端有效支承长度 a_0 的 2/5(见图 17-17-4)；由上面楼层传来的压力 N_u 作用于上一楼层墙、柱的截面重心处。按本条假定，在计算某层墙、柱时，上面楼层传来的荷载在该层墙体顶端支承面处的弯矩为零；本层竖向荷载在其顶端支承截面处产生弯矩 $M_l=N_le_l$(e_l 为 N_l 对截面重心处的偏心距)，该弯矩在本层内按三角形分布，见图 17-18-3d)。

【例 17-18-3】 按刚性方案计算的砌体房屋的主要特点为：

A. 空间性能影响系数 η 大，刚度大　　B. 空间性能影响系数 η 小，刚度小
C. 空间性能影响系数 η 小，刚度大　　D. 空间性能影响系数 η 大，刚度小

解 刚性方案砌体房屋，横墙顶端的水平位移很小，静力分析时可认为水平位移为零，其空间性能影响系数 η 即为零，刚度大。

答案：C

(四)弹性方案房屋墙、柱的内力分析

弹性方案房屋墙、柱的内力，可按屋架或大梁与墙、柱为铰接，不考虑空间工作的平面排架

或框架，采用结构力学的方法计算。以单层单跨房屋为例，在风荷载作用下的计算方法如图 17-18-4 所示。

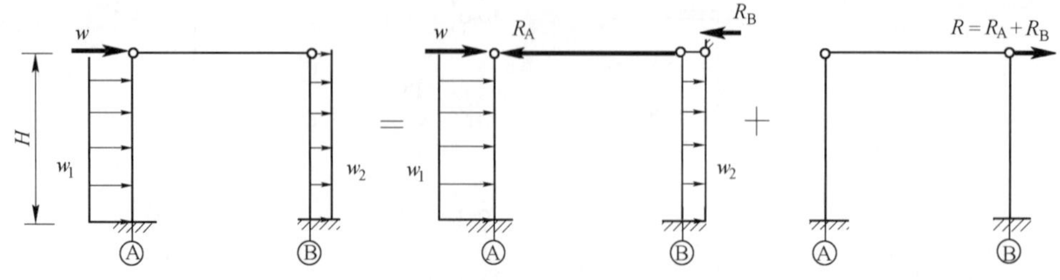

图 17-18-4　弹性方案房屋内力分析

（五）刚弹性方案房屋墙、柱的内力分析

刚弹性方案房屋墙、柱内力分析可按屋架或大梁与墙、柱为铰接，并考虑房屋空间工作性能影响的平面排架（单层）或框架（多层）计算。其计算方法与弹性方案房屋类似，只是把屋架或大梁支承点的水平方向看成弹性支座，考虑房屋空间工作性能影响系数 η 的影响。

1. 单层房屋墙、柱内力计算方法（见图 17-18-5）

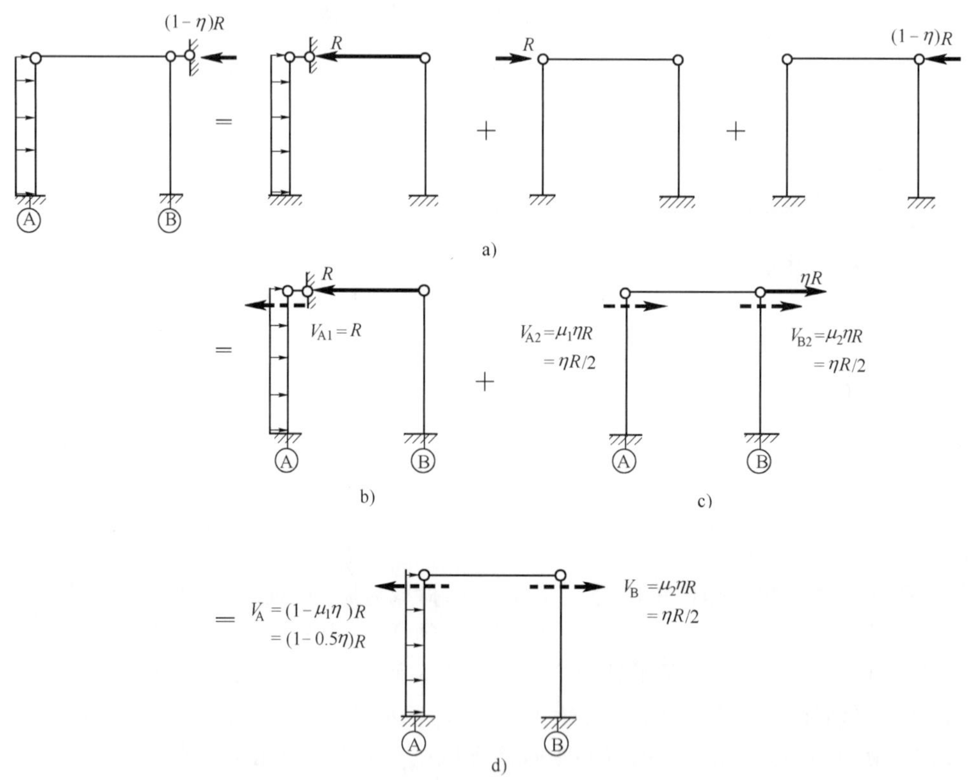

图 17-18-5　刚弹性方案房屋内力分析

(1)根据屋盖类别和横墙最大间距确定静力计算方案，并确定空间性能影响系数 η，形成柱顶具有弹性支承的平面排架，见图 17-18-5a)。

(2)按平面排架的一般分析方法，假设排架无侧移，求出不动铰支承反力 R 和各柱顶剪力（如 V_{A1}），见图 17-18-5b)。

(3)由于横墙承担$(1-\eta)R$ 的水平反力，因此只需将 R 乘以 η 后反向作用于排架上，求出柱顶剪力（如 V_{A2}、V_{B2}），见图 17-18-5c)。

(4)叠加上述两种情况下的柱顶剪力,即得最后的柱顶剪力(如 V_A、V_B),见图 17-18-5d),然后算出柱内各控制截面的内力。

2.多层房屋墙、柱内力计算方法

多层刚弹性方案房屋墙、柱内力分析步骤与上述单层的内力分析步骤没有原则上的区别,只是首先需根据相应层的楼盖(或屋盖)类别和横墙最大间距确定房屋各层的空间性能影响系数 η_i。对于上柔下刚方案或上刚下柔方案的多层房屋,可采用下述近似分析方法。

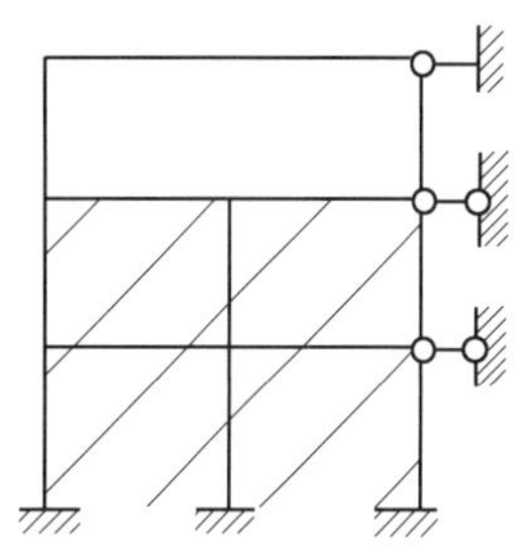

图 17-18-6 上柔下刚多层房屋

(1)上柔下刚方案多层房屋

如顶层为会议室而底层为办公室的房屋,有可能属上柔下刚方案,其顶层按单层房屋(空间性能影响系数为 η)进行内力计算,下面各层按刚性方案计算内力(见图 17-18-6)。

(2)上刚下柔方案多层房屋

如底层为商场,而上面各层为办公室或住宅的房屋,有可能属上刚下柔方案。其内力计算步骤如图 17-18-7 所示。

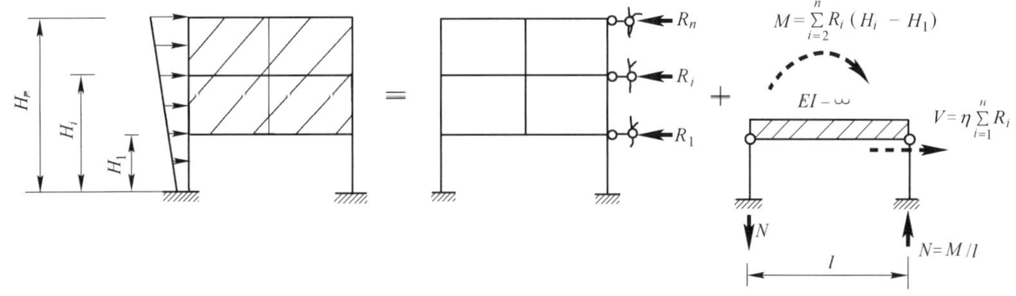

图 17-18-7 上刚下柔多层房屋内力分析

【例 17-18-4】 在相同荷载、相同材料、相同几何条件下,用弹性方案、刚弹性方案和刚性方案计算砌体结构的柱(墙)底端弯矩,结果分别为 $M_{弹}$、$M_{刚弹}$ 和 $M_{刚}$,三者的关系是:

A. $M_{刚弹}>M_{刚}>M_{弹}$　　B. $M_{弹}<M_{刚弹}<M_{刚}$

C. $M_{弹}>M_{刚弹}>M_{刚}$　　D. $M_{刚弹}<M_{刚}<M_{弹}$

解 上端约束越小,变形越大,柱(墙)底弯矩越大。

答案:C

三、构造

砌体结构设计时,为了保证房屋的耐久性,提高房屋的空间刚度和整体性能,墙、柱应满足高厚比及其他构造要求。

(一)墙、柱的计算高度

在墙、柱截面抗压承载力计算以及高厚比验算时,应采用计算高度,其值与墙、柱的实际高度不一定相等。砌体墙、柱的计算高度 H_0 应根据房屋类别和构件支承条件等按表 17-17-2 采用。表中的构件高度 H 应按下列规定采用:

(1)在房屋底层,为楼板顶面到构件下端支点的距离;下端支点的位置,可取在基础顶面;当埋置较深且有刚性地坪时,可取室外地面下 500mm 处。

(2)在房屋其他层，为楼板或其他水平支点间的距离。

(3)对于无壁柱的山墙，可取层高加山墙尖高度的1/2；对于带壁柱的山墙，可取壁柱处的山墙高度。

(二)墙、柱的允许高厚比

1.墙、柱高厚比验算

矩形截面墙、柱的高厚比应按下式验算

$$\beta=\frac{H_0}{h}\leqslant\mu_1\mu_2[\beta] \tag{17-18-1}$$

式中：H_0——墙、柱的计算高度，应按表17-17-2采用；

h——墙厚或矩形柱与H_0相对应的边长；

μ_1——自承重墙允许高厚比的修正系数；

μ_2——有门窗洞口墙允许高厚比的修正系数；

$[\beta]$——墙、柱的允许高厚比，按表17-18-6采用。

墙、柱的允许高厚比[β]值 表17-18-6

砌体类型	砂浆强度等级	墙	柱
无筋砌体	M2.5	22	15
	M5.0或Mb5.0、Ms5.0	24	16
	≥M7.5或Mb7.5、Ms7.5	26	17
配筋砌块砌体	—	30	21

注：1.毛石墙、柱的允许高厚比应按表中数值降低20%。

2.带有混凝土或砂浆面层的组合砖砌体构件的允许高厚比，可按表中数值提高20%，但不得大于28。

3.验算施工阶段砂浆尚未硬化的新砌砌体构件高厚比时，允许高厚比对墙取14，对柱取11。

由式(17-18-1)可知，当墙、柱的厚度一定时，其最大计算高度$H_0=\mu_1\mu_2[\beta]h$；而当墙、柱的计算高度H_0一定时，其最小厚度$h=H_0/(\mu_1\mu_2[\beta])$。如果与墙连接的相邻两横墙间的距离$s\leqslant\mu_1\mu_2[\beta]h$时，可认为墙两边的支承情况牢靠，墙的高度可不受上述高厚比限制而由承载力计算确定。

此外，承重的独立砖柱截面尺寸不应小于240mm×370mm。毛石墙的厚度不宜小于350mm，毛料石柱较小边长不宜小于400mm。

2.带壁柱墙和带构造柱墙的高厚比验算

包括整片墙的高厚比验算和壁柱间或构造柱间墙的局部稳定性高厚比验算，两者均应符合要求。

(1)整片墙的高厚比验算

①带壁柱墙的高厚比按式(17-18-1)验算，此时式中的h应改用带壁柱墙截面的折算厚度h_T。按表17-17-2确定带壁柱墙的计算高度H_0时，s应取相邻横墙间的距离。

②当构造柱截面宽度不小于墙厚时，可按式(17-18-1)验算带构造柱墙的高厚比，此时公式中的h取墙厚；当确定墙的计算高度H_0时，s应取相邻横墙间的距离。墙的允许高厚比$[\beta]$可乘以提高系数μ_c

$$\mu_c=1+\gamma\frac{b_c}{l} \tag{17-18-2}$$

式中：γ——系数，对细料石砌体，$\gamma=0$，对混凝土砌块、混凝土多孔砖、粗料石、毛料石及毛石砌体，$\gamma=1.0$，其他砌体，$\gamma=1.5$；

b_c——构造柱沿墙长方向的宽度；

l——构造柱的间距。

当 $b_c/l>0.25$ 时，取 $b_c/l=0.25$；当 $b_c/l<0.05$ 时，取 $b_c/l=0$。

(2)壁柱间或构造柱间墙的高厚比验算

该墙以壁柱或构造柱作为支承，按矩形截面采用式(17-18-1)验算高厚比，此时，s 应取相邻壁柱间或相邻构造柱间的距离。设有钢筋混凝土圈梁的带壁柱墙或带构造柱墙，当 $b/s\geqslant 1/30$时，圈梁可视作壁柱间墙或构造柱间墙的不动铰支点(b 为圈梁的宽度)。如不允许增加圈梁宽度，可按墙体平面外等刚度原则增加圈梁高度，以满足壁柱间墙或构造柱间墙不动铰支点的要求。

3.厚度 $h\leqslant 240$mm 的自承重墙的允许高厚比修正系数 μ_1

$h=240$mm	$\mu_1=1.2$
$h=90$mm	$\mu_1=1.5$
$240\text{mm}>h>90\text{mm}$	μ_1 可按插入法取值

上端为自由端墙的允许高厚比，除按上述规定提高外，尚可提高 30%。对厚度小于 90mm 的墙，当双面采用不低于 M10 的水泥砂浆抹面，包括抹面层的墙厚不小于 90mm 时，可按墙厚等于 90mm 验算高厚比。

4.对有门窗洞口墙的允许高厚比修正系数 μ_2

$$\mu_2=1-0.4\frac{b_s}{s} \tag{17-18-3}$$

式中：b_s——在宽度 s 范围内的门窗洞口总宽度；

s——相邻窗间墙或壁柱之间的距离。

当按式(17-18-3)算得的 $\mu_2<0.7$ 时，取 $\mu_2=0.7$。当洞口高度等于或小于墙高的 1/5 时，取 $\mu_2=1.0$。

(三)耐久性规定

设计使用年限为 50 年时，砌体材料的耐久性应符合下列规定：

(1)地面以下或防潮层以下的砌体、潮湿房间的墙所用材料的最低强度等级应符合表 17-18-7的规定。

地面以下或防潮层以下的砌体、潮湿房间的墙所用材料的最低强度等级 表 17-18-7

潮湿程度	烧结普通砖	混凝土普通砖、蒸压普通砖	混凝土砌块	石材	水泥砂浆
稍潮湿的	MU15	MU20	MU7.5	MU30	MU5
很潮湿的	MU20	MU20	MU10	MU30	MU7.5
含饱和水的	MU20	MU25	MU15	MU40	MU10

注：1.在冻胀地区，地面以下或防潮层以下的砌体，不宜采用多孔砖；如采用时，孔洞应用不低于 M10 的水泥砂浆预先灌实；当采用混凝土空心砌块时，其孔洞应采用强度等级不低于 Cb20 的混凝土预先灌实。

2.对安全等级为一级或设计使用年限大于 50 年的房屋，表中材料强度等级应至少提高一级。

(2)处于有侵蚀性介质的砌体材料应符合下列规定：

①不应采用蒸压灰砂普通砖、蒸压粉煤灰普通砖；

②应采用实心砖，砖的强度等级不应低于 MU20，水泥砂浆的强度等级不应低于 M10；

③混凝土砌块的强度等级不应低于 MU15；灌孔混凝土的强度等级不应低于 Cb30，砂浆的强度等级不应低于 Mb10。

（四）一般构造要求

为了保证房屋的空间刚度和良好的整体性，墙、柱除应进行高厚比验算外，还应满足以下构造要求。

1. 沉降缝设置

(1)为防止因地基不均匀沉降而出现裂缝，在房屋下列部位宜设置沉降缝：

①建筑平面有转折的部位；

②建筑物高度差异或荷载差异较大的分界处；

③房屋的长度超过规定的温度缝间距时，在房屋中部适当部位；

④地基土的压缩性有显著差异处；

⑤在不同建筑结构形式或不同基础类型的分界处；

⑥在分期建筑房屋的交界处。

(2)沉降缝的构造是缝两侧的结构从基础至屋顶全部分开，可以各自自由沉降而不发生碰撞。

(3)对于建筑在软弱地基或不均匀地基上的砌体房屋，宜采用下列措施增强整体刚度和强度，以减小房屋的沉降和不均匀沉降：

①对于三层和三层以上的房屋，其长高比 L/H_f 宜小于或等于 2.5；当房屋的长高比 $2.5 < L/H_f \leq 3.0$ 时，宜做到纵墙不转折或少转折，并应控制其内横墙间距或增强基础刚度和强度；当房屋的预估最大沉降量小于或等于 120mm 时，其长高比可不受此限制。

②墙体内宜设置钢筋混凝土圈梁或钢筋砖圈梁。

③在墙体上开洞时，宜在开洞部位配筋或采用构造柱及圈梁加强。

2. 圈梁设置

为增强房屋的整体刚度，防止由于地基不均匀沉降或较大振动荷载等对房屋引起的不利影响，需在墙中设置现浇钢筋混凝土圈梁。

(1)单层房屋

车间、仓库、食堂等空旷的单层房屋应按下列规定设置圈梁：

①砖砌体房屋，檐口标高为 5～8m 时，应在檐口标高处设置圈梁一道，檐口标高大于 8m 时，应增加设置数量；

②砌体及料石砌体房屋，檐口标高为 4～5m 时，应在檐口标高处设置圈梁一道，檐口标高大于 5m 时，应增加设置数量；

③对有吊车或较大振动设备的单层工业房屋，除在檐口或窗顶标高处设置现浇钢筋混凝土圈梁外，尚应增加设置数量。

(2)多层房屋

①住宅、办公楼等多层砌体民用房屋，且层数为 3～4 层时，应在底层和檐口标高处各设置圈梁一道；当层数超过 4 层时，应在所有纵、横墙上隔层设置。

②多层砌体工业房屋，应每层设置现浇钢筋混凝土圈梁。

③设置墙梁的多层砌体房屋应在托梁、墙梁顶面和檐口标高处设置现浇钢筋混凝土圈梁，其他楼层处应在所有纵横墙上每层设置。

④采用现浇钢筋混凝土楼（屋）盖的多层砌体结构房屋，当层数超过 5 层时，除在檐口标高

处设置一道圈梁外，可隔层设置圈梁，并与楼（屋）面板一起整浇；未设置圈梁的楼面板嵌入墙内的长度不应小于120mm，并沿墙长配置不少于2ϕ10的纵向钢筋。

(3)建筑在软弱地基或不均匀地基上的砌体房屋

①在多层房屋的基础和顶层宜各设置一道，其他各层可隔层设置，必要时也可每层设置；单层工业房屋、仓库，可结合基础梁、连系梁、过梁等酌情设置。

②圈梁应设置在外墙、内纵墙和主要内横墙上，并宜在平面内连成封闭系统。

(4)圈梁构造要求

①圈梁宜连续设在同一水平面上，并形成封闭状；当圈梁被门窗洞口截断时，应在洞口上部增设相同截面的附加圈梁；附加圈梁与圈梁的搭接长度不应小于两者中到中垂直距离的两倍，且不得小于1m。

②纵横墙交接处的圈梁应有可靠的连接；刚弹性和弹性方案房屋，圈梁应与屋架、大梁等构件可靠连接。

③钢筋混凝土圈梁的宽度宜与墙厚相同，当墙厚$h \geqslant 240$mm时，其宽度不宜小于$2/3h$；圈梁高度不应小于120mm，纵向钢筋不应少于4ϕ10，绑扎接头的搭接长度按受拉钢筋考虑，箍筋间距不应大于300mm。

④圈梁兼作过梁时，过梁部分的钢筋应按计算另行增配。

【例17-18-5】 设计多层砌体房屋时，受工程地质条件的影响，预期房屋中部的沉降比两端大，为防止地基不均匀沉降对房屋的影响，最宜采取的措施是：

A. 设置构造柱　　B. 在檐口处设置圈梁

C. 在基础顶面设置圈梁　　D. 采用配筋砌体结构

解 为了防止地基不均匀沉降，可在多层砌体房屋的基础顶面和檐口处各设一道圈梁。当房屋中部沉降较两端为大时，基础顶面的圈梁作用大；当房屋两端沉降较中部为大时，则檐口处的圈梁作用大。

答案：C

3. 垫块设置

跨度大于6m的屋架和跨度大于下列数值的梁，应在支承处的砌体上设置混凝土或钢筋混凝土垫块；当墙中设有圈梁时，垫块与圈梁宜浇成整体。

(1)对砖砌体为4.8m；

(2)对砌块和料石砌体为4.2m；

(3)对毛石砌体为3.9m。

4. 壁柱设置

当梁跨度大于或等于下列数值时，在其支承处宜加设壁柱，或采取其他加强措施：

(1)对240mm厚的砖墙为6m，对180mm厚的砖墙为4.8m；

(2)对砌块、料石墙为4.8m。

【例17-18-6】 砌体结构房屋，当梁跨度大到一定程度时，在梁支承处宜加设壁柱。对砌块砌体而言，现行规范规定的该跨度限值是：

A. 4.8m　　B. 6.0m　　C. 7.2m　　D. 9m

解 构造要求，见《砌体规范》第6.2.8条，对砌块、料石墙为4.8m。

答案：A

5. 支承长度要求

预制钢筋混凝土板在混凝土圈梁上的支承长度不应小于 80mm；板端伸出的钢筋应与圈梁可靠连接，且同时浇筑。预制钢筋混凝土板在墙上的支承长度不应小于 100mm。

6. 连接锚固要求

(1)支承在墙、柱上的吊车梁、屋架及跨度大于或等于下列数值的预制梁端部，应采用锚固件与墙、柱上的垫块锚固：

①对砖砌体为 9m；

②对砌块和料石砌体为 7.2m。

(2)填充墙、隔墙应分别采取措施与周边主体结构构件可靠连接。

(3)山墙处的壁柱或构造柱宜砌至山墙顶部，屋面构件应与山墙可靠拉结。

7. 墙体与钢筋混凝土柱的连接要求

墙体与钢筋混凝土柱应有可靠拉结，如图 17-18-8 所示，柱内预埋钢筋应砌入墙体灰缝中。

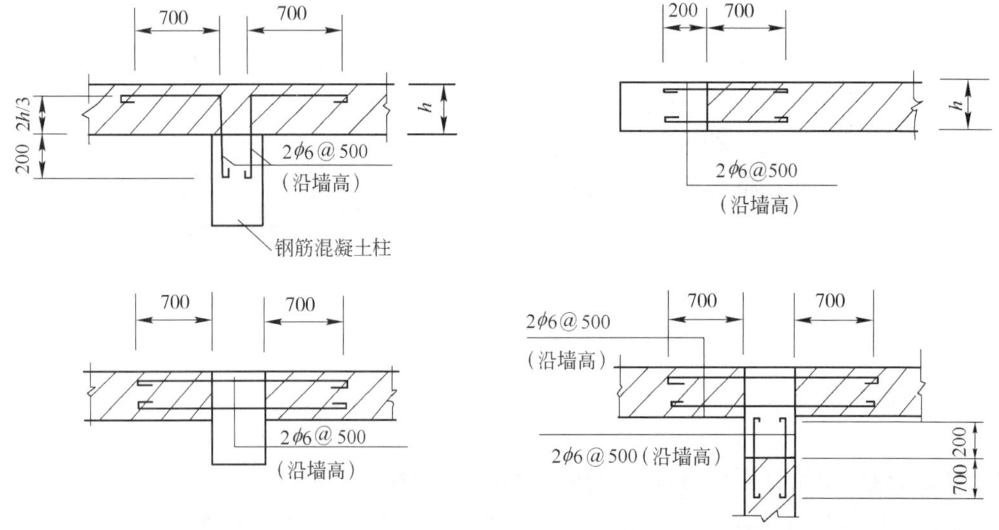

图 17-18-8　墙体与混凝土柱的连接(尺寸单位：mm)

(五)防止或减轻墙体开裂的主要措施

(1)为了防止或减轻房屋在正常使用条件下，由温差和砌体干缩引起的墙体竖向裂缝，应在墙体中设置伸缩缝。伸缩缝应设在因温度和收缩变形引起应力集中、砌体产生裂缝的可能性最大处。伸缩缝的间距可按表 17-18-8 采用。

砌体房屋伸缩缝的最大间距(单位：m)　　表 17-18-8

屋盖或楼盖类别		间　距
整体式或装配整体式钢筋混凝土结构	有保温层或隔热层的屋盖、楼盖	50
	无保温层或隔热层的屋盖	40
装配式无檩体系钢筋混凝土结构	有保温层或隔热层的屋盖、楼盖	60
	无保温层或隔热层的屋盖	50

续上表

屋盖或楼盖类别		间　　距
装配式有檩体系钢筋混凝土结构	有保温层或隔热层的屋盖	75
	无保温层或隔热层的屋盖	60
瓦材屋盖、木屋盖或楼盖、轻钢屋盖		100

注:1. 对烧结普通砖、烧结多孔砖、配筋砌块砌体房屋,取表中数值;对石砌体、蒸压灰砂普通砖、蒸压粉煤灰普通砖、混凝土砌块、混凝土普通砖和混凝土多孔砖房屋,取表中数值乘以 0.8 的系数;当墙体有可靠外保温措施时,其间距可取表中数值。

2. 在钢筋混凝土屋面上挂瓦的屋盖应按钢筋混凝土屋盖采用。

3. 层高大于 5m 的烧结普通砖、烧结多孔砖、配筋砌块砌体结构单层房屋,其伸缩缝间距可按表中数值乘以 1.3。

4. 温差较大且变化频繁地区和严寒地区不采暖的房屋及构筑物墙体伸缩缝的最大间距,应按表中数值予以适当减小。

5. 墙体的伸缩缝应与结构的其他变形缝相重合,缝宽度应满足各种变形缝的变形要求;在进行立面处理时,必须保证缝隙的伸缩作用。

(2)房屋顶层墙体,宜根据情况采取下列措施:

①屋面应设置保温、隔热层;

②屋面保温(隔热)层或屋面刚性面层及砂浆找平层应设置分隔缝,分隔缝间距不宜大于 6m,其缝宽不小于 30mm,并与女儿墙隔开;

③采用装配式有檩体系钢筋混凝土屋盖和瓦材屋盖;

④顶层屋面板下设置现浇钢筋混凝土圈梁,并沿内外墙拉通,房屋两端圈梁下的墙体内宜设置水平钢筋;

⑤顶层墙体有门窗等洞口时,在过梁上的水平灰缝内设置 2～3 道焊接钢筋网片或 2 根直径 6mm 钢筋,焊接钢筋网片或钢筋应伸入洞口两端墙内不小于 600mm;

⑥顶层及女儿墙砂浆强度等级不低于 M7.5(Mb7.5、Ms7.5);

⑦女儿墙应设置构造柱,构造柱间距不宜大于 4m,构造柱应伸至女儿墙顶并与现浇钢筋混凝土压顶整浇在一起;

⑧对顶层墙体施加竖向预应力。

(3)房屋底层墙体,宜根据情况采取下列措施:

①增大基础圈梁的刚度;

②在底层的窗台下墙体灰缝内设置 3 道焊接钢筋网片或 2 根直径 6mm 钢筋,并伸入两边窗间墙内不小于 600mm;

(4)在每层门、窗过梁上方的水平灰缝内及窗台下第一和第二道水平灰缝内,宜设置焊接钢筋网片或 2 根直径 6mm 钢筋,焊接钢筋网片或钢筋应伸入两边窗间墙内不小于 600mm。当墙长大于 5m 时,宜在每层墙高度中部设置 2～3 道焊接钢筋网片或 3 根直径 6mm 的通长水平钢筋,竖向间距为500mm。

(5)房屋两端和底层第一、第二开间门窗洞口处,可采取下列措施:

①在门窗洞口两边墙体的水平灰缝中,设置长度不小于 900mm、竖向间距为 400mm 的 2 根直径 4mm 的焊接钢筋网片。

②在顶层和底层设置通长钢筋混凝土窗台梁,窗台梁高宜为块材高度的模数,梁内纵筋不少于 4 根,直径不小于 10mm,箍筋直径不小于 6mm,间距不大于 200mm,混凝土强度等级不低于 C20。

③在混凝土砌块房屋门窗洞口两侧不少于一个孔洞中设置直径不小于 12mm 的竖向钢

筋，竖向钢筋应在楼层圈梁或基础内锚固，孔洞用不低于 Cb20 混凝土灌实。

(6)填充墙砌体与梁、柱或混凝土墙体结合的界面处(包括内、外墙)，宜在粉刷前设置钢丝网片，网片宽度可取 400mm，并沿界面缝两侧各延伸 200mm，或采取其他有效的防裂、盖缝措施。

(7)当房屋刚度较大时，可在窗台下或窗台角处墙体内、在墙体高度或厚度突然变化处设置竖向控制缝。竖向控制缝宽度不宜小于 25mm，缝内填以压缩性能好的填充材料，且外部用密封材料密封，并采用不吸水的、闭孔发泡聚乙烯实心圆棒(背衬)作为密封膏的隔离物(见图 17-18-9)。

图 17-18-9　控制缝构造

1-不吸水的、闭孔发泡聚乙烯实心圆棒；2-柔软、可压缩的填充物

(8)夹心复合墙的外叶墙宜在建筑墙体适当部位设置控制缝，其间距宜为 6～8m。

习　题

17-18-1　《砌体规范》判定砌体结构为刚性方案、刚弹性方案或弹性方案判别因素是(　　)。

A. 砌体的材料和强度

B. 砌体的高厚比

C. 屋盖、楼盖的类别与横墙的刚度及间距

D. 屋盖、楼盖的类别与横墙的间距，而与横墙本身条件无关

17-18-2　刚性和刚弹性方案房屋的横墙应符合的要求是(　　)。

①墙的厚度不宜小于 180mm；②横墙中开有洞口时，洞口的水平截面面积不应超过横墙截面面积的 25%；③单层房屋的横墙长度不宜小于其高度；④多层房屋的横墙长度不宜小于横墙总高的 1/2。

A. ①②　　B. ①②③　　C. ①②③④　　D. ①③④

17-18-3　影响砌体结构房屋空间工作性能的主要因素是(　　)。

A. 砌体所用块材和砂浆的强度等级　　B. 外纵墙的高厚比和门窗开洞数量

C. 屋盖、楼盖的类别及横墙的间距　　D. 圈梁和构造柱的设置是否符合要求

17-18-4　砖砌体结构房屋，对于跨度大于(　　)的梁，其支承面下的砌体应设置混凝土或钢筋混凝土垫块。

A. 4.2m　　B. 4.8m　　C. 3.9m　　D. 4.5m

17-18-5　对厚度 240mm 的砖墙，当梁跨度大于或等于(　　)时，其支承处宜加设壁柱或采取其他加强措施。

A. 4.8m　　B. 6.0m　　C. 7.5m　　D. 4.5m

17-18-6　经验算某砌体房屋墙体的高厚比不满足要求，可采取下列(　　)措施。

①提高块体的强度等级；②提高砂浆的强度等级；③增加墙的厚度；④减小洞口面积。

A. ①③　　B. ①②③　　C. ②③④　　D. ①③④

17-18-7　防止或减轻砌体房屋顶层墙体的裂缝，可采取的措施是(　　)。

①屋面设置保温、隔热层；②屋面保温或屋面刚性面层设置分隔缝；③顶层屋面板下设置现浇钢筋混凝土圈梁；④女儿墙设置构造柱。

A. ①②③　　B. ①②③④　　C. ①②④　　D. ①③④

17-18-8　砌体房屋伸缩缝的间距与下列因素有关的是(　　)。

①屋盖或楼盖的类别;②砌体的类别;③砌体的强度等级;④环境温差。

A. ①②③　　B. ①③④　　C. ①②④　　D. ①③

第十九节　砌体结构房屋部件

一、圈梁

在房屋的檐口、窗顶、楼层、吊车梁顶或基础顶面标高处,沿砌体墙水平方向设置封闭状的按构造配筋的混凝土梁式构件,称为圈梁。位于屋顶屋面梁、板下的圈梁称为檐口圈梁;在±0.00以下基础中的圈梁,称为基础圈梁。

圈梁的作用是增加砌体结构房屋的空间整体性和刚度,提高墙体的稳定性;可抑制由于地基不均匀沉降引起的墙体开裂,并有效消除或减弱较大振动荷载对墙体产生的不利影响。跨越门窗洞口的圈梁经过设计可兼作过梁。

圈梁的布置和构造见本章第十八节。

二、过梁

(一)过梁的分类和应用

过梁在砌体结构中用于门、窗洞上承受洞口顶面以上砌体的自重及上层楼面梁、板可能传下来的均布荷载或集中荷载。

过梁有砖砌过梁和钢筋混凝土过梁。砖砌过梁又可分为砖砌平拱、砖砌弧拱、钢筋砖过梁。砖砌平拱是将砖以竖立和侧立形式跨越洞口的过梁,一般用于净跨不大于1.2m,且非抗震或无动载的洞口。砖砌弧拱是将砖以竖立或侧立形式砌成弧形拱式过梁,当弧拱矢高 $a=(1/8\sim1/2)l_n$ 时,$l_n=2.5\sim3$m;当 $a=(1/5\sim1/6)l_n$ 时,$l_n=3.0\sim4.0$m。这种过梁建筑美观,但施工复杂,抗震和抗振动性差,一般用于非抗震设计的建筑。钢筋砖过梁是在砖砌过梁底部放置不少于 $\phi5\sim\phi8$@120 的纵向受力钢筋而形成的过梁;钢筋在支座内的锚固长度每端不少于240mm;过梁计算高度内的砂浆强度等级不低于M5,且应与两端墙体同时砌筑;梁底用厚30mm的1∶3水泥砂浆抹平;一般净跨不应超过1.5m。

(二)过梁的荷载

1.梁、板荷载

对砖和砌块砌体,当梁、板下的墙体高度 $h_w<l_n$ 时(l_n 为过梁的净跨),应计入梁、板传来的荷载;当梁、板下的墙体高度 $h_w\geqslant l_n$ 时,可不考虑梁、板荷载。

2.墙体荷载

(1)对砖砌体,当过梁上的墙体高度 $h_w<l_n/3$ 时,应按墙体的均布自重采用;当墙体高度 $h_w\geqslant l_n/3$ 时,应按高度为 $l_n/3$ 墙体的均布自重采用。

(2)对砌块砌体,当过梁上的墙体高度 $h_w<l_n/2$ 时,应按墙体的均布自重采用;当墙体高度 $h_w\geqslant l_n/2$ 时,应按高度为 $l_n/2$ 墙体的均布自重采用。

(三)砌体过梁计算

1.砖砌平拱

跨中按正截面抗弯承载力验算,并采用沿齿缝截面的弯曲抗拉强度设计值。支座边截面按抗剪承载力计算,但一般均能满足,可不计算。

2. 钢筋砖过梁

抗弯承载力可按下式计算

$$M \leqslant 0.85 h_0 f_y A_s \tag{17-19-1}$$

式中:M——按简支梁计算的跨中弯矩设计值;

f_y——钢筋的抗拉强度设计值;

A_s——受拉钢筋的截面面积;

h_0——过梁截面的有效高度,$h_0 = h - a_s$;

a_s——受拉钢筋重心至截面下边缘的距离;

h——过梁的截面计算高度,取过梁底面以上的墙体高度,但不大于 $l_n/3$,当考虑梁、板传来的荷载时,则按梁、板下的高度采用。

【例 17-19-1】 图示砖砌体中的过梁,作用在过梁上的荷载为:

A. 20kN/m

B. 18kN/m

C. 17.5kN/m

D. 2.5kN/m

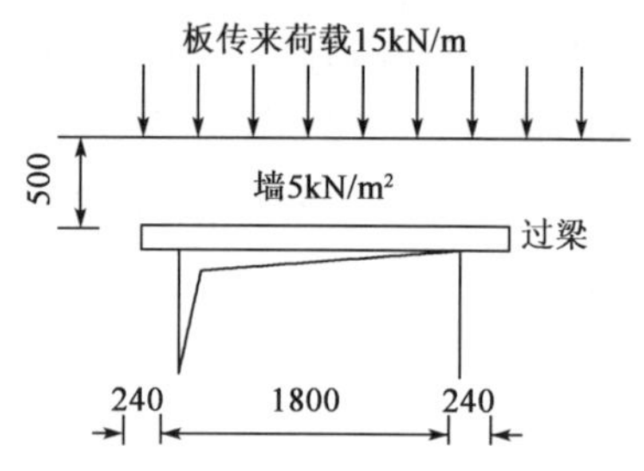

例 17-19-1 图(尺寸单位:mm)

解 《砌体规范》第 7.2.2 条第 2 款规定:对砖砌体,当过梁上的墙体高度 $h_w < l_n/3$(l_n 为过梁净跨)时,应按墙体的均布自重采用;当墙体高度 $h_w \geqslant l_n/3$ 时,应按高度为 $l_n/3$ 墙体的均布自重采用。所以作用在过梁上的荷载为:$15+5\times0.5=17.5$kN/m。

答案:C

三、墙梁

由钢筋混凝土托梁和托梁以上计算高度范围内的墙体组成的组合构件称为墙梁。墙梁包括简支墙梁、连续墙梁和框支墙梁,可分为承重墙梁和自承重墙梁。

(一)墙梁的适用条件

采用烧结普通砖砌体、混凝土普通砖砌体、混凝土多孔砖砌体和混凝土砌块砌体的墙梁设计应符合表 17-19-1的规定。墙梁计算高度范围内每跨允许设置一个洞口;洞口边至支座中心的距离 a_i,距边支座不应小于$0.15l_{0i}$,距中支座不应小于 $0.07l_{0i}$。对多层房屋的墙梁,各层洞口宜设置在相同位置处,并宜上、下对齐。

墙梁的一般规定 表 17-19-1

墙梁类别	墙体总高度(m)	跨　度(m)	墙体高跨比 h_w/l_{0i}	托梁高跨比 h_b/l_{0i}	洞宽比 b_h/l_{0i}	洞　高 h_h
承重墙梁	≤18	≤9	≥0.4	≥1/10	≤0.3	$\leqslant 5h_w/6$ 且 $h_w - h_h \geqslant 0.4$m
自承重墙梁	≤18	≤12	≥1/3	≥1/15	≤0.8	

注:1. 墙体总高度指托梁顶面到檐口的高度,带阁楼的坡屋面应算到山尖墙 1/2 高度处。

2. 对自承重墙梁,洞口至边支座中心的距离不宜小于 $0.1l_{0i}$,门窗洞上口至墙顶的距离不应小于 0.5m。

3. h_w 为墙体计算高度;h_b 为托梁截面高度;l_{0i} 为墙梁计算跨度;h_h 为洞口高度,对窗洞取洞顶至托梁顶面距离。

（二）墙梁的计算简图

墙梁的计算简图应按图 17-19-1 采用。各计算参数应按下列规定取用：

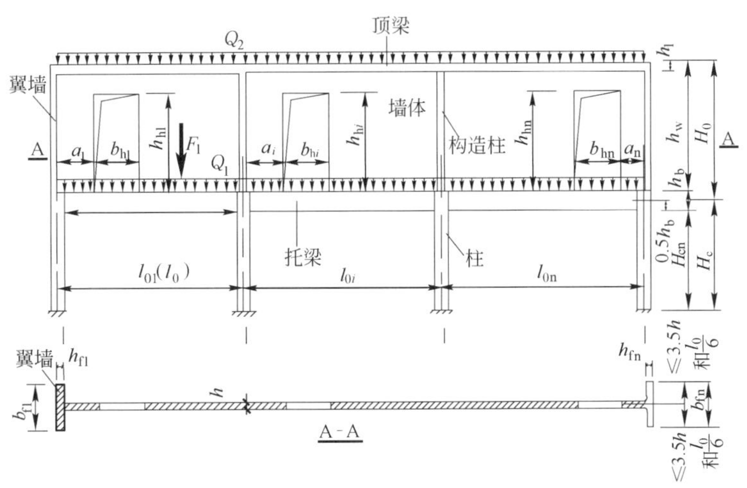

图 17-19-1　墙梁的计算简图

（1）墙梁计算跨度 $l_0(l_{0i})$，对简支墙梁和连续墙梁取 $1.1l_n(1.1l_{ni})$ 或 $l_c(l_{ci})$ 两者中的较小值；$l_n(l_{ni})$ 为净跨，$l_c(l_{ci})$ 为支座中心线距离；对框支墙梁，取框架柱轴线间的距离 $l_c(l_{ci})$。

（2）墙体计算高度 h_w，取托梁顶面上一层墙体高度，当 $h_w > l_0$ 时，取 $h_w = l_0$（对连续墙梁和多跨框支墙梁，l_0 取各跨的平均值）。

（3）墙梁跨中截面计算高度 H_0，取 $H_0 = h_w + 0.5h_b$。

（4）翼墙计算宽度 b_f，取窗间墙宽度或横墙间距的 2/3，且每边不大于 $3.5h$（h 为墙体厚度）和 $l_0/6$。

（5）框架柱计算高度 H_c，取 $H_c = H_{cn} + 0.5h_b$；H_{cn} 为框架柱的净高，取基础顶面至托梁底面的距离。

（三）墙梁的荷载

墙梁上的荷载由作用于墙梁顶面的荷载和作用于托梁顶面的荷载两部分组成，上述荷载对墙梁使用阶段和施工阶段的影响有所不同。墙梁的计算荷载，应按下列规定采用。

1. 使用阶段墙梁上的荷载

1）承重墙梁

（1）承重墙梁的托梁顶面的荷载设计值，取托梁自重及本层楼盖的恒荷载和活荷载。

（2）承重墙梁的墙梁顶面的荷载设计值，取托梁以上各层墙体自重，以及墙梁顶面以上各层楼（屋）盖的恒荷载和活荷载；集中荷载可沿作用的跨度近似化为均布荷载。

2）自承重墙梁

自承重墙梁顶面的荷载设计值，取托梁自重及托梁以上墙体自重。

2. 施工阶段托梁上的荷载

（1）托梁自重及本层楼盖的恒荷载；

（2）本层楼盖的施工荷载；

（3）墙体自重，可取高度为 $\frac{l_{0\max}}{3}$ 的墙体自重，开洞时尚应按洞顶以下实际分布的墙体自重复核，$l_{0\max}$为各计算跨度的最大值。

（四）墙梁的承载力计算

墙梁应分别进行托梁使用阶段正截面抗弯承载力和斜截面抗剪承载力计算、墙体抗剪承载力和托梁支座上部砌体局部抗压承载力计算，以及施工阶段托梁承载力验算。自承重墙梁可不验算墙体抗剪承载力和砌体局部抗压承载力。

1. 使用阶段托梁正截面承载力计算

（1）托梁跨中截面应按钢筋混凝土偏心受拉构件计算，第 i 跨跨中最大弯矩设计值 M_{bi} 及轴心拉力设计值 N_{bti} 可按下列公式计算

$$M_{bi} = M_{1i} + \alpha_M M_{2i} \tag{17-19-2}$$

$$N_{bti} = \eta_N \frac{M_{2i}}{H_0} \tag{17-19-3}$$

对简支墙梁

$$\alpha_M = \psi_M\left(1.7\frac{h_b}{l_0} - 0.03\right) \tag{17-19-4}$$

$$\psi_M = 4.5 - 10\frac{a}{l_0} \tag{17-19-5}$$

$$\eta_N = 0.44 + 2.1\frac{h_w}{l_0} \tag{17-19-6}$$

对连续墙梁和框支墙梁

$$\alpha_M = \psi_M\left(2.7\frac{h_b}{l_{0i}} - 0.08\right) \tag{17-19-7}$$

$$\psi_M = 3.8 - 8\frac{a_i}{l_{0i}} \tag{17-19-8}$$

$$\eta_N = 0.8 + 2.6\frac{h_w}{l_{0i}} \tag{17-19-9}$$

上述式中：M_{1i}——荷载设计值 Q_1、F_1 作用下的简支梁跨中弯矩或按连续梁、框架分析的托梁第 i 跨跨中最大弯矩；

M_{2i}——荷载设计值 Q_2 作用下的简支梁跨中弯矩或按连续梁、框架分析的托梁第 i 跨跨中最大弯矩；

α_M——考虑墙梁组合作用的托梁跨中弯矩系数，可按式(17-19-4)或式(17-19-7)计算，但对自承重简支墙梁应乘以 0.8，当式(17-19-4)中的$\frac{h_b}{l_0}>\frac{1}{6}$时，取$\frac{h_b}{l_0}=\frac{1}{6}$，当式(17-19-7)中的$\frac{h_b}{l_{0i}}>\frac{1}{7}$时，取$\frac{h_b}{l_{0i}}=\frac{1}{7}$，当 $\alpha_M>1.0$ 时，取 $\alpha_M=1.0$；

η_N——考虑墙梁组合作用的托梁跨中截面轴力系数，可按式(17-19-6)或式(17-19-9)计算，但对自承重简支墙梁应乘以 0.8，当$\frac{h_w}{l_{0i}}>1$ 时，取$\frac{h_w}{l_{0i}}=1$；

ψ_M——洞口对托梁弯矩的影响系数，对无洞口墙梁取 1.0，对有洞口墙梁可按式(17-19-5)或式(17-19-8)计算；

a_i——洞口边缘至墙梁最近支座中心的距离，当 $a_i>0.35l_{0i}$时，取 $a_i=0.35l_{0i}$。

（2）托梁支座截面应按钢筋混凝土受弯构件计算，第 j 支座的弯矩设计值 M_{bj} 可按下列公式计算

$$M_{bj}=M_{1j}+\alpha_M M_{2j} \tag{17-19-10}$$

$$\alpha_M=0.75-\frac{a_i}{l_{0i}} \tag{17-19-11}$$

上述式中：M_{1j}——荷载设计值 Q_1、F_1 作用下按连续梁或框架分析的托梁第 j 支座截面的弯矩设计值；

M_{2j}——荷载设计值 Q_2 作用下按连续梁或框架分析的托梁第 j 支座截面的弯矩设计值；

α_M——考虑墙梁组合作用的托梁支座截面弯矩系数，无洞口墙梁取 0.4，有洞口墙梁可按式(17-19-11)计算。

2.使用阶段托梁斜截面承载力计算

(1)墙梁的托梁斜截面抗剪承载力应按钢筋混凝土受弯构件计算，第 j 支座边缘截面的剪力设计值 V_{bj} 可按下式计算

$$V_{bj}=V_{1j}+\beta_v V_{2j} \tag{17-19-12}$$

式中：V_{1j}——荷载设计值 Q_1、F_1 作用下按简支梁、连续梁或框架分析的托梁第 j 支座边缘截面剪力设计值；

V_{2j}——荷载设计值 Q_2 作用下按简支梁、连续梁或框架分析的托梁第 j 支座边缘截面剪力设计值；

β_v——考虑墙梁组合作用的托梁剪力系数，无洞口墙梁边支座截面取 0.6，中间支座截面取 0.7，有洞口墙梁边支座截面取 0.7，中间支座截面取 0.8，对自承重墙梁，无洞口时取 0.45，有洞口时取 0.5。

(2)墙梁的墙体受剪承载力，应按下式验算

$$V_2\leqslant\xi_1\xi_2\left(0.2+\frac{h_b}{l_{0i}}+\frac{h_t}{l_{0i}}\right)fhh_w \tag{17-19-13}$$

式中：V_2——在荷载设计值 Q_2 作用下墙梁支座边缘截面剪力的最大值；

ξ_1——翼墙影响系数，对单层墙梁取 1.0，对多层墙梁，当 $\frac{b_f}{h}=3$ 时取 1.3，当 $\frac{b_f}{h}=7$ 时取 1.5，当 $3<\frac{b_f}{h}<7$ 时按线性插入取值；

ξ_2——洞口影响系数，无洞口墙梁取 1.0，多层有洞口墙梁取 0.9，单层有洞口墙梁取 0.6；

h_t——墙梁顶面圈梁截面高度。

3.使用阶段托梁支座上部砌体局部抗压承载力验算

托梁支座上部砌体局部抗压承载力应按下列公式验算

$$Q_2\leqslant\zeta fh \tag{17-19-14}$$

$$\zeta=0.25+0.08\frac{b_f}{h} \tag{17-19-15}$$

式中：ζ——局部抗压系数。

当 $b_f/h\geqslant5$ 或墙梁支座处设置上、下贯通的落地构造柱，且其截面不小于 240mm×240mm 时，可不验算托梁上部砌体局部抗压承载力。

4.施工阶段托梁承载力验算

由施工阶段作用在托梁上的荷载设计值产生的最大弯矩和剪力，按钢筋混凝土受弯构件

验算其抗弯和抗剪承载力。

（五）墙梁的构造要求

墙梁除需满足表17-19-1的适用条件及承载力计算之外，尚需满足下列要求。

1. 材料

(1)托梁和框支柱的混凝土强度等级不应低于C30；

(2)承重墙梁的块体强度等级不应低于MU10，计算高度范围内墙体的砂浆强度等级不应低于M10(Mb10)。

2. 墙体

(1)框支墙梁的上部砌体房屋，以及设有承重的简支墙梁或连续墙梁的房屋，应满足刚性方案房屋的要求。

(2)墙梁的计算高度范围内的墙体厚度，对砖砌体不应小于240mm，对混凝土砌块砌体不应小于190mm。

(3)墙梁洞口上方应设置混凝土过梁，其支承长度不应小于240mm；洞口范围内不应施加集中荷载。

(4)承重墙梁的支座处应设置落地翼墙；翼墙厚度，对砖砌体不应小于240mm，对混凝土砌块砌体不应小于190mm；翼墙宽度不应小于墙梁墙体厚度的3倍，并与墙梁墙体同时砌筑；当不能设置翼墙时，应设置落地且上、下贯通的混凝土构造柱。

(5)当墙梁墙体在靠近支座1/3跨度范围内开洞时，支座处应设置落地且上、下贯通的混凝土构造柱，并应与每层圈梁连接。

(6)墙梁计算高度范围内的墙体，每天可砌高度不应超过1.5m；否则，应加设临时支撑。

3. 托梁

(1)托梁两侧各两个开间的楼盖应采用现浇混凝土楼盖；楼板厚度不应小于120mm；当楼板厚度大于150mm时，宜采用双层双向钢筋网；楼板上应少开洞，洞口尺寸大于800mm时应设洞口边梁。

(2)托梁每跨底部的纵向受力钢筋应通长设置，不应在跨中弯起或截断；钢筋连接应采用机械连接或焊接。

(3)托梁跨中截面纵向受力钢筋总配筋率不应小于0.6%。

(4)托梁上部通长布置的纵向钢筋面积与跨中下部纵向钢筋面积的比值不应小于0.4。连续墙梁或多跨框支墙梁的托梁支座上部附加纵向钢筋，从支座边缘算起每边延伸长度不应小于$l_0/4$。

(5)承重墙梁的托梁在砌体墙、柱上的支承长度不应小于350mm，纵向受力钢筋伸入支座的长度应符合受拉钢筋的锚固要求。

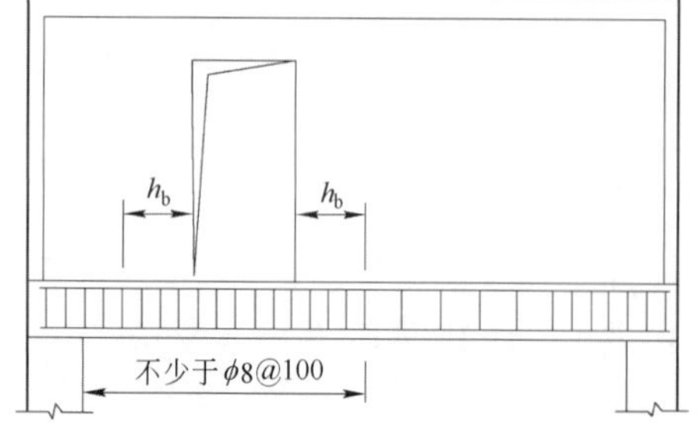

图17-19-2　偏开洞时托梁箍筋加密区

(6)当托梁截面高度$h_b \geq 450$mm时，应沿梁截面高度设置通长水平腰筋，直径不应小于12mm，间距不应大于200mm。

(7)对于洞口偏置的墙梁，其托梁的箍筋加密区范围应延到洞口外，距洞边的距离大于或等于托梁截面高度h_b；箍筋直径不应小于8mm，间距不应大于100mm(见图17-19-2)。

四、挑梁

挑梁的特点是一端嵌入砌体墙内，另一端悬挑在外，且墙体与钢筋混凝土梁形成整体作用，而且必须重视抗倾覆问题。

(一)挑梁的抗倾覆验算

1. 砌体墙中钢筋混凝土挑梁的抗倾覆验算

$$M_{0v} \leqslant M_r \tag{17-19-16}$$

式中：M_{0v}——挑梁的荷载设计值对计算倾覆点产生的倾覆力矩；

M_r——挑梁的抗倾覆力矩设计值。

2. 挑梁计算倾覆点至墙外边缘的距离

(1)当 $l_1 \geqslant 2.2h_b$ 时

$$x_0 = 0.3h_b \tag{17-19-17}$$

且不应大于 $0.13l_1$。

(2)当 $l_1 < 2.2h_b$ 时

$$x_0 = 0.13l_1 \tag{17-19-18}$$

上述式中：l_1——挑梁埋入砌体墙中的长度(mm)；

x_0——计算倾覆点至墙外边缘的距离(mm)；

h_b——挑梁的截面高度(mm)。

注：当挑梁下有混凝土构造柱或垫梁时，计算倾覆点至墙外边缘的距离可取 $0.5x_0$。

3. 挑梁的抗倾覆力矩设计值

$$M_r = 0.8G_r(l_2 - x_0) \tag{17-19-19}$$

式中：G_r——挑梁的抗倾覆荷载，为挑梁尾端上部 45°扩展角的阴影范围(其水平长度为 l_3)内本层的砌体与楼面恒荷载标准值之和(见图 17-19-3)；

l_2——G_r 作用点至墙外边缘的距离。

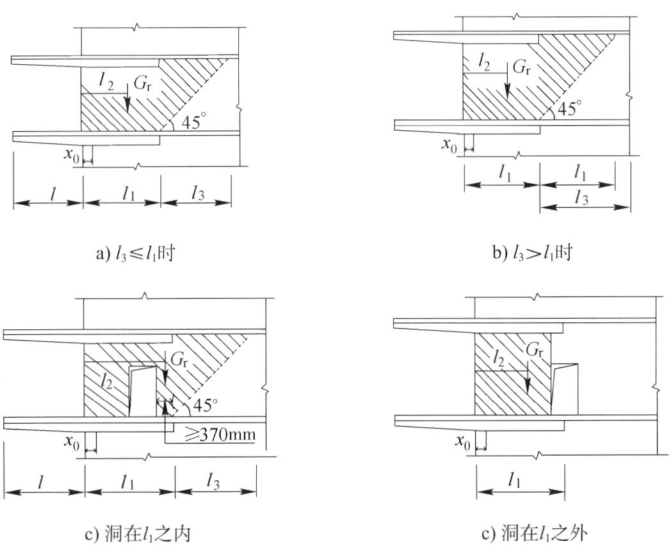

图 17-19-3 挑梁的抗倾覆荷载

(二)挑梁下砌体局部抗压承载力验算

挑梁下砌体的局部抗压承载力,可按下式验算(见图 17-19-4)

$$N_l \leqslant \eta\gamma f A_l \tag{17-19-20}$$

式中:N_l——挑梁下的支承压力,可取 $N_l=2R$,R 为挑梁的倾覆荷载设计值;

η——梁端底面压应力图形的完整系数,可取 0.7;

γ——砌体局部抗压强度提高系数,对图 17-19-4a)可取 1.25,对图 17-19-4b)可取 1.5;

A_l——挑梁下砌体局部受压面积,可取 $A_l=1.2bh_b$,b 为挑梁的截面宽度,h_b 为挑梁的截面高度。

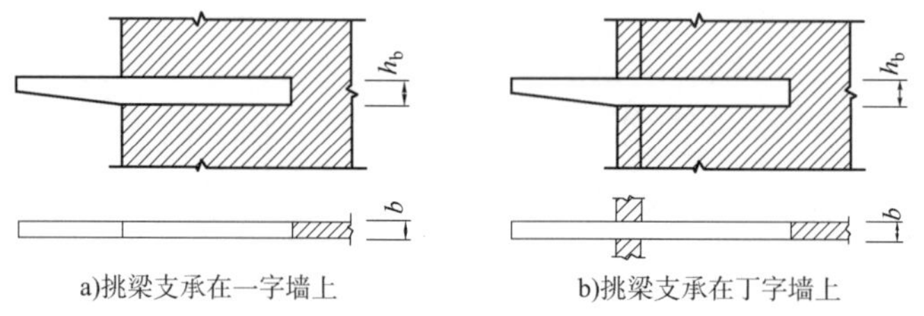

图 17-19-4 挑梁下砌体局部受压

(三)挑梁正截面和斜截面承载力计算

挑梁的最大弯矩设计值 M_{max} 和最大剪力设计值 V_{max},可按下列公式计算

$$M_{max}=M_0 \tag{17-19-21}$$

$$V_{max}=V_0 \tag{17-19-22}$$

式中:M_0——挑梁的荷载设计值对计算倾覆点截面产生的弯矩;

V_0——挑梁的荷载设计值在挑梁墙外边缘处截面产生的剪力。

其余同钢筋混凝土梁承载力计算。

(四)挑梁的构造要求

(1)纵向受力钢筋至少应有 1/2 的钢筋面积伸入梁尾端,且不少于 2ϕ12;其余钢筋伸入支座的长度不应小于 $2l_1/3$。

(2)挑梁埋入砌体长度 l_1 与挑出长度 l 之比宜大于 1.2;当挑梁上无砌体时,l_1 与 l 之比宜大于 2。

习　　题

17-19-1 关于圈梁作用,正确的是(　　)。

①提高楼盖的水平刚度;②增强纵、横墙的连接,提高房屋的整体性;③减轻地基不均匀沉降对房屋的影响;④承担竖向荷载,减小墙体厚度;⑤减小墙体的自由长度,提高墙体的稳定性。

A. ①②③　　B. ①②③⑤　　C. ①②③④　　D. ①③⑤

17-19-2 墙梁设计时,正确的概念是(　　)。

①施工阶段,托梁应按偏心受拉构件计算;②使用阶段,托梁支座截面应按钢筋混凝土受弯构件计算;③使用阶段,托梁斜截面抗剪承载力应按钢筋混凝土受

弯构件计算；④承重墙梁的支座处应设置落地翼墙。

A. ①②③　　B. ①②③④　　C. ②③④　　D. ①③④

17-19-3　作用在过梁上的荷载有砌体自重和过梁计算高度范围内的梁板荷载，但可以不考虑高于 l_n（l_n 为过梁静跨）的墙体自重及高度大于 l_n 以上的梁板荷载，这是因为考虑了（　　）作用。

A. 应力重分布　　B. 起拱而产生的卸载

C. 梁与墙之间的相互作用　　D. 应力扩散

17-19-4　砖砌体墙上有 1.2m 宽的门洞，门洞上设钢筋砖过梁，若梁上墙高为 1.5m，则计算过梁上墙重时，墙高应取（　　）。

A. 0.4m　　B. 0.5m　　C. 1.2m　　D. 0.6m

17-19-5　关于挑梁的说法正确的是（　　）。

①挑梁抗倾覆力矩中的抗倾覆荷载，应取挑梁尾端上部 45°扩散角范围内本层的砌体与楼面恒载标准值之和；②挑梁埋入砌体的长度与挑出长度之比宜大于 1.2；当挑梁上无砌体时，宜大于 2；③挑梁下砌体的局部抗压承载力验算时，挑梁下的支承压力取挑梁的倾覆荷载设计值；④挑梁本身应按钢筋混凝土受弯构件设计。

A. ②③　　B. ①②③　　C. ①②④　　D. ①③

第二十节　砌体结构抗震设计要点

一、一般规定

（一）房屋总高度和层数的限制

砌体结构房屋的层数越多，高度越高，震害的程度和破坏的概率也越大，因此《抗震规范》规定砌体房屋的总高度和层数应符合表 17-18-1 的规定；对横墙较少的多层砌体房屋总高度，应比表 17-18-1 的规定降低 3m，层数相应减少一层；各层横墙很少的多层砌体房屋，还应再减少一层。

多层砌体房屋的层高，不应超过 3.6m；底部框架-抗震墙房屋的底部，层高不应超过 4.5m，当底层采用约束砌体抗震墙时，底层的层高不应超过 4.2m。

（二）房屋的最大高宽比限值

为了保证房屋的整体抗弯承载力，多层砌体房屋总高度与总宽度的最大比值，应符合表 17-18-2的要求。

（三）抗震横墙间距的限制

抗震横墙除承担横向地震作用之外，尚应保证楼盖的水平刚度。多层砌体房屋抗震横墙的间距，不应超过表 17-18-3 的要求。

（四）房屋局部尺寸的限制

在强烈地震作用下，首先在房屋薄弱部位产生震害。多层砌体房屋中砌体墙段的局部尺寸限值，宜符合表 17-20-1 的要求。

房屋的局部尺寸限值(单位:m) 表 17-20-1

部　　位	6 度	7 度	8 度	9 度
承重窗间墙最小宽度	1.0	1.0	1.2	1.5
承重外墙尽端至门窗洞边的最小距离	1.0	1.0	1.2	1.5
非承重外墙尽端至门窗洞边的最小距离	1.0	1.0	1.0	1.0
内墙阳角至门窗洞边的最小距离	1.0	1.0	1.5	2.0
无锚固女儿墙(非出入口处)的最大高度	0.5	0.5	0.5	0.0

注:1.局部尺寸不足时应采取局部加强措施弥补,且最小宽度不宜小于 1/4 层高和表列数据的 80%。

2.出入口处的女儿墙应有锚固。

(五)结构体系选择

多层砌体房屋的建筑布置和结构体系,应符合下列要求:

(1)应优先采用横墙承重或纵横墙共同承重的结构体系。不应采用砌体墙和混凝土墙混合承重的结构体系。

(2)纵横向砌体抗震墙的布置应符合下列要求:

①宜均匀对称,沿平面内宜对齐,沿竖向应上下连续,且纵横向墙体的数量不宜相差过大。

②平面轮廓凹凸尺寸,不应超过典型尺寸的 50%;当超过典型尺寸的 25%时,房屋转角处应采取加强措施。

③楼板局部大洞口的尺寸不宜超过楼板宽度的 30%,且不应在墙体两侧同时开洞。

④房屋错层的楼板高差超过 500mm 时,应按两层计算;错层部位的墙体应采取加强措施。

⑤同一轴线上的窗间墙宽度宜均匀;墙面洞口的面积,6 度、7 度时不宜大于墙面总面积的 55%,8 度、9 度时不宜大于 50%。

⑥在房屋宽度方向的中部应设置内纵墙,其累计长度不宜小于房屋总长度的 60%(高宽比大于 4 的墙段不计入)。

(3)房屋有下列情况之一时宜设置防震缝,缝两侧均应设置墙体,缝宽应根据烈度和房屋高度确定,可采用 70~100mm:

①房屋立面高差在 6m 以上;

②房屋有错层,且楼板高差大于层高的 1/4;

③各部分结构刚度、质量截然不同;

(4)楼梯间不宜设置在房屋的尽端或转角处;

(5)不应在房屋转角处设置转角窗;

(6)横墙较少、跨度较大的房屋,宜采用现浇钢筋混凝土楼、屋盖。

【例 17-20-1】 《砌体规范》对砌体房屋抗震横墙最大间距限制的目的是:

A.保证房屋的空间工作性能

B.保证楼盖具有传递地震作用给墙所需要的水平刚度

C.保证房屋地震时不倒塌

D.保证纵墙的高厚比满足要求

解 多层砌体房屋的横向地震作用主要由横墙承担,地震中横墙间距大小对房屋倒塌影响很大,不仅横墙需具有足够的承载力,而且楼盖需具有传递地震作用给横墙的水平刚度。规范对砌体房屋抗震横墙间距的限制,是为了满足楼盖对传递水平地震作用所需要的刚度要求。

答案:B

二、构造要求

(一)多层砖砌体房屋构造措施

(1)各类多层砖砌体房屋,应按下列要求设置现浇钢筋混凝土构造柱(以下简称构造柱):

①构造柱设置部位,一般情况下应符合表 17-20-2 的要求。

多层砖砌体房屋构造柱设置要求 表 17-20-2

<table>
<tr><th colspan="4">房屋层数</th><th colspan="2" rowspan="2">设置部位</th></tr>
<tr><th>6 度</th><th>7 度</th><th>8 度</th><th>9 度</th></tr>
<tr><td>四、五</td><td>三、四</td><td>二、三</td><td></td><td rowspan="3">楼、电梯间四角,楼梯斜梯段上下端对应的墙体处;
外墙四角和对应转角;
错层部位横墙与外纵墙之交接处;
大房间内外墙交接处;
较大洞口两侧</td><td>隔 12m 或单元横墙与外纵墙交接处;
楼梯间对应的另一侧内横墙与外纵墙交接处</td></tr>
<tr><td>六</td><td>五</td><td>四</td><td>二</td><td>隔开间横墙(轴线)与外墙交接处;
山墙与内纵墙交接处</td></tr>
<tr><td>七</td><td>≥六</td><td>≥五</td><td>≥三</td><td>内墙(轴线)与外墙交接处;
内墙的局部较小墙垛处;
内纵横与横墙(轴线)交接处</td></tr>
</table>

注:较大洞口,内墙指不小于 2.1m 的洞口;外墙在内外墙交接处已设置构造柱时,应允许适当放宽,但洞侧墙体应加强。

②外廊式和单面走廊式的多层房屋,应根据房屋增加一层的层数,按表 17-20-2 的要求设置构造柱,且单面走廊两侧的纵墙均应按外墙处理。

③横墙较少的房屋,应根据房屋增加一层的层数,按表 17-20-2 的要求设置构造柱。当横墙较少的房屋为外廊式或单面走廊式时,应按上述②的要求设置构造柱;但 6 度不超过四层、7 度不超过三层和 8 度不超过两层时,应按增加两层的层数对待。

④各层横墙很少的房屋,应按增加两层的层数设置构造柱。

⑤采用蒸压灰砂砖和蒸压粉煤灰砖的砌体房屋,当砌体的抗剪强度仅达到普通黏土砖砌体的 70%时,应根据增加一层的层数按上述①~④的要求设置构造柱;但 6 度不超过四层、7 度不超过三层和 8 度不超过两层时,应按增加两层的层数对待。

(2)多层砖砌体房屋的构造柱应符合下列要求:

①构造柱最小截面可采用 180mm×240mm(墙厚 190mm 时为 180mm×190mm),纵向钢筋宜采用 4ϕ12,箍筋间距不宜大于 250mm,且在柱上下端应适当加密;抗震设防烈度为 6 度、7 度时超过六层、8 度时超过五层和 9 度时,构造柱纵向钢筋宜采用 4ϕ14,箍筋间距不应大于 200mm;房屋四角的构造柱应适当加大截面及配筋。

②构造柱与墙连接处应砌成马牙槎,沿墙高每隔 500mm 设 2ϕ6 水平钢筋和 ϕ4 分布短筋平面内点焊组成的拉结网片或 ϕ4 点焊钢筋网片,每边伸入墙内不宜小于 1m。6 度、7 度时底部 1/3 楼层,8 度时底部 1/2 楼层,9 层时全部楼层,上述拉结钢筋网片应沿墙体水平通长设置。

③构造柱与圈梁连接处,构造柱的纵筋应在圈梁纵筋内侧穿过,保证构造柱纵筋上下贯通。

④构造柱可不单独设置基础,但应伸入室外地面下 500mm,或与埋深小于 500mm 的基础圈梁相连。

⑤房屋高度和层数接近表 17-18-1 的限值时,纵、横墙内构造柱间距尚应符合下列要求:

a. 横墙内的构造柱间距不宜大于层高的 2 倍,下部 1/3 楼层的构造柱间距适当减小。

b. 当外纵墙开间大于 3.9m 时,应另采取加强措施;内纵墙的构造柱间距不宜大于4.2m。

【例 17-20-2】 多层砖砌体房屋钢筋混凝土构造柱的说法，正确的是：

A. 设置构造柱是为了加强砌体构件抵抗地震作用时的承载力

B. 设置构造柱是为了提高墙体的延性、加强房屋的抗震能力

C. 构造柱必须在房屋每个开间的四个转角处设置

D. 设置构造柱后砌体墙体的抗侧刚度有很大的提高

解 构造柱不能够提高砌体的承载能力，选项 A 错误。构造柱应按规范要求进行设置，但并不需要在房屋每个开间的四角处设置，选项 C 错误。设置构造柱后并不能较大提高砌体墙体的抗侧刚度，选项 D 错误。设置构造柱后可以提高墙体的延性，提高房屋的抗震能力，选项 B 正确。

答案：B

(3)多层砖砌体房屋的现浇钢筋混凝土圈梁的设置要求：

①装配式钢筋混凝土楼、屋盖或木屋盖的砖房，应按表 17-20-3 的要求设置圈梁，纵墙承重时，抗震横墙上的圈梁间距应比表内要求适当加密。

多层砖砌体房层现浇钢筋混凝土圈梁设置要求 表 17-20-3

墙类	抗震设防烈度		
	6、7	8	9
外墙和内纵墙	屋盖处及每层楼盖处	屋盖处及每层楼盖处	屋盖处及每层楼盖处
内横墙	屋盖处及每层楼盖处，屋盖处间距不应大于 4.5m，楼盖处间距不应大于 7.2m，构造柱对应部位	屋盖处及每层楼盖处；各层所有横墙，且间距不应大于 4.5m；构造柱对应部位	屋盖处及每层楼盖处，各层所有横墙

②现浇或装配整体式钢筋混凝土楼、屋盖与墙体有可靠连接的房屋，应允许不另设圈梁，但楼板沿抗震墙体周边应加强配筋并应与相应的构造柱钢筋可靠连接。

(4)多层砖砌体房屋的现浇钢筋混凝土圈梁的构造要求：

①圈梁应闭合，遇有洞口，圈梁应上下搭接，圈梁宜与预制板设在同一标高处或紧靠板底。

②圈梁在本节第二、(一)、(3)条要求的间距内无横墙时，应利用梁或板缝中配筋替代圈梁。

③圈梁的截面高度不应小于 120mm，配筋应符合表 17-20-4 的要求；按《抗震规范》第 3.3.4条第 3 款要求增设的基础圈梁，截面高度不应小于 180mm，配筋不应小于 4ϕ12。

多层砖砌体房屋圈梁配筋要求 表 17-20-4

配筋	抗震设防烈度		
	6、7	8	9
最小纵筋	4ϕ10	4ϕ12	4ϕ14
最大箍筋间距(mm)	250	200	150

(5)多层砖砌体房屋的楼、屋盖要求：

①现浇钢筋混凝土楼板或屋面板伸进纵、横墙内的长度，均不应小于 120mm。

②装配式钢筋混凝土楼板或屋面板，当圈梁未设在板的同一标高时，板端伸进外墙的长度不应小于 120mm，伸进内墙的长度不应小于 100mm，在梁上不应小于 80mm。

③当板的跨度大于 4.8m 并与外墙平行时，靠外墙的预制板侧边应与墙或圈梁拉结。

④房屋端部大房间的楼盖，抗震设防烈度为 6 度时房屋的屋盖和 7～9 度时房屋的楼、屋盖，当圈梁设在板底时，钢筋混凝土预制板应相互拉结，并应与梁、墙或圈梁拉结。

(6)楼、屋盖的钢筋混凝土梁或屋架应与墙、柱(包括构造柱)或圈梁可靠连接，不得采用独

立砖柱。跨度不小于 6m 大梁的支承构件应采用组合砌体等加强措施，并满足承载力要求。

(7)楼梯间要求：

①顶层楼梯间墙体应沿墙高每隔 500mm 设 2ϕ6 通长钢筋和 ϕ4 分布短钢筋平面内点焊组成的拉结网片或 ϕ4 点焊网片；7～9 度时其他各层楼梯间墙体应在休息平台或楼层半高处设置 60mm 厚、纵向钢筋不应少于 2ϕ10 的钢筋混凝土带或配筋砖带，配筋砖带不少于 3 皮，每皮的配筋不少于 2ϕ6，砂浆强度等级不应低于 M7.5 且不低于同层墙体的砂浆强度等级。

②楼梯间及门厅内墙阳角处的大梁支承长度不应小于 500mm，并应与圈梁连接。

③装配式楼梯段应与平台板的梁可靠连接，8、9 度时不应采用装配式楼梯段；不应采用墙中悬挑式踏步或踏步竖肋插入墙体的楼梯，不应采用无筋砖砌栏板。

④凸出屋顶的楼、电梯间，构造柱应伸到顶部，并与顶部圈梁连接，所有墙体应沿墙高每隔 500mm 设 2ϕ6 通长钢筋和 ϕ4 分布短筋平面内点焊组成的拉结网片或 ϕ4 点焊网片。

(8)坡屋顶房屋的屋架应与顶层圈梁可靠连接，檩条或屋面板应与墙、屋架可靠连接，房屋出入口处的檐口瓦应与屋面构件锚固；采用硬山搁檩时，顶层内纵墙顶宜增砌支承山墙的踏步式墙垛，并设置构造柱。

(9)门窗洞处不应采用砖过梁；过梁支承长度，抗震设防烈度为 6～8 度时不应小于 240mm，9 度时不应小于 360mm。

(10)预制阳台，6、7 度时应与圈梁和楼板的现浇板带可靠连接，8、9 度时不应采用预制阳台。

(11)同一结构单元的基础(或桩承台)，宜采用同一类型的基础，底面宜埋置在同一标高上，否则应增设基础圈梁并应按 1：2 的台阶逐步放坡。

(12)丙类的多层砖砌体房屋，当横墙较少且总高度和层数接近或达到表 17-18-1 的规定限值时，应采取下列加强措施：

①房屋的最大开间尺寸不宜大于 6.6m。

②同一结构单元内横墙错位数量不宜超过横墙总数的 1/3，且连续错位不宜多于两道；错位的墙体交接处均应增设构造柱，且楼、屋面板应采用现浇钢筋混凝土板。

③横墙和内纵墙上洞口的宽度不宜大于 1.5m；外纵墙上洞口的宽度不宜大于 2.1m 或开间尺寸的一半；且内外墙上洞口位置不应影响内外纵墙与横墙的整体连接。

④所有纵横墙均应在楼、屋盖标高处设置加强的现浇钢筋混凝土圈梁；圈梁的截面高度不宜小于 150mm，上下纵筋各不应少于 3ϕ10，箍筋不小于 ϕ6，间距不大于 300mm。

⑤所有纵横墙交接处及横墙的中部，均应增设满足下列要求的构造柱：在纵、横墙内的柱距不宜大于 3.0m，最小截面尺寸不宜小于 240mm×240mm(墙厚 190mm 时为 240mm×190mm)，配筋宜符合表 17-20-5 的要求。

增设构造柱的纵筋和箍筋设置要求 表 17-20-5

<table>
<tr><th rowspan="2">位 置</th><th colspan="3">纵向钢筋</th><th colspan="3">箍 筋</th></tr>
<tr><th>最大配筋率(%)</th><th>最小配筋率(%)</th><th>最小直径(mm)</th><th>加密区范围(mm)</th><th>加密区间距(mm)</th><th>最小直径(mm)</th></tr>
<tr><td>角柱</td><td rowspan="2">1.8</td><td rowspan="2">0.8</td><td>14</td><td>全高</td><td rowspan="3">100</td><td rowspan="3">6</td></tr>
<tr><td>边柱</td><td>14</td><td rowspan="2">上端 700
下端 500</td></tr>
<tr><td>中柱</td><td>1.4</td><td>0.6</td><td>12</td></tr>
</table>

⑥同一结构单元的楼、屋面板应设置在同一标高处。

⑦房屋底层和顶层的窗台标高处，宜设置沿纵横墙通长的水平现浇钢筋混凝土带；其截面

高度不小于 60mm，宽度不小于墙厚，纵向钢筋不少于 $2\phi10$，横向分布钢筋的直径不小于 $\phi6$ 且其间距不大于 200mm。

（二）多层砌块房屋抗震构造措施

（1）多层小砌块房屋应按表 17-20-6 的要求设置钢筋混凝土芯柱。对外廊式和单面走廊式的多层房屋、横墙较少的房屋、各层横墙很少的房屋，尚应分别按“多层砖砌体房屋构造措施”中关于增加层数的对应要求，按表 17-20-6 的要求设置芯柱。

多层小砌块房屋芯柱设置要求 表 17-20-6

<table>
<tr><th colspan="4">房屋层数</th><th rowspan="2">设置部位</th><th rowspan="2">设置数量</th></tr>
<tr><th>6度</th><th>7度</th><th>8度</th><th>9度</th></tr>
<tr><td>四、五</td><td>三、四</td><td>二、三</td><td></td><td>外墙转角，楼、电梯间四角，楼梯斜梯段上下端对应的墙体处；
大房间内外墙交接处；
错层部位横墙与外纵墙交接处；
隔 12m 或单元横墙与外纵墙交接处</td><td rowspan="2">外墙转角，灌实 3 个孔；
内外墙交接处，灌实 4 个孔；
楼梯斜段上下端对应的墙体处，灌实 2 个孔</td></tr>
<tr><td>六</td><td>五</td><td>四</td><td></td><td>同上；
隔开间横墙（轴线）与外纵墙交接处</td></tr>
<tr><td>七</td><td>六</td><td>五</td><td>二</td><td>同上；
各内墙（轴线）与外纵墙交接处；
内纵墙与横墙（轴线）交接处和洞口两侧</td><td>外墙转角，灌实 5 个孔；
内外墙交接处，灌实 4 个孔；
内墙交接处；灌实 4～5 个孔；
洞口两侧各灌实 1 个孔</td></tr>
<tr><td></td><td>七</td><td>≥六</td><td>≥三</td><td>同上；
横墙内芯柱间距不大于 2m</td><td>外墙转角，灌实 7 个孔；
内外墙交接处，灌实 5 个孔；
内墙交接处，灌实 4～5 个孔；
洞口两侧各灌实 1 个孔</td></tr>
</table>

注：外墙转角、内外墙交接处、楼电梯间四角等部位，应允许采用钢筋混凝土构造柱替代部分芯柱。

（2）多层小砌块房屋的芯柱，应符合下列构造要求：

①小砌块房屋芯柱截面尺寸不宜小于 120mm×120mm。

②芯柱混凝土强度等级，不应低于 Cb20。

③芯柱的竖向插筋应贯通墙身且与圈梁连接；插筋不应小于 $1\phi12$，抗震设防烈度为 6 度、7 度时超过五层、8 度时超过四层和 9 度时，插筋不应小于 $1\phi14$。

④芯柱应伸入室外地面下 500mm 或与埋深小于 500mm 的基础圈梁相连。

⑤为提高墙体抗震受剪承载力而设置的芯柱，宜在墙体内均匀布置，最大净距不宜大于 2.0m。

（3）多层小砌块房屋中替代芯柱的钢筋混凝土构造柱，应符合下列构造要求：

①构造柱截面不宜小于 190mm×190mm，纵向钢筋宜采用 $4\phi12$，箍筋间距不宜大于 250mm，且在柱上下端宜适当加密；抗震设防烈度为 6 度、7 度时超过五层，8 度时超过四层及 9 度时，构造柱纵向钢筋宜采用 $4\phi14$，箍筋间距不应大于 200mm；外墙转角的构造柱可适当加大截面及配筋。

②构造柱与砌块墙连接处应砌成马牙槎，与构造柱相邻的砌块孔洞，6 度时宜填实，7 度时应填实，8 度、9 度时应填实并插筋。构造柱与砌块墙之间沿墙高每隔 600mm 设置 $\phi4$ 点焊拉结钢筋网片，并应沿墙体水平通长设置。6 度、7 度时底部 1/3 楼层，8 度时底部 1/2 楼层，9 度全部楼层，上述拉结钢筋网片沿墙高间距不大于 400mm。

③构造柱与圈梁连接处，构造柱的纵筋应在圈梁纵筋内侧穿过，保证构造柱纵筋上下贯通。

④构造柱可不单独设置基础，但应伸入室外地面下 500mm，或与埋深小于 500mm 的基础圈梁相连。

(4)多层小砌块房屋的现浇钢筋混凝土圈梁的设置位置应按本节第二、(一)、(3)条多层砖砌体房圈梁的要求执行，圈梁宽度不应小于 190mm，配筋不应少于 4ϕ12，箍筋间距不应大于 200mm。

(5)多层小砌块房屋的层数，6 度时超过五层、7 度时超过四层、8 度时超过三层和 9 度时，在底层和顶层的窗台标高处，沿纵横墙应设置通长的水平现浇钢筋混凝土带；其截面高度不小于 60mm，纵筋不少于 2ϕ10，并应有分布拉结钢筋；其混凝土强度等级不应低于 C20。

水平现浇混凝土带亦可采用槽形砌块替代模板，其纵筋和拉结钢筋不变。

(6)丙类的多层小砌块房屋，当横墙较少且总高度和层数接近或达到表 17-18-1 规定的限值时，应符合本节第二、(一)、(12)条的相关要求。其中，墙体中部的构造柱可采用芯柱替代，芯柱的灌孔数量不应少于 2 孔，每孔插筋的直径不应小于 18mm。

(7)小砌块房屋的其他抗震构造措施，尚应符合本节第二、(一)、(5)～(11)条的有关要求。其中，墙体的拉结钢筋网片间距应符合本节的相应规定，分别取 600mm 和 400mm。

【例 17-20-3】 下列哪种情况对抗震不利？

A. 楼梯间设在房屋尽端

B. 采用纵横墙混合承重的结构布置方案

C. 纵横墙布置均匀对称

D. 高宽比为 1∶2

解 根据《抗震规范》第 7.1.7 条第 4 款，楼梯间不宜设在房屋的尽端或转角处。

答案：A

习　　题

17-20-1 关于构造柱的作用，正确的是(　　)。

①提高砌体房屋的抗剪能力；②构造柱对砌体起到约束作用，使其变形能力有较大提高；③提高了墙体高厚比限值；④大大提高了砌体承受竖向荷载的能力。

A. ①②③　　B. ①③④　　C. ①②④　　D. ①③

17-20-2 在砌体结构抗震设计中，决定砌体房屋总高度和层数限制的因素是(　　)。

A. 砌体强度与高厚比

B. 砌体结构的静力计算方案

C. 房屋类别、最小墙厚度、地震设防烈度及横墙的数量

D. 房屋类别与高厚比及地震设防烈度

题解及参考答案

第一节

17-1-1 **解：**有明显屈服点的钢筋，其强度标准值的取值依据为屈服强度；对于无明显屈服点的钢筋，其强度标准值的取值依据为极限抗拉强度。

答案：B

17-1-2 **解：**对于无明显屈服点的钢筋，条件屈服强度是人为定义的强度指标，不作为钢

筋质量检验的依据。

答案:A

17-1-3 **解**:混凝土其他强度指标均可用立方体抗压强度标准值(混凝土强度等级)表示。

答案:A

17-1-4 **解**:混凝土一个方向受拉,一个方向受压时,其抗压和抗拉强度均比单轴抗压或抗拉强度低,这是由于异号应力加速变形的发展,使其较快达到其极限应变值。

答案:C

第二节

17-2-1 **解**:除选项B外,其余均超出承载能力极限状态。

答案:B

17-2-2 **解**:安全等级为二级的延性结构构件的可靠性指标为3.2,脆性结构构件为3.7。

答案:C

17-2-3 **解**:我国规范采用以概率理论为基础的极限状态设计法,并采用多个分项系数(包括结构构件的重要性系数)表达的设计式进行设计。

答案:C

17-2-4 **解**:一般工业与民用建筑的设计基准期为50年,在设计基准期内,被超越的总时间约为设计基准期一半的荷载值为该可变荷载的准永久值,见现行《建筑结构荷载规范》。

答案:D

17-2-5 **解**:该题为永久荷载效应控制的组合。

$(1.35\times15+1.4\times0.7\times5)\times4^2/8=50.3\ \text{kN}\cdot\text{m}$

答案:B

17-2-6 **解**:《混凝土规范》第4.1.4条规定,混凝土的材料分项系数γ_c取1.40。

答案:C

17-2-7 **解**:结构的使用年限超过设计基准期后,并非立即丧失其使用功能,只是可靠度降低。

答案:B

第三节

17-3-1 **解**:只有在适筋情况下,ρ越大,M_u越大,但并不是线性关系,$M_u=f_yA_s(h_0-x/2)$,$x=f_yA_s/(\alpha_1 f_c b)$。

答案:D

17-3-2 **解**:适筋破坏与超筋破坏的界限。

答案:B

17-3-3 **解**:根据《混凝土规范》表8.5.1注5,受弯构件的配筋率应按全截面面积扣除受压翼缘面积后的截面面积计算。因此,$A_s=b\times h\times\rho_{min}=200\times500\times0.2\%=200\text{mm}^2$。

答案:C

17-3-4 **解**:相对界限受压区高度$\xi_b=\dfrac{\beta_1}{1+f_y/(E_s\varepsilon_u)}=\dfrac{0.8}{1+300/(2.0\times10^5\times0.0033)}=$

0.55，根据已知条件，$\xi=f_yA_s/(\alpha_1 f_c bh_0)=300\times1\ 256/(1.0\times9.6\times200\times465)=0.422<\xi_b$，故不会发生超筋破坏。配筋率$\rho=A_s/(bh_0)=1\ 256/(200\times465)=1.35\%>\rho_{min}=0.2\%$，也不会发生少筋破坏。

答案:C

17-3-5 **解**:界限破坏时受压边缘混凝土的压应变$\varepsilon_c=\varepsilon_u$，对于适筋梁$\varepsilon_c\leqslant\varepsilon_u$。

答案:C

17-3-6 **解**:此时有三个未知量，而方程只有两个，需补充一个条件，为了充分利用混凝土的抗压强度，取$\xi=\xi_b$。

答案:A

17-3-7 **解**:由公式 $V\leqslant\dfrac{1.75}{\lambda+1}f_t bh_0$，当$\lambda<1.5$ 时，取$\lambda=1.5$；当$\lambda>3$ 时，取$\lambda=3$。

答案:D

17-3-8 **解**:显而易见，素混凝土构件的实际抗扭承载力应介于按弹性分析方法确定与按塑性分析方法确定的之间。

答案:C

17-3-9 **解**:受扭纵筋与受扭箍筋的强度比$\zeta=0.6\sim1.7$ 时，可能出现纵筋达不到屈服，或箍筋达不到屈服的部分超筋情况，这两种情况都是允许的。只有当两者配筋适量时，才可能都达到屈服。

答案:B

17-3-10 **解**:大偏心受压构件的破坏特征为受拉破坏，类似适筋的双筋梁。

答案:A

17-3-11 **解**:对于小偏心受压构件，远离轴向力一侧的钢筋无论是受拉还是受压一般均达不到屈服。

答案:A

17-3-12 **解**:为了满足破坏时受压区钢筋等于其抗压强度设计值的假定，混凝土受压区高度 x 应不小于 $2a'_s$。

答案:A

17-3-13 **解**:对称配筋时，$N_b=\alpha_1 f_c bh_0\xi_b$，而$\xi_b$只与材料的力学性能有关。

答案:C

17-3-14 **解**:$\xi_b=0.55$，则 $N_b=\alpha_1 f_c bh_0\xi_b=1.0\times9.6\times400\times365\times0.55=770.88\text{kN}$，$N<N_b$，为大偏心受压。根据大偏心受压构件 M 与 N 的相关性，当 M 不变时，N 越小越不利，剔除选项 C 和选项 D。接下来比较选项 A 和选项 B，$e_0=M/N$ 越大，对大偏心受压构件越不利。

答案:B

17-3-15 **解**:由公式 $V_u\leqslant\dfrac{1.75}{\lambda+1}f_t bh_0+0.07N$，当 $N>0.3f_cA$ 时，取 $N=0.3f_cA$。

答案:C

17-3-16 **解**:对于非对称配筋（$A_s\neq A'_s$）的大偏心受压构件，平衡方程只有两个，而未知量有三个，需补充一个条件，为了充分利用混凝土的抗压强度，取 $x=x_b$。

答案:A

第四节

17-4-1 **解**:增加受拉钢筋截面面积,不仅可以降低裂缝截面的钢筋应力,同时也可提高钢筋与混凝土之间的黏结力,这对减小裂缝宽度十分有效。

答案:C

17-4-2 **解**:根据构件类型和环境条件,按规范规定的最小保护层厚度取用。

答案:C

17-4-3 **解**:弯矩越大,截面的抗弯刚度越小,最大弯矩截面处的刚度,即为最小刚度。

答案:C

第五节

17-5-1 **解**:先张法的工序:在台座上张拉钢筋—浇筑混凝土—混凝土达到设计强度后切断钢筋,预应力筋在回缩时挤压混凝土,使混凝土获得预压力。所以先张法预应力混凝土构件中,预应力是靠钢筋与混凝土之间的黏结力来传递的。

后张法的工序:先浇筑混凝土构件,并在构件中预留孔道,混凝土达到设计强度后,将预应力筋穿入孔道,利用构件本身作为台座,在张拉预应力筋的同时,使混凝土受到预压,当预应力筋的张拉力达到设计值后,在张拉端用锚具将钢筋锚住,使构件保持预压状态。

答案:A

17-5-2 **解**:施加预应力后,在混凝土上建立了预压应力,可以提高构件的抗裂度和刚度。

答案:B

17-5-3 **解**:完成第二批预应力损失后预应力筋的应力,先张法:$\sigma_{peII}=\sigma_{con}-\sigma_l-\alpha_E\sigma_{pcII}$,后张法:$\sigma_{peII}=\sigma_{con}-\sigma_l$。

答案:B

17-5-4 **解**:对于后张法预应力混凝土构件,施工阶段采用净截面面积 A_n(预应力筋与混凝土之间无黏结),使用阶段则采用换算截面面积 A_0,有 $N_{p_{II}}=(\sigma_{con}-\sigma_l)A_n$,$N_0=(\sigma_{con}-\sigma_l)A_0$。

答案:B

第七节

17-7-1 **解**:计算假定支座为铰支。当活荷载隔跨布置时,由于板与次梁(或次梁与主梁)整浇在一起,当板受荷弯曲在支座发生转动时,将带动次梁一起转动。由于次梁具有一定的抗扭刚度,将阻止板自由转动,使板的跨中弯矩有所降低,支座弯矩相应地有所增加。考虑支承构件对跨中弯矩有所减小的有利影响,在设计中一般采用增大恒荷载和减小活荷载的方法。

答案:C

第九节

17-9-1 **解**:沉降缝必须从基础断开,其缝宽应按抗震缝要求设置。见《抗震规范》第3.4.5条第3款。

答案:D

17-9-2 **解**:现行《高层混凝土规程》第 4.2.1 条规定,B 级高度建筑结构的最大适用高度和高宽比较 A 级适当放宽,其抗震等级、有关的计算和构造措施应相应加严。

答案:A

17-9-3 **解**:根据现行《抗震规范》第 6.1.2 条表 6.1.2,抗震设防烈度为 8 度,高度 60m 的框架-剪力墙结构,框架的抗震等级为二级,剪力墙的抗震等级为一级。

答案:A

17-9-4 **解**:框架-剪力墙结构在水平荷载作用下,其侧向变形曲线既不同于框架的剪切形曲线,也不同于剪力墙的弯曲形曲线,而是两者的协调变形,其下部主要呈弯曲形,而上部主要呈剪切形。因此,按框架计算完毕后再加上一些剪力墙对上部结构有可能是不安全的。

答案:D

17-9-5 **解**:采用简化计算时,剪力墙分为不同的类型,并采用不同的方法计算。当剪力墙孔洞面积与墙面面积之比不大于 0.16 时,为整体悬臂墙;当 $\alpha \geqslant 10$,$I_n/I \leqslant \zeta$ 时,为整体小开口墙;当 $\alpha < 10$,$I_n/I \leqslant \zeta$ 时,为连肢剪力墙;当 $\alpha \geqslant 10$,$I_n/I > \zeta$ 时,为壁式框架。其中,α 为整体系数,I_n 为扣除墙肢惯性矩后剪力墙的惯性矩,I 为剪力墙对组合截面形心的惯性矩,ζ 为与 α 及层数有关的系数。

答案:B

第十节

17-10-1 **解**:在设计基准期内,“小震”(多遇地震)的超越概率为 63.2%,“中震”(基本设防烈度)的超越概率为 10%,“大震”(罕遇地震)的超越概率为 2%~3%。

答案:B

17-10-2 **解**:设计计算中,地震对结构作用的大小与地震的持续时间无关。

答案:C

17-10-3 **解**:构造要求,现行《抗震规范》第 6.5.1 条规定,框架-抗震墙结构的抗震墙厚度不应小于 160mm 且不宜小于层高或无支长度的 1/20。

答案:D

17-10-4 **解**:构造要求,现行《抗震规范》第 6.3.6 条规定,抗震等级为二级的框架结构,柱轴压比限值为 0.75。

答案:C

17-10-5 **解**:现行《抗震规范》第 6.1.4 条规定,框架结构房屋的防震缝宽度,当高度不超过 15m 时,可采用 100mm;超过 15m 时,6 度、7 度、8 度和 9 度相应每增加高度 5m、4m、3m、2m,宜加宽 20mm。高度超过 $24-15=9$m,防震缝宽度增加 60mm,因此最小宽度为 160mm。

答案:B

第十一节

17-11-1 **解**:由于钢材具有良好的塑性,钢结构构件在常温、静力荷载作用下一般不会发生突然断裂。

答案:A

17-11-2 **解**:钢材的疲劳强度取决于应力循环中的最大应力值、应力幅值、应力循环次数,以及钢材本身的应力集中,而与钢材的静力强度关系不大。

答案:C

17-11-3 **解**:现行《钢结构标准》规定,对于需要验算疲劳的受拉和受弯的焊接结构钢材,应具有冲击韧性的合格保证。当室外空气温度小于−10℃但高于−20℃时,Q235 钢应具有 0℃冲击韧性的合格保证;当室外空气温度等于或低于−20℃时,Q235 钢应具有−20℃冲击韧性的合格保证。

答案:D

17-11-4 **解**:焊接残余应力对在常温下承受静力荷载作用的结构的承载力没有影响,但对于构件的刚度有影响,会降低压杆的稳定性,对承受疲劳荷载的结构尤为不利。

答案:B

第十二节

17-12-1 **解**:轴心受压构件的整体稳定性系数φ是根据构件的长细比、钢材屈服强度和截面类别(a、b、c、d 四类)确定的。

答案:C

17-12-2 **解**:荷载作用于受拉的下翼缘对整体稳定性最为有利。

答案:C

17-12-3 **解**:对于承受动力荷载作用的梁,宜不考虑截面的塑性发展,按弹性设计。

答案:D

17-12-4 **解**:当 $h_0/t_w \leqslant 80\varepsilon_k$ 时,腹板不会发生剪切失稳,一般不配置加劲肋;当 $80\varepsilon_k < h_0/t_w \leqslant 170\varepsilon_k$ 时,腹板会发生剪切失稳但不会发生弯曲失稳,应配置横向加劲肋;当 $h_0/t_w > 170\varepsilon_k$ 时,腹板会发生剪切失稳和弯曲失稳,应配置横向加劲肋,并在受压区配置纵向加劲肋。

答案:C

第十三节

17-13-1 **解**:侧面角焊缝的计算长度 $l_w = 380 - 2 \times 6 = 368 > 60h_f = 360$mm,焊缝的承载力设计值折减系数 $\alpha_f = 1.5 - \frac{l_w}{120h_f} = 1.5 - \frac{368}{120 \times 6} = 0.99$。

答案:D

17-13-2 **解**:①角焊缝的计算长度 l_w,对每条焊缝取其实际长度减去 $2h_f$;②对承受静力荷载和间接承受动力荷载的结构,正面角焊缝的强度设计值增大系数 $\beta_f = 1.22$;③角焊缝的搭接焊缝连接中,如果焊缝计算长度 l_w 超过 $60h_f$,则焊缝的承载力设计值应乘以折减系数 $\alpha_f = 1.5 - \frac{l_w}{120h_f}$ ($\alpha_f \geqslant 0.5$)(本题 l_w 未超过 $60h_f$)。

答案:D

17-13-3 **解**:摩擦型高强度螺栓受剪连接是以摩擦力被克服作为承载能力极限状态,承压型高强度螺栓连接是以栓杆剪切或孔壁承压破坏作为受剪的极限状态。

答案:D

17-13-4 **解**:在螺栓杆轴方向受拉的连接中,每个摩擦型高强度螺栓的承载力设计值为:$N_t^b=0.8P$(P为预拉力),而承压型高强度螺栓承载力设计值的计算公式与普通螺栓相同,即 $N_t^b=\frac{\pi d_e^2}{4}f_t^b$。两公式的计算结果相近,但并不完全相等。

答案:D

第十四节

17-14-1 **解**:现行《钢结构标准》规定,按受拉设计的构件在永久荷载与风荷载组合下受压时,其长细比不宜超过250。

答案:C

17-14-2 **解**:所有屋盖必须设置上弦横向水平支撑、竖向支撑和系杆,是否设置下弦横向水平支撑和纵向水平支撑则视情况而定。

答案:B

17-14-3 **解**:根据现行《钢结构标准》,容许长细比$[\lambda]=350$,计算长度 $l_0=600\sqrt{2}=849$cm,$i_x=849/350=2.43$cm。

答案:D

第十五节

17-15-1 **解**:块体形状的规则程度显著影响砌体的强度。形状不规则,表面不平整,更可能引起较大的附加弯曲应力而使砖过早断裂。

答案:B

第十七节

17-17-1 **解**:砌体受压构件承载力的计算公式为 $N\leqslant\varphi fA$,其中φ为高厚比β和轴向力偏心距e对受压构件承载力的影响系数,β和e越大,φ越小,承载力N越低,①、②项正确;同时φ还与砂浆的强度等级有关,③项错误;受压构件的承载力与横墙间距的关系不大,④项错误。

答案:A

17-17-2 **解**:抗压承载力与e/h成反比,其中e为偏心距,h为偏心方向的截面尺寸,①、②、③、④的e/h分别为0.17、0.3、0.2、0.24。

答案:D

17-17-3 **解**:砌体局部抗压强度提高系数 $\gamma=1+0.35\sqrt{A_0/A_l-1}$,其中$A_l$为局部受压面积,$A_0$为影响砌体局部抗压强度的计算面积。参照《砌体规范》第5.2.2条图5.2.2可分别计算出四种情况的A_0及γ,并考虑每种情况下γ的最大取值,得到A、B、C和D四种情况下的局部抗压强度提高系数γ分别为1.25、2.0、1.5和2.05,所以可能最先发生局部受压破坏的是选项A。

答案:A

17-17-4 **解**:现行《砌体规范》规定:$e\leqslant0.6y$,y为截面重心到轴向力所在偏心方向截面边缘的距离，经计算 $y=321\text{mm}$，则 $e\leqslant193\text{mm}$。

答案：B

第十八节

17-18-1 **解：**根据现行《砌体规范》第 4.2.1 条表 4.2.1，判断砌体结构房屋静力计算方案的因素包括屋盖或楼盖的类别和横墙的间距，第 4.2.2 条对刚性和刚弹性方案房屋的横墙有明确的要求(对横墙刚度的要求)。

答案：C

17-18-2 **解：**根据现行《砌体规范》第 4.2.2 条，要求洞口的水平截面面积不应超过横墙截面面积的 50%。其他三条均符合要求。

答案：D

17-18-3 **解：**见《砌体规范》第 4.2.1 条表 4.2.1，关于砌体房屋静力计算方案的划分。

答案：C

17-18-4 **解：**构造要求，现行《砌体规范》第 6.2.7 条规定，对砖砌体，当梁的跨度＞4.8m 时，应在支承处砌体上设置垫块。

答案：B

17-18-5 **解：**构造要求，现行《砌体规范》第 6.2.8 条规定，对 240mm 厚的砖墙，当梁跨度≥6m 时，其支承处宜加设壁柱。

答案：B

17-18-6 **解：**由现行《砌体规范》第 6.1.1 条，块体的强度等级对墙体高厚比没有影响。

答案：C

17-18-7 **解：**构造要求，根据现行《砌体规范》第 6.5.2 条，措施①、②、③、④均正确。

答案：B

17-18-8 **解：**砌体房屋伸缩缝的间距与砌体的强度等级无关，见《砌体规范》第6.5.1条。

答案：C

第十九节

17-19-1 **解：**圈梁的作用不包括④。

答案：B

17-19-2 **解：**现行《砌体规范》规定：使用阶段，托梁跨中截面应按钢筋混凝土偏心受拉构件计算，托梁支座正截面和托梁斜截面应按钢筋混凝土受弯构件计算。施工阶段，托梁应按钢筋混凝土受弯构件进行抗弯、抗剪承载力验算。并且要求承重墙梁的支座处应设置落地翼墙。

答案：C

17-19-3 **解：**试验表明，当在砖砌体高度等于过梁跨度的 0.8 倍左右的位置施加荷载时，过梁挠度变化极微。可以认为，在高度等于或大于过梁跨度的砌体上施加荷载时，由于过梁与砌体的组合作用，荷载将通过组合深梁(墙梁)传给砖墙，而不是单独通过过梁传给砖墙，故对过梁内应力增大不多。

答案：C

17-19-4 **解：**现行《砌体规范》规定，对于砖砌体，当过梁上的墙体高度 $h_w<l_n/3$(l_n为过梁

净跨)时,应按墙体的均布自重采用;当墙体高度 $h_w \geqslant l_n/3$ 时,应按高度为 $l_n/3$ 墙体的均布自重采用。

答案:A

17-19-5 **解:**见现行《砌体规范》第 7.4.3 条及第 7.4.6 条,可知①、②项正确。又挑梁的受力状态为受弯构件,知④项也正确。规范第 7.4.4 条要求:挑梁下的支承压力应取两倍的挑梁倾覆荷载设计值,故③项错误。

答案:C

第二十节

17-20-1 **解:**构造柱不会提高砌体承受竖向荷载的能力,但可以间接提高砌体房屋的抗剪能力,第②、③项均为构造柱的作用。

答案:A

17-20-2 **解:**根据现行《砌体规范》第 10.1.2 条表 10.1.2,决定砌体结构房屋的层数和总高度限值的因素有房屋类别、最小墙厚度、抗震设防烈度;第 10.1.2 条第 2 款规定,各层横墙较少的多层砌体房屋,总高度应降低 3m,层数相应减少一层。

答案:C

第十八章　土力学与地基基础

复 习 指 导

一、考试大纲

16.1　土的物理性质及工程分类

土的生成和组成　　土的物理性质　　土的工程分类

16.2　土中应力　自重应力　附加应力

16.3　地基变形

土的压缩性　基础沉降　地基变形与时间关系

16.4　土的抗剪强度

抗剪强度的测定方法　土的抗剪强度理论

16.5　土压力、地基承载力和边坡稳定

土压力计算　挡土墙设计　地基承载力理论　边坡稳定

16.6　地基勘察

工程地质勘察方法　勘察报告分析与应用

16.7　浅基础

浅基础类型　地基承载力设计值　浅基础设计　减少不均匀沉降损害的措施　地基、基础与上部结构共同工作概念

16.8　深基础

深基础类型　桩与桩基础的分类　单桩承载力　群桩承载力　桩基础设计

16.9　地基处理

地基处理方法　地基处理原则　地基处理方法选择

二、复习指导

应根据注册结构工程师执业资格考试基础考试大纲的要求，着重对大纲涉及内容的基本概念、基本理论、基本计算方法和公式、基本计算步骤、相关的试验方法、基本知识的应用等内容有系统、有条理地进行重点掌握。明白其中的道理和关系，掌握分析问题的方法。在了解基本计算原理的基础上，应学会使用为减小计算工作量或简化、方便计算所制的相关表格。就本章的选择题类型而言，也不允许有很长的答题时间，因此不必过分追求复杂的原始计算公式和过于繁杂、难度大的知识。从多年考试内容和本科要求进行重点分析，认为应掌握以下重点内容：

(一)土的物理性质和工程分类

(1)应熟练掌握土的三相组成及其指标，土的结构、级配有关概念，土的三相物理性质指标及其计算。

(2)无黏性土的分类方法及定名，无黏性土的特性、密实度指标及标准贯入锤击试验方法。

(3)黏性土的分类方法及定名，黏性土的状态指标、可塑性指标的概念与计算。

(二)土中应力与地基变形

地基沉降问题是在工程建设中要考虑和解决地基变形和强度的问题之一。对于地基沉降问题应了解地基变形的机理、地基土体产生变形的原因及其影响因素、基本计算方法与公式。

(1)土体的变形是由于在荷载作用下土体内部孔隙减小所致(孔隙内水和气排出、封闭气泡被压缩)。掌握土粒骨架所承受的有效应力与土体沉降变形的关系。

(2)地基土体承受附加应力引起地基变形。一般情况下我们接触的多是正常固结状态的地基土体，地基的变形是由于在建筑物荷载作用下产生的附加应力所致。附加应力即地基土体在自身自重应力作用下已完成固结沉降，在建筑物荷载作用下，土体在承受自重应力的基础上净增加的那部分应力。应该掌握基底压力、基底附加应力的计算方法和公式、常用荷载作用面积和不同荷载分布的土中附加应力的查表方法。

(3)土的自重应力计算。掌握分层土、有地下水位、有隔水层土的竖向自重应力计算。

(4)地基的超固结、欠固结基本概念及其对地基沉降的影响。固结度的概念、一维平均固结度的计算方法和公式。

(5)土的压缩试验方法、压缩性指标的确定及在土的沉降变形计算中的应用。

(6)地基的最终沉降量和沉降与时间的关系。在掌握土中应力计算的基础上，掌握大纲要求的计算最终沉降量的分层总和法和弹性理论法的基本计算方法和公式。掌握一维固结理论的基本原理、基本概念和简化计算方法。

(三)土的抗剪强度

(1)土的抗剪强度是由土的抗剪强度指标 c、φ 值决定的，即由颗粒之间的黏聚力、摩擦阻力以及连锁作用决定。要了解抗剪强度指标的测定方法及影响因素。

(2)掌握土的强度理论、极限平衡条件、抗剪强度的测定方法和公式的应用。

(四)土压力、地基承载力与边坡稳定

(1)要熟练掌握静止土压力、主动土压力和被动土压力的基本概念、基本计算公式的应用，掌握重力式挡土墙的设计、验算方法。

(2)掌握确定地基承载力特征值的方法(载荷试验、公式计算、工程经验等方法)。掌握载荷试验确定地基承载力特征值的方法和判别标准，理论公式的计算方法，按规范修正公式确定修正后的地基承载力特征值的计算方法。

(3)了解土坡稳定的基本概念及基本计算原理。

(五)地基勘察

(1)工程地质勘察的基本方法、适用性及优缺点。

(2)勘察报告的目的、用途、主要内容。要会运用勘察报告和图表对勘察成果进行综合分析，对资料的合理性与可靠性作出判断，以便为工程设计、施工选择正确的参数。

(六)浅基础

(1)常见的浅基础结构类型有独立基础、条形基础、十字交叉基础、筏板基础、箱形基础。这些基础对地基的要求由高到低，基础刚度、基底面积和所适应的荷载由小到大，对不均匀沉降的适应性由弱到强。

(2)地基承载力是指地基在同时满足强度和变形两个条件时，地基单位面积上所能承受的最大荷载。应掌握影响地基承载力的因素及确定地基承载力的常用方法。

(3)应熟练掌握浅基础设计方法、设计步骤及其之间的关系。浅基础设计前期，必须对场地的地质情况进行勘探调查，确定地基承载力及有关物理、力学性质指标。根据上部结构资料计算作用在基础上的荷载，确定基础埋深，并按地基承载力确定基础底面尺寸，然后进行必要的验算(包括地基承载力及变形验算)，最后根据作用在基础底面上的地基反力和材料强度等级确定基础的构造尺寸。

(4)在软弱地基上建造建筑物时，可以在建筑、结构、设计和施工中采取相应的措施，以减轻不均匀沉降对建筑物的危害，措施得当可以达到减少甚至不必对地基进行处理的效果。对这些必要的措施应系统地加以了解。

(5)掌握地基、基础与上部结构相互作用的基本概念将有助于了解各类基础的性能，正确选择地基基础方案，评价常规理论分析与相互作用理论之间的可能存在的差异，认识与理解地基特征变形允许值的影响因素和帮助采取防止不均匀沉降损害的措施等。地基、基础与上部结构共同工作是指地基、基础和上部结构三者相互联系成整体来承担荷载并发生变形。这三部分都将按各自的刚度对整体变形产生制约作用，从而使整个体系的内力和变形发生变化。

(七)深基础

(1)常见的深基础结构类型有桩基础、大直径桩墩基础、沉井基础、地下连续墙、桩箱基础等，应特别注意对应用面广、适用面宽的桩基础和其他常见类型深基础特点的了解。

(2)桩与桩基础有不同的分类方法。掌握桩基础最基本的分类方法，而不同的分类方法反映了不同桩基础的某些方面的特点。按受力情况，可分为端承型桩、摩擦型桩；按所用材料，可分为混凝土桩、钢筋混凝土桩、钢桩、木桩；按施工方法，可分为预制桩与灌注桩；按承台位置的高低，可分为高桩承台基础、低桩承台基础；按桩的使用功能，可分为竖向抗压桩、竖向抗拔桩、水平受荷桩；按成桩方法，可分为非挤土桩、部分挤土桩、挤土桩；按桩径大小，可分为小直径桩、中等直径桩、大直径桩。应了解各类桩基础的特点、设计与施工方法。

(3)桩的承载力问题是桩基础设计的重要内容。目前我国确定桩承载力的规范有《建筑地基基础设计规范》(GB 50007—2011)和《建筑桩基技术规范》(JGJ 94—2008)。桩的承载力，包括单桩竖向承载力、群桩竖向承载力和桩的水平承载力。不同承载性状、不同使用功能、不同桩周土与桩端土质、不同桩的数量使桩承载力的设计变得较为复杂。特别是两个规范中桩的承载力有多种计算方法和公式，给这部分内容的复习带来了难度。本教材基于《地基规范》进行介绍。应注意将各种桩的承载力计算方法和公式加以分析、比较、归类与总结，搞清楚每个公式的适用条件，以达到灵活掌握与应用。对两规范中单桩轴向承载力计算公式应能熟练应用。

(4)桩基础设计包括确定桩的类型、规格、尺寸与单桩竖向承载力，计算桩的数量并进行桩的平面布置、桩基础验算、桩承台设计。应掌握桩基础的设计步骤，重点掌握桩基础的受力验算。

(八)地基处理

(1)应了解最常用的地基处理方法及计算公式。

(2)地基处理的每一种方法都有它的适用范围、局限性和优缺点。应全面分析、综合考虑工程的复杂程度、工程对地基的具体要求、工程费用等以确定合适的地基处理方法。

第一节　土的物理性质和工程分类

一、土力学、地基和基础的概念

土力学是用力学知识和土工测试技术，研究土的物理、力学性质，研究土的变形及其强度规律的一门科学。

工程上所研究的土，是作为地下建筑的“围岩”（如地下工程周围的土介质）、建筑材料（如修筑路基和土坝的土料）和支承建筑物荷载的地基出现在实际工程中。

建筑物或构筑物一般可分为上部结构和下部结构两部分。下部结构即基础，其作用是支承上部结构荷载，并将其传给地基，如图 18-1-1 所示。

图 18-1-1　地基及基础示意图

二、土的生成和组成

（一）土的生成

土是岩石经过风化（物理、化学、生物风化）作用后，再经过其他各种外力地质作用（如搬运、沉积等）的产物，是由固体颗粒、水和空气组成的三相体，这三种成分混合分布。为研究方便，将三相体中的固体颗粒（简称为土粒）、水和气体分别集中起来，用如图 18-1-2 所示的三相组成示意图来表示各部分之间的数量关系。图中符号的意义如下：

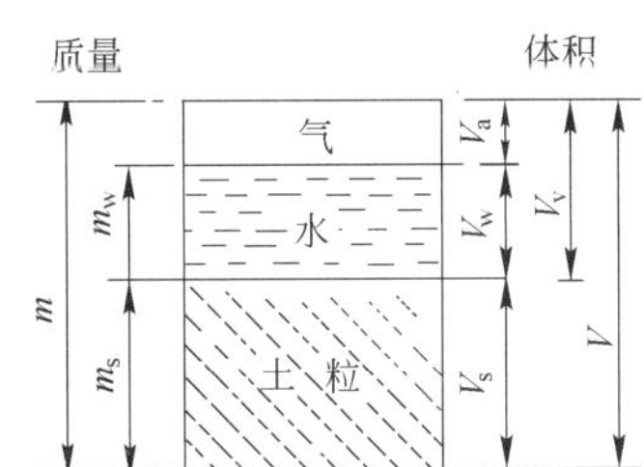

图 18-1-2　土的三相组成示意图

V——土的总体积；

V_a　上中气体体积；

V_w——土中水体积；

V_s——土粒体积；

V_v——土中孔隙体积；

$$V_v = V_a + V_w \tag{18-1-1}$$

m_w——土中水质量；

m_s——土粒质量；

m——土的总质量，$m = m_w + m_s$。

（二）土的组成及相关概念

1.固相

固相，即土的颗粒。它的矿物成分、颗粒大小、形状与级配影响土的物理力学性质。

（1）土的粒组：将土中颗粒按适当粒径范围分组，使各组内土粒大小、性质大体相近，划分粒组的分界尺寸，称为界限粒径。我国按界限粒径 200、20、2、0.05 和 0.005（单位：mm）把土粒分为六组：漂石（块石）、卵石、圆砾、砂粒、粉粒和粘粒。

（2）土的级配：即土中各粒组的相对含量（各粒组质量占全部粒组质量的百分比），可通过颗粒分析试验测得，用级配累计曲线表示。如图 18-1-3 所示为三种土样的级配情况，利用级配曲线可求得不均匀系数 C_u、曲率系数 C_c，用以判断土的级配情况。

不均匀系数
$$C_u = \frac{d_{60}}{d_{10}} \tag{18-1-2}$$

曲率系数
$$C_c = \frac{d_{30}^2}{d_{60}d_{10}} \tag{18-1-3}$$

式中：d_{10}、d_{30}、d_{60}——分别相当于累计百分比含量为 10%、30%和 60%的对应粒径，d_{10} 为有效粒径，d_{60} 为限制粒径。

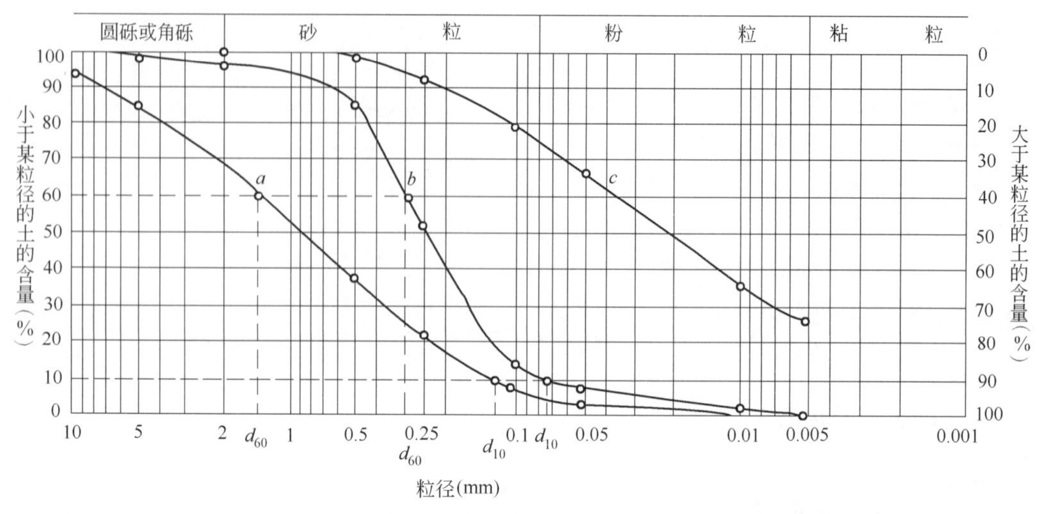

图 18-1-3 粒径级配曲线

图中,曲线越缓,C_u 越大,表示土粒大小分布范围越大,$C_u>10$,称为级配良好的土,宜作为良好地基。反之,曲线越陡,土粒大小分布范围越小,$C_u<5$,称为均粒土,其级配不好,不宜做地基,可做反滤料使用。但实际上仅用单独一个指标 C_u 来确定土的级配情况是不够的,还必须同时考察累计曲线的整体形状,故需兼顾曲率系数 C_c 值。

当同时满足不均匀系数 $C_u>5$ 和曲率系数 $C_c=1\sim3$ 这两个条件时,土为级配良好的土;如不能同时满足,则土为级配不良的土。

(3)土的结构:指土粒及其集合体的大小、形状、相互排列与联结等综合特征。主要有三种结构:单粒结构(砂粒、碎石,颗粒较大)、蜂窝结构(粉粒,颗粒较细)、絮状结构(粘粒,颗粒极细)。

(4)土的构造:指物质成分和颗粒大小等相近的各部分土层之间的相互联系特征。主要有层理构造(分水平、交错两种)、裂隙构造和分散构造。

2. 液相

液相,即土中水。水可以呈固态(冰)、液态(水)、气态(水蒸气)存在于土中。从水膜理论的角度来看,水的分类如下:

(1)结合水
- 强结合水(吸着水) 固态黏土所含的水。
- 弱结合水(薄膜水) 可塑状态黏土多含此水,性质特殊对黏性土的性质影响大。

(2)自由水
- 重力水 地下水位以下透水层中的水。
- 毛细水 孔隙中的自由水,也能在地下水位以上存在。

3. 气相

气相,即土中气
- 通畅气 与大气相连,常存在于粗粒土中。
- 封闭气 封闭于孔隙中,常存在于细粒土中。

三、土的物理性质和状态指标

(一)由试验直接测定的基本指标

1. 土的重度(重力密度)γ

该指标可用环刀法、灌砂法测定。

天然状态下单位体积土的重力称为天然重度(kN/m³),$W=mg$,而

$$\gamma=\frac{W}{V} \tag{18-1-4}$$

它与土的矿物成分、孔隙大小、含水多少等有关，一般 $\gamma=16\sim22\text{kN/m}^3$。

2.土的含水率(量)w

该指标可用烘干法、酒精燃烧法测定。

土中水的重力与土颗粒重力之比，称为含水率，常用百分比表示

$$w(\%)=\frac{W_w}{W_s}\times100\% \tag{18-1-5}$$

它反映土的干湿程度。含水率越大土越湿越软，地基土承载力越低，我国沿海软黏土含水率常接近50%，高者达60%～70%，地基土容许承载力仅50～80kPa。

3.土粒相对密度(旧称"比重")d_s

该指标可用比重瓶法测定。

土粒重力与同体积4℃时水的重力之比称为土粒相对密度，即

$$d_s=\frac{W_s}{V_s\gamma_w} \tag{18-1-6}$$

式中：γ_w——4℃时水的重度，近似取 $\gamma_w=10\text{kN/m}^3$。

d_s 大小随土粒矿物成分而异。砂土为2.65～2.69，黏性土在2.72～2.76之间。土中含大量有机质时，土粒相对密度则显著减少。

(二)换算的物理性质指标(表18-1-1)

1.土的饱和重度 γ_{sat}、浮重度 γ' 及干土重度 γ_d

(1)饱和重度 γ_{sat}。土的孔隙全部被水充满时的重度，称为饱和重度 $\gamma_{sat}(\text{kN/m}^3)$，即

$$\gamma_{sat}=\frac{W_s+V_v\gamma_w}{V} \tag{18-1-7}$$

(2)浮重度(有效重度)γ'。一般情况下从地下水位以下取出的土，其天然重度，可视为饱和重度。当土处于地下水位以下时，则受到水的浮力作用，单位土体积中颗粒的有效重力，由单位土体积中土颗粒的重力扣除浮力后的重度称为土的浮重度 $\gamma'(\text{kN/m}^3)$，即

$$\gamma'=\frac{W_s-V_s\gamma_w}{V}=\gamma_{sat}-\gamma_w\quad(\gamma_w\approx10\text{kN/m}^3) \tag{18-1-8}$$

(3)干重度(干重力密度)γ_d。单位土体积中固体颗粒的重力称为土的干重度 $\gamma_d(\text{kN/m}^3)$，即

$$\gamma_d=\frac{W_s}{V} \tag{18-1-9}$$

土的干重度在很大程度上可反映土颗粒排列的紧密程度，工程上用 γ_d 作为人工填土压实质量的控制指标。一般 γ_d 达到 16kN/m^3 以上时，土就比较密实。

2.土的孔隙比 e

土中孔隙体积与土的颗粒体积之比，称为孔隙比，即

$$e=\frac{V_v}{V_s} \tag{18-1-10}$$

它表明土的密实程度，建筑物的沉降与土的孔隙比有着密切的关系。天然状态的黏性土，一般当 $e<0.6$ 时，土密实、压缩性低；当 $e>1.0$ 时，土是松软的。高压缩性的淤泥质土、淤泥的 e 则高达1.5以上。地基土层中含有 $e>1.0$ 的黏性土时，建筑物的沉降量较大。

土的三相比例指标换算公式 表 18-1-1

名　称	符号	三相比例表达式	常用换算公式	单　位	常见的数值范围
土粒相对密度	d_s	$d_s=\frac{m_s}{V_s\rho_w}$	$d_s=\frac{S_r e}{w}$		黏性土：2.72～2.76 粉　土：2.70～2.71 砂　土：2.65～2.69
含水量	w	$w=\frac{m_w}{m_s}\times100\%$	$w=\frac{S_r e}{d_s}$ $w=\frac{\rho}{\rho_d}-1$		20%～60%
密度	ρ	$\rho=\frac{m}{V}$	$\rho=\rho_d(1+w)$ $\rho=\frac{d_s(1+w)}{1+e}\rho_w$	g/cm^3	1.6～2.0
干密度	ρ_d	$\rho_d=\frac{m_s}{V}$	$\rho_d=\frac{\rho}{1+w}$ $\rho_d=\frac{d_s}{1+e}\rho_w$	g/cm^3	1.3～1.8
饱和密度	ρ_{sat}	$\rho_{sat}=\frac{m_s+V_v\rho_w}{V}$	$\rho_{sat}=\frac{d_s+e}{1+e}\rho_w$	g/cm^3	1.8～2.3
重度	γ	$\gamma=\frac{m}{V}\cdot g=\rho\cdot g$	$\gamma=\frac{d_s(1+w)}{1+e}\gamma_w$	kN/m^3	16～20
干重度	γ_d	$\gamma_d=\frac{m_s}{V}\cdot g=\rho_d\cdot g$	$\gamma_d=\frac{d_s}{1+e}\gamma_w$	kN/m^3	13～18
饱和重度	γ_{sat}	$\gamma_{sat}=\frac{m_s+V_v\rho_w}{V}g$ $=\rho_{sat}\cdot g$	$\gamma_{sat}=\frac{d_s+e}{1+e}\gamma_w$	kN/m^3	18～23
有效重度	γ'	$\gamma'=\frac{m_s-V_s\rho_w}{V}g=\rho'\cdot g$	$\gamma'=\frac{d_s-1}{1+e}\gamma w$	kN/m^3	8～13
孔隙比	e	$e=\frac{V_v}{V_s}$	$e=\frac{d_s\rho_w}{\rho_d}-1$ $e=\frac{d_s(1+w)\rho_w}{\rho}-1$		黏性土和粉土：0.40～1.20 砂土：0.30～0.90
孔隙率	n	$n=\frac{V_v}{V}\times100\%$	$n=\frac{e}{1+e}$ $n=1-\frac{\rho_d}{d_s\rho_w}$		黏性土和粉土：30%～60% 砂土：25%～45%
饱和度	S_r	$S_r=\frac{V_w}{V_v}\times100\%$	$S_r=\frac{wd_s}{e}$ $S_r=\frac{w\rho_d}{n\rho_w}$		0%～100%

注：水的重度 $\gamma_w=\rho_w\cdot g=1t/m^3\times9.807m/s^2\approx10kN/m^3$。

3. 土的饱和度 S_r

土中水的体积与孔隙体积之比称为饱和度 S_r，以百分数表示，即

$$S_r=\frac{V_w}{V_v}\times100\% \tag{18-1-11}$$

它表示土的潮湿程度，如 $S_r=100\%$，表明土孔隙中充满水，土是完全饱和的；$S_r=0$，土是完全干燥的。

砂土的含水饱和程度，对其工程性质影响较大，如饱和粉细砂土在动荷载作用下会发生液化。根据饱和度 S_r 的数值，砂土可分为稍湿（$S_r\leqslant50\%$）、很湿（$50\%<S_r\leqslant80\%$）和饱和（$S_r>80\%$）的三种湿度状态。

各指标常见值已列入表 18-1-1。

（三）土的物理状态指标

1. 砂土的密实度

砂土的密实度对地基土的工程性质有很大影响。如密实的天然砂层是良好的天然地基。疏松的砂，尤其是饱和的粉细砂，在动力作用下土的结构常处于不稳定状态，对土建工程很不利。

确定砂土的密实度，目前常用标准贯入试验，它是将带有刃口的厚壁管状的标准贯入器，在规定的锤重(63.5kg)和落距(76cm)的条件下击入土中，测定贯入量为30cm所需要的击数N，称为标准贯入锤击数。以此确定砂土层的密实度，见表18-1-2。

标准贯入试验判定砂土密实度　　表18-1-2

密实度	松散	稍密	中密	密实
锤击数 N	$\leqslant 10$	$10 \leqslant N \leqslant 15$	$10 < N \leqslant 30$	> 30

砂土的密实程度还可以根据相对密实度 D_r 和孔隙比 e 来评定，即

$$相对密实度\ D_r = \frac{e_{max} - e}{e_{max} - e_{min}} \tag{18-1-12}$$

2. 黏性土的稠度

(1)界限含水率(量)

黏性土由某一状态转入另一状态时的分界含水率，称为土的界限含水率。

(2)液限和塑限

液限和塑限在国际上称为阿太堡界限(Atterberg Limit)，它们是黏性土的重要物理特性指标。

液限：土由流动状态转变成可塑状态的界限含水率称为液限，以符号 w_L 表示。

塑限：土由可塑状态变化到半固体状态的界限含水率称为塑限，以符号 w_p 表示。

缩限：土由半固体状态变化到固体状态的界限含水率称为缩限，以符号 w_s 表示，不常用。

(3)塑性指数 I_p

$$I_p = w_L - w_p \tag{18-1-13}$$

液限与塑限之差值(省去%号)反映在可塑状态下的含水率范围。此值可作为黏性土分类的指标。

(4)液性指数 I_L

$$I_L = \frac{w - w_p}{I_p} = \frac{w - w_p}{w_L - w_p} \tag{18-1-14}$$

即天然含水率和塑限之差与塑性指数之比值。反映土在天然条件下所处的状态。

黏性土中水的含量对其性质、状态的影响如图18-1-4所示。土中多含自由水时，处于流动状态；土中多含弱结合水时，处于可塑状态，弱结合水减少，水膜变薄，土向半固态转化，土中水为强结合水时处于固态。

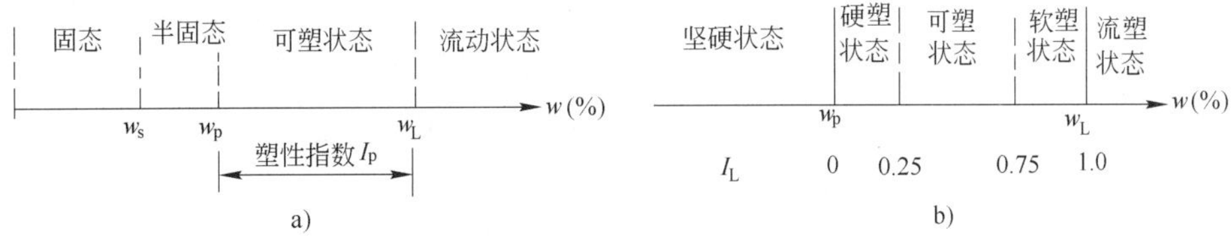

图18-1-4　黏性土的物理状态与含水率关系

【例 18-1-1】 关于土的塑性指数，下面说法正确的是：

A. 可以作为黏性土工程分类的依据之一

B. 可以作为砂土工程分类的依据之一

C. 可以反映黏性土的软硬情况

D. 可以反映砂土的软硬情况

解 细颗粒土可以按塑性指数分类。塑性指数 $I_p = w_L - w_p$。液限与塑限之差值（省去%），反映在可塑状态下土的含水率变化范围，此值可作为黏性土分类的指标。

答案：A

【例 18-1-2】 某土样液限 $w_L = 25.8\%$，塑限 $w_p = 16.1\%$，含水率 $w = 13.9\%$，可以得到其液性指数 I_L 为：

A. $I_L = 0.097$　　B. $I_L = 1.23$

C. $I_L = 0.23$　　D. $I_L = -0.23$

解 $I_L = \dfrac{w - w_p}{w_L - w_p} = \dfrac{13.9\% - 16.1\%}{25.8\% - 16.1\%} = -0.23$。

答案：D

【例 18-1-3】 某土样液限 $w_L = 24.3\%$，塑限 $w_p = 15.4\%$，含水率 $w = 20.7\%$，可以得到其塑性指数 I_p 为：

A. $I_p = 0.089$　　B. $I_p = 8.9$

C. $I_p = 0.053$　　D. $I_p = 5.3$

解 $I_p = w_L - w_p = 24.3 - 15.4 = 8.9$。

答案：B

四、土的压实性

有时建筑物建筑在填土上，为了提高填土的强度，增加土的密实度，降低其透水性和压缩性，通常用分层压实的办法来处理地基。

实践经验表明，对过湿的黏性土进行夯实或碾压时就会出现软弹现象（俗称“橡皮土”），此时土的密实度是不会增大的。对很干的土进行夯实或碾压，显然也不能把土充分压实。所以，要使土的压实效果最好，其含水率一定要适当。在一定的压实能量下使土最容易压实，达到最大密实度时的含水率，称为土的最优含水率（或称最佳含水率），用 w_{op} 表示。相对应的干重度叫做最大干重度，用 γ_{dmax} 表示。

土的最优含水率可在试验室内通过击实试验测得。试验时将同一种土，配制成若干份不同含水率的试样，用同样的压实能量分别对每一份试样进行击实[试验的仪器和方法见现行《土工试验方法标准》（GB/T 50123—1999）]，然后测定各试样击实后的含水率 w 和干重度 γ_d，从而绘制含水率与干重度关系曲线（见图 18-1-5），称为压实曲线。从图中可以知道，当含水率较低时，随着含水率的增大，土的干重度也逐渐增大，表明压实效果逐步提高；当含水率超过某一限值 w_{op} 时，干重度则随着含水率增大而减小，即压实效果下降。这说明土的压实效果随含水率的变化而变化，并在击实曲线上出现一个干重度峰值（即最大干重度 γ_{dmax}），相应于这个峰值的含水率就是最优含水率。

试验还证明，最优含水率与压实能量有关。对同一种土，用人力夯实时，因能量小，要求土粒之间有较多的水分使其更为润滑，因此，最优含水率较大而得到的最大干重度却较小，如

图 18-1-6 所示的曲线 3。当用机械夯实时，压实能量较大，得出的曲线为如图 18-1-6 所示的曲线 1 和曲线 2。所以当填土压实程度不足时，可以改用大的压实能量补夯，以达到所要求的密实度。

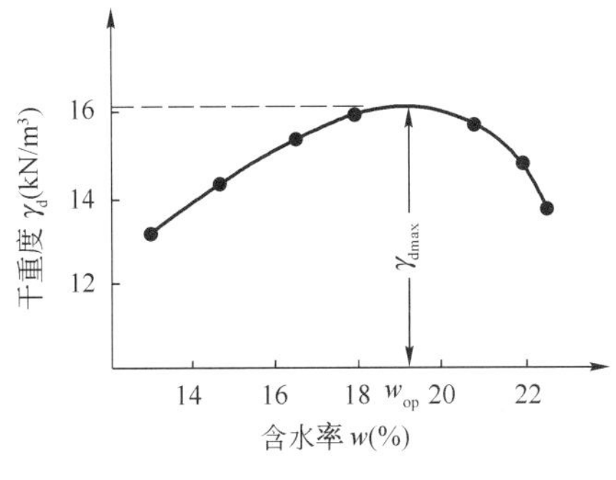

图 18-1-5 干重度与含水率的关系

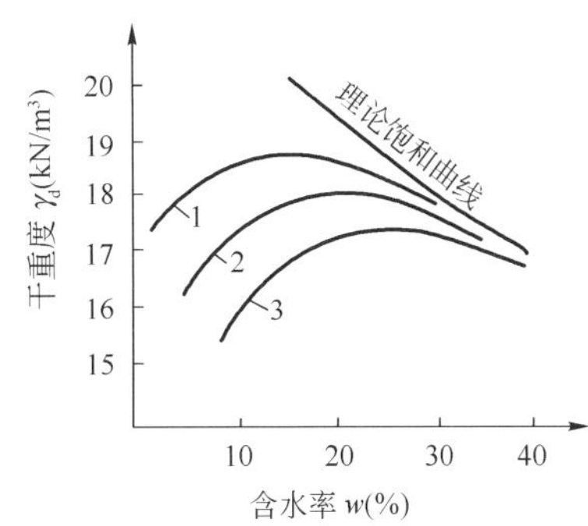

图 18-1-6 压实能量对压实效果的影响

在同类土中，土的颗粒级配对土的压实效果影响很大，颗粒级配不均匀的土容易压实，均匀的土则不易压实。

必须指出：室内击实试验与现场夯实或碾压的最优含水率是不一样的。所谓最优含水率，是针对某一种土，在一定的压实机械、压实能量和填土分层厚度等条件下测得的。如果这些条件改变，就会得出不同的最优含水率。因此，要指导现场施工，还应该进行现场试验。

图 18-6 还给出了理论饱和曲线，它表示土处在饱和状态下的干重度 γ_d 与含水率 w 的关系。实践中，土不可能被压实到完全饱和的程度。试验证明，黏性土在最优含水率时，压实到最大干重度 γ_{dmax}，其饱和度一般为 80%左右。此时，因为土孔隙中的气体越来越难于和大气相通，压实时不能将其完全排出去，因此压实曲线只能趋于理论饱和曲线的左下方，而不可能与它相交。

五、地基土的分类

地基土工程分类的目的是为判别土的工程特性和评价土作为建筑场地的可用程度。

作为建筑地基的这一部分土（包括岩石）分为六大类，即岩石、碎石土、砂土、粉土、黏性土、人工填土和特殊性土，每个大类又细分为若干亚类。

（一）岩石

岩石应为颗粒间牢固联结、呈整体或具有节理裂隙的岩体。岩石的坚硬程度应根据岩块的饱和单轴抗压强度 f_{rk} 按规范表分为坚硬岩、较硬岩、较软岩、软岩和极软岩。岩石的风化程度可分为未风化、微风化、中风化、强风化和全风化。岩体完整程度应根据完整性指数（为岩体纵波波速与岩块纵波波速之比的平方）分为完整、较完整、较破碎、破碎和极破碎。

（二）碎石土

碎石土为粒径大于 2mm、颗粒含量超过全重 50%的土。碎石土可根据颗粒形状和粒组含量按规范表分为漂石、块石、卵石、碎石、圆砾和角砾。

碎石土的密实度，可根据重型圆锥动力触探锤击数分为松散、稍密、中密和密实。

（三）砂土

砂土为粒径大于 2mm 的颗粒含量不超过全重的 50%、粒径大于 0.075mm 的颗粒超过全重 50%的土。砂土可根据粒组含量按规范表分为砾砂、粗砂、中砂、细砂和粉砂。

砂土的密实度，可根据标准贯入试验锤击数按规范表分为松散、稍密、中密和密实。

(四)黏性土

黏性土为塑性指数 $I_p>10$ 的土,其中 $I_p>17$ 的土为黏土,$10<I_p\leqslant17$ 的土为粉质黏土。

黏性土的状态,可根据液性指数按规范表分为坚硬、硬塑、可塑、软塑和流塑。

(五)粉土

粉土为介于砂土与黏性土之间,塑性指数 I_p 小于或等于 10 且粒径大于 0.075mm 的颗粒含量不超过全重 50%的土。

(六)淤泥

淤泥为在静水或缓慢的流水环境中沉积,并经生物化学作用形成,其天然含水量大于液限、天然孔隙比大于或等于 1.5 的黏性土。当天然含水量大于液限而天然孔隙比小于 1.5 但大于或等于 1.0 的黏性土或粉土为淤泥质土。含有大量未分解的腐殖质,有机质含量大于 60%的土为泥炭,有机质含量大于等于 10%且小于等于 60%的土为泥炭质土。

(七)红黏土

红黏土为碳酸盐岩系的岩石经红土化作用形成的高塑性黏土。其液限一般大于 50%。红黏土经再搬运后仍保留其基本特征,其液限大于 45%的土为次生红黏土。

(八)人工填土

人工填土根据其组成和成因,可分为素填土、压实填土、杂填土、冲填土。素填土为由碎石土、砂土、粉土、黏性土等组成的填土。经过压实或夯实的素填土为压实填土。杂填土为含有建筑垃圾、工业废料、生活垃圾等杂物的填土。冲填土为由水力冲填泥砂形成的填土。

(九)膨胀土

膨胀土指土中粘粒成分主要由亲水性矿物组成,同时具有显著的吸水膨胀和失水收缩特性,其自由膨胀率大于或等于 40%的黏性土。

(十)湿陷性土

湿陷性土为在一定压力下浸水后产生附加沉降,其湿陷系数大于或等于 0.015 的土。

习　　题

18-1-1　影响黏性土性质的土中水主要是(　　)。

A. 强结合水　　B. 弱结合水　　C. 重力水　　D. 毛细水

18-1-2　有效粒径为一特定粒径,即小于该粒径的土粒质量累计百分数为(　　)。

A. 10%　　B. 30%　　C. 60%　　D. 50%

18-1-3　工程上所谓的均粒土,其不均匀系数 C_u 为(　　)。

A. $C_u<5$　　B. $C_u\geqslant5$　　C. $C_u>10$　　D. $5<C_u<10$

18-1-4　标准贯入锤击试验时,最初打入土层不计入锤击数的土层厚度为(　　)。

A. 15cm　　B. 30cm　　C. 63.5cm　　D. 50cm

18-1-5　已知某土样孔隙比 $e=1$,饱和度 $S_r=0$,则土样应符合以下哪两项条件(　　)。

①土粒、水、气三相体积相等;②土粒、气两相体积相等;③土粒体积是气体体积的两倍;④此土样为干土。

A. ①②　　B. ①③　　C. ②③　　D. ②④

18-1-6　反映黏性土状态的指标是(　　)。

A. w　　B. I_L　　C. w_p　　D. S_r

18-1-7　计算土的不均匀系数的参数是(　　)。

①粒组平均粒径;②有效粒径;③限制粒径;④界限粒径。

A. ①②　　B. ②③　　C. ②④　　D. ③④

18-1-8　同一种土的压实效果和下列(　　)因素有关。

①土的粒组数量;②压实能量;③土的含水率;④堆积年代。

A. ①②　　B. ②③　　C. ①③　　D. ③④

18-1-9　黏性土是指(　　)。

A. I_p 大于 10 的土　　B. I_p 大于 17 的土

C. 黏土与粉土的总称　　D. 红黏土中的一种

18-1-10　同一土样,其重度指标 γ_{sat}、γ_d、γ、γ' 大小存在的关系是(　　)。

A. $\gamma_{sat}>\gamma_d>\gamma>\gamma'$　　B. $\gamma_{sat}>\gamma>\gamma_d>\gamma'$

C. $\gamma_{sat}>\gamma>\gamma'>\gamma_d$　　D. $\gamma_{sat}>\gamma'>\gamma>\gamma_d$

18-1-11　已知土样的最大、最小孔隙比分别为 0.8、0.4,若天然孔隙比为 0.7,则土样的相对密实度 D_r 为(　　)。

A. 0.75　　B. 0.5　　C. 4.0　　D. 0.25

第二节　地基中的应力

计算基础沉降以及对地基进行强度与稳定性分析时,均需知道土(地基)中应力分布。土中应力可分为自重应力和附加应力,现分述如下。

一、土中自重应力

由于土体自身重力所引起的应力称为自重应力,它一般情况下不产生地基沉降变形。

假定地基是半无限空间体(具有一个水平界面的无限空间体),当土质均匀时,土的自重可视为分布面积为无限的荷载。地基内任一竖直面均是对称面,故不存在剪应力和横向变形,只产生竖向变形。地面下任意深度处,土的自重应力分布如图 18-2-1 所示,计算式如下

$$\sigma_{cz}=\gamma_1 h_1+\gamma_2 h_2+\cdots+\gamma_n h_n =\sum_{i=1}^{n}\gamma_i h_i \tag{18-2-1}$$

式中:γ_i——第 i 层土的重度(kN/m³),地下水位以下透水层中取浮重度 γ';

h_i——第 i 层土的厚度(m);

n——从天然地面到深度 z 处的土层层数。

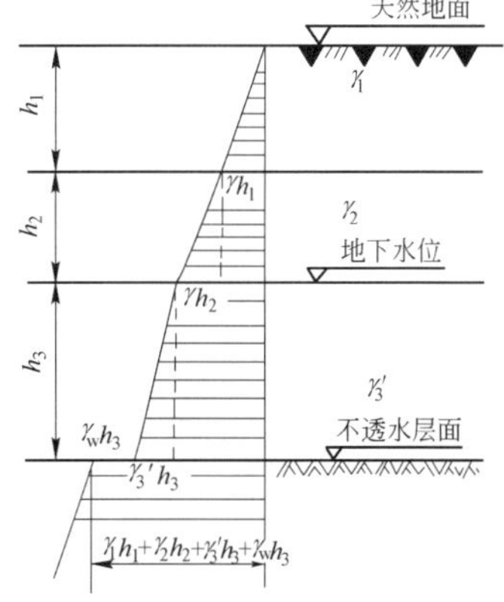

图 18-2-1　成层土中竖向自重应力分布

二、基底接触压力

假定基底压力直线分布。

(一)在中心荷载作用下,基底压力假设为均匀分布

基底接触压力计算如下

$$p_k=\frac{F_k+G_k}{A} \tag{18-2-2}$$

$$G_k = A\bar{d}\gamma_G \tag{18-2-3}$$

式中：p_k——相应于荷载效应标准组合时，基础底面的平均压力(kPa)；

F_k——相应于荷载效应标准组合时，上部结构传至基础顶面的竖向力值(kN)；

G_k——基础自重与基础上土的总重(kN)；

A——基础底面积(m^2)；

$\bar{d}$——基础平均埋深；

γ_G——基础及上覆土平均重度，地下水位以上取 20kN/m³，地下水位以下取 10kN/m³。

如基础为条形(长度大于宽度的 10 倍)，则沿长度方向取 1m 来计算。此时上式中的 F_k、G_k 代表每延米内的相应值，A 在数值上等于条形基础宽度。

(二)偏心荷载作用下的基底压力

对于单向偏心荷载作用下的矩形基础，基础底面两侧的最大与最小边缘压力 p_{kmax}、p_{kmin} 按下式计算

$$p_{kmin}^{kmax} = \frac{F_k + G_k}{bl} \pm \frac{M_k}{W} = \frac{F_k + G_k}{bl}(1 \pm \frac{6e}{l}) \tag{18-2-4}$$

式中：l——矩形基础的长边(m)，此处 l 为偏心方向的基础边长(条形基础为 b)；

b——矩形基础的短边(m)；

M_k——相应于荷载效应标准组合时，作用于矩形底面的力矩(kN·m)；

W——基础底面的抵抗矩(m^3)，$W = \frac{bl^2}{6}$；

e——偏心距，$e = \frac{M_k}{F_k + G_k}$。

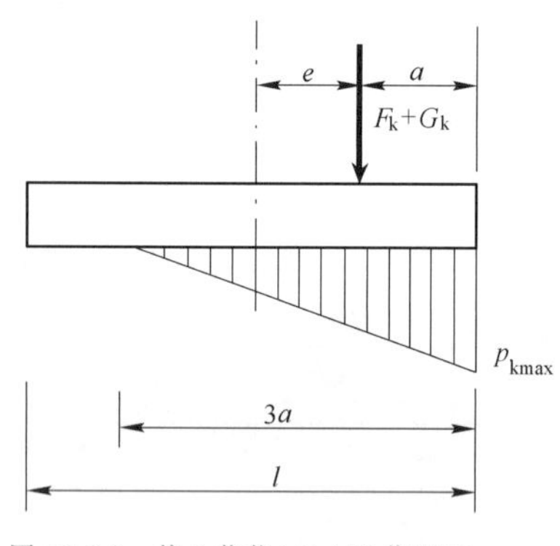

图 18-2-2 偏心荷载($e > l/6$)作用下基底压力计算示意图
l-力矩作用方向基础底面边长

视其大小，基底压力分布可呈三角形、梯形、相对三角形。为了减少因地基应力不均匀而引起过大的不均匀沉降，一般要求 $p_{max}/p_{min} \leq 1.5 \sim 3$。对条形基础，计算原则同上。

当偏心距 $e > l/6$ 时(见图 18-2-2)，p_{kmax} 应按下式计算

$$p_{kmax} = \frac{2(F_k + G_k)}{3ba} \tag{18-2-5}$$

式中：b——垂直于力矩作用方向的基础底面边长；

a——合力作用点至基础底面最大压力边缘的距离，$a = \frac{l}{2} - e$。

三、基底附加应力

因修建建筑物的荷载在其基底处土体上所引起的应力增量，即接触压力与自重压力之差(见图 18-2-3)为

$$p_0 = p_k - \sigma_c = p_k - \gamma_m d \tag{18-2-6}$$

式中：p_0——基底处附加应力；

p_k——相应于荷载效应标准组合时，基础底面的平均压力(kPa)；

γ_m——基础底面以上土的加权平均重度，地下水位以下取浮重度(kN/m^3)；

d——基础埋置深度(m)，一般自室外地面标高算起。

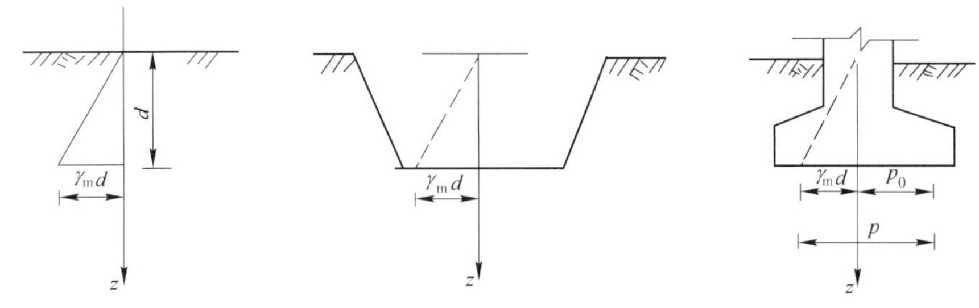

图 18-2-3 基底附加压力

四、地基中的附加应力

由基底附加应力所引起的地基中的应力增量，即基底附加应力向地基中逐渐扩散并逐渐减小的应力，可用通式表达为

$$\sigma_z = K p_0 \tag{18-2-7}$$

式中：σ_z——地基中任意点处竖向附加应力；

K——(土中)附加应力系数，$K<1$，且与基底处的受荷面积、荷载分布情况、所求点的平面位置、距基底面的深度有关，可分如下各种情况求解，但基本理论为弹性力学方法及等代荷载原则。

按荷载在地基各点引起的应力状况，又分为空间问题和平面问题两大类。

(一)空间问题

1.竖向集中力作用下的附加应力——布辛奈斯克解

地面(或基底)作用竖向集中力 P 时，离此力作用点竖向距离(深度)为 z、径向距离为 r 处的竖向附加应力 σ_z 为

$$\sigma_z = K \frac{P}{z^2} \tag{18-2-8}$$

式中：K——应力系数，由比值 r/z 确定。

2.均布矩形荷载作用下的附加应力

设矩形荷载面的长度和宽度分别为 l 和 b，作用于地基上的竖向均布荷载(如中心荷载作用下的基底附加压力)为 p_0。以积分法和角点法可求得矩形荷载作用下任意点的地基附加应力。以矩形荷载面角点为坐标原点 O(见图 18-2-4)，则在角点 O 下任意深度 z 的 M 点竖向附加应力

$$\sigma_z = K_c p_0 \tag{18-2-9}$$

式中：K_c——角点应力系数，由边比 $m=l/b$ 及 $n=z/b$ 确定(b 为荷载面的短边)。

角点法可用来求矩形荷载面积下地基中任一点的附加应力。其实质有两点，首先以所求点的水平投影为控制点，将荷载平面(或其扩大面)分为若干矩形，求各矩形荷载(有可能为虚拟的)作用下的附加应力，再按等代荷载原则求其代数和，即：使最终的附加应力为真实荷载作用下的结果。应注意的是，无论如何要使所求点在所划分的若干矩形的公共角点下，求附加应力系数时分清短边。

3.矩形面积三角形分布荷载作用下的附加应力

利用图 18-2-5 可求矩形面积上作用着三角形分布的荷载，在角点下任意深度处 M 点的附加应力。其系数的选取，应注意角点的位置，在荷载为 0 处与荷载最大处是不同值，分别用脚标 1、2 代表。p_0 为最大荷载。

$$\sigma_{z1}=K_{t1}\cdot p_0\quad,\quad\sigma_{z2}=K_{t2}\cdot p_0\tag{18-2-10}$$

K_{t1}、K_{t2}按 l/b、z/b 查表。

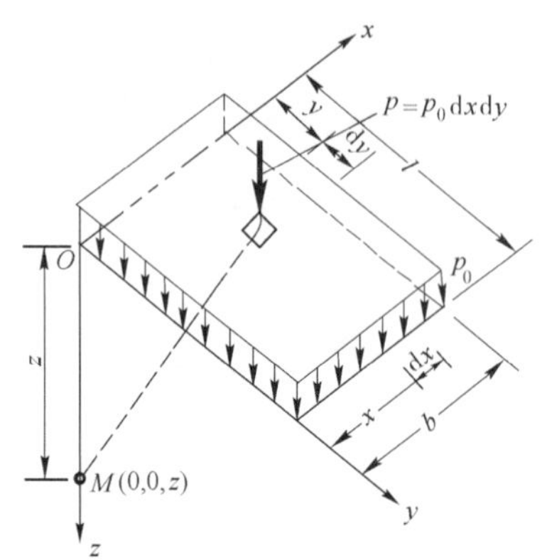

图8-2-4　均布矩形荷载角点下的附加应力 σ_z

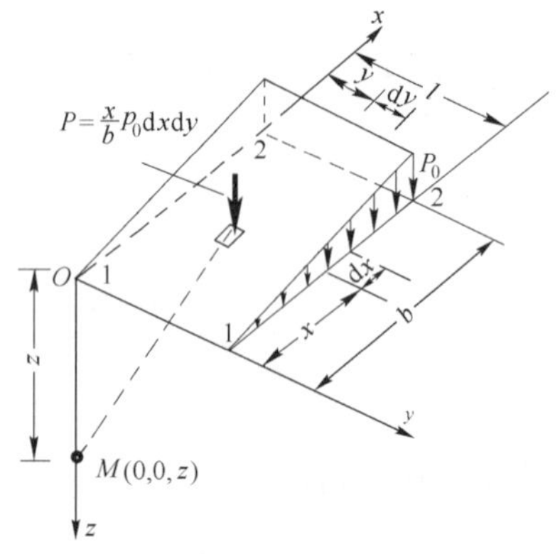

图 18-2-5　三角形分布矩形荷载角点下的 σ_z

4.圆形面积均布荷载作用下地基附加应力

利用图 18-2-6 可求圆心下任意点的附加应力，其系数 K_r可据 r/r_0、z/r_0 查相应表格，r_0为圆的半径。

$$\sigma_z=K_r\cdot p_0\tag{18-2-11}$$

【例 18-2-1】 均匀地基中，地下水位埋深为 1.80m，毛细水向上渗流 0.60m。如果土的干重度为 15.9kN/m^3，土的饱和重度为 17kN/m^3，地表超载为 25.60kN/m^2，那么地基埋深3.50m处的垂直有效应力为：

A. 66.99kPa　　B. 72.99kPa　　C. 70.71kPa　　D. 41.39kPa

解　毛细水上升范围内土中的有效应力的计算，毛细水上升范围内土的重度取为饱和重度，则 $\sigma=25.6+1.2\times15.9+0.6\times17+(17-10)\times(3.5-1.8)=66.99$kPa。

答案：A

【例 18-2-2】 在相同的地基上，甲、乙两条形基础的埋深相等，基底附加压力相等，基础甲的宽度是基础乙的 2 倍。在基础中心以下相同深度 $z(z>0)$处基础甲的附加应力 σ_A 与基础乙的附加应力 σ_B 相比：

A. $\sigma_A>\sigma_B$，且 $\sigma_A>2\sigma_B$

B. $\sigma_A>\sigma_B$，且 $\sigma_A<2\sigma_B$

C. $\sigma_A>\sigma_B$，且 $\sigma_A=2\sigma_B$

D. $\sigma_A>\sigma_B$，但 σ_A 与 $2\sigma_B$ 的关系尚要根据深度 Z 与基础宽度的比值确定

解　据题意，相同地基条件，有甲、乙两条形基础，埋深相同，即 $d_甲=d_乙$；基底附加应力相同，均为 p_0；基础甲的宽度是基础乙的 2 倍，即基础甲的宽度 $B_甲=2b$，基础乙的宽度 $B_乙=b$，则 $B_甲=2B_乙$。基于以上条件，比较甲、乙两条形基础各自基础地面中心点以下相同深度(z)处的土中附加应力 σ_A与 σ_B的大小关系。

根据土中附加应力计算公式 $\sigma_z=\sigma p_0$和两基础基底附加应力相等，比较 σ_A与 σ_B的大小关系即是比较附加应力系数 σ_A与 σ_B的大小关系。σ_A与 σ_B可根据 x/B,z/B 查均布条形荷载作用附加应力系数表。甲、乙两基础中心点下 $x=0$,$x/B=0$，$z_甲=z_乙=z$，由前 $z/B_甲=z/(2b)$,$z/B_乙=z/b$，有 $z/B_乙=2(z/B_甲)$，据此查表得到在持力层范围内：$\alpha_A>\alpha_B$、$\alpha_A<2\alpha_B$，故 $\alpha_A>\alpha_B$,$\alpha_A<2\alpha_B$，具体数值由 z 深度决定。

答案:B

(二)平面问题

其特点是荷载沿 y 坐标轴均匀分布而无限延伸,因此与 y 轴垂直的任何平面上对应点的应力状态都完全相同。

1.线荷载

线荷载是在半空间表面上一条无限长直线上的均布荷载。如图 18-2-7 所示,设一个竖向线荷载 $\bar{p}$(kN/m)作用在 y 坐标轴上,求得地基中任意点 M 处由 $\bar{p}$ 引起的竖向附加应力 σ_z 为

$$\sigma_z=\frac{2\bar{p}x^2z}{\pi R_1^4}=\frac{2\bar{p}}{\pi R_1}\cos\beta\sin^2\beta \tag{18-2-12}$$

2.均布的条形荷载

竖向条形荷载沿宽度方向(图 18-2-8 中 x 轴方向)均匀分布为 p_0,采用直角坐标表示。取条形荷载的中点为坐标原点,则 $M(x,z)$ 点的三个附加应力分量为

$$\begin{cases}\sigma_z=K_{sz}p_0\\ \sigma_x=K_{sx}p_0\\ \tau_{xz}=\tau_{zx}=K_{sxz}p_0\end{cases} \tag{18-2-13}$$

实用中只计算垂直附加应力 σ_z,其附加应力系数 K_{sz} 按 z/b、x/b 查相应表格。矩形面积均布荷载作用,当 $\frac{l}{b}\geqslant 10$ 时,可视为均布条形荷载作用。

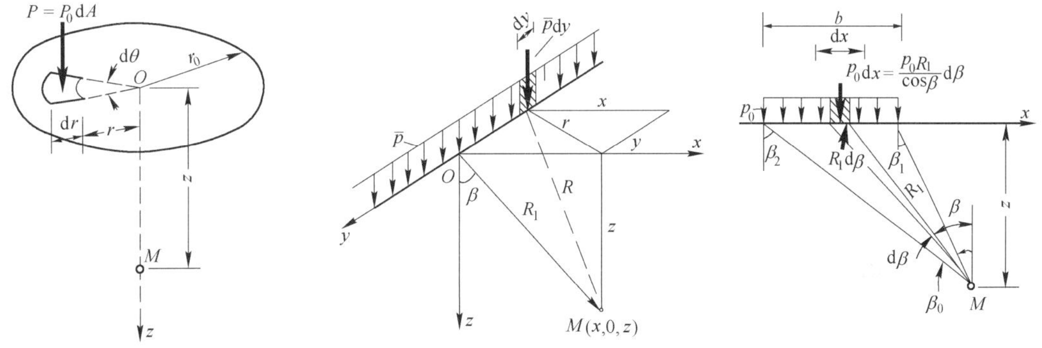

图 18-2-6　均布圆形荷载中点下的 σ_z　　图 18-2-7　线荷载作用下　　图 18-2-8　均布条形荷载作用下

(三)地基附加应力的分布规律讨论

(1)σ_z 不仅发生在荷载面积之下,而且分布在荷载面积外相当大的范围之下;

(2)在荷载分布范围内任意点沿垂线的 σ_z 值,随深度越向下越小;

(3)在基础底面下任意水平面上,以基底中心点下轴线处的 σ_z 为最大,离其越远越小。

图 18-2-9a)、b)为地基附加应力等值线,由方形荷载所引起的 σ_z,其影响深度要比条形荷载小得多。以 $\sigma_z=0.1p_0$ 的受力区影响范围为例,均布条形荷载下 $\sigma_z=0.1p_0$ 的等值线约在中心下 $z=6b$ 处通过,而方形荷载下相应深度 z 仅达 $2b$。图 18-2-9c)和图 18-2-9d)分别为条形荷载下的 σ_x 和 τ_{xz} 的等值线图。图中可见 σ_x 的影响范围较浅,所以基底下地基土侧向变形主要发生在浅层;而 τ_{xz} 的最大值出现于荷载边缘,所以位于基础边缘下的土容易发生剪切滑动而出现塑性变形区。

【例 18-2-3】 关于附加应力,下面说法正确的是:

A. 土中的附加应力会引起地基的压缩,但不会引起地基的失稳

B. 土中的附加应力除了与基础底面压力有关外,还与基础埋深等有关

C. 土中的附加应力主要发生在竖直方向，水平方向上则没有附加应力

D. 土中的附加应力一般小于土的自重应力

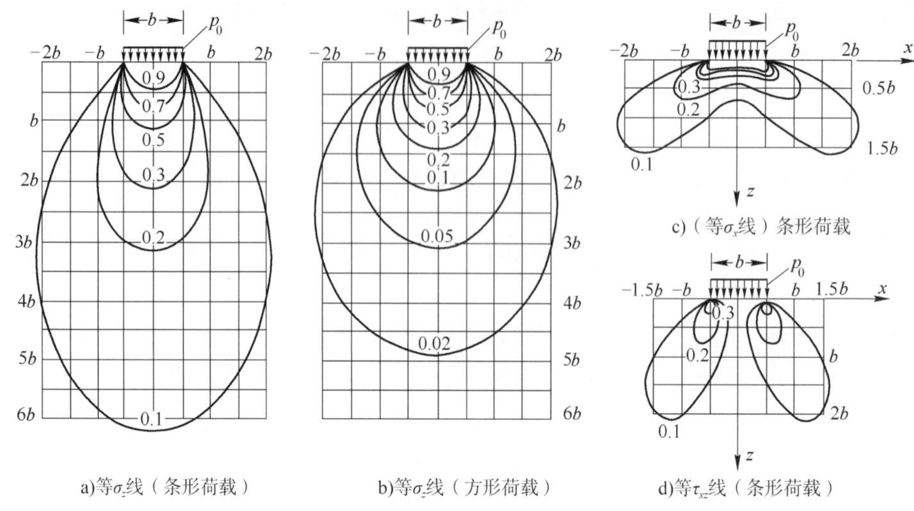

图 18-2-9 地基附加应力等值线

解 A 项，土中的附加应力是使地基产生变形；导致土体强度破坏和失去稳定的重要原因；C 项，土的附加应力不只发生在竖直方向，还有作用在水平方向；D 项，当上部荷载过大时，土中的附加应力将大于土的自重应力。

答案：B

习 题

18-2-1 土的自重应力起算点的位置为（ ）。

A. 室内设计地面 B. 室外设计地面 C. 天然地面 D. 基础底面

18-2-2 埋深为 d 的基础，基底平均附加压力 p_0 的表达式为（ ）。

A. $p_0=\dfrac{F_k+G_k}{A}$

B. $p_0=\dfrac{F_k+G_k}{A}-\gamma_m d$

C. $p_0=\dfrac{F_k}{A}-\gamma d$

D. $p_0=\dfrac{F_k+G_k-\gamma_m d}{A}$

18-2-3 地基附加应力沿深度的分布是（ ）。

A. 逐渐增大，曲线变化 B. 逐渐减小，曲线变化

C. 逐渐减小，直线变化 D. 均匀分布

18-2-4 成层土中竖向自重应力沿深度的分布为（ ）。

A. 折线增大 B. 折线减小 C. 斜线增大 D. 斜线减小

18-2-5 基础中心点下地基中竖向附加应力沿深度的分布为（ ）。

A. 折线增大 B. 折线减小 C. 曲线增大 D. 曲线减小

18-2-6 矩形面积上作用有三角形分布荷载时，地基中附加应力系数是 l/b、z/b 的函数，b 指的是（ ）。

A. 矩形的短边 B. 三角形分布荷载变化方向的边长

C. 矩形的长边 D. 矩形的短边与长边的平均值

第三节　地 基 变 形

一、土的压缩性及其指标

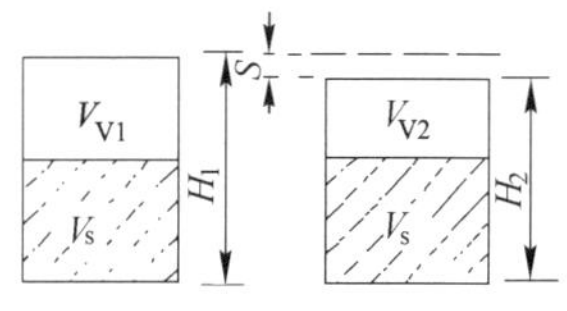

图　18-3-1

地基土在压力作用下体积缩小的特性称为压缩性，主要由于土中孔隙水和气体被排出，土粒重新排列造成，但其颗粒体积保持不变，如图 18-3-1 所示。压缩性指标有三个：压缩系数、压缩模量和变形模量。

（一）压缩系数

在由压缩试验所得的压缩曲线（压力 p 及孔隙比 e 曲线）上，常以 $p_1=100\text{kPa}$ 及 $p_2=200\text{kPa}$ 相对应的孔隙比 e_1 及 e_2 计算土的压缩系数，如图 18-3-2 所示，常用单位为 MPa^{-1}。

$$a_{1\text{-}2}=\frac{e_1-e_2}{p_2-p_1}\quad(\text{MPa}^{-1})\tag{18-3-1}$$

依 $a_{1\text{-}2}$ 可评价土的压缩性高低：

$a_{1\text{-}2}<0.1\text{MPa}^{-1}$	为低压缩性土
$0.1\leqslant a_{1\text{-}2}<0.5\text{MPa}^{-1}$	为中压缩性土
$a_{1\text{-}2}\geqslant 0.5\text{MPa}^{-1}$	为高压缩性土

（二）压缩模量

土的压缩模量 E_s 是表示土压缩性的又一指标，它与压缩系数 $a_{1\text{-}2}$ 的关系为

$$E_s=\frac{1+e_1}{a_{1\text{-}2}}\quad(\text{MPa})\tag{18-3-2}$$

$E_s>15\text{MPa}$	为低压缩性土
$15\geqslant E_s>4\text{MPa}$	为中压缩性土
$E_s\leqslant 4\text{MPa}$	为高压缩性土

（三）压缩指数

在 e-$\lg p$ 压缩曲线上，当压力 p 超过某一数值后孔隙比变化与压力的对数值变化成正比。该直线段的斜率 C_c 称为压缩指数，如图 18-3-3 所示。

$$C_c=\frac{e_1-e_2}{\lg p_2-\lg p_1}\tag{18-3-3}$$

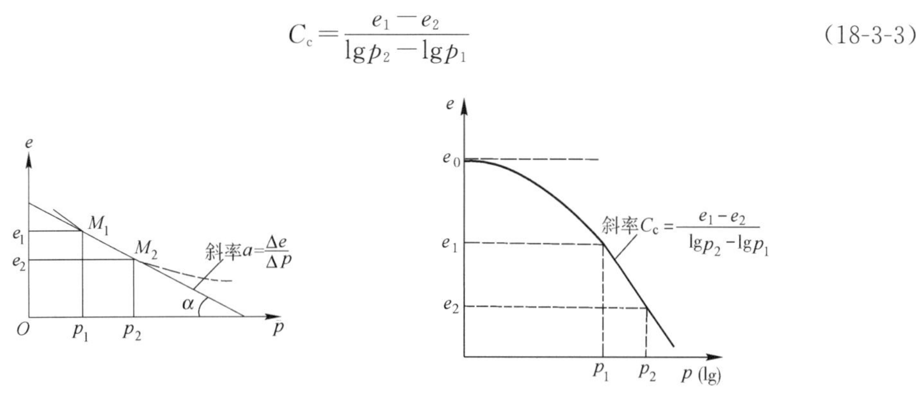

图 18-3-2　e-p 曲线　　图 18-3-3　e-$\lg p$ 曲线

【例 18-3-1】　某国家用固结仪试验结果计算土样的压缩指数（常数）时，不是用常用对数，

而是用自然对数对应取值的。如果根据我国标准(常用对数),一个图样的压缩指数(常数)为0.004 85,有一个土样竖向应力增大为初始状态的100倍,则土样孔隙比将:

A. 增大0.011 2　　B. 减小0.011 2

C. 增大0.022 4　　D. 减小0.022 4

解　根据用常用对数和自然对数表示的压缩指数的数值关系有:

$$C_1=\frac{e_1-e_2}{\ln p_2-\ln p_1}=\frac{\Delta e}{\ln(p_2/p_1)},C_2=\frac{e_1-e_2}{\lg p_2-\lg p_1}=\frac{\Delta e}{\lg(p_2/p_1)}$$

$$\frac{C_1}{C_2}=\frac{\lg(p_2/p_1)}{\ln(p_2/p_1)}=\frac{1}{\ln 10}$$

已知 $C_1=0.004\ 85$,可得出:$C_2=C_1\times\ln 10=0.011\ 2$

已知应力增大为:$p_2=100p_1$,则有:

$$\Delta e=C_2\times\lg\left(\frac{p_2}{p_1}\right)=0.011\ 2\times\lg 100=0.022\ 4$$

即孔隙比减小了0.022 4。

答案:D

(四)变形模量 E_0

它是由现场静载试验确定的。E_0 与 E_s 的关系为

$$E_0=\left(1-\frac{2\mu^2}{1-\mu}\right)E_s \tag{18-3-4}$$

这里 μ 为土的泊松比。粉土、砂石类土的 $\mu=0.15\sim0.25$,粉质黏土的 $\mu=0.25\sim0.35$,黏土的 $\mu=0.25\sim0.42$。

二、基础沉降

工程上需要计算两种沉降:地基的最终沉降量(基础沉降量)及任意时刻的沉降量。地基的最终沉降量计算,假定土体为线弹性体。

(一)分层总和法计算最终沉降量

分层总和法是针对附加应力曲线分布的一种化整为零、积零为整的最终沉降量计算方法。计算简图如图18-3-4所示。

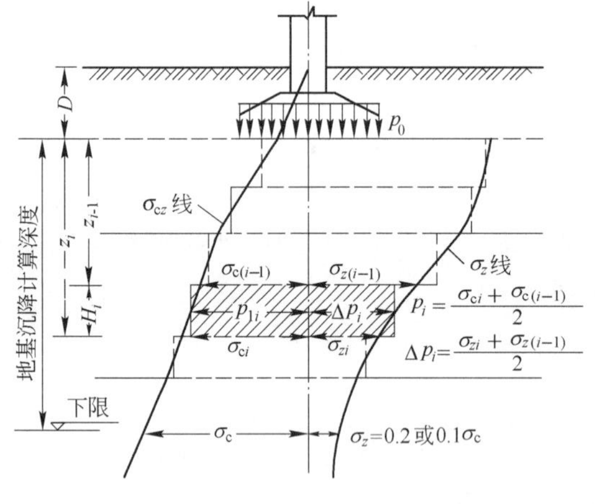

图18-3-4　分层总和法计算沉降图

(1)绘 σ_{cz} 及 σ_z 曲线;

(2)确定压缩层厚度,用应力比法,即:

一般土层　$\frac{\sigma_z}{\sigma_{cz}}\leqslant 0.2$

软土层　$\frac{\sigma_z}{\sigma_{cz}}\leqslant 0.1$

(3)在压缩层内计算各土层压缩量,分层厚度约取0.4b(b为基底宽),各层压缩量为

$$\Delta s_i=\frac{e_{1i}-e_{2i}}{1+e_{1i}}H_i=\frac{a_i(p_{2i}-p_{1i})}{1+e_{1i}}H_i=\frac{\Delta p_i}{E_{si}}H_i \tag{18-3-5}$$

(4)求各层压缩量之和

$$s_i = \sum_{i=1}^{n} \Delta s_i \tag{18-3-6}$$

（二）"规范"法计算最终沉降量

实质是分层总和法的另一种形式，计算简图如图18-3-4所示。

（1）分层按自然土层划分，求各层沉降量

$$\Delta s'_i = \frac{p_0}{E_{si}}(z_i\bar{\alpha}_i - z_{i-1}\bar{\alpha}_{i-1}) \tag{18-3-7}$$

（2）确定计算深度，在无相邻基础影响时可按下式计算

$$z_n = b(2.5 \sim 0.4\ln b) \tag{18-3-8}$$

式中：b——基底宽度，在1～50m之间；

$\ln b$——b的自然对数。

（3）试算计算深度，若有相邻基础影响，可按下述步骤试算确定计算深度，先根据经验假定计算深度为z_n，并求出其沉降量，再按基底宽度b选取计算厚度Δz，并求其沉降量$\Delta S'_n$，使其满足

$$\Delta s'_n \leqslant 0.025\sum_{i=1}^{n}\Delta s'_i \tag{18-3-9}$$

（4）求总沉降量如下式

$$\begin{aligned} s &= \psi_s \cdot s' \\ &= \psi_s \cdot \sum_{i=1}^{n}\frac{p_0}{E_{si}}(z_i\bar{\alpha}_i - z_{i-1}\bar{\alpha}_{i-1}) \end{aligned} \tag{18-13-10}$$

式中：s——地基规范最终沉降量（mm）；

s'——按规范分层总和法计算出的地基沉降量（mm）；

ψ_s——沉降计算经验系数，根据地区沉降观测资料及经验确定，也可查表；

n——地基沉降计算深度范围内所划分的土层数；

p_0——对应于荷载效应准永久组合时的基础底面处的附加压力（kPa）；

E_{si}——基础底面下第i层土的压缩模量，按实际应力范围取值（MPa）；

z_i、z_{i-1}——分别为基础底面至第i层土、第$i-1$层土底面的距离（m）；

$\bar{\alpha}_i$、$\bar{\alpha}_{i-1}$——分别为基础底面计算点至第i层土、第$i-1$层土底面范围内平均附加应力系数，查相应表格。

（三）弹性理论方法计算最终沉降量

$$s = \frac{pb\omega(1-\mu^2)}{E_0} \tag{18-13-11}$$

式中：p——基础底面的平均压力；

b——矩形基础的宽度或圆形基础的直径；

μ、E_0——分别为土的泊松比和变形模量；

ω——沉降影响系数，与基础的刚度、形状和计算点位置等有关，可由有关表查得。

三、地基变形与时间的关系

地基在附加荷载作用下的至变形稳定需经历一定的时间过程，不同土层条件此种变形的时间历程也不同。碎石土和砂土的压缩性小，其稳定所经历的时间很短。黏性土和粉土达到稳定所需时间比较长。

地基变形与时间的关系可由土的渗透固结理论确定。土的固结理论涉及饱和土的有效应力原理和渗透固结机理。工程上常采用太沙基一维理论作简化计算。不同于饱和土渗透固结

过程的次固结现象被认为与土骨架蠕变有关，它是在孔隙水压力已消散、有效应力基本不变之后，仍随时间增长而缓慢增长的压缩过程。

(一)土的渗透性及流砂现象

1.土的层流渗透定律

地下水在土的连通孔隙中流通的难易程度，称为土的渗透性。在计算沉降与时间的关系和地下水的涌水量时都需要土的渗透性指标。

水的流动状态分为层流和紊流两种。水在孔隙中流动速度缓慢，属于层流。1856 年法国学者达西(Darcy)进行了大量试验后发现，单位时间通过砂层渗流出的水量 q 与水头降低(H_1-H_2)成正比，与砂层厚度(即渗流途径)L 成反比。即

$$q=vA=kA\frac{H_1-H_2}{L}=kAi \tag{18-3-12}$$

称此为渗透定律(或达西定律)。它表明了水在土中的渗透速度与水头梯度成正比(见图 18-3-5)，即 v、i 呈直线关系

$$v=ki \tag{18-3-13}$$

以上两式中：v——水在土中的渗透速度(cm/s)，即单位时间(s)内流过单位土截面(cm^2)的水量(cm^3)；

i——水头梯度，$i=\dfrac{H_1-H_2}{L}$；

k——土的渗透系数(cm/s)，是与土的渗透性质有关的常数；

A——发生渗流土的横截面积。

对黏性土，由于土粒表面存在结合水膜，阻塞了孔隙间的通道，故只有当水头梯度 $i>i_0$(起始梯度)时才开始发生渗流。这样黏性土中的达西定律应表示为

$$v=k(i-i_0) \tag{18-3-14}$$

2.动力水及流砂现象

水在水中渗流过程中将受到土颗粒的阻力，根据作用力与反作用力原理，渗流的水流也必然作用在土颗粒上一个相等的冲击力，我们把水流作用在单位体积土体中土颗粒上的力称为动水力 G_D(kN/m^3)，也称渗流力，其作用方向与水流方向一致。

$$G_D=\gamma_w i$$

若水的渗流方向自下而上，水中土体表面土的重度为浮重度 γ'，当向上的动水力 G_D 与土的浮重度相等时，即：$G_D=\gamma_w i=\gamma'=\gamma_{sat}-\gamma_w$，这时土颗粒间的压力等于零，土颗粒处于悬浮状态而失去稳定，这种现象称为流砂，这时的水头梯度称为临界水头梯度 i_{cr}，$i_{cr}=\dfrac{\gamma'}{\gamma_w}$。

水在砂性土中渗流时，土中一些细小颗粒在动水力作用下，可能通过粗颗粒的孔隙被水流带走，这种现象称为管涌。

流砂现象发生在土体表面渗流逸出处，而管涌现象可以发生在渗流逸出处，也可能发生于土体内部。

(二)沉降的历时组成

可以认为地基最终沉降量通常是由三个部分组成的：瞬时沉降 s_d(不排水沉降)、固结沉降 s_c 和次固结沉降 s_s。即

$$s=s_d+s_c+s_s \tag{18-3-15}$$

瞬时沉降是紧随着加压之后即时发生的沉降，此时地基土在荷载作用下只发生剪切变形，其体积还来不及发生变化。固结沉降是由于在荷载作用下随着土孔隙中水分的逐渐挤出，孔隙体积相应减少而发生的。次固结沉降则是指孔隙水压力消散后仍在继续缓慢进行的，由土骨架蠕变而引起的沉降。各种变形随时间的变形如图 18-3-6 所示。

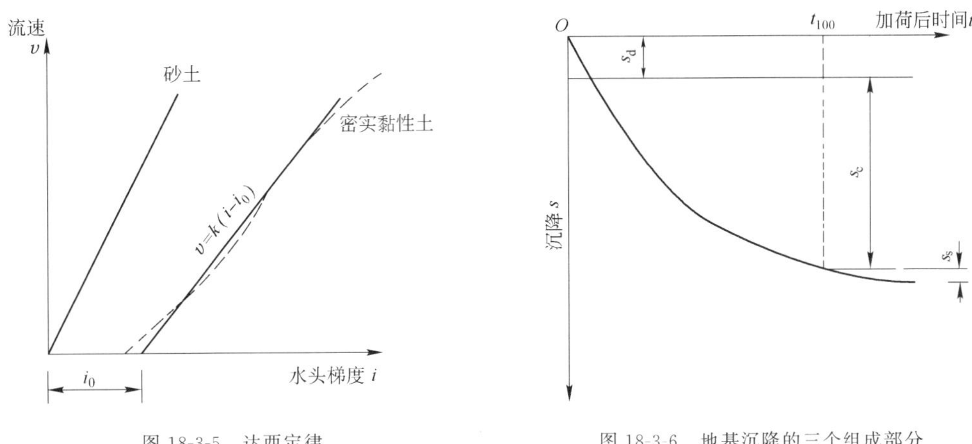

图 18-3-5　达西定律

图 18-3-6　地基沉降的三个组成部分

几种沉降的相对大小和时间过程，随土的类型而异。干净砂土孔隙水挤出很快，且次固结现象不显著，所以沉降量几乎全在加荷后即时发生；而饱和软黏土则沉降时间很长，实测的瞬时沉降量往往占最终沉降量的 30%～40%。次固结沉降一般不重要，但对于很软的土，儿其是土中含有一些有机质（如胶态腐殖质等），或是在深处的可压缩土层中，当附加应力与自重应力比较小时，次固结沉降必须引起注意。

（三）应力历史与黏性土的压缩性

天然土层在地质历史中，在不同压力作用下压缩的情况，称为应力历史。

在研究应力历史时应注意两个基本参数。

(1)任何土层在历史上所受过的最大有效压力称为前期固结压力 p_c。

(2)p_c 与现有土的自重应力 p_1 之比称为“超固结比”，其值越大，超固结作用越大。

根据地基土层的应力历史，可将地基土层分为三种情况，如图 18-3-7 所示。

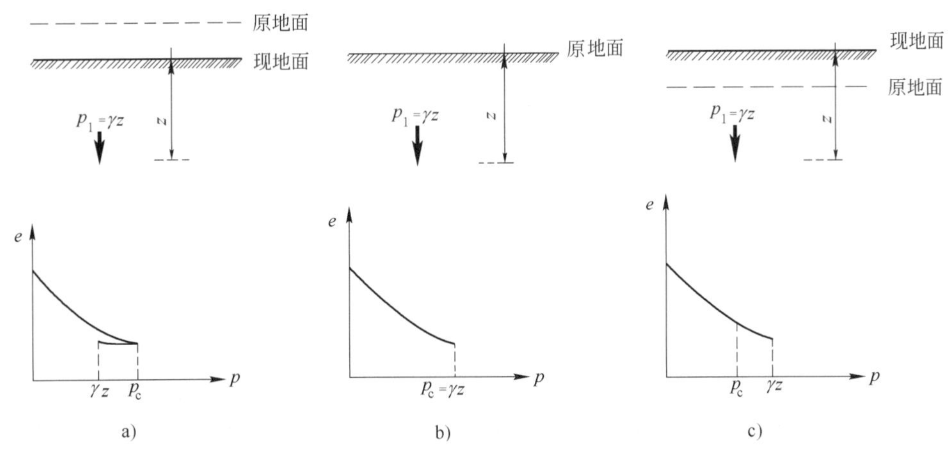

图 18-3-7　应力历史的三种情况

情况图 18-3-7a)，现地面以下某深度 z 处一点，土的自重应力为 $\gamma z < p_c$，这种土就称为超固结土，处于超压密状态。压缩量最小，于工程有利。

情况图 18-3-7b)，$\gamma z=p_c$，此种土是一层层逐渐沉积覆盖至现地面，且在自重应力作用下土层已达到固结稳定状态，称正常固结土。设计中最常见。

情况图 18-3-7c)，土层也是逐渐沉积至现地面的，只是最后沉积的土年代较短，或为新近大面积的人工填土，在自重作用下并没有达到完全固结(变形稳定)而是处于欠固结状态，自重压缩形处在继续发展中。图中虚线表示将来固结完毕后的地表。$\gamma z>p_c$，称为欠固结土。应特别注意。

(四)有效应力原理

在土体中只有通过土骨架中土粒接触点彼此传递的应力，才能使土体中土粒彼此挤紧，从而引起土体变形。此应力称为粒间应力，又称有效应力，用 $\bar{\sigma}$ 表示。土中还有孔隙水传递的压力，在饱和土中受外荷载作用又以超静孔隙水压力(通称孔隙水压力)出现，以 u 表示。

如用 p 代表外荷载作用下的总应力，则有效应力原理可用下式表示

$$p=\bar{\sigma}+u \tag{18-3-16}$$

【例 18-3-2】 饱和土中总应力为 200kPa，孔隙水压力为 50kPa，孔隙率 0.5，那么土中的有效应力为：

A. 100kPa　　B. 25kPa　　C. 150kPa　　D. 175kPa

解　$\sigma'=\sigma-u=200-50=150\text{kPa}$。

答案：C

【例 18-3-3】 关于有效应力原理，下列说法正确的是：

A. 土中的自重应力属于有效应力

B. 土中的自重应力属于总应力

C. 地基土层中水位上升不会引起有效应力的变化

D. 地基土层中水位下降不会引起有效应力的变化

解　B 项，饱和土体中的总应力包括孔隙水压力和有效应力；C、D 项，在计算有效应力时通常取用浮重度，故水位的上升、下降会引起有效应力的变化。

答案：A

(五)渗透固结简介

饱和黏土中，在外荷载作用下，孔隙水逐渐被排出，孔隙体积逐渐缩小，土粒逐渐被挤密，也就是孔隙水压力逐渐消散，有效应力逐渐增长的过程，这就是渗透固结或称主固结。

为求饱和土在任意时刻的变形，需要用太沙基一维固结理论计算。其中重要的概念是固结度 U

$$U=\frac{s_{ct}}{s_c} \quad 或 \quad s_{ct}=Us_c \tag{18-3-17}$$

式中：s_{ct}——地基在某一时刻 t 的固结沉降；

s_c——地基最终的固结沉降。

为便于计算可利用有关图表求解。

在渗透固结计算中孔隙水压力 u 是随时间 t 和深度 z 两个参数而变化的，与排水路径有关。计算中出现的竖向固结时间因数 T_v 与孔隙水最大渗径 H 的平方成反比，孔隙水最大渗径 H 视土层上下排水条件而定。通过孔隙水压力和有效应力计算公式，可以推导出土的固结度计算公式。土层为单面排水(见图 18-3-8)，起始孔隙水压力为矩形分布时，固结度的表达式为

$$U_0=1-\frac{8}{\pi^2}\cdot e^{-\frac{\pi^2}{4}T_v} \tag{18-3-18}$$

式中：T_v——时间因数，$T_v=\frac{C_v t}{H^2}$；

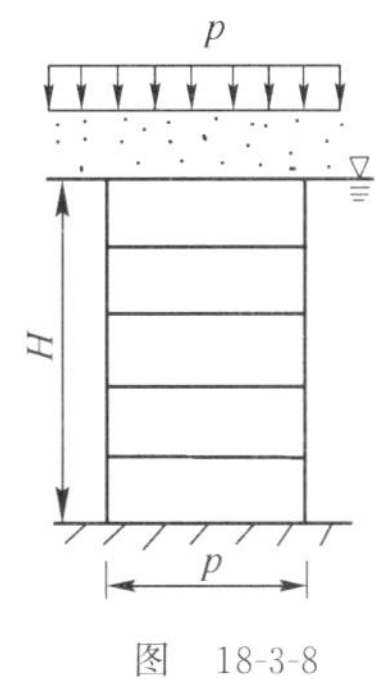

图 18-3-8

C_v——固结系数(m^2/s)，$C_v=\frac{k(1+e)}{a\gamma_w}=\frac{kE_s}{\gamma_w}$；

k——渗透系数；

a——压缩系数；

e——孔隙比；

γ_w——水的重度；

H——孔隙水最大渗径，单面排水 H 为土层厚度，双面排水 H 为 $\frac{1}{2}$ 土层厚度；

t——时间。

必要时，需要分别预估建筑物在施工期间和使用期间的地基变形值，以便预留建筑物有关部分之间的净空，考虑连接方法和施工顺序。此时，一般建筑物在施工期间完成的沉降量与最终沉降量的关系，对于砂土地基基本相当，对于低压缩黏性土地基已完成 50%～80%，对于中压缩黏性土地基已完成 20%～50%，对于高压缩黏性土已完成 5%～20%。

【例 18-3-4】 下面哪一个可以作为固结系数的单位？

A. 年/m　　B. m^2/年　　C. 年　　D. m/年

解 一般使用单位为 cm^2/s，与选项 B 量纲相同。

答案：B

习　题

18-3-1 用直角坐标系绘制压缩曲线可直接确定的压缩性指标是(　　)。

A. a　　B. E_s　　C. E_0　　D. C_c

18-3-2 用分层总和法计算一般土地基最终沉降量时，用附加应力与自重应力之比确定压缩层深度，一般其值应小于或等于(　　)。

A. 0.2　　B. 0.1　　C. 0.5　　D. 0.4

18-3-3 计算地基变形时，传至基础底面的荷载组合应是(　　)。

A. 荷载效应标准组合　　B. 荷载效应标准永久组合

C. 荷载效应频遇组合　　D. 荷载效应永久组合

18-3-4 某地基土压缩模量为 $E_s=17$MPa，此土的压缩性(　　)。

A. 高　　B. 中等　　C. 低　　D. 一般

18-3-5 某双面排水、厚度 5m 的饱和黏土地基，$C_v=15m^2$/年，当固结度为 90%时，时间因数 $T_v=0.85$，达到此固结度所需时间为(　　)。

A. 0.35 年　　B. 1.4 年　　C. 0.7 年　　D. 2.8 年

18-3-6 分层总和法计算地基最终沉降量的分层厚度一般为(　　)。

A. $0.4b$　　B. $0.4L$　　C. 0.4m　　D. 天然土层厚度

第四节　土的抗剪强度和地基承载力

土的强度通常是指土体抵抗剪切破坏的极限能力，称为抗剪强度。

在荷载作用下，土体中产生法向应力和剪应力，当土中某点某方向平面上的剪应力达到其抵抗剪切破坏能力的极限值时，该点产生剪切破坏。地基土体中产生剪切破坏的区域随着荷载的增加而扩展，最终形成连续的滑动面，则地基土体因发生剪切破坏而丧失稳定性。

一、抗剪强度的测定方法

土的抗剪强度测定方法有多种，在试验室内常用的有直接剪切试验、三轴剪切试验和无侧限抗压强度试验；现场原位测试有十字板剪切试验等。

(一)直剪试验

法国 C·A·库仑(Coulomb)于 1776 年提出库仑定律或库仑公式，c、φ 称为土的抗剪强度指标(或参数)。由剪切试验可得出如图 18-4-1 所示的抗剪强度。

土中任一平面上的抗剪强度，取决于土的性状和作用在该平面上的法向应力，可用一直线方程表示。对于无黏性土为

$$\tau_{\mathrm{f}}=\sigma\tan\varphi \tag{18-4-1}$$

对于黏性土为

$$\tau_{\mathrm{f}}=c+\sigma\tan\varphi \tag{18-4-2}$$

式中：τ_{f}——土的抗剪强度(kPa)；

σ——剪切面上的法向应力(kPa)；

c——土的黏聚力(kPa)；

φ——土的内摩擦角(°)。

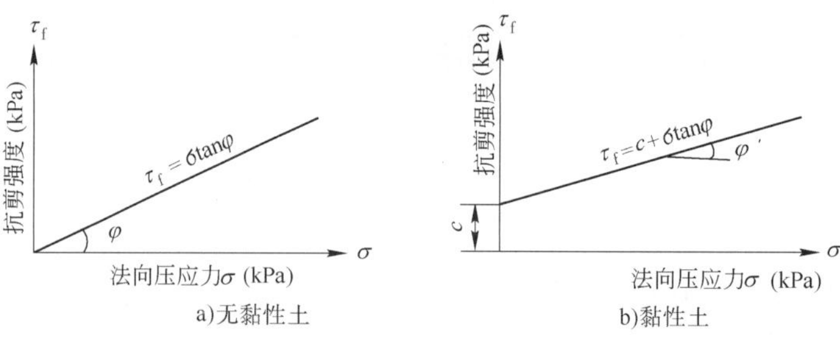

图 18-4-1 抗剪强度与法向压应力关系

砂类土的抗剪强度与颗粒大小、形状、粗糙程度、土的密实程度和饱和度等有关。一般中、粗、砾砂的 $\varphi=32°\sim40°$，粉、细砂的 $\varphi=28°\sim36°$。对饱和的粉、细砂，因容易失稳，φ 值的取值须慎重，有时取 $\varphi=20°$左右。

黏性土的内摩擦角一般较无黏性土小，对于饱和软黏土有时取零。一般黏性土的抗剪强度除内摩擦力外，较大程度上是由黏聚力决定的。黏性土的 φ 及 c 还与试验方法有关。

为模拟土体的实际受力情况，直剪试验又分为快剪、固结快剪、慢剪三种排水条件下的试验方法。若施工速度快可采用快剪指标，若相反，加荷速率慢、排水条件较好、地基土透水性较大，则可选用慢剪，若介于二者之间，则选用固结快剪。直剪试验可用于总应力分析。

【例 18-4-1】 针对一项地基基础工程，到底是进行排水、不排水固结，与下列哪项因素基本无关？

A. 地基渗透性　　B. 施工速率　　C. 加载或者卸载　　D. 都无关

解 应根据地基土的渗透性和施工加载速度确定土的固结试验方法。

答案：C

(二)三轴剪切试验

对应于直剪试验，三轴试验又分为不固结不排水、固结不排水、固结排水试验。用于分析地基的长期稳定性可用三轴固结不排水的有效抗剪强度指标 c'、φ'，对分析短期稳定宜采用不固结不排水指标。三轴试验可用于有效应力分析，即可从试验中分别计算出孔隙水压力。

(三)无侧限抗压强度试验

该试验仅适用于测定饱和黏性土的不排水抗剪强度，其值为无侧限抗压强度值的一半。

(四)十字板剪切试验

该试验属原位测试，是按不排水剪切条件求得的数值，接近无侧限抗压强度试验方法，适用于饱和软黏土。

【例 18-4-2】 十字板剪切试验最适用的土层是：

A. 硬黏土　　B. 软黏土

C. 砂砾石　　D. 风化破解岩石

解 十字板剪切试验是将十字板头插入软土中，以一定速率扭转，在土层中形成圆柱形破坏面，根据扭力大小确定软土的饱和不排水抗剪强度的一种试验方法。不适用于砂土、碎石类土及坚硬土体等。

答案：B

(五)土工离心模型试验

在岩土工程中，土体自重引起的应力常常占支配地位，土的力学特性随着应力大小的变化而变化，而常规小尺寸模型试验，由于其自重产生的应力远小于原型，因而无法再现原型特性。

解决这个问题的唯一途径，就是把小比例尺模型放在离心机所形成的加速度场中，补偿模型因为尺寸缩小而导致的土工构筑物自重的损失，使之与原型等效，以获取全比例尺模型的变化破坏机理。

土工离心模拟试验技术就是获取全比例尺模型的变化破坏机理的模拟试验技术。

相关内容可参见《土工离心模型试验规程》(DL/T 5102—1999)。

二、土的抗剪强度理论

理论分析和实验都证明，莫尔强度理论对土比较合适。由库仑公式($\tau=c+\sigma\tan\varphi$ 或 $\tau=\sigma\tan\varphi$)表示的莫尔包络线的理论，称之为莫尔-库仑强度理论，即土的抗剪强度理论。

(一)莫尔圆与包络线的三种关系(见图 18-4-2)

(1)当土体中任意一点在某一平面上的剪应力达到土的抗剪强度时，该点即处于极限平衡状态。莫尔圆与包络线相切，如图 18-4-2(II)所示。由此图可求得用主应力表示的极限平衡条件。

(2)包络线与莫尔圆相离，如图 18-4-2(I)所示，表示该点任何平面上剪应力均小于抗剪强度，该点处于弹性平衡状态。

(3)包络线与莫尔圆相割，如图 18-4-2(III)所示，表示该点某些平面上剪应力已大于抗剪强度，该点已处于破坏状态。实际此情况不存在。

(二)极限平衡条件

在图 18-4-3 中延长包络线与 σ 轴交于 R 点，由直角三角形 ARD 得

$$\sin\varphi=\frac{\overline{AD}}{\overline{RD}}=\frac{(\sigma_1-\sigma_3)/2}{c\cdot\tan\varphi+(\sigma_1+\sigma_3)/2}$$

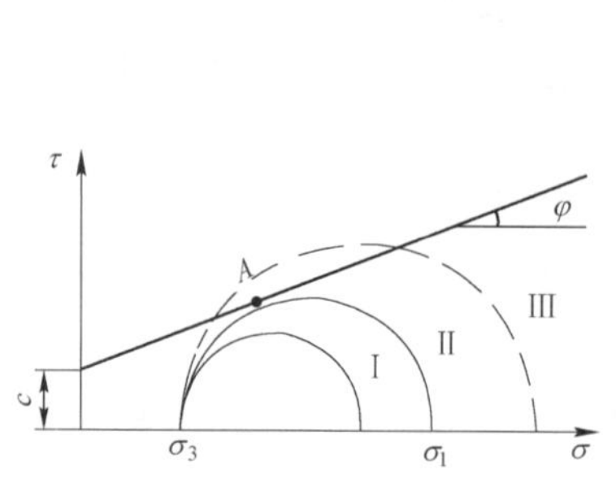

图 18-4-2　莫尔圆与抗剪强度之间的关系

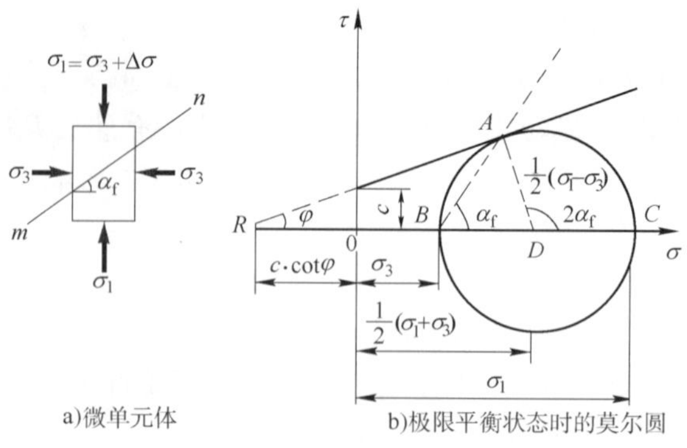

图 18-4-3　土体中一点达极限平衡状态时的莫尔圆

利用三角函数关系可得黏性土的极限平衡条件

$$\sigma_1=\sigma_3\tan^2\left(45°+\frac{\varphi}{2}\right)+2c\tan\left(45°+\frac{\varphi}{2}\right) \tag{18-4-3}$$

或

$$\sigma_3=\sigma_1\tan^2\left(45°-\frac{\varphi}{2}\right)-2c\tan\left(45°-\frac{\varphi}{2}\right)$$

对于无黏性土，由于 $c=0$，极限平衡条件为

$$\sigma_1=\sigma_3\tan^2\left(45°+\frac{\varphi}{2}\right) \tag{18-4-4}$$

或

$$\sigma_3=\sigma_1\tan^2\left(45°-\frac{\varphi}{2}\right)$$

当土中某点处于极限平衡状态时，破裂面与大主应力作用面的夹角（破裂角 α_f）为 $45°+\frac{\varphi}{2}$（见图 18-4-3）。

三、地基承载力理论

（一）地基剪切破坏模式

1. 地基剪切破坏的三种模式

地基的剪切破坏模式主要有三种：整体剪切破坏、刺入剪切破坏和局部剪切破坏。发生何种破坏除与地基土性质有关外，还同基础埋置深度、加荷速度等因素有关。

（1）整体剪切破坏。有轮廓分明的从地基到地面的连续剪切滑动面，邻近基础的土体有明显的隆起，可使上部结构随基础发生突然倾斜，造成灾难性破坏。在密实的砂土中会出现整体剪切破坏。

（2）刺入剪切破坏。地基不出现明显连续的剪切滑动面，以竖向下沉变形为主。荷载的增加，使地基土不断被压缩，基础竖向下沉，垂直刺入地基中，基础之外的土体无变形。基础除在竖向有突然的小移动之外，既没有明显的失稳，也没有大的倾斜。在软黏土中会发生刺入剪切破坏。

（3）局部剪切破坏。随荷载的增加，紧靠基础的土层会出现轮廓分明的剪切滑动面，滑动面不出露地表，在地基内某一深度处终止。基础竖向下沉显著，基础周边地表有隆起现象。只有产生大于基础宽度之半的下沉量时，滑动面才会露于地表。任何情况下，建筑物均不会发生灾难性倾倒，基础总是下沉，深埋于地基之中。

2. 破坏模式的 p-s 曲线的特点

三种破坏模式的 p-s 曲线虽然各有特点，但整体剪切破坏明显存在三个变形阶段，如

图 18-4-4 所示。

(1)线性变形阶段:荷载 p 较小时,出现 oa 直线段,土粒发生竖向位移,孔隙减小,产生地基的压密变形,土中各点均处于弹性应力平衡状态,地基中应力-应变关系可用弹性力学理论求解。

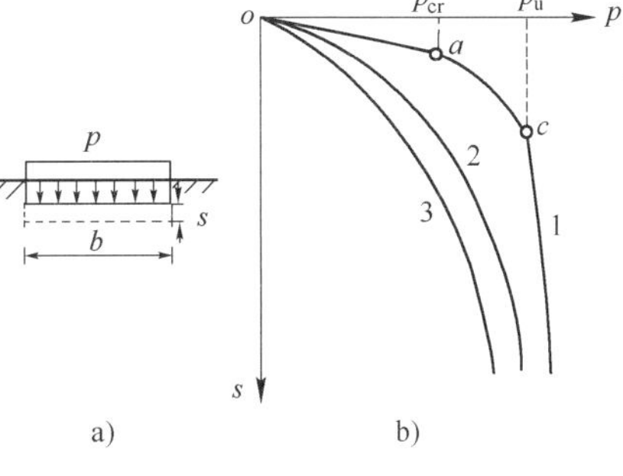

图 18-4-4 浅基础的荷载-沉降曲线

(2)塑性变形阶段:如图中 ac 段,a 点的荷载为地基边缘将出现塑性区的临界值,故称 a 点的荷载为临塑荷载 p_{cr}。曲线 ac 段表明 p-s 不再是线性关系,变形速率不断加大,主要是塑性变形。随荷载的加大,塑性变形区从基础边缘逐渐开展并加大加深,荷载加大到 c 点时,塑性变形区扩展为连续滑动面,则地基濒临失稳破坏,故称 c 点对应的荷载为极限荷载 p_u。p-s 曲线上的峰值荷载(图中曲线1、2)或 p-s 曲线变化率变为恒值起始点的荷载(曲线 3)均定为 p_u 值。ac 段上任意一点对应的荷载均称为塑性荷载。p_{cr} 与 p_u 可视为塑性荷载中的特殊点。

(3)完全破坏阶段:p-s 曲线 c 点以下的阶段,基础急剧下沉,荷载不能增加。

(二)临塑荷载、界限荷载、极限荷载、破坏荷载

临塑荷载 p_{cr} 是指地基中刚要出现塑性剪切区的临界荷载。

界限(临界)荷载是指地基中发生任一大小塑性区时,其相应的荷载。如基底宽度为 b,塑性区开展深度为 $b/4$ 或 $b/3$ 时,相应的荷载为 $p_{\frac{1}{4}}$、$p_{\frac{1}{3}}$,称为界限荷载。

极限荷载 p_u 是指使地基发生失稳破坏前的那级荷载。

破坏荷载是指地基发生失稳破坏时的荷载。

(三)地基承载力概念

地基承载力是指单位面积上地基所能承受的荷载。地基承受这一荷载时,在强度方面,相对于破坏状态的极限荷载有足够大的安全储备;而所产生的变形均在容许的范围内。

(四)地基承载力的确定方法

应按《建筑地基基础设计规范》(GB 50007—2011)(以下简称《地基规范》)规定,确定地基承载力特征值,地基承载力特征值可由载荷试验或其他原位测试公式计算,并结合工程实践经验等方法综合确定。

1.按《地基规范》规定确定地基承载力

当基础宽度大于 3m 或埋置深度大于 0.5m 时,从载荷试验或其他原位测试、经验值等方法确定的地基承载力特征值,尚应按下式修正

$$f_a = f_{ak} + \eta_b \gamma (b-3) + \eta_d \gamma_m (d-0.5) \tag{18-4-5}$$

式中:f_a——修正后的地基承载力特征值(kPa);

f_{ak}——地基承载力特征值(kPa),按规范的原则确定;

η_b、η_d——分别为基础宽度和埋深的地基承载力修正系数,按基底下土的类别查规范表取值;

γ——基础底面以下土的重度,地下水位以下取有效重度;

b——基础底面宽度(m),当基宽小于 3m 按 3m 取值,大于 6m 按 6m 取值;

γ_m——基础底面以上土的加权平均重度(kN/m^3),地下水位以下取浮重度;

d——基础埋置深度(m),一般自室外地面标高处算起,在填方整平地区,可自填土地面标高处算起,但填土在上部结构施工后完成时,应从天然地面标高处算起,对于地下室,如采用箱形基础或筏基时,基础埋置深度自室外地面标高处算起,当采用独

立基础或条形基础时，应从室内地面标高处算起。

【例 18-4-3】 在相同的砂土地基上，甲、乙两基础的底面均为正方形，且埋深相同。基础甲的面积为基础乙的 2 倍，根据载荷试验得到的承载力进行深度和宽度修正后，有：

A. 基础甲的承载力大于基础乙

B. 基础乙的承载力大于基础甲

C. 两个基础的承载力相等

D. 根据基础宽度不同，基础甲的承载力可能大于或等于基础乙的承载力，但不会小于基础乙的承载力

解 增大基础宽度和埋深可以提高地基承载力。根据《地基规范》，可对基础宽度在 3～6m 范围内的基础地基承载力进行提高修正。据题意，影响两基础地基承载力的因素只有基础宽度。

答案：D

【例 18-4-4】 对于相同的场地，下面哪种情况可以提高地基承载力并减少沉降？

A. 加大基础埋深，并加做一层地下室

B. 基底压力 p(kPa)不变，加大基础宽度

C. 建筑物建成后抽取地下水

D. 建筑物建成后，填高室外地坪

解 A 项，增大基础埋深可减小基底附加应力，进而减小基础沉降，且由地基承载力特征值计算公式：$f_a=f_{ak}+\eta_b\gamma(b-3)+\eta_d\gamma_m(d-0.5)$ 可知，埋深 d 值增大，可适当提高地基承载力；B 项，加大基础宽度可提高地基承载力，但当基础宽度过大时，基础的沉降量会增加；C 项，抽取地下水会增大土的自重应力，进而增大基础沉降量；D 项，提高室外地坪，增大了基底附加应力，进而会增大基础沉降量。

答案：A

【例 18-4-5】 关于地基承载力特征值的深度修正式 $\eta_d\gamma_m(d-0.5)$，下面说法不正确的是：

A. $\eta_d\gamma_m(d-0.5)$ 的最大值为 $5.5\eta_d\gamma_m$

B. $\eta_d\gamma_m(d-0.5)$ 总是大于或等于 0，不能为负值

C. η_d 总是大于或等于 1

D. γ_m 取基底以上土的重度，地下水以下取浮重度

解 《地基规范》规定："d 为基础埋深，宜为室外地面标高算起"。规范中并未对基础埋深最大值作出限值。

答案：A

【例 18-4-6】 下面哪种情况不能提高地基承载力：

A. 加大基础宽度　　　　B. 增加基础埋深

C. 降低地下水　　　　D. 增加基础材料的强度

解 岩基的破坏主要为剪切破坏，因此，从理论上看，极限承载力应该主要取决于岩体和结构面的抗剪强度。

答案：D

2. 按载荷试验确定地基承载力

载荷试验是地基承载力的原位测试方法。

(1)浅层平板载荷试验

地基土浅层平板载荷试验可适用于确定浅部地基土层的承压板下应力主要影响范围内的

承载力。

承载力特征值的确定应符合下列规定：

①当 p-s 曲线上有比例界限时，取该比例界限所对应的荷载值；

②当极限荷载小于对应比例界限荷载值的 2 倍时，取极限荷载值的一半；

③当不能按上述两款要求确定时，当压板面积为 0.25～0.50m^2，可取 s/b=0.01～0.015 所对应的荷载，但其值不应大于最大加载量的一半。

同一土层参加统计的试验点不应少于三个，当试验实测值的极差不超过其平均值的 30% 时，取此平均值作为该土层的地基承载力特征值 f_{ak}。

(2)深层平板载荷试验

深层平板载荷试验可适用于确定深部地基土层及大直径桩桩端土层在承压板下应力主要影响范围内的承载力。

承载力特征值的确定应符合下列规定：

①当 p-s 曲线上有比例界限时，取该比例界限所对应的荷载值；

②满足前三条终止加载条件之一时，其对应的前一级荷载定为极限荷载，当该值小于对应比例界限荷载值的 2 倍时，取极限荷载值的一半；

③不能按上述两款要求确定时，可取 s/d=0.01～0.015 所对应的荷载值，但其值不应大于最大加载量的一半。

同一土层参加统计的试验点不应少于 3 个，当试验实测值的极差不超过平均值的 30% 时，取此平均值作为该土层的地基承载力特征值 f_{ak}。

3.按土的抗剪强度指标计算地基承载力(不常用)

当荷载偏心距 e 小于或等于 0.033 倍的基础地面宽度($e \leqslant 0.033b$，而 b 指的是弯矩作用方向的基础底面尺寸)时，根据由试验和统计得到的土的抗剪强度指标标准值，可按下式计算地基土承载力特征值

$$f_a = M_b \gamma b + M_d \gamma_m d + M_c c_k \qquad (18\text{-}4\text{-}6)$$

式中： f_a——由土的抗剪强度指标确定的地基承载力特征值(kPa)；

M_b、M_d、M_c——承载力系数，可查相应表格；

b——基础底面宽度，b>6m 时按 6m 计，对于砂土 b<3m 时按 3m 计；

c_k——基底下 1 倍基宽深度范围内的黏聚力标准值(kPa)。

γ、γ_m、d——同前。

4.按当地建筑经验确定地基承载力

在拟建场地附近，调查邻近已有建筑物的形式、构造、荷载、地基土层情况与采用的承载力数值，具有一定的参考价值。对简单场地、中小工程，可通过综合分析，参用当地尤其是邻近场地的经验。对中等复杂场地或大中型工程，参用当地经验仍可能减少勘察工作量。

在应用建筑经验法时，首先要注意了解拟建场地有无新填土、软弱夹层、地下沟洞等不利情况。对于地基持力层，可通过现场开挖进行视觉鉴别，根据土的名称和所处状态估计地基承载力。这些工作也可与基坑验槽相结合进行。

习　题

18-4-1　当允许地基塑性区的最大开展深度 $z_{max}=\dfrac{b}{4}$时，地基承载力应选择(　　)。

A. P_{cr}　　B. $P_{\frac{1}{4}}$

C. $P_{\frac{1}{3}}$　　D. P_u

18-4-2 在排水不良的软黏土地基上快速施工，在基础设计时，应选择的抗剪强度指标是(　　)。

A. 快剪指标　　B. 慢剪指标

C. 固结快剪指标　　D. 直剪指标

18-4-3 地基承载力需进行深度、宽度修正的条件是(　　)。

①d>0.5m；②b>3m；③d>1m；④3m<b≤6m。

A. ①②　　B. ①④　　C. ②③　　D. ③④

18-4-4 通过直剪试验得到的土体抗剪强度线在纵坐标上的截距为(　　)。

A. 黏聚力　　B. 有效黏聚力

C. 内摩擦角　　D. 有效内摩擦角

18-4-5 某土样的黏聚力为10kPa，内摩擦角为30°，当土样处于极限平衡状态、最大主应力为300kPa，其最小主应力为(　　)。

A. 934.64kPa　　B. 865.35kPa

C. 111.54kPa　　D. 88.45kPa

18-4-6 某内摩擦角为20°的土样，发生剪切破坏时，破坏面与最大主应力面的夹角为(　　)。

A. 55°　　B. 35°　　C. 70°　　D. 110°

18-4-7 三轴压缩试验的抗剪强度线为(　　)。

A. 一个摩尔应力圆的切线

B. 不同试验点所连斜线

C. 一组摩尔应力圆的公切线

D. 不同试验点所连折线

18-4-8 在$\varphi=15°(N_\gamma=1.8, N_q=4.45, N_c=12.9)$，$c=15\text{kPa}$，$\gamma=18\text{kN/m}^3$的地表面有一个宽度为3m的条形均布荷载，对于整体剪切破坏的情况，按太沙基承载力公式计算的极限承载力为(　　)。

A. 80.7kPa　　B. 193.5kPa

C. 242.1kPa　　D. 50.8kPa

第五节　土压力和边坡稳定

一、土压力计算

设计挡土墙，首先应根据挡土墙场地的工程地质及水文地质条件选择挡土墙的材料、结构形式及填土材料，然后再确定作用在挡土墙墙背土压力的性质、大小、方向和分布。土压力的确定涉及填料、挡土墙以及地基三者之间的相互作用。目前计算土压力大多仍沿用朗金理论(也称极限应力法)和库仑理论(又称滑动楔体法)，本节介绍朗金土压力理论。

依据挡土墙的位移情况和墙后土体所处的应力状态，可将土压力分为静止土压力、主动土压力和被动土压力，如图18-5-1所示。

朗金土压力理论的基本假定是在已知地面水平的半无限土体中，任意竖直面和水平面均是主应力面，假定该墙背竖直、光滑，填土面水平，土体为均匀各向同性体。

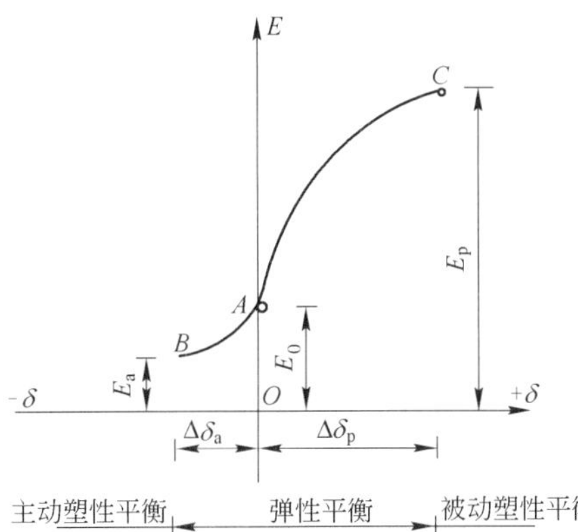

a)墙体位移与土压力变化曲线

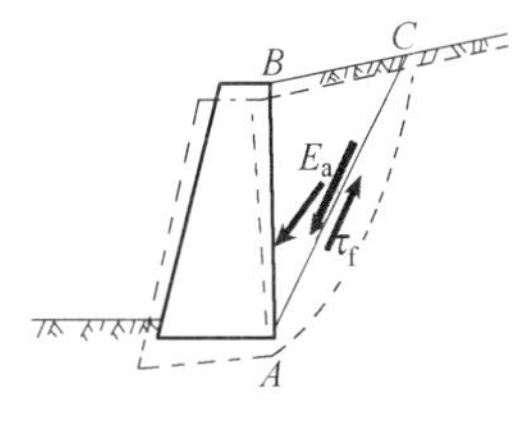

b)主动极限平衡状态下产生的主动土压力

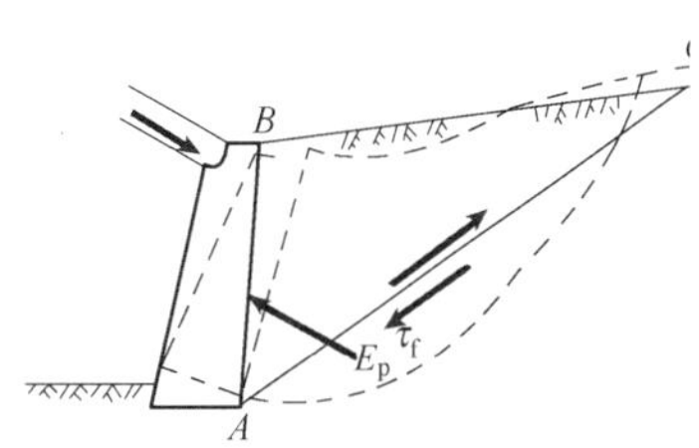

c)被动极限平衡状态下产生的被动土压力

图 18-5-1　挡土墙土压力与墙体位移之关系

(一)静止土压力

若工作条件使挡土墙不产生变位,填土对墙背的侧向压力即为静止土压力 E_0,如图 18-5-2 所示。

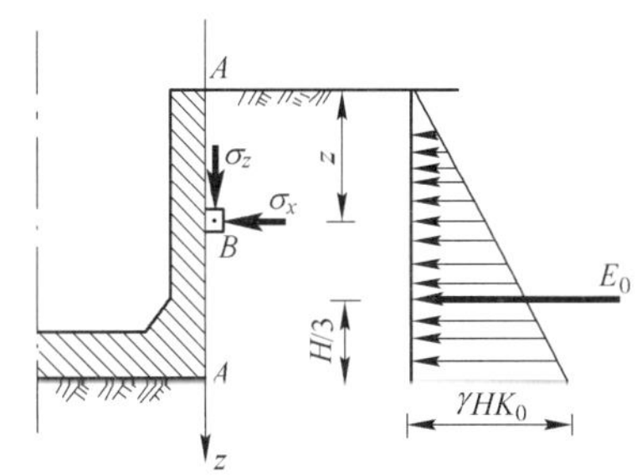

图 18-5-2　静止土压力

在均质土层中,计算点在填土面以下为 z 处的静止土压力 σ_x 为

$$\sigma_x=\sigma_0=K_0\sigma_z=K_0\gamma z \tag{18-5-1}$$

式中:K_0——静止土压力系数,与土的性质有关,一般黏性土可取 0.50～0.70,砂土可取 0.35～0.50。K_0 也可用近似式计算

$$K_0=1-\sin\varphi' \tag{18-5-2}$$

其中,φ'为土的有效内摩擦角。静止土压力沿墙高呈三角性分布,合力作用在距墙底 1/3 高度处。

(二)主动土压力

挡土墙在土压力作用下背离墙背方向移动或转动时,墙后土压力逐渐减小,当达到某一位移量时,作用在挡土墙上的土压力达最小值,此时作用在墙背的土压力称为主动土压力。为求土压力,必先求得强度分布图,此图受压区的面积即为合力值,其形心位置即为合力作用点,如图18-5-3 所示。

墙背上任意深度 z 处的土压力强度值为:

无黏性土
$$\sigma_a=\gamma zK_a \tag{18-5-3}$$

黏性土
$$\sigma_a=\gamma zK_a-2c\sqrt{K_a} \tag{18-5-4}$$

式中:c——填土的黏聚力;

K_a——主动土压力系数,它与填土的内摩擦角 φ 的关系是

$$K_a=\tan^2\left(45°-\frac{\varphi}{2}\right) \tag{18-5-5}$$

朗金主动土压力沿墙高呈线性分布,因而对无黏性土作用在高度为 H 的墙背上的主动土压力(合力)E_a 作用在离墙底 $H/3$ 处,其值为

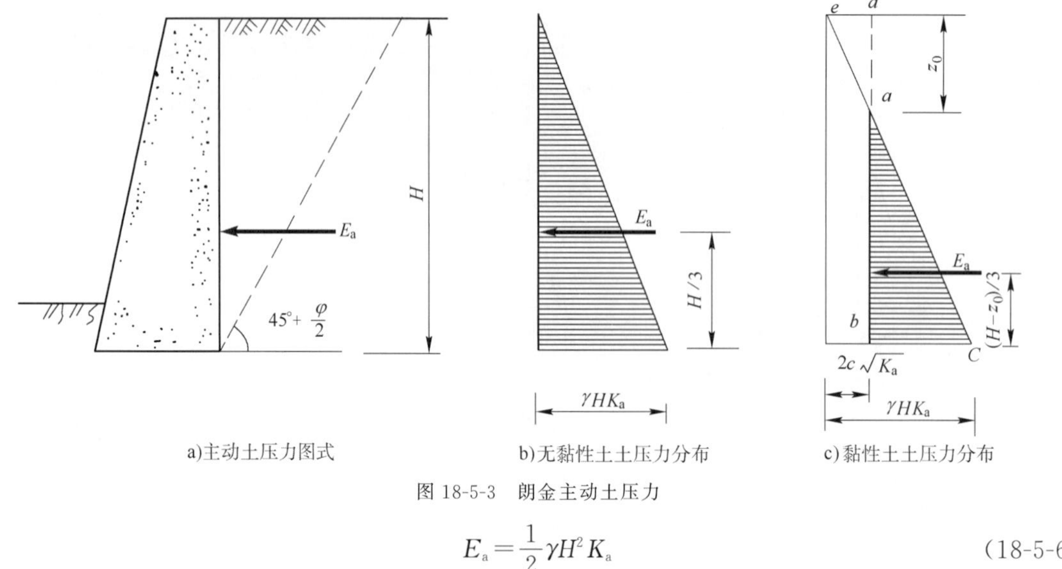

a)主动土压力图式　　b)无黏性土土压力分布　　c)黏性土土压力分布

图 18-5-3　朗金主动土压力

$$E_a=\frac{1}{2}\gamma H^2 K_a \tag{18-5-6}$$

黏性土的土压力强度为土体自重引起的强度 γzK_a 扣除黏聚力效应 $2c\sqrt{K_a}$。由于填土不可能产生对墙背面的拉力，因此应略去临界深度 z_0 范围内的土拉力。确定 z_0 的条件是此处 $\sigma_a=0$，即

$$z_0=\frac{2c}{\gamma\sqrt{K_a}}$$

主动土压力 E_a 应为

$$E_a=\frac{1}{2}(H-z_0)(\gamma HK_a-2c\sqrt{K_a}) \tag{18-5-7}$$

且作用在离墙底 $(H-z_0)/3$ 处。

【例 18-5-1】 如果其他条件保持不变，墙后填土的下列哪些指标的变化，会引起挡土墙的主动土压力增大？

A. 填土的内摩擦角 φ 减小　　B. 填土的重度 γ 减小

C. 填土的压缩模量 E 增大　　D. 填土的黏聚力 c 增大

解　主动土压力强度 $\sigma_a=\gamma zK_a-2c\sqrt{K_a}$，其中 $K_a=\tan^2(45°-\frac{\varphi}{2})$，可知，填土内摩擦角 φ 减小，重度 γ 增大，黏聚力 c 减小，都会引起挡土墙的主动土压力增大；压缩模量对其没有影响。

答案：A

(三)被动土压力

挡土墙在外力作用下向墙背方向移动或转动时，墙挤压土体，墙后土压力逐渐增大，当达到某一位移量时，墙后土体开始上隆，作用在墙上的土压力达到最大值，此时作用在墙背上的土压力称为被动土压力。被动土压力计算图式如图 18-5-4 所示，其强度计算公式如下：

无黏性土
$$\sigma_p=\gamma zK_p \tag{18-5-8}$$

黏性土
$$\sigma_p=\gamma zK_p+2c\sqrt{K_p} \tag{18-5-9}$$

被动土压力 E_p 为：

无黏性土
$$E_p=\frac{1}{2}\gamma H^2 K_p \tag{18-5-10}$$

黏性土 $$E_p=\frac{1}{2}\gamma H^2 K_p+2cH\sqrt{K_p} \quad (18\text{-}5\text{-}11)$$

式中：K_p——被动土压力系数。

$$K_p=\tan^2\left(45°+\frac{\varphi}{2}\right) \quad (18\text{-}5\text{-}12)$$

合力作用于三角形(无黏性土)或梯形(黏性土)的形心处。

(四)关于土压力计算的几点说明

以上计算 σ_a 及 σ_p 时是按朗金土压力理论进行的，假定墙背竖直、光滑及填土面水平。实际情况往往较此条件复杂。

对于墙后填土上有超载的情况，一般可换算成墙后填土面上的等效土层。对于墙后填土面非平面，墙背形状复杂等情况，一般可用广义的库仑土压力理论计算，即按墙后滑楔平衡理论计算。《地基规范》考虑到所设计的挡土墙都具有一定的安全度，变位较小，黏性填土地表裂缝尚未形成，即不考虑地表裂缝出现，给出计算公式和四类填土的主动土压力系数曲线，可参考。

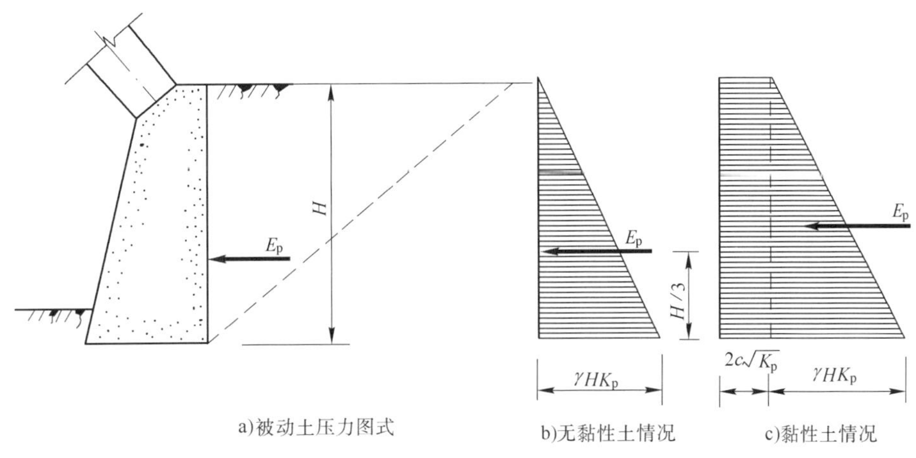

图 18-5-4 朗金被动土压力

此外，有关墙后为分层填土，墙后填土中有地下水等复杂情况，详见由华南理工大学、东南大学、浙江大学、湖南大学合编的《地基及基础》(中国建筑工业出版社，1994)和其他相关教材。

当挡土墙后有较陡的稳定岩石坡面时，应按有限范围填土计算土压力，即取稳定岩石坡面为破裂面，并考虑稳定坡面与填土间的摩擦系数由滑动楔体平衡条件计算主动土压力。

二、挡土墙设计

(一)挡土墙类型的选择

常用挡土墙的结构形式有重力式、悬臂式、扶壁式、锚杆及锚定板式和加筋挡土墙等。一般应根据工程需要、土质情况、材料供应、施工技术以及造价等因素合理地选择。

1. 重力式挡土墙

重力式挡土墙如图 18-5-5 所示，一般由块石或混凝土材料砌筑，墙身截面较大。根据墙背倾斜方向可分为仰斜、直立和俯斜三种。墙高一般小于 8m，当 $H=8\sim12$m 时，宜用衡重式。重力式挡土墙依靠墙身自重抵抗土压力引起的倾覆弯矩。其结构简单、施工方便，能就地取材，在土建工程中应用最广。

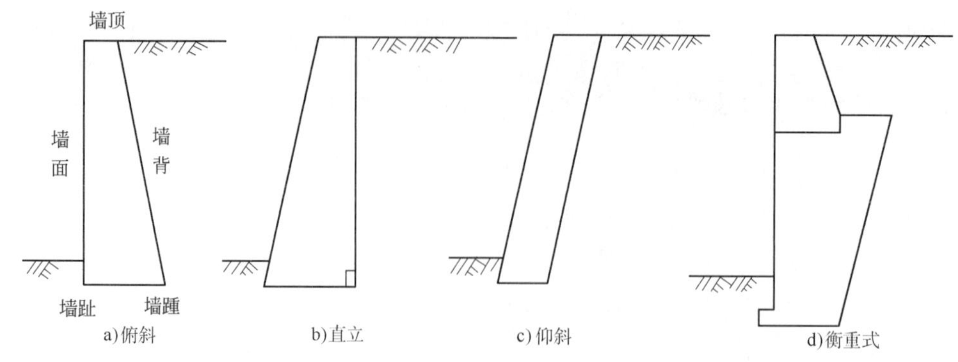

图 18-5-5 重力式挡土墙形式

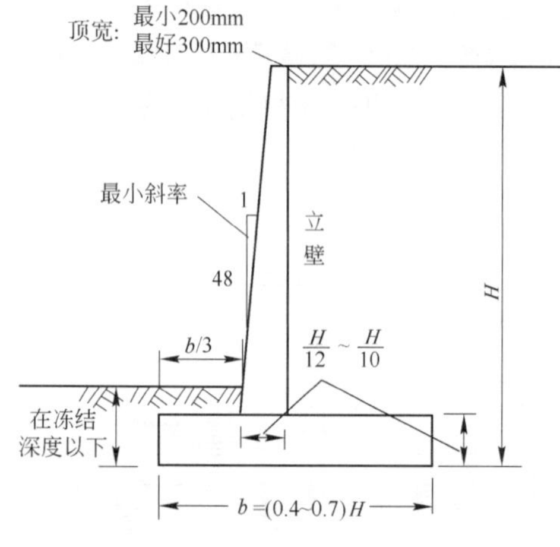

图 18-5-6 悬臂式挡土墙初步设计尺寸

2. 悬臂式挡土墙

一般由钢筋混凝土建造，墙的稳定主要依靠墙踵悬臂以上土重维持。墙体内设置钢筋承受拉应力，故墙身截面较小。初步设计时可按图 18-5-6 选取截面尺寸。其适用于墙高大于5m、地基土质差、当地缺少石材等情况，多用于市政工程及储料仓库。

3. 扶壁式挡土墙

当墙高大于 10m 时，挡土墙立壁挠度较大，为了增强立壁的抗弯性能，常沿墙纵向每隔一定距离[(0.3～0.6)H]设置一道扶壁，故称为扶壁式挡土墙(见图 18-5-7)。扶壁间填土可增加抗滑和抗倾覆能力，一般用于重要的大型土建工程。设计时，可按图初选截面尺寸，然后将墙身及墙踵作为三边固定的板，用有限元或有限差分计算机程序进行优化计算。

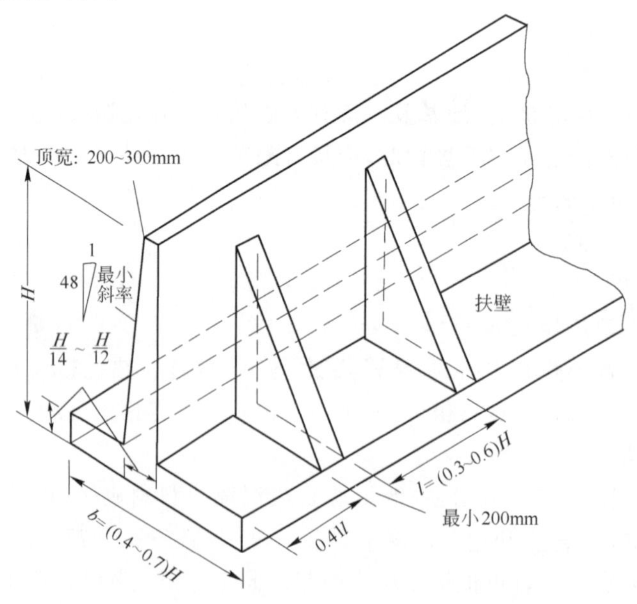

图 18-5-7 扶壁式挡土墙初步设计尺寸

4. 锚定板及锚杆式挡土墙

锚定板挡土墙由预制的钢筋混凝土立柱、墙面、钢拉杆和埋在填土中的锚定板在现场拼装而成。这种结构依靠填土与结构的相互作用力而维持其自身的稳定。与重力式挡土墙相比，其结构轻。为了维持锚定板挡土结构内力平衡，必须保证锚定板的抗拔力大于墙面上的土压力；为了保证锚定板挡土结构周边的整体稳定，必须满足土的摩擦阻力大于由土自重和超载引起的土压力。锚杆式挡土墙是利用嵌入坚实岩层的灌浆锚杆作拉杆的一种挡土墙。

5. 其他形式

除上述几种挡土墙外，还有混合式挡土墙、构架式挡土墙、板桩墙、加筋土挡土墙以及近年来发展的土工合成材料(各种土工织物或无纺土工布)挡土墙等。

(二)挡土墙的计算

根据挡土墙的工程地质、填土性质以及墙身材料和施工条件等，初步拟定截面尺寸，然后进行验算。如不满足要求，则修改截面尺寸或采取其他措施。

作用在挡土墙上的荷载有土压力 E_a、挡土墙自重 G、墙面埋入土中部分承受的被动土压力，但一般可忽略不计，其结果偏于安全。

验算挡土墙的稳定性时，《建筑边坡工程技术规范》(GB 50330—2002)仍采用安全系数法，计算土压力及挡土墙的重力时其荷载分项系数采用 1.0；验算挡土墙墙体的结构强度时，根据所用的材料参照有关结构设计规范进行。

1. 抗倾覆稳定性验算

挡土墙破坏大部分是由于发生倾覆造成的。要保证挡土墙在土压力作用下不发生绕墙趾 O 点的倾覆(见图 18-5-8)，要求对 O 点的抗倾覆力矩 M_1 大于倾覆力矩 M_2。即抗倾覆安全系数 K_t 应满足

$$K_t=\frac{M_1}{M_2}=\frac{Gx_0+E_{az}x_f}{E_{ax}z_f}\geqslant 1.5 \tag{18-5-13}$$

式中：E_{ax}——E_a 的水平分力，$E_{ax}=E_a\sin(\alpha-\delta)$；

E_{az}——E_a 的竖向分力，$E_{az}=E_a\cos(\alpha-\delta)$；

x_f——$b-z\tan\alpha$；

z_f——$z-b\tan\alpha_0$；

x_0——挡土墙重心离墙趾的水平距离(m)；

α_0——挡土墙的基底倾角(°)；

b——基底的水平投影宽度(m)；

z——土压力作用点离墙踵的高度(m)。

挡土墙在软弱地基上倾覆时，墙趾可能陷入土中，力矩中心点内移，导致抗倾覆安全系数降低，有时甚至会沿圆弧滑动而发生整体破坏，因此验算时应注意土的压缩性。验算悬臂式挡土墙时，可视土压力作用在墙踵的垂直面上，将墙踵悬臂以上土重计入挡土墙自重。

若验算结果不能满足要求，则可采取以下措施：

(1)增大挡土墙断面尺寸，使 G 增大，但工程量也增大。

(2)加大 x_0，即伸长墙趾。如墙趾过长，厚度不足，则需配筋。

(3)墙背做成仰斜，可减小土压力。

(4)在挡土墙垂直墙背处做卸荷台，形状如牛腿(见图 18-5-9)，则平台以上土压力不能传到平台以下，总土压力减小，且倾覆稳定性加大。

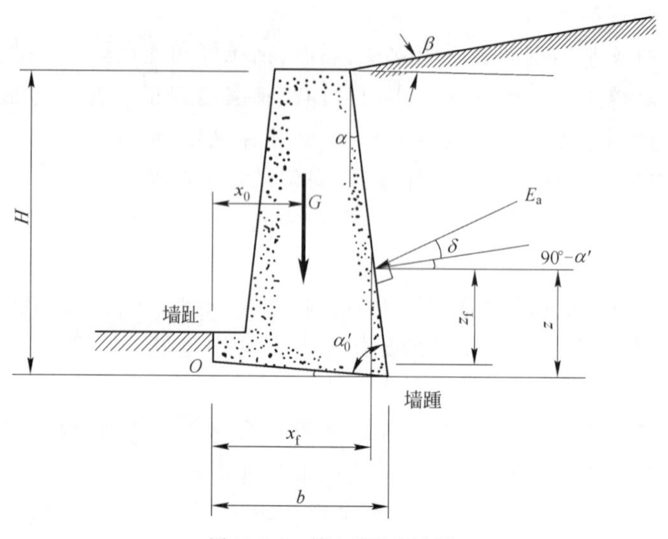

图 18-5-8　挡土墙稳定验算

2.抗滑动稳定性验算

在土压力作用下，挡土墙也有可能沿墙基底面发生滑动。因此要求基底的抗滑力 F_1 应大于其滑动力 F_2，即抗滑安全系数 K_s 应满足

$$K_s=\frac{F_1}{F_2}=\frac{(G_n+E_{an})\mu}{E_{at}-G_t}\geqslant 1.3 \tag{18-5-14}$$

式中：G_n——G 垂直于墙底的分力，$G_n=G\cos\alpha_0$；

G_t——G 平行于墙底的分力，$G_t=G\sin\alpha_0$；

E_{an}——E_a 垂直于墙底的分力，$E_{an}=E_a\cos(\alpha-\alpha_0-\delta)$；

E_{at}——E_a 平行于墙底的分力，$E_{at}=E_a\sin(\alpha-\alpha_0-\delta)$；

μ——土对挡土墙基底的摩擦系数，宜按试验确定，也可查相应表格选用。

若验算不能满足要求，则应采取以下措施：

(1)修改挡土墙断面尺寸，以加大 G 值。

(2)挡土墙底面做成砂、石垫层，以提高 μ 值。

(3)挡土墙底做成逆坡（见图 18-5-10），以利用滑动面上部分反力来抗滑，坡度为(0.2～0.1)∶1.0。

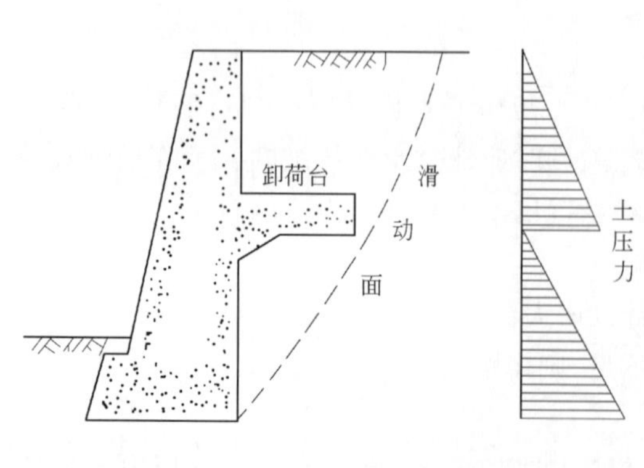

图 18-5-9　有卸荷台的挡土墙

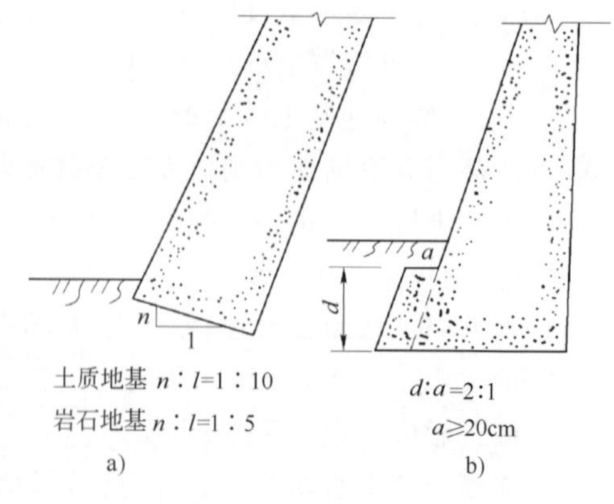

图 18-5-10　基底逆坡及墙趾台阶

(4)在软土地基上，其他方法无效或不经济时，可在墙踵后加拖板，利用拖板上的土重来抗滑。拖板与挡土墙之间应用钢筋连接。

3.圆弧滑动稳定性验算

当土质较软弱时，挡土墙可能产生接近圆弧状滑动而丧失稳定性，此时可采用条分法进行分析验算。

4.地基承载力及墙身强度验算

挡土墙在自重及土压力的垂直分力作用下，基底压力按线性分布计算。其验算方法及要求与浅基础地基验算方法相同，具体参见本章第四节有关内容。挡土墙墙身材料强度应按《混凝土结构设计规范》(GB 50010—2002)(以下简称《混凝土规范》)和《砌体规范》中的有关内容要求验算。

(三)挡土墙构造措施简介

合理选择墙型对挡土墙设计的安全性和经济性有着较大的作用。挡土墙中主动土压力以仰斜最小、直立居中、俯斜最大，因此仰斜墙背较为合理。然而墙背的倾斜形式还应根据使用要求、地形和施工等条件综合考虑确定。一般挖坡建墙宜用仰斜，其土压力小，且墙背可与边坡紧密贴合；填方地区则可用直立或俯斜，便于施工使填土夯实，而在山坡上建墙，则宜用直立，因为此时仰斜墙身较高，俯斜则土压力较大。墙背仰斜时其坡度不宜缓于 1∶0.25(高宽比)，且墙面应尽量与墙背平行。

挡土墙墙顶宽度，一般块石挡土墙不应小于 0.5m，混凝土挡土墙最小可为 0.2～0.4m。当地基承载力难以满足时，墙趾宜设台阶(见图 18-5-10b)。挡土墙基底埋深一般不应小于0.5m，岩石地基应将基底埋入未风化的岩层内。重力式挡土墙基底宽度与墙高之比为 1/2～1/3。

挡土墙常因排水不良而大量积水，使土的抗剪强度指标下降，土压力增大，导致挡土墙破坏。因此，挡土墙应设置泄水孔，其间距宜取 2～3m，外斜 5%，孔眼尺寸不宜小于 100mm。墙后要做好反滤层和必要的排水盲沟，在墙顶地面宜铺设防水层。当墙后有山坡时，还应在坡下设置截水沟。

墙背填土宜选择透水性较强的填料。当采用黏性土作填料时，宜掺入适量的块石。在季节性冻土地区，墙后填土应选用非冻胀性填料(如炉渣、碎石、粗砂等)。

挡土墙每隔 10～20m 应设置一道伸缩缝。当地基有变化时宜加设沉降缝。在拐角处应适当采取加强的构造措施。

对于重要的、高度较大的挡土墙，不宜采用黏性土填土。因黏性土性能不稳定，干缩湿胀，这种交错变化将使挡土墙产生较大的侧压力，而目前在设计中无法考虑。

三、简单土坡稳定分析

土坡稳定分析是一个比较复杂的问题，目前理论分析只限于较简单的情况。采用理论分析与现场观测相结合的方法比较切实可行又比较可靠。本节主要介绍简单土坡的稳定分析。所谓简单土坡是指土坡的顶面和底面都是水平面，并伸至无穷远，土坡由均质土组成。

(一)土坡失稳的主要原因

(1)土坡作用力发生变化。如人工开挖坡脚、坡顶增加荷载，或由于打桩、车辆行驶、爆破、地震等引起的振动改变了原来的平衡状态。

(2)土的抗剪强度降低。如土体中含水量或超静水压力的增加。

(3)静水力的作用。如土体中由于剪切或张拉产生垂直裂隙，雨水或地面水流入缝隙，土坡产生侧向推力而促使土坡的滑动。

(4)地下水的渗流作用。当土坡中有地下水渗流且动水压力与滑动方向相同时,也会促使土坡滑动。

(二)无黏性土土坡稳定分析

设一坡角为β的无黏性土土坡,土坡及地基为均质的同一种土,且不考虑渗流的影响。

纯净的干砂类土坡,其稳定性条件可由如图18-5-11所示的力系来说明。

斜坡上的土颗粒M,其自重为W,砂土的内摩擦角为φ。W垂直于坡面和平行于坡面的分力分别为N和T,则

$$T=W\cdot\sin\beta$$

$$N=W\cdot\cos\beta$$

分力T将使土颗粒M向下滑动,为滑动力。阻止M下滑的抗滑力则是由垂直于坡面上的分力N引起的最大静摩擦力T'

$$T'=N\tan\varphi=W\cdot\cos\beta\cdot\tan\varphi$$

抗滑力与滑动力的比值称为稳定安全系数,为

$$K=\frac{T'}{T}=\frac{W\cdot\cos\beta\cdot\tan\varphi}{W\cdot\sin\beta}=\frac{\tan\varphi}{\tan\beta} \tag{18-5-15}$$

由上式可知,无黏性土土坡稳定的极限坡角β等于其内摩擦角,即当$\beta=\varphi(K=1)$时,土坡处于极限平衡状态。由上述的平衡关系还可看出:无黏性土坡的稳定性与坡高无关,仅取决于坡角β,只要$\beta<\varphi(K>1)$,土坡就是稳定的。为了保证土坡有足够的安全储备,可取$K=1.1\sim1.5$。

(三)黏性土土坡稳定分析

黏性土土坡的滑动情况如图18-5-12所示。土坡失稳前一般在坡顶产生张拉裂缝,继而沿着某一曲面产生整体滑动,同时伴随着变形。在垂直于纸面方向,滑坡将延伸至一定范围,也是曲面。为了简化,在稳定分析中通常作为平面问题处理,而且假定滑动面为圆筒面。

以下介绍黏性土土坡稳定分析的条分法和稳定数法。

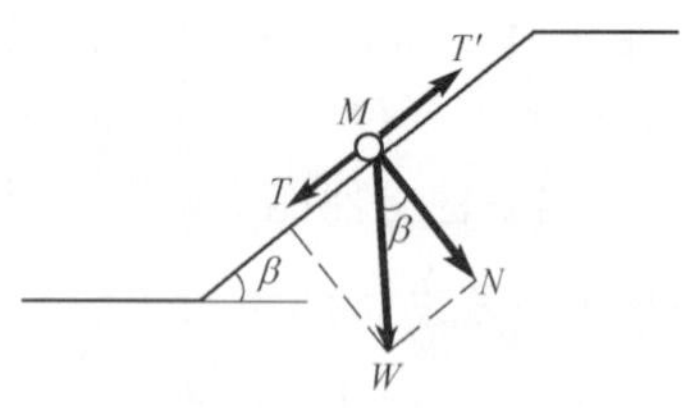

图18-5-11 无黏性土坡稳定分析

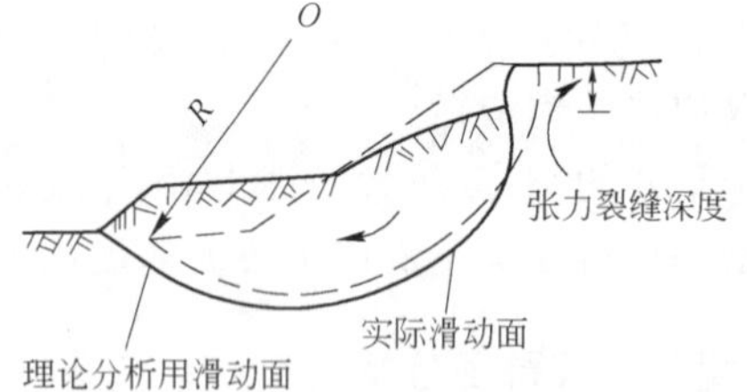

图18-5-12 黏性土坡的滑动面

1. 条分法

条分法首先为瑞典工程师W·费兰纽斯(Fellenious,1922)所提出,这个方法具有较普遍的意义,它不仅可以分析简单土坡,还可以用来分析非简单土坡,例如土质不均匀的、坡上或坡顶作用有荷载的土坡。

条分法的基本原理是,滑动土体重连同顶面上的荷载W在滑动面上的分力为滑动力,而沿滑动面上由土的抗剪强度产生的力为抗滑力。滑动力与抗滑力对圆心取矩。若总抗滑力矩大于滑动力矩,则土坡稳定。因滑动面为曲面,为简化计算,分析时将滑动土体沿横向分成若

干小土条，每条的滑动面近似取为平面。逐条计算滑动力矩和抗滑力矩，最后叠加，即得总的抗滑力矩和滑动力矩，两者之比称为安全系数 K。根据建筑等级、土的性质及地区经验等因素综合考虑，K 取 1.1～1.5。注意选择滑动应在危险滑动面的区域内以减少工作量。按经验危险滑动面的两端点距坡顶和坡角点各 $0.1nH$（n 为坡度、H 为坡高），其滑弧中心在此两点连线的垂直平分线上，故可在此线上取若干点作为滑弧圆心，按上述方法分别计算相应的稳定安全系数，就可求得最小的安全系数了。

工程中要求最小安全系数 $K_{min} \geqslant 1.1 \sim 1.5$，视工程重要性而定。

2.稳定数法

黏性土土坡的稳定坡角 β 与土坡坡高 h 和土的 c、φ、γ 有关。泰勒（Taylor，1937）根据大量计算结果，绘制成如图 18-5-13 所示的图，应用此图可以很简便地分析简单土坡的稳定。图中的纵坐标 N_s，称为稳定数

$$N_s = \frac{\gamma h}{c}$$

$$K = \frac{N_s'}{N_s} = \frac{\frac{\gamma h'}{c}}{\frac{\gamma h}{c}} = \frac{h'}{h} \qquad (18\text{-}5\text{-}16)$$

式中：γ——土的重度（kN/m^3）；

c——土的黏聚力（kPa）；

h——土坡高度（m）；

N_s'——由图 18-5-13 查得的土坡处于极限状态时的稳定数；

N_s——由实际土坡计算的稳定数；

h'——土坡处于极限状态时的临界高度。

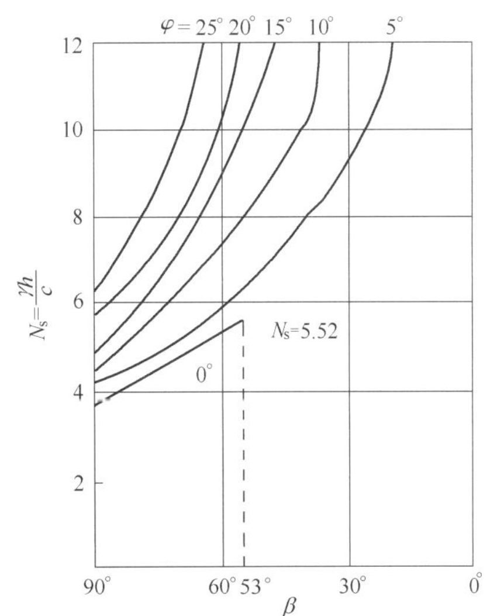

图 18-5-13　泰勒稳定数图表

当 $K>1$，即 $N_s'>N_s$ 时，表明土坡稳定。

对于饱和软黏土土坡，快剪条件下 $\varphi=0$，当坡角 $\beta>53°$时，同样可从图 18-5-13 查得稳定数 N_s'，进行稳定分析。

当 $\varphi=0$，$\beta<53°$时，土坡的破坏形式不仅取决于坡角 β，还取决于坡下坚硬土层面离土坡坡顶的距离 h_d，与土坡高度 h 的比值 n_d（称为深度系数），其滑动面类型有三种：

(1)滑动面通过坡脚，称为坡脚圆；

(2)滑动面通过坡面并切于坚硬土层，称为坡面圆；

(3)滑动面通过坡脚以外，且滑弧圆心位于坡面中点垂直线上，称为中点圆（见图 18-5-14）。

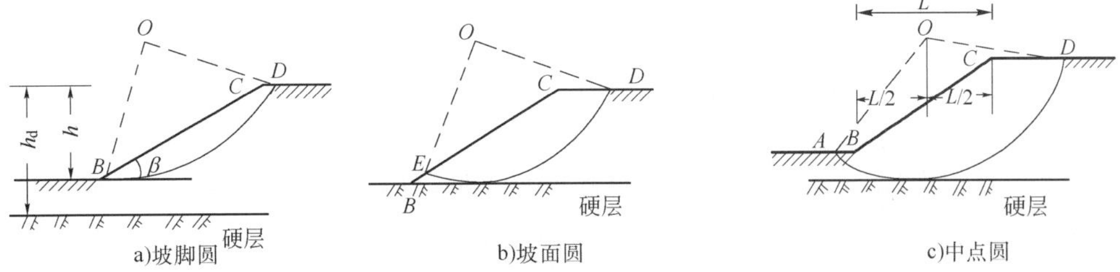

图 18-5-14　均质黏性土土坡的三种滑动面位置

滑动面形式与 $n_d=\frac{h_d}{h}$ 有关，当 n_d 较大时，即硬土层较深时，滑动面呈中点圆，随 n_d 减小，渐转为坡脚圆，n_d 再小，则转为坡面圆(见图 18-5-15)。

$\varphi=0$、$\beta<53°$ 时的稳定数可由图 18-5-15 查取。

如果软土层很厚，$n_d>4$，取 $n_d=\infty$，由图可知，$N_s=5.52$，且与 β 无关，则土坡的临界高度为

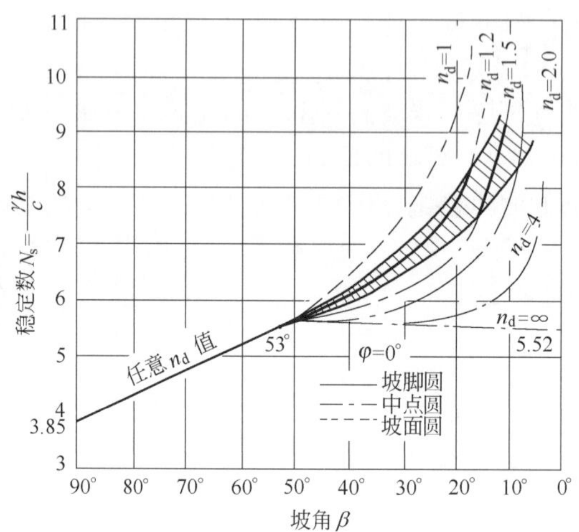

图 18-5-15　坡角与稳定数之间的关系

$$h_c=\frac{cN_s}{\gamma}=\frac{5.52c_u}{\gamma} \tag{18-5-17}$$

式中：c_u——不排水抗剪强度(kPa)。

【例 18-5-2】 已知某工程基坑开挖深度 $h=5$m，地基土 $\gamma=19$kN/m^3，$\varphi=15°$，黏聚力 $c=12$kPa。求稳定坡角。若以 60°放坡，则最大开挖深度为多少？

解 由已知条件，得

$$N_s=\frac{\gamma h}{c}=\frac{19\times5}{12}=7.92$$

查图，$\varphi=15°$，得 $\beta=64°$

当 $\beta=60°$ 时，查得 $N_s=8.7$

则
$$h=\frac{N_s c}{\gamma}=\frac{8.7\times12}{19}=5.5\text{m}$$

习　题

18-5-1　设计地下室外墙时选用的土压力是(　　)。

A. 主动土压力　　B. 静止土压力　　C. 被动土压力　　D. 平均土压力

18-5-2　若计算方法、填土指标、挡土墙高度均相同，则作用在挡土墙上的主动土压力数值最小的墙背形式是(　　)。

A. 仰斜　　B. 直立　　C. 俯斜　　D. 背斜

18-5-3　相同条件下，作用在挡土构筑物上的主动土压力、被动土压力、静止土压力的大

小之间存在的关系是(　　)。

A. $E_p>E_a>E_0$　　B. $E_p>E_0>E_a$

C. $E_a>E_p>E_0$　　D. $E_0>E_p>E_a$

18-5-4　库仑土压力理论的适用条件为(　　)。

A. 墙背必须光滑、垂直　　B. 墙后填土为理想散粒体

C. 填土面必须水平　　D. 墙后填土为理想黏性体

18-5-5　为增加挡土墙抗滑移稳定性,可采取的有效措施为(　　)。

A. 减轻挡土墙自重　　B. 加设墙趾台阶

C. 基底做逆坡　　D. 墙背选用俯斜形式

18-5-6　挡土墙后的回填土最好选用(　　)。

A. 含水量大的黏土　　B. 渗透系数大的土

C. 含水量小的黏土　　D. 渗透系数小的土

18-5-7　若某砂土坡的稳定安全系数 $K=1.5$,可满足土坡稳定的条件为(　　)。

A. 坡角=天然休止角　　B. 坡角<1.5 倍天然休止角

C. 坡角>1.5 倍天然休止角　　D. 1.5 倍坡角<天然休止角

18-5-8　分析黏性土坡稳定性时,假定滑动面为(　　)。

A. 斜平面　　B. 曲面　　C. 圆筒面　　D. 水平面

第六节　地 基 勘 察

地基勘察的目的在于以各种勘察手段和方法,调查研究和分析评价建筑场地和地基的工程地质条件,为设计和施工提供所需的工程地质资料。勘察工作应该遵循基本的建设程序走在设计和施工前面,采取必要的勘察手段和方法,提供准确无误的地基勘察报告。

一、地基基础设计等级与岩土工程等级

地基勘察任务和内容以及勘察的详细程度与工作方法的选择,与建筑场地、地基岩土性质及建筑物等级有关。

《地基规范》根据地基复杂程度、建筑物规模和功能特征以及由于地基问题可能造成建筑物破坏或影响正常使用的程度,将地基基础设计分为三个设计等级,设计时应根据具体情况,按表 18-6-1 选用。

地基基础设计等级　　表 18-6-1

设计等级	建筑和地基类型
甲级	重要的工业与民用建筑物 30 层以上的高层建筑 体型复杂,层数相差超过 10 层的高低层连成一体建筑物 大面积的多层地下建筑物(如地下车库、商场、运动场等) 对地基变形有特殊要求的建筑物 复杂地质条件下的坡上建筑物(包括高边坡) 对原有工程影响较大的新建建筑物 场地和地基条件复杂的一般建筑物 位于复杂地质条件及软土地区的二层及二层以上地下室的基坑工程 开挖深度大于 15m 的基坑工程 周边环境条件复杂、环境保护要求高的基坑工程

续上表

设计等级	建筑和地基类型
乙级	除甲级、丙级以外的工业与民用建筑物 除甲级、丙级以外的基坑工程
丙级	场地和地基条件简单、荷载分布均匀的七层及七层以下民用建筑及一般工业建筑；次要的轻型建筑物 非软土地区且场地地质条件简单、基坑周边环境条件简单、环境保护要求不高且开挖深度小于5.0m的基坑工程

根据《岩土工程勘察规范》(GB 50021—2001)(2009年版)结合《地基规范》，建筑物地基基础设计等级划分，按照工程重要性等级、场地复杂程度等级和地基复杂程度等级，将岩土工程划分为三个等级。其中以甲级岩土工程的自然条件最为复杂，技术要求的难度最大，工作环境最不利[详见《岩土工程勘察规范》(GB 50021—2001)(2009年版)的规定]。

二、勘察阶段的划分

一般建筑工程的设计分为场址选择、初步设计和施工图设计三个阶段。为了提供各设计阶段所需的工程地质资料，勘察工作一般也可相应地分为选址勘察、初步勘察和详细勘察三个阶段。对于地质条件复杂或有特殊施工要求的重要建筑物地基，尚应进行施工勘察；反之，对地质条件简单、面积不大的场地，其勘察阶段可适当简化或直接进行一次性勘察。

三、勘察方法

工程地质勘察方法很多，结合岩土工程情况和勘察阶段选取适宜的方法。

(一)工程地质测绘与调查

(二)勘探

(1)坑探。

(2)钻探：可用回转式或冲击式钻机进行。

(3)触探：触探是用静力或动力的方法，借助探杆将能够量测土对金属触探头阻抗能力的触探头贯入土层，从而间接判断土层及其性质的勘探方法和原位测试技术。一般有静力触探和动力触探两类。

静力触探是借助静压力将触探头压入土层，测得比贯入阻力来判定土的力学性质。

动力触探一般是将一定质量的穿心锤以一定的高度(落距)自由落下，将探头贯入土中，记录贯入一定深度的锤击数，并以此判断土的性质。动力触探一般可分为标准贯入触探和轻型灌入触探两种方法。标准贯入试验可以与钻探配合使用。

以上相关试验方法和要求可以参看《岩土工程勘察规范》(GB 50021—2001)。

(4)地球物理勘探。

(三)原位测试

(1)旁压试验。

(2)载荷试验。

四、勘察报告分析与应用

在勘察工作开始前，应按工程要求把"地基勘察任务书"提交给受委托的勘察单位。任务书应说明工程概况、工程意图、设计阶段、要求提交勘察成果(即"勘察报告书")的内容和目的、提出勘探技术要求等。对详细设计阶段，尚应说明需要勘察的建筑物具体情况（上部结构特点、层数及高度、基础埋深及形式等）。

阅读勘察报告时应熟悉其主要内容，了解勘察结论和岩土参数的可靠程度，判断报告中的建议对该项工程的适用性。

（一）场地稳定性的评价

应注意地质构造（断层、褶皱等）及地层成层条件，是否有不良地质现象（泥石流、滑坡、崩塌、岩溶等），以及其分布规律、危害程度和发展趋势。

在断层、向斜、背斜等构造地带和地震区修建建筑物，必须慎重对待。在不良地质现象发育且对场地稳定性有直接危害或潜在威胁的地区，如不得不在其中较为稳定的地段进行建筑，也需事先采取有力措施，避免中途改变场地或花费极高的处理费用。

（二）地基持力层的选择与认定

对不发生威胁场地稳定性的建筑地段，则应以地基承载力为主要控制指标。通过阅读勘察报告，熟悉场地各土层的分布和性质。对报告中所选定的地基持力层按深度方向的分层、厚度、水平方向的均匀程度，以及各土层的物理力学性质指标及上部结构和基础特点等因素进行分析、认定。

（三）地基与基础方案的认定

分析勘察报告中所建议的地基基础方案，结合上部结构特点、具体施工条件等进行认定或改进，要注意充分尊重勘察部门的意见，对其原建议有修改意见也应征得他们的同意，必要时请其配合补充勘察。

习　题

18-6-1　属于原位的试验方法是指（　　）。

A. 载荷试验　　B. 压缩试验　　C. 直剪试验　　D. 击实试验

18-6-2　与地勘察任务内容及勘察详细程度和方法无关的环境条件是（　　）。

A. 建筑场地　　B. 气候条件

C. 建筑物等级　　D. 地基岩土性质

第七节　浅　基　础

一、地基基础方案及其选择

建筑物可分为上部结构（地上部分）、下部结构（地下部分）——基础两部分，而基础坐落在地基上。地基作为支承建筑物的地层，若为自然状态则为天然地基，若经过人工处理则为人工地基。

基础又分为浅基础与深基础两大类，通常按基础的埋置深度划分。一般埋深小于 5m 的为浅基础，大于 5m 的为深基础。也有建议按施工方法来划分的：用普通基坑开挖和敞坑排水方法修建的基础统称浅基础，如高层建筑箱型基础（埋深可能大于 5m）也属此类，而用特殊施工方法将基础埋置于深层地基中的基础称为深基础，如桩基础、沉井、地下连续墙等。

设计建筑物的地基基础时，需将地基、基础视为一个整体，按照下述的组合关系（见表 18-7-1），确定地基基础方案。其受上部结构类型、使用荷载大小、施工等多种因素制约，对每一个具体工程，应综合考虑，通过经济技术比较，确定最佳方案。一般应优先选择天然地基上的浅基础，条件不允许时，可比较天然地基上的深基础和人工地基上的浅基础两方案，选定其一，必要时才选用人工地基上的深基础。

地基与基础组合方案 表 18-7-1

地基种类	选择组合顺序	基础类型
天然地基	1（天然地基→浅基础）；2（天然地基→深基础）	浅基础
人工地基	2（人工地基→浅基础）；3（人工地基→深基础）	深基础

二、浅基础类型

浅基础有多种形式，是随上部结构类型的发展和荷载的增大、使用功能的需求、地基条件、建筑材料和施工方法的发展而演变的，形成了从独立的、条形的到交叉的、成片的乃至空间整体的基础系列。浅基础的类型划分按不同标准有不同形式。按表 18-7-2 分类，可大致看出基础形式发展演变过程、材料及受力特点。

浅基础分类表 表 18-7-2

	按结构形式分类	使用的材料	受力特征
常用类型	单独基础：柱下；墙下	砖、石、混凝土（无筋扩展基础） 钢筋混凝土（扩展基础）	以受压为主 可受拉、受弯
	条形基础：柱列下；局部；墙下	钢筋混凝土、钢筋混凝土、钢筋混凝土（扩展式基础） 砖、石、混凝土（无筋扩展基础）	可受拉、受弯 主要受压
	交叉条形基础	钢筋混凝土	受拉、受弯
	片筏基础（俗称满堂基础） 浮筏式基础（墙下浅埋或不埋式）	钢筋混凝土 钢筋混凝土（墙下筏板基础）	双向受力板或受力肋板
	箱形基础	钢筋混凝土	空间受力结构
其他类型	壳体基础 折板基础	钢筋混凝土、混凝土 （减少了材料用量）	将受拉状态转为受压状态，充分发挥材料特性
	块体基础	钢筋混凝土（整体式）、砖石	在动力作用下呈刚性运动

（一）独立基础（含扩展式基础）

独立基础是柱基础的主要类型，所用材料依柱的材料和荷载大小而定。现浇柱下常采用钢筋混凝土基础，此时也称为扩展式基础。基础截面可做成阶梯形或锥形。预制柱下一般采用杯形基础。砌体柱下可采用无筋扩展基础，材料一般为砖、混凝土等。

有时墙下也可采用独立基础。这时基础顶面应架设钢筋混凝土过梁（见图 18-7-1a）或砌砖拱以传递竖向力（见图 18-7-1b）。

（二）条形基础和联合基础

1. 条形基础

墙下条形基础有无筋扩展和钢筋混凝土（扩展式）两种。后者一般做成无肋板式，若为了增强基础的整体性和抗弯能力，则可采用带肋式。

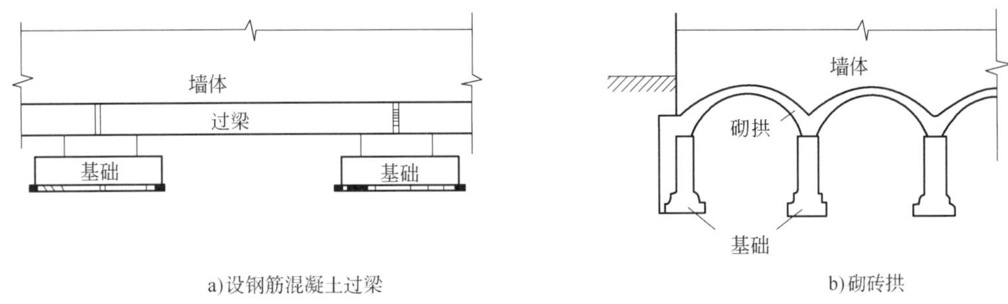

图 18-7-1　墙下单独基础

当荷载较大且地基承载力较低时，柱列下也常采用条形基础。将同一排的柱基础相连成为钢筋混凝土柱下条形基础（见图 18-7-2），但若仅是相邻两柱基础相连又称联合基础或两柱联合基础。

2. 联合基础

根据建筑物的荷载、地基及限制条件，可能有下列形式。

(1)矩形联合基础（见图 18-7-3a）

适用于相邻荷载差异不大且地基较为均匀的条件。它整体性能好，可设计成变截面的形式。

(2)梯形联合基础（见图 18-7-3b）

边柱基础荷载较大或为偏心荷载，与内柱基础需要连接时，采用梯形形式可使基底压力接近于均匀分布。

(3)连梁式联合基础（见图 18-7-3c）

当基础间距较大，地基不均匀，可能产生较大的沉降差时，将联合基础做成连梁式，且设计成刚性梁，使不平衡剪力和弯矩得以传递和调整。

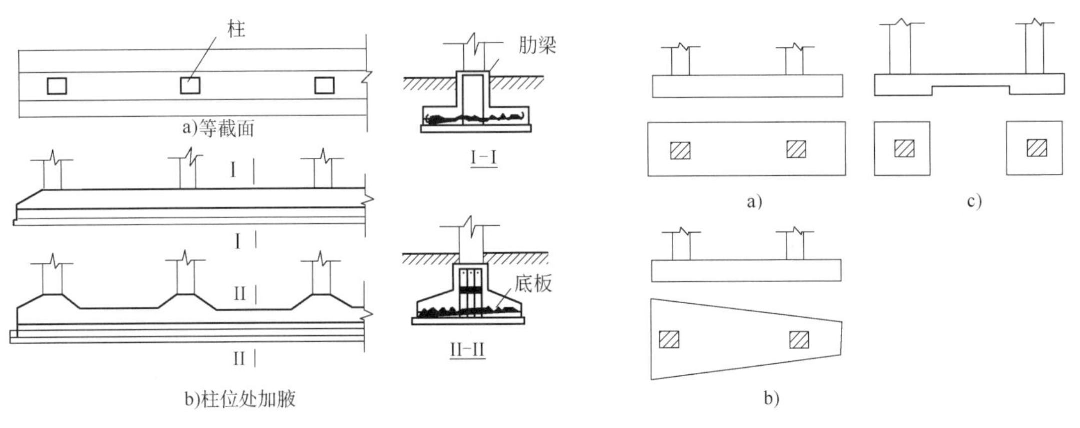

图 18-7-2　柱下条形基础

图 18-7-3　联合基础基本形式

(三)交梁基础

当荷载较大，采用柱下条形基础不能满足地基承载力要求时，可采用交梁基础（或称“十字交叉基础”）。这种基础在纵横两向均具有一定的刚度和调整不均匀沉降的能力。

(四)筏板基础

遇上部结构荷载大、地基软弱或地下防渗需要时,可采用筏板基础,俗称满堂基础。由于基底面积大,故可减小地基单位面积上的压力,并能有效地增强基础的整体性。

筏板基础像倒置的钢筋混凝土楼盖,可分为平板式和梁板式两种类型。它可用在柱网下,亦可用在砌体结构下。我国南方某些城市大量采用为多层住宅基础,并直接做在地表杂填土上,称无埋深筏基。但在北方应用时,必须考虑能否满足抗冻与采暖要求。

(五)箱形基础

由钢筋混凝土底板、顶板和纵横内外墙组成的整体空间结构,称为箱形基础。其具有很大的抗弯刚度,整体性好,只会产生大致均匀的沉降或整体倾斜而不致产生挠曲,从而基本上消除了因地基变形而使建筑物开裂的可能性。抗震性能较好,适用于软弱地基上高层、重型或对不均匀沉降有严格要求的建筑物。可满足高层建筑对建筑功能与结构受力等方面的要求。

箱基的用料多、工期长、造价高、施工技术比较复杂,尤其当须进行深基坑开挖时要考虑人工降低地下水位、坑壁支护和对邻近建筑物的影响问题。此外,还要对箱基地下室的防水、通风采取周密的措施。综上所述,箱基的采用与否,应该慎重地综合考虑各方面因素,通过方案比较后确定,才能收到技术和经济上的最大效益。

(六)壳体基础

当荷载较大时,柱下基础也可采用壳体基础。这种基础使径向内力由以弯矩为主,变为以压力为主,通常可节省混凝土 30%~50%。壳体基础常用作为筒形构筑物(如烟囱、水塔、料仓、中小型高炉等)基础,也可用作一般工业与民用建筑柱基。壳体基础常用的结构形式为正圆锥壳、M 形组合壳和内球外锥组合壳。

(七)动力机器基础

动力机械基础常采用大块式、墙式及框架式三种形式。大块式基础应用最广,通常做成刚度很大的钢筋混凝土块体。墙式基础则由承重的纵、横向墙组成。基础中均预留有安装和操作机器所必需的沟槽和孔洞。框架式基础一般用于平衡性较好的高频机器,其上部结构是由固定在一起连续底板或可靠基岩上的立柱以及与立柱上端刚性连接的纵、横梁组成的弹性体系,因而可按框架结构计算。

(八)基础选型示例

基础的选型,应根据地质条件、建筑体型、结构类型、荷载情况、有无地下室以及施工条件等,提出适用技术方案,进行经济效果对比。一般按以下原则选型:

1.砖混结构

包括多层房屋,应优先选用刚性基础。按就地取材和方便施工的原则,选择毛石基础、砖基础、灰土基础或三合土基础。地下水位较高时选用混凝土基础,或有混凝土垫层的砖基础,一般做成条形基础。基础宽度大于 2.5m 时,宜采用柔性钢筋混凝土基础。上部地基土软弱,基础深度大于 3m 时,宜用墩式基础。

2.框架结构

无地下室,地基较好,荷载较小,柱网分布比较均匀时,宜选用单独柱基,纵横方向应用拉梁连接,拉梁位置以设置在柱根为宜。框架底层的砖墙和相邻砖混结构的墙体,宜结合拉梁设置地梁。柱基埋深较浅时直接做条形墙基,此时圈梁与拉梁结合布置。对于多层内框架结构,地基较差时,柱列宜选用柱下条形基础或条形刚性墙基础。

3.框架或剪力墙结构

(1)无地下室,地基较差,荷载较大时,为了增强整体性,减少不均匀沉降,可选用十字交叉刚性基础。如不满足变形条件要求,可考虑采用桩基础,或对地基进行处理。仍不满足要求时,可选用钢筋混凝土筏板基础。

(2)有地下室,无特殊防水要求,柱网、荷载及墙间距比较均匀,地基较好时,可选用十字交叉刚性基础。

(3)有地下室,上部结构对不均匀沉降限制较严,防水要求较高时,可选用箱形基础。当高层建筑层数较多,重量较大,地基较软弱时,宜采用复合式箱形基础。

上述事例说明,进行基础工程设计必须洞悉上部结构及地基的特点,考虑上部结构—基础—地基的相互作用,才可能达到最佳效果。

三、基础工程设计的三项重要技术指标

(一)技术合理性

技术合理性是最重要的指标。合理的地基基础设计是由许多因素经综合分析才能取得,除了地基土本身以外,还包括建筑环境、工艺要求、建筑形式和水文气候等因素。

(二)施工可行性

基础设计的任务应根据地质条件及结构要求、现场条件、工期等选择可行的施工方案,因为在一定情况下,设计意图能否实现与施工可行性关系甚大。

(1)在城市建设中往往限制使用对环境有污染的施工方法。例如,强夯法处理不均匀杂填土时振动和噪声较大,又如预制沉桩的噪声超过规定标准,这些在大城市中已禁止使用。

(2)施工方法对施工质量的保证率。不同的基础形式,有不同的施工要求和方法以及需注意的质量问题。

(三)经济性

当基础工程有多种方案可供选择时,则应比较造价,并注意各地劳动力价格及材料价格。应当说明,基础造价不完全取决于基础设计本身,还与建筑体形的复杂性、场地工程地质条件、结构布局及工艺要求有关。

四、浅基础设计的基本规定

(一)建筑物的设计等级

地基与基础计算的内容和要求与建筑物的安全等级有关。根据地基损坏造成建筑物的破坏后果(危及人的生命、造成经济损失、造成社会影响及修复的可能性)的严重性,将建筑物地基基础设计分为三个等级,见表 18-6-1。

(二)对地基与基础设计规定

根据建筑物地基基础设计等级及长期荷载作用下地基变形对上部结构的影响程度,地基基础设计应符合下列规定:

(1)所有建筑物的地基计算均应满足承载力计算的有关规定。

(2)设计等级为甲级、乙级的建筑物,均应按地基变形设计。

(3)表 18-7-3 所列范围内设计等级为丙级的建筑物可不作变形验算,但设计等级为丙级的建筑物有下列情况之一时,仍应作变形验算:

可不作地基变形验算的设计等级为丙级的建筑物范围 表 18-7-3

<table>
<tr><td rowspan="2">地基主要受力层情况</td><td colspan="3">地基承载力特征值 f_{ak} (kPa)</td><td>80≤f_{ak} <100</td><td>100≤f_{ak} <130</td><td>130≤f_{ak} <160</td><td>160≤f_{ak} <200</td><td>200≤f_{ak} <300</td></tr>
<tr><td colspan="3">各土层坡度(%)</td><td>≤5</td><td>≤10</td><td>≤10</td><td>≤10</td><td>≤10</td></tr>
<tr><td rowspan="8">建筑类型</td><td colspan="3">砌体承重结构、框架结构(层数)</td><td>≤5</td><td>≤5</td><td>≤6</td><td>≤6</td><td>≤7</td></tr>
<tr><td rowspan="4">单层排架结构(6m 柱距)</td><td rowspan="2">单跨</td><td>吊车额定起重量(t)</td><td>10～15</td><td>15～20</td><td>20～30</td><td>30～50</td><td>50～100</td></tr>
<tr><td>厂房跨度(m)</td><td>≤18</td><td>≤24</td><td>≤30</td><td>≤30</td><td>≤30</td></tr>
<tr><td rowspan="2">多跨</td><td>吊车额定起重量(t)</td><td>5～10</td><td>10～15</td><td>15～20</td><td>20～30</td><td>30～75</td></tr>
<tr><td>厂房跨度(m)</td><td>≤18</td><td>≤24</td><td>≤30</td><td>≤30</td><td>≤30</td></tr>
<tr><td colspan="2">烟囱</td><td>高度(m)</td><td>≤40</td><td>≤50</td><td colspan="2">≤75</td><td>≤100</td></tr>
<tr><td colspan="2" rowspan="2">水塔</td><td>高度(m)</td><td>≤20</td><td>≤30</td><td colspan="2">≤30</td><td>≤30</td></tr>
<tr><td>容积(m³)</td><td>50～100</td><td>100～200</td><td>200～300</td><td>300～500</td><td>500～1 000</td></tr>
</table>

注:1. 地基主要受力层是指条形基础底面下深度为 $3b$(b 为基础底面宽度),独立基础下为 $1.5b$,且厚度均不小于 5m 的范围(2 层以下一般的民用建筑除外)。

2. 地基主要受力层中如有承载力特征值小于 130kPa 的土层时,表中砌体承重结构的设计,应符合规范的有关要求。

3. 表中砌体承重结构和框架结构均指民用建筑,对于工业建筑可按厂房高度、荷载情况折合成与其相当的民用建筑层数。

4. 表中吊车额定起重量、烟囱高度和水塔容积的数值均是指最大值。

①地基承载力特征值小于 130kPa,且体形复杂的建筑;

②在基础上及其附近有地面堆载或相邻基础荷载差异较大,可能引起地基产生过大的不均匀沉降时;

③软弱地基上的建筑物存在偏心荷载时;

④相邻建筑距离过近,可能发生倾斜时;

⑤地基内有厚度较大或厚薄不均的填土,其自重固结未完成时。

(4)对经常受水平荷载作用的高层建筑、高耸结构和挡土墙等,以及建造在斜坡上或边坡附近的建筑物和构筑物,尚应验算其稳定性。

(5)基坑工程应进行稳定性验算。

(6)当地下水埋藏较浅,建筑地下室或地下构筑物存在上浮问题时,尚应进行抗浮验算。

(三)地基变形特征及允许值

沉降量、沉降差、倾斜和局部倾斜均称为地基变形特征,如图 18-7-4 所示。

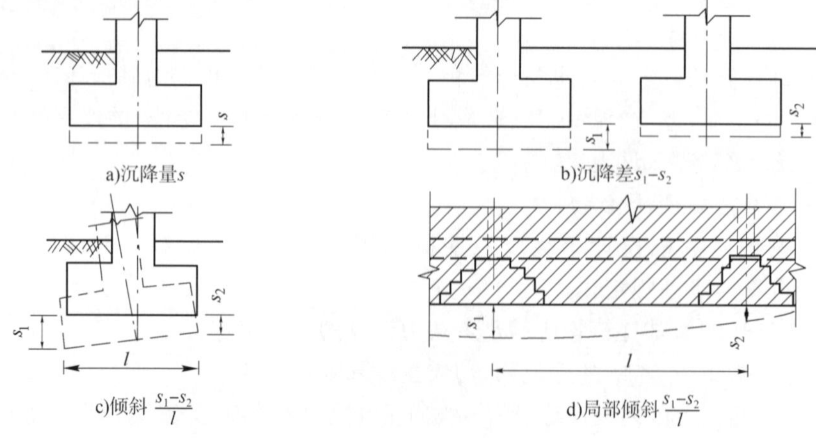

图 18-7-4 地基变形特征

沉降量为基础中心点的沉降量。

沉降差为相邻单独基础沉降量的差值。

倾斜为单独基础在倾斜方向两端点的沉降差与其距离的比值。

局部倾斜为砌体承重结构沿纵墙 6～10m 内基础两点的沉降差与其距离之比。

从变形特征上可以看出最基本的变形计算是沉降计算，建筑物的地基变形计算值不应大于地基变形允许值（见表 18-7-4）。不同结构类型、地质条件，其控制变形特征及容许值不同。

建筑物的地基变形允许值　　表 18-7-4

变形特征		地基土类别	
		中、低压缩性土	高压缩性土
砌体承重结构基础的局部倾斜		0.002	0.003
工业与民用建筑相邻柱基的沉降差	框架结构	$0.002l$	$0.003l$
	砌体墙填充的边排柱	$0.0007l$	$0.001l$
	当基础不均匀沉降时不产生附加应力的结构	$0.005l$	$0.005l$
单层排架结构（柱距为 6m）柱基的沉降量（mm）		120	200
桥式吊车轨面的倾斜（按不调整轨道考虑）	纵向	0.004	
	横向	0.003	
多层和高层建筑的整体倾斜	$H_g \leqslant 24$	0.004	
	$24 < H_g \leqslant 60$	0.003	
	$60 < H_g \leqslant 100$	0.002 5	
	$H_g > 100$	0.002	
体型简单的高层建筑基础的平均沉降量（mm）		200	
高耸结构基础的倾斜	$H_g \leqslant 20$	0.008	
	$20 < H_g \leqslant 50$	0.006	
	$50 < H_g \leqslant 100$	0.005	
	$100 < H_g \leqslant 150$	0.004	
	$150 < H_g \leqslant 200$	0.003	
	$200 < H_g \leqslant 250$	0.002	
高耸结构基础的沉降量（mm）	$H_g \leqslant 100$	400	
	$100 < H_g \leqslant 200$	300	
	$200 < H_g \leqslant 250$	200	

注：1. 本表数值为建筑物地基实际最终变形允许值。

2. 有括号者仅适用于中压缩性土。

3. l 为相邻柱基的中心距离（mm）；H_g 为自室外地面起算的建筑物高度（m）。

4. 倾斜指基础倾斜方向两端点的沉降差与其距离的比值。

5. 局部倾斜指砌体承重结构沿纵向 6～10m 内基础两点的沉降差与其距离的比值。

在计算地基变形时，应符合下列规定：

（1）由于建筑地基不均匀、荷载差异很大、体型复杂等因素引起的地基变形，对于砌体重结构应由局部倾斜值控制；对于框架结构和单层排架结构应由相邻柱基的沉降差控制；对于多层或高层建筑和高耸结构应由倾斜值控制；必要时尚应控制平均沉降量。

(2)在必要情况下,需要分别预估建筑物在施工期间和使用期间的地基变形值,以便预留建筑有关部分之间的净空,选择连接方法和施工顺序。

建筑物的地基变形允许值应按表18-7-4规定采用。对表中未包括的建筑物,其地基变形允许值应根据上部结构对地基变形的适应能力和使用上的要求确定。

(四)地基稳定性计算

(1)地基稳定性可采用圆弧滑动面法进行验算。最危险的滑动面上诸力对滑动中心所产生的抗滑力矩与滑动力矩应符合下式要求。

$$M_R/M_S \geqslant 1.2 \tag{18-7-1}$$

式中:M_S——滑动力矩(kN·m);

M_R——抗滑力矩(kN·m)。

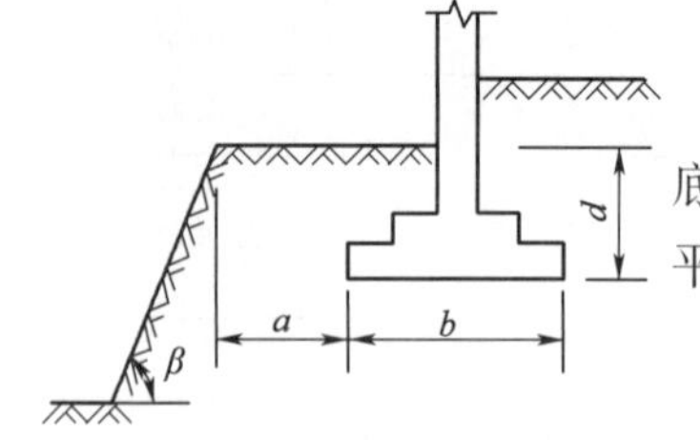

图18-7-5 基础底面外边缘线至坡顶的水平距离示意图

(2)位于稳定土坡坡顶上的建筑,应符合下列规定。

①对于条形基础或矩形基础,当垂直于坡顶边缘线的基础底面边长小于或等于3m时,其基础底面外边缘线至坡顶的水平距离(见图18-7-5)应符合下式要求,且不得小于2.5m。

条形基础

$$a \geqslant 3.5b - \frac{d}{\tan\beta} \tag{18-7-2}$$

矩形基础

$$a \geqslant 2.5b - \frac{d}{\tan\beta} \tag{18-7-3}$$

式中:a——基础底面外边缘线至坡顶的水平距离(m);

b——垂直于坡顶边缘线的基础底面边长(m);

d——基础埋置深度(m);

β——边坡坡角(°)。

②当基础底面外边缘线至坡顶的水平距离不满足式(18-7-2)、式(18-7-3)的要求时,可根据基底平均压力按公式(18-7-1)确定基础距坡顶边缘的距离和基础埋深。

③当边坡坡角大于45°、坡高大于8m时,尚应按式(18-7-1)验算坡体稳定性。

(3)建筑物基础存在浮力作用时应进行抗浮稳定性验算,并应符合下列规定。

①对于简单的浮力作用情况,基础抗浮稳定性应符合下式要求

$$\frac{G_k}{N_{w,k}} \geqslant k_w \tag{18-7-4}$$

式中:G_k——建筑物自重及压重之和(kN);

$N_{w,k}$——浮力作用值(kN);

k_w——抗浮稳定安全系数,一般情况下可取1.05。

②抗浮稳定性不满足设计要求时,可采用增加压重或设置抗浮构件等措施。在整体满足抗浮稳定性要求而局部不满足时,也可采用增加结构刚度的措施。

五、浅基础的设计步骤

(1)根据就地取材原则,考虑上部结构荷载和地基条件,确定基础形式和埋深。

(2)确定地基承载力特征值并根据其大小初步确定基础底面积,并确定其形状。

(3)剖面设计如下:

①若为刚性基础，需：

根据容许宽高比设计剖面形状及尺寸，同时考虑构造要求。

验算基础顶面或两种材料接触面上的抗压强度。

②若为钢筋混凝土基础，需：

根据构造要求确定剖面尺寸，求内力并进行配筋计算，验算剖面尺寸。

(4)如有软弱下卧层，尚需进行软弱下卧层承载力验算。

(5)根据规定计算地基的变形量，并控制在允许范围内。

(6)绘制基础施工图。

下面将分别叙述有关内容。

(一)基础埋置深度的选择

基础埋置深度的大小，对工程造价、施工技术、工期以及保证建筑物的安全都有密切关系。

(1)基础的埋置深度，应按下列条件确定：

①建筑物的用途，有无地下室、设备基础和地下设施，基础的形式和构造；

②作用在地基上的荷载大小和性质；

③工程地质和水文地质条件；

④相邻建筑物的基础埋深；

⑤地基土冻胀和融陷的影响。

(2)在满足地基稳定和变形要求的前提下，当上层地基的承载力大于下层土时，宜利用上层土作持力层。除岩石地基外，基础埋深不宜小于0.5m。

(3)高层建筑基础的埋置深度应满足地基承载力、变形和稳定性要求。位于岩石地基上的高层建筑，其基础埋深应满足抗滑稳定性要求。

(4)在抗震设防区，除岩石地基外，天然地基上的箱形和筏形基础其埋置深度不宜小于建筑物高度的1/15；桩箱或桩筏基础的埋置深度(不计桩长)不宜小于建筑物高度的1/18。

(5)基础宜埋置在地下水位以上，当必须埋在地下水位以下时，应采取地基土在施工时不受扰动的措施。当基础埋置在易风化的岩层上，施工时应在基坑开挖后立即铺筑垫层。

(6)当存在相邻建筑物时，新建建筑物的基础埋深不宜大于原有建筑基础。当埋深大于原有建筑基础时，两基础间应保持一定净距，其数值应根据建筑荷载大小、基础形式和土质情况确定。

(7)季节性冻土地区基础埋置深度宜大于场地冻结深度。对于深厚季节冻土地区，当建筑基础底面土层为不冻胀、弱冻胀、冻胀土时，基础埋置深度可以小于场地冻结深度，基底允许冻土层最大厚度应根据当地经验确定。没有地区经验时可按《地基规范》附录G查取。此时，基础最小埋深d_{min}可按下式计算：

$$d_{min}=Z_d-h_{max} \tag{18-7-5}$$

式中：Z_d——场地冻结深度(m)；

h_{max}——基础底面下允许冻土层的最大厚度(m)。

【例18-7-1】 在保证安全可靠的前提下，浅基础深埋设计时应考虑：

A.尽量浅埋　　B.尽量埋在地下水位以下

C.尽量埋在冻结深度以上　　D.尽量采用人工地基

解 浅基础，如条件允许，宜尽量浅埋。

答案：A

(二)根据持力层承载力计算基础底面尺寸

按地基承载力确定基底面积时，传至基础底面上的荷载应按荷载效应标准组合计算；计算土体自重时，荷载分项系数采用1.0，即按实际的重度计算。

1.中心荷载作用下的基础

其强度条件为

$$p_k \leqslant f_a \tag{18-7-6}$$

式中：p_k——相应于荷载效应标准组合时，基础底面的平均压力值。

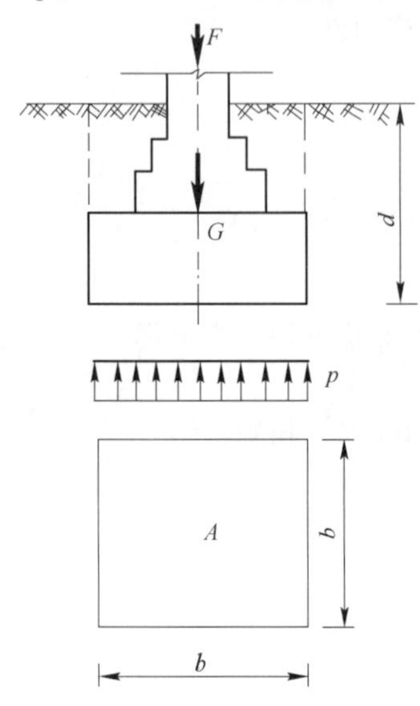

图 18-7-6 中心受压的独立基础

(1)独立基础(见图 18-7-6)

基础底面积 A 的计算公式，据 $p_k = \dfrac{F_k + G_k}{A}$ 为

$$A \geqslant \frac{F_k}{f_a - \gamma_G \bar{d}} \tag{18-7-7}$$

式中：F_k——相应于作用的标准组合时，上部结构传至基础顶面的竖向力值(kN)；

G_k——基础自重和基础上的土重(kN)；

A——基础底面面积(m^2)；

γ_G——基础及回填土的平均重度，地下水位以上可取 $20kN/m^3$，地下水位以下可取 $10kN/m^3$；

f_a——修正后的地基承载力特征值(kPa)；

$\bar{d}$——基础平均埋深(m)。

求出基底面积后，按基底形状求其边长。

基底为方形，边长 $b=\sqrt{A}$；基底为矩形，边长为 l、b，取其比例 $l/b \leqslant 2$，与柱的边长比相应为好，取整数，使 $l \times b \geqslant A$ 即可。注意，上述计算中 b 与 f_a 均为未知，可先不作承载力的宽度修正，待求得 b 后再进行地基承载力修正，总之是试算过程。

(2)条形基础

计算公式同上，为计算方便，通常取 $l=1m$。其中，F_k 为线荷载(kN/m)，所求的 A 在数值上即为基底宽度 b。

2.偏心荷载作用下的基础(见图 18-7-7、图 18-7-8)

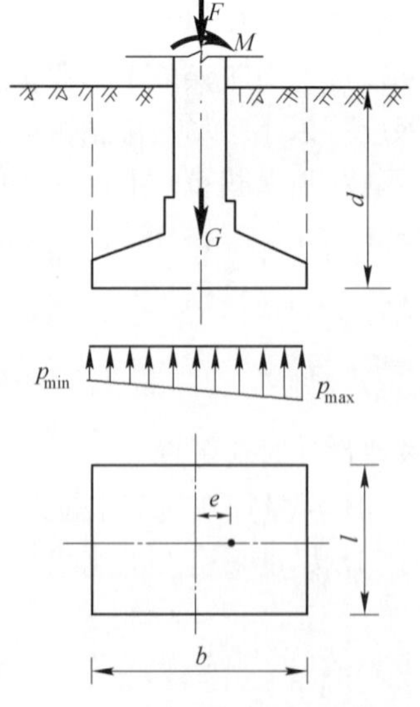

图 18-7-7 单向偏心荷载作用下的基础

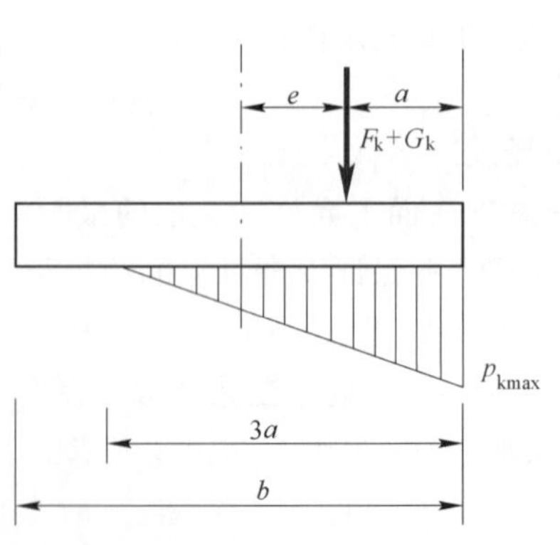

图 18-7-8 偏心荷载($e>b/6$)下基底压力计算示意图

矩形基础偏心荷载作用时，除应符合公式(18-7-6)要求外，基底最大压力尚应符合下式要求

$$p_{kmax}=\frac{F_k+G_k}{A}+\frac{M_k}{W}\leqslant 1.2f_a \tag{18-7-8}$$

当偏心距 $e\leqslant\frac{b}{6}$(b 为偏心方向基础底面边长)时

$$p_{kmax}=\frac{F_k+G_k}{A}\left(1+\frac{6e}{b}\right) \tag{18-7-9}$$

当偏心距 $e>\frac{b}{6}$时

$$p_{kmax}=\frac{2(F_k+G_k)}{3ba} \tag{18-7-10}$$

上述式中：G_k——基础自重和基础上的土重；

M_k——相应于荷载效应标准组合时，作用于基础底面的力矩值；

W——基础底面的抵抗矩(m^3)，$W=\frac{b^2l}{6}$；

p_{kmax}——相应于荷载效应标准组合时，基底边缘最大压力值。

l——垂直于力矩作用方向的基础底面边长(m)；

a——合力作用点至基础底面最大压力边缘的距离(m)；

b——力矩作用方向基础底面边长。

用试算法确定基础尺寸，步骤如下：

(1)先按中心荷载作用计算基础底面积 A_p。

(2)考虑偏心影响，加大 A_p。一般可根据偏心距的大小增大 10%～40%，即

$$A=(1.1\sim1.4)A_p \tag{18-7-11}$$

对矩形基础可按 A 初步选择相应的基础底面长度 l 和宽度 b，一般取 $l/b=1.2\sim2.0$。

(3)将 l 和 b 代入公式(18-7-9)、式(18-7-10)验算地基承载力。如满足，即可选定上述尺寸，如不满足则重新选择 A，据 A 定 l、b，再验算至满足要求为止。

(4)若验算式不仅能满足地基承载力要求且有较大富余时，则应缩小 A 值后再验算，否则造成浪费。

偏心荷载作用下的条形基础设计同上，只是 F_k、M_k 均为线荷载，直接可求得基础宽度 b。

3.矩形联合基础

可将其简化为若干集中荷载作用下的刚性板，计算简图如图 18-7-9 所示。设计中应考虑基础具有较好的刚度，并尽可能使荷载合力作用于基础底面形心。设计步骤为：

(1)求荷载合力作用点位置 $\bar{x}$(可对某点取矩求得)。

(2)以合力作用点为底面形心，设计底面长度 L

$$L=2(x_A+\bar{x})=x_A+L_0+x_B \tag{18-7-12}$$

式中：x_A、x_B——分别为各边柱轴线至其外端基础边缘的距离(m)；

$\bar{x}$——荷载合力作用点距边柱 A 的距离(m)；

L_0——两边柱轴线间的距离(m)。

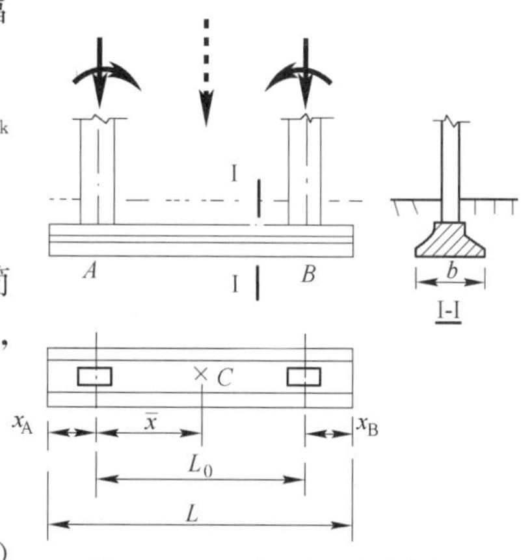

图 18-7-9　矩形联合基础计算简图

根据经验，x_A、x_B 可初步选定为 $0.5\text{m}\sim\frac{l_{边}}{3}$，其中，$l_{边}$ 为边端柱距(m)，可从一端起算。如从 A 点起算，则初设 x_A 后，基础长度为 $L=2(x_A+\bar{x})$，$x_B=L-L_0-x_A$。

考虑构造要求，初设基础宽度 b，根据式(18-7-6)验算基底压力 p_k，方法同前。

若不满足，则应修改设计，或增大底宽 b，或增大长度 L，此时应从选定 x_A 开始重复上述各步骤，直至求得合适的尺寸。

还可根据地基承载力特征值初估基底面积，因此时基底宽度未知，故 G_k 尚不能计入，则 $A>\frac{\sum F_k}{f_a}$。选定 A 值后，可算得 b，然后验算，直至满足。

(3)若条件有限，形心与合力作用点难以重合，则可设计为偏心基础，但应注意，尽量使这两点接近，以减小偏心距。求得基础尺寸后，基底压力按前面的方法验算。公式为

$$p_{max}=\frac{\sum F_k+G_k}{A}+\frac{\sum F_k\cdot e_x}{I_x}\cdot\frac{L}{2}\leqslant 1.2f_a \quad (18\text{-}7\text{-}13)$$

式中：e_x——沿柱荷载分布方向的合力偏心距(m)；

I_x——基础惯性矩(m^4)，$I_x=\frac{bL^3}{12}$。

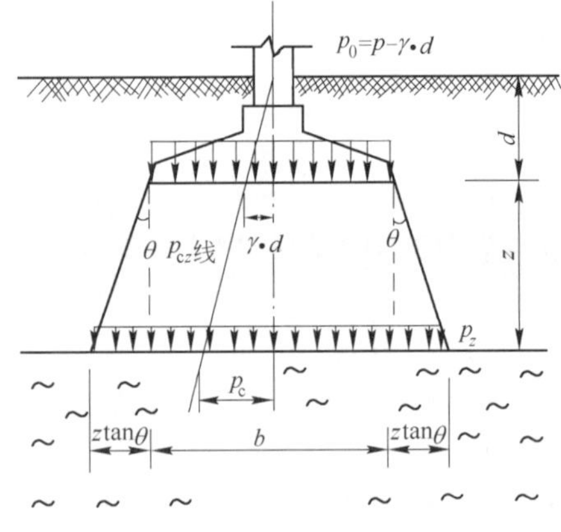

图 18-7-10 软弱下卧层验算简图

(三)软弱下卧层的验算

当地基受力层范围内有软弱下卧层时，还必须对软弱下卧层进行验算，要求作用在软弱下卧层顶面处的附加压力 p_z 与土的自重压力 p_{cz} 之和不超过软弱下卧层顶面处经深度修正后的地基承载力特征值 f_a，如图 18-7-10 所示，即

$$p_z+p_{cz}\leqslant f_{az} \quad (18\text{-}7\text{-}14)$$

当上层土与下卧软弱土层的压缩量比值不小于 3 时，p_z 按下列公式简化计算：

条形基础
$$p_z=\frac{b(p_k-p_c)}{b+2z\tan\theta} \quad (18\text{-}7\text{-}15)$$

矩形基础
$$p_z=\frac{lb(p_k-p_c)}{(b+2z\tan\theta)(l+2z\tan\theta)} \quad (18\text{-}7\text{-}16)$$

式中：b——条形基础或矩形基础底面宽度(m)；

p_c——基底处土的自重压力值(kPa)；

z——基础底面至软弱下卧层顶面的距离(m)；

θ——地基压力扩散线与垂直线的夹角，可查规范表采用；

l——矩形基础底面长度(m)。

(四)无筋扩展基础剖面设计

无筋扩展基础使用的脆性材料可为砖、毛石、灰土、三合土、混凝土和毛石混凝土。无筋扩展基础可用于多层的民用建筑和轻型厂房。无筋扩展基础的底面宽度 b 应符合下式要求(见图 18-7-11)，即通常所说的刚性角要求。

$$b\leqslant b_0+2H_0\tan\alpha \quad (18\text{-}7\text{-}17)$$

式中：b_0——基础顶面的砌体宽度；

H_0——基础高度；

$\tan\alpha$——基础台阶宽高比的允许值，一般可表示为$\frac{b_i}{H_i} \leqslant \alpha$。

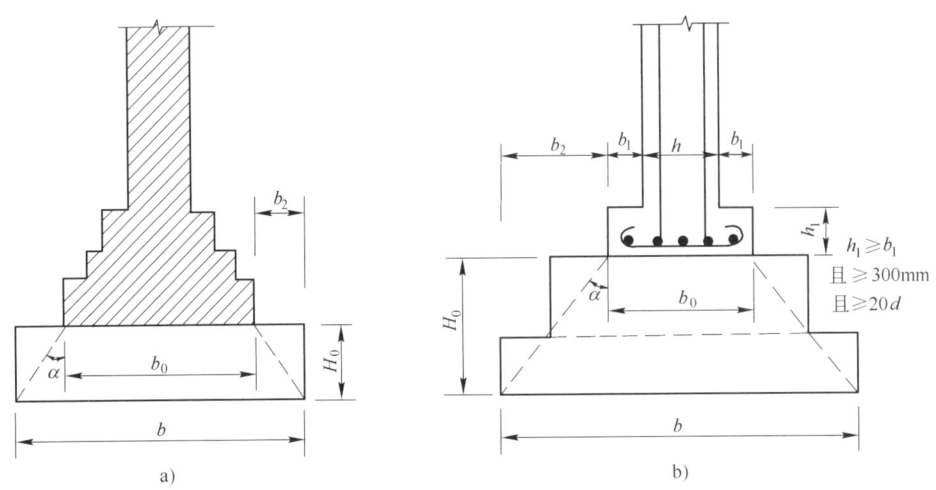

图 18-7-11　无筋扩展基础构造

a)墙下扩展基础；b)柱下扩展基础（d-柱中纵向钢筋直径）

当基础由不同材料叠合组成时，每种材料相应的基础段均应符合上式要求。此值与基础材料及其质量要求和基础底面处的平均压力有关，数值见表 18-7-5，α 称为刚性角。

无筋扩展基础台阶宽高比的允许值　　表 18-7-5

基础材料	质量要求	台阶宽高比的允许值		
		$p_k \leqslant 100$	$100 < p_k \leqslant 200$	$200 < p_k \leqslant 300$
混凝土基础	C15 混凝土	1∶1.00	1∶1.00	1∶1.25
毛石混凝土基础	C15 混凝土	1∶1.00	1∶1.25	1∶1.50
砖基础	砖不低于 MU10、砂浆不低于 M5	1∶1.50	1∶1.50	1∶1.50
毛石基础	砂浆不低于 M5	1∶1.25	1∶1.50	—
灰土基础	体积比为 3∶7 或 2∶8 的灰土，其最小干密度： 粉土 1.55t/m³ 粉质黏土 1.50t/m³ 黏土 1.45t/m³	1∶1.25	1∶1.50	—
三合土基础	体积比 1∶2∶4～1∶3∶6（石灰∶砂∶骨料） 每层约需铺 220mm，夯至 150mm	1∶1.50	1∶2.00	—

注：1. p_k 为荷载效应标准组合时基础底面处的平均压力值（kPa）。

2. 阶梯形毛石基础的每阶伸出宽度，不宜大于 200mm。

3. 当基础由不同材料叠合组成时，应对接触部分作抗压验算。

4. 基础底面处的平均压力值超过 300kPa 的混凝土基础，尚应进行抗剪验算。

阶梯形基础的每阶厚度应按不同材料满足相应构造要求。如灰土每步 15cm，最少两步最多三步，砖基础（含大放脚）符合二皮一收、二皮一皮兼收砌筑法，混凝土基础最小台阶厚度为 20cm 等。

采用无筋扩展基础的钢筋混凝土柱，其柱脚高度 h_1 不得小于 b_1，并不应小于 300mm 且不小于 $20d$（d 为柱中纵向受力钢筋的最大直径）。当柱纵向钢筋在柱脚内的竖向锚固长度不满足锚固要求时，可沿水平方向弯折，弯折后的水平锚固长度不应小于 $10d$ 也不应大于 $20d$。

【例 18-7-2】 如果扩展基础的冲切验算不能满足要求,可以采取以下哪种措施?

A. 降低混凝土强度等级　　B. 加大基础底板的配筋

C. 增大基础的高度　　D. 减小基础宽度

解 增大基础高度即增大基础抗冲切面积。

答案:C

【例 18-7-3】 如果无筋扩展基础不能满足刚性角的要求,可以采取以下哪种措施?

A. 增大基础高度　　B. 减小基础高度

C. 减小基础宽度　　D. 减小基础埋深

解 刚性角可用 $\tan\alpha=b/h$ 表示(b 为基础挑出墙外宽度,h 为基础放宽部分高度),需满足 $\alpha<\alpha_{max}$,故当无筋扩展基础不能满足刚性角的要求时,可采取增大基础高度和减小基础挑出宽度来调整 α 大小,使其满足要求,其代替了抗弯验算。

答案:A

【例 18-7-4】 无筋扩展基础需要验算下面哪一项?

A. 冲切验算　　B. 抗弯验算

C. 斜截面抗剪验算　　D. 刚性角

解 无筋扩展基础即刚性基础,在设计时,基础尺寸如满足刚性角,则基础截面弯曲拉应力和剪应力不超过基础施工材料的强度限值,故不必对基础进行抗弯验算和斜截面抗剪验算,也不必进行抗冲切验算。

答案:D

(五)扩展基础构造及配筋计算

1. 扩展基础的构造要求

(1)锥形基础的边缘高度,不宜小于 200mm;阶梯形基础的每阶高度,宜为 300~500mm。

(2)垫层的厚度不宜小于 70mm,垫层混凝土强度等级应为 C10。

(3)扩展基础底板受力钢筋的最小直径不宜小于 10mm,间距不宜大于 200mm,也不宜小于 100mm。墙下钢筋混凝土条形基础纵向分布钢筋的直径不小于 8mm,间距不大于 300mm,每延米分布钢筋的面积应不小于受力钢筋面积的 1/10。当有垫层时钢筋保护层的厚度不小于 40mm,无垫层时不小于 70mm。

(4)混凝土强度等级不应低于 C20。

(5)当柱下钢筋混凝土独立基础的边长和墙下钢筋混凝土条形基础的宽度大于或等于 2.5m时,底板受力钢筋的长度可取边长或宽度的 0.9 倍,并宜交错布置。

(6)钢筋混凝土条形基础底板在 T 形及十字形交接处,底板横向受力钢筋仅沿一个主要受力方向通长布置,另一方向的横向受力钢筋可布置到主要受力方向底板宽度的 1/4 处。在拐角处底板横向受力钢筋应沿两个方向布置。

钢筋混凝土柱和剪力墙纵向受力钢筋在基础内的锚固长度 l_a 应根据钢筋在基础内的最小保护层厚度按现行《混凝土规范》的有关规定确定。

现浇柱的基础,其插筋的数量、直径以及钢筋种类应与柱内纵向受力钢筋相同。插筋的锚固长度应满足规范的要求,插筋与柱的纵向受力钢筋的连接方法,应符合现行《混凝土规范》的规定。

预制钢筋混凝土柱与杯口基础的连接要求见《地基规范》第 8.2.4 条。

预制钢筋混凝土柱(包括双支柱)与高杯口基础的连接,应符合相应插入深度及其他相关规范规定。

2.扩展基础的计算

(1)扩展基础的基础底面积,应按前述方法确定。在条形基础相交处,不应重复计入基础面积。

(2)扩展基础的计算应符合下列规定:

①对柱下独立基础,当冲切破坏锥体落在基础底面以内时,应验算柱与基础交接处以及基础变阶处的受冲切承载力。

②对基础底面短边尺寸小于或等于柱宽加两倍基础有效高度的柱下独立基础,以及墙下条形基础,应验算柱(墙)与基础交接处的基础受剪切承载力。

③基础底板的配筋,应按抗弯计算确定。

④当基础的混凝土强度等级小于柱的混凝土强度等级时,尚应验算柱下基础顶面的局部受压承载力。

(3)对于扩展基础还有其他计算和构造要求(具体内容见规范):

①柱下独立基础的受冲切承载力的验算。

②当基础底面短边尺寸小于或等于柱宽加两倍基础有效高度时,柱与基础交接处截面受剪承载力验算。

③墙下条形基础底板,墙与基础底板交接处截面受剪承载力验算。

④在轴心荷载或单向偏心荷载作用下,当台阶的宽高比小于或等于2.5和偏心距小于或等于1/6基础宽度时,柱下矩形独立基础任意截面的底板弯矩计算。

⑤基础底板配筋计算、最小配筋率及构造要求。

⑥当柱下独立柱基底面长短边之比在大于或等于2、小于或等于3的范围时,基础底板短向钢筋布置方法。

⑦墙下条形基础的受弯计算和配筋要求。

(六)柱下条形基础

1.柱下条形基础的构造

除满足前述要求外,尚应符合下列规定:

(1)柱下条形基础梁的高度宜为柱距的1/4～1/8。翼板厚度不应小于200mm,当翼板厚度大于250mm时,宜采用变厚度翼板,其坡度不宜大于1∶3。

(2)条形基础的端部宜向外伸出,其长度宜为第一跨距的1/4。

(3)条形基础梁顶部和底部的纵向受力钢筋除满足计算要求外,顶部钢筋按计算配筋全部贯通,底部通长钢筋不应少于底部受力钢筋截面总面积的1/3。

(4)柱下条形基础的混凝土强度等级不应低于C20。

2.柱下条形基础的计算

除应符合《地基规范》相关要求外,尚应符合下列规定:

(1)在比较均匀的地基上,上部结构刚度较好,荷载分布较均匀,且条形基础梁的高度不小于1/6柱距时,地基反力可按直线分布,条形基础梁的内力可按连续梁计算,此时边跨跨中弯矩及第一内支座的弯矩值宜乘以1.2的系数。

(2)当不满足本条第一款的要求时,宜按弹性地基梁计算。

(3)对交叉条形基础,交点上的柱荷载,可按静力平衡条件及变形协调条件,进行分配。其内力可按本条上述规定,分别进行计算。

(4)应验算柱边缘处基础梁的受剪承载力。

(5)当存在扭矩时，尚应作抗扭计算。

(6)当条形基础的混凝土强度等级小于柱的混凝土强度等级时，应验算柱下条形基础梁顶面的局部受压承载力。

(七)筏形基础设计简介

筏形基础成片覆盖于建筑物地基上，有面积较大和完整的平面连续性，易于满足软弱地基承载力的要求，减少地基的附加应力和不均匀沉降，能跨越地下浅层小洞穴和局部软弱层；提供比较宽敞的使用空间；可作为水池、油库等的防渗地板；可增强建筑物的整体抗震性能；能适应位于其上的工艺连续作业和设备重新布置的要求等。有地下室或架空地板的筏基还具有一定的补偿性效应。但由于平面面积较大而厚度有限，故抗弯刚度有限，无力调整过大的沉降差异，尤其是对土岩组合地基等软硬明显不均匀的情况，就须局部处理才能适应；由于它的连续性，在局部荷载作用下，既要有抵抗正弯矩的钢筋，也要有抵抗负弯矩的钢筋，还须有一定数量的构造钢筋，因此经济指标较高。

筏板基础可分为等厚度的平板式和肋梁式筏板基础(见图 18-7-12)，前者一般在荷载不太大、柱网较均匀且柱距较小的情况下采用。

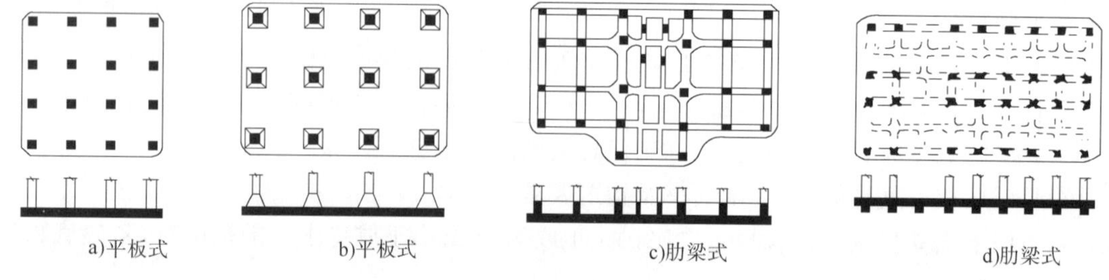

图 18-7-12　筏板基础

(1)筏形基础的平面尺寸，应根据地基土的承载力、上部结构的布置及荷载分布等因素按规范的有关规定确定。对单幢建筑物，在地基土比较均匀的情况下，基础底面形心宜与结构竖向永久荷载重心重合。当不能重合时，在荷载效应准永久组合下，偏心距 e 宜符合下式要求

$$e \leqslant 0.1W/A \tag{18-7-18}$$

式中：W——与偏心距方向一致的基础底面边缘抵抗矩；

A——基础底面积。

筏形基础的混凝土强度等级不应低于 C30。当有地下室时应采用防水混凝土，防水混凝土的抗渗等级应根据地下水的最大水头与防渗混凝土厚度的比值，按现行《地下工程防水技术规范》(GB 50108—2008)选用，但不应小于 0.6MPa，必要时宜设架空排水层。

采用筏形基础的地下室，地下室钢筋混凝土外墙厚度不应小于 250mm，内墙厚度不应小于 200mm。墙的截面设计除满足承载力要求外，尚应考虑变形、抗裂及防渗等要求。墙体内应设置双面钢筋，竖向和水平钢筋的直径不应小于 12mm，间距不应大于 300mm。

(2)梁板式筏基底板除计算正截面抗弯承载力外，其厚度尚应满足抗冲切承载力、抗剪切承载力的要求。对 12 层以上建筑的梁板式筏基，其底板厚度与最大双向板格的短边净跨之比不应小于 1/14，且板厚不应小于 400mm。

地下室底层柱、剪力墙与梁板式筏基的基础梁连接的构造应符合下列要求：

①柱、墙的边缘至基础梁边缘的距离不应小于 50mm；

②当交叉基础梁的宽度小于柱截面的边长时，交叉基础梁连接处应设置八字角，柱角与八

字角之间的净距不宜小于 50mm；

③单向基础梁与柱的连接，基础梁与剪力墙的连接，可参见相关规范。

(3)平板式筏基的板厚应满足抗冲切承载力的要求。计算时应考虑作用在冲切临界面重心上的不平衡弯矩产生的附加剪力。平板式筏基内筒下的板厚应满足抗冲切承载力的要求，平板式筏板除满足抗冲切承载力外，尚应验算距内筒边缘或柱边缘处筏板的抗剪承载力。

当筏板变厚度时，尚应验算变厚度处筏板的抗剪承载力。

当筏板的厚度大于 2 000mm 时，宜在板厚中间部位设置直径不小于 12mm、间距不大于 300mm 的双向钢筋网。

(4)当地基土比较均匀、上部结构刚度较好、梁板式筏基梁的高跨比或平板式筏基板的厚跨比不小于 1/6，且相邻柱荷载及柱间距的变化不超过 20%时，筏形基础可仅考虑局部弯曲作用。筏形基础的内力，可按基底反力直线分布进行计算，计算时基底反力应扣除底板自重及其上填土的自重。当不满足上述要求时，筏基内力应按弹性地基梁板的方法进行分析计算。

有抗震设防要求时，对无地下室且抗震等级为一、二级的框架结构，基础梁除满足抗震构造要求外，计算时尚应将柱根组合的弯矩设计值分别乘以 1.5 和 1.25 的增大系数。

对于矩形筏板基础，基底反力可按下列偏心受压公式进行简化计算(见图 18-7-13)

$$p_{kmax}、p_{kmin}、p_{k1}、p_{k2}=\frac{\sum F_k+G_k}{lb}\left(1\pm\frac{6e_x}{l}\pm\frac{6e_y}{b}\right) \tag{18-7-19}$$

式中：p_{kmax}、p_{kmin}、p_{k1}、p_{k2}——分别为按荷载效应标准组合时，基底四个角的压力值(kPa)；

$\sum F_k$——按荷载效应标准组合时，传至筏板上的总竖向力值(kN)；

G_k——基础自重和基础上的土重(kN)，$G_k=\gamma_G\bar{d}lb$(地下水位以上 $\gamma_G=20kN/m^3$，地下水位以下 $\gamma_G=10kN/m^3$)；

l、b——分别为筏板基础底面长与宽(m)；

$\bar{d}$——筏板基础的平均埋置深度(m)；

e_x、e_y——分别为上部结构荷载在 x、y 方向对基底形心的偏心距(x 轴、y 轴的原点通过基底形心)；

$$e_x=\frac{M_{ky}}{\sum F_k+G_k},e_y=\frac{M_{kx}}{\sum F_k+G_k} \tag{18-7-20}$$

M_{kx}、M_{ky}——分别为按荷载效应标准组合时，作用于基础底面对 x 轴、y 轴的力矩值(kN·m)。

确定筏基底面积时同样要求满足 $p_k=\frac{\sum F_k+G_k}{lb}\leqslant f_a$ 与 $p_{kmax}\leqslant 1.2f_a$。

按基底反力直线分布计算的梁板式筏基，其基础梁的内力可按连续梁分析，边跨跨中弯矩以及第一内支座的弯矩值宜乘以 1.2 的系数。梁板式筏基的底板和基础梁的配筋除满足计算要求外，纵横方向的底部钢筋尚应有 1/2～1/3 贯通全跨，且其配筋率不应小于 0.15%，顶部钢筋按计算配筋全部连通。

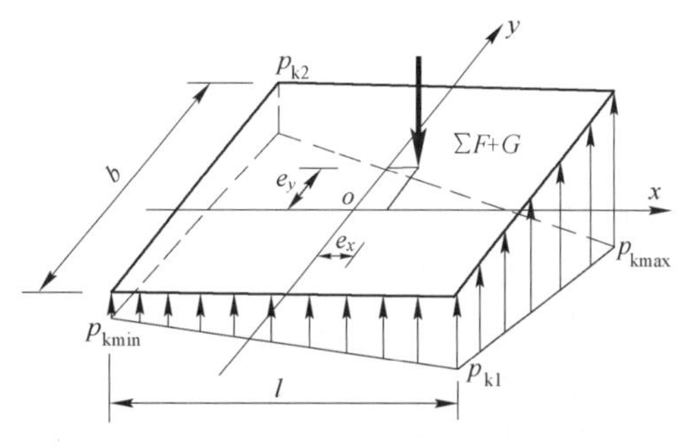

图 18-7-13 基底反力简化计算

按基底反力直线分布计算的平板式筏基，可按柱下板带和跨中板带分别进行内力分析。柱下板带中，柱宽及其两侧各 1/2 板厚且不大于 1/4 板跨的有效宽度范围内，其钢筋配置量不应小于柱下板带钢筋数量的一半，且应能承受部分不平衡弯矩 $\alpha_m M_{unb}$。M_{unb} 为作用在冲切临界截面重心上的不平衡弯矩，α_m 为分配系数。

梁板式筏基的基础梁除满足正截面抗弯及斜截面抗剪承载力外，尚应按现行《混凝土规范》的有关规定验算底层柱下基础梁顶面的局部抗压承载力。

筏板与地下室外墙的接缝、地下室外墙沿高度处的水平接缝应严格按施工缝的要求施工，必要时可设通长止水带。

高层建筑筏形基础与裙房基础之间的构造要求可参见《地基规范》。

(八)箱形基础设计简介

箱基在构造上要求平面形状简单，通常为矩形(见图 18-7-14)。基底的形心宜与结构竖向永久荷载重心重合，当不能重合时，在荷载效应准永久组合下，偏心距不宜大于 $0.1W/A$，式中，W 为基底的抵抗矩，A 为基底面积。

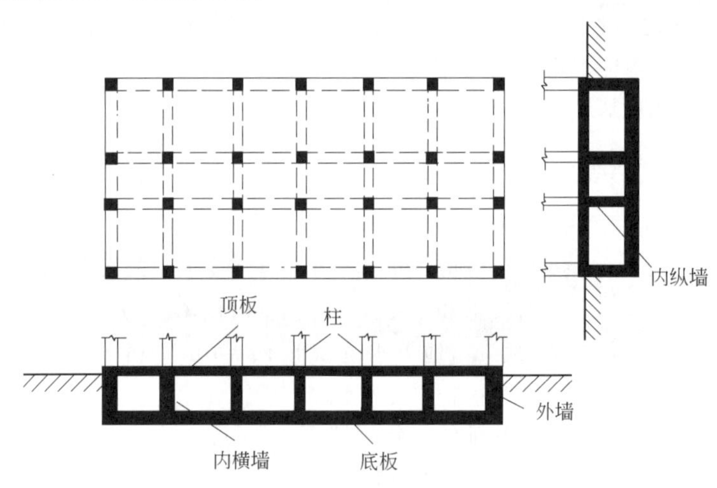

图 18-7-14 箱形基础

箱基宽阔的基础底面使地基受力层范围大为扩大，较大的埋置深度($d \geqslant 3$m)和中空的结构形式使开挖卸去的土重抵偿了上部结构传来的分布荷载在地基中引起的附加应力(补偿效应)，所以，与一般实体基础(扩展基础和柱下条形基础)相比，它能显著提高地基稳定性、减小基础沉降量。箱基形成的地下室可以提供多种使用功能。但由于内墙分隔，导致其不如筏基那样可以提供能充分利用的地下空间。

1. 构造要求

箱基从底板底面到顶板顶面的高度应满足结构承载力、整体刚度和使用功能的要求，一般可取建筑物高度的 1/12～1/8，也不宜小于箱基长度的 1/8，并应不小于 3.0m。

箱基埋置深度，一方面应满足建筑物对地基承载力、基础的倾覆和滑移稳定性以及建筑物整体倾斜的要求；另一方面也受深基坑开挖极限深度、降水的可能性，以及对临近建筑物影响等因素的制约，一般可取等于箱基的高度，在地震区不宜小于建筑物高度的 1/10。

箱基的平面尺寸应根据地基承载力、地基变形允许值以及上部结构的布局和荷载分布等条件确定。平面形状应力求简单，以便获得较好的整体刚度。必要时可调整箱基的平面尺寸或仅调整箱形基础的底板外伸尺寸以满足偏心距要求。

箱基顶、底板及墙身的厚度应根据受力情况、整体刚度及防水要求确定。一般底板及外墙的厚度不小于250mm,内墙厚度不小于200mm,底板厚度不小于50mm,顶板厚度不小于150mm。顶、底板厚度应满足剪切验算要求,底板尚应满足冲切验算要求。顶、底板及墙身的钢筋一般按双向、双面分离布置。墙体横、竖向钢筋直径不宜小于10mm,间距不宜大于200mm。除上部为剪力墙外,内、外墙的墙顶处宜配置两根直径不小于20mm的钢筋。

箱基外墙沿建筑物四周布置,内墙一般沿上部结构柱网和剪力墙的位置纵横均匀布置。平均每平方米箱基面积上的墙体长度不小于0.4m。墙体的水平截面积不小于箱基面积的1/10,其中纵墙配置量不小于总配置量的3/5。门洞应尽可能开设在柱间中部,其面积不宜大于柱距之间的墙体面积的16%,洞口四周应加强配筋。箱基长度大于40m时,要设置施工缝。

箱基大多埋置于地下水位以下,其外围多采用柔性卷材防水和防渗混凝土刚性防水方案,混凝土强度等级不应低于C20。

当箱基埋置于地下水位以下时,要重视施工阶段中的抗浮稳定性。一般采用井点降水法,使地下水位维持在基底以下以利施工。在箱基封完底让地下水位回升前,上部结构应有足够的重量,保证抗浮稳定系数不小于1.2,否则应另拟抗浮方案。此外,底板及外墙要采取可靠的防渗措施。

2.内力计算

箱基的内力分析,应根据上部结构整体刚度的强弱选择不同的计算方法。

(1)整体弯曲方案(或称整体+局部方案)

当上部结构为框架(或框剪)体系时,与刚度很大的箱基相比,其刚度不太大,属于敏感性结构。箱形基础内力应同时考虑整体弯曲及局部弯曲作用。对于天然地基上8~20层或建筑物高度不超过60m的钢筋混凝土框架结构的箱形基础,基础底面为矩形,地基土一般为第四纪黏性土及软土,《高层建筑箱形与筏形基础技术规范》(JGJ 6)提供了地基反力系数,可以简化地基反力的计算,计算所得局部弯曲的弯矩应乘以0.8的折减系数。计算所得整体弯曲的弯矩,在考虑上部结构与箱形基础共同作用后,约折减3/4。

(2)局部弯曲方案

当上部结构基本上为现浇剪力墙(筒)体系时,箱基几乎无异于带筏板基础的一个地下层。由于整个建筑物的刚度巨大,箱基的内、外墙便成了顶板和底板的可靠支座,基础顶板和底板按局部弯曲计算,顶部按实际荷载、底板按均布基底反力分析。考虑到整体弯曲的影响,钢筋配置量除应符合计算要求外,纵横方向支座钢筋尚应分别有0.15%、0.10%的配筋率连通配置,跨中钢筋按实际配筋率全部连通。

六、减轻不均匀沉降的措施

(一)建筑措施

(1)在满足使用和其他要求的前提下,建筑体型应力求简单,高差不宜过大。当建筑体型比较复杂时,应根据其平面形状和高度差异情况,在适当部位用沉降缝将其划分成若干个刚度较好的单元;当刚度差异或荷载差异较大时,可将两者隔开一定距离;当拉开距离后的两单元必须连接时,应采用能自由沉降的连接构造。

(2)建筑物的下列部位宜设置沉降缝:

①建筑平面的转折部位;

②高度或荷载差异处;

③长高比过大的砌体承重结构或钢筋混凝土框架结构的适当部位;

④地基土的压缩性有显著差异处；

⑤建筑结构或基础类型不同处；

⑥分期建造房屋的交界处。

沉降缝应有足够的宽度，数值可查《地基规范》，缝内一般不填塞材料。

(3)相邻建筑物基础间保持一定净距数值可查《地基规范》。建造在软弱地基上的建筑物，应将高低悬殊部分(或新老建筑物)拉开一定距离。

(4)相邻高耸结构或对倾斜要求严格的建筑物的外墙间隔距离，应根据倾斜允许值计算确定。

(5)调整建筑物的某些标高。建筑物各组成部分的标高，应根据可能产生的不均匀沉降采取以下措施：室内地坪和地下设施的标高，应根据预估沉降量予以提高；当建筑物各部分(或设备之间)有联系时，可提高沉降较大者的标高；建筑物与设备之间，应备有足够的净空；当建筑物有管道穿过时，应预留足够尺寸的孔洞，或采用柔性的管道接头。

(二)结构措施

(1)减小建筑物沉降和不均匀沉降。选用轻型结构，减轻墙体自重，采用架空地板代替室内回填土；设置地下室或半地下室；采用覆土少、自重轻的基础形式；调整各部分的荷载分布、基础宽度或埋置深度；对不均匀沉降要求严格的建筑物，可减小基底压力。

(2)加强基础整体刚度。对于建筑体型复杂、荷载差异较大的框架结构，可采用箱基、桩基、筏基等，以减少不均匀沉降。

(3)对于砌体承重结构的房屋，宜采用下列措施增强其上部结构的整体刚度和强度：

①对于三层和三层以上的房屋，其长高比宜小于或等于2.5，当长高比小于等于3且大于2.5时，宜做到纵墙不转折或少转折，并应控制其内横墙间距或增强基础刚度和强度。当房屋的预估最大沉降量不大于120mm时，其长高比可不受限制。

②墙体内宜设置钢筋混凝土圈梁或钢筋砖圈梁。

③在墙体上开洞时，宜在开洞部位配筋或采用构造柱及圈梁加强。

(4)圈梁应按下列要求设置：

①在多层房屋的基础和顶层处宜各设置一道，其他各层可隔层设置，必要时也可层层设置。单层厂房、仓库可结合基础梁、连系梁、过梁等酌情设置。

②圈梁应设置在外墙、内纵墙和主要横墙上，并宜在平面内连成封闭系统。

(三)施工措施

(1)基坑开挖时，不要扰动基底土的原状结构，通常在坑底保留200mm厚的土层，待垫层施工时再铲除。如发现坑底土已被扰动，应将已扰动的土挖去，并用砂、碎石回填夯实。

(2)当建筑物存在高低或轻重不同部分时，一般应先施工高层或重的部分，后建低层或轻的部分。如在高低层之间使用连接体时，应最后修建连接体。

【例 18-7-5】 下面哪种措施有利于减轻不均匀沉降的危害？

A. 建筑物采用较大的长高比

B. 复杂的建筑物平面形状设计

C. 增强上部结构的整体刚度

D. 增大相邻建筑物的高差

解 增强建筑物上部结构的整体刚度有利于减轻不均匀沉降的危害。选项A、B、D都不利于减轻不均匀沉降的危害。

答案：C

【例 18-7-6】 对于建筑体型复杂荷载的结构，减小基础底面的沉降的措施不包括：

A. 采用箱基　　B. 柱下条形基础　　C. 采用筏基　　D. 单独基础

解　对于建筑体型复杂、荷载差异较大的结构，可采用柱下条形基础、筏基及箱基等基础，以减小不均匀沉降。

答案：D

七、地基、基础及上部结构共同工作的初步概念

目前的地基基础设计方法是力学分析中的隔离体法，即将上部结构、基础、地基分别按隔离体对待。上部结构与基础接触处的内力作为外荷载（一般称为支座反力），作用于上部结构或基础上（方向相反），基础与地基接触面处的内力也作为外荷载（一般称为地基反力），作用于基础上或地基上（方向相反）。支座反力视基础与上部结构的连接方式可按铰接或固定支座求解，地基反力一般按简化直线分布法计算。

这种实用的解法存在着弊病，即各部分接触面处不一定满足变形协调条件。

实际上，地基、基础与上部结构是共同工作，只因影响因素多，还未有成熟方法从理论上将它们作为一个整体来计算。现简单分析一下它们的相互关系。

（一）上部结构刚度与基础受力的关系

任何结构都具有一定的刚度，同样，基础作为一种结构也具有刚度。上部结构的刚度大小，决定了它对不均匀沉降引起的附加应力的敏感性。刚度越大，敏感性越大（不均匀沉降引起较大附加应力的结构称敏感性结构），对不均匀沉降的适应性越小。上部结构刚度与基础刚度之比对地基的受力及变形影响在梁板式基础中尤显重要。上部结构与基础刚度之比（相对刚度）越大，对地基受力和变形的调整能力越强，地基的变形越趋于均匀。

当然，实际工程中不存在绝对刚性（柔性）结构，只能定性地判断其更接近于哪种状态，如高炉、烟囱等整体构筑物可以认为是绝对刚性的，剪力墙体系的高层建筑接近绝对刚性，而单层排架和静定结构是接近绝对柔性的。在基础设计时，应考虑上部结构的刚度影响，恰当选择上部结构类型以适应地基变形，并满足基础强度要求。

（二）地基条件对基础受力的影响

地基条件的变化，将引起基础挠曲形态的变化。实际工程可能基础与荷载均相同，地基条件不同。如地基为中部硬，两边软，基础呈凸状挠曲；如果相反，地基中软，两边硬，则基础呈凹状挠曲。地基的压缩性均匀与否，直接影响着基础的受力和变形。因此，基础设计时必须充分考虑地基条件，尽量避开不均匀的地基。

（三）上部荷载对基础受力的影响

上部荷载的大小与分布，对基础受力状况有直接的影响，它们与地基条件的搭配是否合理，更会使这种影响扩大，应尽力使荷载大小分布与地基强度大小相对应。

实践中，共同工作问题绝非如此直观、简单，此处仅供初步建立概念而已。

习　题

18-7-1　框架结构地基变形的主要特征是（　　）。

A. 沉降量　　B. 沉降差　　C. 倾斜　　D. 局部倾斜

18-7-2　当基础需要浅埋，而基底面积又受限时，应选用的刚性基础是（　　）。

A. 混凝土基础　　B. 毛石基础　　C. 砖基础　　D. 钢筋混凝土基础

18-7-3　设计有吊车的厂房柱基础时，为防止基础过分倾斜，偏心距 e 应控制在(　　)。(注：以下式中 b 为偏心方向边长)

A. $e<\frac{b}{2}$　　B. $e<\frac{b}{4}$　　C. $e<\frac{b}{6}$　　D. $e<\frac{b}{8}$

18-7-4　新建建筑物基础与原有相邻建筑物基础间的净距 L 与两基底标高差 ΔH 的关系是(　　)。

A. $L=(0.5\sim1)\Delta H$　　B. $L=(1\sim2)\Delta H$

C. $L\geqslant(1\sim2)\Delta H$　　D. $L\geqslant2\Delta H$

18-7-5　基础的最小埋深 $d_{\min}$ 允许残留冻土层最大厚度 $h_{\max}$ 与设计冻深 z_{d} 的关系是(　　)。

A. $d_{\min}=z_{\mathrm{d}}$　　B. $d_{\min}=z_{\mathrm{d}}+h_{\max}$

C. $d_{\min}=z_{\mathrm{d}}-h_{\max}$　　D. $d_{\min}=h_{\max}-z_{\mathrm{d}}$

18-7-6　柱下条形基础端部宜向外伸出，其长度宜为第一跨距的(　　)。

A. $\frac{1}{3}$　　B. $\frac{1}{2}$　　C. $\frac{1}{4}$　　D. $\frac{1}{5}$

18-7-7　当建筑物长度较大时设置沉降缝，其作用是(　　)。

A. 减少地基不均匀沉降的结构措施　　B. 减少地基不均匀沉降的施工措施

C. 减少地基不均匀沉降的建筑措施　　D. 减少地基不均匀沉降的构造措施

18-7-8　地基、基础与上部结构共同工作是指三者之间应满足(　　)。

A. 静力平衡条件　　B. 动力平衡条件

C. 变形协调条件　　D. 静力平衡和变形协调条件

18-7-9　当拟建的相邻建筑物之间高低、埋深悬殊时，合理的施工顺序为(　　)。

A. 先高后低，先深后浅　　B. 先高后低，先浅后深

C. 先低后高，先深后浅　　D. 先低后高，先浅后深

第八节　深　基　础

一、深基础类型

高层或重型建筑物荷载较大，浅层地基的强度及变形均不能满足设计要求，必须利用深层地基土作为持力层，此时应采用深基础。其中普遍采用的是桩基础，将在以下详述，尚有其他几种类型，因使用范围有限仅作简介。

(一)桩箱(筏)复合基础

采用摩擦群桩与箱基(或筏基)共同承受建筑物荷载的基础，称之为桩箱(或筏桩)基础。它具备两种基础的功能，是复合式基础。

竖向荷载主要由桩承担，桩与箱基底板(或筏板)的嵌固，应符合桩与承台连接的要求。

桩箱(筏桩)基础的布桩方式可分为均匀布桩，在箱基的纵、横墙下布桩，根据基底压力图疏密不均布桩以及按复合地基的要求布桩等。

在地下室底板下设桩时，应根据不同土层特性，考虑复合基础的受力。

(1)桩全部打入压缩性黏土层中。基坑开挖因卸载而膨胀，又由于打桩而隆起。要先清除

隆起的土层，再浇注底板混凝土。以后，隆起土壤将下塌，底板下面和土壤表面空隙增大，底板所受的压力就是浇注时土壤的膨胀压力。

如果先将灌注桩做到底板底面处，然后开挖，基底在未充分膨胀之前就立即修建底板，则底板既要承受上部荷载产生的压力，又要承受基底土膨胀时的上托力(相当于恒载的 1/2)。

(2)在含水的土层中，桩承受的净荷载，应按常规计算后再减去地下水对底板的浮力。

(3)打入桩支承在基岩上时，会引起如前所述的隆起，如在打桩后不久就浇注底板，待隆起的基土逐渐沉落后，底板下将出现永久性缝隙难于消除。如采用挖孔灌注桩，由于基土的长时间膨胀(在桩上加载是逐渐的)，会连同桩体一起上托，使桩底离开基岩面。

(4)穿过软黏土而进入硬黏土的桩，其受力情况介于(1)、(3)两种情况之间。硬黏土层的沉降量较小，软黏土层开始隆起，随着孔隙水压力的消散而沉降，基土离开底面而出现缝隙。

(5)在松砂中的桩，不会由于开挖引起基土的膨胀，在成桩过程中松砂还会有一定下沉致密作用，因此对底板的土压力会很小，主要是静水压力。

虎柏(Hooper)经测试，得出结论，施工结束时大厦荷载的 60%由桩支承，40%由筏基底板支承，经过 3 年后，又有 6%的荷载传递给桩，以后荷载将缓慢的全部由桩承受。

(二)沉井基础

在旧房改建加固工程中，由于周围建筑密集，不能采用大开挖，又无条件选用地下连续墙时，可采用开口沉井方案。开口沉井由井壁、凹槽和刃脚等部分组成，其构造如图 18-8-1 所示。

沉井的平面形状有圆形、椭圆形、方形等，还可分为单孔、双孔和多孔等类型。

沉井井壁可分为竖直的、台阶形的、斜坡形的等几种类型。

旱地下沉沉井的施工过程：制作第一节沉井，抽垫木，挖土下沉，接高沉井，达设计标高后封底并浇筑钢筋混凝土底板，如图 18-8-2 所示。

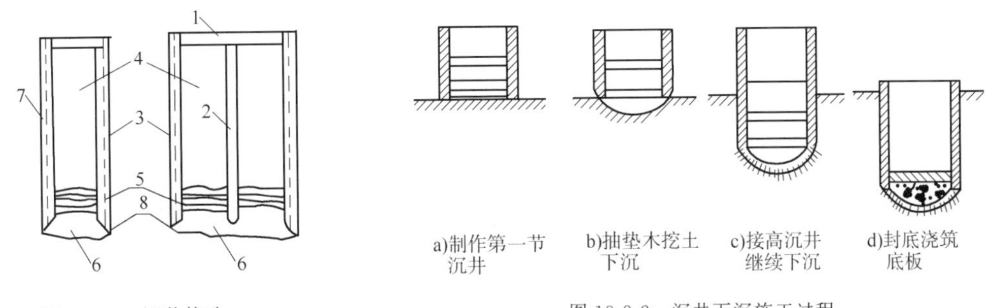

图 18-8-1 沉井构造

1-顶板；2-隔墙；3-井壁；4-井孔；5-凹槽；6-封底混凝土；7-射水管；8-刃脚

图 18-8-2 沉井下沉施工过程

(三)地下连续墙

基坑开挖施工时，地下连续墙可作为支护结构，施工后也可作为承重结构，支承上部荷载。

地下连续墙适用于各种土质和各种场地，施工时无振动，无噪声，不必放坡，不必支撑；特别是在建筑物拥挤地区，能在确保相邻建筑安全的情况下进行施工，综合经济效果好。

地下连续墙厚度一般为 450～600mm，长度可根据工程需要而定，每段槽孔长度约为 6～8m，深度可达 20～30m，为防止坍孔，施工时要向槽内灌注膨润土泥浆。

地下连续墙每槽段的连接可用接头管法、接头箱法、钢板接头法及隔板式接头法等方法。

(四)深基坑的支护工程

深基坑的开挖和支护是整个建筑工程的重要组成部分,其造价、工期在整个工程中占有很大比例。

作为支护结构,除了打入式钢板桩(或钢筋混凝土桩)之外,目前最常用的是挖(钻)孔灌注桩、深层搅拌桩、地下连续墙等。板桩或灌注桩再配合土锚杆及拉杆,可以有效地支护基坑边坡。此外还可与坑内外的降水技术与信息化施工的监测系统配合起来,这是一整套深基坑支护技术,从计算到监测均有待于进一步探讨以确保质量,降低造价。

二、桩与桩基础分类

(一)桩的作用

在房屋结构、道路桥梁以及码头护岸工程中广泛采用桩基础,随着高层建筑的大量修建,单桩承载力不断提高,大直径扩底桩墩基础方兴未艾。为了节约耕地,尽量利用各类软弱地基,桩基础也是一种主要手段。

桩基础是由多根设置在土中的桩和承接上部结构的承台组成,随着大直径桩墩基础的应用,也出现了不要承台的一柱一墩(桩)基础。

通常,桩的作用有以下几种:

(1)把上部结构的垂直荷载和水平荷载传到地基中的持力层,同时又是抗地震液化的重要措施。

(2)抵抗上拔力和倾覆力。例如,地下水位以下的筏基或箱基受上浮力的作用,各种塔架如输电线路转角铁塔、电视广播发射塔、雷达天线架等均承受倾覆力。

(3)对打入桩(预制桩)可通过打桩振动挤密松软的地基土。

(4)扩展式基础、箱基、筏基等基础的持力层土质不太好,或者下卧层有高压缩性土,采用桩基可以控制沉降。

(5)可以提高机器设备基础下的地基刚度,从而控制振动的振幅和系统的自振频率。

(6)如果桥墩有潜在冲刷的危险,采用桩基并深入冲刷线以下,可以提高安全度。

(二)桩基础分类及构造

1. 桩的分类

根据桩的受力、材料和施工方法的不同,可将其分为多种类型,如图 18-18-3 所示。

根据桩的受力情况,可分为摩擦型桩和端承型桩,如图18-18-4所示。

根据桩的成桩方式,将用压入、振动或打入预制桩的成桩方式成的桩,称作不排土桩或挤土桩;将先成孔、后灌注混凝土的桩,称为排土桩或非挤土桩。

摩擦型桩分为摩擦桩和端承摩擦桩。摩擦桩是指在竖向极限荷载作用下,桩顶荷载全部由桩侧阻力承受的桩,而桩顶荷载主要由桩侧阻力承受的桩称为端承摩擦桩。设置于深厚的软弱土层中,无较硬的土层作为桩端持力层或桩端持力层虽然较坚硬但桩的长径比 l/d 很大的桩,可视为摩擦桩。

端承型桩分为端承桩和摩擦端承桩。端承桩是指在竖向极限荷载作用下,桩顶荷载全部由桩端阻力承受的桩,而桩顶荷载主要由桩端阻力承受的桩称为摩擦端承桩。一般长径比 $l/d<10$,桩身穿越软弱土层,桩端设置于密实砂层、碎石类土层、中等风化及微风化岩层中的桩,均可视为端承桩。

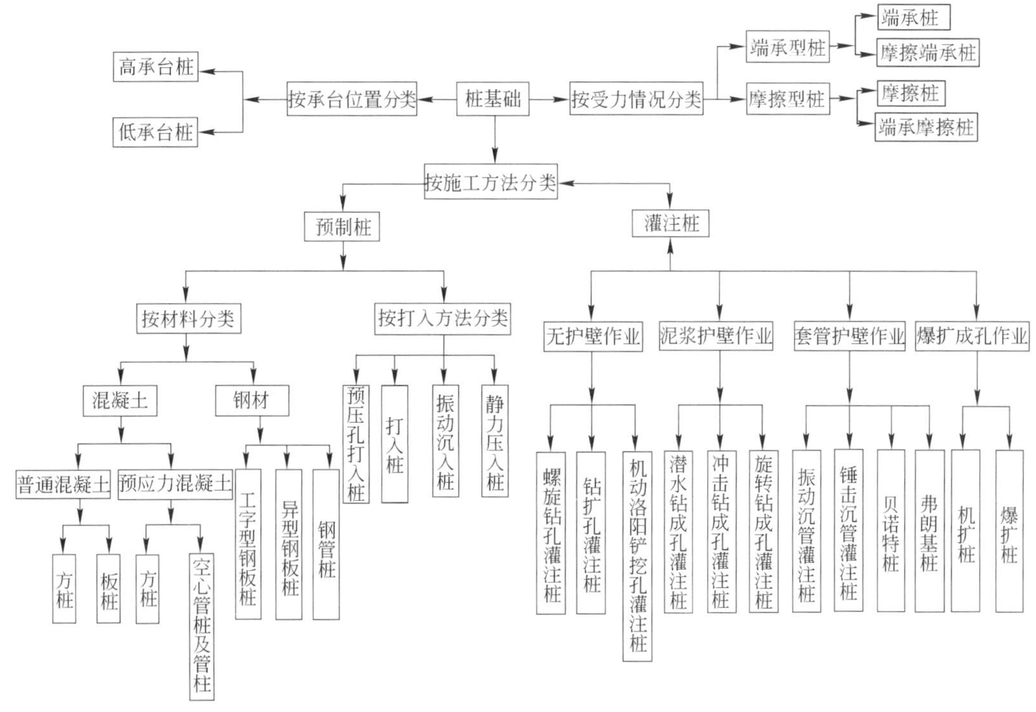

图 18-18-3　桩基础分类

2.桩基设计应符合的规定

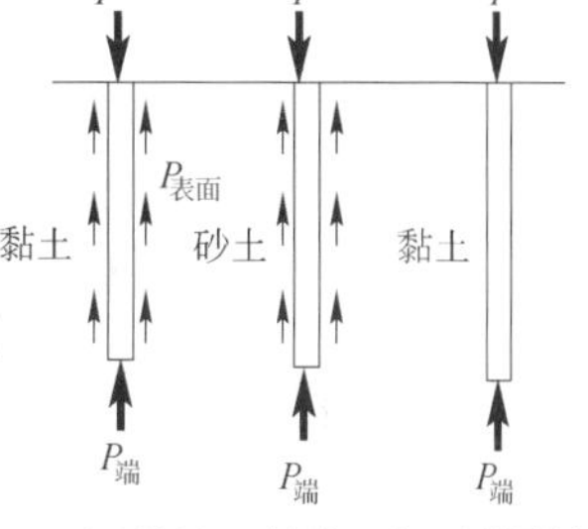

图 18-18-4　按桩的受力情况分类

(1)所有桩基均应进行承载力和桩身强度计算。对预制桩，尚应进行运输、吊装和锤击等过程中的强度和抗裂验算。

(2)桩基础沉降验算应符合《地基规范》相关规定。

(3)桩基础的抗震承载力验算应符合现行国家标准《建筑抗震设计规范》(GB 50011)的有关规定。

(4)桩基宜选用中、低压缩性土层作桩端持力层。

(5)同一结构单元内的桩基，不宜选用压缩性差异较大的土层作桩端持力层，不宜采用部分摩擦桩和部分端承桩。

(6)由于欠固结软土、湿陷性土和场地填土的固结，场地大面积堆载、降低地下水位等原因，引起桩周的沉降大于桩的沉降时，应考虑桩侧负摩擦力对桩基承载力和沉降的影响；

(7)对位于坡地、岸边的桩基，应进行桩基的整体稳定验算。桩基应与边坡工程统一规划，同步设计；

(8)岩溶地区的桩基，当岩溶上覆土层的稳定性有保证，且桩端持力层承载力及厚度满足要求，可利用上履土层作为桩端持力层。当必须采用嵌岩桩时，应对岩溶进行施工勘察；

(9)应考虑桩基施工中挤土效应对桩基及周边环境的影响；在深厚饱和软土中不宜采用大片密集有挤土效应的桩基；

(10)应考虑深基坑开挖中，坑底土回弹隆起对桩身受力及桩承载力的影响；

(11)桩基设计时，应结合地区经验考虑桩、土、承台的共同工作；

(12)在承台及地下室周围的回填中，应满足填土密实度要求。

3.桩和桩基的构造应符合的规定

(1)摩擦型桩的中心距不宜小于桩身直径的3倍;扩底灌注桩的中心距不宜小于扩底直径的1.5倍,当扩底直径大于2m时,桩端净距不宜小于1m。在确定桩距时尚应考虑施工工艺中挤土等效应对邻近桩的影响。

(2)扩底灌注桩的扩底直径,不应大于桩身直径的3倍。

(3)桩底进入持力层的深度,根据地质条件、荷载及施工工艺确定,宜为桩身直径的1～3倍。在确定桩底进入持力层深度时,尚应考虑特殊土、岩溶以及震陷液化等影响。嵌岩灌注桩周边嵌入完整和较完整的未风化、微风化、中风化硬质岩体的最小深度,不宜小于0.5m。

(4)布置桩位时宜使桩基承载力合力点与竖向永久荷载合力作用点重合。

(5)设计使用年限不少于50年时,非腐蚀环境中预制桩的混凝土强度等级不应低于C30,预应力桩不应低于C40,灌注桩的混凝土强度等级不应低于C25;二类环境及三类、四类、五类微腐蚀环境中不应低于C30;在腐蚀环境中的桩,桩身混凝土的强度等级应符合现行国家标准《混凝土结构设计规范》(GB 50010—2012)的有关规定。设计使用年限不少于100年的桩,桩身混凝土的强度等级宜适当提高。水下灌注混凝土的桩身混凝土强度等级不宜高于C40。

(6)桩身混凝土的材料、最小水泥用量、水灰比、抗渗等级等应符合现行国家标准《混凝土结构设计规范》(GB 50010)、《工业建筑防腐蚀设计规范》(GB 50046)及《混凝土结构耐久性设计规范》(GB /T 50476)的有关规定。

(7)桩的主筋配置应经计算确定。预制桩的最小配筋率不宜小于0.8%(锤击沉桩)、0.6%(静压沉桩),预应力桩不宜小于0.5%;灌注桩最小配筋率不宜小于0.2%～0.65%(小直径桩取大值)。桩顶以下3～5倍桩身直径范围内,箍筋宜适当加强加密。

(8)桩身纵向钢筋配筋长度应符合下列规定:

①受水平荷载和弯矩较大的桩,配筋长度应通过计算确定。

②桩基承台下存在淤泥、淤泥质土或液化土层时,配筋长度应穿过淤泥、淤泥质土层或液化土层。

③坡地岸边的桩、8度及8度以上地震区的桩、抗拔桩、嵌岩端承桩应通长配筋。

④钻孔灌注桩构造钢筋的长度不宜小于桩长的2/3;桩施工在基坑开挖前完成时,其钢筋长度不宜小于基坑深度的1.5倍。

(9)桩身配筋可根据计算结果及施工工艺要求,可沿桩身纵向不均匀配筋。腐蚀环境中的灌注桩主筋直径不宜小于16mm,非腐蚀性环境中灌注桩主筋直径不应小于12mm。

(10)桩顶嵌入承台内的长度不应小于50mm。主筋伸入承台内的锚固长度不应小于钢筋直径(HPB300)的30倍和钢筋直径(HRB335和HRB400)的35倍。对于大直径灌注桩,当采用一柱一桩时,可设置承台或将桩和柱直接连接。桩和柱的连接可按《地基规范》第8.2.5条高杯口基础的要求选择截面尺寸和配筋,柱纵筋插入桩身的长度应满足锚固长度的要求。

(11)灌注桩主筋混凝土保护层厚度不应小于50mm;预制桩不应小于45mm;预应力管桩不应小于35mm;腐蚀环境中灌注桩不应小于55mm。

三、单桩轴向承载力的确定

(一)桩身结构的承载力

确定桩身结构的承载力应该考虑以下三个方面的问题:

(1)施工起吊和运输的强度设计,此为施工领域问题,预制桩多有标准设计。

(2)沉桩施工中的锤击动应力和瞬间动荷载作用下的结构强度。

(3)长期荷载作用下桩身材料强度的确定。

对于钢筋混凝土桩的单桩轴向承载力设计值 R,可按下式计算

$$R = \varphi(\psi_c f_c A_p + f'_y A_g) \tag{18-8-1}$$

式中:R——混凝土桩的单桩轴向承载力设计值(kN);

f_c——混凝土轴心抗压强度设计值(kPa);

A_p——桩的横截面面积(m^2);

f'_y——纵向钢筋抗压强度设计值(kPa);

A_g——纵向钢筋的横截面面积(m^2);

φ——桩的稳定系数,计算桩身轴心抗压强度时,一般可不考虑弯曲的影响,即取 $\varphi=1.0$,若桩的自由长度较大或桩周有厚度较大的软弱土层,或桩周围有较厚的可液化土层,应考虑桩身弯曲的影响;

ψ_c——施工工艺系数,考虑到灌注桩的混凝土质量不像预制桩那样易于保证,设计时应将轴心抗压强度设计值和弯曲抗压强度设计值乘以系数 ψ_c,对挖孔灌注桩 $\psi_c=0.9$,其他各类灌注桩 $\psi_c=0.8$,对混凝土预制桩 $\psi_c=1.0$。

(二)土对桩的支承力

《地基规范》规定:初步设计时,单桩竖向承载力特征值可按下列公式估算

$$R_a = q_{pa} A_p + u_p \sum q_{sia} l_i \tag{18-8-2}$$

式中:R_a——单桩竖向承载力特征值(kN);

q_{pa}——桩端土端阻力特征值(kPa);

A_p——桩底端横截面面积(m^2);

u_p——桩身周边长度(m);

q_{sia}——桩侧阻力特征值(kPa);

l_i——按土层划分的各段桩长(m)。

当桩端嵌入完整及较完整的硬质岩中时,可按下式估算单桩的竖向承载力特征值

$$R_a = q_{pa} A_p \tag{18-8-3}$$

式中:q_{pa}——桩端岩石承载力特征值;

A_p——桩底端横截面面积(m^2)。

【例 18-8-1】 某桩基础的桩的截面为 400mm×400mm,建筑地基土层由上而下依次为粉质黏土(3m 厚)、中密粗砂(4m 厚)、微风化软质岩(5m 厚)。对应的桩周土摩擦力特征值分别为 20kPa、40kPa、65kPa,桩长为 9m,桩端岩土承载力特征值为 6000kPa,则单桩竖向承载力特征值为:

A. 1129kN　　B. 1420kN　　C. 1520kN　　D. 1680kN

解 根据单桩竖向承载力计算公式:$R_a = q_{pa} A_p + u_p \sum q_{sia} l_i$,其中桩端岩土承载力特征值 $q_{pa}=6000$kPa,桩截面面积 $A_p=0.4\times0.4=0.16m^2$,桩身周长为 $u_p=1.6$m,计算 $R_a=6000\times0.16+1.6\times(20\times3+40\times4+65\times2)=1520$kN。

答案:C

(三)按静载荷试验确定单桩承载力

《地基规范》规定:单桩竖向承载力特征值,应通过单桩竖向静载荷试验确定。同一条件下

的试桩数量，不宜少于总桩数的1%，并不应少于3根。

挤土桩宜在设置后隔一段时间开始静载荷试验，对预制桩，打入砂土中后7d，如为黏性土，应视土的强度恢复而定，一般不得少于15d，对于饱和黏性土不得少于25d。至于灌注桩，尚应待桩身混凝土达到设计强度后，才能进行试桩。

【例18-8-2】 对混凝土灌注桩进行载荷试验，从成桩到开始试验的间歇时间为：

A. 7d　　B. 15d

C. 25d　　D. 桩身混凝土达设计强度

解 《地基规范》第Q.0.4条规定开始试验的时间：预制桩在砂土中入土7d后。黏性土不得少于15d。对于饱和软黏土不得少于25d。灌注桩应在桩身混凝土达到设计强度后，才能进行。

答案：D

1. 加荷方式与稳定判断

试验的加荷方式应尽可能再现桩的实际工作情况。《地基规范》规定：每级加载量宜为预估极限荷载的1/8～1/10，且不小于8级。每级荷载作用下，桩顶沉降量连续两次每1h不超过0.1mm，即视为已达到稳定，可加下一级荷载。当出现下列情况之一者，即可终止加载：

(1)当荷载-沉降(Q-s)曲线上有可判定极限承载力的陡降段，且桩顶总沉降量超过40mm；

(2)$\frac{\Delta s_{n+1}}{\Delta s_n} \geqslant 2$，且经24h尚未达到稳定；

(3)25m以上的非嵌岩桩，Q-s曲线呈缓变型时，桩顶总沉降量大于60～80mm；

(4)在特殊条件下，可根据具体要求加载至桩顶总沉降量大于100mm。

注：①Δs_n——第n级荷载的沉降增量；Δs_{n+1}——第$n+1$级荷载的沉降增量。

②桩底支承在坚硬岩(土)层上，桩的沉降量很小时，最大加载量不应小于设计荷载的2倍。

卸载观测：每级卸载值为加载值的2倍。卸载后隔15min测读一次，读两次后，隔半小时再读一次，即可卸下一级荷载。全部卸载后，隔3～4h再测读一次。

2. 单桩极限承载力的确定

单桩竖向极限承载力可按下列方法确定：

(1)作荷载-沉降(Q-s)曲线和其他辅助分析所需的曲线。

(2)当陡降段明显时，取相应于陡降段起点的荷载值。

(3)当出现《地基规范》附录Q.0.8第二款的情况时，取前一级荷载值。

(4)Q-s曲线呈缓变型时，取桩顶总沉降量$s=40$mm所对应的荷载值，当桩长大于40m时，宜考虑桩身的弹性压缩。

(5)按上述方法判断有困难时，可结合其他辅助分析方法综合判定。对桩基沉降有特殊要求者，应根据具体情况选取。

(6)参加统计的试桩，当满足其极差不超过平均值的30%时，可取其平均值为桩竖向极限承载力。极差超过平均值的30%时，宜增加试桩数量并分析离散过大的原因，结合工程具体情况确定极限承载力。

注：对桩数为3根及3根以下的柱下桩基，取最小值。

(7)将单桩竖向极限承载力除以安全系数2，即为单桩竖向承载力特征值R_a。

(四)根据原位测试参数确定单桩承载力

可采用静力触探及标准贯入试验参数确定。

(五)根据岩石饱和单轴抗压强度确定单桩承载力

嵌岩灌注桩按端承桩设计,要求桩底以下 3 倍桩径范围内无软弱夹层、断裂带、洞穴分布,在桩端应力扩散范围内无岩体临空面。其端承力按嵌岩深度及施工条件确定,可查规范表格。

(六)经验法确定单桩承载力

若较小工程,附近又有条件类似的成功桩基础,可借鉴其单桩承载力选用。

对具体工程应用以上各方法对照比较综合分析后确定单桩承载力。

【例 18-8-3】 打入式敞口钢管桩属于:

A. 非挤土桩　　B. 部分挤土桩　　C. 挤土桩　　D. 端承桩

解 打入式成桩是在未成孔(排土)情况下将桩打入,成桩过程中不排土,因是敞口钢管桩,故有部分挤土作用。

答案:B

四、群桩承载力

(1)对于端承桩基和桩数少于 3 根的非端承桩基,群桩的竖向承载力为各单桩竖向承载力的总和。

(2)对于桩的中心距小于 6 倍(摩擦桩)桩径,而桩数超过 3 根的桩基,可视作一假想的实体深基础,进行地基验算,并计算桩基中单桩所承受的外力和校核单桩承载力。

地基验算包括桩端持力层承载力、软弱下卧层承载力、沉降等内容,方法同浅基础,此处从略。

(3)群桩中单桩所承受的外力,应按下列公式验算:

轴心竖向力作用下

$$Q_k \leqslant R_a \tag{18-8-4}$$

$$Q_k = \frac{F_k + G_k}{n} \tag{18-8-5}$$

偏心竖向力作用下,除满足上式外,尚应满足下式要求

$$Q_{ik\max} \leqslant 1.2R_a \tag{18-8-6}$$

$$Q_{ik\max} = \frac{F_k + G_k}{n} + \frac{M_{xk} y_{i\max}}{\sum y_i^2} + \frac{M_{yk} x_{i\max}}{\sum x_i^2} \tag{18-8-7}$$

式中:Q_k——相应于作用标准组合时,轴心竖向力作用下任一单桩的竖向力;

R_a——单桩竖向承载力特征值;

F_k——相应于荷载效应标准组合时,作用于桩基承台顶面的竖向力;

G_k——桩基承台自重和承台上土自重标准值;

n——桩数;

M_{xk}、M_{yk}——分别为相应于荷载效应标准组合时,作用于群桩上的外力对通过群桩形心的 x 轴、y 轴的力矩;

x_i、y_i——分别为桩 i 至通过群桩形心的 y 轴、x 轴线的距离;

$Q_{ik\max}$——相应于荷载效应标准组合时偏心竖向力作用下,最大受力桩的竖向力;

$x_{i\max}$、$y_{i\max}$——分别为最大受力桩至群桩形心 y 轴、x 轴线的距离。

水平力作用下:

$$H_{ik} = \frac{H_k}{n} \tag{18-8-8}$$

式中:H_k——相应于作用的标准组合时,作用于承台底面的水平力(kN);

K_{ik}——相应于作用的标准组合时，作用于任一单桩的水平力(kN)。

当外力作用面内的桩距较大时，桩基的水平承载力可视为各单桩的水平承载力总和；当承台侧面的土未经扰动或回填良好时，应考虑土抗力的作用；当水平推力较大时，宜设置斜桩。

【例 18-8-4】 下面哪种情况下的群桩效应比较突出？

A. 间距较小的端承桩　　B. 间距较大的端承桩

C. 间距较小的摩擦桩　　D. 间距较大的摩擦桩

解 当摩擦型群桩桩距较小时，群桩效应显著，破坏时接近实体基础破坏形式。

答案：C

五、桩身混凝土强度计算

按桩身混凝土强度计算桩的承载力时，应按桩的类型和成桩工艺的不同将混凝土的轴心抗压强度设计值乘以工作条件系数 φ_c，桩轴心受压时桩身强度应符合式(18-8-9)的规定。当桩顶以下 5 倍桩身直径范围内螺旋式箍筋间距不大于 100mm 且钢筋耐久性得到保证的灌注桩，可适当计入桩身纵向钢筋的抗压作用。

$$Q \leqslant A_p f_c \varphi_c \tag{18-8-9}$$

式中：f_c——混凝土轴心抗压强度设计值(kPa)，按现行国家标准《混凝土结构设计规范》(GB 50010)取值；

Q——相应于作用的基本组合时的单桩竖向力设计值(kN)；

A_p——桩身横截面积(m^2)；

φ_c——工作条件系数，非预应力预制桩取 0.75，预应力桩取 0.55～0.65，灌注桩取 0.6～0.8(水下灌注桩、长桩或混凝土强度等级高于 C35 时用低值)。

六、沉降验算

对以下建筑物的桩基应进行沉降验算：

(1)地基基础设计等级为甲级的建筑物桩基；

(2)体型复杂、荷载不均匀或桩端以下存在软弱土层的设计等级为乙级的建筑物桩基；

(3)摩擦型桩基。

嵌岩桩、设计等级为丙级的建筑物桩基、对沉降无特殊要求的条形基础下不超过两排桩的桩基、吊车工作级别 A5 及 A5 以下的单层工业厂房桩基(桩端下为密实土层)，可不进行沉降验算。

当有可靠地区经验时，对地质条件不复杂、荷载均匀、对沉降无特殊要求的端承型桩基也可不进行沉降验算。

桩基础的沉降不得超过建筑物的沉降允许值，并应符合规范的有关规定。

计算桩基沉降时，最终沉降量宜按单向压缩分层总和法计算。地基内的应力分布宜采用各向同性均质线性变形体理论，按实体深基础方法或明德林应力公式方法进行计算。

以控制沉降为目的设置桩基时，应结合地区经验，并满足下列要求：

(1)桩身强度应按桩顶荷载设计值验算；

(2)桩、土荷载分配应按上部结构与地基共同作用分析确定；

(3)桩端进入较好的土层，桩端平面处土层应满足下卧层承载力设计要求；

(4)桩距可采用 4～6 倍桩身直径。

当桩距小于 $6d$，可按实体深基础计算桩基础的最终沉降量，主要参考《建筑桩基技术规范》(JGJ 94—2008)。

七、桩基础设计

(一)设计原则

(1)建筑桩基采用以概率理论为基础的极限状态设计法,以可靠指标度量桩基的可靠度,采用以分项系数表达的极限状态设计表达式进行计算。

(2)桩基极限状态分为下列两类:

①承载能力极限状态,对应于桩基达到最大承载能力或整体失稳或发生不适于继续承载的变形。

②正常使用极限状态,对应于桩基达到建筑物正常使用所规定的变形限值或达到耐久性要求的某项限值。

(3)根据桩基损坏造成建筑物的破坏后果(危及人的生命、造成经济损失、产生社会影响)的严重性,桩基设计时应根据表 18-8-1 选用适当的安全等级。

建筑桩基安全等级 表 18-8-1

安全等级	破坏后果	建筑物类型
一级	很严重	重要的工业与民用建筑物,对桩基变形有特殊要求的工业建筑物
二级	严重	一般的工业与民用建筑物
三级	不严重	次要的建筑物

(4)根据承载能力极限状态和正常使用极限状态的要求,桩基需进行下列计算和验算。

①所有桩基均应进行承载能力极限状态的计算,内容包括:

a. 根据桩基的使用功能和受力特征进行桩基的竖向(抗压或抗拔)承载力计算和水平承载力计算;对于某些条件下的群桩基础宜考虑由群桩、土、承台相互作用产生的承载力群桩效应。

b. 对桩身及承台承载力进行计算;对于桩身露出地面或桩侧为可液化土、极限承载力小于 50kPa(或不排水抗剪强度小于 10kPa)土层中的细长桩尚应进行桩身压屈验算;对混凝土预制桩尚应按施工阶段的吊装、运输和锤击作用进行强度验算。

c. 当桩端平面以下存在软弱下卧层时,应验算软弱下卧层的承载力。

d. 对位于坡地、岸边的桩基,应验算整体稳定性。

e. 按现行《抗震规范》规定应进行抗震验算的桩基,应验算抗震承载力。

②下列建筑桩基应验算变形:

a. 桩端持力层为软弱土的一、二级建筑桩基,以及桩端持力层为黏性土、粉土或存在软弱下卧层的一级建筑桩基,应验算沉降,并宜考虑上部结构与基础的共同作用。

b. 受水平荷载作用较大或对水平变位要求严格的一级建筑桩基,应验算水平变位。

③桩身和承台抗裂和裂缝宽度验算:

对使用要求混凝土不得出现裂缝的桩基,应进行抗裂验算;对使用上需限制裂缝宽度的桩基,应进行裂缝宽度验算。

(5)桩基承载能力极限状态的计算应采用荷载作用效应的基本组合和地震作用效应组合。

当进行桩基的抗震承载能力计算时,荷载设计值和地震作用设计值应符合现行《抗震规范》的规定。

(6)按正常使用极限状态验算桩基沉降时应采用荷载的长期效应组合;验算桩基的水平变

位、抗裂、裂缝宽度时，根据使用要求和裂缝控制等级应分别采用作用效应的短期效应组合或及其长期荷载的影响。

(7)建于黏性土、粉土中的一级建筑桩基及软土地区的一、二级建筑桩基在其施工过程及建成后使用期间，必须进行系统的沉降观测直至沉降稳定。

(二)设计规定

(1)所有桩基均应进行承载力和桩身强度计算。对预制桩，尚应进行运输、吊装和锤击等过程中的强度和抗裂验算；

(2)桩基础沉降验算应符合《地基规范》相关的规定；

(3)桩基础的抗震承载力验算应符合现行国家标准《建筑抗震设计规范》(GB 50011)的有关规定；

(4)桩基宜选用中、低压缩性土层作桩端持力层；

(5)同一结构单元内的桩基，不宜选用压缩性差异较大的土层作桩端持力层，不宜采用部分摩擦桩和部分端承桩；

(6)由于欠固结软土、湿陷性土和场地填土的固结，场地大面积堆载、降低地下水位等原因，引起桩周土的沉降大于桩的沉降时，应考虑桩侧负摩擦力对桩基承载力和沉降的影响；

(7)对位于坡地、岸边的桩基，应进行桩基的整体稳定验算。桩基应与边坡工程统一规划，同步设计；

(8)岩溶地区的桩基，当岩溶上覆土层的稳定性有保证，且桩端持力层承载力及厚度满足要求，可利用上履土层作为桩端持力层，当必须采用嵌岩桩时，应对岩溶进行施工勘察；

(9)应考虑桩基施工中挤土效应对桩基及周边环境的影响；在深厚饱和软土中不宜采用大片密集有挤土效应的桩基；

(10)应考虑深基坑开挖中，坑底土回弹隆起对桩身受力及桩承载力的影响；

(11)桩基设计时，应结合地区经验考虑桩、土、承台的共同工作；

(12)在承台及地下室周围的回填中，应满足填土密实度要求。

(三)设计步骤

1.确定桩端持力层及桩长

一般应选择较硬土层作为桩端持力层。桩端全断面进入持力层的深度，对于黏性土、粉土不宜小于 $2d$，砂土不宜小于 $1.5d$，碎石类土不宜小于 $1d$。当存在软弱下卧层时，桩基以下硬持力层厚度不宜小于 $4d$。

当硬持力层较厚且施工条件许可时，桩端全断面进入持力层的深度宜达到桩端阻力的临界深度。

同一基础相邻桩的桩底标高差，对于非嵌岩端承桩，不宜超过相邻桩的中心距；对于摩擦桩，在相同土层中不宜超过桩长的 1/10。

2.确定桩型及单桩承载力

根据结构类型、荷载性质、地质条件、施工条件并结合以上条件综合考虑，并经方案比较最后确定。应注意同一结构不宜采用不同桩型。

3.选择布桩方式及桩距

桩的布置方式可为行列式或梅花式，桩的间距见表 18-8-2。

桩的最小中心距应符合表 18-8-2 的规定。对于大面积桩群，尤其是挤土桩，桩的最小中心距宜按表列值适当加大。

桩的最小中心距　　表 18-8-2

土类与成桩工艺		排数不少于3排且桩数不少于9根的摩擦型桩桩基	其他情况
非挤土灌注桩		3.0d	3.0d
部分挤土桩		3.5d	3.0d
挤土桩	非饱和土	4.0d	3.5d
	饱和黏性土	4.5d	4.0d
钻、挖孔扩底桩		2D 或 D+2.0m(当 D>2m)	1.5D 或 D+1.5m(当 D>2m)
沉管夯扩、钻孔挤扩桩	非饱和土	2.2D 且 4.0d	2.0D 且 3.5d
	饱和黏性土	2.5D 且 4.5d	2.2D 且 4.0d

注：1. d 为圆桩直径或方桩边长，D 为扩大端设计直径。
2. 当纵横向桩距不相等时，其最小中心距应满足“其他情况”一栏的规定。
3. 当为端承型桩时，非挤土灌注桩的“其他情况”一栏可减小至 2.5d。

排列基桩时，宜使桩群承载力合力点与竖向永久荷载合力作用点重合，并使基桩受水平力和力矩较大方向有较大抗弯截面模量。对于桩箱基础、剪力墙结构桩筏(含平板和梁板式承台)基础，宜将桩布置于墙下。对于框架—核心筒结构桩筏基础应按荷载分布考虑相互影响，将桩相对集中布置于核心筒和柱下，外围框架柱宜采用复合桩基，桩长宜小于核心筒下基桩(有合适桩端持力层时)。

4. 承台设计

桩基承台的构造，除满足抗冲切、抗剪切、抗弯承载力和上部结构的要求外，尚应符合下列要求：

(1)承台的宽度不应小于 500mm。边桩中心至承台边缘的距离不宜小于桩的直径或边长，且桩的外边缘至承台边缘的距离不小于 150mm。对于条形承台梁，桩的外边缘至承台梁边缘的距离不小于 75mm。

(2)承台的最小厚度不应小于 300mm。

(3)承台的配筋，对于矩形承台其钢筋应按双向均匀通长布置(图 18-8-5a)，钢筋直径不宜小于 10mm，间距不宜大于 200mm；对于三桩承台，钢筋应按三向板带均匀布置，且最里面的三根钢筋围成的三角形应在柱截面范围内(图 18-8-5b)。承台梁的主筋除满足计算要求外尚应符合现行国家标准《混凝土结构设计规范》(GB 50010)关于最小配筋率的规定，主筋直径不宜小于 12mm，架立筋不宜小于 10mm，箍筋直径不宜小于 6mm(图 18-8-5c)；柱下独立桩基承台的最小配筋率不应小于 0.15%。钢筋锚固长度自边桩内侧(当为圆桩时，应将其直径乘以 0.886等效为方桩)算起，锚固长度不应小于 35 倍钢筋直径，当不满足时应将钢筋向上弯折，此时钢筋水平段的长度不应小于 25 倍钢筋直径，弯折段的长度不应小于 10 倍钢筋直径；

(4)承台混凝土强度等级不应低于 C20；纵向钢筋的混凝土保护层厚度不应小于 70mm，当有混凝土垫层时，不应小于 40mm；且不应小于桩头嵌入承台内的长度。

柱下桩基承台的弯矩可按以下简化计算方法确定：

①多桩矩形承台计算截面取在柱边和承台高度变化处(杯口外侧或台阶边缘)

$$M_x = \sum N_i y_i \tag{18-8-10}$$

$$M_y = \sum N_i x_i \tag{18-8-11}$$

式中：M_x、M_y——分别为垂直 y 轴和 x 轴方向计算截面处的弯矩设计值；

x_i、y_i——垂直 y 轴和 x 轴方向自桩轴线到相应计算截面的距离；

N_i——扣除承台和其上填土自重后相应于荷载效应基本组合时的第 i 桩竖向力设计值。

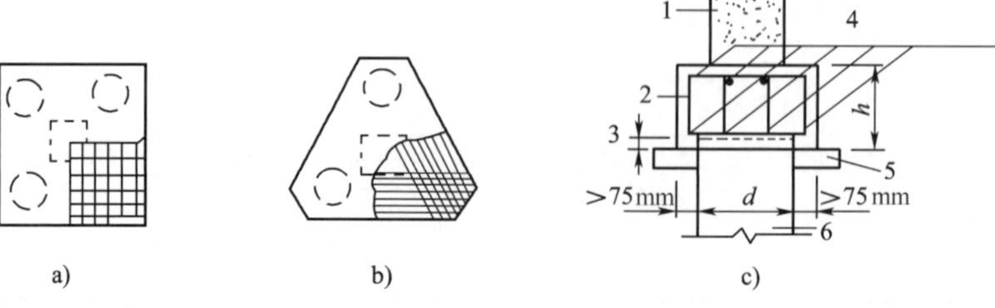

图 18-8-5　承台配筋

1-墙；2-箍筋直径≥6mm；3-桩顶入承台≥50mm；4-承台梁内主筋除须按计算配筋外尚应满足最小配筋率；5-垫层 100mm 厚 C10 混凝土

②三桩承台

a. 等边三桩承台

$$M=\frac{N_{\max}}{3}\left(s-\frac{\sqrt{3}}{4}c\right) \tag{18-8-12}$$

式中：M——由承台形心至承台边缘距离范围内板带的弯矩设计值；

$N_{\max}$——扣除承台和其上填土自重后的三桩中相应于荷载效应基本组合时的最大单桩竖向力设计值；

s——桩距；

c——方柱边长，圆柱时 $c=0.866d$（d 为圆柱直径）。

b. 等腰三桩承台

$$M_1=\frac{N_{\max}}{3}\left(s-\frac{0.75}{\sqrt{4-\alpha^2}}c_1\right) \tag{18-8-13}$$

$$M_2=\frac{N_{\max}}{3}\left(\alpha s-\frac{0.75}{\sqrt{4-\alpha^2}}c_2\right) \tag{18-8-14}$$

式中：M_1、M_2——分别为由承台形心到承台两腰和底边的距离范围内板带的弯矩设计值；

s——长向桩距；

α——短向桩距与长向桩距之比，当 $\alpha<0.5$ 时，应按变截面的两桩承台设计；

c_1、c_2——分别为垂直于、平行于承台底边的柱截面边长。

对于柱下桩基础独立承台还应进行抗冲切承载力的计算。当柱边外有多排桩形成多个剪切斜截面时，尚应对每个斜截面进行验算。

当承台的混凝土强度等级低于柱或桩的混凝土强度等级时，尚应验算柱下或桩上承台的局部抗压承载力。

5. 验算单桩承载力（方法如前）

6. 必要时验算地基变形（内容如前）

八、桩的负摩阻力

当因某些原因导致桩侧土的沉降大于桩身沉降时，土对桩的摩擦力向下作用，这种力称为桩的负摩擦力。因为土的沉降自上而下逐渐减小，桩的沉降近似为常量，故在某深度处有一桩土沉降相同的点，称为中性点，该点桩的轴向压力最大。负摩阻力计算复杂，目前尚处于研究阶段。

（一）应该计算负摩阻力的场合

（1）土层自身将发生沉降。如桩穿过较松散填土、自重湿陷性黄土、欠固结土，进入相对较硬土层时。

（2）施工环境条件起变化。如桩周存在软弱土层，而邻近桩侧地面承受局部较大的长期荷载，或地表大面积堆载时；由于降低地下水位，使桩周土中有效应力增大，并产生显著沉降时。

（二）计算桩侧负摩阻力

符合下列条件之一的桩基，当桩周土层产生的沉降超过基桩的沉降时，在计算基桩承载力时应计入桩侧负摩阻力：

（1）桩穿越较厚松散填土、自重湿陷性黄土、欠固结土、液化土层进入相对较硬土层时；

（2）桩周存在软弱土层，邻近桩侧地面承受局部较大的长期荷载，或地面大面积堆载（包括填土）时；

（3）由于降低地下水位，使桩周土有效应力增大，并产生显著压缩沉降时。

应根据工程具体情况考虑，最好依据实测资料确定。仅当无工程经验与实测资料时，按下述方法进行估算。

首先确定中性点位置。中性点深度 l_n 应按桩周土沉降与桩沉降相等的条件确定，也可参照表 18-8-3 确定，表中 L_0 为桩周沉降变形土层下限深度。如桩穿越自重湿陷性黄土层而持力层非基岩时，L_n 按表列数值增大 10%。

中性点深度 l_n 表 18-8-3

持力层性质	黏性土、粉土	中密以上砂	砾石、卵石	基　　岩
中性点深度比（l_n/l_0）	0.5～0.6	0.7～0.8	0.9	1.0

注：1. l_n、l_0 分别为自桩顶算起的中性点深度和桩周软弱土层下限深度；

2. 桩穿过自重湿陷性黄土层时，l_n 可按表列值增大 10%（持力层为基岩除外）；

3. 当桩周土层固结与桩基固结沉降同时完成时，取 $l_n=0$；

4. 当桩周土层计算沉降量小于 20mm 时，l_n 应按表列值乘以 0.4～0.8 折减。

其次区分不同传力类型的桩，按不同的原则计算：

（1）对一般摩擦桩，中性点以上的侧负摩阻力不计入桩的承载力；

（2）对端承桩除上条内容外，还应计入负摩阻力引起的下拉荷载影响，需要时可查相应资料，此处从略。

习　　题

18-8-1　当桩周产生负摩阻力时，桩相对于地基土的位移是（　　）。

A. 向上　　B. 向下　　C. 为零　　D. 侧向

18-8-2　单向偏心受压群桩基础，单桩的几何尺寸均相同，对称行列式排列，每根桩桩顶所受的竖向力是（　　）。

①各不相同；②各行相同，各列不同；③各行不同，各列相同；④对角线方向对称的桩相同。

A. ①④　　B. ②③　　C. ②④　　D. ③④

18-8-3　端承型桩是指桩顶竖向荷载主要由（　　）。

A. 桩顶阻力分担 B. 桩端阻力分担

C. 桩侧阻力分担 D. 桩周阻力分担

18-8-4 偏心竖向力作用下，单桩竖向承载力应满足的条件是（ ）。

A. $Q_k \leqslant R_a$ B. $Q_{ikmax} \leqslant 1.2R_a$

C. $Q_k \leqslant R_a$ 且 $Q_{ikmax} \leqslant 1.2R_a$ D. $Q_{ikmin} \geqslant 0$

18-8-5 某直径为400mm、桩长为10m的钢筋混凝土预制摩擦型桩，桩端阻力特征值q_{pa}=3 000kPa，桩侧阻力特征值q_{sia}=100kPa，初步设计时，单桩竖向承载力特征值为（ ）。

A. 1 737kN B. 1 634kN C. 777kN D. 1 257kN

第九节 地基处理

为节约耕地而又要满足各类生产和生活设施建设用地需求，必须充分利用各类软弱地基。因此，必须掌握其特性及处理方法。

一、软弱地基简介

软土地基、杂填土和冲填土地基均属软弱地基。

杂填土是人类活动而任意堆填的建筑垃圾、工业废料和生活垃圾。杂填土的主要特性是强度低、压缩性高和均匀性差。

冲填土是用挖泥船或泥浆泵将泥沙夹带大量水分吹送到江河两岸而形成的沉积土层。在冲填土地基上建造房屋，应考虑它的欠固结影响和不均匀性。

淤泥及淤泥质土统称软土。其含水量高，孔隙比大。

淤泥及淤泥质土的天然含水量均大于液限，天然孔隙比大于1.5的黏性土称为淤泥。天然孔隙比小于1.5而大于等于1.0时称为淤泥质土。

软土具有高压缩性，压缩系数通常为0.5～2.0MPa^{-1}，个别可达4.2MPa^{-1}，且其压缩性随液限的增大而增高。软土渗透性差，强度低，具有显著的结构性（一旦受扰动，其强度显著降低），具有明显的流变性，可产生较大的次固结沉降。软土地基上的建筑物沉降量大，沉降稳定时间长。

二、常用地基处理方法简介

（一）换填法

换填法是将天然软弱土层挖去或部分挖去，分层回填强度较高、压缩性较低且无腐蚀性材料，压实或夯实后作为地基持力层，故也称为换土垫层法或开挖置换法。

换填法的主要作用是提高基础底面以下地基浅层的承载力，减少沉降量，加速地基的排水固结，防止冻胀，消除地基的湿陷性和胀缩性。换填法适用于淤泥、淤泥质土、湿陷性黄土膨胀土、素填土、杂填土、季节性冻土以及暗沟、暗塘等地基的浅层处理。

垫层设计除选定材料（多用砂、砾石、碎石、矿渣、灰土，不宜用粉土或细砂）外，主要是确定垫层厚度及宽度，此处仅介绍常用的计算方法。厚度由下卧土层的承载力决定，宽度应满足基础底面应力扩散要求和防止垫层向两侧挤动，计算简图如图18-9-1所示。

基础埋深与底宽必须要满足承载力要求。

1.垫层厚度的确定

采用试算法，先按经验初拟厚度，一般为1.0～1.5m，不宜大于3m且不小于0.5m。再按

下式验算软弱下卧层的强度

$$\sigma_z + \sigma_{cz} \leqslant f_z \tag{18-9-1}$$

式中：σ_z——$(d+z)$深度处的附加应力(图 18-9-1)；

σ_{cz}——砂垫层底面处的自重应力。

为了简便，σ_z 值可按应力扩散法计算：

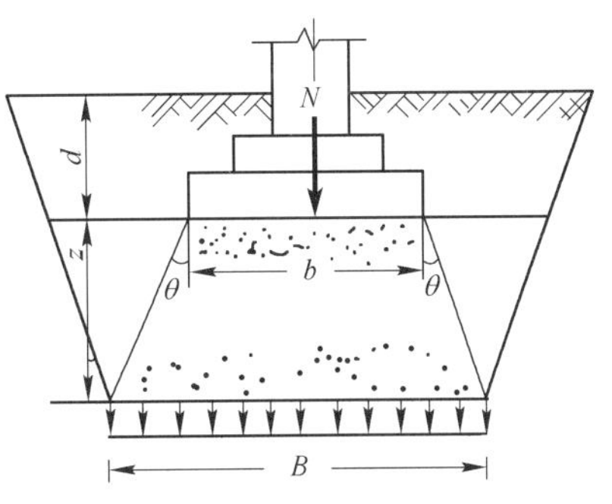

图 18-9-1 砂垫层计算简图

条形基础 $$\sigma_z = \frac{b(p_k - \sigma_c)}{b + 2z\tan\theta} \tag{18-9-2}$$

矩形基础 $$\sigma_z = \frac{bl(p_k - \sigma_c)}{(l + 2z\tan\theta)(b + 2z\tan\theta)} \tag{18-9-3}$$

式中：σ_c——基底处土的自重应力；

p_k——相应于荷载效应标准组合时的基底平均压力；

f_z——$(d+z)$深度处，软弱土层顶面处的地基承载力特征值(经 $d+z$ 修正)；

b、l——分别为基底宽度和长度；

θ——应力扩散角，可查规范表格，一般砂、碎石的 θ 在 20°～30°之间。

2. 垫层宽度的确定

砂垫层底宽应不小于 $b + 2z\tan\theta$。考虑侧向挤压时，应加宽构造尺寸，即每侧加宽 10～30cm。按常规的边坡设计即可得出垫层上部宽度。

【例 18-9-1】 软弱下卧层验算公式 $P_z + P_{cz} \leqslant f_{az}$，其中 P_{cz} 为软弱下卧层顶面处土的自重应力，则下列说法正确的是：

A. P_{cz} 的计算应当从基础底面算起

B. P_{cz} 的计算应当从地下水位算起

C. P_{cz} 的计算应当从基础顶面算起

D. P_{cz} 的计算应当从地表算起

解 P_{cz} 为软弱下卧层顶面处土的自重应力，应该从原地面算起。

答案：D

【例 18-9-2】 在进行地基处理时，淤泥和淤泥质土的浅层处理宜采用下面哪种方法？

A. 换土垫层法　　B. 砂石桩挤密法

C. 强夯法　　D. 振冲挤密法

解 换土垫层法主要应用于浅层地基处理。砂石桩挤密法适用于挤密松散砂土、粉土、黏性土、素填土、杂填土等地基。强夯法适用于处理碎石土、砂土、低饱和度的粉土与黏性土、湿陷性黄土、杂填土和素填土等地基。振冲挤密法适用于处理砂土和粉土等地基。

答案：A

(二)排水预压法

在建筑物建造以前对其场地进行预压，使地基在预压过程中排水固结、成，沉降基本完以提高地基土的强度。预压系统有加载预压和真空预压之分，排水系统有砂井、塑料排水带等。预压法适用于淤泥、淤泥质土、冲填土等饱和黏性土的地基处理。可参见《建筑地基处理技术规范》(JGJ 79—2012)。

【例 18-9-3】 采用真空预压法加固地基，计算表明在规定时间内达不到要求的固结度，加快固结进程时，下面哪种措施是正确的？

A. 增加预压荷载　　　　　　　　B. 减小预压荷载

C. 减小井径比　　　　　　　　　D. 将真空预压法改为堆载预压

解　井径比为砂井的有效排水直径 d_e 与砂井的直径 d_w 之比。加大砂井直径、增加砂井数量(即减少砂井间距)或减小井径比可加快地基固结进程。

答案:C

【例 18-9-4】　对软土地基采用真空预压法进行加固后,下面哪一项指标会减小?

A. 压缩系数　　　　　　　　　　B. 抗剪强度

C. 饱和度　　　　　　　　　　　D. 土的重度

解　对软土地基进行真空预压法加固后,孔隙水排出,孔隙减小,其孔隙比减小,压缩系数减小,渗透系数减小,黏聚力增大,土的重度增大,抗剪强度增加。真空预压法主要是将孔隙中的水排出,土体固结所产生的沉降量主要是孔隙中水的体积减少引起的。即使固结中饱和度有变化,但也很小,因为软土地基接近饱和。

答案:A

【例 18-9-5】　关于堆载预压法加固地基,下面说法正确的是:

A. 砂井除了起加速固结的作用外,还作为复合地基提高地基的承载力

B. 在砂井长度相等的情况下,较大的砂井直径和较小的砂井间距都能够加速地基的固结

C. 堆载预压时控制堆载速度的目的是为了让地基发生充分的蠕变变形

D. 为了防止预压时地基失稳,堆载预压通常要求预压荷载小于基础底面的设计压力

解　A 项,砂井仅起到加速固结的作用;C 项,在预压过程中控制加载速率,可防止因加载速率过快而导致土体结构破坏;D 项,堆载预压荷载的大小应根据设计要求确定,宜使得预压荷载下受压土层各点的有效竖向应力大于建筑物荷载引起的相应点的附加应力。

答案:B

(三)碾压、夯实法

碾压、夯实法历来是加固地基、修路、筑堤坝等工程常用的浇层压实地基处理方法,通过夯击及碾压可达到减少孔隙体积、使土密实、提高抗剪强度、减少沉降量和提高承载力的目的。

可采用相应夯实、碾压和振动碾压等相应的设备对土进行压(夯)实,对于回填土可以采用分层压(夯)实的方法。对于施工现场压(夯)质量采用压实系数 λ_c 来控制。如前述采用室内击实试验来模拟工地压实是可行的,但施工参数(施工机械、填土厚度、压实遍数和填筑含水量)应由工地试验确定。压实系数 λ_c 为施工现场要求达到的干重度与室内试验得到的最大干重度的比值。

(四)强夯法(压实法之一)

强夯是将很重的锤(一般重 100～400kN)从高处(6～40m)自由下落,给地基以冲击和振动。巨大的冲击能量在土中产生很强的冲击波和动应力,致使地基压缩和振密,从而提高地基土的强度并降低其压缩性。此外,强夯法尚可改善地基土抵抗振动液化能力和消除黄土的湿陷性。

经强夯法处理的地基,其承载力可提高 2～5 倍,压缩性可降低 50%～90%,此法适用于碎石土、砂土、低饱和度的粉土和黏性土、湿陷性黄土、杂填土和素填土地基。它不仅能在陆上施工,还可在不深的水下夯实地基。但在饱和黏土中使用效果不易控制,应慎重对待。

强夯法加固效果好、速度快、节省材料且用途广泛。其缺点是施工时的噪声和振动大，且影响邻近建筑物，在建筑物稠密地区不宜使用。

（五）深层挤密法

依挤密法填入材料的不同，可分为砂桩、石灰桩、土桩和碎石桩等。挤密法主要是靠桩管打入或振入地基时对软弱土产生横向挤密作用，从而使土的压缩性减小、抗剪强度提高。由于桩体有较高的承载力和变形模量，截面又较大，约占松软土加固面积的20%，可与软弱土形成复合地基共同承受建筑物和构筑物的荷载。

在我国，技术上较为成熟的深层挤密法有：

(1)挤密桩法——由松散材料碎石、砂、灰土及土构成的挤密桩等将需加固的地基土挤密，挤密桩与周围地基共同形成"复合地基"的方法。

复合地基面积置换率：

$$m=\frac{A_p}{A_e} \tag{18-9-4}$$

式中：A_p——一根加固桩体的横截面积；

A_e——一根加固桩体所承担的加固地基的面积。

(2)振动水冲法——利用振动器边振边冲，使松砂地基密实（振冲密实），或在黏性地基中成孔填入碎石后形成复合地基（振冲置换）；

(3)砂石桩法——由桩间挤密土和锤击或振动密实的砂石桩体，组成砂石桩挤密的复合地基。

【例 18-9-6】 复合地基中桩的直径为0.36m，桩的间距（中心距）为1.2m，当桩按正方形布置时，面积置换率为：

A. 0.142　　B. 0.035　　C. 0.265　　D. 0.070

解 圆形桩直径 $d=0.36\text{m}$，桩间距 $B=1.2\text{m}$

正方形布置时的等效直径：$d_e=1.13B=1.356\text{m}$

复合地基面积置换率：

$$m=\frac{A_p}{A_e}=\frac{\pi\left(\frac{d}{2}\right)^2}{\pi\left(\frac{d_e}{2}\right)^2}=\frac{\pi\times0.18^2}{\pi\times0.678^2}=0.070$$

答案：D

【例 18-9-7】 挤密桩的桩孔中，下面哪一种可以作为填料？

A. 黄土　　B. 膨胀土

C. 含有有机质的黏性土　　D. 含有冰屑的黏性土

解 B项，膨胀土含有蒙脱石、伊利石等亲水性黏土矿物，有较强的胀缩性；C项，黏性土中含有有机质，会减弱桩与周围土体的黏结作用；D项，黏性土中含有冰屑时，将降低挤密桩的密实度。以上三种土质均不宜作为挤密桩桩孔中的填料。

答案：A

（六）化学加固法

凡将化学溶剂或胶结剂灌入土中，使土与胶结合以提高地基强度，减少沉降量的方法统称化学加固法。目前常采用的化学浆液有以水泥灌浆（由强度等级高的硅酸盐水泥和速凝剂组成）、硅酸钠（水玻璃）、丙烯酸氨和以纸浆为主的浆液等。

施工方法有压力灌注法、旋喷搅拌法和电渗硅化法等。

(1)高压喷射注浆法——用钻机钻至所需深度后，用高压脉冲泵通过安装在钻杆下端的特殊喷射装置向四周土体喷射化学浆液，强力冲击破坏土体，使浆液与土搅拌混合，经过凝结固化，便在土中形成固结体。注浆形式有旋转喷射、定向喷射和摆动喷射。

(2)硅化法和电渗硅化法——将水玻璃溶液通过压力注入土中，由硅酸钠分解的凝胶把土胶结(硅化法)。对靠压力难以使水玻璃注入的土体，尚需用电渗的作用使溶液进入土中(电渗硅化法)。

(3)深层搅拌法——利用水泥作固结剂，通过特制的深层搅拌机械，在地基深部就地将软黏土和水泥或石灰强制搅拌，使软黏土硬结成具有整体性、水稳定性和足够强度的地基土。

按施工特点各种处理方法分类见表 18-9-1，可根据具体条件选用。

按加固施工方法的特点分类　　表 18-9-1

施工特点	方法分类
换填	1. 挖填法 挤填法{2. 强制挤填法；3. 爆炸挤填法}
压实	4. 重锤夯实法 5. 机器碾压法 6. 振动压实法 7. 强力夯实法
排水	A. 加压排水{8. 填土预压法；9. 堆载砂井法；10. 堆载砂袋法；11. 纸板或塑料板排水法} B. 重力排水{12. 浅集水坑排水法；13. 深井排水法；14. 井点法} C. 负压排水-15. 抽真空排水法 D. 吸排水-16. 生石灰桩法 E. 电渗排水-17. 电渗排水法 F. 强制排水-18. 毛细管干燥法
表层加固	19. 土工合成纤维法 20. 竹筋土法 21. 金属板带法 22. 预应力法
固结	冻结固结法{23. 氯化钠冻结法；24. 低温液态氮法} 灌入固结法{25. 真空灌浆法；26. 药物灌注法；27. 水泥灌注法；28. 沥青灌注法；29. 合成树脂灌注法} 30. 热加固法 31. 化学加固法(单液或双液法) 电渗加固法{32. 离子交换法；33. 电渗硅化法}
拌和	A. 表层拌和处理{34. 颗粒级配法；35. 凝聚沉淀法；36. 添加料拌和法；37. 旋喷桩法(水泥、药液)} B. 深层拌和处理-38. 深层搅拌法(水泥浆、生石灰、药液)
挤密	39. 振冲桩法 40. 挤密桩法(振动、冲击、旋转) 41. 碎石桩法
桩工	42. 板桩法 43. 帽桩法 44. 网桩法 45. 桩基法{灌注桩{无护壁作业；泥浆护壁作业；套管护壁作业；扩孔作业}；预制桩{材料：钢、混凝土；方法：打入、压入、振动}}

三、地基处理原则

(一)处理原则

地基处理除应满足工程设计要求外，尚应做到因地制宜、就地取材、保护环境和节约资源等要求。

在选择地基处理方案前，应进行以下工作：

(1)收集详细的工程地质、水文地质及地基基础设计等资料；

(2)根据工程的设计要求和采用天然地基存在的主要问题，确定地基处理的目的、处理范围和处理后要求达到的各项技术经济指标等；

(3)结合工程情况，了解本地区的地基处理经验和施工条件，以及其他地区相似场地上同类工程的地基处理经验和使用情况等。

(二)方案选择

在考虑地基处理方案时，应同时考虑上部结构、基础和地基的协同作用，决定选用的地基处理方案或选用加强上部结构和处理地基相结合的方案。

(三)处理方法

地基处理方法的确定，可按下列步骤进行：

(1)根据结构类型、荷载大小及使用要求，结合地形地貌、地层结构、土质条件、地下水特征、环境情况和对邻近建筑物影响等因素，初步选定几种可供考虑的地基处理方法。

(2)对初步选定的各种地基处理方法，分别从加固原理、适用范围、预期效果、材料来源和消耗、机具条件、施工进度，以及对环境的影响等方面进行技术经济分析和对比选择最佳的地基处理方法，也可选择几种方法组成的综合处理方法。

(3)对已选定的地基处理方法，必须按建筑物安全等级和场地的复杂程度，在具有代表性的场地上进行相应的现场试验和试验性施工，并进行必要的测试，以检验设计参数和处理效果。如达不到设计要求时，应找出原因并修改设计或采取补救措施。

地基处理的施工，是实现地基处理的重要环节。技术人员应掌握地基处理的目的、加固原理、技术要求和质量标准等。施工中应有专人负责质量控制和监测，并做好施工记录。当出现异常情况时，必须及时会同有关部门妥善解决，施工结束后应按国家规定进行工程质量检验和验收。

经地基处理的建筑应在施工期间进行观测(包括水平位移、孔隙水压力观测)；对于重要的或对沉降有严格限制的建筑，尚应在使用期间进行沉降观测。

【例 18-9-8】 土工聚合物在地基处理中的作用不包括：

A. 排水作用　　B. 加筋　　C. 挤密　　D. 反滤

解 土工聚合物对土没有挤密作用。

答案:C

四、区域性特殊土地基简介

特殊土是指在特定的环境和历史条件下沉积形成的土类，具有明显的区域性，它包括膨胀土、红黏土、湿陷性黄土、多年冻土及山区地基(包含土岩组合地基、岩溶和土洞等)，其特点主要表现为地基的不均匀性和场地的不稳定性。

(一)膨胀土地基

膨胀土为高塑性黏土。黏粒成分主要由强亲水性矿物组成，具有明显的吸水膨胀和失水收缩性。一般强度高、压缩性低，常被误认为是良好的地基。实际上，由于它具有较强烈的膨胀和收缩特性，能使基础升降、建筑物和地坪开裂和变形，尤其对低层轻型房屋和构筑物带来的危害更大。

膨胀土地基上的建筑物都要验算地基变形量。位于坡地场地上的建筑物的地基，尚应验算地基的稳定性。

(二)红黏土地基

红黏土是高塑性黏土，指石灰岩、白云岩等碳酸盐类岩石，在温湿气候条件下经长期的风化作用所形成。其液限大于50%，通常显红色，是建筑物较好的地基，但须注意：

(1)有些地区的红黏土具有膨胀性。

(2)厚度受基岩起伏的影响，变化很大。

(3)其上部呈坚硬或硬塑状，应充分利用它作天然地基的持力层，从地表往下有逐渐变软的规律。

(4)与岩溶、土洞关系密切。

(5)当下层有局部的软弱下卧层或岩层起伏过大时，应考虑地基不均匀沉降的影响。

(三)湿陷性黄土地基

在覆盖土层的自重压力或与建筑物附加压力共同作用下受水浸湿，由于充填在土颗粒间的可溶盐类物质遇水溶解，土的结构迅速破坏，强度迅速降低，并发生显著附加下沉的黄土称为湿陷性黄土，分为非自重湿陷性和自重湿陷性两种。

湿陷性黄土地基的设计原则与一般地基相同，在确定正常情况下湿陷性黄土地基的承载力时，可不考虑地基浸水所引起的变化。但针对湿陷性，应采取地基处理、防水措施与结构措施。

结构措施是补充地基处理和防水措施不可缺少的辅助手段，可以增强建筑物适应或抵抗因湿陷引起的不均匀沉降的能力。主要有：

(1)加强建筑物的整体性和空间刚度。建筑体型力求简单，否则需用沉降缝分割成平面形状简单且具有足够刚度的独立单元。

(2)选择适宜的结构和基础形式。单层工业厂房宜用铰接排架；对多层厂房和民用建筑，不宜采用内框架结构。

(3)加强砌体和构件的刚度。

(4)预留适应沉降的净空。

(四)土岩组合地基

此类地基的主要特征是地基在水平方向和竖直方向存在不均匀性。

(1)下卧基岩表面坡度较大的地基。上覆土层厚薄不均匀时，可能引起建筑物倾斜或土层沿岩面滑动而丧失稳定。当建筑物处于稳定的单向倾斜岩层上，且下卧基岩表面坡度符合一定要求时，不均匀变形较小，可不作变形验算，也不需进行地基处理，否则应作变形验算。当变形值超过容许范围时，可调整基础宽度、埋深、采用褥垫或采用桩基等深基础。

(2)石芽密布并有出露的地基。这种地基多为岩溶的结果，它的表面凹凸不平，其间充填有黏性土。当石芽间距小于2m，在一定条件下，可不作地基处理；否则可利用稳定可靠的石芽作支墩式基础。当石芽间土层较薄时，可挖去土层，夯填碎石、土夹石等压缩性较低的材料。个别石芽露出部位可凿去，并设置褥垫，褥垫材料可采用炉渣、中砂、粗砂、土夹石或黏性土等。

(3)大块孤石或个别石芽出露的地基。在处理时，应使局部的变形与周围土的变形条件相适应。

(五)岩溶及土洞

1.岩溶(“喀斯特”)

岩溶是指可溶性岩层长期受到地下水或地表水的化学侵蚀及机械作用而形成的溶洞、溶沟、溶蚀裂隙、暗河以及漏斗、钟乳石等奇特的地表形态及地下形态的总称。在岩体自重或建筑物自重作用下，会发生地面变形、地基塌陷。

2. 土洞

岩溶地区上覆土层在地表水与地下水作用下形成的洞穴称为土洞。

岩溶及土洞可造成地面变形、地基陷落，影响结构物安全，在这类地基上建造建筑物，必须掌握场地地质情况对其进行处理，其具体措施可查相关资料。

五、基础托换

托换法是因原有建筑物需加固、增层或扩建，或因受修建地下工程、新建工程或深基坑开挖影响，对原有建筑物的地基进行处理和基础加固的技术总称。

在制订托换设计和施工方案前，应掌握：

(1)现场的工程地质和水文地质资料，必要时应作补充勘察；

(2)被托换建筑物的结构设计、施工、竣工、沉降观测和损坏原因分析等资料；

(3)场地内地下管线、邻近建筑物和自然环境等原有建筑物在托换施工时或竣工后可能产生影响的调查资料。

根据原有建筑物的地基基础等情况，可采用一种或多种托换法，进行综合加固处理。

(一)桩式托换法

桩式托换法是将基础及其上荷载转移到桩上的方法，适用于软弱黏性土、松散砂土、饱和黄土、湿陷性黄土、素填土和杂填土等地基。桩式托换可分为：

(1)坑式净压桩式托换；

(2)锚杆净压桩式托换；

(3)灌注桩式托换；

(4)树根桩式托换。

(二)灌浆桩式托换

灌浆桩式托换是用泵或压缩空气等机械把浆液注入地层中，浆液以填充和渗透等方式排出地层中的水和空气，凝固后形成强度大、防水防渗透性高和化学稳定性好的人工地基。此法包括：

(1)水泥灌浆法；

(2)硅化法；

(3)碱液法。

(三)基础加固法

基础加固法适用于对建筑物基础支承能力不足的既有建筑物的基础加固。

当基础由于机械损伤、不均匀沉降或冻胀等原因引起开裂或损坏时，可采用灌浆法加固基础。采用的浆液有水泥浆或环氧树脂等。

当既有建筑物的基础出现裂缝或基础底面积不足时，可用混凝土或钢筋混凝土套加大基础尺寸。

当既有建筑物需要增层或基础需要加固，而地基不能满足变形和强度要求时，可采用坑式托换法增大基础的埋置深度，使基础支承在较好的土层上。

当对地基或基础进行局部或单独加固不能满足要求时，可将原单独或条形基础连成整体式的片筏基础，或将原片筏基础改成具有较大刚度的箱形基础，也可设置结构连接体构成组合结构，以增加基础刚度，克服不均匀沉降。

习　题

18-9-1　砂井堆载预压加固饱和软黏土时，砂井的主要作用是(　　)。

A. 置换　　B. 挤密　　C. 加速排水固结　　D. 改变地基土级配

18-9-2　砂垫层的厚度是由下列(　　)条件确定的。

A. 持力层强度　　B. 基础底面应力扩散要求

C. 软弱下卧层强度　　D. 地基变形要求

18-9-3　以砾石作填料时，分层压实时其最大粒径不宜大于(　　)。

A. 200mm　　B. 300mm　　C. 100mm　　D. 400mm

18-9-4　不适合处理饱和黏性土地基的处理方法是(　　)。

A. 换土垫层　　B. 碾压夯实　　C. 深层搅拌　　D. 排水固结

题解及参考答案

第一节

18-1-1　**解**：弱结合水受到土颗粒表面电场力的作用，但有一定自由度。

答案：B

18-1-2　**解**：即 d_{10} 粒径。

答案：A

18-1-3　**解**：即 $\frac{d_{60}}{d_{10}}<5$。

答案：A

18-1-4　**解**：做现场试验就是为了更好地了解土体的真实情况。标准贯入试验需先行钻孔，再在孔底以下做试验，为避免标准贯入试验钻孔时对其下试验位置的土体产生扰动，《岩土工程勘察规范》(GB 50021—2001)(2009 年版)第 10.5.3 条规定，贯入器打入土中 15cm 后，开始记录每打入 10cm 的锤击数。而 30cm 是贯入试验记录锤击数的贯入总深度。63.5kg 是锤重。

答案：A

18-1-5　**解**：饱和度为零的土为干土，$V_w=0$，$V_v=V_a$。

答案：D

18-1-6　**解**：反映黏性土状态的指标是液性指数，$I_L=\frac{w-w_p}{w_L-w_p}$，$I_L>1$，流动状态；$0<I_L\leqslant1$，可塑状态；$I_L\leqslant0$，固态，半固态。

答案：B

18-1-7　**解**：$K_u=\frac{d_{60}}{d_{10}}$。

答案：B

18-1-8　**解**：土的压实能量越大，土的最优含水量越小，最大干重度越大；最优含水量条件压实时，干重度最大。

答案:B

18-1-9 **解**:根据规范对土的工程分类的规定。

答案:A

18-1-10 **解**:根据含水的多少及有无浮力作用判断。

答案:B

18-1-11 **解**:根据公式 $D_r=\frac{e_{max}-e}{e_{max}-e_{min}}$ 计算。

答案:D

第二节

18-2-1 **解**:即计算原始自重应力的起算点位置。

答案:C

18-2-2 **解**:根据 $p_0=p_k-\gamma_m d$,基底总压力减去埋深处土的自重应力。

答案:B

18-2-3 **解**:有限面积基础(荷载)作用下即是。

答案:B

18-2-4 **解**:同种土中自重应力直线分布,不同种土中 γ 不同,直线斜率不同,在土层面出现拐点,因此成折线。

答案:A

18-2-5 **解**:有限面积基础在地基中的附加应力沿深度分布为曲线减小。

答案:D

18-2-6 **解**:计算表格规定。

答案:B

第三节

18-3-1 **解**:由 e-p 曲线确定压缩系数。

答案:A

18-3-2 **解**:一般土取 0.2,软土可取 0.1。其值越小,意味着压缩层计算厚(深)度越厚(深)。

答案:A

18-3-3 **答案**:B

18-3-4 **解**:$E_s>15$MPa 为低压缩性土。

答案:C

18-3-5 **解**:根据固结度与时间关系公式计算得出。

答案:A

18-3-6 **解**:此厚度已满足计算要求。

答案:A

第四节

18-4-1 **解**:称此为“塑性荷载”。

答案:B

18-4-2 **解**:施工时间短,排水条件不良的地基应选择接近不排水的抗剪强度指标。快剪意味着不排水(少排水)。

答案:A

18-4-3 **解**:规范规定。增大基础宽度和基础埋深可提高地基承载力,但增大基础尺寸会增大基础沉降量。

答案:A

18-4-4 **解**:抗剪强度线在纵坐标轴上的截距为土的剪切破坏面上法向应力为零时的抗剪强度,即黏聚力 c。

答案:A

18-4-5 **解**:用大、小主应力关系表示的极限平衡条件公式计算。

答案:D

18-4-6 **解**:破坏面与最小主应力面的夹角为 $45°-\varphi/2$。

答案:A

18-4-7 **解**:可通过三轴试验测得同一种土的若干个土样在不同极限状态时的摩尔应力圆数据。

答案:C

18-4-8 **解**:将已知条件代入太沙基公式计算。

答案:C

第五节

18-5-1 **解**:地下室外墙无相对位移。

答案:B

18-5-2 **解**:墙背位置土面上倾、墙面下倾的墙背形式称为仰斜墙。

答案:A

18-5-3 **解**:被动土压力是土被墙压坏,土对墙的作用力;主动土压力是土失去墙的挡土作用造成的破坏,土对墙的作用力。

答案:B

18-5-4 **解**:要求墙后填土黏聚力 c 为零,即为非黏性土。

答案:B

18-5-5 **解**:做逆坡可增大滑动阻力。

答案:C

18-5-6 **解**:减小水的影响。

答案:B

18-5-7 **解**:设天然休止角为 φ(一般干砂的天然休止角为内摩擦角 φ),坡角为 β。

根据定义:砂性土坡稳定安全系数为 $K=\tan\varphi/\tan\beta$(而非 $K=\varphi/\beta$)

据题意,砂性土坡稳定应是满足 $K=\tan\varphi/\tan\beta\geqslant1.5$(而非 $K=\varphi/\beta\geqslant1.5$)。但从数学计算上,$\varphi/\beta\geqslant1.5$ 的范围包含在 $\tan\varphi/\tan\beta\geqslant1.5$ 范围之中,即如果土坡满足 $\varphi/\beta\geqslant1.5$ 这一条件,则也符合 $\tan\varphi/\tan\beta\geqslant1.5$ 的条件。

选项 A,坡角等于天然休止角,即 $K=1$,为极限状态,没有安全储备,错误。

选项 B，坡角小于 1.5 倍的天然休止角，不符合 $\tan\varphi/\tan\beta \geqslant 1.5$ 的要求，不安全，错误。选项 C，坡角大于 1.5 倍的天然休止角，不符合 $\tan\varphi/\tan\beta \geqslant 1.5$ 的要求，不安全，错误。选项 D，1.5 倍的坡角小于天然休止角，符合 $\tan\varphi/\tan\beta \geqslant 1.5$ 的要求，可满足土坡稳定的要求，正确。

答案：D

18-5-8 **解：**简化为圆筒面计算，实际破坏面为曲面。

答案：C

第六节

18-6-1 **解：**除载荷试验外，其余均为室内试验。

答案：A

18-6-2 **解：**气候条件是无关的环境条件。

答案：B

第七节

18-7-1 **解：**框架结构整体刚度低。

答案：B

18-7-2 **解：**对选项中几种不同刚性材料的刚性基础进行比较，混凝土基础允许刚性角（台阶宽高比）大。

答案：A

18-7-3 **解：**按偏心受压公式计算，$e<b/6$ 时基础底面不出现受拉区。

答案：C

18-7-4 **解：**当"新建"（建筑物基础）较相邻"既有"（建筑物基础）埋置深度深时，为减少新建对既有的影响，要求新建离既有足够远。

答案：C

18-7-5 **解：**考虑建筑有室内采暖的设施。

答案：C

18-7-6 **解：**见《地基规范》第 8.3.12 条。

答案：C

18-7-7 **解：**由于建筑地基土分布不均匀，可造成建筑物沉降不均匀。

答案：C

18-7-8 **答案：**D

18-7-9 **解：**主要是防止"高""深"建筑物在"低""浅"建筑物的地基中产生过大的附加应力，引起地基变形等。减小"高""深"建筑物对"低""浅"建筑物的影响。

答案：A

第八节

18-8-1 **解：**土对桩作用的摩阻力（负摩阻力）方向是向下的。

答案：A

18-8-2 **解：**偏心方向各桩受力不同。

答案:B

18-8-3 解:端承桩荷载主要由持力层承担。

答案:B

18-8-4 答案:C

18-8-5 答案:B

第九节

18-9-1 解:砂土渗透性强。

答案:C

18-9-2 解:砂垫层平面尺寸由基底应力扩散范围确定。

答案:C

18-9-3 答案:D

18-9-4 解:碾压夯实对土含水量有要求,不适合饱和条件。

答案:B

第十九章 结构试验

复习指导

一、考试大纲

16.1 结构试验的试件设计、荷载设计、观测设计、材料的力学性能与试验的关系

16.2 结构试验的加载设备和量测仪器

16.3 结构静力(单调)加载试验

16.4 结构低周反复加载试验(伪静力试验)

16.5 结构动力试验

结构动力特性量测方法、结构动力响应量测方法

16.6 模型试验

模型试验的相似原则 模型设计与模型材料

16.7 结构试验的非破损检测技术

二、复习指导

结构试验是以结构、构件为研究对象,用仪表、加载设备、试验方法和数据处理来获得结构、构件的一些技术性能。学习这门课程时应注意:

(1)复习教程对课程的主要内容进行了简要介绍,但实际上结构试验内容比教程中的内容丰富。因此,复习题范围适当扩展,解题内容也较教程内容丰富。

(2)结构试验的试件有三种情况:①模型试件需用相似原理进行设计;②小结构试件,试件的形状、尺寸、数量需进行专门的设计;③实际结构或构件。

(3)结构试验用仪表测量相关的参数,不同参数采用不同的仪表测量,仪表有机、电之分,仪表有技术性能、使用前标定、正确的使用方法等。

(4)加载方案中涉及荷载设计、加载设备、加载程序等,并有静、动之分,以及各种参数的测试方法。

(5)试验数据的分析有单一参数,如挠度、应力、应变、裂缝宽度、延性等。也有两个参数在直角坐标系内的曲线,以及试验点进行回归分析等。

(6)非破损结构试验是现场进行结构和构件性能评定的主要方法,应用非常广泛,应予以充分地重视。

需要指出的是,结构试验是一门实践性很强的学科,涉及结构、构件、仪表、加载设备、试验方法以及数据处理等,内容丰富、涉及面广、不断发展并具有一定的灵活性。因此,有些问题解答不是唯一的,但有比较合理的答案。

第一节　试件设计、荷载设计、观测设计与材料试验

一、试件设计

结构试验有现场试验与室内试验。

现场试验是在实际的结构或构件上进行试验。现场试验分研究性试验和鉴定性试验两类。清华大学在湖北某地通过爆炸地震，对距爆心132m处建造的两座三层内框架房屋进行抗震试验，量测了地面水平加速度、房屋水平加速度、位移以及柱中钢筋的应变，为研究性试验。北京建工学院在北京信达金融大厦，对5～14层预应力梁进行张拉时，在张拉的过程中测试梁的控制截面混凝土应力、钢筋应力和梁的挠度，为鉴定性试验。

室内试验，鉴定构件的承载力、变形、抗裂和裂缝宽度，须采用实际构件。对成批生产的构件，按同一工艺正常生产不超过1 000个构件，且不超过3个月的同类型产品为一批，在每批中应随机抽取1个构件作为试件进行检验。构件结构性能检验结果均应符合《混凝土结构工程施工质量验收规范》(GB 50204—2015)的规定。

研究性试验需要对结构构件的尺寸、形状、数量、加载方法进行设计。与原型结构缩小比例较大的试件，需用相似理论进行设计，称为模型试验。通常缩尺的结构或构件试验称为一般结构试验(或小结构试验)。例如：

(1)钢筋混凝土简支梁试件，截面尺寸宽度 $b=120\sim200\text{cm}$，高度 $h=200\sim600\text{cm}$。

(2)偏心受压钢筋混凝土短柱，截面尺寸宽度 $b=160\text{cm}$，高度 $h=200\sim250\text{cm}$，柱高 $l=1200\sim1400\text{cm}$，$l/h\leqslant8$。

(3)砌块墙体抗剪强度试验，墙宽 B 为实际墙体的 $1/2\sim1/3$，墙高 h 取 $h/B=0.25\sim1.25$，墙厚为实际墙厚。

试件形状要满足在试验时和实际工作相一致的应力状态和边界条件。

试件的数量，对于某一试验指标，例如砌块墙体的抗剪强度试验，考虑影响因素(墙体高宽比、砂浆强度、正应力 σ_0 和芯柱数量4个因素)，每个因素选择3个不同状态(水平)，选用 $L_9(3^4)$ 正交试验表，见表19-1-1。

用 $L_9(3^4)$ 墙体抗剪强度试验　　表19-1-1

试验次数	试验因素				试验指标
	A 高宽比	*B* 砂浆强度	*C* 正应力 σ_0(MPa)	*D* 芯柱数量	墙体抗剪强度(MPa)
1	1.2	A	0.4	0	
2	1.2	B	0.5	1	
3	1.2	C	0.6	2	
4	1.0	A	0.5	2	
5	1.0	B	0.6	0	
6	1.0	C	0.4	1	
7	0.8	A	0.6	1	

试验次数	试验因素				试验指标
	A 高宽比	B 砂浆强度	C 正应力 σ_0(MPa)	D 芯柱数量	墙体抗剪强度(MPa)
8	0.8	B	0.4	2	
9	0.8	C	0.5	0	

$L_9(3^4)$表示:试验次数9次,4个因素,每个因素有3个水平。

为了保证试件的制作质量,试件的原材料、施工工艺,应符合有关标准的要求,还应保证量测仪器用的预埋件和预留孔洞位置正确,尽可能减少截面的削弱。在试件制作过程中保护预埋的传感元件和引出线。

试件设计的构造措施见图19-1-1。图中支座反力和集中力作用处设预埋垫板,防止试件和支墩的局部承压破坏(见图19-1-1a、b、c);混凝土垫梁使墙顶面均匀受压(见图19-1-1d);偏心受压柱设牛腿、配钢筋,防止试验过程牛腿先于柱子破坏(见图19-1-1e)。

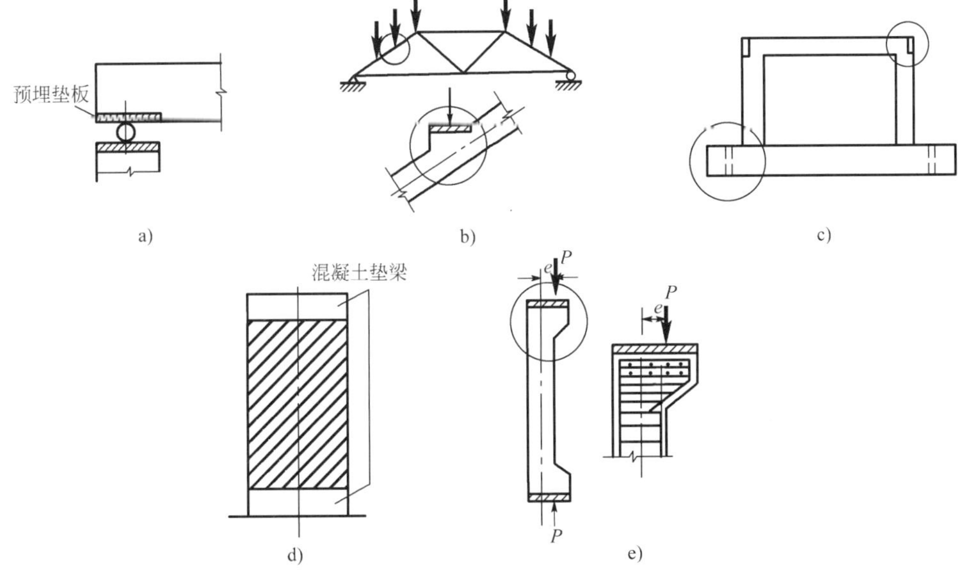

图19-1-1 试件设计的构造措施

二、荷载设计

(一)加载图式

为使结构构件的试验与实际工作状态一致,应优先采用正位试验。对自重较大的吊车梁、柱、屋架等构件,当不便于吊装、运输和量测时,可采用卧位试验。试验梁板的抗裂和裂缝宽度,可采用反位试验,对观测裂缝比较方便。

试验荷载在结构构件上的布置形式(包括集中荷载、均布荷载等)称为加载图式。加载图式应和设计结构构件时的计算简图一致。当试验条件受到限制时,在不影响试验主要目的的前提下,允许采用与计算简图不同的加载图式,但应遵守等效原则。等效原则是:试验荷载与计算荷载在结构构件的控制截面上,产生相同的作用效应(轴力、弯矩、剪力、挠度等)。如图19-1-2所示,在

均布荷载 q 作用下的简支梁，用一个集中力 $p=ql$ 二分点加载，$V_{\max}$ 等效，但 $M_{\max}$ 不等效；用二集中力四分点加载或四集中力八分点加载，则 $V_{\max}$ 和 $M_{\max}$ 均等效。

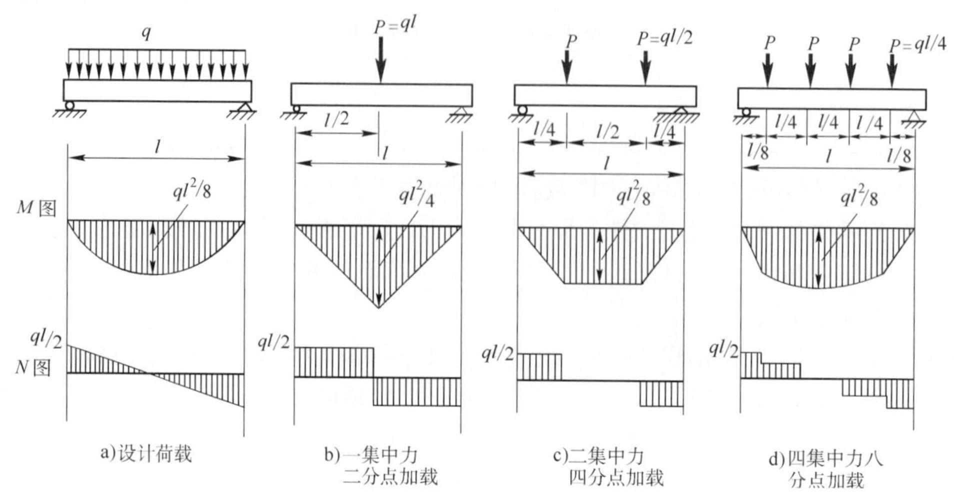

图 19-1-2 等效荷载示意图

在变形量测时，均布荷载 q 作用下的简支梁，换算成等效荷载时，在各级荷载作用下的挠度实测值，应按表 19-1-2 乘以相应的修正系数 Ψ。

加载图式修正系数 表 19-1-2

名称	加载图式	修正系数 Ψ
均布荷载	l	1.0
二集中力四分点等效荷载	$l/4$ $l/2$ $l/4$	0.91
二集中力三分点等效荷载	$l/3$ $l/3$ $l/3$	0.98
四集中力八分点等效荷载	$l/8$ $l/4$ $l/4$ $l/4$ $l/8$	0.97
八集中力十六分点等效荷载	$l/16$ $l/8$ $l/8$ $l/16$	1.0

(二)试验荷载的确定

在进行混凝土结构试验前，应根据试验要求分别确定下列试验荷载值：

(1)对结构构件的挠度、裂缝宽度试验，应确定正常使用极限状态试验荷载值(简称为使用状态试验荷载值)；

(2)对结构构件的抗裂试验，应确定开裂试验荷载值；

(3)对结构构件的承载力试验，应确定承载能力极限状态试验荷载值，简称承载力试验荷载值。

进行鉴定(检验)试验，设计用均布荷载简支梁，检验用三分点加载，如图 19-1-3 所示。正常使用短期荷载检验值F_s和承载力检验荷载设计值 F_d 按下列原则进行计算。

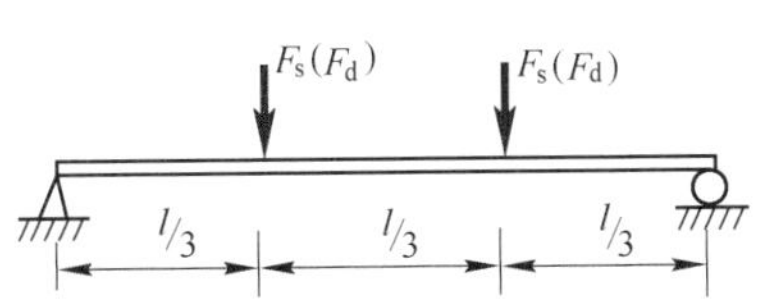

图 19-1-3

正常使用极限状态，跨中截面弯矩 M 等效：

$$F_s = \frac{3}{8}(G_k + Q_k)bl \tag{19-1-1}$$

承载力极限状态，跨中截面弯矩等效：

$$F_d = \frac{3}{8}(\gamma_G G_k + \gamma_Q Q_k)bl \tag{19-1-2}$$

式中：G_k、Q_k——分别为永久荷载、可变荷载标准值；

γ_G、γ_Q——分别为永久荷载、可变荷载的分项系数；

b——板的宽度；

l——梁板的计算跨度。

如果试验荷载用二集中力四分点加载，则式(19-1-1)、式(19-1-2)中的系数由 3/8 改为 1/2。

实际加载时，结构构件的自重和加载设备的重量，应作为试验荷载的一部分，在施加的检验荷载计算值中扣除。式(19-1-1)应为：

$$F_s = \frac{3}{8}(G_k + Q_k - Q_{自})bl \tag{19-1-3}$$

(三)加载程序

一般结构静载试验的加载程序为：预加载→标准荷载→破坏荷载。图 19-1-4 是一个典型的静载试验加载程序。

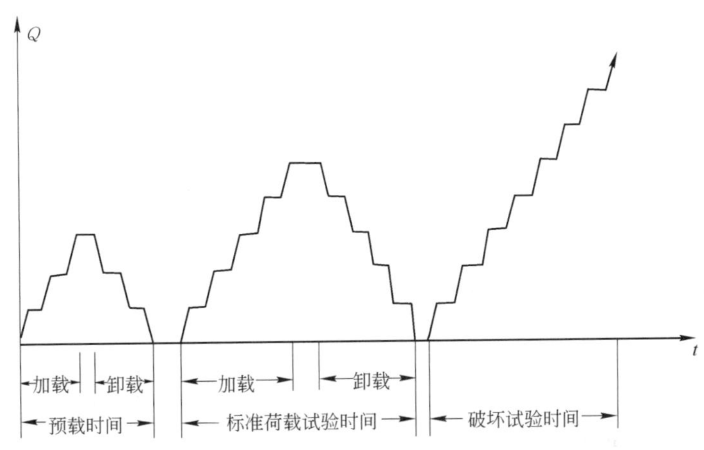

图 19-1-4　静载试验加载程序

1. 预加载

预加载可分级加载，但不宜超过混凝土或预应力混凝土结构构件开裂荷载的70%，以免影响结构性能的评定。预加载的目的是：

(1)检查试验装置、量测仪表工作是否正常；

(2)减少试件和各支承装置间的接触变形；

(3)检查试验人员加载、仪表观测是否正确；

(4)检查现场的组织工作。

2. 加载和卸载

试验荷载应分级加载和卸载。

(1)在达到使用状态试验荷载值 F_s 前，每级加载不宜大于 $20\%F_s$；超过 F_s 后，每级加载不大于 $10\%F_s$。

(2)对于研究性试验，加载值达90%开裂荷载计算值后，每级加载不大于 $5\%F_s$；对于鉴定性试验，试验荷载接近抗裂荷载时，每级加载不宜大于 $5\%F_s$。

(3)对于研究性试验，加载达承载力试验荷载计算值的90%时，每级按 $5\%F_s$ 加载；对于鉴定性试验，加载接近承载力检验荷载时，每级按5%的承载力检验荷载值加载。

(4)每级荷载持续时间的长短，取决于结构变形的发展情况，即结构变形基本上充分完成后，就可加下一级荷载。如果持续时间过短，结构变形不能充分发展，变形值偏小，在进行破坏荷载试验时，破坏荷载值偏高。

(5)试件卸载亦需分级，但级距可放大，每级卸载值按 $20\%\sim50\%F_s$ 取。每级卸载后，试件上保留的荷载与加载时的某一级荷载相对应，其目的是便于观测试件变形的恢复情况，了解结构构件的非弹性性质。

为了使卸载后的残余变形充分发展，对一般结构构件，持续时间为41h；对于新型结构构件和跨度较大的结构构件，持续时间为12h。

【19-1-1】 试件的最大承载能力和相应变形计算，应按下列哪一项进行？

A. 材料的设计值　　B. 材料的标准值

C. 实际材料性能指标　　D. 材料设计值修正后的取值

解 《混凝土结构试验方法标准》(GB/T 50152—2012)第4.0.1条规定，混凝土结构试验中用于计算和分析的有关材料性能的参数应通过实测确定。

答案：C

三、观测设计

试验的观测设计应包括以下内容：

(1)按试验要求确定观测项目；

(2)布置测点位置；

(3)选择合适的仪表；

(4)确定观测方法。

(一)确定观测项目

1. 整体变形

结构的位移、挠度、转角、支座偏移代表结构的整体变形。结构的整体变形最能反映试件受力后的全貌，结构任何部位异常变形或局部破坏都能在整体变形中得到反映。

一个构件的挠度曲线至少有5个测点(包括跨中或集中荷载作用下位移最大处和两端支座沉降处),见图19-1-5a)。由挠度曲线不仅可以知道构件的刚度变化,而且可区分构件的弹性和非弹性性质。构件任何部位的异常变形或局部破坏均会在位移上得到反映,如图19-1-5b)所示曲线中的拐点。

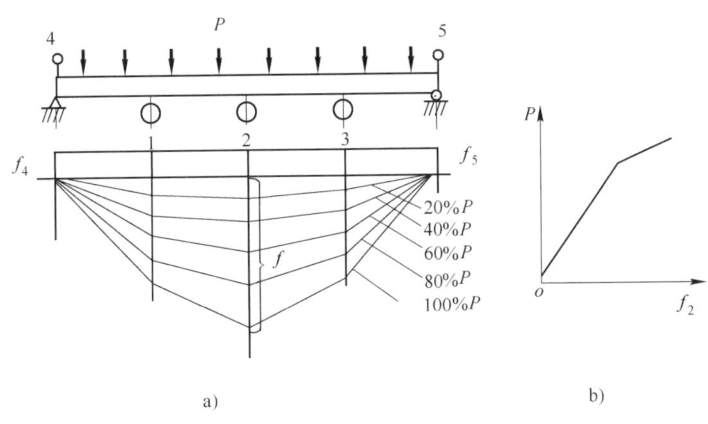

图19-1-5　构件的挠度曲线

2.裂缝量测

在正常使用极限状态中,裂缝宽度是重要指标之一;在承载力极限状态中,它也是破坏指标之一。因此,试验时应对结构在各级荷载作用下的裂缝发生、发展和试件的破坏作详细观测和记录,以便对结构的受力性能作出全面的判断。

3.局部变形

结构构件的局部变形,如构件的应变、曲率、裂缝、某一点的位移和钢筋滑移等可以反映构件受载后的局部情况。

(二)测点布置

测点布置应遵循以下原则:

(1)在满足试验要求的前提下,测点宜少不宜多,使试验工作重点突出;

(2)测点位置要有代表性,最大挠度和最大应力等测点作为控制测点;

(3)保证量测数据的可靠性,应布置一定数量的校核性测点(包括零应力点);

(4)测点布置便于测读和安全。

(三)仪器的选择

(1)能满足测点所需的量程和精度。一般试验相对误差不超过5%,仪表的最小刻度不大于5%的最大被测值。被测值宜在仪器满量程的1/5~2/3范围内,最大被测值不宜大于仪器量程的80%。

(2)现场试验环境复杂,影响因素多,应选择合适的电测、机测仪表。如果测点的数量多,位置高、远,则采用电测仪表。

(3)尽可能使用自动记录装置。

(4)量测仪器的型号、规格尽可能一致,控制测点或校核性测点可同时使用两种类型仪器,便于比较。

四、材料的力学性能试验

钢筋和混凝土的力学性能指标,对于正确估计结构构件的承载力、挠度、抗裂性、裂缝宽度，以及试验中荷载分级均具有重要意义。同时，在试验资料整理分析和评定试验结果时，也需要构件材料的实际力学性能。

钢筋的力学性能试验包括屈服强度、抗拉强度、伸长率和冷弯性能。

在制作混凝土结构构件时，应同时制作立方体试块，与结构构件同条件养护，以确定试验构件中混凝土的实际强度。当需要测定混凝土的应力或轴心抗压强度时，应同时制作棱柱体试件，以确定混凝土的弹性模量和轴心抗压强度，并绘制混凝土的应力-应变曲线。当进行抗裂性能试验时，应同时制作抗拉试件，以测定混凝土的抗拉强度。

习　题

19-1-1　结构试验中，常用科研性试验解决的问题是(　　)。

A. 综合鉴定重要工程和建筑物的设计与施工质量

B. 鉴定预制构件的产品质量

C. 已建结构可靠性检验、推断和估计结构的剩余寿命

D. 为发展和推广新结构、新材料与新工艺提供实践经验

19-1-2　某钢筋混凝土预制板，计算跨度 $L_0=3.3\text{m}$，板宽 $b=0.6\text{m}$，永久荷载标准值 $g_k=5.0\text{kN/m}^2$，可变荷载标准值 $q_k=2.0\text{kN/m}^2$，预制板检验时用二集中力四分点加载，则承载力检验荷载设计值为(　　)kN。(其中 $\gamma_g=1.2$，$\gamma_q=1.4$，板自重 2.0kN/m^2)

A. 4.95　　B. 3.712　　C. 6.732　　D. 5.049

19-1-3　下列(　　)不是等效加载图式应当满足的条件。

A. 等效荷载产生的控制截面内力与计算内力值相等

B. 等效荷载产生的主要内力图形与计算内力图形相同

C. 由于等效荷载引起的变形差别，应当给以适当修正

D. 控制截面内力等效，次要截面内力应与设计值接近

19-1-4　正交表 $L_9(3^4)$ 中的数字 3 的含义是(　　)。

A. 表示因子的数目　　B. 表示试件的数目

C. 表示试验的次数　　D. 表示每个因子的水平参数

19-1-5　下列关于加载速度对试件材料性能影响的叙述正确的是(　　)。

A. 钢筋的强度随加载速度的提高而提高

B. 混凝土的强度随加载速度的提高而降低

C. 加载速度对钢筋强度和弹性模量没有影响

D. 混凝土弹性模量随加载速度的提高而降低

第二节　结构试验的加载设备和量测仪器

一、加载设备

结构构件进行静载试验时，加载设备应满足以下基本要求：

(1)荷载作用点位置准确，传力方式满足加载图式要求，不影响结构构件自由变形，不影响结构的受力；

(2)加载值要准确、稳定，荷载值的相对误差不超过±3%，现场试验不超过±5%，加载值

不随时间、环境条件的改变和结构变形而变化；

(3)能方便地加载或卸载，荷载分级值能满足试验的精度要求，加载设备的加载能力应大于最大试验荷载值，并有足够的安全储备；

(4)加载设备要有足够的强度和刚度，使加载过程设备本身变形很小，容易稳定加载值，而且加载设备要安全可靠。

(一)重物加载

重物加载有铁块、砖、水、砂石以及其他废构件等重物。重物荷载常作为均布荷载直接堆载在结构表面上。为了防止重物荷载本身的起拱作用，造成试验构件的卸载，重物应分堆，每堆之间有一定间隙，如图 19-2-1 所示。

用水加载做楼板的静载试验，是一个简单易行的方案，可观测楼板变形、板底裂缝和板底钢筋应力，见图 19-2-2。

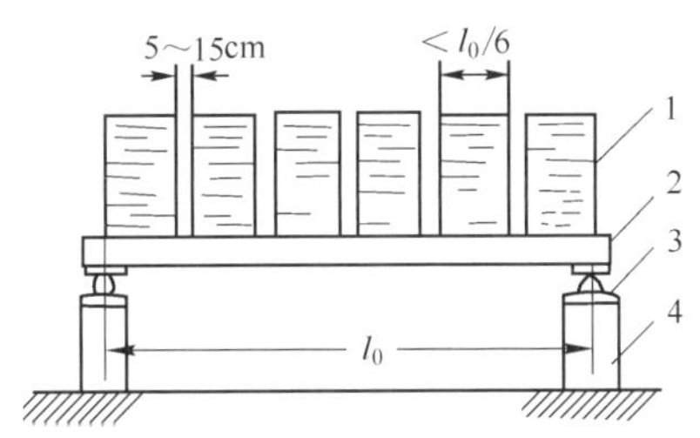

图 19-2-1 重物对板加均布荷载

1-重物；2-试验板；3-支座；4-支墩

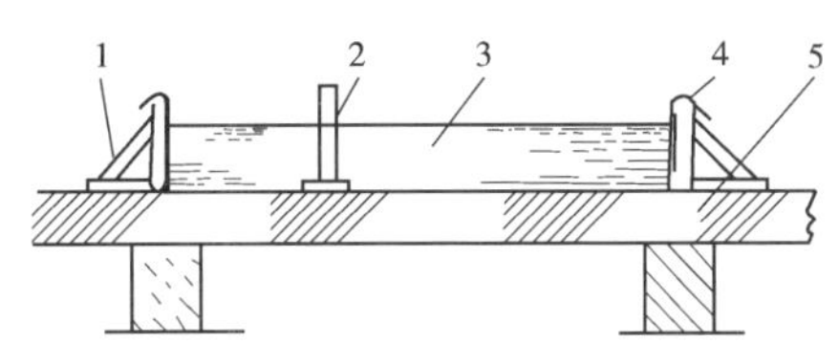

图 19-2-2 水作为均布荷载

1-侧向支撑；2-标尺；3-水；4-防水胶布或塑料布；5-试件

重物加载除可加均布荷载外，也可加两个集中荷载，见图 19-2-3a)。由于受加载设备的限制，对试验构件加集中荷载时，可利用杠杆加载装置，见图 19-2-3b)、c)。图 19-2-3c)中，杠杆的三个支点应明确，并应在同一直线上，加载放大的比例不宜大于 5 倍。

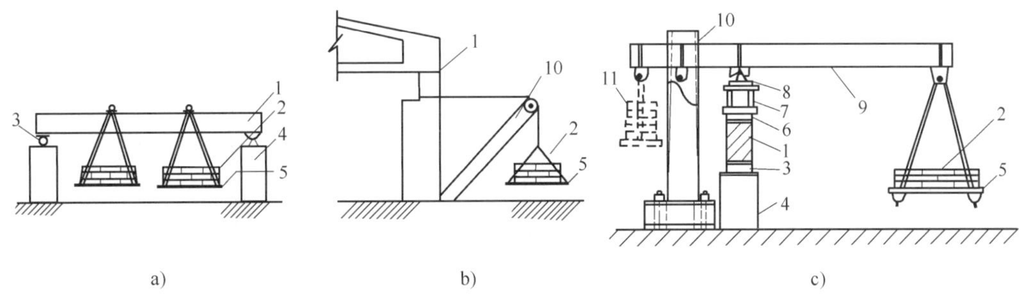

图 19-2-3 重物加集中荷载

1-试件；2-重物；3-支座；4-支墩；5-荷载盘；6-分配梁支座；7-分配梁；8-加载支点；9-杠杆；10-荷载支架；11-杠杆平衡重

(二)液压加载

液压加载是目前最常用的加载方法，有手动液压千斤顶加载、长柱试验机加载、同步液压加载系统、电液伺服加载系统。

1. 手动液压千斤顶加载

图 19-2-4 是一个简支梁三分点加载的加载装置。用一个液压千斤顶和一个分配梁对试验构件施加两个集中荷载，千斤顶上部设有一个荷载传感器，通过应变仪控制加载值，横梁的立柱固定在台座或底梁上。

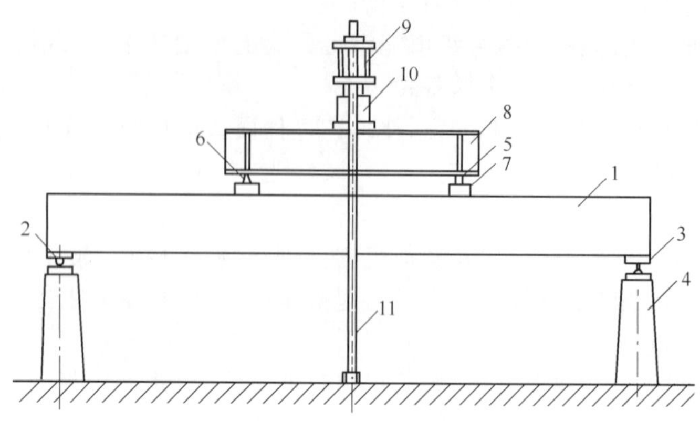

图 19-2-4　简支梁用千斤顶分配梁加载装置

1-试验梁；2-滚动铰支座；3-固定铰支座；4-支墩；5-分配梁滚动铰支座；6-分配梁固定铰支座；7-集中力下的垫板；8-分配梁；9-横梁；10-千斤顶；11-立柱

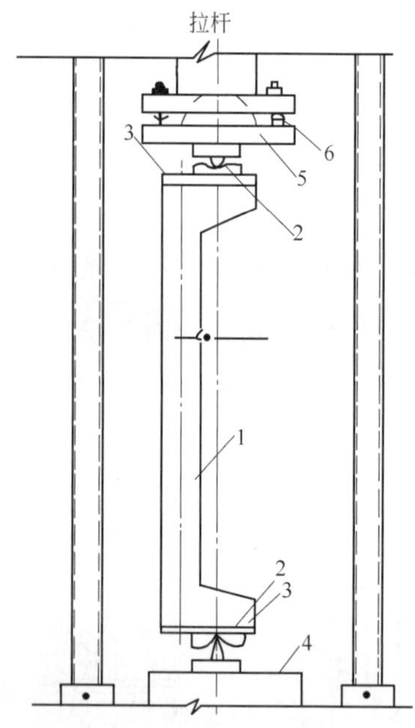

图 19-2-5　柱用试验机加载装置

1-试验柱；2-刀口支座；3-垫板；4-试验机下压板；5-试验机上压板；6-调节试验机压板的弹簧

2. 试验机加载

图 19-2-5 是一个偏心受压柱的加载装置。柱子试件放在长柱试验机的上下压板中间，在柱子加压部位上下各加一个刀铰支座，加载值可用压力计表盘控制，或在刀铰支座上设置一个荷载传感器来控制。

3. 液压加载系统

如图 19-2-6 所示，液压加载系统是结构试验中最常用的加载设备，主要由液压稳压器（或高压油泵）、分油器、高压油管、千斤顶组成。不同型号的稳压器可同时提供 1～5 组不同的油压，最大压力 250～3000MPa，每一组压力可经几个分油器供几个千斤顶使用，千斤顶规格一致，活塞与油缸体摩擦力相同，放置高度相差不超过 5m，可以保证每一路供油的几个千斤顶多点、同步加载的要求。

4. 电液伺服加载系统

电液伺服加载系统是目前最先进的结构试验加载设备。电液伺服加载系统主要采用了电液伺服阀进行闭环控制，因而可获得高精度的加载控制，还易于对试验进行不同力学参数（如位移、荷载、应变等）的控制，以及在试验过程中进行控制参数的转换。

所谓电液伺服闭环控制，是在试验时以电量通过伺服阀控制高压油的流量，推动千斤顶的活塞施加荷载；结构构件受载后产生变形，通过安装在结构构件上的传感元件，检测某一物理量的参数（位移、荷载、应变等），并以电量的方式反馈信号，在比较器中实时地与设定的控制参数进行比较，得出的差值信号经调整放大后，控制电液伺服阀再推动执行元件，使其以消除差值的方向动作，最终使执行元件的动作和设定量保持一致，见图 19-2-7。

（三）机械机具加载

常用的机械式加载机具有绞盘、弹簧、螺旋千斤顶等，用作结构构件的静载试验。

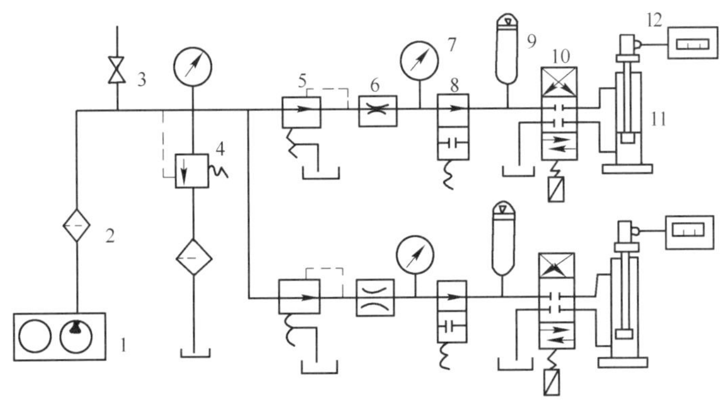

图 19-2-6　同步液压加载系统图

1-高压油泵；2-滤油器；3-截止阀；4-溢流阀；5-减压阀；6-节流阀；7-压力表；8-电磁阀；9-蓄能器；10-电磁阀；11-加载器；12-测力计

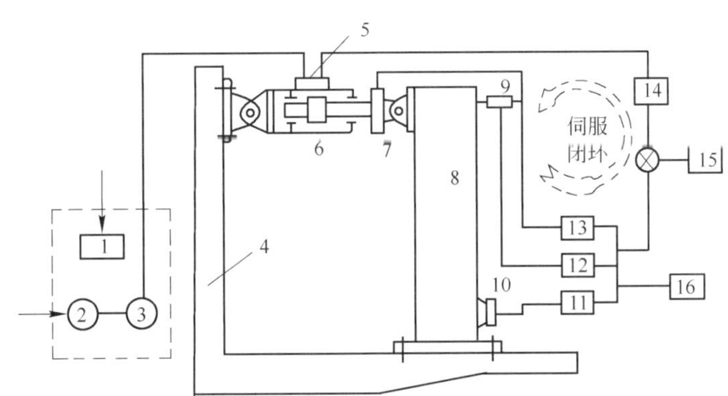

图 19-2-7　电液伺服加载系统及其闭环控制原理框图

1-冷却器；2-电机；3-油泵；4-支承机构；5-伺服阀；6-加载器；7-荷载传感器；8-试件；9-位移传感器；10-应变传感器；11-应变调节器；12-位移调节器；13-荷载调节器；14-伺服控制器；15-指令发生器；16-记录显示器

绞盘一般用于水平加载或变位较大的结构试验，在拉索中接入测力计量测加载值，还可利用滑轮组提高荷载值。

弹簧加载常用于长期荷载试验，用千分表量测弹簧长度的改变来换算弹簧所加的荷载值。当结构发生徐变后会产生卸载，因此需要经常拧紧螺帽调整压力。

由机械式激振器产生的正弦波荷载，用于测定结构的动力特性。机械式激振器由变速电机带动偏心轮，利用偏心重量的离心力产生垂直或水平方向的周期荷载，使用时将它固定在结构物上产生结构的强迫振动。激振力 P 的大小与偏心块质量 m、偏心距 r 和电机转速 ω 有关，见图 19-2-8。即

$$P = 2r\omega^2 m\sin\omega t \tag{19-2-1}$$

（四）气压加载

图 19-2-9 为利用空气压缩机对气包充气，给试件加均匀荷载的示意图。为提高气包耐压能力，四周加边框，这样最大压力可达 180kPa。压力用不低于 1.5 级的压力表量测，此法较适用于板壳试验。

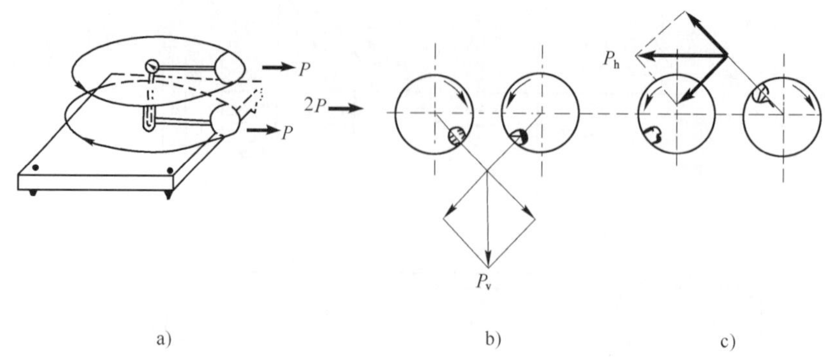

图 19-2-8　机械式偏心起振机的原理图

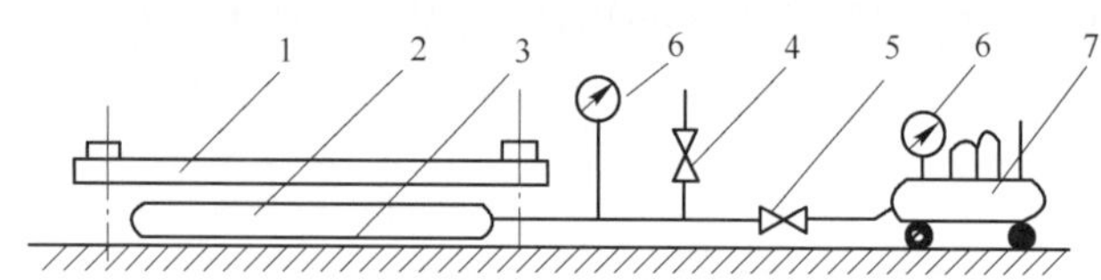

图 19-2-9　压缩空气加载示意图

1-试件；2-气包；3-台座；4-泄气针阀；5-进气针阀；6-压力表；7-空气压缩机

（五）支座和支墩

支座和支墩能保证结构构件在支座处力的正确传递，本身要有足够的强度与刚度。常用的构造形式如图 19-2-10 所示。

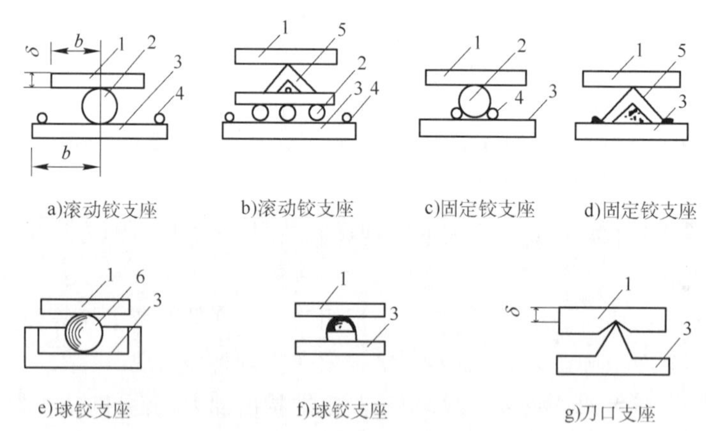

图 19-2-10　常用几种支座的形式

1-上垫板；2-滚轴；3-下垫板；4-限位钢筋；5-角钢；6-钢球

为防止试件支承处和支墩的局部破坏，上下垫板尺寸应分别按试件和支墩局部受压考虑，垫板厚度应保证有足够的刚度。用于钢筋混凝土构件上垫板厚度 δ 可按下式计算

$$\delta=\sqrt{\frac{2f_{cu}b^2}{f}} \tag{19-2-2}$$

式中：f_{cu}——试件混凝土立方体抗压强度（MPa）；

b——滚轴中线至板边缘的距离(mm)；

f——垫板钢材的强度设计值(MPa)。

二、量测仪器

结构试验时要对作用在结构构件上的荷载(包括支座反力)和结构构件的局部或整体变形进行量测，这种量测的工具称量测仪器。量测仪器分机测仪器和电测仪器。机测仪器将量测的参数经放大后直接显示在仪器的表盘上；而电测仪器将感受参数变化的量测仪器称为一次仪表(如电阻应变片、位移、荷载传感器等)，将物理参数经电量放大显示部分称为二次仪表(如电阻应变仪等)。

量测仪器的基本量测方法一般采用偏位测量法和零位测量法。

(1)偏位测量法：根据量测仪表放大部分产生的偏转或位移量得出欲测参数的大小，如百分表、千分表等。

(2)零位测量法：用已知标准量去抵消未知物理量对仪表指示装置引起的偏转，使被测量和标准量对仪器指示装置的效应经常保持相等，即两个作用的总效应为零。指示装置指零时的标准量即为被测的物理量，如秤重天平。

由于零位读数法测量结果的误差主要取决于标准量的误差，因而测量精度高于偏位测量法。

量测仪器的主要技术指标包括：

(1)刻度值：是指每一个最小刻度代表被量测的数值；

(2)量程：指测量上限值和下限值之差；

(3)灵敏度：指仪表在稳态下，某物理量输出值与输入值的比值；

(4)精度：指仪表指示值与被测值的符合程度；

(5)滞后：指仪表输入量从起始值到最大值，再从最大值到起始值之差。

在选用量测仪表时，应考虑下列要求：

(1)仪器的量程和精度：仪器的量程为1.5倍最大被测值，仪器的精度常以最大量程的相对误差来表示，并以相对误差值判定仪器的精度等级。如一台精度为0.2级的仪表，示值误差不超过最大量程的±0.2%。

(2)动力试验用仪表，其线性范围、相频和幅频特性应满足试验要求。

(3)安装在结构上的仪表，应质量轻、体积小、不影响被测结构的工作性能。

(4)选用仪表时，应考虑试验的环境条件。

(5)仪表使用前必须进行率定。

仪器的率定(标定)是要确定仪器的灵敏度和精确度，确定试验数据的误差。仪器的率定有两种情况：一是单件率定，确定某一件仪器的灵敏度和精确度；二是系统率定，确定几台仪器组成的系统的灵敏度和精确度。

(一)位移量测

结构试验中需要测量两种位移：线位移和角位移。

1.线位移量测

线位移量测允许使用钢直尺、百分表、千分表、大量程百分表、水准仪等。

百分表最小分度值为0.01mm，量程为10mm、20mm、30mm等。量程大于20mm的百分表称为大量程百分表。

千分表的最小分度值为0.001mm，量程为1mm，主要用于量测钢筋在混凝土中的滑移，也可用作角位移、应变等量测的指示仪表。

位移也可用位移传感器接应变仪量测(电测)。位移传感器的准确度不应低于1.0级，最小分度值不宜大于所测总位移的1.0%,示值误差应为±1.0%F.S(F.S表示量测仪表的满量程)。

2.倾角仪

倾角仪的最小分度值不宜大于5″,电子倾角仪的示值误差应为±1.0%F.S。

(二)应变量测

应变量测实际上是测量单位长度的伸长量 Δl,$\varepsilon=\frac{\Delta l}{l}$,$\varepsilon$ 是指 l 标距范围内的平均应变。量测方法有机测和电测两种。

1.机测法

机测法通常在被测构件表面放置杠杆应变仪,或者带空穴的测点用手持式应变仪量测,见图19-2-11。

一台手持式应变仪可进行多点量测,测点可长期放在试件上,但测量误差偏大。

2.电测法

电测法是在试件测点处粘贴电阻应变片(计),见图19-2-12。试件受力后测点处产生变形,使应变片的电阻丝产生拉伸或压缩,阻值发生变化。电阻的变化率为

$$\frac{\mathrm{d}R}{R}=K\varepsilon \tag{19-2-3}$$

式中:K——应变片的灵敏系数;

ε——金属丝的应变。

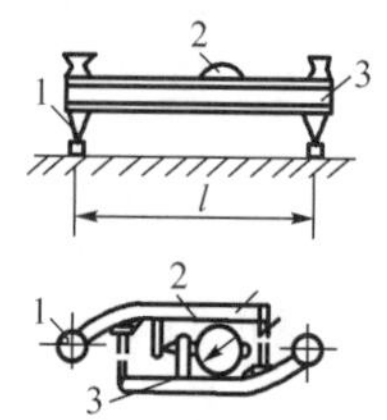

图19-2-11 手持式应变仪
1-脚标;2-千分表;3-仪器架

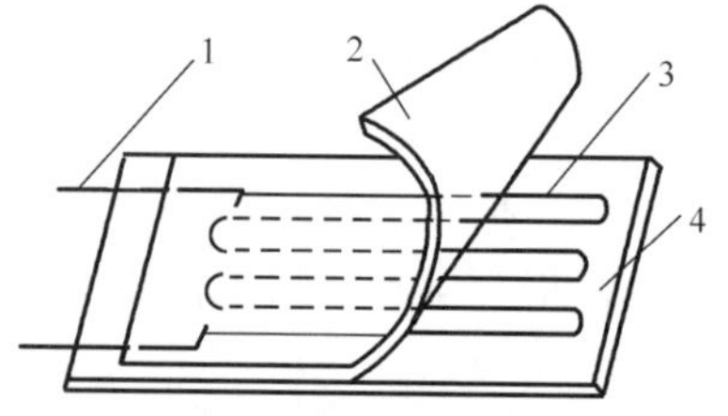

图19-2-12 电阻应变计
1-引出线;2-覆盖层;3-电阻栅;4-基底

电阻应变片(计)的主要技术指标有:

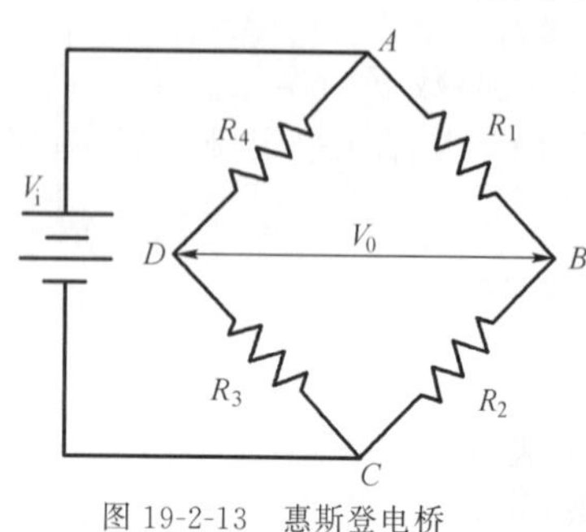

图19-2-13 惠斯登电桥

(1)电阻值 R,一般为120Ω;

(2)标距 l,即电阻丝栅的有效长度,应变梯度大,则选用小标距;

(3)灵敏系数 K,表示单位应变引起应变片的相对电阻变化。

将应变片接入应变仪的电桥(惠斯登电桥)上,使电桥有一个电压(V_0)输出,经滤波和放大,在仪器的指示盘上显示应变的数值(见图19-2-13)。当接入电桥上的四个应变片阻值 R 相同,灵敏系数 K 相同,输出电压 V_0 可写成

$$V_0=\frac{1}{4}V_iK(\varepsilon_1-\varepsilon_2+\varepsilon_3-\varepsilon_4) \tag{19-2-4}$$

常用的电桥形式和应变计的布置见表19-2-1。

常用的电桥形式和应变计布置　　表 19-2-1

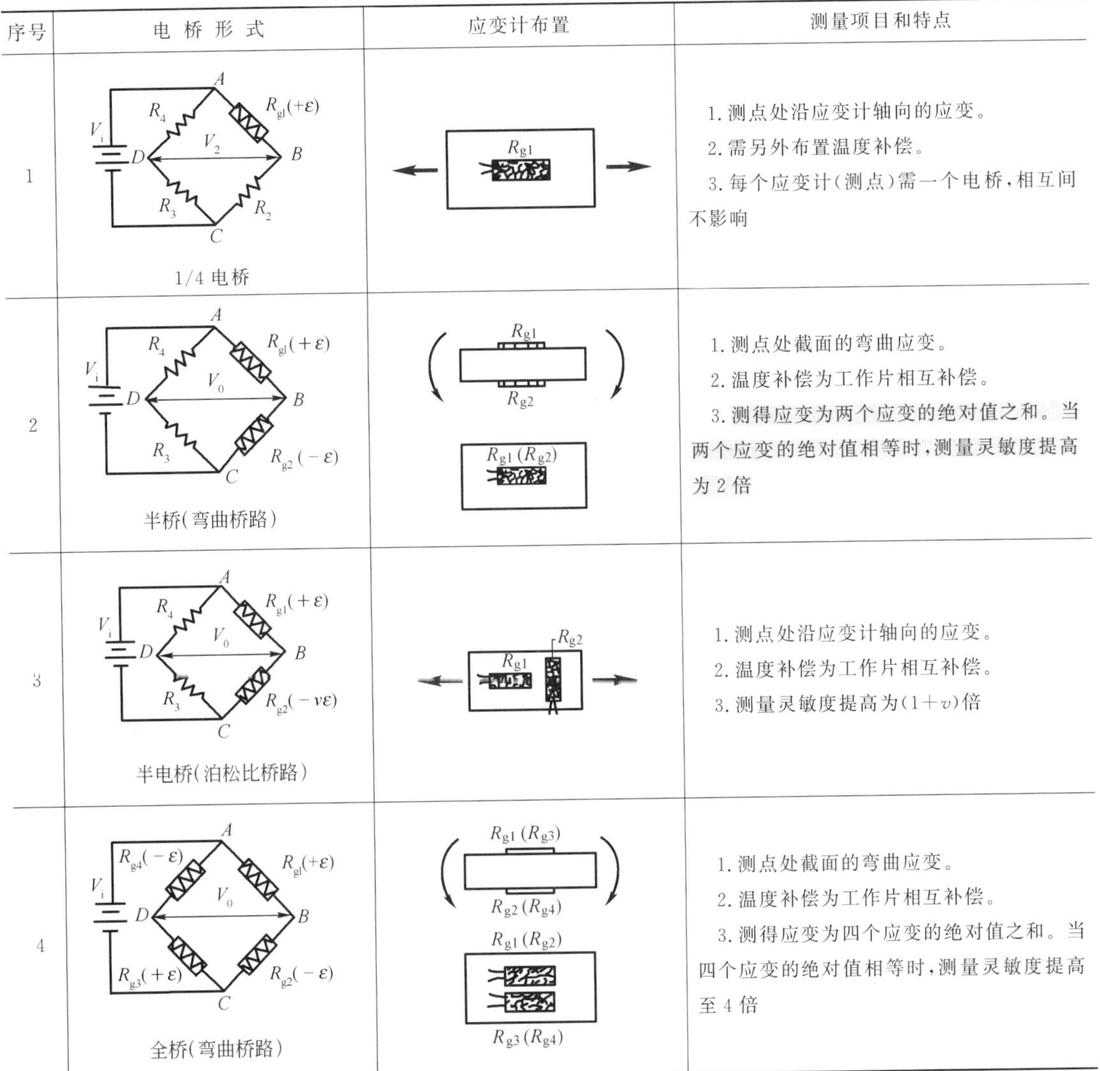

序号	电桥形式	应变计布置	测量项目和特点
1	1/4 电桥	R_{g1}	1. 测点处沿应变计轴向的应变。 2. 需另外布置温度补偿。 3. 每个应变计(测点)需一个电桥，相互间不影响
2	半桥(弯曲桥路)	R_{g1}、R_{g2}；$R_{g1}(R_{g2})$	1. 测点处截面的弯曲应变。 2. 温度补偿为工作片相互补偿。 3. 测得应变为两个应变的绝对值之和。当两个应变的绝对值相等时，测量灵敏度提高为 2 倍
3	半电桥(泊松比桥路)	R_{g1}、R_{g2}	1. 测点处沿应变计轴向的应变。 2. 温度补偿为工作片相互补偿。 3. 测量灵敏度提高为$(1+\upsilon)$倍
4	全桥(弯曲桥路)	$R_{g1}(R_{g3})$、$R_{g2}(R_{g4})$；$R_{g1}(R_{g2})$、$R_{g3}(R_{g4})$	1. 测点处截面的弯曲应变。 2. 温度补偿为工作片相互补偿。 3. 测得应变为四个应变的绝对值之和。当四个应变的绝对值相等时，测量灵敏度提高至 4 倍

电阻应变量测是目前应变量测的主要方法，它的优点有：

(1)精确地量测 1×10^{-6} 应变，应变量测范围可达$\pm11\ 100\times10^{-6}$；

(2)电阻应变片的体积小、质量轻，可安装在复杂、空间很小的区段内，且不影响结构的静态和动态特性；

(3)对环境适应性强，可在高温(800～1 000℃)、高压(1 万个大气压)及水中进行量测；

(4)便于与计算机联用，实现量测自动化。

应变片的种类繁多，按敏感材料有丝绕式和箔式(可耐高温)等；按基底材料有纸基和胶基(可防潮)等；按温度场有低温(－30℃)、常温(－30～60℃)和高温(>350℃)等。另外有小标距(l=2～7mm)、中标距 l=10～30mm、大标距 l>30mm 之分，还有各种应变花。

应变片的粘贴工艺是电测的重要环节之一。应变片需进行分选(阻值差小于 0.5Ω)、测点表面处理、黏结剂的选择(常用 502 胶和环氧树脂胶)、固化处理、粘贴质量检查(阻值和绝缘电阻 500MΩ 以上)以及防潮处理等。

应变片粘贴在试件上，当环境温度变化时，由于敏感材料与试件材料线膨胀系数不同，而产生敏感材料的约束变形，再加上温度变化引起敏感材料的自由变形，使阻值改变产生视应变。为了消除视应变需粘贴温度补偿片，称温度补偿。量测时，温度补偿片与试件上的工作片，必须阻值、灵敏系数相同，粘贴在相同材料上，处在同一个温度场。

3.精度与误差

用百分表、千分表等仪表构成的应变测量装置，其标距误差应为±1.0%，最小分度值不宜大于被测总应变的1.0%。

双杠杆应变仪的示值误差和标距误差均为±1%，最小分度值不宜大于被测总应变的2%。

静态电阻应变仪的精度不应低于B级，最小分度值不宜大于10×10^{-6}。

(三)裂缝量测

裂缝宽度量测一般用刻度放大镜，其最小分度值不宜大于0.05mm。

(四)变形量测

几种变形量测仪器与装置见图19-2-14。

1.转角

测定构件节点或截面的转角，可用位移计，也可用水准式或电子式倾角仪。

2.曲率

曲率的测定通常用位移计制作一个特定的装置进行量测。

3.扭角

用位移计测得某点的位移进行扭角计算，见图19-2-14d)。

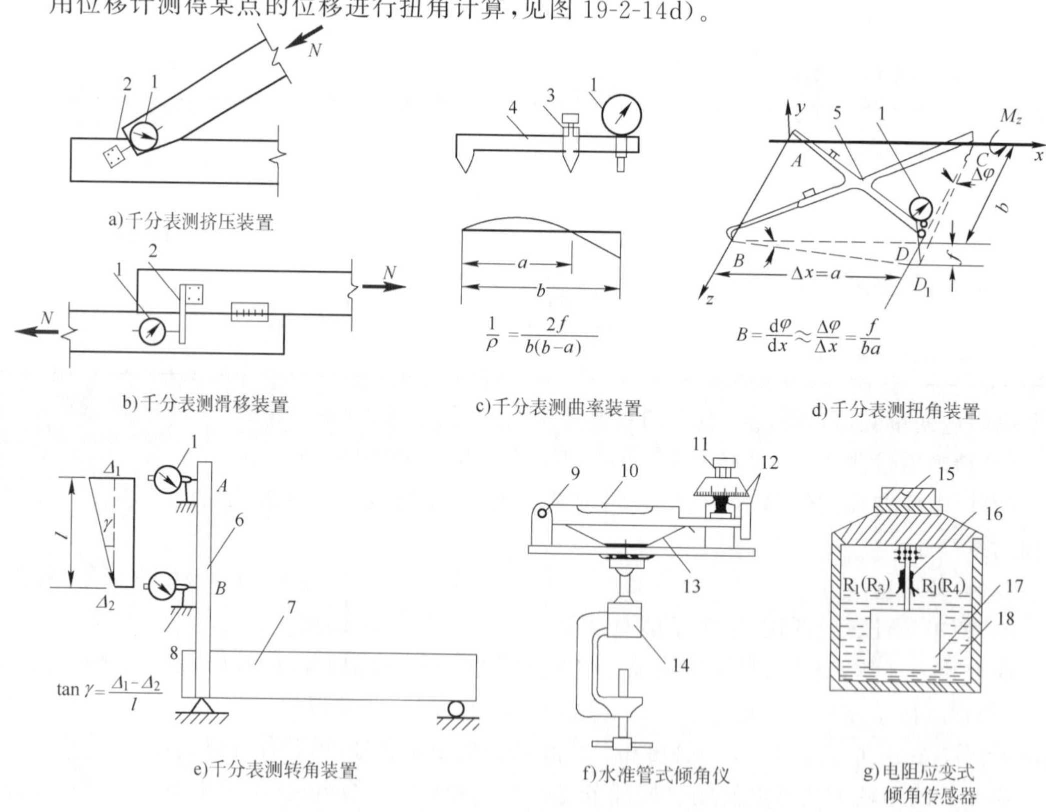

图19-2-14 几种变形量测仪器与装置

1-千分表；2-角铁；3-活动点滑块；4-固定点刚性杆；5-可伸缩十字刚性架；6-刚性杆；7-试件；8-千分表架；9-铰；10-长水准管；11-微调螺丝；12-度盘；13-弹簧片；14-夹具；15-圆水准器；16-电阻应变计(R_1、R_2、R_3、R_4)；17-质量块；18-油

（五）力的量测

力的量测有机械式的各种测力计。由于电测技术的发展，目前常用的各种压（拉）力传感器，用应变仪显示力的数值，见图 19-2-15。

弹簧式拉（压）力测力计的最小分度值不应大于 2.0%F.S，示值误差应为±1.5%。负荷传感器精度不低于 C 级，对于长期荷载试验，精度不低于 B 级，最小分度值不宜大于被测力值总量的 1.0%，示值误差应为 1.0%F.S。

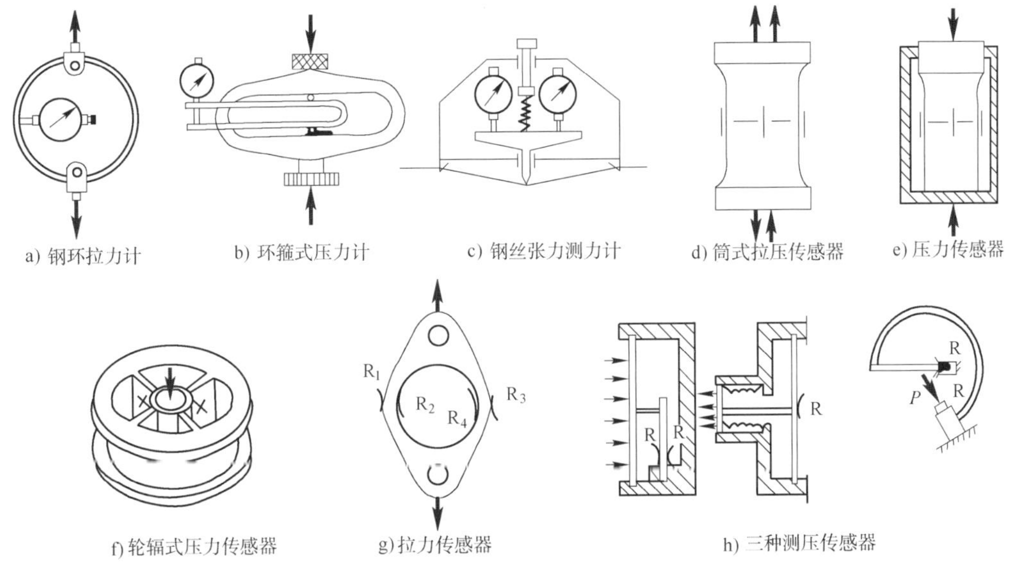

图 19-2-15　几种测力计及传感器

【例 19-2-1】 下述四种试验所选用的设备最不合适的是：

A. 采用试件表面刷石腊后，四周封闭抽真空产生负压方法进行薄壳试验

B. 采用电液伺服加载装置对梁柱节点构件进行模拟地震反应试验

C. 采用激振器方法对吊车梁做疲劳试验

D. 采用液压千斤顶对桁架进行承载力试验

解 建筑结构的动力特性测试，或评估结构的抗震性能时，可采用激振法。工程结构的疲劳试验一般在疲劳试验机上进行，也可采用电液伺服加载系统。选项 A、B、D 中的试验所选用的设备是合适的。

答案：C

【例 19-2-2】 通过测量混凝土棱柱体试件的应力-应变曲线计算所用试件的刚度，已知棱柱体试件的尺寸为 100mm×100mm×300mm，浇筑试件完毕并养护，且实测同批次立方体（150mm×150mm×150mm）强度为 300kN，则使用下列哪种试验机完成上述试件的加载试验最合适？

A. 使用最大加载能力为 300kN 的拉压试验机进行加载

B. 使用最大加载能力为 500kN 的拉压试验机进行加载

C. 使用最大加载能力为 1000kN 的拉压试验机进行加载

D. 使用最大加载能力为 2000kN 的拉压试验机进行加载

解 由试件的应力应变-曲线直线段得弹性模量 $E=\sigma/\varepsilon$，试件的抗压刚度为 EA。同批次立方体 $A_1=(150\times150)\text{mm}^2$，棱柱体 $A_2=(100\times100)\text{mm}^2$。因此棱柱体试件用同批次立方体试件 300kN 试验机测 E 值得试件的抗压刚度最合适，即准确度最高。

答案:A

【例 19-2-3】 标距 $L=200\text{mm}$ 的手持应变仪,用千分表进行量测读数,读数为 3 小格,测得应变值为(μ_E 表示微应变):

A. $1.5\mu_E$　　B. $15\mu_E$　　C. $6\mu_E$　　D. $12\mu_E$

解 应变 $\varepsilon=\dfrac{\Delta l}{l}$,千分表读数 3 小格,即 $\Delta l=3\times0.001\text{mm}$,$1\mu\varepsilon=10^{-6}$

$$\varepsilon=\frac{3\times0.001}{200}=15\times10^{-6}=15\mu\varepsilon$$

答案:B

习　题

19-2-1　杠杆加载试验中,杠杆制作方便,荷载值稳定不变,当结构有变形时,荷载可以保持恒定,对于做下列(　　)试验尤为适用。

A. 动力荷载　　B. 循环荷载　　C. 持久荷载　　D. 抗震荷载

19-2-2　在进行构件试验时,加载设备必须有足够的强度和刚度,其主要目的是(　　)。

A. 避免加载过程加载设备因强度不足而破坏

B. 避免加载过程影响试件的强度

C. 避免加载过程因加载设备强度不足而产生过大的变形,影响试件的变形

D. 避免在加载过程,由于加载设备变形不稳定,影响加载值的稳定

19-2-3　支座的形式、构造与试件的类型和下列(　　)的要求等因素有关。

A. 力的边界条件　　B. 位移的边界条件

C. 边界条件　　D. 平衡条件

19-2-4　下列(　　)项为固定铰支座。

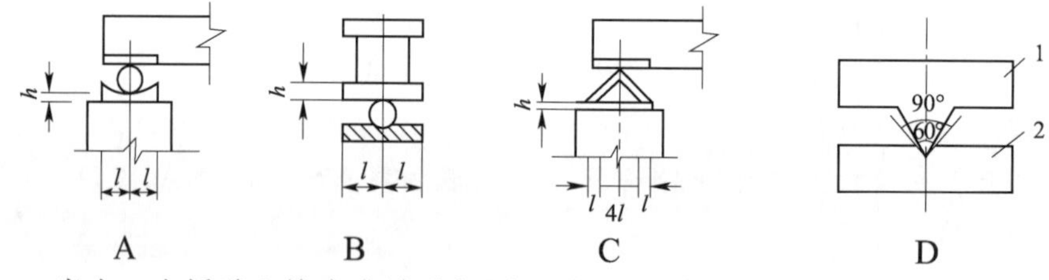

19-2-5　当在一个桥臂上接应变计进行测量时,这种接法被称为(　　)。

A. 1/4 桥　　B. 半桥　　C. 全桥　　D. 1/3 桥

19-2-6　标距为 200mm 的手持应变仪,用千分表进行量测,若某次量测试件的读数为 4 小格,则测得的应变值为(　　)。

A. 10×10^{-6}　　B. 20×10^{-6}　　C. 40×10^{-6}　　D. 80×10^{-6}

19-2-7　试验装置设计和配置应满足一定的要求,下列(　　)项要求是不对的。

A. 采用先进技术,满足自动化的要求,减轻劳动强度,方便加载,提高试验效率和质量

B. 应使试件的跨度、支承方式、支撑等条件和受力状态满足设计计算简图,并在整个试验过程中保持不变

C. 试验装置不应分担试件应承受的试验荷载,也不应阻碍试件变形的自由发展

D. 试件装置应有足够的强度和刚度，并有足够的储备，在最大试验荷载作用下，保证加载设备参与结构试件工作

19-2-8 一电阻应变片($R=120\Omega$，$K=2.0$)，粘贴于混凝土轴心受拉构件平行于轴线方向，试件材料的弹性模量为 $E=2\times10^5$ MPa，若加载至应力 $\sigma=400$MPa 时，应变片的阻值变化 dR 为(　　)Ω。

A. 0.24　　B. 0.48　　C. 0.42　　D. 0.96

19-2-9 电阻应变片的灵敏度系数 K 指的是(　　)。

A. 应变片电阻值的大小

B. 单位应变引起的应变片相对电阻值变化

C. 应变片金属丝的截面积的相对变化

D. 应变片金属丝电阻值的相对变化

19-2-10 下列加载方法中(　　)不属于惯性力加载方法。

A. 冲击力加载法　　B. 离心力加载法

C. 电磁加载法　　D. 初位移加载法

第三节　结构静力(单调)加载试验

结构静力试验一般是指在不长时间内，对试验对象进行平稳的连续加载，使荷载从“零”开始一直加到结构构件破坏或达到预定荷载。静力试验多采用单调加载。

静力试验主要用于模拟结构承受静荷载下的工作情况。试验中，可以观测和研究结构构件的承载力、变形、抗裂性和裂缝宽度等基本性能和破坏形态。

结构静载试验根据试验要求布置测点，将试件放在试验装置上分级加载进行试验。通常，试验要求有开裂荷载，极限荷载，裂缝的发生、发展及破坏形态，变形(整体变形和局部变形)，两个试验参数的关系(荷载-应变曲线、荷载-挠度曲线)等。

一、构件的破坏

(一)轴拉、偏拉、受弯、大偏压构件

在加载过程中，出现下列破坏标志之一时，此构件破坏：

(1)有明显流限的热轧钢筋，受拉主筋达到屈服强度或受拉应变达到 0.01；无明显流限的钢筋，主筋应变达到 0.01。

(2)受拉主筋拉断。

(3)受拉主筋处最大垂直裂缝宽度达 1.5mm。

(4)挠度达到跨度的 $l/50$；对悬臂结构，挠度达到悬臂长的 $l/25$。

(5)受压区混凝土压坏。

(二)轴心受压或小偏心受压

构件的破坏标志是混凝土受压破坏。

(三)受剪构件

构件的破坏标志是：

(1)斜裂缝端部受压区混凝土剪压破坏；

(2)沿斜截面混凝土斜向受压破坏；

(3)沿斜截面撕裂形成斜拉破坏;

(4)箍筋或弯起钢筋与斜裂缝交汇处的斜裂缝宽度达到 1.5mm;

(5)钢筋末端相对于混凝土的滑移值达 0.2mm。

(四)极限荷载的取值

当加载过程中试件破坏,应取前一级荷载值作为结构构件的极限荷载实测值;当在荷载持续时间内试件破坏,应取本级荷载与前一级荷载的平均值作为极限荷载;荷载持续时间后试件破坏,取本级荷载为极限荷载。

二、变形的量测

(一)结构构件的整体变形

结构构件的整体变形主要有竖向平面内的挠度和侧向位移。

(1)任何构件的挠度或侧向位移都是指截面中轴线上的变形。因此,挠度测点位置必须布置在试件中轴线上,或在中轴线两侧对称布置。

(2)构件跨中最大挠度是指消除支座沉降后的挠度最大值,测点不少于 3 个。

(3)宽度大于 600mm 的构件、双向板、桁架的挠度测点,三铰拱的水平位移测点,以及悬臂式构件的测点见图 19-3-1。

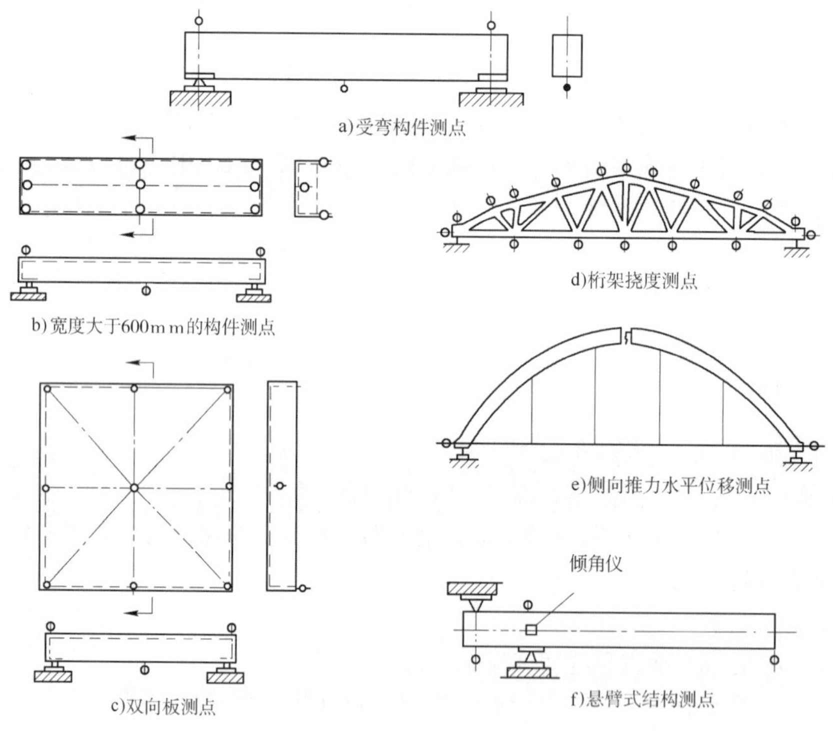

图 19-3-1 挠度测点布置

(二)结构构件的局部变形

1.受弯构件

在弯矩最大截面上布置不少于 2 个应变测点;需要量测沿截面高度的应变分布规律时,测点数不宜少于 5 个,且在同一截面受拉主筋上布置应变测点,见图 19-3-2。

2.轴拉(压)构件

为了消除因荷载或材料不均匀引起的偏心,应在截面形心主轴方向布置 2 个测点。

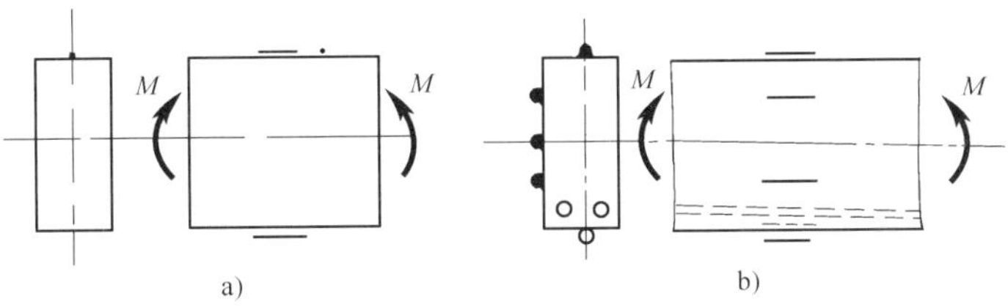

图 19-3-2　受弯构件截面应变测点布置

3.复杂受力构件

偏心受力构件量测截面上不少于 2 个测点；双向受弯构件，在构件截面边缘处测点不少于 3 个；双向弯曲扭转构件截面测点不少于 4 个，详见图 19-3-3。

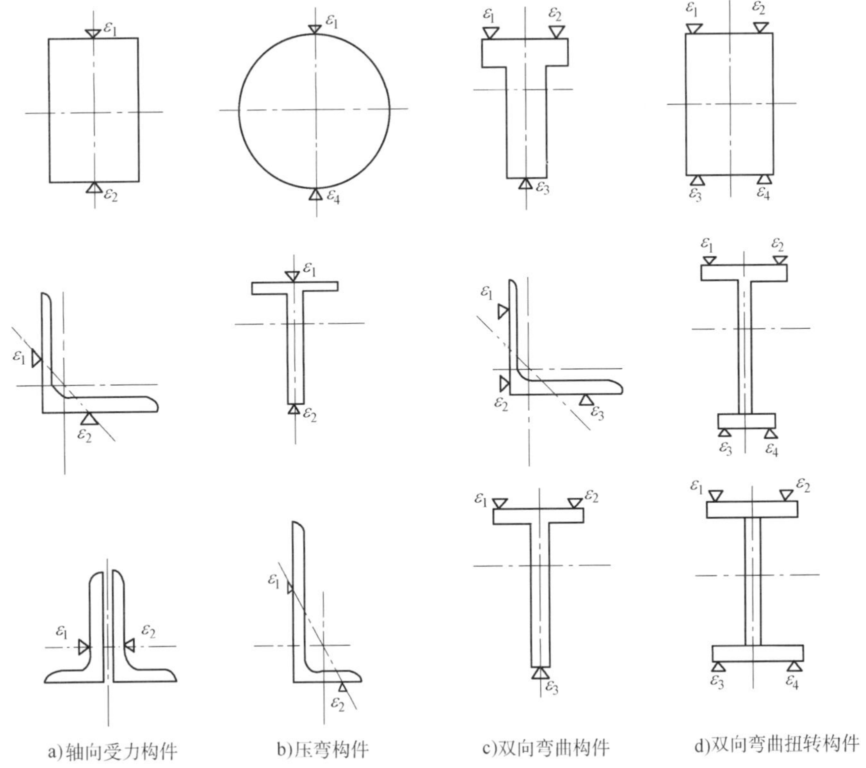

图 19-3-3　各种受力截面上的测点布置

4.其他受力构件

对同时受剪力和弯矩作用的构件，需量测主应力大小和方向及剪应力时，应布置 45°或 60°平面三向应变测点，或称 45°、60°应变花，见图 19-3-4。

对纯扭构件，在构件量测截面两长边方向、侧面对应部位，布置与扭转轴线成 45°方向的测点，数量根据试验要求确定，见图 19-3-5。

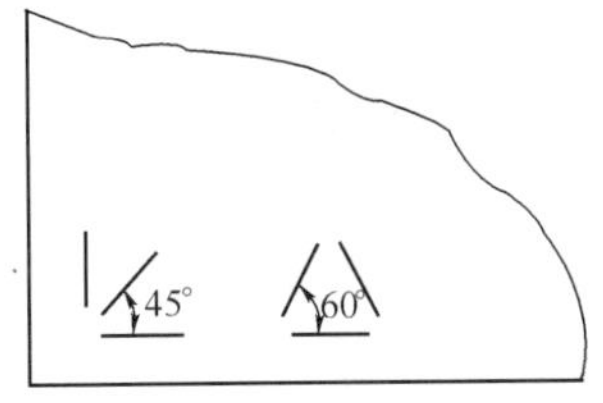

图 19-3-4　三向应变量测测点布置

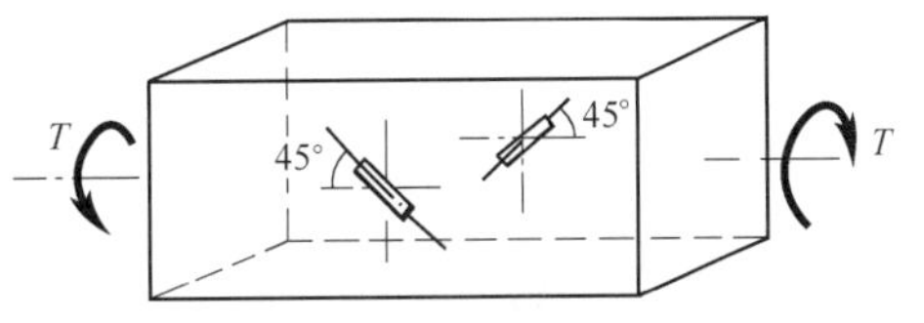

图 19-3-5　受纯扭构件应变量测测点布置

三、抗裂试验与裂缝量测

(一)抗裂试验

结构构件进行抗裂试验时,在加载过程中测出第一条垂直裂缝或斜裂缝的位置,并确定相应的荷载值。

用读数显微镜观察裂缝时,其开裂荷载的取值与极限荷载的取法相同。用荷载挠度曲线方法时,取曲线上首次发生突变时的荷载为开裂荷载值。用连续布置应变片法时,取任一应变片应变增量有突变时的荷载为开裂荷载。测点布置见图 19-3-6。

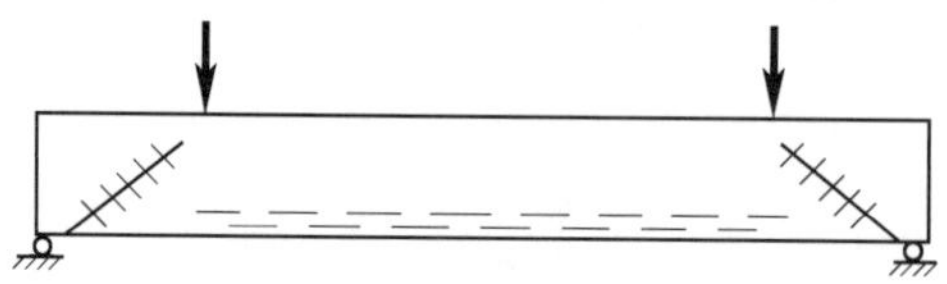

图 19-3-6　连续布置应变片检测裂缝

(二)裂缝宽度

垂直裂缝宽度应在结构的侧面相应于受拉主筋高度处量测,斜裂缝宽度应在与箍筋或弯起钢筋交汇处量测。最大裂缝宽度应在使用状态短期试验荷载值持续 30min 结束时,选取三条较大裂缝宽度进行量测,取其中最大值为最大裂缝宽度。

(三)裂缝及破坏特征图

试验过程中,在构件裂缝开展图上画出裂缝开展过程、破坏特征,并标注出现裂缝时的荷载值、裂缝走向和宽度。

四、荷载-应变曲线

图 19-3-7 为钢筋混凝土受弯构件试验,要求测定控制截面上的应变变化及其与荷载的关系,荷载与主筋应变、箍筋应力和剪力的关系。

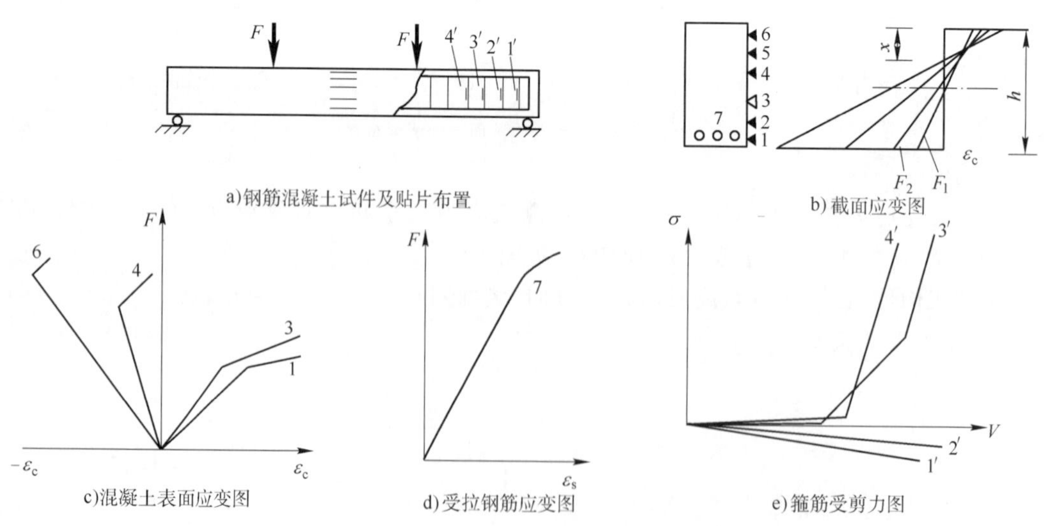

图 19-3-7　荷载-应变曲线

1～6-混凝土应变测点;1′～4′-箍筋应变测点;7-钢筋应变测点

五、构件试验

(一)柱子

受压构件(短柱)的试验,采用正位试验,见图19-3-8。一般观测破坏荷载、各级荷载下侧向位移值和变形曲线、控制截面或区域的应力变化以及裂缝开展情况。

高大的柱子采用卧位试验,见图19-3-9,试验时要考虑结构自重所产生的影响。

(二)屋架

屋架一般采用正位试验。由于屋架平面外刚度较弱,安装时应设侧向支撑,保证屋架上弦的侧向稳定,如图19-3-10所示。

图19-3-8 偏压短柱试验测点布置

1-试件;2-铰支座;3-应变计;4-应变仪测点;5-挠度计

屋架的挠度及支座位移测点布置见图19-3-1d)。杆件内力测点布置见图19-3-11,1-1测点量测上弦杆的轴力,2-2测点量测节点的次应力影响。测量端节点的应力分布规律,应变测点布置见图19-3-12,通过计算求得端节点上的主应力、剪应力及分布规律。测量上下弦杆交接处豁口的应力情况,可沿豁口周边布置单向应变测点。

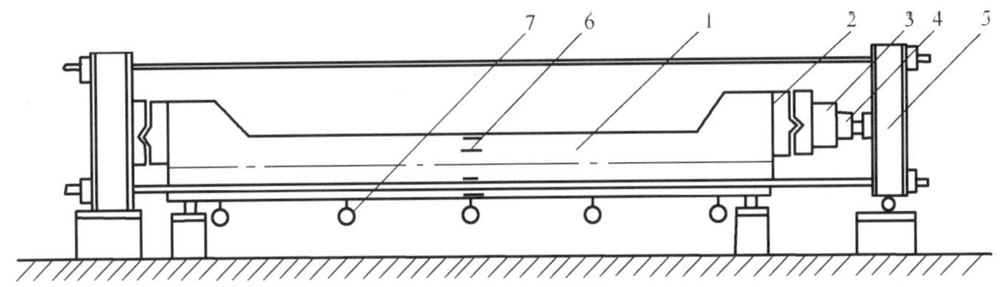

图19-3-9 偏心受压柱的卧位试验

1-试件;2-铰支座;3-加载器;4-传感器;5-荷载支承架;6-电阻应变计;7-挠度计

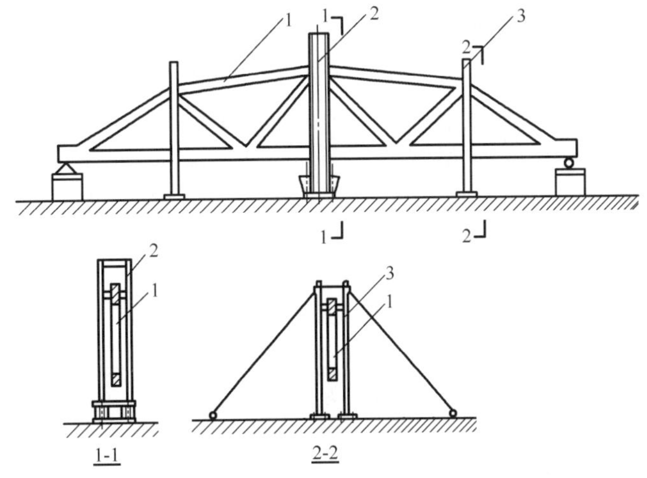

图19-3-10 屋架试验及支撑

1-屋架;2-支撑架;3-支撑立柱

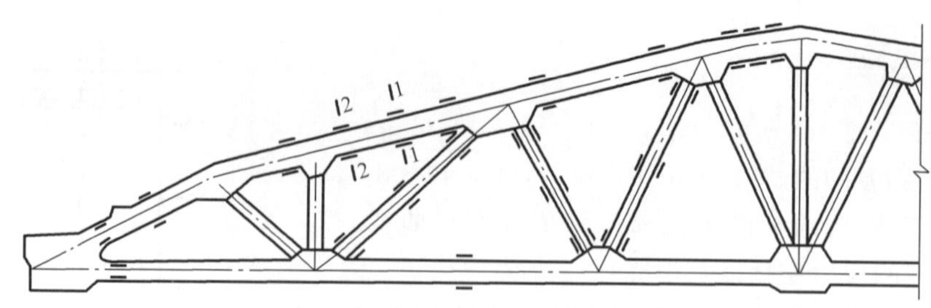

图 19-3-11 预应力钢筋混凝土屋架杆件内力测点布置

（三）薄壳

薄壳是空间受力体系，壳体内弯矩很小，主要为轴向力。单位面积上荷载不太大时，可以用重力直接加载，也可用壳面预留孔施加悬吊荷载，见图 19-3-13。如果需要较大荷载进行破坏试验，可用同步液压加载器加载，见图 19-3-14。

壳体结构观测的内容有位移和应变。由于测点数量较多，为此，利用结构对称和荷载对称，根据结构形状和受力情况，在结构对称的 1/2、1/4 或 1/8 区域内布置测点作为分析的依据，其他区域内布置适量的测点进行校核。图 19-3-15 为双曲扁壳的测点布置。

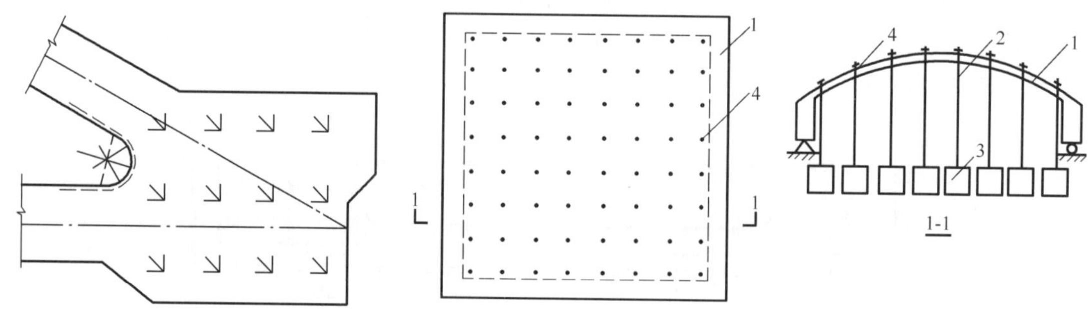

图 19-3-12 屋架端部节点上应变测点布置

图 19-3-13 通过壳面预留孔施加悬吊荷载

1-试件；2-荷重吊杆；3-荷重；4-壳面预留孔

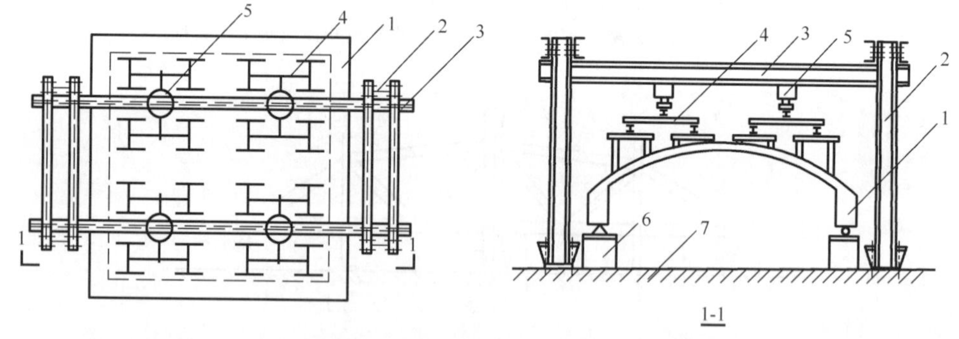

图 19-3-14 用液压加载器进行壳体结构加载试验

1-试件；2-荷载支承架立柱；3-横梁；4-分配梁系统；5-液压加载器；6-支座；7-试验台座

（四）钢筋混凝土楼盖

钢筋混凝土楼盖是已建成的整体结构，一般不做破坏性试验，布置荷载时应考虑荷载的最不利组合。

1. 单跨楼板

对于横向无联系（板缝未灌实）的装配式预制板，取并排的三块板施加荷载进行试验。对于横向有联系的现浇混凝土板，至少取 $3l$（l 为板的跨度）宽度进行加载，保证中间板带跨中弯矩和单独的简支板相同。

2. 多跨连续板

多跨连续板求第一跨和中间跨跨中最大正弯矩 M_{max} 的荷载布置见图 19-3-16a)、b)，支座最大负弯矩 $-M_{max}$ 的荷载布置见图 19-3-16c)、d)、e)。

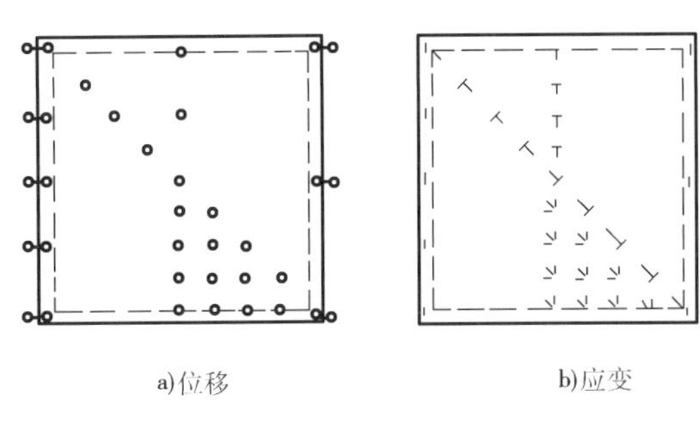

图 19-3-15　双曲扁壳的测点布置

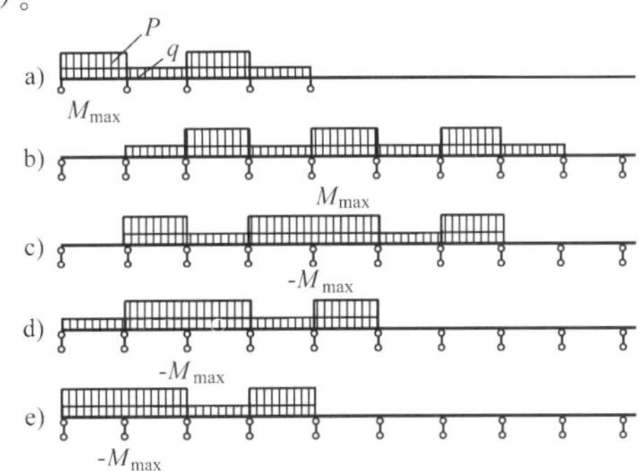

图 19-3-16　为求得弯矩的计算值所用的连续梁式结构加载图
a)在第一跨；b)在中间跨；c)在中间支座；d)在第三支座；e)在第二支座

习　题

19-3-1　一根简支钢筋混凝土梁，进行斜截面试验时，下列破坏标志不正确的是(　　)。

A. 梁出现斜裂缝后，立即断裂成两段

B. 梁出现一条主要斜裂缝，斜裂缝在受压区发生混凝土压碎

C. 斜裂缝与钢筋交汇处，缝宽达 1.5mm

D. 钢筋末端产生相对混凝土的滑移，滑移值达到 0.1mm

19-3-2　钢筋混凝土简支梁正截面强度试验时(见图)，下列几种仪表布置组合中，(　　)组合是不需要的。

A. ①②③　　B. ②③④　　C. ③④⑤　　D. ①③④

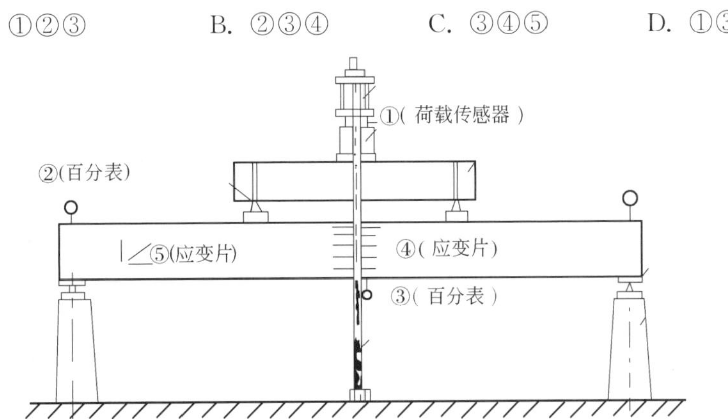

题 19-3-2 图　钢筋混凝土梁正截面试验

19-3-3　确定钢筋混凝土构件的极限荷载时，下列几种方法中(　　)是正确的。

A. 加载过程中构件破坏，取本级荷载和前一级荷载的平均值为极限荷载

B. 加载过程中构件破坏，取本级荷载为极限荷载

C. 加载过程中构件破坏，取前一级荷载为极限荷载

D. 当在荷载持续时间内试件破坏,应取本级荷载为极限荷载

19-3-4 在观测混凝土构件的裂缝时,将测量仪交替布置在梁的受拉区段,如出现下列(　　)情形,则证明开始开裂。

A. 某一测点仪器读数突然增大,相邻测点仪器读数也随之增大

B. 某一测点仪器读数突然增大,相邻测点仪器读数可能变小

C. 某一测点仪器读数不变,相邻测点仪器读数突然增大

D. 某一测点仪器读数不变,相邻测点仪器读数突然减小

19-3-5 下列关于校核性测点的布置不正确的是(　　)。

A. 布置在零应力位置处

B. 布置在应力较大的位置

C. 布置在理论计算有把握的位置

D. 若为对称结构,一边布置测点,则另一边布置一些校核性测点

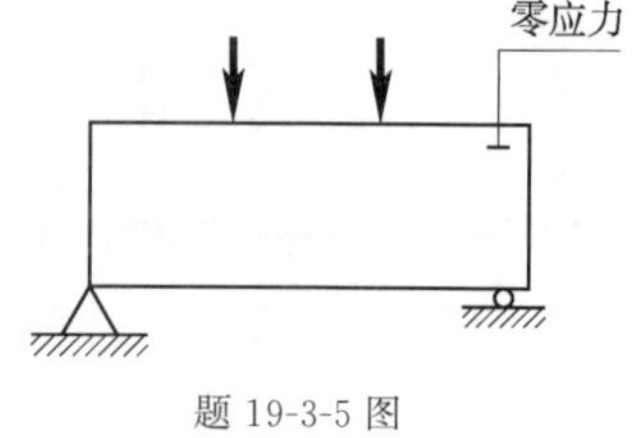

题 19-3-5 图

第四节　结构低周反复加载试验

结构低周反复加载试验是指一定力或位移周期性地反复或重复施加在结构构件上,通过试验来获得试验构件的强度、抗裂度、变形能力、刚度和破坏机理,称为结构抗震静力试验或伪静力试验。如果以某一确定的地震加速度记录输入,通过联机系统求得结构的恢复力-位移的非周期性关系,称之为拟动力试验,但其实质仍为静力试验。

低周反复加载试验的试件大多是单个构件,如梁(受弯、受剪、受弯剪)、柱(受压、偏压、单向或双向)、框架、节点以及墙体等,试验设备比较简单,加载过程中可以仔细观察其变形和破坏现象,但其缺点是不能反映实际地震时材料的应变速率影响。

一、试件设计

试件设计包括尺寸、外形和数量,外形和原结构一样,尺寸可缩至某一比例。

(一)梁式试件

在周期性弯矩、剪力作用下,采用横放的梁式试件,在加载点设有凸出梁面和梁底的支托,见图 19-4-1。

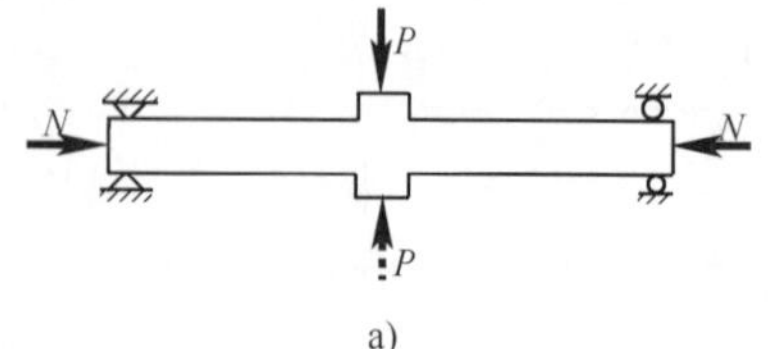

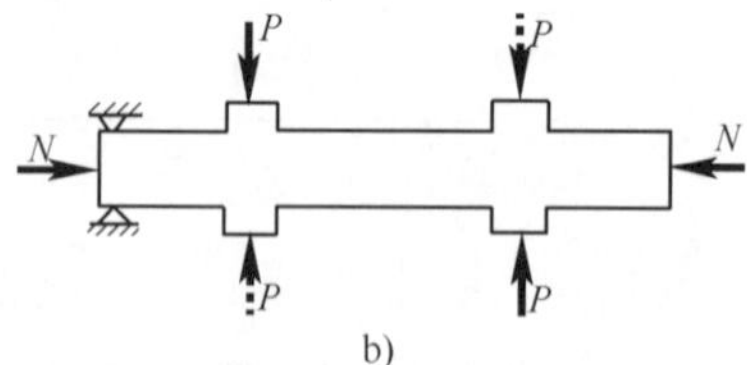

图 19-4-1　梁式试件

(二)柱式试件

竖向加轴向力,柱上端施加水平荷载,见图 19-4-2。

(三)框架及节点

图 19-4-3 中,a)为空间框架,b)为平面框架;c)为从框架中取出的边节点和中节点,梁柱长度取节点至反弯点的长度。

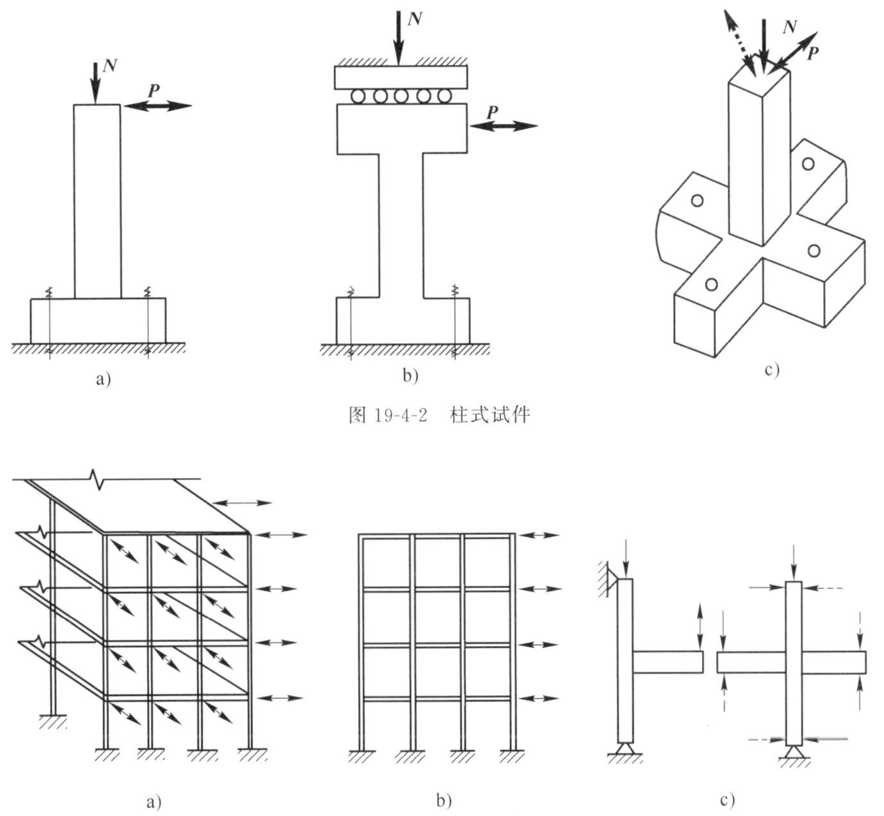

图 19-4-2　柱式试件

图 19-4-3　框架及节点

(四)墙体试件

为模拟实际墙体,垂直方向施加固定荷载 σ_0,水平方向施加反复的水平荷载,见图 19-4-4。

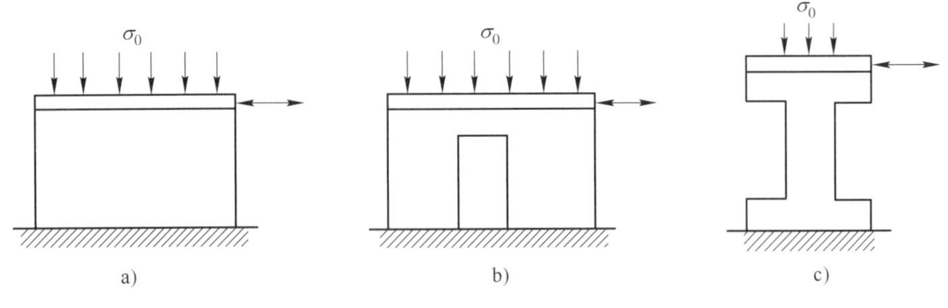

图 19-4-4　墙体试件

二、加载装置

(一)墙体

以剪切变形为主的墙体试验装置见图 19-4-5。竖向压应力 σ_0 采用千斤顶分配梁施加,水平荷载采用推拉千斤顶,安装在 1/2 试件高度处,作用在 L 形刚架上,刚架另一端有平行连杆机构,使墙体顶端只产生水平位移而不产生转角。

(二)梁柱节点

节点安装在刚性构架内,柱上端用千斤顶施加固定的轴向力,并用推拉千斤顶施加反复的水平荷载,梁、柱端部与构件用铰连接,见图 19-4-6。

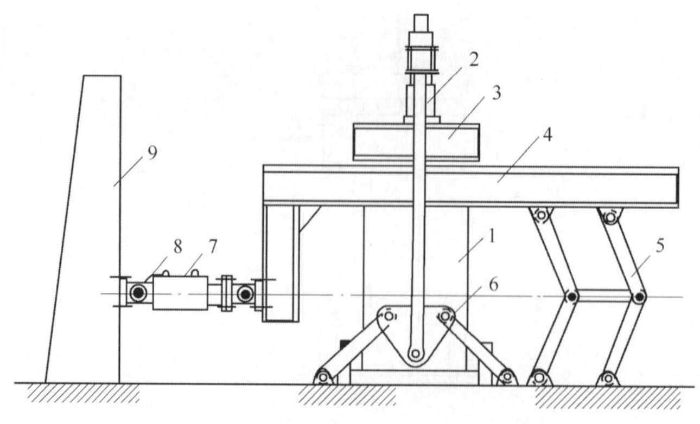

图 19-4-5　以剪切变形为主的墙体试验装置

1-试件;2-竖向荷载千斤顶;3-分配梁;4-L 型杠杆;5-平行连杆机械;6-仿重力荷载架;7-推拉千斤顶;8-铰;9-反力墙

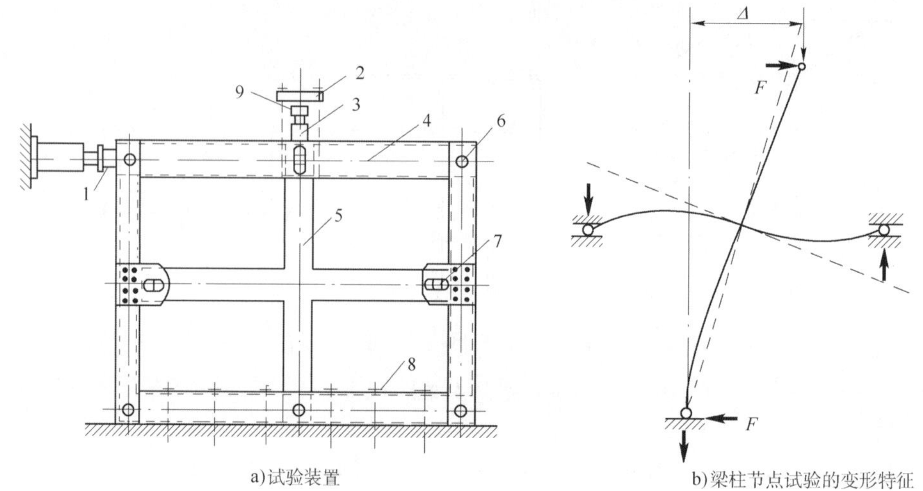

a)试验装置　　　b)梁柱节点试验的变形特征

图 19-4-6　柱端设置加载器的梁柱节点试验装置与变形特征

1-推拉千斤顶;2-柱轴向力加力架;3-千斤顶;4-刚性构架;5-梁柱节点试件;6-铰;7-可滑动铰;8-锚固螺栓;9-荷载传感器

三、加载制度

单向周期性静力反复加载试验的加载制度有三种:

(1)变位移加载,即在加载过程中以位移作为控制值,或以屈服位移的倍数作为控制值。

(2)变力加载。

(3)变力变位移加载,在结构构件达到屈服荷载前,采用荷载控制;在结构构件达屈服荷载后,采用位移控制。见图 19-4-7～图 19-4-10。

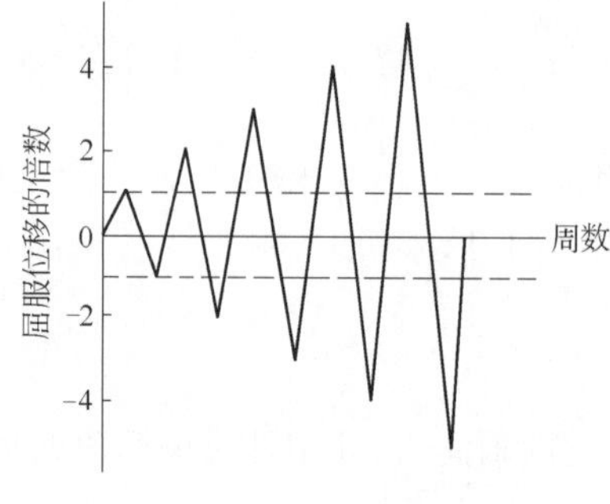

图 19-4-7　变幅变位移加载

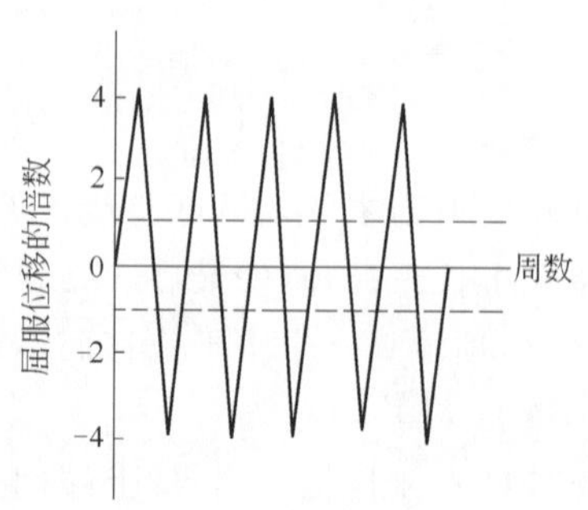

图 19-4-8　等幅等位移加载

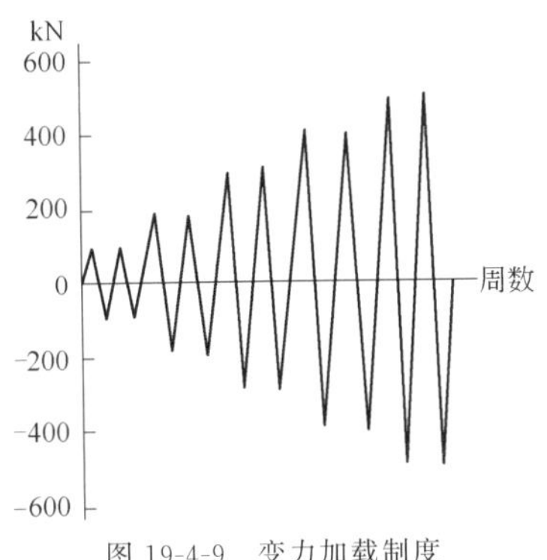

图 19-4-9　变力加载制度

图 19-4-10　混合加载制度

四、试验内容

试验量测的内容应根据试验项目确定，宜包括以下内容：

(1)荷载值及支座反力值；

(2)结构构件受拉和受压主筋的应变；

(3)结构构件受力箍筋的应变；

(4)各级荷载作用下构件的变形(挠度、截面转角、支座转动、曲率、剪切变形等)；

(5)结构构件主筋在锚固区的黏结滑移；

(6)裂缝出现及裂缝宽度。

五、结构构件的抗震试验分析

(一)开裂荷载

取结构构件出现第一条垂直裂缝或斜裂缝时的相应荷载值。

(二)屈服荷载和屈服变形

取结构构件受拉主筋应力达屈服强度时的荷载为屈服荷载，相应的变形为屈服变形，用 μ_y 表示。

(三)极限荷载

取结构构件所能承受的最大荷载值为极限荷载。

(四)破损荷载和极限变形

在试件反复加卸载过程中，用 X-Y 记录仪可绘制出荷载-变形的滞回曲线，将滞回曲线各级荷载第一循环的峰点连接所得包络线即为骨架曲线。在骨架曲线中取极限荷载下降15%时所对应的荷载为破损荷载，相应的变形为极限变形，见图 19-4-11。

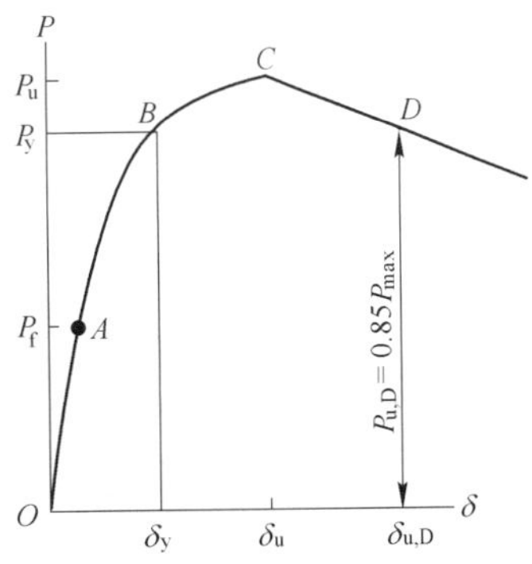

图 19-4-11　荷载-变形曲线(骨架曲线)

(五)延性系数

试验结构构件的延性系数 μ 用下式表示

$$\mu = \frac{\Delta_u}{\Delta_y} \tag{19-4-1}$$

式中：Δ_u——荷载下降段相应于破损荷载的变形；

Δ_y——相应于屈服荷载的变形。

(六)强度退化系数

试验结构构件的承载力随反复加载次数的增加而降低，承载能力的降低用强度退化系数表示

$$\lambda_i = \frac{F_j^i}{F_j^{i-1}} \tag{19-4-2}$$

式中：F_j^i——等 j 级加载时，第 i 次循环的峰点荷载值；

F_j^{i-1}——等 j 级加载时，第 $i-1$ 次循环的峰点荷载值。

（七）刚度退化

试验结构构件刚度退化可用环线刚度表示，按下式计算

$$K_1 = \frac{\sum_{i=1}^{n} F_j^i}{\sum_{i=1}^{n} U_j^i} \tag{19-4-3}$$

式中：K_1——环线刚度；

F_j^i——第 j 级加载时，第 i 次循环的峰点荷载值；

U_j^i——第 j 级加载时，第 i 次循环的峰点变形值；

n——循环次数。

（八）滞回环

根据滞回环的面积，计算等效黏滞阻尼系数来判别结构在抗震中的耗能能力，以及根据滞回环的形状观察构件的破坏机制。

【例 19-4-1】 检验构件承载能力的低周反复加载试验，下列不属于加载制度的是：

A. 试验始终控制位移加载

B. 控制加速度加载

C. 先控制作用力加载再转换位移控制加载

D. 控制等幅和变幅位移的混合加载

解 低周反复加载试验的加载制度中，A 选项变位移加载是目前使用最多的一种加载制度；C 选项变力变位移加载制度使用比较方便，用作用力找出屈服位移，再用屈服位移的倍数加载；D 选项为混合加载制度，分两种情况，一种是等幅、变幅混合加载，另一种是两种变位移加载之间有几次弹性小循环。但不用 B 选项控制加速度加载。

答案：B

习　　题

19-4-1 研究结构构件的强度降低率和刚度退化率，可采用（　　）低周反复加载制度。

A. 控制作用力加载法　　B. 等幅等位移加载法

C. 控制作用力和位移混合加载法　　D. 变幅、等幅位移混合加载法

19-4-2 拟动力试验弥补了低周反复加载试验的不足，可利用计算机技术控制整个试验过程。结构以下（　　）项不需要事先假定。

A. 恢复力　　B. 作用力　　C. 位移　　D. 变形

19-4-3 在探索性试验中，采用下列（　　）方法研究结构在地震作用下恢复力特性。

A. 等幅加载　　B. 变幅加载

C. 双向同步加载　　D. 变幅等幅混合加载

第五节　结构动力试验

结构动力试验可分为结构动力特性试验、结构动力响应试验、动力荷载和结构疲劳性

能试验等。

一、结构动力特性量测方法

结构动力特性是指结构固有的动态参数，如结构的自振频率、振型和阻尼系数等。它是由结构本身的组成、刚度、质量以及材料决定的，与外荷载无关。用试验方法求结构的动力特性，首先要激励结构，使结构产生振动，通过布置在结构上的拾振器将机械的振动信号转换为电信号，输入到放大器和记录仪中，根据记录的振动波形进行分析计算得到结构的动力特性。

（一）振动荷载法

利用起振器对结构施加简谐动荷载，使结构产生周期性的强迫振动，从共振曲线上获得结构的动力参数，见图 19-5-1、图 19-5-2。

阻尼系数
$$\beta=\frac{\omega_2-\omega_1}{2} \tag{19-5-1}$$

阻尼比
$$D=\frac{\beta}{\omega_0}=\frac{\omega_2-\omega_1}{2\omega_0} \tag{19-5-2}$$

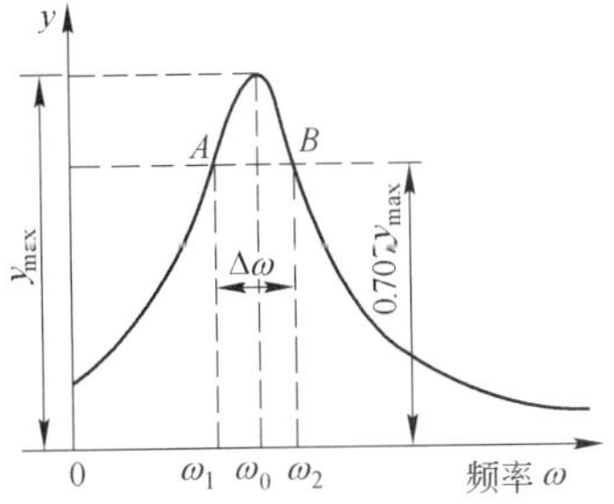

图 19-5-1 共振曲线

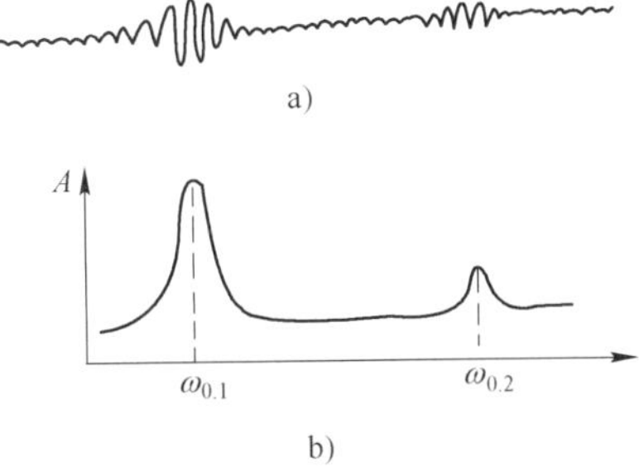

图 19-5-2 建筑物频率扫描时间历程曲线

（二）自由振动法

小体积的结构用撞击法使结构产生自由振动；大体积的结构，对结构施加初位移，突然释放初位移，使结构产生自由振动；有吊车的工业厂房，可利用小车制动使厂房产生自由横向振动。自由振动的量测系统和记录曲线见图 19-5-3、图 19-5-4。

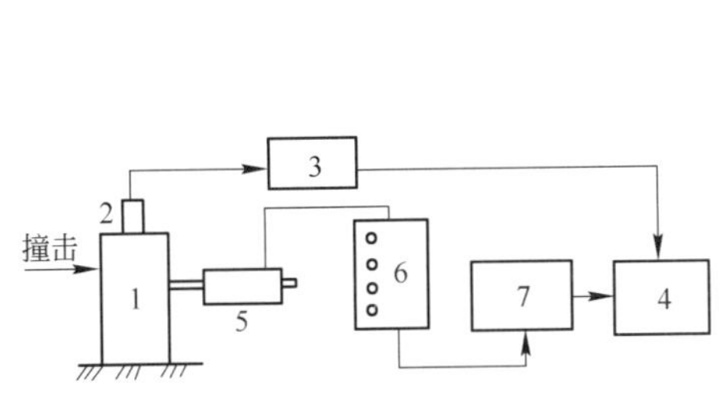

图 19-5-3 自由振动衰减系数量测系统

1-结构物；2-拾振器；3-放大器；4-光线示波记录仪；5-应变位移传感器；6-应变仪桥盒；7-动态电阻应变仪

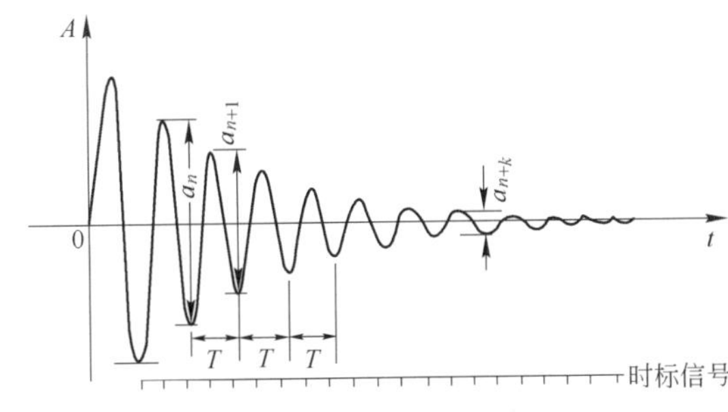

图 19-5-4 自由振动时间历程曲线

阻尼比
$$D=\frac{l_n\dfrac{a_n}{a_{n+1}}}{2\pi} \tag{19-5-3}$$

(三)脉动法

由建筑物四周环境随机激励而产生的微小振动称为脉动。将拾振器布置在结构物上,用记录仪得到各点的脉动时程曲线。时程曲线中凡是振幅大、波形光滑处的频率总是多次重复出现,如果随结构各部位在同一频率处的相位和振幅符合振型规律,那么就可确定此频率就是结构的固有频率,见图 19-5-5。

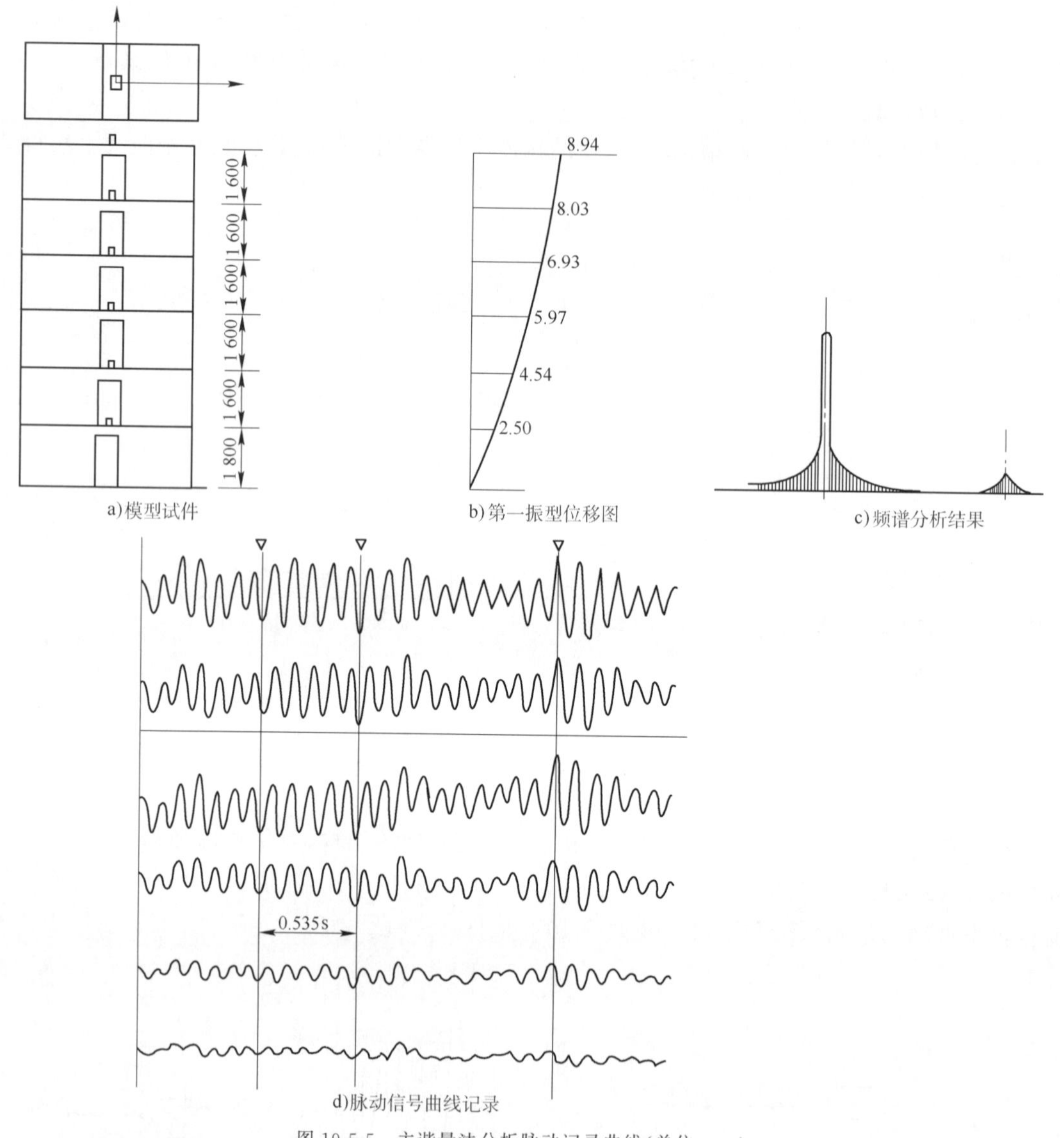

a)模型试件 b)第一振型位移图 c)频谱分析结果

d)脉动信号曲线记录

图 19-5-5 主谐量法分析脉动记录曲线(单位:mm)

二、结构动力响应量测方法

结构在动荷载持续作用下,产生强迫振动,在强迫振动下结构特定部位的动应变、动位移、动力系数以及加速度等为此结构的动力响应。

(一)动应变的测定

动应变随时间而变化,用应变片作传感元件时,要求应变片有足够的疲劳寿命,标距小,动态响应好,防止导线与试件有相对移动。应变信号必须在仪器的工作频率范围内,避免非线性失真。从如图 19-5-6 所示应变时程曲线中,可求解波形、频率和应变值。

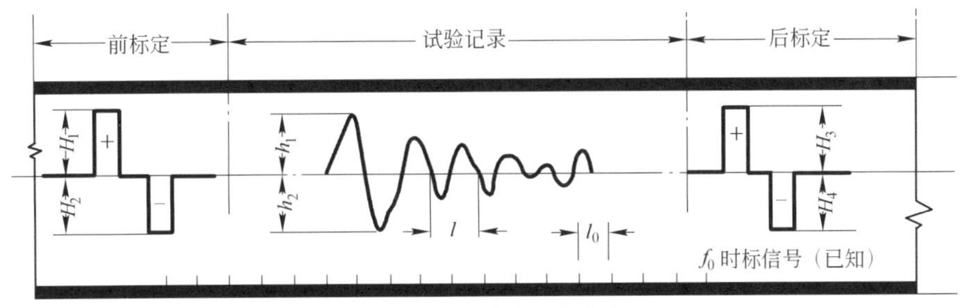

图 19-5-6　动态应变波形图

（二）动位移测定

结构构件在动荷载作用下，测定有代表性测点的动位移。如图 19-5-7 为一伸臂梁的振动变位图，振动变位可按各拾振器的记录曲线，取 $t=t_1$ 时刻各测点的振幅大小绘出。有了振动变位图后，按结构力学理论可近似确定结构动荷载产生的内力。

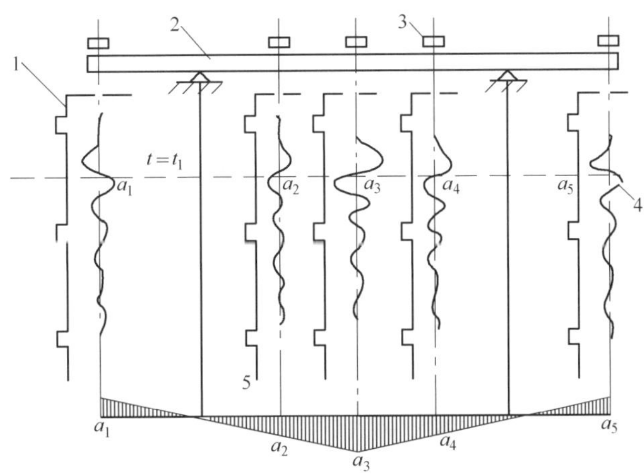

图 19-5-7　结构的振动变位图

1-时间信号；2-结构（梁）；3-拾振器；4-记录曲线；5-$t=t_1$ 时结构变位图

（三）动力系数测定

移动荷载作用于结构上产生动挠度，动挠度与静挠度的比值称为动力系数。先使移动荷载以最慢的速度驶过结构，测得静挠度，再以一定速度驶过结构，测得结构的最大挠度，如图 19-5-8、图 19-5-9 所示。动力系数 K 为动挠度与静挠度的比值。

$$K=\frac{y_{\mathrm{d}}}{y_{\mathrm{i}}} \tag{19-5-4}$$

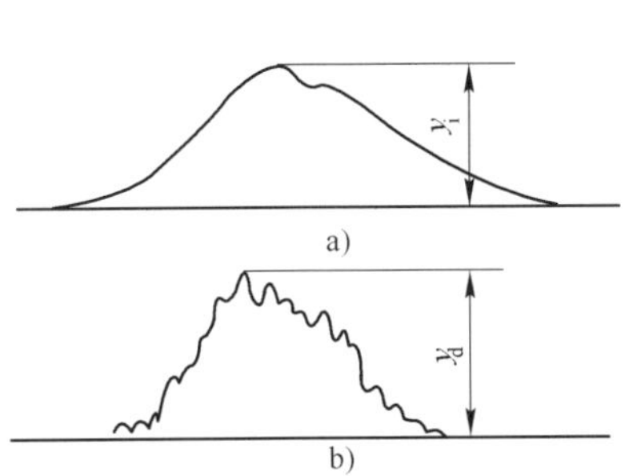

图 19-5-8　有轨移动荷载的变形记录图

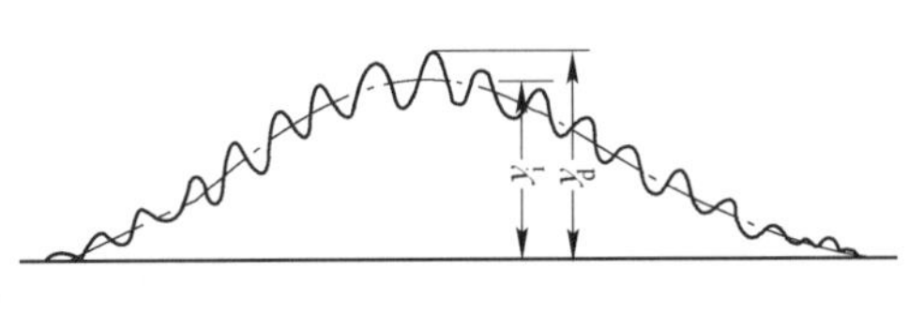

图 19-5-9　无轨移动荷载的变形记录图

习　题

19-5-1　结构构件动力响应参数的测量，下列测量项目中，(　　)是不需要的。

A. 构件某特定点的动应变　　B. 构件代表性测点的动位移

C. 构件的动力系数　　D. 动荷载的大小、方向、频率

19-5-2　将拾振器布置在结构物上，用记录仪测得各点的脉动记录曲线，见图，其基频(第一频率)为(　　)。

A. 10.7Hz　　B. 9.07Hz　　C. 10.35Hz　　D. 9.35Hz

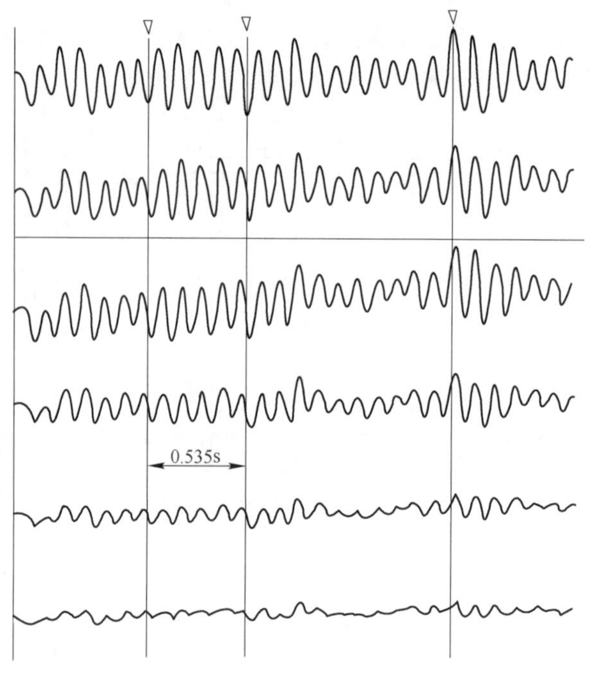

题 19-5-2 图

19-5-3　下列(　　)不属于结构的动力特性。

A. 自振频率　　B. 振型

C. 阻尼系数　　D. 振幅

19-5-4　结构的动力特性是结构本身的固有参数，大多可以由结构动力学原理计算得到，下列(　　)只能通过试验来测定。

A. 高阶固有频率　　B. 固有频率

C. 固有振型　　D. 阻尼系数

第六节　模型试验

结构模型试验是将研究的工程结构作为原型，运用相似原理确定各有关物理量的缩小比例，按此比例制成结构模型，并对结构模型施加一定的模拟荷载，量测它在模型荷载作用下的反应称为模型试验。

模型试验包括模型设计、制作、测试和试验数据分析四个环节，而重点是如何设计模型。模型设计要遵循相似理论。

一、模型试验的相似原理

运用相似原理，首先要分析模型结构的尺寸、材料和作用在模型上的荷载；其次是如何将在这种条件下得到的试验结构推算至原型。

（一）物理量的相似

1. 几何相似

l 是长度尺寸的物理量，下标 p 表示原型结构，下标 m 表示模型结构，C_l 为几何相似常数。其表达式为

$$C_l = \frac{l_{\mathrm{m}}}{l_{\mathrm{p}}} = \frac{l'_{\mathrm{m}}}{l'_{\mathrm{p}}} \tag{19-6-1}$$

2. 荷载相似

模型与原型在对应点所受荷载方向一致，大小成比例，称为集中荷载相似。其表达式为

$$C_{\mathrm{p}} = \frac{P_{1\mathrm{m}}}{P_{1\mathrm{p}}} = \frac{P_{2\mathrm{m}}}{P_{2\mathrm{p}}} \tag{19-6-2}$$

模型和原型结构质量分布规律一致，对应部分质量成比例，称为分布荷载相似（见图 19-6-1）。其表达式为

$$C_{\mathrm{m}} = \frac{m_{1\mathrm{m}}}{m_{1\mathrm{p}}} = \frac{m_{2\mathrm{m}}}{m_{2\mathrm{p}}} \tag{19-6-3}$$

分布质量用质量密度 $\rho=\dfrac{m}{V}$ 表示，则

$$C_{\rho} = \frac{\rho_{\mathrm{m}}}{\rho_{\mathrm{p}}} = \frac{C_{\mathrm{m}}}{C_l^3} \tag{19-6-4}$$

分布荷载若为结构自重，则

$$\frac{M_{\mathrm{m}}}{M_{\mathrm{p}}} = \frac{m_{\mathrm{m}} g_{\mathrm{m}}}{m_{\mathrm{p}} g_{\mathrm{p}}} = C_{\mathrm{m}} C_{\mathrm{g}} \tag{19-6-5}$$

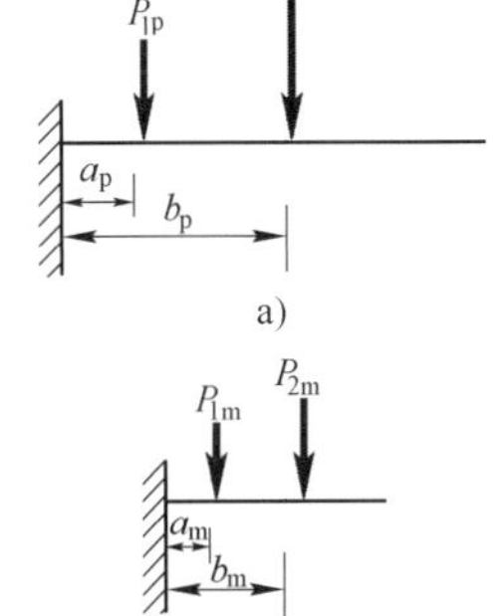

图 19-6-1　荷载相似

当集中力（外荷载）和分布荷载（结构自重）同时作用，要求有统一的相似常数，则

$$C_{\mathrm{p}} = C_{\mathrm{m}} C_{\mathrm{g}} = C_{\rho} C_l^3 C_{\mathrm{g}} \tag{19-6-6}$$

3. 刚度相似

表示刚度的参数是材料的弹性模量 E 和剪切弹性模量 G，若模型与原型对应点材料的 E 和 G 相似则刚度相似，即

$$C_{\mathrm{E}} = \frac{E_{\mathrm{m}}}{E_{\mathrm{p}}} \tag{19-6-7}$$

$$C_{\mathrm{G}} = \frac{C_{\mathrm{m}}}{G_{\mathrm{p}}} \tag{19-6-8}$$

当 $C_{\mathrm{E}}=C_{\mathrm{G}}$ 时，$\mu_{\mathrm{m}}=\mu_{\mathrm{p}}$，则模型与原型的刚度完全相似。其中，$\mu$ 为横向变形系数。

4. 时间相似

时间相似是指对应的时间间隔保持同一的比例。表达式为

$$C_t = \frac{t_m}{t_p} \tag{19-6-9}$$

5.边界条件相似

要求模型和原型在外界接触区域内，支承条件相似、约束情况相似以及边界上受力情况相似。

6.初始条件相似

对于结构动力问题，为了保证模型与原型动力反应相似，要求运动的初始条件相似，包括初始几何位置、质点的位移、速度和加速度。

(二)相似原理

相似第一定理：彼此相似的现象，单值条件相同，必具有相同的相似准数。

如两个相似现象，A 现象为 $F_p = m_p a_p$，B 现象为 $F_m = m_m a_m$，单值条件相同，$C_F = \frac{F_m}{F_p}$，$C_m = \frac{m_m}{m_p}$，$C_a = \frac{a_m}{a_p}$，当相似指标 $\frac{C_p}{C_m C_a} = 1$ 时，则

$$\frac{F_p}{m_p a_p} = \frac{F_m}{m_m a_m} = \frac{F}{ma} = \pi \tag{19-6-10}$$

式中：π——相似准数。

相似第二定理：凡具有同一特性的现象，当单值条件相似，相似准数在数值上相等，是现象彼此相似的充分和必要条件。

相似第三定理：表示一现象各物理量之间的关系方程式，都可转化为无量纲的方程，无量纲的方程即相似准数。

如一矩形截面直杆受偏心荷载 P 作用(见图 19-6-2)，则物理方程为

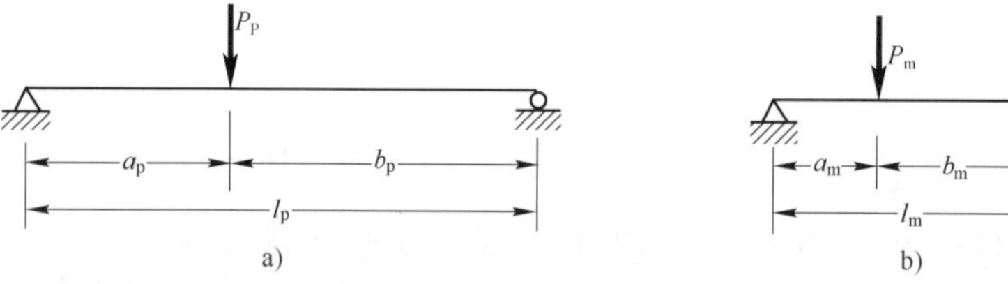

图 19-6-2　简支梁受集中作用

$$\sigma = \frac{pl}{W} + \frac{P}{A} \tag{19-6-11}$$

无量纲方程为

$$1 = \frac{pl}{W\sigma} + \frac{P}{A\sigma} \tag{19-6-12}$$

相似准数

$$\pi_1 = \frac{pl}{W\sigma}, \pi_2 = \frac{P}{A\sigma} \tag{19-6-13}$$

(三)方程分析法

原型梁在集中荷载作用点处截面应力和挠度的物理方程为

$$\sigma_p = \frac{P_p a_p b_p}{W_p l_p} \tag{19-6-14}$$

$$f_{\mathrm{p}}=\frac{P_{\mathrm{p}}a_{\mathrm{p}}^{2}b_{\mathrm{p}}^{2}}{3l_{\mathrm{p}}E_{\mathrm{p}}I_{\mathrm{p}}} \tag{19-6-15}$$

将相似常数代入，可得

$$C_{l}^{2}\frac{C_{\sigma}}{C_{\mathrm{p}}}\sigma_{\mathrm{m}}=\frac{P_{\mathrm{m}}a_{\mathrm{m}}b_{\mathrm{m}}}{W_{\mathrm{m}}l_{\mathrm{m}}}$$

相似指标$\frac{C_{\sigma}C_{l}^{2}}{C_{\mathrm{p}}}=1$，假定$\sigma_{\mathrm{m}}=\sigma_{\mathrm{p}}$、$C_{l}=\frac{1}{5}$，模型挠度与原型挠度之间关系为

$$f_{\mathrm{m}}=\frac{E_{\mathrm{p}}}{E_{\mathrm{m}}}\frac{f_{\mathrm{p}}}{5} \tag{19-6-16}$$

（四）量纲分析法

量纲分析法是根据描述物理过程的物理量，用量纲和谐原理建立相似准数的方法。量纲说明量测物理量时所用的单位性质，如量纲[L]表示长度，[T]表示时间。在方程中作为独立变数，可以直接测量的量称为基本量，如长度[L]、时间[T]；另一种由基本量导出的量称为导出量，如速度$[\mathrm{v}]=[\mathrm{LT}^{-1}]$。

(1)质量系统（或称物理学中），基本量有[L]长度、[T]时间和[M]质量。

(2)绝对系统（或称工程学中、力量系统），基本量有[L]长度、[T]时间和[F]力。

表19-6-1为常用物理量及物理常数的量纲。

常用物理量及物理常数的量纲　　表19-6-1

物理量	质量系统	绝对系统	物理量	质量系统	绝对系统
长度	$[\mathrm{L}]$	$[\mathrm{L}]$	加速度	$[\mathrm{LT}^{-2}]$	$[\mathrm{LT}^{-2}]$
时间	$[\mathrm{T}]$	$[\mathrm{T}]$	应力	$[\mathrm{ML}^{-1}\mathrm{T}^{-2}]$	$[\mathrm{FL}^{-2}]$
质量	$[\mathrm{M}]$	$[\mathrm{FL}^{-1}\mathrm{T}^{2}]$	力矩	$[\mathrm{ML}^{2}\mathrm{T}^{-2}]$	$[\mathrm{FL}]$
力	$[\mathrm{MLT}^{-2}]$	$[\mathrm{F}]$	弹性模量	$[\mathrm{ML}^{-1}\mathrm{T}^{-2}]$	$[\mathrm{FL}^{-2}]$
速度	$[\mathrm{LT}^{-1}]$	$[\mathrm{LT}^{-1}]$			

用量纲和谐原理求相似准数，需考察物理现象，确定物理量，写出物理量的一般函数关系。如简支梁受集中力P作用，物理量有纤维应力σ、荷载P、内力M和尺寸l，这些物理量的函数关系为

$$f(\sigma,P,M,l)=0 \tag{19-6-17}$$

物理量参数组成的π数的一般形式为

$$\pi=\sigma^{a}P^{b}M^{c}l^{d} \tag{19-6-18}$$

用绝对系统写出各物理量的量纲

$$\left.\begin{aligned}&[\sigma]=[\mathrm{FL}^{-2}] \qquad &[P]=[\mathrm{F}]\\&[M]=[\mathrm{FL}] \qquad &[l]=[\mathrm{L}]\end{aligned}\right\}$$

$$\pi=[\mathrm{FL}^{-2}]^{a}[\mathrm{F}]^{b}[\mathrm{FL}]^{c}[\mathrm{L}]^{d}$$

根据量纲和谐原理，对量纲[F]得$a+b+c=0$，对量纲[L]得$-2a+c+d=0$。

令
$$\left.\begin{aligned}a=1,b=0,\text{得 }c=-1,d=3\\a=0,b=1,\text{得 }c=-1,d=1\end{aligned}\right\}$$

将指数代入 π 项式子，得相似准数

$$\left.\begin{aligned}\pi_1=\frac{\sigma l^3}{M}\\\pi_2=\frac{Pl}{M}\end{aligned}\right\}\qquad(19\text{-}6\text{-}19)$$

（五）模型设计重力失真

模型试验时，材料弹性模量、密度、几何尺寸和重力加速度之间满足 $S_E/(S_g \cdot S_\rho)=S_l$ 的相似关系。当模型与原型材料相同，$S_E=S_\rho=1$ 时，则 $1/S_g=S_l$，因 $S_l<1$，$S_g>1$（重力加速度相似常数），称重力失真。解决重力失真的方法：①模型上附加适当的分布质量；②采用高密度材料，$S_\rho=\rho_m/\rho_p>1.0$。

二、模型设计与模型材料

（一）模型设计

模型设计不仅仅是用相似原理确定模型的相似准数，而是要综合考虑各种因素，如模型试验要求、试件尺寸、模型材料、模型制作以及试验条件等。

设计试件尺寸时，若缩尺比例小，则模型精度要求高、制作困难、对量测仪表要求也高。

随着试件尺寸的减小，尺寸效应比较显著，材料强度随尺寸的减小而逐渐提高；随着荷载频率的增加，材料的强度、刚度也都相应地增加。对于小试件，往往很难满足构造要求。当试件尺寸较大又要满足构造要求时，除严格按相似规律外，对钢筋表面、石子粒径、振捣以及立方体试件也要有相应的要求。

应当指出的是，模型设计的关键是求模型结构的相似关系（相似准数），模型设计的相似关系是在理想弹性材料情况下得出的。

（二）模型材料

模型材料应满足下列要求：①相似要求；②量测要求；③材料性能稳定，不因温度、湿度变化而变化；④徐变小；⑤便于加工制造。

1. 弹性模型材料

制造弹性模型并不要求和原型材料完全相似，对材料的强度无严格的相似要求，仅要求模型材料在试验时保持弹性，满足 C_E 要求。弹性模型材料有塑料、有机玻璃、石膏、铝合金等。

2. 钢筋混凝土模型材料

用作强度模型的混凝土材料，目前有模型混凝土（又称细石混凝土）和石膏砂浆。模型钢筋一般用盘状细钢丝，但要使模型钢筋表面压痕以模拟原型结构中的变形钢筋，使钢筋和混凝土的粘结力更接近实际。

【例 19-6-1】 结构模型试验使用量纲分析法进行模型设计，下列哪一组是正确的基本量纲？

A. 长度[L]、应变[ε]、时间[T]

B. 长度[L]、时间[T]、应力[σ]

C. 长度[L]、时间[T]、质量[M]

D. 时间[T]、弹性模量[E]、质量[M]

解 基本量纲有两种:一种是质量系统,基本量有长度[L]、时间[T]和质量[M];另一种是绝对系统,基本量有长度[L]、时间[T]和力[F]。

答案:C

习　题

19-6-1　为了保证模型与原型的动力反应相似,要求运动的初始条件相似。下列(　　)不属于初始条件相似。

A. 初始几何位置　　B. 质点的位移

C. 质点的加速度　　D. 边界条件

19-6-2　量钢分析法中,质量系统的基本物理量是(　　)。

A. [L]、[T]、[M]　　B. [L]、[T]、[F]

C. [T]、[M]、[F]　　D. [L]、[M]、[F]

19-6-3　物理量力矩 M 用相似常数 S_l(几何相似常数)和 S_E(弹性模量相似常数)表示,下列(　　)是正确的。

A. $S_M = S_E$　　B. $S_M = S_E \times S_l$

C. $S_M = S_E \times S_l^2$　　D. $S_M = S_E \times S_l^3$

19-6-4　在结构动力模型试验中,解决重力失真的方法是(　　)。

A. 增大重力加速度　　B. 增加模型尺寸

C. 增加模型材料密度　　D. 增大模型材料的弹性模量

19-6-5　模型设计中,按试验目的和模型不同对模型材料将有不同的要求,强度模型对材料的要求为(　　)。

A. 模型材料不必和原型结构的材料完全相似,只需在试验过程中具有完全的弹性性质

B. 试验的成功与否在很大程度上取决于模型混凝土及模型钢筋的材料和原结构材料材性的相似程度

C. 并不要求模型和原结构直接相拟,这种不直接的模型试验结果对它的试验目的来说,并不失去其准确性

D. 只要求模型表现这种结构的共同特点,即要求与该类结构的大体相似

19-6-6　模型设计中,按试验目的的不同可分为弹性模型和强度模型,(　　)不是弹性模型对材料的要求。

A. 要求模型材料为匀质弹性材料

B. 要求用原材料或极为相似材料制作结构模型

C. 只要求模型材料能表现这种结构的共同特点

D. 模型材料只需在试验过程中具有完全的弹性性质

第七节　结构试验的非破损检测技术

结构的非破损(或局部破损)检测是指在不破坏(或微破坏)结构构件,不影响结构整体工作性能和结构安全的情况下,利用物理学的力、声、电、磁等原理测定与结构材料性能有关的物

理量，推定结构构件材料强度和内部缺陷的一种测试技术，常用于混凝土、砖石砌体、钢材等材料组成的结构构件的测试。

非破损检测混凝土强度的方法有回弹法、超声法和超声回弹综合法等。局部破损检测混凝土强度的方法有钻芯法和拔出法等。

非破损检测混凝土内部缺陷，如施工过程中造成的蜂窝、孔洞、温度或干缩裂缝，使用过程中因火灾、腐蚀、冻害等造成的混凝土损伤，均可使用超声脉冲法进行检测。

此外，非破损检测技术可检测混凝土结构中的钢筋位置和锈蚀、钢材和焊缝的质量、砌体结构的强度等。

非破损(局部破损)检测技术的目的：

(1)评定结构构件的质量；

(2)加强施工管理，控制施工进度；

(3)对已建结构构件的承载力、耐久性、可靠性和剩余寿命进行评定。

一、非破损法检测构件混凝土强度

在实际工程中，遇到下列情况之一时，应对混凝土强度进行检测：

(1)缺乏同条件试块或标准试块数量不足；

(2)试块的质量缺乏代表性；

(3)试块的试验结果不符合现行标准、规范、规程的要求，并对结果持有怀疑。

用非破损方法直接量测某个物理量(回弹值、声速等)，根据某一物理量与混凝土强度之间已建立的经验关系，评定被测构件的强度。由于用物理量去确定力学强度是一种间接方法，因此，必须注意试验条件、原材料等因素对试验结果的影响，力求减小量测误差。

(一)回弹法

回弹法是用 HT-225 型回弹仪锤击构件表面，其原理是用弹击拉簧驱动仪器内的弹击重锤，弹击混凝土表面，测得重锤的反弹距离，称为回弹值 R，查《回弹法检测混凝土抗压强度技术规程》(JGJ/T 23—2011)测强曲线或地区测强曲线，获得构件混凝土强度值。

1. 回弹法的适用条件

(1)用水泥作胶结材，碎石或卵石为粗集料，砂为细集料，用饮用水拌和的混凝土；

(2)自然养护，龄期为 14～1 000d；

(3)混凝土强度为 10～60MPa；

(4)表面受潮的混凝土，需风干后测试；

(5)受冻的混凝土解冻后测试；

(6)蒸养混凝土出池后 7d 以上，且混凝土表层为干燥状态；

(7)体积小、刚度差、厚度小于 10cm 的构件，需保证回弹时无颤动后测试；

(8)环境温度－4～40℃。

2. 不适用回弹法的混凝土

(1)测试部位表层与内部质量有明显差异或内部缺陷；

(2)构件遭受化学腐蚀或火灾；

(3)构件在硬化期间遭受冻伤。

3. 回弹仪的率定

回弹仪率定宜在干燥、室温为 5～35℃的条件下进行。率定时，钢砧应稳固地平放在刚度大的物体上。测定回弹值时，取连续向下弹击三次的稳定回弹平均值。弹击杆应分四次旋转，每次旋转宜为90°。弹击杆每旋转一次的率定平均值应为80±2。

4.测试技术和混凝土强度的推定

(1)单个结构构件检测

①每个构件至少取10个测区，一个测区0.04m²，布置16个回弹测点，相邻两测区的间距不应大于2m，测区离构件端部或施工边缘的距离不宜大于0.5m，且不宜小于0.2m。测区表面清洁、干燥、平整，没有接缝、饰面层、浮浆、蜂窝麻面等。

②回弹仪垂直于构件的检测面测试回弹值，每一个测点回弹一次，测点净距不宜小于20mm；测点距外露钢筋、预埋件的距离不宜小于30mm。

③回弹值量测后，应选择不少于30%的测区数，在有代表性的位置上量测碳化深度。

(2)回弹值的计算

计算测区平均回弹值时，应从测区的16个回弹值中剔除3个最大值和3个最小值，取余下的10个回弹值的平均值。

$$R_m = \frac{\sum_{i=1}^{10} R_i}{10} \tag{19-7-1}$$

式中：R_m——测区平均回弹值，精确至0.1；

R_i——第i测点的回弹值。

当回弹仪非水平方向或测试面非混凝土浇筑侧面时，应对回弹值进行修正。

(3)碳化深度值的计算

每一侧区的碳化深度平均值按下式计算

$$d_m = \frac{\sum_{i=1}^{n} d_i}{n} \tag{19-7-2}$$

式中：d_m——测区平均碳化深度值(mm)；

d_i——每i次测量的碳化深度值(mm)；

n——测区碳化深度测量次数。

当$d_m<0.5$mm时，取$d_m=0$；当$d_m>6$mm时，取$d_m=6$mm。

(4)单个构件混凝土强度的推定

单个构件检测时，以构件最小测区混凝土强度换算值作为构件的混凝土强度推定值。

$$f_{cu,e} = f_{cu,min}^{c} \tag{19-7-3}$$

式中：$f_{cu,min}^{c}$——构件中最小测区混凝土强度换算值。

5.批量构件检测

批量构件检测，被检测的抽样构件数量应不少于构件总数的30%，且不小于10件。在该批构件强度满足相应标准差要求的前提下，按下列公式计算，作为该批构件混凝土的强度推定值。

$$f_{cu,e_1} = m_{f_{cu}^c} - 1.645 S_{f_{cu}^c} \tag{19-7-4}$$

式中：$m_{f_{cu}^c}$——结构或构件混凝土强度换算值的平均值(MPa)；

$S_{f_{cu}^c}$——结构或构件混凝土强度换算值的标准差(MPa)。

批量构件检测时，当该构件混凝土强度标准差出现下列情况之一时，应全部按单个构件检测推定混凝土强度。

(1)该批构件混凝土强度平均值小于25MPa，且$S_{f_{cu}^c}>4.5$MPa；

(2)该批构件混凝土强度平均值不小于25MPa且不大于60MPa，$S_{f^{c}_{cu}}>5.5$MPa。

6.回弹法检测混凝土强度的影响因素

(1)回弹仪测试角度的影响。回弹仪应水平方向测试，非水平方向测试时，应考虑重力影响，对回弹值R进行修正。

(2)测试混凝土不同浇筑面的影响。测试构件底部石子多，回弹值偏高；上表面因泌水、水灰比略大，回弹值偏低。试验时，应选择在构件侧面进行试验。

(3)龄期和碳化深度的影响。空气中的二氧化碳与混凝土中氢氧化钙作用，生成硬度较高的碳酸钙，使回弹值偏大。

(4)养护方法和湿度影响。相同强度等级的混凝土，因含水量不同，自然养护回弹值要高于标准养护回弹值。标准养护混凝土表面湿度大，回弹值低。

(二)超声法

超声波是一种频率超过20kHz的机械波，一般由高频电振荡激励压电晶体发出，接收也是通过压电晶体把机械振荡转换为电讯号进行传输、放大与量测。超声法检测的基本原理是基于超声波在介质中传播时，遇到不同的介面，将产生反射、折射、绕射、衰减等现象，从而使声时、振幅、波形、频率等发生相应的变化，测定这些规律的变化，便可得到材料的某些性质与内部构造情况。

由于混凝土为弹粘塑性材料，超声波在其中传播衰减较大，因此检测不同厚度混凝土构件，应采用不同频率的探头(换能器)。混凝土超声测强时，探头与测点表面应保持良好的声耦合，减少声能耗损。超声法检测混凝土强度是基于混凝土强度f_{cu}与声速v有一定的相关性，而声速v与混凝土的密实性、弹性模量相关。因而影响测强的因素除仪器性能和检测方法外，还包括混凝土用石子品种、粒径、砂率、水泥品种、水灰比、养护条件、龄期、湿度、声速方向以及钢筋粗细、疏密等。

(三)超声回弹综合法

测声速v和回弹值R来推定构件的混凝土强度的方法称综合法。由于超声波在混凝土材料中的传播既能反映材料的弹性性质，又能反映构件的内部构造；而回弹值仅能反映混凝土表层约3cm左右厚度的状态，因此，用综合法检测构件混凝土强度较回弹或超声单一方法测试误差小。另外，水泥品种和用量、碳化深度、砂率、含水量等因素对综合法检测混凝土强度影响不显著。

【例19-7-1】 对原结构损伤较小的情况下，在评定混凝土强度时，下列方法较为理想的是：

A.回弹法　　B.超声波法　　C.钻孔后装法　　D.钻心法

解 回弹法和超声波法均属于无损检测方法，而回弹法是一种更为常用的检测混凝土强度的方法。钻孔后装法和钻芯法则属于半破损检测方法。

答案：A

二、局部破损检测构件混凝土强度

(一)钻芯法

钻芯法是在被测结构构件有代表性的部位钻芯取圆柱形芯样，经必要的加工后进行抗压强度试验，由抗压强度来推定混凝土的立方体抗压强度。钻芯法被认为是一种直接、可靠，而又能较好反映材料实际情况的局部破损检验方法。

芯样试件宜在与被测构件混凝土干湿度基本一致的条件下进行抗压强度试验。干燥构件，芯样在室内自然干燥3d进行试验；潮湿构件，芯样在20℃±5℃的清水中浸泡40～48h，从水中取出后进行试验。

抗压芯样试件的高度与直径之比宜为1.00。芯样试件的混凝土抗压强度值可按下式计算

$$f_{cu,cor}=F_c/A \tag{19-7-5}$$

式中：$f_{cu,cor}$——芯样试件混凝土强度值(MPa)；

F_c——芯样试件的抗压试验测得的最大压力(N)；

A——芯样试件抗压截面面积(mm^2)。

（二）拔出法

拔出法是用一根螺栓或类似的装置，部分埋入混凝土中，然后拔出，通过测定其拔出力的大小来评定混凝土强度。主要方法分两类：

一类是把锚头预埋在混凝土内，到达龄期后做拔出试验，称先装法，仅适用于工程施工质量控制及验收需要。

另一类是在硬化的混凝土表面钻孔，然后装上拔出装置，进行拔出试验，称钻孔后装法。该法灵活性较大，较适用于已建结构的检测。

两类方法的基本概念都是建立在拔出力与混凝土抗压强度的相关关系上，其优点是能比较直接反映混凝土强度，虽只测表面某一深度，但比回弹法深度大，比超声法影响因素少，比取芯法方便，费用低，损伤范围小。

三、超声法检测混凝土内部缺陷

混凝土内部缺陷有裂缝、疏松、蜂窝、孔洞、化学侵蚀、冻害和火灾损伤等。超声法检测混凝土缺陷的原理是用低频超声波检测仪，测量超声脉冲的纵波在混凝土的中传播速度、波幅和频率，进而来判断混凝土的缺陷。超声脉冲通过缺陷时，速度减小，声时偏长，波幅和频率明显降低。

（一）裂缝检测

混凝土裂缝深度小于或等于500mm，可采用单面平测法或双面斜测法。单面平测法见图19-7-1，只有混凝土表面可供超声检测(如混凝土路面、大体积混凝土构件等)。双面斜测法见图19-7-2，有两个相互平行的测试表面(如混凝土梁、板、柱等构件)。

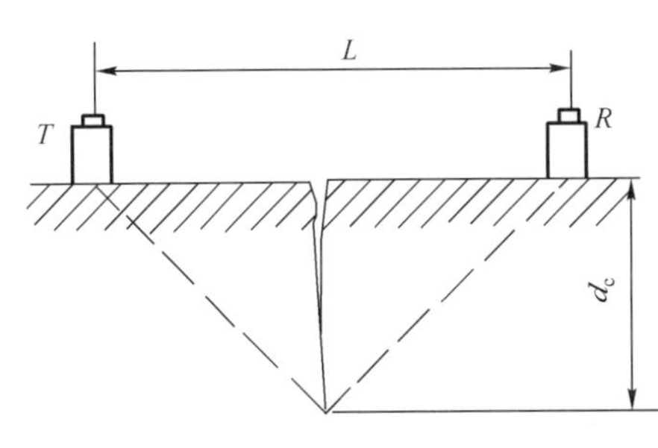

图19-7-1　平测法检测裂缝深度

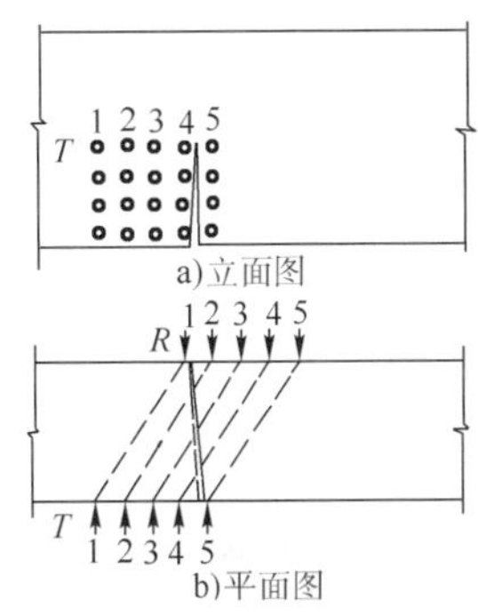

图19-7-2　斜测法检测裂缝深度

裂缝深度大于500mm的深裂缝，可采用钻孔法进行检测(见图19-7-3)。

（二）内部缺陷

混凝土内部缺陷（疏松、空洞等）可用以下方法检测：

（1）对测法，见图19-7-4，结构具有两对相互平行的测试面；

（2）斜测法，只有一对相互平行的测试面；

（3）钻孔法，用于结构测试距离较大时。

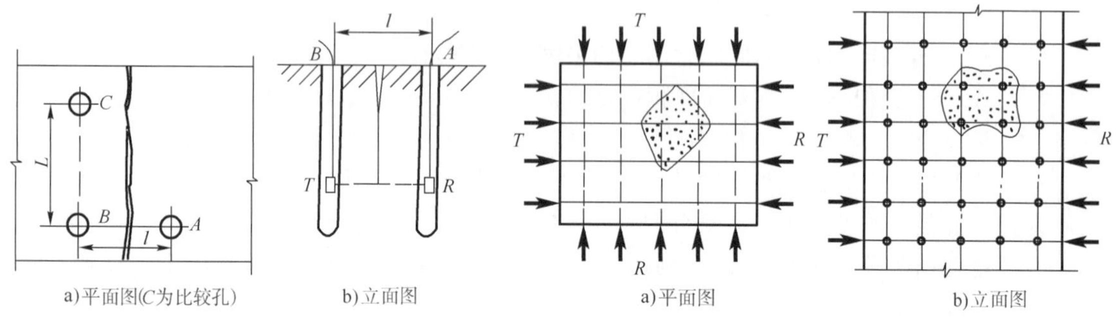

a）平面图（C为比较孔）　b）立面图

图19-7-3　钻孔检测裂缝深度

a）平面图　b）立面图

图19-7-4　混凝土内部缺陷对测法测点布置

四、其他非破损检测方法

（一）电位差法

钢筋混凝土结构，在使用时由于碳酸气的作用，会使其由表及里地发生碳化，从而使混凝土碱性降低，再加上其他因素的影响，钢筋就可能发生锈蚀。其发生和发展意味着钢筋与混凝土的握裹力遭到破坏，甚至使保护层崩落，使钢筋截面削弱等，致使结构失效。

钢筋的锈蚀，可用电位差法测定。其原理是由于钢筋的腐蚀产生腐蚀电流，锈蚀的程度不同，其接地电位差也不一样。

（二）电磁法

电磁法是利用电磁感应原理，检测铁磁性材料的不可见位置、大小及内部缺陷情况等。当前此类设备主要有两种：钢筋位置测定仪和磁粉探伤仪。

钢筋位置测定仪是检测钢筋混凝土结构中钢筋的位置、直径和保护层厚度等的有效仪器。

磁粉探伤仪主要用于探测钢结构内部缺陷。其基本原理是根据钢铁材料磁化产生的电磁场，在缺陷处要发生畸变，其形状可通过撒磁粉得到显示。

（三）声发射法

声发射是材料受力或其他作用后，当某个局部点上的应变超过弹性极限，发生位错、滑移、相变、压碎或微裂缝等，被释放出来的动能形成弹性应力波。这种应力波虽然振幅很小，但能在材料中传播，可由紧贴于材料表面的传感器接收到。这在断裂力学分析中有着重要的意义。

声发射探测器就是根据上述原理，利用声发射仪来探测正在产生和变化着的结构缺陷（裂缝）。

声发射仪的作用是把从传感器（探头）感受到的信号进行放大、滤波和各种分析处理，通过记录仪显示或记录下来，取得结构材料内部微观或宏观变化着的信号作为判别缺陷的依据。

（四）射线法

射线法探测是利用射线对各种物质的穿透力来检测物体内部构造或缺陷。其实质是根据被测物体内所包含的各种介质(如混凝土中的钢筋、石子、砂浆、孔洞、裂缝等)对射线能量衰减的程度不同,而使射线透过物体后强度发生不同变化,在感光材料上获得投影所产生的潜影,经处理后即可得到物体内部构造与缺陷情况的图像,或通过量测仪器测得射线不同强度变化的数据,判断物体的内部情况。

五、砌体结构强度的非破损检测

(一)砌体强度的间接测定

1. 回弹法

回弹法是用砂浆回弹仪检测砖砌体内砌筑砂浆的强度,由反映砂浆表面的回弹值和砂浆碳化深度两项指标与砂浆强度的相关关系求得砂浆强度。回弹法不适用于检测高温、长期浸水、化学侵蚀和火灾情况下的砂浆强度。

2. 推出法

用特殊的加载装置对某一丁砖施加水平推力,当砖沿水平砂浆结合面被推出,测得水平灰缝砂浆的抗剪强度,再由砂浆抗剪强度与砂浆抗压强度之间的相关关系,推算砂浆的抗压强度的方法即为推出法。推出法适用于240mm厚的砖墙,砂浆强度等级为M1～M15。

(二)砌体强度的直接测定

1. 扁顶法

扁顶法是将扁式液压加载器装入两个掏空的砌体灰缝中,进行砌体结构承载力的原位检测,得到砌体结构原位工作应力、砌体抗压强度和变形特征的检测方法。当扁式液压加载器进油时,对砌体施加压力,直到砌体开裂破坏,测得砌体的抗压强度。

2. 原位单砖双剪法

该方法将小尺寸的液压加载器,安放在墙体的槽孔内,由油泵控制进油,对砌体内单砖施加水平推力,直接测定砖块在砌体内沿通缝截面的抗剪强度。

习　题

19-7-1　混凝土有下列情况,采取相应措施后,(　　)情况可用回弹法测试其强度。

A. 测试部位表面与内部质量有明显差异或内部存在缺陷,内部缺陷经补强

B. 混凝土硬化期间遭受冻伤的混凝土,待其解冻后即可测试

C. 蒸气养护的混凝土,在构件出池经自然养护7d后可测试

D. 测试部位厚度小于100mm的构件,设置支撑固定后测试

19-7-2　下列(　　)不是影响回弹法检测混凝土强度的因素。

A. 测试角度　　B. 浇筑面　　C. 碳化深度　　D. 骨料粒径

19-7-3　在评定混凝土强度时,下列(　　)方法较为理想。

A. 回弹法　　B. 超声波法　　C. 钻孔后装法　　D. 钻芯法

19-7-4　钢筋的锈蚀可以用(　　)检测。

A. 电磁感应法　　B. 回弹法　　C. 超声脉冲法　　D. 电位差法

19-7-5　对回弹仪进行标定时,下列(　　)项不正确。

A. 室温5～35℃　　B. 室内干燥环境

C. 平均回弹值80±2　　D. 弹击杆每旋转90°向下弹击一次

19-7-6　下列(　　)非破损检测技术不能完成。

A. 旧有建筑的剩余寿命

B. 评定结构构件的承载力

C. 评定建筑结构的施工质量

D. 确定已建结构构件的材料强度

19-7-7　(　　)不能用超声法进行检测。

A. 混凝土的裂缝　　B. 混凝土的强度

C. 钢筋的位置　　D. 混凝土的内部缺陷

19-7-8　用超声探伤检测混凝土缺陷的基本原理是采用(　　)超声波检测仪,测量超声脉冲的纵波在结构混凝土中的传播速度、接收波形信号的振幅和频率等声学参数的相对变化,来判定混凝土的缺陷。

A. 超高频　　B. 高频　　C. 中频　　D. 低频

19-7-9　回弹不适用于(　　)情况的混凝土强度评定。

A. 遭受化学腐蚀、火灾或硬化期间遭受冻伤

B. 缺乏同条件试块或标准块数量不足

C. 试块的质量缺乏代表性

D. 试块的试压结果不符合现行标准、规范、规程所规定的要求,且对该结果持有怀疑

题解及参考答案

第一节

19-1-1　**解:**科研性试验的目的是:①验证结构设计计算的各种假定;②通过制定种种设计规范,发展新的设计理论,改进设计计算方法;③为发展和推广新结构、新材料及新工艺提供理论依据和实践经验。

答案:D

19-1-2　**解:**由可变荷载控制:

$$P_a=\frac{1}{2}(\gamma_g\times g_k+\gamma_q\times q_k-g)bl_0$$

$$=\frac{1}{2}(1.2\times5.0+1.4\times2.0-2.0)\times0.6\times3.3$$

$$=6.732\text{kN}$$

由永久荷载控制:

$$P_a=\frac{1}{2}(\gamma_G\times g_K+\gamma_Q\psi_{C1}g_K-g)bl$$

$$=\frac{1}{2}(1.35\times5.0+1.4\times0.7\times2.0-2.0)\times0.6\times3.3$$

$$=6.643\text{kN}$$

答案:C

19-1-3　**解:**等效加载图式应当满足控制截面内力与计算内力值相等,内力图形无需相同。

答案:B

19-1-4 **解**:$L_9(3^4)$表示试验次数9次,因素(或因子)4个,每个因素有3个水平。

答案:D

19-1-5 **解**:试件试验时,加载速度的提高相当于给试件一个冲击,使其强度相应增加。因此试验时必须控制加载速度。

答案:A

第二节

19-2-1 **解**:杠杆加载为静力加载,而动力荷载、循环荷载和抗震荷载均非静力荷载。

答案:C

19-2-2 **提示**:构件试验时,一般情况下加载设备的强度有很大富余,不致引起加载设备的强度破坏和影响试件的强度。加载设备具有足够的刚度,避免因加载设备变形影响加载值的稳定。

答案:D

19-2-3 **解**:支座的形式、构造和试件的类型与边界条件有关。边界条件既考虑力的因素又考虑变形因素。所谓平衡条件即考虑力的因素是不全面的。

答案:C

19-2-4 **解**:固定铰支座上下、左右均不能移动,支座有转角能转动。A、B支座能左右移动,D支座为力铰支座。

答案:C

19-2-5 **解**:在惠斯登电桥一个桥臂上接应变计进行测量称1/4电桥。

答案:A

19-2-6 **解**:应变$\varepsilon=\Delta l/l$,$l=200\text{mm}$,千分表读数为4小格,$\Delta l=0.004\text{mm}$,$\varepsilon=\frac{0.004}{200}=20\times10^{-6}$。

答案:B

19-2-7 **解**:A、B、C三项是试验装置设计的配置需要满足的要求。任何情况下,加载设备均不应参与试件工作,D项错误。

答案:D

19-2-8 **解**:应变片受拉后,电阻值R发生变化,$\Delta R/R=K\varepsilon$,$\varepsilon=\sigma/E=400/(2\times10^5)=0.002$,应变片电阻变化$\Delta R=K\cdot\varepsilon\cdot R=2.0\times0.002\times120=0.48\Omega$。

答案:B

19-2-9 **解**:根据式$\Delta R/R=K\varepsilon$,应变片的灵敏系数K,即$\varepsilon=1$时应变片的电阻变化率$\Delta R/R$。

答案:B

19-2-10 **解**:A、B、D三种加载方法是惯性力加载,C电磁加载法不属于惯性力加载。

答案:C

第三节

19-3-1 **解**:A项为斜拉破坏,B项为剪压破坏,C项裂缝宽度已达到规定值,而D项钢筋末端滑移未达到规定值 0.2mm。

答案:D

19-3-2 **解**:进行梁正截面强度试验时,用荷载传感器 1 测力的大小,用百分表 2、3 测支座沉降和跨中挠度,用应变片测平截面假定都是必要的,在剪弯区布置应变片是测梁斜截面裂缝发生和发展及一点的应力状态。

答案:C

19-3-3 **解**:加载过程中构件破坏,取前一组荷载为极限荷载。在持续时间内试件破坏,应取本级荷载和前一级荷载的平均值为极限荷载。

答案:C

19-3-4 **解**:当裂缝通过某一测点时,该测点的读数突然增大,相邻测点读数减小。

答案:B

19-3-5 **解**:校核性测点布置,A、B、D 三项都是正确的,C 项是不正确的。

答案:C

第四节

19-4-1 **解**:用等幅等位移加载时,反复增加加载的次数,可得到结构构件强度降低率和刚度退化率。

答案:B

19-4-2 **解**:结构低周反复加载试验,在试件上加力或位移,测得影响构件的变形能力。拟动力试验通过 XY 记录仪得到滞回曲线(见解图 a),通过滞回曲线得到恢复力模型(见解图 b)和骨架曲线。因此,恢复力模型可通过试验得到,无须事先假定。

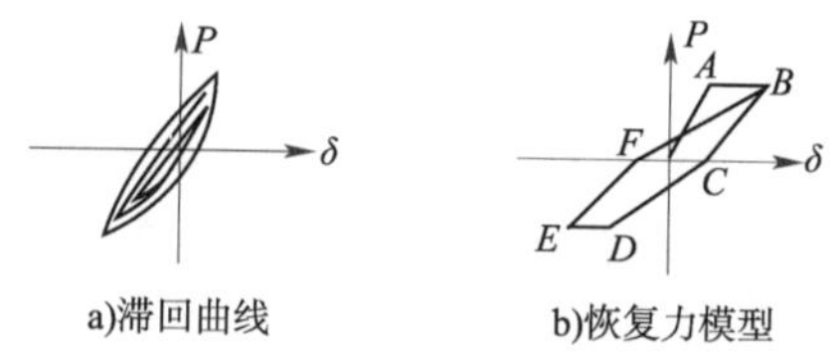

题 19-4-2 解图

答案:A

19-4-3 **解**:对构件性能不了解,确定恢复力模型时,可采用变幅变位移加载。

答案:B

第五节

19-5-1 **解**:结构的动应变、动位移、动力系数和加速度为结构动荷载载作用下的动力响度。动荷载的大小、方向、频率非动力响应。

答案:D

19-5-2 **解**:从脉动记录曲线中可看出,5 个振动波形为 0.535s。因此周期 $T=\frac{0.535\text{s}}{5}=0.107\text{s}$,而频率 $f=\frac{1}{T}=\frac{1}{0.107}=9.35\text{Hz}$。

答案:D

19-5-3 **解:**结构的自振频率、振型和阻尼系数属于结构的动力特性。

答案:D

19-5-4 **解:**结构的固有频率和固有振型可由动力学原理计算得到。阻尼系数需通过结构试验测定。

答案:D

第六节

19-6-1 **解:**模型与原型的初始条件相似,包括几何位置、位移、速度和加速度,不包括边界条件。

答案:D

19-6-2 **解:**质量系数的基本物理量是[L]、[T]、[M]。绝对系统的基本物理量是[L]、[T]、[F]。

答案:A

19-6-3 **解:**物理量 S_M 用相似常数 S_l 和 S_E 表示,应为 $S_M=S_E\times S_l^3$。

答案:D

19-6-4 **解:**模型试验时,材料的弹性模量、密度、几何尺寸和重力加速度等物理量之间的相似关系为 $\dfrac{S_E}{S_g\times S_\rho}-S_l$,如果模型和原型材料相同,$S_F=S_\rho=1$,则 $\dfrac{1}{S_g}=S_l$,几何相似常数 $S_l<1$,重力加速度相似常数 $S_g>1$,称重力失真。解决重力失真的方法:①增加模型材料密度($S_\rho>1$);②模型上附加适当的分布质量。

答案:C

19-6-5 **解:**对强度模型,包括超载以至破坏时的特征,通常采用与原型极相似、甚至与原型完全相同的材料来制作。

答案:B

19-6-6 **解:**弹性模型应尽可能与一般弹性理论的基本假定一致,即匀质、各向同性、应力与应变成线性关系、固定不变的泊松比,模型材料可以与原型材料不同。

答案:B

第七节

19-7-1 **提示:**测试部位表层与内部质量有明显差异,硬化期间受冻伤的混凝土不适用回弹法测强度。蒸气养护的混凝土构件出池 7d 以上,表层干燥可测试其强度。厚 100mm 的构件支撑固定后可测试混凝土强度。

答案:D

19-7-2 **提示:**用回弹仪测试混凝土强度时,回弹法的测试角度、混凝土不同浇注面和龄期、碳化深度均影响回弹值。

答案:D

19-7-3 **提示:**钻芯法是用芯钻机从被测结构上钻取芯样并对芯样进行抗压强度试验,是一种直观的、可靠的检测混凝土强度方法。

答案:D

19-7-4 **提示:**由磁感应法可检测钢筋位置。回弹法测混凝土强度。超声法检测混凝土内部缺陷。电位差法检测钢筋的锈蚀。

答案:D

19-7-5 **解**:对回弹仪进行标定时,A、B、C 三项都是正确的,D 项弹击杆每次旋转 90°、连续向下弹击 3 次,分 4 次旋转。

答案:D

19-7-6 **解**:非破损检测技术,能完成 A、B、C 三项任务,但不能确定结构构件的材料强度。

答案:D

19-7-7 **解**:用超声法可以检测构件混凝土的裂缝、强度和内部缺陷,但无法检测构件内钢筋的位置。

答案:C

19-7-8 **解**:超声波检测混凝土缺陷的原理是用低频超声波检测仪。

答案:D

19-7-9 **解**:在实际工程中,遇到 B、C、D 三种情况时,可以用回弹法对混凝土强度进行评定,对 A 项情况,不适用回弹法评定混凝土强度。

答案:A

附录一

一级注册结构工程师执业资格考试
专业基础考试大纲(下午段)

十、土木工程材料

10.1　材料科学与物质结构基础知识

材料的组成:化学组成　矿物组成及其对材料性质的影响

材料的微观结构及其对材料性质的影响:原子结构　离子键金属键　共价键和范德华力　晶体与无定形体(玻璃体)

材料的宏观结构及其对材料性质的影响

建筑材料的基本性质:密度　表观密度与堆积密度　孔隙与孔隙率

特征:亲水性与憎水性　吸水性与吸湿性　耐水性　抗渗性　抗冻性　导热性、强度与变形性能　脆性与韧性

10.2　材料的性能和应用

无机胶凝材料:气硬性胶凝材料　石膏和石灰技术性质与应用

水硬性胶凝材料:水泥的组成　水化与凝结硬化机理　性能与应用

混凝土:原材料技术要求　拌和物的和易性及影响因素　强度性能与变形性能

耐久性-抗渗性、抗冻性、碱-骨料反应　混凝土外加剂与配合比设计

沥青及改性沥青:组成、性质和应用

建筑钢材:组成、组织与性能的关系　加工处理及其对钢材性能的影响　建筑钢材和种类与选用

木材:组成、性能与应用

石材和黏土:组成、性能与应用

十一、工程测量

11.1　测量基本概念

地球的形状和大小　地面点位的确定　测量工作基本概念

11.2　水准测量

水准测量原理　水准仪的构造、使用和检验校正　水准测量方法及成果整理

11.3　角度测量

经纬仪的构造、使用和检验校正　水平角观测　垂直角观测

11.4　距离测量

卷尺量距　视距测量　光电测距

11.5　测量误差基本知识

测量误差分类与特性　评定精度的标准　观测值的精度评定　误差传播定律

11.6　控制测量

平面控制网的定位与定向　导线测量　交会定点　高程控制测量

11.7　地形图测绘

地形图基本知识　地物平面图测绘　等高线地形图测绘

11.8　地形图应用

地形图应用的基本知识　建筑设计中的地形图应用　城市规划中的地形图应用

11.9　建筑工程测量

建筑工程控制测量　施工放样测量　建筑安装测量　建筑工程　变形观测

十二、职业法规

12.1　我国有关基本建设、建筑、房地产、城市规划、环保等方面的法律法规

12.2　工程设计人员的职业道德与行为准则

十三、土木工程施工与管理

13.1　土石方工程　桩基础工程

土方工程的准备与辅助工作　机械化施工　爆破工程　预制桩、灌注桩施工　地基加固处理技术

13.2　钢筋混凝土工程与预应力混凝土工程

钢筋工程　模板工程　混凝土工程　钢筋混凝土预制构件制作　混凝土冬、雨季施工　预应力混凝土施工

13.3　结构吊装工程与砌体工程

起重安装机械与液压提升工艺　单层与多层房屋结构吊装　砌体工程与砌块墙的施工

13.4　施工组织设计

施工组织设计分类　施工方案　进度计划　平面图　措施

13.5　流水施工原则

节奏专业流水　非节奏专业流水　一般的搭接施工

13.6　网络计划技术

双代号网络图　单代号网络图　网络计划优化

13.7　施工管理

现场施工管理的内容及组织形式　进度、技术、全面质量管理　竣工验收

十四、结构设计

14.1　钢筋混凝土结构

材料性能:钢筋　混凝土　粘结

基本设计原则:结构功能　极限状态及其设计表达式　可靠度

承载能力极限状态计算:受弯构件　受扭构件　受压构件　受拉构件　冲切　局压　疲劳

正常使用极限状态验算:抗裂　裂缝　挠度

预应力混凝土:轴拉构件　受弯构件

构造要求

梁板结构:塑性内力重分布　单向板肋梁楼盖　双向板肋梁楼盖　无梁楼盖

单层厂房:组成与布置　排架计算　柱　牛腿　吊车梁　屋架　基础

多层及高层房屋:结构体系及布置　框架近似计算　叠合梁　剪力墙结构　框-剪结构　框-剪结构设计要点　基础

抗震设计要点:一般规定　构造要求

14.2　钢结构

钢材性能:基本性能　影响钢材性能的因素　结构钢种类　钢材的选用

构件:轴心受力构件　受弯构件(梁)　拉弯和压弯构件的计算和构造

连接:焊缝连接　普通螺栓和高强度螺栓连接　构件间的连接

钢屋盖:组成　布置　钢屋架设计

14.3　砌体结构

材料性能:块材　砂浆　砌体

基本设计原则:设计表达式

承载力:抗压　局压

混合结构房屋设计:结构布置　静力计算　构造

房屋部件:圈梁　过梁　墙梁　挑梁

抗震设计要求:一般规定　构造要求

十五、结构力学

15.1　平面体系的几何组成

名词定义　几何不变体系的组成规律及其应用

15.2　静定结构受力分析与特性

静定结构受力分析方法　反力、内力的计算与内力图的绘制　静定结构特性及其应用

15.3　静定结构的位移

广义力与广义位移　虚功原理　单位荷载法　荷载下静定结构的位移计算　图乘法　支座位移和温度变化引起的位移　互等定理及其应用

15.4　超静定结构受力分析及特性

超静定次数　力法基本体系　力法方程及其意义　等截面直杆刚度方程　位移法基本未知量　基本体系　基本方程及其意义　等截面直杆的转动刚度　力矩分配系数与传递系数　单结点的力矩分配　对称性利用　半结构法　超静定结构位移　超静定结构特性

15.5　影响线及应用

影响线概念　简支梁、静定多跨梁、静定桁架反力及内力影响线　连续梁影响线形状　影响线应用　最不利荷载位置　内力包络图概念

15.6　结构动力特性与动力反应

单自由度体系周期、频率、简谐荷载与突加荷载作用下简单结构的动力系数、振幅与最大动内力　阻尼对振动的影响　多自由度体系自振频率与主振型　主振型正交性

十六、结构试验

16.1　结构试验的试件设计、荷载设计、观测设计、材料的力学性能与试验的关系

16.2　结构试验的加载设备和量测仪器

16.3　结构静力(单调)加载试验

16.4　结构低周反复加载试验(伪静力试验)

16.5　结构动力试验

结构动力特性量测方法、结构动力响应量测方法

16.6　模型试验

模型试验的相似原理　模型设计与模型材料

16.7　结构试验的非破损检测技术

十七、土力学与地基基础

17.1　土的物理性质及工程分类

土的生成和组成　土的物理性质　土的工程分类

17.2　土中应力

自重应力　附加应力

17.3　地基变形

土的压缩性　基础沉降　地基变形与时间关系

17.4　土的抗剪强度

抗剪强度的测定方法　土的抗剪强度理论

17.5　土压力、地基承载力和边坡稳定

土压力计算　挡土墙设计　地基承载力理论　边坡稳定

17.6　地基勘察

工程地质勘察方法　勘察报告分析与应用

17.7　浅基础

浅基础类型　地基承载力设计值　浅基础设计　减少不均匀沉降损害的措施　地基、基础与上部结构共同工作概念

17.8　深基础

深基础类型　桩与桩基础的分类　单桩承载力　群桩承载力　桩基础设计

17.9　地基处理

地基处理方法　地基处理原则　地基处理方法选择

附录二

一级注册结构工程师执业资格考试专业基础考试（下午段）配置说明

土木工程材料	7 题
工程测量	5 题
职业法规	4 题
土木工程施工与管理	5 题
结构设计	12 题
结构力学	15 题
结构试验	5 题
土力学与地基基础	7 题

注：试卷题目数量

合计 60 题，每题 2 分。考试时间为 4 小时。

上、下午总计 180 题，满分为 240 分。考试时间为 8 小时。

2021 全国勘察设计注册工程师执业资格考试用书

Yiji Zhuce Jiegou Gongchengshi Zhiye Zige Kaoshi
Jichu Kaoshi Fuxi Jiaocheng

一级注册结构工程师执业资格考试
基础考试复习教程
（上册）

注册工程师考试复习用书编委会／编
曹纬浚／主编

人民交通出版社股份有限公司
北　京

内 容 提 要

本书根据2009年新版考试大纲及近几年考试真题编写，内容贴合考试实际，是考生复习必备的经典教材。

本书编写人员全部是多年从事注册结构工程师考试基础课培训工作的专家、教授。本书内容吸取了近几年考试培训的经验和考生回馈意见，以现行考试大纲为依据，以最新规范、教材为基础进行编写，指导考生复习，因此力求简明扼要，联系实际，着重于对概念和规范的理解运用，并注意突出重点。教程的每节后均附有习题，每章后附有习题提示及参考答案。另出版有配套复习用书《2021一级注册结构工程师执业资格考试基础考试真题模拟题解析》《2020一级注册结构工程师执业资格考试基础考试通关试卷》**(新增2020年全套真题及解析、答案)**，可作为考生检验复习效果和准备考试之用。

本书配有丰富数字资源，考生可微信扫描封面二维码登录"注考大师"获取更多学习内容。

由于本书篇幅较大，特分为上、下两册，以便于携带和翻阅。

本书适合参加2021年一级注册结构工程师基础考试的人员使用。

图书在版编目(CIP)数据

2021一级注册结构工程师执业资格考试基础考试复习教程/曹纬浚主编.—北京：人民交通出版社股份有限公司，2021.1

2021全国勘察设计注册工程师执业资格考试用书

ISBN 978-7-114-17047-8

Ⅰ.①2… Ⅱ.①曹… Ⅲ.①建筑结构—资格考试—自学参考资料 Ⅳ.①TU3

中国版本图书馆CIP数据核字(2021)第012859号

2021 Yiji Zhuce Jiegou Gongchengshi Zhiye Zige Kaoshi Jichu Kaoshi Fuxi Jiaocheng

书　　名：2021一级注册结构工程师执业资格考试基础考试复习教程
著 作 者：曹纬浚
责任编辑：刘彩云
责任印制：张　凯
出版发行：人民交通出版社股份有限公司
地　　址：(100011)北京市朝阳区安定门外外馆斜街3号
网　　址：http://www.ccpcl.com.cn
销售电话：(010)59757973
总 经 销：人民交通出版社股份有限公司发行部
经　　销：各地新华书店
印　　刷：北京市密东印刷有限公司
开　　本：787×1092　1/16
印　　张：101.25
字　　数：2587千
版　　次：2021年1月　第1版
印　　次：2021年1月　第1次印刷
书　　号：ISBN 978-7-114-17047-8
定　　价：228.00元(含上、下两册)
(有印刷、装订质量问题的图书，由本公司负责调换)

注册工程师考试复习用书

编　委　会

前　言

原建设部(现住房和城乡建设部)和原人事部(现人力资源和社会保障部)从1997年起实施注册结构工程师执业资格考试制度。

本教程前两版曾署名北京市注册工程师管理委员会(结构)编写,修订再版时根据《中华人民共和国行政许可法》,不再冠以注册工程师管理委员会的名义。

本教程的编写教师自1997年起就先后参加了北京市一、二级注册结构工程师基础考试的考前辅导培训工作,他们都是本专业有较深造诣的教授和高级工程师,分别来自北京建筑大学、北京工业大学、北京交通大学、北京工商大学和北京市建筑设计研究院。为了帮助考生们准备考试,教师们根据多年教学实践经验和考生的回馈意见,依据现行考试大纲和最新的教材、规范,以多年辅导培训的教案为基础,编写了本考试复习教程,于2003年正式出版,深受考生欢迎。本教程的目的是为了指导复习,因此力求简明扼要,联系实际,着重对概念和规范的理解应用,并注意突出重点。本教程经多年的使用和不断修订完善,已经成为值得考生信赖的考前辅导和培训用书。

本教程严格按考试大纲编写,并在多年教学实践中不断加以改进。为方便考生复习,本教程分上、下册出版,上册(第一章至第十一章)为上午段公共基础考试内容,下册(第十二章至第十九章)为下午段结构专业基础考试内容。

每章的最前面有一篇"复习指导",帮助考生在复习每章之前先了解该专业的考试大纲和复习重点。每章的习题按照其所考查的知识点分别放在各节之后,"题解"和"答案"放在每章最后面,考生可以在复习完每一节后,及时做题练习。

为了更好地服务考生,我们依托现行考试大纲和历年套题,配套了各个科目的辅导视频,考生们可通过微信扫描封面二维码,登录"注考大师"在线学习。

2009年3月,住房和城乡建设部与人力资源和社会保障部共同批准了经过修订的《勘察设计注册工程师资格考试公共基础考试大纲》,新大纲较原上午段的考试大纲更加详细、明确,各科内容均有调整。我们的上册按新大纲作了全面修订,并专门增加了"信号与信息技术"一章。新大纲在上午段增加了"法律法规"试题,但同时保留了下午段"职业法规"试题,因此我们在上册中设置了"法律法规"一章。

我们每年都根据考试试题的实际情况对教材进行修订。并根据法律、法规和规范规程的修订更新,对"土木工程材料""土木工程施工与管理""结构设计"等章内容进行修订,保证满足考试要求。

参加本教程2021年版编写和修订工作的教师有:第一章第一至第八节吴昌泽,第一章第九节范元玮;第二章魏京花;第三章谢亚勃;第四章刘燕;第五章钱民刚;第六章李兆年;第七章、第八章许怡生;第九章许小重;第十章陈向东;第十一章、第十四章李魁元;第十二章侯云芬;第十三章杨松林;第十五章穆静波;第十六章刘世奎;第十七章冯东;第十八章王健;第十九章孙惠镐。

参与或协助本书编写的老师还有蒋全科、贾玲华、毛怀珍、刘宝生、张翠兰、毛元钰、李平、邓华、陈庆年、李广秋、郭虹、曹京、楼香林、杨守俊、王志刚、何承奎、曹铎、罗滨、吴莎莎、张文革、罗金标、徐华萍、栾彩虹、孙国樑、张炳珍。

考生在复习本教程时，应结合阅读相应的教材、规范。本教程每章后均附有参考习题，另有配套的《2020 一级注册结构工程师执业资格考试基础考试通关试卷》（新增 2020 年全套真题及解析、答案）、《2021 一级注册结构工程师执业资格考试基础考试真题及模拟题解析》，包括多年的真实试题，并附有解析和答案。建议考生在复习好教程的同时，多做习题，必将对考生巩固、检验复习效果和准备好考试大有帮助。

祝各位考生考试取得好成绩！

注册工程师考试复习用书编委会

2020 年 12 月

主编致考生

一、注册结构工程师在专业考试之前进行基础考试是和国外接轨的做法。通过基础考试并达到职业实践年限后就可以申请参加专业考试。基础考试是考大学中的基础课程，按考试大纲的安排，上午考试段考 11 门课程，120 道题，4 个小时，每题 1 分，共 120 分；下午考试段考 8 门课程，60 道题，4 个小时，每题 2 分，共 120 分；上、下午共 240 分。试题均为 4 选 1 的单选题，平均每题时间上午 2 分钟，下午 4 分钟，因此不会有复杂的论证和计算，主要是检验考生的基本概念和基本知识。考生在复习时不要偏重难度大或过于复杂的知识，而应将复习的注意力主要放在弄清基本概念和基本知识方面。

二、考生在复习本教程之前，应认真阅读"考试大纲"，清楚地了解考试的内容和范围，以便合理制订自己的复习计划。复习时一定要紧扣"考试大纲"的内容，将全面复习与突出重点相结合。着重对"考试大纲"要求掌握的基本概念、基本理论、基本计算方法、计算公式和步骤，以及基本知识的应用等内容有系统、有条理地重点掌握，明白其中的道理和关系，掌握分析问题的方法。本教程中每章前均有一节"复习指导"，摘录了本章的考试大纲并具体说明本章的复习重点、难点和复习中要注意的问题，建议考生认真阅读每章的"复习指导"，参考"复习指导"的意见进行复习。在对基本概念、基本原理和基本知识有一个整体把握的基础上，对每章节的重点、难点进行重点复习和重点掌握。

三、注册结构工程师基础考试上、下午试卷共计 240 分，上、下午不分段计算成绩，这几年及格线都是 55%，也就是说，上、下午试卷总分达到 132 分就可以通过。因此，考生在准备考试时应注意扬长避短。从道理上讲，自己较弱的科目更应该努力复习，但毕竟时间和精力有限。如 2009 年新增加的"信号与信息技术"，据了解，土建非信息专业大多未学过，短时间内要掌握好比较困难，而"信号与信息技术"总共只有 6 道题，6 分，只占总分的2.5%，也就是说，即使"信号与信息技术"一分未得，其他科目也还有 234 分，从 234 分中考 132 分是完全可以做到的。因此考生可以根据考试分科题量、分数分配和自己的具体情况，计划自己的复习重点和主要得分科目。当然一些主要得分科目是不能放松的，如"结构力学"15 题(下午段)30 分，"高等数学"24 题(上午段)24 分；"结构设计"12 题(下午段)24 分都是不能放松的；其他科目则可根据自己过去对课程的掌握情况有所侧重，争取在自己过去学得好的课程中多得分。

四、在考试拿到试卷时，建议考生不要顺着题序顺次往下做。因为有的题会比较难，有的题不很熟悉，耽误的时间会比较多，以致最后时间不够，题做不完，有些题会做但时间来不及，这就太得不偿失了。建议考生将做题过程分为四遍：

1. 首先用 15～20 分钟将题从头到尾看一遍，一是首先解答自己很熟悉很有把握的题；二是将那些需要稍加思考估计能在平均答题时间里做出的题做个记号。这里说的平均答题时间，是指上午段 4 个小时考 120 道题，平均每题 2 分钟；下午段 4 个小时考 60 道题，平均每题 4 分钟，这个 2 分钟(上午)、4 分钟(下午)就是平均答题时间。将估计在这个时间里能做出来的题做上记号。

2. 第二遍做这些做了记号的题，这些题应该在考试时间里能做完，做完了这些题可以说就考出了你的基本水平，不管你基础如何，复习得怎么样，考得如何，至少不会因为题没做完而遗憾了。

3. 这些会做或基本会做的题做完以后，如果还有时间，就做那些需要稍多花费时间的题，能做几个算几个，并适当抽时间检查一下已答题的答案。

4. 考试时间将近结束时，比如还剩 5 分钟要收卷了，这时你就应看看还有多少道题没有答，这些题确实不会了，建议你也不要放弃。既然是单选，那也不妨估个答案，答对了也是有分的。建议你回头看看已答题目的答案，A、B、C、D 各有多少，虽然整个卷子四种答案的数量并不一定是平均的，但还是可以这样考虑，看看已答的题 A、B、C、D 中哪个答案最少，然后将不会做没有答的题按这个前边最少的答案通填，这样其中会有 1/4 可能还会多于 1/4 的题能得分，如果你前边答对的题离及格正好差几分，这样一补充就能及格了。

五、基础考试是不允许带书和资料的。2011 年及以前，考试时会发给考生一本"考试手册"，载有公式和一些数据，供考生考试时翻找，考后收回。但从 2012 年起，取消了"考试手册"的配发。据说原因是考生使用不多，事实上也没有更多时间去翻手册。因此一些重要的公式、规定，考生一定要自己记住。

六、本教程每节后均附有习题，并在每章后附有题解及参考答案。另外，我们还专门为考生编写了《2020 一级注册结构工程师执业资格考试基础考试通关试卷》(新增 2020 年全套真题及解析、答案)、《2021 一级注册结构工程师执业资格考试基础考试真题及模拟题解析》，多数习题都选自真题并提供了题解及参考答案。建议考生在复习好本教程内容的基础上，多做习题。多做习题能帮助巩固已学的概念、理论、方法和公式等，并能发现自己的不足，哪些地方理解得不正确，哪些地方没有掌握好；同时熟能生巧，提高解题速度。建议考生在复习完本教程以后，集中时间，排除干扰，模拟考试气氛，将模拟试题全部做一遍，以接近实战地检验一下自己的复习效果。

近年有读者给我们来信，除指出一些印刷差错(绝大多数意见是对的)外，还对教程和试题集中数十道习题的答案质疑，经老师们仔细复查，个别题答案确实错误或印刷错误，而其余大多数的题都是读者自己判断错误(已答复来信读者)。在此提醒读者，做题后如自己的结果和教程中的参考答案不符，请慎下结论，可将疑问发至我的邮箱 caowj0818@126.com，我会尽快核查并回复，以免读者判断错误致考试时答错题影响成绩。建议读者用我们的真题及模拟题解析和通关试卷做题练习，因书中的题多数附有题解，能帮助读者判断结果。

相信这本教程能帮助大家准备好考试。

最后，祝愿各位考生取得好成绩！

曹纬浚

2020 年 12 月

目　录

上　册

第一章　高 等 数 学

复 习 指 导

在注册工程师基础考试中，基础部分试卷试题总数为120道题，其中高等数学占24题。近几年，高等数学题微积分部分有18道题，线性代数、概率论与数理统计各3题。数学题的数量占上午试题总量的$\frac{1}{5}$，因而复习好数学是至关重要的。

一、考试大纲

1.1　空间解析几何

向量的线性运算；向量的数量积、向量积及混合积；两向量垂直、平行的条件；直线方程；平面方程；平面与平面、直线与直线、平面与直线之间的位置关系；点到平面、直线的距离；球面、母线平行于坐标轴的柱面、旋转轴为坐标轴的旋转曲面的方程；常用的二次曲面方程；空间曲线在坐标面上的投影曲线方程。

1.2　微分学

函数的有界性、单调性、周期性和奇偶性；数列极限与函数极限的定义及其性质；无穷小和无穷大的概念及其关系；无穷小的性质及无穷小的比较；极限的四则运算；函数连续的概念；函数间断点及其类型；导数与微分的概念；导数的几何意义和物理意义；平面曲线的切线和法线；导数和微分的四则运算；高阶导数；微分中值定理；洛必达法则；一元函数的切线与法线，空间曲线的切线与法平面、曲面的切平面及法线；函数单调性的判别；函数的极值；函数曲线的凹凸性、拐点；偏导数与全微分的概念；二阶偏导数；多元函数的极值和条件极值；多元函数的最大、最小值及其简单应用。

1.3　积分学

原函数与不定积分的概念；不定积分的基本性质；基本积分公式；定积分的基本概念和性质(包括定积分中值定理)；积分上限的函数及其导数；牛顿-莱布尼兹公式；不定积分和定积分的换元积分法与分部积分法；有理函数、三角函数的有理式和简单无理函数的积分；广义积分；二重积分与三重积分的概念、性质、计算和应用；两类曲线积分的概念、性质和计算；求平面图形的面积、平面曲线的弧长和旋转体的体积。

1.4　无穷级数

数项级数的敛散性概念；收敛级数的和；级数的基本性质与级数收敛的必要条件；几何级数与p级数及其收敛性；正项级数敛散性的判别法；任意项级数的绝对收敛与条件收敛；幂级数及其收敛半径、收敛区间和收敛域；幂级数的和函数；函数的泰勒级数展开；函数的傅里叶系数与傅里叶级数。

1.5　常微分方程

常微分方程的基本概念；变量可分离的微分方程；齐次微分方程；一阶线性微分方程；全微

分方程;可降阶的高阶微分方程;线性微分方程解的性质及解的结构定理;二阶常系数齐次线性微分方程。

1.6 线性代数

行列式的性质及计算;行列式按行按列展开定理的应用;矩阵的运算;逆矩阵的概念、性质及求法;矩阵的初等变换和初等矩阵;矩阵的秩;等价矩阵的概念和性质;向量的线性表示;向量组的线性相关和线性无关;线性方程组有解的判定;线性方程组求解;矩阵的特征值和特征向量的概念与性质;相似矩阵的概念和性质;矩阵的相似对角化;二次型及其矩阵表示;合同矩阵的概念和性质;二次型的秩;惯性定理;二次型及其矩阵的正定性。

1.7 概率论与数理统计

随机事件与样本空间;事件的关系与运算;概率的基本性质;古典型概率;条件概率;概率的基本公式;事件的独立性;独立重复试验;随机变量;随机变量的分布函数;离散型随机变量的概率分布;连续型随机变量的概率密度;常见随机变量的分布;随机变量的数学期望、方差、标准差及其性质;随机变量函数的数学期望;矩、协方差、相关系数及其性质;总体;个体;简单随机样本;统计量;样本均值;样本方差和样本矩;χ^2 分布;t 分布;F 分布;点估计的概念;估计量与估计值;矩估计法;最大似然估计法;估计量的评选标准;区间估计的概念;单个正态总体的均值和方差的区间估计;两个正态总体的均值差和方差比的区间估计;显著性检验;单个正态总体的均值和方差的假设检验。

二、复习指导

在复习中,首先要熟悉大纲,按大纲的要求分清哪些属于考试要求,哪些不属于考试要求,有的放矢地做好复习工作。建议考生除了复习本复习教程上的内容外,还可结合同济大学编的《高等数学》上、下册(第六版或第七版)课本一起复习。由于复习教程篇幅所限,有的内容显得简单了,结合书本复习,可进一步充实相关的内容。另外,在教科书中还附有大量的习题,可在复习时做练习题用。

关于考试的试题基础部分在上午考,时间为 4 个小时,考题有 120 道,也就是要在 240 分钟内做完 120 道题,平均 2 分钟做 1 道题,这一点也是我们在复习中应该注意的。这样,大的定理证明、复杂的计算题、计算量大大超过 2 分钟的题目就不可能在试题中出现。试题的形式都是单选题,从给出的四个选项中挑一个。如果题目是以计算题形式给出的,可通过正确的计算选择其中一个答案。

有的从形式上看也是计算题,但涉及的内容有奇偶函数,不妨先去判定一下。对常微分方程中的题目,如求二阶常系数线性非齐次方程的特解,可将给出的选项代入试题试算一下,求出方程的特解。对于线性代数中求可逆方阵的逆矩阵时,可将给出的选项代入试题,求出符合公式 $\boldsymbol{AB}=\boldsymbol{E}$ 的逆矩阵等。这对提高计算速度,减少复杂的计算有帮助。有的题目属于概念题,应认真回顾所学过的概念,做出正确的选择,有的题目要求根据学过的定义、定理判定,要很好想一下这些定义、定理的具体内容,经分析后选出要求的答案。因而熟记书本的定义、定理性质是必要的。另外,熟悉一些题目的计算步骤,记住曾做过一些题目的结论也是必要的。并注意根据题目的要求,当能肯定选出某一选项后,其余三个选项,不论它所给出的内容是什么,都不再去验证它为什么错。有的题目给了四个选项,一时判定不了的,可以采取逐一排除的方法,得到最后的结论。这些做法在具体做题时需要灵活掌握。但可以肯定的是,选择题往往是从涉及概念性较强,计算比较灵活,而计算量又不很大的一类题目中选出。了解以上情况之后，从一开始复习就要加以注意。最后通过系统的复习达到对考试要求的内容有一个全面了解，应该记忆的定义、定理、性质和一些推导出来的结论要记住，应该记忆的公式要记牢，对各种类型的计算题解题的步骤要记住，只有这样，才能较好地应对这次考试。

下面按章、节讲一下每一部分的重点和难点，按复习教程所写的内容顺序进行。

（一）空间解析几何与向量代数

重点：(1)掌握利用向量的基本向量分解式或坐标表示式进行向量运算，如加法、减法、数乘，数量积、向量积、混合积的计算。

(2)熟练掌握利用两向量平行、两向量垂直坐标所具备的性质，设 $\vec{a},\vec{b}$ 为非零向量，$\vec{a}=\{a_x,a_y,a_z\},\vec{b}=\{b_x,b_y,b_z\}$，则①$\vec{a}\parallel\vec{b}\Leftrightarrow\vec{a}\times\vec{b}=0\Leftrightarrow\vec{a}=\lambda\vec{b}\Leftrightarrow\frac{a_x}{b_x}=\frac{a_y}{b_y}=\frac{a_z}{b_z}$；②$\vec{a}\perp\vec{b}\Leftrightarrow\vec{a}\cdot\vec{b}=0\Leftrightarrow a_xb_x+a_yb_y+a_zb_z=0$。会利用上述条件求直线方程、平面方程，或判定直线和平面间的某种位置关系，空间曲线在坐标面上的投影曲线。

(3)熟练掌握二次曲面类型的判别。

难点：利用两向量平行或垂直的条件求直线方程、平面方程，判定直线和平面的位置关系是其中的难点。

（二）一元函数微分学

重点：(1)熟练掌握函数奇偶性、单调性、周期性、有界性的判定办法。

(2)熟练掌握求函数极限的方法，把两个重要极限、利用等价无穷小求极限等方法和用洛必达法则求极限方法灵活地结合在一起，解决求极限的问题。

(3)掌握利用函数在一点连续的定义，判定函数在一点的连续性或求某一个数值，会判定函数的间断点及间断点的类型。

(4)掌握用在一点导数的定义的两种形式求函数在一点的导数，并会利用在一点左、右导数的定义判定分段函数在交界点的可导性。掌握利用在一点导数的几何意义求切线方程、法线方程。

(5)熟练掌握复合函数、参数方程、隐函数、幂指函数的一阶导数以及高阶导数的计算。

(6)熟练掌握三个中值定理结论中的 ξ 值求法，会求函数的单调区间、函数的极值、函数的最值、函数的凹凸区间、拐点，会求函数的渐近线。其中，求各种给出函数的导数，确定函数曲线的单调性、凹凸区间等，又是这一节的**难点**。

（三）一元函数积分学

重点：(1)掌握原函数的概念，并要求把原函数的概念灵活地运用到求函数的不定积分中，计算出不定积分。

(2)熟练掌握利用不定积分公式、换元法、分部积分法，求不定积分。

其中，涉及利用原函数概念的不定积分计算，用换元积分法计算不定积分，是难点。

(3)掌握积分上限函数求导的方法，熟练掌握利用定积分的性质、奇偶函数在对称区间上积分的知识，利用定积分的换元积分和分部积分等求定积分。

(4)熟练掌握利用定积分求平面图形的面积和旋转体的体积、平面曲线的弧长、计算变力沿直线运动所做的功等。

(5)熟练掌握广义积分的计算，判定广义积分敛散性。

难点：计算不定积分、定积分及利用定积分求平面图形的面积和旋转体的体积。

(四)多元函数微分学

重点:(1)熟练掌握复合函数偏导数和全微分的计算,隐函数偏导数和全微分的计算。

(2)掌握二元函数在一点的连续性,偏导存在和全微分的概念及它们之间的联系。

(3)熟练掌握求空间曲线的切线和法平面、空间曲面的切平面和法线的方程的方法。

难点:二元函数连续性、偏导存在和可微概念之间的关系,求二元复合函数和隐函数的偏导、全微分是难点。

(五)多元函数积分学

重点:(1)熟练掌握二重积分的计算,并会在直角坐标系下把二重积分写成两种积分顺序下的二次积分,会把二重积分化为极坐标系下的二次积分。

(2)熟练掌握把三重积分化为在直角坐标系下、柱面坐标系下、球面坐标系下的三次积分(计算三重积分不是重点)。

(3)熟练掌握对弧长和坐标的曲线积分的计算。

难点:把三重积分化为直角、柱面、球面坐标系下的三次积分,对弧长的曲线积分。

(六)级数

重点:(1)熟练掌握数项级数敛散性的判定。

(2)熟练掌握幂级数的收敛半经和收敛区间的求法。

(3)熟练掌握利用已知函数展开式,采用间接展开法,把函数展开成幂级数。

(4)掌握用狄利克雷收敛定理确定傅里叶级数的和函数,求在某点傅里叶级数的和。

难点:(1)数项级数敛散性的判定。

(2)用间接展开法把函数展开成幂级数。

(七)常微分方程

重点:(1)熟练掌握一阶微分方程中可分离变量方程、一阶线性方程通解的求法。

(2)熟练掌握二阶常系数线性齐次方程通解的计算方法。

(3)掌握列微分方程、解应用题方法。

难点:列微分方程、解应用题。

技巧:对于常微分方程的考题,使用"代入选项试算法"会加快做题速度,不妨一试。

(八)线性代数

根据考试大纲的要求,线性代数需要掌握以下内容:行列式、矩阵、n 维向量、线性方程组、矩阵的特征值与特征向量、二次型。

行列式是线性代数的基本工具,而高阶行列式的计算一般都要用到行列式的相关性质。

矩阵是线性代数研究的主要对象,是求解线性方程组的有力工具。除了掌握矩阵的基本运算外,还应会求逆矩阵、矩阵的秩,进而会求解矩阵方程。

在求解线性方程组时会涉及解向量的最大线性无关组的问题,对于向量组要会求它的最大线性无关组。能熟练利用齐次及非齐次线性方程组解的性质,写出方程组的通解。

特征值与特征向量是矩阵理论中最基本的概念之一,对此,应熟练掌握。

关于二次型,首先要会写出它的矩阵形式,即找出它所对应的实对称阵。将一般二次型化为标准型时,也会遇到求二次型所对应矩阵的特征根的问题。

(九)概率论与数理统计

概率论与数理统计需要掌握的内容如下。

随机事件与概率、古典概型、一维随机变量的分布和数字特征、数理统计的基本概念、参数估计、假设检验。

对事件运算、古典概型、全概率公式、独立重复试验要会灵活运用这些工具解决具体问题。

对于随机变量可以有三种描述工具：分布函数、离散型随机变量的分布律、连续型随机变量的概率密度，需要熟悉它们的定义、性质，并且要会使用。比如，概率密度 $f(x)$ 中如果含未知数 A，则可用 $\int_{-\infty}^{+\infty} f(x)\mathrm{d}x = 1$ 定出 A。而对正态 $N(\mu,\sigma^2)$ 分布的随机变量要转化成标准正态 $N(0,1)$ 分布才可查表。

数字特征可从某个侧面反映随机变量分布的特点，数学期望和方差的性质及有关计算公式属于基本内容，用它们可以解决一些实际问题，应该予以关注。

统计量，比如样本均值 $\overline{X}$ 和方差 S^2，抽样分布是参数估计、假设检验的基础。

总之，大家应在基本概念清晰的基础上，熟练掌握有关的计算问题，特别是比较简捷的计算。

第一节　空间解析几何与向量代数

一、空间直角坐标

(一)空间直角坐标系

在空间取定一点 O，和以 O 为原点的两两垂直的三个数轴，依次记作 x 轴(横轴)、y 轴(纵轴)、z 轴(竖轴)，构成一个空间直角坐标系(见图 1-1-1)。通常符合右手规则，即以右手握住 z 轴，当右手的四个手指从正向 x 轴以 $\frac{\pi}{2}$ 角度转向正向 y 轴时，大拇指的指向就是 z 轴的正向。并设 $\vec{i}$、$\vec{j}$、$\vec{k}$ 为 x 轴、y 轴、z 轴上的单位向量，又称为 $Oxyz$ 坐标系，或[O，$\vec{i}$，$\vec{j}$，$\vec{k}$]坐标系。

图　1-1-1

(二)两点间的距离

在空间直角坐标系中，$M_1(x_1, y_1, z_1)$ 与 $M_2(x_2, y_2, z_2)$ 之间的距离为

$$d=\sqrt{(x_2-x_1)^2+(y_2-y_1)^2+(z_2-z_1)^2} \tag{1-1-1}$$

(三)空间有向直线方向的确定

设有一条有向直线 L，它与三个坐标轴正向的夹角分别为 α、β、$\gamma(0\leqslant\alpha,\beta,\gamma\leqslant\pi)$，称为直线 L 的方向角；$\{\cos\alpha, \cos\beta, \cos\gamma\}$ 称为直线 L 的方向余弦，三个方向余弦有以下关系

$$\cos^2\alpha+\cos^2\beta+\cos^2\gamma=1 \tag{1-1-2}$$

二、向量代数

(一)向量的概念

空间具有一定长度和方向的线段称为向量。以 A 为起点，B 为终点的向量，记作 $\overrightarrow{AB}$，或简记作 $\vec{a}$。向量 $\vec{a}$ 的长记作 $|\vec{a}|$，又称为向量 $\vec{a}$ 的模，两向量 $\vec{a}$ 和 $\vec{b}$ 若满足：① $|\vec{a}|=|\vec{b}|$，② $\vec{a}//\vec{b}$，③ $\vec{a}$，$\vec{b}$ 指向同一侧，则称 $\vec{a}=\vec{b}$。

与 $\vec{a}$ 方向一致的单位向量记作 $\vec{a}^0$，则 $\vec{a}^0=\dfrac{\vec{a}}{|\vec{a}|}$。若 $\vec{a}^0=\{\cos\alpha,\cos\beta,\cos\gamma\}$，也即为 $\vec{a}$ 的方向余弦。

（二）向量的运算

1. 两向量的和

以 $\vec{a}$、$\vec{b}$ 为边的平行四边形的对角线（见图 1-1-2）所表示的向量 $\vec{c}$，称向量 $\vec{a}$ 与 $\vec{b}$ 的和，记作

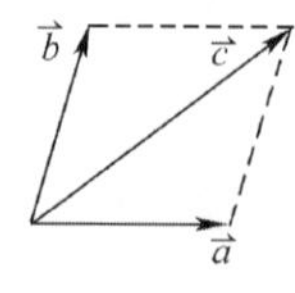

图 1-1-2

$$\vec{c}=\vec{a}+\vec{b} \tag{1-1-3}$$

一般说，n 个向量 $\vec{a}_1,\vec{a}_2,\cdots,\vec{a}_n$ 的和可定义如下：先作向量 $\vec{a}_1$，再以 $\vec{a}_1$ 的终点为起点作向量 $\vec{a}_2$，…，最后以向量 $\vec{a}_{n-1}$ 的终点为起点作向量 $\vec{a}_n$，则以向量 $\vec{a}_1$ 的起点为起点、以向量 $\vec{a}_n$ 的终点为终点的向量 $\vec{b}$ 称为 $\vec{a}_1,\vec{a}_2,\cdots,\vec{a}_n$ 的和，即

$$\vec{b}=\vec{a}_1+\vec{a}_2+\cdots+\vec{a}_n \tag{1-1-4}$$

2. 两向量的差

设 $\vec{a}$ 为一向量，与 $\vec{a}$ 的模相同，而方向相反的向量叫做 $\vec{a}$ 的负向量，记作 $-\vec{a}$，规定两个向量 $\vec{a}$ 与 $\vec{b}$ 的差为

$$\vec{a}-\vec{b}=\vec{a}+(-\vec{b}) \tag{1-1-5}$$

3. 向量与数的乘法

设 λ 是一个数，向量 $\vec{a}$ 与 λ 的乘积 $\lambda\vec{a}$ 规定为：

当 $\lambda>0$ 时，$\lambda\vec{a}$ 表示一个向量，它的方向与 $\vec{a}$ 的方向相同，它的模等于 $|\vec{a}|$ 的 λ 倍，即 $|\lambda\vec{a}|=\lambda|\vec{a}|$；

当 $\lambda=0$ 时，$\lambda\vec{a}$ 是零向量，即 $\lambda\vec{a}=\vec{0}$；

当 $\lambda<0$ 时，$\lambda\vec{a}$ 表示一个向量，它的方向与 $\vec{a}$ 的方向相反，模等于 $|\vec{a}|$ 的 $|\lambda|$ 倍，即 $|\lambda\vec{a}|=|\lambda||\vec{a}|$。

4. 两向量的数量积

两向量的数量积为一数量，表示为

$$\vec{a}\cdot\vec{b}=|\vec{a}||\vec{b}|\cos(\widehat{\vec{a},\vec{b}}) \tag{1-1-6}$$

5. 两向量的向量积

两向量的向量积为一向量，记作 $\vec{a}\times\vec{b}=\vec{c}$。

①$|\vec{c}|=|\vec{a}\times\vec{b}|=|\vec{a}||\vec{b}|\sin(\widehat{\vec{a},\vec{b}})$，$|\vec{c}|$ 的几何意义为以 $\vec{a}$、$\vec{b}$ 为边作出的平行四边形的面积；②$\vec{c}\perp\vec{a}$，$\vec{c}\perp\vec{b}$；③$\vec{c}$ 的正向按右手规则即以四个手指从 $\vec{a}$ 以不超过 π 的角度转向 $\vec{b}$，则大拇指的指向即为 $\vec{c}$ 的方向。

6. 三个向量的混合积

$(\vec{a}\times\vec{b})\cdot\vec{c}$ 称为向量 $\vec{a}$、$\vec{b}$、$\vec{c}$ 的混合积，记作 $[\vec{a}\ \vec{b}\ \vec{c}]$，$|(\vec{a}\times\vec{b})\cdot\vec{c}|$ 的几何意义表示以 $\vec{a}$、$\vec{b}$、$\vec{c}$ 为棱的平行六面体的体积。可推出，当向量 $\vec{a}$、$\vec{b}$、$\vec{c}$ 共面时，混合积 $[\vec{a}\ \vec{b}\ \vec{c}]=0$，即 $(\vec{a}\times\vec{b})\cdot\vec{c}=0$。

（三）向量运算的性质（$\vec{a}$、$\vec{b}$ 为向量，λ、μ 为数量）

交换律

$\vec{a}+\vec{b}=\vec{b}+\vec{a}$，$\lambda\vec{a}=\vec{a}\lambda$，$\vec{a}\cdot\vec{b}=\vec{b}\cdot\vec{a}$

结合律

$(\vec{a}+\vec{b})+\vec{c}=\vec{a}+(\vec{b}+\vec{c})$，$(\lambda\mu)\vec{a}=\lambda(\mu\vec{a})$

$\lambda(\vec{a}\cdot\vec{b})=(\lambda\vec{a})\cdot\vec{b}=\vec{a}\cdot(\lambda\vec{b})$，$\lambda(\vec{a}\times\vec{b})=(\lambda\vec{a})\times\vec{b}=\vec{a}\times(\lambda\vec{b})$

分配律

$(\lambda+\mu)\vec{a}=\lambda\vec{a}+\mu\vec{a}$，$\lambda(\vec{a}+\vec{b})=\lambda\vec{a}+\lambda\vec{b}$，$(\vec{a}+\vec{b})\cdot\vec{c}=\vec{a}\cdot\vec{c}+\vec{b}\cdot\vec{c}$，$(\vec{a}+\vec{b})\times\vec{c}=\vec{a}\times\vec{c}+\vec{b}\times\vec{c}$

向量的数量积满足交换律，即 $\vec{a}\cdot\vec{b}=\vec{b}\cdot\vec{a}$；

向量的向量积不满足交换律，即 $\vec{a}\times\vec{b}\neq\vec{b}\times\vec{a}$，$\vec{a}\times\vec{b}=-\vec{b}\times\vec{a}$。

(四)向量在轴上的投影

给定向量$\overrightarrow{AB}$及 u 轴，过 A、B 点分别向 u 轴作垂直平面，与 u 轴交于 A_1、B_1，则有向线段$\overrightarrow{A_1B_1}$的值 A_1B_1 称为$\overrightarrow{AB}$在 u 轴上的投影，记作 $\mathrm{Prj_u}\,\overrightarrow{AB}$，向量的投影是一个数量。

设$\overrightarrow{AB}$与 u 轴的夹角为 α，则

$$\mathrm{Prj_u}\,\overrightarrow{AB}=|\overrightarrow{AB}|\cos\alpha$$

n 个向量的和在 u 轴上的投影为

$$\mathrm{Prj_u}(\vec{a}_1+\vec{a}_2+\cdots+\vec{a}_n)=\mathrm{Prj_u}\vec{a}_1+\mathrm{Prj_u}\vec{a}_2+\cdots+\mathrm{Prj_u}\vec{a}_n \tag{1-1-7}$$

(五)向量的投影表示

设 $\vec{a}$ 的起点 A 坐标为(x_1,y_1,z_1)，终点 B 坐标为(x_2,y_2,z_2)，则 $\vec{a}=\overrightarrow{AB}=\{x_2-x_1,y_2-y_1,z_2-z_1\}$，记 $a_x=x_2-x_1$，$a_y=y_2-y_1$，$a_z=z_2-z_1$，a_x、a_y、a_z 称为向量 $\vec{a}$ 在 x 轴、y 轴、z 轴上的投影。又设 $\vec{i}$、$\vec{j}$、$\vec{k}$ 依次为与 x、y、z 轴正向一致的单位向量，则

$$\vec{a}=a_x\vec{i}+a_y\vec{j}+a_z\vec{k}=(x_2-x_1)\vec{i}+(y_2-y_1)\vec{j}+(z_2-z_1)\vec{k} \tag{1-1-8}$$

又可写成

$$\vec{a}=\{a_x,a_y,a_z\}=\{x_2-x_1,y_2-y_1,z_2-z_1\} \tag{1-1-9}$$

式(1-1-8)又称为向量 $\vec{a}$ 按基本单位向量的分解式，式(1-1-9)又叫做向量 $\vec{a}$ 的坐标表示式。

(六)向量运算的坐标表示式

设 $\vec{a}=\{a_x,a_y,a_z\}$，$\vec{b}=\{b_x,b_y,b_z\}$，$\vec{c}=\{c_x,c_y,c_z\}$，则

$$\vec{a}\pm\vec{b}=\{a_x\pm b_x,a_y\pm b_y,a_z\pm b_z\}$$

$$\lambda\vec{a}=\{\lambda a_x,\lambda a_y,\lambda a_z\}$$

$$\vec{a}\cdot\vec{b}=a_xb_x+a_yb_y+a_zb_z$$

$$\vec{a}\times\vec{b}=\begin{vmatrix}\vec{i}&\vec{j}&\vec{k}\\a_x&a_y&a_z\\b_x&b_y&b_z\end{vmatrix}=\begin{vmatrix}a_y&a_z\\b_y&b_z\end{vmatrix}\vec{i}-\begin{vmatrix}a_x&a_z\\b_x&b_z\end{vmatrix}\vec{j}+\begin{vmatrix}a_x&a_y\\b_x&b_y\end{vmatrix}\vec{k} \tag{1-1-10}$$

$$[\vec{a}\,\vec{b}\,\vec{c}]=(\vec{a}\times\vec{b})\cdot\vec{c}$$

$$=\begin{vmatrix}a_x&a_y&a_z\\b_x&b_y&b_z\\c_x&c_y&c_z\end{vmatrix}=\begin{vmatrix}b_y&b_z\\c_y&c_z\end{vmatrix}a_x-\begin{vmatrix}b_x&b_z\\c_x&c_z\end{vmatrix}a_y+\begin{vmatrix}b_x&b_y\\c_x&c_y\end{vmatrix}a_z$$

向量的模和方向余弦的坐标表示式：

设 $\vec{a}=\{a_x,a_y,a_z\}$，α、β、γ 为 $\vec{a}$ 的方向角，则$|\vec{a}|=\sqrt{a_x^2+a_y^2+a_z^2}$。

$$\cos\alpha=\frac{a_x}{|\vec{a}|}=\frac{a_x}{\sqrt{a_x^2+a_y^2+a_z^2}}$$

$$\cos\beta=\frac{a_y}{|\vec{a}|}=\frac{a_y}{\sqrt{a_x^2+a_y^2+a_z^2}} \quad (1\text{-}1\text{-}11)$$

$$\cos\gamma=\frac{a_z}{|\vec{a}|}=\frac{a_z}{\sqrt{a_x^2+a_y^2+a_z^2}}$$

且满足 $\cos^2\alpha+\cos^2\beta+\cos^2\gamma=1$。

(七)两向量的夹角、平行与垂直坐标表示

设 $\vec{a}=\{a_x,a_y,a_z\}$，$\vec{b}=\{b_x,b_y,b_z\}$，则

$$\cos(\widehat{\vec{a},\vec{b}})=\frac{\vec{a}\cdot\vec{b}}{|\vec{a}||\vec{b}|}=\frac{a_xb_x+a_yb_y+a_zb_z}{\sqrt{a_x^2+a_y^2+a_z^2}\sqrt{b_x^2+b_y^2+b_z^2}}$$

$$0\leqslant(\widehat{\vec{a},\vec{b}})\leqslant\pi \quad (1\text{-}1\text{-}12)$$

$$\vec{a}/\!/\vec{b}\Leftrightarrow\vec{a}\times\vec{b}=\vec{0}\Leftrightarrow\vec{a}=\lambda\vec{b}\Leftrightarrow\frac{a_x}{b_x}=\frac{a_y}{b_y}=\frac{a_z}{b_z}$$

$$\vec{a}\perp\vec{b}\Leftrightarrow\vec{a}\cdot\vec{b}=0\Leftrightarrow a_xb_x+a_yb_y+a_zb_z=0$$

注：上面两式要牢记，后面会经常用到。

三、平面

(一)平面的一般方程

$$Ax+By+Cz+D=0$$

其中，平面法向量 $\vec{n}=\{A,B,C\}$。

(二)平面的点法式方程

过定点 (x_0,y_0,z_0)，以 $\vec{n}=\{A,B,C\}$ 为法线向量的平面方程为

$$A(x-x_0)+B(y-y_0)+C(z-z_0)=0$$

称为平面的点法式方程。

(三)平面的截距式方程

设 a,b,c 分别为平面在 x 轴、y 轴、z 轴上的截距，则平面方程为：

$$\frac{x}{a}+\frac{y}{b}+\frac{z}{c}=1 \quad (1\text{-}1\text{-}13)$$

该方程又称为平面的截距式方程。

(四)两平面的夹角(通常指锐角)

设两平面方程为

$$\pi_1 \qquad A_1x+B_1y+C_1z+D_1=0,\vec{n}_1=\{A_1,B_1,C_1\}$$

$$\pi_2 \qquad A_2x+B_2y+C_2z+D_2=0,\vec{n}_2=\{A_2,B_2,C_2\}$$

则两平面夹角 φ 的余弦为

$$\cos\varphi=\frac{|A_1A_2+B_1B_2+C_1C_2|}{\sqrt{A_1^2+B_1^2+C_1^2}\sqrt{A_2^2+B_2^2+C_2^2}}\text{(即 }\vec{n}_1,\vec{n}_2\text{ 的夹角余弦)} \quad (1\text{-}1\text{-}14)$$

两平面平行的充分必要条件为

$$\frac{A_1}{A_2}=\frac{B_1}{B_2}=\frac{C_1}{C_2}\neq\frac{D_1}{D_2}\text{(即 }\vec{n}_1/\!/\vec{n}_2\text{)} \quad (1\text{-}1\text{-}15)$$

两平面垂直的充分必要条件为

$$A_1A_2+B_1B_2+C_1C_2=0 \quad (\text{即 } \vec{n}_1 \perp \vec{n}_2) \tag{1-1-16}$$

（五）三平面的交点

设三个平面方程为 $A_ix+B_iy+C_iz+D_i=0$（其中，$i=1,2,3$），若系数行列式 $D\neq 0$，则三平面有唯一交点，交点坐标即方程组的解。

（六）点到平面的距离

若平面方程为 $Ax+By+Cz+D=0$，平面外一点 $M(x_1,y_1,z_1)$，则点 M 到平面的距离为

$$d=\frac{|Ax_1+By_1+Cz_1+D|}{\sqrt{A^2+B^2+C^2}} \tag{1-1-17}$$

（七）点到直线的距离

设点 $M_0(x_0,y_0,z_0)$ 是直线 L 外的一点，$M_1(x_1,y_1,z_1)$ 是直线 L 上的任意取定的点，且直线 L 的方向向量为 $\vec{S}$，点 M_0 到直线 L 的距离为 d，设点 $M_0(x_0,y_0,z_0)$，直线 L 的方程为 $\frac{x-x_1}{m}=\frac{y-y_1}{n}=\frac{z-z_1}{p}$，则

$$d=\frac{|\overrightarrow{M_0M_1}\times\vec{S}|}{|\vec{S}|}=\left|\frac{\begin{vmatrix}\vec{i} & \vec{j} & \vec{k}\\ x_1-x_0 & y_1-y_0 & z_1-z_0\\ m & n & p\end{vmatrix}}{\sqrt{m^2+n^2+p^2}}\right| \tag{1-1-18}$$

四、空间直线

（一）空间直线的一般方程

设空间直线 L 由两个平面 π_1 和 π_2 的交线给出，设 π_1 和 π_2 的方程分别为 $A_1x+B_1y+C_1z+D_1=0$ 和 $A_2x+B_2y+C_2z+D_2=0$，则 L 的方程为

$$\begin{cases}A_1x+B_1y+C_1z+D_1=0\\ A_2x+B_2y+C_2z+D_2=0\end{cases} \tag{1-1-19}$$

（二）空间直线的点向式方程（或对称式方程）与参数方程

设直线 L 上一点 $M_0(x_0,y_0,z_0)$ 和它的一个方向向量 $\vec{S}=\{m,n,p\}$，则 L 的方程为

$$\frac{x-x_0}{m}=\frac{y-y_0}{n}=\frac{z-z_0}{p} \tag{1-1-20}$$

称为直线的点向式方程（或对称式方程）。

设 $\frac{x-x_0}{m}=\frac{y-y_0}{n}=\frac{z-z_0}{p}=t$，则空间直线 L 的参数方程为

$$x=x_0+mt,\ y=y_0+nt,\ z=z_0+pt \tag{1-1-21}$$

在空间直线的点向式方程中，当 m、n、p 中有一个为 0，例如 $m=0$，而 n、$p\neq 0$ 时，则方程组应理解为 $x-x_0=0$，$\frac{y-y_0}{n}=\frac{z-z_0}{p}$。此时直线与 x 轴垂直。

当 m、n、p 中有两个为 0，例如 $m=n=0$，而 $p\neq 0$ 时，则方程组应理解为 $x-x_0=0$ 与 $y-y_0=0$ 联立。此时直线与 z 轴平行。

（三）两直线的夹角（通常指锐角）

设两直线的方程分别为 $\frac{x-x_1}{m_1}=\frac{y-y_1}{n_1}=\frac{z-z_1}{p_1}$，$\frac{x-x_2}{m_2}=\frac{y-y_2}{n_2}=\frac{z-z_2}{p_2}$，则两直线间夹角

的余弦为

$$\cos\varphi=\frac{|m_1m_2+n_1n_2+p_1p_2|}{\sqrt{m_1^2+n_1^2+p_1^2}\sqrt{m_2^2+n_2^2+p_2^2}} \tag{1-1-22}$$

两条直线平行的充分必要条件为

$$\frac{m_1}{m_2}=\frac{n_1}{n_2}=\frac{p_1}{p_2} \tag{1-1-23}$$

两条直线垂直的充分必要条件为

$$m_1m_2+n_1n_2+p_1p_2=0$$

(四)两直线共面(平行或相交)的条件

设两直线的方程分别为

$$\frac{x-x_1}{m_1}=\frac{y-y_1}{n_1}=\frac{z-z_1}{p_1}$$

$$\frac{x-x_2}{m_2}=\frac{y-y_2}{n_2}=\frac{z-z_2}{p_2}$$

则它们共面的条件为

$$\begin{vmatrix} x_2-x_1 & y_2-y_1 & z_2-z_1 \\ m_1 & n_1 & p_1 \\ m_2 & n_2 & p_2 \end{vmatrix}=0 \tag{1-1-24}$$

(五)直线与平面的夹角

设平面 π 的方程为 $Ax+By+Cz+D=0$,直线 L 的方程为 $\frac{x-x_0}{m}=\frac{y-y_0}{n}=\frac{z-z_0}{p}$,则直线 L 和平面 π 间夹角 φ 的正弦为

$$\sin\varphi=\frac{|Am+Bn+Cp|}{\sqrt{A^2+B^2+C^2}\sqrt{m^2+n^2+p^2}} \tag{1-1-25}$$

直线与平面平行的条件为

$$Am+Bn+Cp=0 \tag{1-1-26}$$

直线与平面垂直的条件为

$$\frac{A}{m}=\frac{B}{n}=\frac{C}{p} \tag{1-1-27}$$

(六)空间曲线在坐标面的投影曲线方程

设空间曲线 C 的一般方程为

$$\begin{cases} F(x,y,z)=0 \\ G(x,y,z)=0 \end{cases}$$

空间曲线在坐标面上的投影得到的曲线,称为空间曲线在坐标面上的投影曲线。

空间曲线 C 在 xOy 平面上的投影曲线可表示为 $\begin{cases} H(x,y)=0 \\ z=0 \end{cases}$,其中方程 $H(x,y)=0$,由方程组 $\begin{cases} F(x,y,z)=0 \\ G(x,y,z)=0 \end{cases}$,消去字母 z 得到。$H(x,y)=0$ 又称为曲线 C 在 xOy 平面的投影柱面方程,$z=0$ 为 xOy 平面。

同理,消去方程组中变量 x 或变量 y,再分别和 $x=0$ 或 $y=0$ 联立,得到曲线 C 在 yOz 面

或 xOz 面上的投影曲线方程。

$$\begin{cases}R(y,z)=0\\x=0\end{cases} \quad 或 \quad \begin{cases}T(x,z)=0\\y=0\end{cases}$$

五、柱面、锥面、旋转曲面、二次曲面

(一)柱面

动直线 L 平行于定直线并沿定曲线 C 移动形成的图形称为柱面,定曲线 C 叫做柱面的准线,动直线 L 叫做柱面的母线。只含 x、y 而缺 z 的方程 $F(x,y)=0$ 在空间直角坐标系中表示母线平行于 z 轴的柱面,其准线是 xOy 面上的曲线 $C:F(x,y)=0$。类似地,只含 x,z 而缺 y 的方程 $G(x,z)=0$ 和只含 y、z 而缺 x 的方程 $H(y,z)$分别表示母线平行于 y 轴和 x 轴的柱面。

(二)锥面

设直线L绕另一条与L相交的直线旋转一周,所得到的旋转曲面叫做圆锥面,两直线的交点叫做圆锥面的顶点,两直线的夹角 $\alpha(0<\alpha<\frac{\pi}{2})$叫做圆锥面的半顶角。

如圆锥面方程 $x^2+y^2=z^2$,锥面方程 $3x^2+4y^2=z^2$。

(三)旋转曲面

一条平面曲线绕其平面上的一条直线旋转一周所形成的曲面叫做旋转曲面,这条定直线叫做旋转曲面的轴。若 yOz 平面上曲线 L 的方程是 $f(y,z)=0$,将此曲线绕 Oy 轴旋转一周,得旋转曲面方程为 $f(y,\pm\sqrt{x^2+z^2})=0$,将此曲线绕 Oz 轴旋转一周,旋转曲面方程为$f(\pm\sqrt{x^2+y^2},z)=0$(即绕某一个轴旋转,该变量坐标量不变,另一个变量改写为另两个变量平方和,再开方的形式)。如曲线 $L:\begin{cases}f(x,y)=0\\z=0\end{cases}$,绕 x 轴旋转一周产生的旋转面方程为 $f(x,\pm\sqrt{y^2+z^2})=0$,绕 y 轴旋转一周产生的旋转面方程为 $f(\pm\sqrt{x^2+z^2},y)=0$。

(四)二次曲面

三元二次方程所表示的曲面叫做二次曲面。常见的二次曲面有:

由方程$\frac{x^2}{a^2}+\frac{y^2}{b^2}+\frac{z^2}{c^2}=1$所表示的曲面叫做椭球面(见图1-1-3a)。当$a=b=c$时,方程$x^2+y^2+z^2=a^2$ 表示的曲面叫做球面。

由方程$\frac{x^2}{2p}+\frac{y^2}{2q}=z$($p$ 与 q 同号)所表示的曲面叫做椭圆抛物面(见图 1-1-3b)。

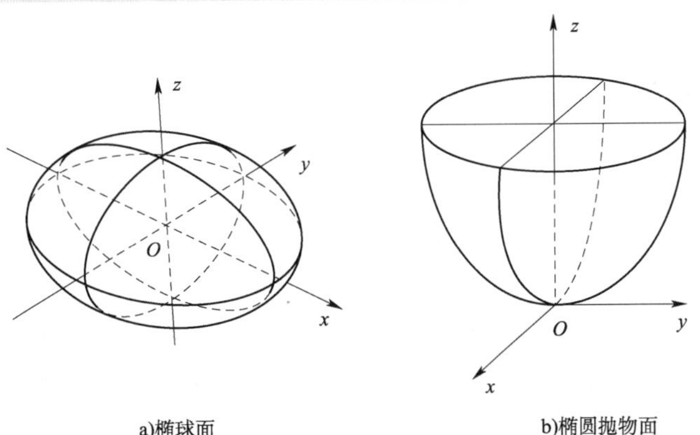

a)椭球面　　b)椭圆抛物面

图 1-1-3

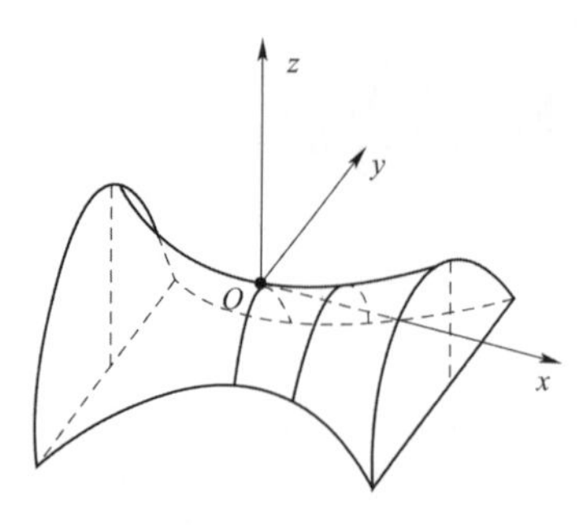

c)双曲抛物面（或叫马鞍形曲面）

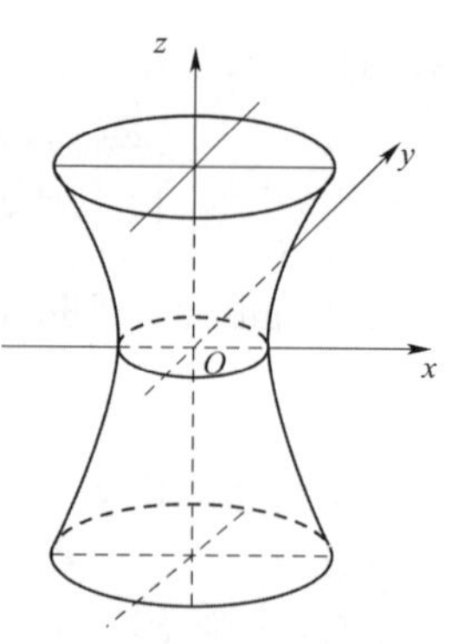

d)单叶双曲面

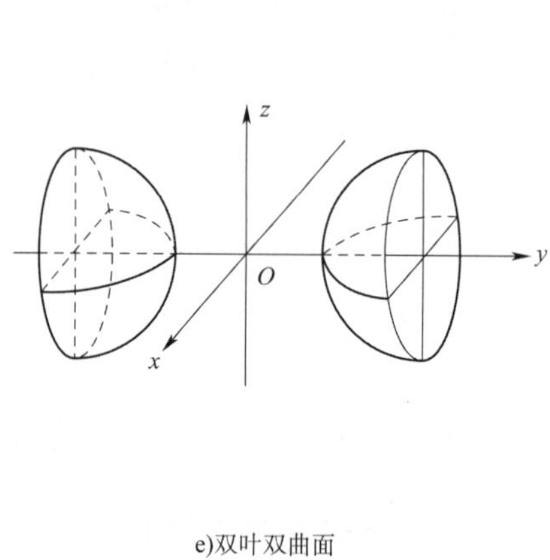

e)双叶双曲面

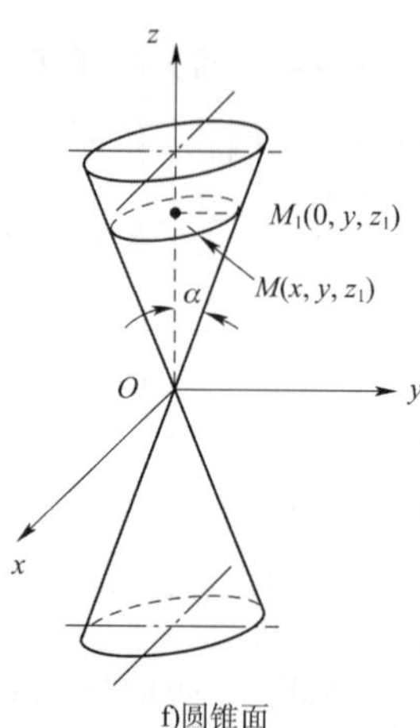

f)圆锥面

图 1-1-3

由方程$-\frac{x^2}{2p}+\frac{y^2}{2q}=z$($p$ 与 q 同号)所表示的曲面叫做双曲抛物面或马鞍形曲面(见图 1-1-3c)。

由方程$\frac{x^2}{a^2}+\frac{y^2}{b^2}-\frac{z^2}{c^2}=1$($a,b,c$ 均不为 0)所表示的曲面叫做单叶双曲面(见图 1-1-3d)。

由方程$\frac{x^2}{a^2}-\frac{y^2}{b^2}+\frac{z^2}{c^2}=-1$($a,b,c$ 均不为 0)所表示的曲面叫做双叶双曲面(见图 1-1-3e)。

注:以上两式为双曲面标准式,等号左边两项正号、一项负号;等号右边+1 时是单叶双曲面,−1 时是双叶双曲面。曲面绕负项的轴。如等号左边两项负号、一项正号时,对等号两边均乘“−1”,将等号左边变成两项正号、一项负号的标准式,再根据等号右边是“+1”或“−1”来判断是单叶还是双叶双曲面。

由方程 $z^2=a^2(x^2+y^2)(a\neq0)$所表示的曲面叫做圆锥面(见图 1-1-3f)。

【例 1-1-1】 设$\vec{a},\vec{b}$向量互相平行,但方向相反,且$|\vec{a}|>|\vec{b}|>0$,则有:

A. $|\vec{a}+\vec{b}|=|\vec{a}|-|\vec{b}|$　　B. $|\vec{a}+\vec{b}|>|\vec{a}|-|\vec{b}|$

C. $|\vec{a}+\vec{b}|<|\vec{a}|-|\vec{b}|$　　D. $|\vec{a}+\vec{b}|=|\vec{a}|+|\vec{b}|$

解 由题设条件画出向量$\vec{a}$、$\vec{b}$的示意图(见解图),根据向量的运算法则,两平行向量相加,取绝对值较大向量的方向。向量的模为绝对值较大向量的模减去绝对值较小向量的模。

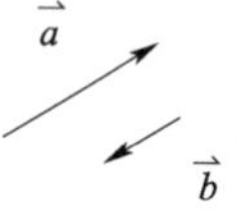

例 1-1-1 解图

答案:A

【例 1-1-2】 已知向量 $\vec{\alpha}=(-3,-2,1)$，$\vec{\beta}=(1,-4,-5)$，则 $|\vec{\alpha}\times\vec{\beta}|$ 等于：

A. 0　　B. 6　　C. $14\sqrt{3}$　　D. $14i+15j-10k$

解　$\vec{\alpha}\times\vec{\beta}=\begin{vmatrix}\vec{i} & \vec{j} & \vec{k}\\ -3 & -2 & 1\\ 1 & -4 & -5\end{vmatrix}=14\vec{i}-14\vec{j}+14\vec{k}$

$|\vec{\alpha}\times\vec{\beta}|=\sqrt{14^2+14^2+14^2}=\sqrt{3\times14^2}=14\sqrt{3}$

答案:C

【例 1-1-3】 已知向量 $\vec{\alpha}=(2,1,-1)$，若向量 $\vec{\beta}$ 与 $\vec{\alpha}$ 平行，且 $\vec{\alpha}\cdot\vec{\beta}=3$，则 $\vec{\beta}$ 为：

A. $(2,1,-1)$　　B. $\left(\frac{3}{2},\frac{3}{4},-\frac{3}{4}\right)$

C. $\left(1,\frac{1}{2},-\frac{1}{2}\right)$　　D. $\left(1,-\frac{1}{2},\frac{1}{2}\right)$

解　利用两向量平行的知识以及两向量数量积的运算法则计算。

已知 $\vec{\beta}/\!/\vec{\alpha}$，则有 $\vec{\beta}=\lambda\vec{\alpha}$（$\lambda$ 为任意非零常数）

所以 $\vec{\alpha}\cdot\vec{\beta}=\vec{\alpha}\cdot\lambda\alpha=\lambda(\vec{\alpha}\cdot\vec{\alpha})=\lambda[2\times2+1\times1+(-1)\times(-1)]=6\lambda$

已知 $\vec{\alpha}\cdot\vec{\beta}=3$，即 $6\lambda=3$，$\lambda=\frac{1}{2}$。所以 $\vec{\beta}=\frac{1}{2}\vec{\alpha}=\left(1,\frac{1}{2},-\frac{1}{2}\right)$

答案:C

【例 1-1-4】 求过已知点 $M_0(4,-1,3)$ 且平行于直线 $\frac{x-3}{2}=\frac{y}{1}=\frac{z-1}{5}$ 的直线方程。

解　已知 $M_0(4,-1,3)$，$\vec{S}=\{2,1,5\}$

则直线方程

$$\frac{x-4}{2}=\frac{y+1}{1}=\frac{z-3}{5}$$

【例 1-1-5】 过 z 轴和点 $(1,2,-1)$ 的平面方程是：

A. $x+2y-z-6=0$　　B. $2x-y=0$

C. $y+2z=0$　　D. $x+z=0$

解　如解图所示。取 z 轴的方向向量 $\vec{S}=\{0,0,1\}$，连接原点 $O(0,0,0)$ 和点 $M(1,2,-1)$ 的向量 $\overrightarrow{OM}=\{1,2,-1\}$，过 z 轴和 $\overrightarrow{OM}$ 的平面的法向量为

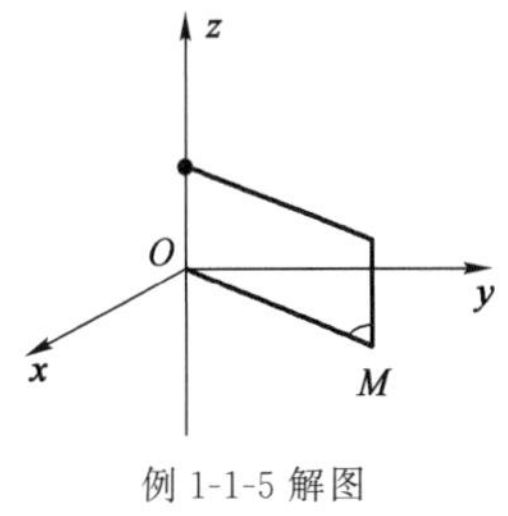

例 1-1-5 解图

$$\vec{n}=\begin{vmatrix}\vec{i} & \vec{j} & \vec{k}\\ 0 & 0 & 1\\ 1 & 2 & -1\end{vmatrix}=-2\vec{i}+\vec{j}$$

过 z 轴和点 $M(1,2,-1)$ 的平面方程为

$$-2(x-1)+(y-2)=0$$

化简得 $-2x+y=0$，即 $2x-y=0$。

答案:B

【例 1-1-6】 若向量 $\boldsymbol{\alpha},\boldsymbol{\beta}$ 满足 $|\boldsymbol{\alpha}|=2,|\boldsymbol{\beta}|=\sqrt{2}$，且 $\boldsymbol{\alpha}\cdot\boldsymbol{\beta}=2$，则 $|\boldsymbol{\alpha}\times\boldsymbol{\beta}|$ 等于：

A. 2　　B. $2\sqrt{2}$　　C. $2+\sqrt{2}$　　D. 不能确定

解　$|\boldsymbol{\alpha}|=2,|\boldsymbol{\beta}|=\sqrt{2},\boldsymbol{\alpha}\cdot\boldsymbol{\beta}=2$

由 $\boldsymbol{\alpha}\cdot\boldsymbol{\beta}=|\boldsymbol{\alpha}||\boldsymbol{\beta}|\cos(\widehat{\boldsymbol{\alpha},\boldsymbol{\beta}})=2\cdot\sqrt{2}\cos(\widehat{\boldsymbol{\alpha},\boldsymbol{\beta}})=2$，知 $\cos(\widehat{\boldsymbol{\alpha},\boldsymbol{\beta}})=\frac{\sqrt{2}}{2}$，$(\widehat{\boldsymbol{\alpha},\boldsymbol{\beta}})=\frac{\pi}{4}$

故 $|\boldsymbol{\alpha}\times\boldsymbol{\beta}|=|\boldsymbol{\alpha}||\boldsymbol{\beta}|\sin(\widehat{\boldsymbol{\alpha},\boldsymbol{\beta}})=2\cdot\sqrt{2}\cdot\frac{\sqrt{2}}{2}=2$

答案：A

【例 1-1-7】 设向量 $\boldsymbol{\alpha}=(5,1,8)$，$\boldsymbol{\beta}=(3,2,7)$，若 $\lambda\boldsymbol{\alpha}+\boldsymbol{\beta}$ 与 oz 轴垂直，则常数 λ 等于：

A. $\frac{7}{8}$　　B. $-\frac{7}{8}$　　C. $\frac{8}{7}$　　D. $-\frac{8}{7}$

解　本题考查两向量的加法，向量与数量的乘法和运算，以及两向量垂直与坐标运算的关系。

已知 $\boldsymbol{\alpha}=(5,1,8)$，$\boldsymbol{\beta}=(3,2,7)$，$\lambda\boldsymbol{\alpha}+\boldsymbol{\beta}=\lambda(5,1,8)+(3,2,7)=(5\lambda+3,\lambda+2,8\lambda+7)$

设 oz 轴的单位正向量为 $\tau=(0,0,1)$，已知 $\lambda\boldsymbol{\alpha}+\boldsymbol{\beta}$ 与 oz 轴垂直，由两向量数量积的运算：

$$\vec{a}\cdot\vec{b}=a_xb_x+a_yb_y+a_zb_z$$

$\vec{a}\perp\vec{b}$，则 $\vec{a}\cdot\vec{b}=0$，即 $a_xb_x+a_yb_y+a_zb_z=0$

所以 $(\lambda\boldsymbol{\alpha}+\boldsymbol{\beta})\cdot\tau=0$，$0+0+8\lambda+7=0$，得到 $\lambda=-\frac{7}{8}$

答案：B

【例 1-1-8】 设空间直线的点向式方程为 $\frac{x}{0}=\frac{y}{1}=\frac{z}{2}$，则该直线过原点且：

A. 垂直于 Ox 轴

B. 垂直于 Oy 轴，但不平行于 Ox 轴

C. 垂直于 Oz 轴但不平行于 Ox 轴

D. 平行于 Ox 轴

解　由直线的点向式方程可知，直线过原点，方向向量 $\vec{S}=\{0,1,2\}$，方向向量在 x 轴的投影为 0，所以空间直线过原点且垂直于 Ox 轴。

答案：A

【例 1-1-9】 过直线 L_1：$\frac{x+1}{1}=\frac{y-2}{2}=\frac{z+3}{1}$ 和直线 L_2：$\begin{cases}x=-t+3\\y=-2t-1\\z=-t+1\end{cases}$ 的平面方程是：

A. $x+y-1=0$　　B. $-x+z+2=0$

C. $x+2y-z=0$　　D. $2x+2z-1=0$

解　解题时，对于直线方程应考虑它的方向向量，对于平面要考虑它的法向量，切记！

已知直线 L_1 的方向向量 $\vec{S_1}=\{1,2,1\}$，直线 L_2：$\begin{cases}x=-t+3\\y=-2t-1\\z=-t+1\end{cases}$ 可化为 $\frac{x-3}{-1}=\frac{y+1}{-2}=\frac{z-1}{-1}$，其方向向量 $\vec{S_2}=\{-1,-2,-1\}$，因 $\vec{S_1}$、$\vec{S_2}$ 坐标成比例，故 $L_1\parallel L_2$。分别在 L_1、L_2 上取点 M_1

$(-1,2,-3)$，$M_2(3,-1,1)$，$\overrightarrow{M_1M_2}=\{4,-3,4\}$，所求平面的法向量 $\vec{n}\perp L_1$，$\vec{n}\perp\overrightarrow{M_1M_2}$，法向量

$$\vec{n}=\begin{vmatrix}\vec{i} & \vec{j} & \vec{k}\\ 1 & 2 & 1\\ 4 & -3 & 4\end{vmatrix}=11\vec{i}-0\vec{j}-11\vec{k}$$，可取 $\vec{n}=\{1,0,-1\}$。

已知 $M_1(-1,2,-3)$，$\vec{n}=\{1,0,-1\}$，则平面方程为

$$1(x+1)+0(y-2)-1(z+3)=0$$

即 $-x+z+2=0$

答案：B

【例 1-1-10】 已知直线 L_1 方程 $\dfrac{x-1}{1}=\dfrac{y}{-4}=\dfrac{z+3}{1}$，直线 L_2 方程 $\begin{cases}x=2t\\ y=-2t-2\\ z=-t\end{cases}$，则这两条直线的夹角为：

A. $\dfrac{\pi}{3}$　　B. $\dfrac{\pi}{4}$　　C. 0　　D. $\dfrac{\pi}{2}$

解 L_1 的方向向量 $\vec{S}_1=\{1,-4.1\}$

L_2 写成点向式方程 $\dfrac{x}{2}=\dfrac{y+2}{-2}=\dfrac{z}{-1}=t$

$$\vec{S}_2=\{2,-2,-1\}$$

两直线的夹角通常指交成的锐角，设 L_1 和 L_2 的夹角为 φ，由计算公式

$$\cos\varphi=\frac{|1\times2+(-4)\times(-2)+1\times(-1)|}{\sqrt{1^2+(-4)^2+1^2}\sqrt{2^2+(-2)^2+(-1)^2}}=\frac{1}{\sqrt{2}}$$

得 $\varphi=\dfrac{\pi}{4}$

答案：B

【例 1-1-11】 设平面 π 的方程为 $3x-4y-5z-2=0$，以下选项中错误的是：

A. 平面 π 过点 $(-1,0,-1)$

B. 平面 π 的法向量为 $-3\vec{i}+4\vec{j}+5\vec{k}$

C. 平面 π 在 z 轴的截距是 $-\dfrac{2}{5}$

D. 平面 π 与平面 $-2x-y-2z+2=0$ 垂直

解 逐一验证选项 A、B、C 正确。

验证 D，两平面法向量为：$\vec{n_1}=\{3,-4,-5\}$，$\vec{n_2}=\{-2,-1,-2\}$。由条件知两平面垂直，那么两平面的法线向量也垂直，则 $\vec{n_1}\cdot\vec{n_2}=0$，但 $\vec{n_1}\cdot\vec{n_2}=-6+4+10=8\neq0$，选项 D 错误。

答案：D

【例 1-1-12】 已知直线 L：$\dfrac{x}{3}=\dfrac{y+1}{-1}=\dfrac{z-3}{2}$，平面 π：$-2x+2y+z-1=0$，则：

A. L 与 π 垂直相交　　B. L 平行于 π，但 L 不在 π 上

C. L 与 π 非垂直相交　　D. L 在 π 上

解 $\vec{S}=\{3,-1,2\}$，$\vec{n}=\{-2,2,1\}$，$\vec{S}\cdot\vec{n}\neq0$，$\vec{S}$ 与 $\vec{n}$ 不垂直。

故直线 L 不平行于平面 π，从而选项 B、D 不成立；又因为 $\vec{S}$、$\vec{n}$ 坐标不成比例，从而 $\vec{S}$ 不平

行于 $\vec{n}$，所以 L 不垂直于平面 π，选项 A 不成立。即直线 L 与平面 π 非垂直相交。

答案:C

【**例 1-1-13**】 方程 $y^2+z^2-4x+8=0$ 表示：

A. 单叶双曲面　　　　B. 双叶双曲面

C. 锥面　　　　D. 旋转抛物面

解 将方程变形得 $y^2+z^2=4(x-2)$，而 $y^2+z^2=4x$ 表示顶点在(0,0,0)，曲线 $y^2=4x$ 或 $z^2=4x$ 绕 x 轴旋转，得到的旋转抛物面，可知方程 $y^2+z^2=4(x-2)$ 为顶点在(2,0,0)绕 x 轴旋转所得的旋转抛物面(见解图)。

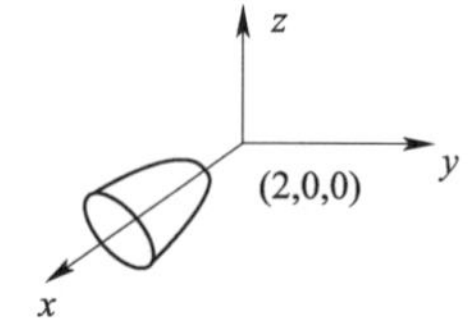

例 1-1-13 解图

答案:D

注：判断空间曲面的方法还可以使用截痕法(即可以令某一个坐标量 $z=0$，则可以观察图像在 xOy 平面上的投影，以此来判断整体图像的趋势)，这不需要强行记忆上述公式，但需要较强的平面解析几何的功底，具体应用见后面的例题评注。

【**例 1-1-14**】 下列方程中代表锥面的是：

A. $\dfrac{x^2}{3}+\dfrac{y^2}{2}-z^2=0$　　　　B. $\dfrac{x^2}{3}-\dfrac{y^2}{2}-z^2=1$

C. $\dfrac{x^2}{3}+\dfrac{y^2}{2}-z^2=1$　　　　D. $\dfrac{x^2}{3}+\dfrac{y^2}{2}+z^2=1$

解 选项 A 等号左边两项正项、一项负项，等号右边为 0，是锥面(见注)。

选项 D 等号左边三项均为正项，等号右边为 1 或其他正数，是椭球面。如等号右边为 0，就是一个点了。

将选项 B 等号两边均乘以"-1"，变成双曲面的标准式，等号右边变成"-1"，可以看出，选项 B 为双叶双曲面(绕 x 轴)，选项 C 为单叶双曲面(绕 z 轴)。

答案:A

注：本题可以采用截痕法，在选项 A 中，令 $z=0$，可以看出，方程变为 $\dfrac{x^2}{3}+\dfrac{y^2}{2}=0$，这在 xOy 平面上是一个点，若令 $z=c$，c 为非零常数，则方程变为椭圆。再令 $x=0$，则方程变成 $\dfrac{y^2}{2}-z^2=0$，或者 $y=\pm\sqrt{2}z$，这是在 yOz 平面上从原点出发的两条对称直线，$y=0$ 亦是如此。由此看来，这就是一个椭圆锥曲面，故选 A，其他选项类似做法，如解图所示。

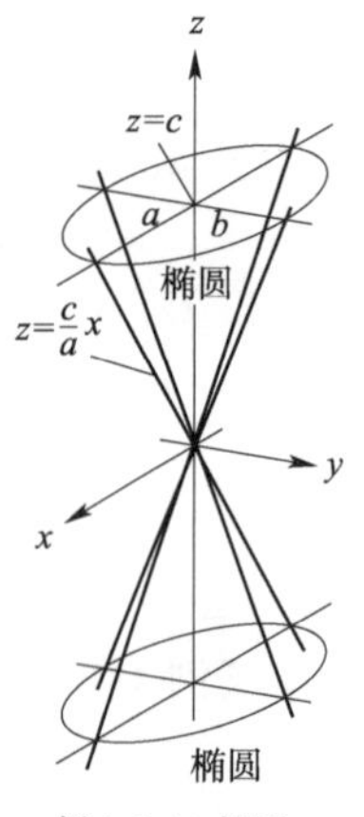

例 1-1-14 解图

习　　题

1-1-1 设 $\vec{\alpha}=\vec{i}+2\vec{j}+3\vec{k}$，$\vec{\beta}=\vec{i}-3\vec{j}-2\vec{k}$，与 $\vec{\alpha}$，$\vec{\beta}$ 都垂直的单位向量为(　　)。

A. $\pm(\vec{i}+\vec{j}-\vec{k})$　　　　B. $\pm\dfrac{1}{\sqrt{3}}(\vec{i}-\vec{j}+\vec{k})$

C. $\pm\dfrac{1}{\sqrt{3}}(-\vec{i}+\vec{j}+\vec{k})$　　　　D. $\pm\dfrac{1}{\sqrt{3}}(\vec{i}+\vec{j}-\vec{k})$

1-1-2 已知 $|\vec{a}|=1$，$|\vec{b}|=\sqrt{2}$，且 $(\widehat{\vec{a},\vec{b}})=\dfrac{\pi}{4}$，则 $|\vec{a}+\vec{b}|$ 等于(　　)。

A. 1　　B. $1+\sqrt{2}$　　C. 2　　D. $\sqrt{5}$

1-1-3 设 $\vec{a},\vec{b},\vec{c}$ 均为向量，下列等式中正确的是(　　)。

A. $(\vec{a}+\vec{b})\cdot(\vec{a}-\vec{b})=|\vec{a}|^2-|\vec{b}|^2$

B. $\vec{a}(\vec{a}\cdot\vec{b})=|\vec{a}|^2\vec{b}$

C. $(\vec{a}\cdot\vec{b})^2=|\vec{a}|^2|\vec{b}|^2$

D. $(\vec{a}+\vec{b})\times(\vec{a}-\vec{b})=\vec{a}\times\vec{a}-\vec{b}\times\vec{b}$

1-1-4 已知两条空间直线 $L_1:\begin{cases}3x+z=4\\y+2z=9\end{cases}$，$L_2:\begin{cases}6x-y=7\\3y+6z=1\end{cases}$，这两直线的关系为(　　)。

A. 平行但不重合　　B. 重合

C. 垂直　　D. 相交但不垂直

1-1-5 直线 $L:\frac{x+3}{2}=\frac{y+4}{1}=\frac{z}{3}$ 与平面 $\pi:4x-2y-2z=3$ 的位置关系为(　　)。

A. 相互平行　　B. L 在 π 上

C. 垂直相交　　D. 相交但不垂直

1-1-6 过点 $M_0(2,1,3)$ 且与直线 $L:\frac{x+1}{3}=\frac{y-1}{2}=\frac{z}{-1}$ 垂直相交的直线方程是(　　)。

A. $\frac{x-2}{-\frac{12}{7}}=\frac{y-1}{\frac{5}{7}}=\frac{z-3}{-\frac{24}{7}}$　　B. $\frac{x-2}{3}=\frac{y-1}{-2}=\frac{z-3}{4}$

C. $\frac{x-2}{2}=\frac{y-1}{-1}=\frac{z-3}{4}$　　D. $\frac{x-2}{3}=\frac{y-1}{-1}=\frac{z-3}{4}$

1-1-7 过点 $M(3,-2,1)$ 且与直线 $L:\begin{cases}x-y-z+1=0\\2x+y-3z+4=0\end{cases}$ 平行的直线方程是(　　)。

A. $\frac{x-3}{1}=\frac{y+2}{-1}=\frac{z-1}{-1}$　　B. $\frac{x-3}{2}=\frac{y+2}{1}=\frac{z-1}{-3}$

C. $\frac{x-3}{4}=\frac{y+2}{-1}=\frac{z-1}{3}$　　D. $\frac{x-3}{4}=\frac{y+2}{1}=\frac{z-1}{3}$

1-1-8 球面 $x^2+y^2+(z+3)^2=25$ 与平面 $z=1$ 的交线是(　　)。

A. $x^2+y^2=9$　　B. $x^2+y^2+(z-1)^2=9$

C. $\begin{cases}x=3\cos t\\y=3\sin t\end{cases}$　　D. $\begin{cases}x^2+y^2=9\\z=1\end{cases}$

1-1-9 已知平面 π 过点(1,1,0),(0,0,1),(0,1,1)，则与平面 π 垂直且过点(1,1,1)的直线的对称式方程为(　　)。

A. $\frac{x-1}{1}=\frac{y-1}{0}=\frac{z-1}{1}$　　B. $\frac{x-1}{-2}=\frac{y-1}{0}=\frac{z-1}{1}$

C. $\frac{x-1}{1}=\frac{z-1}{1}$　　D. $\frac{x-1}{1}=\frac{y-1}{0}=\frac{z-1}{-1}$

1-1-10 将椭圆 $\begin{cases}\frac{x^2}{9}+\frac{z^2}{4}=1\\y=0\end{cases}$，绕 x 轴旋转一周所生成的旋转曲面的方程是(　　)。

A. $\frac{x^2}{9}+\frac{y^2}{9}+\frac{z^2}{4}=1$　　B. $\frac{x^2}{9}+\frac{z^2}{4}=1$

C. $\frac{x^2}{9}+\frac{y^2}{4}+\frac{z^2}{4}=1$　　D. $\frac{x^2}{9}+\frac{y^2}{4}+\frac{z^2}{9}=1$

1-1-11　母线平行 x 轴且通过曲线 $\begin{cases}2x^2+y^2+z^2=16\\x^2-y^2+z^2=0\end{cases}$ 的柱面方程是(　　)。

A. 椭圆柱面 $3x^2+2z^2=16$　　B. 椭圆柱面 $x^2+2y^2=16$

C. 双曲柱面 $3y^2-z^2=16$　　D. 抛物柱面 $3y^2-z=16$

1-1-12　直线 L_0：$\dfrac{x-1}{3}=\dfrac{y-2}{2}=\dfrac{z-3}{1}$ 在 xOy 平面上的投影直线方程为(　　)。

A. $\begin{cases}2x+3y+4=0\\z=0\end{cases}$　　B. $\begin{cases}2x-3y+4=0\\z=0\end{cases}$

C. $\begin{cases}y-2z+4=0\\z=0\end{cases}$　　D. $\begin{cases}y+2z-4=0\\z=0\end{cases}$

第二节　一元函数微分学

一、函数

(一)函数定义

设 X 与 Y 是实数的两个集合，若按照某规律(法则)对于每一个 $x\in X$，有唯一的数 $y\in Y$ 与之对应，则称在集合 X 上定义了一个单值函数，记为 $y=f(x)$。如果对于 x 的每一个值对应着多个 y 值，则称这种函数为多值函数。对应规律和定义域是函数的两大要素。函数定义域的确定：解析式表示的函数的定义域是使解析式中每一种运算都有意义的自变量 x 的取值范围，实际问题可根据实际问题的性质来确定。

(二)基本初等函数，初等函数，分段函数

幂函数、指数函数、对数函数、三角函数、反三角函数及常数统称为基本初等函数。

由基本初等函数经过有限次的四则运算和有限次复合且用一个式子表示的函数称为初等函数。

分段函数也满足函数定义，它是由几个式子表示的，当自变量取一部分值时，函数由一个式子表示，当自变量取另一部分值时，函数由另一个式子表示。

(三)函数的几何特性

1. 函数的单调性

设函数 $f(x)$ 在区间 I 上有定义，若对于任意 x_1、$x_2\in I$，当 $x_1<x_2$ 时，都有 $f(x_1)<f(x_2)$[或 $f(x_1)>f(x_2)$]成立，则称函数 $f(x)$ 在区间 I 上单调增加(或单调减少)。

2. 函数的有界性

设函数 $f(x)$ 在区间 I 上有定义，若存在正数 M，使得对任何 $x\in I$，都有 $|f(x)|\leqslant M$ 成立，则称 $f(x)$ 在区间 I 上有界。若这样的 M 不存在，则称 $f(x)$ 在 I 上无界。

3. 函数的奇偶性

设函数 $f(x)$ 的定义域 D 是关于原点对称的，若 $x\in D$，$-x\in D$，对任何 $x\in D$，有 $f(-x)=f(x)$ 成立，则称 $f(x)$ 为偶函数；若对上述 x 有 $f(-x)=-f(x)$ 成立，则称 $f(x)$ 为奇函数。

4. 函数的周期性

设函数 $f(x)$ 的定义域为 D，若存在常数 $T\neq 0$，使得对于任何 $x\in D$，都有 $f(x+T)=f(x)$ 成

立，则称 $f(x)$ 为周期函数，称满足上式的最小正数 T 为 $f(x)$ 的周期。

二、极限

极限是用来描述变量的变化趋势的，分为数列的极限、函数的极限。函数的极限又可根据 x 的变化趋势分为 $x\to x_0$ 和 $x\to\infty$ 两种。

(一)数列极限定义

数列 $\{x_n\}$，$\lim\limits_{n\to\infty}x_n=a$ 是指 $\forall\varepsilon>0$，$\exists N=N(\varepsilon)$，当 $n>N$ 时，有 $|x_n-a|<\varepsilon$ 成立。

(二)函数极限定义

函数极限 $\lim\limits_{x\to x_0}f(x)=A$ 是指 $\forall\varepsilon>0$，$\exists\delta=\delta(\varepsilon)>0$，当 $0<|x-x_0|<\delta$ 时，就有 $|f(x)-A|<\varepsilon$ 成立。

$\lim\limits_{x\to\infty}f(x)=A$ 是指 $\forall\varepsilon>0$，$\exists X>0$，当 $|x|>X$ 时，就有 $|f(x)-A|<\varepsilon$ 成立。

(三)函数 $f(x)$ 在 $x=x_0$ 的左右极限

若 $\lim\limits_{x\to x_0^+}f(x)=A$，称 A 为函数 $f(x)$ 在 $x\to x_0$ 时的右极限；若 $\lim\limits_{x\to x_0^-}f(x)=A$，称 A 为函数 $f(x)$ 在 $x\to x_0$ 时的左极限。

函数在一点的极限与其左右极限有以下关系

$$\lim_{x\to x_0}f(x)=A\Leftrightarrow\lim_{x\to x_0^+}f(x)=\lim_{x\to x_0^-}f(x)=A \tag{1-2-1}$$

(四)无穷大量、无穷小量

(1)若 $\lim\limits_{x\to x_0(\text{或}\infty)}f(x)=0$，则称 $f(x)$ 是 $x\to x_0$(或 $x\to\infty$)时的无穷小量。

在同一极限过程中，函数的极限与无穷小量有如下关系

$$\lim f(x)=A\Leftrightarrow f(x)=A+\alpha(x) \tag{1-2-2}$$

其中 $\alpha(x)$ 为该极限过程中的无穷小量。

(2)无穷小量运算性质：有限个无穷小的和也是无穷小。有界函数与无穷小的乘积是无穷小。常数与无穷小的乘积是无穷小。有限个无穷小的乘积也是无穷小。

(3)若 $\lim\limits_{x\to x_0(\text{或}\infty)}f(x)=\infty$，则称 $f(x)$ 是 $x\to x_0$(或 $x\to\infty$)时的无穷大量。

(4)无穷大量与无穷小量的关系：在同一变化过程中，若 $\lim f(x)=0$，且 $f(x)\neq0$，则 $\lim\dfrac{1}{f(x)}=\infty$；若 $\lim f(x)=\infty$，则 $\lim\dfrac{1}{f(x)}=0$。

(五)无穷小比较

(1)若在自变量的某一变化过程中 $\lim\alpha=0$，$\lim\beta=0$，如果 $\lim\dfrac{\beta}{\alpha}=0$，就称 β 是比 α 高阶的无穷小；如果 $\lim\dfrac{\beta}{\alpha}=\infty$，就称 β 是比 α 低阶的无穷小；如果 $\lim\dfrac{\beta}{\alpha}=c\neq0$，就称 β 与 α 是同阶无穷小；如果 $\lim\dfrac{\beta}{\alpha}=1$，就称 β 与 α 是等价无穷小，记作 $\alpha\sim\beta$。

(2)等价无穷小量在求极限中的应用：设 $\alpha\sim\alpha'$，$\beta\sim\beta'$，且 $\lim\dfrac{\beta'}{\alpha'}$ 存在，则 $\lim\dfrac{\beta}{\alpha}=\lim\dfrac{\beta'}{\alpha'}$。求两个无穷小之比的极限时，分子及分母都可用等价无穷小来代替，如果用来代替的无穷小选

得适当，可以使计算简化。

(3)在计算极限时常用的等价无穷小：在 $x\to 0$ 时，$\sin x\sim x,\tan x\sim x,1-\cos x\sim\frac{1}{2}x^2,e^x-1\sim x$，$\ln(1+x)\sim x,\sqrt[n]{1+x}-1\sim\frac{1}{n}x$。

(六)在同一极限过程中有极限的函数具有的运算性质

设 $\lim f(x)=a,\lim g(x)=b$，则：

(1) $\lim[f(x)\pm g(x)]=\lim f(x)\pm\lim g(x)=a\pm b$。

(2) $\lim[f(x)g(x)]=\lim f(x)\cdot\lim g(x)=a\cdot b$。

$\lim kf(x)=k\lim f(x)=ka$（k 为常数）。

$\lim[f(x)]^n=[\lim f(x)]^n=a^n$（$n$ 为正整数）。

(3) $\lim\frac{f(x)}{g(x)}=\frac{\lim f(x)}{\lim g(x)}=\frac{a}{b}(b\neq 0)$。

(4)若 $f(x)\geqslant 0$[或 $f(x)\leqslant 0$]，且 $\lim f(x)=a$，则 $a\geqslant 0$（或 $a\leqslant 0$）。

(5)有极限的函数在该极限过程中有界。

(6)函数极限的唯一性。如果 $\lim f(x)$ 存在，那么这极限唯一。

(七)常用的求极限的方法

(1)利用极限与左右极限的关系，求分段函数在分界点处的极限。

(2)利用四则运算法则。

(3)利用极限存在准则：单调有界数列必有极限。

(4)运用等价无穷小代替。

(5)利用无穷大量与无穷小量的关系。

(6)利用两个重要极限：$\lim\limits_{x\to 0}\frac{\sin x}{x}=1,\lim\limits_{x\to\infty}(1+\frac{1}{x})^x=e$ 或 $\lim\limits_{x\to 0}(1+x)^{\frac{1}{x}}=e$。

(7)利用公式

$$\lim_{x\to\infty}\frac{a_0x^n+a_1x^{n-1}+\cdots+a_n}{b_0x^m+b_1x^{m-1}+\cdots+b_m}=\begin{cases}\frac{a_0}{b_0} & n=m\\ \infty & n>m\\ 0 & n<m\end{cases}$$

其中，m,n 为正整数，a_0,b_0 不等于 0。

(8)利用变量替换。

(9)利用初等函数的连续性。

(10)利用若 $\lim f(x)=A>0,\lim g(x)=B$，则 $\lim f(x)^{g(x)}=A^B$。

(11)运用洛必达法则求未定型的极限。

三、函数的连续性

(一)函数 $f(x)$ 在 $x=x_0$ 点连续的定义

如果函数 $f(x)$ 在点 x_0 的某邻域有定义，若有 $\lim\limits_{x\to x_0}f(x)=f(x_0)$ 成立，则称 $f(x)$ 在 $x=x_0$ 处连续。还可以用增量来定义函数 $f(x)$ 在一点 x_0 的连续性，若有 $\lim\limits_{\Delta x\to 0}\Delta y=0$，其中 $\Delta x=x-x_0$，$\Delta y=f(x)-f(x_0)$，则称 $f(x)$ 在 x_0 处连续。

（二）函数 $f(x)$ 在 $x=x_0$ 点左、右连续性

若 $\lim\limits_{x\to x_0^+}f(x)=f(x_0)$ 或 $\lim\limits_{x\to x_0^-}f(x)=f(x_0)$，则称 $f(x)$ 在点 x_0 处右连续或左连续。函数 $f(x)$ 在 $x=x_0$ 点连续的充分必要条件为 $\lim\limits_{x\to x_0^+}f(x)=\lim\limits_{x\to x_0^-}f(x)=f(x_0)$。若 $f(x)$ 在区间 I 上每一点均连续（对区间端点应理解为左连续或右连续），则称 $f(x)$ 在 I 上连续。

（三）连续函数的性质

（1）连续函数的和、差、积、商（分母不为零时），仍为连续函数。

（2）连续函数的复合函数仍为连续函数。

（3）初等函数在其定义域内是连续的。

（四）函数的间断点及间断点的类型

若 $f(x)$ 在点 x_0 处不连续，则称 x_0 为 $f(x)$ 的一个间断点。当 $f(x)$ 在间断点 x_0 处左、右极限存在时，称 x_0 为第一类间断点。并称左右极限存在且相等的第一类间断点为可去间断点，称左右极限存在但不相等的第一类间断点为跳跃间断点；当 $f(x)$ 在间断点 x_0 处左右极限至少有一个不存在时，称 x_0 为第二类间断点。

第一类间断点又可细分为跳跃间断点和可去间断点，第二类间断点又可细分为无穷间断点和振荡间断点。

（五）闭区间 $[a,b]$ 上连续函数的性质

（1）根据存在定理：若 $f(x)$ 在 $[a,b]$ 上连续，且 $f(a)\cdot f(b)<0$，则至少存在一点 $x_0\in(a,b)$，使 $f(x_0)=0$。

（2）介值定理：若 $f(x)$ 在 $[a,b]$ 上连续且 $f(a)\neq f(b)$，对任意的数 c，$\min\{f(a),f(b)\}<c<\max\{f(a),f(b)\}$，则至少存在一点 $x_0\in(a,b)$，使得 $f(x_0)=c$。

（3）最值定理：若 $f(x)$ 在 $[a,b]$ 上连续，则 $f(x)$ 在 $[a,b]$ 上一定可取得最大值和最小值。

（4）有界性定理：闭区间上连续函数必有界。

【例 1-2-1】 判定函数 $f(x)=\ln(x+\sqrt{x^2+1})$ 的奇偶性。

解 利用函数奇偶性定义判定

$$\begin{aligned}f(-x)&=\ln[-x+\sqrt{(-x)^2+1}]=\ln(-x+\sqrt{x^2+1})\\&=\ln\frac{x^2+1-x^2}{\sqrt{x^2+1}+x}=\ln\frac{1}{\sqrt{x^2+1}+x}=\ln(x+\sqrt{x^2+1})^{-1}\\&=-\ln(x+\sqrt{x^2+1})=-f(x)\end{aligned}$$

$f(-x)=-f(x)$，由定义可知函数是奇函数。

【例 1-2-2】 假设当 $x\to+\infty$ 时，$f(x)$，$g(x)$ 都是无穷大量，则当 $x\to+\infty$ 时，下列结论正确的是：

A. $f(x)+g(x)$ 是无穷大量　　B. $\dfrac{f(x)+g(x)}{f(x)g(x)}\to0$

C. $\dfrac{g(x)}{f(x)}\to1$　　D. $f(x)-g(x)\to0$

解 $\lim\limits_{x\to+\infty}\dfrac{f(x)+g(x)}{f(x)g(x)}=\lim\limits_{x\to+\infty}\dfrac{1}{g(x)}+\lim\limits_{x\to+\infty}\dfrac{1}{f(x)}=0$。

其他情况均可通过举例说明是错误的。

答案：B

【例 1-2-3】 设 $f(x)$为偶函数,$g(x)$为奇函数,则下列函数中为奇函数的是:

A. $f[g(x)]$ B. $f[f(x)]$ C. $g[f(x)]$ D. $g[g(x)]$

解 本题考查奇偶函数的性质。当 $f(-x)=-f(x)$时,$f(x)$为奇函数;当 $f(-x)=f(x)$时,$f(x)$为偶函数。

方法 1:

选项 D,设 $H(x)=g[g(x)]$,则

$$H(-x)=g[g(-x)]\xlongequal[\text{奇函数}]{g(x)\text{为}}g[-g(x)]=-g[g(x)]=-H(x)$$

故 $g[g(x)]$为奇函数。

方法 2:

举例说明如下,题中 $f(x)$是偶函数,$g(x)$是奇函数,可设 $f(x)=x^2$,$g(x)=x$,则选项 A、B、C 均是偶函数,错误。

答案:D

【例 1-2-4】 求极限$\lim\limits_{n\to\infty}\dfrac{\sqrt[3]{n^2}\sin n!}{n+1}$

解 $\lim\limits_{n\to\infty}\dfrac{\sqrt[3]{n^2}\sin n!}{n+1}=\lim\limits_{n\to\infty}\dfrac{n^{\frac{2}{3}}}{n+1}\cdot\sin n!$

当 $n\to\infty$时,$\dfrac{n^{\frac{2}{3}}}{n+1}\to0$,$|\sin n!|\leqslant1$

故原式$=0$。

【例 1-2-5】 若$\lim\limits_{x\to1}\dfrac{2x^2+ax+b}{x^2+x-2}=1$,则必有:

A. $a=-1,b=2$ B. $a=-1,b=-2$

C. $a=-1,b=-1$ D. $a=1,b=1$

解 因为$\lim\limits_{x\to1}(x^2+x-2)=0$,

故$\lim\limits_{x\to1}(2x^2+ax+b)=0$,即 $2+a+b=0$,得 $b=-2-a$,代入原式:

$$\lim_{x\to1}\frac{2x^2+ax-2-a}{x^2+x-2}=\lim_{x\to1}\frac{2(x+1)(x-1)+a(x-1)}{(x+2)(x-1)}=\lim_{x\to1}\frac{2\times2+a}{3}=1$$

故 $4+a=3$,得 $a=-1,b=-1$。

答案:C

注:本题体现了极限法则的逆用思想,因为题中 $x\to1$ 时,分母极限为 0,则分子极限也是 0,比值极限才有可能等于 1,如果分子极限为非 0 常数,则比值极限一定是无穷大。

【例 1-2-6】 若$\lim\limits_{x\to0}(1-x)^{\frac{k}{x}}=2$,则常数 k 等于:

A. $-\ln2$ B. $\ln2$ C. 1 D. 2

解 $\lim\limits_{x\to0}(1-x)^{\frac{k}{x}}=2$

利用基本极限公式$\lim\limits_{x\to0}(1+x)^{\frac{1}{x}}=e$ 变形

因 $\lim\limits_{x\to0}(1-x)^{\frac{k}{x}}=\lim\limits_{x\to0}[1+(-x)]^{-\frac{1}{x}(-k)}=\lim\limits_{x\to0}\{[1+(-x)]^{\frac{1}{-x}}\}^{-k}=e^{-k}$

所以 $e^{-k}=2$,$k=-\ln2$

答案:A

注：本题体现了基本极限公式的用法。只有完全符合两个重要极限的形式，才能得到相应的结果，如$\lim\limits_{x\to 0}\frac{\sin x}{x}=1$，$\lim\limits_{x\to 0}\frac{\sin kx}{x}=k$，$\lim\limits_{x\to 0}(1+x)^{\frac{1}{x}}=e$，$\lim\limits_{x\to \infty}\left(1+\frac{1}{x}\right)^{x}=e$，因此要拼凑它。

【例 1-2-7】 设$f(x)=\frac{1+e^{\frac{1}{x}}}{2+3e^{\frac{1}{x}}}$，问$x=0$是否为间断点，若是间断点，是什么类型的间断点？

解 因$x=0$函数没有定义，所以$x=0$是间断点。

又因

$$\lim_{x\to 0^{+}}f(x)=\lim_{x\to 0^{+}}\frac{e^{\frac{1}{x}}\left(\frac{1}{e^{\frac{1}{x}}}+1\right)}{e^{\frac{1}{x}}\left(\frac{2}{e^{\frac{1}{x}}}+3\right)}=\frac{1}{3}$$

$$\lim_{x\to 0^{-}}f(x)=\lim_{x\to 0^{-}}\frac{1+e^{\frac{1}{x}}}{2+3e^{\frac{1}{x}}}=\frac{1}{2}$$

左右极限存在但不相等，所以$x=0$是第一类间断点，属跳跃间断点。

【例 1-2-8】 下列极限计算中，错误的是：

A. $\lim\limits_{n\to\infty}\frac{2^{n}}{x}\sin\frac{x}{2^{n}}=1$　　B. $\lim\limits_{x\to\infty}\frac{\sin x}{x}=1$

C. $\lim\limits_{x\to\infty}(1-x)^{\frac{1}{x}}=e^{-1}$　　D. $\lim\limits_{x\to\infty}\left(1+\frac{1}{x}\right)^{2x}=e^{2}$

解 选项 A：$\lim\limits_{n\to\infty}\frac{2^{n}}{x}\sin\frac{x}{2^{n}}=\lim\limits_{n\to\infty}\frac{\sin\frac{x}{2^{n}}}{\frac{x}{2^{n}}}$，设$\frac{x}{2^{n}}=t$，当$n\to\infty$，$t\to 0$，原式$=\lim\limits_{t\to 0}\frac{\sin t}{t}=1$

选项 B：$\lim\limits_{x\to\infty}\frac{\sin x}{x}=\lim\limits_{x\to\infty}\frac{1}{x}\sin x=0$（无穷小量与有界函数的乘积为无穷小量）

注意：$\lim\limits_{x\to 0}\frac{\sin x}{x}=1$

同理可验证选项 C：由$\lim\limits_{x\to\infty}(1+kx)^{\frac{1}{x}}=\lim\limits_{x\to\infty}(1+kx)^{\frac{1}{kx}\cdot k}=e^{k}$，知$\lim\limits_{x\to\infty}(1-x)^{\frac{1}{x}}=\lim\limits_{x\to\infty}[1+(-1)x]^{\frac{1}{-x}(-1)}=e^{-1}$

选项 D：$\lim\limits_{x\to\infty}\left(1+\frac{1}{x}\right)^{2x}=\lim\limits_{x\to\infty}\left[\left(1+\frac{1}{x}\right)^{x}\right]^{2}=e^{2}$

答案：B

【例 1-2-9】 x趋于 0 时，$\sqrt{1-x^{2}}-\sqrt{1+x^{2}}$与$x^{k}$是同阶无穷小，则常数$k$等于：

A. 2　　B. -1　　C. 1　　D. 1/2

解：利用同阶无穷小定义计算。

求极限$\lim\limits_{x\to 0}\frac{\sqrt{1-x^{2}}-\sqrt{1+x^{2}}}{x^{k}}$，只要当极限值为常数 C，且$C\neq 0$时，即为同阶无穷小。

$$\lim_{x\to 0}\frac{\sqrt{1-x^{2}}-\sqrt{1+x^{2}}}{x^{k}}\xlongequal{\text{分子有理化}}\lim_{x\to 0}\frac{(\sqrt{1-x^{2}}-\sqrt{1+x^{2}})(\sqrt{1-x^{2}}+\sqrt{1+x^{2}})}{x^{k}(\sqrt{1-x^{2}}+\sqrt{1+x^{2}})}$$

$$=\lim_{x\to 0}\frac{-2x^{2}}{x^{k}(\sqrt{1-x^{2}}+\sqrt{1+x^{2}})}\xlongequal[\text{满足为常数 }C\text{，且 }C\neq 0]{\text{只有 }k=2\text{ 时，极限值才}}\lim_{x\to 0}\frac{-2x^{2}}{x^{2}(\sqrt{1-x^{2}}+\sqrt{1+x^{2}})}=-1$$

答案:A

【例 1-2-10】 设 $f(x)$是定义在$[a,b]$上的单调增函数,$x_0\in(a,b)$,则有:

A. $f(x_0-0)$存在,但 $f(x_0+0)$不一定存在

B. $f(x_0+0)$存在,但 $f(x_0-0)$不一定存在

C. $f(x_0-0)$、$f(x_0+0)$都存在,但$\lim\limits_{x\to x_0}f(x)$不一定存在

D. $\lim\limits_{x\to x_0}f(x)$存在

解 画出函数在$[a,b]$上单调递增的 4 种图形(见解图)。

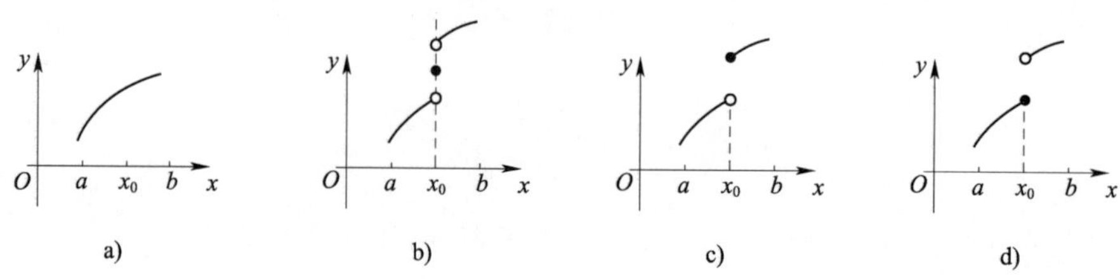

例 1-2-10 解图

通过对图形的分析,可知选项 C 正确。

答案:C

【例 1-2-11】 若$\lim\limits_{x\to\infty}\left(\dfrac{ax^2-3}{x^2+1}+bx+2\right)=\infty$,则 a 与 b 的值是:

A. $b\neq0$,a 为任意实数 B. $a\neq0,b=0$

C. $a=1,b=0$ D. $a=0,b=0$

解 通分,利用多项式的商在 $x\to\infty$时的结论得到

$$原式=\lim_{x\to\infty}\frac{ax^2-3+(bx+2)(x^2+1)}{x^2+1}=\lim_{x\to\infty}\frac{bx^3+(a+2)x^2+bx-1}{x^2+1}=\infty$$

仅需 x^3 项的系数不等于 0,即 $b\neq0$,a 可以为任意实数。

答案:A

注:求有理多项式 $f(x)$极限时,若是讨论无穷大($x\to\infty$),分子分母高次幂相等时,则观察高次幂的系数;若是讨论无穷小($x\to0$),分子分母低次幂相等时,则观察低次幂的系数。例如:$\lim\limits_{x\to0}\dfrac{ax+bx^2}{x}=2$,则 $a=2$ 且 b 为任意实数。

【例 1-2-12】 当 $x\to x_0$ 时,若 $f(x)$有极限,$g(x)$无极限,则下列结论正确的是:

A. $f(x)g(x)$当 $x\to x_0$ 时,必无极限

B. $f(x)g(x)$当 $x\to x_0$ 时,必有极限

C. $f(x)g(x)$当 $x\to x_0$ 时,可能有极限,也可能无极限

D. $f(x)g(x)$当 $x\to x_0$ 时,若有极限,则极限必为 0

解 举例说明:

(1)$\lim\limits_{x\to0}x=0$,$\lim\limits_{x\to0}\sin\dfrac{1}{x}$振荡无极限,而$\lim\limits_{x\to0}x\sin\dfrac{1}{x}=0$(无穷小量乘有界函数的极限为 0)。

(2)$\lim\limits_{x\to0}x=0$,$\lim\limits_{x\to0}\dfrac{1}{x^2}$无极限,$\lim\limits_{x\to0}x\cdot\dfrac{1}{x^2}=\lim\limits_{x\to0}\dfrac{1}{x}=\infty$无极限。

答案:C

四、导数与微分

（一）导数定义

设函数 $y=f(x)$ 在点 x_0 的某一邻域内有定义，当自变量 x 在点 x_0 给以增量 Δx（点 $x_0+\Delta x$ 仍在该邻域内），设函数取得对应的增量 $\Delta y=f(x_0+\Delta x)-f(x_0)$。如果当 $\Delta x\to 0$ 时这两个增量的比的极限

$$\lim_{\Delta x\to 0}\frac{\Delta y}{\Delta x}=\lim_{\Delta x\to 0}\frac{f(x_0+\Delta x)-f(x_0)}{\Delta x} \tag{1-2-3}$$

存在，则称这个极限值为函数在点 x_0 的导数，并称函数在 x_0 处可导或具有导数。若上述极限不存在，则称函数在 x_0 处不可导。

函数 $y=f(x)$ 在点 x_0 的导数可记为

$$f'(x_0)=\lim_{\Delta x\to 0}\frac{f(x_0+\Delta x)-f(x_0)}{\Delta x} \tag{1-2-4}$$

也可记为 $y'\Big|_{x=x_0}$，$\dfrac{\mathrm{d}y}{\mathrm{d}x}\Big|_{x=x_0}$，$\dfrac{\mathrm{d}}{\mathrm{d}x}f(x)\Big|_{x=x_0}$。

用导数定义求函数 $f(x)$ 在点 x_0 的导数还可用下式计算

$$f'(x_0)=\lim_{x\to x_0}\frac{f(x)-f(x_0)}{x-x_0} \tag{1-2-5}$$

（二）函数 $f(x)$ 在 $x=x_0$ 的单侧导数

$$f'_-(x_0)=\lim_{\Delta x\to 0^-}\frac{f(x_0+\Delta x)-f(x_0)}{\Delta x} \text{ 或 } f'_-(x_0)=\lim_{x\to x_0^-}\frac{f(x)-f(x_0)}{x-x_0} \tag{1-2-6a}$$

$$f'_+(x_0)=\lim_{\Delta x\to 0^+}\frac{f(x_0+\Delta x)-f(x_0)}{\Delta x} \text{ 或 } f'_+(x_0)=\lim_{x\to x_0^+}\frac{f(x)-f(x_0)}{x-x_0} \tag{1-2-6b}$$

分别称为函数 $f(x)$ 在点 x_0 的左导数与右导数，统称为单侧导数。

函数 $f(x)$ 在 x_0 处可导的充要条件是 $f'_+(x_0)=f'_-(x_0)$。

函数 $f(x)$ 在 x_0 处可导，则函数在 x_0 处必连续；反之，不一定成立。

（三）$f(x)$ 在点 x_0 处的导数 $f'(x_0)$ 的几何意义

导数 $f'(x_0)$ 的几何意义表示曲线 $y=f(x)$ 在对应点 (x_0,y_0) 处的切线斜率。

已知函数 $y=f(x)$ 及其曲线上点 (x_0,y_0)，则函数 $f(x)$ 在点 (x_0,y_0) 处的切线方程为

$$y-y_0=f'(x_0)(x-x_0)$$

法线方程为

$$y-y_0=-\frac{1}{f'(x_0)}(x-x_0) \qquad [f'(x_0)\neq 0]$$

函数在一点导数的物理意义为物体做变速直线运动，已知物体运动的距离 s 和时间 t 的函数：$s=s(t)$，导数 $s'(t_0)$ 表示物体在 t_0 时刻的瞬时速度。

（四）函数的导函数及求导函数公式

如果函数 $y=f(x)$ 在区间 (a,b) 内每一点都有导数，称这种对应关系所确定的函数为 $y=f(x)$ 的导函数，记为 $f'(x)$，y'，$\dfrac{\mathrm{d}y}{\mathrm{d}x}$，$\dfrac{\mathrm{d}}{\mathrm{d}x}f(x)$。即

$$f'(x)=\lim_{\Delta x\to 0}\frac{f(x+\Delta x)-f(x)}{\Delta x} \qquad x\in(a,b) \tag{1-2-7}$$

（五）常用的求导方法

1.利用导数的定义求导

特别是分段函数在交界点处的导数往往用在一点左、右导数的定义计算。

2.利用基本导数公式表和导数的四则运算法则求导

基本导数公式：

$(c)' = 0$ $\quad$ $(\ln x)' = \dfrac{1}{x}$

$(x^{\mu})' = \mu x^{\mu-1}$ $\quad$ $(\arcsin x)' = \dfrac{1}{\sqrt{1-x^2}}$

$(\sin x)' = \cos x$ $\quad$ $(\arccos x)' = -\dfrac{1}{\sqrt{1-x^2}}$

$(\cos x)' = -\sin x$ $\quad$ $(\arctan x)' = \dfrac{1}{1+x^2}$

$(\tan x)' = \sec^2 x$ $\quad$ $(\operatorname{arccot} x)' = -\dfrac{1}{1+x^2}$

$(\cot x)' = -\csc^2 x$ $\quad$ $(\operatorname{sh} x)' = \operatorname{ch} x$

$(\sec x)' = \sec x \tan x$ $\quad$ $(\operatorname{ch} x)' = \operatorname{sh} x$

$(\csc x)' = -\csc x \cot x$ $\quad$ $(\operatorname{th} x)' = \dfrac{1}{\operatorname{ch}^2 x}$

$(a^x)' = a^x \ln a$ $\quad$ $(\operatorname{arsh} x)' = \dfrac{1}{\sqrt{1+x^2}}$

$(e^x)' = e^x$ $\quad$ $(\operatorname{arch} x)' = \dfrac{1}{\sqrt{x^2-1}}$

$(\log_a x)' = \dfrac{1}{x\ln a}$ $\quad$ $(\operatorname{arth} x)' = \dfrac{1}{1-x^2}$

函数和、差、积、商求导法则：

$$[f(x) \pm g(x)]' = f'(x) \pm g'(x)$$

$$[f(x) \cdot g(x)]' = f'(x)g(x) + f(x)g'(x)$$

$$\left[\frac{f(x)}{g(x)}\right]' = \frac{f'(x)g(x) - f(x)g'(x)}{[g(x)]^2} \qquad [g(x) \neq 0]$$

3.利用复合函数的求导法则求导

若 $u=\varphi(x)$ 在点 x 处可导，$y=f(u)$ 在相应点 u 处可导，则复合函数 $f[\varphi(x)]$ 在 x 处可导，且 $\dfrac{dy}{dx}=\dfrac{dy}{du}\cdot\dfrac{du}{dx}$ 或记为 $\{f[\varphi(x)]\}'=f'[\varphi(x)]\cdot\varphi'(x)$。

4.反函数求导法

若 $y=f(x)$ 与 $x=\varphi(y)$ 互为反函数，$f(x)$ 在 x 处可导，$\varphi(y)$ 在相应点 y 处可导，且 $\dfrac{dx}{dy}=\varphi'(y)\neq 0$，则 $\dfrac{dy}{dx}=\dfrac{1}{\dfrac{dx}{dy}}$。

5. 参数方程求导法

设 $y=f(x)$ 的参数方程为 $x=\varphi(t)$，$y=\psi(t)$ 时，$\varphi(t)$ 与 $\psi(t)$ 均可导，$\varphi'(t)\neq 0$，则 $\frac{\mathrm{d}y}{\mathrm{d}x}=\frac{\mathrm{d}y/\mathrm{d}t}{\mathrm{d}x/\mathrm{d}t}=\frac{\mathrm{d}y}{\mathrm{d}t}\cdot\frac{\mathrm{d}t}{\mathrm{d}x}=\frac{\psi'(t)}{\varphi'(t)}$。

6. 隐函数求导法

若方程 $F(x,y)=0$ 确定了隐函数 $y=f(x)$，则由 $F[x,f(x)]=0$ 两边对 x 求导，并运用复合函数求导法则，就可求得 $f'(x)$。

对隐函数求导应熟练掌握。还可以应用多元函数隐函数的方法计算，可能更简单，见多元函数微分法。

7. 取对数求导法

求幂指函数或某些含有复杂的乘、除、乘方、开方运算函数的导数时，可以采用先取对数后求导的方法进行。[幂指函数:形如 $y=f(x)^{g(x)}$ 的函数]

8. 求函数的高阶导数

若 $f'(x)$ 在 (a,b) 内可导，则它的导数称为 $f(x)$ 的二阶导数。一般说来，$f(x)$ 的 $n-1$ 阶导数仍是 x 的函数，若它可导，则该导数称为函数 $f(x)$ 的 n 阶导数，记为 $y^{(n)}$，$f^{(n)}(x)$，$\frac{\mathrm{d}^n y}{\mathrm{d}x^n}$，$\frac{\mathrm{d}^n f(x)}{\mathrm{d}x^n}$。求 $y=f(x)$ 的 n 阶导数，利用求一阶导数的法则逐次地往下求导即可，但在计算过程中，要注意分析归纳，找出规律，写出 n 阶导数的表示式。

9. 参数方程的二阶导数

若方程 $x=\varphi(t)$，$y=\psi(t)$ 二阶可导，且 $\varphi'(t)\neq 0$。在求出一阶导数 $\frac{\mathrm{d}y}{\mathrm{d}x}=\frac{\psi'(t)}{\varphi'(t)}$ 后求二阶导数时，别忘乘 $\frac{\mathrm{d}t}{\mathrm{d}x}$，即 $\frac{\mathrm{d}^2 y}{\mathrm{d}x^2}=\frac{\mathrm{d}}{\mathrm{d}x}\left(\frac{\mathrm{d}y}{\mathrm{d}x}\right)=\frac{\mathrm{d}}{\mathrm{d}t}\left[\frac{\psi'(t)}{\varphi'(t)}\right]\cdot\frac{\mathrm{d}t}{\mathrm{d}x}=\frac{\psi''\varphi'-\psi'\varphi''}{[\varphi'(t)]^3}$。

10. 隐函数的二阶导数

若 $F(x,y)=0$，求出一阶导数后，在求二阶导数时，把式中的 y 作为中间变量来求导，然后代入 y'，整理后得 y''。

(六)函数微分及微分公式

1. 微分定义

设函数 $y=f(x)$ 在某一区间 I 上有定义，x_0、$x_0+\Delta x$ 在 I 上，如果 $\Delta y=f(x_0+\Delta x)-f(x_0)$ 可表示为

$$\Delta y=A\Delta x+o(\Delta x) \tag{1-2-8}$$

其中 A 是不依赖于 Δx 的常数，$o(\Delta x)$ 为比 Δx 高阶的无穷小，则称 $f(x)$ 在 x_0 处可微。$\mathrm{d}y=A\Delta x$ 称为 $f(x)$ 在 x_0 处相应于自变量增量 Δx 的微分。$f(x)$ 在 x_0 处可微的充分必要条件是 $f(x)$ 在 x_0 处可导。记 $\Delta x=\mathrm{d}x$，则 $\mathrm{d}y=A\Delta x=f'(x_0)\mathrm{d}x$。

函数 $y=f(x)$ 在任意点 x 的微分，称为函数的微分。记作 $\mathrm{d}y=f'(x)\mathrm{d}x$。

函数的微分就是求出函数 $f'(x)$ 乘以 $\mathrm{d}x$。函数的微分具有微分形式的不变性，即不论 u 是中间变量还是自变量，函数 $f(u)$ 的一阶微分都具有相同的形式，即 $\mathrm{d}f(u)=f'(u)\mathrm{d}u$。

2. 微分公式

$\mathrm{d}(x^\mu)=\mu x^{\mu-1}\mathrm{d}x$　　　　$\mathrm{d}(e^x)=e^x\mathrm{d}x$

$d(\sin x) = \cos x dx$ $\quad$ $d(\log_a x) = \frac{1}{x\ln a}dx$

$d(\cos x) = -\sin x dx$ $\quad$ $d(\ln x) = \frac{1}{x}dx$

$d(\tan x) = \sec^2 x dx$ $\quad$ $d(\arcsin x) = \frac{1}{\sqrt{1-x^2}}dx$

$d(\cot x) = -\csc^2 x dx$ $\quad$ $d(\arccos x) = -\frac{1}{\sqrt{1-x^2}}dx$

$d(\sec x) = \sec x \tan x dx$ $\quad$ $d(\arctan x) = \frac{1}{1+x^2}dx$

$d(\csc x) = -\csc x \cot x dx$ $\quad$ $d(\text{arccot} x) = -\frac{1}{1+x^2}dx$

$d(a^x) = a^x \ln a dx$

3. 函数和、差、积、商微分法则

$d(u \pm v) = du \pm dv$ $\quad$ $d(cu) = cd(u)$ （c 为常数）

$d(uv) = vdu + udv$ $\quad$ $d\left(\frac{u}{v}\right) = \frac{vdu - udv}{v^2}$

【例 1-2-13】 $y = 2^{\tan\frac{1}{x}}$，求 y'。

解 该题为复合函数求导，注意求导时要有从外到里层层剥开的思想。该题即为函数 $y = 2^{\tan\frac{1}{x}}$，由 $y = 2^u, u = \tan V, V = \frac{1}{x}$ 复合而成，所以 $y' = (2^u)'_u \cdot (\tan V)'_V \cdot \left(\frac{1}{x}\right)'$，即

$$y' = 2^{\tan\frac{1}{x}} \cdot \ln 2 \cdot \sec^2 \frac{1}{x} \cdot \left(-\frac{1}{x^2}\right) = -\frac{\ln 2}{x^2} 2^{\tan\frac{1}{x}} \cdot \sec^2 \frac{1}{x}$$

【例 1-2-14】 $y = x^{\sin x} (x > 0)$，求 y'。

解 本题属于幂指函数的求导问题，既不能使用幂函数的导数公式，也不能使用指数函数的导数公式。可利用对数求导法求解。即

$$\ln y = \sin x \ln x$$

$$\frac{1}{y} \cdot y' = \cos x \ln x + \frac{\sin x}{x}$$

$$y' = x^{\sin x}\left(\cos x \ln x + \frac{\sin x}{x}\right)$$

【例 1-2-15】 已知 $x^2 + y^2 - xy = 1$，求由方程确定的函数 y 的导数 y'。

解 **方法 1**：两边对 x 求导，求导时，把式中字母 y 看作 x 的函数。

$$2x + 2y\frac{dy}{dx} - \left(y + x\frac{dy}{dx}\right) = 0$$

$$2x + 2y\frac{dy}{dx} - y - x\frac{dy}{dx} = 0$$

$$(2y - x)\frac{dy}{dx} = y - 2x$$

$$\frac{dy}{dx} = \frac{y - 2x}{2y - x}$$

方法 2：利用二元方程确定的隐函数求导法则计算，这时先将原式写成 $F(x, y) = 0$ 的形式。

$$x^2+y^2-xy-1=0$$

设 $F(x,y)=x^2+y^2-xy-1$，则

$$F_x=2x-y, F_y=2y-x$$

$$\frac{\mathrm{d}y}{\mathrm{d}x}=-\frac{F_x}{F_y}=-\frac{2x-y}{2y-x}=\frac{y-2x}{2y-x}$$

注：用方法 2 求隐函数的导数显得简单，以后不妨用这种方法。

【例 1-2-16】 $y=\ln(x+\sqrt{x^2-a^2})$，求$\frac{\mathrm{d}y}{\mathrm{d}x}, \frac{\mathrm{d}^2y}{\mathrm{d}x^2}$。

解 在计算一阶导数后，注意将其化为最简形式，再求二阶导数。

$$\begin{aligned}\frac{\mathrm{d}y}{\mathrm{d}x}&=\frac{1}{x+\sqrt{x^2-a^2}}\left(1+\frac{x}{\sqrt{x^2-a^2}}\right)\\&=\frac{1}{x+\sqrt{x^2-a^2}}\cdot\frac{x+\sqrt{x^2-a^2}}{\sqrt{x^2-a^2}}\\&=\frac{1}{\sqrt{x^2-a^2}}\end{aligned}$$

$$\frac{\mathrm{d}^2y}{\mathrm{d}x^2}=-\frac{1}{2}(x^2-a^2)^{-\frac{3}{2}}\cdot 2x=-\frac{x}{(x^2-a^2)^{\frac{3}{2}}}$$

【例 1-2-17】 设 $\begin{cases}x=e^{2t}\\y=t-e^{-t}\end{cases}$，求$\frac{\mathrm{d}y}{\mathrm{d}x}, \frac{\mathrm{d}^2y}{\mathrm{d}x^2}$。

解 求参数方程的二阶导数$\frac{\mathrm{d}^2y}{\mathrm{d}x^2}$时，应在公式后面乘上 $\frac{\mathrm{d}t}{\mathrm{d}x}$ 一项。

$$\frac{\mathrm{d}y}{\mathrm{d}t}=1+e^{-t}, \frac{\mathrm{d}x}{\mathrm{d}t}=2e^{2t}$$

$$\frac{\mathrm{d}y}{\mathrm{d}x}=\frac{\frac{\mathrm{d}y}{\mathrm{d}t}}{\frac{\mathrm{d}x}{\mathrm{d}t}}=\frac{1+e^{-t}}{2e^{2t}}=\frac{1}{2}(e^{-2t}+e^{-3t})$$

$$\begin{aligned}\frac{\mathrm{d}^2y}{\mathrm{d}x^2}&=\frac{\mathrm{d}}{\mathrm{d}t}\left(\frac{\mathrm{d}y}{\mathrm{d}x}\right)\cdot\frac{\mathrm{d}t}{\mathrm{d}x}=\frac{1}{2}(-2e^{-2t}-3e^{-3t})\frac{1}{\frac{\mathrm{d}x}{\mathrm{d}t}}\\&=\frac{1}{2}(-2e^{-2t}-3e^{-3t})\frac{1}{2e^{2t}}=-\frac{1}{2}e^{-4t}-\frac{3}{4}e^{-5t}\end{aligned}$$

【例 1-2-18】 如果 $f(x)$在 x_0 处可导，$g(x)$在 x_0 处不可导，则 $f(x)g(x)$在 x_0 处：

A. 可能可导也可能不可导　　B. 不可导

C. 可导　　D. 连续

解 举例说明。

如 $f(x)=x$ 在 $x=0$ 处可导，$g(x)=|x|=\begin{cases}x & x\geqslant 0\\-x & x<0\end{cases}$在 $x=0$ 处不可导。

则 $f(x)g(x)=x|x|=\begin{cases}x^2 & x\geqslant 0\\-x^2 & x<0\end{cases}$

设 $H(x)=x|x|=\begin{cases} x^2 & x\geqslant 0 \\ -x^2 & x>0 \end{cases}$,

则 $H'_+(0)=\lim\limits_{x\to 0^+}\dfrac{x^2-0}{x-0}=0$,$H'_-(0)=\lim\limits_{x\to 0^-}\dfrac{-x^2-0}{x-0}=0$

通过计算,$H'_+(0)=H'_-(0)=0$,可知 $f(x)g(x)$在 $x=0$ 处可导。

又如 $f(x)=2$ 在 $x=0$ 处可导,$g(x)=|x|=\begin{cases} x & x\geqslant 0 \\ -x & x<0 \end{cases}$在 $x=0$ 处不可导。

则 $f(x)g(x)=2|x|=\begin{cases} 2x & x\geqslant 0 \\ -2x & x<0 \end{cases}$,

设 $Q(x)=2|x|=\begin{cases} 2x & x\geqslant 0 \\ -2x & x<0 \end{cases}$,

则 $Q'_+(0)=\lim\limits_{x\to 0^+}\dfrac{2x-0}{x-0}=2$,$Q'_-(0)=\lim\limits_{x\to 0^-}\dfrac{-2x-0}{x-0}=-2$

通过计算,$Q'_+(0)=2$,$Q'_-(0)=-2$,可知 $f(x)g(x)$在 $x=0$ 处不可导。

答案:A

【例 1-2-19】 曲线 $y=x^3-6x$ 上切线平行于 x 轴的点是:

A. $(0,0)$　　B. $(\sqrt{2},1)$

C. $(-\sqrt{2},4\sqrt{2})$和$(\sqrt{2},-4\sqrt{2})$　　D. $(1,2)$和$(-1,2)$

解 切线平行 x 轴,即切线的斜率为 0。

设曲线的切点坐标为(x_0,y_0),则

$$y=x^3-6x,y'=3x^2-6,y'|_{x=x_0}=3x_0^2-6$$

令 $3x_0^2-6=0$,解得 $x_0=\pm\sqrt{2}$

所求切点坐标为$(\sqrt{2},-4\sqrt{2})$,$(-\sqrt{2},4\sqrt{2})$

答案:C

【例 1-2-20】 已知 $f(x)$是二阶可导函数,$y=e^{2f(x)}$,则$\dfrac{d^2y}{dx^2}$为:

A. $e^{2f(x)}$　　B. $e^{2f(x)}f''(x)$

C. $e^{2f(x)}[2f'(x)]$　　D. $2e^{2f(x)}[2(f'(x))^2+f''(x)]$

解 利用复合函数求导法则,题中 $f(x)$为 x 的二阶可导函数。

$$y'=(e^{2f(x)})'=2f'(x)e^{2f(x)}$$

$$y''=2[f''(x)e^{2f(x)}+f'(x)e^{2f(x)}\cdot 2f'(x)]=2e^{2f(x)}[2(f'(x))^2+f''(x)]$$

答案:D

【例 1-2-21】 设 $y=e^{\sin^2 x}$,则 dy 为:

A. $e^x d\sin^2 x$　　B. $e^{\sin^2 x}d\sin^2 x$

C. $e^{\sin^2 x}\sin 2x d\sin x$　　D. $e^{\sin^2 x}d\sin x$

解 $dy=y'dx=e^{\sin^2 x}\cdot 2\sin x\cdot\cos x dx=e^{\sin^2 x}\cdot 2\sin x d\sin x=e^{\sin^2 x}d\sin^2 x$

答案:B

五、微分中值定理

微分中值定理在研究函数中起着重要的作用,最重要的是拉格朗日中值定理,罗尔定理可

看作它的特例,柯西定理是它的推广。

(一)罗尔定理

若 $f(x)$在$[a,b]$连续,在(a,b)内可导,且 $f(a)=f(b)$,则至少存在一点 $\xi\in(a,b)$,使$f'(\xi)=0$。

(二)拉格朗日中值定理

若 $f(x)$在$[a,b]$连续,在(a,b)内可导,则至少存在一点 $\xi\in(a,b)$,使得

$$f(b)-f(a)=f'(\xi)(b-a) \tag{1-2-9}$$

由拉格朗日中值定理可以证明:若 $f(x)$在区间 I 上的导数恒等于零,则 $f(x)$在 I 上为常数。

(三)柯西中值定理

若 $f(x)$,$F(x)$在$[a,b]$连续,在(a,b)内可导,且 $F'(x)\neq 0$,则至少存在一点 $\xi\in(a,b)$,使得

$$\frac{f(b)-f(a)}{F(b)-F(a)}=\frac{f'(\xi)}{F'(\xi)} \tag{1-2-10}$$

(四)洛必达法则

若:(1) $\lim\limits_{x\to a(\text{或}\infty)} f(x)=\lim\limits_{x\to a(\text{或}\infty)} F(x)=0$(或$\infty$);(2) $f'(x)$及 $F'(x)$在 $0<|x-x_0|<\delta$(或 $|x|>X$)处存在,且 $F'(x)\neq 0$,(3) $\lim\limits_{x\to a(\text{或}\infty)}\dfrac{f'(x)}{F'(x)}$存在(或$\infty$),则

$$\lim_{x\to a(\text{或}\infty)}\frac{f(x)}{F(x)}=\lim_{x\to a(\text{或}\infty)}\frac{f'(x)}{F'(x)}=\text{存在(或}\infty) \tag{1-2-11}$$

满足以上条件的两个函数比的极限等于两个函数导数比的极限,在利用洛必达法则时,三个条件中有一条不满足就不能应用。对于未定型 $0\cdot\infty$、$\infty-\infty$、0^0、∞^0、1^∞可化为$\dfrac{0}{0}$或$\dfrac{\infty}{\infty}$型的极限计算。在利用洛必达法则计算未定式的极限时,前面学过的计算极限的方法仍适用,例如等价无穷小替换,两个重要极限等。

(五)泰勒公式

若 $f(x)$在 x_0 的某一邻域(a,b)内具有 $n+1$ 阶导数,则$\forall x\in(a,b)$有下面式子成立

$$f(x)=f(x_0)+\frac{f'(x_0)}{1!}(x-x_0)+\cdots+\frac{f^{(n)}(x_0)}{n!}(x-x_0)^n+R_n(x) \tag{1-2-12}$$

该公式称为 $f(x)$的 n 阶泰勒公式,$R_n(x)$称为余项,其中 $R_n(x)$表达式为

$$R_n(x)=\frac{f^{(n+1)}(\zeta)}{(n+1)!}(x-x_0)^{n+1} \tag{1-2-13}$$

这里 ζ 是介于 x_0 与 x 之间的某个值。

在泰勒公式(1-2-12)中取 $x_0=0$,就得到工程中常用的麦克劳林公式

$$f(x)=f(0)+f'(0)x+\frac{f''(0)}{2!}x^2+\cdots+\frac{f^{(n)}(0)}{n!}x^n+R_n(x) \tag{1-2-14}$$

其中 $R_n(x)=\dfrac{f^{(n+1)}(\zeta)}{(n+1)!}x^{n+1}$,这里 ζ 是介于 0 与 x 之间的某个值。

六、导数的应用

(一)判定函数的单调区间

设 $y=f(x)$在区间(a,b)上可导,$\forall x\in(a,b)$,若$f'(x)>0$(或<0)[在个别点亦可$f'(x)=$

0]，则 $f(x)$在区间(a,b)上严格单调增加(或减小)。

(二)求函数的极值

若函数 $f(x)$在点 x_0 的某一邻域内的任何点 x 恒有 $f(x)<f(x_0)$[或 $f(x)>f(x_0)$]，则函数 $f(x)$在点 x_0 有极大值(或极小值)，函数的极大值、极小值统称为函数的极值，点 x_0 为 $f(x)$的极值点。函数的极值是局部的概念，在某一邻域内函数的极大(小)值不一定是函数在定义域内的最大(小)值。

极值存在的必要条件：若$f'(x_0)$存在，且 x_0 为 $f(x)$的极值点，则$f'(x_0)=0$。但逆命题不成立，即若$f'(x_0)=0$，但 x_0 不一定是函数 $f(x)$的极值点。导数为零的点称为函数的驻点。驻点以及连续但导数不存在的点称为函数可疑极值点。

极值存在的第一充分条件：设 $f(x)$在 x_0 的某一邻域内连续，且可导，若 $x<x_0$ 时，$f'(x)>0$[或$f'(x)<0$]；若 $x>x_0$ 时，$f'(x)<0$[或$f'(x)>0$]，则 $f(x)$在 x_0 取得极大值(或极小值)。对于连续但导数不存在的点的极值，同样要通过判定在该点两侧的导数符号来确定。

极值存在的第二充分条件：设$f(x)$具有二阶导数，且在x_0点$f'(x_0)=0$，若$f''(x_0)<0$时，$f(x)$在 x_0 取得极大值，若 $f''(x_0)>0$ 时，$f(x)$在 x_0 取得极小值。

(三)函数的最大值、最小值

函数 $f(x)$在$[a,b]$上连续，则其在$[a,b]$上的最大值和最小值可通过比较端点、驻点、一阶导数不存在的点的函数值的大小来确定，即

$$f_{最大值}=\max\{f(a),f(b),f(x_1),f(x_2),\cdots,f(x_n)\}$$

$$f_{最小值}=\min\{f(a),f(b),f(x_1),f(x_2),\cdots,f(x_n)\}$$

其中，$x_1,x_2,\cdots,x_n$ 为 $f(x)$在$[a,b]$内的所有可能极值点。

在求解实际问题时，经常用到下面结论：若 $f(x)$在$[a,b]$上连续，且在(a,b)内只有唯一一个极值点 x_0，则当 $f(x_0)$为极大(小)值时，它就是 $f(x)$在$[a,b]$上的最大(小)值。

若 $f(x)$在$[a,b]$上单调增加(减少)，则 $f(a)$为其最小(大)值，$f(b)$为其最大(小)值。

(四)凹凸性，拐点

设 $f(x)$在$[a,b]$上连续，任给 $x_1,x_2\in(a,b)$恒有 $f(\frac{x_1+x_2}{2})>$(或$<$)$\frac{f(x_1)+f(x_2)}{2}$，则称$f(x)$在$[a,b]$上是凸(或凹)的。若曲线在 x_0 两旁凹凸性改变，则称点$(x_0,f(x_0))$为曲线的拐点。

函数凹凸性判别法则(充分条件)：设 $f''(x)$存在，若 $a<x<b$ 时，$f''(x)>0$[或 $f''(x)<0$]，在个别点 $f''(x)$可以为零，则曲线为凹(或凸)。

设 $f(x)$连续，若在点 x_0，$f''(x_0)=0$ 或 $f''(x_0)$不存在，且在 x_0 两侧 $f''(x)$改变符号时，则点$(x_0,f(x_0))$是拐点。

【例 1-2-22】 求 $\lim\limits_{x\to\infty}x(e^{\frac{1}{x}}-1)$。

解

$$原式\overset{\infty\cdot 0}{=}\lim_{x\to\infty}\frac{e^{\frac{1}{x}}-1}{\frac{1}{x}}\overset{\frac{0}{0}}{=}\lim_{x\to\infty}\frac{e^{\frac{1}{x}}(-\frac{1}{x^2})}{-\frac{1}{x^2}}=\lim_{x\to\infty}e^{\frac{1}{x}}=1$$

【例 1-2-23】 求 $\lim\limits_{x\to 0^+}x^{\sin x}$。

解
$$\text{原式} \overset{0^0}{=} \lim_{x\to 0^+} e^{\ln x^{\sin x}} = \lim_{x\to 0^+} e^{\sin x\ln x} = e^{\lim\limits_{x\to 0^+}\sin x\ln x}$$

因
$$\lim_{x\to 0^+}\sin x\ln x \overset{0\cdot\infty}{=} \lim_{x\to 0^+}\frac{\ln x}{\frac{1}{\sin x}} \overset{\frac{\infty}{\infty}}{=} \lim_{x\to 0^+} -\frac{\sin^2 x}{x\cos x} = -\lim_{x\to 0^+}\frac{x^2}{x\cos x}$$
$$=0 \quad (x\to 0, \sin^2 x \sim x^2)$$

故
$$\text{原式} = e^0 = 1$$

【例 1-2-24】 求函数 $y = x^2 e^{-x}$ 的单调区间、极值及此函数曲线的凹凸区间和拐点。

解 (1) $D:(-\infty, +\infty)$

(2) $y' = 2xe^{-x} - x^2 e^{-x} = xe^{-x}(2-x)$

$y'' = 2e^{-x} - 2xe^{-x} - 2xe^{-x} + x^2 e^{-x} = e^{-x}(x^2 - 4x + 2)$

(3) 令 $y' = 0$，得 $x_1 = 0, x_2 = 2$

令 $y'' = 0$，得 $x_3 = 2-\sqrt{2}, x_4 = 2+\sqrt{2}$

(4) 列表。

例 1-2-24 解表

x	$(-\infty,0)$	0	$(0,2-\sqrt{2})$	$2-\sqrt{2}$	$(2-\sqrt{2},2)$	2	$(2,2+\sqrt{2})$	$2+\sqrt{2}$	$(2+\sqrt{2},+\infty)$
y'	−	0	+	+	+	0	−	−	−
y''	+	+	+	0	−	−	−	0	+

函数在(0,2)单增，在$(-\infty,0)$与$(2,+\infty)$单减。

$$f_{\text{极小}}(0) = 0, f_{\text{极大}}(2) = 4e^{-2}$$

$(-\infty,2-\sqrt{2}),(2+\sqrt{2},+\infty)$ 为凹区间，$(2-\sqrt{2},2+\sqrt{2})$ 为凸区间，点$(2-\sqrt{2},(2-\sqrt{2})^2 e^{\sqrt{2}-2})$，$(2+\sqrt{2},(2+\sqrt{2})^2 e^{-(2+\sqrt{2})})$ 为拐点。

【例 1-2-25】 设 $f(x)$在$(-\infty,+\infty)$上定义，且 $x_0\neq 0$ 是 $f(x)$的极大值点，则有：

A. x_0 是 $f(x)$的拐点

B. $-x_0$ 是$-f(-x)$的极小值点

C. $-x_0$ 是$-f(x)$的极小值点

D. $f(x_0) > f(x)(-\infty < x < +\infty)$

解 设 $x_0 > 0, f(x_0) > 0$，画出下列几个示意图。

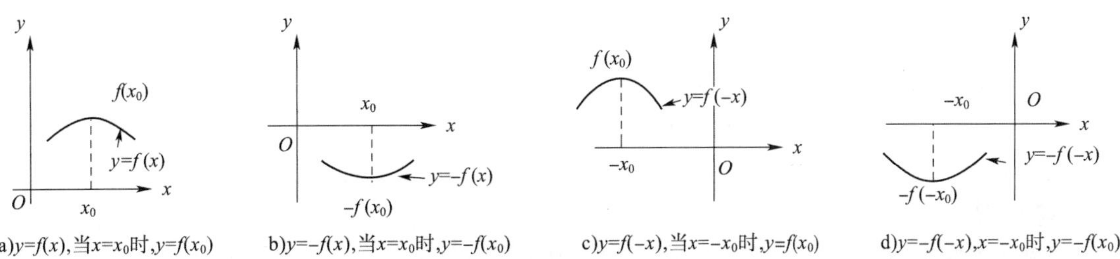

例 1-2-25 解图

通过对上述图形的分析，$-x_0$ 是$-f(-x)$的极小值点。

答案：B

【例 1-2-26】 下列极限式中，能够使用洛必达法则求极限的是：

A. $\lim\limits_{x\to 0}\dfrac{1+\cos x}{e^x-1}$　　B. $\lim\limits_{x\to 0}\dfrac{x-\sin x}{\sin x}$

C. $\lim\limits_{x\to 0}\dfrac{x^2\sin\dfrac{1}{x}}{\sin x}$　　D. $\lim\limits_{x\to\infty}\dfrac{x+\sin x}{x-\sin x}$

解 $\lim\limits_{x\to 0}\dfrac{x-\sin x}{\sin x}\overset{\frac{0}{0}}{=}\lim\limits_{x\to 0}\dfrac{1-\cos x}{\cos x}=0$

选项 A、C、D 均不能用洛必达法则求极限。

答案：B

【例 1-2-27】 下列有关极限的命题中，正确的是：

A. 若 $y=f(x)$ 在 $x=x_0$ 处有 $f'(x_0)=0$，则 $f(x)$ 在 $x=x_0$ 必取得极值

B. 极大值一定大于极小值

C. 若可导函数 $y=f(x)$ 在 $x=x_0$ 处取得极值，则必有 $f'(x_0)=0$

D. 极大值就是最大值

解 选项 A，仅为 $y=f(x)$ 在 x_0 取得极值的必要条件，错误；

选项 B，函数的极大值不一定大于极小值，错误；

选项 D，极大值也不一定就是函数的最大值，错误。

答案：C

【例 1-2-28】 下列说法中正确的是：

A. 若 $f'(x_0)=0$，则 $f(x_0)$ 必是 $f(x)$ 的极值

B. 若 $f(x_0)$ 是 $f(x)$ 的极值，则 $f(x)$ 在 x_0 处可导，且 $f'(x_0)=0$

C. 若 $f(x)$ 在 x_0 处可导，则 $f'(x_0)=0$ 是 $f(x)$ 在 x_0 取得极值的必要条件

D. 若 $f(x)$ 在 x_0 处可导，则 $f'(x_0)=0$ 是 $f(x)$ 在 x_0 取得极值的充分条件

解 函数 $f(x)$ 在点 x_0 处可导，则 $f'(x_0)=0$ 是 $f(x)$ 在 x_0 取得极值的必要条件。

答案：C

【例 1-2-29】 设函数 $f(x)$ 二阶可导，并且处处满足方程 $f''(x)+3(f'(x))^2+2e^xf(x)=0$，若 x_0 是该函数的一个驻点且 $f(x_0)<0$，则 $f(x)$ 在点 x_0：

A. 取得极大值　　B. 取得极小值

C. 不取得极值　　D. 不能确定

解 将 x_0 代入方程得 $f''(x_0)+3(f'(x_0))^2+2e^{x_0}f(x_0)=0$

因为 x_0 为该函数的一个驻点，所以 $f'(x_0)=0$。

化简　$f''(x_0)+2e^{x_0}f(x_0)=0$

$f''(x_0)=-2e^{x_0}f(x_0)>0$

利用函数取得极值的第二充分条件，$f(x)$ 在点 x_0 取得极小值。

答案：B

【例 1-2-30】 设 $f(x)=x(x-1)(x-2)$，则方程 $f'(x)=0$ 的实根个数是：

A. 3　　B. 2　　C. 1　　D. 0

解 $f(x)=x(x-1)(x-2)$

$f(x)$ 在 $[0,1]$ 连续，在 $(0,1)$ 可导，且 $f(0)=f(1)$

由罗尔定理可知，存在 $f'(\zeta_1)=0$，ζ_1 在(0,1)之间

$f(x)$在[1,2]连续，在(1,2)可导，且 $f(1)=f(2)$

由罗尔定理可知，存在 $f'(\zeta_2)=0$，ζ_2 在(1,2)之间

因为 $f'(x)=0$ 是二次方程，所以 $f'(x)=0$ 的实根个数为 2

答案：B

注：运用罗尔定理求解对于多数考生而言稍显困难，本题并非只能使用罗尔定理求解，还可以先将函数展开为 $f(x)=x^3-3x^2+2x$，求解出 $f'(x)=3x^2-6x+2=0$，这是一个一元二次方程，利用根的判别式 $b^2-4ac=(-6)^2-4\times3\times2>0$，故有 2 个根。

【例 1-2-31】 设函数 $f(x)$在$(-\infty,+\infty)$上是偶函数，且在$(0,+\infty)$内有 $f'(x)>0$，$f''(x)>0$，则在$(-\infty,0)$内必有：

A. $f'(x)>0$，$f''(x)>0$　　B. $f'(x)<0$，$f''(x)>0$

C. $f'(x)>0$，$f''(x)<0$　　D. $f'(x)<0$，$f''(x)<0$

解　已知 $f(x)$在$(-\infty,+\infty)$为偶函数，$f(x)$的图形关于 y 轴对称。又知 $f(x)$在$(0,+\infty)$上，$f'(x)>0$，$f''(x)>0$，因而函数 $f(x)$在$(0,+\infty)$上的图形单增且凹向。

由对称性可知，函数 $f(x)$在$(-\infty,0)$上图形单减且凹向，所以在$(-\infty,0)$上 $f'(x)<0$，$f''(x)>0$，选 B。

还可通过 $f(-x)=f(x)$，求出一阶、二阶导数，确定在$(-\infty,0)$上，y'、y''的符号。

答案：B

【例 1-2-32】 对于曲线 $y=\frac{1}{5}x^5-\frac{1}{3}x^3$，下列说法不正确的是：

A. 有 3 个极值点　　B. 有 3 个拐点

C. 有 2 个极值点　　D. 对称原点

解　求曲线的极值点：

$y=\frac{1}{5}x^5-\frac{1}{3}x^3$，$y'=x^4-x^2=x^2(x+1)(x-1)$

令 $y'=0$，驻点 $x=-1,0,1$，把定义域分成$(-\infty,-1)$，$(-1,0)$，$(0,1)$，$(1,+\infty)$几个区间。

列表。

例 1-2-32 解表

x	$(-\infty,-1)$	-1	$(-1,0)$	0	$(0,1)$	1	$(1,+\infty)$
$f'(x)$	+	0	−	0	−	0	+
$f(x)$	↗	极大点	↘	无极值	↘	极小点	↗

可知函数有 2 个极值点，选项 C 正确，选项 A 不正确。

本题选项 D 正确，因为 $f(x)$为奇函数，图形关于原点对称。

还可通过计算拐点的方法，确定选项 B 正确。

答案：A

【例 1-2-33】 曲线 $f(x)=x^4+4x^3+x+1$ 在区间$(-\infty,+\infty)$上的拐点的个数是：

A. 0　　B. 1　　C. 2　　D. 3

解：本题考查曲线 $f(x)$求拐点的计算方法。

$f(x)=x^4+4x^3+x+1$ 定义域为$(-\infty,+\infty)$，

$f'(x)=4x^3+12x^2+1$，$f''(x)=12x^2+24x=12x(x+2)$，

令 $f''(x)=0$，即 $12x(x+2)=0$，得到 $x=0$，$x=-2$，

$x=-2$，$x=0$，分定义域为 $(-\infty,-2)$，$(-2,0)$，$(0,+\infty)$。

检验 $x=-2$ 点，在区间 $(-\infty,-2)$，$(-2,0)$ 上二阶导的符号：

当在 $(-\infty,-2)$ 时，$f''(x)>0$，凹；当在 $(-2,0)$ 时，$f''(x)<0$，凸。

所以 $x=-2$ 为拐点的横坐标。

检验 $x=0$ 点，在区间 $(-2,0)$，$(0,+\infty)$ 上二阶导的符号：

当在 $(-2,0)$ 时，$f''(x)<0$，凸；当在 $(0,+\infty)$ 时，$f''(x)>0$，凹。

所以 $x=0$ 为拐点的横坐标。

综上所述，函数有两个拐点。

答案：C

习　题

1-2-1　$\lim\limits_{x\to\infty}\dfrac{3x^2+5}{5x+3}\sin\dfrac{2}{x}=($　　$)$。

A. 1　　B. $\dfrac{6}{5}$　　C. 2　　D. -1

1-2-2　极限 $\lim\limits_{x\to 0}\dfrac{\ln(1-tx^2)}{x\sin x}$ 的值等于(　　)。

A. t　　B. $-t$　　C. 1　　D. -1

1-2-3　当 $x\to 0$ 时，$x^2-\sin x$ 是 x 的(　　)。

A. 高价无穷小　　B. 同阶无穷小但不是等价无穷小

C. 低阶无穷小　　D. 等价无穷小

1-2-4　设 $f(x)=\begin{cases}\cos(x-1) & x>1\\ g(x) & x<1\end{cases}$，若 $\lim\limits_{x\to 1}f(x)=1$，则 $g(x)=($　　$)$。

A. $\arctan\dfrac{1}{x-1}$　　B. $\arcsin\dfrac{1}{x-1}$

C. $\tan(x-1)$　　D. $1+e^{\frac{1}{x-1}}$

1-2-5　$\lim\limits_{x\to 0}\dfrac{\sqrt{2-2\cos x}}{x}$ 的结果(　　)。

A. 不存在　　B. 1　　C. $\sqrt{2}$　　D. 2

1-2-6　设 $f(x)=\begin{cases}\cos x+x\sin\dfrac{1}{x} & x<0\\ x^2+1 & x\geqslant 0\end{cases}$，则 $x=0$ 是 $f(x)$ 的(　　)。

A. 可去间断点　　B. 跳跃间断点　　C. 振荡间断点　　D. 连续点

1-2-7　若当 $x\to x_0$ 时，$\alpha(x)$、$\beta(x)$ 都是无穷小 $(\beta\neq 0)$，则 $x\to x_0$ 时，下列哪一个选项不一定是无穷小？(　　)

A. $|\alpha(x)|+|\beta(x)|$　　B. $\alpha^2(x)+\beta^2(x)$

C. $\ln[1+\alpha(x)\beta(x)]$　　D. $\dfrac{\alpha^2(x)}{\beta(x)}$

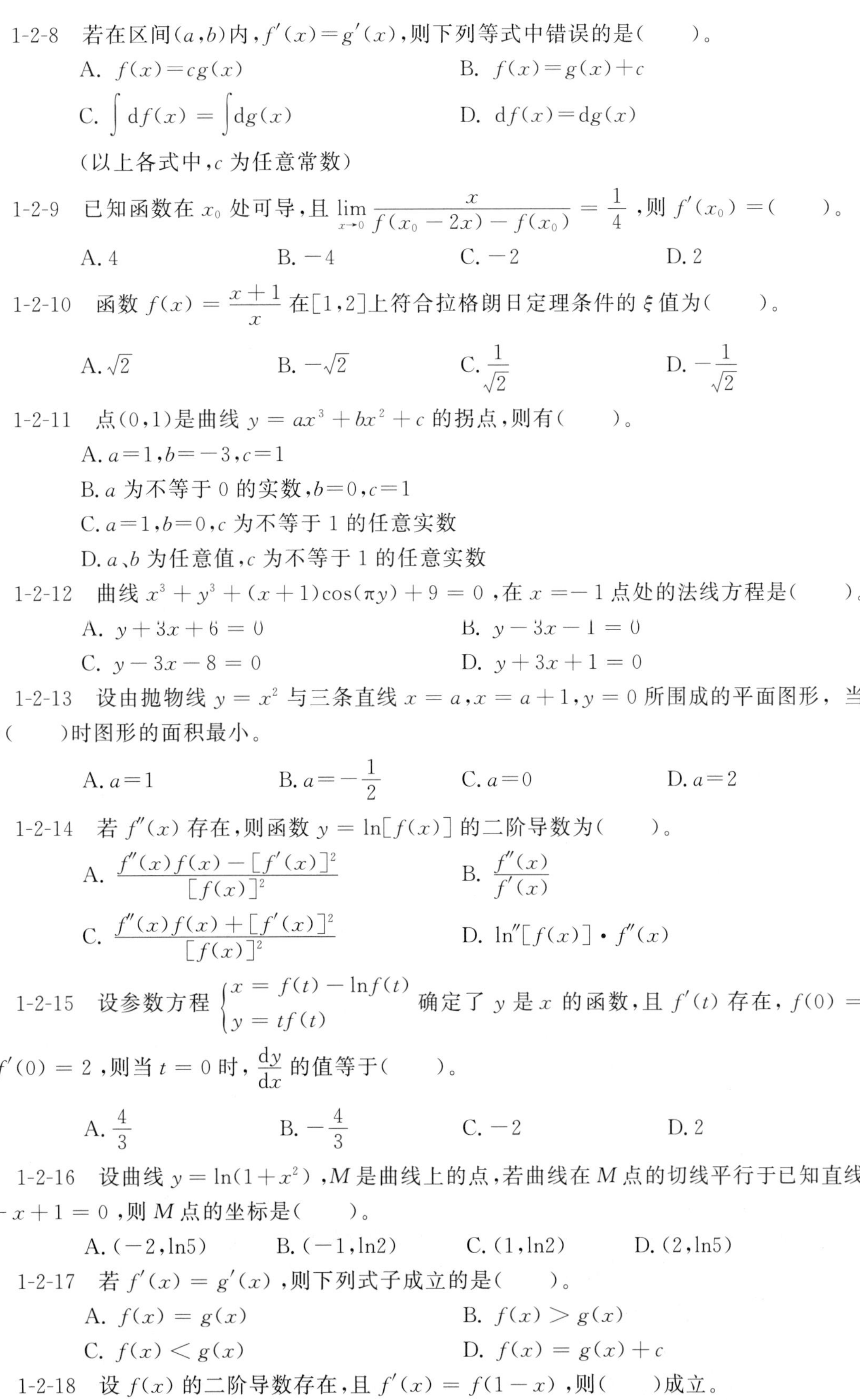

1-2-8　若在区间(a,b)内，$f'(x)=g'(x)$，则下列等式中错误的是（　　）。

A. $f(x)=cg(x)$　　B. $f(x)=g(x)+c$

C. $\int \mathrm{d}f(x)=\int \mathrm{d}g(x)$　　D. $\mathrm{d}f(x)=\mathrm{d}g(x)$

（以上各式中，c为任意常数）

1-2-9　已知函数在x_0处可导，且$\lim\limits_{x\to 0}\dfrac{x}{f(x_0-2x)-f(x_0)}=\dfrac{1}{4}$，则$f'(x_0)=$（　　）。

A. 4　　B. -4　　C. -2　　D. 2

1-2-10　函数$f(x)=\dfrac{x+1}{x}$在[1,2]上符合拉格朗日定理条件的ξ值为（　　）。

A. $\sqrt{2}$　　B. $-\sqrt{2}$　　C. $\dfrac{1}{\sqrt{2}}$　　D. $-\dfrac{1}{\sqrt{2}}$

1-2-11　点(0,1)是曲线$y=ax^3+bx^2+c$的拐点，则有（　　）。

A. $a=1,b=-3,c=1$

B. a为不等于0的实数，$b=0,c=1$

C. $a=1,b=0,c$为不等于1的任意实数

D. a、b为任意值，c为不等于1的任意实数

1-2-12　曲线$x^3+y^3+(x+1)\cos(\pi y)+9=0$，在$x=-1$点处的法线方程是（　　）。

A. $y+3x+6=0$　　B. $y-3x-1=0$

C. $y-3x-8=0$　　D. $y+3x+1=0$

1-2-13　设由抛物线$y=x^2$与三条直线$x=a,x=a+1,y=0$所围成的平面图形，当$a=$（　　）时图形的面积最小。

A. $a=1$　　B. $a=-\dfrac{1}{2}$　　C. $a=0$　　D. $a=2$

1-2-14　若$f''(x)$存在，则函数$y=\ln[f(x)]$的二阶导数为（　　）。

A. $\dfrac{f''(x)f(x)-[f'(x)]^2}{[f(x)]^2}$　　B. $\dfrac{f''(x)}{f'(x)}$

C. $\dfrac{f''(x)f(x)+[f'(x)]^2}{[f(x)]^2}$　　D. $\ln''[f(x)]\cdot f''(x)$

1-2-15　设参数方程$\begin{cases}x=f(t)-\ln f(t)\\ y=tf(t)\end{cases}$确定了$y$是$x$的函数，且$f'(t)$存在，$f(0)=2,f'(0)=2$，则当$t=0$时，$\dfrac{\mathrm{d}y}{\mathrm{d}x}$的值等于（　　）。

A. $\dfrac{4}{3}$　　B. $-\dfrac{4}{3}$　　C. -2　　D. 2

1-2-16　设曲线$y=\ln(1+x^2)$，M是曲线上的点，若曲线在M点的切线平行于已知直线$y-x+1=0$，则M点的坐标是（　　）。

A. $(-2,\ln5)$　　B. $(-1,\ln2)$　　C. $(1,\ln2)$　　D. $(2,\ln5)$

1-2-17　若$f'(x)=g'(x)$，则下列式子成立的是（　　）。

A. $f(x)=g(x)$　　B. $f(x)>g(x)$

C. $f(x)<g(x)$　　D. $f(x)=g(x)+c$

1-2-18　设$f(x)$的二阶导数存在，且$f'(x)=f(1-x)$，则（　　）成立。

A. $f''(x)+f'(x)=0$　　B. $f''(x)-f'(x)=0$

C. $f''(x)+f(x)=0$　　D. $f''(x)-f(x)=0$

1-2-19　设函数 $f(x)=\begin{cases} e^{-x}+1 & x\leqslant 0 \\ ax+2 & x>0 \end{cases}$，若 $f(x)$ 在 $x=0$ 处可导，则 a 的值是（　　）。

A. 1　　B. 2　　C. 0　　D. -1

1-2-20　设 $f(x)=\begin{cases} x^2\sin\dfrac{1}{x} & x>0 \\ ax+b & x\leqslant 0 \end{cases}$ 在 $x=0$ 处可导，则 a,b 之值为（　　）。

A. $a=1,b=0$　　B. $a=0,b$ 为任意常数

C. $a=0,b=0$　　D. $a=1,b$ 任意常数

1-2-21　已知 $\begin{cases} x=\dfrac{1-t^2}{1+t^2} \\ y=\dfrac{2t}{1+t^2} \end{cases}$，则 $\dfrac{\mathrm{d}y}{\mathrm{d}x}$ 为（　　）。

A. $\dfrac{t^2-1}{2t}$　　B. $\dfrac{1-t^2}{2t}$　　C. $\dfrac{x^2-1}{2x}$　　D. $\dfrac{2t}{t^2-1}$

1-2-22　设 $y=(1+x)^{\frac{1}{x}}$，则 $y'(1)$ 等于（　　）。

A. 2　　B. e　　C. $\dfrac{1}{2}-\ln 2$　　D. $1-\ln 4$

1-2-23　函数 $f(x)=10\arctan x-3\ln x$ 的极大值是（　　）。

A. $10\arctan 2-3\ln 2$　　B. $\dfrac{5}{2}\pi-3$

C. $10\arctan 3-3\ln 3$　　D. $10\arctan\dfrac{1}{3}$

1-2-24　设 $f(x)$ 在 $(-a,a)$ 是连续偶函数，且当 $0<x<a$ 时，$f(x)<f(0)$，则（　　）。

A. $f(0)$ 是 $f(x)$ 在 $(-a,a)$ 的极大值，但不是最大值

B. $f(0)$ 是 $f(x)$ 在 $(-a,a)$ 的最小值

C. $f(0)$ 是 $f(x)$ 在 $(-a,a)$ 的极大值，也是最大值

D. $f(0)$ 是曲线 $y=f(x)$ 的拐点的纵坐标

1-2-25　曲线 $y=x^3(x-4)$ 既单增且向上凹的区间为（　　）。

A. $(-\infty,0)$　　B. $(0,+\infty)$　　C. $(2,+\infty)$　　D. $(3,+\infty)$

1-2-26　函数 $f(x)=\dfrac{x^2}{2}+2x+\ln|x|$ 在 $[-4,-1]$ 上的最大值为（　　）。

A. 2　　B. 1　　C. $\ln 4$　　D. $-\dfrac{3}{2}$

1-2-27　设函数 $f(x)$ 在 $(-\infty,+\infty)$ 二阶可导，并且处处满足方程 $xf''(x)+3x(f'(x))^2=1-e^{-x}$，若 $x_0\neq 0$ 是该函数的一个驻点，则下列命题成立的是（　　）。

A. $(x_0 f(x_0))$ 是曲线 $y=f(x)$ 的拐点

B. $f(x_0)$ 是 $f(x)$ 的极小值

C. $f(x_0)$ 是 $f(x)$ 的极大值

D. $f(x_0)$ 不是极值，$(x_0,f(x_0))$ 也不是曲线 $y=f(x)$ 的拐点

第三节　一元函数积分学

一、不定积分

(一)不定积分的概念

1.原函数定义

定义在某区间I上的函数$f(x)$,若存在函数$F(x)$,使得该区间上的一切x,均有$F'(x)=f(x)$或$dF(x)=f(x)dx$,则称$F(x)$为$f(x)$在区间I上的原函数。

若函数$f(x)$存在两个原函数,那么它们只相差一个常数。由于常数的导数为零,所以函数$f(x)$如果有原函数,则$f(x)$就有无穷多个原函数,可表示为$F(x)+C$。

2.不定积分定义

函数$f(x)$的全体原函数称为$f(x)$的不定积分,记作$\int f(x)dx$。

若$F(x)$是$f(x)$的一个原函数,则$\int f(x)dx=F(x)+C$(C为任意常数)　(1-3-1)

3.不定积分的性质

利用原函数的定义和不定积分的概念可得到下面性质

$$\int kf(x)dx=k\int f(x)dx \quad (\text{常数 } k\neq 0)$$

$$\int [f(x)\pm g(x)]dx=\int f(x)dx\pm\int g(x)dx$$

$$d\int f(x)dx=f(x)dx,\frac{d}{dx}\int f(x)dx=f(x)$$

$$\int dF(x)=F(x)+C,\int F'(x)dx=F(x)+C$$

(二)不定积分的计算

1.利用原函数的定义计算不定积分

2.利用积分公式计算不定积分

常用的不定积分公式有:

$$\int kdx=kx+C \quad (k\text{ 是常数}) \qquad \int x^{\mu}dx=\frac{x^{\mu+1}}{\mu+1}+C \quad (\mu\neq -1)$$

$$\int \frac{dx}{x}=\ln|x|+C$$

$$\int \frac{dx}{1+x^2}=\arctan x+C \qquad \int \frac{dx}{\sqrt{1-x^2}}=\arcsin x+C$$

$$\int \cos x dx=\sin x+C \qquad \int \sin x dx=-\cos x+C$$

$$\int \frac{dx}{\cos^2 x}=\int \sec^2 x dx=\tan x+C \qquad \int \frac{dx}{\sin^2 x}=\int \csc^2 x dx=-\cot x+C$$

$$\int \sec x\tan x dx=\sec x+C \qquad \int \csc x\cot x dx=-\csc x+C$$

$$\int e^x dx=e^x+C \qquad \int a^x dx=\frac{a^x}{\ln a}+C$$

$$\int \text{sh}x\text{d}x = \text{ch}x + C \qquad \int \text{ch}x\text{d}x = \text{sh}x + C$$

$$\int \tan x\text{d}x = -\ln|\cos x| + C \qquad \int \cot x\text{d}x = \ln|\sin x| + C$$

$$\int \sec x\text{d}x = \ln|\sec x + \tan x| + C \qquad \int \csc x\text{d}x = \ln|\csc x - \cot x| + C$$

$$\int \frac{\text{d}x}{a^2 + x^2} = \frac{1}{a}\arctan\frac{x}{a} + C \qquad \int \frac{\text{d}x}{x^2 - a^2} = \frac{1}{2a}\ln\left|\frac{x-a}{x+a}\right| + C$$

$$\int \frac{\text{d}x}{\sqrt{a^2 - x^2}} = \arcsin\frac{x}{a} + C \qquad \int \frac{\text{d}x}{\sqrt{x^2 - a^2}} = \ln\left|x + \sqrt{x^2 - a^2}\right| + C$$

$$\int \frac{\text{d}x}{\sqrt{x^2 + a^2}} = \ln(x + \sqrt{x^2 + a^2}) + C$$

3.换元积分法

第一类换元积分法：设 $f(u)$具有原函数 $F(u)$，而 $u=\varphi(x)$可导，则有

$$\int f[\varphi(x)]\varphi'(x)\text{d}x = \int f(u)\text{d}u = F[\varphi(x)] + C \tag{1-3-2}$$

第二类换元积分法：设 $x=\varphi(t)$在区间$[\alpha,\beta]$上单调可导，且 $\varphi'(t)\neq 0$，又设 $f[\varphi(t)]\varphi'(t)$具有原函数$F(t)$，则有

$$\int f(x)\text{d}x = \int f[\varphi(t)]\varphi'(t)\text{d}t = F(t) + c = F[\varphi^{-1}(x)] + C \tag{1-3-3}$$

式中，$\varphi^{-1}(x)$为 $x=\varphi(t)$的反函数。

用式(1-3-3)，在计算时可根据函数的特点适当选择代换函数。常用的代换有三角代换、根式代换、倒代换等。

三角代换，如被积函数 $f(x)$中含有

$$\sqrt{a^2 - x^2}，可设\ x = a\sin t\ \left(-\frac{\pi}{2} < t < \frac{\pi}{2}\right)$$

$$\sqrt{x^2 + a^2}，可设\ x = a\tan t\ \left(-\frac{\pi}{2} < t < \frac{\pi}{2}\right)$$

$$\sqrt{x^2 - a^2}，可设\ x = a\sec t\ \left(0 < t < \frac{\pi}{2}\right)$$

根式代换，如$\int \frac{1}{\sqrt{2x-1}+1}\text{d}x$，可设$\sqrt{2x-1} = t$

倒代换，如$\int \frac{1}{x\sqrt{x^2-1}}\text{d}x$，可设 $x = \frac{1}{t}$ $(t > 0$ 或 $t < 0)$

4.分部积分法

设 $u(x)$，$v(x)$可微，且$\int v(x)\text{d}u(x)$存在，由公式 $\text{d}(uv)=u\text{d}v+v\text{d}u$ 得到分部积分公式

$$\int u\text{d}v = uv - \int v\text{d}u$$

或

$$\int uv'\text{d}x = uv - \int vu'\text{d}x \tag{1-3-4}$$

利用分部积分公式计算不定积分的方法称为分部积分法。

运用分部积分法时，需将被积函数转换为 u 与 v'两个因式的乘积。正确把其中一部分看

作 u,其余看作 v' 是利用好分部积分法公式的关键。应该记住 u 和 v' 设定方法的一般规律。如果被积函数是正整数次幂函数与正(余)弦函数的乘积或是正整数次幂函数与指数函数的乘积时,设幂函数为 u,其余的为 v'。如果被积函数是正整数次幂函数与对数函数的乘积或是幂函数与反三角函数的乘积时,设对数函数或反三角函数为 u,其余的为 v'。掌握了这些规律,对解决一部分不定积分是有利的,对后面求定积分也是有用的。在定积分分部积分法中,设 u 和 v' 的方法与不定积分方法完全一致。

5. 有理函数积分

有理函数是指两个多项式的商所表示的函数,即

$$R(x)=\frac{P_n(x)}{Q_m(x)}=\frac{a_0x^n+a_1x^{n-1}+\cdots+a_n}{b_0x^m+b_1x^{m-1}+\cdots+b_m}$$

式中 m,n 为非负整数,$a_0\neq0,b_0\neq0,P_n(x)$ 与 $Q_m(x)$ 无公因式。当次数 $m>n$ 时称为真分式,次数 $m\leqslant n$ 时称为假分式。计算时,先通过代数变形或多项式除法化假分式为真分式,再把真分式的分母在实数范围内因式分解,然后按规则转换为部分分式之和,用比较同次幂或代特殊值法确定待定系数,再积分。

运用上述方法可将真分式的不定积分化为下面四类积分:

I. $\int\frac{A}{x-a}\mathrm{d}x$　　II. $\int\frac{A}{(x-a)^n}\mathrm{d}x$

III. $\int\frac{Mx+N}{x^2+Px+Q}\mathrm{d}x$　　IV. $\int\frac{Mx+N}{(x^2+Px+Q)^n}\mathrm{d}x$

以上是解有理函数不定积分的一般步骤,但在解此类题之前应先考虑是否有更简便的方法,这一点应注意。

6. 三角函数有理式的积分

三角函数有理式的不定积分可通过三角代换设 $\tan\frac{x}{2}=u$ 来解决,$\mathrm{d}x=\frac{2}{1+u^2}\mathrm{d}u,\sin x=\frac{2u}{1+u^2},\cos x=\frac{1-u^2}{1+u^2}$ 化为有理函数的积分。对于三角函数的有理式积分,在解题前同样要考虑有没有更简便的方法来求解。

7. 简单无理函数的积分

$$\int R(x,\sqrt[n]{ax+b})\mathrm{d}x\quad,\quad\int R\left(x,\sqrt[n]{\frac{ax+b}{cx+d}}\right)\mathrm{d}x$$

可通过变量替换,设 $\sqrt[n]{ax+b}$,$\sqrt[n]{\frac{ax+b}{cx+d}}$ 为一新变量来解决。

【例 1-3-1】 已知 $\frac{\sin x}{1+x\sin x}$ 为 $f(x)$ 的一个原函数,求 $\int f(x)f'(x)\mathrm{d}x$。

解 $\int f(x)f'(x)\mathrm{d}x=\int f(x)\mathrm{d}f(x)=\frac{1}{2}f^2(x)+C$

由原函数定义可知

$$f(x)=\left(\frac{\sin x}{1+x\sin x}\right)'=\frac{\cos x(1+x\sin x)-\sin x(\sin x+x\cos x)}{(1+x\sin x)^2}$$

$$=\frac{\cos x-\sin^2x}{(1+x\sin x)^2}$$

$$原式=\frac{1}{2}\left[\frac{\cos x-\sin^2x}{(1+x\sin x)^2}\right]^2+C$$

【例 1-3-2】 已知 $f(x)$为连续的偶函数，则 $f(x)$的原函数中：

A. 有奇函数　　B. 都是奇函数

C. 都是偶函数　　D. 没有奇函数也没有偶函数

解 举例 $f(x)=x^2$, $\int x^2 \mathrm{d}x = \frac{1}{3}x^3 + C$

当 $C=0$ 时，为奇函数；

当 $C=1$ 时，$\int x^2 \mathrm{d}x = \frac{1}{3}x^3 + 1$ 为非奇非偶函数。

答案：A

【例 1-3-3】 $f'(e^x)=1+x$，则 $f(x)$等于：

A. $x+\frac{1}{2}x^2+C$　　B. $x\ln x+C$

C. $x+e^x+C$　　D. $(1+x)^2+C$

解 把式子转化为关于 $f(x)$形式的表达式，设 $e^x = t, x = \ln t$，则

$$f'(t) = 1 + \ln t$$

即

$$f'(x) = 1 + \ln x$$

$$\begin{aligned} f(x) &= \int (1 + \ln x)\mathrm{d}x = x + \int \ln x \mathrm{d}x \\ &= x + x\ln x - \int 1 \mathrm{d}x = x + x\ln x - x + C \\ &= x\ln x + C \end{aligned}$$

答案：B

【例 1-3-4】 若 $\sec^2 x$ 是 $f(x)$的一个原函数，则 $\int xf(x)\mathrm{d}x$ 等于：

A. $\tan x+C$　　B. $x\tan x-\ln|\cos x|+C$

C. $x\sec^2 x+\tan x+C$　　D. $x\sec^2 x-\tan x+C$

解 $\int xf(x)\mathrm{d}x = \int x\mathrm{d}\sec^2 x = x\sec^2 x - \int \sec^2 x\mathrm{d}x = x\sec^2 x - \tan x + C$

答案：D

【例 1-3-5】 若 $\int f(x)\mathrm{d}x = x^3 + C$，则$\int f(\cos x)\sin x\mathrm{d}x$ 等于：

A. $-\cos^3 x+C$　　B. $\sin^3 x+C$

C. $\cos^3 x+C$　　D. $\frac{1}{3}\cos^3 x+C$

解 已知 $\int f(x)\mathrm{d}x = x^3 + C$，先将$\int f(\cos x)\sin x\mathrm{d}x$ 换成已给式子形式。

设 $\cos x=u$, $\mathrm{d}u=-\sin x\mathrm{d}x$, $\sin x\mathrm{d}x=-\mathrm{d}u$，则

$$\int f(\cos x)\sin x\mathrm{d}x = -\int f(u)\mathrm{d}u = -u^3 + C = -(\cos x)^3 + C = -\cos^3 x + C$$

答案：A

【例 1-3-6】 下列积分式中，正确的是：

A. $\int \cos(2x+3)\mathrm{d}x = \sin(2x+3) + C$

B. $\int e^{\sqrt{x}}\mathrm{d}x = e^{\sqrt{x}} + C$

C. $\int \ln x\mathrm{d}x = x\ln x - x + C$

D. $\int \frac{1}{\sqrt{4-x^2}}\mathrm{d}x = \frac{1}{2}\arcsin\frac{x}{2} + C$

解 计算如下

选项 A，$\int\cos(2x+3)\mathrm{d}x = \frac{1}{2}\int\cos(2x+3)\mathrm{d}(2x+3) = \frac{1}{2}\sin(2x+3)+C$，错误。

选项 B，设$\sqrt{x}=t, x=t^2, \mathrm{d}x=2t\mathrm{d}t$，$\int e^{\sqrt{x}}\mathrm{d}x = 2\int e^t\cdot t\mathrm{d}t = 2\left(te^t - \int e^t\mathrm{d}t\right) = 2e^t(t-1) + C = 2e^{\sqrt{x}}(\sqrt{x}-1)+C$，错误。

选项 C，$\int\ln x\mathrm{d}x \xlongequal{\text{分部积分}} x\ln x - \int\mathrm{d}x = x\ln x - x + C$，正确。

选项 D，$\int\frac{1}{\sqrt{4-x^2}}\mathrm{d}x \xlongequal{\text{积分公式}} \arcsin\frac{x}{2}+C$，错误。

答案：C

【例 1-3-7】 不定积分$\int\frac{x}{\sin^2(x^2+1)}\mathrm{d}x$等于：

A. $-\frac{1}{2}\cot(x^2+1)+C$　　B. $\frac{1}{\sin(x^2+1)}+C$

C. $-\frac{1}{2}\tan(x^2+1)+C$　　D. $-\frac{1}{2}\cot x+C$

解 本题可用第一类换元积分方法计算，也可用凑微分方法计算。

方法 1：

设 $t=x^2+1$，则有 $\mathrm{d}t=2x\mathrm{d}x$

$$\int\frac{x}{\sin^2(x^2+1)}\mathrm{d}x = \int\frac{1}{\sin^2 t}\frac{1}{2}\mathrm{d}t = \frac{1}{2}\int\csc^2 t\mathrm{d}t = -\frac{1}{2}\cot t + C = -\frac{1}{2}\cot(x^2+1)+C$$

方法 2：

$$\int\frac{x}{\sin^2(x^2+1)}\mathrm{d}x = \frac{1}{2}\int\frac{1}{\sin^2(x^2+1)}\mathrm{d}(x^2+1) = -\frac{1}{2}\cot(x^2+1)+C$$

答案：A

二、定积分

（一）定积分概念

定积分的引入是应实际的需要而产生的，如数学中计算曲边梯形的面积，物理中计算变速直线运动的物体在时间$[t_1,t_2]$内所经过的路程等。

1. 定积分定义

设 $f(x)$是定义在$[a,b]$上的有界函数，在$[a,b]$中任意插入一些分点 $a=x_0<x_1<\cdots<x_n=b$，把$[a,b]$分成 n 个小区间，在每个小区间$[x_{i-1},x_i]$上任意取一点 ξ_i，作函数值与小区间 Δx_i 的乘积 $f(\xi_i)\Delta x_i$（其中，$i=1,2,\cdots,n$），作和式$\sum_{i=1}^{n}f(\xi_i)\Delta x_i$，令 $\lambda=\max\{\Delta x_i(i=1,2,\cdots,n)\}\rightarrow 0$，如果上式极限（这个极限与区间的分法及各小区间上 ξ_i 的取法无关）存在，则称此极限为函数

$f(x)$在$[a,b]$上的定积分，记作$\int_a^b f(x)\mathrm{d}x$，即

$$\int_a^b f(x)\mathrm{d}x = \lim_{\substack{n\to\infty \\ \lambda\to 0}} \sum_{i=1}^{n} f(\xi_i)\Delta x_i \tag{1-3-5}$$

2.定积分的几何意义、物理意义

几何意义：

当在$[a,b]$上$f(x)\geqslant 0$，$\int_a^b f(x)\mathrm{d}x$表示由曲线$y=f(x)$，x轴，直线$x=a$、$x=b$所围成图形的面积；

当在$[a,b]$上$f(x)\leqslant 0$，$\int_a^b f(x)\mathrm{d}x$表示由曲线$y=f(x)$，x轴，直线$x=a$、$x=b$所围成图形的面积的负值；

当$f(x)$可正可负，$\int_a^b f(x)\mathrm{d}x$表示由曲线$y=f(x)$，x轴，直线$x=a$、$x=b$所围成图形的面积的代数和。

物理意义：$\int_a^b f(x)\mathrm{d}x$可以表示不同的物理量，如变速直线运动所经过的路程，变力所做的功。

为了以后计算和应用方便，对定积分作以下两点补充规定：

(1)当$a=b$时，$\int_a^b f(x)\mathrm{d}x=0$；

(2)当$a>b$时，$\int_a^b f(x)\mathrm{d}x=-\int_b^a f(x)\mathrm{d}x$，即交换定积分的上下限时，绝对值不变而符号相反。

3.定积分性质

(1)若$f(x)$在$[a,b]$上可积，k为常数，则

$$\int_a^b kf(x)\mathrm{d}x = k\int_a^b f(x)\mathrm{d}x \tag{1-3-6}$$

(2)若$f(x)$，$g(x)$在$[a,b]$上可积，则

$$\int_a^b [f(x)\pm g(x)]\mathrm{d}x = \int_a^b f(x)\mathrm{d}x \pm \int_a^b g(x)\mathrm{d}x$$

(3)如果$a<c<b$，$f(x)$有界，则$f(x)$在$[a,b]$上可积的充要条件是$f(x)$在$[a,c]$和$[c,b]$上都可积。且有

$$\int_a^b f(x)\mathrm{d}x = \int_a^c f(x)\mathrm{d}x + \int_c^b f(x)\mathrm{d}x \tag{1-3-7}$$

(4)如果在区间$[a,b]$上，$f(x)=1$则

$$\int_a^b 1\mathrm{d}x = \int_a^b \mathrm{d}x = b-a$$

(5)如果在区间$[a,b]$上，$f(x)\geqslant 0$，则 $\int_a^b f(x)\mathrm{d}x\geqslant 0\ (a<b)$。

(6)如果在区间$[a,b]$上，$f(x)\leqslant g(x)$，则有

$$\int_a^b f(x)\mathrm{d}x\leqslant\int_a^b g(x)\mathrm{d}x$$

(7)设 M 及 m 分别是 $f(x)$在区间$[a,b]$上的最大值及最小值，则

$$m(b-a)\leqslant\int_a^b f(x)\mathrm{d}x\leqslant M(b-a)\qquad(a<b)$$

(8)定积分中值定理

如果函数 $f(x)$在闭区间$[a,b]$上连续，则在积分区间$[a,b]$上至少存在一个点 ξ，使下式成立

$$\int_a^b f(x)\mathrm{d}x=f(\xi)(b-a)\qquad(a\leqslant\xi\leqslant b)\tag{1-3-8}$$

4. 积分上限函数

(1)设 $f(x)$ 在$[a,b]$ 上连续，$x\in[a,b]$，称$\int_a^x f(x)\mathrm{d}x$ 为积分上限函数，记作 $\phi(x)=\int_a^x f(x)\mathrm{d}x$，经常写成如下形式 $\phi(x)=\int_a^x f(t)\mathrm{d}t\quad(a\leqslant x\leqslant b)$。

(2)若 $f(x)$在$[a,b]$上连续，则积分上限函数的导数

$$\phi'(x)=\left[\int_a^x f(t)\mathrm{d}t\right]'=f(x)\qquad(a\leqslant x\leqslant b)$$

上式可说明积分上限函数$\int_a^x f(t)\mathrm{d}t$ 是 $f(x)$ 的一个原函数。

(3) 若 $f(x)$ 在$[a,b]$ 上连续，且 $g(x)$ 可导，则$\left[\int_a^{g(x)} f(t)\mathrm{d}t\right]'=f(u)\cdot g'(x)=f[g(x)]\cdot g'(x)$。

注：如果给出的函数为积分下限函数，求导时，可利用定积分的性质，交换积分下限函数的上、下限，且改变原积分的符号，化为积分上限函数，再利用积分上限求导的方法计算。

(二)定积分的计算

(1)利用定义计算：即分割、取近似、求和、取极限的方法。

(2)利用牛顿-莱布尼兹公式计算：设函数 $f(x)$在$[a,b]$上连续，$F(x)$为其原函数，则

$$\int_a^b f(x)\mathrm{d}x=F(x)\Big|_a^b=F(b)-F(a)$$

(3)利用换元法计算：若 $f(x)$在$[a,b]$上连续，$x=\varphi(t)$在$[\alpha,\beta]$上连续，且当 $t\in[\alpha,\beta]$时 $x=\varphi(t)\in[a,b]$，$a=\varphi(\alpha)$，$b=\varphi(\beta)$，$\varphi(t)$在$[\alpha,\beta]$上具有连续导数，则

$$\int_a^b f(x)\mathrm{d}x=\int_\alpha^\beta f[\varphi(t)]\varphi'(t)\mathrm{d}t\tag{1-3-9}$$

(4)利用分部积分法计算：设 $u=u(x)$、$v=v(x)$在$[a,b]$上可导，$u'(x)v(x)$在$[a,b]$上可积，则

$$\int_a^b u(x)v'(x)\mathrm{d}x=u(x)v(x)\Big|_a^b-\int_a^b u'(x)v(x)\mathrm{d}x\tag{1-3-10}$$

或

$$\int_a^b u(x)\mathrm{d}v(x)=u(x)v(x)\Big|_a^b-\int_a^b v(x)\mathrm{d}u(x)$$

定积分的换元法、分部积分法与不定积分采用的方法是一致的，只多了上下限。不定积分的换元法有第一、二类之分，并且有不同的公式，而定积分换元法只有一个计算式，从公式(1-3-10)左往右推，就是第二类换元法，从公式(1-3-10)右往左推就是第一类换元法。定积分分部积分中 u 与 $\mathrm{d}v$ 的取法与不定积分相同。

(5)利用定积分的性质计算。

(6)利用公式计算：

① $\int_0^{\frac{\pi}{2}}\sin^m x\,\mathrm{d}x=\int_0^{\frac{\pi}{2}}\cos^m x\,\mathrm{d}x$ （m 为正整数）

$$=\begin{cases}\dfrac{m-1}{m}\times\dfrac{m-3}{m-2}\times\cdots\times\dfrac{5}{6}\times\dfrac{3}{4}\times\dfrac{1}{2}\times\dfrac{\pi}{2} & (m\text{ 为正偶数})\\ \dfrac{m-1}{m}\times\dfrac{m-3}{m-2}\times\cdots\times\dfrac{6}{7}\times\dfrac{4}{5}\times\dfrac{2}{3}\times 1 & (m\text{ 为大于 1 的奇数})\end{cases}$$

② $\int_0^{\pi}\sin^m x\,\mathrm{d}x=2\int_0^{\frac{\pi}{2}}\sin^m x\,\mathrm{d}x$ （m 为正整数）

③ $\int_{-a}^{a}f(x)\mathrm{d}x=\begin{cases}2\int_0^a f(x)\mathrm{d}x & f(x)\text{ 为偶函数}\\ 0 & f(x)\text{ 为奇函数}\end{cases}$

④ $\int_a^{a+T}f(x)\mathrm{d}x=\int_0^T f(x)\mathrm{d}x$ ［a 为实数、T 为周期函数 $f(x)$ 的周期］

⑤ $\int_0^{\pi}xf(\sin x)\mathrm{d}x=\frac{\pi}{2}\int_0^{\pi}f(\sin x)\mathrm{d}x$

【例 1-3-8】 $\frac{\mathrm{d}}{\mathrm{d}x}\int_{2x}^{0}e^{-t^2}\mathrm{d}t$ 等于：

A. e^{4x^2}　B. $2e^{-4x^2}$　C. $-2e^{-4x^2}$　D. e^{-x^2}

解 $\frac{\mathrm{d}}{\mathrm{d}x}\int_{2x}^{0}e^{-t^2}\mathrm{d}t=-\frac{\mathrm{d}}{\mathrm{d}x}\int_0^{2x}e^{-t^2}\mathrm{d}t=-e^{-4x^2}\cdot 2=-2e^{-4x^2}$

答案：C

注：该题是积分下限函数求导，可以利用定积分的性质将其转化为积分上限函数，故有 $\int_{2x}^{0}e^{-t^2}\mathrm{d}t=-\int_0^{2x}e^{-t^2}\mathrm{d}t$，然后利用公式即可求出。

【例 1-3-9】 设 $f(x)$在$(-\infty,+\infty)$连续，$x\neq 0$，则 $\varphi(x)=\int_0^{\frac{1}{x}}f(t)\mathrm{d}t$ 的导数为：

A. $-\frac{1}{x^2}f\left(\frac{1}{x}\right)$　B. $f\left(\frac{1}{x}\right)$

C. $f(x)$　D. $f\left(\frac{1}{x}\right)\ln x$

解 本题为积分上限函数，按前述公式计算。

$$\varphi'(x)=\frac{\mathrm{d}}{\mathrm{d}x}\int_0^{\frac{1}{x}}f(t)\mathrm{d}t=f\left(\frac{1}{x}\right)\left(-\frac{1}{x^2}\right)=-\frac{1}{x^2}f\left(\frac{1}{x}\right)$$

答案：A

【例 1-3-10】 设 f 连续，$f(0)=1$，那么$\lim\limits_{x\to 0}\frac{\int_0^x tf(t)\mathrm{d}t}{x^2}$ 的值为：

A. 1　　B. $\frac{1}{2}$　　C. $\frac{3}{2}$　　D. 2

解 $\lim\limits_{x\to 0}\frac{\int_0^x tf(t)\mathrm{d}t}{x^2}\overset{\frac{0}{0}}{=}\lim\limits_{x\to 0}\frac{xf(x)}{2x}=\lim\limits_{x\to 0}\frac{f(x)}{2}=\frac{1}{2}$

答案:B

【例 1-3-11】 计算 $\int_0^{\pi}\sqrt{\sin^3x-\sin^5x}\,\mathrm{d}x$,其值为:

A. $\frac{4}{5}$　　B. 0　　C. $\frac{2}{5}$　　D. 1

解

$$\begin{aligned}原式&=\int_0^{\pi}\sqrt{\sin^3x(1-\sin^2x)}\,\mathrm{d}x=\int_0^{\pi}(\sin x)^{\frac{3}{2}}\,|\cos x|\,\mathrm{d}x\\&=\int_0^{\frac{\pi}{2}}(\sin x)^{\frac{3}{2}}\,|\cos x|\,\mathrm{d}x+\int_{\frac{\pi}{2}}^{\pi}(\sin x)^{\frac{3}{2}}\,|\cos x|\,\mathrm{d}x\\&=\int_0^{\frac{\pi}{2}}(\sin x)^{\frac{3}{2}}\cos x\mathrm{d}x+\int_{\frac{\pi}{2}}^{\pi}(\sin x)^{\frac{3}{2}}(-\cos x)\mathrm{d}x\\&=\frac{2}{5}(\sin x)^{\frac{5}{2}}\Big|_0^{\frac{\pi}{2}}-\frac{2}{5}(\sin x)^{\frac{5}{2}}\Big|_{\frac{\pi}{2}}^{\pi}=\frac{4}{5}\end{aligned}$$

答案:A

【例 1-3-12】 计算 $\int_{-2}^{2}(|x|+x)e^{|x|}\mathrm{d}x$,其值为:

A. x　　B. $2(e^2+1)$　　C. e^2　　D. 无法确定

解

$$原式=\int_{-2}^{2}|x|\,e^{|x|}\mathrm{d}x+\int_{-2}^{2}xe^{|x|}\mathrm{d}x$$

因 $f(x)=xe^{|x|}$ 为奇函数,故$\int_{-2}^{2}xe^{|x|}\mathrm{d}x=0$,则

$$\begin{aligned}原式&=2\int_0^2|x|\,e^{|x|}\mathrm{d}x\quad[因\ f(x)=|x|\,e^{|x|}\ 为偶函数]\\&=2\int_0^2xe^x\mathrm{d}x=2\int_0^2x\mathrm{d}e^x\\&=2\left(xe^x\Big|_0^2-\int_0^2e^x\mathrm{d}x\right)\\&=2(2e^2-e^2+1)=2(e^2+1)\end{aligned}$$

答案:B

【例 1-3-13】 设 $I_1=\int_0^{\frac{\pi}{2}}\sqrt[3]{1+x^2}\,\mathrm{d}x$,$I_2=\int_0^{\frac{\pi}{2}}\sqrt[3]{1+\sin^2x}\,\mathrm{d}x$,则:

A. $I_1\geqslant I_2$　　B. $I_1\leqslant I_2$　　C. $I_1=I_2$　　D. 无法确定

解 因在$\left[0,\frac{\pi}{2}\right]$上,$x\geqslant\sin x$,$1+x^2\geqslant1+\sin^2x$

由定积分性质可知 $\int_0^{\frac{\pi}{2}}\sqrt[3]{1+x^2}\,\mathrm{d}x\geqslant\int_0^{\frac{\pi}{2}}\sqrt[3]{1+\sin^2x}\,\mathrm{d}x$,所以 $I_1\geqslant I_2$。

答案:A

【例 1-3-14】 设 $f(x)$ 为$(-\infty,+\infty)$上的连续函数，且满足 $f(x)=3x^2-x\int_0^1 f(x)\mathrm{d}x$，则 $f(x)$ 的表达式为：

A. $\frac{2}{3}$　　B. $3x^2$　　C. $3x^2-\frac{2}{3}x$　　D. $3x^2-\frac{2}{3}$

解　因为 $f(x)$ 在 $[0,1]$ 上连续，所以 $\int_0^1 f(x)\mathrm{d}x$ 为一确定的值。

设 $\int_0^1 f(x)\mathrm{d}x=A$，则 $f(x)=3x^2-xA$

两边积分

$$\int_0^1 f(x)\mathrm{d}x=\int_0^1 3x^2\mathrm{d}x-\int_0^1 Ax\mathrm{d}x$$

$$A=1-\frac{A}{2}\cdot x^2\Big|_0^1, A=1-\frac{A}{2}, A=\frac{2}{3}$$

$$f(x)=3x^2-Ax=3x^2-\frac{2}{3}x$$

答案：C

注：该题的基本思想是将定积分（某个确定数字）设为未知量进行求解，最后再反代回原方程求出 $f(x)$ 的表达式。

【例 1-3-15】 设 $f''(u)$连续，已知 $n\int_0^1 xf''(2x)\mathrm{d}x=\int_0^2 tf''(t)\mathrm{d}t$，那么 n 为：

A. 2　　B. 1　　C. 3　　D. 4

解　设 $2x=t, x=\frac{t}{2}, \mathrm{d}x=\frac{1}{2}\mathrm{d}t$，当 $x=1, t=2$；当 $x=0, t=0$。

左 $=n\int_0^2 \frac{t}{2}f''(t)\frac{1}{2}\mathrm{d}t=\frac{n}{4}\int_0^2 tf''(t)\mathrm{d}t$，右 $=\int_0^2 tf''(t)\mathrm{d}t$，左＝右。

所以 $\frac{n}{4}=1, n=4$。

答案：D

三、广义积分

（一）无穷限积分

设 $f(x)$在$[a,+\infty)$上有定义，且对任何 $b>a$，$f(x)$在$[a,b]$上可积，若极限 $\lim\limits_{b\to+\infty}\int_a^b f(x)\mathrm{d}x$ 存在，则定义

$$\int_a^{+\infty} f(x)\mathrm{d}x=\lim_{b\to+\infty}\int_a^b f(x)\mathrm{d}x \tag{1-3-11}$$

并说 $f(x)$在$[a,+\infty)$上广义积分存在或收敛；若上述极限不存在，就说广义积分不存在或发散。同理可定义

$$\int_{-\infty}^b f(x)\mathrm{d}x=\lim_{a\to-\infty}\int_a^b f(x)\mathrm{d}x \tag{1-3-12}$$

$$\int_{-\infty}^{+\infty} f(x)\mathrm{d}x=\int_{-\infty}^c f(x)\mathrm{d}x+\int_c^{+\infty} f(x)\mathrm{d}x \tag{1-3-13}$$

其中 c 为$(-\infty,+\infty)$上任一点。只有当右边两个广义积分都存在时，广义积分才收敛。

若有一个不存在，则广义积分发散。

（二）无界函数积分

设 $f(x)$在$(a,b]$上有定义，在点 a 的右邻域内无界，对任何 $0<\varepsilon<b-a$，$f(x)$在$[a+\varepsilon,b]$上可积，若极限$\lim\limits_{\varepsilon\to 0^+}\int_{a+\varepsilon}^{b} f(x)\mathrm{d}x$ 存在，则定义

$$\int_a^b f(x)\mathrm{d}x=\lim_{\varepsilon\to 0^+}\int_{a+\varepsilon}^{b} f(x)\mathrm{d}x \tag{1-3-14}$$

并说 $f(x)$在$(a,b]$上广义积分存在或收敛；若极限不存在，则说广义积分不存在或发散，同理，若 $f(x)$在$[a,b)$上有定义，$f(x)$在点 b 左邻域无界的情况，若极限$\lim\limits_{\varepsilon\to 0^+}\int_{a}^{b-\varepsilon} f(x)\mathrm{d}x$存在，则定义

$$\int_a^b f(x)\mathrm{d}x=\lim_{\varepsilon\to 0^+}\int_{a}^{b-\varepsilon} f(x)\mathrm{d}x \quad [f(x)\text{在点 } b \text{ 的左邻域无界}] \tag{1-3-15}$$

并说 $f(x)$在$[a,b)$上广义积分存在或收敛；极限不存在，则称广义积分不存在或发散。

$$\int_a^b f(x)\mathrm{d}x=\lim_{\varepsilon_1\to 0^+}\int_{a}^{c-\varepsilon_1} f(x)\mathrm{d}x+\lim_{\varepsilon_2\to 0^+}\int_{c+\varepsilon_2}^{b} f(x)\mathrm{d}x \quad [a<c<b,f(x)\text{在点 } c \text{ 的邻域无界}] \tag{1-3-16}$$

只有当右边两个极限都存在时，广义积分 $\int_a^b f(x)\mathrm{d}x$ 才收敛；若其中一个发散，则广义积分发散。

上述广义积分，在计算中都是先通过计算定积分，再取极限求出最后的结果。在计算定积分时，常义积分所用的一切计算方法均能使用，在求极限时有时还要用到洛必达法则才能求出最后的极限。对于无界函数的积分，它很容易和常义积分混淆在一起，计算前要认真分析一下是常义积分还是广义积分，否则将会出现错误的结果。

【例 1-3-16】 广义积分$\int_e^{+\infty}\frac{1}{x(\ln x)^2}\mathrm{d}x$ 的值为：

A. 1　　B. 0　　C. 2　　D. 发散

解　方法 1：

$$\begin{aligned}\text{原式}&=\lim_{b\to+\infty}\int_e^b\frac{1}{(\ln x)^2}\mathrm{d}\ln x=\lim_{b\to+\infty}\left(-\frac{1}{\ln x}\right)\Big|_e^b\\&=-\lim_{b\to+\infty}\left(\frac{1}{\ln b}-\frac{1}{\ln e}\right)=1\end{aligned}$$

方法 2：

$$\begin{aligned}\text{原式}&=\int_e^{+\infty}\frac{1}{(\ln x)^2}\mathrm{d}\ln x=-\frac{1}{\ln x}\Big|_e^{+\infty}\\&=-\left(\lim_{x\to+\infty}\frac{1}{\ln x}-1\right)=1\end{aligned}$$

答案：A

【例 1-3-17】 广义积分$\int_{-1}^{1}\frac{1}{x^3}\mathrm{d}x$ 的值为：

A. 0　　B. 发散　　C. 2　　D. 1

解 $\lim\limits_{x\to 0}\dfrac{1}{x^3}=\infty$，$x=0$ 为无穷不连续点。

方法 1：

$$原式=\int_{-1}^{0}\frac{1}{x^3}\mathrm{d}x+\int_{0}^{1}\frac{1}{x^3}\mathrm{d}x$$

因

$$\int_{0}^{1}\frac{1}{x^3}\mathrm{d}x=\lim_{\varepsilon\to 0^+}\int_{\varepsilon}^{1}\frac{1}{x^3}\mathrm{d}x=\lim_{\varepsilon\to 0^+}\left(-\frac{1}{2}\right)\left(\frac{1}{x^2}\right)\Big|_{\varepsilon}^{1}$$

$$=-\frac{1}{2}\left(1-\lim_{\varepsilon\to 0^+}\frac{1}{\varepsilon^2}\right)$$

$$=+\infty$$

所以广义积分$\int_{-1}^{1}\frac{1}{x^3}\mathrm{d}x$ 发散。

方法 2：

因 $$\int_{0}^{1}\frac{1}{x^3}\mathrm{d}x=-\frac{1}{2}\left(\frac{1}{x^2}\Big|_{0}^{1}\right)=-\frac{1}{2}\left(1-\lim_{x\to 0^+}\frac{1}{x^2}\right)=+\infty$$

所以广义积分$\int_{-1}^{1}\frac{1}{x^3}\mathrm{d}x$ 发散。

答案：B

注：在广义积分中，只要有一项发散则发散，即便是左右对称的情况，例如本题，$\int_{0}^{1}\frac{1}{x^3}\mathrm{d}x=+\infty$，而$\int_{-1}^{0}\frac{1}{x^3}\mathrm{d}x=-\infty$，看似相加即可抵消，然而却不能用这种思维来处理本题，因为正无穷大与负无穷大之和未必是 0，这种情况就是发散。

【例 1-3-18】 下列广义积分收敛的是：

A. $\int_{1}^{+\infty}\cos x\mathrm{d}x$　　B. $\int_{1}^{+\infty}\frac{1}{x^3}\mathrm{d}x$　　C. $\int_{1}^{+\infty}\ln x\mathrm{d}x$　　D. $\int_{1}^{+\infty}e^x\mathrm{d}x$

解 对每一选项通过计算检验

A. $\int_{1}^{+\infty}\cos x\mathrm{d}x=\sin x\Big|_{1}^{+\infty}=\lim\limits_{x\to+\infty}\sin x-\sin 1$ 振荡无极限

B. $\int_{1}^{+\infty}\frac{1}{x^3}\mathrm{d}x=-\frac{1}{2}x^{-2}\Big|_{1}^{+\infty}=-\frac{1}{2}\left(\lim\limits_{x\to+\infty}x^{-2}-1\right)=\frac{1}{2}$

C. $\int_{1}^{+\infty}\ln x\mathrm{d}x=(x\ln x-x)\Big|_{1}^{+\infty}=x(\ln x-1)\Big|_{1}^{+\infty}=\lim\limits_{x\to+\infty}x(\ln x-1)+1=+\infty$

D. $\int_{1}^{+\infty}e^x\mathrm{d}x=e^x\Big|_{1}^{+\infty}=+\infty$

答案：B

【例 1-3-19】 下列命题或等式中，错误的是：

A. 设 $f(x)$在$[-a,a]$上连续且为偶函数，则$\int_{-a}^{a}f(x)\mathrm{d}x=2\int_{0}^{a}f(x)\mathrm{d}x$

B. 设 $f(x)$在$[-a,a]$上连续且为奇函数，则$\int_{-a}^{a}f(x)\mathrm{d}x=0$

C. 设 $f(x)$是$(-\infty,+\infty)$上连续的周期函数,周期为 T,则 $\int_a^{a+T} f(x)\mathrm{d}x =$ $\int_0^T f(x)\mathrm{d}x$

D. $\int_{-1}^{1} \frac{1}{x^2}\mathrm{d}x = -\left.\frac{1}{x}\right|_{-1}^{1} = -2$

解 由定积分公式计算可知选项 A、B 正确。选项 C 计算如下:

$$\int_a^{a+T} f(x)\mathrm{d}x = \int_a^0 f(x)\mathrm{d}x + \int_0^T f(x)\mathrm{d}x + \int_T^{a+T} f(x)\mathrm{d}x \qquad ①$$

将式子 $\int_T^{a+T} f(x)\mathrm{d}x$ 变形,设 $x = t + T$,$\mathrm{d}x = \mathrm{d}t$。当 $x = T$ 时,$t = 0$;当 $x = a + T$ 时,$t = a$。

$$\int_T^{a+T} f(x)\mathrm{d}x = \int_0^a f(t+T)\mathrm{d}t = \int_0^a f(t)\mathrm{d}t = \int_0^a f(x)\mathrm{d}x = -\int_a^0 f(x)\mathrm{d}x$$

代入式 ①,得 $\int_a^{a+T} f(x)\mathrm{d}x = \int_0^T f(x)\mathrm{d}x$,正确。

选项 D 是广义积分,计算如下:

$\int_{-1}^{1} \frac{1}{x^2}\mathrm{d}x = \int_{-1}^{0} \frac{1}{x^2}\mathrm{d}x + \int_{0}^{1} \frac{1}{x^2}\mathrm{d}x$ ($x = 0$ 为无穷间断点)

而 $\int_{-1}^{0} \frac{1}{x^2}\mathrm{d}x - \lim\limits_{\varepsilon \to 0^+} \int_{-1}^{0-\varepsilon} \frac{1}{x^2}\mathrm{d}x - \lim\limits_{\varepsilon \to 0^+} \left.\left(\frac{-1}{x}\right)\right|_{-1}^{0-\varepsilon} - \lim\limits_{\varepsilon \to 0^+} \left(\frac{1}{\varepsilon} - 1\right) - +\infty$,错误。

答案:D

四、定积分的应用

通过定积分定义导出的微分元素法,对解决几何方面和物理方面的实际问题行之有效。

(一)用元素法解题的主要步骤

(1)确定积分变量及变量的变化区间;

(2)找出所求量的微分元素;

(3)在积分区间上积分。而选对积分变量及变量的变化区间、正确写出所求量的微分元素是微分元素法的关键。

(二)定积分的应用

1. 定积分的几何应用

计算平面图形的面积,旋转体和平行截面面积为已知的立体的体积,平面曲线的弧长。

(1)平面图形的面积

直角坐标方程:设曲边梯形由曲边 $y = f(x)[f(x) \geqslant 0]$,直线 $x = a$,$x = b$ 以及 x 轴围成,如图 1-3-1 所示。

$$A = \int_a^b f(x)\mathrm{d}x$$

参数方程:设曲边由参数方程 $\begin{cases} x = \varphi(t) \\ y = \psi(t) \end{cases}$ 给出,直线 $x = a$,$x = b$ 以及 x 轴围成,如图 1-3-2 所示。

则 $$A = \int_a^b f(x)\mathrm{d}x = \int_{t_1}^{t_2} \psi(t)\varphi'(t)\mathrm{d}t$$

(当 $x = a$ 时,$t = t_1$,当 $x = b$ 时,$t = t_2$)

极坐标方程：设曲边方程为 $r=r(\theta)$ 以及射线 $\theta=\alpha,\theta=\beta$ 围成的图形，如图 1-3-3 所示。

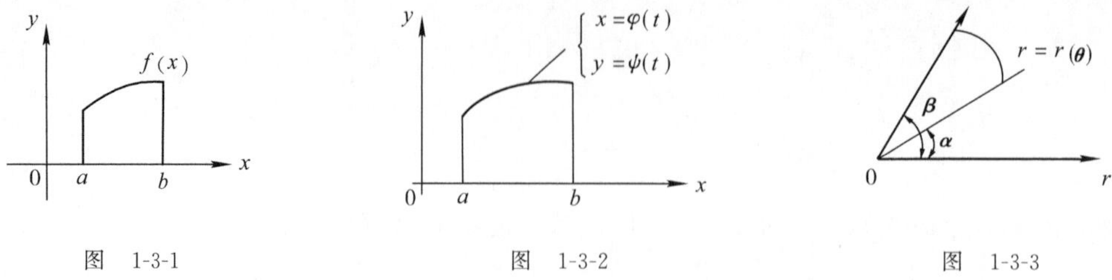

图 1-3-1　　图 1-3-2　　图 1-3-3

则
$$A=\int_{\alpha}^{\beta}\frac{1}{2}r^2(\theta)\mathrm{d}\theta$$

(2)体积

旋转体的体积：设由曲线 $y=f(x)$，直线 $x=a,x=b$ 以及 x 轴围成的平面图形，绕 x 轴旋转一周而生成的旋转体的体积，如图1-3-4所示。则
$$V_x=\int_a^b\pi[f(x)]^2\mathrm{d}x$$

平行截面面积为已知的立体的体积：设立体由曲面 S，以及平面 $x=a$、$x=b$ 所围成，且对于 $[a,b]$ 上任一点 x 作垂直截面，截得的面积 $A=A(x)$ 为 x 的连续函数，如图 1-3-5 所示。则
$$V=\int_a^b A(x)\mathrm{d}x$$

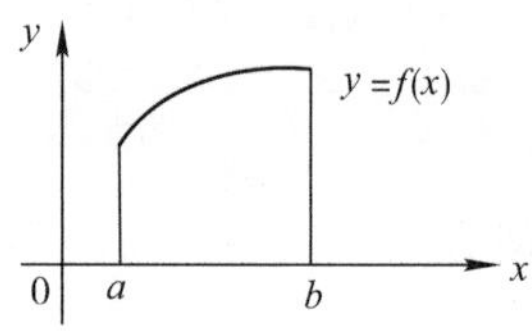

图 1-3-4

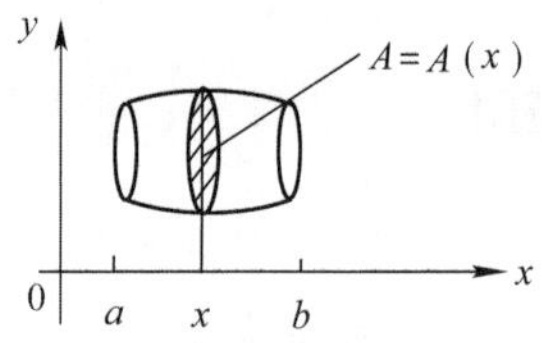

图 1-3-5

(3)平面曲线的弧长

直角坐标方程：曲线 C 的方程为 $y=f(x),a\leqslant x\leqslant b$，则 $s=\int_a^b\sqrt{1+[f'(x)]^2}\mathrm{d}x$

参数方程：曲线 C 的方程为 $\begin{cases}x=\varphi(t)\\y=\psi(t)\end{cases}$，$t_1\leqslant t\leqslant t_2$，则 $s=\int_{t_1}^{t_2}\sqrt{[\varphi'(t)]^2+[\psi'(t)]^2}\mathrm{d}t$

极坐标方程：曲线 C 的方程为 $r=r(\theta),\alpha\leqslant\theta\leqslant\beta$，则 $s=\int_{\alpha}^{\beta}\sqrt{[r(\theta)]^2+[r'(\theta)]^2}\mathrm{d}\theta$

2.定积分的物理应用

计算物体做变速直线运动所经历的路程及物体在变力作用下沿直线运动所做的功、水压力等。

【例 1-3-20】 计算抛物线 $y^2=2x$ 与直线 $y=x-4$ 所围成平面图形的面积。

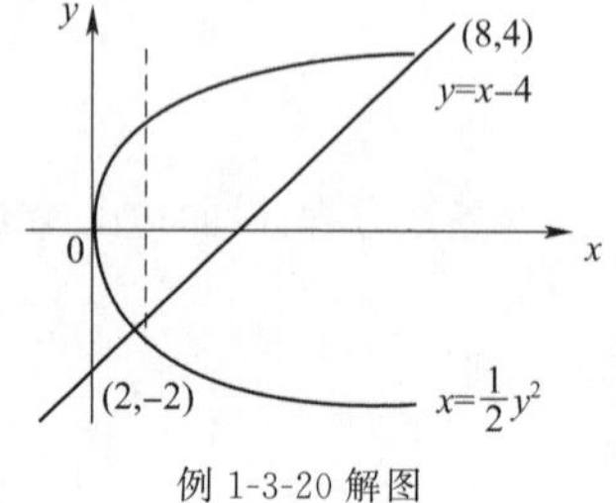

例 1-3-20 解图

解 如解图所示，求交点 $\begin{cases}y^2=2x\\y=x-4\end{cases}$，得(8,4)和(2,−2)

选积分变量为 y，则
$$A=\int_{-2}^{4}\left(y+4-\frac{1}{2}y^2\right)\mathrm{d}y$$

$$= \left(\frac{1}{2}y^2 + 4y - \frac{1}{6}y^3\right)\Bigg|_{-2}^{4} = 18$$

选积分变量为 x，则

$$A = \int_0^2 [\sqrt{2x} - (-\sqrt{2x})]\mathrm{d}x + \int_2^8 [\sqrt{2x} - (x-4)]\mathrm{d}x$$

$$= \int_0^2 2\sqrt{2x}\,\mathrm{d}x + \int_2^8 (\sqrt{2x} - x + 4)\mathrm{d}x = 18$$

【例 1-3-21】 曲线 $y=\ln x$，$y=\ln a$，$y=\ln b(0<a<b)$ 及 y 轴所围图形的面积为 A（见图），则 A 等于：

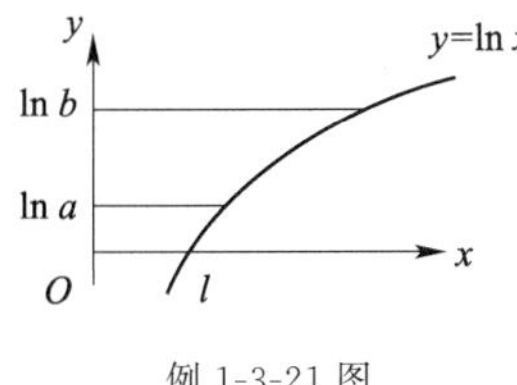

例 1-3-21 图

A. $\int_{\ln a}^{\ln b} \ln x\mathrm{d}x$　　B. $\int_{e^a}^{e^b} e^x\mathrm{d}x$

C. $\int_{\ln a}^{\ln b} e^y\mathrm{d}y$　　D. $\int_{e^a}^{e^b} \ln x\mathrm{d}x$

解 选积分变量为 y，$y\in[\ln a,\ln b]$，由 $y=\ln x$，得 $x=e^y$

则 $\mathrm{d}A=e^y\mathrm{d}y$，即 $A=\int_{\ln a}^{\ln b} e^y\mathrm{d}y$

答案：C

【例 1-3-22】 计算：(1)求由直线 $x=0$，$x=2$，$y=0$ 与抛物线 $y=-x^2+1$ 所围成平面图形的面积 S；(2)求上述平面图形绕 x 轴旋转一周所得的旋转体的体积 V_x（见图）。

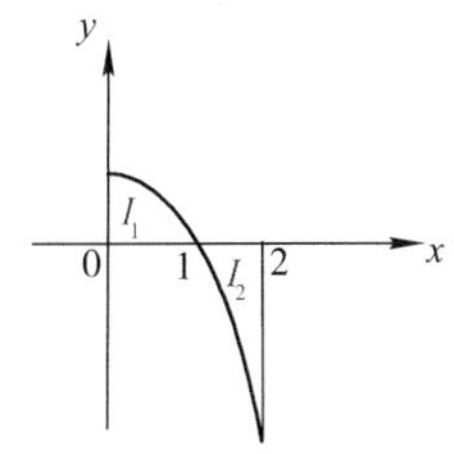

例 1-3-22 图

解 因为平面图形有一部分在 x 轴的上方，另有一部分在 x 轴下方，在计算面积 I_2 时需加一个负号。

$$(1)\ S = \int_0^1 (-x^2+1)\mathrm{d}x + \int_1^2 -(-x^2+1)\mathrm{d}x$$

$$= \left(-\frac{1}{3}x^3 + x\right)\Bigg|_0^1 + \left(\frac{1}{3}x^3 - x\right)\Bigg|_1^2 = 2$$

$$(2)V_x = \int_0^1 \pi(-x^2+1)^2\mathrm{d}x + \int_1^2 \pi[-(-x^2+1)]^2\mathrm{d}x$$

$$= \pi\int_0^2 (-x^2+1)^2\mathrm{d}x = \pi\int_0^2 (x^4-2x^2+1)\mathrm{d}x$$

$$= \pi\left(\frac{1}{5}x^5 - \frac{2}{3}x^3 + x\right)\Bigg|_0^2 = \frac{46}{15}\pi$$

【例 1-3-23】 设在区间 $[a,b]$ 上，$f(x)>0$，$f'(x)<0$，$f''(x)>0$，令 $S_1=\int_a^b f(x)\mathrm{d}x$，$S_2=f(b)(b-a)$，$S_3=\frac{1}{2}[f(a)+f(b)](b-a)$，则：

A. $S_1<S_2<S_3$　　B. $S_2<S_1<S_3$　　C. $S_3<S_1<S_2$　　D. $S_2<S_3<S_1$

解 在 $[a,b]$ 上，$y=f(x)$ 如解图所示。

由已知　$f(x)>0$，图形在 x 轴上方

$f'(x)<0$，$f(x)$ 的图形单调减少

$f''(x)>0$，$f(x)$ 的图形为凹形

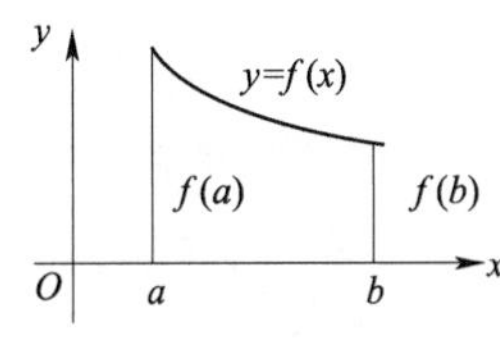

例 1-3-23 解图

$S_1=\int_a^b f(x)\mathrm{d}x$ 为由 $y=f(x)$，$x=a$，$x=b$ 及 x 轴所围成的图形

面积。

$S_2=f(b)(b-a)$表示的是以最小值 $f(b)$为高，以$(b-a)$为底的长方形面积。

$S_3=\frac{1}{2}[f(a)+f(b)](b-a)$表示以 $f(a)$为下底，$f(b)$为上底，$(b-a)$为高的梯形面积。

由画出的图形可知，面积大小的顺序为 $S_2<S_1<S_3$。

答案：B

【例 1-3-24】 求由曲线 $y=2-x^2$ 与 $y=|x|$所围成图形的面积(见图)。下列表示式错误的是：

A. $\int_{-1}^{0}(2-x^2+x)\mathrm{d}x+\int_{0}^{1}(2-x^2-x)\mathrm{d}x$

B. $\int_{0}^{1}2y\mathrm{d}y+\int_{1}^{2}2\sqrt{2-y}\,\mathrm{d}y$

C. $2\int_{0}^{1}(2-x^2-x)\mathrm{d}x$

D. $\int_{-1}^{1}(2-x^2-x)\mathrm{d}x$

例 1-3-24 图

解 $\begin{cases}y=2-x^2\\y=x\end{cases}$ 与 $\begin{cases}y=2-x^2\\y=-x\end{cases}$ 的交点分别为$(1,1)$、$(-1,1)$，经分析 A、B、C 列式均正确。

A. 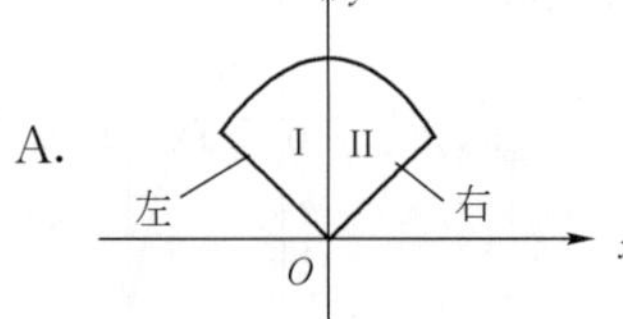

为按左、右两部分分别列式计算面积。

B. 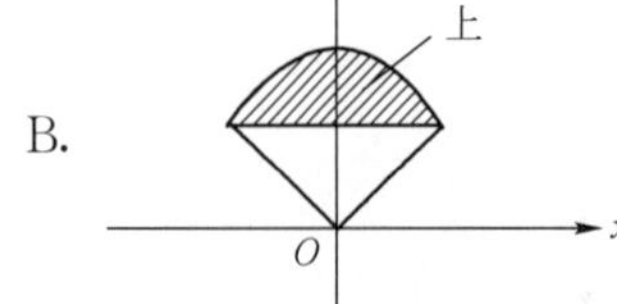

利用图形关于 y 轴的对称式，按上、下两部分分别列式计算面积。

C. 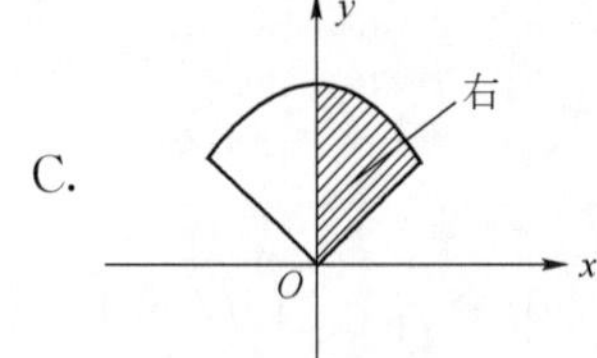

利用图形关于 y 轴对称，面积为右半部面积的 2 倍列式计算面积。

D. 列式错误在于对曲线 $y=2-x^2$ 与 $y=|x|$所围成图形的理解有误。

$$y=|x|=\begin{cases}x & x\geqslant 0\\-x & x<0\end{cases}$$

两交点坐标应为$(-1,1)$、$(1,1)$。选项 D 的被积函数 $f(x)=2-x^2-x$ 是由计算曲线 $y=2-x^2$、$y=x$ 与 y 轴所围成图形面积元素的表达式。

答案：D

【例 1-3-25】 由交点为(x_1,y_1)及(x_2,y_2)(其中 $x_1<x_2$)的两曲线 $y=f(x)>0$，$y=g(x)>$

$0[f(x)\geqslant g(x)]$所围图形绕 x 轴旋转一周所得的旋转体体积 V 是：

A. $\int_{x_1}^{x_2}\pi[f(x)-g(x)]^2\mathrm{d}x$　　B. $\int_{x_1}^{x_2}\pi[f^2(x)-g^2(x)]\mathrm{d}x$

C. $\int_{x_1}^{x_2}[\pi f(x)]^2\mathrm{d}x-\int_{x_1}^{x_2}[\pi g(x)]^2\mathrm{d}x$　　D. $\int_{x_1}^{x_2}[\pi f(x)-\pi g(x)]\mathrm{d}x$

解　如解图所示，$x\in[x_1,x_2]$

则 $\mathrm{d}V=\pi f^2(x)\mathrm{d}x-\pi g^2(x)\mathrm{d}x=\pi[f^2(x)-g^2(x)]\mathrm{d}x$

$$V=\int_{x_1}^{x_2}\pi[f^2(x)-g^2(x)]\mathrm{d}x$$

答案：B

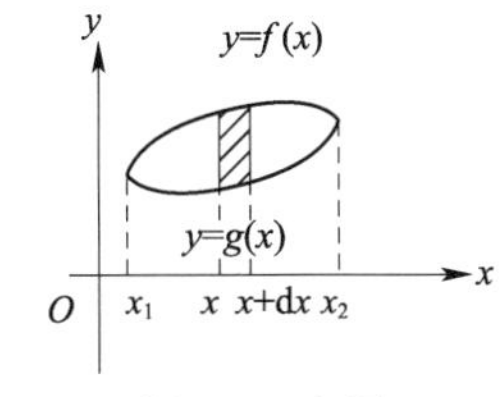

例 1-3-25 解图

习　题

1-3-1　下列各式中正确的是(C 为任意常数)(　　)。

A. $\int f'(3-2x)\mathrm{d}x=-\frac{1}{2}f(3-2x)+C$

B. $\int f'(3-2x)\mathrm{d}x=-f(3-2x)+C$

C. $\int f'(3-2x)\mathrm{d}x=f(x)+C$

D. $\int f'(3-2x)\mathrm{d}x=\frac{1}{2}f(3-2x)+C$

1-3-2　设 $F(x)$ 是 $f(x)$ 的一个原函数，则 $\int e^{-x}f(e^{-x})\mathrm{d}x$ 等于(　　)。

A. $F(e^{-x})+C$　　B. $-F(e^{-x})+C$

C. $F(e^{x})+C$　　D. $-F(e^{x})+C$

1-3-3　计算积分 $\int\frac{f'(\ln x)}{x\sqrt{f(\ln x)}}\mathrm{d}x=$(　　)。

A. $\sqrt{f(\ln x)}+C$　　B. $-\sqrt{f(\ln x)}+C$

C. $2\sqrt{f(\ln x)}+C$　　D. $-2\sqrt{f(\ln x)}+C$

1-3-4　设 $f(x)$ 的一个原函数为 $\cos x$，$g(x)$ 的一个原函数为 x^2，则 $f[g(x)]=$(　　)。

A. $\cos x^2$　　B. $-\sin x^2$　　C. $\cos 2x$　　D. $-\sin 2x$

1-3-5　如果 $\int\frac{f'(\ln x)}{x}\mathrm{d}x=x^2+C$，则 $f(x)=$(　　)$+C$。

A. $\frac{1}{x^2}$　　B. e^x　　C. e^{2x}　　D. xe^x

1-3-6　设 $f(x)$连续，则$\lim\limits_{x\to a}\frac{x}{x-a}\int_a^x f(t)\mathrm{d}t$ 为(　　)。

A. 0　　B. a　　C. $af(a)$　　D. $f(a)$

1-3-7　设函数 $f(x)$ 在区间$[a,b]$上连续，则下列结论不正确的是(　　)。

A. $\int_a^b f(x)\mathrm{d}x$ 是 $f(x)$ 的一个原函数

B. $\int_a^x f(t)\mathrm{d}t$ 是 $f(x)$ 的一个原函数 $(a<x<b)$

C. $\int_x^b f(t)\mathrm{d}t$ 是 $-f(x)$ 的一个原函数$(a<x<b)$

D. $f(x)$ 在$[a,b]$上是可积的

1-3-8　若 $f(x)$为可导函数,且已知 $f(0)=0,f'(0)=2$,则$\lim\limits_{x\to 0}\dfrac{\int_0^x f(t)\mathrm{d}t}{x^2}=$(　　)。

A. 0　　B. 1　　C. 2　　D. 不存在

1-3-9　广义积分 $I=\int_e^{+\infty}\dfrac{\mathrm{d}x}{x(\ln x)^2}$,则(　　)。

A. $I=1$　　B. $I=-1$　　C. $I=\dfrac{1}{2}$　　D. 此广义积分发散

1-3-10　下列广义积分中发散的是(　　)。

A. $\int_2^{+\infty}\dfrac{1}{x\ln^3 x}\mathrm{d}x$　　B. $\int_0^{+\infty}e^{-x}\mathrm{d}x$

C. $\int_{-1}^0\dfrac{2}{\sqrt{1-x^2}}\mathrm{d}x$　　D. $\int_1^e\dfrac{1}{x\ln x}\mathrm{d}x$

1-3-11　设 $Q(x)=\int_0^{x^2}te^{-t}\mathrm{d}t$, 则 $Q'(x)=$(　　)。

A. xe^{-x}　　B. $-xe^{-x}$　　C. $2x^3e^{-x^2}$　　D. $-2x^3e^{-x^2}$

1-3-12　$\int_0^a f(x)\mathrm{d}x=$(　　)。

A. $\int_0^{\frac{a}{2}}[f(x)+f(x-a)]\mathrm{d}x$　　B. $\int_0^{\frac{a}{2}}[f(x)+f(a-x)]\mathrm{d}x$

C. $\int_0^{\frac{a}{2}}[f(x)-f(a-x)]\mathrm{d}x$　　D. $\int_0^{\frac{a}{2}}[f(x)-f(x-a)]\mathrm{d}x$

1-3-13　设 $f(x)=\begin{cases}1 & 0\leqslant x\leqslant\dfrac{1}{2}\\ 0 & \dfrac{1}{2}<x\leqslant 1\end{cases}$,则 ξ 在等式 $f(\xi)=\int_0^1 f(x)\mathrm{d}x$ 中的情况是(　　)。

A. 在$[0,1]$内至少有一点 ξ,使该式成立

B. 在$[0,1]$内不存在 ξ,使该式成立

C. 在$[0,\frac{1}{2}]$,$(\frac{1}{2},1]$都存在 ξ,使该式成立

D. 仅在$[0,\frac{1}{2}]$中存在 ξ,使该式成立

1-3-14　下列结论中,错误的是(　　)。

A. $\int_{-a}^a f(x^2)\mathrm{d}x=2\int_0^a f(x^2)\mathrm{d}x$　　B. $\int_0^{2\pi}\sin^{10}x\mathrm{d}x=\int_0^{2\pi}\cos^{10}x\mathrm{d}x$

C. $\int_{-\pi}^{\pi}\cos 5x\sin 7x\mathrm{d}x=0$　　D. $\int_0^1 10^x\mathrm{d}x=9$

1-3-15　设 $f(x)$在$[-a,a]$上连续且为非零偶函数,则 $\varphi(x)=\int_0^x f(t)\mathrm{d}t$ 是(　　)。

A. 偶函数　　B. 奇函数　　C. 非奇非偶函数　　D. 不存在

1-3-16　设函数 $f(x)$ 在$[0,+\infty]$上连续，且满足 $f(x)=xe^{-x}+e^{x}\int_{0}^{1}f(x)\mathrm{d}x$，则 $f(x)$ 是(　　)。

A. xe^{-x}　　B. $xe^{-x}-e^{x-1}$　　C. e^{x-1}　　D. $(x-1)e^{-x}$

1-3-17　曲线 $y^2=4-x$ 与 y 轴所围成部分的面积为(　　)。

A. $\int_{-2}^{2}(4-y^2)\mathrm{d}y$　　B. $\int_{0}^{2}(4-y^2)\mathrm{d}y$

C. $\int_{0}^{4}\sqrt{4-x}\,\mathrm{d}x$　　D. $\int_{-4}^{4}\sqrt{4-x}\,\mathrm{d}x$

1-3-18　在区间$[0,2\pi]$上，曲线 $y=\sin x$ 与 $y=\cos x$ 之间所围图形的面积是(　　)。

A. $\int_{\frac{\pi}{4}}^{\pi}(\sin x-\cos x)\mathrm{d}x$　　B. $\int_{\frac{\pi}{4}}^{\frac{5}{4}\pi}(\sin x-\cos x)\mathrm{d}x$

C. $\int_{0}^{2\pi}(\sin x-\cos x)\mathrm{d}x$　　D. $\int_{0}^{\frac{5}{4}\pi}(\sin x-\cos x)\mathrm{d}x$

第四节　多元函数微分学

一、多元函数的概念

(一)n 元函数定义

设有集合 $E\subset R^n$(R^n 表示 n 维实数空间)，如果对于 E 中每一点 $P(x_1,x_2,\cdots,x_n)$，均有一个确定的 u 值与之对应，则称 u 为$(x_1,x_2,\cdots,x_n)$的 n 元函数(当 $n\geqslant 2$ 时称为多元函数)。

在 R^n 中点 $P_1(x_1,x_2,\cdots,x_n)$和点 $P_2(y_1,y_2,\cdots,y_n)$间的距离公式为

$$|P_1P_2|=\sqrt{(y_1-x_1)^2+\cdots+(y_n-x_n)^2} \tag{1-4-1}$$

与点 P_0 的距离小于 $\delta(\delta>0)$的点 M 的全体称为点 P_0 的 δ 邻域，记为 $U(P_0,\delta)$。用 $U(P_0)$表示点 P_0 的某一邻域；用$\overline{U}(P_0,\delta)$表示某一去心的点 P_0 的 δ 邻域。

(当 $n=2$ 时，即二元函数的定义，二维空间两点间的距离公式及点 P_0 的 δ 邻域的概念同上。)

(二)二元函数的极限

设二元函数 $z=f(x,y)$的定义域为 $D\subset R^2$，点 $P(x_0,y_0)$为 D 的聚点(即在 P_0 的任一邻域内，总含有 D 中无限多个点，则称 P_0 为 D 的聚点)。若 $\forall\varepsilon>0$，$\exists\delta>0$，使当 $0<\sqrt{(x-x_0)^2+(y-y_0)^2}<\delta$ 时，有 $|f(x,y)-A|<\varepsilon$ 成立，则称 A 为二元函数 $f(x,y)$，当$(x,y)\to(x_0,y_0)$的极限，记为 $\lim\limits_{\substack{x\to x_0\\y\to y_0}}f(x,y)=A$，其中点$(x,y)\to(x_0,y_0)$要求以任意方式进行，极限均存在且相等，仅个别路径不行，这是二元函数极限与一元函数极限最大的不同之处。

二元函数比一元函数多了一个自变量，求极限时注意它们的区别与联系。关于一元函数的极限的运算法则和计算公式，可以推广到二元函数，但形式要比一元函数复杂得多。

(三)二元函数的连续性

设 $f(x,y)$的定义域为 D，$M_0(x_0,y_0)\in D$，且为 D 的聚点，若有 $\lim\limits_{\substack{x\to x_0\\y\to y_0}}f(x,y)=f(x_0,y_0)$，

则称 $f(x,y)$ 在点 M_0 连续。若 $f(x,y)$ 在区域 D 中的每一点均连续,则称 $f(x,y)$ 在 D 上连续。在有界闭区域上连续的二元函数,介值定理、最值定理仍成立。连续二元函数的和、差、积、商(分母不为零)仍为连续函数,二元连续函数的复合函数也具有相应的连续性。二元初等函数在定义域上连续。这些性质都可推广到三元以上的函数中。

二、二元函数的偏导数和全微分

(一)偏导数

1.二元函数在一点的偏导数

设 $z=f(x,y)$ 在点 $P_0(x_0,y_0)$ 的某一邻域内有定义,$P_1(x_0+\Delta x,y_0)$ 为该邻域内的一点,若有

$$\lim_{\Delta x\to 0}\frac{f(x_0+\Delta x,y_0)-f(x_0,y_0)}{\Delta x} \tag{1-4-2}$$

存在,则称此极限为 $f(x,y)$ 在点 P_0 处对 x 的偏导数,记作 $z'_x\Big|_{(x_0,y_0)}$,$\frac{\partial z}{\partial x}\Big|_{(x_0,y_0)}$,$f'_x\Big|_{(x_0,y_0)}$,$\frac{\partial f}{\partial x}\Big|_{(x_0,y_0)}$。

类似地,函数 $z=f(x,y)$ 在点 $P_0(x_0,y_0)$ 处对 y 的偏导数定义为 $f'_y(x_0,y_0)=\lim\limits_{\Delta y\to 0}\frac{f(x_0,y_0+\Delta y)-f(x_0,y_0)}{\Delta y}$,记作 $z'_y|_{(x_0,y_0)}$,$\frac{\partial z}{\partial y}|_{(x_0,y_0)}$,$f'_y|_{(x_0,y_0)}$,$\frac{\partial f}{\partial y}|_{(x_0,y_0)}$。

2.二元函数偏导函数

若 $z=f(x,y)$ 在定义域 D 内的每一点 (x,y) 处对 x(或 y)的偏导数都存在,称这种对应关系所确定的函数为函数 z 对 x(对 y)的偏导函数,记作 $\frac{\partial z}{\partial x}$,$z'_x$,$\frac{\partial f}{\partial x}$,$f'_x$($\frac{\partial z}{\partial y}$,$z'_y$,$\frac{\partial f}{\partial y}$,$f'_y$)。

计算二元函数在一点的偏导数,可以用定义求,也可用先求出偏导函数再代值的方法计算。求二元函数的偏导函数时,只要把一个变量当作变量,另一个变量看作常数求导即可。对于二元分段函数,在分界点处的偏导数,必须用函数在一点的偏导数定义计算。

对于一元函数,曾有函数在一点可导,在这一点必连续的结论;对于二元函数,函数在一点存在对 x、对 y 的偏导数,但不能保证函数在这一点连续。

3.基本概念关系图(见图 1-4-1)

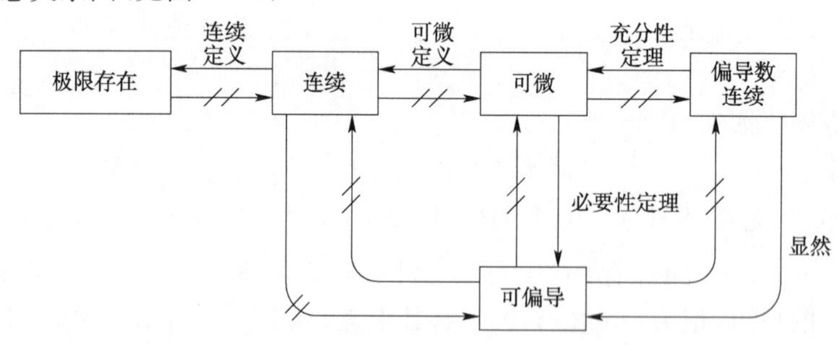

图 1-4-1

反例就不一一列举了,请大家记住结论即可。

4.二元函数高阶偏导

函数 $z=f(x,y)$ 在 D 内的偏导数 $\frac{\partial z}{\partial x}$ 和 $\frac{\partial z}{\partial y}$ 仍是 x,y 的二元函数,如果 $\frac{\partial z}{\partial x}$ 和 $\frac{\partial z}{\partial y}$ 的偏导数也存在,则称它们的偏导数为 $z=f(x,y)$ 的二阶偏导数,按求导数次序不同有

$$\frac{\partial^2 z}{\partial x^2}=\frac{\partial}{\partial x}\left(\frac{\partial z}{\partial x}\right) \qquad \frac{\partial^2 z}{\partial x\partial y}=\frac{\partial}{\partial y}\left(\frac{\partial z}{\partial x}\right)$$

$$\frac{\partial^2 z}{\partial y^2}=\frac{\partial}{\partial y}\left(\frac{\partial z}{\partial y}\right) \qquad \frac{\partial^2 z}{\partial y\partial x}=\frac{\partial}{\partial x}\left(\frac{\partial z}{\partial y}\right)$$

其中，$\frac{\partial^2 z}{\partial x\partial y}$与$\frac{\partial^2 z}{\partial y\partial x}$称为二阶混合偏导。类似可定义三阶、四阶以及 n 阶偏导。二阶及二阶以上的偏导数称为高阶偏导数。在$\frac{\partial^2 z}{\partial x\partial y}$与$\frac{\partial^2 z}{\partial y\partial x}$连续时，高阶混合偏导与求导的次序无关，即$\frac{\partial^2 z}{\partial x\partial y}=\frac{\partial^2 z}{\partial y\partial x}$。即高阶混合偏导相等。

（二）全微分

（1）二元函数全微分定义：

设 $z=f(x,y)$在点 $P(x,y)$的某一邻域内有定义，点 $P_1(x+\Delta x,y+\Delta y)$在该邻域内，若全增量 $\Delta z=f(x+\Delta x,y+\Delta y)-f(x,y)$可表示为

$$\Delta z=A\Delta x+B\Delta y+o(\rho) \tag{1-4-3}$$

式中，A、B 与 Δx 及 Δy 无关，而仅与 x、y 有关；$\rho=\sqrt{(\Delta x)^2+(\Delta y)^2}$，$o(\rho)$表示关于 ρ 的高阶无穷小。则称 $f(x,y)$在(x,y)处可微。$A\Delta x+B\Delta y$ 为 $f(x,y)$在点(x,y)处的全微分，记作$\mathrm{d}z=A\Delta x+B\Delta y$。

若 $z=f(x,y)$在区域 D 内每点均可微分，称 $f(x,y)$在区域 D 内可微。

函数 $z=f(x,y)$的全微分为

$$\mathrm{d}z=\frac{\partial z}{\partial x}\mathrm{d}x+\frac{\partial z}{\partial y}\mathrm{d}y \tag{1-4-4}$$

（2）如果函数 $z=f(x,y)$在点(x,y)处可微，则该函数在点(x,y)的偏导$\frac{\partial z}{\partial x}$、$\frac{\partial z}{\partial y}$都存在，且$\mathrm{d}z=\frac{\partial z}{\partial x}\mathrm{d}x+\frac{\partial z}{\partial y}\mathrm{d}y$。

（3）二元函数在(x,y)点可微、偏导存在、连续之间的关系（见图 1-4-2）：

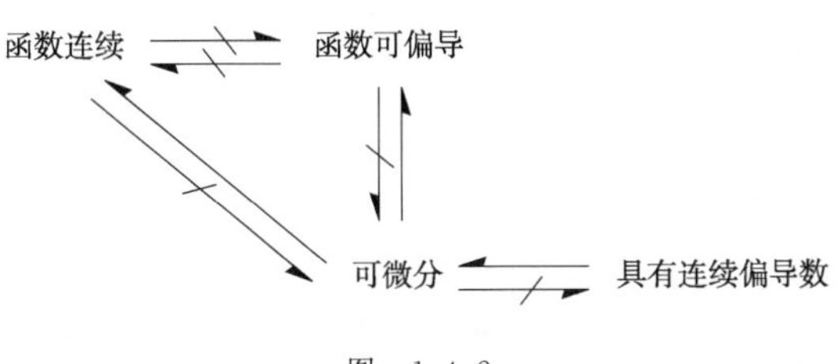

图 1-4-2

二元函数 $z=f(x,y)$在(x,y)点可微，函数在点(x,y)的偏导一定存在；但偏导存在，二元函数在点(x,y)不一定可微。函数 $z=f(x,y)$在点(x,y)可微，则函数在点(x,y)连续；但函数在点(x,y)连续，二元函数在这一点不一定可微。如果函数$z=f(x,y)$的偏导数$\frac{\partial z}{\partial x}$、$\frac{\partial z}{\partial y}$在点$(x,y)$连续，则二元函数在该点可微分。

这个结论一定要牢记，在考概念性题目中经常要用到。

(4)二元函数 $f(x,y)$在一点(x_0,y_0)偏导的几何意义

二元函数 $z=f(x,y)$在 $P_0(x_0,y_0)$对 x 的偏导数$f'_x(x_0,y_0)$的几何意义为由曲面 $z=f(x,y)$与平面 $y=y_0$ 交成的曲线 C 在点 $M_0(x_0,y_0,z_0)$的切线斜率。对 y 的偏导数$f'_y(x_0,y_0)$表示由曲面 $z=f(x,y)$与平面 $x=x_0$ 交成的曲线 C 在点 $M_0(x_0,y_0,z_0)$的切线斜率。

(三)复合函数的微分法

1. 复合函数全导数公式

设 $u=\varphi(t)$,$v=\psi(t)$在点 t 可导,函数 $z=f(u,v)$在对应点(u,v)具有连续偏导数,则复合函数 $z=f[\varphi(t),\psi(t)]$在点 t 可导,且有

$$\frac{\mathrm{d}z}{\mathrm{d}t}=\frac{\partial z}{\partial u}\frac{\mathrm{d}u}{\mathrm{d}t}+\frac{\partial z}{\partial v}\frac{\mathrm{d}v}{\mathrm{d}t} \tag{1-4-5}$$

推广:设 $u=f(x,y,z,t)$,$x=u(t)$,$y=v(t)$,$z=\omega(t)$,则

$$\frac{\mathrm{d}u}{\mathrm{d}t}=\frac{\partial u}{\partial x}\frac{\mathrm{d}x}{\mathrm{d}t}+\frac{\partial u}{\partial y}\frac{\mathrm{d}y}{\mathrm{d}t}+\frac{\partial u}{\partial z}\frac{\mathrm{d}z}{\mathrm{d}t}+\frac{\partial u}{\partial t} \tag{1-4-6}$$

式(1-4-5)、式(1-4-6)称函数 z 对 t 的全导数公式。

2. 复合函数偏导数公式

推广到多个中间变量,多个自变量的情况有下面公式:

(1)设 $z=f(u,v)$,$u=\varphi(x,y)$,$v=\psi(x,y)$,则

$$\frac{\partial z}{\partial x}=\frac{\partial z}{\partial u}\cdot\frac{\partial u}{\partial x}+\frac{\partial z}{\partial v}\cdot\frac{\partial v}{\partial x}\qquad \frac{\partial z}{\partial y}=\frac{\partial z}{\partial u}\cdot\frac{\partial u}{\partial y}+\frac{\partial z}{\partial v}\cdot\frac{\partial v}{\partial y} \tag{1-4-7}$$

(2)设 $z=f(u,x,y)$,$u=\varphi(x,y)$,则复合函数 $z=f[\varphi(x,y),x,y]$的偏导数

$$\frac{\partial z}{\partial x}=\frac{\partial f}{\partial u}\cdot\frac{\partial u}{\partial x}+\frac{\partial f}{\partial x}\qquad \frac{\partial z}{\partial y}=\frac{\partial f}{\partial u}\cdot\frac{\partial u}{\partial y}+\frac{\partial f}{\partial y} \tag{1-4-8}$$

(3)设 $z=f(u,v,\omega)$,$u=\varphi(x,y)$,$v=\psi(x,y)$,$\omega=\omega(x,y)$,则

$$\frac{\partial z}{\partial x}=\frac{\partial z}{\partial u}\cdot\frac{\partial u}{\partial x}+\frac{\partial z}{\partial v}\cdot\frac{\partial v}{\partial x}+\frac{\partial z}{\partial \omega}\cdot\frac{\partial \omega}{\partial x} \tag{1-4-9a}$$

$$\frac{\partial z}{\partial y}=\frac{\partial z}{\partial u}\cdot\frac{\partial u}{\partial y}+\frac{\partial z}{\partial v}\cdot\frac{\partial v}{\partial y}+\frac{\partial z}{\partial \omega}\cdot\frac{\partial \omega}{\partial y} \tag{1-4-9b}$$

(四)隐函数的微分法

(1)设方程 $F(x,y)=0$,满足 $F(x_0,y_0)=0$,$F(x,y)$在点(x_0,y_0)的某一邻域内连续,且有连续的偏导数 $F'_x(x,y)$、$F'_y(x,y)$,$F'_y(x_0,y_0)\neq 0$,则方程 $F(x,y)=0$ 在点(x_0,y_0)的邻域内恒能唯一确定一个单值连续且具有连续导数的函数 $y=f(x)$,它满足条件 $y_0=f(x_0)$,并有

$$\frac{\mathrm{d}y}{\mathrm{d}x}=-\frac{F'_x(x,y)}{F'_y(x,y)} \tag{1-4-10}$$

(2)设方程 $F(x,y,z)=0$满足 $F(x_0,y_0,z_0)=0$,$F(x,y,z)$在点(x_0,y_0,z_0)的某一邻域内连续且有连续偏导数 $F'_x(x,y,z)$、$F'_y(x,y,z)$、$F'_z(x,y,z)$,$F'_z(x_0,y_0,z_0)\neq 0$,则在点(x_0,y_0,z_0)的邻域内,方程 $F(x,y,z)=0$ 恒能唯一确定一个单值且具有连续偏导数的函数 $z=f(x,y)$,它

满足条件 $z_0=f(x_0,y_0)$，并有

$$\frac{\partial z}{\partial x}=-\frac{F'_x(x,y,z)}{F'_z(x,y,z)} \qquad \frac{\partial z}{\partial y}=-\frac{F'_y(x,y,z)}{F'_z(x,y,z)} \tag{1-4-11}$$

三、多元函数的应用

（一）空间曲线的切线与法平面

设空间曲线 γ 的参数方程为 $x=x(t),y=y(t),z=z(t)$，其中 $x(t),y(t),z(t)$ 均可微。曲线 γ 上的点 $M_0(x_0,y_0,z_0)$ 对应 $t=t_0$，且 $x'(t_0)$、$y'(t_0)$、$z'(t_0)$ 不同时为零，则曲线 γ 在点 M_0 处的切线方程为

$$\frac{x-x_0}{x'(t_0)}=\frac{y-y_0}{y'(t_0)}=\frac{z-z_0}{z'(t_0)} \tag{1-4-12}$$

过点 M_0 与切线垂直的平面称为曲线 γ 在点 M_0 处的法平面，它的方程为

$$x'(t_0)(x-x_0)+y'(t_0)(y-y_0)+z'(t_0)(z-z_0)=0$$

其中，$\{x'(t_0),y'(t_0),z'(t_0)\}$ 既是曲线 γ 在 M_0 处的切线的方向向量，又是 γ 在 M_0 处的法平面的法向量。

（二）曲面的切平面与法线

设曲面 Σ 的方程为 $F(x,y,z)=0$，$M_0(x_0,y_0,z_0)$ 为 Σ 上的一点，$F(x,y,z)$ 在点 M_0 可微，且 $F'_x(x_0,y_0,z_0)$，$F'_y(x_0,y_0,z_0)$，$F'_z(x_0,y_0,z_0)$ 不同时为零，则曲面 Σ 在点 M_0 处的切平面方程为

$$F'_x|_{M_0}(x-x_0)+F'_y|_{M_0}(y-y_0)+F'_z|_{M_0}(z-z_0)=0 \tag{1-4-13}$$

过点 M_0 与切平面垂直的直线称为曲面 Σ 在 M_0 的法线，法线方程为

$$\frac{x-x_0}{F'_x(x_0,y_0,z_0)}=\frac{y-y_0}{F'_y(x_0,y_0,z_0)}=\frac{z-z_0}{F'_z(x_0,y_0,z_0)} \tag{1-4-14}$$

其中，$\{F'_x,F'_y,F'_z\}_{M_0}$ 既是曲面 Σ 在点 M_0 处的切平面的法向量，又是曲面 Σ 在点 M_0 处的法线的方向向量。

（三）多元函数的极值

多元函数的极值问题分为无条件极值和条件极值两大类。对于自变量除了限定其在定义域内变化外，没有其他任何限制的极值问题，称为无条件极值；如果自变量还要受一定的其他条件限制，则称为条件极值。

1. 无条件极值

设函数 $z=f(x,y)$ 在点 (x_0,y_0) 的某个邻域内有定义，对于该邻域内异于点 (x_0,y_0) 的点 (x,y)，恒有 $f(x,y)<f(x_0,y_0)$ [或 $f(x,y)>f(x_0,y_0)$]，则称 $f(x_0,y_0)$ 为 $f(x,y)$ 的极大值（或极小值），则称点 (x_0,y_0) 为极大值点（或极小值点）。

函数的极大值和极小值统称为函数的极值。使 $f(x,y)$ 的一阶偏导数均等于零的点称为 $f(x,y)$ 的驻点。可偏导的函数在点 (x_0,y_0) 取得极值的必要条件是点 (x_0,y_0) 为它的驻点。

驻点和使 $f(x,y)$ 的一阶偏导数不存在的点统称为函数的极值可疑点，判断驻点是否为函数的极值点的方法如下：

设函数$z=f(x,y)$在点(x_0,y_0)的某邻域内连续且有一阶及二阶连续偏导数，又$f'_x(x_0,y_0)=0$，$f'_y(x_0,y_0)=0$，记$A=f''_{xx}(x_0,y_0)$，$B=f''_{xy}(x_0,y_0)$，$C=f''_{yy}(x_0,y_0)$则

(1)$AC-B^2>0$时具有极值，且当$A<0$时有极大值，当$A>0$时有极小值；

(2)$AC-B^2<0$时没有极值；

(3)$AC-B^2=0$时可能有极值，也可能没有极值，需另找其他方法判断。

2.条件极值

求解条件极值的基本方法是设法将它转化为无条件极值问题求解。常用的转化方法有两种：(1)直接由约束条件找出变量之间的关系，代入目标函数将条件极值化为无条件极值；(2)运用拉格朗日乘数法，构造辅助函数，将条件极值化为无条件极值。

拉格朗日乘数法：求$z=f(x,y)$(目标函数)在约束条件$\varphi(x,y)=0$下的极值，可构造函数

$$F(x,y,\lambda)=f(x,y)+\lambda\varphi(x,y) \tag{1-4-15}$$

将$F(x,y,\lambda)$分别对x、y、λ求偏导，并令其为零，得到方程组$\begin{cases}F'_x=f'_x+\lambda\varphi'_x=0\\F'_y=f'_y+\lambda\varphi'_y=0\\F'_\lambda=\varphi(x,y)=0\end{cases}$，解出$x$、$y$、$\lambda$。得到$F(x,y,\lambda)$的驻点$(x_0,y_0,\lambda_0)$，则$(x_0,y_0)$就是原问题的极值可疑点。对于实际问题可根据问题本身的性质确定该极值可疑点是否为极值点。

这种方法可以推广到自变量多于两个，条件多于一个的情况。

在实际问题中，如果多元函数只有唯一可能极值点，而根据问题的性质可知，最大值(或最小值)一定存在，那么在这个可能极值点处，取得函数的最大值(或最小值)。

【例 1-4-1】 $f(x,y)=\ln\left(x+\dfrac{y}{2x}\right)$，求$\left.\dfrac{\partial z}{\partial x}\right|_{(1,0)}$，$\left.\dfrac{\partial z}{\partial y}\right|_{(1,0)}$。

解

$$\frac{\partial z}{\partial x}=\frac{1}{x+\frac{y}{2x}}\left(1-\frac{y}{2x^2}\right)=\frac{2x^2-y}{x(2x^2+y)}，则\left.\frac{\partial z}{\partial x}\right|_{(1,0)}=1$$

$$\frac{\partial z}{\partial y}=\frac{1}{x+\frac{y}{2x}}\cdot\frac{1}{2x}=\frac{1}{2x^2+y}，则\left.\frac{\partial z}{\partial y}\right|_{(1,0)}=\frac{1}{2}$$

【例 1-4-2】 设函数$z=\left(\dfrac{y}{x}\right)^x$，则全微分$\left.dz\right|_{\substack{x=1\\y=2}}=$：

A. $\ln2dx+\dfrac{1}{2}dy$　　B. $(\ln2+1)dx+\dfrac{1}{2}dy$

C. $2\left[(\ln2-1)dx+\dfrac{1}{2}dy\right]$　　D. $\dfrac{1}{2}\ln2dx+2dy$

解 利用二元函数求全微分公式$dz=\dfrac{\partial z}{\partial x}dx+\dfrac{\partial z}{\partial y}dy$计算，代入$x=1$，$y=2$，求出$\left.dz\right|_{\substack{x=1\\y=2}}$的值。

(1)计算$\dfrac{\partial z}{\partial x}$：

$z=\left(\dfrac{y}{x}\right)^x$，$z$对$x$求导，为幂指函数求导，两边取对数，得$\ln z=x\ln\left(\dfrac{y}{x}\right)$，两边对$x$求导，

得$\frac{1}{z}z_x=\ln\frac{y}{x}+x\cdot\frac{x}{y}\left(-\frac{y}{x^2}\right)=\ln\frac{y}{x}-1$，进而得 $z_x=z\left(\ln\frac{y}{x}-1\right)=\left(\frac{y}{x}\right)^x\left(\ln\frac{y}{x}-1\right)$。

(2)计算$\frac{\partial z}{\partial y}$：

$$\frac{\partial z}{\partial y}=x\left(\frac{y}{x}\right)^{x-1}\frac{1}{x}=\left(\frac{y}{x}\right)^{x-1}$$

$$\mathrm{d}z=\frac{\partial z}{\partial x}\mathrm{d}x+\frac{\partial z}{\partial y}\mathrm{d}y=\left(\frac{y}{x}\right)^x\left(\ln\frac{y}{x}-1\right)\mathrm{d}x+\left(\frac{y}{x}\right)^{x-1}\mathrm{d}y$$

$$\mathrm{d}z\Big|_{\substack{x=1\\y=2}}=2(\ln2-1)\mathrm{d}x+\mathrm{d}y=2\left[(\ln2-1)\mathrm{d}x+\frac{1}{2}\mathrm{d}y\right]$$

答案:C

【例 1-4-3】 设 $z=z(x,y)$是由方程 $xz-xy+\ln(xyz)=0$ 所确定的可微函数，则$\frac{\partial z}{\partial y}$等于：

A. $\frac{-xz}{xz+1}$　　　　B. $-x+\frac{1}{2}$

C. $\frac{z(-xz+y)}{x(xz+1)}$　　　　D. $\frac{z(xy-1)}{y(xz+1)}$

解　设函数 $F(x,y,z)=xz-xy+\ln(xyz)$

$F_x=z-y+\frac{yz}{xyz}=z-y+\frac{1}{x}$，$F_y=-x+\frac{xz}{xyz}=-x+\frac{1}{y}$，$F_z=x+\frac{xy}{xyz}=x+\frac{1}{z}$

$$\frac{\partial z}{\partial y}=-\frac{F_y}{F_z}=-\frac{\frac{-xy+1}{y}}{\frac{xz+1}{z}}=-\frac{(1-xy)z}{y(xz+1)}=\frac{z(xy-1)}{y(xz+1)}$$

答案:D

【例 1-4-4】 设方程 $x^2+y^2+z^2=4z$ 确定可微函数 $z=z(x,y)$，则全微分 $\mathrm{d}z$ 等于：

A. $\frac{1}{2-z}(y\mathrm{d}x+x\mathrm{d}y)$　　　　B. $\frac{1}{2-z}(x\mathrm{d}x+y\mathrm{d}y)$

C. $\frac{1}{2+z}(\mathrm{d}x+\mathrm{d}y)$　　　　D. $\frac{1}{2-z}(\mathrm{d}x-\mathrm{d}y)$

解　设函数 $F(x,y,z)=x^2+y^2+z^2-4z$，则

$F_x=2x$，$F_y=2y$，$F_z=2z-4$

$$\frac{\partial z}{\partial x}=-\frac{F_x}{F_z}=-\frac{2x}{2z-4}=-\frac{x}{z-2},\ \frac{\partial z}{\partial y}=-\frac{F_y}{F_z}=-\frac{2y}{2z-4}=-\frac{y}{z-2}$$

$$\mathrm{d}z=\frac{\partial z}{\partial x}\mathrm{d}x+\frac{\partial z}{\partial y}\mathrm{d}y=-\frac{x}{z-2}\mathrm{d}x-\frac{y}{z-2}\mathrm{d}y=\frac{1}{2-z}(x\mathrm{d}x+y\mathrm{d}y)$$

答案:B

【例 1-4-5】 设 $z=f\left(xy,\frac{x}{y}\right)$，函数 $z=f(u,v)$ 具有连续偏导数，求$\frac{\partial z}{\partial x}$，$\frac{\partial z}{\partial y}$。

解
$$\frac{\partial z}{\partial x}=\frac{\partial z}{\partial u}\cdot y+\frac{\partial z}{\partial v}\cdot\frac{1}{y}=y\frac{\partial z}{\partial u}+\frac{1}{y}\frac{\partial z}{\partial v}$$

$$\frac{\partial z}{\partial y}=\frac{\partial z}{\partial u}\cdot x+\frac{\partial z}{\partial v}\left(-\frac{x}{y^2}\right)=x\frac{\partial z}{\partial u}-\frac{x}{y^2}\frac{\partial z}{\partial v}$$

【例 1-4-6】 求曲线 $x=t,y=t^2,z=t^3$ 在点(1,1,1)处的切线和法平面。

解 将点(1,1,1)代入曲线方程可得 $t=1$

$$\vec{s}=\{1,2t,3t^2\}\ ,\ \vec{s}\,|_{t=1}=\{1,2,3\}$$

切线方程 $$\frac{x-1}{1}=\frac{y-1}{2}=\frac{z-1}{3}$$

法平面方程 $$(x-1)+2(y-1)+3(z-1)=0$$

【例 1-4-7】 曲面 $x^2-4y^2+2z^2=6$ 上点(2,2,3)处的法线方程是：

A. $x-1=\frac{y-6}{-4}=\frac{z}{3}$　　B. $\frac{x-2}{-1}=\frac{y-2}{-4}=\frac{z-3}{3}$

C. $\frac{x-1}{1}=\frac{y-6}{4}=\frac{z-1}{2}$　　D. $\frac{x-2}{1}=\frac{y-2}{-4}=\frac{z-3}{3}$

解 曲面 $x^2-4y^2+2z^2-6=0$

设函数 $$F(x,y,z)=x^2-4y^2+2z^2-6$$

则 $$F_x=2x,F_y=-8y,F_z=4z$$

$$\vec{n}_{切}=\{2x,-8y,4z\}|_{(2,2,3)}=\{4,-16,12\}$$

取切平面的法向量为法线的方向向量 $\vec{S}=\{4,-16,12\}$

即法线方程为 $$\frac{x-2}{4}=\frac{y-2}{-16}=\frac{z-3}{12}$$

化简得 $$\frac{x-2}{1}=\frac{y-2}{-4}=\frac{z-3}{3}$$

答案：D

【例 1-4-8】 已知函数 $f\left(xy,\frac{x}{y}\right)=x^2$，则$\frac{\partial f(x,y)}{\partial x}+\frac{\partial f(x,y)}{\partial y}$等于：

A. $2x+2y$　　B. $x+y$　　C. $2x-2y$　　D. $x-y$

解 题目中需要求解$\frac{\partial f}{\partial x}$和$\frac{\partial f}{\partial y}$，故联想到采用换元的形式，将函数 $f\left(xy,\frac{x}{y}\right)$变形为 $f(u,v)$的形式。此时求解$\frac{\partial f}{\partial u}$和$\frac{\partial f}{\partial v}$，即可认为是求解$\frac{\partial f}{\partial x}$和$\frac{\partial f}{\partial y}$，再换写成 $f(x,y)$的形式。若不进行换元，将无法进行偏导数计算。

设 $u=xy,v=\frac{x}{y}$，那么 $x=\frac{u}{y},x=yv$

$x^2=\frac{u}{y}\cdot yv=u\cdot v$

原函数化为 $f(u,v)=uv$，即 $f(x,y)=xy$

$f'_x(x,y)=y,f'_y(x,y)=x$

$\frac{\partial f}{\partial x}+\frac{\partial f}{\partial y}=y+x$

答案：B

【例 1-4-9】 函数 $z=f(x,y)$ 在点 (x_0,y_0) 处具有偏导数是它在该点存在全微分的：

A. 必要不充分条件　　B. 充分不必要条件

C. 充分必要条件　　D. 既不充分也不必要条件

解 可通过图 1-4-1"基本概念关系图"得到结果。

答案：A

【例 1-4-10】 对于二元函数 $z=f(x,y)$ 在点 (x_0,y_0) 处连续是它在该点处偏导数存在的：

A. 必要不充分条件　　B. 充分不必要条件

C. 充分必要条件　　D. 既不充分也不必要条件

解 可通过图 1-4-1"基本概念关系图"得到结果。

答案：D

【例 1-4-11】 函数 $f(x,y)$ 在点 $P_0(x_0,y_0)$ 处有一阶偏导数是函数在该点连续的：

A. 必要条件　　B. 充分条件

C. 充分必要条件　　D. 既不充分也不必要条件

解 可通过图 1-4-1"基本概念关系图"得到结果。$f(x,y)$ 在点 $P_0(x_0,y_0)$ 处有一阶偏导数，不能说明 $f(x,y)$ 在点 $P_0(x_0,y_0)$ 处连续；同样，$f(x,y)$ 在点 $P_0(x_0,y_0)$ 处连续，也不能确定 $f(x,y)$ 在点 $P_0(x_0,y_0)$ 处有一阶偏导数。

答案：D

习　题

1-4-1 设 $z=u^2\ln v$，而 $u=\varphi(x,y)$，$v=\psi(y)$ 均为可导函数，则 $\dfrac{\partial z}{\partial y}$ 为（　　）。

A. $2u\ln v+u^2\cdot\dfrac{1}{v}$　　B. $2\varphi'_y\ln v+u^2\cdot\dfrac{1}{v}$

C. $2u\varphi'_y\ln v+u^2\cdot\dfrac{1}{v}\cdot\psi'$　　D. $2u\psi'_y\cdot\dfrac{1}{v}\cdot\psi'$

1-4-2 已知 $y=y(x,z)$，由方程 $xyz=e^{x+y}$ 确定，则 $\dfrac{\partial y}{\partial x}$ 是（　　）。

A. $\dfrac{y(x-1)}{x(1-y)}$　　B. $\dfrac{y}{x(1-y)}$　　C. $\dfrac{yz}{1-y}$　　D. $\dfrac{y(1-xz)}{x(1-y)}$

1-4-3 若函数 $z=\dfrac{\ln(xy)}{y}$，则当 $x=e$，$y=e^{-1}$ 时，全微分 $\mathrm{d}z$ 等于（　　）。

A. $e\mathrm{d}x+\mathrm{d}y$　　B. $e^2\mathrm{d}x-\mathrm{d}y$

C. $\mathrm{d}x+e^2\mathrm{d}y$　　D. $e\mathrm{d}x+e^2\mathrm{d}y$

1-4-4 在曲线 $x=t$，$y=t^2$，$z=t^3$ 上某点的切线平行于平面 $x+2y+z=4$，则该点的坐标为（　　）。

A. $\left(-\dfrac{1}{3},\dfrac{1}{9},-\dfrac{1}{27}\right)$，$(-1,1,-1)$　　B. $\left(-\dfrac{1}{3},\dfrac{1}{9},-\dfrac{1}{27}\right)$，$(1,1,1)$

C. $\left(\dfrac{1}{3},\dfrac{1}{9},\dfrac{1}{27}\right)$，$(1,1,1)$　　D. $\left(\dfrac{1}{3},\dfrac{1}{9},\dfrac{1}{27}\right)$，$(-1,1,-1)$

1-4-5　曲面 $z=x^2-y^2$ 与平面 $x-y-z-1=0$ 平行的切平面方程是(　　)。

A. $x-y-z-1=0$　　B. $x-y-z+1=0$

C. $x-y-z=0$　　D. $x-y-z-2=0$

1-4-6　二元函数 $z = x^3 - y^3 + 3x^2 + 3y^2 - 9x$ 的极大值点是(　　)。

A. (1,0)　　B. (1,2)　　C. (−3,0)　　D. (−3, 2)

1-4-7　曲面 $xyz=1$ 上平行于 $x+y+z+3=0$ 的切平面方程是(　　)。

A. $x+y+z=0$　　B. $x+y+z=1$

C. $x+y+z=2$　　D. $x+y+z=3$

1-4-8　曲面 $z=x^2-y^2$ 在点$(\sqrt{2},-1,1)$处的法线方程是(　　)。

A. $\dfrac{x-\sqrt{2}}{2\sqrt{2}}=\dfrac{y+1}{-2}=\dfrac{z-1}{-1}$　　B. $\dfrac{x-\sqrt{2}}{2\sqrt{2}}=\dfrac{y+1}{-2}=\dfrac{z-1}{1}$

C. $\dfrac{x-\sqrt{2}}{2\sqrt{2}}=\dfrac{y+1}{2}=\dfrac{z-1}{-1}$　　D. $\dfrac{x-\sqrt{2}}{2\sqrt{2}}=\dfrac{y+1}{2}=\dfrac{z-1}{1}$

1-4-9　对于二元函数 $z=f(x,y)$,下列有关偏导数和全微分关系中正确的命题是(　　)。

A.偏导数不连续,则全微分必不存在

B. 偏导数连续,则全微分必存在

C. 全微分存在,则偏导数必连续

D. 全微分存在,而偏导数不一定存在

1-4-10　若二元函数 $z=f(x,y)$在点 $P_0(x_0,y_0)$处的两个偏导数$\dfrac{\partial z}{\partial x},\dfrac{\partial z}{\partial y}$存在,则(　　)。

A. $f(x,y)$在点 P_0 处连续　　B. $z=f(x,y_0)$在点 P_0 处连续

C. $\mathrm{d}z=\left.\dfrac{\partial z}{\partial x}\right|_{P_0}\mathrm{d}x+\left.\dfrac{\partial z}{\partial y}\right|_{P_0}\mathrm{d}y$　　D. 上述选项都不对

第五节　多元函数积分学

一、二重积分

(一)二重积分的概念与性质

1. 二重积分的定义

设 $f(x,y)$为有界闭区域 D 上的有界函数,将 D 分割成 n 个小区域 $\Delta\sigma_1,\Delta\sigma_2,\cdots,\Delta\sigma_n$,$\Delta\sigma_i$ 也表示第 i 个小区域的面积,用 λ_i 表示 $\Delta\sigma_i(i=1,2,\cdots,n)$的直径($\Delta\sigma_i$ 上任意两点间距离的最大值),在每一 $\Delta\sigma_i$ 上任取一点(x_i,y_i),作积分和$\sum\limits_{i=1}^{n}f(x_i,y_i)\Delta\sigma_i$,如果当 $n\to\infty$ 时,$\|\lambda\|\to 0$($\|\lambda\|=\max\{\lambda_1,\cdots,\lambda_n\}$)积分和有极限 I,即

$$\lim_{\substack{n\to\infty\\ \|\lambda\|\to 0}}\sum_{i=1}^{n}f(x_i,y_i)\Delta\sigma_i=I \tag{1-5-1}$$

称 I 为二元函数 $f(x,y)$在闭区域 D 上的二重积分,记作$\iint\limits_{D}f(x,y)\mathrm{d}\sigma$。

2. 二重积分存在的充分条件

若 $f(x,y)$在 D 上连续,则二重积分$\iint\limits_{D}f(x,y)\mathrm{d}\sigma$ 一定存在。

3. 二重积分的几何意义

若 $f(x,y)\geqslant 0$，则二重积分 $\iint\limits_D f(x,y)\mathrm{d}\sigma$ 表示以曲面 $z=f(x,y)$ 为顶，以区域 D 为底，以 D 的边界为准线，母线平行于 Oz 轴的柱面围成的曲顶柱体的体积。当 $f(x,y)=1$ 时，$\iint\limits_D 1\mathrm{d}x\mathrm{d}y$ 表示 D 的面积。

4. 二重积分的性质

(1) $\iint\limits_D kf(x,y)\mathrm{d}\sigma = k\iint\limits_D f(x,y)\mathrm{d}\sigma$ （k 为常数）。

(2) $\iint\limits_D [f(x,y)\pm g(x,y)]\mathrm{d}\sigma = \iint\limits_D f(x,y)\mathrm{d}\sigma \pm \iint\limits_D g(x,y)\mathrm{d}\sigma$ 。

(3) $\iint\limits_D f(x,y)\mathrm{d}\sigma = \iint\limits_{D_1} f(x,y)\mathrm{d}\sigma + \iint\limits_{D_2} f(x,y)\mathrm{d}\sigma$ （其中 $D=D_1+D_2$）。

(4) 在 D 上，$f(x,y)=1$，σ 为 D 的面积，则 $\iint\limits_D 1\mathrm{d}\sigma = \iint\limits_D \mathrm{d}\sigma = \sigma$。

(5) 在 D 上，$f(x,y)\leqslant \varphi(x,y)$，则 $\iint\limits_D f(x,y)\mathrm{d}\sigma \leqslant \iint\limits_D \varphi(x,y)\mathrm{d}\sigma$。

(6) 设 M，m 分别为 $f(x,y)$ 在闭区域 D 上的最大值、最小值，σ 是 D 的面积，则 $m\sigma \leqslant \iint\limits_D f(x,y)\mathrm{d}\sigma \leqslant M\sigma$。

(7) 设 $f(x,y)$ 在闭区域 D 上连续，σ 是 D 的面积，则在 D 上至少存在一点 (ξ,η) 使 $\iint\limits_D f(x,y)\mathrm{d}\sigma = f(\xi,\eta)\sigma$。

（二）二重积分的计算

1. 直角坐标系

计算二重积分时，可根据被积函数 $f(x,y)$ 和区域 D 的形状选择积分顺序，是先 y 后 x，还是先 x 后 y，把 D 用不等式组表示，再将二重积分化为累次积分计算。

若 $D=\{(x,y)\mid a\leqslant x\leqslant b, y_1(x)\leqslant y\leqslant y_2(x)\}$，则

$$\iint\limits_D f(x,y)\mathrm{d}x\mathrm{d}y = \int_a^b \mathrm{d}x\int_{y_1(x)}^{y_2(x)} f(x,y)\mathrm{d}y \tag{1-5-2}$$

若 $D=\{(x,y)\mid c\leqslant y\leqslant d, x_1(y)\leqslant x\leqslant x_2(y)\}$，则

$$\iint\limits_D f(x,y)\mathrm{d}x\mathrm{d}y = \int_c^d \mathrm{d}y\int_{x_1(y)}^{x_2(y)} f(x,y)\mathrm{d}x \tag{1-5-3}$$

2. 极坐标系

如果积分区域 D 的边界曲线用极坐标方程表示比较方便（如圆周等），且被积函数用极坐标表示也较方便（如含有 x^2+y^2 等），则可以利用直角坐标与极坐标的关系式 $x=r\cos\theta$，$y=r\sin\theta$，面积元素 $\mathrm{d}x\mathrm{d}y=r\mathrm{d}r\mathrm{d}\theta$，将二重积分转化为极坐标计算

$$\iint\limits_D f(x,y)\mathrm{d}x\mathrm{d}y = \iint\limits_D f(r\cos\theta, r\sin\theta)r\mathrm{d}r\mathrm{d}\theta \tag{1-5-4}$$

在极坐标系下，若

(1) $D=\{(r,\theta)\mid \alpha\leqslant\theta\leqslant\beta, \varphi_1(\theta)\leqslant r\leqslant\varphi_2(\theta)\}$，则

$$\iint_D f(r\cos\theta, r\sin\theta) r\mathrm{d}r\mathrm{d}\theta = \int_\alpha^\beta \mathrm{d}\theta \int_{\varphi_1(\theta)}^{\varphi_2(\theta)} f(r\cos\theta, r\sin\theta) r\mathrm{d}r \tag{1-5-5}$$

(2) $D=\{(r,\theta)\mid\alpha\leqslant\theta\leqslant\beta, 0\leqslant r\leqslant\varphi(\theta)\}$，则

$$\iint_D f(r\cos\theta, r\sin\theta) r\mathrm{d}r\mathrm{d}\theta = \int_\alpha^\beta \mathrm{d}\theta \int_0^{\varphi(\theta)} f(r\cos\theta, r\sin\theta) r\mathrm{d}r \tag{1-5-6}$$

式中，α、$\beta\in[0,2\pi]$且 $\alpha<\beta$；$\varphi(\theta)$、$\varphi_1(\theta)$、$\varphi_2(\theta)$均为连续函数。式(1-5-5)对应于极点位于积分区域 D 外部的情况；式(1-5-6)对应于极点位于积分区域 D 内部或边界上的情形。

二、三重积分

(一)三重积分的一般概念

1. 三重积分的定义

设 $f(x,y,z)$是空间有界闭区域 Ω 上的有界函数，用任意分法将 Ω 分成 n 份 $\Delta U_1,\Delta U_2,\cdots,\Delta U_n$(同时用它表示子区域的体积)，在 ΔU_i 内任取一点(x_i, y_i, z_i)作积分和$\sum\limits_{i=1}^{n} f(x_i, y_i, z_i)\Delta U_i$，若当 $n\to\infty$，$\|\lambda\|\to 0$ 时[$\|\lambda\|$表示 $\Delta U_i(i=1,2,\cdots,n)$的最大直径]极限 $\lim\limits_{\substack{n\to\infty\\ \|\lambda\|\to 0}} \sum\limits_{i=1}^{n} f(x_i, y_i, z_i)\Delta U_i$ 存在，则称此极限值为 $f(x,y,z)$在 Ω 上的三重积分，记作$\iiint\limits_{\Omega} f(x,y,z)\mathrm{d}U$。

2. 三重积分存在的充分条件

在有界闭区域 Ω 上连续函数 $f(x,y,z)$在 Ω 上必定可积。

3. 三重积分的性质

三重积分也有类似二重积分的 7 个性质(不再赘述)。

(二)三重积分的计算

三重积分的计算，也是根据被积函数和积分区域 Ω 的情况，选择一种合适的坐标系和积分顺序，将它化为累次积分进行计算。

1. 直角坐标

设 $\Omega=\{(x,y,z)\mid a\leqslant x\leqslant b, y_1(x)\leqslant y\leqslant y_2(x), z_1(x,y)\leqslant z\leqslant z_2(x,y)\}$，则

$$\iiint_\Omega f(x,y,z)\mathrm{d}x\mathrm{d}y\mathrm{d}z = \int_a^b \mathrm{d}x \int_{y_1(x)}^{y_2(x)} \mathrm{d}y \int_{z_1(x,y)}^{z_2(x,y)} f(x,y,z)\mathrm{d}z \tag{1-5-7}$$

同理可写出其他顺序，将三重积分化为三次积分。(在直角坐标系下，体积元素$\mathrm{d}v=\mathrm{d}x\mathrm{d}y\mathrm{d}z$)

2. 柱坐标

设 $\Omega=\{(x,y,z)\mid\alpha\leqslant\theta\leqslant\beta, r_1(\theta)\leqslant r\leqslant r_2(\theta), z_1(r,\theta)\leqslant z\leqslant z_2(r,\theta)\}$，则

$$\iiint_\Omega f(x,y,z)\mathrm{d}x\mathrm{d}y\mathrm{d}z = \int_\alpha^\beta \mathrm{d}\theta \int_{r_1(\theta)}^{r_2(\theta)} r\mathrm{d}r \int_{z_1(r,\theta)}^{z_2(r,\theta)} f(r\cos\theta, r\sin\theta, z)\mathrm{d}z \tag{1-5-8}$$

同理也可写出其他顺序，将三重积分化为三次积分。

在柱坐标系下，体积元素 $\mathrm{d}v = r\mathrm{d}r\mathrm{d}\theta\mathrm{d}z$，直角坐标和柱坐标的关系 $x = r\cos\theta, y = r\sin\theta, z=z$。

3. 球面坐标

设 $\Omega=\{(x,y,z)\mid\alpha\leqslant\theta\leqslant\beta, \varphi_1(\theta)\leqslant\varphi\leqslant\varphi_2(\theta), r_1(\theta,\varphi)\leqslant r\leqslant r_2(\theta,\varphi)\}$，则

$$\iiint_\Omega f(x,y,z)\mathrm{d}x\mathrm{d}y\mathrm{d}z = \int_\alpha^\beta \mathrm{d}\theta \int_{\varphi_1(\theta)}^{\varphi_2(\theta)} \sin\varphi\,\mathrm{d}\varphi \int_{r_1(\theta,\varphi)}^{r_2(\theta,\varphi)} f(r\sin\varphi\cos\theta, r\sin\varphi\sin\theta, r\cos\varphi) r^2\mathrm{d}r \tag{1-5-9}$$

在球坐标系下，体积元素 $dv = r^2\sin\varphi dr d\theta d\varphi$，直角坐标和球面坐标的关系 $x = r\sin\varphi\cos\theta$，$y = r\sin\varphi\sin\theta$，$z = r\cos\varphi$ 。

在计算三重积分时，当积分区域 Ω 为圆柱形（或柱形）区域，或 Ω 的投影为圆域时，被积函数具有 $f(x^2+y^2)$ 的形式，一般可采用柱面坐标计算；当积分区域为球形区域或锥面与球面围成的区域，被积函数具有 $f(x^2+y^2+z^2)$ 的形式，用球面坐标计算较为方便。

【例 1-5-1】 设 D 域为 $0\leqslant x\leqslant y, 0\leqslant y\leqslant 1$，则 $\iint\limits_D dxdy$ 为：

A. 1　　B. $\frac{1}{2}$　　C. 2　　D. 3

解 画出 D 域图形（见解图）

$\iint\limits_D dxdy$ 中被积函数 $f(x,y)=1$

二重积分在数值上等于 D 的面积，所以

$$\iint\limits_D dxdy = \frac{1}{2}\times 1\times 1 = \frac{1}{2}$$

例 1-5-1 解图

答案：B

【例 1-5-2】 若 D 域是以 $(0,0)$，$(1,0)$，$(0,1)$ 为顶点的三角形区域，由二重积分的几何意义知，$\iint\limits_D (1-x-y)d\sigma$ 的值等于：

A. $\frac{1}{3}$　　B. $\frac{1}{2}$　　C. 1　　D. $\frac{1}{6}$

解 由二重积分的几何意义知，$\iint\limits_D (1-x-y)d\sigma$ 表示以 $z=1-x-y$ 为曲顶、D 为底的曲顶柱体的体积。

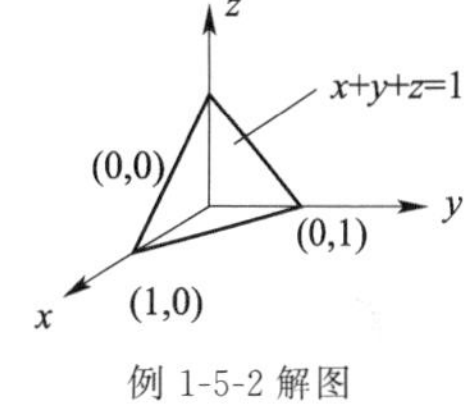

例 1-5-2 解图

曲顶柱体见解图，曲顶为一平面，方程 $z=1-x-y$，该二重积分表示正三棱锥的体积，所以

$$\iint\limits_D (1-x-y)d\sigma = \frac{1}{3}\times 底面积\times 高 = \frac{1}{3}\times\frac{1}{2}\times 1\times 1\times 1 = \frac{1}{6}$$

答案：D

【例 1-5-3】 将二重积分 $\iint\limits_D f(x,y)dxdy$ 化为直角坐标系下的二次积分，其中 D 由 $x+y=1$，$x-y=1$ 及 y 轴围成（见图），要求用两种积分顺序表示。

解 (1)先 y 后 x

$$D:\begin{cases}0\leqslant x\leqslant 1\\ x-1\leqslant y\leqslant -x+1\end{cases}$$

$$\iint\limits_D f(x,y)dxdy = \int_0^1 dx\int_{x-1}^{1-x} f(x,y)dy$$

(2)先 x 后 y

由于右边界曲线由两个方程给出，把 D 分为 D_1，D_2 两部分，见图。

$$\iint\limits_D = \iint\limits_{D_1+D_2} = \iint\limits_{D_1} + \iint\limits_{D_2}$$

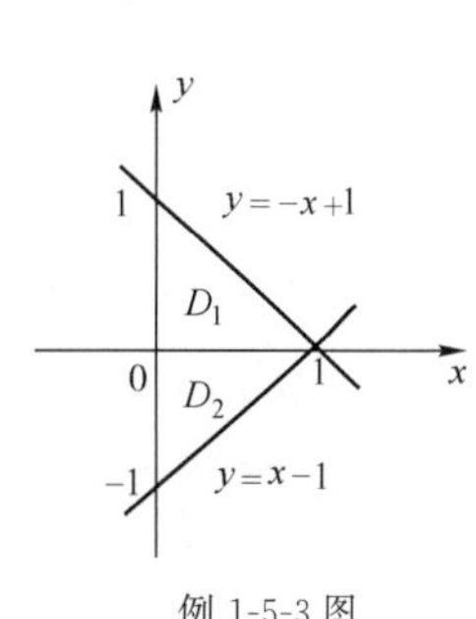

例 1-5-3 图

$$D_1:\begin{cases}0\leqslant y\leqslant 1\\0\leqslant x\leqslant 1-y\end{cases}\qquad D_2:\begin{cases}-1\leqslant y\leqslant 0\\0\leqslant x\leqslant 1+y\end{cases}$$

$$\iint\limits_D f(x,y)\mathrm{d}x\mathrm{d}y=\int_0^1\mathrm{d}y\int_0^{1-y}f(x,y)\mathrm{d}x+\int_{-1}^0\mathrm{d}y\int_0^{1+y}f(x,y)\mathrm{d}x$$

注：计算二重积分时，确定积分上下限：若 x 的范围简单（从 0 到 1），则 y 的范围一定会变难（利用函数表示从 $x-1$ 到 $1-x$），反之亦然。

【例 1-5-4】 设 D：$|x|\leqslant\pi,0\leqslant y\leqslant 1$，则 $\iint\limits_D(2+xy)\mathrm{d}\sigma$ 等于：

A. 0　　　B. 2π　　　C. 1　　　D. 4π

解　画出积分区域 D 的图形（见解图）。

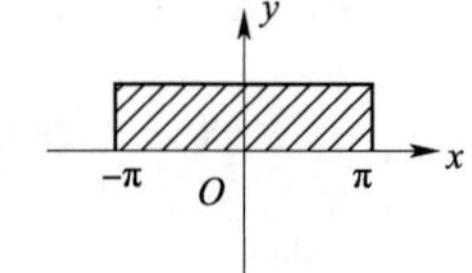

例 1-5-4 解图

$$\iint\limits_D(2+xy)\mathrm{d}\sigma=\iint\limits_D 2\mathrm{d}\sigma+\iint\limits_D xy\,\mathrm{d}\sigma$$

首先，利用二重积分的对称性及二重积分的几何意义计算，积分区域 D 关于 y 轴对称，函数 $f(x,y)$ 满足 $f(-x,y)=-f(x,y)$，为关于变量 x 的奇函数，因而

$$\iint\limits_D xy\,\mathrm{d}\sigma=0$$

其次，$\iint\limits_D 2\mathrm{d}\sigma=2\iint\limits_D\mathrm{d}\sigma=2\times D$ 的面积 $=2\times 2\pi\times 1=4\pi$，故原式$=4\pi$。

答案：D

【例 1-5-5】 已知二重积分 $I=\int_0^1\mathrm{d}x\int_x^{\sqrt{x}}\frac{\sin y}{y}\mathrm{d}y$，其值等于：

A. $2-\sin 1$　　　B. $1-\sin 2$　　　C. 0　　　D. $1-\sin 1$

解　如解图所示，先对 y 积分时，被积函数无初等函数表示的原函数，需要改变积分顺序后再计算。

先作出曲线 $y=x$，$y=\sqrt{x}$，求交点 $(0,0)$、$(1,1)$，再作直线 $x=0$、$x=1$ 把积分区域还原。按先 x 后 y 的顺序

$$D:\begin{cases}0\leqslant y\leqslant 1\\y^2\leqslant x\leqslant y\end{cases}$$

$$\begin{aligned}I&=\int_0^1\mathrm{d}y\int_{y^2}^{y}\frac{\sin y}{y}\mathrm{d}x=\int_0^1\frac{\sin y}{y}x\Big|_{y^2}^{y}\mathrm{d}y\\&=\int_0^1\frac{\sin y}{y}(y-y^2)\mathrm{d}y=\int_0^1(1-y)\sin y\mathrm{d}y\\&=\int_0^1(\sin y-y\sin y)\mathrm{d}y=\int_0^1\sin y\mathrm{d}y-\int_0^1 y\sin y\mathrm{d}y\\&=-\cos y\Big|_0^1+\int_0^1 y\mathrm{d}\cos y=-(\cos 1-1)+y\cos y\Big|_0^1-\int_0^1\cos y\mathrm{d}y\\&=-(\cos 1-1)+\cos 1-\sin y\Big|_0^1\end{aligned}$$

例 1-5-5 解图

$$=-\cos 1+1+\cos 1-(\sin 1-0)=1-\sin 1$$

答案:D

注:这是一个交换积分次序的题目,在交换积分次序时,最好画图。

【例 1-5-6】 若 D 域是 $x^2+y^2\leqslant 4, y\geqslant 0$,则 $\iint\limits_D \sin(x^3y^2)\mathrm{d}\sigma$ 的值等于:

A. 0　　　　B. 2　　　　C. 3　　　　D. 无法计算

解 画出积分区域 D 的图形,D 为上半圆和 x 轴围成的图形(见解图),图形关于 y 轴以称,方程 $f(x,y)=\sin(x^3y^2)$ 满足 $f(-x,y)=-f(x,y)$,为关于变量 x 的奇函数,由二重积分几何意义可知 $\iint\limits_D \sin(x^3y^2)\mathrm{d}\sigma=0$。

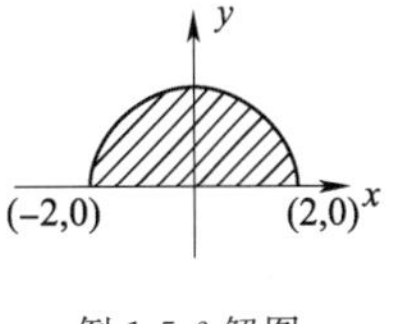

例 1-5-6 解图

答案:A

【例 1-5-7】 二次积分 $\int_0^1 \mathrm{d}x\int_{x^2}^{x} f(x,y)\mathrm{d}y$ 交换积分次序后的二次积分是:

A. $\int_{x^2}^{x}\mathrm{d}y\int_0^1 f(x,y)\mathrm{d}x$　　　　B. $\int_0^1\mathrm{d}y\int_{y^2}^{y} f(x,y)\mathrm{d}x$

C. $\int_y^{\sqrt{y}}\mathrm{d}y\int_0^1 f(x,y)\mathrm{d}x$　　　　D. $\int_0^1\mathrm{d}y\int_y^{\sqrt{y}} f(x,y)\mathrm{d}x$

解 根据给出的二重积分的上下限 $0\leqslant x\leqslant 1, x^2\leqslant y\leqslant x$ 画出积分区域 D,再写出先 x 后 y 的积分表达式。

$D: 0\leqslant y\leqslant 1, y\leqslant x\leqslant \sqrt{y}$ (见解图)

$y=x$,即 $x=y$;$y=x^2$,得 $x=\sqrt{y}$

所以二次积分交换积分顺序后为 $\int_0^1\mathrm{d}y\int_y^{\sqrt{y}} f(x,y)\mathrm{d}x$。

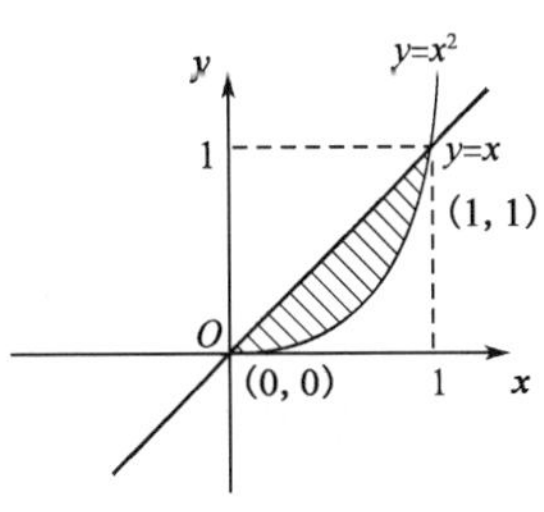

例 1-5-7 解图

答案:D

【例 1-5-8】 $I=\int_0^1\mathrm{d}y\int_0^{\sqrt{1-y}} 3x^2y^2\mathrm{d}x$,则交换积分次序后得:

A. $I=\int_0^1\mathrm{d}x\int_0^{\sqrt{1-x}} 3x^2y^2\mathrm{d}y$　　　　B. $I=\int_0^{\sqrt{1-y}}\mathrm{d}x\int_0^1 3x^2y^2\mathrm{d}y$

C. $I=\int_0^1\mathrm{d}x\int_0^{1-x^2} 3x^2y^2\mathrm{d}y$　　　　D. $I=\int_0^1\mathrm{d}x\int_0^{1+x^2} 3x^2y^2\mathrm{d}y$

解 画出积分区域 D(见解图),写出先 y 后 x 的积分表达式。

由 $x=\sqrt{1-y}$,得 $x^2=1-y, y=1-x^2$

$$D:\begin{cases}0\leqslant x\leqslant 1\\ 0\leqslant y\leqslant 1-x^2\end{cases}$$

故 $I=\int_0^1\mathrm{d}x\int_0^{1-x^2} 3x^2y^2\mathrm{d}y$。

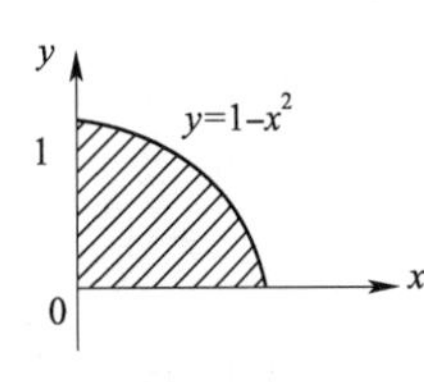

例 1-5-8 解图

答案:C

【例 1-5-9】 D 域由 x 轴,$x^2+y^2-2x=0(y\geqslant 0)$ 及 $x+y=2$ 所围成,$f(x,y)$ 是连续函数,化 $\iint\limits_D f(x,y)\mathrm{d}x\mathrm{d}y$ 为二次积分是:

A. $\int_0^{\frac{\pi}{4}} \mathrm{d}\varphi \int_0^{2\cos\varphi} f(\rho\cos\varphi,\rho\sin\varphi)\rho \mathrm{d}\rho$　　B. $\int_0^1 \mathrm{d}y \int_{1-\sqrt{1-y^2}}^{2-y} f(x,y)\mathrm{d}x$

C. $\int_0^{\frac{\pi}{2}} \mathrm{d}\varphi \int_0^1 f(\rho\cos\varphi,\rho\sin\varphi)\rho \mathrm{d}\rho$　　D. $\int_0^1 \mathrm{d}x \int_0^{\sqrt{2x-x^2}} f(x,y)\mathrm{d}y$

解　积分区域 D 为 $x^2+y^2-2x=0$，即 $(x-1)^2+y^2=1$。由解图可知，选项 A、C 积分变量 ρ、φ 的取值均有错误。

在化为直角坐标计算时，按先 x 后 y 的顺序积分

由 $(x-1)^2+y^2=1$，$(x-1)^2=1-y^2$，$x-1=\pm\sqrt{1-y^2}$，$x=1\pm\sqrt{1-y^2}$，取方程 $x=1-\sqrt{1-y^2}$。

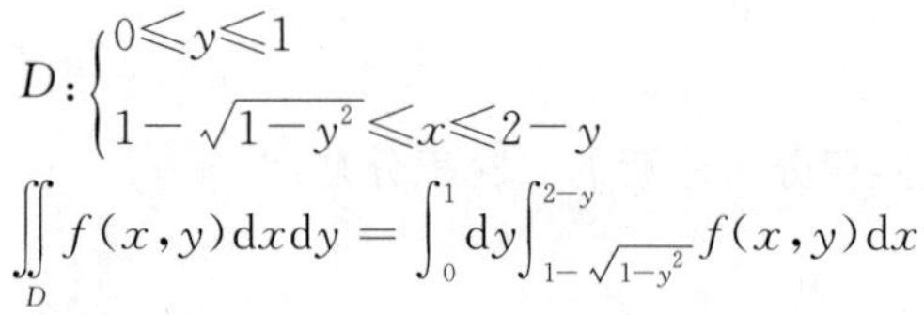

$$D:\begin{cases}0\leqslant y\leqslant 1\\ 1-\sqrt{1-y^2}\leqslant x\leqslant 2-y\end{cases}$$

$$\iint_D f(x,y)\mathrm{d}x\mathrm{d}y=\int_0^1 \mathrm{d}y\int_{1-\sqrt{1-y^2}}^{2-y} f(x,y)\mathrm{d}x$$

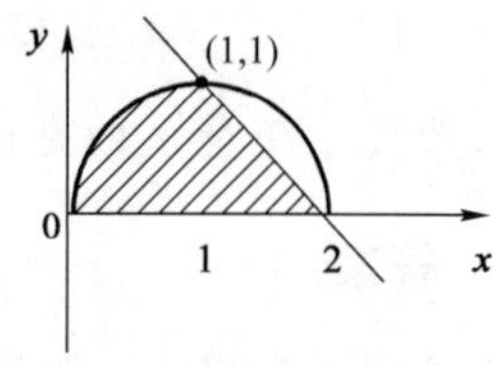

例 1-5-9 解图

答案:B

【例 1-5-10】　设 D 是由直线 $y=x$ 和圆 $x^2+(y-1)^2=1$ 所围成且在直线 $y=x$ 下方的平面区域，则二重积分 $\iint_D x\mathrm{d}x\mathrm{d}y$ 等于：

A. $\int_0^{\frac{\pi}{2}} \cos\theta \mathrm{d}\theta \int_0^{2\cos\theta} \rho^2 \mathrm{d}\rho$　　B. $\int_0^{\frac{\pi}{2}} \sin\theta \mathrm{d}\theta \int_0^{2\sin\theta} \rho^2 \mathrm{d}\rho$

C. $\int_0^{\frac{\pi}{4}} \sin\theta \mathrm{d}\theta \int_0^{2\sin\theta} \rho^2 \mathrm{d}\rho$　　D. $\int_0^{\frac{\pi}{4}} \cos\theta \mathrm{d}\theta \int_0^{2\sin\theta} \rho^2 \mathrm{d}\rho$

解:本题考查将直角坐标系下的二重积分化为极坐标系下的二次积分的知识。关键是把区域 D 写成极坐标系下的不等式组，其中将圆的方程 $x^2+(y-1)^2=1$ 化为极坐标系下的表达式又是关键的关键。如解图所示。

$x^2+(y-1)^2=1$，即 $x^2+y^2-2y=0$

直角坐标和极坐标的关系为：

$x=\rho\cos\theta$，$y=\rho\sin\theta$

代入方程 $x^2+(y-1)^2=1$，得：

$\rho^2-2\rho\sin\theta=0$，$\rho(\rho-2\sin\theta)=0$

所以 $\rho=0$，$\rho=2\sin\theta$

积分区域 D 的极坐标表达式为 $\begin{cases}0\leqslant\theta\leqslant\dfrac{\pi}{4}\\ 0\leqslant\rho\leqslant 2\sin\theta\end{cases}$

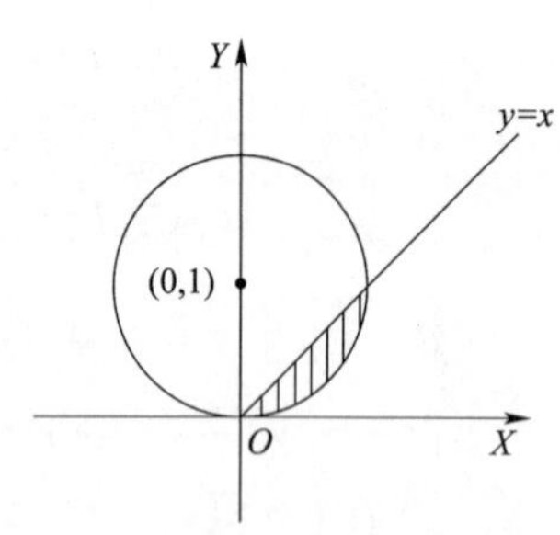

例 1-5-10 解图

面积元素 $\mathrm{d}x\mathrm{d}y=\rho\mathrm{d}\rho\mathrm{d}\theta$，

$$\iint_D x\mathrm{d}x\mathrm{d}y=\int_0^{\frac{\pi}{4}}\mathrm{d}\theta\int_0^{2\sin\theta}\rho\cdot\sin\theta\cdot\rho\mathrm{d}\rho=\int_0^{\frac{\pi}{4}}\sin\theta\mathrm{d}\theta\int_0^{2\sin\theta}\rho^2\mathrm{d}\rho$$

答案:C

【例 1-5-11】　设 D 是由 $y=x^2-4$ 和 $y=0$ 围成的平面区域(见图)，则 $I=\iint_D(ax+y)\mathrm{d}x\mathrm{d}y$：

A. $I>0$　　B. $I=0$

C. $I<0$　　　　　　　　D. I 的符号与参数 a 有关

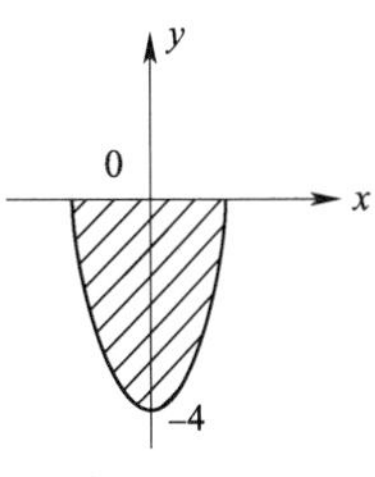

例 1-5-11 图

解　$\iint\limits_D (ax+y)\mathrm{d}x\mathrm{d}y = \underset{(\mathrm{I})}{\iint\limits_D ax\mathrm{d}x\mathrm{d}y} + \underset{(\mathrm{II})}{\iint\limits_D y\mathrm{d}x\mathrm{d}y}$

(I)由于积分区域 D 关于 y 轴对称,被积函数满足 $f(-x,y)=-f(x,y)$,故 $\iint\limits_D ax\mathrm{d}x\mathrm{d}y=0$。

(II)由于在积分区域 D 内,被积函数 $y\leqslant 0$,故 $\iint\limits_D y\mathrm{d}x\mathrm{d}y<0$。

答案:C

【例 1-5-12】　计算由曲面 $z=2-x^2-y^2$ 及 $z=\sqrt{x^2+y^2}$ 所围成立体的体积(见图)。

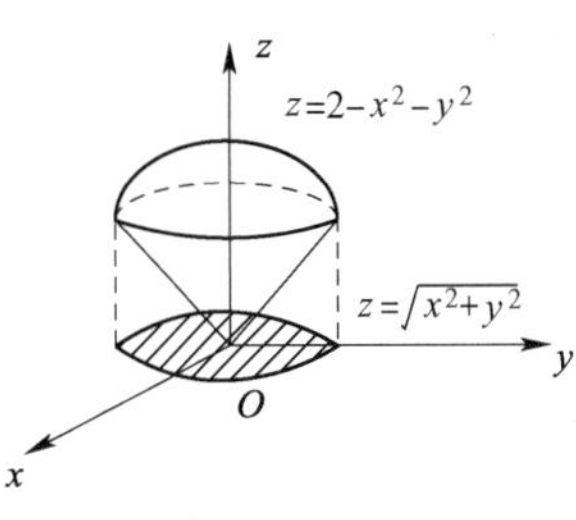

例 1-5-12 图

解　利用三重积分计算(本题也可用二重积分计算)

投影区域 D_{xy}

$$\begin{cases} z=2-x^2-y^2 \\ z=\sqrt{x^2+y^2} \end{cases} \xRightarrow{\text{消字母}z} D_{xy}: x^2+y^2\leqslant 1$$

利用柱面坐标计算

将 $x=r\cos\theta, y=r\sin\theta$ 代入方程

$z=2-x^2-y^2$,得 $z=2-r^2$,又由 $z=\sqrt{x^2+y^2}$,可得 $z=r$　$\Omega:\begin{cases} r\leqslant z\leqslant 2-r^2 \\ 0\leqslant r\leqslant 1 \\ 0\leqslant\theta\leqslant 2\pi \end{cases}$

$$V=\iiint\limits_\Omega \mathrm{d}V=\int_0^{2\pi}\mathrm{d}\theta\int_0^1 r\mathrm{d}r\int_r^{2-r^2}\mathrm{d}z=\frac{5}{6}\pi$$

【例 1-5-13】　计算由曲面 $z=\sqrt{x^2+y^2}$ 及 $z=x^2+y^2$ 所围成的立体体积的三次积分为:

A. $\int_0^{2\pi}\mathrm{d}\theta\int_0^1 r\mathrm{d}r\int_{r^2}^r\mathrm{d}z$　　　　B. $\int_0^{2\pi}\mathrm{d}\theta\int_0^1 r\mathrm{d}r\int_r^1\mathrm{d}z$

C. $\int_0^{2\pi}\mathrm{d}\theta\int_0^{\frac{\pi}{4}}\sin\varphi\mathrm{d}\varphi\int_0^1 r^2\mathrm{d}r$　　　　D. $\int_0^{2\pi}\mathrm{d}\theta\int_{\frac{\pi}{4}}^{\frac{\pi}{2}}\sin\varphi\mathrm{d}\varphi\int_0^1 r^2\mathrm{d}r$

解　由已知条件画出积分区域,如解图所示。

$z=\sqrt{x^2+y^2}$ 为上半锥面,$z=x^2+y^2$ 为旋转抛物面。因 $z=x^2+y^2$,用球面坐标表示复杂,一般选用柱面坐标计算。选项 C、D 在化球面坐标时有错误。

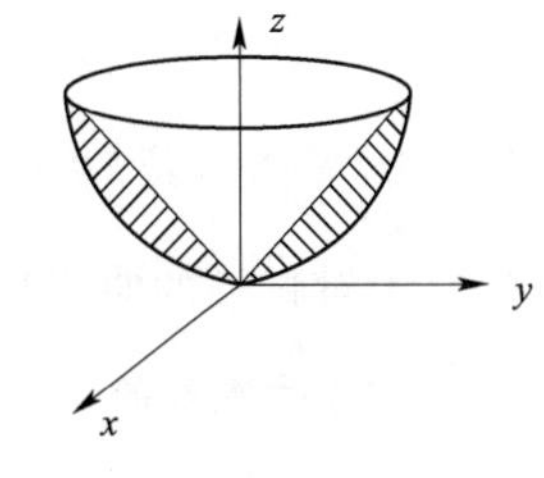

例 1-5-13 解图

化柱面坐标计算,求 D_{xy},消 z。由 $\begin{cases} z=\sqrt{x^2+y^2} \\ z=x^2+y^2 \end{cases}$,得 $D_{xy}: x^2+y^2\leqslant 1$

Ω 化为柱面坐标为 $\begin{cases} r^2\leqslant z\leqslant r \\ 0\leqslant r\leqslant 1 \\ 0\leqslant\theta\leqslant 2\pi \end{cases}$,$\mathrm{d}V=r\mathrm{d}r\mathrm{d}\theta\mathrm{d}z$

$$V=\iiint_{\Omega} 1\mathrm{d}V=\int_0^{2\pi}\mathrm{d}\theta\int_0^1 r\mathrm{d}r\int_{r^2}^{r} 1\mathrm{d}z$$

答案:A

【例 1-5-14】 设函数 $f(x,y)$ 在 $x^2+y^2\leqslant 1$ 范围内连续,使 $\iint\limits_{x^2+y^2\leqslant 1} f(x,y)\mathrm{d}x\mathrm{d}y=4\int_0^1\mathrm{d}x\int_0^{\sqrt{1-x^2}} f(x,y)\mathrm{d}y$ 成立的充分条件是:

A. $f(-x,y)=f(x,y),f(x,-y)=-f(x,y)$

B. $f(-x,y)=f(x,y),f(x,-y)=f(x,y)$

C. $f(-x,y)=-f(x,y),f(x,-y)=-f(x,y)$

D. $f(-x,y)=-f(x,y),f(x,-y)=f(x,y)$

解 如解图所示,因为积分区域 D 关于 y 轴对称,函数 $f(x,y)$ 满足 $f(-x,y)=f(x,y)$,所以 $\iint\limits_{D} f(x,y)\mathrm{d}x\mathrm{d}y=2\iint\limits_{D_1} f(x,y)\mathrm{d}x\mathrm{d}y$

又因 D_1 关于 x 轴对称,函数 $f(x,y)$ 满足 $f(x,-y)=f(x,y)$

则 $\iint\limits_{D_1} f(x,y)\mathrm{d}x\mathrm{d}y=2\iint\limits_{D_2} f(x,y)\mathrm{d}x\mathrm{d}y$

$D:x^2+y^2\leqslant 1$　　$D_1:x^2+y^2\leqslant 1(x\geqslant 0)$　　$D_2:x^2+y^2\leqslant 1(x\geqslant 0,y\geqslant 0)$

例 1-5-14 解图

故 $\iint\limits_{x^2+y^2\leqslant 1} f(x,y)\mathrm{d}x\mathrm{d}y=4\iint\limits_{D_2} f(x,y)\mathrm{d}x\mathrm{d}y$,$D_2:\begin{cases}0\leqslant x\leqslant 1\\0\leqslant y\leqslant\sqrt{1-x^2}\end{cases}$

所以 $\iint\limits_{x^2+y^2\leqslant 1} f(x,y)\mathrm{d}x\mathrm{d}y=4\int_0^1\mathrm{d}x\int_0^{\sqrt{1-x^2}} f(x,y)\mathrm{d}y$

答案:B

三、对弧长的曲线积分

(一)对弧长的曲线积分的概念

设 L 是平面上的可求长曲线,$f(x,y)$ 是定义在 L 上的有界函数,将 L 任意地分为 n 个小弧段 $\widehat{M_{i-1}M_i}(i=1,2,\cdots,n)$,设 $\widehat{M_{i-1}M_i}$ 的长为 Δs_i,在 $\widehat{M_{i-1}M_i}$ 上任意取一点 (ξ_i,η_i) 作积分和 $\sum_{i=1}^{n} f(\xi_i,\eta_i)\Delta s_i$,若 $\lambda=\max\{\Delta s_i,(i=1,2,\cdots,n)\}\to 0$,上述和式极限存在,则称此极限为 $f(x,y)$ 在 L 上对弧长的曲线积分,记作 $\int_L f(x,y)\mathrm{d}s$。

(二)对弧长的曲线积分的性质

(1) $\int_L kf(x,y)\mathrm{d}s=k\int_L f(x,y)\mathrm{d}s$ (k 为常数)

(2)可加性：$\int_{\overset{\frown}{AB}} f(x,y)\mathrm{d}s = \int_{\overset{\frown}{AC}} f(x,y)\mathrm{d}s + \int_{\overset{\frown}{CB}} f(x,y)\mathrm{d}s$ （C 为$\overset{\frown}{AB}$上的任一点）

(3)与路径方向无关性：$\int_{\overset{\frown}{AB}} f(x,y)\mathrm{d}s = \int_{\overset{\frown}{BA}} f(x,y)\mathrm{d}s$

（三）对弧长的曲线积分的计算

(1)设曲线的参数方程为 $x=\varphi(t)$、$y=\psi(t)$，$\alpha\leqslant t\leqslant\beta$ 且 $\psi(t)$、$\varphi(t)$在$[\alpha,\beta]$上具有连续导数，则

$$\int_L f(x,y)\mathrm{d}s = \int_\alpha^\beta f[\varphi(t),\psi(t)]\sqrt{[\varphi'(t)]^2+[\psi'(t)]^2}\,\mathrm{d}t \tag{1-5-10}$$

(2)设曲线方程为 $y=y(x)$，$a\leqslant x\leqslant b$ 且 $y(x)$在$[a,b]$上具有连续导数，则

$$\int_L f(x,y)\mathrm{d}s = \int_a^b f[x,y(x)]\sqrt{1+[y'(x)]^2}\,\mathrm{d}x$$

式中，当 $f(x,y)=1$ 时，$\int_L \mathrm{d}s = \int_a^b \sqrt{1+[f'(x)]^2}\,\mathrm{d}x$，可用它计算平面曲线的弧长，与一元定积分应用求弧长公式一样。

(3)设曲线方程为 $x=x(y)$，$c\leqslant y\leqslant d$，且 $x(y)$在$[c,d]$上具有连续导数，则

$$\int_L f(x,y)\mathrm{d}s = \int_c^d f[x(y),y]\sqrt{1+[x'(y)]^2}\,\mathrm{d}y \tag{1-5-11}$$

在计算对弧长的曲线积分时，由于 $\mathrm{d}s>0$，化为定积分后，积分下限必须小于积分上限。

四、对坐标的曲线积分

（一）对坐标的曲线积分的概念和性质

设 L 为平面上的有向曲线，$P(x,y)$是定义在 L 上的有界函数，自 L 的起点至终点任意分 L 为 n 个弧段$\overset{\frown}{M_{i-1}M_i}$（$i=1,2,\cdots,n$），$\overset{\frown}{M_{i-1}M_i}$在 x 轴上的投影为 Δx_i，在$\overset{\frown}{M_{i-1}M_i}$上任取一点$(\xi_i,\eta_i)$作积分和$\sum\limits_{i=1}^{n}P(\xi_i,\eta_i)\Delta x_i$，如果 $\lambda=\max|\Delta x_i|,(i=1,2,\cdots,n)\}\to 0$，上述和式的极限存在，则称此极限为函数 $P(x,y)$沿曲线 L 对坐标 x 的曲线积分，记作$\int_L P(x,y)\mathrm{d}x$，即

$$\int_L P(x,y)\,\mathrm{d}x = \lim_{\lambda\to 0}\sum_{i=1}^{n}P(\xi_i,\eta_i)\Delta x_i$$

同理，可以定义函数 $Q(x,y)$沿曲线 L 对坐标 y 的曲线积分

$$\int_L Q(x,y)\,\mathrm{d}y = \lim_{\lambda\to 0}\sum_{i=1}^{n}Q(\xi_i,\eta_i)\Delta y_i$$

一般平面曲线 L 对坐标的曲线积分表达式为

$$\int_L P(x,y)\mathrm{d}x + Q(x,y)\mathrm{d}y$$

对坐标的曲线积分具有以下性质：

1. 可加性

$$\int_L P\mathrm{d}x + Q\mathrm{d}y = \int_{L_1} P\mathrm{d}x + Q\mathrm{d}y + \int_{L_2} P\mathrm{d}x + Q\mathrm{d}y$$

其中，$L=L_1+L_2$。

2. 与积分曲线的方向有关

$$\int_{L} P(x,y)\mathrm{d}x + Q(x,y)\mathrm{d}y = -\int_{-L} P(x,y)\mathrm{d}x + Q(x,y)\mathrm{d}y \tag{1-5-12}$$

其中,L 和 $-L$ 方向相反。

(二)计算

(1)设曲线 L 的参数方程为 $x=\varphi(t)$、$y=\psi(t)$,L 的起点与终点所对应的参数依次为 α 与 β,且 $P(x,y)$、$Q(x,y)$ 连续,$\psi(t)$、$\varphi(t)$ 连续可微,则

$$\int_{L} P(x,y)\mathrm{d}x + Q(x,y)\mathrm{d}y = \int_{\alpha}^{\beta} \{P[\varphi(t),\psi(t)]\varphi'(t) + Q[\varphi(t),\psi(t)]\psi'(t)\}\mathrm{d}t \tag{1-5-13}$$

(2)设曲线 L 的方程 $y=y(x)$ 连续可微,起点与终点的横坐标依次为 a、b,则

$$\int_{L} P(x,y)\mathrm{d}x + Q(x,y)\mathrm{d}y = \int_{a}^{b} \{P[x,y(x)] + Q[x,y(x)]y'(x)\}\mathrm{d}x \tag{1-5-14}$$

(3)设曲线 L 的方程 $x=x(y)$ 连续可微,起点与终点的纵坐标依次为 c、d,则

$$\int_{L} P(x,y)\mathrm{d}x + Q(x,y)\mathrm{d}y = \int_{c}^{d} \{P[x(y),y]x'(y) + Q[x(y),y]\}\mathrm{d}y \tag{1-5-15}$$

五、多元积分学的应用

(一)平面图形的面积

设 D 为 xOy 平面上的有界闭区域,则 D 的面积 A 为

$$A = \iint_{D} \mathrm{d}x\mathrm{d}y \tag{1-5-16}$$

(二)几何体的体积

设 Ω 为三维空间里的几何体,则 Ω 的体积 V 为

$$V = \iiint_{\Omega} \mathrm{d}x\mathrm{d}y\mathrm{d}z \tag{1-5-17}$$

(三)曲顶柱体体积

设曲面 Σ 的方程为 $z=f(x,y)\geqslant 0$,$(x,y)\in D$,则 D 上以 Σ 为顶的曲顶柱体体积 V 为

$$V = \iint_{D} f(x,y)\mathrm{d}x\mathrm{d}y \tag{1-5-18}$$

多元积分可用于计算曲面面积、平面薄片和空间物体的质量、重心、转动惯量、对质点的引力等。曲线积分可用于计算曲线形构件的质量、重心、转动惯量、引力、变力沿曲线运动所做的功等。

【例 1-5-15】 已知 $\int_{L}\sqrt{y}\,\mathrm{d}s$,其中 L 是抛物线 $y=x^2$ 上点 $A(0,0)$ 与点 $B(1,1)$ 之间的一段弧(见图),其值为:

A. $\frac{1}{12}(5\sqrt{5}-1)$　　B. $5\sqrt{5}-1$　　C. $\frac{1}{12}$　　D. $\frac{5}{12}\sqrt{5}$

解 用对弧长的曲线积分的方法,计算如下:

抛物方程为 $y=x^2$，故 $y'=2x$，利用公式$\int_L f(x)\sqrt{1+(y')^2}\,\mathrm{d}x$，

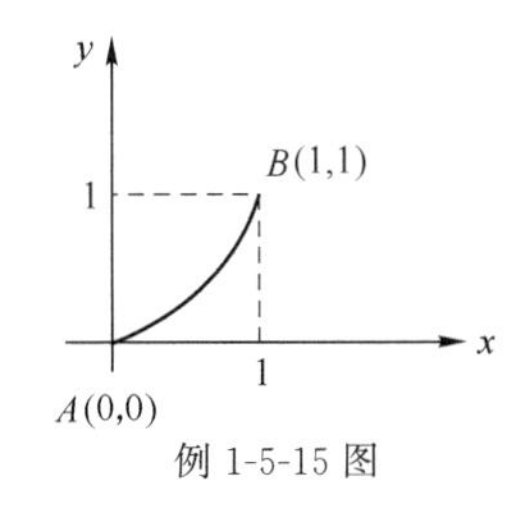

例 1-5-15 图

$L:\begin{cases}x=x\\y=x^2\end{cases}$，$\mathrm{d}s=\sqrt{1^2+(2x)^2}\,\mathrm{d}x=\sqrt{1+4x^2}\,\mathrm{d}x\quad(0\leqslant x\leqslant 1)$

有：$\int_L\sqrt{y}\,\mathrm{d}s=\int_0^1\sqrt{x^2}\sqrt{1+4x^2}\,\mathrm{d}x$

$$=\int_0^1 x\sqrt{1+4x^2}\,\mathrm{d}x=\frac{1}{12}(5\sqrt{5}-1)$$

答案：A

【例 1-5-16】 设 L 是从 $A(1,0)$ 至 $B(-1,2)$ 的线段，则$\int_L(x+y)\mathrm{d}s$ 等于：

A. $-2\sqrt{2}$　　B. $2\sqrt{2}$　　C. 2　　D. 0

解 如解图所示，线段 AB 的方程为

$$y-2=\frac{-2}{2}(x+1),y=-x+1$$

L 参数方程：$\begin{cases}y=-x+1\\x=x\end{cases}(-1\leqslant x\leqslant 1)$，$\mathrm{d}s=\sqrt{1+1}\,\mathrm{d}x=\sqrt{2}\,\mathrm{d}x$

例 1-5-16 解图

故 $\int_L(x+y)\mathrm{d}s=\int_{-1}^1[x+(-x+1)]\sqrt{2}\,\mathrm{d}x=\int_{-1}^1\sqrt{2}\,\mathrm{d}x=\sqrt{2}x\Big|_{-1}^1=2\sqrt{2}$。

答案：B

【例 1-5-17】 已知$\int_L(x+y)\mathrm{d}x+(x-y)\mathrm{d}y$，其中 L 为直线 $y=2x-1$ 上从(1,1)到(2,3)的有向线段(见图)。其值为：

A. 0　　B. $\frac{5}{2}$　　C. 1　　D. 2

解 本题为对坐标的曲线积分，计算方法如下：

通过计算直线方程为 $y=2x-1$，直线 L 的参数方程为$\begin{cases}x=x\\y=2x-1\end{cases}(x:1\to 2)$。将原式中所有的 y 替换为 x 的表达式，则：

$$\int_L(x+y)\mathrm{d}x+(x-y)\mathrm{d}y\qquad(x:1\to 2)$$

$$=\int_1^2(x+2x-1)\mathrm{d}x+(x-2x+1)2\mathrm{d}x$$

$$=\int_1^2(x+1)\mathrm{d}x=\frac{5}{2}$$

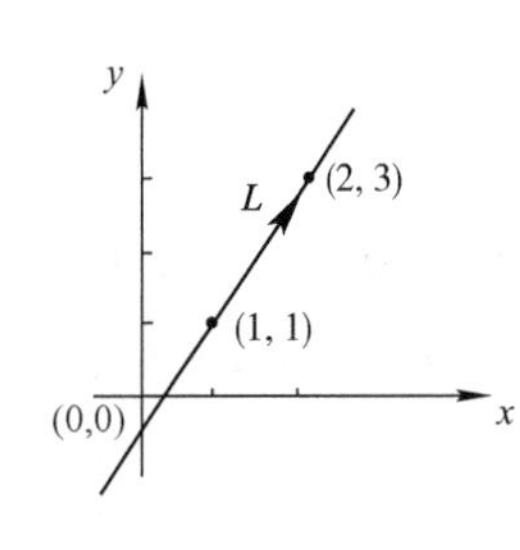

例 1-5-17 图

答案：B

【例 1-5-18】 设 L 是椭圆$\begin{cases}x=a\cos\theta\\y=b\sin\theta\end{cases}(a>0,b>0)$的上半椭圆周，沿顺时针方向，则曲线积分$\int_L y^2\mathrm{d}x$ 等于：

A. $\frac{5}{3}ab^2$　　　B. $\frac{4}{3}ab^2$　　　C. $\frac{2}{3}ab^2$　　　D. $\frac{1}{3}ab^2$

解　本题考查了参数方程形式的对坐标的曲线积分(也称第二类曲线积分),注意绕行方向为顺时针。

积分路径 L 沿顺时针方向,取椭圆上半周,则角度 θ 的取值范围为 π 到 0。

根据 $x=a\cos\theta$,可知 $dx=-a\sin\theta d\theta$,因此原式有:

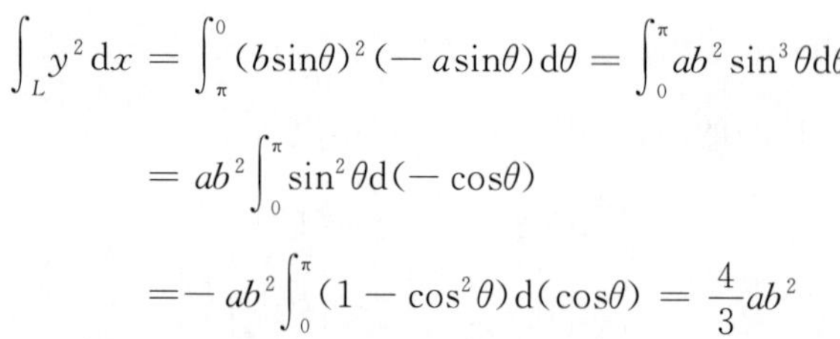

$$\int_L y^2 dx=\int_\pi^0 (b\sin\theta)^2(-a\sin\theta)d\theta=\int_0^\pi ab^2\sin^3\theta d\theta$$

$$=ab^2\int_0^\pi \sin^2\theta d(-\cos\theta)$$

$$=-ab^2\int_0^\pi (1-\cos^2\theta)d(\cos\theta)=\frac{4}{3}ab^2$$

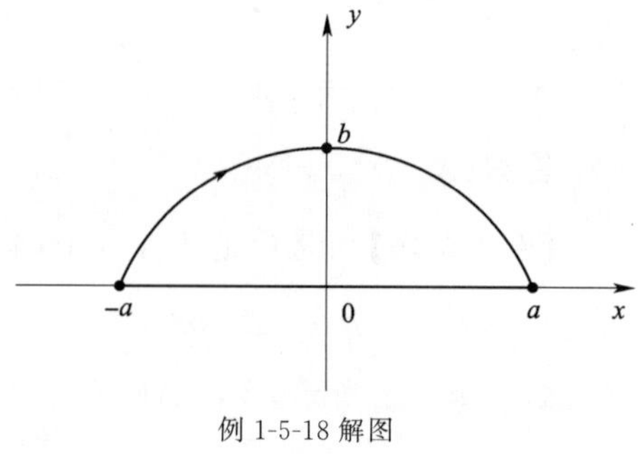

例 1-5-18 解图

答案:B

注:对坐标的曲线积分应注意积分路径的方向,然后写出积分变量的上下限,本题若取逆时针为绕行方向,则 θ 的范围应从 0 到 π。简单作图即可观察和验证。

【例 1-5-19】　设 L 是曲线 $y=\ln x$ 上从点$(1,0)$至点$(e,1)$的一段曲线,则曲线积分 $\int_L \frac{2y}{x}dx+xdy$ 等于:

A. e　　　B. $e+2$　　　C. 2　　　D. $e-1$

解　见解图。

$$L_1:\begin{cases}y=\ln x\\x=x\end{cases}\quad(x:1\to e)$$

$$\text{原式}=\int_1^e \frac{2\ln x}{x}dx+x\cdot\frac{1}{x}dx=\int_1^e\left(\frac{2\ln x}{x}+1\right)dx$$

$$=\left[(\ln x)^2+x\right]_1^e=(1+e)-(0+1)=e$$

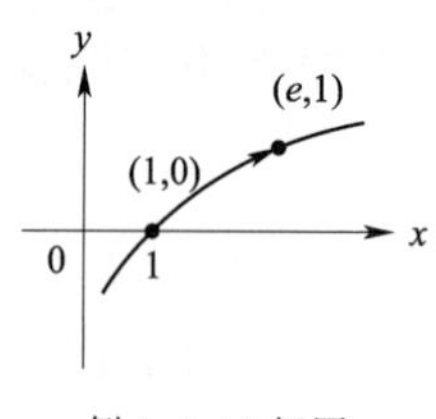

例 1-5-19 解图

答案:A

【例 1-5-20】　设圆周曲线 $L:x^2+y^2=1$ 取逆时针方向,则对坐标的曲线积分 $\int_L \frac{ydx-xdy}{x^2+y^2}$ 等于:

A. 2π　　　B. -2π　　　C. π　　　D. 0

解　本题考查对坐标的曲线积分的计算方法。应注意对坐标的曲线积分与曲线的积分路径方向有关,积分变量的变化区间应从起点所对应的参数积到终点所对应的参数。

$L:x^2+y^2=1$

参数方程可表示为 $\begin{cases}x=\cos\theta\\y=\sin\theta\end{cases}\quad(0\leqslant\theta\leqslant2\pi)$

则 $\int_L \frac{ydx-xdy}{x^2+y^2}=\int_0^{2\pi}\frac{\sin\theta(-\sin\theta)-\cos\theta\cos\theta}{\cos^2\theta+\sin^2\theta}d\theta=\int_0^{2\pi}(-1)d\theta=-\theta\Big|_0^{2\pi}=-2\pi$

答案:B

习　题

1-5-1 设 D 为由 $y=x, x=0, y=1$ 所围成的区域，则 $\iint\limits_D e^{-y}\mathrm{d}x\mathrm{d}y=$(　　)。

A. $\frac{1}{2}(e^{-1})$　　B. $-\frac{1}{2e}$　　C. $\frac{1}{2}(1+e)$　　D. $1-\frac{2}{e}$

1-5-2 化二次积分为极坐标系下的二次积分，$\int_0^1 \mathrm{d}x\int_0^{x^2} f(x,y)\mathrm{d}y=$(　　)。

A. $\int_0^{\frac{\pi}{3}}\mathrm{d}\theta\int_0^{\sec\theta\tan\theta} f(r\cos\theta, r\sin\theta)r\mathrm{d}r$　　B. $\int_0^{\frac{\pi}{4}}\mathrm{d}\theta\int_0^{\sec\theta\tan\theta} f(r\cos\theta, r\sin\theta)r\mathrm{d}r$

C. $\int_0^{\frac{\pi}{3}}\mathrm{d}\theta\int_{\sec\theta\tan\theta}^{\sec\theta} f(r\cos\theta, r\sin\theta)r\mathrm{d}r$　　D. $\int_0^{\frac{\pi}{4}}\mathrm{d}\theta\int_{\sec\theta\tan\theta}^{\sec\theta} f(r\cos\theta, r\sin\theta)r\mathrm{d}r$

1-5-3 设 D 为圆域 $x^2+y^2\leqslant 4$，则下列式子中正确的是(　　)。

A. $\iint\limits_D \sin(x^2+y^2)\mathrm{d}x\mathrm{d}y=\iint\limits_D \sin 4\mathrm{d}x\mathrm{d}y$

B. $\iint\limits_D \sin(x^2+y^2)\mathrm{d}x\mathrm{d}y=\int_0^{2\pi}\mathrm{d}\theta\int_0^4 \sin r^2\mathrm{d}r$

C. $\iint\limits_D \sin(x^2+y^2)\mathrm{d}x\mathrm{d}y=\int_0^{2\pi}\mathrm{d}\theta\int_0^2 r\sin r^2\mathrm{d}r$

D. $\iint\limits_D \sin(x^2+y^2)\mathrm{d}x\mathrm{d}y=\int_0^{2\pi}\mathrm{d}\theta\int_0^2 \sin r^2\mathrm{d}r$

1-5-4 $I=\iint\limits_D xy\mathrm{d}\sigma$，$D$ 由 $y^2=x$ 及 $y=x-2$ 所围成，则化为二次积分后的结果为(　　)。

A. $I=\int_0^4\mathrm{d}x\int_{y+2}^{y^2} xy\mathrm{d}y$　　B. $I=\int_{-1}^2\mathrm{d}y\int_{y^2}^{y+2} xy\mathrm{d}x$

C. $I=\int_0^1\mathrm{d}x\int_{-\sqrt{x}}^{\sqrt{x}} xy\mathrm{d}y+\int_1^4\mathrm{d}x\int_{x-2}^{x} xy\mathrm{d}y$　　D. $I=\int_{-1}^2\mathrm{d}x\int_{y^2}^{y+2} xy\mathrm{d}y$

1-5-5 改变积分次序 $\int_0^3\mathrm{d}y\int_y^{6-y} f(x,y)\mathrm{d}x$，则有(　　)。

A. $\int_0^3\mathrm{d}x\int_x^{6-x} f(x,y)\mathrm{d}y$　　B. $\int_0^3\mathrm{d}x\int_0^x f(x,y)\mathrm{d}y+\int_3^6\mathrm{d}x\int_0^{6-x} f(x,y)\mathrm{d}y$

C. $\int_0^3\mathrm{d}x\int_0^x f(x,y)\mathrm{d}y$　　D. $\int_3^6\mathrm{d}x\int_0^{6-x} f(x,y)\mathrm{d}y$

1-5-6 曲线 $y=\frac{2}{3}x^{\frac{3}{2}}$ 上相应于 x 从 0 到 1 的一段弧的长度是(　　)。

A. $\frac{2}{3}(\sqrt[3]{4}-1)$　　B. $\frac{4}{3}\sqrt{2}$　　C. $\frac{2}{3}(2\sqrt{2}-1)$　　D. $\frac{4}{15}$

1-5-7 设 L 是连接 $A(1,0)$，$B(0,1)$，$C(-1,0)$ 的折线，则曲线积分 $\int_{ABC}\frac{\mathrm{d}x+\mathrm{d}y}{|x|+|y|}=$(　　)。

A. 0　　　B. -2　　　C. 2　　　D. 4

1-5-8　两个圆柱体 $x^2+y^2\leqslant R^2$，$x^2+z^2\leqslant R^2$ 公共部分的体积 V 为(　　)。

A. $2\int_0^R \mathrm{d}x\int_0^{\sqrt{R^2-x^2}}\sqrt{R^2-x^2}\,\mathrm{d}y$　　　B. $8\int_0^R \mathrm{d}x\int_0^{\sqrt{R^2-x^2}}\sqrt{R^2-x^2}\,\mathrm{d}y$

C. $\int_{-R}^R \mathrm{d}x\int_{-\sqrt{R^2-x^2}}^{\sqrt{R^2-x^2}}\sqrt{R^2-x^2}\,\mathrm{d}y$　　　D. $4\int_{-R}^R \mathrm{d}x\int_{-\sqrt{R^2-x^2}}^{\sqrt{R^2-x^2}}\sqrt{R^2-x^2}\,\mathrm{d}y$

1-5-9　设平面闭区域 D 由 $x=0,y=0,x+y=\frac{1}{2},x+y=1$ 所围成，$I_1=\iint\limits_D[\ln(x+y)]^3\mathrm{d}x\mathrm{d}y$，$I_2=\iint\limits_D(x+y)^3\mathrm{d}x\mathrm{d}y$，$I_3=\iint\limits_D[\sin(x+y)]^3\mathrm{d}x\mathrm{d}y$，则 I_1,I_2,I_3 之间的关系应是(　　)。

A. $I_1<I_2<I_3$　　　B. $I_1<I_3<I_2$

C. $I_3<I_2<I_1$　　　D. $I_3<I_1<I_2$

第六节　级　　数

一、常数项级数及其敛散性

(一)常数项级数的概念

1. 常数项级数定义

由无穷数列$\{a_n\}$组成的表达式

$$\sum_{n=1}^{\infty}a_n=a_1+a_2+\cdots+a_n+\cdots \tag{1-6-1}$$

称为常数项无穷级数，简称常数项级数。a_n 称为级数的通项(或一般项)。

2. 常数项级数敛散性定义

$$S_n=\sum_{i=1}^{n}a_i=a_1+a_2+\cdots+a_n$$

称为级数式(1-6-1)的前 n 项和，简称部分和。若 $\lim\limits_{n\to\infty}S_n=S$ 存在，则称级数 $\sum\limits_{n=1}^{\infty}a_n$ 收敛，S 为该级数的和，即 $S=\sum\limits_{n=1}^{\infty}a_n$。若 $\lim\limits_{n\to\infty}S_n$ 不存在，则称级数 $\sum\limits_{n=1}^{\infty}a_n$ 发散。

由于 $a_n=S_n-S_{n-1}$，可以得到级数 $\sum\limits_{n=1}^{\infty}a_n$ 收敛的必要条件 $\lim\limits_{n\to\infty}a_n=0$。

(二)常数项级数的性质

(1)如果级数 $\sum\limits_{n=1}^{\infty}a_n$ 收敛于和 S，c 为常数，则 $\sum\limits_{n=1}^{\infty}ca_n$ 收敛，其和为 cS。

(2)如果级数 $\sum\limits_{n=1}^{\infty}a_n$、$\sum\limits_{n=1}^{\infty}b_n$ 都收敛，其和分别为 A、B，则 $\sum\limits_{n=1}^{\infty}(a_n\pm b_n)$收敛，其和为 $A\pm B$。

(3)一个级数收敛，另一个级数发散，则它们对应项的和或差所得的级数发散。

(4)两个发散级数对应项的和或差所得的级数敛散性不定。

(5)在级数中去掉、加上或改变有限项不会改变级数的收敛性。在收敛时和要改变。

(6)如果级数$\sum\limits_{n=1}^{\infty}a_n$收敛，则对其任意加括号后所得的级数仍收敛且其和不变。若加括号后所成的级数发散，则原级数也发散。

二、正项级数敛散性判别法

各项为正数的级数$\sum\limits_{n=1}^{\infty}a_n=a_1+a_2+\cdots+a_n+\cdots(a_n\geqslant 0)$称为正项级数，各项符号相同的级数都可以归入正项级数(负项级数各项乘以-1可化为正项级数来判定)。正项级数的部分和S_n构成一个单调增加(或不减少)的数列$\{S_n\}$。由极限存在准则可知，正项级数收敛的充要条件是其部分和数列$\{S_n\}$有上界。

(一)利用级数收敛的必要条件判别

设$\sum\limits_{n=1}^{\infty}a_n$，其中$a_n\geqslant 0(n=1,2,\cdots)$。若$\lim\limits_{n\to\infty}a_n\neq 0$，则$\sum\limits_{n=1}^{\infty}a_n$发散。

(二)正项级数收敛的基本定理

正项级数收敛的充要条件是其部分和数列有界。

(三)常用的正项级数敛散法

1. 比较判别法

设$\sum\limits_{n=1}^{\infty}a_n$、$\sum\limits_{n=1}^{\infty}b_n$为两个正项级数，且$0\leqslant a_n\leqslant b_n(n=1,2,\cdots)$，那么若$\sum\limits_{n=1}^{\infty}b_n$收敛，则$\sum\limits_{n=1}^{\infty}a_n$收敛；若$\sum\limits_{n=1}^{\infty}a_n$发散，则$\sum\limits_{n=1}^{\infty}b_n$发散。

2. 比较判别法的极限形式

设$\sum\limits_{n=1}^{\infty}a_n$、$\sum\limits_{n=1}^{\infty}b_n$为两个正项级数，若$\lim\limits_{n\to\infty}\dfrac{a_n}{b_n}=c$，则当：

(1)$0<c<+\infty$时，$\sum\limits_{n=1}^{\infty}a_n$与$\sum\limits_{n=1}^{\infty}b_n$具有相同的敛散性；

(2)$c=0$时，$\sum\limits_{n=1}^{\infty}b_n$收敛，则$\sum\limits_{n=1}^{\infty}a_n$也收敛；

(3)$c=+\infty$时，$\sum\limits_{n=1}^{\infty}b_n$发散，则$\sum\limits_{n=1}^{\infty}a_n$也发散。

在运用比较判别法时，常用下面三个级数作为比较的级数：①等比级数$\sum\limits_{n=1}^{\infty}aq^{n-1}$，当$|q|<1$时级数收敛，当$|q|\geqslant 1$时发散。②调和级数$\sum\limits_{n=1}^{\infty}\dfrac{1}{n}$，这是一个发散的级数。③$p$级数$\sum\limits_{n=1}^{\infty}\dfrac{1}{n^p}(p>0$，实数)，当$p>1$时，$p$级数收敛；当$p\leqslant 1$时，$p$级数发散。

3. 比值判别法

设$\sum\limits_{n=1}^{\infty}a_n$为正项级数，若$\lim\limits_{n\to\infty}\dfrac{a_{n+1}}{a_n}=\rho$，则当$\rho<1$时，级数收敛；当$\rho>1$(包括$+\infty$)时，级数发散，当$\rho=1$时，级数的敛散性不确定。

4. 根值判别法

设$\sum\limits_{n=1}^{\infty}a_n$为正项级数，若$\lim\limits_{n\to\infty}\sqrt[n]{a_n}=\rho$，则当$\rho<1$时，级数收敛；当$\rho>1$(包括$\rho=\infty$)时，级数发散，当$\rho=1$时，级数的敛散性不确定。

三、任意项级数敛散性的判定

(一)交错级数敛散性的判定(莱布尼茨定理)

设交错级数$\sum_{n=1}^{\infty}(-1)^{n-1}a_n(a_n>0,n=1,2,\cdots)$,即$a_1-a_2+a_3-a_4+a_5\cdots$组成的级数,满足条件:①$\lim_{n\to\infty}a_n=0$;②$a_n\geqslant a_{n+1}(n=1,2,\cdots)$。则交错级数收敛,且其和$S\leqslant a_1$。

(二)一般异号级数敛散性的判定

若一个级数$\sum_{n=1}^{\infty}a_n$各项为任意实数,$a_n(n=1,2,\cdots)$可正、可负和零,构成的级数,称为一般异号级数。一般异号级数敛散性的判定方法:

把级数各项取绝对值,化为正项级数判定。

设$\sum_{n=1}^{\infty}a_n$,其中项$a_n(n=1,2,\cdots)$为任意实数,若$\sum_{n=1}^{\infty}|a_n|$收敛,则$\sum_{n=1}^{\infty}a_n$也收敛;若各项取绝对值的级数$\sum_{n=1}^{\infty}|a_n|$采用比值法或根值法判定得到级数发散,则原级数$\sum_{n=1}^{\infty}a_n$一定发散。

设级数$\sum_{n=1}^{\infty}a_n$为一般异号级数,若$\lim_{n\to\infty}a_n\neq0$,则$\sum_{n=1}^{\infty}a_n$发散。

(三)绝对收敛与条件收敛

设$\sum_{n=1}^{\infty}a_n$,其中项$a_n(n=1,2,\cdots)$为任意实数,若$\sum_{n=1}^{\infty}|a_n|$收敛,则称$\sum_{n=1}^{\infty}a_n$绝对收敛;若$\sum_{n=1}^{\infty}|a_n|$发散,但$\sum_{n=1}^{\infty}a_n$收敛,则称$\sum_{n=1}^{\infty}a_n$条件收敛。

已知级数$\sum_{n=1}^{\infty}a_n$,如果级数$\sum_{n=1}^{\infty}a_n$绝对收敛,则级数$\sum_{n=1}^{\infty}a_n$必定收敛。

四、幂级数及其敛散性

(一)幂级数

(1)形如$a_0+a_1x+a_2x^2+\cdots+a_nx^n+\cdots$的级数称为幂级数,常数$a_0,a_1,\cdots,a_n,\cdots$称为幂级数的系数。对于形如$a_0+a_1(x-x_0)+a_2(x-x_0)^2+\cdots+a_n(x-x_0)^n+\cdots$的幂级数,令$z=x-x_0$就可把它化为上面的形式。

(2)阿贝尔定理:如果级数$\sum_{n=0}^{\infty}a_nx^n$在$x=x_0(x_0\neq0)$时收敛,则适合不等式$|x|<|x_0|$的一切$x$使该幂级数绝对收敛。反之,如果级数$\sum_{n=0}^{\infty}a_nx^n$在$x=x_0$时发散,则适合不等式$|x|>|x_0|$的一切$x$使该幂级数发散。

(3)形如$\sum_{n=0}^{\infty}a_nx^n$幂级数的收敛区间、收敛域:

①存在一个正数$R(0<R<\infty)$,当$|x|<R$时,幂级数收敛;当$|x|>R$时,幂级数发散。称开区间$(-R,R)$为幂级数的收敛区间。再通过判定端点$x=\pm R$的敛散性,得到级数的收敛域。有下列几种情况:$(-R,R)$或$(-R,R]$或$[-R,R)$或$[-R,R]$。

②对任何实数x幂级数都收敛,幂级数的收敛区间、收敛域均为$(-\infty,+\infty)$。

③除$x=0$外幂级数均发散,收敛域只有一点$x=0$。

对于情况①,常数R称为幂级数的收敛半径;情况②,幂级数的收敛半径$R=+\infty$;情况

③,收敛半径 $R=0$。

(二)幂级数收敛半径 R 的求法

1. 不缺项的幂级数

(1)设 $\sum_{n=0}^{\infty}a_nx^n$,若 $\lim_{n\to\infty}\left|\frac{a_{n+1}}{a_n}\right|=\rho$,则:①当 $0<\rho<\infty$ 时,$R=\frac{1}{\rho}$;②当 $\rho=0$ 时,$R=+\infty$;③当 $\rho=+\infty$ 时,$R=0$。其中,a_{n+1}、a_n 为幂级数连续两项的系数。

(2)对于形如 $\sum_{n=0}^{\infty}a_n(x-x_0)^n$ 的幂级数,令 $y=x-x_0$,将它化为 $\sum_{n=0}^{\infty}a_ny^n$ 的形式,再利用上面方法求出 R 值,回代 $y=x-x_0$,解不等式得到 x 的收敛范围。

2. 缺项的幂级数

对于 $\sum_{n=0}^{\infty}a_nx^n$ 级数中,缺少 x 的乘方次数为奇数次的项或缺少 x 的乘方次数为偶数次的项时,例如 $\sum_{n=0}^{\infty}a_nx^{2n}$、$\sum_{n=0}^{\infty}a_nx^{2n-1}$,可把级数看作为函数项级数,用比值法计算,即 $\lim_{n\to\infty}\left|\frac{U_{n+1}(x)}{U_n(x)}\right|=$

$$\rho(x)\begin{cases}<1,\text{解出}|x|<R,\text{级数绝对收敛。}\\>1,\text{解出}|x|>R,\text{级数发散。}\end{cases}$$

则 R 值为级数的收敛半径。

(其中 $U_{n+1}(x)$,$U_n(x)$ 为幂级数的相邻两项)

注:求幂级数的收敛半径 R,重点应放在"1. 不缺项的幂级数"这一部分。

(三)幂级数的运算

1. 幂级数的四则运算

设 $\sum_{n=0}^{\infty}a_nx^n$ 与 $\sum_{n=0}^{\infty}b_nx^n$ 的收敛半径分别为 R 与 R',则:

(1) $\sum_{n=0}^{\infty}a_nx^n\pm\sum_{n=0}^{\infty}b_nx^n=\sum_{n=0}^{\infty}(a_n\pm b_n)x^n$,其收敛半径 $R=\min\{R,R'\}$;

(2) $\sum_{n=0}^{\infty}a_nx^n$ 与 $\sum_{n=0}^{\infty}b_nx^n$ 的积所得级数的收敛半径 $R=\min\{R,R'\}$;

(3) $\sum_{n=0}^{\infty}a_nx^n$ 与 $\sum_{n=0}^{\infty}b_nx^n(b_0\neq0)$ 的商所得到的级数,在比 R、R' 小得多的范围内收敛。

2. 幂级数的分析运算法

设幂级数 $\sum_{n=0}^{\infty}a_nx^n$ 的收敛半径为 R,和函数为 $S(x)$,则:

(1) $S(x)$ 在其收敛区间上连续。

(2) $S(x)$ 在 $(-R,R)$ 上可积,$\forall x\in(-R,R)$,有逐项积分公式

$$\int_0^x S(x)\mathrm{d}x=\int_0^x\sum_{n=0}^{\infty}a_nx^n\mathrm{d}x=\sum_{n=0}^{\infty}\int_0^x a_nx^n\mathrm{d}x \tag{1-6-2}$$

(3) $S(x)$ 在 $(-R,R)$ 上可导,且有逐项求导公式

$$S'(x)=\left(\sum_{n=0}^{\infty}a_nx^n\right)'=\sum_{n=0}^{\infty}(a_nx^n)'=\sum_{n=1}^{\infty}na_nx^{n-1} \tag{1-6-3}$$

逐项积分和逐项微分后的级数的收敛半径仍为 R,但端点 $x=\pm R$ 的敛散性可能会发生变化。

利用幂级数的四则运算和分析运算的性质以及一些函数幂级数的展开式可求出幂级数的和函数,并由此可求出一些常数项级数的和。

（四）函数的幂级数展开式

1. 函数的泰勒级数与麦克劳林级数

设 $f(x)$ 在 $x=x_0$ 的各阶导数都存在，$a_n=\frac{1}{n!}f^{(n)}(x_0)$，$(n=1,2,\cdots)$，称为函数 $f(x)$ 的泰勒系数，以这些系数写成的幂级数称为 $f(x)$ 的泰勒级数，记为

$$f(x_0)+\frac{f'(x_0)}{1!}(x-x_0)+\cdots+\frac{1}{n!}f^{(n)}(x_0)(x-x_0)^n+\cdots \tag{1-6-4}$$

但此级数不一定收敛于 $f(x)$，只有当函数 $f(x)$ 在包含 $x=x_0$ 的某区间 I 内无限次可导，而且泰勒公式中的余项 $R_n(x)$，当 $x\in I$ 时，满足条件

$$\lim_{n\to\infty}R_n(x)=0 \tag{1-6-5}$$

其中 $R_n(x)=\frac{f^{(n+1)}(\xi)}{(n+1)!}(x-x_0)^{n+1}$，$\xi$ 是介于 x 与 x_0 之间的某个值。则 $f(x)$ 的泰勒级数，当 $x\in I$ 时，收敛于 $f(x)$，即

$$f(x)=f(x_0)+\frac{f'(x_0)}{1!}(x-x_0)+\cdots+\frac{1}{n!}f^{(n)}(x_0)(x-x_0)^n+\cdots \tag{1-6-6}$$

称为 $f(x)$ 在 $x=x_0$ 的泰勒级数展开式。当 $x_0=0$ 时，称为 $f(x)$ 的麦克劳林级数展开式

$$f(x)=f(0)+\frac{f'(0)}{1!}x+\frac{f''(0)}{2!}x^2+\cdots+\frac{1}{n!}f^{(n)}(0)x^n+\cdots \tag{1-6-7}$$

2. 函数的幂级数展开式

把函数展开为幂级数，实际上是一个对函数求高阶导数的问题。

通常用直接展开法和间接展开法将函数展开成幂级数。直接展开法是先求出 $f^{(n)}(x)$ $(n=1,2,\cdots)$，写出 $f(x)$ 的幂级数，求出收敛半径 R，然后再讨论在 $(-R,R)$ 内泰勒公式中的余项 $R_n(x)\to 0(n\to\infty)$，得到幂级数在该区间内收敛于 $f(x)$。间接展开法是利用一些已知函数的幂级数展开式如 e^x、$\sin x$、$\cos x$、$\ln(1+x)$、$(1+x)^m$ 等的展开式作为基础，再利用幂级数的四则运算和分析运算的性质，以及函数幂级数展开式的唯一性定理将函数展开成幂级数。

常用的函数展开式有

$$e^x=1+x+\frac{1}{2!}x^2+\cdots+\frac{1}{n!}x^n+\cdots=\sum_{n=0}^{\infty}\frac{x^n}{n!}\quad(-\infty,+\infty)$$

$$\sin x=x-\frac{1}{3!}x^3+\frac{1}{5!}x^5+\cdots+(-1)^n\frac{x^{2n+1}}{(2n+1)!}+\cdots=\sum_{n=0}^{\infty}(-1)^n\frac{x^{2n+1}}{(2n+1)!}\quad(-\infty,+\infty)$$

$$\cos x=1-\frac{1}{2!}x^2+\frac{1}{4!}x^4+\cdots+(-1)^n\frac{x^{2n}}{(2n)!}+\cdots=\sum_{n=0}^{\infty}(-1)^n\frac{x^{2n}}{(2n)!}\quad(-\infty,+\infty)$$

$$\ln(1+x)=x-\frac{x^2}{2}+\frac{x^3}{3}-\cdots+(-1)^n\frac{x^{n+1}}{n+1}+\cdots=\sum_{n=1}^{\infty}(-1)^{n-1}\frac{x^n}{n}\quad(-1,1]$$

$$(1+x)^m=1+mx+\frac{m(m-1)}{2!}x^2+\cdots+\frac{m(m-1)\cdots(m-n+1)}{n!}x^n+\cdots\quad(m\text{ 为任意常数})$$

当 $m>0$ 时，收敛于 $[-1,1]$；当 $-1<m<0$ 时，收敛于 $(-1,1]$；当 $m\leqslant -1$ 时，收敛于 $(-1,1)$。

$$\frac{1}{1+x}=1-x+x^2-\cdots+(-1)^nx^n+\cdots=\sum_{n=0}^{\infty}(-1)^nx^n\qquad(-1,1)$$

$$\frac{1}{1-x}=1+x+x^2+\cdots+x^n+\cdots=\sum_{n=0}^{\infty}x^n \qquad (-1,1)$$

函数$\frac{1}{1+x}$、$\frac{1}{1-x}$的展开式应特别关注，在求函数展开式中经常用到。

五、傅里叶级数

(一)傅里叶系数、傅里叶级数

若周期为 2π 的函数 $f(x)$可积，则

$$\left.\begin{aligned} a_n &= \frac{1}{\pi}\int_{-\pi}^{\pi} f(x)\cos nx\,\mathrm{d}x \qquad (n=0,1,2,\cdots) \\ b_n &= \frac{1}{\pi}\int_{-\pi}^{\pi} f(x)\sin nx\,\mathrm{d}x \qquad (n=1,2,\cdots) \end{aligned}\right. \tag{1-6-8}$$

称为 $f(x)$的傅里叶系数。以傅里叶系数为系数写出的级数

$$\frac{a_0}{2}+\sum_{n=1}^{\infty}(a_n\cos nx+b_n\sin nx) \tag{1-6-9}$$

称为 $f(x)$的傅里叶级数。函数的傅里叶级数不一定收敛，即使收敛，它的和函数也不一定就是 $f(x)$，这一点值得注意。

(二)狄利克雷收敛定理

狄利克雷收敛定理：若$f(x)$是周期为2π的周期函数，且满足在一个周期内连续或只有有限个第一类间断点，并且至多只有有限个极值点，则$f(x)$的傅里叶级数收敛，并且当x是$f(x)$的连续点时，级数收敛于 $f(x)$，当 x 是 $f(x)$的间断点时，级数收敛于$\frac{f(x-0)+f(x+0)}{2}$。

只要函数满足狄利克雷收敛条件，那么傅里叶级数在连续点处收敛于函数在该点的函数值，在间断点处，收敛于函数在该点左极限与右极限的算术平均值。

(三)函数展开成傅里叶级数

(1)设函数 $f(x)$为以 2π 为周期函数，且满足狄利克雷收敛定理条件，则系数

$$a_0=\frac{1}{\pi}\int_{-\pi}^{\pi} f(x)\,\mathrm{d}x$$

$$a_n=\frac{1}{\pi}\int_{-\pi}^{\pi} f(x)\cos nx\,\mathrm{d}x \qquad (n=1,2,\cdots)$$

$$b_n=\frac{1}{\pi}\int_{-\pi}^{\pi} f(x)\sin nx\,\mathrm{d}x \qquad (n=1,2,\cdots)$$

它的傅里叶级数为

$$f(x)=\frac{a_0}{2}+\sum_{n=1}^{\infty}(a_n\cos nx+b_n\sin nx) \qquad (\text{在 } f(x)\text{连续点处收敛})$$

(2)若周期为 2π 的连续函数 $f(x)$是奇函数，则

$$a_n=0 \qquad (n=0,1,2,\cdots)$$

$$b_n=\frac{2}{\pi}\int_{0}^{\pi} f(x)\sin nx\,\mathrm{d}x \qquad (n=1,2,\cdots)$$

它的傅里叶级数只含有正弦项，即

$$f(x)=\sum_{n=1}^{\infty}b_n\sin nx\mathrm{d}x \qquad (\text{在 } f(x)\text{连续点处收敛})$$

若周期为 2π 的连续函数 $f(x)$ 是偶函数，则

$$a_n=\frac{2}{\pi}\int_0^{\pi}f(x)\cos nx\,\mathrm{d}x \qquad (n=0,1,2,\cdots)$$

$$b_n=0 \qquad (n=1,2,\cdots)$$

它的傅里叶级数只含有常数项和余弦项，即

$$f(x)=\frac{a_0}{2}+\sum_{n=1}^{\infty}a_n\cos nx \qquad (\text{在 } f(x) \text{ 连续点处收敛})$$

分别称这样的级数为正弦级数和余弦级数。

(3)如果 $f(x)$ 在 $[-\pi,\pi]$ 上有定义，通过周期延拓，变成以 2π 为周期的周期函数，然后展开成傅里叶级数，在 $(-\pi,\pi)$ 上的展式即为 $f(x)$ 的展式，端点 $x=-\pi$、$x=\pi$ 由延拓后的函数来确定。若在该点连续，包括在内；若在该点间断，不包括在内。只定义在 $[0,\pi]$ 上的函数 $f(x)$，可先通过奇延拓（或偶延拓），再周期延拓得到以 2π 为周期的周期函数，展开成傅里叶级数，在 $(0,\pi)$ 上的展式即为 $f(x)$ 的展式，$x=0$、$x=\pi$ 点由延拓后的函数来确定，若在该点连续，包括在内；若在该点间断，不包括在内。

(4)周期为 $2l$ 的函数，也有相关的收敛定理，它的系数的计算公式为

$$a_n=\frac{1}{l}\int_{-l}^{l}f(x)\cos\frac{n\pi x}{l}\mathrm{d}x \qquad (n=0,1,2,\cdots)$$

$$b_n=\frac{1}{l}\int_{-l}^{l}f(x)\sin\frac{n\pi x}{l}\mathrm{d}x \qquad (n=1,2,\cdots) \tag{1-6-10}$$

傅里叶级数为

$$f(x)=\frac{a_0}{2}+\sum_{n=1}^{\infty}\left(a_n\cos\frac{n\pi x}{l}+b_n\sin\frac{n\pi x}{l}\right) \qquad (\text{确定收敛域}) \tag{1-6-11}$$

周期为 $2l$ 的奇（或偶）函数，定义在 $[-l,l]$ 上的函数及定义在 $[0,l]$ 上的函数可仿照周期为 2π 的函数，定义在 $[-\pi,\pi]$ 上的函数及定义在 $[0,\pi]$ 上的函数来处理。

【例 1-6-1】 级数 $\sum\limits_{n=1}^{\infty}\frac{(-1)^n}{a_n}(a_n>0)$ 满足下列什么条件时收敛：

A. $\lim\limits_{n\to\infty}a_n=\infty$ B. $\lim\limits_{n\to\infty}\frac{1}{a_n}=0$ C. 发散 D. 单调递增且 $\lim\limits_{n\to\infty}a_n=+\infty$

解 本题考查级数收敛的充分条件。

注意本题有 $(-1)^n$，显然 $\sum\limits_{n=1}^{\infty}\frac{(-1)^n}{a_n}(a_n>0)$ 是一个交错级数。

交错级数收敛，即 $\sum\limits_{n=1}^{\infty}(-1)^n a_n$，只要满足：① $a_n>a_{n+1}$，② $a_n\to 0(n\to\infty)$。

在选项 D 中，已知 a_n 单调递增，即 $a_n<a_{n+1}$，所以 $\frac{1}{a_n}>\frac{1}{a_{n+1}}$

已知 $\lim\limits_{n\to\infty}a_n=+\infty$，所以 $\lim\limits_{n\to\infty}\frac{1}{a_n}=0$

故级数 $\sum\limits_{n=1}^{\infty}\frac{(-1)^n}{a_n}(a_n>0)$ 收敛

其他选项均不符合交错级数收敛的判别方法。

答案：D

【例 1-6-2】 级数 $\sum\limits_{n=1}^{\infty}(-1)^n\frac{1}{n^{p-1}}$：

A. 当 $1<p\leqslant 2$ 时条件收敛　　B. 当 $p>2$ 时条件收敛

C. 当 $p<1$ 时条件收敛　　D. 当 $p>1$ 时条件收敛

解　$\sum\limits_{n=1}^{\infty}(-1)^n\dfrac{1}{n^{p-1}}$级数条件收敛应满足条件：①取绝对值后级数发散；②原级数收敛。

$\sum\limits_{n=1}^{\infty}\left|(-1)^n\dfrac{1}{n^{p-1}}\right|=\sum\limits_{n=1}^{\infty}\dfrac{1}{n^{p-1}}$，取绝对值后的级数为 p 级数，当 $0<p-1\leqslant 1$ 时，即 $1<p\leqslant 2$，取绝对值后级数发散，原级数 $\sum\limits_{n=1}^{\infty}(-1)^n\dfrac{1}{n^{p-1}}$ 为交错级数。

在 $1<p\leqslant 2$ 时，取绝对值后的级数发散，而当 $p>1$ 时，满足莱布尼兹定理条件：①$\dfrac{1}{n^{p-1}}>\dfrac{1}{(n+1)^{p-1}}$；②$\lim\limits_{n\to\infty}\dfrac{1}{n^{p-1}}=0$，原级数收敛（因幂函数 $y=x^p$，当 $p>0$ 在 $(0,+\infty)$ 递增，即有 $n^p<(n+1)^p$，$\dfrac{1}{n^p}>\dfrac{1}{(n+1)^p}$。本题中，$p>1$，则有 $p-1>0$，进而有上面结论 $\dfrac{1}{n^{p-1}}>\dfrac{1}{(n+1)^{p-1}}$ 成立）。

综合以上结论 $1<p\leqslant 2$ 和 $p>1$，应为 $1<p\leqslant 2$。

答案：A

【例 1-6-3】　幂级数 $x-\dfrac{x^2}{2}+\dfrac{x^3}{3}-\cdots+(-1)^{n-1}\dfrac{x^n}{n}+\cdots$ 的收敛半径和收敛域为：

A. 2；(−2，2)　　B. 2；(−2，2)　　C. 1；(−1，1)　　D. 1；(−1，1)

解

$$\rho=\lim_{n\to\infty}\left|\frac{a_{n+1}}{a_n}\right|=\lim_{n\to\infty}\frac{\dfrac{1}{n+1}}{\dfrac{1}{n}}=1$$

$R=\dfrac{1}{\rho}=1$，即 $|x|<1$ 收敛

当 $x=1$ 时，代入级数得：

$1-\dfrac{1}{2}+\dfrac{1}{3}-\cdots+(-1)^{n-1}\dfrac{1}{n}+\cdots$ 为交错级数，满足莱布尼兹定理条件，收敛。

当 $x=-1$ 时，代入级数得：

$-1-\dfrac{1}{2}-\dfrac{1}{3}-\cdots-\dfrac{1}{n}\cdots=-\left(1+\dfrac{1}{2}+\dfrac{1}{3}+\cdots+\dfrac{1}{n}+\cdots\right)$ 为调和级数，发散。

收敛域 $(-1,1]$

答案：C

注：在求级数的收敛域时，要注意对两个端点的讨论。本题中，要对端点 $x=1$，$x=-1$ 加以讨论。

【例 1-6-4】　函数 $f(x)=\dfrac{1}{x}$，将其展开为 $x-3$ 的幂级数为：

A. $\dfrac{1}{3}\sum\limits_{n=0}^{\infty}(-1)^n\left(\dfrac{x-3}{3}\right)^n$　(0,6)　　B. $\dfrac{1}{2}\sum\limits_{n=0}^{\infty}(-1)^n\left(\dfrac{x-3}{4}\right)^n$　(0,6)

C. $\dfrac{1}{4}\sum\limits_{n=0}^{\infty}(-1)^n\left(\dfrac{x-3}{4}\right)^n$　(0,6)　　D. $\sum\limits_{n=0}^{\infty}(-1)^n\left(\dfrac{x-3}{3}\right)^n$　(0,6)

解

$$\frac{1}{x}=\frac{1}{3+x-3}=\frac{1}{3}\times\frac{1}{1+\dfrac{x-3}{3}}$$

利用已知$\frac{1}{1+x}=1-x+x^2-x^3+\cdots,x\in(-1,1)$,展开式得到

$$\frac{1}{3}\times\frac{1}{1+\frac{x-3}{3}}=\frac{1}{3}\times\left[1-\frac{x-3}{3}+\left(\frac{x-3}{3}\right)^2-\left(\frac{x-3}{3}\right)^3+\cdots\right]$$

由$-1<x<1$,代入$-1<\frac{x-3}{3}<1$,得$0<x<6$

$$\frac{1}{x}=\frac{1}{3}\times\left[1-\frac{x-3}{3}+\left(\frac{x-3}{3}\right)^2-\cdots\right]\quad(0,6)$$

答案:A

【例 1-6-5】 函数$f(x)=e^{2x-1}$的麦克劳林级数展开式的前三项是:

A. $e^{-1}+e^{-2}x+e^{-3}x^2$　　B. $e+2ex+4ex^2$

C. $e^{-1}+2e^{-1}x+2e^{-1}x^2$　　D. $e^{-1}+2e^{-2}x+4e^{-3}x^3$

解 函数展开成麦克劳林级数的一般形式为:

$$f(x)=f(0)+\frac{f'(0)}{1!}x+\frac{f''(0)}{2!}x^2+\cdots+\frac{f^n(0)}{n!}x^n+R_n(x)$$

其中,$R_n(x)=\frac{f^{n+1}(\xi)}{(n+1)!}x^{n+1}$($\xi$是介于0与$x$之间的某个数)

本题函数$f(x)=e^{2x-1}$,则$f'(x)=2e^{2x-1}$,$f''(x)=4e^{2x-1}$

代入$x=0$,则$f(0)=e^{-1}$,$f'(0)=2e^{-1}$,$f''(0)=4e^{-1}$

其麦克劳林级数展开式的前三项为:$f(x)=f(0)+f'(0)x+\frac{f''(0)}{2!}x^2$

代入$f(x)=e^{-1}+\frac{2e^{-1}}{1!}x+\frac{4e^{-1}}{2!}x^2=e^{-1}+2e^{-1}x+2e^{-1}x^2$

即$f(x)=e^{-1}+2e^{-1}x+2e^{-1}x^2$

答案:C

【例 1-6-6】 下列各级数发散的是:

A. $\sum_{n=1}^{\infty}\sin\frac{1}{n}$　　B. $\sum_{n=1}^{\infty}(-1)^{n-1}\frac{1}{\ln(n+1)}$

C. $\sum_{n=1}^{\infty}\frac{n+1}{3^{\frac{n}{2}}}$　　D. $\sum_{n=1}^{\infty}(-1)^{n-1}\left(\frac{2}{3}\right)^n$

解 选A。分析如下:

$\sum_{n=1}^{\infty}\sin\frac{1}{n}$为正项级数,对于$\lim_{n\to\infty}\frac{\sin\frac{1}{n}}{\frac{1}{n}}$,因$\lim_{x\to\infty}\frac{\sin\frac{1}{x}}{\frac{1}{x}}\xlongequal{设\,t=\frac{1}{x},当\,x\to\infty\,时,t\to 0}\lim_{t\to 0}\frac{\sin t}{t}=1$,故

$$\lim_{n\to\infty}\frac{\sin\frac{1}{n}}{\frac{1}{n}}=1$$

而$\sum_{n=1}^{\infty}\frac{1}{n}$发散,所以$\sum_{n=1}^{\infty}\sin\frac{1}{n}$发散

选项B,$\sum_{n=1}^{\infty}(-1)^{n-1}\frac{1}{\ln(n+1)}$为交错级数,可用莱布尼兹定理判定:①$u_n\geqslant u_{n+1}$;

②$\lim\limits_{n\to\infty}u_n=0$。级数收敛。

选项 C，$\sum\limits_{n=1}^{\infty}\frac{n+1}{3^{\frac{n}{2}}}$为正项级数，用比值判别法$\lim\limits_{n\to\infty}\frac{u_{n+1}}{u_n}=\frac{1}{\sqrt{3}}<1$，收敛。

选项 D，$\sum\limits_{n=1}^{\infty}(-1)^{n-1}\left(\frac{2}{3}\right)^n=\frac{2}{3}-\left(\frac{2}{3}\right)^2+\left(\frac{2}{3}\right)^3+\left(\frac{2}{3}\right)^4+\cdots$为等比级数，公比 $q=-\frac{2}{3}$，$|q|<1$，收敛。

答案：A

【例 1-6-7】 级数$\sum\limits_{n=1}^{\infty}u_n$ 收敛的充要条件是：

A. $\lim\limits_{n\to\infty}u_n=0$　　B. $\lim\limits_{n\to\infty}\frac{u_{n+1}}{u_n}=r<1$

C. $u_n\leqslant\frac{1}{n^2}$　　D. $\lim\limits_{n\to\infty}S_n$ 存在，其中 $S_n=u_1+\cdots+u_n$

解　选项 A 错误：$\sum\limits_{n=1}^{\infty}u_n$ 收敛$\Rightarrow\lim\limits_{n\to\infty}u_n=0$ 仅是级数收敛的必要条件，而非充分条件。例如调和级数$\sum\limits_{n=1}^{\infty}\frac{1}{n}$，满足$\lim\limits_{n\to\infty}u_n=\lim\limits_{n\to\infty}\frac{1}{n}=0$，但级数发散。

选项 B 错误：$\lim\limits_{n\to\infty}\frac{u_{n+1}}{u_n}=r<1$ 为正项级数收敛的充分条件，但所给级数并未说明是什么类型的级数。

选项 C 错误：此条件仅对正项级数收敛适用。

选项 D 正确：$\lim\limits_{n\to\infty}S_n$ 存在是级数$\sum\limits_{n=1}^{\infty}u_n$ 收敛的充分必要条件，这是判定级数敛散性的基本定理。

答案：D

【例 1-6-8】 设部分和 $S_n=\sum\limits_{k=1}^{n}a_k$，则数列$\{S_n\}$有界，是级数$\sum\limits_{n=1}^{\infty}a_n$ 收敛的：

A. 充分不必要条件　　B. 必要不充分条件

C. 充分必要条件　　D. 既不充分条件也不必要条件

解　正项极数收敛的充要条件是其部分和数列$\{S_n\}$有上界，但在本题中数列$\{a_n\}$的 a_n 未给出 $a_n\geqslant0$ 的条件，所以选项 C 不成立。部分数列$\{S_n\}$有界仅是级数收敛的必要条件，但非充分条件。

例如：级数$\sum\limits_{n=1}^{\infty}n$，$S_n=1+2+\cdots+n=\frac{n(n+1)}{2}$，部分数列$\{S_n\}$无界，级数一定发散；例如：极数$\sum\limits_{n=1}^{\infty}(-1)^{n+1}$，$S_n=1-1+1\cdots+(-1)^{n+1}$，$|S_n|\leqslant1$ 有界，但级数发散，选项 A、D 也不成立。所以选项 B 成立。

答案：B

【例 1-6-9】 级数$\sum\limits_{n=1}^{\infty}\frac{\sin\frac{n\pi}{2}}{\sqrt{n^3}}$的收敛性是：

A. 绝对收敛　　B. 发散　　C. 条件收敛　　D. 无法判定

解　级数各项取绝对值，即$\sum\limits_{n=1}^{\infty}\left|\frac{\sin\frac{n\pi}{2}}{\sqrt{n^3}}\right|$，因$\left|\frac{\sin\frac{n\pi}{2}}{\sqrt{n^3}}\right|\leqslant\frac{1}{n^{\frac{3}{2}}}$，而级数$\sum\limits_{n=1}^{\infty}\frac{1}{n^{\frac{3}{2}}}$，$p=\frac{3}{2}>1$，收敛，由

正项级数比较法知，级数$\sum_{n=1}^{\infty}\left|\frac{\sin\frac{n\pi}{2}}{\sqrt{n^3}}\right|$收敛，所以原级数$\sum_{n=1}^{\infty}\frac{\sin\frac{n\pi}{2}}{\sqrt{n^3}}$绝对收敛。

答案：A

【例 1-6-10】 已知数列$\{b_n\}$，有$\lim_{n\to\infty}b_n=\infty$，且$b_n\neq 0\ (n=1,2,3,\cdots)$，则级数$\sum_{n=1}^{\infty}\left(\frac{1}{b_n}-\frac{1}{b_{n+1}}\right)$的和为：

A. $\frac{1}{b_1}$　　B. $\frac{1}{2b_1}$　　C. $\frac{1}{b_1b_2}$　　D. ∞

解 $S_n=\left(\frac{1}{b_1}-\frac{1}{b_2}\right)+\left(\frac{1}{b_2}-\frac{1}{b_3}\right)+\cdots+\left(\frac{1}{b_n}-\frac{1}{b_{n+1}}\right)=\frac{1}{b_1}-\frac{1}{b_{n+1}}$

$\lim_{n\to\infty}S_n=\lim_{n\to\infty}\left(\frac{1}{b_1}-\frac{1}{b_{n+1}}\right)=\frac{1}{b_1}(b_1\neq 0)$

注：$\lim_{n\to\infty}b_n=\infty$，$\lim_{n\to\infty}b_{n+1}=\infty$，$\lim_{n\to\infty}\frac{1}{b_{n+1}}=0$。

答案：A

【例 1-6-11】 级数$\sum_{n=1}^{\infty}(-1)^{n-1}x^n$的和函数是：

A. $\frac{1}{1+x}(-1<x<1)$　　B. $\frac{x}{1+x}(-1<x<1)$

C. $\frac{x}{1-x}(-1<x<1)$　　D. $\frac{1}{1-x}(-1<x<1)$

解 级数$\sum_{n=1}^{\infty}(-1)^{n-1}x^n=x-x^2+x^3-\cdots+(-1)^{n-1}x^n+\cdots$，公比$q=-x$，$|q|=|-x|=|x|<1$，等比级数收敛，级数的和函数$S=\frac{a_1}{1-q}=\frac{x}{1-(-x)}=\frac{x}{1+x}\quad(-1<x<1)$。

答案：B

【例 1-6-12】 函数e^x展开成为$x-1$的幂级数是：

A. $\sum_{n=0}^{\infty}\frac{(x-1)^n}{n!}$　　B. $e\sum_{n=0}^{\infty}\frac{(x-1)^n}{n!}$

C. $\sum_{n=0}^{\infty}\frac{(n-1)^n}{n}$　　D. $\sum_{n=0}^{\infty}\frac{(x-1)^n}{ne}$

解 $e^x=e^{x-1+1}=ee^{x-1}$

已知 $e^x=1+\frac{1}{1!}x+\frac{1}{2!}x^2+\cdots+\frac{1}{n!}x^n+\cdots\quad(-\infty,+\infty)$

$$e^{x-1}=1+\frac{1}{1!}(x-1)+\frac{1}{2!}(x-1)^2+\cdots+\frac{1}{n!}(x-1)^n+\cdots$$

$$=\sum_{n=0}^{\infty}\frac{1}{n!}(x-1)^n\quad(-\infty,+\infty)$$

$$e^x=e\sum_{n=0}^{\infty}\frac{1}{n!}(x-1)^n\quad(-\infty,+\infty)$$

答案：B

注：求函数$f(x)$的展开式时，一般都是用间接展开法，即利用已知函数的幂级数展开式计算。常用的$\frac{1}{1+x}$、$\frac{1}{1-x}$及e^x函数的展开式应牢记，是近几年来的热门考点。

【例 1-6-13】 级数$\sum\limits_{n=1}^{\infty}\frac{(2x+1)^n}{n}$的收敛域是：

A. $(-1,1)$　　B. $[-1,1]$　　C. $[-1,0)$　　D. $(-1,0)$

解 设$2x+1=z$，级数为$\sum\limits_{n=1}^{\infty}\frac{z^n}{n}$。

$$\lim_{n\to\infty}\left|\frac{a_{n+1}}{a_n}\right|=\lim_{n\to\infty}\frac{\frac{1}{n+1}}{\frac{1}{n}}=1,\rho=1,R=\frac{1}{\rho}=1$$

当$z=1$时，$\sum\limits_{n=1}^{\infty}\frac{1}{n}$发散；当$z=-1$时，$\sum\limits_{n=1}^{\infty}\frac{(-1)^n}{n}$收敛。

所以$-1\leqslant z<1$收敛，即$-1\leqslant 2x+1<1$，$-1\leqslant x<0$。

答案：C

【例 1-6-14】 若级数$\sum\limits_{n=1}^{\infty}b_n$收敛，且$\lim\limits_{n\to\infty}\frac{a_n}{b_n}=1$，则级数$\sum\limits_{n=1}^{\infty}a_n$：

A. 收敛　　B. 发散

C. 收敛且其和与$\sum\limits_{n=1}^{\infty}b_n$的和相等　　D. 不一定收敛

解 如果$\sum\limits_{n=1}^{\infty}a_n$和$\sum\limits_{n=1}^{\infty}b_n$都是正项级数，且$\lim\limits_{n\to\infty}\frac{a_n}{b_n}=1$，由正项级数的比较判别法极限形式，可判定$\sum\limits_{n=1}^{\infty}a_n$一定收敛，但如果$\sum\limits_{n=1}^{\infty}a_n$和$\sum\limits_{n=1}^{\infty}b_n$不是正项级数，则结论不一定成立。

例如：$b_n=(-1)^n\frac{1}{\sqrt{n}}$，$a_n=(-1)^n\frac{1}{\sqrt{n}}+\frac{1}{n}$

可判定$\sum\limits_{n=1}^{\infty}b_n$收敛，而$\lim\limits_{n\to\infty}\frac{(-1)^n\frac{1}{\sqrt{n}}+\frac{1}{n}}{(-1)^n\frac{1}{\sqrt{n}}}=\lim\limits_{n\to\infty}(1+(-1)^n\frac{1}{\sqrt{n}})=1$

但$\sum\limits_{n=1}^{\infty}a_n$发散。因为$\sum\limits_{n=1}^{\infty}(-1)^n\sqrt{\frac{1}{n}}$收敛，$\sum\limits_{n=1}^{\infty}\frac{1}{n}$发散，对应项之和所得到的级数发散。

答案：D

【例 1-6-15】 下列命题中，正确的是：

A. 周期函数$f(x)$的傅里叶级数收敛于$f(x)$

B. 若$f(x)$有任意阶导数，则$f(x)$的泰勒级数收敛于$f(x)$

C. 正项级数收敛的充分必要条件是级数的部分和数列有界

D. 若正项级数收敛，则级数$\sum\limits_{n=1}^{\infty}\sqrt{a_n}$必收敛

解 选项 A 错误。由迪利克雷收敛定理知，周期函数在满足一定的条件下，展开成的傅里叶级数才收敛于$f(x)$。

选项 B 错误。若$f(x)$有任意阶导数，$f(x)$的泰勒级数在$\lim\limits_{n\to\infty}R_n(x)=0$的条件下才收敛于$f(x)$。

选项 D 错误。举例说明，$\sum\limits_{n=1}^{\infty}\frac{1}{n^2}$收敛$(p>1)$，但$\sum\limits_{n=1}^{\infty}\frac{1}{n}$为调和级数发散。

选项 C 正确。正项级数收敛的充分必要条件是级数的部分和数列有界，这是正项级数收敛的基本定理。

答案:C

【例 1-6-16】 关于级数$\sum_{n=1}^{\infty}(-1)^{n-1}\frac{1}{n^p}$收敛性的正确结论是:

A. $0<p\leqslant 1$ 时发散　　B. $p>1$ 时条件收敛

C. $0<p\leqslant 1$ 时绝对收敛　　D. $0<p\leqslant 1$ 时条件收敛

解　本题考查级数条件收敛、绝对收敛的有关概念,以及判定级数收敛与发散的基本方法。

将级数$\sum_{n=1}^{\infty}(-1)^{n-1}\frac{1}{n^p}$各项取绝对值,得 p 级数$\sum_{n=1}^{\infty}\frac{1}{n^p}$。当 $p>1$ 时,原级数$\sum_{n=1}^{\infty}(-1)^{n-1}\frac{1}{n^p}$绝对收敛;当 $0<p\leqslant 1$ 时,级数$\sum_{n=1}^{\infty}\frac{1}{n^p}$发散。所以,选项 B、C 均不成立。

再判定原级数$\sum_{n=1}^{\infty}(-1)^{n-1}\frac{1}{n^p}$在 $0<p\leqslant 1$ 时的敛散性。

级数$\sum_{n=1}^{\infty}(-1)^{n-1}\frac{1}{n^p}$为交错级数,记 $u_n=\frac{1}{n^p}$。当 $p>0$ 时,$n^p<(n+1)^p$,$\frac{1}{n^p}>\frac{1}{(n+1)^p}$,则 $u_n>u_{n+1}$,又 $\lim\limits_{n\to\infty}u_n=0$,所以级数$\sum_{n=1}^{\infty}(-1)^{n-1}\frac{1}{n^p}$在 $0<p\leqslant 1$ 时条件收敛。

答案:D

【例 1-6-17】 设级数$\sum_{n=1}^{\infty}a_n(x-2)^n$ 在 $x=0$ 处收敛,在 $x=4$ 处发散,则级数的收敛域为:

A. $[0,4)$　　B. $(0,4)$　　C. $[0,4]$　　D. $[-2,2]$

解　设 $x-2=t$,级数$\sum_{n=1}^{\infty}a_nt^n$,当 $x=0$,$t=-2$,级数收敛

由阿贝尔定理可知,$\sum_{n=1}^{\infty}a_nt^n$ 在$(-2,2)$收敛,因当 $t=-2$ 时收敛,所以在$[-2,2)$收敛。

又当 $x=4$,$t=2$ 时,级数发散,由阿贝尔定理可知,$\sum_{n=1}^{\infty}a_nt^n$ 在$(-\infty,-2)$和$(2,+\infty)$上发散

因当 $t=2$ 时发散,所以$\sum_{n=1}^{\infty}a_nt^n$ 在$(-\infty,-2)$和$[2,+\infty)$上发散,在$[-2,2)$上收敛

所以级数$\sum_{n=1}^{\infty}a_nt^n$ 的收敛域取公共部分为$[-2,2)$

把 t 值代入 $x-2=t$,当 $t=2$,$x=4$;当 $t=-2$,$x=0$。

则原级数$\sum_{n=1}^{\infty}a_n(x-2)^n$ 的收敛域为$[0,4)$

答案:A

【例 1-6-18】 周期为 2 的函数 $f(x)$,它在一个周期内的表达式为 $f(x)=x(-1\leqslant x<1)$,设它的傅里叶级数的和函数为 $S(x)$,则 $S\left(\frac{3}{2}\right)$ 等于:

A. 1　　B. $-\frac{1}{2}$　　C. -1　　D. $\frac{1}{2}$

解　设函数 $f(x)$的傅里叶级数为

$$\frac{a_0}{2}+\sum_{n=1}^{\infty}a_n\cos\frac{n\pi x}{l}+b_n\sin\frac{n\pi x}{l}$$

由狄利克雷收敛可知,$x=\frac{3}{2}$是函数 $f(x)$的连续点(见解图),级数的和函数 $S(x)$收敛于

$x=\frac{3}{2}$对应的函数值。

因为 $f(x)$是周期为 2 的周期函数，则

$S\left(\frac{3}{2}\right)=S\left(-\frac{1}{2}\right)=f\left(-\frac{1}{2}\right)=x|_{x=-\frac{1}{2}}=-\frac{1}{2}$

答案:B

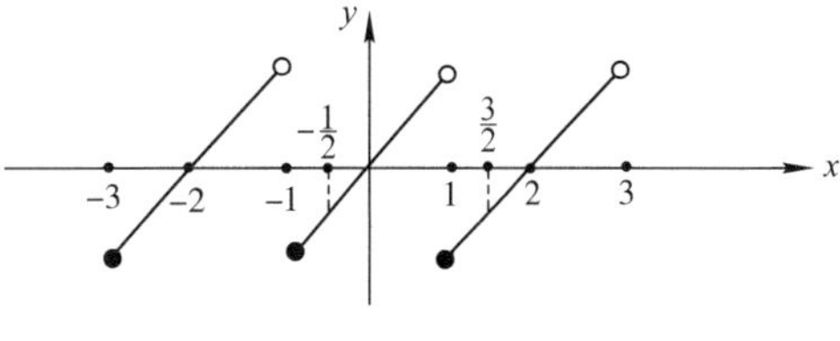

例 1-6-16 解图

习　题

1-6-1　下列级数中，发散的级数是（　　）。

A. $\sum_{n=1}^{\infty}(-1)^n\frac{1}{\sqrt{n}}$　　B. $\sum_{n=1}^{\infty}\frac{n}{2^n}$

C. $\sum_{n=1}^{\infty}\left(\frac{1}{n}-\frac{1}{n+1}\right)$　　D. $\sum_{n=1}^{\infty}\sin\frac{n\pi}{3}$

1-6-2　函数$\sum_{n=1}^{\infty}\frac{(-1)^{n-1}}{n}$的收敛性是（　　）。

A. 绝对收敛　　B. 条件收敛

C. 等比级数收敛　　D. 发散

1-6-3　设级数 $\sum_{n=1}^{\infty}U_n$ 是条件收敛的，又设 $U_n^*=\frac{U_n+|U_n|}{2}$，$U_n^{**}=\frac{U_n-|U_n|}{2}$，则级数 $\sum_{n=1}^{\infty}U_n^*$ 和 $\sum_{n=1}^{\infty}U_n^{**}$（　　）。

A. $\sum_{n=1}^{\infty}U_n^*$ 和 $\sum_{n=1}^{\infty}U_n^{**}$ 都是收敛的　　B. $\sum_{n=1}^{\infty}U_n^*$ 和 $\sum_{n=1}^{\infty}U_n^{**}$ 都是发散的

C. $\sum_{n=1}^{\infty}U_n^*$ 发散，但 $\sum_{n=1}^{\infty}U_n^{**}$ 收敛　　D. $\sum_{n=1}^{\infty}U_n^*$ 收敛，但 $\sum_{n=1}^{\infty}U_n^{**}$ 发散

1-6-4　已知幂级数 $\sum_{n=1}^{\infty}\frac{a^n-b^n}{a^n+b^n}x^n(0<a<b)$，则所给级数的收敛半径 R 等于（　　）。

A. b　　B. $\frac{1}{a}$

C. $\frac{1}{b}$　　D. R 的值与 a，b 无关

1-6-5　级数$\sum_{n=1}^{\infty}\left(x^n+\frac{1}{2^nx^n}\right)$的收敛域为（　　）。

A. $|x|<1$　　B. $|x|>\frac{1}{2}$　　C. $\frac{1}{2}<|x|<1$　　D. 无法确定

1-6-6　设 $f(x)=\begin{cases}x & -\pi\leqslant x<0\\1 & 0\leqslant x\leqslant\pi\end{cases}$ 的傅里叶级数展开式为 $\frac{a_0}{2}+\sum_{n=1}^{\infty}(a_n\cos nx+b_n\sin nx)$，则其中的系数 $a_3=$（　　）。

A. $\frac{1}{\pi}$　　B. $\frac{2}{\pi}$　　C. $\frac{2}{9\pi}$　　D. 0

1-6-7　幂级数 $x^2-\frac{1}{2}x^3+\frac{1}{3}x^4-\cdots+\frac{(-1)^{n+1}}{n}x^{n+1}+\cdots(-1<x\leqslant1)$ 的和是（　　）。

A. $x\sin x$　　B. $\frac{x^2}{1+x^2}$　　C. $x\ln(1-x)$　　D. $x\ln(1+x)$

1-6-8 若$\lim\limits_{n\to\infty}\left|\dfrac{C_n}{C_{n+1}}\right|=3$，则幂级数$\sum\limits_{n=0}^{\infty}C_n(x-1)^n$的敛散性为(　　)。

A. 必在$|x|>3$时发散　　B. 必在$|x|\leqslant 3$时发散

C. 在$x=-3$处敛散性不定　　D. 其收敛半径为3

1-6-9 函数$f(x)=\dfrac{x}{x^2-5x+6}$展开成$(x-5)$的级数的收敛区间是(　　)。

A. (10,1)　　B. (−1,1)　　C. (3,7)　　D. (4,5)

1-6-10 设$f(x)$是以2π为周期的奇函数，它在$[0,\pi)$上的表达式为$f(x)=\begin{cases}x & 0\leqslant x\leqslant\dfrac{\pi}{2}\\ \pi & \dfrac{\pi}{2}<x<\pi\end{cases}$，$S(x)=\sum\limits_{n=1}^{\infty}b_n\sin nx$，其中$b_n=\dfrac{2}{\pi}\int_0^{\pi}f(x)\sin nx\mathrm{d}x$，则$S\left(-\dfrac{\pi}{2}\right)$的值是(　　)。

A. $\dfrac{\pi}{2}$　　B. $\dfrac{3\pi}{4}$　　C. $-\dfrac{3\pi}{4}$　　D. 0

第七节　常微分方程

一、微分方程的一般概念

含有未知函数的导数(或微分)的方程称为微分方程。未知函数为一元函数的微分方程称为常微分方程。方程中未知函数求导的最高阶数称为微分方程的阶。如果一个方程中未知函数对自变量的各阶导数的乘方次数都是一次，称为线性微分方程，否则称为非线性微分方程。在微分方程中，不含未知函数及其导数的项$Q(x)$称为自由项。$Q(x)$为零的方程称为齐次方程，$Q(x)$不为零的方程称为非齐次方程。代入方程后能使方程成为恒等式的连续函数称为微分方程的解。若微分方程的解中，含有独立的任意常数的个数与方程的阶数相同，则称此解为微分方程的通解。方程中给出的特定条件称初始条件。通解中任意常数被初始条件确定后的解称为微分方程的特解。

二、一阶微分方程的解法

(一)可分离变量方程

若一阶方程$F(x,y,y')=0$可化为$f(x)\mathrm{d}x=g(y)\mathrm{d}y$或$f(x)\mathrm{d}x-g(y)\mathrm{d}y=0$的形式，称为可分离变量方程。对变量已分离的方程，两边积分就可得到原方程的通解

$$\int g(y)\mathrm{d}y=\int f(x)\mathrm{d}x+C \tag{1-7-1}$$

其中，C为任意常数。

(二)齐次方程

若一阶方程$F(x,y,y')=0$，可化为$y'=\varphi\left(\dfrac{y}{x}\right)$的形式，称为齐次方程。令$u=\dfrac{y}{x}$，$y=xu$，$y'=u+xu'$，代入方程则可将方程化为$u+xu'=\varphi(u)$，分离变量后，两边积分得

$$\int\frac{\mathrm{d}u}{\varphi(u)-u}=\int\frac{\mathrm{d}x}{x}+C \tag{1-7-2}$$

其中C为任意常数。求出积分后，再把$u=\dfrac{y}{x}$代入得原方程的通解。

若一阶方程$F(x,y,y')=0$，可化为$x'=\varphi\left(\frac{x}{y}\right)$的形式，也称为齐次方程，可设$u=\frac{x}{y}$求通解。

（三）一阶线性方程

若一阶方程 $F(x,y,y')=0$ 可化为

$$y'+P(x)y=Q(x) \tag{1-7-3}$$

其中，$P(x)$、$Q(x)$ 是 x 的函数或常数，则该方程称为一阶线性微分方程，当 $Q(x)\neq 0$ 时，称为一阶线性非齐次方程。当 $Q(x)=0$ 时，$y'+P(x)y=0$ 称为一阶线性齐次微分方程。解一阶线性非齐次方程时，可先解对应的齐次方程，求出一阶线性齐次方程通解 $y=Ce^{-\int P(x)\mathrm{d}x}$，然后常数变易，将解中的 c 写成 $C(x)$，代入求出 $C(x)=\int Q(x)e^{\int P(x)\mathrm{d}x}\mathrm{d}x+C$，最后得到非齐次的通解

$$y=e^{-\int P(x)\mathrm{d}x}\left[\int Q(x)e^{\int P(x)\mathrm{d}x}\mathrm{d}x+C\right] \tag{1-7-4}$$

通常可以直接利用式(1-7-4)，求出一阶线性非齐次方程的通解。

将式(1-7-4) 写成 $y=e^{-\int P(x)\mathrm{d}x}\int Q(x)e^{\int P(x)\mathrm{d}x}\mathrm{d}x+Ce^{-\int P(x)\mathrm{d}x}$ 形式，得到一阶非齐次方程的通解=(第一项)非齐线性方程的一个特解+(第二项)线性齐次方程的通解。

（四）全微分方程

若一阶微分方程$P(x,y)\mathrm{d}x+Q(x,y)\mathrm{d}y=0$的左端恰好是某一函数$u=u(x,y)$的全微分，称为全微分方程。即

$$\mathrm{d}u(x,y)=P(x,y)\mathrm{d}x+Q(x,y)\mathrm{d}y$$

这里，$\frac{\partial u}{\partial x}=P(x,y)$，$\frac{\partial u}{\partial y}=Q(x,y)$

那么 $u(x,y)=C$ 就是全微分方程的通解。

通解的求法：

当$P(x,y)$、$Q(x,y)$在单连通域G内具有一阶连续偏导数，$\frac{\partial P}{\partial y}=\frac{\partial Q}{\partial x}$在区域$G$内恒成立，那么全微分方程的通解可通过计算下面积分求出

$$u(x,y)=\int_{x_0}^{x}P(x,y)\mathrm{d}x+\int_{y_0}^{y}Q(x_0,y)\mathrm{d}y=C \tag{1-7-5}$$

或

$$u(x,y)=\int_{x_0}^{x}P(x,y_0)\mathrm{d}x+\int_{y_0}^{y}Q(x,y)\mathrm{d}y=C \tag{1-7-6}$$

其中，x_0、y_0 是在区域 G 内适当选定的点 $M_0(x_0,y_0)$的坐标。

三、可降阶的高阶微分方程

（一）$y^{(n)}=f(x)$型

这种方程只需逐次积分，求出其通解。每次积分，方程的阶数降低一次，出现一个任意常数。

（二）$y''=f(x,y')$型

微分方程中不显含 y。

应牢记用下面方法变形，然后计算。

令 $y'=P(x)$，则 $y''=P'(x)$，方程化为$\frac{dP}{dx}=f(x,P)$，解微分方程求出 $P=\varphi(x,C_1)$，代入 $y'=P(x)$，从而把方程化为$\frac{dy}{dx}=\varphi(x,C_1)$，运用分离变量法，求得原方程的通解为

$$y=\int\varphi(x,C_1)dx+C_2 \tag{1-7-7}$$

（三）$y''=f(y,y')$型

微分方程中不显含 x。

令 $y'=P(y)$，则 $y''=\frac{dP}{dx}=\frac{dP}{dy}\cdot\frac{dy}{dx}=P\frac{dP}{dy}$，从而可将原方程化为 $P\frac{dP}{dy}=f(y,P)$，设其通解为 $P=\varphi(y,C_1)$，再运用分离变量法，求得原方程的通解为

$$\int\frac{dy}{\varphi(y,C_1)}=x+C_1 \tag{1-7-8}$$

【例 1-7-1】 函数 $y=3e^{2x}$是微分方程$\frac{d^2y}{dx^2}-4y=0$ 的：

A. 通解　　B. 特解

C. 是解，但既非通解也非特解　　D. 不是解

解 $y=3e^{2x}$，$y'=6e^{2x}$，$y''=12e^{2x}$，代入微分方程，得：

$$12e^{2x}-12e^{2x}=0$$

即验证是方程的解。

因为 $y=3e^{2x}$无任意常数 C，故非通解；又因题中未给出初始条件，故也非特解。

答案：C

【例 1-7-2】 判别一阶微分方程 $(e^{x+y}-e^x)dx+(e^{x+y}+e^y)dy=0$ 的类型，并求其通解。

解

$$e^x(e^y-1)dx+e^y(e^x+1)dy=0$$

$$\frac{e^x}{e^x+1}dx+\frac{e^y}{e^y-1}dy=0$$

微分方程为一阶可分离变量方程。

$$\int\frac{e^x}{e^x+1}dx+\int\frac{e^y}{e^y-1}dy=\ln c$$

$$\ln(e^x+1)+\ln(e^y-1)=\ln c$$

$$\ln(e^x+1)(e^y-1)=\ln c$$

$$(e^x+1)(e^y-1)=C$$

通解为$(e^x+1)(e^y-1)=C$

【例 1-7-3】 微分方程 $ydx+(y^2x-e^y)dy=0$ 是：

A. 可分离变量方程　　B. 可化为一阶线性的微分方程

C. 全微分方程　　D. 齐次方程

解 将方程变形：

$$ydx+(y^2x-e^y)dy=0,\ y\frac{dx}{dy}+y^2x-e^y=0$$

$$y\frac{dx}{dy}+y^2x=e^y,\ \frac{dx}{dy}+yx=\frac{1}{y}e^y$$

答案:B

【例 1-7-4】 微分方程 $xy'-y=x^2e^{2x}$ 通解 y 等于:

A. $x\left(\frac{1}{2}e^{2x}+C\right)$　　B. $x(e^{2x}+C)$

C. $x\left(\frac{1}{2}x^2e^{2x}+C\right)$　　D. $x^2e^{2x}+C$

解　$xy'-y=x^2e^{2x}, y'-\frac{1}{x}y=xe^{2x}$

$P(x)=-\frac{1}{x}, Q(x)=xe^{2x}$

$$y=e^{-\int(-\frac{1}{x})dx}\left[\int xe^{2x}e^{\int(-\frac{1}{x})dx}dx+C\right]=e^{\ln x}(\int xe^{2x}e^{-\ln x}dx+C)$$

$$=x(\int e^{2x}dx+C)=x\left(\frac{1}{2}e^{2x}+C\right)$$

答案:A

【例 1-7-5】 微分方程 $y'+\frac{1}{x}y=2$ 满足初始条件 $y|_{x=1}=0$ 的特解是:

A. $x-\frac{1}{x}$　　B. $x+\frac{1}{x}$

C. $x+\frac{C}{x}$(C 为任意常数)　　D. $x+\frac{2}{x}$

解　$P(x)=\frac{1}{x}, Q(x)=2$

代入公式 $y=e^{-\int P(x)dx}\left[\int Q(x)e^{\int P(x)dx}dx+C\right]$

通解为　$y=e^{-\int\frac{1}{x}dx}\left[\int 2e^{\int\frac{1}{x}dx}dx+C\right]=e^{-\ln x}\left[\int 2xdx+C\right]=\frac{1}{x}(x^2+C)$

当 $x=1, y=0$ 时, $C=-1$

特解为 $y=x-\frac{1}{x}$

答案:A

【例 1-7-6】 设 $\int_0^x f(t)dt=2f(x)-4$,且 $f(0)=2$,则 $f(x)$ 是:

A. $e^{\frac{x}{2}}$　　B. $e^{\frac{x}{2}+1}$　　C. $2e^{\frac{x}{2}}$　　D. $\frac{1}{2}e^{2x}$

解　方程左边是积分上限函数,可利用积分上限函数求导的方法计算。方程两边求导,得 $f(x)=2f'(x)$

设 $f(x)=y, f'(x)=y'$,方程化为 $2y'=y$,解方程 $\frac{2}{y}dy=dx$,得 $2\ln y=x+C_1\Rightarrow\ln y=\frac{x}{2}+\frac{C_1}{2}$, $y=e^{\frac{x}{2}+\frac{1}{2}}=Ce^{\frac{x}{2}}$,其中 $C=e^{\frac{1}{2}}$

代入初始条件 $x=0, y=2$,得 $C=2$

所以 $y=2e^{\frac{x}{2}}$,即 $f(x)=2e^{\frac{x}{2}}$

答案:C

【例 1-7-7】 已知微分方程 $y'+p(x)y=q(x)[q(x)\neq 0]$有两个不同的特解 $y_1(x)$，$y_2(x)$，C 为任意常数，则该微分方程的通解是：

A. $y=C(y_1-y_2)$　　　　B. $y=C(y_1+y_2)$

C. $y=y_1+C(y_1+y_2)$　　　　D. $y=y_1+C(y_1-y_2)$

解　$y'+p(x)y=q(x)$，$y_1(x)-y_2(x)$为对应齐次方程的解。

微分方程 $y'+p(x)y=q(x)$的通解为 $y=y_1+C(y_1-y_2)$

其中 y_1 为一阶非齐次方程的一个特解，$C(y_1-y_2)$为一阶齐次方程的通解。

答案：D

【例 1-7-8】 设 $p(x)$在$(-\infty,+\infty)$连续且不恒等于 0，$y_1(x)$、$y_2(x)$是微分方程 $y'+p(x)y=0$ 的两个不同特解，则下列结论中不成立的是：

A. $\dfrac{y_2(x)}{y_1(x)}\equiv$ 常数(假设其中 $y_1(x)\neq 0$)

B. $C(y_1-y_2)$构成方程的通解

C. $(y_1-y_2)=$常数

D. $y_1(x)-y_2(x)$在任意一点不等于 0

解　因为 $p(x)$不恒等于 0，非零常数不可能是微分方程 $y'+p(x)y=0$ 的解。因为 $y_1(x)$，$y_2(x)$是方程两个不同的解，则 $y_1(x)-y_2(x)$也是这个方程的解，而(y_1-y_2)为非零常数，所以 $C(y_1-y_2)$构成方程的通解，选项 B 成立。

一阶线性齐次方程 $y'+p(x)y=0$ 任意两个解，只差一个常数因子，所以$\dfrac{y_2(x)}{y_1(x)}\equiv$常数，选项 A 成立。

对于一阶微分方程 $y'+p(x)y=0$ 两个不同的解不能满足在相同的初始条件下使函数值相同，所以 $y_1(x)-y_2(x)$在任意一点不等于 0，选项 D 成立。

因为 $y_1(x)$，$y_2(x)$只差一个常数因子，$y_1-y_2\neq$常数，选项 C 不成立。

答案：C

四、高阶线性微分方程

(一)线性微分方程解的结构

二阶和二阶以上的微分方程称为高阶微分方程。形如

$$y''+P(x)y'+Q(x)y=f(x) \tag{1-7-9}$$

其中 $P(x)$、$Q(x)$为 x 的函数或常数。当 $f(x)\neq 0$ 时，方程称为二阶线性非齐次方程。

当 $f(x)=0$ 时，对应的方程

$$y''+P(x)y'+Q(x)y=0 \tag{1-7-10}$$

称为二阶线性齐次方程。

1. 二阶线性齐次微分方程(1-7-10)解的结构

(1)如果函数 $y_1(x)$与 $y_2(x)$是方程(1-7-10)的两个解，那么 $y=C_1y_1+C_2y_2$ 也是方程(1-7-10)的解，其中 C_1、C_2 是任意常数。

(2)如果 $y_1(x)$与 $y_2(x)$是方程(1-7-10)的两个线性无关的解，那么 $y=C_1y_1+C_2y_2$ 就是方程(1-7-10)的通解。

2. 二阶线性非齐次方程(1-7-9)解的结构

(1)若y^*是二阶非齐次线性方程(1-7-9)的一个特解,Y是对应的线性齐次方程(1-7-10)的通解,那么$y=Y+y^*$是二阶非齐次线性微分方程(1-7-9)的通解。

(2)若非齐次线性方程(1-7-9)的右端$f(x)$是几个函数的和,如

$$y''+P(x)y'+Q(x)y=f_1(x)+f_2(x) \tag{1-7-11}$$

而y_1^*与y_2^*分别是方程$y''+P(x)y'+Q(x)y=f_1(x)$与$y''+P(x)y'+Q(x)y=f_2(x)$的特解,那么$y_1^*+y_2^*$就是方程(1-7-11)的特解。

(二)二阶常系数线性齐次方程通解的计算

(1)定义:当二阶线性齐次方程$y''+P(x)y'+Q(x)y=0$中$P(x)$、$Q(x)$为常数时,即$y''+py'+qy=0$(其中,p、q为常数),该方程称为二阶常系数线性齐次方程。

(2)二阶常系数线性齐次方程通解的计算:设二阶常系数线性齐次方程

$$y''+py'+qy=0 \tag{1-7-12}$$

(其中,p、q均为常数)

求方程解(1-7-12)的步骤如下:

①写出对应的特征方程

$$r^2+pr+q=0 \tag{1-7-13}$$

②求出特征根(即特征方程的根)

$$r_{1,2}=\frac{-p\pm\sqrt{p^2-4q}}{2} \tag{1-7-14}$$

③按下面规则写出方程(1-7-12)的通解

若$r_1\neq r_2$,为两个不同的实特征根,则方程的通解为

$$y=C_1e^{r_1x}+C_2e^{r_2x} \tag{1-7-15}$$

若$r_1=r_2$,为重特征根,则方程的通解为

$$y=e^{r_1x}(C_1+C_2x) \tag{1-7-16}$$

若$r_{1,2}=\alpha\pm i\beta$,为一对共轭复根,则方程的通解为

$$y=e^{\alpha x}(C_1\cos\beta x+C_2\sin\beta x) \tag{1-7-17}$$

(三)二阶常系数线性非齐次方程简介

$y''+py'+qy=f(x)$中,$f(x)=P_m(x)\cdot e^{\lambda x}$($P_m(x)$为某个多项式,乘指数函数$e^{\lambda x}$)时方程通解的求法:

(1)二阶常系数线性非齐次方程的通解为

$y=\overline{y}$(二阶常系数线性齐次方程的通解)$+y^*$(二阶常系数线性非齐次方程的一个特解)

(2)二阶常系数线性齐次方程$y''+py'+qy=0$的通解按"(二)二阶常系数线性齐次方程通解的计算"求出。

(3)当自由项$f(x)=P_m(x)e^{\lambda x}$($P_m(x)$为某个多项式,乘指数函数$e^{\lambda x}$)时,方程有形如$y^*=x^kQ_m(x)e^{\lambda x}$的特解,其中$Q_m(x)$与$P_m(x)$为同次多项式,其系数待定,而$k$按$\lambda$不是特征方程的根、是特征方程的单根或是特征方程的重根,依次取为0,1或2。

注:考试大纲中没有"二阶常系数非齐次方程",但2013年、2017年试题中均出现过,应该是超纲了。为了帮助考生了解二阶常系数非齐次方程,我们特意加了一点简介。

【例1-7-9】 求二阶线性齐次方程(1)$y''-y'-6y=0$;(2)$y''+9y=0$;(3)$y''+2y'+y=0$的

通解。

解 (1) $r^2-r-6=0$

$r=3, r_2=-2$

$y=C_1e^{3x}+C_2e^{-2x}$

(2) $r^2+9=0$

$r_1=\pm 3i \quad (\alpha=0, \beta=3)$

$y=C_1\cos 3x+C_2\sin 3x$

(3) $r^2+2r+1=0$

$r=-1$ (重根)

$y=e^{-x}(C_1+C_2x)$

【例 1-7-10】 二阶微分方程 $xy''+y'=0$ 的通解是：

A. $C_1x^3+C_2$　　B. $C_1\ln x+C_2$

C. $C_1e^x+C_2$　　D. 不存在

解 本题为可降阶的高阶微分方程,不显含变量 y:

设 $$y'=P, y''=P'$$

方程转化为 $$xP'+P=0, x\frac{dP}{dx}=-P, \frac{1}{P}dP=-\frac{1}{x}dx$$

积分 $$\ln P=-\ln x+\ln C_1, P=\frac{C_1}{x}, 即\frac{dy}{dx}=\frac{C_1}{x}, y=C_1\ln x+C_2$$

故 $y=C_1\ln x+C_2$。

答案: B

【例 1-7-11】 微分方程 $y''-4y'+3y=0, y|_{x=0}=6, y'|_{x=0}=10$,满足初始条件的特解:

A. $y=4e^x+e^{3x}$　　B. $y=e^x+2e^{3x}$

C. $y=4e^x+2e^{3x}$　　D. $y=2e^x+4e^{3x}$

解 方程的特征方程为 $r^2-4r+3=0$,解得 $r_1=1, r_2=3$

则通解为 $y=C_1e^x+C_2e^{3x}$

求导 $y'=C_1e^x+3C_2e^{3x}$

代入初始条件 $\begin{cases}C_1+C_2=6\\C_1+3C_2=10\end{cases}\Rightarrow C_1=4, C_2=2$

方程的特解为 $y=4e^x+2e^{3x}$。

答案: C

【例 1-7-12】 由微分方程 $y''-y'=0$ 所确定的积分曲线方程,使其在点 $M(0,0)$ 和直线 $y=x$ 相切,则曲线方程为:

A. $y=C_1+C_2e^x$　　B. $y=-1+e^x$

C. $y=1+e^x$　　D. $y=2+e^{2x}$

解 $y''-y'=0$ 的特征方程为: $r^2-r=0$,解得 $r_1=0, r_2=1$

故通解为 $y=C_1e^{0x}+C_2e^x$,即 $y=C_1+C_2e^x, y'=C_2e^x$

初始条件为: $y|_{x=0}=0, y'|_{x=0}=1$

代入通解,得:

$$C_1+C_2=0, C_2=1$$

所以 $C_2=1, C_1=-1, y=-1+e^x$

答案:B

【例 1-7-13】 已知函数 $y_1(x), y_2(x), y_3(x)$ 都是方程 $y''(x)+P_1(x)y'(x)+P_2(x)y(x)=Q(x)$（以下称方程①）的特解，其中 P_1, P_2, Q 为已知非零连续函数，且 $\frac{y_1-y_2}{y_2-y_3}\neq$ 常数，方程①的通解是：

A. $y=C_1y_1+C_2y_2+y_3$

B. $y=C_1y_1+C_2(y_1-y_3)+y_2$

C. $y=C_1(y_2-y_3)+C_2y_1+y_1$

D. $y=(C_1+1)y_1+(C_2-C_1)y_2-C_2y_3$

（其中 C_1、C_2 为常数）

解 验证：y_1-y_2, y_2-y_3 是方程①对应的齐次方程的解，如将 y_1-y_2 代入方程，$(y''_1-y''_2)+P_1(y'_1-y'_2)+P_2(y_1-y_2)=y''_1+P_1y'_1+P_2y_1-(y''_2+P_1y'_2+P_2y_2)=Q(x)-Q(x)=0$。

所以 y_1-y_2 是方程①对应齐次方程的解。

同样验证 y_2-y_3 也是方程①对应齐次方程的解。

而已知 $\frac{y_1-y_2}{y_2-y_3}\neq$ 常数，所以 y_1-y_2, y_2-y_3 是方程①对应齐次方程的两个线性无关的解。可知方程①对应齐次方程的通解为：$y=C_1(y_1-y_2)+C_2(y_2-y_3)$

所以方程①的通解是：$y=C_1(y_1-y_2)+C_2(y_2-y_3)+y_1$

解整理得：$y=(C_1+1)y_1+(C_2-C_1)y_2-C_2y_3$

答案:D

【例 1-7-14】 已知 y_0 是微分方程 $y''+py'+qy=0$ 的解，y_1 是微分方程 $y''+py'+qy=f(x)[f(x)\neq 0]$ 的解，则下列函数中的微分方程 $y''+py'+qy=f(x)$ 的解是：

A. $y=y_0+C_1y_1$（C_1 是任意常数）

B. $y=C_1y_1+C_2y_0$（C_1、C_2 是任意常数）

C. $y=y_0+y_1$

D. $y=2y_1+3y_0$

解:本题考查微分方程解的基本知识。可将选项代入微分方程，满足微分方程的才是解。

已知 y_1 是微分方程 $y''+py'+qy=f(x)[f(x)\neq 0]$ 的解，即将 y_1 代入后，满足微分方程 $y_1''+py_1'+qy_1=f(x)$，但对任意常数 $C_1(C_1\neq 0)$，C_1y_1 得到的解均不满足微分方程，验证如下：

设 $y=C_1y_1(C_1\neq 0)$，求导 $y'=C_1y_1'$，$y''=C_1y_1''$，并将 $y=C_1y_1$ 代入方程得：

$$C_1y_1''+pC_1y_1'+qC_1y_1=C_1(y_1''+py_1'+qy_1)=C_1f(x)\neq f(x)$$

所以 C_1y_1 不是微分方程的解。

因而在选项 A、B、D 中，含有常数 $C_1(C_1\neq 0)$ 乘 y_1 的形式，即 C_1y_1 这样的解均不满足方程解的条件，所以选项 A、B、D 均不成立。

可验证选项 C 成立，已知 $y=y_0+y_1$，$y'=y_0'+y_1'$，$y''=y_0''+y_1''$，代入方程得

$$\begin{aligned}(y_0''+y_1'')+p(y_0'+y_1')+q(y_0+y_1)&=y_0''+py_0'+qy_0+y_1''+py_1'+qy_1\\&=0+f(x)=f(x)\end{aligned}$$

注意：本题只是验证选项中哪一个解是微分方程的解，不是求微分方程的通解。

答案：C

【例 1-7-15】 微分方程$\frac{d^2y}{dx^2}+2y=1$的通解为：

A. $\frac{1}{2}+C_1\cos\sqrt{2}x+C_2\sin\sqrt{2}x$　　B. $\frac{1}{2}+C_1e^{\sqrt{2}}x+C_2e^{-\sqrt{2}x}$

C. $C_1\cos\sqrt{2}x+C_2\sin\sqrt{2}x$　　D. $C_1e^{\sqrt{2}x}+C_2e^{-\sqrt{2}x}$

解 可直接看出$y^*=\frac{1}{2}$是二阶线性非齐次方程的一个特解，

二阶线性齐次方程$\frac{d^2y}{dx^2}+2y=0$的特征方程为：$r^2+2=0$，解得$r_{1,2}=\pm\sqrt{2}i$

故齐次线性方程的通解为$y=C_1\cos\sqrt{2}x+C_2\sin\sqrt{2}x$

原方程的通解为：$y=y^*+y$，即$y=\frac{1}{2}+C_1\cos\sqrt{2}x+C_2\sin\sqrt{2}x$

答案：A

【例 1-7-16】 微分方程$y''-6y'+9y=(x+1)e^{3x}$的待定特解的形式是：

A. $x^2(Ax+B)$　　B. $x^2(x+1)e^{3x}$

C. Axe^{3x}　　D. $x^2(Ax+B)e^{3x}$

解 二阶线性非齐次方程对应的齐次方程的特征方程为$r^2-6r+9=0$，$r_{1,2}=3$。

$f(x)=(x+1)e^{3x}$，$r=3$为对应齐次方程的特征方程的二重根。

故微分方程特解形式为$y^*=x^2(Ax+B)e^{3x}$。

答案：D

习　　题

1-7-1 判断下列一阶微分方程中可化为一阶线性方程的是(　　)。

A. $(5-2xy-y^2)dx-(x+y)^2dy=0$

B. $(x^2+y^2)dx-xydy=0$

C. $(x^2e^y-2y)dy+e^{-y}dx=0$

D. $dy-e^xdx=-2xydx$

1-7-2 微分方程$y'=\frac{x}{y}+\frac{y}{x}$，$y|_{x=1}=2$的特解为(　　)。

A. $y^2=x^2(2+\ln x)$　　B. $y^2=4\ln x$

C. $y^2=2x^2(2+\ln x)$　　D. $y^2=x^2(4+\ln x)$

1-7-3 若方程$y'+p(x)y=0$的一个特解为$y=\cos 2x$，则该方程满足初始条件$y|_{x=0}=2$的特解为(　　)。

A. $\cos 2x+2$　　B. $\cos 2x+1$　　C. $2\cos x$　　D. $2\cos 2x$

1-7-4 设已知一阶线性方程$\frac{dy}{dx}+p(x)y=q(x)$的两个解$y_1(x)$，$y_2(x)$，则该方程的通解为(　　)。

A. $C_1y_1(x)+C_2y_2(x)$　　B. $C_1y_1(x)+C_2[y_2(x)-y_1(x)]$

C. $y_1(x)+C[y_2(x)+y_1(x)]$　　D. $y_2(x)+C[y_2(x)-y_1(x)]$

1-7-5　微分方程$(1+x^2)y''=2xy'$满足初始条件$y|_{x=0}=1,y'|_{x=0}=3$的特解是(　　)。

A. x^3+3x+2　　B. $9x^3+3x+1$

C. x^3+3x+1　　D. $9x^3+3x+2$

1-7-6　下列函数中不是方程$y''-2y'+y=0$的解的函数是(　　)。

A. x^2e^x　　B. e^x　　C. xe^x　　D. $(x+2)e^x$

1-7-7　已知$r_1=3,r_2=-3$是方程$y''+py'+qy=0$(p和q是常数)的特征方程的两个根,则该微分方程是(　　)。

A. $y''+9y'=0$　B. $y''-9y'=0$　C. $y''+9y=0$　D. $y''-9y=0$

1-7-8　微分方程$\frac{\mathrm{d}^2y}{\mathrm{d}x^2}+2y=1$的通解是(　　)。

A. $\frac{1}{2}+C_1\cos\sqrt{2}x+C_2\sin\sqrt{2}x$　　B. $\frac{1}{2}+C_1e^{\sqrt{2}x}+C_2e^{-\sqrt{2}x}$

C. $C_1\cos\sqrt{2}x+C_2\sin\sqrt{2}x$　　D. $C_1e^{\sqrt{2}x}+C_2e^{-\sqrt{2}x}$

第八节　线性代数

一、行列式及其计算

二阶行列式　$\boldsymbol{D}_2=\begin{vmatrix}a_{11}&a_{12}\\a_{21}&a_{22}\end{vmatrix}=a_{11}a_{22}-a_{12}a_{21}$

三阶行列式　$\boldsymbol{D}_3=\begin{vmatrix}a_{11}&a_{12}&a_{13}\\a_{21}&a_{22}&a_{23}\\a_{31}&a_{32}&a_{33}\end{vmatrix}$

$=a_{11}a_{22}a_{33}+a_{12}a_{23}a_{31}+a_{13}a_{21}a_{32}-a_{13}a_{22}a_{31}-a_{11}a_{23}a_{32}-a_{12}a_{21}a_{33}$

n阶行列式　$\boldsymbol{D}_n=\begin{vmatrix}a_{11}&a_{12}&\cdots&a_{1n}\\\vdots&\vdots&&\vdots\\a_{n1}&a_{n2}&\cdots&a_{nn}\end{vmatrix}=$(共$n!$项)

(一)行列式的展开定理与推论

1. 定义:将行列式$\boldsymbol{D}_n$中a_{ij}所在的行与列划去,剩下的元素按原顺序排成的低一阶行列式,叫做元素a_{ij}的余子式,记作M_{ij}。称$A_{ij}=(-1)^{i+j}M_{ij}$为元素a_{ij}的代数余子式。

2. 定理:n阶行列式

$$\boldsymbol{D}=\begin{vmatrix}a_{11}&a_{12}&\cdots&a_{1n}\\a_{21}&a_{22}&\cdots&a_{2n}\\\vdots&\vdots&&\vdots\\a_{n1}&a_{n2}&\cdots&a_{nn}\end{vmatrix}$$

的值等于它的任意一行(列)的各元素与其对应代数余子式的乘积的和。

即 $$\begin{aligned} &\boldsymbol{D}=a_{i1}A_{i1}+a_{i2}A_{i2}+\cdots+a_{in}A_{in} \quad (i=1,2,\cdots,n) \\ &\boldsymbol{D}=a_{1j}A_{1j}+a_{2j}A_{2j}+\cdots+a_{nj}A_{nj} \quad (j=1,2,\cdots,n) \end{aligned} \tag{1-8-1}$$

三角行列式 $$\begin{vmatrix} a_{11} & a_{12} & \cdots & a_{1n} \\ 0 & a_{22} & \cdots & a_{2n} \\ 0 & 0 & \ddots & \vdots \\ 0 & 0 & \cdots & a_{nn} \end{vmatrix} = \begin{vmatrix} a_{11} & 0 & \cdots & 0 \\ a_{21} & a_{22} & \cdots & 0 \\ \vdots & \vdots & \ddots & \vdots \\ a_{n1} & a_{n2} & \cdots & a_{nn} \end{vmatrix} = a_{11}a_{22}\cdots a_{nn}$$

3.推论：n 阶行列式 $\boldsymbol{D}$ 的某一行(列)的各元素与另一行(列)对应元素的代数余子式的乘积之和等于零。

即 $$\begin{aligned} &a_{i1}A_{j1}+a_{i2}A_{j2}+\cdots+a_{in}A_{jn}=0 \quad (i\neq j;i,j=1,2,\cdots,n) \\ &a_{1i}A_{1j}+a_{2i}A_{2j}+\cdots+a_{ni}A_{nj}=0 \quad (i\neq j;i,j=1,2,\cdots,n) \end{aligned} \tag{1-8-2}$$

(二)行列式的性质

(1)行列式与它的转置行列式相等。

(2)对换行列式的任意两行(列)，行列式仅改变符号。

(3)行列式的一行(列)的所有元素同乘以数 k，等于该行列式乘以数 k[一行(列)元素的公因数可以提到行列式外]。

(4)如果行列式中有两行(列)元素成比例，则行列式为零。

(5)若行列式某一行(列)的各元素是两个数之和，则该行列式等于按此行(列)分成的两个相应行列式的和。

例如 $$\begin{vmatrix} a_{11}+a'_{11} & a_{12}+a'_{12} \\ a_{21} & a_{22} \end{vmatrix} = \begin{vmatrix} a_{11} & a_{12} \\ a_{21} & a_{22} \end{vmatrix} + \begin{vmatrix} a'_{11} & a'_{12} \\ a_{21} & a_{22} \end{vmatrix}$$

(6)将行列式的某一行(列)的各元素同乘以一个数后加到另一行(列)对应元素上，行列式值不变。

行列式的计算可根据行列式的元素及其排列特点灵活运用性质和展开定理。三、四阶行列式和简单的高阶行列式是重点。

(三)克莱姆法则

设方程组① $\begin{cases} a_{11}x_1+a_{12}x_2+\cdots+a_{1n}x_n=b_1 \\ a_{21}x_1+a_{22}x_2+\cdots+a_{2n}x_n=b_2 \\ \quad\cdots \\ a_{n1}x_1+a_{n2}x_2+\cdots+a_{nn}x_n=b_n \end{cases}$，用矩阵记为 $\boldsymbol{Ax}=\boldsymbol{b}$(见“五、线性方程组”)

若线性方程组①的系数行列式 $\boldsymbol{D}=|\boldsymbol{A}|\neq 0$，则该方程组有唯一解

$$x_j=\frac{\boldsymbol{D}_j}{\boldsymbol{D}}(j=1,2,\cdots,n)$$

其中 $\boldsymbol{D}_j$ 是将 $\boldsymbol{D}$ 中的第 j 列用方程组的常数列 $\boldsymbol{b}$ 替换后得到的 n 阶行列式。

在变量个数较少且 $|\boldsymbol{A}|\neq 0$ 时，可用克莱姆法则求解。(一般解法见“五、线性方程组”)

【例 1-8-1】 解方程 $\begin{vmatrix} 1 & 1 & 1 & 1 \\ 1 & x & 2 & 2 \\ 2 & 2 & x & 3 \\ 3 & 3 & 3 & x \end{vmatrix}=0$。

解 由于 $\begin{vmatrix}1&1&1&1\\1&x&2&2\\2&2&x&3\\3&3&3&x\end{vmatrix}\xlongequal[\substack{-2r_1+r_3\\-3r_1+r_4}]{-r_1+r_2}\begin{vmatrix}1&1&1&1\\0&x-1&1&1\\0&0&x-2&1\\0&0&0&x-3\end{vmatrix}\xlongequal{\text{三角行列式}}(x-1)(x-2)$ $(x-3)$

所以方程的解为 $x=1,x=2,x=3$[$-3r_1+r_4$ 表示第 1 行元素乘(−3) 加到第 4 行]

【例 1-8-2】 计算行列式 $\boldsymbol{D}=\begin{vmatrix}0&3&0&1\\a&d&e&f\\0&1&b&2\\0&0&0&c\end{vmatrix}$。

解

$$\boldsymbol{D}\xlongequal{\text{按}r_1\text{展开}}(-1)^{1+2}3\begin{vmatrix}a&e&f\\0&b&2\\0&0&c\end{vmatrix}+(-1)^{1+4}\begin{vmatrix}a&d&e\\0&1&b\\0&0&0\end{vmatrix}\xlongequal{\text{三角行列式}}-3abc$$

或

$$\boldsymbol{D}\xlongequal{\text{按}c_1\text{展开}}(-1)^{2+1}a\begin{vmatrix}3&0&1\\1&b&2\\0&0&c\end{vmatrix}\xlongequal{\text{按}r_3\text{展开}}-ac\begin{vmatrix}3&0\\1&b\end{vmatrix}=-3abc\text{(}c_1\text{ 表示第 1 列)}$$

【例 1-8-3】 设 $\boldsymbol{D}=\begin{vmatrix}-1&5&7&-8\\1&1&1&1\\2&0&-9&6\\-3&4&3&7\end{vmatrix}$,则 $A_{41}+A_{42}+A_{43}+A_{44}=$:

A. 2　　B. 1　　C. −1　　D. 0

解 **方法 1:**将行列式第 4 行换成(1　1　1　1)

得行列式 $\boldsymbol{D}_1=\begin{vmatrix}-1&5&7&-8\\1&1&1&1\\2&0&-9&6\\1&1&1&1\end{vmatrix}=0$　[行列式性质(4)]

把 $\boldsymbol{D}_1$ 按第 4 行展开,$\boldsymbol{D}_1=1\cdot A_{41}+1\cdot A_{42}+1\cdot A_{43}+1\cdot A_{44}=0$。

方法 2:$\boldsymbol{D}$ 的第二行元素与第四行元素代数余子式乘积之和等于 0。

答案:D

【例 1-8-4】 在函数 $f(x)=\begin{vmatrix}2x&1&-1\\-x&-x&x\\1&2&x\end{vmatrix}$ 中 x^3 的系数是:

A. 1　　B. −2　　C. −1　　D. 3

解 将行列式按第一行展开

$$f(x)=2x\begin{vmatrix}-x&x\\2&x\end{vmatrix}+1\times(-1)^{1+2}\begin{vmatrix}-x&x\\1&x\end{vmatrix}+(-1)\times(-1)^{1+3}\begin{vmatrix}-x&-x\\1&2\end{vmatrix}$$

可以看出,在展开式中含有 x^3 的项仅有 $2x\begin{vmatrix}-x&x\\2&x\end{vmatrix}=2x(-x^2-2x)=-2x^3-$

$4x^2$，其余均不含 x^3 的项。

所以 x^3 的系数为−2。

答案:B

【例 1-8-5】 行列式 $\boldsymbol{D}$ 非零的充分条件是：

A. $\boldsymbol{D}$ 的所有元素非零

B. $\boldsymbol{D}$ 至少有几个元素非零

C. $\boldsymbol{D}$ 的任意两行元素之间不成比例

D. 以 $\boldsymbol{D}$ 为系数行列式的齐次线性方程组有唯一解

解　方法 1(举反例)：

$\begin{vmatrix} 1 & 1 \\ 1 & 1 \end{vmatrix} = 0$，选项 A 错；$\begin{vmatrix} 1 & 1 \\ 0 & 0 \end{vmatrix} = 0$，选项 B 错；$\begin{vmatrix} 1 & 1 & 0 \\ 0 & 1 & 1 \\ 0 & 0 & 0 \end{vmatrix} = 0$，选项 C 错。

方法 2[利用"五、线性方程组"中(一)3 结论(2)]：

A 为 n 阶方阵时，齐次线性方程组 $\boldsymbol{Ax} = \boldsymbol{0}$ 只有零解(有唯一解)的充要条件是 $|\boldsymbol{A}| \neq 0$。选项 D 成立。

答案:D

二、矩阵及其运算

(一)矩阵的概念

由 $m \times n$ 个数 a_{ij} $(i = 1,2,\cdots,m; j = 1,2,\cdots,n)$ 排成 m 行 n 列的数表

$$\boldsymbol{A}_{m \times n} = \begin{bmatrix} a_{11} & a_{12} & \cdots & a_{1n} \\ a_{21} & a_{22} & \cdots & a_{2n} \\ \vdots & \vdots & & \vdots \\ a_{m1} & a_{m2} & \cdots & a_{mn} \end{bmatrix} = (a_{ij})_{m \times n}$$

叫做 m 行 n 列矩阵，a_{ij} 叫做矩阵 $\boldsymbol{A}$ 的第 i 行第 j 列元素。

若 $m=n$，则 $\boldsymbol{A}$ 为 n 阶方阵。

只有一行的矩阵称为行矩阵(或行向量)，只有一列的矩阵称为列矩阵(或列向量)。

元素都是零的矩阵称为零矩阵，记作 $\boldsymbol{0}$。

主对角线上的元素为 1，其他元素全为 0 的 n 阶方阵，称为 n 阶单位矩阵，记作 $\boldsymbol{E}$，即

$$\boldsymbol{E} = \begin{bmatrix} 1 & & \\ & \ddots & \\ & & 1 \end{bmatrix}$$

除主对角线外，其他元素全部为零的方阵称为对角方阵，记作 $\boldsymbol{\Lambda}$，即 $\boldsymbol{\Lambda} = \begin{bmatrix} a_{11} & & 0 \\ & \ddots & \\ 0 & & a_{nn} \end{bmatrix}$。

矩阵

$$\begin{bmatrix} a_{11} & \cdots & a_{1n} \\ & \ddots & \vdots \\ 0 & & a_{nn} \end{bmatrix} 和 \begin{bmatrix} a_{11} & & 0 \\ \vdots & \ddots & \\ a_{n1} & \cdots & a_{nn} \end{bmatrix}$$

分别称为上三角矩阵和下三角矩阵。

(二)矩阵的运算

1.矩阵相等

如果两个 $m\times n$ 矩阵 $\boldsymbol{A}=(a_{ij})$,$\boldsymbol{B}=(b_{ij})$的对应元素相等,即

$$a_{ij}=b_{ij}\quad (i=1,2,\cdots,m;j=1,2,\cdots,n)$$

则称矩阵 $\boldsymbol{A}$ 与矩阵 $\boldsymbol{B}$ 相等,记作 $\boldsymbol{A}=\boldsymbol{B}$。

2.矩阵的运算

(1)
$$\boldsymbol{A}\pm\boldsymbol{B}=\begin{bmatrix} a_{11}\pm b_{11} & \cdots & a_{1n}\pm b_{1n} \\ a_{21}\pm b_{21} & \cdots & a_{2n}\pm b_{2n} \\ \vdots & & \vdots \\ a_{m1}\pm b_{m1} & \cdots & a_{mn}\pm b_{mn} \end{bmatrix}$$

设 $\boldsymbol{A}$、$\boldsymbol{B}$、$\boldsymbol{C}$ 均为 $m\times n$ 矩阵,则

$\boldsymbol{A}+\boldsymbol{B}=\boldsymbol{B}+\boldsymbol{A}$

$\boldsymbol{A}+\boldsymbol{B}+\boldsymbol{C}=(\boldsymbol{A}+\boldsymbol{B})+\boldsymbol{C}=\boldsymbol{A}+(\boldsymbol{B}+\boldsymbol{C})$

(2)设 λ 为数
$$\lambda\boldsymbol{A}=\begin{bmatrix} \lambda a_{11} & \cdots & \lambda a_{1n} \\ \lambda a_{21} & \cdots & \lambda a_{2n} \\ \vdots & & \vdots \\ \lambda a_{m1} & \cdots & \lambda a_{mn} \end{bmatrix}$$

注意,数乘矩阵是用这个数乘矩阵的每一个元素,而数乘行列式是用这个数乘行列式的某一行(列)的每个元素。

设 $\boldsymbol{A}$、$\boldsymbol{B}$ 均为 $m\times n$ 矩阵,λ、μ 为数,则

$\lambda(\boldsymbol{A}+\boldsymbol{B})=\lambda\boldsymbol{A}+\lambda\boldsymbol{B}$

$(\lambda+\mu)\boldsymbol{A}=\lambda\boldsymbol{A}+\mu\boldsymbol{A}$

(3)
$$\boldsymbol{A}_{m\times n}\boldsymbol{B}_{n\times p}=\begin{bmatrix} a_{11} & \cdots & a_{1n} \\ a_{21} & \cdots & a_{2n} \\ \vdots & & \vdots \\ a_{m1} & \cdots & a_{mn} \end{bmatrix}\begin{bmatrix} b_{11} & \cdots & b_{1p} \\ b_{21} & \cdots & b_{2p} \\ \vdots & & \vdots \\ b_{n1} & \cdots & b_{np} \end{bmatrix}=\begin{bmatrix} c_{11} & \cdots & c_{1p} \\ c_{21} & \cdots & c_{2p} \\ \vdots & & \vdots \\ c_{m1} & \cdots & c_{mp} \end{bmatrix}=\boldsymbol{C}_{m\times p}$$

其中 $c_{ij}=a_{i1}b_{1j}+a_{i2}b_{2j}+\cdots+a_{in}b_{nj}(i=1,2,\cdots,m;j=1,2,\cdots,p)$。

c_{ij} 是左矩阵 $\boldsymbol{A}$ 的第 i 个行向量与右矩阵 $\boldsymbol{B}$ 的第 j 个列向量的数量积(内积)。$c_{ij}=0$ 表示两向量正交(垂直)。

注意:矩阵相乘时,必须满足左矩阵的列数与右矩阵的行数相同。

假设运算均是可行的,则

$(\boldsymbol{AB})\boldsymbol{C}=\boldsymbol{A}(\boldsymbol{BC})$

$\boldsymbol{A}(\boldsymbol{B}+\boldsymbol{C})=\boldsymbol{AB}+\boldsymbol{AC}$

$(\boldsymbol{B}+\boldsymbol{C})\boldsymbol{A}=\boldsymbol{BA}+\boldsymbol{CA}$

$\lambda(\boldsymbol{AB})=(\lambda\boldsymbol{A})\boldsymbol{B}=\boldsymbol{A}(\lambda\boldsymbol{B})$($\lambda$ 为数)

$AE=A, EA=A$

注意：①矩阵的乘法不满足交换律，即 $AB \neq BA$ 。

②矩阵乘法不满足消去律，即由 $AB=AC$，且 $A\neq 0$，不能推出 $B=C$，只有当 A 为可逆方阵时，由 $AB=AC$ 可推出 $B=C$。

③由 $AB=0$ 不能推出 $A=0$ 或 $B=0$。例如 $\begin{bmatrix}1 & 1\\-1 & -1\end{bmatrix}\begin{bmatrix}-1 & -1\\1 & 1\end{bmatrix}=\begin{bmatrix}0 & 0\\0 & 0\end{bmatrix}$。

$AB=0$ 表示 A 的每个行向量与 B 的每个列向量正交（垂直）。

(4)设 A 是 n 阶方阵，k 个 A 相乘记作 A^k，称为 A 的 k 次幂。

$A^kA^l=A^{k+l}, (A^k)^l=A^{kl}$

注意：①由 $A^2=A$ 不能推出 $A=0$ 或 $A=E$，仅当方阵 A 可逆时，可以推出 $A=E$；仅当 $A-E$ 可逆时，可以推出 $A=0$。

②由 $A^2=0$，不能推出 $A=0$。例如 $A=\begin{bmatrix}1 & -1\\1 & -1\end{bmatrix}$，$A^2=\begin{bmatrix}1 & -1\\1 & -1\end{bmatrix}\begin{bmatrix}1 & -1\\1 & -1\end{bmatrix}=\begin{bmatrix}0 & 0\\0 & 0\end{bmatrix}$。

（三）转置矩阵

1. 定义：把矩阵 A 的所有行换成相应的列所得的矩阵，称为矩阵 A 的转置矩阵，记作 A^{T}。

若
$$A=\begin{bmatrix}a_{11} & a_{12} & \cdots & a_{1n}\\a_{21} & a_{22} & \cdots & a_{2n}\\\vdots & \vdots & & \vdots\\a_{m1} & a_{m2} & \cdots & a_{mn}\end{bmatrix}$$

则
$$A^{\mathrm{T}}=\begin{bmatrix}a_{11} & a_{21} & \cdots & a_{m1}\\a_{12} & a_{22} & \cdots & a_{m2}\\\vdots & \vdots & & \vdots\\a_{1n} & a_{2n} & \cdots & a_{mn}\end{bmatrix}$$

2. 性质：

$$(A^{\mathrm{T}})^{\mathrm{T}}=A$$

$$(\lambda A)^{\mathrm{T}}=\lambda A^{\mathrm{T}}\text{（}\lambda\text{ 为数）}$$

$$(A+B)^{\mathrm{T}}=A^{\mathrm{T}}+B^{\mathrm{T}}$$

$$(AB)^{\mathrm{T}}=B^{\mathrm{T}}A^{\mathrm{T}}$$

$$(AB\cdots C)^{\mathrm{T}}=C^{\mathrm{T}}\cdots B^{\mathrm{T}}A^{\mathrm{T}}$$

3. 定义：若 n 阶方阵 A 满足 $A=A^{\mathrm{T}}$，则称 A 为对称矩阵；

若 n 阶方阵满足 $A=-A^{\mathrm{T}}$，则称 A 为反对称矩阵。

（四）方阵的行列式

1. 定义：由 n 阶方阵 A 的元素按原次序组成的行列式叫做方阵 A 的行列式，记作 $|A|$ 或 $\det A$。

①设 A、B 是两个 n 阶方阵，则：$|A^{\mathrm{T}}|=|A|$，$|kA|=k^n|A|$（k 为数），$|AB|=|A||B|$，$|A^k|=|A|^k$（k 为正整数）；②设 A 为 m 阶方阵，B 为 n 阶方阵，则 $(m+n)$ 阶行列式 $\begin{vmatrix}A & 0\\0 & B\end{vmatrix}=|A||B|$。

2. 定义：若 n 阶方阵 A，满足 $|A|\neq 0$，则称 A 为非奇异矩阵；如果 $|A|=0$，则称 A 为奇异矩阵。

三、可逆矩阵、矩阵的秩与矩阵的初等变换

(一)可逆矩阵

1. 定义:设 $\boldsymbol{A}$ 为 n 阶方阵,若存在 n 阶方阵 $\boldsymbol{B}$,使

$$\boldsymbol{AB}=\boldsymbol{BA}=\boldsymbol{E}$$

则称 $\boldsymbol{A}$ 是可逆矩阵,并称 $\boldsymbol{B}$ 为 $\boldsymbol{A}$ 的逆矩阵,记作 $\boldsymbol{A}^{-1}=\boldsymbol{B}$。

所以 $$\boldsymbol{AA}^{-1}=\boldsymbol{A}^{-1}\boldsymbol{A}=\boldsymbol{E}$$

方阵 $\boldsymbol{A}$ 的逆矩阵 $\boldsymbol{A}^{-1}$ 若存在,则必唯一。因为若 $\boldsymbol{B}$、$\boldsymbol{C}$ 都是 $\boldsymbol{A}$ 的逆矩阵,则 $\boldsymbol{B}=\boldsymbol{BE}=\boldsymbol{BAC}=\boldsymbol{EC}=\boldsymbol{C}$。

2. 结论:设 $\boldsymbol{A}$、$\boldsymbol{B}$ 均为 n 阶方阵,若 $\boldsymbol{AB}=\boldsymbol{E}$ 或 $\boldsymbol{BA}=\boldsymbol{E}$,则 $\boldsymbol{A}$、$\boldsymbol{B}$ 均可逆,且互为逆矩阵,即 $\boldsymbol{A}^{-1}=\boldsymbol{B}$,$\boldsymbol{B}^{-1}=\boldsymbol{A}$(利用此结论不仅可验证 n 阶方阵 $\boldsymbol{A}$、$\boldsymbol{B}$ 是否互为逆矩阵,还可证明逆矩阵公式)。

(1)若 $\boldsymbol{A}$ 可逆,则 $\boldsymbol{A}^{-1}$ 亦可逆,且 $(\boldsymbol{A}^{-1})^{-1}=\boldsymbol{A}$。

(2)若 $\boldsymbol{A}$ 可逆,数 $\lambda\neq 0$,则 $\lambda\boldsymbol{A}$ 可逆,且 $(\lambda\boldsymbol{A})^{-1}=\frac{1}{\lambda}\boldsymbol{A}^{-1}$,因为 $(\lambda\boldsymbol{A})\left(\frac{1}{\lambda}\boldsymbol{A}^{-1}\right)=\boldsymbol{E}$。

(3)若 $\boldsymbol{A}$ 可逆,则 $\boldsymbol{A}^{\mathrm{T}}$ 亦可逆,且 $(\boldsymbol{A}^{\mathrm{T}})^{-1}=(\boldsymbol{A}^{-1})^{\mathrm{T}}$,因为 $\boldsymbol{A}^{\mathrm{T}}(\boldsymbol{A}^{-1})^{\mathrm{T}}=(\boldsymbol{A}^{-1}\boldsymbol{A})^{\mathrm{T}}=\boldsymbol{E}^{\mathrm{T}}=\boldsymbol{E}$。

(4)若 $\boldsymbol{A}$、$\boldsymbol{B}$ 为同阶方阵且均可逆,则 $\boldsymbol{AB}$ 亦可逆,且 $(\boldsymbol{AB})^{-1}=\boldsymbol{B}^{-1}\boldsymbol{A}^{-1}$,因为 $(\boldsymbol{AB})(\boldsymbol{B}^{-1}\boldsymbol{A}^{-1})=\boldsymbol{AEA}^{-1}=\boldsymbol{E}$。

(5)设 $\boldsymbol{A}$ 为 m 阶可逆矩阵,$\boldsymbol{B}$ 为 n 阶可逆矩阵,则 $\begin{bmatrix}\boldsymbol{A} & \boldsymbol{0}\\ \boldsymbol{0} & \boldsymbol{B}\end{bmatrix}^{-1}=\begin{bmatrix}\boldsymbol{A}^{-1} & \boldsymbol{0}\\ \boldsymbol{0} & \boldsymbol{B}^{-1}\end{bmatrix}$,$\begin{bmatrix}\boldsymbol{0} & \boldsymbol{A}\\ \boldsymbol{B} & \boldsymbol{0}\end{bmatrix}^{-1}=\begin{bmatrix}\boldsymbol{0} & \boldsymbol{B}^{-1}\\ \boldsymbol{A}^{-1} & \boldsymbol{0}\end{bmatrix}$。

(6)$|\boldsymbol{A}^{-1}|=\frac{1}{|\boldsymbol{A}|}$。因为 $\boldsymbol{AA}^{-1}=\boldsymbol{E}$,$|\boldsymbol{A}|\cdot|\boldsymbol{A}^{-1}|=|\boldsymbol{AA}^{-1}|=|\boldsymbol{E}|=1$。

3. 定义:设 $\boldsymbol{A}$ 为 n 阶方阵,如果 $\boldsymbol{A}^{\mathrm{T}}\boldsymbol{A}=\boldsymbol{AA}^{\mathrm{T}}=\boldsymbol{E}$,则称 $\boldsymbol{A}$ 为正交矩阵($\boldsymbol{A}^{\mathrm{T}}$ 也是正交矩阵)。

①若 $\boldsymbol{A}$ 为正交矩阵,则 $\boldsymbol{A}^{-1}=\boldsymbol{A}^{\mathrm{T}}$,$(\boldsymbol{A}^{\mathrm{T}})^{-1}=\boldsymbol{A}$。

②$\boldsymbol{A}$ 为正交矩阵的充要条件是 $\boldsymbol{A}$ 的行(列)向量是两两正交的单位向量组。

4. 伴随矩阵

定义: 设 $\boldsymbol{A}=\begin{bmatrix}a_{11} & a_{12} & \cdots & a_{1n}\\ a_{21} & a_{22} & \cdots & a_{2n}\\ \vdots & \vdots & & \vdots\\ a_{n1} & a_{n2} & \cdots & a_{nn}\end{bmatrix}$

A_{ij} 是方阵的行列式 $|\boldsymbol{A}|$ 中元素 a_{ij} 的代数余子式,则称矩阵 $\boldsymbol{A}^{*}=\begin{bmatrix}A_{11} & A_{21} & \cdots & A_{n1}\\ A_{12} & A_{22} & \cdots & A_{n2}\\ \vdots & \vdots & & \vdots\\ A_{1n} & A_{2n} & \cdots & A_{nn}\end{bmatrix}$ 为矩阵 $\boldsymbol{A}$ 的伴随矩阵。注意:元素 a_{ij} 的代数余子式 A_{ij} 在 $\boldsymbol{A}^{*}$ 中的第 j 行第 i 列。

结论:(1)$\boldsymbol{AA}^{*}=\boldsymbol{A}^{*}\boldsymbol{A}=|\boldsymbol{A}|\boldsymbol{E}$(由行列式展开定理和推论可得)。

(2)设 $\boldsymbol{A}$ 为 n 阶方阵,则 $|\boldsymbol{A}^{*}|=|\boldsymbol{A}|^{n-1}$。

(3)方阵 $\boldsymbol{A}$ 可逆($\boldsymbol{A}^{-1}$ 存在)的充要条件是 $|\boldsymbol{A}|\neq 0$($\boldsymbol{A}$ 为非奇异方阵),且

$$\boldsymbol{A}^{-1}=\frac{1}{|\boldsymbol{A}|}\boldsymbol{A}^{*} \tag{1-8-3}$$

用此式求 $\boldsymbol{A}^{-1}$ 要算一个 n 阶行列式和 n^2 个 $n-1$ 阶行列式，计算量较大，后面会介绍简便算法。[见初导变换的应用(4)]

对于二阶矩阵 $\boldsymbol{A}=\begin{bmatrix} a & b \\ c & d \end{bmatrix}$，当 $|\boldsymbol{A}|=ad-bc\neq 0$ 时，$\boldsymbol{A}^{-1}=\dfrac{1}{ad-bc}\begin{bmatrix} d & -b \\ -c & a \end{bmatrix}$。

另外，当 $a_{11}a_{22}\cdots a_{nn}\neq 0$ 时，$\begin{bmatrix} a_{11} & & & \\ & a_{22} & & \\ & & \ddots & \\ & & & a_{nn} \end{bmatrix}^{-1}=\begin{bmatrix} 1/a_{11} & & & \\ & 1/a_{22} & & \\ & & \ddots & \\ & & & 1/a_{nn} \end{bmatrix}$。

(4)若 $\boldsymbol{A}$ 可逆，则 $\boldsymbol{A}^*=|\boldsymbol{A}|\boldsymbol{A}^{-1}$，$(\boldsymbol{A}^*)^{-1}=\dfrac{\boldsymbol{A}}{|\boldsymbol{A}|}$。

【例 1-8-6】 设 $\boldsymbol{A}$ 为 4 阶矩阵，且 $|\boldsymbol{A}|=2$，则 $\left|\dfrac{1}{2}\boldsymbol{A}\right|$ 为：

A. $\dfrac{1}{8}$　　B. 4　　C. 1　　D. 0

解　利用公式 $|k\boldsymbol{A}|=k^n|\boldsymbol{A}|$，则 $\left|\dfrac{1}{2}\boldsymbol{A}\right|=\left(\dfrac{1}{2}\right)^4\cdot|\boldsymbol{A}|=\dfrac{1}{16}\times 2=\dfrac{1}{8}$

答案：A

【例 1-8-7】 设 $\boldsymbol{A}$ 为 3 阶方阵，且 $|\boldsymbol{A}|=\dfrac{1}{2}$，则 $|(2\boldsymbol{A}^*)^{-1}|=$：

A. $\dfrac{1}{2}$　　B. $\dfrac{1}{4}$　　C. 1　　D. 2

解　利用公式 $|\boldsymbol{A}^{-1}|=\dfrac{1}{|\boldsymbol{A}|}$，$|k\boldsymbol{A}|=k^n|\boldsymbol{A}|$，$|\boldsymbol{A}^*|=|\boldsymbol{A}|^{n-1}$，

$$|(2\boldsymbol{A}^*)^{-1}|=\frac{1}{|2\boldsymbol{A}^*|}\xlongequal[\text{行列式}]{|\boldsymbol{A}^*|\text{为三阶}}\frac{1}{8|\boldsymbol{A}^*|}$$

$$\xlongequal[\text{矩阵}]{\boldsymbol{A}\text{为三阶}}\frac{1}{8}\ \frac{1}{|\boldsymbol{A}|^{3-1}}=\frac{1}{8}\frac{1}{|\boldsymbol{A}|^2}=\frac{1}{8}\times 4=\frac{1}{2}$$

答案：A

【例 1-8-8】 设 $\boldsymbol{A}$、$\boldsymbol{B}$ 均为三阶矩阵，且行列式 $|\boldsymbol{A}|=1$，$|\boldsymbol{B}|=-2$，$\boldsymbol{A}^{\mathrm{T}}$ 为 $\boldsymbol{A}$ 的转置矩阵，则行列式 $|-2\boldsymbol{A}^{\mathrm{T}}\boldsymbol{B}^{-1}|$ 等于：

A. -1　　B. 1　　C. -4　　D. 4

解　利用公式 $|k\boldsymbol{A}|=k^n|\boldsymbol{A}|$，$|\boldsymbol{AB}|=|\boldsymbol{A}||\boldsymbol{B}|$，$|\boldsymbol{A}^{\mathrm{T}}|=|\boldsymbol{A}|$，$|\boldsymbol{A}^{-1}|=\dfrac{1}{|\boldsymbol{A}|}$

$$|-2\boldsymbol{A}^{\mathrm{T}}\boldsymbol{B}^{-1}|=(-2)^3|\boldsymbol{A}^{\mathrm{T}}\boldsymbol{B}^{-1}|=(-8)|\boldsymbol{A}^{\mathrm{T}}|\cdot|\boldsymbol{B}^{-1}|=(-8)|\boldsymbol{A}|\cdot\frac{1}{|\boldsymbol{B}|}=-8\times 1\times\frac{1}{-2}=4$$

答案：D

【例 1-8-9】 设 $\boldsymbol{A}$，$\boldsymbol{B}$ 为三阶方阵，且行列式 $|\boldsymbol{A}|=-\dfrac{1}{2}$，$|\boldsymbol{B}|=2$，$\boldsymbol{A}^*$ 是 $\boldsymbol{A}$ 的伴随矩阵，则行列式 $|2\boldsymbol{A}^*\boldsymbol{B}^{-1}|$ 等于：

A. 1　　B. -1　　C. 2　　D. -2

解　$|2\boldsymbol{A}^*\boldsymbol{B}^{-1}|=2^3|\boldsymbol{A}^*\boldsymbol{B}^{-1}|=2^3|\boldsymbol{A}^*|\cdot|\boldsymbol{B}^{-1}|=2^3|\boldsymbol{A}|^{3-1}\dfrac{1}{|\boldsymbol{B}|}=1$。

答案：A

【例 1-8-10】 设 $\boldsymbol{A}$ 为 3 阶矩阵，且 $|\boldsymbol{A}|=\frac{1}{2}$，则 $\left|\frac{3}{2}\boldsymbol{A}^{-1}+7\boldsymbol{A}^{*}\right|$ 等于：

A. 10　　B. 125　　C. 500　　D. 250

解 因为 $\boldsymbol{A}^{-1}=\frac{1}{|\boldsymbol{A}|}\boldsymbol{A}^{*}$

$$\left|\frac{3}{2}\boldsymbol{A}^{-1}+7\boldsymbol{A}^{*}\right|=\left|\frac{3}{2}\ \frac{1}{|\boldsymbol{A}|}\boldsymbol{A}^{*}+7\boldsymbol{A}^{*}\right|=|3\boldsymbol{A}^{*}+7\boldsymbol{A}^{*}|=|10\boldsymbol{A}^{*}|\xlongequal[\text{三阶矩阵}]{\boldsymbol{A}^{*}\text{为}}10^{3}|\boldsymbol{A}^{*}|$$

$$\xlongequal{\text{公式}|\boldsymbol{A}^{*}|=|\boldsymbol{A}|^{n-1}}10^{3}|\boldsymbol{A}|^{3-1}=10^{3}|\boldsymbol{A}|^{2}=10^{3}\times\frac{1}{4}=250$$

答案：D

（二）矩阵的秩

1. 定义：在 $m\times n$ 矩阵 $\boldsymbol{A}$ 中任取 k 行、k 列（$k\leqslant\min\{m,n\}$），位于这些行列交叉处的元素构成一个 k 阶行列式，称为矩阵 $\boldsymbol{A}$ 的 k 阶子式。

矩阵 $\boldsymbol{A}$ 中不为零的子式的最高阶数，称为矩阵 $\boldsymbol{A}$ 的秩，记为 $R(\boldsymbol{A})$。

规定零矩阵的秩为零，即 $R(\boldsymbol{0})=0$。

(1)矩阵的秩 $R(\boldsymbol{A})\geqslant r$ 的充分必要条件是 $\boldsymbol{A}$ 中至少有一个 r 阶子式不为零。

矩阵的秩 $R(\boldsymbol{A})\leqslant r$ 的充分必要条件是 $\boldsymbol{A}$ 中所有 $r+1$ 阶子式全为零。

如果矩阵 $\boldsymbol{A}$ 中至少有一个 r 阶子式不为零，而所有 $r+1$ 阶子式全为零，则 $R(\boldsymbol{A})=r$。

(2)当 n 阶方阵 $\boldsymbol{A}$ 的秩 $R(\boldsymbol{A})=n$ 时，称方阵 $\boldsymbol{A}$ 为满秩阵。

n 阶方阵 $\boldsymbol{A}$ 的秩 $R(\boldsymbol{A})=n$ 的充分必要条件是 $|\boldsymbol{A}|\neq0$（$\boldsymbol{A}$ 为满秩阵的充要条件是 $\boldsymbol{A}$ 为非奇异矩阵）。

2. 结论：(1)$R(\boldsymbol{A})=R(\boldsymbol{A}^{\mathrm{T}})$。

(2)若 $\boldsymbol{A}$ 为 $m\times n$ 矩阵，$\boldsymbol{A}\neq\boldsymbol{0}$，则 $0<R(\boldsymbol{A})\leqslant\min\{m,n\}$。

(3)$R(\boldsymbol{A}+\boldsymbol{B})\leqslant R(\boldsymbol{A})+R(\boldsymbol{B})$。

(4)若 $\boldsymbol{A}+\boldsymbol{B}=k\boldsymbol{E}(k\neq0)$，则 $R(\boldsymbol{A})+R(\boldsymbol{B})\geqslant n$，其中 $\boldsymbol{A}$、$\boldsymbol{B}$ 为 n 阶方阵。

(5)$R(\boldsymbol{AB})\leqslant\min[R(\boldsymbol{A}),R(\boldsymbol{B})]$。

(6)若 $\boldsymbol{AB}=\boldsymbol{0}$，则 $R(\boldsymbol{A})+R(\boldsymbol{B})\leqslant n$，其中 $\boldsymbol{A}$ 为 $m\times n$ 矩阵，$\boldsymbol{B}$ 为 $n\times s$ 矩阵。

(7)若 $\boldsymbol{A}$ 可逆，则 $R(\boldsymbol{AB})=R(\boldsymbol{B})$，若 $\boldsymbol{B}$ 可逆，则 $R(\boldsymbol{AB})=R(\boldsymbol{A})$。

(8)设 $\boldsymbol{A}$ 为 n 阶方阵，$\boldsymbol{A}^{*}$ 为 $\boldsymbol{A}$ 的伴随矩阵，则

①$R(\boldsymbol{A})=n\Leftrightarrow R(\boldsymbol{A}^{*})=n$

②$R(\boldsymbol{A})=n-1\Leftrightarrow R(\boldsymbol{A}^{*})=1$

③$R(\boldsymbol{A})\leqslant n-2\Leftrightarrow R(\boldsymbol{A}^{*})=0$，即 $\boldsymbol{A}^{*}=\boldsymbol{0}$。

【例 1-8-11】 设 $\boldsymbol{A}$、$\boldsymbol{B}$ 是 n 阶矩阵，且 $\boldsymbol{B}\neq\boldsymbol{0}$，满足 $\boldsymbol{AB}=\boldsymbol{0}$，则以下选项中错误的是：

A. $R(\boldsymbol{A})+R(\boldsymbol{B})\leqslant n$　　B. $|\boldsymbol{A}|=0$ 或 $|\boldsymbol{B}|=0$

C. $0\leqslant R(\boldsymbol{A})<n$　　D. $\boldsymbol{A}=\boldsymbol{0}$

解 由矩阵乘法运算法则可知，两个非零矩阵之积可以是零矩阵。所以由 $\boldsymbol{AB}=\boldsymbol{0}$，得 $\boldsymbol{A}=\boldsymbol{0}$ 是错误的，即选项 D 错误。$\boldsymbol{AB}=0$ 表明 $\boldsymbol{A}$ 的行向量与 $\boldsymbol{B}$ 的列向量正交（垂直）。正交向量可以是非零向量。

选项 A、B、C 可由矩阵的秩的性质判定。

若 $\boldsymbol{AB}=\boldsymbol{0}$，则 $R(\boldsymbol{A})+R(\boldsymbol{B})\leqslant n$，选项 A 正确。

已知 $\boldsymbol{AB}=\boldsymbol{0}$，$|\boldsymbol{AB}|=|\boldsymbol{0}|$，$|\boldsymbol{A}||\boldsymbol{B}|=0$，所以 $|\boldsymbol{A}|=0$ 或 $|\boldsymbol{B}|=0$，选项 B 正确。

另外，因 $\boldsymbol{AB}=\boldsymbol{0}$，所以 $R(\boldsymbol{A})+R(\boldsymbol{B})\leqslant n$ 成立，而 $\boldsymbol{B}\neq\boldsymbol{0}$，所以 $1\leqslant R(\boldsymbol{B})\leqslant n$，$0\leqslant R(\boldsymbol{A})<n$，选项C正确。

答案：D

【例 1-8-12】 设矩阵 $\boldsymbol{A}$ 中有一个 $(k-1)$ 阶子式不为零，且所有 $(k+1)$ 阶子式全为零，则 $\boldsymbol{A}$ 的秩 r 必为：

A. k　　B. $k-1$　　C. $k+1$　　D. $k-1$ 或 k

解 $\boldsymbol{A}$ 中所有 $(k+1)$ 阶子式全为零，故 $R(\boldsymbol{A})<k+1$，又因为 $\boldsymbol{A}$ 中有一个 $(k-1)$ 阶子式不为零，故 $R(\boldsymbol{A})\geqslant k-1$，由此可知，$r=k-1$ 或 $r=k$。

答案：D

【例 1-8-13】 已知矩阵 $\boldsymbol{A}=\begin{bmatrix}1 & 1 & 2 & -2\\1 & 3 & -x & -2x\\1 & -1 & 6 & 0\end{bmatrix}$ 的秩为 2，则 $x=$：

A. 1　　B. 2　　C. 4　　D. -1

解 $R(\boldsymbol{A})=2$ 说明矩阵 $\boldsymbol{A}$ 的一切三阶子式都为 0，

故 $\begin{vmatrix}1 & 1 & 2\\1 & 3 & -x\\1 & -1 & 6\end{vmatrix}=0$

而 $\begin{vmatrix}1 & 1 & 2\\1 & 3 & -x\\1 & -1 & 6\end{vmatrix}\xrightarrow[r_1\times(-1)+r_3]{r_1\times(-1)+r_2}\begin{vmatrix}1 & 1 & 2\\0 & 2 & -x-2\\0 & -2 & 4\end{vmatrix}=\begin{vmatrix}2 & -2-x\\-2 & 4\end{vmatrix}$

$=8-(4+2x)=4-2x=0$，即 $x=2$。

答案：B

（三）矩阵的初等变换、初等矩阵

1. 矩阵的初等变换

（1）对调两行（对调 i、j 两行，记作 $r_i\leftrightarrow r_j$）；

（2）以数 $k\neq0$ 乘以某一行中所有元素（第 i 行乘 k 记作 $r_i\times k$）；

（3）把某一行元素的 k 倍加到另一行对应元素上（第 j 行的 k 倍加到第 i 行上，记作 kr_j+r_i）。

以上是矩阵的初等行变换。

如果把其中的“行”换成“列”，即得矩阵的初等列变换（其中记号“r”换成“c”即可）。

矩阵的初等行（列）变换，统称为矩阵的初等变换。

2. 初等矩阵

由单位矩阵 $\boldsymbol{E}=\begin{bmatrix}1 & 0 & 0 & \cdots & 0\\0 & 1 & 0 & \cdots & 0\\0 & 0 & 1 & \cdots & 0\\\vdots & \vdots & \vdots & & \vdots\\0 & 0 & 0 & \cdots & 1\end{bmatrix}$ 经过一次初等变换得到的矩阵称为初等矩阵。

三种初等变换对应着三种初等矩阵。

（1）对调两行或对调两列

交换 n 阶单位矩阵的第 i 行（列）和第 j 行（列）所得初等矩阵，可记作 $\boldsymbol{E}(i,j)$。

$$\boldsymbol{E}\xrightarrow[(c_i\leftrightarrow c_j)]{r_i\leftrightarrow r_j}\boldsymbol{E}(i,j)=\begin{bmatrix}1&0&\cdots&0&\cdots&0\\\vdots&\vdots&&\vdots&&\vdots\\0&0&\cdots&1&\cdots&0\\\vdots&\vdots&&\vdots&&\vdots\\0&1&\cdots&0&\cdots&0\\\vdots&\vdots&&\vdots&&\vdots\\0&0&\cdots&0&\cdots&1\end{bmatrix}\begin{matrix}\\\\i\\\\j\\\\\\\end{matrix}$$

(2)以数 $k\neq0$ 乘某行或某列

把 n 阶单位矩阵第 i 行(列)乘以一个非零常数 k 所得的初等矩阵可记作 $\boldsymbol{E}[i(k)]$。

$$\boldsymbol{E}\xrightarrow[kc_i]{kr_i}\boldsymbol{E}[i(k)]=\begin{bmatrix}1&&&&&\\&\ddots&&&&\\&&1&&&\\&&&k&&\\&&&&1&&\\&&&&&\ddots&\\&&&&&&1\end{bmatrix}i$$

(3)以数 k 乘某行(列)加到另一行(列)上去

把 n 阶单位矩阵的第 j 行(第 i 列)所有元素乘以 k,加到第 i 行(第 j 列)所得初等矩阵可记作 $\boldsymbol{E}[i,j(k)]$。

$$\boldsymbol{E}\xrightarrow[kc_i+c_j]{kr_j+r_i}\boldsymbol{E}[i,j(k)]=\begin{bmatrix}1&&&&\\&\ddots&&&\\&&1&k&\\&&&\ddots&\\&&&&1&\\&&&&&\ddots&\\&&&&&&1\end{bmatrix}\begin{matrix}i\\\\j\end{matrix}$$

初等矩阵都是可逆的,其逆矩阵仍是初等矩阵,且有

$$[\boldsymbol{E}(i,j)]^{-1}=\boldsymbol{E}(i,j)$$

$$[\boldsymbol{E}(i(k))]^{-1}=\boldsymbol{E}\left[i\left(\frac{1}{k}\right)\right]$$

$$[\boldsymbol{E}(i,j(k))]^{-1}=\boldsymbol{E}[i,j(-k)]$$

3.结论:(1)方阵 $\boldsymbol{A}$ 可逆的充要条件是 $\boldsymbol{A}$ 等于若干个初等矩阵的乘积。

(2)矩阵的初等变换与初等矩阵有下面关系:矩阵 $\boldsymbol{A}$ 左乘一个初等矩阵,相当于对矩阵 $\boldsymbol{A}$ 作一次与初等矩阵同类型的初等行变换;矩阵 $\boldsymbol{A}$ 右乘一个初等矩阵,相当于对矩阵 $\boldsymbol{A}$ 作了一次与初等矩阵同类型的初等列变换。设 $\boldsymbol{A}$ 为 $m\times n$ 矩阵,$\boldsymbol{P}$ 为 m 阶可逆矩阵,$\boldsymbol{Q}$ 为 n 阶可逆矩阵,则 $\boldsymbol{PA}$ 表示对 $\boldsymbol{A}$ 进行若干次初等行变换,$\boldsymbol{AQ}$ 表示对 $\boldsymbol{A}$ 进行若干次初等列变换。

(3)初等变换不改变矩阵的秩。

设 $\boldsymbol{A}$ 为 $m\times n$ 矩阵,$\boldsymbol{P}$ 为 m 阶可逆矩阵,$\boldsymbol{Q}$ 为 n 阶可逆矩阵,则 $R(\boldsymbol{PAQ})=R(\boldsymbol{PA})=R(\boldsymbol{AQ})=R(\boldsymbol{A})$。

4.应用

(1)求 $R(\boldsymbol{A})$

利用初等行变换求矩阵的秩时,只需把矩阵化为行阶梯形,非零行的个数即为矩阵的秩。

$A \xrightarrow{\text{初等行变换}} B$(行阶梯形矩阵),$R(A)=R(B)$。

如 $B=\begin{bmatrix} 1 & 2 & -1 & 0 & 2 \\ 0 & 3 & 2 & 2 & -1 \\ 0 & 0 & 0 & -3 & 1 \\ 0 & 0 & 0 & 0 & 0 \end{bmatrix}$ 就是行阶梯形矩阵,其特征是:

①可以画出一个阶梯折线,线的左侧、下侧全是 0;

②每个阶梯只占一个非零行;

③每个非零行在阶梯线右侧第一个数不为 0。

矩阵 B 中,$b_{11}=1, b_{22}=3, b_{34}=-3$。$B$ 有 3 个非零行,$R(B)=3$。

【例 1-8-14】 已知矩阵 $A=\begin{bmatrix} 1 & 0 & 0 \\ 0 & 1 & 2 \\ 0 & 2 & 4 \end{bmatrix}$,则 A 的秩 $R(A)$ 等于:

A. 0　　B. 1　　C. 2　　D. 3

解 $A=\begin{bmatrix} 1 & 0 & 0 \\ 0 & 1 & 2 \\ 0 & 2 & 4 \end{bmatrix} \xrightarrow{(-2)r_2+r_3} \begin{bmatrix} 1 & 0 & 0 \\ 0 & 1 & 2 \\ 0 & 0 & 0 \end{bmatrix}$

行阶梯形矩阵的非零行向量的个数为 2,所以 $R(A)=2$。

答案:C

【例 1-8-15】 设 $A=\begin{bmatrix} 1 & -1 & 2 \\ 2 & 1 & 1 \\ -1 & 1 & -2 \end{bmatrix}$,$B=\begin{bmatrix} 2 & a & 1 \\ 0 & 3 & a \\ 0 & 0 & -1 \end{bmatrix}$,则秩 $R(AB-A)$ 等于:

A. 1　　B. 2　　C. 3　　D. 与 a 的取值有关

解 **方法 1:**$AB-A=AB-AE=A(B-E)$

$$=\begin{bmatrix} 1 & -1 & 2 \\ 2 & 1 & 1 \\ -1 & 1 & -2 \end{bmatrix}\begin{bmatrix} 1 & a & 1 \\ 0 & 2 & a \\ 0 & 0 & -2 \end{bmatrix}=\begin{bmatrix} 1 & a-2 & -a-3 \\ 2 & 2a+2 & a \\ -1 & -a+2 & a+3 \end{bmatrix}$$

$$\xrightarrow[r_1+r_3]{-2r_1+r_2} \begin{bmatrix} 1 & a-2 & -a-3 \\ 0 & 6 & 3a+6 \\ 0 & 0 & 0 \end{bmatrix}\text{(两个非零行)}$$

所以 $R(AB-A)=2$

方法 2:$AB-A=A(B-E)$

$B-E=\begin{bmatrix} 1 & a & 1 \\ 0 & 2 & a \\ 0 & 0 & -2 \end{bmatrix}$,$|B-E| \xlongequal{\text{三角行列式}} -4 \neq 0$

所以矩阵 $B-E$ 可逆

利用矩阵秩的性质:若 A 可逆,则 $R(AB)=R(B)$

$R[A(B-E)]=R(A)$

而 $A=\begin{bmatrix} 1 & -1 & 2 \\ 2 & 1 & 1 \\ -1 & 1 & -2 \end{bmatrix} \xrightarrow[r_1+r_3]{-2r_1+r_2} \begin{bmatrix} 1 & -1 & 2 \\ 0 & 3 & -3 \\ 0 & 0 & 0 \end{bmatrix}$

$R(\boldsymbol{A})=2$

所以 $R(\boldsymbol{AB}-\boldsymbol{A})=2$

答案:B

(2)求向量组的秩和最大线性无关组(详见“四、向量组的线性相关性”)

$$\boldsymbol{A}\xrightarrow{\text{初等行变换}}\boldsymbol{B}(\text{行阶梯形矩阵})$$

(3)解矩阵方程 $\boldsymbol{AX}=\boldsymbol{B}$ 和 $\boldsymbol{XA}=\boldsymbol{B}$

若 $\boldsymbol{A}$ 可逆,$\boldsymbol{A}^{-1}\boldsymbol{AX}=\boldsymbol{A}^{-1}\boldsymbol{B},\boldsymbol{X}=\boldsymbol{A}^{-1}\boldsymbol{B}$ 。

注意 $\boldsymbol{A}^{-1}\boldsymbol{A}=\boldsymbol{E}$ 与 $\boldsymbol{A}^{-1}\boldsymbol{B}=\boldsymbol{X}$ 表示对 $\boldsymbol{A}$ 与 $\boldsymbol{B}$ 进行了相同的初等行变换,$\boldsymbol{A}$ 化为 $\boldsymbol{E}$ 时 $\boldsymbol{B}$ 就化为 $\boldsymbol{X}$ 。

$$(\boldsymbol{A}\mid\boldsymbol{B})\xrightarrow{\text{初等行变换}}(\boldsymbol{E}\mid\boldsymbol{X})$$

解 $\boldsymbol{XA}=\boldsymbol{B}$ 时,可先化为 $\boldsymbol{A}^{\mathrm{T}}\boldsymbol{X}^{\mathrm{T}}=\boldsymbol{B}^{\mathrm{T}}$,$(\boldsymbol{A}^{\mathrm{T}}\mid\boldsymbol{B}^{\mathrm{T}})\xrightarrow{\text{初等行变换}}(\boldsymbol{E}\mid\boldsymbol{X}^{\mathrm{T}})$,再求 $\boldsymbol{X}$ 。

【例 1-8-16】 设 $\boldsymbol{A}=\begin{bmatrix}2&5\\1&3\end{bmatrix},\boldsymbol{B}=\begin{bmatrix}4&-6\\2&1\end{bmatrix}$,求解矩阵方程 $\boldsymbol{AZ}=\boldsymbol{B}$。

解　方法 1:方程两边左乘 $\boldsymbol{A}^{-1}$,得 $\boldsymbol{Z}=\boldsymbol{A}^{-1}\boldsymbol{B}$

$$\boldsymbol{A}^{-1}=\frac{1}{|\boldsymbol{A}|}\boldsymbol{A}^{*}=\frac{1}{6-5}\begin{bmatrix}3&-5\\-1&2\end{bmatrix}=\begin{bmatrix}3&-5\\-1&2\end{bmatrix}$$

所以

$$\boldsymbol{Z}=\begin{bmatrix}3&-5\\-1&2\end{bmatrix}\begin{bmatrix}4&-6\\2&1\end{bmatrix}=\begin{bmatrix}2&-23\\0&8\end{bmatrix}$$

方法 2:

$$[\boldsymbol{A}\mid\boldsymbol{B}]=\left[\begin{array}{cc|cc}2&5&4&-6\\1&3&2&1\end{array}\right]\xrightarrow{r_1\leftrightarrow r_2}\left[\begin{array}{cc|cc}1&3&2&1\\2&5&4&-6\end{array}\right]\xrightarrow{-2r_1+r_2}$$

$$\left[\begin{array}{cc|cc}1&3&2&1\\0&-1&0&-8\end{array}\right]\xrightarrow[-1\times r_2]{3r_2+r_1}\left[\begin{array}{cc|cc}1&0&2&-23\\0&1&0&8\end{array}\right]$$

$$\boldsymbol{Z}=\begin{bmatrix}2&-23\\0&8\end{bmatrix}$$

(4)求 $\boldsymbol{A}^{-1}$(解方程 $\boldsymbol{AX}=\boldsymbol{E}$)

$$(\boldsymbol{A}\mid\boldsymbol{E})\xrightarrow{\text{初等行变换}}(\boldsymbol{E}\mid\boldsymbol{A}^{-1})$$

【例 1-8-17】 已知矩阵 $\boldsymbol{A}=\begin{bmatrix}1&2&-1\\3&4&-2\\5&-4&1\end{bmatrix}$,则 $\boldsymbol{A}^{-1}$ 为:

A. $\begin{bmatrix}-4&2&0\\-13&6&-1\\-32&14&-2\end{bmatrix}$　　B. $\begin{bmatrix}-4&-13&-32\\2&6&14\\0&-1&-2\end{bmatrix}$

C. $\begin{bmatrix}-2&1&0\\-13&3&-\frac{1}{2}\\-16&7&-1\end{bmatrix}$　　D. $\begin{bmatrix}-2&1&0\\-\frac{13}{2}&3&-\frac{1}{2}\\-16&7&-1\end{bmatrix}$

解　方法 1:$\boldsymbol{A}^{-1}=\dfrac{1}{|\boldsymbol{A}|}\boldsymbol{A}^{*}$

$$|\boldsymbol{A}|=\begin{vmatrix}1&2&-1\\3&4&-2\\5&-4&1\end{vmatrix}=\begin{vmatrix}1&2&-1\\0&-2&1\\0&-14&6\end{vmatrix}=2\neq 0$$

$$\boldsymbol{A}^*=\begin{bmatrix}-4&-13&-32\\2&6&14\\0&-1&-2\end{bmatrix}^{\mathrm{T}}=\begin{bmatrix}-4&2&0\\-13&6&-1\\-32&14&-2\end{bmatrix}$$

$$\boldsymbol{A}^{-1}=\frac{1}{2}\boldsymbol{A}^*=\begin{bmatrix}-2&1&0\\-\frac{13}{2}&3&-\frac{1}{2}\\-16&7&-1\end{bmatrix}$$

方法 2:$(\boldsymbol{A}\mid\boldsymbol{E})=\left[\begin{array}{ccc|ccc}1&2&-1&1&0&0\\3&4&-2&0&1&0\\5&-4&1&0&0&1\end{array}\right]\xrightarrow[-5r_1+r_3]{-3r_1+r_2}\left[\begin{array}{ccc|ccc}1&2&-1&1&0&0\\0&-2&1&-3&1&0\\0&-14&6&-5&0&1\end{array}\right]\xrightarrow{-\frac{1}{2}r_2}$

$$\left[\begin{array}{ccc|ccc}1&2&-1&1&0&0\\0&1&-\frac{1}{2}&\frac{3}{2}&-\frac{1}{2}&0\\0&-14&6&-5&0&1\end{array}\right]\xrightarrow[14r_2+r_3]{-2r_2+r_1}$$

$$\left[\begin{array}{ccc|ccc}1&0&0&-2&1&0\\0&1&-\frac{1}{2}&\frac{3}{2}&-\frac{1}{2}&0\\0&0&-1&16&-7&1\end{array}\right]\xrightarrow[-r_3]{-\frac{1}{2}r_3+r_2}\left[\begin{array}{ccc|ccc}1&0&0&-2&1&0\\0&1&0&-\frac{13}{2}&3&-\frac{1}{2}\\0&0&1&-16&7&-1\end{array}\right]$$

$$\boldsymbol{A}^{-1}=\begin{bmatrix}-2&1&0\\-\frac{13}{2}&3&-\frac{1}{2}\\-16&7&-1\end{bmatrix}$$

方法 3:矩阵 $\boldsymbol{A}$ 与选项中矩阵相乘,乘积应为单位矩阵。矩阵 $\boldsymbol{A}$ 乘选项 D 的矩阵得 $\boldsymbol{E}$,那么选项 D 为 $\boldsymbol{A}$ 的逆矩阵。该方法是选择题比较适用的做题方法。

答案:D

【例 1-8-18】 已知矩阵 $\boldsymbol{A}=\begin{bmatrix}1&2&-1\\3&4&-2\\5&-4&1\end{bmatrix}$,且 $\boldsymbol{A}^2-\boldsymbol{AB}=\boldsymbol{E}$,则矩阵 $\boldsymbol{B}$ 为:

A. $\begin{bmatrix}3&1&-1\\\frac{19}{2}&1&-\frac{3}{2}\\21&-11&2\end{bmatrix}$　　B. $\begin{bmatrix}3&1&-1\\4&\frac{3}{2}&-3\\21&-11&2\end{bmatrix}$

C. $\begin{bmatrix}2&1&-1\\\frac{19}{2}&1&-\frac{3}{2}\\21&-11&2\end{bmatrix}$　　D. $\begin{bmatrix}3&1&-1\\\frac{19}{2}&1&-\frac{3}{2}\\12&-11&2\end{bmatrix}$

解　因为 $\boldsymbol{A}^2-\boldsymbol{AB}=\boldsymbol{E}$,$\boldsymbol{A}(\boldsymbol{A}-\boldsymbol{B})=\boldsymbol{E}$,所以 $\boldsymbol{A}$ 与$(\boldsymbol{A}-\boldsymbol{B})$互为逆阵,$\boldsymbol{A}-\boldsymbol{B}=\boldsymbol{A}^{-1}$,由上例,

$$A^{-1}=\begin{bmatrix}-2 & 1 & 0\\ -\frac{13}{2} & 3 & -\frac{1}{2}\\ -16 & 7 & -1\end{bmatrix}$$

$$B=A-A^{-1}=\begin{bmatrix}1 & 2 & -1\\ 3 & 4 & -2\\ 5 & -4 & 1\end{bmatrix}-\begin{bmatrix}-2 & 1 & 0\\ -\frac{13}{2} & 3 & -\frac{1}{2}\\ -16 & 7 & -1\end{bmatrix}=\begin{bmatrix}3 & 1 & -1\\ \frac{19}{2} & 1 & -\frac{3}{2}\\ 21 & -11 & 2\end{bmatrix}$$

答案:A

(5)解方程组 $\boldsymbol{Ax}=\mathbf{0}$ 和 $\boldsymbol{Ax}=\boldsymbol{b}(\boldsymbol{b}\neq\mathbf{0})$(详见"五、线性方程组")

(四)等价矩阵与矩阵的标准形

1.定义:如果矩阵 $\boldsymbol{A}$ 经有限次初等变换变成矩阵 $\boldsymbol{B}$,就称矩阵 $\boldsymbol{A}$ 与 $\boldsymbol{B}$ 等价,记作 $\boldsymbol{A}\cong\boldsymbol{B}$。或设 $\boldsymbol{A}$、$\boldsymbol{B}$ 均为 $m\times n$ 矩阵,$\boldsymbol{P}$ 为 m 阶可逆矩阵,$\boldsymbol{Q}$ 为 n 阶可逆矩阵,若 $\boldsymbol{PAQ}=\boldsymbol{B}$ 或 $\boldsymbol{PA}=\boldsymbol{B}$ 或 $\boldsymbol{AQ}=\boldsymbol{B}$,则称矩阵 $\boldsymbol{A}$ 与矩阵 $\boldsymbol{B}$ 等价。

矩阵之间的等价关系具有下列性质:

(1)反身性:$\boldsymbol{A}\cong\boldsymbol{A}$;

(2)对称性:若 $\boldsymbol{A}\cong\boldsymbol{B}$,则 $\boldsymbol{B}\cong\boldsymbol{A}$;

(3)传递性:若 $\boldsymbol{A}\cong\boldsymbol{B}$,$\boldsymbol{B}\cong\boldsymbol{C}$,则 $\boldsymbol{A}\cong\boldsymbol{C}$。

(4)若 $\boldsymbol{A}\cong\boldsymbol{B}$,则 $R(\boldsymbol{A})=R(\boldsymbol{B})$。

2.定义:形如 $\begin{bmatrix}\boldsymbol{E}_r & \mathbf{0}\\ \mathbf{0} & \mathbf{0}\end{bmatrix}$ 的矩阵,称为矩阵的标准形,其中 $\boldsymbol{E}_r=\begin{bmatrix}1 & & \\ & \ddots & \\ & & 1\end{bmatrix}$ 为 r 阶单位矩阵。矩阵标准形中单位矩阵 $\boldsymbol{E}_r$ 的阶数 r 为矩阵的秩。

结论:①任何矩阵都可经过一系列的初等行、列变换化为标准形,所以矩阵与它的标准形等价。

②每个非零矩阵都有唯一的等价标准形。

③有相同标准形的矩阵是等价的。

④ n 阶方阵 $\boldsymbol{A}$ 可逆的充要条件是 $\boldsymbol{A}\cong\boldsymbol{E}$。

四、向量组的线性相关性

(一)n 维向量

1.定义:由 n 个数组成的有序数组 $(a_1,a_2,\cdots,a_n)$,称为 n 维向量,称 $\boldsymbol{\alpha}=(a_1,a_2,\cdots,a_n)$ 为 n 维行向量,$\boldsymbol{\alpha}^{\mathrm{T}}=\begin{bmatrix}a_1\\ a_2\\ \vdots\\ a_n\end{bmatrix}$ 为 n 维列向量。其中 a_i 称作 $\boldsymbol{\alpha}$ 的第 i 个坐标(分量)$(i=1,2,\cdots,n)$。

分量全为实数的向量称为实向量。我们只讨论实向量。

分量全为 0 的向量称为零向量,记作 $\mathbf{0}$,即 $\mathbf{0}=(0,0,\cdots,0)$

向量 $-\boldsymbol{\alpha}=(-a_1,-a_2,\cdots,-a_n)$,称为 $\boldsymbol{\alpha}$ 的负向量。

2. 运算：设$\boldsymbol{\alpha}=(a_1,a_2,\cdots,a_n)$，$\boldsymbol{\beta}=(b_1,b_2,\cdots,b_n)$

当 $a_i=b_i(i=1,2,\cdots,n)$时，称 $\boldsymbol{\alpha}$ 与 $\boldsymbol{\beta}$ 相等，记作$\boldsymbol{\alpha}=\boldsymbol{\beta}$。

向量加法定义：

$$\boldsymbol{\alpha}+\boldsymbol{\beta}=(a_1+b_1,a_2+b_2,\cdots,a_n+b_n)$$

向量减法定义：

$$\boldsymbol{\alpha}-\boldsymbol{\beta}=\boldsymbol{\alpha}+(-\boldsymbol{\beta})=(a_1-b_1,a_2-b_2,\cdots,a_n-b_n)$$

数与向量 $\boldsymbol{\alpha}$ 乘积定义：k 为实数，则$k\boldsymbol{\alpha}=(ka_1,ka_2,\cdots,ka_n)$

n 维向量的加法和数乘运算满足下面性质（设 $\boldsymbol{\alpha}$、$\boldsymbol{\beta}$、$\boldsymbol{\gamma}$ 为 n 维向量，k、l 为实数）。

(1)$\boldsymbol{\alpha}+\boldsymbol{\beta}=\boldsymbol{\beta}+\boldsymbol{\alpha}$；

(2)$(\boldsymbol{\alpha}+\boldsymbol{\beta})+\boldsymbol{\gamma}=\boldsymbol{\alpha}+(\boldsymbol{\beta}+\boldsymbol{\gamma})$；

(3)$\boldsymbol{\alpha}+\boldsymbol{0}=\boldsymbol{\alpha}$；

(4)$\boldsymbol{\alpha}+(-\boldsymbol{\alpha})=\boldsymbol{0}$；

(5)$k(\boldsymbol{\alpha}+\boldsymbol{\beta})=k\boldsymbol{\alpha}+k\boldsymbol{\beta}$；

(6)$(k+l)\boldsymbol{\alpha}=k\boldsymbol{\alpha}+l\boldsymbol{\alpha}$。

（二）向量的线性表示

定义：设 $\boldsymbol{\alpha}_1,\boldsymbol{\alpha}_2,\cdots,\boldsymbol{\alpha}_s,\boldsymbol{\beta}$ 均为 n 维向量，若存在一组数 $k_1,k_2,\cdots,k_s$，使得 $\boldsymbol{\beta}=k_1\boldsymbol{\alpha}_1+k_2\boldsymbol{\alpha}_2+\cdots+k_s\boldsymbol{\alpha}_s$，则称向量 $\boldsymbol{\beta}$ 是向量组 $\boldsymbol{\alpha}_1,\boldsymbol{\alpha}_2,\cdots,\boldsymbol{\alpha}_s$ 的一个线性组合，也称向量 $\boldsymbol{\beta}$ 可由向量组 $\boldsymbol{\alpha}_1,\boldsymbol{\alpha}_2,\cdots,\boldsymbol{\alpha}_s$ 线性表示。

说明：$\boldsymbol{\beta}$ 可由 $\boldsymbol{\alpha}_1,\boldsymbol{\alpha}_2,\cdots,\boldsymbol{\alpha}_s$ 线性表示与方程组 $x_1\boldsymbol{\alpha}_1+x_2\boldsymbol{\alpha}_2+\cdots+x_s\boldsymbol{\alpha}_s=\boldsymbol{\beta}$ 有解一致。

（三）向量组的线性相关性

1. 定义：对于 m 个 n 维向量 $\boldsymbol{\alpha}_1,\boldsymbol{\alpha}_2,\cdots,\boldsymbol{\alpha}_m$，若存在不全为零的 m 个数 $k_1,k_2,\cdots,k_m$，使得

$$k_1\boldsymbol{\alpha}_1+k_2\boldsymbol{\alpha}_2+\cdots+k_m\boldsymbol{\alpha}_m=\boldsymbol{0}$$

则称这 m 个向量线性相关；否则，称它们线性无关。

说明：$\boldsymbol{\alpha}_1,\boldsymbol{\alpha}_2,\cdots,\boldsymbol{\alpha}_m$ 线性相关与齐次线性方程组 $x_1\boldsymbol{\alpha}_1+x_2\boldsymbol{\alpha}_2+\cdots+x_m\boldsymbol{\alpha}_m=\boldsymbol{0}$ 有非零解一致。$\boldsymbol{\alpha}_1,\boldsymbol{\alpha}_2,\cdots,\boldsymbol{\alpha}_m$ 线性无关与齐次线性方程组 $x_1\boldsymbol{\alpha}_1+x_2\boldsymbol{\alpha}_2+\cdots+x_m\boldsymbol{\alpha}_m=\boldsymbol{0}$ 只有零解一致。

2. 结论：

(1)单独一个零向量线性相关；

(2)含有零向量的向量组线性相关；

(3)单独一个非零向量线性无关；

(4)n 个 n 维标准单位向量 $\boldsymbol{\varepsilon}_1=(1,0,0,\cdots,0)$，$\boldsymbol{\varepsilon}_2=(0,1,0,\cdots,0)$，$\cdots$，$\boldsymbol{\varepsilon}_n=(0,\cdots,0,1)$线性无关。

3. 判别向量组的线性相关性还有下面几个重要定理：

(1)若 $\boldsymbol{\alpha}_1,\boldsymbol{\alpha}_2,\cdots,\boldsymbol{\alpha}_s$ 线性无关，而 $\boldsymbol{\alpha}_1,\boldsymbol{\alpha}_2,\cdots,\boldsymbol{\alpha}_s,\boldsymbol{\beta}$ 线性相关，则 $\boldsymbol{\beta}$ 可由 $\boldsymbol{\alpha}_1,\boldsymbol{\alpha}_2,\cdots,\boldsymbol{\alpha}_s$ 线性表示，且表示法唯一。

(2)如果一个向量组中有一部分向量线性相关，那么这个向量组线性相关。（相关组增加向量还相关）

(3)如果一个向量组线性无关，那么它的任何一部分向量组也线性无关。（无关组减少向量还无关）

(4)如果向量组 $\boldsymbol{\alpha}_i=(a_{1i},a_{2i},a_{3i},\cdots,a_{ji})$，$i=1,2,\cdots,s$，线性无关，那么在每一个向量上添一个分量所得到的向量组 $\boldsymbol{\beta}_i=(a_{1i},a_{2i},a_{3i},\cdots,a_{ji},a_{(j+1)i})$，$i=1,2,\cdots,s$，也线性无关。

(5)$n+1$ 个 n 维向量线性相关。(推广:m 个 n 维向量 $\boldsymbol{\alpha}_1,\boldsymbol{\alpha}_2\cdots\boldsymbol{\alpha}_m$,当 $m>n$ 时,$\alpha_1,\alpha_2,\cdots\alpha_m$ 线性相关。)

(6)向量组 $\boldsymbol{\alpha}_1,\boldsymbol{\alpha}_2,\cdots,\boldsymbol{\alpha}_s(s\geqslant 2)$ 线性相关的充要条件是其中至少有一个向量可由其余向量线性表示。

向量组 $\boldsymbol{\alpha}_1,\boldsymbol{\alpha}_2\cdots\boldsymbol{\alpha}_s(s\geqslant 2)$ 线性无关的充要条件是向量组中任一向量都不能由其余向量线性表示。

(7)n 个 n 维向量 $\boldsymbol{\alpha}_i=(a_{i1},a_{i2},\cdots,a_{in}),i=1,2,\cdots,n$,线性无关的充要条件是行列式

$$\begin{vmatrix} a_{11} & a_{12} & \cdots & a_{1n} \\ \vdots & \vdots & & \vdots \\ a_{n1} & a_{n2} & \cdots & a_{nn} \end{vmatrix}\neq 0$$

(8)n 个 n 维向量 $\boldsymbol{\alpha}_i=(a_{i1},a_{i2},\cdots,a_{in}),i=1,2,\cdots,n$,线性相关的充要条件是行列式

$$\begin{vmatrix} a_{11} & a_{12} & \cdots & a_{1n} \\ \vdots & \vdots & & \vdots \\ a_{n1} & a_{n2} & \cdots & a_{nn} \end{vmatrix}=0$$

(9)设 $\mathbf{A}$ 为 $m\times n$ 矩阵,则

① m 个 n 维行向量线性相关的充要条件是 $R(\mathbf{A})<m$,n 个 m 维列向量线性相关的充要条件是 $R(\mathbf{A})<n$。

② m 个 n 维行向量线性无关的充要条件是 $R(\mathbf{A})=m$;n 个 m 维列向量线性无关的充要条件是 $R(\mathbf{A})=n$。

【例 1-8-19】 设 $\boldsymbol{\beta}=(0,k,k^2)$ 能由 $\boldsymbol{\alpha}_1=(1+k,1,1),\boldsymbol{\alpha}_2=(1,1+k,1),\boldsymbol{\alpha}_3=(1,1,1+k)$ 唯一线性表示,则 k 的取值为:

A. $k\neq 0$ B. $k=0$ 或 1 C. $k\neq 1$ D. $k\neq 0,-3$

解 $\boldsymbol{\beta}$ 可由 $\boldsymbol{\alpha}_1,\boldsymbol{\alpha}_2,\boldsymbol{\alpha}_3$ 唯一线性表示,即仅存在一组数 x_1,x_2,x_3 使 $x_1\boldsymbol{\alpha}_1+x_2\boldsymbol{\alpha}_2+x_3\boldsymbol{\alpha}_3=\boldsymbol{\beta}$,

即方程组 $(\boldsymbol{\alpha}_1^{\mathrm{T}},\boldsymbol{\alpha}_2^{\mathrm{T}},\boldsymbol{\alpha}_3^{\mathrm{T}})\begin{bmatrix} x_1 \\ x_2 \\ x_3 \end{bmatrix}=\boldsymbol{\beta}^{\mathrm{T}}$ 有唯一解。

那么系数行列式 $|\boldsymbol{\alpha}_1^{\mathrm{T}},\boldsymbol{\alpha}_2^{\mathrm{T}},\boldsymbol{\alpha}_3^{\mathrm{T}}|=\begin{vmatrix} 1+k & 1 & 1 \\ 1 & 1+k & 1 \\ 1 & 1 & 1+k \end{vmatrix}$

$$\xlongequal[c_3+c_1]{c_2+c_1}\begin{vmatrix} 3+k & 1 & 1 \\ 3+k & 1+k & 1 \\ 3+k & 1 & 1+k \end{vmatrix}\xlongequal[-r_1+r_3]{-r_1+r_2}$$

$$\begin{vmatrix} 3+k & 1 & 1 \\ 0 & k & 0 \\ 0 & 0 & k \end{vmatrix}=k^2(3+k)\neq 0$$

即 $k\neq 0,-3$。

答案:D

【例 1-8-20】 若向量组 $\boldsymbol{\alpha}$、$\boldsymbol{\beta}$、$\boldsymbol{\gamma}_1$ 线性无关,$\boldsymbol{\alpha}$、$\boldsymbol{\beta}$、$\boldsymbol{\gamma}_2$ 线性相关,则:

A. $\boldsymbol{\alpha}$ 必可由向量组 $\boldsymbol{\beta},\boldsymbol{\gamma}_1,\boldsymbol{\gamma}_2$ 线性表示

B. $\boldsymbol{\beta}$ 必不可由 $\boldsymbol{\alpha},\boldsymbol{\gamma}_1,\boldsymbol{\gamma}_2$ 线性表示

C. $\boldsymbol{\gamma}_2$ 必可由 $\boldsymbol{\alpha},\boldsymbol{\beta},\boldsymbol{\gamma}_1$ 线性表示

D. $\boldsymbol{\gamma}_2$ 必不可由 $\boldsymbol{\alpha},\boldsymbol{\beta},\boldsymbol{\gamma}_1$ 线性表示

解 因为 $\boldsymbol{\alpha}$、$\boldsymbol{\beta}$、$\boldsymbol{\gamma}_1$ 线性无关，所以 $\boldsymbol{\alpha},\boldsymbol{\beta}$ 线性无关[定理(3)]，而 $\boldsymbol{\alpha}$、$\boldsymbol{\beta}$、$\boldsymbol{\gamma}_2$ 线性相关，故 $\boldsymbol{\gamma}_2$ 必可由 $\boldsymbol{\alpha},\boldsymbol{\beta}$ 线性表示[定理(1)]，从而 $\boldsymbol{\gamma}_2$ 必可由 $\boldsymbol{\alpha}$、$\boldsymbol{\beta}$、$\boldsymbol{\gamma}_1$ 线性表示($\boldsymbol{\gamma}_2=k_1\boldsymbol{\alpha}+k_2\boldsymbol{\beta}=k_1\boldsymbol{\alpha}+k_2\boldsymbol{\beta}+0\cdot\boldsymbol{\gamma}_1$)。

答案:C

【例 1-8-21】 设 $\boldsymbol{\alpha},\boldsymbol{\beta},\boldsymbol{\gamma},\boldsymbol{\delta}$ 是 n 维向量，已知 $\boldsymbol{\alpha},\boldsymbol{\beta}$ 线性无关，$\boldsymbol{\gamma}$ 可以由 $\boldsymbol{\alpha},\boldsymbol{\beta}$ 线性表示，$\boldsymbol{\delta}$ 不能由 $\boldsymbol{\alpha},\boldsymbol{\beta}$ 线性表示，则以下选项中正确的是：

A. $\boldsymbol{\alpha},\boldsymbol{\beta},\boldsymbol{\gamma},\boldsymbol{\delta}$ 线性无关　　B. $\boldsymbol{\alpha},\boldsymbol{\beta},\boldsymbol{\gamma}$ 线性无关

C. $\boldsymbol{\alpha},\boldsymbol{\beta},\boldsymbol{\delta}$ 线性相关　　D. $\boldsymbol{\alpha},\boldsymbol{\beta},\boldsymbol{\delta}$ 线性无关

解 已知 $\boldsymbol{\gamma}$ 可以由 $\boldsymbol{\alpha},\boldsymbol{\beta}$ 线性表示，根据“3”定理(6)可推出 $\boldsymbol{\alpha}$、$\boldsymbol{\beta}$、$\boldsymbol{\gamma}$ 线性相关，所以选项 B 错误。

用定理(2)，由 $\boldsymbol{\alpha},\boldsymbol{\beta},\boldsymbol{\gamma}$ 相关，推出 $\boldsymbol{\alpha},\boldsymbol{\beta},\boldsymbol{\gamma},\boldsymbol{\delta}$ 也相关，所以选项 A 错误。

选项 C 可用反证法证明它是错误的。假设 $\boldsymbol{\alpha},\boldsymbol{\beta},\boldsymbol{\delta}$ 线性相关，已知 $\boldsymbol{\alpha},\boldsymbol{\beta}$ 线性无关，根据定理(1)，$\boldsymbol{\delta}$ 可由 $\boldsymbol{\alpha},\boldsymbol{\beta}$ 线性表示，与已知 $\boldsymbol{\delta}$ 不能由 $\boldsymbol{\alpha}\boldsymbol{\beta}$ 线性表示矛盾，所以 $\boldsymbol{\alpha},\boldsymbol{\beta},\boldsymbol{\delta}$ 线性无关，选项 C 错误。

注意：不相关就无关，不无关就相关。在选项 C、D 中必有一个对，一个错。

答案:D

(四)最大线性无关组

1. 定义(1)：设有两个向量组，$\boldsymbol{A}:\boldsymbol{\alpha}_1,\boldsymbol{\alpha}_2,\cdots,\boldsymbol{\alpha}_s$，$\boldsymbol{B}:\boldsymbol{\beta}_1,\boldsymbol{\beta}_2,\cdots,\boldsymbol{\beta}_t$，如果向量组 $\boldsymbol{A}$ 中每个向量都能由向量组 $\boldsymbol{B}$ 线性表示，则称向量组 $\boldsymbol{A}$ 能由向量组 $\boldsymbol{B}$ 线性表示。

定义(2)：如果向量组 $\boldsymbol{A}$ 能由向量组 $\boldsymbol{B}$ 线性表示，且向量组 $\boldsymbol{B}$ 也能由向量组 $\boldsymbol{A}$ 线性表示，则称两个向量组等价，记作 $\boldsymbol{A}\cong\boldsymbol{B}$。

注意这里的 $\boldsymbol{A}$、$\boldsymbol{B}$ 不是矩阵，是向量组。$\boldsymbol{A}$ 组与 $\boldsymbol{B}$ 组等价，向量维数必须相同，但向量个数可以不同。矩阵 $\boldsymbol{A}$、$\boldsymbol{B}$ 等价时，行数相同，列数相同。

向量组等价具有以下性质：

(1)反身性：$\boldsymbol{A}\cong\boldsymbol{A}$。

(2)对称性：若 $\boldsymbol{A}\cong\boldsymbol{B}$，则 $\boldsymbol{B}\cong\boldsymbol{A}$。

(3)传递性：若 $\boldsymbol{A}\cong\boldsymbol{B}$，$\boldsymbol{B}\cong\boldsymbol{C}$，则 $\boldsymbol{A}\cong\boldsymbol{C}$。

2. 定义：设有向量组 $\boldsymbol{A}:\boldsymbol{\alpha}_1,\boldsymbol{\alpha}_2,\cdots,\boldsymbol{\alpha}_s$，而向量组 $\boldsymbol{B}:\boldsymbol{\alpha}_{i1},\boldsymbol{\alpha}_{i2},\cdots,\boldsymbol{\alpha}_{ir}$ $(r\leqslant s)$ 是向量组 $\boldsymbol{A}$ 的一个部分向量组。如果：①向量组 $\boldsymbol{B}$ 线性无关；②向量组 $\boldsymbol{A}$ 中的每一个向量都可由向量组 $\boldsymbol{B}$ 线性表示，则称向量组 $\boldsymbol{B}$ 是向量组 $\boldsymbol{A}$ 的一个最(极)大线性无关组。

由定义可知，向量组的一个最大线性无关组与向量组本身是等价的。

一般地，向量组的最大线性无关组不是唯一的。一个向量组的任意两个极大线性无关组可以互相线性表示，因此它们是等价的。两个等价的线性无关的向量组各自所含的向量的个数必定相等。因而一个向量组的最大线性无关向量组所含向量的个数是个不变数，它由向量组本身确定。

(五)向量组的秩

1. 定义：向量组的最大线性无关组中所含向量的个数，称为向量组的秩。

结论：(1)设向量组 $\boldsymbol{A}$ 的秩为 r_1，向量组 $\boldsymbol{B}$ 的秩为 r_2，若向量组 $\boldsymbol{A}$ 可以由向量组 $\boldsymbol{B}$ 线性表示，则 $r_1\leqslant r_2$。若向量组 $\boldsymbol{B}$ 可以由向量组 $\boldsymbol{A}$ 线性表示，则 $r_2\leqslant r_1$。

(2)等价向量组有相同的秩。

2. 定义:设 $\boldsymbol{A}$ 是 $m\times n$ 矩阵,将矩阵的每个行看作行向量,矩阵的 m 个行向量构成一个向量组,该向量组的秩称为矩阵的行秩。

将矩阵的每个列看作列向量,矩阵的 n 个列向量构成一个向量组,该向量组的秩称为矩阵的列秩。

定理:矩阵的行秩=矩阵的列秩=矩阵的秩。

3. **求向量组的秩和最大线性无关组的步骤**:

(1)当 $\boldsymbol{\alpha}_1,\boldsymbol{\alpha}_2,\cdots,\boldsymbol{\alpha}_m$ 是列向量时,记矩阵 $\boldsymbol{A}=(\boldsymbol{\alpha}_1,\boldsymbol{\alpha}_1,\cdots,\boldsymbol{\alpha}_m)$;当 $\boldsymbol{\alpha}_1,\boldsymbol{\alpha}_2,\cdots,\boldsymbol{\alpha}_m$ 是行向量时,记矩阵 $\boldsymbol{A}=(\boldsymbol{\alpha}_1^{\mathrm{T}},\boldsymbol{\alpha}_2^{\mathrm{T}},\cdots,\boldsymbol{\alpha}_m^{\mathrm{T}})$;

(2) $\boldsymbol{A}\xrightarrow{\text{初等行变换}}\boldsymbol{B}$(行阶梯形矩阵),向量组的秩 $r=R(\boldsymbol{A})=R(\boldsymbol{B})=\boldsymbol{B}$ 中非零行的行数。

(3)在矩阵 $\boldsymbol{B}$ 的 r 个阶梯上各取一个非零的数(分布在不同的 r 列上),它们在矩阵 $\boldsymbol{A}$ 上对应的 r 个列向量构成最大线性无关组。

【例 1-8-22】 已知向量组 $\boldsymbol{\alpha}_1=(3,2,-5)^{\mathrm{T}}$,$\boldsymbol{\alpha}_2=(3,-1,3)^{\mathrm{T}}$,$\boldsymbol{\alpha}_3=\left(1,-\frac{1}{3},1\right)^{\mathrm{T}}$,$\boldsymbol{\alpha}_4=(6,-2,6)^{\mathrm{T}}$,则该向量组的一个极大线性无关组是:

A. $\boldsymbol{\alpha}_2,\boldsymbol{\alpha}_4$　　B. $\boldsymbol{\alpha}_3,\boldsymbol{\alpha}_4$　　C. $\boldsymbol{\alpha}_1,\boldsymbol{\alpha}_2$　　D. $\boldsymbol{\alpha}_2,\boldsymbol{\alpha}_3$

解　$\boldsymbol{\alpha}_1$、$\boldsymbol{\alpha}_2$、$\boldsymbol{\alpha}_3$、$\boldsymbol{\alpha}_4$ 为列向量作矩阵 $\boldsymbol{A}$,进行初等行变换。

$$\boldsymbol{A}=\begin{bmatrix}3&3&1&6\\2&-1&-\frac{1}{3}&-2\\-5&3&1&6\end{bmatrix}\xrightarrow{-r_1+r_3}\begin{bmatrix}3&3&1&6\\2&-1&-\frac{1}{3}&-2\\-8&0&0&0\end{bmatrix}\xrightarrow[\text{(第 3 行只有一个数非零)}]{-\frac{1}{8}r_3}$$

$$\begin{bmatrix}3&3&1&6\\2&-1&-\frac{1}{3}&-2\\1&0&0&0\end{bmatrix}\xrightarrow[(-2)r_3+r_2]{(-3)r_3+r_1}\begin{bmatrix}0&3&1&6\\0&-1&-\frac{1}{3}&-2\\1&0&0&0\end{bmatrix}\xrightarrow{3r_2+r_1}\begin{bmatrix}0&0&0&0\\0&-1&-\frac{1}{3}&-2\\1&0&0&0\end{bmatrix}\xrightarrow{r_1\leftrightarrow r_3}$$

$$\begin{bmatrix}1&0&0&0\\0&-1&-\frac{1}{3}&-2\\0&0&0&0\end{bmatrix}=\boldsymbol{B}$$

(说明:利用第二个矩阵第三行的特点,可不经计算直接写出第四个矩阵。)

注意:$b_{11}=1$ 与 $b_{22}=-1$ 不为 0,又不同行、不同列,$b_{11}=1$ 与 $b_{23}=-\frac{1}{3}$ 不为 0,又不同行、不同列,$b_{11}=1$ 与 $b_{24}=-2$ 不为 0,又不同行、不同列。

极大无关组可取 $\boldsymbol{\alpha}_1$、$\boldsymbol{\alpha}_2$ 或 $\boldsymbol{\alpha}_1$、$\boldsymbol{\alpha}_3$ 或 $\boldsymbol{\alpha}_1$、$\boldsymbol{\alpha}_4$。(说明:直接观察 $\boldsymbol{\alpha}_2$、$\boldsymbol{\alpha}_3$、$\boldsymbol{\alpha}_4$ 成比例,可判断选项 A、B、D 错误。)

答案:C

五、线性方程组

(一)齐次线性方程组

1. 三种表达

(1)
$$\begin{cases} a_{11}x_1 + a_{12}x_2 + \cdots + a_{1n}x_n = 0 \\ a_{21}x_1 + a_{22}x_2 + \cdots + a_{2n}x_n = 0 \\ \cdots \\ a_{m1}x_1 + a_{m2}x_2 + \cdots + a_{mn}x_n = 0 \end{cases} \tag{1-8-4}$$

可用矩阵形式表示为

(2) $\boldsymbol{Ax}=\boldsymbol{0}$ [表示解向量 $\boldsymbol{x}$ 与 $\boldsymbol{A}$ 的每个行向量都正交(垂直)]

其中,$\boldsymbol{A}$ 为系数矩阵

$$\boldsymbol{A}=\begin{bmatrix} a_{11} & a_{12} & \cdots & a_{1n} \\ a_{21} & a_{22} & \cdots & a_{2n} \\ \vdots & \vdots & & \vdots \\ a_{m1} & a_{m2} & \cdots & a_{mn} \end{bmatrix}; \quad \boldsymbol{x}=\begin{bmatrix} x_1 \\ x_2 \\ \vdots \\ x_n \end{bmatrix}$$

若将 $\boldsymbol{A}$ 的第 j 列元素看作是向量 $\boldsymbol{\alpha}_j=\begin{bmatrix} a_{1j} \\ a_{2j} \\ \vdots \\ a_{mj} \end{bmatrix}(j=1,2,\cdots,n)$,则方程组(1-8-4)可用向量形式表示为

(3) $x_1\boldsymbol{\alpha}_1+x_2\boldsymbol{\alpha}_2+\cdots+x_n\boldsymbol{\alpha}_n=\boldsymbol{0}$

显然 $\boldsymbol{A0}=\boldsymbol{0}$,即 $\boldsymbol{Ax}=\boldsymbol{0}$ 必有零解。

因此 $\boldsymbol{Ax}=\boldsymbol{0}$ 有唯一解就是只有零解。

2. $\boldsymbol{Ax}=\boldsymbol{0}$ 解的性质

(1)设 $\boldsymbol{\xi}_1,\boldsymbol{\xi}_2$ 均为齐次线性方程组 $\boldsymbol{Ax}=\boldsymbol{0}$ 的解,则 $\boldsymbol{\xi}_1+\boldsymbol{\xi}_2$ 也是方程组 $\boldsymbol{Ax}=\boldsymbol{0}$ 的解。

(2)设 $\boldsymbol{\xi}$ 为齐次线性方程组 $\boldsymbol{Ax}=\boldsymbol{0}$ 的解,则 $k\boldsymbol{\xi}$(k 为任意常数)也是方程组 $\boldsymbol{Ax}=\boldsymbol{0}$ 的解。

(3)若 $\boldsymbol{\xi}_1,\boldsymbol{\xi}_2,\cdots,\boldsymbol{\xi}_t$ 均为齐次线性方程组 $\boldsymbol{Ax}=\boldsymbol{0}$ 的解,则 $k_1\boldsymbol{\xi}_1+k_2\boldsymbol{\xi}_2+\cdots+k_t\boldsymbol{\xi}_t$($k_1,k_2,\cdots,k_t$ 为任意常数)也是方程组 $\boldsymbol{Ax}=\boldsymbol{0}$ 的解。

显然,$\boldsymbol{Ax}=\boldsymbol{0}$ 有非零解就是有无穷多解。

3. 结论

(1)设 $\boldsymbol{A}$ 为 $m\times n$ 矩阵,则

$\boldsymbol{Ax}=\boldsymbol{0}$ 只有零解的充要条件是 $R(\boldsymbol{A})=n$;

$\boldsymbol{Ax}=\boldsymbol{0}$ 有非零解的充要条件是 $R(\boldsymbol{A})<n$。

(2)设 $\boldsymbol{A}$ 为 n 阶方阵,则

$\boldsymbol{Ax}=\boldsymbol{0}$ 只有零解的充要条件是 $|\boldsymbol{A}|\neq 0$;

$\boldsymbol{Ax}=\boldsymbol{0}$ 有非零解的充要条件是 $|\boldsymbol{A}|=0$。

4. 定义

设 $\boldsymbol{\beta}_1,\boldsymbol{\beta}_2,\cdots,\boldsymbol{\beta}_l$ 是 $\boldsymbol{Ax}=\boldsymbol{0}$ 的 l 个解向量,若:

(1)$\boldsymbol{\beta}_1,\boldsymbol{\beta}_2,\cdots,\boldsymbol{\beta}_l$ 线性无关；

(2)$\boldsymbol{Ax}=\mathbf{0}$ 的任意解向量都是 $\boldsymbol{\beta}_1,\boldsymbol{\beta}_2,\cdots,\boldsymbol{\beta}_l$ 的线性组合。

则称 $\boldsymbol{\beta}_1,\boldsymbol{\beta}_2,\cdots,\boldsymbol{\beta}_l$ 是 $\boldsymbol{Ax}=\mathbf{0}$ 的基础解系。

$\boldsymbol{Ax}=\mathbf{0}$ 的基础解系就是所有解向量的最大线性无关组。只有零解时，没有基础解系。

5.结论

(1)设 $\boldsymbol{A}$ 为 $m\times n$ 矩阵，且 $R(\boldsymbol{A})=r<n$，则 $\boldsymbol{Ax}=\mathbf{0}$ 的基础解系由 $n-r$ 个线性无关的解向量构成。

(2)设 $\boldsymbol{\xi}_1,\boldsymbol{\xi}_2,\cdots,\boldsymbol{\xi}_{n-r}$ 为 $\boldsymbol{Ax}=\mathbf{0}$ 的一组基础解系，则通解 $\boldsymbol{x}=k_1\boldsymbol{\xi}_1+k_2\boldsymbol{\xi}_2+\cdots+k_{n-r}\boldsymbol{\xi}_{n-r}$（其中 $k_1,k_1,\cdots,k_{n-r}$ 为任意常数）。

6.解法

(1) $\boldsymbol{A}\xrightarrow{\text{初等行变换}}\boldsymbol{B}$（行阶梯形矩阵），求 $R(\boldsymbol{A})$，判断解是否唯一。

(2)若 $R(\boldsymbol{A})<n$，有非零解，$\boldsymbol{B}\xrightarrow{\text{初等行变换}}\boldsymbol{C}$（简化行阶梯形），得 $\boldsymbol{Ax}=\mathbf{0}$ 的同解方程组 $\boldsymbol{Cx}=\mathbf{0}$，求出基础解系和通解。

【例 1-8-23】 求线性齐次方程组 $\begin{cases}x_1-x_2-x_3+x_4=0\\x_1-x_2+x_3-3x_4=0\\x_1-x_2-2x_3+3x_4=0\end{cases}$ 的通解。

解 $\boldsymbol{A}=\begin{bmatrix}1&-1&-1&1\\1&-1&1&-3\\1&-1&-2&3\end{bmatrix}\xrightarrow[-r_1+r_3]{-r_1+r_2}\begin{bmatrix}1&-1&-1&1\\0&0&2&-4\\0&0&-1&2\end{bmatrix}\xrightarrow{\frac{1}{2}r_2}\begin{bmatrix}1&1&1&1\\0&0&1&-2\\0&0&-1&2\end{bmatrix}\xrightarrow[r_2+r_3]{r_2+r_1}$

$\begin{bmatrix}1&-1&0&-1\\0&0&1&-2\\0&0&0&0\end{bmatrix}=\boldsymbol{C}$（简化行阶梯形）

同解方程组为 $\begin{cases}x_1-x_2-x_4=0\\x_3-2x_4=0\end{cases}$，$\begin{cases}x_1=x_2+x_4\\x_3=2x_4\end{cases}$

$\begin{bmatrix}x_2\\x_4\end{bmatrix}$取$\begin{bmatrix}1\\0\end{bmatrix}$，$\begin{bmatrix}0\\1\end{bmatrix}$，则$\begin{bmatrix}x_1\\x_3\end{bmatrix}$为$\begin{bmatrix}1\\0\end{bmatrix}$，$\begin{bmatrix}1\\2\end{bmatrix}$

基础解系 $\boldsymbol{\xi}_1=\begin{bmatrix}1\\1\\0\\0\end{bmatrix}$，$\boldsymbol{\xi}_2=\begin{bmatrix}1\\0\\2\\1\end{bmatrix}$

通解 $\boldsymbol{x}=C_1\begin{bmatrix}1\\1\\0\\0\end{bmatrix}+C_2\begin{bmatrix}1\\0\\2\\1\end{bmatrix}$（其中 C_1,C_2 为任意实数）。

【例 1-8-24】 设 $\boldsymbol{B}$ 是 3 阶非零矩阵，已知 $\boldsymbol{B}$ 的每一列都是方程组 $\begin{cases}x_1+2x_2-2x_3=0\\2x_1-x_2+tx_3=0\\3x_1+x_2-x_3=0\end{cases}$ 的解，则 t 等于：

A. 0　　B. 2　　C. -1　　D. 1

解 已知 $\boldsymbol{B}$ 是3阶非零矩阵，即在 $\boldsymbol{B}$ 中至少有一列为非零向量。可知方程组应有非零解。因而方程组系数矩阵的行列式 $\begin{vmatrix}1 & 2 & -2\\2 & -1 & t\\3 & 1 & -1\end{vmatrix}=0$

计算 $\begin{vmatrix}1 & 2 & -2\\2 & -1 & t\\3 & 1 & -1\end{vmatrix}\xlongequal[(-3)r_1+r_3]{(-2)r_1+r_2}\begin{vmatrix}1 & 2 & -2\\0 & -5 & 4+t\\0 & -5 & 5\end{vmatrix}\xlongequal{(-1)r_2+r_3}\begin{vmatrix}1 & 2 & -2\\0 & -5 & 4+t\\0 & 0 & 1-t\end{vmatrix}$

$=-5(1-t)=0\Rightarrow t=1$

答案:D

【例 1-8-25】 设 $\boldsymbol{A}=\begin{bmatrix}1 & 2 & -2\\4 & t & 3\\3 & -1 & 1\end{bmatrix}$，$\boldsymbol{B}$ 为三阶非零矩阵，且 $\boldsymbol{AB}=\boldsymbol{0}$，则参数 t 等于：

A. -3　　B. 1　　C. 4　　D. -1

解 **方法1**:因为 $\boldsymbol{B}$ 是三阶非零矩阵，设 $\boldsymbol{B}=(\boldsymbol{b}_1,\boldsymbol{b}_2,\boldsymbol{b}_3)$，则 $\boldsymbol{b}_1,\boldsymbol{b}_2,\boldsymbol{b}_3$ 中至少有一个为非零向量，由 $\boldsymbol{AB}=\boldsymbol{0}$，有 $\boldsymbol{A}(\boldsymbol{b}_1,\boldsymbol{b}_2,\boldsymbol{b}_3)=\boldsymbol{0}$，即 $(\boldsymbol{Ab}_1,\boldsymbol{Ab}_2,\boldsymbol{Ab}_3)=\boldsymbol{0}$

从而有 $\boldsymbol{Ab}_1=\boldsymbol{0},\boldsymbol{Ab}_2=\boldsymbol{0},\boldsymbol{Ab}_3=\boldsymbol{0}$，即方程组 $\boldsymbol{Ax}=\boldsymbol{0}$ 有非零解。

由方程组 $\boldsymbol{Ax}=\boldsymbol{0}$ 有非零解的充要条件是 $|\boldsymbol{A}|=0$，得：

$$|\boldsymbol{A}|=\begin{vmatrix}1 & 2 & -2\\4 & t & 3\\3 & -1 & 1\end{vmatrix}\xlongequal[r_1\times(-3)+r_3]{r_1\times(-4)+r_2}\begin{vmatrix}1 & 2 & -2\\0 & t-8 & 11\\0 & -7 & 7\end{vmatrix}=7(t-8)+77$$

$$=7t-56+77=0,7t+21=0,t=-3$$

方法2:因为 $\boldsymbol{AB}=\boldsymbol{0}$，所以 $R(\boldsymbol{A})+R(\boldsymbol{B})\leqslant n=3$。

又因为 $\boldsymbol{B}$ 为非零矩阵，所以 $R(\boldsymbol{B})>0$，则有 $R(\boldsymbol{A})\leqslant 2$。

故 $|\boldsymbol{A}|=0$，$t=-3$。

答案:A

【例 1-8-26】 设 $\boldsymbol{A}$ 为矩阵，$\boldsymbol{\alpha}_1=\begin{bmatrix}1\\0\\2\end{bmatrix}$，$\boldsymbol{\alpha}_2=\begin{bmatrix}0\\1\\-1\end{bmatrix}$都是线性方程组 $\boldsymbol{Ax}=\boldsymbol{0}$ 的解，则矩阵 $\boldsymbol{A}$ 为：

A. $\begin{bmatrix}0 & 1 & -1\\4 & -2 & -2\\0 & 1 & 1\end{bmatrix}$　　B. $\begin{bmatrix}2 & 0 & -1\\0 & 1 & 1\end{bmatrix}$

C. $\begin{bmatrix}-1 & 0 & 2\\0 & 1 & -1\end{bmatrix}$　　D. $(-2\quad 1\quad 1)$

解 **方法1**:(验算)

$\begin{bmatrix}0 & 1 & -1\\4 & -2 & -2\\0 & 1 & 1\end{bmatrix}\begin{bmatrix}1\\0\\2\end{bmatrix}=\begin{bmatrix}-2\\ *\\ *\end{bmatrix}\neq\boldsymbol{0}\to$选项 A 错误。

$$\begin{bmatrix}2&0&-1\\0&1&1\end{bmatrix}\begin{bmatrix}1\\0\\2\end{bmatrix}=\begin{bmatrix}0\\2\end{bmatrix}\neq\mathbf{0}\rightarrow \text{选项 B 错误。}$$

$$\begin{bmatrix}-1&0&2\\0&1&-1\end{bmatrix}\begin{bmatrix}1\\0\\2\end{bmatrix}=\begin{bmatrix}3\\ *\end{bmatrix}\neq\mathbf{0}\rightarrow \text{选项 C 错误。}$$

$$(-2\quad 1\quad 1)\begin{bmatrix}1\\0\\2\end{bmatrix}=0,(-2\quad 1\quad 1)\begin{bmatrix}0\\1\\-1\end{bmatrix}=0\rightarrow \text{选项 D 正确。}$$

方法 2:已知 $\boldsymbol{\alpha}_1$、$\boldsymbol{\alpha}_2$ 是方程组 $\mathbf{A}\boldsymbol{x}=\mathbf{0}$ 的解，而 $\boldsymbol{\alpha}_1$、$\boldsymbol{\alpha}_2$ 线性无关，未知数个数 $n=3$，方程组 $\mathbf{A}\boldsymbol{x}=\mathbf{0}$ 的基础解系解向量的个数 $=n-R(\mathbf{A})=3-R(\mathbf{A})\geqslant 2$，$R(\mathbf{A})\leqslant 1$，选项 D 正确。

答案:D

(二)非齐次线性方程组

1. 三种表达

(1)
$$\begin{cases}a_{11}x_1+a_{12}x_2+\cdots+a_{1n}x_n=b_1\\a_{21}x_1+a_{22}x_2+\cdots+a_{2n}x_n=b_2\\\quad\cdots\\a_{m1}x_1+a_{m2}x_2+\cdots+a_{mn}x_n=b_m\end{cases}\tag{1-8-5}$$

(常数 $b_1,b_2,\cdots,b_m$ 不全为 0)

用矩阵形式表示为

(2)
$$\mathbf{A}\boldsymbol{x}=\boldsymbol{b},\boldsymbol{b}=(b_1,b_2,\cdots,b_m)^{\mathrm{T}}\neq\mathbf{0}$$

$\mathbf{A}$ 为方程组的系数矩阵。

或用向量形式表示为

(3)
$$x_1\boldsymbol{\alpha}_1+x_2\boldsymbol{\alpha}_2+\cdots+x_n\boldsymbol{\alpha}_n=\boldsymbol{b}(\boldsymbol{b}\neq\mathbf{0})\tag{1-8-6}$$

向量 $\boldsymbol{\alpha}_j=(a_{1j},a_{2j},\cdots,a_{mj})^{\mathrm{T}}(j=1,2,\cdots,n)$ 为 $\mathbf{A}$ 的第 j 列。

2. 定义

$$\text{记}\widetilde{\mathbf{A}}=\begin{bmatrix}a_{11}&a_{12}&\cdots&a_{1n}&b_1\\a_{21}&a_{22}&\cdots&a_{2n}&b_2\\\cdots&\cdots&\cdots&\cdots&\cdots\\a_{m1}&a_{m2}&\cdots&a_{mn}&b_m\end{bmatrix}=(\mathbf{A}|\boldsymbol{b})$$

称 $\widetilde{\mathbf{A}}$ 为 $\mathbf{A}\boldsymbol{x}=\boldsymbol{b}$ 的增广矩阵。

3. 结论

设 $\mathbf{A}$ 为 $m\times n$ 矩阵，则

(1) $\mathbf{A}\boldsymbol{x}=\boldsymbol{b}$ 有解的充要条件是 $R(\mathbf{A})=R(\widetilde{\mathbf{A}})$。

(2) $\mathbf{A}\boldsymbol{x}=\boldsymbol{b}$ 有唯一解的充要条件是 $R(\mathbf{A})=R(\widetilde{\mathbf{A}})=n$；

$\mathbf{A}\boldsymbol{x}=\boldsymbol{b}$ 有无穷多解的充要条件是 $R(\mathbf{A})=R(\widetilde{\mathbf{A}})<n$。

(3)若 $\boldsymbol{y}_1,\boldsymbol{y}_2$ 是方程组 $\mathbf{A}\boldsymbol{x}=\boldsymbol{b}$ 的解，则 $\boldsymbol{y}_1-\boldsymbol{y}_2$ 是对应齐次方程组 $\mathbf{A}\boldsymbol{x}=\mathbf{0}$ 的解。

(4)若 $\boldsymbol{y}_1,\boldsymbol{y}_2,\cdots,\boldsymbol{y}_s$ 为 $\mathbf{A}\boldsymbol{x}=\boldsymbol{b}$ 的解，$k_1,k_1,\cdots,k_s$ 为常数，则

① $k_1\boldsymbol{y}_1+k_2\boldsymbol{y}_2+\cdots+k_s\boldsymbol{y}_s$ 为 $\mathbf{A}\boldsymbol{x}=\mathbf{0}$ 的解的充要条件是 $k_1+k_1+\cdots+k_s=0$；

② $k_1\boldsymbol{y}_1+k_2\boldsymbol{y}_2+\cdots+k_s\boldsymbol{y}_s$ 为 $\boldsymbol{Ax}=\boldsymbol{b}$ 的解的充要条件是 $k_1+k_1+\cdots+k_s=1$。

(5)若 $\boldsymbol{y}$ 是方程组 $\boldsymbol{Ax}=\boldsymbol{b}$ 的解，$\boldsymbol{\xi}$ 是 $\boldsymbol{Ax}=\boldsymbol{0}$ 的解，则 $\boldsymbol{y}+\boldsymbol{\xi}$ 是方程组 $\boldsymbol{Ax}=\boldsymbol{b}$ 的解。

(6)若 $R(\boldsymbol{A})=R(\widetilde{\boldsymbol{A}})=r<n$ 时，$\boldsymbol{Ax}=\boldsymbol{b}$ 有无穷多解，则其通解为

$$\boldsymbol{x}=\boldsymbol{y}^*+k_1\boldsymbol{\xi}_1+k_2\boldsymbol{\xi}_2+\cdots+k_{n-r}\boldsymbol{\xi}_{n-r}$$

其中 $\boldsymbol{y}^*$ 为 $\boldsymbol{Ax}=\boldsymbol{0}$ 的一个解，$\xi_1,\xi_2,\cdots,\xi_{n-r}$ 为 $\boldsymbol{Ax}=\boldsymbol{0}$ 的一组基础解系，$k_1,k_2,\cdots,k_{n-r}$ 为任意常数。

4.解法

(1) $\widetilde{\boldsymbol{A}}=(\boldsymbol{A}\mid\boldsymbol{b})\xrightarrow{\text{初等行变换}}\boldsymbol{B}$(行阶梯形矩阵)，求 $R(\boldsymbol{A})$(不看 $\boldsymbol{B}$ 的最后一列)、$R(\widetilde{\boldsymbol{A}})$，判断是否有解，解是否唯一。

(2)若 $R(\boldsymbol{A})=R(\widetilde{\boldsymbol{A}})=r\leqslant n$，$\boldsymbol{B}\xrightarrow{\text{初等行变换}}\boldsymbol{C}$(简化行阶梯形)。

(3)按矩阵 $\boldsymbol{C}$ 还原出一个线性方程组(原方程组的同解方程组)，解这个同解方程组。

【例 1-8-27】 设 $y_1,y_2,\cdots,y_s$ 是方程组 $\boldsymbol{Ax}=\boldsymbol{b}$ 的解，若 $k_1y_1+k_2y_2+\cdots+k_sy_s$ 也是 $\boldsymbol{Ax}=\boldsymbol{b}$ 的解，则 $k_1+k_2+\cdots+k_s$ 等于：

A. 2　　B. 1　　C. -1　　D. 不存在

解 若 $k_1y_1+k_2y_2+\cdots+k_sy_s$ 是方程组的解，则 $\boldsymbol{A}(k_1y_1+k_2y_2+\cdots+k_sy_s)=\boldsymbol{b}$

即 $\boldsymbol{A}k_1y_1+\boldsymbol{A}k_2y_2+\cdots+\boldsymbol{A}k_sy_s$

$=k_1\boldsymbol{A}y_1+k_2\boldsymbol{A}y_2+\cdots+k_s\boldsymbol{A}y_s$

$=k_1\boldsymbol{b}+k_2\boldsymbol{b}+\cdots+k_s\boldsymbol{b}$

$=(k_1+k_2+\cdots+k_s)\boldsymbol{b}=\boldsymbol{b}$

因 $\boldsymbol{b}\neq\boldsymbol{0}$，所以 $k_1+k_2+\cdots+k_s=1$[可直接用结论(4)中的②判定]

答案:B

【例 1-8-28】 设方程组 $\begin{cases}x_1-x_2+6x_3=0\\4x_2-8x_3=-4\\x_1+3x_2-2x_3=a\end{cases}$，问 a 取何值时，方程组有解：

A. -4　　B. 2　　C. 1　　D. -1

解 $$\widetilde{\boldsymbol{A}}=\begin{bmatrix}1&-1&6&0\\0&4&-8&-4\\1&3&-2&a\end{bmatrix}\xrightarrow{-r_1+r_3}\begin{bmatrix}1&-1&6&0\\0&4&-8&-4\\0&4&-8&a\end{bmatrix}\xrightarrow{-r_2+r_3}\begin{bmatrix}1&-1&6&0\\0&4&-8&-4\\0&0&0&a+4\end{bmatrix}$$

$a=-4$ 时，$R(\boldsymbol{A})=R(\widetilde{\boldsymbol{A}})$，方程组有解。

答案:A

【例 1-8-29】 设非齐次线性方程组 $\begin{cases}x_1-x_2-x_3+x_4=0\\x_1-x_2+x_3-3x_4=1\\x_1-x_2-2x_3+3x_4=-\dfrac{1}{2}\end{cases}$，求方程组通解。

解 $$\widetilde{\boldsymbol{A}}=\begin{bmatrix}1&-1&-1&1&0\\1&-1&1&-3&1\\1&-1&-2&3&-\frac{1}{2}\end{bmatrix}\xrightarrow[(-1)r_1+r_3]{(-1)r_1+r_2}\begin{bmatrix}1&-1&-1&1&0\\0&0&2&-4&1\\0&0&-1&2&-\frac{1}{2}\end{bmatrix}$$

$$\xrightarrow{\frac{1}{2}r_2}\begin{bmatrix}1 & -1 & -1 & 1 & 0\\0 & 0 & 1 & -2 & \frac{1}{2}\\0 & 0 & -1 & 2 & -\frac{1}{2}\end{bmatrix}\xrightarrow{1\cdot r_2+r_3}\begin{bmatrix}1 & -1 & -1 & 1 & 0\\0 & 0 & 1 & -2 & \frac{1}{2}\\0 & 0 & 0 & 0 & 0\end{bmatrix}=B$$

$$\xrightarrow{1\cdot r_2+r_1}\begin{bmatrix}1 & -1 & 0 & -1 & \frac{1}{2}\\0 & 0 & 1 & -2 & \frac{1}{2}\\0 & 0 & 0 & 0 & 0\end{bmatrix}=\boldsymbol{C}$$

$R(\mathbf{A})=R(\widetilde{\mathbf{A}})=2<4$，方程组有解且有无穷多组解。

同解方程组为
$$\begin{cases}x_1-x_2-x_4=\dfrac{1}{2}\\x_3-2x_4=\dfrac{1}{2}\end{cases}$$

变形
$$\begin{cases}x_1=x_2+x_4+\dfrac{1}{2}\\x_3=2x_4+\dfrac{1}{2}\end{cases}\quad(x_2,x_4\text{ 为自由未知量})$$

令 $x_2=C_1,x_4=C_2$

$$\begin{cases}x_1=C_1+C_2+\dfrac{1}{2}\\x_2=C_1\\x_3=2C_2+\dfrac{1}{2}\\x_4=C_2\end{cases}$$

方程组通解
$$\begin{bmatrix}x_1\\x_2\\x_3\\x_4\end{bmatrix}=C_1\begin{bmatrix}1\\1\\0\\0\end{bmatrix}+C_2\begin{bmatrix}1\\0\\2\\1\end{bmatrix}+\begin{bmatrix}\frac{1}{2}\\0\\\frac{1}{2}\\0\end{bmatrix}(C_1,C_2\text{ 为任意常数})$$

六、方阵的特征值与特征向量

(一)定义

1. 对于 n 阶方阵 $\mathbf{A}$，如果数 λ 和 n 维非零列向量 $\boldsymbol{x}$ 满足

$$\mathbf{A}\boldsymbol{x}=\lambda\boldsymbol{x}$$

则数 λ 称为方阵 $\mathbf{A}$ 的特征值，非零向量 $\boldsymbol{x}$ 称为方阵 $\mathbf{A}$ 对应特征值 λ 的特征向量。

2. 上式可写成

$$(\mathbf{A}-\lambda\mathbf{E})\boldsymbol{x}=\mathbf{0}\quad\text{或}\quad(\lambda\mathbf{E}-\mathbf{A})\boldsymbol{x}=\mathbf{0}$$

该齐次线性方程组有非零解的充要条件是系数行列式

$$|\mathbf{A}-\lambda\mathbf{E}|=0\quad\text{或}\quad|\lambda\mathbf{E}-\mathbf{A}|=0\tag{1-8-7}$$

即

$$\begin{vmatrix} a_{11}-\lambda & a_{12} & \cdots & a_{1n} \\ a_{21} & a_{22}-\lambda & \cdots & a_{2n} \\ \vdots & \vdots & & \vdots \\ a_{n1} & a_{n2} & \cdots & a_{nn}-\lambda \end{vmatrix}=0 \text{ 或 } \begin{vmatrix} \lambda-a_{11} & -a_{12} & \cdots & -a_{1n} \\ -a_{21} & \lambda-a_{22} & \cdots & -a_{2n} \\ \vdots & \vdots & & \vdots \\ -a_{n1} & -a_{n2} & \cdots & \lambda-a_{nn} \end{vmatrix}=0$$

$|\boldsymbol{A}-\lambda\boldsymbol{E}|$ 或 $|\lambda\boldsymbol{E}-\boldsymbol{A}|$ 是关于 λ 的 n 次多项式称作方阵 $\boldsymbol{A}$ 的特征多项式。$|\boldsymbol{A}-\lambda\boldsymbol{E}|=0$ 或 $|\lambda\boldsymbol{E}-\boldsymbol{A}|=0$ 是以 λ 为未知数的一元 n 次方程，叫做方阵 $\boldsymbol{A}$ 的特征方程。特征方程的解，就是方阵 $\boldsymbol{A}$ 的特征值，n 阶方阵有 n 个特征值(复数范围内)。

3. 设 $\lambda=\lambda_i$ 为 $\boldsymbol{A}$ 的一个特征值，则方程

$$(\lambda_i\boldsymbol{E}-\boldsymbol{A})\boldsymbol{x}=\boldsymbol{0}$$

的非零解 $\boldsymbol{x}=\boldsymbol{p}_i$ 就是方阵 $\boldsymbol{A}$ 对应于特征值 λ_i 的特征向量。

(二)求 n 阶矩阵 $\boldsymbol{A}$ 的特征值与特征向量的步骤

(1)求 $\boldsymbol{A}$ 的特征方程 $|\lambda\boldsymbol{E}-\boldsymbol{A}|=0$ 的全部根 $\lambda_1,\lambda_2,\cdots,\lambda_n$。

(2)将 $\lambda=\lambda_i$ 代入 $(\lambda\boldsymbol{E}-\boldsymbol{A})\boldsymbol{x}=\boldsymbol{0}$，得齐次线性方程组 $(\lambda_i\boldsymbol{E}-\boldsymbol{A})\boldsymbol{x}=\boldsymbol{0}$。

(3)方程组 $(\lambda_i\boldsymbol{E}-\boldsymbol{A})\boldsymbol{x}=\boldsymbol{0}$ 的基础解系，就是 $\boldsymbol{A}$ 对应于 λ_i 的线性无关的特征向量，通解($\boldsymbol{0}$ 除外)就是 $\boldsymbol{A}$ 对应于 $\lambda=\lambda_i$ 的全部特征向量。

若有 $\lambda=0$，那么 $\boldsymbol{A}\boldsymbol{x}=\boldsymbol{0}$ 的所有非零解向量，即为特征值 $\lambda=0$ 对应的特征向量。

(三)特征值和特征向量的重要性质

(1)如果 n 阶方阵 $\boldsymbol{A}$ 的全部特征值是 $\lambda_1,\lambda_2,\cdots,\lambda_n$，那么

①$\lambda_1+\lambda_2+\cdots+\lambda_n=a_{11}+a_{22}+\cdots+a_{nn}$(其中 $a_{11},a_{22},\cdots,a_{nn}$ 为方阵 $\boldsymbol{A}$ 主对角线上的元素)。

②$\lambda_1\lambda_2\cdots\lambda_n=|\boldsymbol{A}|$。

(2)方阵 $\boldsymbol{A}$ 可逆的充要条件是 $\boldsymbol{A}$ 的特征值全不为 0。

(3)若 λ 为 $\boldsymbol{A}$ 的特征值，则矩阵 $k\boldsymbol{A}$、$a\boldsymbol{A}+b\boldsymbol{E}$($a,b$ 是不为零的常数)、$\boldsymbol{A}^2$、$\boldsymbol{A}^m$、$\boldsymbol{A}^{-1}$、$\boldsymbol{A}^*$ 分别有特征值 $k\lambda$、$a\lambda+b$、λ^2、λ^m、$\dfrac{1}{\lambda}$、$\dfrac{|\boldsymbol{A}|}{\lambda}$($\lambda\neq0$)，且特征向量相同。

(4) $\boldsymbol{A}^{\mathrm{T}}$ 与 $\boldsymbol{A}$ 有相同的特征值(特征向量一般不同)。

(5)若线性无关的向量 $\boldsymbol{x}_1,\cdots,\boldsymbol{x}_m$ 都是矩阵 $\boldsymbol{A}$ 的属于特征值 λ 的特征向量，则对任意不全为零的数 $k_1,\cdots,k_m$，则向量 $k_1x_1+\cdots+k_mx_m$ 也是矩阵 $\boldsymbol{A}$ 的属于特征值 λ 的特征向量。

(6)方阵 $\boldsymbol{A}$ 的属于不同特征值的特征向量是线性无关的，即如果 $\lambda_1,\lambda_2,\cdots,\lambda_m$ 是方阵 $\boldsymbol{A}$ 的两两互不相同的特征值，向量 $\boldsymbol{x}_1,\boldsymbol{x}_2,\cdots,\boldsymbol{x}_m$ 是依次与之对应的特征向量，那么向量组 $\boldsymbol{x}_1,\boldsymbol{x}_2,\cdots,\boldsymbol{x}_m$ 一定线性无关。注意：常数 $k_1,k_1,\cdots,k_m$ 中至少有两个不为 0 时，$k_1\boldsymbol{x}_1+k_2\boldsymbol{x}_2+\cdots+k_m\boldsymbol{x}_m$ 不是 $\boldsymbol{A}$ 的特征向量。

【例 1-8-30】 求矩阵 $\boldsymbol{A}=\begin{bmatrix}-2&1&1\\0&2&0\\-4&1&3\end{bmatrix}$ 的特征值与特征向量。

解 (1)求特征值

$$|\lambda\boldsymbol{E}-\boldsymbol{A}|=\begin{vmatrix}\lambda+2&-1&-1\\0&\lambda-2&0\\4&-1&\lambda-3\end{vmatrix}\xlongequal{\text{按 } r_2 \text{ 展开}}(\lambda-2)\begin{vmatrix}\lambda+2&-1\\4&\lambda-3\end{vmatrix}=(\lambda-2)^2(\lambda+1)=0$$

所以 $\lambda_1=\lambda_2=2,\lambda_3=-1$

(2)求特征向量

将 $\lambda=2$ 代入得 $(2\boldsymbol{E}-\boldsymbol{A})\boldsymbol{x}=\boldsymbol{0}$

$$2\boldsymbol{E}-\boldsymbol{A}=\begin{bmatrix}4&-1&-1\\0&0&0\\4&-1&-1\end{bmatrix}\xrightarrow{-r_1+r_3}\begin{bmatrix}4&-1&-1\\0&0&0\\0&0&0\end{bmatrix}\xrightarrow{\frac{1}{4}r_1}\begin{bmatrix}1&-\frac{1}{4}&-\frac{1}{4}\\0&0&0\\0&0&0\end{bmatrix}=C$$

$x_1=\frac{1}{4}x_2+\frac{1}{4}x_3$

$x_2=1,x_3=0$ 时，$x_1=\frac{1}{4}$；$x_2=0,x_3=1$ 时，$x_1=\frac{1}{4}$

$\lambda=2$，对应的全部特征向量是 $k_1\begin{bmatrix}\frac{1}{4}\\1\\0\end{bmatrix}+k_2\begin{bmatrix}\frac{1}{4}\\0\\1\end{bmatrix}$（常数 k_1、k_2 不同时为 0）

$$=C_1\begin{bmatrix}1\\4\\0\end{bmatrix}+C_2\begin{bmatrix}1\\0\\4\end{bmatrix}（C_1,C_2 \text{ 是不同时为零的任意常数}）$$

求 $\lambda_3=-1$ 对应的特征向量，解 $(\lambda_3\boldsymbol{E}-\boldsymbol{A})\boldsymbol{x}=\boldsymbol{0}$

$$-\boldsymbol{E}-\boldsymbol{A}=\begin{bmatrix}1&-1&-1\\0&-3&0\\4&-1&-4\end{bmatrix}\xrightarrow{-4r_1+r_3}\begin{bmatrix}1&-1&-1\\0&-3&0\\0&3&0\end{bmatrix}\xrightarrow{r_2+r_3}\begin{bmatrix}1&-1&-1\\0&-3&0\\0&0&0\end{bmatrix}\xrightarrow[-\frac{1}{3}r_2]{-\frac{1}{3}r_2+r_1}\begin{bmatrix}1&0&-1\\0&1&0\\0&0&0\end{bmatrix}$$

所以 $\begin{cases}x_1=x_3\\x_2=0\end{cases}$，当 $x_3=1$ 时，$x_2=0,x_1=1$，特征向量 $\boldsymbol{\xi}=\begin{bmatrix}1\\0\\1\end{bmatrix}$

$\lambda_3=-1$ 对应的全部特征向量为 $C\begin{bmatrix}1\\0\\1\end{bmatrix}$（其中 C 为不等于 0 的任意常数）。

【例 1-8-31】 设三阶方阵有 3 个特征值 $\lambda_1,\lambda_2,\lambda_3$，若 $|\boldsymbol{A}|=36,\lambda_1=2,\lambda_2=3$，则 λ_3 为：

A. 6　　B. 3　　C. 2　　D. 4

解 由方阵 $\boldsymbol{A}$ 的行列式与特征值的关系 $|\boldsymbol{A}|=\lambda_1\lambda_2\lambda_3$，得：

$$\lambda_1\lambda_2\lambda_3=36$$

又 $\lambda_1=2,\lambda_2=3$，所以 $\lambda_3=\frac{36}{\lambda_1\lambda_2}=\frac{36}{2\times3}=6$。

答案：A

【例 1-8-32】 设 $\boldsymbol{A}$ 是 3 阶矩阵，$\boldsymbol{\alpha}_1=(1,0,1)^{\mathrm{T}}$，$\boldsymbol{\alpha}_2=(1,1,0)^{\mathrm{T}}$ 是 $\boldsymbol{A}$ 的属于特征值为 1 的特征向量。$\boldsymbol{\alpha}_3=(0,1,2)^{\mathrm{T}}$ 是 $\boldsymbol{A}$ 的属于特征值为 -1 的特征向量，则：

A. $\boldsymbol{\alpha}_1-\boldsymbol{\alpha}_2$ 是 $\boldsymbol{A}$ 的属于特征值为 1 的特征向量

B. $\boldsymbol{\alpha}_1-\boldsymbol{\alpha}_3$ 是 $\boldsymbol{A}$ 的属于特征值为 1 的特征向量

C. $\boldsymbol{\alpha}_1-\boldsymbol{\alpha}_3$ 是 $\boldsymbol{A}$ 的属于特征值为 2 的特征向量

D. $\boldsymbol{\alpha}_1+\boldsymbol{\alpha}_2+\boldsymbol{\alpha}_3$ 是 $\boldsymbol{A}$ 的属于特征值为 1 的特征向量

解 **方法 1:**根据矩阵的特征值和特征向量的定义,$\boldsymbol{\alpha}_1,\boldsymbol{\alpha}_2$ 是矩阵 $\boldsymbol{A}$ 特征值 1 对应的特征向量,就有$\begin{cases}\boldsymbol{A}\alpha_1=1\cdot\boldsymbol{\alpha}_1 & ① \\ \boldsymbol{A}\alpha_2=1\cdot\boldsymbol{\alpha}_2 & ②\end{cases}$ 成立。

①式－②式得 $\boldsymbol{A}(\boldsymbol{\alpha}_1-\boldsymbol{\alpha}_2)=1\cdot(\boldsymbol{\alpha}_1-\boldsymbol{\alpha}_2)$,而 $\boldsymbol{\alpha}_1-\boldsymbol{\alpha}_2$ 为非零向量,由定义可知,$\boldsymbol{\alpha}_1-\boldsymbol{\alpha}_2$ 是 $\boldsymbol{A}$ 的属于特征值为 1 的特征向量,选项 B、C、D 均不成立。

方法 2:可通过特征值和特征向量的重要性质(5)和(6)中的"注意"直接判定。

答案:A

【例 1-8-33】 已知 3 维列向量 $\boldsymbol{\alpha}$、$\boldsymbol{\beta}$ 满足 $\boldsymbol{\beta}\neq k\boldsymbol{\alpha}$($k$ 为常数),$\boldsymbol{\alpha}^{\mathrm{T}}\boldsymbol{\beta}=4$,设 3 阶矩阵 $\boldsymbol{A}=\boldsymbol{\beta}\boldsymbol{\alpha}^{\mathrm{T}}$,则:

A. $\boldsymbol{\beta}$ 是 $\boldsymbol{A}$ 的属于特征值 0 的特征向量

B. $\boldsymbol{\alpha}$ 是 $\boldsymbol{A}$ 的属于特征值 0 的特征向量

C. $\boldsymbol{\beta}$ 是 $\boldsymbol{A}$ 的属于特征值 4 的特征向量

D. $\boldsymbol{\alpha}$ 是 $\boldsymbol{A}$ 的属于特征值 4 的特征向量

解 因为 $\boldsymbol{\alpha}^{\mathrm{T}}\boldsymbol{\beta}=4$,所以 $\boldsymbol{\alpha}\neq\boldsymbol{0},\boldsymbol{\beta}\neq\boldsymbol{0}$。

因为 $\boldsymbol{A}\boldsymbol{\beta}=\boldsymbol{\beta}\boldsymbol{\alpha}^{\mathrm{T}}\boldsymbol{\beta}=\boldsymbol{\beta}(\boldsymbol{\alpha}^{\mathrm{T}}\boldsymbol{\beta})=4\boldsymbol{\beta}$,选项 C 成立。

$\boldsymbol{A}\boldsymbol{\alpha}\xlongequal[\boldsymbol{A}=\boldsymbol{\beta}\boldsymbol{\alpha}^{\mathrm{T}}]{\text{代入}}\boldsymbol{\beta}\boldsymbol{\alpha}^{\mathrm{T}}\boldsymbol{\alpha}=\boldsymbol{\beta}|\boldsymbol{\alpha}|^2=|\boldsymbol{\alpha}|^2\boldsymbol{\beta}\neq|\boldsymbol{\alpha}|^2k\boldsymbol{\alpha}$,即 $\boldsymbol{A}\boldsymbol{\alpha}\neq\lambda\boldsymbol{\alpha}$,$\boldsymbol{\alpha}$ 不是 $\boldsymbol{A}$ 的特征向量,选项 B、D 不成立。

答案:C

七、相似矩阵的概念和性质

(一)相似矩阵的概念

定义设 $\boldsymbol{A}$、$\boldsymbol{B}$ 都是 n 阶矩阵,若有可逆矩阵 $\boldsymbol{P}$,使 $\boldsymbol{P}^{-1}\boldsymbol{A}\boldsymbol{P}=\boldsymbol{B}$,则称 $\boldsymbol{A}$ 和 $\boldsymbol{B}$ 相似,或说 $\boldsymbol{A}$ 相似于 $\boldsymbol{B}$,记作 $\boldsymbol{A}\sim\boldsymbol{B}$,可逆矩阵 $\boldsymbol{P}$ 称为相似变换矩阵。

若 $\boldsymbol{A}\sim\boldsymbol{B}$,则 $\boldsymbol{A}\cong\boldsymbol{B}$(相似必等价,等价未必相似)。

(二)相似矩阵的性质

(1)$\boldsymbol{A}\sim\boldsymbol{A}$。

(2)若 $\boldsymbol{A}\sim\boldsymbol{B}$,则 $\boldsymbol{B}\sim\boldsymbol{A}$。

(3)若 $\boldsymbol{A}\sim\boldsymbol{B}$ 且 $\boldsymbol{B}\sim\boldsymbol{C}$,则 $\boldsymbol{A}\sim\boldsymbol{C}$。

(4)设 n 阶方阵 A 和 B 相似,则有:

①$R(\boldsymbol{A})=R(\boldsymbol{B})$;

②$|\boldsymbol{A}|=|\boldsymbol{B}|$;

③$\boldsymbol{A}$ 和 $\boldsymbol{B}$ 的特征多项式相同,即 $|\lambda\boldsymbol{E}-\boldsymbol{A}|=|\lambda\boldsymbol{E}-\boldsymbol{B}|$;

④$\boldsymbol{A}$ 和 $\boldsymbol{B}$ 的特征值相同。

⑤ A 和 B 主对角线元素之和相等,即 $\sum\limits_{i=1}^{n}a_{ii}=\sum\limits_{i=1}^{n}b_{ii}$。

【例 1-8-34】 设 $\boldsymbol{A}=\begin{bmatrix}1 & x & 1\\ x & 1 & y\\ 1 & y & 1\end{bmatrix}$,$\boldsymbol{B}=\begin{bmatrix}0 & 0 & 0\\ 0 & 1 & 0\\ 0 & 0 & 2\end{bmatrix}$,且 $\boldsymbol{A}$ 与 $\boldsymbol{B}$ 相似,则下列结论中成立的是:

A. $x=y=0$ B. $x=0,y=1$ C. $x=1,y=0$ D. $x=y=1$

解 因为 $\boldsymbol{A}$ 与 $\boldsymbol{B}$ 相似,所以 $|\boldsymbol{A}|=|\boldsymbol{B}|=0$,且 $R(\boldsymbol{A})=R(\boldsymbol{B})=2$。

方法 1：

当 $x=y=0$ 时，$|\boldsymbol{A}|=\begin{vmatrix}1&0&1\\0&1&0\\1&0&1\end{vmatrix}=0$，$\boldsymbol{A}=\begin{bmatrix}1&0&1\\0&1&0\\1&0&1\end{bmatrix}\xrightarrow{-r_1+r_3}\begin{bmatrix}1&0&1\\0&1&0\\0&0&0\end{bmatrix}$

$R(\boldsymbol{A})=R(\boldsymbol{B})=2$

方法 2：

$$|\boldsymbol{A}|=\begin{vmatrix}1&x&1\\x&1&y\\1&y&1\end{vmatrix}\overset{-xr_1+r_2}{\underset{-r_1+r_3}{=\!=\!=}}\begin{vmatrix}1&x&1\\0&1-x^2&y-x\\0&y-x&0\end{vmatrix}=-(y-x)^2$$

令 $|\boldsymbol{A}|=0$，得 $x=y$

当 $x=y=0$ 时，$|\boldsymbol{A}|=|\boldsymbol{B}|=0$，$R(\boldsymbol{A})=R(\boldsymbol{B})=2$；

当 $x=y=1$ 时，$|\boldsymbol{A}|=|\boldsymbol{B}|=0$，但 $R(\boldsymbol{A})=1\neq R(\boldsymbol{B})$。

答案：A

八、矩阵的相似对角化

1. 定义：对 n 阶方阵 $\boldsymbol{A}$，若存在可逆矩阵 $\boldsymbol{P}$，使

$$\boldsymbol{P}^{-1}\boldsymbol{A}\boldsymbol{P}=\begin{bmatrix}\lambda_1&&&\\&\lambda_2&&\\&&\ddots&\\&&&\lambda_n\end{bmatrix}=(\text{对角矩阵})\qquad(1\text{-}8\text{-}8)$$

则称 $\boldsymbol{A}$ 相似于对角矩阵，也称矩阵 $\boldsymbol{A}$ 可相似对角化。

2. 结论

(1)若有可逆矩阵 $\boldsymbol{P}$，使得

$$\boldsymbol{P}^{-1}\boldsymbol{A}\boldsymbol{P}=\begin{bmatrix}\lambda_1&&&\\&\lambda_2&&\\&&\ddots&\\&&&\lambda_n\end{bmatrix}$$

则 $\lambda_1,\lambda_2,\cdots,\lambda_n$ 为 $\boldsymbol{A}$ 的 n 个特征值，而矩阵 $\boldsymbol{P}$ 的 n 个列向量是矩阵 $\boldsymbol{A}$ 的对应于这些特征值 $\lambda_1,\lambda_2,\cdots,\lambda_n$ 的 n 个线性无关的特征向量。

(2)n 阶矩阵 $\boldsymbol{A}$ 相似于对角矩阵 $\boldsymbol{\Lambda}$ 的充要条件是 $\boldsymbol{A}$ 有 n 个线性无关的特征向量。

(3)如果 n 阶方阵 $\boldsymbol{A}$ 有 n 个不同的特征值，则 $\boldsymbol{A}$ 一定可以相似对角化。

(4)如果 $\boldsymbol{A}$ 有重特征值，且对每一个重特征值，其重数和对应的线性无关的特征向量的个数都相等，则 $\boldsymbol{A}$ 一定可以相似对角化。

(5)如果对应方阵 $\boldsymbol{A}$ 的某个特征值 λ 线性无关的特征向量的个数小于该特征值 λ 的重数，造成方阵 $\boldsymbol{A}$ 的线性无关的特征向量个数小于 n，从而 $\boldsymbol{A}$ 不可相似对角化。

3. 实对称矩阵的相似对角化

定义：如果 n 阶方阵 $\boldsymbol{A}$ 等于它的转置矩阵，即 $\boldsymbol{A}=\boldsymbol{A}^{\mathrm{T}}$，则称 $\boldsymbol{A}$ 为对称矩阵。所有元素为实数的对称矩阵，称为实对称矩阵。

性质：(1)n 阶实对称矩阵有 n 个实特征值(重根按重数计算)。

(2)实对称矩阵对应于不同特征值的特征向量必正交。

定理：设 $\boldsymbol{A}$ 为 n 阶实对称矩阵，则必存在正交矩阵 $\boldsymbol{P}$，使

$$P^{-1}AP=P^{T}AP=\Lambda=\begin{bmatrix}\lambda_1 & & & \\ & \lambda_2 & & \\ & & \ddots & \\ & & & \lambda_n\end{bmatrix}$$

其中 $\lambda_1,\lambda_2,\cdots,\lambda_n$ 是 $\boldsymbol{A}$ 的特征值，$\boldsymbol{P}$ 的列向量是 $\boldsymbol{A}$ 的分别与 $\lambda_1,\lambda_1,\cdots,\lambda_n$ 对应的两两正交的单位特征向量。

4. 给定实对称矩阵 $\boldsymbol{A}$，求正交矩阵 $\boldsymbol{P}$ 使 $\boldsymbol{A}$ 相似对角化的步骤：

①解特征方程 $|\lambda\boldsymbol{E}-\boldsymbol{A}|=0$，求出 $\boldsymbol{A}$ 的全部特征值 $\lambda_1,\lambda_2,\cdots,\lambda_n$（做完这一步，就可以求出 $\boldsymbol{A}$ 的相似对角矩阵 $\boldsymbol{\Lambda}$）。

②解齐次线性方程组 $(\lambda_i\boldsymbol{E}-\boldsymbol{A})\boldsymbol{x}=\boldsymbol{0}$，求出基础解系，如果特征值 λ_i 是单根，就对应一个特征向量，如果特征值 λ_i 是 k 重根，就对应 k 个线性无关的特征向量。

③特征值是单根时，对求出的这个特征向量单位化。

④特征值是 k 重根时，对它所对应的那组 k 个线性无关的特征向量进行正交化再单位化（或称正交规范化）。

⑤将所有经过正交化、单位化的两两正交的单位特征向量 $\boldsymbol{q}_1,\boldsymbol{q}_2,\cdots,\boldsymbol{q}_n$（依次对应特征值 $\lambda_1,\lambda_2,\cdots\lambda_n$）排成一个矩阵，$\boldsymbol{P}=(\boldsymbol{q}_1,\boldsymbol{q}_2,\cdots,\boldsymbol{q}_n)$，那么 $\boldsymbol{P}$ 是正交矩阵，而且有 $P^{-1}AP=P^{T}AP=\Lambda=\begin{bmatrix}\lambda_1 & & & \\ & \lambda_2 & & \\ & & \ddots & \\ & & & \lambda_n\end{bmatrix}$。

注意：$\boldsymbol{P}=(\boldsymbol{q}_1,\boldsymbol{q}_2,\cdots,\boldsymbol{q}_n)$ 中，$\boldsymbol{q}_1,\boldsymbol{q}_2,\cdots,\boldsymbol{q}_n$ 的排列顺序应和特征值 $\lambda_1,\lambda_2,\cdots,\lambda_n$ 的排列顺序一致，即 $\boldsymbol{q}_i(i=1,\cdots,n)$ 恰好是 λ_i 对应的特征向量。

【例 1-8-35】 已知矩阵 $\boldsymbol{A}=\begin{bmatrix}1 & -1 & 1\\ 2 & 4 & -2\\ -3 & -3 & 5\end{bmatrix}$ 与 $\boldsymbol{B}=\begin{bmatrix}\lambda & 0 & 0\\ 0 & 2 & 0\\ 0 & 0 & 2\end{bmatrix}$ 相似，则 λ 等于：

A. 6　　B. 5　　C. 4　　D. 14

解　因为 $\boldsymbol{A}$ 与 $\boldsymbol{B}$ 相似，由相似矩阵性质(4)⑤ $\boldsymbol{A}$ 与 $\boldsymbol{B}$ 主对角线元素之和相等，即 $1+4+5=\lambda+2+2$，得 $\lambda=6$。

答案：A

【例 1-8-36】 已知二阶实对称矩阵 $\boldsymbol{A}$ 的一个特征值为 1，而 $\boldsymbol{A}$ 对应特征值 1 的特征向量为 $\begin{bmatrix}1\\ -1\end{bmatrix}$，若 $|\boldsymbol{A}|=-1$，则 $\boldsymbol{A}$ 的另一个特征值及其对应的特征向量是：

A. $\lambda=1,\boldsymbol{x}=(1,1)^{T}$　　B. $\lambda=-1,\boldsymbol{x}=(1,1)^{T}$

C. $\lambda=-1,\boldsymbol{x}=(-1,1)^{T}$　　D. $\lambda=-1,\boldsymbol{x}=(1,-1)^{T}$

解　利用公式 $|\boldsymbol{A}|=\lambda_1\lambda_2\cdots\lambda_n$，当 $\boldsymbol{A}$ 为二阶方阵时，$|\boldsymbol{A}|=\lambda_1\lambda_2$

则有 $\lambda_2=\dfrac{|\boldsymbol{A}|}{\lambda_1}=\dfrac{-1}{1}=-1$。

根据实对称矩阵性质(2)，实对称矩阵对应不同特征值的特征向量正交。

$\begin{bmatrix}1\\ 1\end{bmatrix}^{T}\cdot\begin{bmatrix}1\\ -1\end{bmatrix}=(1,1)\cdot\begin{bmatrix}1\\ -1\end{bmatrix}=0$，所以 $\begin{bmatrix}1\\ 1\end{bmatrix}$ 与 $\begin{bmatrix}1\\ -1\end{bmatrix}$ 正交。

答案：B

【例 1-8-37】 设 $\lambda_1=6,\lambda_2=\lambda_3=3$ 为三阶实对称矩阵 $\boldsymbol{A}$ 的特征值，属于 $\lambda_2=\lambda_3=3$ 的特征向量为 $\boldsymbol{\xi}_2=(-1,0,1)^{\mathrm{T}},\boldsymbol{\xi}_3=(1,2,1)^{\mathrm{T}}$，则属于 $\lambda_1=6$ 的特征向量是：

A. $(1,-1,1)^{\mathrm{T}}$　　B. $(1,1,1)^{\mathrm{T}}$　　C. $(0,2,2)^{\mathrm{T}}$　　D. $(2,2,0)^{\mathrm{T}}$

解 实对称矩阵的不同特征值对应的特征向量必正交。$\lambda_1=6$ 对应的特征向量 $\boldsymbol{\xi}_1$ 必定与 λ_2 和 λ_3 所对应的特征向量 $\boldsymbol{\xi}_2$ 和 $\boldsymbol{\xi}_3$ 分别正交，故有 $\boldsymbol{\xi}_1^{\mathrm{T}}\cdot\boldsymbol{\xi}_2=\boldsymbol{\xi}_1^{\mathrm{T}}\cdot\boldsymbol{\xi}_3=0$，代入选项只有 A 满足。

答案：A

九、合同矩阵的概念和性质

(一)合同矩阵

定义：设 $\boldsymbol{A}$、$\boldsymbol{B}$ 为 n 阶方阵，若存在 n 阶可逆矩阵 $\boldsymbol{P}$，使 $\boldsymbol{P}^{\mathrm{T}}\boldsymbol{A}\boldsymbol{P}=\boldsymbol{B}$，则称 $\boldsymbol{A}$ 合同于 $\boldsymbol{B}$ 或 $\boldsymbol{A}$ 与 $\boldsymbol{B}$ 合同，记作 $\boldsymbol{A}\simeq\boldsymbol{B}$。

若 $\boldsymbol{A}\simeq\boldsymbol{B}$，则 $\boldsymbol{A}\cong\boldsymbol{B}$（合同必等价，等价未必合同）。

(二)合同矩阵的性质

合同是方阵之间的又一个等价关系，它具有下列性质：

(1)自反性：$\boldsymbol{A}\simeq\boldsymbol{A}$。

(2)对称性：若 $\boldsymbol{A}\simeq\boldsymbol{B}$，则 $\boldsymbol{B}\simeq\boldsymbol{A}$。

(3)传递性：若 $\boldsymbol{A}\simeq\boldsymbol{B}$ 且 $\boldsymbol{B}\simeq\boldsymbol{C}$，则 $\boldsymbol{A}\simeq\boldsymbol{C}$。

(4)若 $\boldsymbol{A}\simeq\boldsymbol{B}$，则 $R(\boldsymbol{A})=R(\boldsymbol{B})$（合同变换不改变矩阵的秩）。

(5)设 $\boldsymbol{A}$ 为对称矩阵，若 $\boldsymbol{A}\simeq\boldsymbol{B}$，则 $\boldsymbol{B}$ 也为对称矩阵。

结论：任何一个实对称矩阵 $\boldsymbol{A}$ 都合同于对角矩阵，即存在正交矩阵 $\boldsymbol{P}$，使得

$$\boldsymbol{P}^{\mathrm{T}}\boldsymbol{A}\boldsymbol{P}=\begin{bmatrix}\lambda_1 & & & \\ & \lambda_2 & & \\ & & \ddots & \\ & & & \lambda_n\end{bmatrix}\text{（其中 }\lambda_1,\lambda_2,\cdots,\lambda_n\text{ 为实对称矩阵 }\boldsymbol{A}\text{ 的特征值）}\tag{1-8-9}$$

十、二次型

(一)二次型定义

含有 n 个变量 $x_1,x_2,\cdots,x_n$ 的二次齐次函数(即每项都是二次的多项式)

$f(x_1,x_2,\cdots,x_n)=a_{11}x_1^2+a_{22}x_2^2+\cdots+a_{nn}x_n^2+2a_{12}x_1x_2+2a_{13}x_1x_3+\cdots+2a_{n-1,n}x_{n-1}x_n$ 称为一个 n 元二次型，简称二次型。当 a_{ij} 都是实数时，称为实二次型。

(二)实二次型的矩阵表示(令 $a_{ij}=a_{ji}$)

$$\begin{aligned}f(x_1,x_2,\cdots,x_n)&=x_1(a_{11}x_1+a_{12}x_2+\cdots+a_{1n}x_n)+x_2(a_{21}x_1+a_{22}x_2+\cdots+a_{2n}x_n)+\cdots+\\&\quad x_n(a_{n1}x_1+a_{n2}x_2+\cdots+a_{nn}x_n)\\&=(x_1,x_2,\cdots,x_n)\begin{bmatrix}a_{11}x_1+a_{12}x_2+\cdots+a_{1n}x_n\\a_{21}x_1+a_{22}x_2+\cdots+a_{2n}x_n\\\vdots\quad\quad\vdots\quad\quad\quad\vdots\\a_{n1}x_1+a_{n2}x_2+\cdots+a_{nn}x_n\end{bmatrix}\\&=(x_1,x_2,\cdots,x_n)\begin{bmatrix}a_{11}&a_{12}&\cdots&a_{1n}\\a_{21}&a_{22}&\cdots&a_{2n}\\\vdots&\vdots&&\vdots\\a_{n1}&a_{n2}&\cdots&a_{nn}\end{bmatrix}\begin{bmatrix}x_1\\x_2\\\vdots\\x_n\end{bmatrix}\end{aligned}\tag{1-8-10}$$

记 $$\boldsymbol{A}=\begin{bmatrix} a_{11} & a_{12} & \cdots & a_{1n} \\ a_{21} & a_{22} & \cdots & a_{2n} \\ \vdots & \vdots & & \vdots \\ a_{n1} & a_{n2} & \cdots & a_{nn} \end{bmatrix},\boldsymbol{x}=\begin{bmatrix} x_1 \\ x_2 \\ \vdots \\ x_n \end{bmatrix}$$

则二次型可记作

$$f=\boldsymbol{x}^{\mathrm{T}}\boldsymbol{A}\boldsymbol{x}$$

其中 $\boldsymbol{A}$ 为实对称矩阵。

对称矩阵 $\boldsymbol{A}$ 叫做二次型 f 的矩阵。$\boldsymbol{A}$ 的秩叫做二次型 f 的秩。

例如二次型 $f=x^2-3z^2-4xy+yz$ 用矩阵表示，就是

$$f=(x,y,z)\begin{bmatrix} 1 & -2 & 0 \\ -2 & 0 & \frac{1}{2} \\ 0 & \frac{1}{2} & -3 \end{bmatrix}\begin{bmatrix} x \\ y \\ z \end{bmatrix}$$

任给一个实二次型，就唯一地确定一个实对称矩阵；反之，任给一个实对称矩阵，也可唯一地确定一个实二次型。一个实二次型和一个实对称矩阵是一一对应的。

（三）二次型的标准形和规范形

1. 定义：形如 $f=\varphi_1 x_1^2+\varphi_2 x_2^2+\cdots+\varphi_n x_n^2$ 的二次型称为二次型的标准形。在标准形中，如果平方项的系数 $\varphi_i(i=1,2,\cdots,n)$ 为 1，−1 或 0，即 $f=x_1^2+x_2^2+\cdots+x_p^2-x_{p+1}^2-\cdots-x_r^2$，则称其为二次型的规范形。

正交变换定义：如果 $\boldsymbol{P}$ 为正交矩阵，则线性变换 $\boldsymbol{x}=\boldsymbol{P}\boldsymbol{y}$ 称为正交变换。

2. **定理**：任给实二次型 $f(x_1,x_2,\cdots,x_n)=\boldsymbol{x}^{\mathrm{T}}\boldsymbol{A}\boldsymbol{x}$（其中 $\boldsymbol{A}=\boldsymbol{A}^{\mathrm{T}}$），一定有正交变换 $\boldsymbol{x}=\boldsymbol{P}\boldsymbol{y}$（$\boldsymbol{P}^{\mathrm{T}}=\boldsymbol{P}^{-1}$），使 $f=\lambda_1 y_1^2+\lambda_2 y_2^2+\cdots+\lambda_n y_n^2=y^{\mathrm{T}}\begin{bmatrix} \lambda_1 & & & \\ & \lambda_2 & & \\ & & \ddots & \\ & & & \lambda_n \end{bmatrix}y$。

其中 $\lambda_1,\lambda_2,\cdots,\lambda_n$ 是 $\boldsymbol{A}$ 的特征值，而 $\boldsymbol{P}$ 的列向量就是对应于 $\lambda_1,\lambda_2,\cdots,\lambda_n$ 的两两正交的单位特征向量。

3. 用正交变换化实二次型为标准形的计算步骤：

（1）写出二次型的矩阵 $\boldsymbol{A}$。

（2）求出矩阵 $\boldsymbol{A}$ 的特征值 $\lambda_1,\lambda_2,\cdots,\lambda_n$，二次型的标准形为 $\lambda_1 y_1^2+\lambda_2 y_2^2+\cdots+\lambda_n y_n^2$。

如果需要，则求出正交变换 $\boldsymbol{x}=\boldsymbol{P}\boldsymbol{y}$。

（3）求特征值对应的线性无关的特征向量。

（4）将单特征值对应的一个特征向量单位化。

将 k 重特征值对应的 k 个线性无关的特征向量先正交化再单位化（称为正交规范化），得到两两正交的 k 个单位特征向量。

（5）将这些两两正交的单位向量按 $\lambda_1,\lambda_2,\cdots,\lambda_n$ 对应的顺序排列成矩阵，得到正交矩阵 $\boldsymbol{P}$，这时有 $\boldsymbol{P}^{\mathrm{T}}\boldsymbol{A}\boldsymbol{P}=\boldsymbol{P}^{-1}\boldsymbol{A}\boldsymbol{P}=\boldsymbol{\Lambda}=\begin{bmatrix} \lambda_1 & & & \\ & \lambda_2 & & \\ & & \ddots & \\ & & & \lambda_n \end{bmatrix}$。

在正交变换 $\boldsymbol{x}=\boldsymbol{P}\boldsymbol{y}$ 下，$f=\boldsymbol{x}^{\mathrm{T}}\boldsymbol{A}\boldsymbol{x}=(\boldsymbol{P}\boldsymbol{y})^{\mathrm{T}}\boldsymbol{A}\boldsymbol{P}\boldsymbol{y}=\boldsymbol{y}^{\mathrm{T}}\boldsymbol{P}^{\mathrm{T}}\boldsymbol{A}\boldsymbol{P}\boldsymbol{y}=\boldsymbol{y}^{\mathrm{T}}\boldsymbol{\Lambda}\boldsymbol{y}=\lambda_1 y_1^2+\lambda_2 y_2^2+\cdots+\lambda_n y_n^2$。

说明：用配方法也可以求二次型的标准形，这时线性变换 $\boldsymbol{x}=\boldsymbol{P}\boldsymbol{y}$ 是可逆变换（$\boldsymbol{P}$ 为可逆矩阵），平方项的系数未必是特征值。

【例 1-8-38】 求二次型 $f(x_1,x_2,x_3)=4x_1^2+x_2^2-3x_3^2+4x_1x_2$ 的秩，并把它化为标准形、规范形。

解 f 对应矩阵 $\boldsymbol{A}=\begin{bmatrix}4&2&0\\2&1&0\\0&0&-3\end{bmatrix}$

$$\boldsymbol{A}\xrightarrow{\text{初等行变换}}\begin{bmatrix}2&1&0\\0&0&-3\\0&0&0\end{bmatrix},R(\boldsymbol{A})=2\text{，二次型的秩为 }2\text{。}$$

方法 1：（正交变换化为标准形）

①求特征值并写出标准形：

$$|\lambda\boldsymbol{E}-\boldsymbol{A}|=\begin{vmatrix}\lambda-4&-2&0\\-2&\lambda-1&0\\0&0&\lambda+3\end{vmatrix}=(\lambda+3)(\lambda^2-5\lambda)=0$$

$\lambda_1=5,\lambda_2=-3,\lambda_3=0$

$R(\boldsymbol{A})=2$，$\boldsymbol{A}$ 有两个特征值不为 0，f 有标准形 $5y_1^2-3y_2^2+0y_3^2$

②求正交矩阵 $\boldsymbol{P}$（本题可以省略这一步）：

$$5\boldsymbol{E}-\boldsymbol{A}=\begin{bmatrix}1&-2&0\\-2&4&0\\0&0&8\end{bmatrix}\to\begin{bmatrix}1&-2&0\\0&0&1\\0&0&0\end{bmatrix},\boldsymbol{p}_1=\begin{bmatrix}2\\1\\0\end{bmatrix},\text{单位化 }\boldsymbol{q}_1=\begin{bmatrix}\frac{2}{\sqrt{5}}\\\frac{1}{\sqrt{5}}\\0\end{bmatrix}$$

$$-3\boldsymbol{E}-\boldsymbol{A}=\begin{bmatrix}-7&-2&0\\-2&-4&0\\0&0&0\end{bmatrix}\to\begin{bmatrix}1&0&0\\0&1&0\\0&0&0\end{bmatrix},\boldsymbol{p}_2=\begin{bmatrix}0\\0\\1\end{bmatrix},\text{单位化 }\boldsymbol{q}_2=\begin{bmatrix}0\\0\\1\end{bmatrix}$$

$$0\boldsymbol{E}-\boldsymbol{A}=\begin{bmatrix}-4&-2&0\\-2&-1&0\\0&0&3\end{bmatrix}\to\begin{bmatrix}2&1&0\\0&0&1\\0&0&0\end{bmatrix},\boldsymbol{p}_3=\begin{bmatrix}1\\-2\\0\end{bmatrix},\text{单位化 }\boldsymbol{q}_3=\begin{bmatrix}\frac{1}{\sqrt{5}}\\-\frac{2}{\sqrt{5}}\\0\end{bmatrix}$$

$$\text{正交矩阵 }\boldsymbol{P}=\begin{bmatrix}\frac{2}{\sqrt{5}}&0&\frac{1}{\sqrt{5}}\\\frac{1}{\sqrt{5}}&0&-\frac{2}{\sqrt{5}}\\0&1&0\end{bmatrix}$$

$$f\xlongequal{\boldsymbol{x}=\boldsymbol{P}\boldsymbol{y}}5y_1^2-3y_2^2+0y_3^2\xlongequal[z_3=y_3]{z_1=\sqrt{5}y_1,z_2=\sqrt{3}y_2}z_1^2-z_2^2+0z_3^2\text{（规范形）}$$

方法 2:(可逆变换化为标准形)(配方法)

$f=4x_1^2+4x_1x_2+x_2^2-3x_3^2=(2x_1+x_2)^2-3x_3^2$

令 $\begin{cases} y_1=2x_1+x_2 \\ y_2=x_3 \\ y_3=x_2 \end{cases}$,则 $\begin{bmatrix} y_1 \\ y_2 \\ y_3 \end{bmatrix}=\begin{bmatrix} 2 & 1 & 0 \\ 0 & 0 & 1 \\ 0 & 1 & 0 \end{bmatrix}\begin{bmatrix} x_1 \\ x_2 \\ x_3 \end{bmatrix}$,即 $\boldsymbol{y}=\boldsymbol{Q}\boldsymbol{x}$, $\boldsymbol{x}=\boldsymbol{Q}^{-1}\boldsymbol{y}$

$$f=\boldsymbol{x}^{\mathrm{T}}\boldsymbol{A}\boldsymbol{x}\xlongequal{\boldsymbol{x}=\boldsymbol{Q}^{-1}\boldsymbol{y}}\boldsymbol{y}^{\mathrm{T}}\begin{bmatrix} 1 & 0 & 0 \\ 0 & -3 & 0 \\ 0 & 0 & 0 \end{bmatrix}\boldsymbol{y}=y_1^2-3y_2^2\text{(标准形)}$$

$$\xlongequal[z_2=\sqrt{3}y_2,z_3=y_3]{z_1=y_1}z_1^2-z_2^2+0z_3^2\text{(规范形)}$$

说明:本题不要求变换矩阵,配方后可直接写出标准形和规范形。

(本题二次型的正惯性指数为 1,负惯性指数为 1)

(四)惯性定理

惯性定理:设 n 元实二次型 $f=\boldsymbol{x}^{\mathrm{T}}\boldsymbol{A}\boldsymbol{x}$ 的秩 $R(A)=r$。两个实的可逆变换 $\boldsymbol{x}=\boldsymbol{P}\boldsymbol{y}$ 及 $\boldsymbol{x}=\boldsymbol{Q}\boldsymbol{z}$($\boldsymbol{P}$,$\boldsymbol{Q}$ 为 n 阶可逆矩阵),使

$$f\xlongequal{\boldsymbol{x}=\boldsymbol{P}\boldsymbol{y}}k_1y_1^2+k_2y_2^2+\cdots+k_ry_r^2 \qquad (k_i\neq 0)$$

及

$$f\xlongequal{\boldsymbol{x}=\boldsymbol{Q}\boldsymbol{z}}\lambda_1z_1^2+\lambda_2z_2^2+\cdots+\lambda_rz_r^2 \qquad (\lambda_i\neq 0)$$

则 $k_1,\cdots,k_r$ 中正数的个数与 $\lambda_1,\cdots,\lambda_r$ 中正数的个数相等。

在标准形中,正平方项个数 p 称为正惯性指数,负平方项个数 q 称为负惯性指数,$p+q=r$。

(五)二次型及其矩阵的正定性

1. 定义:设有实二次型 $f(\boldsymbol{x})=\boldsymbol{x}^{\mathrm{T}}\boldsymbol{A}\boldsymbol{x}$,如果对任何 $\boldsymbol{x}\neq\boldsymbol{0}$,都有 $f(\boldsymbol{x})>0$,则称 f 为正定二次型,并称实对称矩阵 $\boldsymbol{A}$ 是正定矩阵;如果对任何 $\boldsymbol{x}\neq\boldsymbol{0}$,都有 $f(\boldsymbol{x})<0$,则称 f 为负定二次型,并称实对称矩阵 $\boldsymbol{A}$ 是负定矩阵。

2. 几个充要条件:

(1)实二次型 $f=\boldsymbol{x}^{\mathrm{T}}\boldsymbol{A}\boldsymbol{x}$ 为正定的充分必要条件是正惯性指数等于未知数的个数。

(3)实二次型 $f=\boldsymbol{x}^{\mathrm{T}}\boldsymbol{A}\boldsymbol{x}$ 为正定的充分必要条件是对称矩阵 $\boldsymbol{A}$ 的特征值全为正。

(3)实二次型 $f=\boldsymbol{x}^{\mathrm{T}}\boldsymbol{A}\boldsymbol{x}$ 为正定的充分必要条件是 $\boldsymbol{A}$ 的各阶顺序主子式都为正,即

$$a_{11}>0,\begin{vmatrix} a_{11} & a_{12} \\ a_{21} & a_{22} \end{vmatrix}>0,\cdots,\begin{vmatrix} a_{11} & \cdots & a_{1n} \\ \vdots & & \vdots \\ a_{n1} & \cdots & a_{nn} \end{vmatrix}>0$$

(4)实对称矩阵 $\boldsymbol{A}$ 为负定的充分必要条件是 $\boldsymbol{A}$ 的奇数阶顺序主子式为负,而偶数阶顺序主子式为正,即

$$(-1)^r\begin{vmatrix} a_{11} & \cdots & a_{1r} \\ \vdots & & \vdots \\ a_{r1} & \cdots & a_{rr} \end{vmatrix}>0 \qquad (r=1,2,\cdots,n)$$

(5)实二次型 $f=\boldsymbol{x}^{\mathrm{T}}\boldsymbol{A}\boldsymbol{x}$ 为正定的充分必要条件是对称矩阵 $\boldsymbol{A}$ 合同于单位矩阵($\boldsymbol{A}\approx\boldsymbol{E}$)。

(6)设 $\boldsymbol{A}$、$\boldsymbol{B}$ 均为 n 阶实对称矩阵,$\boldsymbol{A}\simeq\boldsymbol{B}$($\boldsymbol{A}$ 与 $\boldsymbol{B}$ 合同),则 $\boldsymbol{A}$ 为正定矩阵的充要条件是 $\boldsymbol{B}$ 为正定矩阵。

【例 1-8-39】 实二次型 $f(x_1,x_2,x_3)=x_1^2+2x_1x_2+tx_2^2+3x_3^2$，当 $t=$(　　)时，f 的秩为 2。

A. 0　　B. 1　　C. 2　　D. 3

解 实二次型对应的矩阵 $\boldsymbol{A}=\begin{bmatrix}1&1&0\\1&t&0\\0&0&3\end{bmatrix}$

对 $\boldsymbol{A}$ 进行初等行变换

$$\begin{bmatrix}1&1&0\\1&t&0\\0&0&3\end{bmatrix}\longrightarrow\begin{bmatrix}1&1&0\\0&t-1&0\\0&0&3\end{bmatrix}$$

因为 $\boldsymbol{R}(\boldsymbol{A})=2$，故 $t-1=0,t=1$

答案：B

【例 1-8-40】 判别二次型 $f_1=2x_1^2+3x_2^2+x_3^2+2\sqrt{2}x_1x_2$，$f_2=-x_1^2-x_2^2-3x_3^2-2x_1x_3-2x_2x_3$ 是正定的，还是负定的？

解 (1) f_1 对应矩阵 $\boldsymbol{A}=\begin{bmatrix}2&\sqrt{2}&0\\\sqrt{2}&3&0\\0&0&1\end{bmatrix}$

顺序主子式 $\boldsymbol{D}_1=2>0$，$\boldsymbol{D}_2=\begin{vmatrix}2&\sqrt{2}\\\sqrt{2}&3\end{vmatrix}=6-2>0$，$\boldsymbol{D}_3=\begin{vmatrix}2&\sqrt{2}&0\\\sqrt{2}&3&0\\0&0&1\end{vmatrix}=1\times\begin{vmatrix}2&\sqrt{2}\\\sqrt{2}&3\end{vmatrix}>0$

f_1 是正定的。

(2) f_2 对应矩阵 $\boldsymbol{A}=\begin{bmatrix}-1&0&-1\\0&-1&-1\\-1&-1&-3\end{bmatrix}$

顺序主子式 $\boldsymbol{D}_1=-1<0$，$\boldsymbol{D}_2=\begin{vmatrix}-1&0\\0&-1\end{vmatrix}=1>0$，$\boldsymbol{D}_3=\begin{vmatrix}-1&0&-1\\0&-1&-1\\-1&-1&-3\end{vmatrix}=-1<0$

f_2 是负定的。

【例 1-8-41】 若实二次型 $f(x_1,x_2,x_3)=x_1^2+4x_2^2+2x_3^2+2tx_1x_2+2x_1x_3$ 是正定的，则 t 应满足：

A. $-2<t<2$　　B. $-\sqrt{2}<t<\sqrt{2}$

C. $-\sqrt{2}<t<2$　　D. $-2<t<\sqrt{2}$

解 二次型 f 的矩阵为 $\begin{bmatrix}1&t&1\\t&4&0\\1&0&2\end{bmatrix}$

要使二次型正定，其各阶顺序主子式应满足

$$|\boldsymbol{A}_1|=1>0,\ |\boldsymbol{A}_2|=\begin{vmatrix}1 & t\\ t & 4\end{vmatrix}=4-t^2>0$$

$$|\boldsymbol{A}_3|=\begin{vmatrix}1 & t & 1\\ t & 4 & 0\\ 1 & 0 & 2\end{vmatrix}=4-2t^2>0$$

解不等式组$\begin{cases}4-t^2>0\Rightarrow t^2<4\Rightarrow -2<t<2\\ 4-2t^2>0\Rightarrow t^2<2\Rightarrow -\sqrt{2}<t<\sqrt{2}\end{cases}$

取公共部分得：$-\sqrt{2}<t<\sqrt{2}$。

答案：B

【例 1-8-42】 已知三元二次型 $f=ax_1^2+ax_2^2+x_3^2-2ax_2x_3$，$a$ 满足以下哪个条件时，f 是正定二次型？

A. $a>1$　　B. $0<a<1$　　C. $-1<a<0$　　D. $a>0$

解

二次型的矩阵 $\boldsymbol{A}=\begin{bmatrix}a & 0 & 0\\ 0 & a & -a\\ 0 & -a & 1\end{bmatrix}$

f 为正定的充要条件：

$$a>0,\ \begin{vmatrix}a & 0\\ 0 & a\end{vmatrix}>0,\ \begin{vmatrix}a & 0 & 0\\ 0 & a & -a\\ 0 & -a & 1\end{vmatrix}>0$$

即$\begin{cases}a>0\\ a^2>0\\ a^2(1-a)>0\end{cases}\Rightarrow\quad 0<a<1$

答案：B

习　　题

1-8-1　行列式 $\boldsymbol{D}_1=\begin{vmatrix}1 & 3 & 1\\ 2 & 2 & 3\\ 3 & 1 & 5\end{vmatrix}$，$\boldsymbol{D}_2=\begin{vmatrix}\lambda & 0 & 1\\ 0 & \lambda-1 & 1\\ 1 & 0 & \lambda\end{vmatrix}$，若 $\boldsymbol{D}_1=\boldsymbol{D}_2$，则 λ 的值为（　　）。

A. 0，1　　B. 0，2　　C. -1，1　　D. -1，2

1-8-2　已知行列式 $\begin{vmatrix} & & & \lambda_1\\ & & \lambda_2 & \\ & \iddots & & \\ \lambda_n & & & \end{vmatrix}$，其中 $\lambda_i\neq 0(i=1,2,\cdots,n)$，则行列式的值为（　　）。

A. $\lambda_1\lambda_2\lambda_3\cdots\lambda_n$　　B. 0

C. $-\lambda_1\lambda_2\cdots\lambda_n$　　D. $(-1)^{\frac{n(n-1)}{2}}\lambda_1\lambda_2\cdots\lambda_n$

1-8-3　设 $\boldsymbol{A}$ 是 4×5 矩阵，$\boldsymbol{B}$ 是 5×4 矩阵，则下列结论中不正确的是（　　）。

A. $|\boldsymbol{AB}|\neq 0$　　　　B. $|\boldsymbol{A}^{\mathrm{T}}\boldsymbol{B}^{\mathrm{T}}|$有意义

C. $R(\boldsymbol{A})=R(\boldsymbol{A}^{\mathrm{T}})\leqslant 4$　　　　D. $R(\boldsymbol{AB})\leqslant 4$

1-8-4　已知 $\boldsymbol{\alpha}_1=\begin{bmatrix}2\\0\\0\end{bmatrix},\boldsymbol{\alpha}_2=\begin{bmatrix}0\\0\\-3\end{bmatrix}$,下列向量中是 $\boldsymbol{\alpha}_1,\boldsymbol{\alpha}_2$ 的线性组合的是(　　)。

A. $\boldsymbol{\beta}=\begin{bmatrix}-3\\0\\4\end{bmatrix}$　　B. $\boldsymbol{\beta}=\begin{bmatrix}0\\1\\0\end{bmatrix}$　　C. $\boldsymbol{\beta}=\begin{bmatrix}1\\1\\0\end{bmatrix}$　　D. $\boldsymbol{\beta}=\begin{bmatrix}0\\-1\\1\end{bmatrix}$

1-8-5　向量组的秩为 r 的充要条件是(　　)。

A. 该向量组所含向量的个数必大于 r

B. 该向量组中任何 r 个向量必线性无关,任何 $r+1$ 个向量必线性相关

C. 该向量组中有 r 个向量线性无关,有 $r+1$ 个向量线性相关

D. 该向量组中有 r 个向量线性无关,任何 $r+1$ 个向量必线性相关

1-8-6　利用初等行变换求矩阵$\begin{bmatrix}1&1&2&2&1\\0&2&1&5&-1\\2&0&3&-1&3\\1&1&0&4&-1\end{bmatrix}$的列向量组的一个最大无关组为(　　)。

A. 第 1、2 列　　B. 第 2、3 列　　C. 第 4、5 列　　D. 第 1、2、3 列

1-8-7　设 $\boldsymbol{A}=\begin{bmatrix}a_1b_1&a_1b_2&\cdots&a_1b_n\\a_2b_1&a_2b_2&\cdots&a_2b_n\\\vdots&\vdots&&\vdots\\a_nb_1&a_nb_2&\cdots&a_nb_n\end{bmatrix}$,其中 $a_i\neq 0,b_i\neq 0(i=1,2,\cdots,n)$,则矩阵 $\boldsymbol{A}$ 的秩等于(　　)。

A. n　　B. 0　　C. 1　　D. 2

1-8-8　设 $\boldsymbol{\alpha}_1,\boldsymbol{\alpha}_2,\boldsymbol{\alpha}_3$ 是四元非齐次线性方程组 $\boldsymbol{Ax}=\boldsymbol{b}$ 的三个解向量,且 $R(\boldsymbol{A})=3,\boldsymbol{\alpha}_1=(1,2,3,4)^{\mathrm{T}},\boldsymbol{\alpha}_2+\boldsymbol{\alpha}_3=(0,1,2,3)^{\mathrm{T}}$,$C$ 表示任意常数,则线性方程组 $\boldsymbol{Ax}=\boldsymbol{b}$ 的通解 $\boldsymbol{x}$ 为(　　)。

A. $\begin{bmatrix}1\\2\\3\\4\end{bmatrix}+C\begin{bmatrix}1\\1\\1\\1\end{bmatrix}$　　B. $\begin{bmatrix}1\\2\\3\\4\end{bmatrix}+C\begin{bmatrix}0\\1\\2\\3\end{bmatrix}$　　C. $\begin{bmatrix}1\\2\\3\\4\end{bmatrix}+C\begin{bmatrix}2\\3\\4\\5\end{bmatrix}$　　D. $\begin{bmatrix}1\\2\\3\\4\end{bmatrix}+C\begin{bmatrix}3\\4\\5\\6\end{bmatrix}$

1-8-9　可逆矩阵 $\boldsymbol{A}$(即 $|\boldsymbol{A}|\neq 0$)与矩阵(　　)有相同的特征值。

A. $\boldsymbol{A}^{\mathrm{T}}$　　B. $\boldsymbol{A}^{-1}$　　C. $\boldsymbol{A}^2$　　D. $\boldsymbol{A}+\boldsymbol{E}$

1-8-10　设 $\boldsymbol{A}$、$\boldsymbol{B}$ 均为 n 阶矩阵,则下列各式中正确的是(　　)。

A. $(\boldsymbol{A}+\boldsymbol{B})(\boldsymbol{A}-\boldsymbol{B})=\boldsymbol{A}^2-\boldsymbol{B}^2$　　B. $(\boldsymbol{AB})^2=\boldsymbol{A}^2\boldsymbol{B}^2$

C. 由 $\boldsymbol{AC}=\boldsymbol{BC}$,必可推出 $\boldsymbol{A}=\boldsymbol{B}$　　D. $\boldsymbol{A}^2-\boldsymbol{E}=(\boldsymbol{A}+\boldsymbol{E})(\boldsymbol{A}-\boldsymbol{E})$

1-8-11　设 $\boldsymbol{A}$、$\boldsymbol{B}$、$\boldsymbol{C}$ 均为 n 阶方阵,且 $\boldsymbol{ABC}=\boldsymbol{E}$,则(　　)。

A. $\boldsymbol{ACB}=\boldsymbol{E}$　　B. $\boldsymbol{CBA}=\boldsymbol{E}$　　C. $\boldsymbol{BAC}=\boldsymbol{E}$　　D. $\boldsymbol{BCA}=\boldsymbol{E}$

1-8-12　设 $\boldsymbol{A}$ 为三阶矩阵,$|\boldsymbol{A}|=\dfrac{1}{2}$,则 $|(2\boldsymbol{A})^{-1}-5\boldsymbol{A}^*|$ 为(　　)。

A. 0　　B. -16　　C. 4　　D. -8

1-8-13　设 $\boldsymbol{A}$ 为 n 阶方阵，且 $|\boldsymbol{A}|=a\neq 0$，则 $|\boldsymbol{A}^*|=$（　　）。

A. a　　B. $\frac{1}{a}$　　C. a^{n-1}　　D. a^n

1-8-14　设三阶方阵 $\boldsymbol{A}$ 的特征值为 1，2，-2，它们所对应的特征向量分别为 $\boldsymbol{\alpha}_1,\boldsymbol{\alpha}_2,\boldsymbol{\alpha}_3$，令 $\boldsymbol{P}=(\boldsymbol{\alpha}_1,\boldsymbol{\alpha}_2,\boldsymbol{\alpha}_3)$，则 $\boldsymbol{P}^{-1}\boldsymbol{AP}=$（　　）。

A. $\begin{bmatrix}1 & & \\ & 2 & \\ & & -2\end{bmatrix}$　　B. $\begin{bmatrix}2 & & \\ & 1 & \\ & & -2\end{bmatrix}$

C. $\begin{bmatrix}-1 & & \\ & -2 & \\ & & 2\end{bmatrix}$　　D. $\begin{bmatrix}-2 & & \\ & 1 & \\ & & 2\end{bmatrix}$

1-8-15　设 $\lambda=2$ 是可逆矩阵 $\boldsymbol{A}$ 的一个特征值，则矩阵 $\boldsymbol{E}+\left(\frac{1}{2}\boldsymbol{A}^3\right)^{-1}$ 有一个特征值等于（　　）。

A. $\frac{1}{4}$　　B. $\frac{5}{4}$　　C. 5　　D. $\frac{4}{5}$

1-8-16　设 $\boldsymbol{A}$ 为 n 阶方阵，则以下结论正确的是（　　）。

A. 若 $\boldsymbol{A}$ 可逆，则 $\boldsymbol{A}$ 的对应于 λ 的特征向量也是 $\boldsymbol{A}^{-1}$ 对应于特征值 $\frac{1}{\lambda}$ 的特征向量

B. $\boldsymbol{A}$ 的特征向量的任一线性组合仍是 $\boldsymbol{A}$ 的特征向量

C. 若 λ 是方阵 $\boldsymbol{A}$ 对应特征向量 $\boldsymbol{x}$ 的特征值，那么 $\boldsymbol{A}^*$ 对应于特征向量 $\boldsymbol{x}$ 的特征值为 $\lambda|\boldsymbol{A}|$

D. $\boldsymbol{A}$ 的特征向量为方程组 $(\boldsymbol{A}-\lambda\boldsymbol{E})\boldsymbol{x}=\boldsymbol{0}$ 的全部解向量

1-8-17　已知向量 $\boldsymbol{\alpha}=(1,a,1)^{\mathrm{T}}$，$\boldsymbol{\beta}=(-1,-1,-b)^{\mathrm{T}}$，$\boldsymbol{\gamma}=(b,2,0)^{\mathrm{T}}$ 为三阶实对称矩阵 $\boldsymbol{A}$ 的 3 个不同特征值对应的特征向量，则（　　）。

A. $a=1,b=-2$　　B. $a=-2,b=1$

C. $a=-1,b=2$　　D. $a=2,b=-1$

1-8-18　已知三阶矩阵 $\boldsymbol{A}$ 的特征值为 -1，1，2，则矩阵 $\boldsymbol{B}=(\boldsymbol{A}^*)^{-1}$（其中 $\boldsymbol{A}^*$ 为 $\boldsymbol{A}$ 的伴随矩阵）的特征值为（　　）。

A. $1,-1,-2$　　B. $\frac{1}{2},-\frac{1}{2},-1$

C. $-\frac{1}{4},\frac{1}{4},\frac{1}{2}$　　D. $-\frac{1}{3},\frac{1}{3},\frac{2}{3}$

1-8-19　设 $\boldsymbol{A}$ 是一个三阶实矩阵，如果对于任一三维列向量 $\boldsymbol{x}$，都有 $\boldsymbol{x}^{\mathrm{T}}\boldsymbol{Ax}=0$，那么（　　）。

A. $|\boldsymbol{A}|=0$　　B. $|\boldsymbol{A}|>0$

C. $|\boldsymbol{A}|<0$　　D. 以上都不成立

1-8-20　n 阶实对称矩阵 $\boldsymbol{A}$ 为正定矩阵，则下列不成立的是（　　）。

A. 所有 K 阶子式为正（$K=1,2,\cdots,n$）

B. $\boldsymbol{A}$ 的所有特征值全为正

C. $\boldsymbol{A}^{-1}$ 为正定矩阵

D. 秩（$\boldsymbol{A}$）$=n$

第九节　概率论与数理统计

一、随机事件与概率

(一)随机事件与样本空间

随机试验(记作 E)具有以下特点:每次试验结果不可能事先确定,但试验的全部可能结果是可知的,在相同条件下试验可以重复进行。

随机试验 E 的每个可能结果称为一个基本事件,试验 E 的所有可能结果的集合称为 E 的样本空间,记作 Ω。

随机事件可以由 E 的某些基本事件组成,通常用 $A,B,C,\cdots$ 表示。

每次试验必然发生的事件,称作必然事件,记作 Ω;每次试验必不发生的事件,称作不可能事件,记作 $\varnothing$。用图形表示事件,可使分析直观方便,图 1-9-1 中方形区域表示 Ω。

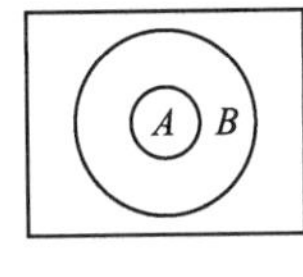

a)

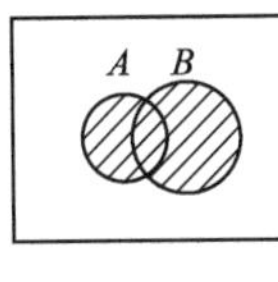

b)

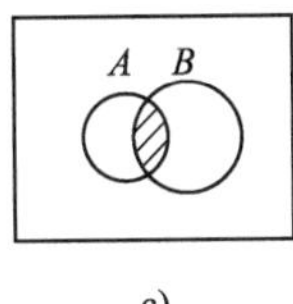

c)

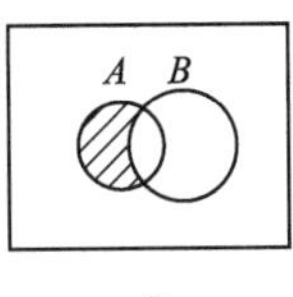

d)

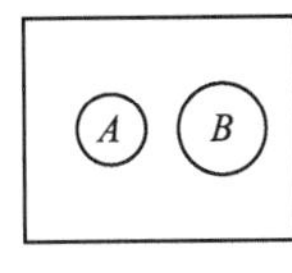

e)

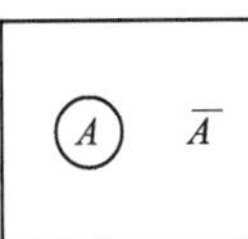

f)

图　1-9-1

(二)随机事件的关系及运算

1.包含与相等

若事件 A 发生必然导致事件 B 发生,则称事件 B 包含事件 A 或 A 被 B 包含,记作 $B\supset A$ 或 $A\subset B$(图 1-9-1a)。若 $A\subset B$ 且 $B\subset A$,则称事件 A 与事件 B 相等,记作 $A=B$。

2.和事件

事件 A 与 B 中至少有一个发生的事件称作事件 A 与 B 之和,记作 $A\cup B$ 或 $A+B$(图 1-9-1b)。

3.积事件

事件 A 与 B 同时发生的事件称作事件 A 与 B 之积,记作 AB 或 $A\cap B$(图 1-9-1c)。

4.差事件

事件 A 发生而事件 B 不发生,这样的事件称作事件 A 与 B 之差,记作 $A-B$(图 1-9-1d)。

5.互不相容事件

若事件 A 与 B 不能同时发生,即 $AB=\varnothing$,则称事件 A 与 B 互不相容或互斥(图 1-9-1e)。

6.对立事件

若事件 A 与 B 中必有且仅有一个发生,即 $A\cup B=\Omega$ 且 $AB=\varnothing$,则称 A 与 B 互为对立事件(或逆事件)。A 的对立事件记为 $\overline{A}$,所以 $A\cup\overline{A}=\Omega$,$A\overline{A}=\varnothing$(图 1-9-1f)。注意“$A$ 不发生”即“$\overline{A}$ 发生”,所以 $A-B=A\overline{B}$。

事件的运算律:

①$A\cup B=B\cup A$

②$A\cup(B\cup C)=(A\cup B)\cup C$

③$AB=BA$

④$(AB)C=A(BC)$

⑤$A(B\cup C)=(AB)\cup(AC)$

⑥$A\cup(BC)=(A\cup B)(A\cup C)$

⑦$\overline{A\cup B}=\overline{A}\,\overline{B}$

⑧$\overline{AB}=\overline{A}\cup\overline{B}$

【例 1-9-1】 有 A、B、C 三个事件，下列选项中与事件 A 互斥的是：

A. $\overline{B\cup C}$　　B. $\overline{A\cup B\cup C}$　　C. $\overline{A}B+AC$　　D. $A(B+C)$

解 $A(\overline{B\cup C})=A\,\overline{B}\,\overline{C}$ 可能发生，选项 A 错。

$A(\overline{A\cup B\cup C})=A\,\overline{A}\,\overline{B}\,\overline{C}=\varnothing$，选项 B 对。

或见解图：

图 a)，$\overline{B\cup C}$（斜线区域）与 A 有交集。

图 b)，$\overline{A\cup B\cup C}$（斜线区域）与 A 无交集。

答案：B

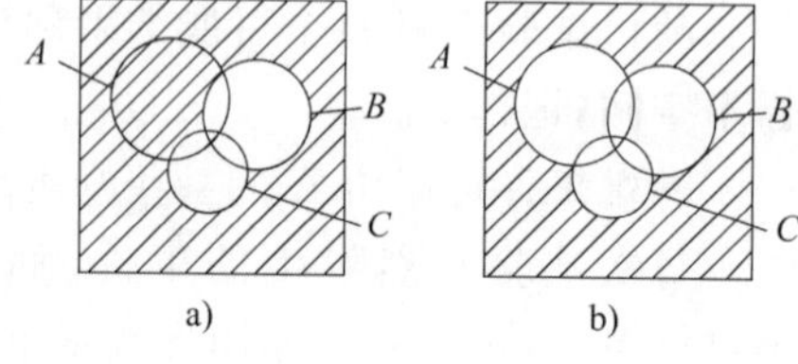

例 1-9-1 解图

（三）概率及其性质

1. 概率的统计定义

若在 n 次重复试验中事件 A 出现了 m 次，则比值 $\frac{m}{n}$ 称为事件 A 在这 n 次试验中出现的频率，记为 $f_n(A)=\frac{m}{n}$。

当试验次数 n 无限增大时，$f_n(A)$ 就稳定于某个常数 p，则数 p 称为 A 的概率，记作 $P(A)$。$P(A)$ 表示事件 A 发生的可能性有多大。在图示法中，可把 $P(A)$ 看作 A 区域的面积（表示 Ω 的方形区域面积为 1）。

2. 概率的性质（公式）

（1）对任意事件 A，有 $0\leqslant P(A)\leqslant 1$。$P(\Omega)=1$，$P(\varnothing)=0$。

（2）对任意两事件 A、B（图 1-9-1b），有 $P(A\cup B)=P(A)+P(B)-P(AB)$。

（3）对互不相容事件 A、B（图 1-9-1e），有 $P(A\cup B)=P(A)+P(B)$。

（4）$P(A)+P(\overline{A})=1$，$P(\overline{A})=1-P(A)$（图 1-9-1f）。

（5）$P(AB)+P(A\overline{B})=P(A)$，$P(A\overline{B})=P(A-B)=P(A)-P(AB)$（图 1-9-1d）。

当 $B\subset A$ 时，$AB=B$，$P(A-B)=P(A)-P(B)$。

【例 1-9-2】 若 $P(A)=0.8$，$P(A\overline{B})=0.2$，则 $P(\overline{A}\cup\overline{B})$ 等于：

A. 0.4　　B. 0.6　　C. 0　　D. 0.3

解 因

$$P(AB)+P(A\overline{B})=P(A)$$

所以

$$P(AB)=P(A)-P(A\overline{B})=0.6$$

$$P(\overline{A}\cup\overline{B})=P(\overline{AB})=1-P(AB)=1-0.6=0.4$$

答案：A

3. 概率的古典定义

设随机试验的全部可能结果是 n 个等可能发生的基本事件，其中有且仅有 m 个基本事件被随机事件 A 包含，则事件 A 的概率

$$P(A)=\frac{m}{n}$$

例如，在一批 N 个产品中有 M 个次品。设事件 A 是“从这批产品中任取 n 个产品，其中

恰有 m 个次品”，那么

$$P(A)=\frac{C_M^m \cdot C_{N-M}^{n-m}}{C_N^n}$$

【例 1-9-3】 袋中有 5 个球，其中 3 个是白球，2 个是红球，一次随机地取出 3 个球，其中恰有 2 个是白球的概率是：

A. $\left[\frac{3}{5}\right]^2 \frac{2}{5}$　　B. $C_5^3\left[\frac{3}{5}\right]^2 \frac{1}{5}$　　C. $\left[\frac{3}{5}\right]^2$　　D. $\frac{C_3^2 C_2^1}{C_5^3}$

答案：D

（四）条件概率

1. 条件概率

定义：设 A、B 为两个事件，$P(A)>0$，则称 $P(B|A)=\frac{P(AB)}{P(A)}$ 为事件 A 发生的条件下，事件 B 发生的条件概率。

说明：① $P(B)=\frac{P(B)}{P(\Omega)}$ 表示在 Ω 范围内 B 发生的可能性大小；$P(B|A)=\frac{P(AB)}{P(A)}$ 表示在 A 范围内 B（就是 AB）发生的可能性大小。

②求条件概率有时不用此式，而用压缩样本空间方法，把思考范围从 Ω 压缩到 A 的范围内。（见《基础考试真题及模拟题解析》第 1-9-12 题解）

条件概率性质（公式）：设 A、B、C 为随机事件，$P(C)>0$，

则（1）$0\leqslant P(A|C)\leqslant 1$；

（2）$P(A\cup B|C)=P(A|C)+P(B|C)-P(AB|C)$；

（3）$AB=\varnothing$ 时，$P(A\cup B|C)=P(A|C)+P(B|C)$；

（4）$P(A|C)+P(\overline{A}|C)=1$；

（5）$P(AB|C)+P(A\overline{B}|C)=P(A|C)$。

2. 乘法公式

$$P(A)>0 \text{ 时}, P(AB)=P(A)P(B|A) \tag{1-9-1}$$

$$P(B)>0 \text{ 时}, P(AB)=P(B)P(A|B)$$

3. 全概率公式

设事件组 $A_1,A_2,\cdots,A_n$ 互不相容，且 $A_1\cup A_2\cup\cdots\cup A_n=\Omega$，$P(A_i)>0$，$i=1,2,\cdots,n$。则对任一事件 B 有

$$P(B)=\sum_{i=1}^{n}P(B|A_i)P(A_i) \tag{1-9-2}$$

4. 贝叶斯（Bayes）公式

在全概率公式条件下，且 $P(B)>0$，则有

$$P(A_i|B)=\frac{P(A_i)P(B|A_i)}{\sum_{k=1}^{n}P(A_k)P(B|A_k)} \quad (i=1,2,\cdots,n) \tag{1-9-3}$$

【例 1-9-4】 设有一箱产品由三家工厂生产，第一家工厂生产总量的 $\frac{1}{2}$，其他两厂各产总量的 $\frac{1}{4}$，又知各厂次品率分别为 2%、2%、4%，现从此箱任取一件产品，（1）问取到正品的概率是多

少？(2)如果已知取到的这件产品恰为正品，问它是由第二家工厂生产的概率是多少？

解　注意：$\frac{1}{2}$、$\frac{1}{4}$、$\frac{1}{4}$为概率，分别设对应的一个事件；2%、2%、4%为条件概率，分别设对应的两个事件。设 A_i 为"取到一件第 i 厂产品"，$i=1,2,3$；B 为"取到一件正品"，$\overline{B}$ 为"取到一件次品"。

$P(A_1)=\frac{1}{2}$，$P(A_2)=P(A_3)=\frac{1}{4}$，$P(\overline{B}|A_1)=0.02$，$P(\overline{B}|A_2)=0.02$，$P(\overline{B}|A_3)=0.04$。

(1)由全概率公式　$P(B)=\sum_{i=1}^{3}P(A_i)P(B|A_i)$

且 $P(B|A_i)=1-P(\overline{B}|A_i)\quad(i=1,2,3)$

$$P(B)=\frac{1}{2}\times 0.98+\frac{1}{4}\times 0.98+\frac{1}{4}\times 0.96=0.975$$

或

$$P(\overline{B})=\frac{1}{2}\times 0.02+\frac{1}{4}\times 0.02+\frac{1}{4}\times 0.04=0.025$$

$$P(B)=1-P(\overline{B})=0.975$$

(2)由贝叶斯公式可知 $P(A_2|B)=\dfrac{\frac{1}{4}\times 0.98}{\frac{1}{2}\times 0.98+\frac{1}{4}\times 0.98+\frac{1}{4}\times 0.96}\approx 0.251\ 3$

(五)独立性

1.相互独立

定义：若事件 A、B 满足 $P(AB)=P(A)P(B)$，则称 A 与 B 相互独立。

结论：(1)如果 A、B 相互独立，则 A 与 $\overline{B}$、$\overline{A}$ 与 B、$\overline{A}$ 与 $\overline{B}$ 均相互独立。

(2)如果 A、B 独立，$0<P(A)<1$，则 $P(B|A)=P(B|\overline{A})=P(B)$（$A$ 发生与否不影响 B 发生的概率）。A、B 独立的含意是"A 发生与否"同"B 发生与否"在概率上互不影响。

【例 1-9-5】　已知事件 A 与 B 相互独立，且 $P(\overline{A})=0.4$，$P(\overline{B})=0.5$，则 $P(A\cup B)$等于：

A. 0.6　　B. 0.7　　C. 0.8　　D. 0.9

解　因为 A 与 B 独立，所以 $\overline{A}$ 与 $\overline{B}$ 独立。

$P(A\cup B)=1-P(\overline{A\cup B})=1-P(\overline{A}\,\overline{B})=1-P(\overline{A})P(\overline{B})=0.8$

或者 $P(A\cup B)=P(A)+P(B)-P(AB)$

由于 A 与 B 相互独立，则 $P(AB)=P(A)P(B)$

而 $P(A)=1-P(\overline{A})=0.6$，$P(B)=1-P(\overline{B})=0.5$

故 $P(A\cup B)=0.6+0.5-0.6\times 0.5=0.8$

答案：C

【例 1-9-6】　若 $P(A)>0$，$P(B)>0$，$P(\overline{B})>0$，$P(A|B)=P(A)$，则下列各式不成立的是：

A. $P(B|A)=P(B)$　　B. $P(A|\overline{B})=P(A)$

C. $P(AB)=P(A)P(B)$　　D. $AB=\varnothing$

解　因 $P(AB)=P(B)P(A|B)=P(A)P(B)>0$，而 $AB=\varnothing$ 时，$P(AB)=0$。选项 D 不成立。

或因 $P(AB)=P(B)P(A|B)=P(A)P(B)$，选项 C 成立；$A$、$B$ 相互独立，所以选项 A、B

也成立。

答案:D

定义:对于三个事件 A、B、C,如果有

$$P(AB)=P(A)P(B)$$

$$P(AC)=P(A)P(C)$$

$$P(BC)=P(B)P(C)$$

$$P(ABC)=P(A)P(B)P(C)$$

则称三事件 A、B、C 相互独立。

定义:对于 n 个事件 A_1、A_2、…、A_n,如果对任何整数 $k(2\leqslant k\leqslant n)$,任意 $1\leqslant i_1<i_2<\cdots<i_k\leqslant n$,有 $P(A_{i1}A_{i2}\cdots A_{ik})=P(A_{i1})P(A_{i2})\cdots P(A_{ik})$ 成立,则称 A_1、A_2、…、A_n 相互独立。

2.独立重复试验(贝努利概型)

设一次试验中,事件 A 发生的概率为 $p(0<p<1)$,则在 n 次独立重复试验(n 重贝努利试验)中 A 发生 k 次的概率

$$P_k=\mathrm{C}_n^k p^k q^{n-k}\quad (q=1-p;k=0,1,2,\cdots,n)$$

【例 1-9-7】 在一小时内一台车床不需要工人看管的概率为0.8,一个工人看管三台车床,三台车床工作相互独立,求在一小时内三台车床中至少有一台不需要人看管的概率。

解 设 A 表示"一小时内一台车床不需要看管",看管三台车床相当于 3 次独立重复试验。

B 表示"一小时内三台车床中至少有一台不需要看管";

B_k 表示"一小时内三台车床中恰有 k 台不需要看管",$k=0,1,2,3$。

由题意可知

$$p=P(A)=0.8$$

方法 1:

$$P(B_k)=\mathrm{C}_3^k 0.8^k 0.2^{3-k}\qquad (k=0,1,2,3)$$

$$P(B)=P(B_1)+P(B_2)+P(B_3)$$

$$=\sum_{k=1}^{3}\mathrm{C}_3^k 0.8^k 0.2^{3-k}=0.992$$

方法 2:

$$P(B)=1-P(\overline{B})$$

$$P(\overline{B})=P(B_0)=0.2^3$$

$$P(B)=1-0.2^3=0.992$$

由此可见,借助性质 $P(A)=1-P(\overline{A})$有时可简化计算。

二、随机变量

为了进一步研究随机现象,需要将随机试验的结果数量化,为此先定义随机变量。

(一)随机变量及其分布函数

1.如果对于随机试验的每一个可能结果 ω,变量 X 都有一确定实数与它对应,则称 X 为随机变量。含随机变量的等式、不等式表示随机事件,如 $X=0$,$X\leqslant 2$ 等。

2.对任意实数 x,称函数

$$F(x)=P\{X\leqslant x\}\qquad (-\infty<x<+\infty)$$

为随机变量 X 的分布函数。

3.分布函数性质:

(1)$0\leqslant F(x)\leqslant 1(-\infty<x<+\infty)$;$\lim\limits_{x\to+\infty}F(x)=1$,$\lim\limits_{x\to-\infty}F(x)=0$;

(2)$F(x)$是非减函数,即 $x_1<x_2$ 时,$F(x_1)\leqslant F(x_2)$;

(3)$F(x)$是右连续的,即 $\lim\limits_{x\to a^+}F(x)=F(a)$;

(4)$P\{a<X\leqslant b\}=F(b)-F(a)$,$P(X>a)=1-F(a)$。

(二)离散型随机变量

1.离散型随机变量的全部可能取值为有限多个(记为 $x_1,x_2,\cdots,x_n$)或可数多个(记为 $x_1,x_2,\cdots,x_n,\cdots$)。

离散型随机变量的分布律为

$$P\{X=x_k\}=P_k \qquad (k=1,2,\cdots,n,\cdots)$$

也可用表格表示

X	x_1	x_2	$\cdots$	x_n	$\cdots$
P_k	P_1	P_2	$\cdots$	P_n	$\cdots$

2.分布律的性质:

(1)非负性,$P_k\geqslant 0(k=1,2,\cdots)$;

(2)全部概率的和为1,即 $\sum\limits_{k=1}^{\infty}P_k=1$。

(3)$P(a<X\leqslant b)=\sum\limits_{a<x_k\leqslant b}P_k$。

3.离散型随机变量的分布函数

$$F(x)=P\{X\leqslant x\}=\sum_{x_k\leqslant x}P\{X=x_k\}$$

【例 1-9-8】 离散型随机变量 X 的分布律为 $P(X=k)=C\lambda^k(k=0,1,2,\cdots)$,则下列不成立的是:

A. $C>0$　　B. $0<\lambda<1$　　C. $C=1-\lambda$　　D. $C=\dfrac{1}{1-\lambda}$

解 由分布律性质知 $C\lambda^k\geqslant 0(k=0,1,2,\cdots)$,$\sum\limits_{k=0}^{\infty}C\lambda^k=\dfrac{C}{1-\lambda}=1$。所以 $C>0,\lambda>0,|\lambda|<1,C=1-\lambda$。

答案:D

(三)连续型随机变量

1.定义:对于随机变量 X,如果存在非负函数 $f(x)$,使对任意实数 x 有

$$F(x)=P\{X\leqslant x\}=\int_{-\infty}^{x}f(t)\mathrm{d}t$$

则称 X 为连续型随机变量,称 $f(x)$为 X 的概率密度。此时,$F(x)$为连续函数。

2.概率密度 $f(x)$性质:

(1)$\int_{-\infty}^{+\infty}f(x)\mathrm{d}x=1$(其中 $f(x)\geqslant 0$);

(2)在 $f(x)$连续点有 $F'(x)=f(x)$;

(3)$P\{a<X\leqslant b\}=F(b)-F(a)=\int_{a}^{b}f(x)\mathrm{d}x$(等于曲边梯形面积)。

注意:连续型随机变量 X 取任一定值 a 的概率 $P\{X=a\}=0$,但"$X=a$"有时并非不可能事件。

【例 1-9-9】 下列函数中,可以作为连续型随机变量的分布函数的是:

A. $\Phi(x)=\begin{cases}0 & x<0\\1-e^x & x\geqslant 0\end{cases}$　　B. $F(x)=\begin{cases}e^x & x<0\\1 & x\geqslant 0\end{cases}$

C. $G(x)=\begin{cases}e^{-x} & x<0\\1 & x\geqslant 0\end{cases}$　　D. $H(x)=\begin{cases}0 & x<0\\1+e^{-x} & x\geqslant 0\end{cases}$

解　分布函数[记为 $Q(x)$]性质为:①$0\leqslant Q(x)\leqslant 1$,$Q(-\infty)=0$,$Q(+\infty)=1$;②$Q(x)$是非减函数;③$Q(x)$是右连续的。

$\Phi(+\infty)=-\infty$;$F(x)$满足分布函数的性质①、②、③;

$G(-\infty)=+\infty$;$x\geqslant 0$ 时,$H(x)>1$。

答案:B

【例 1-9-10】　设随机变量 X 的概率密度为 $f(x)=\begin{cases}Axe^{-\frac{x^2}{2\sigma^2}} & x\geqslant 0\\0 & x<0\end{cases}$,求常数 A。

解　由 $\int_{-\infty}^{+\infty}f(x)\mathrm{d}x=1$,可知 $\int_0^{+\infty}Axe^{-\frac{x^2}{2\sigma^2}}\mathrm{d}x=-A\sigma^2\int_0^{+\infty}e^{-\frac{x^2}{2\sigma^2}}\mathrm{d}(-\frac{x^2}{2\sigma^2})=A\sigma^2=1$

得 $A=\frac{1}{\sigma^2}$

【例 1-9-11】　设连续型随机变量 X 的分布函数为

$$F(x)=A+B\arctan x\qquad(-\infty<x<+\infty)$$

求:(1) 常数 A 与 B;

(2) 随机变量 X 在$(-1,1)$内取值的概率;

(3) 随机变量 X 的概率密度。

解　(1) 因 $F(+\infty)=A+\frac{\pi}{2}B=1$,$F(-\infty)=A-\frac{\pi}{2}B=0$

所以 $A=\frac{1}{2}$,$B=\frac{1}{\pi}$,$F(x)=\frac{1}{2}+\frac{1}{\pi}\arctan x$

(2) $P\{-1<X<1\}=F(1)-F(-1)=\frac{1}{\pi}\arctan 1-\frac{1}{\pi}\arctan(-1)=\frac{1}{2}$

(3) $f(x)=F'(x)=\frac{1}{\pi(1+x^2)}\qquad(-\infty<x<+\infty)$

(四)常用概率分布

1. 0—1 分布

分布律

$$P\{X=k\}=p^kq^{1-k}\qquad(k=0,1)$$

或　$\begin{array}{c|cc}X & 0 & 1\\\hline P_k & q & p\end{array}\qquad(0<p<1,q=1-p)$

2. 二项分布 $B(n,p)$

分布律

$$P\{X=k\}=C_n^kp^kq^{n-k}\qquad(0<p<1,q=1-p;k=0,1,2,\cdots,n)$$

说明:(1)0—1 分布就是 $B(1,p)$。

(2)当 X 表示“n 次独立重复试验中,事件 A 发生的次数”时,$X\sim B(n,p)$,$p=P(A)$。

3. 泊松分布 $P(\lambda)$

分布律

$$P\{X=k\}=\frac{e^{-\lambda}\lambda^{k}}{k!}\quad(\text{参数}\ \lambda\ \text{为正常数}, k=0,1,2,\cdots)$$

4. 均匀分布 $U(a,b)$

概率密度

$$f(x)=\begin{cases}\dfrac{1}{b-a} & a\leqslant x\leqslant b\\ 0 & \text{其他}\end{cases}$$

5. 指数分布 $E(\lambda)$

概率密度

$$f(x)=\begin{cases}\lambda e^{-\lambda x} & x\geqslant 0\\ 0 & x<0\end{cases}\quad(\text{参数}\ \lambda\ \text{为正常数})$$

6. 正态分布 $N(\mu,\sigma^2)$

概率密度

$$f(x)=\frac{1}{\sqrt{2\pi}\sigma}\ e^{-\frac{(x-\mu)^2}{2\sigma^2}}\quad(-\infty<x<+\infty, \mu\ \text{为常数}, \sigma\ \text{为正常数})$$

标准正态分布 $N(0,1)$

概率密度

$$\varphi(x)=\frac{1}{\sqrt{2\pi}}\ e^{-\frac{x^2}{2}}\quad(-\infty<x<+\infty)\tag{1-9-4}$$

分布函数 $\Phi(x)=\dfrac{1}{\sqrt{2\pi}}\displaystyle\int_{-\infty}^{x} e^{-\frac{t^2}{2}}\,\mathrm{d}t$

$\Phi(x)$为图 1-9-2 斜线部分面积值。显然

$$\Phi(0)=0.5$$

$$\Phi(-a)=1-\Phi(a)\quad(\text{图 1-9-3})$$

$$a>0\ \text{时}, P\{|X|<a\}=2\Phi(a)-1\quad(\text{图 1-9-3})$$

图 1-9-2

图 1-9-3

结论：设 $X\sim N(\mu,\sigma^2)$，则

(1) $\dfrac{X-\mu}{\sigma}\sim N(0,1)$（$X$ 的标准化）

(2) $P(a<X\leqslant b)=P\left(\dfrac{a-\mu}{\sigma}<\dfrac{X-\mu}{\sigma}\leqslant\dfrac{b-\mu}{\sigma}\right)=\Phi\left(\dfrac{b-\mu}{\sigma}\right)-\Phi\left(\dfrac{a-\mu}{\sigma}\right)$

(3) 当 a、b 为常数，$a\neq 0$ 时，$aX+b\sim N(a\mu+b, a^2\sigma^2)$。

【例 1-9-12】 设 $X\sim N(1,2^2)$，$\Phi(0.5)=0.69$，$\Phi(1)=0.84$，求 $P\{-1<X^3<8\}$。

解 $P\{-1<X^3<8\}=P\{-1<X<2\}$

$$=\Phi\left(\frac{2-1}{2}\right)-\Phi\left(\frac{-1-1}{2}\right)=\Phi(0.5)-\Phi(-1)$$

$$=\Phi(0.5)-[1-\Phi(1)]=0.69-(1-0.84)=0.53$$

为了便于应用，对于标准正态分布，我们引入上 α 分位数的定义：

设 $X\sim N(0,1)$，若数 z_α 满足条件（见图 1-9-4）

$$P\{X>z_\alpha\}=\alpha \qquad (0<\alpha<1) \qquad (1\text{-}9\text{-}5)$$

则称数 z_α 为标准正态分布上 α 分位数。$\Phi(z_\alpha)=P(X\leqslant z_\alpha)=1-\alpha$，由于概率密度 $\varphi(x)$ 为偶函数，所以 $z_{1-\alpha}=-z_\alpha$。（有的书不用 z_α 而用 u_α）

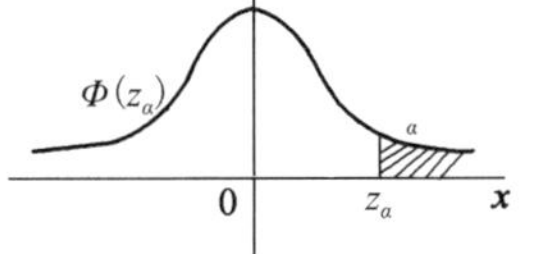

图 1-9-4

查表可知 $z_{0.05}=1.645$，$z_{0.025}=1.96$，$z_{0.95}=-1.645$。

7. 二维离散型随机变量

(1) 联合分布律

定义：设随机变量 X 可能取值为 $x_1,x_1,\cdots,x_m,\cdots$，随机变量 Y 可能取值为 $y_1,y_1,\cdots,y_n,\cdots$，把 $X=x_i$ 与 $Y=y_j$ 的积事件的概率 $P(X=x_i,Y=y_j)=p_{ij}(i=1,2,\cdots,m,\cdots;j=1,2,\cdots,n,\cdots)$ 称为 (X,Y) 的联合分布律（简称分布律）。

性质：① $p_{ij}\geqslant 0(i=1,2,\cdots,m,\cdots;j=1,2,\cdots,n,\cdots)$；

② $\sum\limits_{i=1}^{\infty}\sum\limits_{j=1}^{\infty}p_{ij}=1$。

(2) 边缘分布律

定义：设 (X,Y) 的联合分布率为 $P(X=x_i,Y=y_j)=p_{ij}(i=1,2,\cdots,m,\cdots;j=1,2,\cdots,n,\cdots)$，称 $P(X=x_i)=\sum\limits_{j=1}^{\infty}p_{ij}=p_{i\cdot}(i=1,2,\cdots,m,\cdots)$ 为关于 X 的边缘分布律，称 $P(Y=y_j)=\sum\limits_{i=1}^{\infty}p_{ij}=p_{\cdot j}(j=1,2,\cdots,n,\cdots)$ 为关于 Y 的边缘分布律。

(3) X 与 Y 相互独立的充要条件是 $P(X=x_i,Y=y_j)=P(X=x_i)P(Y=y_j)$ 恒成立，即 $p_{ij}\equiv p_{i\cdot}p_{\cdot j}$。

【例 1-9-13】 设二维随机变量 (X,Y) 的分布律为

例 1-9-13 表

Y	X		
	1	2	3
1	$\frac{1}{6}$	$\frac{1}{9}$	$\frac{1}{18}$
2	$\frac{1}{3}$	β	α

X 与 Y 相互独立，则 α 与 β 的取值为：

A. $\alpha=\frac{1}{6},\beta=\frac{1}{6}$ B. $\alpha=0,\beta=\frac{1}{3}$

C. $\alpha=\frac{2}{9},\beta=\frac{1}{9}$ D. $\alpha=\frac{1}{9},\beta=\frac{2}{9}$

解 方法 1：

利用性质 $\sum\limits_{i=1}^{\infty}\sum\limits_{j=1}^{\infty}p_{ij}=1$ 和 X 与 Y 相互独立的充要条件 $p_{ij}\equiv p_{i\cdot}p_{\cdot j}$ 建立两个方程。

$$\begin{cases}\frac{1}{6}+\frac{1}{9}+\frac{1}{18}+\frac{1}{3}+\beta+\alpha=1\\ P(X=2,Y=1)=P(X=2)P(Y=1)\end{cases}$$

即 $\begin{cases}\alpha+\beta=\dfrac{1}{3}\\ \dfrac{1}{9}=(\dfrac{1}{9}+\beta)(\dfrac{1}{6}+\dfrac{1}{9}+\dfrac{1}{18})\end{cases}$

$\alpha=\dfrac{1}{9}$，$\beta=\dfrac{2}{9}$

方法 2：

利用 $p_{ij}\equiv p_{i\cdot}p_{\cdot j}$ 导出比例关系。

$$\frac{P(X=i,Y=1)}{P(X=i,Y=2)}=\frac{P(X=i)P(Y=1)}{P(X=i)P(Y=2)}=\frac{P(Y=1)}{P(Y=2)}\quad(i=1,2,3)$$

得 $\dfrac{\frac{1}{6}}{\frac{1}{3}}=\dfrac{\frac{1}{9}}{\beta}=\dfrac{\frac{1}{18}}{\alpha}$（两个方程），即 $\alpha=\dfrac{1}{9}$，$\beta=\dfrac{2}{9}$

注：二维离散型随机变量 X 与 Y 相互独立时，联合分布律（矩阵）任意两行（列）对应成比例，考试时不必推导，直接使用。

答案：D

8. 二维连续型随机变量

（1）二维连续型随机变量 X、Y 的联合概率密度 $f(x,y)$ 的性质

$f(x,y)\geqslant 0$ 且 $\int_{-\infty}^{+\infty}\int_{-\infty}^{+\infty}f(x,y)\mathrm{d}x\mathrm{d}y=1$

（2）边缘概率密度

关于 X 的边缘概率密度：$f_X(x)=\int_{-\infty}^{+\infty}f(x,y)\mathrm{d}y(-\infty<x<+\infty)$

关于 Y 的边缘概率密度：$f_Y(y)=\int_{-\infty}^{+\infty}f(x,y)\mathrm{d}x(-\infty<y<+\infty)$

（3）X 与 Y 相互独立的充要条件是

$f(x,y)=f_X(x)\cdot f_Y(y)$ 处处成立（严格地讲应是“几乎处处成立”）

如设 X、Y 的联合概率密度为：

$$f(x,y)=\begin{cases}6xy^2 & 0\leqslant x\leqslant 1,0\leqslant y\leqslant 1\\ 0 & \text{其他}\end{cases}$$

则 $f_X(x)=\begin{cases}\int_0^1 6xy^2\mathrm{d}y=2x\cdot y^3\Big|_0^1=2x & 0\leqslant x\leqslant 1\\ 0 & \text{其他}\end{cases}$

$f_Y(y)=\begin{cases}\int_0^1 6xy^2\mathrm{d}x=3y^2\cdot x^2\Big|_0^1=3y^2 & 0\leqslant y\leqslant 1\\ 0 & \text{其他}\end{cases}$

因为 $f(x,y)=f_X(x)\cdot f_Y(y)$ 处处成立，所以 X 与 Y 相互独立。

【例 1-9-14】 设二维随机变量 (X,Y) 的概率密度为 $f(x,y)=\begin{cases}e^{-2ax+by} & x>0,y>0\\ 0 & \text{其他}\end{cases}$，则常数 a，b 应满足的条件是：

A. $ab=-\frac{1}{2}$，且 $a>0,b<0$　　　　B. $ab=\frac{1}{2}$，且 $a>0,b>0$

C. $ab=-\frac{1}{2}$，$a<0,b<0$　　　　D. $ab=\frac{1}{2}$，且 $a<0,b<0$

解　方法 1：

利用联合概率密度的性质：$\int_{-\infty}^{+\infty}\int_{-\infty}^{+\infty} f(x,y)\mathrm{d}x\mathrm{d}y=1$

$\int_{0}^{+\infty}\int_{0}^{+\infty} e^{-2ax+by}\mathrm{d}y\mathrm{d}x=\int_{0}^{+\infty} e^{-2ax}\mathrm{d}x\cdot\int_{0}^{+\infty} e^{by}\mathrm{d}y=1$

当 $a>0$ 时，$\int_{0}^{+\infty} e^{-2ax}\mathrm{d}x=\frac{-1}{2a}e^{-2ax}\Big|_{0}^{+\infty}=\frac{1}{2a}$

当 $b<0$ 时，$\int_{0}^{+\infty} e^{by}\mathrm{d}y=\frac{1}{b}e^{by}\Big|_{0}^{+\infty}=\frac{-1}{b}$

$\frac{1}{2a}\times\frac{-1}{b}=1$，$ab=-\frac{1}{2}$

方法 2：

$x>0,y>0$ 时

$f(x,y)=e^{-2ax+by}=2ae^{-2ax}\cdot(-b)e^{by}\cdot\frac{-1}{2ab}$

当 $\frac{-1}{2ab}=1$，即 $ab=-\frac{1}{2}$ 时，X 服从参数 $\lambda=2a(a>0)$ 的指数分布，Y 服从参数 $\lambda=-b(b<0)$ 的指数分布，X 与 Y 相互独立。

答案：A

(4)二维正态分布 $N(\mu_1,\mu_2,\sigma_1^2,\sigma_2^2,\rho)$

①若 X 与 Y 的联合概率密度为

$$f(x,y)=\frac{1}{2\pi\sigma_1\sigma_2\sqrt{1-\rho^2}}e^{-\frac{1}{2(1-\rho^2)}\left[\frac{(x-\mu_1)^2}{\sigma_1^2}-2\rho\frac{(x-\mu_1)(y-\mu_2)}{\sigma_1\sigma_2}+\frac{(y-\mu_2)^2}{\sigma_2^2}\right]}$$

(μ_1,μ_2 为常数，σ_1、σ_2 为正常数，$|\rho|<1$)

则称(X,Y)服从二维正态分布，记为$(X,Y)\sim N(\mu_1,\mu_2,\sigma_1^2,\sigma_2^2,\rho)$

②设$(X,Y)\sim N(\mu_1,\mu_2,\sigma_1^2,\sigma_2^2,\rho)$，则

a. $X\sim N(\mu_1,\sigma_1^2)$，$Y\sim N(\mu_2,\sigma_2^2)$

b. X 与 Y 相互独立的充要条件是 $\rho=0$(X,Y 不相关)，即

$$f(x,y)=\frac{1}{\sqrt{2\pi}\sigma_1}e^{-\frac{(x-\mu_1)^2}{2\sigma_1^2}}\cdot\frac{1}{\sqrt{2\pi}\sigma_2}e^{-\frac{(y-\mu_2)^2}{2\sigma_2^2}}$$

三、随机变量的数字特征

(一)随机变量的数字特征

1. 数学期望(均值)

(1)定义：设离散型随机变量 X 的分布律为 $P\{X=x_k\}=P_k(k=1,2,\cdots,n,\cdots)$。若 $\sum_{k=1}^{\infty}x_kP_k$ 绝对收敛，则称 $\sum_{k=1}^{\infty}x_kP_k$ 为 X 的数学期望，记作 $E(X)$，即 $E(X)=\sum_{k=1}^{\infty}x_kP_k$。

设连续型随机变量 X 的概率密度为 $f(x)$，若 $\int_{-\infty}^{+\infty}xf(x)\mathrm{d}x$ 绝对收敛，则称 $\int_{-\infty}^{+\infty}xf(x)\mathrm{d}x$ 为 X

的数学期望，记作 $E(X)$，即 $E(X)=\int_{-\infty}^{+\infty}xf(x)\mathrm{d}x$。

(2)性质：

①$E(c)=c$ （c 为常数）；

②$E(kX)=kE(X)$ （k 为常数）；

③$E(kX+b)=kE(X)+b$ （k,b 均为常数）；

④$E(X_1+X_2+\cdots+X_m)=E(X_1)+E(X_2)+\cdots+E(X_m)$。

⑤设 $X_1,X_2,\cdots,X_m$ 相互独立，则 $E(X_1X_2\cdots X_m)=E(X_1)E(X_2)\cdots E(X_m)$。

(3)随机变量函数的数学期望：

①设 X 为离散型，分布律为 $P(X=x_i)=P_i(i=1,2,\cdots)$，$Y=g(X)$，则随机变量 Y 的数学期望为 $E(Y)=E[g(X)]=\sum\limits_{i=1}^{\infty}g(x_i)P_i$(绝对收敛)。

②设 X 为连续型，概率密度为 $f(x)$，$Y=g(X)$，则随机变量 Y 的数学期望为 $E(Y)=E[g(X)]=\int_{-\infty}^{+\infty}g(x)f(x)\mathrm{d}x$(绝对收敛)。

③设 (X,Y) 的联合分布律为 $P(X=x_i,Y=y_j)=p_{ij}(i=1,2,\cdots,m,\cdots;j=1,2,\cdots,n,\cdots)$，$Z=g(X,Y)$，则 $E(Z)=E[g(X,Y)]=\sum\limits_{i=1}^{\infty}\sum\limits_{j=1}^{\infty}g(x_i,y_j)p_{ij}$。

④设 (X,Y) 的联合概率密度为 $f(x,y)$，$Z=g(X,Y)$，则 $E(Z)=E[g(X,Y)]=\int_{-\infty}^{+\infty}\int_{-\infty}^{+\infty}g(x,y)f(x,y)\mathrm{d}x\mathrm{d}y$。

2.方差

(1)定义：称 $E[(X-E(X))^2]$ 为 X 的方差，记为 $D(X)$，即 $D(X)=E[(X-E(X))^2]$，方差用于刻画随机变量取值分散程度。称 $\sqrt{D(X)}$ 为 X 的标准差或均方差。

设离散型随机变量 X 的分布律为 $P(X=x_k)=P_k(k=1,2,\cdots)$，则

$$D(X)=\sum_{k=1}^{\infty}[x_k-E(X)]^2P_k$$

设连续型随机变量 X 的概率密度为 $f(x)$，则

$$D(X)=\int_{-\infty}^{+\infty}[x-E(X)]^2f(x)\mathrm{d}x$$

计算方差有时用公式

$$D(X)=E(X^2)-[E(X)]^2 \tag{1-9-6}$$

(2)性质：

① $D(C)=0$ （C 为常数）；

② $D(CX)=C^2D(X)$，$D(X\pm C)=D(X)$ （C 为常数）；

③设随机变量 X_1,X_2 相互独立，则

$$D(X_1\pm X_2)=D(X_1)+D(X_2)$$

设随机变量 $X_1,X_2,\cdots,X_n$ 相互独立，$C_1,C_2,\cdots,C_n$ 为常数，则 $D(\sum\limits_{i=1}^{n}C_iX_i)=\sum\limits_{i=1}^{n}C_i^2D(X_i)$。

特别对独立同分布的随机变量 $X_1,\cdots,X_n$，如果 $E(X_i)=\mu$，$D(X_i)=\sigma^2(i=1,2,\cdots,n)$，令 $\overline{X}=\frac{1}{n}\sum\limits_{i=1}^{n}X_i$，则

$$E(\overline{X})=E\left(\frac{1}{n}\sum_{i=1}^{n}X_i\right)=\mu$$

$$D(\overline{X})=D\left(\frac{1}{n}\sum_{i=1}^{n}X_i\right)=\frac{1}{n}\sigma^2$$

【例 1-9-15】 已知 $E(X)=2, D(X)=1, Y=X^2$,求 $E(Y)$。

解 $E(Y)=E(X^2)=D(X)+[E(X)]^2=1+2^2=5$。

(二)常用概率分布的期望和方差(见表 1-9-1)

表 1-9-1

X 服从的分布	$E(X)$	$D(X)$
参数 p 的 0—1 分布,$q=1-p$	p	pq
二项分布 $B(n,p)$,$q=1-p$	np	npq
参数 λ 的泊松分布 $P(\lambda)$	λ	λ
(a,b)上的均匀分布 $U(a,b)$	$\frac{a+b}{2}$	$\frac{(b-a)^2}{12}$
参数 λ 的指数分布 $E(\lambda)$	$\frac{1}{\lambda}$	$\frac{1}{\lambda^2}$
正态分布 $N(\mu,\sigma^2)$	μ	σ^2

【例 1-9-16】 设随机变量 X 服从参数为 2 的泊松分布,则随机变量 $Z=3X+2$ 的标准差是:

A. 18　　B. $3\sqrt{2}$　　C. 6　　D. 4

解 $\sqrt{D(Z)}=\sqrt{9D(X)}=\sqrt{9\times 2}=3\sqrt{2}$

答案:B

(三)矩、协方差、相关系数及其性质

(1)设 k 为正整数,称 $E(X^k)$为 X 的k 阶原点矩,$E(X)$存在时,称 $E[(X-E(X))^k]$为 X 的k 阶中心矩。X 的方差 $D(X)$为 X 的二阶中心矩。

(2)设 X、Y 为随机变量,$E(X)$、$E(Y)$存在,则称 $E[(X-E(X))(Y-E(Y))]$为 X 与 Y 的协方差,记作 $\mathrm{Cov}(X,Y)$,即 $\mathrm{Cov}(X、Y)=E[(X-E(X))(Y-E(Y))]$。

因为$[X-E(X)][Y-E(Y)]=XY-XE(Y)-YE(X)+E(X)E(Y)$,所以

$$\mathrm{Cov}(X,Y)=E(XY)-E(X)\cdot E(Y)$$

协方差性质:

①$\mathrm{Cov}(X,Y)=\mathrm{Cov}(Y,X)$;

②$\mathrm{Cov}(X_1+X_2,Y)=\mathrm{Cov}(X_1,Y)+\mathrm{Cov}(X_2,Y)$;

③$\mathrm{Cov}(aX,bY)=ab\mathrm{Cov}(X,Y)$,其中 a、b 为常数;

④若 X 与 Y 相互独立,则 $\mathrm{Cov}(X,Y)=0$。

(3)设 $D(X)>0, D(Y)>0$,则称$\frac{\mathrm{Cov}(X,Y)}{\sqrt{D(X)D(Y)}}$为 X 与 Y 的相关系数,记作 ρ_{XY}。

相关系数性质:

①$|\rho_{XY}|\leqslant 1$;

②$|\rho_{XY}|=1$ 的充分必要条件是存在常数 a、$b(a\neq 0)$，使 $P\{Y=aX+b\}=1$。

ρ_{XY} 描述 X 和 Y 之间线性相关关系的密切程度。$|\rho_{XY}|$ 接近 1，说明 X、Y 之间有密切的线性相关关系；$\rho_{XY}=0$ 时称 X 与 Y 不相关，说明 X 与 Y 之间没有线性相关关系。

四、数理统计的基本概念

(一)总体与样本

在统计学中，我们把研究对象的全体(或某项指标 X)称为总体，组成总体的基本单元称为个体。总体可以用随机变量 X 表示。例如 X 表示钢筋强度、灯泡寿命等。

从一个总体 X 中，随机地抽取 n 个个体称为样本，记为 $X_1,X_2,\cdots,X_n$。若样本 $X_1,X_2,\cdots,X_n$ 相互独立，且与 X 有相同的概率分布，则称 $X_1,X_2,\cdots,X_n$ 是来自总体 X 的容量为 n 的(简单随机)样本。每次具体抽样，所得数据为样本观察值，用 $x_1,x_2,\cdots,x_n$ 表示。

如果总体的概率密度为 $f(x)$，则$(X_1,X_2,\cdots,X_n)$有联合密度 $f(x_1)f(x_2)\cdots f(x_n)$。

(二)统计量

设 $X_1,X_2,\cdots,X_n$ 是来自总体 X 的样本，则不含未知参数的连续函数 $g(X_1,X_2,\cdots,X_n)$ 称为统计量。

常用统计量有：

(1)样本均值 $\overline{X}=\dfrac{1}{n}\sum\limits_{i=1}^{n}X_i$；

(2)样本方差 $S^2=\dfrac{1}{n-1}\sum\limits_{i=1}^{n}(X_i-\overline{X})^2$；

(3)样本标准差 $S=\sqrt{\dfrac{1}{n-1}\sum\limits_{i=1}^{n}(X_i-\overline{X})^2}$。

如果 $E(X)=\mu,D(X)=\sigma^2$，则 $E(\overline{X})=\mu,D(\overline{X})=\dfrac{1}{n}\sigma^2$ 且 $E(S^2)=\sigma^2$。

(4)样本 k 阶原点矩　　$A_k=\dfrac{1}{n}\sum\limits_{i=1}^{n}X_i^k\quad(k=1,2,\cdots)$

样本 k 阶中心矩　　$B_k=\dfrac{1}{n}\sum\limits_{i=1}^{n}(X_i-\overline{X})^k\quad(k=1,2,\cdots)$

(三)正态总体样本均值与样本方差的分布

1. 数理统计中常用的分布

(1)χ^2 分布

设 $Z_1,Z_2,\cdots,Z_n$ 相互独立且都服从 $N(0,1)$分布，则称

$$Y=\sum_{i=1}^{n}Z_i^2$$

服从自由度为 n 的χ^2 分布，记作 $Y\sim\chi^2(n)$。

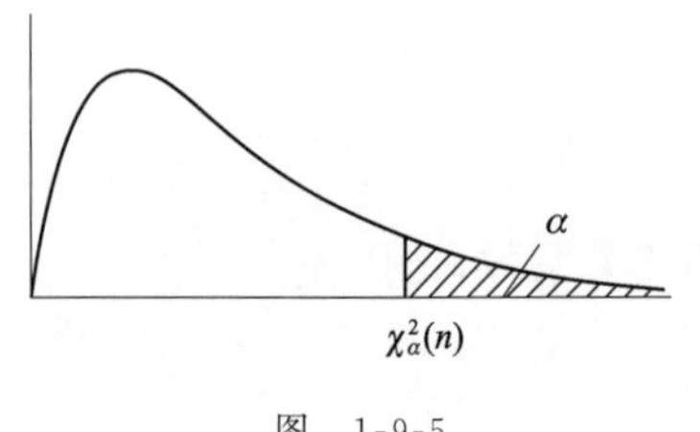

图　1-9-5

若数 $\chi_\alpha^2(n)$满足 $P\{Y>\chi_\alpha^2(n)\}=\alpha(0<\alpha<1)$，则称数 $\chi_\alpha^2(n)$为$\chi^2(n)$分布的上 α 分位数(见图 1-9-5)。

χ^2 分布的性质：

①设 $X\sim\chi^2(n)$，则 $E(X)=n,D(X)=2n$。

②可加性：设 $X\sim\chi^2(n_1)$，$Y\sim\chi^2(n_2)$，且 X,Y 相互独立，则 $X+Y\sim\chi^2(n_1+n_2)$。

(2)t 分布

设 X、Y 相互独立，且 $X \sim N(0,1)$，$Y \sim \chi^2(n)$，则称

$$T = \frac{X}{\sqrt{\frac{Y}{n}}}$$

服从自由度为 n 的t 分布，记作 $T \sim t(n)$。

若数 $t_\alpha(n)$满足

$$P\{T > t_\alpha(n)\} = \alpha \quad (0 < \alpha < 1)$$

则称数 $t_\alpha(n)$为 $t(n)$分布的上 α 分位数(见图 1-9-6)。

$t(n)$分布的概率密度 $f(x)$为偶函数，因而有

$t_{1-\alpha}(n) = -t_\alpha(n)$

(3)F 分布

设 X、Y 相互独立，且 $X \sim \chi^2(n_1)$、$Y \sim \chi^2(n_2)$，则称

$$F = \frac{X/n_1}{Y/n_2}$$

服从F 分布，记作 $F \sim F(n_1, n_2)$，n_1、n_2 分别为第一、第二自由度。

若数 $F_\alpha(n_1, n_2)$满足

$$P\{F > F_\alpha(n_1, n_2)\} = \alpha \quad (0 < \alpha < 1)$$

则称数 $F_\alpha(n_1, n_2)$为 $F(n_1, n_2)$分布的上 α 分位数(见图 1-9-7)。

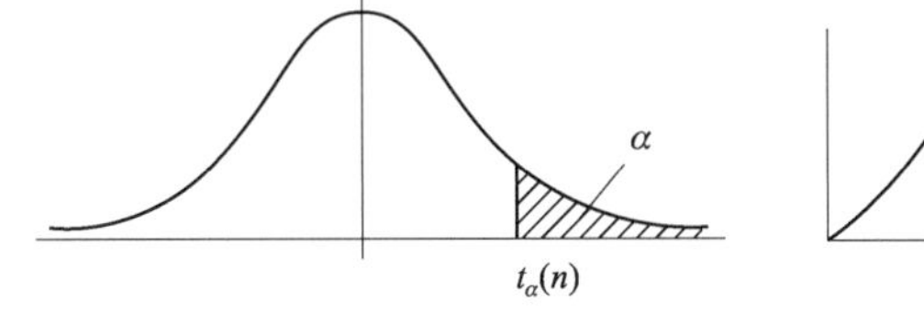

图 1-9-6 图 1-9-7

若 $F \sim F(n_1, n_2)$，则$\frac{1}{F} \sim F(n_2, n_1)$，由此可得 $F_{1-\alpha}(n_1, n_2) = \frac{1}{F_\alpha(n_2, n_1)}$。

若 $T \sim t(n)$，则 $T^2 \sim F(1, n)$，$\frac{1}{T^2} \sim F(n, 1)$。

2.正态总体常用抽样分布

结论(1)：设 $X_1, X_2, \cdots, X_n$ 是来自总体$N(\mu, \sigma^2)$的样本，$\overline{X}$为样本均值，S^2 为样本方差，则

①$\overline{X}$ 与 S^2 相互独立。

② $\overline{X} \sim N\left(\mu, \frac{\sigma^2}{n}\right)$，$\frac{\overline{X} - \mu}{\frac{\sigma}{\sqrt{n}}} \sim N(0,1)$。

③$Y = \frac{(n-1)S^2}{\sigma^2} = \frac{\sum_{i=1}^{n}(X_i - \overline{X})^2}{\sigma^2} \sim \chi^2(n-1)$。

④$T = \frac{\overline{X} - \mu}{\frac{S}{\sqrt{n}}} \sim t(n-1)$。

结论(2)：设 $X_1, X_2, \cdots, X_m$ 和 $Y_1, Y_2, \cdots, Y_n$ 是分别来自总体$N(\mu_1, \sigma_1^2)$和 $N(\mu_2, \sigma_2^2)$的样

本，且 $X_1,X_2,\cdots,X_m;Y_1,Y_2,\cdots,Y_n$ 相互独立，$\overline{X},\overline{Y}$ 分别为两样本均值，S_1^2、S_2^2 分别为两样本方差，则

①当 ${\sigma_1}^2={\sigma_2}^2=\sigma^2$ 时，

记 $S_w=\sqrt{\dfrac{(m-1)S_1^2+(n-1)S_2^2}{m+n-2}}$，

$$\frac{(\overline{X}-\overline{Y})-(\mu_1-\mu_2)}{\sqrt{\dfrac{m+n}{mn}}S_w}\sim t(m+n-2)$$

② $\dfrac{\sigma_2^2S_1^2}{\sigma_1^2S_2^2}\sim F(m-1,n-1)$

【例 1-9-17】 设 $X_1,X_2,\cdots,X_n$ 与 $Y_1,Y_2,\cdots,Y_n$ 是来自正态总体 $X\sim N(\mu,\sigma^2)$ 的样本，并且相互独立，$\overline{X}$ 与 $\overline{Y}$ 分别是其样本均值，则 $\dfrac{\sum\limits_{i=1}^{n}(X_i-\overline{X})^2}{\sum\limits_{i=1}^{n}(Y_i-\overline{Y})^2}$ 服从的分布是：

A. $t(n-1)$　　B. $F(n-1,n-1)$

C. $\chi^2(n-1)$　　D. $N(\mu,\sigma^2)$

解　设 $S_1^2=\dfrac{1}{n-1}\sum\limits_{i=1}^{n}(X_i-\overline{X})^2$

因为总体 $X\sim N(\mu,\sigma^2)$

所以 $\dfrac{\sum\limits_{i=1}^{n}(X_i-\overline{X})^2}{\sigma^2}=\dfrac{(n-1)S_1^2}{\sigma^2}\sim\chi^2(n-1)$，同理 $\dfrac{\sum\limits_{i=1}^{n}(Y_i-\overline{Y})^2}{\sigma^2}\sim\chi^2(n-1)$

又因为两样本相互独立

所以 $\dfrac{\sum\limits_{i=1}^{n}(X_i-\overline{X})^2}{\sigma^2}$ 与 $\dfrac{\sum\limits_{i=1}^{n}(Y_i-\overline{Y})^2}{\sigma^2}$ 相互独立

$$\frac{\sum\limits_{i=1}^{n}(X_i-\overline{X})^2}{\sum\limits_{i=1}^{n}(Y_i-\overline{Y})^2}=\frac{\dfrac{\sum\limits_{i=1}^{n}(X_i-\overline{X})^2}{(n-1)\sigma^2}}{\dfrac{\sum\limits_{i=1}^{n}(Y_i-\overline{Y})^2}{(n-1)\sigma^2}}\sim F(n-1,n-1)$$

答案：B

说明：如果知道 $\sum\limits_{i=1}^{n}(X_i-\overline{X})^2$ 与 χ^2 分布有关，$\dfrac{\sum\limits_{i=1}^{n}(X_i-\overline{X})^2}{\sum\limits_{i=1}^{n}(Y_i-\overline{Y})^2}$ 与 F 分布有关。

而本题只有一个选项是 F 分布，不用推导即可判定。

五、参数估计

用样本来估计总体的某些未知参数（主要是期望和方差），这就是参数估计。参数估计有点估计和区间估计两种。

（一）点估计

设总体 X 的分布函数为 $F(x,\theta)$，θ 是未知参数，构造一个统计量 $g(X_1,X_2\cdots,X_n)$，用它

的值 $g(x_1,x_2,\cdots,x_n)$ 估计参数 θ，称为参数的点估计问题。称统计量 $g(X_1,X_2,\cdots,X_n)$ 为 θ 的估计量，称 $g(x_1,x_2,\cdots,x_n)$ 为 θ 的估计值，θ 的估计量和估计值可记为 $\hat{\theta}$。

1. 矩估计法

设 $X_1,X_2,\cdots,X_n$ 是 X 的样本，X 的分布中含 k 个待估计参数 $\theta_1,\theta_2,\cdots,\theta_k$。如果总体矩 $\mu_l=E(X^l)(l=1,2,\cdots,k)$ 存在，相应的样本矩 $A_l=\frac{1}{n}\sum\limits_{i=1}^{n}X_i^l(l=1,2,\cdots,k)$，令 $\mu_l=A_l(l=1,2,\cdots,k)$，$\theta_1,\theta_2,\cdots,\theta_k$ 的解 $\hat{\theta}_1,\hat{\theta}_2,\cdots,\hat{\theta}_k$ 分别为 $\theta_1,\theta_2,\cdots,\theta_k$ 的矩估计量。

样本均值 $\overline{X}=\frac{1}{n}\sum\limits_{i=1}^{n}X_i$

样本二阶中心矩 $S_n^2=\frac{1}{n}\sum\limits_{i=1}^{n}(X_i-\overline{X})^2$

$\overline{X}$、S_n^2 分别是总体参数 $E(X)$、$D(X)$ 的矩估计量。

【例 1-9-18】 设总体 X 服从均匀分布 $U(1,\theta)$，$\overline{X}=\frac{1}{n}\sum\limits_{i=1}^{n}X_i$，则 θ 的矩估计为：

A. $\overline{X}$　　B. $2\overline{X}$　　C. $2\overline{X}-1$　　D. $2\overline{X}+1$

解 因为 $X\sim U(1,\theta)$，所以 $E(X)=\frac{1+\theta}{2}$，则 $\theta=2E(X)-1$，用 $\overline{X}$ 代替 $E(X)$，得 θ 的矩估计 $\hat{\theta}=2\overline{X}-1$。

答案：C

【例 1-9-19】 设总体 X 的概率密度 $f(x)=\begin{cases}(\theta+1)x^{\theta} & 0<x<1\\ 0 & \text{其他}\end{cases}$，其中 $\theta>-1$ 是未知参数，$X_1,X_2,\cdots,X_n$ 是来自总体 X 的样本，则 θ 的矩估计量是：

A. $\overline{X}$　　B. $\frac{2\overline{X}-1}{1-\overline{X}}$　　C. $2\overline{X}$　　D. $\overline{X}-1$

解 $E(X)=\int_0^1 x(\theta+1)x^{\theta}\mathrm{d}x=\frac{\theta+1}{\theta+2}$，$\theta=\frac{2E(X)-1}{1-E(X)}$，用 $\overline{X}$ 替换 $E(X)$，得 $\hat{\theta}=\frac{2\overline{X}-1}{1-\overline{X}}$。

答案：B

【例 1-9-20】 设总体 X 的概率分布为：

X	0	1	2	3
P	θ^2	$2\theta(1-\theta)$	θ^2	$1-2\theta$

其中 $\theta\left(0<\theta<\frac{1}{2}\right)$ 是未知参数，利用样本值 3,1,3,0,3,1,2,3，所得 θ 的矩估计值是：

A. $\frac{1}{4}$　　B. $\frac{1}{2}$　　C. 2　　D. 0

解 $E(X)=1\times2\theta(1-\theta)+2\theta^2+3(1-2\theta)=3-4\theta$，$\theta=\frac{3-E(X)}{4}$，用 $\overline{X}$ 替换 $E(X)$，得估计量 $\hat{\theta}=\frac{3-\overline{X}}{4}$。

因为 $\overline{X}=\frac{3+1+3+3+1+2+3}{8}=2$，得估计值 $\hat{\theta}=\frac{3-2}{4}=\frac{1}{4}$。

答案：A

2. 最(极)大似然估计法

(1)似然函数

设总体 X 的分布律为 $P(X=x_k)=P_k(\theta)(k=1,2,\cdots)$，其中含有未知参数 θ，$x_1,x_2,\cdots,x_n$ 为一组样本值，则函数 $L(\theta)=\prod_{i=1}^{n}P(X=x_i)$ 称为似然函数。

设总体 X 的概率密度 $f(x,\theta)$ 已知，其中 θ 为未知参数，Θ 为 θ 的取值范围。对于样本 X_1，$X_2,\cdots,X_n$ 的一组样本值 $x_1,x_2,\cdots,x_n$，

则函数
$$L(\theta)=\prod_{i=1}^{n}f(x_i,\theta),\theta\in\Theta \tag{1-9-7}$$
称为似然函数。未知参数可以是一个也可以是多个。

(2)最(极)大似然估计

如果似然函数 $L(\theta)$ 在 $\hat{\theta}$ 上取得最大值，则称 $\hat{\theta}$ 为 θ 的最(极)大似然估计。一般来说，求 θ 的最(极)大似然估计 $\hat{\theta}$ 可以通过求解下面方程
$$\frac{\mathrm{d}L(\theta)}{\mathrm{d}\theta}=0 \quad 或 \quad \frac{\mathrm{d}}{\mathrm{d}\theta}\ln L(\theta)=0$$
求得，当概率密度中含多个未知参数 $\theta_1,\cdots,\theta_k$ 时，可用类似方法求得 $\hat{\theta}_1,\cdots,\hat{\theta}_k$。

【例 1-9-21】 设总体 X 服从指数分布，概率密度为
$$f(x)=\begin{cases}\lambda e^{-\lambda x} & x>0\\ 0 & x\leqslant 0\end{cases} \quad (\lambda>0)$$
其中 λ 为未知数，如果取得样本观察值为 $x_1,x_2,\cdots,x_n$，求参数 λ 的极大似然估计。

解 似然函数
$$L(\lambda)=\prod_{i=1}^{n}\lambda e^{-\lambda x_i}=\lambda^n e^{-\lambda\sum_{i=1}^{n}x_i} \quad (\lambda>0)$$
$$\ln L(\lambda)=n\ln\lambda-\lambda\sum_{i=1}^{n}x_i$$
$$\frac{\mathrm{d}}{\mathrm{d}\lambda}\ln L(\lambda)=\frac{n}{\lambda}-\sum_{i=1}^{n}x_i=0$$
所以，λ 的极大似然估计为
$$\hat{\lambda}=\frac{n}{\sum_{i=1}^{n}x_i}=\frac{1}{\bar{x}}(估计值),\hat{\lambda}=\frac{1}{\bar{X}}(估计量)$$

(二)估计量的评选标准

1. 无偏性

设 $\hat{\theta}=\hat{\theta}(X_1,X_2,\cdots,X_n)$ 是参数 θ 的估计量，若 $E(\hat{\theta})=\theta$，则称 $\hat{\theta}$ 是 θ 的无偏估计量。

结论：$\bar{X}=\frac{1}{n}\sum_{i=1}^{n}X_i$ 是 $E(X)$ 的无偏估计量。

$S^2=\frac{1}{n-1}\sum_{i=1}^{n}(X_i-\bar{X})^2$ 是 $D(X)$ 的无偏估计量。

【例 1-9-22】 设 $\hat{\theta}$ 是参数 θ 的一个无偏估计量，又方差 $D(\hat{\theta})>0$，下面结论中正确的是：

A. $\hat{\theta}^2$ 是 θ^2 的无偏估计量

B. $(\hat{\theta})^2$ 不是 θ^2 的无偏估计量

C. 不能确定 $(\hat{\theta})^2$ 是不是 θ^2 的无偏估计量

D. $(\hat{\theta})^2$ 不是 θ^2 的估计量

解 因为 $\hat{\theta}$ 是 θ 的一个无偏估计量，所以 $E(\hat{\theta})=\theta$。

$$E[(\hat{\theta})^2]=D(\hat{\theta})+[E(\hat{\theta})]^2=D(\hat{\theta})+\theta^2$$

又因 $D(\hat{\theta})>0$，所以 $E[(\hat{\theta})^2]>\theta^2$，$(\hat{\theta})^2$ 不是 θ^2 的无偏估计量。

答案：B

2. 有效性

设 $\hat{\theta}_1$、$\hat{\theta}_2$ 都是 θ 的无偏估计量，若 $D(\hat{\theta}_1)<D(\hat{\theta}_2)$，则称 $\hat{\theta}_1$ 比 $\hat{\theta}_2$ 有效。

例如，设 $\mu=E(X)$，$\sigma^2=D(X)>0$，X_1、X_2 为总体 X 的样本，μ 的两个估计量为

$$\hat{\mu}_1=\frac{1}{2}X_1+\frac{1}{2}X_2,\hat{\mu}_2=\frac{1}{3}X_1+\frac{2}{3}X_2$$

因为

$$E(\hat{\mu}_1)=\frac{1}{2}E(X_1)+\frac{1}{2}E(X_2)=\mu$$

$$E(\hat{\mu}_2)=\frac{1}{3}E(X_1)+\frac{2}{3}E(X_2)=\mu$$

所以 $\hat{\mu}_1$、$\hat{\mu}_2$ 都是 μ 的无偏估计量。

但是

$$D(\hat{\mu}_1)=\frac{1}{4}D(X_1)+\frac{1}{4}D(X_2)=\frac{1}{2}\sigma^2$$

$$D(\hat{\mu}_2)=\frac{1}{9}D(X_1)+\frac{4}{9}D(X_2)=\frac{5}{9}\sigma^2$$

$$D(\hat{\mu}_1)<D(\hat{\mu}_2)$$

所以 $\hat{\mu}_1$ 比 $\hat{\mu}_2$ 有效。

结论：设 $X_1,X_2,\cdots,X_n$ 是总体 X 的样本，$E(X)=\mu$，$D(X)=\sigma^2$，C_1 $C_2,\cdots,C_n$ 为常数。

则：(1) $\hat{\mu}=\sum\limits_{i=1}^{n}C_iX_i$ 是 μ 的无偏估计量的充要条件是 $\sum\limits_{i=1}^{n}C_i=1$。

(2) $\overline{X}=\frac{1}{n}\sum\limits_{i=1}^{n}X_i$ 在(1)的所有无偏估计量当中最有效。

3. 一致性

设 $\hat{\theta}(X_1,X_2,\cdots,X_n)$ 是 θ 的估计量，若对任一给定的 $\varepsilon>0$ 和一切 $\theta\in\Theta$（Θ 为 θ 的可能取值范围，称为参数空间），均有 $\lim\limits_{n\to\infty}P(|\hat{\theta}-\theta|>\varepsilon)=0$，则称 $\hat{\theta}$ 是 θ 的一致估计量。

结论：设 $X_1,X_2,\cdots,X_n$ 是总体 X 的一个样本，$E(X)=\mu$，$D(X)>0$，则样本均值 $\overline{X}$ 是 μ 的一致估计量。

（三）区间估计

点估计不能反映估计的可靠性和精确性，由此产生了区间估计。

设总体 X 的分布含有未知参数 θ。若由样本 $X_1,X_2,\cdots,X_n$ 确定的两个统计量 $\theta_1(X_1,X_2,\cdots,X_n)$ 及 $\theta_2(X_1,X_2,\cdots,X_n)$，对于给定的值 $\alpha(0<\alpha<1)$ 满足

$$P\{\theta_1(X_1,X_2,\cdots,X_n)<\theta<\theta_2(X_1,X_2,\cdots,X_n)\}=1-\alpha \qquad (1\text{-}9\text{-}8)$$

则称随机区间 (θ_1,θ_2) 为 θ 的置信度为 $(1-\alpha)$ 的置信区间。θ_1 和 θ_2 分别称为置信下限和置信

上限。

式(1-9-8)的意义是：随机抽样得到的区间(θ_1,θ_2)包含θ真值的概率为$(1-\alpha)$，不含θ值的概率为α。

置信度$1-\alpha$就是区间估计的可靠性，α小则置信度高。区间长度$\theta_2-\theta_1$反映区间估计的精确性，$\theta_2-\theta_1$小表示估计精度高。当n一定时，提高置信度(α取值小)则降低估计精度($\theta_2-\theta_1$的值大)。

求置信区间的方法：

(1)先找一个与待估参数有关的统计量，一般找θ的一个良好的点估计量$\hat{\theta}$。

(2)设法找出表达式中含此统计量$\hat{\theta}$和待估参数θ的一个随机变量U，其分布已知且与θ无关。

(3)对于给定的置信度$(1-\alpha)$，选取常数a、b，使$P(a<U<b)=1-\alpha$。一般取b为U的分布的上$\frac{\alpha}{2}$分位数，取a为U的分布的上$\left(1-\frac{\alpha}{2}\right)$分位数。

(4)把不等式$a<U<b$改写为等价的形式$\theta_1<\theta<\theta_2$，其中θ_1、θ_2与a、b和样本$X_1,X_2,\cdots X_n$有关，而与θ无关，于是有$P(\theta_1<\theta<\theta_2)=1-\alpha$，随机区间$(\theta_1,\theta_2)$就是参数$\theta$的一个置信度为$(1-\alpha)$的置信区间。

1.正态总体均值μ的区间估计

设总体$X\sim N(\mu,\sigma^2)$。

(1)σ^2已知，求μ的置信区间

取$\hat{\mu}=\overline{X}$，由于$U=\dfrac{\overline{X}-\mu}{\sigma/\sqrt{n}}\sim N(0,1)$，$P\left\{-z_{\frac{\alpha}{2}}<\dfrac{\overline{X}-\mu}{\sigma}\sqrt{n}<z_{\frac{\alpha}{2}}\right\}=1-\alpha$

$$P\left\{\overline{X}-z_{\frac{\alpha}{2}}\frac{\sigma}{\sqrt{n}}<\mu<\overline{X}+z_{\frac{\alpha}{2}}\frac{\sigma}{\sqrt{n}}\right\}=1-\alpha$$

总体均值μ的$(1-\alpha)$置信区间为

$$\left(\overline{X}-z_{\frac{\alpha}{2}}\frac{\sigma}{\sqrt{n}},\overline{X}+z_{\frac{\alpha}{2}}\frac{\sigma}{\sqrt{n}}\right) \tag{1-9-9}$$

说明：置信上下限为$\overline{X}\pm z_{\frac{\alpha}{2}}\dfrac{\sigma}{\sqrt{n}}$。

(2)σ^2未知，求μ的置信区间

$$S^2=\frac{1}{n-1}\sum_{i=1}^{n}(X_i-\overline{X})^2$$

取$\hat{\mu}=\overline{X}$，由于$U=\dfrac{\overline{X}-\mu}{S/\sqrt{n}}\sim t(n-1)$，$P\left\{-t_{\frac{\alpha}{2}}(n-1)<\dfrac{\overline{X}-\mu}{S}\sqrt{n}<t_{\frac{\alpha}{2}}(n-1)\right\}=1-\alpha$

总体均值μ的$(1-\alpha)$置信区间为

$$\left(\overline{X}-t_{\frac{\alpha}{2}}(n-1)\frac{S}{\sqrt{n}},\overline{X}+t_{\frac{\alpha}{2}}(n-1)\frac{S}{\sqrt{n}}\right) \tag{1-9-10}$$

说明：公式(1-9-10)与公式(1-9-9)对比记。

2.正态总体方差σ^2的区间估计(μ未知)

取$\hat{\sigma}^2=S^2$，由于$U=\dfrac{(n-1)S^2}{\sigma^2}\sim\chi^2(n-1)$，

$$P\left\{\chi^2_{1-\frac{\alpha}{2}}(n-1)<\frac{(n-1)S^2}{\sigma^2}<\chi^2_{\frac{\alpha}{2}}(n-1)\right\}=1-\alpha$$

总体方差 σ^2 的 $(1-\alpha)$ 置信区间为 $\left(\dfrac{(n-1)S^2}{\chi^2_{\frac{\alpha}{2}}(n-1)},\dfrac{(n-1)S^2}{\chi^2_{1-\frac{\alpha}{2}}(n-1)}\right)$ (1-9-11)

3.两个正态总体均值差和方差比的区间估计

设 X_1、X_2、…、X_m 和 Y_1、Y_2、…、Y_n 分别是总体 $N(\mu_1,\sigma_1^2)$ 和 $N(\mu_2,\sigma_2^2)$ 的两个相互独立的样本。$\overline{X}$ 和 $\overline{Y}$ 为两样本均值，S_1^2 和 S_2^2 为两样本方差。

(1)σ_1^2 和 σ_2^2 已知时，$(\mu_1-\mu_2)$ 的置信区间

由于 $\overline{X}-\overline{Y}\sim N\left(\mu_1-\mu_2,\dfrac{\sigma_1^2}{m}+\dfrac{\sigma_2^2}{n}\right)$，$\dfrac{(\overline{X}-\overline{Y})-(\mu_1-\mu_2)}{\sqrt{\dfrac{\sigma_1^2}{m}+\dfrac{\sigma_2^2}{n}}}\sim N(0,1)$

$(\mu_1-\mu_2)$ 的 $(1-\alpha)$ 置信区间为

$$\left(\overline{X}-\overline{Y}-z_{\frac{\alpha}{2}}\sqrt{\frac{\sigma_1^2}{m}+\frac{\sigma_2^2}{n}},\overline{X}-\overline{Y}+z_{\frac{\alpha}{2}}\sqrt{\frac{\sigma_1^2}{m}+\frac{\sigma_2^2}{n}}\right)$$

(2)σ_1^2、σ_2^2 未知，但知 $\sigma_1^2=\sigma_2^2$ 时，$(\mu_1-\mu_2)$ 的置信区间

记 $$S_w=\sqrt{\frac{(m-1)S_1^2+(n-1)S_2^2}{m+n-2}}$$

由于 $$\frac{(\overline{X}-\overline{Y})-(\mu_1-\mu_2)}{\sqrt{\dfrac{m+n}{mn}}S_w}\sim t(m+n-2)$$

所以 $(\mu_1-\mu_2)$ 的 $(1-\alpha)$ 置信区间为

$$\left(\overline{X}-\overline{Y}-t_{\frac{\alpha}{2}}(m+n-2)\sqrt{\frac{m+n}{mn}}S_w,\overline{X}-\overline{Y}+t_{\frac{\alpha}{2}}(m+n-2)\sqrt{\frac{m+n}{mn}}S_w\right)$$

【例 1-9-23】 甲、乙两工人生产同一零件，甲 8 天的日产量是 628、583、510、554、612、523、530、615，乙 10 天的日产量是 535、433、398、470、567、480、498、560、503、426。

假定日产量均服从正态分布，且方差相同，试求两工人日平均产量之差的置信区间。($\alpha=0.05$)

解 记甲日产量为 X，乙日产量为 Y，$m=8$，$n=10$。

$$\overline{X}=569.38,S_1^2=2\,110.55$$

$$\overline{Y}=487.00,S_2^2=3\,256.22$$

$$S_w=\sqrt{\frac{(m-1)S_1^2+(n-1)S_2^2}{m+n-2}}=\sqrt{\frac{7\times 2\,110.55+9\times 3\,256.22}{16}}=52.488$$

$$t_{0.025}(16)=2.119\,9$$

$$t_{\frac{\alpha}{2}}(m+n-2)\sqrt{\frac{m+n}{mn}}S_w=2.119\,9\times\sqrt{\frac{18}{80}}\times 52.488=52.78$$

则 $(\mu_1-\mu_2)$ 的 0.95 置信区间为(29.60,135.16)。

(3)σ_1^2/σ_2^2 的置信区间

由于 $$\frac{\sigma_2^2S_1^2}{\sigma_1^2S_2^2}\sim F(m-1,n-1)$$

$$P\left\{F_{1-\frac{\alpha}{2}}(m-1,n-1)<\frac{\sigma_2^2S_1^2}{\sigma_1^2S_2^2}<F_{\frac{\alpha}{2}}(m-1,n-1)\right\}=1-\alpha$$

所以 σ_1^2/σ_2^2 的 $(1-\alpha)$ 置信区间为 $\left(\dfrac{S_1^2}{S_2^2}\cdot\dfrac{1}{F_{\frac{\alpha}{2}}(m-1,n-1)},\dfrac{S_1^2}{S_2^2}\cdot\dfrac{1}{F_{1-\frac{\alpha}{2}}(m-1,n-1)}\right)$

六、假设检验

假设检验是根据样本信息，通过构造适当的统计量，对原假设是否为真作出统计推断，得出拒绝或接受的决定。假设检验的基本思想是：小概率事件（例如发生概率小于 0.01 的事件）在一次观察中可以认为几乎不可能发生。

（一）假设检验的一般步骤

(1)根据问题的要求，设立一个待检验的原假设 H_0（也称零假设）及对立假设 H_1（也称备择假设），这里 H_0、H_1 是首先必须明确给出的。假设检验分为参数假设检验（对总体未知参数提出假设）和非参数假设检验（如检验总体是否服从正态分布）。参数假设检验时，H_0 中一定有等号，H_1 中一定没有等号。设 θ 为未知参数，θ_0 为已知常数：①检验 θ 与 θ_0 是否有（显著）差异时，$H_0:\theta=\theta_0$，$H_1:\theta\neq\theta_0$；②检验 θ 是否比 θ_0（显著）大时，$H_0:\theta\leqslant\theta_0$（或 $\theta=\theta_0$），$H_1:\theta>\theta_0$；③检验 θ 是否比 θ_0（显著）小时，$H_0:\theta\geqslant\theta_0$（或 $\theta=\theta_0$），$H_1:\theta<\theta_0$。

(2)选一个检验“统计量”$T(X_1,X_2,\cdots,X_n)$，在假设 H_0 成立（等号成立）的条件下，其分布是完全已知的。[严格地讲，$T(X_1,X_2,\cdots X_n)$在 H_0 中等号成立时，才是统计量]

(3)选一检验显著性水平 α（小概率值）并确定 H_0 的一个否定域（或拒绝域）W_α，使 H_0 成立时，$P(T\in W_\alpha)=\alpha$。

(4)由样本具体数据算出 $T(X_1,X_2,\cdots,X_n)$的实际值 $T(x_1,x_2,\cdots,x_n)$，若 $T\in W_\alpha$，则否定 H_0 接受 H_1，这时可能犯第一类错误（弃真），其概率为 α。若 $T\notin W_\alpha$，则接受 H_0。这时可能犯第二类错误（取伪）。

（二）正态总体参数的假设检验

设总体 $X\sim N(\mu,\sigma^2)$，$X_1,X_2,\cdots,X_n$ 是来自 X 的一个样本，$\overline{X}$ 为样本均值，S^2 为样本方差，显著性水平为 α。

1. σ^2 已知时，总体均值 μ 的假设检验（见表 1-9-2）

$H_0:\mu=\mu_0$，$H_1:\mu\neq\mu_0$　（μ_0 为已知常数）

H_0 成立时，统计量 $U=\dfrac{\overline{X}-\mu_0}{\sigma}\sqrt{n}\sim N(0,1)$

当$|U|=\dfrac{|\overline{X}-\mu_0|}{\sigma}\sqrt{n}>z_{\frac{\alpha}{2}}$时（用 $\overline{X}$ 代替μ 与μ_0比较，$\overline{X}$ 与μ_0差别大，推断μ 与μ_0差别大），否定 H_0；当$|U|\leqslant z_{\frac{\alpha}{2}}$时，接受 H_0。

表 1-9-2

H_0	H_1	统计量及其分布	拒绝(H_0)域
$\mu=\mu_0$	$\mu\neq\mu_0$	$U=\dfrac{\overline{X}-\mu_0}{\sigma}\sqrt{n}\sim N(0,1)$	$\lvert U\rvert>z_{\frac{\alpha}{2}}$
$\mu\leqslant\mu_1$	$\mu>\mu_0$		$U>z_\alpha$
$\mu\geqslant\mu_0$	$\mu<\mu_0$		$U<-z_\alpha$

2. σ^2 未知时，总体均值 μ 的假设检验（见表 1-9-3）

$H_0:\mu\leqslant\mu_0$，$H_1:\mu>\mu_0$　（μ_0 为已知常数）

$\mu=\mu_0$ 时，统计量 $T=\dfrac{\overline{X}-\mu_0}{S}\sqrt{n}\sim t(n-1)$

当 $T=\dfrac{\overline{X}-\mu_0}{S}\sqrt{n}>t_\alpha(n-1)$时（$\overline{X}$ 比 μ_0 显著大，推断 μ 比 μ_0 显著大），否定 H_0；当 $T\leqslant t_\alpha(n-1)$

时，接受 H_0。

表 1-9-3

H_0	H_1	统计量及其分布	拒绝(H_0)域
$\mu=\mu_0$	$\mu\neq\mu_0$	$T=\dfrac{\overline{X}-\mu_0}{S}\sqrt{n}\sim t(n-1)$	$\lvert T\rvert>t_{\frac{\alpha}{2}}(n-1)$
$\mu\leqslant\mu_0$	$\mu>\mu_0$		$T>t_{\alpha}(n-1)$
$\mu\geqslant\mu_0$	$\mu<\mu_0$		$T<-t_{\alpha}(n-1)$

3. μ 未知时，总体方差 σ^2 的假设检验(见表 1-9-4)

$H_0:\sigma^2\geqslant\sigma_0^2, H_1:\sigma^2<\sigma_0^2$ （σ_0 为已知常数）

$\sigma^2=\sigma_0^2$ 时，统计量

$$\chi^2=\frac{1}{\sigma_0^2}\sum_{i=1}^{n}(X_i-\overline{X})^2=\frac{(n-1)S^2}{\sigma_0^2}\sim\chi^2(n-1)$$

当 $\chi^2<\chi_{1-\alpha}^2(n-1)$ 时，否定 H_0(σ^2 比 σ_0^2 显著小)；否则，接受 H_0。

表 1-9-4

H_0	H_1	统计量及其分布	拒绝(H_0)域
$\sigma^2=\sigma_0^2$	$\sigma^2\neq\sigma_0^2$	$\chi^2=\dfrac{(n-1)S^2}{\sigma_0^2}\sim\chi^2(n-1)$	$\chi^2<\chi_{1-\frac{\alpha}{2}}^2(n-1)$ 或 $\chi^2-\chi_{\frac{\alpha}{2}}^2(n-1)$
$\sigma^2\leqslant\sigma_0^2$	$\sigma^2>\sigma_0^2$		$\chi^2>\chi_{\alpha}^2(n-1)$
$\sigma^2\geqslant\sigma_0^2$	$\sigma^2<\sigma_0^2$		$\chi^2<\chi_{1-\alpha}^3(n-1)$

【例 1-9-24】 根据长期经验和资料的分析，某砖瓦厂所生产的砖的抗断强度 X 服从正态分布，方差 $\sigma^2=1.21$，今从该厂生产的一批砖中随机抽取 6 块，测得抗断强度分别为(单位：kg/cm²)：32.56，29.66，31.64，30.00，31.87，31.03。

问：这批砖的平均抗断强度可否认为是 32.50kg/cm²？($\alpha=0.05$)

解 假设 $H_0:\mu=32.50, H_1:\mu\neq32.50$

根据所给样本值，计算统计量 U 的值

$$U=\frac{\overline{x}-32.50}{\sigma/\sqrt{n}}=\frac{31.13-32.50}{\sqrt{1.21/6}}=\frac{-1.37}{1.1}\times\sqrt{6}\approx-3$$

$z_{0.025}=1.96$，而 $|U|=3>1.96$，故应在显著性水平 $\alpha=0.05$ 下否定 H_0，即不能认为平均抗断强度是 32.50kg/cm²。

【例 1-9-25】 设 $X_1, X_2, \cdots, X_n$ 是来自总体 $N(\mu,\sigma^2)$ 的样本，μ、σ^2 未知，$\overline{X}=\frac{1}{n}\sum_{i=1}^{n}X_i$，$Q^2=\sum_{i=1}^{n}(X_i-\overline{X})^2$，$Q>0$。则检验假设 $H_0:\mu=0$ 时应选取的统计量是：

A. $\sqrt{n(n-1)}\dfrac{\overline{X}}{Q}$ B. $\sqrt{n}\dfrac{\overline{X}}{Q}$

C. $\sqrt{n-1}\dfrac{\overline{X}}{Q}$ D. $\sqrt{n}\dfrac{\overline{X}}{Q^2}$

解 当 σ^2 未知时检验假设 $H_0:\mu=\mu_0$，应选取统计量 $T=\dfrac{\overline{X}-\mu_0}{S}\sqrt{n}$，本题 $S^2=\dfrac{1}{n-1}\cdot\sum_{i=1}^{n}(X_i-\overline{X})^2=\dfrac{1}{n-1}Q^2$，$S=\dfrac{Q}{\sqrt{n-1}}$，取 $\mu_0=0$，$T=\dfrac{\overline{X}}{Q}\sqrt{n(n-1)}$。

答案：A

习　题

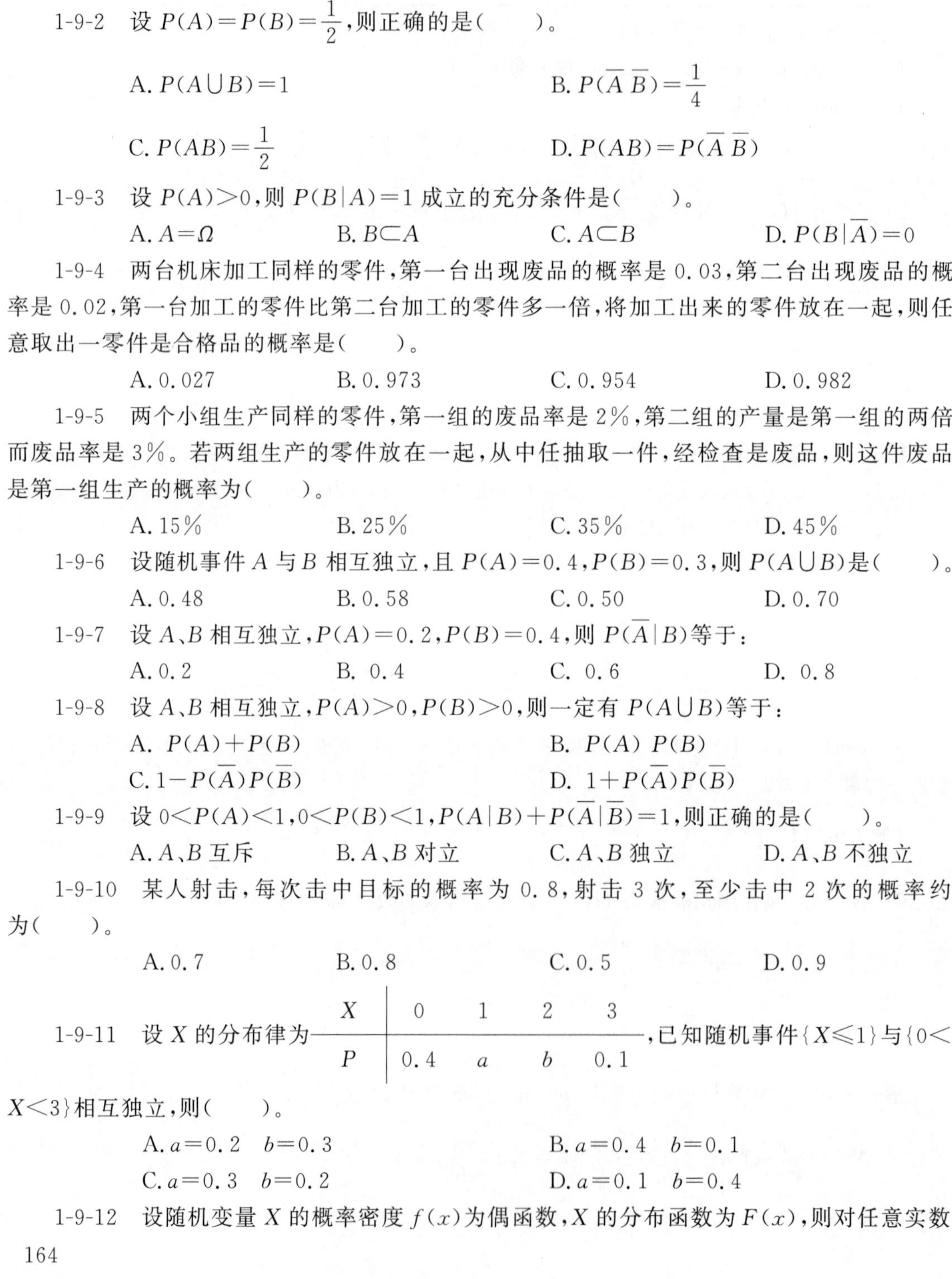

1-9-1　设 A、B 为随机事件，$A\cup B=B$，则错误的是(　　)。

A. $A\subset B$　　B. $\overline{B}\subset\overline{A}$　　C. $A\overline{B}=\varnothing$　　D. $\overline{A}B=\varnothing$

1-9-2　设 $P(A)=P(B)=\frac{1}{2}$，则正确的是(　　)。

A. $P(A\cup B)=1$　　B. $P(\overline{A}\,\overline{B})=\frac{1}{4}$

C. $P(AB)=\frac{1}{2}$　　D. $P(AB)=P(\overline{A}\,\overline{B})$

1-9-3　设 $P(A)>0$，则 $P(B|A)=1$ 成立的充分条件是(　　)。

A. $A=\Omega$　　B. $B\subset A$　　C. $A\subset B$　　D. $P(B|\overline{A})=0$

1-9-4　两台机床加工同样的零件，第一台出现废品的概率是 0.03，第二台出现废品的概率是 0.02，第一台加工的零件比第二台加工的零件多一倍，将加工出来的零件放在一起，则任意取出一零件是合格品的概率是(　　)。

A. 0.027　　B. 0.973　　C. 0.954　　D. 0.982

1-9-5　两个小组生产同样的零件，第一组的废品率是 2%，第二组的产量是第一组的两倍而废品率是 3%。若两组生产的零件放在一起，从中任抽取一件，经检查是废品，则这件废品是第一组生产的概率为(　　)。

A. 15%　　B. 25%　　C. 35%　　D. 45%

1-9-6　设随机事件 A 与 B 相互独立，且 $P(A)=0.4$，$P(B)=0.3$，则 $P(A\cup B)$是(　　)。

A. 0.48　　B. 0.58　　C. 0.50　　D. 0.70

1-9-7　设 A、B 相互独立，$P(A)=0.2$，$P(B)=0.4$，则 $P(\overline{A}|B)$等于：

A. 0.2　　B. 0.4　　C. 0.6　　D. 0.8

1-9-8　设 A、B 相互独立，$P(A)>0$，$P(B)>0$，则一定有 $P(A\cup B)$等于：

A. $P(A)+P(B)$　　B. $P(A)\ P(B)$

C. $1-P(\overline{A})P(\overline{B})$　　D. $1+P(\overline{A})P(\overline{B})$

1-9-9　设 $0<P(A)<1$，$0<P(B)<1$，$P(A|B)+P(\overline{A}|\overline{B})=1$，则正确的是(　　)。

A. A、B 互斥　　B. A、B 对立　　C. A、B 独立　　D. A、B 不独立

1-9-10　某人射击，每次击中目标的概率为 0.8，射击 3 次，至少击中 2 次的概率约为(　　)。

A. 0.7　　B. 0.8　　C. 0.5　　D. 0.9

1-9-11　设 X 的分布律为

X	0	1	2	3
P	0.4	a	b	0.1

，已知随机事件$\{X\leqslant 1\}$与$\{0<X<3\}$相互独立，则(　　)。

A. $a=0.2$　$b=0.3$　　B. $a=0.4$　$b=0.1$

C. $a=0.3$　$b=0.2$　　D. $a=0.1$　$b=0.4$

1-9-12　设随机变量 X 的概率密度 $f(x)$为偶函数，X 的分布函数为 $F(x)$，则对任意实数

a，有（　　）。

A. $F(-a)=1-\int_0^a f(x)\mathrm{d}x$　　B. $F(-a)=\frac{1}{2}-\int_0^a f(x)\mathrm{d}x$

C. $F(-a)=F(a)$　　D. $F(-a)=2F(a)-1$

1-9-13　下列4个函数中，（　　）可作为随机变量的概率密度。

A. $f(x)=\begin{cases} x & -1<x<1 \\ 0 & 其他 \end{cases}$　　B. $f(x)=\begin{cases} x^2 & -1<x<1 \\ 0 & 其他 \end{cases}$

C. $f(x)=\begin{cases} \frac{1}{2} & -1<x<1 \\ 0 & 其他 \end{cases}$　　D. $f(x)=\begin{cases} 2 & -1<x<1 \\ 0 & 其他 \end{cases}$

1-9-14　设X服从参数$\lambda=3$的指数分布，其分布函数为$F(x)$，则$F\left(\frac{1}{3}\right)$等于：

A. $\frac{1}{3e}$　　B. $\frac{e}{3}$　　C. $1-e^{-1}$　　D. $1-\frac{1}{3}e^{-1}$

1-9-15　设$X\sim N(\mu,\sigma^2)$，则σ增大时，$P(|X-\mu|<\sigma)$（　　）。

A. 增大　　B. 减小　　C. 不变　　D. 变化情况不确定

1-9-16　设随机变量X服从正态$N(1,2^2)$，$a=P\{12<X\leqslant 16\}$，$b=P\{14<X\leqslant 18\}$，则a与b之间的关系是（　　）。

A. $a<b$　　B. $a>b$　　C. $a=b$　　D. $a\leqslant b$

1-9-17　设X的分布律为

X	-2	1	a
P	$\frac{1}{4}$	b	$\frac{1}{4}$

，$E(X)=1$，则常数a、b分别为：

A. $2,\frac{1}{2}$　　B. $4,\frac{1}{2}$　　C. $6,\frac{1}{4}$　　D. $8,\frac{1}{3}$

1-9-18　设X的分布函数$F(x)=\frac{1}{2}+\frac{1}{\pi}\arctan x$，则$E(X)=$（　　）。

A. 0　　B. $\frac{1}{2}$　　C. $\frac{1}{\pi}$　　D. 不存在

1-9-19　设X表示4次独立射击命中次数，已知4次射击至少命中一次的概率为$\frac{15}{16}$，则$E(X^2)=$（　　）。

A. 2　　B. 3　　C. 4　　D. 5

1-9-20　设$E(X)=E(Y)=\frac{1}{3}$，$E(X^2)=E(Y^2)=\frac{1}{6}$，$E(XY)=\frac{1}{12}$，则$X$与$Y$的相关系数$\rho=$（　　）。

A. $\frac{1}{3}$　　B. $-\frac{1}{3}$　　C. $\frac{1}{2}$　　D. $-\frac{1}{2}$

1-9-21　设总体X的分布律为

X	0	1
P	$1-p$	p

$(0<p<1)$，$X_1,X_2,\cdots,X_n$为样本，则样本均值$\overline{X}$的标准差为：

A. $\sqrt{\frac{p(1-p)}{n}}$　　B. $\frac{p(1-p)}{n}$　　C. $\sqrt{np(1-p)}$　　D. $np(1-p)$

1-9-22　设$X_1,X_2,\cdots,X_{16}$为正态总体$N(\mu,4)$的一个样本，样本均值$\overline{X}=\frac{1}{16}\sum_{i=1}^{16}X_i$，则

$E[(\overline{X}-\mu)^2]=($　　$)$。

A. $\frac{1}{8}$　　B. $\frac{1}{4}$　　C. $\frac{1}{16}$　　D. $\frac{1}{12}$

1-9-23　设 $X_1,X_2,\cdots,X_{16}$ 为正态总体 $N(\mu,4)$ 的一个样本，样本均值 $\overline{X}=\frac{1}{16}\sum_{i=1}^{16}X_i$，则 $P(|\overline{X}-\mu|<1)=($　　$)$。$[\Phi(2)=0.977\ 2]$

A. 0.954 4　　B. 0.931 2　　C. 0.960 7　　D. 0.972 2

1-9-24　设总体 $X\sim N(0,\sigma^2)$，$X_1,X_2,\cdots,X_n$ 是样本，$Y=C(\sum_{i=1}^{n}X_i)^2\sim\chi^2(1)$，则 $C=($　　$)$。

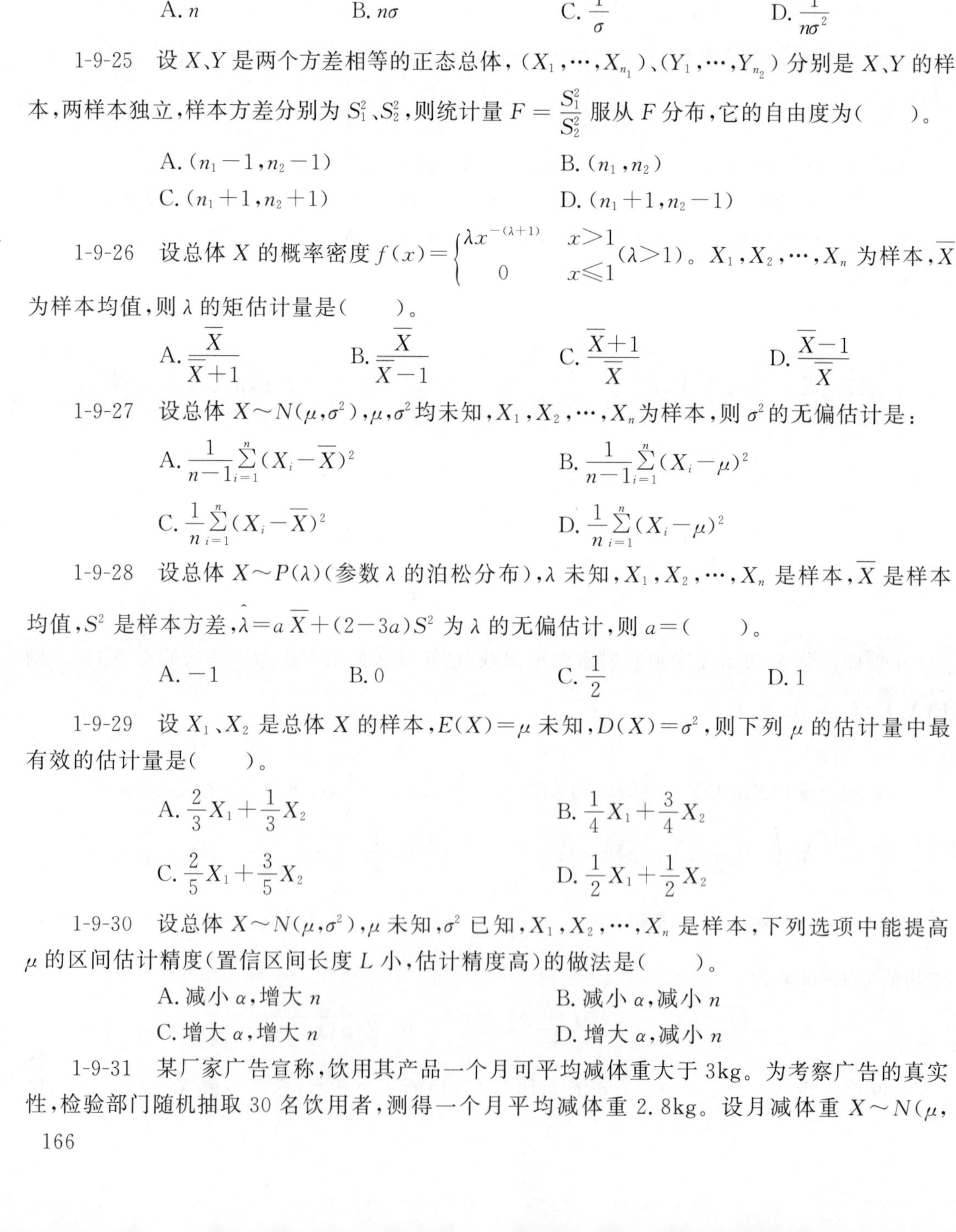

A. n　　B. $n\sigma$　　C. $\frac{1}{\sigma}$　　D. $\frac{1}{n\sigma^2}$

1-9-25　设 X、Y 是两个方差相等的正态总体，$(X_1,\cdots,X_{n_1})$、$(Y_1,\cdots,Y_{n_2})$ 分别是 X、Y 的样本，两样本独立，样本方差分别为 S_1^2、S_2^2，则统计量 $F=\frac{S_1^2}{S_2^2}$ 服从 F 分布，它的自由度为(　　)。

A. (n_1-1,n_2-1)　　B. (n_1,n_2)

C. (n_1+1,n_2+1)　　D. (n_1+1,n_2-1)

1-9-26　设总体 X 的概率密度 $f(x)=\begin{cases}\lambda x^{-(\lambda+1)} & x>1\\ 0 & x\leqslant 1\end{cases}(\lambda>1)$。$X_1,X_2,\cdots,X_n$ 为样本，$\overline{X}$ 为样本均值，则 λ 的矩估计量是(　　)。

A. $\frac{\overline{X}}{\overline{X}+1}$　　B. $\frac{\overline{X}}{\overline{X}-1}$　　C. $\frac{\overline{X}+1}{\overline{X}}$　　D. $\frac{\overline{X}-1}{\overline{X}}$

1-9-27　设总体 $X\sim N(\mu,\sigma^2)$，μ,σ^2 均未知，$X_1,X_2,\cdots,X_n$ 为样本，则 σ^2 的无偏估计是：

A. $\frac{1}{n-1}\sum_{i=1}^{n}(X_i-\overline{X})^2$　　B. $\frac{1}{n-1}\sum_{i=1}^{n}(X_i-\mu)^2$

C. $\frac{1}{n}\sum_{i=1}^{n}(X_i-\overline{X})^2$　　D. $\frac{1}{n}\sum_{i=1}^{n}(X_i-\mu)^2$

1-9-28　设总体 $X\sim P(\lambda)$(参数 λ 的泊松分布)，λ 未知，$X_1,X_2,\cdots,X_n$ 是样本，$\overline{X}$ 是样本均值，S^2 是样本方差，$\hat{\lambda}=a\overline{X}+(2-3a)S^2$ 为 λ 的无偏估计，则 $a=($　　$)$。

A. -1　　B. 0　　C. $\frac{1}{2}$　　D. 1

1-9-29　设 X_1、X_2 是总体 X 的样本，$E(X)=\mu$ 未知，$D(X)=\sigma^2$，则下列 μ 的估计量中最有效的估计量是(　　)。

A. $\frac{2}{3}X_1+\frac{1}{3}X_2$　　B. $\frac{1}{4}X_1+\frac{3}{4}X_2$

C. $\frac{2}{5}X_1+\frac{3}{5}X_2$　　D. $\frac{1}{2}X_1+\frac{1}{2}X_2$

1-9-30　设总体 $X\sim N(\mu,\sigma^2)$，μ 未知，σ^2 已知，$X_1,X_2,\cdots,X_n$ 是样本，下列选项中能提高 μ 的区间估计精度(置信区间长度 L 小，估计精度高)的做法是(　　)。

A. 减小 α，增大 n　　B. 减小 α，减小 n

C. 增大 α，增大 n　　D. 增大 α，减小 n

1-9-31　某厂家广告宣称，饮用其产品一个月可平均减体重大于 3kg。为考察广告的真实性，检验部门随机抽取 30 名饮用者，测得一个月平均减体重 2.8kg。设月减体重 $X\sim N(\mu,$

σ^2)，原假设 H_0 和对立假设应写成(　　)。

A. $H_0:\mu\leqslant 3, H_1:\mu>3$　　B. $H_0:\mu\geqslant 3, H_1:\mu<3$

C. $H_0:\mu\leqslant 2.8, H_1:\mu>2.8$　　D. $H_0:\mu\geqslant 2.8, H_1:\mu<2.8$

1-9-32　某厂生产合金弦线，其抗拉强度服从均值为 10 560MPa 的正态分布 $N(\mu,\sigma^2)$。现从一批产品中随机抽出 10 根，得样本均值 $\overline{x}=10\ 631.4$，样本方差 $S^2=\dfrac{1}{n-1}\sum\limits_{i=1}^{n}(x_i-\overline{x})^2=6\ 560.4$，现检验这批产品的平均抗拉强度有无显著变化($\alpha=0.05$)。

检验假设 $H_0:\mu=10\ 560, H_1:\mu\neq 10\ 560$

问：在 H_0 成立时采用统计量 $\dfrac{\overline{X}-10\ 560}{S/\sqrt{10}}$ 服从(　　)。

A. $t(9)$分布　　B. $t(10)$分布　　C. 正态分布　　D. $\chi^2(9)$分布

1-9-33　对单个正态总体 $N(\mu,\sigma^2)$ 作假设检验时，在下列(　　)情况下采用 t 检验法(检验统计量服从 t 分布)。

A. σ^2 已知，$H_0:\mu=\mu_0$(μ_0 为已知常数)

B. σ^2 未知，$H_0:\mu=\mu_0$(μ_0 为已知常数)

C. μ 已知，$H_0:\sigma^2=\sigma_0^2$(σ_0 为已知正常数)

D. μ 未知，$H_0:\sigma^2=\sigma_0^2$(σ_0 为已知正常数)

题解及参考答案

第一节

1-1-1　**解：**利用向量积求出与 $\vec{\alpha}$、$\vec{\beta}$ 都垂直的向量，$\vec{\alpha}\times\vec{\beta}=\begin{vmatrix}\vec{i} & \vec{j} & \vec{k}\\ 1 & 2 & 3\\ 1 & -3 & -2\end{vmatrix}=5(\vec{i}+\vec{j}-\vec{k})$，$|\vec{\alpha}\times\vec{\beta}|=5\sqrt{3}$，因单位向量 $\vec{\alpha}^0=\dfrac{\vec{\alpha}}{|a|}$，所以 $\vec{\alpha}^0=\pm\dfrac{1}{\sqrt{3}}(\vec{i}+\vec{j}-\vec{k})$。

答案：D

1-1-2　**解：**利用数量积计算公式 $\vec{a}\cdot\vec{a}=|\vec{a}|^2$，求出 $|\vec{a}|^2$，即得到 $|\vec{a}|$。$|\vec{a}+\vec{b}|^2=(\vec{a}+\vec{b})\cdot(\vec{a}+\vec{b})=\vec{a}\cdot\vec{a}+2\vec{a}\cdot\vec{b}+\vec{b}\cdot\vec{b}=5$，所以 $|\vec{a}+\vec{b}|=\sqrt{5}$。

答案：D

1-1-3　**解：**运用数量积和向量积的定义及它们的运算性质计算，$(\vec{a}+\vec{b})\cdot(\vec{a}-\vec{b})=\vec{a}\cdot\vec{a}+\vec{b}\cdot\vec{a}-\vec{a}\cdot\vec{b}-\vec{b}\cdot\vec{b}=|\vec{a}|^2-|\vec{b}|^2$，选项 A 成立。选项 B、C、D 均不成立。

答案：A

1-1-4　**解：**利用已知的两直线方程计算出它们各自的方向向量。

例如 $\begin{cases}3x+z=4\\ y+2z=9\end{cases}$，$\vec{S_1}=\vec{n_1}\times\vec{n_2}=\begin{vmatrix}i & j & k\\ 3 & 0 & 1\\ 0 & 1 & 2\end{vmatrix}=-\vec{i}-6\vec{j}+3\vec{k}$，同理求出 $\vec{S_2}=-6\vec{i}-36\vec{j}+18\vec{k}$。$\vec{S_1}$、$\vec{S_2}$ 对应坐标成比例，故 $\vec{S_1}/\!/\vec{S_2}$，则 $\vec{L_1}/\!/\vec{L_2}$ 或重合，在 L_1 上取一点(1,7,1)，代入 L_2 方程，不满足 L_2 方程，因而 L_1、L_2 平行但不重合。

答案:A

1-1-5 **解**:直线 L 的方向向量 $\vec{S}=\{2,1,3\}$,平面 π 的法向量 $\vec{n}=\{4,-2,-2\}$,$\vec{S}\cdot\vec{n}=0$,则 $\vec{S}\perp\vec{n}$,直线与平面平行或重合,取 L 上一点$(-3,-4,0)$代入平面 π 方程得 $4\times(-3)-2\times(-4)+0=-4\neq 3$,不满足平面方程,故直线∥平面。

答案:A

1-1-6 **解**:见解图,取已知直线的方向向量为与其垂直平面的法向量,取 $\vec{n}=\vec{S}=\{3,2,-1\}$,$M_0(2,1,3)$。过 M_0 与 L 垂直的平面方程:$3(x-2)+2(y-1)-(z-3)=0$,化简得 $3x+2y-z-5=0$。求出已知直线和垂直平面的交点,L 的参数方程为 $x=3t-1$,$y=2t+1$,$z=-t$,代入平面方程 $3(3t-1)+2(2t+1)+t-5=0$,解出 $t=\dfrac{3}{7}$,交点为 $M_1\left(\dfrac{2}{7},\dfrac{13}{7},-\dfrac{3}{7}\right)$。连接 M_0M_1,

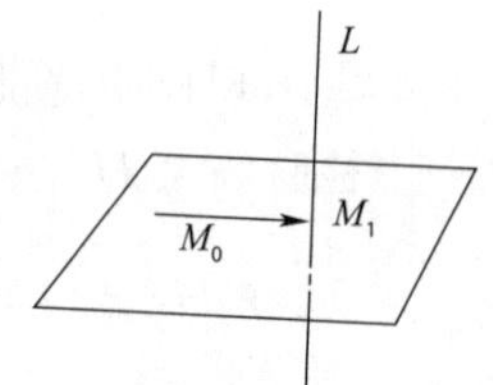

题 1-1-6 解图

$\overrightarrow{M_0M_1}=\left\{-\dfrac{12}{7},\dfrac{6}{7},-\dfrac{24}{7}\right\}=-\dfrac{6}{7}\{2,-1,4\}$,取 $\vec{S}_{M_0M_1}=\{2,-1,4\}$,与已知直线垂直相交的直线方程为 $\dfrac{x-2}{2}=\dfrac{y-1}{-1}=\dfrac{z-3}{4}$。

答案:C

1-1-7 **解**:利用给出的直线方程,求出直线方程的方向向量

$$\vec{n}_1=\{1,-1,-1\},\vec{n}_2=\{2,1,-3\}$$

$$\vec{n}_1\times\vec{n}_2=\begin{vmatrix}\vec{i} & \vec{j} & \vec{k}\\ 1 & -1 & -1\\ 2 & 1 & -3\end{vmatrix}=\vec{i}\begin{vmatrix}-1 & -1\\ 1 & -3\end{vmatrix}-\vec{j}\begin{vmatrix}1 & -1\\ 2 & -3\end{vmatrix}+\vec{k}\begin{vmatrix}1 & -1\\ 2 & 1\end{vmatrix}=$$

$$4\vec{i}+\vec{j}+3\vec{k},\text{取 }\vec{S}=\{4,1,3\}$$

利用 $\vec{S}=\{4,1,3\}$,点 $M(3,-2,1)$ 写出 L 的方程:$\dfrac{x-3}{4}=\dfrac{y+2}{1}=\dfrac{z-1}{3}$。

答案:D

1-1-8 **解**:通过方程组 $\begin{cases}x^2+y^2+(z+3)^2=25\\ z=1\end{cases}$ 消去 z,得 $x^2+y^2=9$,为空间曲线在 xOy 平面上的投影柱面。联立 $\begin{cases}x^2+y^2=9\\ z=1\end{cases}$,为球面与平面 $z=1$ 的交线。

答案:D

1-1-9 **解**:设点 $M_1(1,1,0)$,$M_2(0,0,1)$,$M_3(0,1,1)$,分别写出向量 $\overrightarrow{M_1M_2}=\{-1,-1,1\}$,$\overrightarrow{M_1M_3}=\{-1,0,1\}$,平面 π 的法向量 $\vec{n}=\overrightarrow{M_1M_2}\times\overrightarrow{M_1M_3}=-\vec{i}+0\vec{j}-\vec{k}=\{-1,0,1\}$,取 $\vec{S}=\vec{n}=\{1,0,1\}$,点 $M(1,1,1)$,所求直线对称式方程为:$\dfrac{x-1}{1}=\dfrac{y-1}{0}=\dfrac{z-1}{1}$。

答案:A

1-1-10 **解**:在 xOz 平面上的曲线 $f(x,z)=0$,绕 x 轴旋转一周,旋转曲面方程为 $f(x,\pm\sqrt{y^2+z^2})=0$。则旋转曲面方程为 $\dfrac{x^2}{9}+\dfrac{y^2+z^2}{4}=1$。

答案:C

1-1-11 **解**:$\begin{cases}2x^2+y^2+z^2=16 & ①\\ x^2-y^2+z^2=0 & ②\end{cases}$

消 x,由②×2 得 $2x^2-2y^2+2z^2=0$ ③

①－③得 $3y^2-z^2=16$

答案:C

1-1-12 **解**:**方法 1**,已知直线 L_0,点 $M_0(1,2,3)$,$\vec{S}\{3,2,1\}$

xOy 平面方程为 $z=0$,法向量 $\vec{n}=\{0,0,1\}$

设直线 L_0 在 xOy 平面上投影平面的法向量为 $\vec{n}_{投影平面}$

$$\vec{n}_{投影平面}=\vec{S}\times\vec{n}=\begin{vmatrix}i & j & k\\ 3 & 2 & 1\\ 0 & 0 & 1\end{vmatrix}=\{2,-3,0\}$$

过点 M_0 在 xOy 平面上投影平面为 $2(x-1)-3(y-2)=0$

即 $2x-3y+4=0$

L_0 在 xOy 平面上投影直线方程为$\begin{cases}2x-3y+4=0\\ z=0\end{cases}$

方法 2,也可以用 L_0 方程中前面部分$\frac{x-1}{3}=\frac{y-2}{2}$所表示的平面和 $z=0$ 所表示的平面表示 L_0 在 xOy 平面上的投影直线方程,即$\begin{cases}\frac{x-1}{3}=\frac{y-2}{2}\\ z=0\end{cases}$

整理得$\begin{cases}2x-3y+4=0\\ z=0\end{cases}$

答案:B

第二节

1-2-1 **解**:$\lim\limits_{x\to\infty}\frac{3x^2+5}{5x+3}\sin\frac{2}{x}=\lim\limits_{x\to\infty}\frac{x\left(3x+\frac{5}{x}\right)}{5x+3}\sin\frac{2}{x}$

$$=\lim_{x\to\infty}\frac{3x+\frac{5}{x}}{5x+3}\times\frac{\sin\frac{2}{x}}{\frac{2}{x}}\times 2=\frac{3}{5}\times 1\times 2=\frac{6}{5}$$

答案:B

1-2-2 **解**:$x\to 0$ 利用等价无穷小计算,$\ln(1-tx^2)\sim -tx^2$,$x^2\sim x\sin x$,原式$=\lim\limits_{x\to 0}\frac{-tx^2}{x^2}=-t$。

答案:B

1-2-3 **解**:$\lim\limits_{x\to 0}\frac{x^2-\sin x}{x}=\lim\limits_{x\to 0}\left(x-\frac{\sin x}{x}\right)=-1(\neq 0)$,为同阶无穷小,但不是等价无穷小。

答案:B

1-2-4 **解**:已知$\lim\limits_{x\to 1}f(x)=1$,$\lim\limits_{x\to 1^+}f(x)=\lim\limits_{x\to 1^-}f(x)=1$,而$\lim\limits_{x\to 1^+}f(x)=\lim\limits_{x\to 1^+}\cos(x-1)=1$,要求:$\lim\limits_{x\to 1^-}f(x)=1$,即$\lim\limits_{x\to 1^-}g(x)=1$,可验证当 $g(x)=1+e^{\frac{1}{x-1}}$ 时极限为 1,$\lim\limits_{x\to 1^-}(1+$

$e^{\frac{1}{x-1}})=1+\lim\limits_{x\to 1^-}e^{\frac{1}{x-1}}=1$。

答案:D

1-2-5 **解**:$\lim\limits_{x\to 0}\frac{\sqrt{2-2\cos x}}{x}=\lim\limits_{x\to 0}\frac{\sqrt{4\sin^2\frac{x}{2}}}{x}=\lim\limits_{x\to 0}\frac{2\left|\sin\frac{x}{2}\right|}{x}$。

当 $x\to 0^+$ 时,$\lim\limits_{x\to 0^+}\frac{2\left|\sin\frac{x}{2}\right|}{x}=\lim\limits_{x\to 0^+}\frac{\sin\frac{x}{2}}{\frac{x}{2}}=1$;

当 $x\to 0^-$ 时,$\lim\limits_{x\to 0^-}\frac{2\left|\sin\frac{x}{2}\right|}{x}=\lim\limits_{x\to 0^-}\frac{-2\sin\frac{x}{2}}{\frac{x}{2}}=-1$。

答案:A

1-2-6 **解**:在 $x=0$ 处,当满足 $\lim\limits_{x\to 0^+}f(x)=\lim\limits_{x\to 0^-}f(x)=f(0)$ 时,$f(x)$ 在 $x=0$ 处连续。

计算:$x=0$,$f(0)=1$,$\lim\limits_{x\to 0^-}\left(\cos x+x\sin\frac{1}{x}\right)=1$,$\lim\limits_{x\to 0^+}(x^2+1)=1$,所以在 $x=0$ 处,$f(x)$连续。

答案:D

1-2-7 **解**:举列说明

①$\alpha(x)=x$,$\beta(x)=x^4$,在 $x\to 0$ 时为无穷小,$\lim\limits_{x\to 0}\frac{x^2}{x^4}=\lim\limits_{x\to 0}\frac{1}{x^2}=\infty$

②$\alpha(x)=x^2$,$\beta(x)=x^4$,在 $x\to 0$ 时为无穷小,$\lim\limits_{x\to 0}\frac{(x^2)^2}{x^4}=1$

答案 D

1-2-8 **解**:可以验证 $f(x)=Cg(x)$错误,求导 $f'(x)=Cg'(x)$。

答案:A

1-2-9 **解**:利用函数在一点可导的定义计算 $f'(x_0)=\lim\limits_{\Delta x\to 0}\frac{f(x_0+\Delta x)-f(x_0)}{\Delta x}$

原式$=\lim\limits_{x\to 0}\frac{1}{\frac{f(x_0-2x)-f(x_0)}{x}}=\lim\limits_{x\to 0}\frac{1}{\frac{f(x_0-2x)-f(x_0)}{-2x}\times(-2)}=\frac{1}{-2f'(x_0)}=\frac{1}{4}$

求出$f'(x_0)=-2$

答案:C

1-2-10 **解**:验证 $f(x)$在区间$[1,2]$上满足拉格朗日中值定理的条件,即有 $f(2)-f(1)=f'(\xi)(2-1)$,$1<\xi<2$。$\frac{3}{2}-2=-\frac{1}{x^2}\Big|_{x=\xi}(2-1)$,$-\frac{1}{2}=-\frac{1}{\xi^2}$,$\xi^2=2$,$\xi=\sqrt{2}$。

答案:A

1-2-11 **解**:利用点$(0,1)$是曲线 $y=ax^3+bx^2+c$ 拐点的条件,$y'=3ax^2+2bx$,$y''=6ax+2b$,令 $y''=0$,$6ax+2b=0$,$x=\frac{-2b}{6a}=-\frac{1}{3}\frac{b}{a}$。

因拐点横坐标为 0,即 $x=0$,则 $b=0$。

将$b=0$ 代入曲线方程,$y=ax^3+C$,$y''=6ax$,当 $a\neq 0$ 时,$(-\infty,0)$,$(0,+\infty)$两侧 y''异号,再将拐点坐标 $x=0$,$y=1$ 代入 $y=ax^3+bx^2+c$,$c=1$,所以 $b=0$,$c=$

1，a 为不等于 0 的任何实数。

答案：B

1-2-12 **解**：利用多元隐函数方法求导，$F(x,y)=0$，求出 F_x、F_y

则 $\frac{dy}{dx}=-\frac{F_x}{F_y}$，$F_x=3x^2+\cos(\pi y)$，$F_y=3y^2+(x+1)[-\sin(\pi y)\cdot\pi]$

$\frac{dy}{dx}=-\frac{F_x}{F_y}=-\frac{3x^2+\cos(\pi y)}{3y^2+(x+1)[-\pi\sin(\pi y)]}$

当 $x=-1$ 时，代入原方程 $y=-2$

切线斜率 $K_{切}=\frac{dy}{dx}\Big|_{\substack{x=-1\\y=-2}}=-\frac{3+1}{3\times4}=-\frac{1}{3}$

法线斜率 $K_{法}=3$

法线方程 $y+2=3(x+1)$，即 $y-3x-1=0$。

答案：B

1-2-13 **解**：面积 $A=\int_a^{a+1}x^2dx=\frac{1}{3}[(a+1)^3-a^3]$，利用导数知识求在面积最小时的 a 值，$A'=\frac{1}{3}[3(a+1)^2-3a^2]=2a+1$，令 $A'=0$，$a=-\frac{1}{2}$，$A''=2>0$，所以当 $a=-\frac{1}{2}$ 取得面积最小。

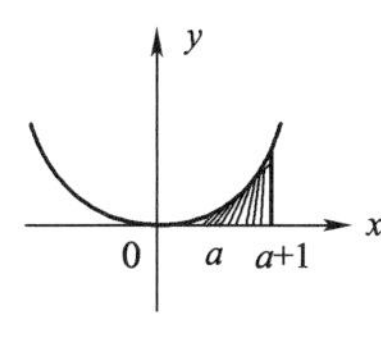

题 1-2-13 解图

答案：B

1-2-14 **解**：用复合函数求导法则计算，$y'=\frac{1}{f(x)}\cdot f'(x)=\frac{f'(x)}{f(x)}$，再利用函数商的求导法则 $y''=\frac{f''\cdot f-f'\cdot f'}{f^2(x)}=\frac{f\cdot f''-(f')^2}{f^2}$。

答案：A

1-2-15 **解**：$\frac{dy}{dt}=f(t)+tf'(t)$，$\frac{dx}{dt}=f'(t)-\frac{f'(t)}{f(t)}$，$\frac{dy}{dx}=\frac{\frac{dy}{dt}}{\frac{dx}{dt}}=\frac{f^2(t)+tf(t)f'(t)}{f(t)f'(t)-f'(t)}$。

将 $t=0$，$f(0)=2$，$f'(0)=2$ 代入得：$\frac{dy}{dx}\Big|_{\substack{t=0\\f(0)=2\\f'(0)=2}}=\frac{2^2+0}{2\times2-2}=2$。

答案：D

1-2-16 **解**：$\frac{dy}{dx}=\frac{2x}{1+x^2}$，已知直线 $y=x-1$，斜率 $k=1$，$\frac{2x}{1+x^2}=1$，$x^2-2x+1=0$，解出 $x=1$，二重根。当 $x=1$ 时，$y=\ln2$。

答案：C

1-2-17 **解**：$f'(x)=g'(x)$，$f(x)$、$g(x)$ 可差一常数，即 $f(x)=g(x)+C$。

答案：D

1-2-18 **解**：已知 $f'(x)=f(1-x)$，两边求导，有：$f''(x)=-f'(1-x)$ ①

在式 $f'(x)=f(1-x)$ 中，当 x 取 $1-x$ 时，有：$f'(1-x)=f(x)$ ②

将②式代入①式：$f''(x)=-f(x)$，$f''(x)+f(x)=0$。

答案：C

1-2-19 **解**:已知 $f(x)$ 在 $x=0$ 可导,即左导 $f'_-(0)=$ 右导 $f'_+(0)$,则

$$f'_+(0)=\lim_{x\to 0^+}\frac{f(x)-f(0)}{x-0}=\lim_{x\to 0^+}\frac{ax+2-2}{x-0}=a$$

$$f'_-(0)=\lim_{x\to 0^-}\frac{f(x)-f(0)}{x-0}=\lim_{x\to 0^-}\frac{e^{-x}+1-2}{x}=\lim_{x\to 0^-}\frac{e^{-x}-1}{x}$$

$$=\lim_{x\to 0^-}\frac{-x}{x}=-1(\text{当 } x\to 0 \text{ 时}, e^{-x}-1\sim -x)$$

答案:D

1-2-20 **解**:$f(x)$ 在 $x=0$ 可导,所以在 $x=0$ 必连续,即 $\lim\limits_{x\to 0^+}f(x)=\lim\limits_{x\to 0^-}f(x)=f(0)$,$f(0)=b$,$\lim\limits_{x\to 0^+}x^2\sin\frac{1}{x}=0$,$\lim\limits_{x\to 0^-}(ax+b)=b$,得到 $b=0$,利用 $f(x)$ 在 $x=0$ 可导,$f'_+(0)=f'_-(0)$,而 $f'_+(0)=\lim\limits_{x\to 0^+}\dfrac{x^2\sin\frac{1}{x}-b}{x-0}=\lim\limits_{x\to 0^+}\dfrac{x^2\sin\frac{1}{x}}{x}=\lim\limits_{x\to 0^+}x\sin\frac{1}{x}=0$,$f'_-(0)=\lim\limits_{x\to 0^-}\dfrac{ax+b-b}{x}=a$,得到 $a=0,b=0$。

答案:C

1-2-21 **解**:$\dfrac{dx}{dt}=\dfrac{-4t}{(1+t^2)^2}$,$\dfrac{dy}{dt}=\dfrac{2-2t^2}{(1+t^2)^2}$,则 $\dfrac{dy}{dx}=\dfrac{\frac{dy}{dt}}{\frac{dx}{dt}}=\dfrac{t^2-1}{2t}$。

答案:A

1-2-22 **解**:$f(x)$ 为幂指函数,利用对数求导法计算,两边取对数,即 $\ln y=\dfrac{1}{x}\ln(1+x)$

求导 $\dfrac{1}{y}\dfrac{dy}{dx}=-\dfrac{1}{x^2}\ln(1+x)+\dfrac{1}{x(1+x)}$

$$\frac{dy}{dx}=(1+x)^{\frac{1}{x}}\left[-\frac{1}{x^2}\ln(1+x)+\frac{1}{x(1+x)}\right]$$

$$\left.\frac{dy}{dx}\right|_{x=1}=2\times\left[(-1)\ln 2+\frac{1}{2}\right]=-2\ln 2+1=1-\ln 4$$

答案:D

1-2-23 **解**:定义域 $(0,+\infty)$,$f'(x)=\dfrac{10}{1+x^2}-\dfrac{3}{x}=\dfrac{-3x^2+10x-3}{x(1+x^2)}$,令 $f'(x)=0$,$-3x^2+10x-3=0$,得到 $x=3$,$x=\dfrac{1}{3}$,分割定义域,判定 $x=\dfrac{1}{3}$,$x=3$ 邻近两侧一阶导数的符号。当 $x<3$ 时,$f'(x)>0$,$x>3$ 时,$f'(x)<0$;当 $x<\dfrac{1}{3}$ 时,$f'(x)<0$,$x>\dfrac{1}{3}$ 时,$f'(x)>0$。确定 $x=3$ 处取得极大值 $f(3)$。

答案:C

1-2-24 **解**:画示意图

已知当 $0<x<a$ 时,$f(x)<f(0)$,函数是连续偶函数,所以当 $-a<x<0$ 时,$f(0)>f(x)$,即 $f(0)$ 是 $f(x)$ 在 $(-a,a)$ 上的极大值,也是最大值。

题 1-2-24 解图

答案:C

1-2-25 **解**:定义域$(-\infty,+\infty)$,$y=x^3(x-4)=x^4-4x^3$,$y'=4x^2(x-3)=0$,得到$x=0$,$x=3$。则由$y''=12(x-2)x=0$,得到$x=0$,$x=2$。列表如下。

题 1-2-25 解表

x	$(-\infty,0)$	0	$(0,2)$	2	$(2,3)$	3	$(3,+\infty)$
y'	−	0	−	−	−	0	+
y''	+	0	−	0	+	+	+
y	↘	拐	↘	拐	↘	极值	↗

确定单增且向上凹的区间为$(3,+\infty)$。

答案:D

1-2-26 **解**:定义域$[-4,-1]$,$f'(x)=x+2+\dfrac{1}{x}=\dfrac{x^2+2x+1}{x}$,可作为公式记住$(\ln|x|)'=\dfrac{1}{x}$。令$f'(x)=0$,即$x^2+2x+1=0$,$x=-1$为驻点,端点$x=-4$,$x=-1$,比较$f(-1)$与$f(-4)$函数值的大小,确定最大值。

答案:C

1-2-27 **解**:将x_0代入方程$x_0f''(x_0)+3x_0(f'(x_0))^2=1-e^{-x_0}$,已知$x_0$是函数的一个驻点,则$f'(x_0)=0$,化简,得:

$$x_0f''(x_0)=1-e^{-x_0},f''(x_0)=\frac{1-e^{-x_0}}{x_0}=\frac{e^{x_0}-1}{x_0e^{x_0}}>0$$

由极值存在的第二充分条件,可知$f(x_0)$是$f(x)$的极小值。

(注:当$x_0>0$时,$e^{x_0}-1>0$,$x_0e^{x_0}>0$,所以$f''(x_0)>0$;当$x_0<0$时,$e^{x_0}-1<0$,$x_0e^{x_0}<0$,所以$f''(x_0)>0$。)

答案:B

第三节

1-3-1 **解**:利用凑微分方法,即

$$\int f'(3-2x)\mathrm{d}x=\frac{-1}{2}\int f'(3-2x)\mathrm{d}(-2x+3)=-\frac{1}{2}f(3-2x)+C$$

答案:A

1-3-2 **解**:利用第一类换元积分法(凑微分法),即

$$\int e^{-x}f(e^{-x})\mathrm{d}x=-\int f(e^{-x})\mathrm{d}e^{-x}=-F(e^{-x})+C$$

答案:B

1-3-3 **解**:凑微分,即

$$\int\frac{f'(\ln x)}{x\sqrt{f(\ln x)}}\mathrm{d}x=\int\frac{f'(\ln x)}{\sqrt{f(\ln x)}}\mathrm{d}\ln x=\int\frac{1}{\sqrt{f(\ln x)}}\mathrm{d}f(\ln x)=2\sqrt{f(\ln x)}+C$$

答案:C

1-3-4 **解**:利用函数原函数的定义计算。

$$(x^2)'=2x,g(x)=2x,(\cos x)'=-\sin x,f(x)=-\sin x$$

所以$f[g(x)]=-\sin[g(x)]=-\sin 2x$。

答案:D

1-3-5　**解**:计算函数的积分,即左$=\int f'(\ln x)\mathrm{d}\ln x = f(\ln x)+C_1$

而右$=x^2+C_2$,则$f(\ln x)+C_1 = x^2+C_2$,设$t=\ln x, x=e^t$,代入得$f(t)+C_1 = e^{2t}+C_2$;则$f(x)=e^{2x}+C$(其中$C=C_2-C_1$)。

答案:C

1-3-6　**解**:$\lim\limits_{x\to a}\dfrac{x}{x-a}\int_a^x f(t)\mathrm{d}t = \lim\limits_{x\to a}\dfrac{x\int_a^x f(t)\mathrm{d}t}{x-a} \xlongequal{\frac{0}{0}} \lim\limits_{x\to a}\dfrac{\int_a^x f(t)\mathrm{d}t + xf(x)}{1} = af(a)$(因$\int_a^a f(t)\mathrm{d}t=0$)。

答案:C

1-3-7　**解**:$f(x)$在$[a,b]$连续,$f(x)$在$[a,b]$可积,定积分$\int_a^b f(x)\mathrm{d}x$为一确定常数。

答案:A

1-3-8　**解**:$\lim\limits_{x\to 0}\dfrac{\int_0^x f(t)\mathrm{d}t}{x^2} \xlongequal{\frac{0}{0}} \lim\limits_{x\to 0}\dfrac{f(x)}{2x} = \dfrac{1}{2}\lim\limits_{x\to 0}\dfrac{f(x)-f(0)}{x-0} = \dfrac{1}{2}f'(0) = \dfrac{2}{2} = 1$。

答案:B

1-3-9　**解**:$I=\int_e^{+\infty}\dfrac{1}{x(\ln x)^2}\mathrm{d}x = \int_e^{+\infty}\dfrac{1}{(\ln x)^2}\mathrm{d}\ln x = -\dfrac{1}{\ln x}\Big|_e^{+\infty} = -\left(\lim\limits_{x\to+\infty}\dfrac{1}{\ln x}-\dfrac{1}{\ln e}\right)=1$。

答案:A

1-3-10　**解**:逐一计算选项A、B、C、D来确定。

选项A:$\int_2^{+\infty}\dfrac{1}{x\ln^3 x}\mathrm{d}x = \int_2^{+\infty}\dfrac{1}{\ln^3 x}\mathrm{d}(\ln x) = -\dfrac{1}{2}\dfrac{1}{\ln^2 x}\Big|_2^{+\infty} = -\dfrac{1}{2}\left(\lim\limits_{x\to+\infty}\dfrac{1}{\ln^2 x}-\dfrac{1}{\ln^2 2}\right) = \dfrac{1}{2\ln^2 2}$,收敛。

选项B:$\int_0^{+\infty}e^{-x}\mathrm{d}x = -e^{-x}\Big|_0^{+\infty} = -(\lim\limits_{x\to+\infty}e^{-x}-1)=1$,收敛。

选项C:因$x=-1$为无穷不连续点,则$\int_{-1}^0\dfrac{2}{\sqrt{1-x^2}}\mathrm{d}x = 2\arcsin x\Big|_{-1}^0 = 2(0-\lim\limits_{x\to-1^+}\arcsin x)=\pi$,收敛。

选项D:因$x=1$为函数的无穷不连续点,则$\int_1^e\dfrac{1}{x\ln x}\mathrm{d}x = \int_1^e\dfrac{1}{\ln x}\mathrm{d}\ln x = \ln\ln x\Big|_1^e = \ln\ln e - \lim\limits_{x\to 1^+}\ln\ln x = \infty$,发散。

答案:D

1-3-11　**解**:积分上限函数求导数,$Q'(x)=x^2e^{-x^2}\cdot 2x=2x^3e^{-x^2}$。

答案:C

1-3-12　**解**:$\int_0^a f(x)\mathrm{d}x = \int_0^{\frac{a}{2}}f(x)\mathrm{d}x + \int_{\frac{a}{2}}^a f(x)\mathrm{d}x$。

将$\int_{\frac{a}{2}}^a f(x)\mathrm{d}x$变形,设$x=a-t, \mathrm{d}x=-\mathrm{d}t$。当$x=a$时,$t=0$;当$x=\dfrac{a}{2}$时,$t=\dfrac{a}{2}$。

$\int_{\frac{a}{2}}^a f(x)\mathrm{d}x = \int_{\frac{a}{2}}^0 f(a-t)(-\mathrm{d}t) = \int_0^{\frac{a}{2}}f(a-t)\mathrm{d}t = \int_0^{\frac{a}{2}}f(a-x)\mathrm{d}x$。

答案:B

1-3-13 **解**:计算 $\int_0^1 f(x)\mathrm{d}x=\int_0^{\frac{1}{2}}1\mathrm{d}x+\int_{\frac{1}{2}}^1 0\mathrm{d}x=\frac{1}{2}$,因此在[0,1]内不存在 ξ,使等式成立。

答案:B

1-3-14 **解**:可以验证选项 A、B、C 均成立,例如 $\int_{-a}^a f(x^2)\mathrm{d}x=\int_{-a}^0 f(x^2)\mathrm{d}x+\int_0^a f(x^2)\mathrm{d}x$,设 $x=-t,\mathrm{d}x=-\mathrm{d}t$,$\int_{-a}^0 f(x^2)\mathrm{d}x=\int_a^0 f[(-t)^2](-\mathrm{d}t)=\int_0^a f(t^2)\mathrm{d}t=\int_0^a f(x^2)\mathrm{d}x$,从而 $\int_{-a}^a f(x)\mathrm{d}x=2\int_0^a f(x^2)\mathrm{d}x$。

选项 D:$\int_0^1 10^x\mathrm{d}x=\frac{1}{\ln 10}10^x\Big|_0^1=\frac{1}{\ln 10}(10-1)=\frac{9}{\ln 10}$。

答案:D

1-3-15 **解**:$\varphi(-x)=\int_0^{-x}f(t)\mathrm{d}t$

设 $t=-u,\mathrm{d}t=-\mathrm{d}u$

当 $t=-x$ 时,$u=x$;当 $t=0$ 时,$u=0$

$\varphi(-x)=\int_0^{-x}f(t)\mathrm{d}t=\int_0^x f(-u)(-\mathrm{d}u)\xlongequal{f\text{ 为偶函数}}-\int_0^x f(u)\mathrm{d}u=-\int_0^x f(t)\mathrm{d}t=-\varphi(x)$,即 $\varphi(-x)=-\varphi(x)$,所以 $\varphi(x)$ 为奇函数。

答案:B

1-3-16 **解**:已知 $f(x)$ 在 $[0,+\infty)$ 连续,$f(x)$ 在 $[0,1]$ 上可积,定积分 $\int_0^1 f(x)\mathrm{d}x$ 为一常数。设 $A=\int_0^1 f(x)\mathrm{d}x$,则 $f(x)=xe^{-x}+Ae^x$,两边在 $[0,1]$ 区间上作定积分,得 $\int_0^1 f(x)\mathrm{d}x=\int_0^1 xe^{-x}\mathrm{d}x+\int_0^1 Ae^x\mathrm{d}x$,$A=\int_0^1 xe^{-x}\mathrm{d}x+A\int_0^1 e^x\mathrm{d}x\cdots$①,而 $\int_0^1 xe^{-x}\mathrm{d}x=-\int_0^1 x\mathrm{d}e^{-x}=-\left[xe^{-x}\Big|_0^1-\int_0^1 e^{-x}\mathrm{d}x\right]=-\left(\frac{2}{e}-1\right)$,$\int_0^1 e^x\mathrm{d}x=e-1$,代入①式 $A=-\left(\frac{2}{e}-1\right)+(e-1)A$,求出 $A=-\frac{1}{e}$,则 $f(x)=xe^{-x}-\frac{1}{e}e^x=xe^{-x}-e^{x-1}$。

答案:B

1-3-17 **解**:见解图,$y^2=4-x$,$x=4-y^2$ 当 $x=0$ 时,$y=\pm 2$

$S=\int_{-2}^2(4-y^2)\mathrm{d}y$。

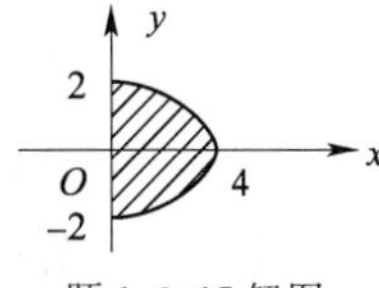

题 1-3-17 解图

答案:A

1-3-18 **解**:画图

$x:\left[\frac{\pi}{4},\frac{5}{4}\pi\right]$

$A=\int_{\frac{1}{4}\pi}^{\frac{5}{4}\pi}(\sin x-\cos x)\mathrm{d}x$。

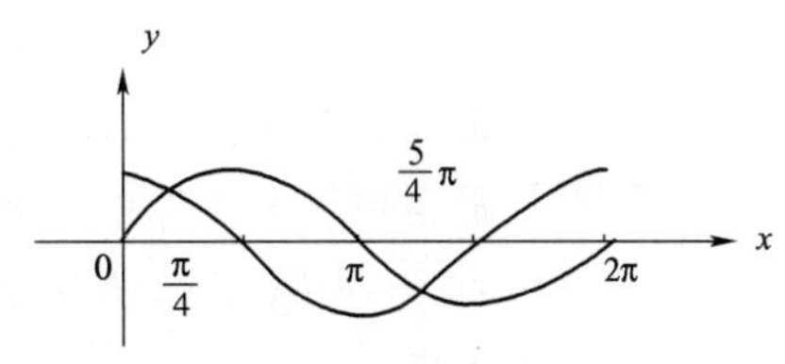

题 1-3-18 解图

答案:B

第四节

1-4-1 **解:**利用二元复合函数,求偏导的方法计算。

$$\frac{\partial z}{\partial y}=\frac{\partial z}{\partial u}\cdot\frac{\partial u}{\partial y}+\frac{\partial z}{\partial v}\cdot\frac{\partial v}{\partial y}=2u\varphi'_y\ln v+\frac{u^2}{v}\varphi'$$

答案:C

1-4-2 **解:**$xyz-e^{x+y}=0$,设函数 $F(x,y,z)=xyz-e^{x+y}$,$F_x=yz-e^{x+y}$,$F_y=xz-e^{x+y}$。

$$\frac{\partial y}{\partial x}=-\frac{F_x}{F_y}=-\frac{yz-e^{x+y}}{xz-e^{x+y}}\xlongequal[xyz=e^{x+y}]{\text{由原方程可知}}-\frac{yz-xyz}{xz-xyz}=-\frac{z(y-xy)}{z(x-xy)}=-\frac{y(1-x)}{x(1-y)}$$

答案:A

1-4-3 **解:**$\frac{\partial z}{\partial x}=\frac{1}{y}\cdot\frac{1}{xy}\cdot y=\frac{1}{xy}$, $\left.\frac{\partial z}{\partial x}\right|_{\substack{x=e\\y=e^{-1}}}=1$

$$\frac{\partial z}{\partial y}=\frac{\frac{1}{xy}xy-\ln(xy)}{y^2}=\frac{1-\ln xy}{y^2},\quad \left.\frac{\partial z}{\partial y}\right|_{\substack{x=e\\y=e^{-1}}}=e^2$$

$\mathrm{d}z=\mathrm{d}x+e^2\mathrm{d}y$

答案:C

1-4-4 **解:**曲线切线的方向向量 $\vec{s}=\{1,2t,3t^2\}$,平面法向量 $\vec{n}=\{1,2,1\}$,切线与平面平行,那么切线的方向向量应与平面的法向量垂直。

$\vec{s}\perp\vec{n}$,则 $\vec{s}\cdot\vec{n}=0$,即 $1+4t+3t^2=0$,解方程 $3t^2+4t+1=0$,$t_1=-\frac{1}{3}$,$t_2=-1$,得对应点 $\left(-\frac{1}{3},\frac{1}{9},-\frac{1}{27}\right)$,$(-1,1,-1)$。

答案:A

1-4-5 **解:**求曲面 $z=x^2-y^2$ 的切平面的法向量,$x^2-y^2-z=0$,设函数 $F(x,y,z)=x^2-y^2-z$,$\vec{n}=\{F_x,F_y,F_z\}=\{2x,-2y,-1\}$,已知平面法向量 $\vec{n}_{已知}=\{1,-1,-1\}$,两平面平行,法向量平行,$\vec{n}/\!/\vec{n}_{已知}$,对应坐标成比例,有 $\frac{2x}{1}=\frac{-2y}{-1}=\frac{-1}{-1}=1$,得 $x=\frac{1}{2}$,$y=\frac{1}{2}$,代入方程得 $z=0$,求出切点坐标 $M_0\left(\frac{1}{2},\frac{1}{2},0\right)$。已知 $\vec{n}=\{1,-1,-1\}$,切平面方程 $\left(x-\frac{1}{2}\right)-\left(y-\frac{1}{2}\right)-(z-0)=0$,化简为 $x-y-z=0$。

答案:C

1-4-6 **解:**利用二元函数求极值的充分条件计算

$$\begin{cases}z'_x=3x^2+6x-9=0,\text{得 }x_1=-3,x_2=1\\z'_y=-3y^2+6y=0,\text{得 }y_1=0,y_2=2\end{cases}$$

求出驻点 $M_1(-3,0)$,$M_2(-3,2)$,$M_3(1,0)$,$M_4(1,2)$,再求出 z_{xx},z_{xy},z_{yy} 逐一判定在哪一点取得极大值,如 $M_2(-3,2)$,设 $A=z_{xx}=6x+6$,$B=z_{xy}=0$,$C=z_{yy}=-6y+6$,代入 $A=-12$,$B=0$,$C=-6$,$AC-B^2>0$,$A<0$,在该点取得极大值。

答案:D

1-4-7 **解**：$xyz-1=0$，设函数 $F(x,y,z)=xyz-1$，计算 F_x、F_y、F_z，即 $F_x=yz$，$F_y=xz$，$F_z=xy$，$\vec{n}=\{yz,xz,xy\}$。已知平面法向量 $\vec{n}=\{1,1,1\}$，因两平面平行，平面法向量平行，对应坐标成比例，即 $\frac{yz}{1}=\frac{xz}{1}=\frac{xy}{1}$，解出 $y=x=z$，代入得 $x^3=1$，$x=1$，即 $x=y=z=1$。

M_0 点坐标(1,1,1)，$\vec{n}=\{1,1,1\}$，切平面方程 $(x-1)+(y-1)+(z-1)=0$，$x+y+z-3=0$。

答案：D

1-4-8 **解**：$z=x^2-y^2$，$M_0(\sqrt{2},-1,1)$，$x^2-y^2-z=0$，$\vec{n}=\{2x,-2y,-1\}\Big|_{(\sqrt{2},-1,1)}=\{2\sqrt{2},2,-1\}$，取 $\vec{s}=\vec{n}=\{2\sqrt{2},2,-1\}$，$M_0(\sqrt{2},-1,1)$，法线方程

$$\frac{x-\sqrt{2}}{2\sqrt{2}}=\frac{y+1}{2}=\frac{z-1}{-1}$$

答案：C

1-4-9 **解**：可通过图 1-4-1 基本概念关系图得到正确答案为 B。

答案：B

1-4-10 **解**：偏导数 $\frac{\partial z}{\partial x}\Big|_{(x_0,y_0)}$ 存在，表示一元函数 $z=f(x,y_0)$ 在点 $x=x_0$ 处可导，所以 $z=f(x,y_0)$ 在 P_0 点连续，即选项 B 正确。

选项 A 对于二元函数在某一点存在偏导数，即使是存在所有偏导，也不能推出函数在该点连续，所以 A 错误。

选项 C 对于二元函数在某一点存在所有偏导数也推不出函数在该点可微，所以 C 错误，D 也错误。

答案：B

第五节

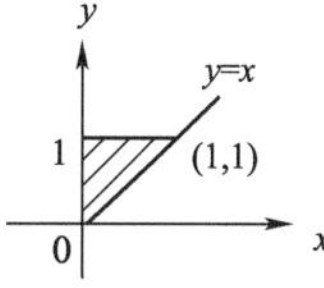

题 1-5-1 解图

1-5-1 **解**：求交点 $\begin{cases} y=x \\ y=1 \end{cases}$，(1,1)，先对 y 积分，再对 x 积分

$D:\begin{cases} 0\leqslant x\leqslant 1 \\ x\leqslant y\leqslant 1 \end{cases}$

$$\iint_D e^{-y}\mathrm{d}x\mathrm{d}y=\int_0^1\mathrm{d}x\int_x^1 e^{-y}\mathrm{d}y=-\int_0^1\left(\frac{1}{e}-e^{-x}\right)\mathrm{d}x=-\left(\frac{1}{e}\cdot x+e^{-x}\right)_0^1$$

$$=-\left(\frac{2}{e}-1\right)=-\frac{2}{e}+1$$

答案：D

1-5-2 **解**：还原积分区域 D，如图所示，D 在极坐标下不等式组为：

$$\begin{cases} 0\leqslant\theta\leqslant\frac{\pi}{4} \\ \tan x\sec\theta\leqslant r\leqslant\sec\theta \end{cases}$$

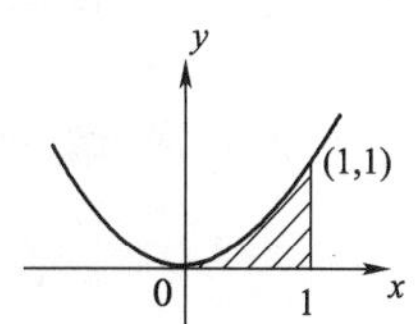

题 1-5-2 解图

利用直角坐标与极坐标的关系式 $x=r\cos\theta$，$y=r\sin\theta$ 变形

其中 $y=x^2$，化为 $r\sin\theta=(r\cos\theta)^2$，$r=\dfrac{\sin\theta}{\cos^2\theta}=\tan\theta\sec\theta$。

$x=1$，化为 $r\cos\theta=1$，$r=\sec\theta$，面积元素 $\mathrm{d}x\mathrm{d}y=r\mathrm{d}r\mathrm{d}\theta$，

原式 $=\int_0^{\frac{\pi}{4}}\mathrm{d}\theta\int_{\tan\theta\sec\theta}^{\sec\theta}f(r\cos\theta,r\sin\theta)r\mathrm{d}r$。

答案：D

1-5-3　**解**：G 为圆域 $\iint\limits_G\sin(x^2+y^2)\mathrm{d}x\mathrm{d}y$，用 $x=r\cos\theta$，$y=r\sin\theta$，$\mathrm{d}x\mathrm{d}y=r\mathrm{d}r\mathrm{d}\theta$ 代入积分式

原式 $=\iint\limits_D\sin r^2\cdot r\mathrm{d}r\mathrm{d}\theta=\int_0^{2\pi}\mathrm{d}\theta\int_0^2 r\sin r^2\mathrm{d}r\quad D:\begin{cases}0\leqslant\theta\leqslant 2\pi\\0\leqslant r\leqslant 2\end{cases}$

答案：C

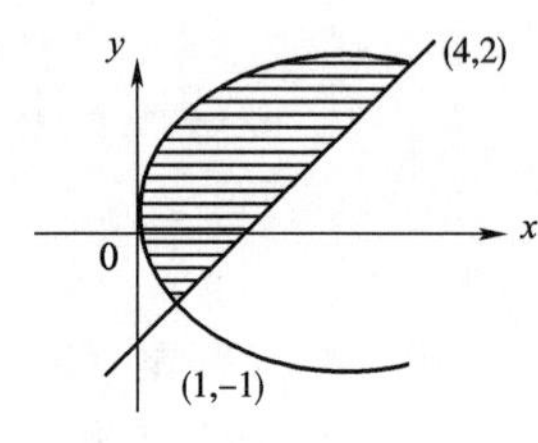

题 1-5-4 解图

1-5-4　**解**：求交点 $\begin{cases}y^2=x\\y=x-2\end{cases}$，$(4,2)$，$(1,-1)$

先对 x 积分，后对 y 积分，$D:\begin{cases}-1\leqslant y\leqslant 2\\y^2\leqslant x\leqslant y+2\end{cases}$

$I=\int_{-1}^2\mathrm{d}y\int_{y^2}^{y+2}xy\mathrm{d}x$。

答案：B

1-5-5　**解**：复原积分区域画出图形。

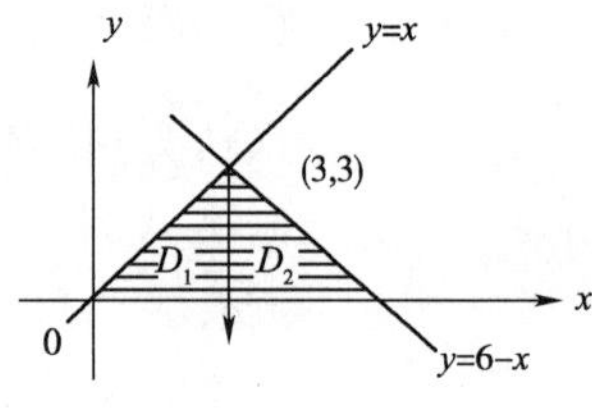

题 1-5-5 解图

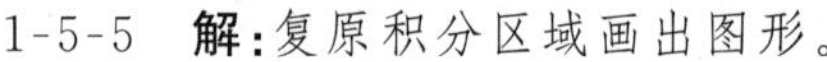

求交点 $\begin{cases}y=6-x\\y=x\end{cases}$，　交点为 $(3,3)$，因围成区域 D 的上面曲线由两个方程组成，因而分成两个部分计算。

$D_1:\begin{cases}0\leqslant x\leqslant 3\\0\leqslant y\leqslant x\end{cases}$，$D_2:\begin{cases}3\leqslant x\leqslant 6\\0\leqslant y\leqslant 6-x\end{cases}$

$$
\begin{aligned}
\text{原式}&=\iint\limits_D f(x,y)\mathrm{d}x\mathrm{d}y\\
&=\iint\limits_{D_1}f(x,y)\mathrm{d}x\mathrm{d}y+\iint\limits_{D_2}f(x,y)\mathrm{d}x\mathrm{d}y\\
&=\int_0^3\mathrm{d}x\int_0^x f(x,y)\mathrm{d}y+\int_3^6\mathrm{d}x\int_0^{6-x}f(x,y)\mathrm{d}y
\end{aligned}
$$

答案：B

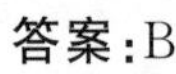

1-5-6　**解**：$L:\begin{cases}y=\dfrac{2}{3}x^{\frac{3}{2}}\\x=x\end{cases}$，$0\leqslant x\leqslant 1$，$\mathrm{d}s=\sqrt{1+[y'(x)]^2}\,\mathrm{d}x=\sqrt{1+x}\,\mathrm{d}x$，$S=\int_L 1\cdot\mathrm{d}s=$ $\int_0^1\sqrt{1+x}\,\mathrm{d}x=\dfrac{2}{3}\left(2\sqrt{2}-1\right)$。

答案：C

1-5-7　**解**：此题为对坐标的曲线积分，$\int_{ABC}\dfrac{\mathrm{d}x+\mathrm{d}y}{|x|+|y|}=\int_{L_1}+\int_{L_2}$，$L_1:\begin{cases}y=-x+1\\x=x\end{cases}$，

$x:1\to 0$

$\int_{L_1}=\int_1^0\dfrac{1+(-1)}{x+(-x+1)}\mathrm{d}x=0$；

$L_2:\begin{cases}y=x+1\\x=x\end{cases}$，$x:0\to-1$

$\int_{L_2}=\int_0^{-1}\frac{1+1}{-x+(x+1)}dx=\int_0^{-1}2dx=-2\int_{-1}^{0}dx=-2$。

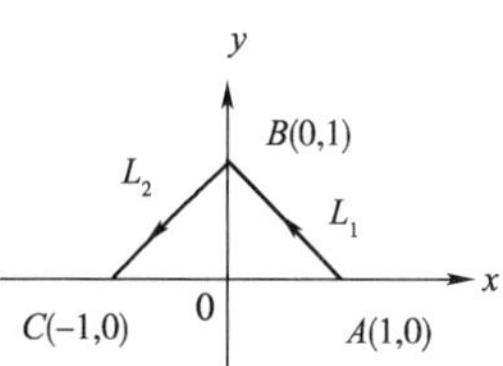

题 1-5-7 解图

答案:B

1-5-8 **解**:画出公共部分图形,V 由八块相等的部分构成,只要求出一块即可。

计算 V_1,体积 $V=8V_1$,D_1 由 $x^2+y^2=R^2$,$x=0$,$y=0$ 围成,由 $x^2+z^2=R^2$,得 $z=\sqrt{R^2-x^2}$,

$V_1=\iint\limits_{D_1}\sqrt{R^2-x^2}\,dxdy$,$D_1:\begin{cases}0\leqslant x\leqslant R\\0\leqslant y\leqslant\sqrt{R^2-x^2}\end{cases}$

$V_1=\int_0^R dx\int_0^{\sqrt{R^2-x^2}}\sqrt{R^2-x^2}\,dy$

则 $V=8\int_0^R dx\int_0^{\sqrt{R^2-x^2}}\sqrt{R^2-x^2}\,dy$

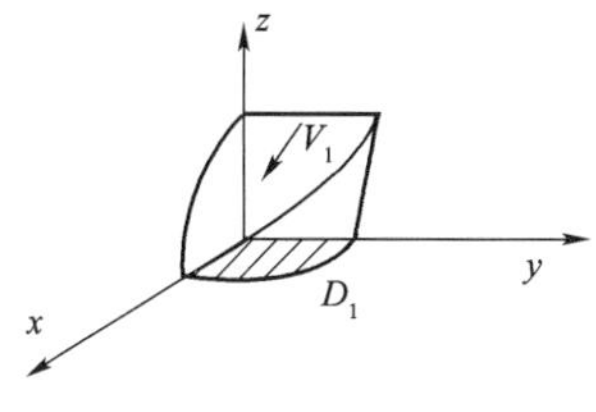

题 1-5-8 解图

答案:B

1-5-9 **解**:在 D 内 $\frac{1}{2}\leqslant x+y\leqslant 1$,$\ln(x+y)\leqslant 0$,$[\ln(x+y)]^3\leqslant 0$,

已知当 $0<x<\frac{\pi}{2}$ 时,$\sin x<x$,在 D 内的点满足 $0<x+y<\frac{\pi}{2}$,所以 $0<\sin(x+y)<x+y$ 成立,即 $0<\sin^3(x+y)<(x+y)^3$,在 D 上满足 $\ln^3(x+y)<\sin^3(x+y)<(x+y)^3$,则 $\iint\limits_D\ln^3(x+y)\,dxdy<\iint\limits_D\sin^3(x+y)\,dxdy<\iint\limits_D(x+y)^3\,dxdy$,即 $I_1<I_3<I_2$。

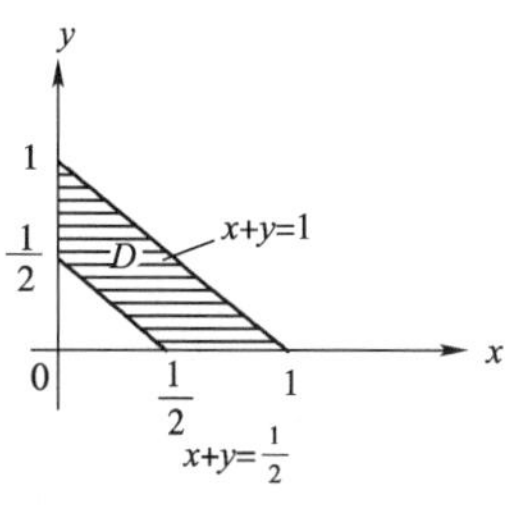

题 1-5-9 解图

答案:B

第六节

1-6-1 **解**:可验证选项 A、B、C 均收敛。

$\sum\limits_{n=1}^{\infty}(-1)^n\frac{1}{\sqrt{n}}$,因 $u_n\geqslant u_{n+1}$,$\lim\limits_{n\to\infty}u_n=0$,交错级数收敛。

$\sum\limits_{n=1}^{\infty}\frac{n}{2^n}$,因 $\lim\limits_{n\to\infty}\frac{u_{n+1}}{u_n}=\lim\limits_{n\to\infty}\frac{\frac{n+1}{2^{n+1}}}{\frac{n}{2^n}}=\lim\limits_{n\to\infty}\frac{n+1}{n}\cdot\frac{1}{2}=\frac{1}{2}<1$,级数收敛。

$\sum\limits_{n=1}^{\infty}\left(\frac{1}{n}-\frac{1}{n+1}\right)$,因 $\frac{1}{n}-\frac{1}{n+1}=\frac{1}{n(n+1)}<\frac{1}{n^2}$,而 $\sum\limits_{n=1}^{\infty}\frac{1}{n^2}$ 收敛,

所以 $\sum\limits_{n=1}^{\infty}\left(\frac{1}{n}-\frac{1}{n+1}\right)$ 收敛。

$\sum\limits_{n=1}^{\infty}\sin\frac{n\pi}{3}$,因 $\lim\limits_{n\to\infty}u_n=\lim\limits_{n\to\infty}\sin\frac{n\pi}{3}\neq 0$,级数发散。

答案:D

1-6-2 **解**：$\sum_{n=1}^{\infty}\left|(-1)^{n-1}\frac{1}{n}\right|=\sum_{n=1}^{\infty}\frac{1}{n}$发散，而原级数$\sum_{n=1}^{\infty}(-1)^{n-1}\frac{1}{n}$满足 $u_n\geqslant u_{n+1}$，且$\lim\limits_{n\to\infty}u_n=0$，级数$\sum_{n=1}^{\infty}\frac{(-1)^{n-1}}{n}$收敛，所以级数$\sum_{n=1}^{\infty}(-1)^{n-1}\frac{1}{n}$条件收敛。

答案：B

1-6-3 **解**：$\sum_{n=1}^{\infty}U_n$ 条件收敛，即$\sum_{n=1}^{\infty}|U_n|$发散，$\sum_{n=1}^{\infty}U_n$ 收敛，所以$\frac{1}{2}\sum_{n=1}^{\infty}U_n$ 收敛，$\frac{1}{2}\sum_{n=1}^{\infty}|U_n|$发散。

而 $U^*=\frac{1}{2}U_n+\frac{1}{2}|U_n|$，$\sum_{n=1}^{\infty}U^*$ 发散。（注：常数项级数性质 3）

$U^{**}=\frac{1}{2}U_n-\frac{1}{2}|U_n|$，$\sum_{n=1}^{\infty}U^{**}$ 发散。（注：常数项级数性质 3）

根据常数项级数的性质。

答案：B

1-6-4 **解**：
$$\lim_{n\to\infty}\left|\frac{a_{n+1}}{a_n}\right|=\lim_{n\to\infty}\frac{\dfrac{a^{n+1}-b^{n+1}}{a^{n+1}+b^{n+1}}}{\dfrac{a^n-b^n}{a^n+b^n}}=\lim_{n\to\infty}\frac{a^{n+1}-b^{n+1}}{a^n-b^n}\cdot\frac{a^n+b^n}{a^{n+1}+b^{n+1}}$$
$$=\lim_{n\to\infty}\frac{b^{n+1}\left[\left(\frac{a}{b}\right)^{n+1}-1\right]}{b^n\left[\left(\frac{a}{b}\right)^n-1\right]}\cdot\frac{b^n\left[\left(\frac{a}{b}\right)^n+1\right]}{b^{n+1}\left[\left(\frac{a}{b}\right)^{n+1}+1\right]}$$

因为 $0<a<b$，$0<\frac{a}{b}<1$，$\lim\limits_{n\to\infty}\left(\frac{a}{b}\right)^n=0$。

所以 $\lim\limits_{n\to\infty}\left|\frac{a_{n+1}}{a_n}\right|=b\cdot\frac{1}{b}=1$

$R=\frac{1}{\rho}=1$

答案：D

1-6-5 **解**：$\sum_{n=1}^{\infty}\left(x^n+\frac{1}{2^nx^n}\right)=\sum_{n=1}^{\infty}x^n+\sum_{n=1}^{\infty}\frac{1}{2^nx^n}$

级数$\sum_{n=1}^{\infty}x^n$ 为公比 $q=x$ 的等比级数，当$|x|<1$时，级数收敛

级数$\sum_{n=1}^{\infty}\frac{1}{2^nx^n}=\sum_{n=1}^{\infty}\left(\frac{1}{2x}\right)^n$ 为公比 $q=\frac{1}{2x}$的等比级数，

当$\left|\frac{1}{2x}\right|<1$时，级数收敛，即$|x|>\frac{1}{2}$时收敛

因此，级数$\sum_{n=1}^{\infty}x^n$，$\sum_{n=1}^{\infty}\left(\frac{1}{2x}\right)^n$ 的和在$\frac{1}{2}<|x|<1$ 收敛

答案：C

1-6-6 **解**：$f(x)=\begin{cases}x & -\pi\leqslant x<0\\ 1 & 0\leqslant x\leqslant\pi\end{cases}$，利用公式求出 a_3 的值。

$$a_3=\frac{1}{\pi}\int_{-\pi}^{\pi}f(x)\cos3x\mathrm{d}x=\frac{1}{\pi}\left(\int_{-\pi}^{0}x\cos3x\mathrm{d}x+\int_{0}^{\pi}\cos3x\mathrm{d}x\right)$$
$$=\frac{1}{\pi}\left(\frac{1}{3}\int_{-\pi}^{0}x\mathrm{d}\sin3x+0\right)=\frac{1}{\pi}\left[\frac{1}{3}(x\sin3x\Big|_{-\pi}^{0}-\int_{-\pi}^{0}\sin3x\mathrm{d}x)\right]$$

$$=\frac{1}{9\pi}\cos 3x\Big|_{-\pi}^{0}=\frac{1}{9\pi}[1-(-1)]=\frac{2}{9\pi}$$

答案:C

1-6-7 **解**:原级数$=x(x-\frac{1}{2}x^2+\frac{1}{3}x^3-\cdots+\frac{(-1)^{n+1}}{n}x^n+\cdots)$,已知 $\ln(1+x)=x-\frac{1}{2}x^2+\frac{1}{3}x^3-\cdots,-1<x\leqslant 1$,幂级数和为 $x\ln(1+x)$。

答案:D

1-6-8 **解**:设 $x-1=z$,原幂级数$=\sum\limits_{n=0}^{\infty}C_nz^n$

因为$\lim\limits_{n\to\infty}\left|\frac{C_{n+1}}{C_n}\right|=\lim\limits_{n\to\infty}\left|\frac{\frac{1}{C_n}}{\frac{1}{C_{n+1}}}\right|=\frac{1}{3}$

所以 $R=3,\sum\limits_{n=0}^{\infty}C_nz^n$ 在$-3<z<3$ 收敛。即原幂级数在$-2<x<4$ 收敛。

只有选项 D 正确。

答案:D

1-6-9 **解**:利用 $f(x)=\frac{x}{(x-2)(x-3)}=\frac{A}{x-2}+\frac{B}{x-3}$,计算出 $A=-2,B=3$。

$f(x)=\frac{-2}{x-2}+\frac{3}{x-3}$,函数$\frac{-2}{x-2}=-2\frac{1}{x-5+3}=-\frac{2}{3}\frac{1}{1+\frac{x-5}{3}}$,展开成 $x-5$ 的幂级数后,收敛区间通过下式计算:由$-1<\frac{x-5}{3}<1$,解出 $2<x<8$。

同理,函数$\frac{3}{x-3}=3\times\frac{1}{x-5+2}=\frac{3}{2}\times\frac{1}{1+\frac{x-5}{2}}$,展开成 $x-5$ 的幂级数后,求出收敛区间 $3<x<7$。公共部分 $3<x<7$。

答案:C

1-6-10 **解**:奇延拓,周期延拓,作出 $f(x)$的图形,由迪利克雷收敛定理可知,因 $x=-\frac{\pi}{2}$为函数的间断点,且 $f(x)$是以 2π 为周期的奇函数,则

$$S\left(-\frac{\pi}{2}\right)=-S\left(\frac{\pi}{2}\right)=-\frac{f\left(\frac{\pi}{2}-0\right)+f\left(\frac{\pi}{2}+0\right)}{2}=-\frac{\frac{\pi}{2}+\pi}{2}=-\frac{3}{4}\pi$$

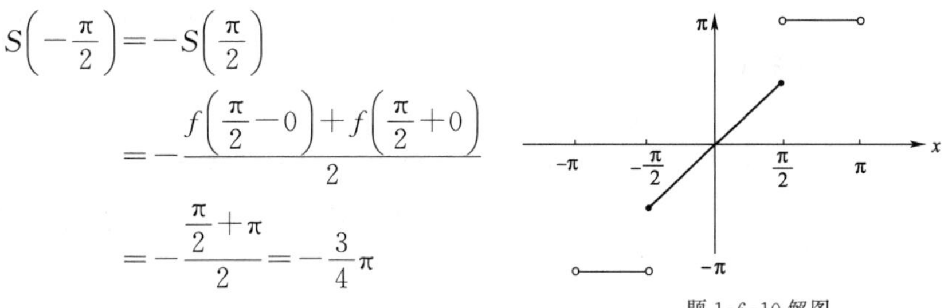

题 1-6-10 解图

答案:C

第七节

1-7-1 **解**:$dy-e^xdx=-2xydx,\frac{dy}{dx}-e^x=-2xy,\frac{dy}{dx}+2xy=e^x$。

答案:D

1-7-2 **解:**本题为一阶齐次方程。

设 $u=\dfrac{y}{x}$,$y=xu$,$\dfrac{\mathrm{d}y}{\mathrm{d}x}=u+x\dfrac{\mathrm{d}u}{\mathrm{d}x}$,

代入方程 $y'=\dfrac{x}{y}+\dfrac{y'}{x}$得

$u+x\dfrac{\mathrm{d}u}{\mathrm{d}x}=\dfrac{1}{u}+u$,$x\dfrac{\mathrm{d}u}{\mathrm{d}x}=\dfrac{1}{u}$,$u\mathrm{d}u=\dfrac{1}{x}\mathrm{d}x$,$\dfrac{1}{2}u^2=\ln x+C$,

通解$\dfrac{1}{2}\dfrac{y^2}{x^2}=\ln x+C$,

代入初始条件$x=1$,$y=2$,$C=2$,特解 $y^2=2x^2(2+\ln x)$。

答案:C

1-7-3 **解:方法 1,**可将 $y=\cos 2x$ 代入原方程求出 $p(x)$,计算如下:$y=\cos 2x$,$y'=-2\sin 2x$,代入$-2\sin 2x+p(x)\cos 2x=0$,则 $p(x)=2\tan 2x$。再把求出的 $p(x)$ 代入原方程得:$y'+2(\tan 2x)y=0$,$\dfrac{\mathrm{d}y}{\mathrm{d}x}=-2(\tan 2x)\cdot y$,$\dfrac{1}{y}\mathrm{d}y=-2\tan 2x\mathrm{d}x$,$\ln y=\ln\cos 2x+\ln C$,通解 $y=C\cos 2x$,代入初始条件 $x=0$,$y=2$,解出$C=2$,选项 D 正确。

方法 2,因为一阶线性齐次方程 $y'+p(x)y=0$ 任意两个解只差一个常数因子,所以选项 A、B、C 都不是该方程的解。

答案:D

1-7-4 **解:**$y_1(x)$、$y_2(x)$为非齐次方程的解,$y_2(x)-y_1(x)$是对应齐次方程的解,
那么 $C[y_2(x)-y_1(x)]$为对应齐次方程的通解。
一阶线性非齐次方程的通解 $y=y^*$(非齐次的一特解)$+Y$(齐次的通解),
则通解为 $y_2(x)+C[y_2(x)-y_1(x)]$。

答案:D

1-7-5 **解:**方程是 $y''=f(x,y')$不显含字母 y,设 $y'=p(x)$,$y''=p'$,代入方程$(1+x^2)p'=2xp$,$(1+x^2)\mathrm{d}p=2xp\mathrm{d}x$,分离变量得$\dfrac{\mathrm{d}p}{p}=\dfrac{2x}{1+x^2}\mathrm{d}x$,两边积分,$\ln p=\ln(1+x^2)+\ln C_1$,$p=C_1(1+x^2)$,即 $y'=C_1(1+x^2)$,由条件 $y'|_{x=0}=3$,知 $C_1=3$,得 $y'=3(1+x^2)$,两边积分 $y=x^3+3x+C_2$,由条件 $y|_{x=0}=1$,得 $C_2=1$,特解 $y=x^3+3x+1$。

答案:C

1-7-6 **解:**$y''-2y'+y=0$。
方法 1,对应特征方程 $r^2-2r+1=0$,$r=1$,二重根。
通解 $y=(C_1+C_2x)e^x$,其中 C_1、C_2 为任意常数。
当 $C_1=0$,$C_2=1$ 时,解 $y=xe^x$,选项 C 成立。
当 $C_1=2$,$C_2=1$ 时,解为 $y=(x+2)e^x$,选项 D 成立。
当 $C_1=1$,$C_2=0$ 时,解为 $y=e^x$,选项 B 也成立,选项 A 不是方程的解。
方法 2,将选项 A、B、C、D 逐个代入方程检验,选项 A 代入后不满足方程,计算如下:
$y=x^2e^x$,$y'=(2x+x^2)e^x$,$y''=(2+4x+x^2)e^x$,
把 y、y'、y''代入原方程不成立,所以选项 A 不是方程的解函数。选项 B、C、D 代入均成立。

方法 3,在方程的通解 $y=(C_1+C_2x)e^x$ 中,常数 C_1、C_2 取任意数,选项 A 均不成立。

答案:A

1-7-7 **解**:已知 $r_1=3$,$r_2=-3$,从而可知二阶线性齐次方程对应的特征方程为 $(r-3)\cdot(r+3)=0$,即 $r^2-9=0$,反推知二阶常系数线性齐次方程为 $\frac{d^2y}{dx^2}-9y=0$。

答案:D

1-7-8 **解**:直接看出 $y^*=\frac{1}{2}$ 是线性非齐次方程的一个特解。求齐次方程通解,$r^2+2=0$,$r=\pm\sqrt{2}i$,$y=C_1\cos\sqrt{2}x+C_2\sin\sqrt{2}x$。对应齐次方程的通解 $Y=C_1\cos\sqrt{2}x+C_2\sin\sqrt{2}x$,则方程的通解 $y=\frac{1}{2}+C_1\cos\sqrt{2}x+C_2\sin\sqrt{2}x$。

答案:A

第八节

1-8-1 **解**:分别求出行列式 $\boldsymbol{D}_1$,$\boldsymbol{D}_2$ 的值。

即 $\boldsymbol{D}_1=0$,$\boldsymbol{D}_2=(\lambda+1)(\lambda-1)^2$,从而 λ 值取 -1,1。

答案:C

1-8-2 **解**:利用行列式的性质将第一行按顺序与第二行、第三行互换,一直换到第 n 行,一共交换 $n-1$ 次,变号次数 $(n-1)$ 次,再将原行列式第二行按顺序换到第 $n-1$ 行,交换 $(n-2)$ 次,依次进行,最后将原行列式第 $n-1$ 行和第 n 行交换,得

$$\begin{vmatrix} & & & \lambda_1 \\ & & \lambda_2 & \\ & \iddots & & \\ \lambda_n & & & \end{vmatrix}=(-1)^{n-1}(-1)^{n-2}\cdots(-1)^1\begin{vmatrix} \lambda_n & & & \\ & \lambda_{n-1} & & \\ & & \ddots & \\ & & & \lambda_1 \end{vmatrix}$$

$$=(-1)^{1+2+\cdots+(n-1)}\begin{vmatrix} \lambda_n & & & \\ & \lambda_{n-1} & & \\ & & \ddots & \\ & & & \lambda_1 \end{vmatrix}$$

$$=(-1)^{\frac{n(n-1)}{2}}\begin{vmatrix} \lambda_n & & & \\ & \lambda_{n-1} & & \\ & & \ddots & \\ & & & \lambda_1 \end{vmatrix}$$

$$=(-1)^{\frac{n(n-1)}{2}}\lambda_1\lambda_2\cdots\lambda_n$$

答案:D

1-8-3 **解**:矩阵 $\boldsymbol{AB}$ 可能为奇异矩阵,也可能为非奇异矩阵;若 $\boldsymbol{AB}$ 为奇异矩阵,则有 $|\boldsymbol{AB}|=0$。如 $\boldsymbol{A}=\boldsymbol{0}$ 时,$\boldsymbol{AB}=\boldsymbol{0}$,$|\boldsymbol{AB}|=0$,故选项 A 不成立。或 $\boldsymbol{A}^{\mathrm{T}}\boldsymbol{B}^{\mathrm{T}}$ 为 5×5 方阵,选项 B 正确。$R(\boldsymbol{A})=R(\boldsymbol{A}^{\mathrm{T}})\leqslant\min\{4,5\}=4$,选项 C 正确。$\boldsymbol{AB}$ 为 4×4 方阵,$R(\boldsymbol{AB})\leqslant4$,选项 D 正确。

答案:A

1-8-4 **解:方法 1**,若 $\boldsymbol{\beta}$ 是 $\boldsymbol{\alpha}_1,\boldsymbol{\alpha}_2$ 的线性组合,则 $\boldsymbol{\beta},\boldsymbol{\alpha}_1,\boldsymbol{\alpha}_2$ 线性相关,于是 $|\boldsymbol{\beta},\boldsymbol{\alpha}_1,\boldsymbol{\alpha}_2|=0$。选项 A 计算如下:$\begin{vmatrix} -3 & 2 & 0 \\ 0 & 0 & 0 \\ 4 & 0 & -3 \end{vmatrix}=0$,其余选项计算行列式的值均不为 0,故选项 A 成立。

方法 2,由于 $\boldsymbol{\alpha}_1$ 与 $\boldsymbol{\alpha}_2$ 的第 2 个分量为 0,所以 $\boldsymbol{\alpha}_1$、$\boldsymbol{\alpha}_2$ 线性组合的第 2 个分量还为 0,选 A。

答案:A

1-8-5 **解:**向量组的秩为 r,即它的最大线性无关组向量个数为 r,因此选项 D 正确。

答案:D

1-8-6 **解:**将矩阵作行的初等变换化为行阶梯形,找出不为零的最高阶子式对应的列向量。

$$\begin{bmatrix} 1 & 1 & 2 & 2 & 1 \\ 0 & 2 & 1 & 5 & -1 \\ 2 & 0 & 3 & -1 & 3 \\ 1 & 1 & 0 & 4 & -1 \end{bmatrix} \xrightarrow[-r_1+r_4]{-2r_1+r_3} \begin{bmatrix} 1 & 1 & 2 & 2 & 1 \\ 0 & 2 & 1 & 5 & -1 \\ 0 & -2 & -1 & -5 & 1 \\ 0 & 0 & -2 & 2 & -2 \end{bmatrix} \xrightarrow{r_2+r_3}$$

$$\begin{bmatrix} 1 & 1 & 2 & 2 & 1 \\ 0 & 2 & 1 & 5 & -1 \\ 0 & 0 & 0 & 0 & 0 \\ 0 & 0 & -2 & 2 & -2 \end{bmatrix} \xrightarrow{r_3 \leftrightarrow r_4} \begin{bmatrix} 1 & 1 & 2 & 2 & 1 \\ 0 & 2 & 1 & 5 & -1 \\ 0 & 0 & -2 & 2 & -2 \\ 0 & 0 & 0 & 0 & 0 \end{bmatrix},\text{因为} \begin{vmatrix} 1 & 1 & 2 \\ 0 & 2 & 1 \\ 0 & 0 & -2 \end{vmatrix} \neq 0。$$

注意:第 1、2、4 列或第 1、2、5 列也是最大线性无关组。

答案:D

1-8-7 **解:方法 1**,$\boldsymbol{A} \xrightarrow[-\frac{a_n}{a_1}r_1+r_n]{-\frac{a_2}{a_1}r_1+r_2 \atop \cdots} \begin{bmatrix} a_1b_1 & a_1b_2 & \cdots & a_1b_n \\ 0 & 0 & \cdots & 0 \\ \cdots & \cdots & \cdots & \cdots \\ 0 & 0 & \cdots & 0 \end{bmatrix}$,则 $R(\boldsymbol{A})=1$

方法 2,令 $\boldsymbol{B}=\begin{bmatrix} a_1 \\ a_2 \\ \vdots \\ a_n \end{bmatrix}_{n\times 1}$,$\boldsymbol{C}=(b_1,b_2,\cdots,b_n)_{1\times n}$,则 $\boldsymbol{A}=\boldsymbol{B}_{n\times 1}\cdot\boldsymbol{C}_{1\times n}\neq\boldsymbol{0}$

因 $R(\boldsymbol{B}_{n\times 1})=1$,$R(\boldsymbol{C}_{1\times n})=1$,$0<R(\boldsymbol{A})=R(\boldsymbol{BC})\leqslant\min\{R(\boldsymbol{B})、R(\boldsymbol{C})\}$,则 $R(\boldsymbol{A})=1$

答案:C

1-8-8 **解:方法 1**,验证 $\boldsymbol{\alpha}=\dfrac{\boldsymbol{\alpha}_2+\boldsymbol{\alpha}_3}{2}$ 是非齐次方程组 $\boldsymbol{Ax}=\boldsymbol{b}$ 的解。

代入方程 $\boldsymbol{A\alpha}=\boldsymbol{A}\dfrac{\boldsymbol{\alpha}_2+\boldsymbol{\alpha}_3}{2}=\dfrac{1}{2}(\boldsymbol{A\alpha}_2+\boldsymbol{A\alpha}_3)=\dfrac{1}{2}(\boldsymbol{b}+\boldsymbol{b})=\boldsymbol{b}$，$\boldsymbol{\alpha}=\dfrac{\boldsymbol{\alpha}_2+\boldsymbol{\alpha}_3}{2}=\begin{bmatrix}0\\ \frac{1}{2}\\ 1\\ \frac{3}{2}\end{bmatrix}$，因

$\boldsymbol{\alpha}_1$ 是非齐次线性方程组的解，$\boldsymbol{\alpha}$ 也是非齐次线性方程组的解，可以验证 $\boldsymbol{\alpha}_1-\boldsymbol{\alpha}$ 是对应齐次方程组 $\boldsymbol{Ax}=\boldsymbol{0}$ 的解，代入方程组 $\boldsymbol{A}(\boldsymbol{\alpha}_1-\boldsymbol{\alpha})=\boldsymbol{A\alpha}_1-\boldsymbol{A\alpha}=\boldsymbol{b}-\boldsymbol{b}=\boldsymbol{0}$。

设 $\boldsymbol{\xi}=\boldsymbol{\alpha}_1-\boldsymbol{\alpha}=\begin{bmatrix}1\\ \frac{3}{2}\\ 2\\ \frac{5}{2}\end{bmatrix}$，而对应齐次线性方程组 $\boldsymbol{Ax}=\boldsymbol{0}$ 基础解系中向量个数＝未知数个数－$R(\boldsymbol{A})=4-3=1$，所以对应齐次线性方程组的通解为 $C\boldsymbol{\xi}$（C 为任意常数），非齐次方程组 $\boldsymbol{Ax}=\boldsymbol{b}$ 的通解为：

$\boldsymbol{x}=\boldsymbol{\alpha}_1+C\boldsymbol{\xi}$（非齐次的一个特解＋齐次的通解）

$$=\begin{bmatrix}1\\2\\3\\4\end{bmatrix}+C\begin{bmatrix}1\\ \frac{3}{2}\\ 2\\ \frac{5}{2}\end{bmatrix}=\begin{bmatrix}1\\2\\3\\4\end{bmatrix}+C\,\frac{1}{2}\begin{bmatrix}2\\3\\4\\5\end{bmatrix},$$

即 $\boldsymbol{x}=\begin{bmatrix}1\\2\\3\\4\end{bmatrix}+C_1\begin{bmatrix}2\\3\\4\\5\end{bmatrix}\quad\left(C_1=\dfrac{C}{2}\right)$。

方法 2，观察四个选项，发现它们唯一不同之处是 C 后面的向量，因此解题的关键是判定任意常数 C 后面哪个向量是 $\boldsymbol{Ax}=\boldsymbol{0}$ 的基础解系（$\boldsymbol{Ax}=\boldsymbol{0}$ 的一个非零解向量）。利用结论：设 $y_1,y_2,\cdots,y_s$ 为 $\boldsymbol{Ax}=\boldsymbol{b}$ 的解，则 $\sum\limits_{i=1}^{s}k_iy_i$ 是 $\boldsymbol{Ax}=\boldsymbol{0}$ 的解的充要条件是 $\sum\limits_{i=1}^{s}k_i=0$。

$2\alpha_1-(\alpha_2+\alpha_3)=\begin{bmatrix}2\\3\\4\\5\end{bmatrix}\neq\boldsymbol{0}$，是 $\boldsymbol{Ax}=\boldsymbol{0}$ 的基础解系。

答案：C

1-8-9 **解**：矩阵对应的特征多项式相同，则有相同的特征值。

因 $|\lambda\boldsymbol{E}-\boldsymbol{A}^{\mathrm{T}}|=|(\lambda\boldsymbol{E}-\boldsymbol{A})^{\mathrm{T}}|=|\lambda\boldsymbol{E}-\boldsymbol{A}|$，所以 $\boldsymbol{A}^{\mathrm{T}}$ 与 $\boldsymbol{A}$ 的特征多项式相同，因而有相同的特征值。或直接用特征值和特征向量的性质（4）$\boldsymbol{A}^{\mathrm{T}}$ 与 $\boldsymbol{A}$ 有相同特征值。

答案:A

1-8-10 **解**:运算中应注意矩阵的乘法不满足交换律,即 $\boldsymbol{AB}\neq\boldsymbol{BA}$,逐个验证选项 A、B、C、D,计算如下:

选项 A,$(\boldsymbol{A}+\boldsymbol{B})(\boldsymbol{A}-\boldsymbol{B})=\boldsymbol{A}^2+\boldsymbol{BA}-\boldsymbol{AB}+\boldsymbol{B}^2\neq\boldsymbol{A}^2-\boldsymbol{B}^2$。

选项 B,$(\boldsymbol{AB})^2=(\boldsymbol{AB})(\boldsymbol{AB})=\boldsymbol{ABAB}\neq\boldsymbol{A}^2\boldsymbol{B}^2$。

选项 C,$\boldsymbol{AC}=\boldsymbol{BC}$,只有当矩阵 $\boldsymbol{C}$ 可逆时,选项 C 才成立,但矩阵 $\boldsymbol{C}$ 是否可逆,未知。

选项 D,$(\boldsymbol{A}+\boldsymbol{E})(\boldsymbol{A}-\boldsymbol{E})=\boldsymbol{A}^2+\boldsymbol{EA}-\boldsymbol{AE}-\boldsymbol{E}^2=\boldsymbol{A}^2-\boldsymbol{E}$,成立。

答案:D

1-8-11 **解**:因 $\boldsymbol{A}$、$\boldsymbol{B}$、$\boldsymbol{C}$ 均为 n 阶方阵,且 $\boldsymbol{ABC}=\boldsymbol{E}$,取行列式 $|\boldsymbol{ABC}|=1$,即 $|\boldsymbol{A}||\boldsymbol{B}||\boldsymbol{C}|=1$,可知 $|\boldsymbol{A}|$、$|\boldsymbol{B}|$、$|\boldsymbol{C}|$ 均不为 0,所以 $\boldsymbol{A}$、$\boldsymbol{B}$、$\boldsymbol{C}$ 均可逆。

等式 $\boldsymbol{ABC}=\boldsymbol{E}$ 两边左乘 $\boldsymbol{A}^{-1}$,得 $\boldsymbol{BC}=\boldsymbol{A}^{-1}\boldsymbol{E}$,$\boldsymbol{BC}=\boldsymbol{EA}^{-1}$,等式两边再右乘 $\boldsymbol{A}$ 得 $\boldsymbol{BCA}=\boldsymbol{EA}^{-1}\boldsymbol{A}=\boldsymbol{E}$。

注:此题可用一个小技巧,$\boldsymbol{ABC}=\boldsymbol{E}$,记住 $\boldsymbol{A}$ 后面是 $\boldsymbol{B}$,$\boldsymbol{B}$ 后面是 $\boldsymbol{C}$,$\boldsymbol{C}$ 后面是 $\boldsymbol{A}$,就对了,$\boldsymbol{BCA}=\boldsymbol{CAB}=\boldsymbol{E}$。推广:设 $\boldsymbol{A}_1,\boldsymbol{A}_2,\cdots,\boldsymbol{A}_k$ 均为 n 阶方阵,$\boldsymbol{A}_1\boldsymbol{A}_2\cdots\boldsymbol{A}_k=\boldsymbol{E}$,记住 $\boldsymbol{A}_1$ 后面是 $\boldsymbol{A}_2$,$\boldsymbol{A}_2$ 后面是 $\boldsymbol{A}_3$,$\cdots$,$\boldsymbol{A}_k$ 后面是 $\boldsymbol{A}_1$,如 $\boldsymbol{A}_{k-1}\boldsymbol{A}_k\boldsymbol{A}_1\cdots\boldsymbol{A}_{k-2}=\boldsymbol{E}$。

答案:D

1-8-12 **解**:因 $\boldsymbol{A}^{-1}=\dfrac{1}{|\boldsymbol{A}|}$,所以 $\boldsymbol{A}^*=|\boldsymbol{A}|\boldsymbol{A}^{-1}$,

再用公式 $(\lambda\boldsymbol{A})^{-1}=\dfrac{1}{\lambda}\boldsymbol{A}^{-1}$,$|k\boldsymbol{A}|=k^n|\boldsymbol{A}|$,$|\boldsymbol{A}^{-1}|=\dfrac{1}{|\boldsymbol{A}|}$,

$$\begin{aligned}|(2\boldsymbol{A})^{-1}-5\boldsymbol{A}^*|&=\left|\frac{1}{2}\boldsymbol{A}^{-1}-5|\boldsymbol{A}|\boldsymbol{A}^{-1}\right|=\left|\frac{1}{2}\boldsymbol{A}^{-1}-\frac{5}{2}\boldsymbol{A}^{-1}\right|\\&=|-2\boldsymbol{A}^{-1}|=(-2)^3|\boldsymbol{A}^{-1}|=-8\times2=-16\end{aligned}$$

答案:B

1-8-13 **解**:$|\boldsymbol{A}^*|=|\boldsymbol{A}|^{n-1}=a^{n-1}$。

答案:C

1-8-14 **解**:若 $\boldsymbol{P}^{-1}\boldsymbol{AP}=\begin{bmatrix}\lambda_1&&\\&\lambda_2&\\&&\lambda_3\end{bmatrix}$,$\boldsymbol{P}$ 的列向量的排列顺序与对角矩阵主对角线上特征值的排列顺序之间存在着对应关系。$\boldsymbol{P}$ 中的 $\boldsymbol{\alpha}_1$ 对应对角矩阵中的 $\lambda_1=1$,$\boldsymbol{P}$ 中的 $\boldsymbol{\alpha}_2$ 对应对角矩阵中的 $\lambda_2=2$,$\boldsymbol{P}$ 中的 $\boldsymbol{\alpha}_3$ 对应对角矩阵中的 $\lambda_3=-2$。

答案:A

1-8-15 **解**:$\boldsymbol{A}$ 有一个特征值 λ,$\boldsymbol{A}^3$ 有特征值 λ^3,$\dfrac{1}{2}\boldsymbol{A}^3$ 有特征值 $\dfrac{1}{2}\lambda^3$,$\left(\dfrac{1}{2}\boldsymbol{A}^3\right)^{-1}$ 有特征值 $\dfrac{2}{\lambda^3}$,$\boldsymbol{E}+\left(\dfrac{1}{2}\boldsymbol{A}^3\right)^{-1}$ 有特征值 $1+\dfrac{2}{\lambda^3}$,代入 $\lambda=2$。或一步写出答案,$\boldsymbol{E}$ 改为 1($\boldsymbol{E}$ 的特征值为 1),$\boldsymbol{A}$ 改为 $\lambda=2$,即可得 $1+\left(\dfrac{1}{2}\times2^3\right)^{-1}$。

答案:B

1-8-16 **解**:选项 A,设可逆阵 $\boldsymbol{A}$ 的特征值 λ 对应的特征向量为 $\boldsymbol{\alpha}$,则 $\boldsymbol{A\alpha}=\lambda\boldsymbol{\alpha}$,$\lambda\neq0$,所以 $\boldsymbol{\alpha}=\boldsymbol{A}^{-1}\lambda\boldsymbol{\alpha}=\lambda\boldsymbol{A}^{-1}\boldsymbol{\alpha}$,$\boldsymbol{A}^{-1}\boldsymbol{\alpha}=\dfrac{1}{\lambda}\boldsymbol{\alpha}$,所以 $\boldsymbol{\alpha}$ 也是 $\boldsymbol{A}^{-1}$ 对应特征值 $\dfrac{1}{\lambda}$ 的特征向量。

选项 B,设 λ_1,λ_2 为 n 阶方阵 $\boldsymbol{A}$ 的两个不相等特征值。$\boldsymbol{x}_1,\boldsymbol{x}_2$ 分别为 λ_1,λ_2 对应的特征向量,则线性组合 $\boldsymbol{x}_1+\boldsymbol{x}_2$ 不是 $\boldsymbol{A}$ 的特征向量,选项 B 不成立。

选项 C,可逆方阵 $\boldsymbol{A}$ 对应特征向量 $\boldsymbol{x}$ 的特征值 $\lambda\neq0$,那么 $\boldsymbol{A}^*=|\boldsymbol{A}|\boldsymbol{A}^{-1}$ 对应于特征向量 $\boldsymbol{x}$ 的特征值为 $\dfrac{|\boldsymbol{A}|}{\lambda}$,$\lambda\neq0$,选项 C 不成立。

选项 D,由于 $\boldsymbol{A}$ 的特征向量为非零向量,故方程组 $(\boldsymbol{A}-\lambda\boldsymbol{E})\boldsymbol{x}=\boldsymbol{0}$ 的零解不是 $\boldsymbol{A}$ 的特征向量,选项 D 不成立。

答案:A

1-8-17 **解:**实对称矩阵对应于不同特征值的特征向量必正交。

$$\boldsymbol{\alpha}^{\mathrm{T}}\cdot\boldsymbol{\beta}=0,\text{即}(1,a,1)\begin{bmatrix}-1\\-1\\-b\end{bmatrix}=-1-a-b=0,a+b+1=0,\text{选项 C、D 错误。}$$

$$\boldsymbol{\beta}^{\mathrm{T}}\boldsymbol{\gamma}=0,\text{即}(-1,-1,-b)\begin{bmatrix}b\\2\\0\end{bmatrix}=-b-2=0,b=-2,\text{只能选 A。}$$

$$\boldsymbol{\alpha}^{\mathrm{T}}\boldsymbol{\gamma}=0,\text{即}(1,a,1)\begin{bmatrix}b\\2\\0\end{bmatrix}=b+2a=0;\text{(可省略)}$$

$$\text{解方程组}\begin{cases}a+b+1=0\\b+2=0\\b+2a=0\end{cases},\text{解出 }a=1,b=-2\text{。(可省略)}$$

答案:A

1-8-18 **解:**设 $\boldsymbol{A}$ 有特征值 $\lambda_1,\lambda_2,\lambda_3$,则有 $|\boldsymbol{A}|=\lambda_1\lambda_2\lambda_3=-1\times1\times2=-2\neq0$。

$$\boldsymbol{A}\boldsymbol{A}^*=|\boldsymbol{A}|\boldsymbol{E},\ \frac{\boldsymbol{A}\boldsymbol{A}^*}{|\boldsymbol{A}|}=\boldsymbol{E},\ (\boldsymbol{A}^*)^{-1}=\frac{\boldsymbol{A}}{|\boldsymbol{A}|}$$

$$(\boldsymbol{A}^*)^{-1}\text{ 有特征值 }\frac{\lambda_1}{|\boldsymbol{A}|}=\frac{1}{2},\frac{\lambda_2}{|\boldsymbol{A}|}=-\frac{1}{2},\frac{\lambda_3}{|\boldsymbol{A}|}=-1\text{。}$$

答案:B

1-8-19 **解:方法 1**,已知对任一三维列向量 $\boldsymbol{x}$,有 $\boldsymbol{x}^{\mathrm{T}}\boldsymbol{A}\boldsymbol{x}=0$,

所以 $(\boldsymbol{x}^{\mathrm{T}}\boldsymbol{A}\boldsymbol{x})^{\mathrm{T}}=\boldsymbol{x}^{\mathrm{T}}\boldsymbol{A}^{\mathrm{T}}\boldsymbol{x}=0$,

$\boldsymbol{x}^{\mathrm{T}}\boldsymbol{A}\boldsymbol{x}+\boldsymbol{x}^{\mathrm{T}}\boldsymbol{A}^{\mathrm{T}}\boldsymbol{x}=\boldsymbol{x}^{\mathrm{T}}(\boldsymbol{A}+\boldsymbol{A}^{\mathrm{T}})\boldsymbol{x}=0$

因 $(\boldsymbol{A}+\boldsymbol{A}^{\mathrm{T}})^{\mathrm{T}}=(\boldsymbol{A})^{\mathrm{T}}+(\boldsymbol{A}^{\mathrm{T}})^{\mathrm{T}}=\boldsymbol{A}^{\mathrm{T}}+\boldsymbol{A}=\boldsymbol{A}+\boldsymbol{A}^{\mathrm{T}}$,

所以 $\boldsymbol{A}+\boldsymbol{A}^{\mathrm{T}}$ 为实对称矩阵。

$$\text{设 }\boldsymbol{A}+\boldsymbol{A}^{\mathrm{T}}=\boldsymbol{B}=\begin{bmatrix}a_{11}&a_{12}&a_{13}\\a_{12}&a_{22}&a_{23}\\a_{13}&a_{23}&a_{33}\end{bmatrix},\text{即有}(x_1,x_2,x_3)\begin{bmatrix}a_{11}&a_{12}&a_{13}\\a_{12}&a_{22}&a_{23}\\a_{13}&a_{23}&a_{33}\end{bmatrix}\begin{bmatrix}x_1\\x_2\\x_3\end{bmatrix}=0,$$

也就是 $a_{11}x_1^2+a_{22}x_2^2+a_{33}x_3^2+2a_{12}x_1x_2+2a_{13}x_1x_3+2a_{23}x_2x_3=0$，

代入$\begin{bmatrix}1\\0\\0\end{bmatrix}$、$\begin{bmatrix}0\\1\\0\end{bmatrix}$、$\begin{bmatrix}0\\0\\1\end{bmatrix}$、$\begin{bmatrix}1\\1\\0\end{bmatrix}$、$\begin{bmatrix}1\\0\\1\end{bmatrix}$、$\begin{bmatrix}0\\1\\1\end{bmatrix}$，可得 $a_{11},a_{22},a_{33},a_{12},a_{13},a_{23}$ 皆为 0，

所以 $\boldsymbol{A}+\boldsymbol{A}^{\mathrm{T}}=\boldsymbol{0},\boldsymbol{A}=-\boldsymbol{A}^{\mathrm{T}}$，所以 $\boldsymbol{A}$ 为三阶反对称矩阵。 ⑤

⑤式取行列式：$|\boldsymbol{A}|=|-\boldsymbol{A}^{\mathrm{T}}|=(-1)^3|\boldsymbol{A}^{\mathrm{T}}|=-|\boldsymbol{A}^{\mathrm{T}}|=-|\boldsymbol{A}|$，

得 $2|\boldsymbol{A}|=0$，则 $|\boldsymbol{A}|=0$。

说明：解题过程最后一段可以得出一个结论：设 $\boldsymbol{A}$ 为奇数阶反对称矩阵，则 $|\boldsymbol{A}|=0$。

方法 2，设 $\boldsymbol{A}=\begin{bmatrix}a_{11}&a_{12}&a_{13}\\a_{21}&a_{22}&a_{23}\\a_{31}&a_{32}&a_{33}\end{bmatrix}$，$\boldsymbol{x}=\begin{bmatrix}x_1\\x_2\\x_3\end{bmatrix}$

$\boldsymbol{x}^{\mathrm{T}}\boldsymbol{A}\boldsymbol{x}=a_{11}x_1^2+a_{22}x_2^2+a_{33}x_3^2+(a_{12}+a_{21})x_1x_2+(a_{13}+a_{31})x_1x_3+(a_{23}+a_{32})x_2x_3$

因为对任一 $\boldsymbol{x}$，都有 $\boldsymbol{x}^{\mathrm{T}}\boldsymbol{A}\boldsymbol{x}=0$，代入 $x_1=1,x_2=x_3=0$，可得 $a_{11}=0$，同理 $a_{22}=a_{33}=0$；代入 $x_1=x_2=1,x_3=0$，可得 $a_{12}+a_{21}=0$，同理 $a_{13}+a_{31}=a_{23}+a_{32}=0$

则 $\boldsymbol{A}=\begin{bmatrix}0&a_{12}&a_{13}\\-a_{12}&0&a_{23}\\-a_{13}&-a_{23}&0\end{bmatrix}$，$|\boldsymbol{A}|=a_{12}a_{23}(-a_{13})+a_{13}(-a_{12})(-a_{23})=0$

注意：不可把 $\boldsymbol{A}$ 设成对称矩阵。

答案：A

1-8-20 **解：方法 1**，已知 n 阶实对称矩阵 $\boldsymbol{A}$ 为正定矩阵，所以 $\boldsymbol{A}$ 的所有特征值皆正，选项 B 成立。

设 $\boldsymbol{A}$ 的特征值为 $\lambda_1,\lambda_2,\cdots,\lambda_n$，可知 $\boldsymbol{A}^{-1}$ 的特征值为 $\frac{1}{\lambda_1},\frac{1}{\lambda_2},\cdots,\frac{1}{\lambda_n}$。因 $\lambda_1,\lambda_2,\cdots,\lambda_n$ 均大于 0，则 $\frac{1}{\lambda_1},\frac{1}{\lambda_2},\cdots,\frac{1}{\lambda_n}$ 均大于 0，所以 $\boldsymbol{A}^{-1}$ 为正定矩阵，选项 C 成立。

又由于 $\boldsymbol{A}$ 为正定，其所有顺序主子式全大于零，因而矩阵 $\boldsymbol{A}$ 的行列式大于 0，$R(\boldsymbol{A})=n$，选项 D 成立，故选项 A 不成立。

方法 2，(举反例) $\boldsymbol{A}=\begin{bmatrix}1&0&0\\0&1&0\\0&0&1\end{bmatrix}$ 为正定矩阵，但二阶子式 $\begin{vmatrix}0&0\\1&0\end{vmatrix}=0$，选项 A 错误。

答案：A

第九节

1-9-1 **解**：$A\subset(A\cup B)=B,\overline{B}=(\overline{A}\,\overline{B})\subset\overline{A},A\,\overline{B}=A(\overline{A\cup B})=A\,\overline{A}\,\overline{B}=\varnothing$，选项 A、B、C 均正确。

答案：D

1-9-2 **解**：$P(A\cup B)=P(A)+P(B)-P(AB)=1-P(AB)\leqslant 1$

$P(\overline{A}\,\overline{B})=P(\overline{A\cup B})=1-P(A\cup B)=1-[P(A)+P(B)-P(AB)]=P(AB)$。

答案:D

1-9-3 解:$A=\Omega$ 时,$AB=B$,$P(B|A)=\dfrac{P(AB)}{P(A)}=\dfrac{P(B)}{P(\Omega)}=P(B)\leqslant 1$

$B\subset A$ 时,$AB=B$ 且 $P(B)\leqslant P(A)$,$P(B|A)=\dfrac{P(AB)}{P(A)}=\dfrac{P(B)}{P(A)}\leqslant 1$

$A\subset B$ 时,$AB=A$,$P(B|A)=\dfrac{P(AB)}{P(A)}=\dfrac{P(A)}{P(A)}=1$。

答案:C

1-9-4 解:注意 0.03 和 0.02 是条件概率,作为条件的事件与不作条件的事件要分别设。设 A_i 为"取到第 i 台加工的零件"($i=1$、2),B 为"废品",则 $\overline{B}$ 为合格品。

$P(A_1)=\dfrac{2}{3}$,$P(A_2)=\dfrac{1}{3}$,$P(B|A_1)=0.03$,$P(B|A_2)=0.02$,应用全概率公式

$$P(\overline{B})=1-P(B)=1-[P(A_1)P(B|A_1)+P(A_2)P(B|A_2)]$$
$$=1-\left(\frac{2}{3}\times 0.03+\frac{1}{3}\times 0.02\right)=\frac{292}{300}\approx 0.973$$

答案:B

1-9-5 解:设 A_i 为"取到第 i 组生产的零件",$i=1$、2,B 为"废品",则 $P(A_1)=\dfrac{1}{3}$,$P(A_2)=\dfrac{2}{3}$,$P(B|A_1)=0.02$,$P(B|A_2)=0.03$,求 $P(A_1|B)$,显然可用贝叶斯公式,

$$P(A_1|B)=\frac{P(A_1B)}{P(B)}=\frac{P(A_1)P(B|A_1)}{P(A_1)P(B|A_1)+P(A_2)P(B|A_2)}=\frac{\frac{1}{3}\times 0.02}{\frac{1}{3}\times 0.02+\frac{2}{3}\times 0.03}$$
$$=\frac{1}{4}$$

答案:B

1-9-6 解:A 与 B 相互独立,即 $P(AB)=P(A)P(B)$,$P(A\cup B)=P(A)+P(B)-P(AB)=P(A)+P(B)-P(A)P(B)$ 或 $P(A\cup B)=1-P(\overline{A\cup B})=1-P(\overline{A}\,\overline{B})=1-P(\overline{A})P(\overline{B})=1-[1-P(A)][1-P(B)]=1-(1-0.4)(1-0.3)=0.58$

答案:B

1-9-7 解:因为 A、B 相互独立,所以 $\overline{A}$、B 相互独立,则

$$P(\overline{A}|B)=P(\overline{A})=1-P(A)=0.8$$

答案:D

1-9-8 解:$P(A\cup B)=P(A)+P(B)-P(AB)=P(A)+P(B)-P(A)P(B)$,选项 A、B 错误;$1+P(\overline{A})P(\overline{B})\geqslant 1$,选项 D 错误。

$P(A\cup B)=1-P(\overline{A\cup B})=1-P(\overline{A}\,\overline{B})=1-P(\overline{A})P(\overline{B})$,选项 C 正确。

答案:C

1-9-9 解:注意从 $P(A)=0$ 推不出 $A=\varnothing$,从 $P(A)\leqslant P(B)$ 推不出 $A\subset B$,从 $P(B)=1$ 推不出 $B=\Omega$,单从概率值推不出互斥、包含、对立关系,选项 A、B 错误。从选项内容看,答案一定在选项 C 和 D 中。

$P(A|B)+P(\overline{A}|\overline{B})=1$,$P(A|B)=1-P(\overline{A}|\overline{B})=P(A|\overline{B})$

注意：$P(A \mid B)=P(A \mid \overline{B})$ 表示 B 发生或不发生对 A 发生的概率无影响，所以可由此式判断 A、B 独立。推导过程如下：

$$\frac{P(AB)}{P(B)}=\frac{P(A\overline{B})}{P(\overline{B})}=\frac{P(A)-P(AB)}{1-P(B)},$$

$P(AB)-P(AB)P(B)=P(B)P(A)-P(B)P(AB)$，$P(AB)=P(A)P(B)$。

答案：C

1-9-10 **解**：这是 3 次独立重复试验，设 A 为"每次命中目标"，$P(A)=0.8$，至少击中两次的概率为：

$$P=C_3^2 0.8^2\times 0.2+C_3^3 0.8^3=0.896\approx 0.9$$

或设 X 为"3 次射击命中的次数"，则 $X\sim B(3,0.8)$，

$$P(X\geqslant 2)=P(X=2)+P(X=3)$$

答案：D

1-9-11 **解**：由分布律的性质可知 $0.4+a+b+0.1=1$，即 $a+b=0.5$，

$\{X\leqslant 1\}\cap\{0<X<3\}=\{X=1\}$，

由独立性 $P\{X=1\}=P\{X\leqslant 1\}\cdot P\{0<X<3\}$，

即 $a=(0.4+a)(a+b)$，得出 $a=0.4$，$b=0.1$。

答案：B

1-9-12 **解**：因 $f(-x)=f(x)$，

所以 $F(0)=\int_{-\infty}^{0} f(x)\mathrm{d}x=\int_{0}^{+\infty} f(t)\mathrm{d}t=0.5$，

$F(-a)=\int_{-\infty}^{-a} f(x)\mathrm{d}x \xlongequal{x=-t} -\int_{+\infty}^{a} f(-t)\mathrm{d}t=\int_{a}^{+\infty} f(t)\mathrm{d}t=\int_{0}^{+\infty} f(x)\mathrm{d}x-\int_{0}^{a} f(x)\mathrm{d}x=0.5-\int_{0}^{a} f(x)\mathrm{d}x$。

也可把 $f(x)$ 的积分值理解为曲边梯形面积(见解图)并利用图形对称性来判定。

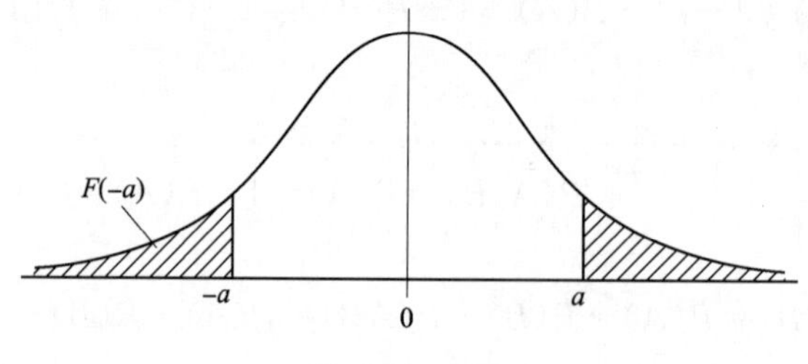

题 1-9-12 解图

答案：B

1-9-13 **解**：用概率密度性质 $f(x)\geqslant 0$ 且 $\int_{-\infty}^{+\infty} f(x)\mathrm{d}x=1$ 去核对。

选项 A 中 $f(x)$ 不满足 $f(x)\geqslant 0$。

选项 B、D 中 $f(x)$ 不满足 $\int_{-\infty}^{+\infty} f(x)\mathrm{d}x=1$。

选项 C 中 $f(x)$ 满足 $f(x)\geqslant 0$，且$\int_{-\infty}^{+\infty} f(x)\mathrm{d}x = 1$。

也可以由均匀分布的概率密度函数 $f(x)=\begin{cases}\dfrac{1}{b-a} & a<x<b \\ 0 & \text{其他}\end{cases}$ 直接判定选项 C 正确。

答案：C

1-9-14　**解**：$F\left(\dfrac{1}{3}\right)=P\left(X\leqslant\dfrac{1}{3}\right)=\int_0^{\frac{1}{3}} 3e^{-3x}\mathrm{d}x=-e^{-3x}\Big|_0^{\frac{1}{3}}=1-e^{-1}$

答案：C

1-9-15　**解**：$X\sim N(\mu,\sigma^2)$，$\dfrac{X-\mu}{\sigma}\sim N(0,1)$

$P(|X-\mu|<\sigma)=P\left(\left|\dfrac{X-\mu}{\sigma}\right|<1\right)=2\Phi(1)-1$。

答案：C

1-9-16　**解**：$f(x)>0$，且 $x>1$ 时，$f(x)$ 单调减少（见解图）。

$a=\int_{12}^{16} f(x)\mathrm{d}x$ 等于区间[12,16]上曲边梯形面积。

$b=\int_{14}^{18} f(x)\mathrm{d}x$ 等于区间[14,18]上曲边梯形面积。

显然 $a>b$

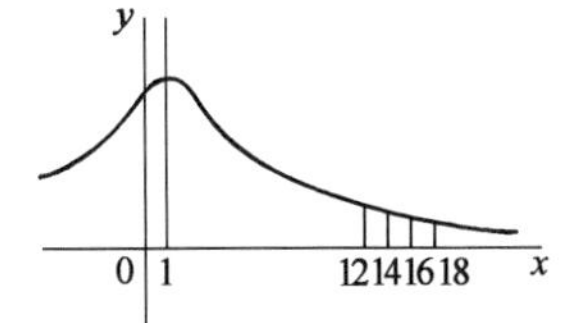

题 1-9-16 解图

或 $b=\int_{14}^{18} f(x)\mathrm{d}x \xlongequal{x=t+2} \int_{12}^{16} f(t+2)\mathrm{d}t=\int_{12}^{16} f(x+2)\mathrm{d}x$

$$a-b=\int_{12}^{16} f(x)\mathrm{d}x-\int_{12}^{16} f(x+2)\mathrm{d}x$$

$$=\int_{12}^{16}[f(x)-f(x+2)]\mathrm{d}x$$

因为 $x>1$ 时，$f(x)$ 严格单调减少，所以在[12,16]上 $f(x)-f(x+2)>0$

故 $a-b>0$，$a>b$。

答案：B

1-9-17　**解**：由分布律性质$\dfrac{1}{4}+b+\dfrac{1}{4}=1$，得 $b=\dfrac{1}{2}$

由 $E(X)=-2\times\dfrac{1}{4}+1\times\dfrac{1}{2}+a\times\dfrac{1}{4}=1$，得 $a=4$。

答案：B

1-9-18　**解**：$f(x)=F'(x)=\dfrac{1}{\pi(1+x^2)}$

$E(X)=\int_{-\infty}^{+\infty}\dfrac{x}{\pi(1+x^2)}\mathrm{d}x=\dfrac{1}{2\pi}\int_{-\infty}^{+\infty}\dfrac{1}{1+x^2}\mathrm{d}(1+x^2)=\dfrac{1}{2\pi}\ln(1+x^2)\Big|_{-\infty}^{+\infty}$（发散）

答案：D

注意：本题如果根据 $f(x)$ 为偶函数，判定 $E(X)=0$ 就错了。参见模拟题解析 1-9-33 的结论。

1-9-19 **解**:$X\sim B(4,p)$,$P(X\geqslant 1)=\frac{15}{16}$,$P(X=0)=(1-p)^4=\frac{1}{16}$,$p=\frac{1}{2}$,

$E(X^2)=D(X)+[E(X)]^2=np(1-p)+(np)^2$,代入 $n=4$,$p=\frac{1}{2}$。

答案:D

1-9-20 **解**:$D(X)=E(X^2)-[E(X)]^2=\frac{1}{18}$,$D(Y)=\frac{1}{18}$,

$\mathrm{Cov}(X,Y)=E(XY)-E(X)E(Y)=-\frac{1}{36}$,$\rho=\frac{\mathrm{Cov}(X,Y)}{\sqrt{D(X)D(Y)}}=-\frac{1}{2}$。

答案:D

1-9-21 **解**:X 服从 0-1 分布,$D(X)=p(1-p)$

$D(\overline{X})=\frac{D(X)}{n}=\frac{p(1-p)}{n}$

$\sqrt{D(\overline{X})}=\sqrt{\frac{p(1-p)}{n}}$。

答案:A

1-9-22 **解**:因为 $E(\overline{X})=E(X)=\mu$,所以 $E[(\overline{X}-\mu)^2]=D(\overline{X})=\frac{D(X)}{n}=\frac{\sigma^2}{n}=\frac{4}{16}=\frac{1}{4}$。

答案:B

1-9-23 **解**:$X\sim N(\mu,\sigma^2)$,$\overline{X}\sim N\left(\mu,\frac{\sigma^2}{n}\right)$,$\frac{\overline{X}-\mu}{\frac{\sigma}{\sqrt{n}}}=2(\overline{X}-\mu)\sim N(0,1)$,

$P(|\overline{X}-\mu|<1)=P(|2(\overline{X}-\mu)|<2)=2\Phi(2)-1=0.954\ 4$。

答案:A

1-9-24 **解**:当 $W\sim N(0,1)$ 时,$W^2\sim\chi^2(1)$。

要使 $Y=C(\sum\limits_{i=1}^{n}X_i)^2=(\sum\limits_{i=1}^{n}\sqrt{C}X_i)^2\sim\chi^2(1)$

应使 $\sum\limits_{i=1}^{n}\sqrt{C}X_i\sim N(0,1)$

应使 $D(\sum\limits_{i=1}^{n}\sqrt{C}X_i)=1$,即 $\sum\limits_{i=1}^{n}CD(X_i)=nCD(X)=nC\sigma^2=1$,$C=\frac{1}{n\sigma^2}$。

答案:D

1-9-25 **解**:注意对两个正态总体的样本,有 $\frac{\sigma_2^2S_1^2}{\sigma_1^2S_2^2}\sim F(n_1-1,n_2-1)$,两总体方差相等,即 $\sigma_1^2=\sigma_2^2$ 时,$\frac{\sigma_2^2S_1^2}{\sigma_1^2S_2^2}=\frac{S_1^2}{S_2^2}\sim F(n_1-1,n_2-1)$。

答案:A

1-9-26 **解**:$E(X)=\int_1^{+\infty}x\lambda x^{-(\lambda+1)}\mathrm{d}x=\frac{\lambda}{\lambda-1}$,$\lambda=\frac{E(X)}{E(X)-1}$,用 $\overline{X}$ 替换 $E(X)$,得 λ 的矩

估计量 $\hat{\lambda}=\dfrac{\overline{X}}{\overline{X}-1}$。

答案:B

1-9-27 **解**:根据无偏性的结论 $S^2=\dfrac{1}{n-1}\sum\limits_{i=1}^{n}(X_i-\overline{X})^2$,$E(S^2)=D(X)=\sigma^2$。

注意:选项 B 和 D 中 μ 是未知参数,所以不是估计量。

答案:A

说明:选项 B、D 中含有未知参数 μ,不是统计量,因而不是估计量。选项 C 是σ^2的矩估计量,但不是无偏估计量。

1-9-28 **解**:因 $\overline{X}$,S^2 分别为 $E(x)$,$D(x)$的无偏估计:

$$
\begin{aligned}
E(\hat{\lambda})&=aE(\overline{X})+(2-3a)E(S^2)\\
&=aE(X)+(2-3a)D(X)\\
&=a\lambda+(2-3a)\lambda=(2-2a)\lambda=\lambda
\end{aligned}
$$

$2-2a=1$,$a=\dfrac{1}{2}$。

答案:C

1-9-29 **解**:用有效性结论:当$\sum\limits_{i=1}^{n}C_i=1$ 时,$\sum\limits_{i=1}^{n}C_iX_i$ 是 $E(X)$的无偏估计,在这些无偏估计中 $\overline{X}$ 的方差最小,$\overline{X}$ 最有效。或仿有效性中的例子做。

答案:D

1-9-30 **解**:μ 的$(1-\alpha)$置信区间是$\left(\overline{X}-u_{\frac{\alpha}{2}}\dfrac{\sigma}{\sqrt{n}},\overline{X}+u_{\frac{\alpha}{2}}\dfrac{\sigma}{\sqrt{n}}\right)$

区间长 $L=2u_{\frac{\alpha}{2}}\dfrac{\sigma}{\sqrt{n}}$

提高精度(应减小 L),应减小 $u_{\frac{\alpha}{2}}$,增大 n;而减小 $u_{\frac{\alpha}{2}}$ 应增大 α(见解图)。

题 1-9-30 解图

答案:C

说明:标准正态分布上 α 分位数可记为 z_α,有时也记为 u_α。

1-9-31 **解**:月减体重 $X\sim N(\mu,\sigma^2)$,μ 为月平均减体重。广告宣称的月平均减体重大于3kg,即 $\mu>3$。检验 $\mu>3$ 是真是伪(没有等号应作为 H_1),H_0 应写成 $\mu\leqslant 3$ 或 $\mu=3$(2.8 是样本均值 $\overline{X}$ 的观测值 $\bar{x}$)。

答案:A

1-9-32 **解**:总体 $X\sim N(\mu,\sigma^2)$,σ^2 未知时,$\dfrac{\overline{X}-\mu}{\frac{S}{\sqrt{n}}}\sim t(n-1)$,在 $H_0:\mu=\mu_0$ 成立时,检验统计量$\dfrac{\overline{X}-\mu_0}{\frac{S}{\sqrt{n}}}\sim t(n-1)$。本题 $n=10$,$\mu_0=10\ 560$。

答案:A

1-9-33 **解**:选项 A,H_0成立时,统计量$U=\frac{\overline{X}-\mu_0}{\sigma}\sqrt{n}\sim N(0,1)$(称为 u 检验法);

选项 B,H_0成立时,统计量 $T=\frac{\overline{X}-\mu_0}{S}\sqrt{n}\sim t(n-1)$(称为 t 检验法);

选项 C,H_0成立时,统计量$\sum_{i=1}^{n}(\frac{X_i-\mu}{\sigma_0})^2\sim\chi^2(n)$(称为 χ^2 检验法);

选项 D,H_0成立时,统计量 $\frac{(n-1)S^2}{{\sigma_0}^2}\sim\chi^2(n-1)$(称为$\chi^2$检验法)。

答案:B

第二章 普通物理

复习指导

一、考试大纲

2.1 热学

气体状态参量;平衡态;理想气体状态方程;理想气体的压强和温度的统计解释;自由度;能量按自由度均分原理;理想气体内能;平均碰撞频率和平均自由程;麦克斯韦速率分布律;方均根速率;平均速率;最概然速率;功;热量;内能;热力学第一定律及其对理想气体等值过程的应用;绝热过程;气体的摩尔热容量;循环过程;卡诺循环;热机效率;净功;制冷系数;热力学第二定律及其统计意义;可逆过程和不可逆过程。

2.2 波动学

机械波的产生和传播;一维简谐波表达式;描述波的特征量;波面,波前,波线;波的能量、能流、能流密度;波的衍射;波的干涉;驻波;自由端反射与固定端反射;声波;声强级;多普勒效应。

2.3 光学

相干光的获得;杨氏双缝干涉;光程和光程差;薄膜干涉;光疏介质;光密介质;迈克尔逊干涉仪;惠更斯-菲涅尔原理;单缝衍射;光学仪器分辨本领;衍射光栅与光谱分析;X射线衍射;布拉格公式;自然光和偏振光;布儒斯特定律;马吕斯定律;双折射现象。

二、复习指导

(一)热学

热学包含两部分内容:气体分子运动论和热力学基础。

气体分子运动论主要是研究宏观热现象的本质,对大量分子运用统计平均方法揭示压强、温度的微观本质,进而讨论三个统计规律,即分子平均动能按自由度均分的统计规律,分子速率分布的统计规律,分子碰撞的统计规律。

其中,理想气体状态方程,气体的压强和温度公式及其推导,理想气体的内能,麦克斯韦分子速率分布为重点。本部分内容公式较多,但切不可死记公式,必须弄清公式的来龙去脉和公式的物理意义。

热力学部分的核心是热力学第一定律、热力学第二定律,尤以热力学第一定律及其在各等值过程、绝热过程中的应用为重点。此外,对循环过程(包括卡诺循环)热机效率也应予以足够的重视。

热力学部分习题主要是根据热力学第一定律来计算理想气体的几种典型过程的功、热量、内能变化以及循环过程的效率等问题。解题前应首先弄清是什么过程(等温、等压、等容、绝热)及这一过程的特点。因为功、热量都是过程量,其值与过程的性质有关。

(二)波动学

这一节主要讨论机械波的产生、描述、能量和干涉。其中平面简谐波的波动方程和波的干涉为本节重点。

理解波动方程 $y(x,t)$ 时要特别注意理解建立波动方程的思路,要从三个不同角度,即 $x=$ 常量,$t=$ 常量以及 x 和 t 都变化的三个方面去理解波动方程的物理意义。

学习波的干涉时,要注意掌握相干条件并运用相位差或波程差的概念分析相干波的叠加后振幅极大、极小问题。

此外,由于机械振动是产生机械波的根源,因此有必要复习机械振动的有关概念:谐振动方程、相位、同方向同频率谐振动的合成。

(三)光学

光学(波动光学)含有三部分内容:光的干涉、光的衍射、光的偏振。

光的干涉是波动光学的基础,在光的衍射、偏振中都要用到。

在光的干涉中,以分波阵面干涉(双缝)和分振幅干涉(薄膜、劈尖)为重点。但不管是分波阵面干涉还是分振幅干涉,最重要的是要善于分析光路,掌握好光程的概念及在垂直入射的情况下光程差的计算。此外,在光程差的计算中,应注意因界面反射条件不同而产生的附加光程差 $\lambda/2$(半波损失)。

光的衍射以夫琅禾费单缝衍射为重点。要特别注意不要把单缝衍射暗纹公式 $a\sin\theta=k\lambda$ 与双缝干涉明纹公式 $\delta=k\lambda$ 相混淆,二者形式相似而结果相反,前者表示单缝边缘光线的光程差,后者是两束相干光的光程差。

此外,式中 k 是一可变的整数,具体取值视问题的条件而定。

在光的偏振中,以马吕斯定律和布儒斯特定律为重点。理解马吕斯定律时应注意,定律中的光强 I_0 为入射偏振片前的偏振光的光强,而自然光通过偏振片后光强减小为入射光强度一半。

第一节　热　　学

一、平衡态、气体状态参量

热学的研究对象是由大量原子、分子组成的宏观物质系统,称为热力学系统。关于分子数目的典型常数是阿伏伽德罗常数 $N_0=6.022\times10^{23}$ 个分子/mol,即 1mol 的任何物质含有 6.022×10^{23} 个分子。热学的研究内容:热现象所遵循的普遍规律,即热力学第一定律和热力学第二定律,以及(热力学)系统的物理性质与冷热现象的关系。热学的研究方法有两种:一是宏观方法,称为热力学方法;二是微观方法,称为分子运动论。

(一)平衡态

系统的宏观物理性质不随时间变化的状态,称系统处于平衡态,或称为静态。

(二)气体状态参量

系统的宏观物理性质,是由经过定义的物理量来描述。经长期研究发现,当一定量的气体处于平衡态时,用它的体积 V、压强 p、温度 T 来描述它的物理状态,这些描述气体状态的物理量,称为气体平衡状态参量,简称状态参量。

体积(V),指气体分子可到达的空间。在容器中气体的体积,也就是容器体积(容积)。体积的国际单位是立方米(m^3)。有时也用升(L),$1L=10^{-3}m^3$。

压强(p),是指气体作用于外界(例如容器壁)每单位面积上的正压力。压强的国际单位称为帕斯卡,简称帕(Pa),即牛顿/米^2(N/m^2)。实际应用中经常会出现大气压的压强单位,$1atm=1.013\times10^5Pa$。

温度(T),是热学中特有的表示系统冷热程度的物理量,温度的数值表示叫温标,采用热力学温标(开尔文温标)时,温度用 T 表示,而用摄氏温标时,温度用 t 表示,热力学温度 T 与摄氏温度 t 的关系为

$$T(K)=273.15+t(℃)$$

二、理想气体状态方程

严格遵守波义耳-马略特定律、盖吕萨克定律、查理定律和阿伏伽德罗定律的气体称为理想气体,与气体的化学成分无关。实际中的各种气体只是在压强较低(或稀薄气体)的情况下才能视为理想气体。

综合上述理想气体遵守的四条定律,可导出理想气体状态参量之间的一个在任何情况下都成立的关系式,叫理想气体状态方程。

$$pV=\frac{m}{M}RT \tag{2-1-1}$$

式中:m——气体的质量;

M——摩尔质量;

R——摩尔气体常量值为 8.31J/(mol·K)。

理想气体状态方程还可化为另一种形式,设质量为 m 的气体的分子数为 N,1 mol 气体的分子数为 N_0(阿伏伽德罗常数),$\left(\frac{m}{M}\right)$mol 气体的分子数为 $N=\frac{m}{M}N_0$。

即
$$\frac{m}{M}=\frac{N}{N_0} \tag{2-1-2}$$

把它代入式(2-1-1),有 $pV=\frac{N}{N_0}RT=N\frac{R}{N_0}T$,即

$$p=\frac{N}{V}\frac{R}{N_0}T \tag{2-1-3}$$

令
$$n=\frac{N}{V},k=\frac{R}{N_0} \tag{2-1-4}$$

于是
$$p=nkT \tag{2-1-5}$$

式中:n——单位体积内的分子数,称分子数密度;

k——1.38×10^{-23}J/K,称玻尔兹曼常数。

【例 2-1-1】 有两种理想气体,第一种的压强为 p_1,体积为 V_1,温度为 T_1,总质量为 M_1,摩尔质量为 μ_1;第二种的压强为 p_2,体积为 V_2,温度为 T_2,总质量为 M_2,摩尔质量为 μ_2。当 $V_1=V_2$,$T_1=T_2$,$M_1=M_2$时,则 $\frac{\mu_1}{\mu_2}$:

A. $\frac{\mu_1}{\mu_2}=\sqrt{\frac{p_1}{p_2}}$　　B. $\frac{\mu_1}{\mu_2}=\frac{p_1}{p_2}$　　C. $\frac{\mu_1}{\mu_2}=\sqrt{\frac{p_2}{p_1}}$　　D. $\frac{\mu_1}{\mu_2}=\frac{p_2}{p_1}$

解 理想气体状态方程 $pV=\frac{M}{\mu}RT$，因为 $V_1=V_2$，$T_1=T_2$，$M_1=M_2$，所以$\frac{\mu_1}{\mu_2}=\frac{p_2}{p_1}$。

答案：D

三、理想气体的压强和温度的统计解释

(一)理想气体的微观图景

从微观图景来看，理想气体是由数目巨大的运动着的分子组成。各运动着的分子之间，以及分子与容器壁之间会发生频繁的碰撞，使每个分子的运动速率和方向发生频繁的变化，这样，从整体来看，理想气体是一个这样的群体：其中每一个分子都做杂乱无章的运动，或者说，分子做热运动。

(二)理想气体分子模型

最简单的分子模型是把分子看成一个直径可忽略不计的、具有一定质量(分子质量)m'的弹性小球。所谓直径可以忽略是指小球之间的距离远大于小球直径，这样，可把小球当作质点来处理。小球与器壁间碰撞，视为完全弹性碰撞。

(三)压强的统计解释

理想气体对容器壁产生的压强，是大量分子不断撞击器壁的结果。根据完全弹性碰撞的力学知识，以及处于平衡态的理想气体的压强特征——对容器各面施加的压强相等，可推导出一个重要的压强公式

$$p=\frac{2}{3}n\bar{\omega} \tag{2-1-6}$$

式中，$n=N/V$，即分子数密度，N 是分子总数，$\bar{\omega}$ 称为分子的平均平动动能，它等于全体分子的平动动能之和除以全体分子总数，即

$$\bar{\omega}=(\frac{1}{2}m'v_1^2+\frac{1}{2}m'v_2^2+\cdots+\frac{1}{2}m'v_N^2)/N=\frac{1}{2}m'\overline{v^2} \tag{2-1-7}$$

$\overline{v^2}$为分子速率平方的平均值。请注意，各分子间的频繁碰撞使每个分子的速率 v_1，v_2，…，v_N 在发生频繁的变化，但 $\overline{v^2}$ 及 $\bar{\omega}$ 却不随时间变化(因为压强 p 不随时间变化)，这是大量做热运动分子集体的统计规律性的表现。所谓统计规律性，是指以平动动能为例，一个特定的分子，例如编号为 i 的分子，它的平动动能 $\omega_i=\frac{1}{2}m'v_i^2$ 是随时(或随机)变化的，而大量分子的平均平动动能 $\bar{\omega}$ 却表现出不变的规律性——统计规律性。

(四)温度的统计解释

联立理想气体状态方程(2-1-5)及压强公式(2-1-6)

$$\begin{cases}p=nkT\\ p=\frac{2}{3}n\bar{\omega}\end{cases}$$

由上两式消去 p 得

$$\bar{\omega}=\frac{3}{2}kT \tag{2-1-8}$$

上式把热学中特有的量——温度与大量分子的平均平动动能联系起来，这使我们摆脱了温度是冷热程度这种无法定量描述的经验之谈，而把温度看作是大量分子热运动强度的标志。温度越高，分子的总体表现是热运动越激烈。

【例 2-1-2】 关于温度的意义，有下列几种说法：

(1)气体的温度是分子平均平动动能的量度；

(2)气体的温度是大量气体分子热运动的集体体现，具有统计意义；

(3)温度的高低反映物质内部分子运动剧烈程度的不同；

(4)从微观上看，气体的温度表示每个分子的冷热程度。

这些说法中正确的是：

A. (1),(2),(4)　　B. (1),(2),(3)

C. (2),(3),(4)　　D. (1),(3),(4)

解 气体的温度是分子平均平动动能的量度，气体的温度是大量气体分子热运动的集体体现，具有统计意义，温度的高低反映物质内部分子运动剧烈程度的不同，正是因为它的统计意义，单独说某个分子的温度是没有意义的。

答案:B

四、能量按自由度均分原理

(一)自由度数目 i

气体中每一个分子可由单个原子或多个原子组成，称单原子分子或多原子分子，由单原子分子组成的气体如氦气(He)、氖气(Ne)等，由双原子分子组成的气体如氧气(O_2)、氮气(N_2)等，至于甲烷气(CH_4)，自然是由五原子分子组成的气体了。

自由度数目 i 是指决定某物体在空间的位置所需要的独立坐标数目。

据此，把构成气体分子的每一个原子看成一质点，且各原子之间的距离固定不变(称刚性分子，即视为刚体)。那么，单原子分子的自由度 $i=3$，即有三个平动自由度；刚性双原子分子的自由度 $i=5$，即有三个平动自由度和两个转动自由度；由三个以上原子组成的刚性多原子分子 $i=6$，有三个平动自由度和三个转动自由度。

(二)能量按自由度均分原理

它的内容是：在温度为 T 的平衡态下，每一个分子的每一个自由度都具有相同的平均动能，其值为 $\frac{1}{2}kT$(请特别注意"平均"两字)。

据此，一个单原子分子有三个平均自由度，单原子分子的平均(平动)动能 $\bar{\omega}=3\cdot\frac{1}{2}kT$，这正是式(2-1-8)。刚性双原子分子 $i=5$，它的平均动能 $\bar{\varepsilon}=\frac{5}{2}kT$(细说起来，即三个平动自由度对应平均平动动能为 $\frac{3}{2}kT$，两个转动自由度对应平均转动动能为 $\frac{2}{2}kT$)。一般说来，若一个分子的自由度数为 i，那么，据能量按自由度均分原理，该分子的平均动能为

$$\bar{\varepsilon}=\frac{i}{2}kT$$

五、理想气体内能

从微观上讲，理想气体是指分子之间相互作用势能小到可以忽略不计的气体，因为各分子的热运动动能远大于它们之间相互作用势能。这样，整个理想气体具有的机械能量，就等于每个分子热运动动能之和，设理想气体分子总数为 N，一个分子的动能用 ε 表示，则理想气体的

内能 E 可表示为

$$E=\varepsilon_1+\varepsilon_2+\cdots+\varepsilon_N$$
$$=N\cdot\frac{\varepsilon_1+\varepsilon_2+\cdots+\varepsilon_N}{N}=N\bar{\varepsilon}$$

式中,$\bar{\varepsilon}$ 为每一分子的平均动能,应为 $\frac{i}{2}kT$,故

$$E=\frac{i}{2}NkT \tag{2-1-9}$$

$$N=\left(\frac{m}{M}\right)N_0$$

$$N_0k=R$$

$$E=\frac{i}{2}\left(\frac{m}{M}\right)RT \tag{2-1-10}$$

由于理想气体状态方程 $pV=(\frac{m}{M})RT$,E 还可表示为

$$E=\frac{i}{2}pV \tag{2-1-11}$$

理想气体每单位体积的内能,即内能密度为

$$E/V=\frac{i}{2}p \tag{2-1-12}$$

【例 2-1-3】 在标准状态下,当氢气和氦气的压强与体积都相等时,氢气和氦气的内能之比为:

A. $\frac{5}{3}$　　B. $\frac{3}{5}$　　C. $\frac{1}{2}$　　D. $\frac{3}{2}$

解 由 $E=\frac{m}{M}\frac{i}{2}RT=\frac{i}{2}pV$,注意到氢为双原子分子,氦为单原子分子,即 $i(H_2)=5$,$i(He)=3$,又 $p(H_2)=p(He)$,$V(H_2)=V(He)$,故 $\frac{E(H_2)}{E(He)}=\frac{i(H_2)}{i(He)}=\frac{5}{3}$。

答案:A

六、麦克斯韦速率分布律

(一)速率分布函数

设理想气体分子总数为 N,各分子的速率自然有大有小,现以 $\mathrm{d}N$ 表示速率在 $v\to v+\mathrm{d}v$ 区间内的分子数,定义速率分布函数为

$$f(v)=\frac{\mathrm{d}N}{N\mathrm{d}v} \tag{2-1-13}$$

从速率分布函数的定义式可知,它的意义是在单位速率间隔内分子的百分数,当理想气体处于平衡态时,分布函数与时间无关,而与速率 v 有关。式(2-1-13)可改写为

$$\mathrm{d}N=Nf(v)\mathrm{d}v \tag{2-1-14}$$

如要表示速率在 $v_1\to v_2$ 区间内的分子数,可将上式积分

$$\int_{v_1}^{v_2}\mathrm{d}N=\Delta N=\int_{v_1}^{v_2}Nf(v)\mathrm{d}v$$

故

$$\int_{v_1}^{v_2}f(v)\mathrm{d}v=\frac{\Delta N}{N} \tag{2-1-15}$$

表示速率在 $v_1 \to v_2$ 区间内的分子数占总分子数的百分率。由于全体分子速率分布总在 $0 \to \infty$ 区间内，把式(2-1-14)从 $v=0$ 到 $v \to \infty$ 积分得

$$\int_0^{\infty} f(v)\mathrm{d}v = 1 \tag{2-1-16}$$

上式说明，$\int_0^{\infty} f(v)\mathrm{d}v =$ 分布曲线下总面积 $= 1$，速率分布函数应满足归一化条件。

(二)麦克斯韦速率分布函数

理论和实践都证实，处于温度为 T 的理想气体，速率分布函数的具体数学形式是

$$f(v) = \left(\frac{m'}{2\pi kT}\right)^{3/2} e^{\frac{-m'v^2}{2kT}} 4\pi v^2 \tag{2-1-17}$$

式中各文字的意义都已交代过。此式称为麦克斯韦速率分布函数。若以 v 为横坐标，以 $f(v)$ 为纵坐标，此函数的大致图形，如图 2-1-1 所示，温度越高，分布曲线的最高点越向速率大的方向移动。

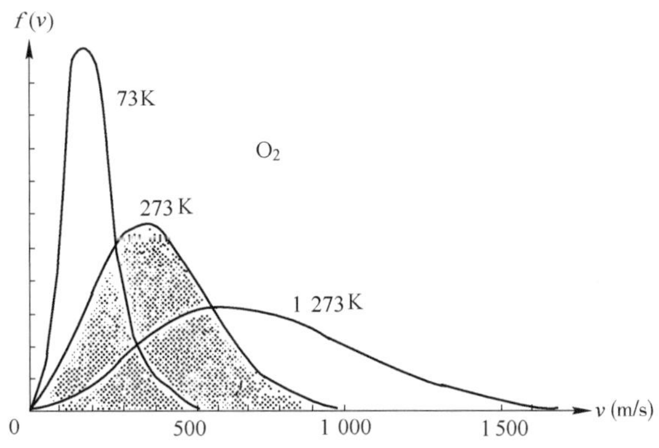

图 2-1-1　不同温度下速率分布曲线

(三)三种速率

知道了麦克斯韦速率分布函数后，可求出全体分子的三种速率。

(1)最可几速率 v_p(最概然速率)：与 $f(v)$ 的极大值相对应的速率。

由 $\dfrac{\mathrm{d}f(v)}{\mathrm{d}v}=0$，得

$$v_p = \sqrt{\frac{2kT}{m'}} = \sqrt{\frac{2RT}{M}} \tag{2-1-18}$$

M 为气体的摩尔质量。

(2)平均速率 $\bar{v}$：大量分子速率的算术平均值。

$$\bar{v} = \frac{1}{N}\int_0^{\infty} v\mathrm{d}N = \int_0^{\infty} vf(v)\mathrm{d}v = \sqrt{\frac{8kT}{\pi m'}} = \sqrt{\frac{8RT}{\pi M}} \tag{2-1-19}$$

【例 2-1-4】 假定氧气的热力学温度提高一倍，氧分子全部离解为氧原子，则氧原子的平均速率是氧分子平均速率的：

A. 4 倍　　B. 2 倍　　C. $\sqrt{2}$ 倍　　D. $\dfrac{1}{\sqrt{2}}$

解　$\bar{v} = \sqrt{\dfrac{8RT}{\pi M}}$，　$\bar{v}_{O_2} = \sqrt{\dfrac{8RT}{\pi M}} = \sqrt{\dfrac{8RT}{\pi \cdot 32}}$

氧气的热力学温度提高一倍，氧分子全部离解为氧原子，$T_O=2T_{O_2}$

$$\bar{v}_O=\sqrt{\frac{8RT_O}{\pi M_0}}=\sqrt{\frac{8R\cdot 2T}{\pi\cdot 16}}\text{，则}\ \frac{\bar{v}_O}{\bar{v}_{O_2}}=\frac{\sqrt{\frac{8R\cdot 2T}{\pi\cdot 16}}}{\sqrt{\frac{8RT}{\pi\cdot 32}}}=2$$

答案：B

(3)方均根速率$\sqrt{\overline{v^2}}$：大量分子速率二次方平均值的平方根。

$$\overline{v^2}=\frac{1}{N}\int_0^{\infty}v^2 f(v)\mathrm{d}v=\frac{3kT}{m'} \tag{2-1-20}$$

$$\sqrt{\overline{v^2}}=\sqrt{\frac{3kT}{m'}}=\sqrt{\frac{3RT}{M}}$$

七、平均碰撞频率$\bar{Z}$和平均自由程$\bar{\lambda}$

气体分子间在做频繁的相互碰撞，一个分子在单位时间内的碰撞次数Z简称为碰撞次数，或称碰撞频率。由于分子热运动的无规则性，没有理由说各分子的Z是一样的，Z对全体分子的平均值$\bar{Z}$，称平均碰撞频率(次数)。

一个分子在相继的两次碰撞之间所自由通过的路程，叫自由程。各分子的自由程各不相同，对全体分子取平均，叫平均自由程，以$\bar{\lambda}$表示。对于一个分子平均来说，在单位时间内自由通过的路程为平均速率$\bar{v}$，所以下式成立

$$\bar{v}=\bar{Z}\bar{\lambda} \tag{2-1-21}$$

研究表明

$$\bar{Z}=\sqrt{2}\pi d^2 n\bar{v} \tag{2-1-22}$$

式中：n——分子数密度；

d——分子有效直径，不同分子有不同的有效直径。

$$\bar{\lambda}=\frac{\bar{v}}{\bar{Z}}=\frac{1}{\sqrt{2}\pi d^2 n}=\frac{kT}{\sqrt{2}\pi d^2 p} \tag{2-1-23}$$

上式中最后一等式利用了理想气体状态方程$p=nkT$。式(2-1-23)表明在T一定时，$\bar{\lambda}$与p成反比。$\bar{\lambda}$在对气体内迁移现象(包括热传导、扩散、黏滞等)讨论时起重要作用。

【例2-1-5】 容积恒定的容器内盛有一定量的某种理想气体，分子的平均自由程为$\bar{\lambda}_0$，平均碰撞频率为$\bar{Z}_0$，若气体的温度降低为原来的$\frac{1}{4}$倍，则此时分子的平均自由程$\bar{\lambda}$和平均碰撞频率$\bar{Z}$为：

A. $\bar{\lambda}=\bar{\lambda}_0, \bar{Z}=\bar{Z}_0$　　B. $\bar{\lambda}=\bar{\lambda}_0, \bar{Z}=\frac{1}{2}\bar{Z}_0$

C. $\bar{\lambda}=2\bar{\lambda}_0, \bar{Z}=2\bar{Z}_0$　　D. $\bar{\lambda}=\sqrt{2}\lambda_0, \bar{Z}=4\bar{Z}_0$

解　气体分子的平均碰撞频率$Z_0=\sqrt{2}n\pi d^2\bar{v}=\sqrt{2}n\pi d^2\sqrt{\frac{8RT}{\pi M}}$，平均自由程$\bar{\lambda}_0=\frac{\bar{v}}{\bar{Z}_0}=\frac{1}{\sqrt{2}n\pi d^2}$，$T'=\frac{1}{4}T$，$\bar{\lambda}=\bar{\lambda}_0$，$\bar{Z}=\frac{1}{2}\bar{Z}_0$。

答案：B

八、热力学第一定律

（一）准静态过程

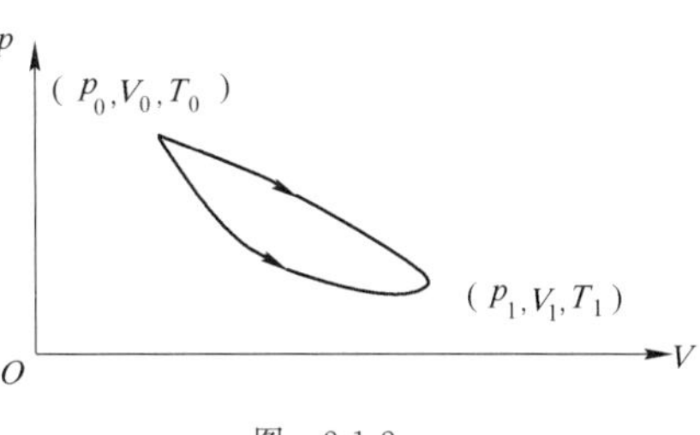

图 2-1-2

热力学系统在与外界发生相互作用时，它（以及外界）的状态要发生变化，状态变化的过程，叫热力学过程。以理想气体为例，系统从初态(p_0,V_0,T_0)变化到终态(p_1,V_1,T_1)，可通过各种不同过程实现（参看示意图 2-1-2），不同的过程体现了系统与外界的不同相互作用。

要使原先处于平衡态的理想气体状态发生变化，首先要破坏它原先的平衡态。也即系统要历经一非平衡态（非静态）情形。但若过程进行得如此缓慢，使过程进行中系统的状态都近似达到平衡态，这种理想化的过程叫准静态过程。在准静态过程中，气体的状态都可用平衡态（静态）参量(p,V,T)来描述。

（二）理想气体内能的改变 ΔE

一定量理想气体的内能 E 由式（2-1-10）确定。故理想气体经历任何过程从温度为 T_1 的状态变到温度为 T_2 的状态时，内能的增量为

$$\Delta E=E_2-E_1=\frac{m}{M}\ \frac{i}{2}\ R(T_2-T_1)=\frac{m}{M}\ \frac{i}{2}R\Delta T \tag{2-1-24}$$

显然，一定量理想气体的内能增量只取决于系统的初、终态，而与联系初、终态的过程无关，这一结论十分重要。或者可说，内能本身是状态的单值函数。

（三）功 A

利用力学中功的概念，计算气缸中气体在准静态过程中所做的功。设气体的压强为 p，活塞面积为 S，气体对活塞的压力 $f=pS$（见图 2-1-3），当活塞移动微小距离 $\mathrm{d}L$ 时，气体体积变化 $\mathrm{d}V=S\mathrm{d}L$，过程中所做微功 $\mathrm{d}A=f\mathrm{d}L=pS\mathrm{d}L=p\mathrm{d}V$。当气体体积从 V_1 膨胀到 V_2 时，气体对外（活塞）做功为

$$A=\int_{V_1}^{V_2}p\mathrm{d}V \tag{2-1-25}$$

当过程用 p-V 图上一条曲线表示时（见图 2-1-4），功 A 即表示曲边梯形的面积。可见，若以不同的曲线（代表不同的变化过程）连接相同的初态（V_1）、终态（V_2），功 A 不同，功与过程有关。注意，若 $V_2>V_1$，气体体积随过程膨胀，气体对外做正功（$A>0$）；反之，若 $V_2<V_1$，气体被压缩，气体对外做负功。还要注意，功 A 的表达式（2-1-25）只对准静态过程成立，对非准静态过程不成立。如气体向真空膨胀，对外做功 $A=0$。

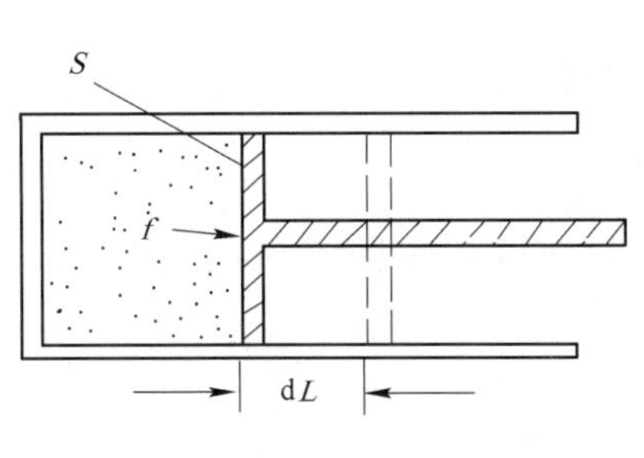

图 2-1-3

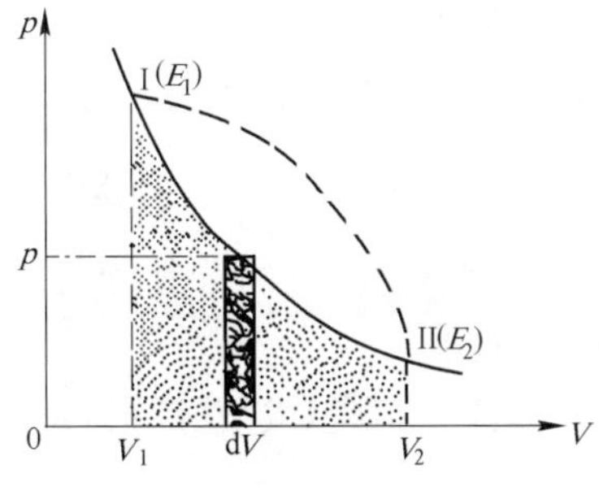

图 2-1-4

(四)热量 Q

气体对外做正功或负功(外界对气体做正功),都会使气体(及外界)状态发生变化。改变系统状态,不仅可采取做功的方式,也可采取热量交换的方式。气体从外界吸收热量或放热给外界,都会使气体(及外界)状态发生变化。气体从外界吸收(或放热给外界)的热量多少,不仅取决于气体的初、终态,也取决于联系两态的变化过程,这一点在热力学第一定律中会清楚地看出。

(五)热力学第一定律

设一热力学系统与外界相互作用,使系统从某一初态 a 经过一个系统状态变化过程到达终态 b,无数试验事实总结出下面的热力学第一定律(即能量守恒与转换定律)

$$Q_{a\to b}=E_b-E_a+A_{a\to b}$$

或简写为

$$Q=\Delta E+A \tag{2-1-26}$$

式中:Q——过程中系统从外界吸收的热量(若 $Q>0$ 为吸热,$Q<0$ 为放热);

A——过程中系统对外界做功(可正可负,负功表示外界对系统做正功);

ΔE——系统内能的增量,即系统终态内能与初态内能的差。

若过程的初、终态一定,则 ΔE 一定,而 A 与过程有关,故 Q 也与过程有关。

对于一个微小变化过程,热力学第一定律可写成微分形式

$$\mathrm{d}Q=\mathrm{d}E+\mathrm{d}A$$

热力学第一定律不仅适用于理想气体,而且还适用于液体、固体等一切热力学系统。

【例 2-1-6】 一定量的理想气体由 a 状态经过一过程到达 b 状态,吸热为 335J,系统对外做功 126J;若系统经过另一过程由 a 状态到达 b 状态,系统对外做功 42J,则过程中传入系统的热量为:

A. 530J　　B. 167J　　C. 251J　　D. 335J

解 两过程都是由 a 状态到达 b 状态,内能是状态量,内能增量 $\Delta E=\frac{m}{M}\frac{i}{2}R(T_b-T_a)$ 相同。

由热力学第一定律 $Q=(E_2-E_1)+W=\Delta E+W$,有 $Q_1-W_1=Q_2-W_2$,即 $335-126=Q_2-42$,可得 $Q_2=251$J。

答案:C

九、热力学第一定律对理想气体等值过程和绝热过程的应用

$\left(\frac{m}{M}\right)$mol 的理想气体,从初态(p_1,V_1,T_1)经某一过程变化到终态(p_2,V_2,T_2),如何计算热力学第一定律中的 Q、ΔE、A?

首先要注意 ΔE 与过程无关,它由式(2-1-24)确定

$$\Delta E=\left(\frac{m}{M}\right)\frac{i}{2}R(T_2-T_1)$$

功 A 可通过式(2-1-25)计算,那么过程吸热 Q 可以从热力学第一定律算出。

(一)等容过程

过程方程:$V=$恒量,或 $p/T=$恒量

$$A=\int_{V_1}^{V_2}p\mathrm{d}V=0\qquad(\mathrm{d}V=0)$$

$$Q_V = \Delta E + A = \left(\frac{m}{M}\right)\frac{i}{2}R(T_2 - T_1) \tag{2-1-27}$$

(二)等压过程

过程方程:p=恒量,或 T/V=恒量

$$A = \int_{V_1}^{V_2} p\mathrm{d}V = p(V_2 - V_1)$$

利用状态方程 $pV=\left(\frac{m}{M}\right)RT$,可将上式写成

$$A=\left(\frac{m}{M}\right)R(T_2-T_1) \tag{2-1-28}$$

$$Q_p=\Delta E+A=\left(\frac{m}{M}\right)\left(\frac{i+2}{2}\right)R(T_2-T_1) \tag{2-1-29}$$

比较式(2-1-29)和式(2-1-27)可知,等压过程吸热量比等容过程吸热量多。

【例 2-1-7】 一定量的理想气体,经过等体过程,温度增量 ΔT,内能变化 ΔE_1,吸收热量 Q_1;若经过等压过程,温度增量也为 ΔT,内能变化 ΔE_2,吸收热量 Q_2,则一定是:

A. $\Delta E_2=\Delta E_1, Q_2>Q_1$　　B. $\Delta E_2=\Delta E_1, Q_2<Q_1$

C. $\Delta E_2>\Delta E_1, Q_2>Q_1$　　D. $\Delta E_2<\Delta E_1, Q_2<Q_1$

解 两过程温度增量均为 ΔT,内能增量 $\Delta E=\frac{m}{M}\frac{i}{2}R\Delta T$ 相同,即 $\Delta E_2=\Delta E_1$。

由热力学第一定律,等体过程不做功,$W_1=0$,$Q_1=\Delta E_1=\frac{m}{M}\frac{i}{2}R\Delta T$;

对于等压过程,$Q_2=\Delta E_2+W_2=\frac{m}{M}\left(\frac{i}{2}+1\right)R\Delta T$,所以 $Q_2>Q_1$。

答案:A

【例 2-1-8】 有 1mol 刚性双原子分子理想气体,在等压过程中对外做功 W,则其温度变化 ΔT 为:

A. $\frac{R}{W}$　　B. $\frac{W}{R}$　　C. $\frac{2R}{W}$　　D. $\frac{2W}{R}$

解 等压过程由 $W = p\Delta V = p(V_2 - V_1) = \frac{m}{M}R\Delta T$,今 $\frac{m}{M} = 1$,故 $\Delta T = \frac{W}{R}$。

答案:B

(三)等温过程

过程方程:T=恒量,或 pV=恒量

$$A = \int_{V_1}^{V_2} p\mathrm{d}V = \int_{V_1}^{V_2} \frac{\left(\frac{m}{M}\right)RT}{V}\mathrm{d}V = \left(\frac{m}{M}\right)RT\int_{V_1}^{V_2}\frac{\mathrm{d}V}{V}$$

$$A = \left(\frac{m}{M}\right)RT\ln\frac{V_2}{V_1} = \left(\frac{m}{M}\right)RT\ln\frac{p_1}{p_2} \tag{2-1-30}$$

而 $\Delta E=0$(因 $T_2=T_1$)

$$Q_T=A=\left(\frac{m}{M}\right)RT\ln\frac{V_2}{V_1}=\left(\frac{m}{M}\right)RT\ln\frac{p_1}{p_2} \tag{2-1-31}$$

可见等温过程中,理想气体从外界吸收的热量 Q,全部转化为气体对外做功。

【例 2-1-9】 一定量理想气体由初态(p_1, V_1, T_1)经等温膨胀到达终态(p_2, V_2, T_1),则气

体吸收的热量 Q 为:

A. $Q=p_1V_1\ln\frac{V_2}{V_1}$　　B. $Q=p_1V_2\ln\frac{V_2}{V_1}$

C. $Q=p_1V_1\ln\frac{V_1}{V_2}$　　D. $Q=p_2V_1\ln\frac{p_2}{p_1}$

解　等温过程 $\Delta E=0$,吸收的热量等于对外做功,$Q=\frac{m}{M}RT\ln\frac{V_2}{V_1}=p_1V_1\ln\frac{V_2}{V_1}$。

答案:A

(四)绝热过程

$$Q=0$$

$$A=-\Delta E=-\left(\frac{m}{M}\right)\frac{i}{2}R(T_2-T_1) \tag{2-1-32}$$

绝热过程中,气体对外做功,是以减少自己的内能为代价的。绝热过程的方程将在第十一节中介绍。

【例 2-1-10】　一定量的理想气体对外做了 500J 的功,如果过程是绝热的,气体内能的增量为:

A. 0　　B. 500J　　C. −500J　　D. 250J

解　由热力学第一定律 $Q=W+\Delta E$ 知,绝热过程做功等于内能增量的负值,$\Delta E=-W=-500\text{J}$。

答案:C

十、热容量

(一)热容量定义

一系统每升高单位温度所吸收的热量,称为系统的热容量。即

$$C=\mathrm{d}Q/\mathrm{d}T \tag{2-1-33}$$

当系统为 1mol 时,它的热容量称摩尔热容量,单位为 J/(mol・K)。系统热容量 C 等于摩尔热容量乘以摩尔数。

(二)定容摩尔热容量 C_V 与定压摩尔热容量 C_p

1mol 系统在等容过程中,每升高单位温度所吸收的热量,称定容摩尔热容量 C_V。1mol 系统在等压过程中,每升高单位温度所吸收的热量,称定压摩尔热容量 C_p,即

$$C_\mathrm{V}=\left.\frac{\mathrm{d}Q}{\mathrm{d}T}\right|_{V=\text{恒量}},\quad C_\mathrm{p}=\left.\frac{\mathrm{d}Q}{\mathrm{d}T}\right|_{p=\text{恒量}} \tag{2-1-34}$$

对 1mol 理想气体而言,由式(2-1-27)及式(2-1-29)可得

$$C_\mathrm{V}=\frac{Q}{T_2-T_1}=\frac{i}{2}R,C_\mathrm{p}=\frac{Q}{T_2-T_1}=\frac{i+2}{2}R \tag{2-1-35}$$

由此可知

$$C_\mathrm{p}-C_\mathrm{V}=R \tag{2-1-36}$$

此式也称为迈耶公式。

令

$$\gamma=C_\mathrm{p}/C_\mathrm{V}=(i+2)/i \tag{2-1-37}$$

γ 为比热容比,亦为绝热系数。

对单原子分子,自由度 $i=3$,故 $\gamma=5/3$;对刚性双原子分子,$i=5$,故 $\gamma=7/5$。

引入 C_v 与 C_p 后，式(2-1-27)可表示为 $Q_V=\left(\frac{m}{M}\right)C_V(T_2-T_1)$，式(2-1-29)可表示为 $Q_p=\left(\frac{m}{M}\right)C_p(T_2-T_1)$。

十一、绝热过程方程

理想气体的绝热过程方程可由热力学第一定律式(2-1-26)通过积分求得，结果是

$$V^{\gamma-1}T=\text{恒量} \tag{2-1-38}$$

利用理想气体状态方程还可把上式改写为以下两种形式

$$pV^{\gamma}=\text{恒量},p^{\gamma-1}T^{-\gamma}=\text{恒量} \tag{2-1-39}$$

绝热过程做功已由式(2-1-32)给出。也可根据理想气体状态方程 $pV=\frac{m}{M}RT$ 改写为

$$A=\frac{i}{2}(p_1V_1-p_2V_2)$$

由式(2-1-37)知 $\frac{i}{2}=\frac{1}{(\gamma-1)}$，故

$$A=\frac{1}{\gamma-1}(p_1V_1-p_2V_2) \tag{2-1-40}$$

这是绝热过程做功的另一计算公式。此公式可直接由功的表达式得到

$$A=\int_{V_1}^{V_2}p\mathrm{d}V=p_1V_1^{\gamma}\int_{V_1}^{V_2}\frac{\mathrm{d}V}{V^{\gamma}}=p_1V_1^{\gamma}\left(\frac{V_2^{1-\gamma}}{1-\gamma}-\frac{V_1^{1-\gamma}}{1-\gamma}\right)=\frac{1}{\gamma-1}(p_1V_1-p_2V_2)$$

十二、循环过程、热机效率、卡诺循环

(一)循环过程

系统从某一状态开始经一系列变化过程又回到原来状态，这个变化过程叫循环过程。在过程的 p-V 图上，循环过程必为一封闭曲线。系统经一循环后，由于返回原来状态，故系统内能不变，这是循环过程的重要特性。

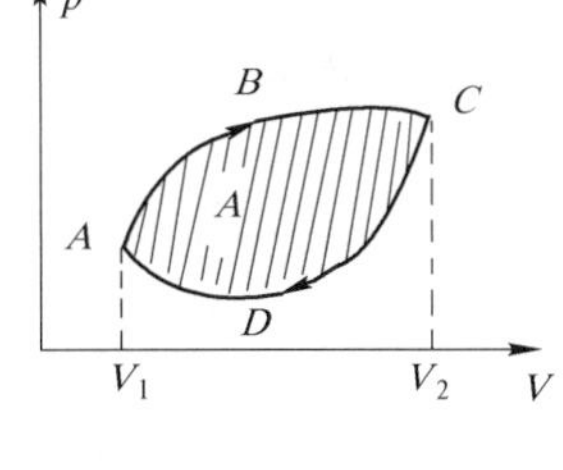

图 2-1-5

在如图 2-1-5 所示的循环过程中，系统从 A 态出发，在过程 $A\to B\to C$ 中，系统对外做正功；在过程 $C\to D\to A$ 中，系统对外做负功(外界对系统做正功)。因此，整个循环过程系统对外做的净功为循环过程曲线所包围的面积(图中阴影部分)，把热力学第一定律应用于循环过程，因 $\Delta E=0$，故有

$$A=Q(\text{循环过程}) \tag{2-1-41}$$

即系统对外做的净功应等于系统从外界吸收的净热量。循环是顺时针的，则 $A>0$，称为热机。

(二)热机效率 η

式(2-1-41)中 Q 表示系统在循环过程中从外界吸收的净热量，可把它改写成 $Q=Q_1-Q_2$，Q_1 表示吸热，Q_2 表示放热，热机效率 η 被定义为

$$\eta=\frac{A}{Q_1}=\frac{Q_1-Q_2}{Q_1}=1-\frac{Q_2}{Q_1} \tag{2-1-42}$$

(三)致冷系数 ω

如果工作物质做逆循环,系统从低温热源吸收热量 Q_2,向高温热源放出热量 Q_1,而外界必须做功 A,这样的循环为制冷机,致冷系数定义为:

$$\omega=\frac{Q_2}{A}=\frac{Q_2}{Q_1-Q_2} \tag{2-1-43}$$

(四)卡诺循环

卡诺循环是在两个恒定的高温(T_1)热源和低温(T_2)热源之间工作的热机的一个特殊循环过程。它由两个等温过程、两个绝热过程组成。以理想气体为工作物质的卡诺循环如图2-1-6所示。

过程 1→2 为等温吸热过程,系统从高温热源吸热 Q_1 由式(2-1-31)确定

$$Q_1=\frac{m}{M}RT_1\ln\frac{V_2}{V_1}$$

过程 3→4 为等温放热过程,系统放热给低温热源 Q_2 为

$$Q_2=\frac{m}{M}RT_2\ln\frac{V_3}{V_4}$$

又因 2→3 及 4→1 均为绝热过程,故有

$$T_1V_1^{\gamma-1}=T_2V_4^{\gamma-1}$$

$$T_1V_2^{\gamma-1}=T_2V_3^{\gamma-1}$$

$$\frac{V_2}{V_1}=\frac{V_3}{V_4}$$

于是,卡诺循环效率为

$$\eta=\frac{Q_1-Q_2}{Q_1}=\frac{T_1-T_2}{T_1}=1-\frac{T_2}{T_1} \tag{2-1-44}$$

若使卡诺循环逆时针方向进行:1→4→3→2→1,如图 2-1-7 所示。气体将从低温热源吸热 Q_2,又接受外界做功 A,向高温热源放热 $Q_1=A+Q_2$,这是卡诺制冷循环。

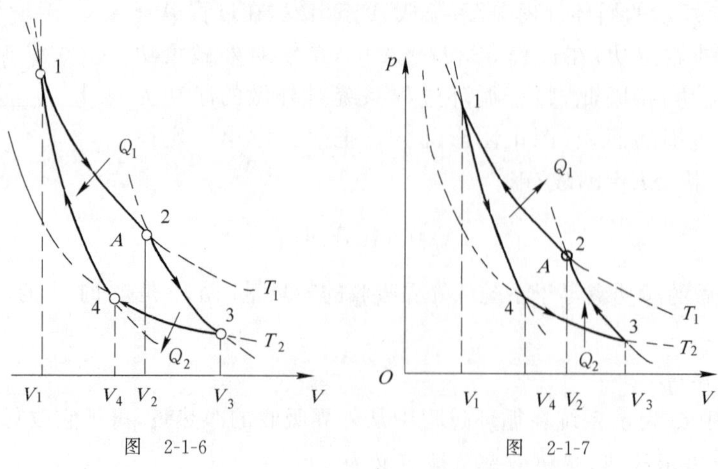

图 2-1-6　　图 2-1-7

由致冷系数定义

$$\omega=\frac{Q_2}{A}=\frac{Q_2}{Q_1-Q_2}$$

因此卡诺制冷机的制冷系数为

$$\omega_{卡诺}=\frac{T_2}{T_1-T_2} \tag{2-1-45}$$

【例 2-1-11】 两个卡诺热机的循环曲线如图所示，一个工作在温度为 T_1 与 T_3 的两个热源之间，另一个工作在温度为 T_2 与 T_3 的两个热源之间，已知这两个循环曲线所包围的面积相等，由此可知：

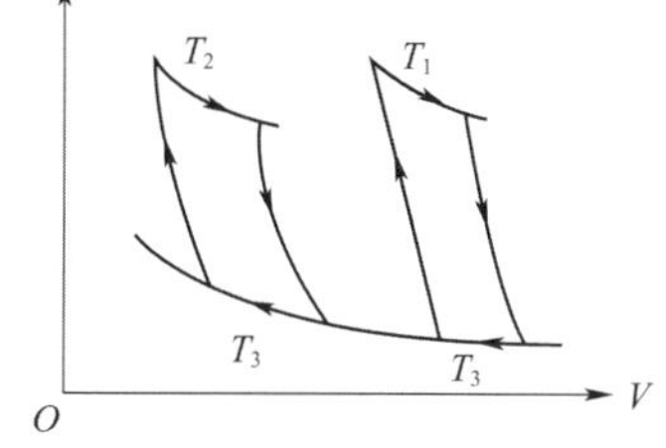

例 2-1-11 图

A. 两个热机的效率一定相等

B. 两个热机从高温热源所吸收的热量一定相等

C. 两个热机向低温热源所放出的热量一定相等

D. 两个热机吸收的热量与放出的热量(绝对值)的差值一定相等

解 此题考查卡诺循环。卡诺循环的热机效率 $\eta=1-\frac{T_2}{T_1}$，T_1 与 T_2 不同，所以效率不同。两个循环曲线所包围的面积相等，净功相等，$W=Q_1-Q_2$，即两个热机吸收的热量与放出的热量(绝对值)的差值一定相等。

答案：D

【例 2-1-12】 一卡诺热机，低温热源的温度为 27℃。热机效率为 40%，其高温热源温度为：

A. 500K　　B. 45℃　　C. 400K　　D. 500℃

解 卡诺循环的热机效率 $\eta=1-\frac{T_2}{T_1}=1-\frac{273+27}{T_1}=40\%$，$T_1=500\text{K}$。

此题注意开尔文温度与摄氏温度的变换。

答案：A

【例 2-1-13】 卡诺致冷机工作于温度为 300K 和 400K 的两个热源之间，此致冷机的致冷系数为：

A. 2　　B. 1/2　　C. 1/3　　D. 3

解 卡诺致冷机 $\omega=\frac{T_2}{T_1-T_2}=\frac{300}{400-300}=3$。

答案：D

十三、可逆过程和不可逆过程

系统在外界作用下经过一个过程从初态变到终态，外界同时要发生变化：也从初态变到终态，现使系统发生的变化过程逆向进行，即从终态到初态，若外界同时也从终态恢复到初态，那么系统(及外界)发生的过程叫可逆过程。所谓可逆过程是指逆过程可以抹去正过程所留下的一切变化，好像世界上什么事情都没有发生过一样，不满足可逆过程条件的一切过程，称为不可逆过程。

功、热转换过程是不可逆的：功可以完全转变成热量；但在不引起其他任何变化的条件下(外界也同时复原)，热不能完全变化为功。热量可以自动地从高温物体传到低温物体。但在不引起其他任何变化的条件下(即不能自动地),热量不能从低温物体传到高温物体。气体分子可自动地从密度大处向密度小处扩散,而自动的逆过程不行。动、植物的生老病死等等都是不可逆过程。

十四、热力学第二定律及其统计意义

上节提到的许多不可逆过程实例,说明自然界所发生的千变万化的过程有单向性(不可逆性),可以证明,各种单向性过程是相互沟通的,即从某一过程的单向性可推得另一过程的单向性。因此,要说明这种单向性的变化规律,只要任选一实例即可。有以下两种典型表述,并称之为热力学第二定律。

(1)开尔文表述:不可能制造出一种循环工作的热机,它只从单一热源吸热使之完全变为功而不使外界发生任何变化。

(2)克劳修斯表述:热量不能自动地从低温物体传向高温物体而不引起外界变化。

人们把从单一热源吸热并使之全部变成功而不引起其他变化的机器叫第二类永动机。这种永动机不违背热力学第一定律,但违背热力学第二定律,故不能制成。

电冰箱是克劳修斯表述的很好注释。热量不是不能从低温物体(冰箱内部)传向高温物体(箱外),而是不能自动地进行。冰箱不插上电源就不会制冷。

自(动)发(生)过程的单向性可以用系统处于某一状态的几率予以解释,这称为热力学第二定律的统计意义(或统计解释)。我们举一个气体向真空膨胀(扩散)的具体例子,来说明热力学第二定律的统计意义。假定气体由 N 个分子组成,处在体积为 V 的容器中,但一开始全部气体被隔板挡在只占容器 $1/n$ 的空间中。当隔板被抽掉时,气体会自动扩散到均匀占满整个容器空间为止,这是个不可逆过程。

系统的初态几率为 $(1/n)^N$,扩散过程使气体分子占据越来越大空间,即 n 减小,几率变大,最后当 $n=1$ 时,即气体分布在整个容器中时,几率达最大,自发过程终止,系统达平衡态。系统内部进行的自发过程,总是由几率小的宏观状态向几率大的宏观状态进行,这就是热力学第二定律的统计意义。由于分子总数 N 极大,n 与 1 的任何有限偏离,例如 $n=1.1$,则此宏观态的概率为 $(1/1.1)^N \to 0$,因此,要使系统自动返回初态的可能性几近乎零,即实际上过程是不可逆的。

习　题

2-1-1　两容器内分别装有氢气和氦气,若它们的温度和质量分别相等,则(　　)。

A. 两种气体分子的平均平动动能相等

B. 两种气体分子的平均动能相等

C. 两种气体分子的平均速率相等

D. 两种气体的内能相等

2-1-2　若理想气体的体积为 V,压强为 p,温度为 T,一个分子的质量为 m',k 为玻兹曼常量,R 为摩尔气体常量,则该理想气体的分子数为(　　)。

A. pV/m'　　B. $pV/(kT)$　　C. $pV/(RT)$　　D. $pV/(m'T)$

2-1-3　一瓶氦气和一瓶氮气密度相同,分子平均平动动能相同,而且它们都处于平衡状态,则它们(　　)。

A. 温度相同、压强相同

B. 温度、压强都不相同

C. 温度相同,但氦气的压强大于氮气的压强

D. 温度相同,但氦气的压强小于氮气的压强

2-1-4　压强为 p、体积为 V 的氦气(He,视为刚性分子理想气体)的内能为(　　)。

A. $\frac{3}{2}pV$　　B. $\frac{5}{2}pV$　　C. $\frac{1}{2}pV$　　D. $3pV$

2-1-5　在容积 $V=8\times10^{-3}\mathrm{m}^3$ 的容器中,装有压强 $p=5\times10^2\mathrm{Pa}$ 的理想气体,则容器中气体分子的平动动能总和为(　　)。

A. 2J　　B. 3J　　C. 5J　　D. 6J

2-1-6　某容器内储有 1mol 氢气和 1mol 氦气,设两种气体各自对器壁产生的压强分别为 p_1 和 p_2,则两者的大小关系是(　　)。

A. $p_1>p_2$　　B. $p_1=p_2$　　C. $p_1<p_2$　　D. 不确定

2-1-7　两瓶不同的气体,一瓶是氧,另一瓶是一氧化碳,若它们的压强和温度相同,但体积不同,则下列量相同的是:①单位体积中的分子数,②单位体积的质量,③单位体积的内能,其中正确的是(　　)。

A. ①②　　B. ②③　　C. ①③　　D. ①②③

2-1-8　两种理想气体的温度相等,则它们的:①分子的平均动能相等,②分子的转动动能相等,③分子的平均平动动能相等,④内能相等,以上论断中,正确的是(　　)。

A. ①②③④　　B. ①②④　　C. ①④　　D. ③

2-1-9　一定量氢气和氧气,都可视为理想气体,它们分子的平均平动动能相同,那么它们分子的平均速率之比 $\bar{v}_{H_2}:\bar{v}_{O_2}$ 为(　　)。

A. 1∶16　　B. 16∶1　　C. 1∶4　　D. 4∶1

2-1-10　一定量的理想气体,在容积不变的条件下,当温度升高时,分子平均碰撞次数 $\overline{Z}$ 及平均自由程 $\bar{\lambda}$ 的变化情况是(　　)。

A. $\overline{Z}$ 增大,$\bar{\lambda}$ 不变　　B. $\overline{Z}$ 不变,$\bar{\lambda}$ 增大

C. $\overline{Z}$ 增大,$\bar{\lambda}$ 增大　　D. $\overline{Z}$、$\bar{\lambda}$ 都不变

2-1-11　理想气体的密度 ρ 在某一过程中与绝对温度 T 成反比关系,则该过程为(　　)。

A. 等容过程　　B. 等压过程　　C. 等温过程　　D. 绝热过程

2-1-12　两个相同的容器,一个装氦气,一个装氧气(视为刚性分子),开始时它们的温度和压强都相同。现将 9J 的热量传给氦气,使之升高一定温度。若使氧气也升高同样的温度,则应向氧气传递的热量是(　　)。

A. 9J　　B. 15J　　C. 18J　　D. 6J

2-1-13　1mol 氧气和 1mol 水蒸气(均视为刚性分子理想气体),若在体积不变的情况下吸收相等的热量,则它们的(　　)。

A. 温度升高相同,压强增加相同　　B. 温度升高不同,压强增加不同

C. 温度升高相同,压强增加不同　　D. 温度升高不同,压强增加相同

2-1-14　在常温条件下,压强、体积、温度都相同的氮气和氦气在等压过程中吸收了相等的热量,则它们对外做功之比为(　　)。

A. 5∶9　　B. 5∶7　　C. 1∶1　　D. 9∶5

2-1-15　如图所示，理想气体由初态 a 经 acb 过程变到终态 b。则(　　)。

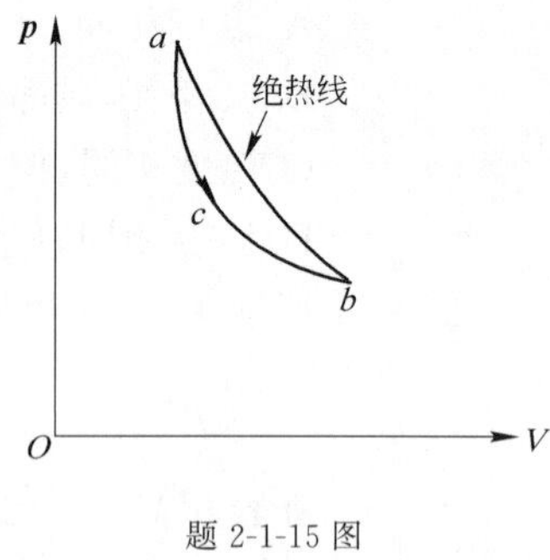

题 2-1-15 图

A. 内能增量为正，对外做功为正，系统吸热为正

B. 内能增量为负，对外做功为正，系统吸热为正

C. 内能增量为负，对外做功为正，系统吸热为负

D. 不能判断

2-1-16　一定量理想气体，从状态 A 开始，分别经历等压、等温、绝热三种过程(AB、AC、AD)，其容积由 V_1 都膨胀到 $2V_1$，其中(　　)。

A. 气体内能增加的是等压过程，气体内能减少的是等温过程

B. 气体内能增加的是绝热过程，气体内能减少的是等压过程

C. 气体内能增加的是等压过程，气体内能减少的是绝热过程

D. 气体内能增加的是绝热过程，气体内能减少的是等温过程

2-1-17　一定量的理想气体，起始温度为 T，体积为 V_0，后经历绝热过程，体积变为 $2V_0$，再经过等压过程，温度回升到起始温度，最后再经过等温过程，回到起始状态，则在此循环过程中(　　)。

A. 气体从外界净吸的热量为负值

B. 气体对外界净做的功为正值

C. 气体从外界净吸的热量为正值

D. 气体内能减少

2-1-18　设高温热源的热力学温度是低温热源热力学温度的 n 倍，则理想气体在一次卡诺循环中，传给低温热源的热量是从高温热源吸取的热量的(　　)。

A. n 倍　　B. $n-1$ 倍　　C. $1/n$　　D. $(n+1)/n$ 倍

2-1-19　热力学第二定律可表述为(　　)。

A. 功可以全部转换为热，但热不能全部转换为功

B. 热量不能从低温物体传到高温物体

C. 热可以全部转换为功，但功不能全部转换为热

D. 热量不能自动地从低温物体传到高温物体

2-1-20　“理想气体和单一热源接触做等温膨胀时，吸收的热量全部用来对外做功。”对此说法，有如下几种评论，哪种是正确的？(　　)。

A. 不违反热力学第一定律，但违反热力学第二定律

B. 不违反热力学第二定律，但违反热力学第一定律

C. 不违反热力学第一定律，也不违反热力学第二定律

D. 违反热力学第一定律，也违反热力学第二定律

第二节　波　动　学

一、机械波的产生和传播

(一)一些基本概念

振动(状态)的传播过程称为波动。机械振动在弹性媒质中的传播过程称为机械波。变化

的电磁场在空间的传播过程称为电磁波。本节研究的是机械波，但许多基本规律都适用于电磁波。

产生波动要有两个条件：第一要有振动源，第二要有传播振动的弹性媒质。

如果质点振动方向与波的传播方向垂直，这种波叫横波（如手握长绳一端上下抖动，振动沿水平方向传播出去，绳上形成横波）。如果质点振动方向与波的传播方向一致，这种波叫纵波（如空气中传播的声波是纵波）。

波从波源出发，在媒质中向各个方向传播，那些振动相位相同的点的集合称为波（阵）面。波面为平面的称为平面波，波面为球面的称为球面波等。传到最前面的那个波面称为波前。波的传播方向称为波线。在各向同性的媒质中，波线与波面垂直。

（二）波速、波长、频率

波速是单位时间内振动状态传播的距离，以 u 表示。u 取决于媒质的物理性质，对机械波来说，取决于媒质的惯性与弹性，具体结论如下。

在弹性固体中，横波与纵波的速度分别是

$$u=\sqrt{G/\rho}\quad（横波）$$

$$u=\sqrt{Y/\rho}\quad（纵波）$$

式中，G 和 Y 分别为媒质的切变弹性模量和杨氏弹性模量，ρ 为媒质密度。

在气体和液体中，不能传播横波，因为它们的切变弹性模量为零。而纵波在气体和液体中的传播速度为

$$u=\sqrt{B/\rho}\quad（纵波）$$

式中，B 为媒质容变弹性模量。在理想气体中，声速为

$$u=\sqrt{\gamma p/\rho}=\sqrt{\gamma RT/M}$$

式中，$\gamma=C_p/C_V$，p 为压强，ρ 为密度，M 为摩尔质量。

波长 λ：波动传播时，同一波线上的两个相邻的相位相差为 2π 的质点，它们之间的距离称为波长 λ。

周期 T 和频率 ν：振动状态传播一个波长的距离所需的时间为一个周期 T。频率 $\nu=1/T$，单位为 1/秒（1/s），或称赫兹（Hz）。

二、平面简谐波的波动方程

波面为平面、媒质中各点均做简谐振动（简谐振动的传播过程）的波，叫平面简谐波。

设在无吸收的均匀媒质中，有一平面简谐波沿 x 轴正向以波速 u 传播。各质点振动位移方向与 x 轴垂直（横波），即 y 方向，设在 $x=0$ 处质点的振动方程为

$$y=A\cos(\omega t+\varphi_0)$$

式中，A 为振幅，ω 为圆频率（角频率），y 是 $x=0$ 处的质点在 t 时刻偏离平衡位置的位移。设媒质中某点 P 的 x 坐标为 x_P，由于 P 点的振动是由 $x=0$ 处的振动以波速 u 传过来的，故应比 $x=0$ 处的质点晚振动 x_P/u 的时间，P 点的振动方程应为

$$y_P=A\cos[\omega(t-x_P/u)+\varphi_0]$$

略去 P，即媒质中任一坐标为 x 的质点，其振动方程，亦即平面简谐波的波动方程为

$$y=A\cos[\omega(t-\frac{x}{u})+\varphi_0] \tag{2-2-1}$$

利用 $\omega=2\pi\nu$，$\nu=1/T$，$u=\lambda/T$ 等，可将波动方程变为如下形式

$$y=A\cos(2\pi\nu t-\frac{2\pi x}{\lambda}+\varphi_0) \tag{2-2-2}$$

$$y=A\cos[2\pi(\frac{t}{T}-\frac{x}{\lambda})+\varphi_0] \tag{2-2-3}$$

$$y=A\cos[\frac{2\pi}{\lambda}(ut-x)+\varphi_0] \tag{2-2-4}$$

波动方程的意义：

(1)当 x 一定时(即波线上某一点)，波动方程表示坐标为 x 的质点的振动方程。

(2)当 t 一定时(即某一瞬时)，波动方程表示 t 时刻各质点的位移，即 t 时刻的波形。

(3)当 x、t 都变时，波动方程表示整个波形以波速 u 向 x 正方向传播。

如果波沿 x 轴负向传播，仍设 $x=0$ 处振动方程为

$$y=A\cos(\omega t+\varphi_0)$$

任一坐标为 x 的质点要比 $x=0$ 处的质点早振动 x/u 这么多时间，即相位超前 $\omega\frac{x}{u}$。因此，任一坐标为 x 的质点振动方程，即波动方程为

$$\begin{aligned}y&=A\cos[\omega(t+\frac{x}{u})+\varphi_0]\\&=A\cos(2\pi\nu t+\frac{2\pi x}{\lambda}+\varphi_0)\\&=A\cos[2\pi(\frac{t}{T}+\frac{x}{\lambda})+\varphi_0]\\&=A\cos[\frac{2\pi}{\lambda}(ut+x)+\varphi_0]\end{aligned} \tag{2-2-5}$$

又若设 $x=x_0$ 处质点的振动方程为

$$y=A\cos(\omega t+\Phi)$$

则沿 x 正向传播，波速为 u 的波动方程为

$$y=A\cos[\omega(t-\frac{x-x_0}{u})+\Phi] \tag{2-2-6}$$

沿 x 轴负向传播的波动方程为

$$y=A\cos[\omega(t+\frac{x-x_0}{u})+\Phi] \tag{2-2-7}$$

【例 2-2-1】 一平面简谐波沿 x 轴正方向传播，振幅 $A=0.02\text{m}$，周期 $T=0.5\text{s}$，波长 $\lambda=100\text{m}$，原点处质元的初相位 $\varphi=0$，则波动方程的表达式为：

A. $y=0.02\cos2\pi\left(\frac{t}{2}-0.01x\right)$(SI)

B. $y=0.02\cos2\pi(2t-0.01x)$(SI)

C. $y=0.02\cos2\pi\left(\frac{t}{2}-100x\right)$(SI)

D. $y=0.02\cos2\pi(2t-100x)$(SI)

解 当初相位 $\varphi=0$ 时，波动方程的表达式为 $y=A\cos\left[\omega\left(t-\frac{x}{u}\right)+\varphi_0\right]$，利用 $\omega=2\pi\nu$，$\nu=\frac{1}{T}$，

$u=\lambda\nu$，波动方程可写为 $y=A\cos\left[2\pi\left(\frac{t}{T}-\frac{x}{\lambda}\right)+\varphi_0\right]$，令 $A=0.02\text{m}$，$T=0.5\text{s}$，$\lambda=100\text{m}$，则得 $y=0.02\cos2\pi(2t-0.01x)$（SI）。

答案：B

【例 2-2-2】 一横波沿一根弦线传播，其方程为 $y=-0.02\cos\pi(4x-50t)$（SI），该波的振幅与波长分别为：

A. 0.02cm，0.5cm　　B. −0.02m，−0.5m

C. −0.02m，0.5m　　D. 0.02m，0.5m

解 ①波动方程标准式：$y=A\cos\left[\omega\left(t-\frac{x-x_0}{u}\right)+\varphi_0\right]$

②本题方程：$y=-0.02\cos\pi(4x-50t)=0.02\cos[\pi(4x-50t)+\pi]$

$$=0.02\cos[\pi(50t-4x)+\pi]=0.02\cos\left[50\pi\left(t-\frac{4x}{50}\right)+\pi\right]$$

$$=0.02\cos\left[50\pi\left(t-\frac{x}{\frac{50}{4}}\right)+\pi\right]$$

故 $\omega=50\pi=2\pi\nu$，$\nu=25\text{Hz}$，$u=\frac{50}{4}$，波长 $\lambda=\frac{u}{\nu}=0.5\text{m}$，振幅 $A=0.02\text{m}$。

答案：D

【例 2-2-3】 已知平面简谐波的方程为 $y=A\cos(Bt-Cx)$，式中 A、B、C 为正常数，此波的波长和波速分别为：

A. $\frac{B}{C},\frac{2\pi}{C}$　　B. $\frac{2\pi}{C},\frac{B}{C}$　　C. $\frac{\pi}{C},\frac{2B}{C}$　　D. $\frac{2\pi}{C},\frac{C}{B}$

解 此题考查波动方程基本关系。

$y=A\cos(Bt-Cx)=A\cos B\left(t-\frac{x}{B/C}\right)$

$u=\frac{B}{C},\omega=B,T=\frac{2\pi}{\omega}=\frac{2\pi}{B}$

$\lambda=u\cdot T=\frac{B}{C}\cdot\frac{2\pi}{B}=\frac{2\pi}{C}$

答案：B

【例 2-2-4】 一平面简谐波的波动方程为 $y=2\times10^{-2}\cos2\pi\left(10t-\frac{x}{5}\right)$（SI）。$t=0.25\text{s}$ 时，处于平衡位置，且与坐标原点 $x=0$ 最近的质元的位置是：

A. ±5m　　B. 5m　　C. ±1.25m　　D. 1.25m

解 在 $t=0.25\text{s}$ 时刻，处于平衡位置，$y=0$

由简谐波的波动方程 $y=2\times10^{-2}\cos2\pi(10\times0.25-\frac{x}{5})=0$，可知

$$\cos2\pi(10\times0.25-\frac{x}{5})=0$$

则 $2\pi(10\times0.25-\frac{x}{5})=(2k+1)\frac{\pi}{2}$，$k=0,\pm1,\pm2,\cdots$

由此可得 $x=\frac{5}{4}(9-2k)$

当 $x=0$ 时，$k=4.5$。所以 $k=4$，$x=1.25$ 或 $k=5$，$x=-1.25$ 时，与坐标原点 $x=0$ 最近。

答案:C

【例 2-2-5】 一横波的波动方程是 $y=2\times10^{-2}\cos2\pi(10t-\frac{x}{5})$(SI),$t=0.25$s 时,距离原点($x=0$)处最近的波峰位置为:

A. ±2.5m　　B. ±7.5m　　C. ±4.5m　　D. ±5m

解 所谓波峰,其纵坐标 $y=+2\times10^{-2}$m,亦即要求 $\cos2\pi(10t-\frac{x}{5})=1$,即 $2\pi(10t-\frac{x}{5})=\pm2k\pi$;当 $t=0.25$s 时,$20\pi\times0.25-\frac{2\pi x}{5}=\pm2k\pi$,$x=(12.5\mp5k)$。

距原点最近的点取 $x=0$,得 $k=2.5$。则当 $k=2$,$x=2.5$;$k=3$,$x=-2.5$。

答案:A

三、波的能量、能流密度

(一)波的能量

当弹性媒质中有振动传播时,各质元要发生振动,因而有动能。各质元也要发生弹性形变,因而有势能,振动传播时,媒质中各质元由近及远一层层振动起来,所以能量也逐层传播出去。能量随波动而传播,这是波动的重要特征。

设在质量密度为 ρ 的弹性媒质中,有一平面简谐波以速度 u 沿 x 轴正向传播,初相 $\varphi_0=0$,其波动方程设为式(2-2-1)[注:也可设为式(2-2-5),结果一样]

$$y=A\cos\omega(t-\frac{x}{u})$$

在 x 处取一小块媒质,体积为 ΔV,质量为 $\Delta m=\rho\Delta V$(质元),此质元做简谐振动,其动能 W_K 为

$$W_k=\frac{1}{2}\Delta mv^2=\frac{1}{2}\rho\Delta V(\frac{\partial y}{\partial t})^2=\frac{1}{2}\rho A^2\omega^2\sin^2[\omega(t-\frac{x}{u})]\Delta V$$

可以证明,质元的弹性形变势能 $W_p=W_k$,所以在质元(或体元)内总机械能为

$$W=W_k+W_p=\rho A^2\omega^2\sin^2[\omega(t-\frac{x}{u})]\Delta V \tag{2-2-8}$$

说明两点:

(1)由于 $\sin^2[\omega(t-\frac{x}{u})]=\sin^2[\frac{2\pi}{T}(t-\frac{x}{u})]$随时间 t 在 0~1 之间变化。当 ΔV 中机械能增加时,说明上一个邻近体元传给它能量;当 ΔV 中机械能减少时,说明它的能量传给下一个邻近体元。这正符合能量传播图。

(2)体元 ΔV 中动能与势能同时达最大值(当体元处在平衡位置 $y=0$ 时)及最小值(当体元处在最大位移 $y=A$ 时)。

(二)能量密度、能流密度

能量(体)密度是指媒质中每单位体积具有的机械能,按式(2-2-8),应为

$$w=W/\Delta V=\rho A^2\omega^2\sin^2[\omega(t-\frac{x}{u})] \tag{2-2-9}$$

可见 ω 也随时间而变化。能量密度在一个周期内的平均值叫平均能量密度,用 $\overline{w}$ 表示,即

$$\overline{w}=\frac{1}{T}\int_0^T\rho A^2\omega^2\sin^2[\omega(t-\frac{x}{u})]\mathrm{d}t=\frac{1}{2}\rho A^2\omega^2 \tag{2-2-10}$$

从上式可看出，对平面简谐波而言，$\overline{w}$ 与体元所在位置无关，是个恒量。它的单位是 J/m^3。

为了定量地描述能量随波动而传播，引进能流密度这一物理量，它的定义是：单位时间内通过垂直于波传播方向每单位截面面积的平均能量，用 I 表示。

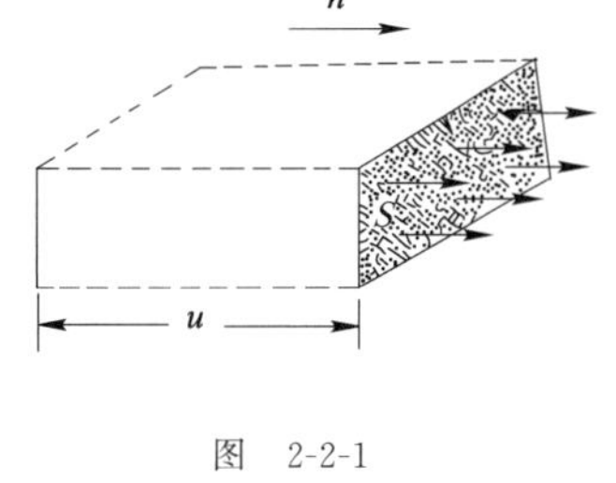

图 2-2-1

参见图 2-2-1，在垂直于波传播方向上取一截面积 S，并以波速 u 为高作一柱体，该柱体内含有能量平均为

$$\overline{W}=\overline{w}\Delta V=\frac{1}{2}\rho A^2\omega^2 Su$$

在单位时间内，这些能量都应传过 S 面，根据能流密度 I 的定义应为

$$I=\overline{W}/S=\frac{1}{2}\rho A^2\omega^2 u \tag{2-2-11}$$

定义能流密度矢量 $\boldsymbol{I}$，它的方向为波的传播方向，即波速 $\boldsymbol{u}$ 的方向，故

$$\boldsymbol{I}=\frac{1}{2}\rho A^2\omega^2\boldsymbol{u} \tag{2-2-12}$$

能流密度又称为波强。它的单位是 $J/(m^2 \cdot s)$，或 W/m^2（瓦/米^2）。

【例 2-2-6】 一平面简谐波的波动方程为 $y=2\times10^{-2}\cos2\pi(10t-\frac{x}{5})$(SI)，对 $x=2.5$m 处的质元，在 $t=0.25$s 时，它的：

A. 动能最大，势能最大　　B. 动能最大，势能最小

C. 动能最小，势能最大　　D. 动能最小，势能最小

解 简谐波在弹性媒质中传播时媒质质元的能量不守恒，任一质元 $W_p=W_k$，平衡位置时动能及势能均为最大，最大位移处动能及势能均为零。

将 $x=2.5$m，$t=0.25$s 代入波动方程 $y=2\times10^{-2}\cos2\pi(10\times0.25-\frac{2.5}{5})=0.02$m，为波峰位置，动能及势能均为零。

答案：D

四、波的衍射

波在传播过程中遇到障碍物时，能够绕过障碍物的边缘，在障碍物的阴影区内继续传播，这种现象称为波的衍射。

五、波的干涉

（一）波的叠加原理

从几个波源发出的波在同一媒质中传播时，不论相遇与否，都各自保持原有特性（频率、波长、振动方向、传播方向等），按各自原来的传播方向前进。在相遇区域中，各质点同时参与几种振动，各质点的振动位移等于各振动引起位移的矢量和。上述结论，称为波的叠加原理。

（二）波的干涉现象

由两个（或多个）频率相同、振动方向相同、相位差恒定的波源发出的波叫相干波。满足上述条件的波源叫相干波源。在相干波相遇的区域内，各质点（同时参与两种振动）的振动将有

恒定的振幅,但有的质点振幅大,即振动加强;有的质点振幅小,即振动减弱。这种现象称为波的干涉现象。

(三)干涉条件

设两相干波源 S_1 及 S_2 的振动方程为

$$y_1=A_1\cos(\omega t+\Phi_1)$$

$$y_2=A_2\cos(\omega t+\Phi_2)$$

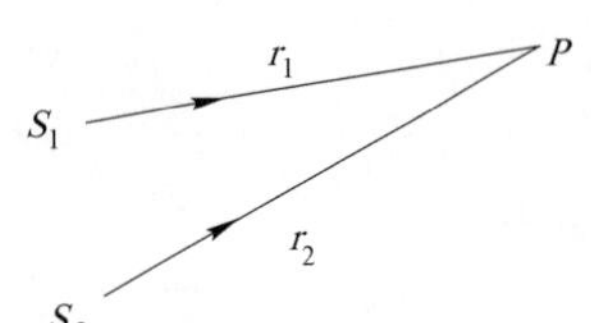

图 2-2-2

由两波源发出的两列平面简谐波在媒质中经 r_1、r_2 的波程分别传到 P 点相遇(参见图 2-2-2)。在 P 点引起的分振动分别为

$$y_{1P}=A_1\cos(\omega t+\Phi_1-\frac{2\pi r_1}{\lambda})$$

$$y_{2P}=A_2\cos(\omega t+\Phi_2-\frac{2\pi r_2}{\lambda})$$

P 点的合振动方程为

$$y_P=y_{1P}+y_{2P}=A\cos(\omega t+\Phi) \tag{2-2-13}$$

其中

$$A=\sqrt{A_1^2+A_2^2+2A_1A_2\cos[\Phi_2-\Phi_1-\frac{2\pi(r_2-r_1)}{\lambda}]} \tag{2-2-14}$$

$$\tan\Phi=\frac{A_1\sin(\Phi_1-\frac{2\pi r_1}{\lambda})+A_2\sin(\Phi_2-\frac{2\pi r_2}{\lambda})}{A_1\cos(\Phi_1-\frac{2\pi r_1}{\lambda})+A_2\cos(\Phi_2-\frac{2\pi r_2}{\lambda})} \tag{2-2-15}$$

由式(2-2-14)可看出,当两分振动在 P 点的相位差 $\Delta\Phi=\Phi_2-\Phi_1-2\pi(r_2-r_1)/\lambda$ 为 2π 的整数倍时,合振幅最大,$A=A_1+A_2$;当 $\Delta\Phi$ 为 π 的奇数倍时,合振幅最小,$A=|A_1-A_2|$。即:

$\Delta\Phi=\pm 2k\pi \quad (k=0,1,2,\cdots)$干涉加强条件。

$\Delta\Phi=\pm(2k+1)\pi \quad (k=0,1,2,\cdots)$干涉减弱条件。

干涉加强及减弱条件也可用波程差 $\delta=r_2-r_1$ 来表示:

当 $\delta=r_2-r_1=\pm k\lambda-(\Phi_2-\Phi_1)\lambda/2\pi$ 时,干涉加强。

当 $\delta=r_2-r_1=\pm(2k+1)\lambda/2-(\Phi_2-\Phi_1)\lambda/2\pi$ 时,干涉减弱。

如果两相干波源的振动初相位相等,即 $\Phi_1=\Phi_2$,则:

当 $\delta=r_2-r_1=\pm k\lambda$ 时,干涉加强;

当 $\delta=r_2-r_1=\pm(2k+1)\lambda/2$ 时,干涉减弱。

波的干涉加强及减弱条件,在讨论光的干涉现象时会用到。

【例 2-2-7】 两列相干波,其表达式分别为 $y_1=2A\cos 2\pi(\nu t-\frac{x}{2})$ 和 $y_2=A\cos 2\pi(\nu t+\frac{x}{2})$,在叠加后形成的合成波中,波中质元的振幅范围是:

A. $A\sim 0$　　B. $3A\sim 0$　　C. $3A\sim -A$　　D. $3A\sim A$

解 两列振幅不相同的相干波,在同一直线上沿相反方向传播,叠加的合成波振幅为:

$$A^2=A_1^2+A_2^2+2A_1A_2\cos\Delta\varphi$$

当 $\cos\Delta\varphi=1$ 时,合振幅最大,$A'=A_1+A_2=3A$;

当 $\cos\Delta\varphi=-1$ 时,合振幅最小,$A'=|A_1-A_2|=A$。

此题注意振幅没有负值,要取绝对值。

答案:D

六、驻波

(一)驻波的形成

两频率相同、振动方向相同、振幅相同,沿相反方向传播的平面简谐波,叠加起来形成驻波,这是一种具体的干涉现象。

如图 2-2-3 所示,左边放一音叉,音叉末端系一水平细绳 AB,细绳经过滑轮悬一重物。音叉振动时,绳上产生波动向右传播到达 B 点,在 B 点反射产生反射波向左传播。这样入射波和反射波在同一绳子上沿相反方向传播,它们相互干涉产生驻波。这里波在绳子固定端 B 处反射,反射波在分界处产生相位跃变 π,入射波与反射波相位相反,因而在反射处形成波节(振幅为零)。如果波在绳子自由端反射,那么反射处形成波腹(振幅最大)。所谓自由端反射,是指反射端是自由不受限制的,波在该点反射不存在半波损失,入射波与反射波同相,反射点为波腹。

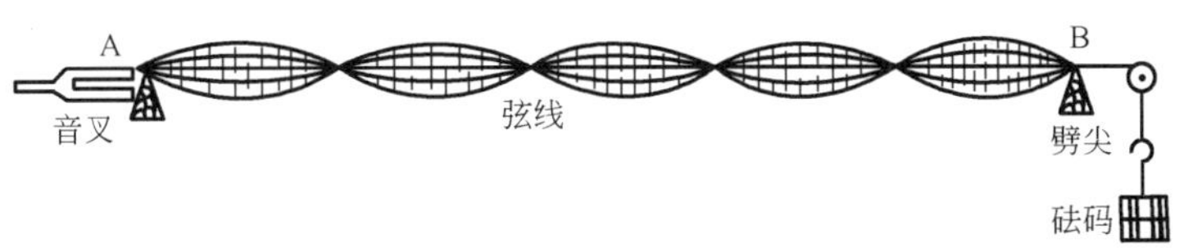

图 2-2-3 驻波试验

(二)驻波方程

设一列平面简谐波沿 x 正向传播,另一列沿 x 负向传播,波动方程分别设为

$$y_1 = A\cos 2\pi\left(\nu t - \frac{x}{\lambda}\right)$$

$$y_2 = A\cos 2\pi\left(\nu t + \frac{x}{\lambda}\right)$$

合成波的波动方程为

$$y = y_1 + y_2 = A\cos 2\pi\left(\nu t - \frac{x}{\lambda}\right) + A\cos 2\pi\left(\nu t + \frac{x}{\lambda}\right)$$

利用三角公式

$$\cos\alpha + \cos\beta = 2\cos\left(\frac{\alpha+\beta}{2}\right)\cos\left(\frac{\alpha-\beta}{2}\right)$$

可得

$$y = 2A\cos\frac{2\pi x}{\lambda}\cos 2\pi\nu t \tag{2-2-16}$$

上式为驻波方程。

(三)驻波的特点

1. 振幅分布特点

驻波中各质点的振幅 $\left|2A\cos 2\pi\frac{x}{\lambda}\right|$ 随各质点的位置 x 而变化。

当 $2\pi x/\lambda = k\pi\,(k=0,\pm1,\pm2,\cdots)$ 时,即

$$x = k\lambda/2 \qquad (k=0,\pm1,\pm2,\cdots)$$

各处的振幅最大($2A$),这些点称为波腹。

当 $2\pi x/\lambda=[(2k+1)\pi]/2(k=0,\pm1,\pm2,\cdots)$ 时,即

$$x=(2k+1)\lambda/4 \qquad (k=0,\pm1,\pm2,\cdots)$$

各处的振幅为零,即质点不动,这些点称为波节。可见,相邻两波节(或波腹)间距为半波长 $\lambda/2$。

2.位相分布特点

从驻波方程式(2-2-16)看,有 $\cos 2\pi\nu t$,似乎各点相位都为 $2\pi\nu t$,即各点相位似乎相同。其实不然。因 $2A\cos(2\pi x/\lambda)$ 是随 x 的变化而有正、负之分,而在相邻两节点间各质点因为 $2A\cos(2\pi x/\lambda)$ 有相同的符号,所以各质点相位相同;在同一节点的两侧各质点因 $2A\cos(2\pi x/\lambda)$ 有相反的符号,故节点两侧的质点相位相反(即相位相关为 π)。也就是说,驻波被波节点分成若干长度为 $\lambda/2$ 的小段,每一小段上各质点相位相同;相邻两段上各质点相位相反。概貌见图 2-2-4。

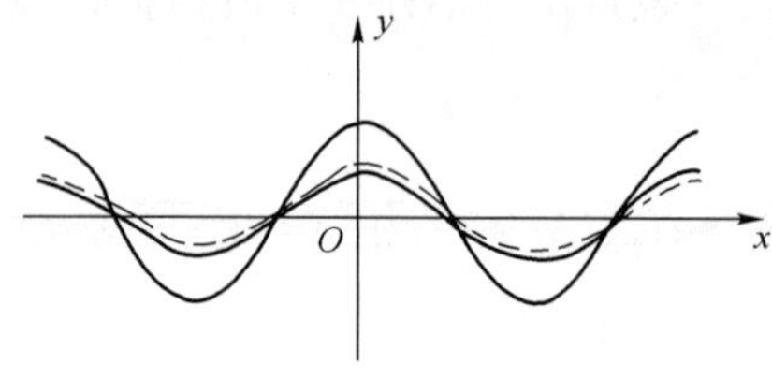

图 2-2-4

3.能量传播特点

驻波是由方向相反的两列波叠加而成。由能流密度矢量 $\boldsymbol{I}=\frac{1}{2}\rho A^2\omega^2\boldsymbol{u}$ 知,驻波的能流密度矢量 $\boldsymbol{I}_1+\boldsymbol{I}_2=0$,故驻波不传播能量。

【例 2-2-8】 两列相干波,其表达式 $y_1=A\cos 2\pi\left(\nu t-\frac{x}{\lambda}\right)$ 和 $y_2=A\cos 2\pi\left(\nu t+\frac{x}{\lambda}\right)$,在叠加后形成的驻波中,波腹处质元振幅为:

A. A　　B. $-A$　　C. $2A$　　D. $-2A$

解 两列振幅相同的相干波,在同一直线上沿相反方向传播,叠加的结果即为驻波。

叠加后形成的驻波的波动方程为 $y=y_1+y_2=\left(2A\cos 2\pi\frac{x}{\lambda}\right)\cos 2\pi\nu t$,驻波的振幅是随位置变化的,$A'=2A\cos 2\pi\frac{x}{\lambda}$,波腹处有最大振幅 $2A$。

答案:C

七、声波、声强级

在弹性媒质中传播的机械纵波,其频率在 20~20 000Hz之间,能引起人的听觉,这种波叫声波;频率高于 20 000Hz 的波叫超声波,低于 20Hz 的叫次声波。

(一)声强

声强就是声波的能流密度,即

$$I=\frac{1}{2}\rho A^2\omega^2 u \tag{2-2-17}$$

由上式可知,频率越高,越容易获得较大的声强。

（二）声强级

能引起听觉的声波，不仅有频率范围，而且还有声强范围。对于每个可闻频率，声强都有上下两个限值，低于下限的声强不能引起听觉，称为听阈声强，高于上限的声强也不能引起听觉，太高了只能引起痛觉，称为痛阈声强。在 1 000Hz 频率时，一般正常人听觉的最高声强为 10^{-4} W/m^2，最低声强为 10^{-12} W/m^2，规定声强 $I_0=10^{-12}$ W/m^2 作为测定声强的标准，由于声强的数量级相差悬殊，所以常用对数标度作为声强级的量度，声强级 I_L 定义为

$$I_L=\lg\frac{I}{I_0}(\mathrm{B}) \tag{2-2-18}$$

声强级单位为贝尔(B)，1 贝尔＝10 分贝(dB)，故声强级也可定义为

$$I_L=10\lg\frac{I}{I_0}(\mathrm{dB}) \tag{2-2-19}$$

【例 2-2-9】 两人轻声谈话的声强级为 40dB，热闹市场上噪声的声强级为 80dB。市场上噪声的声强与轻声谈话的声强之比为：

A. 2　　B. 20　　C. 10^2　　D. 10^4

解 声强级为 $L=10\lg\frac{I}{I_0}$，其中 $I_0=10^{-12}$ W/m^2 为测定基准，I 的单位为 B(贝尔)。轻声谈话的声强级为 40dB(分贝)，dB 为 B(贝尔)的 1/10，即为 4B(贝)，则由 $4=\lg\frac{I_1}{I_0}$，得轻声谈话声强 $I_1=I_0\times10^4$ W/m^2，同理可得热闹市场上声强 $I_2=I_0\times10^8$ W/m^2，可知市场上噪声的声强与轻声谈话的声强之比 $\frac{I_2}{I_1}=\frac{I_0\times10^8}{I_0\times10^4}=10^4$。

答案：D

八、多普勒效应

当波源、观察者(接收器)相对媒质静止时，观察者接收到的频率是波源的频率 ν_0。

当波源或观察者相对媒质运动，或两者都相对媒质运动时，观察者接收到的频率 ν' 和声源频率 ν_0 不同，这种现象称为多普勒效应。

为简明计，设声源和观察者在同一直线上运动(这种限制并非必要，下面要说明的)。以 ν_S 表示波源(相对于媒质)的运动速度，v_B 表示观察者(相对于媒质)的运动速度，u 表示波在媒质中的传播速度，下面分三种情况讨论。

（一）声源不动，观察者以 v_B 运动

若观察者向着波源运动，表示 $v_B>0$(规定)。此时，相当于波以 $u+v_B$ 的速度通过观察者，所以单位时间内通过观察者的完整波数，即观察者接收到的波的频率为

$$\nu'=\frac{u+v_B}{\lambda}=(1+\frac{v_B}{u})\nu_0 \tag{2-2-20}$$

可见，若观察者向着波源运动，$\nu_B>0$，$\nu'>\nu_0$；反之若观察者背离波源运动，$v_B<0$，$\nu'<\nu_0$。

（二）观察者静止，波源以 v_S 运动

若波源向着观察者运动，表示 $v_S>0$。由于波速 u 与波源运动无关，波在一周期内传播距离总等于波长 λ，但在一周期内波源向前移动了 $v_S T$ 的距离，其效果相当于波长缩短为

$$\lambda'=\lambda-v_S T$$

因此，观察者接收到的频率 ν' 由于波长缩短而增大为

$$\nu' = \frac{u}{\lambda - v_S T} = \frac{u}{(u - v_S)T} = \frac{u}{u - v_S}\nu_0 \tag{2-2-21}$$

若波源背离观察者运动，$v_S<0$，$\nu'<\nu_0$。

（三）波源、观察者同时运动

综上（一）、（二）所述，此时观察者接收到的频率为

$$\nu' = \frac{u}{u - v_S}\left(1 + \frac{v_B}{u}\right)\nu_0 = \frac{u + v_B}{u - v_S}\nu_0 \tag{2-2-22}$$

最后要说明，如果波源与观察者不在同一直线上运动，则以上公式中 v_B、v_S 代表观察者及波源速度在两者连线上的分量。

习 题

2-2-1 一横波沿绳子传播时的波动方程为 $y=0.05\cos(4\pi x-10\pi t)$(SI)，则（　　）。

A. 波长为 0.05m　　B. 波长为 0.5m

C. 波速为 25m/s　　D. 波速为 5m/s

2-2-2 一平面简谐波在弹性媒质中传播，在某一瞬时，媒质中某质元正处于平衡位置，此时它的能量是（　　）。

A. 动能为零，势能为零　　B. 动能最大，势能最大

C. 动能为零，势能最大　　D. 动能最大，势能为零

2-2-3 一平面简谐波沿 x 轴正向传播，已知 $x=L(L<\lambda)$ 处质点的振动方程为 $y=A\cos\omega t$，波速为 u，那么 $x=0$ 处质点的振动方程为（　　）。

A. $y=A\cos(\omega t+L/u)$　　B. $y=A\cos(\omega t-L/u)$

C. $y=A\cos\omega(t+L/u)$　　D. $y=A\cos\omega(t-L/u)$

2-2-4 一振幅为 A、周期为 T、波长为 λ 的平面简谐波沿 x 轴负向传播，在 $x=\lambda/2$ 处，$t=T/4$ 时，振动相位为 π，则此平面简谐波的波动方程为（　　）。

A. $y=A\cos(2\pi t/T-2\pi x/\lambda-\pi/2)$

B. $y=A\cos(2\pi t/T+2\pi x/\lambda+\pi/2)$

C. $y=A\cos(2\pi t/T+2\pi x/\lambda-\pi/2)$

D. $y=A\cos(2\pi t/T-2\pi x/\lambda+\pi)$

2-2-5 在下面几种说法中，正确的说法是（　　）。

A. 波源不动时，波源的振动周期与波动周期在数值上是不同的

B. 波源振动的速度与波速相同

C. 在波传播方向上的任一质点的振动相位总是比波源的相位滞后

D. 在波传播方向上的任一质点的振动相位总是比波源的相位超前

2-2-6 一平面简谐波在媒质中沿 x 轴正方向传播，传播速度 $u=15\text{cm/s}$，波的周期 $T=2\text{s}$，沿波线上 A、B 两点相距 5.0cm，当波传播时，B 点的振动相位比 A 点落后（　　）。

A. $\pi/2$　　B. $\pi/3$　　C. $\pi/6$　　D. $3\pi/2$

2-2-7 一平面简谐波在弹性媒质中传播，在媒质质元从最大位移处回到平衡位置的过程中（　　）。

A. 它的势能转换成动能

B. 它的动能转换成势能

C. 它从相邻一段媒质元获得能量，其能量逐渐增加

D. 它把自己的能量传给相邻的一段媒质元，其能量逐渐减少

2-2-8　在驻波中，两个相邻波节间各质点的振动(　　)。

A. 振幅相同，相位相同　　B. 振幅不同，相位相同

C. 振幅相同，相位不同　　D. 振幅不同，相位不同

2-2-9　两列相干平面简谐波振幅都是 4cm，两波源相距 30cm，相位差为 π，在两波源连线的中垂线上任意一点 P，两列波叠加后合振幅为(　　)。

A. 8cm　　B. 16cm　　C. 30cm　　D. 0

2-2-10　两振幅均为 A 的相干波源 S_1 和 S_2(见图)相距 $3\lambda/4$(λ 为波长)，若在 S_1、S_2 的连线上，S_1 右侧的各点合振幅均为 $2A$，则两波的初相位差 $\Phi_{02}-\Phi_{01}$ 是(　　)。

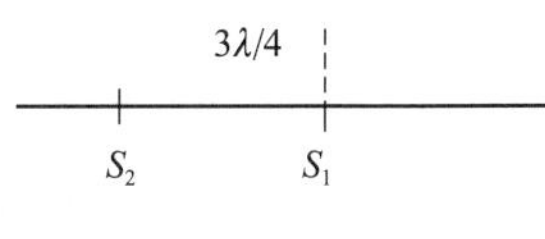

题 2-2-10 图

A. 0　　B. $\pi/2$

C. π　　D. $3\pi/2$

2-2-11　在波长为 λ 的驻波中两个相邻波节之间的距离为(　　)。

A. λ　　B. $\lambda/2$　　C. $3\lambda/4$　　D. $\lambda/4$

第三节　光　　学

光波是电磁波，是电磁量 $\boldsymbol{E}$、$\boldsymbol{H}$($\boldsymbol{E}$ 为电场强度，$\boldsymbol{H}$ 为磁场强度)的扰动在空间的传播。它不依赖于空间是否存在媒质，光的传播速度为 $c=3.0\times10^8$ m/s，在媒质中的传播速度为 $u=c/n$，n 为媒质的折射率。光波是横波，其中 $\boldsymbol{E}$、$\boldsymbol{H}$ 矢量的振动方向与光波的传播方向总是垂直的(图 2-3-1)。

由于对人眼和光学仪器起作用的主要是由矢量 $\boldsymbol{E}$，故称 $\boldsymbol{E}$ 为光矢量。

一、相干光波的叠加

几列光波在媒质中传播而相遇时，通常满足波的叠加原理。我们首先讨论的是同方向、同频率、有恒定初相差的两个单色光源(称相干光源)所发出的两列光波的叠加(即相干光的叠加)。

在场点 P，由相干光源 S_1、S_2(图 2-3-2)所发出的两列相干光波引起的光扰动分别为

$$y_1=A_1\cos(\omega t-2\pi\frac{r_1}{\lambda}+\varphi_1)$$

$$y_2=A_2\cos(\omega t-2\pi\frac{r_2}{\lambda}+\varphi_2)$$

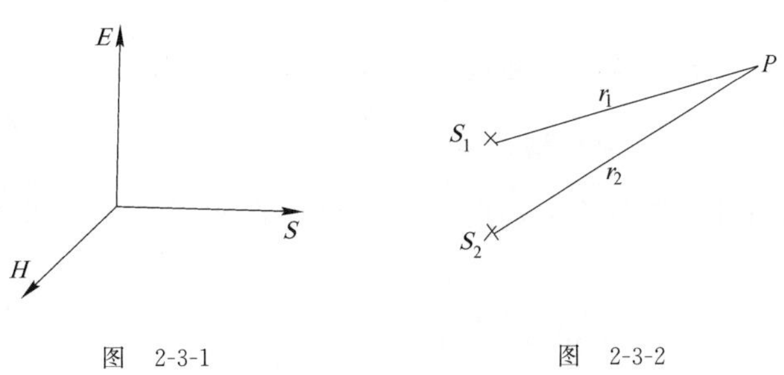

图　2-3-1　　　　图　2-3-2

在 P 点合扰动的振幅满足

$$A^2=A_1^2+A_2^2+2A_1A_2\cos(\varphi_2-\varphi_1-2\pi\frac{r_2-r_1}{\lambda})$$

相应地，P 点的光强为

$$I=I_1+I_2+2\sqrt{I_1I_2}\cos\Delta\Phi \tag{2-3-1}$$

式中，$I_1=A_1^2$，$I_2=A_2^2$，$2\sqrt{I_1I_2}\cos\Delta\Phi$ 为干涉项，它决定了空间干涉场的光强分布。

当 $\Delta\Phi=\pm 2k\pi$ 时（$k=0,1,2,\cdots$），有 $I_{max}=I_1+I_2+2\sqrt{I_1I_2}$，此时场点光强最大、亮点。

当 $\Delta\Phi=\pm(2k+1)\pi$ 时（$k=0,1,2,\cdots$），则有 $I_{min}=I_1+I_2-2\sqrt{I_1I_2}$，此时场点光强最小、暗点。

在干涉场中，凡具有相同相位差的所有亮点（或暗点）的轨迹，就形成同一 k 级的（或暗）条纹，k 称干涉条纹的级次。

当 $\Delta\Phi$ 为其他值，该对应点光强介于 I_{max} 与 I_{min} 之间。

当 $I_1=I_2$ 时，则合光强为

$$I=2I_1+2I_1\cos\Delta\Phi=2I_1(1+\cos\Delta\Phi)=4I_1\cos^2\frac{\Delta\Phi}{2} \tag{2-3-2}$$

当 $\Delta\Phi=\pm 2k\pi$ 时，$I_{max}=4I_1$；

当 $\Delta\Phi=\pm(2k+1)\pi$ 时，$I_{min}=0$。

若两相干光源的初相位相同，即 $\varphi_1=\varphi_2$，则

$$\Delta\Phi=2\pi\frac{r_1-r_2}{\lambda} \tag{2-3-3}$$

当波程差 $\delta=r_1-r_2$ 满足以下条件时，即

$$\delta=r_1-r_2=\begin{cases}\pm k\lambda & \text{有最大光强}\\ & (k=0,1,2,\cdots)\\ \pm(2k+1)\dfrac{\lambda}{2} & \text{有最小光强}\end{cases} \tag{2-3-4}$$

二、光程与光程差

在实际问题中经常遇到相干的两束光在不同媒质中传播的情形，此时须引入光程的概念。

若两相干光分别在折射率为 n_1、n_2 的媒质中传播 r_1、r_2 的几何路程，因光在媒质中的传播速度 u 是真空中光速 c 的 $\frac{1}{n}$，而在媒质中的波长 λ_n 与真空中波长 λ 的关系为 $\lambda_n=\lambda/n$，一个波长对应 2π 的相位改变。故有

$$2\pi r_1/\lambda_1=2\pi n_1 r_1/\lambda$$

$$2\pi r_2/\lambda_2=2\pi n_2 r_2/\lambda$$

将媒质的折射率 n 与光在媒质中通过的几何路程 r 的乘积叫光程（nr）。于是

$$\Delta\Phi=\varphi_2-\varphi_1+\frac{2\pi}{\lambda}(n_1r_1-n_2r_2) \tag{2-3-5}$$

通常两束相干光源取自同一波阵面上，有 $\varphi_2=\varphi_1$，则两束相干光在空间各点的相位差仅取决于光程差 δ，即

$$\Delta\Phi=\frac{2\pi}{\lambda}(n_1r_1-n_2r_2)=\frac{2\pi}{\lambda}\delta \tag{2-3-6}$$

当

$$\Delta\Phi=\frac{2\pi}{\lambda}\delta=\begin{cases}\pm 2k\pi & \\ \pm(2k+1)\pi & \end{cases}\quad(k=0,1,2,\cdots)\begin{matrix}\text{加强}\\ \text{减弱}\end{matrix}\tag{2-3-7}$$

或

$$\delta=\begin{cases}\pm k\lambda & \\ \pm(2k+1)\dfrac{\lambda}{2} & \end{cases}\quad(k=0,1,2,\cdots)\begin{matrix}\text{加强}\\ \\ \text{减弱}\end{matrix}\tag{2-3-8}$$

三、相干光的获得

前面提到通过分离光波,可得到相干光。有两种方法:分割波阵面及分割振幅。

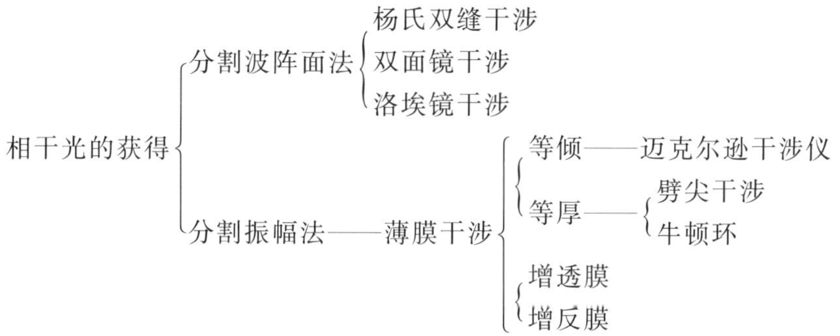

四、光的干涉

(一)杨氏双缝干涉

如图 2-3-3 所示,杨氏用单色光从 S 发出的光波波阵面到达离 S 等远的双缝 S_1、S_2 时,S_1、S_2 为同一波阵面上的两点,可视为两相干波源(称分波阵面法),从 S_1、S_2 发出的两列波分别经 r_1、r_2 传到屏上 P 点,产生干涉条纹的明暗条件由光程差 δ 决定。

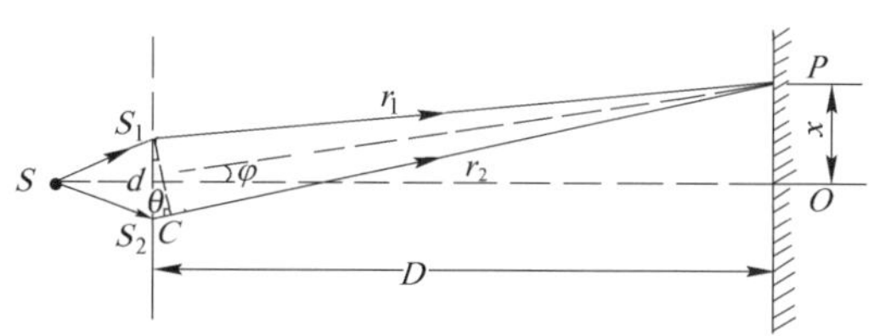

图 2-3-3　双狭缝干涉条纹分布计算用图

1. 干涉条纹分布的特点

(1)屏幕上出现的是平行、等距的明、暗相间的直条纹,条纹间距与 D 成正比,与缝距 d 成反比,条纹间距随入射波长的增大而变大。

(2)以白光入射,除中央条纹为白色外,两侧的干涉条纹将按波长从中间向两侧对称排列,对同级彩色条纹,紫光靠正中央明纹,红光远离中央明纹。

(3)由于不同波长与其相应的干涉条纹的间距不同,故当级次增加时,不同级的条纹可能发生重叠。

(4)干涉条纹不仅出现在屏幕上,凡是两束光重叠的区域都存在干涉场,场内均可观察到干涉条纹,故杨氏双缝干涉属于非定域干涉。

2.明、暗纹条件、位置及间距

在折射率为 n 的媒质中，两束相干光在干涉场中任一点 P 的光程差为 $\delta=n(r_2-r_1)$

当

$$\delta=\begin{cases}\pm k\lambda & \text{出现明条纹} \\ \pm(2k+1)\dfrac{\lambda}{2} & \text{出现暗条纹}\end{cases}\quad(k=0,1,2,\cdots)$$

式中：λ——光在真空中的波长。

由图 2-3-3 知 $\qquad r_2-r_1\approx d\sin\theta\approx xd/D$

所以 $\qquad \delta=nd\sin\theta=nxd/D$

故明、暗的位置为

$$\begin{aligned}x_{明}&=\pm kD\lambda/(nd)\\ x_{暗}&=\pm(2k+1)D\lambda/(2nd)\end{aligned}\quad(k=0,1,2,\cdots)\tag{2-3-9}$$

相邻明(或暗)纹的间距为

$$\Delta x=D\lambda/(nd)\tag{2-3-10}$$

【例 2-3-1】 在空气中用波长为 λ 的单色光进行双缝干涉实验时，观测到相邻明条纹的间距为1.33mm，当把实验装置放入水中(水的折射率为 $n=1.33$)时，则相邻明条纹的间距变为：

A. 1.33mm　　B. 2.66mm　　C. 1mm　　D. 2mm

解 由杨氏双缝干涉条纹间距公式知，空气中 $\Delta x=\dfrac{D}{d}\lambda$，放入水中 $\Delta x_n=\dfrac{D}{d}\lambda_n=\dfrac{\Delta x}{n}=\dfrac{1.33}{1.33}=1$。

答案：C

(二)薄膜干涉

1.等倾干涉

图 2-3-4 为厚度均匀，折射率为 n_2 的薄膜，置于折射率为 n_1 的媒质中，一单色光经薄膜上下表面反射后得到 1 和 2 两条光线，它们相互平行，并且是相干的。由反射、折射定律可得到两光束的光程差为

$$\delta=2d\sqrt{n_2^2-n_1^2\sin^2 i}=2n_2d\cos\gamma$$

图 2-3-4

由上式可知，光程差取决于入射角 i 的大小，理论证明，当光从光疏媒质射向光密媒质，在分界面反射时有半波损失。在我们讨论的问题中，不论 $n_1<n_2$，还是 $n_1>n_2$，1 与 2 两条光线

之一总有半波损失出现,因而在光程差中必须计及这个半波损失。1 与 2 两条光线的光程差最后应表示为

$$\delta=2n_2d\cos\gamma+\frac{\lambda}{2} \tag{2-3-11}$$

而光线的干涉图样由下式决定

$$\delta=2n_2d\cos\gamma+\frac{\lambda}{2}=\begin{cases}2k\dfrac{\lambda}{2} & (k=1,2,\cdots) \quad \text{相长干涉(明纹)}\\(2k+1)\dfrac{\lambda}{2} & (k=0,1,2,\cdots) \quad \text{相消干涉(暗纹)}\end{cases} \tag{2-3-12}$$

要注意的是,引时干涉图样不是在薄膜面上,而是在无穷远,若用透镜进行观察,在置于透镜焦平面的屏上,可以看到干涉图样。因干涉图样中同一干涉条纹是来自膜面的等倾角光线经透镜聚焦后的轨迹,故称为等倾干涉条纹。

当 $i=0$ 时,光垂直入射,有

$$\delta=2n_2d+\frac{\lambda}{2}=\begin{cases}2k\dfrac{\lambda}{2} & (k=1,2,\cdots) \quad \text{反射光加强,透射光减弱}\\(2k+1)\dfrac{\lambda}{2} & (k=0,1,2,\cdots) \quad \text{反射光相消,透射光加强}\end{cases} \tag{2-3-13}$$

2.等厚干涉

劈尖薄膜的厚度不均匀而形成如图 2-3-5 所示的劈尖形的膜层,称之为劈尖。

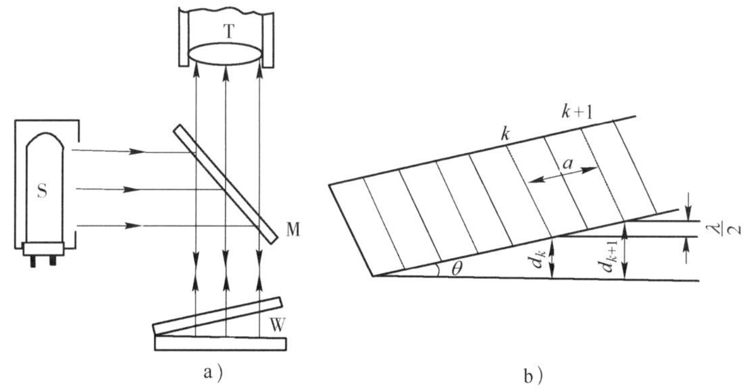

图 2-3-5

从单色光源 S 发出的光经光学系统成为平行光束,经平玻璃片 M 反射后垂直入射到空气壁尖 W,由劈尖上、下表面反射的光速进行相干叠加,形成干涉条纹,通过显微镜 T 进行观察、测量。

根据式(2-3-13)知

$$\delta=2d+\frac{\lambda}{2}=\begin{cases}2k\dfrac{\lambda}{2} & (k=1,2,\cdots) \quad \text{明条纹}\\(2k+1)\dfrac{\lambda}{2} & (k=0,1,2\cdots) \quad \text{暗条纹}\end{cases} \tag{2-3-14}$$

显然,同一明(或暗)条纹对应相同厚度的空气层,因而是等厚条纹。

由式(2-3-14)得,两相邻明(或暗)条纹对应的空气层厚度差都等于 $\lambda/2$,见图 2-3-5b)。

$$d_{k+1}-d_k=\frac{\lambda}{2}$$

设劈尖的夹角为θ，则相邻明（或暗）纹之间距a应满足关系式

$$a\sin\theta=\lambda/2 \tag{2-3-15}$$

从式(2-3-15)看出，θ角越小，条纹分布越疏；反之，θ角越大，条纹分布越密。当θ角大到一定程度，干涉条纹将密得无法分辨，这时将看不到干涉条纹。

从式(2-3-15)可知，如已知夹角θ，测出条纹间距a，就可算出波长λ。反之，如λ已知，测出条纹，就可算出微小角度θ。

【例 2-3-2】 在玻璃（折射率$n_3=1.60$）表面镀一层MgF_2（折射率$n_2=1.38$）薄膜作为增透膜，为了使波长为500nm（$1nm=10^{-9}m$）的光从空气（$n_1=1.00$）正入射时尽可能少反射，MgF_2薄膜的最小厚度应是：

A. 78.1nm　　B. 90.6nm　　C. 125nm　　D. 181nm

解 此题考查光的干涉。薄膜上下两束反射光的光程差：$\delta=2n_2e$

增透膜要求反射光相消：$\delta=2n_2e=(2k+1)\dfrac{\lambda}{2}$

$k=0$时，膜有最小厚度，$e=\dfrac{\lambda}{4n_2}=\dfrac{500}{4\times1.38}=90.6\text{nm}$

答案：B

【例 2-3-3】 在空气中有一肥皂膜，厚度为0.32μm（$1\mu m=10^{-6}m$），折射率$n=1.33$，若用白光垂直照射，通过反射，此膜呈现的颜色大体是：

A. 紫光(430nm)　　B. 蓝光(470nm)

C. 绿光(566nm)　　D. 红光(730nm)

解 此题考查光的干涉。薄膜上下两束反射光的光程差：$\delta=2ne+\dfrac{\lambda}{2}$

反射光加强：$\delta=2ne+\dfrac{\lambda}{2}=k\lambda$，$\lambda=\dfrac{2ne}{k-\dfrac{1}{2}}=\dfrac{4ne}{2k-1}$

$k=2$时，$\lambda=\dfrac{4ne}{2k-1}=\dfrac{4\times1.33\times0.32\times10^3}{3}=567\text{nm}$

答案：C

【例 2-3-4】 波长为λ的单色光垂直照射在折射率为n的劈尖薄膜上，在由反射光形成的干涉条纹中，第五级明条纹与第三级明条纹所对应的薄膜厚度差为：

A. $\dfrac{\lambda}{2n}$　　B. $\dfrac{\lambda}{n}$　　C. $\dfrac{\lambda}{5n}$　　D. $\dfrac{\lambda}{3n}$

解 相邻两条纹的厚度差为介质中的半个波长，第五级明条纹与第三级明条纹所对应的薄膜厚度差为$2\cdot\dfrac{\lambda}{2n}=\dfrac{\lambda}{n}$。

答案：B

3. 迈克尔逊干涉仪

如图2-3-6所示迈克尔逊干涉仪结构示意图。M_1、M_2为平面反射镜，G_1、G_2为两块相同材料制成的等厚平行玻璃板，在G_1的一面镀有半透明的薄银层，称为分束板，G_2为光路补偿板。G_1、G_2与M_1、M_2均成45°交角。

平行光束射入G_1后到达半透明银膜层，分成两束，其中一束I_1透过银层到达G_2，穿过G_2传向M_1，经M_1反射后又穿过G_2，再经G_1的薄银层反射传向A处；另一束I_2经镀银层反射，

经 G_1 射出向 M_2 传播，经 M_2 反射后再穿过 G_1 传向 A 处。I_1、I_2 满足相干条件，故在 A 处通过望远镜可以看到干涉条纹。

由图可知，从 M_1 上反射的光，可以看成是从 M_1 在 G_1 的薄银层产生的虚像 M' 处发出的，故 I_1、I_2 之间的光程差由 M_2 与 M'_1 之间距离 Δd 决定。

当 M_1 与 M_2 不严格垂直时，M'_1 与 M_2 构成劈尖，产生明暗相间的等厚干涉条纹。

当 M_1 与 M_2 严格垂直时，M'_1 与 M_2 平行，产生等倾干涉条纹。

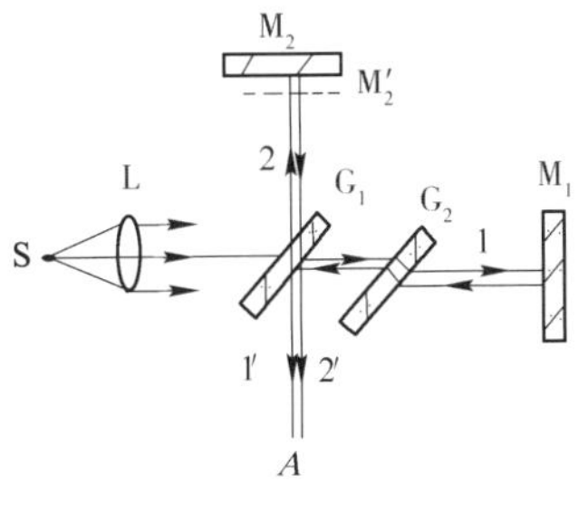

图 2-3-6　迈克尔逊干涉仪光路示意图

当移动 M_2 时，Δd 改变，干涉条纹移动。当 M_2 移动 $\frac{\lambda}{2}$ 的距离，视场中看到干涉条纹移动 1 条，若条纹移动 ΔN 条，则 M_2 移动的距离为

$$\Delta d = \Delta N \frac{\lambda}{2} \tag{2-3-16}$$

依此可测光波波长；反之，若已知波长 λ，可测微小长度 Δd。

【例 2-3-5】 若在迈克尔逊干涉仪的可动反射镜 M 移动了 0.620mm 的过程中，观察到干涉条纹移动了 2 300 条，则所用光波的波长为：

A. 269nm　　B. 539nm　　C. 2 690nm　　D. 5 390nm

解 由迈克尔逊干涉仪公式 $\Delta d = k \cdot \frac{\lambda}{2}$，可得 $\lambda = \frac{2 \times 0.62 \times 10^6}{2\ 300} = 539\text{nm}$。

答案：B

注：此题由可见光范围（400～760nm）可不用计算直接得出结论。

【例 2-3-6】 在空气中做牛顿环实验，当平凸透镜垂直向上缓慢平移而远离平面镜时，可以观察到这些环状干涉条纹：

A. 向右平移　　B. 静止不动　　C. 向外扩张　　D. 向中心收缩

解 牛顿环的环状干涉条纹为等厚干涉条纹，当平凸透镜垂直向上缓慢平移而远离平面镜时，原 k 级条纹向环中心移动，故这些环状干涉条纹向中心收缩。

答案：D

五、光的衍射

光沿直线传播是建立几何光学的基本依据，在通常情况下，光表现出直线传播的性质。但是，当光通过很窄的单缝时，却表现出与直线传播不同的现象，一部分光线绕过单缝的边缘到达偏离直线传播的区域在屏上出现明、暗相间的条纹，这种现象称为光的衍射现象。它与光的干涉现象一样，显示了光的波的特性。

（一）惠更斯-菲涅耳原理

惠更斯原理可以解释光偏离直线传播的现象，但它不能解释为什么在屏上会出现明、暗条纹。菲涅耳接受了惠更斯的次波概念，并提出各次波都是相干的，从而发展了惠更斯原理，后称惠更斯-菲涅耳原理。其要点可定性表述为：从同一波源上各点发出的次波是相干波，经过传播在空间某点相遇时的叠加是相干叠加。

（二）夫琅禾费单缝衍射

平行光线的衍射现象，叫夫琅禾费衍射。

在不透明的平面物体上开一条狭缝 K（缝长远大于缝宽），用一束平行光线垂直地照射在狭缝上，当缝宽 a 与入射光波长的数量级相近时，经单缝衍射的光线，通过透镜 L 会聚在屏幕 E 上，出现与狭缝平行的明暗相间的衍射条纹。

采用菲涅耳"半波带法"可以说明衍射图样的形成。如图 2-3-7a）所示，AB 为狭缝截面，缝宽为 a。一束平行单色光垂直狭缝平面入射，通过狭缝的光发生衍射，衍射角 φ 相同的平行光束经透镜 L_2 会聚于放置在透镜焦平面处的屏上，会聚点 P 的光强取决于同一衍射角 φ 的平行光束中各光线之间的光程差。

如图 2-3-7 b）所示，对应于某衍射角 φ，把缝上波前 S 沿着与狭缝平行方向分成一系列宽度相等的窄条 ΔS，并使从相邻 ΔS 各对应点发出的光线的光程差为半个波长，这样的 ΔS 称为半波带。由图2-3-7可知，对应于衍射角为 φ 的屏上 P 点，缝边缘两条光线之间的光程差为

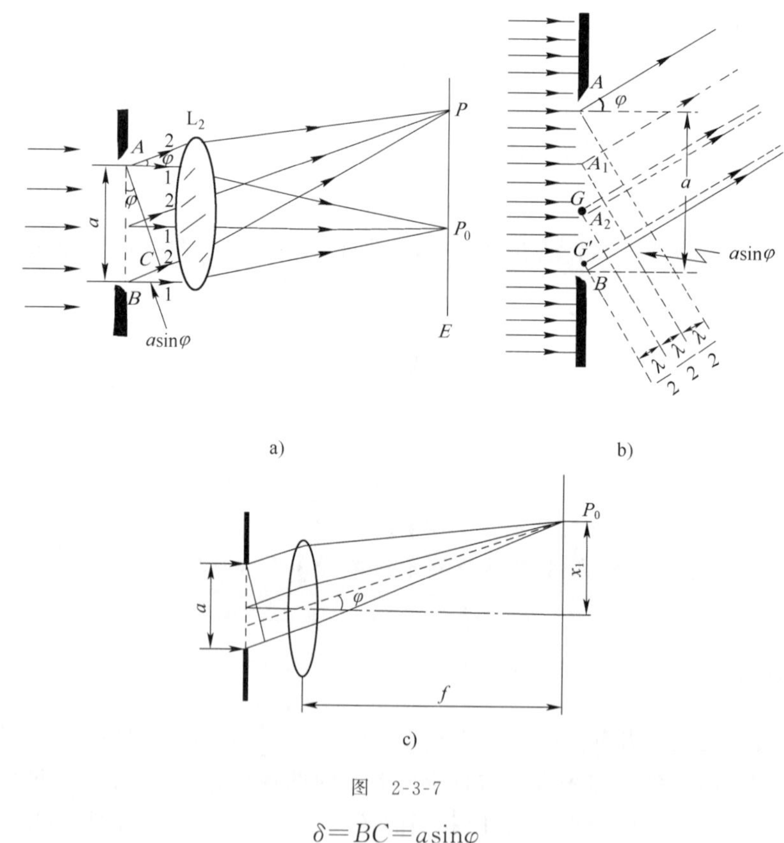

图 2-3-7

$$\delta = BC = a\sin\varphi$$

因而半波带的数目 N 为

$$N = 2a\sin\varphi/\lambda$$

当 N 恰好为偶数时，因相邻半波带各对应点的光线的光线差都是 $\lambda/2$，即相位差为 π，因而两相邻半波带的光线在 P 点都干涉相消，P 点的光强为零，即 P 点为暗点；当 N 为奇数时，因相邻半波带发出的光两两干涉相消后，剩下一个半波带发出的光未被抵消，因此 P 点为明点。由此可得单缝夫琅和费衍射条纹的明暗纹条件为

$$a\sin\varphi=\begin{cases}\pm 2k\dfrac{\lambda}{2} & (k=1,2,\cdots) \quad 暗纹\\ \pm(2k+1)\lambda/2 & (k=0,1,2,\cdots) \quad 明纹\end{cases} \tag{2-3-17}$$

当 $\varphi=0$ 时，有

$$a\sin\varphi=0 \quad 中央明纹中心$$

式中 k 为衍射级，中央明纹是零级明纹，因所有光线到达中央明纹中心 P_0 点的光程相同，光程差为零，故中央明纹中心 P_0 处光强最大。明暗以中央明纹为中心两边对称分布，依次是第一级($k=1$)，第二级($k=2$)，……暗纹和明纹。中央明纹宽度是由紧邻中央明纹两侧的暗纹($k=1$)决定，即

$$-\lambda<a\sin\varphi<\lambda$$

当半波带数 N 不是整数时，P 点的光强介于明暗之间，实际上屏上光强的分布是连续变化的。对一定波长的单色光，缝宽 a 越小，各级条纹的衍射角 φ 越大，在屏上相邻条纹的间隔也越大，即衍射效果越显著。反之，a 越大，φ 越小，各级衍射条纹向中央明纹靠拢；当 a 增大到分辨不清各级条纹时，衍射现象消失，此时相当于光直线传播的情况。

中央明纹的宽度由紧邻中央明纹两侧的暗纹($k=1$)决定。如图 2-3-7c)所示，通常衍射角 φ 很小。

由暗纹条件 $a\sin\varphi=1\times\lambda(k=1)$，得 $\varphi\approx\dfrac{\lambda}{a}$，$x_1=\varphi f$。

第一级暗纹距中心 P_0 的距离为 $x_1=\varphi f=\dfrac{\lambda}{a}f$，所以中央明纹的宽度 $l_0=2x_1=\dfrac{2\lambda f}{a}$。

其他明纹宽度是中央明纹宽度的一半，即 $l=\dfrac{l_0}{2}=\dfrac{\lambda f}{a}$。

【例 2-3-7】 在单缝夫琅禾费衍射实验中，波长为 λ 的单色光垂直入射到单缝上，对应衍射角为 30°的方向上，若单缝处波阵面可分成 3 个半波带，则缝宽 a 为：

A. λ　　B. 1.5λ　　C. 2λ　　D. 3λ

解 由单缝夫琅禾费衍射明纹条件，对应衍射角为 30°的方向上，

单缝处波面可分成 3 个半波带，即 $\delta=a\sin30°=(2k+1)\dfrac{\lambda}{2}=3\cdot\dfrac{\lambda}{2}$

可得 $a=3\lambda$。

答案：D

【例 2-3-8】 在单缝夫琅禾费衍射实验中，屏上第三级暗纹对应的单缝处波面可分成的半波带的数目为：

A. 3　　B. 4　　C. 5　　D. 6

解 由单缝夫琅禾费衍射暗纹条件，$a\sin\varphi=2k\cdot\dfrac{\lambda}{2}=6\cdot\dfrac{\lambda}{2}$，半波纹的数目为 6。

答案：D

【例 2-3-9】 在单缝夫琅禾费衍射实验中，单缝宽度 $a=1\times10^{-4}$m，透镜焦距 $f=0.5$m。若用 $\lambda=400$nm 的单色平行光垂直入射，中央明纹的宽度为：

A. 2×10^{-3}m　　B. 2×10^{-4}m

C. 4×10^{-4}m　　D. 4×10^{-3}m

解 单缝夫琅禾费衍射中央明纹的宽度为：

$$l_0 = \frac{2\lambda f}{a} = \frac{2 \times 400 \times 10^{-9} \times 0.5}{1 \times 10^{-4}} = 4 \times 10^{-3}\ \text{m}$$

答案：D

（三）光学仪器的分辨本领

若夫琅禾费单缝衍射中的狭缝用直径为 D 的圆孔代替，则衍射图样的中央是一明亮的圆斑，外围是一组同心暗环和明环，如图 2-3-8 所示。

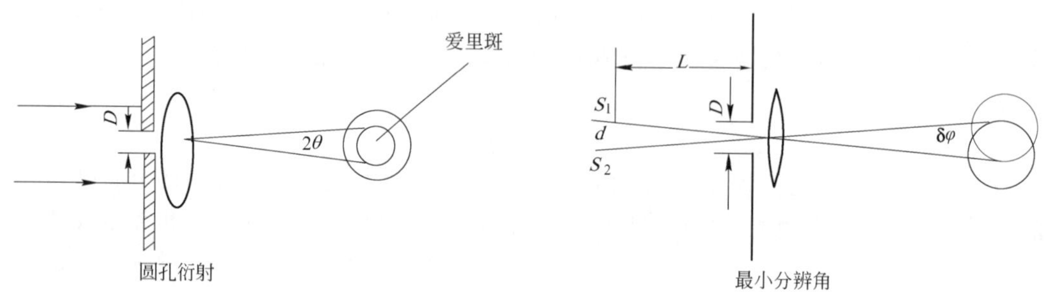

图 2-3-8

由第一暗环所包围的中央亮斑称爱里斑，其光强占整个入射光强的 84%，理论计算可得爱里斑的半角宽度为

$$\theta = 1.22\lambda/D \tag{2-3-18}$$

通常，光学仪器中所用的光阑和透镜都是圆形的，点光源通过透镜所成的像因圆孔衍射其结果不是一个清晰的像点，而是一个衍射光斑。

当用光学仪器观察物体时，物体上靠得很近的两物点（或靠得很近的两物体）S_1、S_2 发出的光通过直径为 D 的透镜时，形成了两个一定大小的爱里斑，如图 2-3-8 所示。瑞利指出，若一个点光源的爱里斑中心恰好与另一点光源的爱里斑的第一暗环相重合，这两个点光源恰好能为光学仪器所分辨，这就是瑞利准则。

两物点的像的最小分辨角 $\delta\varphi$ 恰等于爱里斑的半角宽度，即

$$\delta\varphi = \theta = 1.22\lambda/D \tag{2-3-19}$$

分辨角 $\delta\varphi$ 越小，说明光学仪器的分辨率越高，常取 $1/\delta\varphi$ 表示光学仪器的分辨本领 R，即

$$R = D/1.22\lambda \tag{2-3-20}$$

例如，人眼的瞳孔直径 $D\approx 2\text{mm}$，入射光平均波长 $\lambda = 550\text{nm}$，可算得最小分辨角 $\delta\varphi \approx 3.4\times 10^{-4}\text{rad}$，即约 $1'$；而世界上最大天文望远镜物镜的孔径有 6m，可算得 $\delta\varphi = 1.12\times 10^{-7}\text{rad}$，比人眼的分辨能力提高 3 000 倍。

【例 2-3-10】 通常亮度下，人眼睛瞳孔的直径约为 3mm，视觉感受到最灵敏的光波波长为 550nm（$1\text{nm} = 1\times 10^{-9}\text{m}$），则人眼睛的最小分辨角约为：

A. $2.24\times 10^{-3}\text{rad}$　　B. $1.12\times 10^{-4}\text{rad}$

C. $2.24\times 10^{-4}\text{rad}$　　D. $1.12\times 10^{-3}\text{rad}$

解　人眼睛的最小分辨角：

$$\theta = 1.22\frac{\lambda}{D} = \frac{1.22 \times 550 \times 10^{-6}}{3} = 2.24 \times 10^{-4}\text{rad}$$

答案：C

（四）衍射光栅

单缝衍射形成的明条纹尚不够理想，为使明纹本身既窄又亮且相邻明纹分得很开，通常都

使用衍射光栅。例如我们在玻璃片上刻划出许多等距离等宽度的平行直线，刻痕处不透光，而两刻痕间可以透光，相当于一个单缝，这样就构成了透射式平面衍射光栅。由大量等宽、等间距的平行狭缝所组成的光学元件称衍射光栅。光栅和棱镜一样是一种分光装置，主要用来形成光谱(图 2-3-9)。

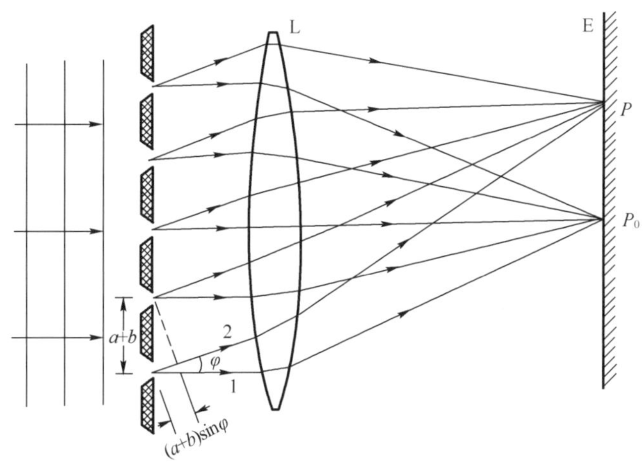

图 2-3-9　衍射光栅

缝的宽度 a 相刻痕(不透光)的宽度 b 之和，即 $a+b$ 称为光栅常数。

一束平行单色光垂直照射在光栅上，光线经过透镜 L 后将在屏幕 E 上呈现各级衍射条纹，如图 2-3-9 所示。

对光栅中每一条透光缝，由于衍射都将在屏幕上呈现衍射图样，而各缝发出的衍射光都是相干光，所以缝与缝之间的光波相互干涉，光栅衍射条纹是单缝衍射和多缝干涉的总效果。

$$(a+b)\sin\varphi=\pm k\lambda \qquad (k=0,1,2,\cdots) \tag{2-3-21}$$

当衍射角 φ 满足条件时，即形成明条纹。显然，光栅上狭缝的条数愈多，条纹就愈明亮。上式中整数 k 表示条纹的级数，上述明条纹称为光栅的衍射条纹。式(2-3-21)称为光栅公式。

一般来说，当 φ 满足式(2-3-21)时，是合成光强为最大的必要条件，这些明条纹，细窄而明亮，称为主极大。可以证明，各主极大明条纹之间充满大量的暗条纹，当光栅狭缝数很大时，在主极大明条纹之间实际上形成一片黑暗的背景。当多缝干涉明纹与单缝衍射暗纹位置重叠时，会产生缺级现象。

【例 2-3-11】 波长 $\lambda=550\text{nm}(1\text{nm}=10^{-9}\text{m})$ 的单色光垂直入射于光栅常数为 $2\times10^{-4}\text{cm}$ 的平面衍射光栅上，可能观察到光谱线的最大级次为：

A. 2　　B. 3　　C. 4　　D. 5

解　光栅公式　$d\sin\theta=\pm k\lambda \quad (k=1,2,3,\cdots)$

在波长、光栅常数不变的情况下，要使 k 最大，$\sin\theta$ 必最大，取 $\sin\theta=1$，此时，$d=\pm k\lambda$，$k=\pm\dfrac{d}{\lambda}=\pm\dfrac{2\times10^{-4}\times10^{-2}}{550\times10^{-9}}=3.636$，取整后可得最大级次为 3。

答案：B

(五)光谱分析

由式(2-3-21)可知，在给定光栅常数情况下，衍射角 φ 的大小和入射光的波长有关，白光通过光栅后，各单色光将产生相应的各自分开的条纹，形成光栅的衍射光谱。中央明纹(零级)仍为白色，而在中央条纹两侧，对称地排列着第一级、第二级等光谱，如图 2-3-10 所示。

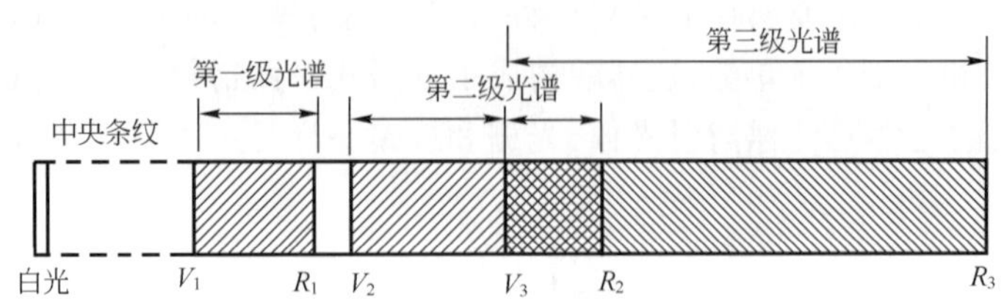

图 2-3-10　衍射光谱

由于不同元素(或化合物)各有自己特定的光谱,所以由谱线的成分可以分析出发光物质所含的元素和化合物,还可以从谱线的强度定量地分析出元素的含量,这种分析方法叫做光谱分析。

(六)伦琴射线的衍射

伦琴射线又叫 X 射线,它是一种波长为 0.1nm 数量级电磁波。1912 年德国物理学家劳厄用晶格常数 d(晶体中相邻原子间距)作衍射光栅,获得了 X 射线的衍射图样,开创了 X 射线作晶体结构分析的重要应用。

英国科学家布喇格把晶体中周期性排列的原子看成为一系列互相平行的原子层,如图 2-3-11所示,当一束平行的 X 射线照射到晶体上时,晶体中各原子都成为向各方向散射子波的波源,各层间的散射线相互叠加产生相干现象。

如图 2-3-11 所示,设原子层之间距离为 d,当一束平行的相干 X 射线以与晶面夹角 θ 入射时,相邻两层反射线的光程差为

$$AC+CB=2d\sin\theta$$

显然,当符合以下条件

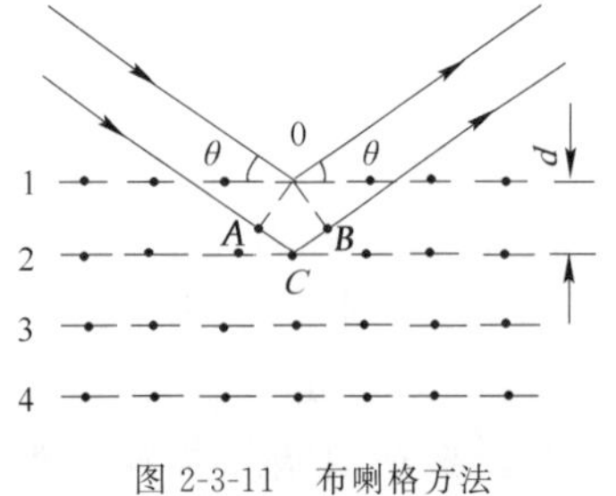

图 2-3-11　布喇格方法

$$2d\sin\theta=k\lambda \qquad (k=1,2,3,\cdots) \qquad (2\text{-}3\text{-}22)$$

时,各原子层的反射线都将相互加强,光强极大,上式就是著名的布喇格公式。

晶体对 X 射线的衍射应用很广,若已知晶体的晶格常数,就可用来测定 X 射线的波长,这一方面的工作叫 X 射线的光谱分析;若用已知波长的 X 射线在晶体上衍射,就可测定晶体的晶格常数,这类工作叫 X 光结构分析。

六、光的偏振

(一)自然光和偏振光

光矢量只限于单一方向振动的光称线偏振光。一般光源(如电灯、太阳等)的发光机理是由为数众多的原子或分子等的自发辐射,它们之间,无论在发光的前后次序(相位),振动的取向和大小(偏振和振幅),以及发光的持续时间(波列的长短)都相互独立。所以从垂直光传播方向的平面上看,几乎各个方向都有大小不等、前后参差不齐而变化很快的光矢量的振动,按统计平均而言,无论哪一个方向的振动都不比其他方向占优势,这种光就是自然光。

自然光中任一方向的光振动,都可分解成某两个相互垂直方向的振动,它们在每个方向上的时间平均值相等,但无固定的相位关系,不能合成一个线偏振光。通常把自然光用两个相互独立的、等振幅的、振动方向互相垂直的线偏振光表示,如图 2-3-12 所示,这两个线偏振光的光强等于自然光光强度的一半。

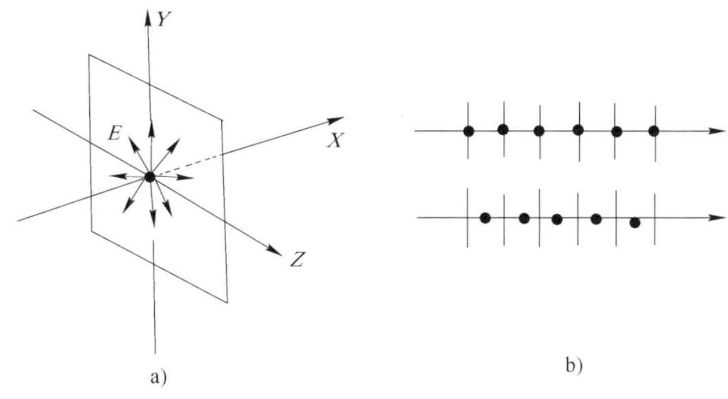

图 2-3-12

线偏振光传播方向与振动方向构成的平面叫振动面。由于线偏振光的 **E** 总在振动面内，故又称平面偏振光如图 2-3-13a)所示。

若光矢量 **E** 可取任意方向，但在各方向上振幅不同，这种光叫部分偏振光，如图2-3-13b)所示。

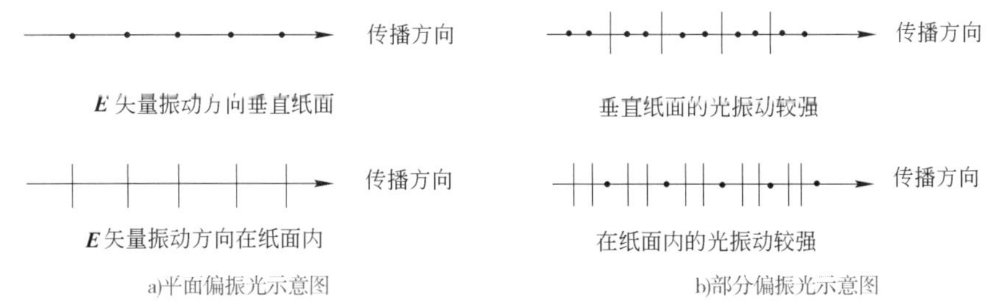

图 2-3-13

(二)起偏和检偏，马吕斯定律

1. 偏振片的起偏和检偏

使自然光转变成偏振光叫起偏，能使自然光变成偏振光的装置叫偏振器。起偏器有多种，如利用光的反射和折射起偏的玻璃片堆，利用晶体的双折射特性起偏的尼科耳棱镜等，以及利用晶体的二向色性的各类起偏器。

起偏器只能透过沿某方向振动的光矢量或光矢量振动沿该方向的分量，而不能透过与该方向垂直振动的光矢量或光矢量振动与该方向垂直的分量。这个透光方向称为偏振化方向或起偏方向。自然光透过偏振片后，透光强变为入射光强的一半，透射光即变为偏振光。由偏振片的特性可知，它既可用作起偏器，也可用作检偏器，检验向它入射的光是否为线偏振光。

自然光透过偏振片后，透光强度变为入射光强的一半，逆着光的传播方向观察透射光的强弱，当转动偏振片时，光强不变。若线偏振光入射偏振片，则透射光的强弱在转动偏振片时要发生周期性变化。光矢量振动方向与偏振光方向平行时透射光量最强，垂直时最暗。

图 2-3-14 表示利用偏振片起偏与检偏的情况，图中 A、B 分别为起偏器和检偏器。

2. 马吕斯定律

若入射线偏振光的光强为 I_0，透过检偏器后，透射光强(不计检偏器对光的吸收)为 I，则

$$I=I_0\cos^2\alpha \tag{2-3-23}$$

式中，α 是线偏振光振动方向和检偏器偏振化方向之间的夹角。上式即为马吕斯定律(参

见图 2-3-15)。

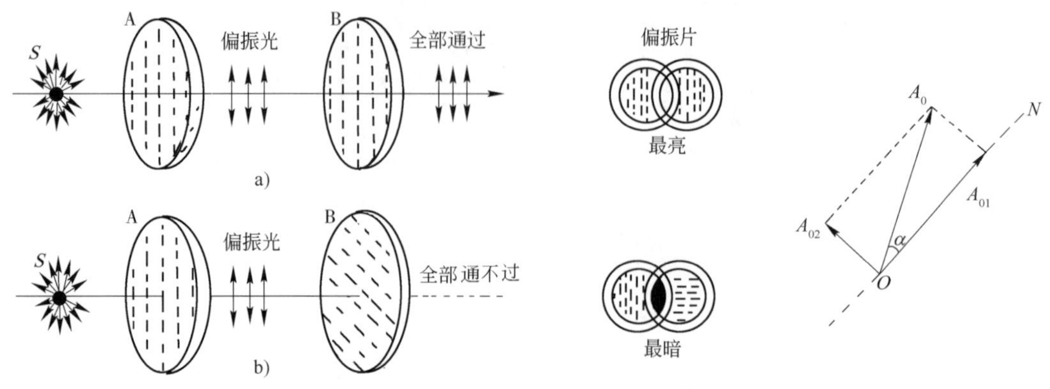

图 2-3-14　　　　图 2-3-15

由式上可知,当 $\alpha=0°$(或 180°)时,$I=I_0$;$\alpha=90°$(或 270°)时,$I=0$,此时无光从检偏器射出。

【例 2-3-12】 两偏振片叠放在一起,欲使一束垂直入射的线偏振光经过两个偏振片后振动方向转过 90°,且使出射光强尽可能大,则入射光的振动方向与前后两偏振片的偏振化方向夹角分别为:

A. 45°和 90°　　B. 0°和 90°　　C. 30°和 90°　　D. 60°和 90°

解 注意题目给定入射光为线偏振光,由马吕斯定律:

经过第一个偏振片后　$I=I_0\cos^2\alpha$

经过第二个偏振片后　$I'=I\cos^2\left(\frac{\pi}{2}-\alpha\right)=\frac{I_0}{4}\sin^2(2\alpha)$

出射光强最大 $I'=\frac{I_0}{4}\sin^2(2\alpha)=\frac{I_0}{4}$,$\sin(2\alpha)=1$,$\alpha=\frac{\pi}{4}$

答案:A

【例 2-3-13】 一束自然光垂直穿过两个偏振片,两个偏振片的偏振化方向成 45°。已知通过此两偏振片后光强为 I,则入射至第二个偏振片的线偏振光强度。

A. I　　B. $2I$　　C. $3I$　　D. $I/2$

解 注意题目的问题为入射至第二个偏振片的线偏振光强度。

由马吕斯定律:$I=I_0\cos^2\alpha=I_0\cos^2 45°$,则 $I_0=2I$。

答案:B

【例 2-3-14】 一束自然光通过两块叠放在一起的偏振片,若两偏振片的偏振化方向间夹角由 α_1 转到 α_2,则前后透射光强度之比为:

A. $\frac{\cos^2\alpha_2}{\cos^2\alpha_1}$　　B. $\frac{\cos\alpha_2}{\cos\alpha_1}$　　C. $\frac{\cos^2\alpha_1}{\cos^2\alpha_2}$　　D. $\frac{\cos\alpha_1}{\cos\alpha_2}$

解 此题考查马吕斯定律。

$$I=I_0\cos^2\alpha$$

光强为 I_0 的自然光通过第一个偏振片的光强为入射光强的一半,即 $I_1=\frac{1}{2}I_0\cos^2\alpha_1$,通过第二个偏振片的光强为 $I_2=\frac{I_0}{2}\cos^2\alpha_2$,则:

$$\frac{I_1}{I_2}=\frac{\frac{1}{2}I_0\cos^2\alpha_1}{\frac{1}{2}I_0\cos^2\alpha_2}=\frac{\cos^2\alpha_1}{\cos^2\alpha_2}$$

答案:C

(三)反射、折射产生的偏振、布儒斯特定律

当一束自然光在两种媒质 n_1、n_2 的分界面上反射和折射时,反射光和折射光都是部分偏振光。实验表明:反射光中垂直入射面的光振动较强,折射光中平行于入射面的光振动较强,它们随入射角的变化而变化,参见图 2-3-16。

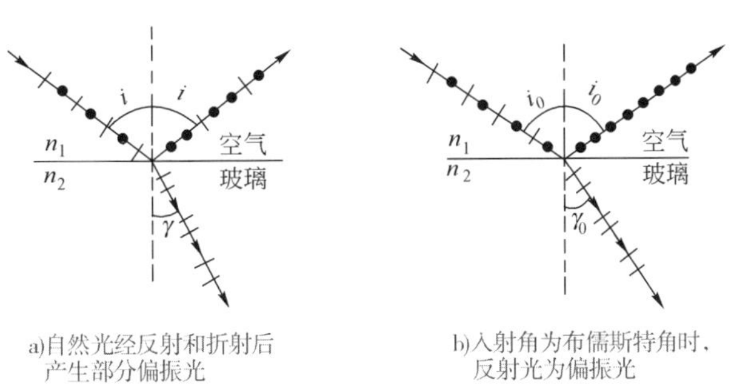

图 2-3-16 反射和折射时的偏振现象

1815 年,布儒斯特发现:当入射角 i 增大至某一特定值 i_0,且满足

$$\tan i_0=n_2/n_1=n_{21} \tag{2-3-24}$$

时,反射光为光振动垂直入射面的线偏振光,折射光仍为部分偏振光。i_0 称为布儒斯特角。上式即布儒斯特定律的数学表达式,式中,n_1、n_2 为媒质的折射率。

由折射定律,入射角 i_0 与折射角 γ 的关系

$$\frac{\sin i_0}{\sin r}=\frac{n_2}{n_1}=\tan i_0=\frac{\sin i_0}{\cos i_0}$$

故

$$i_0+\gamma=\pi/2 \tag{2-3-25}$$

【例 2-3-15】 一束自然光从空气投射到玻璃板表面上,当折射角为 30°时,反射光为完全偏振光,则此玻璃的折射率为:

A. 2　　B. 3　　C. $\sqrt{2}$　　D. $\sqrt{3}$

解 依据布儒斯特定律,折射角为 30°时,入射角为 60°,则 $\tan 60°=\frac{n_2}{n_1}=\sqrt{3}$。

答案:D

七、双折射现象

(一)概述

当一束自然光射向各向异性媒质时,在界面折入晶体内部的折射光线常分为传播方向不同的两束折射光线,如图 2-3-17 所示,这种现象称为晶体的双折射现象。

试验发现,两束折射光具有如下特性:

(1)两束折射光是光振动方向不同的线偏振光。

(2)其中一束折射光始终在入射面内,并遵守折射定律,称为寻常光,简称 o 光;另一束折

射光一般不在入射面内，且不遵从折射定律，称为非常光，简称 e 光。在入射角 $i=0$ 时，寻常光沿原方向传播($\gamma_0=0$)，而非常光一般不沿原方向传播($\gamma_0\neq0$)，如图 2-3-18 所示，此时当以入射光为轴转动晶体时，o 光不动，而 e 光绕轴旋转。

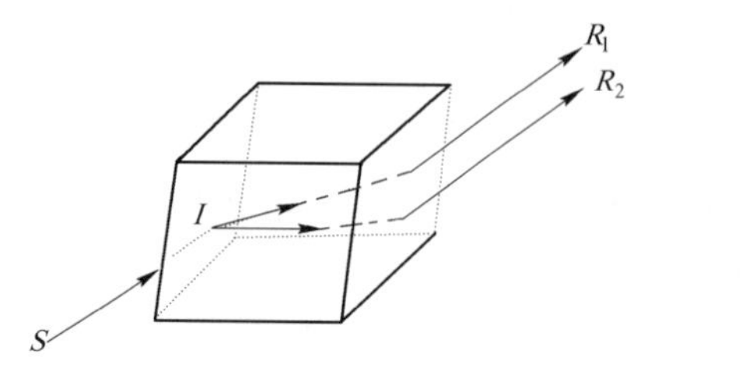

图 2-3-17

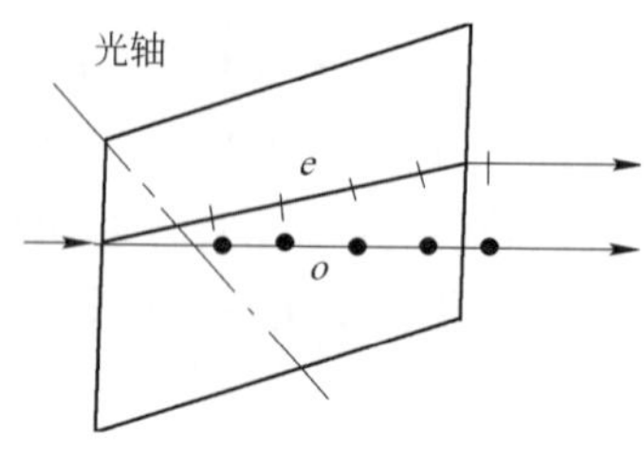

图 2-3-18

(3)在方解石一类晶体内存在一个特殊方向，光线沿该方向传播时，不产生双折射现象，这个特殊的方向称为晶体的光轴。光轴仅标志双折射晶体的一个特定方向，任何平行于这个方向的直线都是晶体的光轴。只有一个光轴方向的晶体，称为单轴晶体，为方解石、石英等；有两个光轴方向的晶体，称为双轴晶体，如云母、硫磺等。

当光线沿晶体的某一表面入射时，此表面的法线与晶体的光轴所构成的平面叫做主截面，方解石的主截面是一平行四边形，自然光沿如图 2-3-18 所示的方向入射时，入射面就是主截面，由检偏器可以检测到 o 光、e 光都是偏振光，o 光的光振动垂直于主截面，而 e 光的光振动则在主截面内。

(二)偏振光的干涉

振幅为 A 的偏振光通过晶体后形成 o、e 光，这两束光频率相同，存在一定相位差，只是由于振动方向相互垂直而不相干，于是利用偏振片 N 偏振化方向与偏振片 M 的偏振化方向正交，如图 2-3-19 所示把 o、e 光的振动方向引到同一方向，这样就成为两束相干的偏振光。

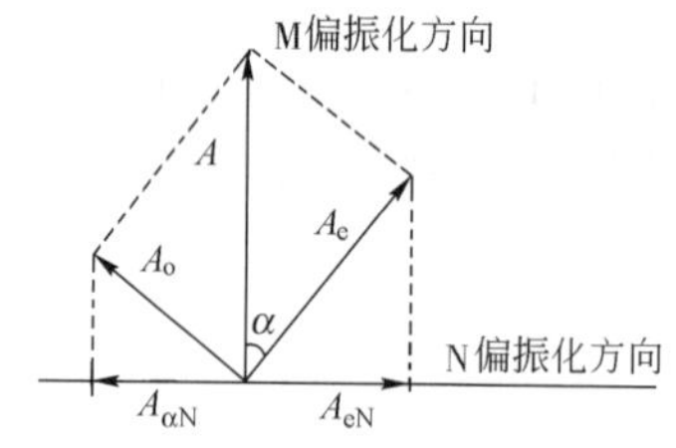

图 2-3-19　偏振光的干涉

习　题

2-3-1　在真空中波长为 λ 的单色光，在折射率为 n 的透明介质中从 A 沿某路径传播到 B，若 A、B 两点相位差为 3π，则此路径 AB 的光程为(　　)。

A. 1.5λ　　B. $1.5n\lambda$　　C. 3λ　　D. $1.5\lambda/n$

2-3-2　用白光光源进行双缝实验，若用一个纯红色的滤光片遮盖一条缝，用一个纯蓝色的滤光片遮盖另一条缝，则(　　)。

A. 干涉条纹的宽度将发生改变　　B. 产生红光和蓝光的两套彩色干涉条纹

C. 干涉条纹的亮度将发生改变　　D. 不产生干涉条纹

2-3-3　在双缝干涉实验中，若用透明的云母片遮住上面的一条缝，则(　　)。

A. 干涉图样不变　　B. 干涉图样下移

C. 干涉图样上移　　D. 不产生干涉条纹

2-3-4　双缝间距为 2mm，双缝与屏幕相距 300cm，用波长 600nm 的光照射时，屏幕上干涉条纹的相邻两明纹的距离是(单位：mm)(　　)。

A. 5.0　　B. 4.5　　C. 4.2　　D. 0.9

2-3-5　一束波长为 λ 的单色光从空气垂直入射到折射率为 n 的透明薄膜上，要使反射光线得到加强，薄膜最小厚度应为(　　)。

A. $\lambda/4$　　B. $\lambda/(4n)$　　C. $\lambda/2$　　D. $\lambda/(2n)$

2-3-6　真空中波长为 λ 的单色光，在折射率为 n 的均匀透明媒质中，从 A 点沿某一路径传播到 B 点，路径长度为 L，A、B 两点光振动相位差记为 $\Delta\Phi$，则(　　)。

A. $L=3\lambda/2$ 时，$\Delta\Phi=3\pi$　　B. $L=3\lambda/(2n)$时，$\Delta\Phi=3n\pi$

C. $L=3\lambda/(2n)$时，$\Delta\Phi=3\pi$　　D. $L=3n\lambda/2$ 时，$\Delta\Phi=3n\pi$

2-3-7　两块平玻璃构成空气壁尖，左边为棱边。用单色平行光垂直入射。若上面的玻璃慢慢向上平移，则干涉条纹(　　)。

A. 向棱边方向平移，条纹间隔变小　　B. 向棱边方向平移，条纹间隔变大

C. 向棱边方向平移，条纹间隔不变　　D. 向离开棱边方向平移，条纹间隔不变

2-3-8　用波长为 λ 的单色光垂直照射到空气劈尖上，从反射光中观察干涉条纹，距顶点 L 处是暗纹。使劈尖角 θ 连续增大，直到该处再次出现暗纹时(见图)，劈尖角的改变量 $\Delta\theta$ 是(　　)。

A. $\lambda/(2L)$　　B. λ/L　　C. $2\lambda/L$　　D. $\lambda/(4L)$

θ
L

题 2-3-8 图

2-3-9　在单缝夫琅和费衍射实验中波长为 λ 的单色光垂直入射到单缝上，对应于衍射角 $\Phi=30°$ 的方向上，若单缝处波阵面可划分为 4 个半波带，则单缝的宽度 $a=$(　　)。

A. 6λ　　B. 4λ　　C. 3λ　　D. λ

2-3-10　在单缝夫琅和费衍射实验中，若将缝宽缩小一半，原来第三级暗纹处将是(　　)。

A. 第一级暗纹　　B. 第一级明纹

C. 第二级暗纹　　D. 第二级明纹

2-3-11　汽车两前灯相距约 1.2m，夜间人眼瞳孔直径为 5mm，车灯发出波长为 0.5μm 的光，则人眼夜间能区分两前车灯的最大距离为(　　)。

A. 10km　　B. 3km　　C. 2km　　D. 4km

2-3-12　在两个偏振化方向正交的偏振片 P_1 和 P_2 之间，平行地插入第三个偏振片 P，P_1 与 P 的偏振化方向间的夹角为 60°。若入射自然光的光强为 I_0，不考虑偏振片的吸收与反射，则出射光的光强为(　　)。

A. $I_0/4$　　B. $3I_0/32$　　C. $3I_0/8$　　D. $I_0/16$

2-3-13　一束自然光以布儒斯特角入射到平板玻璃上，则(　　)。

A. 反射光束垂直于入射面偏振，透射光束平行于入射面偏振且为完全偏振光

B. 反射光束平行于入射面偏振，透射光束为部分偏振光

C. 反射光束是垂直于入射面的线偏振光，透射光束是部分偏振光

D. 反射光束和透射光束都是部分偏振光

2-3-14　假设某一介质对于空气的临界角是 45°，则光从空气射向此介质时的布儒斯特角是(　　)。

A. 45°　　B. 90°　　C. 35.2°　　D. 54.7°

2-3-15　某单色光垂直入射到一个每一毫米有 800 条刻痕线的光栅上，如果第一级谱线的衍射角为 30°，则入射光的波长应为(　　)。

A. 0.625μm　　B. 1.25μm　　C. 2.5μm　　D. 5μm

2-3-16　波长 $\lambda=0.55\mu m$ 的单色光垂直入射于光栅常数 $(a+b)=2\times10^{-6}m$ 的平面衍射光栅上，可能观察到的光谱线的最大级次为(　　)。

A. 第二级　　B. 第三级　　C. 第四级　　D. 第五级

2-3-17　一束自然光从空气投射到玻璃表面上(空气折射率为1)，当折射角为30°时，反射光是完全偏振光，则此玻璃板的折射率等于(　　)。

A. 1.33　　B. $\sqrt{2}$　　C. $\sqrt{3}$　　D. 1.5

题解及参考答案

第一节

2-1-1　**解**：用 $\bar{\omega}=\frac{3}{2}kT$，平均动能 $=\frac{i}{2}kT$，平均速率 $\bar{v}\propto\sqrt{\frac{RT}{M}}$，$E_{内}=\frac{m}{M}\frac{i}{2}RT$ 分析，注意到 $M(H_2)\neq M(He)$，$i(H_2)\neq i(He)$。

答案：A

2-1-2　**解**：$p=nkT$，分子数密度 $n=\frac{N(分子数)}{V}$，即 $p=\frac{N}{V}kT$，则 $N=\frac{pV}{kT}$。

答案：B

2-1-3　**解**：由 $\bar{\omega}=\frac{3}{2}kT$ 知，若两气体分子平均平动动能相同，则 $T(He)=T(N_2)$，又根据 $pV=\frac{m}{M}RT$ 得 $p=\frac{\frac{m}{V}}{M}RT$，式中 $\frac{m}{V}$ 即气体密度，由于摩尔质量 $M(He)<M(N_2)$，故 $p(He)>p(N_2)$。

答案：C

2-1-4　**解**：$E=\frac{i}{2}\frac{m}{M}RT=\frac{i}{2}pV$。氦气自由度 $i=3$，则 $E=\frac{3}{2}pV$。

答案：A

2-1-5　**解**：气体分子的平动自由度 $i=3$，平动动能的总和即气体由于平动产生的部分内能 $E=\frac{3}{2}\frac{m}{M}RT=\frac{3}{2}pV=\frac{3}{2}\times5\times10^2\times8\times10^{-3}=6J$。

答案：D

2-1-6　**解**：用 $p=nkT$ 或 $pV=\frac{m}{M}RT$ 分析。注意到氢气、氦气都在同一容器中，温度相同，单位体积的分子数相同。

答案：B

2-1-7　**解**：1. 用 $p=nkT$ 分析①，单位体积内分子数 n 应相同。

2. 用 $pV=\frac{m}{M}RT$ 分析②，单位体积内的质量 $\frac{m}{V}=\frac{pM}{RT}$ 不同(摩尔质量 M 不同)。

3. 用内能 $E=\frac{i}{2}\frac{m}{M}RT=\frac{i}{2}pV$ 分析③，单位体积内的内能 $\frac{E}{V}=\frac{i}{2}p$ 应相同，因为氧和一氧化碳都是双原子分子，自由度 i 相同。

答案:C

2-1-8　**解**:1. 平均动能=平均平动动能+平均转动动能$=\frac{3}{2}kT+\frac{i(\text{转动})}{2}kT$。

2. 内能 $E=\frac{i}{2}\frac{m}{M}RT$。温度相同,平均平动动能相等。

答案:D

2-1-9　**解**:由 $\bar{\omega}=\frac{3}{2}kT$,知:$T(H_2)=T(O_2)$

又平均速率 $\bar{v}\propto\sqrt{\frac{RT}{M}}$,$\frac{\bar{v}_{H_2}}{\bar{v}_{O_2}}=\sqrt{\frac{M(O_2)}{M(H_2)}}=\sqrt{\frac{32}{2}}=\frac{4}{1}$。

答案:D

2-1-10　**解**:平均碰撞次数 $\bar{Z}=\sqrt{2}\pi d^2 n\bar{v}$,平均速率 $\bar{v}=1.6\sqrt{\frac{RT}{M}}$,平均自由程 $\bar{\lambda}=\frac{\bar{v}}{\bar{Z}}=\frac{1}{\sqrt{2}\pi d^2 n}$。

答案:A

2-1-11　**解**:由 $pV=\frac{m}{M}RT$,可得 $p=\frac{\rho}{M}RT$;当 p 不变时,ρ 与 T 成反比。

答案:B

2-1-12　**解**:由 $pV=\frac{m}{M}RT$,知:$\frac{m}{M}(He)=\frac{m}{M}(O_2)$,对 He,有 $\frac{m}{M}\frac{3}{2}R\Delta T=9J$,即 $\frac{m}{M}R\Delta T=6J$;对 O_2,有 $\frac{m}{M}\frac{5}{2}R\Delta T=\frac{5}{2}\times 6=15J$。

答案:B

2-1-13　**解**:$Q_V=\frac{m}{M}\frac{i}{2}R\Delta T$。在本题中,$Q_V=\frac{m}{M}\frac{i(O_2)}{2}R\Delta T(O_2)=\frac{m}{M}\frac{i(H_2O)}{2}R\Delta T(H_2O)$,因 $i(O_2)\neq i(H_2O)$,则 $\Delta T(H_2)\neq\Delta T(H_2O)$,又由 $pV=\frac{m}{M}RT$,知 V 不变时,$\Delta p(O_2)\neq\Delta p(H_2O)$。

答案:B

2-1-14　**解**:$Q_p=\frac{m}{M}(\frac{i}{2}+1)R\Delta T=(\frac{i}{2}+1)p\Delta V$,$A_p=p\Delta V$,$\frac{7}{2}p\Delta V(N_2)=\frac{5}{2}p\Delta V'(He)$,$\frac{A(N_2)}{A(He)}=\frac{p\Delta V}{p\Delta V'}=\frac{5}{7}$。

答案:B

2-1-15　**解**:①由图知 $T_a>T_b$,所以沿 acb 过程内能减少(内能增量为负)。
②由图知沿 acb 过程 $A>0$。
③$Q_{acb}=E_b-E_a+A_{acb}$,又 $E_b-E_a=-A_{绝热}=-$(绝热曲线下面积)。
比较 $A_{绝热}$ 和 A_{acb},知 $Q_{acb}<0$。

答案:C

2-1-16　**解**:画 p-V 图,当容积增加时,等压过程内能增加(T 增加),绝热过程内能减少。而等温过程内能不变。

答案:C

2-1-17 **解**：画 p-V 图，此循环为逆循环(致冷机，)Q(循环)$=A$(净)，A(净)<0。

答案：A

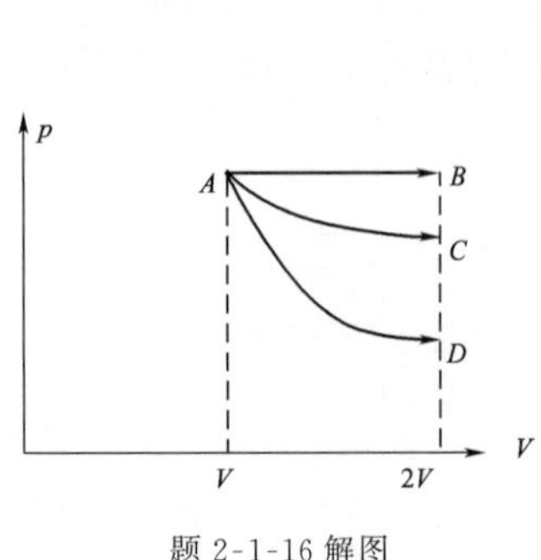

题 2-1-16 解图

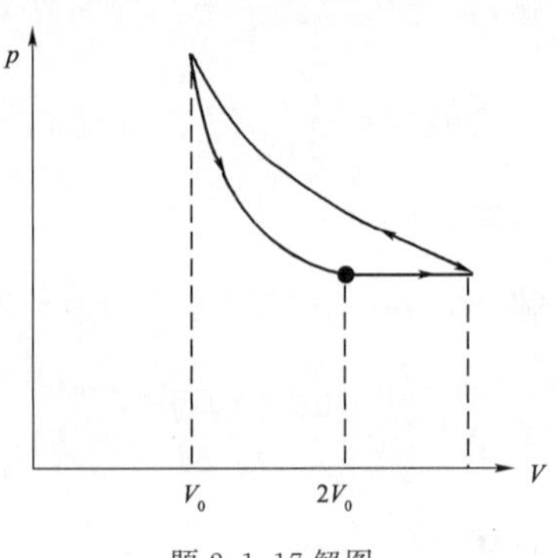

题 2-1-17 解图

2-1-18 **解**：$\eta_{卡诺}=1-\frac{T_2}{T_1}=1-\frac{Q_2}{Q_1}$

$T_1=nT_2$，$\frac{1}{n}=\frac{Q_2}{Q_1}$，$Q_2=\frac{1}{n}Q_1$

答案：C

2-1-19 **解**：注意对热力学第二定律的全面理解，选项 D 表明热传导过程的不可逆性。

答案：D

2-1-20 **解**：热力学第二定律开尔文表述：不可能制成一种循环动作的热机，只从一个热源吸取热量，使之完全变为有用功而不产生出其他影响，而本题叙述的是单一的"等温过程"，不是循环，不违反热力学第二定律。

答案：C

第二节

2-2-1 **解**：将波动方程化为标准形式，再比较计算。并注意到 $\cos\varphi=\cos(-\varphi)$，$y=0.05\cos(4\pi x-10\pi t)=0.05\cos(10\pi t-4\pi x)=0.05\cos[10\pi(t-\frac{x}{2.5})]$，故 $\omega=10\pi=2\pi\nu$，波速 $u=2.5\text{m/s}$，波长 $\lambda=\frac{u}{\nu}=\frac{2.5}{5}=0.5\text{m}$。

答案：B

2-2-2 **解**：在波动中，质元的动能和势能变化是同相位的，它们同时达到最大值，又同时达到最小值。本题中"质元正处于平衡位置"，此时速度最大。

答案：B

2-2-3 **解**：以 $x=L$ 处为原点，写出波动方程，$y_L=A\cos\omega(t-\frac{x}{u})$，再令 $x=-L$ 代入波动方程，得 $x=0$ 处质点的振动方程。

答案：C

2-2-4 **解**：设负向传播波动方程为 $y=A\cos(\omega t+\frac{\omega x}{u}+\varphi_0)=A\cos(\frac{2\pi}{T}t+\frac{2\pi x}{\lambda}+\varphi_0)$，因

$\frac{2\pi}{T}\times\frac{T}{4}+\frac{2\pi\times\frac{\lambda}{2}}{\lambda}+\varphi_0=\pi$，所以 $\varphi_0=-\frac{\pi}{2}$。

答案：C

2-2-5 **解：**波动周期等于波源的振动周期，沿波传播方向上任一点总是比波源的相位滞后。

答案：C

2-2-6 **解：**$\Delta\Phi=\frac{2\pi(\Delta x)}{\lambda}$，波速 $u=\lambda\nu=\lambda\frac{1}{T}$，$\Delta\Phi=\frac{2\pi}{u\cdot T}\cdot\Delta x=\frac{2\pi\cdot 5}{15\cdot 2}=\frac{\pi}{3}$。

答案：B

2-2-7 **解：**在波动中动能和势能的变化是同相位的，它们同时达到最大值，又同时达到最小值。对任意质元来说，它的机械能是不守恒的，即沿着波动的传播方向，该质元不断地从后面的质元获得能量（质元从一端点向平衡位置移动时），又不断地把能量传递给前面的质元（质元从平衡位置向端点移动时）。

答案：C

2-2-8 **解：**由驻波性质：驻波两相邻波节间各点振幅不同，相位相同。合振幅为 $\left|2A\cos 2\pi\frac{x}{\lambda}\right|$。

答案：B

2-2-9 **解：**由干涉减弱条件，$\Delta\Phi=\Phi_{02}-\Phi_{01}-\frac{2\pi(r_2-r_1)}{\lambda}=\pm(2k+1)\pi\quad(k=0,1,2,\cdots)$

现 $\varphi_{02}-\varphi_{01}=\pi$，$r_2-r_1=0$，故 $\Delta\varphi=\pi$，$A=|A_1-A_2|=0$。

答案：D

2-2-10 **解：**按题意作图，S_1 右侧任取 P 点，可见 $r_2-r_1=\frac{3\lambda}{4}$，又知 S_1 右侧的各点合振幅均为 $2A$，说明 S_1 右侧各点干涉加强，即 $\Delta\Phi=0$（取 $k=0$）。

$$\Delta\Phi=\Phi_{02}-\Phi_{01}-\frac{2\pi(r_2-r_1)}{\lambda}=0(k=0)$$

得 $\Phi_{02}-\Phi_{01}=\frac{2\pi(\frac{3\lambda}{4})}{\lambda}=\frac{3}{2}\pi$。

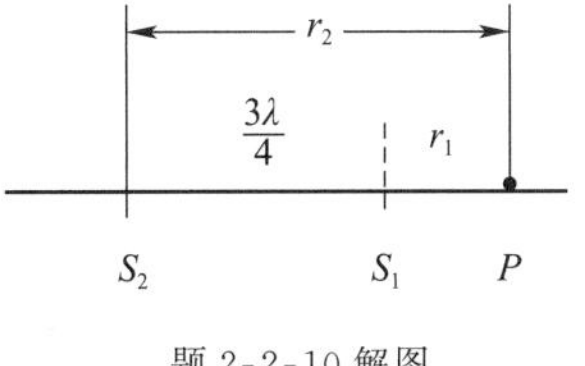

题 2-2-10 解图

答案：D

2-2-11 **解：**波节的位置 $x=(2k+1)\frac{\lambda}{4}\quad(k=0,\pm1,\pm2,\cdots)$

令 $k=0$ 和 $k=1$，相邻两波节之间距离 $x_1-x_0=\frac{\lambda}{2}$。

同理，两相邻波腹间的距离亦为 $\frac{\lambda}{2}$。

答案：B

第三节

2-3-1 **解：**$\Delta\Phi=\frac{2\pi\delta}{\lambda}$（$\delta$ 指光程差）。

答案：A

2-3-2　**解**:考虑相干光源(波源)的条件,从两滤光片出来的光是不是相干光。

答案:D

2-3-3　**解**:考查零级明纹向哪一方向移动,遮板后上缝较下缝到原中央明纹处光程增加了$(n-1)e$。

答案:C

2-3-4　**解**:$\Delta x=\frac{D}{d}\lambda=\frac{3000}{2}\times600\times10^{-6}=0.9\text{mm}$。

答案:D

2-3-5　**解**:$2ne+\frac{\lambda}{2}=k\lambda(k=1)$,式中$\frac{\lambda}{2}$为附加光程差(半波损失)。

答案:B

2-3-6　**解**:$\Delta\Phi=\frac{2\pi\delta}{\lambda}$($\delta$指光程差),依本题题意$\delta=nL$,即$\Delta\Phi=\frac{2\pi nL}{\lambda}$。

答案:C

2-3-7　**解**:同一明纹(暗纹)对应相同厚度的空气层,间距为$\frac{\lambda}{2\sin\theta}$。

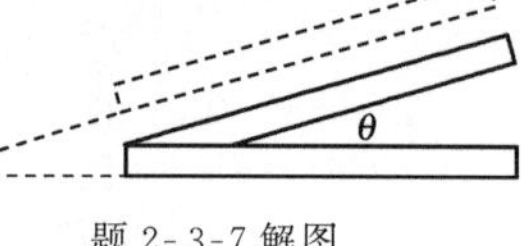

题 2-3-7 解图

答案:C

2-3-8　**解**:$\theta\approx\frac{e}{L}$(e为空气层厚度),$\Delta\theta=\frac{\Delta e}{L}$,又相邻两明(暗)纹对应的空气层厚度差$\Delta e=e_{k+1}-e_k=\frac{\lambda}{2}$。

答案:A

2-3-9　**解**:$a\sin\varphi=k\lambda=2k\frac{\lambda}{2}$,今$a\sin30°=4\times\frac{\lambda}{2}$。

答案:B

2-3-10　**解**:由$a\sin\varphi=k\lambda$(暗纹),知$a\sin\varphi=3\lambda$,现$a'\sin\varphi=\frac{3}{2}\lambda\left(a'=\frac{a}{2}\right)$,应满足明纹条件,即$a'\sin\varphi=\frac{3}{2}\lambda=(2k+1)\frac{\lambda}{2}\Rightarrow k=1$。

答案:B

2-3-11　**解**:最小分辨角$\delta\varphi=1.22\frac{\lambda}{D}$,两车灯对瞳孔中心张角为$\frac{\Delta x(\text{车灯距})}{L(\text{人车距离})}$,故

$$1.22\frac{\lambda}{D(\text{孔径})}=\frac{\Delta x}{L},L=\frac{D\times\Delta x}{1.22\times\lambda}=\frac{5\times10^{-3}\times1.2}{1.22\times0.5\times10^{-6}}\approx10\times10^{3}\text{m}$$

答案:A

2-3-12　**解**:由$I=I_0\cos^2\alpha$,并注意到"自然光通过偏振片后,光强减半",则

$$I=\frac{I_0}{2}\cos^2 60°\cos^2 30°=\frac{3I_0}{32}$$

答案:B

2-3-13　**解**:自然光以布儒斯特角入射,反射光为垂直于入射面的线偏振光,折射光(透射光束)为部分偏振光。

答案:C

2-3-14 **解**:如解图所示,按临界角的概念,光必须从光密介质射向光疏介质才可能发生全反射,即$\frac{\sin45°}{\sin90°}=\frac{n_1}{n_2}$,而光从空气射向介质时,布儒斯特角应满足$\tan i_0=\frac{n_2}{n_1}$,故$\tan i_0=\frac{n_2}{n_1}=\frac{1}{\sin45°}=\sqrt{2}$,$i_0=54.7°$。

空气 n_1

介质 n_2

题 2-3-14 解图

答案:D

2-3-15 **解**:注意到光栅常数$a+b=\frac{1}{800}$mm,由$(a+b)\sin\varphi=k\lambda$,$\frac{1}{800}\sin30°=1\times\lambda$,$1\mu\text{m}=10^{-6}\text{m}$。

答案:A

2-3-16 **解**:由$(a+b)\sin\varphi=k\lambda$,今$2\times10^{-6}\sin90°=k\times0.55\times10^{-6}$,$k=3.6$,$k$只能取整数。

答案:B

2-3-17 **解**:由$\tan i_0=\frac{n_2}{n_1}$,又$i_0+\gamma_0=90°$,$\tan60°=n_2$。

答案:C

第三章　普 通 化 学

复 习 指 导

一、考试大纲

3.1　物质的结构和物质状态

原子结构的近代概念;原子轨道和电子云;原子核外电子分布;原子和离子的电子结构;原子结构和元素周期律;元素周期表;周期、族;元素性质及氧化物及其酸碱性。离子键的特征;共价键的特征和类型;杂化轨道与分子空间构型;分子结构式;键的极性和分子的极性;分子间力与氢键;理想气体状态方程;分压定律;晶体与非晶体;晶体类型与物质性质。

3.2　溶液

溶液的浓度;非电解质稀溶液通性;渗透压;弱电解质溶液的解离平衡;解离常数;同离子效应;缓冲溶液;水的离子积及溶液的 pH 值;盐类的水解及溶液的酸碱性;溶度积常数;溶度积规则。

3.3　化学反应速率及化学平衡

反应热与热化学方程式;化学反应速率;温度和反应物浓度对反应速率的影响;活化能的物理意义;催化剂;化学反应方向的判断;化学平衡的特征;化学平衡移动原理。

3.4　氧化还原反应与电化学

氧化还原的概念;氧化剂与还原剂;氧化还原电对;氧化还原反应方程式的配平;原电池的组成和符号;电极反应与电池反应;标准电极电势;电极电势的影响因素及应用;金属腐蚀与防护。

3.5　有机化学

有机物特点、分类及命名;官能团及分子构造式;同分异构;有机物的重要反应:加成、取代、消除、氧化、催化加氢、聚合反应、加聚与缩聚;基本有机物的结构、基本性质及用途:烷烃、烯烃、炔烃、芳烃、卤代烃、醇、苯酚、醛和酮、羧酸、酯;合成材料:高分子化合物、塑料、合成橡胶、合成纤维、工程塑料。

二、复习指导

普通化学中基本概念和基本理论较多,而计算方面的问题比较简单,所以在复习时应特别注意对基本概念及理论的理解。

(一)物质结构和物质状态

本节内容多、概念多,考生复习时不易掌握。若将其分类,可包括以下两个方面的内容。

1.原子结构

核外电子到底是如何运动的?它涉及原子轨道、波函数、量子数、电子云等基本概念。考生必须明确一个波函数就是一个原子轨道,它由三个量子数(n、l、m)正确组合来决定,在每个轨道上只能容纳二个自旋相反的电子(即 $m_s = \pm \frac{1}{2}$),在此基础上才能进行包括原子、离子的核外电子排布,进一步了解原子核外电子的排布与周期表的关系,以及元素性质、元素氧化物及其水合物酸碱性的递变规律。

2.化学键与晶体结构

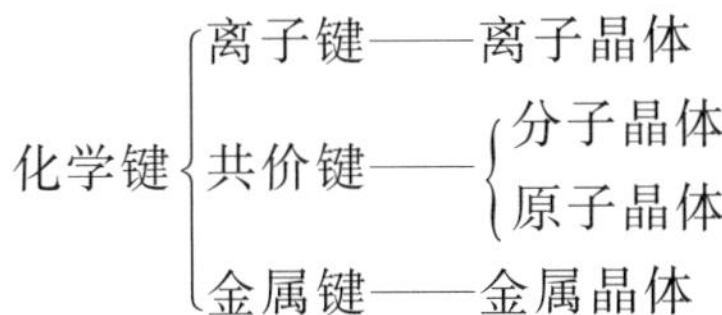

(1)不同的化学键有不同的形成和特征。例如共价键:①形成;②特征;③类型;④键的极性和分子的极性。

(2)不同的晶体结构有不同的物理特性。

(3)分子间力与氢键。

(4)杂化轨道理论,这部分内容是难点但不是重点,只要求对给出的分子能确定它的杂化类型和分子的空间构型即可。

本节其余部分作为一般了解。

(二)溶液

溶液中包括溶质和溶剂。

溶液的浓度是指一定量溶剂(或溶液)中含有的溶质量,常用的有"物质的量"浓度和质量摩尔浓度。

溶剂可以是水、乙醇、苯、四氯化碳等。

溶质按其在水中是否电离分电解质和非电解质,本节讨论非电解质稀溶液的通性。

电解质按其电离的程度分强电解质和弱电解质,本节讨论弱电解质的电离平衡及其移动。

电解质按其溶解的程度分易溶电解质和难溶电解质,本节讨论后者的溶解平衡及其移动。

1.稀溶液的通性

稀溶液的通性是指难挥发非电解质的稀溶液的蒸气压下降、沸点升高、凝固点下降以及渗透压等。计算不是重点,但对浓溶液和电解质溶液要求会定性分析。

2.电离平衡、溶解平衡及其移动

这是本节的重点。内容较多,但不难掌握,可按以下思路复习。

(1)电离平衡

①弱电解质的电离平衡;

②水的离子积及 pH 值;

③水解平衡。

以上要求掌握电离平衡常数的表达式,它与电离度的关系,溶液的 C_{H^+}、C_{OH^-} 和 pH 值的计算。

(2)电离平衡的移动

①单相同离子效应;

②缓冲溶液:缓冲溶液的组成、溶液 pH 值的计算。

(3)溶解平衡

①溶度积(K_{sp});

②溶度积与溶解度(S)的关系;

③溶度积规则及应用。

（三）化学反应速率和化学平衡

本节讨论三个问题，重点是后两者。同时提出几个要点：

1. 书写热化学方程式时注意物质的状态、反应条件、计量系数，$\Delta H<0$ 为放热；$\Delta H>0$ 为吸热。

2. 平均速率与瞬时速率均能表示反应速率，但以不同物质的浓度变化表示反应速率时其数值不一定相等。

3. 影响速率的因素主要有物质的本性（对给定反应体现在活化能上）、反应温度、反应物浓度及催化剂。

（1）浓度的影响

除必须掌握质量作用定律以外，还要明确基元反应、非基元反应、反应级数、速度常数等基本概念。

（2）温度的影响

主要反应在温度对速度常数的影响上，公式不用死记，但温度升高时速率常数升高、反应速度增加的结论必须掌握，而且这结论对吸热反应、放热反应、正反应的速率常数、逆反应的速率常数均适用。

（3）催化剂的影响

使用催化剂能降低活化能从而提高反应速率。明确活化能、活化分子等概念，反应热与正、逆反应活化能的关系。

4. 化学平衡

除明确平衡时的特征外，还必须写出平衡时的特征常数——平衡常数表达式。掌握平衡常数物理意义、影响因素、特征和应用。

在化学平衡的移动方面，掌握浓度、温度、压强改变对移动的影响。

总之除掌握质量作用定律表达式和平衡常数表达式外，还要掌握浓度、温度、压力、催化剂对速率、速率常数、平衡常数及平衡移动的影响。

（四）氧化还原与电化学

本节没有难点，基本概念与要记忆的较多，要求掌握以下五个方面。

1. 基本概念

如氧化数、氧化剂、还原剂、氧化反应、还原反应等，以及它们之间的关系。如：

氧化剂在发生还原反应过程中氧化数降低。

还原剂在发生氧化反应过程中氧化数升高。

2. 原电池

自发的氧化还原反应（即原电池中的电池反应）可以组成原电池，原电池中有正、负极，两极上发生不同的电极反应。原电池的电动势 $E=\varphi_{正}-\varphi_{负}$，最后落实到原电池符号。

3. 电极电势

影响电极电势的因素中，温度的影响一般不大，常将温度定在 298K；浓度、介质与物质的本性对电极电势的影响，可从能斯特方程看出。例如半反应

$$MnO_4^- + 8H^+ + 5e \rightleftharpoons Mn^{2+} + 4H_2O$$

能斯特方程为

$$\varphi_{MnO_4^-/Mn^{2+}} = \varphi^{\ominus}_{MnO_4^-/Mn^{2+}} + \frac{0.059}{5}\lg\frac{C_{MnO_4^-}\cdot C_{H^+}^8}{C_{Mn^{2+}}}$$

由上式可见氧化态的浓度升高、介质的酸度升高，能使电极电势升高。至于物质本性的影响体现在 $\varphi^{\ominus}$ 数值的大小上。

电极电势应用很广，可用来判断原电池的正、负极；氧化剂、还原剂的相对强弱；氧化还原反应的方向和进行的程度。

4.电解

电解池中发生的氧化还原反应是不自发的，因此电解池中两极名称、两极反应不同于原电池，除要掌握这些之外，还要明确分解电压、超电势的概念及形成的原因，判断电解的产物。

5.金属腐蚀及防止

了解电化学腐蚀的目的是如何防止金属的腐蚀。

（五）有机化合物

重点掌握：

（1）有机物的特点、分类和命名。

（2）有机物的重要反应包括取代、加成、消去、氧化还原、加聚、缩聚反应和定位效应、不对称加成规则及查氏规则。

（3）重要的高分子材料，如 PVC、ABS、环氧树脂、橡胶等。

第一节　物质结构和物质状态

物质结构与性质之间有着必然的联系，要深入了解物质的宏观性质，必须探究其微观性质。分子是保持物质化学性质的最小微粒，由原子组成。所以本节主要学习原子结构理论，在此基础上，讨论分子结构和晶体结构的基本内容。

一、原子核外电子排布

（一）核外电子运动的特性

核外电子运动具有两大特性，即量子化和波粒二象性，这也是一切实物微粒运动的共同特性。

1.能量的量子化

实验证明，辐射能的吸收和发射只能是一小份一小份的，是不连续的。这一小份不连续能量的基本单位叫量子。物质吸收或发射能量只能是量子的整数倍。量子的能量 E 与频率 ν 成正比。即

$$E=h\nu \tag{3-1-1}$$

式中，h 为普朗克常数，等于 $6.626\times10^{-34}\,J\cdot s$。

原子中电子的能量是量子化的，当电子从高能量状态 $E_{高}$ 跃迁到低能量状态 $E_{低}$ 时，就以光量子的形式发射能量；反之吸收能量，其频率为

$$\nu=\frac{E_{高}-E_{低}}{h} \tag{3-1-2}$$

由于电子的能量是量子化的，所以光量子的能量和波长也是不连续的，这就是原子光谱是线状的原因所在。

2.波粒二象性

一切实物微粒（光子、电子、中子、质子等）运动时，既有粒子的性质又有波的性质，即为

波粒二象性。电子在核外运动也有波粒二象性。粒子性表现在电子与实物相互作用时有能量的吸收或发射，如能量 E 和动量 p；波动性表现在电子在传播过程中有干涉和衍射现象，如波长 λ 和频率 ν。

波粒二象性的内在联系是

$$E=h\nu \tag{3-1-3}$$

$$p=h/\lambda \tag{3-1-4}$$

$$\lambda=h/p=h/m\nu \tag{3-1-5}$$

式中，m 为实物粒子的质量；ν 为实物粒子的运动速度；p 为动量。

此式就是著名的德布罗意(de Broglie)关系式，它把微观粒子的粒子性和波动性统一起来。人们把这种与微观粒子相联系的波，叫做德布罗意波或物质波。

3.测不准原理

宏观物体运动时，人们可以依据经典物理定律准确确定其在任何指定时刻的位置和速度。而对于微观粒子则不同，对运动中的微观粒子来说，不可能同时准确确定它的位置和动量。这就是海森堡(Heisenberg)不确定原理。其关系式为

$$\Delta p \cdot \Delta x \geqslant h/4\pi \tag{3-1-6}$$

式中，Δp 为微观粒子动量的不确定度；Δx 为微观粒子位置的不确定度。

它表明，微观粒子位置的不确定度 Δx 越小，相应它的动量的不确定度 Δp 就越大。对电子来说，当电子位置确定的误差越小，相应的动量的测定误差就越大，反之亦然。也就是说，电子的位置若能准确的测定，其动量就不可能准确的测定。电子运动有它特殊的规律。

(二)核外电子运动状态的描述

可用波函数和电子云来描述核外电子运动的状态。

1.波函数与原子轨道

描述核外电子运动规律的方程叫薛定谔方程，对单电子体系该方程可写成下列形式

$$\frac{\partial^2\psi}{\partial x^2}+\frac{\partial^2\psi}{\partial y^2}+\frac{\partial^2\psi}{\partial z^2}+\frac{8\pi^2 m}{h^2}(E-V)\psi=0 \tag{3-1-7}$$

式中，ψ 为描述电子运动情况的波函数，m 为电子质量，E 为电子的总能量，V 为电子的势能。

求解该方程，可得到波函数 ψ 和总能量 E。在求解过程中必须引入三种量子数 n、l、m，才能解出一系列符合量子数条件的波函数 ψ_1、ψ_2、…，以及相应的能量 E_1、E_2、…。

波函数是描述波的数学函数式，表示核外电子的运动状态；波函数是空间坐标的函数 $\psi(x,y,z)$ 或 $\psi(\gamma,\theta,\Phi)$。在量子力学里，将描述原子中单个电子运动状态的函数式称为波函数，习惯上又称为原子轨道。每一个波函数代表核外电子的一种运动状态，表示一个原子轨道。所以不同波函数 $\psi_{n、l、m}$ 就可以表示电子在核外出现的不同原子轨道或运动状态。

2.量子数

波函数 ψ 是描述原子处于定态时电子运动状态的数学函数式。求解薛定谔方程时，要得到合理的波函数解，要求方程中的一些参数满足一定的条件，为此引进取分立值的三个参数(量子数)，即主量子数 n、角量子数 l、磁量子数 m。三个量子数取值不是任意的，有一定限制条件。一组允许的量子数 n、l、m 取值对应一个合理的波函数 $\psi_{n,l,m}$，即可以确定一个原子轨道。电子除轨道运动外，还有自旋运动，所以，描述一个电子的运动状态除以上三个量子数外，还需第四个量子数，即自旋量子数 m_s。量子数的物理意义及取值的限制描述如下：

(1)主量子数 n

n 的取值:$n=1,2,3,\cdots$,目前稳定原子中 n 最大为 7。

n 的意义:

①代表电子层,$n=1,2,\cdots$,分别为第一电子层,第二电子层,……,分别用 K,L,M,N,…表示;

②代表电子离核的平均距离($r\propto n^2$);

③决定原子轨道的能级($E\propto n$)。

所以 n 越大能级越高($E_1<E_2<E_3<\cdots$),电子离核的平均距离越远($r_1<r_2<r_3<\cdots$)。

(2)角量子数 l

l 的取值:$l=0,1,2,\cdots,n-1$,目前 l 最大为 3。

n 与 l 的关系为:$n=1,l=0;n=2,l=0,1;n=3,l=0,1,2;n=4,l=0,1,2,3,\cdots$

l 的意义:

①表示电子亚层,$l=0,1,2,3$,分别为 s,p,d,f 亚层,其轨道分别叫 s,p,d,f 轨道,轨道上的电子分别叫 s,p,d,f 电子。

②确定轨道的形状:$l=0,1,2,\cdots$,轨道的形状分别为球形、双球形、四橄榄形……。

③在多电子原子中 l 还决定亚层的能量,当 n 一定时,l 越大亚层能量也越大,同一亚层的原子轨道能量相等,故叫等价(简并)轨道。

(3)磁量子数 m

m 的取值:$m=0,\pm1,\pm2,\pm3,\cdots,\pm l$,由于 l 最大为 3,所以 m 只有前 7 个取值。

l 与 m 的关系为:$l=0,m=0;l=1,m=0,\pm1;l=2,m=0,\pm1$、$\pm2;l=3,m=0,\pm1,\pm2,\pm3$。

m 的意义:

①确定轨道在空间的取向。

②确定亚层中轨道的数目。m 的每一个取值代表轨道在空间的一种取向,即一条轨道。如 $l=1$ 的 p 亚层,m 为 $0,\pm1$ 三个取值,所以 p 亚层在空间有三种取向,有三条 p 轨道。

③在无外加磁场的情况下,轨道能量与 m 无关。

(4)自旋量子数 m_s

m_s 决定电子自旋方向,可取 $+\frac{1}{2}$ 和 $-\frac{1}{2}$ 两个值。每一套(n,l,m),m_s 可取 $\pm\frac{1}{2}$ 两个值。

量子数与核外电子运动状态列于表 3-1-1。

量子数与核外电子运动状态 表 3-1-1

主量子数 n	主层符号	角量子数 l	亚层符号	磁量子数 m	亚层轨道数	电子层中轨道数	自旋量子数 m_s	电子层中电子容量
1	K	0	1s	0	1	1	±1/2	2
2	L	0	2s	0	1	4	±1/2	8
		1	2p	0,±1	3		±1/2	
3	M	0	3s	0	1	9	±1/2	18
		1	3p	0,±1	3		±1/2	
		2	3d	0,±1,±2	5		±1/2	
4	N	0	4s	0	1	16	±1/2	32
		1	4p	0, ±1	3		±1/2	
		2	4d	0, ±1, ±2	5		±1/2	
		3	4f	0,±1,±2,±3	7		±1/2	

【例 3-1-1】 下列量子数正确组合的是：

A. $n=1, l=1, m=0$　　B. $n=2, l=0, m=1$

C. $n=3, l=2, m=3$　　D. $n=4, l=3, m=2$

解 三个量子数取值不是任意的，一组正确的量子数 n、l、m 取值对应一个合理波函数，即可以确定一个原子轨道。n 的取值：$n=1,2,3,\cdots$，目前稳定原子中 n 最大为 7；l 的取值：$l=0,1,2,\cdots,n-1$，目前 l 最大为 3；m 的取值：$m=0,\pm1,\pm2,\pm3,\cdots,\pm l$，由于 l 最大为 3，所以 m 只有前 7 个取值。

答案：D

【例 3-1-2】 量子数 $n=4, l=2, m=0$ 的原子轨道数目是：

A. 1　　B. 2　　C. 3　　D. 4

解 一组允许的量子数 n、l、m 取值对应一个合理的波函数，即可以确定一个原子轨道。量子数 $n=4, l=2, m=0$ 为一组合理的量子数，确定一个原子轨道。

答案：A

【例 3-1-3】 决定原子轨道取向的量子数和确定原子轨道形状的量子数分别是：

A. 主量子数、角量子数　　B. 角量子数、磁量子数

C. 磁量子数、角量子数　　D. 自旋量子数、主量子数

解 三个量子数的物理意义分别为：

主量子数 n：①代表电子层；②代表电子离原子核的平均距离；③决定原子轨道的能量。

角量子数 l：①表示电子亚层；②确定原子轨道形状；③在多电子原子中决定亚层能量。

磁量子数 m：①确定原子轨道在空间的取向；②确定亚层中轨道数目。

答案：C

【例 3-1-4】 多电子原子中同一电子层原子轨道能级(量)最高的亚层是：

A. s 亚层　　B. p 亚层　　C. d 亚层　　D. f 亚层

解 多电子原子中原子轨道的能级取决于主量子数 n 和角量子数 l：主量子数 n 相同时，l 越大，能量越高；角量子数 l 相同时，n 越大，能量越高。n 决定原子轨道所处的电子层数，l 决定原子轨道所处亚层($l=0$ 为 s 亚层，$l=1$ 为 p 亚层，$l=2$ 为 d 亚层，$l=3$ 为 f 亚层)。同一电子层中的原子轨道 n 相同，l 越大，能量越高。

答案：D

【例 3-1-5】 主量子数 $n=3$ 的原子轨道最多可容纳的电子总数是：

A. 10　　B. 8　　C. 18　　D. 32

解 主量子数为 n 的电子层中原子轨道数为 n^2，最多可容纳的电子总数为 $2n^2$。主量子 $n=3$，原子轨道最多可容纳的电子总数为 $2\times3^2=18$。

答案：C

3. 概率密度与电子云

概率是核外电子在空间出现的机会。概率密度是电子在核外空间某处单位体积内出现的概率。根据实验和理论的研究已经证实，电子的概率密度等于波函数的平方，即 ψ^2。为了形象地表示电子在原子中的概率密度分布情况，在化学上引入电子云的概念。电子云是用黑点的疏密度来表示核外空间各点电子概率密度大小的具体图像。例如基态氢原子的 1s 电子云呈球状。

4. 原子轨道和电子云的角度分布图

用数学方法把 $\psi(\gamma,\theta,\Phi)$ 分成两个函数的乘积，即

$$\psi(\gamma,\theta,\Phi)=R(r)\cdot Y(\theta,\Phi) \tag{3-1-8}$$

式中：$R(r)$——波函数的径向分布部分；

$Y(\theta,\Phi)$——波函数的角度分布部分。

角度分布图：波函数的角度分布部分(Y)随角度(θ,Φ)变化的图形。原子轨道和电子云的角度分布平面示意图见图 3-1-1 和图 3-1-2。两图的作法、外形和空间取向相似，区别在于前者比后者"胖"些；前者有"＋"、"－"之分，后者则没有。

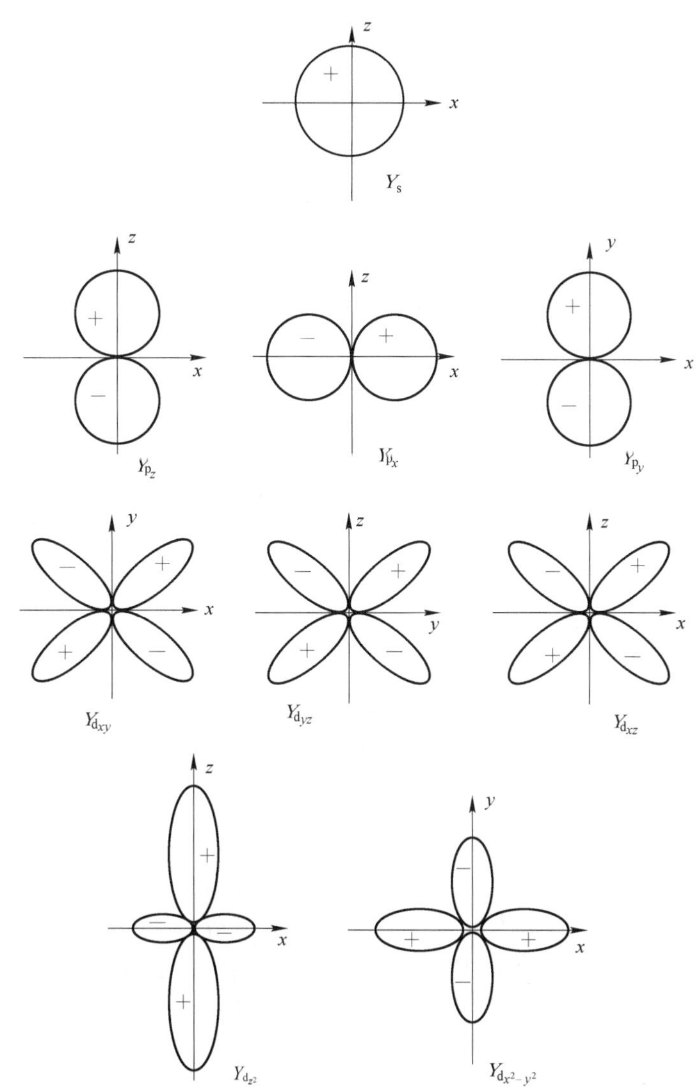

图 3-1-1 s、p、d 原子轨道角度分布平面示意图

(三)核外电子的分布

1.原子轨道的近似能级顺序

在多电子原子中，原子轨道的能级不仅与主量子数有关，与角量子数也有关系。我国化学家徐光宪教授，根据光谱试验数据的结果归纳出一个近似规律：在多电子原子中各原子轨道的能量由 $n+0.7l$ 来决定，数值越大，能量越高，见表 3-1-2。

多电子原子的能级顺序 表 3-1-2

轨道符号	1s	2s	2p	3s	3p	4s	3d	4p	5s	4d	5p	6s	4f	5d	6p	7s	5f	…
$n+0.7l$	1.0	2.0	2.7	3.0	3.7	4.0	4.4	4.7	5.0	5.4	5.7	6.0	6.1	6.4	6.7	7.0	7.1	
能级高低顺序	⟶ 从左到右、依次升高																	

由表 3-1-2 可知：

(1)当 l 不变时，E 随 n 增大而增大。如 $E_{1s}<E_{2s}<E_{3s}<\cdots$，$E_{2p}<E_{3p}<E_{4p}<\cdots$。

(2)当 n 不变时，E 随 l 增大而增大。如 $E_{4s}<E_{4p}<E_{4d}<E_{4f}$。

(3)当 n、l 均变化时，出现能级交错。如 $E_{4s}<E_{3d}<E_{4p}$，$E_{5s}<E_{4d}<E_{5p}$，$E_{6s}<E_{4f}<E_{5d}<E_{6p}$。

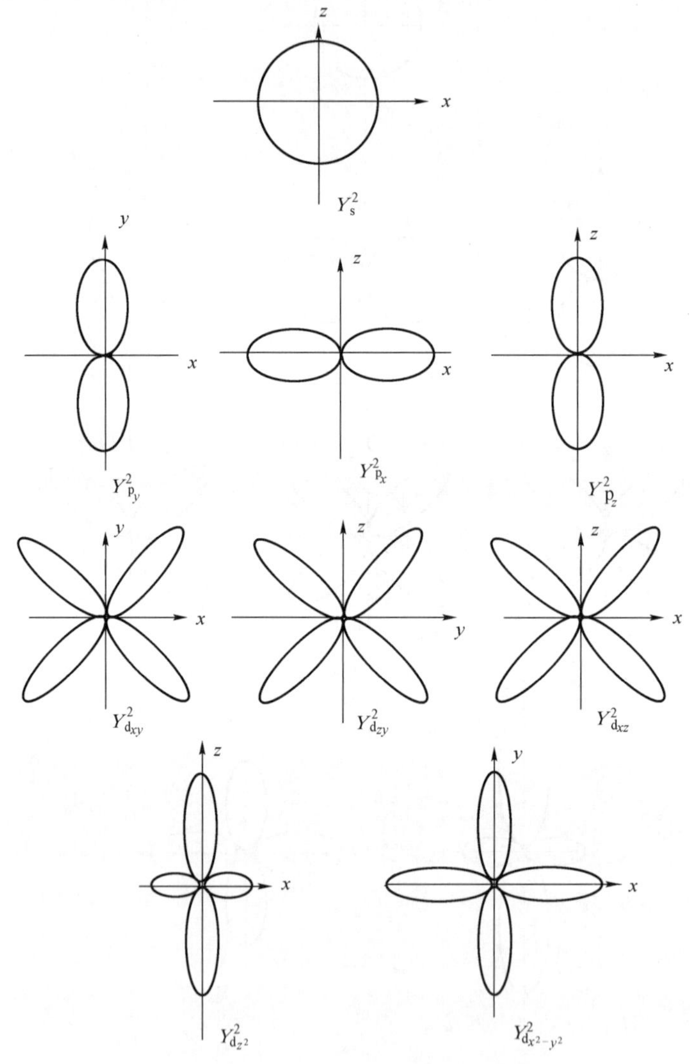

图 3-1-2 s、p、d 电子云角度分布平面示意图

2.屏蔽效应

在多电子原子中，核电荷(Z)对某个电子的吸引力，由于其他电子对该电子的排斥而被削弱的作用称为屏蔽效应，若削弱部分为 σ(叫屏蔽常数)，则有效核电荷 $Z^*=Z-\sigma$。屏蔽作用越大，核电荷减小越多，核对电子的引力越小，电子能级越高，屏蔽作用的大小为 K>L>M>N…，所以当 l 相同时，能级随 n 增大而升高。

3. 钻穿效应

外层电子穿过内层钻入核附近，减少内层电子对它的屏蔽作用而使能级降低的现象称为钻穿效应。钻穿效应越大，轨道能级越低。钻穿效应的大小顺序为 $ns>np>nd>nf$，所以当 n 不变时，轨道能级随 l 增大而升高。

至于能量出现交错如 $E_{4s}<E_{3d}$，是因为 4s 电子钻穿效应比 3d 大，受其他电子的屏蔽作用小，故使得 4s 电子的能级比 3d 还低。同理可解释 $E_{6s}<E_{4f}<E_{5d}<E_{6p}$。

4. 核外电子排布的规则

原子中的电子按一定规则排布在各原子轨道上。人们根据原子光谱实验和量子力学理论，总结出三个排布原则：泡利不相容原理、能量最低原理和洪特规则。

(1)泡利不相容原理

在同一原子中，不可能有四个量子数完全相同的两个电子存在。每一个轨道上最多只能容纳两个自旋相反的电子。每个电子层中电子的最大容量为 $2n^2$。

(2)能量最低原理

电子总是尽先占据能级较低的轨道。电子进入轨道的先后顺序为：ns、$(n-2)f$、$(n-1)d$、np，即按 1s,2s、2p,3s、3p,4s、3d、4p,5s、4d、5p,6s、4f、5d、6p,7s、5f、6d、7p 的顺序填充。

(3)洪特规则

在等价轨道(如 3 个 p 轨道、5 个 d 轨道、7 个 f 轨道)上，电子尽可能分占不同的轨道，而且自旋方向相同。同一电子亚层，电子处于全充满(p^6、d^{10}、f^{14})、半充满(p^3、d^5、f^7)状态时较稳定。

5. 核外电子分布式和外层电子分布式

原子的核外电子分布式是电子按 n 和 l 增大的顺序在各个轨道上分布的式子。例如，25 号元素 Mn 原子的核外电子分布式为 $1s^2 2s^2 2p^6 3s^2 3p^6 3d^5 4s^2$。

外层电子(价电子)是指那些对元素性质有显著影响的电子，它们在各个轨道上分布的式子叫做外层电子分布式，或外层(价层)电子构型。例如，Mn 的外层电子构型为 $3d^5 4s^2$，又如 K 是 $4s^1$。

原子得到或失去电子后便是离子。应当指出，当原子失去电子而成为正离子时，一般是能量较高的最外层的电子先失去，而且往往引起电子层数的减少。原子成为负离子时，原子所得的电子总是分布在它的最外电子层上。Mo^{2+} 和 I^- 离子的核外电子分布式及外层电子分布式为：

离子	离子的核外电子分布式	离子的外层电子分布式
Mo^{2+}	$1s^2 2s^2 2p^6 3s^2 3p^6 3d^{10} 4s^2 4p^6 4d^4$	$4s^2 4p^6 4d^4$
I^-	$1s^2 2s^2 2p^6 3s^2 3p^6 3d^{10} 4s^2 4p^6 4d^{10} 5s^2 5p^6$	$5s^2 5p^6$

正确书写核外电子分布式，可先根据三个分布规则和近似能级顺序将电子依次填入相应轨道，再按电子层顺序整理一下分布式，按 n 由小到大自左向右排列各原子轨道，相同电子层的轨道排在一起。

例如，4s 轨道的能级比 3d 轨道低，在填入电子时，先填入 4s，后填入 3d，但 4s 是比 3d 更外层的轨道，因而在正确书写原子的电子分布式时，3d 总是写在 4s 前面。

例如，第 29 号元素铜，Cu $1s^2 2s^2 2p^6 3s^2 3p^6 3d^{10} 4s^1$。

对于核外电子比较多的元素，由光谱测定的核外电子分布，并不完全与理论预测的一致。对于这些特例，应以实验事实为准。

【例 3-1-6】 下列基态原子的核外电子分布式错误的是：

A. $1s^2 2s^2 2p^6 3s^2 3p^3$　　B. $1s^2 2s^2 2p^6 3s^1 3p^1$

C. $1s^2 2s^2 2p^6 3s^2 3p^4$　　D. $1s^2 2s^2 2p^6 3s^2 3p^5$

解　3s 轨道未满，不是基态分布。

答案：B

二、原子结构与元素周期律

原子核外电子分布的周期性是元素周期律的基础，元素周期表是周期律的表现形式。

（一）核外电子的排布与元素周期表的关系

首先分析周期表中各元素最后一个电子填充的电子亚层，见表 3-1-3。

电子填充与周期表的关系　　表 3-1-3

周期	IA IIA	IIIB～VIIB、VIII、IB、IIB	IIIA～0	元素的数目	电子填充的亚层	最高主量子数 n	原子的电子层数
1	$1s^1$		$1s^2$	2	1s	1	1
2	$2s^{1\sim2}$		$2p^{1\sim6}$	8	2s、2p	2	2
3	$3s^{1\sim2}$		$3p^{1\sim6}$	8	3s、3p	3	3
4	$4s^{1\sim2}$	$3d^{1\sim10}4s^{1\sim2}$	$4p^{1\sim6}$	18	4s、3d、4p	4	4
5	$5s^{1\sim2}$	$4d^{1\sim10}5s^{1\sim2}$	$5p^{1\sim6}$	18	5s、4d、5p	5	5
6	$6s^{1\sim2}$	$4f^{1\sim14}5d^{1\sim10}6s^{1\sim2}$	$6p^{1\sim6}$	32	6s、4f、5d、6p	6	6

由表 3-1-3 可看到：

(1)在周期表中各同周期或同族元素的外层电子排布是有规律的。如同主族元素，原子的最外层电子数相等；同周期主族元素最外层电子数由 1 逐渐增加到 8 个电子。

(2)核外电子排布与划分周期有关。如元素所在周期数等于该元素原子的电子层数，等于原子中最高主量子数。

(3)核外电子排布与族的关系，由表 3-1-3 可见：

主族、IB 和 IIB 的族数等于($ns+np$)层上的电子数，n 为最高主量子数。

IIIB～VIIB 的族数等于$[(n-1)d+ns]$层上的电子数。

VIII 族元素的电子数为$[(n-1)d+ns]$层上的电子数，即 8～10 个电子。

(4)元素在周期表中的分区：

s 区：包括 IA、IIA 族元素。外层电子构型为 ns^1 和 ns^2（n 是最高主量子数）。

p 区：包括 IIIA 至 VIIA 和零族元素。外层电子构型为 ns^2np^1 至 ns^2np^6（He 为 $1s^2$）。

d 区：包括 IIIB 至 VIIB 和 VIII 族元素。外层电子构型一般为$(n-1)d^1ns^2$ 至$(n-1)d^8ns^2$，但有例外。

ds 区：包括 IB、IIB 族元素。外层电子构型为$(n-1)d^{10}ns^1$ 和$(n-1)d^{10}ns^2$。d 区和 ds 区元素叫过渡元素。

f 区：包括镧系中的 57～71 号元素和锕系中的 89～103 号元素。外层电子构型为$(n-2)f^{0\sim14}(n-1)d^{0\sim2}ns^2$。

【例 3-1-7】　锰原子的核外电子排布式为 $1s^2 2s^2 2p^6 3s^2 3p^6 3d^5 4s^2$，锰所在的：(1)周期数为(　　)；(2)族数为(　　)。

(1)　A. 2　B. 4　C. 3　D. 5

(2)　A. VIIA　B. IIA　C. VIIB　D. IIB

解　周期数为最高主量子数；价电子构型 $3d^5 4s^2$，为 d 区副族元素，族数为价电子数。

答案:(1)B;(2)C

(二)周期表中元素性质的递变规律

元素的性质决定于原子结构。由于原子的电子层结构呈周期性变化,所以元素的基本性质如原子半径、电离能、电子亲和能、电负性等也呈周期性变化,元素的化合物如氧化物及其水合物的酸碱性也呈递变性规律变化。

1.原子半径

原子半径包括共价半径、金属半径、范德华半径。共价半径是同种元素的两原子以共价单键结合时两原子核间距的一半;金属半径是金属晶体中相邻两原子核间距的一半;在分子晶体中,分子间是以范德华力结合的。例如稀有气体形成的单原子分子晶体中,两个同种原子核间距离的一半就是范德华半径。

在周期表中,原子半径的变化规律为:同一周期主族元素从左到右有效核电荷 E^{*} 依次增加,原子半径依次减小,副族元素的原子半径略有减小;同一族元素从上到下,主族元素原子半径递增,副族元素略有增大但不明显,特别是五、六周期的元素,由于镧系收缩使得它们的原子半径相差很小。

2.电离能(I)

定义:基态的气态原子失去一个电子形成+1价气态离子所需要的最低能量为该原子的第一电离能(I_1);从+1价气态离子再失去一个电子形成+2价气态离子时所需最低能量为第二电离能(I_2);依此类推。随失去电子数的增加,电离能依次增加,即 $I_1 < I_2 < I_3 < \cdots$。通常所说的电离能是指 I_1,单位为 kJ/mol。

变化规律:同一周期从左到右,主族元素的有效核电荷数依次增加,原子半径依次减小,电离能依次增大;同一主族元素从上到下原子半径依次增大,电离能依次减小,副族元素的变化不如主族元素那样有规律。

意义:电离能可用来衡量单个气态原子失去电子的难易程度。元素的电离能越小,越易失去电子,金属性越强。

3.电子亲和能(Y)

基态的气态原子得到一个电子形成-1价气态离子所放出的能量称为该元素的电子亲和能。电子亲和能越大,越容易获得电子,元素的非金属性越强。

4.电负性(X)

为了衡量分子中各原子吸引电子的能力,泡利在1932年引入了电负性的概念。电负性数值越大,表明原子在分子中吸引电子的能力越强;电负性数值越小,表明原子在分子中吸引电子的能力越弱。元素的电负性较全面反映了元素的金属性和非金属性的强弱。

变化规律:同一周期从左到右,主族元素的电负性逐渐增大;同一主族从上到下元素的电负性逐渐减小。副族元素的电负性规律性较差。金属元素的电负性一般小于2.0(金和铂除外);非金属元素的电负性一般大于2.0(硅除外)。

【例 3-1-8】 下列元素中第一电离能最小的是:

A. H　　B. Li　　C. Na　　D. K

解 第一电离能是基态的气态原子失去一个电子形成+1价气态离子所需要的最低能量。变化规律:同一周期从左到右,主族元素的有效核电荷数依次增加,原子半径依次减小,电离能依次增大;同一主族元素从上到下原子半径依次增大,电离能依次减小。

答案:D

【例 3-1-9】 下列元素,电负性最大的是:

A. F　　B. Cl　　C. Br　　D. I

解 周期表中元素电负性的递变规律:同一周期从左到右,主族元素的电负性逐渐增大;同一主族元素从上到下电负性逐渐减小。

答案:A

【例 3-1-10】 下列几种元素中原子半径最小的是:

A. Na　　B. Al　　C. F　　D. Bi

解 原子半径的变化规律为:同一周期主族元素从左到右原子半径依次减小,同一主族元素从上到下原子半径依次增加。Na、Al、P、Cl 是同一周期主族元素,原子半径 Na > Al>P >Cl;P 和 Bi 是同一主族元素,原子半径 Bi>P;F 和 Cl 是同一主族元素,原子半径 Cl>F。所以题中四个元素原子半径最小的是 F。

答案:C

5. 对角线规则和镧系收缩

在 s 区和 p 区元素中,除了同族元素的性质相似外,还有一些元素及其化合物的性质呈现出"对角线"相似性。所谓对角线相似,即 IA 族的 Li 与 IIA 族的 Mg、IIA 族的 Be 与 IIIA 族的 Al、IIIA 族的 B 与 IVA 族的 Si,这三对元素在周期表中处于对角线位置,相应的两元素及其化合物的性质有许多相似之处。这种相似性称为对角线规则。

镧系元素的原子半径和离子半径的递变趋势是随着原子序数的增大而缓慢的减小,这种现象称为镧系收缩。随着原子序数的增加,镧系元素的原子半径虽然只是缓慢的变小,但是经过从 La 到 Yb 的 14 种元素的原子半径递减的积累却减小了 14pm 之多,从而造成了镧系后边 Lu,Hf 和 Ta 的原子半径与同族的 Y,Zr 和 Nb 的原子半径极为接近。

(三)元素的氧化物及其水合物酸碱性递变规律

1. 分类

(1)碱性氧化物——活泼金属的氧化物。

(2)酸性氧化物——主要是非金属氧化物。

(3)两性氧化物——主要是 Be、Al、Pb、Sb 等对角线上元素的氧化物和一些金属氧化物,如 TiO_2、Cr_2O_3 等。

(4)惰性氧化物或称不成盐氧化物,即不与水、酸、碱反应的氧化物,如 CO、NO 等。

2. 一般规律

(1)同周期元素最高价态氧化物及其水合物从左到右酸性递增、碱性递减。例如第三周期主族元素的氧化物及其水合物的酸碱性变化规律如下:

氧化物	Na_2O	MgO	Al_2O_3	SiO_2	P_2O_5	SO_3	Cl_2O_7
氧化物的水合物	NaOH	$Mg(OH)_2$	$Al(OH)_3$	H_2SiO_3	H_3PO_4	H_2SO_4	$HClO_4$
酸碱性	强碱	中强碱	两性	弱酸	中强酸	强酸	最强酸

酸性递增、碱性递减 →

又如第四周期副族:

氧化物	Sc_2O_3	TiO_2	V_2O_5	CrO_3	Mn_2O_7
氧化物的水合物	$Sc(OH)_3$	$Ti(OH)_4$	HVO_3	H_2CrO_4	$HMnO_4$
酸碱性	碱性	两性	弱酸	中强酸	高强酸

酸性递增、碱性递减 →

(2)同一主族元素相同价态的氧化物及其水合物,从上至下酸性减弱、碱性增强。例如VA族:

碱性增强↓				酸性增强↑
碱	N_2O_3	HNO_2	中强酸	酸
性	P_2O_3	H_3PO_3	中强酸	性
增	As_2O_3	H_3AsO_3	两性偏酸	增
强	Sb_2O_3	$Sb(OH)_3$	两性偏碱	强
↓	Bi_2O_3	$Bi(OH)_3$	碱性	

又例如VIB族:

酸性 $H_2CrO_4 > H_2MoO_4 > H_2WO_4$

(3)同一元素不同价态的氧化物及其水合物,依价态升高的顺序酸性增强,碱性减弱。例如:

CrO	Cr_2O_3	CrO_3
$Cr(OH)_2$	$Cr(OH)_3$	H_2CrO_4
碱性	两性	酸性

酸性增强 →

3.氧化物及其水合物的酸碱性与结构的关系

(1)R—O—H规则

以下分四点简要说明规则内容.

①氧化物的水合物不论是酸还是碱,其结构中均含有R—O—H部分。如:

$$Mg(OH)_2:HO—Mg—OH;H_2SO_4:\ HO—\overset{\overset{\displaystyle O}{\|}}{\underset{\underset{\displaystyle O}{\|}}{S}}—OH$$

②规则把R、O、H都看成离子,即R^{n+}、O^{2-}、H^+。

③R—O—H有两种电离方式,即:

R — O ┆ H　酸式电离,产生H^+,则为酸

R ┆ O — H　碱式电离,产生OH^-,则为碱

④采取何种方式电离取决于R^{n+}与O^{2-}和O^{2-}与H^+之间作用力的大小。若R^{n+}的电荷多、半径小,则R^{n+}与O^{2-}的引力将大于O^{2-}与H^+的引力,则发生酸式电离呈酸性;若R^{n+}电荷少,半径大,具有8电子构型,R^{n+}与O^{2-}的引力将小于O^{2-}与H^+的引力,则发生碱式电离呈碱性;如果R^{n+}与O^{2-}的引力近似等于O^{2-}与H^+的引力,既可发生酸式电离,也可以发生碱式电离,该水合物具有两性。以第三周期氧化物之水合物的酸碱性递变规律说明如下:

R^{n+}	Na^+	Mg^{2+}	Al^{3+}	Si^{4+}	P^{5+}	S^{6+}	Cl^{7+}
R^{n+}电荷数	+1	+2	+3	+4	+5	+6	+7
R^{n+}半径(Pm)	90	65	50	41	34	29	26
$R(OH)_n$	$NaOH$	$Mg(OH)_2$	$Al(OH)_3$	H_2SiO_3	H_3PO_4	H_2SO_4	$HClO_4$
酸碱性	强碱	中强碱	两性	弱酸	中强酸	强酸	最强酸

R^{n+}的电荷数递增,半径递减,R^{n+}与O^{2-}引力递增,酸式电离递增,酸性增强。→

(2)鲍林规则

为了说明含氧酸酸性的相对强弱,鲍林将含氧酸写成$(HO)_mRO_n$,n为不与H结合的氧

原子数。鲍林认为：n 值越大，酸性越强。例如：

$HClO_4$	写成 $HOClO_3$	$n=3$	n 值下降
H_2SO_4	写成 $(HO)_2SO_2$	$n=2$	酸性减弱
HNO_2	写成 HONO	$n=1$	
H_3BO_3	写成 $(HO)_3B$	$n=0$	

【例 3-1-11】 下列物质中酸性最弱的是：

A. H_3PO_4　　B. $HClO_4$　　C. H_3AsO_4　　D. H_3AsO_3

解　同一周期元素最高价态氧化物及其水合物从左到右酸性递增、碱性递减，酸性 $HClO_4 > H_3PO_4$；同一主族元素相同价态的氧化物及其水合物，从上到下酸性减弱、碱性增强；同一元素不同价态的氧化物及其水合物，依价态升高的顺序酸性增强、碱性减弱。酸性 $H_3PO_4 > H_3AsO_4 > H_3AsO_3$。所以题中最弱酸是 H_3AsO_3。

答案：D

【例 3-1-12】 下列物质中酸性最强的是：

A. $HClO_4$　　B. $HClO_3$　　C. $HClO_2$　　D. HClO

解　同一元素不同价态的氧化物及其水合物，依价态升高的顺序酸性增强、碱性减弱。所以酸性 $HClO_4 > HClO_3 > HClO_2 > HClO$。

答案：A

三、化学键

化学键是分子或晶体中原子或离子间的强烈作用力。键能约为 100～800kJ/mol，是决定分子和晶体的化学性质的主要因素。一般分为共价键、离子键和金属键三大类。

（一）离子键

1. 离子键的形成和特性

电负性大的非金属原子（如 VIIA 元素）和电负性小的金属原子（如 IA 元素）相互靠近时发生电子转移形成正负离子，正负离子借静电作用形成离子键。由离子键结合而成的化合物或晶体叫离子型化合物或离子晶体。

离子键的特征是没有饱和性和方向性。离子键的实质是静电引力。离子的电荷数取决于形成离子时原子得失电子数。

2. 离子半径

离子半径是反映离子大小的一个物理量。在离子型化合物中，相邻两正、负离子的核间距也就是正、负离子半径之和。离子半径的导出以正、负离子半径之和等于相邻两正、负离子的核间距（离子键键长）这一原理为基础，从大量 X 射线晶体结构分析实测键长值中推引出离子半径。离子半径的大小主要取决于离子所带电荷和离子本身的电子分布，但还要受离子化合物结构类型的影响。其变化规律为：同周期不同元素离子的半径随离子电荷代数值增大而减小，如 $S^{2-} > Cl^- > Na^+ > Mg^{2+} > Al^{3+} > Si^{4+} > P^{5+}$。同族元素电荷数相同的离子半径随电子层数增加而增大，如 $Be^{2+} < Mg^{2+} < Ca^{2+} < Sr^{2+} < Ba^{2+}$，$F^- < Cl^- < Br^- < I^-$。同种元素的离子半径随电荷数的增大而减小，如 $Fe^{2+} > Fe^{3+}$，$Pb^{2+} > Pb^{4+}$ 等。

3. 离子的电子构型

在离子型化合物中，对简单的负离子来讲都具有稀有气体原子的稳定结构，如 Cl^- $(3s^23p^6)$、O^{2-} $(2s^22p^6)$ 等，对正离子来讲具有：

(1)2 电子构型，如 Li^+、Be^{2+}($1s^2$)。

(2)8 电子构型，如 Na^+、Mg^{2+}、Al^{3+}、Ca^{2+}(ns^2np^6)。

(3)9～17 电子构型，如 Fe^{2+}、Cr^{3+}、Cu^{2+}、Mn^{2+}($ns^2np^6nd^{1\sim9}$)。

(4)18 电子构型，如 Cu^+、Zn^{2+}、Ag^+、Cd^{2+}($ns^2np^6nd^{10}$)。

(5)18+2 电子构型，如 Sn^{2+}、Pb^{2+}、Sb^{3+}[$(n-1)s^2(n-1)p^6(n-1)d^{10}ns^2$]。

4. 晶格能(U)

在离子晶体中表示离子键的强度和晶格的牢固程度可用晶格能衡量。晶格能是指在 298K、100kPa 压力下，由气态正负离子生成 1 摩尔离子晶体时所放出的能量。由此可见晶格能值越大，放出的能量越大，离子晶体越稳定，破坏其晶格时耗费的能量也越大。

影响晶格能的因素主要有正负离子的电荷数和其半径，它们的关系可粗略表示为

$$U \propto \frac{|Z_+ \cdot Z_-|}{r_+ + r_-} \tag{3-1-9}$$

对于晶体构型相同的离子晶体，离子电荷越多，半径越小，晶格能越大，离子键越强，晶格越牢固。

5. 离子的极化

离子在外电场或另一离子作用下，发生变形产生诱导偶极的现象叫离子极化。正负离子相互极化的强弱取决于离子的极化力和变形性。

离子的极化力是指某离子使其他离子变形的能力，极化力取决于：

(1)离子的电荷。电荷数越多，极化力越强。

(2)离子的半径。半径越小，极化力越强。

(3)离子的电子构型。当电荷数相等、半径相近时，极化力的大小为：18 或 18+2 电子构型>9～17 电子构型>8 电子构型。

离子的变形性是指某离子在外电场作用下电子云变形的程度。影响变形性的因素有：

(1)离子的电荷。正离子电荷越多，变形性越小；负离子电荷越多，变形性越大，如

$$Si^{4+} < Al^{3+} < Mg^{2+} < Na^+ < F^- < O^{2-}$$

(2)离子半径。半径越大，变形性越大。如

$$I^- > Br^- > Cl^- > F^-$$

(3)离子的电子构型。8 电子构型的离子其变形性小于其他电子构型。

每种离子都具有极化力与变形性，但在一般情况下，主要考虑正离子的极化力和负离子的变形性，只有当正离子也容易变形时才考虑正负离子间的相互极化作用。

由于离子的极化作用，使负离子的电子云向正离子偏移，导致电子云的重叠，键的极性减弱，使离子键向共价键过渡，离子晶体向分子晶体过渡。例如 d 区、ds 区、p 区金属元素的氯化物、氧化物等晶体的过渡就是离子极化作用的结果。

【例 3-1-13】 在 NaCl，$MgCl_2$，$AlCl_3$，$SiCl_4$ 四种物质中，离子极化作用最强的是：

A. NaCl　　B. $MgCl_2$　　C. $AlCl_3$　　D. $SiCl_4$

解　离子的极化作用是指离子的极化力，离子的极化力为某离子使其他离子变形的能力。极化力取决于：①离子的电荷，电荷数越多，极化力越强；②离子的半径，半径越小，极化力越强；③离子的电子构型，当电荷数相等、半径相近时，极化力的大小为：18 或 18+2 电子构型>9～17 电子构型>8 电子构型。每种离子都具有极化力和变形性，一般情况下，主要考虑正离子的极化力和负离子的变形性。离子半径的变化规律：同周期不同元素离子的半径随离子电

荷代数值增大而减小。四个化合物中 $SiCl_4$ 是分子晶体。NaCl、$MgCl_2$、$AlCl_3$ 中的阴离子相同，都为 Cl^-，阳离子分别为 Na^+、Mg^{2+}、Al^{3+}，离子半径逐渐减小，离子电荷逐渐增大，极化力逐渐增强，对 Cl^- 的极化作用逐渐增强，所以离子极化作用最强的是 $AlCl_3$。

答案：C

（二）共价键

1. 共价键的形成

当非金属元素和电负性相差不大的原子之间相互靠近时，通过电子相互配对形成的化学键为共价键。由共价键形成的化合物叫共价型化合物。共价型化合物的晶体有原子晶体和分子晶体。

共价键理论包括价键理论和杂化轨道理论。

2. 价键理论的要点

（1）两原子靠近时，自旋相反的未成对电子可以配对形成共价键（所以价键理论也称电子配对法）。

（2）成键电子的原子轨道必须发生最大限度的重叠。轨道重叠越多，共价键越牢固。

3. 共价键的特征

（1）具有饱和性。一个原子含有 n 个未成对电子，只能和 n 个自旋方向相反的电子配对成键。如：$:\dot{\underset{\cdot}{N}}\cdot$ 可形成 3 个共价单键，或形成一个共价叁键；$:\dot{\underset{\cdot}{O}}:$ 可形成 2 个共价单键，或形成一个共价双键，$:\ddot{\underset{\cdot\cdot}{F}}\cdot$ 只能形成一个共价单键。

（2）具有方向性。轨道重叠时成键电子的原子轨道总是沿一定的方向进行重叠。

4. 共价键的类型——σ 键和 π 键

σ 键：成键轨道沿键轴（两原子核间连线）方向以“头碰头”的方式重叠。重叠部分以键轴为对称轴呈圆柱形对称分布。故 σ 键重叠程度大、键能大、稳定性高。

π 键：成键轨道沿键轴方向以“肩并肩”方式重叠。重叠部分垂直于键轴镜面反对称。π 键重叠程度较 σ 键小，π 键没有 σ 键牢固，稳定性较差，易发生化学反应。共价单键一般为 σ 键，双键中含一个 σ 键一个 π 键，叁键中一个 σ 键两个 π 键。

【例 3-1-14】 $H_2C=HC-CH=CH_2$ 分子中所含化学键共有：

A. 4 个 σ 键，2 个 π 键　　B. 9 个 σ 键，2 个 π 键

C. 7 个 σ 键，4 个 π 键　　D. 5 个 σ 键，4 个 π 键

解　共价键的类型分 σ 键和 π 键。共价单键均为 σ 键；共价双键中含 1 个 σ 键，1 个 π 键；共价三键中含 1 个 σ 键，2 个 π 键。

丁二烯分子中，碳氢间均为共价单键，碳碳间含 1 个碳碳单键，2 个碳碳双键。结构式为：

```
H                 H
 \               /
  C==C--C==C
 /   |   |   \
H    H   H    H
```

答案：B

5. 杂化轨道理论要点

杂化轨道理论是在价键理论基础上发展起来的，能较好的解释多原子分子的空间构型。其主要论点为：

(1)原子轨道在成键过程中并不是一成不变的。原子(一般为中心原子)在成键时,受外力作用使原子中能级相近的原子轨道重新组合成新的原子轨道,这一过程称为轨道杂化,简称杂化。新组合成的原子轨道叫杂化轨道。

(2)杂化轨道的数目取决于参加杂化的轨道数(见表 3-1-4),即一个原子中能量相近的 n 个原子轨道,可以而且只能形成 n 个杂化轨道。

杂化类型与分子空间构型 表 3-1-4

杂化类型	sp	sp^2	sp^3	sp^3 不等性	
参加杂化轨道数	1 个 s、1 个 p	1 个 s、2 个 p	1 个 s、3 个 p	1 个 s、3 个 p	
杂化轨道数	2	3	4	4	
轨道间夹角	180°	120°	109°28′	<109°28′	<109°28′
空间构型	直线形	平面三角形	正四面体	三角锥形	"V"字形
实例	$BeCl_2$、$HgCl_2$	BF_3、BCl_3	CH_4、SiF_4	NH_3、PH_3	H_2O、H_2S

(3)杂化轨道的形状:杂化后使轨道的正瓣变大,更能满足最大重叠原理,从而提高成键能力,使分子更稳定。

(4)杂化轨道的空间构型决定分子的空间构型(见表 3-1-4)。sp^3 杂化轨道中含孤电子对数不同,分子的空间构型不同。

(5)杂化轨道分等性杂化轨道和不等性杂化轨道。凡能量相等、成分相同的杂化轨道叫等性杂化轨道;凡原子中有孤对电子占据杂化轨道而不成键的杂化叫不等性杂化,所形成的杂化轨道的成分不完全等同,故称不等性杂化轨道。

6.杂化类型的确定

对于 AB_n 型的分子、离子,且限于只有 s、p 参与的杂化,下面介绍如何确定中心原子的杂化类型。

(1)确定 A 的价电子对数(x)

若 AB_n 为分子:$x=\frac{1}{2}$(A 的价电子数+B 提供的电子总数),见表 3-1-5。

表 3-1-5

族数	H	IIA、IIB	IIIA	IVA	VA	VIA	VIIA
A 的价电子数	—	2	3	4	5	6	7
B 提供的电子数	1	—	—	—	—	0	1

若 AB_n^{m+} 为正离子:$x=\frac{1}{2}$(A 的价电子数+B 提供的电子总数−离子的电荷数)

若 AB_n^{m-} 为负离子:$x=\frac{1}{2}$(A 的价电子数+B 提供的电子总数+离子的电荷数)

离子的电荷数即 m 值。

(2)确定杂化类型(见表 3-1-6)

表 3-1-6

价电子对数	2	3	4
杂化类型	sp 杂化	sp^2 杂化	sp^3 杂化

【例 3-1-15】 PCl_3 分子空间几何构型及中心原子杂化类型分别为：

A. 正四面体，sp^3 杂化　　B. 三角锥形，不等性 sp^3 杂化

C. 正方形，dsp^2 杂化　　D. 正三角形，sp^2 杂化

解 PCl_3分子中心原子P的价电子对数 $x=\frac{1}{2}(5+3)=4$，中心原子P与三个Cl形成三个σ键，且中心原子P还有一个孤对电子，所以中心原子P为不等性sp^3杂化，PCl_3分子空间几何构型为三角锥形。

答案：B

（三）金属键

金属中自由电子与原子（或正离子）之间的作用力称为金属键。

1. 金属键的形成

金属元素的原子半径一般较大，而最外层电子数又较少，因此，金属晶体中最外层电子易从金属原子上脱落，在晶体内自由运动，成为自由电子。原子脱落电子后形成正离子。在整个金属晶体中的原子（或离子）与自由电子所形成的化学键称为金属键。又称改性共价键，即将自由电子看成是金属原子或离子的共有电子，所有原子都参与的一种特殊的共价键。金属的一些特性，如传热性、导电性、延展性等，都与自由电子的存在与运动有关。

2. 金属键的特征

无方向性和无饱和性。

3. 金属键的强度

决定于金属的价电子数和原子半径。价电子数越多，原子半径越小，金属键越强。

离子键通常存在于离子晶体中，共价键存在于共价型单质或共价型化合物中，金属键存在于金属及合金中。

四、分子间的力和氢键

（一）共价键的极性

共价键有无极性取决于相邻两原子间共用电子对有无偏移。有偏移的是极性共价键；没有偏移的是非极性共价键。采用电负性差值来判别时：电负性差等于零为非极性共价键；电负性差不等于零为极性共价键。

（二）分子的极性

分子是否有极性取决于分子中正负电荷中心是否重合。重合的为非极性分子；不重合的为极性分子。分子是否有极性或分子极性的大小也可用分子的偶极矩来判断。

偶极矩 μ 等于极上电荷 q 乘以偶极长度 l。μ 等于零为非极性分子；μ 不等于零为极性分子，而且 μ 值越大，分子的极性越大。

对双原子分子，分子的极性决定于键的极性。对于多原子分子，分子的极性决定于键的极性和分子的空间构型，若键有极性，而分子空间构型对称，则分子无极性，如 CO_2、$HgCl_2$、BF_3、CCl_4 等；若键有极性，而分子空间构型不对称，则分子有极性，如 NH_3、H_2O、$SiHCl_3$ 等。

多原子分子（AB_n 型）极性的判断：

A 的氧化数的绝对值与 A 的价电子数是否相等，相等为非极性分子，不等为极性分子。

总之，共价键是否有极性，取决于相邻两原子间共用电子对是否偏移；而分子是否有极性，取决于整个分子中正、负电荷中心是否重合。

上述讨论分子极性时，只是考虑孤立分子中电荷的分布情况。如果把分子置于外加电场中，由于同性相斥，异性相吸，非极性分子原来重合的正、负电荷中心被分开，极性分子原来不重合的正、负电荷中心也被进一步分开。这种正、负两“极”(即电中心)分开的过程叫极化。由此产生的偶极叫诱导偶极。分子被极化的难易程度用分子的极化率来表示，极化率由试验测定，它反映分子在外电场作用下变形的性质。分子的变形性与分子大小有关，分子越大，包含的电子越多，就会有较多的电子被吸引的较松，分子的变形性也越大。

分子以原子核为骨架，电子受到骨架的吸引。但是，原子核和电子无时无刻不在运动。所谓分子构型其实只表现了在一段时间内的大体情况，每一瞬间都是不平衡的。因此，所谓的正、负电荷中心的位置只是在一段时间的统计结果。在某一瞬间，正、负电荷中心可能离开它的平衡位置，由此产生的偶极叫瞬时偶极。

(三)分子间力

在分子与分子之间存在的作用力称分子间力，也称范德华力。分子间力是分子间一种较弱的相互作用力，比化学键小1～2个数量级。

1.分子间力的产生

任何分子都有正、负电荷中心，非极性分子也有正、负电荷中心，不过是重合在一起。任何分子都有变形的性能。分子的极性和变形性是当分子互相靠近时分子间产生吸引作用的根本原因。

(1)色散力

色散力是瞬时偶极与瞬时偶极之间产生的作用力。瞬时偶极是由于每一瞬间分子的正、负电荷中心不重合产生的偶极。分子量越大，产生的瞬时偶极也越大，色散力越大。色散力存在于非极性分子与非极性分子之间，也存在于非极性分子与极性分子、极性分子与极性分子之间。

(2)诱导力

诱导力是由诱导偶极和固有偶极之间产生的作用力。诱导偶极是由于在极性分子的固有偶极的影响下产生的偶极。固有偶极越大，产生的诱导偶极也越大，诱导力也就越大。诱导力存在于非极性分子与极性分子之间，也存在于极性分子与极性分子之间。

诱导偶极也可在外电场的作用下产生。

(3)取向力

取向力是由固有偶极和固有偶极之间产生的作用力。固有偶极即极性分子原有的偶极。分子的极性越大，取向力越大。取向力存在于极性分子与极性分子之间。

分子间力是色散力、诱导力、取向力的总称。

2.影响分子间力的因素

分子间力以色散力为主，只有当分子的极性特别大时(如 H_2O)才以取向力为主。

在同类型分子中，色散力正比于分子的摩尔质量，正比于分子半径。所以分子间力正比于分子的摩尔质量，正比于分子半径。

3.分子间力的特征

(1)没有方向性和饱和性；

(2)分子间力比化学键小1～2个数量级；

(3)分子间力的作用范围0.3～0.5nm。

分子间力主要影响物质的熔点、沸点和硬度等。对同类型分子，分子量越大，色散力越大，分子间力越大，物质的熔、沸点相对要高，硬度要大。

（四）氢键

氢原子与电负性大、半径小、有孤对电子的原子 X（如 F、O、N）形成强极性共价键（H—X）后，还能吸引另一个电负性较大的原子 Y（如 F、O、N）中的孤对电子而形成氢键（X—H…Y），点线表示氢键。氢键具有饱和性和方向性，其键能比共价键的键能小得多，与分子间力更为接近些。氢键分为分子内氢键和分子间氢键，分子间氢键使物质熔点、沸点升高，分子内氢键使物质溶、沸点降低。若溶质分子与溶剂分子之间可以形成氢键，则溶质的溶解度增大。

【例 3-1-16】 下列分子中属极性分子的是：

A. $SiCl_4$　　B. NH_3　　C. CO_2　　D. BF_3

解 对于多原子分子，分子的极性取决于键的极性和分子的空间构型，若键有极性，而分子的空间构型对称，则分子无极性；若键有极性，而分子的空间构型不对称，则分子有极性。$SiCl_4$、NH_3、CO_2、BF_3 四个分子中的共价键都是极性键，但 $SiCl_4$、CO_2、BF_3 三个分子空间构型对称，为非极性分子，而 NH_3 是三角锥形分子，为极性分子。

答案：B

【例 3-1-17】 下列每组分子中只存在色散力的是：

A. H_2 和 CO_2　　B. HCl 和 SO_3

C. H_2O 和 O_2　　D. SO_2 和 H_2S

解 非极性分子与非极性分子间只存在色散力，极性分子与非极性分子间存在色散力和诱导力；极性分子与极性分子间存在色散力、诱导力和取向力。H_2 和 CO_2 都为非极性分子，只存在色散力。

答案：A

【例 3-1-18】 下列分子中存在氢键的是：

A. CO_2　　B. HBr　　C. NH_3　　D. CH_4

解 当分子中的氢原子与电负性大、半径小、有孤对电子的原子（如 N、O、F）形成强极性共价键后，还能吸引另一个电负性较大原子（如 N、O、F）中的孤对电子而形成氢键。

答案：C

【例 3-1-19】 下列分子中键的极性最大的是：

A. HF　　B. HCl　　C. HBr　　D. HI

解 两个原子间形成共价键时，两原子电负性差值越大，共价键极性越大。F 原子电负性最大。

答案：A

【例 3-1-20】 下列化合物中，含极性键的非极性分子是：

A. Cl_2　　B. H_2S　　C. CH_4　　D. H_2O

解 不同原子间形成的共价键为极性共价键。对于多原子分子，分子的极性取决于键的极性和分子的空间构型，若键有极性，而分子的空间构型对称，则分子无极性。CH_4 为正四面体构型，为非极性分子。

答案：C

五、理想气体定律

气体的基本特征是它的扩散性和压缩性。

气体的密度小，分子之间的空隙很大，这正是气体具有较大压缩性的原因，也是不同气体可以任何比例混合成为均匀混合物的原因。

温度与压力对气体体积的影响很大，联系体积、压力和温度之间关系的方程式称为状态方程。

(一)理想气体状态方程

理想气体体积、温度和压力之间的关系式为理想气体状态方程式，即为

$$pV=nRT \tag{3-1-10}$$

式中，R 称为摩尔气体常数。在国际单位制中，p 以 Pa、V 以 m^3、T 以 K 为单位，则 $R=8.314J/(mol\cdot K)$。

对真实气体，该式实际上是一个近似方程式，只有在分子本身体积极小(接近于没有体积)和分子间相互作用力极小(可忽略)的情况下，上述方程式才是准确的。真实气体分子本身有体积，分子之间有相互作用力，但在较高温度(不低于 0℃)、较低压强(不高于 101.3kPa)的情况下，这两个因素可忽略不计，用上式进行计算的结果能接近实际情况。

(二)混合气体分压定律

(1)分体积：指相同温度下，组分气体 i 具有和混合气体相同压强时所占的体积 V_i。若混合气体中有组分 1、2、3、…、i 种气体，则混合气体的体积 $V_{总}=V_1+V_2+\cdots+V_i$。

(2)体积分数：指某组分 i 的分体积 V_i 与总体积 $V_{总}$ 之比，即 $X_i=V_i/V_{总}$。

(3)分压强：在恒温时，某组分气体 i 占据与混合气体相同体积时，对容器所产生的压强，即为该组分气体的分压强 p_i，也称分压。

(4)分压定律：

由实验结果得出：混合气体的总压强 $p_{总}$ 为各组分气体的分压之和，即

$$p_{总}=p_1+p_2+\cdots+p_i \tag{3-1-11}$$

混合气体中每一种气体都分别遵守理想气体状态方程式，即

$$p_iV_{总}=n_iRT \tag{3-1-12}$$

由以上两点可引出两条重要推论，即

$$p_i=p_{总}\times\frac{V_i}{V_{总}} \tag{3-1-13}$$

$$p_i=p_{总}\times\frac{n_i}{n_{总}} \tag{3-1-14}$$

所以混合气体分压定律为：混合气体的总压强 $p_{总}$ 等于组分气体分压之和；某组分气体分压 p_i 的大小和它在气体混合物中的体积分数 $V_i/V_{总}$(或摩尔分数 $n_i/n_{总}$)成正比。

(三)有关计算

根据分压定律，可以计算混合气体的总压，也可根据总压和体积分数计算组分气体的分压。

【例 3-1-21】 在 298K 时，将压强为3.33×10^4Pa的氮气 0.2L 和压强为 4.67×10^4Pa 的氧气0.3L移入 0.3L 的真空容器，问混合气体中各组分气体的分压强、分体积和总压强各为多少？从答案中可得到什么结论？

解 由题意可知，两气体混合过程中温度不变，又知两气体在 298K 时不发生化学反应，混合前后物质的量不变。所以

$$(pV)_{混合前}=(pV)_{混合后}$$

对氮气 $$3.33\times10^4\times0.2=P_{N_2}\times0.3$$

$$p_{N_2}=2.22\times10^4\,Pa$$

对氧气 $4.67\times10^4\times0.3=p_{O_2}\times0.3$

$$p_{O_2}=4.67\times10^4\,Pa$$

$$p_{总}=(2.22+4.67)\times10^4=6.89\times10^4\,Pa$$

根据分压定律 $p_i=p_{总}\times V_i/V_{总}$

$$V_i=p_i\times V_{总}/P_{总}$$

对氮气 $V_{N_2}=2.22\times10^4\times0.3\div(6.89\times10^4)=0.097L$

对氧气 $V_{O_2}=4.67\times10^4\times0.3\div(6.89\times10^4)=0.203L$

则氮气和氧气的分压分别为 2.22×10^4Pa 和 4.67×10^4Pa，分体积分别为 0.097L 和 0.203L，总压强为 6.89×10^4Pa。可见分体积并不一定是混合前气体的体积。

【例 3-1-22】 将 1 体积氮气和 3 体积氢气的混合物放入反应器中，在总压强为 1.42×10^6Pa 的压强下开始反应，当原料气有 9%反应时，各组分的分压和混合气体的总压各为多少？

解 ①先求反应前各物质的分压，根据

$$p_i=p_{总}\times\frac{V_i}{V_{总}}$$

对氮气 $p_{N_2}=1.42\times10^6\times\frac{1}{1+3}=3.55\times10^5\,Pa$

对氢气 $p_{H_2}=1.42\times10^6\times\frac{3}{1+3}=1.065\times10^6\,Pa$

②求反应后各物质的分压，由于氮气和氢气已有 9%起了反应，故它们的分压比反应前减小 9%，即：

对氮气 $p_{N_2}=3.55\times10^5\times(1-9\%)=3.23\times10^5\,Pa$

对氢气 $p_{H_2}=1.065\times10^6\times(1-9\%)=9.69\times10^5\,Pa$

对氨气：根据化学反应方程式

$$N_2+3H_2=2NH_3$$

氨的生成量为氮消耗量的 2 倍，因此生成的氨的分压为氮分压减少值的 2 倍，即

$$p_{NH_3}=2\times(3.55-3.23)\times10^5=6.40\times10^4\,Pa$$

因此混合气体的总压强

$$p_{总}=p_{H_2}+p_{N_2}+p_{NH_3}=(3.23+9.69+0.64)\times10^5=1.36\times10^6\,Pa$$

则氮的分压为 3.23×10^5Pa，氢的分压为 9.69×10^5Pa，氨的分压 6.40×10^4Pa；混合气体的总压为 1.36×10^6Pa。

六、液体蒸气压、沸点、汽化热

同气体相比，液体是不可压缩的；液体分子的扩散也比气体分子缓慢得多。

(一)液体的蒸气压

蒸气压是饱和蒸气压的简称，指在一定温度下与液体相互平衡的蒸气所具有的压强。

在某温度下，若将某液体放置在密封的容器中，液体分子将迅速蒸发，随气相中蒸气分子的浓度增加，凝聚速度 V_1 逐渐增加而接近蒸发速度 V_2

$$液体\underset{凝聚}{\overset{蒸发}{\rightleftharpoons}}蒸气$$

当$V_1 = V_2$时，液气之间达成动态平衡，此时蒸气分子的浓度和蒸气压均达到某一恒定值。只要有液体与蒸气共存，蒸气压与容器的体积无关。当温度升高时，蒸气压升高。如80℃时水的蒸气压为47.4kPa，100℃时为101.3kPa。

（二）液体的沸点

液体在其蒸气压与液面上压强相等时的温度下沸腾，如果此压强为一个标准大气压（101.3kPa），液体沸腾时的温度就为该液体的正常沸点。即一种液体的正常沸点就是它的平衡蒸气压恰好等于101.3kPa时的温度。在101.3kPa下的水，正常沸点是100℃，苯的正常沸点是80℃。若液面上的压强降低，液体的沸点低于正常沸点，如水面压强降到3.2kPa，水在25℃就沸腾，水的沸点为25℃。反之，水面压强高于101.3kPa，水的沸点高于正常沸点100℃，如高压锅中沸水的温度就高于100℃。

（三）液体的汽化热

为使一种液体能在恒温下蒸发，必须向此液体供给充分的热量。所以把在恒温下使单位质量的液体蒸发所必须供给的热能叫做汽化热。如水的汽化热在100℃时为40.6kJ/mol，50℃时为42.7kJ/mol。

七、晶体类型与物质的性质

（一）晶体的基本类型及物理性质

大多数固体物质都是晶体。晶体是具有规则几何多面体外形的固体。由于晶格结点上的粒子不同，粒子间作用力不同，可将晶体分为离子晶体、原子晶体、分子晶体和金属晶体四种基本类型。

1.离子晶体

在离子晶体中，组成晶格的微粒是正、负离子，它们交错地排列在晶格结点上，彼此以离子键相结合，离子键的键能较大，因此离子晶体具有较高的熔点、沸点，硬而较脆，易溶于极性溶剂，固态时不导电，熔融状态或水溶液中能导电。

绝大多数盐类（如$NaCl$、CaF_2、K_2SO_4等）、强碱（如$NaOH$、KOH等）和许多金属氧化物（如MgO、CaO、Na_2O等）都属于离子晶体的结构类型。

离子晶体的熔点、硬度与晶格的牢固程度与晶格能的大小有关。晶格能是指在298.15K和标准压力下，由气态正、负离子生成1mol离子晶体所释放出来的能量。

离子电荷与离子半径对离子晶体熔点和硬度的影响：晶格能的大小与正、负离子的电荷（分别以q^+、q^-表示）及正、负离子的半径（分别用r^+、r^-表示）有关。离子电荷数越多、离子半径越小时，产生的静电强度越大，与相反电荷离子的结合力就越强，相应离子的晶格能就越大，熔点就越高，硬度也越大。

2.原子晶体

在原子晶体中，组成晶格的粒子是原子。原子间以共价键相结合，由于共价键的结合力极强，所以这类晶体的熔点极高，硬度极大，延展性差，不能导电，不溶于大多数溶剂中。

周期表中第IVA族元素碳（金刚石）、硅、锗、灰锡等单质的晶体是原子晶体。周期表中第IIIA、IVA、VA族元素彼此组成的化合物如碳化硅（SiC）、氮化铝（AlN）等化合物也是原子晶体。

3.分子晶体

在分子晶体中，组成晶格的粒子是分子，分子内部虽以共价键相结合，但分子之间则仅靠分子间作用力结合成晶体。由于分子间力比化学键力弱得多，因此，分子晶体的熔点、沸点都很低，在常温下多为气体、液体或低熔点固体。

在分子晶体中，不存在离子或自由电子，所以无论是固态、还是液态都不导电。

分子晶体的物种极多，许多单质如 H_2、O_2、N_2、I、硫(S_3)、白磷(P_4)等和数以万计的化合物如冰(H_2O)、氨(NH_3)、氯化氢(HCl)等在一定条件下形成的固体都属于分子晶体。

4. 金属晶体

在金属晶体的晶格结点上排列着金属的原子和正离子，在它们之间存在着从金属原子脱落下来的自由电子。由于自由电子的存在使金属具有导电性。它的导电性随着温度的升高而降低，它还具有良好的传热性和延展性。

以上四种晶体的结构特征及物理特性，归纳于表 3-1-7。

四种晶体的结构特征与物理特性 表 3-1-7

晶体类型		离子晶体	原子晶体	分子晶体	金属晶体
晶格结点上粒子		正、负离子	原子	分子	原子、正离子
粒子间作用力		离子键	共价键	分子间力(氢键)	金属键
物理特性	熔点	较高	高	低	多数高、少数低
	硬度	较硬	大	小	多数大、少数小
	导电性	熔融或溶解后导电	差	差	良
	延展性	差	差	差	良
实例		NaCl、MgO、KNO_3、CsCl	金刚石、Si、SiC、GaAs、BN	CO_2、H_2、I_2、H_2O、SO_2	金属及合金

(二)过渡型晶体

过渡型晶体又叫混合型晶体。晶体内部质点间有多种作用力。

1. 层状结构晶体

如石墨，层内碳原子间作用力是 sp^2-sp^2 σ 键和大 π 键，层与层之间是分子间力。故石墨耐高温，有金属光泽和良好的传热性、导电性及润滑性。

2. 链状结构晶体

如石棉，链内原子之间是共价键，链与链之间作用力是弱静电引力。故石棉易撕裂成纤维状。

(三)推测晶体某些物理特性的一般方法

1. 根据元素的性质确定键型和晶型

(1)绝大多数金属为金属键，属金属晶体。

(2)在共价化合物中，先区分原子晶体。原子晶体为数不多，如金刚石(C)、Si、Ge、灰 Sn，化合物有 SiC、SiO_2、GaAs、AlN、BN 等。

(3)区分离子晶体和分子晶体。位于周期表左下角的金属元素与右上角的非金属元素形成的晶体是典型的离子晶体；一般金属元素与非金属元素形成的晶体是过渡型晶体；非金属元素的单体及其化合物除少数为原子晶体外，其余都是分子晶体。

2. 根据各类晶体的特性预测其物理性能

注意区分分子晶体中原子间作用力(即化学键力)和分子间作用力(包括分子间力和氢键)，同类型分子晶体随摩尔质量增大，分子间力增大，熔沸点升高。有氢键的分子晶体，熔沸点有所升高但仍低于离子晶体、原子晶体和金属晶体。

不同的金属晶体金属键强度差别较大，IA 族金属原子半径较大、价电子最少，因此金属键较弱，金属晶体熔点低，硬度小，VIB 族原子未成对的外电子数多，原子半径小，金属键较强，元素单质的熔沸点最高。

【例 3-1-23】 下列物质中熔点最高的是：

A. NaCl　　B. NaF　　C. NaBr　　D. NaI

解 四个化合物都是离子晶体，离子晶体晶格能越大，熔点越高。晶格能大小与正、负离子电荷和半径有关，离子电荷数越多、离子半径越小，晶格能越大。四个化合物正、负离子电荷数相同，氟离子半径最小，NaF 的晶格能最大，熔点最高。

答案：B

【例 3-1-24】 下列物质中熔点最高的是：

A. $AlCl_3$　　B. $SiCl_4$　　C. SiO_2　　D. H_2O

解 四种晶体类型中，原子晶体熔点最高。题中四种物质，SiO_2 是原子晶体，熔点最高。

答案：C

习　　题

3-1-1 下列各套量子数中不合理的是(　　)。

A. $n=2,l=1,m=-1$　　B. $n=3,l=1,m=0$

C. $n=2,l=2,m=2$　　D. $n=4,l=3,m=3$

3-1-2 下列原子或离子的外层电子分布式中不正确的是(　　)。

A. V^{2+} $3s^2 3p^6 3d^3$　　B. Fe^{2+} $3d^4 4s^2$

C. Cu^{2+} $3s^2 3p^6 3d^9$　　D. Cl $3s^2 3p^5$

3-1-3 属于第五周期的某一元素的原子失去三个电子后，在角量子数为 2 的外层轨道上电子恰好处于半充满状态，该元素的原子序数为(　　)。

A. 26　　B. 41　　C. 76　　D. 44

3-1-4 量子数 $n=4$、$l=2$ 的轨道上允许容纳的最多电子数是(　　)。

A. 8　　B. 10　　C. 18　　D. 32

3-1-5 下列各组原子和离子半径变化的顺序中，不正确的一组是(　　)。

A. $P^{3-}>S^{2-}>Cl^{-}>F^{-}$　　B. $K^{+}>Ca^{2+}>Fe^{2+}>Ni^{2+}$

C. Al>Si>Mg>Ca　　D. $V>V^{2+}>V^{3+}>V^{4+}$

3-1-6 下列元素电负性大小顺序中正确的是(　　)。

A. Be>B>Al>Mg　　B. B>Al>Be≈Mg

C. B>Be≈Al>Mg　　D. B≈Al<Be<Mg

3-1-7 下列含氧酸中酸性最弱的是(　　)。

A. $HClO_3$　　B. $HBrO_3$　　C. H_2SO_4　　D. H_2CO_3

3-1-8 下列氢氧化物中碱性最强的是(　　)。

A. $Sr(OH)_2$　　B. $Fe(OH)_3$　　C. $Ca(OH)_2$　　D. $Sc(OH)_3$

3-1-9 下列共价型化合物中键有极性、分子没有极性的是(　　)。

A. H_2O　　B. $CHCl_3$　　C. BF_3　　D. PCl_3

3-1-10 OF_2 分子中氧原子的杂化轨道是(　　)。

A. sp^3 杂化　　B. dsp^2 杂化

C. sp^2 杂化　　D. sp^3 不等性杂化

3-1-11　下列各组判断中不正确的是(　　)。

A. $SiCl_4$、CH_4、CO_2、BCl_3 均为非极性分子

B. H_2O、H_2S、OF_2、SO_2 均为非极性分子

C. $SnCl_2$、HCl、H_2S、PCl_3 均为极性分子

D. CO、HI、NH_3、HF 均为极性分子

3-1-12　SO_2 分子之间存在着(　　)。

A. 色散力　　B. 色散力、诱导力

C. 色散力、取向力　　D. 取向力、诱导力、色散力

3-1-13　下列化合物中，分子间具有氢键的是(　　)。

A. SiH_4　　B. HF　　C. H_2S　　D. C_2H_6

3-1-14　下列晶体熔化时要破坏共价键力的是(　　)。

A. SiC　　B. MgO　　C. CO_2　　D. Cu

第二节　溶　　液

溶液是由一种或几种物质以分子、原子或离子状态分散到另一种物质中形成均匀而稳定的体系。后者称溶剂，一般为液体；前者为溶质，可为固体、液体、气体。

一、溶液的浓度及计算

溶液的浓度是指一定量的溶剂(或溶液)中含有的溶质量。

(一)质量百分比浓度(A%)

溶液中组分 A 的质量百分比浓度可表示为

$$A\%=\frac{\text{A 的质量}}{\text{溶液总质量}}\times 100\% \tag{3-2-1}$$

例如，36%的浓盐酸即为 100g 浓盐酸中含 36g 氯化氢和 64g 水。

(二)“物质的量”浓度(C_A)

在溶液的单位体积 V 中，含有溶质 A 的“物质的量”n_A。表达式为

$$C_A=\frac{n_A(\text{mol})}{V(\text{L})} \tag{3-2-2}$$

(三)物质的量分数(或摩尔分数)(X_A)

溶液中组分 A 的“物质的量”(或组分 A 的摩尔数)n_A，与各组分的“物质的量”总和(或各组分的总摩尔数)n_A+n_B 之比，可表达为

$$X_A=\frac{n_A}{n_A+n_B} \tag{3-2-3}$$

(四)质量摩尔浓度(m_A)

1 000g 溶剂中溶质 A 的“物质的量”为 n_A，则 m_A 可表示为

$$m_A=n_A/1\,000\text{g} \tag{3-2-4}$$

【例 3-2-1】　现有 100mL 浓硫酸，测得其质量分数为 98%，密度为 1.84g·mL^{-1}，其物质的量浓度为：

A. 18.4mol · L^{-1}　　　B. 18.8mol · L^{-1}

C. 18.0mol · L^{-1}　　　D. 1.84mol · L^{-1}

解　100mL 浓硫酸中 H_2SO_4 的物质的量 $n=\dfrac{100\times1.84\times0.98}{98}=1.84\text{mol}$

物质的量浓度 $C=\dfrac{1.84}{0.1}=18.4\text{mol}\cdot\text{L}^{-1}$

答案:A

二、稀溶液通性

稀溶液的通性是指溶液的蒸气压降低、沸点升高、凝固点下降以及渗透压等。这些性质只与溶质的粒子数有关,与溶质本性无关,所以又叫依数性。

(一)溶液的蒸气压下降

蒸气压是指在一定温度下,液体与它的蒸气处于平衡时蒸气所具有的压强。所谓溶液的蒸气压,实际上是指溶液中溶剂的蒸气压。在相同温度下,溶液的蒸气压总是低于纯溶剂的蒸气压。纯溶剂的蒸气压 p^* 与溶液蒸气压 $p_{溶液}$ 之差叫溶液蒸气压的降低 Δp。

$$\Delta p=p^*-p_{溶液} \tag{3-2-5}$$

其定量关系为拉乌尔定律

$$\Delta p=\frac{n_A}{n_A+n_B}\times p^* \quad 或 \quad \Delta p=\frac{n_A}{n_B}\times p^* \tag{3-2-6}$$

式中,n_A、n_B 分别表示溶质、溶剂物质的量。$\dfrac{n_A}{n_A+n_B}$(或 n_A/n_B)称溶质 A 的物质的量分数。该式表示:难挥发非电解质稀溶液的蒸气压下降与溶质的物质的量分数成正比。

(二)溶液的沸点上升和凝固点下降

沸点就是液相蒸气压等于外压时的温度,而凝固点则是固相蒸气压等于液相蒸气压时的温度。一切纯物质都有一定的沸点和凝固点。例如当纯水的蒸气压等于 101.325kPa 时,它的沸点(正常沸点)就是 100℃,而 0℃即为水的凝固点,此时 $p_{H_2O}(s)=p_{H_2O}(L)=0.611\text{kPa}$,冰水共存。

由于溶液的蒸气压下降,使得它的沸点高于纯溶剂的沸点。而溶液的凝固点都低于纯溶剂的凝固点。溶液沸点上升和凝固点下降的定量关系为拉乌尔定律。

$$\Delta T_{bp}=k_{bp}\cdot m \tag{3-2-7}$$

$$\Delta T_{fp}=k_{fp}\cdot m \tag{3-2-8}$$

上述式中:ΔT_{bp}、ΔT_{fp}——分别表示沸点升高度数和凝固点降低度数;

k_{bp}、k_{fp}——分别表示溶剂的沸点上升常数和凝固点下降常数;

m——质量摩尔浓度,在近似计算中也可用物质的量浓度(C)代替。

沸点升高用于热处理,凝固点下降一般作制冷剂的防冻剂。

【例 3-2-2】 将 3.0g 尿素 $CO(NH_2)_2$ 溶于 200g 水中,计算此溶液的沸点和凝固点。已知水的 $k_{bp}=0.52$,$k_{fp}=1.86$。

解　尿素的摩尔质量为 60g/mol,尿素的 $n=3.0/60=0.05\text{mol}$

质量摩尔浓度　　$m=\dfrac{0.05}{200}\times1\,000=0.25\text{mol/kg}$

$$\Delta T_{bp}=k_{bp}\cdot m=0.52\times0.25=0.13℃$$

此溶液的沸点为　　　　$100+0.13=100.13℃$

$$\Delta T_{fp}=k_{fp}\cdot m=1.86\times0.25=0.47℃$$

此溶液的凝固点为　　　　$0.00-0.47=-0.47℃$

【例 3-2-3】 下列溶液凝固点最高的是：

A. 1mol/L HAc　　　　B. 0.1mol/L $CaCl_2$

C. 1mol/L H_2SO_4　　　　D. 0.1mol/L HAc

解　根据拉乌尔定律，溶液凝固点下降的度数与溶液中所有溶质粒子的质量摩尔浓度（近似等于物质量浓度）成正比。四种溶液中溶质粒子浓度大小顺序为：C>A>B>D，所以选项D溶液凝固点下降最小，凝固点最高。

答案：D

（三）渗透压

只允许溶剂分子通过，不允许溶质分子通过的薄膜叫半透膜。溶剂分子透过半透膜进入溶液的现象叫渗透。阻止溶剂分子通过半透膜进入溶液所施加于溶液的最小额外压力叫渗透压。渗透压的大小可用范托夫公式表示

$$p_{渗}=\frac{n}{V}RT=CRT \tag{3-2-9}$$

式中：R——取值为 8.31[$Pa\cdot m^3/(mol\cdot K)$]；

T——绝对温度(K)。

难挥发非电解质稀溶液的性质（Δp、ΔT_{bp}、ΔT_{fp}、$p_{渗}$）与一定量溶剂中所溶解溶质的物质的量成正比，与溶质本性无关。

稀溶液定律并不适用于浓溶液和电解质溶液，但可做到定性比较。例如下列水溶液的凝固点，由高到低的排列顺序为：0.1mol/L $C_6H_{12}O_6$>0.1mol/L HAc>0.1mol/L NaCl>0.1mol/L $CaCl_2$>1mol/L $C_6H_{12}O_6$>1mol/L HAc>1mol/L NaCl>1mol/L H_2SO_4。

【例 3-2-4】 下列溶液中渗透压最高的是：

A. 0.1mol/L C_2H_5OH　　　　B. 0.1mol/L NaCl

C. 0.1mol/L HAc　　　　D. 0.1mol/L Na_2SO_4

解　根据范托夫公式 $p_{渗}=CRT$，四种溶液中粒子浓度顺序为：D>B>C>A，所以选项D溶液的渗透压最大。

答案：D

三、电解质溶液

在水溶液中或在熔融状态下能形成离子，因而能导电的物质称电解质。在水溶液中能完全电离的电解质称为强电解质；仅能部分电离的称为弱电解质。

（一）一元弱酸、弱碱的电离平衡

$$AB \rightleftharpoons A^+ + B^-$$

平衡时　$$K_i=\frac{[C_{A^+}/C^\ominus][C_{B^-}/C^\ominus]}{[C_{AB}/C^\ominus]} \quad 或 \quad K_i=\frac{C_{A^+}\cdot C_{B^-}}{C_{AB}} \tag{3-2-10}$$

式中：K_i——电离常数，K_i 是温度的函数，与物质的浓度无关；对类型相同的酸或碱可用 K_i 值的大小衡量它们电离程度的大小，并比较其酸性或碱性的相对强弱。

当弱电解质在溶液中达到电离平衡时，已电离的分子数占溶质分子总数的百分比叫做

电离度(解离度),常用 α 表示,即

$$\alpha=\frac{\text{已电离的溶质分子数}}{\text{溶质的分子总数}}\times 100\% \tag{3-2-11}$$

α 与 K_i 都能表示弱电解质的电离能力,都可用来比较弱电解质的相对强弱,不同的是电离度受温度和浓度的影响。

电离度 α 与 K_i 的关系

$$K_i=\frac{C\alpha^2}{1-\alpha} \tag{3-2-12}$$

式中:C——AB 的起始浓度。

当 $C/K_i \geqslant 500$ 时,α 很小,上式可改写为

$$K_i=C\alpha^2 \quad 或 \quad \alpha=\sqrt{K_i/C} \quad (稀释定律) \tag{3-2-13}$$

它表明浓度越稀,电离度越大。

当 AB 为弱酸时 $K_i=K_a$; $C_{A^+}=C_{H^+}$

$$C_{H^+}=C\cdot\alpha=\sqrt{K_a\cdot C} \tag{3-2-14}$$

当 AB 为弱碱时 $K_i=K_b$; $C_{B^-}=C_{OH^-}$

$$C_{OH^-}=C\cdot\alpha=\sqrt{K_b\cdot C} \tag{3-2-15}$$

当 AB 是 H_2O 时 $C_{H^+}=C_{A^+}$; $C_{OH^-}=C_{B^-}$

则

$$C_{H^+}\cdot C_{OH^-}=K_i\cdot C_{H_2O}=K_w \tag{3-2-16}$$

K_w 为 H_2O 的离子积,298K 纯水中 $C_{H^+}=C_{OH^-}=1\times10^{-7}$ mol/L,所以 $K_w=1\times10^{-14}$。

令

$$-\lg C_{H^+}=\text{pH} \quad (酸度) \tag{3-2-17}$$

$$-\lg C_{OH^-}=\text{pOH} \quad (碱度) \tag{3-2-18}$$

则

$$-\lg C_{H^+}-\lg C_{OH^-}=-\lg K_w$$

$$\text{pH}+\text{pOH}=14 \tag{3-2-19}$$

【例 3-2-5】 已知 $K_b^\ominus(NH_3\cdot H_2O)=1.8\times10^{-5}$,0.1mol·$L^{-1}$ 的 $NH_3\cdot H_2O$ 溶液的 pH 为:

A. 2.87 B. 11.13 C. 2.37 D. 11.63

解 $NH_3\cdot H_2O$ 为一元弱碱,

$$C_{OH^-}=\sqrt{K_b\cdot C}=\sqrt{1.8\times10^{-5}\times0.1}\approx1.34\times10^{-3}\text{mol/L}$$

$$C_{H^+}=10^{-14}/C_{OH^-}\approx7.46\times10^{-12},\text{pH}=-\lg C_{H^+}\approx11.13$$

答案:B

(二)多元弱酸的电离平衡

多元弱酸的电离是分级进行的,每一级有一个电离常数,且 $K_{a1}>K_{a2}$,以硫化氢为例:

一级电离 $H_2S \rightleftharpoons H^+ + HS^-$ $K_{a1}=C_{H^+}\cdot C_{HS^-}/C_{H_2S}=1.0\times10^{-7}$

二级电离 $HS^- \rightleftharpoons H^+ + S^{2-}$ $K_{a2}=C_{H^+}\cdot C_{S^{2-}}/C_{HS^-}=1.3\times10^{-13}$

计算溶液中 C_{H^+} 时,可采用与一元弱酸计算 C_{H^+} 相似的计算方法,如 H_2S 水溶液中

$$C_{H^+}=C_{HS^-}=\sqrt{K_{a1}\cdot C} \tag{3-2-20}$$

因此比较多元弱酸的强弱时,或与一元弱酸比较强弱时,只需比较 K_{a1} 的大小即可。

计算 $C_{S^{2-}}$ 时用 K_{a2}

$$C_{S^{2-}}=K_{a2}\cdot\frac{C_{HS^-}}{C_{H^+}}=K_{a2} \tag{3-2-21}$$

以上两级电离平衡符合多重平衡规则:两电离平衡方程式相加得总平衡式,总式的 K_a 等

于 $K_{a1} \cdot K_{a2}$，即

$$H_2S \rightleftharpoons 2H^+ + S^{2-} \qquad K_a = K_{a1} \cdot K_{a2} = \frac{C_{H^+}^2 \cdot C_{S^{2-}}}{C_{H_2S}}$$

或

$$C_{S^{2-}} = K_{a1} \cdot K_{a2} \cdot \frac{C_{H_2S}}{C_{H^+}^2} \tag{3-2-22}$$

该关系式表明：只要调节 H_2S 饱和溶液中的 pH 值就可以控制 S^{2-} 的浓度。室温时 H_2S 饱和溶液的浓度可视为 0.1mol/L。

（三）单相同离子效应

在弱电解质溶液中，加入与其具有共同离子的强电解质时，导致弱电解质电离度降低的现象称为单相同离子效应。它是离子浓度的改变引起电离平衡移动的结果。例如在 HAc 溶液中加入 NaAc，由于增加了 Ac^- 离子的浓度，使 HAc 电离平衡向左移动，从而降低了 HAc 的电离度。

【例 3-2-6】 往 0.1 mol/L 的 $NH_3 \cdot H_2O$ 溶液中加入一些 NH_4Cl 固体并使其完全溶解后，则：

A. 氨的电离度增加　　B. 氨的电离度减小

C. 溶液的 pH 值增加　　D. 溶液的 H^+ 浓度下降

解 $NH_3 \cdot H_2O$ 溶液中存在如下电离平衡：$NH_3 \cdot H_2O = NH_4^+ + OH^-$，加入一些 NH_4Cl 固体并使其完全溶解后，溶液中的 NH_4^+ 浓度增加，平衡逆向移动，氨的电离度减小，溶液的 pH 值减小。

答案：B

（四）缓冲溶液

缓冲溶液是弱酸及弱酸盐（或弱碱及弱碱盐）的混合液，其 pH 值能在一定范围内不受少量酸或碱或稀释的影响而发生显著的变化。缓冲溶液的缓冲原理就是单相同离子效应。

【例 3-2-7】 下列各组溶液能作缓冲溶液的是：

A. KOH 溶液—KNO_3 溶液

B. 0.1mol/L 20mL $NH_3 \cdot H_2O$—0.1mol/L 30mL HCl 溶液

C. 0.5mol/L 50mL HAc 溶液—0.5mol/L 25mL NaOH 溶液

D. 0.5mol/L 50mL HCl 溶液—0.5mol/L 25mL NaOH 溶液

解 缓冲溶液是由弱酸及弱酸盐（或弱碱及弱碱盐）的混合液。选项 C 中 HAc 的物质的量是 NaOH 的 2 倍，两种溶液混合后反应生成 NaAc，形成 HAc—NaAc 缓冲溶液。

答案：C

缓冲溶液 pH 值的计算方法：

酸性缓冲溶液

$$C_{H^+} = K_a \cdot C_{酸}/C_{盐}$$

$$pH = pK_a - \lg\frac{C_{酸}}{C_{盐}} \tag{3-2-23}$$

式中

$$pK_a = -\lg K_a$$

碱性缓冲溶液

$$C_{OH^-} = K_b \cdot \frac{C_{碱}}{C_{盐}}$$

$$pH = 14 - pK_b + \lg\frac{C_{碱}}{C_{盐}} \tag{3-2-24}$$

式中

$$pK_b = -\lg K_b$$

【例 3-2-8】 20mL 0.1mol/L 氨水与 10mL 0.1mol/L HCl 混合。求 pH 值($K_b=1.77\times10^{-5}$)。

解 两种溶液混合后,生成 NH_4Cl,其浓度为 $C_{NH_4^+}=10\times0.1/30=\frac{1}{30}$mol/L,剩余的氨浓度为 $C_{NH_3}=(20\times0.1-10\times0.1)/30=\frac{1}{30}$mol/L。所以该体系为 NH_3—NH_4^+ 体系,其 pH 值为 $pH=14-pK_b+\lg C_{碱}/C_{盐}=14-4.75=9.25$。

【例 3-2-9】 计算 0.2mol/L 50mL $NH_3\cdot H_2O$ 和 0.2mol/L 30mL HCl 溶液的 pH 值时,应用的公式为:

A. $pH=14-pK_b+\lg\frac{C_{碱}}{C_{盐}}$　　B. $pH=\frac{1}{2}(pK_a-\lg C)$

C. $pH=\frac{1}{2}(pK_b-\lg C)$　　D. $pH=pK_a-\lg\frac{C_{酸}}{C_{盐}}$

解 两种溶液混合后形成 $NH_3\cdot H_2O$—NH_4Cl 缓冲溶液,是弱碱和弱碱盐形成的缓冲溶液。pH 值计算公式为 A。

答案:A

缓冲溶液的选择与配制:

缓冲溶液的 pH 值首先取决于 pK_a 或 pK_b,其次是 $C_{酸}/C_{盐}$ 或 $C_{碱}/C_{盐}$ 的比值。在配制一定 pH 值的缓冲溶液时,所选择弱酸的 pK_a(或弱碱的 pK_b)要尽可能与要求的 pH 值(或pOH值)接近,然后调节 $C_{酸}/C_{盐}$(或 $C_{碱}/C_{盐}$)的比值,当比值为 1 时缓冲能力最大。这时溶液的 $pH=pK_a$($pOH=pK_b$)。例如配制 pH 值为 5 的缓冲溶液时,可选择 HAc－NaAc(因 $pK_{HAc}=4.75$),然后再确定 HAc 和 NaAc 的用量。

【例 3-2-10】 将 0.2mol/L 的醋酸与 0.2mol/L 的醋酸钠溶液混合,为使溶液的 pH 维持在 4.05,则加入酸和盐的体积比为($K_a=1.76\times10^{-5}$):

A. 6 : 1　　B. 4 : 1　　C. 5 : 1　　D. 10 : 1

解 弱酸和弱酸盐组成的缓冲溶液 $pH=pK_a-\lg\frac{C_{酸}}{C_{盐}}$

所以 $4.05=-\lg1.76\times10^{-5}-\lg\frac{C_{酸}}{C_{盐}}$

$\lg\frac{C_{酸}}{C_{盐}}=-\lg1.76\times10^{-5}-4.05\approx0.704$,$\frac{C_{酸}}{C_{盐}}\approx5.0$

设加入酸的体积为 $V_{酸}$,加入盐的体积为 $V_{盐}$,则

$$\frac{(0.2\times V_{酸})\div(V_{酸}+V_{盐})}{(0.2\times V_{盐})\div(V_{酸}+V_{盐})}=5$$

即 $\frac{V_{酸}}{V_{盐}}=5:1$

答案:C

(五)盐类的水解

盐类的水解是指盐类的离子与水作用生成弱酸或弱碱的反应。由于这个反应的发生,破坏了水的电离平衡,使溶液具有酸性或碱性。

盐类的水解由水的电离平衡和弱电解质的电离平衡组成。其水解常数 K_h 可由多重平衡规则导出。如 NaAc 的水解平衡,可由下列两个电离平衡相减得到

$$
\begin{array}{ll}
H_2O \rightleftharpoons H^+ + OH^- & K_w \\
HAc \rightleftharpoons H^+ + Ac^- & K_a \\
\hline
H_2O + Ac^- \rightleftharpoons HAc + OH^- & K_h
\end{array}
$$

$$K_h = \frac{C_{HAc} \cdot C_{OH^-}}{C_{Ac^-}} = \frac{K_w}{K_a} \quad (3\text{-}2\text{-}25)$$

同理可推导出一元弱碱强酸盐、弱酸弱碱盐及多元弱酸强碱盐的水解常数(见表 3-2-1)。

各类盐的水解常数、C_{H^+} 或 C_{OH^-} 及溶液的酸碱性 表 3-2-1

盐的种类	水解平衡实例	水解常数	C_{H^+} 或 C_{OH^-}	酸碱性
强碱弱酸盐	$Ac^- + H_2O \rightleftharpoons HAc + OH^-$	K_w/K_a	$C_{OH^-} = \sqrt{C \cdot K_w/K_a}$	碱性
强酸弱碱盐	$NH_4^+ + H_2O \rightleftharpoons NH_3 \cdot H_2O + H^+$	K_w/K_b	$C_{H^+} = \sqrt{C \cdot K_w/K_b}$	酸性
弱酸弱碱盐	$NH_4^+ + Ac^- + H_2O \rightleftharpoons NH_3 \cdot H_2O + HAc$	$K_w/K_a \cdot K_b$	$C_{H^+} = \sqrt{K_a \cdot K_w/K_b}$	$K_a = K_b$ 中性 $K_a > K_b$ 酸性 $K_a < K_b$ 碱性
多元弱酸盐	$CO_3^{2-} + H_2O \rightleftharpoons HCO_3^- + OH^-$	K_w/K_{a2}	$C_{OH^-} = \sqrt{\dfrac{K_w \cdot C}{K_{a2}}}$	碱性
	$HCO_3^- + H_2O \rightleftharpoons H_2CO_3 + OH^-$	K_w/K_{a1}		

盐类水解的程度可用水解常数来衡量,K_h 越大(或 K_a 或 K_b 越小),盐类的水解程度越大;也可用水解度 h 来衡量。

$$h = \frac{\text{已水解盐的物质的量(或浓度)}}{\text{起始盐物质的量(或浓度)}} \times 100\% \quad (3\text{-}2\text{-}26)$$

多元弱酸强碱盐的水解是分级进行的。如 Na_2CO_3 按下面两级进行水解:

一级水解 $CO_3^{2-} + H_2O \rightleftharpoons HCO_3^- + OH^-$ $K_{h1} = 1.8 \times 10^{-4}$

二级水解 $HCO_3^- + H_2O \rightleftharpoons H_2CO_3 + OH^-$ $K_{h2} = 2.3 \times 10^{-8}$

由于 $K_{h1} \geqslant K_{h2}$,所以计算该类盐溶液的 pH 值时,一般只考虑一级水解即可。

影响水解平衡移动的因素有:水解离子的本性、温度、盐的浓度、溶液的酸度等。

【例 3-2-11】 已知 $K_b(NH_3 \cdot H_2O) = 1.8 \times 10^{-5}$,将 0.2mol·L^{-1}的 $NH_3 \cdot H_2O$ 溶液和 0.2mol·L^{-1}的 HCl 溶液等体积混合,其混合溶液 pH 为:

A. 5.12 B. 8.87 C. 1.63 9.73

解 将 0.2 mol·L^{-1} 的 $NH_3 \cdot H_2O$ 与 0.2 mol·L^{-1} 的 HCl 溶液等体积混合生成 0.1mol·L^{-1} 的 NH_4Cl 溶液,NH_4Cl 为强酸弱碱盐,可以水解,

溶液 $C_{H^+} = \sqrt{C \cdot K_W/K_b} = \sqrt{0.1 \times \dfrac{10^{-14}}{1.8 \times 10^{-5}}} \approx 7.5 \times 10^{-6}$,pH $= -\lg C_{H^+} = 5.12$

答案:A

【例 3-2-12】 浓度均为 0.1mol·L^{-1}的 NH_4Cl、NaCl、NaOAc、Na_3PO_4 溶液,其 pH 值从小到大顺序正确的是:

A. NH_4Cl,NaCl,NaOAc,Na_3PO_4 B. Na_3PO_4,NaOAc,NaCl,NH_4Cl

C. NH_4Cl,NaCl,Na_3PO_4,NaOAc D. NaOAc,Na_3PO_4,NaCl,NH_4Cl

解 NH_4Cl 为强酸弱碱盐,水解显酸性;NaCl 不水解;NaOAc 和 Na_3PO_4 均为强碱弱酸盐,水解显碱性,因为 $K_a(HAc) > K_{a3}(H_3PO_4)$,所以 Na_3PO_4 的水解程度更大,碱性更强。

答案:A

（六）多相离子平衡

一定温度下的难溶电解质饱和溶液中未溶解的固体与溶液中离子之间的平衡叫多相离子平衡，简称溶解平衡。平衡时离子浓度的乘积为一常数，称溶度积。

1. 溶度积（K_{sp}）

$$A_nB_m(s) \rightleftharpoons nA^{m+} + mB^{n-}$$

溶度积的表达式为

$$K_{sp(A_nB_m)} = C_{A^{m+}}^n \cdot C_{B^{n-}}^m \tag{3-2-27}$$

溶度积和溶解度 S(单位：mol/L)都可表示物质的溶解能力。如用 K_{sp} 直接比较，仅限于同类型的难溶电解质。K_{sp} 与 S 的关系如下：

对 AB 型物质：如 AgX、$BaSO_4$、$CaCO_3$ 等。

$$S = \sqrt{K_{sp(AB)}} \tag{3-2-28}$$

对 A_2B(或 AB_2)型物质：如 Ag_2CrO_4、$Mg(OH)_2$ 等。

$$S = \sqrt[3]{\frac{K_{sp(A_2B)}}{4}} \tag{3-2-29}$$

对同类型的难溶物质，其溶度积大，则溶解度也一定大。但对于不同类型的难溶物质，溶度积大的，溶解度不一定大，所以要求出溶解度方可比较溶解能力的大小。

【例 3-2-13】 能正确表示 $HgCl_2$ 的 S 与 K_{sp} 之间的关系式是：

A. $S = \sqrt{\frac{K_{sp}}{2}}$　　　B. $S = \sqrt{K_{sp}}$

C. $S = \sqrt[3]{K_{sp}}$　　　D. $S = \sqrt[3]{\frac{K_{sp}}{4}}$

解 $HgCl_2$ 为 AB_2 型物质，S 与 K_{sp} 的关系为 D 式。

答案：D

2. 溶度积规则

对于难溶电解质 A_nB_m，在任意状态时

$$C_{A^{m+}}^n \cdot C_{B^{n-}}^m = Q(\text{离子积}) \tag{3-2-30}$$

若 $Q > K_{sp}$　为过饱和溶液，有沉淀析出；

若 $Q = K_{sp}$　为饱和溶液，处于平衡状态；

若 $Q < K_{sp}$　为不饱和溶液，无沉淀析出。

3. 多相同离子效应

在难溶电解质饱和溶液中加入含有相同离子的强电解质，使难溶电解质溶解度降低的现象称多相同离子效应。利用同离子效应可使某些离子沉淀更完全。离子沉淀完全的条件是被沉淀离子的浓度≤10^{-5} mol/L。

4. 沉淀的溶解

根据溶度积规则，沉淀溶解的必要条件是 $Q < K_{sp}$。因此，一切能降低离子浓度的方法都会促使溶解平衡向溶解的方向移动，沉淀就会溶解。通常采用的方法有酸碱溶解法、氧化还原法、配合溶解法等。

5. 沉淀的转化

由一种沉淀向另一种沉淀转化的过程称沉淀的转化。向沉淀物中加入另一沉淀剂后，沉

淀转化的可能性和限度，由平衡常数 K 确定。

例如
$$Ag_2CrO_4(s)+2Cl^- \rightleftharpoons 2AgCl(s)+CrO_4^{2-}$$

$$K=\frac{C_{CrO_4^{2-}}}{C_{Cl^-}^2}=\frac{C_{CrO_4^{2-}}\cdot C_{Ag^+}^2}{C_{Cl^-}^2\cdot C_{Ag^+}^2}=\frac{K_{sp(Ag_2CrO_4)}}{K_{sp(AgCl)}^2}$$

$$K=\frac{9\times10^{-12}}{(1.56\times10^{-10})^2}=3.7\times10^8>1\times10^7$$

K 值较大，沉淀转化可以实现。对同一类型的难溶电解质，反应物的 K_{sp} 与生成物的 K_{sp} 的比值越大，沉淀转化越完全。

6.分步沉淀

若溶液中含有多种离子，加入沉淀剂时，离子积先超过 K_{sp} 的离子先沉淀，后超过者后沉淀。这种先后沉淀的现象叫分步沉淀。分步沉淀不仅与 K_{sp} 有关，而且还与被沉淀的离子浓度有关。当离子浓度相同时，对同类型难溶电解质，K_{sp} 越小者越先沉淀。

分步沉淀可用来分离或提纯物质。如果被分离的几种物质 K_{sp} 相差越大，则分离就越完全。

【例 3-2-14】 在 $BaSO_4$ 饱和溶液中，加入 $BaCl_2$，利用同离子效应使 $BaSO_4$ 的溶解度降低，体系中 $C(SO_4^{2-})$ 的变化是：

A. 增大　　B. 减小　　C. 不变　　D. 不能确定

解 在 $BaSO_4$ 饱和溶液中，存在 $BaSO_4=Ba^{2+}+SO_4^{2-}$ 平衡，加入 $BaCl_2$，溶液中 Ba^{2+} 增加，平衡向左移动，SO_4^{2+} 的浓度减小。

答案：B

【例 3-2-15】 AgCl 固体在下列哪一种溶液中的溶解度最大：

A. 0.01mol/L 氨水溶液　　B. 0.01mol/L 氯化钠溶液

C. 纯水　　D. 0.01mol/L 硝酸银溶液

解 AgCl 溶液中存在如下沉淀溶解平衡：$AgCl(s)\rightleftharpoons Ag^+ + Cl^-$。加入氯化钠和硝酸银溶液都会使 AgCl 的溶解度降低（多相同离子效应）；加入纯水对 AgCl 溶解度没影响；加入氨水后，Ag^+ 与 NH_3 形成配合物，使平衡向右移动，从而使 AgCl 溶解度增大。

答案：A

【例 3-2-16】 下列水溶液中 pH 值最大的是：

A. $0.1mol/dm^3$ HCN

B. $0.1mol/dm^3$ NaCN

C. $0.1mol/dm^3$ HCN+$0.1mol/dm^3$ NaCN

D. $0.1mol/dm^3$ NaAc

解 HCN 和 HAc 两个弱酸的解离常数分别为 5.8×10^{-10} 和 1.76×10^{-5}

选题 A 溶液为一元弱酸，$C_{H^+}=\sqrt{K_a\cdot C}=\sqrt{5.8\times10^{-11}}\approx7.6\times10^{-6}mol\cdot L^{-1}$

选项 C 溶液为缓冲溶液，$C_{H^+}=K_a\times\frac{C_{酸}}{C_{盐}}=K_a=5.8\times10^{-10}mol\cdot L^{-1}$

选项 B、D 均为强碱弱酸盐，可以水解，溶液显碱性。

选项 B 溶液的 $C_{OH^-}=\sqrt{C\times\frac{K_W}{K_a}}=\sqrt{0.1\times\frac{10^{-14}}{5.8\times10^{-10}}}\approx1.3\times10^{-3}mol\cdot L^{-1}$

则 $C_{H^+}=\frac{K_W}{C_{OH^-}}\approx7.7\times10^{-12}mol\cdot L^{-1}$

选项D溶液的 $C_{OH^-}=\sqrt{C\times\frac{K_w}{K_a}}=\sqrt{0.1\times\frac{10^{-14}}{1.76\times10^{-5}}}\approx7.5\times10^{-6}\text{mol}\cdot\text{L}^{-1}$

则 $C_{H^+}=\frac{K_W}{C_{OH^-}}\approx1.3\times10^{-9}\text{mol}\cdot\text{L}^{-1}$

总结:一元弱酸溶液显酸性;一元弱酸及弱酸盐组成的缓冲溶液显酸性;强碱弱酸盐显碱性,弱酸的解离常数越小,强碱弱酸盐的碱性越强。

答案:B

7.多相离子平衡计算举例

【例3-2-17】 计算 $Mg(OH)_2$:①在纯水中;②在0.01mol/L $MgCl_2$ 溶液中;③在0.2mo l/L NH_4Cl 和0.5mol/L氨水混合溶液中的溶解度。已知 $K_{sp[Mg(OH)_2]}=1.8\times10^{-11}$,$K_{b[NH_3\cdot H_2O]}=1.77\times10^{-5}$。

解 设 $Mg(OH)_2$ 的溶解度为 $x$mol/L

①在纯水中

$$Mg(OH)_2(s)\rightleftharpoons Mg^{2+}+2OH^-$$

平衡浓度(mol/L) x $2x$

$$K_{sp}=C_{Mg^{2+}}\cdot C_{OH^-}^2=4x^3$$

$$x=\sqrt[3]{\frac{K_{sp[Mg(OH)_2]}}{4}}=\sqrt[3]{\frac{1.8\times10^{-11}}{4}}=1.65\times10^{-4}\text{mol/L}$$

②在 $MgCl_2$ 溶液中

$$Mg(OH)_2(s)\rightleftharpoons Mg^{2+}+2OH^-$$

平衡浓度(mol/L) $0.01+x$ $2x$

$$K_{sp}=(0.01+x)(2x)^2=1.8\times10^{-11}$$

按近似计算,$0.01+x\approx0.01$,则 $x=2.12\times10^{-5}$mol/L

③在混合溶液中

$$Mg(OH)_2(s)+2NH_4^+\rightleftharpoons Mg^{2+}+2NH_3\cdot H_2O$$

平衡浓度(mol/L) $0.2-2x$ x $0.5+2x$

该式的 K

$$K=K_{sp[Mg(OH)]_2}/K_b^2=1.8\times10^{-11}/(1.77\times10^{-5})^2=0.057$$

$$K=C_{Mg^{2+}}\cdot C_{NH_3\cdot H_2O}^2/C_{NH_4^+}^2=x(0.5+2x)^2/(0.2-2x)^2=0.057$$

按近似计算,$0.5+2x\approx0.5$,则 $x=9.12\times10^{-3}$mol/L

因 $2x$ 远小于0.2,故可忽略 $2x$。

【例3-2-18】 向含有0.1mol/L $CuSO_4$ 和1.0mol/L HCl混合液中不断通入 H_2S 气体,计算溶液中残留的 Cu^{2+} 离子浓度。已知 $K_{a1}=1.1\times10^{-7}$,$K_{a2}=1.3\times10^{-13}$,$K_{sp(CuS)}=6.3\times10^{-36}$,$H_2S$ 饱和溶液的浓度为0.1mol/L。

解 设反应后溶液中残留的 Cu^{2+} 浓度为 $x$mol/L

$$Cu^{2+}+H_2S\rightleftharpoons CuS(s)+2H^+$$

平衡浓度(mol/L) x 0.1 $1.2-2x$

$$K=\frac{K_{a1}\cdot K_{a2}}{K_{sp}}=\frac{1.1\times10^{-7}\times1.3\times10^{-13}}{6.3\times10^{-36}}=2.27\times10^{15}$$

$$2.27\times10^{15}=C_{H^+}^2/C_{Cu^{2+}}\cdot C_{H_2S}=(1.2-2x)^2/x\times0.1$$

按近似计算，$1.2-2x\approx1.2$

$$x=1.2^2/(0.1\times2.27\times10^{15})=6.3\times10^{-15}\,mol/L$$

【例 3-2-19】 在 0.1mol/L $FeCl_3$ 溶液中加入等体积 0.2mol/L 氨水和 2.0mol/L NH_4Cl 混合液，能否产生 $Fe(OH)_3$ 沉淀？已知 $K_{sp[Fe(OH)_3]}=4.0\times10^{-38}$，$K_{b(NH_3\cdot H_2O)}=1.77\times10^{-5}$。

解 加入等体积的 $NH_3\cdot H_2O$ 和 NH_4Cl 溶液后，各物质浓度将降低一半。即

$C_{Fe^{3+}}=0.05mol/L$，$C_{NH_3\cdot H_2O}=0.1mol/L$，$C_{NH_4Cl}=1.0mol/L$

$$C_{OH^-}=K_b\cdot\frac{C_{碱}}{C_{盐}}=1.77\times10^{-5}\times\frac{0.1}{1.0}=1.77\times10^{-6}\,mol/L$$

$$Q=C_{Fe^{3+}}\cdot C_{OH^-}^3=0.05\times(1.77\times10^{-6})^3=2.8\times10^{-19}>4.8\times10^{-38}$$

所以有 $Fe(OH)_3$ 沉淀析出。

习　题

3-2-1 在 $120cm^3$ 的水溶液中含糖（$C_{12}H_{22}O_{11}$）15.0g，溶液密度为 $1.047g/cm^3$，该溶液的质量百分比浓度（%）、物质的量浓度（mol/L）、质量摩尔浓度（mol/kg）、物质的量分数分别为（　　）。

A. 11.1%、0.366mol/L、0.347mol/kg，7.09×10^{-3}

B. 11.9%、0.366mol/L、0.397mol/kg，7.09×10^{-3}

C. 11.9%、0.044mol/L、0.347mol/kg，7.09×10^{-3}

D. 11.1%、0.044mol/L、0.397mol/kg，6.20×10^{-3}

3-2-2 在 20℃ 时，将 15.0g 葡萄糖（$C_6H_{12}O_6$）溶于 200g 水中，该溶液的冰点（$K_{fp}=1.86$）、正常沸点（$K_{bp}=0.52$）、渗透压（设 $C=m$）分别是（　　）。

A. −0.776℃、100.22℃、1.02×10^3Pa

B. 0.776℃、99.78℃、1.02×10^3kPa

C. −0.776℃、100.22℃、1.02×10^3kPa

D. 273.93℃、72.93℃、1.02×10^6Pa

3-2-3 下列酸溶液的 C_{H^+}、电离度分别为（　　）。

(1)0.25mol/L 氢溴酸；(2)0.25mol/L 次氯酸（$K_a=3.2\times10^{-8}$）。

A. (1)0.25mol/L，0%；(2)8.9×10^{-5}mol/L，0.036

B. (1)0.25mol/L，50%；(2)8.0×10^{-9}mol/L，3.2×10^{-6}

C. (1)0.25mol/L，100%；(2)8.0×10^{-9}mol/L，3.2×10^{-6}%

D. (1)0.25mol/L，100%；(2)8.9×10^{-5}mol/L，0.036%

3-2-4 H_2S 饱和溶液浓度为 0.1mol/L，已知 $K_{a1}=1.32\times10^{-7}$，$K_{a2}=7.1\times10^{-15}$，该溶液的 C_{H^+}、C_{HS^-}、$C_{S^{2-}}$ 和 pH 值分别为（　　）。

A. 1.15×10^{-4}、1.15×10^{-4}、7.1×10^{-15}、3.94

B. 1.15×10^{-4}、7.1×10^{-15}、2.3×10^{-4}、3.94

C. 3.6×10^{-15}、0、7.1×10^{-15}、14.4

D. 2.3×10^{-4}、1.15×10^{-4}、1.15×10^{-4}、3.64

3-2-5 在0.1mol/L醋酸溶液中,下列说法不正确的是( )。

A. 加入少量氢氧化钠溶液,醋酸的电离平衡向右移动

B. 加入水稀释后,醋酸的电离度增加

C. 加入浓醋酸,由于增加反应物的浓度,使醋酸的电离平衡向右移动,电离度增加

D. 加入少量盐酸,使醋酸电离度减小

3-2-6 在含有0.1mol/L氨水与0.1mol/L NH_4Cl的溶液中,C_{H^+}为( )(已知$K_{bNH_3\cdot H_2O}=1.8\times10^{-5}$)。

A. 1.34×10^{-3}mol/L　　B. 9.46×10^{-12}mol/L

C. 1.8×10^{-5}mol/L　　D. 5.56×10^{-10}mol/L

3-2-7 50mL、0.1mol/L的某一元弱酸HA溶液与20mL、0.10mol/L的KOH溶液混合,并加水稀释至100mL,测得该溶液的pH=5.25。此一元弱酸的电离常数为( )。

A. 5.6×10^{-6}　　B. 3.7×10^{-6}

C. 8.4×10^{-6}　　D. 6.3×10^{-6}

3-2-8 AgCl在(1)纯水中;(2)NaCl溶液中;(3)$Na_2S_2O_3$溶液中的溶解度大小的顺序是( )。

A. (1)>(2)>(3)　　B. (3)>(2)>(1)

C. (3)>(1)>(2)　　D. (1)>(3)>(2)

3-2-9 0.025mol/L NaAc溶液的pH值及水解度分别为( )($K_a=1.76\times10^{-5}$)。

A. 5.42,1.06×10^{-4}　　B. 8.58,0.015%

C. 8.58,1.06×10^{-4}　　D. 5.42,0.015%

第三节　化学反应速率与化学平衡

一、热化学

(一)系统和环境、状态和状态函数

1.系统和环境

系统:人们将其作为研究对象的那部分物质世界,即被研究的物质和它们所占有的空间。

环境:系统之外并与系统有密切联系的其他物质或空间。

系统和环境之间可以有物质和能量的传递。按传递情况不同,将系统分为:

(1)敞开系统:与环境之间既有物质交换又有能量交换的系统。

(2)封闭系统:与环境之间没有物质交换,但有能量交换的系统。

(3)隔离系统:与环境之间既无物质交换又无能量交换的系统。

2.状态和状态函数

状态:即系统的物理和化学性质的综合表现。系统的状态由状态量进行描述。状态量就是描述系统有确定值的物理量。如以气体为系统时,n、p、V、T等。

状态函数:确定体系状态的物理量。

状态函数的特点:状态函数是状态的单值函数。当系统的状态发生变化时,状态函数的变化量只与系统的始、末态有关,而与变化的实际途径无关。

(二)化学反应计量式和反应进度

根据质量守恒定律，用规定的化学符号和化学式来表示化学反应的式子，叫做化学反应方程式或化学反应计量式。

书写化学反应计量式时应做到：

(1)根据实验事实，正确写出反应物和产物的化学式；

(2)反应前后原子的种类和数量保持不变，即满足原子守恒，如果是离子方程式还要满足电荷守恒；

(3)要表明物质的聚集状态，g 表示气态，l 表示液态，s 表示固态，aq 表示水溶液。

一般用化学反应计量式表示化学反应中的质量守恒关系，通式为

$$0=\sum_{B}\nu_B B \tag{3-3-1}$$

ν_B称为 B 的化学计量数，量纲为一。并规定，反应物的化学计量数为负，产物的化学计量数为正。对任一反应

$$aA+bB=yY+zZ$$

$$\nu_A=-a;\nu_B=-b;\nu_Y=y;\nu_Z=z$$

例如，合成氨的化学反应计量式为

$$N_2+3H_2=2NH_3$$

则 $\nu(N_2)=-1;\nu(H_2)=-3;\nu(NH_3)=2$

化学计量数与化学反应方程式的写法有关，如合成氨的化学反应计量式写为

$$1/2N_2+3/2H_2=NH_3$$

则 $\nu(N_2)=-1/2;\nu(H_2)=-3/2;\nu(NH_3)=1$

ν_B的物理意义：表示按计量反应方程式反应时各物质转化的比例数。

反应进度：为了描述化学反应进行的程度，引入一个新物理量——反应进度。反应进度 ξ 的定义为式

$$d\xi=\nu_B{}^{-1}dn_B \tag{3-3-2}$$

式中，n_B为物质 B 的物质的量，ν_B为 B 的化学计量数。反应进度 ξ 的单位为 mol。

对于有限的变化，有 $\Delta\xi=\Delta n_B/\nu_B$

对于化学反应，一般选尚未反应时，$\xi=0$，因此

$$\xi=[n_B(\xi)-n_B(0)]/\nu_B \tag{3-3-3}$$

式中，$n_B(0)$为 $\xi=0$ 时物质 B 的物质的量，$n_B(\xi)$为 $\xi=\xi$ 时物质 B 的物质的量。

引入反应进度这个量的最大优点，是在反应进行到任意时刻时，可用任一反应物或产物来表示反应进行的程度，所得的值总是相等的。

应用反应进度时应注意：

(1)反应进度与化学计量式匹配；

(2)对于同一化学反应计量式，用任何物质的物质的量的变化量来计算反应进度都是相等的。

$\xi=1$mol 的物理意义：反应按所给反应式的系数比例进行了一个单位的化学反应。

(三)热和功

热和功是系统发生变化时与环境进行能量交换的两种形式。

(1)热。系统与环境之间因温度不同而交换或传递的能量称为热，表示为 Q。规定：系统从环境吸热时，Q 为正值；系统向环境放热时，Q 为负值。Q 与具体的变化途径有关，不是状态

函数。

(2)功。除了热之外，其他被传递的能量叫做功，表示为 W。规定：环境对系统做功时，W 为正值；系统对环境做功时，W 为负值。功与途径有关，不是状态函数。功分体积功和非体积功(表面功、电功等)。

等外压过程中，体积功为

$$W_{体}=-p_{外}(V_2-V_1)=-p_{外}\Delta V \tag{3-3-4}$$

(四)热力学能

热力学能为系统内部运动能量的总和。内部运动包括分子的平动、转动、振动以及电子运动和核运动，用 U 表示。

由于分子内部运动的相互作用十分复杂，因此目前尚无法测定内能的绝对数值。

内能的特征：状态函数、无绝对数值、广度性质。

(五)热力学第一定律

当系统由始态变化到终态时，系统与环境间传递的热量 Q 和功 W 之和等于系统的热力学能的变化量 ΔU。即

$$\Delta U=Q+W \tag{3-3-5}$$

这就是热力学第一定律的数学表达式。

例如，某封闭系统在某一过程中从环境中吸收了 50kJ 的热量，对环境做了 30kJ 的功，则系统在过程中热力学能的变化为：$\Delta U_{体系}=(+50\text{kJ})+(-30\text{kJ})=20\text{kJ}$。系统热力学能净增为 20kJ。

(六)化学反应的反应热

化学反应热是指等温过程热，即当反应发生后，使反应产物的温度回到反应前始态的温度，化学反应过程中吸收或放出的热量，简称反应热。

根据反应条件的不同，反应热又可分为恒容反应热和恒压反应热两种。

1.恒容反应热

恒容过程，体积功 $W_{体}=0$，不做非体积功 $W'=0$ 时，所以

$$W=W_{体}+W'=0,Q_V=\Delta U \tag{3-3-6}$$

2.恒压反应热

恒压过程，不做非体积功时，$W_{体}=-p(V_2-V_1)$，所以 $Q_p=\Delta U+p(V_2-V_1)$

(七)焓和焓变

在封闭系统中等压反应条件下进行化学反应时，反应热为

$$Q_p=\Delta U+p(V_2-V_1)=(U_2-U_1)+p(V_2-V_1)=(U_2+p_2V_2)-(U_1+p_1V_1) \tag{3-3-7}$$

定义：$H=U+pV$，H 称为焓。则 $Q_p=H_2-H_1=\Delta H$。

H 是一个重要的热力学函数，是状态函数，但不能知道它的绝对数值。

公式 $Q_p=\Delta H$ 的意义：

(1)等压热效应即为焓的增量，故 Q_p 也只取决于始终态，而与途径无关；

(2)可以通过 ΔH 的计算求出的 Q_p 值。

通常，许多化学反应是在“敞口”容器中进行的，系统压力与环境压力相等，这时的反应热称为定压反应热。定压反应热以 ΔH 表示，单位：kJ/mol。并规定，当反应放出热量时(放热反应)，$\Delta H<0$；当反应吸收热量时(吸热反应)，$\Delta H>0$。

(八)热化学方程式

热化学方程式:表示化学反应与其热效应关系的化学方程式。

如:$2H_2(g)+O_2(g)=2H_2O(g)$;$\Delta_r H_m^\ominus(298)=-483.6kJ/mol$

表示在298K、100kPa下,当反应进度为1mol时,放出483.6kJ的热量。

r表示反应(reaction),$\Delta_r H_m$ 表示反应的摩尔焓变,m表示反应进度为1mol,$^\ominus$ 表示热力学标准态。

热力学中对标准态($^\ominus$)的规定:气态物质的标准态是标准压力 $p^\ominus=100kPa$ 时表现出理想气体性质的纯气体物质的状态;液体、固体物质的标准态是指处于标准压力下纯液体或纯固体的状态;溶液中溶质的标准态是在标准压力下,质量摩尔浓度为1mol/kg时的状态。标准状态时温度不作规定。

书写热化学方程式时应注意以下几个问题:

(1)注明反应物与生成物的聚集状态。g表示气态,l表示液态,s表示固态。

$$2H_2(g)+O_2(g)=2H_2O(g),\Delta_r H_m^\ominus=-483.6kJ/mol$$

$$2H_2(g)+O_2(g)=2H_2O(l),\Delta_r H_m^\ominus=-571.68kJ/mol$$

(2)不同计量系数的同一反应,其摩尔反应热不同。

$$H_2(g)+1/2O_2(g)=H_2O(g),\Delta_r H_m^\ominus(298)=-241.8kJ/mol$$

$$2H_2(g)+O_2(g)=2H_2O(g),\Delta_r H_m^\ominus(298)=-483.6kJ/mol$$

(3)正逆反应的反应热效应数值相等,符号相反。

$$2H_2(g)+O_2(g)=2H_2O(g),\Delta_r H_m^\ominus(298)=-483.6kJ/mol$$

$$2H_2O(g)=2H_2(g)+O_2(g),\Delta_r H_m^\ominus(298)=+483.6kJ/mol$$

(4)注明反应的温度和压力。

(九)盖斯定律

盖斯定律,即化学反应的恒压或恒容反应热只与物质的始态或终态有关而与变化的途径无关。换句话说,一个化学反应如果分几步完成,则总反应的反应热等于各步反应的反应热之和。

应用盖斯定律通过计算不仅可以得到某些恒压反应热,从而减少大量实验测定工作,而且可以计算出难以或无法用实验直接测定的某些反应的反应热。

【例3-3-1】 已知反应 $C+O_2=CO_2$ 和 $CO+\frac{1}{2}O_2=CO_2$ 的反应热,计算 $C+\frac{1}{2}O_2=CO$ 的反应热。

解 (1)$C+O_2=CO_2,\Delta_r H_{m,1}=-393.5kJ/mol$

(2)$CO+\frac{1}{2}O_2=CO_2,\Delta_r H_{m,2}=-283.0kJ/mol$

式(1)-(2)为 $C+\frac{1}{2}O_2=CO$

所以 $C+\frac{1}{2}O_2=CO$ 的 $\Delta_r H_{m,3}=\Delta_r H_{m,1}-\Delta_r H_{m,2}$

$$=[-393.5-(-283)]kJ/mol$$

$$=-110.5kJ/mol$$

(十)标准摩尔生成焓

标准状态时,由指定单质生成单位物质的量的纯物质B时反应的焓变,称为标准摩尔生成焓，记作 $\Delta_f H_m^\ominus$。上标$^\ominus$ 表示标准状态，下标“f”(formation 的词头)表示生成。$\Delta_f H_m^\ominus$ 的单位为 kJ/mol，通常使用的是 298.15K 的摩尔生成焓数据。

指定单质通常指标准压力和该温度下最稳定的单质。如 C：石墨(s)；Hg：Hg(l)等。但 P 为白磷(s)，即 P(s，白)。

显然，标准态指定单质的标准生成焓为 0。生成焓的负值越大，表明该物质键能越大，对热越稳定。

由标准摩尔生成焓($\Delta_f H_m^\ominus$)计算标准摩尔反应焓变($\Delta_r H_m^\ominus$)：根据标准摩尔生成焓的定义，应用盖斯定律可以导出，化学反应的标准摩尔反应焓变等于生成物的标准摩尔生成焓的总和减去反应物的标准摩尔生成焓的总和。

【例 3-3-2】 在 298K，100kPa 下，反应 $2H_2(g)+O_2(g)=2H_2O(l)$ 的 $\Delta_r H_m^\ominus=-572$ kJ·mol^{-1}，则 $H_2O(l)$的 $\Delta_f H_m^\ominus$ 是：

A. 572kJ·mol^{-1}　　B. −572kJ·mol^{-1}

C. 286kJ·mol^{-1}　　D. −286kJ·mol^{-1}

解 由物质的标准摩尔生成焓 $\Delta_f H_m^\ominus$ 和反应的标准摩尔反应焓变 $\Delta_r H_m^\ominus$ 的定义可知，$H_2O(l)$的标准摩尔生成焓 $\Delta_f H_m^\ominus$ 为反应 $H_2(g)+\frac{1}{2}O_2(g)=H_2O(l)$的标准摩尔反应焓变 $\Delta_r H_m^\ominus$。反应 $2H_2(g)+O_2(g)=2H_2O(l)$的标准摩尔反应焓变是反应 $H_2(g)+\frac{1}{2}O_2(g)=H_2O(l)$的标准摩尔反应焓变的 2 倍，即 $H_2(g)+\frac{1}{2}O_2(g)=H_2O(l)$的 $\Delta_f H_m^\ominus=\frac{1}{2}\times(-572)=-286$kJ·mol^{-1}。

答案：D

二、化学反应速率

(一)化学反应速率的表示方法

化学反应速率通常是用单位时间内反应物或生成物浓度的变化量来表示。时间单位常用 s(秒)、min(分)或 h(小时)，浓度单位一般用 mol/L。

$$\bar{v}_i=\Delta C_i/\Delta t(\text{平均速率}) \tag{3-3-8}$$

对同一反应，用不同物质的浓度变化表示 $\bar{v}$ 时，其数值不一定相等。如

$$N_2(g)+3H_2(g)\rightleftharpoons 2NH_3(g)$$

当 $\bar{v}_{NH_3}=0.2$mol/(L·s)时，$\bar{v}_{H_2}=0.3$mol/(L·s)，而 $\bar{v}_{N_2}=0.1$mol/(L·s)。它们的比值恰好等于反应方程中各物质的化学计量数之比，即

$$\bar{v}_{N_2}:\bar{v}_{H_2}:\bar{v}_{NH_3}=0.1:0.3:0.2=1:3:2$$

所以当反应速率以数值表达时应注明以哪种物质的浓度变化为标准。

实际速率为瞬时速率 v_i，即

$$v_i=\lim_{\Delta t\to 0}\frac{\Delta C_i}{\Delta t}=\frac{dC_i}{dt} \tag{3-3-9}$$

瞬时速率可通过试验，并经作图法求得。

用反应进度定义的反应速率：单位体积内反应进度随时间的变化率。即

$$v=\frac{1}{V}\frac{d\xi}{dt} \tag{3-3-10}$$

因为 $d\xi=v_B{}^{-1}dn_B$，对于恒容反应 $dC_B=dn_B/V$，上式可写成反应速率的常用定义式

$$v=\frac{1}{v_B}\cdot\frac{dC_B}{dt} \qquad (3\text{-}3\text{-}11)$$

v 的 SI 单位：$mol/(dm^3 \cdot s)$。

例如，对于合成氨反应 $N_2(g)+3H_2(g)=2NH_3(g)$

其反应速率：

$$v=\frac{1}{2}\frac{dC(NH_3)}{dt}=-\frac{dC(N_2)}{dt}=-\frac{1}{3}\frac{dC(H_2)}{dt}$$

显然，用反应进度定义的反应速率的量值与表示速率物质的选择无关，亦即一个反应就只有一个反应速率值，但与计量系数有关，所以在表示反应速率时，必须写明相应的化学计量方程式。

（二）反应速率方程

浓度是影响反应速率的重要因素之一，表明反应物浓度与反应速率之间的定量关系的方程称为反应速率方程，简称速率方程。

1. 基元反应的速率方程——质量作用定律

实验证明，浓度越大，速率越快，对基元反应（一步完成的反应）

$$aA+bB\rightarrow C$$

其反应速率方程或质量作用定律表达式为

$$v=kC_A^a\cdot C_B^b \qquad (3\text{-}3\text{-}12)$$

即基元反应的反应速率与以化学计量数为方次的反应物浓度的乘积成正比，这就是质量作用定律，也叫速率定律。

a、b 分别是反应物 A、B 的化学计量数，表示反应级数。对于 A 是 a 级反应，对于 B 是 b 级反应，对整个反应或总反应的级数为 $(a+b)$ 级。一个一级反应就是 $a+b=1$ 的反应，依此类推。

k 为速率常数，它表示反应物均为单位浓度时的反应速率。k 的大小取决于反应物的本质及反应温度，而与浓度无关。

质量作用定律只适用于基元反应。

2. 非基元反应的速率方程

非基元反应即由几个基元反应组成的复杂反应，质量作用定律虽适用于其中每一个基元反应，但往往不适用于总的反应，其速率方程必须由实验测得反应速度才能确定。对于反应式

$$aA+bB\longrightarrow cC+dD$$

其速率方程为

$$v=kC_A^x\cdot C_B^y$$

式中，x、y 的值通常由实验测定，可为零、整数或小数。

上述定量关系式，除适用于气体反应外，也适用于溶液中的反应。液态和固态纯物质由于浓度不变，在式中通常不表达出来。气体压力的改变相当于浓度的影响。

【例 3-3-3】 某基元反应的速率方程为 $v=kC_A\cdot C_B^2$，当 $C_A'=2C_A$；$C_B'=2C_B$ 时，其速率方程为：

A. $v'=v$　　B. $v'=4v$　　C. $v'=8v$　　D. $v'=16v$

解 $v' = k(2C_A)(2C_B)^2 = 8kC_A \cdot C_B{}^2 = 8v$

答案:C

(三)温度对速率的影响——阿仑尼乌斯公式

温度对化学反应速率的影响主要体现在速率常数 k 上。温度升高,k 值增大。两者的定量关系可用阿仑尼乌斯公式表示

$$k = Ze^{\frac{-\varepsilon}{RT}}$$

或
$$\lg k = -\frac{\varepsilon}{2.303RT} + \lg Z \qquad (3\text{-}3\text{-}13)$$

式中:ε——给定的反应活化能;

Z——给定的指前因子。

由公式可知:

(1)对某反应温度越高,速率常数就越大,所以速率也越大;温度一定时,活化能越大,速率常数就越小,速率也越小。

(2)以 $\lg k$ 对 $\frac{1}{T}$ 作图可得一直线,其斜率为 $-\varepsilon/2.303R$,截距为 $\lg Z$。因此,由作图法可求给定反应的活化能和指前因子,以及给定温度下的速率常数值。ε 也可由下式求得

$$\lg\frac{k_2}{k_1} = \frac{\varepsilon}{2.303R}\left(\frac{T_2 - T_1}{T_1 \cdot T_2}\right) \qquad (3\text{-}3\text{-}14)$$

(四)催化剂对速率的影响

化学反应过程的实质是旧的化学键断裂,新的化学键建立的过程,在此过程中必定伴随着能量的变化。首先需足够的能量使旧的化学键断裂。

1.化学反应活化能和活化分子

根据气体运动理论,只有具有足够能量的分子(或原子)的碰撞才有可能发生反应。这种能够发生反应的碰撞叫有效碰撞。这种具有足够能量可以发生有效碰撞而发生反应的分子叫做活化分子。活化分子所具有的平均能量与反应物分子的平均能量之差称为活化能。活化能的大小,由反应物自身性质所决定。活化分子占反应分子总数的百分比叫活化分子百分数。反应的活化能越高,活化分子百分数越小,反应越慢,反之反应越快。

2.催化剂

催化剂是一种能改变反应速率而本身在反应前后的质量和化学性质都不改变的物质。催化剂之所以加快反应的速率,是因为它改变了反应的历程,降低了反应活化能,增加了活化分子百分数,如图 3-3-1 所示。

图 3-3-1 表明有催化剂时和无催化剂时活化能的差别。图中 A 和 B 分别为反应物分子和生成物分子的平均能量;C 和 C' 分别表示无催化剂和有催化剂时活化分子的平均能量;ε_1 和 ε_2 分别为无催化剂和有催化剂时的活化能,显然 $\varepsilon_1 > \varepsilon_2$。

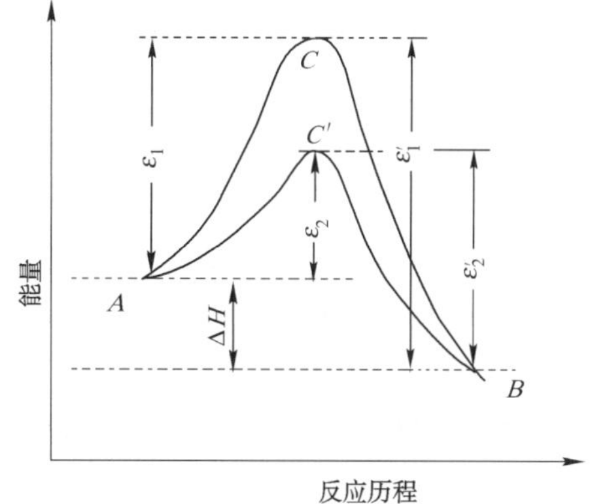

图 3-3-1 有催化与无催化的反应活化能比较

一般化学反应的活化能在 40～420kJ/mol 之间,大多数反应在 60～240kJ/mol 之间。

对可逆反应,ε_1 为正反应活化能,ε_1' 为逆反应活化能,则正反应的热效应 $\Delta H_{正}$ 和逆反应的热效应 $\Delta H_{逆}$ 可

表示为

$$\Delta H_{正} = \varepsilon_1 - \varepsilon'_1 = -\Delta H_{逆} \quad (3\text{-}3\text{-}15)$$

由以上讨论可见：浓度、温度、催化剂对反应速率的影响都可归结为活化分子数的改变，但改变的原因各不相同。浓度的影响是通过增加单位体积内的分子总数；温度的影响是通过能量的变化改变活化分子百分数；而催化剂是通过改变反应机理，降低反应活化能增加活化分子的百分数。

【例 3-3-4】 催化剂可加快反应速率的原因，下列叙述正确的是：

A. 降低了反应的 $\Delta_r H_m^\ominus$

B. 降低了反应的 $\Delta_r G_m^\ominus$

C. 降低了反应的活化能

D. 使反应的平衡常数 $K^\ominus$ 减小

解 催化剂之所以加快反应的速率，是因为它改变了反应的历程，降低了反应的活化能，增加了活化分子百分数。

答案：C

三、化学反应的方向

(一)化学反应的自发性

在给定条件下能自动进行的反应或过程叫自发反应或自发过程。

自发过程具有以下共同特征：

(1)具有不可逆性——单向性；

(2)有一定的限度；

(3)可由一定物理量判断变化的方向和限度。

化学反应在指定条件下自发进行的方向和限度问题，是科学研究和生产实践中极为重要的理论问题之一。

(二)化学反应方向的判据

1. 化学反应方向和焓变

化学反应中，许多放热反应都能自发的进行。例如：

$H_2(g) + 1/2O_2(g) = H_2O(l)$，$\Delta_r H_m^\ominus(298K) = -285.83kJ/mol$

$H^+(aq) + OH^-(aq) = H_2O(l)$，$\Delta_r H_m^\ominus(298K) = -55.84kJ/mol$

显然，能量越低，体系的状态就越稳定。化学反应一般也符合上述能量最低原理。的确，很多化学反应自发朝着放热的方向进行。据此，有人曾试图以反应的焓变($\Delta_r H_m$)作为反应自发性的判据。认为，在等温等压条件下，当 $\Delta_r H_m < 0$ 时，化学反应自发进行。

但是，试验表明，有些吸热过程($\Delta_r H_m > 0$)也能自发进行。例如：

$NH_4Cl(s) = NH_4^+(aq) + Cl^-(aq)$，$\Delta_r H_m^\ominus(298K) = 9.76kJ/mol$

$CaCO_3(s) = CaO(s) + CO_2(g)$，$\Delta_r H_m^\ominus(1123K) = 178.32kJ/mol$

$H_2O(l) = H_2O(g)$，$\Delta_r H_m^\ominus(298K) = 44kJ/mol$

这些吸热反应在一定条件下均能自发进行。说明放热($\Delta_r H_m < 0$)只是有助于反应自发进行的因素之一，而不是唯一的因素。当温度升高时，另外一个因素变得更重要，热力学上，将决定反应自发性的另一个状态函数称为熵。

2. 化学反应与熵变

研究发现，自然界中的物理和化学的自发过程一般都朝着混乱程度增大的方向进行。热力学上，用一个新的状态函数“熵”来表示体系的混乱度。熵是系统内部质点混乱程度或无序程度的量度，以“S”表示。系统的混乱度愈大，熵愈大。熵是状态函数。熵的变化只与始态、终态有关，而与途径无关。

热力学第二定律的统计表达：在隔离系统中发生的自发进行的反应必伴随着熵的增加，或隔离系统的熵总是趋向于极大值。这就是自发过程的热力学准则，称为熵增加原理。这就是隔离系统的熵判据。

热力学第三定律：系统内物质微观粒子的混乱度与物质的聚集状态和温度等有关。在绝对零度时，理想晶体内分子的各种运动都将停止，物质微观粒子处于完全整齐有序的状态。人们根据一系列低温实验事实和推测，总结出一个经验定律——热力学第三定律。

在绝对零度时，一切纯物质的完美晶体的熵值都等于零，即 $S(0K)=0$。

知道某一物质从绝对零度到指定温度下的一些化学数据，就可以求出此温度的熵值，称为这一物质的规定熵。

标准摩尔熵：单位物质的量的纯物质在标准状态下的规定熵叫做该物质的标准摩尔熵，以 S_m（或简写为 S）表示。注意 S_m 的 SI 单位为 J/(mol · K)。

根据上述讨论并比较物质的标准熵值，可以得出下面一些规律：对于同一种物质，$S_g>S_l>S_s$；同一物质在相同的聚集状态时，其熵值随温度的升高而增大，$S_{高温}>S_{低温}$。对于不同种物质，$S_{复杂分子}>S_{简单分子}$。对于混合物和纯净物，$S_{混合物}>S_{纯物质}$。

熵变的计算：熵是状态函数，反应或过程的熵变 $\Delta_r S$，只跟始态和终态有关，而与变化的途径无关。反应的标准摩尔熵变 $\Delta_r S_m^\ominus$（或简写为 $\Delta S^\ominus$），其计算及注意点与 $\Delta_r H_m$ 的相似。

$$\Delta_r S_m^\ominus=\sum v_i S_m^\ominus(\text{生成物})-\sum v_i S_m^\ominus(\text{反应物})$$

应当指出，虽然物质的标准熵随温度的升高而增大，但只要温度升高没有引起物质聚集状态的改变时，则可忽略温度的影响，近似认为反应的熵变基本不随温度而变。

虽然熵增加有利于反应的自发进行，但与反应焓变一样，一般情况不能仅用熵变作为反应自发进行的判据。要判断反应自发进行的方向，必须将这两个因素综合考虑。

3. 反应自发性的判据——反应的吉布斯函数变

为了确定反应自发性的判据，1875 年，美国化学家吉布斯(Gibbs)首先提出一个把焓和熵归并在一起的热力学函数——G（现称吉布斯自由能或吉布斯函数），并定义：$G=H-TS$。

对于等温过程：
$$\Delta G=\Delta H-T\Delta S \tag{3-3-16}$$

ΔG 表示反应和过程的吉布斯函数变，简称吉布斯函数变，式(3-3-16)称为吉布斯等温方程。

反应自发性的判据：根据热力学推导得出，对于恒温、恒压不做非体积功的一般反应，其自发性的判断标准（称为最小自由能原理）为：

$\Delta G<0$，自发过程，过程能向正方向进行。

$\Delta G=0$，平衡状态。

$\Delta G>0$，非自发过程，过程能向逆方向进行。

这一规律表明：等温、等压的封闭体系内，不做非体积功的条件下，任何自发过程总是朝着吉布斯函数减小的方向进行。系统不会自发地从吉布斯函数小的状态向吉布斯函数大的状态进行。

恒温、恒压下化学反应自发进行方向的判据是化学反应的 ΔG，ΔG 的大小取决于反应的 ΔH、ΔS 和温度 T。表 3-3-1 给出了 ΔH、ΔS 和 T 对反应自发性的影响。

ΔH、ΔS 和 T 对反应自发性的影响 表 3-3-1

反应实例	ΔH	ΔS	$\Delta G=\Delta H-T\Delta S$	反应情况
$H_2(g)+Cl_2(g)=2HCl(g)$	−	+	−	自发(任何温度)
$2CO(g)=2C(s)+O_2(g)$	+	−	+	非自发(任何温度)
$CaCO_3(s)=CaO(s)+CO_2(s)$	+	+	升高至某温度时由正值变为负值	升高温度有利于反应自发进行
$N_2(g)+3H_2(g)=2NH_3(g)$	−	−	降低至某温度时由正值变为负值	降低温度有利于反应自发进行

4.反应的摩尔吉布斯函数变的计算及应用

(1)标准状态下摩尔吉布斯函数变的计算

标准摩尔生成吉布斯函数:在标准状态时,由指定单质生成单位物质的量的纯物质时反应的吉布斯函数变,叫做该物质的标准摩尔生成吉布斯函数,用 $\Delta_f G_m^\ominus$ 表示,常用单位为 kJ/mol。

任何指定单质(注意磷为白磷):$\Delta_f G_m^\ominus=0$

298.15K 时的物质的 $\Delta_f G_m^\ominus$ 可以查到。

反应的标准摩尔吉布斯函数变以 $\Delta_r G_m^\ominus$ 表示。

298.15K 时,反应的标准摩尔吉布斯函数变的计算公式为

$$\Delta_r G_m^\ominus(298.15\text{K})=\sum v_i \Delta_f G_m^\ominus(\text{生成物})-\sum v_i \Delta_f G_m^\ominus(\text{反应物})$$

利用物质的 $\Delta_f H_m^\ominus(298.15\text{K})$ 和 $S_m^\ominus(298.15\text{K})$ 的数据求算:先计算得到反应的 $\Delta_r H_m^\ominus$ 和$\Delta_r S_m^\ominus$,然后利用下列公式计算反应的 $\Delta_r G_m^\ominus(298.15\text{K})$

$$\Delta_r G_m^\ominus(298.15\text{K})=\Delta_r H_m^\ominus(298.15\text{K})-298.15\Delta_r S_m^\ominus(298.15\text{K})$$

需要指出,上式计算得到的 $\Delta_r G_m^\ominus$ 为 298.15K 时的值,而 $\Delta_r G_m^\ominus$ 值随温度不同而改变。但由于温度对大多数反应的焓变和熵变影响较小,对这些反应可看作:$\Delta_r H_m^\ominus(T)\approx\Delta_r H_m^\ominus(298.15\text{K})$,$\Delta_r S_m^\ominus(T)\approx\Delta_r S_m^\ominus(298.15\text{K})$,所以任一温度 T 时的标准摩尔吉布斯函数变可按下式近似计算

$$\begin{aligned}\Delta_r G_m^\ominus(T)&=\Delta_r H_m^\ominus(T)-T\Delta_r S_m^\ominus(T)\\&\approx\Delta_r H_m^\ominus(298.15\text{K})-T\Delta_r S_m^\ominus(298.15\text{K})\end{aligned}$$

(2)非标准状态下摩尔吉布斯函数变的计算

许多化学反应是在等温等压非标准状态下进行的,此时反应的 $\Delta_r G_m$ 可根据实际条件用热力学等温方程进行计算

$$\Delta_r G_m(T)=\Delta_r G_m^\ominus(T)+RT\ln Q \tag{3-3-17}$$

式中,Q 为反应熵。

【例 3-3-5】 已知反应 $N_2(g)+3H_2(g)\rightarrow 2NH_3(g)$的 $\Delta_r H_m<0$,$\Delta_r S_m<0$,则该反应为:

A.低温易自发,高温不易自发　　B.高温易自发,低温不易自发

C.任何温度都易自发　　D.任何温度都不易自发

解 由公式 $\Delta G=\Delta H-T\Delta S$ 可知,当 ΔH 和 ΔS 均小于零时,ΔG 在低温时小于零,所以低温自发,高温非自发。

答案:A

【例 3-3-6】 某化学反应在任何温度下都可以自发进行,此反应需满足的条件是:

A. $\Delta_r H_m<0$,$\Delta_r S_m>0$　　B. $\Delta_r H_m>0$,$\Delta_r S_m<0$

C. $\Delta_r H_m<0$,$\Delta_r S_m<0$　　D. $\Delta_r H_m>0$,$\Delta_r S_m>0$

解 由公式 $\Delta G=\Delta H-T\Delta S$ 可知,当 $\Delta H<0$ 和 $\Delta S>0$ 时,ΔG 在任何温度下都小于零,

都能自发进行。

答案：A

【例 3-3-7】 金属钠在氯气中燃烧生成氯化钠晶体，其反应的熵变是：

A. 增大　　B. 减少　　C. 不变　　D. 无法判断

解　反应方程式为 $2Na(s)+Cl_2(g)=2NaCl(s)$。气体分子数增加的反应，其熵值增大；气体分子数减小的反应，熵值减小。

答案：B

四、化学平衡

(一)化学平衡时的特征

当 $v_{正}$ 等于 $v_{逆}$ 时，化学反应达到平衡状态。化学平衡的特征：

(1)外观上反应"停顿"了，实质是动态平衡；

(2)当外界条件不变时，反应物和生成物浓度不再随时间改变；

(3)平衡状态可以从正逆两方向到达。

(二)化学平衡常数表达式

1. 经验平衡常数(或实验平衡常数)

对任何可逆反应

$$aA+bB \rightleftharpoons dD+gG$$

在一定温度下，反应达到平衡时生成物浓度的乘积与反应物浓度乘积之比是一个常数

$$\frac{C_G^g \cdot C_D^d}{C_A^a \cdot C_B^b}=K_c \tag{3-3-18}$$

K_c 叫浓度平衡常数，简称平衡常数。上式为化学平衡常数表达式。

对气体反应，平衡常数既可用浓度表示，也可用平衡时各气体的分压表示。

$$K_p=\frac{p_G^g \cdot p_D^d}{p_A^a \cdot p_B^b} \tag{3-3-19}$$

K_p 叫分压平衡常数(或压力平衡常数)。K_p 与 K_c 的关系为

$$K_p=K_c(RT)^{\Delta n} \tag{3-3-20}$$

式中，$\Delta n=(g+d)-(a+b)$，$R=8.314Pa \cdot m^3/(K \cdot mol)$。注意计算时 p、C 与 R 的单位一致。

2. 标准平衡常数 $K^{\ominus}$

在 K_c 与 K_p 表达式中，浓度或分压均为用平衡时物质的绝对浓度或绝对分压来表示的；而标准平衡常数，则是用平衡时物质的相对浓度或相对分压来表示。如

$$Zn(s)+2H^+ \rightleftharpoons H_2(g)+Zn^{2+}$$

$$K^{\theta}=\frac{[C_{Zn^{2+}}/C^{\ominus}][p_{H_2}/p^{\ominus}]}{[C_{H^+}/C^{\ominus}]^2} \tag{3-3-21}$$

式中：$C^{\ominus}$——标准浓度，$C^{\ominus}=1.0mol/L$；

$p^{\ominus}$——标准压强，$p^{\ominus}=100kPa$。

热力学上，标准平衡常数简称平衡常数，是一无量纲的量。平衡常数是表征化学反应进行到最大程度时反应进行程度的一个常数。对于同一类型的反应，在给定反应条件下，$K^{\ominus}$ 值越

大，表明正反应进行得越完全。在一定温度下，不同反应，各有其特定的 $K^\ominus$ 值。对于指定反应，其平衡常数 $K^\ominus$ 的值只是温度的函数，而与参与平衡的物质的量无关。

书写平衡常数表达式时应注意：

(1)平衡常数表达式与反应历程无关，但必须是平衡时的相对浓度或相对压力，化学计量数为其指数；

(2)纯固体、纯液体的浓度不列入表达式；

(3)平衡常数表达式与反应方程的书写形式有关，例如在 373K 时

$$N_2O_4 \rightleftharpoons 2NO_2 \qquad K_1=\frac{[C_{NO_2}/C^\ominus]^2}{C_{N_2O_4}/C^\ominus}=0.36$$

$$\frac{1}{2}N_2O_4 \rightleftharpoons NO_2 \qquad K_2=\frac{C_{NO_2}/C^\ominus}{[C_{N_2O_4}/C^\ominus]^{\frac{1}{2}}}=\sqrt{K_1}=0.6$$

$$2NO_2 \rightleftharpoons N_2O_4 \qquad K_3=[C_{N_2O_4}/C^\ominus]/[C_{NO_2}/C^\ominus]^2=1/K_1=2.8$$

【例 3-3-8】 下列反应的标准平衡常数可用 $p^\ominus/p_{H_2}$ 表示的是：

A. $H_2(g)+S(g) \rightleftharpoons H_2S(g)$　　B. $H_2(g)+S(s) \rightleftharpoons H_2S(g)$

C. $H_2(g)+S(s) \rightleftharpoons H_2S(l)$　　D. $H_2(l)+S(s) \rightleftharpoons H_2S(s)$

解 选项 A、B、C、D 的标准平衡常数分别为：

$$K_1^\ominus=\frac{p_{H_2S}/p^\ominus}{p_{H_2}/p^\ominus \cdot p_S/p^\ominus}=\frac{p_{H_2S}\cdot p^\ominus}{p_{H_2}\cdot p_S}$$

$$K_2^\ominus=\frac{p_{H_2S}/p^\ominus}{p_{H_2}/p^\ominus}=\frac{p_{H_2S}}{p_{H_2}}$$

$$K_3^\ominus=\frac{1}{p_{H_2}/p^\ominus}=\frac{p^\ominus}{p_{H_2}}$$

$$K_4^\ominus=\frac{1}{1}=1$$

答案：C

3. 平衡常数的物理意义和特征

(1)平衡常数是可逆反应进行程度的特征常数，其值越大，表明正反应趋势越大，反应物的平衡转化率也越高，如表 3-3-2 所示。

(2)平衡常数只是温度的函数。表 3-3-2 中，反应 I 的 K 值，随温度的升高而减少，此反应为放热反应，$\Delta H<0$；反应 II 的 K 值，随温度的升高而增大，此反应为吸热反应，$\Delta H>0$。

平衡常数与转化率　　表 3-3-2

反应 I：$SO_2(g)+\frac{1}{2}O_2(g) \rightleftharpoons SO_3(g)$				反应 II：$CH_4(g)+H_2O(g) \rightleftharpoons CO(g)+3H_2(g)$			
T(K)	400	500	600	T(K)	600	700	900
K	442.4	50.5	9.37	K	0.38	7.4	1.3×10^3
SO_2 转化率(%)	99.2	93.5	73.6	CH_4 转化率(%)	65	92	99

(3)符合多重平衡规则。当 n 个反应相加(或相减)得总反应时，总反应的 K 等于各个反应平衡常数的乘积(或商)。如

$$\begin{array}{ll} FeO(s)+CO(g) \rightleftharpoons Fe(s)+CO_2(g) & K_1 \\ -)FeO(s)+H_2(g) \rightleftharpoons Fe(s)+H_2O(g) & K_2 \\ \hline CO(g)+H_2O(g)=CO_2(g)+H_2(g) & K_3=K_1/K_2 \end{array}$$

【例 3-3-9】 已知反应(1)$H_2(g)+S(s) \rightleftharpoons H_2S(g)$,其平衡常数为 $K_1^\ominus$,
(2)$S(s)+O_2(g) \rightleftharpoons SO_2(g)$,其平衡常数为 $K_2^\ominus$,则反应
(3)$H_2(g)+SO_2(s) \rightleftharpoons O_2(g)+H_2S(g)$的平衡常数为 $K_3^\ominus$ 是:

A. $K_1^\ominus+K_2^\ominus$　　　　B. $K_1^\ominus \cdot K_2^\ominus$

C. $K_1^\ominus-K_2^\ominus$　　　　D. $K_1^\ominus/K_2^\ominus$

解 多重平衡规则:当 n 个反应相加(或相减)得总反应时,总反应的 K 等于各个反应平衡常数的乘积(或商)。题中反应(3) = (1)-(2),所以$K_3^\ominus=\dfrac{K_1^\ominus}{K_2^\ominus}$。

答案:D

4. 平衡常数的应用

(1)判断反应进行的方向

对于反应

$$aA+bB \rightleftharpoons gG+dD$$

体系处于任意状态,浓度商和分压商分别为

$$Q_c=\frac{[C_G/C^\ominus]^g \cdot [C_D/C^\ominus]^d}{[C_A/C^\ominus]^a \cdot [C_B/C^\ominus]^b} \qquad Q_p=\frac{[p_G/p^\ominus]^g \cdot [p_D/p^\ominus]^d}{[p_A/p^\ominus]^a \cdot [p_B/p^\ominus]^b} \tag{3-3-22}$$

Q_c 与 Q_p 总称反应商 Q。

当 $Q=K$ 时　　处于平衡状态

当 $Q<K$ 时　　反应正向进行

当 $Q>K$ 时　　反应逆向进行

这就是化学反应进行方向的反应商判据。

(2)进行有关的计算

①已知 K 和各反应物的起始浓度,可求各物质的平衡浓度及某反应物的转化率。平衡转化率为

$$\alpha=\frac{\text{某物已转化浓度}}{\text{该物起始浓度}}\times 100\% \tag{3-3-23}$$

②已知某温度下各物质的平衡浓度(分压)或各反应物的起始浓度(分压)和某一物质的转化率,求 K。

③用多重平衡规则求另一平衡的 K。

【例 3-3-10】 在 313K 时,$N_2O_4 \rightleftharpoons 2NO_2$ 反应的压力为 506.625kPa,$K=0.9$,求该温度下 N_2O_4 的平衡转化率。

解 设 N_2O_4 的起始量为 $n$mol,平衡转化率为 α。

	N_2O_4	$\rightleftharpoons 2NO_2$
起始物质的量(mol)	n	0
平衡物质的量(mol)	$n-n\alpha$	$2n\alpha$
平衡时总物质的量(mol)	$n-n\alpha+2n\alpha=n(1+\alpha)$	
平衡时物质的量分数	$\dfrac{1-\alpha}{1+\alpha}$	$\dfrac{2\alpha}{1+\alpha}$
平衡时分压(Pa)	$\dfrac{1-\alpha}{1+\alpha}\cdot p$	$\dfrac{2\alpha}{1+\alpha}\cdot p$

$$K=\frac{[p_{NO_2}/p^\ominus]^2}{[p_{N_2O_4}/p^\ominus]}=\frac{4\alpha^2 p}{(1-\alpha^2)p^\ominus}=0.9$$

$$\frac{20\alpha^2}{1-\alpha^2}=0.9 \Rightarrow \alpha=0.208=20.8\%$$

标准平衡常数可由吉布斯等温方程式导出。

在化学热力学中，推导出了 $\Delta_r G_m$ 与系统组成间的关系

$$\Delta_r G_m(T)=\Delta_r G_m^\ominus(T)+RT\ln Q \tag{3-3-24}$$

当反应达到平衡时

$$\Delta_r G_m=0, Q=K^\ominus$$

$$\Delta_r G_m^\ominus(T)=-RT\ln K^\ominus$$

$$\ln K^\ominus=\frac{\Delta_r G_m^\ominus}{-RT} \tag{3-3-25}$$

上式反映了标准平衡常数 $K^\ominus$ 与 $\Delta_r G_m^\ominus$ 之间的关系。

（三）化学平衡的移动

化学平衡是相对的、暂时的、有条件的。当外界条件（浓度、压强、温度）改变时，可逆反应从一个平衡状态向另一个平衡状态转化的过程称化学平衡的移动。

1. 浓度对平衡的影响

对处于平衡状态的可逆反应，若保持其他条件不变，则增加反应物浓度或减少生成物浓度，使 $Q<K$，平衡向右移动；同理减少反应物浓度或增加生成物浓度，使 $Q>K$，平衡向左移动。

2. 压强对平衡的影响

对有气体参加的反应，改变总压强（各气体反应物和生成物分压之和）时，如果反应前后气体分子数相等，平衡不移动；如果反应前后气体分子总数不等，平衡就会移动。例如

$$N_2+3H_2 \rightleftharpoons 2NH_3$$

平衡时各气体分压(Pa)　　a　　b　　c

$$K=\frac{c^2}{a\cdot b^3}(p^\ominus)^2$$

总压增大 2 倍时(Pa)　　$2a$　　$2b$　　$2c$

$$Q=\frac{c^2}{4a\cdot b^3}(p^\ominus)^2$$

$Q<K$，平衡向右移动

所以增加总压强时，平衡向气体分子总数减少的方向移动；降低总压强时，平衡向气体分子数增加的方向移动。

【例 3-3-11】 在一容器中，反应 $2SO_2(g)+O_2(g) \rightleftharpoons 2SO_3(g)$ 达平衡后，在恒温下加入一定量氮气，并保持总压不变，平衡将会：

A. 正向移动　　B. 逆向移动

C. 无明显变化　　D. 不能判断

解　加入氮气，总压不变，各气体分压减小，平衡向气体分子数增加方向移动，逆向移动。

答案：B

3. 温度对平衡的影响

温度对平衡的影响与反应的热效应有关。对放热反应（$\Delta H<0$），升高温度，K 下降（使 $K<Q$），平衡向吸热方向移动；对吸热反应（$\Delta H>0$），升高温度，K 升高（使 $K>Q$），平衡向吸热反应方向移动。总之，温度升高，平衡向吸热方向移动；温度降低，平衡向放热方向移动。正反应为放热反应，则逆反应为吸热反应；若正反应为吸热反应，则逆反应为放热反应。

4. 吕查德原理

如果改变平衡体系的条件之一(浓度、压强和温度),平衡就向着削弱这种改变的方向移动(见表3-3-3)。

外界条件对反应速率、平衡常数和平衡移动的影响 表3-3-3

影响因素	v	k	K	平衡移动方向
增加反应物浓度	增加	不变	不变	向正反应方向移动
增加气体分子总压强	增加	不变	不变	向气体分子总数减小方向移动
升高反应温度	增加	增大	正反应吸热 K 增大, 正反应放热 K 减小	向吸热方向移动
加催化剂	增加	增大	不变	不移动

【例3-3-12】 已知反应 $C_2H_2(g)+2H_2(g) \rightleftharpoons C_2H_6(g)$ 的 $\Delta_r H_m<0$,当反应达平衡后,欲使反应向右进行,可采取的方法是:

A. 升温,升压　　B. 升温,减压

C. 降温,升压　　D. 降温,减压

解 此反应为气体分子数减小的反应,升压,反应向右进行;反应的 $\Delta_r H_m<0$,为放热反应,降温,反应向右进行。

答案:C

【例3-3-13】 反应 $A(S)+B(g) \rightleftharpoons C(g)$ 的 $\Delta H<0$,欲增大其平衡常数,可采取的措施是:

A. 增大B的分压　　B. 降低反应温度

C. 使用催化剂　　D. 减小C的分压

解 此反应为放热反应。平衡常数只是温度的函数,对于放热反应,平衡常数随着温度升高而减小。相反,对于吸热反应,平衡常数随着温度的升高而增大。

答案:B

习　题

3-3-1 升高温度可以增加反应速率的主要原因是(　　)。

A. 增加了分子总数　　B. 降低了活化能

C. 增加了活化分子百分数　　D. 分子平均动能增加

3-3-2 某放热反应的正反应活化能为15kJ/mol,逆反应的活化能是(　　)。

A. −15kJ/mol　　B. 大于15kJ/mol

C. 小于15kJ/mol　　D. 无法判断

3-3-3 对于一个给定条件下的反应,随着反应的进行(　　)。

A. 正反应速率降低　　B. 速率常数变小

C. 平衡常数变大　　D. 逆反应速率降低

3-3-4 下列不正确的说法是(　　)。

A. 质量作用定律只适用于基元反应

B. 对吸热反应温度升高,平衡常数减小

C. 非基元反应是由若干个基元反应组成

D. 反应速率常数的大小取决于反应物的本性及反应温度

3-3-5　某温度下，下列反应的平衡常数的关系是(　　)。

$$2SO_2(g)+O_2(g)\rightleftharpoons 2SO_3(g)\qquad K_1$$

$$SO_3(g)\rightleftharpoons SO_2(g)+\frac{1}{2}O_2(g)\qquad K_2$$

A. $K_1=K_2$　　B. $K_1=\frac{1}{(K_2)^2}$　　C. $(K_2)^2=K_1$　　D. $K_2=2K_1$

3-3-6　在 298K，总压强为 101 325Pa 的混合气体中，含有 N_2、H_2、He、CO_2 四种气体，其质量均为 1g，它们分压的大小顺序是(　　)。

A. $H_2>He>N_2>CO_2$　　B. $CO_2>N_2>He>H_2$

C. $He>N_2>CO_2>H_2$　　D. $CO_2>He>N_2>H_2$

3-3-7　某气相反应 $2NO(g)+O_2(g)\rightleftharpoons 2NO_2(g)$是放热反应，反应达到平衡时，使平衡向右移动的条件是(　　)。

A. 升高温度和增加压力　　B. 降低温度和压力

C. 降低温度和增加压力　　D. 升高温度和降低压力

3-3-8　已知在一定温度下

$$SO_3(g)\rightleftharpoons SO_2(g)+\frac{1}{2}O_2(g)\qquad K=0.050$$

$$NO_2(g)\rightleftharpoons NO(g)+\frac{1}{2}O_2(g)\qquad K=0.012$$

则反应 $SO_2(g)+NO_2(g)\rightleftharpoons SO_3(g)+NO(g)$的 K 为(　　)。

A. 4.2　　B. 0.038　　C. 0.24　　D. 0.062

第四节　氧化还原反应与电化学

一、氧化还原反应的基本概念

化学反应中有电子转移的反应称氧化还原反应，反应前后反应物和生成物的氧化数发生了变化。

(一)氧化数(又称氧化值)

元素的氧化数是划分氧化还原反应和非氧化还原反应的主要依据，也是定义氧化剂、还原剂的重要概念。

1. 氧化数的概念

氧化数是某元素一个原子的电荷数，这种电荷数可由假设把每个键中的电子指定给电负性更大的原子而求得。

2. 确定氧化数的规则

(1)在离子型化合物中，氧化数等于离子电荷。

(2)在共价化合物中，把共用电子对指定给电负性大的原子后，原子的表观电荷数就是该原子的氧化数。

(3)分子或离子的总电荷数等于各元素氧化数的代数和。分子的总电荷数为零。

3. 一些已知元素氧化数的习惯规定

(1)在单质中，元素的氧化数均为零。

(2)除在金属氢化物中 H 的氧化数为－1 外，氢在其他化合物中的氧化数均为＋1。

(3)除在过氧化物中氧的氧化数为－1，在氟化物中氧的氧化数为＋1 或＋2(分别如 O_2F_2 和 OF_2)外，氧的氧化数一般为－2。

(4)在化合物中，碱金属的氧化数为＋1，碱土金属的氧化数为＋2，F 的氧化数为－1。

(二)氧化剂和还原剂

在氧化还原反应中，某元素的原子失去电子，使该元素的氧化数增加；相反，某元素的原子得到电子，其氧化数减少。

失去电子的物质为还原剂，在反应中被氧化；得到电子的物质为氧化剂，在反应中被还原。

例如

失电子，氧化数升高（氧化）

$$Zn + Cu^{2+} = Zn^{2+} + Cu$$

得电子，氧化数降低（还原）

还原剂　氧化剂

氧化、还原是指反应过程。

(三)氧化还原方程的配平

1. 配平原则

还原剂失电子总数等于氧化剂得电子总数，反应前后各元素原子总数相等。

2. 配平的步骤

(1)写出未配平的离子方程，如 $MnO_4^- + SO_3^{2-} + H^+ \rightarrow Mn^{2+} + SO_4^{2-} + H_2O$

(2)将离子方程写成氧化、还原半反应式，并配平，即

还原反应　$MnO_4^- + 8H^+ + 5e^- = Mn^{2+} + 4H_2O$

氧化反应　$SO_3^{2-} + H_2O - 2e^- = SO_4^{2-} + 2H^+$

(3)将两个半反应式各乘以适当系数，使得失电子数相等，然后将两个半反应式合并得到一个配平的氧化还原方程，即

$$\begin{array}{rl} 2\times & MnO_4^- + 8H^+ + 5e^- = Mn^{2+} + 4H_2O \\ +\quad 5\times & SO_3^{2-} + H_2O - 2e^- = SO_4^{2-} + 2H^+ \\ \hline & 2MnO_4^- + 5SO_3^{2-} + 6H^+ = 2Mn^{2+} + 5SO_4^{2-} + 3H_2O \end{array}$$

二、原电池

原电池是借助氧化还原反应产生电流的装置。

(一)原电池的组成、电极反应和电池反应

1. 原电池的组成

原电池由三部分组成。

(1)半电池或称电极(包括导体)。

(2)金属导线：组成外电路。

(3)盐桥：盐桥的作用为沟通内电路，保持溶液电中性，使电流持续产生，例如铜锌原电池是由两个半电池组成，一个为锌半电池或叫锌电极；另一个为铜半电池或叫铜电极。

2. 电极反应和电池反应

对于铜锌原电池：

锌电极上发生的电极反应为

$$Zn(s)-2e^{-}=Zn^{2+}(aq) \qquad (氧化反应)$$

铜电极上发生的电极反应为

$$Cu^{2+}(aq)+2e^{-}=Cu(s) \qquad (还原反应)$$

原电池中发生的电池反应为

$$Zn(s)+Cu^{2+}(aq)=Zn^{2+}(aq)+Cu(s) \qquad (氧化还原反应)$$

电极反应也称半反应，每一个半反应都有两类物质：一类可作还原剂的物质，称为还原态物质，如 Cu、Zn 等；另一类可作氧化剂的物质，称为氧化态物质，如 Cu^{2+}、Zn^{2+} 等。氧化态和相应的还原态物质组成电对，称氧化还原电对，可表示为氧化态/还原态，如 Cu^{2+}/Cu 和 Zn^{2+}/Zn。一些电极反应，电极符号见表 3-4-1。

电极种类和电极符号 表 3-4-1

电极种类	电极反应	电极符号	
		负极	正极
I. 金属—金属离子	$Zn^{2+}+2e^{-}\rightleftharpoons Zn$	$Zn\|Zn^{2+}$	$Zn^{2+}\|Zn$
II. 同种金属不同价态离子	$Fe^{3+}+e^{-}\rightleftharpoons Fe^{2+}$	$Pt\|Fe^{3+},Fe^{2+}$	$Fe^{2+},Fe^{3+}\|Pt$
III. 非金属—非金属离子	$2H^{+}+2e^{-}\rightleftharpoons H_2$	$Pt\|H_2\|H^{+}$	$H^{+}\|H_2\|Pt$
IV. 金属—金属难溶盐—负离子	$AgCl(s)+e^{-}\rightleftharpoons Ag+Cl^{-}$	$Ag\|AgCl(s)\|Cl^{-}$	$Cl^{-}\|AgCl(s)\|Ag$

在铜半电池中，氧化剂 Cu^{2+} 发生还原反应，所以是正极；在锌半电池中，还原剂 Zn 发生氧化反应，所以是负极。原电池中电子流动方向由负极流向正极，电流方向刚好相反。原电池电动势为

$$E=\varphi_{正}-\varphi_{负}=\varphi_{氧化剂}-\varphi_{还原剂} \tag{3-4-1}$$

（二）原电池的符号（图式）

原电池的装置可用符号表示，如铜锌原电池表示为

$$(-)Zn|ZnSO_4(C_1)||CuSO_4(C_2)|Cu(+)$$

按规定负极写在左边，正极写在右边，以双垂线(||)表示盐桥，单线(|)表示两相之间的界面，盐桥两边应是半电池组成中的溶液，若离子浓度不是标准浓度(1mol/L)，则需标明。除金属及其对应的金属盐溶液组成的半电池外，其余几种电极在组成半电池时需外加导电体材料如铂、石墨等。

【例 3-4-1】 两个电极组成原电池，下列叙述正确的是：

A. 作正极的电极的 $\varphi_{正}$ 值必须大于零

B. 作负极的电极的 $\varphi_{负}$ 值必须小于零

C. 必须是 $\varphi^{\ominus}_{正}>\varphi^{\ominus}_{负}$

D. 电极电势 φ 值大的是正极，φ 值小的是负极

解 电对的电极电势越大，其氧化态的氧化能力越强，越易得电子发生还原反应，做正极；电对的电极电势越小，其还原态的还原能力越强，越易失电子发生氧化反应，做负极。

答案：D

【例 3-4-2】 将下列反应组成原电池，并用原电池符号表示

$$FeCl_3 + KI \rightarrow I_2 + FeCl_2 + KCl$$

解 ①由氧化数变化确定氧化剂和还原剂

氧化数降低，还原反应

$$Fe^{3+} + I^- \rightarrow Fe^{2+} + I_2$$

氧化数升高，氧化反应

氧化剂　　还原剂

②确定正负极，并选择电极

氧化剂发生还原反应为正极；还原剂发生氧化反应为负极。正极选择第Ⅱ类电极；负极选择第Ⅲ类电极。

③组成原电池并用原电池符号表示

$$(-)Pt|I_2(s)|I^-(C_1)\parallel Fe^{2+}(C_2), Fe^{3+}(C_3)|Pt(+)$$

三、电极电势

(一)标准电极电势

当温度为 298K，离子浓度为 1mol/L，气体的分压为 100kPa，固体为纯固体，液体为纯液体，此状态称标准状态。标准状态时的电极电势称标准电极电势，用 $\varphi^\ominus$ 表示，非标准状态下的电势就称电极电势，用 φ 表示。标准电极电势标志着物质氧化还原能力的大小，是判断氧化剂、还原剂强弱以及氧化还原反应方向的基本依据。$\varphi^\ominus$ 值的大小只取决于物质的本性，与物质的数量和电极反应的方向无关。例如

$$Zn^{2+} + 2e^- \rightleftharpoons Zn \qquad \varphi^\ominus = -0.76V$$

$$2Zn^{2+} + 4e^- \rightleftharpoons 2Zn \qquad \varphi^\ominus = -0.76V$$

$$Zn \rightleftharpoons Zn^{2+} + 2e^- \qquad \varphi^\ominus = -0.76V$$

电极电势的物理意义和注意事项：

(1)$\varphi^\ominus$ 代数值越大，表明电对的氧化态越易得电子，即氧化态就是越强的氧化剂；$\varphi^\ominus$ 代数值越小，表明电对的还原态越易失电子，即还原态就是越强的还原剂。如：$\varphi^\ominus(Cl_2/Cl^-)=1.3583V$，$\varphi^\ominus(Br_2/Br^-)=1.066V$，$\varphi^\ominus(I_2/I^-)=0.5355V$。可知：$Cl_2$ 氧化性较强，而 I^- 还原性较强。

(2)$\varphi^\ominus$ 代数值与电极反应中化学计量数的选配无关。如 $Zn^{2+}+2e^-=Zn$ 与 $2Zn^{2+}+4e^-=2Zn$，$\varphi^\ominus$ 数值相同。

(3)$\varphi^\ominus$ 代数值与半反应的方向无关。无论电对物质在实际反应中的转化方向如何，其 $\varphi^\ominus$ 代数值不变。如 $Cu^{2+}+2e^-=Cu$ 与 $Cu=Cu^{2+}+2e^-$，$\varphi^\ominus$ 数值相同。

(二)浓度对电极电势的影响——能斯特方程

电极电势与物质的本性、物质的浓度、温度有关，一般温度的影响较小，对某一电对而言，浓度的影响可用能斯特方程表示

$$a\,\text{氧化型} + ne^- \rightleftharpoons b\,\text{还原型}$$

在 25℃时

$$\varphi = \varphi^\ominus + \frac{0.059}{n}\lg\frac{C^a_{\text{氧化型}}}{C^b_{\text{还原型}}} \qquad (3\text{-}4\text{-}2)$$

式中，φ 为指定浓度下的电极电势；$\varphi^\ominus$ 为标准电极电势；n 为电极反应中得失电子数；

$C_{还原型}$为还原态物质的浓度;$C_{氧化型}$为氧化态物质的浓度。

利用该方程可计算不同离子浓度或不同分压时的 φ 值,但使用时须注意:

(1)纯固体、纯液体不列入方程;

(2)电极反应式中,化学计量数为浓度或分压的指数;

(3)参加电极反应的 H^+ 或 OH^- 或其他离子的浓度也应列入方程;水的浓度不必写入式中。

【例 3-4-3】 计算当 H^+ 浓度为 3.0mol/L,其他离子浓度为 1mol/L 时,电对 $Cr_2O_7^{2-}/Cr^{3+}$ 的电极电势。已知 $\varphi^{\ominus}_{Cr_2O_7^{2-}/Cr^{3+}}=1.33V$。

解 $$Cr_2O_7^{2-}+14H^++6e^-\rightleftharpoons 2Cr^{3+}+7H_2O$$

能斯特方程 $$\varphi_{Cr_2O_7^{2-}/Cr^{3+}}=\varphi^{\ominus}_{Cr_2O_7^{2-}/Cr^{3+}}+\frac{0.059}{n}\lg\frac{C_{Cr_2O_7^{2-}}\cdot C_{H^+}^{14}}{C_{Cr^{3+}}^2}$$

$$=1.33+\frac{0.059}{6}\lg 3^{14}$$

$$=1.40V$$

【例 3-4-4】 向原电池(−)Ag,AgCl|Cl^- ‖ Ag^+|Ag(+)的负极中加入 NaCl,则原电池电动势的变化是:

A. 变大 B. 变小 C. 不变 D. 不能确定

解 负极 氧化反应:$Ag+Cl^-=AgCl+e^-$

正极 还原反应:$Ag^++e^-=Ag$

电池反应:$Ag^++Cl^-=AgCl$

原电池负极能斯特方程式为:$\varphi_{AgCl/Ag}=\varphi^{\ominus}_{AgCl/Ag}+0.059\lg\frac{1}{C_{Cl^-}}$。

由于负极中加入 NaCl,Cl^- 浓度增加,则负极电极电势减小,正极电极电势不变,因此电池的电动势增大。

答案:A

【例 3-4-5】 有原电池(−)Zn|$ZnSO_4(c_1)$||$CuSO_4(c_2)$|Cu(+),如向铜半电池中通入硫化氢,则原电池电动势变化趋势是:

A. 变大 B. 变小 C. 不变 D. 无法判断

解 铜电极通入 H_2S,生成 CuS 沉淀,Cu^{2+} 浓度减小。

铜半电池反应为:$Cu^{2+}+2e^-=Cu$,根据电极电势的能斯特方程式

$$\varphi=\varphi^{\ominus}+\frac{0.059}{2}\lg\frac{C_{氧化型}}{C_{还原型}}=\varphi^{\ominus}+\frac{0.059}{2}\lg C_{cu^{2+}}$$

$C_{cu^{2+}}$ 减小,电极电势减小。原电池的电动势 $E=\varphi_{正}-\varphi_{负}$,$\varphi_{正}$ 减小,$\varphi_{负}$ 不变,则电动势 E 减小。

答案:B

【例 3-4-6】 下列各电对的电极电势与 H^+ 浓度有关的是:

A. Zn^{2+}/Zn B. Br_2/Br

C. AgI/Ag D. MnO_4^-/Mn^{2+}

解 四个电对的电极反应分别为:

$$Zn^{2+}+2e^-=Zn;Br_2+2e^-=2Br^-$$

$$AgI+e^-=Ag+I^-$$

$$MnO_4^- + 8H^+ + 5e^- = Mn^{2+} + 4H_2O$$

只有 MnO_4^- / Mn^{2+} 电对的电极反应与 H^+ 的浓度有关。

根据电极电势的能斯特方程式，MnO_4^- / Mn^{2+} 电对的电极电势与 H^+ 的浓度有关。

答案:D

(三)电极电势的应用

(1)判断原电池正负极,计算原电池电动势,φ 值较大的为正极,φ 值较小的为负极。当两极处于标准状态时,直接用 $\varphi^\ominus$ 来判断和计算。

(2)判断氧化剂和还原剂的相对强弱。$\varphi^\ominus$ 值或 φ 值越大,表示电对中氧化态的氧化能力越强,是强氧化剂;$\varphi^\ominus$ 值或 φ 值越小,表示电对中还原态的还原能力越强,是强还原剂。

(3)判断氧化还原反应的方向

$E=\varphi_{氧化剂}-\varphi_{还原剂}>0$　　反应正向进行

$E=\varphi_{氧化剂}-\varphi_{还原剂}=0$　　处于平衡状态

$E=\varphi_{氧化剂}-\varphi_{还原剂}<0$　　反应逆向进行

(4)判断反应进行的程度

氧化还原反应达到平衡时,平衡常数 $K^\ominus$ 与标准电动势 $E^\ominus$ 之间的关系为

$$\lg K^\ominus=\frac{nE^\ominus}{0.059}=\frac{n(\varphi^\ominus_{氧化剂}-\varphi^\ominus_{还原剂})}{0.059} \tag{3-4-3}$$

式中,n 为氧化还原反应中转移的电子数。K 越大,反应进行的程度越大。

【例 3-4-7】 在 298K 时,对反应

$$2Fe^{3+}(1.0mol/L)+Cu \rightleftharpoons 2Fe^{2+}(0.2mol/L)+Cu^{2+}(0.01mol/L)$$

已知 $\varphi^\ominus_{Cu^{2+}/Cu}=0.34V$,$\varphi^\ominus_{Fe^{3+}/+Fe^{2+}}=0.77V$。

①将该反应设计成原电池,并用符号表示;

②写出两极反应;

③判断反应进行方向;

④计算 298K 时反应的平衡常数 $K^\ominus$。

解　①设计原电池

$$\varphi_{Fe^{3+}/Fe^{2+}}=0.77+\frac{0.059}{1}\lg\frac{1.0}{0.2}=0.81V$$

$$\varphi_{Cu^{2+}/Cu}=0.34+\frac{0.059}{2}\lg 0.01=0.28V$$

原电池符号:(-)Cu|Cu^{2+}(0.01mol/L)‖Fe^{2+}(0.2mol/L),Fe^{3+}(1.0mol/L)|Pt(+)

②写出两极反应

正极电极反应　　$Fe^{3+}+e^- \rightleftharpoons Fe^{2+}$

负极电极反应　　$Cu-2e^- \rightleftharpoons Cu^{2+}$

③判断反应方向

$$E=\varphi_{氧化剂}-\varphi_{还原剂}=0.81-0.28=0.53V>0(反应正向进行)$$

④计算平衡常数

$$\lg K^\ominus=\frac{nE^\ominus}{0.059}=\frac{2\times(0.77-0.34)}{0.059}=14.58$$

$K^{\ominus}=3.80\times10^{14}$

【例 3-4-8】 已知：$\varphi^{\ominus}_{Fe^{3+}/Fe^{2+}}=0.77V$；$\varphi^{\ominus}_{Zn^{2+}/Zn}=-0.76V$；$\varphi^{\ominus}_{Cu^{2+}/Cu}=0.34V$。

氧化型物质的氧化能力由强到弱的排列次序正确的是：

A. $Fe^{3+}>Zn^{2+}>Cu^{2+}$　　B. $Zn^{2+}>Fe^{3+}>Cu^{2+}$

C. $Cu^{2+}>Fe^{3+}>Zn^{2+}$　　D. $Fe^{3+}>Cu^{2+}>Zn^{2+}$

解 $\varphi^{\ominus}$ 值或 φ 值越大，表示电对中氧化态的氧化能力越强；$\varphi^{\ominus}$ 值或 φ 值越小，表示电对中还原态的还原能力越强。三个电对中氧化型物质的氧化能力由强到弱的顺序为：$Fe^{3+}>Cu^{2+}>Zn^{2+}$。

答案：D

【例 3-4-9】 反应 $Zn^{2+}(1.0mol/L)+Fe \rightleftharpoons Zn+Fe^{2+}(0.1mol/L)$ 自发进行的方向是：

A. 正向　　B. 逆向　　C. 平衡状态　　D. 不能判断

解 $\varphi_{Zn^{2+}/Zn}=\varphi^{\ominus}_{Zn^{2+}/Zn}+\dfrac{0.059}{2}\lg C_{Zn^{2+}}=-0.76V$

$$\varphi_{Fe^{2+}/Fe}=\varphi^{\ominus}_{Fe^{2+}/Fe}+\frac{0.059}{2}\lg C_{Fe^{2+}}=-0.44-0.0295\approx-0.47V$$

$E=\varphi_{Zn^{2+}/Zn}-\varphi^{\ominus}_{Fe^{2+}/Fe}=-0.76+0.47=-0.29V<0$（反应逆向进行）

答案：B

【例 3-4-10】 上题反应的 $\lg K^{\ominus}$ 是：

A. $\dfrac{-2\times0.32}{0.059}$　　B. $\dfrac{2\times0.32}{0.059}$

C. $\dfrac{-2\times0.29}{0.059}$　　D. $\dfrac{2\times0.29}{0.059}$

解 $\lg K^{\ominus}=\dfrac{nE^{\ominus}}{0.059}=\dfrac{2\times(-0.76+0.44)}{0.059}=\dfrac{-2\times0.32}{0.059}$

答案：A

（四）元素电势图

当某元素可以形成三种或三种以上氧化值的物质时，这些物质可以组成多种不同的电对，各电对的标准电极电势可用图的形式表示出来，这种图叫做元素电势图。元素电势图一般按元素的氧化值由高到低的顺序，把各物质的化学式从左到右写出来，各不同氧化值物质之间用直线连接起来，在直线上表明两种不同氧化值物质所组成的电对的标准电极电势。例如氧元素在酸性溶液中的电势图为：$O_2 \xrightarrow{0.6945} H_2O_2 \xrightarrow{1.763} H_2O$（$O_2$ 与 H_2O 之间：1.229）

元素电势图的应用：

(1)判断歧化反应。对于元素电势图 $A \xrightarrow{\varphi^{\ominus}_{左}} B \xrightarrow{\varphi^{\ominus}_{右}} C$，若 $\varphi^{\ominus}_{右}>\varphi^{\ominus}_{左}$，B 即是电极电势大的电对的氧化型，可作氧化剂，又是电极电势小的电对的还原型，也可作还原剂，B 的歧化反应能够发生；若 $\varphi^{\ominus}_{右}<\varphi^{\ominus}_{左}$，B 的歧化反应不能发生。

(2)计算标准电极电势。根据元素电势图，可以从已知某些电对的标准电极电势计算出另一电对的标准电极电势。假如有一元素电势图为：$A \xrightarrow[(z_1)]{\varphi^{\ominus}_1} B \xrightarrow[(z_2)]{\varphi^{\ominus}_2} C$（A 与 C 之间：$\varphi^{\ominus}_x$，$(z_x)$），则 $\varphi^{\ominus}_x=\dfrac{z_1\varphi^{\ominus}_1+z_2\varphi^{\ominus}_2}{z_x}$（$z$ 为电对中具有变价的元素的一个原子氧化值的变化数）。

如在酸性溶液中，铜元素的电势图为 $Cu^{2+}\xrightarrow{0.16V}Cu^{+}\xrightarrow{0.52V}Cu$，则计算得：$\varphi^{\ominus}_{Cu^{2+}/Cu}=\dfrac{\varphi^{\ominus}_{Cu^{2+}/Cu^{+}}+\varphi^{\ominus}_{Cu^{+}/Cu}}{2}=\dfrac{0.16+0.52}{2}=0.34V$。

四、电解

电流通过电解液在电极上引起氧化还原反应的过程叫电解。

(一)电解池的组成和电极反应

电解池是将电能转变成化学能的装置。电解池中有两极，与外电源负极相连的极叫阴极，与外电源正极相连的极叫阳极。电解时阴极上发生还原反应，阳极上发生氧化反应。

(二)分解电压与超电压

使电解顺利进行时所需最小外加电压叫实际分解电压，理论分解电压是电解产物形成原电池时所产生的电动势，它与外加电压方向相反。一般情况下实际分解电压总是大于理论分解电压。主要原因是电极的极化。电极极化又分浓差极化和电化学极化两类。

浓差极化是由电极反应速度快，而离子扩散速度慢，使电极表面离子浓度低于整体的离子浓度所造成的极化现象。阴极表面离子浓度降低将使阴极电势更负，阳极表面离子浓度降低将使阳极电势更正，分解电压将增大。浓差极化可用加热和搅拌等方法消除。

电化学极化是电极反应速度慢所引起的极化现象。其结果也是使阴极电势变得更负，阳极电势更正。实际析出电势与理论析出电势之差叫超电势(η 表示)，统一规定超电势取正值。即

$$\eta_{阴}=\varphi_{阴、理}-\varphi_{阴、实} \tag{3-4-4}$$

$$\eta_{阳}=\varphi_{阳、实}-\varphi_{阳、理} \tag{3-4-5}$$

阴极超电势与阳极超电势之和等于超电压，即

$$E_{超}=\eta_{阴}+\eta_{阳} \tag{3-4-6}$$

(三)电解产物的一般规律

电解产物析出的先后顺序由它们的析出电势来决定。而析出电势又与标准电极电势、离子浓度、超电势等有关。但总的原则是：析出电势代数值较大的氧化型物质首先在阴极还原；析出电势代数值较小的还原型物质首先在阳极氧化。一般规律是：

阴极　　当 $\varphi^{\ominus}>\varphi^{\ominus}_{Al^{3+}/Al}$ 时　$M^{n+}+ne^{-}\rightleftharpoons M$

　　　　当 $\varphi^{\ominus}<\varphi^{\ominus}_{Al^{3+}/Al}$ 时　$2H^{+}+2e^{-}\rightleftharpoons H_2$

阳极　可溶性电极　$M-ne^{-}\rightleftharpoons M^{n+}$

　　　惰性电极　简单负离子，如 Cl^{-}、Br^{-}、I^{-}、S^{2-} 分别析出 Cl_2、Br_2、I_2、S。

　　　　　　　　复杂离子，如 $4OH^{-}-4e^{-}\rightleftharpoons O_2+2H_2O$。

【例 3-4-11】 电解 NaCl 水溶液时，阴极上放电的离子是：

A. H^{+}　　B. OH^{-}　　C. Na^{+}　　D. Cl^{-}

解 电解产物析出顺序由它们的析出电势决定。析出电势与标准电极电势、离子浓度、超电势有关。总的原则：析出电势代数值较大的氧化型物质首先在阴极还原，析出电势代数值较小的还原型物质首先在阳极氧化。

阴极：当 $\varphi^{\ominus}>\varphi^{\ominus}_{Al^{3+}/Al}$ 时，$M^{n+}+ne^{-}=M$

　　　当 $\varphi^{\ominus}<\varphi^{\ominus}_{Al^{3+}/Al}$ 时，$2H^{+}+2e^{-}=H_2$

因 $\varphi^{\ominus}_{Na^+/Na} < \varphi^{\ominus}_{Al^{3+}/Al}$ 时，所以 H^+ 首先放电析出。

答案：A

五、金属的腐蚀及其防止

(一)金属的腐蚀

金属腐蚀是指金属表面与周围介质发生化学或电化学作用而遭受的破坏。金属腐蚀分化学腐蚀和电化学腐蚀两大类。

单纯由化学作用引起的腐蚀叫化学腐蚀。其特点是腐蚀过程中没有水气的参与。如金属与干燥的 O_2、H_2S、Cl_2、SO_2 等气体和石油中的有机硫化物作用生成相应的化合物，高温时尤为显著。

金属与电解质溶液接触时发生电化学腐蚀。在腐蚀过程中形成许多微小的腐蚀电池。杂质等电极电势较大的物质作为阴极发生还原反应，电极电势较小的物质在阳极上发生氧化反应而被腐蚀。由于腐蚀介质的不同，电化学腐蚀又可分为下列三种类型。

1. 析氢腐蚀

在酸性介质中(以 Fe 为例)

阳极 $Fe-2e^- \rightleftharpoons Fe^{2+}$

阴极(导电杂质) $2H^+ + 2e^- = H_2$

电池反应 $Fe + 2H^+ \rightleftharpoons Fe^{2+} + H_2$

或 $Fe + 2H_2O \rightleftharpoons Fe(OH)_2 + H_2$

2. 吸氧腐蚀

在弱碱性或中性介质中(以 Fe 为例)：

阳极 $Fe-2e^- \rightleftharpoons Fe^{2+}$

阴极(导电杂质) $\frac{1}{2}O_2 + H_2O + 2e^- \rightleftharpoons 2OH^-$

总反应 $Fe + H_2O + \frac{1}{2}O_2 \rightleftharpoons Fe(OH)_2$

$Fe(OH)_2$ 在空气中进一步氧化脱水成为铁锈 Fe_2O_3，钢铁在大气中的腐蚀主要是吸氧腐蚀。

3. 差异充气腐蚀

当金属表面氧气分布不均时发生差异充气腐蚀，实际上是吸氧腐蚀的一种。

$$O_2 + 2H_2O + 4e^- \rightleftharpoons 4OH^-$$

$$\varphi = \varphi^{\ominus} + \frac{0.059}{4}\lg\frac{p_{O_2}}{C^4_{OH^-}}$$

可见，p_{O_2} 小的部位，φ 值小，作为阳极被腐蚀。这种腐蚀的危害极大，多发生在金属表面不光滑或加工的接口处等。

【例 3-4-12】 在差异充气腐蚀中，氧气浓度大和小部分的名称分别为：

A. 阳极和阴极　　B. 阴极和阳极

C. 正极和负极　　D. 负极和正极

解 差异充气腐蚀中，$\varphi = \varphi^{\ominus} + \frac{0.059}{4}\lg\frac{p_{O_2}}{C^4_{OH^-}}$，所以，$p_{O_2}$ 大的部分，φ 值大，为阴极；p_{O_2} 小的部分，φ 值小，为阳极，被腐蚀。

答案:B

(二)金属腐蚀的防止

防止金属腐蚀的方法很多,常用的有组成合金法、表面涂层法、缓蚀剂法、阴极保护法等。

缓蚀剂法是在腐蚀介质中加入少量物质来延缓腐蚀速率的方法,所加的物质叫缓蚀剂。缓蚀剂分为无机缓蚀剂和有机缓蚀剂两大类,在中性或碱性介质中常加无机缓蚀剂,如亚硝酸盐、铬酸盐、重铬酸盐、磷酸盐等;在酸性介质中加入有机缓蚀剂,如乌洛托品[六次甲基四胺 $(CH_2)_6N_4$]、若丁(其主要成分为苯基硫脲)等来减缓钢铁的腐蚀。

阴极保护法分为两种。

1. 牺牲阳极保护法

将活泼金属与被保护金属组成原电池,使活泼金属作为腐蚀电池的阳极而被腐蚀,被保护的金属作为阴极得到保护。此法常用于保护海轮外壳、锅炉及海底设备。

2. 外加电流法

这是在直流电源作用下,将被保护的金属与另一附加电极组成电解池,被保护金属作为电解池的阴极而达到保护的目的。这种方法用于防止土壤、河水和海水中的金属设备被腐蚀。

【例 3-4-13】 下列防止金属腐蚀的方法中错误的是:

A. 在金属表面涂刷油漆

B. 在外加电流保护法中,被保护金属直接与电源正极相连

C. 在外加电流保护法中,被保护金属直接与电源负极相连

D. 为了保护铁制管道,可使其与锌片相连

解 在外加电流保护法中,被保护金属作为电解池的阴极得到保护,与电源负极相连。

答案:B

六、原电池、电解池、腐蚀电池的比较

(一)原电池中发生自发的氧化还原反应(表 3-4-2)

表 3-4-2

电极名称	电势	电极反应
正极	高	还原反应
负极	低	氧化反应

(二)电解池中发生强制的氧化还原反应(表 3-4-3)

表 3-4-3

电极名称	电势	电极反应
阳极	高	氧化反应
阴极	低	还原反应

(三)腐蚀电池中发生自发的氧化还原反应(表 3-4-4)

表 3-4-4

电极名称	电势	电极反应
阴极	高	还原反应
阳极	低	氧化反应

习　题

3-4-1　在 $KMnO_4+HCl \rightarrow KCl+MnCl_2+Cl_2+H_2O$ 反应中,配平后各物种前的化学计量数从左到右依次为(　　)。

A. 2、8、2、2、3、8　　B. 2、16、2、2、5、8

C. 2、4、1、2、3、8　　D. 2、16、2、2、5、4

3-4-2　在上题反应中,作为氧化剂的是(　　)。

A. HCl　　B. $MnCl_2$　　C. Cl_2　　D. $KMnO_4$

3-4-3　下列两电极反应

$$Cu^{2+}+2e^- \rightleftharpoons Cu$$

$$I_2+2e^- \rightleftharpoons 2I^-$$

当离子浓度增大时,电极电势变化正确的是(　　)。

A. $\varphi_{Cu^{2+}/Cu}$变小,φ_{I_2/I^-}变大　　B. $\varphi_{Cu^{2+}/Cu}$变大,φ_{I_2/I^-}变大

C. $\varphi_{Cu^{2+}/Cu}$变小,φ_{I_2/I^-}变大　　D. $\varphi_{Cu^{2+}/Cu}$变大,φ_{I_2/I^-}变小

3-4-4　已知 $\varphi^{\ominus}_{MnO_4^-/Mn^{2+}}=1.51V$,$\varphi^{\ominus}_{MnO_4^-/MnO_2}=1.68V$,$\varphi^{\ominus}_{MnO_4^-/MnO_4^{2-}}=0.56V$,则还原型物质的还原性由强到弱排列的次序是(　　)。

A. $MnO_4^{2-}>MnO_2>Mn^{2+}$　　B. $Mn^{2+}>MnO_4^{2-}>MnO_2$

C. $MnO_4^{2-}>Mn^{2+}>MnO_2$　　D. $MnO_2>MnO_4^{2-}>Mn^{2+}$

3-4-5　下列两反应能自发进行

$$2Fe^{3+}+Cu \rightleftharpoons 2Fe^{2+}+Cu^{2+};\quad Cu^{2+}+Fe \rightleftharpoons Fe^{2+}+Cu$$

由此比较 a:$\varphi_{Fe^{3+}/Fe^{2+}}$,b:$\varphi_{Cu^{2+}/Cu}$,c:$\varphi_{Fe^{2+}/Fe}$的代数值大小顺序为(　　)。

A. a>b>c　　B. c>b>a　　C. b>a>c　　D. a>c>b

3-4-6　反应 $A+B^{2+}=A^{2+}+B$ 的标准平衡常数是 10^4,则该反应组成原电池时,该原电池的电动势是(　　)。

A. 0.118V　　B. 1.20V　　C. 0.07V　　D. 0.236V

3-4-7　用铜作电极电解 $CuCl_2$ 水溶液时,阳极的主要反应是(　　)。

A. $4OH^- -4e^- \rightleftharpoons 2H_2O+O_2$　　B. $2Cl^- -2e^- =Cl_2$

C. $2H^+ +2e^- \rightleftharpoons H_2$　　D. $Cu-2e^- =Cu^{2+}$

3-4-8　将钢管一部分埋在沙土中,另一部分埋在黏土中,埋入黏土中的钢管成为腐蚀电池的(　　)。

A. 正极　　B. 负极　　C. 阴极　　D. 阳极

第五节　有机化合物

一、有机化合物的特点、分类及命名

有机化合物在结构和性质上的特点如下:

(一)结构特点

(1)碳原子之间可以形成 C—C 单键、C=C 双键和 C≡C 叁键。碳原子的连接方式有长

短不等的直链、支链和首尾相连的环链。例如

$CH_3-C\equiv CH$　　　$CH_3(CH_2)_{16}CH_3$　　　（环己烯结构式：H–C=CH、CH_2、H_2C、CH_2、CH_2 构成的六元环）

丙炔　　　正十八烷　　　环己烯

(2)普遍存在同分异构现象。一种分子式往往可以表示几种性能完全不同的化合物,这些化合物叫同分异构体。例如正丁烷与异丁烷的分子式都是 C_4H_{10},而它们的结构式分别为

$$CH_3-CH_2-CH_2-CH_3 \qquad CH_3-\underset{}{\overset{CH_3}{\overset{|}{C}}}H-CH_3$$

正丁烷　　　异丁烷

这种由于碳原子的连接方式不同形成的异构体叫碳骼异构体。又如分子式都是 C_2H_6O 的乙醇和甲醚结构式分别为

$$CH_3-CH_2-OH \qquad CH_3-O-CH_3$$

乙醇　　　甲醚

这种由于官能团的不同形成的异构体叫官能团异构体。因此,为了准确地表示一个有机化合物,通常采用结构式而不用分子式。

(二)性质特点

(1)容易燃烧。除 CCl_4 外都可以燃烧,目前所用的固体、液体、气体燃料几乎都是有机物。

(2)熔点、沸点低。绝大多数有机化合物都是共价化合物,晶体类型属分子晶体,分子间作用力较弱。故大多数有机物的熔点、沸点较低,一般熔点在 573K 以下。

(3)难溶于水,易溶于有机溶剂。大多数有机化合物是非极性或弱极性的分子,根据"相似相溶"原则,都可溶于酒精、乙醚、丙酮、煤油、汽油等有机溶剂。

(4)反应速率慢、产物种类多。有机物之间的反应速率慢,常要用加热加压或加催化剂的方法来加速反应。有机反应进行时,常有副反应发生,产物种类多。

(5)绝缘性能好。绝大多数有机物是非电解质,在溶解和熔融状态下不导电,是优良的绝缘材料。

(三)有机物的分类

1.按碳原子的连接方式分类

(1)开链化合物

碳原子相互连接成两端张开的链,开链化合物又叫脂肪类化合物。如

$$CH_3-CH_2-OH \qquad CH_3-\overset{\overset{O}{\|}}{C}-CH_3 \qquad H_2C=CH-CH=CH_2$$

乙醇　　　丙酮　　　1,3-丁二烯

(2)碳环化合物

碳原子相互连接成环状。碳环化合物又分三类:

①脂环化合物,性质与链状化合物相似,主要存在于石油和煤焦油中,如:

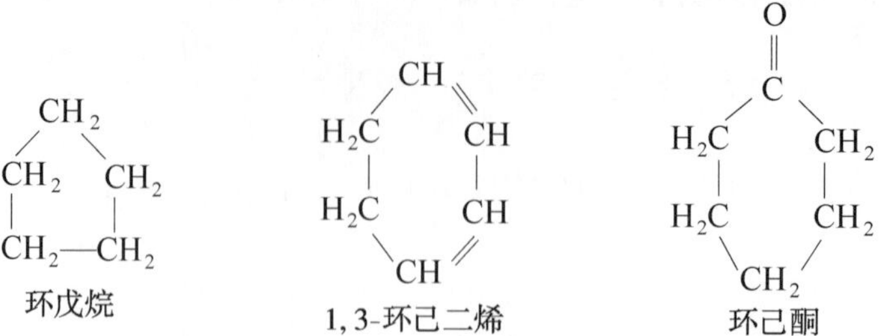

环戊烷　1,3-环己二烯　环己酮

②芳香族化合物,这类化合物分子中都含有苯环结构,如:

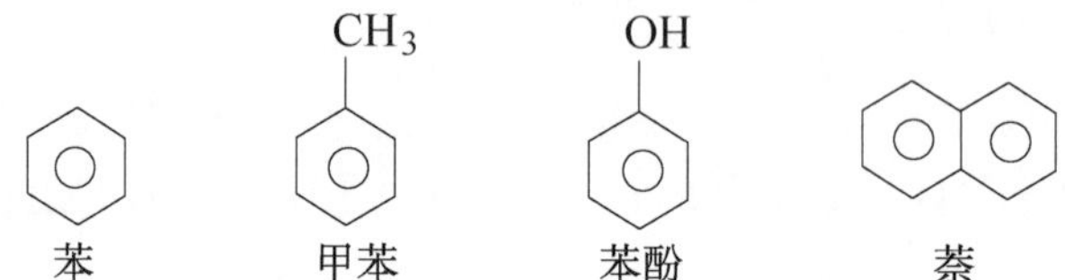

苯　甲苯　苯酚　萘

③杂环化合物,环上除有碳原子外,还有其他原子(如 O、N、S),如:

呋喃　吡啶　噻吩

2.按官能团分类

将含有相同官能团和化学性质基本相似的化合物划分为一类。表 3-5-1 列出了一些主要化合物的类别、官能团的名称及通式等。表中 R、R′表示烷基,Ar 表示芳烃基,X 表示卤素。

一些主要有机物的类型　　表 3-5-1

类　别	通　式	官能团	名　称	例　子
烷烃	C_nH_{2n+2}			CH_4　甲烷
烯烃	C_nH_{2n}	$>C=C<$	双键	$CH_2=CH_2$　乙烯
炔烃	C_nH_{2n-2}	$-C\equiv C-$	叁键	$CH\equiv CH$　乙炔
卤代烃	R—X	—X	卤素原子	C_6H_5Br　溴苯
醇或酚	R—OH 或 Ar—OH	—OH	羟基	CH_3CH_2OH　乙醇,C_6H_5OH　苯酚
醚	R—O—R′	—O—	醚键	$C_2H_5-O-C_2H_5$　乙醚
醛	R—CHO	$-\overset{H}{\overset{\mid}{C}}=O$	醛基	$CH_3-\overset{O}{\overset{\|}{C}}-H$　乙醛
酮	$R-\overset{O}{\overset{\|}{C}}-R'$	$-\overset{O}{\overset{\|}{C}}-$	羰基	$CH_3-\overset{O}{\overset{\|}{C}}-CH_3$　丙酮
羧酸	RCOOH	$-\overset{O}{\overset{\|}{C}}-OH$	羧基	CH_3COOH　乙酸

续上表

类　别	通　式	官能团	名　称	例　　子
酯	RCOOR′	$-\overset{\overset{\displaystyle O}{\Vert}}{C}-O-R'$	烷氧羰基	$CH_3COOCH_2CH_3$　乙酸乙酯
胺	$R-NH_2$	$-NH_2$	氨基	$H_2NCH_2CH_2NH_2$　乙二胺
酰胺	$R-\overset{\overset{\displaystyle O}{\Vert}}{C}-NH_2$	$-\overset{\overset{\displaystyle O}{\Vert}}{C}-NH_2$	氨基甲酰基	$CH_3-\overset{\overset{\displaystyle O}{\Vert}}{C}-NH_2$　乙酰胺
腈	R—CN	—CN	氰基	$H_2C=CHCN$　丙烯腈
硝基化合物	$R-NO_2$ 或 $Ar-NO_2$	$-NO_2$	硝基	$C_6H_5NO_2$　硝基苯
磺酸	$R-SO_3H$	$-SO_3H$	磺酸基	$C_6H_5SO_3H$　苯磺酸

(四)有机物的命名

有机物的命名方法有习惯命名法、衍生物命名法、系统命名法。重点介绍系统命名法。

1.链烃及其衍生物的命名原则

(1)选择主链

选择最长碳链或含有官能团的最长碳链为主链,以主链作为母体,主链中的碳原子数用甲、乙、……壬、癸、十一、十二……表示,称某烷、某烯、某炔、某醇、某醛、某酸等,支链、卤原子、硝基则视为取代基。

(2)主链编号

从距取代基或官能团最近的一端开始,对碳原子依次用1,2,3,…进行编号,来表明取代基或官能团的位置。但要尽可能采用最小数目。有 n 个取代基时,简单的在前,复杂的在后,相同的取代基和官能团的数目,用二、三、…表示。

(3)写出全称

将取代基的位置编号、数目和名称写在前面,将母体化合物的名称写在后面,例如

$$\overset{6}{CH_3}-\overset{5}{CH_2}-\underset{\underset{\displaystyle CH_2CH_3}{|}}{\overset{4}{CH}}-\overset{3}{CH_2}-\underset{\underset{\displaystyle CH_2}{\Vert}}{\overset{2}{C}}-CH_3$$

2-甲基-4-乙基-1-己烯

$$\overset{7}{CH_3}-\underset{\underset{\displaystyle CH_3}{|}}{\overset{\overset{\displaystyle CH_3}{|}}{\overset{6}{C}}}-\underset{\underset{\displaystyle CH_2CH_3}{|}}{\overset{5}{CH}}-\overset{4}{C}\equiv\overset{3}{C}-\underset{\underset{\displaystyle CH_3}{|}}{\overset{\overset{\displaystyle CH_3}{|}}{\overset{2}{C}}}-\overset{1}{CH_3}$$

2,2,6,6-四甲基-5-乙基-3-庚炔

$$\overset{6}{CH_3}-\overset{5}{CH}=\overset{4}{CH}-\underset{\underset{\displaystyle O}{\Vert}}{\overset{3}{C}}-\underset{\underset{\displaystyle Cl}{|}}{\overset{\overset{\displaystyle CH_3}{|}}{\overset{2}{C}}}-\overset{1}{CH_3}$$

2-氯-2-甲基-4-己烯-3-酮

2.芳香烃及其衍生物的命名原则

(1)选择母体

选择苯环上所连官能团($—OR$、$—NH_2$、$—OH$、$—\overset{\overset{\large O}{\|}}{C}—$、$—CN$、$—\overset{\overset{\large O}{\|}}{C}—H$、$—\overset{\overset{\large O}{\|}}{C}—NH_2$、$—\overset{\overset{\large O}{\|}}{C}—X$、$—SO_3H$、$—\overset{\overset{\large O}{\|}}{C}—OR$、$—\overset{\overset{\large O}{\|}}{C}—OH$、$\gt C=C\lt$、$—C\equiv C—$)或带官能团最长的碳链为母体,把苯环视为取代基。当苯环上有简单的烃基(分子量较小的烃基)、卤原子、硝基时,把苯环当做母体。

(2)编号

将母体中碳原子依次用1,2,…编号,使官能团或取代基位次具有最小值。当苯环上含有两个或三个取代基时,可分别用邻-、间-、对-或连-、均-、偏-等词头表示。例如:

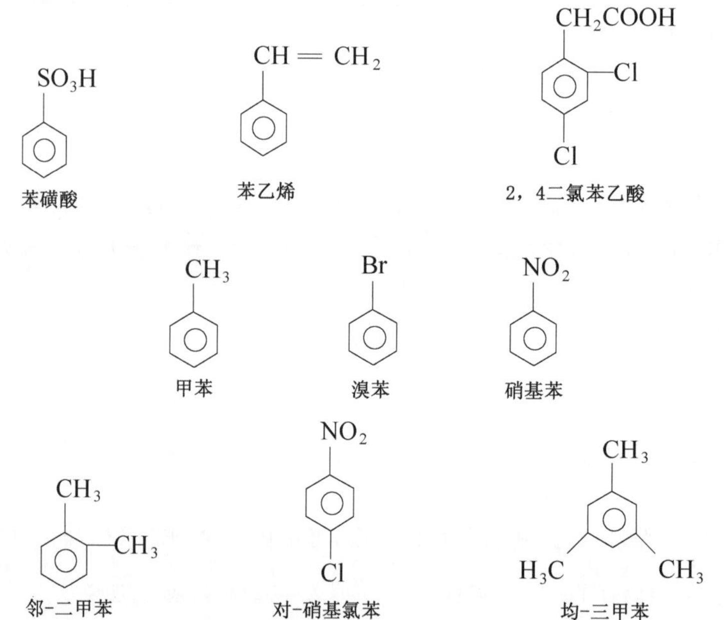

【例 3-5-1】 下列物质中,不属于醇类的是:

A. C_4H_9OH　　B. 甘油　　C. $C_6H_5CH_2OH$　　D. C_6H_5OH

解 羟基与烷基直接相连为醇,通式为 R—OH(R 为烷基);羟基与芳香基直接相连为酚,通式为 Ar—OH(Ar 为芳香基)。

答案:D

【例 3-5-2】 下列有机物中,对于可能处在同一平面上的最多原子数目的判断,正确的是:

A. 丙烷最多有 6 个原子处于同一平面上

B. 丙烯最多有 9 个原子处于同一平面上

C. 苯乙烯(—CH = CH2)最多有 16 个原子处于同一平面上

D. $CH_3CH=CH-C\equiv C-CH_3$ 最多有 12 个原子处于同一平面上

解　丙烷最多5个原子处于一个平面,丙烯最多7个原子处于一个平面,苯乙烯最多16个原子处于一个平面,$CH_3CH{=}CH{-}C{\equiv}C{-}CH_3$最多10个原子处于一个平面。

答案:C

二、有机物的重要反应

(一)裂化反应

有机化合物在高温下分解叫热解,烷烃的热解叫裂化反应,裂化反应的实质是C—C键和C—H键的断裂。反应产物是混合物,碳原子越多的有机物热解时产物越复杂。丁烷的裂化反应如下

$$CH_3CH_2CH_2CH_3 \begin{cases} \rightarrow CH_3{-}CH{=}CH_2 + CH_4 \\ \rightarrow CH_2{=}CH_2 + CH_3{-}CH_3 \\ \rightarrow CH_3{-}CH_2{-}CH{=}CH_2 + H_2 \end{cases}$$

在催化裂化下,除有C—C键的断裂外还伴随着异构化、环化、芳香化、聚合、缩合等反应发生。

(二)取代反应

在反应中,反应物分子的一个原子或原子团被其他原子或原子团替代的反应。例如:在日光或加热下,CH_4与Cl_2发生的取代反应生成HCl和氯甲烷(CH_3Cl)、二氯甲烷(CH_2Cl_2)、三氯甲烷($CHCl_3$)、四氯化碳(CCl_4)。

芳香烃有以下几种重要取代反应:

(1)氯化

$$C_6H_6 + Cl_2 \xrightarrow{\text{Fe 或 }FeCl_3} C_6H_5Cl + HCl$$

(2)硝化

$$C_6H_6 + HNO_3 \xrightarrow{\text{浓 }H_2SO_4} C_6H_5NO_2 + H_2O$$

(3)磺化

$$C_6H_6 + H_2SO_4(\text{浓}) \rightarrow C_6H_5SO_3H + H_2O$$

当苯环上已有一个取代基,再进入第二个取代基时,按苯环的结构可以进入邻位、间位和对位形成三种异构体。但事实上这三个不同的位置取代的机会是不均等的,第二个取代基进入的位置决定于苯环上原有取代基,与新进入的取代基关系不大,把苯环上原有取代基对新进入取代基的定位作用叫取代基的定位效应。根据实验结果一般把定位基分为两类:

(1)邻位、对位定位基

定位效应的大小顺序:$-NH_2 > -OH > -CH_3 > Cl > Br > I > -C_6H_5$,同时使苯环活化。例如:

$$C_6H_5CH_3 + HNO_3(浓) \xrightarrow{浓H_2SO_4} 邻\text{-}CH_3C_6H_4NO_2\ (58\%) + 对\text{-}CH_3C_6H_4NO_2\ (38\%) + 间\text{-}CH_3C_6H_4NO_2\ (4\%)$$

(2)间位定位基

其定位效应大小顺序：$-NO_2 > -CN > -SO_3H > -CHO > -COOH$，同时使苯环钝化。例如：

$$C_6H_5NO_2 + HNO_3(发烟) \xrightarrow[368\sim373K]{浓H_2SO_4} 间\text{-}C_6H_4(NO_2)_2\ (93.2\%) + 邻\text{-}C_6H_4(NO_2)_2\ (6.5\%) + 对\text{-}C_6H_4(NO_2)_2\ (0.3\%)$$

（三）加成反应

不饱和分子中的双键、叁键打开，即分子中的 π 键断裂，两个一价的原子或原子团加到不饱和键的两个碳原子上，这种反应叫加成反应，重要的加成反应有以下两种类型。

1. 不饱和烃的加成反应

如烯烃的加成反应

$$CH_3CH=CH_2 + HOH = CH_3CH(OH)-CH_2(H)$$

像这种结构不对称的烯烃与水、卤化氢等极性试剂加成时，主要是试剂中带负电荷的部分加到双键含氢较少的或不含氢的碳原子上，而带正电荷部分加到双键含氢较多的碳原子上，这一规律称不对称加成规则，此经验规律也称马尔可夫尼克夫规则，简称马氏规则。合成高分子的原料如氯乙烯、乙酸乙烯酯、丙烯腈等都是通过加成反应得到的。例如：乙炔与 HCl 的加成得氯乙烯

$$CH\equiv CH + HCl \xrightarrow{HgCl_2} CH_2=CHCl$$

乙炔与乙酸的加成得乙酸乙烯酯

$$CH\equiv CH + CH_3COOH \xrightarrow[150\times10^5\sim180\times10^5Pa]{碱} H_2C=CH-O-\overset{\overset{O}{\|}}{C}-CH_3$$

乙炔与 HCN 的加成得丙烯腈

$$CH\equiv CH + HCN \xrightarrow[353\sim363K]{CuCl_2+NH_4Cl} CH_2=CHCN$$

2. 醛和酮的加成反应

醛和酮的分子中都含有羰基（$-\overset{\overset{O}{\|}}{C}-$），羰基中 $C=O$ 双键也能发生加成反应。当醛酮与结构对称的试剂加成时，反应情况类似烯烃加成；当与结构不对称的试剂加成时，由于

$$>\overset{\delta+}{C}=\overset{\delta-}{O}$$

试剂分子中带负电荷的部分加到碳原子上，带正电荷部分加到氧原子上。如醛、酮与 HCN 的

加成反应

$$\underset{H}{\overset{R}{}}\!\!\overset{\delta+}{C}=\overset{\delta-}{O} + \overset{\delta+}{H}\overset{\delta-}{CN} \longrightarrow \underset{H}{\overset{R}{}}\!\!C\!\!\underset{CN}{\overset{OH}{}}$$

$$\underset{R}{\overset{R'}{}}\!\!C=O + HCN \longrightarrow \underset{R}{\overset{R'}{}}\!\!C\!\!\underset{CN}{\overset{OH}{}}$$

(四)消去反应

从有机化合物分子中消去一个小分子化合物如 HX、H_2O 等的作用叫消去反应，重要的消去反应有卤代烷的消去反应和醇的消去反应等。

1.卤代烷的消去反应

卤代烷与 NaOH 的乙醇溶液共热时，可发生消去反应

$$R-\underset{H}{\underset{|}{CH}}-\underset{X}{\underset{|}{CH_2}}+NaOH\xrightarrow{C_2H_5OH}RCH=CH_2+NaX+H_2O$$

叔卤代烷最容易脱卤化氢，仲卤代烷次之，伯卤代烷最难。仲、叔卤代烷脱卤化氢时，氢原子主要是从含氢较少的碳原子上脱去，如 2-溴丁烷的消去反应

$$CH_3-\underset{H}{\underset{|}{CH}}-\underset{Br}{\underset{|}{CH}}-\underset{H}{\underset{|}{CH_2}}+KOH\xrightarrow{C_2H_5OH}\underset{81\%}{CH_3CH=CHCH_3}+\underset{19\%}{CH_3CH_2CH=CH_2}$$

2.醇的消去反应

醇在有催化剂和一定高温下能发生消去反应，使醇分子脱去水而变成烯烃，例如

$$\underset{H}{\underset{|}{CH_2}}-\underset{OH}{\underset{|}{CH_2}}\xrightarrow[\text{(或 }Al_2O_3\text{，}360℃\text{)}]{\text{浓 }H_2SO_4\text{，}170℃}H_2C=CH_2+H_2O$$

醇脱水时主要从含氢较少的碳原子上脱去氢原子，这样形成的烯烃比较稳定，此规律叫做查依采夫规律，简称查氏规则，例如

$$CH_3-CH_2-CH_2-\underset{OH}{\underset{|}{CH}}-CH_3\xrightarrow[-H_2O]{\text{酸}}\begin{cases}CH_3CH_2-CH=CH-CH_3\\ \text{2-戊烯(主要产物)}\\ CH_3-CH_2-CH_2-CH=CH_2\\ \text{1-戊烯(次要产物)}\end{cases}$$

(五)氧化还原反应

有机化学中把分子中加入氧或失去氢的反应叫氧化反应，把分子中失去氧或加入氢的反应叫还原反应。

1.烷烃的氧化

烷烃在常温下是稳定的，但在高温催化下可氧化成醇、醛、酮、酸，例如甲烷氧化可得到甲醛、甲酸

$$CH_4+O_2\xrightarrow[873K]{N_i}HCHO+H_2O$$

2.不饱和烃的氧化

烯烃分子中由于存在双键，比烷烃容易氧化，冷的稀高锰酸钾碱性溶液能使烯烃氧化为二元醇

$$3CH_2=CH_2+2KMnO_4+4H_2O=3\underset{\begin{array}{c}|\\OH\end{array}}{CH_2}-\underset{\begin{array}{c}|\\OH\end{array}}{CH_2}+2KOH+2MnO_2$$

在较强的氧化剂作用下（如酸性高锰酸钾溶液），可进一步氧化而使碳链在原双键处完全断裂，氧化结果可简单表示如下

$$RCH=CH_2\xrightarrow{[O]}R\overset{O}{\overset{\|}{C}}-OH+H\overset{O}{\overset{\|}{C}}-OH$$

$$H\overset{O}{\overset{\|}{C}}-OH\xrightarrow{[O]}CO_2+H_2O$$

$$\begin{array}{l}R\diagdown\\ \quad C=CH-R'\\R\diagup\end{array}\xrightarrow{[O]}\begin{array}{l}R\diagdown\\ \quad C=O\\R\diagup\end{array}+R'-\overset{O}{\overset{\|}{C}}-OH$$

即当原双键碳原子上连有两个氢原子时，氧化后 $CH_2\langle$ 就变成甲酸或进一步氧化成 CO_2 和 H_2O；当原双键碳原子上连有一个氢原子和一个烷基时，氧化后 $RCH\langle$ 就变成 RCOOH（羧酸）；当原双键碳原子上连有两个烷基时，氧化后 $R_2C\langle$ 就变成 $R-\overset{O}{\overset{\|}{C}}-R$（酮）。

炔烃最易被氧化，一般叁键完全断裂，如乙炔被 $KMnO_4$ 氧化

$$3CH\equiv CH+10KM_nO_4+2H_2O=6CO_2+10KOH+10MnO_2\downarrow$$

3.芳烃的氧化

芳香烃中苯环较稳定，普通情况下与氧化剂不作用。但苯环带有侧链时，不论侧链长短如何，都是侧链中直接与苯环连接的碳原子被氧化变为羧基（—COOH），例如

$$C_6H_5-CH_2-CH_3\xrightarrow{[O]}C_6H_5-COOH$$

4.醇的氧化

醇的氧化随分子中—OH 的位置不同而难易程度不同：伯醇（R—OH）氧化最初得到醛，继续氧化可得到羧酸，例如

$$CH_3CH_2OH\xrightarrow{[O]}CH_3CHO\xrightarrow{[O]}CH_3COOH$$

仲醇（$\begin{array}{l}R\diagdown\\ \quad CH-OH\\R\diagup\end{array}$）氧化得到酮，一般不再被氧化，例如

$$\underset{\text{(异丙醇)}}{CH_3-\underset{\begin{array}{c}|\\OH\end{array}}{CH}-CH_3}\xrightarrow{[O]}\underset{\text{(丙酮)}}{CH_3-\underset{\begin{array}{c}\|\\O\end{array}}{C}-CH_3}$$

5.醛的氧化

醛非常容易氧化成酸。弱氧化剂($CuSO_4$ 及酒石酸钾钠的碱溶液)可将醛氧化成酸,但与酮不能反应。

(六)加聚反应

由低分子化合物(单体)通过加成反应,相互结合成为高聚物的反应叫加聚反应。在此反应过程中,没有产生其他副产物,因此高聚物具有与单体相同的成分。发生加聚反应的单体必须含有不饱和键,乙烯类单体的加聚反应如下

$$n\,CH_2{=}\underset{\displaystyle X}{\underset{|}{CH}} \longrightarrow \left[CH_2{-}\underset{\displaystyle X}{\underset{|}{CH}} \right]_n$$

乙烯类单体　　　　乙烯类高聚物

反应式中 $\left[CH_2{-}\underset{\displaystyle X}{\underset{|}{CH}} \right]$ 为链节,n 为聚合度,X 可以是 H、R、Cl、CN、Ar 等。

常见的单体和加聚而成的高聚物见表 3-5-2。

常见单体和高聚物　　表 3-5-2

单　体	高　聚　物
$CH_2{=}CH_2$　乙烯	$\left[CH_2{-}CH_2\right]_n$　聚乙烯
$CH_2{=}CH{-}CH_3$　丙烯	$\left[CH_2{-}\underset{\displaystyle CH_3}{\underset{|}{CH}}\right]_n$　聚丙烯
$CH_2{=}CHCl$　氯乙烯	$\left[CH_2{-}CHCl\right]_n$　聚氯乙烯
$CH_2{=}CH{-}CH{=}CH_2$　1,3-丁二烯	$\left[CH_2{-}CH{=}CH{-}CH_2\right]_n$　聚丁二烯
$CH_2{=}CHCN$　丙烯腈	$\left[CH_2{-}\underset{\displaystyle CN}{\underset{|}{CH}}\right]_n$　聚丙烯腈
$CF_2{=}CF_2$　四氟乙烯	$\left[CF_2{-}CF_2\right]_n$　聚四氟乙烯
$CH_2{=}CH{-}C_6H_5$　苯乙烯	$\left[\underset{\displaystyle C_6H_5}{\underset{|}{CH}}{-}CH_2\right]_n$　聚苯乙烯
$CH_2{=}\underset{\displaystyle CH_3}{\underset{|}{C}}{-}COOCH_3$　2-甲基丙烯酸甲酯	$\left[CH_2{-}\overset{\displaystyle CH_3}{\overset{|}{\underset{\displaystyle COOCH_3}{\underset{|}{C}}}}\right]_n$　聚 2-甲基丙烯酸甲酯 (有机玻璃)
$CH_2{=}CH{-}O{-}\overset{\displaystyle O}{\overset{\Vert}{C}}{-}CH_3$　乙酸乙烯酯	$\left[CH_2{-}\underset{\displaystyle O-\underset{\displaystyle O}{\underset{\Vert}{C}}-CH_3}{\underset{|}{CH}}\right]_n$　聚乙酸乙烯酯

(七)缩聚反应

由一种或多种单体互相缩合成为高聚物,同时析出其他低分子物质(如水、氨、醇、卤化氢等)的反应叫缩聚反应,所生成的高聚物的成分与单体不同,例如

$$nHO-\underset{\underset{O}{\|}}{C}\{CH_2\}_4\underset{\underset{O}{\|}}{C}-OH + nH-\underset{\underset{H}{|}}{N}\{CH_2\}_6\underset{\underset{H}{|}}{N}-H \longrightarrow$$

（己二酸）　　　　（己二胺）

$$\left[\underset{\underset{O}{\|}}{C}\{CH_2\}_4\underset{\underset{O}{\|}}{C}-\underset{\underset{H}{|}}{N}\{CH_2\}_6\underset{\underset{H}{|}}{N}\right]_n + (2n-1)H_2O$$

（聚酰胺 66，即尼龙 66）

一般而言，含有两个官能团的单体缩聚形成线型高聚物，如聚酰胺 66；含有三个官能团的单体缩聚形成体型高聚物，如丙三醇与邻苯二甲酸酐缩聚形成醇酸树脂，反应如下

$$n\ \underset{OH}{\underset{|}{CH_2}}-\underset{OH}{\underset{|}{CH}}-\underset{OH}{\underset{|}{CH_2}} + n\ \text{(邻苯二甲酸酐)} \xrightarrow{-H_2O}$$

（丙三醇）

$$\cdots O-\underset{\underset{O}{\|}}{C}\ \underset{\underset{O}{\|}}{C}-O-CH_2-\underset{\underset{O}{|}}{CH}-CH_2-O-\underset{\underset{O}{\|}}{C}\ \underset{\underset{O}{\|}}{C}-O-CH_2-\overset{\overset{\vdots}{O}}{\overset{|}{CH}}-CH_2-O\cdots$$

$$O=C,\ O=C\ \text{(苯环)}$$

$$\cdots O-\underset{\underset{O}{\|}}{C}\ \underset{\underset{O}{\|}}{C}-O-CH_2-\overset{\overset{O}{|}}{CH}-CH_2-O-\overset{\overset{O}{\|}}{C}\ \overset{\overset{O}{\|}}{C}-O-CH_2-\underset{\underset{\vdots}{O}}{\underset{|}{CH}}-CH_2-O\cdots$$

（八）催化加氢

催化加氢是指在催化剂作用下，还原剂氢等与不饱和化合物的加成反应。

1.碳-碳重键的加氢反应

催化加氢方法几乎能使各种类型的碳-碳双键或叁键，无论是孤立的还是共轭的，以不同的难易程度加氢成为饱和键(示例如下)。常用的催化剂有钯、铂、镍等。该方法具有成本低、操作简单、收率高、产品质量好和选择性好等优点，因此它在精细有机合成和工业生产中成为广泛采用的方法。

$$CH_2=CH_2 \xrightarrow[\text{催化剂}]{H_2} CH_3-CH_3$$

2.芳香环系的加氢反应

芳香族化合物也能进行催化加氢，转变成饱和的脂肪族环系。但它要比脂肪族化合物中

的烯键加氢困难得多。例如，异丙烯基苯在很温和的条件下（常温、常压），侧链上的烯键就能够被加氢，而苯环保持不变。

$$\xrightarrow{H_2}$$

芳香环系催化加氢示例

$$\xrightarrow[170\sim230℃]{H_2(4MPa)/Ni}$$

【例 3-5-3】 在下列有机物中，经催化加氢反应后不能生成 2-甲基戊烷的是：

A. $CH_2=CCH_2CH_2CH_3$
　　　　|
　　　　CH_3

B. $(CH_3)_2CHCH_2CH=CH_2$

C. $CH_3C=CHCH_2CH_3$
　　　　|
　　　　CH_3

D. $CH_3CH_2CHCH=CH_2$
　　　　　　|
　　　　　　CH_3

解 选项 A、B、C 催化加氢均生成 2-甲基戊烷，选项 D 催化加氢生成 3-甲基戊烷。

答案：D

三、典型有机物的分子式、性质和用途

（一）烷烃

烷烃是只有碳-碳单键的饱和链烃。烷烃的通式为 C_nH_{2n+2}。随着相对分子质量的增加，烷烃的熔沸点有规律地升高，它们的密度也由小变大。烷烃都不溶于水，易溶于有机溶剂。烷烃的化学性质较稳定，常温下与强酸、强碱、强氧化剂及还原剂都不易反应，所以除作为燃料外，还常用作溶剂、润滑油。在较特殊的条件下，烷烃也显示一定的反应能力，而这些化学性质在基本有机原料工业及石油化工中都非常重要。

甲烷（CH_4）是最简单的烷烃。甲烷是无色、无味的可燃性气体，比空气轻，微溶解于水，燃烧热 $3.97\times10^4 kJ/m^3$，可被液化和固化；性质稳定，在适当条件下能发生氧化、卤化、热解等反应；甲烷与空气的混合气体在点燃时会发生爆炸，爆炸极限 5.3%～14.0%（体积）。

甲烷在工业上主要用于制造乙炔以及经转化制成氢气或合成氨和有机合成的原料气，也用于制备炭黑、硝基甲烷、一氯甲烷、二氯甲烷、三氯甲烷（氯仿）、二硫化碳、四氯化碳和氢氰酸等，也可直接用作燃料。

（二）烯烃

烯烃是指含碳-碳双键（烯键）的碳氢化合物，属于不饱和烃。烯烃的通式为 C_nH_{2n}。随着相对分子质量的增加，烯烃的熔沸点逐渐升高。烯烃最重要的反应是双键上的亲电加成反应。不饱和烯烃通过聚合反应可以形成聚合物。烯烃双键两边 C 原子均通过共价键与不同基团连接时，有顺反异构体。

（三）炔烃

炔烃是含碳-碳叁键的一类不饱和脂肪烃。炔烃的通式为 C_nH_{2n-2}。炔烃的熔沸点低，密度小，难溶于水，易溶于有机溶剂。炔烃的化学活性比烯烃弱，能被高锰酸钾氧化，产物为羧酸。

（四）芳烃

芳烃是芳香烃的简称，是指分子结构中含有一个或者多个苯环的烃类化合物。最简单和最重要的芳烃是苯及其同系物甲苯、二甲苯、乙苯等。芳烃的物理性质和其他烃类类似，它们都没有极性，不溶于水，密度比水小。

苯（⌬）是无色、易挥发、易燃烧的液体，有芳香气味；有毒，比水轻；熔点 5.5℃，沸点80.1℃，溶于乙醇、乙醚等许多有机溶剂；苯蒸气与空气形成爆炸性混合物，爆炸极限 1.5%～8.0%（体积）；在适当情况下，分子中的氢能被卤素、硝基、磺酸基等置换；也能与氯、氢等起加成反应。

苯是染料、塑料、合成橡胶、合成树脂、合成纤维、合成药物和农药等的重要原料，也可用作动力燃料以及涂料、橡胶、胶水等的溶剂。

苯的来源：工业上由焦炉气（煤气）和炼焦油的轻油部分中回收，近年来随石油化工的发展，将由石油产品的芳构化得到。

甲苯（⌬—CH_3）是无色易挥发的液体，有芳香气味，比水轻，熔点 －95℃，沸点 110.8℃，不溶于水，溶于乙醇、乙醚和丙酮，化学性质与苯相似；蒸气与空气形成爆炸性混合物，爆炸极限 1.2%～7.0%（体积）；用于制造糖精、染料、药物和炸药等，并用作溶剂；由分馏煤焦油的轻油部分或由催化重整轻汽油馏分而制得。

（五）卤代烃

卤代烃是指烃分子中的氢原子被卤素（氟、氯、溴、碘）取代后生成的化合物。绝大多数卤代烃不溶于水或在水中溶解度很小，但能溶于很多有机溶剂，有些可以直接作为溶剂使用。卤代烃大都具有一种特殊气味，多卤代烃一般都难燃或不燃。卤代烃是一类重要的有机合成中间体，是许多有机合成的原料。

（六）醇

醇的官能团是羟基。醇的沸点比含同数碳原子的烷烃、卤代烷高。在同系列中醇的沸点也是随着碳原子数的增加而有规律地上升。低级的醇能溶于水，相对分子质量增加，溶解度就降低。含有三个以下碳原子的一元醇，可以和水混溶。醇也能溶于强酸。醇在强酸水溶液中溶解度要比在纯水中大。醇的用途极广，是有机合成工业的原料，也是用得最多最普遍的溶剂。

乙醇为无色透明易挥发的液体，比水轻，熔点－117.3℃，沸点 78.4℃，能溶于水、甲醇、乙醚和氯仿等溶剂，也能作为溶剂溶解有机化合物和若干无机化合物；乙醇与水能形成共沸混合物，普通的酒精中含乙醇 95.57%（质量）在 78.10℃时馏出；乙醇是易燃的液体，其蒸气与空气混合能形成爆炸性混合物，爆炸极限 3.5%～18%（体积）。

乙醇的用途很广，是一种重要的溶剂，并用于制染料、涂料、药物、合成橡胶、洗涤剂等。

长期以来乙醇是由淀粉、纤维素以及某些植物的糖通过发酵来制取的。

$$\underset{\text{葡萄糖}}{C_6H_{12}O_6} \xrightarrow{\text{酵素中的酶}} \underset{\text{乙醇}}{2C_2H_5OH} + 2CO_2\uparrow$$

由发酵得来的醇溶液含有 8%～12%的乙醇，通过分馏可得 95%的乙醇。在 CaO 或 BaO 上进行蒸馏可除去残余水而得到绝对酒精，即无水酒精。

大量乙醇是由乙烯按直接或间接方法生产的

$$CH_2 = CH_2 + H_2O \xrightarrow{H^+} CH_3CH_2OH$$

（七）酚

酚是—OH 基与芳烃基直接连接的化合物，通式为 Ar—OH（Ar 为芳烃基）。根据分子中所含羟基的数目可分为一元酚：分子中含一个羟基，如苯酚 C_6H_5OH；二元酚：分子中含二个羟基，如苯二酚 $C_6H_4(OH)_2$；多元酚：分子中含三个或三个以上羟基，如苯三酚 $C_6H_3(OH)_3$ 和苯六酚 $C_6(OH)_6$。

酚类大多数是无色晶体，难溶于水，易溶于乙醇和乙醚，和醇相比，酚有显著酸性，能和碱直接作用形成酚盐（如苯酚钠 C_6H_5ONa），大多能与三氯化铁溶液作用而发生特殊颜色，可资鉴别。

苯酚 ⌬—OH（俗名石碳酸），无色或白色晶体，有特殊气味，有毒，具有腐蚀性，在空气中变成粉红色，比水重，熔点 42～43℃，沸点 182℃，在室温时稍溶于水，65℃以上时能与水混溶，易溶于乙醇、乙酸、氯仿、甘油、二硫化碳等溶剂，苯酚的水溶液与三氯化铁溶液作用呈紫色；苯酚与醛类缩聚生成酚醛树脂，商业上称电木。

苯酚除用作防腐剂、医药品、增塑剂外，还用于制染料、合成树脂、塑料、合成纤维和农药等。

（八）醛和酮

醛和酮是含有羰基的化合物。一般来说，醛和酮比烯烃的沸点高，比醇和羧酸的沸点低。小于或等于 5 个碳原子的低级醛和酮在水中的溶解度较高，醛和酮一般能溶于有机溶剂。很大程度上，醛和酮都有芳香性气味，是芬芳气味天然物质中的主要活性成分。基于此，一些醛和酮被用作香水和香料。

乙醛（CH_3CHO）为无色流动的液体，有辛辣刺激性的气味，比水轻，熔点－123.5℃，沸点 20.2℃；能与水、乙醇、乙醚、氯仿相混合，易燃、易挥发，蒸气与空气形成爆炸性混合物，爆炸极限 4.0%～57.0%（体积），易氧化成乙酸，与碱作用时发生许多复杂的变化，于浓硫酸或盐酸存在下聚合成三聚乙醛。

乙醛用于制造醋酸、乙酸乙酯、正丁醇、合成树脂等。

（九）羧酸

羧酸是一类通式为 RCOOH 或 $R(COOH)n$ 的化合物，式中 R 为脂烃基或芳烃基，分别称为脂肪（族）酸或芳香（族）酸。羧酸的沸点比多数相对分子质量相近的烃、卤代烃都要高，甚至比相对分子质量相当的醇、醛、酮的沸点还要高。羧酸在水中可以电离出氢离子，它的酸性比醇和酚要强得多。羧酸在自然界中分布广泛，在有机合成中有着重要的作用。

（十）酯

酯是指由酸（羧酸或无机含氧酸）与醇起反应生成的一类有机化合物。酯类都难溶于水，易溶于乙醇和乙醚等有机溶剂，密度一般比水小。低级酯是具有芳香气味的液体。在有酸或有碱存在的条件下，酯能发生水解反应生成相应的酸或醇。相对分子质量小的酯可用作溶剂，相对分子质量较大的酯是良好的增塑剂。

乙酸乙酯（$CH_3COOC_2H_5$）为无色可燃性液体，有果子香味，熔点－83.6℃，沸点 77.1℃；易着火，微溶于水，溶于乙醇、乙醚、氯仿和苯等溶剂，易起水解和皂化作用，蒸气与空气形成爆炸性混合物，爆炸极限2.2%～11.2%（体积）。

乙酸乙酯用作清漆、稀薄剂、人造革、硝酸纤维素塑料等的溶剂，也用作制染料、药物、香料等的原料。

四、几种重要的高分子合成材料

高分子合成材料的主要成分是合成树脂，其次为增强和改善材料的某些性能，还常加入一些填料、增塑剂、固定剂、润滑剂、抗静电剂等。主要的合成树脂有聚乙烯、聚苯乙烯、聚氯乙烯、聚酰胺、环氧树脂、ABS树脂、聚碳酸酯等，下面简要介绍：

（一）聚乙烯 $\text{⁅}CH_2—CH_2\text{⁆}_n$

聚乙烯是由单体乙烯加聚而成的加聚物，有低分子量和高分子量两种。

低分子量聚乙烯一般为无色、无臭、无味、无毒的液体；比水轻；不溶于水，微溶于松节油、甲苯等溶剂；耐水和大多数化学品；可用作高级润滑油和涂料等。

高分子量聚乙烯的纯品是乳白色蜡状固体粉末，经加入稳定剂后可加工成粒状；在常温下不溶于已知溶剂中，但在脂肪烃、芳香烃、卤代烃中长期接触时能溶胀；在70℃以上时可稍溶于甲苯、醋酸、戊酯等溶剂中，具热塑性；在空气中加热和受日光影响，发生氧化作用；能耐大多数酸碱的侵蚀，吸水性小；在低温时可保持柔软性，电绝缘性高。

聚乙烯主要用于制造塑料制品，如包装薄膜、容器、管道、日用品、电视和雷达的高频电绝缘材料，也用于抽丝成纤维，以及用作金属、木材和织物的涂层等。

（二）聚氯乙烯 $\text{⁅}CH_2—CHCl\text{⁆}_n$

聚氯乙烯是由单体氯乙烯 $CH_2═CHCl$ 经加聚而成的高聚物。

聚氯乙烯有热塑性；工业品是白色或浅黄色粉末；相对密度约1.4，含氯量56%～58%；低分子量的易溶于酮类、酯类、氯化烃类溶剂，高分子量的则难溶解；具有极好的耐化学腐蚀性，但热稳定性和耐光性较差，在140℃开始分解出氯化氢，在制造塑料时需加稳定剂；电绝缘性优良，不会燃烧。

聚氯乙烯用于制造塑料、涂料、合成纤维等。根据所加增塑剂的多少，可制得软质和硬质塑料，前者可用于制成薄膜（如雨衣、台布、包装材料、农业用薄膜等）、人造革和电线套层等，后者可用于制板材、管道和阀等。

（三）聚丙烯腈 $\text{⁅}CH_2—\underset{\displaystyle CN}{\underset{|}{CH}}\text{⁆}_n$

聚丙烯腈是由单体丙烯腈 $CH_2═CH—CN$ 经加聚而成的高分子化合物。

聚丙烯腈为白色粉末，溶于二甲基甲酰胺或硫氰酸盐等溶液；耐老化强度高，绝热性能好。

聚丙烯腈主要用于制造合成纤维（如人造羊毛）。

（四）聚酰胺（尼龙）

聚酰胺树脂是具有许多重复的酰胺基 $—\overset{\displaystyle O}{\overset{\|}{C}}—\overset{\displaystyle H}{\overset{|}{N}}—$ 的高聚物的总称，商品名尼龙。它是由二元胺与二元酸缩聚而成或由内酰胺聚合而成的，例如尼龙66（聚己二酰己二胺）是由己二胺 $H_2N—(CH_2)_6—NH_2$ 和己二酸[$HOOC(CH_2)_4COOH$]缩聚而成的。

尼龙6（聚己内酰胺）是由氨基酸或其内酰胺缩聚而成的，尼龙1010（聚癸二酰癸二胺）则是癸二酸与癸二胺的缩聚物。

聚酰胺为白色至淡黄色的不透明固体，熔点180～280℃；不溶于乙醇、丙酮、醋酸乙酯等普通溶剂，但溶于酚类、硫酸、甲酸、醋酸和某些无机盐溶液；有良好的韧性、耐油和耐溶剂性、优异的机械性能、耐磨性，一定的吸水性和耐温性。

主要用于制合成纤维、工程塑料、涂料和胶黏剂等。

（五）聚碳酸酯

聚碳酸酯的结构式为 $\left[O-\langle\bigcirc\rangle-\underset{CH_3}{\overset{CH_3}{C}}-\langle\bigcirc\rangle-O-\overset{O}{\overset{\|}{C}} \right]_n$，它是由二酚基丙烷 $HO-\langle\bigcirc\rangle-\underset{CH_3}{\overset{CH_3}{C}}-\langle\bigcirc\rangle-OH$ 的钠盐与光气 $Cl-\underset{O}{\underset{\|}{C}}-Cl$ 在常温常压下缩聚而成的。或由二酚基丙烷与碳酸二苯酯 $\langle\bigcirc\rangle-O-\underset{O}{\underset{\|}{C}}-O-\langle\bigcirc\rangle$ 经酯交换和缩聚而制得。

聚碳酸酯是透明几乎无色或淡黄色的固体，相对密度为1.2，熔点等于或大于220℃，软化点高；能耐低温；溶于二氯甲烷，稍溶于芳香烃和酮等；吸水性小；熔化与冷却后变成透明的玻璃状物；能耐盐类、无机稀酸、有机稀酸、弱碱等，但被碱破坏、在甲醇中溶胀。聚碳酸酯可用作工程塑料，特别适用于制造外形复杂的摩擦件，如齿轮和其他机械零件、电子元件、精密仪器零件等，可用作医疗用具、光学仪器、家具日用品等，还可用作薄膜、泡沫体和玻璃纤维增强塑料等。

（六）ABS 树脂

ABS 树脂又称丙丁苯树脂，学名丙烯腈-丁二烯-苯乙烯共聚物。即它是由丙烯腈（A）与丁二烯（B）、苯乙烯（S）共聚而制成。其结构式为

$$\left[CH_2-\underset{CN}{\underset{|}{CH}} \right]_x \left[CH_2-CH=CH-CH_2 \right]_y \left[CH_2-\underset{\langle\bigcirc\rangle}{\underset{|}{CH}} \right]_n$$

ABS 树脂兼有丙烯腈较高的强度、耐热和耐油性；苯乙烯的透明、坚硬、良好的电绝缘性和机械加工性；以及丁二烯的弹性和抗冲击性等优良的综合性能。

ABS 树脂可用作工程塑料，制造齿轮、轴承、仪表壳、冰箱门框衬里、汽车零件、电话机、行李箱、水管、煤气管、工具零件等。

（七）橡胶

天然橡胶是由异戊二烯互相结合起来而成的高聚物。

$$nCH_2=\overset{CH_3}{\overset{|}{C}}-CH=CH_2 \rightarrow \left[CH_2-\overset{CH_3}{\overset{|}{C}}=CH-CH_2 \right]_n$$

异戊二烯　　　　聚异戊二烯

合成橡胶是由1,3-丁二烯或与其他单体聚合而成的丁二烯类高聚物。

1. 丁二烯类合成橡胶

在催化剂作用下，1,3-丁二烯可聚合成顺丁橡胶。

顺丁橡胶的弹性虽好，但抗拉强度和塑性都不如天然橡胶。

$$n\ CH_2{=}CH{-}CH{=}CH_2 \longrightarrow \left[CH_2{-}CH{=}CH{-}CH_2 \right]_n$$

由 1,3-丁二烯与苯乙烯共聚可得丁苯橡胶，一般可用下式表示

$$\left[CH_2{-}CH{=}CH{-}CH_2{-}CH_2{-}\underset{\underset{C_6H_5}{|}}{CH} \right]_n$$

丁苯橡胶的机械性能和耐磨性接近天然橡胶，绝缘性较好，但不耐油和有机溶剂。

由丁二烯与丙烯腈共聚则可得丁腈橡胶，可用下式表示

$$\left[CH_2{-}CH{=}CH{-}CH_2{-}CH_2{-}\underset{\underset{CN}{|}}{CH} \right]_n$$

丁腈橡胶的最大优点是耐油，抗拉强度比丁苯橡胶好，耐磨性、耐热性比天然橡胶好，但塑性低，加工较难。

顺丁橡胶用于制造胶鞋、胶管、胶板、胶布和模型等制品；丁苯橡胶主要用于制造轮胎和其他橡胶等工业制品，苯乙烯含量约 10% 的丁苯橡胶用于制造耐寒橡胶制品；丁腈橡胶用于制造耐油胶管、飞机油箱、密封热圈、胶黏剂等橡胶制品。

2. 硅橡胶

硅橡胶是含有硅原子的特种合成橡胶的总称，结构式示意如下

$$\left[\overset{\overset{R}{|}}{\underset{\underset{R}{|}}{Si}}{-}O \right]_n$$

式中，R 主要是甲基 CH_3，部分是乙基 C_2H_5、乙烯基 $CH{=}CH_2$、苯基 C_6H_5 或其他有机基团，以改进胶的性能。

硅橡胶是一种线形的聚硅氧烷，它是由有机硅单体部分水解后缩聚而成的。例如：

$$(CH_3)_2SiCl_2 + 2H_2O \rightarrow (CH_3)_2Si(OH)_2 + 2HCl$$

二甲基二氯硅烷　　二甲基硅二醇

$$n(CH_3)_2Si(OH)_2 \longrightarrow \left[\overset{\overset{CH_3}{|}}{\underset{\underset{CH_3}{|}}{Si}}{-}O \right]_n + nH_2O$$

硅橡胶的种类很多，具有不同技术性能和用途。一般在 −60～250℃ 仍能保持良好的弹性，耐热、耐油、防水、不易老化、绝缘性能好，但机械性能较差，耐碱性不及其他橡胶。

硅橡胶用于制造火箭、导弹、飞机的零件和绝缘材料，也用于制造高温和低温下使用的垫圈，密封零件，高温高压设备的衬垫、油管衬里等。

（八）环氧树脂

环氧树脂是含有环氧基团 $-\underset{|}{C}\overset{O}{-}\underset{|}{C}-$ 的树脂的总称。环氧树脂品种很多，目前应用较广

的是由环氧氯丙烷 $-\underset{|}{C}\overset{O}{-}\underset{|}{C}-$ 和双酚 A 即二酚基丙烷 $HO-C_6H_4-C(CH_3)_2-C_6H_4-OH$，在碱性催化作用下缩聚而成的线形高聚物，结构简示如下

$$\underset{\backslash O /}{CH_2-CH}-CH_2 \{ O-C_6H_4-\underset{CH_3}{\overset{CH_3}{\underset{|}{\overset{|}{C}}}}-C_6H_4-O-CH_2-\underset{OH}{\underset{|}{CH}}-CH_2 \}_n$$

根据不同配比和制法，可得不同相对分子质量的产品。相对分子质量小的是黄色或琥珀色高黏度透明液体，相对分子质量大的是固体，熔点一般在 145～155℃；溶于丙酮、乙二醇、甲苯和苯乙烯等溶剂；无臭无味，耐碱和大部分溶剂；与多元胺、有机酸酐、其他固化剂反应变成坚硬的体型高聚物；耐热性、绝缘性、硬度和柔韧性都好；对金属和非金属具有优异的黏合力。

环氧树脂是目前广泛使用的黏合剂，俗称万能胶，可作金属和非金属材料（如陶瓷、玻璃、木材等）的黏合剂，也可用以制造涂料、增强塑料或浇铸成绝缘制品等，还可用于处理纺织品，起防皱、防缩、防水等作用。

【例 3-5-4】 某液体烃与溴水发生加成反应生成 2,3-二溴-2-甲基丁烷，该液体烃是：

A. 2-丁烯　　B. 2-甲基-1-丁烷

C. 3-甲基-1-丁烷　　D. 2-甲基-2-丁烯

解 加成反应生成 2,3-二溴-2-甲基丁烷，所以在 2,3 位碳碳间有双键，所以该烃为 2-甲基-2-丁烯。

答案：D

【例 3-5-5】 下列各组物质在一定条件下反应，可以制得比较纯净的 1,2-二氯乙烷的是：

A. 乙烯通入浓盐酸中　　B. 乙烷与氯气混合

C. 乙烯与氯气混合　　D. 乙烯与卤化氢气体混合

解 乙烯与氯气混合，可以发生加成反应：$C_2H_4+Cl_2=CH_2Cl-CH_2Cl$。

答案：C

【例 3-5-6】 下列有机物中，既能发生加成反应和酯化反应，又能发生氧化反应的化合物是：

A. $CH_3CH=CHCOOH$　　B. $CH_3CH=CHCOOC_2H_5$

C. $CH_3CH_2CH_2CH_2OH$　　D. $HOCH_2CH_2CH_2CH_2OH$

解 选项 A 为丁烯酸，烯烃能发生加成反应和氧化反应，酸可以发生酯化反应。

答案：A

【例 3-5-7】 人造象牙的主要成分是 $\{CH_2-O\}_n$，它是经加聚反应制得的。合成此高聚物的单体是：

A. $(CH_3)_2O$　　B. CH_3CHO

C. HCHO　　D. HCOOH

解 由低分子化合物（单体）通过加成反应，相互结合成高聚物的反应称为加聚反应。加

聚反应没有产生副产物，高聚物成分与单体相同，单体含有不饱和键。HCHO 为甲醛，加聚反应为：$nH_2C{=}O \rightarrow {+}CH_2{-}O{+}_n$。

答案：C

【例 3-5-8】 人造羊毛的结构简式为：$\left[CH_2-\underset{\displaystyle CN}{\underset{|}{C}H}\right]_n$，它属于：

①共价化合物；②无机化合物；③有机化合物；④高分子化合物；⑤离子化合物。

A. ②④⑤　　B. ①④⑤

C. ①③④　　D. ③④⑤

解　人造羊毛为聚丙烯腈，由单体丙烯腈通过加聚反应合成，为高分子化合物。分子中存在共价键，为共价化合物，同时为有机化合物。

答案：C

习　题

3-5-1　下列化合物属于芳香族化合物的是（　　）。

A. 环状结构：CH_2、$CH{=}CH$、CH、$CH_2{-}CH{=}$（CH_2—$CH{=}CH$—$CH{=}$… 组成的六元环）

B. 苯环—CH_3

C. $CH_2{=}CH{-}CH{=}CH_2$

D. 五元环（含 O 及两个双键）

3-5-2　下列化合物属于醛类的有机物是（　　）。

A. RCHO　　B. $R-\underset{\displaystyle O}{\underset{\|}{C}}-R'$　　C. R—OH　　D. RCOOH

3-5-3　下列化合物叫 2,4-二氯苯乙酸的物质是（　　）。

A. 苯环上连 CH_2COOH，邻位及间位各连一个 —Cl（2,3-位）

B. 苯环上连 CH_2COOH，间位连 —Cl，对位连 Cl（3,4-位）

C. 苯环上连 CH_2COOH，邻位连 —Cl，对位连 Cl（2,4-位）

D. 苯环上连 CH_2COOH，两个间位各连 Cl（3,5-位）

3-5-4　下列反应属于取代反应的是（　　）。

A. 苯 + H_2SO_4（浓）→ 苯—SO_3H + H_2O

B. $CH_3-CH{=}CH_2+H_2O \longrightarrow CH_3-\underset{\displaystyle OH}{\underset{|}{C}H}-CH_3$

C. $CH_3—CH_2—\underset{\displaystyle Br}{\underset{|}{CH}}—CH_3 \xrightarrow[KOH]{C_2H_5OH} CH_3—CH = CH—CH_3$

D. $3CH_2=CH_2+2KMnO_4+4H_2O=3\underset{\displaystyle OH}{\underset{|}{CH_2}}—\underset{\displaystyle OH}{\underset{|}{CH_2}}+2KOH+2MnO_2$

3-5-5 苯乙烯与丁二烯反应后的产物是(　　)。

A. 尼龙 66　　B. 丁苯橡胶　　C. 环氧树脂　　D. 聚苯乙烯

3-5-6 ABS 是下列哪一组单体的共聚物(　　)。

A. 苯乙烯、氯丁烯、丙烯腈　　B. 丁二烯、氯乙烯、苯烯腈

C. 苯烯腈、丁二烯、苯乙烯　　D. 丁二烯、苯乙烯、丙烯腈

3-5-7 聚酰胺树脂中含有下列哪种结构(　　)。

A. $\text{-}[CH_2—\underset{\displaystyle CN}{\underset{|}{CH}}]\text{-}$　　B. $CH_2—\underset{\displaystyle CH_3}{\underset{|}{C}}=CH—CH_2]\text{-}$

C. 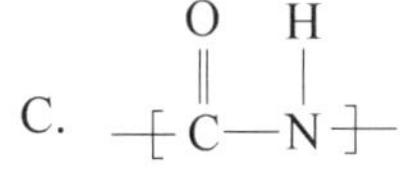　　D. $\text{-}[\overset{\displaystyle R}{\overset{|}{\underset{\displaystyle R}{\underset{|}{Si}}}}—O]\text{-}$

3-5-8 双酚 A 与环氧氯丙烷作用后的产物为(　　)。

A. 尼龙 66　　B. 聚碳酸酯

C. 顺丁橡胶　　D. 环氧树脂

题解及参考答案

第一节

3-1-1 **解**:三个量子数取值不是任意的。n 的取值:$n=1,2,3,\cdots$,目前稳定原子中 n 最大为 7;l 的取值:$l=0,1,2,\cdots,n-1$,目前 l 最大为 3;m 的取值:$m=0,\pm1,\pm2,\pm3,\cdots,\pm l$,由于 l 最大为 3,所以 m 只有前 7 个取值。n 取 2 时,l 可以取 0,1。

答案:C

3-1-2 **解**:原子得到或失去电子后便是离子。当原子失去电子而成为正离子时,一般是能量较高的最外层的电子先失去,而且往往引起电子层数的减小。Fe 原子基态时外层电子分布式为 $3d^64s^2$,Fe^{2+} 的外层电子分布式为 $3s^23p^63d^6$。

答案:B

3-1-3 **解**:据题意该元素三价正离子的外层电子分布式为 $4s^24p^64d^5$,故该元素原子基态外层电子分布式为 $4d^65s^2$。所以该元素原子序数为 44。

答案:D

3-1-4 **解**:$n=4$,$l=2$ 为 4d 轨道,d 轨道为 5 个等价的原子轨道,每个轨道可以容纳两个自旋相反的电子,所以 4d 轨道最大容纳 10 个电子。

答案:B

3-1-5 **解**:原子半径变化规律:同一周期从左到右,主族元素的有效核电荷数依次增加,原子半径依次减小;同一主族元素从上到下原子半径依次增加。

离子半径变化规律:同周期不同元素离子的半径随离子电荷代数值增大而减小,同族元素电荷数相同的离子半径随电子层数增加而增大,同种元素的离子半径随电荷数代数值增大而减小。

答案:C

3-1-6 **解:**同一周期从左到右,主族元素的电负性逐渐增大,同一主族元素从上到下电负性逐渐减小。根据对角线规则,Be 与 Al 的性质相似。

答案:C

3-1-7 **解:**元素氧化物及其水合物酸碱性变化规律:同周期元素最高价态氧化物及其水合物从左到右酸性递增、碱性递减;同一主族元素相同价态的氧化物及其水合物,从上至下酸性减弱、碱性增强;同一元素不同价态的氧化物及其水合物,依价态升高的顺序酸性增强,碱性减弱。

答案:D

3-1-8 **解:**根据元素氧化物及其水合物酸碱性变化规律(同题 3-1-7)。

答案:A

3-1-9 **解:**不同元素原子间形成的共价键为极性共价键。分子的极性取决于键的极性和分子的空间构型。若键有极性,而分子的空间构型对称,则分子无极性;若键有极性,而分子空间构型不对称,则分子有极性。BF_3 中 B 与 F 间为极性共价键,而分子为平面三角形分子,为非极性分子。

答案:C

3-1-10 **解:**OF_2 中 O 原子的价电子对数 $x = \frac{1}{2}(6+2) = 4$,中心原子 O 的杂化类型与 H_2O 中的氧原子类似,为 sp^3 不等性杂化。

答案:D

3-1-11 **解:**分子的极性取决于键的极性和分子的空间构型。若键有极性,而分子的空间构型对称,则分子无极性;若键有极性,而分子空间构型不对称,则分子有极性。B 项中四个化合物均为极性分子。

答案:B

3-1-12 **解:**分子间力包括色散力、诱导力和取向力。非极性分子与非极性分子间只有色散力,极性分子与非极性分子间存在诱导力和色散力,极性分子间存在取向力、诱导力和色散力。SO_2 为极性分子,极性分子间存在取向力、诱导力和色散力。

答案:D

3-1-13 **解:**氢键形成条件:当分子中的氢原子与电负性大、半径小、有孤对电子的原子(如 N、O、F)形成强极性共价键后,还能吸引另一个电负性较大原子(如 N、O、F)中的孤对电子而形成氢键。

答案:B

3-1-14 **解:**原子晶体融化时要破坏共价键。SiC 为原子晶体。

答案:A

第二节

3-2-1 **解:**糖水溶液质量 $= 120 \times 1.047 \approx 125.6\text{g}$

糖水中水的质量 $= 125.6 - 15.0 = 110.6\text{g}$

糖水中糖和水的物质的量 $n_{糖} = \frac{15.0}{342} \approx 0.0439\text{mol}$，$n_{水} = \frac{110.6}{18} \approx 6.14\text{mol}$

质量百分比浓度 $= \frac{15.0}{125.6} \times 100\% \approx 11.9\%$

物质的量浓度 $C_{糖} = \frac{0.0439}{0.12} \approx 0.366\text{mol/L}$

质量摩尔浓度 $m_{糖} = \frac{0.0439}{110.6} \times 1000 \approx 0.397\text{mol/kg}$

物质的量分数 $x_{糖} = \frac{0.0439}{0.0439 + 6.14} \approx 7.09 \times 10^{-3}$

答案:B

3-2-2 **解**:葡萄糖水溶液的质量摩尔浓度 $m = \frac{\frac{15.0}{180}}{200} \times 1000 \approx 0.417\text{mol/kg}$

根据拉乌尔定律，$\Delta T_{fp} = k_{fp} \cdot m = 1.86 \times 0.417 \approx 0.776℃$

则溶液冰点为 $-0.776℃$

$\Delta T_{bp} = k_{bp} \cdot m = 0.52 \times 0.417 \approx 0.220℃$

则溶液沸点为 100.22℃

溶液渗透压 $p_{渗} = CRT \approx mRT = 0.417 \times 8.31 \times 293 \approx 1.02 \times 10^3\text{kPa}$

答案:C

3-2-3 **解**:氢溴酸是强酸，水溶液中完全电离，所以 0.25mol/L 氢溴酸的氢离子浓度和电离度分别为 0.25mol/L、100%。

次氯酸为一元弱酸，0.25mol/L 次氯酸的 $C_{H^+} = \sqrt{K_a \cdot C} = \sqrt{3.2 \times 10^{-8} \times 0.25} \approx 8.9 \times 10^{-5}\text{mol/L}$

电离度 $\alpha = \frac{8.9 \times 10^{-5}}{0.25} \times 100\% \approx 0.036\%$

答案:D

3-2-4 **解**:因为 H_2S 的 $K_{a1} \gg K_{a2}$，计算 C_{H^+} 时，按一元弱酸处理，

所以 $C_{H^+} = C_{HS^-} = \sqrt{K_{a1} \cdot C} = \sqrt{1.32 \times 10^{-7} \times 0.1} \approx 1.15 \times 10^{-4}\text{mol/L}$

计算 $C_{S^{2-}}$ 时用二级电离 $HS^- \rightleftharpoons H^+ + S^{2-}$

$C_{S^{2-}} = K_{a2} \cdot \frac{C_{HS^-}}{C_{H^+}} = 7.1 \times 10^{-15}\text{mol/L}$

$\text{pH} = -\lg 1.15 \times 10^{-4} \approx 3.94$

答案:A

3-2-5 **解**:根据公式 $\alpha = \sqrt{\frac{K_a}{C}}$，加入冰醋酸，浓度增大，电离度减小。

答案:C

3-2-6 **解**:氨水和氯化铵组成缓冲溶液

$C_{OH^-} = K_b \cdot \frac{C_{碱}}{C_{盐}} = 1.8 \times 10^{-5} \times \frac{0.1}{0.1} = 1.8 \times 10^{-5}\text{mol/L}$

$C_{H^+} = \frac{K_W}{C_{OH^-}} = \frac{10^{-14}}{1.8 \times 10^{-5}} \approx 5.56 \times 10^{-10}\text{mol/L}$

答案:D

3-2-7 **解**:HA 过量,反应后形成 HA—KA 缓冲溶液,溶液中 HA 和 KA 的浓度分别为:

$$C_{HA}=\frac{(0.05-0.02)\times 0.1}{0.1}=0.03\text{mol/L}$$

$$C_{KA}=\frac{0.02\times 0.1}{0.1}=0.02\text{mol/L}$$

$pH=5.25$,则 $C_{H^+}=5.62\times 10^{-6}\text{mol/L}$

根据公式 $C_{H^+}=K_a\times\dfrac{C_{酸}}{C_{盐}}$

则 $K_a=\dfrac{C_{H^+}\times C_{盐}}{C_{酸}}=\dfrac{5.62\times 10^{-6}\times 0.02}{0.03}\approx 3.7\times 10^{-6}$

答案:B

3-2-8 **解**:在 NaCl 溶液中由于同离子效应,AgCl 溶解度降低;在 $Na_2S_2O_3$ 溶液中,由于形成 $Ag_2S_2O_3$ 沉淀,AgCl 溶解度增大。

答案:C

3-2-9 **解**:NaAc 为强碱弱酸盐,发生水解

$$C_{OH^-}=\sqrt{C\times\frac{K_W}{K_a}}=\sqrt{0.025\times\frac{10^{-14}}{1.76\times 10^{-5}}}\approx 3.77\times 10^{-6}\text{mol/L}$$

$$C_{H^+}=\frac{K_W}{C_{OH^-}}=\frac{10^{-14}}{3.77\times 10^{-6}}\approx 2.65\times 10^{-9}\text{mol/L}$$

$pH=-\lg 2.65\times 10^{-9}\approx 8.58$

水解度 $\alpha=\dfrac{C_{OH^-}}{C_{盐}}=\dfrac{3.77\times 10^{-6}}{0.025}\approx 0.015\%$

答案:B

第三节

3-3-1 **解**:升高温度,分子获得能量,活化分子百分数增加。

答案:C

3-3-2 **解**: $\Delta H=\varepsilon-\varepsilon'$, ΔH 为正反应热效应, ε 为正反应活化能, ε' 为逆反应活化能。正反应为放热反应, $\Delta H<0$,则 $\varepsilon-\varepsilon'<0$, $\varepsilon'>\varepsilon=15\text{kJ/mol}$。

答案:B

3-3-3 **解**:随着反应进行,反应物浓度降低,生成物浓度升高,正反应速度降低,逆反应速度升高,速率常数和平衡常数不变。

答案:A

3-3-4 **解**:对放热反应,温度升高,平衡常数减小;对吸热反应,温度升高,平衡常数增大。

答案:B

3-3-5 **解**:反应方程式 1 为反应方程式 2 的逆反应乘以 2。

根据多重平衡规则, $K_1=(\dfrac{1}{K_2})^2=\dfrac{1}{(K_2)^2}$

答案:B

3-3-6 **解**:四种气体质量相等,分子量越小,物质的量越大。四种气体分子量大小顺序为: $H_2<He<N_2<CO_2$,所以物质的量的大小顺序为: $CO_2<N_2<He<H_2$。根据分压定律可知分压大小顺序为: $H_2>He>N_2>CO_2$。

答案:A

3-3-7 **解:**放热反应,降低温度,平衡向右移动;气体分子数减小的反应,增大压力,平衡向右移动。

答案:C

3-3-8 **解:**反应 3 为反应 2 减反应 1 得到的。

根据多重平衡规则,$K_3=\dfrac{K_2}{K_1}=\dfrac{0.012}{0.050}=0.24$

答案:C

第四节

3-4-1 **解:**按氧化还原配平法配平。

答案:B

3-4-2 **解:**Mn 的氧化数由+7(反应物 $KMnO_4$)降低到+2(生成物 $MnCl_2$),得电子,$KMnO_4$ 为氧化剂。

答案:D

3-4-3 **解:**两个电极的电极电势分别为:

$$\varphi_{Cu^{2+}/Cu}=\varphi^{\ominus}_{Cu^{2+}/cu}+\frac{0.059}{2}\lg C_{Cu^{2+}}$$

$$\varphi_{I_2/I^-}=\varphi^{\ominus}_{I_2/I^-}+\frac{0.059}{2}\lg\frac{1}{(C_{I^-})^2}=\varphi^{\ominus}_{I_2/I^-}-0.059\lg C_{I^-}$$

所以,当离子浓度增大时,$\varphi_{Cu^{2+}/Cu}$ 变大,φ_{I_2/I^-} 变小。

答案:D

3-4-4 **解:**$\varphi^{\ominus}$ 值或 φ 值越大,表示电对中氧化态的氧化能力越强,$\varphi^{\ominus}$ 值或 φ 值越小,表示电对中还原态的还原能力越强。三个电对中还原型物质的还原能力由强到弱的顺序为选项 C。

答案:C

3-4-5 **解:**两个反应能自发进行,所以两个反应的电动势都大于零,即正极电极电势大于负极电极电势。由反应 1 可知:$\varphi_{Fe^{3+}/Fe^{2+}}>\varphi_{Cu^{2+}/Cu}$;由反应 2 可知:$\varphi_{Cu^{2+}/Cu}>\varphi_{Fe^{2+}/Fe}$。

答案:A

3-4-6 **解:**根据 $\lg K^{\ominus}=\dfrac{nE^{\ominus}}{0.059}$,知 $E^{\ominus}=\dfrac{0.059\times\lg K^{\ominus}}{n}=\dfrac{0.059\times\lg 10^4}{2}=0.118V$。

答案:A

3-4-7 **解:**电解池中,与外电源负极相连的极叫阴极,与外电源正极相连的极叫阳极。电解时阴极发生还原反应,阳极发生氧化反应。析出电势代数值较大的氧化型物质首先在阴极还原,析出电势代数值较小的还原型物质首先在阳极氧化。电解时,阳极如果是可溶性电极,可溶性电极首先被氧化,阳极如果是惰性电极,简单负离子被氧化,如 Cl^-、Br^-、I^-、S^{2-} 分别析出 Cl_2、Br_2、I_2、S。

答案:D

3-4-8 **解:**为差异充气腐蚀,埋在黏土中的钢管表面氧气浓度小,作为阳极。

答案:D

第五节

3-5-1 **解:**芳香族类化合物分子中含有苯环结构。选项 A 为脂环化合物,选项 D 为杂环化合物。

答案:B

3-5-2 **解**:选项A为醛,选项B为酮,选项C为醇,选项D为酸。

答案:A

3-5-3 **解**:根据芳香烃及其衍生物命名原则,选项A为2,3-二氯苯乙酸,选项B为3,4-二氯苯乙酸,选项C为2,4-二氯苯乙酸,选项D为3,5-二氯苯乙酸。

答案:C

3-5-4 **解**:选项A为苯环上的磺化反应,相当于苯环上的氢被磺酸基取代;选项B为加成反应;选项C为消去反应;选项D为氧化反应。

答案:A

3-5-5 **解**:1,3-丁二烯与苯乙烯共聚可得丁苯橡胶。

答案:B

3-5-6 **解**:ABS树脂又称丙丁苯树脂,学名丙烯腈-丁二烯-苯乙烯共聚物。

答案:D

3-5-7 **解**:聚酰胺树脂,商品名尼龙,是具有许多重复的酰胺基的高聚物。

答案:C

3-5-8 **解**:环氧树脂是含有环氧基团的树脂,品种很多,目前应用较广的是双酚A与环氧氯丙烷在碱性催化作用下缩聚而成的线性高聚物。

答案:D

第四章 理论力学

复习指导

一、考试大纲

4.1 静力学

平衡；刚体；力；约束及约束力；受力图；力矩；力偶及力偶矩；力系的等效和简化；力的平移定理；平面力系的简化；主矢；主矩；平面力系的平衡条件和平衡方程式；物体系统（含平面静定桁架）的平衡；摩擦力；摩擦定律；摩擦角；摩擦自锁。

4.2 运动学

点的运动方程；轨迹；速度；加速度；切向加速度和法向加速度；平动和绕定轴转动；角速度；角加速度；刚体内任一点的速度和加速度。

4.3 动力学

牛顿定律；质点的直线振动；自由振动微分方程；固有频率；周期；振幅；衰减振动；阻尼对自由振动振幅的影响——振幅衰减曲线；受迫振动；受迫振动频率；幅频特性；共振；动力学普遍定理；动量；质心；动量定理及质心运动定理；动量及质心运动守恒；动量矩；动量矩定理；动量矩守恒；刚体定轴转动微分方程；转动惯量；回转半径；平行轴定理；功；动能；势能；动能定理及机械能守恒；达朗贝尔原理；惯性力；刚体作平动和绕定轴转动（转轴垂直于刚体的对称面）时惯性力系的简化；动静法。

二、基本要求

（一）静力学

熟练掌握并能灵活运用静力学中的基本概念及公理分析相关问题，特别是对物体的受力分析；掌握不同力系的简化方法和简化结果；能够根据各种力系和滑动摩擦的特性，定性或定量地分析和解决物体系统的平衡问题。

（二）运动学

熟练运用直角坐标法和自然法求解点的各运动量；能根据刚体的平行移动（平动）、绕定轴转动和平面运动的定义及其运动特征，求解刚体的各运动量；掌握刚体上任一点的速度和加速度的计算公式及刚体上各点速度和加速度的分布规律。

（三）动力学

能应用动力学基本定律列出质点运动微分方程；能正确理解并熟练地计算动力学普遍定理中各基本物理量（如动量、动量矩、动能、功、势能等），熟练掌握动力学普遍定理（包括动量定理、质心运动定理、动量矩定理、刚体定轴转动微分方程、动能定理）及相应的守恒定理；掌握刚体转动惯量的计算公式及方法，熟记杆、圆盘及圆环的转动惯量，并会利用平行移轴定理计算简单组合形体的转动惯量；能正确理解惯性力的概念，并能正确表示出各种不同运动状态的刚体上惯性力系主矢和主矩的大小、方向、作用点，能应用动静法求解质点、质点系的动力学问题；能应用质点运动微分方程列出单自由度系统线性振动的微分方程，并会求其周期、频率和振幅。掌握阻尼对自由振动振幅的影响及受迫振动的幅频特性和共振的概念。

三、重点难点分析

（一）静力学

静力学所研究的是物体受力作用后的平衡规律，重点包括以下三部分内容：

（1）静力学的基本概念（平衡、刚体、力、力偶等）和公理；约束的类型及约束力的确定；物体的受力分析和受力图。这一部分的难点就是物体的受力分析。在画受力图时除根据约束的类型确定约束力的方向外，还要会利用二力平衡原理、三力汇交平衡定理、力偶的性质等，来确定铰链或固定铰支座约束力的方向。

（2）各种力系的简化方法及简化结果。其难点在于主矢和主矩的概念及计算。可通过力的平移定理加深对主矢、主矩、合力、合力偶的认识，通过熟练掌握力的投影，力对点之矩和力对轴之矩的计算，来得到主矢和主矩的正确结果。

（3）各种力系的平衡条件及与之相对应的平衡方程，平衡方程的不同形式及对应的附加条件。难点在于物体及物体系统（包括考虑摩擦）平衡问题的求解。解题时要灵活选取合适的研究对象进行受力分析，列平衡方程时要选取适当的投影轴和矩心（矩轴），使问题能够得到快速准确的解答。

（二）运动学

运动学研究物体运动的几何性质。重点是：

（1）描述点的运动的矢量法、直角坐标法和自然法。要明确用不同的方法所表示的同一个点的运动量，形式不同，但不同形式的结果之间是相互有关系的，要熟练掌握这些关系，并将这些关系应用到解题当中去。

（2）刚体的平动及其运动特征（尤其是作曲线平动的刚体）；作定轴转动刚体的转动方程、角速度和角加速度及刚体内各点速度、加速度的计算方法。这是运动学的基本内容，在物理学中都学习过，正是这些看似简单的问题，却往往容易出现概念性错误且不能熟练应用。解决的方法是在认真分析刚体运动形式的基础上，根据其运动特征，选择相应的计算公式。

（3）点的复合运动。解题时首先要明确一个动点、两个坐标系以及与之相应的三种运动，合理选择动点、动系，其原则是相对运动轨迹易于判断。这一部分的难点是牵连点的概念，以及牵连速度、牵连加速度的判断与计算。要把动系看成是 $O'x'y'$ 平面，在此平面上与所选动点相重合的点，即为牵连点，该点相对于定参考系的速度、加速度，称为牵连速度和牵连加速度，解题时一定要深刻理解这一定义。

（4）刚体的平面运动。要会正确判断机构中作平面运动的刚体，熟练掌握并能灵活运用求平面运动刚体上点的速度的三种方法——基点法、瞬心法和速度投影法；会应用基点法求平面运动刚体上点的加速度。特别要熟悉刚体瞬时平动时的运动特征为：刚体的角速度为零，角加速度不为零；刚体上各点的速度相同，加速度不同，但其上任意两点的加速度在该两点连线上的投影相等。

（三）动力学

动力学研究物体受力作用后的运动规律。重点是：

(1)会应用动力学基本定律(牛顿第二定律)和动力学普遍定理(动量定理、动量矩定理和动能定理)列出质点和质点系(包括平动、定轴转动、平面运动的刚体)的运动微分方程,解微分方程时要注意初始条件只能用于确定微分方程解中的积分常数;要熟练掌握动量、动量矩、动能、势能、功的概念与计算方法,正确选择及综合应用动力学普遍定理求解质点系动力学问题;动力学普遍定理的综合应用,大体上包含两方面含义:一是对几个定理,即动量定理、质心运动定理、动量矩定理、定轴转动微分方程、平面运动微分方程和动能定理的特点、应用条件、可求解何类问题等有透彻的了解,能根据不同类型问题的已知条件和待求量,选择适当的定理,包括各种守恒情况的判断,相应守恒定理的应用。二是对比较复杂的问题,应能采用多个定理联合求解。此外,求解动力学问题,往往需要进行运动分析,以提供运动学补充方程。因而对动力学普遍定理的综合应用,须熟悉有关定理及应用范围和条件,多做练习,通过比较总结(包括一题多解的讨论),从中摸索出规律。其解题步骤是:首先选取研究对象,对其进行受力分析和运动分析;其次是根据分析的结果,针对物体不同的运动选择不同的定理,通常可先应用动能定理求解系统的各运动量(速度、加速度、角速度和角加速度),再应用质心运动定理或动量矩定理(定轴转动微分方程)求解未知力。

(2)刚体系统惯性力系的简化及达朗贝尔原理的应用。这一部分的关键是要分析物体的运动形式,并根据其运动形式确定惯性力并将其画在受力图上,根据受力图列平衡方程,求解未知量。要注意的是:因为达朗贝尔原理是采用静力平衡方程求解未知量,故未知量的数目不能超过独立的平衡方程数。未知量中包括速度、加速度、角速度、角加速度、约束力等,若未知量数目超过了独立的平衡方程数,则需要建立补充方程,在多数情况下,是建立运动学的补充方程。当单独使用达朗贝尔原理解题出现计算上的困难(如需解微分方程)时,由于质点系的达朗贝尔原理实际是动量定理、动量矩定理的另一种表达形式,故可联合应用达朗贝尔原理与动能定理求解质点系的动力学问题。

第一节　静　力　学

静力学研究物体在力作用下的平衡规律,主要包括物体的受力分析、力系的等效简化、力系的平衡条件及其应用。

一、静力学的基本概念及基本原理

(一)基本概念

1.力的概念

力是物体间相互的机械作用,这种作用将使物体的运动状态发生变化——运动效应,或使物体的形状发生变化——变形效应。力的量纲为牛顿(N)。力的作用效果取决于力的三要素:力的大小、方向、作用点。力是矢量,满足矢量的运算法则。当求共点二力之合力时,采用力的平行四边形法则:其合力可由两个共点力为边构成的平行四边形的对角线确定,见图 4-1-1a)。或者说,合力矢等于此二力的几何和,即

$$\boldsymbol{F}_{\mathrm{R}} = \boldsymbol{F}_1 + \boldsymbol{F}_2 \tag{4-1-1}$$

显然,求 $\boldsymbol{F}_{\mathrm{R}}$ 时,只需画出平行四边形的一半就够了,即以力矢 $\boldsymbol{F}_1$ 的尾端 B 作为力矢 $\boldsymbol{F}_2$ 的起点,连接 AC 所得矢量即为合力 $\boldsymbol{F}_{\mathrm{R}}$。如图 4-1-1b)所示三角形 ABC 称为力三角形。这种求合力的方法称为力的三角形法则。

多个共点力的合成可采用力的多边形规则：若有汇交于点 A 的四个力 $\boldsymbol{F}_1$、$\boldsymbol{F}_2$、$\boldsymbol{F}_3$、$\boldsymbol{F}_4$，如图 4-1-2a)所示，求合力时可任取一点 a，先作力三角形求出 $\boldsymbol{F}_1$ 与 $\boldsymbol{F}_2$ 的合力 $\boldsymbol{F}_{R1}$，再作力三角形求出 $\boldsymbol{F}_{R1}$ 与 $\boldsymbol{F}_3$ 的合力 $\boldsymbol{F}_{R2}$，最后作力三角形合成 $\boldsymbol{F}_{R2}$ 与 $\boldsymbol{F}_4$ 即得合力 $\boldsymbol{F}_R$，如图 4-1-2b)所示。多边形 $abcde$ 称为此汇交力系的力多边形，而封闭边 ae 则表示此汇交力系合力 $\boldsymbol{F}_R$ 的大小和方向，显然 $\boldsymbol{F}_R$ 的作用线必过汇交点 A。利用力多边形法简化力系时，求 $\boldsymbol{F}_{R1}$ 和 $\boldsymbol{F}_{R2}$ 的中间过程可略去，只需将组成力多边形的各分力首尾相连，而合力则由第一个分力的起点指向最后一个分力的终点(矢端)即可。根据矢量相加的交换率，任意变换各分力矢的作图次序，可得形状不同的力多边形，但其合力矢仍然不变，如图 4-1-2c)所示。

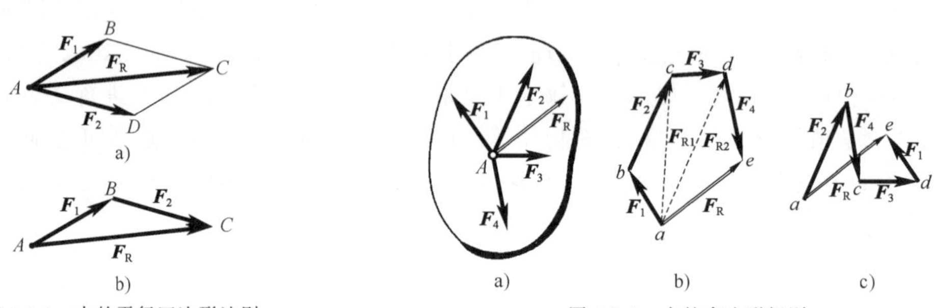

图 4-1-1　力的平行四边形法则

图 4-1-2　力的多边形规则

【例 4-1-1】　平面汇交力系($\boldsymbol{F}_1$，$\boldsymbol{F}_2$，$\boldsymbol{F}_3$，$\boldsymbol{F}_4$，$\boldsymbol{F}_5$)的力多边形如图所示，则该力系的合力 $\boldsymbol{F}_R$ 等于：

A. $\boldsymbol{F}_3$　　B. $-\boldsymbol{F}_3$　　C. $\boldsymbol{F}_2$　　D. $-\boldsymbol{F}_2$

解　根据力的多边形规则，当 $\boldsymbol{F}_1$、$\boldsymbol{F}_2$、$\boldsymbol{F}_3$、$\boldsymbol{F}_4$、$\boldsymbol{F}_5$ 各分力首尾相连时，合力应由第一个分力 $\boldsymbol{F}_1$ 的起点指向最后一个分力 $\boldsymbol{F}_5$ 的终点(矢端)。

答案：B

(1)力对点之矩

力使物体绕某支点(或矩心)转动的效果可用力对点之矩度量。设力 $\boldsymbol{F}$ 作用于刚体上的 A 点，如图 4-1-3 所示，用 $\boldsymbol{r}$ 表示空间任意点 O 到 A 点的矢径，于是，力 $\boldsymbol{F}$ 对 O 点的力矩定义为矢径 $\boldsymbol{r}$ 与力矢 $\boldsymbol{F}$ 的矢量积，记为 $\boldsymbol{M}_O(\boldsymbol{F})$。即

$$\boldsymbol{M}_O(\boldsymbol{F})=\boldsymbol{r}\times\boldsymbol{F} \tag{4-1-2}$$

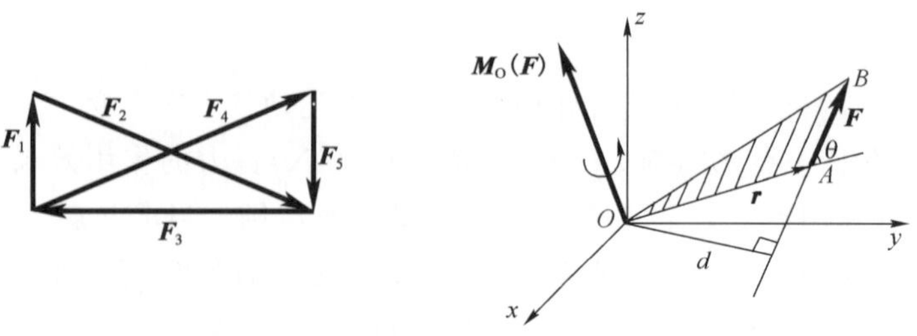

例 4-1-1 图

图 4-1-3　力对点之矩

式(4-1-2)中点 O 称作力矩中心，简称矩心。力 $\boldsymbol{F}$ 使刚体绕 O 点转动效果的强弱取决于：①力矩的大小；②力矩的转向；③力和矢径所组成平面的方位。因此，力矩是一个矢量，矢量的模即力矩的大小为

$$|\boldsymbol{M}_O(\boldsymbol{F})| = |\boldsymbol{r}\times\boldsymbol{F}| = rF\sin\theta = Fd \tag{4-1-3}$$

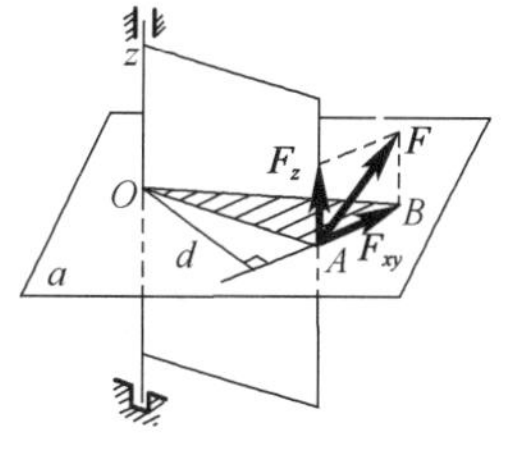

图 4-1-4　力对轴之矩

矢量的方向与 OAB 平面的法线 $\boldsymbol{n}$ 一致，按右手螺旋法则来确定。力矩的单位为 N·m 或 kN·m。

(2)力对轴之矩

如图 4-1-4 所示，力 $\boldsymbol{F}$ 对任意轴 z 的矩用 $M_z(\boldsymbol{F})$ 表示，称为力对轴之矩。其值为

$$M_z(\boldsymbol{F}) = M_O(\boldsymbol{F}_{xy}) = \pm F_{xy}d \tag{4-1-4}$$

力对轴的矩是力使刚体绕某轴转动效果的度量，是代数量。其正负号按右手螺旋法则确定。从力对轴之矩的定义可得其性质：

①当力沿其作用线移动时，力对轴之矩不变。

②当力的作用线与某轴平行(如与 z 轴平行，则 $F_{xy}=0$)或相交($d=0$)时，力对该轴之矩为零。

(3)力矩关系定理

力对任意点的矩矢在通过该点的任一轴上的投影，等于此力对该轴的矩。即

$$[\boldsymbol{M}_O(\boldsymbol{F})]_z = M_z(\boldsymbol{F}) \tag{4-1-5}$$

(4)合力矩定理

汇交力系的合力对某点(或某轴)之矩等于力系中各分力对同一点(或同一轴)之矩的矢量和(或代数和)。即

$$\boldsymbol{M}_O(\boldsymbol{F}_R) = \sum \boldsymbol{M}_O(\boldsymbol{F}_i) \tag{4-1-6a}$$

或

$$M_z(\boldsymbol{F}_R) = \sum M_z(\boldsymbol{F}_i) \tag{4-1-6b}$$

【例 4-1-2】 如图所示结构直杆 BC，受荷载 $\boldsymbol{F}$、q 作用，$BC=L$，$F=qL$，其中 q 为均布荷载，单位 N/m，集中力以 N 计，长度以 m 计。则该主动力系对 O 点的合力矩为：

A. $M_O=0$

B. $M_O=\dfrac{qL^2}{2}$ N·m(↶)

C. $M_O=\dfrac{3qL^2}{2}$ N·m(↶)

D. $M_O=qL^2$ N·m(↷)

例 4-1-2 图

解 根据合力矩定理，主动力系对 O 点的合力矩等于各分力对 O 点的力矩之代数和，即：$M_O(\boldsymbol{F}_R)=M_O(\boldsymbol{F})+M_O(qL)$。由于 $\boldsymbol{F}$ 力和均布荷载 q 的合力作用线均通过 O 点，故合力矩为零。

答案：A

2. 力偶的概念

大小相等、方向相反、作用线互相平行但不重合的两个力所组成的力系(见图 4-1-5)，称为力偶，记为$(\boldsymbol{F},\boldsymbol{F}')$，且 $\boldsymbol{F}=-\boldsymbol{F}'$。力偶与力同是力学中的基本元素。力偶没有合力，故只能使物体产生转动并将改变其转动状态。力偶对物体的转动效果取决于力偶矩矢 $\boldsymbol{M}$。$\boldsymbol{M}$ 定义为组成力偶的两个力对任一点之矩的矢量和，即

$$\begin{aligned}\boldsymbol{M} &= \boldsymbol{M}_O(\boldsymbol{F}) + \boldsymbol{M}_O(\boldsymbol{F}') \\ &= \boldsymbol{r}_A\times\boldsymbol{F} + \boldsymbol{r}_B\times\boldsymbol{F}' = \boldsymbol{r}_{BA}\times\boldsymbol{F}\end{aligned} \tag{4-1-7}$$

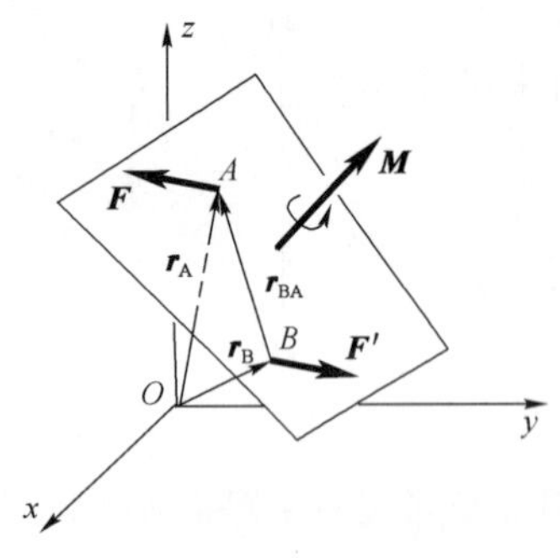

图 4-1-5　力偶矩矢量

力偶矩矢与矩心 O 无关。力偶的三要素为：

(1)力偶矩的大小；

(2)力偶的转向；

(3)力偶作用面的方位。

力偶矩矢的大小为

$$|\boldsymbol{M}|=Fd \tag{4-1-8}$$

其中，d 为力偶中两个力之间的垂直距离，称为力偶臂。方向按右手螺旋法则确定。

力偶的作用效果仅取决于力偶矩矢，故只要保持力偶矩矢不变，力偶可在其作用面内任意移动和转动，或同时改变力偶中力的大小和力偶臂的长短，或在平行平面内移动，都不改变力偶对同一刚体的作用效果。

3.刚体的概念

在物体受力以后的变形对其运动和平衡的影响小到可以忽略不计的情况下，便可把物体抽象成为不变形的力学模型——刚体。

4.平衡的概念

平衡是指物体相对惯性参考系静止或作匀速直线平行移动的状态。

(二)基本原理

1.二力平衡原理

不计自重的刚体在二力作用下平衡的必要和充分条件是：二力沿着同一作用线，大小相等，方向相反。仅受两个力作用且处于平衡状态的物体，称为二力体，又称二力构件。

2.加减平衡力系原理

在作用于刚体的力系中，加上或减去任意一个平衡力系，不改变原力系对刚体的作用效应。

推论 I：力的可传性。作用于刚体上的力可沿其作用线滑移至刚体内任意点而不改变力对刚体的作用效应。

推论 II：三力平衡汇交定理。作用于刚体上三个相互平衡的力，若其中两个力的作用线汇交于一点，则此三力必在同一平面内，且第三个力的作用线通过汇交点。

【例 4-1-3】 作用在一个刚体上的两个力 $\boldsymbol{F}_1$、$\boldsymbol{F}_2$，满足 $\boldsymbol{F}_1=-\boldsymbol{F}_2$ 的条件，则该二力可能是：

A. 作用力和反作用力或一对平衡的力

B. 一对平衡的力或一个力偶

C. 一对平衡的力或一个力和一个力偶

D. 作用力和反作用力或一个力偶

解 因为作用力和反作用力分别作用在两个不同的刚体上，故选项 A、D 是错误的；而当 $\boldsymbol{F}_1=-\boldsymbol{F}_2$ 时，两个力不可能合成为一个力，选项 C 也不正确。

答案：B

注：作用力与反作用力、一对平衡的力和一个力偶中的两个力均可用矢量表达式 $\boldsymbol{F}_1=-\boldsymbol{F}_2$ 表示，一定要分清三者的不同之处。

(三)约束与约束力

阻碍物体运动的限制条件称为约束，约束对被约束物体的机械作用称为约束力。

工程中常见的几种典型约束的性质以及相应约束力的确定方法见表 4-1-1。

几种典型约束的性质及相应约束力的确定方法 表 4-1-1

约束的类型	约束的性质	约束力的确定
柔体约束(如绳索、胶带、链条等)	柔体约束只能限制物体沿着柔体的中心线伸长方向的运动,而不能限制物体沿其他方向的运动	约束力必定沿柔体的中心线,且背离被约束的物体
光滑接触约束	光滑接触约束只能限制物体沿接触面的公法线指向支承面的运动,而不能限制物体沿接触面或离开支承面的运动	光滑接触面的约束力通过接触点,沿接触面的公法线并指向被约束的物体
圆柱铰链与铰链支座	铰链约束只能限制物体在垂直于销钉轴线的平面内任意方向的运动,而不能限制物体绕销钉的转动	约束力作用在垂直于销钉轴线平面内,通过销钉中心,而方向待定
可动铰支座(辊轴支座)	可动铰支座不能限制物体绕销钉的转动和沿支承面的运动,而只能限制物体在支承面垂直方向的运动	可动铰支座的约束力通过销钉中心且垂直于支承面,指向待定
固定端约束	固定端约束既能限制物体移动,又能限制物体绕固定端转动	约束力可表示为两个互相垂直的分力和一个约束力偶,指向均待定

（四）受力分析与受力图

分析力学问题时，往往必须首先根据问题的性质、已知量和所要求的未知量，选择某一物体（或几个物体组成的系统）作为研究对象，并假想地将所研究的物体从与之接触或连接的物体中分离出来，即解除其所受的约束而代之以相应的约束力。解除约束后的物体，称为分离体。分析作用在分离体上的全部主动力和约束力，画出分离体的受力简图——受力图。这一过程即为受力分析。

受力分析是求解静力学和动力学问题的重要基础，具体步骤如下：

（1）选定合适的研究对象，确定分离体；

（2）画出所有作用在分离体上的主动力（一般皆为已知力）；

（3）在分离体的所有约束处，根据约束的性质画出约束力。

【例 4-1-4】 如图所示构架由 AC、BD、CE 三杆组成，A、B、C、D 处为铰接，E 处光滑接触。已知：$F_p=2\text{kN}$，$\theta=45°$，杆及轮重均不计，则 E 处约束力的方向与 x 轴正向所成的夹角为：

A. 0°　　B. 45°　　C. 90°　　D. 225°

解 E 处为光滑接触面约束，根据约束的性质，约束力应垂直于支撑面，指向被约束物体。

答案：B

【例 4-1-5】 结构如图所示，杆 DE 的点 H 由水平闸拉住，其上的销钉 C 置于杆 AB 的光滑直槽中，各杆自重均不计，已知 $F_P=10\text{kN}$。销钉 C 处约束力的作用线与 x 轴正向所成的夹角为：

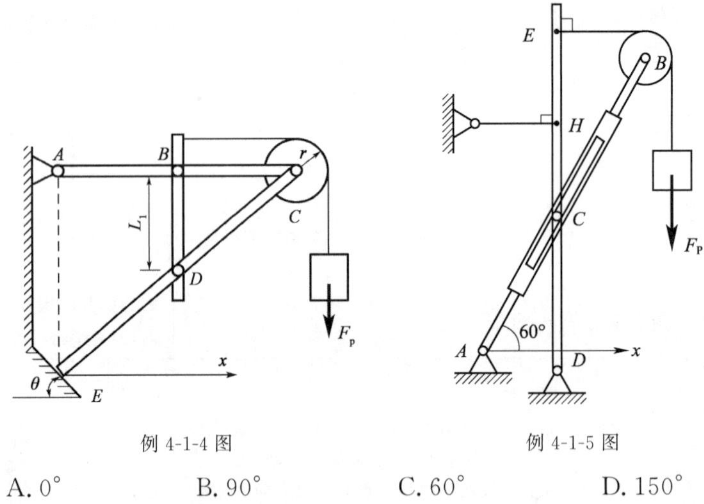

例 4-1-4 图　　例 4-1-5 图

A. 0°　　B. 90°　　C. 60°　　D. 150°

解 销钉 C 处为光滑接触约束，约束力应垂直于 AB 光滑直槽，由于 $\boldsymbol{F}_P$ 的作用，直槽的左上侧与销钉接触，故其约束力的作用线与 x 轴正向所成的夹角为 150°。

答案：D

【例 4-1-6】 在如图 a）所示结构中，如果将作用于构件 AC 上的力偶 M 搬移到构件 BC 上，则根据力偶的性质（力偶可在其作用面内任意移动和转动，不改变力偶对同一刚体的作用效果），A、B、C 三处的约束力：

A. 都不变　　B. 仅 C 处改变

C. 都改变　　D. 仅 C 处不变

解 若力偶 M 作用于构件 AC 上，则 BC 为二力构件，AC 满足力偶的平衡条件，受力图如图 b)所示；若力偶 M 作用于构件 BC 上，则 AC 为二力构件，BC 满足力偶的平衡条件，受力图如图 c)所示。从图中看出，两种情况下 A、B、C 三处约束力的方向都发生了变化，这与力偶的性质并不矛盾，因为力偶在其作用面内移动后(从构件 AC 移至构件 BC)，并未改变其使系统整体(ACB)产生顺时针转动趋势的作用效果。

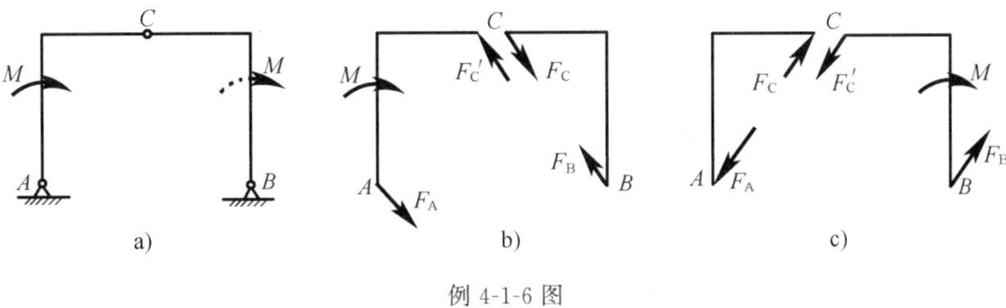

例 4-1-6 图

答案：C

【例 4-1-7】 图示三铰刚架中，若将作用于构件 BC 上的力 $\boldsymbol{F}$ 沿其作用线移至构件 AC 上，则 A、B、C 处约束力的大小：

A. 都不变

B. 都改变

C. 只有 C 处改变

D. 只有 C 处不改变

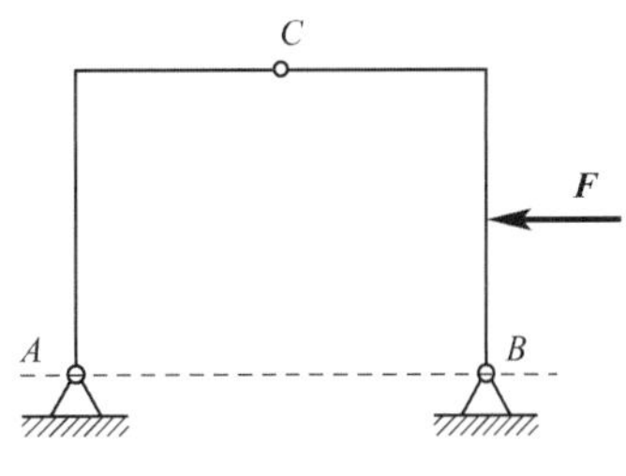

例 4-1-7 图

解 若力 $\boldsymbol{F}$ 作用于构件 BC 上，则 AC 为二力构件，满足二力平衡条件，BC 满足三力平衡条件，受力图如解图 a)所示。

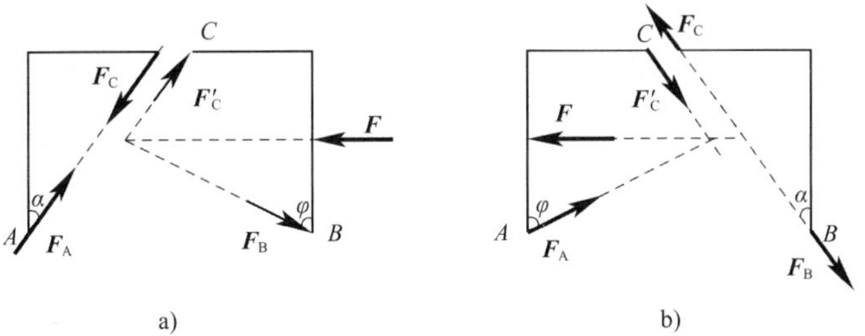

例 4-1-7 解图

对 BC 列平衡方程：$\sum F_x=0, F-F_B\sin\varphi-F'_C\sin\alpha=0$

$$\sum F_y=0, F'_C\cos\alpha-F_B\cos\varphi=0$$

解得：$F'_C=\dfrac{F}{\sin\alpha+\cos\alpha\tan\varphi}=F_A, F_B=\dfrac{F}{\tan\alpha\cos\varphi+\sin\varphi}$

若力 $\boldsymbol{F}$ 移至构件 AC 上，则 BC 为二力构件，而 AC 满足三力平衡条件，受力图如解图 b)所示。

对 AC 列平衡方程：$\sum F_x=0, F-F_A\sin\varphi-F'_C\sin\alpha=0$

$$\sum F_y=0, F_A\cos\varphi-F'_C\cos\alpha=0$$

解得：$F'_C=\dfrac{F}{\sin\alpha+\cos\alpha\tan\varphi}=F_B, F_A=\dfrac{F}{\tan\alpha\cos\varphi+\sin\varphi}$

由此可见，两种情况下，只有 C 处约束力的大小没有改变，而 A、B 处约束力的大小都发生了改变。

答案：D

【例 4-1-8】 如图 a)所示将大小为 100N 的力 **F** 沿 x、y 方向分解，若 **F** 在 x 轴上的投影为 50N，而沿 x 方向的分力的大小为 200N，则 **F** 在 y 轴上的投影为：

A. 0　　B. 50N　　C. 200N　　D. 100N

解 如图 b)所示，根据力的投影公式，$F_x = F\cos\alpha = 50\text{N}$，故 $\alpha = 60°$。而分力 $\boldsymbol{F}'_x$ 的大小是力 **F** 大小的 2 倍，因此力 **F** 与 y 轴垂直，在 y 轴的投影为零。

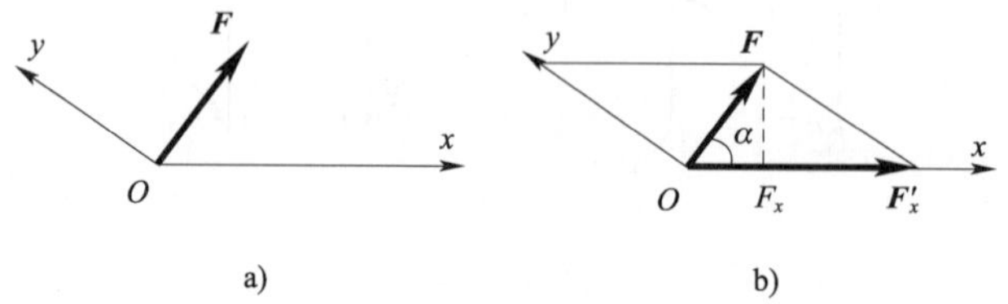

例 4-1-8 图

答案：A

【例 4-1-9】 试确定如图 a)、b)所示系统中 A、B 处约束力的方向。

解 在图 a)中，BC 为二力杆，根据二力平衡原理，B 处约束力 $\boldsymbol{F}_B$ 必沿杆 BC 方向；因为系统整体受三个力作用，由三力平衡汇交定理知，A 处约束力 $\boldsymbol{F}_A$ 与力 $\boldsymbol{F}_B$、**F** 汇交于一点，见图 c)。

在图 b)中，AC 为二力杆(只在 A、C 处受力)，根据二力平衡原理，A 处约束力 $\boldsymbol{F}_A$ 必沿杆 AC 方向；由力偶的性质(力偶只能与力偶平衡)知，B 处约束力 $\boldsymbol{F}_B$ 应与力 $\boldsymbol{F}_A$ 组成一力偶，与 m 平衡，其受力如图 d)所示。

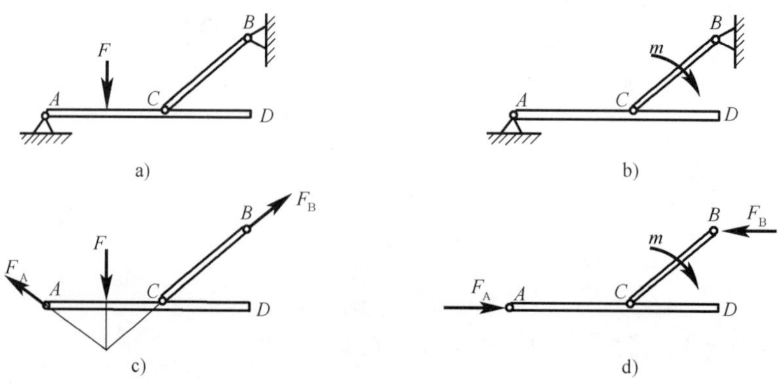

例 4-1-9 图

【例 4-1-10】 图示结构由直杆 AC，DE 和直角弯杆 BCD 所组成，自重不计，受载荷 **F** 与 $M = Fa$ 作用。则 A 处约束力的作用线与 x 轴正向所成的夹角为：

A. 135°　　B. 90°

C. 0°　　D. 45°

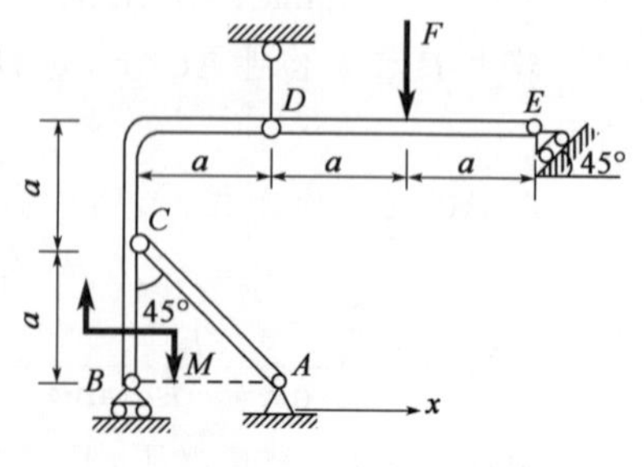

例 4-1-10 图

解 首先分析杆 DE，E 处为活动铰链支座，约束力垂直于支撑面如解图 a)所示，杆 DE 的铰链 D 处的约束力可按三力汇交原理确定；其次分析铰链 D，D 处铰接了杆 DE、直角弯杆 BCD 和连杆，连杆的约束力 $\boldsymbol{F}_D$ 沿杆为铅垂方向，杆 DE 作用在铰链 D 上的力

为 $\boldsymbol{F}'_{D右}$，按照铰链 D 的平衡，其受力图如解图 b)所示；最后分析直杆 AC 和直角弯杆 BCD，直杆 AC 为二力杆，A 处约束力沿杆方向，根据力偶的平衡，由 $\boldsymbol{F}_A$ 与 $\boldsymbol{F}'_{D左}$ 组成的逆时针转向力偶与顺时针转向的主动力偶 M 组成平衡力系，故 A 处约束力的指向如解图 c)所示。

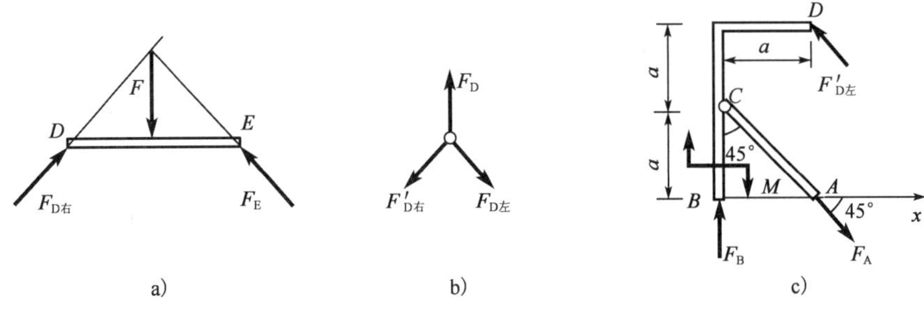

例 4-1-10 解图

答案：D

二、力系的简化

将作用在物体上的一个力系用另一个与其对物体作用效果相同的力系来代替，则这两个力系互为等效力系。若用一个简单力系等效地替换一个复杂力系，则称为力系的简化。

(一)力的平移定理

作用在刚体上的力可以向任意点 O 平移，但必须同时附加一个力偶，这一附加力偶的力偶矩等于平移前的力对平移点 O 之矩。

(二)任意力系的简化

考察作用在刚体上的任意力系($\boldsymbol{F}_1,\boldsymbol{F}_2,\cdots,\boldsymbol{F}_n$)，如图 4-1-6a)所示。若在刚体上任取一点 O(简化中心)，应用力的平移定理，将力系中的各力 $\boldsymbol{F}_1,\boldsymbol{F}_2,\cdots,\boldsymbol{F}_n$ 逐个向简化中心平移，最后得到汇交于O点的，由 $\boldsymbol{F}'_1,\boldsymbol{F}'_2,\cdots,\boldsymbol{F}'_n$组成的汇交力系，以及由所有附加力偶 $\boldsymbol{M}_1,\boldsymbol{M}_2,\cdots,\boldsymbol{M}_n$ 组成的力偶系，如图 4-1-6b)所示。

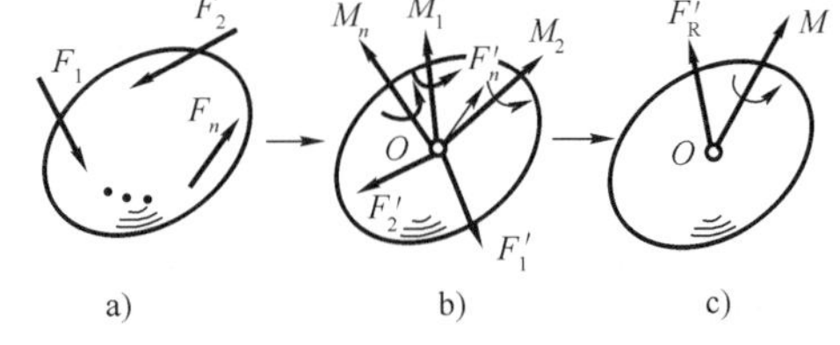

图 4-1-6 任意力系的简化

平移后得到的汇交力系和力偶系，可以分别合成一个作用于 O 点的合力 $\boldsymbol{F}'_R$，以及合力偶 $\boldsymbol{M}_O$，如图 4-1-6c)所示。其中

$$\left.\begin{aligned}\boldsymbol{F}'_R&=\sum_{i=1}^{n}\boldsymbol{F}_i\\ \boldsymbol{M}_O&=\sum_{i=1}^{n}\boldsymbol{M}_i=\sum_{i=1}^{n}\boldsymbol{M}_O(\boldsymbol{F}_i)\end{aligned}\right\}\tag{4-1-9}$$

任意力系中所有各力的矢量和 $\boldsymbol{F}'_R$，称为该力系的主矢；而诸力对于任选简化中心 O 之矩的矢量和 $\boldsymbol{M}_O$，称为该力系对简化中心的主矩。

上述结果表明：任意力系向任选一点 O 简化，可得一个力和一个力偶，这个力等于该力系的主矢，作用线通过简化中心；简化所得力偶的力偶矩矢等于该力系对简化中心 O 的主矩。注意：任意力系的主矢与简化中心的选择无关，而其主矩与简化中心的选择有关。

(三)平面力系的简化结果

平面力系的简化结果见表 4-1-2。

平面力系简化的最后结果 表 4-1-2

F'_R(主矢)	M_O(主矩)	最后结果	说明
$F'_R \neq 0$	$M_O \neq 0$	合力	合力作用线到简化中心 O 的距离为 $d=\frac{\lvert M_O \rvert}{F'_R}$
	$M_O = 0$	合力	合力作用线通过简化中心
$F'_R = 0$	$M_O \neq 0$	合力偶	此时主矩与简化中心无关
	$M_O = 0$	平衡	

【例 4-1-11】 如图所示边长为 a 的正方形物块 $OABC$。已知：各力的大小$=F$，力偶矩 $M_1=M_2=Fa$。该力系向 O 点简化后的主矢及主矩应为：

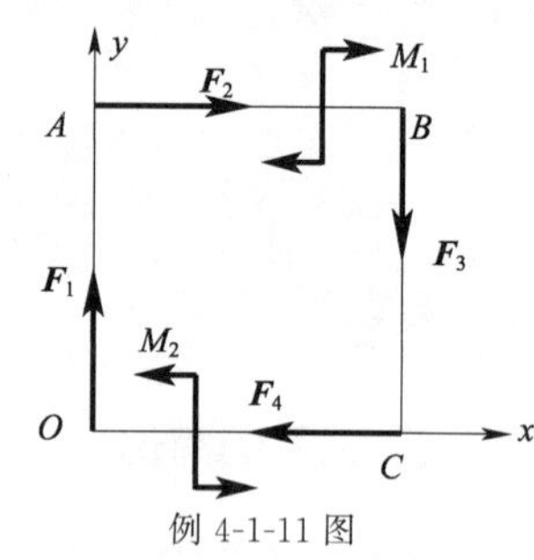

例 4-1-11 图

A. $F_R=0\text{N}, M_O=4Fa$(↷)

B. $F_R=0\text{N}, M_O=3Fa$(↶)

C. $F_R=0\text{N}, M_O=2Fa$(↶)

D. $F_R=0\text{N}, M_O=2Fa$(↷)

解 四个分力构成自行封闭的四边形(F_1 与 F_3 等值反向 、F_2 与 F_4 等值反向)，故主矢为零：$F_R=0\text{N}$；M_1 与 M_2 等值反向，$\boldsymbol{F}_1$ 与 $\boldsymbol{F}_3$、$\boldsymbol{F}_2$ 与 $\boldsymbol{F}_4$ 构成顺时针转向的两个力偶，每个力偶的力偶矩大小均为 Fa ，故主矩为：$M_O=M_2-M_1-Fa-Fa=-2Fa$(顺时针)。

答案：D

【例 4-1-12】 平面力系不平衡，其简化的最后结果为：

A. 合力　　B. 合力偶

C. 合力或合力偶　　D. 合力和合力偶

解 对于平面力系，若主矢为零，力系简化的最后结果为合力偶；若主矢不为零，无论主矩是否为零，力系简化的最后结果均为合力。

答案：C

注：平面力系若不平衡，简化的最后结果只可能是合力或合力偶。

【例 4-1-13】 图示平面力系中，已知 $q=10\text{kN/m}$，$M=20\text{kN}\cdot\text{m}$，$a=2\text{m}$。则该主动力系对 B 点的合力矩为：

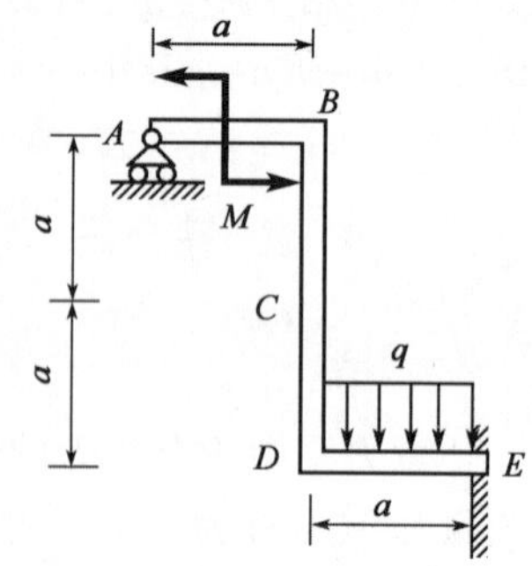

例 4-1-13 图

A. $M_B=0$

B. $M_B=20\text{kN}\cdot\text{m}$(↶)

C. $M_B=40\text{kN}\cdot\text{m}$(↶)

D. $M_B=40\text{kN}\cdot\text{m}$(↷)

解 将主动力系对 B 点取矩求代数和：

$$M_B = M - qa^2/2 = 20 - 10 \times 2^2/2 = 0$$

答案：A

三、力系的平衡

力系平衡的充分必要条件是力系的主矢与主矩同时等于零。

（一）平面力系的平衡

1. 平面力系的平衡方程

根据平衡条件 $\boldsymbol{F}'_R=0$，$\boldsymbol{M}_O=0$，可得平面任意力系和平面特殊力系的几种不同形式的平衡方程（见表 4-1-3）。

平面力系的平衡方程　　表 4-1-3

力（偶）系	平面任意力系	平面汇交力系	平面平行力系（取 y 轴与各力作用线平行）	平面力偶系
平衡条件	主矢、主矩同时为零 $\boldsymbol{F}'_R=0$，$\boldsymbol{M}_O=0$	合力为零 $\boldsymbol{F}_R=0$	主矢、主矩同时为零 $\boldsymbol{F}'_R=0$，$\boldsymbol{M}_O=0$	合力偶矩为零 $\boldsymbol{M}=0$
基本形式平衡方程	$\sum F_x=0$ $\sum F_y=0$ $\sum m_O(\boldsymbol{F})=0$	$\sum F_x=0$ $\sum F_y=0$	$\sum F_y=0$ $\sum m_O(\boldsymbol{F})=0$	$\sum m=0$
二力矩形式平衡方程	$\sum F_x=0$（或$\sum F_y=0$） $\sum m_A(\boldsymbol{F})=0$ $\sum m_B(\boldsymbol{F})=0$ A、B 两点连线不垂直于 x 轴（或 y 轴）	$\sum m_A(\boldsymbol{F})=0$ $\sum m_B(\boldsymbol{F})=0$ A、B 两点与力系的汇交点不在同一直线上	$\sum m_A(\boldsymbol{F})=0$ $\sum m_B(\boldsymbol{F})=0$ A、B 两点连线不与各力平行	无
三力矩形式平衡方程	$\sum m_A(\boldsymbol{F})=0$ $\sum m_B(\boldsymbol{F})=0$ $\sum m_C(\boldsymbol{F})=0$ A、B、C 三点不在同一直线上	无	无	无

【例 4-1-14】 平面平行力系处于平衡，应有独力平衡方程的个数为：

A. 1 个　　B. 2 个　　C. 3 个　　D. 4 个

解 对于平面平行力系，向一点简化的结果仍为一主矢和一主矩，但主矢的作用线与平行力系中的力平行，若要令其等于零，只需一个平衡方程。而主矩为零应和任意力系一样需要一个平衡方程。

答案：B

【例 4-1-15】 如图 a）所示平面构架，不计各杆自重。已知：物块 M 重力的大小为 F_P，悬挂如图所示，不计小滑轮 D 的尺寸与重量，A、E、C 均为光滑铰链，$L_1=1.5\text{m}$，$L_2=2\text{m}$。则支座 B 的约束力为：

A. $F_B=\frac{3}{4}F_P(\rightarrow)$　　B. $F_B=\frac{3}{4}F_P(\leftarrow)$

C. $F_B=F_P(\leftarrow)$　　D. $F_B=0$

解 取构架整体为研究对象，根据约束的性质，B 处为活动铰链支座，约束力为水平方向（图 b）。列平衡方程：$\sum M_A(F)=0$，$F_B\cdot 2L_2-F_P\cdot 2L_1=0$，$F_B=\frac{3}{4}F_P$。

答案：A

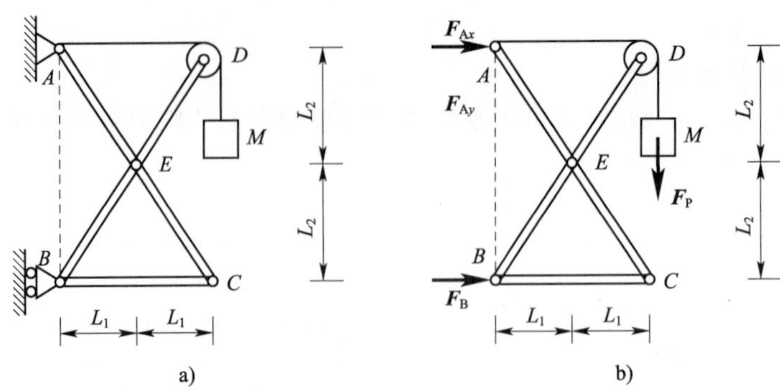

例 4-1-15 图

【例 4-1-16】 重力为 $\boldsymbol{W}$ 的圆球置于光滑的斜槽内，如图所示。右侧斜面 B 处对球的约束力 $\boldsymbol{F}_{NB}$ 的大小为：

A. $F_{NB}=\dfrac{W}{2\cos\theta}$　　B. $F_{NB}=\dfrac{W}{\cos\theta}$

C. $F_{NB}=W\cos\theta$　　D. $F_{NB}=\dfrac{W}{2}\cos\theta$

例 4-1-16 图

解 以圆球为研究对象，沿 OA、OB 方向有约束力 $\boldsymbol{F}_{NA}$ 和 $\boldsymbol{F}_{NB}$，由对称性可知两约束力大小相等，对圆球列铅垂方向的平衡方程

$$\sum F_y=0=F_{NA}\cos\theta+F_{NB}\cos\theta-W=0\Rightarrow F_{NB}=\frac{W}{2\cos\theta}$$

答案：A

2. 物体系统的平衡

由两个或两个以上的物体（构件）通过一定的约束方式连接在一起而组成的系统，称为物体系统，简称物系。

当物系整体平衡时，系统中每一个物体也都平衡。系统内各物体间相互的作用力，称为内力；系统以外的物体作用于系统的力，称为外力。

通常情况下，每一个处于平衡状态的物体在平面力系作用下，具有三个独立的平衡方程，若物体系统由 n 个物体组成，则系统便具有 $3n$ 个独立的平衡方程（在特殊力系作用下，物系中独立的平衡方程数目可由表 4-1-3 确定），可解 $3n$ 个未知量。若物系中实际存在的未知量数目为 k，则当 $k=3n$ 时，应用全部独立的平衡方程就可求得全部未知量，此类问题称为静定问题；当 $k>3n$ 时，应用全部独立的平衡方程不能求出全部未知量，此类问题称为静不定问题，或称为超静定问题。

求解物体系统平衡问题的方法及步骤：

(1)首先判断物系的静定性。只有肯定了所给物系是静定的，才着手求解。

(2)选取研究对象。尽可能通过整体平衡，求得某些未知约束力，再根据具体所要求的未知量，选择合适的局部或单个物体作为研究对象。

(3)进行受力分析。根据约束的性质及作用与反作用定律，严格区分施力体与受力体，内力与外力（只分析所选研究对象受到的外力），画出研究对象的受力图。

(4)建立平衡方程，求解未知量。

【例 4-1-17】 在如图 a)所示结构中，已知 q、L，设力偶逆时针转向为正。则固定端 B 处约束力的值为：

A. $F_{Bx}=qL$ ，$F_{By}=qL$ ，$M_B=-\dfrac{3}{2}qL^2$

B. $F_{Bx}=-qL$ ，$F_{By}=qL$ ，$M_B=\dfrac{3}{2}qL^2$

C. $F_{Bx}=qL$ ，$F_{By}=-qL$ ，$M_B=\dfrac{3}{2}qL^2$

D. $F_{Bx}=-qL$ ，$F_{By}=-qL$ ，$M_B=\dfrac{3}{2}qL^2$

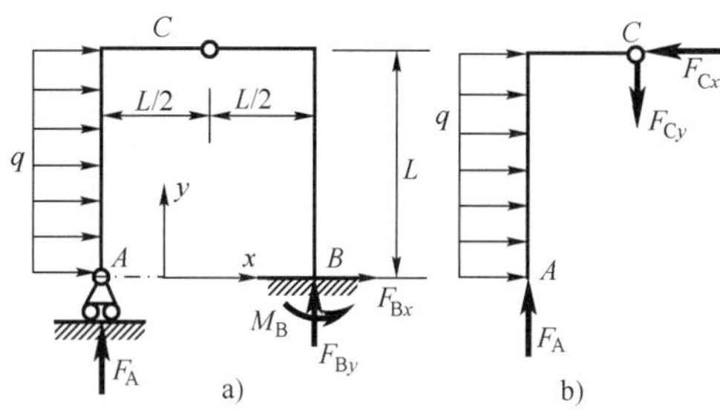

例 4-1-17 图

解　选 AC 为研究对象,受力如图 b)所示,列平衡方程

$$\sum m_C(\boldsymbol{F})=0:qL\cdot\frac{L}{2}-F_A\cdot\frac{L}{2}=0, F_A=qL$$

再选结构整体为研究对象,受力如图 a)所示,列平衡方程

$$\sum F_x=0:F_{Bx}+qL=0,\ F_{Bx}=-qL$$

$$\sum F_y=0:F_A+F_{By}=0,\ F_{By}=-qL$$

$$\sum m_B(\boldsymbol{F})=0:M_B-qL\cdot\frac{L}{2}-F_A\cdot L=0,\ M_B=\frac{3}{2}qL^2$$

答案:D

【例 4-1-18】　图示多跨梁由 AC 和 CD 铰接而成,自重不计。已知 $q=10\text{kN/m}$,$M=40\text{kN}\cdot\text{m}$,$F=2\text{kN}$ 作用在 AB 中点,且 $\theta=45°$,$L=2\text{m}$。则支座 D 的约束力为:

A. $F_D=10\text{kN}$(铅垂向上)　　B. $F_D=15\text{kN}$(铅垂向上)

C. $F_D=40.7\text{kN}$(铅垂向上)　　D. $F_D=14.3\text{kN}$(铅垂向下)

解　以 CD 为研究对象,其受力如解图所示,列平衡方程:

$$\sum M_C(F)=0, 2L\cdot F_D-M-q\cdot L\cdot\frac{L}{2}=0$$

代入数值得:$F_D=15\text{kN}$(铅垂向上)

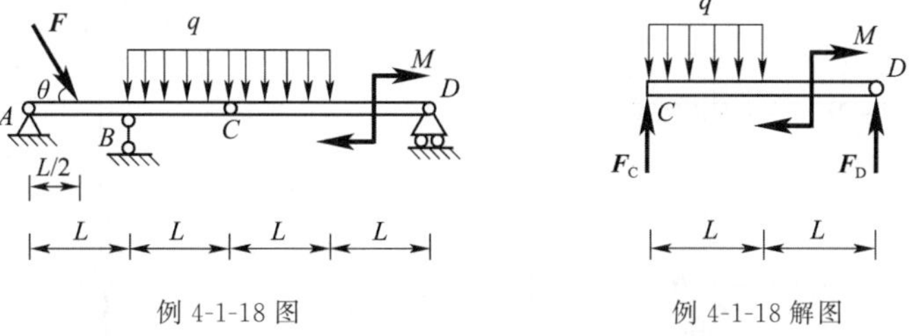

例 4-1-18 图　　例 4-1-18 解图

答案:B

【例 4-1-19】　如图 a)所示水平梁 AB 由铰 A 与杆 BD 支撑。在梁上 O 处用小轴安装滑轮,轮上跨过软绳,绳一端水平地系于墙上,另一端悬挂重力为 $\boldsymbol{W}$ 的物块。构件均不计自重。

铰 A 的约束力大小为：

A. $F_{Ax}=\frac{5}{4}W, F_{Ay}=\frac{3}{4}W$　　B. $F_{Ax}=W, F_{Ay}=\frac{1}{2}W$

C. $F_{Ax}=\frac{3}{4}W, F_{Ay}=\frac{1}{4}W$　　D. $F_{Ax}=\frac{1}{2}W, F_{Ay}=W$

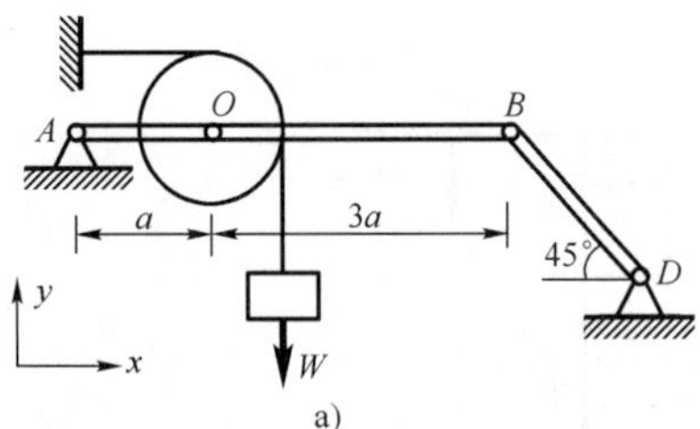

a)

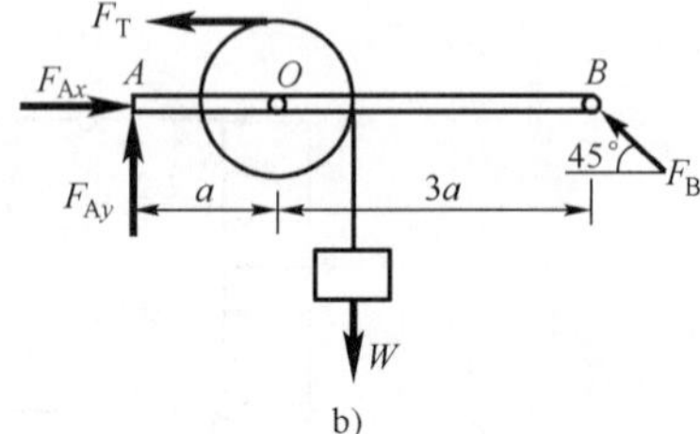

b)

例 4-1-19 图

解　取杆 AB 及滑轮为研究对象,受力如图b)所示。

列平衡方程

$\sum m_A(\boldsymbol{F})=0$:$F_B\cos45°\times4a+F_T\cdot r-W(a+r)=0$

因为 $F_T=W$，$F_B\cos45°=F_B\sin45°=\frac{W}{4}$

$\sum F_x=0$:$F_{Ax}-F_T-F_B\cos45°=0$, $F_{Ax}=\frac{5}{4}W$

$\sum F_y=0$:$F_{Ay}-W+F_B\sin45°=0$, $F_{Ay}=\frac{3}{4}W$

答案:A

【例 4-1-20】　在如图 a)所示机构中,已知:F_P,$L=2$m,$r=0.5$m,$\theta=30°$,$BE=EG$,$CE=EH$。则支座 A 的约束力为:

A. $F_{Ax}=F_P$(←),$F_{Ay}=1.75F_P$(↓)

B. $F_{Ax}=0$,$F_{Ay}=0.75F_P$(↓)

C. $F_{Ax}=0$,$F_{Ay}=0.75F_P$(↑)

D. $F_{Ax}=F_P$(→),$F_{Ay}=1.75F_P$(↑)

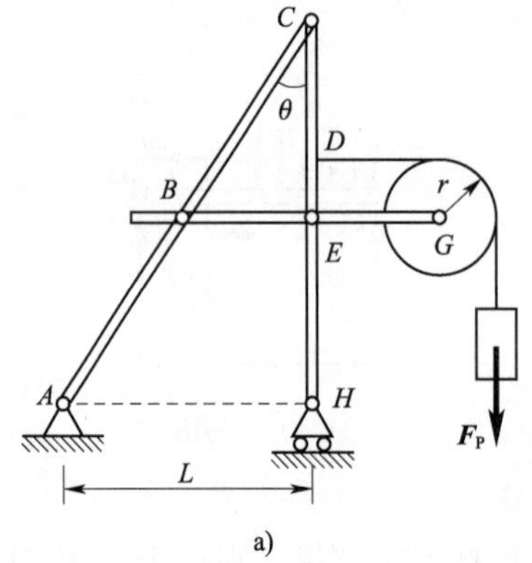

a)

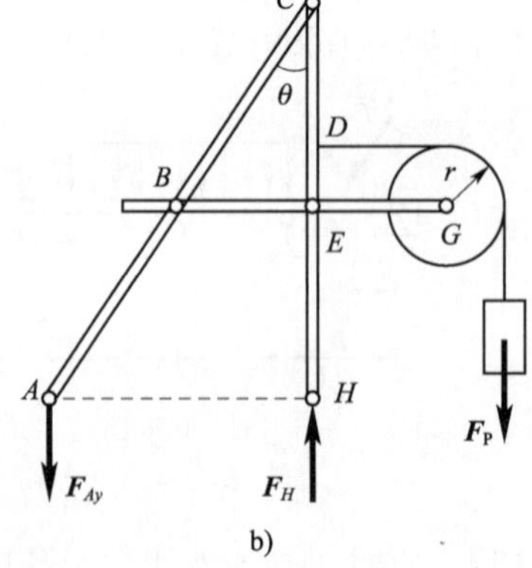

b)

例 4-1-20 图

解 对系统进行整体分析,外力有主动力 $\boldsymbol{F}_P$,A、H 处约束力,由于 $\boldsymbol{F}_P$ 与 H 处约束力均为铅垂方向,故 A 处也只有铅垂方向约束力(图 b),列平衡方程 $\sum M_H(\boldsymbol{F})=0$,$F_{Ay}\cdot L-F_P(0.5L+r)=0$,$F_{Ay}=0.75F_P$。

答案:B

(二)平面静定桁架

桁架是一种由若干直杆在两端彼此用铰链连接而成的杆系结构,其特点是受力后几何形状不变。若桁架所有的杆件都在同一平面内,称其为平面桁架,各杆间的铰接点称作节点;各杆自重不计,所受荷载均作用于节点上,或平均分配在杆件两端的节点上。所以桁架中的各杆均为二力杆。

平面静定桁架的内力计算方法:

(1)节点法——利用平面汇交力系的平衡方程,选取各节点为研究对象,计算桁架中各杆之内力;常用于结构的设计计算。

(2)截面法——利用平面一般力系的平衡方程,用假想平面截取其中一部分桁架作为研究对象,计算桁架中指定杆件之内力;常用于结构的校核计算。

【例 4-1-21】 如图所示不计自重的水平梁与桁架在 B 点铰接。已知:荷载 $\boldsymbol{F}_1$、$\boldsymbol{F}$ 均与 BH 垂直,$F_1=8\text{kN}$,$F=4\text{kN}$,$M=6\text{kN}\cdot\text{m}$,$q=1\text{kN/m}$,$L=2\text{m}$。则杆件 1 的内力为:

A. $F_1=0$

B. $F_1=8\text{kN}$

C. $F_1=-8\text{kN}$

D. $F_1=-4\text{kN}$

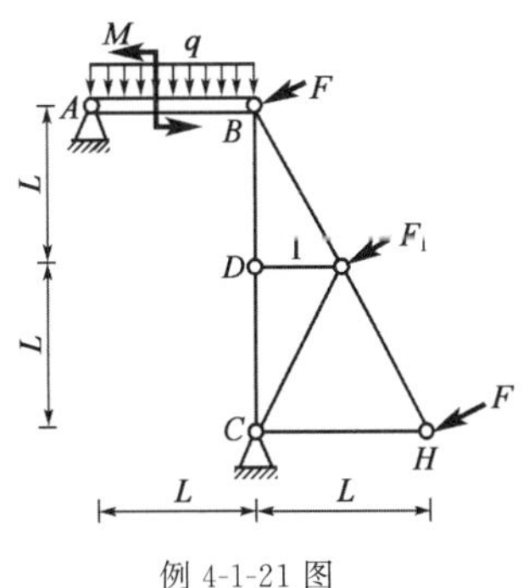

例 4-1-21 图

解 取节点 D 分析其平衡,可知 1 杆为零杆。

答案:A

【例 4-1-22】 不经计算,通过直接判定得出如图所示桁架中内力为零的杆数为:

A. 2 根　　B. 3 根

C. 4 根　　D. 5 根

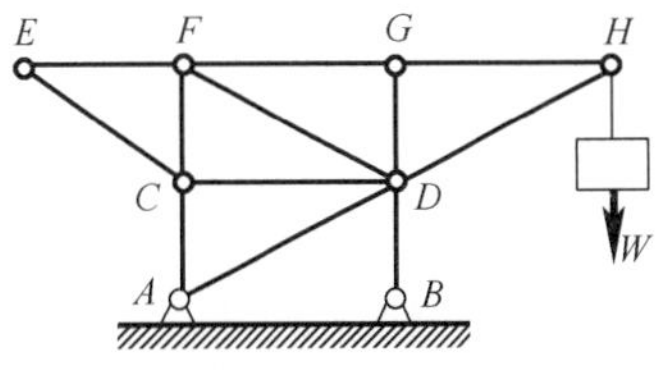

例 4-1-22 图

解 根据节点法,由节点 E 的平衡,可判断出杆 EC、EF 为零杆,再由节点 C 和 G,可判断出杆 CD、GD 为零杆;由系统的整体平衡可知:支座 A 处只有铅垂方向的约束力,故通过分析节点 A,可判断出杆 AD 为零杆。

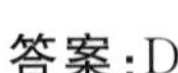

答案:D

注:判断零杆时,首先分析无外荷载作用的两杆节点和其中两杆在同一直线上的三杆节点。

(三)滑动摩擦

在主动力作用下,当两物体接触处有相对滑动或有相对滑动趋势时,在接触处的公切面内将受到一定的阻力阻碍其相对滑动,这种现象称为滑动摩擦。

1. 各种摩擦力的计算公式

图 4-1-7 中所示力 $\boldsymbol{P}$、$\boldsymbol{F}_T$ 为主动力,摩擦力 $\boldsymbol{F}$ 可根据物体的运动状态分为三类。其计算公式见表 4-1-4。

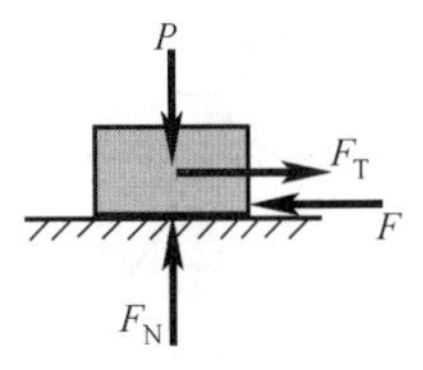

图 4-1-7 滑动摩擦

摩擦力计算一览表 表 4-1-4

类 别	静摩擦力 $\boldsymbol{F}_s$	最大静摩擦力 $\boldsymbol{F}_{max}$	动摩擦力 $\boldsymbol{F}_d$
产生条件	物体接触面之间有相对滑动趋势,但物体仍保持静止	物体接触面之间有相对滑动趋势,但物体处于要滑而未滑的临界平衡状态	物体接触面之间开始相对滑动
方向	与相对滑动趋势方向相反	与相对滑动趋势方向相反	与相对滑动方向相反
大小	$0 \leqslant F_s \leqslant F_{max}$ F_s 之值由平衡方程确定 $F_s = F_T$	$F_{max} = f_s F_N$ 式中,F_N 为接触面的法向约束力(也称法向正压力);f_s 称作静滑动摩擦因数,其值可从工程手册中查找	$F_d = f_d F_N$ 式中,F_N 为接触面法向反力;f_d 为动滑动摩擦因数

2. 摩擦曲线

摩擦力 $\boldsymbol{F}$ 与主动力 $\boldsymbol{F}_T$ 之间的关系以及物体的运动状态,可用如图 4-1-8 所示的摩擦曲线来表示。

3. 摩擦角与自锁

静摩擦力 $\boldsymbol{F}_s$ 与法向约束力 $\boldsymbol{F}_N$ 的合力 $\boldsymbol{F}_{RA}$ 称为全约束力,其作用线与接触面的公法线成一偏角 φ,见图 4-1-9a)。当物块处于平衡的临界状态时,静摩擦力达到最大值 $\boldsymbol{F}_{max}$,偏角 φ 也达到最大值 φ_f,见图 4-1-9b)。全约束力与法线间夹角的最大值 φ_f 称为摩擦角。由图可得

$$\tan\varphi_f = \frac{F_{max}}{F_N} = \frac{f_s F_N}{F_N} = f_s \tag{4-1-10}$$

即摩擦角的正切等于静摩擦因数。

因静摩擦力 $\boldsymbol{F}_s$ 总是小于或等于最大静摩擦力 $\boldsymbol{F}_{max}$,故全约束力与支承面法线间的夹角 φ,总是小于或等于摩擦角 φ_f,其变化范围为

$$0 \leqslant \varphi \leqslant \varphi_f \tag{4-1-11}$$

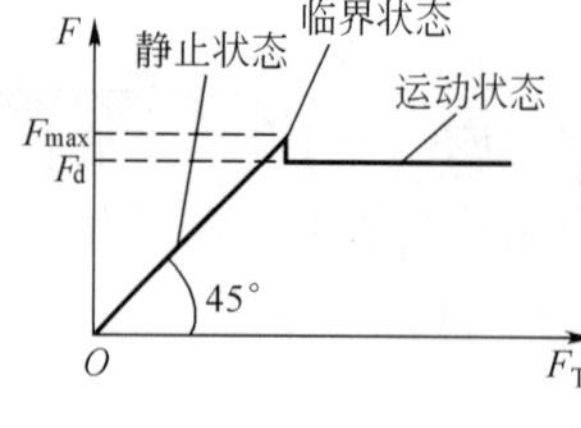

图 4-1-8 摩擦曲线

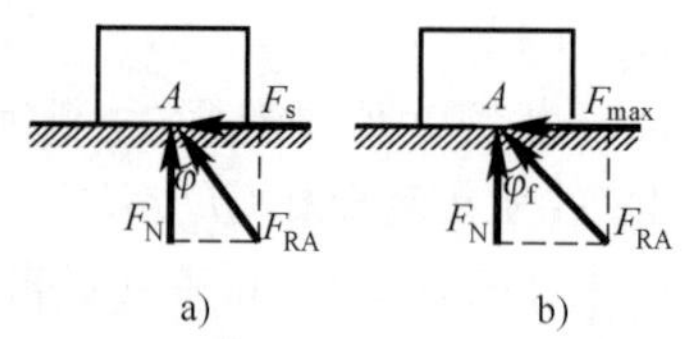

图 4-1-9 摩擦角

如图 4-1-10a)所示,若设作用于物块上主动力的合力 $\boldsymbol{F}_R$ 与接触面法线的夹角为 θ,全约束力 $\boldsymbol{F}_{RA}$ 与接触面法线间的夹角为 φ,则当 $\boldsymbol{F}_R$ 的作用线在摩擦角之内($\theta < \varphi_f$)时,无论这个力怎样大,都会产生与之满足二力平衡条件的全约束力 $\boldsymbol{F}_{RA}$($\varphi = \theta < \varphi_f$),使物块保持静止,这种现象称为自锁现象。

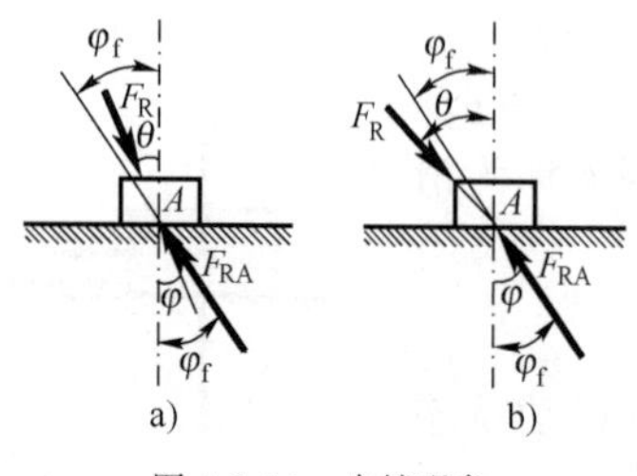

图 4-1-10 自锁现象

反之,如图 4-1-10b)所示,当 $\boldsymbol{F}_R$ 的作用线在摩擦角之外($\theta > \varphi_f$)时,无论这个力怎样小,物块一定会滑动。$\theta = \varphi_f$ 时,物块处于临界平衡状态。

4. 考虑滑动摩擦时物体系统的平衡

考虑摩擦时平衡问题的特点是：在受力分析时必须考虑摩擦力。考虑摩擦力后，物体系统除满足力系的平衡条件（平衡方程）外，还需满足物理条件，即

$$F_s \leqslant f_s F_N \quad 或 \quad \theta \leqslant \varphi_f$$

【例 4-1-23】 重力大小为 W 的物块自由地放在倾角为 α 的斜面上，如图 a）所示。且 $\sin\alpha=\frac{3}{5}$，$\cos\alpha=\frac{4}{5}$。物块上作用一水平力 $\boldsymbol{F}$，且 $F=W$。若物块与斜面间的静摩擦系数 $f=0.2$，则该物块的状态为：

A. 静止状态　　B. 临界平衡状态

C. 滑动状态　　D. 条件不足，不能确定

解 如图 b）所示，若物块平衡，沿斜面方向有 $F_f = F\cos\alpha - W\sin\alpha = 0.2F$

而最大静摩擦力 $F_{fmax} = f \cdot F_N = f(F\sin\alpha + W\cos\alpha) = 0.28F$

因 $F_{fmax} > F_f$，所以物块静止。

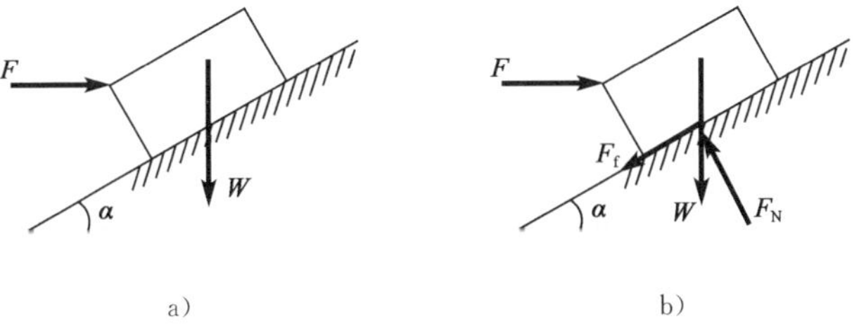

例 4-1-23 图

答案：A

【例 4-1-24】 杆 AB 的 A 端置于光滑水平面上，AB 与水平面夹角为 30°，杆重力大小为 P 如图所示。B 处有摩擦，则杆 AB 平衡时，B 处的摩擦力与 x 方向的夹角为：

A. 90°　　B. 30°

C. 60°　　D. 45°

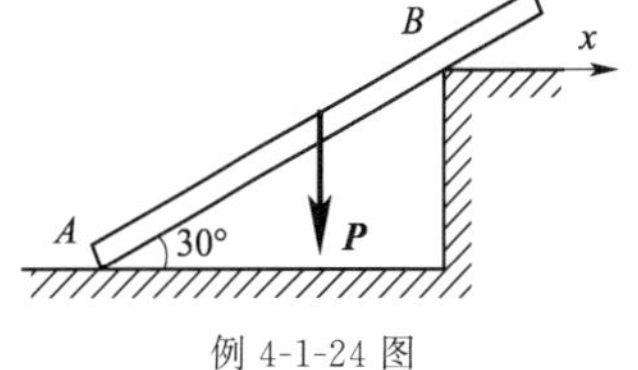

例 4-1-24 图

解 在重力作用下，杆 A 端有向左侧滑动的趋势，故 B 处摩擦力应沿杆指向右上方向。

答案：B

【例 4-1-25】 如图 a）所示结构中，已知：B 处光滑，杆 AC 与墙间的静摩擦因数 $f_s=1$，$\theta=60°$，$BC=2AB$，杆自重不计。试问在垂直于杆 AC 的力 $\boldsymbol{F}$ 作用下，杆能否平衡？为什么？

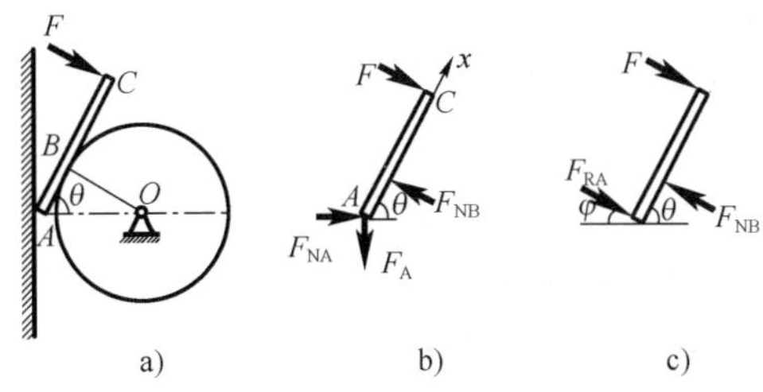

例 4-1-25 图

解 本例已知静摩擦因数以及外加力方向，求保持静止的条件，因此需用平衡方程与物理条件联合求解，现用解析法与几何法分别求解。

(1)解析法

以杆 AC 为研究对象，其受力图如图 b)所示。注意到，杆在 A 处有摩擦，B 处光滑。应用平面力系平衡方程和 A 处摩擦力的物理方程，有

$$\sum \boldsymbol{F}_x = 0: F_{\mathrm{NA}}\cos 60° - F_{\mathrm{A}}\sin 60° = 0 \tag{①}$$

$$F_{\mathrm{A}} \leqslant f_s F_{\mathrm{NA}} \tag{②}$$

由①式得

$$\frac{F_{\mathrm{A}}}{F_{\mathrm{NA}}} = \frac{\cos 60°}{\sin 60°} = \cot 60° = 0.577 \tag{③}$$

由②式得

$$\frac{F_{\mathrm{A}}}{F_{\mathrm{NA}}} \leqslant f_s = 1 \tag{④}$$

比较③式和④式，满足平衡条件，所以系统平衡。

(2)几何法

因为杆 AC 在 C、B 两处的力均垂直于杆，故杆若平衡，A 处的全反力 $\boldsymbol{F}_{\mathrm{RA}}$ 必与杆垂直，见图 c)，其中 $\boldsymbol{F}_{\mathrm{RA}} = \boldsymbol{F}_{\mathrm{A}} + \boldsymbol{F}_{\mathrm{NA}}$。由于 $\boldsymbol{F}_{\mathrm{RA}}$ 与 $\boldsymbol{F}_{\mathrm{NA}}$ 的夹角 $\varphi = 30°$，而 A 处的摩擦角为

$$\varphi_{\mathrm{f}} = \arctan f_s = \arctan 1 = 45°$$

由此可得

$$\varphi < \varphi_{\mathrm{f}}$$

满足自锁条件，所以系统平衡。

注：若已知条件为摩擦角而非摩擦因数时，尽量应用自锁条件求解摩擦问题。

习　题

4-1-1　如图所示三力矢 $\boldsymbol{F}_1$、$\boldsymbol{F}_2$、$\boldsymbol{F}_3$ 的关系是(　　)。

A. $\boldsymbol{F}_1 + \boldsymbol{F}_2 + \boldsymbol{F}_3 = 0$

B. $\boldsymbol{F}_3 = \boldsymbol{F}_1 + \boldsymbol{F}_2$

C. $\boldsymbol{F}_2 = \boldsymbol{F}_1 + \boldsymbol{F}_3$

D. $\boldsymbol{F}_1 = \boldsymbol{F}_2 + \boldsymbol{F}_3$

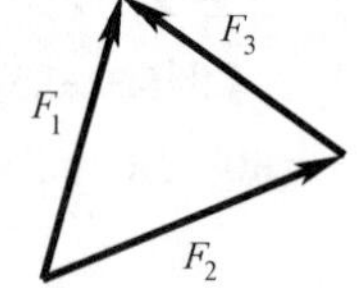

题 4-1-1 图

4-1-2　作用在一个刚体上的两个力 $\boldsymbol{F}_{\mathrm{A}}$、$\boldsymbol{F}_{\mathrm{B}}$，满足 $\boldsymbol{F}_{\mathrm{A}} = -\boldsymbol{F}_{\mathrm{B}}$ 的条件，则该二力可能是(　　)。

A. 作用力和反作用力或一对平衡的力

B. 一对平衡的力或一个力偶

C. 一对平衡的力或一个力和一个力偶

D. 作用力和反作用力或一个力偶

4-1-3　两直角刚杆 AC、CB 支承如图所示，在铰 C 处受力 $\boldsymbol{P}$ 作用，则 A、B 两处约束反力与 x 轴正向所成的夹角 α=(　　)，β=(　　)。

A. 30°，45°　　B. 45°，135°　　C. 90°，30°　　D. 135°，90°

4-1-4　已知 $\boldsymbol{F}_1$、$\boldsymbol{F}_2$、$\boldsymbol{F}_3$、$\boldsymbol{F}_4$ 为作用于刚体上的平面共点力系，其力矢关系如图所示为平行四边形，由此可知(　　)。

A. 力系可合成为一个力偶　　B. 力系可合成为一个力

C. 力系简化为一个力和一力偶　　D. 力系的合力为零，力系平衡

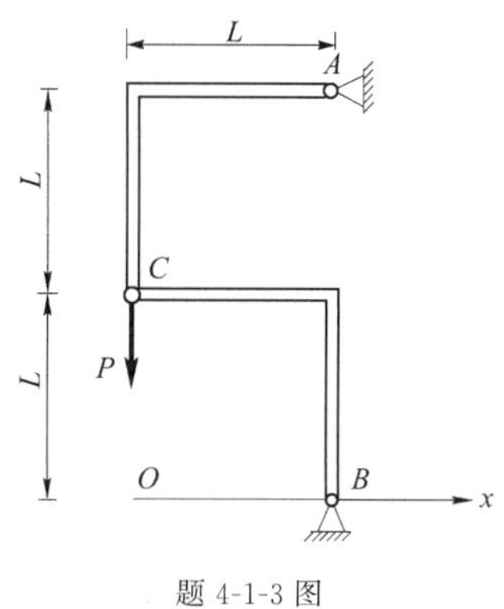

题 4-1-3 图

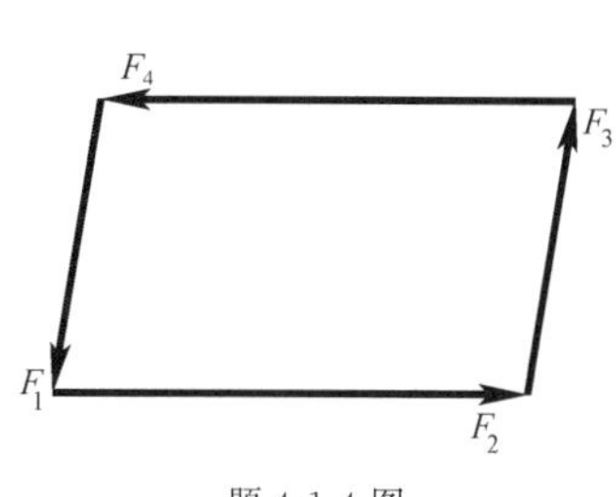

题 4-1-4 图

4-1-5　设力 $\boldsymbol{F}$ 在 x 轴上的投影为 F，则该力在与 x 轴共面的任一轴上的投影(　　)。

A. 一定不等于零　　B. 不一定等于零

C. 一定等于零　　D. 等于 F

4-1-6　如图所示结构受力 $\boldsymbol{P}$ 作用，杆重不计，则 A 支座约束力的大小为(　　)。

A. $P/2$　　B. $\sqrt{3}P/2$

C. $P/\sqrt{3}$　　D. 0

4-1-7　如图所示一等边三角形板，边长为 a，沿三边分别作用有力 $\boldsymbol{F}_1$、$\boldsymbol{F}_2$ 和 $\boldsymbol{F}_3$，且 $F_1=F_2=F_3$，则此三角形板处于(　　)状态。

A. 平衡　　B. 移动

C. 转动　　D. 既移动又转动

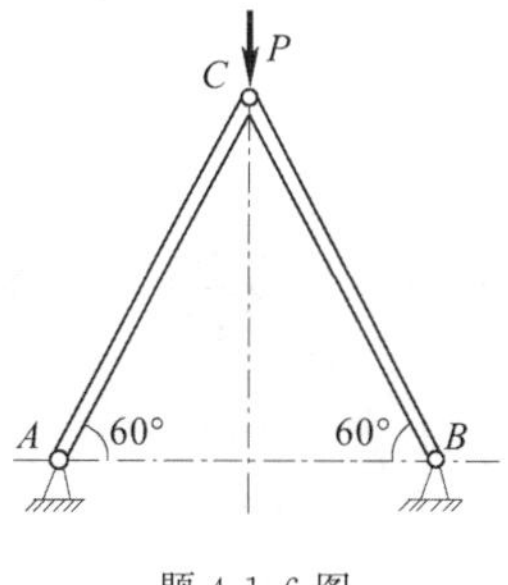

题 4-1-6 图

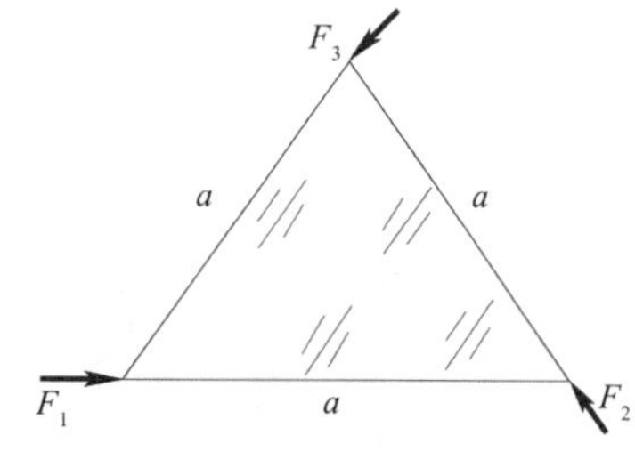

题 4-1-7 图

4-1-8　在如图所示结构中，如果将作用于构件 AC 上的力偶 m 搬移到构件 BC 上，则 A、B、C 三处的反力(　　)。

A. 都不变　　B. A、B 处反力不变，C 处反力改变

C. 都改变　　D. A、B 处反力改变，C 处反力不变

4-1-9　杆 AF、BE、EF、CD 相互铰接，并支承如图所示，今在 AF 杆上作用一力偶($\boldsymbol{P}$、$\boldsymbol{P}'$)，若不计各杆自重，则 A 支座反力的作用线(　　)。

A. 过 A 点平行力 $\boldsymbol{P}$　　B. 过 A 点平行 BG 连线

C. 沿 AG 直线　　D. 沿 AH 直线

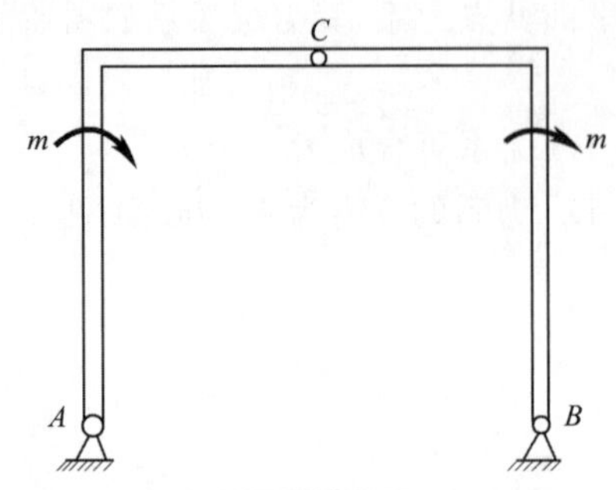

题 4-1-8 图

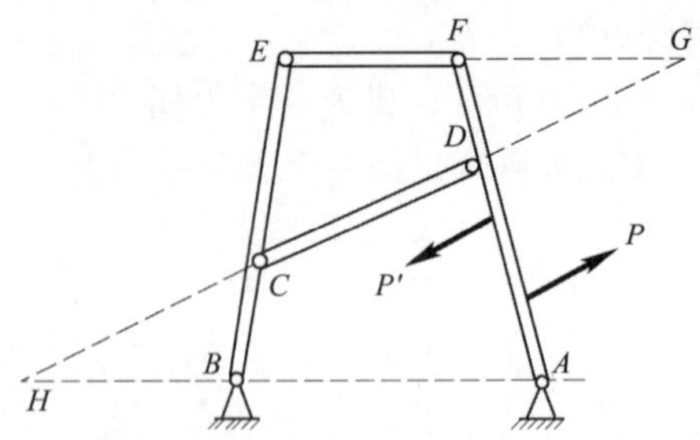

题 4-1-9 图

4-1-10　力 $\boldsymbol{F}_1$，$\boldsymbol{F}_2$ 共线且方向相反，大小为 $F_1=2F_2$，其合力为 $\boldsymbol{F}_R$ 可表示为(　　)。

A. $\boldsymbol{F}_R=\boldsymbol{F}_1-\boldsymbol{F}_2$　　B. $\boldsymbol{F}_R=\boldsymbol{F}_2-\boldsymbol{F}_1$

C. $\boldsymbol{F}_R=\frac{1}{2}\boldsymbol{F}_1$　　D. $\boldsymbol{F}_R=\boldsymbol{F}_2$

4-1-11　平面力系向点 1 简化时，主矢 $\boldsymbol{R}'=0$，主矩 $\boldsymbol{M}_1\neq0$，如将该力系向另一点 2 简化，则(　　)。

A. $\boldsymbol{R}'\neq0$，$\boldsymbol{M}_2\neq0$　　B. $\boldsymbol{R}'=0$，$\boldsymbol{M}_2\neq\boldsymbol{M}_1$

C. $\boldsymbol{R}'=0$，$\boldsymbol{M}_2=\boldsymbol{M}_1$　　D. $\boldsymbol{R}'\neq0$，$\boldsymbol{M}_2=\boldsymbol{M}_1$

4-1-12　五根等长的细直杆铰接成图所示杆系结构，各杆重量不计，若 $P_A=P_C=P$，且垂直 BD，则杆 BD 的内力 S_{BD} 为(　　)。

A. $-P$(压)　B. $-\sqrt{3}P$(压)　C. $-\sqrt{3}P/3$(压)　D. $-\sqrt{3}P/2$(压)

4-1-13　在如图所示系统中，绳 DE 能承受的最大拉力为 10kN，杆重不计，则力 $\boldsymbol{P}$ 的最大值为(　　)。

A. 5kN　B. 10kN　C. 15kN　D. 20kN

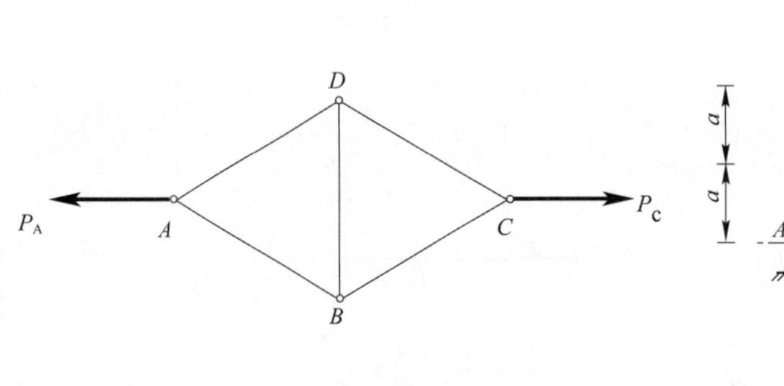

题 4-1-12 图

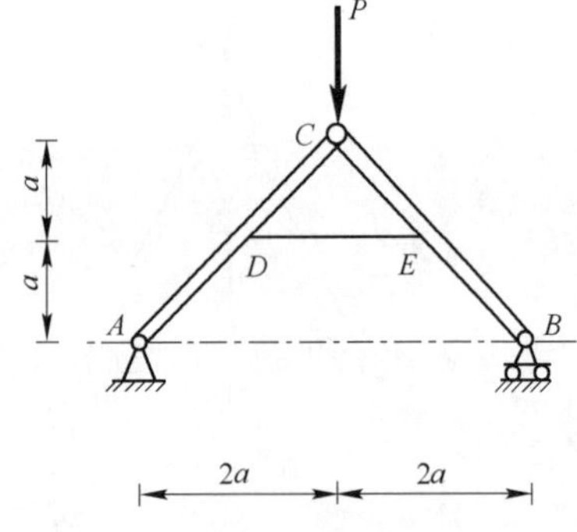

题 4-1-13 图

4-1-14　力系简化时若取不同的简化中心，则(　　)。

A. 力系的主矢、主矩都会改变

B. 力系的主矢不会改变，主矩一般会改变

C. 力系的主矢会改变、主矩一般不改变

D. 力系的主矢、主矩都不会改变，力系简化时与简化中心无关

4-1-15　某平面任意力系向 O 点简化后，得到如图所示的一个力 $\boldsymbol{R}$ 和一个力偶矩为 $\boldsymbol{M}_O$

的力偶，则该力系的最后合成结果是(　　)。

A. 作用在 O 点的一个合力　　B. 合力偶

C. 作用在 O 点左边某点的一个合力　D. 作用在 O 点右边某点的一个合力

4-1-16　桁架结构形式与荷载 $\boldsymbol{F}_{\mathrm{P}}$ 均已知(见图)。结构中杆件内力为零的杆件数为(　　)。

A. 零根　　B. 2 根　　C. 4 根　　D. 6 根

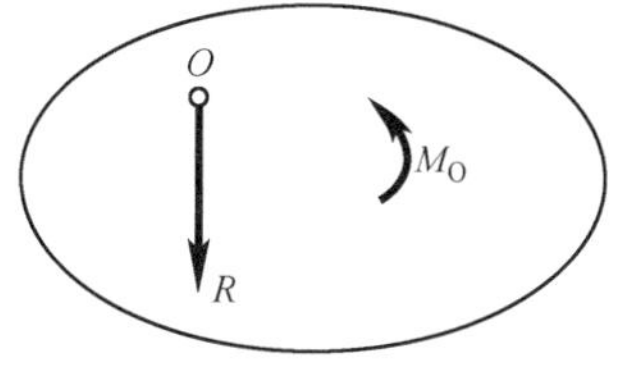

题 4-1-14 图

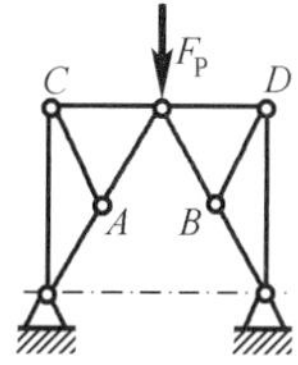

题 4-1-16 图

4-1-17　两直角刚杆 ACD，BEC 在 C 处铰接，并支承如图所示。若各杆重不计，则支座 A 处约束力的方向为(　　)。

A. $\boldsymbol{F}_{\mathrm{A}}$ 的作用线沿水平方向　　B. $\boldsymbol{F}_{\mathrm{A}}$ 的作用线沿铅垂方向

C. $\boldsymbol{F}_{\mathrm{A}}$ 的作用线平行于 B、C 连线　D. $\boldsymbol{F}_{\mathrm{A}}$ 的作用线方向无法确定

4-1-18　带有不平行两槽的矩形平板上作用一力偶 M，如图所示。今在槽内插入两个固定于地面的销钉，若不计摩擦则有(　　)。

A. 平板保持平衡　　B. 平板不能平衡

C. 平衡与否不能判断　　D. 上述三种结果都不对

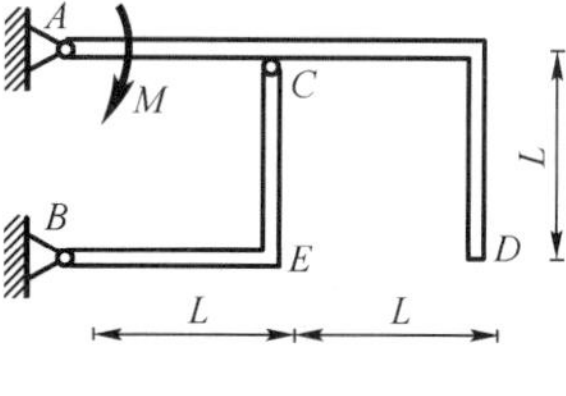

题 4-1-17 图

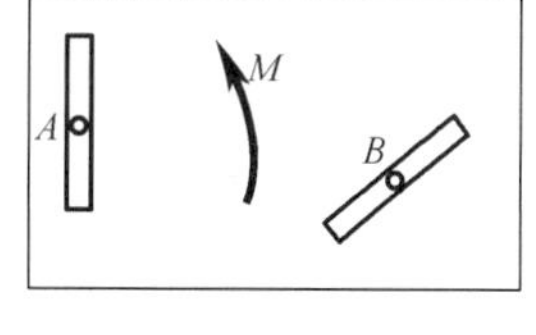

题 4-1-18 图

4-1-19　物块 A 的重力 $W=10\mathrm{N}$，被大小为 $F_{\mathrm{P}}=50\mathrm{N}$ 的水平力挤压在粗糙的铅垂墙面 B 上，且处于平衡(见图)。物块与墙间的摩擦系数 $f=0.3$。A 与 B 间的摩擦力大小为(　　)。

A. $F=15\mathrm{N}$

B. $F=10\mathrm{N}$

C. $F=3\mathrm{N}$

D. 只依据所给条件则无法确定

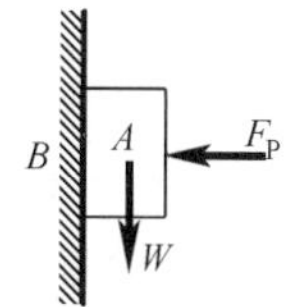

题 4-1-19 图

4-1-20　物块重力的大小为 5kN，与水平面间的摩擦角为 $\varphi_{\mathrm{m}}=35°$，今用与铅垂线成 60°角的力 $\boldsymbol{P}$ 推动物块，如图所示，若 $P=5\mathrm{kN}$，则物块将(　　)。

A. 不动　　B. 滑动

C. 处于临界状态　　D. 滑动与否无法确定

4-1-21　物块重力的大小为 $G=20\mathrm{N}$，用 $P=40\mathrm{N}$ 的力按如图所示方向把物块压在铅直墙

上，物块与墙之间的摩擦系数 $f=\sqrt{3}/4$，则作用在物块上的摩擦力等于（　　）。

A. 20N　　　　B. 15N

C. 0　　　　D. $10\sqrt{3}$N

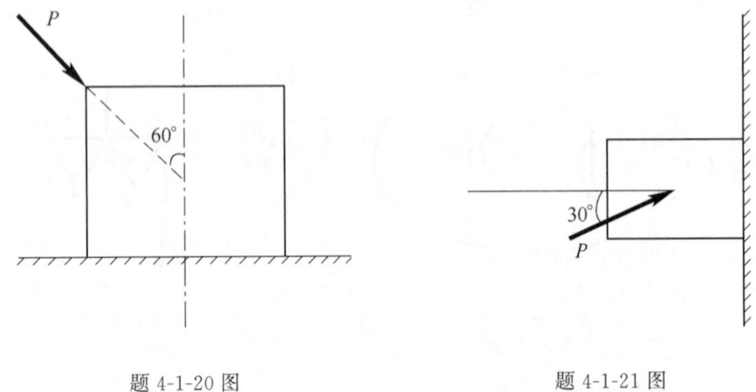

题 4-1-20 图　　　　题 4-1-21 图

4-1-22　重力 $W=80$kN 的物体自由地放在倾角为 30°的斜面上，如图所示，若物体与斜面间的静摩擦系数 $f=\sqrt{3}/4$，动摩擦系数 $f'=0.4$，则作用在物体上的摩擦力的大小为（　　）。

A. 30kN　　B. 40kN　　C. 27.7kN　　D. 0

4-1-23　物 A 重力的大小为 100kN，物 B 重力的大小为 25kN，A 物与地面摩擦系数为 0.2，滑轮处摩擦不计，如图所示，则物体 A 与地面间的摩擦力为（　　）。

A. 20kN　　B. 16kN　　C. 15kN　　D. 12kN

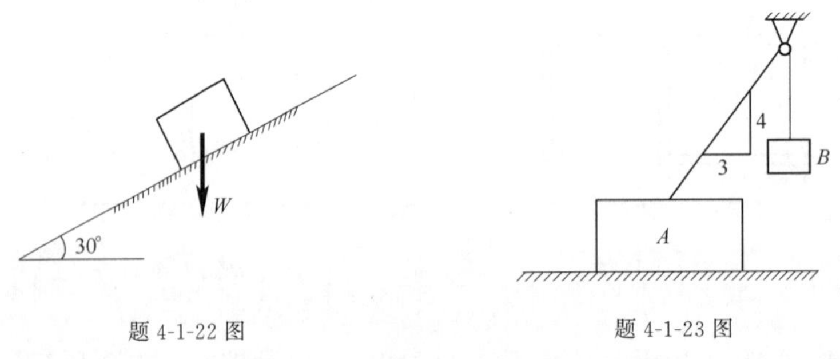

题 4-1-22 图　　　　题 4-1-23 图

第二节　运　动　学

运动学是用几何学的观点来研究物体的运动规律，即物体运动的描述（其在空间的位置随时间变化的规律）、运动的速度和加速度，而不涉及引起物体运动的物理原因。

一、点的运动学

点的运动学主要研究点相对于某一参考系的运动量随时间的变化规律，包括：点的运动方程的建立，运动轨迹的描述，速度和加速度的确定。

（一）描述点的运动的基本方法与基本公式

描述点的运动常用的基本方法有矢量法、直角坐标法、自然法。现将这三种方法及其应用范围归纳于表 4-2-1 中。

研究点的运动的基本方法　　表 4-2-1

方　法	矢　量　法	直角坐标法	自　然　法
特点与用途	简明、直观，常用于理论推导	便于代数及微积分运算，常用于轨迹未知的情况	速度、切向加速度、法向加速度的算式简单、物理意义明确，常用于轨迹已知的情况
参考系			
参考系	以参考体上任一固定点 O 为参考点	以直角坐标系的三个坐标轴为参考坐标轴	在轨迹上任选一点 O 为参考点
运动方程	$\boldsymbol{r}=\boldsymbol{r}(t)$	$x=f_1(t), y=f_2(t), z=f_3(t)$	$s=f(t)$
轨迹	矢径 $\boldsymbol{r}$ 的矢端曲线	从上式中消去时间"t"即可得轨迹方程：$F_1(x,y)=0, F_2(y,z)=0$	事先已知

用上述三种方法描述的点的速度、加速度的基本公式见表 4-2-2。

速度、加速度计算公式　　表 4-2-2

基本方法	速　　度	加速度分量	全 加 速 度	备注
矢量法	$\boldsymbol{v}=\frac{\mathrm{d}\boldsymbol{r}}{\mathrm{d}t}=\dot{\boldsymbol{r}}$		$\boldsymbol{a}=\frac{\mathrm{d}\boldsymbol{v}}{\mathrm{d}t}=\frac{\mathrm{d}^2\boldsymbol{r}}{\mathrm{d}t^2}=\ddot{\boldsymbol{r}}$	
直角坐标法	$v_x=\frac{\mathrm{d}x}{\mathrm{d}t}, v_y=\frac{\mathrm{d}y}{\mathrm{d}t}, v_z=\frac{\mathrm{d}z}{\mathrm{d}t}$ $v=\sqrt{v_x^2+v_y^2+v_z^2}$ $\cos(\boldsymbol{v},\boldsymbol{i})=\frac{v_x}{v}$ $\cos(\boldsymbol{v},\boldsymbol{j})=\frac{v_y}{v}$ $\cos(\boldsymbol{v},\boldsymbol{k})=\frac{v_z}{v}$	$a_x=\frac{\mathrm{d}v_x}{\mathrm{d}t}=\ddot{x}$ $a_y=\frac{\mathrm{d}v_y}{\mathrm{d}t}=\ddot{y}$ $a_z=\frac{\mathrm{d}v_z}{\mathrm{d}t}=\ddot{z}$	$a=\sqrt{a_x^2+a_y^2+a_z^2}$ $\cos(\boldsymbol{a},\boldsymbol{i})=\frac{a_x}{a}$ $\cos(\boldsymbol{a},\boldsymbol{j})=\frac{a_y}{a}$ $\cos(\boldsymbol{a},\boldsymbol{k})=\frac{a_z}{a}$	
自然法	$v=\frac{\mathrm{d}s}{\mathrm{d}t}=\dot{s}$ 或 $\boldsymbol{v}=\dot{s}\boldsymbol{\tau}$	$a_\tau=\frac{\mathrm{d}v}{\mathrm{d}t}=\ddot{s}$ 沿切线方向 $a_n=\frac{v^2}{\rho}=\frac{(\dot{s})^2}{\rho}$ 恒指向曲率中心	$a=\sqrt{a_\tau^2+a_n^2}, \tan\beta=\frac{\lvert a_\tau \rvert}{a_n}$ β 为 $\boldsymbol{a}$ 与法线轴 n 正向间的夹角	加速度恒指向曲线凹的一侧

(二)三种基本方法之间的相互关系(见表 4-2-3)

三种基本方法之间的相互关系　　表 4-2-3

运 动 方 程	速　　度	加　速　度
$\boldsymbol{r}=x\boldsymbol{i}+y\boldsymbol{j}+z\boldsymbol{k}$	$\boldsymbol{v}=v_x\boldsymbol{i}+v_y\boldsymbol{j}+v_z\boldsymbol{k}=\dot{s}\boldsymbol{\tau}$ $v=\dot{s}=\sqrt{v_x^2+v_y^2+v_z^2}$	$\boldsymbol{a}=a_x\boldsymbol{i}+a_y\boldsymbol{j}+a_z\boldsymbol{k}=\ddot{s}\boldsymbol{\tau}+\frac{\dot{s}^2}{\rho}\boldsymbol{n}$ $a=\sqrt{a_x^2+a_y^2+a_z^2}=\sqrt{\ddot{s}^2+\frac{\dot{s}^4}{\rho^2}}$

【例 4-2-1】 如图所示点 P 沿螺线自外向内运动。它走过的弧长与时间的一次方成正比。关于该点的运动，有以下 4 种答案，请判断哪一个答案是正确的：

A. 速度越来越快　　B. 速度越来越慢

C. 加速度越来越大　　D. 加速度越来越小

例 4-2-1 图

解 因为运动轨迹的弧长与时间的一次方成正比，所以有

$$s = kt$$

其中 k 为比例常数。对时间求一次导数后得到点的速度

$$v = \dot{s} = k$$

可见该点做匀速运动。但这只是指速度的大小。由于运动的轨迹为曲线，速度的方向不断改变，所以，还需要作加速度分析。于是，有

$$a_\tau = \frac{\mathrm{d}v}{\mathrm{d}t} = 0, a_n = \frac{v^2}{\rho}$$

总加速度

$$a = \sqrt{a_\tau^2 + a_n^2} = a_n = \frac{v^2}{\rho}$$

当点由外向内运动时，运动轨迹的曲率半径 ρ 逐渐变小，所以加速度 a 越来越大。

答案：C

【例 4-2-2】 点在铅垂平面 Oxy 内的运动方程为 $\begin{cases} x=v_0 t \\ y=\frac{1}{2}gt^2 \end{cases}$，式中，$t$ 为时间，v_0、g 为常数。点的运动轨迹应为：

A. 直线　　B. 圆弧曲线

C. 抛物线　　D. 直线与圆连线

解 由第一个方程可得 $t=\frac{x}{v_0}$，将其代入第二个方程，可得抛物线方程 $y=\frac{g}{2v_0^2}x^2$。

答案：C

【例 4-2-3】 点沿直线运动，其速度 $v=20t+5$，已知：当 $t=0$ 时，$x=5\mathrm{m}$，则点的运动方程为：

A. $x=10t^2+5t+5$　　B. $x=20t+5$

C. $x=10t^2+5t$　　D. $x=20t^2+5t+5$

解 因为速度 $v = \frac{\mathrm{d}x}{\mathrm{d}t}$，积一次分，即：$\int_5^x \mathrm{d}x = \int_0^t (20t + 5)\mathrm{d}t$，$x-5=10t^2+5t$。

答案：A

【例 4-2-4】 已知动点的运动方程为 $x=t, y=2t^2$，则其轨迹方程为：

A. $x=t^2-t$　　B. $y=2t$

C. $y-2x^2=0$　　D. $y+2x^2=0$

解 将运动方程中的参数 t 消去：$t=x, y=2x^2$。

答案：C

【例 4-2-5】 一炮弹以初速度和仰角 α 射出。对于如图所示直角坐标的运动方程为 $x=v_0\cos\alpha t, y=v_0\sin\alpha t-\frac{1}{2}gt^2$，则当

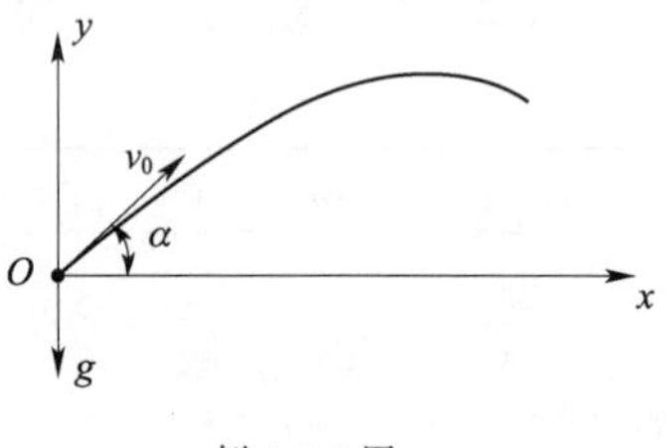

例 4-2-5 图

$t=0$时，炮弹的速度和加速度的大小分别为：

A. $v=v_0\cos\alpha, a=g$　　B. $v=v_0, a=g$

C. $v=v_0\sin\alpha, a=-g$　　D. $v=v_0, a=-g$

解　分别对运动方程 x 和 y 求时间 t 的一阶、二阶导数，即：$\dot{x}=v_0\cos\alpha$，$\dot{y}=v_0\sin\alpha-gt$；$\ddot{x}=0$，$\ddot{y}=-g$；当 $t=0$ 时，速度的大小 $v=\sqrt{\dot{x}^2+\dot{y}^2}=v_0$，加速度的大小 $a=|\ddot{y}|=g$。

答案：B

【例 4-2-6】　动点 A 和 B 在同一坐标系中的运动方程分别为 $\begin{cases}x_A=t\\y_A=2t^2\end{cases}$，$\begin{cases}x_B=t^2\\y_B=2t^4\end{cases}$，其中 x、y 以 cm 计，t 以 s 计，则两点相遇的时刻为：

A. $t=1$s　　B. $t=0.5$s　　C. 2s　　D. $t=1.5$s

解　两点相遇时应具有相同的坐标，即 $x_A=x_B$，$y_A=y_B$，根据运动方程有 $t=t^2$，$2t^2=2t^4$，解得 $t=1$s。

答案：A

【例 4-2-7】　一动点沿直线轨道按照 $x=3t^3+t+2$ 的规律运动（x 以 m 计，t 以 s 计），则当 $t=4$s时，动点的位移、速度和加速度分别为：

A. $x=54\text{m}, v=145\text{m/s}, a=18\text{m/s}^2$

B. $x=198\text{m}, v=145\text{m/s}, a=72\text{m/s}^2$

C. $x=198\text{m}, v=49\text{m/s}, a=72\text{m/s}^2$

D. $x=192\text{m}, v=145\text{m/s}, a=12\text{m/s}^2$

解　将 x 对时间 t 求一阶导数为速度，即：$v=9t^2+1$；再对时间 t 求一阶导数为加速度，即 $a=18t$，将 $t=4$s 代入，可得：$x=198\text{m}$，$v=145\text{m/s}$，$a=72\text{m/s}^2$。

答案：B

二、刚体的基本运动

刚体的基本运动包括刚体的平行移动和刚体绕定轴转动这两种简单的运动形式。

（一）刚体的平行移动

1. 定义

刚体运动时，其上任意直线始终平行于其初始位置，刚体的这种运动称为平行移动，简称平移。

2. 平移刚体的运动分析

若在平移刚体内任选两点 A、B（见图 4-2-1），其矢径分别为 $\boldsymbol{r}_A$ 和 $\boldsymbol{r}_B$，则两条矢端曲线就是这两点的轨迹。根据图中的几何关系，有：$\boldsymbol{r}_A=\boldsymbol{r}_B+\boldsymbol{r}_{BA}$，且 $\boldsymbol{r}_{BA}$ 为常矢量，则类似地，有

$$\dot{\boldsymbol{r}}_A=\dot{\boldsymbol{r}}_B，即\ \boldsymbol{v}_A=\boldsymbol{v}_B \tag{4-2-1}$$

$$\dot{\boldsymbol{v}}_A=\dot{\boldsymbol{v}}_B，即\ \boldsymbol{a}_A=\boldsymbol{a}_B \tag{4-2-2}$$

式(4-2-1)和式(4-2-2)表明：刚体平移时，其上各点的运动轨迹形状相同；同一瞬时，刚体上各点的速度、加速度均相同。因此平移时，可以用刚体上任一点（如质心）的运动表示刚体的运动。于是，研究平移刚体的运动可归结为研究点的运动。

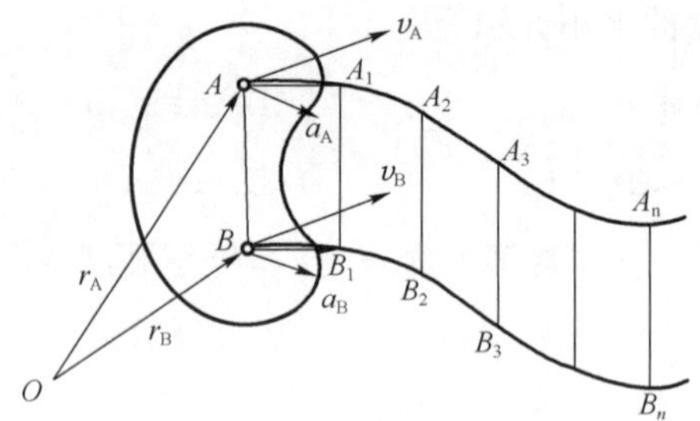

图 4-2-1 平移刚体的运动分析

(二)刚体绕定轴转动

1. 定义

刚体运动时,若其上(或其扩展部分)有一条直线始终保持不动,则称这种运动为绕定轴转动,简称转动。这条固定的直线称为转轴(见图 4-2-2)。轴线上各点的速度和加速度均恒为零,其他各点均围绕轴线做圆周运动。

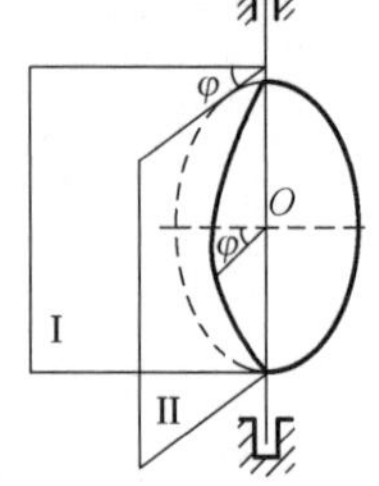

图 4-2-2 刚体绕定轴转动

2. 转动刚体的运动分析

(1)转动方程

如图 4-2-2 所示绕定轴 z 转动的刚体,设通过转轴 z 所作的平面 I 固定不动(称为定平面),平面 II 与刚体固连随刚体一起转动(称为动平面)。任一瞬时刚体的位置,可由动平面 II 与定平面 I 的夹角 φ 确定。角 φ 称为转角,单位是弧度(rad),为代数量。当刚体转动时,转角 φ 随时间 t 变化,它是时间的单值连续函数,即

$$\varphi = f(t) \tag{4-2-3}$$

上式称为刚体的转动方程,它反映了刚体绕定轴转动的规律。

(2)角速度

刚体的转角对时间的一阶导数,称为角速度,用于度量刚体转动的快慢和转动方向,用字母 ω 表示。即

$$\omega = \frac{\mathrm{d}\varphi}{\mathrm{d}t} = \dot{\varphi} \tag{4-2-4}$$

角速度的单位是弧度/秒(rad/s)。在工程中很多情况还用转速 n(转/分)来表示刚体转动的快慢。此时,ω 与 n 之间的换算关系为

$$\omega = \frac{2n\pi}{60} = \frac{n\pi}{30} \tag{4-2-5}$$

(3)角加速度

刚体的角速度对时间的一阶导数,称为角加速度,用于度量角速度的快慢和转动方向,用字母 α 表示。即

$$\alpha = \frac{\mathrm{d}\omega}{\mathrm{d}t} = \dot{\omega} = \ddot{\varphi} \tag{4-2-6}$$

角加速度的单位为弧度/秒^2(rad/s^2)。角速度和角加速度都是描述刚体整体运动的物理量。

3. 定轴转动刚体上各点的速度和加速度

在转动刚体上任取一点 M,设其到转轴 O 的垂直距离为 r 称为转动半径,如图 4-2-3 所示。显然,M 点的运动是以 O 为圆心、r 为半径的圆周运动。若转动刚体的角速度为 ω,角加速度为 α,弧坐标原点为 O',则当刚体转过角度 φ 时,点 M 的弧坐标为

$$s=r\varphi \tag{4-2-7}$$

点 M 速度的大小为

$$v=\frac{\mathrm{d}s}{\mathrm{d}t}=\frac{\mathrm{d}}{\mathrm{d}t}(r\varphi)=r\frac{\mathrm{d}\varphi}{\mathrm{d}t}=r\cdot\omega \tag{4-2-8}$$

点 M 的切向加速度和法向加速度的大小分别为

$$a_\tau=\frac{\mathrm{d}v}{\mathrm{d}t}=\frac{\mathrm{d}}{\mathrm{d}t}(r\omega)=r\frac{\mathrm{d}\omega}{\mathrm{d}t}=r\cdot\alpha \tag{4-2-9}$$

$$a_n=\frac{v^2}{\rho}=\frac{(r\omega)^2}{\rho}=r\cdot\omega^2 \tag{4-2-10}$$

所以刚体上任一 M 点的加速度大小为

$$\left.\begin{aligned} a&=\sqrt{a_\tau^2+a_n^2}=r\sqrt{\alpha^2+\omega^4} \\ \text{方向}\quad \tan\theta&=\frac{|a_\tau|}{a_n}=\frac{|\alpha|}{\omega^2}\end{aligned}\right\} \tag{4-2-11}$$

式中：θ——加速度 $\boldsymbol{a}$ 与法向加速度的夹角。

由公式(4-2-8)与式(4-2-11)可得以下结论：

①在任意瞬时，转动刚体内各点的速度、切向加速度、法向加速度和全加速度的大小与各点的转动半径成正比。

②在任意瞬时，转动刚体内各点的速度方向与各点的转动半径垂直，各点的全加速度的方向与各点转动半径的夹角全部相同。所以，刚体内任一条通过且垂直于轴的直线上各点的速度和加速度呈线性分布，如图 4-2-4 所示。

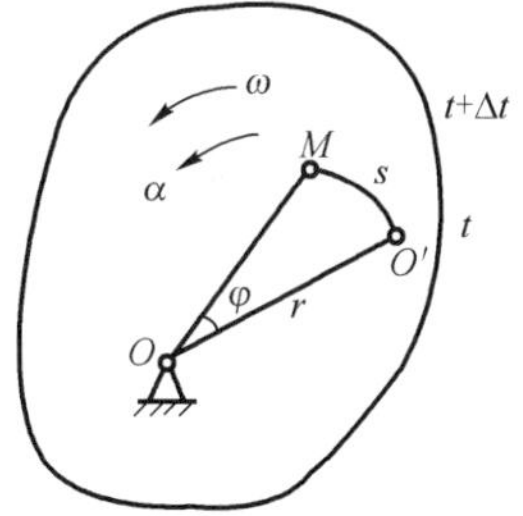

图 4-2-3 转动刚体上 M 点的运动分析

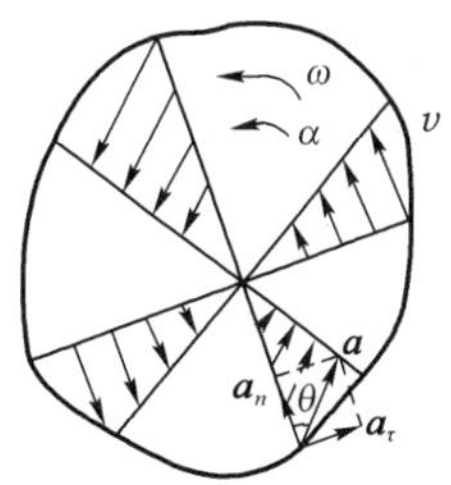

图 4-2-4 转动刚体上各点速度、加速度分布

【例 4-2-8】 两摩擦轮如图所示。则两轮的角速度与半径关系的表达式为：

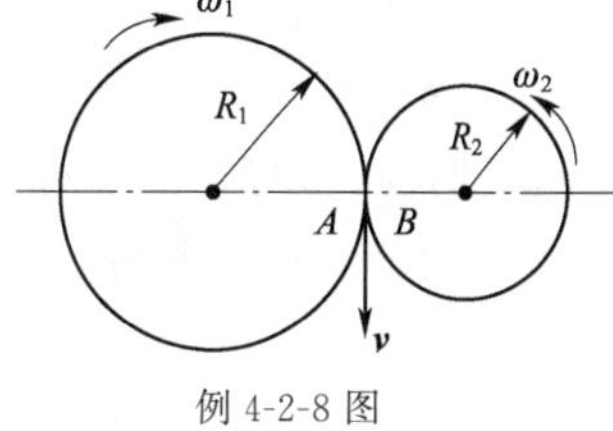

例 4-2-8 图

A. $\frac{\omega_1}{\omega_2}=\frac{R_1}{R_2}$　　B. $\frac{\omega_1}{\omega_2}=\frac{R_2}{R_1^2}$

C. $\frac{\omega_1}{\omega_2}=\frac{R_1}{R_2^2}$　　D. $\frac{\omega_1}{\omega_2}=\frac{R_2}{R_1}$

解 两轮啮合点 A、B 的速度相同，且 $v_A=R_1\omega_1=v_B=R_2\omega_2$。所以有$\frac{\omega_1}{\omega_2}=\frac{R_2}{R_1}$。

答案：D

【例 4-2-9】 刚体作平动时，某瞬时体内各点的速度与加速度为：

A. 体内各点速度不相同，加速度相同

B. 体内各点速度相同，加速度不相同

C. 体内各点速度相同，加速度也相同

D. 体内各点速度不相同，加速度也不相同

解 根据平行移动刚体的定义,平行移动刚体内各点速度和加速度均相同。

答案:C

【例 4-2-10】 杆 $OA=l$,绕固定轴 O 转动,某瞬时杆端 A 点的加速度 $\boldsymbol{a}$ 如图所示,则该瞬时杆 OA 的角速度及角加速度为:

A. $0,\dfrac{a}{l}$　　B. $\sqrt{\dfrac{a\cos\alpha}{l}},\dfrac{a\sin\alpha}{l}$

C. $\sqrt{\dfrac{a}{l}},0$　　D. $0,\sqrt{\dfrac{a}{l}}$

例 4-2-10 图

解 根据定轴转动刚体上一点加速度与转动角速度、角加速度的关系:$a_n=\omega^2 l$,$a_\tau=\alpha l$,而题中 $a_n=0=\omega^2 l$,$a_\tau=a=\alpha l$,所以有杆的角速度 $\omega=0$,角加速度 $\alpha=\dfrac{a}{l}$。

答案:A

【例 4-2-11】 物体作定轴转动的转动方程为 $\varphi=4t-3t^2$(φ 以 rad 计,t 以 s 计),则此物体内转动半径 $r=0.5\text{m}$ 的一点,在 $t=1\text{s}$ 时的速度和切向加速度的大小分别为:

A. $-2\text{m/s},-20\text{m/s}^2$　　B. $-1\text{m/s},-3\text{m/s}^2$

C. $-2\text{m/s},-8.54\text{m/s}^2$　　D. $0\text{m/s},-20.2\text{m/s}^2$

解 物体的角速度及角加速度分别为:$\omega=\dot{\varphi}=4-6t\ \text{rad/s}$,$\alpha=\ddot{\varphi}=-6\ \text{rad/s}^2$,则 $t=1\text{s}$ 时物体内转动半径 $r=0.5\text{m}$ 点的速度为:$v=\omega r=-1\text{m/s}$,切向加速度为:$a_\tau=a_r=-3\text{m/s}^2$。

答案:B

【例 4-2-12】 滑轮半径 $r=50\text{mm}$,安装在发动机上旋转,其皮带的运动速度为 20m/s,加速度为 6m/s^2。扇叶半径 $R=75\text{mm}$,如图所示。则扇叶最高点 B 的速度和切向加速度分别为:

A. $30\text{m/s},9\text{m/s}^2$　　B. $60\text{m/s},9\text{m/s}^2$

C. $30\text{m/s},6\text{m/s}^2$　　D. $60\text{m/s},18\text{m/s}^2$

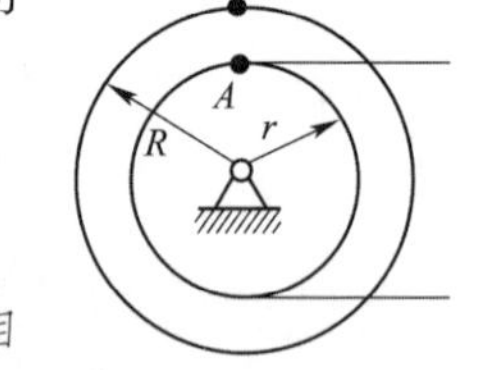

例 4-2-12 图

解 滑轮上 A 点的速度和切向加速度与皮带相应的速度和加速度相同,根据定轴转动刚体上速度、切向加速度的线性分布规律,可得 B 点的速度 $v_B=20R/r=30\text{m/s}$,切向加速度 $a_{Bt}=6R/r=9\text{m/s}^2$。

答案:A

【例 4-2-13】 一绳缠绕在半径为 r 的鼓轮上,绳端系一重物 M,重物 M 以速度 v 和加速度 a 向下运动(如图所示)。则绳上两点 A、D 和轮缘上两点 B、C 的加速度是:

A. A、B 两点的加速度相同,C、A 两点的加速度相同

B. A、B 两点的加速度不相同,C、D 两点的加速度不相同

C. A、B 两点的加速度相同,C、D 两点的加速度不相同

D. A、B 两点的加速度相同,C、D 两点的加速度相同

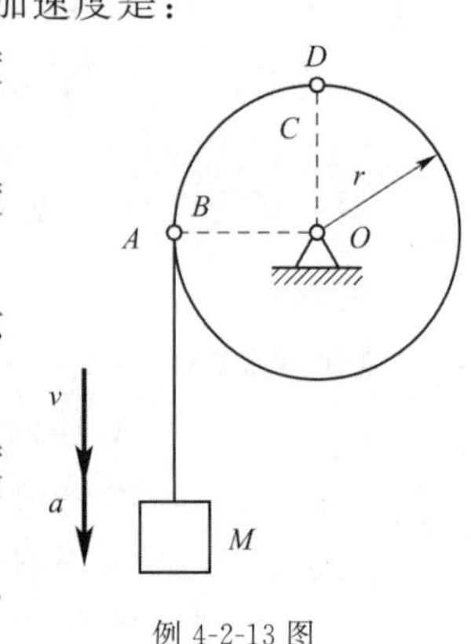

例 4-2-13 图

解 绳上各点的加速度大小均为 a,而轮缘上各点的加速度大小

为 $\sqrt{a^2+\left(\frac{v^2}{r}\right)^2}$ 。

答案:B

【例 4-2-14】 图示机构中,三杆长度相同,且 $AC//BD$,则 AB 杆的运动形式为:

A. 绕点 C 的定轴转动　　B. 平行移动

C. 绕点 O 的定轴转动　　D. 圆周运动

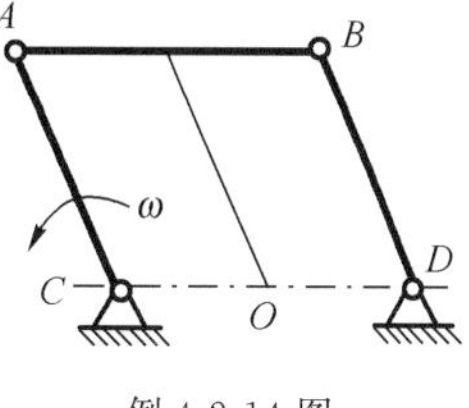

例 4-2-14 图

解 因为 A、B 两点的速度方向相同,大小相等,根据刚体作平行移动时的特性,可作判断。

答案:B

【例 4-2-15】 图示机构中,曲柄 $OA=r$,以常角速度 ω 转动。则滑动构件 BC 的速度、加速度的表达式为:

A. $r\omega\sin\omega t$,$r\omega\cos\omega t$

B. $r\omega\cos\omega t$,$r\omega^2\sin\omega t$

C. $r\sin\omega t$,$r\omega\cos\omega t$

D. $r\omega\sin\omega t$,$r\omega^2\cos\omega t$

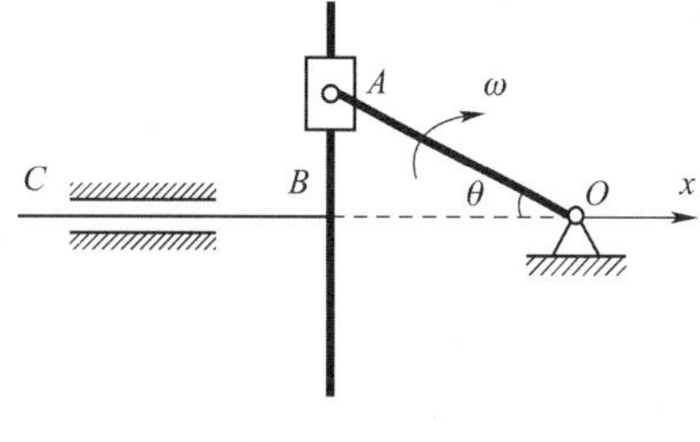

例 4-2-15 图

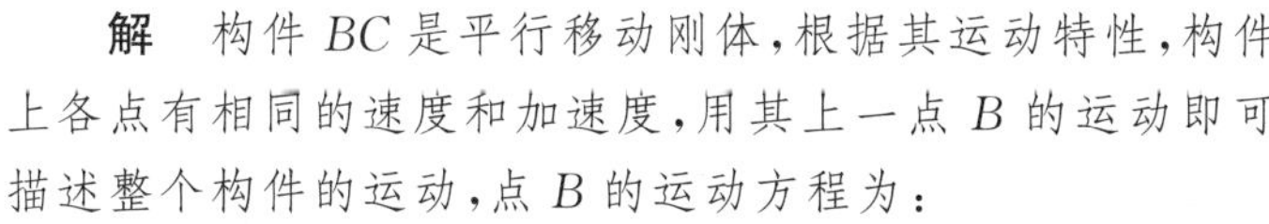

解 构件 BC 是平行移动刚体,根据其运动特性,构件上各点有相同的速度和加速度,用其上一点 B 的运动即可描述整个构件的运动,点 B 的运动方程为:

$$x_B=-r\cos\theta=-r\cos\omega t$$

则其速度为 $v_{BC}=\dot{x}_B=r\omega\sin\omega t$,加速度的表达式为 $a_{BC}=\ddot{x}_B=r\omega^2\cos\omega t$。

答案:D

习　　题

4-2-1 点 M 沿半径为 R 的圆周运动,其速度的大小为 $v=kt$,k 是有量纲的常数,则点 M 的全加速度的大小为(　　)。

A. $(k^2t^2/R)+k^2$　　B. $[(k^2t^2/R^2)+k^2]^{1/2}$

C. $[(k^4t^4/R^2)+k^2]^{1/2}$　　D. $[(k^4t^2/R^2)+k^2]^{1/2}$

4-2-2 已知点 P 在 Oxy 平面内的运动方程为 $\begin{cases} x=4\sin\frac{\pi}{3}t \\ y=4\cos\frac{\pi}{3}t \end{cases}$,则点的运动轨迹为(　　)。

A. 直线运动　　B. 圆周运动　　C. 椭圆运动　　D. 不能确定

4-2-3 圆轮绕固定轴 O 转动,某瞬时轮缘上一点的速度 $\boldsymbol{v}$ 和加速度 $\boldsymbol{a}$ 如图所示,试问(　　)情况是不可能的。

A. 图 a)、图 b)的运动是不可能的　　B. 图 a)、图 c)的运动是不可能的

C. 图 b)、图 c)的运动是不可能的　　D. 均不可能

4-2-4 直角刚杆 OAB 在如图所示瞬时有 $\omega=2\text{rad/s}$,$\alpha=5\text{rad/s}^2$,若 $OA=40\text{cm}$,$AB=30\text{cm}$,则 B 点的速度大小为(　　)cm/s。

A. 100　　　B. 160　　　C. 200　　　D. 250

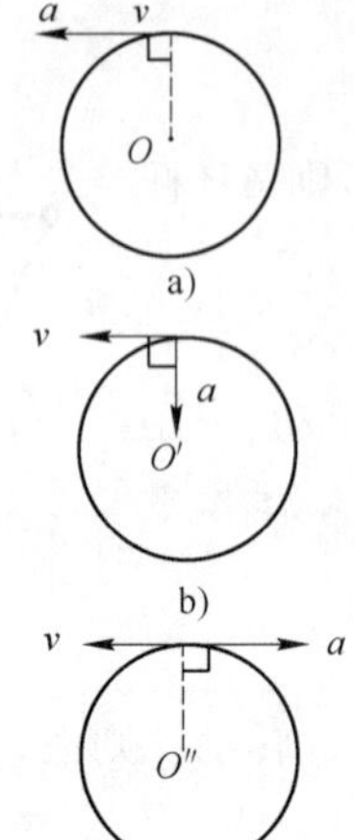

题 4-2-3 图

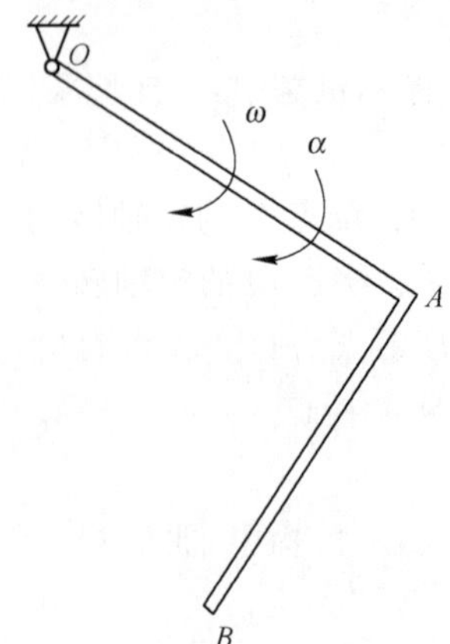

题 4-2-4 图

4-2-5　直角刚杆 $AO=2\text{m}$，$BO=3\text{m}$，已知某瞬时 A 点速度的大小 $v_A=6\text{m/s}$，而 B 点的加速度与 BO 成 $\theta=60°$ 角，如图所示，则该瞬时刚杆的角加速度 α 为（　　）rad/s^2。

A. 3　　　B. $\sqrt{3}$　　　C. $5\sqrt{3}$　　　D. $9\sqrt{3}$

4-2-6　直角刚杆 OAB 可绕固定轴 O 在图示平面内转动，已知 $OA=40\text{cm}$，$AB=30\text{cm}$，$\omega=2\text{rad/s}$，$\alpha=1\text{rad/s}^2$，则如图所示瞬时，B 点加速度在 y 方向的投影为（　　）cm/s^2。

A. 40　　　B. 200　　　C. 50　　　D. －200

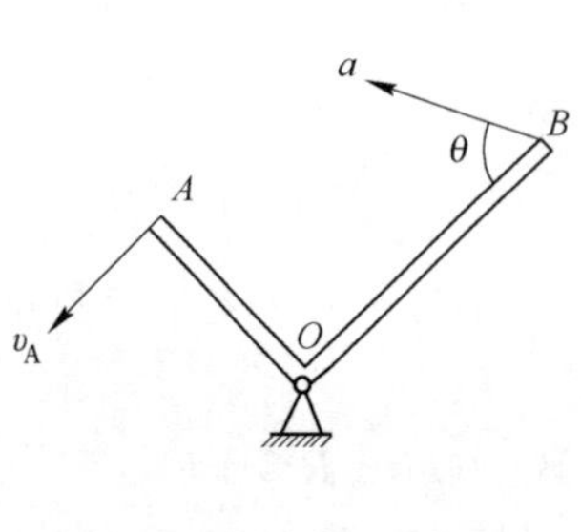

题 4-2-5 图

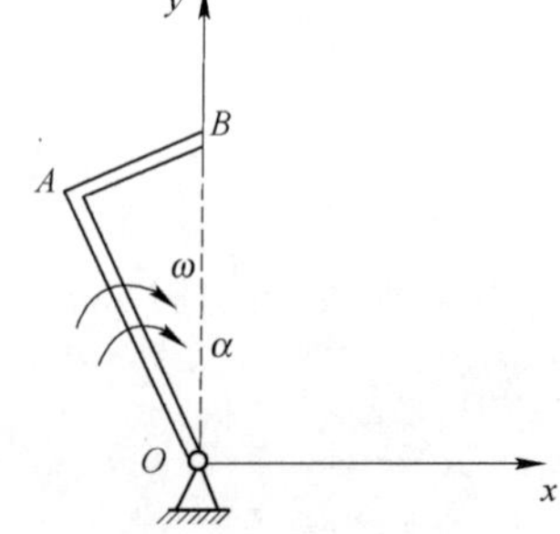

题 4-2-6 图

4-2-7　绳子的一端绕在滑轮上，另一端与置于水平面上的物块 B 相连，如图所示，若物 B 的运动方程为 $x=kt^2$，其中 k 为常数，轮子半径为 R，则轮缘上 A 点的加速度的大小为（　　）。

A. $2k$　　　B. $(4k^2t^2/R)^{\frac{1}{2}}$

C. $(4k^2+16k^4t^4/R^2)^{\frac{1}{2}}$　　　D. $2k+4k^2t^2/R$

4-2-8　圆盘某瞬时以角速度 ω，角加速度 α 绕 O 轴转动，其上 A、B 两点的加速度分别为 $\boldsymbol{a}_A$ 和 $\boldsymbol{a}_B$，与半径的夹角分别为 θ 和 φ，如图所示，若 $OA=R$，$OB=R/2$，则（　　）。

A. $a_A=a_B$，$\theta=\varphi$　　　B. $a_A=a_B$，$\theta=2\varphi$

C. $a_A=2a_B$，$\theta=\varphi$　　　D. $a_A=2a_B$，$\theta=2\varphi$

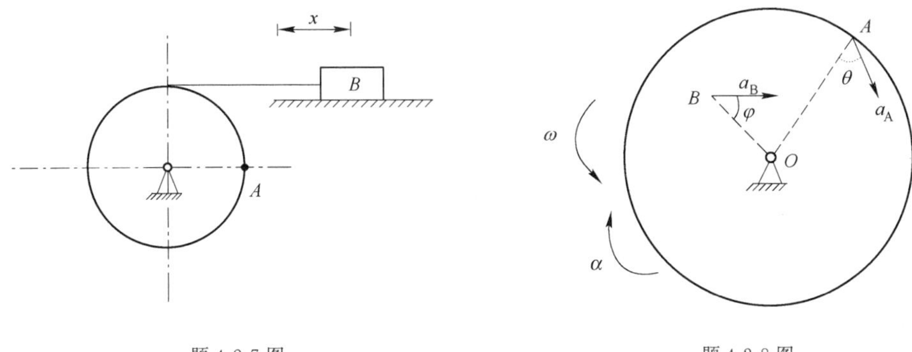

题 4-2-7 图　　　　题 4-2-8 图

4-2-9　两个相啮合的齿轮，A、B 分别为齿轮 O_1、O_2 上的啮合点（见图），则 A、B 两点的加速度关系是（　　）。

A. $a_{A\tau}=a_{B\tau}, a_{An}=a_{Bn}$　　B. $a_{A\tau}=a_{B\tau}, a_{An}\neq a_{Bn}$

C. $a_{A\tau}\neq a_{B\tau}, a_{An}=a_{Bn}$　　D. $a_{A\tau}\neq a_{B\tau}, a_{An}\neq a_{Bn}$

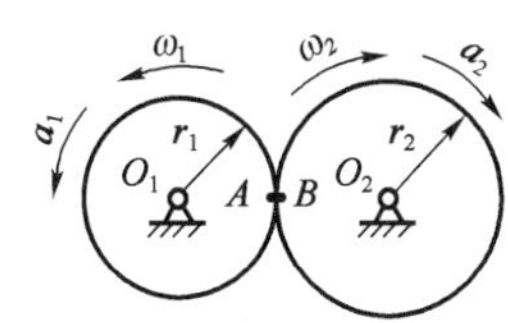

题 4-2-9 图

4-2-10　单摆由长 l 的摆杆与摆锤 A 组成（见图），其运动规律 $\varphi=\varphi_0\sin\omega t$。锤 A 在 $t=\frac{\pi}{4\omega}$ s 时的速度、切向加速度与法向加速度的大小分别为（　　）。

A. $v=\frac{1}{2}l\varphi_0\omega, a_\tau=-\frac{1}{2}l\varphi_0\omega^2, a_n=\frac{\sqrt{2}}{2}l\varphi_0^2\omega^2$

B. $v=\frac{1}{2}l\varphi_0\omega, a_\tau=\frac{1}{2}l\varphi_0\omega^2, a_n=-\frac{\sqrt{2}}{2}l\varphi_0^2\omega^2$

C. $v=\frac{\sqrt{2}}{2}l\varphi_0\omega, a_\tau=-\frac{\sqrt{2}}{2}l\varphi_0\omega^2, a_n=\frac{1}{2}l\varphi_0^2\omega^2$

D. $v=\frac{\sqrt{2}}{2}l\varphi_0\omega, a_\tau=\frac{\sqrt{2}}{2}l\varphi_0\omega^2, a_n=-\frac{1}{2}l\varphi_0^2\omega^2$

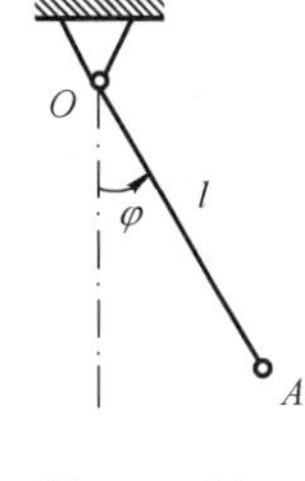

题 4-2-10 图

4-2-11　每段长度相等的直角折杆在图示的平面内绕 O 轴转动，角速度 ω 为顺时针转向，M 点的速度方向应是图中的（　　）。

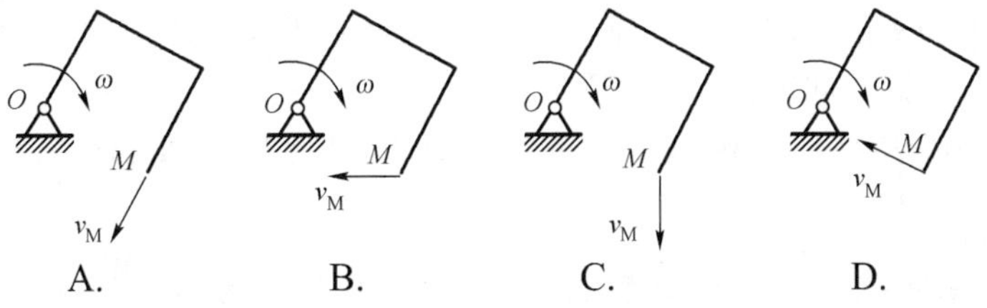

第三节　动　力　学

动力学所研究的是物体的运动与其所受力之间的关系。

一、动力学基本定律及质点运动微分方程

（一）动力学基本定律

动力学的全部理论都是建立在动力学基本定律基础之上的。而动力学基本定律就是牛顿运动定律，或曰牛顿三定律。其中最重要的是牛顿第二定律，即质量为 m 的质点在合力 $\boldsymbol{F}_{\mathrm{R}}$ 的作用下所产生的加速度 $\boldsymbol{a}$ 满足下列关系式

$$\boldsymbol{F}_{\mathrm{R}} = m\boldsymbol{a} \tag{4-3-1}$$

式(4-3-1)称为动力学基本方程。

（二）质点运动微分方程

若将式(4-3-1)中的加速度表示为矢径对时间的二阶导数，便得质点运动微分方程为

$$m\frac{\mathrm{d}^2\boldsymbol{r}}{\mathrm{d}t^2} = \boldsymbol{F}_{\mathrm{R}} \quad 或 \quad m\ddot{\boldsymbol{r}} = \boldsymbol{F}_{\mathrm{R}} \tag{4-3-2}$$

将式(4-3-2)投影到固定的直角坐标轴上，得到直角坐标形式的质点运动微分方程为

$$m\ddot{x} = F_{\mathrm{R}x}, m\ddot{y} = F_{\mathrm{R}y}, m\ddot{z} = F_{\mathrm{R}z} \tag{4-3-3}$$

将式(4-3-2)投影到质点轨迹的自然轴系上，得到质点自然形式的运动微分方程为

$$m\ddot{s} = F_{\mathrm{R}\tau}, m\frac{\dot{s}^2}{\rho} = F_{\mathrm{R}n}, 0 = F_{\mathrm{R}b} \tag{4-3-4}$$

应用式(4-3-3)和式(4-3-4)可求解质点动力学的两类问题。第一类问题是：已知质点的运动，求作用于该质点的力；第二类问题是：已知作用于质点的力，求该质点的运动。由式(4-3-2)可知，第一类问题只需进行微分运算，而第二类问题则需要解微分方程（进行积分运算），借已知的运动初始条件确定积分常数后，才能完全确定质点的运动。

【例 4-3-1】 在如图 a)所示圆锥摆中，球 M 的质量为 m，绳长 l，若 α 角保持不变，则小球的法向加速度为：

A. $g\sin\alpha$　　B. $g\cos\alpha$

C. $g\tan\alpha$　　D. $g\cot\alpha$

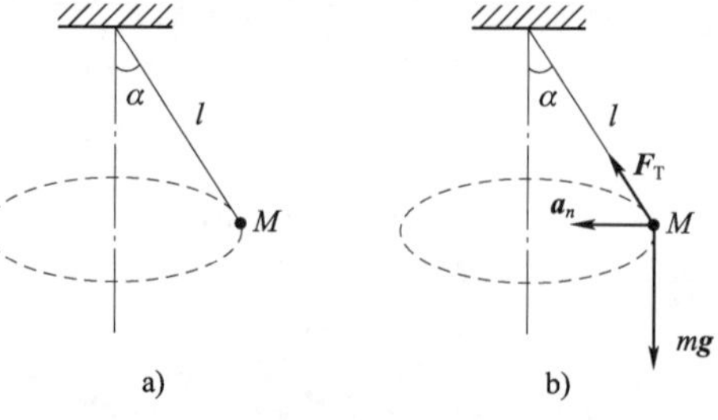

例 4-3-1 图

解 小球受力如图 b)所示。在铅垂平面内垂直于绳的方向列质点运动微分方程（牛顿第二定律），有：$ma_n\cos\alpha = mg\sin\alpha$，所以，$a_n = g\tan\alpha$。

答案：C

【例 4-3-2】 放在弹簧平台上的物块 A，重力为 $\boldsymbol{W}$，做上下往复运动，当经过图示位置的 1、0、2 时（0 为静平衡位置），平台对 A 的约束力分别为 $\boldsymbol{P}_1$、$\boldsymbol{P}_2$、$\boldsymbol{P}_3$，它们之间的大小关系为：

A. $P_1 = P_2 = W = P_3$　　B. $P_1 > P_2 = W > P_3$

C. $P_1 < P_2 = W < P_3$　　D. $P_1 < P_3 = W > P_2$

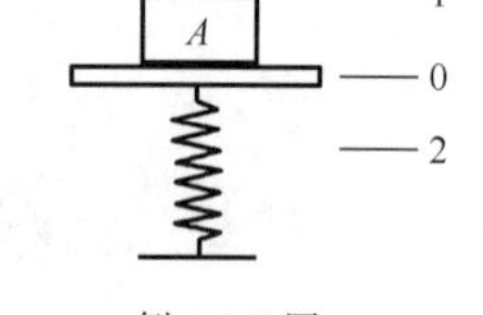

例 4-3-2 图

解 物块 A 在位置 1 时，其加速度向下，应用牛顿第二定律，$\dfrac{W}{g}a = W - P_1$，则 $P_1 = W\left(1 - \dfrac{a}{g}\right)$；而在静平衡位置 0 时，物块 A 的加速度为零，即 $P_2 = W$；同理，物块 A 在位置 2 时，其加速度向上，故 $P_3 = W\left(1 + \dfrac{a}{g}\right)$。

答案：C

【例 4-3-3】 质量为 m 的物块 A，置于与水平面成 θ 角的斜面 B 上，如图 a)所示，A 与 B 间的摩擦系数为 f，为保持 A 与 B 一起以加速度 $\boldsymbol{a}$ 水平向右运动，则所需的加速度 $\boldsymbol{a}$ 最大是：

A. $a=\dfrac{g(f\cos\theta+\sin\theta)}{\cos\theta+f\sin\theta}$

B. $a=\dfrac{gf\cos\theta}{\cos\theta+f\sin\theta}$

C. $a=\dfrac{g(f\cos\theta-\sin\theta)}{\cos\theta+f\sin\theta}$

D. $a=\dfrac{gf\sin\theta}{\cos\theta+f\sin\theta}$

例 4-3-3 图

解 物块 A 的受力如图 b)所示，应用牛顿第二定律，沿斜面方向有：$ma\cos\theta=F-mg\sin\theta$，垂直于斜面方向有：$ma\sin\theta=mg\cos\theta-F_N$；所以当摩擦力 $F=ma\cos\theta+mg\sin\theta\leqslant F_N f$ 时可保证 A 与 B 一起以加速度 $\boldsymbol{a}$ 水平向右运动。式中 $F_N=mg\cos\theta-ma\sin\theta$，代入后可求：$a\leqslant\dfrac{g(f\cos\theta-\sin\theta)}{\cos\theta+f\sin\theta}$。

答案：C

二、动力学普遍定理

由有限个或无限个质点通过约束联系在一起的系统，称为质点系。工程实际中的机械和结构物以及刚体均为质点系。对于质点系，没有必要研究其中每个质点的运动。

动力学普遍定理（包括动量定理、动量矩定理、动能定理）建立了表明质点系整体运动的物理量（如动量、动量矩、动能）与表明力作用效果的量（如冲量、力、力矩、力的功）之间的关系。应用动力学普遍定理能够有效地解决质点系的动力学问题。

（一）动力学普遍定理中各物理量的概念及定义

1. 质心

质心为质点系的质量中心，其位置可通过下列公式确定

$$x_C=\frac{\sum m_i x_i}{\sum m_i}=\frac{\sum m_i x_i}{m},\ y_C=\frac{\sum m_i y_i}{\sum m_i}=\frac{\sum m_i y_i}{m},\ z_C=\frac{\sum m_i z_i}{\sum m_i}=\frac{\sum m_i z_i}{m} \tag{4-3-5}$$

若令质点系质心的矢径为 $\boldsymbol{r}_C=x_C\boldsymbol{i}+y_C\boldsymbol{j}+z_C\boldsymbol{k}$，第 i 个质点的矢径为 $\boldsymbol{r}_i=x_i\boldsymbol{i}+y_i\boldsymbol{j}+z_i\boldsymbol{k}$；则质点系质心坐标的公式还可表示为

$$\boldsymbol{r}_C=\frac{\sum m_i\boldsymbol{r}_i}{\sum m_i}=\frac{\sum m_i\boldsymbol{r}_i}{m} \tag{4-3-6}$$

2. 转动惯量

转动惯量的定义、计算公式及常用简单形体的转动惯量见表 4-3-1 及表 4-3-2。

转动惯量的定义及计算公式 表 4-3-1

名称	定义	计算公式
转动惯量	刚体内各质点的质量与质点到轴的垂直距离平方的乘积之和，是刚体转动惯性的度量	$J_z=\sum_{i=1}^{n}m_i r_i^2$
	刚体的质量与回转半径平方的乘积	$J_z=m\rho_z^2$
平行移轴定理	刚体对任一轴的转动惯量等于其对通过质心并与该轴平行的轴的转动惯量，加上刚体质量与两轴间距离平方的乘积	$J_z=J_{Cz}+md^2$

常用简单均质物体的转动惯量及回转半径　　表 4-3-2

物体形状	简　图	转动惯量	回转半径
细直杆	l/2　l/2	$J_y=\frac{1}{12}ml^2$	$\rho_y=\frac{1}{\sqrt{12}}l$
细圆环	y　O　r　x	$J_x=J_y=\frac{1}{2}mr^2$ $J_z=J_O=mr^2$	$\rho_x=\rho_y=\frac{1}{\sqrt{2}}r$ $\rho_z=r$
薄圆盘	y　O　r　x	$J_x=J_y=\frac{1}{4}mr^2$ $J_z=J_O=\frac{1}{2}mr^2$	$\rho_x=\rho_y=\frac{1}{2}r$ $\rho_z=\frac{1}{\sqrt{2}}r$

3.其他基本物理量

动力学普遍定理中各基本物理量(如动量、动量矩、动能、冲量、功、势能等)的概念、定义及表达式见表 4-3-3。

动力学普遍定理中各物理量的概念、定义及表达式　　表 4-3-3

物理量		概念及定义	表达式		量纲及单位
			质点	质点系	
动量		物体的质量与其速度的乘积,是物体机械运动强弱的一种度量	$m\boldsymbol{v}$	$\boldsymbol{p}=\sum m_i\boldsymbol{v}_i=m\boldsymbol{v}_C$	$[M][L][T]^{-1}$ kg · m/s
冲量		力与其作用时间的乘积,用以度量作用于物体的力在一段时间内对其运动所产生的累计效应	$\boldsymbol{I}=\int_{t_1}^{t_2}\boldsymbol{F}\mathrm{d}t$	$\boldsymbol{I}=\sum\int_{t_1}^{t_2}\boldsymbol{F}_i\mathrm{d}t=\sum\boldsymbol{I}^i$	$[M][L][T]^{-1}$ kg · m/s
动量矩	质点	质点的动量对任选固定点 O 之矩,用以度量质点绕该点运动的强弱	$\boldsymbol{M}_O(m\boldsymbol{v})=\boldsymbol{r}\times m\boldsymbol{v}$ $[\boldsymbol{M}_O(m\boldsymbol{v})]_z=M_z(m\boldsymbol{v})$		$[M][L]^2[T]^{-1}$ kg · m²/s 或 N · m · s
	质系	质点系中所有各质点的动量对于任选固定点 O 之矩的矢量和	$\boldsymbol{L}_O=\sum\boldsymbol{M}_O(m_i\boldsymbol{v}_i)=\sum\boldsymbol{r}_i\times m_i\boldsymbol{v}_i$		
	平移刚体	刚体的动量对于任选固定点 O 之矩	$\boldsymbol{L}_O=\boldsymbol{M}_O(m\boldsymbol{v}_C)=\boldsymbol{r}_C\times m\boldsymbol{v}_C$		
	转动刚体	刚体的转动惯量与角速度的乘积	$L_z=J_z\omega$		

续上表

物理量		概念及定义	表达式		量纲及单位
			质点	质点系	
动能	质点	质点的质量与速度平方的乘积之半，是由于物体的运动而具有的能量	$T=\frac{1}{2}mv^2$		$[M][L]^2[T]^{-2}$ J 或 N·m 或 $kg \cdot m^2/s^2$
	质系	质点系中所有各质点动能之和	$T=\sum\frac{1}{2}m_iv_i^2$		
	平移刚体	刚体的质量与质心速度的平方之半	$T=\frac{1}{2}mv_C^2$		
	转动刚体	刚体的转动惯量与角速度的平方之半	$T=\frac{1}{2}J_z\cdot\omega^2$		
	平面运动刚体	随质心平移的动能与绕质心转动的动能之和	$T=\frac{1}{2}mv_C^2+\frac{1}{2}J_C\omega^2$		
功		力在其作用点的运动路程中对物体作用的累积效应，功是能量变化的度量	$W_{12}=\int_{M_1}^{M_2}\boldsymbol{F}\cdot d\boldsymbol{r}$ $=\int_{M_1}^{M_2}(\boldsymbol{F}_x dx+\boldsymbol{F}_y dy+\boldsymbol{F}_z dz)$		$[M][L]^2[T]^{-2}$ J 或 N·m 或 $kg \cdot m^2/s^2$
		重力的功只与质点起、止位置有关	$W_{12}=mg(z_1-z_2)$		
		弹性力的功只与质点起、止位置的变形量有关	$W_{12}=\frac{k}{2}(\delta_1^2-\delta_2^2)$		
		定轴转动刚体上作用力的功 若 $m_z(\boldsymbol{F})$ = 常量，则表达式表示如右栏	$W_{12}=\int_{\varphi_1}^{\varphi_2}m_z(\boldsymbol{F})d\varphi$ $W_{12}=m_z(\boldsymbol{F})(\varphi_2-\varphi_1)$		
势能		质点从某位置至零势点有势力所做的功	$V=\int_M^{M_0}\boldsymbol{F}\cdot d\boldsymbol{r}$		$[M][L]^2[T]^{-2}$ J 或 N·m 或 $kg \cdot m^2/s^2$
		重力势能：空间直角坐标系原点为零势点	$V=mgz_C$		
		弹性势能：弹簧原长为零势点	$V=\frac{1}{2}k\delta^2$		

(二)动力学三大普遍定理

动力学普遍定理(包括动量定理、质心运动定理，对固定点和相对质心的动量矩定理、动能定理)及相应的守恒定理的表达式及适用范围见表 4-3-4。

动力学普遍定理的表达式及适用范围 表 4-3-4

定理		表达式	守恒情况	说明
动量定理	质点	$\frac{d}{dt}(m\boldsymbol{v})=\boldsymbol{F}$	若 $\sum\boldsymbol{F}^{(e)}=0$，则 $\boldsymbol{p}$ = 恒量 若 $\sum F_x^{(e)}=0$，则 $\boldsymbol{p}_x$ = 恒量	主要阐明了刚体作平动或质系随质心平动部分的运动规律，常用于研究平动部分、质心的运动及约束力的求解
	质系	$\frac{d}{dt}\boldsymbol{p}=\sum\boldsymbol{F}^{(e)}$	若 $\sum\boldsymbol{F}^{(e)}=0$，则 $\boldsymbol{v}_C$ = 恒量；当 $\boldsymbol{v}_{C0}=0$ 时，$\boldsymbol{r}_C$ = 恒量，即质心位置不变 若 $\sum F_x^{(e)}=0$，则 v_{Cx} = 恒量；当 $v_{Cx0}=0$ 时，x_C = 恒量，即质心 x 坐标不变	
	质心运动定理	$m\boldsymbol{a}_C=\sum\boldsymbol{F}^{(e)}$		

续上表

<table>
<tr><th>定理</th><th colspan="3">表 达 式</th><th>守 恒 情 况</th><th>说 明</th></tr>
<tr><td rowspan="4">动量矩定理</td><td>质点</td><td colspan="2">$\frac{\mathrm{d}}{\mathrm{d}t}\boldsymbol{M}_O(m\boldsymbol{v}) = \boldsymbol{M}_O(\boldsymbol{F})$
$\frac{\mathrm{d}}{\mathrm{d}t}M_z(m\boldsymbol{v}) = M_z(\boldsymbol{F})$</td><td>若 $\boldsymbol{M}_O(\boldsymbol{F})=0$，则 $\boldsymbol{M}_O(m\boldsymbol{v})=$ 恒量
若 $M_z(\boldsymbol{F})=0$，则 $M_z(m\boldsymbol{v})=$ 恒量</td><td rowspan="4">主要阐明了刚体作定轴转动或质系绕质心转动部分的运动规律，常用于研究定轴转动及绕质心转动部分的运动</td></tr>
<tr><td>质系</td><td colspan="2">$\frac{\mathrm{d}\boldsymbol{L}_O}{\mathrm{d}t}=\boldsymbol{M}_O^{(e)}=\sum\boldsymbol{M}_O(\boldsymbol{F}^{(e)})$
$\frac{\mathrm{d}L_z}{\mathrm{d}t}=M_z^{(e)}=\sum M_z(\boldsymbol{F}^{(e)})$
注：矩心 O 可以是任意固定点，亦可是质心</td><td>若 $\sum\boldsymbol{M}_O(\boldsymbol{F}^{(e)})=0$，则 $\boldsymbol{L}_O=$ 恒量
若 $\sum M_z(\boldsymbol{F}^{(e)})=0$，则 $L_z=$ 恒量</td></tr>
<tr><td>定轴转动刚体</td><td colspan="2">$J_z\alpha=\sum M_z(\boldsymbol{F}^{(e)})$</td><td rowspan="2">若 $\sum M_z(\boldsymbol{F}^{(e)})=0$，则 $\alpha=0$，$\omega=$ 恒量，刚体绕 z 轴作匀角速度转动
若 $\sum M_z(\boldsymbol{F}^{(e)})=$ 恒量，则 $\alpha=$ 恒量，刚体绕 z 轴作匀变速度转动</td></tr>
<tr><td>平面运动刚体</td><td colspan="2">$m\boldsymbol{a}_C=\sum\boldsymbol{F}^{(e)}$
$J_C\alpha=\sum M_C(\boldsymbol{F}^{(e)})$</td></tr>
<tr><td rowspan="3">动能定理</td><td></td><td>微分形式</td><td>积分形式</td><td rowspan="3">若质点或质系只在有势力作用下运动，则机械能守恒
$E=T+V=$ 常值</td><td rowspan="3">由于能量的概念更为广泛，所以此定理能阐明平动、转动、平面运动等运动规律，故常用于解各物体有关的运动量（$\boldsymbol{v}$、$\boldsymbol{a}$、ω、α）</td></tr>
<tr><td>质点</td><td>$\mathrm{d}\left(\frac{1}{2}mv^2\right)=\delta W$</td><td>$\frac{1}{2}mv_2^2-\frac{1}{2}mv_1^2=W_{12}$</td></tr>
<tr><td>质系</td><td>$\mathrm{d}T=\sum\delta W_i$</td><td>$T_2-T_1=\sum W_{12i}$</td></tr>
</table>

【例 4-3-4】 如图所示丁字杆 $OABD$ 的 OA 及 BD 段质量均为 m，且 $AD=AB=OA/2=l/2$，已知丁字杆在图示位置的角速度为 ω，求此瞬时丁字杆的动量，对 O 轴的动量矩及动能。

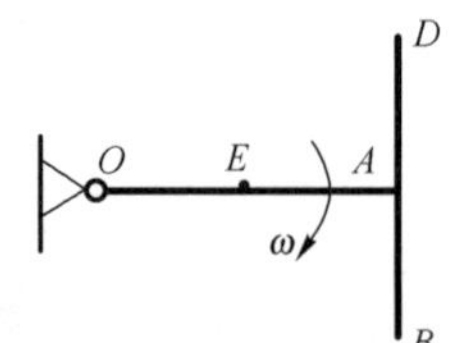

例 4-3-4 图

解 丁字杆作定轴转动，按照定义可求如下物理量。

(1)动量

根据公式 $\boldsymbol{p}=\sum m_i\boldsymbol{v}_i=\sum\boldsymbol{p}_i=m\boldsymbol{v}_C$，可将丁字杆分为 OA 和 BD 两部分，则整体的动量大小为

$$p=p_{OA}+p_{BD}=mv_E+mv_A=m\frac{l}{2}\omega+ml\omega=\frac{3}{2}ml\omega\text{（方向铅垂向下）}$$

亦可求出丁字杆质心 C 的位置，即

$$x_C=\frac{m\frac{l}{2}+ml}{2m}=\frac{3}{4}l$$

丁字杆的动量为

$$p=2mv_C=2m\cdot\frac{3}{4}l\omega=\frac{3}{2}ml\omega$$

(2)对 O 轴的动量矩

$$L_O=J_O\omega$$

其中转动惯量 J_O 为

$$J_O=\frac{1}{3}ml^2+\frac{1}{12}ml^2+ml^2=\frac{17}{12}ml^2$$

所以对 O 轴的动量矩为

$$L_O = \frac{17}{12}ml^2\omega$$

(3)动能

$$T = \frac{1}{2}J_O\omega^2 = \frac{17}{24}ml^2\omega^2$$

注:求解刚体的动量时,主要是求出刚体质心的速度;而求解刚体的动量矩和动能时,则首先需要判断刚体的运动形式,再应用相应的公式求解。

【例 4-3-5】 图示均质圆轮,质量 m,半径 R,由挂在绳上的重力大小为 W 的物块使其绕 O 运动。设物块速度为 v,不计绳重,则系统动量、动能的大小为:

A. $\frac{W}{g}\cdot v$; $\frac{1}{2}\cdot\frac{v^2}{g}\left(\frac{1}{2}mg+W\right)$

B. mv ; $\frac{1}{2}\cdot\frac{v^2}{g}\left(\frac{1}{2}mg+W\right)$

C. $\frac{W}{g}\cdot v+mv$; $\frac{1}{2}\cdot\frac{v^2}{g}\left(\frac{1}{2}mg-W\right)$

D. $\frac{W}{g}\cdot v-mv$; $\frac{W}{g}\cdot v+mv$

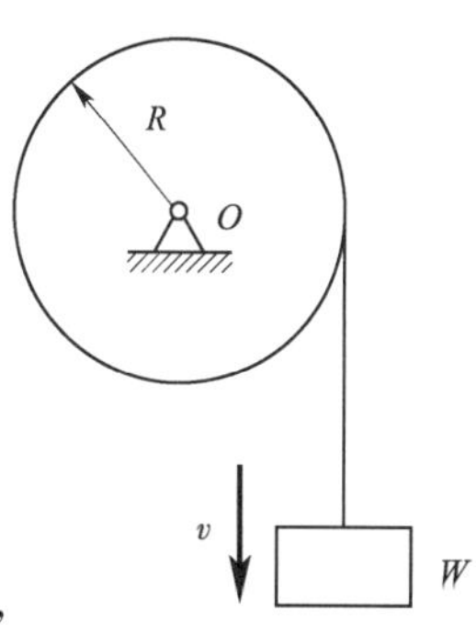

例 4-3-5 图

解 根据动量的公式:$p=mv_C$,则圆轮质心速度为零而动量为零,故系统的动量只有物块的 $\frac{W}{g}\cdot v$

又根据动能的公式:圆轮的动能为 $\frac{1}{2}\cdot\frac{1}{2}mR^2\omega^2=\frac{1}{4}mR^2\left(\frac{v}{R}\right)^2=\frac{1}{4}mv^2$,物块的动能为 $\frac{1}{2}\cdot\frac{W}{g}v^2$

二者相加为 $\frac{1}{2}\cdot\frac{v^2}{g}(\frac{1}{2}mg+W)$

答案:A

【例 4-3-6】 A 块与 B 块叠放如图所示,各接触面处均考虑摩擦。当 B 块受力 $\boldsymbol{F}$ 作用沿水平面运动时,A 块仍静止于 B 块上,于是:

A. 各接触面处的摩擦力均做负功

B. 各接触面处的摩擦力均做正功

C. A 块上的摩擦力做正功

D. B 块上的摩擦力做正功

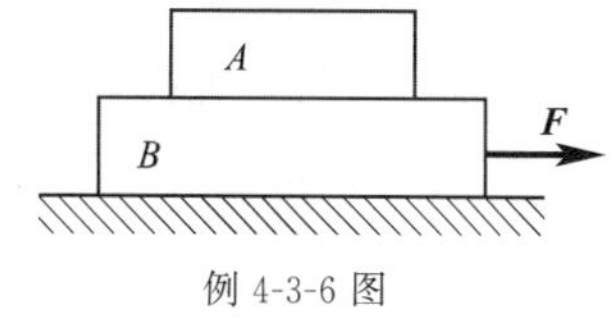

例 4-3-6 图

解 作用在物块 B 上下两面的摩擦力均水平向左,而物块 B 向右运动,其摩擦力做负功;而作用在物块 A 上的摩擦力水平向右,使其向右运动,做正功。

答案:C

【例 4-3-7】 质量 m_1 与半径 r 均相同的三个均质滑轮,在绳端作用有力或挂有重物,如图所示。已知均质滑轮的质量为 $m_1=2\text{kN}\cdot\text{s}^2/\text{m}$,重物的质量分别为 $m_2=0.2\text{kN}\cdot\text{s}^2/\text{m}$,$m_3=0.1\text{kN}\cdot\text{s}^2/\text{m}$,重力加速度按 $g=10\text{m/s}^2$ 计算,则各轮转动的角加速度 α 间的关系是:

A. $\alpha_1=\alpha_3>\alpha_2$　　B. $\alpha_1<\alpha_2<\alpha_3$

C. $\alpha_1>\alpha_3>\alpha_2$　　D. $\alpha_1\neq\alpha_2=\alpha_3$

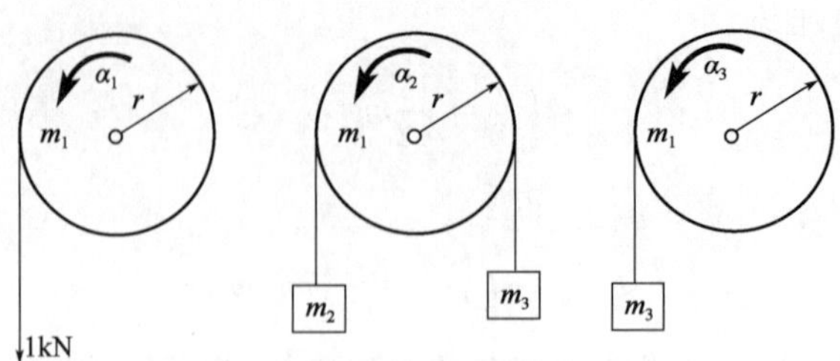

例 4-3-7 图

解 根据动量矩定理：$J\alpha_1=1\times r$（J 为滑轮的转动惯量）；$J\alpha_2+m_2r^2\alpha_2+m_3r^2\alpha_2=(m_2g-m_3g)r=1\times r$；$J\alpha_3+m_3r^2\alpha_3=m_3gr=1\times r$

则 $\alpha_1=\dfrac{1\times r}{J}$；$\alpha_2=\dfrac{1\times r}{J+m_2r^2+m_3r^2}$；$\alpha_3=\dfrac{1\times r}{J+m_3r^2}$

答案：C

【例 4-3-8】 质量为 m，长为 $2l$ 的均质细杆初始位于水平位置，如图 a）所示。A 端脱落后，杆绕轴 B 转动，当杆转到铅垂位置时，AB 杆 B 处的约束力大小为：

A. $F_{Bx}=0$；$F_{By}=0$

B. $F_{Bx}=0$，$F_{By}=\dfrac{mg}{4}$

C. $F_{Bx}=l$，$F_{By}=mg$

D. $F_{Bx}=0$，$F_{By}=\dfrac{5mg}{2}$

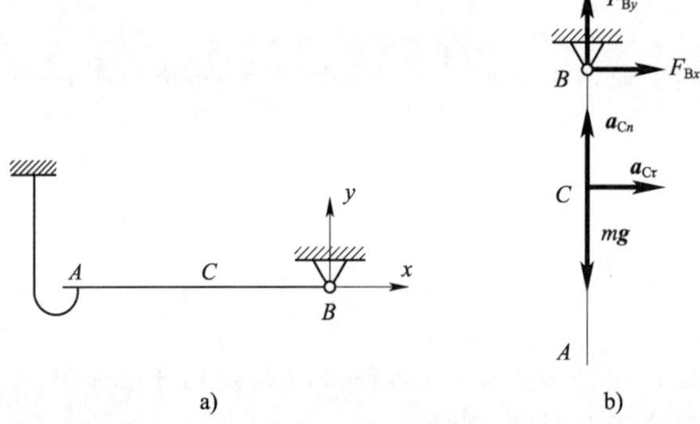

例 4-3-8 图

解 根据动能定理，当杆从水平位置转动到铅垂位置时（图 b）

初动能 $T_1=0$；末动能 $T_2=\dfrac{1}{2}J_B\omega^2=\dfrac{1}{2}\cdot\dfrac{1}{3}m(2l)^2\omega^2=\dfrac{2}{3}ml^2\omega^2$

重力的功 $W_{12}=mgl$

代入动能定理 $T_2-T_1=W_{12}$，得 $\omega^2=\dfrac{3g}{2l}$，$\omega=\sqrt{\dfrac{3g}{2l}}$

根据定轴转动微分方程：$J_B\alpha=M_B(F)=0$，$\alpha=0$

杆质心的加速度 $a_{C\tau}=l\alpha=0$，$a_{Cn}=l\omega^2=\dfrac{3g}{2}$

由质心运动定理：$m\boldsymbol{a}_C=\sum\boldsymbol{F}$

可得：$ml\omega^2=F_{By}-mg$，则 $F_{By}=\dfrac{5}{2}mg$，$F_{Bx}=0$

答案：D

【例 4-3-9】 如图所示均质链条传动机构的大齿轮以角速度 ω 转动，已知大齿轮半径为 R，质量为 m_1，小齿轮半径为 r，质量为 m_2，链条质量不计，则此系统的动量为：

A. $(m_1+2m_2)v\rightarrow$　　　　B. $(m_1+m_2)v\rightarrow$

C. $(2m_2-m_1)v\rightarrow$　　　　D. 0

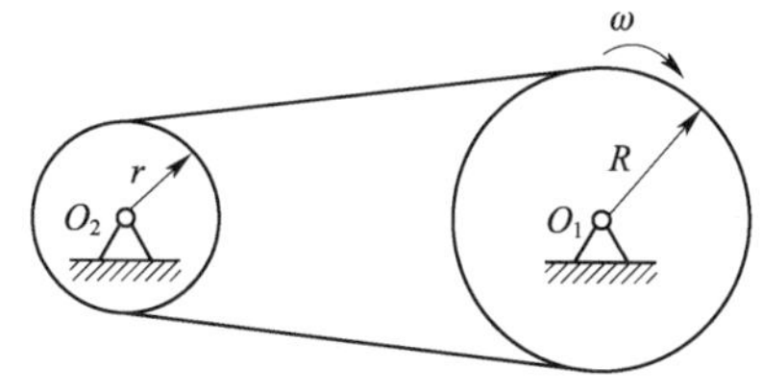

例 4-3-9 图

解 根据动量的定义，系统的动量 $p=m_iv_i$，而两轮质心的速度均为零，故动量为零，链条不计质量，所以此系统的动量为零。

答案：D

【例 4-3-10】 均质圆柱体半径为 R，质量为 m，绕关于对纸面垂直的固定水平轴自由转动，初瞬时静止（质心 G 在 O 轴的铅垂线上，$\theta=0$），如图所示。则圆柱体在位置 $\theta=90°$时的角速度是：

A. $\sqrt{\dfrac{g}{3R}}$　　　　B. $\sqrt{\dfrac{2g}{3R}}$

C. $\sqrt{\dfrac{4g}{3R}}$　　　　D. $\sqrt{\dfrac{g}{2R}}$

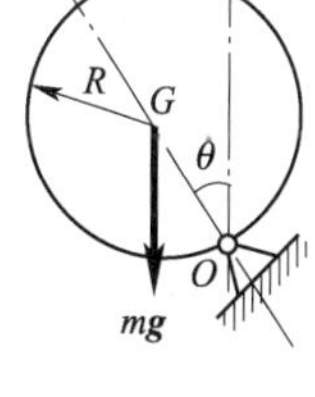

例 4-3-10 图

解 根据动能定理：$T_2-T_1=W_{12}$，其中 $T_1=0$（初瞬时静止），$T_2=\dfrac{1}{2}\cdot\dfrac{3}{2}mR^2\omega^2$，$W_{12}=mgR$，代入动能定理：$\dfrac{3}{4}mR^2\omega^2-0=mgR$，可得 $\omega=\sqrt{\dfrac{4g}{3R}}$。

答案：C

三、达朗贝尔原理

达朗贝尔原理提供了研究非自由质点系动力学问题的一种普遍方法，即通过引入惯性力，将动力学问题在形式上转化为静力学问题，用静力学中求解平衡问题的方法求解动力学问题，故亦称动静法。

（一）惯性力的概念

当质点受到力的作用而要其改变运动状态时，由于质点具有保持其原有运动状态不变的惯性，将会体现出一种抵抗能力，这种抵抗力，就是质点给予施力物体的反作用力，而这个反作用力称为惯性力，用 $\boldsymbol{F}_{\mathrm{I}}$ 表示。质点惯性力的大小等于质点的质量与加速度的乘积，方向与质点加速度方向相反。即

$$\boldsymbol{F}_{\mathrm{I}}=-m\boldsymbol{a} \tag{4-3-7}$$

需要特别指出的是，质点的惯性力是质点对改变其运动状态的一种抵抗，它并不作用于质点上，而是作用在使质点改变运动状态的施力物体上，但由于惯性力反映了质点本身的惯性特征，所以其大小、方向又由质点的质量和加速度来度量。

（二）刚体惯性力系的简化

对于刚体，可以将其细分而作为无穷多个质点的集合。如果我们研究刚体整体的运动，可以运用静力学中所述力系简化的方法，将刚体无穷多质点上虚加的惯性力向一点简化，并利用简化的结果来等效原来的惯性力系。其简化结果见表 4-3-5。

刚体惯性力系的简化结果 表 4-3-5

刚体的运动形式	表达式	备注	
平移刚体	$\boldsymbol{F}_{\mathrm{I}}=-m\boldsymbol{a}_{\mathrm{C}}, M_{\mathrm{IC}}=0$	惯性力合力的作用点在质心，适用于任意形状的刚体	
定轴转动刚体	$\boldsymbol{F}_{\mathrm{I}}=-m\boldsymbol{a}_{\mathrm{C}}, M_{\mathrm{IO}}=-J_{\mathrm{O}}\alpha$	惯性力的作用点在转动轴 O 处	只适用于转动轴垂直于质量对称平面的刚体
	$\boldsymbol{F}_{\mathrm{I}}=-m\boldsymbol{a}_{\mathrm{C}}, M_{\mathrm{IC}}=-J_{\mathrm{C}}\alpha$	惯性力的作用点在质心 C 处	
平面运动刚体	$\boldsymbol{F}_{\mathrm{I}}=-m\boldsymbol{a}_{\mathrm{C}}, M_{\mathrm{IC}}=-J_{\mathrm{C}}\alpha$	惯性力的作用点在质心 C 处	

（三）达朗贝尔原理的含义

当质点（系）上施加了恰当的惯性力后，从形式上看，质点（系）运动的任一瞬时，作用于质点上的主动力、约束力，以及质点的惯性力构成一平衡力系。这就是质点（系）的达朗贝尔原理。应用该原理求解动力学问题的方法，称为动静法。达朗贝尔原理的方程见表 4-3-6。

达朗贝尔原理基本方程 表 4-3-6

方法	方程	备注
质点的达朗贝尔原理	$\boldsymbol{F}+\boldsymbol{F}_{\mathrm{N}}+\boldsymbol{F}_{\mathrm{I}}=0$	由牛顿第二定律推出，只具有平衡方程的形式，而没有平衡的实质。特别适用于已知质点（系）的运动求约束力的情形。对质点系的动静法，只需考虑外力的作用
质点系的达朗贝尔原理	$\sum_{i=1}^{n}\boldsymbol{F}_i+\sum_{i=1}^{n}\boldsymbol{F}_{\mathrm{N}i}+\sum_{i=1}^{n}\boldsymbol{F}_{\mathrm{I}i}=0$ $\sum_{i=1}^{n}\boldsymbol{M}_{\mathrm{O}}(\boldsymbol{F}_i)+\sum_{i=1}^{n}\boldsymbol{M}_{\mathrm{O}}(\boldsymbol{F}_{\mathrm{N}i})+\sum_{i=1}^{n}\boldsymbol{M}_{\mathrm{O}}(\boldsymbol{F}_{\mathrm{I}i})=0$	

【例 4-3-11】 图所示均质圆盘作定轴转动，其中图 a）、图 c）的转动角速度为常量，而图 b）、图 d）的角速度不为常量。则（　　）的惯性力系简化结果为平衡力系。

A. 图 a）　B. 图 b）　C. 图 c）　D. 图 d）

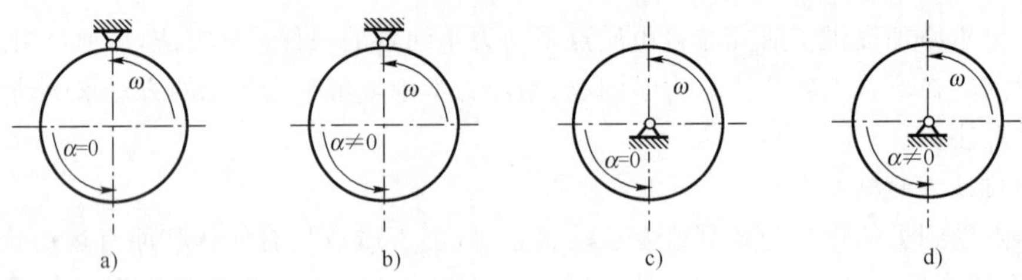

例 4-3-11 图

解 根据定轴转动刚体惯性力系的简化结果，上述圆盘的惯性力系均可简化为作用于质心的一个力 $\boldsymbol{F}_{\mathrm{I}}$ 和一力偶矩为 M_{IC} 的力偶，且

$$\boldsymbol{F}_{\mathrm{I}}=-m\boldsymbol{a}_{\mathrm{C}}, M_{\mathrm{IC}}=-J_{\mathrm{C}}\alpha$$

在图 c）中，$\boldsymbol{a}_{\mathrm{C}}=0, \alpha=0$，故 $\boldsymbol{F}_{\mathrm{I}}=0, M_{\mathrm{IC}}=0$，惯性力系成为平衡力系。

答案：C

【例 4-3-12】 质量为 m 的物体 M 在地面附近自由降落，它所受的空气阻力的大小为 $F_R = Kv^2$，其中 K 为阻力系数，v 为物体速度，该物体所能达到的最大速度为：

A. $v=\sqrt{\dfrac{mg}{K}}$　　B. $v=\sqrt{mgK}$　　C. $v=\sqrt{\dfrac{g}{K}}$　　D. $v=\sqrt{gK}$

解　按照牛顿第二定律，在铅垂方向有 $ma = F_R - mg = Kv^2 - mg$，当 $a = 0$(速度 v 的导数为零)时有速度最大，为 $v=\sqrt{\dfrac{mg}{K}}$。

答案：A

【例 4-3-13】 质量为 m，半径为 R 的均质圆盘，绕垂直于图面的水平轴 O 转动，其角速度为 ω，在图示瞬时，角加速度为零，盘心 C 在其最低位置，此时将圆盘的惯性力系向 O 点简化，其惯性力主矢和惯性力主矩的大小分别为：

A. $m\dfrac{R}{2}\omega^2$；0　　B. $mR\omega^2$；0

C. 0；0　　D. 0；$\dfrac{1}{2}mR^2\omega^2$

例 4-3-13 图

解　根据定轴转动刚体惯性力系的简化结果，求惯性力主矢和主矩大小的公式分别为 $F_I = ma_C$，$M_{IO} = J_O\alpha$，此题中：$a_C = \dfrac{1}{2}R\omega^2$，$a=0$，代入公式可得：$F_I = m\dfrac{R}{2}\omega^2$，$M_I = 0$。

答案：A

【例 4-3-14】 均质直杆 OA 的质量为 m，长为 l，以匀角速度 ω 绕 O 轴转动如图示。此时将 OA 杆的惯性力系向 O 点简化，其惯性力主矢和惯性力主矩的大小分别为：

A. 0，0　　B. $\dfrac{1}{2}ml\omega^2$，$\dfrac{1}{3}ml^2\omega^2$

C. $ml\omega^2$，$\dfrac{1}{2}ml^2\omega^2$　　D. $\dfrac{1}{2}ml\omega^2$，0

例 4-3-14 图

解　根据定轴转动刚体惯性力系的简化结果分析，匀角速度转动($\alpha=0$)刚体的惯性力主矢和主矩的大小分别为：$F_I = ma_C = \dfrac{1}{2}ml\omega^2$，$M_{IO} = J_O\alpha = 0$。

答案：D

【例 4-3-15】 质量不计的水平细杆 AB 长为 L，在沿垂图面内绕 A 轴转动，其另一端固连质量为 m 的质点 B，在图 a)示水平位置静止释放。则此瞬时质点 B 的惯性力为：

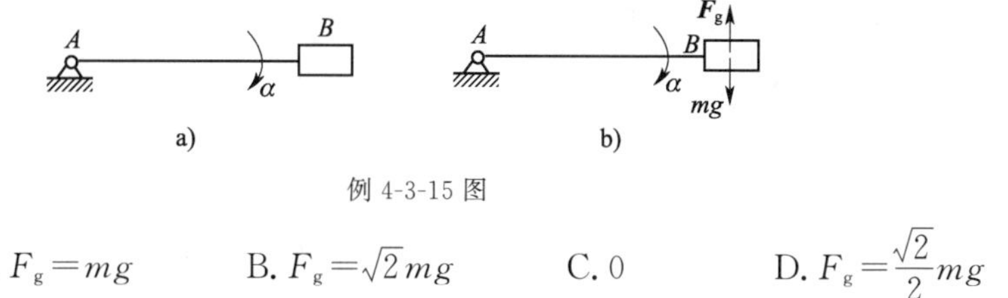

例 4-3-15 图

A. $F_g = mg$　　B. $F_g=\sqrt{2}mg$　　C. 0　　D. $F_g=\dfrac{\sqrt{2}}{2}mg$

解　杆水平瞬时，其角速度为零，加在物块上的惯性力铅垂向上(图 b)，列平衡方程 $\sum M_O(\boldsymbol{F})=0$，则有 $(F_g - mg)l = 0$，所以 $F_g = mg$。

答案：A

【例 4-3-16】 三角形物块沿水平地面运动的加速度为 $\boldsymbol{a}$，方向如图 a)所示。物块倾斜角为 θ。重力大小为 W 的小球在斜面上用细绳拉住，绳另端固定在斜面上。设物块运动中绳不松软，则小球对斜面的压力 $\boldsymbol{F}_N$ 的大小为：

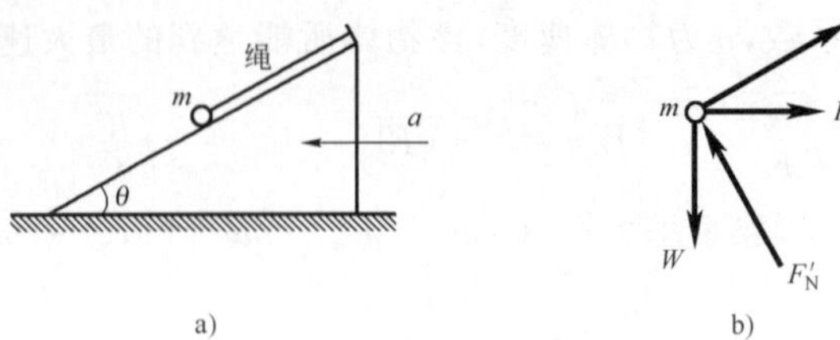

例 4-3-16 图

A. $F_N < W\cos\theta$　　B. $F_N > W\cos\theta$

C. $F_N = W\cos\theta$　　D. 只根据所给条件则不能确定

解　应用达朗贝尔原理，在小球上加一水平向右的惯性力 $\boldsymbol{F}_I$，使其与重力 $\boldsymbol{W}$、绳的拉力 $\boldsymbol{F}_T$ 及斜面的约束力 $\boldsymbol{F}'_N$ 形成形式上的平衡状态，受力如图 b)所示。将小球所受之力沿垂直于斜面的方向列力的投影平衡方程，有

$$F'_N - F_I\sin\theta - W\cos\theta = 0$$

则

$$F'_N = F_N = F_I\sin\theta + W\cos\theta$$

答案：B

【例 4-3-17】　如图所示圆环以角速度 ω 绕铅直轴 AC 自由转动，圆环的半径为 R，对转轴 z 的转动惯量为 I。在圆环中的 A 点放一质量为 m 的小球，设由于微小的干扰，小球离开 A 点。忽略一切摩擦，则当小球达到 B 点时，圆环的角速度为：

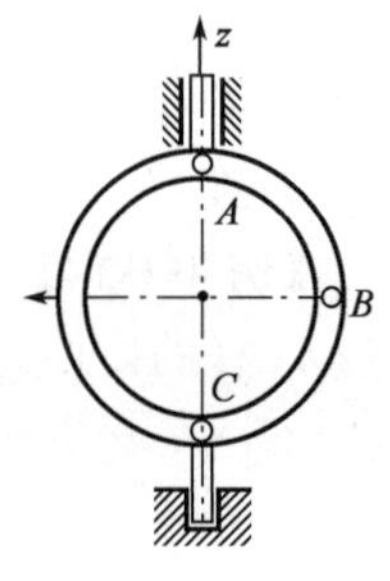

例 4-3-17 图

A. $\dfrac{mR^2\omega}{I+mR^2}$　　B. $\dfrac{I\omega}{I+mR^2}$

C. ω　　D. $\dfrac{2I\omega}{I+mR^2}$

解　系统在转动中对转动轴 z 的动量矩守恒，即：$I\omega = (I + mR^2)\omega_t$（设 ω_t 为小球达到 B 点时圆环的角速度），则 $\omega_t = \dfrac{I\omega}{I+mR^2}$。

答案：B

【例 4-3-18】　物块 A 的质量为 8kg，静止放在无摩擦的水平面上。另一质量为 4kg 的物块 B 被绳系住，如图所示，滑轮无摩擦。若物块 A 的速度 $a = 3.3\text{m/s}^2$，则物块 B 的惯性力为：

A. 13.2N（铅垂向上）

B. 13.2N（铅垂向下）

C. 26.4N（铅垂向上）

D. 26.4N（铅垂向下）

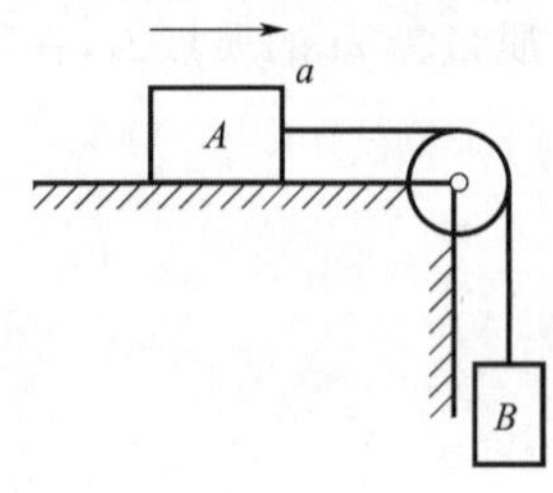

例 4-3-18 图

解　根据惯性力的定义：$F_I = -ma$，物块 B 的加速度与物块 A 的加速度大小相同，且向下，故物块 B 的惯性力 $F_{BI} = 4\times3.3 = 13.2\text{N}$，方向与其加速度方向相反，即铅垂向上。

答案：A

四、质点的直线振动

物体在某一位置附近作往复运动，这种运动称为振动。常见的振动有钟摆的运动、汽缸中活塞的运动等。

(一)自由振动微分方程

质量块受初始扰动,仅在恢复力作用下产生的振动称为自由振动。考查如图 4-3-1 所示之弹簧振子,设物块的质量为 m,弹簧的刚度为 k,由牛顿定律

$$m\frac{\mathrm{d}^2x}{\mathrm{d}t^2}=-kx$$

图 4-3-1 单自由度系统自由振动模型

令 $\omega_0^2=\frac{k}{m}$,则有

$$\frac{\mathrm{d}^2x}{\mathrm{d}t^2}+\omega_0^2x=0 \tag{4-3-8}$$

此式称为无阻尼自由振动微分方程的标准形式。其解为

$$x=A\sin(\omega_0t+\varphi) \tag{4-3-9}$$

(二)振动周期、固有频率和振幅

若初始 $t=0$ 时,$x=x_0$,$v=v_0$,则式(4-3-9)中各参数的物理意义及计算公式列于表 4-3-7 中。

自由振动的参数 表 4-3-7

	振幅	初相角	固有圆频率	周期
公式	$A=\sqrt{x_0^2+\frac{v_0^2}{\omega_0^2}}$	$\varphi=\arctan\frac{\omega_0x_0}{v_0}$	$\omega_0=\sqrt{\frac{k}{m}}$	$T=\frac{2\pi}{\omega_0}$
定义	相对于振动中心的最大位移	初相角决定质点运动的起始位置	2π 秒内的振动次数	振动一次所需要的时间

(三)求固有频率的方法

1. 列微分方程

化振动微分方程为标准形式(4-3-8)后,取位移坐标 x 前的系数,即为固有频率 ω_0 的平方。

2. 利用弹簧的静变形 δ_{st}

在静平衡位置,刚度为 k 的弹簧产生的弹性力与物块的重力 mg 相等,即 $k\delta_{st}=mg$,将其代入表 4-3-7 中固有圆频率的表达式,有

$$\omega_0=\sqrt{\frac{k}{m}}=\sqrt{\frac{mg}{m\delta_{st}}}=\sqrt{\frac{g}{\delta_{st}}} \tag{4-3-10}$$

3. 等效弹簧刚度

图 4-3-2a)为两个弹簧并联的模型,图 4-3-2b)为弹簧串联模型,这两种模型均可简化为如图 4-3-2c)所示弹簧-质量系统。

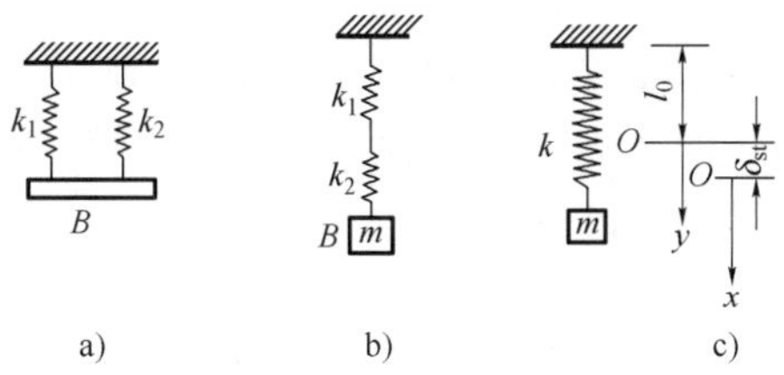

图 4-3-2 弹簧的并联和串联模型

弹簧并联

$$k=k_1+k_2 \tag{4-3-11}$$

系统的固有频率 $\omega_0=\sqrt{\frac{k}{m}}=\sqrt{\frac{k_1+k_2}{m}}$

弹簧串联
$$k=\frac{k_1k_2}{k_1+k_2} \tag{4-3-12}$$

系统的固有频率
$$\omega_0=\sqrt{\frac{k}{m}}=\sqrt{\frac{k_1k_2}{m(k_1+k_2)}}$$

4.能量法

因为自由振动系统为保守系统，故运动过程中，系统的机械能守恒。若设系统的静平衡位置（振动中心）为零势能位置，则在此位置，物块的速度达到最大，系统具有最大动能，势能为零；当物块偏离振动中心极端位置时，位移最大，速度为零，系统具有最大势能，动能为零。因此在这两个位置机械能守恒，有

$$T_{\max}=V_{\max} \tag{4-3-13}$$

根据式(4-3-9)，可得 $T_{\max}=\frac{1}{2}m\dot{x}_{\max}^2=\frac{1}{2}mA^2\omega_0^2$，$V_{\max}=\frac{1}{2}kx_{\max}^2=\frac{1}{2}kA^2$

则有

$$\omega_0=\sqrt{\frac{k}{m}}$$

所得结果与表4-3-7中固有频率的公式相同。

（四）衰减振动

振动中的阻力，习惯上称为阻尼。这里仅考虑阻力的大小与运动速度成正比，阻力的方向与速度矢量的方向相反这种类型的阻力，即

$$\boldsymbol{F}_{\mathrm{d}}=-c\boldsymbol{v} \tag{4-3-14}$$

如图4-3-3所示为弹簧振子的有阻尼自由振动的力学模型，根据牛顿定律

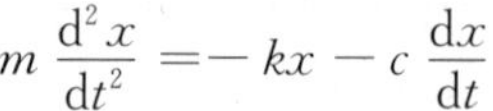

$$m\frac{\mathrm{d}^2x}{\mathrm{d}t^2}=-kx-c\frac{\mathrm{d}x}{\mathrm{d}t}$$

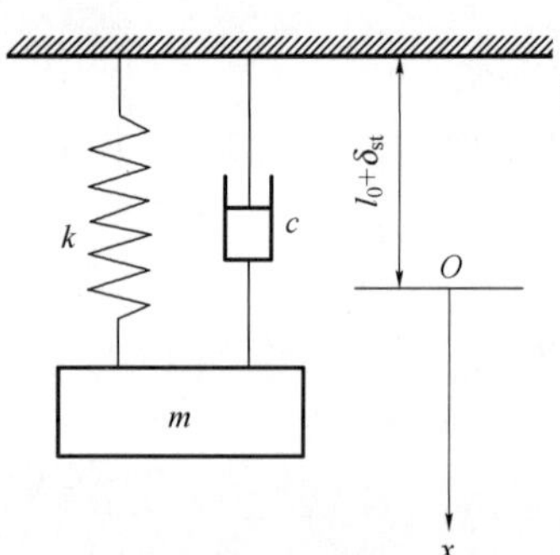

图4-3-3　弹簧振子的有阻尼自由振动模型

令 $n=\frac{c}{2m}$，上述方程可以整理成

$$\frac{\mathrm{d}^2x}{\mathrm{d}t^2}+2n\frac{\mathrm{d}x}{\mathrm{d}t}+\omega_0^2x=0 \tag{4-3-15}$$

对于不同的 n 值，上述方程的解有以下三种不同形式。

1.弱阻尼状态（或欠阻尼状态）

此时，$n<\omega_0$，方程(4-3-15)的解为

$$x=Ae^{-nt}\sin(\sqrt{\omega_0^2-n^2}\,t+\varphi) \tag{4-3-16}$$

式中，A、φ 为积分常数，由初始条件决定。如图4-3-4所示为振子的位移与时间的关系。此时振子的运动是一种振幅按指数规律衰减的振动。图中振幅的包络线的表达式为 Ae^{-nt}，相邻的两个振幅之比称为减缩系数，记作 η。

$$\eta=\frac{A_m}{A_{m+1}}=\frac{Ae^{-nt_{\mathrm{m}}}}{Ae^{-n(t_{\mathrm{m}}+T_{\mathrm{d}})}}=e^{nT_{\mathrm{d}}} \tag{4-3-17}$$

其中 $T_{\mathrm{d}}=\frac{2\pi}{\omega_{\mathrm{d}}}=\frac{2\pi}{\sqrt{\omega_0^2-n^2}}$ 为阻尼振动的周期。为应用方便，常引入对数减缩率，记作 Λ。

$$\Lambda=\ln\left(\frac{A_m}{A_{m+1}}\right)=nT_{\mathrm{d}} \tag{4-3-18}$$

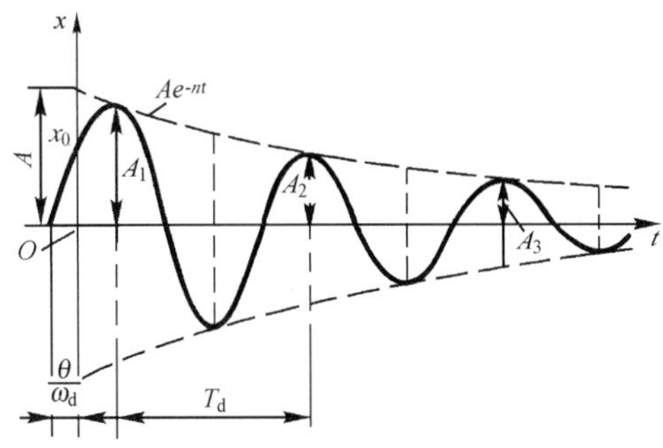

图 4-3-4　弱阻尼状态振子的位移与时间的关系

2. 过阻尼状态

此时 $n > \omega_n$，方程(4-3-15)的解为

$$x = C_1 e^{\lambda_1 t} + C_2 e^{\lambda_2 t} \tag{4-3-19}$$

式中，C_1、C_2 为积分常数，由初始条件决定。此时已不能振动，系统缓慢回到平衡状态。

3. 临界阻尼状态

此时 $n = \omega_n$，方程(4-3-15)的解为

$$x = e^{-nt}(C_1 + C_2 t) \tag{4-3-20}$$

系统也不能振动，较快地回到平衡位置。

(五)受迫振动

受迫振动是系统在外界激励下所产生的振动，如图 4-3-5 所示为强迫振动的力学模型，系统在激振力 **F** 作用下发生振动。

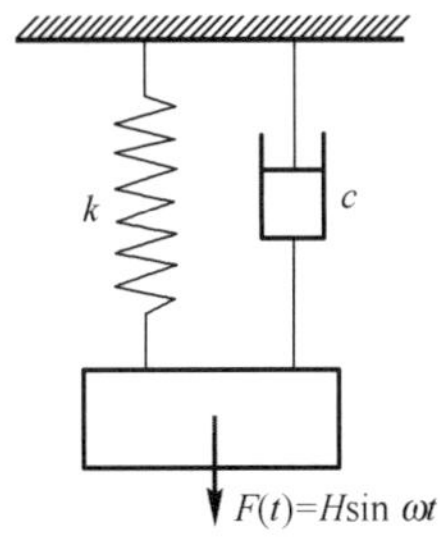

图 4-3-5　弹簧振子的强迫振动模型

外激振力一般为时间的函数，最简单的形式是简谐激振力

$$F = H\sin\omega t \tag{4-3-21}$$

对质点应用牛顿第二定律，有

$$m\frac{\mathrm{d}^2 x}{\mathrm{d}t^2} = -kx - c\frac{\mathrm{d}x}{\mathrm{d}t} + H\sin\omega t$$

令 $h = \frac{H}{m}$，上述方程变为

$$\frac{\mathrm{d}^2 x}{\mathrm{d}t^2} + 2n\frac{\mathrm{d}x}{\mathrm{d}t} + \omega_0^2 x = h\sin\omega t \tag{4-3-22}$$

这一方程称为有阻尼受迫振动微分方程的标准形式，若其中第二项(即阻尼项)为零，则为无阻尼受迫振动。方程(4-3-20)的通解为

$$x = Ae^{-nt}\sin(\sqrt{\omega_0^2 - n^2}\,t + \varphi) + B\sin(\omega t - \varepsilon) \tag{4-3-23}$$

其中 A 和 φ 为积分常数，由运动初始条件确定；B 为受迫振动的振幅，ε 为受迫振动的相位差，可由下列公式表示

$$B = \frac{h}{\sqrt{(\omega_0^2 - \omega^2)^2 + 4n^2\omega^2}} \tag{4-3-24}$$

$$\tan\varepsilon = \frac{2n\omega}{\omega_0^2 - \omega^2} \tag{4-3-25}$$

可见有阻尼受迫振动的解由两部分组成，第一部分是衰减振动，第二部分是受迫振动。通常将第一部分称为瞬态过程，第二部分称为稳态过程，稳态过程是研究的重点。

受迫振动的振幅达到极大值的现象称为共振。

在稳态过程中，受迫振动的一个重要特征是：振幅、相位差的取值与激振力的频率、系统的自由振动固有频率和阻尼有关。其关系曲线如图 4-3-6、图 4-3-7 所示。采用量纲为 1 的形式，图中横轴表示频率比 $s=\dfrac{\omega}{\omega_0}$，纵轴表示振幅比 $\beta=\dfrac{B}{B_0}\left(B_0=\dfrac{H}{k}\right)$，阻尼的改变用阻尼比 $\zeta=\dfrac{n}{\omega_0}$ 的改变来表示。

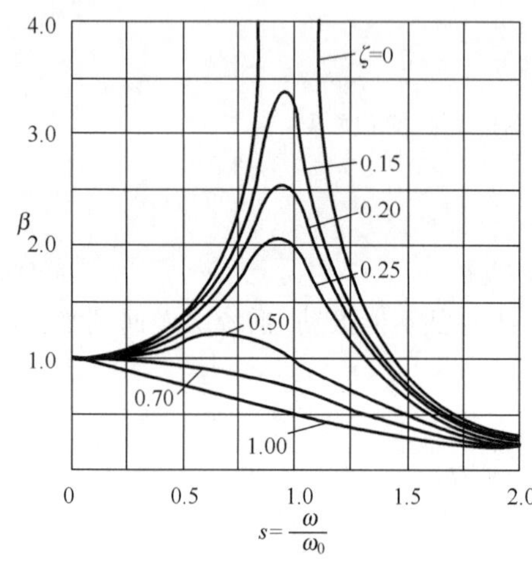

图 4-3-6　幅频特性曲线

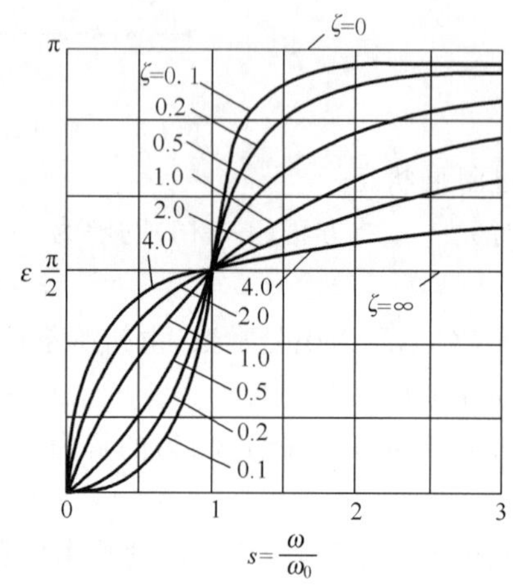

图 4-3-7　相频特性曲线

将式(4-3-24)对 ω 求一次导数并令其等于零，可以发现，此时振幅 B 有极大值，即共振固有圆频率 ω_r 为

$$\omega_r=\sqrt{\omega_0^2-2n^2} \tag{4-3-26}$$

当阻尼为零时，共振固有圆频率为

$$\omega_r=\omega_0 \tag{4-3-27}$$

即无阻尼强迫振动时，只要激振力频率与自由振动频率相等，便发生共振，由式(4-3-20)可知，此时的振幅 B 为无穷大。

共振是受迫振动中常见的现象，共振时，振幅随时间的增加不断增大，有时会引起系统的破坏，应设法避免；利用共振也可制造各种设备，如超声波发生器、核磁共振仪等，造福于人类。实际问题中，由于阻尼的存在，振幅不会无限增大。

【例 4-3-19】 如图所示，弹簧-物块直线振动系统位于铅垂面内。弹簧刚度系数为 k，物块质量为 m。若已知物块的运动微分方程为 $m\ddot{x}+kx=0$，则描述运动坐标 Ox 的坐标原点应为：

A. 弹簧悬挂处之点 O_1

B. 弹簧原长 l_0 处之点 O_2

C. 弹簧由物块重力引起静伸长 δ_{st} 之点 O_3

D. 任意点皆可

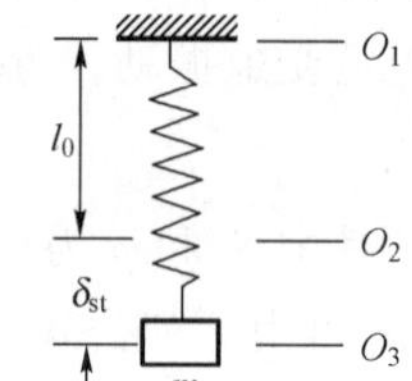

例 4-3-19 图

解　列振动微分方程时，把坐标原点设在物体静平衡的位置处，列出的方程才是齐次微分方程。

答案：C

【例 4-3-20】 单摆作微幅摆动的周期与质量 m 和摆长 l 的关系是：

A. $\frac{1}{2\pi}\sqrt{\frac{g}{l}}$　　B. $\frac{1}{2\pi}\sqrt{\frac{l}{g}}$　　C. $2\pi\sqrt{\frac{g}{l}}$　　D. $2\pi\sqrt{\frac{l}{g}}$

解 单摆的运动微分方程为

$$ml\ddot{\varphi}=-mg\sin\varphi$$

因为是微幅摆动，$\sin\varphi\approx\varphi$，则有

$$\ddot{\varphi}+\frac{g}{l}\varphi=0$$

所以，单摆的圆频率 $\omega=\sqrt{\frac{g}{l}}$，而周期 $T=\frac{2\pi}{\omega}=2\pi\sqrt{\frac{l}{g}}$

答案:D

【例 4-3-21】 图示振动系统中 $m=200\text{kg}$，弹簧刚度 $k=10\ 000\text{N/m}$，设地面振动可表示为 $y=0.1\sin(10t)$（y 以 cm、t 以 s 计）。则：

A. 装置 a 振幅最大

B. 装置 b 振幅最大

C. 装置 c 振幅最大

D. 三种装置振动情况一样

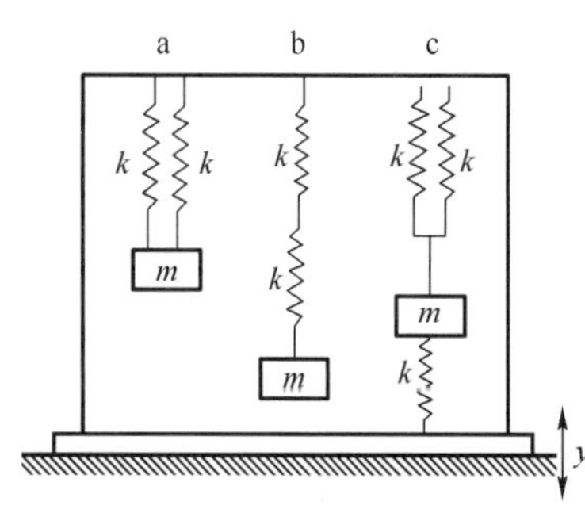

例 4-3-21 图

解 此系统为无阻尼受迫振动，装置 a、b、c 的自由振动频率分别为

$$\omega_{0a}=\sqrt{\frac{2k}{m}}=\sqrt{\frac{20\ 000}{200}}=10\text{rad/s}$$

$$\omega_{0b}=\sqrt{\frac{k}{2m}}=\sqrt{\frac{10\ 000}{400}}=5\text{rad/s}$$

$$\omega_{0c}=\sqrt{\frac{3k}{m}}=\sqrt{\frac{30\ 000}{200}}=12.25\text{rad/s}$$

由于外加激振 y 的频率为 10rad/s，与 ω_{0a} 相等，故装置 a 会发生共振，从理论上讲振幅将无穷大。

答案:A

【例 4-3-22】 质量为 110kg 的机器固定在刚度为 $2\times10^6\text{N/m}$ 的弹性基础上，当系统发生共振时，机器的工作频率为：

A. 66.7rad/s　　B. 95.3rad/s　　C. 42.6rad/s　　D. 134.8rad/s

解 发生共振时，系统的工作频率与其固有频率相等，为 $\sqrt{\frac{k}{m}}=\sqrt{\frac{2\times10^6}{110}}=134.8\text{rad/s}$

答案:D

【例 4-3-23】 如图所示系统中，当物块振动的频率比为 1.27 时，k 的值是：

A. $1\times10^5\text{N/m}$

B. $2\times10^5\text{N/m}$

C. $1\times10^4\text{N/m}$

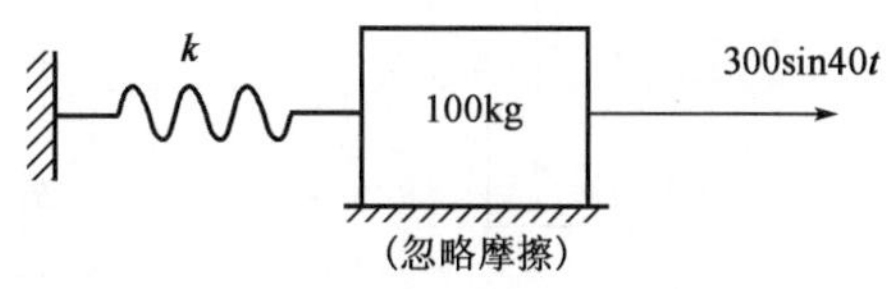

例 4-3-23 图

D. 1.5×10^5 N/m

解 已知频率比$\dfrac{\omega}{\omega_0}=1.27$，且 $\omega=40$rad/s，$\omega_0=\sqrt{\dfrac{k}{m}}$ ($m=100$kg)，所以，$k=\left(\dfrac{40}{1.27}\right)^2\times100=9.9\times10^4\approx1\times10^5$ N/m。

答案：A

【例 4-3-24】 一无阻尼弹簧—质量系统受简谐激振力作用，当激振频率为 $\omega_1=6$rad/s 时，系统发生共振。给质量块增加 1kg 的质量后重新试验，测得共振频率为 $\omega_2=5.86$rad/s。则原系统的质量及弹簧刚度系数是：

A. 19.68kg，623.55N/m　　B. 20.68kg，623.55N/m

C. 21.68kg，744.53N/m　　D. 20.68kg，744.53N/m

解 当激振频率与系统的固有频率相等时，系统发生共振，即：

$$\omega_0=\sqrt{\frac{k}{m}}=\omega_1=6\text{rad/s};\ \sqrt{\frac{k}{1+m}}=\omega_2=5.86\text{rad/s}$$

联立求解可得：$m=20.68$kg，$k=744.53$N/m

答案：D

习　题

4-3-1 已知 A 物重力的大小 $P=20$N，B 物重力的大小 $Q=30$N，滑轮 C、滑轮 D 不计质量，并略去各处摩擦，如图所示，则绳水平段的拉力为(　　)。

A. 30N　　B. 20N　　C. 16N　　D. 24N

4-3-2 求解质点动力学问题时，质点的初条件是用来(　　)。

A. 分析力的变化规律　　B. 建立质点运动微分方程

C. 确定积分常数　　D. 分离积分变量

4-3-3 质量为 m 的物体自高 H 处水平抛出，如图所示，运动中受到与速度一次方成正比的空气阻力 $\boldsymbol{R}$ 作用，$\boldsymbol{R}=-km\boldsymbol{v}$，$k$ 为常数。则其运动微分方程为(　　)。

A. $m\ddot{x}=-km\dot{x}$，$m\ddot{y}=-km\dot{y}-mg$

B. $m\ddot{x}=km\dot{x}$，$m\ddot{y}=km\dot{y}-mg$

C. $m\ddot{x}=-km\dot{x}$，$m\ddot{y}=km\dot{y}-mg$

D. $m\ddot{x}=-km\dot{x}$，$m\ddot{y}=-km\dot{y}+mg$

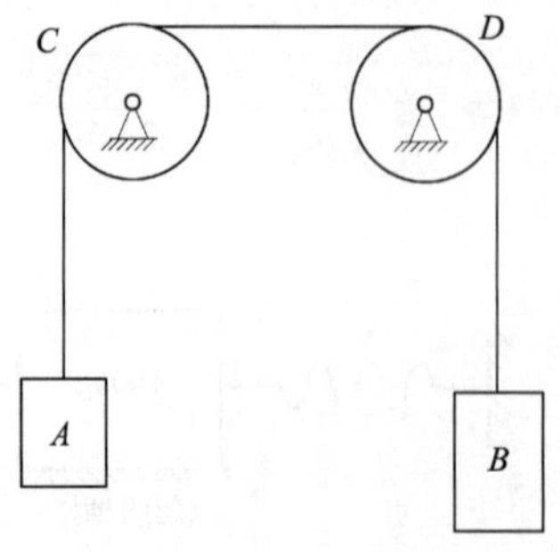

题 4-3-1 图

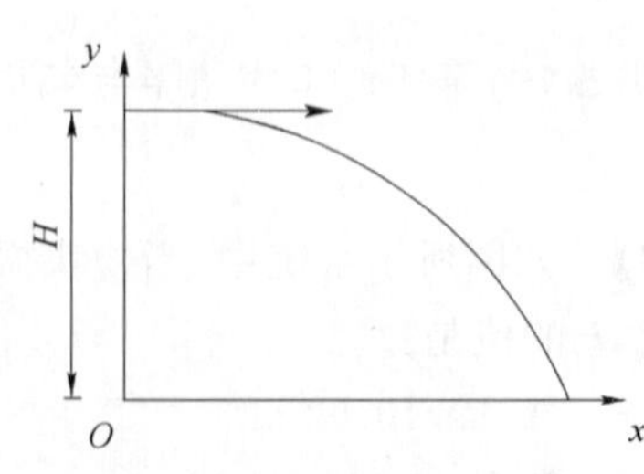

题 4-3-3 图

4-3-4　汽车以匀速率 v 在不平的道路上行驶，如图所示，当汽车通过 A、B、C 三个位置时，汽车对路面的压力分别为 $\boldsymbol{N}_A$、$\boldsymbol{N}_B$、$\boldsymbol{N}_C$，则下述关系式(　　)成立。

A. $N_A = N_B = N_C$　　　　B. $N_A < N_B < N_C$

C. $N_A > N_B > N_C$　　　　D. $N_A = N_B > N_C$

4-3-5　质量分别为 $m_1 = m$，$m_2 = 2m$ 的两个小球 M_1，M_2 用长为 L 而重量不计的刚杆相连，现将 M_1 置于光滑水平面上，且 M_1M_2 与水平面成 60°角，如图所示，则当无初速释放、M_2 球落地时，M_1 球移动的水平距离为(　　)。

A. $L/3$　　　　B. $L/4$　　　　C. $L/6$　　　　D. 0

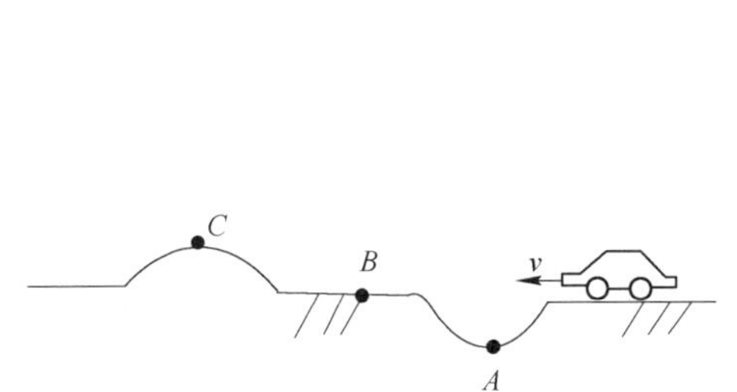

题 4-3-4 图

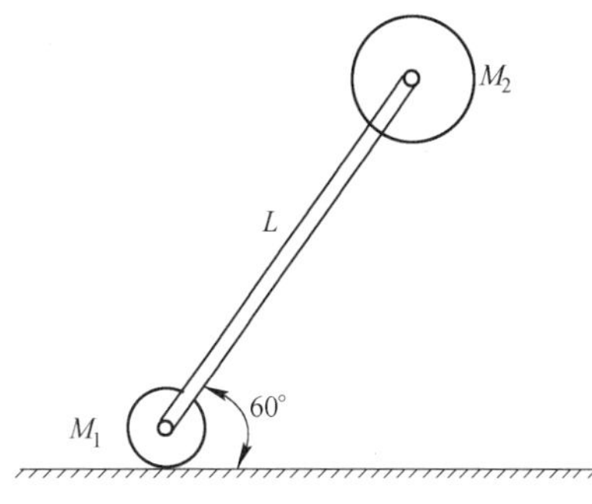

题 4-3-5 图

4-3-6　设有质量相等的两物体 A、B，在同一段时间内，A 物发生水平移动，而 B 物发生铅直移动，则此两物体的重力在这段时间内的冲量(　　)。

A. 不同　　　　B. 相同

C. A 物重力的冲量大　　　　D. B 物重力的冲量大

4-3-7　匀质杆质量为 m，长 $OA=l$，在铅垂面内绕定轴 O 转动。杆质心 C 处连接刚度系数 k 较大的弹簧，弹簧另端固定。图示位置为弹簧原长，当杆由此位置逆时针方向转动时，杆上 A 点的速度为 v_A，若杆落至水平位置的角速度为零，则 v_A 的大小应为(　　)。

A. $\sqrt{\frac{1}{2}(2-\sqrt{2})^2\frac{k}{m}l^2-2gl}$

B. $\sqrt{\frac{1}{4}(2-\sqrt{2})^2\frac{k}{m}l^2-gl}$

C. $\sqrt{\frac{1}{2}(2-\sqrt{2})^2\frac{k}{m}l^2-8gl}$

D. $\sqrt{\frac{3}{4}(2-\sqrt{2})^2\frac{k}{m}l^2-3gl}$

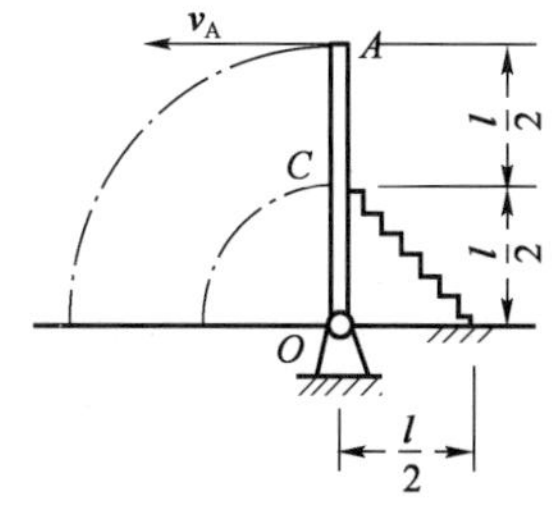

题 4-3-7 图

4-3-8　在光滑的水平面上，放置一静止的均质直杆 AB，当 AB 上受一力偶 m 作用时，如图所示，AB 将绕(　　)点转动。

A. A 点　　　　B. B 点

C. C 点　　　　D. 先绕 A 点转动，然后绕 C 点转动

4-3-9　如图所示，两种不同材料的均质细长杆焊接成直杆 ABC，AB 段为一种材料，长度为 a，质量为 m_1，BC 段为另一种材料，长度为 b，质量为 m_2，杆 ABC 以匀角速度 ω 转动，则其对 A 轴的动量矩大小为(　　)。

A. $L_A=(m_1+m_2)(a+b)^2\omega/3$

B. $L_A=[m_1a^2/3+m_2b^2/12+m_2(b/2+a)^2]\omega$

C. $L_A=(m_1a^2/3+m_2b^2/3+m_2a^2)\omega$

D. $L_A=m_1a^2\omega/3+m_2b^2\omega/3$

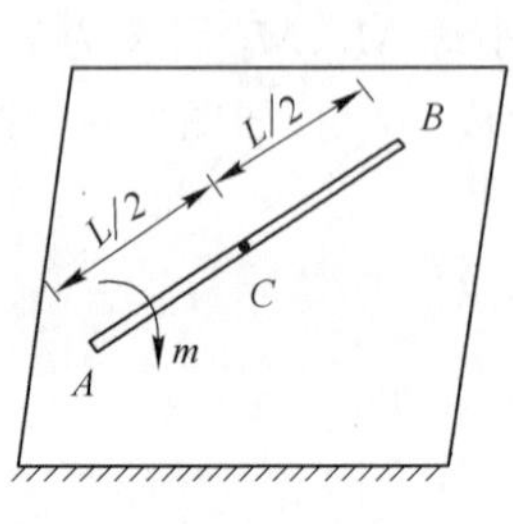

题 4-3-8 图

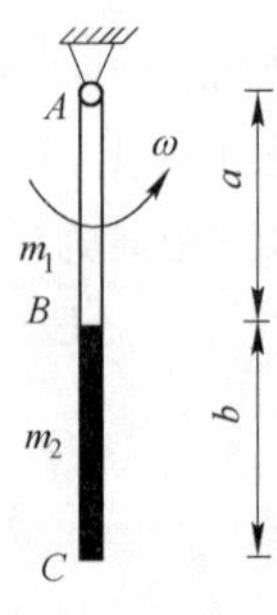

题 4-3-9 图

4-3-10 如图所示，直角均质弯杆 ABC，$AB=BC=L$，每段质量记作 M_{AB}、M_{BC}，则弯杆对过 A 且垂直于图平面的 A 轴的转动惯量为（ ）。

A. $J_A=M_{AB}L^2/3+M_{BC}L^2/3+M_{BC}L^2$

B. $J_A=M_{AB}L^2/3+M_{BC}L^2/3+M_{BC}\sqrt{2}L^2$

C. $J_A=M_{AB}L^2/3+M_{BC}L^2/12+M_{BC}L^2/4$

D. $J_A=M_{AB}L^2/3+M_{BC}L^2/12+5M_{BC}L^2/4$

4-3-11 如图所示，刚体的质量 m，质心为 C，对定轴 O 的转动惯量为 J_O，对质心的转动惯量为 J_C，若转动角速度为 ω，则刚体对 O 轴的动量矩 H_O 为（ ）。

A. $mv_C\cdot OC$　　B. $J_O\omega$　　C. $J_C\omega$　　D. $J_O\omega^2$

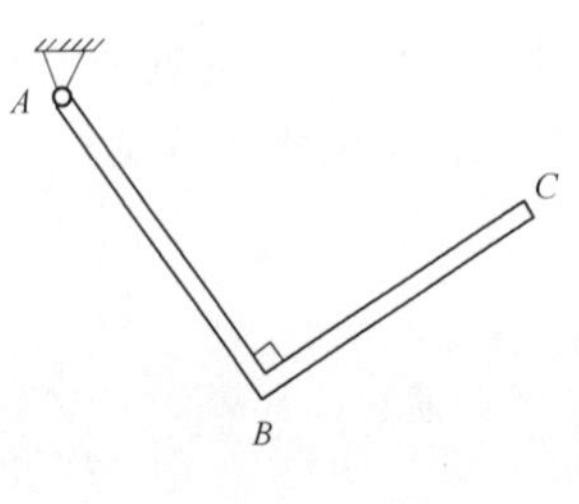

题 4-3-10 图

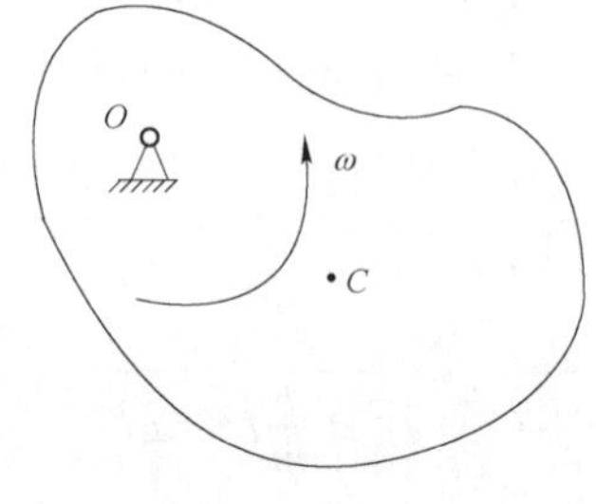

题 4-3-11 图

4-3-12 一端固结于 O 点的弹簧，如图所示，另一端可自由运动，弹簧的原长 $L_0=2b/3$，弹簧的弹性系数为 k，若以 B 点处为零势能面，则 A 处的弹性势能为（ ）。

A. $kb^2/24$　　B. $5kb^2/18$　　C. $3kb^2/8$　　D. $-3kb^2/8$

4-3-13 某弹簧的弹性系数为 k，在 I 位置弹簧的变形为 δ_1，在 II 位置弹簧的变形为 δ_2。若取 II 位置为零势能位置，则在 I 位置弹性力的势能为（ ）。

A. $k(\delta_1^2-\delta_2^2)$　　B. $k(\delta_2^2-\delta_1^2)$

C. $\frac{1}{2}k(\delta_1^2-\delta_2^2)$　　D. $\frac{1}{2}k(\delta_2^2-\delta_1^2)$

4-3-14 半径为 R，质量为 m 的均质圆盘在其自身平面内作平面运动。在如图所示位置时，若已知图形上 A、B 两点的速度方向如图所示，$\alpha=45°$，且知 B 点速度大小为 v_B。则圆轮的动能为(　　)。

A. $mv_B^2/16$　　B. $3mv_B^2/16$　　C. $mv_B^2/4$　　D. $3mv_B^2/4$

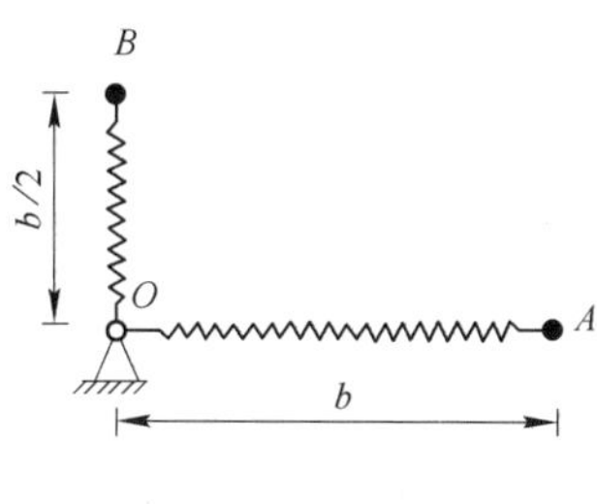

题 4-3-12 图

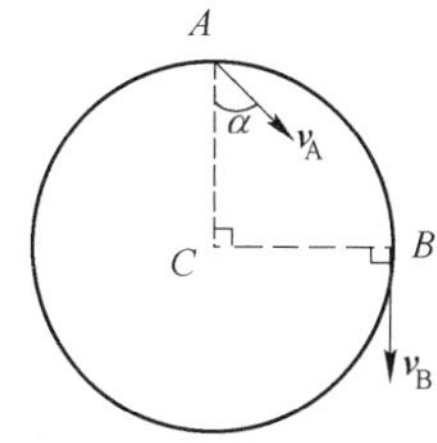

题 4-3-14 图

4-3-15　已知曲柄 OA 长 r，以角速度 ω 转动，均质圆盘半径为 R，质量为 m，在固定水平面上作纯滚动，则如图所示瞬时圆盘的动能为(　　)。

A. $2mr^2\omega^2/3$　　B. $mr^2\omega^2/3$　　C. $4mr^2\omega^2/3$　　D. $mr^2\omega^2$

4-3-16　如图所示，一弹簧常数为 k 的弹簧下挂一质量为 m 的物体，若物体从静平衡位置(设静伸长为 δ)下降 Δ 距离，则弹性力所做的功为(　　)。

A. $\frac{1}{2}k\Delta^2$　　B. $\frac{1}{2}k(\delta+\Delta)^2$

C. $\frac{1}{2}k[(\Delta+\delta)^2-\delta^2]$　　D. $\frac{1}{2}k[\delta^2-(\Delta+\delta)^2]$

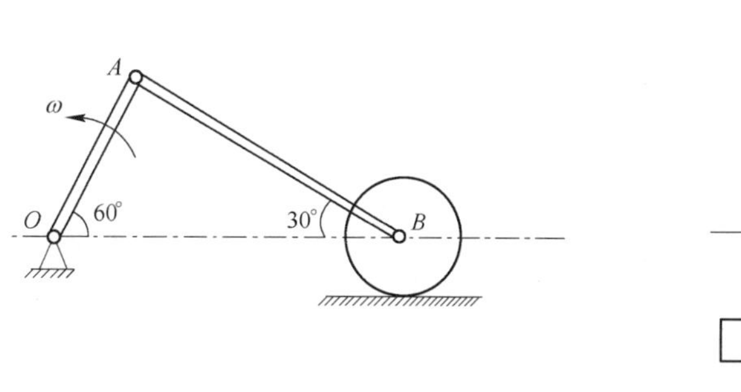

题 4-3-15 图

题 4-3-16 图

4-3-17　如图所示，忽略质量的细杆 $OC=l$，其端部固结均质圆盘，杆上点 C 为圆盘圆心，盘质量为 m，半径为 r，系统以角速度 ω 绕轴 O 转动，系统的动能是(　　)。

A. $T=\frac{1}{2}m(l\omega)^2$　　B. $T=\frac{1}{2}m[(l+r)\omega^2]$

C. $T=\frac{1}{2}(\frac{1}{2}mr^2)\omega^2$　　D. $T=\frac{1}{2}\left(\frac{1}{2}mr^2+ml^2\right)\omega^2$

4-3-18　两重物的质量均为 m，分别系在两软绳上(见图)。此两绳又分别绕在半径各为 r 与 $2r$ 并固结一起的两圆轮上。两圆轮构成之鼓轮的质量亦为 m，对轴 O 的回转半径为 ρ_0。两重物中一铅垂悬挂，一置于光滑平面上。当系统在左重物重力作用下运动时，鼓轮的角加速度 α 为(　　)。

A. $\alpha=\frac{2gr}{5r^2+\rho_0^2}$　　B. $\alpha=\frac{2gr}{3r^2+\rho_0^2}$　　C. $\alpha=\frac{2gr}{\rho_0^2}$　　D. $\alpha=\frac{gr}{5r^2+\rho_0^2}$

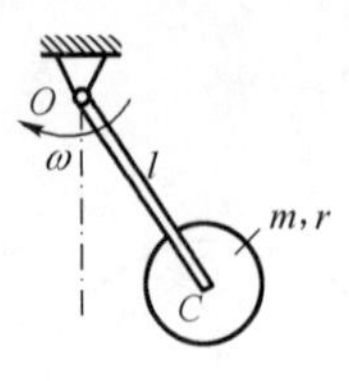

题 4-3-17 图

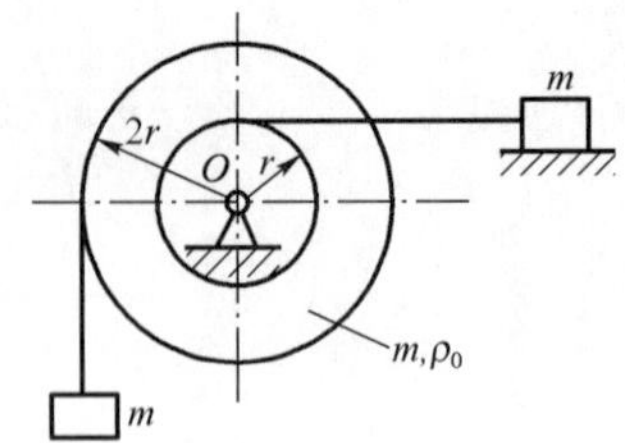

题 4-3-18 图

4-3-19　如图所示，均质圆盘作定轴转动，其中图 a)、图 c)的转动角速度为常数($\omega=C$)，而图 b)、图 d)的角速度不为常数($\omega\neq C$)，则(　　)的惯性力系简化的结果为平衡力系。

A. 图 a)　　B. 图 b)　　C. 图 c)　　D. 图 d)

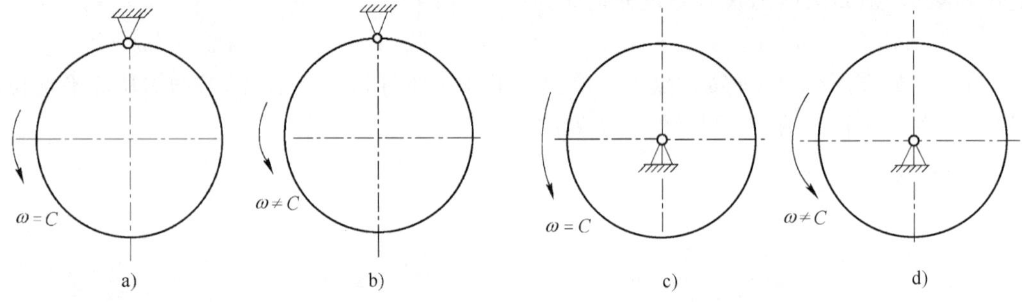

题 4-3-19 图

4-3-20　均质细杆 AB 重力大小为 P、长 $2L$，支承如图所示水平位置。当 B 端细绳突然剪断瞬时，AB 杆的角加速度的大小为(　　)。

A. 0　　B. $3g/(4L)$　　C. $3g/(2L)$　　D. $6g/L$

4-3-21　如图所示，在倾角为 α 的光滑斜面上置一弹性系数为 k 的弹簧，一质量为 m 的物块沿斜面下滑 s 距离与弹簧相碰，碰后弹簧与物块不分离并发生振动，则自由振动的固有圆频率为(　　)。

A. $(k/m)^{1/2}$　　B. $[k/(ms)]^{1/2}$

C. $[k/(m\sin\alpha)]^{1/2}$　　D. $(k\sin\alpha/m)^{1/2}$

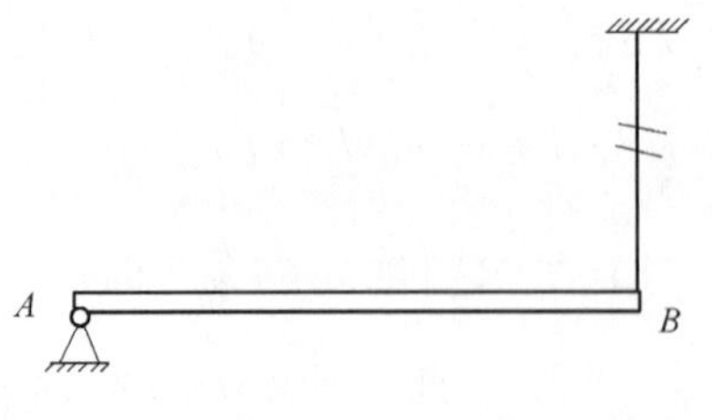

题 4-3-20 图

题 4-3-21 图

4-3-22　设如图所示 a)、b)、c)三个质量弹簧系统的固有频率分别为 ω_1、ω_2、ω_3，则它们之间的关系是(　　)。

A. $\omega_1<\omega_2=\omega_3$　　B. $\omega_2<\omega_3=\omega_1$　　C. $\omega_3<\omega_1=\omega_2$　　D. $\omega_1=\omega_2=\omega_3$

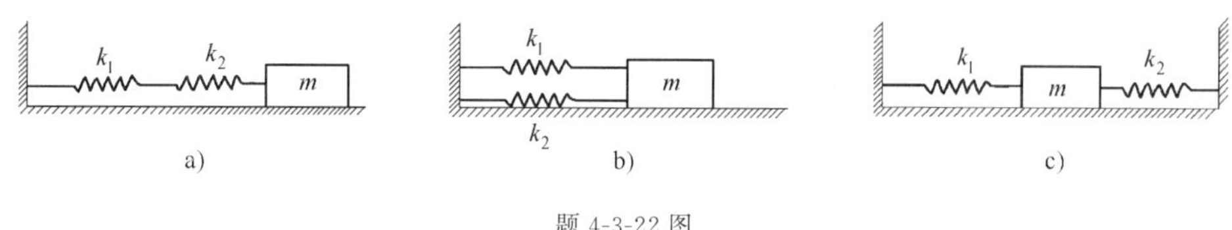

题 4-3-22 图

题解及参考答案

第一节

4-1-1 **解**:根据力多边形法则:各分力首尾相连,而合力则由第一个分力的起点指向最后一个分力的终点(矢端),题中 $\boldsymbol{F}_2$、$\boldsymbol{F}_3$ 首尾相连为分力,而 $\boldsymbol{F}_1$ 由 $\boldsymbol{F}_2$ 的起点指向 $\boldsymbol{F}_3$ 的终点为两分力的合力,所以表达式为:$\boldsymbol{F}_1=\boldsymbol{F}_2+\boldsymbol{F}_3$。

答案:D

4-1-2 **解**:作用力与反作用力分别作用在两个不同的物体上,所以选项 A、D 不对。而由于一个刚体上的两个力满足 $\boldsymbol{F}_A=-\boldsymbol{F}_B$,故无合力,选项 C 亦错。

答案:B

4-1-3 **解**:AC 与 BC 均为二力构件,故 A 处约束力沿 AC 方向,B 处约束力沿 BC 方向;分析铰链 C 的平衡,其受力如解图所示。

答案:B

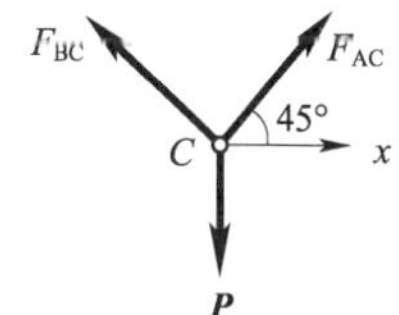

题 4-1-3 解图

4-1-4 **解**:题中四个力为作用于同一刚体上的平面共点力系,其力矢关系图构成了首尾相连自行封闭的平行四边形,满足平面共点力系平衡的几何条件,所以力系平衡。

答案:D

4-1-5 **解**:因为 $\boldsymbol{F}$ 与 x 轴平行,故 $\boldsymbol{F}$ 除在与 x 轴垂直的轴上投影为零外,在其他轴上的投影均不为零。

答案:B

4-1-6 **解**:AC 与 BC 均为二力杆,铰链 C 的受力图见解图,列平衡方程:$\sum F_x=0$,可得 $F_A=F_B$;$\sum F_y=0$,$F_A\sin60°+F_B\sin60°-P=0$,解得:$F_A=\dfrac{P}{\sqrt{3}}$。

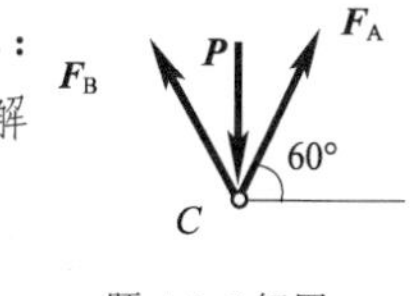

题 4-1-6 解图

答案:C

4-1-7 **解**:将各力向 $\boldsymbol{F}_1$ 力作用点平移进行简化,简化后的主矢为零(各力首尾相连),$\boldsymbol{F}_2$ 平移后将附加一力偶($\boldsymbol{F}_1$ 不动 $\boldsymbol{F}_3$ 沿作用线移动),使三角形板转动。

答案:C

4-1-8 **解**:力偶作用在 AC 杆时,BC 杆是二力构件,B、C 处约束力沿 BC 连线方向;再考虑整体平衡,A、B 处约束力应组成一力偶与主动力偶 m 平衡,故 A 处约束力的方向与 B 处约束力反向平行。若将外力偶搬移至 BC 杆,则 AC 杆是二力构件,同理:A、B、C 处约束力的方向均沿 AC 连线方向。由此可知,力偶作用在不同的刚体上,约束力的作用线方向都改变了。

答案:C

4-1-9 **解**:题中杆 CD、EF 为二力杆,故 C 处约束力沿 CD 方向,E 处约束力沿 EF 方向,分析 BE 杆,应用三力平衡汇交定理得 B 处约束力的作用线应汇交于 G 点(也是 C、E 两处约束力的汇交点);再分析结构整体平衡,A、B 处约束力应组成一力偶与主动力偶(P,P')平衡,故 A 处约束力的方向与 B 处约束力反向平行(平行于 BG 连线)。

答案:B

4-1-10 **解**:按矢量的表达式应该表示为:$\boldsymbol{F}_{\mathrm{R}}=\boldsymbol{F}_1+\boldsymbol{F}_2$,如解图所示,合力的方向应与 $\boldsymbol{F}_1$ 相同,大小等于 $\boldsymbol{F}_1$ 的一半。

F_2　O　F_1

题 4-1-10 解图

答案:C

4-1-11 **解**:根据平面任意力系的简化结果分析,主矢为零时,力系简化的最后结果为一合力偶,合力偶矩与简化中心的位置无关。

答案:C

4-1-12 **解**:截面法(见解图):设 y 轴与 BC 垂直,则

$\sum F_y=0$

$P_{\mathrm{C}}\cos60°+F_{\mathrm{DB}}\cos30°=0$

$F_{\mathrm{DB}}=-\dfrac{\sqrt{3}P}{3}$(压)

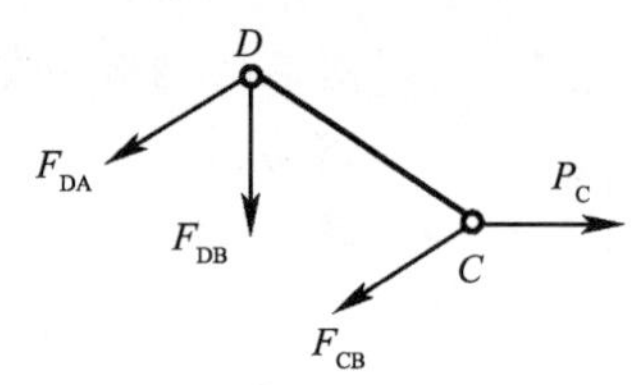

题 4-1-12 解图

答案:C

4-1-13 **解**:根据整体的对称性,A、B 处的约束力均垂直向上,大小为 $F_{\mathrm{A}}=F_{\mathrm{B}}=\dfrac{P}{2}$。以 BC 为研究对象,受力如解图所示,列平衡方程:$\sum M_{\mathrm{C}}(F)=0$,$F_{\mathrm{B}}\cdot 2a-T_{\mathrm{E}}\cdot a=0$,将 $T_{\mathrm{E}}=10\mathrm{kN}$ 代入,得:$P=10\mathrm{kN}$。

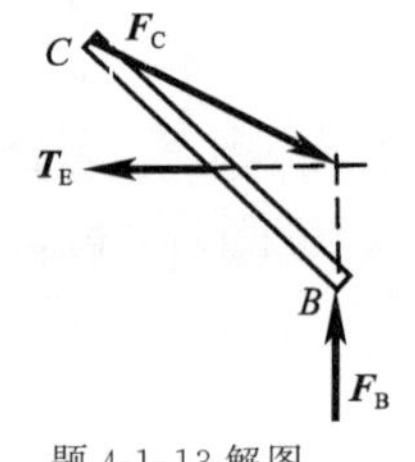

题 4-1-13 解图

答案:B

4-1-14 **解**:根据主矢和主矩的性质,主矢与简化中心无关,主矩一般与简化中心有关。

答案:B

4-1-15 **解**:根据力的平移定理,若主矢 $\boldsymbol{R}$ 向 O 点左边某点 O' 平移后,将附加一顺时针转向的力偶 $M_{O'}=Rd$(d 为垂直于 R 的 OO' 距离),其中 $d=\dfrac{M_0}{R}$,这样,力系最后合成的结果是作用于 O' 点的合力。

答案:C

4-1-16 **解**:应用桁架零杆判断的方法,先分析 A、B 节点,可知 AC、BD 杆为零杆,再分析 C、D 节点,两节点分别连接的是两根互相垂直的杆件,若要节点平衡,则两节点连接的杆均为零杆。

答案:D

4-1-17 **解**:因为 BEC 为二力构件,故 B 处约束力的方向应是沿 BC 连线,对结构整体分析,A、B 处的约束力必须组成一力偶,才能与作用在结构上的外力偶 M 组成平衡力系。

答案:C

4-1-18 **解**:A、B 槽均为光滑接触面约束,其约束力均垂直于槽壁,由于两约束力的作用线不平行,无法组成力偶与外力偶 M 平衡,故平板不能平衡。

答案:B

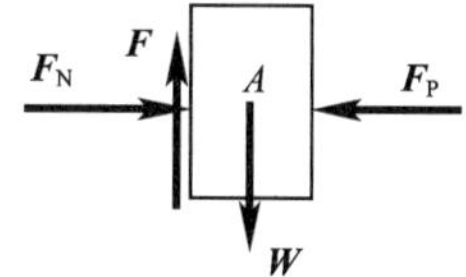

题 4-1-19 解图

4-1-19 **解**:物块平衡,受力如解图所示,最大摩擦力为 $F_{max}=f\cdot F_N=0.3\times50=15\text{N}$,而主动力 $W=10\text{N}$,所以摩擦力可按铅垂方向力的平衡来计算,即:$F=W=10\text{N}$。

答案:B

4-1-20 **解**:主动力(大小相等的重力与 $\boldsymbol{P}$ 力)合力的作用线与接触面法线的夹角为 30°,小于摩擦角 35°,故物块自锁。

答案:A

4-1-21 **解**:在铅垂方向主动力合力为:$P\sin30°-G=40\times0.5-20=0$,物块无滑动趋势,故摩擦力为零。

答案:C

4-1-22 **解**:摩擦角 $\varphi_m=\arctan f=23.4°<30°$(斜面的倾角)故物块不自锁而滑动,摩擦力为 $F=W\cos30°f'=80\times0.866\times0.4=27.7\text{kN}$。

答案:C

4-1-23 **解**:物 A 所受正压力 $F_N=100-25\times\dfrac{4}{5}=80\text{kN}$,$F_{max}=F_N\cdot f=16\text{kN}$,而水平方向的主动力为 $2.5\times\dfrac{3}{5}=15\text{kN}$,故物体处于平衡状态,摩擦力按平衡方程来计算。

答案:C

第二节

4-2-1 **解**:因为 $a_\tau=\dfrac{\mathrm{d}v}{\mathrm{d}t}=k$,$a_n=\dfrac{v^2}{R}=\dfrac{(kt)^2}{R}$,所以 $a=\sqrt{a_\tau^2+a_n^2}=\sqrt{k^2+(k^4t^4/R^2)}$。

答案:C

4-2-2 **解**:将两个运动方程平方相加,有 $x^2+y^2=4^2(\sin^2\dfrac{\pi}{3}t+\cos^2\dfrac{\pi}{3}t)=4^2$。

答案:B

4-2-3 **解**:轮缘上一点做圆周运动,必有法向加速度,所以图 a)、c)的运动是不可能的。

答案:B

4-2-4 **解**:曲杆 OAB 为定轴转动刚体,点 B 的速度为转动半径 OB 与角速度的乘积,即:$v_B=OB\cdot\omega=50\times2=100\text{cm/s}$。

答案:A

4-2-5 **解**:由 $v_A=\omega\cdot OA$,所以 $\omega=6/2=3\text{rad/s}$;再由 $\tan\theta=\dfrac{\alpha}{\omega^2}$,求得 $\alpha=3^2\times\tan60°=9\sqrt{3}\ \text{rad/s}^2$。

答案:D

4-2-6 **解**:曲杆 OAB 为定轴转动刚体,点 B 的加速度在 y 轴上的投影即为其法向加速度,点 B 的转动半径为 OB,故 $a_{By}=-\omega^2\cdot OB=-2^2\times50=-200\text{cm/s}^2$。

答案:D

4-2-7 **解**:轮缘点 A 的速度与物块 B 的速度相同,即:$v_A=v_B=\dfrac{\mathrm{d}x}{\mathrm{d}t}=2kt$;轮缘点 A 的

切向加速度与物块 B 的加速度相同，即：$a_{A\tau}=a_B=\dfrac{dv_B}{dt}=2k$。所以，$a_{An}=\dfrac{v_A^2}{R}=\dfrac{4k^2t^2}{R}$，而 $a_A=\sqrt{a_{A\tau}^2+a_{An}^2}=\sqrt{4k^2+(16k^4t^4/R^2)}$。

答案：C

4-2-8 **解：**定轴转动刚体内各点加速度的分布为 $a=r\sqrt{\alpha^2+\omega^4}$，其中 r 为点到转动轴的距离；而各点加速度与转动半径的夹角均相同，即 $\tan\theta=\tan\varphi=\dfrac{\alpha}{\omega^2}$，所以，$a_A=2a_B$，$\theta=\varphi$。

答案：C

4-2-9 **解：**根据两啮合齿轮运动的性质，A、B 两点无相对滑动，故两点速度和切向加速度相同，而法向加速度分别为 $a_{An}=\dfrac{v_A^2}{r_1}$，$a_{Bn}=\dfrac{v_B^2}{r_2}$，由于 $v_A=v_B$，$r_1\neq r_2$，所以两点法向加速度不同。

答案：B

4-2-10 **解：**摆杆的角速度为 $\dot{\varphi}=\varphi_0\omega\cos\omega t$

角加速度为 $\ddot{\varphi}=-\varphi_0\omega^2\sin\omega t$

将 $t=\dfrac{\pi}{4\omega}$s 代入，则有：$\dot{\varphi}=\dfrac{\sqrt{2}}{2}\varphi_0\omega$，$\ddot{\varphi}=-\dfrac{\sqrt{2}}{2}\varphi_0\omega^2$

摆锤 A 的速度为 $v=\dot{\varphi}l=\dfrac{\sqrt{2}}{2}l\varphi_0\omega$

切向加速度为 $a_\tau=\ddot{\varphi}l=-\dfrac{\sqrt{2}}{2}l\varphi_0\omega^2$，法向加速度为 $a_n=l\dot{\varphi}^2=\dfrac{1}{2}l\varphi_0^2\omega^2$

答案：C

4-2-11 **解：**根据定轴转动刚体内点的速度分析，M 点速度的方向应垂直于转动半径 OM。

答案：A

第三节

4-3-1 **解：**设绳的拉力为 $\boldsymbol{F}_T$ 且处处相等(因为滑轮质量及各处摩擦不计)，对 A、B 物块分别使用牛顿第二定律：$\dfrac{P}{g}a_A=F_T-P$；$\dfrac{Q}{g}a_B=Q-F_T$，且 $a_A=a_B$，解得：$F_T=24$N。

答案：D

4-3-2 **解：**初始条件反映的是质点某一时刻的运动，只能用来确定解质点运动微分方程时出现的积分常数。

答案：C

4-3-3 **解：**质点在运动过程中受重力和阻力作用，应用直角坐标形式的质点运动微分方程，而阻力在直角坐标系中可表示为：$\boldsymbol{R}=-km\dot{x}\boldsymbol{i}-km\dot{y}\boldsymbol{j}$。

答案：A

4-3-4 **解：**汽车匀速行驶，切向加速度为零，途经 A、B、C 三点时的法向加速度分别为铅垂向上、零、铅垂向下，可加惯性力用达朗贝尔原理进行分析，在 A、B、C 三点所加惯性力分别为铅垂向下、零、铅垂向上，由此可知，汽车对路面的压力 $N_A > N_B > N_C$。

答案：C

4-3-5 **解**：系统在水平方向受力为零，且初始为静止，故质心在水平方向守恒，其运动轨迹为铅垂线，而系统质心到 M_1 的距离为 $2L/3$。

答案：A

4-3-6 **解**：同样力的冲量只取决于作用时间，与位移无关。

答案：B

4-3-7 **解**：应用动能定理 $T_2 - T_1 = W_{12}$

其中：$T_2 = 0$，$T_1 = \frac{1}{2}J_O\omega^2 = \frac{1}{2} \cdot \frac{1}{3}ml^2\frac{v_A^2}{l^2} = \frac{1}{6}mv_A^2$

$$W_{12} = mg\frac{l}{2} - \frac{k}{2}\left(l - \frac{\sqrt{2}}{2}l\right)^2 = mg\frac{l}{2} - \frac{k}{8}\left(2-\sqrt{2}\right)^2 l^2$$

答案：D

4-3-8 **解**：根据质心运动定理，在水平面上直杆受力为零，故质心不运动，且动量矩定理 $J_C\alpha = m$，故 AB 杆绕质心 C 转动。

答案：C

4-3-9 **解**：$L_A = J_A\omega$

其中：$J_A = J_{(AB)A} + J_{(BC)A}$

且：$J_{AB(A)} = \frac{1}{3}m_1a^2$

求 $J_{(BC)A}$ 时要使用平行移轴定理

即：$J_{(BC)A} = \frac{1}{12}m_2b^2 + m_2\left(a + \frac{b}{2}\right)^2$。

答案：B

4-3-10 **解**：$J_A = J_{(AB)A} + J_{(BC)A}$

其中：$J_{(AB)A} = \frac{1}{3}M_{AB}L^2$

求 $J_{(BC)A}$ 时要使用平行移轴定理

即：$J_{(BC)A} = \frac{1}{12}M_{BC}L^2 + M_{BC}\left(L^2 + \frac{L^2}{4}\right)$。

答案：D

4-3-11 **解**：根据定轴转动刚体动量矩的定义 $H_0 = J_0 \cdot \omega$。

答案：B

4-3-12 **解**：根据势能的定义 $U = \frac{k}{2}(\delta_A^2 - \delta_B^2)$，式中 δ_A、δ_B 分别为 A、B 位置弹簧的变形量，$\delta_A = b - L_0 = \frac{1}{3}b$，$\delta_B = L_0 - \frac{b}{2} = \frac{1}{6}b$，代入势能公式得：$U = \frac{1}{24}kb^2$。

答案：A

4-3-13 **解**：根据势能的定义，弹性力从 I 位置到 II 位置所做的功即为弹性力在 I 位置的势能。

答案：C

4-3-14 **解**:根据 v_A、v_B 的方向可求出圆盘的瞬时速度中心在 BC 延长线与轮缘左侧的交点,故圆盘的角速度为:$\omega=\frac{v_B}{2R}$,质心的速度为:$v_C=\frac{v_B}{2}$,再由动能的定义 $T=\frac{1}{2}mv_C^2+\frac{1}{2}J_C\omega^2$ 求解,其中:$J_C=\frac{1}{2}mR^2$。

答案:B

4-3-15 **解**:应用速度投影定理通过 A 点速度求出 B 点速度,即:$v_A=r\omega=v_B\cos30°$,进而求出圆轮的角速度 $\omega=\frac{v_B}{R}$,并由 $T=\frac{1}{2}mv_B^2+\frac{1}{2}J_B\omega^2$ 求动能,其中:$J_B=\frac{1}{2}mR^2$。

答案:D

4-3-16 **解**:弹性力的功 $W_{12}=\frac{k}{2}(\delta_1^2-\delta_2^2)$。其中,初始位置 $\delta_1=\delta$,末态位置 $\delta_2=\Delta+\delta$。

答案:D

4-3-17 **解**:圆盘绕轴 O 作定轴转动,其动能为 $T=\frac{1}{2}J_O\omega^2$。其中,$J_O=\frac{1}{2}mr^2+ml^2$。

答案:D

4-3-18 **解**:应用动能定理:$T_2-T_1=W_{12}$。若设重物 A 下降 h 时鼓轮的角速度为 ω_O,则系统的动能为 $T_2=\frac{1}{2}mv_A^2+\frac{1}{2}mv_B^2+\frac{1}{2}J_O\omega_O^2$,$T_1=$常量。其中 $v_A=2r\omega_O$,$v_B=r\omega_O$,$J_O=m\rho_0^2$。力所做的功为 $W_{12}=mgh$。

答案:A

4-3-19 **解**:因为只有图 c)质心的加速度和轮的角加速度均为零,故惯性力系的主矢和主矩皆为零。

答案:C

4-3-20 **解**:将惯性力系向 A 点简化,其运动和受力分析如解图所示,图中 $M_{IA}=J_A\alpha=\frac{1}{3}\frac{P}{g}(2L)^2\alpha$,通过平衡方程 $\sum M_A(F)=0$,$M_{IA}-PL=0$ 可求出角加速度。

答案:B

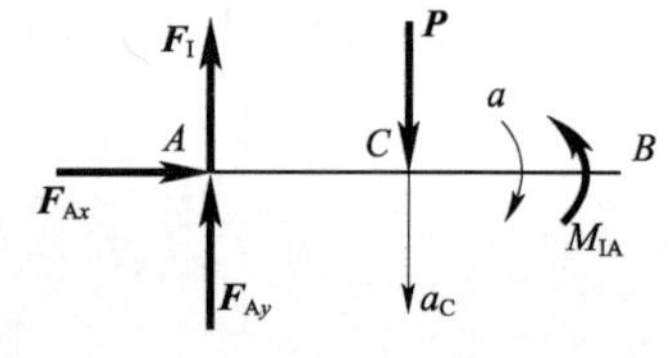

题 4-3-20 解图

4-3-21 **解**:物块的自由振动固有圆频率为 $\sqrt{\frac{k}{m}}$,与其他条件无关。

答案:A

4-3-22 **解**:因为 $\omega=\sqrt{\frac{k}{m}}$,所以只要系统等效的弹簧刚度大,固有频率就大。按弹簧的串、并联计算其等效的弹簧刚度 。图 a)两弹簧为串联,$k=\frac{k_1k_2}{k_1+k_2}$;图 b)和 c)两弹簧均为并联,$k=k_1+k_2$。

答案:A

第五章　材料力学

复习指导

一、考试大纲

5.1　材料在拉伸、压缩时的力学性能

低碳钢、铸铁拉伸、压缩试验的应力-应变曲线；力学性能指标。

5.2　拉伸和压缩

轴力和轴力图；杆件横截面和斜截面上的应力；强度条件；虎克定律；变形计算。

5.3　剪切和挤压

剪切和挤压的实用计算；剪切面；挤压面；剪切强度；挤压强度；剪切虎克定律。

5.4　扭转

扭矩和扭矩图；圆轴扭转切应力；切应力互等定理；圆轴扭转的强度条件；扭转角计算及刚度条件。

5.5　截面几何性质

静矩和形心；惯性矩和惯性积；平行轴公式；形心主轴及形心主惯性矩概念。

5.6　弯曲

梁的内力方程；剪力图和弯矩图；分布荷载、剪力、弯矩之间的微分关系；正应力强度条件；切应力强度条件；梁的合理截面；弯曲中心概念；求梁变形的积分法、叠加法。

5.7　应力状态

平面应力状态分析的解析法和应力圆法；主应力和最大切应力；广义虎克定律；四个常用的强度理论。

5.8　组合变形

拉/压-弯组合、弯-扭组合情况下杆件的强度校核；斜弯曲。

5.9　压杆稳定

压杆的临界荷载；欧拉公式；柔度；临界应力总图；压杆的稳定校核。

二、复习指导

根据“考试大纲”的要求，结合以往的考试，考生在复习材料力学部分时，应注意以下几点。

(1)轴向拉伸和压缩部分的内容重点考察基本概念，考试题以概念类、记忆类、简单计算类为主。

(2)剪切和挤压实用计算部分，受力分析和破坏形式是重点，剪切面和挤压面的区分是难点，挤压面面积的计算容易混淆，考试题以概念题、比较判别题和简单计算题为主。

(3)扭转部分考试题以概念、记忆和一般计算为主，对于实心圆截面和空心圆截面两种情形，截面上剪应力的分布、极惯性矩与抗扭截面系数计算要严格区分。

(4)截面的几何性质部分的考试题，侧重于平行移轴公式的应用，形心主轴概念的理解和有一对称轴的组合截面惯性矩的计算步骤与计算方法。

(5)弯曲内力部分考试题主要考察作 Q、M 图的熟练程度，熟练掌握用简便法计算指定截面的 Q、M 和用简便法作 Q、M 图是这部分的关键所在。

(6)弯曲应力部分考试题重点考察：①正应力最大的危险截面，剪应力最大的危险截面的确定；②梁受拉侧、受压侧的判断，对于 U 形、T 形等截面中性轴为非对称轴的情形尤其重要；③焊接工字形截面梁三类危险点的确定，即除了正应力危险点，剪应力危险点外，还有一类危险点，即在 M、Q 均较大的截面上腹板与翼缘交界处的点，但该类危险点处于复杂应力状态，需要用强度理论进行强度计算。题型以分析、计算为主。

(7)弯曲变形部分考试题重点考察给定梁的边界条件和连续条件的正确写法和用叠加法求梁的位移的灵活应用。叠加法有三方面的应用：①荷载分解，变形或位移叠加，这是叠加法的直接应用；②计算梁不变形部分的位移的叠加法，就是变形部分的位移叠加上不变形部分的位移；③逐段刚化法，是上面两种方法的进一步延拓。

(8)应力状态与强度理论部分考试题重点测试：①应力状态的有关概念；②主应力、最大剪应力的计算；③主应力、最大剪应力计算与强度理论的综合应用；④在各种应力状态下尤其是单向应力状态、纯剪切应力状态下材料的破坏原因分析。考试题多属于概念理解、分析计算类。

(9)组合变形部分考试题重点考察：①各种基本变形组合时的分析方法；②对于有两根对称轴、四个角点的截面杆，在斜弯曲、拉(压)-弯曲、偏心拉(压)时最大正应力计算；③用强度理论解决弯-扭组合变形的强度计算问题。

(10)压杆稳定部分考试题重点测试：①压杆稳定性的概念。压杆的极限应力不但与材料有关，而且与 λ 有关，而 λ 又与长度、支承情况、截面形状和尺寸有关；②压杆临界应力的计算思路，即先计算压杆在两个形心主惯性平面内的柔度，取其中最大的一个作为依据，再根据该最大柔度的范围选择适当的临界应力计算公式计算临界应力。考试题多属概念类和比较判别类。

本章的重点是弯曲内力、弯曲应力、应力状态与强度理论，其他各部分均有考题，覆盖了全部内容。

材料力学本身概念性很强，基本内容要求相当熟练，少部分内容如应力状态分析和压杆稳定则还要求能深入进行分析，一般来说，计算都不复杂。尤其是注册结构工程师基础考试，题量大，时间紧，更不会涉及很复杂的计算。

第一节　概　　论

材料力学是研究各种类型构件(主要是杆)的强度、刚度和稳定性的学科，它提供了有关的基本理论、计算方法和试验技术，使我们能合理地确定构件的材料、尺寸和形状，以达到安全与经济的设计要求。

一、材料力学的基本思路

(一)理论公式的建立

理论公式的建立思路如图 5-1-1 所示。

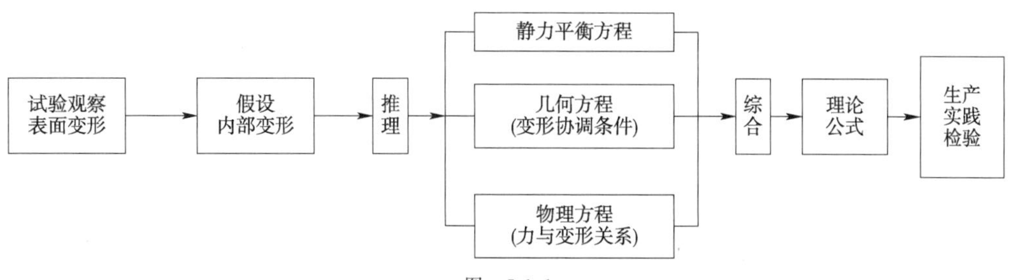

图 5-1-1

(二)分析问题和解决问题

分析问题和解决问题思路如图 5-1-2 所示。

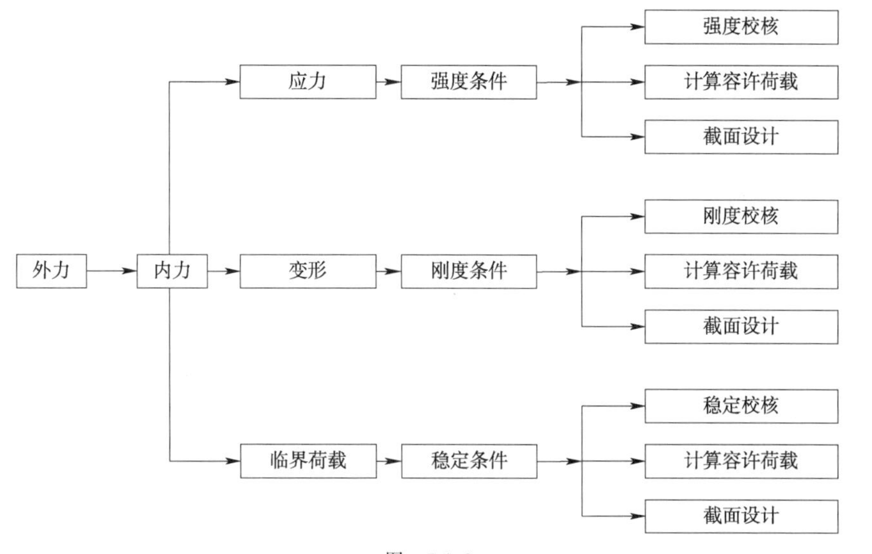

图 5-1-2

二、杆的四种基本变形

杆的四种基本变形见表 5-1-1。

杆的四种基本变形 表 5-1-1

类型	轴向拉伸(压缩)	剪 切	扭 转	平 面 弯 曲	
外力特点	P P P P	P P	m m x	q A C B	
横截面内力	轴力 **N** 等于截面一侧所有轴向外力代数和	剪力 **Q** 等于 **P**	扭矩 **T** 等于截面一侧对 x 轴外力偶矩代数和	弯矩 **M** 等于截面一侧外力对截面形心力矩代数和	剪力 **Q** 等于截面一侧所有竖向外力代数和

续上表

类型	轴向拉伸(压缩)	剪切	扭转	平面弯曲	
应力分布情况	均布	假设均布	线性分布	线性分布	抛物线分布
应力公式	$\sigma=\frac{N}{A}$	$\tau=\frac{Q}{A_s}$ $\sigma_{bs}=\frac{P_{bs}}{A_{bs}}$	$\tau_\rho=\frac{T}{I_p}\rho$	$\sigma=\frac{M}{I_z}y$	$\tau=\frac{QS_z^*}{bI_z}$
强度条件	$\sigma_{max}=\frac{N_{max}}{A}\leqslant[\sigma]$	$\tau=\frac{Q}{A_s}\leqslant[\tau]$ $\sigma_{bs}=\frac{P_{bs}}{A_{bs}}\leqslant[\sigma_{bs}]$	$\tau_{max}=\frac{T_{max}}{W_p}\leqslant[\tau]$	$\sigma_{max}=\frac{M_{max}}{W_z}\leqslant[\sigma]$	$\tau_{max}=\frac{Q_{max}S_{zmax}^*}{bI_z}\leqslant[\tau]$
变形公式	$\Delta l=\frac{Nl}{EA}$		$\Phi=\frac{Tl}{GI_p}$	$f_c=\frac{5ql^4}{384EI_z}$	$\theta_A=\frac{ql^3}{24EI_z}$
刚度条件			$\varphi_{max}=\frac{T_{max}}{GI_p}\leqslant[\varphi]$	$\frac{f_{max}}{l}\leqslant\left[\frac{f}{l}\right]$	$\theta_{max}\leqslant[\theta]$
应变能	$U=\frac{N^2l}{2EA}$		$U=\frac{T^2l}{2GI_p}$	纯弯 $U=\frac{M^2l}{2EI_z}$	非纯弯 $U=\int_l\frac{M^2(x)}{2EI_z}dx$

三、材料的力学性质

在表 5-1-1 所列的强度条件中,为确保构件不致因强度不足而破坏,应使其最大工作应力 σ_{max}不超过材料的某个限值。显然,该限值应小于材料的极限应力 σ_u,可规定为极限应力 σ_u 的若干分之一,并称之为材料的许用应力,以$[\sigma]$(或$[\tau]$)表示,即

$$[\sigma]=\frac{\sigma_u}{n} \tag{5-1-1}$$

式中,n 是一个大于 1 的系数,称为安全系数,其数值通常由设计规范规定;而极限应力 σ_u 则要通过材料的力学性能试验才能确定。这里主要介绍典型的塑性材料——低碳钢和典型的脆性材料——铸铁在常温、静载下的力学性能。

(一)低碳钢材料拉伸和压缩时的力学性质

低碳钢(通常将含碳量在 0.3%以下的钢称为低碳钢,也叫软钢)材料拉伸和压缩时的 σ-ε 曲

线如图 5-1-3 所示。

从图 5-1-3 中拉伸时的 σ-ε 曲线可看出，整个拉伸过程可分为以下四个阶段。

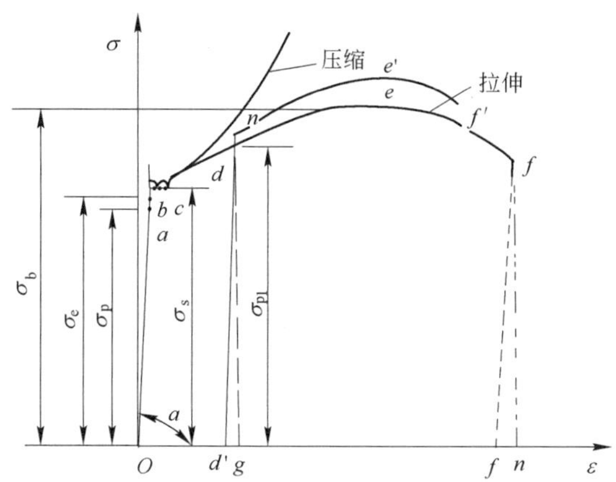

图 5-1-3 低碳钢拉伸、压缩的力学性质

1. 弹性阶段（Ob 段）

在该段中的直线段（Oa）称线弹性段，其斜率即为弹性模量 E，对应的最高应力值 σ_p 为比例极限。在该段应力范围（即 $\sigma\leqslant\sigma_p$）内，虎克定律 $\sigma=E\varepsilon$ 成立。而 ab 段，即为非线性弹性段，在该段内所产生的应变仍是弹性的，但它与应力已不成正比。b 点相对应的应力 σ_e 称为弹性极限。

2. 屈服阶段（bc 段）

该段内应力基本上不变，但应变却在迅速增长，而且在该段内所产生的应变成分，除弹性应变外，还包含了明显的塑性变形，该段的应力最低点 σ_s 称为屈服极限。这时，试件上原光滑表面将会出现与轴线大致成 45°的滑移线，这是由于试件材料在 45°的斜截面上存在着最大剪应力而引起的。对于塑性材料来说，由于屈服时所产生的显著的塑性变形将会严重地影响其正常工作，故 σ_s 是衡量塑性材料强度的一个重要指标。对于无明显屈服阶段的其他塑性材料，工程上将产生 0.2%塑性应变时的应力作为名义屈服极限，并用 $\sigma_{0.2}$ 表示。

3. 强化阶段（ce 段）

在该段，应力又随应变增大而增大，故称强化。该段中的最高点 e 所对应的应力乃材料所能承受的最大应力 σ_b，称为强度极限，它是衡量材料强度（特别是脆性材料）的另一重要指标。在强化阶段中，绝大部分的变形是塑性变形，并发生“冷作硬化”的现象。

4. 局部变形阶段（ef 段）

在应力到达 e 点之前，试件标距内的变形是均匀的；但当到达 e 点后，试件的变形就开始集中于某一较弱的局部范围内进行，该处截面纵向急剧伸长，横向显著收缩，形成“颈缩”；最后至 f 点试件被拉断。

试件拉断后，可测得以下两个反映材料塑性性能的指标。

（1）延伸率

$$\delta=\frac{l_1-l_0}{l_0}\times 100\% \tag{5-1-2}$$

式中：l_0——试件原长；

l_1——试件拉断后的长度。

工程上规定 $\delta \geqslant 5\%$ 的材料称为塑性材料，$\delta < 5\%$ 的称为脆性材料。

(2)截面收缩率

$$\psi = \frac{A_0 - A_1}{A_0} \times 100\% \tag{5-1-3}$$

式中：A_0——变形前的试件横截面面积；

A_1——试件拉断后的最小截面积。

对比低碳钢压缩时与拉伸时的 σ-ε 曲线可知，低碳钢压缩时的弹性模量 E、比例极限 σ_p 和屈服极限 σ_s 与拉伸时大致相同。

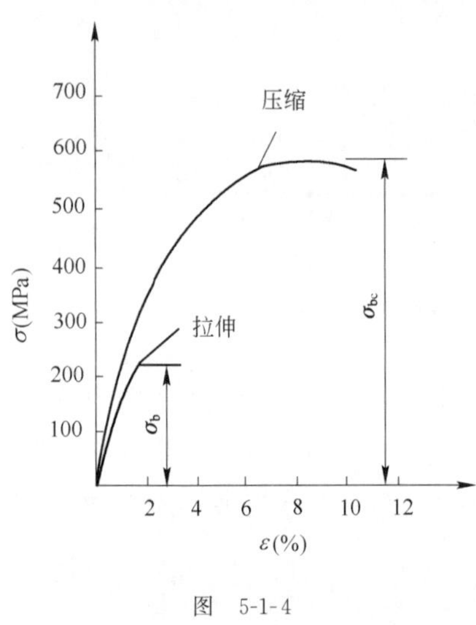

图 5-1-4

(二)铸铁拉伸与压缩时的力学性质

铸铁拉伸与压缩时的 σ-ε 曲线如图 5-1-4 所示。

从铸铁拉伸时的 σ-ε 曲线中可以看出，它没有明显的直线部分。因其拉断前的应变很小，因此工程上通常取其 σ-ε 曲线的一条割线的斜率，作为其弹性模量。它没有屈服阶段，也没有颈缩现象(故衡量铸铁拉伸强度的唯一指标就是它被拉断时的最大应力 σ_b)，在较小的拉应力作用下即被拉断，且其延伸率很小，故铸铁是一种典型的脆性材料。

铸铁压缩时的 σ-ε 曲线与拉伸相比，可看出这类材料的抗压能力要比抗拉能力强得多，其塑性变形也较为明显。破坏断口为斜断面，这表明试件是因 τ_{max} 的作用而剪坏的。

综上所述，对于塑性材料制成的杆，通常取屈服极限 σ_s(或名义屈服极限 $\sigma_{0.2}$)作为极限应力 σ_u 的值；而对脆性材料制成的杆，应该取强度极限 σ_b 作为极限应力 σ_u 的值。

【例 5-1-1】 图示四种材料的应力—应变曲线中，强度最大的材料是：

A. A

B. B

C. C

D. D

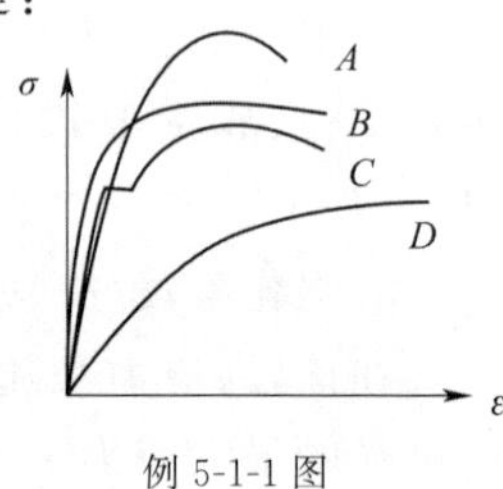

例 5-1-1 图

解 由图可知，曲线 A 的强度失效应力最大，故 A 材料强度最高。

答案：A

习 题

5-1-1 在低碳钢拉伸实验中，冷作硬化现象发生在(　　)。

A. 弹性阶段

B. 屈服阶段

C. 强化阶段

D. 局部变形阶段

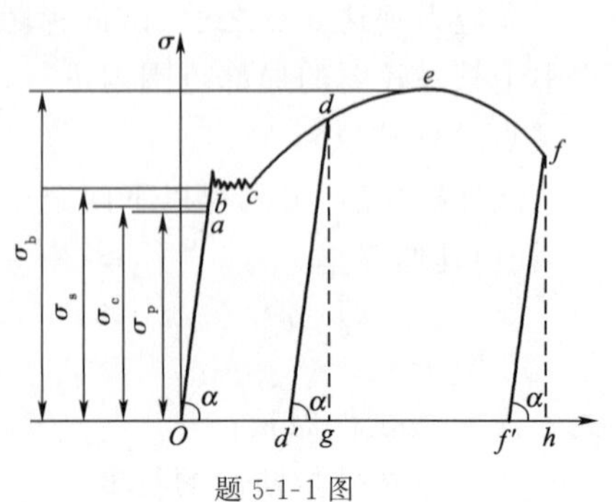

题 5-1-1 图

第二节　轴向拉伸与压缩

一、轴向拉伸与压缩的概念

(一)力学模型

轴向拉压杆的力学模型如图 5-2-1 所示。

图 5-2-1　轴向拉压杆的力学模型

P-轴向拉力或压力

(二)受力特征

作用于杆两端外力的合力,大小相等、方向相反,并沿杆件轴线作用。

(三)变形特征

杆件主要产生轴线方向的均匀伸长(缩短)。

二、轴向拉伸(压缩)杆横截面上的内力

(一)内力

由外力作用而引起的构件内部各部分之间的相互作用力。

(二)截面法

截面法是求内力的一般方法,用截面法求内力的步骤如下。

(1)截开。在需求内力的截面处,假想地沿该截面将构件截分为二。

(2)代替。任取一部分为研究对象,称为脱离体。用内力代替弃去部分对脱离体的作用。

(3)平衡。对脱离体列写平衡条件,求解未知内力。

截面法示意图如图 5-2-2 所示。

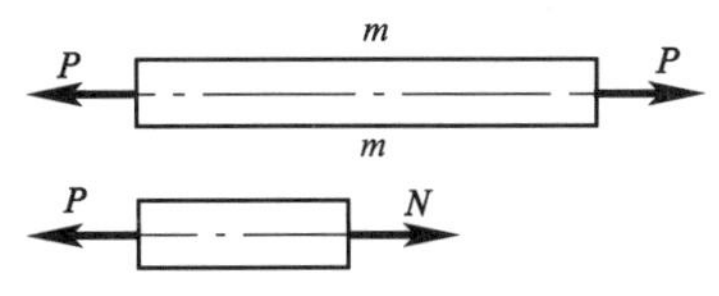

图 5-2-2　截面法示意图

(三)轴力

轴向拉压杆横截面上的内力,其作用线必定与杆轴线相重合,称为轴力,以 N 表示。轴力 N 规定以拉力为正,压力为负。

(四)轴力图

轴力图表示沿杆件轴线各横截面上轴力变化规律的图线。

【例 5-2-1】　试作如图 a)所示等直杆的轴力图。

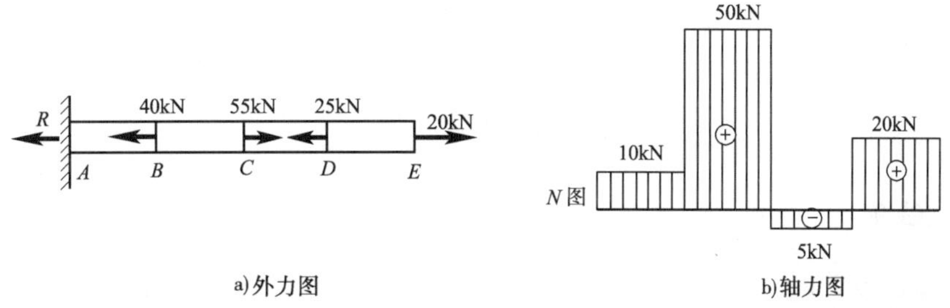

例 5-2-1 图

解　先考虑外力平衡,求出支反力 $R=10\text{kN}$

显然　$N_{AB}=10\text{kN}$,$N_{BC}=50\text{kN}$,$N_{CD}=-5\text{kN}$,$N_{DE}=20\text{kN}$

由图 b)可见,某截面上外力的大小等于该截面两侧内力的变化。

三、轴向拉压杆横截面上的应力

分布规律：轴向拉压杆横截面上的应力垂直于截面，为正应力，且正应力在整个横截面上均匀分布，如图 5-2-3 所示。

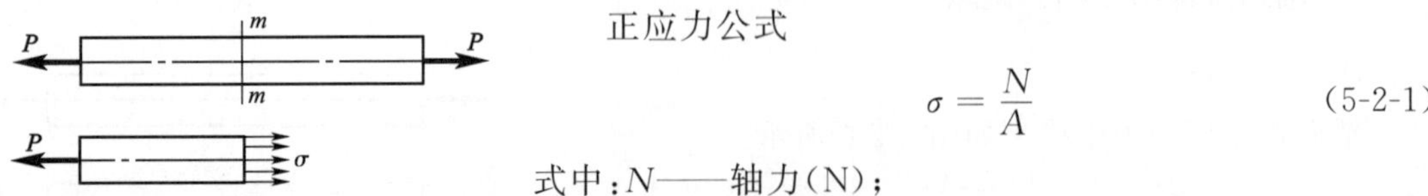

图 5-2-3 正应力在整个横截面上均匀分布

正应力公式

$$\sigma = \frac{N}{A} \tag{5-2-1}$$

式中：N——轴力(N)；

A——横截面面积(m^2)。

应力单位为 N/m^2，即 Pa，也常用 MPa，$1MPa=10^6Pa=1N/mm^2$。

四、轴向拉压杆斜截面上的应力

斜截面上的应力均匀分布，如图 5-2-4 所示，其总应力及应力分量如下。

总应力

$$p_\alpha = \frac{N}{A_\alpha} = \sigma_0 \cos\alpha \tag{5-2-2}$$

正应力

$$\sigma = p_\alpha \cos\alpha = \sigma_0 \cos^2\alpha \tag{5-2-3}$$

剪应力

$$\tau_\alpha = p_\alpha \sin\alpha = \frac{\sigma_0}{2}\sin 2\alpha \tag{5-2-4}$$

图 5-2-4 斜截面上的应力均匀分布

上述式中：α——由横截面外法线转至斜截面外法线的夹角，以逆时针转动为正；

A_α——斜截面 m-m 的截面积；

σ_0——横截面上的正应力。

σ_α 拉应力为正，压应力为负。τ_α 以其对截面内一点产生顺时针力矩时为正，反之为负。

轴向拉压杆中最大正应力发生在 $\alpha=0°$ 的横截面上，最小正应力发生在 $\alpha=90°$ 的纵截面上，其值分别为

$$\sigma_{\alpha\max}=\sigma_0, \sigma_{\alpha\min}=0$$

最大剪应力发生在 $\alpha=\pm45°$ 的斜截面上，最小剪应力发生在 $\alpha=0°$ 的横截面和 $\alpha=90°$ 的纵截面上，其值分别为

$$|\tau_\alpha|_{\max}=\frac{\sigma_0}{2}, |\tau_\alpha|_{\min}=0$$

五、强度条件

(一)许用应力

材料正常工作容许采用的最高应力，由极限应力除以安全系数求得。

1. 塑性材料

$$[\sigma]=\frac{\sigma_s}{n_s} \tag{5-2-5}$$

2.脆性材料

$$[\sigma]=\frac{\sigma_b}{n_b} \tag{5-2-6}$$

上两式中：σ_s——屈服极限；

σ_b——抗拉强度；

n_s、n_b——安全系数。

（二）强度条件

构件的最大工作应力不得超过材料的许用应力。轴向拉压杆的强度条件为

$$\sigma_{max}=\frac{N_{max}}{A}\leqslant[\sigma] \tag{5-2-7}$$

强度计算的三类问题：

(1)强度校核：

$$\sigma_{max}=\frac{N_{max}}{A}\leqslant[\sigma]$$

(2)截面设计：

$$A\geqslant\frac{N_{max}}{[\sigma]}$$

(3)确定许可荷载 $N_{max}\leqslant[\sigma]A$，再根据平衡条件，由 N_{max} 计算$[P]$。

【例 5-2-2】 图示结构的两杆许用应力均为$[\sigma]$，杆 1 的面积为 A，杆 2 的面积为 $2A$，则该结构的许用载荷是：

A. $[F]=A[\sigma]$　　B. $[F]=2A[\sigma]$

C. $[F]=3A[\sigma]$　　D. $[F]=4A[\sigma]$

例 5-2-2 图

解 此题受力是对称的，故 $F_1=F_2=\frac{F}{2}$

由杆 1，得 $\sigma_1=\frac{F_1}{A_1}=\frac{\frac{F}{2}}{A}=\frac{F}{2A}\leqslant[\sigma]$，故 $F\leqslant 2A[\sigma]$

由杆 2，得 $\sigma_2=\frac{F_2}{A_2}=\frac{\frac{F}{2}}{2A}=\frac{F}{4A}\leqslant[\sigma]$，故 $F\leqslant 4A[\sigma]$

从两者取最小的，所以$[F]=2A[\sigma]$。

答案：B

六、轴向拉压杆的变形——虎克定律

（一）轴向拉压杆的变形

杆件在轴向拉伸时，轴向伸长，横向缩短，见图 5-2-5；而在轴向压缩时，轴向缩短，横向伸长。

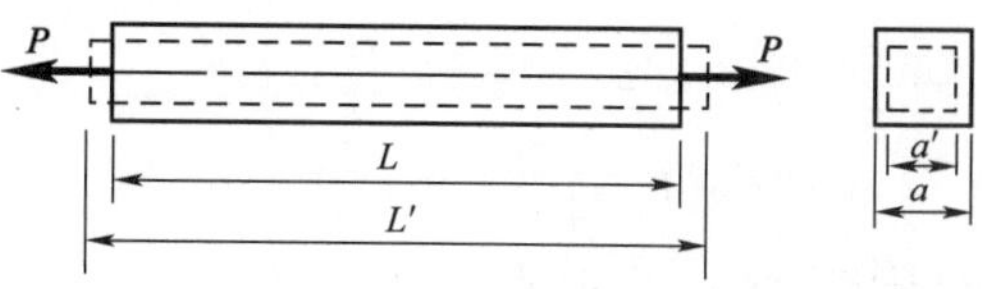

图 5-2-5　轴向拉杆的变形

轴向变形

$$\Delta L = L' - L \tag{5-2-8}$$

轴向线应变

$$\varepsilon = \frac{\Delta L}{L} \tag{5-2-9}$$

横向变形

$$\Delta a = a' - a \tag{5-2-10}$$

横向线应变

$$\varepsilon' = \frac{\Delta a}{a} \tag{5-2-11}$$

(二)虎克定律

当应力不超过材料比例极限时,应力与应变成正比,即

$$\sigma = E\varepsilon \tag{5-2-12}$$

式中:E——材料的弹性模量。

或用轴力及杆件变形量表示为

$$\Delta L = \frac{NL}{EA} \tag{5-2-13}$$

式中:EA——杆的抗拉(压)刚度,表示杆件抵抗拉、压弹性变形的能力。

【例 5-2-3】 变截面杆 AC 受力如图所示。已知材料弹性模量为 E,杆 BC 段的截面积为 A,杆 AB 段的截面积为 $2A$,则杆 C 截面的轴向位移是:

A. $\frac{FL}{2EA}$

B. $\frac{FL}{EA}$

C. $\frac{2FL}{EA}$

D. $\frac{3FL}{EA}$

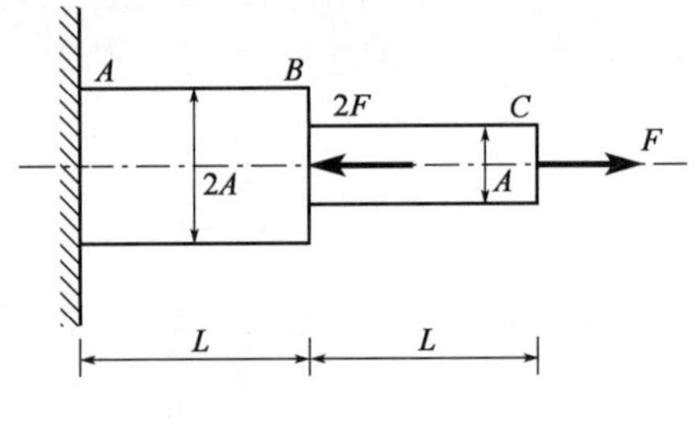

例 5-2-3 图

解 用直接法求轴力,可得:$N_{AB} = -F, N_{BC} = F$

杆 C 截面的位移是 $\delta_C = \Delta l_{AB} + \Delta l_{BC} = \frac{-F \cdot l}{E \cdot 2A} + \frac{Fl}{EA} = \frac{Fl}{2EA}$

答案:A

(三)泊松比

当应力不超过材料的比例极限时,横向线应变 ε' 与纵向线应变 ε 之比的绝对值,即为泊松比,即

$$\mu = \left|\frac{\varepsilon'}{\varepsilon}\right| = -\frac{\varepsilon'}{\varepsilon} \tag{5-2-14}$$

泊松比 μ 是材料的弹性常数之一,无量纲。

【例 5-2-4】 已知拉杆横截面积 $A = 100\text{mm}^2$,弹性模量 $E = 200\text{GPa}$,横向变形系数 $\mu = 0.3$,

轴向拉力 $F=20\text{kN}$，拉杆的横向应变是：

A. $\varepsilon'=0.3\times10^{-3}$

B. $\varepsilon'=-0.3\times10^{-3}$

C. $\varepsilon'=10^{-3}$

D. $\varepsilon'=-10^{-3}$

例 5-2-4 图

解 $\varepsilon'=-\mu\varepsilon=-\mu\dfrac{\sigma}{E}=-\mu\dfrac{F_{\text{N}}}{AE}$

$$=-0.3\frac{20\times10^{3}\text{N}}{100\text{mm}^{2}\times200\times10^{3}\text{MPa}}=-0.3\times10^{-3}$$

答案：B

习 题

5-2-1 等截面杆轴向受力如图所示。杆的最大轴力是(　　)kN。

A. 8　　B. 5　　C. 3　　D. 13

5-2-2 如图所示，拉杆承受轴向拉力 **P** 的作用，设斜截面 $m-m$ 的面积为 A，则 $\sigma=P/A$ 为(　　)。

A. 横截面上的正应力　　B. 斜截面上的正应力

C. 斜截面上的应力　　D. 斜截面上的剪应力

题 5-2-1 图　　题 5-2-2 图

5-2-3 两拉杆的材料和所受拉力都相同，且均处在弹性范围内，若两杆长度相等，横截面面积 $A_1>A_2$，则(　　)。

A. $\Delta l_1<\Delta l_2$，$\varepsilon_1=\varepsilon_2$　　B. $\Delta l_1=\Delta l_2$，$\varepsilon_1<\varepsilon_2$

C. $\Delta l_1<\Delta l_2$，$\varepsilon_1<\varepsilon_2$　　D. $\Delta l_1=\Delta l_2$，$\varepsilon_1=\varepsilon_2$

5-2-4 等直杆的受力情况如图所示，则杆内最大拉力 N_1 和最大压力 N_2 分别为(　　)。

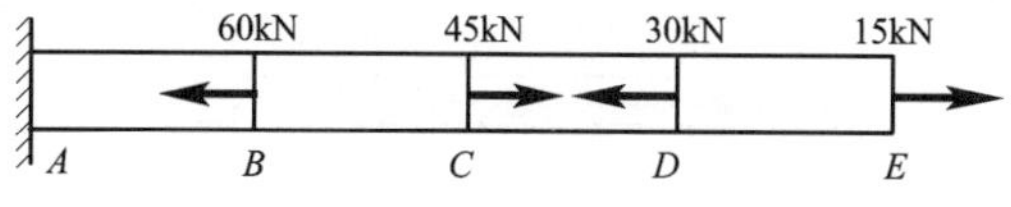

题 5-2-4 图

A. $N_1=60\text{kN}$，$N_2=15\text{kN}$

B. $N_1=60\text{kN}$，$N_2=-15\text{kN}$

C. $N_1=30\text{kN}$，$N_2=-30\text{kN}$

D. $N_1=90\text{kN}$，$N_2=-60\text{kN}$

5-2-5 如图所示，刚梁 AB 由杆 1 和杆 2 支承。已知两杆的材料相同，长度不等，横截面面积分别为 A_1 和 A_2，若荷载 **P** 使刚梁平行下移，则其截面面积为(　　)。

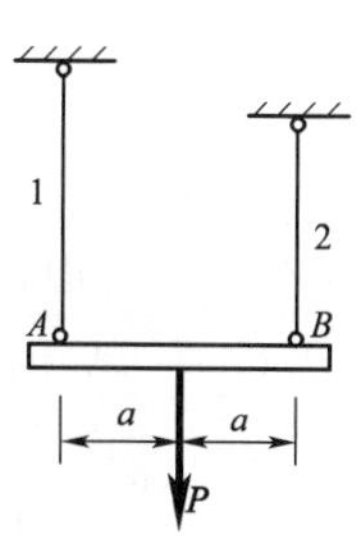

题 5-2-5 图

A. $A_1 < A_2$　　　　B. $A_1 = A_2$

C. $A_1 > A_2$　　　　D. A_1、A_2 为任意

5-2-6　如图所示变截面杆中，AB 段、BC 段的轴力为（　　）。

A. $N_{AB} = -10\text{kN}, N_{BC} = 4\text{kN}$

B. $N_{AB} = 6\text{kN}, N_{BC} = 4\text{kN}$

C. $N_{AB} = -6\text{kN}, N_{BC} = 4\text{kN}$

D. $N_{AB} = 10\text{kN}, N_{BC} = 4\text{kN}$

5-2-7　变形杆如图所示，其中在 BC 段内（　　）。

A. 有位移，无变形　　　　B. 有变形，无位移

C. 既有位移，又有变形　　　　D. 既无位移，又无变形

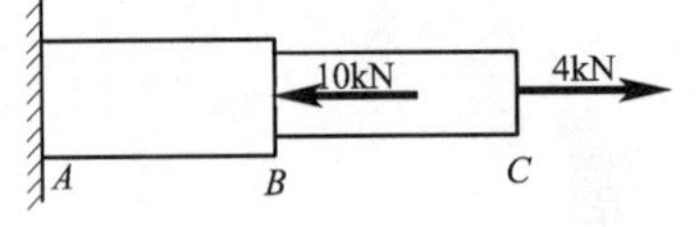
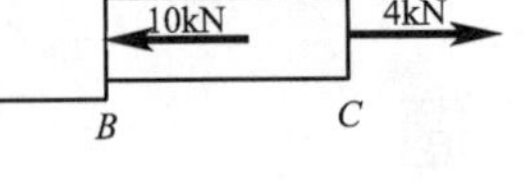

题 5-2-6 图

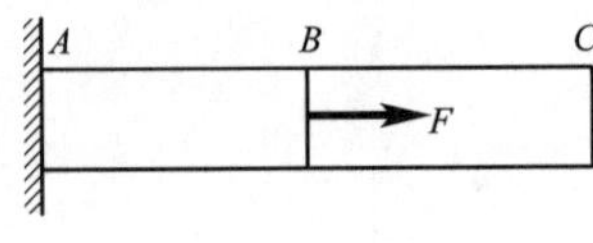

题 5-2-7 图

5-2-8　已知如图所示等直杆的轴力图（N 图），则该杆相应的荷载图如（　　）所示。（图中集中荷载单位均为 kN，分布荷载单位均为 kN/m）

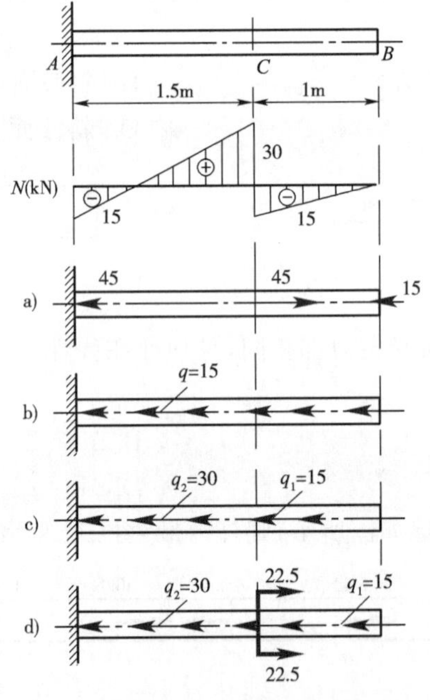

题 5-2-8 图

A. 图 a)　　　B. 图 b)　　　C. 图 c)　　　D. 图 d)

5-2-9　有一横截面面积为 A 的圆截面杆件受轴向拉力作用，在其他条件不变时，若将其横截面改为面积仍为 A 的空心圆，则杆为（　　）。

A. 内力、应力、轴向变形均增大

B. 内力、应力、轴向变形均减少

C. 内力、应力、轴向变形均不变

D. 内力、应力不变、轴向变形增大

5-2-10　如图所示桁架，在结点 C 沿水平方向受 P 力作用。各杆的抗拉刚度相等。若结点 C 的铅垂位移以 V_C 表示，BC 杆的轴力以 N_{BC} 表示，则(　　)。

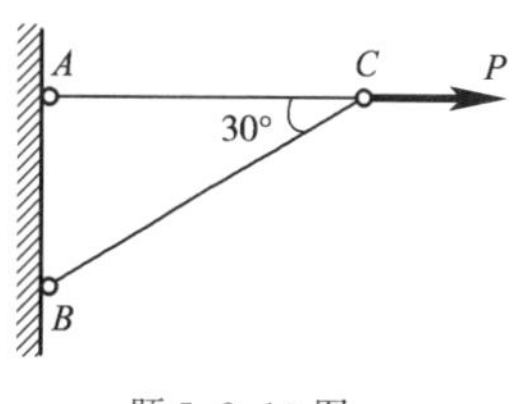

题 5-2-10 图

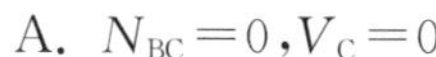

A. $N_{BC}=0, V_C=0$　　B. $N_{BC}=0, V_C\neq 0$

C. $N_{BC}\neq 0, V_C=0$　　D. $N_{BC}\neq 0, V_C\neq 0$

第三节　剪切和挤压

一、剪切的实用计算

(一)剪切的概念

力学模型如图 5-3-1 所示。

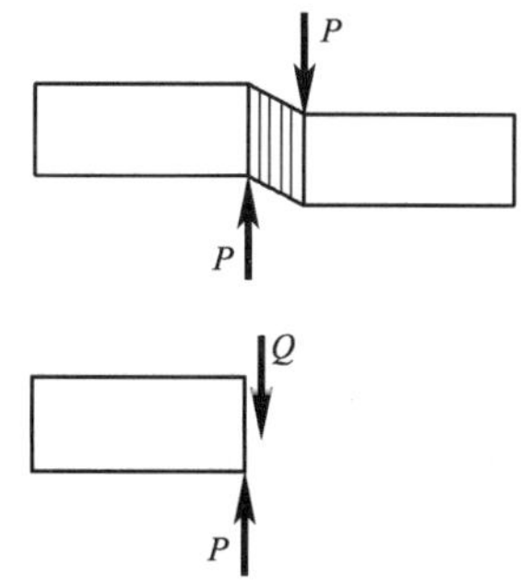

图 5-3-1　剪切的力学模型

(1)受力特征。构件上受到一对大小相等、方向相反，作用线相距很近，且与构件轴线垂直的力作用。

(2)变形特征。构件沿两力的分界面有发生相对错动的趋势。

(3)剪切面。构件将发生相对错动的面。

(4)剪力 Q。剪切面上的内力，其作用线与剪切面平行。

(二)剪切实用计算

(1)名义剪应力。假定剪应力沿剪切面是均匀分布的，若 A_Q 为剪切面面积，Q 为剪力，则

$$\tau=\frac{Q}{A_Q} \tag{5-3-1}$$

(2)许用剪应力。按实际构件的受力方式，用试验的方法求得名义剪切极限应力 τ^0，再除以安全系数 n。

(3)剪切强度条件。剪切面上的工作剪应力不得超过材料的许用剪应力

$$\tau=\frac{Q}{A_Q}\leqslant[\tau] \tag{5-3-2}$$

【例 5-3-1】　冲床在钢板上冲一圆孔(见图)，圆孔直径 $d=100\text{mm}$，钢板的厚度 $t=10\text{mm}$ 钢板的剪切强度极限 $\tau_b=300\text{MPa}$，需要的冲压力 F 是：

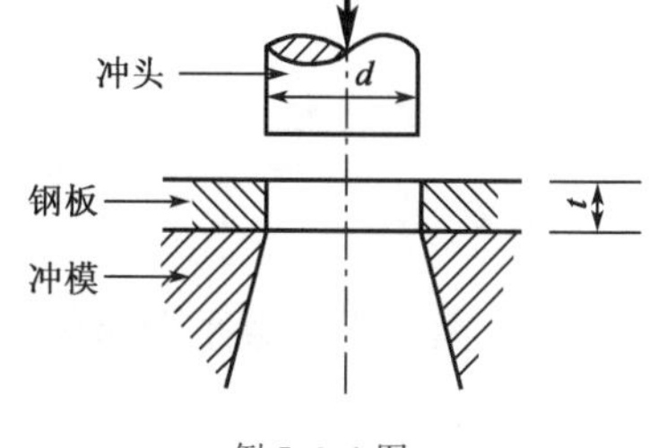

例 5-3-1 图

A. $F=300\pi\text{kN}$

B. $F=3\ 000\pi\text{kN}$

C. $F=2\ 500\pi\text{kN}$

D. $F=7\ 500\pi\text{kN}$

解　被冲断的钢板的剪切面是一个圆柱面，其面积 $A_Q=\pi dt$，根据钢板破坏的条件：

$$\tau_Q=\frac{Q}{A_Q}=\frac{F}{\pi dt}=\tau_b$$

可得 $F=\pi dt\tau_b=\pi\times100\text{mm}\times10\text{mm}\times300\text{MPa}=300\pi\times10^3\text{N}=300\pi\text{kN}$

答案：A

二、挤压的实用计算

(一)挤压的概念

(1)挤压。两构件相互接触的局部承压作用。

(2)挤压面。两构件间相互接触的面。

(3)挤压力 P_{bs}。承压接触面上的总压力。

(二)挤压实用计算

(1)名义挤压应力。假设挤压力在名义挤压面上均匀分布,即

$$\sigma_{bs}=\frac{P_{bs}}{A_{bs}} \tag{5-3-3}$$

式中:A_{bs}——名义挤压面面积。

当挤压面为平面时,名义挤压面面积等于实际的承压接触面面积;当挤压面为曲面时,则名义挤压面面积取为实际承压接触面在垂直挤压力方向的投影面积。

(2)许用挤压应力。根据直接试验结果,按照名义挤压应力公式计算名义极限挤压应力,再除以安全系数。

(3)挤压强度条件。挤压面上的工作挤压应力不得超过材料的许用挤压应力,即

$$\sigma_{bs}=\frac{P_{bs}}{A_{bs}}\leqslant[\sigma_{bs}] \tag{5-3-4}$$

【例 5-3-2】 已知铆钉的许用切应力为$[\tau]$,许用挤压应力为$[\sigma_{bs}]$,钢板的厚度为 t,则图示铆钉直径 d 与钢板厚度 t 的合理关系是:

A. $d=\dfrac{8t[\sigma_{bs}]}{\pi[\tau]}$　　B. $d=\dfrac{4t[\sigma_{bs}]}{\pi[\tau]}$

C. $d=\dfrac{\pi[\tau]}{8t[\sigma_{bs}]}$　　D. $d=\dfrac{\pi[\tau]}{4t[\sigma_{bs}]}$

例 5-3-2 图

解 由铆钉的剪切强度条件:$\tau=\dfrac{F_s}{A_s}=\dfrac{F}{\dfrac{\pi}{4}d^2}=[\tau]$,可得:$\dfrac{4F}{\pi d^2}=[\tau]$　①

由铆钉的挤压强度条件:$\sigma_{bs}=\dfrac{F_{bs}}{A_{bs}}=\dfrac{F}{dt}=[\sigma_{bs}]$,可得:$\dfrac{F}{dt}=[\sigma_{bs}]$　②

d 与 t 的合理关系应使两式同时成立,②式除以①式,得到$\dfrac{\pi d}{4t}=\dfrac{[\sigma_{bs}]}{[\tau]}$,即 $d=\dfrac{4t[\sigma_{bs}]}{\pi[\tau]}$。

答案:B

三、剪应力互等定理与剪切虎克定律

(一)纯剪切

若单元体各个侧面上只有剪应力而无正应力,称为纯剪切。

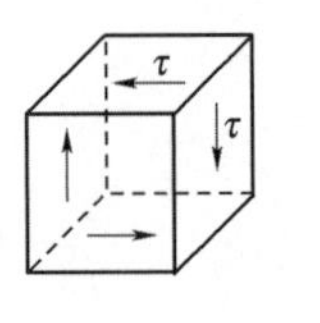

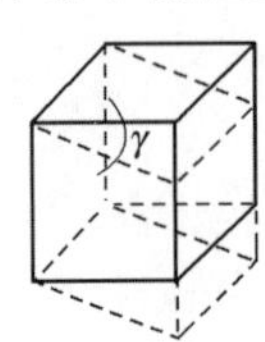

图 5-3-2　纯剪切单元体

纯剪切引起剪应变 γ,即相互垂直的两线段间角度的改变。

(二)剪应力互等定理

在互相垂直的两个平面上,垂直于两平面交线的剪应力,总是大小相等,且共同指向或背离这一交线(见图 5-3-2),即

$$\tau=-\tau' \tag{5-3-5}$$

（三）剪切虎克定律

当剪应力不超过材料的剪切比例极限时，剪应力 τ 与剪应变 γ 成正比，即

$$\tau = G\gamma \tag{5-3-6}$$

式中：G——材料的剪切弹性模量。

对各向同性材料，E、G、μ 间只有两个独立常数，即

$$G = \frac{E}{2(1+\mu)} \tag{5-3-7}$$

习　　题

5-3-1　钢板用两个铆钉固定在支座上，铆钉直径为 d，在图示荷载下，铆钉的最大切应力是（　　）。

A. $\tau_{\max} = \frac{4F}{\pi d^2}$　　B. $\tau_{\max} = \frac{8F}{\pi d^2}$

C. $\tau_{\max} = \frac{12F}{\pi d^2}$　　D. $\tau_{\max} = \frac{2F}{\pi d^2}$

5-3-2　螺钉受力如图所示，一直螺钉和钢板的材料相同，拉伸许用应力[σ]是剪切许可应力[τ]的 2 倍，即[σ]=2[τ]，钢板厚度 t 是螺钉头高度 h 的 1.5 倍，则螺钉直径 d 的合理值为（　　）。

A. $d=2h$　　B. $d=0.5h$

C. $d^2=2Dt$　　D. $d^2=Dt$

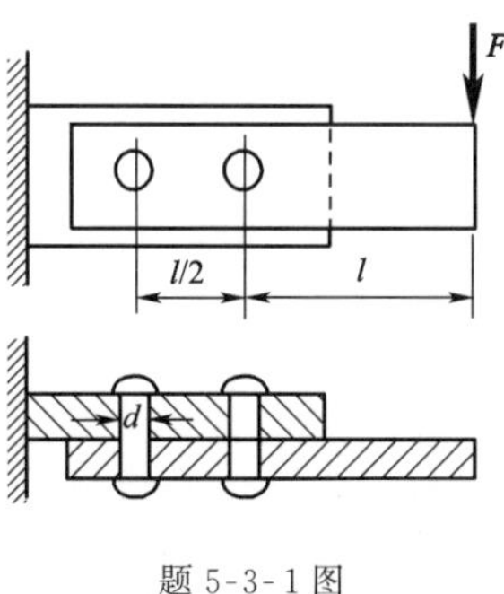

题 5-3-1 图

题 5-3-2 图

5-3-3　图示连接件，两端受拉力 **P** 作用，接头的挤压面积为（　　）。

A. ab　　B. cb　　C. lb　　D. lc

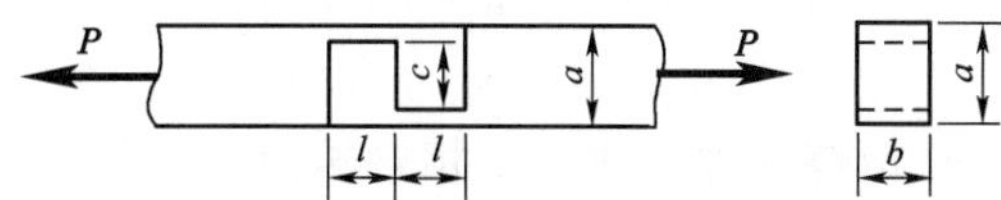

题 5-3-3 图

5-3-4　如图所示，在平板和受拉螺栓之间垫上一个垫圈，可以提高（　　）。

A. 螺栓的拉伸强度　　B. 螺栓的剪切强度

C. 螺栓的挤压强度　　D. 平板的挤压强度

5-3-5　图示铆接件，设钢板和铝铆钉的挤压应力分别为 $\sigma_{jy,1}$、$\sigma_{jy,2}$，则两者的大小关系是(　　)。

A. $\sigma_{jy,1} < \sigma_{jy,2}$　　B. $\sigma_{jy,1} = \sigma_{jy,2}$　　C. $\sigma_{jy,1} > \sigma_{jy,2}$　　D. 不确定的

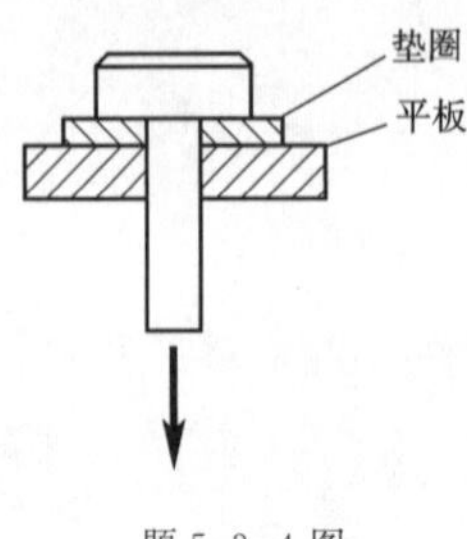

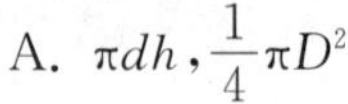
题 5-3-4 图

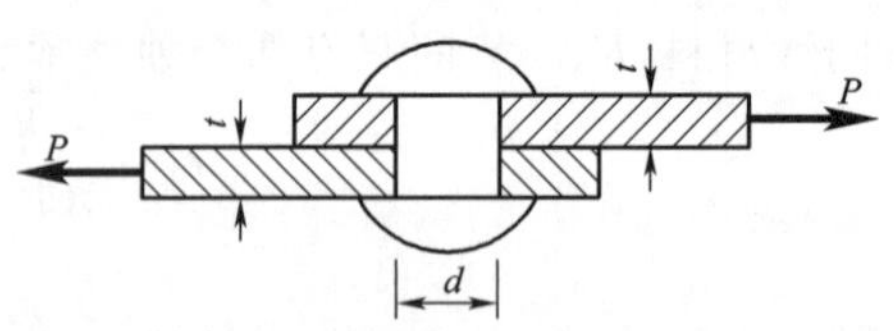

题 5-3-5 图

5-3-6　如图所示，插销穿过水平放置平板上的圆孔，在其下端受有一拉力 $\boldsymbol{P}$，该插销的剪切面积和挤压面积分别为(　　)。

A. $\pi dh, \frac{1}{4}\pi D^2$

B. $\pi dh, \frac{1}{4}\pi(D^2 - d^2)$

C. $\pi Dh, \frac{1}{4}\pi D^2$

D. $\pi Dh, \frac{1}{4}\pi(D^2 - d^2)$

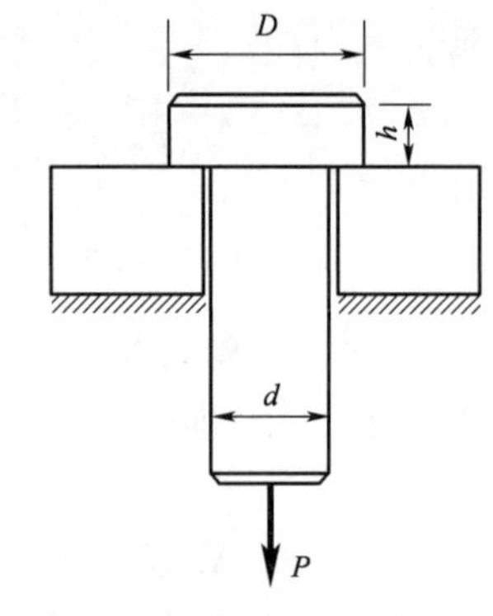

题 5-3-6 图

5-3-7　要用冲床在厚度为 t 的钢板上冲出一圆孔，则冲力大小(　　)。

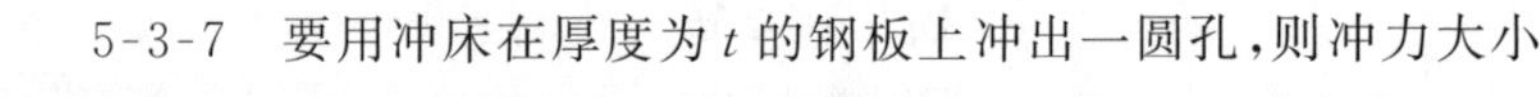

A. 与圆孔直径的平方成正比

B. 与圆孔直径的平方根成正比

C. 与圆孔直径成正比

D. 与圆孔直径的三次方成正比

第四节　扭　　转

一、扭转的概念

(一)扭转的力学模型

扭转的力学模型，如图 5-4-1 所示。

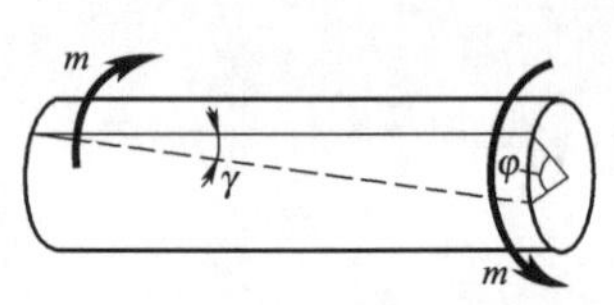

图 5-4-1　扭转力学模型

(1)受力特征。杆两端受到一对力偶矩相等，转向相反，作用平面与杆件轴线相垂直的外力偶作用。

(2)变形特征。杆件表面纵向线变成螺旋线，即杆件任意两横截面绕杆件轴线发生相对转动。

(3)扭转角 φ。杆件任意两横截面间相对转动的角度。

(二)外力偶矩的计算

轴所传递的功率、转速与外力偶矩(kN·m)间有如下关系

$$m = 9.55\frac{P}{n} \tag{5-4-1}$$

式中：P——传递功率(kW)；

n——转速(r/min)。

二、扭矩及扭矩图

(1)扭矩。受扭杆件横截面上的内力是一个在截面平面内的力偶，其力偶矩称为扭矩，用 T 表示，如图 5-4-2 所示，其值用截面法求得。

(2)扭矩符号。扭矩 T 的正负号规定，以右手法则表示扭矩矢量，若矢量的指向与截面外向法线的指向一致时扭矩为正，反之为负。如图 5-4-2 所示，扭矩均为正号。

(3)扭矩图。表示沿杆件轴线各横截面上扭矩变化规律的图线。扭矩图实例见本节后习题 5-4-6。

三、圆杆扭转时的剪应力与强度条件

(一)横截面上的剪应力

(1)剪应力分布规律。横截面上任一点的剪应力，其方向垂直于该点所在的半径，其值与该点到圆心的距离成正比，如图 5-4-3 所示。

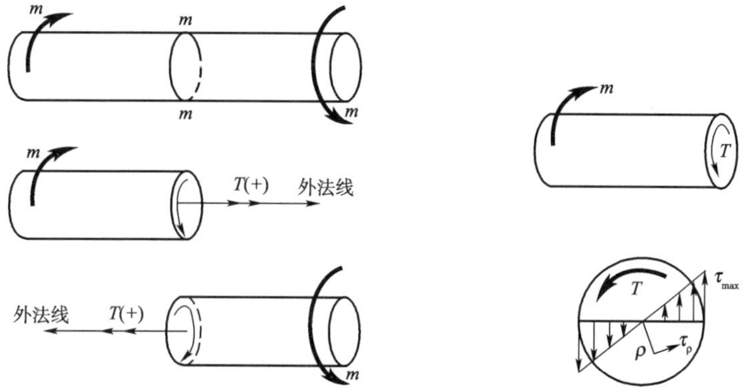

图 5-4-2　扭矩及其正负号规定　　图 5-4-3　圆杆扭转时横截面上的剪应力

(2)剪应力计算公式。横截面上距圆心为 ρ 的任一点的剪应力 τ_ρ 为

$$\tau_\rho=\frac{T}{I_p}\rho \tag{5-4-2}$$

横截面上的最大剪应力发生在横截面周边各点处，其值为

$$\tau_{max}=\frac{T}{I_p}R=\frac{T}{W_p} \tag{5-4-3}$$

(3)剪应力公式的讨论：

①公式适用于线弹性范围($\tau_{max}\leqslant\tau_\rho$)，小变形条件下的等截面实心或空心圆直杆。

②T 为所求截面上的扭矩。

③I_p 称为极惯性矩，W_p 称为抗扭截面系数，其值与截面尺寸有关。

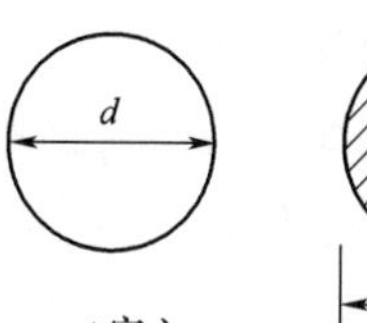

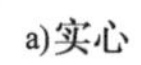

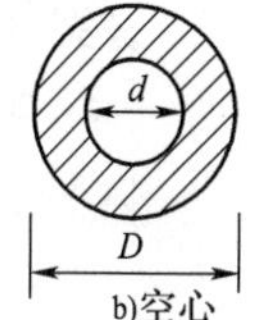

图 5-4-4　圆截面

实心圆截面(见图 5-4-4a)

$$\left.\begin{aligned}I_p&=\frac{\pi d^4}{32}\\W_p&=\frac{\pi d^3}{16}\end{aligned}\right\}\tag{5-4-4}$$

空心圆截面(见图 5-4-4b)

$$\left.\begin{aligned}I_p&=\frac{\pi D^4}{32}(1-\alpha^4)\\W_p&=\frac{\pi D^3}{16}(1-\alpha^4)\end{aligned}\right\}\tag{5-4-5}$$

其中 $\alpha=\frac{d}{D}$

【例 5-4-1】 图示两根圆轴,横截面积相同,但分别为实心圆和空心圆。在相同的扭矩 T 作用下,两轴最大切应力的关系是:

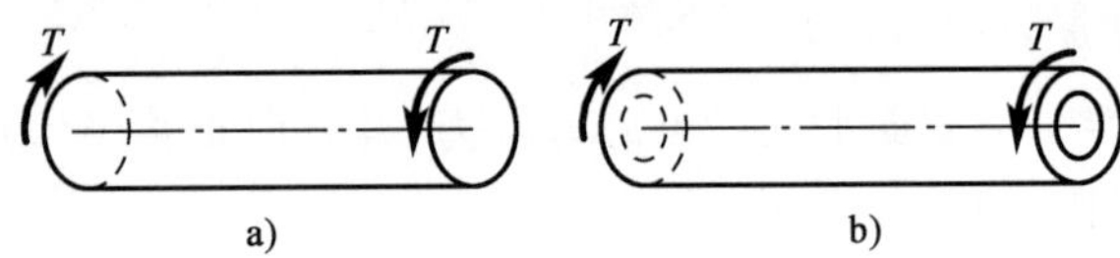

例 5-4-1 图

A. $\tau_a<\tau_b$　　B. $\tau_a=\tau_b$　　C. $\tau_a>\tau_b$　　D. 不能确定

解 设实心圆直径为 d,空心圆外径为 D,空心圆内外径之比为 α,因两者横截面积相同,故有 $\frac{\pi}{4}d^2=\frac{\pi}{4}D^2(1-\alpha^2)$,即 $d=D(1-\alpha^2)^{\frac{1}{2}}$。

$$\frac{\tau_a}{\tau_b}=\frac{\dfrac{T}{\frac{\pi}{16}d^3}}{\dfrac{T}{\frac{\pi}{16}D^3(1-\alpha^4)}}=\frac{D^3(1-\alpha^4)}{d^3}=\frac{D^3(1-\alpha^2)(1+\alpha^2)}{D^3(1-\alpha^2)(1-\alpha^2)^{\frac{1}{2}}}=\frac{1+\alpha^2}{\sqrt{1-\alpha^2}}>1$$

答案:C

【例 5-4-2】 已知实心圆轴按强度条件可承担的最大扭矩为 T,若改变该轴的直径,使其横截面积增加 1 倍,则可承担的最大扭矩为:

A. $\sqrt{2}T$　　B. $2T$　　C. $2\sqrt{2}T$　　D. $4T$

解 由强度条件 $\tau_{max}=\frac{T}{W_p}\leqslant[\tau]$,可知直径为 d 的圆轴可承担的最大扭矩为 $T\leqslant[\tau]W_p=[\tau]\frac{\pi d^3}{16}$。若改变该轴直径为 d_1,使 $A_1=\frac{\pi d_1^2}{4}=2A=2\frac{\pi d^2}{4}$,则有 $d_1^2=2d^2$,即 $d_1=\sqrt{2}d$。

故其可承担的最大扭矩为:$T_1=[\tau]\frac{\pi d_1^3}{16}=2\sqrt{2}[\tau]\frac{\pi d^3}{16}=2\sqrt{2}T$

答案:C

(二)圆杆扭转时的强度条件

强度条件:圆杆扭转时横截面上的最大剪应力不得超过材料的许用剪应力,即

$$\tau_{max}=\frac{T_{max}}{W_p}\leqslant[\tau]\tag{5-4-6}$$

由强度条件可对受扭杆进行强度校核、截面设计和确定许可荷载三类问题的计算。

四、圆杆扭转时的变形及刚度条件

（一）圆杆的扭转变形计算

单位长度扭转角 θ(rad/m)

$$\theta=\frac{\mathrm{d}\varphi}{\mathrm{d}x}=\frac{T}{GI_{\mathrm{p}}} \tag{5-4-7}$$

扭转角 φ(rad)

$$\varphi=\int_{L}\frac{T}{GI_{\mathrm{p}}}\mathrm{d}x \tag{5-4-8}$$

若在长度 L 内，T、G、I_{p} 均为常量时

$$\varphi=\frac{TL}{GI_{\mathrm{p}}} \tag{5-4-9}$$

式(5-4-9)适用于线弹性范围，小变形下的等直圆杆。GI_{p} 表示圆杆抵抗扭转弹性变形的能力，称为抗扭刚度。

（二）圆杆扭转时的刚度条件

即刚度条件：圆杆扭转时的最大单位长度扭转角不得超过规定的许可值$[\theta]$(°/m)，即

$$\theta_{\max}=\frac{T_{\max}}{GI_{\mathrm{p}}}\times\frac{180^{\circ}}{\pi}\leqslant[\theta] \tag{5-4-10}$$

由刚度条件，同样可对受扭圆杆进行刚度校核、截面设计和确定许可荷载三类问题的计算。

习　　题

5-4-1　直径为 d 的实心圆轴受扭，为使扭转最大切应力减少一半，圆轴的直径应改为(　　)。

A. $2d$　　B. $0.5d$　　C. $\sqrt{2}d$　　D. $\sqrt[3]{2}d$

5-4-2　圆轴直径为 d，剪切弹性模量为 G，在外力作用下发生扭转变形，现测得单位长度扭转角为 θ，圆轴的最大切应力是(　　)。

A. $\tau=\frac{16\theta G}{\pi d^3}$　　B. $\tau=\theta G\frac{\pi d^3}{16}$　　C. $\tau=\theta Gd$　　D. $\tau=\frac{\theta Gd}{2}$

5-4-3　图 a)所示圆轴抗扭截面模量为 W_{p}，切变模量为 G，扭转变形后，圆轴表面 A 点处截取的单元体互相垂直的相邻边线改变了 γ 角，如图 b)所示。圆轴承受的扭矩 T 为(　　)。

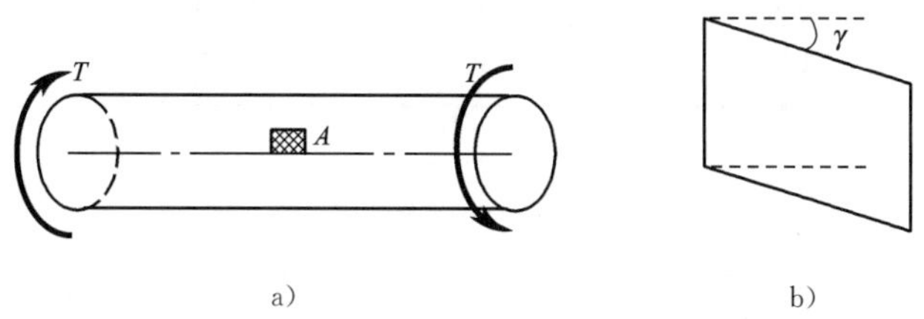

题 5-4-3 图

A. $T=G\gamma W_{\mathrm{p}}$　　B. $T=\frac{G\gamma}{W_{\mathrm{p}}}$　　C. $T=\frac{\gamma}{G}W_{\mathrm{p}}$　　D. $T=\frac{W_{\mathrm{p}}}{G\gamma}$

5-4-4　直径为 d 的实心圆轴受扭，若使扭转角减小一半，圆轴的直径需变为(　　)。

A. $\sqrt[4]{2}d$　　B. $\sqrt[3]{\sqrt{2}}d$　　C. $0.5d$　　D. $2d$

5-4-5　如图所示，左端固定的直杆受扭转力偶作用，在截面 1-1 和 1-2 处的扭矩为（　　）。

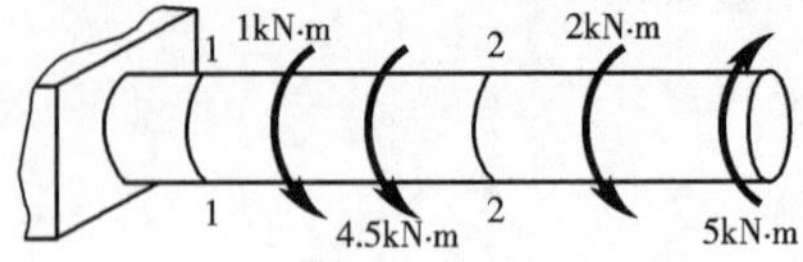

题 5-4-5 图

A. 12.5kN·m，−3kN·m　　B. −2.5kN·m，−3kN·m

C. −2.5kN·m，3kN·m　　D. 2.5kN·m，−3kN·m

5-4-6　如图所示，圆轴的扭矩图为（　　）。

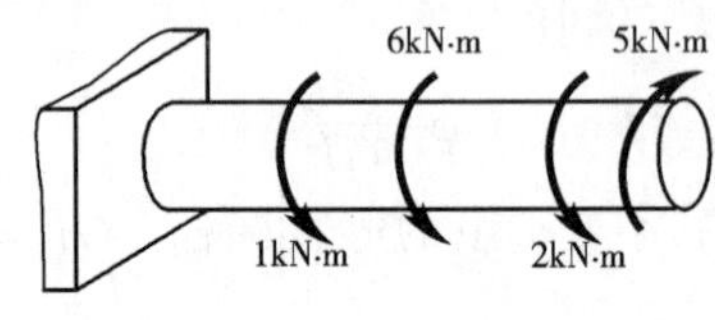

题 5-4-6 图

A.

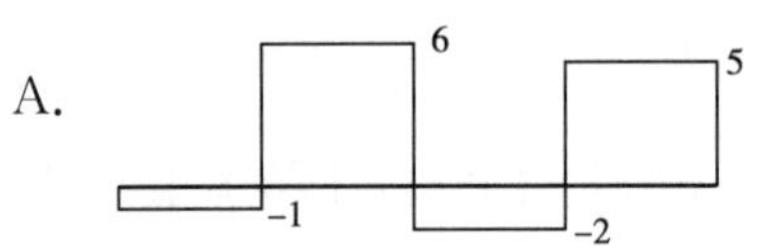

B.

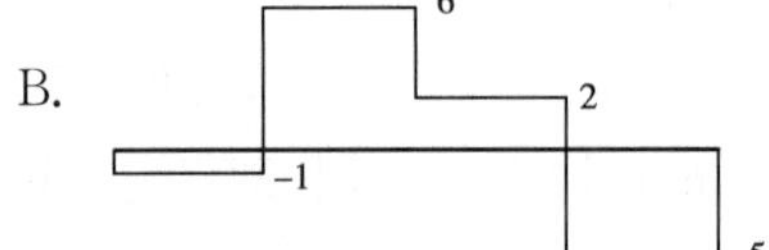

C.

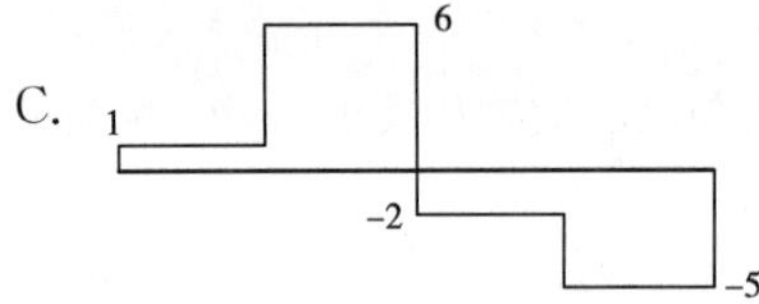

D.

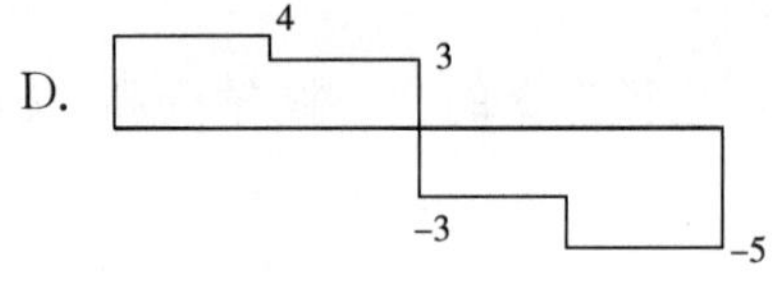

5-4-7　直径为 D 的实心圆轴，两端受扭转力矩作用，轴内最大剪应力为 τ。若轴的直径改为 $D/2$，则轴内的最大剪应力应为（　　）。

A. 2τ　　B. 4τ　　C. 8τ　　D. 16τ

5-4-8　如图所示，直杆受扭转力偶作用，在截面 1-1 和 2-2 处的扭矩为（　　）。

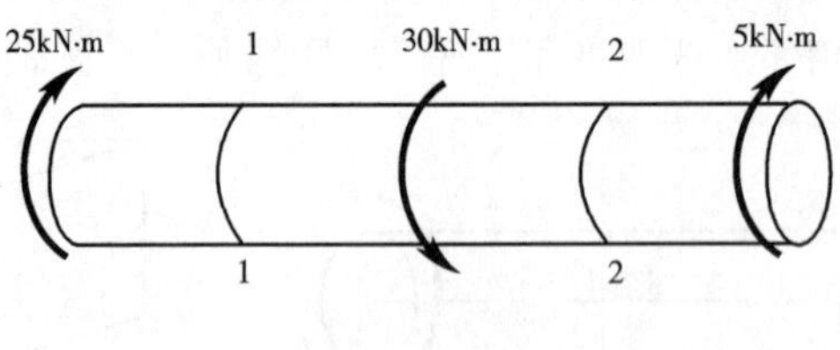

题 5-4-8 图

A. 5kN·m，5kN·m　　B. 25kN·m，−5kN·m

C. 35kN·m，−5kN·m　　D. −25kN·m，25kN·m

5-4-9　两端受扭转力偶矩作用的实心圆轴，不发生屈服的最大许可荷载为 M_0，若将其横截面面积增加 1 倍，则最大许可荷载为（　　）。

A. $\sqrt{2}M_0$　　B. $2M_0$　　C. $2\sqrt{2}M_0$　　D. $4M_0$

5-4-10　空心圆轴和实心圆轴的外径相同时，截面的抗扭截面模量较大的是（　　）。

A. 空心轴　　　　　　B. 实心轴

C. 一样大　　　　　　D. 不能确定

5-4-11　受扭实心等直圆轴，当直径增大 1 倍时，其最大剪应力 $\tau_{2\max}$ 和两端相对扭转角 φ_2 与原来的 $\tau_{1\max}$ 和 φ_1 的比值为(　　)。

A. $\tau_{2\max}:\tau_{1\max}=1:2,\varphi_2:\varphi_1=1:4$　　B. $\tau_{2\max}:\tau_{1\max}=1:4,\varphi_2:\varphi_1=1:8$

C. $\tau_{2\max}:\tau_{1\max}=1:8,\varphi_2:\varphi_1=1:16$　　D. $\tau_{2\max}:\tau_{1\max}=1:4,\varphi_2:\varphi_1=1:16$

第五节　截面图形的几何性质

一、静矩与形心

对图 5-5-1 所示截图

$$\left.\begin{aligned}S_z&=\int_A y\,\mathrm{d}A\\S_y&=\int_A z\,\mathrm{d}A\end{aligned}\right\}\tag{5-5-1}$$

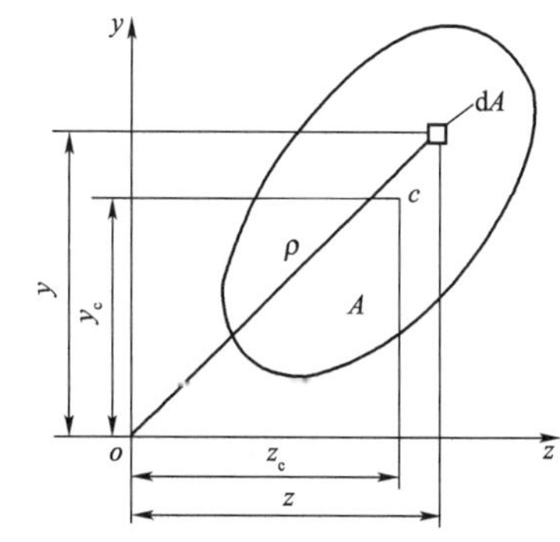

图 5-5-1　截面图形

静矩的量纲为长度的三次方。

对于由几个简单图形组成的组合截面

$$\left.\begin{aligned}S_z&=A_1y_1+A_2y_2+A_3y_3+\cdots=A\cdot y_c\\S_y&=A_1z_1+A_2z_2+A_3z_3+\cdots=A\cdot z_c\end{aligned}\right\}\tag{5-5-2}$$

形心坐标

$$\left.\begin{aligned}y_c&=\frac{A_1y_1+A_2y_2+A_3y_3+\cdots}{A_1+A_2+A_3+\cdots}=\frac{S_z}{A}\\z_c&=\frac{A_1z_1+A_2z_2+A_3z_3+\cdots}{A_1+A_2+A_3+\cdots}=\frac{S_y}{A}\end{aligned}\right\}\tag{5-5-3}$$

显然，若 z 轴过形心，$y_c=0$，则有 $S_z=0$，反之亦然；若 y 轴过形心，$z_c=0$，则有 $S_y=0$，反之亦然。

二、惯性矩、惯性半径、极惯性矩、惯性积

对图 5-5-1 所示截面，对 z 轴和 y 轴的惯性矩为

$$\left.\begin{aligned}I_z&=\int_A y^2\,\mathrm{d}A\\I_y&=\int_A z^2\,\mathrm{d}A\end{aligned}\right\}\tag{5-5-4}$$

惯性矩总是正值，其量纲为长度的四次方，亦可写成

$$\left.\begin{aligned}I_z&=Ai_z^2\\I_y&=Ai_y^2\end{aligned}\right\}\tag{5-5-5}$$

$$\left.\begin{aligned}i_z&=\sqrt{\frac{I_z}{A}}\\i_y&=\sqrt{\frac{I_y}{A}}\end{aligned}\right\}\tag{5-5-6}$$

i_z、i_y 称为截面对 z、y 轴的惯性半径，其量纲为长度的 1 次方。

截面对 o 点的极惯性矩为

$$I_p = \int_A \rho^2 dA \tag{5-5-7}$$

因 $\rho^2 = y^2 + z^2$，故有 $I_p = I_z + I_y$，显然 I_p 也恒为正值，其量纲为长度的 4 次方。

截面对 y、z 轴的惯性积为

$$I_{yz} = \int_A yz dA \tag{5-5-8}$$

I_{yz} 可以为正值，也可以为负值，也可以是零，其量纲为长度的 4 次方。若 y、z 两坐标轴中有一个为截面的对称轴，则其惯性积 I_{yz} 恒等于零。

常用截面的几何性质见表 5-5-1。

常用截面的几何性质 表 5-5-1

项目	矩　形	图　形	空心圆	箱　形
截面图形	(矩形截面：y、z 轴，c，h，b)	(圆形截面：y、z 轴，c，D)	(空心圆截面：y、z 轴，c，d，D)	(箱形截面：y、z 轴，c，H，h，b，B)
截面的几何性质	$A=bh$ $I_z=\frac{bh^3}{12}$ $I_y=\frac{hb^3}{12}$ $I_{yz}=0$ $i_z=\frac{h}{2\sqrt{3}}$ $i_y=\frac{b}{2\sqrt{3}}$ $W_z=\frac{bh^2}{6}, W_y=\frac{hb^2}{6}$	$A=\frac{\pi}{4}D^2$ $I_z=I_y=\frac{\pi}{64}D^4$ $I_p=\frac{\pi}{32}D^4$ $I_{yz}=0$ $i_z=i_y=\frac{D}{4}$ $W_z=W_y=\frac{\pi}{32}D^3$ $W_p=\frac{\pi}{16}D^3$	$A=\frac{\pi}{4}D^2(1-\alpha^2)$ $I_z=I_y=\frac{\pi}{64}D^4(1-\alpha^4)$ $I_p=\frac{\pi}{32}D^4(1-\alpha^4)$ $I_{yz}=0, \alpha=\frac{d}{D}$ $i_z=i_y=\frac{\sqrt{D^2+d^2}}{4}$ $W_z=W_y=\frac{\pi}{32}D^3(1-\alpha^4)$ $W_p=\frac{\pi}{16}D^3(1-\alpha^4)$	$A=BH-bh$ $I_z=\frac{BH^3-bh^3}{12}$ $I_y=\frac{HB^3-hb^3}{12}$ $I_{yz}=0$

注：图形中的 c 为截面形心；公式中 W_z、W_y 为抗弯截面系数，W_p 为抗扭截面系数。

【例 5-5-1】 如图所示，空心圆轴的外径为 D，内径为 d，其极惯性矩 I_p 是：

A. $I_p = \frac{\pi}{16}(D^3 - d^3)$

B. $I_p = \frac{\pi}{32}(D^3 - d^3)$

C. $I_p = \frac{\pi}{16}(D^4 - d^4)$

D. $I_p = \frac{\pi}{32}(D^4 - d^4)$

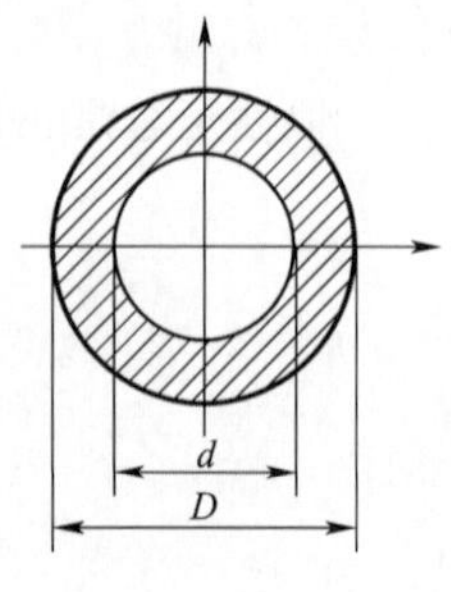

例 5-5-1 图

解 根据极惯性矩 I_p 的定义：$I_p=\int_A \rho^2 dA$，可知极惯性矩是一个定积分，具有可加性，所以：$I_p=\frac{\pi}{32}D^4-\frac{\pi}{32}d^4=\frac{\pi}{32}(D^4-d^4)$。

答案：D

三、平行移轴公式

若已知任一截面图形（见图 5-5-2）形心为 c，面积为 A，对形心轴 z_c 和 y_c 的惯性矩为 I_{zc} 和 I_{yc}、惯性积为 I_{yczc}，则该图形对于与 z_c 轴平行且相距为 a 的 z 轴，及与 y_c 轴平行且相距为 b 的 y 轴的惯性矩和惯性积分别为

$$\left.\begin{aligned}I_z&=I_{zc}+a^2A\\I_y&=I_{yc}+b^2A\\I_{yz}&=I_{yczc}+abA\end{aligned}\right\}\qquad(5\text{-}5\text{-}9)$$

显然，在图形对所有互相平行的惯性矩中，以形心轴的惯性矩为最小。

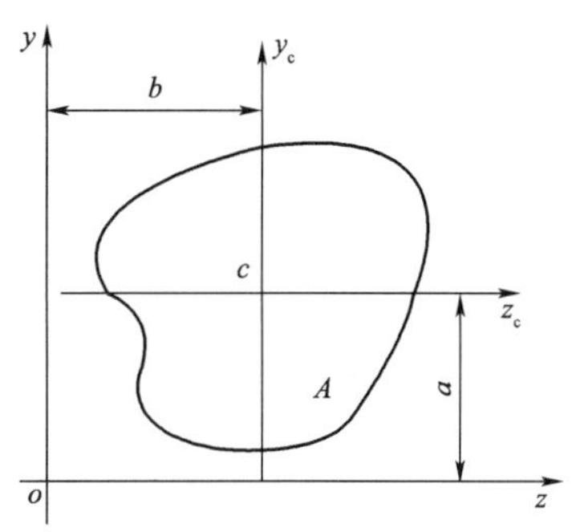

图 5-5-2 具有平行轴的截面图形

四、主惯性轴和主惯性矩、形心主(惯性)轴和形心主(惯形)矩

若截面图形对通过某点的某一对正交坐标轴的惯性积为零，则称这对坐标轴为图形在该点的主惯性轴，简称主轴。图形对主惯性轴的惯性矩称为主惯性矩。显然，当任意一对正交坐标轴中之一轴为图形的对称轴时，图形对该两轴的惯性积必为零，故这对轴必为主轴。

过截面形心的主惯性轴，称为形心主轴。截面对形心主轴的惯性矩称为形心主矩。杆件的轴线与横截面形心主轴所组成的平面，称为形心主惯性平面。

习 题

5-5-1 图示矩形截面对 z_1 轴的惯性矩 I_{z_1} 为（ ）。

A. $I_{z_1}=\frac{bh^3}{12}$ B. $I_{z_1}=\frac{bh^3}{3}$ C. $I_{z_1}=\frac{7bh^3}{6}$ D. $I_{z_1}=\frac{13bh^3}{12}$

5-5-2 矩形截面挖去一个边长为 a 的正方形，如图所示，该截面对 z 轴的惯性矩 I_z 为（ ）。

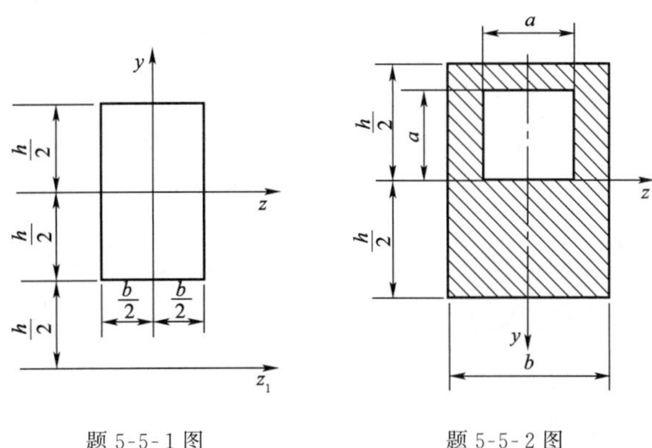

题 5-5-1 图　　题 5-5-2 图

A. $I_z=\dfrac{bh^3}{12}-\dfrac{a^4}{12}$　　　　B. $I_z=\dfrac{bh^3}{12}-\dfrac{13a^4}{12}$

C. $I_z=\dfrac{bh^3}{12}-\dfrac{a^4}{3}$　　　　D. $I_z=\dfrac{bh^3}{12}-\dfrac{7a^4}{12}$

5-5-3　面积相等的两个图形分别如图所示。它们与对称轴 y、z 的惯性矩之间的关系为(　　)。

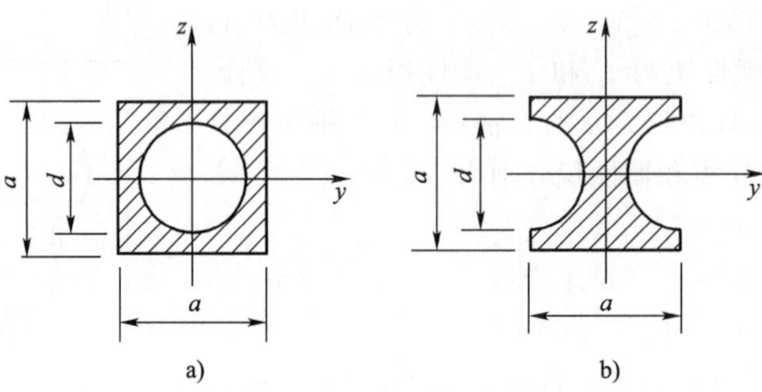

题 5-5-3 图

A. $I_z^a<I_z^b, I_y^a=I_y^b$　　　　B. $I_z^a>I_z^b, I_y^a=I_y^b$

C. $I_z^a=I_z^b, I_y^a=I_y^b$　　　　D. $I_z^a=I_z^b, I_y^a>I_y^b$

5-5-4　在 yoz 正交坐标系中，设图形对 y、z 轴的惯性矩分别为 I_y 和 I_z，则图形对坐标原点极惯性矩为(　　)。

A. $I_p=0$　　　　B. $I_p=I_z+I_y$

C. $I_p=\sqrt{I_z^2+I_y^2}$　　　　D. $I_p=I_z^2+I_y^2$

5-5-5　图示矩形截面，$m-m$ 线以上部分和以下部分对形心轴 z 的两个静矩(　　)。

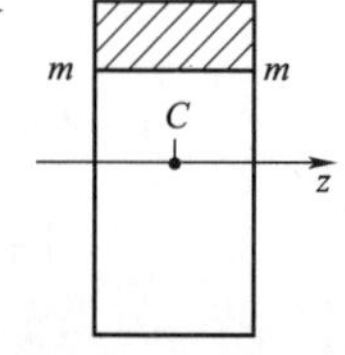

题 5-5-5 图

A. 绝对值相等，正负号相同

B. 绝对值相等，正负号不同

C. 绝对值不等，正负号相同

D. 绝对值不等，正负号不同

5-5-6　直径为 d 的圆形对其形心轴的惯性半径 i 等于(　　)。

A. $d/2$　　　　B. $d/4$

C. $d/6$　　　　D. $d/8$

5-5-7　图示的矩形截面和正方形截面具有相同的面积。设它们对对称轴 y 的惯性矩分别为 I_y^a、I_y^b，对对称轴 z 的惯性分别为 I_z^a、I_z^b，则(　　)。

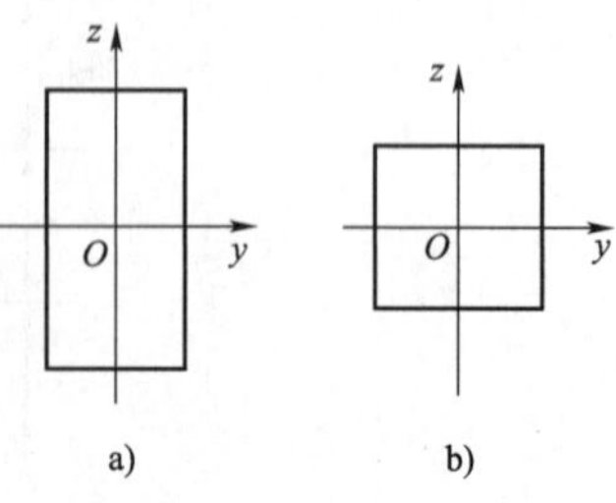

题 5-5-7 图

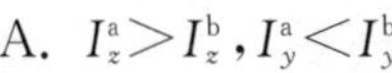

A. $I_z^a>I_z^b, I_y^a<I_y^b$

B. $I_z^a>I_z^b, I_y^a>I_y^b$

C. $I_z^a<I_z^b, I_y^a>I_y^b$

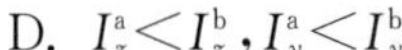

D. $I_z^a<I_z^b, I_y^a<I_y^b$

5-5-8　在图形对通过某点的所有轴的惯性矩中，图形对主惯性轴的惯性矩一定(　　)。

A. 最大　　B. 最小

C. 最大或最小　　D. 为零

5-5-9　如图所示的截面，其轴惯性矩的关系为(　　)。

A. $I_{z_1}=I_{z_2}$

B. $I_{z_1}>I_{z_2}$

C. $I_{z_1}<I_{z_2}$

D. 不能确定

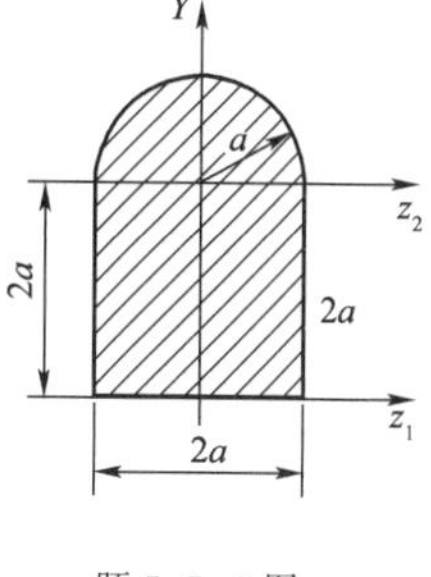

题 5-5-9 图

第六节　弯曲梁的内力、应力和变形

一、平面弯曲的概念

弯曲变形是杆件的基本变形之一。以弯曲为主要变形的杆件通常为梁。

(1)弯曲变形特征。任意两横截面绕垂直杆轴线的轴做相对转动，同时杆的轴线也弯成曲线。

(2)平面弯曲。荷载作用面(外力偶作用面或横向力与梁轴线组成的平面)与弯曲平面(即梁轴线弯曲后所在平面)相平行或重合的弯曲。

产生平面弯曲的条件：

(1)梁具有纵对称面时，只要外力(横向力或外力偶)都作用在此纵对称面内。

(2)非对称截面梁。

纯弯曲时，只要外力偶作用在与梁的形心主惯平面(即梁的轴线与其横截面的形心主惯性轴所构成的平面)平行的平面内。

横力弯曲时，横向力必须通过截面的弯曲中心，并在与梁的形心主惯性平面平行的平面内。

二、梁横截面上的内力分量——剪力与弯矩

(一)剪力与弯矩

(1)剪力。梁横截面上切向分布内力的合力，称为剪力，以 Q 表示。

(2)弯矩。梁横截面上法向分布内力形成的合力偶矩，称为弯矩，以 M 表示。

(3)剪力与弯矩的符号。考虑梁微段 $\mathrm{d}x$，使右侧截面对左侧截面产生向下相对错动的剪力为正，反之为负；使微段产生凹向上的弯曲变形的弯矩为正，反之为负，如图 5-6-1 所示。

(4)剪力与弯矩的计算。由截面法可知，梁的内力可用直接法求出：

①横截面上的剪力，其值等于该截面左侧(或右侧)梁上所有外力在横截面方向的投影代数和，且左侧梁上向上的外力或右侧梁上向下的外力引起正剪力，反之则引起负剪力。

②横截面上的弯矩，其值等于该截面左侧(或右侧)梁上所有外力对该截面形心的力矩代数和，且向上外力均引起正弯矩，左侧梁上顺时针转向的外力偶及右侧梁上逆时针转向的外力偶引起正弯矩，反之则产生负弯矩，如图 5-6-2 所示。

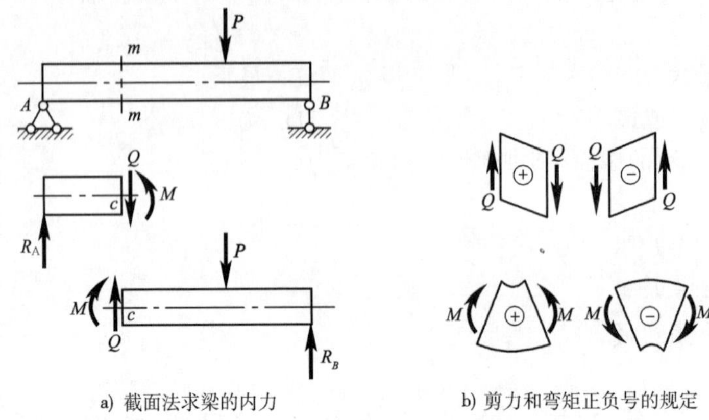

a) 截面法求梁的内力　　　　b) 剪力和弯矩正负号的规定

图 5-6-1　梁的内力

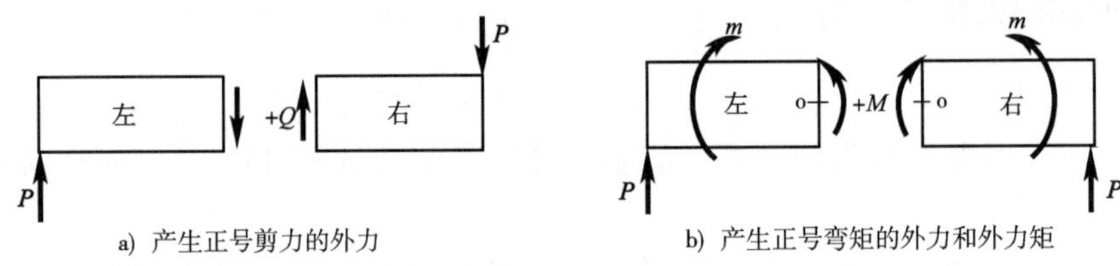

a) 产生正号剪力的外力　　　　b) 产生正号弯矩的外力和外力矩

图 5-6-2　直接法求梁的内力

【例 5-6-1】 如图所示，求 1-1 截面和 2-2 截面的内力。

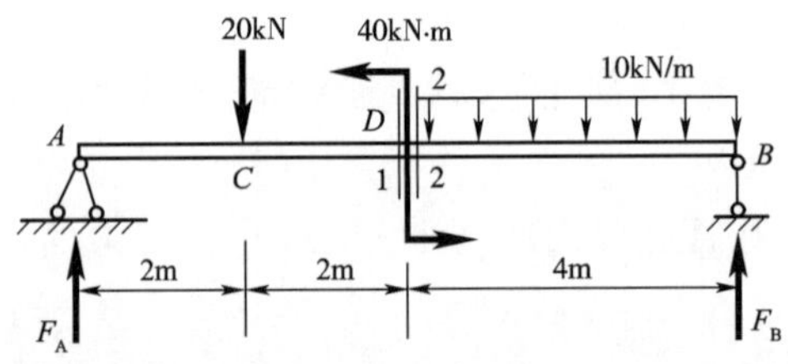

例 5-6-1 图

解　先求支反力，$\sum M_B=0$

$$F_A\times(2+2+4)=20\times6+40+(10\times4)\times2$$

$$F_A=30\text{kN}$$

$$\sum F_y=0, F_A+F_B=20+10\times4$$

$$F_B=30\text{kN}$$

直接法求内力，$Q_1=F_A-20=30-20=10\text{kN}$

$$M_1=F_A\times4-20\times2=30\times4-40=80\text{kN}\cdot\text{m}$$

$$Q_2=10\times4-F_B=40-30=10\text{kN}$$

$$M_2 = F_B \times 4 - (10 \times 4) \times 2 = 30 \times 4 - 80 = 40\text{kN} \cdot \text{m}$$

（二）内力方程——剪力方程与弯矩方程

（1）剪力方程。表示沿杆轴各横截面上剪力随截面位置变化的函数，称为剪力方程，表示为

$$Q = Q(x)$$

（2）弯矩方程。表示沿杆轴各横截面上弯矩随截面位置变化的函数，称为弯矩方程，表示为

$$M = M(x)$$

（三）剪力图与弯矩图

（1）剪力图。表示沿杆轴和横截面上剪力随截面位置变化的图线，称为剪力图。

（2）弯矩图。表示沿杆轴各横截面上弯矩随截面位置变化的图线，称为弯矩图。

图 5-6-3 给出了常用梁的剪力图和弯矩图。

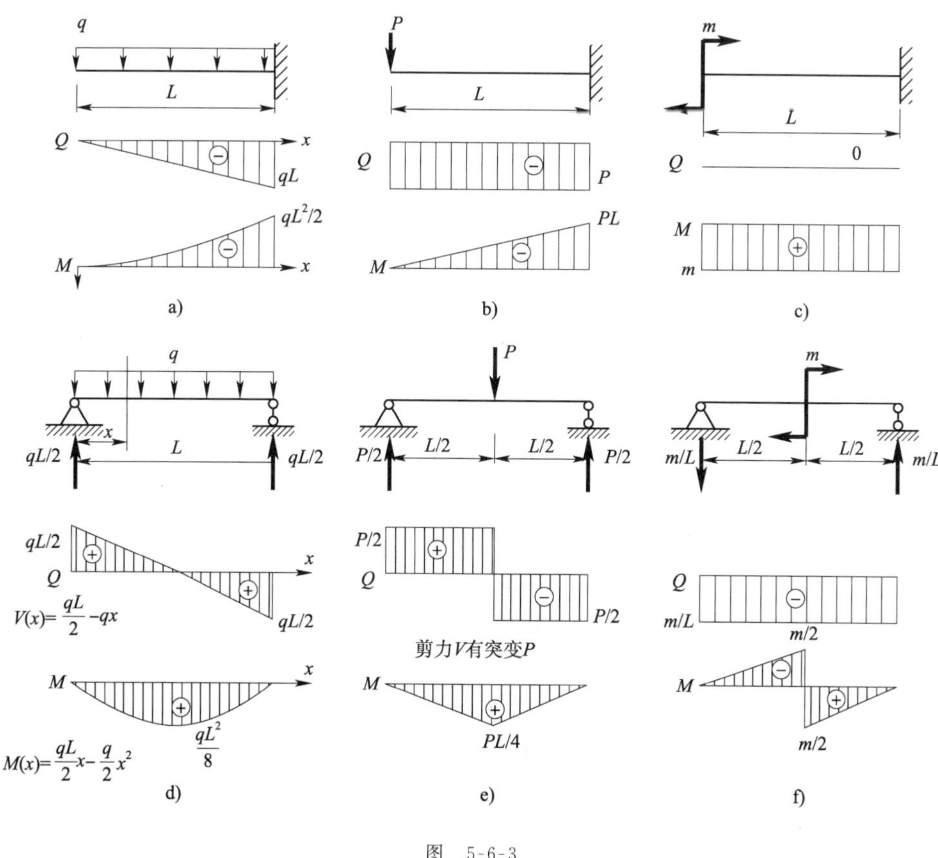

图 5-6-3

三、荷载集度与剪力、弯矩间的关系及应用

（一）微分关系

若规定荷载集度 q 向上为正，则梁任一横截面上的剪力、弯矩与荷载集度间的微分关系

$$
\left.\begin{aligned}
\frac{\mathrm{d}Q}{\mathrm{d}x}&=q\\
\frac{\mathrm{d}M}{\mathrm{d}x}&=Q\\
\frac{\mathrm{d}^2M}{\mathrm{d}x^2}&=q
\end{aligned}\right\}
\tag{5-6-1}
$$

当以梁的左端为 x 轴原点，且以向右为 x 正轴，并规定剪力图以向上为正轴，而弯矩图则取向下为正轴时，可将工程上常见的外力与剪力图和弯矩图之间的关系列在表 5-6-1 中。

几种常见外力与剪力图和弯矩图间的关系　　表 5-6-1

梁上外力情况	$q=0$（无外力段）	$q=$ 常量 <0 水平直线	$q=$ 常量 >0 水平直线	集中力 P	集中力偶 m	特殊点
剪力图 Q	$Q=$ 常量 水平直线	下斜直线 $Q=0$	上斜直线 $Q=0$	在集中力作用处发生突变，突变方向、大小与 P 相同	无影响	无集中力作用的端点 $Q=0$
弯矩图 M	斜直线	M_{max} 抛物线	M_{min} 抛物线	在集中力作用处发生转折（斜率改变）	在 m 作用处发生突变，突变大小与 m 相同	无集中偶作用的简支端、自由端、中间铰 $M=0$

利用表 5-6-1 可以快速地作出剪力图和弯矩图。

【例 5-6-2】 悬臂梁的荷载如图所示，若有集中力 m 在梁上移动，梁的内力变化情况是：

A. 剪力图、弯矩图均不变

B. 剪力图、弯矩图均改变

C. 剪力图不变，弯矩图改变

D. 剪力图改变，弯矩图不变

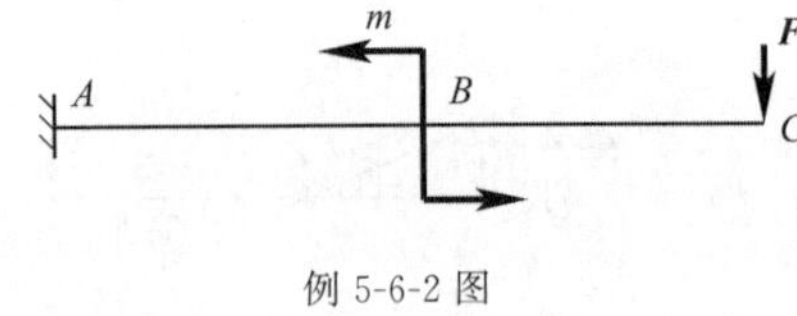

例 5-6-2 图

解 集中力偶 m 在梁上移动，对剪力图没有影响，但是受集中力偶作用的位置其弯矩图会发生突变，故力偶 m 位置的变化会引起弯矩图的改变。

答案：C

（二）快速作图法

（1）求支反力，并校核。

（2）根据外力不连续点分段。

（3）定形：根据各段梁上的外力，确定其 Q、M 图的形状。

（4）定量：用直接法计算各分段点、极值点的 Q、M 值。

【例 5-6-3】 作图 a）所示悬臂梁的剪力图、弯矩图。

解 见图 b）、c）。

【例 5-6-4】 由图 b)所示梁的剪力图，画出梁的荷载图和弯矩图。(梁上无集中力偶作用)

解 见图 a)、c)。

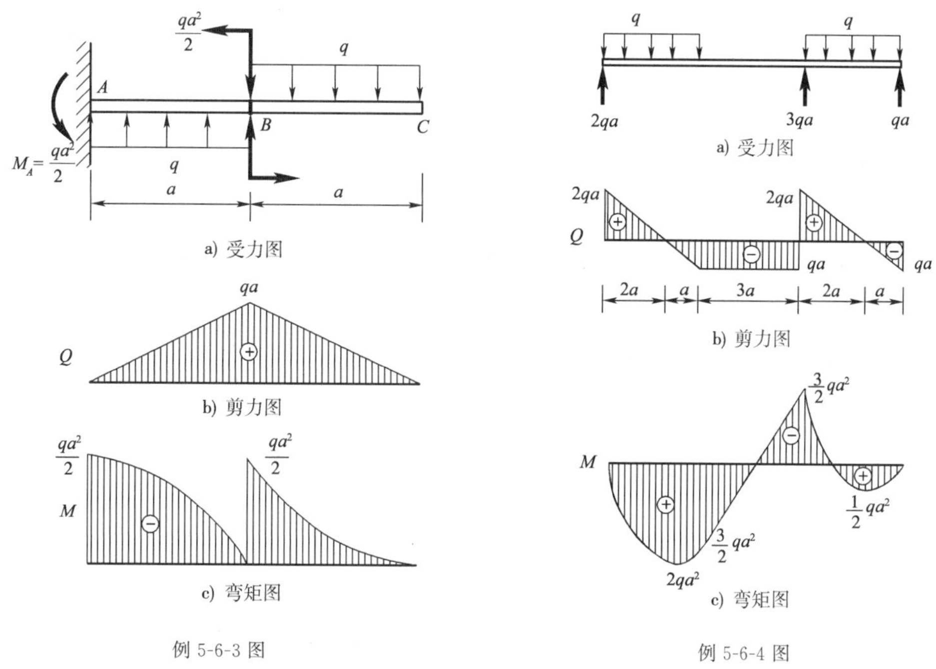

例 5-6-3 图　　例 5-6-4 图

【例 5-6-5】 简支梁 AB 的剪力图和弯矩图如图所示。该梁正确的受力图是：

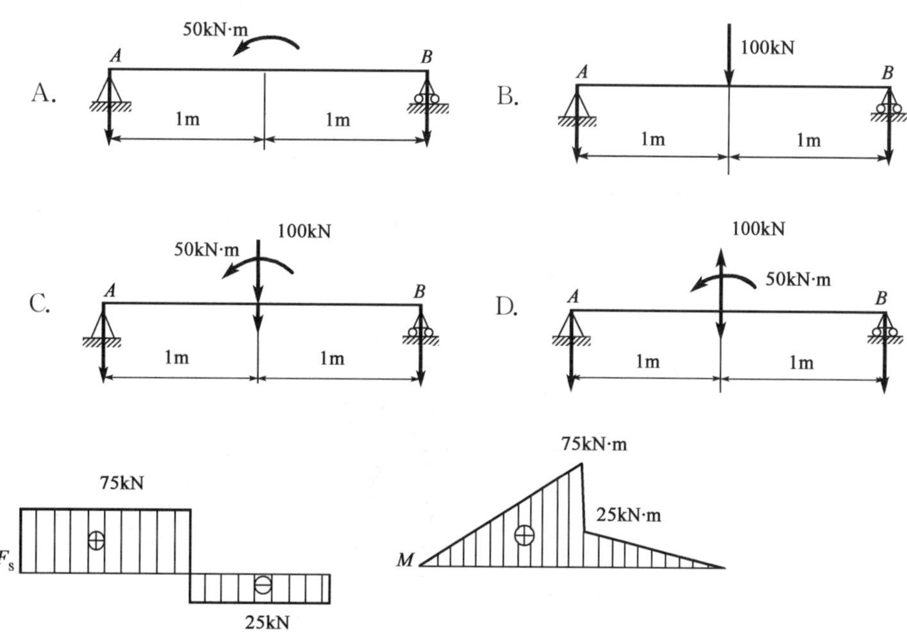

例 5-6-5 图

解 从剪力图看梁跨中有一个向下的突变，对应于一个向下的集中力，其值等于突变值 100kN；从弯矩图看梁的跨中有一个突变值 50kN·m，对应于一个外力偶矩 50kN·m，所以只能选 C 图。

答案：C

【例 5-6-6】 梁 AB 的弯矩图如图所示，梁上荷载 F、m 的值为：

A. $F=8\text{kN}, m=14\text{kN}\cdot\text{m}$

B. $F=8\text{kN}, m=6\text{kN}\cdot\text{m}$

C. $F=6\text{kN}, m=8\text{kN}\cdot\text{m}$

D. $F=6\text{kN}, m=14\text{kN}\cdot\text{m}$

例 5-6-6 图

解 由最大负弯矩为 8kN·m，可以反推：$M_{\max}=F\times 1\text{m}$，故 $F=8\text{kN}$

再由支座 C 处（即外力偶矩 m 作用处）两侧的弯矩的突变值是 14kN·m，可知外力偶矩 $m=14\text{kN}\cdot\text{m}$

答案：A

四、弯曲正应力、正应力强度条件

（一）纯弯曲

梁的横截面上只有弯矩而无剪力时的弯曲，称为纯弯曲。

（二）中性层与中性轴

（1）中性层。杆件弯曲变形时既不伸长也不缩短的一层。

（2）中性轴。中性层与横截面的交线，即横截面上正应力为零的各点的连线。

（3）中性轴位置。当杆件发生平面弯曲，且处于线弹性范围时，中性轴通过横截面形心，且垂直于荷载作用平面。

（4）中性层的曲率。杆件发生平面弯曲，中性层（或杆轴）的曲率与弯矩间的关系为

$$\frac{1}{\rho}=\frac{M}{EI_z} \tag{5-6-2}$$

式中：ρ——变形后中性层（或杆轴）的曲率半径；

EI_z——杆的抗弯刚度，轴 z 为横截面的中性轴。

（三）平面弯曲杆件横截面上的正应力

分布规律：正应力与大小与该点至中性轴的垂直距离成正比，中性轴一侧为拉应力，另一侧为压应力，如图 5-6-4 所示。

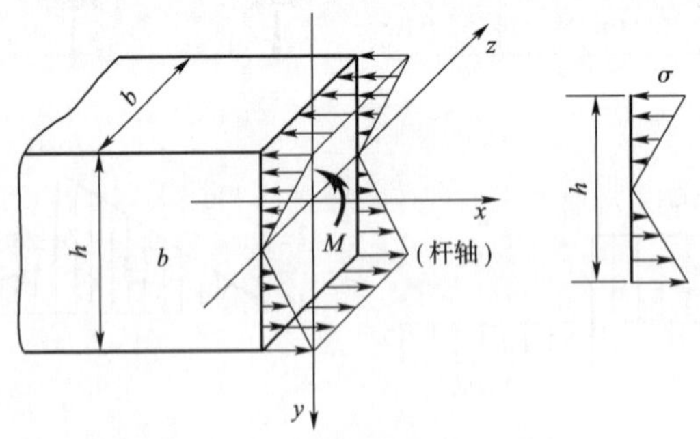

图 5-6-4 弯曲梁横截面上正应力分布

计算公式如下，任一点应力

$$\sigma=\frac{M}{I_z}y \tag{5-6-3}$$

最大应力

$$\sigma_{\max}=\frac{M}{I_z}y_{\max}=\frac{M}{W_z} \tag{5-6-4}$$

其中

$$W_z=\frac{I_z}{y_{\max}} \tag{5-6-5}$$

上述式中：M——截面上的弯矩；

I_z——截面对其中性轴的惯性矩；

W_z——抗弯截面系数，其量纲为长度的三次方，常用截面 W_z 的计算公式，见表 5-2；

y——计算点与中性轴间的距离。

【例 5-6-7】 图示矩形截面简支梁中点承受集中力 $F=100\text{kN}$。若 $h=200\text{mm}$，$b=100\text{mm}$，梁的最大弯曲正应力是：

A. 75MPa　　B. 150MPa　　C. 300MPa　　D. 50MPa

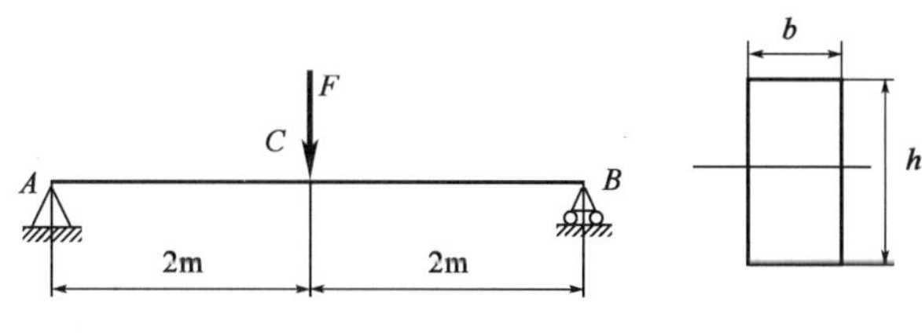

例 5-6-7 图

解 梁两端的支座反力为 $\frac{F}{2}=50\text{kN}$，梁中点最大弯矩 $M_{\max}=50\times2=100\text{kN}\cdot\text{m}$

最大弯曲正应力 $\sigma_{\max}=\frac{M_{\max}}{W_z}=\frac{M_{\max}}{\frac{bh^2}{6}}=\frac{100\times10^6\,\text{N}\cdot\text{mm}}{\frac{1}{6}\times100\times200^2\,\text{mm}^3}=150\text{MPa}$

答案：B

【例 5-6-8】 承受竖直向下荷载的等截面悬臂梁，结构分别采用整块材料、两块材料并列、三块材料并列和两块材料叠合（未黏结）四种方案，对应横截面如图所示。在这四种横截面中，发生最大弯曲正应力的截面是：

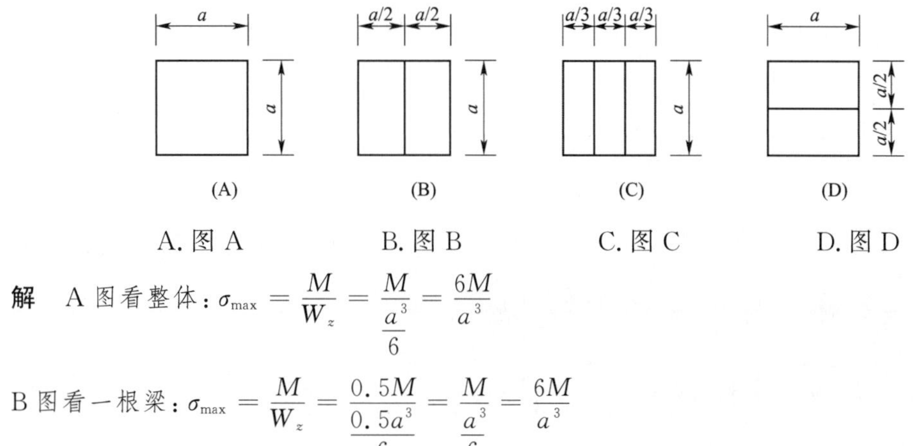

A. 图 A　　B. 图 B　　C. 图 C　　D. 图 D

解 A 图看整体：$\sigma_{\max}=\frac{M}{W_z}=\frac{M}{\frac{a^3}{6}}=\frac{6M}{a^3}$

B 图看一根梁：$\sigma_{\max}=\frac{M}{W_z}=\frac{0.5M}{\frac{0.5a^3}{6}}=\frac{M}{\frac{a^3}{6}}=\frac{6M}{a^3}$

C 图看一根梁：$\sigma_{\max}=\dfrac{M}{W_z}=\dfrac{\frac{1}{3}M}{\frac{\frac{1}{3}a^3}{6}}=\dfrac{M}{\frac{a^3}{6}}=\dfrac{6M}{a^3}$

D 图看一根梁：$\sigma_{\max}=\dfrac{M}{W_z}=\dfrac{0.5M}{\frac{a\times(0.5a)^2}{6}}=\dfrac{2M}{\frac{a^3}{6}}=\dfrac{12M}{a^3}$

答案:D

(四)梁的正应力强度条件

在危险截面上

$$\sigma_{\max}=\frac{M}{W_z}\leqslant[\sigma] \tag{5-6-6}$$

或

$$\left.\begin{aligned}\sigma_{\max}^{+}=\frac{M}{I_z}y_{\max}^{+}\leqslant[\sigma_t]\\ \sigma_{\max}^{-}=\frac{M}{I_z}y_{\max}^{-}\leqslant[\sigma_c]\end{aligned}\right\} \tag{5-6-7}$$

式中：$[\sigma]$——材料的许用弯曲正应力；

$[\sigma_t]$——材料的许用拉应力；

$[\sigma_c]$——材料的许用压应力；

$y_{\max}^{+}$、$y_{\max}^{-}$——分别为最大拉应力 $\sigma_{\max}^{+}$ 和最大压应力 $\sigma_{\max}^{-}$ 所在的截面边缘到中性轴 z 的距离。

【例 5-6-9】 图示悬臂梁 AB，由三根相同的矩形截面直杆胶合而成，材料的许可应力为 $[\sigma]$。若胶合面开裂，假设开裂后三根杆的挠曲线相同，接触面之间无摩擦力，则开裂后的梁承载能力是原来的：

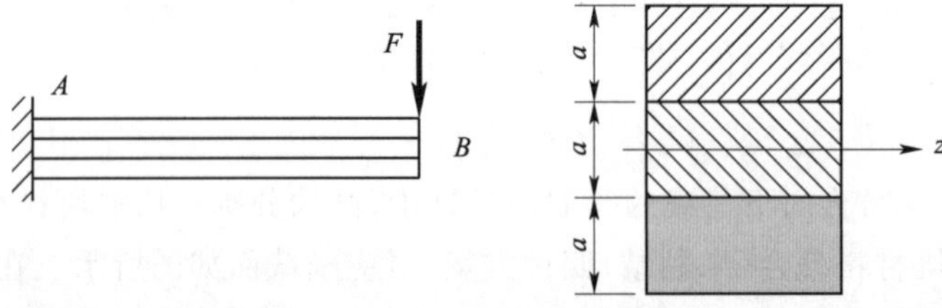

例 5-6-9 图

A. 1/9　　B. 1/3

C. 两者相同　　D. 3 倍

解 开裂前，由整体梁的强度条件 $\sigma_{\max}=\dfrac{M}{W_g}\leqslant[\sigma]$，可知 $M\leqslant[\sigma]W_g=[\sigma]\dfrac{b(3a)^2}{6}=\dfrac{3}{2}ba^2[\sigma]$

胶合面开裂后，每根梁承担总弯矩 M_1 的 $\dfrac{1}{3}$，由单根梁的强度条件 $\sigma_{1\max}=\dfrac{M_1}{W_{g1}}=\dfrac{\frac{M_1}{3}}{W_{g1}}=\dfrac{M_1}{3W_{g1}}\leqslant[\sigma]$，可知 $M_1\leqslant3[\sigma]W_{g1}=3[\sigma]\dfrac{ba^2}{6}=\dfrac{1}{2}ba^2[\sigma]$

故开裂后每根梁的承载能力是原来的 $\dfrac{1}{3}$

答案:B

五、弯曲剪应力与剪应力强度条件

(一)矩形截面梁的剪应力

两个假设:

(1)剪应力方向与截面的侧边平行。

(2)沿截面宽度剪应力均匀分布(见图 5-6-5)。

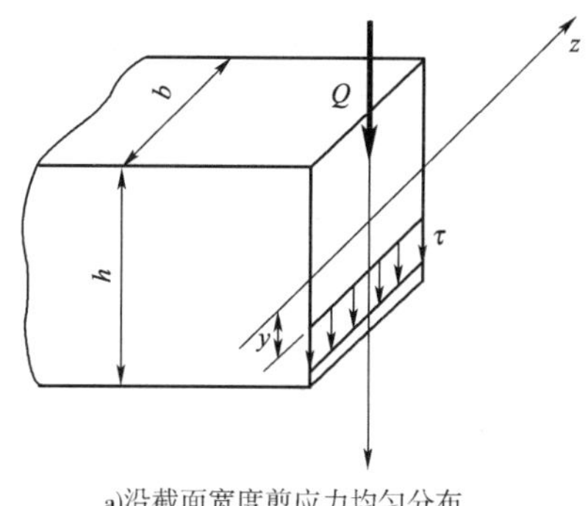

a)沿截面宽度剪应力均匀分布

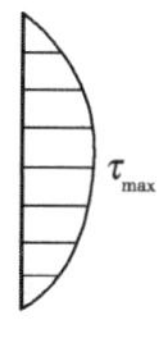

b)沿截面高度剪应力抛物线分布

图 5-6-5 矩形截面梁剪应力的分布

计算公式

$$\tau=\frac{QS_z^*}{bI_z} \tag{5-6-8}$$

式中:Q——横截面上的剪力;

b——横截面的宽度;

I_z——整个横截面对中性轴的惯性矩;

S_z^*——横截面上距中性轴为 y 处横线一侧的部分截面对中性轴的静矩。

最大剪应力发生在中性轴处

$$\tau_{\max}=\frac{3}{2}\frac{Q}{bh}=\frac{3}{2}\frac{Q}{A} \tag{5-6-9}$$

(二)其他常用截面梁的最大剪应力

工字形截面

$$\tau_{\max}=\frac{QS_{z\max}^*}{I_zd} \tag{5-6-10}$$

其中,d 为腹板厚度,工字型钢中,$I_z/S_{z\max}^*$ 可查型钢表。

圆形截面

$$\tau_{\max}=\frac{4}{3}\frac{Q}{A} \tag{5-6-11}$$

环形截面

$$\tau_{\max}=2\frac{Q}{A} \tag{5-6-12}$$

最大剪应力均发生在中性轴上。

(三)剪应力强度条件

梁的最大工作剪应力不得超过材料的许用剪应力,即

$$\tau_{\max}=\frac{Q_{\max}S_{z\max}^*}{bI_z}\leqslant[\tau] \tag{5-6-13}$$

式中：Q_{max}——全梁的最大剪力；

S^*_{zmax}——中性轴一边的横截面面积对中性轴的静矩；

b——横截面在中性轴处的宽度；

I_z——整个横截面对中性轴的惯矩。

【例 5-6-10】 梁的横截面是由狭长矩形构成的工字形截面，如图 a）所示，z 轴为中性轴，截面上的剪力竖直向下，该截面上的最大切应力在：

A. 腹板中性轴处　　B. 腹板上下缘延长线与两侧翼缘相交处

C. 截面上下缘　　D. 腹板上下缘

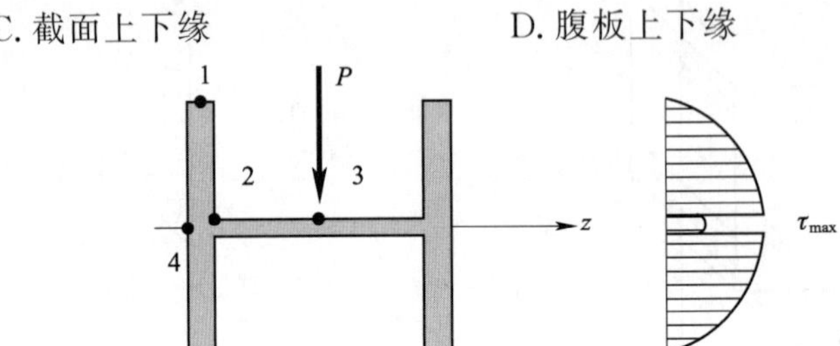

例 5-6-10 图

解 矩形截面切应力的分布是一个抛物线形状（见图 b），最大切应力在中性轴子上，图 a）示梁的横截面可以看作是一个中性轴，附近梁的宽度 b 突然变大的矩形截面。根据弯曲切应力的计算公式：

$$\tau=\frac{QS_g^*}{gI_g}$$

在 b 突然变大的情况下，中性轴附近的 τ 突然变小，切应力分布图沿 y 方向的分布如图 b）所示。所以最大切应力该在 2 点。

答案：B

六、梁的合理截面

梁的强度通常是由横截面上的正应力控制的。由弯曲正应力强度条件 $\sigma_{max}=\frac{M_{max}}{W_z}\leqslant[\sigma]$ 可知，在截面积 A 一定的条件下，截面图形的抗弯截面系数越大，梁的承载能力就越大，故截面就越合理。因此就 W_z/A 而言，对工字形、矩形和圆形三种形状的截面，工字形最为合理，矩形次之，圆形最差。此外对于$[\sigma_t]=[\sigma_c]$的塑性材料，一般采用对称于中性轴的截面，使截面上、下边缘的最大拉应力和最大压应力同时达到许用应力。对于$[\sigma_t]\neq[\sigma_c]$的脆性材料，一般采用不对称于中性轴的截面，如 T 形、⨅形等，使最大拉应力 σ_{tmax} 和最大压应力 σ_{cmax} 同时达到$[\sigma_t]$和$[\sigma_c]$，如图 5-6-6 所示。

七、弯曲中心的概念

在横向力作用下，梁分别在两个形心主惯性平面 xy 和 xz 的内弯曲时，横截面上剪力 Q_y 和 Q_z 作用线的交点，称为截面的弯曲中心，也称为剪切中心。

当梁上的横向力不能过截面的弯曲中心时，梁除了发生弯曲变形外还要发生扭转变形。

弯曲中心的位置仅取决于截面的几何形状和大小，它与外力的大小和材料的力学性质无关。弯曲中心实际上是截面上弯曲剪应力的合力作用点，见表 5-6-2。

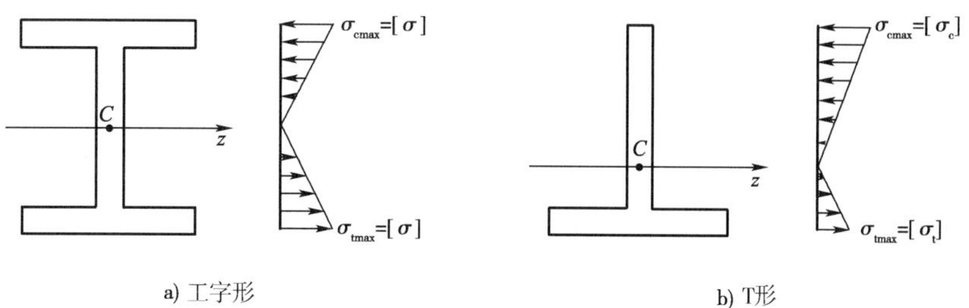

a) 工字形　　　　b) T形

图 5-6-6　横截面上正应力的分布

几种薄壁截面的弯心位置　　　　表 5-6-2

项次	1	2	3	4	5	6	7
截面形状							
弯心A的位置	与形心重合	$e=\frac{b_1^2<h_1^2<2t}{4I_z}$	$e=r_0$	在两个狭长矩形中线的交点			与形心重合

因此，弯曲中心的位置有以下特点。

(1)具有两个对称轴或反对称轴的截面，其弯曲中心与形心重合。

(2)有一个对称轴的截面，其弯曲中心必在此对称轴上。

(3)若薄壁截面的中心线是由相交于一点的若干直线段所组成，则此交点就是截面的弯曲中心。

八、梁的变形——挠度与转角

(一)挠曲线

在外力作用下，梁的轴线由直线变为光滑的弹性曲线，梁弯曲后的轴线称为挠曲线。在平面弯曲下，挠曲线为梁形心主惯性平面内的一条平面曲线 $\nu=f(x)$，如图 5-6-7 所示。

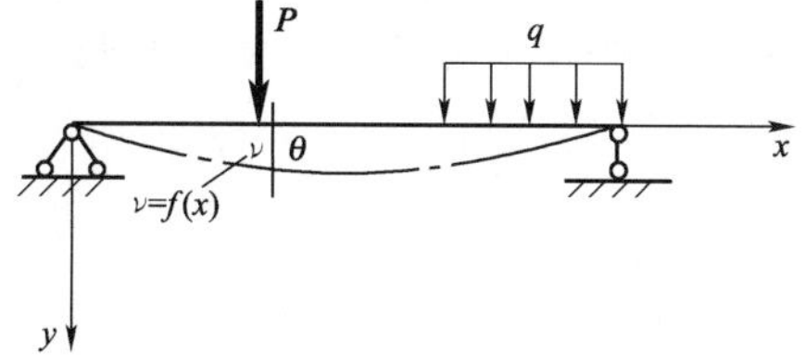

图 5-6-7　梁的挠度与转角

【例 5-6-11】 图示 ACB 用积分法求变形时，确定积分常数的条件是：(式中 V 为梁的挠度，θ 为梁横截面的转角，ΔL 为杆 DB 的伸长变形)

A. $V_A=0, V_B=0, V_{C左}=V_{C右}, \theta_C=0$

B. $V_A=0, V_B=\Delta L, V_{C左}=V_{C右}, \theta_C=0$

C. $V_A=0, V_B=\Delta L, V_{C左}=V_{C右}, \theta_{C左}=\theta_{C右}$

D. $V_A=0, V_B=\Delta L, V_C=0, \theta_{C左}=\theta_{C右}$

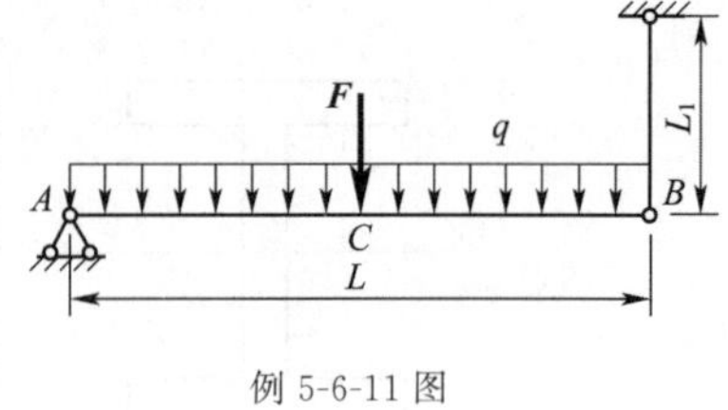

例 5-6-11 图

解 A 处为固定铰链支座，挠度总是等于 0，即 $V_A=0$

B 处挠度等于 BD 杆的变形量，即 $V_B=\Delta L$

C 处有集中力 **F** 作用，挠度方程和转角方程将发生转折，但是满足连续光滑的要求，即：$V_{C左}=V_{C右}, \theta_{C左}=\theta_{C右}$。

答案：C

(二)挠度与转角

梁弯曲变形后，梁的每一个横截面都要产生位移，它包括挠度和转角两部分。

(1)挠度。梁横截面形心在垂直于轴线方向的线位移，称为挠度，记作 ν。沿梁轴各横截面挠度的变化规律，即为梁的挠曲线方程，即

$$\nu=f(x)$$

(2)转角。横截面相对原来位置绕中性轴所转过的角度，称为转角，记作 θ。小变形情况下

$$\theta\approx\tan\theta=\frac{d\nu}{dx}=\nu'$$

此外，横截面形心沿梁轴线方向的位移，小变形条件下可忽略不计。

(三)挠曲线近似微分方程

在线弹性范围、小变形条件下，挠曲线近似微分方程为

$$\frac{d^2\nu}{dx^2}=-\frac{M(x)}{EI_z} \tag{5-6-14}$$

挠度 ν 向下为正，转角 θ 顺时针转为正。

九、积分法计算梁的变形

根据挠曲线近似微分方程(5-6-14)，积分两次，即得梁的转角方程和挠度方程

$$\theta=\frac{d\nu}{dx}=-\int\frac{M(x)}{EI_i}dx+C$$

$$\nu=-\iint\frac{M(x)}{EI_z}dxdx+Cx+D$$

其中，积分常数 C、D 可由梁的边界条件来确定。当梁的弯矩方程需分段列出时，挠曲线微分方程也需分段建立、分段积分。于是全梁的积分常数数目将为分段数目的 2 倍。为了确定全部积分常数，除利用边界条件外，还需利用分段处挠曲线的连续条件(在分界点处左、右两段梁的转角和挠度均应相等)。

十、用叠加法求梁的变形

(一)叠加原理

几个荷载同时作用下梁的任一截面的挠度或转角，等于各个荷载单独作用下同一截面挠度或转角的总和。

(二)叠加原理的适用条件

叠加原理仅适用于线性函数。要求挠度、转角为梁上荷载的线性函数，必须满足以下条件：

(1)材料为线弹性材料。

(2)梁的变形为小变形。

(3)结构为几何线性。

(三)叠加法的特征

(1)各荷载同时作用下的挠度、转角等于各荷载单独作用下挠度、转角的总和,应该是几何和,同一方向的几何和即为代数和。

(2)梁的简单荷载作用下的挠度、转角应为已知或可查手册,见表 5-6-3。

(3)叠加法适宜于求梁某一指定截面的挠度和转角。

几种常用梁在简单荷载作用下的变形 表 5-6-3

序号	支承和荷载作用情况	梁端转角	最大挠度
1		$\theta_B=\dfrac{ml}{EI}$	$f_B=\dfrac{ml^2}{2EI}$
2		$\theta_B=\dfrac{Pl^2}{2EI}$	$f_B=\dfrac{Pl^3}{3EI}$
3		$\theta_B=\dfrac{ql^3}{6EI}$	$f_B=\dfrac{ql^4}{8EI}$
4		$\theta_A=\dfrac{Ml}{3EI}$ $\theta_B=-\dfrac{Ml}{6EI}$	在 $x=\left(1-\dfrac{1}{\sqrt{3}}\right)l$ 处,$f_{max}=\dfrac{Ml^2}{9\sqrt{3}EI}$ $x=\dfrac{l}{2}$处,$f_C=\dfrac{Ml^2}{16EI}$
5		$\theta_A=-\theta_B=\dfrac{Pl^2}{16EI}$	$x=\dfrac{l}{2}$处 $f_C=\dfrac{Pl^3}{48EI}$
6		$\theta_A=-\theta_B=\dfrac{ql^3}{24EI}$	$x=\dfrac{l}{2}$处 $f_C=\dfrac{5ql^4}{384EI}$

【例 5-6-12】 图示悬臂梁自由端承受集中力偶 M_g。若梁的长度减少一半,梁的最大挠度是原来的：

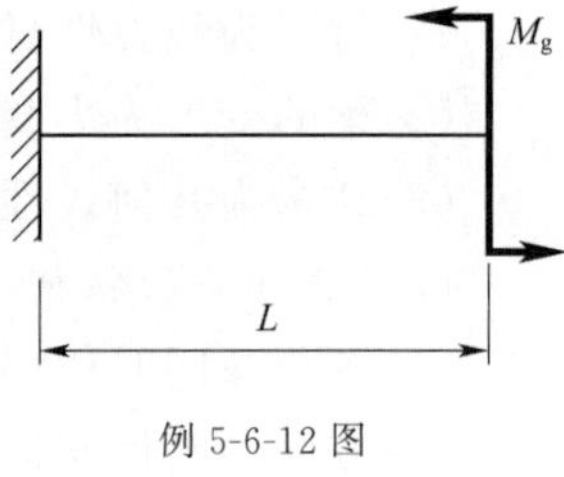

例 5-6-12 图

A. 1/2　　　　B. 1/4

C. 1/8　　　　D. 1/16

解　由悬臂梁的最大挠度计算公式 $f_{max}=\dfrac{M_gL^2}{2EI}$,可知 f_{max} 与 L^2 成正比,故有：

$$f_{1max}=\frac{M_g\left(\dfrac{L}{2}\right)^2}{2EI}=\frac{1}{4}f_{max}$$

答案:B

习　题

5-6-1　图示外伸梁,在 C、D 处作用相同的集中力 F,截面 A 的剪力和截面 C 的弯矩分别是(　　)。

A. $F_{SA}=0, M_C=0$　　　　B. $F_{SA}=F, M_C=Fl$

C. $F_{SA}=\dfrac{F}{2}, M_C=\dfrac{Fl}{2}$　　　　D. $F_{SA}=0, M_C=2Fl$

5-6-2　图示悬臂梁自由端承受集中力偶 M_e,若梁的长度减少一半,梁的最大挠度是原来的(　　)。

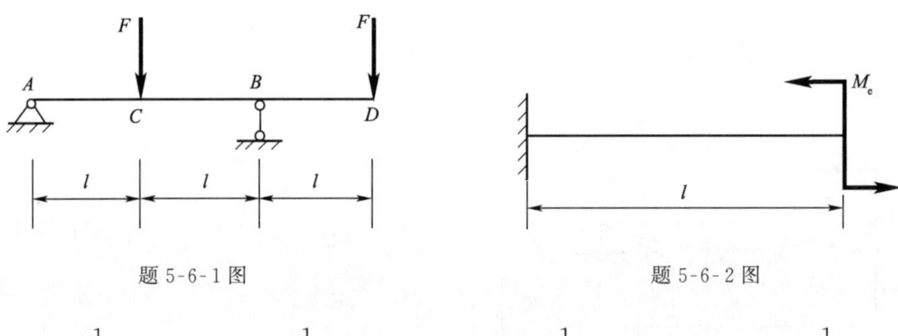

题 5-6-1 图　　　　题 5-6-2 图

A. $\dfrac{1}{2}$　　B. $\dfrac{1}{4}$　　C. $\dfrac{1}{8}$　　D. $\dfrac{1}{16}$

5-6-3　如图所示,悬臂梁 AB 由两根相同的矩形截面梁胶合而成。若胶合面全部开裂,假设开裂后两杆的弯曲变形相同,接触面之间无摩擦力,则开裂后梁的最大挠度是原来的(　　)。

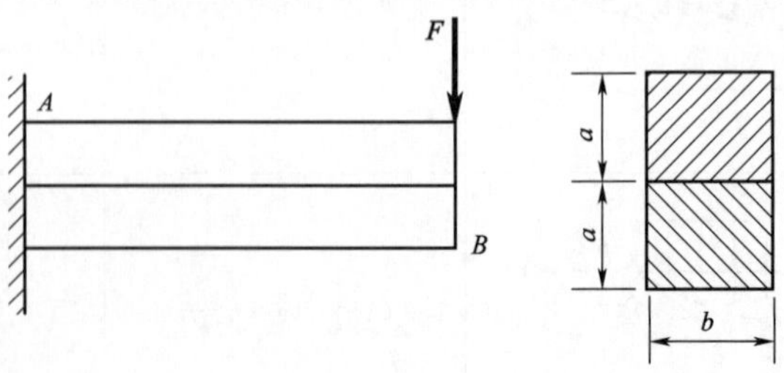

题 5-6-3 图

A. 两者相同　　B. 2 倍　　C. 4 倍　　D. 8 倍

5-6-4　图示外伸梁，A 截面的剪力为(　　)。

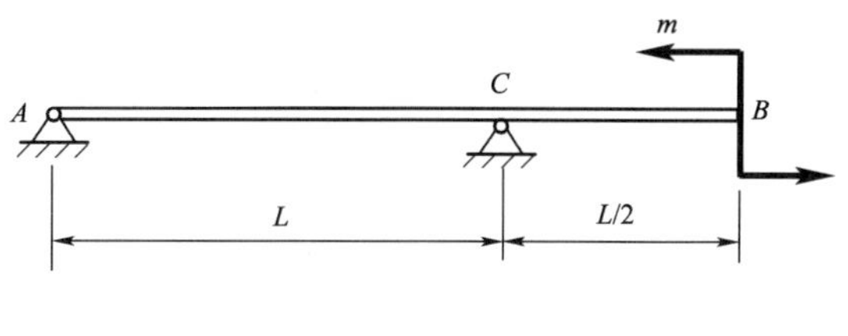

题 5-6-4 图

A. 0　　B. $\frac{3m}{2L}$　　C. $\frac{m}{L}$　　D. $-\frac{m}{L}$

5-6-5　两根梁长度、截面形状和约束条件完全相同，一根材料为钢，另一根为铝。在相同的外力作用下发生弯曲形变，两者不同之处为(　　)。

A. 弯曲内力　　B. 弯曲正应力

C. 弯曲切应力　　D. 挠曲线

5-6-6　图示四个悬臂梁中挠曲线是圆弧的(　　)。

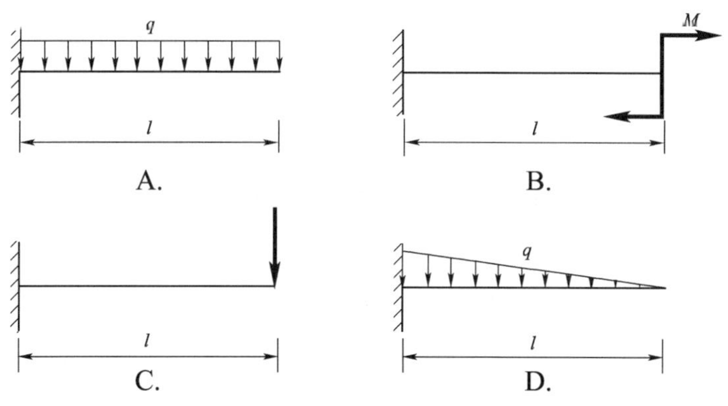

5-6-7　带有中间铰的静定梁受载情况如图所示，则(　　)。

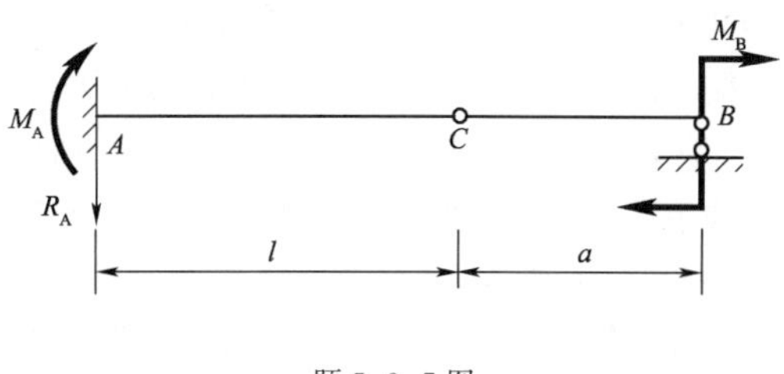

题 5-6-7 图

A. a 越大，则 M_A 越大　　B. l 越大，M_A 则越大

C. a 越大，则 R_A 越大　　D. l 越大，R_A 则越大

5-6-8　设图示两根圆截面梁的直径分别为 d 和 $2d$，许可荷载分别为$[P_1]$和$[P_2]$。若两梁的材料相同，则$[P_2]/[P_1]$等于(　　)。

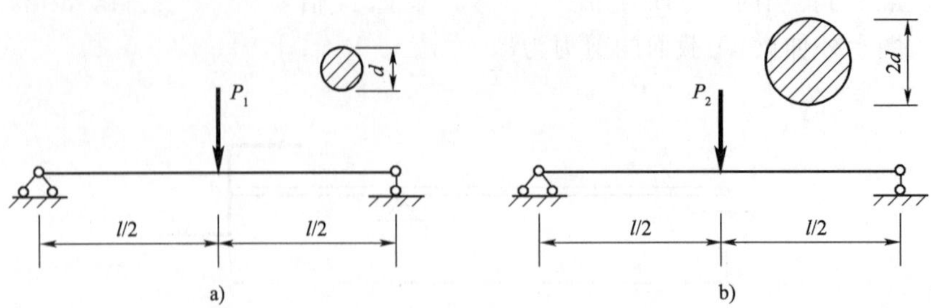

题 5-6-8 图

A. 2　　B. 4　　C. 8　　D. 16

5-6-9　悬臂梁受截情况如图所示,在截面 C 上(　　)。

A. 剪力为零,弯矩不为零

B. 剪力不为零,弯矩为零

C. 剪力和弯矩均为零

D. 剪力和弯矩不为零

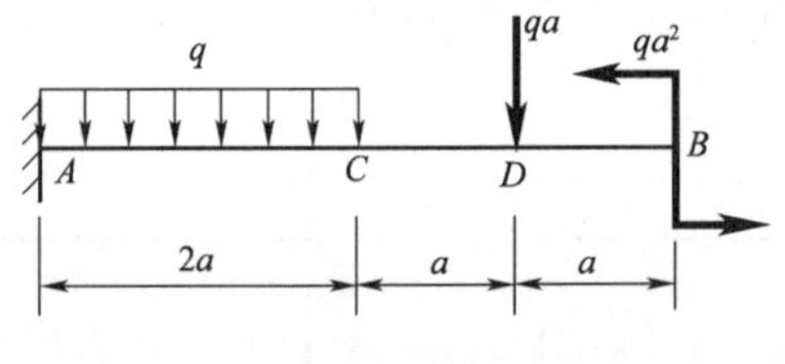

题 5-6-9 图

5-6-10　已知图示两梁的抗弯截面刚度 EI 相同,若两者自由端的挠度相等,则 P_1/P_2 等于(　　)。

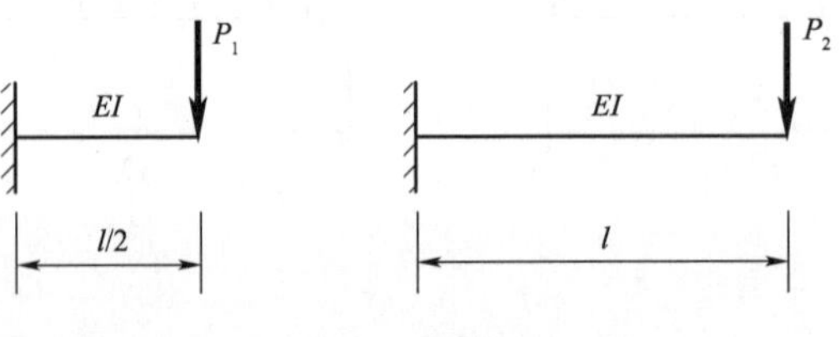

题 5-6-10 图

A. 2　　B. 4　　C. 8　　D. 16

5-6-11　矩形截面梁横力弯曲时,在横截面的中性轴处(　　)。

A. 正应力最大,剪应力为零　　B. 正应力为零,剪应力最大

C. 正应力和剪应力均最大　　D. 正应力和剪应力均为零

5-6-12　一跨度为 l 的简支架,若仅承受一个集中力 P,当 P 在梁上任意移动时,梁内产生的最大剪力 $Q_{\max}$ 和最大弯矩 $M_{\max}$ 分别满足(　　)。

A. $Q_{\max} \leqslant P, M_{\max} = Pl/4$　　B. $Q_{\max} \leqslant P/2, M_{\max} \leqslant Pl/4$

C. $Q_{\max} \leqslant P, M_{\max} \leqslant Pl/4$　　D. $Q_{\max} \leqslant P/2, M_{\max} = Pl/2$

5-6-13　图示梁的剪力等于零的截面位置 x 之值为(　　)。

A. $\frac{5a}{6}$　　B. $\frac{6a}{5}$　　C. $\frac{6a}{7}$　　D. $\frac{7a}{6}$

5-6-14　梁的横截面形状如图所示,则截面对 z 轴的抗弯截面模量 W_z 为(　　)。

A. $\frac{1}{12}(BH^3-bh^3)$　　B. $\frac{1}{6}(BH^2-bh^2)$

C. $\frac{1}{6H}(BH^3-bh^3)$　　D. $\frac{1}{6h}(BH^3-bh^3)$

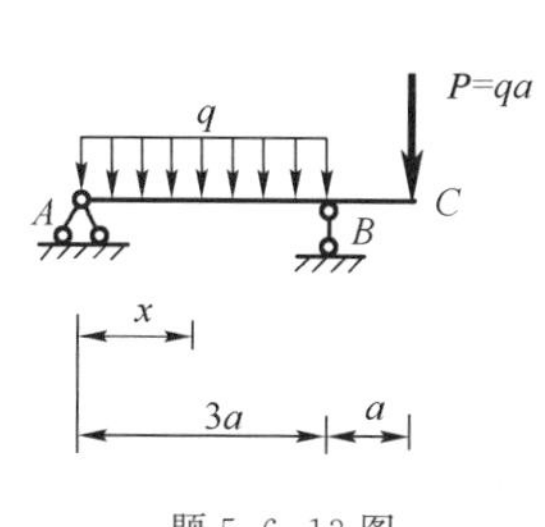

题 5-6-13 图

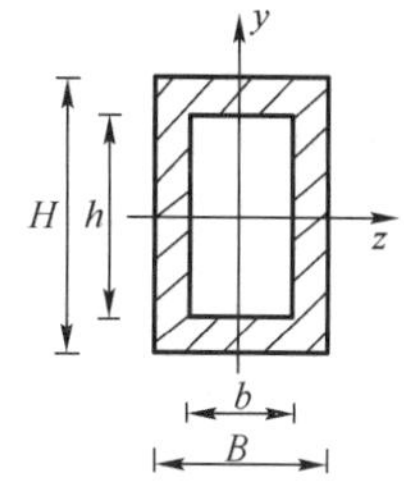

题 5-6-14 图

5-6-15　就正应力强度而言，如图所示的梁，以下列哪个图所示的加载方式最好？（　　）

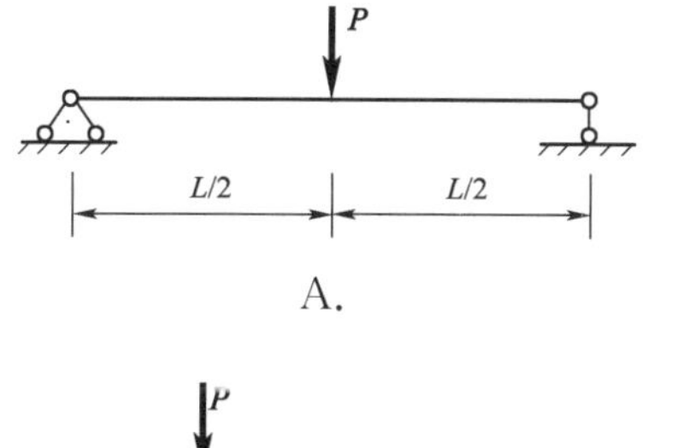

A.

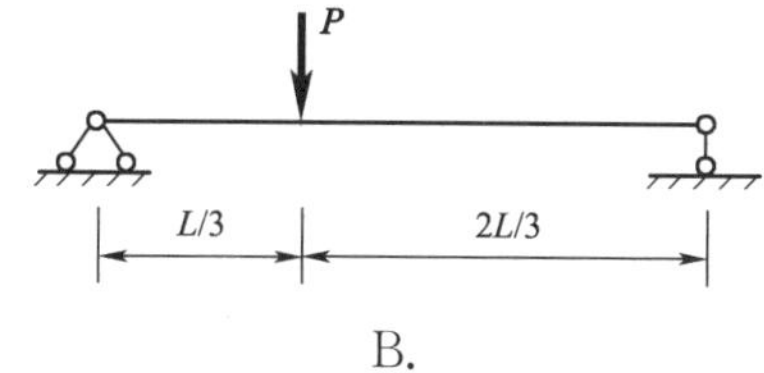

B.

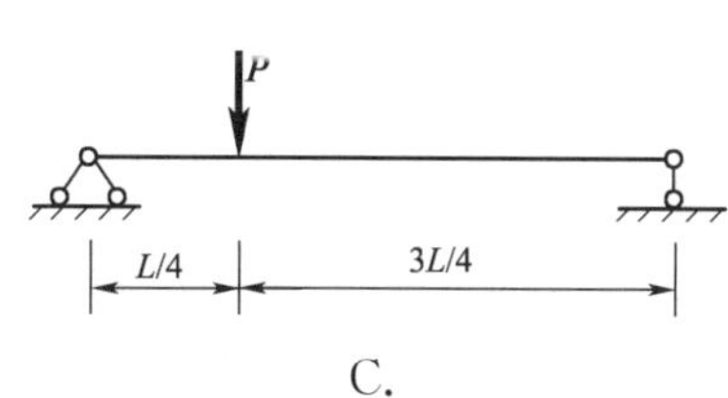

C.

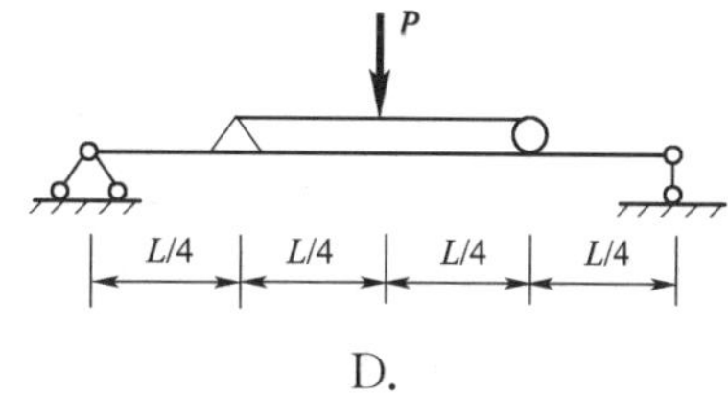

D.

5-6-16　在等直梁平面弯曲的挠曲线上，曲率最大值发生在（　　）的截面上。

A. 挠度最大　B. 转角最大　C. 弯矩最大　D. 剪力最大

第七节　应力状态与强度理论

一、点的应力状态及其分类

(1)定义：受力后构件上任一点沿各个不同方向上应力情况的集合，称为一点的应力状态。

(2)单元体选取方法：

①分析构件的外力和支座反力；

②过研究点取横截面，分析其内力；

③确定横截面上该点的 σ、τ 的大小和方向。

(3)主平面：过某点的无数多个截面中，最大(或最小)正应力所在的平面称为主平面，主平面上剪应力必为零。

(4)主应力：主平面上的最大(或最小)正应力。

(5)点的应力状态分类：对任一点总可找到三对互相垂直的主平面，相应地存在三个互相垂直的主应力，按代数值大小排列为 $\sigma_1 \geqslant \sigma_2 \geqslant \sigma_3$。若这三个主应力中，仅一个不为零，则该应力状态称为单向应力状态；如有两个不为零，称为二向应力状态；当三个主应力均不为零时，称为三向应力状态。

二、二向应力状态

(一)斜截面上的应力

平面应力状态如图 5-7-1 所示,设其 σ_x、σ_y、τ_x 为已知,则任意斜截面(其外法线 n 与 x 轴夹角为 α)上的正应力和剪应力分别为

$$\left.\begin{aligned}\sigma_\alpha&=\frac{\sigma_x+\sigma_y}{2}+\frac{\sigma_x-\sigma_y}{2}\cos2\alpha-\tau_x\sin2\alpha\\\tau_\alpha&=\frac{\sigma_x-\sigma_y}{2}\sin2\alpha+\tau_x\cos2\alpha\end{aligned}\right\}\tag{5-7-1}$$

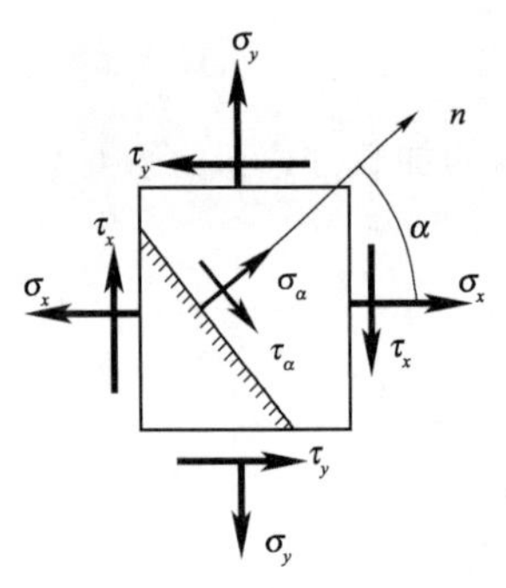

图 5-7-1 平面应力状态单元体

式(5-7-1)中应力的符号规定为:正应力以拉应力为正,压应力为负;剪应力对单元体内任意点的矩为顺时针者为正,反之为负。α 的符号规定为:由 x 轴转到外法线 n 为逆时针者为正,反之为负。

首先,按下列方法画应力圆,如图 5-7-2 所示。按一定比例尺在 σ 轴上取横坐标 $\overline{OF}=\sigma_x$,在 τ 轴上取纵坐标 $\overline{FD}=\tau_x$,得 D 点;量取 $\overline{OH}=\sigma_y$,$\overline{HE}=\tau_y$,得 E 点;连接 D、E 两点的直线,与 x 轴交于 C 点(此点即为应力圆的圆心);以 C 点为圆心,$\overline{CD}$ 或 $\overline{CE}$ 为半径作圆,此圆即为应力圆。

然后,以 CD 为单元体 x 轴的基准线,沿逆时针方向量 2α 角度,画其射线,此射线与应力圆的交点 G 的横坐标和纵坐标,即为单元体 α 斜截面上的正应力 σ_α 和剪应力 τ_α。

图解法的步骤可以用 16 个字概括如下:点面对应,先找基准,转向相同,夹角两倍。

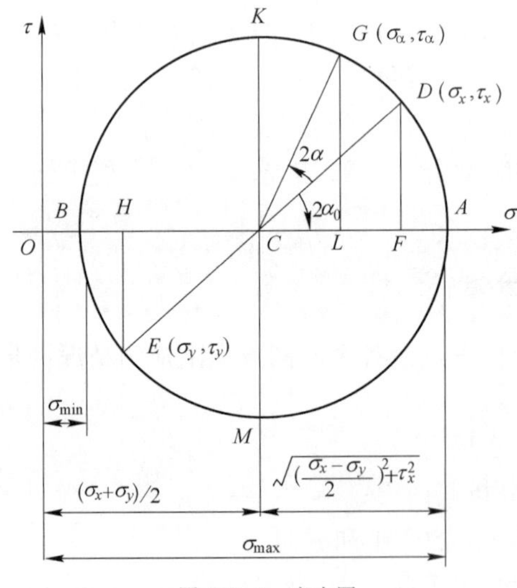

图 5-7-2 应力圆

(二)主应力、主平面

根据理论推导,平面应力状态(见图 5-7-2)的主应力计算公式为

$$\left.\begin{matrix}\sigma_{\max}\\\sigma_{\min}\end{matrix}\right\}=\frac{\sigma_x+\sigma_y}{2}\pm\sqrt{\left(\frac{\sigma_x-\sigma_y}{2}\right)^2+\tau_x^2}\tag{5-7-2}$$

主平面所在截面的方位 α_0 可由下式确定

$$\tan 2\alpha_0=\frac{-2\tau_x}{\sigma_x-\sigma_y} \tag{5-7-3}$$

同时满足该式的两个角度 α_1 和 α_3 相差 90°，其中 α_1 和 α_3 分别对应于主应力 α_1 和 α_3（设 $\alpha_2=0$，则 $\sigma_1=\sigma_{max}$，$\sigma_3=\sigma_{min}$，否则按代数值排列）。若式(5-7-2)中的负号放在分子上，按 $\tan 2\alpha_0$ 的定义确定 $2\alpha_0$ 的象限，即设 $\theta=\arctan\left(\frac{-2\tau_x}{\sigma_x-\sigma_y}\right)$，则 $2\alpha_0$ 分别为 θ（第 I 象限），$180°-\theta$（第 II 象限），$180°+\theta$（第 III 象限）和 $-\theta$（第 IV 象限），这样得到的 α_0 即为 α_1 的值。

在图 5-7-2 中，$\overline{OA}=\sigma_{max}$，$\overline{OB}=\sigma_{min}$，由图可见，在应力圆上 D 点（代表法线为 x 轴的平面）到 A 点所对的圆心角为 $2\alpha_0$（顺时针方向），相应地，在单元体上由 x 轴顺时针方向量取 α_0，就是 σ_{max} 所在平面的法线位置。

【例 5-7-1】 两单元体分别如图 a)、b)所示。关于其主应力和主方向，下面论述中正确的是：

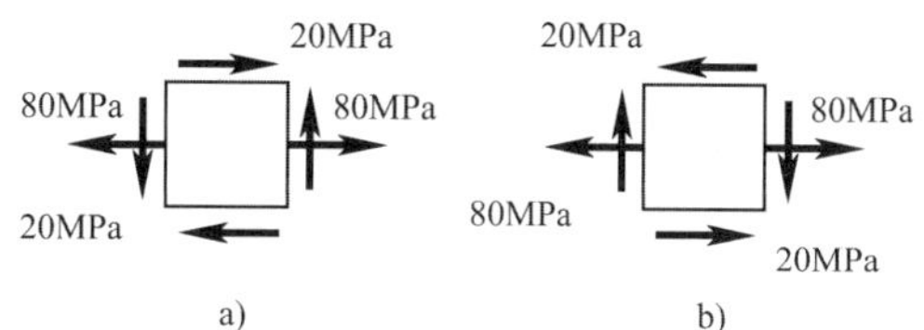

例 5-7-1 图

A. 主应力大小和方向均相同

B. 主应力大小相同，但方向不同

C. 主应力大小和方向均不同

D. 主应力大小不同，但方向均相同

解 图 a)、图 b)两单元体中 $\sigma_y=0$，用解析法公式：

$$\begin{matrix}\sigma_1\\ \sigma_3\end{matrix}=\frac{\sigma}{2}\pm\sqrt{\left(\frac{\sigma}{2}\right)^2+\tau^2}=\frac{80}{2}\pm\sqrt{\left(\frac{80}{2}\right)^2+20^2}=\begin{matrix}84.72\\ -4.72\end{matrix}\text{MPa}$$

则 $\sigma_1=84.72$MPa，$\sigma_2=0$MPa，$\sigma_3=-4.72$MPa，两单元体主应力大小相同。

两单元体主应力的方向可以用观察法判断。

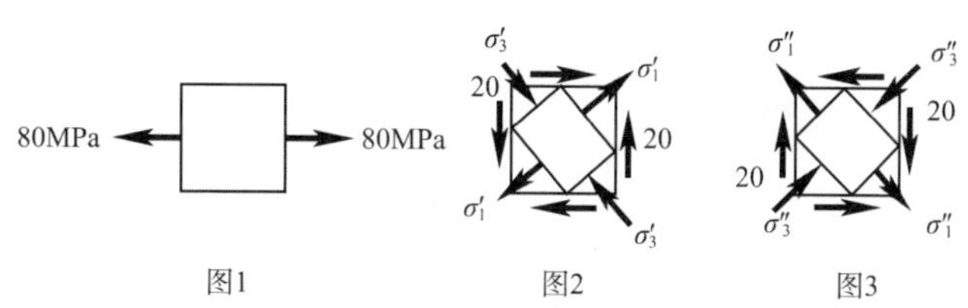

例 5-7-1 解图

图 a)主应力的方向可以看成是解图 1 和图 2 两个单元体主应力方向的叠加，显然主应力 σ_1 的方向在第一象限。

图 b)主应力的方向可以看成是解图 1 和图 3 两个单元体主应力方向的叠加，显然主应力 σ_1 的方向在第四象限。

所以两单元体主应力的方向不同。

答案：B

(三)最大(最小)剪应力

图 5-7-2 中应力圆上 K、M 点的纵坐标即分别为 τ_{max} 和 τ_{min}

$$\frac{\tau_{max}}{\tau_{min}}=\pm\sqrt{\left(\frac{\sigma_x-\sigma_y}{2}\right)^2+\tau_x^2} \tag{5-7-4}$$

显然，最大(最小)剪应力所在平面与主平面夹角为45°。

三、三向应力状态、广义虎克定律

(一)斜截面上应力、最大剪应力

在σ-τ直角坐标系下，代表单元体任何截面上应力的点，必定在由σ_1和σ_2、σ_2和σ_3、σ_3和σ_1所组成的三个应力圆(见图5-7-3)的圆周上，或由它们所围成的阴影范围内。

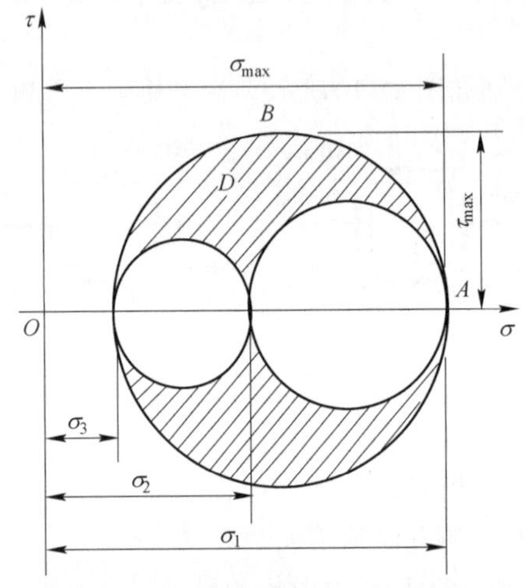

图5-7-3　三向应力状态的应力圆

理论分析证明了在三向应力状态中，最大剪应力的作用面与最大主应力σ_1和最小主应力σ_3所在平面成45°，而与σ_2所在平面垂直，其值为

$$\tau_{max}=\frac{\sigma_1-\sigma_3}{2} \tag{5-7-5}$$

(二)广义虎克定律

对各向同性材料，在线弹性范围内，复杂应力状态下的应力与应变之间存在着如下的关系，这种关系称为广义虎克定律，即

$$\left.\begin{aligned}\varepsilon_x&=\frac{1}{E}[\sigma_x-\mu(\sigma_y+\sigma_z)]\\\varepsilon_y&=\frac{1}{E}[\sigma_y-\mu(\sigma_z+\sigma_x)]\\\varepsilon_z&=\frac{1}{E}[\sigma_z-\mu(\sigma_x+\sigma_y)]\end{aligned}\right\} \tag{5-7-6}$$

以及 $$\tau_{xy}=G\gamma_{xy}\quad\tau_{yz}=G\gamma_{yz}\quad\tau_{zx}=G\gamma_{zx} \tag{5-7-7}$$

在平面应力状态下，$\sigma_z=0$，式(5-7-5)成为

$$\left.\begin{aligned}\varepsilon_x&=\frac{1}{E}(\sigma_x-\mu\sigma_y)\\\varepsilon_y&=\frac{1}{E}(\sigma_y-\mu\sigma_x)\\\varepsilon_z&=-\frac{\mu}{E}(\sigma_x+\sigma_y)\end{aligned}\right\} \tag{5-7-8}$$

由式(5-7-7)可以反解出

$$\left.\begin{aligned}\sigma_x &= \frac{E}{1-\mu^2}(\varepsilon_x+\mu\varepsilon_y)\\ \sigma_y &= \frac{E}{1-\mu^2}(\varepsilon_y+\mu\varepsilon_x)\end{aligned}\right\} \tag{5-7-9}$$

四、强度理论

强度理论实质上是利用简单拉压的试验结果,建立复杂应力状态下的强度条件的一些假说。这些假说认为,复杂应力状态下的危险准则,是某种决定因素达到单向拉伸时同一因素的极限值。强度理论分为两类:一类是解释材料发生脆性断裂破坏原因的,例如,最大拉应力理论(第一强度理论)和最大伸长线应变理论(第二强度理论);另一类是解释塑性屈服破坏原因的,例如,最大剪应力理论(第三强度理论)和最大形状改变比能理论(第四强度理论)。这四种常用的强度理论的强度条件为

$$\sigma_{r1}=\sigma_1\leqslant[\sigma] \tag{5-7-10}$$

$$\sigma_{r2}=\sigma_1-\mu(\sigma_2+\sigma_3)\leqslant[\sigma] \tag{5-7-11}$$

$$\sigma_{r3}=\sigma_1-\sigma_3\leqslant[\sigma] \tag{5-7-12}$$

$$\sigma_{r4}=\sqrt{\sigma_1^2+\sigma_2^2+\sigma_3^2-\sigma_1\sigma_2-\sigma_2\sigma_3-\sigma_3\sigma_1}\leqslant[\sigma] \tag{5-7-13}$$

式中:$\sigma_{ri}(i=1,2,3,4)$——相当应力;

σ_1、σ_2、σ_3——分别为复杂应力状态下的主应力;

$[\sigma]$——材料单向拉伸的许用应力。

在平面应力状态下(如 $\sigma_2=0$),第四强度理论可简化为

$$\sigma_{r4}=\sqrt{\sigma_1^2+\sigma_3^2-\sigma_1\sigma_3}\leqslant[\sigma] \tag{5-7-14}$$

若平面应力状态如图 5-7-4 所示,即 $\sigma_x=\sigma,\sigma_y=0,\tau_x=\tau_y=\tau$ 时

$$\sigma_{r3}=\sqrt{\sigma^2+4\tau^2}\leqslant[\sigma] \tag{5-7-15}$$

$$\sigma_{r4}=\sqrt{\sigma^2+3\tau^2}\leqslant[\sigma] \tag{5-7-16}$$

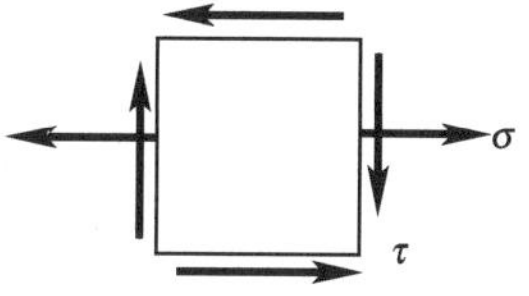

图 5-7-4 $\sigma_y=0$ 时的平面应力状态

梁中任一点的应力状态,以及弯扭组合或拉扭组合变形时危险点的应力状态都可以归结为上述情况。

此外,对于抗拉和抗压强度不等的材料,还有根据综合试验结果建立的莫尔强度理论,其强度条件为

$$\sigma_m=\sigma_1-\frac{[\sigma_t]}{[\sigma_c]}\sigma_3\leqslant[\sigma_t] \tag{5-7-17}$$

式中: σ_m——莫尔强度理论的相当应力;

$[\sigma_t]$、$[\sigma_c]$——分别为材料的单向拉伸和单向压缩时的许用拉应力和许用压应力。

【例 5-7-2】 已知某点的应力状态如图 a)所示,求该点的主应力大小及方位。

解

$$\begin{aligned}\left.\begin{matrix}\sigma_{max}\\ \sigma_{min}\end{matrix}\right. &= \frac{\sigma_x+\sigma_y}{2}\pm\sqrt{\left(\frac{\sigma_x-\sigma_y}{2}\right)^2+\tau_x^2}\\ &= \frac{-120+0}{2}\pm\sqrt{\left(\frac{-120-0}{2}\right)^2+60^2}\\ &= \begin{matrix}24.85\text{MPa}\\ -144.85\text{MPa}\end{matrix}\end{aligned}$$

$$\sigma_1=24.85\text{MPa},\sigma_2=0\text{MPa},\sigma_3=-144.85\text{MPa}$$

$$\tan 2\alpha_1=\frac{-2\tau_x}{\sigma_x-\sigma_y}=\frac{-2\times 60}{-120-0}=1$$

$$2\alpha_1=180°+45°=225°$$

$$\alpha_1=112.5°,\alpha_3=112.5°-90°=22.5°$$

主应力方位如图 b)所示。

思考:主应力方向位能否用观察法确定。

【例 5-7-3】 按照第三强度理论,图示两种应力状态的危险程度是:

A. 无法判断　　B. 两者相同　　C. a)更危险　　D. b)更危险

解 图 a)中 $\sigma_1=200\text{MPa},\sigma_2=0,\sigma_3=0$

$\sigma_{r3}^{a}=\sigma_1-\sigma_3=200\text{MPa}$

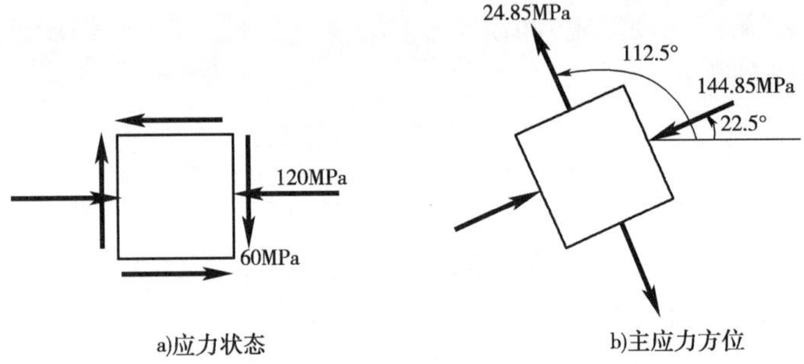

例 5-7-2 图

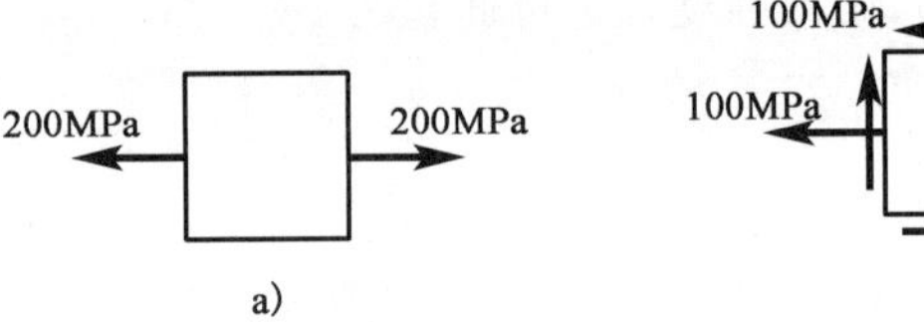

例 5-7-3 图

图 b)中 $\sigma_1=\frac{100}{2}+\sqrt{(\frac{100}{2})^2+100^2}=161.8\text{MPa},\sigma_2=0$

$\sigma_3=\frac{100}{2}-\sqrt{(\frac{100}{2})^2+100^2}=-61.8\text{MPa}$

$\sigma_{r3}^{b}=\sigma_1-\sigma_3=223.6\text{MPa}$

故图 b)更危险。

答案:D

【例 5-7-4】 在图示 xy 坐标系下,单元体的最大主应力 σ_1 大致指向:

A. 第一象限,靠近 x 轴

B. 第一象限,靠近 y 轴

C. 第二象限,靠近 x 轴

D. 第二象限,靠近 y 轴

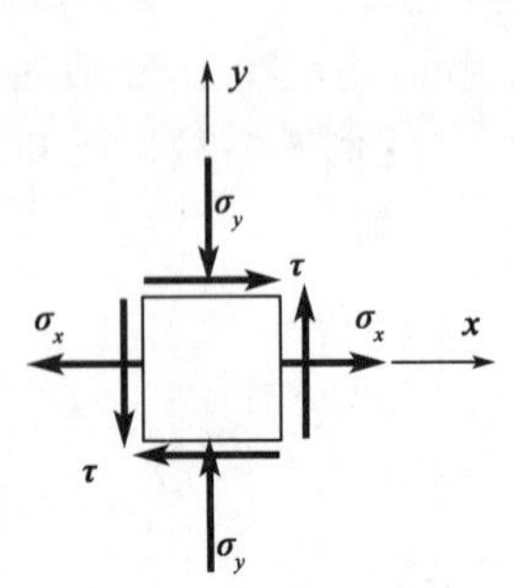

例 5-7-4 图

解 图示单元体的最大主应力 σ_1 的方向,可以看作是 σ_x 的方向(沿 x 轴)和纯剪切单元体的最大拉应力的主方向(在第一象限沿 45°

向上)，叠加后的合应力的指向。

答案：A

习　题

5-7-1　在图示四种应力状态中，最大切应力值最大的应力状态是(　　)。

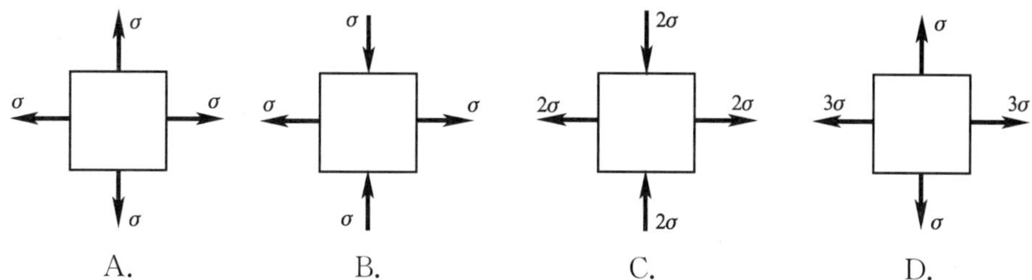

5-7-2　受力体一点处的应力状态如图所示，该点的最大主应力 σ_1 为(　　)MPa。

A. 70　　B. 10　　C. 40　　D. 50

5-7-3　设受扭圆轴中的最大剪应力为 τ，则最大正应力(　　)。

A. 出现在横截面上，其值为 τ

B. 出现在 45°斜截面上，其值为 2τ

C. 出现在横截面上，其值为 2τ

D. 出现在 45°斜截面上，其值为 τ

5-7-4　图示为三角形单元体，已知 ab、ca 两斜布的正应力为 σ，剪应力为零。在竖直面 bc 上有(　　)。

A. $\sigma_x=\sigma, \tau_{xy}=0$

B. $\sigma_x=\sigma, \tau_{xy}=\sigma\sin60°-\sigma\sin45°$

C. $\sigma_x=\sigma\cos60°+\sigma\cos45°, \tau_{xy}=0$

D. $\sigma_x=\sigma\cos60°+\sigma\cos45°, \tau_{xy}=\sigma\sin60°-\sigma\sin45°$

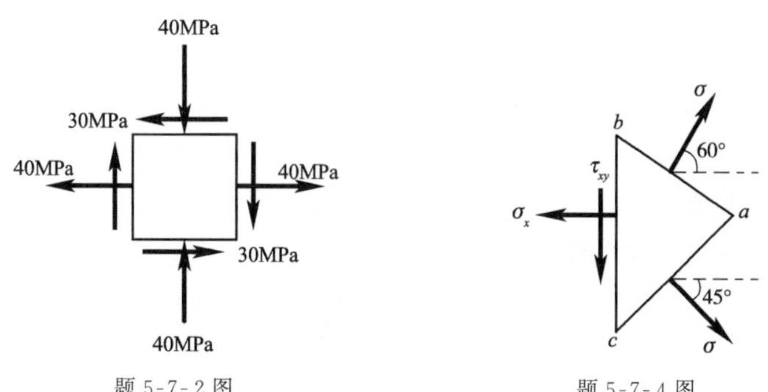

题 5-7-2 图　　　　题 5-7-4 图

5-7-5　四种应力状态分别如图所示，按照第三强度理论，其相当应力最大的是(　　)。

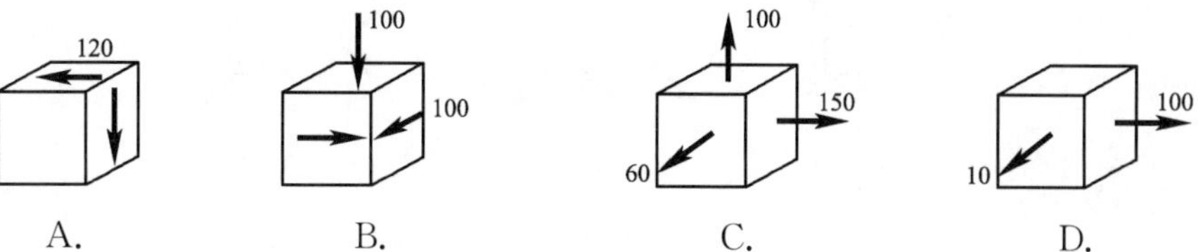

5-7-6　图示为等腰直角三角形单元体，已知两直角边表示的截面上只有剪应力，且等于

τ_0，则底边表示的截面上的正应力 σ 和剪应力 τ 分别为（　　）。

A. $\sigma=\tau_0,\tau=\tau_0$　B. $\sigma=\tau_0,\tau=0$　C. $\sigma=\sqrt{2}\tau_0,\tau=\tau_0$　D. $\sigma=\sqrt{2}\tau_0,\tau=0$

5-7-7　单元体的应力状态如图所示，若已知其中一个主应力为 5MPa，则另一个主应力为（　　）MPa。

A. －85　B. 85　C. －75　D. 75

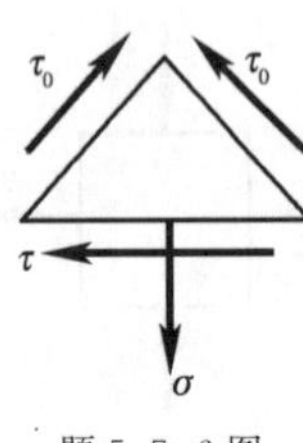

题 5-7-6 图

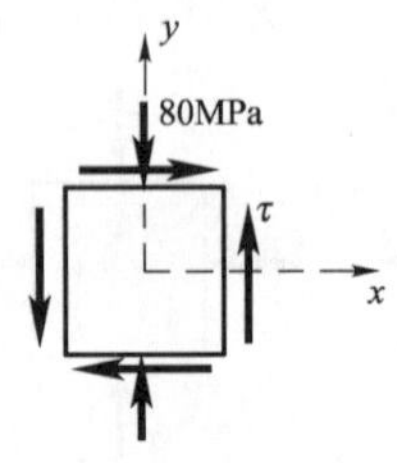

题 5-7-7 图

5-7-8　如图所示悬臂梁，给出了 1、2、3、4 点处的应力状态如图所示，其中应力状态错误的位置点是（　　）。

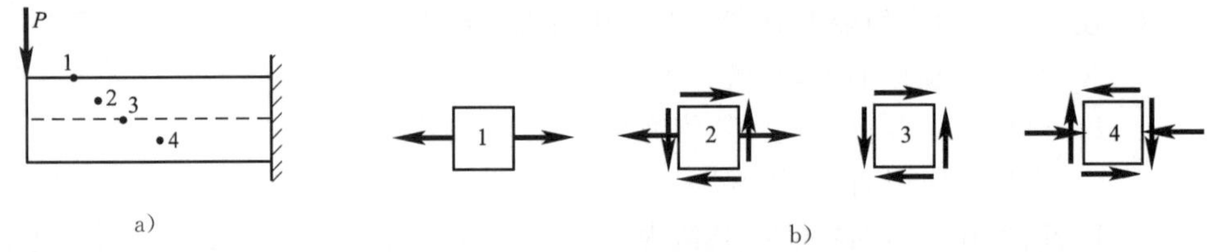

题 5-7-8 图

A. 1 点　B. 2 点　C. 3 点　D. 4 点

5-7-9　单元体的应力状态如图所示，其 σ_1 的方向（　　）。

A. 在第一、三象限内，且与 x 轴成小于 45°的夹角

B. 在第一、三象限内，且与 y 轴成小于 45°的夹角

C. 在第二、四象限内，且与 x 轴成小于 45°的夹角

D. 在第二、四象限内，且与 y 轴成小于 45°的夹角

题 5-7-9 图

5-7-10　对于平面应力状态，以下说法正确的是（　　）。

A. 主应力就是最大正应力

B. 主平面上无剪应力

C. 最大剪应力作用的平面上正应力必为零

D. 主应力必不为零

5-7-11　三种平面应力状态如图所示（图中用 σ 和 τ 分别表示正应力和剪应力），它们之间的关系是（　　）。

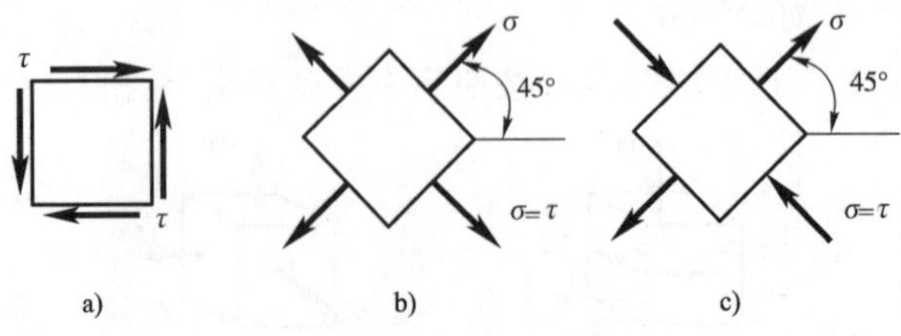

题 5-7-11 图

A. 全部等价　B. a)与 b)等价　C. a)与 c)等价　D. 都不等价

第八节　组合变形

在小变形和材料服从虎克定律的前提下，组合变形问题的解法思路如图 5-8-1 所示。

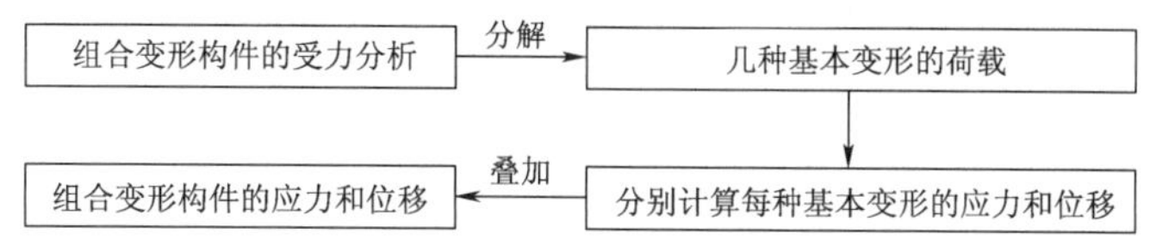

图 5-8-1　组合变形问题的解法思路

一、斜弯曲

当梁上的横向荷载与形心主惯性平面不平行时，梁将发生斜弯曲，其特点为：

(1)斜弯曲可看作两个相互垂直平面内的平面弯曲的叠加。

(2)斜弯曲后，梁的挠曲线所在平面不再与荷载所在平面相重合。

(3)其危险点为单向应力状态，最大正应力为两个方向平面弯曲正应力的代数和。

①对于有棱角的截面，如矩形、工字形、槽形等，危险点在凸角处，具体位置可用观察法确定。其强度条件为

$$\sigma_{\max}=\frac{M_{y\max}}{W_y}+\frac{M_{z\max}}{W_z}\leqslant[\sigma] \tag{5-8-1}$$

式中：$M_{y\max}$、$M_{z\max}$——分别为危险截面上两个表心主惯性平面内的弯矩；

W_y、W_z——分别为截面对 y 轴、z 轴的抗弯截面模量。

②对没有凸角的截面，则必须先确定中性轴的位置，斜弯曲梁的中性轴是一条过截面形心的斜线，其与 z 轴的夹角 α 可根据下式确定

$$\tan\alpha=\frac{I_z M_y}{I_y M_z} \tag{5-8-2}$$

式中：M_y、M_z——分别为梁危险截面上两个形心主惯性平面内的弯矩；

I_y、I_z——分别为危险截面对 y 轴、z 轴的惯性矩。

设截面上距中性轴最远的危险点 a 的坐标为 y_a、z_a，则其强度条件为

$$\sigma_{\max}=\frac{M_{y\max}}{I_y}z_a+\frac{M_{z\max}}{I_z}y_a\leqslant[\sigma] \tag{5-8-3}$$

③对圆轴截面(或正多边形截面)，因为任一形心轴均为形心主轴，所以最大弯矩的方向即为最大应力的方向，其强度条件为

$$\sigma_{\max}=\frac{M_{\max}}{W}=\frac{32\sqrt{M_y^2+M_z^2}}{\pi d^3}\leqslant[\sigma] \tag{5-8-4}$$

二、拉(压)弯组合变形

当构件同时受到轴向力和横向力作用，或构件上仅作用有轴向力，但其作用线未与轴线重合，即偏心拉伸(压缩)时，都会产生拉(压)弯组合变形。其强度条件都可用式(5-8-5)表示

$$\begin{matrix}\sigma_{\text{tmax}}\\ \sigma_{\text{cmax}}\end{matrix}=\frac{N}{A}\pm\frac{M_y}{W_y}\pm\frac{M_z}{W_z}\leqslant\begin{matrix}[\sigma_{\text{t}}]\\ [\sigma_{\text{c}}]\end{matrix} \tag{5-8-5}$$

式中：N、M_y、M_z——分别为危险截面上的轴力、弯矩；

$[\sigma_t]$、$[\sigma_c]$——分别为材料的许用拉应力、许用压应力。

其危险点在危险截面的上、下边缘，为单向应力状态，最大拉应力和最大压应力为轴向拉压正应力和两个方向平面弯曲正应力的代数和。式(5-8-5)中各项的正负号可由观察法确定。

对于有棱角的截面，危险点在凸角处；对没有凸角的截面，则必须先确定中性轴的位置。偏心压缩构件危险截面上的中性轴是一条不通过截面形心的斜直线，它在 y 轴、z 轴上的截距分别为

$$a_y = -\frac{i_z^2}{y_P} \quad a_z = -\frac{i_y^2}{z_P} \tag{5-8-6}$$

式中：i_z、i_y——分别为截面对 z 轴、y 轴的惯性半径；

z_P、y_P——分别为轴向力 P 的作用点距 y 轴、z 轴的偏心距。

【例 5-8-1】 如图 a)所示正方形截面杆中间开有 $\frac{a}{2}$ 宽的槽，求杆中的 σ_{max}^+ 和 σ_{max}^-，并在危险截面上标明其所在位置。

解 显然，在开槽部位的横截面为危险截面，其剖面图如图 b)所示，角点 A、B、C、D 的应力情况用观察法，见表，其中 A 点为 σ_{max}^+，C 点为最大压应力 σ_{max}^-，其值分别为

$$\begin{matrix}\sigma_{max}^+ \\ \sigma_{max}^-\end{matrix} = \frac{P}{A} \pm \frac{M_z}{W_z} \pm \frac{M_y}{W_y} = \frac{P}{\frac{a^2}{2}} \pm \frac{P\frac{a}{2}}{\frac{1}{6}\left(\frac{a}{2}\right)a^2} \pm \frac{P\frac{3}{4}a}{\frac{a}{6}\left(\frac{a}{2}\right)^2}$$

$$= 2\frac{P}{a^2} \pm 6\frac{P}{a^2} \pm 18\frac{P}{a^2} = \begin{matrix} 26\frac{P}{a^2} \\ -22\frac{P}{a^2}\end{matrix}$$

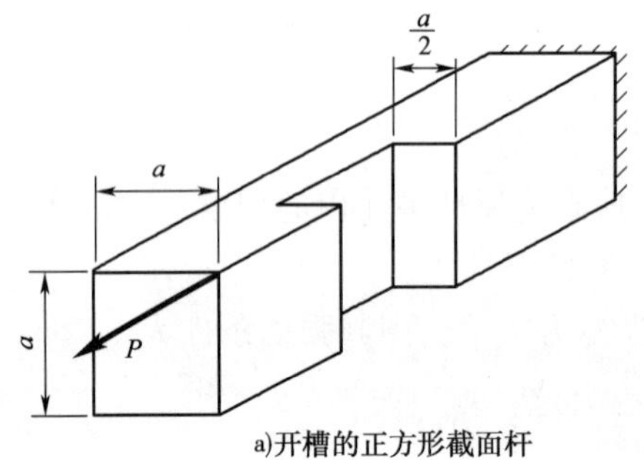

a)开槽的正方形截面杆

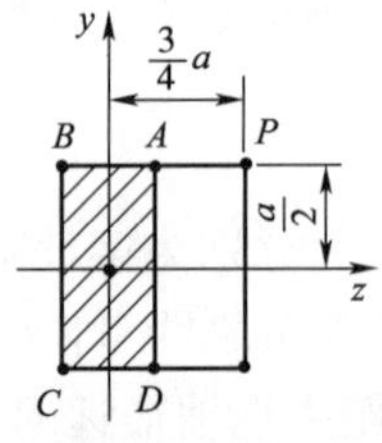

b)危险截面的剖面图

例 5-8-1 图

例 5-8-1 图中各点的应用情况 例 5-8-1 解表

点	P	M_y	M_z	应力	点	P	M_y	M_z	应力
A	+	+	+	σ_{max}^+	C	+	−	−	σ_{max}^-
B	+	−	+		D	+	+	−	

【例 5-8-2】 图示正方形截面杆 AB，力 F 作用在 xOy 平面内，与 x 轴夹角 α，杆距离 B 端为 a 的横截面上最大正应力在 $\alpha=45°$ 时的值是 $\alpha=0$ 时值的：

A. $\frac{7\sqrt{2}}{2}$倍 B. $3\sqrt{2}$倍 C. $\frac{5\sqrt{2}}{2}$倍 D. $\sqrt{2}$倍

解 当 $\alpha=0°$ 时，杆是轴向受位：

$$\sigma_{max}^{0°}=\frac{F_N}{A}=\frac{F}{a^2}$$

当 $\alpha=45°$时，杆是轴向受拉与弯曲组合变形：

$$\sigma_{max}^{45°}=\frac{F_N}{A}+\frac{M_g}{W_g}=\frac{\frac{\sqrt{2}}{2}F}{a^2}+\frac{\frac{\sqrt{2}}{2}F\cdot a}{\frac{a^3}{6}}=\frac{7\sqrt{2}}{2}\frac{F}{a^2}$$

可得 $\dfrac{\sigma_{max}^{45°}}{\sigma_{max}^{0°}}=\dfrac{\frac{7\sqrt{2}}{2}\frac{F}{a^2}}{\frac{F}{a^2}}=\dfrac{7\sqrt{2}}{2}$

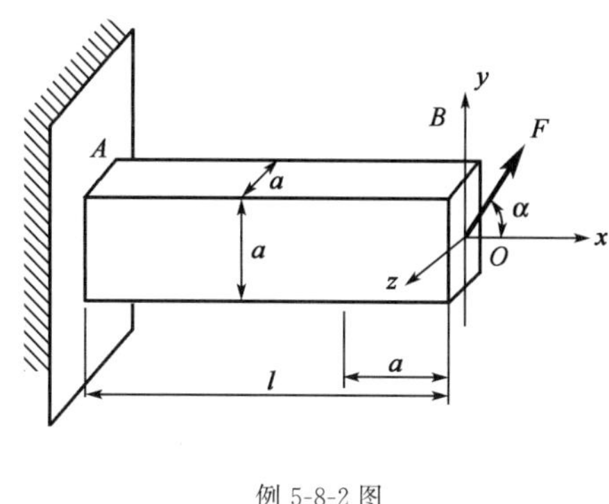

例 5-8-2 图

答案：A

三、弯扭组合变形

弯扭组合变形（或拉压、弯、扭组合变形）时的危险截面是最大弯矩 M_{max}（或最大轴力 N_{max}）与最大扭矩同时作用的截面，危险点是 σ_{max}（弯曲正应力或拉压应力）和 τ_{max}（扭转剪应力）同时作用的点。该点属复杂应力状态，因此其第三和第四强度理论的强度条件仍可由式(5-7-15)、式(5-7-16)来表示

$$\sigma_{r3}=\sqrt{\sigma^2+4\tau^2}$$

$$\sigma_{r4}=\sqrt{\sigma^2+3\tau^2}$$

式中：σ、τ——分别在危险点处的最大弯曲（或拉压）正应力、最大扭转剪应力。

对于圆截面杆，在弯扭组合变形时，可以用下式计算

$$\sigma_{r3}=\frac{\sqrt{M^2+T^2}}{W}\leqslant[\sigma] \tag{5-8-7}$$

其中

$$W=\frac{\pi d^3}{32}; \ \sigma_{r4}=\frac{\sqrt{M^2+0.75T^2}}{W}\leqslant[\sigma] \tag{5-8-8}$$

式中：M——危险截面上的弯矩或合成弯矩，$M=\sqrt{M_y^2+M_z^2}$；

T——危险截面上的扭矩；

W——抗弯截面系数。

习　　题

5-8-1　矩形截面杆 AB，A 端固定，B 端自由，B 端右下角处承受力与轴线平行的集中力 F（见图），杆的最大正应力是（　　）。

A. $\sigma=\dfrac{3F}{bh}$　　B. $\sigma=\dfrac{4F}{bh}$　　C. $\sigma=\dfrac{7F}{bh}$　　D. $\sigma=\dfrac{13F}{bh}$

5-8-2　图示圆轴固定端最上缘 A 点的单元体的应力状态是（　　）。

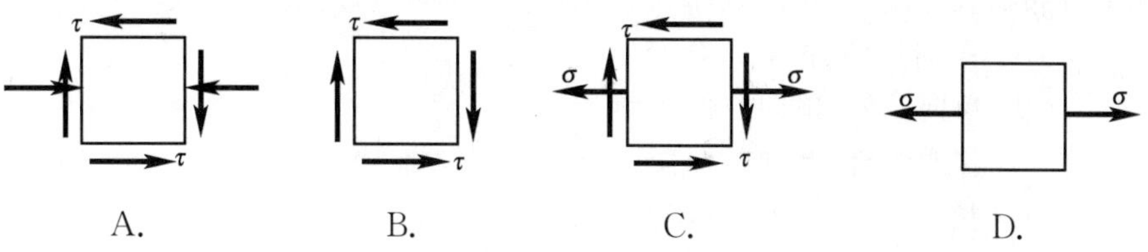

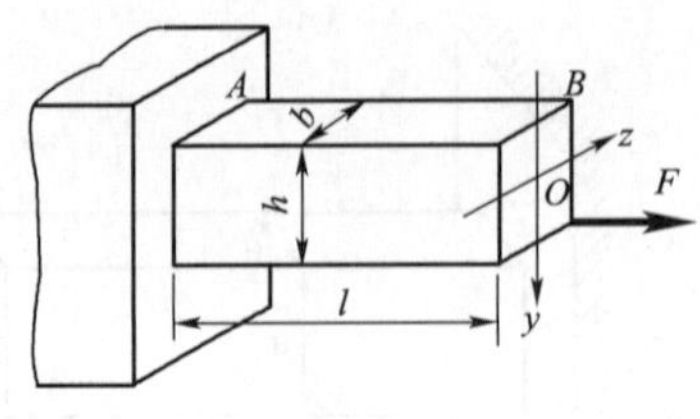

题 5-8-1 图

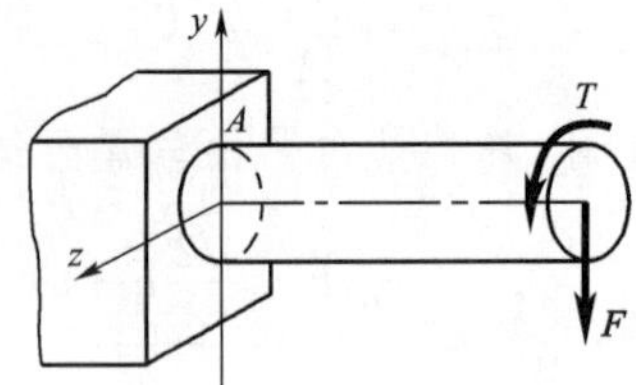

题 5-8-2 图

5-8-3 图示为 T 形截面杆，一端固定、一端自由，自由端的集中力 $\boldsymbol{F}$ 作用在截面的左下角点，并与杆件的轴线平行。该杆发生的变形为（　　）。

A. 绕 y 和 z 轴的双向弯曲

B. 轴向拉伸和绕 y、z 轴的双向弯曲

C. 轴向拉伸和绕 z 轴弯曲

D. 轴向拉伸和绕 y 轴弯曲

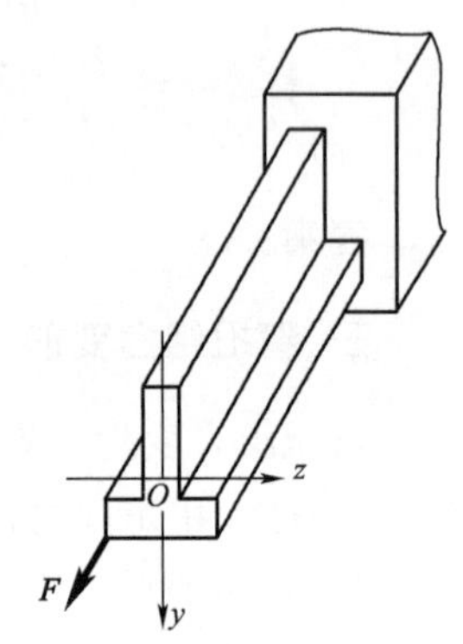

题 5-8-3 图

5-8-4 图示圆轴，在自由端圆周边界承受竖直向下的集中力 $\boldsymbol{F}$，按第三强度理论，危险截面的相当力 σ_{r3} 为（　　）。

A. $\sigma_{r3}=\dfrac{16}{\pi d^3}\sqrt{(FL)^2+4\left(\dfrac{Fd}{2}\right)^2}$

B. $\sigma_{r3}=\dfrac{16}{\pi d^3}\sqrt{(FL)^2+\left(\dfrac{Fd}{2}\right)^2}$

C. $\sigma_{r3}=\dfrac{32}{\pi d^3}\sqrt{(FL)^2+4\left(\dfrac{Fd}{2}\right)^2}$

D. $\sigma_{r3}=\dfrac{32}{\pi d^3}\sqrt{(FL)^2+\left(\dfrac{Fd}{2}\right)^2}$

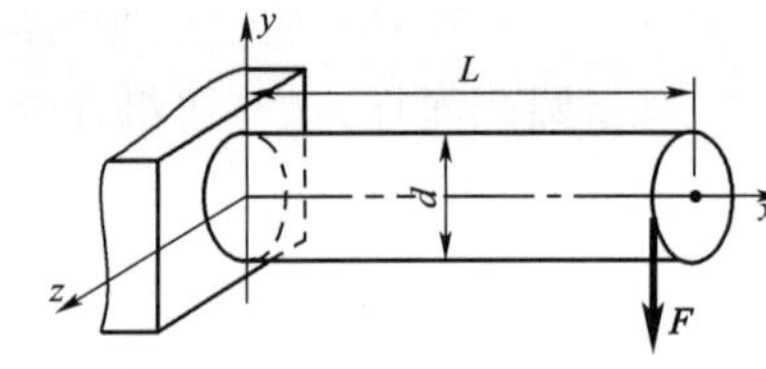

题 5-8-4 图

5-8-5 图示为正方形截面等直杆，抗弯截面模量为 W，在危险截面上，弯矩为 M，扭矩为 M_n，A 点处有最大正应力 σ 和最大剪应力 τ。若材料为低碳钢，则其强度条件为（　　）。

A. $\sigma\leqslant[\sigma]$，$\tau\leqslant[\tau]$　　B. $\dfrac{1}{W}\sqrt{M^2+M_n^2}\leqslant[\sigma]$

C. $\dfrac{1}{W}\sqrt{M^2+0.75M_n^2}\leqslant[\sigma]$　　D. $\sqrt{\sigma^2+4\tau^2}\leqslant[\sigma]$

A

题 5-8-5 图

5-8-6 工字形截面梁在图示荷载作用下，截面 m-m 上的正应力分布为（　　）。

A. 图 a)　　B. 图 b)　　C. 图 c)　　D. 图 d)

5-8-7 矩形截面杆的截面宽度沿杆长不变，杆的中段高度为 2α，左、右段高度为 3α，在图示三角形分布荷载作用下，杆的截面 m-m 和截面 n-n 分别发生（　　）。

A. 单向拉伸、拉弯组合变形

B. 单向拉伸、单向拉伸变形

C. 拉弯组合、单向拉伸变形

D. 拉弯组合、拉弯组合变形

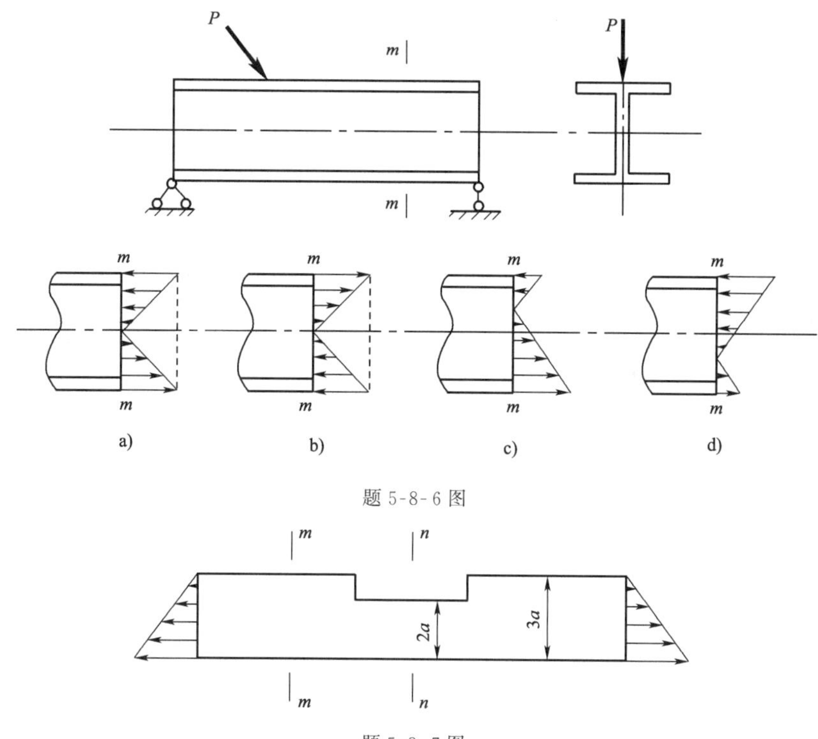

题 5-8-6 图

题 5-8-7 图

5-8-8　一正方形截面短粗立柱(图 a),若将其底面加宽 1 倍(图 b),原厚度不变,则该立柱的强度(　　)。

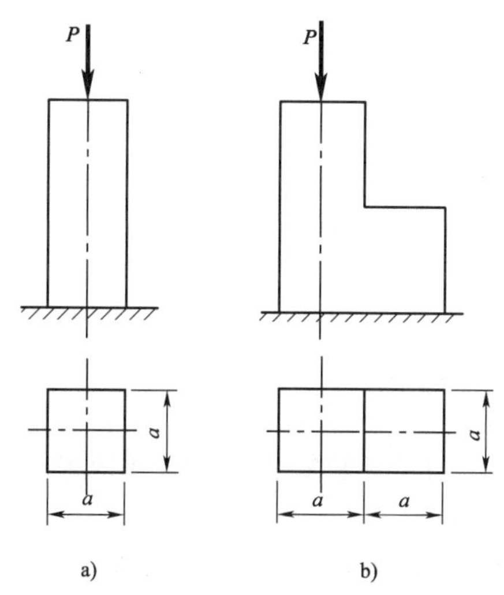

题 5-8-8 图

A. 提高 1 倍　　　　B. 提高不到 1 倍

C. 不变　　　　D. 降低

5-8-9　图示应力状态为其危险点的应力状态,则杆件为(　　)。

A. 斜弯曲变形　　　　B. 偏心拉弯变形

C. 拉弯组合变形　　　　D. 弯扭组合变形

5-8-10　折杆受力如图所示,以下结论中错误的为(　　)。

A. 点 B 和 D 处于纯剪状态

B. 点 A 和 C 处为二向应力状态，两点处 $\sigma_1>0,\sigma_2=0,\sigma_3<0$

C. 按照第三强度理论，点 A 及 C 比点 B 及 D 危险

D. 点 A 及 C 的最大主应力 σ_1 数值相同

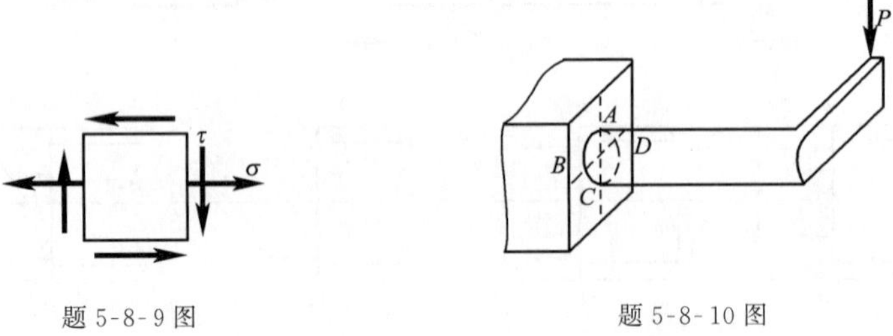

题 5-8-9 图　　　　题 5-8-10 图

第九节　压杆稳定

一、细长压杆的临界力——欧拉公式

欧拉公式如下

$$P_{cr}=\frac{\pi^2 EI}{(\mu l)^2} \tag{5-9-1}$$

式中：P_{cr}——压杆的临界力；

E——压杆材料的弹性模量；

I——截面的主惯性矩；

μ——长度系数；

μl——压杆失稳时挠曲线中一个“半波正弦曲线”的长度，称为相当长度，此相当长度等于压杆失稳时挠曲线上两个弯矩零点之间的长度。

常用的四种杆端约束压杆的长度系数 μ：

(1)一端固定、一端自由，$\mu=2$；

(2)两端铰支，$\mu=1$；

(3)一端固定、一端铰支，$\mu=0.7$；

(4)两端固定，$\mu=0.5$。

工程实际中压杆的杆端约束往往比较复杂，不能简单地将它归于哪一类，要对其作具体分析，从而定出与实际较接近的 μ 值。

【例 5-9-1】 图示细长压杆 AB 的 A 端自由，B 端固定在简支梁上。该压杆的长度系数 μ 是：

A. $\mu>2$　　　B. $2>\mu>1$

C. $1>\mu>0.7$　　　D. $0.7>\mu>0.5$

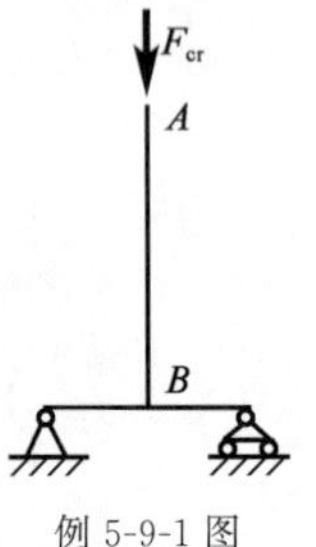

例 5-9-1 图

解　杆端约束越弱，μ 越大，在两端固定($\mu=0.5$)，一端固定、一端铰支($\mu=0.7$)，两端铰支($\mu=1$)和一端固定、一端自由($\mu=2$)这四种杆端约束中，一端固定、一端自由的约束最弱，μ 最大。而图示细长压杆 AB 一端自由、一端固定在简支梁上，其杆端约束比一端固定、一端自由($\mu=2$)时更弱，故 μ 比 2 更大。

答案:A

【例 5-9-2】 一端固定另端自由的细长(大柔度)压杆,长度为 L(图 a),当杆的长度减少一半时(图 b),其临界载荷是原来的:

A. 4 倍　　B. 3 倍

C. 2 倍　　D. 1 倍

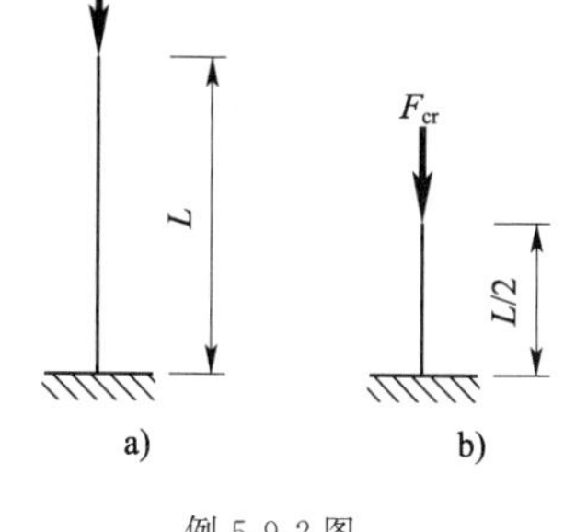

例 5-9-2 图

解 由一端固定、另端自由的细长压杆的临界力计算公式 $F_{cr}=\frac{\pi^2 EI}{(2l)^2}$,可知 F_{cr} 与 L^2 成反比。故有:

$$F_{cr1}=\frac{\pi^2 EI}{\left(2\cdot\frac{L}{2}\right)^2}=4\frac{\pi^2 EI}{(2L)^2}=4F_{cr}$$

答案:A

二、临界应力、柔度、欧拉公式的适用范围

(一)临界应力、柔度

$$\sigma_{cr}=\frac{P_{cr}}{A}=\frac{\pi^2 EI}{(\mu l)^2 A}=\frac{\pi^2 Ei^2}{(\mu l)^2}=\frac{\pi^2 E}{\left(\frac{\mu l}{i}\right)^2}=\frac{\pi^2 E}{\lambda^2} \tag{5-9-2}$$

其中

$$i=\sqrt{\frac{I}{A}},\lambda=\frac{\mu l}{i}$$

式中:i——惯性半径,它是反映截面形状和尺寸的一个几何量;

λ——压杆的柔度,又称为长细比,它是一个无量纲量,综合地反映了杆长、杆端约束以及截面形状和尺寸对临界应力的影响。

可见,柔度 λ 是一个极其重要的量。

(二)临界应力总图、欧拉公式的适用范围

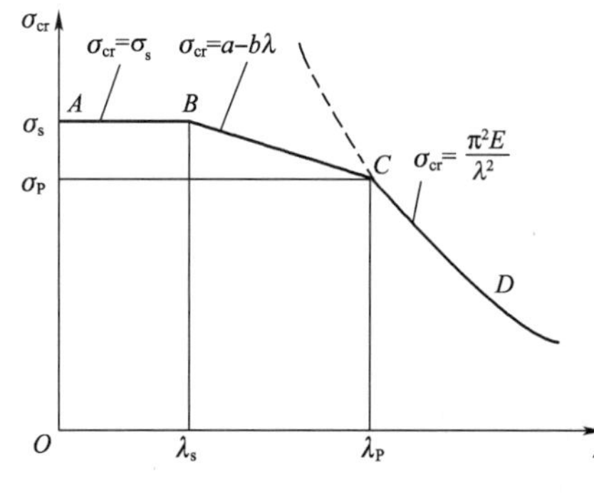

图 5-9-1　压杆临界应力总图

根据压杆的柔度值可将所有压杆分为三类:$\lambda\geqslant\lambda_p$ 的压杆为细长杆或大柔度杆,其临界应力可按欧拉公式计算;$\lambda_s<\lambda<\lambda_p$ 的压杆为中长杆或中柔度杆,其临界应力可按经验公式 $\sigma_{cr}=a-b\lambda$ 计算;$\lambda\leqslant\lambda_s$ 的压杆则为短杆或小柔度杆,应按强度问题处理,用 $\sigma_{cr}=\sigma_s$ 来计算其临界应力。图 5-9-1 表示出这三种压杆的临界应力 σ_{cr} 随柔度 λ 的变化关系,称为临界应力总图,由图 5-9-1 中可以看到欧拉公式的使用条件是 $\sigma_{cr}=\frac{\pi^2 E}{\lambda^2}\leqslant\sigma_p$,亦即

$$\lambda\geqslant\sqrt{\frac{\pi^2 E}{\sigma_p}}=\lambda_p \tag{5-9-3}$$

中长杆与短杆的柔度分界值为(a、b 是由试验得到的材料常数)

$$\lambda_s=\frac{a-\sigma_s}{b} \tag{5-9-4}$$

三、压杆的稳定计算

(一)安全系数法

$$P\leqslant\frac{P_{cr}}{[n_{st}]} \quad 或 \quad n_{st}=\frac{P_{cr}}{P}\geqslant[n_{st}] \tag{5-9-5}$$

式中:P——压杆所受的实际轴向压力;

P_{cr}——压杆的临界力;

n_{st}——压杆的工作稳定安全系数;

$[n_{st}]$——规定的稳定安全系数。

(二)折减系数法(土建结构规范中常用)

$$\sigma=\frac{P}{A}\leqslant[\sigma_{st}]=\varphi[\sigma] \quad 或 \quad \frac{P}{\varphi A}\leqslant[\sigma] \tag{5-9-6}$$

式中:$[\sigma]$——强度许用应力;

A——压杆横截面面积;

$[\sigma_{st}]$——稳定许用应力;

φ——$[\sigma_{st}]$与$[\sigma]$的比值,称为折减系数,是一个小于1的系数,其值可根据有关材料的φ-λ关系曲线或折减系数表查得,或由经验公式算得。

对折减系数表中没有的非整数λ所对应值的φ值,可用线性插值公式计算

$$\varphi=\varphi_1-\frac{\lambda-\lambda_1}{\lambda_2-\lambda_1}(\varphi_1-\varphi_2) \tag{5-9-7}$$

式中:λ_1、λ_2——整数的柔度;

φ_1、φ_2——分别为λ_1、λ_2所对应的折减系数。

利用式(5-9-5)、式(5-9-6)两个稳定条件,除了可用来对压杆的稳定性进行校核,确定压杆的允许荷载外,还可用试算法确定压杆的截面尺寸。

若压杆横截面上两个形心主惯性轴方向μ和i各不相同,则应用公式$\lambda=\frac{\mu l}{i}$分别计算λ_y和λ_z,求出最大柔度λ_{max}作为计算的依据。

四、提高压杆稳定性的措施

(1)减小压杆长度l,或在压杆的中间增加支承。

(2)改善杆端约束,使长度系数μ值减小。

(3)选择合理的截面形状:

①尽可能将材料分布的离截面形心较远,以增大惯性矩I;

②尽可能使压杆在两个形心主惯性平面内有相等或相近的稳定性,即$\lambda_z\approx\lambda_y$。

(4)合理选用材料。

对大柔度杆,在弹性模量E值相同或相近的材料中,没有必要选用高强度钢。对中柔度杆和小柔度杆,选用高强度钢能提高其稳定性。

习　题

5-9-1　图示三根压杆均为细长(大柔度),且弯曲刚度均为EI。三根压杆的临界荷载F_{cr}

的关系为(　　)。

A. $F_{cra}>F_{crb}>F_{crc}$　　B. $F_{crb}>F_{cra}>F_{crc}$

C. $F_{crc}>F_{cra}>F_{crb}$　　D. $F_{crb}>F_{crc}>F_{cra}$

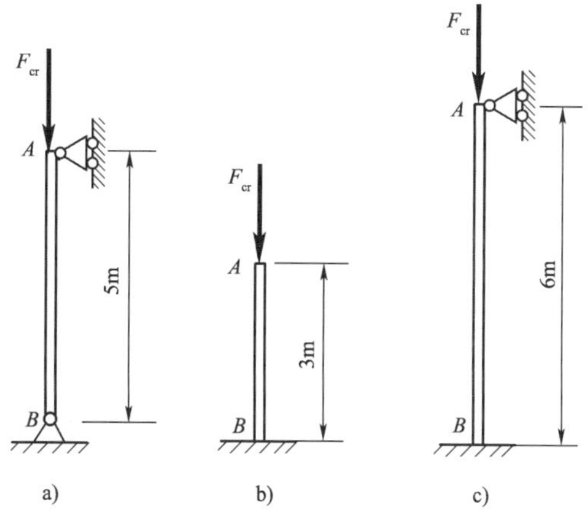

题 5-9-1 图

5-9-2　两根安全相同的细长(大柔度)压杆 AB 和 CD 如图所示,杆的下端为固定铰链约束,上端与刚性水平杆固结。两杆的弯曲刚度均为 EI,其临界荷载 F_a 为(　　)。

A. $2.04\times\frac{\pi^2EI}{L^2}$　　B. $4.08\times\frac{\pi^2EI}{L^2}$

C. $8\times\frac{\pi^2EI}{L^2}$　　D. $2\times\frac{\pi^2EI}{L^2}$

5-9-3　圆截面细长压杆的材料和杆端约束保持不变,若将其直径缩小一半,则压杆的临界压力的原压杆的(　　)。

A. 1/2　　B. 1/4　　C. 1/8　　D. 1/16

5-9-4　压杆下端固定,上端与水平弹簧相连,如图所示,该杆长度系数 μ 值为(　　)。

A. $\mu<0.5$　　B. $0.5<\mu<0.7$　　C. $0.7<\mu<2$　　D. $\mu>2$

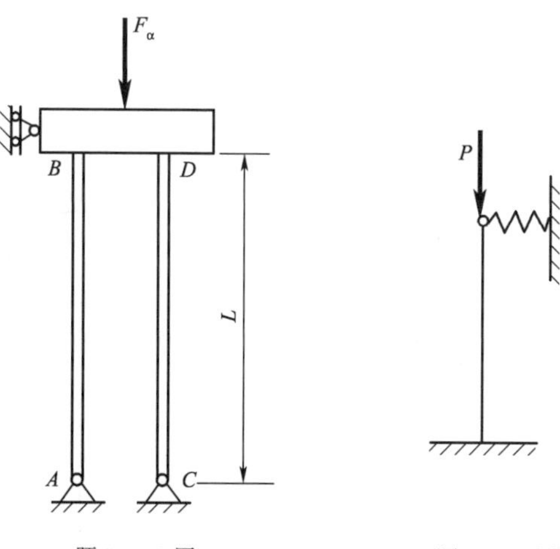

题 5-9-2 图　　题 5-9-4 图

5-9-5　压杆失稳是指压杆在轴向压力作用下(　　)。

A. 局部横截面的面积迅速变化

B. 危险截面发生屈服或断裂

C. 不能维持平衡状态而突然发生运动

D. 不能维持直线平衡状态而突然变弯

5-9-6 假设图示三个受压结构失稳时临界压力分别为 P_{cr}^{a}、P_{cr}^{b}、P_{cr}^{c}，比较三者的大小，则(　　)。

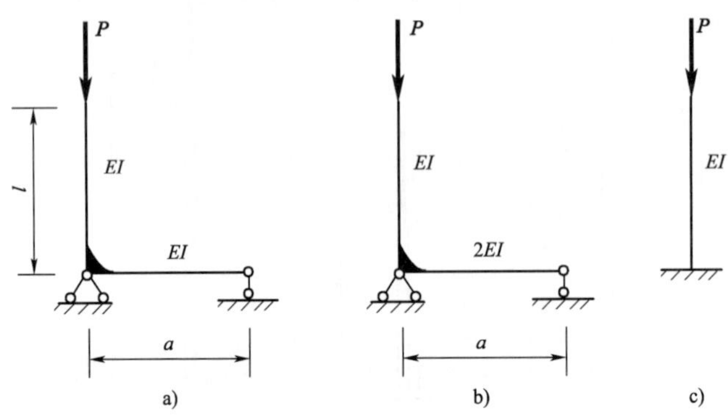

题 5-9-6 图

A. P_{cr}^{a}最小　　B. P_{cr}^{b}最小　　C. P_{cr}^{c}最小　　D. $P_{cr}^{a}=P_{cr}^{b}=P_{cr}^{c}$

5-9-7 图示两端铰支压杆的截面为矩形，当其失稳时，(　　)。

A. 临界压力 $P_{cr}=\pi^2EI_y/l^2$，挠曲线位于 xy 面内

B. 临界压力 $P_{cr}=\pi^2EI_y/l^2$，挠曲线位于 xz 面内

C. 临界压力 $P_{cr}=\pi^2EI_z/l^2$，挠曲线位于 xy 面内

D. 临界压力 $P_{cr}=\pi^2EI_z/l^2$，挠曲线位于 xz 面内

5-9-8 在材料相同的条件下，随着柔度的增大(　　)。

A. 细长杆的临界应力是减小的，中长杆不是

B. 中长杆的临界应力是减小的，细长杆不是

C. 细长杆和中长杆的临界应力均是减小的

D. 细长杆和中长杆的临界应力均不是减小的

5-9-9 如图所示，一端固定，一端为球形铰的大柔度压杆，横截面为矩形，则该杆临界力 P_{cr}为(　　)。

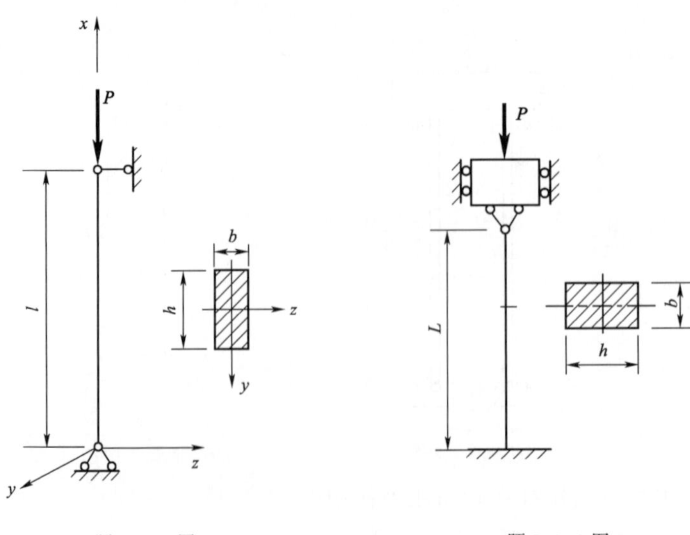

题 5-9-7 图　　　　题 5-9-9 图

A. $1.68\frac{Ebh^3}{L^2}$　B. $3.29\frac{Ebh^3}{L^2}$　C. $1.68\frac{Eb^3h}{L^2}$　D. $0.82\frac{Eb^3h}{L^2}$

题解及参考答案

第一节

5-1-1 **解：**低碳钢拉伸试验时的应力—应变曲线如图5-1-3所示。当材料拉伸到强化阶段（ce 段）后，卸除荷载时，应力和应变按直线规律变化，如图5-1-3中直线 dd'。当再次加载时，沿 $d'd$ 直线上升，材料的比例极限提高到 d 而塑性减少，此现象称为冷作硬化。

答案：C

第二节

5-2-1 **解：**用直接法求轴力，可得左段轴力为-3kN，而右段轴力为5kN。

答案：B

5-2-2 **解：**由于 A 是斜截面 m-m 的面积，轴向拉力 P 沿斜截面是均匀分布的，所以 $\sigma=\frac{P}{A}$ 应为斜截面上沿轴线方向的总应力，而不是垂直于斜截面的正应力。

答案：C

5-2-3 **解：**$\Delta l_1=\frac{F_N l}{EA_1}l$，$\Delta l_2=\frac{F_N l}{EA_2}$，因为 $A_1>A_2$，所以 $\Delta l_1<\Delta l_2$。又 $\varepsilon_1=\frac{\Delta l_1}{l}$，$\varepsilon_2=\frac{\Delta l_2}{l}$，故 $\varepsilon_1<\varepsilon_2$。

答案：C

5-2-4 **解：**用直接法求轴力，可得 $N_{AB}=-30$kN，$N_{BC}=30$kN，$N_{CD}=-15$kN，$N_{DE}=15$kN。

答案：C

5-2-5 **解：**$N_1=N_2=\frac{P}{2}$，若使刚梁平行下移，则应使两杆位移相同，即 $\Delta l_2=\frac{2}{E}\frac{l_1}{A_1}=\Delta l_2\ \frac{\frac{P}{2}l_2}{EA_2}$，则 $\frac{A_1}{A_2}=\frac{l_1}{l_2}>1$。

答案：C

5-2-6 **解：**用直接法求轴力，可得 $N_{AB}=-6$kN，$N_{BC}=4$kN。

答案：C

5-2-7 **解：**用直接法求内力，可得 AB 段轴力为 F，既有变形，又有位移；BC 段没有轴力，所以没有变形，但是由于 AB 段的位移使 BC 段有一个向右的位移。

答案：A

5-2-8 **解：**由轴力图（N 图）可见，轴力沿轴线是线性渐变的，所以杆上必有沿轴线分布的均布荷载，同时在 C 截面两侧轴力的突变值是45kN，故在 C 截面上一定对应有集中力45kN。

答案:D

5-2-9 **解**:受轴向拉力作用杆件的内力 $F_N=\sum F_x$(截面一侧轴向外力代数和),应力 $\sigma=\frac{F_N}{A}$,轴向变形 $\Delta l=\frac{F_N l}{EA}$,若横截面面积 A 和其他条件不变,则内力、应力、轴向变形均不变。

答案:C

5-2-10 **解**:由零杆判别法可知 BC 杆为零杆,$N_{BC}=0$。但是 AC 杆受拉伸长后与 BC 杆仍然相连,由杆的小变形的威利沃特法(williot)可知变形后 C 点移到 C' 点,如解图所示。

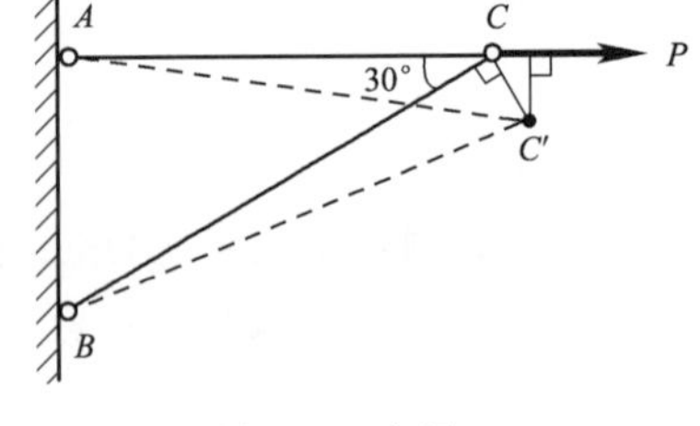

题 5-2-10 解图

答案:B

第三节

5-3-1 **解**:把 F 平移到铆钉群中心 O 点,并加一个附加力偶 m,如解图所示。

$\sum M_O=0$: $Q_1\cdot\frac{1}{2}=F\cdot\frac{5}{4}l=m$, $Q_1=\frac{5}{2}F$

$\sum M_y=0$: $Q_2=\frac{F}{2}$

式中,Q_1 为力偶 m 产生的剪力,Q_2 为平移后的 F 力产生的剪力。显然铆钉 B 比铆钉 A 受的剪力大,$F_{smax}=Q_1+Q_2=3F$

$$\tau_{max}=\frac{F_{smax}}{A_s}=\frac{3F}{\frac{\pi}{4}d^2}=\frac{12F}{\pi d^2}$$

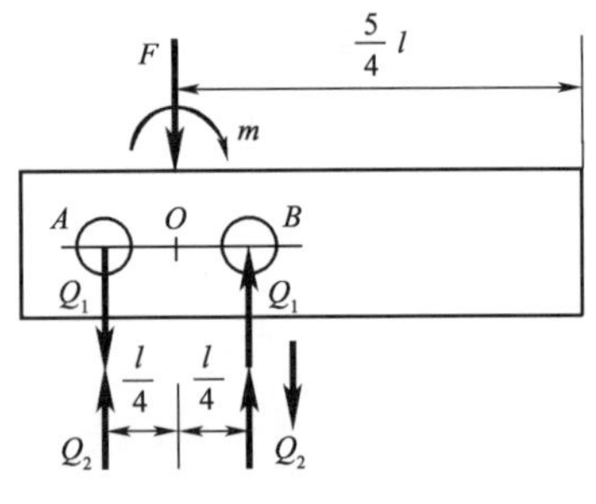

题 5-3-1 解图

答案:C

5-3-2 **解**:由螺杆的拉伸强度条件,得

$$\sigma=\frac{F_N}{A}=\frac{F}{\frac{\pi}{4}d^2}=\frac{4F}{\pi d^2}=[\sigma]$$

由螺母的剪切强度条件,得

$$\tau=\frac{F_s}{A_s}=\frac{F}{\pi dh}=[\tau]$$

把以上两式代入$[\sigma]=2\tau$,得 $\frac{4F}{\pi d^2}=2\frac{F}{\pi dh}$,即 $d=2h$。

答案:A

5-3-3 **解**:当挤压的接触面为平面时,接触面面积 cb 就是挤压面积。

答案:B

5-3-4 **解**:加垫圈后,螺栓的剪切面、挤压面、拉伸面积都无改变,只有平板的挤压面积增加了,平板的挤压强度提高了。

答案:D

5-3-5 **解**:挤压应力等于挤压力除以挤压面积。钢板和铝铆钉的挤压力互为作用力和反作用力,大小相等、方向相反;而挤压面积就是相互接触面的正投影面积,也相同。

答案:B

5-3-6 **解**:插销中心部分有向下的趋势,插销帽周边部分受平板支撑有向上的趋势,故插销的剪切面积是一个圆柱面积 πdh,而插销帽与平板的接触面积就是挤压面积,为一个圆环面积$\frac{\pi}{4}(D^2-d^2)$。

答案:B

5-3-7 **解**:在钢板上冲断的圆孔板,如解图所示。设冲力为 F,剪力为 Q,钢板的剪切强度极限为 τ_b,圆孔直径为 d。则有 $\tau=\frac{Q}{\pi dt}=\tau_b$,故冲力 $F=Q=\tau dt\tau_b$。

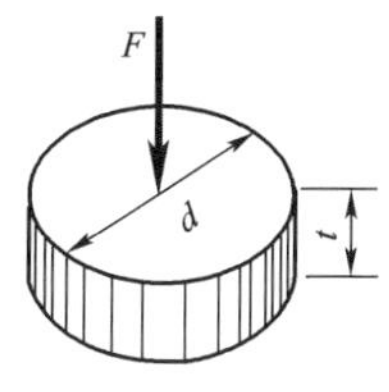

题 5-3-7 解图

答案:C

第四节

5-4-1 **解**:为使 $\tau_1=\frac{1}{2}\tau$,应使$\frac{T}{\frac{\pi}{16}d_1^3}=\frac{1}{2}\frac{T}{\frac{\pi}{16}d^3}$,即 $d_1^3=2d^3$,$d_1=\sqrt[3]{2}d$。

答案:D

5-4-2 **解**:由 $\theta=\frac{T}{GI_p}$,得$\frac{T}{I_p}=\theta G$,故 $\tau_{max}=\frac{T}{I_p}\frac{d}{2}=\frac{\theta Gd}{2}$。

答案:D

5-4-3 **解**:根据剪应力计算公式 $\tau=\frac{T}{W_p}$,可得 $T=\tau W_p$,又由剪切胡克定律 $\tau=G\gamma$,有 $T=G\gamma W_p$。

答案:A

5-4-4 **解**:设圆轴的直径变为 d_1,则有 $\phi_1=\frac{\phi}{2}$,即$\frac{Tl}{GI_{p1}}=\frac{1}{2}\frac{Tl}{GI_p}$,所以 $I_{p1}=2I_p$,则$\frac{\pi}{64}d_1^4=2\times\frac{\pi}{64}d^4$,得到 $d_1=\sqrt[4]{2}d$。

答案:A

5-4-5 **解**:首先考虑整体平衡,设左端反力偶 m 由外向里转,则有

$\sum M_x=0$:$m-1-4.5-2+5=0$

所以 $m=2.5\text{kN}\cdot\text{m}$

再由截面法平衡求出:$T_1=m=2.5\text{kN}\cdot\text{m}$,$T_2=2-5=-3\text{kN}\cdot\text{m}$

答案:D

5-4-6 **解**:首先考虑整体平衡,设左端反力偶 m 在外表面由外向里转,则有

$\sum M_x=0$:$m-1-6-2+5=0$

所以 $m=4\text{kN}\cdot\text{m}$。

再由直接法求出各段扭矩,从左至右各段扭矩分别为 4kN·m、3kN·m、−3kN·m、−5kN·m,在各集中力偶两侧截面上扭矩的变化量就等于集中力偶矩的大小。显然符合这些规律的扭矩图只有 D 图。

答案:D

5-4-7 **解:**设直径为 D 的实心圆轴最大剪应力 $\tau=\dfrac{T}{\frac{\pi}{16}D^3}$,则直径为 $\dfrac{D}{2}$ 的实心圆轴最大剪应力 $\tau_1=\dfrac{T}{\frac{\pi}{16}\left(\frac{D}{2}\right)^3}=8\dfrac{T}{\frac{\pi}{16}D^3}=8\tau$。

答案:C

5-4-8 **解:**用截面法(或直接法)可求出截面 1-1 处的扭矩为 25kN · m,截面 2-2 处的扭矩为 −5kN · m。

答案:B

5-4-9 **解:**设实心圆原来横截面面积为 $A=\dfrac{\pi}{4}d^2$,增大后面积 $A_1=\dfrac{\pi}{4}d_1^2$,则有:$A_1=2A$,即 $\dfrac{\pi}{4}d_1^2=2\dfrac{\pi}{4}d^2$,所以 $d_1=\sqrt{2}d$。原面积不发生屈服时,$\tau_{\max}=\dfrac{M_0}{W_p}=\dfrac{M_0}{\frac{\pi}{16}d^3}\leqslant\tau_s$,$M_0\leqslant\dfrac{\pi}{16}d^3\tau_s$,将面积增大后,$\tau_{\max 1}=\dfrac{M_1}{W_{p1}}=\dfrac{M_1}{\frac{\pi}{16}d_1^3}\leqslant\tau_s$,最大许可荷载 $M_1\leqslant\dfrac{\pi}{16}d_1^3\tau_s=2\sqrt{2}\dfrac{\pi}{16}d^3\tau_s=2\sqrt{2}M_0$。

答案:C

5-4-10 **解:**实心圆轴截面的抗扭截面模量 $W_{p1}=\dfrac{\pi}{16}D^3$,空心圆轴截面的抗扭截面模量 $W_{p2}=\dfrac{\pi}{16}D^3\left(1-\dfrac{d^4}{D^4}\right)$,当外径 D 相同时,显然 $W_{p1}>W_{p2}$。

答案:B

5-4-11 **解:**$\tau_{2\max}=\dfrac{T}{\frac{\pi}{16}(2d)^3}=\dfrac{1}{8}\dfrac{T}{\frac{\pi}{16}d^3}=\dfrac{1}{8}\tau_{1\max}$

$$\phi_2=\frac{Tl}{G\frac{\pi}{32}(2d)^4}=\frac{1}{16}\frac{Tl}{G\frac{\pi}{32}d^4}=\frac{1}{16}\phi_1$$

答案:C

第五节

5-5-1 **解:**图示矩形截面形心轴为 z 轴,z_1 轴到 z 轴距离是 h,由移轴定理可得

$$I_{z1}=I_z+a^2A=\frac{bh^3}{12}+h^2\cdot bh=\frac{13}{12}bh^3$$

答案:D

5-5-2 **解:**正方形的形心轴矩 z 轴的距离是 $\dfrac{a}{2}$,如解图所示。

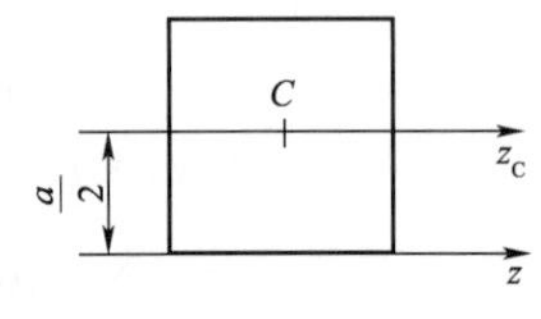

题 5-5-2 解图

用移轴定理得 $I_z^{方}=I_{zc}+\left(\dfrac{a}{2}\right)^2A=\dfrac{a^4}{12}+\dfrac{a^2}{4}\cdot a^2=\dfrac{a^4}{3}$,整个组合截面的惯性矩为

$$I_z = I_z^{矩} - I_z^{方} = \frac{bh^3}{12} - \frac{a^4}{3}$$

答案:C

5-5-3 **解**:由定义 $I_z = \int_A y^2 dA$ 和 $I_y = \int_A z^2 dA$,可知 a)、b) 两图图形面积相同,但图 a) 中的面积距离 z 轴较远,因此 $I_z^a > I_z^b$;而两图面积距离 y 轴远近相同,故 $I_y^a = I_y^b$。

答案:B

5-5-4 **解**:由定义 $I_p = \int_A \rho^2 dA$, $I_z = \int_A y^2 dA$, $I_y = \int_A z^2 dA$,以及勾股定理 $\rho^2 = y^2 + z^2$,两边积分就可得 $I_p = I_z + I_y$。

答案:B

5-5-5 **解**:根据静矩定义 $S_z = \int_A y dA$,图示矩形截面的静矩等于 m-m 线以上部分和以下部分静矩之和,即 $S_z = S_z^{上} + S_z^{下}$,又由于 z 轴是形心轴,$S_z = 0$,故 $S_z^{上} + S_z^{下} = 0$,$S_z^{上} = -S_z^{下}$。

答案:B

5-5-6 **解**:$i = i_y = i_z = \sqrt{\frac{I_z}{A}} = \sqrt{\frac{\frac{\pi}{64}d^4}{\frac{\pi}{4}d^2}} = \frac{d}{4}$。

答案:B

5-5-7 **解**:**解**:根据惯性矩的定义 $I_z = \int_A y^2 dA$, $I_y = \int_A z^2 dA$,可知惯性矩的大小与面积到轴的距离有关。面积分布离轴越远,其惯性矩越大;面积分布离轴越近,其惯性矩越小。可见 I_y^a 最大,I_z^a 最小。

答案:C

5-5-8 **解**:图形对主惯性轴的惯性积为零,对主惯性轴的惯性矩是对通过某点的所有轴的惯性矩中的极值,也就是最大或最小的惯性矩。

答案:C

5-5-9 **解**:由移轴定理 $I_z = I_{zc} + a^2 A$ 可知,在所有与形心轴平行的轴中,距离形心轴越远,其惯性矩越大。图示截面为一个正方形与一半圆形的组合截面,其形心轴应在正方形形心和半圆形形心之间。所以 z_1 轴距离截面形心轴较远,其惯性矩较大。

答案:B

第六节

5-6-1 **解**:对 B 点取力矩:$\sum M_B = 0$, $F_A = 0$。应用直接法求剪力和弯矩,得 $F_{SA} = 0$, $M_C = 0$。

答案:A

5-6-2 **解**:原来 $f = \frac{Ml^2}{2EI}$

梁长减半后 $f_1=\dfrac{M\left(\dfrac{l}{2}\right)^2}{2EI}=\dfrac{1}{4}f$

答案:B

5-6-3 **解**:开裂前 $f=\dfrac{Fl^3}{3EI}$,其中 $I=\dfrac{b(2a)^3}{12}=8\dfrac{ba^3}{12}=8I_1$

开裂后 $f_1=\dfrac{\dfrac{F}{2}l^3}{3EI_1}=\dfrac{\dfrac{1}{2}Fl^3}{3E\cdot\dfrac{I}{8}}=4\dfrac{Fl^3}{3EI}=4f$

答案:C

5-6-4 **解**:设 F_A 向上,取整体平衡:$\sum M_C=0$,$m-F_AL=0$,所以 $F_A=\dfrac{m}{l}$。用直接法求 A 截面剪力 $F_{SA}=F_A=\dfrac{m}{l}$。

答案:C

5-6-5 **解**:因为钢和铝的弹性模量不同,而只有挠度涉及弹性模量,所以选挠曲线。

答案:D

5-6-6 **解**:由挠曲线方程 $\nu=\dfrac{Mx^2}{2EI}$可以得到正确答案。

答案:B

5-6-7 **解**:由中间铰链 C 处断开,分别画出 AC 和 BC 的受力图(见图)。

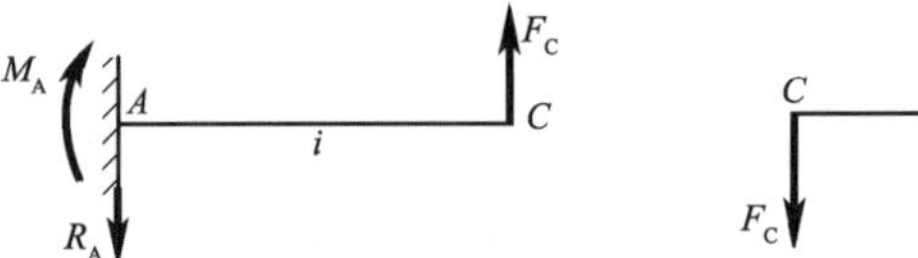

题 5-6-7 解图

先取 BC 杆,$\sum M_B=0$:$F_Ca=M_0$,$F_C=\dfrac{M_O}{a}$

再取 AC 杆,$\sum M_y=0$:$R_A=F_C=\dfrac{M_O}{a}$

$$\sum M_A=0:M_A=F_Cl=\frac{M_O}{a}l$$

可见只有选项 B 是正确的。

答案:B

5-6-8 **解**:从题图 a)可知,$M_{max}=\dfrac{P_1l}{4}$,$\sigma_{max}=\dfrac{M_{max}}{W_z}=\dfrac{\dfrac{P_1l}{4}}{\dfrac{\pi}{32}d^3}=\dfrac{8P_1l}{\pi d^3}\leqslant[\sigma]$,所以 $P_1\leqslant\dfrac{\pi d^3[\sigma]}{8l}$。

从题图 b)可知,$M_{max}=\dfrac{P_2l}{4}$,同理,$P_2\leqslant\dfrac{\pi(2d)^3[\sigma]}{8l}$,可见$\dfrac{P_2}{P_1}=\dfrac{(2d)^3}{d^3}=8$。

答案:C

5-6-9　**解**:用直接法,取截面 C 右侧计算比较简单:$F_{SC}=qa$,$M_C=qa^2-qa\cdot a=0$。

答案:B

5-6-10　**解**:设 $f_1=\dfrac{P_1\left(\dfrac{l}{2}\right)^3}{3EI}$,$f_2=\dfrac{P_2l^3}{3EI}$,令 $f_1=f_2$,则有 $P_1\left(\dfrac{l}{2}\right)^3=P_2l^3$,$\dfrac{P_1}{P_2}=8$。

答案:C

5-6-11　**解**:矩形截面梁横力弯曲时,横截面上的正应力 σ 沿截面高度线性分布,如解图 a)所示,在上下边缘 σ 最大,在中性轴上正应力为零。横截面上的剪应力 τ 沿截面高度呈抛物线分布,如解图 b)所示,在上下边缘 τ 为零,在中性轴处剪应力最大。

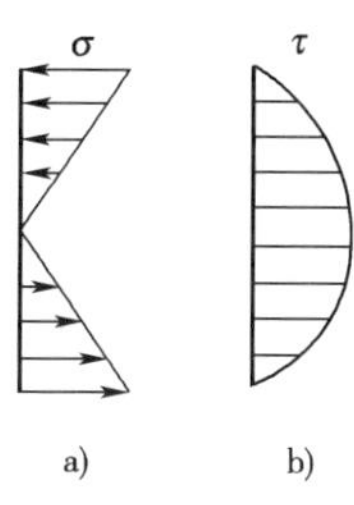

题 5-6-11 解图

答案:B

5-6-12　**解**:经分析可知,移动荷载作用在跨中 $\dfrac{l}{2}$ 处时,有最大弯矩 $M_{max}=\dfrac{Pl}{4}$,支反力和弯矩图如解图 a)所示。当移动荷载作用在支座附近、无限接近支座时,见解图 b)有最大剪力 Q_{max} 趋近于 P 值。

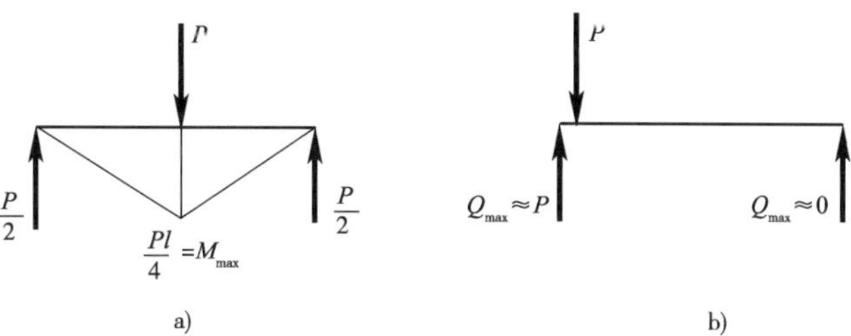

题 5-6-12 解图

答案:A

5-6-13　**解**:首先求支反力,设 F_A 向上,取整体平衡:

$\sum M_B=0$,$F_A\cdot 3a+qa\cdot a=3qa\cdot\dfrac{3}{2}a$,所以 $F_A=\dfrac{7}{6}qa$

由 $F_S(x)=F_A=qx=0$,得 $x=\dfrac{F_A}{q}=\dfrac{7}{6}a$

答案:D

5-6-14　**解**:根据定义,$W_z=\dfrac{I_z}{y_{max}}=\dfrac{\dfrac{BH^3}{12}-\dfrac{bh^3}{12}}{\dfrac{H}{2}}=\dfrac{BH^3-bh^3}{6H}$。

答案:C

5-6-15　**解**:题图所示四个梁,其支反力和弯矩图如解图所示。

就梁的正应力强度条件而言,$\sigma_{max}=\dfrac{M_{max}}{W_z}\leqslant[\sigma]$,$M_{max}$ 越小,σ_{max} 越小,梁就越安全。上述四个弯矩图中显然 D 图的 M_{max} 最小。

答案:D

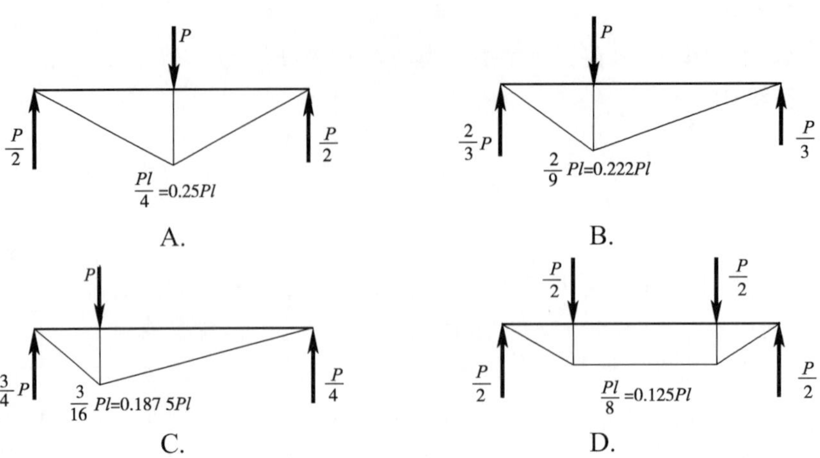

题 5-6-15 解图

5-6-16 **解**:根据公式梁的弯曲曲率$\frac{1}{\rho}=\frac{M}{EI}$与弯矩成正比,故曲率的最大值发生在弯矩最大的截面上。

答案:C

第七节

5-7-1 **解**:

选项 A,图中 $\sigma_1=\sigma,\sigma_2=\sigma,\sigma_3=0$;选项 B,图中 $\sigma_1=\sigma,\sigma_2=0,\sigma_3=-\sigma$

选项 C,图中 $\sigma_1=2\sigma,\sigma_2=0,\sigma_3=-2\sigma$;选项 D,图中 $\sigma_1=3\sigma,\sigma_2=\sigma,\sigma_3=0$

根据最大切应力公式 $\tau_{\max}=\frac{\sigma_1-\sigma_3}{2}$,显然 C 图 $\tau_{\max}=\frac{2\sigma-(-2\sigma)}{2}=2\sigma$ 最大。

答案:C

5-7-2 **解**:图中,$\sigma_x=40\text{MPa}$,$\sigma_y=-40\text{MPa}$,$\tau_x=30\text{MPa}$,由公式 $\sigma_{\max}=\frac{\sigma_x+\sigma_y}{2}+\sqrt{\left(\frac{\sigma_x-\sigma_y}{2}\right)^2+\tau_x^2}=\frac{40+(-40)}{2}+\sqrt{\left[\frac{40-(-40)}{2}\right]^2+30^2}=50\text{MPa}$,故 $\sigma_1=50\text{MPa}$。

答案:D

5-7-3 **解**:受扭圆轴最大剪应力 τ 发生在圆轴表面,是纯剪切应力状态(解图 a),而其主应力 $\sigma_1=\tau$ 出现在 45°斜截面上(解图 b),其值为 τ。

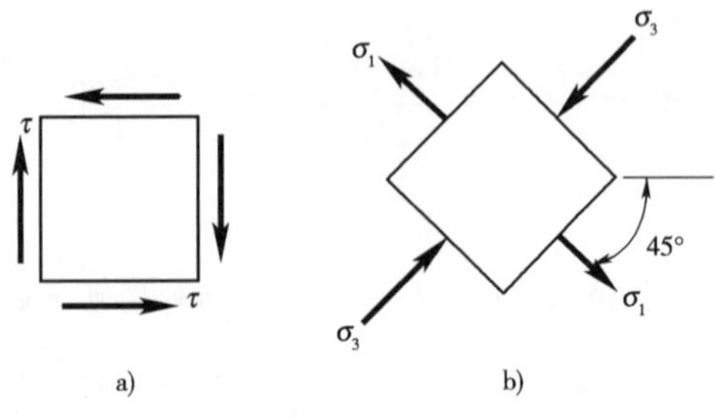

题 5-7-3 解图

答案:D

5-7-4 **解**:设单元体厚度为 1,则 ab、bc、ac 三个面的面积就等于 ab、bc、ac;在单元体图上作辅助线 ad,则

从图中可以看出如下几何关系:

$ad=ab\sin60°=ac\sin45°$

$bc=bd+dc=ac\cos60°+ac\cos45°$

由单元体的整体平衡方程,可得:

$$\sum F_x=0:\sigma_x\cdot bc=\sigma\cos60°\cdot ab+\sigma\cos45°\cdot ac$$
$$=\sigma(bd+dc)=\sigma\cdot bc$$
$$\sigma_x=\sigma$$

$$\sum F_y=0:\tau_{xy}\cdot bc=\sigma\sin60°\cdot ab-\sigma\sin45°\cdot ac$$
$$=\sigma(ad-ad)=0$$
$$\tau_{xy}=0$$

题 5-7-4 解图

答案:A

5-7-5 **解**:

状态 A,$\sigma_{r3}=\sigma_1-\sigma_3=120-(-120)=240$

状态 B,$\sigma_{r3}=\sigma_1-\sigma_3=100-(-100)=200$

状态 C,$\sigma_{r3}=\sigma_1-\sigma_3=150-60=90$

状态 D,$\sigma_{r4}=\sigma_1-\sigma_3=100-0=100$

显然状态 A 相当应力 σ_{r3} 最大。

答案:A

5-7-6 **解**:该题有两种解法。

方法 1,对比法

把图示等腰三角形单元体与纯剪切应力状态对比。把两上直角边看作是纯剪切应力状态中单元体的两个边,则 σ 和 τ 所在截面就相当于纯剪切单元体的主平面,故 $\sigma=\tau_0$,$\tau=0$。

方法 2,小块平衡法

设两个直角边截面面积为 A,则底边截面面积为 $\sqrt{2}A$。由平衡方程

$\sum F_y=0:\sigma\cdot\sqrt{2}A=2\tau_0A\cdot\sin45°$,所以 $\sigma=\tau_0$;

$\sum F_x=0:\tau\cdot\sqrt{2}A+\tau_0A\cos45°=\tau_0A\cdot\cos45°$,所以 $\tau=0$。

答案:B

5-7-7 **解**:图示单元体应力状态类同于梁的应力状态:$\sigma_2=0$ 且 $\sigma_x=0$(或 $\sigma_y=0$),故其主应力的特点与梁相同,即有如下规律

$$\sigma_1=\frac{\sigma}{2}+\sqrt{\left(\frac{\sigma}{2}\right)^2+\tau^2}>0;\sigma_3=\frac{\sigma}{2}-\sqrt{\left(\frac{\sigma}{2}\right)^2+\tau^2}<0$$

已知其中一个主应力为 5MPa>0,即 $\sigma_1=\frac{-80}{2}+\sqrt{\left(\frac{-80}{2}\right)^2+\tau^2}=5\text{MPa}$,所以 $\sqrt{\left(\frac{-80}{2}\right)^2+\tau^2}=45\text{MPa}$,则另一个主应力必为 $\sigma_3=\frac{-80}{2}-\sqrt{\left(\frac{-80}{2}\right)^2+\tau^2}=-85\text{MPa}$。

答案:A

5-7-8 **解**：首先分析各横截面上的内力——剪力 Q 和弯矩 M，如解图 a)所示。再分析各横截面上的正应力 σ 和剪应力 τ 沿高度的分布，如解图 b)和图 c)所示。可见 4 点的剪应力方向不对。

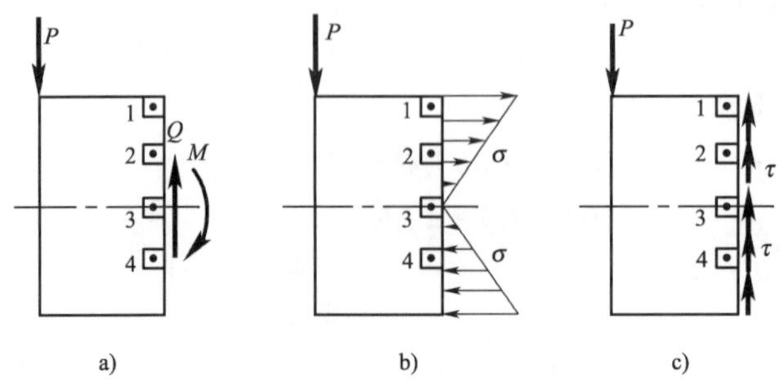

题 5-7-8 解图

答案：D

5-7-9 **解**：题图单元体的主方向可用叠加法判断。把图中单元体看成是单向压缩和纯剪切两种应力状态的叠加，如解图 a)、b)所示。

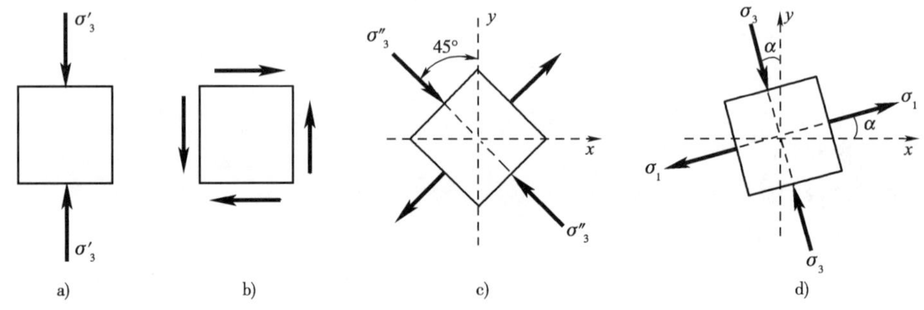

题 5-7-9 解图

其中解图 a)主压应力 σ_3' 的方向即为 σ_y 的方向（沿 y 轴），而解图 b)与解图 c)等价，其主压应力 σ_3' 的方向沿与 y 轴成 45°的方向。因此题中单元体主压应力 σ_3 的方向应为 σ_3' 和 σ_3'' 的合力方向。根据求合力的平行四边形法则，σ_3 与 y 轴的夹角 α 必小于 45°，而 σ_1 与 σ_3 相互垂直，故 σ_1 与 x 轴夹角也是 $\alpha<45°$，如解图 d)所示。

答案：A

5-7-10 **解**：根据定义，剪应力等于零的平面为主平面，主平面上的正应力为主应力。可以证明，主应力为该点各平面中的最大或最小正应力。主应力可以是零。

答案：B

5-7-11 **解**：图 a)为纯剪切应力状态，经分析可知其主应力为 $\sigma_1=\tau$，$\sigma_2=0$，$\sigma_3=-\tau$，方向如图 c)所示。

答案：C

第八节

5-8-1 **解**：把力 F 平移到截面形心，加两个附加力偶 M_y 和 M_z，AB 杆的变形为轴向拉伸和对 y、z 轴双向弯曲。最大拉应力

$$\sigma_{\max}^{+}=\frac{F_{\mathrm{N}}}{A}+\frac{M_z}{W_z}+\frac{M_y}{W_y}=\frac{F}{bh}+\frac{F\,\dfrac{h}{2}}{\dfrac{bh^2}{6}}+\frac{F\,\dfrac{b}{2}}{\dfrac{hb^2}{6}}=7\,\frac{F}{bh}$$

答案:C

5-8-2 **解**:图示圆轴为弯扭组合变形。力 F 产生的弯矩引起 A 点的拉应力 σ,力偶 T 产生的扭矩引起 A 点的切应力 τ。

答案:C

5-8-3 **解**:这显然是偏心拉伸,而且对 y、z 轴都有偏心。把 F 力平移到截面形心 O 点,要加两个附加力偶矩,该杆要发生轴向拉伸和绕 y、z 轴的双向弯曲。

答案:B

5-8-4 **解**:把 F 力向轴线 x 平移并加一个附加力偶,则使圆轴产生弯曲和扭转组合变形。最大弯矩 $M=Fl$,最大扭矩 $T=F\,\dfrac{d}{2}$。

由公式 $\sigma_{\mathrm{r3}}=\dfrac{\sqrt{M^2+T^2}}{W_z}=\dfrac{\sqrt{(Fl)^2+\left(\dfrac{Fd}{2}\right)^2}}{\dfrac{\pi}{32}d^3}$,可知正确答案为 D。

答案:D

5-8-5 **解**:在弯扭组合变形情况下,A 点属于复杂应力状态,既有最大正应力,又有最大剪应 τ(见解图)。和梁的应力状态相同:$\sigma_y=0$,$\sigma_2=0$,$\sigma_1=\dfrac{\sigma}{2}+\sqrt{\left(\dfrac{\sigma}{2}\right)^2+\tau^2}$,$\sigma_3=\dfrac{\sigma}{2}-\sqrt{\left(\dfrac{\sigma}{2}\right)^2+\tau^2}$,$\sigma_{\mathrm{r3}}=\sigma_1-\sigma_3=\sqrt{\sigma^2+4\tau^2}$。

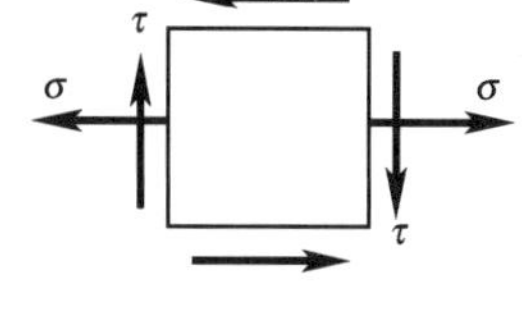

题 5-8-5 解图

选项中 A 为单向应力状态,B、C 只适用于圆截面。

答案:D

5-8-6 **解**:从截面 m-m 截开后取右侧部分分析可知,右边只有一个铅垂的反力,只能在 m-m 截面上产生题图 a)所示的弯曲正应力。

答案:A

5-8-7 **解**:图中三角形分布荷载可简化为一个合力,其作用线距离杆的截面下边缘的距离为 $\dfrac{3a}{3}=a$,所以这个合力对 m-m 截面是一个偏心拉力,m-m 截面要发生拉弯组合变形,而这个合力作用线正好通过 n-n 截面发生单向拉伸变形。

答案:C

5-8-8 **解**:题图 a)是轴向受压变形,最大压应力 $\sigma_{\max}^{\mathrm{a}}=-\dfrac{P}{a^2}$;题图 b)底部是偏心受压变形,偏心矩为 $\dfrac{a}{2}$,最大压应力 $\sigma_{\max}^{\mathrm{b}}=\dfrac{F_{\mathrm{N}}}{A}-\dfrac{M_z}{Wz}=-\dfrac{P}{2a^2}-\dfrac{P\cdot\dfrac{a}{2}}{\dfrac{a}{6}(2a)^2}=-\dfrac{5P}{4a^2}$。

显然题图 b)最大压应力大于题图 a),该立柱的承载力降低了。

答案:D

5-8-9 **解**:斜弯曲、偏心拉弯和拉弯组合变形中单元体上只有正应力没有剪应力,只有弯扭组合变形中才既有正应力σ,又有剪应力τ。

答案:D

5-8-10 **解**:把力P平移到圆轴轴线上,再加一个附加力偶,可见圆轴为弯扭组合变形。其中A点的应力状态如解图a)所示,C点的应力状态如解图b)所示。A、C两点的应力状态与梁中各点相同,而B、D两点位于中性轴上,为纯剪切应力状态。但由于A点的正应力为拉应力,而C点的正应力为压应力,所以最大拉力$\sigma_1=\frac{\sigma}{2}+\sqrt{\left(\frac{\sigma}{2}\right)^2+\tau^2}$计算中,$\sigma$的正负号不同,$\sigma_1$的数值也不相同。

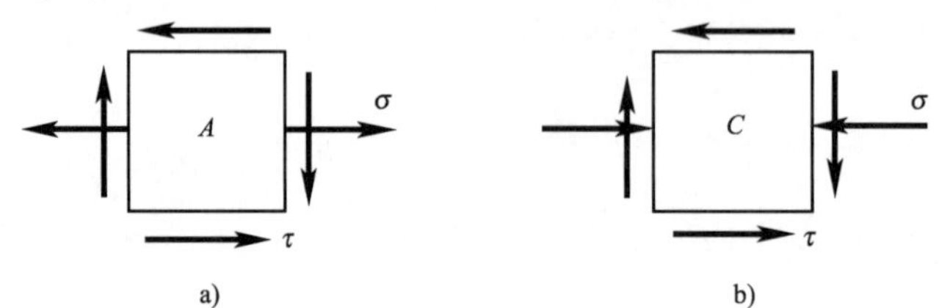

题 5-8-10 解图

答案:D

第九节

5-9-1 **解**:题图a):$\mu l=1\times5=5\text{m}$

题图b):$\mu l=2\times3=6\text{m}$

题图c):$\mu l=0.7\times6=4.2\text{m}$

由公式$F_{cr}=\frac{\pi^2EI}{(\mu l)^2}$,可知题图b)中$F_{crb}$最小,题图c)中$F_{crc}$最大。

答案:C

5-9-2 **解**:题图所示结构的临界荷载应该是使压杆AB和CD同时到达临界荷载,也就是压杆AB(或CD)临界荷载的2倍,故有

$$F_a=3F_{cr}=2\times\frac{\pi^2EI}{(0.7l)^2}=4.08\times\frac{\pi^2EI}{l^2}$$

答案:B

5-9-3 **解**:细长压杆临界力$P_{cr}=\frac{\pi^2EI}{(\mu l)^2}$,对圆截面$I=\frac{\pi}{64}d^4$,当直径$d$缩小一半,变为$\frac{d}{2}$时,压杆的临界力$P_{cr}$为压杆的$\left(\frac{1}{2}\right)^4=\frac{1}{16}$。

答案:D

5-9-4 **解**:从常用的四种杆端约束压杆的长度系数μ的值变化规律中可看出,杆端约束越强,μ值越小(压杆的临界力越大)。图示压杆的杆端约束一端固定、一端弹性支承,比一端固定、一端自由时($\mu=2$)强,但又比一端固定、一端铰支时($\mu=0.7$)弱,故$0.7<\mu<2$,即为选项C的范围内。

答案:C

5-9-5 **解**:根据压杆稳定的概念,压杆稳定是指压杆直线平衡的状态在微小外力干扰去除后自我恢复的能力,因此只有选项D是正确的。

答案:D

5-9-6 **解**:根据压杆临界压力的公式 $P_{cr}=\frac{\pi^2 EI}{(\mu l)^2}$ 可知,当 EI 相同时,杆端约束越强,μ 值越小,压杆的临界压力越大。题图 a)中压杆下边杆端约束最弱(刚度为 EI),题图 c)中杆端约束最强(刚度为无穷大),故 P_{cr}^{a} 最小。

答案:A

5-9-7 **解**:临界压力是指压杆由稳定开始转化为不稳定的最小轴向压力。由公式 $P_{cr}=\frac{\pi^2 EI}{(\mu l)^2}$ 可知,当压杆截面对某轴惯性矩最小时,则压杆截面绕该轴转动并发生弯曲最省力,即这时的轴向压力最小。显然图示矩形截面中 I_y 是最小惯性矩,而挠曲线应位于 xz 面内。

答案:B

5-9-8 **解**:不同压杆的临界应力总图如解图所示。解图中 AB 段表示短杆的临界应力,BC 段表示中长杆的临界应力,CD 段表示细长杆的临界应力。从解图中可以看出,在材料相同的条件下,随着柔度的增大,细长杆和中长杆的临界应力均是减小的。

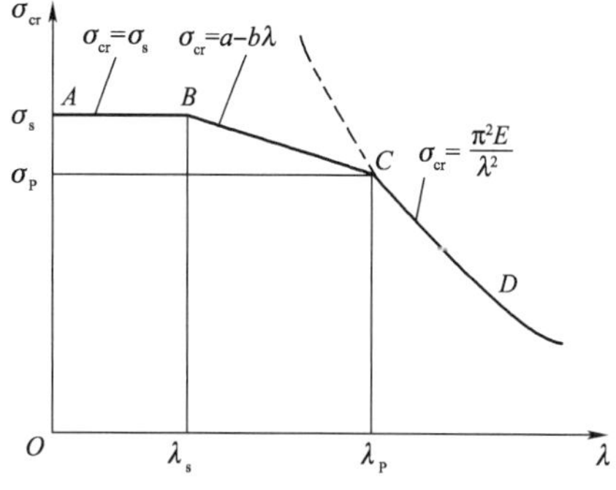

题 5-9-8 解图

答案:C

5-9-9 **解**:压杆临界力公式中的惯性矩应取压杆横截面上的最小惯性矩 I_{max},故

$$P_{cr}=\frac{\pi^2 EI_{min}}{(\mu l)^2}=\frac{\pi^2 E\frac{1}{12}hb^3}{(0.7L)^2}=1.68\frac{Eb^3 h}{L^2}$$

答案:C

第六章 流体力学

复习指导

一、考试大纲

6.1 流体的主要物性与流体静力学

流体的压缩性与膨胀性；流体的黏性与牛顿内摩擦定律；流体静压强及其特性；重力作用下静水压强的分布规律；作用于平面的液体总压力的计算。

6.2 流体动力学基础

以流场为对象描述流动的概念；流体运动的总流分析；恒定总流连续性方程、能量方程和动量方程的运用。

6.3 流动阻力和能量损失

沿程阻力损失和局部阻力损失；实际流体的两种流态——层流和紊流；圆管中层流运动；紊流运动的特征；减小阻力的措施。

6.4 孔口、管嘴管道流动

孔口自由出流、孔口淹没出流；管嘴出流；有压管道恒定流；管道的串联和并联。

6.5 明渠恒定流

明渠均匀水流特性；产生均匀流的条件；明渠恒定非均匀流的流动状态；明渠恒定均匀流的水力计算。

6.6 渗流、井和集水廊道

土壤的渗流特性；达西定律；井和集水廊道。

6.7 相似原理和量纲分析

力学相似原理；相似准数；量纲分析法。

二、复习指导

注册工程师基础课程考试的特点是题型固定(均为单项选择题)，每题做题时间短(平均每2分钟应做完一道题)，知识覆盖面宽且侧重于基本概念、基本理论、基本公式的应用，较少涉及艰深复杂的理论和数量大的计算。根据以上特点，在复习时应注意对基本概念的准确理解，以提高分析判断能力。例如，下面节后习题6-2-1，其中的B项中有“剪切变形”，而D项中有“剪切变形速度”，两者只差“速度”两字，如果对牛顿内摩擦定律有准确的理解，可立刻判断出D项为正确答案。在单选题中有一部分是数字答案供选择，这部分题是需要经过计算后确定的，所以在复习时应记住重要的基本公式，并掌握其运用方法，结合第四节提供的复习题灵活运用，勤加练习，例如习题6-3-2，就是应用静水压强基本方程和压强的三种表示方法解答的。在单选题中有一部分题是要靠记住一些基本结论去回答的，例如习题6-5-2、习题6-5-4，是要记住层流与紊流核心区的流速分布图才能正确选择。所以复习时对一些重要结论应该加强记忆。在单选题中，还有一部分题是要用基本原理或基本方程去分析的题，例如圆柱形外管嘴流量增加的原因，就是要用能量方程去分析，证明管内收缩断面处存在真空值，产生吸力，增加了作用水头，从而使流量增加。如果理解了能量方程的物理意义，就能解释在位能不变的条件下，流速增加的地方，压强将减小。所以在复习基本方程时，不仅要记住其表达式，更重要的是应理解其物理意义，并学会应用这些方程分析问题。

下面按考试大纲的顺序列出一部分需要准确理解、熟练掌握、灵活运用的基本概念、基本理论和基本方程，供复习时参考。

连续介质，流体的黏性及牛顿内摩擦定律，$\tau=\mu\dfrac{du}{dy}$。

静水压强及其特性；静水压强的基本方程：$p=p_0+\rho gh$；压强分布图；测管水头 $z+\dfrac{p}{\rho g}$ 的物理意义；等压面的性质和画法以及运用等压面求解压力计算题的方法；平面总压力的大小、方向和作用点（公式 $P=\gamma h_c A$，$y_D=y_c+\dfrac{J_c}{y_c A}$，或图解法公式 $P=\Omega b$）；曲面总压力水平分力和垂直分力的计算公式 $P_x=\gamma h_c A_z$，$P_z=\gamma V$，$\theta=\arctan\dfrac{P_z}{P_x}$。

流线、元流、总流的性质，过流断面及水力要素；流量、平均流速关系式：$Q=VA$；连续性方程：$v_1A_1=v_2A_2$；能量方程：$z_1+\dfrac{p_1}{\gamma}+\dfrac{\alpha_1 v_1^2}{2g}=z_2+\dfrac{p_2}{\gamma}+\dfrac{\alpha_2 v_2^2}{2g}+h_w$ 的物理意义，应用范围，应用方法（选断面、基准面、选点）；动量方程 $\sum F=\rho Q(\alpha_{02}v_2-\alpha_{01}v_1)$ 的物理意义，应用范围和应用方法（选控制体、选坐标），总水头线、测压管水头线的画法和变化规律。

层流与紊流的判别标准，圆管层流的流速分布和沿程损失的基本公式（$h_f=\lambda\dfrac{L}{d}\dfrac{v^2}{2g}$）；紊流的流速分布和紊流沿程阻力系数的变化规律（尼古拉兹图）；局部水头损失产生的原因及计算公式（$h_m=\zeta\dfrac{v^2}{2g}$），突然放大局部阻力系数公式；边界层及边界层的分离现象，绕流阻力。

孔口及管嘴出流的流速、流量公式（$v=\phi\sqrt{2gH_0}$，$Q=\mu A\sqrt{2gH_0}$）；流速系数、收缩系数、流量系数之间的相互关系；原柱形外管嘴流量增加的原因；串联管路总水头；并联管路水头损失相等、流量与阻抗平方根成反比等概念。

明渠均匀流水力坡度、水面坡度、渠底坡度相等的概念，发生明渠均匀流的条件；谢才公式 $v=C\sqrt{Ri}$ 与曼宁公式 $C=\dfrac{1}{n}R^{1/6}$ 公式的联合运用；梯形断面水力要素的计算，水力最佳断面概念。

渗流模型必须遵循的条件；达西定律（$v=KJ$，$Q=KAJ$）的物理意义，应用范围；潜水井、承压井、廊道的流量计算。

基本量纲与导出量纲，量纲和谐原理的应用，无量纲量的组合方法，π 定理；两个流动力学相似的条件；重力、黏性力、压力相似准则的物理意义；在何种情况下选用何种相似准则。

流速、压强、流量的量测仪器和量测方法。

第一节　流体力学定义及连续介质假设

流体力学是研究流体宏观机械运动规律及其在工程上应用方法的科学。本章所研究的流体仅限于不可压缩流体，即以水为代表的液体和密度变化较小的低流速气体。

流体力学原理在水利、土木、环保、航天、化工、机械等工程上均有广泛的应用，是土木工程师、结构工程师所应具有的基础理论知识。

流体是由大量的分子所组成，分子间具有一定的空隙，每个分子都在不断地作不规则运动，因此流体的微观结构和运动，在空间和时间上都是不连续的。由于流体力学是研究流体的宏观运动，没有必要对流体进行以分子为单元的微观研究，因而假设流体为连续介质，即认为流体是由微观上充分大而宏观上充分小的质点所组成，质点之间没有空隙，连续地充满流体所占有的空间。将流体运动作为由无数个流体质点所组成的连续介质的运动，它们的物理量在空间和时间上都是连续的。这样就可以摆脱研究分子运动的复杂性，运用数学分析中的连续函数这一有力工具。根据连续介质假设所得的理论结果，在很多情况下与相应的实验结果很符合，因此这一假设已普遍地被采用，只是在某些特殊情况，例如高空的稀薄气体不能作为连续介质来处理。此外，在深入探讨流体黏滞性产生机理时，仍不能不考虑到流体实际存在着分子运动。

【例 6-1-1】 连续介质假设意味着是：

A. 流体分子相互紧连　　B. 流体的物理量是连续函数

C. 流体分子间有间隙　　D. 流体不可压缩

解 根据连续介质假设可知，流体的物理量是连续函数。

答案：B

习　题

6-1-1 连续介质假设既可摆脱研究流体分子运动的复杂性，又可(　　)。

A. 不考虑流体的压缩性

B. 不考虑流体的黏性

C. 运用数学分析中的连续函数理论分析流体运动

D. 不计及流体的内摩擦力

第二节　流体的主要物理性质

流体运动的外因是流体所受到的外力和外部边界的作用，流体运动的内因则是流体自身的物理性质。为了研究流体的运动规律，必须对两方面有所探讨，本节首先介绍流体所具有的主要的物理性质。

一、易流动性

固体在静止时，可以承受切应力，流体在静止时不能承受切应力，只要在微小切应力作用下，就发生流动而变形。流体在静止时不能承受切应力、抵抗剪切变形的性质称为易流动性。这是因为流体分子之间距离远大于固体，流体也被认为不能承受拉力，而只能承受压力。

二、质量、密度

物体中所含物质数量，称为质量，单位体积流体中所含流体的质量称为密度，以 ρ 表示。对于均质流体，设体积为 V 的流体具有的质量为 m，则其密度为

$$\rho = \frac{m}{V} \tag{6-2-1}$$

对于非均质流体，由连续介质假设可得

$$\rho = \lim_{\Delta V \to 0} \frac{\Delta m}{\Delta V} \tag{6-2-2}$$

密度的国际单位为 kg/m^3。

流体密度随温度与压强而变，但变化甚微，对液体和低流速气体，可认为密度是一个常数。在一个标准大气压下，不同温度的水和空气的物理性质分别见表 6-2-1 及表 6-2-2。4℃左右水的密度 $\rho=1\ 000kg/m^3$，可以作为标准状态下水的密度，一般的冷水也可采用此值，温度较高的热水要考虑密度的变化。

水的物理特性(在一个标准大气压下)　　表 6-2-1

温度 (℃)	重度 γ (kN/m^3)	密度 ρ (kg/m^3)	黏度 $\mu\times10^3$ ($N\cdot s/m^2$)	运动黏度 $\nu\times10^6$ (m^2/s)	表面张力 σ (N/m)	汽化压强 p_v (kN/m^2)，绝对	体积模量 $K\times10^{-6}$ (kN/m^2)
0	9.805	999.8	1.781	1.785	0.075 6	0.61	2.02
5	9.807	1000.0	1.518	1.519	0.074 9	0.87	2.06
10	9.804	999.7	1.307	1.396	0.074 2	1.23	2.10
15	9.798	999.1	1.139	1.139	0.073 5	1.70	2.15
20	9.789	998.2	1.002	1.003	0.072 8	2.34	2.18
25	9.777	997.0	0.890	0.893	0.072 0	3.17	2.22
30	9.764	995.7	0.798	0.800	0.071 2	4.24	2.25
40	9.730	992.2	0.653	0.658	0.069 6	7.38	2.28
50	9.689	988.0	0.547	0.553	0.067 9	12.33	2.29
60	9.642	983.2	0.466	0.474	0.066 2	19.92	2.28
70	9.589	977.8	0.404	0.413	0.064 4	31.16	2.25
80	9.530	971.8	0.354	0.364	0.062 6	46.34	2.20
90	9.466	965.3	0.315	0.326	0.060 8	70.10	2.14
100	9.399	958.4	0.282	0.294	0.058 9	101.33	2.07

空气的物理特性(在一个标准大气压下)　　表 6-2-2

温度 (℃)	密度 ρ (kg/m^3)	重度 γ (N/m^3)	黏度 $\mu\times10^5$ ($N\cdot s/m^2$)	运动黏度 $\nu\times10^5$ (m^2/s)
−40	1.515	14.86	1.49	0.98
−20	1.395	13.68	1.61	1.15
0	1.293	12.68	1.71	1.32
10	1.248	12.24	1.76	1.41
20	1.205	11.82	1.81	1.50
30	1.165	11.43	1.86	1.60
40	1.128	11.06	1.90	1.68
60	1.060	10.40	2.00	1.87
80	1.000	9.81	2.09	2.09
100	0.946	9.28	2.18	2.31
200	0.747	7.33	2.58	3.45

三、重力、重度

地球对流体的引力，即为重力，单位体积流体内所具有的重力称为容重或重度，以 γ 表示。

对于均质流体，设体积为 V 的流体具有的重力为 G，则重度

$$\gamma = \frac{G}{V} \tag{6-2-3}$$

对于非均质流体，由连续介质假设可得

$$\gamma = \lim_{\Delta V \to 0} \frac{\Delta G}{\Delta V} \tag{6-2-4}$$

由牛顿运动定律知：$G=mg$，g 为重力加速度，一般采用 $g=9.8\text{m/s}^2$，由式(6-2-3)可得

$$\gamma = \rho g \tag{6-2-5}$$

重度亦随压力和温度而变，在一个标准大气压下水的重度随温度而变化的值见表 6-1。一般冷水的重度可视为常数，可用 $\gamma=9\ 800\text{N/m}^3$（重度 γ 均可用 ρg 代替）。

四、黏性

流体在运动时，具有抵抗剪切变形速度的性质，称为黏性，它是由于流体内部分子的黏聚力及分子运动的动量输运所引起。当某流层对其邻流层发生相对位移而引起剪切变形时，在流层间产生的切力（即流层间内摩擦力）就是黏性的表现。由实验知，在二维平行直线流动中，流层间切力（即内摩擦力）T 的大小与流体的黏性有关，并与速度梯度 $\frac{\mathrm{d}u}{\mathrm{d}y}$（即剪切变形速度）和接触面积 A 成正比，而与接触面上压力无关，即

$$T = \mu A \frac{\mathrm{d}u}{\mathrm{d}y} \tag{6-2-6}$$

单位面积上的切力称为切应力，以 τ 表示，有

$$\tau = \mu \frac{\mathrm{d}u}{\mathrm{d}y} \tag{6-2-7}$$

上式为牛顿内摩擦定律的表达式，式中 μ 称为动力黏度（或动力黏性系数），单位为 Pa·s（帕·秒）或 $\frac{\text{N} \cdot \text{s}}{\text{m}^2}$，动力黏度与密度的比值称为运动黏度（或运动黏性系数），以 ν 表示，即

$$\nu = \frac{\mu}{\rho} \tag{6-2-8}$$

ν 的单位为 m^2/s，或 cm^2/s，动力黏度 μ 与运动黏度 ν 的值均随温度 t 和流体种类而变，水、空气的 μ 及 ν 值随温度 t 的变化可查表 6-2-1 和表 6-2-2。水的运动黏度 ν 可用下列经验公式求得

$$\nu = \frac{0.017\ 75}{1 + 0.033\ 7t + 0.000\ 221t^2} \tag{6-2-9}$$

式中：ν——运动黏度（cm^2/s）；

t——水温（℃）。

由上式可知水的运动黏度随温度升高而减少，而空气的运动黏度随温度升高而增加。

【例 6-2-1】 水的运动黏性系数随温度的升高而：

A. 增大　　B. 减小　　C. 不变　　D. 先减小然后增大

解 水的运动黏性系数随温度的升高而减小。

答案：B

式(6-2-6)中的速度梯度 $\frac{\mathrm{d}u}{\mathrm{d}y}$ 也就是剪切变形速度 $\frac{\mathrm{d}\alpha}{\mathrm{d}t}$，可证明如下：

从图 6-2-1 可看出，原为正方形的微元体，由于速度梯度的存在，上边运动快于下边，经时间 $\mathrm{d}t$后，正方形变为平行四边形，直角变形为锐角，产生一剪切变形角 $\mathrm{d}\alpha$，当 $\mathrm{d}\alpha$ 角度很小时，$\mathrm{d}\alpha \approx \tan\mathrm{d}\alpha = \frac{\mathrm{d}u\mathrm{d}t}{\mathrm{d}y}$。

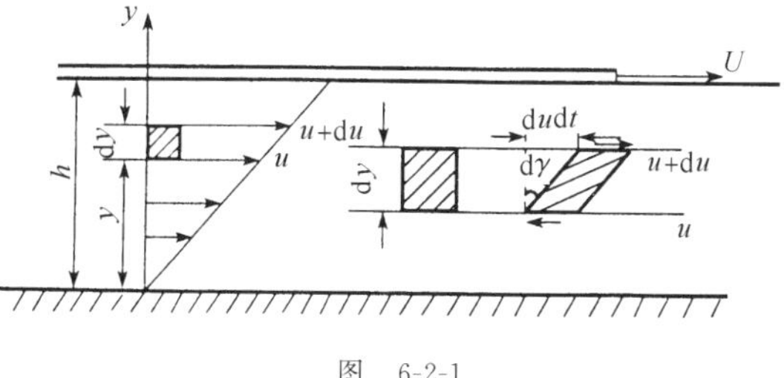

图 6-2-1

即

$$\frac{\mathrm{d}u}{\mathrm{d}y} = \frac{\mathrm{d}\alpha}{\mathrm{d}t}$$

$\frac{\mathrm{d}\alpha}{\mathrm{d}t}$为单位时间内的剪切变形角度，故称为剪切变形速度，或剪切变形率。

凡是符合牛顿内摩擦定律的流体称为牛顿流体，例如水、酒精和一般气体。凡 τ 与 $\frac{\mathrm{d}u}{\mathrm{d}y}$不成线性关系的流体称为非牛顿流体，例如泥浆、血液、胶溶液、聚合物液体等。本章主要讨论牛顿流体。

【例 6-2-2】 某固定不动平板水平放置，其上有一层厚度为 10mm 的油层，油的黏度 $\mu = 9.81\times10^{-2}\mathrm{Pa\cdot s}$，油层液面上漂浮一水平滑移平板，已知其水平移动速度 $u = 1\mathrm{m/s}$，试求作用在移动平板上单位面积的切应力 τ；又若油层厚度增加至 80mm，且沿铅直方向油层断面上的流速分布式为：$u = 4y - y^2$，式中 y 为从固定平板起算的铅直坐标，此时平板移动速度改变，再求移动平板单位面积切应力 τ（参见图 6-2-1）。

解 (1)当油层厚度为 10mm 时，由于厚度小流速分布可近似为直线分布，此时沿铅直方向的流速梯度

$$\frac{\mathrm{d}u}{\mathrm{d}y} \approx \frac{u}{y} = \frac{1\mathrm{m/s}}{0.01\mathrm{m}} = 100\mathrm{s}^{-1}$$

切应力

$$\tau = \mu\frac{\mathrm{d}u}{\mathrm{d}y} = 9.81\times10^{-2}\times100 = 9.81\mathrm{Pa}$$

(2)当厚度增至 80mm，流速分布为 $u = 4y - y^2$，则有

$$\tau = \mu\frac{\mathrm{d}u}{\mathrm{d}y} = \mu(4 - 2y) = 9.81\times10^{-2}\times(4 - 2\times0.08) = 0.3767\mathrm{Pa}$$

五、压缩性与热胀性

当作用在流体上的压力增大时，流体的体积减小；压力减小时，体积增大的性质称为流体的压缩性或流体的弹性。液体的压缩性一般以体积压缩系数 β 或弹性系数 K 来量度，设液体体积为 V，压强增加 $\mathrm{d}p$ 后，体积减少 $\mathrm{d}V$，则压缩系数

$$\beta = -\frac{\frac{\mathrm{d}V}{V}}{\mathrm{d}p} \tag{6-2-10}$$

式中，负号表示压强增大，体积减小；β 的单位为 $\mathrm{m^2/N}$。

压缩系数的倒数称为体积弹性模量 K，即

$$K = \frac{1}{\beta} = -V\frac{\mathrm{d}p}{\mathrm{d}V} \tag{6-2-11}$$

体积弹性模量的单位为 N/m^2 或 Pa。不同的液体有不同的 β 及 K 值，水的体积弹性模量 K 可近似地取为 2×10^9 Pa。若压强增量 dp 为一个大气压，则体积的相对变化 $\frac{\Delta V}{V}$ 约为 1/20 000，因此在 dp 不大时，水的体积压缩性可忽略不计，此种液体称为不可压缩流体。

气体的压缩性较大，对于理想气体体积与压强、温度的关系，一般遵循理想气体的状态方程式

$$\frac{p}{\rho} = RT \tag{6-2-12}$$

式中：p——压强；

ρ——密度；

T——流体温度(K)；

R——气体常数[m·N/(kg·K)]，与气体的分子量有关，对空气 R=287m·N/(kg·K)。

当气体的流速小于 50m/s 时，密度变化为 1%，可作为未压缩气体来处理。

流体温度升高体积膨胀的性质称为热胀性，可用热胀系数 α 来量度，$\alpha=\frac{\mathrm{d}V}{V\mathrm{d}T}$。

六、表面张力特性

在流体自由液面的分子作用半径范围内，由于分子的引力大于斥力，在表层沿表面产生张力，称为表面张力。其大小可用表面张力系数 σ 来量度，σ 是自由液面单位长度上所受到的张力，单位为 N/m。

由于表面张力的作用，如果把细管竖立在液体中，液体就会在细管中上升(如水)或下降(如水银)，这种现象称为毛细管现象。毛细管内外液面高差 h 与液体的种类及毛细管直径 d 有关。对于水，由于黏聚力小于水与管壁的附着力，因此毛细管内液面上升，实验得知

$$h = \frac{29.8}{d} \tag{6-2-13}$$

式中，d 以 mm 计。

对于水银，黏聚力大于附着力，管中水面下降，其液面差

$$h = \frac{10.15}{d} \tag{6-2-14}$$

后文将要介绍的玻璃测压管，为了避免表面张力毛细现象的影响，其管径 d 应大于 10mm。

七、汽化压强与空蚀现象

液体分子逸出液面，向空间扩散的过程称汽化，液体汽化为蒸气；汽化的逆过程为凝结，蒸气凝结为液体。在液体中，汽化与凝结同时存在，当这两个过程达到平衡时，宏观的汽化现象停止，此时液面压强称为饱和蒸气压强或汽化压强，水的汽化压强列于表 6-2-3。当液体某处的压强低于汽化压时，该处即产生汽化。液体汽化处，将发生空泡，当空泡流入高压区时，会突然破裂溃灭，周围水则以极高速度充填其间并产生很高的冲击压力。如空泡在固壁处溃灭，则使壁面承受很高的冲压，使壁面受到破坏，同时汽化时逸出的活泼气体，也有化学腐蚀的作用，因此液体在汽化时易引起固壁的所谓空蚀现象。水泵或建筑物中发生空蚀时，往往伴有振动、噪声、断流等现象，应尽量避免。

水的汽化压强 表 6-2-3

水温(℃)	0	5	10	15	20	25	30
汽化压强(kN/m²)	0.61	0.87	1.23	1.70	2.34	3.17	4.21
水温(℃)	40	50	60	70	80	90	100
汽化压强(kN/m²)	7.38	12.33	19.92	31.16	47.34	70.10	101.33

【例 6-2-3】 半径为 R 的圆管中,横截面上流速分布为 $u=2\left(1-\frac{r^2}{R^2}\right)$,其中 r 表示到圆管轴线的距离,则在 $r_1=0.2R$ 处的黏性切应力与 $r_2=R$ 处的黏性切应力大小之比为:

A. 5　　B. 25　　C. 1/5　　D. 1/25

解 切应力 $\tau=\mu\frac{du}{dy}$,而 $y=R-r$,$dy=-dr$,故 $\frac{du}{dy}=-\frac{du}{dr}$

题设流速 $u=2\left(1-\frac{r^2}{R^2}\right)$,故 $\frac{du}{dy}=-\frac{du}{dr}=\frac{2\times 2r}{R^2}=\frac{4r}{R^2}$

题设 $r_1=0.2R$,故切应力 $\tau_1=\mu\left(\frac{4\times 0.2R}{R^2}\right)=\mu\left(\frac{0.8}{R}\right)$

题设 $r_2=R$,则切应力 $\tau_2=\mu\left(\frac{4R}{R^2}\right)=\mu\left(\frac{4}{R}\right)$

切应力大小之比 $\frac{\tau_1}{\tau_2}=\frac{\mu\left(\frac{0.8}{R}\right)}{\mu\left(\frac{4}{R}\right)}=\frac{0.8}{4}=\frac{1}{5}$

答案:C

习　　题

6-2-1 与牛顿内摩擦定律直接有关的因素是(　　)。

A. 压强、速度和黏度

B. 压强、黏度、剪切变形

C. 切应力、温度和速度

D. 黏度、切应力与剪切变形速度

6-2-2 水的动力黏度随温度的升高而(　　)。

A. 增大　　B. 减小　　C. 不变　　D. 不定

第三节　流体静力学

一、作用在流体上的力

作用在流体上的力可分为两大类。

(一)质量力

作用于每一个流体质点上与流体质量成正比的力,称质量力;在均质流体中它与体积成正比,又称为体积力。常见的质量力有重力和惯性力,重力等于质量 m 与重力加速度 g 的乘积,惯性力则等于质量与加速度的乘积，方向与加速度方向相反。在分析流体运动时，常引用单位质量流体所受质量力，称为单位质量力，以$\frac{\boldsymbol{F}}{m}$表示，具有加速度 $\boldsymbol{a}$ 的量纲。设单位质量在直角坐标系三个轴上的分量，以 X、Y、Z 表示，则仅受重力作用的流体，其单位质量力在三个轴上的分量分别为

$$X=0 \quad Y=0 \quad Z=-g$$

（二）表面力

作用于流体的表面，与作用的面积成比例的力称表面力。表面力又可以分为垂直于作用面的压力和沿作用面切线方向的切力；表面力既可以是作用于流体边界面上的压力、切力，例如大气压力、活塞压力，也可以是一部分流体质点作用于另一部分流体质点上的压力和切力；表面力的单位为 N。

作用在单位面积上的表面力称为表面应力，例如压应力和切应力，在连续介质中可用下式表示

$$p=\lim_{\Delta A \to 0} \frac{\Delta p}{\Delta A} \tag{6-3-1}$$

$$\tau=\lim_{\Delta A \to 0} \frac{\Delta T}{\Delta A} \tag{6-3-2}$$

式中：p——压应力或压强(Pa)；

τ——切应力(Pa)。

在静止流体中，没有切应力，只有压强。静水压强有两个特性：垂直于作用面，且同一点上的静水压强在各个方向上相等，与作用面的方位无关。

二、欧拉平衡微分方程

1755 年，欧拉(Euler)以平衡流体中取出的正六面体作为隔离体，经过微元分析，在外力平衡条件下得出了欧拉平衡微分方程

$$\begin{cases} X-\dfrac{1}{\rho} \dfrac{\partial p}{\partial x}=0 \\ Y-\dfrac{1}{\rho} \dfrac{\partial p}{\partial y}=0 \\ Z-\dfrac{1}{\rho} \dfrac{\partial p}{\partial z}=0 \end{cases} \tag{6-3-3}$$

式中： X、Y、Z——分别代表 x、y、z 方向上流体所受的单位质量力；

ρ——流体密度；

$\frac{1}{\rho}\frac{\partial p}{\partial x}$、$\frac{1}{\rho}\frac{\partial p}{\partial y}$、$\frac{1}{\rho}\frac{\partial p}{\partial z}$——分别为 x、y、z 三个方向上的单位质量表面力，$\frac{\partial p}{\partial x}$、$\frac{\partial p}{\partial y}$、$\frac{\partial p}{\partial z}$分别为三个轴向的压强变化率。

改写欧拉平衡微分方程可得

$$\begin{cases} X=\dfrac{1}{\rho} \dfrac{\partial p}{\partial x} \\ Y=\dfrac{1}{\rho} \dfrac{\partial p}{\partial y} \\ Z=\dfrac{1}{\rho} \dfrac{\partial p}{\partial z} \end{cases}$$

对于不可压缩流体，其密度 ρ 为常数，上式表明质量力与压强变化率同号，即质量力作用的方向即为压强增加的方向。仅受重力作用的静水中，压强沿地心引力的方向增加，所以静水中越往下，水深越大压强也越大。上式还表明，如果任两个轴向的单位质量力为零，则此两轴构成的面为等压面；等压面上压强不变。例如仅受重力作用的静水，$X=0$、$Y=0$，则 X，Y 轴构成的面为等压面，即仅受重力作用的静水中，等压面是与重力垂直的面，在小范围内是水平面。将欧拉平衡方程(6-3-3)各式分别乘以 dx、dy、dz 相加后可得

$$dp = \rho(Xdx + Ydy + Zdz) \tag{6-3-4}$$

式中：dp——压强的全微分；

其余符号意义同前。

上式是欧拉平衡微分方程的又一形式。

三、仅受重力作用时静水压强基本方程

将欧拉平衡微分方程(6-3-4)对仅受重力作用的静水积分即可得静水压强基本方程。

以 $X=Y=0$，$Z=-g$ 代入上式得

$$dp = -\rho g dz = -\gamma dz$$

两边作不定积分得

$$p = -\gamma z + C$$

或

$$z + \frac{p}{\gamma} = C \tag{6-3-5}$$

式中：C——积分常数，可根据边界条件定出。

以如图 6-3-1 所示静水容器中表面压强为 p_0，自液面向下计算的水深为 $h=z_0-z$，则由式(6-3-5)

$$z + \frac{p}{\gamma} = z_0 + \frac{p_0}{\gamma}$$

则有

$$p = p_0 + \gamma(z_0 - z)$$

或

$$p = p_0 + \gamma h = p_0 + \rho g h \tag{6-3-6}$$

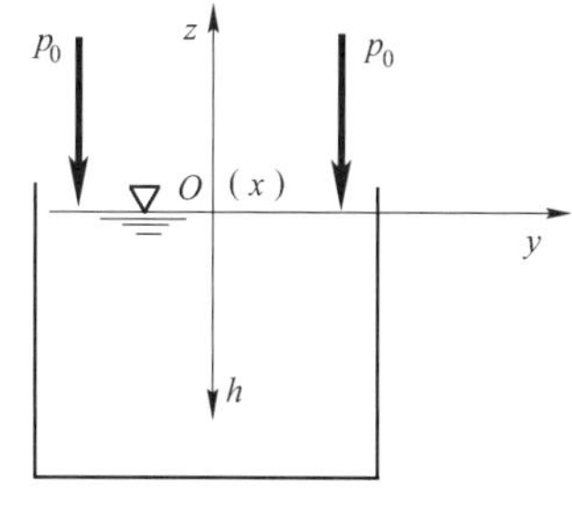

图 6-3-1

式(6-3-6)称为静水压强基本方程，可用来计算液面下某一水深处的流体静压强 p。

式中表面压强 p_0 在敞口容器中为大气压强 p_a，大气压强 p_a 的值与海拔标高有关，通常海拔高度不大处，一般采用 $p_a=98\text{kPa}$，即为一个工程大气压(用 at 表示)，1at=98kPa。这不同于海平面处的标准大气压，一个标准大气压为 101.325kPa(以 atm 表示)。

式(6-3-6)表明水下任一点静压强由表面压强 p_0 与水柱重力所构成的压强 γh 两部分组成，且水面压强 p_0 均匀传播到水中所有各点，与水深无关，这正是读者熟知的帕斯卡原理。

四、压强的两种基准和三种表示方法

(一)两种基准

压强的基准是指压强的起算点，如以绝对真空为零点起算的压强称为绝对压强 p'；绝对压强最小为零，无负压强。

如以当地大气压为零起算则称为相对压强 p，它与绝对压强 p' 只相差一当地大气压 p_a，即

$$p = p' - p_a \tag{6-3-7}$$

相对压强可正可负，当相对压强小于当地大气压时则出现负压，此时称为出现部分真空现象，真空值用 p_v 表示，其大小可用下式求出

$$p_v = p_a - p' \tag{6-3-8}$$

或

$$p_v = -p \tag{6-3-9}$$

真空值所对应的液柱高度为 h_v，称真空度，即

$$h_v = \frac{p_v}{\gamma} \tag{6-3-10}$$

(二)压强的三种表示方法[1]

第一种表示压强的方法是从压强的基本定义出发，以单位面积上的压力来表示，在国际单位制中为 N/m^2 或 Pa，$1N/m^2 = 1Pa$。第二种表示方法是用工程大气压的倍数表示，$1at = 9.8\times10^4Pa = 98kPa$。第三种表示方法是用液柱高度 h 来表示，常用水柱高度或水银柱高度来表示，其单位是 mH_2O 或 mmHg。与压强 p 的关系可用 $h=\frac{p}{\gamma}$确定，例如一个工程大气压所对应的水柱高度 h 应为

$$h = \frac{p}{\gamma} = \frac{9.8\times10^4}{9.8\times10^3} = 10mH_2O$$

记住下面一组数据，有助于以心算法进行压强单位的换算，即 $1mH_2O = 0.1$ 个工程大气压$=9.8kPa$。

【例 6-3-1】 密闭水箱如图所示，已知水深 $h=1m$，自由面上的压强 $p_0 = 90kN/m^2$，当地大气压 $p_a = 101kN/m^2$，则水箱底部 A 点的真空度为：

A. $-1.2kN/m^2$ B. $9.8kN/m^2$

C. $1.2kN/m^2$ D. $-9.8kN/m^2$

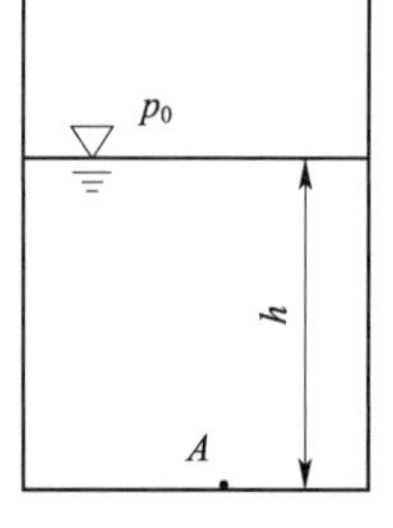

例 6-3-1 图

解 真空度 $p_v = p_a - p' = 101-(90+9.8) = 1.2kN/m^2$

答案:C

五、静水压强基本方程的物理意义

(一)几何意义

z——位置高度，即计算点距基准面的铅直高度，以 m 计；

$\frac{p}{\gamma}$——压强高度或测压管高度，即计算点至测压管中液面的铅直高度，以 m 计，见图 6-3-2；

$z+\frac{p}{\gamma}$——测压管水头，即从基准面到测压管中液面的高度，以 m 计。在静止液体中 $z+\frac{p}{\gamma}=C$，即静水中各点的测压管水头相等，各点测压管水头上端构成的线或面称为测压管水头线(或面)。静水中测压管水头线是一水平线。

---

[1]《中华人民共和国法定计量单位》中规定，标准大气压和毫米汞(水)柱两种压强的表示方法(即本款所述的第二、第三种方法)，属于废除单位。但在目前工程实用上，仍有大量资料应用后两种单位，故此处仍编入。

（二）能量意义

z——单位重量流体的位能，因为 $z=\dfrac{mg\cdot z}{mg}$，简称单位位能；

$\dfrac{p}{\gamma}$——单位重量流体的压能，简称单位压能，因为 $\dfrac{p}{\gamma}=\dfrac{mg\cdot\dfrac{p}{\gamma}}{mg}$；

$z+\dfrac{p}{\gamma}$——单位重量流体的势能，简称单位势能。在静水中 $z+\dfrac{p}{\gamma}=C$，表明静水中各点单位势能相等，为能量守恒定律的一种反映。

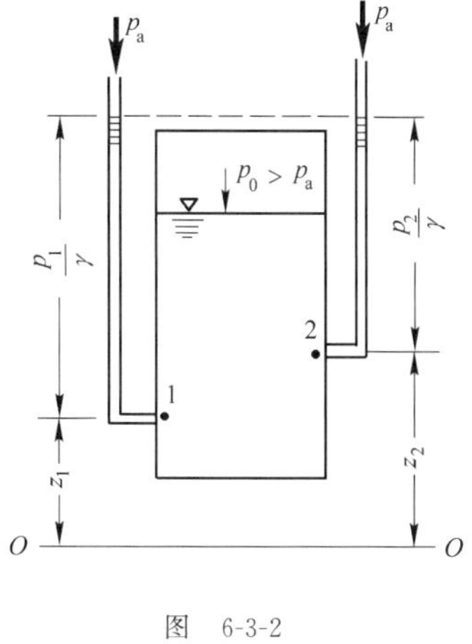

图　6-3-2

此外，在水力学中习惯上将高度称为水头，所以 z 又可称为位置水头，$\dfrac{p}{\gamma}$ 称为压强水头。

六、压强分布图

在实际工程中常把静压强的分布用作图法表示出来，便于形象直观地分析问题。从静压强基本方程 $p=p_0+\gamma h$ 可知，当容器为敞口时，表面压强 $p_0=p_a$，容器外壁同时作用着大气压强 p_a，两者抵消后，容器所受到的有效压强为相对压强。此外 $p=\gamma h$，即与水深 h 为一线性关系，所以压强沿水深的变化为一直线，在液面处 $\gamma h=0$，在水深为 H 处为 γH，此两点连一直线，即为压强分布图。作图时应注意力矢的方向要与作用面成直角，因为静水压强的特性之一是与作用面垂直，各种情况下的压强分布如图 6-3-3 所示。如在密闭容器中 $p_0\neq p_a$ 时，则要计及 p_0 的作用，但因 p_0 在传递时是等值的，与 h 无关，所以只要几何地叠加即可。

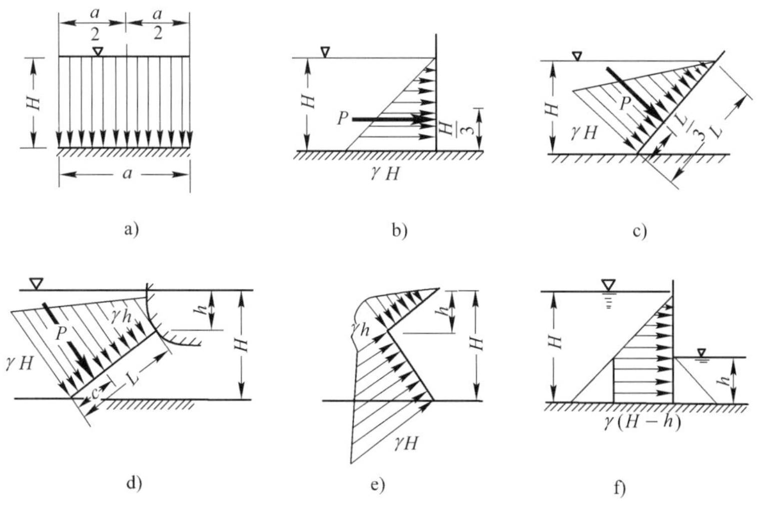

图　6-3-3

七、测压计

测量流体静压强的方法、仪器种类很多，并日趋现代化。下面介绍常用的液柱式测压计及其原理，其余将在流体参数的量测一节中再讲。

（一）玻璃测压管

测压管是一根两端开口的玻璃管，一端与所测流体连通，另一端与大气连通，管内液体在压强作用下上升至某一高度 h_A，见图 6-3-4a)，则被测点流体压强 $p_A=\gamma h_A$。当压强较大时，测压管太长，使用不便，可采用 U 形水银压力计测压。

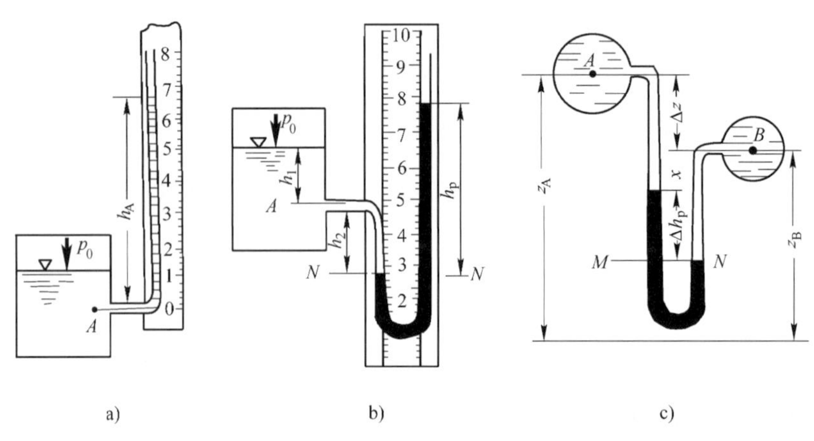

图 6-3-4

（二）U 形水银压力计

此种压力计如图 6-3-4b)所示，在 U 形玻璃管中盛以与水不相混掺的某种液体，例如水银。在测量气体压强时，可盛水或酒精。被测点压强 $p_A=\gamma_{Hg}h_p-\gamma h_2$，液面压强 $p_0=\gamma_{Hg}h_p-\gamma(h_1+h_2)$。

（三）压差计

水银压差计如图 6-3-4c)所示，可测出液体中两点的压差 Δp 或两点测压管水头差。仅受重力作用的等压面为水平面如图 6-3-4 中的 MN 平面，等压面上压强处处相等。利用等压面原理可导出图中 A、B 两点压差为

$$p_B-p_A=\Delta p=\gamma\Delta z+\left(\frac{\gamma_{Hg}}{\gamma}-1\right)\gamma\Delta h_p$$

两点测压管水头差为

$$\left(z_B+\frac{p_B}{\gamma}\right)-\left(z_A+\frac{p_A}{\gamma}\right)=\left(\frac{\gamma_{Hg}}{\gamma}-1\right)\Delta h_p$$

若水的重度 $\gamma=9.8\text{kN/m}^3$，水银的重度 $\gamma_{Hg}=133.28\text{kN/m}^3$，则压差为

$$\Delta p=\gamma\Delta z+12.6\gamma\Delta h_p$$

两点测压管水头差为

$$\left(z_B+\frac{p_B}{\gamma}\right)-\left(z_A+\frac{p_A}{\gamma}\right)=12.6\Delta h_p$$

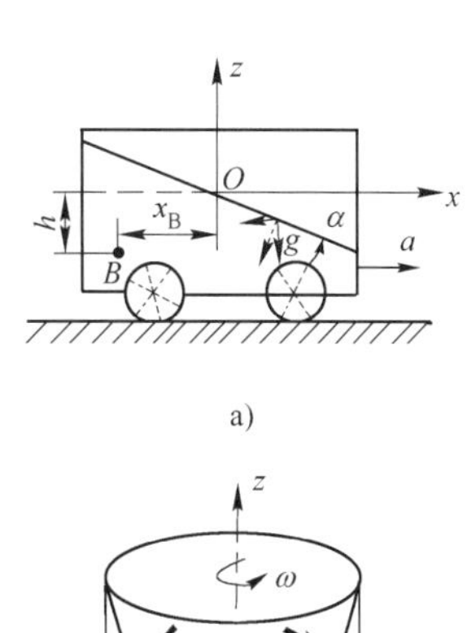

a)

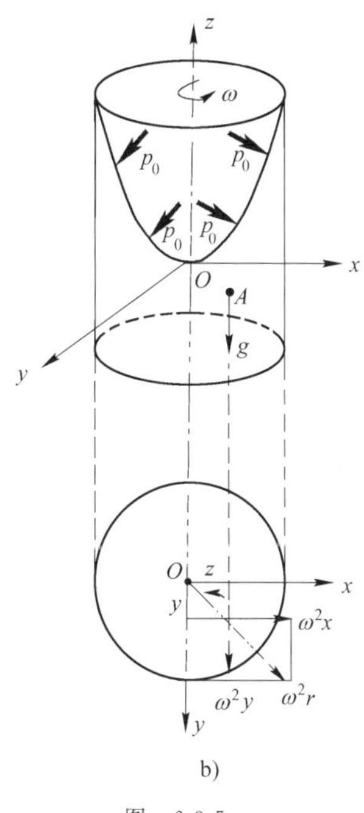

b)

图 6-3-5

八、液体的相对平衡

液体相对于地球运动，但液体质点之间及液体与容器壁之间无相对运动时，称为液体的相对平衡或相对静止状态。例如相对于地面作等加速直线运动的洒水车和容器中的液体绕中心轴作等角速旋转运动，在运动经历一定时间后就会达到这种相对平衡状态。

现来用达伦伯原理，把坐标系取在运动容器上，液体相对于这一坐标系是静止的，这样便使这种运动问题作为静止问题来处理。如图 6-3-5a）所示为一水平等加速运动的洒水车，取直角坐标系 x、y、z 在自由液面上，此时车中液体在重力及水平惯性力共同作用处于相对平衡状态，作用在液体质点上的单位质量力在各个轴向的分量分别为

$$X=-a \qquad Y=0 \qquad Z=-g$$

代入 Euler 平衡方程 $\mathrm{d}p=\rho(X\mathrm{d}x+Y\mathrm{d}y+Z\mathrm{d}z)$，有

$$\mathrm{d}p=\rho(-a\mathrm{d}x-g\mathrm{d}z)$$

积分后得

$$p=-(\rho ax+\rho gz)+C$$

或

$$p=-\gamma\left(\frac{a}{g}x+z\right)+C$$

当 $x=0,z=0$ 时，$p=p_0$ 代入上式可得 $C=p_0$，最后得

$$p=p_0-\gamma\left(\frac{a}{g}x+z\right)$$

其中，p_0 为液面压强，$\gamma=\rho g$ 为液体重度。自由液面上 $p=p_0$，即 $\frac{a}{g}x+z=0$，或 $ax+gz=0$，液面倾角为 α，则 $\tan\alpha=-\frac{z}{x}=\frac{a}{g}$，当水平加速度增加时，液面倾角增大。

又如图 6-3-5b）为绕容器纵轴作等角速旋转之相对平衡，此时各轴向的单位质量力分别为

$$X=\omega^2x \qquad Y=\omega^2y \qquad Z=-g$$

代入 Euler 平衡方程后积分得

$$p=p_0+\gamma\left(\frac{\omega^2r^2}{2g}-z\right)$$

式中：ω——旋转角速度；

r——质点距轴心的旋转半径。

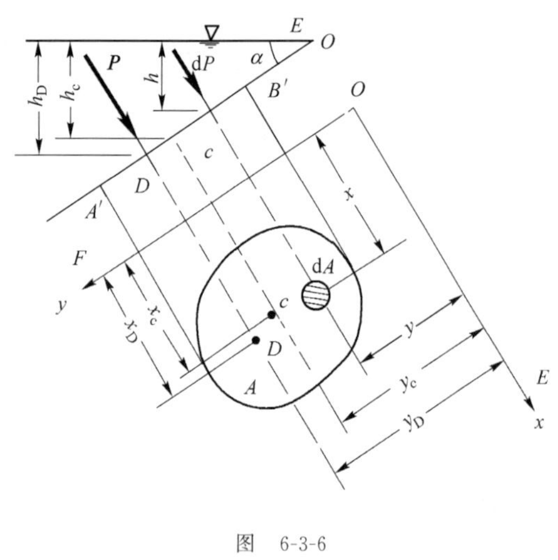

图 6-3-6

自由液面上 $p=p_0$，由上式可得自由液面方程为

$$z=\frac{\omega^2 r^2}{2g}$$

所以自由液面为一旋转抛物面，旋转越快，液面上高度越大。在同一转速下，边壁处液面上升最高。

九、作用在平面上的液体总压力

（一）平面静水总压力的大小

如图 6-3-6 所示一倾斜置于水下的任意形状平面，总面积为 A，与水平线的交角为 α，围绕面上 M 点取一微小面积 $\mathrm{d}A$，淹没深度为 h，作用在 $\mathrm{d}A$ 上的静水总压力为 $\mathrm{d}P$，则

$$\mathrm{d}P=p\mathrm{d}A=\gamma h\,\mathrm{d}A$$

而全面积 A 上的静水总压为 P，则

$$\begin{aligned}P&=\int_A \mathrm{d}P=\int_A \gamma h\,\mathrm{d}A\\&=\int_A \gamma y\sin\alpha\mathrm{d}A=\gamma\sin\alpha\int_A y\,\mathrm{d}A\\&=\gamma\sin\alpha y_c A=\gamma h_c A=p_c A\end{aligned}$$

即

$$P=\gamma h_c A=p_c A \tag{6-3-11}$$

式中：h_c——面积 A 形心点 c 处的水深；

p_c——形心点 c 处的静压强。

上式表明平面总压力的大小等于形心点压强乘以平面受压面积。

（二）平面总压力的方向和作用点

由静水压强特性知，总压力垂直于受压平面，总压力作用点可根据合力对某一轴的力矩等于各分力对同一轴力矩之和求得。设总压力对 x 轴的力矩为 $P\cdot y_D$，y_D 为总压力作用点 D 至 x 轴的距离，则有

$$\begin{aligned}P\cdot y_D&=\int y\mathrm{d}P=\int_A y\gamma y\sin\alpha\mathrm{d}A=\gamma\sin\alpha\int_A y^2\,\mathrm{d}A\\&=\gamma\sin\alpha J_x=\gamma\sin\alpha(J_c+y_c^2 A)\end{aligned}$$

又因为 $P=\gamma y\sin\alpha A$，代入上式后求得 y_D

$$y_D=y_c+\frac{J_c}{y_c A} \tag{6-3-12}$$

式中：y_c——面积形心 c 点至 x 轴的距离；

J_c——过形心 c 轴的受压面积 A 的惯性矩，可查有关表格，例如矩形面积 $J_c=\frac{bh^3}{12}$，圆形面积 $J_c=\frac{\pi r^4}{4}$。

（三）平面总压力的图解法

对于垂直置于水中的矩形平面，见图 6-3-3b)，总压力可应用图解法求得，其大小等于压强

分布图的面积 S 乘以受压面的宽度 b，即 $p=b\cdot s$。总压力的作用线通过压强分布图的形心，作用线与受压面的交点，即为总压力的作用点。

十、作用在曲面上的液体总压力

如图 6-3-7 所示一受压曲面，取曲面上一点 M 并绕 M 取微小面积 $\mathrm{d}A$，作用在微小面积 $\mathrm{d}A$ 上的总压力为 $\mathrm{d}P=p\mathrm{d}A=\gamma h\mathrm{d}A$，$\mathrm{d}P$ 垂直于 $\mathrm{d}A$，与水平方向成 θ 角，将 $\mathrm{d}P$ 分解为水平分力 $\mathrm{d}P_x$ 及铅垂分力 $\mathrm{d}P_z$，分别为

$$\mathrm{d}P_x=\mathrm{d}P\cos\theta=\gamma h\,\mathrm{d}A\cos\theta=\gamma h dA_x$$

$$\mathrm{d}P_z=\mathrm{d}P\sin\theta=\gamma h\,\mathrm{d}A\sin\theta=\gamma h dA_z$$

作用在全部曲面上的水平总分力为

$$P_x=\int\mathrm{d}P_x=\int_A\gamma h\,\mathrm{d}A\cos\theta$$

$$=\int_{A_x}\gamma h\,\mathrm{d}A_x=\gamma h_c A_x$$

即

$$P_x=\gamma h_c A_x \tag{6-3-13}$$

式中：h_c——曲面在铅垂面上投影面积 A_x 的形心点水深。

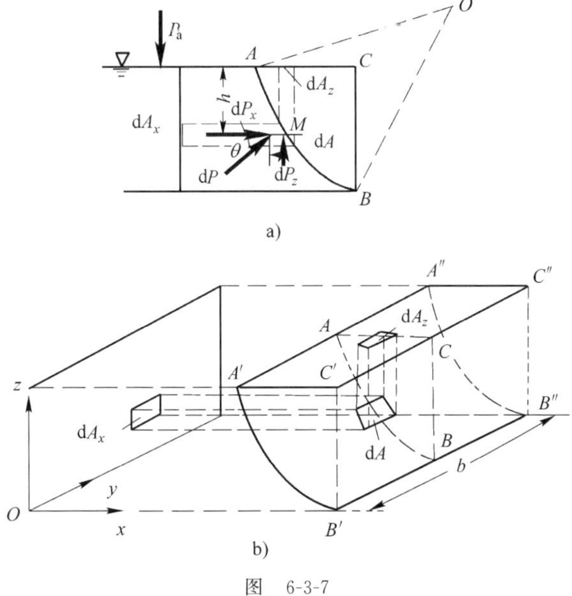

图 6-3-7

作用在全部曲面上的铅垂总分力为

$$P_z=\int\mathrm{d}P_z=\int_A\gamma h\,\mathrm{d}A\sin\theta=\int_{A_z}\gamma h\,\mathrm{d}A_z=\gamma\int_{A_z}h\,\mathrm{d}A_z$$

积分式 $\int_{A_z}h\,\mathrm{d}A_z$ 为曲面以上与自由液面（或其延长面）以下铅垂柱体的体积，称为压力体的体积 V，如图 6-3-7 所示 $A'B'C'A''B''C''$ 的体积，所以曲面总压力的铅垂分力为

$$P_z=\gamma V \tag{6-3-14}$$

即铅垂分力 $\boldsymbol{P}_z$ 等于压力体内液体的重力 γV。若压力体内有液体压力体与液体在曲面同一侧则为实压力体，$\boldsymbol{P}_z$ 方向向下，若压力体内无液体，液体在曲面的另一侧，则为虚压力体，此时 $\boldsymbol{P}_z$

的方向向上，称为浮力。曲面总压力的合力 **P** 可用 $\boldsymbol{P}_x$ 及 $\boldsymbol{P}_z$ 求得

$$P = \sqrt{P_x^2 + P_z^2} \tag{6-3-15}$$

曲面总压力与水平线的夹角 θ

$$\theta = \arctan \frac{P_z}{P_x} \tag{6-3-16}$$

对于对称的几何图形，总压力作用点均应在水平对称轴上。

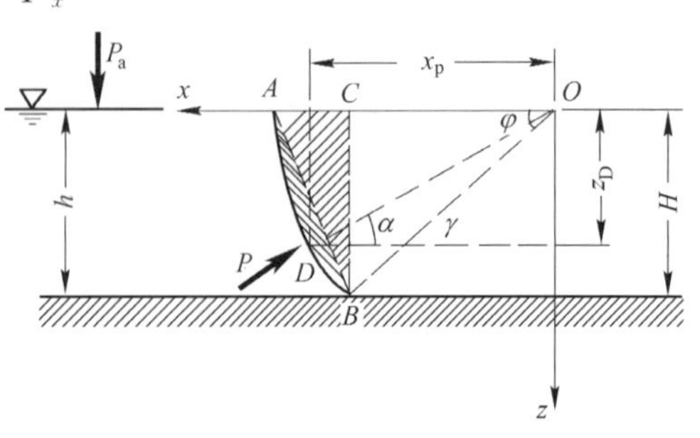

例 6-3-2 图

【例 6-3-2】 设有一弧形闸门，如图所示，已知闸门宽度 $b=3\text{m}$，半径 $r=2.828\text{m}$，$\varphi=45°$，闸门转动轴 O 点距底面高度 $H=2\text{m}$，门轴 O 在水面延长线上，试求当闸门前水深 $h=2\text{m}$ 时，作用在闸门上的静水总压力。

解 水平分力

$$P_x = \gamma h_c A_x = 9.8 \times 10^3 \times \frac{1}{2} \times 2 \times 2 \times 3$$
$$= 58.8 \times 10^3 \text{N} = 58.8\text{kN}$$

铅直分力

$$P_z = \gamma V = \gamma(\frac{\varphi}{360°} \times \pi \times r^2 - \frac{1}{2} h \times r\cos\varphi) \times b$$

V 是图中阴影线部分体积，为虚压力体，$\boldsymbol{P}_z$ 方向向上，为浮力。

$$P_z = 9.8 \times 10^3 (\frac{45°}{360°} \times \pi \times 2.828^2 - \frac{1}{2} \times 2 \times 2.828 \times \cos 45°) \times 3$$
$$= 33.52 \times 10^3 \text{N} = 33.52\text{kN}$$

合力

$$P = \sqrt{P_x^2 + P_z^2} = \sqrt{(58.8 \times 10^3)^2 + (33.52 \times 10^3)^2}$$
$$= 67.68 \times 10^3 \text{N} = 67.68\text{kN}$$

与水平线夹角为

$$\theta = \arctan \frac{P_z}{P_x} = \arctan \frac{33.52 \times 10^3}{58.8 \times 10^3} = 30°$$

十一、浮力和潜体及浮体的稳定性

浸没于液体中的物体称为潜体，漂浮在液体自由表面的物体称为浮体。无论是潜体还是浮体，也无论物体表面形状是如何的复杂多变，它们均受到液体对其施加的铅直向上的托举力的作用，此力称为浮力或浮托力。浮力的大小可用上述曲面总压力铅垂分力计算法计算。如图 6-3-8 所示一浸没于水中的潜体沿潜体表面作铅直切线 AA'、BB'……，这些切线组成切于潜体表面的垂直向上的柱状体，该柱面与潜体表面的交线，把潜体表面分为 AFB、AHB 上下两部分，上半部分 AFB 表面所受到静水总压力铅垂分力 $\boldsymbol{P}_z$，应等于曲面 AFB 上压力体内液体的重力，方向向下，下半部分 AHB 表面所受到的静水总压力铅垂分力 $\boldsymbol{P}_{z2}$ 等于曲面 AHB 以上压力体的重力，方向向上为浮力。作用在整个潜体表面上的铅垂分力 $P_z = P_{z2} - P_{z1}$，亦即等于潜体自身体积大小的液体重力，所以潜体所受浮力应等于潜体所排开的同体积的液体重力。潜体所受的水平分力 $\boldsymbol{P}_x$，左右前后均大小相等方向相反，水平分力的合力 $\boldsymbol{P}_x=0$，故潜体所受总压力的合力，只有铅垂向上的浮力。计算潜体浮力的原理就是人们熟知的阿基米德(Archimeds)原理，此

原理对浮体也同样适用。

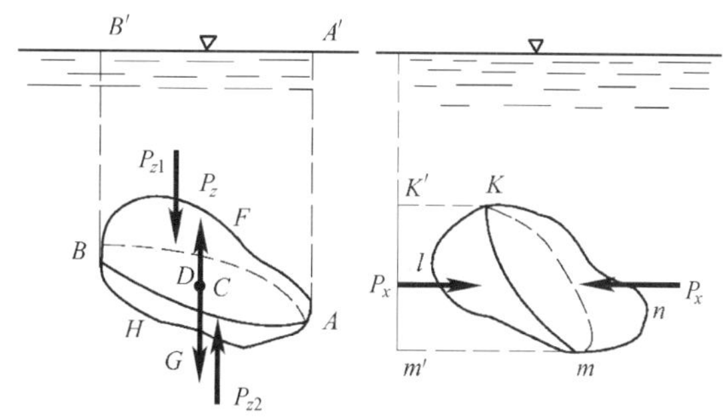

图 6-3-8

浮力的作用点称为浮心，浮心显然与所排开液体体积的形心重合。

潜体除了浮力作用外，还同时受到重力的作用，当潜体重力 $\boldsymbol{G}$ 大于浮力 $\boldsymbol{P}_z$ 时，物体下沉；当 $G=P_z$ 时，物体可在液体中任意深度保持平衡。当 $G<P_z$ 时，物体上升，减少在液体中浸没体积，从而减小浮力，直至浮力与重力相等时为止，此时潜体就变为浮体了。

现探讨潜体的稳定性。潜体在倾斜后恢复其原来平衡位置的能力，称为潜体的稳定性。按照重心 C 与浮心 D 在同一铅垂线上的相对位置，有三种可能性：①重心 C 位于浮心 D 之下，如图 6-3-9a)所示，潜体如有倾斜，重力 $\boldsymbol{G}$ 与浮力 $\boldsymbol{P}_z$ 形成一个使潜体恢复原来平衡位置的转动力矩，使潜体能恢复原位，称为稳定平衡。②重心 C 位于浮心 D 之上，如图 6-3-9b)所示，潜体如有倾斜，重力 $\boldsymbol{G}$ 与浮力 $\boldsymbol{P}_z$ 将产生一个使潜体继续倾斜的转动力矩，潜体不能恢复其原位，称为不稳定平衡。③重心 C 与浮心 D 相重合，如图 6-3-9c)所示，潜体如有倾斜，重力 $\boldsymbol{G}$ 与浮力 $\boldsymbol{P}_z$ 不产生转动力矩，潜体处于随遇平衡状态。即潜体在任意位置均可随意平衡，不需恢复原有状态。

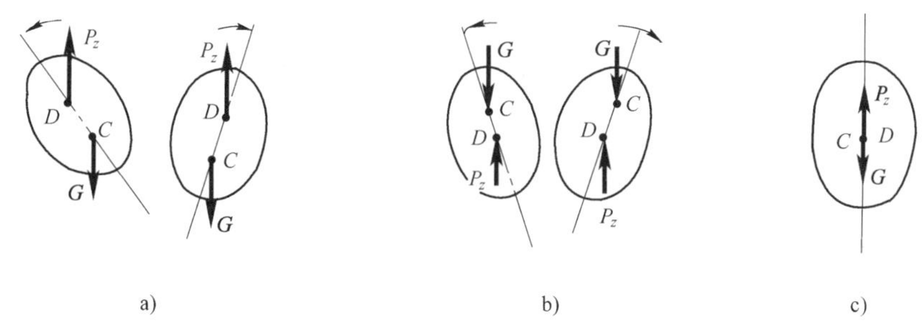

图 6-3-9

浮体平衡的稳定性要求与潜体有所不同，浮体重心 C 在浮心 D 之上时，其平衡仍有可能是稳定的。设有两浮体如图 6-3-10 所示，浮体处于平衡位置时重心 C 与浮心 D 的连线垂直于浮面(浮体在平衡位置时与自由液面交线)，称为浮轴，浮心与重心均在浮轴上；倾斜后重心 C 位置一般不改变，但浮心及浮力和浮轴不重合，改变了位置。设浮力与浮轴的交点为 M，称定倾中心，定倾中心到原浮心 D 的距离称定倾半径，以 ρ 表示。重心 C 和原浮心 D 的距离称为偏心距，以 e 表示。浮体倾斜后能否恢复其原平衡位置，取决于重心 C 与定倾中心 M 的相对位置，有三种可能性：①$\rho>e$，即 M 点高于 C 点，如图 6-3-10a)所示，这时重力 $\boldsymbol{G}$ 与倾斜后的浮力 $\boldsymbol{P}'_z$ 构成一扶正力矩，使浮体恢复到原位，浮体处于稳定平衡；②$\rho<e$，即 M 点低于 C 点，如

图 6-3-10b)所示，这时重力 $\boldsymbol{G}$ 与倾斜后浮力 $\boldsymbol{P}_z'$ 构成一倾覆力矩，使浮体继续倾斜，浮体处于不稳定平衡；③$\rho=e$，即 M 与 C 重合，这时 $\boldsymbol{G}$ 与 $\boldsymbol{P}_z'$ 不产生力矩，浮体处于随遇平衡。

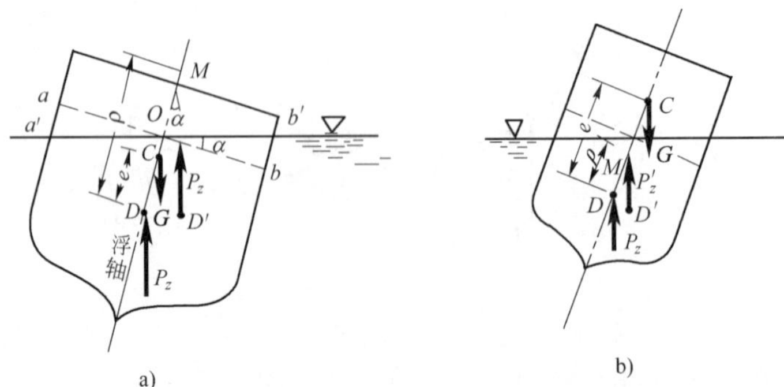

图 6-3-10

【例 6-3-3】 密闭水箱如图所示，已知水深 $h=2\text{m}$，自由面上的压强 $p_0=88\text{kN/m}^2$，当地大气压强 $p_a=101\text{kN/m}^2$，则水箱底部 A 点的绝对压强与相对压强分别为：

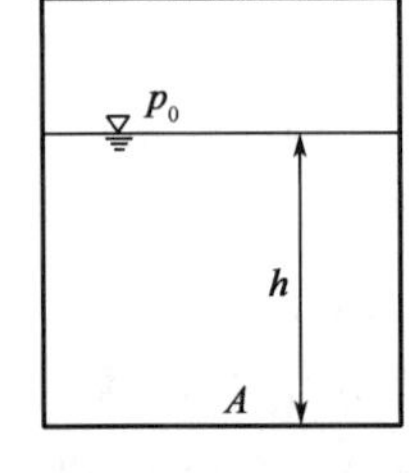

例 6-3-3 图

A. 107.6kN/m^2 和 -6.6kN/m^2

B. 107.6kN/m^2 和 6.6kN/m^2

C. 120.6kN/m^2 和 -6.6kN/m^2

D. 120.6kN/m^2 和 6.6kN/m^2

解 A 点绝对压强 $p_A'=p_0+\rho gh=88+1\times9.8\times2=107.6\text{kPa}$

A 点相对压强 $p_A=p_A'-p_a=107.6-101=6.6\text{kPa}$。

答案：B

习 题

6-3-1 单位质量力的国际单位是( )。

A. 牛(N) B. 帕(Pa) C. 牛/千克(N/kg) D. 米/秒^2(m/s^2)

6-3-2 与大气相连通的自由水面下 5m 处的相对压强为( )。

A. 5at B. 0.5at C. 98kPa D. 40kPa

6-3-3 某点的相对压强为-39.2kPa，则该点的真空值与真空高度分别为( )。

A. 39.2kPa，$4\text{mH}_2\text{O}$ B. 58.8kPa，$6\text{mH}_2\text{O}$

C. 34.3kPa，$3.5\text{mH}_2\text{O}$ D. 19.6kPa，$2\text{mH}_2\text{O}$

6-3-4 密闭容器内自由表面压强 $p_0=9.8\text{kPa}$ 液面下水深 2m 处的绝对压强为( )。

A. 19.6kPa B. 29.4kPa C. 205.8kPa D. 117.6kPa

6-3-5 用 U 形水银压力计测容器中某点水的相对压强，如已知水和水银的重度分别为 γ 及 γ'，压力计中液面差为 Δh，被测点至内侧低水银液面的高差为 h_1，则被测点的相对压强为( )。

A. $\gamma'\times\Delta h$ B. $(\gamma'-\gamma)\Delta h$ C. $\gamma'(h_1+\Delta h)$ D. $\gamma'\Delta h-\gamma h_1$

6-3-6 圆形木桶，顶部与底部用环箍紧，桶内盛满液体，顶箍与底箍所受张力之比为( )。

A. 2　　B. 1/2　　C. 2/3　　D. 1/4

6-3-7　一垂直立于水中的矩形平板闸门，门宽 4m，门前水深 2m，该闸门所受静水总压强为(　　)，压力中心距自由液面的铅直距离为(　　)。

A. 60kPa，1m　　B. 78.4kN，$\frac{4}{3}$m

C. 85kN，1.2m　　D. 70kN，1m

第四节　流体动力学

一、流体运动学基本概念

表征流体运动的各种物理量，如速度、加速度、压强、密度、动量、能量等，称为运动要素。流体运动学就是要研究流体运动要素随时间、空间而变化的规律。由于描述流体运动的方法不同，运动要素的表示式也有不同。在流体力学中，有两种描述流体运动方法，即拉格朗日(Largange)法和欧拉(Euler)法。

拉格朗日是从分析流体质点的运动着手，设法描述出每一个流体质点自始至终的运动过程，即它们的位置随时间变化的规律。如所有流体质点的运动轨迹均知道了，则整个流体运动的状况也就清楚了。为了区分不同的流体质点，拉格朗日采用起始时刻 $t=t_0$ 时每个质点的空间坐标(a,b,c)作为标志，然后表达出每一流体质点在任意时刻 t 在空间的坐标位置，在直角坐标系它们皆是拉格朗日变量 a、b、c 和时间 t 的连续函数，即

$$\begin{cases} x = x(a,b,c,t) \\ y = y(a,b,c,t) \\ z = z(a,b,c,t) \end{cases}$$

由上式可知，若 a,b,c 为常数，t 为变数，可得某个指定质点运动轨迹方程；如果 t 为常数，a、b、c 为变数，可得某一瞬时不同质点在空间分布位置。如 a、b、c、t 全都是变量时，则方程所表达的是任意质点的运动轨迹。流体质点在任何时刻的速度，可从上式对时间取偏导数得到，即

$$u_x = \frac{\partial x}{\partial t} = \frac{\partial x(a,b,c,t)}{\partial t}$$

$$u_y = \frac{\partial y}{\partial t} = \frac{\partial y(a,b,c,t)}{\partial t}$$

$$u_z = \frac{\partial z}{\partial t} = \frac{\partial z(a,b,c,t)}{\partial t}$$

任意流体质点在任何时刻的加速度，可从上式对时间取偏导数得到，即

$$a_x = \frac{\partial u_x}{\partial t} = \frac{\partial^2 x(a,b,c,t)}{\partial t^2}$$

$$a_y = \frac{\partial u_y}{\partial t} = \frac{\partial^2 y(a,b,c,t)}{\partial t^2}$$

$$a_z = \frac{\partial u_z}{\partial t} = \frac{\partial^2 z(a,b,c,t)}{\partial t^2}$$

当加速度确定后，可通过牛顿第二定律，建立运动和作用于该点上力的关系，反之亦然。

由于流体不同于固体，流体微团运动中有线变形、角变形，互相间位置不固定，因此运动轨迹极其复杂多变，要想求出这些函数，常导致数学上的困难；其次，在实际工程上，多数情况下

并不需要知道每一质点的运动轨迹及其速度等要素的变化；再次，测量流体运动要素，要跟着流体质点移动测量仪器，以测出不同瞬时的数值，这种测量方法是很难实现的。因此不常采用拉格朗日方法，而多采用欧拉方法。

欧拉方法是从分析通过流场中某固定空间点上流体质点的运动着手，设法描述出每一个空间点上流体质点的运动随时间变化的规律。如果知道了所有空间点上质点的运动规律，那么整个流动情况也就清楚了。至于流体质点在到达某空间点之前是从哪里来的，到达某空间点后又将到那里去，则不予研究。在直角坐标系中，选取坐标(x,y,z)将每一空间点区分开来。在一般情况下，同一时刻，不同空间点上流体质点的速度也是不同的，所以任意时刻任意空间点在流体质点的速度 u 将是空间坐标和时间的函数，写成向量形式为

$$u = u(x,y,z,t)$$

投影到 x,y,z 各个轴向的速度分量为

$$u_x = u_x(x,y,z,t)$$
$$u_y = u_y(x,y,z,t)$$
$$u_z = u_z(x,y,z,t)$$

同样，其他运动要素如压强 p 和密度 ρ 可写为

$$p = p(x,y,z,t)$$
$$\rho = \rho(x,y,z,t)$$

由上式可知，当 t 为常数，(x,y,z)为变数，则可得同一瞬时，通过不同空间点各流体质点速度分布情况，是某瞬时空间的流速向量场。若(x,y,z)为常数，t 为变量，则可得不同瞬时，通过空间某固定点流体质点速度变化的情况。

现讨论流体质点加速度的表达式。从欧拉法的观点来看，在流动中不仅处于不同空间点上的质点可以具有不同的速度，就是同一空间点上的质点，也因时间先后的不同可以有不同的速度。所以流体质点的加速度由两部分组成，一是由于时间过程而使空间点上的质点速度发生变化的加速度，称当地加速度（或时变加速度），另一是流动中质点位置移动而引起的速度变化所形成的加速度，称为迁移加速度（或位变加速度）。以欧拉法求加速度时，x,y,z,t 均看成是自变量，以复合函数求导法则，求流速 u 的全导数，各轴加速度的分量为

$$a_x = \frac{\mathrm{d}u_x}{\mathrm{d}t} = \frac{\partial u_x}{\partial t} + \frac{\partial u_x}{\partial x}\frac{\mathrm{d}x}{\mathrm{d}t} + \frac{\partial u_x}{\partial y}\frac{\mathrm{d}y}{\mathrm{d}t} + \frac{\partial u_x}{\partial z}\frac{\mathrm{d}z}{\mathrm{d}t}$$
$$a_y = \frac{\mathrm{d}u_y}{\mathrm{d}t} = \frac{\partial u_y}{\partial t} + \frac{\partial u_y}{\partial x}\frac{\mathrm{d}x}{\mathrm{d}t} + \frac{\partial u_y}{\partial y}\frac{\mathrm{d}y}{\mathrm{d}t} + \frac{\partial u_y}{\partial z}\frac{\mathrm{d}z}{\mathrm{d}t}$$
$$a_z = \frac{\mathrm{d}u_z}{\mathrm{d}t} = \frac{\partial u_z}{\partial t} + \frac{\partial u_z}{\partial x}\frac{\mathrm{d}x}{\mathrm{d}t} + \frac{\partial u_z}{\partial y}\frac{\mathrm{d}y}{\mathrm{d}t} + \frac{\partial u_z}{\partial z}\frac{\mathrm{d}z}{\mathrm{d}t}$$

上式中 $\mathrm{d}x$、$\mathrm{d}y$、$\mathrm{d}z$ 是流体质点在 $\mathrm{d}t$ 时段内在空间的位移在各个轴的投影，因此

$$\frac{\mathrm{d}x}{\mathrm{d}t} = u_x \qquad \frac{\mathrm{d}y}{\mathrm{d}t} = u_y \qquad \frac{\mathrm{d}z}{\mathrm{d}t} = u_z$$

代入上式得欧拉法流体质点加速度的表达式

$$\left.\begin{aligned} a_x &= \frac{\partial u_x}{\partial t} + u_x\frac{\partial u_x}{\partial x} + u_y\frac{\partial u_x}{\partial y} + u_z\frac{\partial u_x}{\partial z} \\ a_y &= \frac{\partial u_y}{\partial t} + u_x\frac{\partial u_y}{\partial x} + u_y\frac{\partial u_y}{\partial y} + u_z\frac{\partial u_y}{\partial z} \\ a_z &= \frac{\partial u_z}{\partial t} + u_x\frac{\partial u_z}{\partial x} + u_y\frac{\partial u_z}{\partial y} + u_z\frac{\partial u_z}{\partial z} \end{aligned}\right\} \tag{6-4-1}$$

工程上大多采用欧拉法,因多数情况下,感兴趣的只是某些固定位置上流体质点的运动情况,并不一定要知道流体质点运动情况的历史演变。其次,测量流体的运动要素,用欧拉法时可将测试仪表固定在指定的空间点上即可,较易进行量测。

二、迹线、流线、元流、总流等基本概念

(一)迹线

迹线是一个流体质点在一段连续时间内在空间运动的轨迹线,它是拉格朗日法研究流体的几何表示。

(二)流线

流线是这样的曲线,对于某一固定时刻而言,曲线上任一点的速度方向与曲线在该点的切线方向重合;流线描绘出同一时刻不同位置上流体质点的速度方向。可以把流体运动想象为流线族构成的几何图像,如图 6-4-1 所示。这是欧拉法研究流体运动的几何表示方式。

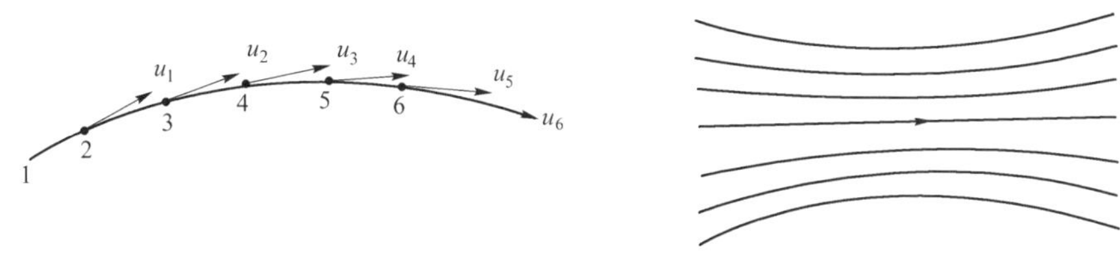

图 6-4-1

由流线的定义可知,流线有这样一些性质:过空间某点在同一时刻只能作一根流线;流线不能转折,因为折点处会有两个流速向量,流线只能是光滑的连续曲线;对流速不随时间变化的恒定流动,流线形状不随时间改变,与迹线重合,对非恒定流流线形状随时间而改变;流线密处流速快,流线疏处流速慢。

由于流速向量与切线向量重合,两向量方向余弦相同,方向平行,所以两向量的向量积

$$u \times \mathrm{d}s = 0$$

从而可得

$$\frac{\mathrm{d}x}{u_x} = \frac{\mathrm{d}y}{u_y} = \frac{\mathrm{d}z}{u_z} = \frac{\mathrm{d}s}{u} \qquad (6\text{-}4\text{-}2)$$

上式称为流线微分方程,式中,$\mathrm{d}x$、$\mathrm{d}y$、$\mathrm{d}z$ 为流线上微小长度 $\mathrm{d}s$ 在三个坐标轴上的投影,u_x、u_y、u_z 为相应的流速分量,解上式可得到流线方程。

【例 6-4-1】 关于流线,下列说法错误的是:

A. 流线不能相交

B. 流线可以是一条直线,也可以是光滑的曲线,但不可能是折线

C. 在恒定流中,流线与迹线重合

D. 流线表示不同时刻的流动趋势

解 流线表示同一时刻的流动趋势。

答案:D

(三)流管、流束、过流断面、元流、总流

在流场中,任意取一非流线且不自相交的封闭曲线,从这封闭曲线上各点绘出流线,组成管状曲面,称为流管,如图 6-4-2 所示的虚线所示流管内的流体称为流束。在流束上取一横断面,使它与流线正交,这一断面称为过流断面,当流体为水时称为过水断面。过流断面为无限

小的流束称为元流，元流同一断面上各点的运动要素如流速，压强等可以认为是相等的。过流断面面积有一定大小的流束称为总流，总流可以看成是由无限多个元流所组成，总流断面上各点的流速、压强不一定相等。

（四）流量、断面平均流速

单位时间内流过过流断面的流体数量称为流量，它可以用体积流量 Q、质量流量 Q_m、重力流量 Q_G 表示，单位分别为 m^3/s、kg/s、N/s 等。对不可压缩流体，一般均用体积流量 Q 表示；对于元流而言，流速为 u，断面上各点相等，断面积为 dA，则体积流量为

$$dQ = u dA \tag{6-4-3}$$

对于总流而言，通过断面积为 A 的体积流量为

$$Q = \int_A dQ = \int_A u dA \tag{6-4-4}$$

当点流速 u 在断面上的分布函数已知时，可用上式直接积分求出流量。当总流断面各点流速 u 的变化未知时，需利用断面平均流速 v 来计算总流量。断面平均流速 v 是假想的，在断面上均匀分布的流速，以此流速计算的流量，应与各点以实际流速通过的流量相等。如图6-4-3所示。

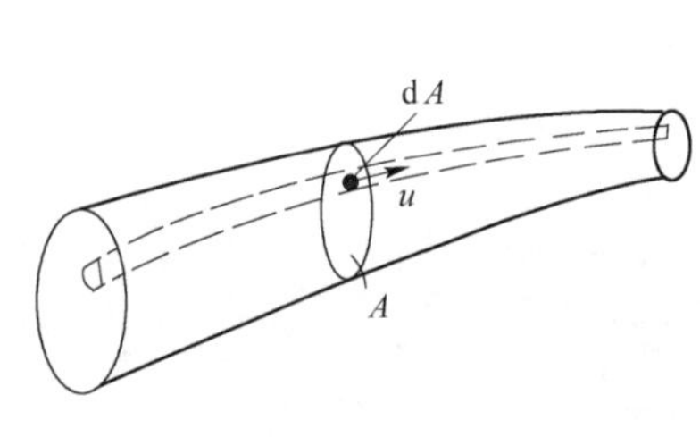

图 6-4-2

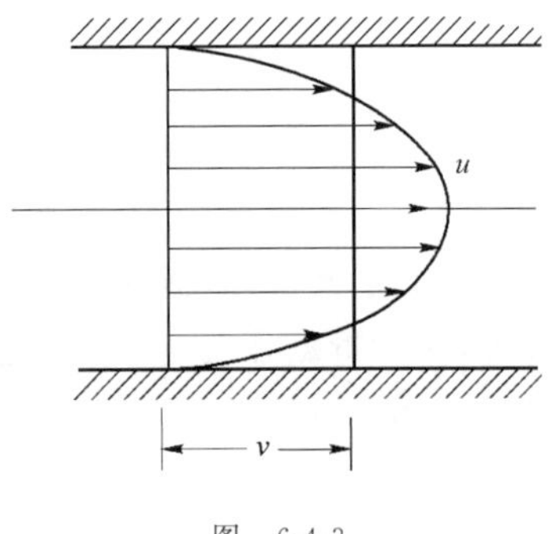

图 6-4-3

将平均流速代入式(6-4-4)中可求得总流的流量 Q，即

$$Q = \int_A dQ = \int_A u dA = \int_A v dA = v\int_A dA = vA$$

即

$$Q = vA \tag{6-4-5}$$

或

$$v = \frac{Q}{A} \tag{6-4-6}$$

已知体积流量 Q，可以用下面式子求出质量流量 Q_m 和重力流量 Q_G

$$Q_m = \rho Q \tag{6-4-7}$$

$$Q_G = \gamma Q \tag{6-4-8}$$

式中：ρ、γ——分别为流体的密度和重度。

（五）流体运动的分类

按各点运动要素（流速、压强等）是否随时间而变化，可将流体运动分为恒定流和非恒定流。各点运动要素不随时间而变化的流体运动称为恒定流，例如常水头孔口出流即是恒定流的一种。各点运动要素随时间而变化的流体运动称为非恒定流，变水头孔口出流即是一例。

按各点运动要素是否随位置而变化，可将流体运动分成均匀流和非均匀流。在给定的某一时刻，各点流速都不随位置而变的流动称为均匀流；反之，则称为非均匀流。按此严格定义的均匀流，工程上甚少出现。在经常使用的管道渠道中，一般定义均匀流是按各断面相应点流速相等为均匀流，或流线为平行直线的流动为均匀流，例如直径不变的长直管道内离进口较远处的流动，即是实际均匀流的一种。反之如流线不平行或相应点流速不相等的流动为非均匀流。

按流线是否接近于平行直线，又可将非均匀流分成渐变流和急变流。各流线之间的夹角很小，即各流线几乎是平行的，且各流线曲率半径很大，即各流线几乎是直线的流体运动称为渐变流；反之，则称为急变流。顶角很小的渐变圆锥形管道中的流动，可视为渐变流。

按限制总流的边界情况，可将流体运动分为有压流、无压流和射流。边界全部为固体所限没有自由液面的流动称为有压流，例如水泵的压水管道中的流动。边界部分为固体、部分为大气，具有自由液面的流体运动称为无压流，例如河流、引水明渠中的流动。流体经由孔口或管嘴喷射到某一空间，在充满气体或其他流体的空间继续喷射流动，其边界不受固体限制而与其他流体接触，这种流动称为射流，例如消防水枪的喷射流动即是射流的一种。

按决定流体的运动要素所需空间坐标的维数，可将流动分为一维、二维、三维流动，或称一元、二元、三元流动。长管、明渠以断面平均运动要素而言，主流方向只有一个，故可视为平均意义上的一维流动。

三、恒定流连续方程

连续性方程是根据质量守恒定理与连续介质假设推导而得。取一元流如图 6-4-4 所示，设为恒定流，流管形状不变，在 dt 时间内由 dA_1 流入的质量为 $\rho_1 u_1 dA_1 dt$，从 dA_2 流出的质量为 $\rho_2 u_2 dA_2 dt$，由于流体为连续介质，流管内充满无空隙的流体，根据质量守恒原理，流入的质量必与流出的质量相等，可得

$$\rho_1 u_1 dA_1 dt = \rho_2 u_2 dA_2 dt$$

消去 dt 得

$$\rho_1 u_1 dA_1 = \rho_2 u_2 dA_2 \qquad (6\text{-}4\text{-}9)$$

对于不可压缩流体 $\rho_1 = \rho_2 = \rho$，有

$$u_1 dA_1 = u_2 dA_2 \qquad (6\text{-}4\text{-}10)$$

图 6-4-4

式(6-4-9)、式(6-4-10)为元流连续性方程。将式(6-4-10)积分，可得不可压缩流体总流连续性方程。即

$$\int_{A_1} u_1 dA_1 = \int_{A_2} u_2 dA_2$$

$$Q_1 = Q_2$$

$$v_1 A_1 = v_2 A_2 \qquad (6\text{-}4\text{-}11)$$

将式(6-4-9)对总流积分可得

$$\rho_1 v_1 A_1 = \rho_2 v_2 A_2 \qquad (6\text{-}4\text{-}12)$$

由式(6-4-11)可写出

$$\frac{v_1}{v_2} = \frac{A_2}{A_1}$$

上式表明在同一总流上，各断面的断面平均流速 v 与断面面积成反比，即断面增大时流速减少，反之亦然。

四、欧拉运动微分方程

由牛顿第二运动定律：$F=ma$，两边除以质量 m，对单位质量而言，有

$$\frac{F}{m} = a$$

即单位质量的外力合力等于加速度，比拟欧拉平衡方程的形式，将上式写成应用于流体微元的三维表达式

$$\left.\begin{aligned} X - \frac{1}{\rho}\frac{\partial p}{\partial x} &= \frac{\mathrm{d}u_x}{\mathrm{d}t} \\ Y - \frac{1}{\rho}\frac{\partial p}{\partial y} &= \frac{\mathrm{d}u_y}{\mathrm{d}t} \\ Z - \frac{1}{\rho}\frac{\partial p}{\partial z} &= \frac{\mathrm{d}u_z}{\mathrm{d}t} \end{aligned}\right\} \tag{6-4-13}$$

上式即为欧拉运动微分方程，仅适用于理想流体，因为没有计及流体的黏性切应力。

欧拉方程有四个未知数 u_x、u_y、u_z、p，它与连续性微分方程一起有四个方程式，所以从原则上讲欧拉方程是可解的，但因为它是一阶非线性偏微分方程，至今仍未找到一般解，只是在几种特殊情况下得到了它的解，水力学中最常见的是在重力场中的伯诺里(Bernoulli)积分。

五、恒定流能量方程(或伯努利方程)

(一)理想流体元流的能量方程

理想流体，即无黏性流体，无内摩擦力和能量损失。

将欧拉方程在下列条件下积分：

恒定流：$\frac{\partial u}{\partial t}=0$，$\frac{\partial p}{\partial t}=0$，则

$$\mathrm{d}p=\frac{\partial p}{\partial x}\mathrm{d}x+\frac{\partial p}{\partial y}\mathrm{d}y+\frac{\partial p}{\partial z}\mathrm{d}z$$

不可压缩流体：$\rho=$ 常数

仅受重力作用：$X=Y=0$，$Z=-g$

沿流线积分：$\mathrm{d}x=u_x\mathrm{d}t$，$\mathrm{d}y=u_y\mathrm{d}t$，$\mathrm{d}z=u_z\mathrm{d}t$

将式(6-4-13)分别乘以 $\mathrm{d}x$，$\mathrm{d}y$，$\mathrm{d}z$，相加后得

$$(X\mathrm{d}x + Y\mathrm{d}y + Z\mathrm{d}z) - \frac{1}{\rho}(\frac{\partial p}{\partial x}\mathrm{d}x + \frac{\partial p}{\partial y}\mathrm{d}y + \frac{\partial p}{\partial x}\mathrm{d}z)$$

$$= \frac{\mathrm{d}u_x}{\mathrm{d}t}\mathrm{d}x + \frac{\mathrm{d}u_y}{\mathrm{d}t}\mathrm{d}y + \frac{\mathrm{d}u_z}{\mathrm{d}t}\mathrm{d}z$$

利用上述积分条件可得

$$-g\mathrm{d}z-\frac{1}{\rho}\mathrm{d}p=u_x\mathrm{d}u_x+u_y\mathrm{d}u_y+u_z\mathrm{d}u_z$$

$$=\frac{1}{2}\mathrm{d}(u_x^2+u_y^2+u_z^2)=\mathrm{d}\left(\frac{u^2}{2}\right)$$

因为 $\rho=$常数，上式变为

$$\mathrm{d}\left(gz+\frac{p}{\rho}+\frac{u^2}{2}\right)=0$$

积分得

$$gz+\frac{p}{\rho}+\frac{u^2}{2}=\text{常数}$$

两边除以重力加速度 g，并且因 $\rho g=\gamma$ 得

$$z+\frac{p}{\gamma}+\frac{u^2}{2g}=\text{常数} \tag{6-4-14}$$

上式即为伯诺里积分或理想流体元流伯诺里方程，对同一元流的任意二断面可将式(6-4-14)写成

$$z_1+\frac{p_1}{\gamma}+\frac{u_1^2}{2g}=z_2+\frac{p_2}{\gamma}+\frac{u_2^2}{2g} \tag{6-4-15a}$$

上式以 $\gamma=\rho g$ 代入，可写成

$$z_1+\frac{p_1}{\rho g}+\frac{u_1^2}{2g}=z_2+\frac{p_2}{\rho g}+\frac{u_2^2}{2g} \tag{6-4-15b}$$

（二）理想流体元流能量方程的物理意义

z——位置高度或位置水头，单位位能；

$\frac{p}{\gamma}$——压强高度或压强水头，单位压能；

$\frac{u^2}{2g}$——流速水头，单位动能，因为单位动能等于动能$\frac{1}{2}mu^2$ 除以流体重力 mg，即单位动能$=\frac{\frac{1}{2}mu^2}{mg}=\frac{u^2}{2g}$；

$z+\frac{p}{\gamma}$——测压管水头，单位势能，各断面测压管水头的连线称测管水头线，如图 6-4-5 所示，测压管水头线沿流向可升、可降、可水平；

$z+\frac{p}{\gamma}+\frac{u^2}{2g}$——总水头，单位重力流体的总机械能，简称单位能，沿流各断面总水头的连线为总水头线，理想流体的总水头线是一水平线，反映了理想流体运动时各断面单位能守恒，是能量守恒定律在流体运动中的一种体现。因任一断面三种单位能之和为一常数，如果其中某一种单位能发生变化，则另两种必定也会跟着转变。例如对一水平管道，单位位能 z 各断面

相同，当管道断面变小处，该处流速加快(连续性方程)，单位动能$\frac{u^2}{2g}$加大，则该处压强水头或单位压能$\frac{p}{\gamma}$必然降低，当动能加大到一定程度，该处将出现负压，可将气体或其他流体吸入，这就是喷射器(或射流泵)能抽水的原因。这也表明流体运动过程中，不仅遵循能量守恒原理，同时能量也可从一种形式转化为另一种形式，体现了能量转化原理。

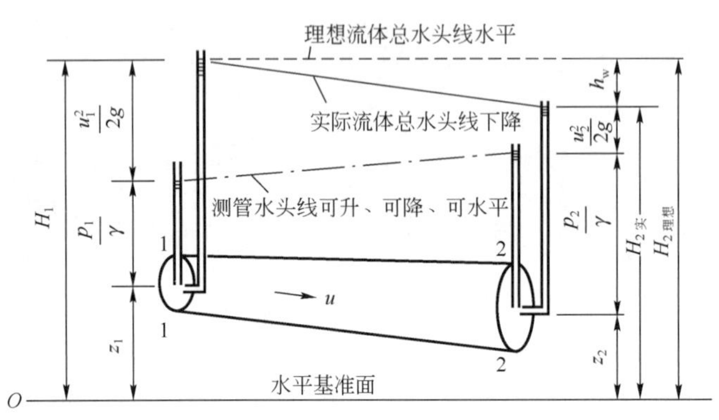

图 6-4-5

人们利用元流能量方程原理，制造出简便的测量流体某处流速 u 的仪器，这就是工程上常用的毕托(Pitot)管，毕托管构造示意于图 6-4-6。毕托管是一有 90°弯曲的细管，其顶端开孔截面正对迎面液流，放在测定点 A 处，在来流势能、动能共同作用下，流体沿弯管上升至一定高度$\frac{p'}{\gamma}$后保持稳定，此时 A 点的运动质点由于受到测速管的阻滞，流速变为零。测压管置于和 A 同一断面的壁上，其液柱高度为$\frac{p}{\gamma}$。未放测速毕托管前 A 处的总单位能为 $z+\frac{p}{\gamma}+\frac{u^2}{2g}$，放入测速毕托管后，动能全部转化为压能，故总单位能为 $z+\frac{p'}{\gamma}$。

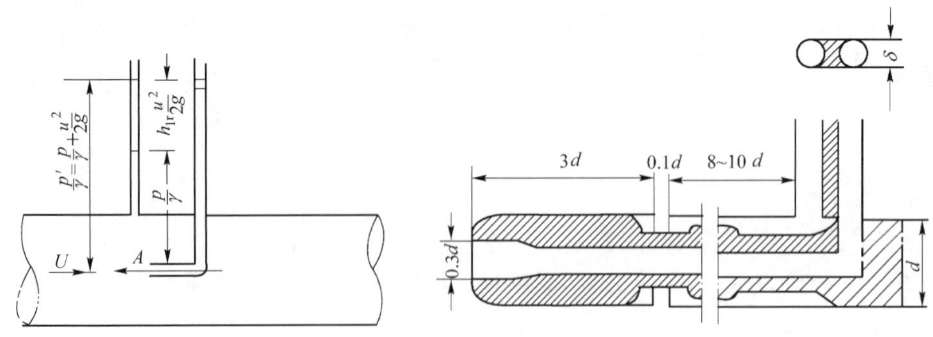

图 6-4-6

对于恒定流，当测管很少影响流场时，A 点的单位能应保持不变，故

$$z+\frac{p}{\gamma}+\frac{u^2}{2g}=z+\frac{p'}{\gamma}$$

$$\frac{u^2}{2g}=\frac{p'}{\gamma}-\frac{p}{\gamma}=h_u$$

式中，h_u 为测速管与测压管二者水头差，反映了被测点的流速水头大小，而流速 u 可按下式求得

$$u=\sqrt{2gh_u}=\sqrt{2g(\frac{p'-p}{\gamma})} \tag{6-4-16}$$

毕托管细部构造亦示意于图 6-4-6 中，由于放入毕托管后流场受到干扰，而实际流体的黏性亦有影响，所以使用式(6-4-16)时需加一修正系数 C，称毕托管修正系数。由实验确定，$C=1\sim1.04$，近似可取 $C=1.0$。此时流速为

$$u=C\sqrt{2g(\frac{p'-p}{\gamma})} \tag{6-4-17}$$

（三）实际流体元流能量方程

对于实际流体，黏性切应力阻碍流体运动，为克服阻力将损失机械能，单位重量流体损失的机械能称为单位能损失，所对应的水柱高度称为水头损失。令元流断面 1 至断面 2 的水头损失为 $h'_{w_{1-2}}$，则实际流体元流的能量方程为

$$z_1+\frac{p_1}{\gamma}+\frac{u_1^2}{2g}=z_2+\frac{p^2}{\gamma}+\frac{u_2^2}{2g}+h'_{w_{1-2}} \tag{6-4-18}$$

实际流体元流的总水头线是一条沿流下降的斜坡线，又称为水力坡度线。总水头线的坡度称为水力坡度 J，水力坡度可用单位长度上的水头损失计算，对线性变化的水力坡度

$$J=\frac{h'_w}{L} \tag{6-4-19}$$

L 为发生水头损失流段的流长，当非线性变化时，水力坡度为

$$J=\frac{\mathrm{d}h'_w}{\mathrm{d}L} \tag{6-4-20}$$

（四）实际流体总流的能量方程

根据实际流体元流的能量方程(6-4-18)对总流过水断面积分，即可得到实际流体总流的能量方程。在积分时需作一些假设，除了要满足伯诺里积分时的四个假设之外，还需满足无能量输入或输出总流之中和所取过水断面处满足渐变流条件。由于渐变流中加速度很小，加速度形成的惯性力可不计，质量力仅为重力，因而同一过水断面上动压按静压分布，即同一断面上的 $z+\frac{p}{\gamma}=$常数，即同一断面的各点测压管水头相等。

根据式(6-4-18)，单位时间内通过元流两过水断面的总能量的关系式为

$$(z_1+\frac{p_1}{\gamma}+\frac{u_1^2}{2g})\gamma\mathrm{d}Q=(z_2+\frac{p_2}{\gamma}+\frac{u_2^2}{2g})\gamma\mathrm{d}Q+h'_{w_{1-2}}\gamma\mathrm{d}Q$$

而由连续性方程知 $\mathrm{d}Q=u_1\mathrm{d}A_1=u_2\mathrm{d}A_2$，代入上式后并对总流两断面进行积分

$$\int_{A_1}(z_1+\frac{p_1}{\gamma}+\frac{u_1^2}{2g})\gamma u_1\mathrm{d}A_1=\int_{A_2}(z_2+\frac{p_2}{\gamma}+\frac{u_2^2}{2g})\gamma u_2\mathrm{d}A_2+\int_Q h'_{w_{1-2}}\gamma\mathrm{d}Q$$

上式中第一种形式的积分为

$$\int_A(z+\frac{p}{\gamma})\gamma\mathrm{d}Q=\gamma(z+\frac{p}{\gamma})\int_A\mathrm{d}Q=\gamma Q(z+\frac{p}{\gamma})$$

第二种形式的积分为

$$\int_A \gamma \frac{u^3}{2g}\mathrm{d}A = \frac{\gamma}{2g}\int_A u^3\mathrm{d}A = \frac{\gamma}{2g}\int_A (v+\Delta u)^3\mathrm{d}A$$

$$= \frac{\gamma}{2g}\int_A (v^3 + 3v^2\Delta u + 3v\Delta u^2 + \Delta u^3)\mathrm{d}A$$

$$= \frac{\gamma}{2g}(v^3 A + 3v^2\int_A \Delta u\mathrm{d}A + 3v\int_A \Delta u^2\mathrm{d}A + \int_A \Delta u^3\mathrm{d}A)$$

$$= \frac{\gamma}{2g}(v^3 A + 3v\int \Delta u^2\mathrm{d}A) = \frac{\gamma}{2g}(\alpha v^3 A) = \gamma Q\frac{\alpha v^2}{2g}$$

因为 $\int_A \Delta u\mathrm{d}A = 0$，而 $\int_A \Delta u^3\mathrm{d}A$ 可略去，括号内 $3v\int \Delta u^2\mathrm{d}A$ 项为正值，故 $\int_A u^3\mathrm{d}A > v^3 A$ 。

令 $\alpha = \frac{\int u^3\mathrm{d}A}{v^3 A}$，则知 $\alpha>1$，称为动能改正系数，由试验知 $\alpha=1.0\sim1.1$，通常取 $\alpha=1.0$。第三种积分为 $\int_Q h'_w\gamma\mathrm{d}Q$，若令 h_w 为单位质量流体从断面 1 流至断面 2 能量损失的平均值，上积分可写成

$$\int_Q h'_w\gamma\mathrm{d}Q = \gamma Q h_w$$

将上述三种积分结果汇总化简后可得

$$(z_1 + \frac{p_1}{\gamma})\gamma Q + \frac{\alpha_1 v_1^2}{2g}\gamma Q = (z_2 + \frac{p_2}{\gamma})\gamma Q + \frac{\alpha_2 v_2^2}{2g}\gamma Q + h_w\gamma Q$$

以重量流量 γQ 除以各项，得到以单位重量流体表示的总流能量方程

$$z_1 + \frac{p_1}{\gamma} + \frac{\alpha_1 v_1^2}{2g} = z_2 + \frac{p_2}{\gamma} + \frac{\alpha_2 v_2^2}{2g} + h_{w_{1\text{-}2}} \tag{6-4-21a}$$

以 $\gamma=\rho g$ 代入，上式亦可写为

$$z_1 + \frac{p_1}{\rho g} + \frac{\alpha_1 v_1^2}{2g} = z_2 + \frac{p_2}{\rho g} + \frac{\alpha_2 v_2^2}{2g} + h_{w_{1\text{-}2}} \tag{6-4-21b}$$

与元流能量方程比较可见，以平均流速流速水头与动能改正系数乘积 $\frac{\alpha v^2}{2g}$ 代替了 $\frac{u^2}{2g}$，又以总流的水头损失 h_w 代替了元流的水头损失 h'_w，其余各项不变。

（五）总流能量方程的应用范围和应用举例

由能量方程推导过程可知，能量方程必须满足这些条件方可应用，即恒定流、不可压缩流体、仅受重力作用、所取断面必须是渐变流、两断面间无机械能的输入或输出、也无流量的汇入或分出。

如果欲用于有机械能的输入或输出，则可修正如下

$$z_1 + \frac{p_1}{\gamma} + \frac{\alpha_1 v_1^2}{2g} \pm H = z_2 + \frac{p_2}{\gamma} + \frac{\alpha_2 v_2^2}{2g} + h_w \tag{6-4-22}$$

上式中 H 为输入或输出的单位机械能以液柱高度表示的水头，输入时用正号，输出时用负号。如果欲用于有流量分出或汇入的情况，则按单位能的意义作如下处理，对于如图 6-4-7a）所示的情况有

$$
\left.\begin{aligned}
&z_1+\frac{p_1}{\gamma}+\frac{\alpha_1 v_1^2}{2g}=z_2+\frac{p_2}{\gamma}+\frac{\alpha_2 v_2^2}{2g}+h_{w_{1\text{-}2}}\\
&z_1+\frac{p_1}{\gamma}+\frac{\alpha_1 v_1^2}{2g}=z_3+\frac{p_3}{\gamma}+\frac{\alpha_3 v_3^2}{2g}+h_{w_{1\text{-}3}}\\
&Q_1=Q_2+Q_3
\end{aligned}\right\}\tag{6-4-23}
$$

对于如图 6-4-7b)所示的情况有

$$
\left.\begin{aligned}
&z_1+\frac{p_1}{\gamma}+\frac{\alpha_1 v_1^2}{2g}=z_3+\frac{p_3}{\gamma}+\frac{\alpha_3 v_3^3}{2g}+h_{w_{1\text{-}3}}\\
&z_2+\frac{p_2}{\gamma}+\frac{\alpha_2 v_2^2}{2g}=z_3+\frac{p_3}{\gamma}+\frac{\alpha_3 v_3^2}{2g}+h_{w_{2\text{-}3}}\\
&Q_1+Q_2=Q_3
\end{aligned}\right\}\tag{6-4-24}
$$

在使用能量方程时，应注意配合应用连续方程。

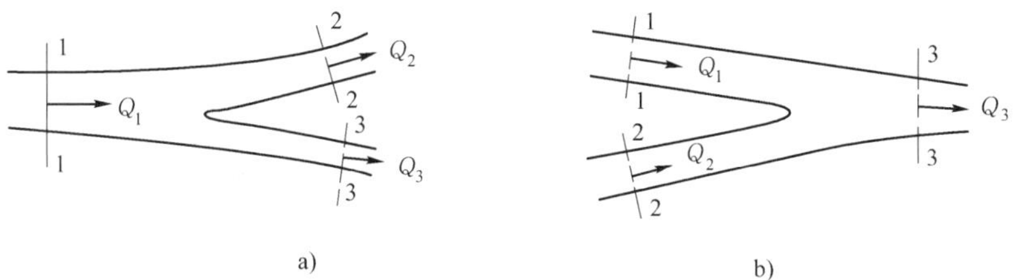

图 6-4-7

【例 6-4-2】 用一根直径 d 为 100mm 的管道从恒定水位的水箱引水，如图所示。若所需引水流量 Q 为 30L/s，水箱至管道出口的总水头损失 $h_w=3\text{m}$，水箱水面流速很小可忽略不计，试求水面至出口中心点的水头 H。

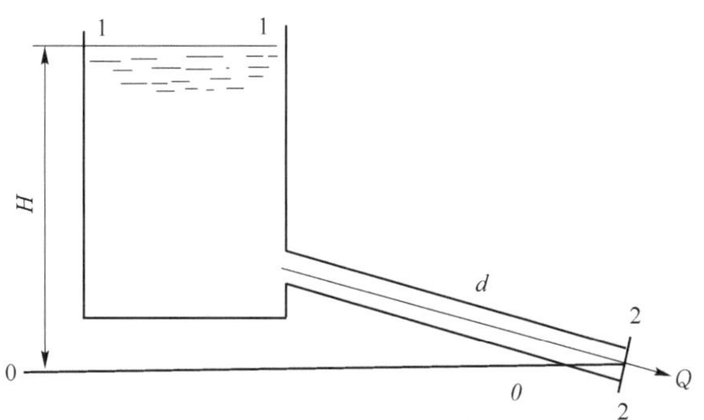

例 6-4-2 图

解 选水箱水面为断面 1-1，管道出口断面为断面 2-2，过断面 2-2 中点取一水平面为基准面 0-0，对此二断面写能量方程

$$
z_1+\frac{p_1}{\gamma}+\frac{\alpha_1 v_1^2}{2g}=z_2+\frac{p_2}{\gamma}+\frac{\alpha_2 v_2^2}{2g}+h_{w_{1\text{-}2}}
$$

$$
H+0+0=0+0+\frac{\alpha_2 v_2^2}{2g}+h_{w_{1\text{-}2}}
$$

因两断面均与大气相连，压强为当地大气压，所以 $p_1=p_2=0$，水面流速 $v_1\approx 0$，现取 $\alpha_2=1.0$，则有

$$
H=\frac{v_2^2}{2g}+h_{w_{1\text{-}2}}
$$

管道出口流速 $v_2=\frac{Q}{A_2}=\frac{Q}{\frac{\pi}{4}d^2}=3.82\text{m/s}$，所以水头 H 为

$$H=\frac{3.82^2}{2\times 9.8}+3=3.74\text{m}$$

【例 6-4-3】 试导出如图所示的文丘里(Venturi)流量计的流量公式，若已测出测压管水头差 $\Delta h=0.5\text{mH}_2\text{O}$，流量系数 $\mu=0.98$；管道直径 $d_1=100\text{mm}$，文丘里管的喉管直径 $d_2=50\text{mm}$，求此时管内通过的流量 Q。

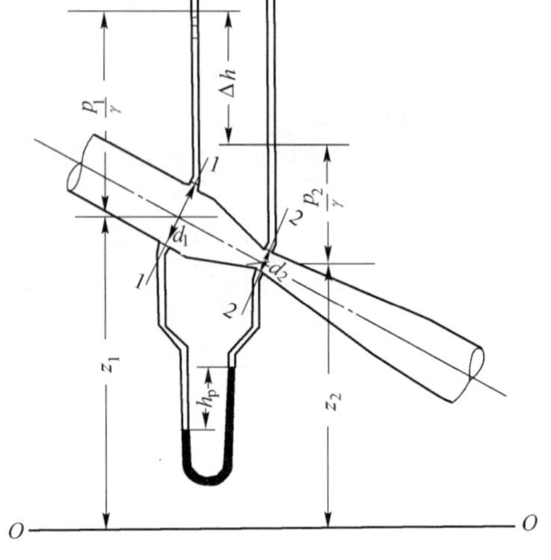

例 6-4-3 图

解 如图在测压管所在位置选取与流线垂直的断面 1-1 及 2-2，基准面选在管道下方任一位置。对断面 1-1 及 2-2 写能量方程，则

$$z_1+\frac{p_1}{\gamma}+\frac{\alpha_1 v_1^2}{2g}=z_2+\frac{p_2}{\gamma}+\frac{\alpha_2 v_2^2}{2g}+h_{w_{1-2}}$$

令 $\alpha_1=\alpha_2\approx 1.0$，因文丘里管两断面相距很近且很光滑，阻力很小，$h_w$ 可先忽略不计，再用实验得到的流量系数校正。

$$\left(z_1+\frac{p_1}{\gamma}\right)-\left(z_2+\frac{p_2}{\gamma}\right)=\frac{v_2^2-v_1^2}{2g}$$

等号左端为断面 1-1 与断面 2-2 测压管水头差 Δh，所以

$$v_2^2-v_1^2=2g\Delta h$$

利用连续方程 $v_1A_1=v_2A_2$ 可将 v_2 换算成 v_1

$$v_2=v_1\frac{A_1}{A_2}=v_1\left(\frac{d_1}{d_2}\right)^2$$

代入上式

$$v_1^2\left(\frac{d_1}{d_2}\right)^4-v_1^2=2g\Delta h$$

故

$$v_1=\sqrt{\frac{2g\Delta h}{\left(\frac{d_1}{d_2}\right)^4-1}}$$

流量

$$Q=v_1A_1=\frac{\pi}{4}d_1^2\sqrt{\frac{2g\Delta h}{\left(\frac{d_1}{d_2}\right)^4-1}} \tag{6-4-25}$$

对某一已知的文丘里流量计，直径 d_1 及 d_2 为已定常数，$g=9.8\text{m/s}^2$ 也是常数，所以 $\frac{\pi}{4}d_1^2\times\sqrt{\frac{2g}{\left(\frac{d_1}{d_2}\right)^4-1}}$ 也是一常数，令 $K=\frac{\pi}{4}d_1^2\sqrt{\frac{2g}{\left(\frac{d_1}{d_2}\right)^4-1}}$，则有

$$Q = K\sqrt{\Delta h} \tag{6-4-26}$$

代入本题数据得

$$K = \frac{\pi}{4}(0.1)^2\sqrt{\frac{2\times 9.8}{(\frac{0.1}{0.05})^4 - 1}} \approx 0.008\ 97\mathrm{m}^{\frac{5}{2}}/\mathrm{s}$$

$$Q = \mu K\sqrt{\Delta h} = 0.98\times 0.008\ 97\times\sqrt{0.5} = 0.006\ 22\mathrm{m}^3/\mathrm{s}$$

【例 6-4-4】 设在供水管路中有一水泵，如图所示，已知吸水池水面与水塔水面高差 z=30m，从断面 1-1 流至断面 2-2 的总水头损失 $h_{w_{1-2}}$ 为 5m。求水泵所需要的水头或水泵扬程。

解 因为在流程中有水泵的机械能输入，所以采用式(6-4-21)，选断面 1 及 2 写能量方程

$$z_1 + \frac{p_1}{\gamma} + \frac{\alpha_1 v_1^2}{2g} + H = z_2 + \frac{p_2}{\gamma} + \frac{\alpha_2 v_2^2}{2g} + h_{w_{1-2}}$$

水泵扬程 H 为

$$H = (z_2 - z_1) + (\frac{p_2 - p_1}{\gamma}) + \frac{\alpha_2 v_2^2 - \alpha_1 v_1^2}{2g} + h_{w_{1-2}}$$

$z_2 - z_1 = z$ 为两水面高差，1-1 及 2-2 液面均为当地大气压，相对压强为零，$p_1 = p_2 = 0$，令 $\alpha_1 = \alpha_2 = 1.0$，且因水面流速很小可不计，$v_1 = v_2 \approx 0$，所以

$$H = z + h_{w_{1-2}}$$

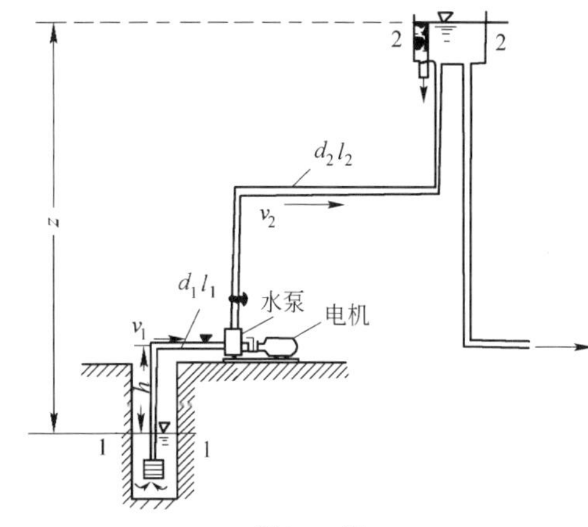

例 6-4-4 图

代入本题数据后得

$$H = 30 + 5 = 35\mathrm{m}$$

六、恒定流动量方程

流体像其他物体一样遵循动量定律，即动量对于时间的变化率$\frac{\mathrm{d}K}{\mathrm{d}t}$等于作用于物体上各外力的合力 $\boldsymbol{F}$。现将此定理运用于如图 6-4-8 所示的元流和总流推导出恒定流动量方程，取过流断面 1-1 及 2-2，作为控制面，流体由 1-1 向 2-2 流动，先取一条元流(图中虚线所示)分析。经过时间 dt 后断面从 1-1 移至 1′-1′，2-2 移至 2′-2′，元流的动量增量应为 1-1′段和 2-2′段的动量之差，即等于流出控制面的动量减去流入控制面的动量，因为中间一段 1′-2 动量无变化，所以

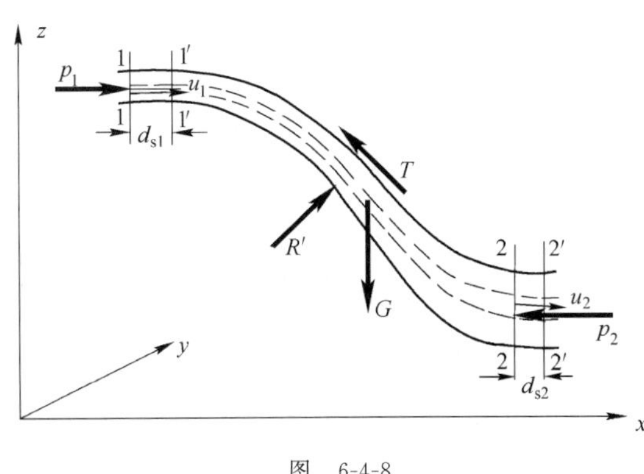

图 6-4-8

$$\mathrm{d}\boldsymbol{K} = \rho \mathrm{d}S_2\mathrm{d}A_2\boldsymbol{u}_2 - \rho\mathrm{d}S_1\mathrm{d}A_1\boldsymbol{u}_1$$

$$= \rho\mathrm{d}Q\mathrm{d}t(\boldsymbol{u}_2 - \boldsymbol{u}_1)$$

动量的变化率$\frac{\mathrm{d}\boldsymbol{K}}{\mathrm{d}t} = \rho\mathrm{d}Q(\boldsymbol{u}_2 - \boldsymbol{u}_1)$，按动量定律

$$\rho\mathrm{d}Q(\boldsymbol{u}_2 - \boldsymbol{u}_1) = \boldsymbol{F}$$

将上式对总流积分，即可得总流动量方程

$$\int_{A_2}\rho\boldsymbol{u}_2 u_2\mathrm{d}A_2 - \int_{A_1}\rho\boldsymbol{u}_1 u_1\mathrm{d}A_1 = \sum\boldsymbol{F}$$

现分析 $\int_A u^2 \mathrm{d}A$ 积分形式

$$\begin{aligned}\int_A u^2 \mathrm{d}A &= \int_A (v+\Delta u)^2 \mathrm{d}A \\ &= \int_A (v^2 + 2v\Delta u + \Delta u^2)\mathrm{d}A \\ &= v^2 A + \int_A \Delta u^2 \mathrm{d}A = \alpha_0 v^2 A\end{aligned}$$

因为 $\int_A \Delta u \mathrm{d}A = 0$，且 $\int \Delta u^2 \mathrm{d}A$ 为正数，故 $\int_A u^2 \mathrm{d}A > v^2 A$，$\alpha_0 > 1$，$\alpha_0 = \dfrac{\int_A u^2 \mathrm{d}A}{v^2 A}$ 称动量改正系数，由试验确定，$\alpha_0 = 1.0 \sim 1.05$，一般可取 $\alpha_0 \approx 1.0$。将此代入原积分式后有

$$\alpha_{02}\rho v_2 v_2 A_2 - \alpha_{01}\rho v_1 v_1 A_1 = \sum F$$

因

$$v_2 A_2 = v_1 A_1 = Q$$

得

$$\sum F = \rho Q(\alpha_{02} v_2 - \alpha_{01} v_1) \tag{6-4-27}$$

上式即为以向量形式表示的动量方程，如果投影到三个坐标轴上分别计算，则有

$$\begin{cases}\sum F_x = \rho Q(\alpha_{02} v_{2x} - \alpha_{01} v_{1x}) \\ \sum F_y = \rho Q(\alpha_{02} v_{2y} - \alpha_{01} v_{1y}) \\ \sum F_z = \rho Q(\alpha_{02} v_{2z} - \alpha_{01} v_{1z})\end{cases} \tag{6-4-28}$$

动量方程中的力 F 和速度 $\boldsymbol{v}$ 均是向量，即使应用式(6-4-27)，应注意方向和正负号。并且牢记脚标"2"代表流出控制体的断面，脚标"1"代表流入控制体的断面，且动量的增量要用"2"减去"1"，次序不能颠倒。

动量方程主要用于求流体与固体边界的相互作用力。

【例 6-4-5】 求水平放置的等截面弯头所受到的水流推力，如图所示，弯管直径 $d=200\text{mm}$，管中流速 $v=4\text{m/s}$，压强为 $p=98\text{kPa}$，不计水头损失。

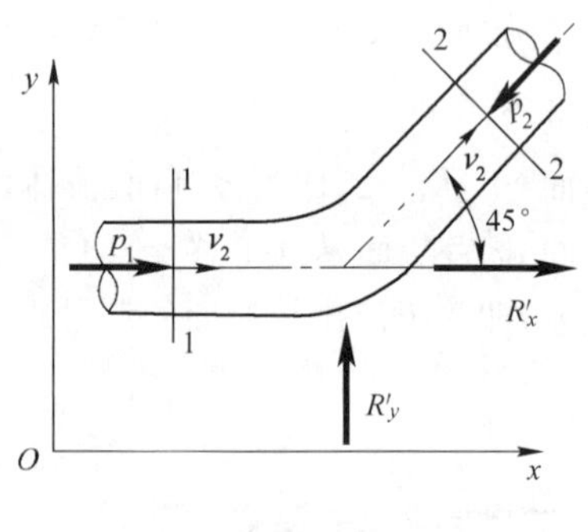

例 6-4-5 图

解 取二维坐标 x、y 如图所示，选控制面为 1-1、2-2，令管壁对水流的反力在两个轴上投影分别为 R'_x、R'_y，先对 x 轴应用式(6-4-28)

$$\sum F_x = \rho Q(\alpha_{02} v_{2x} - \alpha_{01} v_{1x})$$

设 $\alpha_{02} = \alpha_{01} = 1.0$

$$-R'_x - p_2 A_2 \cos\theta + p_1 A_1 = \rho Q(v_2 \cos\theta - v_1)$$

由于是等截面，所以 $A_1 = A_2 = A$，得

$$R'_x = A(p_1 - p_2\cos\theta) - \rho Q(v_2\cos\theta - v_1)$$

由于等截面，又不计水头损失，所 $v_1 = v_2 = v = 4\text{m/s}$，$p_1 = p_2 = p = 98\text{kPa}$，$Q = \dfrac{\pi}{4} d^2 v = \dfrac{\pi}{4}(0.2)^2 \times 4 = 0.126\text{m}^3/\text{s}$。将数字代入求得

$$\begin{aligned}R'_x &= \frac{\pi}{4}(0.2)^2 \times (98\times10^3 - 98\times10^3\cos45°) - 1\,000 \times 0.126 \times (4\times\cos45° - 4) \\ &= 1\,049.7\text{N}\end{aligned}$$

再对 y 轴应用式(6-4-28)

$$\sum F_y = \rho Q(\alpha_{02} v_{2y} - \alpha_{01} v_{1y})$$

$$R'_y - p_2 A_2 \sin\theta = \rho Q(v_2 \sin\theta - 0)$$

$$R'_y = p_2 A_2 \sin\theta + \rho Q v_2 \sin 45^\circ$$

$$= 98 \times 10^3 \times \frac{\pi}{4}(0.2)^2 \times \sin 45^\circ + 1\ 000 \times 0.126 \times 4\sin 45^\circ = 2\ 533\text{N}$$

合力 $R = \sqrt{R_x^2 + R_y^2} = \sqrt{1\ 049.7^2 + 2\ 533^2} = 2\ 741.9\text{N}$

管道所受推力 $\boldsymbol{P}$ 与此大小相等方向相反，$\boldsymbol{P} = -\boldsymbol{R}$。

习　题

6-4-1　理想流体是指(　　)的流体。

A. 密度为常数　　B. 黏度不变

C. 不可压缩　　D. 无黏性

6-4-2　恒定流是指(　　)。

A. 当地加速度$\dfrac{\partial \boldsymbol{u}}{\partial t}=0$　　B. 迁移加速度$\dfrac{\partial \boldsymbol{u}}{\partial S}=0$

C. 当地加速度$\dfrac{\partial \boldsymbol{u}}{\partial t}\neq 0$　　D. 迁移加速度$\dfrac{\partial \boldsymbol{u}}{\partial S}\neq 0$

6-4-3　均匀流是指(　　)。

A. 当地加速度为零　　B. 合加速度为零

C. 流线为平行直线　　D. 流线为平行曲线

6-4-4　伯努利方程中 $z+\dfrac{p}{\gamma}+\dfrac{\alpha v^3}{2g}$ 表示(　　)。

A. 单位重量流体的势能　　B. 单位重量流体的动能

C. 单位重量流体的机械能　　D. 单位质量流体的机械能

6-4-5　毕托管测速比压计中的水头差是(　　)。

A. 单位动能与单位压能之差

B. 单位动能与单位势能之差

C. 测压管水头与流速水头之差

D. 总水头与测压管水头之差

6-4-6　黏性流体测压管水头线的沿程变化是(　　)。

A. 沿程下降　　B. 沿程上升

C. 保持水平　　D. 前三种情况都有可能

6-4-7　变直径有压圆管流动，上游断面 1 的直径 $d_1 = 150\text{mm}$，下游断面 2 的直径 $d_2 = 300\text{mm}$，断面 1 的平均流速 $v_1 = 6\text{m/s}$，断面 2 的平均流速 v_2 为(　　)。

A. 3m/s　　B. 2m/s　　C. 1.5m/s　　D. 1m/s

6-4-8　已知倾斜放置的文丘里流量计的测压管水头差 $\Delta h = 0.6\text{mH}_2\text{O}$，如例 6-4-2 图所示，收缩前粗管直径 $d_1 = 100\text{mm}$，喉管直径 $d_2 = 50\text{mm}$，流量校正系数 $\mu = 0.98$，流量 Q 为(　　)。

A. $0.008\text{m}^3/\text{s}$　　B. $0.006\ 51\text{m}^3/\text{s}$　　C. $0.007\ 5\text{m}^3/\text{s}$　　D. $0.006\ 81\text{m}^3/\text{s}$

第五节　流动阻力和能量损失

本节主要研究由于流体黏性的作用而产生的流动阻力和由于克服阻力而消耗的能量损失。对于液体，常用单位重量液体的能量损失即水头损失 h_w 来表示；对于气体，常用单位体积的能量损失即压强损失 $p_w=\gamma h_w$ 来表示。

水头损失可分为沿程水头损失和局部水头损失两种类型。当流体作流线平行的均匀流动时，水流阻力只有沿程不变的切应力，称为沿程阻力，由于克服沿程阻力消耗能量而产生的水头损失称为沿程水头损失 h_f，如图 6-5-1 所示直管段部分的水头损失即是此种水头损失；当限制流体的固体边界急剧改变，从而引起流体流速分布、内部结构变化、形成漩涡等一系列现象，因此产生的阻力称为局部阻力，由于克服局部阻力消耗能量而产生的水头损失称为局部水头损失 h_m，如图 6-5-1 所示流经"弯头"、"缩小"、"放大"及"闸门"等处的水头损失即为局部损失。

图 6-5-1 流段两断面间的全部水头损失 h_w 可以表示为两断面间所有沿程损失和所有局部损失的总和，即

$$h_w=\sum h_f+\sum h_m$$

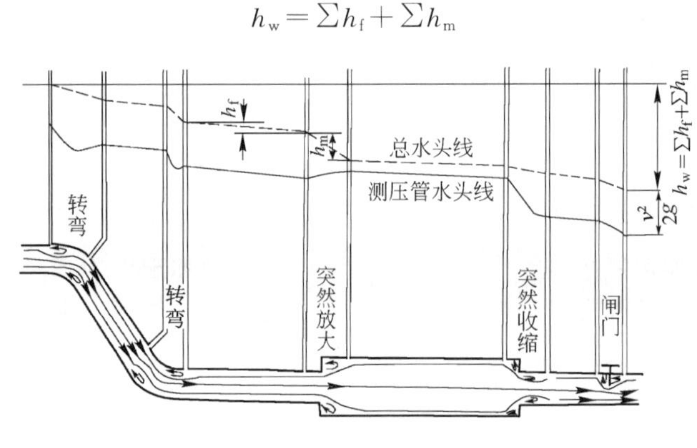

图　6-5-1

一、两种流态——层流和紊流

1883 年英国物理学家奥斯本·雷诺（Osborne Reynotds）经实验研究发现，水头损失和流体流动状态有关，而流动状态又可分为层流和紊流两种类型。

（一）层流

流体呈层状流动，各层的质点互不混掺；层流时水头损失 h_f 与平均流速的一次方成比例，即 $h_f=k_1 v$；层流一般发生在低流速、细管径、高黏性的流体流动中。

（二）紊流

流体的质点互相混掺，迹线紊乱的流动；紊流时水头损失 h_f 与平均流速的 1.75～2 次方成比例，即$h_f=k_2 v^{1.75\sim 2}$；紊流发生在流速较快、断面较大、黏性小的流体流动中。

（三）层流与紊流的判别标准

雷诺经大量实验研究后提出用一个无量纲数$\frac{vd}{\nu}$来区别流态。后人为纪念他，称之为下临界雷诺数，并以雷诺名字的头两个字母表示，即

$$\mathrm{Re}_k=\frac{v_k d}{\nu}=2\ 300 \tag{6-5-1}$$

若管道中实际的雷诺数 $Re=\frac{vd}{\nu}<2\ 300$ 为层流，$Re>2\ 300$ 为紊流。

【例 6-5-1】 直径为 20mm 的管流，平均流速为 9m/s，已知水的运动黏性系数 $\nu=0.011\ 4cm^2/s$，则管中水流的流态和水流流态转变的层流流速分别是：

A. 层流，19cm/s　　B. 层流，13cm/s

C. 紊流，19cm/s　　D. 紊流，13cm/s

解 管中雷诺数 $Re=\frac{v\cdot d}{\nu}=\frac{2\times 900}{0.011\ 4}=157894.74\gg Re_k$，为紊流。

欲使流态转变为层流时的流速 $v_k=\frac{Re_k\cdot \nu}{d}=\frac{2\ 300\times 0.011\ 4}{2}=13.1cm/s$。

答案：D

二、均匀流基本方程

在均匀流条件下可导出切应力 τ 与水力坡度 J 的关系式

$$\tau=\rho gRJ=\rho g\ \frac{r}{2}J$$

上式表明圆管中切应力与半径 r 成正比，为线性分布，如图 6-5-2a)所示。

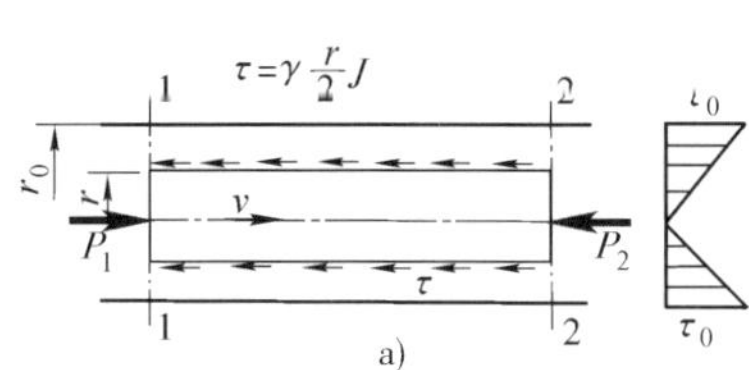

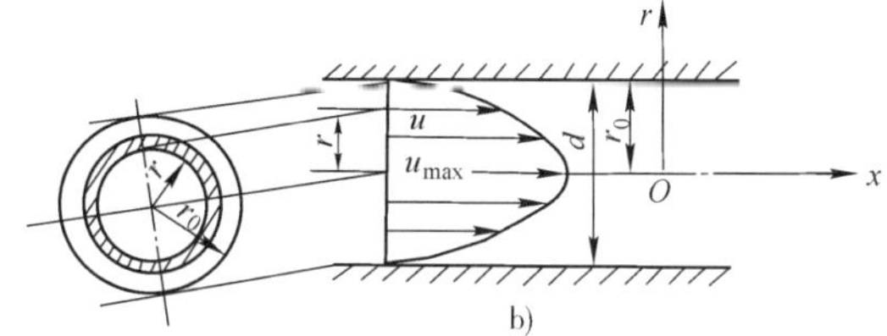

图 6-5-2

三、圆管中的层流运动及沿程损失计算

当圆管中的流态为层流时，断面上各点的流速 u 可用下式计算

$$u=\frac{\gamma J}{4\mu}(r_0^2-r^2) \tag{6-5-2}$$

式中：γ——重度；

J——水力坡度；

μ——动力黏度；

r_0——水管内半径；

r——断面上任一点半径。

由上式可知，层流时圆管断面流速分布为二次抛物线，如图 6-5-2b)所示。最大流速 u_{max} 发生在 $r=0$ 的管轴心处，$u_{max}=\frac{\gamma J}{4\mu}r_0^2$；断面平均流速 $v=\frac{Q}{A}=\frac{\int_A u\mathrm{d}A}{A}$ 经积分计算后可得 $v=\frac{\gamma J}{8\mu}r_0^2$，所以 $v=\frac{1}{2}u_{max}$，即平均流速是最大流速的一半。而动能改正系数 $\alpha=2$，动量改正系数 $\alpha_0=1.33$。

若以 $u_m=\frac{\gamma J}{4\mu}r_0^2$ 代入式(6-5-2)中可得：$u=u_m\left[1-\left(\frac{r}{r_0}\right)^2\right]$。

圆管层流时水头损失 h_f 的计算公式可导出为

$$h_f=\lambda\frac{L}{d}\frac{v^2}{2g} \tag{6-5-3}$$

上式称达西-魏斯巴赫(Darcy-Weisbach)，公式中 L 为流长，d 为管内径，v 为断面平均流速，g 为重力加速度，λ 为沿程阻力系数，在圆管层流时可按下式计算

$$\lambda=\frac{64}{\mathrm{Re}} \tag{6-5-4}$$

上式只能在 Re<2 300 时应用。

对于非圆断面的管道，可以用水力半径 R 来代替式中的管径 d，水力半径为断面面积 A 与湿周 x 之比，即

$$R=\frac{A}{x} \tag{6-5-5}$$

对有压圆管其水力半径按式(6-5-5)可求得为

$$R=\frac{\frac{\pi}{4}d^2}{\pi d}=\frac{d}{4}$$

将此关系代入式(6-5-3)可得

$$h_{\mathrm{f}}=\lambda\frac{L}{4R}\frac{v^2}{2g} \tag{6-5-6}$$

上式称达西公式，比式(6-5-3)应用范围更广。

【例 6-5-2】 一直径为 50mm 的圆管，运动黏性系数 $\upsilon=0.18\mathrm{cm^2/s}$，密度 $\rho=0.85\mathrm{g/cm^3}$ 的油在管内以 $v=5\mathrm{cm/s}$ 的速度做层流运动，则沿程损失系数是：

A. 0.09　　B. 0.461　　C. 0.1　　D. 0.13

解 有压圆管层流运动的沿程损失系数 $\lambda=\frac{64}{\mathrm{Re}}$

而雷诺数 $\mathrm{Re}=\frac{vd}{\upsilon}=\frac{5\times5}{0.18}=138.89$，$\lambda=\frac{64}{138.89}=0.461$

答案：B

【例 6-5-3】 半圆形明渠，半径 $r_0=4\mathrm{m}$，水力半径为：

A. 4m　　B. 3m　　C. 2m　　D. 1m

解 水力半径 R 等于过流面积除以湿周，即 $R=\frac{\pi r_0^2}{2\pi r_0}$

代入题设数据，可得水力半径 $R=\frac{\pi\times4^2}{2\times\pi\times4}=2\mathrm{m}$

答案：C

四、紊流运动及沿程损失计算

(一)紊流的脉动现象

在紊流中由于质点的混掺及旋涡的转移，使紊流中某点的流速、压强均随时间 t 而围绕某一时间平均值上下跳动，此现象称为脉动现象。图 6-5-3a)表示紊流流速 u_x 随时间 t 而脉动的情况，由于紊流脉动是一个随机过程，从瞬时来看没有规律，给研究带来困难。但从较长的时间过程来看，它又有一定规律，它可以看成是一个时间平均流动和脉动的叠加，而时均流动是恒定的。例如时均流速 $\bar{u}_x=\frac{1}{T}\int u_x\mathrm{d}t$，在图 6-5-3 中 $\bar{u}_x$ 是一条水平线。

(二)紊流的阻力

紊流除由于黏性而产生的黏性切应力之外，更主要的是由于质点混掺、动量交换而形成的惯性切应力 $\bar{\tau}_2=-\rho\overline{u_x'u_y'}$。根据普朗德(Prandtl)混掺长度半经验理论，惯性切应力

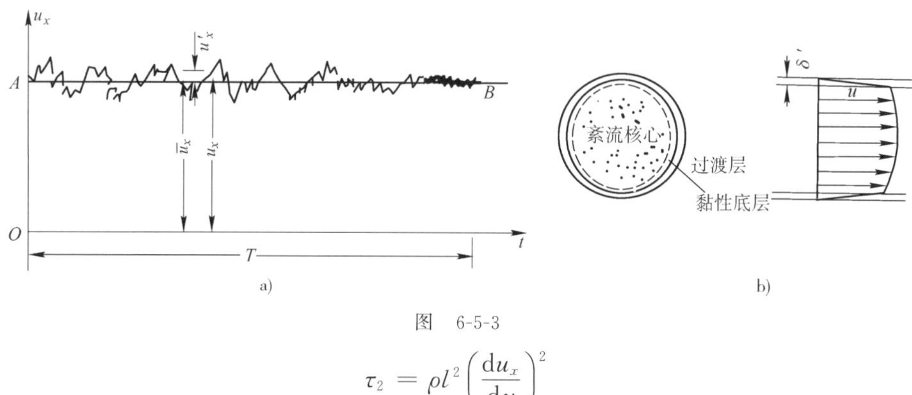

图　6-5-3

$$\tau_2 = \rho l^2 \left(\frac{\mathrm{d}u_x}{\mathrm{d}y}\right)^2$$

式中，l 为混掺长度。据卡门(Kazman)的研究：$l=ky$，$k=0.36\sim0.435$，平均值取 $k=0.4$。所以紊流阻力由两部分叠加，得

$$\tau = \mu\frac{\mathrm{d}u_x}{\mathrm{d}y} + \rho l^2 \left(\frac{\mathrm{d}u_x}{\mathrm{d}y}\right)^2$$

根据上述紊流阻力公式，可导出紊流核心区紊流速分布公式为

$$u = \frac{1}{k}v^* \cdot \ln y + C \tag{6-5-7}$$

由上式知紊流核心区流速分布为对数分布，远较层流均匀，如图 6-5-3b）所示，式中 $v_* = \sqrt{\frac{\tau_0}{\rho}}$ 称为切应力流速，y 为距壁面的距离。式中积分常数与固壁壁面的粗糙度 Δ 高低有关，所以紊流的阻力、流速分布、水头损失，不仅与黏性有关，与雷诺数 Re 有关，而且还与边壁粗糙度 Δ 和相对粗糙度 $\frac{\Delta}{d}$ 有关。

在壁面附近的黏性底层中，紊流流速分布为直线分布。

（三）紊流的沿程阻力系数

紊流与层流一样，计算沿程损失的公式仍可用达西公式(6-5-3)或公式(6-5-6)，但沿程阻力系数随流态不同及所在流区不同而用不同公式计算。根据尼柯拉兹(Nikuradse)在人工粗糙(黏沙粒)管中的试验，流区可划分如下：

1. 层流区

Re＜2 000，$\lambda=\frac{64}{\mathrm{Re}}$，参见图 6-5-4。

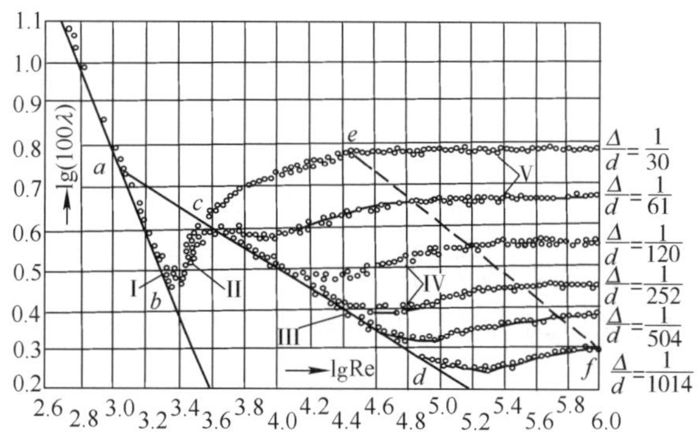

图　6-5-4

2.紊流光滑区

4 000<Re<10^5,管壁绝对粗糙度 $\Delta<0.4\delta$,而黏性底层厚度 $\delta=\frac{32.8d}{\mathrm{Re}\sqrt{\lambda}}$,此时黏性底层厚度遮盖了边壁粗糙度,沿程阻力系数仅随雷诺数而变,$\lambda=\lambda(\mathrm{Re})$,可用伯拉休斯(Blasince)公式计算

$$\lambda=\frac{0.3164}{\mathrm{Re}^{0.25}} \tag{6-5-8}$$

也可用尼柯拉兹光滑管公式计算

$$\frac{1}{\sqrt{\lambda}}=2\lg(\mathrm{Re}\sqrt{\lambda})-0.8 \tag{6-5-9}$$

【例 6-5-4】 尼古拉兹实验曲线中,当某管路流动在紊流光滑区内时,随着雷诺数的 Re 增大,其沿程损失系数 λ 将:

A.增大　　B.减小　　C.不变　　D.增大或减小

解 由尼古拉兹实验曲线图可知,在紊流光滑区,随着雷诺数 Re 的增大,沿程损失系数将减小。

答案:B

3.紊流过渡区

由水力光滑区向水力粗糙区的过渡,此时 $0.4\delta<\Delta<6\delta$,沿程阻力系数 λ 可按柯列布洛克(Colebrook)公式计算,此时 λ 与 Re、$\frac{\Delta}{d}$ 均有关,即

$$\frac{1}{\sqrt{\lambda}}=-2\lg\left(\frac{\Delta}{3.7d}+\frac{2.51}{\mathrm{Re}\sqrt{\lambda}}\right) \tag{6-5-10}$$

本流区的沿程阻力系数也可用阿尔特苏尔经验公式计算:$\lambda=0.11\left(\frac{\Delta}{d}+\frac{68}{\mathrm{Re}}\right)^{0.25}$。

4.紊流粗糙区(或称阻力平方区)

因为此时阻力系数 λ 只与相对粗糙度 $\frac{\Delta}{d}$ 有关,与 Re 无关,h_f 与 v^2 成正比。阻力系数有多种计算公式,最著名的有尼柯拉兹粗糙区公式和谢才(Chegy)公式。尼氏公式如下

$$\lambda=\frac{1}{\left(2\lg 3.7\frac{d}{\Delta}\right)^2} \tag{6-5-11}$$

应用范围为 $\Delta>6\delta$。

谢才公式如下

$$v=C\sqrt{RJ} \tag{6-5-12}$$

式中:v——平均流速;

C——谢才系数;

R——水力半径,$R=\frac{A}{x}$;

J——水力坡度 $J=h_f/L$,或者 $h_f=LJ$。

谢才系数有多种计算公式,其中工程上常用的有曼宁(Manning)公式

$$C=\frac{1}{n}R^{\frac{1}{6}} \tag{6-5-13}$$

式中:n——边壁粗糙系数,可查表 6-5-1。

粗 糙 系 数 n 值 表 6-5-1

序号	壁面性质及状况	n
1	特别光滑的黄铜管、玻璃管	0.009
2	精致水泥浆抹面，安装及连接良好的新制的清洁铸铁管及钢管，精刨木板	0.011
3	正常情况下无显著水锈的给水管，非常清洁的排水管，最光滑的混凝土面	0.012
4	正常情况的排水管，略有积污的给水管，良好的砖砌体	0.013
5	积污的给水管和排水管，中等情况下渠道的混凝土砌面	0.014
6	良好的块石圬工，旧的砖砌体，比较粗制的混凝土砌面，特别光滑、仔细开挖的岩石面	0.017
7	坚实黏土的渠道，不密实淤泥层（有的地方是中断的）覆盖的黄土、砾石及泥土的渠道，良好养护情况下的大土渠	0.022 5
8	良好的干砌圬工，中等养护情况的土渠，情况极良好的河道（河床清洁、顺直、水流畅通、无塌岸深潭）	0.025
9	养护情况中等标准以下的土渠	0.027 5
10	情况较坏的土渠（如部分渠底有杂草、卵石或砾石、部分岸坡崩塌等），情况良好的天然河道	0.030
11	情况很坏的土渠（如断面不规则，有杂草、块石、水流不畅等），情况较良好的天然河道，但有不多的块石和野草	0.035
12	情况特别坏的土渠（如有不少深潭及塌岸，杂草丛生，渠底有大石块等），情况不大良好的大然河道（如杂草、块石较多，河床不甚规则而有弯曲，有不少深潭和塌岸）	0.040

比较达西公式与谢才公式，可得

$$\left.\begin{aligned} C &= \sqrt{\frac{8g}{\lambda}} \\ \lambda &= \frac{8g}{C^2} \end{aligned}\right\} \tag{6-5-14}$$

和

谢才公式对水力粗糙区的明渠、管道均可用，对明渠应用尤为方便。

5.第一过渡区（流态过渡区）

由层流向紊流过渡，该区域很窄，且 λ 无定量公式。

此后，柯列布洛克（Co Lebrook）等人，对工业上实用管道进行研究，得出了计算紊流过渡区的阻力系数公式［式（6-5-10）］，式中 Δ 为实用管道的当量粗糙度，所谓当量粗糙度，就是指和 实用管道紊流粗糙区 λ 值相等的、管径相同的尼古拉兹人工粗糙管的砂粒粒径高度。见表 6-5-2。1944 年莫迪（Moody L. F）在式（6-5-10）的基础上绘制了实用管道的 λ 与 Re、$\frac{\Delta}{d}$ 之间关系图，称莫迪图，如图 6-5-5 所示。根据已知的 Re 与 $\frac{\Delta}{d}$ 可由莫迪图查出沿程阻力系数 λ 值。

实用管道当量粗糙度 Δ 值 表 6-5-2

序 号	边 界 种 类	当量粗糙度 Δ 值（mm）
1	钢板制风管	0.15（引自全国通用通风管道计算表）
2	塑料板制风管	0.10（引自全国通用通风管道计算表）
3	表面光滑砖风道	4.0（引自采暖通风设计手册）
4	矿渣混凝土板风道	1.5（引自采暖通风设计手册）

续上表

序　　号	边 界 种 类	当量粗糙度 Δ 值(mm)
5	钢丝网抹灰风道	10～15(引自采暖通风设计手册)
6	胶合板风道	1.0(引自采暖通风设计手册)
7	铅管、铜管、玻璃管	0.01(引自莫迪当量粗糙度图等)
8	镀锌钢管	0.15(引自莫迪当量粗糙度图等)
9	铸铁管	0.25(引自莫迪当量粗糙度图等)
10	混凝土管	0.3～3(引自莫迪当量粗糙度图等)
11	旧的生锈金属管	0.60(引自莫迪当量粗糙度图等)
12	污秽的金属管	0.75～0.97(引自莫迪当量粗糙度图等)

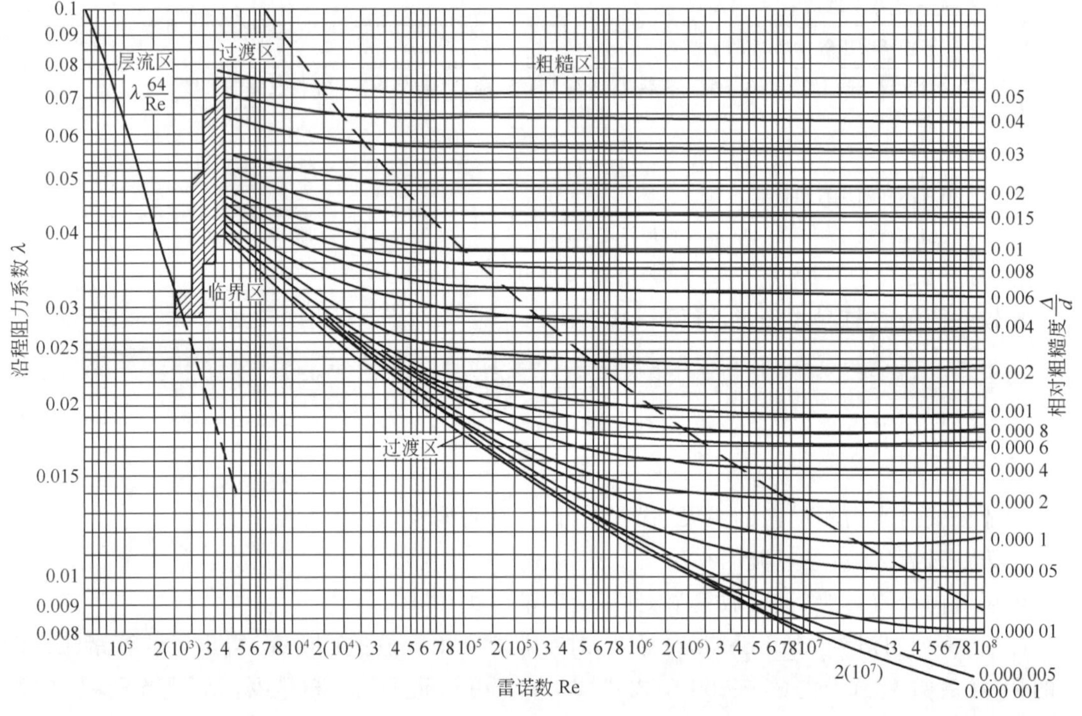

图　6-5-5

五、局部水头损失

局部水头损失计算的普遍公式为

$$h_m = \zeta \frac{v^2}{2g} \tag{6-5-15}$$

式中：ζ——局部阻力系数，视局部阻力形式而定，其数值由试验确定，可查局部阻力系数图表。

但对突然放大的局部损失(见图 6-5-6)，可用理论导出局部阻力系数。

$$\zeta_1 = (1 - \frac{A_1}{A_2})^2, h_m = \zeta_1 \frac{v_1^2}{2g}$$

相应于放大前流速 v_1。

$$\zeta_2 = (\frac{A_2}{A_1} - 1)^2, h_m = \zeta_2 \frac{v_2^2}{2g}$$

相应于放大后流速 v_2。

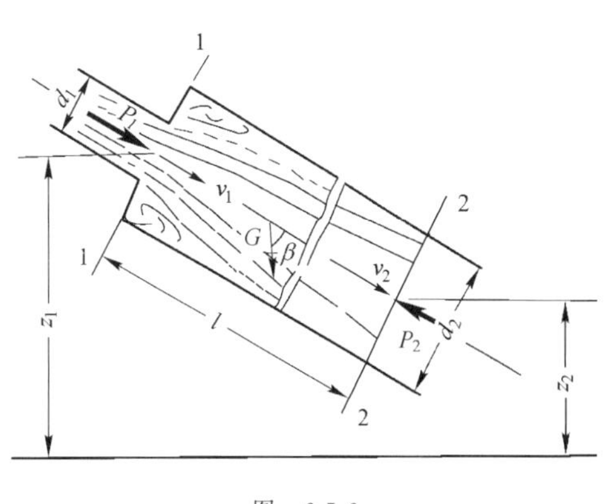

图 6-5-6

【例 6-5-5】 设有一恒定均匀有压管流，管径 $d=200\text{mm}$，绝对粗糙度 $\Delta=0.2\text{mm}$，水的运动黏度 $\nu=0.15\times10^{-5}\text{m}^2/\text{s}$，流量 $Q=5\text{L/s}$，试求该管的沿程阻力系数 λ 及每米管长沿程损失 h_f。

解 为判别流态，先求断面平均流速 v

$$v=\frac{Q}{A}=\frac{4Q}{\pi d^2}=\frac{4\times0.005}{\pi\times(0.2)^2}=0.16\text{m/s}$$

雷诺数 $\text{Re}=\frac{vd}{\nu}=\frac{0.16\times0.2}{0.15\times10^{-5}}=21\ 333>2\ 300$

紊流，但 $\text{Re}<10^5$。

设紊流处于水力光滑区，按伯拉休斯公式求沿程阻力的系数 $\lambda=\frac{0.316\ 4}{\text{Re}^{0.25}}=\frac{0.316\ 4}{21\ 333^{0.25}}=0.026$。验证是否在水力光滑区，为此先求黏性底层厚度

$$\delta=\frac{32.8\text{d}}{\text{Re}\sqrt{\lambda}}=\frac{32.8\times0.2}{21\ 333\sqrt{0.026}}=1.95\text{mm}$$

$$0.4\delta=0.4\times1.95=0.78\text{mm}>0.2\text{mm}$$

是光滑区，假设正确。

$$h_f=\lambda\frac{L}{d}\cdot\frac{v^2}{2g}=0.026\times\frac{1}{0.2}\times\frac{0.16^2}{19.6}=1.7\times10^{-4}\text{m}$$

【例 6-5-6】 略有积污的给水管，管径 d 为 600mm，通过流量 Q 为 352L/s，管长 7.5km，绝对粗糙度 $\Delta=1.5\text{mm}$，平均水温 10℃，求沿程损失 h_f。

解 流速 $$v=\frac{4Q}{\pi d^2}=\frac{4\times0.352}{\pi(0.6)^2}=1.245\text{m/s}$$

雷诺数 $$\text{Re}=\frac{vd}{\nu}=\frac{1.245\times0.6}{1.306\times10^{-6}}=571\ 950>2\ 000$$

因 Re 较大且粗糙度较大，设在水力粗糙区用尼氏粗糙公式(6-5-11)求沿程阻力系数 λ

$$\lambda=\frac{1}{\left(2\lg3.7\frac{d}{\Delta}\right)^2}=\frac{1}{\left(2\lg3.7\times\frac{600}{1.5}\right)^2}=0.024\ 9$$

验证是否在水力粗糙区，求黏性底层厚度

$$\delta=\frac{32.8d}{\text{Re}\sqrt{\lambda}}=\frac{32.8\times0.6}{571\ 950\times\sqrt{0.024\ 9}}=0.218\text{mm}$$

$$6\delta=6\times0.218=1.308\text{mm}$$

$\Delta=1.5\text{mm}>6\delta$，是在水力粗糙区。

$$h_f=\lambda\frac{L}{d}\frac{v^2}{2g}=0.024\ 9\times\frac{7\ 500}{0.6}\times\frac{1.245^2}{2\times9.8}=24.61\text{m}$$

用谢才公式再求一次，按略有积污的给水管查表 6-5-1 得粗糙系数 $n=0.013$，代入曼宁公式

$$C=\frac{1}{n}R^{1/6}=\frac{1}{0.013}\left(\frac{0.6}{4}\right)^{1/6}=56.071\sqrt{\text{m}}/\text{s}$$

$$\lambda = \frac{8g}{C^2} = \frac{8 \times 9.8}{56.071^2} = 0.02494$$

与用尼氏式计算基本相同，在以上计算中关键是要把粗糙系数及绝对粗糙度选好，其次选用流区公式要正确。

六、边界层基本概念和线流阻力

(一)边界层的定义和分类

当应用理想流体运动微分方程即欧拉运动方程来求解低黏性大雷诺数的实际流动时与实验结果出现有较大的差别，在圆柱绕流问题上甚至出现谬误，但完全应用黏性流体运动方程，即纳维-斯托克司(Navier-Stokes)方程求解整个流场时又有数学上的困难。直到1904年普朗德(L. Prandtl)提出了边界层理论，为解决实际流体的流动开拓了新的境界，现以如图6-5-7所示的平板边界层为例加以说明。当实际流体以某一速度 u_0 流向平板时，不论其雷诺数多么大，由于黏性作用紧贴固定边界上的流速必为零，但沿边界法线方向(图中 y 方向)流速迅速增大，这样，在边界附近的流区存在着相当大的流速梯度，此区内的黏性切应力就不能忽略，边界附近的这一流体层就称为边界层。边界层外的流区，因流速梯度小，黏性作用可略去，按理想流体处理。普朗德又根据边界层内流动的具体条件，运用量级对比法，把实际流体运动微分方程(N-S)方程加以简化，成为边界层方程，为解决边界层内的流动创造了条件。

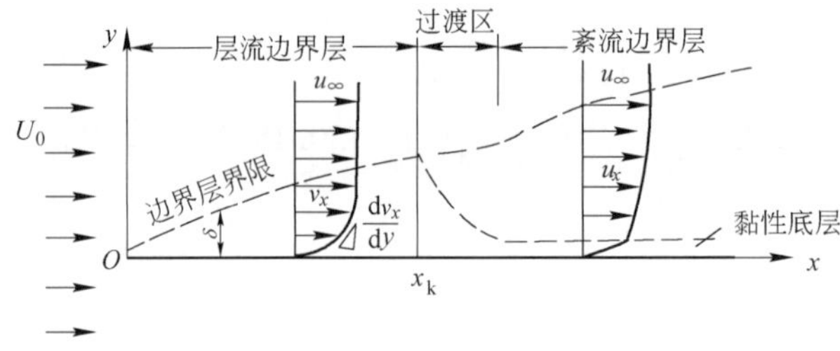

图 6-5-7

边界层的厚度 δ 从理论上讲，应该是由平板的表面流速为零处沿平板外法线方向一直到流速达到来流流速 u_0 的地方，这样厚度 δ 将是无穷大。实际观察发现，在离平板法向很小距离内流速就恢复到接近来流的速度。因此，一般规定当 $u_x = 0.99U_0$ 时的地方，即是边界层的外边界，所以边界层的厚度 δ 是随距平板前端0点处的水平距离 x 而变的，在 $x=0$ 即平板前端处 $\delta=0$，然后随 x 之增大 δ 也随之增大；在 $x=x_k$ 以前为层流边界层，在 $x>x_k$ 以后经一很短的过渡段就发展为紊流边界层。层流边界层转变为紊流边界层的转变点称为转捩点，转捩点的雷诺数为 $\mathrm{Re}_k = u_0 x_k/\nu$，对于光滑平板 Re_k 的范围为 $3\times10^5 < \mathrm{Re}_k < 3\times10^6$。在紊流边界层内紧靠壁面处，流速较小，黏性仍起作用，近于层流运动，这一极薄层称为黏性底层(或近壁层流层)。

伯拉休斯(Blasiuce)于1908年求得边界层方程在层流边界时的精确解，边界层厚度 δ 与 x 坐标的关系如下

$$\delta = 5\sqrt{\frac{Lx}{\mathrm{Re}_L}} = 5\frac{x}{\sqrt{\mathrm{Re}_x}} \tag{6-5-16}$$

式中：L——平板长度；

x——水平距离；

Re_L——平板末端断面的雷诺数，$Re_L=\frac{u_0 L}{\nu}$；

Re_x——距起点 x 距离断面的雷诺数，$Re_x=\frac{u_0 x}{\nu}$。

由式(6-5-16)可知平板末端层流边界层的厚度

$$\delta = 5\frac{L}{\sqrt{Re_L}} \tag{6-5-17}$$

当平板边界层已发展为紊流边界层时，则需用冯·卡门(V. Kazman)动量积分方程求近似解。

(二)边界层的分离现象

当流体不是流经平板，而是流向曲面物体时，可能产生边界层分离现象。现以圆柱绕流为例加以分析，如图 6-5-8a)所示一圆柱绕流的平面图。流体由 A 至 B 流动时，断面收缩，流速加快，压强减少($\frac{\partial p}{\partial x}<0$)是加速减压段，此顺流的压差足以克服边界层内的阻力和主流动能的增加，边界层内流速不会减至零。但在流过 B 点以后，由于断面扩大，流体处于减速增压段($\frac{\partial p}{\partial x}>0$)，这时动能部分恢复为压能，为克服边界层内的阻力，也消耗了动能，此双重原因，使边界层内质点流速迅速降低，到一定地点，如图 6-5-8b)所示的贴近柱面的 C 点流速降到了零，流体质点将在 C 点停滞下来，继续流来的流体质点被迫脱离原来的流线，沿 CE 方向流去，从而使边界层脱离了柱面，这种现象即为边界层分离现象。C 点称为分离点，它不是指柱面上流速为零的点而是指贴近柱面流速为零的点。由于分离点下游的逆流向压差，使边界层分离后的液体反向回流，形成旋涡区。绕流物体边界层分离后的旋涡区称为绕流物体的尾流区，尾流区是充斥旋涡体的负压力，这使绕流体上下游形成"压差阻力"。尾流区的大小取决于边界层分离点的位置，而分离点的位置又取决于绕流物体的形状、粗糙度、雷诺数等。如流体遇到绕流体的锐缘时，分离点就在锐缘，如遇到流线形状的绕流体，则尾流区大大减小，所以"压差阻力"又称为"形状阻力"。

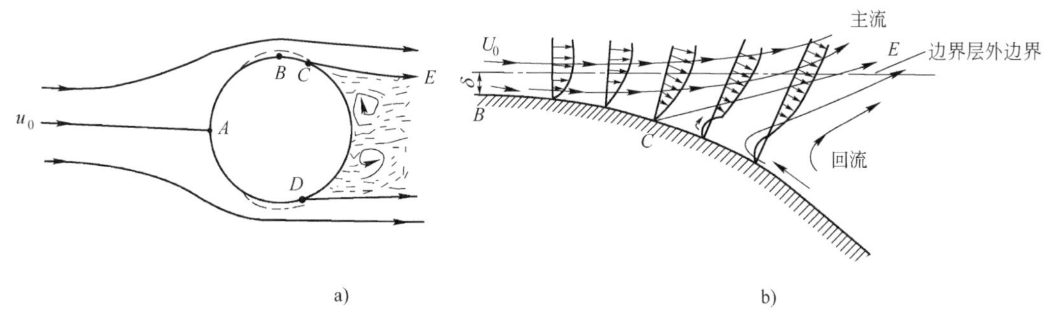

图 6-5-8

(三)绕流阻力

绕流阻力是指物体受到的绕其流过的流体所给予的阻力，绕流阻力由摩擦阻力和压差阻力(或称形状阻力)两部分所组成。1726 年牛顿提出绕流阻力计算公式为

$$D = C_D A \frac{\rho u_0^2}{2} \tag{6-5-18}$$

式中：D——绕流阻力；

ρ——流体密度；

u_0——来流流体未受物体影响前相对于物体的流速；

A——绕流物体与流体流向正交的断面投影面积；

C_D——绕流阻力系数，主要取决于被绕流体的形状、流体雷诺数、物面粗糙度及来流紊流强度，依靠试验来确定（参见图 6-5-9）。

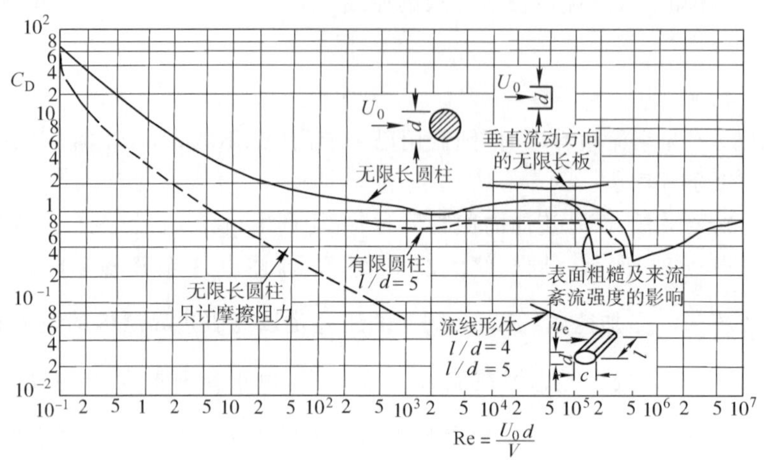

图 6-5-9

1851 年斯托克司（Stokes）研究了微小圆球形颗粒在流体中极慢流动（蠕动）时的阻力，它利用黏性流体运动微分方程（N-S 方程）忽略了惯性项，进行理论分析，得到了绕流阻力公式

$$D = 3\pi\mu v d \tag{6-5-19}$$

式中：D——圆球绕流阻力；

μ——流体动力黏度；

d——圆球颗粒直径；

v——颗粒与流体的相对流速。

当泥沙颗粒在水中下沉时，重力与浮力及绕流阻力三者达到平衡，颗粒将均匀下沉，此时相对速度即为沉降速度 v，重力与浮力之差为 $\frac{\pi}{6}d^3(\gamma'-\gamma)$，$\gamma'$ 与 γ 分别为颗粒重度与流体重度。此两力差与式（6-5-19）所表示之绕流阻力平衡后可求得沉速 $v=\frac{1}{3\pi\mu d}\frac{\pi}{6}d^3(\gamma'-\gamma)$，即

$$v = \frac{d^2}{18\mu}(\gamma'-\gamma) \tag{6-5-20}$$

上式在 Re＜1 时适用。

将圆球阻力公式（6-5-19）与牛顿提出的绕流阻力普遍公式（6-5-18）比较，可得圆球阻力系数 C_D 的理论公式为

$$C_D A \frac{\rho u_0^2}{2} = 3\pi\mu u_0 d$$

$$C_D \times \frac{\pi}{4}d^2 \frac{\rho u_0^2}{2} = 3\pi\mu u_0 d$$

化简后得

$$C_D = \frac{24}{\mathrm{Re}} \tag{6-5-21}$$

式中：$\mathrm{Re}=\frac{u_0 d}{\nu}$——雷诺数。

上式在 $Re<1$ 时与实验符合很好。在 $Re=10\sim10^3$ 时，$C_D\approx\frac{13}{\sqrt{Re}}$，当 $Re=10^3\sim2\times10^5$ 时，可采用平均值 $C_D=0.45$。而且当 $Re>1$ 时，沉降速度用下式计算

$$v=\sqrt{\frac{4}{3C_D}\left(\frac{\gamma'-\gamma}{\gamma}\right)gd} \tag{6-5-22}$$

为了减小绕流阻力可将物体设计成流线型使边界层分离点后移，尾流区缩小，减少形状阻力；使物体表面光滑平顺及吸走边界层停滞点处的流体，也可达到减阻的目的。

七、减小阻力的措施

长期以来，减小阻力就是工程流体力学中的一个重要的研究课题。这方面的研究成果，对国民经济和国防建设的很多部门都有十分重大的意义。例如，对于在流体中航行的各种运载工具(飞机、轮船等)，减小阻力就意味着减小发动机的功率和节省燃料消耗，或者在可能提供的动力条件下提高航行速度。这一点在军事上具有更大的意义。长距离输送像原油这类黏性很大的液体，需要消耗巨大的能量，如能将原油的管输摩阻大幅度降低，会给国民经济带来很大好处。对于经常运转的其他管道系统，减阻在节约能源上的意义也是不容忽视的。因此近年来减阻问题的研究，日益引起各有关领域的重视。

减小管中流体运动的阻力有两条完全不同的途径：一是改进流体外部的边界，改善边壁对流动的影响；另一是在流体内部投加极少量的添加剂，使其影响流体运动的内部结构来实现减阻。

添加剂减阻是近二十年才迅速发展起来的减阻技术。虽然到目前为止，它在工业技术中还没有得到广泛的应用，但就当前了解的试验研究成果和少数生产使用情况来看，它的减阻效果是很突出的。此外，添加剂减阻又和紊流机理这个流体力学中的基本理论问题密切相关。通过对添加剂减阻机理的研究，必将推动紊流理论的进一步发展。添加剂减阻已成为流体力学中一项富有生命力的研究课题。

下面介绍改善边壁的减阻措施。

要降低粗糙区或过渡区内的紊流沿程阻力，最容易想到的减阻措施是减小管壁的粗糙度。此外，用柔性边壁代替刚性边壁也可能减少沿程阻力。水槽中的拖曳试验表明，高雷诺数下的柔性平板的摩擦阻力比刚性平板小50%。对安放在另一管道中间的弹性软管进行过阻力试验，两管间的环形空间充满液体，结果比同样条件的刚性管道的沿程阻力小35%。环形空间内液体的黏性愈大，软管的管壁愈薄，减阻效果愈好。

减小紊流局部阻力的着眼点在于防止或推迟流体与壁面的分离，避免旋涡区的产生或减小旋涡区的大小和强度。下面选几种典型的常用配件为例来说明这个问题。

(一)管道进口

图6-5-10表明，平顺的管道进口可以减小局部损失系数90%以上。

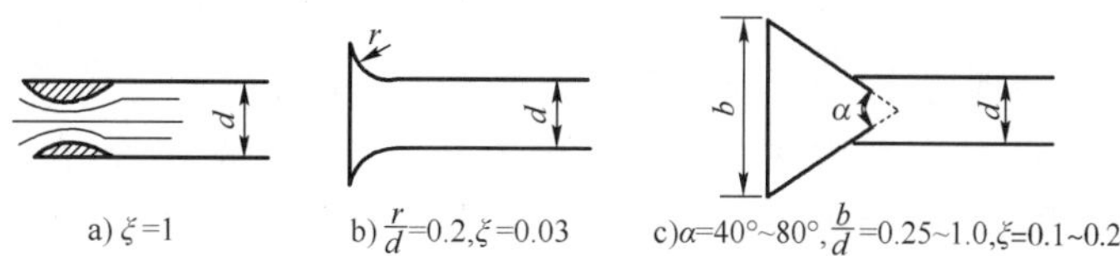

图6-5-10　几种进口阻力系数

（二）渐扩管和突扩管

扩散角大的渐扩管阻力系数较大，如制成图 6-5-11a)示的形式，阻力系数约减小一半。突扩管如制成图 6-5-11b)示的台阶式，阻力系数也可能有所减小。

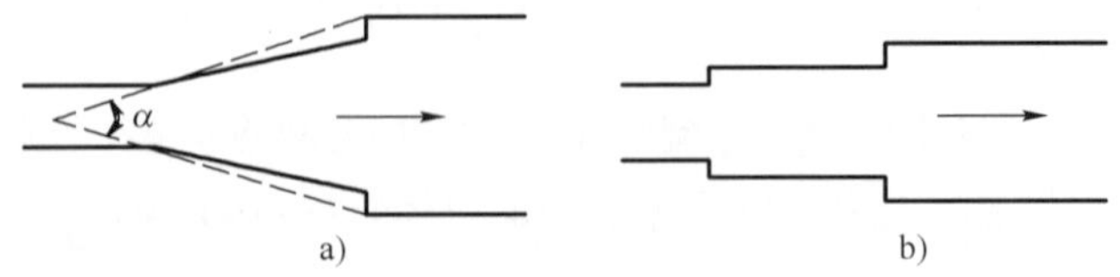

图 6-5-11　复合式渐扩管和台阶式突扩管

（三）弯管

弯管的阻力系数在一定范围内随曲率半径 R 的增大而减小。表 6-5-3 给出了 90°弯管在不同 R/d 时的 ξ 值。

不同 R/d 时 90°弯管的 ξ 值（$Re=10^6$）　　表 6-5-3

R/d	0	0.5	1	2	3	4	6	10
ξ	1.14	1.00	0.246	0.159	0.145	0.167	0.20	0.24

由表可知，如 $R/d<1$，ξ 值随 R/d 的减小而急剧增加，这与旋涡区的出现和增大有关。如 $R/d>3$，ξ 值又随 R/d 的加大而增加，这是由于弯管加长后，摩阻增大造成的。因此弯管的 R 最好在(1～4)d 的范围内。

断面大的弯管，往往只能采用较小的 R/d，可在弯管内部布置一组导流叶片，以减小旋涡区和二次流，降低弯管的阻力系数。愈接近内侧，导流叶片应布置得愈密些。如图 6-5-12 所示的弯管，装上圆弧形导流叶片后，阻力系数由 1.0 减小到 0.3 左右。

（四）三通

尽可能地减小支管与合流管之间的夹角，或将支管与合流管连接处的折角改缓，都能改进三通的工作，减小局部阻力系数。例如将 90°T 形三通的折角切割成如图 6-5-13 所示的 45°斜角，则合流时的 $\xi_{1\text{-}3}$ 和 $\xi_{2\text{-}3}$ 减小 30%～50%，分流时的 $\xi_{3\text{-}1}$ 减小 20%～30%。但对分流的 $\xi_{3\text{-}2}$ 影响不大。如将切割的三角形加大，阻力系数还能显著下降。

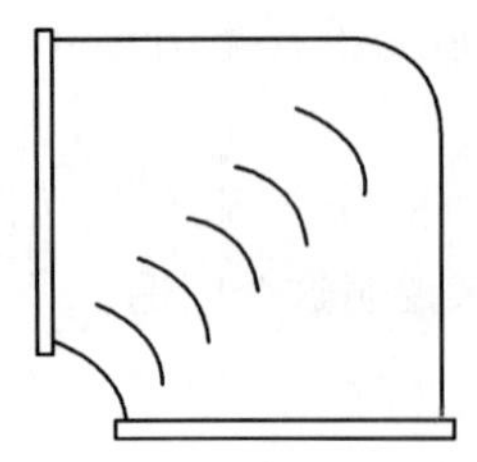

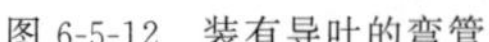

图 6-5-12　装有导叶的弯管

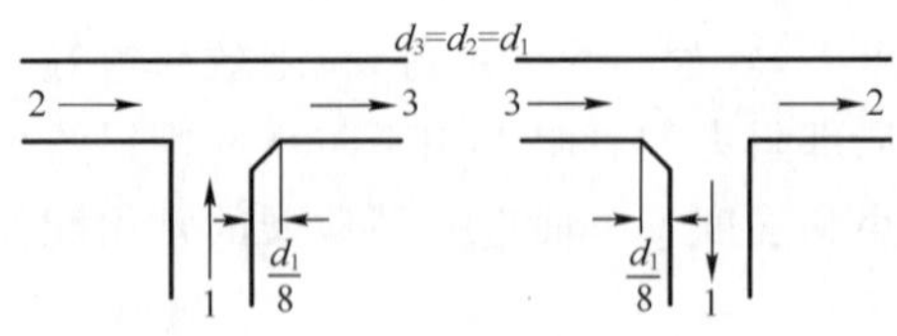

图 6-5-13　切割折角的 T 形三通

配件之间的不合理衔接，也会使局部阻力加大。例如在既要转 90°，又要扩大断面的流动中，如均选用 $R/d=1$ 的弯管和 $A_2/A_1=2.28$、$l_d/r_1=4.1$ 的渐扩管，在直接连接($l_s=0$)的情况下，先弯后扩的水头损失为先扩后弯的水头损失的 4 倍。即使中间都插入一段 $l_0=4d$ 的短管，也仍然大 2.4 倍。因此，如果没有其他原因，先弯后扩是不合理的。

习　题

6-5-1　有压圆管均匀流切应力 τ 沿断面的分布为(　　)。

A. 断面上各点 τ 相等　　B. 管壁处是零,向管轴线性增大

C. 管轴处是零,与半径成正比　　D. 按抛物线分布

6-5-2　圆管层流运动的流速分布图是(　　)。

A. 直线分布　　B. 对数曲线分布

C. 抛物线分布　　D. 双曲线分布

6-5-3　圆管层流运动,轴心处最大流速与断面平均流速的比值是(　　)。

A. 1　　B. 2　　C. 3/2　　D. 3

6-5-4　圆管紊流核心区的流速分布是(　　)。

A. 直线分布　　B. 抛物线分布　　C. 对数曲线分布　　D. 双曲线分布

6-5-5　有压圆管流动,若断面 1 的直径是其下游断面 2 直径的 2 倍,则断面 1 与断面 2 雷诺数的关系是(　　)。

A. $Re_1=0.5Re_2$　　B. $Re_1=Re_2$　　C. $Re_1=1.5Re_2$　　D. $Re_1=2Re_2$

6-5-6　有压圆管层流的沿程阻力系数 λ 在莫迪图上随着雷诺数 Re 的增加而(　　)。

A. 增加　　B. 线性的减少

C. 不变　　D. 以上答案均不对

6-5-7　层流的沿程损失与平均流速的(　　)成正比。

A. 2 次方　　B. 1.75 次方　　C. 1 次方　　D. 1.85 次方

6-5-8　有压圆管流动,紊流粗糙区的沿程阻力系数 λ(　　)。

A. 与相对粗糙度有关　　B. 与雷诺数有关

C. 与相对粗糙度及雷诺数均有关　　D. 与雷诺数及管长有关

6-5-9　谢才公式仅适用于(　　)。

A. 水力光滑区　　B. 水力粗糙区或阻力平方区

C. 紊流过渡区　　D. 第一过渡区

6-5-10　若一管道的绝对粗糙度 Δ 不改变,只要改变管中流动参数,也能使其由水力粗糙管变成水力光滑管,这是(　　)。

A. 因为加大流速后,黏性底层变厚了

B. 减小管中雷诺数,黏性底层变厚遮住了绝对粗糙度

C. 流速加大后,把管壁冲得光滑了

D. 其他原因

6-5-11　流体绕固体流动时所形成的绕流阻力,除了黏性摩擦力外,更主要的是因为(　　)形成的形状阻力。

A. 流速和密度的加大

B. 固体表面粗糙

C. 雷诺数加大,表面积加大

D. 有尖锐边缘的非流线形物体,产生边界层的分离和漩涡区

6-5-12　如例 6-4-4 图所示的水泵供水管路,水池与水塔液面高差 $z=15\text{m}$,两液面间吸水

管及压水管系统总阻力系数 $\zeta_s=\sum\lambda\dfrac{L}{d}+\sum\zeta=65$，管中流速 $v=1\text{m/s}$，水泵所需的最小扬程 H 为(　　)。

A. $16\text{mH}_2\text{O}$　　B. $20\text{mH}_2\text{O}$　　C. $17.31\text{mH}_2\text{O}$　　D. $18.32\text{mH}_2\text{O}$

第六节　孔口、管嘴及有压管流

一、孔口出流

(一)孔口出流的分类

容器壁上开一孔口有液体流出称孔口出流。如壁厚对出流现象无影响，孔壁与液流仅在一条周线上接触，这种孔口称为薄壁孔口，反之称为非薄壁孔口。当孔口高度 $e<\dfrac{H}{10}$ 时称为小孔口，式中 H 为孔口形心上的水头，小孔口断面上各点水头近似相等可用形心点水头代表。若孔口高度 $e\geqslant\dfrac{H}{10}$ 就称为大孔口。孔口前水头 H 恒定不变时，称为常水头孔口，如孔口前水头随时间而改变时称为变水头孔口出流。液体经孔口流入大气称自由出流孔口，液体经孔口流入液面以下称为淹没出流孔口。

(二)常水头薄壁小孔口自由出流

如图 6-6-1 所示，取基准面 0-0 过孔口中心，并取上游自由液面为断面 1-1，孔口外收缩断面(距壁 $e/2$ 处)c-c 为下游断面，写能量方程

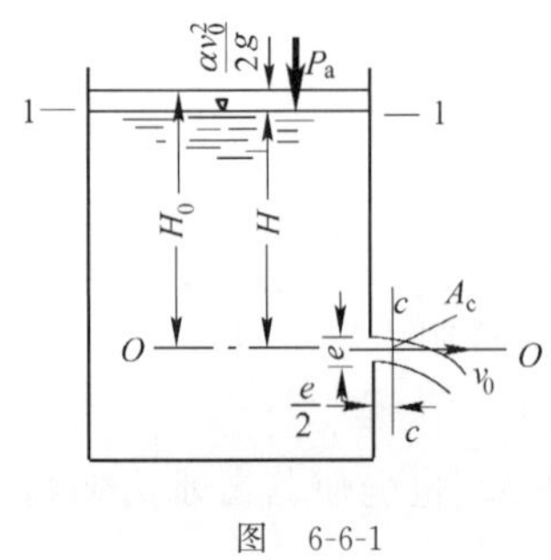

图　6-6-1

$$H+0+\frac{\alpha_1 v_0^2}{2g}=0+0+\frac{\alpha_2 v_c^2}{2g}+h_w$$

令 $H_0=H+\dfrac{\alpha_1 v_0^2}{2g}$，$v_0$ 为上游水面流速，H_0 称自由出流小孔口水头。当 v_0 很小时 $H_0\approx H$，孔口水头损失 $h_w=\zeta_c\dfrac{v_c^2}{2g}$，$\zeta_c$ 为小孔口阻力系数由试验确定。代入上式后得 $H=(\alpha_c+\zeta_c)\dfrac{v_c^2}{2g}$，故收缩断面平均流速

$$v_c=\frac{1}{\sqrt{\alpha_c+\zeta_c}}\sqrt{2gH_0}=\varphi\sqrt{2gH_0}\tag{6-6-1}$$

式中，$\varphi=\dfrac{1}{\sqrt{\alpha_c+\zeta_c}}$ 为小孔口流速系数，可用试验确定，据前人研究 $\varphi=0.97$，$\zeta_c=0.06$，$\alpha_c=1.0$。

设收缩断面面积与孔口断面面积比值为 $\varepsilon=\dfrac{A_c}{A}$，称为收缩系数，小孔口的收缩系数 $\varepsilon=0.64$(当收缩为充分、完善圆形时)，故小孔口的出流流量

$$Q=V_c A_c=\varphi\sqrt{2gH_0}\times\varepsilon A=\varepsilon\varphi A\sqrt{2gH_0}$$

令 $\mu=\varepsilon\varphi$，称小孔口流量系数，则有

$$Q=\mu A\sqrt{2gH_0}\tag{6-6-2}$$

对充分收缩的圆形小孔口，$\mu=0.97\times0.64\approx0.62$，收缩是否充分和完善与孔口至容器壁的距离有关，当孔口距壁的距离大于相应的孔口边长的3倍时，为充分完善收缩，否则为不充分完善收缩。

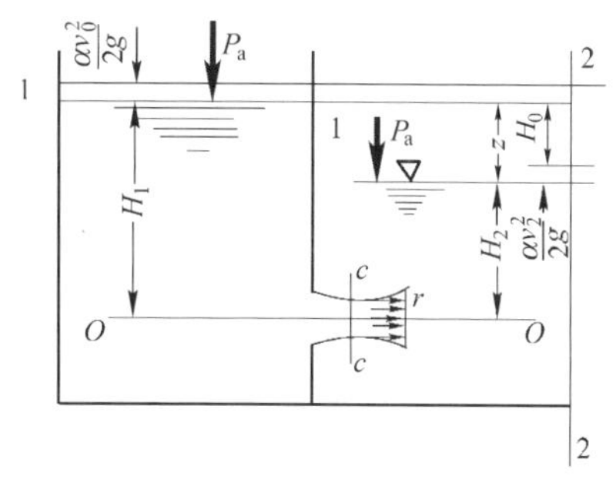

图 6-6-2

（三）常水头薄壁小孔口淹没出流

如图 6-6-2 所示，取上游自由液面为断面 1-1，下游过水断面 2-2，能量方程为

$$H_1+0+\frac{\alpha_1 v_0^2}{2g}=H_2+0+\frac{\alpha_2 v_2^2}{2g}+h_w$$

水头损失包括水流经孔口的局部损失及经收缩面后放大的损失两项，即 $h_w=(\zeta_1+\zeta_2)\dfrac{v_c^2}{2g}$。

令 $H_0=(H_1-H_2)+\dfrac{\alpha_1 v_0^2}{2g}-\dfrac{\alpha_2 v_2^2}{2g}$，代入上式可得

$$H_0=(\zeta_1+\zeta_2)\frac{v_c^2}{2g}$$

因 A_2 远大于 A_c，故 $\zeta_2=1$，所以流速

$$v_c=\frac{1}{\sqrt{1+\zeta_1}}\sqrt{2gH_0}=\varphi\sqrt{2gH_0}$$

孔口流量

$$Q=\varepsilon\varphi A\sqrt{2gH_0}=\mu A\sqrt{2gH_0}$$

上式与小孔口自由出流形式完全相同，但应注意孔口的水头 H_0 的意义有所不同，此处的 H_0 是孔口上下游断面总水头之差，当上下游断面流速水头可不计时，即为上下游液面高差 Z。

（四）薄壁大孔口出流

上述关于小孔口出流的公式可以用于大孔口，只是流量系数 μ 值要大于小孔口，随孔口型式而变，大约为 $\mu=0.65\sim0.9$，详见水力学手册有关表格。

二、管嘴出流

管嘴出流是在孔口处连接长为3～4倍孔口直径的短管后形成的液体出流，与孔口类似可以分为常水头、变水头、自由出流、淹没出流等，并根据外形可以将管嘴分为如图 6-6-3 所示的圆柱形、圆锥形和流线型管嘴等类型。

管嘴出流很多地方与孔口类似，故流速流量公式可应用与孔口相同的公式，但流速系数 φ 及流量系数 μ 与孔口不同，现以圆柱形外管嘴为例加以说明。圆柱形管嘴进口处先收缩，形成一收缩断面，收缩断面后流线扩张至出口处充满断面，无收缩，故出口断面的收缩系数 $\varepsilon=1$，流速系数 φ 与流量系数相等，其值为 $\varphi=\mu=0.82$，远大于小孔口的流量系数。与相同直径、水头的小孔口相比较，其出流量约为小孔口的 $\dfrac{0.82}{0.62}=1.32$ 倍。流量增加的原因是在收缩断面处存在真空，其真空度 $\dfrac{p_v}{\gamma}=0.75H_0$，这就使管嘴比孔口的作用总水头加大，从而加大了出流量。圆柱形管嘴必须满足的工作条件是：$H<9\text{mH}_2\text{O}$，管嘴长度 $L=3\sim4\text{d}$。

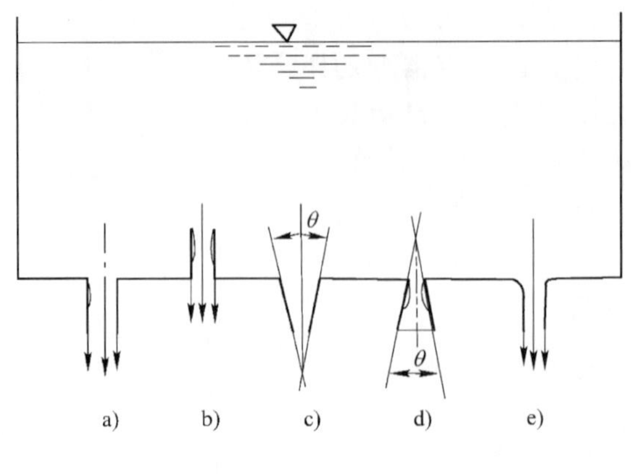

图 6-6-3

其余各种管嘴的 φ、μ、ε 值均可查有关水力计算手册确定。

三、有压管流

(一)有压管流的分类及简单短管水力计算

按水头损失所占比例不同可将有压管分为长管和短管。长管是指该管流中的能量损失以沿程损失为主,局部损失和流速水头所占比重很小,可以忽略不计的管道;短管是指局部损失和流速水头所占比重较大,计算时不能忽略的管道。根据管道布置与连接情况又可将有压管道分为简单管道与复杂管道两类,前者指没有分支的等直径管道,后者指由两条以上的管道组成的管系。复杂管又可分为串联、并联管道和枝状、环状管网,如图 6-6-4 所示。

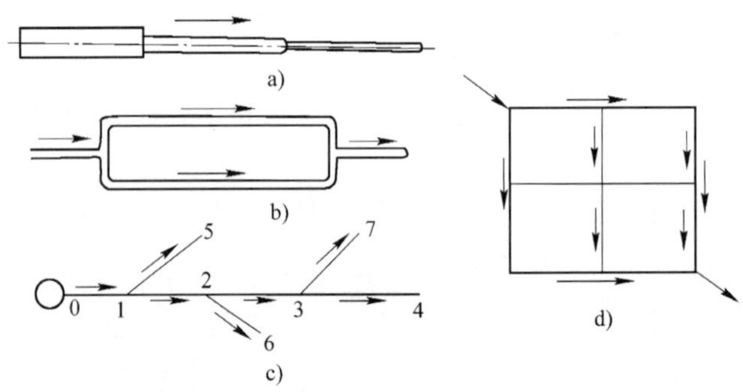

图 6-6-4

【例 6-6-1】 在长管水力计算中:

A. 只有速度水头可忽略不计

B. 只有局部水头损失可忽略不计

C. 速度水头和局部水头损失均可忽略不计

D. 两断面的测压管水头差并不等于两断面间的沿程水头损失

解 在长管水力计算中,速度水头和局部水头损失均可忽略不计。

答案:C

1. 短管自由出流

若短管中的液体经出口流入大气中,称为自由出流,如图 6-6-5 所示。

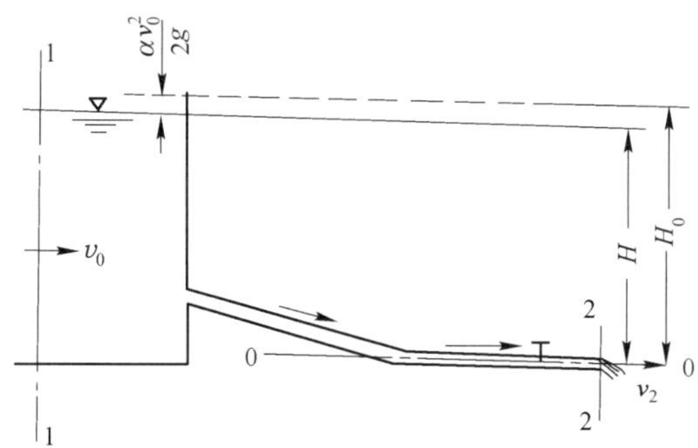

图 6-6-5

选上游过流断面 1-1 和管道出口过流断面 2-2，其能量方程为

$$H+0+\frac{\alpha_1 v_0^2}{2g}=0+0+\frac{\alpha_2 v_0^2}{2g}+h_{w1\text{-}2}$$

令 $H_0=H+\frac{\alpha_1 v_0^2}{2g}$，称作用水头，则

$$H_0=\frac{\alpha v_2}{2g}+h_w \tag{6-6-3}$$

水头损失 $h_w=\sum h_f+\sum h_m=\sum\lambda\frac{L}{d}\frac{v^2}{2g}+\sum\zeta\frac{v^2}{2g}=\zeta_c\frac{v^2}{2g}$，$\zeta_c=\sum\lambda\frac{L}{d}+\sum\zeta$ 为短管的总阻力系数，代入式(6-6-3)中得

$$H_0=(\alpha+\zeta_c)\frac{v^2}{2g} \tag{6-6-4}$$

取 $\alpha=1$ 得

$$v=\frac{1}{\sqrt{1+\zeta_c}}\sqrt{2gH_0}=\varphi_c\sqrt{2gH_0} \tag{6-6-5}$$

$\varphi_c=\frac{1}{\sqrt{1+\zeta_c}}$称为短管的流速系数。

短管的流量为

$$Q=vA=\varphi_c A\sqrt{2gH_0}=\mu_c A\sqrt{2gH_0} \tag{6-6-6}$$

式中：A——短管过流断面积；

$\varphi_c=\mu_c$——短管流量系数。

2.短管淹没出流

若短管中流体经出口流入下游自由液面之下的液体中，则称为淹没出流，如图 6-6-6 所示。以下游自由液面为基准面，对断面 1-1 及 2-2 写能量方程，即

$$H+0+\frac{\alpha_0 v_0^2}{2g}=0+0+\frac{\alpha_2 v_2^2}{2g}+h_w$$

令 $H_0=z+\frac{\alpha_0 v_0^2}{2g}-\frac{\alpha_2 v_2^2}{2g}$，则得

$$H_0=h_w=h_f+h_m \tag{6-6-7}$$

H_0 为淹没出流短管上下游断面总水头之差，式中的水头损失可按 $h_w=\zeta_c\frac{v^2}{2g}$计算，$\zeta_c=\sum\lambda\frac{L}{d}+$

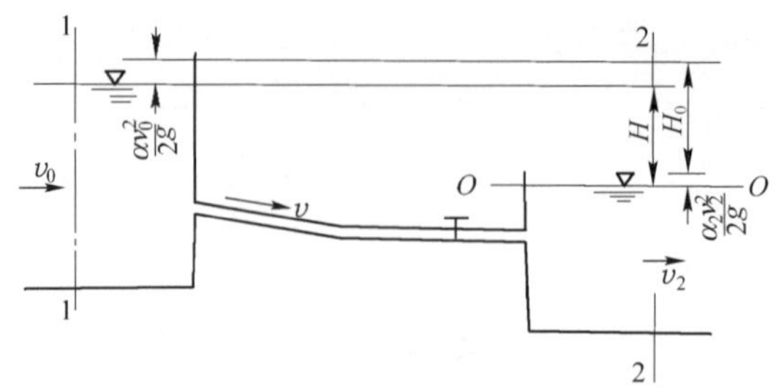

图 6-6-6

$\sum\zeta$,式中$\sum\zeta$比自由出流多一出口,损失$\zeta_{出口}=1.0$代入式(6-6-7)中,有

$$H_0 = \zeta_c \frac{v^2}{2g}$$

或

$$v = \frac{1}{\sqrt{\zeta_c}} \sqrt{2gH_0} = \varphi_c \sqrt{2gH_0} \tag{6-6-8}$$

短管的流量

$$Q = vA = \varphi_c A \sqrt{2gH_0} = \mu_c A \sqrt{2gH_0} \tag{6-6-9}$$

式中,$\mu_c=\varphi_c=\frac{1}{\sqrt{\zeta_c}}$。比较与自由出流短管的差别主要在于总水头不同,淹没出流用的是总水头之差。当上下游水面流速很小时,$H_0=H$,即可用液面高差代替总水头之差。

3.简单短管水力计算几类问题

应用简单短管基本公式于工程实际的水力计算,一般有以下几类问题。

(1)已知水头、管径、管长、管道壁面性质和局部阻力的组成,求流量和流速。这类问题多属校核性质,可直接代入短管的流量、流速公式求解。

(2)已知流量、管径、管长、管壁性质及局部阻力组成,求作用水头。

(3)已知流量、水头、管长、管壁性质及局部阻力组成,求管径。这类问题直接用前述各短管公式求解有一定困难,因为式中阻力系数及断面面积中均包含有管径,所以一般用试算法求解。解得的管径尺寸,与标准管径的规格可能不一致,要选用相近的且稍大的标准管径。

(4)计算各过流断面的压强。对于位置固定的管道,绘制测压管水头线,便可解决此类问题。有时为了防止短管最高点处,由于真空而产生汽蚀、汽化,需求出短管最高点允许的安装高度。

【例 6-6-2】 离心泵管道系统如图所示。已知水泵流量$Q=25\text{m}^3/\text{h}$,吸水管长$L_1=5\text{m}$,压水管长$L_2=20\text{m}$,水泵提水高度$z=18\text{m}$,最大允许的真空度不超过$\frac{p_v}{\gamma}=6\text{mH}_2\text{O}$。试确定吸水管直径$d_a$、压水管直径$d_p$和水泵允许的安装高度$h_s$以及水泵的总扬程$H$。

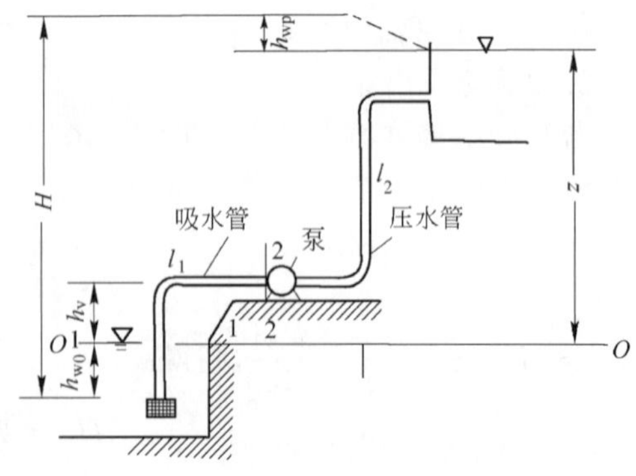

例 6-6-2 图

解 由给排水设计手册查得水泵吸水管允许的经济流速$v_a=1\sim1.6\text{m/s}$,现采用$v_a=1.6\text{m/s}$,

则吸水管径:

$$d_a=\frac{4Q}{\pi v_a}=\frac{4\times25}{\pi\times1.6\times3\ 600}=0.074\text{m}$$
$$=74\text{mm}$$

选取标准管径 $d_a=75\text{mm}$，相应的 v_a 为

$$v_a=\frac{4\times25}{\pi\times0.075^2\times3\ 600}=1.57\text{m/s}$$

对吸水池液面 1-1 及水泵吸入口断面 2-2 写能量方程，得水泵吸水管最高点安装高度（水泵轴线高度），即

$$h_s=\frac{p_v}{\gamma}-\frac{\alpha_2 v_2^2}{2g}-h_{w_{1-2}}$$

给水管粗糙系数 $n=0.012\ 5$，用曼宁公式求谢才系数 $C=\frac{1}{n}R^{\frac{1}{6}}=\frac{1}{0.012\ 5}\times\left(\frac{0.075}{4}\right)^{\frac{1}{6}}=41.23\sqrt{\text{m}}/\text{s}$，沿程阻力系数 $\lambda=\frac{8g}{C^2}=\frac{8\times9.8}{41.23^2}=0.046\ 1$。吸水管的局部阻力系数有滤水网底阀 $\zeta_1=8.5$，弯头 $\zeta_2=0.29$。水泵入口前的渐缩管 $\zeta_3=0.1$，将数据代入求安装高度，即

$$h_s=6-\frac{1.57^2}{2\times9.8}-\left(0.046\ 1\times\frac{5}{0.075}+8.5+0.29+0.1\right)\times\frac{1.57^2}{2\times9.8}=4.37\text{m}$$

如压水管选取相同的经济流速，可得相同的管径，即 $d_p=0.075\text{m}=75\text{mm}$，$v_p=1.57\text{m/s}$，$\lambda=0.046\ 1$。压水管的局部阻力系数有两个弯头，一个出口即 $\zeta_{弯头}=0.29$，$\zeta_{出口}=1.0$。压水管水头损失

$$h_{wp}=\left(0.046\times\frac{20}{0.075}+2\times0.29+1\right)\times\frac{1.57^2}{2\times9.8}=1.74\text{m}$$

吸水管水头损失

$$h_{wa}=\left(0.046\ 1\times\frac{5}{0.075}+8.5+0.29+0.1\right)\times\frac{1.57^2}{2\times9.8}=1.5\text{m}$$

水泵总扬程

$$H=z+h_w=z+h_{wp}+h_{wa}=18+1.74+1.5=21.24\text{m}$$

（二）有压长管中的恒定流

1. 简单长管

图 6-6-7 为一简单长管示意图。由于不考虑流速水头，总水头线与测管水头线重合。又因不计局部损失，对断面 1-1 及 2-2 写能量方程可得

$$H=h_f=\lambda\frac{L}{d}\frac{v^2}{2g}=\lambda\frac{L}{d}\frac{\left(\frac{4Q}{\pi d^2}\right)^2}{2g}$$
$$=\frac{8\lambda}{\pi^2 gd^5}LQ^2$$

令 $S_0=\frac{8\lambda}{\pi^2 gd^5}$，称为管道的比阻，为单位流量通过单位长度管道所损失的水头。S_0 的单位为 s^2/m^6，$S_0=f(\lambda,d)$，当管壁性质已知时，S_0 仅与 d 有关，可制成表格备查。将比阻代入长管公式可得

$$H=h_f=S_0LQ^2=SQ^2 \tag{6-6-10}$$

上式即为简单长管的基本公式，它可解 Q、H、d 各类问题，式中 $S=S_0L$ 称为管道的阻抗。S 的单位为 s^2/m^5。

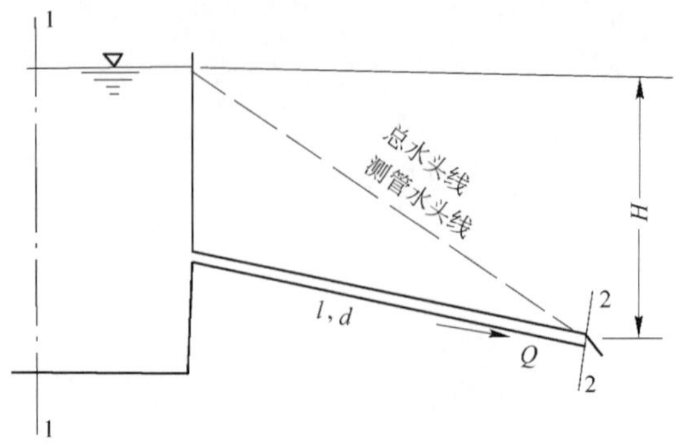

图 6-6-7

【例 6-6-3】 如图所示由大体积水箱供水，且水位恒定，水箱顶部压力表读数 19 600Pa，水深 $H=2\text{m}$，水平管道长 $l=100\text{m}$，直径 $d=200\text{mm}$，沿程损失系数 0.02，忽略局部损失，则管道通过流量是：

A. 83.8L/s　　B. 196.5L/s　　C. 59.3L/s　　D. 47.4L/s

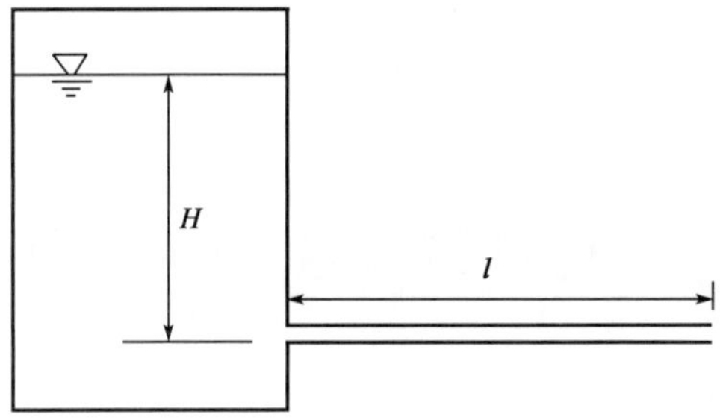

例 6-6-3 图

解 对水箱自由液面与管道出口写能量方程：

$$H+\frac{p}{\rho g}=\frac{v^2}{2g}+h_{\mathrm{f}}=\frac{v^2}{2g}\left(1+\lambda\frac{L}{d}\right)$$

代入题设数据并化简：

$$2+\frac{19\ 600}{9\ 800}=\frac{v^2}{2g}\left(1+0.02\times\frac{100}{0.2}\right)$$

计算得流速 $v=2.67\text{m/s}$

流量 $Q=v\times\frac{\pi}{4}d^2=2.67\times\frac{\pi}{4}(0.2)^2=0.083\ 84\text{m}^3/\text{s}=83.84\text{L/s}$

答案：A

2.串联管道

由不同直径的管段顺次联结而成的管道系统称为串联管系，如图 6-6-8 所示。

各管段流量关系，由连续性方程可得

$$Q_i=Q_{i+1}+q_i \tag{6-6-11}$$

总水头

$$H=\sum h_{\mathrm{f}}=\sum_{i=1}^{n}S_{0i}L_iQ_i^2=\sum_{i=1}^{n}S_iQ^2 \tag{6-6-12}$$

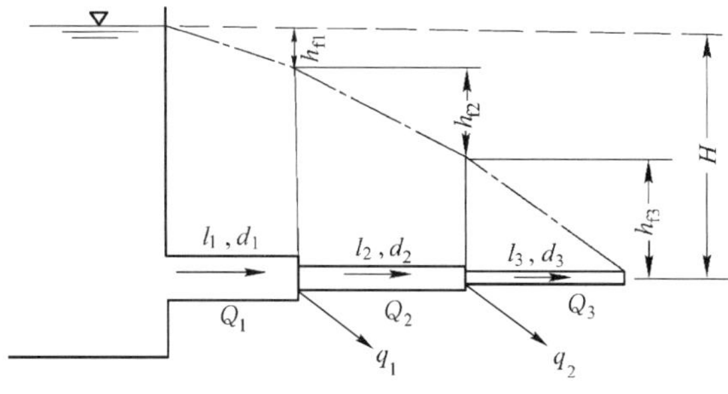

图 6-6-8

将上两式联立可解 Q、H、d 等问题。

3. 并联管道

两条以上的管道在一处分流，以后又在另一处汇流，这样组成的管系称为并联管系，如图 6-6-9所示。

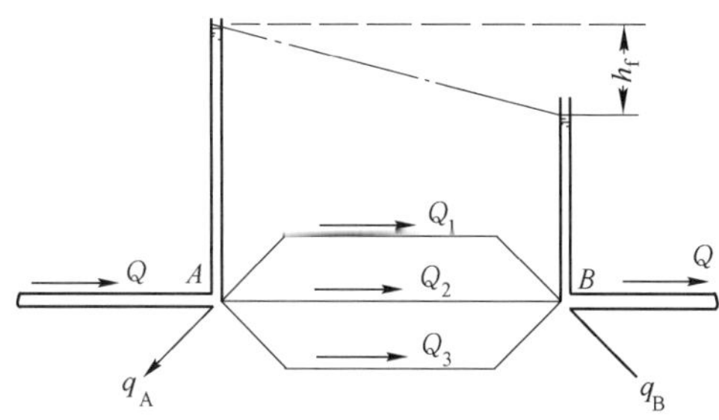

图 6-6-9

并联管道分流点与汇流点之间各管段水头损失皆相等，即

$$h_{f1} = h_{f2} = h_{f3} = \cdots = h_f$$

或

$$h_f = S_1 Q_1^2 = S_2 Q_2^2 = S_3 Q_3^2 = \cdots = S_i Q_i^2 \tag{6-6-13}$$

而每一并联管段中的流量

$$Q_i = \sqrt{\frac{h_f}{S_i}} \tag{6-6-14}$$

分流点 A 之前的总流量

$$Q = Q_1 + Q_2 + Q_3 + \cdots + Q_n + q_A$$

或

$$Q = \sum_{i=1}^{n} Q_i + q_A \tag{6-6-15}$$

当已知总流量 Q，欲求各并联管流量时可用下式

$$Q_i = (Q - q_A) \sqrt{\frac{S_p}{S_i}} \tag{6-6-16}$$

式中，S_p 可按下式求解

$$\frac{1}{\sqrt{S_p}} = \frac{1}{\sqrt{S_1}} + \frac{1}{\sqrt{S_2}} + \cdots + \frac{1}{\sqrt{S_n}}$$

由式(6-6-13)可看出任两分路流量之比，等于该两管段阻抗反比之平方根，即

$$\frac{Q_1}{Q_2}=\sqrt{\frac{S_2}{S_1}}$$

【例 6-6-4】 并联长管 1、2，两管的直径相同，沿程阻力系数相同，长度 $L_2=3L_1$，通过的流量为：

A. $Q_1=Q_2$　　B. $Q_1=1.5Q_2$　　C. $Q_1=1.73Q_2$　　D. $Q_1=3Q_2$

解 并联长管路的水头损失相等，即 $S_1Q_1^2=S_2Q_2^2$

式中管路阻抗 $S_1=\dfrac{8\lambda\dfrac{L_1}{d_1}}{g\pi^2d_1^4}$，$S_2=\dfrac{8\lambda\dfrac{3L_1}{d_2}}{g\pi^2d_2^4}$

又因 $d_1=d_2$，所以得：$\dfrac{Q_1}{Q_2}=\sqrt{\dfrac{S_2}{S_1}}=\sqrt{\dfrac{3L_1}{L_1}}=1.732$，$Q_1=1.732Q_2$

答案：C

(三)沿程均匀泄流长管

沿程均匀泄流管道如图 6-6-10 所示。

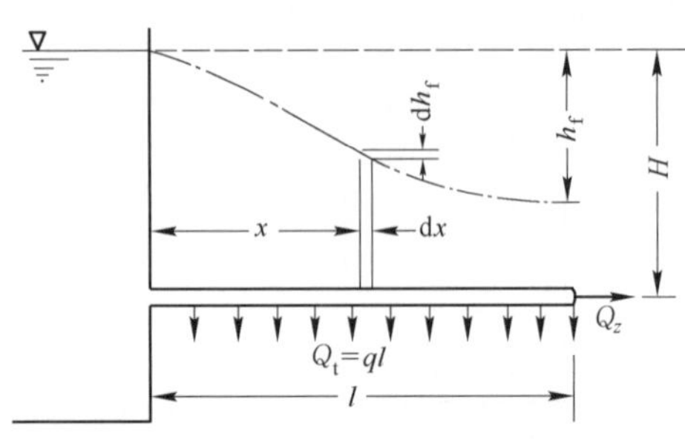

图 6-6-10

距进口 x 距离处的通过流量 Q_x 与转输流 Q_z 及途泄流量 Q_t 的关系如下

$$Q_x=Q_z+Q_t-\frac{Q_t}{L}x$$

在 dx 长度上的沿程损失为 $dh_f=SdxQ_x^2$，即 $dh_f=S_0(Q_z+Q_t-\dfrac{Q_t}{L}x)^2dx$，全长水头损失

$$h_f=\int_0^L dh_f=S_0L(Q_z^2+Q_zQ_t+\frac{1}{3}Q_t^2)\tag{6-6-17}$$

当转输流量 $Q_z=0$，即仅有途泄流量时，则

$$h_f=\frac{1}{3}S_0LQ_t^2\tag{6-6-18}$$

表明当全程均匀泄流时的水头损失，等于全部流量在末端泄出时的水头损失的 1/3。式(6-6-17)还可用下列近似公式代替

$$h_f=S_0L(Q_z+0.55Q_t)^2=S_0LQ_c^2\tag{6-6-19}$$

Q_c 称为计算流量，而

$$Q_c=Q_z+0.55Q_t\tag{6-6-20}$$

(四)枝状管网

枝状管网是由多条管段串联而成的干管和与干管相连的多条支管组成，如图 6-6-11 所示。

枝状管网水力计算主要是求干管起点水头及管径。计算顺序是先由经济流速求干管管径，再求干线起点水头和各节点水头，最后由各节点水头和支管流量求支管管径。经济流速可查设计手册求得，在初步计算时，可参考下列数值：管径 $d=100\sim200$mm，流速 $v=0.6\sim1.0$m/s，管径 $d=200\sim400$mm，流速 $v=1.0\sim1.4$m/s。

干管是指从水源开始到供水条件最不利点的管道，其余则为支线。供水条件最不利点一

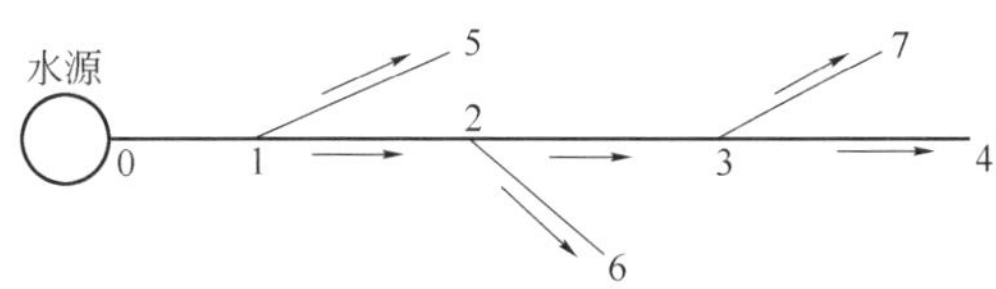

图 6-6-11

般是指距水源远、地形高、建筑物层数多、需用流量大的供水点。为克服沿途阻力和满足供水的其他要求，在水流到达最不利点之后，应保留一定的剩余水头（或称自由水头），由图 6-6-12 可推得干管起点水塔水面距地面的总水头 H 为

$$H=\sum h_{f}+H_{z}+z-z_{0} \tag{6-6-21}$$

式中：H_z——供水条件最不利点所需自由水头，由用户提出需要，对于楼房建筑可参考表 6-6-1；

z——最不利点高程；

z_0——起点地面高程。

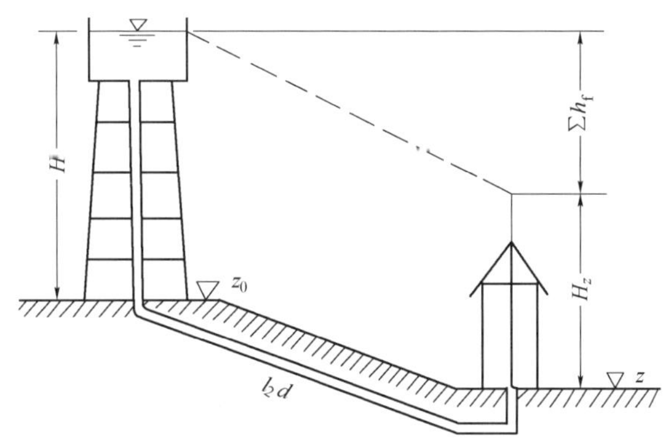

图 6-6-12

表 6-6-1

建筑物层数	1	2	3	4	5	6	7	8
自由水头（m）	10	12	16	20	24	28	32	36

（五）环状管网

环状管网是由多条管段互相连接成为闭合形状的管道系统，其优点是增加了供水的可靠性，缺点是增加了管长从而也增加了造价。将有两个环的管网示意于图 6-6-13。

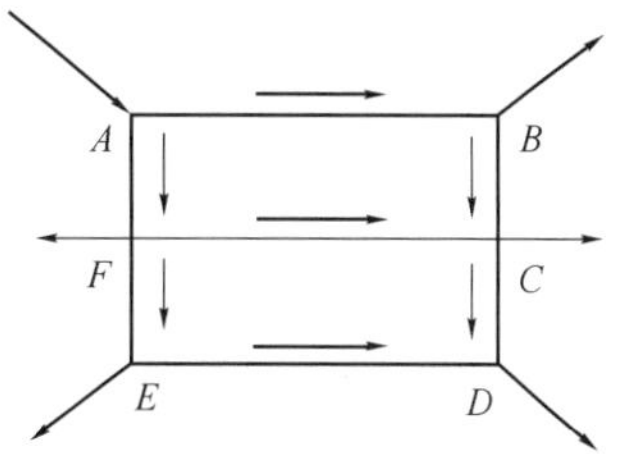

图 6-6-13

根据工程要求先进行管线布置，管长和各节点流量均是已知的。环网计算主要求各管段通过流量、管径和管段水头损失，管径当通过流量已知时可用选定的经济流速求出，与管段数相等的通过流量是待求的未知数，管段数、节点数与环数有下列关系

$$n_{p}=n_{j}+n_{c}-1 \tag{6-6-22}$$

式中：n_p——管段总数；

n_j——节点数；

n_c——环数。

如图 6-6-13 所示两个环网的管段数

$$n_p = 6 + 2 - 1 = 7$$

下面探讨一下是否能列 n_p 个方程求解 n_p 个未知流量。由环网特性，必须满足下列两个水力计算原则。

(1)节点流量的代数和为零，即

$$\sum Q_{节点} = 0 \tag{6-6-23}$$

因为流入某一节点的流量必须等于同时流出该节点的流量(连续性要求)。如以流入为正流出为负，则节点流量正负相消代数和为零。

(2)沿任一闭合环路水头损失的代数和为零，即

$$\sum h_{f沿环} = 0 \tag{6-6-24}$$

任一闭合环路均可视为分流点与汇流点两边的并联管道，因此沿分流点两个方向至汇流点的水头损失应相等，如以顺时针方向为正，逆时针方向为负，则沿环一周水头损失代数和为零。就以图 6-6-13 中的上一环为例有

$$h_{fABC} - h_{fAFC} = 0$$

根据水力计算第一原则可列出$(n_j - 1)$个方程，根据第二原则可列出 n_c 个方程，共可列出 $n_j + n_c - 1 = n_p$ 个方程，方程数与管段数相等，正好求解 n_p 个未知数。但当环数增多，方程个数很多时手工计算工作量很大，目前多用电脑辅助计算。对于环数较少的简单环网，可用哈代-克罗斯(Hardy-Cross)逐步渐近法求解较好，该法实质上是解环方程方法，其计算步骤如下。

(1)初步拟定水流方向，并按 $\sum Q_{节} = 0$ 分配各管段通过流量。

(2)按初分流量和所选经济流速求管径 d，$d = \sqrt{\frac{4Q}{\pi v}}$，选接近的标准直径。

(3)根据 d、n 或 λ 求比阻 S_0，再求出各段水头损失 $h_f = S_0 LQ^2 = SQ^2$，S 为阻抗。

(4)求每一环的水头损失代数和 $\sum h_{f沿环}$，视其是否满足 $\sum h_{f沿环} = 0$，如不满足，则其值 $\sum h_{f沿环} = \Delta h$ 为闭合差；然后看 $|\Delta h|$ 是否小于允许的误差 ε，如 $|\Delta h| > \varepsilon$，则需校正初步分配的流量。

(5)求各环的校正流量。

设各环的校正流量为 ΔQ，则

$$\Delta Q = -\frac{\sum h_f}{2\sum \frac{h_f}{Q}} = \frac{-\Delta h}{2\sum \frac{h_f}{Q}} \tag{6-6-25}$$

当流量校正后需从步骤(3)开始重复计算，直到每一环的闭合差 Δh 均趋于零或小于允许的误差。

(六)有压管路中的水击(水锤)

1. 水击现象

在有压管道中，由于某种原因(如迅速关闭或开启阀门、水泵机组突然停机等)使得管中水流速度发生突然变化，从而引起管内压强急剧升高和降低的交替变化及水体、管壁压缩与膨胀的交替变化，并以波的形式在管中往返传播的现象称为水击(或水锤)，因其声音犹如用锤锤击

管道的声音一样。水击可能导致强烈的振动、噪声和气穴，有时甚至引起管道的变形、爆裂或阀门的损坏。因此水击问题，影响工程的安全与经济，应给予足够的重视。

水击现象产生的外因是边界条件的突然变化，内因则是水流运动的惯性和水体的压缩性以及管壁的弹性。

2. 水击波的发展过程

水击波的发展过程如图 6-6-14 所示，约为四个过程，现以关闭阀门水击为例加以说明。

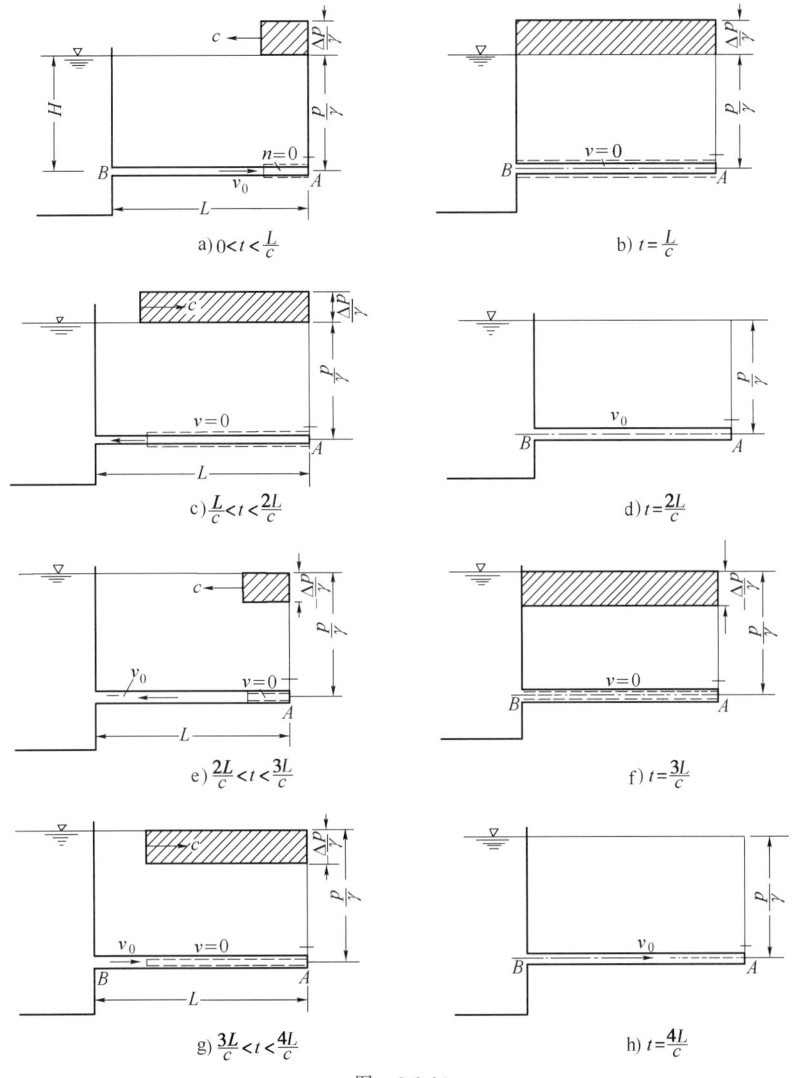

图 6-6-14

(1)升压波向上游传播

如图 6-6-14a)所示，在 $0<t<\frac{L}{c}$ 时间段，水击压力升高水头 $\Delta H=\frac{\Delta p}{\gamma}$，以很高波速 c（钢管中约 1 000m/s）从阀门处开始逆流而上，在 $t=\frac{L}{c}$ 时传到水箱处。

(2)降压反射波向下游传播

如图 6-6-14c)所示，当 $t=\frac{L}{c}$ 时，升压波到达水箱，由于水箱水位不变，管中压力大于水箱水位，使高压水向水箱流去产生一反向流速 $\boldsymbol{v}$，即产生一降压反射波使管中压力恢复正常；在 $\frac{2L}{c}<t<\frac{3L}{c}$ 时段一直持续着；当 $t=\frac{2L}{c}$ 时到达阀门。

(3)降压波向上游传播

如图 6-6-14e)所示，当 $t=\frac{2L}{c}$ 时，降压反射波到达阀门后，因惯性使阀门处水流反向流动，在阀门处形成一降压波向上游传播；在 $\frac{2L}{c}<t<\frac{3L}{c}$ 时段一直持续着；当 $t=\frac{3L}{c}$ 时，降压波到达水箱，并且压力低于水箱中水位，这使水箱中水向阀门流动，流速由零变为 $\boldsymbol{v}$，这就开始了第四过程。

(4)升压反射波向下游传播

如图 6-6-14g)所示，在 $\frac{3L}{c}<t<\frac{4L}{c}$ 过程中，升压反射波一直向阀门传播，反射波传到处，压强即由负压恢复到正常；在 $t=\frac{4L}{c}$，传到了阀门处，完成了一个传播周期，此后又重复上述过程，直到能量消耗殆尽为止。

水击波往返传播一次的时间称为相长，$\frac{2L}{c}$ 为半周期，周期为 $\frac{4L}{c}$。

3.水击的分类和直接水击压强的计算

水击按关闭阀门时间 T_s 与相长 $\frac{2L}{c}$ 比较可以分为直接水击和间接水击两种。

(1)直接水击

$T_s<\frac{2L}{c}$，此时降压反射波尚未回到阀门处，水击压力升高已经完成，所以未受到降压的抵消作用，因此直接水击压力升高大，最为危险，须尽量避免和防止。直接水击压力升高计算式已于 1898 年被儒柯夫斯基导出，即

$$\Delta p=\rho c v_0 \tag{6-6-26}$$

或以水头表示

$$\Delta H=\frac{c v_0}{g} \tag{6-6-27}$$

式中：v_0——阀门全开时的流速；

g——重力加速度；

c——水击传播速度(m/s)。

而

$$c=\frac{c_0}{\sqrt{1+\frac{K}{E}\frac{D}{\delta}}}=\frac{1\ 435}{\sqrt{1+\frac{K}{E}\frac{D}{\delta}}} \tag{6-6-28}$$

式中：c_0——液体中声波传播速度，在 1～25 个大气压时，$c_0=1\ 435\text{m/s}$；

K——水的弹性模量，在水温 10℃，1 个标准大气压时，$K=2.10\times10^5\text{N/cm}^2$；

E——管壁材料的弹性模量，钢管的 $E=2.06\times10^7\text{N/cm}^2$；

D——管内直径；

δ——壁厚。

对于一般钢管$\dfrac{D}{\delta}\approx100$，$\dfrac{K}{E}\approx0.01$，代入式(6-6-27)，得 $c\approx1\ 000\text{m/s}$。如管内关阀前流速 $v_0=1\text{m/s}$，则直接水击压力升高水头 $\Delta H=\dfrac{cv_0}{g}=\dfrac{1\ 000\times1}{9.8}=102\text{mH}_2\text{O}$。

(2)间接水击

$T_S\geqslant\dfrac{2L}{c}$，此时降压反射波已回到阀门处，抵消了部分压力升高值，此种水击称间接水击，间接水击压力小于直接水击。间接水击压力的精确计算，涉及水击波的叠加，较为复杂，但可按下式作近似的估算

$$\Delta p=\rho cv_0\frac{T}{T_S} \tag{6-6-29}$$

$$\Delta H=\frac{cv_0}{g}\frac{T}{T_S} \tag{6-6-30}$$

式中：T——水击波相长，$T=\dfrac{2L}{c}$；

T_S——阀门关闭的时间；

其余符号意义同前。

4.水击危害的预防

一般来说，可从延长关闭阀门时间，缩短水击波传播长度，减小管内流速，以及在管路上设置减压、缓冲装置等方面着手。

【例 6-6-5】 主干管在 A、B 间是由两条支管组成的一个并联管路，两支管的长度和管径分别为$l_1=1800\text{m}$，$d_1=150\text{mm}$，$l_2=3000\text{m}$，$d_2=200\text{mm}$，两支管的沿程阻力系数 λ 均为 0.01，若主干管流量 $Q=39\text{L/s}$，则两支管流量分别为：

A. $Q_1=12\text{L/s}$，$Q_2=27\text{L/s}$　　B. $Q_1=15\text{L/s}$，$Q_2=24\text{L/s}$

C. $Q_1=24\text{L/s}$，$Q_2=15\text{L/s}$　　D. $Q_1=27\text{L/s}$，$Q_2=12\text{L/s}$

解　$Q_1+Q_2=39\text{L/s}$

$$\frac{Q_1}{Q_2}=\sqrt{\frac{S_2}{S_1}}=\sqrt{\frac{8\lambda L_2}{\pi^2gd_2^5}\Big/\frac{8\lambda L_1}{\pi^2gd_1^5}}=\sqrt{\frac{L_2\cdot d_1^5}{L_1\cdot d_2^5}}=\sqrt{\frac{3000}{1800}\times\left(\frac{0.15}{0.20}\right)^5}=0.629$$

即 $0.629Q_2+Q_2=39\text{L/s}$，得 $Q_2=24\text{L/s}$，$Q_1=15\text{L/s}$

答案：B

习　题

6-6-1　环状管网水力计算的原则是(　　)。

A. 各节点的流量与各管段流量代数和为零，水头损失相等

B. 各管段水头损失代数和为零，流量相等

C. 流入为正、流出为负，每一节点流量的代数和为零；顺时针为正，逆时针为负，沿环一周水头损失的代数和为零

D. 其他

6-6-2　水头与直径均相同的圆柱形外管嘴和小孔口，前者的通过流量是后者的(　　)

倍，原因是（　　）。

A. 1.75，前者收缩断面处有真空存在

B. 0.75，后者的阻力比前者小

C. 1.82，前者过流面积大

D. 1.32，前者收缩断面处有真空存在

6-6-3　某常水头薄壁小孔口的水头 $H_0=5\text{m}$，孔口直径 $d=10\text{mm}$，流量系数 $\mu=0.62$，该小孔口的出流量 Q 为（　　）。

A. 0.61L/s　　　　B. $7.82\times10^{-4}\text{m}^3/\text{s}$

C. 0.58L/s　　　　D. $4.82\times10^{-4}\text{m}^3/\text{s}$

第七节　明渠恒定流

一、明渠均匀流特性及其发生条件

明渠均匀流是水深、断面平均流速、断面流速分布均沿流程不变的具有自由液面的明渠流，如图6-7-1所示。

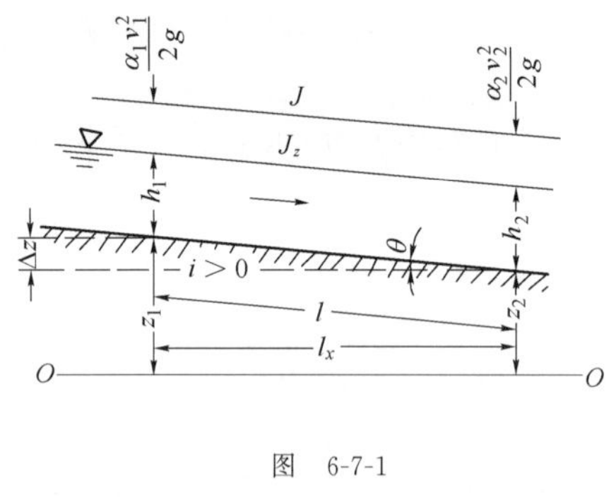

图　6-7-1

由于河底坡度线与水面线及水力坡度线三条线平行，所以三线的坡度相等，即

$$J=J_z=i \tag{6-7-1}$$

式中：J——水力坡度，$J=\dfrac{h_f}{L}$；

J_z——水面坡度，$J_z=\dfrac{(z_1+h_1)-(z_2+h_2)}{L}$；

i——河底坡度，$i=\dfrac{z_1-z_2}{L}$，$i=\sin\theta$，当 $\theta<6^\circ$ 时，$\sin\theta\approx\tan\theta$，$i=\dfrac{\Delta z}{Lx}$。

水力坡度＝水面坡度＝河底坡度，是明渠均匀流的特性。产生明渠均匀流必须满足以下这些条件：渠中流量保持不变；渠道为长直棱柱体；顺坡渠道（即河底高程沿水流方向降低）；渠壁粗糙系数沿程不变，没有局部损失，以及底坡不变、断面形状与面积不变等。所以均匀流多在人工明渠中产生，天然河流的顺直渠段，可近似作为均匀流来处理。

二、明渠均匀流基本公式及断面水力要素

明渠流断面尺寸大，流速快，壁面粗糙，一般均属于大雷诺数的水力粗糙区，其水力计算的基本公式用谢才公式

$$v=C\sqrt{RJ}$$

但在均匀流时由明渠均匀流特性知 $J=i$，可用渠底坡度 i 代替 J，应用更加方便，此时

$$\left.\begin{aligned} v &= C\sqrt{Ri} \\ Q &= CA\sqrt{Ri} = K\sqrt{i} \\ K &= CA\sqrt{R} \end{aligned}\right\} \tag{6-7-2}$$

式中，K 称为流量模数，单位为 m^3/s，与流量同。为了使用谢才公式，必须配合断面水力要素的计算公式和谢才系数 C 的计算公式，例如前面介绍的 $C=\frac{1}{n}R^{\frac{1}{6}}$ 的曼宁公式。

断面水力要素的计算公式常用的有矩形、梯形和未充满的圆形断面以及复式断面几种，如图 6-7-2 所示，现分别介绍。

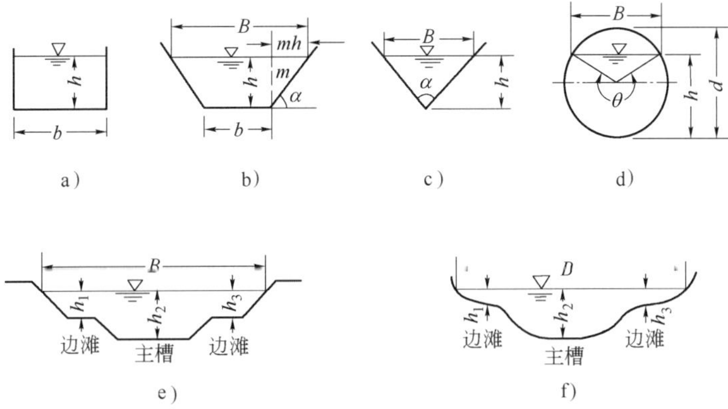

图 6-7-2

(一)矩形断面水力要素

$$\left.\begin{aligned} A &= bh \\ \chi &= b+2h \\ R &= \frac{A}{\chi} \end{aligned}\right\} \tag{6-7-3}$$

(二)梯形断面水力要素

$$\left.\begin{aligned} A &= (b+mh)h \\ \chi &= b+2h\sqrt{1+m^2} \\ R &= \frac{A}{\chi} \\ B &= b+2mh \end{aligned}\right\} \tag{6-7-4}$$

上式中 $m=\cot\alpha$，称为边坡系数，α 为边坡角，见图 6-7-2b)，当 $\alpha=90°$ 时，$m=0$，梯形变为矩形，式(6-7-3)是式(6-7-4)的一个特例。

【例 6-7-1】 一梯形断面明渠，水力半径 $R=1\text{m}$，底坡 $i=0.0008$，粗糙系数 $n=0.02$，则输水流速度为：

A. 1m/s　　B. 1.4m/s　　C. 2.2m/s　　D. 0.84m/s

解 由明渠均匀流谢才公式知流速 $v=C\sqrt{Ri}$，$C=\frac{1}{n}R^{\frac{1}{6}}$

代入题设数据，得：$C=\frac{1}{0.02}(1)^{\frac{1}{6}}=50\sqrt{\mathrm{m}}/\mathrm{s}$

流速 $v=50\sqrt{1\times0.0008}=1.41\mathrm{m/s}$

答案：B

（三）未充满的圆形断面水力要素

$$\left.\begin{aligned}A&=\frac{d^2}{8}(\theta-\sin\theta)\\\chi&=\frac{d}{2}\theta\\R&=\frac{d}{4}\left(1-\frac{\sin\theta}{\theta}\right)\\B&=d\sin\frac{\theta}{2}\end{aligned}\right\}\tag{6-7-5}$$

上式中 θ 为圆心角，与管内液体的充满度 $\frac{h}{d}$ 有关，h 为充水深度，见图 6-7-2d）。因此

$$\frac{h}{d}=\sin^2\frac{\theta}{4}\tag{6-7-6}$$

当已知充满度 h/d 后可用上式求出 θ，再由直径 d 和 θ 用式(6-7-5)求各种水力要素。

（四）复式断面水力要素

可将其分解为几个简单的几何图形叠加求解，注意湿周只计入固体与液体接触的边长，液体与液体接触部分不计入。断面各部分水力坡度 J 不变，则

$$Q=(K_1+K_2+\cdots)\sqrt{J}$$

【例 6-7-2】 两条明渠过水断面面积相等，断面形状分别为(1)方形，边长为 a；(2)矩形，底边宽为 $2a$，水深为 $0.5a$，它们的底坡与粗糙系数相同，则两者的均匀流流量关系式为：

A. $Q_1>Q_2$　　B. $Q_1=Q_2$　　C. $Q_1<Q_2$　　D. 不能确定

解 由明渠均匀流谢才-曼宁公式 $Q=\frac{1}{n}R^{\frac{2}{3}}i^{\frac{1}{2}}A$ 可知：在题设条件下面积 A，粗糙系数 n，底坡 i 均相同，则流量 Q 的大小取决于水力半径 R 的大小。对于方形断面，其水力半径 $R_1=\frac{a^2}{3a}=\frac{a}{3}$，对于矩形断面，其水力半径为 $R_2=\frac{2a\times0.5a}{2a+2\times0.5a}=\frac{a^2}{3a}=\frac{a}{3}$，即 $R_1=R_2$。故 $Q_1=Q_2$。

答案：B

三、明渠的水力最佳断面和允许流速

（一）水力最佳断面

当过水断面积 A、粗糙系数 n、底坡 i 一定时，通过流量 Q 或过水能力最大时的断面形状，称为水力最佳断面。由谢才公式和曼宁公式可得

$$Q=CA\sqrt{Ri}=\frac{1}{n}R^{1/6}AR^{1/2}i^{1/2}=\frac{1}{n}\left(\frac{A}{\chi}\right)^{2/3}Ai^{1/2}=\frac{1}{n}R^{2/3}Ai^{1/2}$$

即
$$Q=\frac{i^{1/2}}{n}A^{5/3}\chi^{-2/3}\tag{6-7-7}$$

由式(6-7-7)可知,当A、n、i一定时,湿周χ最小,Q才最大,故圆形是最佳的形状。但在明渠中,圆形施工不便,往往用梯形。梯形的边坡系数取决于土壤的性质,当边坡系数m按土壤性质已确定时,梯形的水力最佳断面条件,可由$\frac{d\chi}{dh}=0$求χ极小值的办法求出。

$$\chi = \frac{A}{h} - mh + 2h\sqrt{1+m^2}$$

$$\frac{d\chi}{dh} = -\frac{A}{h^2} - m + 2\sqrt{1+m^2} = 0$$

将$A=(b+mh)h$代入上式并整理后可得

$$\beta = \frac{b}{h} = 2(\sqrt{1+m^2} - m) \tag{6-7-8}$$

式中,$\beta=\frac{b}{h}$为水力最佳宽深比。将式(6-7-8)依次代入A及χ公式,最后求得水力最佳的水力半径为

$$R = \frac{h}{2} \tag{6-7-9}$$

对于矩形断面$m=0$,代入式(6-7-8)得水力最佳矩形断面宽深比为$\beta=2$,即$b=2h$的扁矩形。对于小型土渠,工程造价主要取决于土方量,因此水力最佳断面,可能是经济实用的。对于大型渠道,按水力最佳梯形决定的断面,往往是太过窄而深,深挖高填式施工,未必是经济合理的,就不一定采用水力最佳断面。

(二)明渠的允许流速

明渠中流速过大会引起渠道的冲刷,过小又会导致水中悬浮泥沙在渠中淤积,且易使河滩上滋生杂草,从而影响渠道的输水能力。因此,在设计渠道时,应使其断面平均流速v在允许范围内,即

$$v_{max} > v > v_{min}$$

式中:v_{max}——渠道最大不冲刷流速或最大允许流速;

v_{min}——渠道最小不淤积流速或最小允许流速。

最大允许流速取决于渠道土壤或加固材料性质,最小允许流速取决于悬浮泥沙颗粒大小,可查有关手册或用经验公式计算。

四、明渠均匀流水力计算的几类问题

(一)已知b、h、m、n、i要求渠道的通过流量Q

这类问题往往是对已建成渠道进行的校核验算,可直接代入谢才公式求解。

(二)已知Q、b、h、m、i,求粗糙系数n

可联合用谢才、曼宁两式解出n

$$n = \frac{A}{Q} R^{2/3} i^{1/2}$$

直接代入数据即可。

（三）已知 Q、b、h、m、n，设计渠道底坡 i

先求出流量模数 $K=AC\sqrt{R}$，之后再代入谢才公式求底坡 $i=\frac{Q^2}{K^2}$，或求出流速再用 $i=\frac{v^2}{C^2R}$求底坡。在实际工程中，由此计算而得的底坡数值，只是一个参考值，还要综合考虑地形、地质、施工等因素后才能确定。

（四）已知 Q、m、n、i，设计渠道过水断面的尺寸 b 和 h

此时，在基本公式中出现两个未知数，解答不确定。为了使问题有唯一确定的解，须结合工程要求和经济条件，先定出其中的一个 b 或 h 值，或是宽深比 β 值，再行设计，现分述如下。

1.设定渠道底宽 b，求均匀流水深 h_0

首先由已知的流量 Q 及底坡 i，算出所设计的渠道断面应具有的流量模数 $K_0=\frac{Q}{\sqrt{i}}$；然后根据 $K=AC\sqrt{R}=(b+mh)h\frac{1}{n}\left[\frac{(b+mh)h}{b+2h\sqrt{1+m^2}}\right]^{2/3}=f(h)$公式，用试算法或图解法求解。以试算为例，就要多次设定一系列的 h，求对应的 K，当此 K 值恰好等于 K_0 时，此时的 h 就是所要求的水深 h_0。如以所设定的一系列的水深 h 为纵标，以所对应的 K 作为横标，可绘出 $K=f(h)$曲线；再以 $K_0=\frac{Q}{\sqrt{i}}$为横坐标，作垂线交 $K=f(h)$曲线于一点，由交点引水平线截取纵坐标于一点，此点的 h 值即为所求的均匀流水深 h_0。

2.设定渠道水深 h_0，求相应的渠道底宽 b

这种情况与上面的相似，可用试算法或图解法求解。设定一系列 b，求对应的 K，作出 $K=f(b)$曲线；再求出 $K_0=\frac{Q}{\sqrt{i}}$，在 $K=f(b)$曲线上找出对应于此 K_0 的 b 值，即为所求的底宽 b。

3.设定渠道宽深比 β，求相应的 h_0 和 b 值

由于补充了一个条件，设定了 β，使 h_0 和 b 转变成互相依赖的一个变量，使方程有确定的解。按上面介绍的方法，求得 h_0 或 b 后，即可由 $\beta=\frac{b}{h_0}$求得另一个。

4.根据允许流速求断面尺寸

先求面积 $A=\frac{Q}{v_{\max}}$，再求水力半径 $R=\left(\frac{nv_{\max}}{\sqrt{i}}\right)^{3/2}$。

五、圆形断面无压排水管水力计算

现行《室外排水设计规范》（GB 50014—2006）（2016 年版）规定，雨水管道与合流管道，可按满流设计。而污水管道应按不满流设计，其最大设计充满度 $\alpha=\frac{h}{d}$ 按表 6-7-1 规定采用。

最大设计充满度 表 6-7-1

管径 d(mm)	最大设计充满度 $\alpha\left(\frac{h}{d}\right)$	管径 d(mm)	最大设计充满度 $\alpha\left(\frac{h}{d}\right)$
150～300	0.60	500～900	0.75
350～450	0.70	≥1 000	0.80

在进行排水管水力计算时，首先确定其充满度 $\alpha=\frac{h}{d}$ 值，然后由 $\frac{h}{d}=\sin^2\frac{\theta}{4}$，解出圆心角 θ，再由 d 及 θ 用式(6-7-5)求出水力要素，最后由谢才公式求解所要解的问题。

排水管水力计算问题的类型，与明渠均匀流相似，也是求流量 Q、粗糙系数 n、底坡 i 和管径 d 或水深 h。现举例说明。

【例 6-7-3】 某圆形污水管管径 $d=600\text{mm}$，管壁粗糙系数 $n=0.014$，管道底坡 $i=0.0024$，求最大设计充满度时的流速和流量。

解 由表 6-7-1 查出当 $d=600$ 时最大设计充满度 $\alpha=\frac{h}{d}=0.75$，代入式(6-7-6)，解出

$$\theta=\frac{4}{3}\pi$$

由式(6-7-5)可得

面积 $$A=\frac{d^2}{8}(\theta-\sin\theta)=\frac{0.6^2}{8}\times\left(\frac{4}{3}\pi-\sin\frac{4}{3}\pi\right)=0.2275\text{m}^2$$

湿周 $$\chi=\frac{d}{2}\theta=\frac{0.6}{2}\times\frac{4}{3}\pi=1.2566\text{m}$$

水力半径 $$R=\frac{A}{\chi}=\frac{0.2275}{1.2566}=0.1810\text{m}$$

谢才系数 $$C=\frac{1}{n}R^{\frac{1}{6}}=\frac{1}{0.014}\times(0.181)^{\frac{1}{6}}=53.722\sqrt{\text{m/s}}$$

流速 $$v=C\sqrt{Ri}=53.722\times\sqrt{0.181\times0.0024}=1.12\text{m/s}$$

流量 $$Q=vA=1.12\times0.2275=0.2548\text{m}^3/\text{s}$$

在实际工作中，为了简便，还制定了各种图表，载于各种手册中，此处就省略了。

排水管水力最优充满度为 $h/d=0.95$，$\theta=308°$，此时流量最大；当 $h/d=0.81$ 时，流速最快。但这两个充满度均大于最大设计充满度，不宜作为设计充满度采用。

六、明渠非均匀流基本概念

(一)明渠非均匀流发生的条件

无论是天然河流或人工渠道，由于地形、地质情况复杂多变，河槽本身的边界条件是不断变化的，而且在河渠上往往有各种形式的水工建筑物(如闸、坝、跌水、桥、涵等)。在河槽边界发生变化的地方和有水工建筑物的地方，破坏了均匀流形成的条件，就会产生非均匀流的水流现象。例如闸、坝挡水后使上游水位壅高，水深增加，流速变小；而在陡坡或跌水的上游则水位降低，水深逐渐减小，流速变大。

对非均匀流现象进行研究具有重要的实际意义，如计算壅水曲线，可正确估计闸、坝壅水对上游淹没影响的范围；对水跃现象的研究，有助于正确设计下游消能防冲措施。

(二)明渠非均流的特点和几类现象

明渠非均匀流的特点是水深、流速不断地沿程变化，而在此变化中又可分为渐变流和急变流。

属于渐变流的有以下两类水力现象：

1. 壅水现象

如在河流或渠道中的水流遇到闸、坝等挡水建筑物时，上游水位壅高，水深沿流增加，流速

逐渐减少，这种现象称为壅水现象，其水面曲线称为壅水曲线，如图 6-7-3 所示。

2. 降水现象

如在河底坡度突然变陡的陡坡上游或河底高程突然下降的跌水上游，水深沿流不断减小，水面高程逐渐下降的现象称为降水现象，其水面曲线，如图 6-7-4 所示。

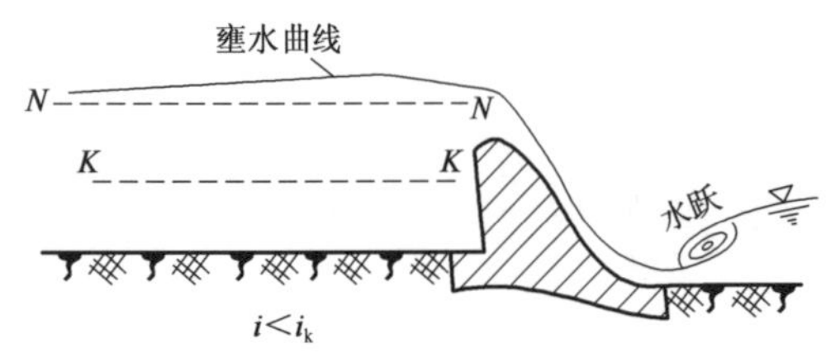

图 6-7-3 壅水曲线

降水曲线
N
N
K
K
0<i<ik
跌水

图 6-7-4 降水曲线与跌水

属于急变流的有以下两类水力现象：

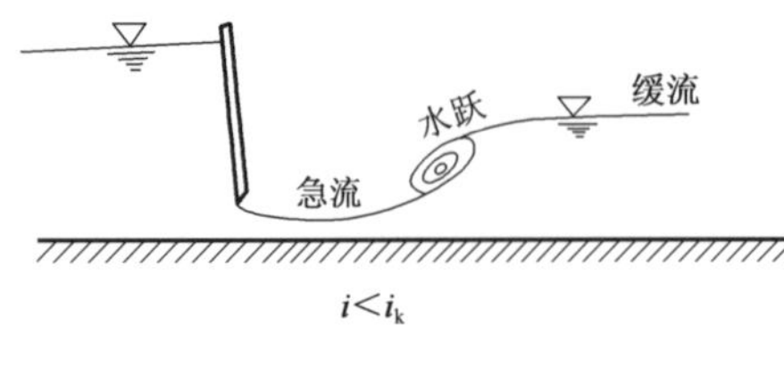

图 6-7-5 水跃现象

1. 水跃现象

当水流由水深小、流速大的急流状态急剧转变为水深大、流速小的缓流时，将发生强烈的旋滚和消耗巨大的能量，这就是水跃现象，如图 6-7-5 所示。

2. 跌水现象

在底坡突然下降或由缓坡变陡处，水面骤然下降，流速剧增的现象称为跌水现象，如图 6-7-4 所示。

（三）明渠非均匀流的流态（急流、缓流、临界流）

本段所讨论的是以微弱扰动波在水中传播的速度为判别标准的一种流动分类。这种流态的划分，对明渠非均匀流运动规律的分析，很有帮助。

1. 明渠中弱扰动波传播速度

由于明渠的自由液面没有固体边界的限制，受扰动后可改变水面标高以适应扰动，因而能在水面形成一微微隆起的波（简称微幅波），此波形成后将以某一速度向四周传播，称为微幅波的传播波速 c，它的快慢与水流深度有关。现在我们对矩形断面渠道中静止水中的波速 c 的计算方法进行分析（见图 6-7-6）。

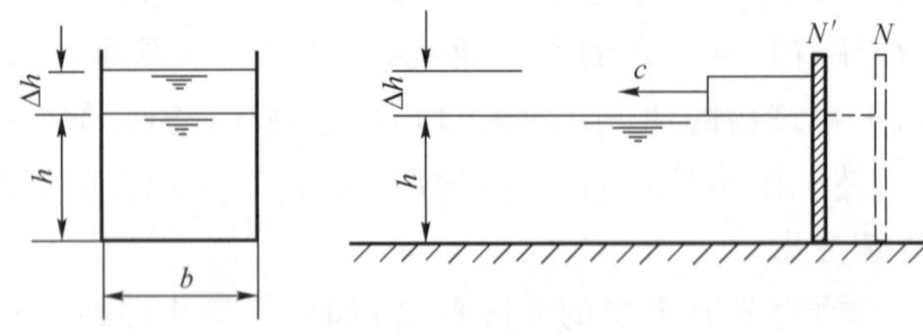

图 6-7-6 微幅波的传播

将平板 N 向左拨动到 N'时，水面将产生一隆起的微幅波，并以波速 c 向左传播。设波高 Δh 很小，与水深相比可以忽略不计，波移动时的摩擦阻力也可忽略不计，呈非恒定流。现取移动坐标，以速度 c 与波一起向左移动，此时波就固定不动，而渠中的水则有了向右的速度 c，呈恒定流。由伯努利方程可知

$$h+\frac{c^{2}}{2g}=\text{常数}$$

另一方面，对单位宽度而言，连续性方程可写成

$$ch = 常数$$

将上两式微分后为

$$\begin{cases} dh + \dfrac{c dc}{g} = 0 \\ c dh + h dc = 0 \end{cases}$$

将上述方程组联立求解，得

$$\frac{c^2 dc}{g} - h dc = 0$$

$$\left(\frac{c^2}{g} - h\right) dc = 0$$

$$\frac{c^2}{g} = h$$

故
$$c = \pm \sqrt{gh} \tag{6-7-10}$$

对梯形等棱柱形断面，可用平均水深 $\bar{h} = \dfrac{A}{B}$ 代入，式中 A 为过水断面面积，B 为水面宽度，则上式变为

$$c = \pm \sqrt{g\bar{h}}$$

如果在明渠流中，水流流速为 v，则波的传递速度与水流流速叠加后即为波的实际传播速度 c'，即

$$c' = v \pm \sqrt{g\bar{h}}$$

当微波顺水流方向传播时，上式右端第二项取正号；逆水流方向传播时，取负号。

2.急流、缓流、临界流

我们以波速 c 与流速 v 的相互关系来区分明渠中水流的缓急。

当明渠中水流流速较大而波速较小，满足不等式 $v>c$ 或 $v > \sqrt{g\bar{h}}$ 时，则微幅波速与流速叠加后的波速为正值，说明干扰只能顺水流方向向下游传播，不能逆水流方向朝上游传播，这种流动称为急流。

当明渠中水流流速较小而波速较大，满足不等式 $v<c$ 或 $v< \sqrt{g\bar{h}}$ 时，则叠加后的波速值可能有正有负。说明干扰既能向下游传播，也能向上游传播，这种流动称为缓流。

当明渠中水流流速 v 正好等于波速 c 时，即满足等式 $v=c$ 时，干扰向上游传播的速度为零，正是急流与缓流的分界，称为临界流。此时的水流流速称为临界流速 $v_c = \sqrt{g\bar{h}}$，可用来判别流态的缓急。$v>v_c$ 为急流，$v<v_c$ 为缓流，$v=v_c$ 为临界流。

3.弗劳德数

如果把流态判别式的等号两边都除以 $\sqrt{g\bar{h}}$ 可得

$$\left.\begin{aligned} \frac{v}{\sqrt{g\bar{h}}} &> 1 \quad 急流 \\ \frac{v}{\sqrt{g\bar{h}}} &= 1 \quad 临界流 \\ \frac{v}{\sqrt{g\bar{h}}} &< 1 \quad 缓流 \end{aligned}\right\} \tag{6-7-11}$$

等号左边为无量纲数，称为弗劳德数，以符号 Fr 表示，Fr 可作为判断流态缓急的判别准则。

$$\left.\begin{array}{ll} Fr > 1 & \text{急流} \\ Fr = 1 & \text{临界流} \\ Fr < 1 & \text{缓流} \end{array}\right\} \tag{6-7-12}$$

4.临界水深和临界底坡

为了区别渠中流态的缓、急，还可以运用临界水深和临界底坡的概念。

(1)临界水深 h_k 是断面比能($h+\frac{\alpha v^2}{2g}$)最小时的水深，对矩形断面可用下式计算

$$h_k = \sqrt[3]{\frac{\alpha q^2}{g}} \tag{6-7-13}$$

式中，q 为单宽流量；α 为动能改正系数，一般取 1～1.1。

设明渠中产生均匀流的水深为正常水深 h_0，则有

$$\left.\begin{array}{ll} h_0 < h_k & \text{急流} \\ h_0 = h_k & \text{临界流} \\ h_0 > h_k & \text{缓流} \end{array}\right\} \tag{6-7-14}$$

(2)临界底坡 i_k，当通过一定流量时的正常水深恰好等于临界水深，此时的底坡称为临界底坡。临界底坡可用下式计算

$$i_k = \frac{Q^2}{K_k^2} \tag{6-7-15}$$

式中，Q 为通过流量；K_k 为临界流时的流量模数，$K_k = C_k A_k \sqrt{R_k}$。

设明渠中形成均匀流时的底坡为 i，则有

$$\left.\begin{array}{ll} i > i_k & \text{急流} \\ i = i_k & \text{临界流} \\ i < i_k & \text{缓流} \end{array}\right\} \tag{6-7-16}$$

习　　题

6-7-1　明渠均匀流的特征是(　　)。

A. 断面面积、壁面粗糙度沿流程不变

B. 流量不变的长直渠道

C. 底坡不变、粗糙度不变的长渠

D. 水力坡度、水面坡度、河底坡度皆相等

6-7-2　某梯形断面明渠均匀流，渠底宽度 b=2.0m，水深 h=1.2m，边坡系数 m=1.0，渠道底坡 i=0.000 8，粗糙系数 n=0.025，则渠中的通过流量 Q 应为(　　)。

A. 5.25m³/s　　B. 3.43m³/s　　C. 2.52m³/s　　D. 1.95m³/s

第八节　渗流定律、井和集水廊道

一、渗流及渗流模型

流体在孔隙介质中的流动称为渗流，水在土壤孔隙中的流动是渗流典型的例子。工程中水源井、集水廊道出水量的计算，以滤池为代表的各种过滤设备中流经多孔介质的渗流速度、渗流系数的确定，地下水资源、油气资源的开发利用等方面，均需应用渗流理论的有关知识。在土木工程上，主要是研究以水为代表的液体，在土壤孔隙中的流动。水在土壤孔隙中的流动，是极不规则的迂回曲折运动，要详细考察每一孔隙中的流动状况是非常困难的，一般也无此必要。工程中所关心的主要是宏观的平均效果，为了研究方便，常用简化的渗流模型来代替实际的渗流运动。所谓渗流模型，是设想流体作为连续介质连续地充满渗流区的全部空间，包括土壤颗粒骨架所占据的空间；渗流的运动要素可作为渗流区全部空间的连续函数来研究。以渗流模型取代实际渗流，必须要遵循这几个原则：①通过渗流模型某一断面的流量必须与实际渗流通过该断面的流量相等；②渗流模型某一确定作用面上的压力，要与实际渗流在该作用面上的真实压力相等；③渗流模型的阻力与实际渗流的阻力相等，即能量损失相等。

渗流模型中的渗流流速 u 为渗流模型中微小过流断面面积 ΔA 除通过该面积的真实渗流量 ΔQ，即

$$u=\frac{\Delta Q}{\Delta A}$$

因为上式中 ΔA 内有一部分面积为土粒所占据，所以孔隙的过流断面面积 $\Delta A'$要比 ΔA 小，$\Delta A'=n\Delta A$，n 为土壤孔隙率（为孔隙体积与土壤总体积之比）。因此孔隙中真实渗流速度为

$$u'=\frac{\Delta Q}{\Delta A'}=\frac{\Delta Q}{n\Delta A}=\frac{u}{n}$$

由于孔隙率 $n<1$，所以 $u'>u$。引入渗流模型之后，把渗流视为连续介质运动，前面各章关于分析连续介质空间场运动要素的各种方法和概念就可直接应用于渗流中。例如按运动要素是否随时间变化，可分为恒定渗流和非恒定渗流；按运动要素是否沿流程变化，可分为均匀渗流和非均匀渗流等。非均匀渗流又可分为渐变渗流和急变渗流；从有无地下水自由浸润面可分为无压渗流和有压渗流等。

二、渗流基本定律——达西定律

1852～1855 年，达西对均质沙土中的渗流，做了大量的试验研究，总结得出了渗流能量损失与渗流流速、流量之间的关系式为

$$Q=kAJ \tag{6-8-1}$$

式中：Q——渗流流量；

k——渗透系数，表示土壤在透水方面的物理性质，具有速度的量纲；

J——水力坡度，$J=\frac{h_w}{L}\approx\frac{H_1-H_2}{L}$；

H_1、H_2——分别为渗流上、下游断面的测压管水头。

因渗流速极小，流速水头可忽略不计，测压管水头差就可代替总水头差。$J=-\frac{\mathrm{d}H}{\mathrm{d}L}$，所以用负号是因 H 沿 L 减少。

渗流断面平均流速为

$$v=\frac{Q}{A}=kJ \tag{6-8-2}$$

上式表明渗流速度与水力坡度一次方成正比，亦即与水头损失一次方成正比，并与土壤的透水性有关。由此得知渗流遵循层流运动的规律，所以达西渗流定律也称为渗流线性定律。

对于均质土壤试样，其中产生的是均匀渗流，可认为各点的流动状态相同，点流速 u 与断面平均流速 $\boldsymbol{v}$ 相同，所以达西定律也可写为

$$u=kJ \tag{6-8-3}$$

对于非均质土壤，u 与 J 均与位置有关，u 与 $\boldsymbol{v}$ 不一定相同，达西定律只能以式(6-8-3)的形式表示。

对于渐变渗流，裘皮幼(Dupuit)认为流线曲率很小，两断面间任一流线长度近似相等，水力坡度相同，断面上各点流速均匀分布，即

$$u=v=kJ=-k\frac{\mathrm{d}H}{\mathrm{d}S}$$

也可以应用达西定律。

达西定律的适用范围为线性渗流，其雷诺数 $\mathrm{Re}=\frac{vd}{\nu}<1\sim10$。式中，$d$ 为土壤颗粒有效粒径，可用 d_{10} 代表，d_{10} 表示筛分后占 10%质量的土粒所能通过的筛孔直径。

三、集水廊道

集水廊道既是采集地下水作水源的给水建筑物，又是排泄地下水降低附近地下水位的排水建筑物。如图 6-8-1 所示一水平底的集水廊道，底部为不透水层，侧面为透水性均质土壤，上为地面，在廊道未取水前土壤中天然无压地下水水面(称浸润面)，为一水平线，如图中虚线所示，取水后水面降落为曲率极小的缓降曲线，为一渐变渗流，可以用达西定律。

集水廊道主要要解决两类问题：一是求出每一侧面单位长度的出流量 q、总流量 Q；另一是求出地下水降落曲面的坐标 x 及 z 的关系式，以便确定取水后各处的水位 z 值。x 为距廊道侧壁的水平距离，z 为从廊道底部算起的水面铅垂高度，即地下水水位。设 h 为廊道内水深，根据达西定律，$Q=kAJ$，单位长流量

$$q=kz\frac{\mathrm{d}z}{\mathrm{d}x}$$

$$\frac{q}{k}\int_0^x\mathrm{d}x=\int_h^z z\,\mathrm{d}z$$

$$\frac{q}{k}x=\frac{1}{2}(z^2-h^2)$$

或

$$z^2-h^2=\frac{2q}{k}x \tag{6-8-4}$$

上式为地下廊道采水后地下水浸润线方程，若 q 及 h 已知，k 是渗流系数，为常数，则任一距离 x 处的水位 z 可求得，并可绘出水面曲线。

为了求单长流量 q，可利用其边界条件，当水平距离 $x\to L$ 时，地下水位 $z\to H$，H 为取水

前地下水天然水平面到不透水层的高度，亦称含水层厚度，代入式(6-8-4)可得

$$q = \frac{k(H^2 - h^2)}{2L} \tag{6-8-5}$$

式中，L 称为集水廊道的影响长度(沿 x 方向)，即在 L 之外水面不再降落，恢复天然地下水位，不受取水的影响。

集水廊道两侧的总流量为 Q，则

$$Q = 2qL_0 \tag{6-8-6}$$

式中：L_0——垂直于纸面的廊道纵向长度。

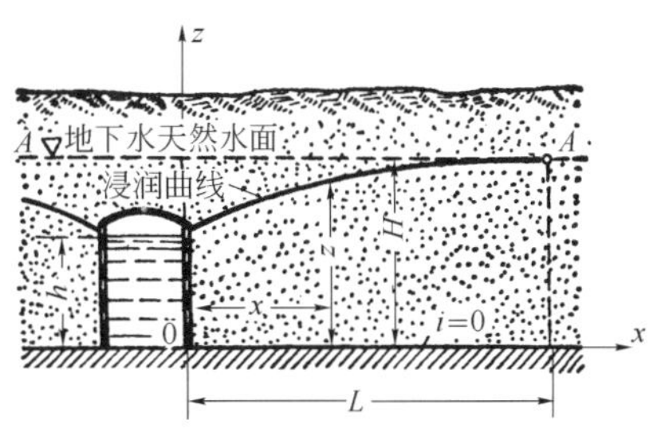

图 6-8-1

四、管井涌水量的计算

(一)潜水井(普通完全井)

具有自由液面的无压地下水称潜水。潜水井用来汲取无压地下水，井的断面通常为圆形，水由透水的井壁渗入井中。潜水井又可分为完全井与不完全井两类，井底深达不透水层的称为完全井，如图 6-8-2 所示，按达西定律其流量为

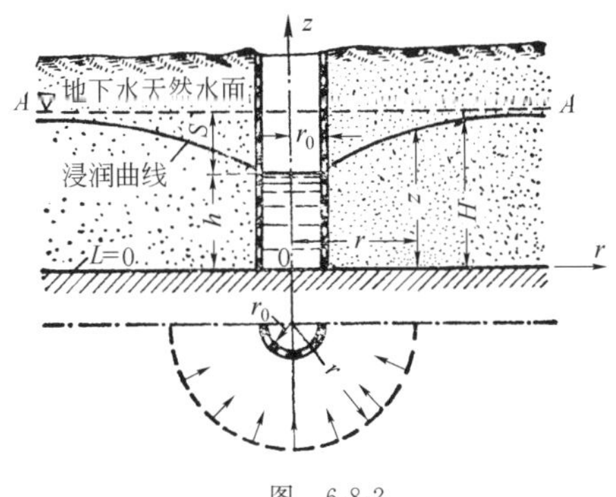

图 6-8-2

$$Q = kAJ$$

$$= k2\pi rz \frac{\mathrm{d}z}{\mathrm{d}r}$$

分离变量后积分上式，得

$$\int z\mathrm{d}z = \frac{Q}{2\pi k}\int \frac{\mathrm{d}r}{r}$$

$$z^2 = \frac{Q}{\pi k}\ln r + c$$

式中：c——积分常数。

当 $r=r_0$ 时，$z=h$，代入上式得积分常数 $c=h^2-\frac{Q}{\pi k}\ln r_0$，将积分常数 c 再代回原式有

$$z^2 - h^2 = \frac{Q}{\pi k}\ln\frac{r}{r_0} \tag{6-8-7}$$

换成常用对数后得

$$z^2 - h^2 = \frac{0.73Q}{k}\lg\frac{r}{r_0} \tag{6-8-8}$$

式中：h——井中水深；

r_0——井的半径。

上式表明潜水井取水时井外地下水浸润线方程，即 r 与 z 的关系式。从理论上说，当某井取水，四周形成漏斗状浸润面后，水面降落的影响应该延伸到无穷远处。但从工程实用观点来看，当水面降落的浸润线延伸到某一距离 R 之后，水面即接近含水层原有的厚度。即当 $r\to R$ 后，$z\to H$，R 称为井的影响半径，将此边界条件代入式(6-8-8)中，可求出潜水井涌水量公式

$$Q = 1.366\frac{k(H^2 - h^2)}{\lg\frac{R}{r_0}} \tag{6-8-9}$$

式中的影响半径 R 可由试验方法求得。当无试验资料，初步计算时可用经验公式估算

$$R = 3\,000S\sqrt{k} \tag{6-8-10}$$

式中，$S=H-h$，为抽水稳定后，井中水面降落深度以米(m)计。k 为渗流系数，以m/s计。

【例 6-8-1】 潜水完全井抽水量大小与相关物理量的关系是：

A. 与井半径成正比　　B. 与井的影响半径成正比

C. 与含水层厚度成正比　　D. 与土体渗透系数成正比

解 根据公式(6-8-9)可知，潜水完全井抽水量与渗透系数 k 和含水层厚度 H 有关，且与渗透系数 k 成正比。

答案：D

(二)自流井(承压井)

如含水层位于两不透水层之间，其中渗流所受的压强大于大气压强，这样的含水层称为自流层，由自流层供水的井为自流井。设一井底直至不透水层的完全自流井如图 6-8-3 所示。在未抽水时，井中水位将升高至 H 高度处，此 H 值即为天然状态下含水层的测压管水头，它大于含水层的厚度 t，有时甚至高出地面，使水从井口中自动流出。当抽水经过相当长的时间后，井四周的测管水头线，将形成一稳定的轴对称的漏斗状曲线，如图 6-8-3 所示。取距井中心轴为 r 处的渗流过水断面，该面面积 $A=2\pi rt$，它与测管水头无关，该处水力坡度 $J=\frac{\mathrm{d}z}{\mathrm{d}r}$，为该处测管水头线的坡度，则该断面渗流流量 Q 按达西公式，有

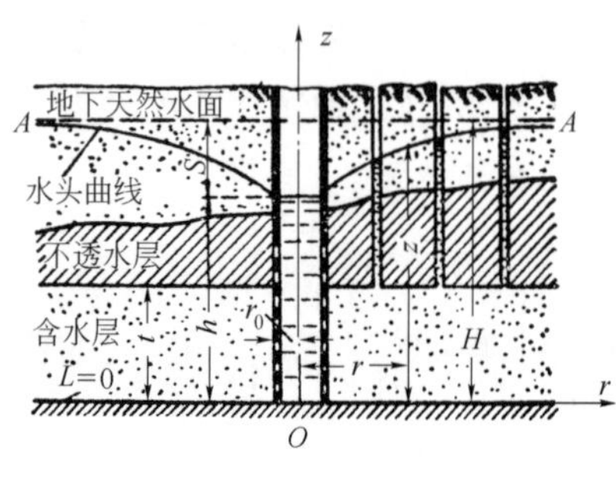

图 6-8-3

$$Q = k2\pi rt\frac{\mathrm{d}z}{\mathrm{d}r}$$

分离变量并积分得

$$z = \frac{Q}{2\pi kt}\ln r + c$$

式中，c 为积分常数，由边界条件确定。当 $r=r_0$ 时，$z=h$，代入上式得 $c=h-\frac{Q}{2\pi kt}\ln r_0$，将 c 代入原式有

$$z-h = \frac{Q}{2\pi kt}\ln\frac{r}{r_0} \tag{6-8-11}$$

或转换成常用对数

$$z-h = 0.366\frac{Q}{kt}\lg\frac{r}{r_0} \tag{6-8-12}$$

此即自流井水头曲线方程。引入井的影响半径概念，令上式中的 $r=R$ 时，$z=H$，就可得到自流井的涌水量公式

$$Q = 2.73\frac{kt(H-h)}{\lg\frac{R}{r_0}} \tag{6-8-13}$$

井中水面降落深度 $S=H-h$，上式可写成

$$Q = 2.73\frac{ktS}{\lg\frac{R}{r_0}} \tag{6-8-14}$$

五、大口井涌水量

大口井是汲取浅层地下水的一种井，井径较大，大致为 2～10m 或更大些。大口井一般是不完全井，下接含水量丰富的透水层，底部进水成为涌水量的重要部分。如图 6-8-4 所示一底部为半球形，井壁四周为不透水层，主要由底部进水的大口井，利用达西公式可推得其流量 Q 的计算公式

$$Q = \frac{2\pi kS}{\frac{1}{r_0}-\frac{1}{R}} \tag{6-8-15}$$

因 $R\gg r_0$，所以上式近似为

$$Q = 2\pi kr_0S \tag{6-8-16}$$

对于平底大口井，福希海梅认为过流断面是半椭球面，渗流流线是双曲线，如图 6-8-5 所示。其涌水量 Q 的公式为

$$Q = 4kr_0S \tag{6-8-17}$$

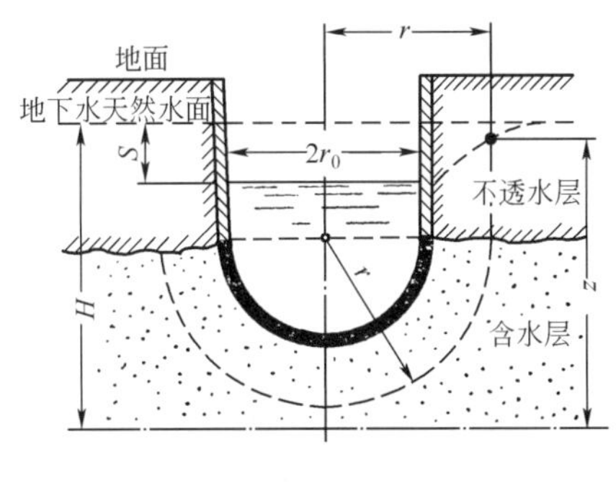

图 6-8-4

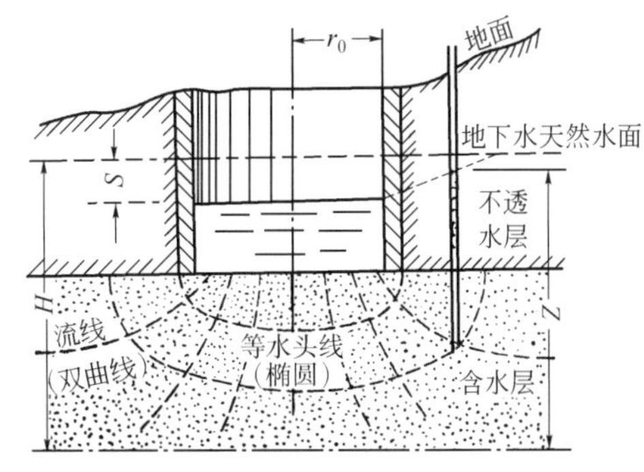

图 6-8-5

六、井群的涌水量

（一）潜水井井群

如图 6-8-6 所示一潜水井井群平面图，在水平不透水层上有 n 个完全潜水井，由于各井之间距离较近，因此各井的出水量和浸润曲线的形状均相互影响，所以井群计算与单井不同，需应用势流叠加原理。经分析推导得潜水井群的浸润线方程为

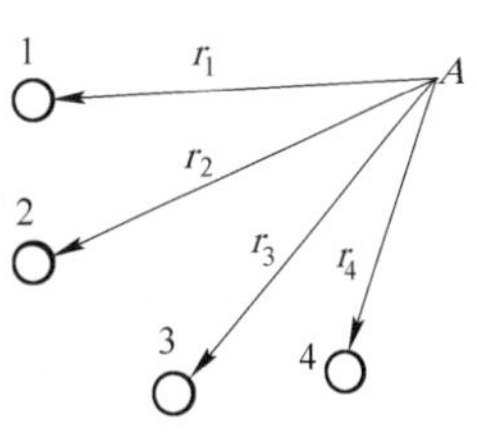

图 6-8-6

$$z^2 = H^2 - 0.732\frac{Q}{k}\left[\lg R-\frac{1}{n}\lg(r_1r_2r_3\cdots r_n)\right] \tag{6-8-18}$$

式中：　　z——潜水井井群影响范围内某点的浸润线水头；

H——未抽水时含水层水位；

Q——井群总流量；

n——井的总数；

r_1、r_2、r_3、…、r_n——各个井到计算点的半径；

R——井群的影响半径可用经验公式(6-8-19)计算或做抽水试验确定。

$$R = 575S\sqrt{Hk} \tag{6-8-19}$$

井群的总流量公式为

$$Q = 1.366\frac{k(H^2 - z^2)}{\lg R - \frac{1}{n}\lg(r_1 r_2 r_3 \cdots r_n)} \tag{6-8-20}$$

(二)自流井井群

与潜水井类似,用势流叠加原理可导出自流井井群的水头线方程和流量公式。水头线方程为

$$z = H - \frac{0.366Q}{kt}\left[\lg R - \frac{1}{n}(r_1 r_2 r_3 \cdots r_n)\right] \tag{6-8-21}$$

自流井井群的流量为

$$Q = 2.73\frac{kt(H - z)}{\lg R - \frac{1}{n}\lg(r_1 r_2 r_3 \cdots r_n)} \tag{6-8-22}$$

【例 6-8-2】 设某圆形基坑,其周围布置了 6 个潜水完全井,如图所示。各井距基坑中心点距离 r 为 30m,含水层厚度 H 为 15m,渗流系数 $k = 0.000\,8\text{m/s}$,井群影响半径 $R = 300\text{m}$,欲使基坑中心点水位下降 $S = 5\text{m}$,求各井的抽水量。

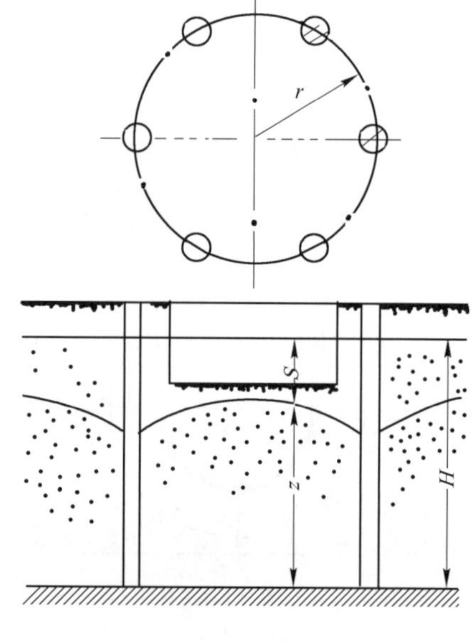

例 6-8-2 图

解 $r_1 = r_2 = r_3 = \cdots = r_n = 30\text{m}$,代入式(6-8-16)得总流

$$Q = 1.366\frac{0.000\,8 \times (15^2 - 10^2)}{\lg 300 - \frac{1}{6}\lg(30^6)} = 0.136\text{m}^3/\text{s}$$

每口井抽出量为

$$\frac{Q}{n} = \frac{0.136}{6} = 0.022\,7\text{m}^3/\text{s} = 22.7\text{L/s}$$

习　题

6-8-1 达西渗透定律表明渗流量与(　　)成正比,与(　　)有关。

A. 过流面积、流速,介质颗粒大小

B. 过流面积、水力坡度,水的黏性

C. 过流面积、水头损失,土壤均匀程度

D. 过流面积、水力坡度一次方,渗透系数

6-8-2 潜水井是指(　　)。

A. 全部潜没在地下水中的井

B. 从有自由表面潜水含水层中开凿的井

C. 井底直达不透水层的井

D. 从两不透水层之间汲取有压地下水的井

6-8-3 某一井底直达不透水层的潜水井，井的半径 $r_0=0.2\text{m}$，含水层的水头 $H=10\text{m}$，渗透系数 $k=0.0006\text{m/s}$，影响半径 $R=294\text{m}$，抽水稳定后井中水深为 $h=6\text{m}$，此时该井的出水流量 Q 为(　　)。

A. 20.51L/s　　B. 18.5L/s　　C. 16.56L/s　　D. 14.55L/s

第九节　量纲分析和相似原理

一、量纲分析

(一)量纲和单位

描述流体运动的物理量如长度、时间、质量、速度、加速度等，都可按其性质不同而加以分类，表征各种物理量性质和类别的标志称为物理量的量纲(或因次)。例如长度、时间、质量是三个性质完全不同的物理量，因而具有三种不同的量纲。我们注意到这三种量纲是互不依赖的，即其中任一量纲，不能从其他两个推导出来，这种互不依赖，互相独立的量纲称为基本量纲。通常表示量纲的符号用方括号将字母括起来，这三个基本量纲可分别表示为：长度[L]、时间[T]、质量[M]。其他物理量的量纲，均可用基本量纲推导出来，称为导出量纲，例如速度量纲就是导出量纲，$[v]=\frac{[L]}{[T]}$。各种导出量纲，一般可用基本量纲指数乘积的形式来表示，$[v]=[LT^{-1}]$。如以[x]表任一物理量的导出量纲，则

$$[x]=[L^aT^bM^c] \tag{6-9-1}$$

例如力 F 的量纲为导出量纲$[F]=[LT^{-2}M]$，则其量纲指数 $a=1,b=-2,c=1$；又如前面导出的速度量纲，其量纲指数 $a=1,b=-1,c=0$。导出量纲按照其基本量纲的指数可分成以下三类：

(1)如果 $a\neq0,b=0,c=0$ 为几何学的量；

(2)如果 $a\neq0,b\neq0,c=0$ 为运动学的量；

(3)如果 $c\neq0$ 为动力学的量。

除现在所选择的三种基本量纲[L]、[T]、[M](国际单位制 SI)之外，以往在工程上曾广泛使用过工程单位制，其基本量纲的选择为[L]、[T]、[F]，质量反而成为导出量纲。

为了比较同一类物理量的大小，可以选择与其同类的标准量加以比较，此标准量称为单位。例如要比较长度的大小，可以选择 m、cm 或市尺为单位。但由于选择的单位不同，同一长度可以用不同的数值表示，可以是 1(以 m 为单位)，也可以是 100(以 cm 为单位)，也可以是 3(以市尺为单位)。可见有量纲量的数值大小是不确定的，随所选用单位不同而变化的。当基本量纲指数 $a=b=c=0$ 时，则

$$[x]=[L^0T^0M^0]=[1]$$

[x]为无量纲纯数，或量纲为 1 的量，它的数值大小，与所选用单位无关。使实验成果无量纲

化，往往更具普遍意义。例如要反映沿程机械能减少情况，用水力坡度 $J=hw/L$ 这一无量纲值（$[J]=[LL^{-1}]=[1]$）要比用水头损失值更能反映其普遍性。因为后者随所选单位不同而变化，而前者不论所选择的是何种长度单位，只要形成该水力坡度的物理条件不变，则 J 的值也不会变。又如判别流态的雷诺数 $Re=\frac{vd}{\nu}$，其量纲式为

$$[Re]=\frac{[LT^{-1}][L]}{[L^2T^{-1}]}=[L^0T^0M^0]=[1]$$

为无量纲数。

前已指出下临界雷诺数 $Re_k=2\ 000$，就是判别流态的普适性常数，不论单位是英制还是国际单位制 $Re_k=2\ 000$ 不变，均是判别流态是层流还是紊流的标准数值。

（二）量纲和谐原理

一个正确的、完整的反映客观规律的物理方程中，各项的量纲是一致的，这就是量纲一致性原理，或称量纲和谐原理。

量纲和谐原理用途广泛，是量纲分析的基础，它首先可以判断物理方程是否正确。人们熟知水动力学三大方程是正确的，这三个方程的量纲每一个均是和谐的。连续方程等号前后是流量的量纲，能量方程每一项皆为长度量纲，动量方程每一项皆为力的量纲。

量纲和谐原理还可用来确定方程式中系数的量纲以及分析经验公式的结构是否合理。

量纲和谐原理还表明，量纲相同的量才可以相加减；量纲不同的量不能相加减，也不能相等，但可以相乘除。

量纲和谐原理最主要的用途还在于将各有关的物理量的函数关系，以各物理量指数乘积的形式表达出来，并确定其指数，以便将实验结果建立起一个结构合理、正确反映客观规律的力学方程或物理方程，此种分析方法称为量纲分析法。

（三）量纲分析法

量纲分析法有两种：一种适用于影响因素间的关系为单项指数形式的场合，称瑞利（Ray-Leigh）法；另一种为具有普遍性的方法，称 π 定理。下面分别介绍。

1.瑞利法

首先列出影响该物理过程的主要因素 x_1、x_2、x_3、…、x_n 之间待定的函数关系

$$y=f(x_1,x_2,x_3,\cdots,x_n)$$

由于各因素的量纲只能由基本量纲的积和商导出而不能相加减，因此函数关系式可写成指数乘积的形式为

$$y=kx_1^{a_1}x_2^{a_2}x_3^{a_3}\cdots x_n^{a_n}$$

式中：　k——无量纲系数；

x_1、x_2、…、x_n——待定指数。

再将上式用基本量纲表示为

$$[L^aT^bM^c]=[L^{a_1}T^{b_1}M^{c_1}]\alpha_1[L^{a_2}T^{b_2}M^{c_2}]\alpha_2\cdots[L^{a_n}T^{b_n}M^{c_n}]\alpha_n$$

由量纲和谐原理可得

$[L]$　　$a=a_1\alpha_1+a_2\alpha_2+\cdots a_n\alpha_n$

$[T]$　　$b=b_1\alpha_1+b_2\alpha_2+\cdots b_n\alpha_n$

[M] $$c=c_1\alpha_1+c_2\alpha_2+\cdots c_n\alpha_n$$

解上述联立方程组，可求出待定 α_1、α_2、…、α_n，从而确定函数关系。但因方程组中的方程数只有三个，当待定指数个数 $n>3$ 时，则有$(n-3)$个指数需用其他指数的函数来表示。

【例 6-9-1】 实验指出判别层流、紊流的下临界流速 v_k 与管径 d、流体密度 ρ、流体黏度 μ 有关，试用量纲分析法求出它们间的函数关系。

解 $$v_k=f(d,\rho,\mu)$$

或 $$v_k = kd^{\alpha_1}\rho^{\alpha_2}\mu^{\alpha_3}$$

再写成量纲式

$$[LT^{-1}M^0] = [LT^0M^0]\alpha_1[L^{-3}T^0M]\alpha_2[L^{-1}T^{-1}M]\alpha_3$$

由量纲和谐得

$$\left.\begin{array}{ll}[L] & 1 = \alpha_1 - 3\alpha_2 - \alpha_3 \\ [T] & -1 =- \alpha_3 \\ [M] & 0 = \alpha_2 + \alpha_3\end{array}\right\}\text{解得 } \alpha_3 = 1, \alpha_2 =- 1, \alpha_1 =- 1$$

将指数 α_1、α_2、α_3 回代入指数乘积函数关系式，有

$$v_k = k\frac{\mu}{\rho d} = k\frac{v}{d}$$

上式化为无量纲形式后有

$$k = \frac{v_k d}{\nu}$$

此无量纲数 k 即为下临界雷诺数

$$Re_k = \frac{v_k d}{\nu}$$

2. π 定理

π 定理在 1915 年由布金汉(E. Buckingham)首先提出，所以又称为布金汉原理。

设有 n 个变量的物理方程式

$$f(x_1, x_2, x_3, \cdots, x_n) = 0$$

其中可选出 m 个变量在量纲上是互相独立的，那么此方程式必然可以表示为$(n-m)$个无量纲数(以 π 表示)的物理方程，即

$$F(\pi_1, \pi_2, \pi_3, \cdots, \pi_{n-m}) = 0$$

在应用 π 定理时，要注意所选取的 m 个量纲独立的物理量，应使它们不能组成一个无量纲数。设所选择的物理量为 x_1、x_2、x_3，它们的量纲式可用基本量纲表示为

$$\left.\begin{array}{l}[x_1] = [L^{a_1}T^{b_1}M^{c_1}] \\ [x_2] = [L^{a_2}T^{b_2}M^{c_2}] \\ [x_3] = [L^{a_3}T^{b_3}M^{c_3}]\end{array}\right\} \tag{6-9-2}$$

为使 x_1、x_2、x_3 互相独立、不能组合成无量纲数，就要使它们的指数乘积不能为零，也就要求式(6-9-2)中的指数行列式不等于零(证明略去)，即

$$\begin{vmatrix} a_1 & b_1 & c_1 \\ a_2 & b_2 & c_2 \\ a_3 & b_3 & c_3 \end{vmatrix} \neq 0 \tag{6-9-3}$$

现以 x_1 为长度，x_2 为时间，x_3 为质量，即 $a_1=1,b_2=1,c_3=1$，其余均为零代入式(6-9-3)

$$\begin{vmatrix} 1 & 0 & 0 \\ 0 & 1 & 0 \\ 0 & 0 & 1 \end{vmatrix} = 1 \neq 0$$

所以上述三个基本物理量的量纲是互相独立的。如果我们所选择的物理量分别属于此三种类型，则容易满足相互独立的条件。在实践中常分别选几何学的量(管径 d，水头 H 等)、运动学的量(速度 v，加速度 g 等)和动力学的量(密度 ρ，黏度 μ 等)各一个，作为独立的变量。

无量纲的 π 项的组成，可以从所选用的独立变量之外的其余变量中，每次轮取一个，与所选的独立变量组合而成，即

$$\left.\begin{aligned} \pi_1 &= x_1^{\alpha_1} x_2^{\beta_1} x_3^{\gamma_1} x_4 \\ \pi_2 &= x_1^{\alpha_2} x_2^{\beta_2} x_3^{\gamma_2} x_5 \\ &\cdots\cdots \\ \pi_{n-m} &= x_1^{\alpha_{(n-m)}} x_2^{\beta_{(n-m)}} x_3^{\gamma_{(n-m)}} x_n \end{aligned}\right\} \tag{6-9-4}$$

式中：α_i、β_i、γ_i——待定指数。

根据量纲和谐原理，可以求出式(6-9-4)中的指数 α_i、β_i、γ_i，因左端各 π 项的指数为零(π 为无量纲数)。

二、流动相似的概念

为了能用模型试验的结果去预测原型流将要发生的情况，必须使模型流动与原型流动满足力学相似条件，所谓力学相似包括几何相似、运动相似、动力相似、初始条件与边界条件相似几个方面。在下面的讨论中，原型中的物理量标以下标 p，模型中的物理量标以下标 m。

(一)几何相似

几何相似是指两个流动的对应线段长度成比例，对应角度相等，对应的边界性质相同或边界条件相似(指固体边界的粗糙度和自由液面等)，亦即原型和模型两个流动的几何形状相似。两个流动的长度比尺、面积比尺、体积比尺可分别表示为

$$\left.\begin{aligned} \lambda_{\mathrm{L}} &= \frac{L_{\mathrm{p}}}{L_{\mathrm{m}}} \\ \lambda_{\mathrm{A}} &= \frac{A_{\mathrm{p}}}{A_{\mathrm{m}}} = \lambda_{\mathrm{L}}^2 \\ \lambda_{\mathrm{V}} &= \frac{v_{\mathrm{p}}}{v_{\mathrm{m}}} = \lambda_{\mathrm{L}}^3 \end{aligned}\right\} \tag{6-9-5}$$

长度比尺视试验场地大小，试验要求不同而取不同的值，通常水工模型 $\lambda_{\mathrm{L}}=10\sim100$。当长、宽、高三个方向长度比尺相同时称为正态模型，否则称为变态模型。几何相似是力学相似的前提。

(二)运动相似

运动相似是指两个流场对应点上同名的运动学的量成比例,主要是流速场、加速度场相似。时间比尺、速度比尺、加速度比尺可分别表示为

$$\left.\begin{aligned}\lambda_t &= \frac{t_p}{t_m}\\ \lambda_v &= \frac{v_p}{v_m}\\ \lambda_a &= \frac{a_p}{a_m}\end{aligned}\right\} \tag{6-9-6}$$

作为特例,重力加速度比尺 $\lambda_g = \frac{g_p}{g_m}$,如果原型与模型均在同一星球上,$\lambda_g \approx 1$。

(三)动力相似

动力相似是指两个流场对应点上同名的动力学的量成比例,即力场相似。密度比尺、动力黏度比尺、作用力比尺可分别表示为

$$\left.\begin{aligned}\lambda_\rho &= \frac{\rho_p}{\rho_m}\\ \lambda_\mu &= \frac{\mu_p}{\mu_m}\\ \lambda_F &= \frac{F_p}{F_m}\end{aligned}\right\} \tag{6-9-7}$$

作用在流体上的外力通常有重力 G、黏性切力 T、压力 P、弹性力 E、表面张力 S 等,其比尺为

$$\lambda_F = \frac{G_p}{G_m} = \frac{T_p}{T_m} = \frac{P_p}{P_m} = \frac{E_p}{E_m} = \frac{S_p}{S_m}$$

对非恒定流还应满足初始条件相似。

(四)边界条件与初始条件相似

(五)牛顿一般相似原理

设作用在流体上的外力合力 F,使流体产生的加速度为 a,流体的质量为 m,则由牛顿第二定律惯性力 $F=ma$ 可知,力的比尺 λ_F 也可表示为

$$\lambda_F = \frac{F_p}{F_m} = \frac{M_p a_p}{M_m a_m} = \frac{\rho_p L_p^2 v_p^2}{\rho_m L_m^2 v_m^2} \tag{6-9-8}$$

或

$$\frac{F_p}{\rho_p L_p^2 v_p^2} = \frac{F_m}{\rho_m L_m^2 v_m^2} \tag{6-9-9}$$

式中,$\frac{F}{\rho L^2 v^2}$为一无量纲数,以 Ne 表示有

$$\mathrm{Ne} = \frac{F}{\rho L^2 v^2} \tag{6-9-10}$$

Ne 称为牛顿数。式(6-9-10)可表示为

$$(\mathrm{Ne})_p = (\mathrm{N_e})_m$$

两流动动力相似,归结为牛顿数相等。以比尺表示可得

$$\frac{\lambda_F}{\lambda_\rho \lambda_L^2 \lambda_v^2} = 1 \tag{6-9-11}$$

三、相似准则

要使流动完全满足牛顿相似准则，牛顿数相等，就要求相应点上所有的同名力均有同一比尺，实际上很难做到。在某一具体流动中，占主导地位的作用力往往只有一种，因此在做模型试验时，只要让主要作用力满足相似条件即可。下面介绍只考虑一种主要作用力的相似准则。

(一)重力相似准则

当外力只有重力 G 时，则牛顿数中的外力合力 $F=G$，考虑式(6-9-8)有

$$\lambda_F = \frac{G_p}{G_m} = \frac{\rho_p L_p^3 g_p}{\rho_m L_m^3 g_m} = \frac{\rho_p L_p^2 v_p^2}{\rho_m L_m^2 v_m^2}$$

化简后得

$$\frac{v_p^2}{g_p L_p} = \frac{v_m^2}{g_m L_m} \tag{6-9-12}$$

上式中$\frac{v^2}{gL}$为一无量纲数，称为弗劳德(Fraude)数，以 Fr 表示，则重力相似，归结为弗劳德数相等，即

$$(\mathrm{Fr})_p = (\mathrm{Fr})_m \tag{6-9-13}$$

以相似比尺表示

$$\frac{\lambda_v^2}{\lambda_g \lambda_L} = 1 \tag{6-9-14}$$

一般 $\lambda_g=1$，所以在重力相似时，流速比尺与长度比尺的关系为

$$\lambda_v = \lambda_L^{\frac{1}{2}} \tag{6-9-15}$$

据此，可推得流量比尺 λ_Q

$$\lambda_Q = \lambda_v \lambda_A = \lambda_L^{\frac{1}{2}} \lambda_L^2$$

所以

$$\lambda_Q = \lambda_L^{\frac{5}{2}} \tag{6-9-16}$$

同理可导出

$$\lambda_t = \frac{\lambda_L}{\lambda_v} = \lambda_L^{\frac{1}{2}} \tag{6-9-17}$$

弗劳德数的物理意义为惯性力与重力之比。

(二)黏性切力相似准则

当主要作用力为黏性切力 T 时，$F=T$，代入式(6-9-8)有

$$\lambda_F = \frac{T_p}{T_m} = \frac{\mu_p L_p v_p}{\mu_m L_m v_m} = \frac{\rho_p L_p^2 v_p^2}{\rho_m L_m^2 v_m^2}$$

化简后得

$$\frac{v_p L_p}{\nu_p} = \frac{v_m L_m}{\nu_m} \tag{6-9-18}$$

式中$\frac{vL}{\nu}$为一无量纲数，为雷诺数，以 Re 表示，则黏性切力相似准则归结为雷诺数相等，即

$$(\mathrm{Re})_{\mathrm{p}} = (\mathrm{Re})_{\mathrm{m}} \tag{6-9-19}$$

以比尺表示为

$$\frac{\lambda_{\mathrm{v}}\lambda_{\mathrm{L}}}{\lambda_{\nu}} = 1 \tag{6-9-20}$$

如原型与模型均用同一种流体且温度也相近，则黏度比尺 $\lambda_{\mathrm{r}}=1$，所以黏性力相似时，速度比尺与长度比尺有以下关系

$$\left.\begin{aligned} \lambda_{\mathrm{v}} &= \frac{1}{\lambda_{\mathrm{L}}} \\ \lambda_{\mathrm{Q}} &= \lambda_{\mathrm{L}} \\ \lambda_{\mathrm{t}} &= \lambda_{\mathrm{L}}^{2} \end{aligned}\right\} \tag{6-9-21}$$

雷诺数的物理意义为惯性力与黏性力之比。

一般来说，当影响流速的主要因素是黏滞力时，就可用雷诺准则设计模型，例如有压管流，当其阻力处于层流区、水力光滑区，主要考虑使原型与模型的雷诺数相等，在紊流过渡区，既要雷诺数相等，又要相对粗糙度 $\dfrac{\Delta}{d}$ 相似。但在紊流粗糙区或称阻力平方区时，阻力主要取决于相对粗糙度 $\dfrac{\Delta}{d}$，而与黏性关系很少，故只要保持原型与模型几何相似、相对糙度相似即可达到力学相似，而不需要雷诺数相等，这一区域称为自动模型区。在阻力平方区的明渠也只要考虑重力相似准则和几何相似准则，而不必考虑雷诺准则。

若要同时满足弗劳德准则和雷诺准则是很困难的，因为必须使这两个准则等价，即

$$\frac{\lambda_{\mathrm{v}}^{2}}{\lambda_{\mathrm{g}}\lambda_{\mathrm{L}}} = \frac{\lambda_{\mathrm{v}}\lambda_{\mathrm{L}}}{\lambda_{\nu}}$$

$\lambda_{\mathrm{g}}=1$，代入上式有

$$\lambda_{\nu} = \frac{\lambda_{\mathrm{L}}^{2}}{\lambda_{\mathrm{v}}} = \frac{\lambda_{\mathrm{L}}^{2}}{\lambda_{\mathrm{L}}^{1/2}} = \lambda_{\mathrm{L}}^{3/2}$$

要使流体的黏度正好满足上式很难做到。

(三)压力相似准则

$$\lambda_{\mathrm{F}} = \frac{P_{\mathrm{p}}}{P_{\mathrm{m}}} = \frac{p_{\mathrm{p}}L_{\mathrm{P}}^{2}}{p_{\mathrm{m}}L_{\mathrm{m}}^{2}} = \frac{\rho_{\mathrm{p}}L_{\mathrm{p}}^{2}v_{\mathrm{p}}^{2}}{\rho_{\mathrm{m}}L_{\mathrm{m}}^{2}v_{\mathrm{m}}^{2}}$$

化简后得

$$\frac{p_{\mathrm{p}}}{\rho_{\mathrm{p}}v_{\mathrm{p}}^{2}} = \frac{p_{\mathrm{m}}}{\rho_{\mathrm{m}}v_{\mathrm{m}}^{2}} \tag{6-9-22}$$

式中：$\dfrac{p}{\rho v^{2}}$——无量纲数，称欧拉(Euler)数，以 Eu 表示，则压力相似归结为欧拉数相等。

$$(\mathrm{Eu})_{\mathrm{p}} = (\mathrm{Eu})_{\mathrm{m}} \tag{6-9-23}$$

写成比尺形式

$$\frac{\lambda_{\mathrm{p}}}{\lambda_{\rho}\lambda_{\mathrm{v}}^{2}} = 1 \tag{6-9-24}$$

欧拉准则不是独立准则，当佛劳德准则与雷诺准则满足时，欧拉准则自动满足。Eu 也可用压差形式表示为

$$\mathrm{Eu} = \frac{\Delta p}{\rho v^{2}} \tag{6-9-25}$$

(四)其他各种准则

除上述三种主要的相似准数外，尚有柯西(Canchy)数、马赫(Mach)数、韦伯(Weber)数和斯特鲁哈(Strohae)数等准数，分别表示弹性力、高速气流弹性力、表面张力、惯性力(非恒定性)等起的作用。土木工程上较少应用，此处不再详述。

【例 6-9-2】 烟气在加热炉回热装置中流动，拟用空气介质进行实验。已知空气黏度 $\nu_{空气}=15\times10^{-6}\mathrm{m^2/s}$，烟气运动黏度 $\nu_{烟气}=60\times10^{-6}\mathrm{m^2/s}$，烟气流速 $v_{烟气}=3\mathrm{m/s}$，如若实际长度与模型长度的比尺 $\lambda_L=5$，则模型空气的流速应为：

A. 3.75m/s　　B. 0.15m/s　　C. 2.4m/s　　D. 60m/s

解 按雷诺模型，$\frac{\lambda_v\lambda_L}{\lambda_\nu}=1$，流速比尺 $\lambda_v=\frac{\lambda_\nu}{\lambda_L}$

按题设 $\lambda_\nu=\frac{60\times10^{-6}}{15\times10^{-6}}=4$，长度比尺 $\lambda_L=5$，因此流速比尺 $\lambda_v=\frac{4}{5}=0.8$

$\lambda_v=\frac{v_{烟气}}{v_{空气}}$，$v_{空气}=\frac{v_{烟气}}{\lambda_v}=\frac{3\mathrm{m/s}}{0.8}=3.75\mathrm{m/s}$

答案：A

习　题

6-9-1 量纲和谐原理用途很多，其中最重要的一种是(　　)。

A. 判断物理方程是否正确

B. 确定经验公式中系数的量纲

C. 分析经验公式结构是否合理

D. 作为量纲分析原理探求物理量间的函数关系

6-9-2 模型设计中的自动模型区是指(　　)。

A. 只要原型与模型雷诺数相等，即自动相似的区域

B. 只要模型与原型弗劳德数相等，即自动相似的区域

C. 处于水力光滑区时，两个流场雷诺数不需要相等即自动相似

D. 在紊流粗糙区，只要满足几何相似，即可自动满足力学相似

题解及参考答案

第一节

6-1-1 **解：**运用高等数学中连续函数理论分析流体运动。

答案：C

第二节

6-2-1 **解：**与牛顿内摩擦定律直接有关的因素是黏度、切应力、与剪切变形速度。

答案：D

6-2-2 **解：**水的动力黏度随温度的升高而减少。

答案:B

第三节

6-3-1 **解:**单位质量力具有加速度的量纲。

答案:D

6-3-2 **解:**与大气连通的自由液面下5m水深处的相对压强为0.5at。

答案:B

6-3-3 **解:**真空高度 $h_v=\frac{p_v}{\rho g}=\frac{39.2\text{kPa}}{9.8\text{kN/m}^3}=4\text{m H}_2\text{O}$,真空值 $p_v=39.2\text{kPa}$

答案:A

6-3-4 **解:**绝对压强 $p'=p_0+\rho gh=9.8\text{kPa}+9.8\times2\text{kPa}=29.4\text{kPa}$

答案:B

6-3-5 **解:**被测点的相对压强为 $\gamma'\Delta h-\gamma h_1$。

答案:D

6-3-6 **解:**设桶顶部所受张力为 T_1,底部所受张力为 T_2,总压力 p 作用于距底部$\frac{1}{3}$水深 h 处,由静力矩原量可知:$T_1\cdot\frac{2}{3}h=T_2\cdot\frac{1}{3}h$,则有$\frac{T_1}{T_2}=\frac{1}{2}$,则张力之比为$\frac{1}{2}$。

答案:B

6-3-7 **解:**总压力 $p=\rho gh_cA=9.8\text{kN/m}^3\times1\text{m}\times4\text{m}\times\pi\text{m}=78.4\text{kN}$

压力中心距液面为$\frac{2}{3}h=\frac{2}{3}\times2\text{m}=\frac{4}{3}\text{m}$

答案:B

第四节

6-4-1 **解:**理想流体是指无黏性流体。

答案:D

6-4-2 **解:**恒定流是指当地加速度$\frac{\partial u}{\partial t}=0$的流动。

答案:A

6-4-3 **解:**均匀流指流线为平行直线的流动。

答案:C

6-4-4 **解:**伯努利方程中 $z+\frac{p}{\gamma}+\frac{\alpha v^2}{2g}$表示单位重量流体的机械能。

答案:C

6-4-5 **解:**毕托管比压计中的水头差是总水头与测压管水头之差。

答案:D

6-4-6 **解:**黏性流体测压管水头线的沿程变化:可升、可降、可水平。

答案:D

6-4-7 **解:**由连续方程可得:$v_2=v_1\left(\frac{A_1}{A_2}\right)=v_1\left(\frac{d_1}{d_2}\right)^2=6\text{m/s}\times\left(\frac{150\text{mm}}{300\text{mm}}\right)^2$

$$v_2=\frac{6}{4}\text{m/s}=1.5\text{m/s}$$

答案:C

6-4-8 **解**:文丘里流量计的流量:$Q=\mu\frac{\pi}{4}d_1^2\sqrt{\frac{2g\Delta h}{\left(\frac{d_1}{d_2}\right)^4-1}}$

代入数据后:

$$Q=0.98\times\frac{\pi}{4}\times(0.1)^2\times\sqrt{\frac{2\times9.8\times0.6}{\left(\frac{0.1}{0.05}\right)^4-1}}=0.006\ 81\text{m}^3/\text{s}$$

答案:D

第五节

6-5-1 **解**:有压圆管均匀流切应力 τ 沿断面的分布为管轴处是0,与半径成正比。

答案:C

6-5-2 **解**:圆管层流的流速分布是抛物线分布。

答案:C

6-5-3 **解**:圆管层流轴心处最大流速是断面平均流速的2倍。

答案:B

6-5-4 **解**:圆管紊流核心区的流速分布为对数分布曲线。

答案:C

6-5-5 **解**:由题设条件得:$d_1=2d_2$

由连续方程知:

$$v_1=v_2\left(\frac{d_2}{d_1}\right)^2=v_2\left(\frac{d_2}{2d_2}\right)^2=\frac{v_2}{4}$$

代入雷诺数公式:

$$\text{Re}_1=\frac{v_1d_1}{\nu}=\frac{\frac{v_2}{4}\cdot2d_2}{\nu}=\frac{1}{2}\ \frac{v_2d_2}{\nu}=\frac{1}{2}\text{Re}_2=0.5\text{Re}_2$$

答案:A

6-5-6 **解**:有压圆管层流的沿程阻力系数:$\lambda=\frac{64}{\text{Re}}$,随Re的增加阻力系数 λ 线性减少。

答案:B

6-5-7 **解**:层流的沿程损失与平均流速的1次方成正比。

答案:C

6-5-8 **解**:有压圆管流动,紊流粗糙区的沿程阻力系数与相对粗糙度有关。

答案:A

6-5-9 **解**:谢才公式仅适用于水力粗糙区即阻力平方区。

答案:B

6-5-10 **解**:随雷诺数的减少,黏性底层变厚,遮住了绝对粗糙度。

答案:B

6-5-11 **解**:由于边界层分离形成漩涡区,增大了压差阻力。

答案:D

6-5-12 **解**:水泵所需扬程 $H=z+hw=15\text{m}+65\times\frac{1^2}{2\times9.8}\text{m}=18.33\text{m}$

答案:D

第六节

6-6-1 **解**:每一节点流量代数和为 0,即 $\sum Q_{节点}=0$;沿环一周水头损失的代数和为 0,即 $\sum h_{w沿环}=0$。

答案:C

6-6-2 **解**:水头与直径均相同的圆柱形外管嘴过流量是小孔口过流量的 1.32 倍。

答案:D

6-6-3 **解**:小孔口出流量:

$$Q=\mu A\sqrt{2gH_0}=0.62\times\frac{\pi}{4}\times(0.01)^2\times\sqrt{2\times9.8\times5}=4.82\times10^{-4}\text{m}^3/\text{s}$$

答案:D

第七节

6-7-1 **解**:明渠均匀流的特征是:水力坡度=水面坡度=河底坡度。

答案:D

6-7-2 **解**:明渠均匀流的流量:$A=CA\sqrt{Ri}$,$C=\frac{1}{n}R^{\frac{1}{6}}$,其中:

面积 $A=(b+mh)h=(2+1\times1.2)\times1.2=3.84\text{m}^2$

湿周 $\chi=b+2h\sqrt{1+m^2}=2+2\times1.2\sqrt{1+1^2}=5.394\text{m}$

水力半径 $R=\frac{A}{\chi}=\frac{3.84}{5.394}=0.7119\text{m}$

谢才系数 $C=\frac{1}{n}R^{\frac{1}{6}}=\frac{1}{0.025}\times0.7119^{\frac{1}{6}}=37.8\sqrt{\text{m}}/\text{s}$

代入流量公式:

$Q=CA\sqrt{Ri}=37.8\times3.84\sqrt{0.7119\times0.0008}$

$Q=3.463\text{m}^3/\text{s}$

答案:B

第八节

6-8-1 **解**:渗流量与过流面积 A、水力坡度 J 的一次方成正比,与土壤的渗透系数 k 有关。

答案:D

6-8-2 **解**:潜水井是指从有自由液面的潜水含水层中开凿的井。

答案:B

6-8-3 **解**:潜水井流量公式:$Q=1.366\frac{k(H^2-h^2)}{\lg\frac{R}{r_0}}$

代入数据：$Q=1.366\dfrac{0.0006\times(10^2-6^2)}{\lg\dfrac{294}{0.2}}=0.01656m^3/s=16.56L/s$

答案：C

第九节

6-9-1 **解**：纲和谐原量最重要一种用途是：探求物理量间的函数关系。

答案：D

6-9-2 **解**：紊流粗糙区为自动模型区。

答案：D

第七章　电工电子技术

复习指导

一、考试大纲

7.1　电磁学概念

电荷与电场；库仑定律；高斯定理；电流与磁场；安培环路定律；电磁感应定律；洛仑兹力。

7.2　电路知识

电路组成；电路的基本物理过程；理想电路元件及其约束关系；电路模型；欧姆定律；基尔霍夫定律；支路电流法；等效电源定理；叠加原理；正弦交流电的时间函数描述；阻抗；正弦交流电的相量描述；复数阻抗；交流电路稳态分析的相量法；交流电路功率；功率因数；三相配电电路及用电安全；电路暂态；R-C、R-L 电路暂态特性；电路频率特性；R-C、R-L 电路频率特性。

7.3　电动机与变压器

理想变压器；变压器的电压变换、电流变换和阻抗变换原理；三相异步电动机接线、起动、反转及调速方法；三相异步电动机运行特性；简单继电-接触控制电路。

7.5　模拟电子技术

晶体二极管；极型晶体三极管；共射极放大电路；输入阻抗与输出阻抗；射极跟随器与阻抗变换；运算放大器；反相运算放大电路；同相运算放大电路；基于运算放大器的比较器电路；二极管单相半波整流电路；二极管单相桥式整流电路。

7.6　数字电子技术

与、或、非门的逻辑功能；简单组合逻辑电路；D 触发器；JK 触发器数字寄存器；脉冲计数器。

二、复习指导

本章内容可以分为电场与磁场、电路分析方法、电机及拖动基础、模拟电子技术和数字电子技术五个部分。复习重点及要点如下。

(一)电场与磁场

该部分属于物理学中电学部分的内容，是分析电学现象的基础，主要包括库仑定律、高斯定律、安培环路定律、电磁感应定律。利用这些定理分析电磁场问题时物理概念一定要清楚，要注意所用公式、定律的使用条件和公式中各物理量的意义。

(二)电路分析方法

1.直流电路重点

重点内容包括电路的基本元件、欧姆定律、基尔霍夫定律、叠加原理、戴维南定理。

电路分析的任务是分析线性电路的电压、电流及功率关系。重点是要弄清有源源件(电压源和电流源)和无源元件(电阻、电感和电容)在电路中的作用;电路中电压、电流受克希霍夫电压定律和电流定律约束,欧姆定律控制了电路元件中电压电流关系;使用公式时必须注意电路图中电压、电流正方向和实际方向的关系。叠加原理和戴维南定理是分析线性电路重要定理,必须通过大量的练习灵活地处理电路问题。

2.正弦交流电路重点

重点内容包括正弦量的表示方法、单相和三相电路计算、功率及功率因数、串联与并联谐振的概念。

交流电路与直流电路的分析方法相同,关键是建立正弦交流电路大小、相位和频率的概念和正确地表示正弦量的最大值、有效值、初相位、相位差和角频率,熟悉各种表示方法间的关系并进行转换;能用相量法和复数法计算正弦交流电路。

交流电路的无功功率反映电路中储能元件与电源进行能量交换的规模,有功功率才是电路中真正消耗掉的功率,它不仅与电路中电压和电流的大小有关,还与功率因数 $\cos\phi$ 有关。

谐振是交流电路中电压的相位与电流的相位相同时的特殊现象。此时电路对外呈电阻性质,注意掌握串联谐振和并联谐振的条件和电压电流特征。

三相电路中负载连接的原则是保证负载上得到额定电压,分清对称性负载和非对称性负载的条件,并会计算对称性负载三相电路中电压电流和有功功率的大小;注意星形接法中中线的作用。

3.一阶电路的暂态过程

理解暂态过程出现的条件和物理意义。含有储能元件 C、L 的电路中,电容电压和电感电流不会发生跃变。电路换路(如开关动作)时必须经过一段时间,各物理量才会从旧的稳态过渡到新的稳态。重点是建立电路暂态的概念,用一阶电路三要素法分析电路换路时,电路的电压电流的变化规律。关键在于确定电压电流的初始值、稳态值和时间常数,并用典型公式计算。

(三)电机及拖动基础

主要内容:变压器、三相异步电动机的基本工作原理和使用方法、常用继电器-接触器控制电路、安全用电常识。

了解变压器的基本结构、工作原理,单相变压器原副边电压、电流、阻抗关系及变压器额定值的意义,经济运行条件。了解三相交流异步电动机中转速、转矩、功率关系、名牌数据的意义,特别是电动机的常规使用方法。例如,对三相交流异步电动机启动进行控制的目的是为了限制电动机的起动电流。正常运行为三角形接法的电动机,起动时采用星型接法,起动电流减少的程度可根据三相电路理论,将三相电动机视为一个三相对称形负载便可确定。

掌握常用低压电气控制电路的绘图方法,必须明确,控制电路图中控制电器符号是按照电器未动作的状态表示的。阅读继电接触器控制电路图时要特别注意自锁、联锁的作用,了解过载,短路和失压保护的方法。

安全用电属于基本用电知识,重点是了解接零、接地的区别和应用场合。

(四)模拟电子技术

主要内容:二极管及二极管整流电路、电容电感滤波原理、稳压电路的基本结构;三极管及单管电压放大电路,能够确定三极管电压放大电器的主要技术指标。

了解半导体器件结构、原理、伏安特性、主要参数及使用方法。学习半导体器件的重点是要掌握 PN 结的单向导电性,难点是正确理解和应用二极管的非线性、三极管的电流控制关系。

能正确计算二极管整流电路中输入电压的有效值和整流输出电压平均值的大小关系,理解电容滤波电路的滤波原理和稳压管稳压电路的原理和对电路输出电压的影响。

分析分离元件放大电路的基础在于正确读懂放大电路图(静态偏置、交流耦合、反馈环节的主要特点),正确计算放大电路的静态参数,并会用微变等效电路分析放大器的动态指标(放大倍数、输入电阻、输出电阻)。

分析理想运算放大器组成的线性运算电路(比例、加法、减法和积分运算电路)的基础是正确理解应用运算放大器的理想条件(虚短路——同相输入端和反向输入端的电位相同,虚断路——运放的输入电流为零,输出电阻很小——恒压输出),然后根据线性电路理论分析输出电压(电流)与输入电压(电流)的关系。

(五)数字电子技术

数字电路是利用晶体管的开关特性工作的,分析数字电路时要注意输入和输出信号的逻辑关系,而不是大小关系。复习要点是正确对电路进行化简,并会用波形图和逻辑代数式表示电路输出和输入逻辑关系。基础元件是与门、或门、与非门和异或门电路。学员必需熟练地应用这些器件的逻辑功能,组合逻辑电路就是这些元件的逻辑组合,组合电路没有记忆功能,输出只与当前的输入逻辑有关。

时序逻辑电路有保持、记忆和计数功能,这种触发器主要有三种:R-S、D、J-K 型触发器。分析时序电路时必须注意时钟作用时刻,复习时必须记住这三种触发器的逻辑状态表,会分析时序电路输入、输出信号的时序关系。

第一节　电场与磁场

(一)库仑定律

库仑定律是研究两个静止的点电荷在真空中相互作用规律的,内容如下:

在真空中两个静止点电荷间的相互作用力,方向沿两个点电荷的连线,同种电荷相斥,异种电荷相吸;大小正比于两点电荷电量大小的乘积,反比于两点电荷间距离的平方。

该定律可用矢量公式表示为

$$\boldsymbol{F}_{21}=-\boldsymbol{F}_{12}=\frac{1}{4\pi\varepsilon_0}\frac{q_1 q_2}{r_{12}^3}\boldsymbol{r}_{12} \tag{7-1-1}$$

式中:$\boldsymbol{F}_{12}$——点电荷 2 作用于点电荷 1 上的力(N);

$\boldsymbol{F}_{21}$——点电荷 1 作用于点电荷 2 上的力(N);

r_{12}——点电荷 1 和 2 之间的距离(m);

$\boldsymbol{r}_{12}$——点电荷 1 指向点电荷 2 的矢量(m);

q_1、q_2——分别为点电荷 1 和 2 的电量(C),含正负;

ε_0——真空的介电常数,大小为 $8.85\times10^{-12}\mathrm{C^2/(N\cdot m^2)}$。

(二)电场强度

传递电力的中介物质是电场。置于电场中某点的试验电荷 q_0 将受到源电荷作用的电力 $\boldsymbol{F}$,定义该点电场强度(简称场强)

$$\boldsymbol{E}=\frac{\boldsymbol{F}}{q_0}\quad(\mathrm{N/C}) \tag{7-1-2}$$

作为描写电场的场量。$\boldsymbol{E}$ 是矢量,可以叠加。

若场源是电量为 q(含正负)的点电荷，由计算可知，在观察点 P 的电场强度为

$$\boldsymbol{E}=\frac{q}{4\pi\varepsilon_0 r^3}\boldsymbol{r} \tag{7-1-3}$$

式中：$\boldsymbol{E}$——点电荷 q 产生的电场强度(N/C)；

r——点电荷 q 至观察点 P 的距离(m)；

$\boldsymbol{r}$——点电荷 q 指向 P 的矢径(m)。

【例 7-1-1】 真空中，点电荷 q_1 和 q_2 的空间位置如图所示，q_1 为正电荷，且 $q_2=-q_1$，则 A 点的电场强度的方向是：

A. 从 A 点指向 q_1

B. 从 A 点指向 q_2

C. 垂直于 q_1q_2 连线，方向向上

D. 垂直于 q_1q_2 连线，方向向下

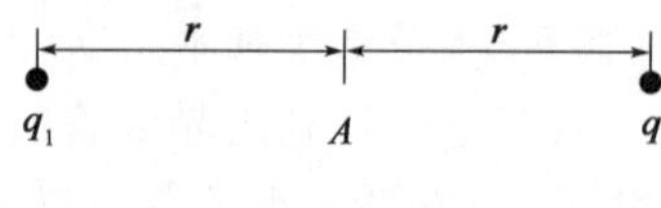

例 7-1-1 图

解 点电荷 q_1、q_2 电场作用的方向分布为：始于正电荷(q_1)，终止于负电荷(q_2)。

答案：B

【例 7-1-2】 两个等量异号的点电荷 $+q$ 和 $-q$，间隔为 l，求如图所示考察点 P 在两点电荷连线的中垂线上时，P 点的电场强度。

解 正负电荷单独在 P 点产生的电场的场强分别为

$$E_+=\frac{1}{4\pi\varepsilon_0}\frac{q}{r^2+\left(\frac{l}{2}\right)^2}$$

$$E_-=\frac{1}{4\pi\varepsilon_0}\frac{q}{r^2+\left(\frac{l}{2}\right)^2}$$

方向如图所示，故 P 点总场强大小为 $E_{\text{p}}=E_{+\cos\alpha}+E_{-\cos\alpha}=2E_{+\cos\alpha}$，而 $\cos\alpha=\dfrac{l}{2\sqrt{r^2+\left(\frac{l}{2}\right)^2}}$，当 $r\gg l$ 时，注意到强场方向，有 $\boldsymbol{E}_{\text{p}}=-\dfrac{1}{4\pi\varepsilon_0}\dfrac{q\boldsymbol{l}}{r^3}$(其中，$\boldsymbol{l}$ 为负电荷指向正电荷的矢量)。

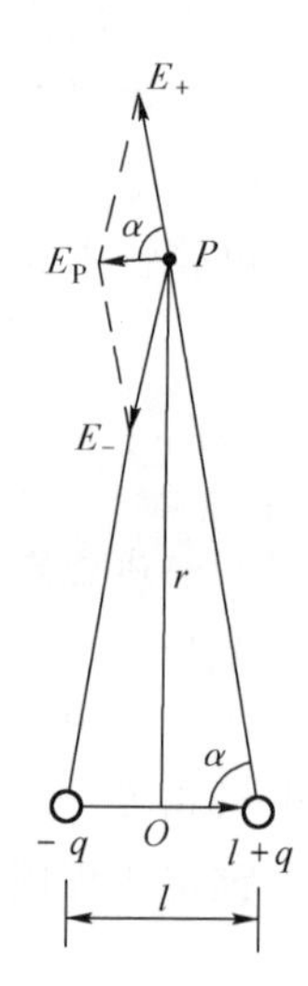

例 7-1-2 图

(三)高斯定理

高斯定理指出了电场强度的分布与场源之间的关系：静电场对任意封闭曲面的电通量只决定于被包围在该曲面内部的电量，且等于被包围在该曲面内的电量代数和除以 ε_0，即

$$\oint_A \boldsymbol{E}\cdot \mathrm{d}\boldsymbol{A}=\frac{1}{\varepsilon_0}\sum q \tag{7-1-4}$$

式中：$\boldsymbol{E}$——电场强度(N/C)；

$\mathrm{d}\boldsymbol{A}$——面积元矢量，大小等于 $\mathrm{d}A$(A 为封闭曲面)，方向是 $\mathrm{d}A$ 的正法线方向(由内指向外)；

ε_0——真空介电常数；

$\sum q$——封闭曲面内电量代数和(C)。

【例 7-1-3】 用高斯定理计算场强。如图所示，无限长带电直导线，电荷密度为 η，求其电场。

解 任取一考查点 P，到导线距离为 R，过 P 作一封闭圆柱面，柱面高 l，底面半径 R，轴线

与导线重合。由对称性知，P 点场强方向沿半径方向，设其大小为 E，按高斯定理，有

$$2\pi Rl \cdot E=\frac{1}{\varepsilon_0}\eta \cdot l$$

所以

$$E=\frac{1}{\varepsilon_0}\eta \cdot \frac{1}{2\pi R}$$

考虑方向，有 $\boldsymbol{E}=\frac{1}{2\pi\varepsilon_0}\frac{\eta}{R}<\boldsymbol{R}^0$（$\boldsymbol{R}^0$ 为由 O 点指向 P 的单位矢量）。

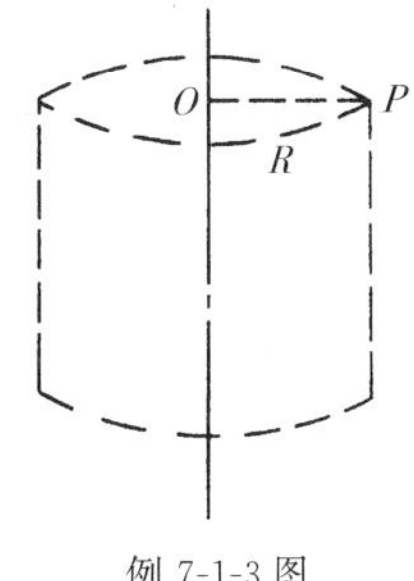

例 7-1-3 图

（四）电场力做功

电荷从 a 点移至 b 点，电场力做功

$$A_{\mathrm{ab}}=\int_a^b \boldsymbol{F} \cdot \mathrm{d}\boldsymbol{l} \tag{7-1-5}$$

式中：$\boldsymbol{F}$——电场对电荷的作用力。

可以证明，A_{ab}的大小仅与试验电荷电量以及 a、b 点的位置有关，而与路径无关，即静电场力是保守力。

基于静电场是保守力场，可以定义电场空间位置的标量函数：电势，其量值等于单位正电荷从该点经任意路径到无穷远处时电场力所做的功，单位为伏特（V）。静电场中，任意两点 a 和 b 的电势之差叫电势差，也叫电压。

（五）磁感应强度，磁场强度，磁通

（1）静止的电荷产生静电场；而运动电荷周围不仅存在电场，也存在磁场。对于电场曾以作用在试验电荷上的电力定义了场强 $\boldsymbol{E}$，仿此，研究作用在运动电荷上的磁力来引入描写磁场的物理量：磁感应强度（又称磁通密度）$\boldsymbol{B}$，单位为特斯拉（T）。在各向同性的磁介质中，再定义辅助量磁场强度 $\boldsymbol{H}$（A/m），即

$$\boldsymbol{H}=\frac{\boldsymbol{B}}{\mu} \tag{7-1-6}$$

式中：μ——磁介质的相对磁导率，在空气中 $\mu=\mu_0=4\pi\times10^{-7}$ H/m。

举例来说，如图 7-1-1 所示无限长直导线电流强度大小为 I，方向向上，则距导线 a 处磁感应强度大小为$\frac{I\mu}{2\pi a}$，磁场强度大小为$H=\frac{I}{2\pi a}$，两者方向皆垂直半径，与电流方向成右手螺旋。

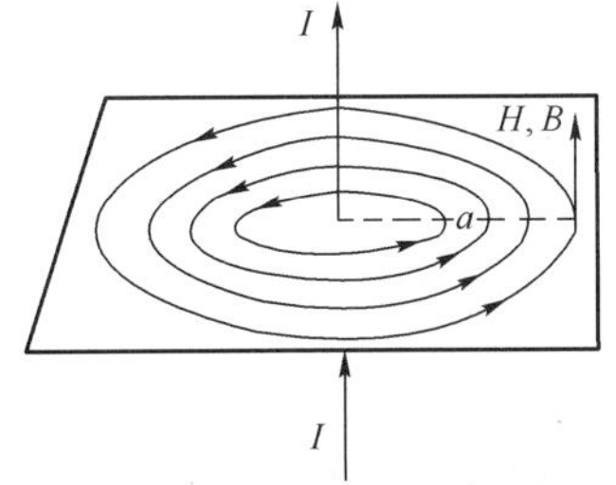

图 7-1-1 无限长直导线的磁感应强度与磁场强度

【例 7-1-4】 由图示长直导线上的电流产生的磁场：

A. 方向与电流方向相同

B. 方向与电流方向相反

C. 顺时针方向环绕长直导线（自上向下俯视）

D. 逆时针方向环绕长直导线（自上向下俯视）

解 电流与磁场的方向可以根据右手螺旋定则确定，即让右手大拇指指向电流的方向，那么四指的指向就是磁感线的环绕方向。

答案：D

I

例 7-1-4 图

（2）定义通过有限曲面 S 的磁通量（Wb）为

$$\Phi_{\mathrm{m}}=\int_S \boldsymbol{B} \cdot \mathrm{d}\boldsymbol{S} \tag{7-1-7}$$

(六)安培力

磁场中的载流导体会受到磁场力的作用,称为安培力,考查电流元所受安培力,有

$$\mathrm{d}\boldsymbol{F}=I\mathrm{d}\boldsymbol{l}\times\boldsymbol{B} \tag{7-1-8}$$

式中:$I\mathrm{d}\boldsymbol{l}$——电流元;

$\boldsymbol{B}$——磁感应强度。

至于任意形状载流导体在磁场中所受安培力,应等于各电流元所受安培力之和(矢量和)

$$\boldsymbol{F}=\int_L \mathrm{d}\boldsymbol{F}=\int I\mathrm{d}\boldsymbol{l}\times\boldsymbol{B} \tag{7-1-9}$$

显然,长为 l 的直线电流在匀强磁场 $\boldsymbol{B}$ 中所受安培力为

$$\boldsymbol{F}=I\boldsymbol{l}\times\boldsymbol{B} \tag{7-1-10}$$

【例 7-1-5】 一载流直导线 AB 如图所示放置,电流大小为 i_0,方向从 A 至 B,磁感应强度 $\boldsymbol{B}_0$ 方向沿 x 轴正向,大小为 B_0,求 AB 导线受力。

解
$$\boldsymbol{F}=i_0\overrightarrow{AB}\times\boldsymbol{B}_0$$

$$|\vec{\boldsymbol{F}}|=i_0B|\overrightarrow{AB}|\sin\theta=i_0B_0\sqrt{5}\cdot\frac{1}{\sqrt{5}}=i_0B_0$$

例 7-1-5 图

$\boldsymbol{F}$ 方向可以用左手判定,垂直纸面向内。

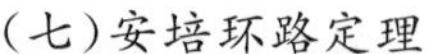

(七)安培环路定理

在稳恒电流产生的磁场中,不管载流回路形状如何,对任意闭合路径,磁感应强度的线积分(即环流)仅取决于被闭合路径所圈围的电流的代数和

$$\oint_L \boldsymbol{B}\cdot\mathrm{d}\boldsymbol{l}=\mu_0\sum I \tag{7-1-11}$$

式中:$\boldsymbol{B}$——磁感应强度(T);

μ_0——真空磁导率(H/m);

$\sum I$——被闭合路径圈围的电流代数和(A)。

亦可表示成

$$\oint_L \boldsymbol{H}\cdot\mathrm{d}\boldsymbol{l}=\sum I \tag{7-1-12}$$

式中:$\boldsymbol{H}$——磁场强度。

电流的正负,由积分时在闭合曲线上所取绕行方向按右手螺旋法则决定。

【例 7-1-6】 磁场由若干互相平行的无限长载流直导线产生,各导线电流分别记为 I_1、I_2、I_3、I_4、I_5、I_6,大小分别为 i_1、i_2、i_3、i_4、i_5、i_6,方向如图所示,求磁感应强度 $\boldsymbol{B}$ 对闭合回路 C 的线积分,绕行方向如图所示。

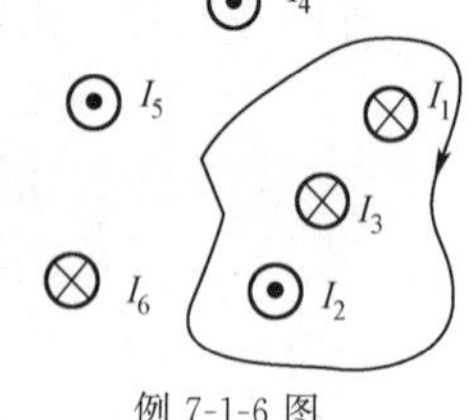

例 7-1-6 图

解 根据安培环路定理

$$\oint_C \boldsymbol{B}\cdot\mathrm{d}\boldsymbol{l}=\mu_0(i_1-i_2+i_3)$$

(八)电磁感应定律

当空间磁场随时间发生变化时,就在周围空间激起感应电场,这个感应电场作用于导体回路,在导体回路中产生感应电动势,并形成感应电流。

法拉第电磁感应定律指出:不论任何原因,使通过回路面积的磁通量发生变化时,回路中产生的感应电动势与磁通量对时间的变化率成正比,即

$$\varepsilon=-\frac{\mathrm{d}\Phi}{\mathrm{d}t} \tag{7-1-13}$$

如果感应回路不止一匝，而是 N 匝，则有：

任意规定回路“绕行正方向”如下

$$\varepsilon=-N\frac{\mathrm{d}\Phi}{\mathrm{d}t} \tag{7-1-14}$$

使用式(7-1-13)及式(7-1-14)时，要先在回路上任意规定一个绕行方向作为回路正方向，再用右手螺旋法则确定回路面积正法线方向。

【例 7-1-7】 如图所示，均匀磁场中，磁感应强度方向向上，大小为5T，圆环半径 0.5m，电阻 5Ω，现磁感应强度以 1T/s 速度均匀减小，问圆环内电流的大小及方向。

解 确定绕行方向如图所示，则

$$\boldsymbol{\Phi}=\int_S \boldsymbol{B}\cdot \mathrm{d}S=B\cdot \pi r^2$$

$$\varepsilon=-\frac{\mathrm{d}\Phi}{\mathrm{d}t}=-\frac{\mathrm{d}B}{\mathrm{d}t}\cdot \pi r^2=\frac{\pi}{4}$$

所以圆环内电流大小 $i=\frac{\varepsilon}{R}=\frac{\pi}{20}$，方向与绕行方向一致。

例 7-1-7 图

【例 7-1-8】 图示铁芯线圈通以直流电流 I，并在铁芯中产生磁通 Φ，线圈的电阻为 R，那么线圈两端的电压为：

A. $U=IR$

B. $U=N\frac{\mathrm{d}\theta}{\mathrm{d}t}$

C. $U=-N\frac{\mathrm{d}\theta}{\mathrm{d}t}$

D. $U=0$

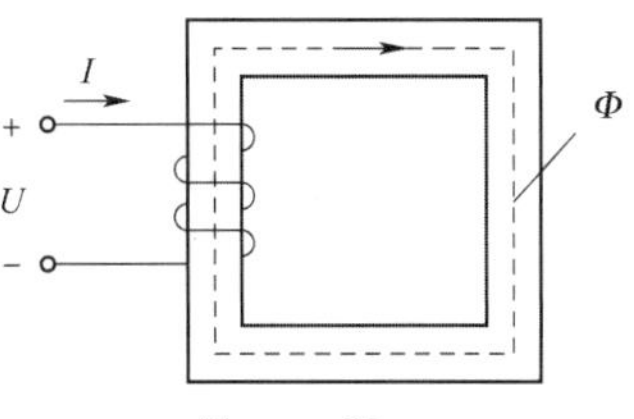

例 7-1-8 图

解 线圈中通入直流电流 I，铁芯中磁通 Φ 为常量，根据电磁感应定律：$e=-N\frac{\mathrm{d}\Phi}{\mathrm{d}t}=0$，因此本题中电压电流关系仅受线圈的电阻 R 影响。所以 $U=IR$。

答案：A

习 题

7-1-1 无限大平行板电容器，两极板相隔 5cm，板上均匀带电，$\sigma=3\times10^{-6}\,\mathrm{c/m^2}$，若将负极板接地，则正极板的电势为(　　)。

A. $\frac{7.5}{\varepsilon_0}\times10^{-8}$V　　B. $\frac{15}{\varepsilon_0}\times10^{-8}$V　　C. $\frac{30}{\varepsilon_0}\times10^{-6}$V　　D. $\frac{7.5}{\varepsilon_0}\times10^{-6}$V

7-1-2 如图所示导体回路处在一均匀磁场中，$B=0.5$T，$R=2\Omega$，ab 边长 $L=0.5$m，可以滑动，$\alpha=60°$，现以速度 $v=4$m/s 将 ab 边向右匀速平行移动，通过 R 的感应电流为(　　)。

A. 0.5A　　B. −1A　　C. −0.86A　　D. 0.43A

7-1-3 如图所示电路中，磁性材料上绕有两个导电线圈，若上方线圈加的是 100V 的直流电压，则(　　)。

A. 下方线圈两端不会产生磁感应电动势

B. 下方线圈两端产生方向为左“－”右“＋”的磁感应电动势

C. 下方线圈两端产生方向为左“＋”右“－”的磁感应电动势

D. 磁性材料内部的磁通取逆时针方向

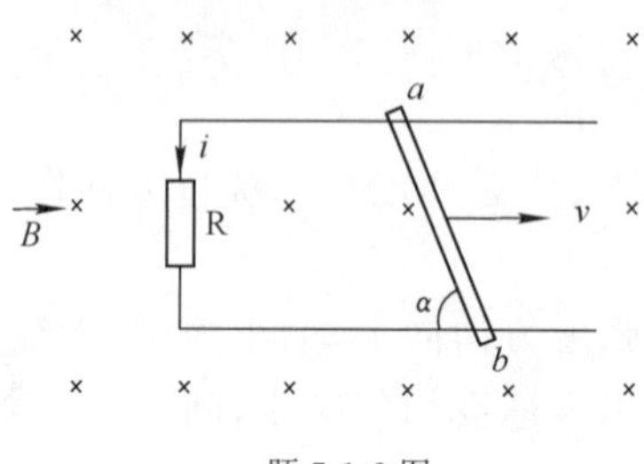

题 7-1-2 图

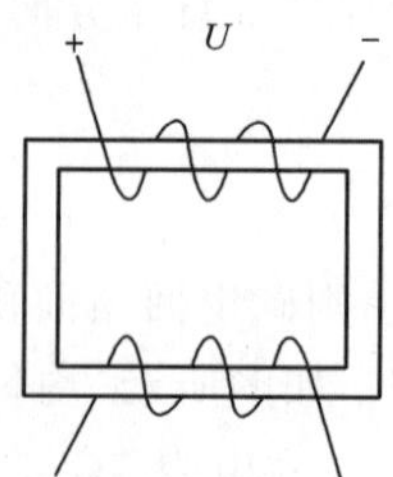

题 7-1-3 图

7-1-4　在图中，线圈 a 的电阻为 R_a，线圈 b 的电阻为 R_b，两者彼此靠近如图示，若外加激励 $u=U_M\sin\omega t$，则(　　)。

A. $i_a=\dfrac{u}{R_a}, i_b=0$　　　　B. $i_a\neq\dfrac{u}{R_a}, i_b\neq 0$

C. $i_a=\dfrac{u}{R_a}, i_b\neq 0$　　　　D. $i_a\neq\dfrac{u}{R_a}, i_b=0$

题 7-1-4 图

第二节　电路的基本概念和基本定律

一、电路的作用和基本物理量

(一)电路的作用

电路是电流流通的路径。它是人们为实现某种要求，将必要的元件、设备按一定的方式组合起来的物理系统。

电路的作用大体上可以分为两类：实现能量的传输与分配和传递并处理信息。但无论电路的作用属于前者或是后者，从电路的具体结构中都可以分为电源、负载和中间环节这三部分。

电源：将非电能转变为电能的物理装置(如发电机、电池、传感器等)，作用是为电路提供电能或信号。

负载：将电能转变为非电能的物理装置(如电炉、电动机、扬声器等)。

中间环节：对电能量进行传输，分配和控制的部分(如开关等)。

为便于对实际电路进行分析，可以用数学语言来说明电路现象，根据问题要求，突出电路的电、磁性质，用电路符号和连线组合起来的图形就是电路模型，如图 7-2-1 所示。

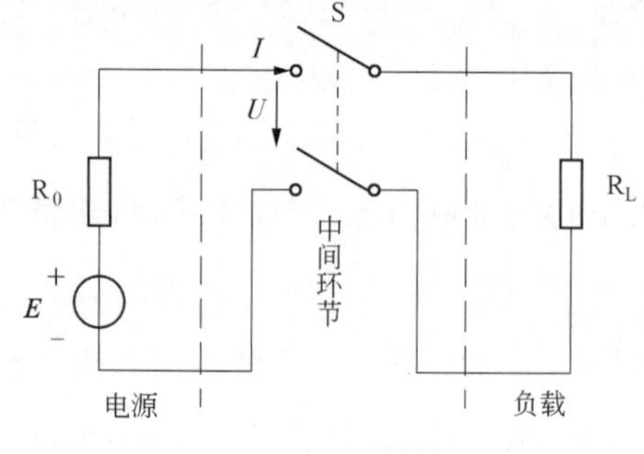

图 7-2-1　电路模型

(二)电路的基本物理量

1. 电流

反映电荷定向流动的物理现象。

(1)电流的大小用**电流强度**表示，简称**电流**，单位是安培(A)。

电流用公式表示为：

$$i = \frac{\mathrm{d}q}{\mathrm{d}t} \tag{7-2-1}$$

当 $i=I$(常数)时，称为直流电流。

(2)电流的实际方向定义为正电荷移动的方向，在电工理论中为解题方便常常采用“正方向”的概念。

即：在解题中先人为假定正方向，用箭头标在电路图中，然后根据假定的正方向求解，最后根据电流数值的正负号判定电流的真实方向。

图 7-2-2　电路图

如图 7-2-2 所示电路中，求解电流为 $I=3\mathrm{A}>0$，说明假定电流正方向与电流实际方向一致；反之，如果 $I=-3\mathrm{A}<0$，说明假设的电流正方向与实际的电流方向是相反的。

2.电压与电位差

电压是衡量电场力对电荷做功的物理量，其大小用电场力将单位正电荷从高电位点移动到另一低电位点所做的功。

电位是电路中某一点对于参考点之间的电压，电路中由 a 点到 b 点之间的电压 U_{ab} 可以表示为：

$$U_{\mathrm{ab}} = U_{\mathrm{a}} - U_{\mathrm{b}} \tag{7-2-2}$$

式中，U_{a}，U_{b} 分别表示电路中 a，b 两点的电位。

电压、电位的基本单位是伏特(V)。

3.电动势

电动势是反映电源内部非电力做功的物理量，在数值上等于非静电力将单位正电荷从低电位点推向高电位点所做的功。

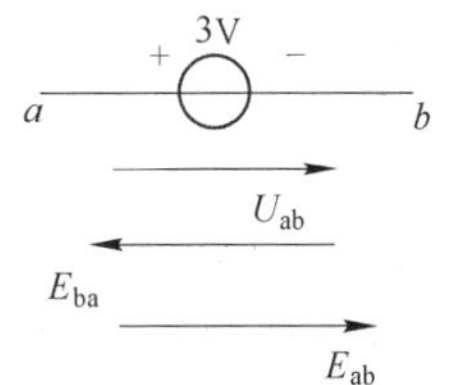

图 7-2-3　电压与电动势方向

电动势 E 的正方向是从低电位指向高电位，如图 7-2-3 所示。

$$\left.\begin{aligned} E_{\mathrm{ba}} &= 3\mathrm{V} \\ U_{\mathrm{ab}} &= 3\mathrm{V} \end{aligned}\right\} U_{\mathrm{ab}} = E_{\mathrm{ba}}$$

$$\left.\begin{aligned} U_{\mathrm{ab}} &= 3\mathrm{V} \\ E_{\mathrm{ab}} &= -3\mathrm{V} \end{aligned}\right\} U_{\mathrm{ab}} = -E_{\mathrm{ab}}$$

在分析电源问题时用电动势表示与用电压表示是一样的，注意的是 E 与 U 的箭头指向一致时数值相反，两者箭头指向相反时数值相同。

同样，在解题过程人们很难事先确定电压、电动势的实际方向。因此，与电流一样，在实际电路中也是用“正方向”的概念求解电压和电动势的。

4.电功率

当电路中某部分的电压电流正方向一致时，根据 $P=UI$ 计算出的功率若为正值，表示该电路在吸收功率；若计算出的功率为负值，则认为该电路是发出功率的，起电源的作用。

【例 7-2-1】 分析如图所示电路的功率分配情况。

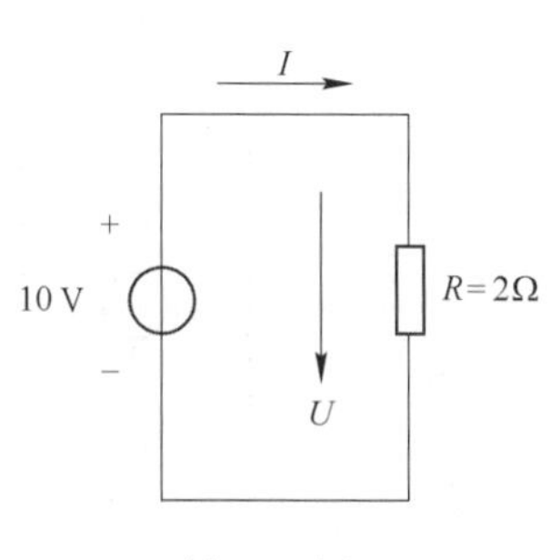

例 7-2-1 图

解　根据

$$I = \frac{U}{R} = \frac{10}{2} = 5\mathrm{A}$$

且

$$P_R = RI^2 = 2 \times 5^2 = 50\text{W} > 0$$

可见负载R消耗功率。

10V电源功率为：

$$P_s = -UI = -10 \times 5 = -50\text{W} < 0$$

可见，该电压源发出功率。

全部电路的功率关系：

$$\sum P = P_R + P_s = 50 + (-50) = 0\text{W}$$

说明该电路的功率平衡。

【例 7-2-2】 图示电路消耗电功率2W，则下列表达式中正确的是：

A. $(8+R)I^2=2, (8+R)I=10$

B. $(8+R)I^2=2, -(8+R)I=10$

C. $-(8+R)I^2=2, -(8+R)I=10$

D. $-(8+R)I=10, (8+R)I=10$

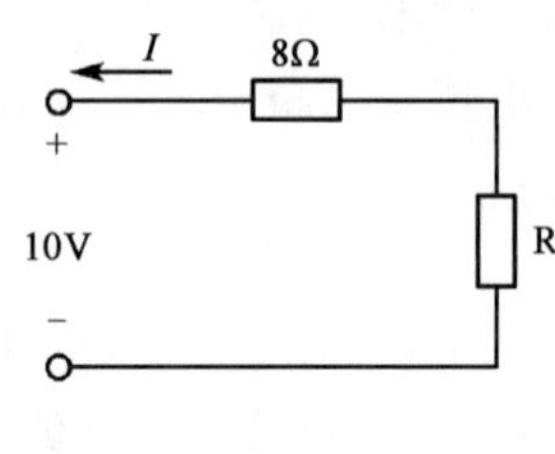

例 7-2-2 图

解 电路的功率关系 $P=UI=I^2R$ 以及欧姆定律 $U=RI$，是在电路的电压、电流的正方向一致时成立；当方向不一致时，前面增加"－"号。

答案：B

二、基本电路元件

电路中的元件必须能正确反映电路的两种性质：电源性质和负载性质。

(一)电源元件

电源的作用是满足负载要求的电压、电流和功率。电源的外特性(电压、电流关系)称为电源的"V-A特性"，它可以表示电源的端电压和端电流关系。实际电源的物理结构可以不同，但是对外电路的作用都可以用电压源模型或者是电流源模型来表示。

1. 电压源模型

电动势(U_s)与电阻(R_0)串联组成如图 7-2-4a)所示，电压源端电压可用下式计算

$$U = U_s - R_0 I \tag{7-2-3}$$

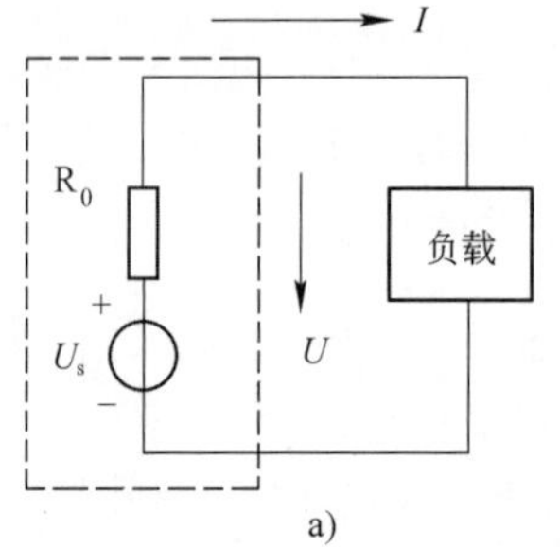

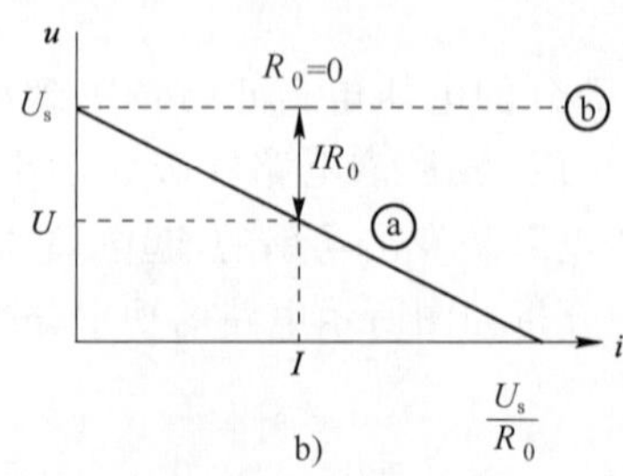

图 7-2-4 电源模型与 V-A 特性

可以得出如图 7-2-4b)所示的“V-A 特性”。可见，负载电流增加时电源端电压减少的过程，并且电压减少的程度与 R_0 的大小有关。为减少电源内部的能量消耗，我们希望实际电压源的内阻 R_0 越小越好。

$R_0=0$ 的电压源称为理想电压源，如图 7-2-4b)所示曲线ⓑ，理想电压源的特点是：$U=E_s=$ 常数，与负载电流的大小无关，理想电压源供出电流大小是由负载控制的：$I=U_s/R$。

2. 电流源模型

电流源(I_s)与电源内阻(R_0)并联组成。如图 7-2-5a)所示，电流源输出电流的大小可以用下式表示：

$$I=I_s-\frac{U}{R_0} \tag{7-2-4}$$

“V-A 特性”如图 7-2-5b)所示，可见实际电流源的电流随负载电压的增加而减少，为减少电流源内部损耗，电流源内阻 R_0 越大越好。

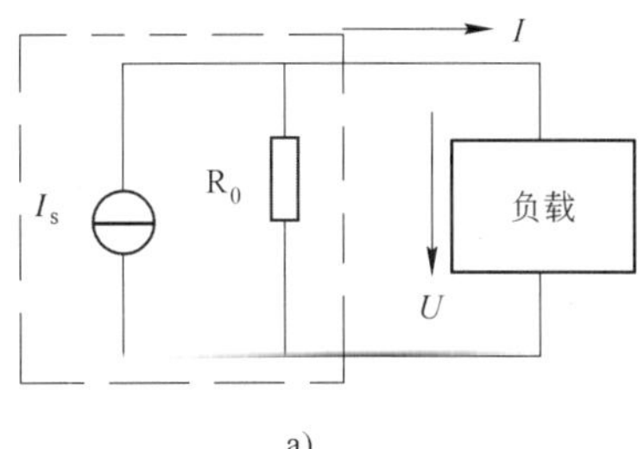

a)

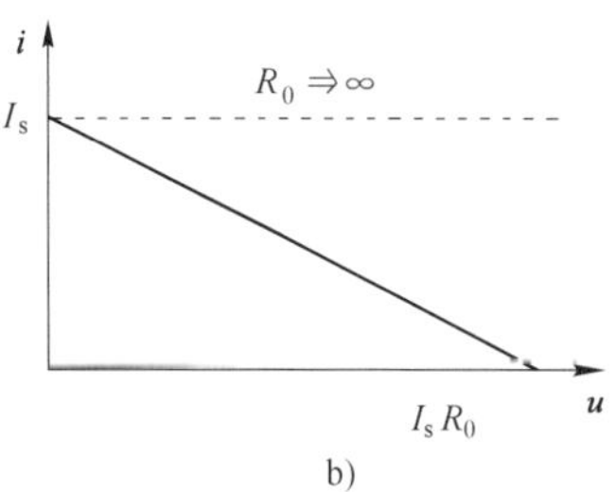

b)

图 7-2-5　电流源模型及外特性

$R_0=\infty$ 的电流源称为理想电流源，如图 7-2-5b)所示曲线。

理想电流源的特点是 $I=I_s=$ 常数，即输出电流与负载的大小无关；而理想电流源两端的电压大小由负载电阻决定：$U=R\cdot I_s$。

3. 两种电源的等效变换

在实际中，用电压源或电流源符号表示电源的作用没有本质的区别，因为两种电源模型对外部(负载)作用是完全等效的。

电压源与电流源的变换方法：电压源和电流源中电阻 R_0 的数值相同。

且 $U_s=R_0I_s$，则公式(7-2-3)可改写为

$$U=R_0I_s-R_0I \tag{7-2-5}$$

进而可改写为

$$I=I_s-\frac{U}{R_0}$$

与式(7-2-4)一致。

两种电源的外特性方程一致，它们对外电路的作用是一样的，这就是等效变换的概念。

【例 7-2-3】　将如图所示的电压源变换为电流源，并证明两个电源对负载 R_L 的作用相同。

解　将电压源图 a)转换为电流源图 b)，其中

$$R_0=1\Omega$$

$$I_s=\frac{U_s}{R_0}=\frac{5}{1}=5\text{A}$$

$$I=\frac{U_s}{R_0+R_L}=1\text{A}\qquad I=I_s\frac{R_0}{R_0+R_L}=1\text{A}$$

$$U = R_L I = 4\text{V} \qquad U = R_L I = 4\text{V}$$

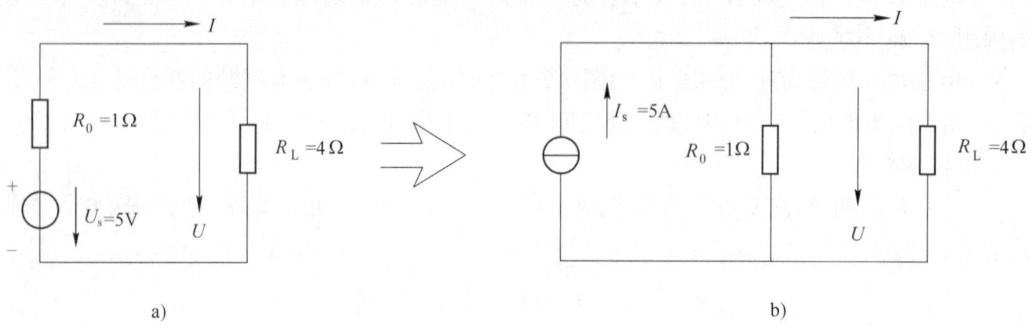

例 7-2-3 图　电压源转变为电流源

可见两个电源在电阻 R_L 上产生的电压、电流相同，$P_R = UI = 4 \times 1 = 4\text{W}$。

这里有三点需要注意：

(1)理想电压源与理想电流源不能等效变换；

(2)所谓等效变换是指端电压 U、端电流 I 的等效，即对外部负载等效，不对内部电路等效；

(3)变换以后电流源 I_s 正方向与电源 U_s 的方向相反。

(二)负载元件

1.电阻元件

电阻元件是反映电路中消耗电能多少的元件，其端电压 u 的大小与流过该电阻电流 i 的大小成比例。

线性电阻：$\frac{u}{i} = r = R =$ 常数(见图 7-2-6 中曲线 ⓐ)；非线性电阻：$\frac{u}{i} = r \neq$ 常数(见图 7-2-6 中曲线 ⓑ)。

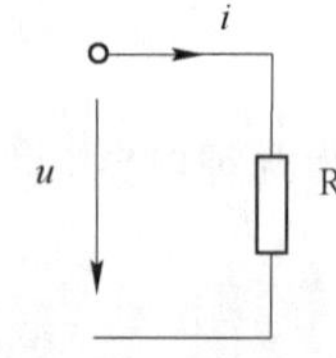

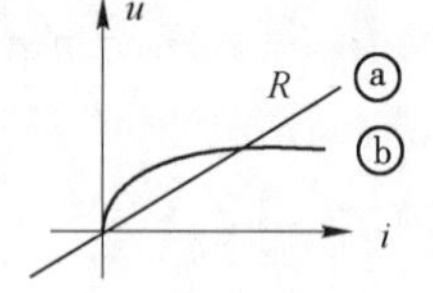

图 7-2-6　电阻元件

2.电感元件

电感元件是反映储存磁场能量多少的元件，由物理学中电磁感应定律(Ψ 为电感元件中的磁通量)，即

$$e_l = -\frac{\mathrm{d}\Psi}{\mathrm{d}t} = -\left(\frac{\mathrm{d}\Psi}{\mathrm{d}i}\right)\frac{\mathrm{d}i}{\mathrm{d}t}$$

当 $\frac{\mathrm{d}\Psi}{\mathrm{d}t} =$ 常数 $= L$，称为线性电感(见图 7-2-7 中曲线ⓐ)，可写出电压电流关系式

$$u = -e = L\frac{\mathrm{d}i}{\mathrm{d}t}(\text{或 } i = \frac{1}{L}\int u\mathrm{d}t)$$

当 $\frac{\mathrm{d}\Psi}{\mathrm{d}t} \neq$ 常数，称为非线性电感(见图 7-2-7 中曲线ⓑ)。

3.电容元件

电容元件是反映储存电场能量多少的元件。

根据 $i = \mathrm{d}q/\mathrm{d}t = \frac{\mathrm{d}q}{\mathrm{d}u} \cdot \frac{\mathrm{d}u}{\mathrm{d}t}$，当 $\frac{\mathrm{d}q}{\mathrm{d}u} = C =$ 常数时，为线性电容，见图 7-2-8 中曲线 ⓐ，即

$$i = C\frac{\mathrm{d}u}{\mathrm{d}t} \quad \text{或} \quad u = \frac{1}{C}\int i\mathrm{d}t$$

当 $\frac{\mathrm{d}q}{\mathrm{d}u} \neq$ 常数时，为非线性电容，见图 7-2-8 中曲线ⓑ。

电路基础部分是以分析线性电路为主。

线性电路是由独立电源和线性元件构成的。即使在后边遇到非线性元件(二极管、三极管……),也是将非线性元件线性化以后,用线性电路的解题方法处理。

独立电源——电压源 E_s、电流源 I_s 的数值为常数,与其供出的电流和电压无关。

线性元件——R、L、C 线性元件。

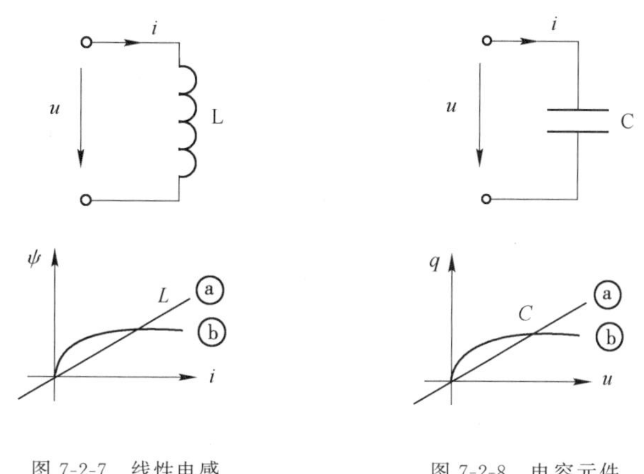

图 7-2-7 线性电感　　图 7-2-8 电容元件

三、电路的工作状态

如图 7-2-9 所示为最简单的电源向负载供电路:通过开关 S_1、S_2 的适当组合,电路将工作于三种状态(有载工作状态、开路和短路工作状态)。

电源端电压关系　　$U = U_s - R_0 I$　[得图 7-2-9b)中曲线①]　　(7-2-6)

负载电压关系　　$U = R_L I$　[得图 7-2-9b)中曲线②]　　(7-2-7)

图 7-2-9b)中①、②曲线交点 I_Q、U_Q 是实际电路的工作电压和工作电流。

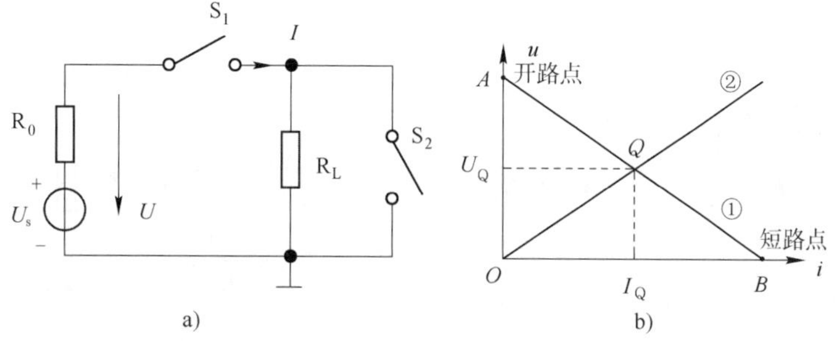

图 7-2-9 工作电路

(一)有载工作状态(S_1 合,S_2 分)

这时电源与负载接通向负载供电,供电的多少与负载电阻 R_L 有关。

由式(7-2-6)和式(7-2-7)可知　　$U_s - R_0 I = R_L I$

变为功率方程　　$U_s I - R_0 I^2 = R_L I^2$

即　　$P_s - \Delta P = P_L$　　(7-2-8)

电源电动势发出的功率 P_s 减去电源内阻 R_0 上消耗的功率 ΔP 以后,才是负载上实际得到的功率 P_L。

当电源或负载电压、电流、功率都达到规定值(生产厂家规定的标称值)时,称电源或负载运行为额定工作状态。

(二)开路状态

指电源与负载断开(S_1 分),即

$$I=0, U=U_s, P_L=0$$

此时称电路的开路状态,电源不向负载供电(空载)。

(三)短路状态

指电源电流不流经负载,直接由导线返回电源的情况。对电压源来说短路时,$U=0$,$I=\frac{U_s}{R_0}$,$P_L=0$(图7-2-9中 B 点)。但电源电动势产生的功率很大($P_s=IU_s$),该功率全部消耗在电源内阻 R_0 上,使电源严重发热。电压源短路是一种事故状态,实际中必须避免。

四、电路的基本定律

电路一旦构成,应注意如何分析电路中的电压、电流和功率的大小。分析电路的依据有两个:一是元件本身的规律;二是这些元件组成电路以后,电路中电压、电流的规律(即基尔霍夫电压、电流定律)。

(一)基尔霍夫电流定律

根据电流连续性质,基尔霍夫电流定律是用来处理节点(三条或三条以上通电导线汇合点)电流关系的定律。

定义:任一电路,任何时刻,任一节点电流的代数和为0,即

$$\sum i=0 \tag{7-2-9}$$

一般流入节点电流为正,流出节点电流为负。

如图 7-2-10 所示电路中,节点 a 的电流关系为

$$I_1+I_2-I_3=0$$

基尔霍夫电流定律也可以用来分析闭合曲面的电流关系,如图 7-2-11 所示电路,$I'=I$。当 S 打开时,$I=0$。

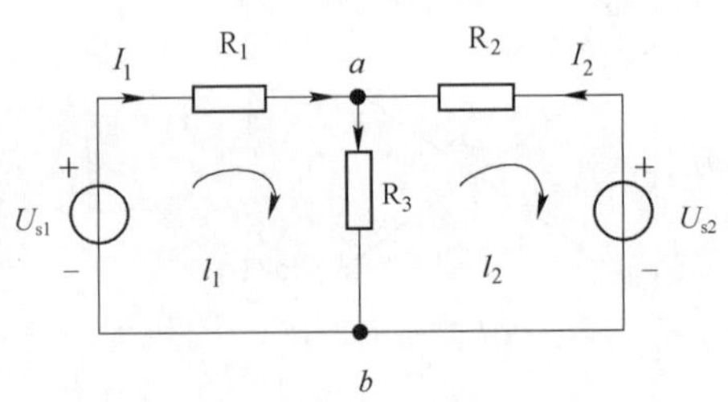

图 7-2-10

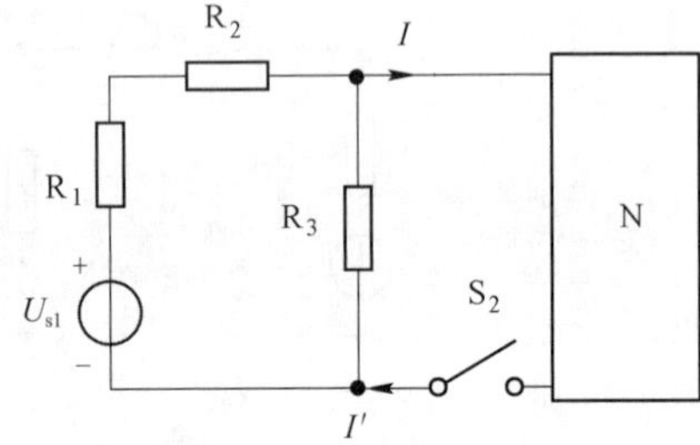

图 7-2-11

(二)基尔霍夫电压定律

根据能量守衡性质,基尔霍夫电压定律可以确定回路中各部分电压关系。

定义:任一电路,任何时刻,回路电压降的代数和为0,即

$$\sum u=0 \tag{7-2-10}$$

如图 7-2-10 所示电路 l_1、l_2 回路(取顺时针方向),有

$$l_1: \quad -U_{s1}+I_1R_1+I_3R_3=0$$

$$l_2: \quad -I_3R_3-I_2R_2+U_{s2}=0$$

同样基尔霍夫定律也可以从闭合回路推广应用于开路的情况。

【例 7-2-4】 已知电路如图 a)所示，其中电流 I 等于：

A. 0.1A　　B. 0.2A　　C. −0.1A　　D. −0.2A

解 见图 b)，设 2V 电压源电流为 I'，则：$I=I'+0.1$

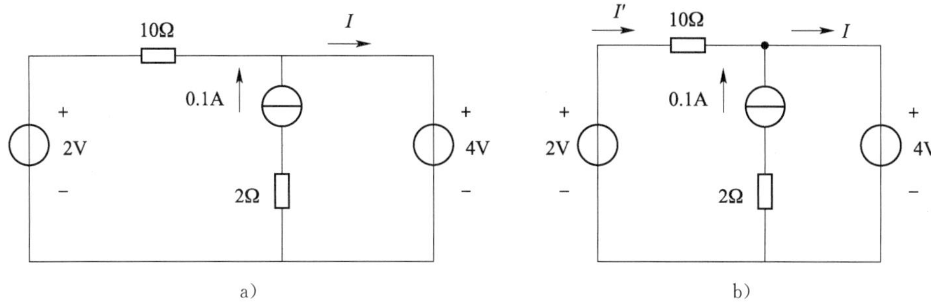

例 7-2-4 图

$10I'=2-4=-2\text{V}$

$I'=-0.2\text{A}$

$I=-0.2+0.1=-0.1\text{A}$

答案：C

习　　题

7-2-1 如图所示电阻电路中 a、b 端的等效电阻为(　　)。

A. 6Ω　　B. 12Ω　　C. 3Ω　　D. 9Ω

7-2-2 某电热器的额定功率为 2W，额定电压为 100V。拟将它串联一电阻后接在额定电压为 200V 的直流电源上使用，则该串联电阻 R 的阻值和额定功率 P_N 分别应为(　　)。

A. $R=5\text{k}\Omega, P_N=1\text{W}$　　B. $R=5\text{k}\Omega, P_N=2\text{W}$

C. $R=10\text{k}\Omega, P_N=2\text{W}$　　D. $R=10\text{k}\Omega, P_N=1\text{W}$

7-2-3 在如图所示的电路中，用量程为 10V、内阻为 20kΩ/V 级的直流电压表，测得 A、B 两点间的电压 U_{AB} 为(　　)。

A. 6V　　B. 5V　　C. 4V　　D. 3V

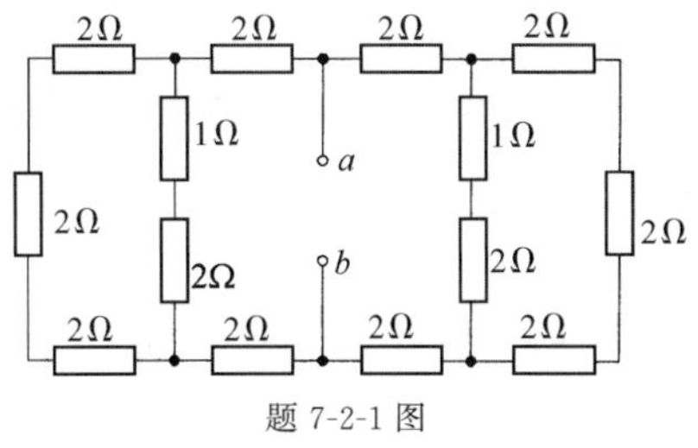

题 7-2-1 图

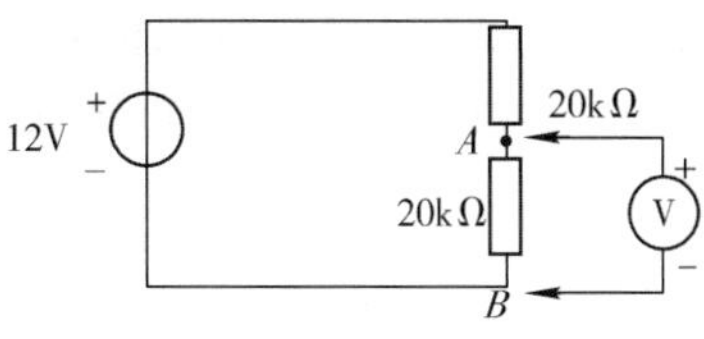

题 7-2-3 图

7-2-4 如图所示电路中，已知：$U_1=U_2=12\text{V}, R_1=R_2=4\text{k}\Omega, R_3=16\text{k}\Omega$。S 断开后 A 点电位 U_{AO} 和 S 闭合后 A 点电位 U_{As} 分别是(　　)。

A. −4V，3.6V　　B. 6V，0V

C. 4V，−2.4V　　D. −4V，2.4V

7-2-5 在如图所示的电路中，$I_{s1}=3\text{A}, I_{s2}=6\text{A}$。当电流源 I_{s1} 单独作用时，流过 $R=1\Omega$

电阻的电流 $I'=1\text{A}$,则流过电阻 R 的实际电流 I 值为(　　)。

A. -1A　　　　B. $+1\text{A}$

C. -2A　　　　D. $+2\text{A}$

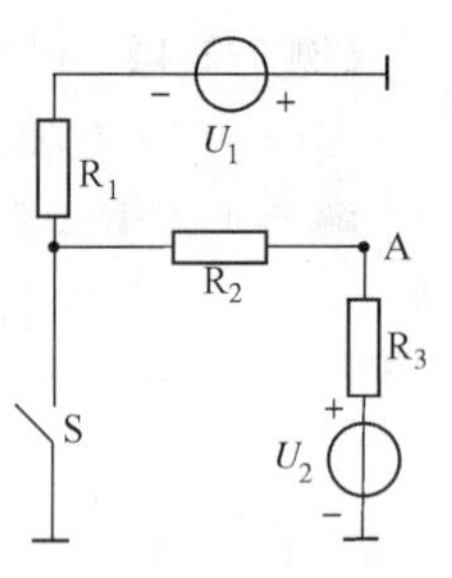

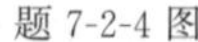

题 7-2-4 图

7-2-6　观察如图所示的直流电路,可知,在该电路中(　　)。

A. I_s 和 R_1 形成一个电流源模型,U_s 和 R_2 形成一个电压源模型

B. 理想电流源 I_s 的端电压为 0

C. 理想电流源 I_s 的端电压由 U_1 和 U_2 共同决定

D. 流过理想电压源的电流与 I_s 无关

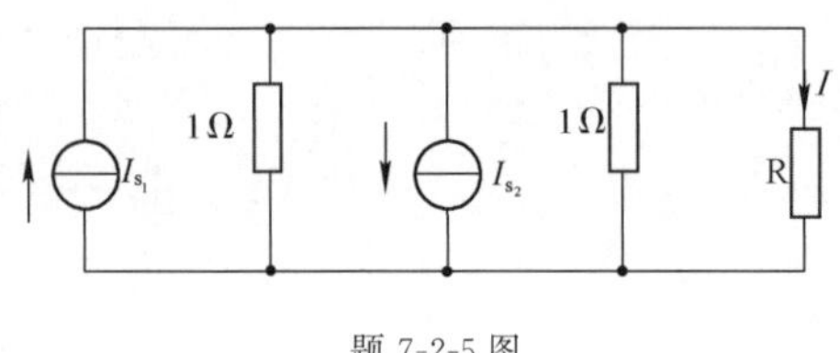

题 7-2-5 图

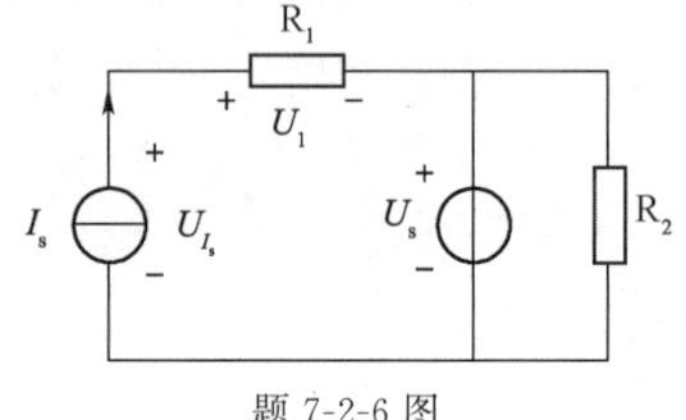

题 7-2-6 图

第三节　直流电路的解题方法

电路分析的目的是找出电路中 U、I、P 的关系。在线性电路中解决问题的常用方法是叠加原理和戴维南定理。

对于不能用简单串并联方法求解的复杂电路,要根据电路的特点去寻找更合适的求解方法。本部分总结几种最常用的电路分析方法:电源变换法、支路电流法、叠加原理和戴维南定理。

一、电源等效变换法

由上节电源元件的介绍,可知电压源模型的外特性和电流源模型的外特性是相同的。因此,电源的两种模型互相等效,可以进行等效变换。但是,电压源模型和电流源模型的等效关系只是对外电路而言的,对电源内部则不等效。

例如在图 7-3-1a)中,当电压源开路时,$I=0$,电源内阻 R_0 上不损耗功率;但在图 7-3-1b)中电流源开路时,电源内部仍有电流,内阻 R_0 上有功率损耗。

电源等效电阻不限于电源内部内阻 R_0,只要一个电压为 U_s 的理想电压源和某个电阻 R_0 串联的电路,都可以化为一个电流为 I_s 的理想电流源和这个电阻并联的电路图 7-3-2,两者是等效的。

其中

$$I_s=\frac{U_s}{R_0}\quad 或\quad U_s=R_0 I_s \tag{7-3-1}$$

图　7-3-1

图　7-3-2

在分析复杂电路时，也可以用电源等效变换的方法。

【例 7-3-1】 用电源变换法求如图所示电路中的电流。

解 电源变换过程如图 b)、c)、d)所示，由图 d)得出

$$I=\frac{9-4}{1+2+7}=0.5\text{A}$$

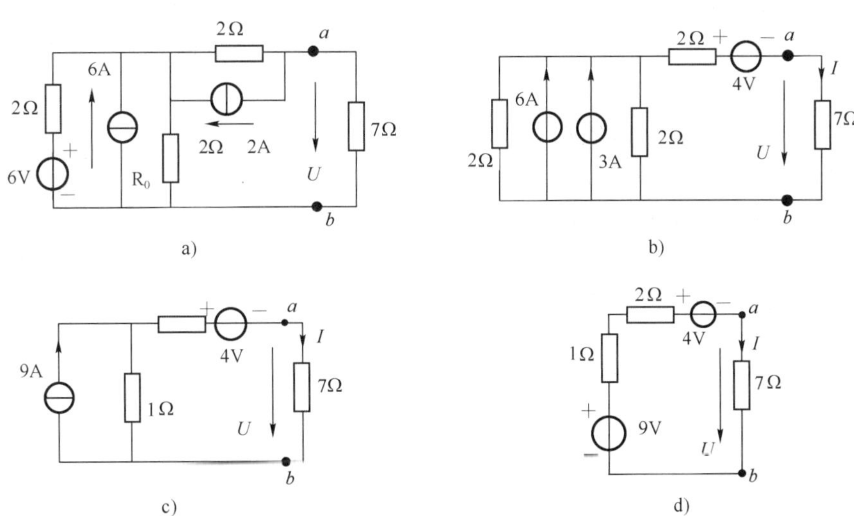

例 7-3-1 图

二、支路电流法

在计算复杂电路的各种方法中，支路电流法是最基本的。它是应用基尔霍夫电流定律和电压定律分别对结点和回路列出所需要的方程组，而后解出各未知支路电流。

支路电流法的解题步骤：

(1)选定支路并标出各支路电流的参考方向，并对选定的回路标出回路循行方向。

(2)应用 KCL 列出 $(n-1)$个独立的结点电流方程。

(3)应用 KVL 列出 $b-(n-1)$个独立的回路电压方程。

(4)联立求解 b 个方程，求出各支路电流。

今以如图 7-3-3 所示的两个电源并联的电路为例说明支路电流法的应用。在本电路中，支路数 $b=3$，结点数 $n=2$，共要列出三个独立方程。

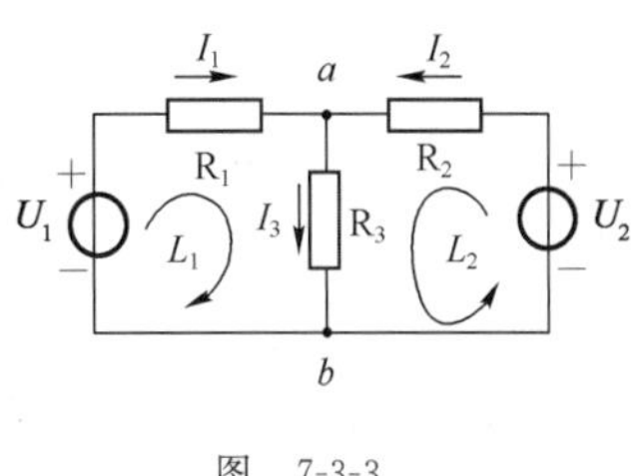

图 7-3-3

对结点 a 和回路 L_1、回路 L_2 列 KCL 方程及 KVL 方程

$$\begin{aligned} I_1+I_2-I_3&=0 \\ U_1&=R_1I_1+R_3I_3 \\ U_2&=R_2I_2+R_3I_3 \end{aligned} \quad (7\text{-}3\text{-}2)$$

最后对三个方程联立求解，就可以得出支路电流 I_1、I_2、I_3。

三、叠加原理

1. 内容

在有多个电源共同作用的线性电路中，各支路电流(或元件的端电压)等于各个电源单独作用时，在该支路中产生电流(或电压)的代数和。

2. 方法

当一个电源单独作用时，其他不作用的电源令其数值为 0。即不作用的电压源电压 $E_s=0$(短路)，不作用的电流源 $I_s=0$(断路)。电路其他部分结构参数不变的情况下求其响应。

对单个电源作用的响应求代数和时，要注意各电源单独作用时支路电流(或电压)的方向是否与原图一致，一致时此项取“＋”号，相反时该项为“－”号。

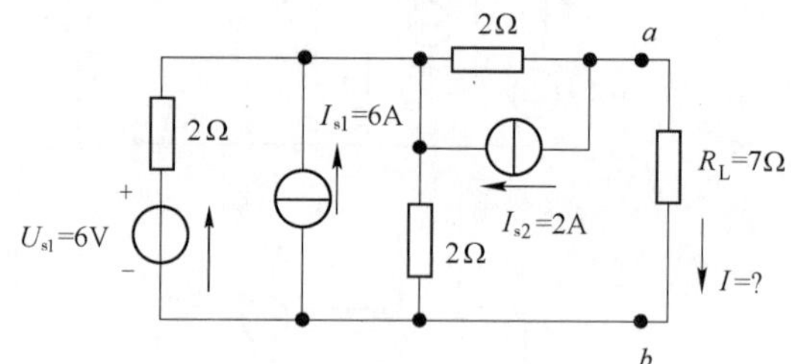

例 7-3-2 图　电路图(叠加原理)

【例 7-3-2】 用叠加原理求图中的电流 I。

分析　该图有三个独立电源共同作用，且为线性电阻，该电路为线性电路，可以用叠加原理求。

解　第一步：将原图改画为单一电源作用的简单电路，如解图所示。

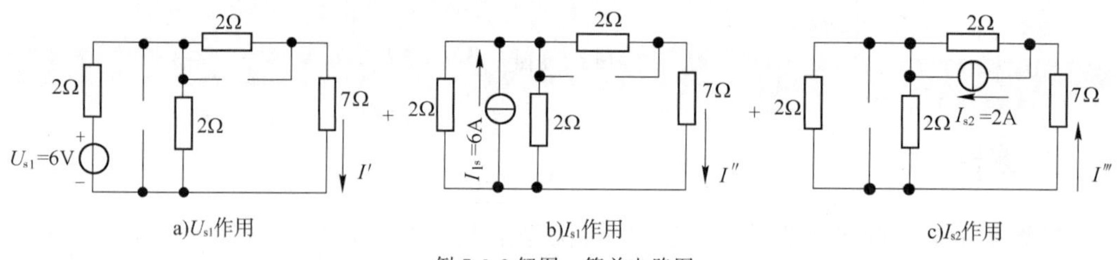

例 7-3-2 解图　简单电路图

第二步：求分电路中电流 I'、I''和 I'''。

$$I'=\frac{U_{s1}}{2+2\ /\!/\ (2+7)}\cdot\frac{2}{2+(7+2)}$$

$$=\frac{6}{2+(2\ /\!/\ 9)}\cdot\frac{2}{11}=0.3\text{A}$$

$$I''=I_{s1}\frac{2}{2+2\ /\!/\ (2+7)}\cdot\frac{2}{2+(7+2)}$$

$$=\frac{6\times 2}{2+(2\ /\!/\ 9)}\cdot\frac{2}{2+9}=0.6\text{A}$$

$$I'''=I_{s2}\frac{2}{[(2\ /\!/\ 2)+7]+2}$$

$$=2\times\frac{2}{1+7+2}=0.4\text{A}$$

(这里“$/\!/$”为电阻并联符号，如 $2/\!/9=\frac{2\times 9}{2+9}$)

第三步：求各电源单独作用时响应的代数和。

$$I=I'+I''-I'''=0.3+0.6-0.4=0.5\text{A}$$

【例 7-3-3】 已知电路如图 a)所示，其中，响应电流 I 在电压源单独作用时的分量为：

A. 0.375A　　B. 0.25A

C. 0.125A　　D. 0.1875A

解 根据叠加原理，写出电压源单独作用时的电路模型，如图 b)所示。

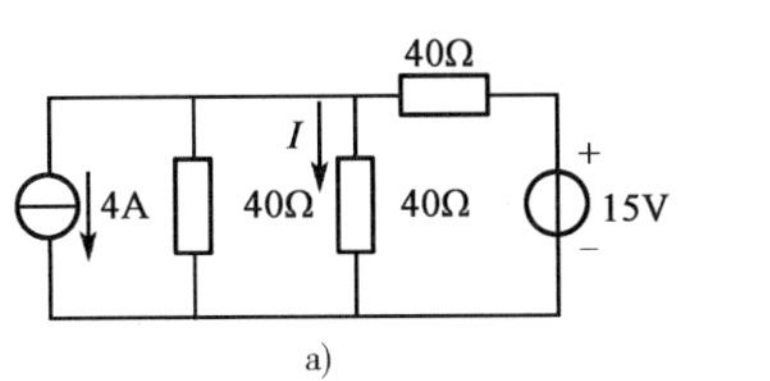

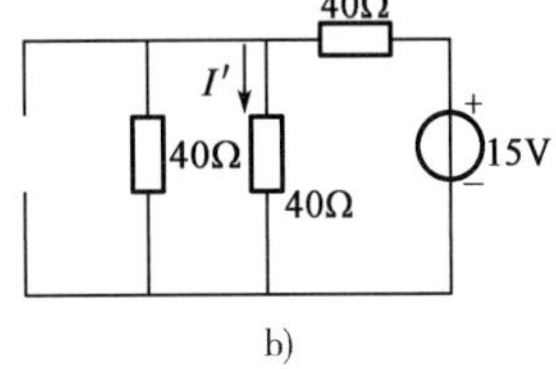

例 7-3-3 图

$$I'=\frac{15}{40+40/\!/40}\times\frac{40}{40+40}=\frac{15}{40+20}\times\frac{1}{2}=0.125\text{A}$$

答案：C

四、戴维南定理

1. 内容

任何一个线性有源二端网络，对外部电路来说总可以用一个电压为 U_s 的理想电压源和一个电阻 R_0 串联的电路表示，如图 7-3-4 所示。

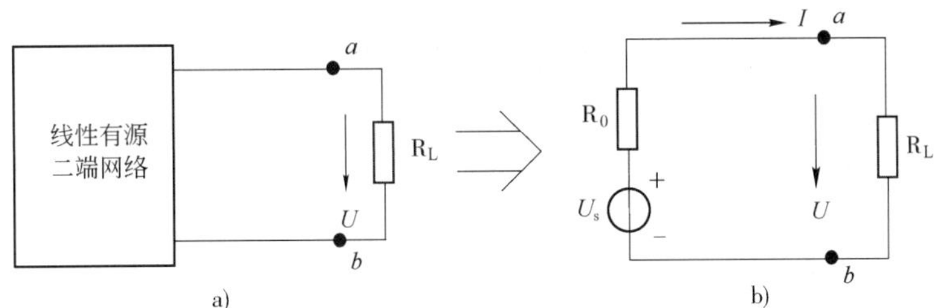

图 7-3-4　线性有源二端网络简化

2. 方法

理想电压源电压为原来电路在图 7-3-4a)中 a、b 点断开的开路电压

$$U_s=U_{oc}$$

等效电阻 R_0 的数值：由电路开路端口(图 7-3-4 中 a、b 点)向线性有源二端网络内部看过去的除源电阻(除源——去除电源作用，将电压源短路、电流源断路即可)。

【例 7-3-4】 用戴维南定理求图中 7Ω 电阻中的电流 I。

解 第一步：移去待求电流支路，将图中 a、b 点断开，构成线性有源二端网络。

第二步：求等效电压源电压 U_s 和内阻 R_0。

(1)用叠加原理求 U_{oc}(见图 a)

$$U_{oc}=U_{s1}\frac{2}{2+2}+I_1(2/\!/2)-I_2\cdot 2$$

$$=6\times\frac{2}{4}+6\times 1-2\times 2=5\text{V}$$

(2)求 R_0

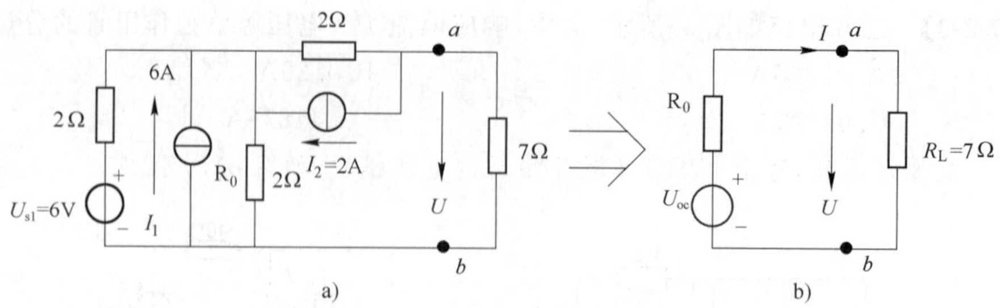

例 7-3-4 图　电路图(戴维南定理)

将有源二端网络除源后，求端口电阻 R_{ab}，见解图。

$$R_{ab}=2+(2\ /\!/\ 2)=3\Omega$$

第三步：画等效电路图，如图 b)所示，求 I。

$$R_0=R_{ab}=3\Omega$$

$$U_s=U_{oc}=5V$$

$$I=\frac{U_s}{R_0+R_L}=\frac{5}{3+7}=0.5A$$

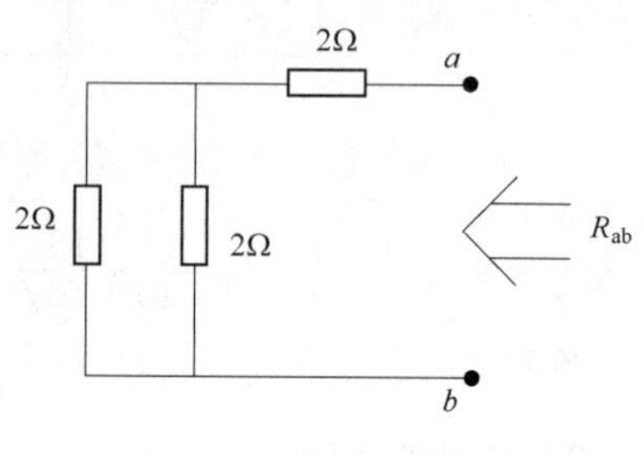

例 7-3-4 解图　等效电阻

习　题

7-3-1　在如图 a)所示电路中的电流为 I 时，可将图 a)等效为图 b)，其中等效电压源电动势 E_s 和等效电源内阻 R_0 分别为(　　)。

A. −1V，5.143Ω　　B. 1V，5Ω　　C. −1V，5Ω　　D. 1V，5.143Ω

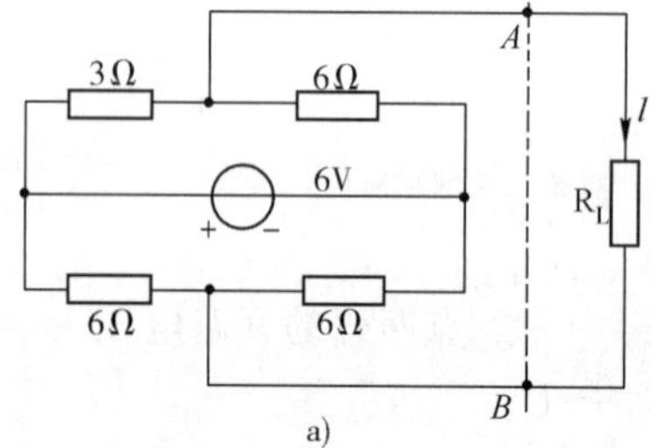

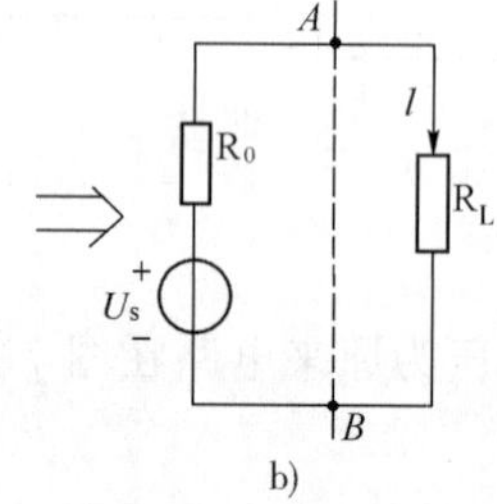

题 7-3-1 图

7-3-2　如图所示电路中，已知：$U_{s1}=100V$，$U_{s2}=80V$，$R_2=2\Omega$，$I=4A$，$I_2=2A$，则可用基尔霍夫定律求得电阻 R_1 和供给负载 N 的功率分别为(　　)。

A. 16Ω，304W　　B. 16Ω，272W

C. 12Ω，304W　　D. 12Ω，0W

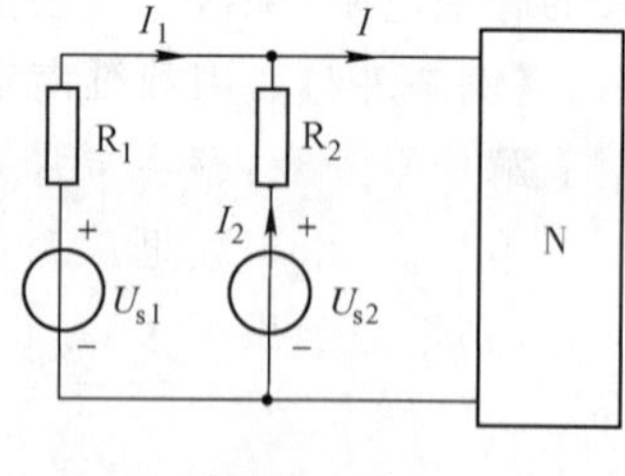

题 7-3-2 图

7-3-3　电路如图所示，用叠加定理求得电阻 R_L 消耗的功率为(　　)。

A. 1/24W　　B. 3/8W

C. 1/8W　　D. 12W

7-3-4　如图所示电路中，电压源 U_{s2} 单独作用时，电流源端电压分量 U'_{I_s} 为(　　)。

A. $U_{s2}-I_sR_2$　　　　B. U_{s2}

C. 0　　　　D. I_sR_2

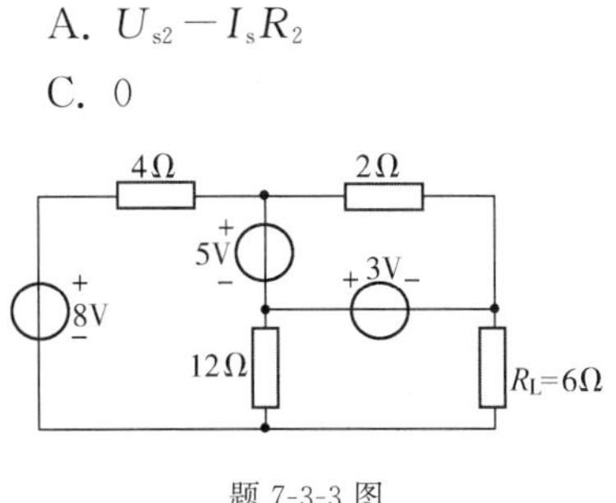

题 7-3-3 图

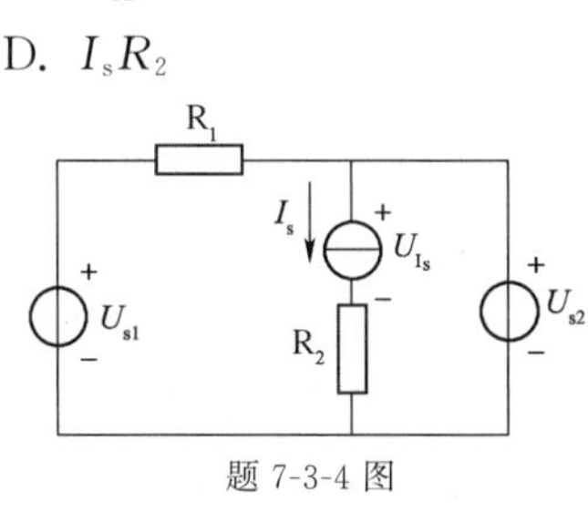

题 7-3-4 图

第四节　正弦交流电路的解题方法

如果电路中的电压、电流随时间按正弦规律变化，该电路便称为“正弦交流电路”，电网上输送的电能都是以正弦交流形式工作的。

一、正弦交流电的三要素表示法

(一)正弦交流电的三要素

已知正弦电流随时间的变化规律如图 7-4-1 所示，写成瞬时值表达式为

$$i(t)=I_m\sin(\omega t+\psi_i)\quad(A)$$

其中，I_m、ω 和 ψ_i 分别表示正弦电流的大小、变化速度和在时间轴上的位置，称为正弦交流电的三要素。

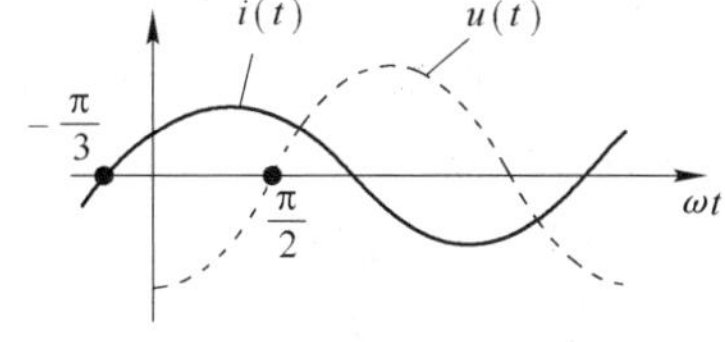

图 7-4-1　正弦电流电压随时间变化规律

1. 幅值与有效值

幅值 I_m 表示正弦量在变化的过程中可能出现的最高峰值。

有效值 I 是从交流电流与直流电流在同一元件上产生的热效应相等条件考虑的，交流电的有效值为

$$I=\sqrt{\frac{1}{T}\int_0^T i^2(t)\mathrm{d}t}$$

当 $i(t)$是正弦交流电时

$$i(t)=I_m\sin(\omega t+\psi_i)$$

则

$$I=I_m/\sqrt{2}=0.707I_m \tag{7-4-1}$$

此结论也适用于正弦交流电压，电动势的有效值计算。

2. 频率与周期

角频率

$$\omega=\frac{2\pi}{T}\quad(\text{rad/s})$$

其中

$$T=\frac{1}{f} \tag{7-4-2}$$

式中：f(频率)——反映正弦量每秒钟变化的次数(Hz)；

T(周期)——反映正弦量变化一次所用的时间(s)。

对于工频电源 $f=50\text{Hz}$

$$T=1/f=0.02\text{s}$$

$$\omega=2\pi f=314\text{rad/s}$$

3. 初相位和相位差

ψ 叫做正弦量的初相位(当时间 $t=0$ 时正弦量的相位)。

相位差是两个正弦量的相位之差,反映正弦量在时间上的先后关系,当两个正弦量的频率相同时,相位差也就是初相位之差。

相位差

$$\varphi=(\omega t+\psi_{\mathrm{u}})-(\omega t+\psi_{\mathrm{i}})=\psi_{\mathrm{u}}-\psi_{\mathrm{i}} \tag{7-4-3}$$

如图 7-4-1 所示

$$i(t)=I_{\mathrm{m}}\sin\left(\omega t+\frac{\pi}{3}\right)$$

$$u(t)=U_{\mathrm{m}}\sin\left(\omega t-\frac{\pi}{2}\right)$$

$$\varphi=\left(-\frac{\pi}{2}\right)-\frac{\pi}{3}=-\frac{5}{6}\pi$$

$\varphi<0$ 说明电压 $u(t)$滞后于 $i(t)\frac{5}{6}\pi$。正弦量的初相位 ψ 与计时点有关,而相位差 φ 与计时起点无关;并且只有同频率的正弦量才有相位差可言。

(二)正弦量的表示法

有四种方法可以表示正弦量:

(1)三角函数,$i(t)=I_{\mathrm{m}}\sin(\omega t+\psi_{\mathrm{i}})$;

(2)波形图,如图 7-4-1 所示;

(3)相量表示法;

(4)复数表示法。

前面两种方法都直观地表示了正弦量的三要素,但是对电路进行定量分析时很不方便,后面两种方法是定量求解正弦交流电路的常用方法。

可以证明,线性电路中各部分电压电流的频率与电源频率相同。因此在计算时,只要解出各正弦量的大小关系(幅值或有效值)和相对位置(初相位或相位差)即可。

1. 相量表示法

相量是一个特殊矢量,与空间矢量不同的是相量表示的是在特定时刻正弦量的大小和位置,即幅值(或有效值)与初相位关系。线性电路中的 u,i 频率已由电源频率确定,利用相量法求解线性交流电路将使计算大大简化。

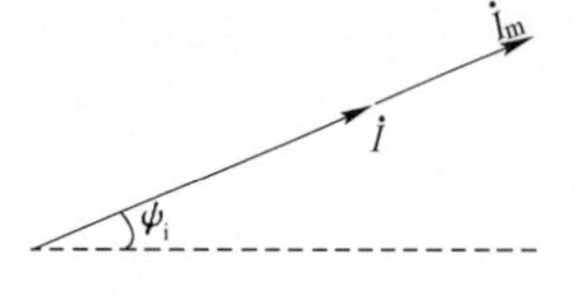

图 7-4-2 相量图

当 $t=0$ 时

$$i(t)=I_{\mathrm{m}}\sin\psi_{\mathrm{i}}$$

写成相量式为

$$\dot{I}_{\mathrm{m}}=I_{\mathrm{m}}\angle\psi_{\mathrm{i}}$$

相量图如图 7-4-2 所示。

频率相同的正弦量可以画在同一张相量图上,这样可以直观地反映多个正弦量之间的大小及其相位关系。

相量也可用有效值表示

$$\dot{I}=I\angle\psi_i$$

即 $$\dot{I}=\dot{I}_m/\sqrt{2}$$

2.复数表示法

在数学中,可以用复数来表示矢量,既然正弦量表示为特殊矢量(相量),那么正弦相量就可用复数表示。

对于如图 7-4-3 所示的电流相量用复数坐标表示后,如图 7-4-3 所示,可以写为三种对应的复数表达式。

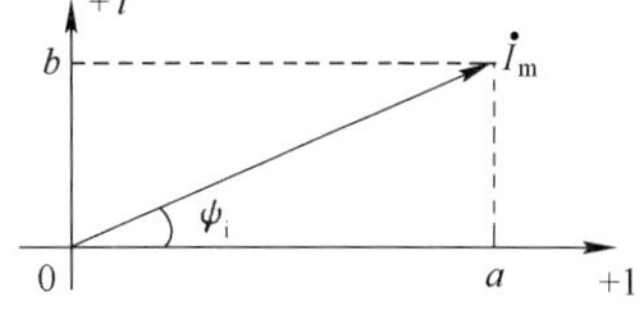

图 7-4-3 复数图

代数式

$$\dot{I}_m=a+jb \tag{7-4-4}$$

极坐标式

$$\dot{I}_m=I_m\angle\psi_i \tag{7-4-5}$$

指数式

$$\dot{I}_m=I_m e^{j\psi_i} \tag{7-4-6}$$

变换公式如下

$$\left.\begin{aligned}I_m&=\sqrt{a^2+b^2}\\ \psi_i&=\arctan\frac{b}{a}\end{aligned}\right\} \tag{7-4-7}$$

$$\left.\begin{aligned}a&=I_m\cos\psi_i\\ b&=I_m\sin\psi_i\end{aligned}\right\} \tag{7-4-8}$$

【例 7-4-1】 已知有效值为 10V 的正弦交流电压的相量图如图所示,则它的时间函数形式是:

A. $u(t)=10\sqrt{2}\sin(\omega t-30°)$V

B. $u(t)=10\sin(\omega t-30°)$V

C. $u(t)=10\sqrt{2}\sin(-30°)$V

D. $u(t)=10\cos(-30°)+10\sin(-30°)$V

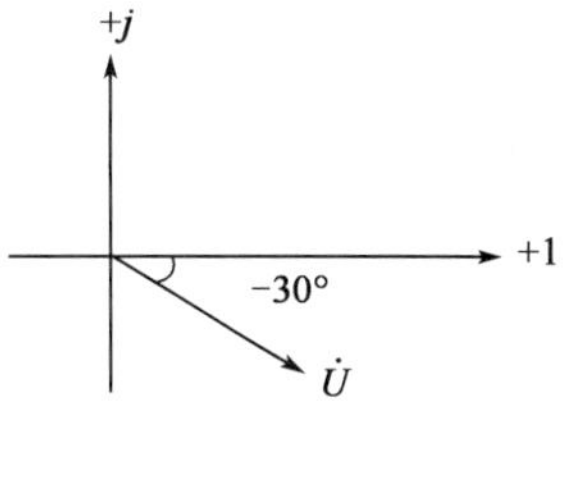

例 7-4-1 图

解 本题注意正弦交流电的三个特征(大小、相位、速度)和描述方法。

由相量图可分析,电压最大值为 $10\sqrt{2}$V,初相位为$-30°$,角频率用 ω 表示,正确描述为:

$$u(t)=10\sqrt{2}\sin(\omega t-30°)\text{V}$$

答案:A

二、单相交流电路

在交流电路中由于电压、电流随时间变化,那么电路中储存的电磁场能量也都是随时间变化的,因此交流电路分析时不仅要分析电阻(R)元件的消耗电能情况,还要注意电感(L)元件和电容(C)元件对电场磁场储能的变化情况。

(一)纯电阻电路(见图 7-4-4)

1. u_R-i 关系

由 $$u_R=Ri$$

设 $$i(t)=I_m\sin(\omega t+\psi_i)$$

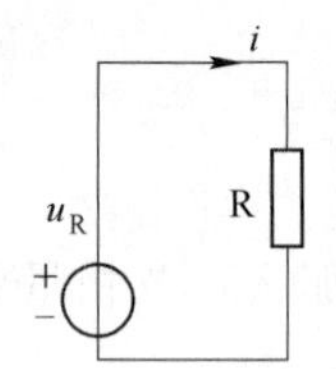

图 7-4-4 纯电阻电路

$$u_R=RI_m\sin(\omega t+\psi_i)$$
$$=U_{Rm}\sin(\omega t+\psi_u)$$

大小关系

$$U_{Rm}=RI_m(或\ U_R=RI)$$

相位关系

$$\psi_u=\psi_i,\varphi=\psi_u-\psi_i=0$$

纯电阻元件中电压电流的相位相同。

复数表达式 $$\dot{I}_m=I_m\angle\psi_i$$

$$\dot{U}_{Rm}=U_{Rm}\angle\psi_u=RI_m\angle\psi_i=R\dot{I}_m$$

即

$$\dot{U}_{Rm}=R\dot{I}_m(或\ \dot{U}_R=R\dot{I})$$

相量图(设 $\psi_i=0$)如图 7-4-5a)所示,波形图如图 7-4-5b)所示。

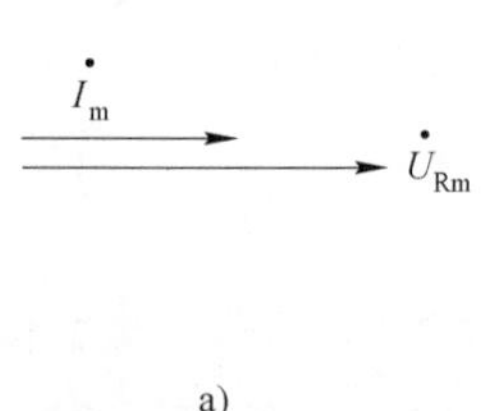

a)

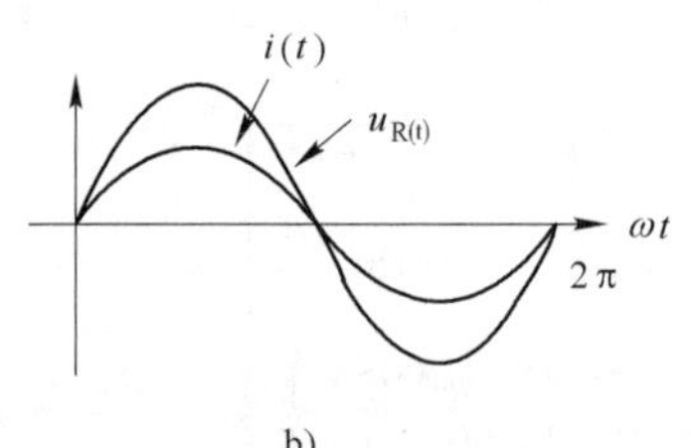

b)

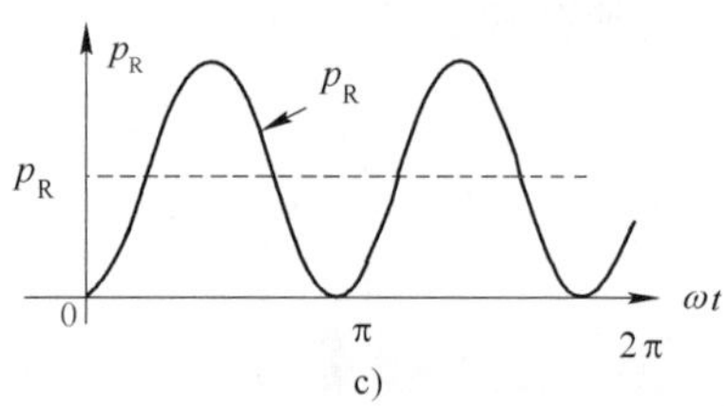

c)

图 7-4-5 纯电阻电路中 u_R-i 关系

2. 功率关系

瞬时功率

$$p_R=u_Ri=U_{Rm}\sin(\omega t+\psi_u)I_m\sin(\omega t+\psi_i)$$

令

$$\psi_i=0$$

则

$$\psi_u=0$$
$$p_R=U_RI(1-\cos 2\omega t)$$

图 7-4-5c)表示瞬时功率波形图,$p_R>0$ 电阻元件任何瞬时都在消耗功率。

瞬时功率形象反映任意时刻电阻消耗功率情况,但我们平时用功率表测量的功率是电路中平均消耗功率的多少,定为平均功率(有功功率)。

平均功率

$$P_R=\frac{1}{T}\int_0^T p_R\,\mathrm{d}t=U_RI=RI^2=U_R^2/R \tag{7-4-9}$$

(二)纯电感电路(见图 7-4-6)

1. u_L-i 关系

$$u_L=L\frac{\mathrm{d}}{\mathrm{d}t}i(t) \tag{7-4-10}$$

设 $$i(t)=I_m\sin(\omega t+\psi_i)$$

$$u_L=L\frac{\mathrm{d}}{\mathrm{d}t}[I_m\sin(\omega t+\psi_i)]$$

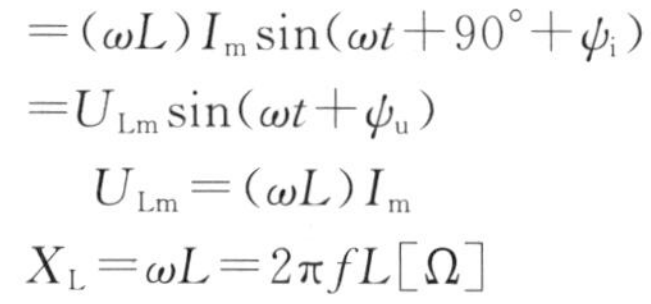

$$=(\omega L)I_m\sin(\omega t+90^\circ+\psi_i)$$

$$=U_{Lm}\sin(\omega t+\psi_u)$$

大小关系 $$U_{Lm}=(\omega L)I_m$$

定义 $$X_L=\omega L=2\pi fL[\Omega]$$

称 X_L 为电路的感抗。

相位关系(见图 7-4-7) $$\psi_u=\psi_i+90^\circ$$

$$\varphi=\psi_u-\psi_i=90^\circ$$

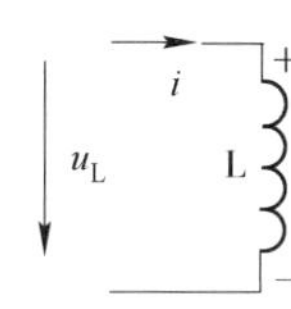

图 7-4-6　纯电感电路

图 7-4-7　纯电感电路相量图

电感元件两端电压 u_L 比通过电感元件的电流 $i(t)$在相位上超前 90°。

复数表达式

$$\dot{U}_{Lm}=U_{Lm}\angle\psi_u=X_LI_m\angle\psi_i+90^\circ$$

$$=(X_Le^{j90^\circ})(I_me^{j\psi_i})=jX_L\cdot\dot{I}_m \qquad (7\text{-}4\text{-}11)$$

相量图(设 $\psi_i=0^\circ$)如图 7-4-7 所示。

电感元件的电压 $u_L(t)$和电流 $i(t)$波形图如图 7-4-8a)所示。

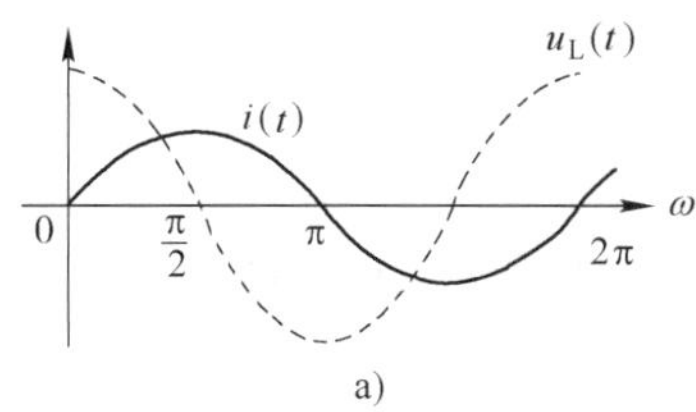

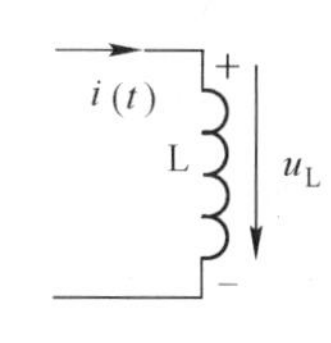

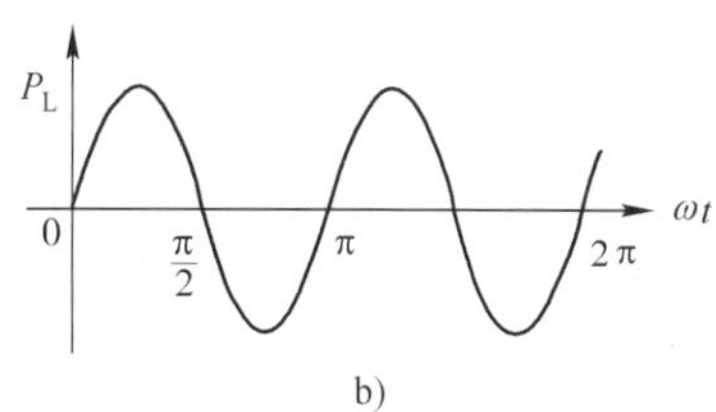

图 7-4-8　纯电感电路中各电量关系

2.功率关系

瞬时功率 $$p_L=u_Li=U_{Lm}\sin(\omega t+90^\circ)I_m\sin(\omega t)$$

$$=U_LI\sin(2\omega t)$$

得到波形如图 7-4-8b)所示。

下面分析电感元件中磁场能量转化情况。

在图 7-4-8a)中 $0\sim\frac{\pi}{2}$:$u_L(t)>0$,且$i(t)>0$,说明此时间内电感元件的实际电压、电流方向就是假定的正方向。

$$p_L(t)=u_L(t)i(t)>0$$

电感元件的作用相当于负载,它将电源能量吸收后变成磁场能量储存。

$\frac{\pi}{2}\sim\pi$:$u_L(t)<0$,但 $i(t)>0$

$$p_L(t)=u_L(t)\cdot i(t)<0$$

电感元件的作用相当于电源，它是把已经储存的磁场能量还给电源。

在 $0\sim\pi$ 内，纯电感元件吸收的能量与发出的能量相等。

平均功率
$$P_L=\frac{1}{T}\int_0^T p_L(t)\mathrm{d}t=0 \tag{7-4-12}$$

可见，理想电感元件不消耗能量。

为了衡量电感元件与电源之间进行能量交换的规模，定义无功功率用符号"Q_L"表示，单位为"乏"，记为 var，即

$$Q_L=U_L I=I^2X_L=U_L^2/X_L \quad (\text{var}) \tag{7-4-13}$$

(三)纯电容电路(见图 7-4-9)

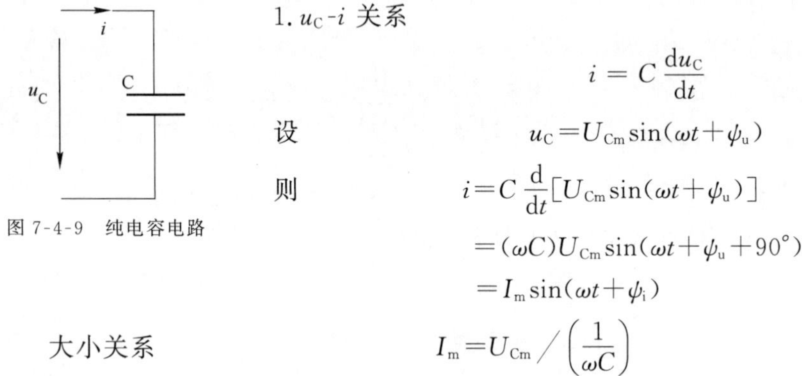

图 7-4-9 纯电容电路

1. u_C-i 关系

$$i=C\frac{\mathrm{d}u_C}{\mathrm{d}t}$$

设
$$u_C=U_{Cm}\sin(\omega t+\psi_u)$$

则
$$\begin{aligned}i&=C\frac{\mathrm{d}}{\mathrm{d}t}[U_{Cm}\sin(\omega t+\psi_u)]\\&=(\omega C)U_{Cm}\sin(\omega t+\psi_u+90^\circ)\\&=I_m\sin(\omega t+\psi_i)\end{aligned}$$

大小关系
$$I_m=U_{Cm}\Big/\left(\frac{1}{\omega C}\right)$$

定义"$X_C=\dfrac{1}{\omega C}$"为电路的"容抗"，单位为 Ω。

则
$$I_m=U_{Cm}/X_C$$

或
$$I=U_C/X_C$$

相位关系
$$\psi_i=\psi_u+90^\circ$$
$$\varphi=\psi_u-\psi_i=-90^\circ$$

即：电容元件中的电流 $i(t)$ 比电压 u_C 超前 90°[或元件的端电压 $u_C(t)$ 滞后电流 $i(t)$90°]。

用复数表示电容元件电压、电流的大小和相位关系。

$$\dot{I}_m=I_m\,\underline{/\psi_i}=\frac{U_{Cm}}{X_C}\,\underline{/\psi_U+90^\circ}=\left(\frac{1}{X_C}e^{j90^\circ}\right)\cdot U_{Cm}=\frac{1}{-jX_C}\dot{U}_{cm}$$

$$\dot{U}_{Cm}=-jX_C\dot{I}_m(\text{或 }\dot{I}_C=-jX_C\dot{I})$$

相量图和波形图如图 7-4-10 所示，其中 $\psi_u=0^\circ$。

图 7-4-10 纯电容电路的相量图和波形图

2. 功率关系

瞬时功率

$$p_C(t)=u_C(t)i(t)=U_{Cm}\sin(\omega t)I_m\sin(\omega t+90^\circ)=U_CI\sin2(\omega t)$$

平均功率

$$P_C = \frac{1}{T}\int_0^T p_C(t)\,\mathrm{d}t = 0$$

无功功率

$$Q_C = U_C I = I^2 X_C = U_C^2 / X_C$$

为将 P 与 Q 对应，平均功率 P 又称为电路的“有功功率”。

(四)RLC 串联的正弦交流电路

1. u-i 关系

RLC 串联交流电路如图 7-4-11 所示。

设

$$i = I_m \sin\omega t$$

由克希荷夫电压定律可知

$$\begin{aligned} u &= u_R + u_L + u_C \\ &= Ri + L\frac{\mathrm{d}i}{\mathrm{d}t} + \frac{1}{C}\int i\,\mathrm{d}t \\ &= RI_m\sin\omega t + L\omega I_m\sin(\omega t + 90°) + \frac{I_m}{\omega C}\sin(\omega t - 90°) \\ &= U_m\sin(\omega t + \psi_u) \end{aligned} \tag{7-4-14}$$

相量关系

$$\begin{aligned} \dot{U} &= \dot{U}_R + \dot{U}_L + \dot{U}_C \\ &= R\dot{I} + jX_L\dot{I} - jX_C\dot{I} \\ &= [R + j(X_L - X_C)]\dot{I} = Z\dot{I} \end{aligned} \tag{7-4-15}$$

假设：$X_L > X_C$，作出相量图如图 7-4-12 所示。

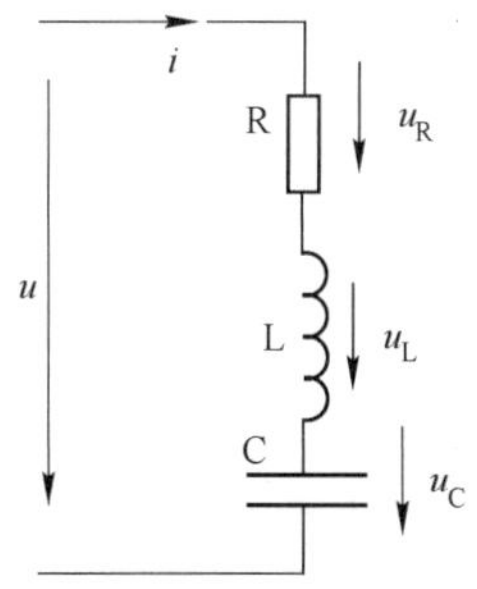

图 7-4-11　RLC 串联电路

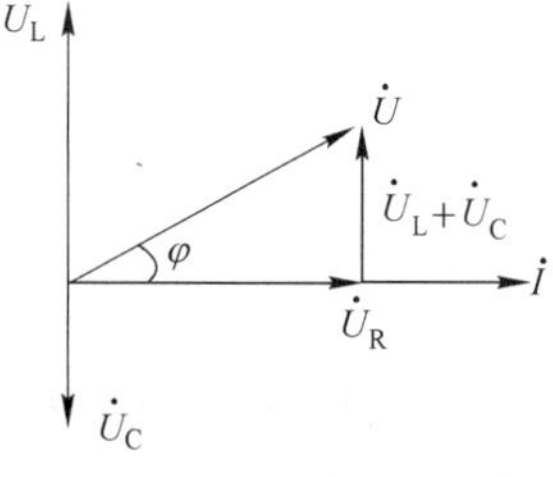

图 7-4-12　RLC 串联电路的相量图

可见，$\dot{U}$、$\dot{U}_R$、$\dot{U}_L + \dot{U}_C$ 组成一个直角三角形，称为电压三角形，利用它可知 $\dot{U}$ 的大小和相位关系

$$\begin{aligned} U &= \sqrt{U_R^2 + (U_L - U_C)^2} \\ &= \sqrt{(IR)^2 + (IX_L - IX_C)^2} \\ &= I\sqrt{R^2 + (X_L - X_C)^2} \end{aligned}$$

$\dfrac{U}{I} = \sqrt{R^2 + (X_L - X_C)^2}$ 为“欧姆”单位，称为电路的阻抗，用 $|Z|$ 表示。

相位差 φ 可以用下式分析

$$\varphi = \arctan\frac{U_L - U_C}{U_R} = \arctan\frac{X_L - X_C}{R}$$

已知 X_L、X_C、R 参数后，完全可以确定 u、i 的大小和相位关系，即可以将 $\dot{U}$、$\dot{I}$ 表示如下

$$\frac{\dot{U}}{\dot{I}} = Z = |Z| \angle\varphi = \sqrt{R^2 + (X_L - X_C)^2} \tag{7-4-16}$$

定义：$Z=|Z|\angle\varphi$ 为电路的复阻抗，由此作出的三角形称为**阻抗三角形**，如图 7-4-13a）所示（注意：Z 并不是表示正弦量的相量，阻抗三角形各边只能用直线段表示不要画“箭头”）。

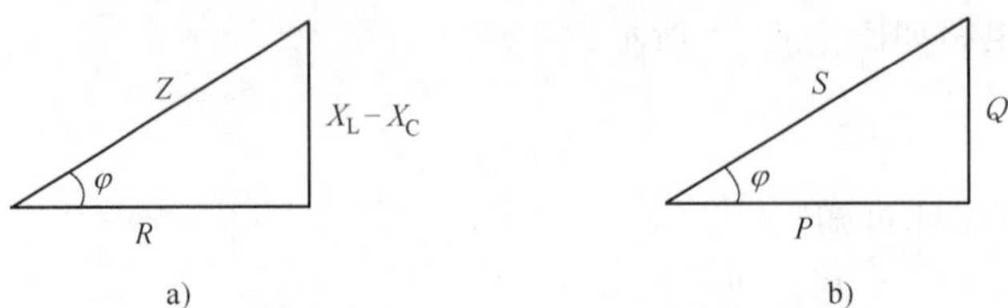

图 7-4-13　阻抗三角形和功率三角形

交流电路中欧姆定律的复数表达式为

$$\dot{U}=Z\dot{I} \tag{7-4-17}$$

$$\varphi = \psi_u - \psi_i$$

φ 表示电压超前电流的角度。

当 $X_L > X_C$ 时，$\varphi>0$ 电压超前于电流，该电路具有感性性质，称**感性电路**。

当 $X_L < X_C$ 时，$\varphi<0$ 电压滞后于电流，该电路具有容性性质，称**容性电路**。

当 $X_L = X_C$ 时，$\varphi=0$ 电压与电流同相位，该电路具有阻性性质，称**阻性电路**。

【例 7-4-2】　图示电路中，$Z_1=6+j8\Omega$，$Z_2=-jX_C\Omega$，为使 I 取得最大值，X_C 的数值为：

A. 6　　　　B. 8　　　　C. −8　　　　D. 0

解　根据电路可以分析，总阻抗 $Z=Z_1+Z_2=6+j8-jX_C$，当 $X_C=8$ 时，Z 有最小值，电流 I 有最大值（电路出现谐振，呈现电阻性质）。

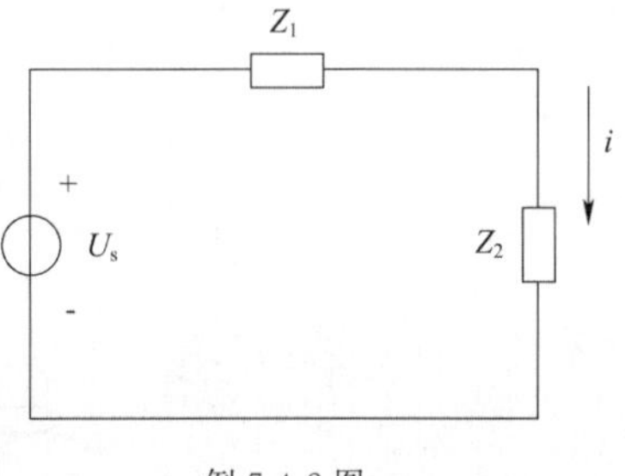

例 7-4-2 图

答案：B

2. 功率关系

在 RLC 串联的交流电路中，有耗能元件 R 又有储能元件 L 和 C，即在消耗能量的过程中又与电源不断进行能量交换，既有有功功率，又有无功功率。

有功功率（平均功率）

$$P = U_R I = UI\cos\varphi \quad (\text{W}) \tag{7-4-18}$$

无功功率

$$Q = (U_L - U_C)I = Q_L - Q_C = UI\sin\varphi \quad (\text{var}) \tag{7-4-19}$$

视在功率

$$S = UI = UI\sqrt{\cos^2\varphi + \sin^2\varphi} = \sqrt{(UI\cos\varphi)^2 + (UI\sin\varphi)^2}$$

$$S = \sqrt{P^2 + Q^2} \tag{7-4-20}$$

由此形成的功率关系用功率三角形表示（见图 7-4-13b），其中 $S=UI$ 表示电源做功能力，消耗的功率为 $P=S\cos\varphi$，这里 $\cos\varphi$ 称为电路的功率因数，在交流电路中是个重要概念。

(五)交流电路的计算

计算交流电路的方法与直流电路的计算方法相同，以叠加原理和戴维南定理为主要解题方法。注意的是由于交流电路中电压电流相位不同，我们不仅要注意电压电流的大小关系，也同样要注意它们之间的相位关系，所以交流电路的计算是采用相量图和复数运算相结合的办法。

简单地说，在计算交流电路时只要把直流电路中的 R,U,I,P 参数分别改写为相应的 Z，$\dot{U},\dot{I},S$ 即可。

欧姆定律

$$\dot{U}=Z\dot{I} \tag{7-4-21}$$

基尔霍夫电压定律

$$\sum\dot{U}=0$$

基尔霍夫电流定律

$$\sum\dot{I}=0$$

视在功率

$$S=UI \tag{7-4-22}$$

有功功率

$$P=UI\cos\varphi \tag{7-4-23}$$

无功功率

$$Q=UI\sin\varphi \tag{7-4-24}$$

【例 7-4-3】 电路如图所示，已知：$u(t)=220\sqrt{2}\sin314t$(V)，求 i,i_1,i_2，并分析功率关系。

解 (1)相量分析

i_1 支路为感性，i_1 滞后 u，i_2 支路为容性，i_2 超前 u，将 u 写为复数 $\dot{U}=220\angle0^\circ$(V)。

定性作相量图如解图所示。

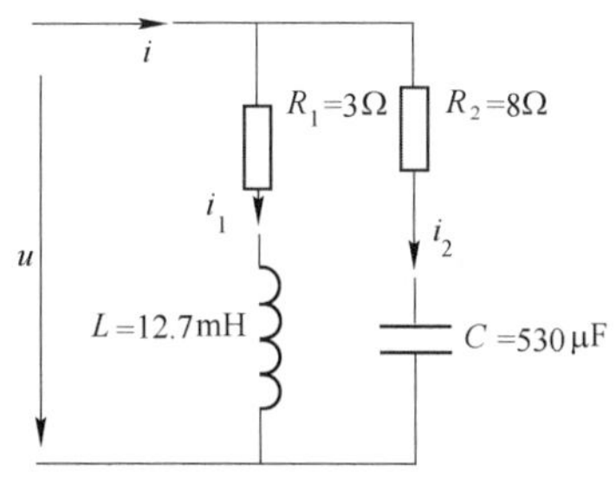

例 7-4-3 图 电路图

例 7-4-3 解图 相量图

(2)复数计算

$$Z_1=R_1+jX_{L1}=3+j(314\times1.27\times10^{-3})$$
$$=3+j4=5\angle53.1^\circ\ \Omega$$

$$Z_2=R_2-jX_{C1}=8-j\frac{10^6}{314\times530}=8-j6=10\angle-36.9^\circ\Omega$$

$$\dot{I}_1=\dot{U}/Z_1=220\angle0^\circ/5\angle53.1^\circ=44\angle-53.1^\circ\ \text{A}$$

$$\dot{I}_2=\dot{U}/Z_2=220\angle0^\circ/10\angle-36.9^\circ=22\angle36.9^\circ\ \text{A}$$

$$\dot{I}=\dot{I}_1+\dot{I}_2=44\angle-53.1^\circ+22\angle36.9^\circ$$

$=44\cos(-53.1°)+j44\sin(-53.1°)+22\cos36.9°+j22\sin36.9°$

$=49.2\angle-26.5°$

电流计算结果可见与相量图的分析是一致的。

【例 7-4-4】 用仪表测得图示电路的电压 $u(t)$ 和电流 $i(t)$ 的结果是 10V 和 0.2A，设电流 $i(t)$ 的初相位为 10°，电压与电流呈反相关系，则如下关系成立的是：

A. $\dot{U}=10\angle-10°$V　　　　B. $\dot{U}=-10\angle-10°$V

C. $\dot{U}=10\sqrt{2}\angle-170°$V　　　　D. $\dot{U}=10\angle-170°$V

解 画相量图分析(见解图)，电压表和电流表读数为有效值。

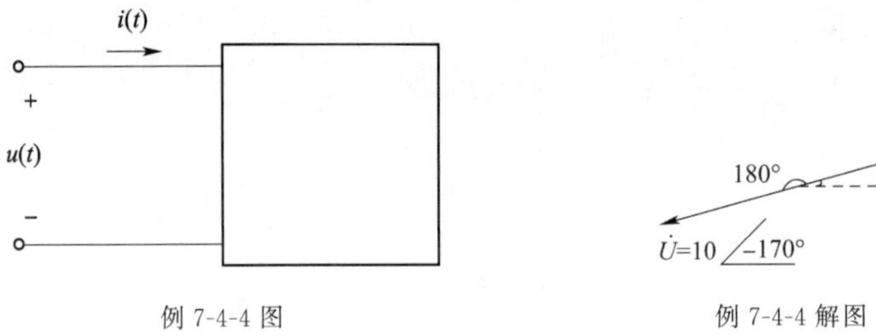

例 7-4-4 图　　　　例 7-4-4 解图

答案：D

【例 7-4-5】 一交流电路由 R、L、C 串联而成，其中，$R=10\Omega$，$X_L=8\Omega$，$X_C=6\Omega$。通过该电路的电流为 10A，则该电路的有功功率、无功功率和视在功率分别为：

A. 1kW，1.6kvar，2.6kV·A

B. 1kW，200var，1.2kV·A

C. 100W，200var，223.6V·A

D. 1kW，200var，1.02kV·A

解 交流电路的功率关系为：

$$S^2=P^2+Q^2$$

式中：S——视在功率反映设备容量；

P——耗能元件消耗的有功功率；

Q——储能元件交换的无功功率。

本题中：$P=I^2R=1000$W，$Q=I^2(X_L-X_C)=200$var

$S=\sqrt{P^2+Q^2}=1019\approx1020$V·A

答案：D

(六)交流电路的谐振

在有 R、L、C 三种元件存在的交流电路中，电压电流的大小和相位关系除了与这三个参数有关以外，还与电源频率有关，即

$$\frac{\dot{U}}{\dot{I}}=Z=F(R,L,C,W)$$

如果调节电路参数使 $\varphi=0$(电路出现纯电阻性质)，我们就说该电路出现**谐振**。这是交流电的特殊现象，在电子技术中非常有用，而在强电系统中要防止电路中出现过高电压，过大电流必须避免电路出现谐振。因此我们必须充分认识电路的谐振现象，对它进行合理的应用和控制。

1. 串联谐振(见图 7-4-14)

(1)串联谐振条件

根据 $Z=R+j(X_L-X_C)=\sqrt{R^2+(X_L-X_C)^2}\angle\arctan\frac{X_L-X_C}{R}$

可知:当 $X_L=X_C$ 时 $\varphi=0$ 电路出现纯电阻性质,即

$$\omega_0 L=(\omega_0 C)^{-1}$$

$$\omega_0=\frac{1}{\sqrt{LC}} \quad 或 \quad f_0=\frac{1}{2\pi\sqrt{LC}} \tag{7-4-25}$$

(2)串联电路谐振特点

阻抗最小

$$Z_0=R=Z_{min}$$

电流最大

$$I_0=\frac{U}{|Z_0|}=\frac{U}{Z_{min}}=I_{max}$$

电压谐振

因 $$U_C=I_0X_C=\frac{U}{R}X_C=\left(\frac{X_C}{R}\right)\cdot U$$

定义品质因数 $$Q=\frac{X_C}{R}$$

所以 $$U_C=QU$$

$$U_L=U_C=QU \tag{7-4-26}$$

当 $Q\gg1$ 时,分电压(U_L 或 U_C)可能比总电压大许多倍,故称为电压谐振。

2. 并联谐振

这里主要分析电感线圈与电容器并联的实际情况,一般电容器的漏电流很小,可以设电容器为纯电容元件,得如图 7-4-15 所示电路图。

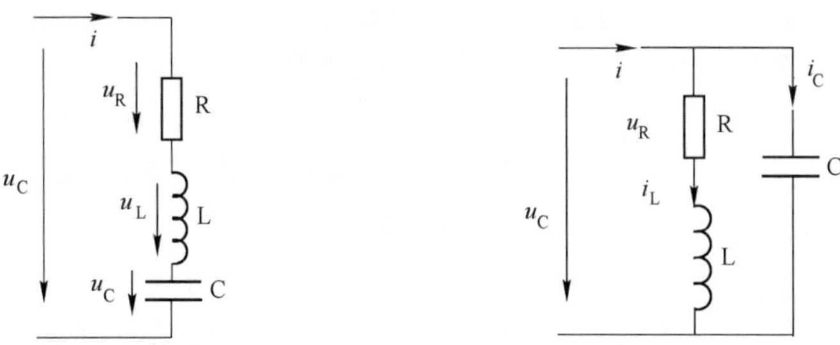

图 7-4-14 RLC 串联电路　　图 7-4-15 LC 并联电路

同样,当 $u(t)$和 $i(t)$的相位相同时($\varphi=0$),电路谐振。

(1)并联谐振条件

根据

$$\frac{\dot{I}}{\dot{U}}=\frac{1}{Z}=\frac{1}{R+jX_L}+\frac{1}{-jX_C}=\frac{R-jX_L}{R^2+X_L^2}+j\frac{1}{X_C}$$

$$=\frac{R}{R^2+X_L^2}+j\left(\frac{1}{X_C}-\frac{X_2}{R^2+X_L^2}\right)$$

令：上式的虚部为0，则可实现 $\varphi=0$ 的要求(且设电感线圈的电阻 R 比其感抗 X_L 小许多)。

$$\frac{1}{X_C}=\frac{X_L}{R^2+X_L{}^2}\approx\frac{1}{X_L}$$

可得并联电路谐振条件为：

$$\omega_0 C=\frac{1}{\omega_0 L}$$

$$\omega_0=\frac{1}{\sqrt{LC}} \quad 或 \quad f_0=\frac{1}{2\pi\sqrt{LC}}$$

(2)并联电路谐振特点

阻抗最大

$$Z_0=\frac{R^2+X_L^2}{R}=Z_{max}$$

电流最小

$$I_0=\frac{U}{|Z_0|}=\frac{U}{|Z_{max}|}=I_{min}$$

电流谐振

$$I_0=\frac{U}{(Z_0)}=\frac{UR}{R^2+X_L^2}\approx\frac{UR}{X_L^2}=\frac{U}{X_C}\cdot\frac{R}{X_L}=\frac{I_C}{Q}$$

$$I_C=QI_0$$

当 $Q=\frac{X_C}{R}\gg1$ 时，电路中电容支路的分电流 I_C 可能会比总电流大许多，这就是"电流谐振"的含义。

三、三相交流电路

(一)三相交流电源(见图7-4-16)

三相交流电是目前广泛使用的输、配电方式，其原因是三相电源应用方便，且经济性能也比较理想。在用电方面三相电的负载主要是三相交流电动机。

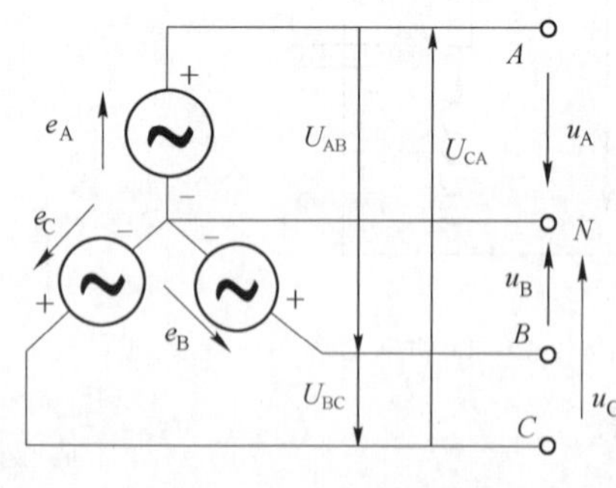

图7-4-16 三相交流电源

三相交流电源是三相交流发电机产生的，三相发电机内部有三相定子绕组，电机中每套绕组电动势分别为

$$\left.\begin{aligned}e_A&=E_m\sin(\omega t)\\e_B&=E_m\sin(\omega t-120^\circ)\\e_C&=E_m\sin(\omega t+120^\circ)\end{aligned}\right\} \tag{7-4-27}$$

这种具有有效值(或幅值)相等、频率相等、相位上互差120°的三相电动势，称为对称三相电动势，具有这一性质的电源就是我们常说的三相电源。

1. 两种端线

(1)火线：各电动势的正向(绕组首端)引出线(A,B,C)；

(2)中线：各相电动势的尾端公共线(N)。

2. 两种端电压

(1)相电压：火线与中线之间的电压(U_A,U_B,U_C)，简记为"U_P"；

(2)线电压：火线与火线间的电压(U_{AB},U_{BC},U_{CA})，简记为"U_L"。

一般相电压的有效值可以用 U_p 表示。两种电压之间的关系分析如下

$$\left.\begin{aligned}\dot{U}_A&=\dot{E}_A=U_p\angle 0^\circ\\ \dot{U}_B&=U_P\angle -120^\circ\\ \dot{U}_C&=U_P\angle 120^\circ\end{aligned}\right\}\qquad(7\text{-}4\text{-}28)$$

同理

$$\left.\begin{aligned}\dot{U}_{AB}&=\dot{U}_A-\dot{U}_B=(\sqrt{3}U_P\angle 30^\circ)\\ \dot{U}_{BC}&=(\sqrt{3}\angle 30^\circ)\dot{U}_B\\ \dot{U}_{BA}&=(\sqrt{3}\angle 30^\circ)\dot{U}_C\end{aligned}\right\}\qquad(7\text{-}4\text{-}29)$$

通常，三相交流电器的电压标称值是线电压 U_L。

(二)三相交流负载

负载与电源之间的接线原则是：使负载上得到额定电压，具体接法分为两种。

(1)星形接法：负载上得到电源的相电压。

(2)三角形接法：负载上得到电源的线电压。

就负载本身性质分析，又可以将负载划分为两类，对称性负载($Z_A=Z_B=Z_C$)和不对称负载(不符合对称关系的负载)。三相电动机和三相变压器是属于三相对称性负载，使用时必须接在三相电源上方能工作。而白炽灯、日光灯及普通家用电器为单相用电器，使用时是接在三相源的其中一相上，在分析三相电路时，这类负载对三相电源的关系为不对称负载。

1. 三相负载的星形(Y)连接

由图 7-4-17 可知，星形连接时负载上得到的电压是电源的相电压，数值为 $U_{Load}=U_P=U_L/\sqrt{3}$，流过负载的电流 i_a、i_b、i_c 叫做相电流，用 I_P 表示相电流的有效值；在输电线流过的电流 i_A、i_B、i_C 叫做线电流，用 I_L 表示线电流的有效值。

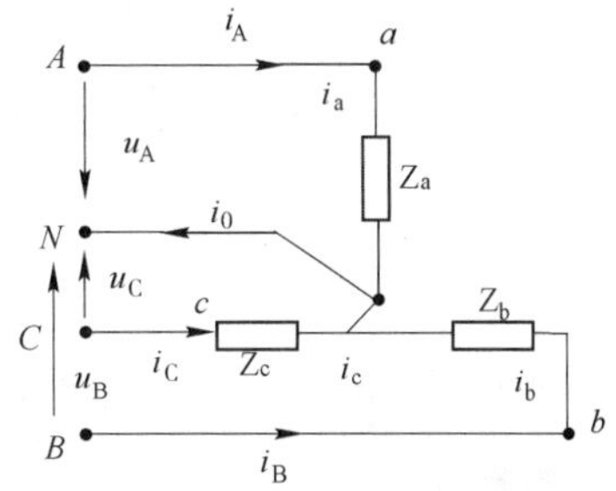

图 7-4-17　三相负载星形连接

在负载为星形接法的三相电路中，各个相电流与线电流相等，即

$$I_P=I_L\qquad(7\text{-}4\text{-}30)$$

如果是三相对称性电路，则只取一相计算即可，如

$$I_L=I_P=I_A=\frac{U_A}{|Z_A|}$$

可以证明：采用三相四线制(有中线)星形连接的三相对称性负载，中线电流 $I_N=0$；此时使中线断开，负载的相电压仍旧保持三相对称关系，也就是说星形接法的对称性三相电路中，

可以采用三相三线制(无中线)供电体系。但是当负载不对称时中线电流不为零($I_N \neq 0$),为了保证负载的电压对称,中线不允许断开,所以在不对称负载、星形接法的三相电路中,中线上不许接熔断器或刀闸开关,并且中线应选用强度较好的钢线。

2. 三相负载的三角形(△)连接

当三相负载采用三角形接法时,负载上得到的电压是电源的线电压:

$$U_{\mathrm{Load}} = U_{\mathrm{L}} \tag{7-4-31}$$

如果负载是对称的,三角形接法的线电流是相电流的$\sqrt{3}$倍:

$$I_{\mathrm{L}} = \sqrt{3} I_{\mathrm{P}} = \sqrt{3} \frac{U_{\mathrm{AB}}}{|Z_{\mathrm{AB}}|} \tag{7-4-32}$$

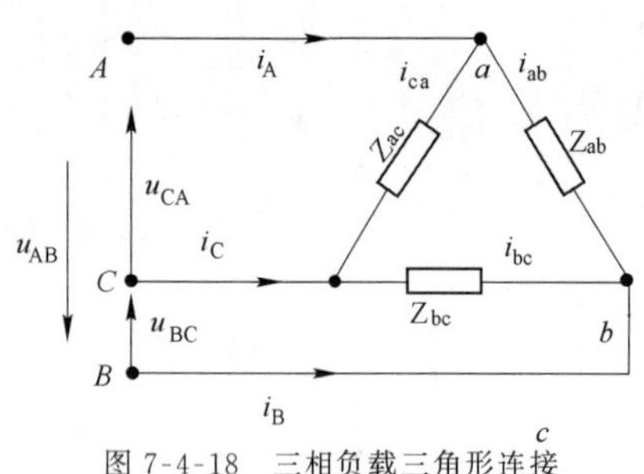

图 7-4-18　三相负载三角形连接

三角形接法(见图 7-4-18)的负载不能引中线,因此,它只有一种三相三线制供电体系。

在实际中应采用何种方法将负载与三相电源连接,主要取决于负载额定电压的大小。例如:三个额定电压为 220V 的负载,接入 380V 的三相电源中,必须以星形连接方式与电源接通,并且应使三个负载分别接在电源的三相中,以便保证三相电源平衡分配。

三相电路的有功功率 P 和无功功率 Q 可以分相计算,对称式三相电路的功率关系为

有功功率

$$P = 3U_{\mathrm{P}} I_{\mathrm{P}} \cos\varphi = \sqrt{3} U_{\mathrm{L}} I_{\mathrm{L}} \cos\varphi$$

无功功率

$$Q = 3U_{\mathrm{P}} I_{\mathrm{P}} \sin\varphi = \sqrt{3} U_{\mathrm{L}} I_{\mathrm{L}} \sin\varphi$$

视在功率

$$S = 3U_{\mathrm{P}} I_{\mathrm{P}} = \sqrt{3} U_{\mathrm{L}} I_{\mathrm{L}}$$

【例 7-4-6】　额定容量为 20kV · A、额定电压为 220V 的某交流电源,有功功率为 8kW、功率因数为 0.6 的感性负载供电后,负载电流的有效值为:

A. $\frac{20 \times 10^3}{220} = 90.9\mathrm{A}$　　B. $\frac{8 \times 10^3}{0.6 \times 220} = 60.6\mathrm{A}$

C. $\frac{8 \times 10^3}{220} = 36.36\mathrm{A}$　　D. $\frac{20 \times 10^3}{0.6 \times 220} = 151.5\mathrm{A}$

解　交流电路中电压、电流与有功功率的基本关系为:

$$P = UI\cos\varphi \quad (\cos\varphi \text{ 是功率因数})$$

可知,$I = \frac{P}{U\cos\varphi} = \frac{8000}{220 \times 0.6} = 60.6\mathrm{A}$

答案:B

习　题

7-4-1　如图所示正弦交流电路中,各电压表读数均为有效值。已知电压表 V、V_1 和 V_2

的读数分别为 10V、6V 和 3V，则电压表 V_3 读数为(　　)。

A. 1V　　B. 5V　　C. 4V　　D. 11V

7-4-2　如图所示电路中，已知 Z_1 是纯电阻负载，电流表 A、A_1、A_2 的读数分别为 5A、4A、3A，那么 Z_2 负载一定是(　　)。

A. 电阻性的　　B. 纯电感性或纯电容性质

C. 电感性的　　D. 电容性的

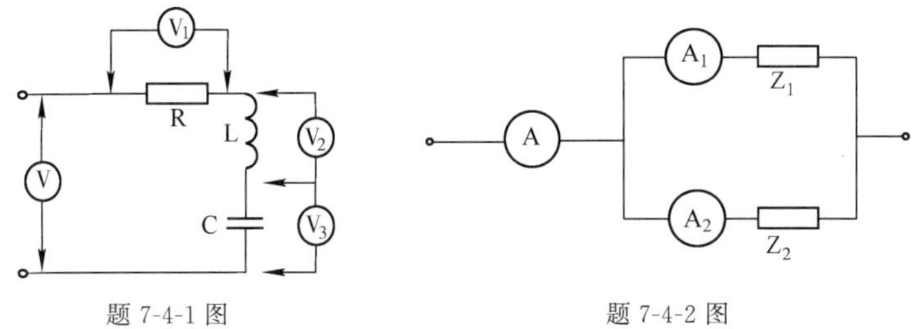

题 7-4-1 图　　题 7-4-2 图

7-4-3　已知无源二端网络如图所示，输入电压和电流按下式计算

$$u(t)=220\sqrt{2}\sin(314t+30°)(\mathrm{V})$$

$$i(t)=4\sqrt{2}\sin(314t-25°)(\mathrm{V})$$

则该网络消耗的电功率为(　　)。

A. 721W　　B. 880W　　C. 505W　　D. 850W

7-4-4　如图所示正弦交流电路中，已知 $u=100\sin(10t+45°)\mathrm{V}$，$i_1=i=10\sin(10t+45°)\mathrm{A}$，$i_2=20\sin(10t+135°)\mathrm{A}$，元件 1、2、3 的等效参数值分别为(　　)。

A. $R=5\Omega, L=0.5\mathrm{H}, C=0.02\mathrm{F}$

B. $L=0.5\mathrm{H}, C=0.02\mathrm{F}, R=20\Omega$

C. $R_1=10\Omega, R_2=10\mathrm{H}, C=5\mathrm{F}$

D. $R=10\Omega, C=0.02\mathrm{F}, L=0.5\mathrm{H}$

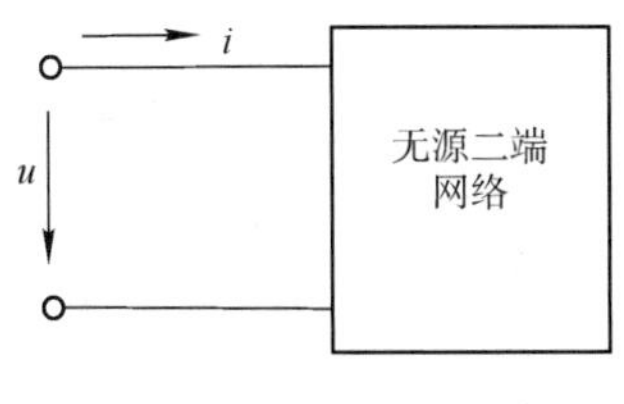

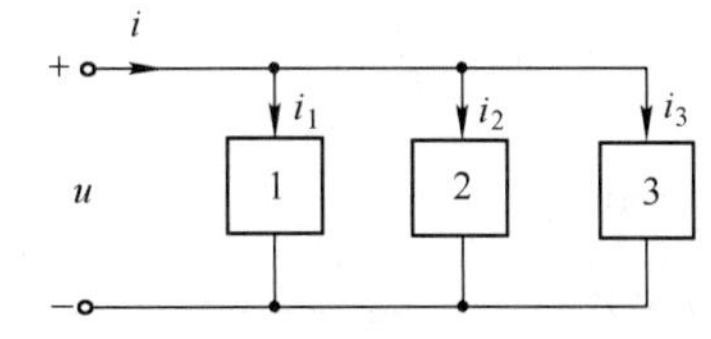

题 7-4-3 图　　题 7-4-4 图

7-4-5　某三相电路中，三个线电流分别为

$$i_A=18\sin(314t+23°)(\mathrm{A})$$

$$i_B=18\sin(314t-97°)(\mathrm{A})$$

$$i_C=18\sin(314t+143°)(\mathrm{A})$$

当 $t=10\mathrm{s}$ 时，三个电流之和为(　　)。

A. 18A　　B. 0A　　C. $18\sqrt{2}$ A　　D. $18\sqrt{3}$ A

7-4-6　如图所示 RLC 串联电路原处于感性状态，今保持频率不变欲调节可变电容使其进入谐振状态，则电容 C 值(　　)。

A. 必须增大　　B. 必须减小

C. 不能预知其增减　　D. 先增大后减小

题 7-4-6 图

7-4-7　在三相对称电路中，负载每相的复阻抗为 Z，且电源电压保持不变。若负载接成 Y 形时消耗的有功功率为 P_Y，接成△形时消耗的有功功率为 $P_\triangle$，则两种连接法的有功功率关系为(　　)。

A. $P_\triangle=3P_Y$　　B. $P_\triangle=1/3P_Y$　　C. $P_\triangle=P_Y$　　D. $P_\triangle=1/2P_Y$

7-4-8　有三个 100Ω 的线性电阻接成△形三相对称负载，然后挂接在电压为 220V 的三相对称电源上，这时供电线路上的电流应为(　　)A。

A. 6.6　　B. 3.8　　C. 2.2　　D. 1.3

7-4-9　中性点接地的三相五线制电路中，所有单相电气设备电源插座的正确接线是图中的(　　)。

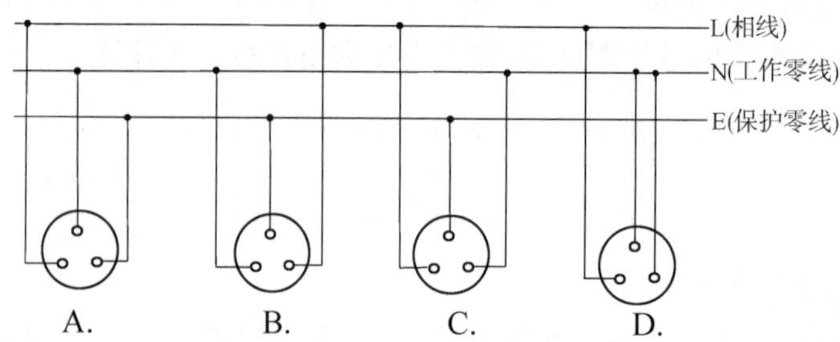

题 7-4-9 图

7-4-10　在如图所示的三相四线制低压供电系统中，如果电动机 M_1 采用保护接中线，电动机 M_2 采用保护接地。当电动机 M_2 的一相绕组的绝缘破坏导致外壳带电，则电动机 1 的外壳与地的电位(　　)。

A. 相等或不等　　B. 不相等　　C. 不能确定　　D. 相等

7-4-11　当如图所示电路的激励电压 $u_i=\sqrt{2}U_i\sin(\omega t+\varphi)$ 时，电感元件上的响应电压 u_L 的初相位为(　　)。

A. $90°-\arctan\dfrac{\omega L}{R}$　　B. $90°-\arctan\dfrac{\omega L}{R}+\varphi$

C. $\arctan\dfrac{\omega L}{R}$　　D. $\varphi-\arctan\dfrac{\omega L}{R}$

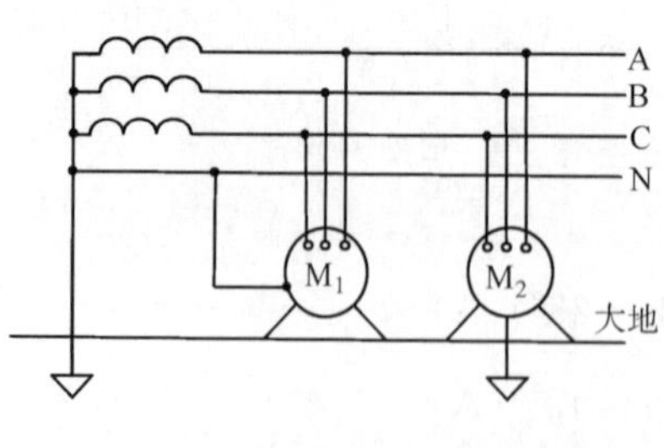

题 7-4-10 图

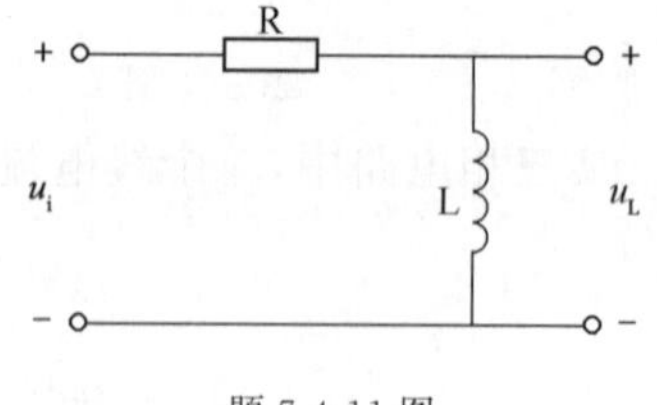

题 7-4-11 图

第五节　电路的暂态过程

电路的结构发生变化(如开关动作)，电路就要从一种稳定状态向另一种稳定状态过渡。在有储能元件的电路中(有 L、C 元件),转换需要有一定的时间才能完成,这种物理过程就是电路的暂态过程。

如果电路中只有一个储能元件(L 或 C),而元件的伏安关系为积分或微分关系,那么描述这一电路的方程就是一阶微分方程,我们将这种电路的暂态过程称为“一阶电路的暂态过程”。

(一)电路的响应

电路中的电源(电压源或电流源)称为电路的激励,它推动电路工作;由激励作用在电路中各部分产生的电压和电流称为电路的响应。

根据电路储能元件的不同分为 RC 电路响应和 RL 电路响应,同时每种响应都可以化分为三种基本响应方式。

1. 零输入响应

电路换路以后,无外加激励,暂态过程仅由初始能量产生。

2. 零状态响应

电路的初始能量为零,仅由外加激励产生响应。

3. 全响应

电路的响应由储能元件(L、C)的初始能量和外加激励共同产生。

(二)换路定则

换路定则用来确定电路暂态过程的电压、电流的初始值。根据能量不跃变原则,能量的积累和衰减都要经过一段时间,否则相应的电功率 $p=\frac{\mathrm{d}w}{\mathrm{d}t}$就趋向无限大(即 $\mathrm{d}t\to 0$,而 $\mathrm{d}w\neq 0$)一般电路是做不到功率无限大的。

已知

$$\text{磁场能量}\qquad W_{\mathrm{L}}=\frac{1}{2}Li_{\mathrm{L}}^{2}$$

$$\text{电场能量}\qquad W_{\mathrm{C}}=\frac{1}{2}Cu_{\mathrm{C}}^{2}$$

既然能量(W_{L}、W_{C})不会跃变,i_{L} 和 u_{C} 也不能出现跃变,由此可得出换路定则的两个公式

$$I_{\mathrm{L}(t_0+)}=I_{\mathrm{L}(t_0-)} \tag{7-5-1}$$

$$U_{\mathrm{C}(t_0+)}=U_{\mathrm{C}(t_0-)} \tag{7-5-2}$$

(三)求解一阶电路的三要素法

对于一阶电路(RL 或 RC),响应不论是电压还是电流都由稳态分量和暂态分量两部分合成,即

$$f(t)=f(\infty)+[f(t_0+)-f(\infty)]e^{-t/\tau} \tag{7-5-3}$$

式中: $f(t)$——电压、电流的全响应;

$f(\infty)$——电压、电流的稳分量;

$[f(t_0+)-f(\infty)]e^{-t/\tau}$——电压、电流的暂态分量;

τ——暂态过程的时间常数。

可见,只要能解出 $f(\infty)$、$f(t_0+)$和 τ 这三个要素,就可以求出暂态过程中的电压或电流响应。下面通过一个具体例子加以说明。

【例 7-5-1】 如图所示电路中已知 $U_s=4V, R_1=2k\Omega, R_2=2k\Omega, R_3=1k\Omega, C=1\mu F$。开关 S 在 t_0 时刻突然闭合，电容电压的初始值为 $U_{C(0-)}=1V$，试求 $i_2(t)$，$u_C(t)$，并画出 $U_C(t)$ 的暂态过程曲线。

解 (1)确定初始值 $f(0+)$

根据换路定则 $U_{C(0+)}=U_{C(0-)}=1V$

将 $t=0+$ 的电路表示为如解图 1 所示，这时 $U_{C(0+)}$ 的作用与独立电源的作用相同(其数值与当前电路结构无关，仅由 $U_{C(0-)}$ 决定)。

求 $I_{2(0+)}$ 时可以用戴维南定理，具体做法是：将 R_2 电阻两端 a、b 点分开，求除去 R_2 以后，a、b 两端除源电阻 R_0，即

$$R_0=R_1 /\!/ R_3=\frac{1\times 2}{1+2}=\frac{2}{3}k\Omega$$

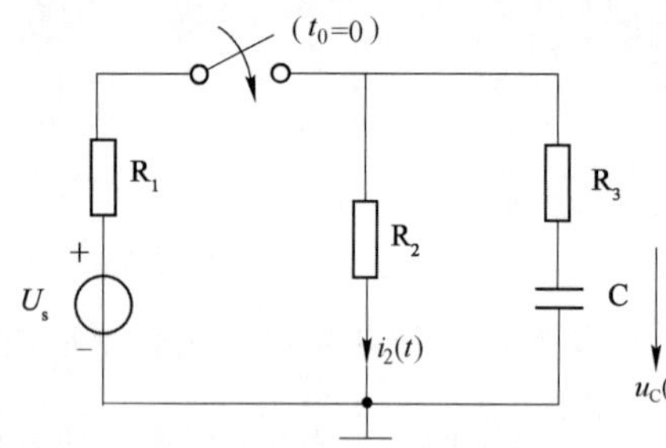

例 7-5-1 图 电路图

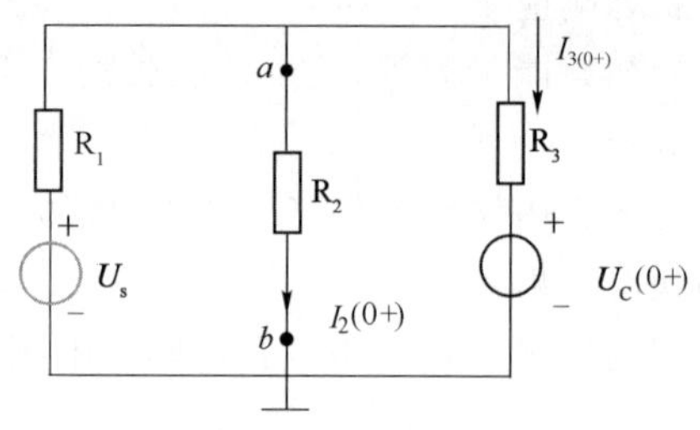

例 7-5-1 解图 1 $t=0+$时的电路图

求 ab 端的开路电压 U_{ab0}，即

$$U_{ab0}=U_{C(0+)}+I_{3(0+)}R_3=U_{C(0+)}+\frac{U_s-U_{C(0+)}}{R_1+R_3}\cdot R_3$$

$$=1+\frac{4-1}{2+1}\times 1=2V$$

R_2 电阻与等效电压源接通以后(见解图 2)，求实际 R_2 电阻中通过的电流 $I_{2(0+)}$，即：

$$I_{2(0+)}=\frac{U_{2ab0}}{R_0+R_2}=\frac{2}{\frac{2}{3}+2}=0.75mA$$

(2)确定稳态值 $f(\infty)$

在稳态时，电容元件相当于开路，电路如解图 3 所示。

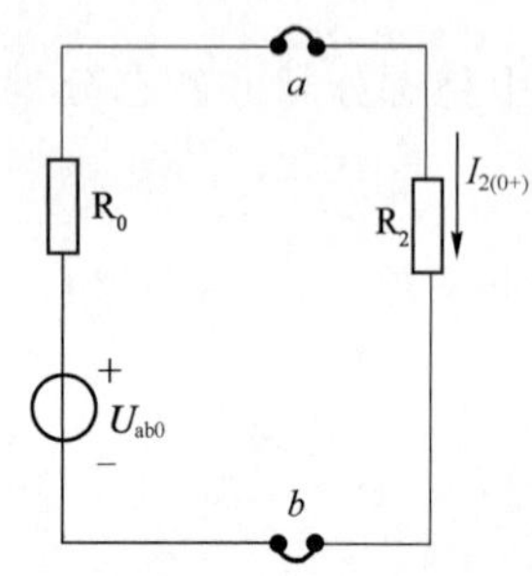

例 7-5-1 解图 2 R_2 等效电路

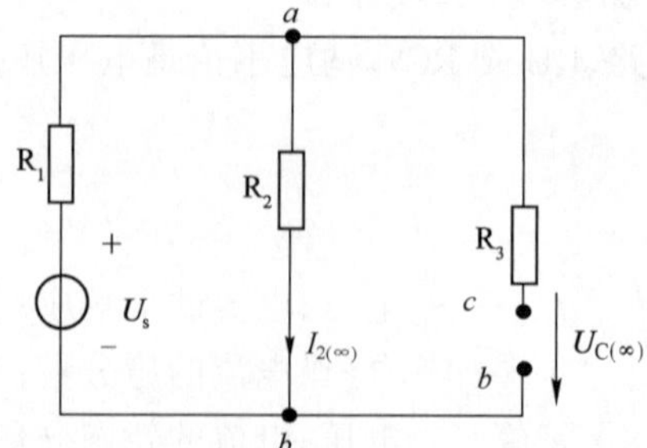

例 7-5-1 解图 3 $t\to\infty$稳态电路

$$I_{2(\infty)}=\frac{U_s}{R_1+R_2}=\frac{4}{2+2}=1mA$$

$$U_{2(\infty)}=R_2 I_{2(\infty)}=2\times1=2\text{V}$$
$$U_{C(\infty)}=U_{2(\infty)}=2\text{V}$$

(3)确定时间常数 τ

$$\tau=R\cdot C \tag{7-5-4}$$

R 是由电容 C 两端向电路其他部分看的除源等效电阻，如解图 4 所示。

$$R=R_3+(R_1/\!/R_2)=1+(2/\!/2)=2\text{k}\Omega$$
$$\tau=R\cdot C=2\times1\times10^{-3}=2\text{ms}$$

(4)将三要素参数代入公式

$$u_C(t)=U_{C(\infty)}+(U_{C(0+)}-U_{C(\infty)})e^{-t/\tau}$$
$$=2+(1-2)e^{-t/2\times10^{-3}}\ (\text{V})$$
$$i_2(t)=I_{2(\infty)}+(I_{2(0+)}-I_{2(\infty)})e^{-t/\tau}$$
$$=1+(0.75-1)e^{-t/2\times10^{-3}}\ (\text{mA})$$

(5)绘制 $u_C(t)$ 的暂态过程曲线(见解图 5)

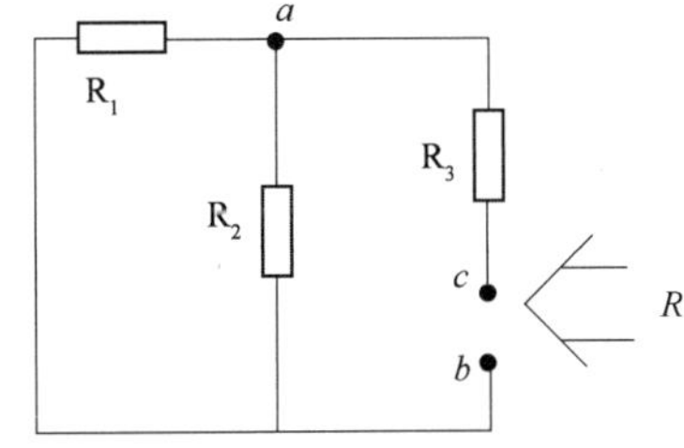

例 7-5-1 解图 4　等效电阻

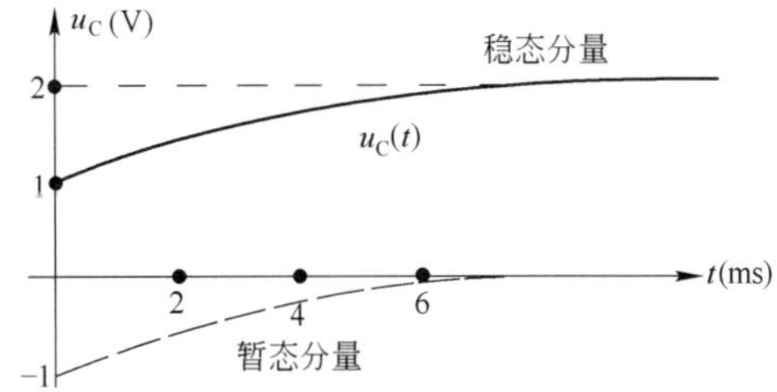

例 7-5-1 解图 5　电容电压 $u_C(t)$ 的波形图

这里，我们只分析了 RC 电路，RL 电路的暂态过程分析方法不变，但有如表 7-5-1 所示三点区别。

表 7-5-1

序号	区　　别	RC　电　路	RL　电　路
1	时间常数	$\tau=RC$	$\tau=L/R$
2	在稳态电路中	电容元件开路	电感元件短路
3	在 t_0+电路中	$U_{C(t_0+)}=U_{C(t_0-)}$ 电容初始电压按理想电压源处理	$I_{L(t_0+)}=I_{L(t_0-)}$ 电感初始电流按理想电流源处理

【例 7-5-2】 图示电路中，电感及电容元件上没有初始储能，开关 S 在 $t=0$ 时刻闭合，那么，在开关闭合瞬间($t=0$)，电路中取值为 10V 的电压是：

A. u_L

B. u_C

C. $u_{R1}+u_{R2}$

D. u_{R2}

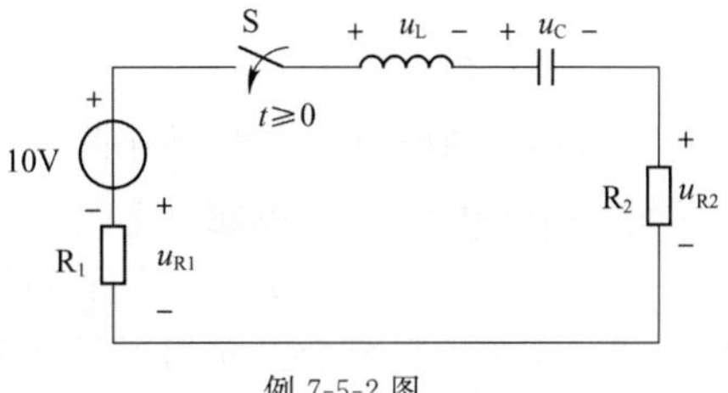

例 7-5-2 图

解　在开关 S 闭合时刻：

$$U_{C(0+)}=0\text{V},I_{L(0+)}=0\text{A}$$

则 $U_{R_1(0+)}=U_{R_2(0+)}=0\text{V}$

根据电路的回路电压关系：$\sum U_{(0+)}=-10+U_{L(0+)}+U_{C(0+)}+U_{R1(0+1)}+U_{R2(0+)}=0$

代入数值，得 $U_{L(0+)}=10V$

答案：A

【例 7-5-3】 已知电路如图所示，设开关在 $t=0$ 时刻断开，那么：

A. 电流 i_C 从 0 逐渐增长，再逐渐衰减为 0

B. 电压从 3V 逐渐衰减到 2V

C. 电压从 2V 逐渐增长到 3V

D. 时间常数 $\tau=4C$

解 开关未动作前，$u=U_{C(0-)}$

在直流稳态电路中，电容为开路状态时，$U_{C(0-)}=\frac{1}{2}\times 6=3V$

电源充电进入新的稳压时

$$U_{C(\infty)}=\frac{1}{3}\times 6=2V$$

因此换路电器电压逐步衰减到 2V。

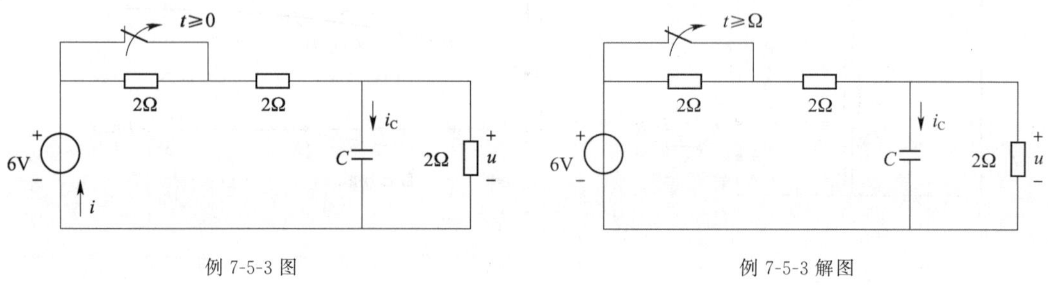

例 7-5-3 图　　例 7-5-3 解图

答案：B

习　　题

7-5-1 在开关 S 闭合瞬间，如图所示电路中的 i_R、i_L、i_C 和 i 这四个量中，发生跃变的量是(　　)。

A. i_R 和 i_C　　B. i_C 和 i

C. i_C 和 i_L　　D. i_R 和 i

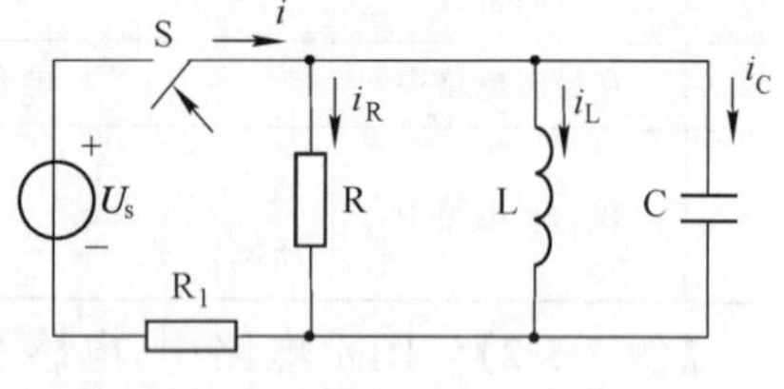

题 7-5-1 图

7-5-2 如图所示电路在开关 S 闭合后的时间常数 τ 值为(　　)。

A. 0.1s　　B. 0.2s

C. 0.3s　　D. 0.5s

7-5-3 如图所示电路当开关 S 在位置“1”时已达稳定状态。在 $t=0$ 时将开关 S 瞬间合到位置“2”，则在 $t>0$ 后电流 i_e 应(　　)。

A. 与图示方向相同且逐渐增大　　B. 与图示方向相反且逐渐衰减到零

C. 与图示方向相同且逐渐减少　　D. 与图示方向相同且逐渐衰减到零

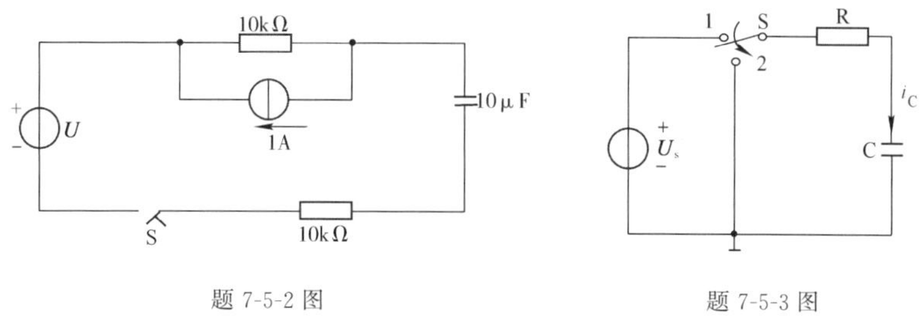

题 7-5-2 图　　　　题 7-5-3 图

7-5-4　如图所示电路中，$R=1\text{k}\Omega$，$C=1\mu\text{F}$，$U_1=1\text{V}$，电容无初始储能，如果开关 S 在 $t=0$ 时刻闭合，则给出输出电压波形的是(　　)。

A. a)　　　　B. b)　　　　C. c)　　　　D. d)

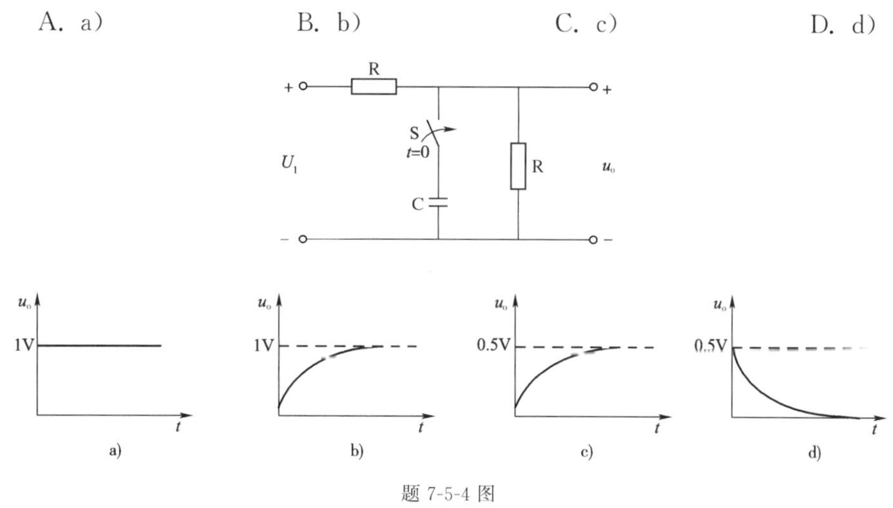

题 7-5-4 图

第六节　变压器、电动机及继电接触控制

一、磁路基础知识

在变压器、电机以及其他含有铁磁元件的电路中，不仅有电路问题，而且有磁路问题，两者是互相关联的，只有同时掌握了电路和磁路的基本知识，才能对这些元件或电路进行分析。

磁路和电路有许多相似之处，现在将两者的情况对照于表 7-6-1。

磁路与电路对照图　　　　表 7-6-1

	磁　　路	电　　路
物理量	磁动势 $F=NI$ 磁通 Φ 磁感应强度 $B=\dfrac{\Phi}{S}$ 磁阻 $R_m=\dfrac{l}{\mu S}$	电动势 E 电流 I 电流密度 J 电阻 $R=\dfrac{l}{\rho S}$
模型	I　u　N　R_m　Φ	I　E　R
计算公式	$\Phi=\dfrac{F}{R_m}=\dfrac{NI}{R_m}$	$I=\dfrac{E}{R}$

分析磁路的一般做法是将磁路关系转化为电路关系，这就要用到磁场电流定律——安培环路定律

$$\oint \boldsymbol{H} \mathrm{d}\boldsymbol{l} = \sum I \tag{7-6-1}$$

由此可以得出两个关系式

$$\Phi = \frac{NI}{\frac{l}{\mu s}} = \frac{F}{R_{\mathrm{m}}} \tag{7-6-2}$$

该式在形式上与电路的欧姆定律相似，称为“磁路欧姆定律”。由于磁导率 μ 不是常数（与电流 I 有关），则该公式不作为定量公式，只能用来定性分析。

$$\sum I = NI = H_1 l_1 + H_2 l_2 + \cdots = \sum (Hl)$$

式中，$H_1 l_1, H_2 l_2, \cdots$ 是磁路各段的磁压降，从形式看，它可以称为磁路的克希荷夫定律，可以直接计算磁路。

本课程的重点在于用磁路基础分析电动机和变压器的性质。

二、变压器

变压器是一种常用的交流电气设备，在电力系统和电子线路中应用广泛。

变压器的一般构造包括闭合铁芯和高压、低压绕组等主要部分，其中绕组是变压器的电路部分，铁芯是变压器的磁路部分。对于绕组来说，与电源相连的称为原绕组（或称初级绕组、一次绕组），与负载相连的称为副绕组（或称次级绕组、二次绕组）。变压器的工作基于电磁感应原理，图 7-6-1 为变压器的原理示意图。

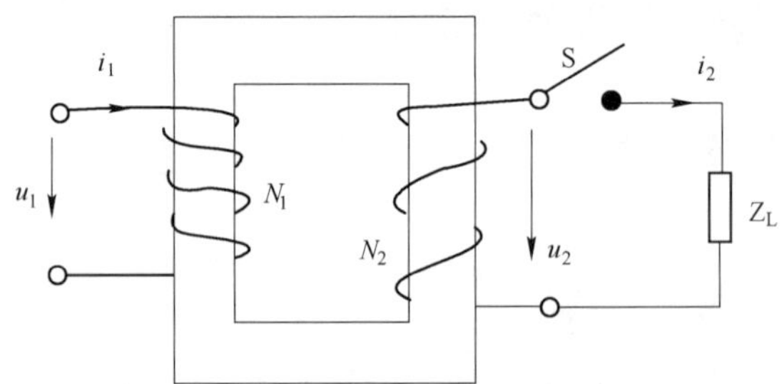

图 7-6-1　变压器原理示意图

（一）电压变换

若原绕组接交流电源，电压有效值为 U_1，则副绕组空载电压为 U_{2o}。

则：

$$\frac{U_1}{U_{2o}} = \frac{N_1}{N_2} = K \tag{7-6-3}$$

式中，K 为变压器的变化，亦即原绕组匝数 N_1 与副绕组匝数 N_2 的比。

式(7-6-3)说明，空载时，变压器原、副绕组的电压之比等于匝数比。当电源电压 U_1 一定时，只要改变匝数比，就可以得到不同的输出电压 U_{2o}，这就是变压器的电压变换作用。当变压器有载工作时，负载电压 U_2 与空载电压 U_{2o} 近似相等。

（二）电流变换

若原绕组的电流为 I_1，副绕组的电流为 I_2，则

$$\frac{I_1}{I_2} = \frac{N_2}{N_1} = \frac{1}{K} \tag{7-6-4}$$

式(7-6-4)说明，变压器原、副绕组电流有效值之比近似等于它们匝数比的倒数，这就是变压器的电流变换作用。

(三)阻抗变换

当把阻抗为 Z_L 的负载接到变压器副边，则

$$|Z_L|=\frac{U_2}{I_2}$$

对电源来说，它所接的负载等效阻抗为

$$|Z_L'|=\frac{U_1}{I_1}=\frac{KU_2}{I_2/K}=K^2\frac{U_2}{I_2}=K^2|Z_L| \tag{7-6-5}$$

式(7-6-5)说明，当把阻抗为 $|Z_L|$ 的负载接到变压器副边，对电源来说，相当于接上一个阻抗为 $|Z_L'|=K^2|Z_L|$ 的负载。这就是变压器的阻抗变换作用，在电子电路中就可以根据这一功能实现阻抗"匹配"。

【例 7-6-1】 图示变压器为理想变压器，且 $N_1=100$ 匝，若希望 $I_1=1$A 时，$P_{R2}=40$W，则 N_2 应为：

A. 50 匝　　B. 200 匝

C. 25 匝　　D. 400 匝

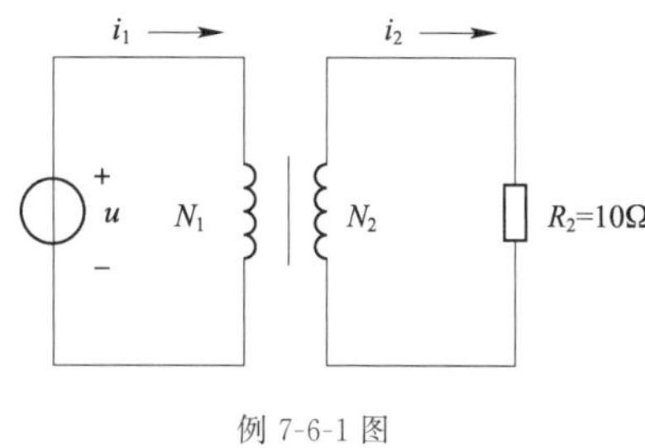

例 7-6-1 图

解 根据理想变压器关系有

$$I_2=\sqrt{\frac{P_2}{R_2}}=\sqrt{\frac{40}{10}}=2\text{A}$$

$$K=\frac{I_2}{I_1}=2$$

$$N_2=\frac{N_1}{K}=\frac{100}{2}=50 \text{ 匝}$$

答案：A

【例 7-6-2】 设图示变压器为理想器件，且 $u_s=90\sqrt{2}\sin\omega t$V，开关 S 闭合时，信号源的内阻 R_1 与信号源右侧电路的等效电阻相等，那么，开关 S 断开后，电压：

A. u_1，因变压器的匝数比 k 及电阻 R_L、R_1 未知而无法确定

B. $u_1=45\sqrt{2}\sin\omega t$V

C. $u_1=60\sqrt{2}\sin\omega t$V

D. $u_1=30\sqrt{2}\sin\omega t$V

解 图示电路可以等效为解图，其中，$R_L'=k^2R_L$

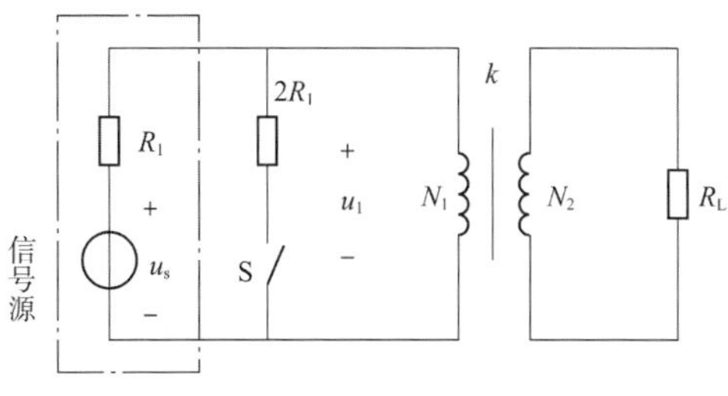

例 7-6-2 图

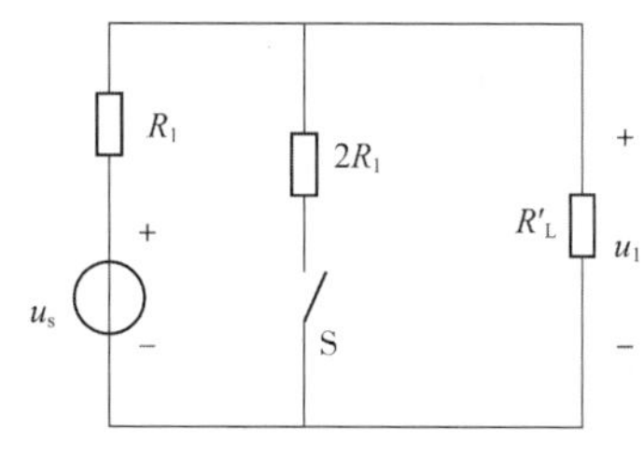

例 7-6-2 解图

S 闭合时，$2R_1 /\!/ R_L'=R_1$，可知 $R_L'=2R_1$

如果开关 S 打开，则 $u_1=\frac{R_L'}{R_1+R_L'}u_s=\frac{2}{3}u_s=60\sqrt{2}\sin\omega t$V

答案：C

三、三相交流异步电动机

电动机是一种能将电能转化为机械能的旋转机械，电动机按照电源的种类不同，可分为交流电动机和直流电动机。交流电动机又分为异步电动机(或称感应电动机)和同步电动机。异步电动机按结构又分为鼠笼式异步电动机和绕线异式步电动机。三相异步电动机是在工农业生产、科研和国防等部门得到最广泛应用的一种电动机。

三相异步电动机主要由固定不动的定子和可转动的转子以及其他零部件组成。无论是定子还是转子，都包括绕组和铁芯两个主要部分。

(一)三相异步电动机基本关系

1. 转速和转向

三相异步电动机的转速 n 是转子转速，其大小取决于定子绕组通以三相交流电后产生的旋转磁场的转速 n_0(称为同步转速)，同步转速可用下式计算

$$n_0 = \frac{60f_1}{P} \quad (\text{转 / 分}, \mathrm{r/min}) \tag{7-6-6}$$

式中：f_1——电源频率；

P——电动机的磁极对数。

异步电动机的转速 $n<n_0$，转差率 s 是用来表示 n 与 n_0 相差程度的量，即

$$s=\frac{n_0-n}{n_0} \tag{7-6-7}$$

一般异步电动机在额定负载时的转差率为 1%～9%，而在起动开始瞬间由于 $n=0$ 而 $s=1$ 为最大，式(7-6-7)也可写成

$$n=(1-s)n_0 \tag{7-6-8}$$

表 7-6-2 为三相异步电动机的磁极对数 P 与同步转速 n_0 以及电动机转速 n(当 $s=3\%$)之间的数量关系。

P 与 n_0 及 n 的关系 表 7-6-2

P(极对数)	1	2	3	4	5	6
n_0(r/min)	3 000	1 500	1 000	750	600	500
n(r/min)	2 910	1 455	970	728	582	485

三相异步电动机的型号中，最后一位数字是表示磁极数的，例如 Y132-4 型号说明了该电动机为 4 极(即 $P=2$)电机。根据这个数字就可以判断电动机的转速，反过来也可以根据转速确定磁极数。

异步机的转向与旋转磁场的转向相同。要改变电动机转向，只要任意对调两根定子绕组连接电源的导线即可。

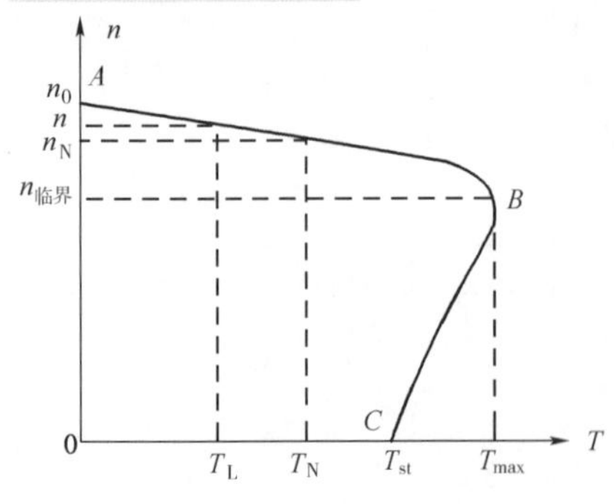

图 7-6-2 电动机的机械特性曲线和电磁转矩

2. 机械特性曲线和电磁转矩

(1)机械特性曲线

在一定的电源电压和转子电阻下，转速与电磁转矩的关系曲线 $n=f(T)$ 称为电动机的机械特性曲线。如图 7-6-2 所示。

机械特性曲线上的 AB 段是电动机的稳定工作段。在 AB 段，当负载有所变动，电动机能自动调节转速和转矩来适应负载的变化。例如当负载增大，电动机会沿着 AB 段下行，降低转速(仍高于临界转速)而发出更大

的电磁转矩来满足负载，电动机仍能稳定工作。AB 段较平坦，电动机从空载到额定负载转速下降很少，也就是说异步电动机的机械特性是硬特性。

BC 段则是不稳定段。假如负载转矩增大到超过电动机的最大转矩，那么电动机的转速下降超过临界转速，于是它发出的电磁转矩也减小，直至电动停转发生堵转（闷车），时间一长则电动机烧毁。

(2)电磁转矩

异步电动机的电磁转矩是由旋转磁场的每极磁通与转子电流相互作用而产生的。转矩与定子电压的平方成正比，并与转子回路的电阻和感抗、转差率以及电动机的结构有关。

①额定转矩 T_N

电动机在额定负载时的转矩

$$T_N = 9\ 550\,\frac{P_{2N}}{n_N} \qquad (牛·米,N·m) \tag{7-6-9}$$

式中：P_{2N}——电动机的额定输出功率(kW)；

n_N——电动机的额定转速(r/min)。

②负载转矩 T_L

电动机在实际负载下发出的实际转矩

$$T_L = 9\ 550\,\frac{P_2}{n} \qquad (N·m) \tag{7-6-10}$$

式中：P_2——电动机的实际输出功率(kW)；

n——电动机的实际转速(rad/min)。

③最大转矩 T_{max}

电动机能发出的最大转矩

$$T_{max} = \lambda T_N \tag{7-6-11}$$

式中，λ 为电动机的过载系数，一般为 1.8～2.2。电动机发出最大转矩时对应的转速为临界转速 $n_{临界}$。

④起动转矩 T_{st}

电动机刚起动时发出的转矩，一般有

$$T_{st} = (1.0 \sim 2.2) T_N \tag{7-6-12}$$

3.星形接法和三角形接法

鼠笼式异步电动机接线盒内有 6 根引出线，分别标以 U_1、U_2、V_1、V_2、W_1 和 W_2。其中 U_1 和 U_2 是定子第一相绕组的首末端，V_1 和 V_2、W_1 和 W_2 分别是第二相和第三相绕组的首末端。定子三相绕组的连接法有星形和三角形两种，见图 7-6-3。

图 7-6-3 定子绕组的星形连接和三角形连接

4.功率、效率和功率因数

电动机的输入功率

$$P_1 = \sqrt{3} U_L I_L \cos\varphi \tag{7-6-13}$$

式中：U_L、I_L——分别为线电压、线电流；

$\cos\varphi$——电动机的功率因数。

电动机的输出功率 $P_2 < P_1$，其差值为电动机本身的功率损耗，包括铜损、铁损以及机械损耗，电动机的效率

$$\eta=\frac{P_2}{P_1} \tag{7-6-14}$$

一般为 72%～93%。

电动机的功率因数在额定负载时为 0.7～0.9，轻载和空载时为 0.2～0.3。故应适当选用电动机容量，避免“大马拉小车”，更要缩短空载运行时间。

（二）三相异步电动机的应用

1. 起动

将三相异步电动机接到三相电源上，它的转速从零开始，直到匀速转动的过程为起动。三相异步电动机起动转矩的大小与定子电压 U_1 和转子电阻 R_2 有关，当定子电压减小时起动转矩减小，在一定条件下转子电阻 R_2 增加时起动转矩增加。

三相异步电动机起动时的电流很大，定子边的起动电流为额定电流的 5～7 倍，但起动转矩却较小。因此，为了减小异步电动机的起动电流（有时也为了提高起动转矩）必须采用适当的起动方法。

（1）直接起动

直接起动（也称全压起动）是得用闸刀开关或接触器，将电动机直接接到具有额定电压的电源上，这种起动方法最为简单经济。电动机能否直接起动，应按各地区电业部门的规定执行，30kW 以下的异步电动机一般都可以采用直接起动。

（2）降压起动

在不允许直接起动的场合，可以采用降低定子绕组电压的方法来减小起动电流称为降压起动，主要有以下几种方法。

①星形-三角形换接起动

正常工作时采用三角形接法的异步电动机，起动时先接成星形，待转速上升到接近额定转速时，再换接成三角形，这种方法叫星-角（Y-△）换接起动。

由于电动机的转矩与电压的平方成正比，所以采用 Y-△换接起动时，起动电流、起动转矩都减小到直接起动时的$(1/\sqrt{3})^2=1/3$。

这种方法虽然使起动电流受到控制，但也使起动转矩减小很多，故只适应于空载或轻载起动的电动机。

②自耦变压器降压起动

对于容量较大，且正常运行时做星形连接的鼠笼式异步电动机，可利用三相自耦变压器来降压起动，称为自耦变压器降压起动。

这种方法适用于起动不频繁的场合。由于起动设备较笨重且费用高，故本方法仅适用于较大容量的鼠笼式异步电动机。

自耦变压器起动时电动机的起动电流和起动转矩均为直接起动时的 $1/K^2$，其中 K 为自耦变压器的变比。

③转子串电阻起动

由于绕线式异步电动机的结构特点，绕线式异步电动机可采用在转子电路中串入附加电阻的方法来起动。

起动时，转子电路串入附加电阻，起动完毕后，将附加电阻短接。这种方法不仅可以减小起动电流，还可以使起动转矩提高，因此，广泛应用于要求起动转矩较大的生产机械，如起重机、卷扬机等。

2. 调速

调速就是在同一负载下得到不同转速,以满足生产过程的要求。改变电动机的转速有三种可能,即改变电源的频率调速,改变电动机极对数调速,以及改变电动机转差率调速,前两者是鼠笼式异步电动机的调速方法,后者是绕线式异步电动机的调速方法。随着近年来电子技术的迅速发展,变频调速技术发展很快。

3. 制动

因为电动机的转动部分有惯性,所以把电源切断后,电动机还继续转动一定时间,然后停止。为了缩短辅助工时,提高生产机械的生产率,并为了安全起见,往往要求电动机能够迅速停车,这就需要对电动机制动。电动机制动,也就是要求它产生一个与转子转动方向相反的制动转矩。

异步电动机的制动常用下列几种方法。

(1)能耗制动

这种制动方法就是在切断三相电源的同时,接通直流电源,使直流通入定子绕组从而生产制动转矩。

因为这种方法是用消耗转子的动能来进行制动的,所以称为能耗制动。这种制动能量消耗小,制动平稳,但需要直流电源。

(2)反接制动

在电动机停车时,可将定子绕组接到电源的三根导线中的任意两根对调位置,从而产生制动转矩的制动方法。

这种制动比较简单,效果较好,但能量消耗较大,且当转速接近零时,应利用某种控制电器将电源自动切断,否则电动机将反转。

(3)发电反馈制动

当转子的转速超过旋转磁场的转速时,这时的转矩也是制动的。例如,当起重机快速下放重物时,就会发生这种情况。实际上这时电动机已转入发电机运行,将重物的位能转换为电能而反馈到电网里去,所以称为发电反馈制动。

四、电动机的继电接触器控制

采用继电器、接触器及按钮等控制电器来实现对电动机的自动控制称为电动机的继电器、接触器控制。

(一)常用控制电器

1. 组合开关

组合开关有单极、双极、三极和四极几种,额定持续电流有 10A、25A、60A 和 100A 等多种。可以用作电源的引入开关,也可以用它来直接起动和停止小容量的电动机或使电动机正反转等。

2. 按钮

按钮通常用来接通或断开控制电路,从而控制电动机的运行。

按钮的特点是靠外力(手按)动作(常闭断开或常开闭合),但当外力消失时可以自己复位,按钮结构原理图及符号如图 7-6-4 所示。

3. 行程开关

行程开关(即限位开关)是利用生产机械的某些运动部件碰撞而使其动作,从而接通或断开控制电路的一种电器,行程开关结构及符号如图 7-6-5 所示。

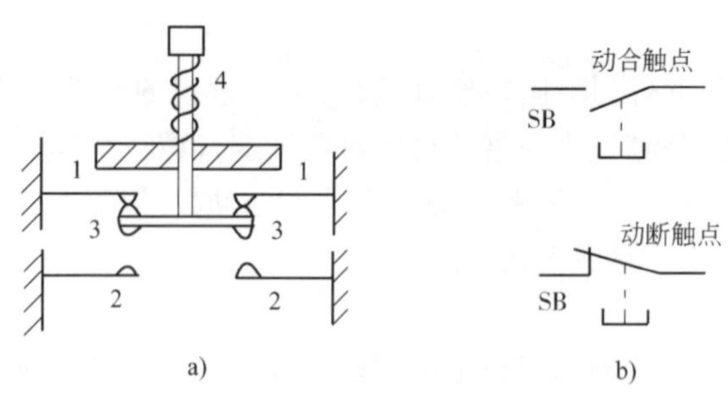

图 7-6-4　按钮结构原理及符号

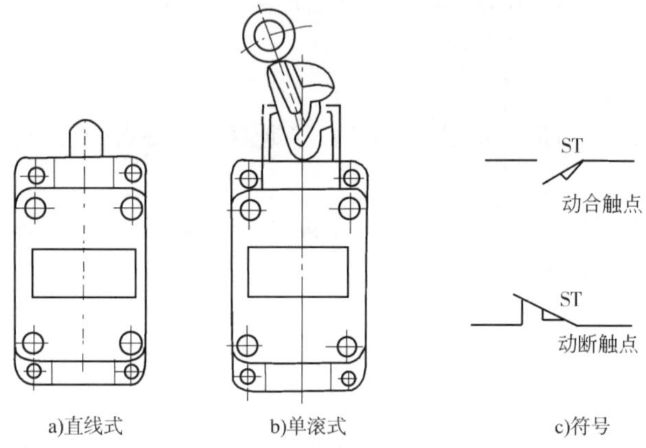

图 7-6-5　行程开关结构及符号

4.交流接触器

交流接触器常用来接通或断开电动机的主电路。

接触器是利用电磁吸力来工作的,主要由电磁铁和触点两部分组成,其结构原理图及电器符号如图 7-6-6 所示。当线圈 1 得电产生电磁吸力使触点 2、3 动作(常开闭合,或常闭断开);当线圈失电,触点靠弹簧 4 拉力而复位。图 7-6-6b)为交流接触器的电器符号。

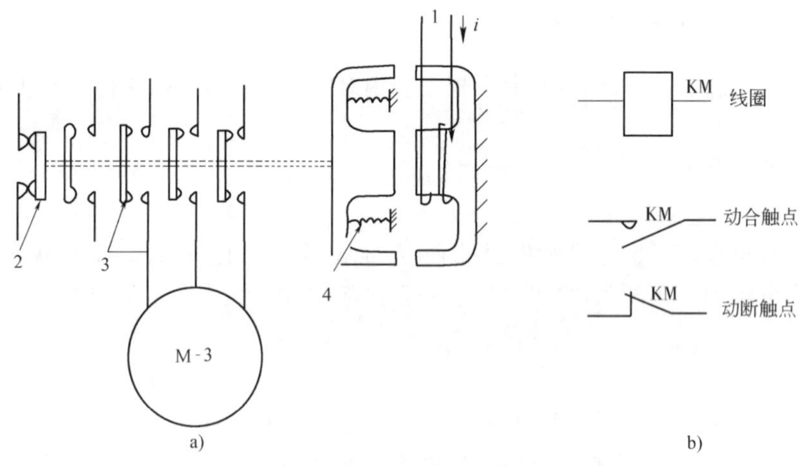

图 7-6-6　接触器结构图及电器符号

5.热继电器

热继电器是用于电动机过载保护的一种电器,它的动作原理基于电流的热效应,其结构图及符号如图 7-6-7 所示。发热元件串接在电动机的主电路中,当电动机长期过载时,发热元件通过电流大于容许值，其热量使双金属片受热弯曲，从而脱扣，使动断(常闭)触点断开，切断电路达到保护电器的目的。

由于热惯性，热继电器不能立即动作，因此不能作短路保护。

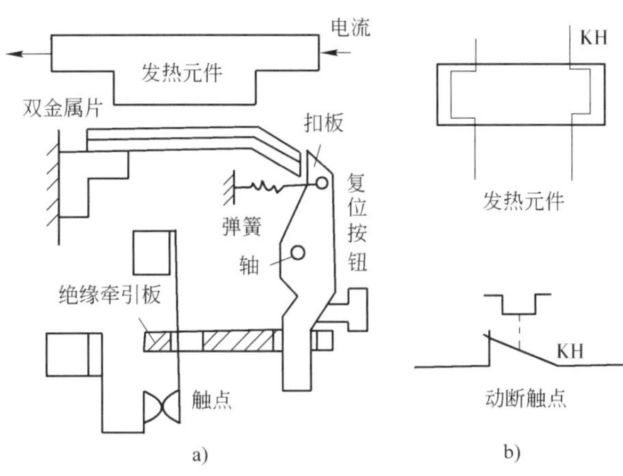

图 7-6-7 热继电器结构图及电器符号

6. 熔断器

熔断器(常说的“保险丝”)是最常用的简便有效的保护电器，熔断器的熔体用电阻率较高的易熔合金制成。

7. 自动空气断路器

自动空气断路器又名自动空气开关。它兼有刀开关和熔断器的功能，其特点是动作后不要更换元件，动作电流可整定，切断电流大，断开时间短，工作安全可靠。

(二)三相异步电动机的基本控制电路

这里主要分析的是鼠笼电机的控制电路。在看电气控制原理图时，要分清主电路和控制电路。主电路是从电源到电动机，其中接有开关(闸门开关、组合开关等)、熔断器、接触器的主触头、热断电器的发热元件等；控制电路中接有按钮、接触器的线圈和辅助触头(如自锁和互锁触头)、热继电器的常闭触头和其他控制电器的触头和线圈。

在电气原理图中各种电器都有规定的符号(下面分别介绍)和文字表示。为读图方便，同一电器的线圈和触点虽然按需要分画在电路的不同部分(主电路和辅电路)，但必须用同一符号说明；另外还要说明的是各种触点的状态全表示在电气未通电的状态。

1. 直接起动控制电路

控制原理图如图 7-6-8 所示。

电路的工作过程：先将组合开关 Q 闭合，为电动机起动作准备。当按下起动钮 SB_2 时，交流接触器 KM 的线圈得电，动铁心被吸合而将三个主触点闭合，电动机 M 起动。当松开 SB_2 时，起动按钮复位，但是由于与起动按钮并联的辅助触点和主触点同时闭合，因此接触器线圈的电路仍然接通，而使接触器触点保持在闭合的位置，这个辅助触点称为自锁触点。如将停止按钮 SB_1 按下，则将线圈的电路切断，动铁心和触点恢复到断开的位置而使电动机停机。

上述控制线路中，熔断器 FU 起短路保护，热继电器 KH 起过载保护，交流接触器 KM 起零压和失压保护作用。

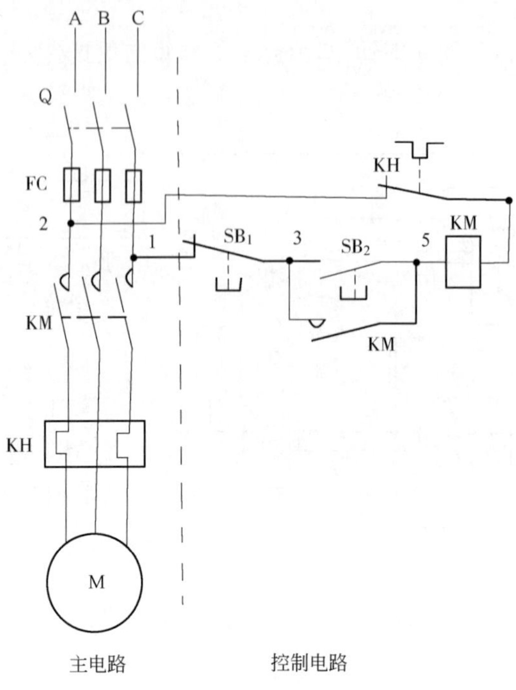

图 7-6-8　直接起动控制电路

2. 正反转控制电路

控制电路原理图如图 7-6-9 所示。

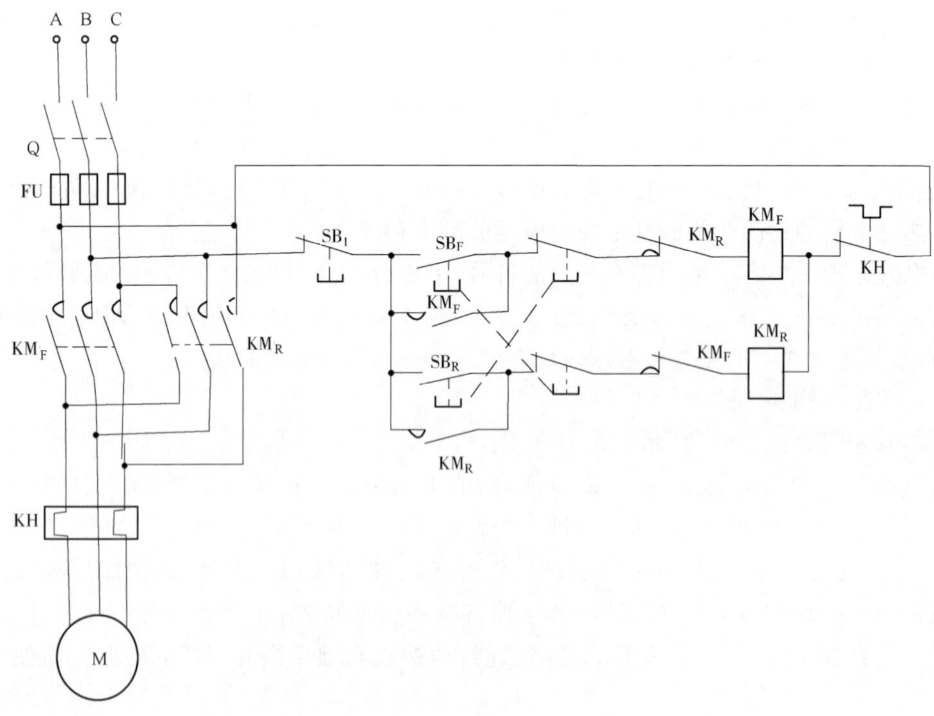

图 7-6-9　鼠笼式电动机正反转的控制电路

按下正转起动按钮 SB_F，正转接触器 KM_F 通电，电动机 M 正转；按下反转起动按钮 SB_R，反转接触器 KM_R 通电，电动机 M 反转。按下停机按钮 SB_1，正反转接触器 KM_F 和 KM_R 均失电，电动机停止运行。

上述控制电路中，正转接触器 KM_F 的一个常闭辅助触点串接在反转接触器 KM_R 的线圈电路中，而反转接触器的一个常闭辅助触点串接在正转接触器的线圈电路中，这两个常闭触点称为联锁触点。联锁触点可防止正反转两个接触器同时闭合，以免造成电源短路。

【例 7-6-3】 为实现对电动机的过载保护，除了将热继电器的热元件串接在电动机的供电电路中外，还应将其：

A. 常开触点串接在控制电路中　　　B. 常闭触点串接在控制电路中

C. 常开触点串接在主电路中　　　　D. 常闭触点串接在主电路中

解 实现对电动机的过载保护，除了将热继电器的热元件串联在电动机的主电路的解，还应将热继电器的常闭触点串接在控制电路中。

当电机过载时，这个常闭触点断开，控制电路供电通路断开。

答案：B

【例 7-6-4】 三相电路如图所示，设电灯 D 的额定电压为三相电源的相电压，用电设备 M 的外壳线 a 及电灯 D 另一端线 b 应分别接到：

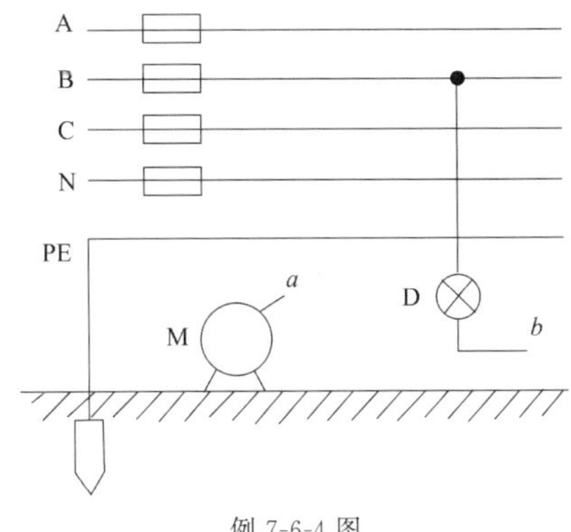

例 7-6-4 图

A. PE 线和 PE 线　　　B. N 线和 N 线

C. PE 线和 N 线　　　D. N 线和 PE 线

解 用电设备 M 的外壳线 a 接到保护地线 PE 上，电灯 D 的 b 线应接到电源中性点 N 上。说明如下：

三相四线制：相线 A、B、C，保护零线 PEN（图示的 N 线）。PEN 线上有工作电流通过，PEN 线在进入用电建筑物处要做重复接地；我国民用建筑采用该配电方式。

三相五线制：相线 A、B、C，零线 N，保护接地线 PE。N 线有工作电流通过，PE 线平时无电流（仅在出现对地漏电或短路时有故障电流）。

零线和地线的根本差别在于一个构成工作回路，一个起保护作用（叫做保护接地），一个回电网，一个回大地，在电子电路中这两个概念要区别开，工程中也要求这两根线分开接。

答案：C

五、安全用电

为了人身安全和电力系统工作的需要，要求电气设备采取接地措施。

（一）工作接地

将电力系统的中性点接地，如图 7-6-10 所示，这种接地方式称为工作接地。

工作接地有下列目的：

(1)降低触电电压；

(2)迅速切断故障设备；

(3)降低电气设备对地的绝缘水平。

（二）保护接地

保护接地就是将电气设备正常情况下不带电的金属外壳接地，如图 7-6-11 所示，保护接地适用于中性点不接地的低压系统。

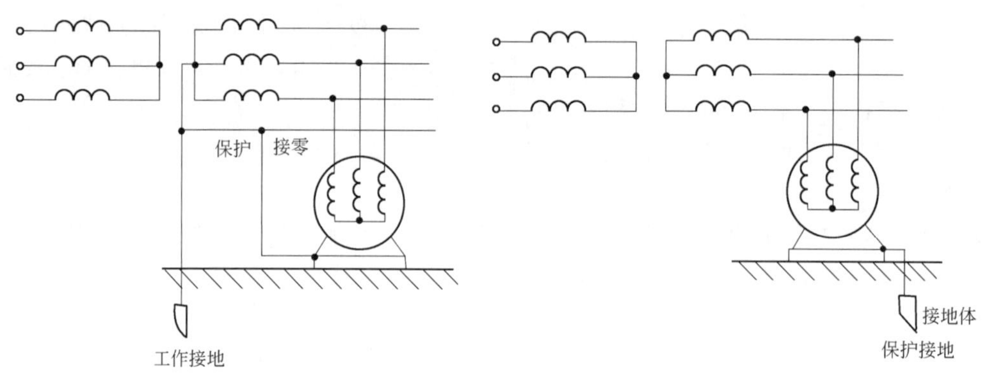

图 7-6-10　工作接地、保护接零　　　图 7-6-11　保护接地

（三）保护接零

保护接零就是将电气设备的金属外壳接到零线（或称中线）上，如图 7-6-11 所示，保护接零宜用于中性点接地的低压系统中。

习　　题

7-6-1　有一容量为 10kV·A 的单相变压器，电压为 3 300/220V，变压器在额定状态下运行。在理想的情况下副边可接 40W、220V、功率因数 $\cos\varphi=0.44$ 的日光灯（　　）盏。

A. 110　　B. 200　　C. 250　　D. 50

7-6-2　三相异步电动机的转动方向由（　　）决定。

A. 电源电压的大小　　B. 电源频率

C. 定子电流相序　　D. 起动瞬间定转子相对位置

7-6-3　三相异步电动机空载起动与满载起动时的起动转矩关系是（　　）。

A. 二者相等　　B. 满载起动转矩大　　C. 空载起动转矩大　　D. 无法估计

7-6-4　针对三相异步电动机起动的特点，采用 Y-△换接起动可减小起动电流和起动转矩，以下说法中正确的是（　　）。

A. Y 连接的电动机采用 Y-△换接起动，起动电流和起动转矩都是直接起动的$\frac{1}{3}$

B. Y 连接的电动机采用 Y-△换接起动，起动电流是直接起动的$\frac{1}{3}$，起动转矩是直接起动的$\frac{1}{\sqrt{3}}$

C. △连接的电动机采用 Y-△换接起动，起动电流是直接起动的$\frac{1}{\sqrt{3}}$，起动转矩是直接起动的$\frac{1}{\sqrt{3}}$

D. △连接的电动机采用 Y-△换接起动，起动电流和起动转矩都是直接起动的$\frac{1}{3}$

7-6-5　三相异步电动机在额定负载下，欠压运行，定子电流将(　　)。

A. 小于额定电流　B. 大于额定电流　C. 等于额定电流　D. 不变

7-6-6　如图所示的控制电路中，SB 为按钮，KM 为接触器，若按动 SB_2，试判断下述哪个结论正确？(　　)

A. 接触器 KM_2 通电动作后 KM_1 跟着动作

B. 只有接触器 KM_2 动作

C. 只有接触器 KM_1 动作

D. 以上答案都不对

7-6-7　如图所示为两台电动机 M_1、M_2 的控制电路，两个交流接触器 KM_1、KM_2 的主常开触头分别接入 M_1、M_2 的主电路，该控制电路所起的作用是(　　)。

A. 必须 M_1 先起动，M_2 才能起动，然后两机连续运转

B. M_1、M_2 可同时起动，必须 M_1 先停机，M_2 才能停机

C. 必须 M_1 先起动、M_2 才能起动，M_2 起动后，M_1 自动停机

D. 必须 M_2 先起动，M_1 才能起动，M_1 起动后，M_2 自动停机

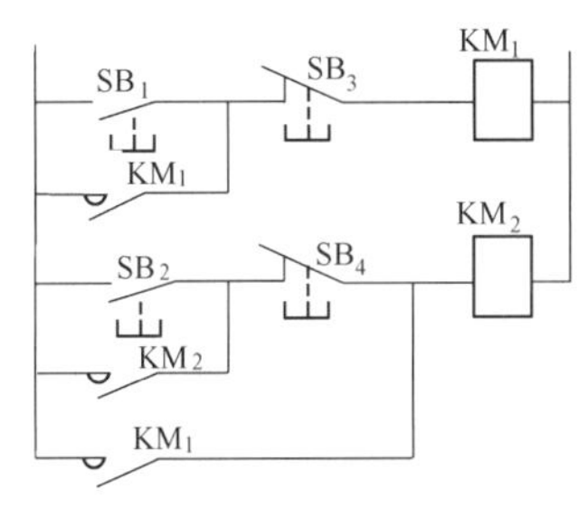

题 7-6-6 图

题 7-6-7 图

7-6-8　额定转速为 1 450r/min 的三相异步电动机，空载运行时转差率为(　　)。

A. $s=\frac{1\ 500-1\ 450}{1\ 500}=0.033$　　B. $s=\frac{1\ 500-1\ 450}{1\ 450}=0.035$

C. $0.033<s<0.035$　　D. $s<0.033$

7-6-9　在电动机的继电接触控制电路中，具有短路保护、过载保护、欠压保护和行程保护，其中，需要同时接在主电路和控制电路中的保护电器是(　　)。

A. 热继电器和行程开关　　B. 熔断器和行程开关

C. 接触哭和行程开关　　D. 接触器和热继电器

第七节　二极管及其应用

半导体材料与导体、绝缘体最大的不同之处在于它的导电能力在一定条件下可以转化，当温度变化或掺入杂质以后它的导电能力会发生明显的改变。

常用的半导体材料是硅(Si)和锗(Ge)，它们都是四价元素，我们称纯净的半导体材料为本

征半导体。如果我们在本征半导体的一侧掺入五价元素(如磷)将生成大量的自由电子,构成N型半导体;在另一侧掺入三价元素(如硼)就会产生大量的空穴。这样在P型区和N型区的交界处就形成PN结,PN结是构成各种半导体器件的基础。

当不加电源时,在半导体内部由于P型区和N型区的浓度差别出现扩散过程。扩散的结果在PN结交界处形成“空间电荷区”,这个空间电荷区产生一个内电场,内电场的方向由N区指向P区。

二极管的核心就是PN结,由P区引出的电极叫做阳极,N区引出的电极叫做阴极。我们把阳极电位高于阴极电位的情况叫做二极管的正向偏置状态,简称“正偏”,如图7-7-1a)所示,而把阳极电位低于阴极电位的状态叫做二极管的反向偏置状态,如图7-7-1b)所示。

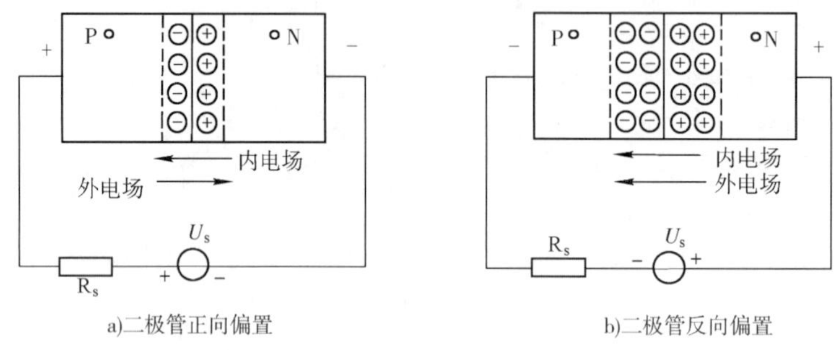

图 7-7-1

当二极管加上正偏电源时,外电场与内电场方向相反,空间电荷区变薄,半导体的导电能力增加,外部产生较大的正向电流 I_F。当二极管加上反向偏置的外部电源时外电场与内部电场方向相同,使PN结处的空间电荷区加宽,半导体的导电能力削弱,产生的反向电流 I_R 远小于正向电流 I_F。

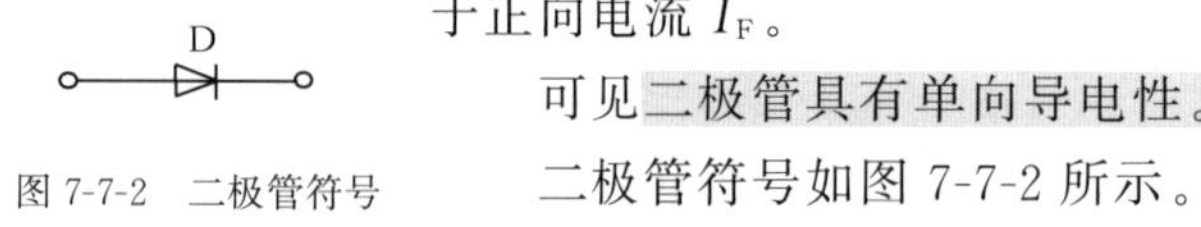

图7-7-2　二极管符号

可见二极管具有单向导电性。

二极管符号如图7-7-2所示。

一、二极管

二极管的伏安特性如图7-7-3所示。

由图可见,当外加正向电压很低时,正向电流很小,几乎为零。当正向电压超过一定数值后,电流增长很快,这个一定数值的正向电压称为死区电压,死区电压 U_T 的大小与材料及环境温度有关。通常,硅管的死区电压约为0.5V,锗管约为0.2V;二极管正常工作电压 U_F 硅管为0.6～1V,锗管工作电压为0.2～0.3V。

当外加反向电压时,只有很小的反向电流。反向电流随温度的上升增长很快;在反向电压不超过某一范围时基本恒定,而与反向电压的高低无关,故通常称它为反向饱和电流。当外加反向电压过高时,反向电流将突然增加,二极管失去单向导电性,这种现象称为击穿,二极管被击穿后,一般不能恢复原来的性能而损坏。

二、稳压管

稳压管是一种特殊的面接触型半导体硅二极管,由于它在电路中与适当数值的电阻配合后能起稳定电压的作用,故称为稳压管。

稳压管的伏安特性曲线与普通二极管类似,如图7-7-4所示。其差异是稳压管的反向特性曲线比较陡,且电压较低。

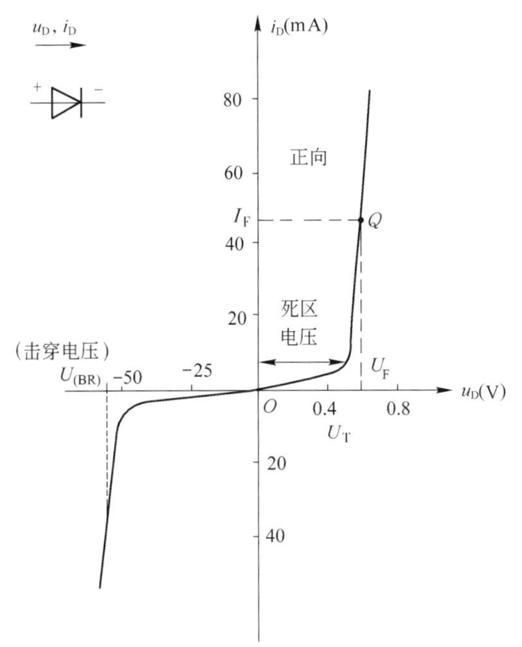

图 7-7-3 2CP10 硅二极管的伏安特性曲线

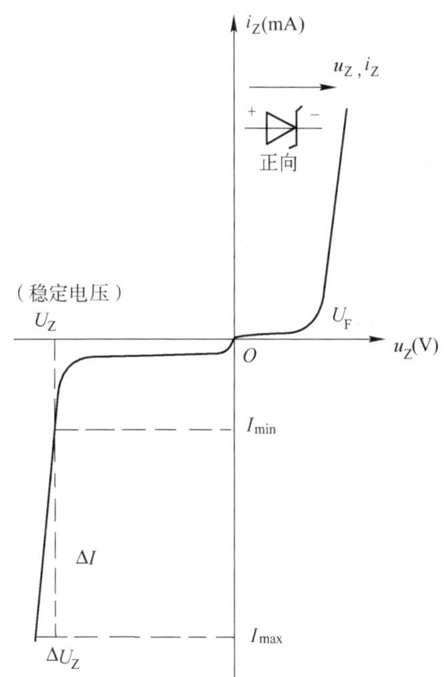

图 7-7-4 稳压管的伏安特性曲线

稳压管工作于反向击穿区，从反向特性曲线上可见，在反向击穿区，虽然电流在很大范围内变化，但稳压管两端的电压变化很小，正是利用这一特性实现稳压。稳压管与普通二极管不同的是反向击穿是可逆的，去掉反向电压之后，稳压管可恢复正常。当然，如果反向电流超过允许范围，稳压管也将会发生热击穿而损坏。

三、二极管应用电路

(一)整流电路

整流电路的作用是将交流电变为单方向变化的直流电，目前主要采用单相半波整流电路和桥式整流电路。

1. 单相半波整流电路

如图 7-7-5 所示为单相半波整流电路，由整流变压器 T_r、整流元件 D(二极管)及负载电阻 R_L 组成。

设整流变压器副边的电压为

$$u = \sqrt{2}U\sin\omega t$$

其波形如图 7-7-6a)所示。

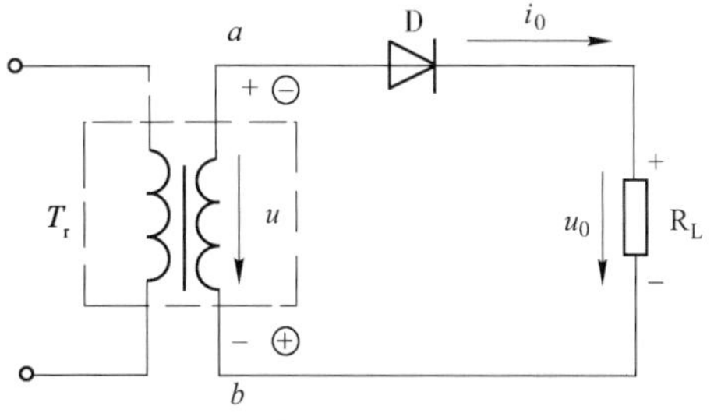

图 7-7-5 单相半波整流电路

由于二极管具有单向导电性，只有当它的阳极电位高于阴极电位时才能导通。在变压器副边电压 u 的正半周，a 点的电位高于 b 点，二极管因承受正向电压而导通，二极管的正向压降可以忽略不计，这时负载电阻 R_L 上的电压 u_0 的正半波和 u 的正半波是相同的，通过的电流为 i_0。在电压 u 的负半周，a 点的电位低于 b 点，二极管因承受反向电压而截止，负载电阻 R_L 上没有电

压，因此，在负载电阻 R_L 上得到的是半波整流电压 u_0，如图 7-7-6 负载上整流电压的平均值

$$U_0=\frac{1}{2\pi}\int_0^{\pi}\sqrt{2}U\sin\omega t\mathrm{d}(\omega t)=\frac{\sqrt{2}}{\pi}U=0.45U \tag{7-7-1}$$

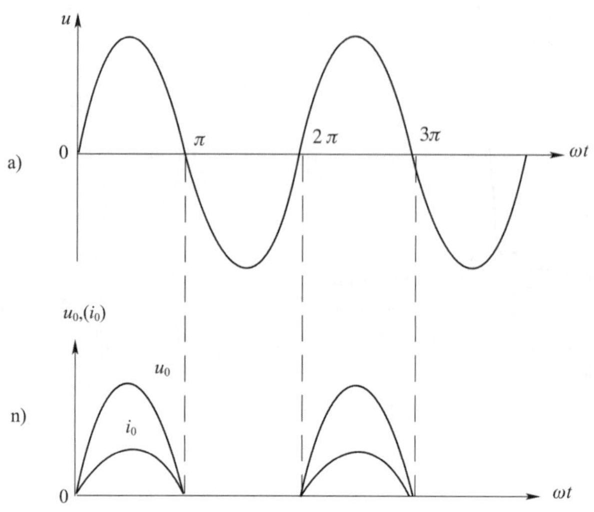

图 7-7-6　单相半波整流电路的电压与电流的波形

负载上整流电流平均值

$$I_0=\frac{U_0}{R_L}=0.45\frac{U}{R_L} \tag{7-7-2}$$

二极管不导通时，承受的最高反向电压和平均电流为

$$\left.\begin{aligned}U_{DRM}&=U_m=\sqrt{2}U\\ I_D&=I_0=0.45\frac{U}{R_L}\end{aligned}\right\} \tag{7-7-3}$$

这样，根据 U_0、I_0 和 U_{DRM}、I_D 就可确定整流电路输出电压、电流的大小，并可以选择合适的整流元件。

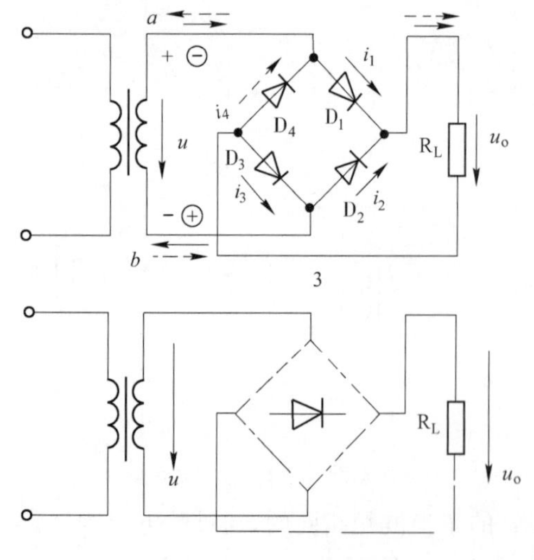

图 7-7-7　单相桥式整流电路

2. 单相桥式整流电路

单相桥式整流电路如图 7-7-7 所示。

在变压器副边电压 u 的正半周，a 点的电位高于 b 点，二极管 D_1 和 D_3 导通，D_2 和 D_4 截止；电流 i_1 的通路是 $a\longrightarrow D_1\longrightarrow R_L\longrightarrow D_3\longrightarrow b$。这时，负载电阻 R_L 上得到一个半波电压，如图7-7-8b)所示的 $0\sim\pi$ 段所示。

在电压 u 的负半周，b 点的电位高于 a 点；因此，D_1 和 D_3 截止，D_2 和 D_4 导通，电流 i_2 的通路是 $b\longrightarrow D_2\longrightarrow R_L\longrightarrow D_4\longrightarrow a$；同样，在负载电阻上得到一个半波电压，如图 7-7-8b)所示的$\pi\sim 2\pi$ 段所示。

因此，单相桥式整流电路的整流电压的平

均值 U_o 比半波整流时增加了 1 倍，即

$$U_o = 2 \times 0.45U = 0.9U \tag{7-7-4}$$

负载电阻中的直流电流为：

$$I_o = \frac{U_o}{R_L} = 0.9\frac{U}{R_L} \tag{7-7-5}$$

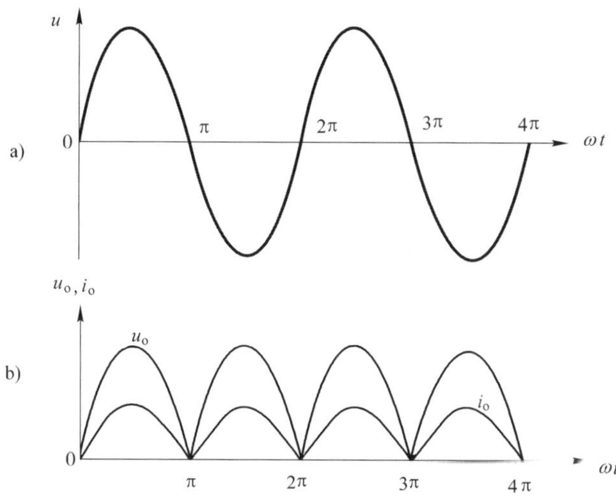

图 7-7-8　单相桥式整流电路的电压与电流的波形

由于四个二极管是交替导通的，故每个二极管中流过的平均电流只有负载电流的一半，即

$$I_D = \frac{1}{2}I_o = 0.45\frac{U}{R_L} \tag{7-7-6}$$

二极管截止时所承受的最高反向电压就是电源电压的最大值，即

$$U_{DRM} = \sqrt{2}U \tag{7-7-7}$$

【例 7-7-1】 二极管应用电路如图所示，设二极管为理想器件，当 $u_1 = 10\sin\omega t$V 时，输出电压 u_o 的平均值 U_o 等于：

A. 10V　　　　B. $0.9 \times 10 = 9$V

C. $0.9 \times \frac{10}{\sqrt{2}} = 6.36$V　　　　D. $-0.9 \times \frac{10}{\sqrt{2}} = -6.36$V

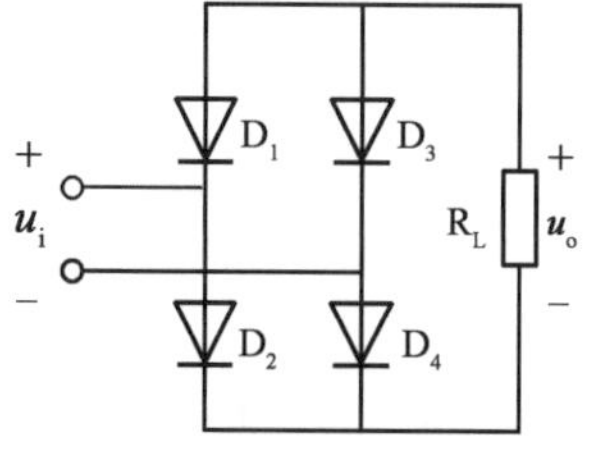

例 7-7-1 图

解　本题采用全波整流电路结合二极管连接方式分析。

输出直流电压 U_o 与输入交流有效值 U_i 的关系为：

$$U_o = -0.9U_i$$

本题 $U_i = \frac{10}{\sqrt{2}}$V，代入上式得 $U_o = -0.9 \times \frac{10}{\sqrt{2}} = -6.36$V。

答案：D

(二)滤波电路

整流电路虽然可以把交流电转换为直流电，但是这种直流电压是脉动电压。为了改善输出电压的脉动程度，整流电路中还要接滤波器。

常用的滤波电路有：

1. 电容滤波器(C 滤波器)

负载两端并联电容器就是一个最简单的滤波器,如图 7-7-9 所示。电容滤波器是根据电容器的端电压在电路状态改变时不能跃变的原理制成的。

电容滤波器电路简单,一般用于输出电压 U_o 较高,并且负载变化较小的场合。

2. 电感电容滤波器(LC 滤波器)

为了减小输出电压的脉动程度,在滤波电容之前串接一个铁芯电感线圈 L,这样就组成了电感电容滤波器,如图 7-7-10 所示。

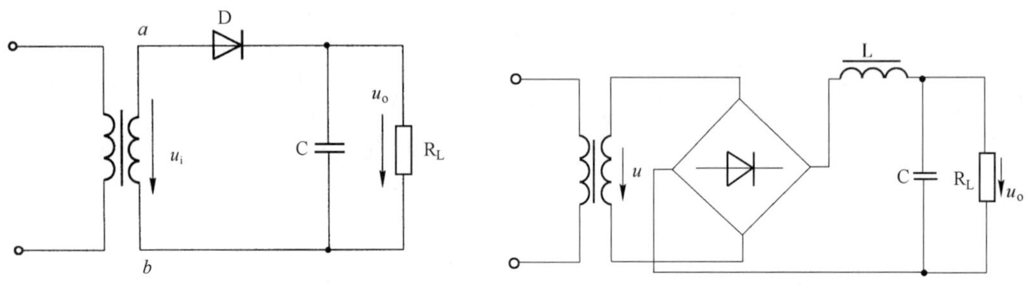

图 7-7-9　接有电容滤波器的单相半波整流电路　　图 7-7-10　电感电容滤波电路

由于当通过电感线圈的电流发生变化时,线圈中要产生自感电动势阻碍电流的变化,因而使负载电流和负载电压的脉动大为减小。

具有 LC 滤波器的整流电路适用于电流较大,要求输出电压脉动很小的场合。

3. π 形滤波器

如果要求输出电压的脉动更小,可以在 LC 滤波器的前面再并联一滤波电容,这样便构成 π 形 LC 滤波器。它的滤波效果比 LC 滤波器更好,但整流二极管冲击电流较大。

π 形滤波电路主要适用于负载电流较小而又要求输出电压脉动很小的场合。

(三)稳压电路

经整流和滤波后的电压往往会随交流电源电压的波动和负载的变化而变化,因此需要设置稳压电路。最简单的直流稳压电路是采用稳压管的稳压电路,如图 7-7-11 所示。

引起电压不稳定的原因是交流电源电压的波动和负载电流的变化。通过稳压管与电阻 R 的调整作用,可以维持输出电压的稳定。

稳压管稳压电路的稳压效果不够理想,它一般适用于稳压性能要求不高,并且负载电流较小的场合。串联型晶体管稳压电路是性能较好的一种稳压电路,目前广泛采用的集成稳压电路也都是以晶体管串联稳压电路为基础的。

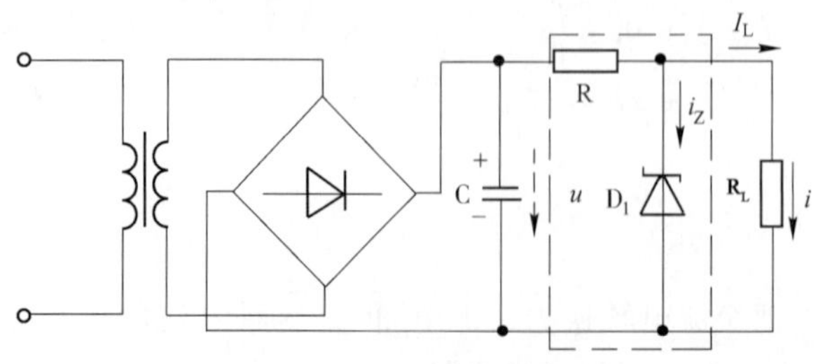

图 7-7-11　稳压管稳压电路

习　题

7-7-1　如果把一个小功率二极管直接同一个电源电压为1.5V、内阻为零的电池实行正向连接，电路如图所示，则后果是该管(　　)。

A. 击穿　　B. 电流为零　　C. 电流正常　　D. 电流过大使管子烧坏

7-7-2　在如图所示的二极管电路中，设二极管D是理想的(正向电压为0V，反向电流为0A)，且电压表内阻为无限大，则电压表的读数为(　　)。

A. 15V　　B. 3V　　C. −18V　　D. −15V

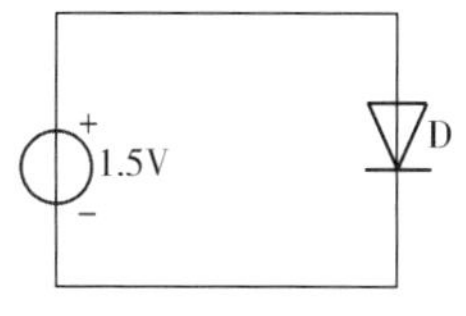

题7-7-1图

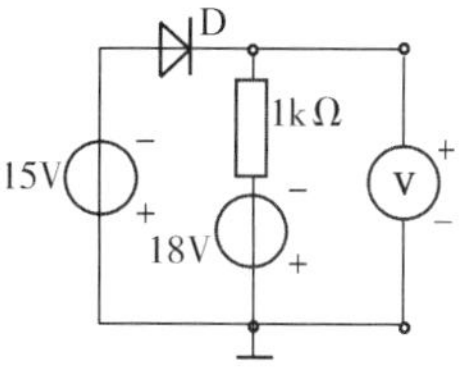

题7-7-2图

7-7-3　如图所示电路中，A点和B点的电位分别是(　　)。

A. 2V，−1V　　B. −2V，1V　　C. 2V，1V　　D. 1V，2V

7-7-4　单相桥式整流电路如图a)所示，变压器副边电压u_2的波形如图b)所示，设四个二极管均为理想元件，则二极管D_1两端的电压u_{D_1}的波形为图c)中的(　　)图。

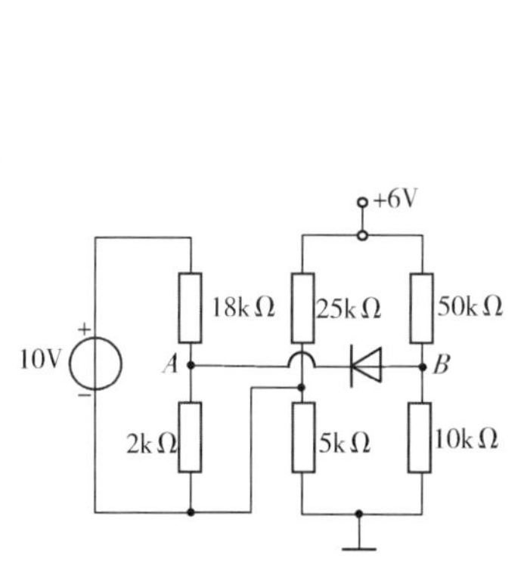

题7-7-3图

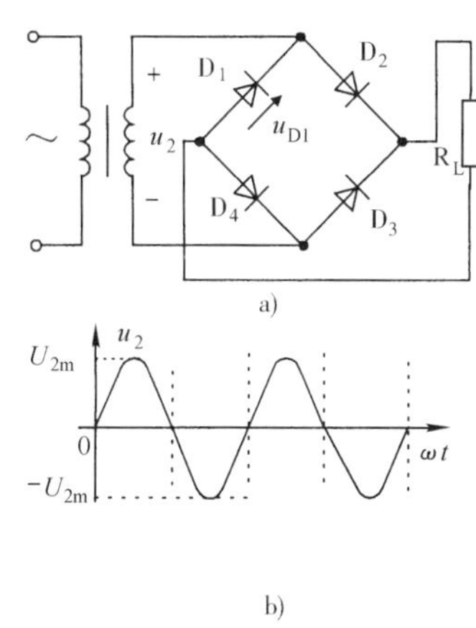

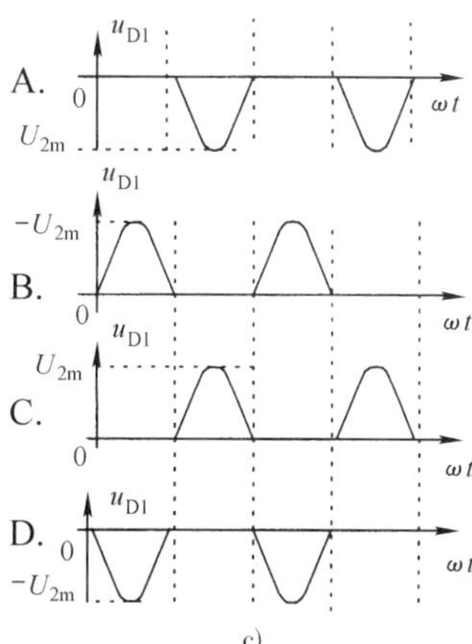

题7-7-4图

7-7-5　整流滤波电路如图所示，已知$U_1=30\text{V}$，$U_0=12\text{V}$，$R=2\text{k}\Omega$，$R_L=4\text{k}\Omega$，稳压管的稳定电流$I_{zmin}=5\text{mA}$与$I_{zmax}=18\text{mA}$，通过稳压管的电流和通过二极管的平均电流分别是(　　)。

A. 5mA，2.5mA　　B. 8mA，8mA　　C. 6mA，2.5mA　　D. 6mA，4.5mA

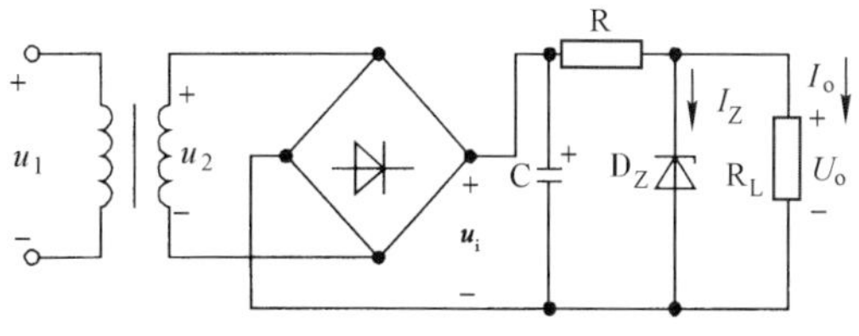

题7-7-5图

7-7-6　如图所示电路中，若输入电压 $U_i=10\sin(\omega t+30°)$ V，则输出电压的平均值 U_o 为(　　)V。

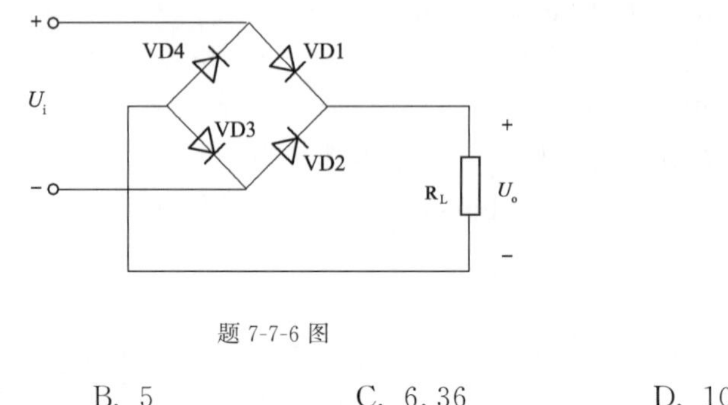

题 7-7-6 图

A. 3.18　　B. 5　　C. 6.36　　D. 10

第八节　三极管及其基本放大电路

一、晶体三极管

三极管(又称晶体管)是一种重要的半导体材料，它的出现使半导体技术出现了重大的飞越，三极管的种类很多，根据三极管的工作频率分，可以分为高频管和低频管；根据功率分，可以分为大功率管和小功率管；按材料分，可以分为硅管和锗管。

(一)三极管结构

三极管在结构上可以分为 NPN 型和 PNP 型两类，其结构示意图和符号如图 7-8-1 所示。

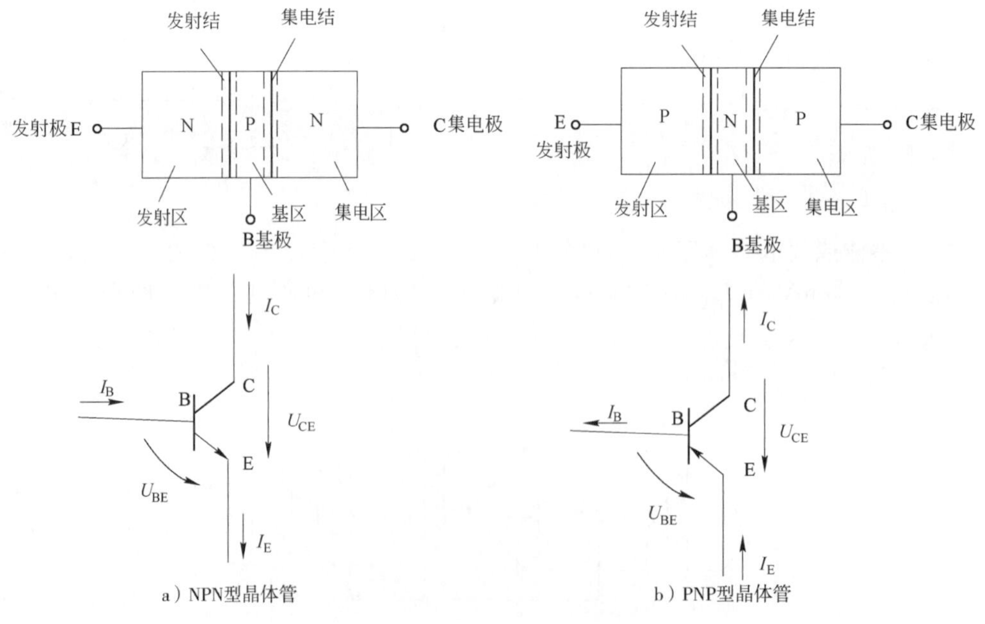

图 7-8-1　三极管的结构示意图和表示符号

每一类都分成基区、发射区和集电区，分别引出基极 B、发射极 E 和集电极 C；三极管内部有两个 PN 结，基区和发射区之间的 PN 结称为发射结，基区和集电区之间的 PN 结称为集电结。

（二）三极管的特性曲线

三极管的特性曲线反映了三极管各电极上的电压和电流之间的函数关系。常用的是三极管共发射极接法的特性曲线，分为输入特性曲线和输出特性曲线。

NPN 管的特性曲线分析如下，见图 7-8-2 晶体管试验电路。

1. 输入特性曲线

三极管的输入特性曲线是指当集-射极电压 U_{CE} 为常数时，输入电路中基极电流 i_B 与基-射极电压 u_{BE} 之间的关系曲线，其表达式为

$$i_B = f(u_{BE})|U_{CE=常数} \tag{7-8-1}$$

如图 7-8-3 所示，三极管输入特性曲线与二极管的伏安特性一样。

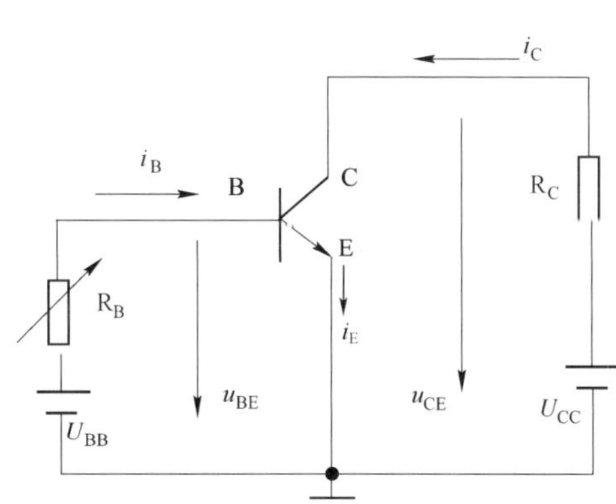

图 7-8-2 晶体管实验电路

i_B (μA)
80
60 I_{BQ}
Q
$U_{CE} \geqslant 1V$
40
20
0
0.4 U_{BEQ} 0.8
u_{BE}(V)

图 7-8-3 3DG6 三极管的输入特性曲线

2. 输出特性曲线

输出特性曲线是指基极电流 I_B 为常数时，集电极电流 i_C 与集-射极电压 u_{CE} 之间的关系曲线，其表达式为

$$i_C = f(u_{CE})|I_B = 常数 \tag{7-8-2}$$

如图 7-8-4 所示，不同的 I_B 下，可得出不同的曲线，所以三极管的输出特性曲线是一族曲线。

通常把三极管的输出特性曲线分为三个工作区。

(1)截止区

$I_B = 0$ 的曲线以下的区域称为截止区。此时 $I_B = 0$、$I_C \approx 0$，相当于三极管的三个极处于断开状态。其特点是发射结和集电结均处于反向偏置状态。

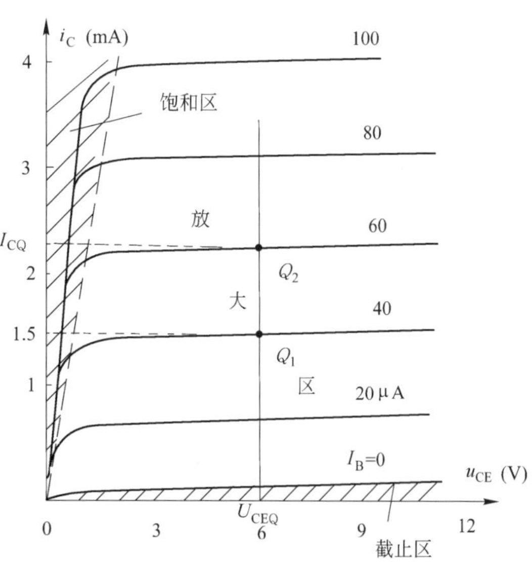

图 7-8-4 3DG6 三极管的输出特性曲线

(2)放大区

输出特性曲线近似水平，且各曲线之间又相互平行的部分是放大区。此时，I_C 和 I_B 成正比例关系，即 $I_C=\beta I_B$(β 为电流放大系数)，这就是三极管的电流放大作用。三极管工作于放大状态时，发射结处于正向偏置，集电结处于反向偏置。

(3)饱和区

当 $U_{CE}<U_{BE}$时，集电结处于正向偏置，三极管工作于饱和区，此时 I_B 的变化对 I_C 的影响较小。其特点是发射结和集电结均处于正向偏置状态。

二、基本放大电路

三极管放大电路是将模拟信号进行放大的电路系统，对放大电路的基本要求是能够不失真地放大信号。

放大电路的框图，如图 7-8-5 所示。

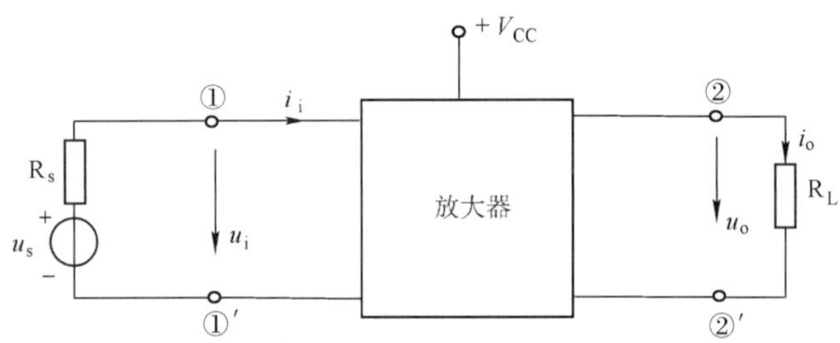

图 7-8-5

图 7-8-5 中①-①′左端是等效信号源，是放大器处理的对象，②-②′右端是放大器的负载。放大器的基本任务是：在输入信号的控制下把电源的能量无失真地传递给负载。

放大器内的三极管是主要控制元件，它必须工作在放大状态。

这部分内容的复习要求是能确定放大器在没有信号输入时三极管的静态工作点(I_{BQ}，I_{CQ}，V_{CEQ})，并能正确估算放大器的动态指标(电压放大倍数 A_u，输入电阻 r_i，输出电阻 r_o)。

(一)放大电路的组成

利用三极管的电流放大作用，可以组成多种类型的放大电路，常见的有共射极接法的单管电压放大电路，如图 7-8-6 所示。

需要放大的输入电压 u_i 接在三极管的基极和发射极之间，负载电阻 R_L 接在三极管的集电极和发射极之间，被放大的输出电压 u_o 从 R_L 两端取出。

(二)放大电路的静态分析

静态是指放大电路输入信号为零时的工作状态。静态分析是要确定放大电路的静态值(直流值)I_B、I_C、U_{BE}和 U_{CE}，以保证三极管工作在放大区。

因为静态值是直流，故用放大电路的直流通路分析计算。绘制放大电路直流通路的原则是电路中的电容视为开路，图 7-8-6 电路的直流通路如图 7-8-7 所示。

由图 7-8-7 的直流通路，可得出

$$I_B=\frac{U_{CC}-U_{BE}}{R_B}\approx\frac{U_{CC}}{R_B} \tag{7-8-3}$$

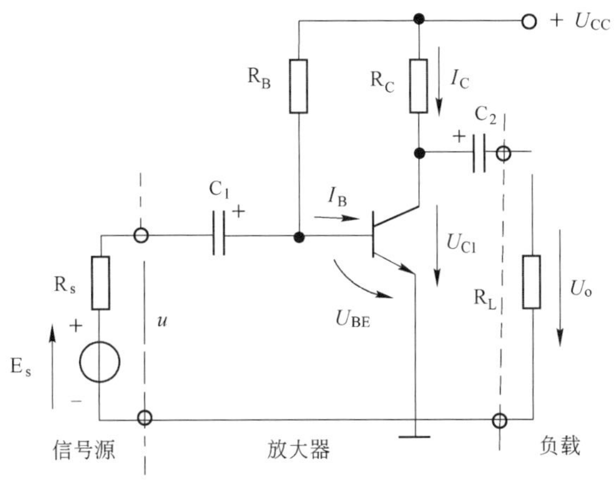

图 7-8-6 基本交流放大电路

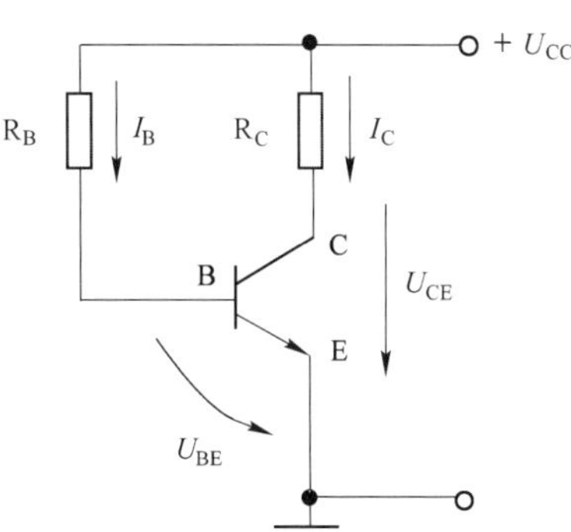

图 7-8-7 图 7-8-5 示交流放大器的直流通路

硅管的 U_{BE} 为 0.6～0.7V，相对于 U_{CC} 较小，计算时可以将 U_{BE} 忽略。

$$I_C = \beta I_B \tag{7-8-4}$$

$$U_{CE} = U_{CC} - I_C R_C \tag{7-8-5}$$

(三)放大电路的动态分析

动态是放大电路有输入信号时的工作状态，动态分析要确定放大电路的电压放大倍数 A_u、输入电阻 r_i 和输出电阻 r_o 等。它是在静态值确定后分析动态信号的传输情况，考虑的只是电流和电压的动态信号分量，常用的分析方法是微变等效电路法。

1.微变等效电路

所谓放大电路的微变等效电路，是把非线性电路等效为一个线性电路，即把三极管线性化，图 7-8-8a)示三极管的微变等效电路如图 7-8-8b)所示。

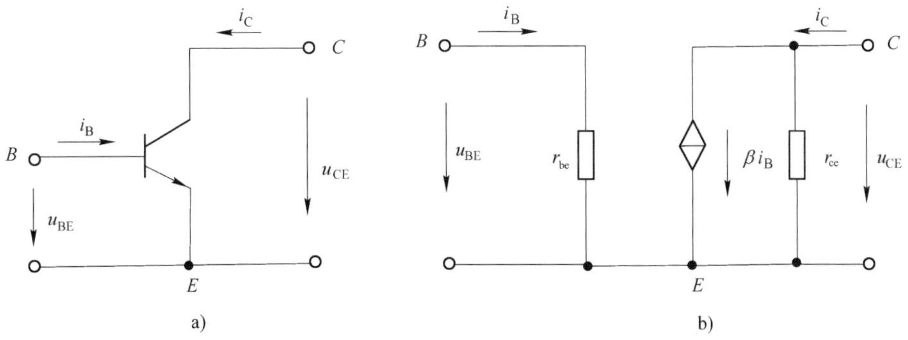

图 7-8-8 三极管及其微变等效电路

其中输入电阻 r_{be} 的估算公式为

$$r_{be} = 300(\Omega) + (\beta + 1)\frac{26(mV)}{I_E(mA)} \tag{7-8-6}$$

将三极管用微变等效电路代替后可得出放大电路的微变等效电路。画放大器的微变等效电路时要把电路中的电容及直流电源视为短路，如图 7-8-9b)所示。

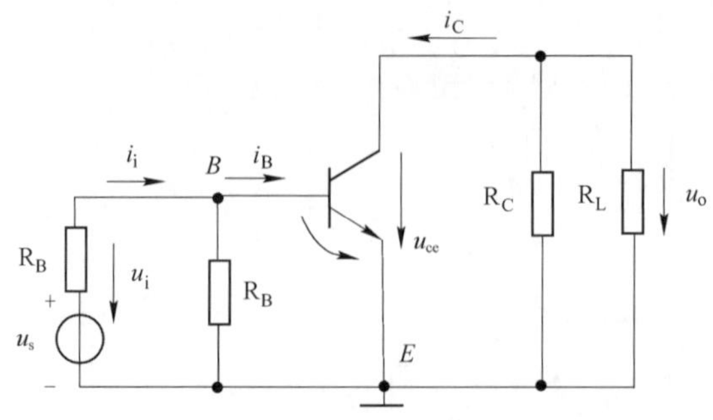

a）图7-8-5所示放大器的交流通路

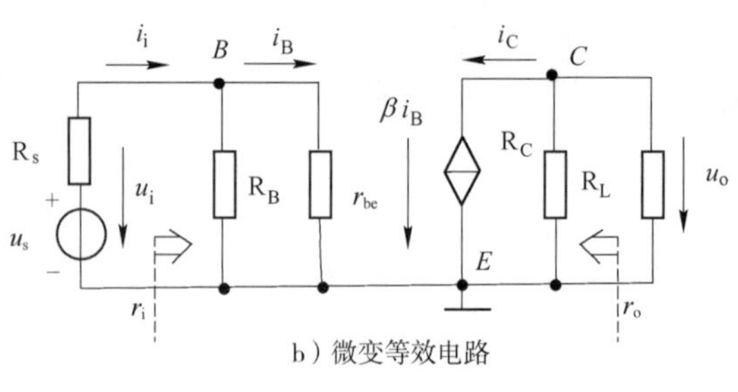

b）微变等效电路

图 7-8-9

2. 电压放大倍数 A_u

根据图 7-8-9b)，当放大电路输入正弦交流信号时，可将电压和电流用相量表示，分析如下

$$\dot{U}_i = \dot{I}_B r_{be}$$

$$\dot{U}_o = -\dot{I}_C R_L' = -\beta \dot{I}_B R_L'$$

式中

$$R_L' = R_C /\!/ R_L$$

整理后可知放大电路的电压放大倍数

$$\dot{A}_u = \frac{\dot{U}_o}{\dot{U}_i} = -\beta \frac{R_L'}{r_{be}} \tag{7-8-7}$$

3. 输入电阻 r_i

放大电路的输入电阻 r_i 是从信号源 u_i 向放大器看进去的电阻

$$r_i = \frac{\dot{U}_i}{\dot{I}_i} = R_B /\!/ r_{be} \approx r_{be} \tag{7-8-8}$$

通常放大器的基极电阻 R_B 远大于三极管输入电阻 r_{be}（约 1kΩ），分析时可认为放大器的输入电阻就是 r_{be} 的数值。

r_i 是对交流而言的动态电阻，通常希望电压放大电路的输入电阻能高一些。

4. 输出电阻 r_o

放大电路的输出电阻就是放大电路的输出端向左看的等效电阻

$$r_o \approx R_c \tag{7-8-9}$$

通常，希望放大电路的输出电阻 r_o 越小越好。

（四）静态工作点和静态工作点稳定的放大电路

放大电路应有合适的静态工作点，以保证有较好的放大效果，否则将引起非线性失真。在图 7-8-6 的基本交流放大电路中

$$I_B=\frac{U_{CC}-U_{BE}}{R_B}\approx\frac{U_{CC}}{R_B}$$

当 R_B 一经选定后，I_B 也就固定下来，故该电路称为固定偏置电路。

固定偏置电路虽然简单和容易调整，但在外部因素的影响下，将引起静态工作点的变动，严重时使放大电路不能正常工作，其中影响最大的是温度变化。

为使静态工作点稳定，常采用图 7-8-10 所示的分压偏置式放大电路。

分压偏置放大电路的特点有两个：第一是在输入端用 R_{B1}、R_{B2} 两分压电阻使 B 点电位 U_B 不变；第二是用了 R_E 电阻使温度发生变化时，U_E 电位变化，从而 U_{BE} 改变，调节 I_B 后，使 I_C 稳定。

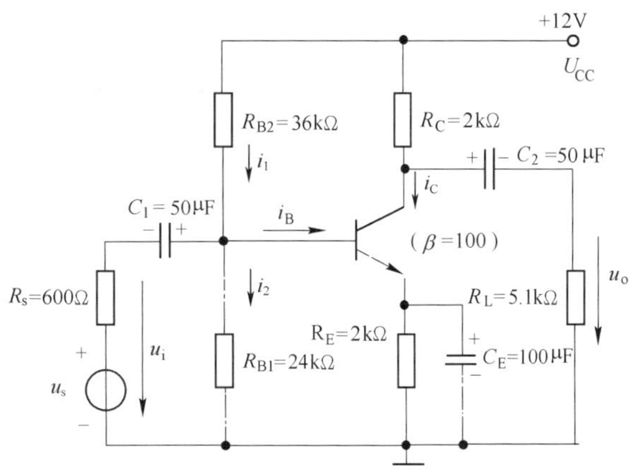

图 7-8-10 分压式偏置放大电路

当温度变化时，导致放大电路的 I_C 变化，只要稳定了 I_C，也就稳定了静态工作点。分压式偏置电路稳定静态工作点的物理过程如下

$$T(℃)\uparrow\rightarrow I_C\uparrow\rightarrow I_E\uparrow\xrightarrow{R_E}U_E\uparrow\xrightarrow{U_B\text{不变}}U_{BE}\downarrow\rightarrow I_B\downarrow\rightarrow I_C\downarrow$$

【例 7-8-1】 设如图所示放大电路的输入信号 u_i 为正弦信号，可见，该电路具有稳定 I_C 的作用。电路参数如图上所注。试求：(1)放大电路的输入电阻和输出电阻；(2)放大电路的电压放大倍数。

解 因放大器的动态参数与静态工作点有关，故应先分析放大器的静态工作点，先画出放大电路的直流通路，如解图 1a)所示。从三极管基极端与接地端往左看，R_{B1}、R_{B2} 和电源 U_{CC} 组成一个有源两端网络。应用戴维南定理，此有源两端网络可用一个等效电压源表示，如解图 1b)所示。其中 U_0 为有源两端网络的开路电压，即

$$U_B=\frac{R_{B1}}{R_{B1}+R_{B2}}U_{CC}=\frac{24\times10^3}{(24+36)\times10^3}\times12=4.8\text{V}$$

R_0 为除源网络的等效电阻，将电压源短路(除源)得

$$R_B=\frac{R_{B1}R_{B2}}{R_{B1}+R_{B2}}=\frac{24\times10^3\times36\times10^3}{(24+36)\times10^3}=14.4\text{k}\Omega$$

由此，列出基极回路的 KVL 方程

$$U_B=I_BR_B+U_{BE}+I_ER_E$$

$$=I_BR_B+U_{BE}+(1+\beta)I_BR_E$$

所以，基极电流

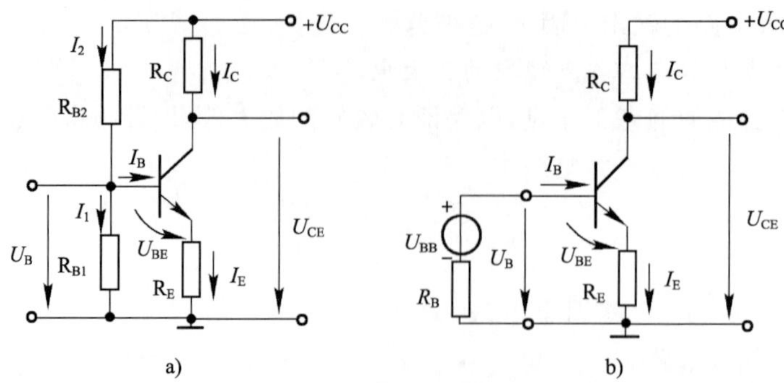

例 7-8-1 解图 1　放大电路的直流通路

$$I_B=\frac{U_{BB}-U_{BE}}{R_B+(1+\beta)R_E}=\frac{4.8-0.7}{14.4\times10^3+(1+100)\times2\times10^3}=19\mu A$$

发射极电流

$$I_E=(1+\beta)I_B=(1+100)\times19\times10^{-6}=1.92mA$$

三极管的输入电阻

$$r_{be}=300+(\beta+1)\frac{26(mV)}{I_E(mA)}=300+(100+1)\times\frac{26}{1.92}=1.668k\Omega$$

在实际放大电路中，一般取 $I_1\gg I_B[I_1\geqslant(5\sim10)I_B]$，用以保证 U_B 不随 I_B 而变，所以 $I_1\approx I_2$。在近似估算时，可认为基极对地电位

$$U_B\approx\frac{R_{B1}}{R_{B1}+R_{B2}}U_{CC}=4.8V$$

发射极电流

$$I_E=\frac{U_B-U_{BE}}{R_E}=\frac{4.8-0.7}{2\times10^3}=2mA$$

三极管的输入电阻

$$r_{be}=300+(\beta+1)\times\frac{26(mV)}{I_E(mA)}=300+(100+1)\times\frac{26}{2}=1.6k\Omega$$

从上可见，应用估算法与应用戴维南定理的精确计算法相比，r_{be} 稍小些（本例小于 4%），这在工程计算中是允许的。

(1)为了求出放大电路的输入电阻和输出电阻，画出其微变等效电路如解图 2 所示。可以看出，放大电路的输入电阻 r_i 是 R_{B1}、R_{B2} 和 r_{be} 三者的并联，即

$$r_i=R_{B1}/\!/R_{B2}/\!/r_{be}=24/\!/36/\!/1.6=1.44k\Omega$$

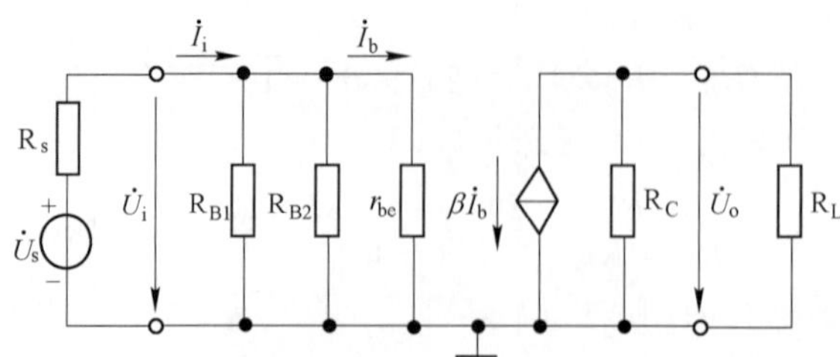

例 7-8-1 解图 2　微变等效电路图

由解图 2 可知，输出电阻 r_o 等于集电极负载电阻 R_C，即

$$r_o=R_C=2k\Omega$$

(2)如果考虑信号源内阻 R_s 的影响时，放大电路的电压放大倍数应该是

$$\dot{A}_{us}=\frac{\dot{U}_o}{\dot{U}_s}=\frac{\dot{U}_o}{\dot{U}_i}\times\frac{\dot{U}_i}{\dot{U}_s}=-\beta\frac{R'_L}{r_{be}}\times\frac{r_i}{R_s+r_i} \tag{7-8-10}$$

从上式可见，当 $r_i\gg R_s$ 时，R_s 对电压放大倍数的影响就很小。因此，一般要求电压放大电路的输入电阻 r_i 值较大。

对于本例题，电压放大倍数

$$\dot{A}_{us}=-100\times\frac{1.44\times10^3}{1.6\times10^3}\times\frac{1.44\times10^3}{(0.6+1.44)\times10^3}$$
$$=-89\times0.71=-63$$

式(7-8-10)中 $R'_L=R_C//R_L=2//5.1=1.44\text{k}\Omega$

【例 7-8-2】 晶体三极管放大电路如图所示，在并入电容 C_E 后，下列不变的量是：

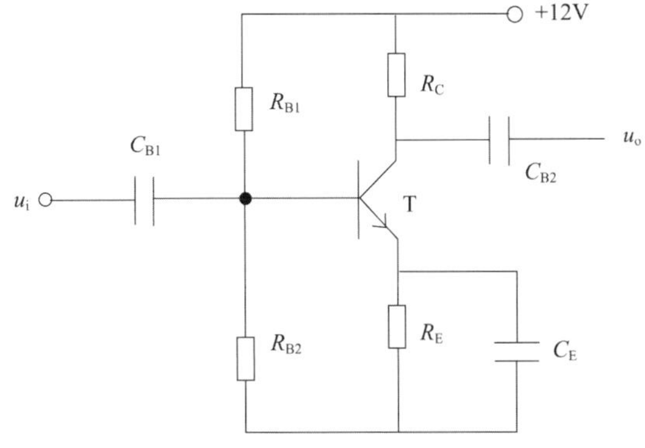

例 7-8-2 图

A. 输入电阻和输出电阻　　B. 静态工作点和电压放大倍数

C. 静态工作点和输出电阻　　D. 输入电阻和电压放大倍数

解 电压放大器的耦合电容有隔直通交的作用，因此电容 C_E 接入以后不会改变放大器的静态工作点。对于交变信号，接入电容 C_E 以后电阻 R_E 被短路，根据放大器的交流通道来分析放大器的动态参数，输入电阻R_i、输出电阻R_o、电压放大倍数A_u分别为

$R_i=R_{B1}//R_{B2}//[r_{be}+(1+\beta)R_E]$

$R_o=R_C$

$A_u=\frac{-\beta R'_L}{\gamma_{be}+(1+\beta)R_E}\quad(R'_L=R_C//R_L)$

可见，输出电阻 R_o 与 R_E 无关。

所以，并入电容 C_E 后不变的量是静态工作点和输出电阻 R_o。

答案:C

(五)射极输出器

1. 射极输出器的工作原理

共发射极电路能获得较高的电压放大倍数，但其输入电阻较小，输出电阻较大。因此，共发射极电路常用作多级放大电路的中间级，用来获得较高的电压放大倍数。射极输出器具有较高的输入电阻和较低的输出电阻，可用作多级放大电路的输入级或输出级，以适应信号源或负载对放大电路的要求。

如图 7-8-11 所示是射极输出器的电路，从图可见，这种电路的负载电阻 R_L 经过耦合电

容 C_2 接在三极管的发射极上，即输出电压 u_o 从三极管的发射极取出，所以称为射极输出器。它的直流和交流通路如图 7-8-12、图 7-8-13 所示，由交流通路可见，这种电路以三极管的集电极作为输入回路和输出回路的公共端，所以是属共集电极电路。

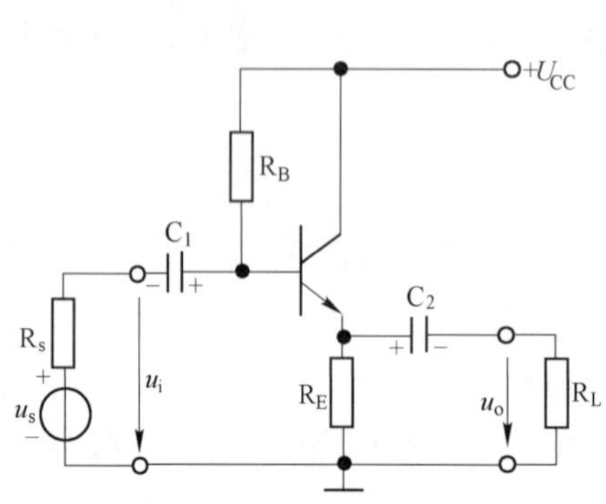

图 7-8-11 射极输出器

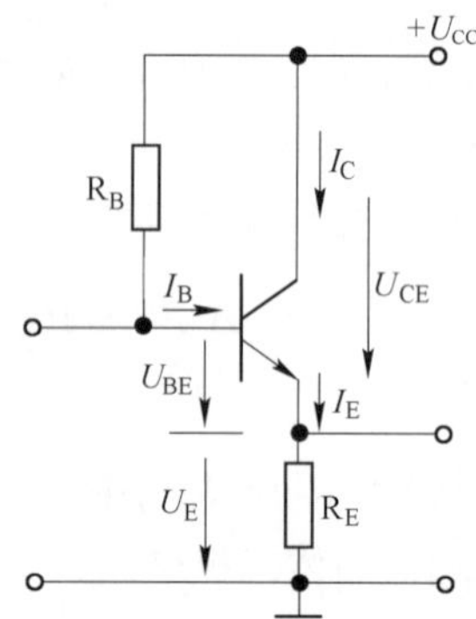

图 7-8-12 射极输出器的直流通路

当没有输入信号(静态)时，射极输出器可用如图 7-8-12 所示的直流通路来分析，此时基极电流

$$I_B=\frac{U_{CC}-U_{BE}}{R_B+(\beta+1)R_E}$$

静态时的集电极电流

$$I_C=\beta I_B=\frac{\beta(U_{CC}-U_{BE})}{R_B+(\beta+1)R_E}$$

静态时的集电极-发射极间电压

$$U_{CE}=U_{CC}-I_ER_E\approx U_{CC}-I_CR_E$$

2. 射极输出器的电压放大倍数

为了分析射极输出器的电压放大倍数，图 7-8-14 中画出射极输出器的微变等效电路。图中假设输入为正弦信号，放大电路没有非线性失真，即电压和电流的交流分量也是正弦信号，所以均用相量表示。

从图 7-8-14 可列出输入回路的电压方程

$$\begin{aligned}\dot{U}_i&=\dot{I}_b r_{be}+\dot{I}_e(R_E/\!/R_L)\\&=\dot{I}_b r_{be}+(\beta+1)\dot{I}_b(R_E/\!/R_L)\\&=\dot{I}_b[r_{be}+(\beta+1)R_L']\end{aligned}$$

式中，$R_L'=R_E/\!/R_L$ 为等效负载电阻。

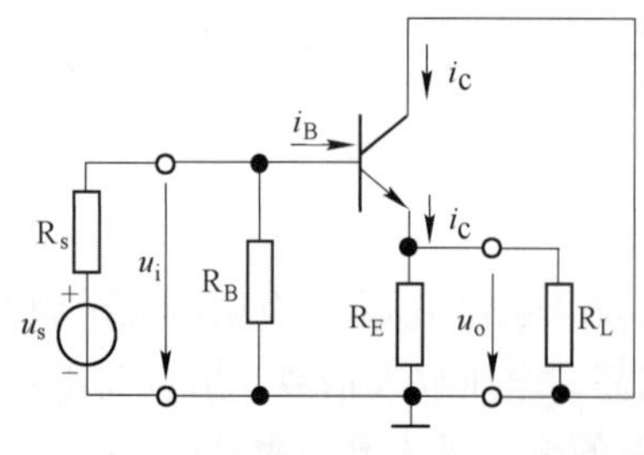

图 7-8-13 射极输出器的交流通路

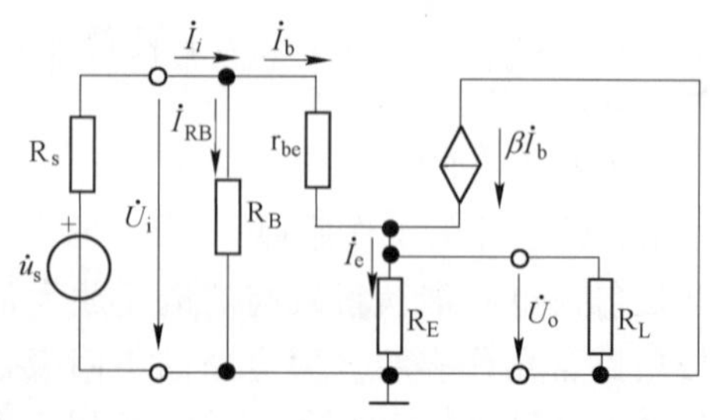

图 7-8-14 射极输出器的微变等效电路

输出电压

$$\dot{U}_o=\dot{I}_e(R_E /\!/ R_L)=(\beta+1)\dot{I}_b R_L'$$

所以，电压放大倍数

$$\dot{A}_u=\frac{\dot{U}_o}{\dot{U}_i}=\frac{(\beta+1)\dot{I}_b R_L'}{\dot{I}_b[r_{be}+(\beta+1)R_L']}$$

$$=\frac{(\beta+1)R_L'}{r_{be}+(\beta+1)R_L'} \tag{7-8-11}$$

一般 $\beta\gg1$，且 r_{be} 小于 R_L'，所以

$$\dot{A}_u\approx\frac{\beta R_L'}{r_{be}+\beta R_L'}\leqslant1 \tag{7-8-12}$$

从上式可见，射极输出器的电压放大倍数小于 1，即输出电压 U_o 的大小接近于输入电压 U_i 的大小。同时从式(7-8-9)还可看到 $\dot{A}_u$ 为正，即射极输出器的输出电压 $\dot{U}_o$ 和输入电压 $\dot{U}_i$ 同相位。

综上所述，射极输出器不但输出电压 U_o 的大小与输入电压 U_i 的大小相等，而且两者的相位相同。也就是说，输出电压 U_o 总是跟随输入电压 U_i 作相应变化，因此，射极输出器又称为电压跟随器。

应该指出，虽然射极输出器没有电压放大作用，但是，由于射极输出器的发射极电流 I_e 比基极电流 I_b 要大$(\beta+1)$倍，所以它具有一定的电流放大和功率放大作用。

3.射极输出器的输入电阻和输出电阻

射极输出器的输入电阻可以从如图 7-8-14 所示的微变等效电路中求得，同时可以看出，输入电流

$$\dot{I}_i=\dot{I}_{RB}+\dot{I}_b=\frac{\dot{U}_i}{R_B}+\frac{\dot{U}_i}{r_{be}+(\beta+1)R_L'}$$

$$=\left[\frac{1}{R_B}+\frac{1}{r_{be}+(\beta+1)R_L'}\right]\dot{U}_i$$

所以，射极输出器的输入电阻

$$r_i=\frac{\dot{U}_i}{\dot{I}_i}=\frac{1}{\frac{1}{R_B}+\frac{1}{r_{be}+(\beta+1)R_L'}}$$

$$=R_B /\!/ [r_{be}+(\beta+1)R_L'] \tag{7-8-13}$$

可见，射极输出器的输入电阻 r_i 由两部分电阻并联而成：一个是偏置电阻 R_B；另一个是基极回路电阻$[r_{be}+(\beta+1)R_L']$。在一般情况下，R_B 的阻值很大(几十千欧到几百千欧)，并且基极回路电阻$[r_{be}+(\beta+1)R_L']$要比共发射极放大电路的输入电阻大得多。所以，射极输出器的输入电阻比共发射极放大电路的输入电阻提高几十倍到几百倍。

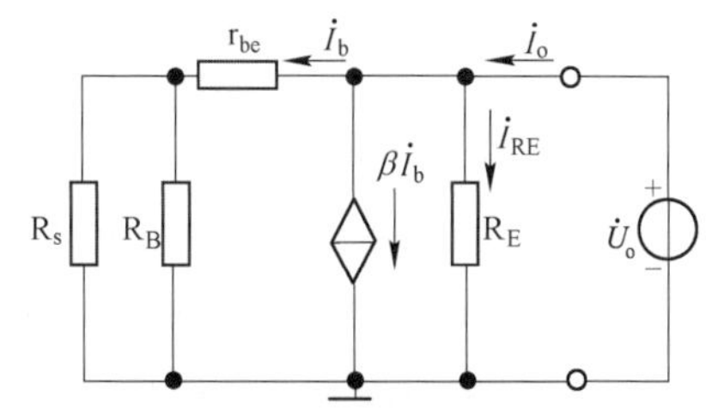

图 7-8-15　求射极输出器的输出电阻

射极输出器的输出电阻，按定义可用求等效电源内电阻的方法求得。其方法之一是除源法，即将信号源 u_s 短路(除独立源)，在输出端(断开负载电阻 R_L)加一交流电压 $\dot{U}_o$，如图 7-8-15 所示。

按输出电阻的定义

$$r_0=\frac{\dot{U}_o}{\dot{I}_o}\bigg|_{\substack{R_L=\infty\\u_s=0}}$$

由图 7-8-15 可得

$$\begin{aligned}\dot{I}_o&=\dot{I}_{RE}+\beta\dot{I}_b+\dot{I}_b=\dot{I}_{RE}+(\beta+1)\dot{I}_b\\&=\frac{\dot{U}_o}{R_E}+(\beta+1)\frac{\dot{U}_o}{r_{be}+(R_s /\!/ R_B)}\\&=\left(\frac{1}{R_E}+\frac{\beta+1}{r_{be}+R_s'}\right)\dot{U}_o\end{aligned}$$

式中，$R_s'=R_s /\!/ R_B$。

所以，输出电阻

$$r_o=\frac{\dot{U}_o}{\dot{I}_o}=\frac{1}{\dfrac{1}{R_E}+\dfrac{\beta+1}{r_{be}+R_s'}}=R_E /\!/ \frac{r_{be}+R_s'}{\beta+1} \tag{7-8-14}$$

上式说明，射极输出器的输出电阻 r_o 是 R_E 和$\frac{r_{be}+R_s'}{\beta+1}$两部分电阻并联的结果。在一般情况下，$(r_{be}+R_s')$较小，$\beta\gg1$，而 R_E 通常为几千欧，因此射极输出器的输出电阻 r_o 很低。

习　题

7-8-1　如图所示电路，能实现交流放大的是图(　　)。

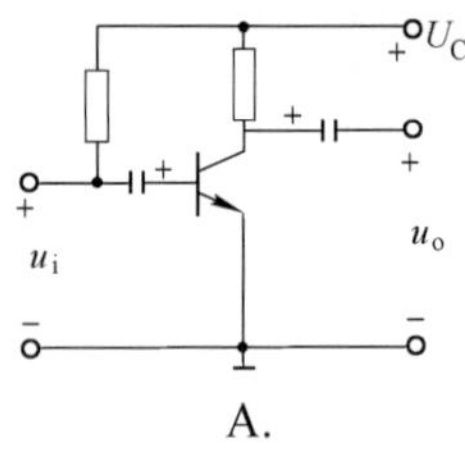

A.

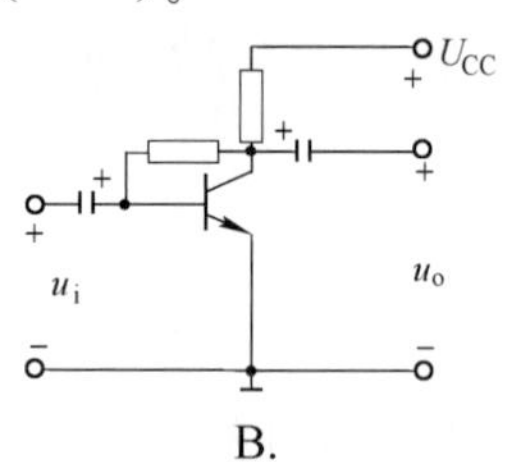

B.

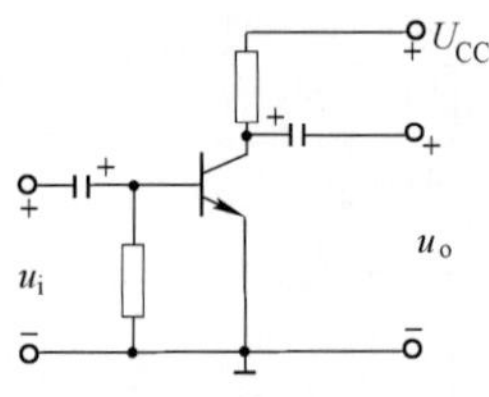

C.

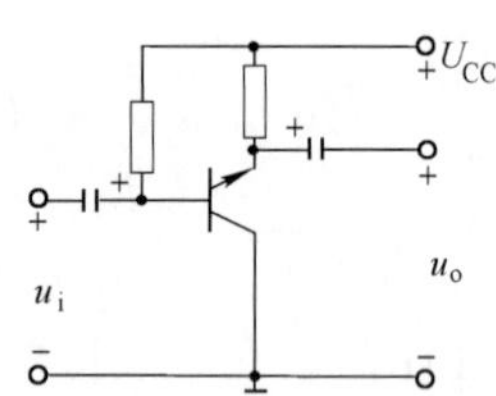

D.

7-8-2　如图所示电路中的晶体管，当输入信号为 3V 时，工作状态是(　　)。

A. 饱和　　B. 截止　　C. 放大　　D. 不确定

7-8-3　如图所示为共发射极单管电压放大电路，估算静态点 I_B、I_C、V_{CE}分别为(　　)。

A. 57μA，2.28mA，5.16V　　B. 57μA，2.8mA，8V

C. 57μA，4mA，0V　　D. 30μA，2.8mA，3.5V

7-8-4　如图所示放大器的输入电阻 r_i、输出电阻 r_o 和电压放大倍数 A_u 分别为(　　)。($r_{be}=1.25\text{k}\Omega$)

A. 200kΩ，3kΩ，47.5 倍　　B. 1.25kΩ，3kΩ，47.5 倍

C. 1.25kΩ，3kΩ，−47.5 倍　　D. 1.25kΩ，1.5kΩ，−47.5 倍

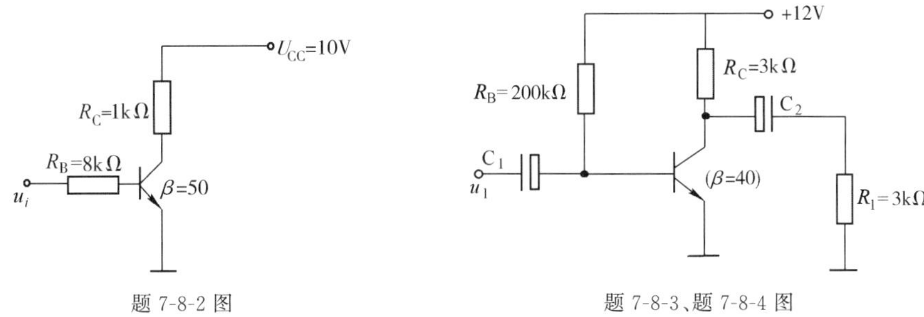

题 7-8-2 图　　题 7-8-3、题 7-8-4 图

7-8-5　某晶体管放大电路的空载放大倍数 $A_k=-80$、输入电阻 $r_i=1\text{k}\Omega$ 和输出电阻 $r_o=3\text{k}\Omega$，将信号源（$u_s=10\sin\omega t$ mV，$R_s=1\text{k}\Omega$）和负载（$R=5\text{k}\Omega$）接于该放大电路之后（见图），负载电压 u_o 将为（　　）。

A. $-0.8\sin\omega t$V　　B. $-0.5\sin\omega t$V　　C. $-0.4\sin\omega t$V　　D. $-0.25\sin\omega t$V

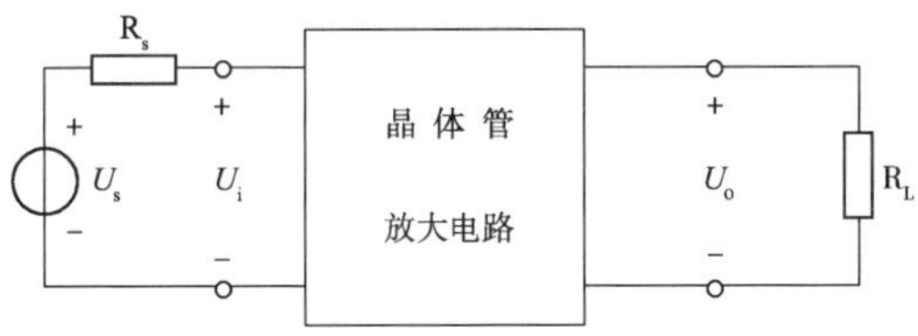

题 7-8-5 图

7-8-6　将放大倍数为 1，输入电阻为 100Ω，输出电阻为 50Ω 的射级输出器插接在信号源（u_s，R_s）与负载（R_L）之间，形成图 b）电路，与图 a）电路相比，负载电压的有效值（　　）。

A. $U_{L2}>U_{L1}$　　B. $U_{L2}=U_{L1}$

C. $U_{L2}<U_{L1}$　　D. 因为 U_2 未知，不能确定 U_{L1} 和 U_{L2} 之间的关系

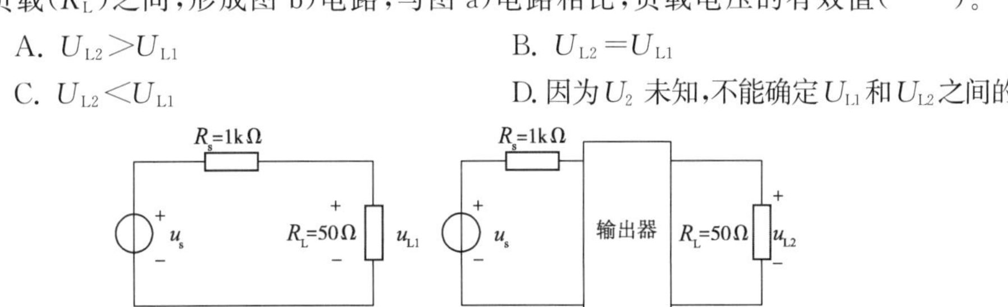

题 7-8-6 图

第九节　集成运算放大器

一、集成运算放大器简介

集成运算放大器是具有高开环放大倍数并带有深度负反馈的多级直接耦合放大电路，它不仅可以放大直流信号，也可以放大交流信号。集成运算放大器具有开环放大倍数高、输入电阻高、输出电阻低、可靠性高、体积小等主要特点。

为了使集成运算放大器（简称运算放大器）电路分析得以简化，一般将实际运算放大器进行理想化，理想化的条件是：

开环电压放大倍数　$A_u\longrightarrow\infty$

输入电阻　$r_i\longrightarrow\infty$

输出电阻　$r_o\longrightarrow 0$

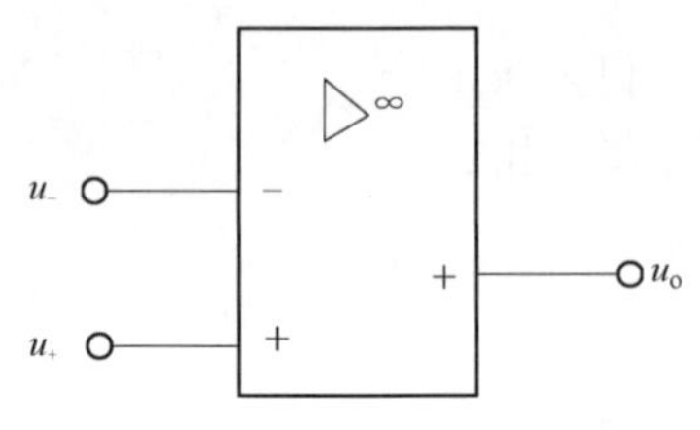

图 7-9-1 运算放大器的图形符号

如图 7-9-1 所示是理想运算放大器的图形符号，它有两个输入端和一个输出端。反相输入端标上“－”号，同相输入端和输出端标上“＋”号。它们对“地”的电位分别用 u_-、u_+ 和 u_o 表示反相输入信号 u_- 的电位变化极性与输出信号 u_o 的极性相反；同反相输入信号 u_+ 的电位变化极性与输出信号 u_o 的极性相同。当运算放大器工作在线性区时，u_o、u_+ 和 u_- 之间关系为

$$u_o = A_u(u_+ - u_-) \tag{7-9-1}$$

由于 $r_i = \infty$，故可认为两个输入端的输入电流为零(即虚断路)；由于运算放大器的开环电压放大倍数 $A_u \longrightarrow \infty$，而输出电压 u_o 是一个有限值，则

$$u_+ - u_- = \frac{u_o}{A_u} \approx 0$$

即

$$u_+ \approx u_- \quad (\text{即虚短路}) \tag{7-9-2}$$

如果反相端有输入时，同相端接“地”，即 $u_+ = 0$，则 $u_- \approx 0$。这就是说反相输入端的电位接近于“地”电位，通常称为“虚地”。

由于 $r_o \Rightarrow 0$，可以认为输出端电压恒定，仅受输入信号控制，与负载 R_L 的变化无关：

$$u_o = A_u(u_+ - u_-)$$

二、基本运算电路

(一)比例运算

1. 反相输入

如图 7-9-2 所示，输入信号从反相输入端引入。

由于 $i_1 \approx i_f$，$u_- \approx u_+ = 0$(流过图 7-9-2 中电阻 R_2 的电流基本为 0)，则

$$i_1 = \frac{u_i - u_-}{R_1} = \frac{u_i}{R_1}$$

$$i_f = \frac{u_- - u_o}{R_F} = -\frac{u_o}{R_F}$$

由此得出

$$u_o = -\frac{R_F}{R_1}u_i \tag{7-9-3}$$

闭环电压放大倍数为

$$A_{uf} = \frac{u_o}{u_i} = -\frac{R_F}{R_1} \tag{7-9-4}$$

上式表明，输出电压与输入电压是反相比例运算关系。

2. 同相输入

如图 7-9-3 所示，输入信号从同相输入端引入。

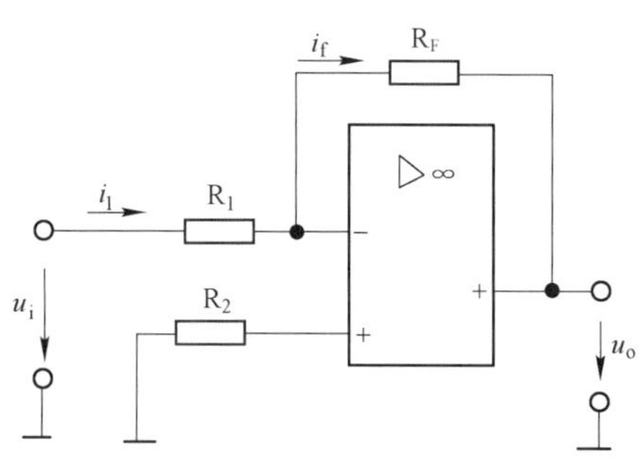

图 7-9-2　反相比例运算电路

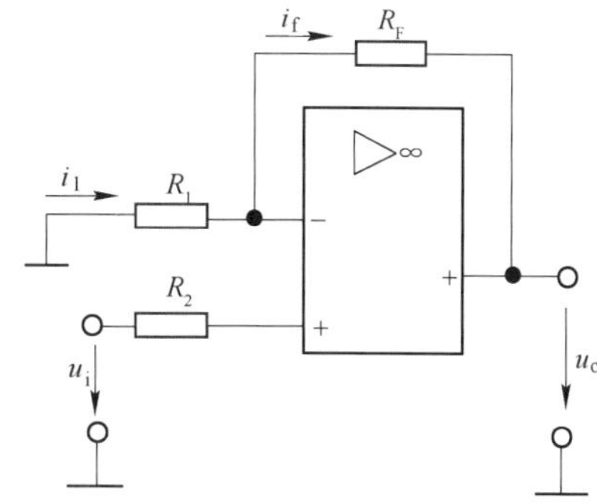

图 7-9-3　同相比例运算电路

由于

$$u_- \approx u_+ = u_i$$

则

$$i_1 = \frac{0 - u_-}{R_1} = \frac{-u_i}{R_1}$$

$$i_f = \frac{u_- - u_o}{R_F} = \frac{u_i - u_o}{R_F}$$

由于 $i_1 = i_f$，可得出

$$-\frac{u_i}{R_i} = \frac{u_i - u_o}{R_F}$$

则

$$u_o = \left(1 + \frac{R_F}{R_1}\right) u_i \tag{7-9-5}$$

闭环电压放大倍数则为

$$A_{uf} = \frac{u_o}{u_i} = 1 + \frac{R_F}{R_1} \tag{7-9-6}$$

可见，输出电压与输入电压是同相比例运算关系。

【例 7-9-1】 运算放大器应用电路如图所示，设运算放大器输出电压的极限值为 ±11V。如果将 −2.5V 电压接入 A 端，而 B 端接地后，测得输出电压为 10V，如果将 −2.5V电压接入 B 端，而 A 端接地，则该电路的输出电压 u_o 等于：

A. 10V

B. −10V

C. −11V

D. −12.5V

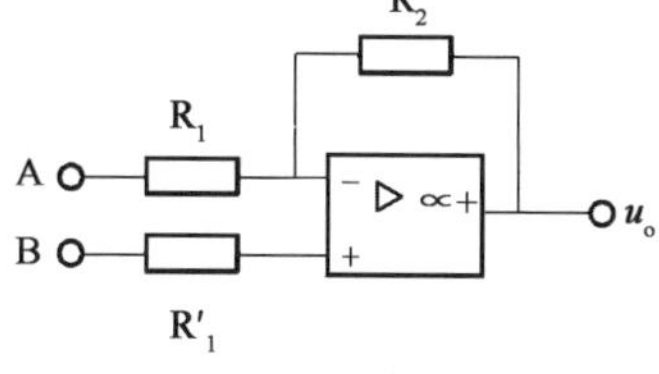

例 7-9-1 图

解　将电路 A 端接入 −2.5V 的信号电压，B 端接地，则构成反相比例运算电路。输出电压与输入的信号电压关系为：

$$u_o = -\frac{R_2}{R_1} u_i$$

可知：

$$\frac{R_2}{R_1} = -\frac{u_o}{u_i} = 4$$

当 A 端接地，B 端接信号电压，就构成同相比例电路，则输出 u_o 与输入电压 u_i 的关系为：

$$u_o = \left(1+\frac{R_2}{R_1}\right)u_i = -12.5\text{V}$$

考虑到运算放大器输出电压在 $-11\sim11$V 之间，可以确定放大器已经工作在负饱和状态，输出电压为负的极限值 -11V。

答案：C

（二）加法运算

如果在反相输入端增加若干输入电路，则构成反相加法运算电路，如图 7-9-4 所示。

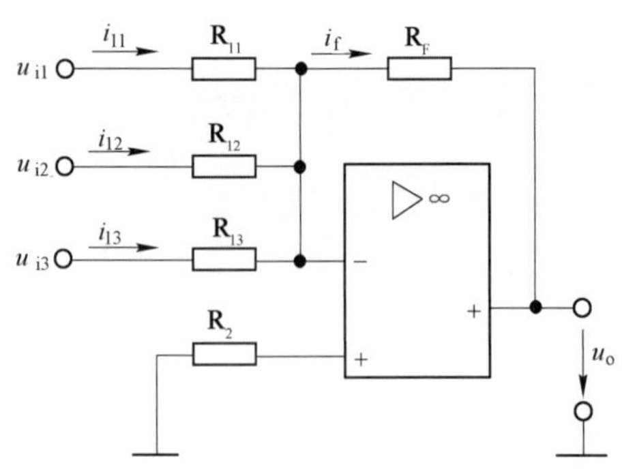

图 7-9-4　反相加法运算电路

由图可列出

$$i_{11}=\frac{u_{i1}}{R_{11}}\quad i_{12}=\frac{u_{i2}}{R_{12}}\quad i_{13}=\frac{u_{i3}}{R_{13}}\quad i_f=\frac{-u_o}{R_F}$$

$$i_f = i_{11}+i_{12}+i_{13}$$

整理可得

$$u_o = -\left(\frac{R_F}{R_{11}}u_{i1}+\frac{R_F}{R_{12}}u_{i2}+\frac{R_F}{R_{13}}u_{i3}\right) \tag{7-9-7}$$

当 $R_{11}=R_{12}=R_{13}=R_F$ 时，则上式为

$$u_o = -(u_{i1}+u_{i2}+u_{i3}) \tag{7-9-8}$$

（三）减法电路

减法运算电路如图 7-9-5 所示。两个输入端都有信号输入，为差动输入方式。

由图 7-9-5 可列出

$$u_- = u_{i1} - i_1R_1 = u_{i1} - \frac{u_{i1}-u_o}{R_1+R_F}R_1$$

$$u_+ = \frac{u_{i2}}{R_2+R_3}R_3$$

因为

$$u_- \approx u_+$$

整理可得

$$u_o = \left(1+\frac{R_F}{R_1}\right)\frac{R_3}{R_2+R_3}u_{i2} - \frac{R_F}{R_1}u_{i1} \tag{7-9-9}$$

当 $R_1=R_2=R_3=R_F$，则

$$u_o = u_{i2}-u_{i1} \tag{7-9-10}$$

可见，输出电压 u_o 是两个输入电压的差值，实现了减法运算。

（四）积分运算

积分运算电路如图 7-9-6 所示。

由于反相输入 $u_-=u_+\approx0$，故

$$i_1=\frac{u_i}{R_1}$$

$$i_f=C_F\,\frac{\mathrm{d}u_C}{\mathrm{d}t}=C_F\,\frac{\mathrm{d}(u_- - u_o)}{\mathrm{d}t}=-C_F\,\frac{\mathrm{d}u_o}{\mathrm{d}t}$$

则

$$u_0 = -\frac{1}{R_1 C_F}\int u_i \mathrm{d}t \tag{7-9-11}$$

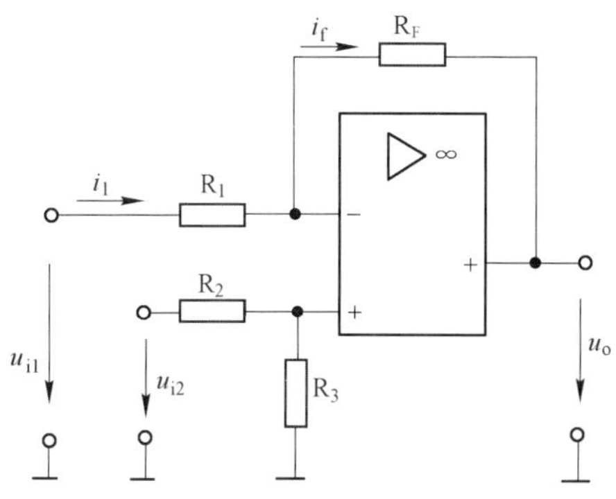

图 7-9-5　减法运算电路

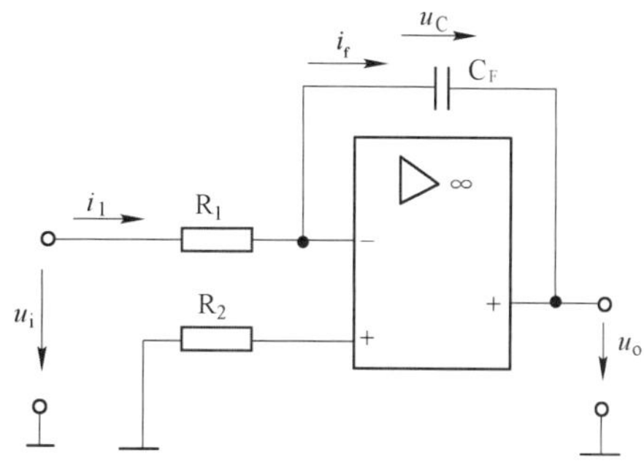

图 7-9-6　积分运算电路

上式表明 u_o 与 u_i 的积分成比例，R_1C_F 称为积分时间常数。

【例 7-9-2】 运算放大器应用电路如图所示，其中 $C=1\mu F$，$R=1M\Omega$，$U_{OM}=\pm 10V$，若 $u_1=1V$，则 u_o：

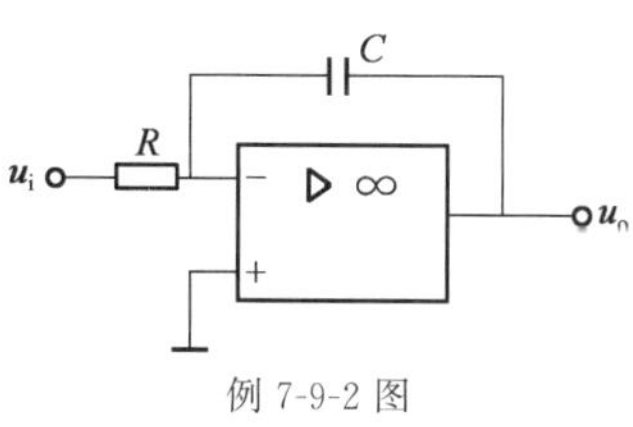

例 7-9-2 图

A. 等于 0V

B. 等于 1V

C. 等于 10V

D. $t<10s$ 时，为 $-t$；$t\geq 10s$ 后，为 $-10V$

解　该电路为运算放大器的积分运算电路。

$$u_o = -\frac{1}{RC}\int u_i \mathrm{d}t$$

当 $u_i=1V$ 时，$u_o=-\frac{1}{RC}t$

当 $t<10s$ 时，$u_o=-t$

$t\geq 10s$ 后，电路出现反向饱和，$u_o=-10V$

答案：D

实例：仪表测量电路

如图 7-9-7 所示为三运放构成的仪用放大器，A_1，A_2 均为同相放大电路。

其中
$$u_a = \left(1+\frac{R_1}{\frac{R_P}{2}}\right)u_{i1}$$

$$u_b = \left(1+\frac{R_1}{\frac{R_P}{2}}\right)u_{i2}$$

$$u_{ab} = u_a - u_b = \left(1+\frac{2R_1}{R_P}\right)(u_{i1}-u_{i2})$$

A_3 为差动放大电路，输出电压

$$u_o = -\frac{R_3}{R_2}u_{ab} = \frac{R_3}{R_2}\left(1+\frac{2R_1}{R_P}\right)(u_{i2}-u_{i1})$$

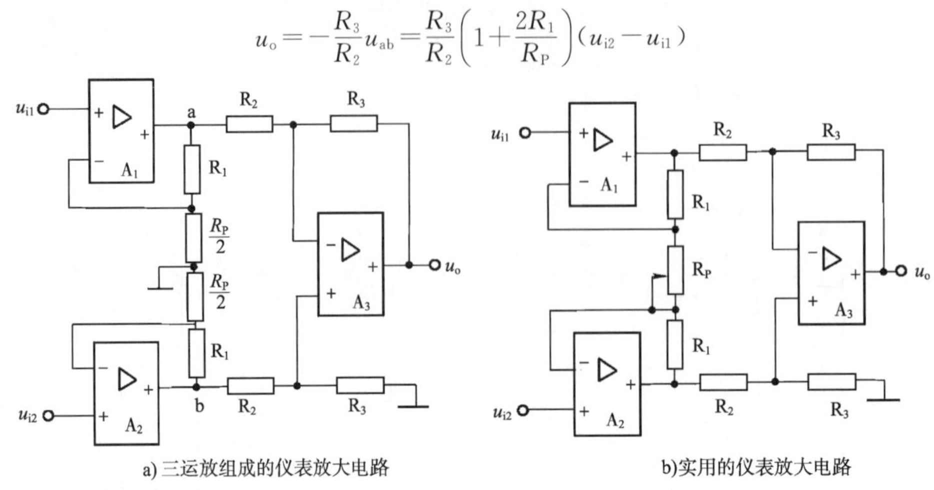

a) 三运放组成的仪表放大电路

b)实用的仪表放大电路

图 7-9-7

当输出电压需要调节时可以采用图 7-9-7b)所示电路，调节可变电阻 R_P 即可改变电路的电压放大倍数。该电路的特点为电压放大倍数容易调整，输入电阻较大。在 LH0036 系列仪表中电路的输入电阻可达到 300MΩ 以上。

三、电压比较器电路

电压比较器的作用是用来比较输入电压和参考电压，图 7-9-8a)是一种基本电压比较器电路和输入、输出电压的传输特性。

该电路的参考电压 U_R 加在同相输入端，输入电压 u_i 加在反相输入端，运算放大器工作于开环状态。由于运算放大器的开环电压放大倍数很高，即使输入端有一个非常微小的差值信号，也会使输出电压饱和。因此，用作比较器时，运算放大器工作在饱和区(即非线性区)。当 $u_i < U_R$ 时，$U_o = +U_{o(sat)}$；当 $u_i > U_R$ 时，$U_o = -U_{o(sat)}$。当参考电压 $U_R = 0$ 时，电压比较器又叫做过零比较器，图 7-9-9b)是过零比较器的电压传输特性。

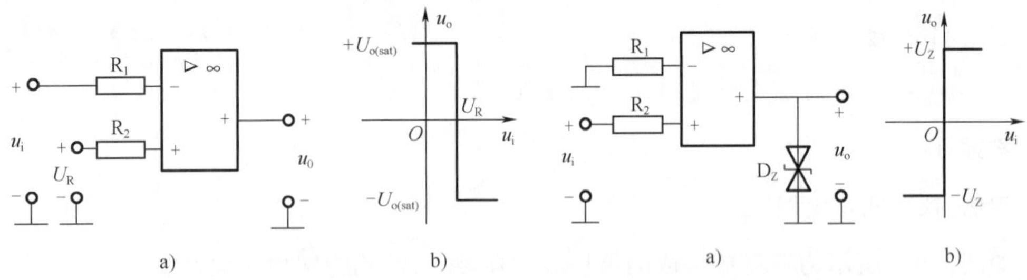

图 7-9-8 电压比较器

图 7-9-9 过零比较器电路和电压传输特性

图 7-9-10 为过零比较器将正弦波电压转变为矩形波电压。

当电压比较器的输入端进行模拟信号大小的比较时，在输出端则以高电平或低电平[即为数字信号(1 或 0)]来反映比较结果。当 $U_R = 0$ 时，输入电压 u_i 与零电平比较，成为过零比较器。

有时为了将输出电压限制在某一特定值，与接在输出端的数字电路的电平配合，可在比较器的输出端与“地”之间跨接一个双向稳压二极管 D_Z，作双向限幅用。稳压二极管的电压为 U_Z，电路和传输特性如图 7-9-11 所示。U_i 与零电平比较，输出电压 u 被限制在 $+U_Z$ 或 $-U_Z$。

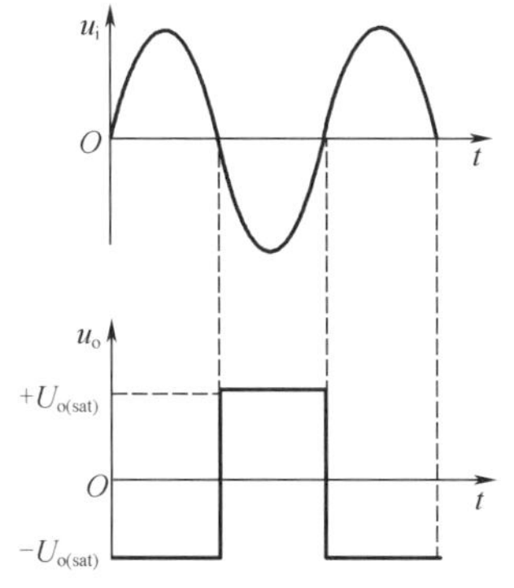

图 7-9-10　过零比较器将正弦波电压转变为矩形波电压

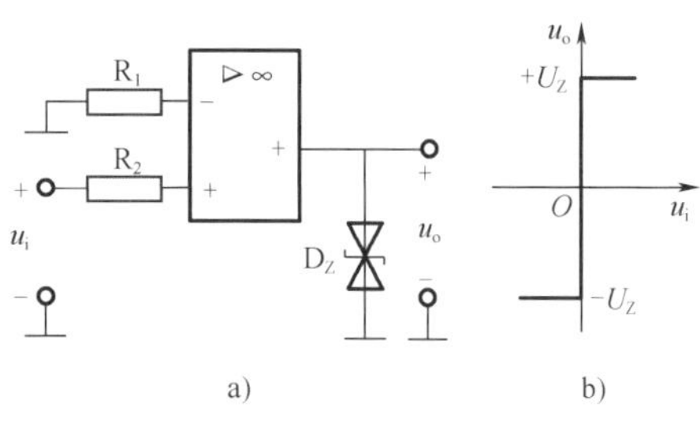

图 7-9-11　带有输出限幅的电压比较电路

【例 7-9-3】 图示为一种电压比较电路，用作电平检测电路，图中 U_R 为参考电压且为正值，D_R 和 D_G 分别为红色和绿色发光二极管，试判断在什么情况下它们会亮？

解　当 $u_i<U_R$ 时（$U_+<U_-$），$u_o=-U_{o(sat)}$，二极管 D_G 导通，D_R 截止，绿灯亮；

当 $u_i>U_R$ 时（$U_+<U_-$），$u_o=+U_{o(sat)}$，二极管 D_G 截止，D_R 导通，红灯亮。

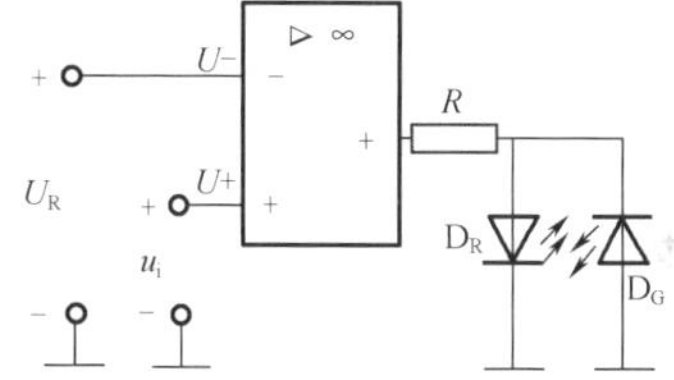

例 7-9-3 图　电压比较电路用作电平检测电路

四、滤波电路的基础知识

（一）滤波电路分类

通常，按照滤波电路的工作频带为其命名，分为低通滤波器（LPF）、高通滤波器（HPF）、带通滤波器（BPF）、带阻滤波器（BEF）和全通滤波器（AF）。设截止频率为 f_p，频率低于 f_p 的信号可以通过，高于 f_p 的信号被衰减的滤波电路称为低通滤波器；反之，频率高于 f_p 的信号可以通过，而频率低于 f_p 的信号被衰减的滤波电路称为高通滤波器。前者可以作为直流电源整流后的滤波电路，以便得到平滑的直流电压；后者可以作为交流放大电路的耦合电路，隔离直流成分，削弱低频信号，只放大频率高于 f_p 的信号。

设低频段的截止频率为 f_{p1}，高频段的截止频率为 f_{p2}，频率为 f_{p1} 到 f_{p2} 之间的信号可以通过，低于 f_{p1} 或高于 f_{p2} 的信号被衰减的滤波电路称为带通滤波器；反之，频率低于 f_{p1} 和高于 f_{p2} 的信号可以通过，而频率是 f_{p1} 到 f_{p2} 之间的信号被衰减的滤波电路称为带阻滤波器。前者常用于载波通信或弱信号提取等场合，以提高信噪比；后者用于在已知干扰或噪声频率的情况下，阻止其通过。

全通滤波器对于频率从零到无穷大的信号具有同样的比例系数，但对于不同频率的信号将产生不同的相移。

（二）典型滤波电路

实际上，任何滤波器均不可能具备如图 7-9-12 所示的幅频特性，在通带和阻带之间存在着过渡带。称通带中输出电压与输入电压之比 $\dot{A}_{up}$ 为通带放大倍数。如图 7-9-13 所示为低通滤波器电路和幅频特性。

使 $|\dot{A}_u|\approx0.707|\dot{A}_{up}|$ 的频率为通带截止频率 f_p。从 f_p 到 $|\dot{A}_u|$ 接近零的频段称为过渡带。使 $|\dot{A}_u|$ 趋近于零的频段称为阻带。过渡带愈窄，电路的选择性愈好，滤波特性愈理想。

分析滤波电路，就是求解电路的频率特性。若滤波电路仅由无源元件（电阻、电容、电感）组成，则称为无源滤波电路。若滤波电路不仅有无源元件，还有有源元件（双极型管、单极型管、集成运放)组成,则称为有源滤波电路。

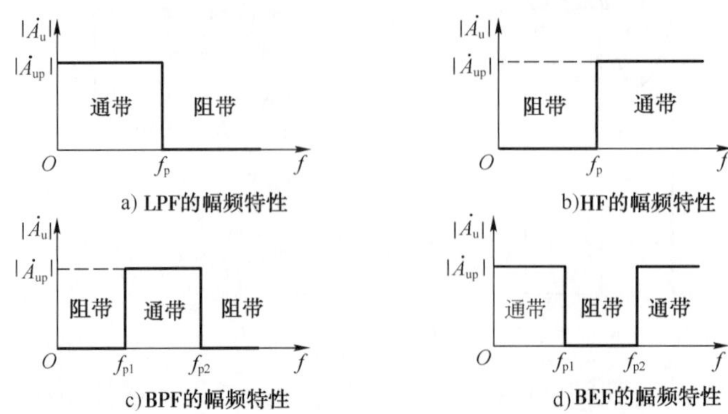

图 7-9-12 理想滤波电路的幅频特性

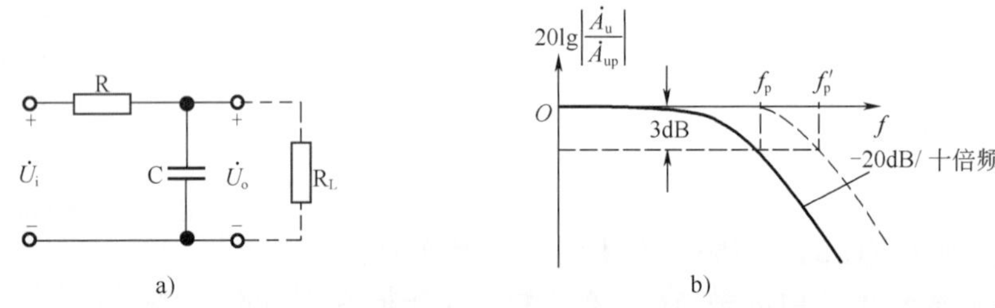

图 7-9-13 低通滤波器电路和幅频特性

1. 无源低通滤波器

如图 7-9-13 所示为 RC 低通滤波器,当信号频率趋于零时,电容的容抗趋于无穷大,通带放大倍数计算如下

$$\dot{A}_u=\frac{\dot{U}_o}{\dot{U}_i}=\frac{R_L//\dfrac{1}{j\omega C}}{R+R_L//\dfrac{1}{j\omega C}}=\frac{\dfrac{R_L}{R+R_L}}{1+j\omega(R//R_L)C}$$

$$\dot{A}_u=\frac{\dot{U}_o}{\dot{U}_i}=\frac{\dot{A}_{up}}{1+j\dfrac{f}{f'_p}}$$

$$f'_p=\frac{1}{2\pi(R//R_L)C}$$

结果表明负载电阻 R_L 对放大倍数的影响:负载电阻 R_L 减小,通带放大倍数的数值减小,通带截止频率升高。可见,无源滤波电路的通带放大倍数及其截止频率都随负载而变化,这一缺点不符合信号处理的要求,因而产生有源滤波电路。

2. 有源滤波电路

为了使负载不影响滤波特性,可在无源滤波电路和负载之间加一个高输入电阻低输出电阻的隔离电路,最简单的方法是加一个电压跟随器,即构成一阶有源低通滤波电路,如图 7-9-14a)所示,这样就构成了有源滤波电路。在理想运放的条件下,由于电压跟随器的输入电阻为无穷大,输出电阻为零,电路的负载能力提高。负载变化,放大倍数的表达式不变,因此频率特性不变。

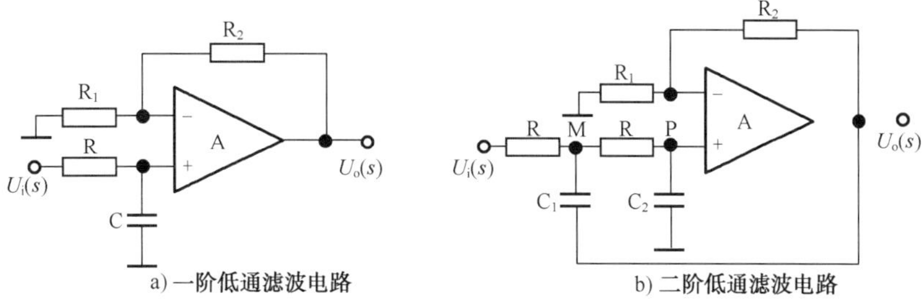

图 7-9-14 低通滤波电路

有源滤波电路一般由 RC 网络和集成运放组成,因而必须在合适的直流电源供电的情况下才能起滤波作用,与此同时,还可以进行放大。组成电路时,应选用带宽合适的集成运放。有源滤波电路不适于高电压、大电流的负载,只适用于信号处理。

图 7-9-14b)为用运算放大器构成的一阶、二阶低通滤波电路。

高通滤波电路与低通滤波电路具有对偶性,如果将如图 7-9-14b)所示二阶低通滤波电路中滤波环节的电容替换成电阻,电阻替换成电容,就可得如图 7-9-15 所示的高通滤波电路。

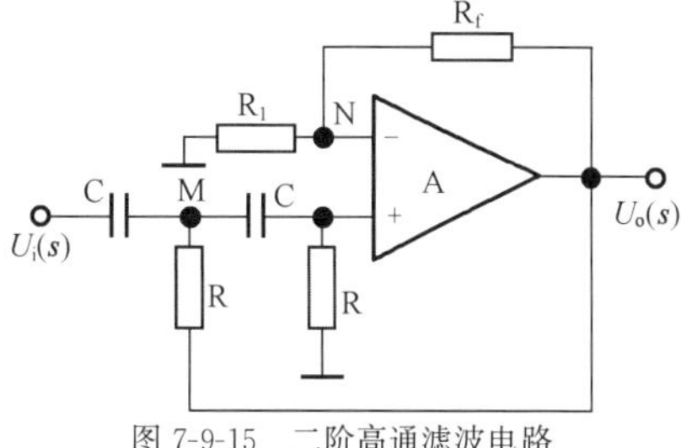

图 7-9-15 二阶高通滤波电路

习 题

7-9-1 如图所示电路中,输出电压的表达式是( )。

A. $-\frac{R_{F2}}{R_2}u_{i1}+\left(1+\frac{R_{F2}}{R_2}\right)u_{i2}$　　B. $-\frac{R_{F1}}{R_2}u_{i1}+\left(1+\frac{R_{F2}}{R_2}\right)u_{i2}$

C. $u_{i1}\frac{R_{F1}\cdot R_{F2}}{R_1R_2}+u_{i2}\frac{R_2+R_{F2}}{R_2}$　　D. $u_{i1}\frac{R_{F1}\cdot R_{F2}}{R_1R_2}-u_{i2}\frac{R_2+R_{F2}}{R_2}$

7-9-2 电路如图所示,负载电流 i_L 与负载电阻 R_L 的关系为( )。

A. R_L 增加,i_L 减小　　B. i_L 的大小与 R_L 的阻值无关

C. i_L 随 R_L 增加而增大　　D. R_L 减小,i_L 减小

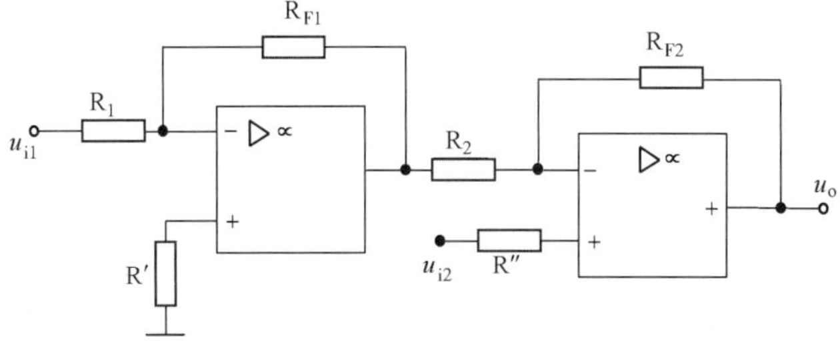

题 7-9-1 图

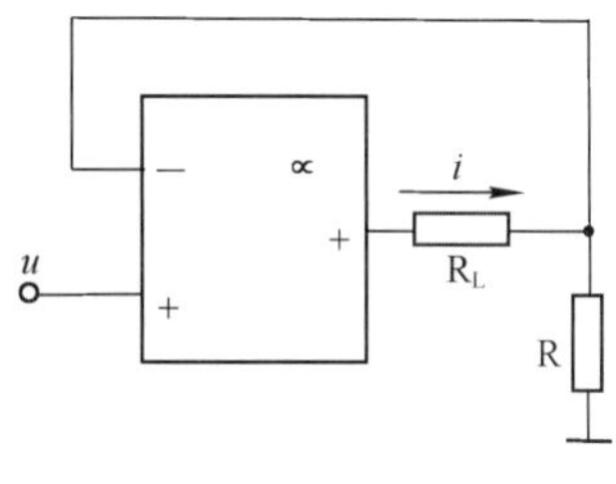

题 7-9-2 图

7-9-3 如图所示为可变电压放大器,当输入 $u_i=\frac{1}{2}$V 时,调节范围为( )。

A. −5.5~5.5V

B. $-1\sim+1V$

C. $-0.5\sim-1V$

D. $-0.5\sim-5.5V$

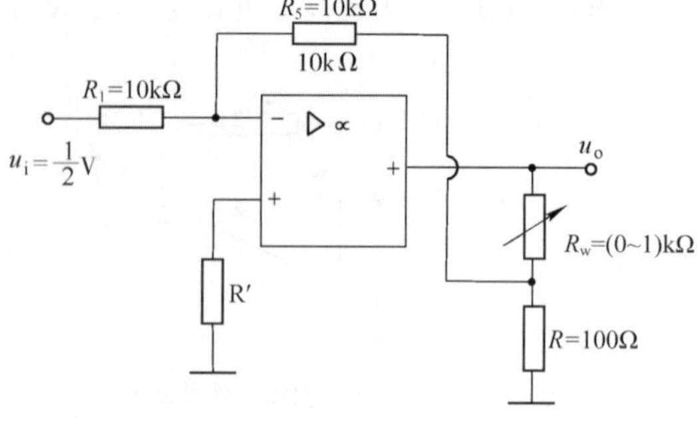

题 7-9-3 图

7-9-4　将运算放大器直接用于两信号的比较，如图 a)所示，其中：$u_{i2}=-1V$，u_{i1}的波形由图 b)给出，则输出电压 u_o 等于(　　)。

A. u_{i1}

B. $-u_{i2}$

C. 正的饱和值

D. 负的饱和值

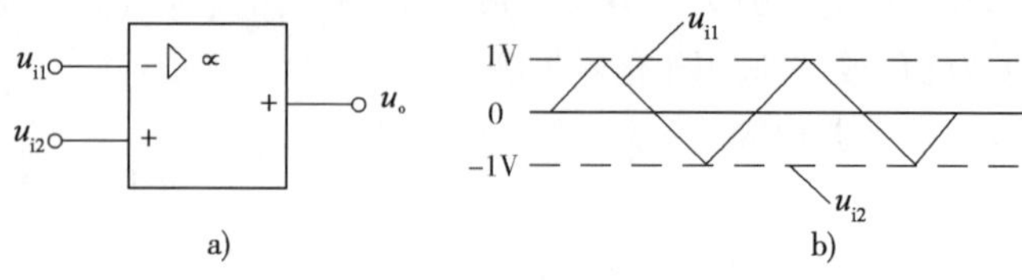

题 7-9-4 图

7-9-5　运算放大器应用电路如图所示，在运算放大器线性工作区，输出电压与输入电压之间的运算关系是(　　)。

A. $u_o=-\frac{1}{R_1C}\int u_i\mathrm{d}t$　　B. $u_o=\frac{1}{R_1C}\int u_i\mathrm{d}t$

C. $u_o=-\frac{1}{(R_1+R_2)C}\int u_i\mathrm{d}t$　　D. $u_o=\frac{1}{(R_1+R_2)C}\int u_i\mathrm{d}t$

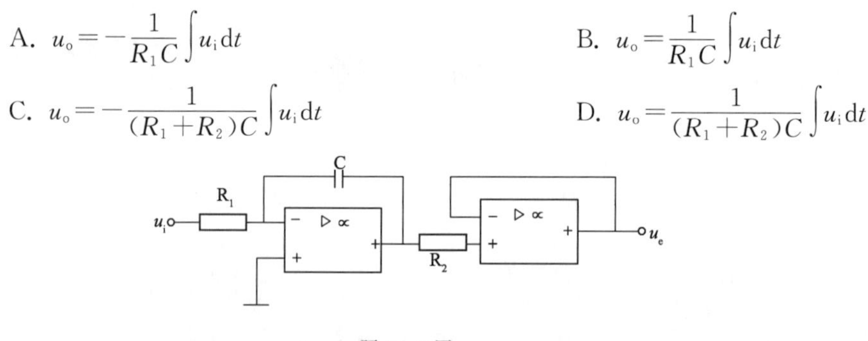

题 7-9-5 图

第十节　数字电路

一、门电路

(一)门电路的基本概念

在数字电路中，门电路是组合逻辑电路的最基本逻辑元件，它的应用极为广泛。所谓门，就是一个开关，在一定的条件下允许信号通过，条件不满足，信号就不能通过。门电路的输入信号与输出信号之间存在一定的逻辑关系，所以门电路又称为逻辑门电路。基本逻辑门电路有与门、或门和非门电路。

(二)基本门电路

1. 与门电路

如图 7-10-1a)所示为二极管与门电路，其中 A、B 为输入逻辑变量，F 为输出端。设二极

管 D_A、D_B 为理想元件，即导通时端电压为 0V。由图 7-10-1 可见，在 A、B 中只要有一个输入为低电平时，输出端 F 就是低电平，只有当 A、B 端全为高电平时，F 端才有可能出现高电平。现在我们把高电平定义为逻辑“1”，而把低电平定义为逻辑“0”，则 F 与输入端 A、B 的逻辑关系符合与逻辑关系。

$$F = A \cdot B \tag{7-10-1}$$

逻辑功能表见表 7-10-1。

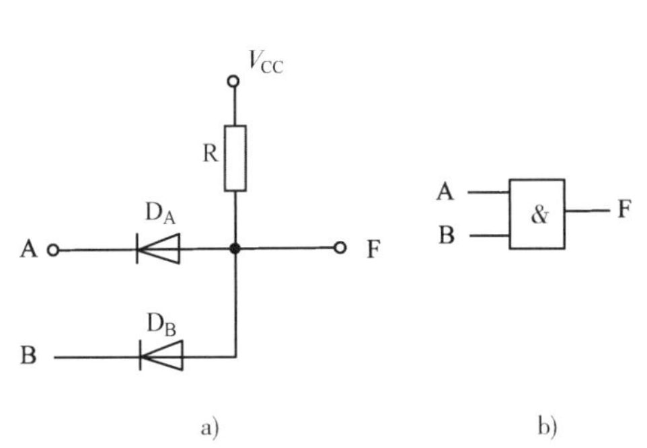

图 7-10-1 二极管与门电路及符号

与门逻辑状态表 表 7-10-1

A	B	F
0	0	0
0	1	0
1	0	0
1	1	1

通常在进行逻辑电路的分析时，人们只关心输出和输入之间的逻辑关系，而不关心其内部结构，因此可以把与门用图 7-10-1b)的逻辑符号表示。

2. 或门电路

如图 7-10-2a)所示为二极管或门电路和它的逻辑符号。

两个二极管的负极同时经电阻 R 接到了负电源 V_{EE} 上，只要 A、B 中有一个是高电平；F 就是高电平；只有在 A、B 同时为低电平时，F 才是低电平。因此 F 与 A、B 之间为或的逻辑关系，逻辑状态表见表 7-10-2。

$$F = A + B \tag{7-10-2}$$

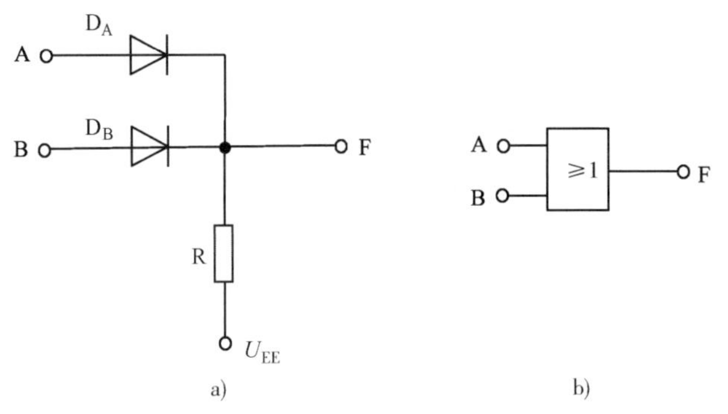

图 7-10-2 二极管或门电路及符号

或门逻辑状态表 表 7-10-2

A	B	F
0	0	0
0	1	1
1	0	1
1	1	1

3. 三极管非门电路

(1)半导体三极管的开关特性

三极管有截止、饱和、放大三个工作区，在如图 7-10-3 所示的三极管电路中，$U_i \leqslant 0$ 时，

$V_{BE}\leqslant 0$，因而三极管工作在截止区。截止区的工作特点是 $i_B\approx 0$，集电极电流 $i_C=i_{CEO}\approx 0$，所以三极管的集射极之间如同一个断开的开关一样，这时输出电压 $u_o\approx V_{CC}$。

当 u_i 为正，并且使 $i_B\geqslant i_{Bs}=\dfrac{V_{CC}}{\beta R_C}$ 时，V_{BE} 和 V_{BC} 同时为正向偏置，三极管工作在饱和区。饱和区的工作特点是 C-E 间的饱和压降 $V_{CES}\approx 0$，而 i_C 不再随 i_B 的增加而增加，此时 C-E 间如同开关短路一样，故三极重集电极电位 $V_C=0$。

可见，只要用 u_i 的高低电平控制三极管分别工作在饱和导通和截止状态，就可控制它的开关状态，并在输出端得到对应的高、低电平。而与之相反的电平，即符合“非”的逻辑关系。

电路中通常满足 $V_{CC}\gg V_{CES}$，$i_{CEO}\approx 0$，所以在分析三极管开关电路时经常使用图 7-10-4 给出的三极管开关等效电路。

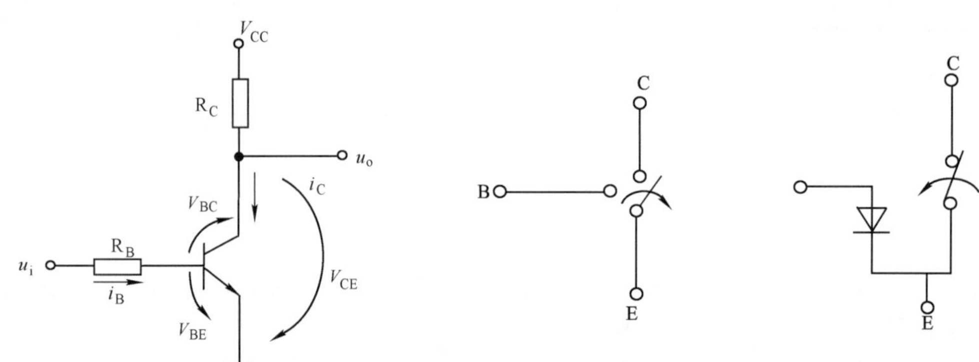

图 7-10-3　三极管非门电路

图 7-10-4　三极管开关等效电路

(2)非门

从以上分析的三极管开关特性可以发现，当输入 u_i 为低电平时，输出 u_o 为高电平；而输入 u_i 为高电平时输出 u_o 为低电平，因此输入与输出之间具有反相关系，即非逻辑，因此我们可以把它当作非门使用。

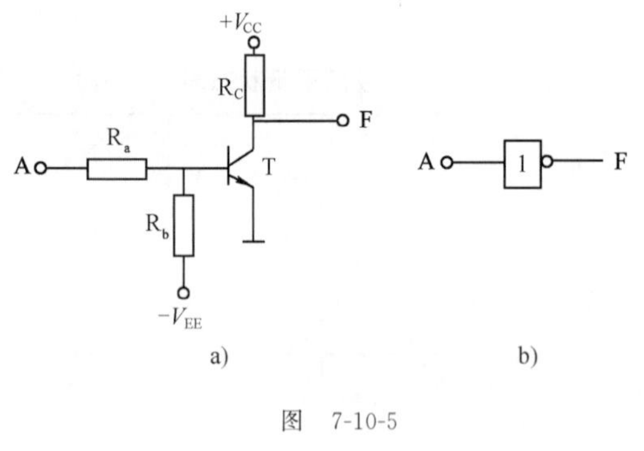

图　7-10-5

在实用的非门电路中，为保证输入为低电平时三极管能可靠截止，通常将电路接成如图 7-10-5所示的形式。由于增加了电阻 R_a 和负电源 V_{EE}，当输入低电平信号为 0V 时三极管的基极电位为负电位，发射结处于反向偏置，从而可以保证三极管可靠截止。

图 7-10-5b)是非门的逻辑符号，其中 F 与 A 的逻辑关系式为

$$F=\overline{A} \qquad (7\text{-}10\text{-}3)$$

表 7-10-3 是非门逻辑状态表。

以上三种是基本逻辑门电路，有时还可以把它们组合成为组合门电路，以丰富逻辑功能。常用的一种是与非门电路，其图形符号如图 7-10-6 所示。

非门逻辑状态表 表 7-10-3

A	F
0	1
1	0

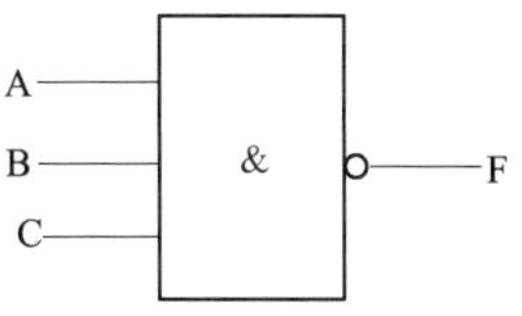

图 7-10-6 与非门电路的图形符号

与非门的逻辑功能是:当输入端全为 1 时,输出为 0;当输入端有一个或几个为 0 时,输出为 1。与非逻辑关系可用下式表示

$$F=\overline{A \cdot B \cdot C} \tag{7-10-4}$$

表 7-10-4 是与非门逻辑状态表。

与非门逻辑状态 表 7-10-4

A	B	C	F	A	B	C	F
0	0	0	1	1	0	0	1
0	0	1	1	1	0	1	1
0	1	0	1	1	1	0	1
0	1	1	1	1	1	1	0

【例 7-10-1】 如图所示电路中 $R_C=1\text{k}\Omega, R_1=12\text{k}\Omega, R_2=12\text{k}\Omega, V_{CC}=12\text{V}, V_{EE}=12\text{V}$,晶体三极管的电流放大倍数 $\beta=30$。分析在输入电位 $V_A=0\text{V}$ 和 $V_A=3\text{V}$ 时此电路是否符合"非"门逻辑要求?如不符合应如何调整?输出端与 +3V 电源相连的二极管起什么作用?

解 ①当输入端 A 为"0"时,$V_A=0\text{V}$,此时 V_B 电位可按下式计算(此时晶体三极管设为截止状态,$I_B=0\text{A}$)

$$V_B=V_A-\frac{V_A-(-V_{EE})}{R_1+R_2}R_1$$

$$=0-\frac{0-(-12)}{12+2}\times 2=-1.71\text{V}$$

此时 $V_B=V_{BE}<0.5\text{V}$,三极管可靠截止,输出状态为"1"。

②当输入端 A 为"1",即 $V_A=3\text{V}$ 时,设三极管为导通状态,$V_{BE}=0.7\text{V}$,则

$$I_B=I_{R1}-I_{R2}=\frac{V_A-V_B}{R_1}-\frac{V_B-V_{EE}}{R_2}$$

$$=\frac{3-0.7}{2}-\frac{0.7-(-12)}{12}$$

$$=1.15-1.06=0.09\text{mA}$$

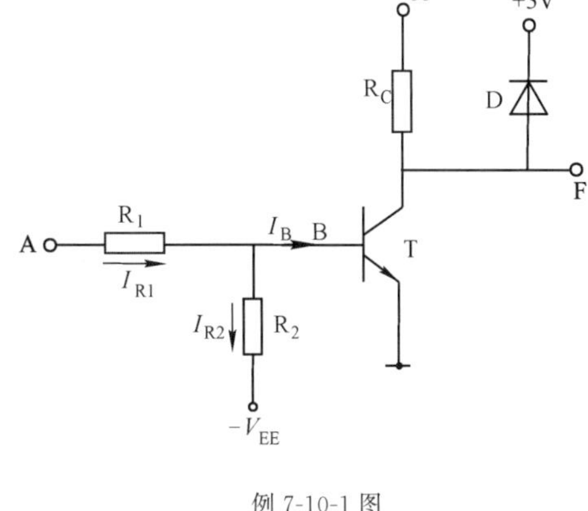

例 7-10-1 图

$I_{BS}=\frac{I_{CS}}{\beta}\approx\frac{V_{CC}/R_C}{\beta}=\frac{12/1}{30}=0.4\text{mA}$($I_{CS}$ 为三极管集电极最大允许电流)

故 $$I_B \leqslant I_{BS}$$

I_B 不足以使三极管饱和,必须调整。若使 $R_1=1.5\text{k}\Omega, R_2=18\text{k}\Omega$,则

$$I_B=\frac{3-0.7}{1.5}-\frac{0.7-(-12)}{18}=0.83\text{mA}>I_{BS}$$

此时 $I_B>I_{BS}$，三极管处于饱和状态，$V_{CE}=V_{CES}=0.3$V，即为逻辑"0"。通常逻辑电路中的电平高于 2.4V 时，设为逻辑"1"状态；逻辑"0"的电平小于 0.4V，此电路接入二极管是使输出高电平时二极管导通，使输出电位不超过 3V 太多(实际为 3.3V 左右)。符合"1"电平要求。

【例 7-10-2】 试分析图示逻辑电路的逻辑功能。

解 根据逻辑图，可写出其逻辑表达式为

$$F=\overline{\overline{\overline{ABC}\cdot A}\cdot\overline{\overline{ABC}\cdot B}\cdot\overline{\overline{ABC}\cdot C}}$$

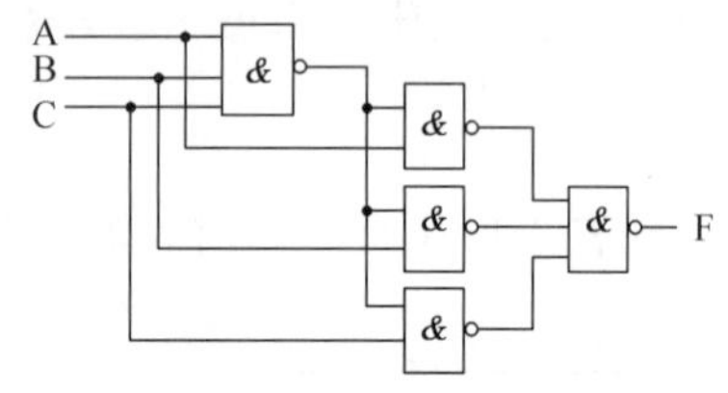

例 7-10-2 图 逻辑电路

利用逻辑代数的反演定理，上式可化简为

$$\begin{aligned}F&=\overline{ABC}\cdot A+\overline{ABC}\cdot B+\overline{ABC}\cdot C\\&=\overline{ABC}(A+B+C)\\&=\overline{ABC}\cdot\overline{\bar{A}\cdot\bar{B}\cdot\bar{C}}\\&=\overline{ABC+\bar{A}\cdot\bar{B}\cdot\bar{C}}\end{aligned}$$

其逻辑状态表见表 7-10-5。由表可知，该电路的逻辑功能是：当三个输入端的电平一致时(A、B、C 均为"1"或均为"0")，输出为"0"；当三个输入电平不一致时，输出为"1"。因此有时把它称为"不一致"电路，可以用这个逻辑电路来识别输入电平是否一致。

例题 7-10-2 的逻辑状态表 表 7-10-5

A	B	C	F	A	B	C	F
0	0	0	0	1	0	0	1
0	0	1	1	1	0	1	1
0	1	0	1	1	1	0	1
0	1	1	1	1	1	1	0

【例 7-10-3】 已知数字信号 A 和数字信号 B 的波形如图所示，则数字信号 $F=\overline{AB}$的波形为：

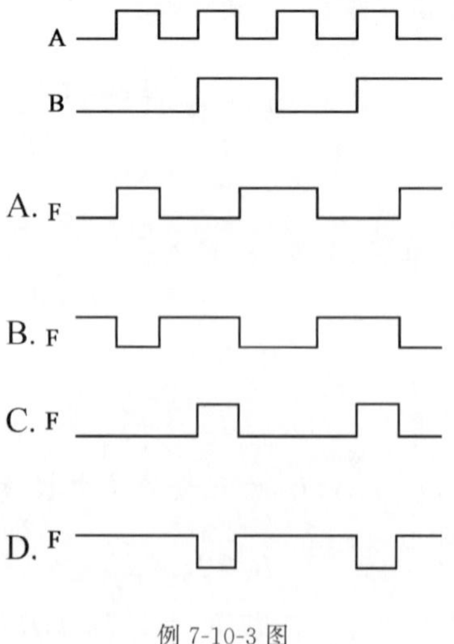

例 7-10-3 图

解 “与非门”电路遵循输入有“0”输出则“1”的原则，利用输入信号 A、B 的对应波形分析即可。

答案：D

二、触发器

触发器是时序逻辑电路的基本单元，常见的 RS 触发器、D 触发器和 JK 触发器都是具有两个稳定状态的双稳态触发器。

(一)RS 触发器

RS 触发器又分基本 RS 触发器和可控 R-S 触发器。

1. 基本 RS 触发器

基本 RS 触发器可由两个与非门交叉连接而成，如图 7-10-7a)所示。

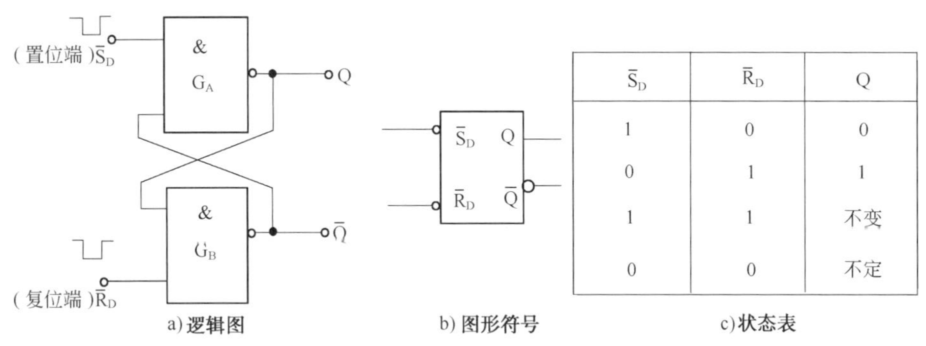

$\bar{S}_D$	$\bar{R}_D$	Q
1	0	0
0	1	1
1	1	不变
0	0	不定

图 7-10-7 基本 RS 触发器

Q 与 $\bar{Q}$ 是基本 RS 触发器的输出端，两者的逻辑状态在正常条件下保持相反。这种触发器有两种稳定状态：$Q=1$、$\bar{Q}=0$，称为置位状态(“1”态)；$Q=0$、$\bar{Q}=1$，称为复位状态(“0”态)。相应的输入端分别为直接置位端或直接置 1 端($\bar{S}_D$)和直接复位端或直接置 0 端($\bar{R}_D$)。

基本 RS 触发器输入对应有四种不同的状态，可以得出输出与输入的逻辑关系如图 7-10-7c)所示状态表。从而可知，基本 RS 触发器有两个稳定的状态，它可以直接置位或复位。在直接置位端加负脉冲($\bar{S}_D=0$)即可置位，在直接复位端加负脉冲($\bar{R}_D=0$)即可复位。负脉冲除去以后，直接置位端和直接复位端都处于“1”态高电平(平时固定接高电平)，此时触发器保持原状态不变，实现存储或记忆功能。但是，负脉冲不可同时加直接置位端和直接复位端。

图 7-10-7b)是基本 RS 触发器的图形符号，图中输入端引线上靠近方框的小圆圈是表示触发器用负脉冲(0 电平)来置位或复位，即代表低电平有效；输出端 $\bar{Q}$ 的小圆圈表示在正常情况下 $\bar{Q}$ 与 Q 的状态相反。

2. 可控 RS 触发器

图 7-10-8a)是可控 RS 触发器的逻辑图。其中，与非门 G_A 和 G_B 构成基本触发器，与非门 G_C 和 G_D 构引导电路，R 和 S 是信号输入端。cp 是时钟脉冲输入端，通过引导电路来实现脉冲对输入端 R 和 S 的控制，故称为可控 RS 触发器。

当时钟脉冲来到之前，即 $cp=0$ 时，不论 R 和 S 端的电平如何变化，G_C 门和 G_D 门的输出均为 1，基本触发器保持原状态不变。只有 $cp=1$ 时，触发器才按 R、S 端的输入状态来决定其输出状态。时钟脉冲过去后，cp 恢复为“0”状态，输出状态不变。

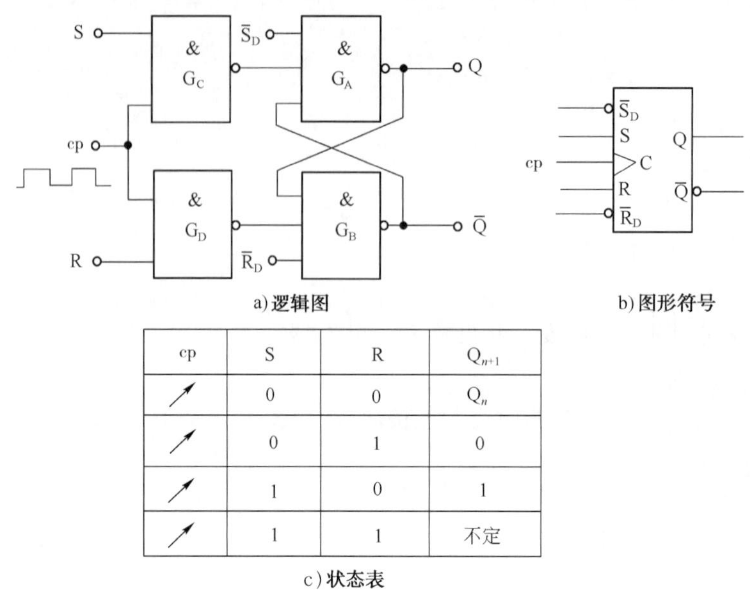

a)逻辑图　　b)图形符号

cp	S	R	Q_{n+1}
↗	0	0	Q_n
↗	0	1	0
↗	1	0	1
↗	1	1	不定

c)状态表

图 7-10-8　可控 RS 触发器

R_D 和 S_D 是直接复位端和直接置位端，即不经过时钟脉冲 cp 的控制可以直接使基本触发器置 0 或置 1。一般用在工作之初，预先使触发器处于某一给定状态，在不用时让它们处于高电平。触发器的输出状态与 R、S 输入状态的关系如图 7-10-8c）所示的状态表。Q_n 表示时钟脉冲来到之前触发器的输出状态，Q_{n+1} 表示时钟脉冲来到之后的状态。

（二）JK 触发器

如图 7-10-9a）所示是 JK 触发器的逻辑图，它由两个可控 RS 触发器组成，分别称为主触发器和从触发器。此外，还通过一个非门将两个触发器联系起来。这就是触发器的主从器结构，时钟脉冲先使主触发器翻转，然后使从触发器翻转，“主从”之名由此而来。

当时钟脉冲来到后，即 cp＝1 时，非门的输出为 0，从触发器的状态不变；至于这时主触发器是否翻转，要看触发器当前输出的状态以及 J、K 输入端所处状态而定（$S=J\overline{Q}$、$R=KQ$）。当 cp 从 1 变为 0 时，主触发器的状态保持；由于这时非门的输出为 1，从触发器打开，主触发器就可以将信号送到从触发器，使两者状态一致。

可见，在时钟脉冲来到之前（即 cp＝0 时），触发器的状态（即从触发器的状态）与主触发器的状态是一致的。

由于 JK 触发器在 cp＝1 时，把输入信号暂时存储在主触发器中，为从触发器翻转或保持原态做好准备；到 cp 下跳为 0 时，存储的信号起作用，或者触发从触发器使之翻转，或者使之保持原态。此外，主从型触发器具有在 cp 下跳为 0 时翻转的特点，也就是具有在时钟脉冲后沿触发的特点。后沿触发在图形符号中 cp 输入端靠近方框处用小圆圈表示，如图 7-10-9b）所示。

JK 触发器的状态表如图 7-10-9c）所示。

（三）D 触发器

D 触发器的逻辑功能是：它的输出端 Q 的状态随输入端 D 的状态而变化，但总比输入端状态的变化晚一步。

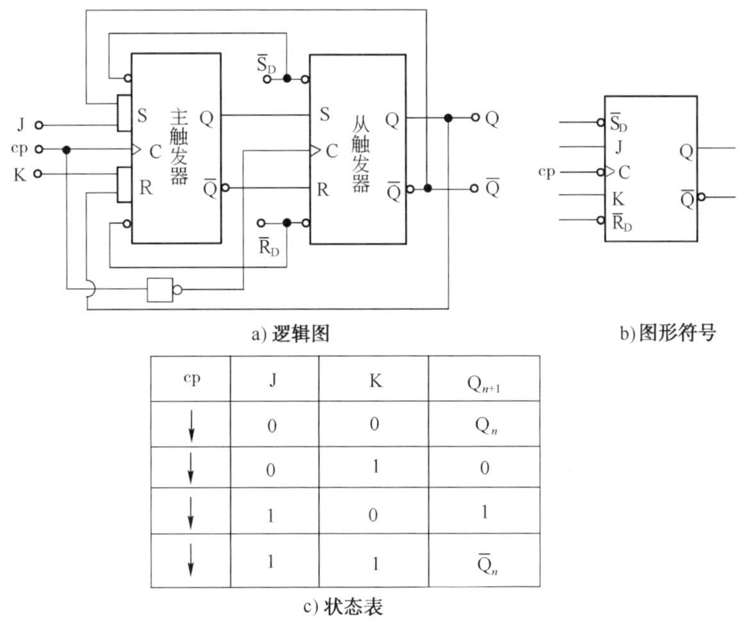

a) 逻辑图　　　　b)图形符号

cp	J	K	Q_{n+1}
↓	0	0	Q_n
↓	0	1	0
↓	1	0	1
↓	1	1	$\overline{Q}_n$

c) 状态表

图 7-10-9　主从型 JK 触发器

即

$$Q_{n+1} = D_n \tag{7-10-5}$$

如图 7-10-10a)所示为 JK 触发器转换为 D 触发器的逻辑电路图。

D 触发器和 JK 触发器都是常用的寄存器和计数器等时序逻辑电路的逻辑部件。

D 触发器的状态表如图 7-10-10b)所示。

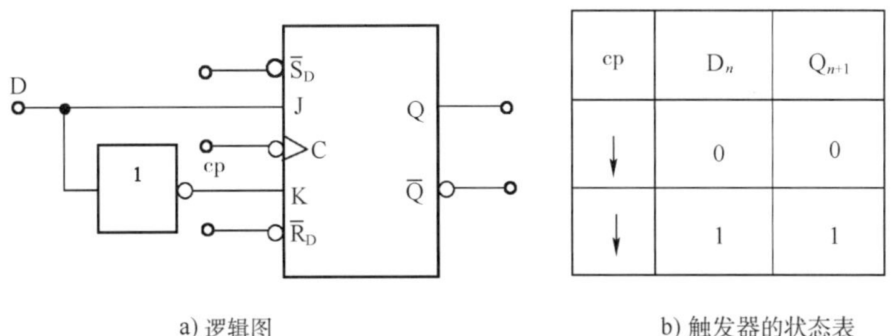

cp	D_n	Q_{n+1}
↓	0	0
↓	1	1

a) 逻辑图　　　　b) 触发器的状态表

图 7-10-10　将 JK 触发器转换为 D 触发器

【例 7-10-4】 图示为单脉冲输出电路，输入信号 J_1、P_1 和时钟 cp 的信号如图所示，试画出 Q_1、Q_2 和 M 端的工作波形(设触发器的初始状态为“0”)。

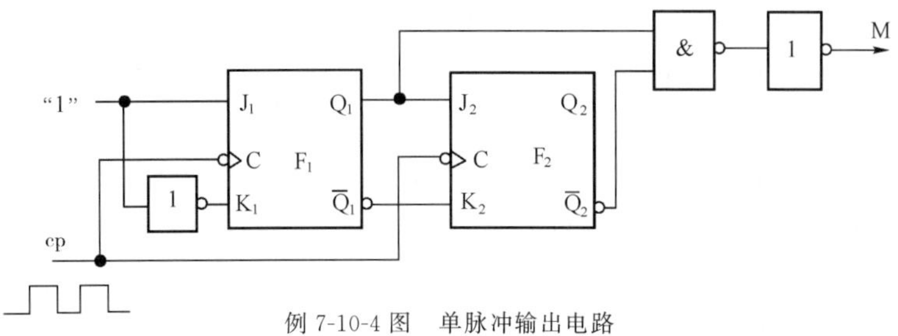

例 7-10-4 图　单脉冲输出电路

解 触发器 F_1 和 F_2 在同一时钟脉冲作用下，为同步触发方式。分析时，应先确定 Q_1、Q_2 的波形；

输出端 M 与 Q_1、Q_2 的输出为组合逻辑关系，$M=Q_1\cdot\overline{Q}_2$。绘制的 Q_1、Q_2 和 M 的波形如解图所示。

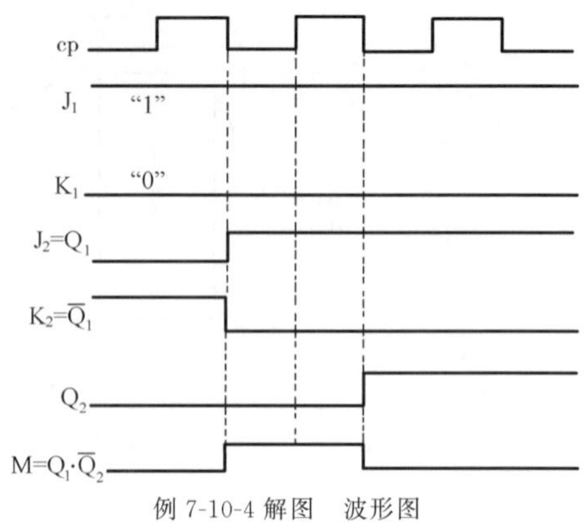

例 7-10-4 解图　波形图

触发器具有时序逻辑的特征，可以由它组成各种时序逻辑电路。其中，寄存器和计数器是最典型的时序逻辑电路。

【例 7-10-5】 如图 a）所示电路中，复位信号、数据输入及时钟脉冲信号如图 b）所示，经分析可知，在第一个和第二个时钟脉冲的下降沿过后，输出 Q 先后等于：

A. 0，0　　B. 0，1　　C. 1，0　　D. 1，1

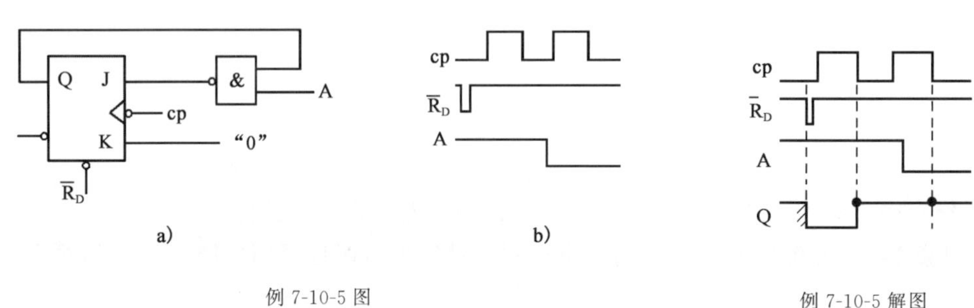

例 7-10-5 图　　例 7-10-5 解图

解 图示为 JK 触发器和与非门的组合，触发时刻为 cp 脉冲的下降沿，触发器输入信号为：$J=\overline{Q\cdot A}$，K＝"0"。

输出波形为解图 Q 所示。两个脉冲的下降沿后 Q 为高电平。

答案：D

三、寄存器

寄存器用来暂时存放参与运算的数据和运算结果。一个触发器只能寄存一位二进制数，要存多位数时就得用多个触发器。

寄存器存放数码的方式有并行和串行两种。并行方式就是数码各位从各对应位输入端同时输入到寄存器中，串行方式就是数码从一个输入端逐位输入到寄存器中。

寄存器取出数码的方式也有并行和串行两种。在并行方式中，被取出的数码各位在对应于各位的输出端上同时出现；而在串行方式中，被取出的数码仅在一个输出端逐位出现。

寄存器常分为数码寄存器和移位寄存器两种，其区别在于有无移位的功能。

(一)数码寄存器

这种寄存器只有寄存数码和清除原有数码的功能。图 7-10-11 是一种四位数码寄存器。输入端是四个与门，如果要输入四位二进制数 $d_3\sim d_0$ 时，可使与门的寄存控制信号 IE＝1，把与非打开 $d_3\sim d_0$ 便输入。当时钟脉冲 cp＝1 时，$d_3\sim d_0$ 以反量形式寄存在四个 D 触发器 $FF_3\sim FF_0$ 的 Q 端。输出端是四个三态非门(当取出信号 OE＝0 时 $Q_3\sim Q_0$ 端悬空，当 OE＝1 时 $Q_3\sim Q_0$

取触发器 FF_3～FF_0 端悬空输出的反量)。这样,如果要取出时,可使三态门的输出控制信号 OE=1,d_3～d_0 便可从三态门的 Q_3～Q_0 端输出。

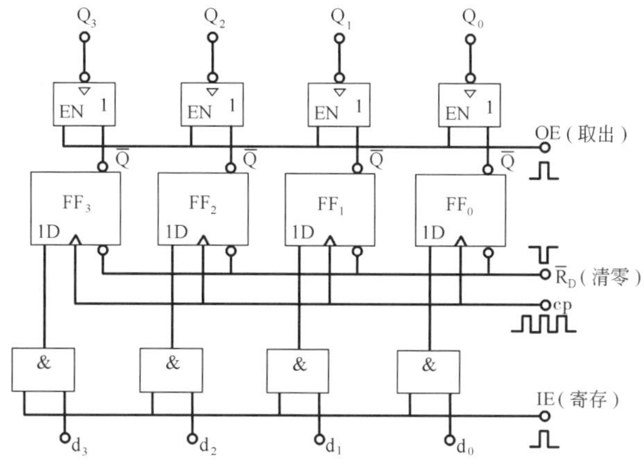

图 7-10-11　四位数码寄存器

(二)移位寄存器

移位寄存器除了有存放数码的功能以外,还有将存储的数据移位的功能,即每当来一个移位正脉冲(时钟脉冲),触发器的状态便向右或向左移一位,也就是指寄存的数码可以在移位脉冲的控制下依次进行左右移位。

1. 单向移位寄存器

图 7-10-12 是由 JK 触发器组成的四位移位寄存器。FF_0 接成 D 触发器,数码由 D 端输入。设寄存的二进制数为 1011,按移位脉冲的工作节拍从高位到低位依次串行送到 D 端。

工作之初各触发器清零。

首先 D=1,第一个移位脉冲的下降沿来到时使触发器 FF_0 翻转 $Q_0=1$,其他仍保持0 态。接着 D=0,第二个移位脉冲的下降沿来到时使 FF_0 和 FF_1 同时翻转,由于 FF_1 的 J 端为 1,FF_0 的 J 端为 0,所以 $Q_1=1$,$Q_0=0$,Q_2 和 Q_3 仍为 0。

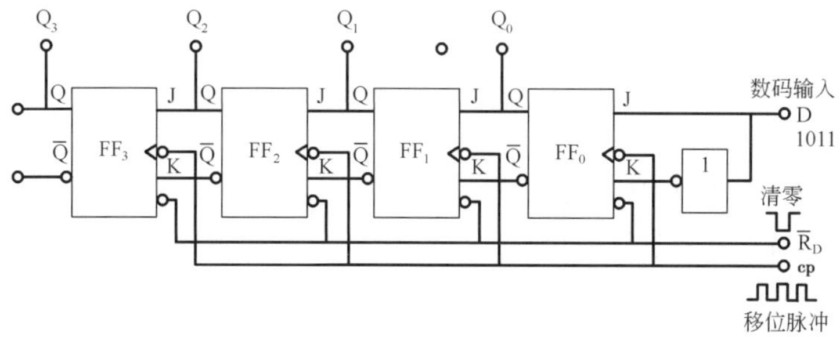

图 7-10-12　四位移位寄存器

以后的过程见表 7-10-6,移位一次存入一个新的数码。直到第四个脉冲的下降沿来到时,存数结束,这时可以在四个触发器的输出端得到并行的数码输出。

移位寄存器状态表　　表 7-10-6

移位脉冲数	寄存器中的数码				移动过程
	Q_3	Q_2	Q_1	Q_0	
0	0	0	0	0	清零

续上表

移位脉冲数	寄存器中的数码				移动过程
	Q_3	Q_2	Q_1	Q_0	
1	0	0	0	1	左移一位
2	0	0	1	0	左移二位
3	0	1	0	1	左移三位
4	1	0	1	1	左移四位

2.双向移位寄存器

74LS194是双向移位寄存器，其外引线排列和逻辑符号如图7-10-13所示，各引线说明如下：

1为数据清零端，R_D 是清零线，低电平有效。

3～6为并行数据输入端 D_3～D_0。

12～15位数据输出端 Q_3～Q_0。

2为右移的串行数据输入端 D_{SR}。

7为左移的串行数据输入端 D_{SL}。

9、10位工作方式控制端：当 $S_1=S_0=1$ 时，数据并行输入；

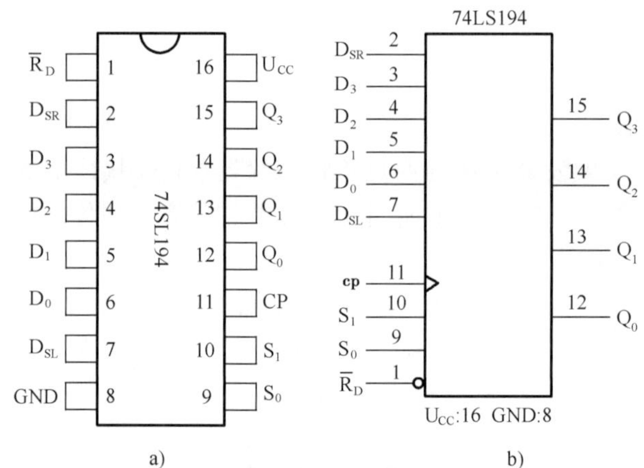

图7-10-13 74LS194引线排列和逻辑符号

$S_1=0, S_0=1$ 时，右移数据输入；

$S_1=1, S_0=0$ 时，左移数据输入；

$S_1=S_0=0$ 时，寄存器处于保持状态。

11为时钟脉冲输入端cp，上升沿有效(cp↑)。

可见，74LS194型移位寄存器具有清零、并行输入、串行输入、数据右移和左移的移位功能。

四、计数器

在数字逻辑系统中，计数器是基本部件之一，它能累计输入脉冲的数目，最后给出累计的总数。计数器可以进行加法计数，也可以进行减法计数，或者可以进行两者兼有的可逆计数。若从进位制来分，有二进制计数器、十进制计数器等多种。

(一)二进制计数器

二进制只有0和1两个数码。当本位是1，再加1时，本位变为0，而向高位进位。由于双稳态触发器有 1 和 0 两个状态，所以一个触发器可以表示一位二进制数。如果要表示 n 位二进制数，就得用 n 个触发器。

根据上述，可以列出四位二进制加法计数器的状态表 7-10-7，表中还列出对应的十进制数。要实现四位二进制加法计数，必须用四个双稳态触发器。

四位二进制加法计数器的状态　　表 7-10-7

计数脉冲数	二 进 制 数				十 进 制 数
	Q_3	Q_2	Q_1	Q_0	
0	0	0	0	0	0
1	0	0	0	1	1
2	0	0	1	0	2
3	0	0	1	1	3
4	0	1	0	0	4
5	0	1	0	1	5
6	0	1	1	0	6
7	0	1	1	1	7
8	1	0	0	0	8
9	1	0	0	1	9
10	1	0	1	0	10
11	1	0	1	1	11
12	1	1	0	0	12
13	1	1	0	1	13
14	1	1	1	0	14
15	1	1	1	1	15
16	0	0	0	0	0

1. 异步二进制计数器

由表 7-10-14 可见，每来一个计数脉冲，最低位触发器翻转一次；而高位触发器是在相邻的低位触发器从 1 变为 0 进位时翻转。因此，可用四个主从型 JK 触发器来组成四位异步二进制加法计数器图 7-10-14 所示，触发器的 J、K 端悬空相当于 1，有计数功能。触发器的进位脉冲从 Q 端输出送到相邻高位触发器的 cp 端，这符合主从型触发器在输入正脉冲的下降沿触发的特点。

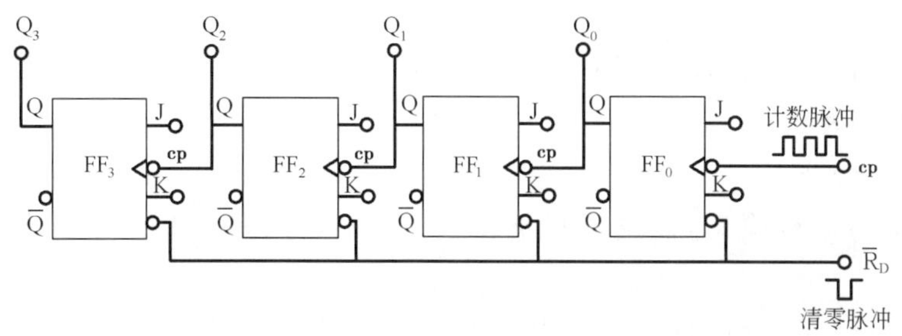

图 7-10-14　四位异步二进制加法计数器

图 7-10-15 是四位异步二进制加法计数器的波形图。

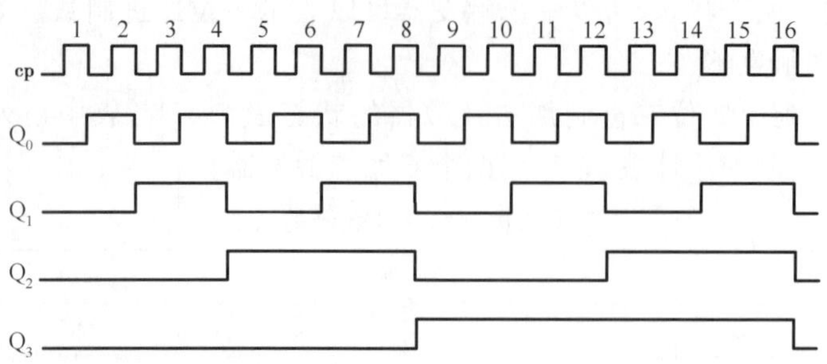

图 7-10-15 四位异步二进制加法计数器波形图

2.同步二进制计数器

如果计数器还是用四个主从型 JK 触发器组成，根据表 7-10-7 可得出各位触发器的 J、K 端的逻辑关系式：

(1)第一位触发器 FFo，每来一个计数脉冲就翻转一次，故 $J_0=K_0=1$；

(2)第二位触发器 FF_1，在 $Q_0=1$ 时再来一个脉冲才翻转，故 $J_1=K_1=Q_0$；

(3)第三位触发器 FF_2，在 $Q_1=Q_0=1$ 时再来一个脉冲才翻转，故 $J_2=K_2=Q_1Q_0$；

(4)第四位触发器 FF_3，在 $Q_2=Q_1=Q_0=1$ 时再来一个脉冲才翻转，故 $J_3=K_3=Q_2Q_1Q_0$。

由上述逻辑关系式可得出如图 7-10-16 所示的四位同步二进制加法计数器的逻辑电路图。由于计数脉冲同时加到各位触发器的 cp 端，各触发器输出端的状态变换和计数脉冲同步，这是“同步”名称的由来，并与“异步”相区别。同步计数器的计数速度较异步为快。

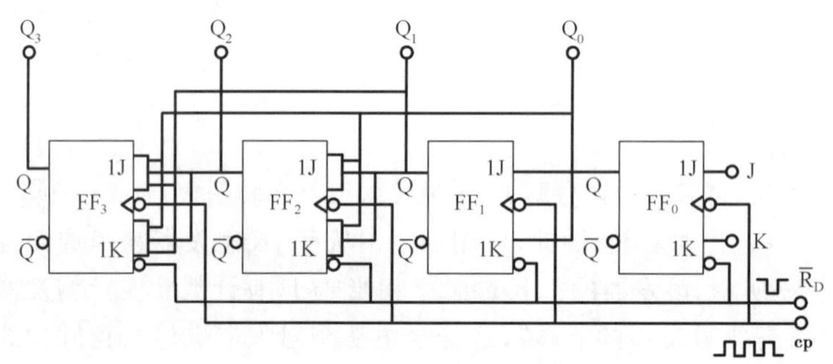

图 7-10-16 四位同步二进制加法计数器

四位二进制加法计数器，能记的最大十进制数为 $2^4-1=15$。n 位二进制加法计数器，能记的最大十进制数为 2^n-1。

(二)十进制计数器

二进制计数器结构简单，但是读数不习惯，所以在有些场合采用十进制计数器较为方便。

十进制计数器是在二进制计数器的基础上得出的，用四位二进制数来代表十进制的每一位数所以也称为二-十进制计数器。如采用最常用的 8421 编码方式，是取四位二进制数前面的 0000～1001 来表示十进制的 0～9 十个数码，而去掉后面的 1010～1111 六个数。也就是计数器计到第九个脉冲时再来一个脉冲，即由 1001 变为 0000，经过十个脉冲循环一次。同步十进制计数器与二进制加法计数器相比，同步十进制计数器来第十个脉冲不是由 1001 变为 1010，而是恢复 0000，即要求第二位触发器 FF_1 不得翻转，保持 0 态，第四位触发器 FF_3 应翻转为 0。图 7-10-17 是十进制加法计数器的波形图。

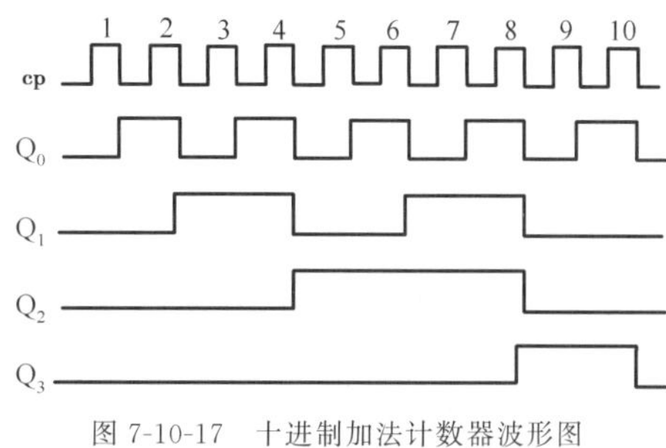

图 7-10-17　十进制加法计数器波形图

图 7-10-18 是 74LS290 型异步二-五-十进制计数器的逻辑图和外引线列图。

$R_{0(1)}$ 和 $R_{0(2)}$ 是清零输入端，当两端全为 1 时，将四个触发器清零；$S_{9(1)}$ 和 $S_{9(2)}$ 是置“9”输入端。同样，当两端全为 1 时，$Q_3Q_2Q_1Q_0=1001$，即表示十进制数 9。清零时，$S_{9(1)}$ 和 $S_{9(2)}$ 中至少有一端为 0，不使置 1，以保证清零可靠进行。它有两个时钟脉冲输入端 cp_0 和 cp_1。

(1)只输入计数脉冲 cp_0，由 Q_0 输出，FF_1～FF_3 三位触发器不用，为二进制计数器。

(2)只输入计数脉冲 cp_1，由 $Q_3Q_2Q_1$ 输出，为五进制计数器。

(3)将 Q_0 端与 FF_1 的 cp_1 端连接，输入计数脉冲 cp_0。

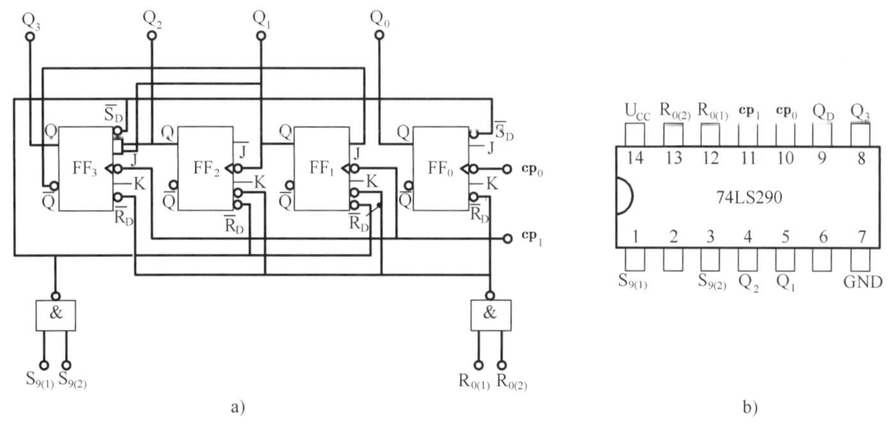

图 7-10-18　74LS290 型计数器的逻辑图和外引线列图

(三)任意进制计数器

当需要任意进制的计数器时，将现有的计数器改接即可。如利用清零端进行反馈置 0，可得出小于原进制的多种进制的计数器。将图 7-10-19a)中的 74LS290 型十进制计数器改接成图 7-10-19 所示的两个电路，就分别成为六进制计数器和九进制计数器。以图 7-10-19 为例，它从 0000 开始计数，来五个脉冲 cp 后变为 0101。

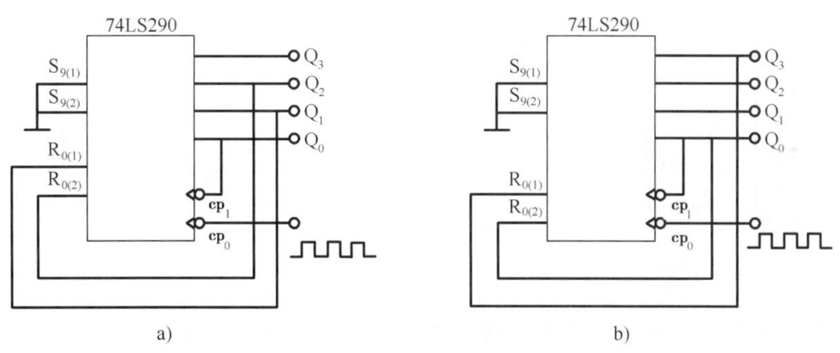

图 7-10-19　六进制计数器和九进制计数器

当第六个脉冲来到后，出现 0110 的状态，由于 Q_0 和 Q_1 端分别接到 $R_{0(1)}$ 和 $R_{0(2)}$ 清零端强迫清零，0110 这一状态转瞬即逝，立即回到 0000。它经过六个脉冲循环一次，故为六进制计数器，状态循环如图 7-10-20 所示。

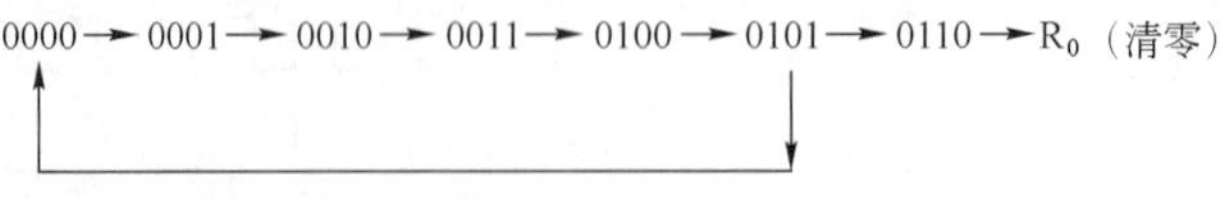

图 7-10-20　进制计数器状态循环图

当需要十以上进制的计数时，可以采用多片 74LS290 来实现。

习　题

7-10-1　由三个二极管和电阻 R 组成一个基本逻辑门电路，如图所示，输入二极管的高电平和低电平分别是 3V 和 0V，电路的逻辑关系式是（　　）。

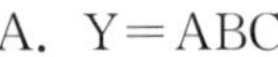

A. Y＝ABC　　　　B. Y＝A＋B＋C

C. Y＝AB＋C　　　D. Y＝C·（A＋B）

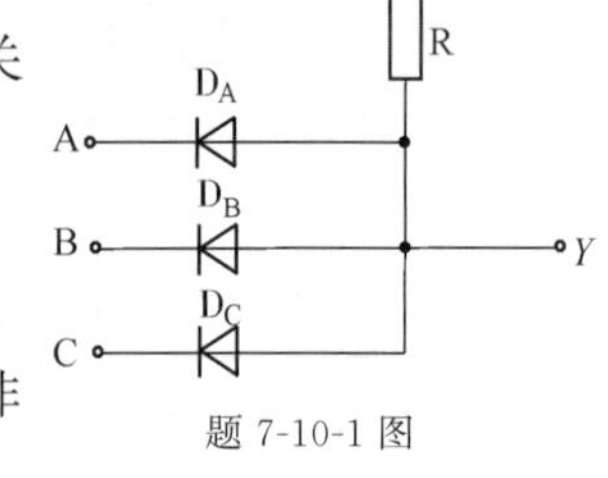

题 7-10-1 图

7-10-2　现有一个三输入端与非门，需要把它用作反相器（非门），请问如图所示电路中哪种接法正确（　　）。

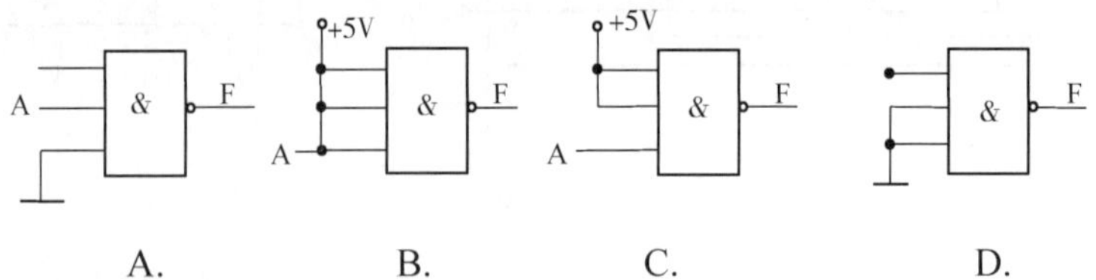

7-10-3　如图所示电路的逻辑式是（　　）。

A. $Y=AB(\overline{A}+\overline{B})$　　　　B. $Y=A\overline{B}+B\overline{A}$

C. $Y=(A+B)\overline{AB}$　　　　D. $Y=AB+\overline{A}\,\overline{B}$

7-10-4　逻辑电路如图所示，A＝“1”时，C 脉冲来到后 D 触发器（　　）。

A. 具有计数器功能　　B. 置“0”　　C. 置“1”　　D. 无法确定

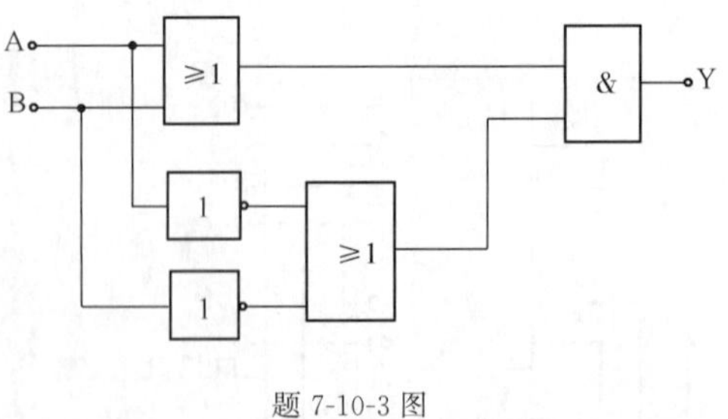

题 7-10-3 图

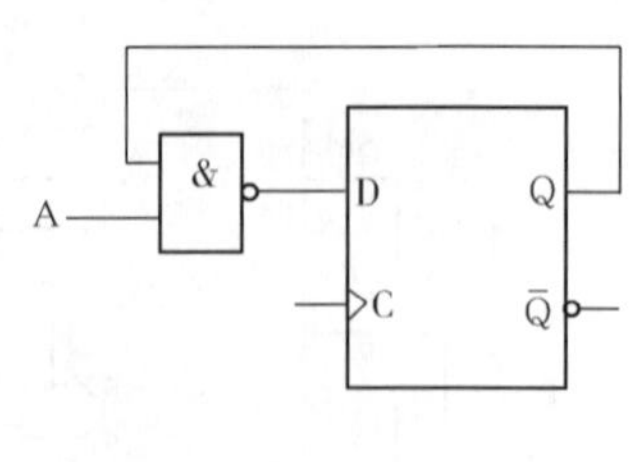

题 7-10-4 图

7-10-5　由两个主从型 JK 触发器组成的逻辑电路如图 a）所示，设 Q_1、Q_2 的初始态是 00，已知输入信号 A 和脉冲信号 cp 的波形如图 b）所示，当第二个 cp 脉冲作用后，Q_1Q_2 将变为（　　）。

A. 11　　B. 10　　C. 01　　D. 保持 00 不变

a)　　b)

题 7-10-5 图

7-10-6　已知 RS 触发器，R、S、C 端的信号如图所示，请问输出端 Q 的几种波形中，正确的是(　　)(设触发器初始状态为“0”)。

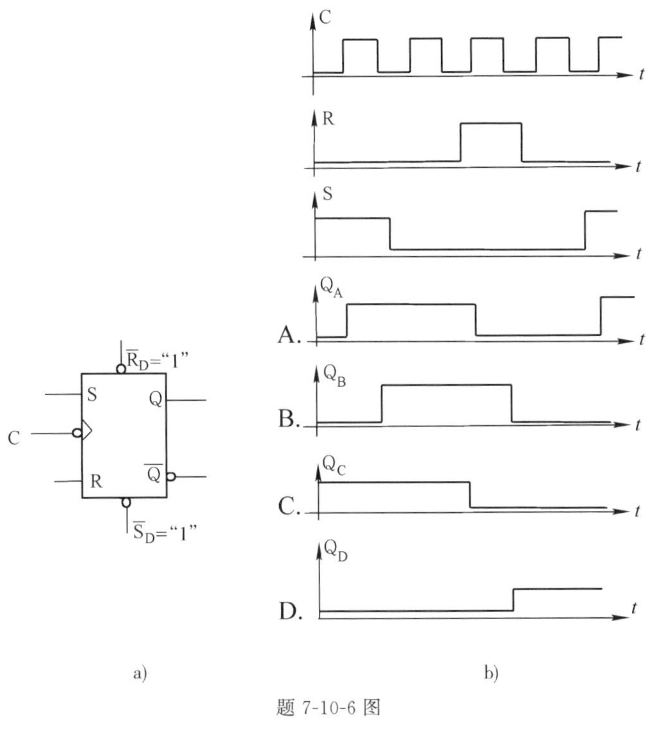

题 7-10-6 图

题解及参考答案

第一节

7-1-1　**解**：σ 为电荷密度，对于无限大平行板电容器而言，极板间的电势差为 $\frac{\sigma l}{\varepsilon_0}$。

答案：B

7-1-2　**解**：感应电动势的大小与磁感应强度 $\boldsymbol{B}$、导体切割磁场的速度以及磁场中有效导体的长度成正比。

答案：D

7-1-3　**解**：根据电磁感应定律 $e=-\frac{\mathrm{d}\varphi}{\mathrm{d}t}$，当外加电压为直流量时，$\frac{\mathrm{d}\varphi}{\mathrm{d}t}=0$，则 $e=0$，则下方

线圈中无感应电动势。

答案:A

7-1-4 **解**:a 线圈中加上变化的电源 u,则产生变化的电流和磁通 ϕ(在线圈中产生感应电动势 e_a,影响电流 i_a);该磁通又与线圈 b 交链,在线圈 b 中产生感应电动势,并由此产生电流 i_b。

答案:B

第二节

7-2-1 **解**:注意所求电阻的端口位置,用简单电阻串、并联方法求解。

答案:C

7-2-2 **解**:根据题意可知,电热器的额定电阻为 $R_N=\frac{U_N^2}{P_N}=\frac{100^2}{2}=5k\Omega$。

答案:B

7-2-3 **解**:电压表内阻与 20kΩ 电阻为并联法。

答案:C

7-2-4 **解**:当开关 S 开时,电阻 R_1、R_2、R_3 为串联,当开关 S 闭合时,电位可以 R_1、R_2 电阻分压决定。

答案:D

7-2-5 **解**:用线性电路的叠加原理分析。

答案:A

7-2-6 **解**:理想电流源 I_s 两端的电压由其以外电路决定。$U_{I_s}=U_1+U_s$。

答案:C

第三节

7-3-1 **解**:用戴维南定理。U_s 为原电路的负载 R_L 开路电压,R_0 为除源(6V 电压源短路)的电阻。

答案:B

7-3-2 **解**:根据节点电流关系求出电流 I_1 后,确定网络 N 的端口电压。

答案:C

7-3-3 **解**:用叠加原理求出 R_L 上的电压 U_L 后,再用公式 $P_L=\frac{U_L^2}{R_L}$ 计算功率。

答案:A

7-3-4 **解**:当电压源 U_{s2} 单独作用时需将 U_{s1} 短路,电流源 I_s 断路处理。题图的电路应等效为解图所示电路,即 $U'_{I_s}=U_{s2}$。

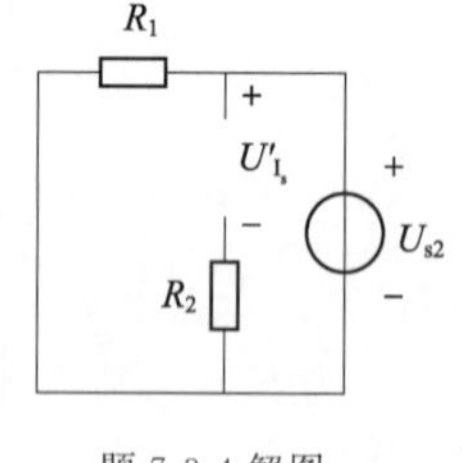

题 7-3-4 解图

答案:B

第四节

7-4-1 **解**:交流电压表读数为交流电压的有效值,回路电压关系为相量关系:$\dot{U}=\dot{U}_1+\dot{U}_2+\dot{U}_3$。

答案:D

7-4-2 **解**:交流电路中电流为相量关系:$\dot{I}=\dot{I}_1+\dot{I}_2$。

答案:B

7-4-3 **解**:电路中消耗的功率为:$P=UI\cos\varphi$,$\varphi=\varphi_u-\varphi_i$。

答案:C

7-4-4 **解**:由给定条件 $i_1=i$ 可见该电路为谐振电路,1 为电阻性电路,2、3 分别为纯电容电路和纯电感电路(或反之)。

答案:D

7-4-5 **解**:三相对称电路中三相电流之和为 0,即:

$$i_A+i_B+i_C=0$$

答案:B

7-4-6 **解**:串联电路中 $z=R+j(\omega_L-\frac{1}{\omega_C})$,感性电路中 $\omega_L>\frac{1}{\omega_C}$,而处于谐振状态的电路 $\omega_L=\frac{1}{\omega_C}$。

答案:B

7-4-7 **解**:三相对称电路中负载消耗的功率与每相负载电压有关,当电源线电压一定时,三角形连接负载电压是星形连接负载电压的$\sqrt{3}$倍。

答案:A

7-4-8 **解**:三角形连接的对称三相电路中,线电流是相电流的$\sqrt{3}$倍。

答案:B

7-4-9 **解**:三相供电系统中对于单相供电的负载一般要用到火线 L(相线),电源的中性点线 N(或工作零线),以及保护零线 E。电源插座对这三根线位置有明确的规定。

答案:B

7-4-10 **解**:此题分析时应考虑接地电阻对电路的影响。

答案:B

7-4-11 **解**:用交流电路的复数符号法分析。

电感上的电压相量:$\dot{U}_L=\frac{j\omega L}{R+j\omega L}\dot{U}_i$。

答案:B

第五节

7-5-1 **解**:根据储能元件的换路关系,电容电压不跃变,电感元件的电流不跃变。

答案:B

7-5-2 **解**:一阶 R-C 电路的暂态过程中,时间常数 $\tau=RC$,其中 R 的数值是在电容 C 两端等效的电阻。

答案:B

7-5-3 **解**:开关动作以后,电容进入放电过程。电流是由电容电压释放形成的,应与图示电流 i 的参考方向相反。

答案:B

7-5-4 解:根据一阶电路暂态过程的三要素公式:$u_{o(t)}=U_{c(\infty)}+[U_{e(0+)}-U_{c(\infty)}]e^{-t/\tau}$。

答案:C

第六节

7-6-1 解:变压器的容量为视在功率 $S=10\text{kV}\cdot\text{A}$,理想情况下负载上得到的总的有功功率 $P=S\cos\varphi=N\times40$,“N”为所求日光灯数量。

答案:A

7-6-2 解:电动机转子的转向与旋转磁场转向一致,旋转磁场的转向由定子电流的相序决定。

答案:C

7-6-3 解:三相异步电动机的起动转矩由定子电压和转子电阻决定,与负载无关。

答案:A

7-6-4 解:Y-△换接起动方法仅用于正常运行时△连接的电机,起动时由于绕组电压降低,使得电流和起动转矩都是直接起动的$\frac{1}{3}$。

答案:D

7-6-5 解:根据电动机的功率平衡关系即可分析。

答案:B

7-6-6 解:控制电路中电器符号均为设有动作的状态,且同电器采用同标号。读图时一般采用自上而下的顺序。

答案:B

7-6-7 解:同上题。

答案:C

7-6-8 解:由三相交流异步电动机的转差率关系 $S_N=\frac{n_0-n_N}{n_0}\times100\%=0.033$,可以判断电动机为 4 极电机,旋转磁场的转速 $n_0=1500\text{r/min}$,电机空载时转差率应小于额定转差率。

答案:D

7-6-9 解:根据继电器工作原理分析,其线圈在控制电路中,接触点分别在主辅电路中。

答案:D

第七节

7-7-1 解:二极管为非线性元件。当它正向偏置时,电流-电压关系成指数关系,正向电压一般为 0.3V 或 0.7V 左右。

答案:D

7-7-2 解:由电路分析可见,该图中的二极管工作于正向偏置,处于导通状态。

答案:D

7-7-3 解:首先设二极管处于截止状态,判断二极管的偏置状态。

答案:C

7-7-4 **解**:该电路为桥式的全波整流电路,当 u_2 的瞬时电压为负时,D_1 二极管正向偏置;当 u_2 的瞬时电压为正时,二极管反向偏置。

答案:B

7-7-5 **解**:该电路为全波整流、稳压电路,其中电容 C 上的电压为直流量,可以认为电容电流为零;整流二极管中的电流为电阻 R 中电流的 1/2。

答案:D

7-7-6 **解**:该电路为二极管桥式全波整流电路,电压关系为 $U_L=0.9U_i$。

答案:C

第八节

7-8-1 **解**:图示电路中三极管发射极电压反偏时为截止状态,$i_B=0$。集电结反偏时为放大状态,$i_c=\beta i_B$;集电结正偏($V_C<V_B$)时,放大器工作在饱和状态。

答案:A

7-8-2 **解**:分为放大电路的静态和动态两部分电路分析。静态时,要求工作点合适(在线性工作区)。动态时,信号能正常输出。

答案:B

7-8-3 **解**:画放大器的直流通道分析,如解图所示。

设 $U_{BE}=0.6V$

$$I_B=\frac{V_{CC}-U_{BE}}{R_B}$$

$$=\frac{12-0.6}{200}=0.057\text{mA}$$

$$I_C=\beta I_B=40\times0.057=2.28\text{mA}$$

$$U_{CE}=V_{CC}-I_CR_C$$

$$=12-2.28\times3=5.16\text{V}$$

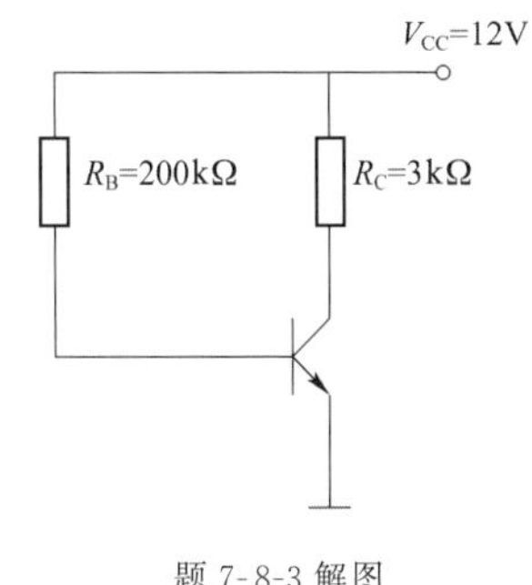

题 7-8-3 解图

答案:A

7-8-4 **解**:画放大器的交流微变等效电路图分析。

答案:C

7-8-5 **解**:考虑放大器输入、输出电阻影响时,可以将电路等效为解图:

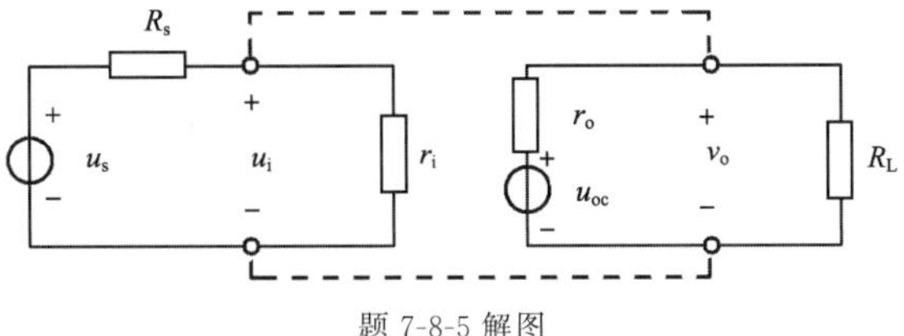

题 7-8-5 解图

答案:D

7-8-6 **解**:图 b)的等效电路与上题的提示电路相仿。R_s 与输入电阻 r_i 串联,输出电阻 r_o 与负载电阻串联。

答案:C

第九节

7-9-1　**解**:图示为两级放大电路,第一级为反相比例电路,第二级为比例减法电路。

设第一级输出电压为 u'_o,则:$u'_o=-\frac{R_{F1}}{R_1}u_{i1}$

$$u_o=-\frac{R_{F2}}{R_2}u'_o+\left(1+\frac{R_{F2}}{R_2}\right)u_{i2}=\frac{R_{F1}\cdot R_{F2}}{R_1\cdot R_2}u_{i1}+\left(1+\frac{R_{F2}}{R_2}\right)u_{i2}$$

答案:C

7-9-2　**解**:本电路为运算放大器的线性应用电路,可用三个理想条件分析。如解图所示,由虚断路和虚短路分析,可知负载电阻 R_L 与 R 中的电流相同。则:

$i=i_R=u_R/R$

$U_R=u_-=u_+=u$

因此 $i=u/R$,即 i 与 R_L 无关。

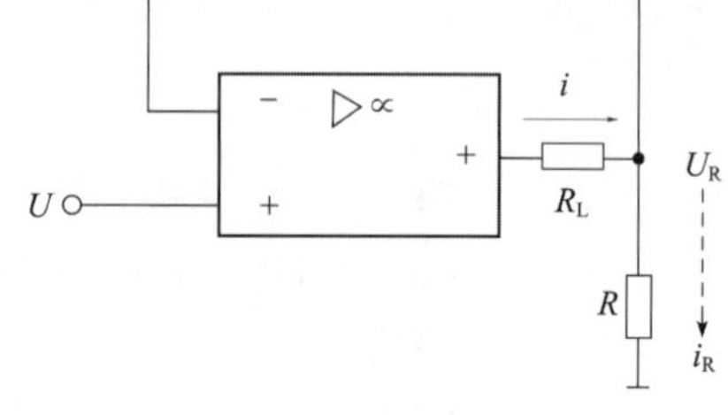

题 7-9-2 解图

答案:B

7-9-3　**解**:本电路为运算放大器的线性应用电路。如解图所示,分析如下:

$i_1=i_f,u_+=u_-=0,u'_o=-\frac{R_f}{R_1}u_i$

题中 $R_f=10\text{k}\Omega,R=100\Omega$

$R_f\gg R$

可以认为 R_w 与 R 中电流相同。

$\frac{u'_o}{R}=\frac{u_o}{R+R_w}$

$u_o=\frac{R+R_w}{R}\left(-\frac{R_f}{R_1}\right)u_i$

题 7-9-3 解图

$R_w=0$ 时,$u_o=-u_i=-0.5\text{V}$

$R_w=1\text{k}\Omega$ 时,$u_o=\frac{0.1+1}{0.1}\times(-u_i)=5.5\text{V}$

所以 u_o的调节范围是$-0.5\sim-5.5\text{V}$。

答案:D

7-9-4　**解**:本电路为电压比较电路,属于运放的非线性应用。$u_+>u_-$ 时,输出 u_o是正饱和的;$u_+<u_-$ 时,输出 u_o是负饱和的。$u_+=u_{i2},u_-=u_{i1}$。从波形图观察所有的时间点上均有 $u_{i1}>u_{i2}$,因此 $u_->u_+$ 均成立,运放是处于负饱和的。

答案:D

7-9-5　**解**:电路为集成运算放大器构成的二级线性放大电路,第一级为积分电路,第二级是电压跟随电路。

答案:A

第十节

7-10-1　**解**:输出信号 y 与输入信号按逻辑分析,当某点电压 $u\geqslant2.4\text{V}$ 时,为逻辑“1”;当

某点电压 $u \leqslant 0.4V$ 时，为逻辑“0”。分析时可以设二极管为理想二极管。

答案：A

7-10-2 **解**：当与非门的输入端接 5V 为逻辑“1”，接地为逻辑“0”，悬空为逻辑“1”处理。

答案：C

7-10-3 **解**：用逻辑代数公式计算。

答案：B

7-10-4 **解**：D 触发器的逻辑关系式为 $Q_{n+1}=D$，$Q_{n+1}=\overline{Q}_n$ 时为计数功能。

答案：A

7-10-5 **解**：根据触发器符号可见输出信号在 cp 脉冲的下降沿动作。

答案：C

7-10-6 **解**：利用 R-S 触发器的功能表分析，输出信号在脉冲 C 的下降沿动作。

答案：B

第八章　信号与信息技术

复 习 指 导

一、考试大纲

7.4　信号与信息

信号;信息;信号的分类;模拟信号与信息;模拟信号描述方法;模拟信号的频谱;模拟信号增强;模拟信号滤波;模拟信号变换;数字信号与信息;数字信号的逻辑编码与逻辑演算;数字信号的数值编码与数值运算。

二、复习指导

目前,信号与信息技术正处于快速发展阶段,内容涉及面广,主要包括:计算机基础知识、电路电子技术、信息通信技术等。但是,就其具体内容来讲,该部分内容正是目前工程技术人员在工作中经常用到的问题。复习的重点是信息技术应用的系统化、规范化。

根据考试大纲的要求,本次复习应该注意以下几项内容:

(一)信息、消息与信号的概念

信息、消息和信号关系是借助于信号形式,传送消息,使受信者从所得到的消息中的获取信息。

(二)信号的分类

要搞清楚信号的概念:什么是确定性信号、随机信号、连续信号和离散信号,特别要搞清楚模拟信号和数字信号形式上的不同,并区别它们的不同表示方法。

(三)模拟信号的描述

在信号分析中不仅可以从时域考虑,而且可以从频域考虑问题。在复习本部分内容时,一般是以正弦函数为基本信号,分析常用的周期和非周期信号的一些基本特性以及信号在系统中的传输问题。抓住基本概念,即周期信号频谱的离散性、谐波性和收敛性。

频谱分析是模拟信号分析的重要方法,也是模拟信号处理的基础,在工程上有着重要的应用。

要了解模拟信号滤波、模拟信号变换、模拟信号识别的知识。

数字电子信号的处理采用了与模拟信号不同的方式,电子器件的工作状态也不同。数字电路的工作信号是二值信号,要用它来表示数并进行数的运算,就必须采取二进制形式表示。复习内容主要包括:

(1)了解数字信号的数制和代码,掌握几种常用进制表示,数制转换、数字信号的常用代码。

(2)搞清楚算术运算和逻辑运算的特点和区别,逻辑函数化简处理后能凸显其内在的逻辑关系,通常还可以使硬件电路结构简单。

(3)了解数字信号的符号信息处理方法,数字信号的存储技术,模拟信号与数字信号的互换知识。

数字信号是信息的编码形式,可以用电子电路或电子计算机方便、快速地对它进行传输、存储和处理。因此,将模拟信号转换为数字信号,或者说用数字信号对模拟信号进行编码,从而将模拟信号问题转化为数字信号问题加以处理,是现代信息技术中的重要内容。

第一节　基 本 概 念

一、信息、消息与信号

信息、消息和信号三者的关系是借助于某种信号形式,传送消息,使受信者从所得到的消息中获取信息。具体可以概括为:

信息(information)——受信者预先不知道的新内容。一般是指人的大脑通过感官直接或间接接收的关于客观事物的存在形式和变化情况。

消息(message) ——信息的物理形式(如声音、文字、图像等),一般是指传递信息的媒体。

信号(signal)——消息的表现形式。信号是运载消息的工具,是可以直接观测到的物理现象(如电、光、声、电磁波等)。通常说"信号是信息的表现形式"。

在现代技术中信息表现为有特点的数据。数据是一种符号代码,用来描述信息。广义地讲,数据包括一切可以用来描述信息的符号体系,如文字、数字、图表、曲线等。在信息工程中,数据是一种以二进制数数字"0"和"1"为代码的符号体系。应当指出,任何符号本身都不具有特定的含义,只有当它们按照确定的编码规则,被用来表示特定的信息时才可以称为数据。因此。正是由此在信息技术中通常认为数据就是信息。信号是具体的,可以对它进行加工、处理和传输;信息和数据都是抽象的,它们都必须借助信号才能得以加工、处理和传送。有些教材中把信息、消息和信号比喻成货物、道路(媒体)和交通工具(车)的关系,即信息是货,媒体是路,信号是车。"货"是利用"车"通过"路"来传送的。

除了人的大脑,任何物理系统都不能直接处理抽象的信息或数据,因此在以计算机为核心的信息系统中以数字信号来表示、存储、处理、传送信息或数据。从这个意义上讲,数字信号是信息的物理代码,亦可称为代码信号。

人们通过两个渠道从信号获取信息:一个是直接观测对象;另一个是通过人与人之间的交流。前者是借助对象发出的真实信号直接获取信息。例如,观测化学反应器中的温度、压力、流量、浓度等信号随时间变化的情况,获取化工过程的信息,观测机械零件和建筑结构中的应力、变形等信号,获取机械或建筑物的状态信息等;后者则用符号对信息进行编码后再以信号的形式传送出去,人们在收到这种编码信号并对它进行必要的翻译处理(译码)之后,间接获取信息,例如书籍、报刊用的是文字符号编码,口头报告、演讲用的是语音信号编码,数字通信系统中使用的是数字信号编码等,它们传递的都是预先编制好的信息。

二、信号的分类

直接观测对象所获取的信号是在现实世界的时间域里进行的,是随时间变化的,称为时间信号;人为生成并按照既定的编码规则对信息进行编码的信号是代码信号。时间信号可以用时间函数、时间曲线或时间序列来描述,在波形图上时间信号是按照时间的变化反映的。但是代码信号与时间信号不同，只能用它的序列式波形图或自身所代表的符号代码序列表示。

图 8-1-1a)表示的是实际观测到的时间信号-压力信号 $p(t)$ 的时间曲线描述形式，它的时间函数描述形式为 $p=f(t)$；

图 8-1-1b)是一个二进制数代码信号的波形表示形式，它的符号代码序列描述形式是 0101100。

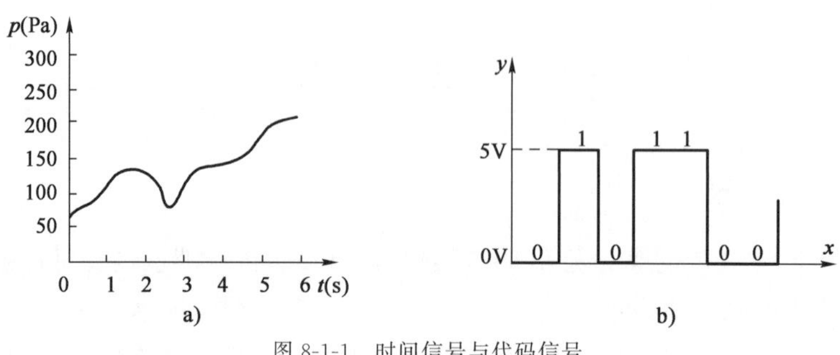

图 8-1-1　时间信号与代码信号

文字、图像、语言、数据等消息的复杂性，导致传送的信号也是多种多样的，但无论信号多么复杂，终归可以表示成时间的函数，因此“信号”与“函数”常常相互通用。信号随时间变化的规律是多种多样的，可以大致分类如下：

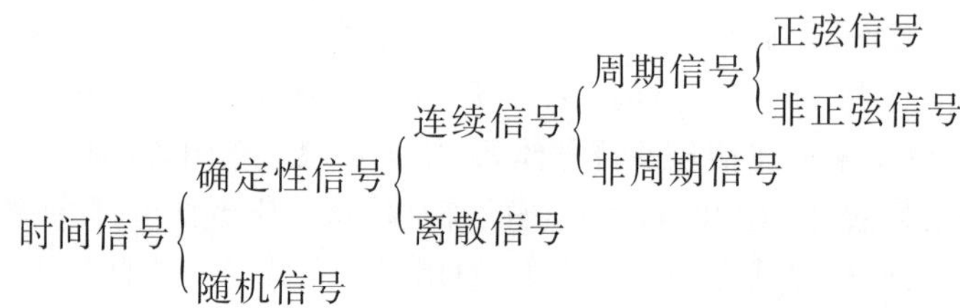

1. 确定性信号和随机信号

按信号是否可以预知划分，可以将其分为确定性信号和随机信号。

(1)确定性信号，是可以表示成确定时间函数的信号，即对于给定的时刻，信号都有一个确定的函数值与之对应，如 $f(t)=2\cos 2\pi t$ 等。

(2)随机信号，是只能知道在某时刻取某一数值的概率，不能表示成确定时间函数的信号。由于随机信号带有“不确定性”和“不可预知性”，通常使用概率统计的方法进行研究。

例如电力系统的运行中难免受到其他信号的干扰，这些干扰信号是不可预知的，是随机出现的，那么该系统中负荷变化的信号属于随机信号。

严格来讲，除了实验室专用设备发出的有规律的信号外，电子信息系统中传输的信号都是随机信号。

2. 连续信号和离散信号

按信号是否是时间连续的函数划分，可以将其分为连续时间信号和离散时间信号，简称连续信号和离散信号。

(1)连续信号，是指在某一时间范围内，对于一切时间值除了有限个间断点外都有确定的函数值的信号 $f(t)$。连续时间信号的时间一定是连续的，但是幅值不一定是连续的(存在有限个间断点)。

连续信号与通常所说的模拟信号不同，模拟信号是幅值随时间连续变化的连续时间信号。由观测所得到的各种原始形态的时间信号(光的、热的、机械的、化学的，等等)都必须转换成电信号(电压或电流信号)之后才能加以处理。通常，由原始时间信号转换而来的电信号就称为模拟信号。

为了保证模拟转换不丢信息，模拟信号的变化规律必须与原始信号相同；而为了便于处理，模拟信号的幅值变化区间又必须控制在一定的范围之内，在电气与信息工程中，模拟信号的幅值范围为 0～5V(电压信号)或 0～20mA(电流信号)。

从技术上讲，由于“模拟”转换在观测过程中就已实际完成，所以通常指时间信号为模拟信号；而离散的时间信号通常是运用模-数(AD)转换技术变换为数字代码信号之后再加以处理的，所以在电气与信息工程中，实际处理的模拟信号都是连续的时间信号。因此，“模拟信号”一词实际上是指连续时间信号。

(2)离散信号，是指在某些不连续时间(也称离散时刻)定义函数值的信号，在离散时刻以外的时间，信号是无定义的。离散信号的时间不连续，幅值可连续也可不连续。在离散信号中相邻离散时刻的间隔可以是相等的，也可以是不相等的。

为了方便研究或处理信号，人们常常将连续信号进行采样，即只取有代表性的离散时刻的信号数值，抽样后得到离散的采样信号。将幅值量化后并以二进制代码表示的离散信号(也就是时间和幅值均离散的信号)称为数字信号。

数字信号通常是指以二进制数字符号“0”和“1”为代码对信息进行编码的信号。在实际应用中，数字信号是一种电压信号，它通常取 0V 和＋5V 两个离散值，这两个具体的离散值分别用来表示两个抽象的代码“0”和“1”。一个数字信号序列表示一串代码，只要确定某种编码规则，这种数字代码串就可以用来对任何信息进行编码。

模拟信号具体、直观，便于人的理解和运用；数字信号则便于计算机处理。所以，在实际应用中经常将两者互相转换，以发挥各自的优点。

模拟信号数字化的过程如图 8-1-2 所示。时间、幅值均连续的模拟信号如图 8-1-2a)所示，经过等间距采样变成时间离散、幅值连续的抽样信号如图 8-1-2b)所示，再经过量化后的离散信号如图 8-1-2c)所示，以二进制对量化的幅度编码得到的数字信号如图 8-1-2d)所示。

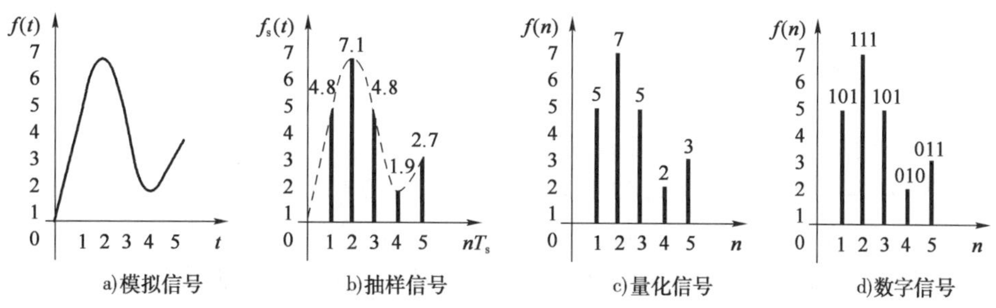

图 8-1-2　模拟信号数字化的过程

3.周期信号和非周期信号

按信号是否具有重复性，可以将其划分为周期信号和非周期信号。

(1)周期信号，是按一定时间间隔 T 或 N 重复着某一变化规律的连续或离散信号。最典型的连续周期信号是正弦函数的信号。除正弦函数信号以外的连续周期函数信号称为非正弦周期信号。

连续周期信号 $f(t)$ 满足

$$f(t)=f(t+mT)\qquad (m=0,\pm 1,\pm 2,\cdots)\tag{8-1-1}$$

时间间隔 T 称为最小正周期，简称连续周期信号的周期。

离散周期信号 $f(k)$ 满足

$$f(k) = f(k+mN) \quad (m = 0, \pm 1, \pm 2, \cdots) \tag{8-1-2}$$

时间间隔 N 称为最小正周期，简称离散周期信号的周期。

(2)非周期信号，是不满足周期信号特性的、不具有重复性的连续或离散信号。当周期信号的周期为无穷大时，周期信号就变成了非周期信号。

4.采样信号

按等时间间隔读取连续信号某一时刻的数值叫做采样（或抽样），采样所得到的信号称为采样（抽样）信号。显然，采样信号是一种离散信号，它是连续信号的离散化形式。或者说，通过采样，连续信号被转换为离散信号。

采样的更深一层意义在于通过模拟-数字转换装置，可以将采样信号进一步转换为数字描述形式，并进而采用数值分析与计算方法高效地处理模拟信号，例如，采用数值运算方法实现模拟信号的放大、变换、滤波等（见图 8-1-3）。

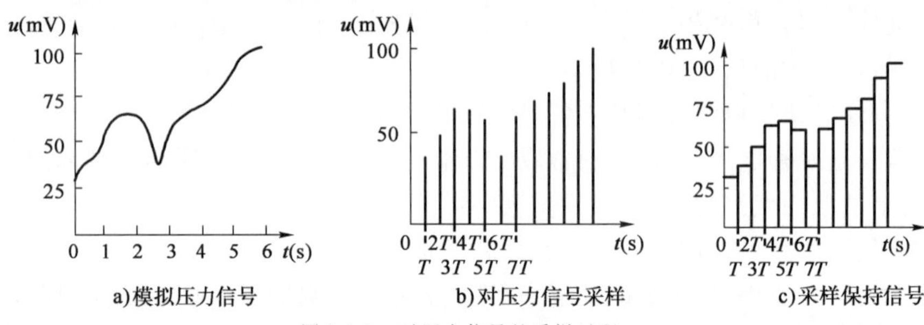

图 8-1-3 对压力信号的采样过程

图 8-1-3b)的电压信号是图 8-1-3a)压力信号的采样信号。不难看出，在每个采样点上，采样信号的值与连续信号在该点上的瞬间值相等，而在整个采样区间里，采样信号的变化规律与连续信号相同。

由于如图 8-1-3b)所示的离散时间信号是如图 8-1-3a)所示的连续时间信号的采样信号，所以，若连续时间信号的连续时间函数描述为

$$u = f(t)$$

则该离散时间信号的离散时间序列描述形式为

$$u^* = \{f(0), f(T), f(2T), f(3T), \cdots, f(nT), f[(n+1)T], \cdots\} \tag{8-1-3}$$

所谓离散时间信号是指只在特定的时间点上才出现的信号。例如图 8-1-3b)所示的信号，它只在时间点 0、T、$2T$、$3T$、$4T$、…上出现，而在这些时间点之间的任何瞬间，信号的值是没有定义的。所以，在离散时间信号的描述中，时间轴上是不能连续取值的。

令采样的时间间隔为采样周期 T，每秒采样次数为采样频率 f，那么采样频率越高，采样信号越接近原来的连续信号。但是过于频繁的采样，势必会降低系统的整体工作效率。按照著名的采样定理，取采样频率为信号中最高谐波频率的 2 倍以上时，采样信号即可保留原始信号的全部信息。在实际应用中，往往将采样得到的每一个瞬间信号在其采样周期内予以保持，生成所谓的采样保持信号如图 8-1-3c)所示。采样保持信号是一种特殊信号形式，它兼有离散和连续的双重性质，在数字控制系统中有着广泛应用。

三、模拟信号与信息

模拟信号是通过观测，直接从对象获取的信号。模拟信号是连续的时间信号，它提供对象

原始形态的信息。

在时间域里，它的瞬间量值表示对象的状态信息，比如某一时刻对象中的温度有多高，压力是多强；它随时间变化的情况提供对象的过程信息，比如对象中的温度或压力是在增加还是在减小，它们以什么样的规律在变化等。通过时间函数的描述，可以借助相关的数学运算对模拟信号进行各种处理和变换，实现信息分析、综合、评价等各种复杂的处理。

在频率域里，模拟信号是由诸多频率不同、大小不同、相位不同的信号叠加组成的，具有自身特定的频谱结构。所以从频域的角度看，信息被装载于模拟信号的频谱结构之中，通过频域分析可以从中提取更加丰富、更加细微的信息，进行更为简洁、更为精细的信息分析和处理。

(一)常用模拟信号的描述

在信号分析中，常用一些基本函数表示复杂信号。

1.直流信号

直流信号定义为

$$f(t)=A \qquad (-\infty<t<\infty) \tag{8-1-4}$$

即在全时间域上等于恒值的信号，波形如图 8-1-4 所示。

2.正弦信号

如图 8-1-5 所示为大家所熟知的正弦信号，表示为

$$f(t)=A\sin(\omega t+\varphi) \tag{8-1-5}$$

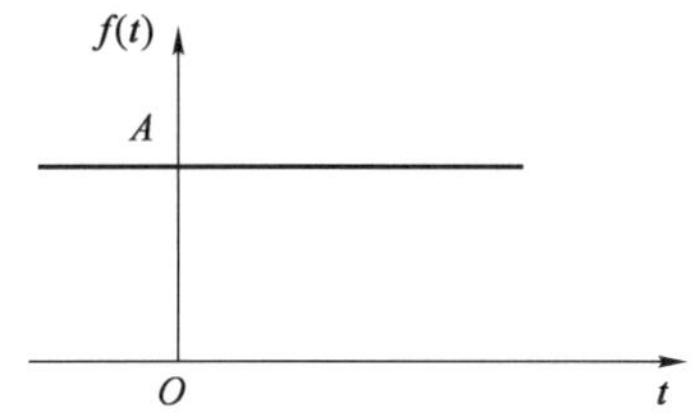

图 8-1-4　直流信号

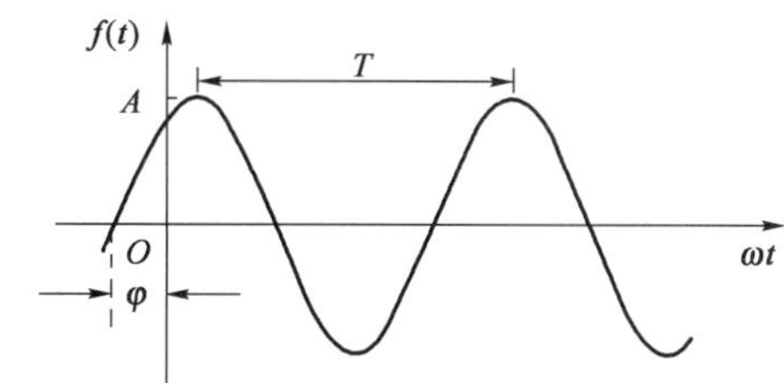

图 8-1-5　正弦信号

3.单位阶跃信号

单位阶跃信号用 $\varepsilon(t)$ 表示，其定义为

$$\varepsilon(t)=\begin{cases}1 & (t>0)\\ 0 & (t<0)\end{cases} \tag{8-1-6}$$

该函数在 $t=0$ 处发生跃变，数值 1 为阶跃的幅度，若阶跃幅度为 A，则可记为 $A\varepsilon(t)$。延迟 t_0 后发生跃变的单位阶跃函数可表示为

$$\varepsilon(t-t_0)=\begin{cases}1 & (t>t_0)\\ 0 & (t<t_0)\end{cases} \tag{8-1-7}$$

在负时间域幅值恒定为 1，而在 $t=0$ 发生跃变到零的阶跃信号可表示为

$$\varepsilon(-t)=\begin{cases}1 & (t<0)\\ 0 & (t>0)\end{cases} \tag{8-1-8}$$

$\varepsilon(t)$、$\varepsilon(t-t_0)$和 $\varepsilon(-t)$的波形分别如图 8-1-6 所示。

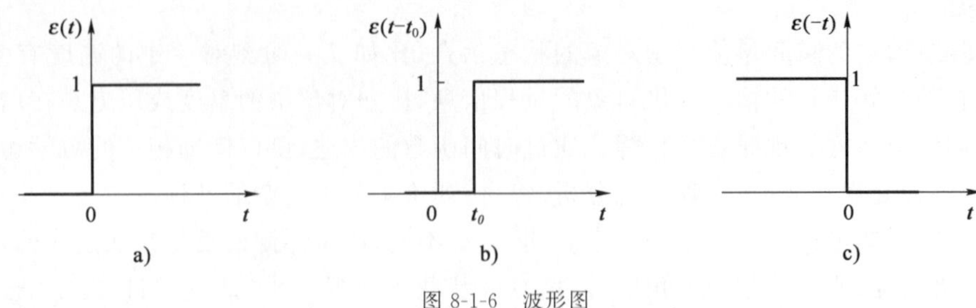

图 8-1-6　波形图

4.斜坡信号

斜坡信号常用 $r(t)$ 表示，其定义为

$$r(t)=\begin{cases}t & (t\geqslant 0)\\ 0 & (t<0)\end{cases} \tag{8-1-9}$$

也可以借助阶跃信号简洁地表示为

$$r(t)=t\varepsilon(t) \tag{8-1-10}$$

斜坡信号的波形如图 8-1-7 所示。

5.实指数信号

常用的实指数信号是单边的，其定义为

$$f(t)=Ae^{-\alpha t}\qquad(\alpha>0, t>0) \tag{8-1-11}$$

实指数信号的波形如图 8-1-8 所示。

要注意的是，引入单位阶跃函数后，信号 $f(t)$ 和 $f(t)\varepsilon(t)$ 的波形有时是不同的。例如，信号 e^{-t} 和 $e^{-t}\varepsilon(t)$ 的波形如图 8-1-9 所示，图 8-1-9a) 在整个时间域均按 e^{-t} 规律变化，而图 8-1-9b) 仅在正时间域按规律 e^{-t} 变化，它在负时间域全为零。

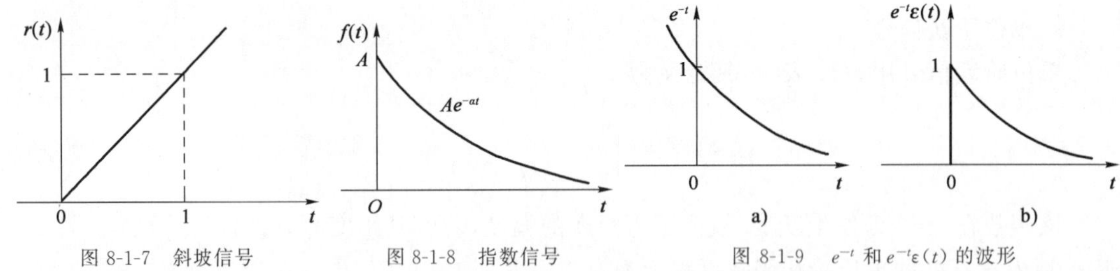

图 8-1-7　斜坡信号　　图 8-1-8　指数信号　　图 8-1-9　e^{-t} 和 $e^{-t}\varepsilon(t)$ 的波形

6.复指数信号

设 α 为任意实数，则复指数信号可表示为

$$f(t)=Ae^{(\alpha+j\omega)t} \tag{8-1-12}$$

式中，若 $\alpha=0$，则 $f(t)$ 成为虚指数信号；若 $\omega=0$，则 $f(t)$ 成为实指数信号。根据欧拉公式，复指数信号可以表示为

$$f(t)=Ae^{\alpha t}(\cos\omega t+j\sin\omega t) \tag{8-1-13}$$

$\alpha<0$，$t\geqslant 0$ 时，实部和虚部波形如图 8-1-10 所示。

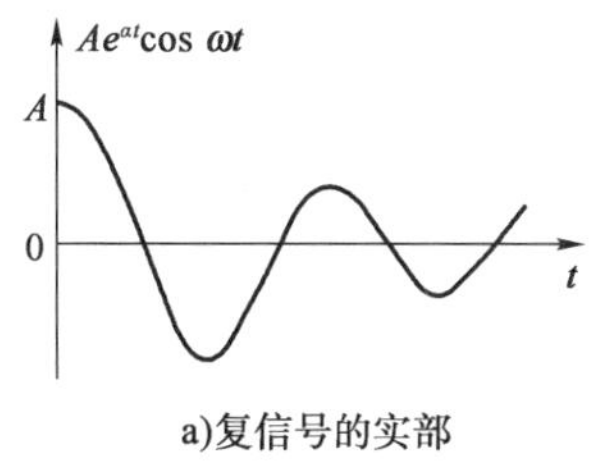

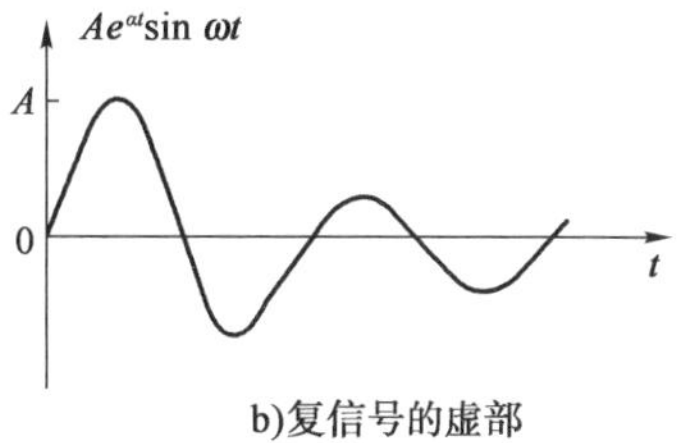

图 8-1-10　复指数信号

(二)模拟信号的时域处理

在信号的时域分析中,复杂信号可以通过对简单信号进行加(减)、延时、反转、尺度展缩、微分、积分等运算获得。

1. 相加与相乘

设有信号 $f_1(t)=\varepsilon(t)$,$f_2(t)=-\varepsilon(t-t_0)$,则两者之和为 $f(t)=\varepsilon(t)-\varepsilon(t-t_0)$。

$f(t)$ 在任意时刻的值是两信号在该时刻值的和,$f(t)$ 的波形如图 8-1-11 所示。

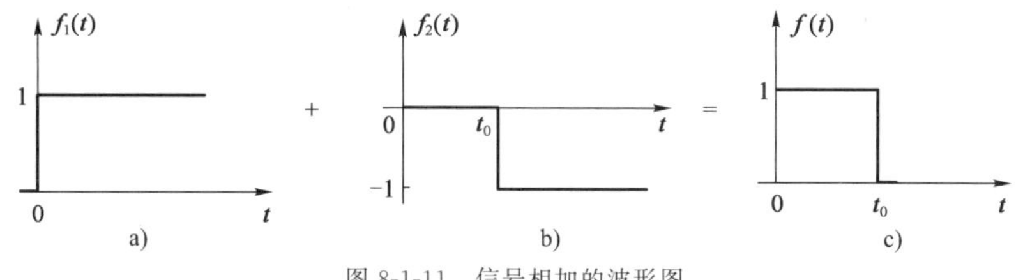

图 8-1-11　信号相加的波形图

信号 $f_1(t)$ 和 $f_2(t)$ 相乘所得的新函数 $f(t)=f_1(t)f_2(t)$ 在任意时刻的值等于两个信号在该时刻的值之积,图 8-1-12 为信号相乘的波形。

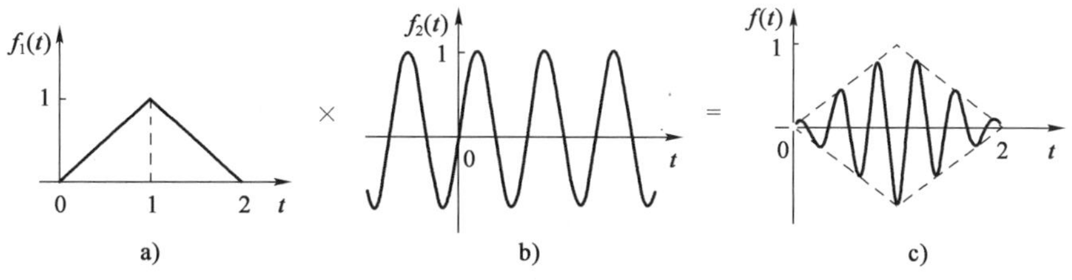

图 8-1-12　信号相乘后的波形图

2. 反转与延时

将信号 $f_1(t)$ 的自变量 t 换为 $-t$,可得到另一个信号 $f_1(-t)$,这称为信号的反转。作图时将 $f_1(t)$ 的波形以纵坐标为轴反转 180°即成为 $f_1(-t)$,图 8-1-13a) 是其示意图。

将信号 $f_2(t)$ 的自变量 t 换为 $(t\pm t_0)$,t_0 为正的实常数,则可得一个新的信号 $f_2(t\pm t_0)$。这就意味着把 $f(t)$的波形沿时间轴整体平移(延时) t_0 个单位,$f_2(t+t_0)$ 表示向右平移 t_0 个单位,$f(t-t_0)$ 表示向左平移 t_0 个单位。图 8-1-13b)为其示意图。

3. 压缩与扩展

若将信号 $f(t)$ 的自变量 t 换为 at(a 为正实数),则信号 $f(\alpha t)$ 将在时间尺度上压缩或扩展,这称为信号的尺度变换。若 $0<\alpha<1$,就意味着原信号从原点沿 t 轴扩展;若 $\alpha>1$,就意味着原信号沿 t 轴压缩(幅值不变)。如图 8-1-14 中 $f(t)$和 $x(t)$ 所示。

信号的尺度展缩应用在信息的存储、压缩和解压缩技术方面。如 $f(t)$是已录制好的音乐信号磁带,则 $f(2t)$是以原声的 2 倍速度播放,$f\left(\frac{t}{2}\right)$是将原声降低一半速度播放。

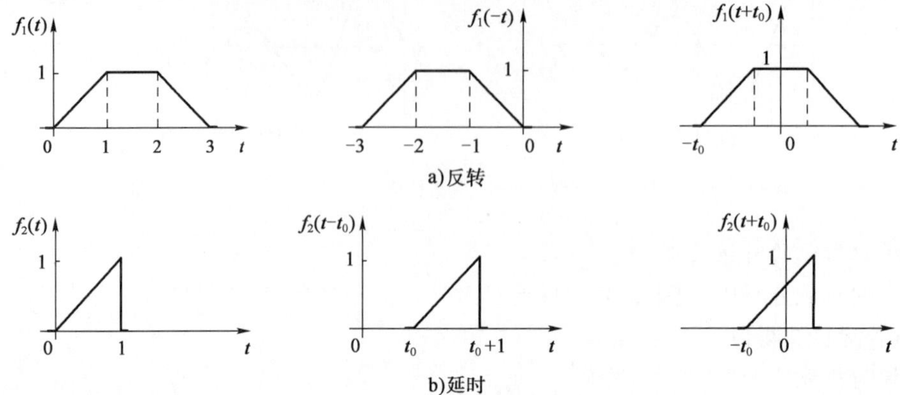

图 8-1-13 信号反转与延时后波形图

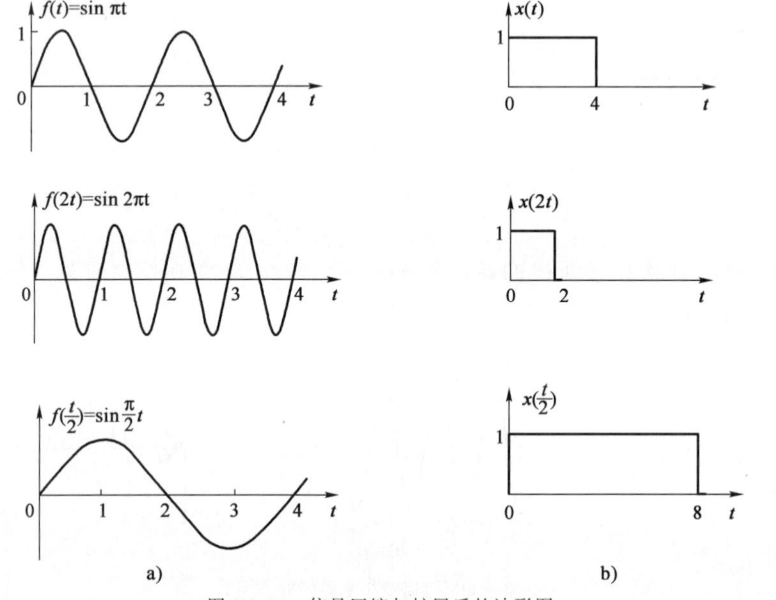

图 8-1-14 信号压缩与扩展后的波形图

4.微分与积分

设信号 $f(t)$ 的微分表示为

$$y(t)=\frac{\mathrm{d}f(t)}{\mathrm{d}t}=f'(t)=f^{(1)}(t) \tag{8-1-14}$$

$f(t)$ 的积分表示为

$$y(t)=\int_{-\infty}^{t}f(\tau)\mathrm{d}\tau=f^{(-1)}(t) \tag{8-1-15}$$

式中 τ 为积分变量,以区别于积分上限 t。

对于斜坡函数,其导数为阶跃函数,即 $r'(t)=\varepsilon(t)$;反之,单位阶跃函数的积分为斜坡函数,即

$$r(t)=\int_{-\infty}^{t}\varepsilon(\tau)\mathrm{d}\tau=t\varepsilon(t) \quad (8\text{-}1\text{-}16)$$

例如,对于如图 8-1-15 所示信号 $f(t)$,可表示为

$$f(t)=\begin{cases}\frac{1}{2}t+1 & (-2\leqslant t\leqslant 0)\\ -\frac{1}{2}t+1 & (0\leqslant t\leqslant 2)\end{cases} \quad (8\text{-}1\text{-}17)$$

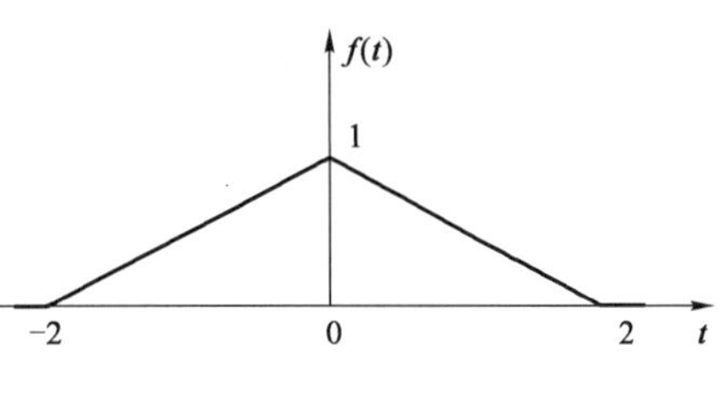

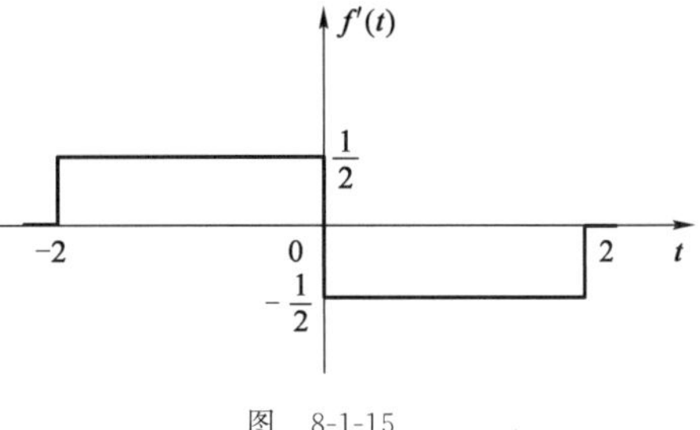

图 8-1-15

5. 单位冲激函数

冲激函数的提出有着广泛的物理基础。RC 串联电路接通直流电源的情形。如图 8-1-16a)所示,设电容电压初始状态为零,当 $t=0$ 时电路接通,充电电流从起始值开始按指数规律下降,即

$$i_c(t)=\frac{1}{R}e^{-\frac{t}{rc}} \quad (t>0) \quad (8\text{-}1\text{-}18)$$

若电路中 $R\to 0$,则充电时间常数 $\tau=RC=0$,这意味着在 $t=0$ 瞬间电源以无穷大电流给电容充电,即

$$i_c(t)=\begin{cases}\infty & (t=0)\\ 0 & (t\neq 0)\end{cases} \quad (8\text{-}1\text{-}19)$$

电容上的电荷应是电流的积分值,即

$$q=\int_{-\infty}^{\infty}i_c\mathrm{d}t=CU_s=1\mathrm{C} \quad (8\text{-}1\text{-}20)$$

这 1C 的电荷恰是图 8-1-16b)中 i_c 曲线下的面积。

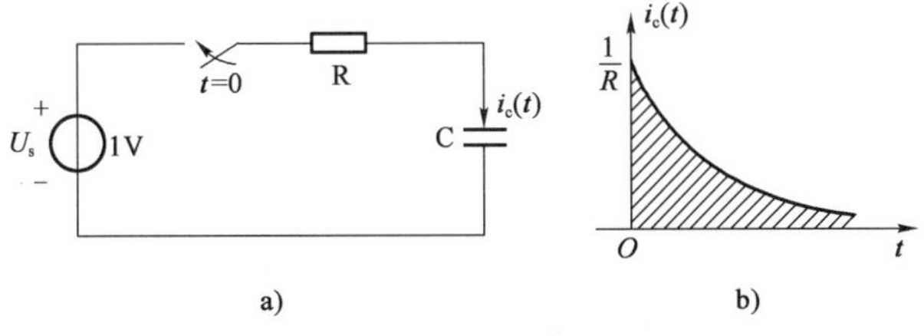

图 8-1-16 电容充电波形

再观察图 8-1-17 中的函数 $f(t)$,当其缓升宽度 $\tau\to 0$ 时,它就变成了阶跃信号 $\varepsilon(t)$;而对 $f(t)$求导后,则变为高度为 $\frac{1}{\tau}$ 、宽度为 τ 的矩形脉冲,即 $f'(t)=f_\tau(t)$,注意 $f_\tau(t)$ 的面积为 1。当 $\tau\to 0$ 时 $f_\tau(t)$ 的高度变为无穷大,但此面积仍为 1,此时变为冲激函数,用 $\delta(t)$ 表示。对应来看,即有 $\varepsilon'(t)=\delta(t)$ 。可见,$\delta(t)$ 只在 $t=0$ 出现,其余时间均为零。

由上可知,单位冲激函数 $\delta(t)$ 可以看作是一个宽度为无穷小,高度为无穷大,但面积为 1 的极窄矩形脉冲。该函数是一个不同于一般信号的奇异函数,其定义为

$$\begin{cases}\delta(t)=0 & (t\neq 0)\\ \int_{-\infty}^{0}\delta(t)\mathrm{d}t=1\end{cases} \quad (8\text{-}1\text{-}21)$$

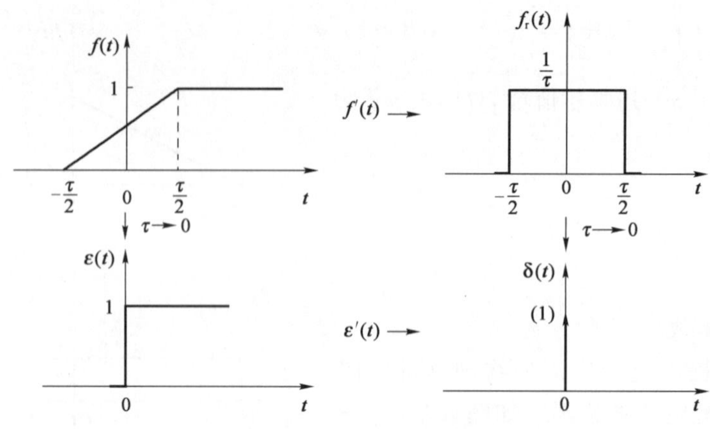

图 8-1-17　冲激函数的概念

上述定义表明，$\delta(t)$ 是在 $t=0$ 瞬间出现又立即消失的信号，且幅值为无限大；在 $t\neq 0$ 处，它始终为零，而积分 $\int_{-\infty}^{\infty}\delta(t)\mathrm{d}t=1$ 是该函数的面积，通常称为 $\delta(t)$ 的强度。强度为 A 的冲激信号可记为 $A\delta(t)$，延迟 t_0 出现的冲激信号可记为 $A\delta(t-t_0)$，它们的波形如图 8-1-18 所示，符号(A)表示其强度。

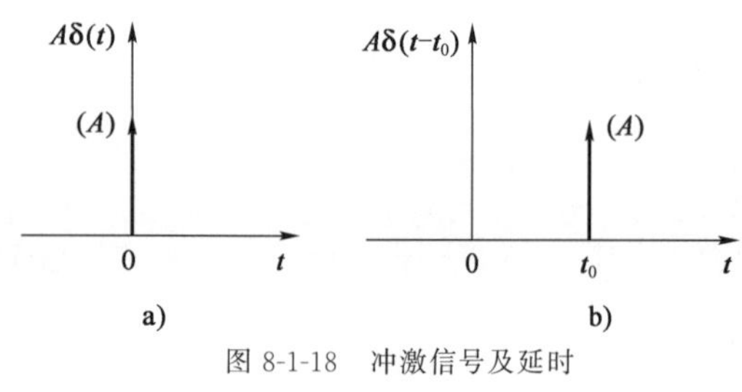

图 8-1-18　冲激信号及延时

根据 $\delta(t)$ 的定义，可以建立单位阶跃函数与单位冲击函数的确切关系，由于 $\delta(t)$ 只在 $t=0$ 时刻存在，所以

$$\int_{-\infty}^{\infty}\delta(t)\mathrm{d}t=\int_{0-}^{0+}\delta(t)\mathrm{d}t=1 \tag{8-1-22}$$

则

$$\int_{-\infty}^{\infty}\delta(t)\mathrm{d}t=\begin{cases}1 & (t>0)\\0 & (t<0)\end{cases} \tag{8-1-23}$$

上式表明：单位冲激信号的积分为单位阶跃信号；反过来，单位阶跃信号的导数应为单位冲激信号，即

$$\delta(t)=\frac{\mathrm{d}\varepsilon(t)}{\mathrm{d}t} \tag{8-1-24}$$

在引入 $\delta(t)$ 的前提下，函数在不连续点处也有导数值。

【例 8-1-1】 已知 $f(t)$的波形如图 a)所示，试求其一阶导数并画出波形。

解　首先用 $\varepsilon(t)$的组合表示 $f(t)$，即 $f(t)=\varepsilon(t)+\varepsilon(t-t_1)-2\varepsilon(t-t_2)$

对上式求导，得 $f'(t)=\delta(t)+\delta(t-t_1)-2\delta(t-t_2)$

其波形如图 b)所示。

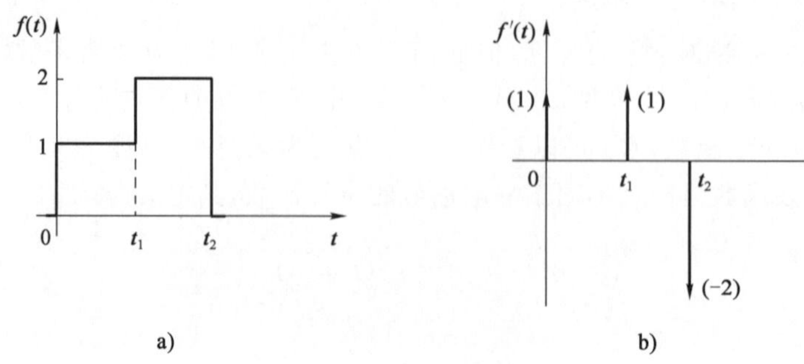

例 8-1-1 图

【例 8-1-2】 给出如图 a)所示非周期信号的时域描述形式：

A. $u(t)=10\times1(t-3)-10\times1(t-6)\text{V}$

B. $u(t)=3\times1(t-3)-10\times1(t-6)\text{V}$

C. $u(t)=3\times1(t-3)-6\times1(t-6)\text{V}$

D. $u(t)=10\times1(t-3)-1(t-6)\text{V}$

解 将图 a)中的信号 $u(t)$ 分解为图 b)所示信号 $u_1(t)$ 和图 c)所示信号 $u_2(t)$ 的叠加 $u(t)=u_1(t)+u_2(t)$。

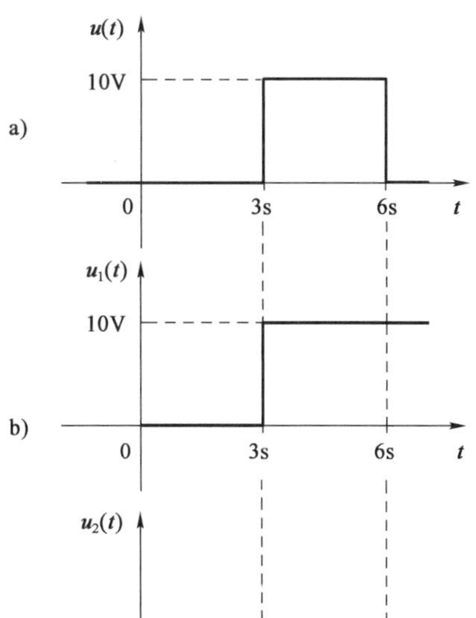

例 8-1-2 图

答案：A

（三）模拟信号的频谱

本部分以正弦函数（余弦函数亦统称为正弦函数）为基本信号，分析常用的周期和非周期信号的一些基本特性以及信号在系统中的传输问题。由数学上的欧拉公式可知

$$\left.\begin{aligned}\sin\omega t&=\frac{1}{2j}(e^{j\omega t}-e^{-j\omega t})\\\cos\omega t&=\frac{1}{2}(e^{j\omega t}+e^{-j\omega t})\end{aligned}\right\}\tag{8-1-25}$$

可把虚指数函数 $e^{j\omega t}$ 作为基本信号，将任意周期信号和非周期信号分解为一系列虚指数函数的和。分解工具是傅里叶级数（针对周期信号）和傅里叶积分（针对非周期信号）。利用信号的正弦分解思想，系统的响应可看作各不同频率正弦信号产生响应的叠加。由于在信号分析中所用的独立变量是频率，故称为频域分析。

1. 周期信号的频谱

周期信号是定义在$(-\infty,\infty)$区间内，每隔一定周期 T 按相同规律重复变化的信号，它们一般可表示为

$$f(t)=f(t+mT)\qquad(m=0,\pm1,\pm2,\cdots)\tag{8-1-26}$$

当周期信号 $f(t)$ 满足狄里赫利条件时，则可用傅里叶级数表示为三角函数

$$f(t)=a_0+\sum_{n=1}^{\infty}(a_n\cos n\omega_1t+b_n\sin n\omega_1t)\tag{8-1-27}$$

式中，$\omega_1=\dfrac{2\pi}{T}$ 称为 $f(t)$ 的基波角频率，$n\omega_1$ 称为 n 次谐波的频率；a_0 为 $f(t)$ 的直流分量，a_n 和 b_n 分别为各余弦分量和正弦分量的幅度。当函数给定以后，系数 a_0、a_n 和 b_n 可以由下式确定

$$\left.\begin{aligned}a_0&=\frac{1}{T}\int_0^T f(t)\mathrm{d}t\\a_n&=\frac{2}{T}\int_0^T f(t)\cos n\omega t\,\mathrm{d}t\\b_n&=\frac{2}{T}\int_0^T f(t)\sin n\omega t\,\mathrm{d}t\end{aligned}\right\}\tag{8-1-28}$$

傅里叶级数还可以写成

$$f(t)=A_0+\sum_{n=1}^{\infty}A_n\cos(n\omega_1 t+\varphi_n) \tag{8-1-29}$$

这里

$$A_n=\sqrt{a_n^2+b_n^2} \qquad \varphi_n=-\arctan\frac{b_n}{a_n} \tag{8-1-30}$$

可见,模拟信号为一个直流信号和一系列正弦信号的叠加。由于直流信号可表示为 0 次谐波信号,$A_n\cos(n\omega_1 t+\varphi_n)$ 称为函数 $f(t)$ 的第 n 次谐波分量,这种将一个周期函数展开成一系列谐波之和的傅里叶级数的方法叫做谐波分析。谐波分析中,我们认为模拟信号是由一系列谐波信号叠加而成的。我们用典型模拟信号分析:不同周期信号的谐波构成情况是不相同的,例如如图 8-1-19 所示的几种常见周期信号经过傅里叶级数分解后的谐波分量描述形式分别为

$$u_1(t)=\frac{4U_{1m}}{\pi}\left(\frac{1}{2}-\frac{1}{3}\cos2\omega t-\frac{1}{15}\cos4\omega t-\cdots\right) \tag{8-1-31}$$

$$u_2(t)=\frac{4U_{2m}}{\pi}(\sin\omega t+\frac{1}{3}\sin3\omega t+\frac{1}{5}\sin5\omega t+\cdots) \tag{8-1-32}$$

$$u_3(t)=U_{3m}\left[\frac{1}{2}-\frac{1}{\pi}\left(\sin\omega t+\frac{1}{2}\sin2\omega t+\frac{1}{3}\sin3\omega t+\cdots\right)\right] \tag{8-1-33}$$

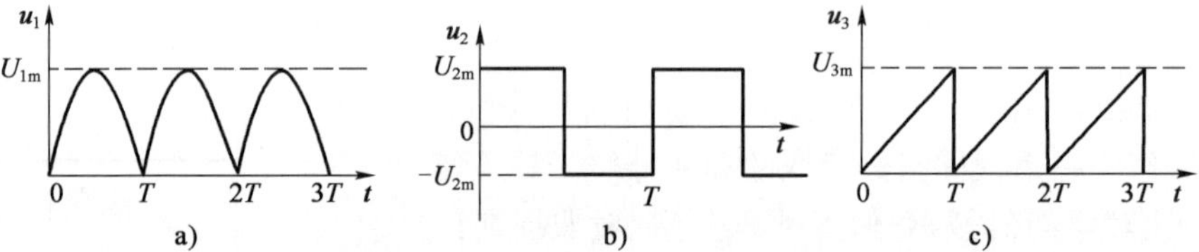

图 8-1-19　典型非正弦信号的时域波形图

显然,周期信号的波形不同,其谐波组成的成分情况也不同。信号的谐波组成情况通常用频谱的形式来表示。

(1)周期信号波形的谐波叠加

图 8-1-20 表示了图 8-1-19b)信号谐波叠加的情况。其中,图 8-1-20b)、c)表示的是 1、3 次谐波叠加的波形与原始方波波形的比较;图 8-1-20c)表示的是 1、3、5 次谐波叠加后的波形与原始方波的比较。不难看出,随着更多谐波成分的加入,叠加后的波形将越来越趋近于原始的方波波形。

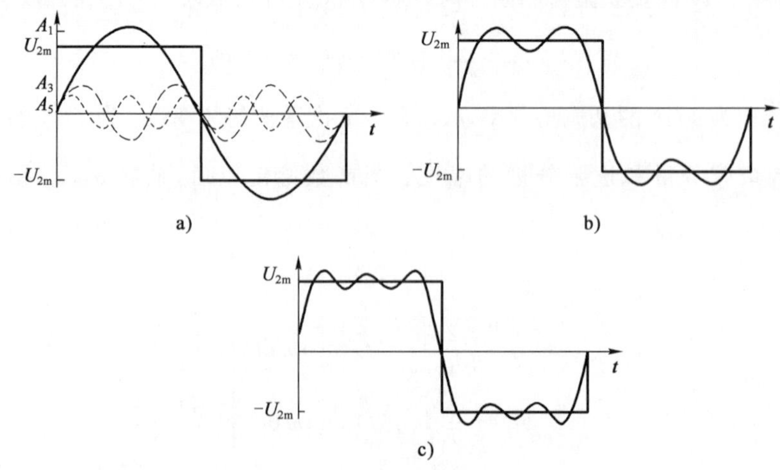

图 8-1-20　方波信号的谐波叠加

(2)周期信号的频谱

仔细考查式(8-1-32)可以发现:随着谐波次数 k 的增加,方波信号各个谐波的幅值按照 $\frac{4}{k\pi}$ 的规律衰减(其中,$k=1,3,5,7,\cdots$),而它们的初相位却保持 0°不变。将方波信号谐波成分的这种特性用图形的形式表达出来,就形成了如图 8-1-21 所示的谱线形式。这种表示方波信号性质的谱线称为频谱。图 8-1-21a)所表示的谐波幅值谱线随频率的分布状况称为幅度频谱;图 8-1-21b)则称为相位频谱,它表示谐波的初相与频率的关系。谱线顶点的连线称为频谱的包络线(图中以虚线表示),它形象地表示了频谱的分布状况。借助数学工具分析可知,周期信号频谱的谱线只出现在周期信号频率 ω 整数倍的地方,是离散的频谱。周期信号的幅度频谱随着谐波次数的增高而迅速减小。

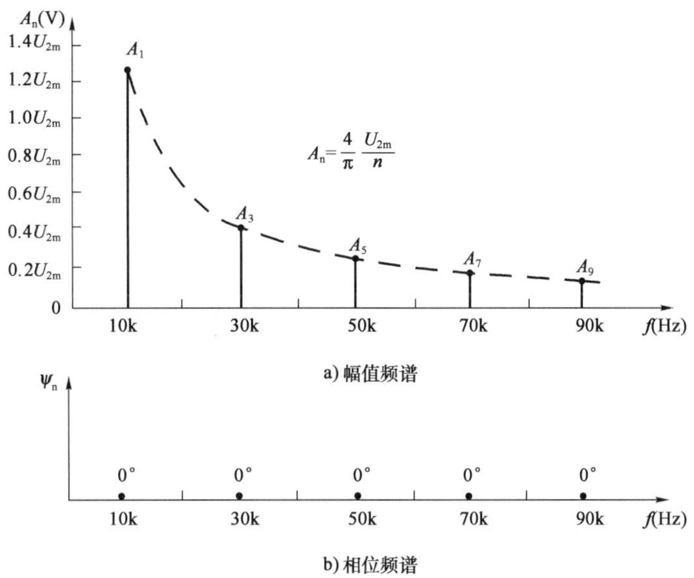

图 8-1-21 方波信号的频谱

【例 8-1-3】 设周期信号 $u(t)$的幅值频谱如图所示,则该信号:

A. 是一个离散时间信号

B. 是一个连续时间信号

C. 在任意瞬间均取正值

D. 最大瞬时值为 1.5V

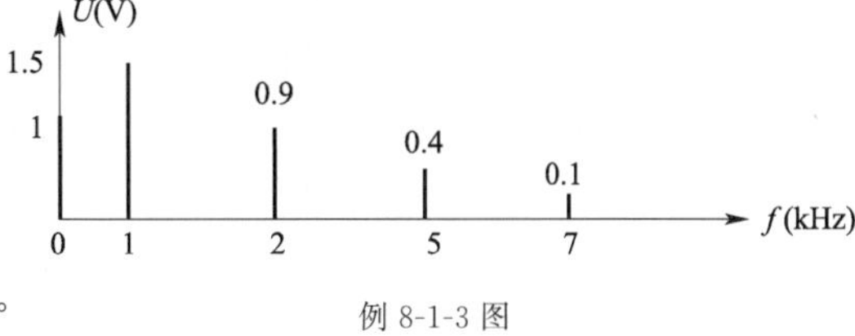

例 8-1-3 图

解 周期信号的幅值频谱是离散且收敛的。这个周期信号一定是时间上的连续信号,选项 A 错误。

本题给出的图形是周期信号的频谱图。频谱图是非正弦信号中不同正弦信号分量的幅值按频率变化排列的图形,其大小是表示各次谐波分量的幅值,用正值表示。例如本题频谱图中出现的 1.5V 对应于 1kHz 的正弦信号分量的幅值,而不是这个周期信号的幅值。因此本题选项 C 或 D 都是错误的。

答案:B

【例 8-1-4】 求如图所示周期信号 $f(t)$ 的傅里叶级数展开式,并画出频谱图。

解 $f(t)$在第一个周期内的表达式为

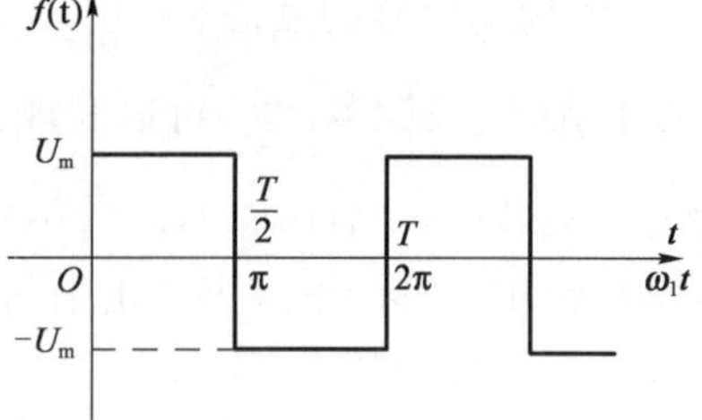

例 8-1-4 图 矩形波

$$\begin{cases} f(t)=U_m & 0\leqslant t\leqslant \frac{T}{2} \\ f(t)=-U_m & \frac{T}{2}\leqslant t\leqslant T \end{cases}$$

根据式(8-1-28)求得所需要的系数为

$$a_n=\frac{1}{T}\int_0^T f(t)\mathrm{d}t=0$$

$$a_k=\frac{1}{\pi}\int_0^{2\pi} f(t)\cos(k\omega_1 t)\mathrm{d}(\omega_1 t)=\frac{2U_m}{\pi}\int_0^{\pi}\cos(k\omega_1 t)\mathrm{d}(\omega_1 t)=0$$

$$b_k=\frac{1}{\pi}\int_0^{2\pi} f(t)\sin(k\omega_1 t)\mathrm{d}(\omega_1 t)=\frac{2U_m}{k\pi}[1-\cos(k\pi)]$$

当 k 为偶数时，$\cos(k\pi)=1, b_k=0$

当 k 为奇数时，$\cos(k\pi)=-1, b_k=\frac{4U_m}{k\pi}$

由此求得

$$f(t)=\frac{4U_m}{\pi}[\sin(\omega_1 t)+\frac{1}{3}\sin(3\omega_1 t)+\frac{1}{5}\sin(5\omega_1 t)+\cdots]$$

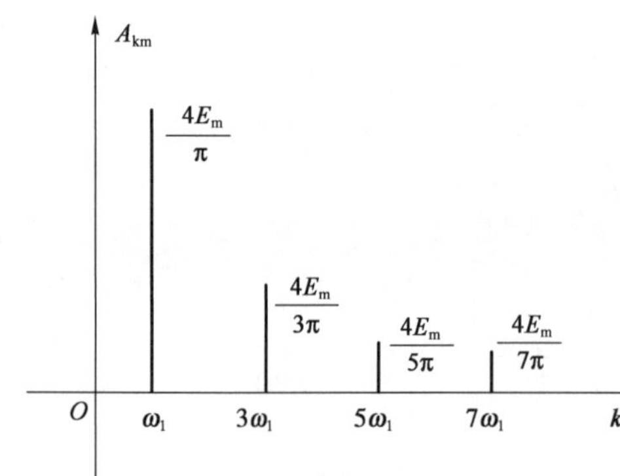

图 8-1-22 矩形波函数的频谱图

图 8-1-22 是矩形波函数的频谱图，由上例方波信号的频谱图中，每根垂直线称为谱线，其所在频率位置 $n\omega_1$ 为该次谐波的角频率。每根谱线的高度为该次谐波的振幅值。观察可知，周期信号的振幅谱具有下列特点：

①离散性。频谱图由频率离散的谱线组成，每根谱线代表一个谐波分量。这样的频谱称为不连续频谱或离散频谱。

②谐波性。谱中的谱线只能在基波频率 ω_1 的整数倍频率上出现。

③收敛性。频谱中各谱线的高度，随谐波次数的增高而逐渐减小。当谐波次数无限增多时，谐波分量的振幅趋于无穷小。

这些特点虽然是从具体的信号得出的，但除了少数特例外，许多信号的频谱都具有这些特点。

【例 8-1-5】 模拟信号 μ_1(t)和 μ_2(t)的幅值频谱分别如图 a)和图 b)所示，则在时域中：

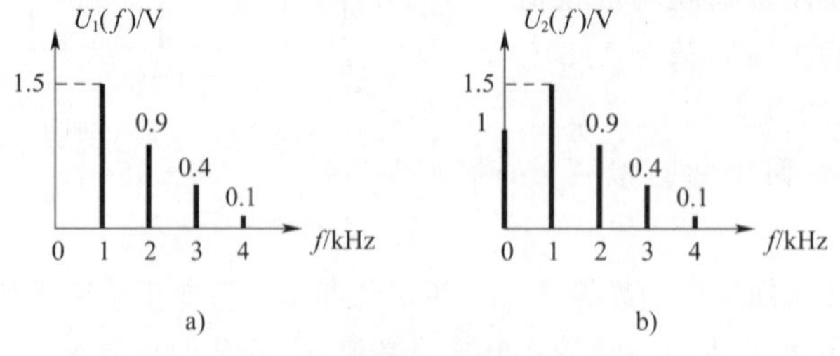

例 8-1-5 图

A. $\mu_1(t)$和 $\mu_2(t)$是同一个函数

B. $\mu_1(t)$和 $\mu_2(t)$都是离散时间函数

C. $\mu_1(t)$和 $\mu_2(t)$都是周期性连续时间函数

D. $\mu_1(t)$是非周期性时间函数，μ_2(t)是周期性时间函数

解 本题中 $u_1(t)$、$u_2(t)$ 信号的幅频特性都是离散的，可以判断这两个信号都是周期信号。又观察到图 b)u_2 的频谱特性中含有 $f=0$ 的直流分量，而 u_1 没有。可见，这两个周期信号并不相等，它们不是同一时间函数。因此只有选项 C 正确。

答案：C

【例 8-1-6】 若某周期信号的一次谐波分量为 $5\sin10^3 t\text{V}$，则它的三次谐波分量可表示为：

A. $U\sin3\times10^3 t, U>5\text{V}$　　B. $U\sin3\times10^3 t, U<5\text{V}$

C. $U\sin10^6 t, U>5\text{V}$　　D. $U\sin10^6 t, U<5\text{V}$

解 周期信号频谱是离散的频谱，信号的幅度随谐波次数的增高而减小。针对本题情况可知该周期信号的一次谐波分量为：

$u_1=U_{1\text{m}}\sin\omega_1 t=5\sin10^3 t$

$U_{1\text{m}}=5\text{V}, \omega_1=10^3$

$u_3=U_{3\text{m}}\sin3\omega t$

$\omega_3=3\omega_1=3\times10^3$

$U_{3\text{m}}<U_{1\text{m}}$，故 $U_{3\text{m}}<5\text{V}$

答案：B

2. 非周期信号的频谱

非周期信号是模拟信号的普遍形式，所以本节所讨论的非周期信号描述问题实质上是模拟信号描述的一般性问题。

从直观的角度看，非周期信号可以定义为周期 $T\to\infty$（或频率 $f=0$）的周期信号，即：当周期信号的周期趋向无穷大时，这个周期信号就转化成了非周期信号。当周期 T 趋向无穷大时，各次谐波之间的谱线距离趋于消失，信号的频谱也从离散形式变成了连续形式。因此在非周期信号的分析中，可以先把这种非周期函数看作一种周期函数，在周期趋于无限大的条件下，求出其极限形式的傅氏级数展开式，就得到了表示这种非周期函数的傅氏积分公式。得到

$$f(t)=\sum_{k=-\infty}^{\infty}c_k e^{jk\omega_1 t} \tag{8-1-34}$$

其中
$$c_k=\frac{1}{T}\int_{-\frac{T}{2}}^{\frac{T}{2}}f(t)e^{-jk\omega_1 t}\text{d}t \qquad (k=0,\pm1,\pm2\cdots) \tag{8-1-35}$$

c_k 的频谱是 $k\omega_1$ 的函数，且为线状的，其相邻间隔（频率差）为

$$\Delta\omega_k=(k+1)\omega_1-k\omega_1=\omega_1=\frac{2\pi}{T} \tag{8-1-36}$$

当 T 越来越大时，c_k 的值及相邻谱线的间隔就越来越小，谱线就变成连续的，而其幅度 $|k\omega_1|$ 将趋于无限小，这样我们可以定义一个新的函数

$$F(jk\omega_1)=Tc_k=\frac{2\pi c_k}{\Delta\omega_k}=\int_{-\frac{T}{2}}^{\frac{T}{2}}f(t)e^{-jk\omega_1 t}\text{d}t \tag{8-1-37}$$

当 $T\to\infty$ 时，$\omega_1=\dfrac{2\pi}{T}\to\text{d}\omega$，而相邻谐波之间的频率差也越来越小，这时可以把 $k\omega_1$ 看作是一个连续变量 ω 并取极限时，式(8-1-37)可以写成

$$F(j\omega)=\int_{-\infty}^{\infty}f(t)e^{-jk\omega t}\text{d}t \tag{8-1-38}$$

上式称为傅里叶积分或傅里叶变换。它把一个时间函数变成了一个频率函数。另外，由式(8-1-37)知

$$c_k=\frac{F(jk\omega_1)}{T}=\frac{\Delta\omega_k F(jk\omega_1)}{2\pi} \tag{8-1-39}$$

将 c_k 代入式(8-1-34)，当 $T\to\infty$ 时，上式的求和变成积分，可以将式(8-1-34)改写成

$$f(t)=\frac{1}{2\pi}\int_{-\infty}^{\infty}F(j\omega)e^{jk\omega t}\mathrm{d}\omega \tag{8-1-40}$$

式(8-1-40)称为傅氏反变换。频谱函数 $F(j\omega)$ 一般为 ω 的复函数，有时把 $F(j\omega)$ 简记为 $F(\omega)$。将非周期信号的频谱表示为傅里叶积分，当然，时域信号 $f(t)$ 要满足绝对可积。凡满足绝对可积条件的信号，它的变换 $F(\omega)$ 必然存在。对非周期函数进行傅氏变换就可以得到非周期函数的频谱。

下面给出几个常用非周期信号的频谱：

(1)门函数 $g_\tau(t)$ 的频谱

幅度为 1、宽度为 τ 的单个矩形脉冲常称为门函数，记为 $g_\tau(t)$，它可表示

$$g_\tau(t)=\begin{cases}1 & \left(|t|<\dfrac{\tau}{2}\right)\\ 0 & \left(|t|>\dfrac{\tau}{2}\right)\end{cases} \tag{8-1-41}$$

其波形如图 8-1-23a)所示。

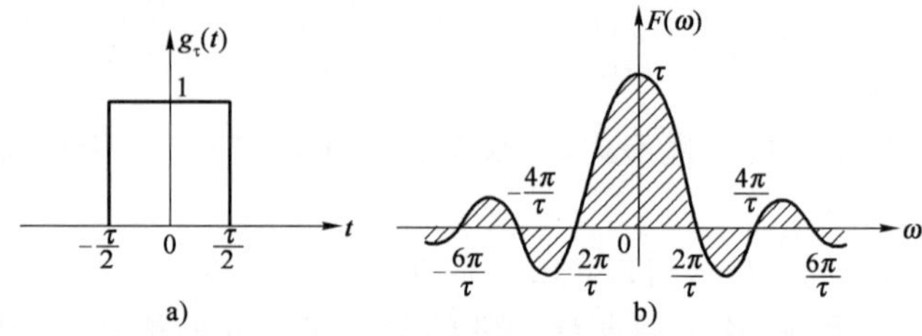

图 8-1-23　门函数的频谱图

(2)冲击函数 $\delta(t)$ 的频谱

由定义式(8-1-38)，并应用 $\delta(t)$ 的取样性质，得

$$F(\omega)=\int_{-\infty}^{\infty}\delta(t)e^{-j\omega t}\mathrm{d}t=1 \tag{8-1-42}$$

即有变换对

$$\delta(t)\leftrightarrow 1 \tag{8-1-43}$$

图 8-1-24 为它们的图示。可见，冲激信号的频谱是均匀谱。

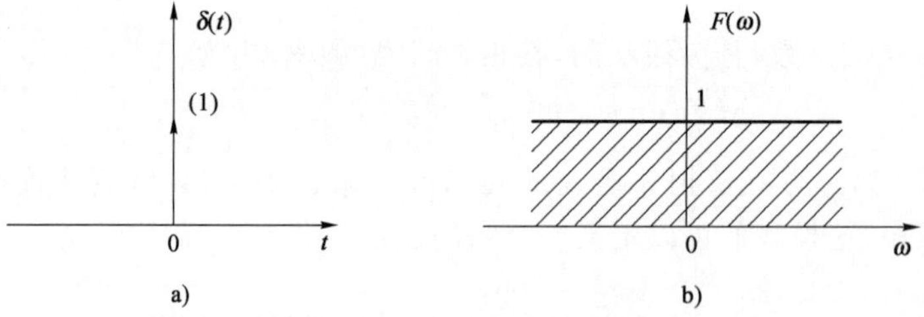

图 8-1-24　冲击函数的频谱图

(3)直流信号的频谱

设直流信号

$$f(t)=1\qquad(-\infty,\infty) \tag{8-1-44}$$

经傅氏反变换，且 $\delta(t)$ 为 t 的偶函数，则 $\delta(t)$ 可表示为

$$\delta(t)=\delta(-t)=\frac{1}{2\pi}\int_{-\infty}^{\infty}1\cdot e^{-j\omega t}\mathrm{d}\omega \tag{8-1-45}$$

将上式中 ω 换为 t，t 换为 ω，有

$$2\pi\delta(\omega)=\int_{-\infty}^{\infty}1\cdot e^{-j\omega t}\mathrm{d}t \tag{8-1-46}$$

上式表明单位直流信号的傅里叶变换(频谱)为 $2\pi\delta(\omega)$,即

$$1 \leftrightarrow 2\pi\delta(\omega) \tag{8-1-47}$$

它们的图形如图 8-1-25 所示。这表明,直流仅由 $\omega=0$ 的分量组成。

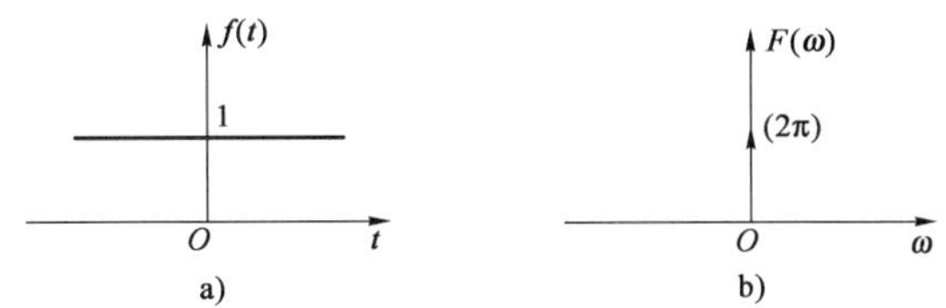

图 8-1-25 直流信号的频谱图

归纳以上分析,对于非周期信号可以得到如下重要结论:

①非周期信号的频谱是连续频谱;

②若信号在时域中持续时间有限,则其频谱在频域将延伸到无限,这可简单地称为时间有限,频域无限。

③信号的脉冲宽度越窄,则信号的带宽越宽。

频谱分析是模拟信号分析的重要方法,也是模拟信号处理的基础,在工程上有着重要的应用。这种分析方法实质上是对信号特征的更为细致的提取,在信号处理中,根据频谱的特征可以进行信号的识别和信息的提取。

在实际运用中,根据问题性质和分析目标的不同,可以采用不同方式来描述模拟信号。例如,在电路稳态分析中采用时域描述方式以求分析过程直观并便于理解;在电路动态过程分析中,则采用频域描述方式以求分析简便和透彻。

【例 8-1-7】 周期信号中的谐波信号是:

A. 离散时间信号　　B. 数字信号

C. 采样信号　　D. 连续时间信号

解 周期信号中的谐波信号是从傅里叶级数分解中得到的,它是正弦交流信号,是连续时间信号。

答案:D

【例 8-1-8】 周期信号的频谱是:

A. 离散的

B. 连续的

C. 高频谐波部分是离散的,低频谐波部分是连续的

D. 有离散的,也有连续的,无规律可循

解 周期信号的谐波是按照级数形式分解出来的,所以频谱是离散的频谱。

答案:A

【例 8-1-9】 模拟信号 $u_1(t)$ 和 $u_2(t)$ 的幅值频谱分别如图 a)和图 b)所示,则:

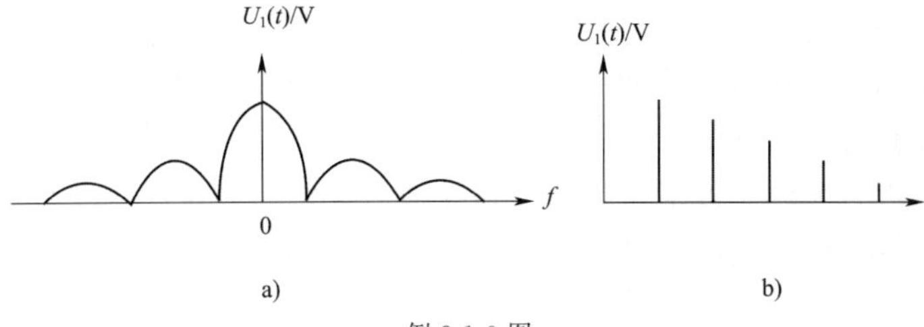

例 8-1-9 图

A. $u_1(t)$是连续时间信号，$u_2(t)$是离散时间信号

B. $u_1(t)$是非周期性时间信号，$u_2(t)$是周期性时间信号

C. $u_1(t)$和$u_2(t)$都是非周期性时间信号

D. $u_1(t)$和$u_2(t)$都是周期性时间信号

解 根据信号的幅值频谱关系，周期信号的频谱是离散的，而非周期信号的频谱是连续的。

图 a)是非周期性时间信号的频谱，图 b)是周期性时间信号的频谱。

答案：B

四、模拟信号的处理

信号是信息的载体。在电子系统中，信号的处理服从于信息处理的需要，如信号的放大处理为的是信息的增强，信号之间的算术运算、微分积分运算等是信息的变换，信号的滤波、整形等则通常是为了信息的识别和提取。

（一）模拟信号增强

将微弱的信号放大到可以方便观测和利用是模拟信号最基本的一种处理方式。信号的放大包含信号幅度的放大和信号带载能力的增强两个目标，前者称为电压放大，后者称为功率放大，这是模拟电子电路的重点内容。实际上，电压放大和功率放大都涉及信号本身能量的增强，所以，信号的放大过程可以理解为一种能量转换过程，电子电路的放大理论就是在较微弱的信号控制下把电源的能量转换成具有较大能量的信号。模拟信号放大的核心问题是保证放大前后的信号是同一个信号，即经过放大处理后的信号不能失真、信号的形状或频谱结构保持不变，即信号所携带的信息保持不变。

针对这些基本要求，电子电路中所要处理的问题主要有：

(1)非线性问题。电子器件本身的非线性特性无法严格保持信号放大过程的线性变换关系，这导致信号放大之后出现波形的畸变。

(2)频率特性问题。由于电路中储能元件(电容、电感)的影响，电子电路不能保证信号中的各次谐波成分获得同等比例的放大效果，这导致放大后信号的谐波组分或频谱结构发生改变。

(3)噪声与干扰问题。放大电路内部的电子噪声和外部的干扰信号导致放大后的信号中夹杂着其他的信号，在情况严重时，这些夹杂信号会淹没放大信号本身，导致无法对信号进行识别和应用。

（二）模拟信号滤波

从信号中滤除部分谐波信号叫做滤波。滤波是从模拟信号中去除伪信息，提取有用信息的一种重要技术手段。

滤波电路通常是按照滤波电路的工作频带命名的，分为低通滤波器(LPF)、高通滤波器(HPF)、带通滤波器(BPF)、带阻滤波器(BEF)等。

各种滤波器的理想幅频特性如图 8-1-26 所示。允许通过的频段称为通带，将信号的幅值衰减到零的频段称为阻带。

幅频特性通常用来描述放大器的电压放大倍数与频率变化之间的关系，如图 8-1-26 描述了典型滤波器的幅频特性。在图 8-1-26a)中，设截止频率为 f_p，低于频率 f_p 的信号可以通过，高于 f_p 的信号被衰减的滤波电路称为低通滤波器；反之，频率高于 f_p 的信号可以通过，而频率低于 f_p 的信号被衰减的滤波电路称为高通滤波器。低通和高通滤波器的理想频率特性分别如图 8-1-26a)、b)所示。

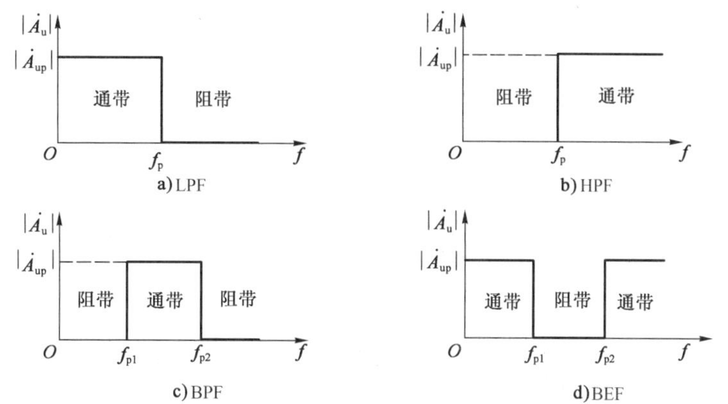

图 8-1-26　理想滤波电路的幅频特性

对于带通电路，设低频段的截止频率为 f_{p1}，高频段的截止频率为 f_{p2}，频率在 f_{p1} 到 f_{p2} 之间的信号可以通过，低于 f_{p1} 或高于 f_{p2} 的信号被衰减的滤波电路称为带通滤波器，如图 8-1-26c)所示；对于频率低于 f_{p1} 和高于 f_{p2} 的信号可以通过，频率是 f_{p1} 到 f_{p2} 之间的信号被衰减的滤波电路称为带阻滤波器，如图 8-1-26d)所示。

滤波是模拟信号处理的一项核心技术，在信号识别和信息提取中有着重要应用，通常信号在传输和处理过程中会受到干扰信号的影响，干扰信号的谐波与有用信号的谐波往往分布在频谱不同的频段上，所以通常采用滤波手段来排除或削弱干扰信号。例如，在观测到的大型汽轮发电机组的振动信号中，包含有正常运转的振动信号和因机械故障所引起的附加振动信号，这通常用信号和干扰信号谐波组分分布在频谱中的不同区间里，利用适当的滤波手段即可从总的振动信号中识别出故障信号，借以判断系统有无故障、故障类型及故障程度等信息；另外，各个广播电台和电视台采用不同的载波频率播送节目，它们分布在天线所接收到的信号频谱中的不同频段上，利用带通滤波即可将它们提取出来收听或观看。

(三)模拟信号变换

将一种信号变换为另一种信号是模拟信号处理的一项主要内容。在模拟系统中，信号的相加、相减、比例、微分及积分变换是常见的几种信号变换。从信息处理的角度看，信号变换是从信号中提取信息的重要手段，例如通过信号相加提取求和信息，从相减提取差异信息，通过比例变换提取增强后的信息，从微分变换提取信号时间变化率信息，从积分变换提取信号对时间的累积信息等。

信号变换的主要问题是：由于难以找到一种理想的运算装置，所以，信号变换都只能近似地实现，这为信息的提取带来不便。实际上，在模拟系统中，为了准确提取信息，往往还要增加许多额外的处理过程，如反馈技术。

图 8-1-27 给出一个模拟信号微分-积分变换的理想波形图。从图中可知，一个三角波模拟信号描述函数为 $f_1(t)$，经过微分变换

$$f_2(t) = \frac{\mathrm{d}f_1(t)}{\mathrm{d}t} \tag{8-1-48}$$

被变换为一个方波信号 $f_2(t)$，这个方波信号承载的是三角波信号的时间变化率信息；反之，一个方波信号 $f_2(t)$ 经过积分变换

$$f_1(t) = \int f_2(t)\mathrm{d}t \tag{8-1-49}$$

被变换为一个三角波 $f_1(t)$ 信号，它承载的是方波信号时间累积信息。

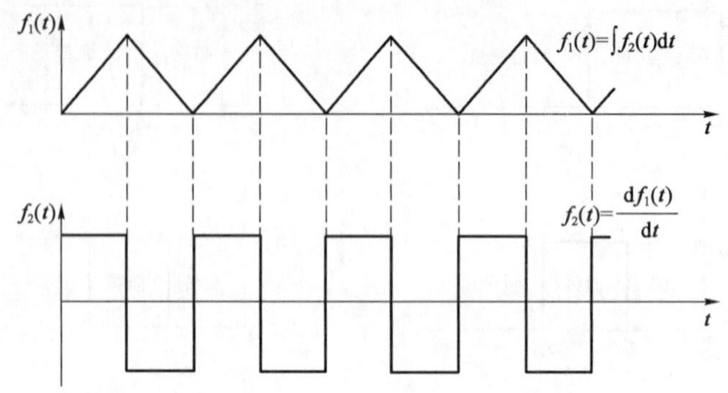

图 8-1-27　模拟信号微分-积分变换波形

（四）模拟信号识别

从一种不干净的、夹杂着许多无用信号的混合信号中把所需要的信号提取出来，这是信号识别问题。从信息的角度讲，信号识别是信息提取的一种前期处理过程，它剔除夹杂在信号中的各种伪信息，并保留原来的信息。利用频率的差异，采用滤波器滤除夹杂信号是信号识别的主要方法，但是，由于各种滤波器的特性都是非理想的，所以对于与信号频率相近的夹杂信号，滤波方法是无能为力的。增强有用信号自身的强度，也是一种信号识别的常用方法。但是，对于微弱信号，由于电子噪声信号也随着信号的增强而增强，这种方法的效果是有限的。

图 8-1-28 表示的是从调幅信号中识别出一个正弦波信号的过程。图 8-1-28a）表示原始的调幅信号 $u_1(t)$，图 8-1-28b）表示经过单向导电器件处理后的调幅信号 $u_2(t)$，图 8-1-28c）表示采用滤波器滤除高频载波信号后的信号 $u_3(t)$，图 8-1-28d）表示滤除直流信号后所提取出来的真实信号 $u_4(t)$。

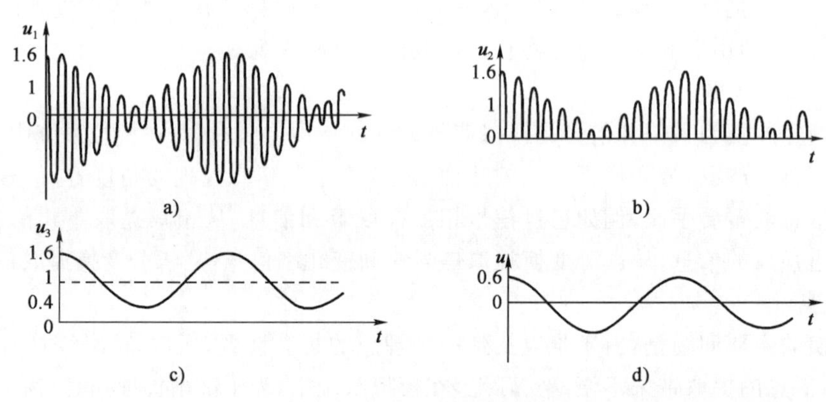

图 8-1-28　从调制信号中识别出模拟信号的过程

【例 8-1-10】　设放大器的输入信号为 $u_1(t)$，放大器的幅频特性如图所示，令 $u_1(t)=\sqrt{2}u_1\sin 2\pi ft$，且 $f>f_H$，则：

A. $u_2(t)$的出现频率失真

B. $u_2(t)$的有效值 $U_2=AU_1$

C. $u_2(t)$的有效值 $U_2<AU_1$

D. $u_2(t)$的有效值 $U_2>AU_1$

$\left|\dfrac{U_1}{U_2}\right|$　A　f_H　f

例 8-1-10 图

解　放大器的输入为正弦交流信号。但 $u_1(t)$的频率过高，超出了上限频率 f_H，放大倍数小于 A，因此输出信号 u_2 的有效值 $U_2 < AU_1$。

答案：C

第二节　数字信号与信息

对电子信号的处理，针对数字信号与模拟信号的不同采用了不同的处理方式，电子器件的工作状态也不同。数字电路的工作信号是二值信号，要用它来表示数并进行数的运算，就必须采取二进制形式表示。在电子电路中，信号往往表现为突变的电压或电流，并且只有两个可能的状态。正如我们所知，数字电路中的二极管和三极管工作在开关状态。利用导通和截止两种不同的工作状态，代表不同的数字信息，完成信号的传递和处理任务。由于一个 n 位的二进制数字代码序列可以有多种不同的排列方式，所以数字代码具有极强的表达能力。采用适当长度的数字脉冲序列数字信号就可以用来对各种复杂信息进行编码，并借助数字计算机的强大处理能力实现信息的处理，这就是数字信号得以广泛应用的根本所在。

数字信号可以用来对"数"进行编码，实现数值信息的表示、运算、传送和处理；号也可以用来对文字和其他符号进行编码，实现符号信息的表达、传送和处理；数字信号可以用来表示逻辑关系，实现逻辑演算、逻辑控制等。因此，在数字电路中，重点研究的是输入信号与输出信号之间的逻辑关系。为了分析这些逻辑关系，必须了解信号的编码规则，使用一套科学的代码和数学工具来处理数字信号，即逻辑代码和逻辑代数。

一、数字信号的数制和代码

（一）几种常用进制

1. 十进制

十进制是我们所熟悉的计数体制，它用 0～9 十个数字符号，按照一定的规律排列起来，表示数值的大小。

例如，$123.45 = 1\times10^2 + 2\times10^1 + 3\times10^0 + 4\times10^{-1} + 5\times10^{-2}$

十进制数的特点：它的基数是 10，其中低位和相邻高位之间的关系是"逢十进一"，故称为十进制。任意一个十进制数 D 均可展开为

$$D = \sum k_i \times 10^i \tag{8-2-1}$$

式中，k_i 是第 i 位的系数，它可以是 0～9 这十个数码中的任何一个。

若整数部分的位数是 n，小数部分的位数是 m，则 i 包含从 $n-1$ 到 0 的所有正整数和从 -1 到 $-m$ 的所有负整数。

若以 N 取代式(8-2-1)中的 10，即可得到任意进制（N 进制）数展开式的普遍形式

$$D = \sum k_i \times N^i \tag{8-2-2}$$

式中 i 的取值与式(8-2-1)的规定相同，N 称为计数的基数，k_i 为第 i 位的系数，N^i 为第 i 位的权。

2. 二进制

目前在数字电路中应用最广的是二进制。在二进制数中，每一位仅有 0 和 1 两个可能的数字符号，所以计数的基数为 2。低位和相邻高位间的进位关系是"逢二进一"，故称为二进制。

根据式(8-2-2)，任何一个二进制数均可展开为

$$D = \sum k_i \times 2^i \tag{8-2-3}$$

并由此计可算出它表示的十进制数的数值。

例如，$(101.11)_2 = 1\times2^2 + 0\times2^1 + 1\times2^0 + 1\times2^{-1} + 1\times2^{-2} = (5.75)_{10}$

上式中分别使用下脚注的 2 和 10 表示括号里的数是二进制和十进制数。有时也用 B(Binary)和 D(Decimal)代替 2 和 10 这两个脚注。

3. 十六进制

十六进制数用 0～9、A、B、C、D、E、F 等 16 个符号表示。任意一个十六进制数均可表示为

$$D = \sum k_i \times 16^i \tag{8-2-4}$$

例如，$(2B.6F)_{16} = 2\times16^1 + 11\times16^0 + 6\times16^{-1} + 15\times16^{-2} = (43.43359)_{10}$

式中的下脚注 16 表示括号里的数是十六进制，有时也用 H(Hexadecimal)标注。

由于目前在微型计算机中普遍采用 8 位、16 位和 32 位二进制并行运算，而 8 位、16 位和 32 位的二进制数可以用 2 位、4 位和 8 位的十六进制数表示。为了应用方便，通常用十六进制符号书写程序。

(二)数制转换

1. 二～十转换

把二进制数转换为等值的十进制数称为二～十转换。转换时只要将二进制数按式(8-2-3)展开，然后把所有各项的数值按十进制数相加，就可以得到等值的十进制数了。

例如，$(1\,101.01)_2 = 1\times2^3 + 1\times2^2 + 0\times2^1 + 1\times2^0 + 0\times2^{-1} + 1\times2^{-2} = (13.25)_{10}$

2. 十～二转换

把十进制数转换为二进制数，整数部分用“除 2 取余法”，小数部分用“乘 2 取整法”，具体操作举例如下。

【例 8-2-1】 分别将$(25)_{10}$和$(0.8125)_{10}$转换为二进制数。

解

```
2 |2 5  ┆ 1  ↑ 低位        0.8125   高    0.25
2 |1 2  ┆ 0  │          ×      2   位  ×     2
  2 |6  ┆ 0  │          ①.6250         ⓪.50
  2 |3  ┆ 1  │ 高位       0.6250         0.5
     1                ×      2     ↓ ×     2  ↓ 低位
                        ①.250          ①.0
```

因此　　$(25)_{10} = (11001)_2$　　　　$(0.8125)_{10} = (0.1101)_2$

3. 二～十六转换

把二进制数转换为等值的十六进制数，称为二～十六转换。

由于 4 位二进制数恰好有 16 个状态，而把这 4 位二进制数看作一个整体时，它的进位输出又正好是逢十六进一，所以只要从低位到高位将每 4 位二进制数分为一组，并代之以等值的十六进制数，即可得到对应的十六进制数。

例如，将$(01101010.11010010)_2$化为十六进制数时可得

$$(0110,1010\,.\,1101,0010)_2$$

$$\downarrow\quad\downarrow\quad\downarrow\quad\downarrow$$

$$=(6\quad A\quad .\quad D\quad 2\,)_{16}$$

4. 十六～二转换

十六～二转换是指把十六进制数转换成等值的二进制数。转换时只需将十六进制数的每

一位用等值的 4 位二进制数代替就行了。

例如，将$(8FB.C5)_{16}$化为二进制数时可得

$$
\begin{array}{ccccccc}
(8 & F & B & . & C & 5)_{16} \\
\downarrow & \downarrow & \downarrow & & \downarrow & \downarrow \\
=(1000 & 1111 & 1011 & . & 1100 & 0101)_2
\end{array}
$$

5.十六进制数与十进制数的转换

在将十六进制数转换为十进制数时，可根据式(8-2-4)将各位数按权展开后相加求得。在将十进制数转换为十六进制数时，可以先转换成二进制数，然后再将得到的二进制数转换为等值的十六进制数。

(三)代码

不同的数码不仅可以表示不同的数量大小，而且还能用来表示不同的事物。在后一种情况下，这些数码已没有表示数量大小的含义，只是表示不同事物的代号而已。这些数码称为代码。为了便于记忆和处理，在编制代码时总要遵循一定的规则，这些规则就叫做“码制”。

例如，在用 4 位二进制数码表示 1 位十进制数的 0 ～9 这十个状态时，就有多种不同的码制。通常将这些代码称为二～十进制代码，简称 BCD(Binary Coded Decimal)代码。表 8-2-1 列出了几种常见的 BCD 代码，它们的码制规则各不相同。

几种常见的 BCD 代码 表 8 2 1

十进制数 \ 编码种类	8421 码	余 3 码	2421 码	5211 码	余 3 循环码
0	0000	0011	0000	0000	0010
1	0001	0100	0001	0001	0110
2	0010	0101	0010	0100	0111
3	0011	0110	0011	0101	0101
4	0100	0111	0100	0111	0100
5	0101	1000	1011	1000	1100
6	0110	1001	1100	1001	1101
7	0111	1010	1101	1100	1111
8	1000	1011	1110	1101	1110
9	1001	1100	1111	1111	1010
权	8421		2421	5211	

下面分别介绍不同码制的特点：

(1)8421 码是 BCD 代码中最常用的一种。在这种编码方式中，每一位二值代码的 1 都代表一个固定的数值，把每一位的 1 代表的十进制数加起来，得到的结果就是它所代表的十进制数码。由于代码中从左到右每一位的 1 分别表示 8、4、2、1 ，所以把这种代码叫做 8421 码。每一位的 1 代表的十进制数称为这一位的权。8421 码中每一位的权是固定不变的，它属于恒权代码。

(2)余 3 码的编码规则与 8421 码不同，如果把每一个余 3 码看作 4 位二进制数，则它的数值要比它所表示的十进制数码多 3，故而将这种代码叫做余 3 码。

如果将两个余 3 码相加，所得的和将比十进制数和所对应的二进制数多 6。因此，在用余 3 码作十进制加法运算时，若两数之和为 10，则余 3 码正好等于二进制数的 16，便从高位自动产生进位信号。

此外,从表 8-1 还可以看出,0 和 9、1 和 8、2 和 7、3 和 6、4 和 5 的余 3 码互为反码,这对于求取对 10 的补码是很方便的。

余 3 码不是恒权代码。如果试图把每个代码视为二进制数,并使它所等效的十进制数与所表示的代码相等,那么代码中每一位的 1 所代表的十进制数在各个代码中不是固定的。

(3)2421 码是一种恒权代码。它的 0 和 9、1 和 8、2 和 7、3 和 6、4 和 5 也互为反码,这个特点和余 3 码相仿。

(4)5211 码是另一种恒权代码。学了计数器的分频作用后可以发现,如果按 8421 码接成十进制计数器,则连续输入计数脉冲的 4 个触发器输出脉冲对于计数脉冲的分频比从低位到高位依次为 5∶2∶1∶1。可见,5211 码每一位的权正好与 8421 码十进制计数器 4 个触发器输出脉冲的分频比相对应。这种对应关系在构成某些数字系统时很有用。

(5)余 3 循环码是一种变权码,每一位的 1 在不同代码中并不代表固定的数值。它的主要特点是相邻的两个代码之间仅有一位的状态不同。因此,按余 3 循环码接成计数器时,每次状态转换过程中只有一个触发器翻转,译码时不会发生竞争冒险现象。

实际上,包括文字在内的任何抽象的符号,以及诸如图像、语音等任何具体的物理符号都可以用“0”和“1”代码进行编码,并以数字信号的形式进行信息的传输和处理。为此,诞生了许多国际通用的编码标准或协议,以便于信息的交流和应用。通用的符号为美国标准信息代码 ASCII(America Standard Code for Information Interchange)的一些基本的示例,它规范了全球抽象符号的编码形式。相应地,还有图像编码标准、语音编码标准等。按照这些标准进行编码的信息都可以用数字信号来描述,从而可以实现诸如文字信息、图像信息、语音信息等复杂的数字处理,并且可以在世界范围内自由地通信和交流。

【例 8-2-2】 十进制数 65 的八位二进制代码是:

A. 01100101　　B. 01000001　　C. 10000000　　D. 10000001

解 根据二进制数规则,数 65 需要用 7 位二进制数表示,最高位的权重是 $2^6=64$,习惯上可以用八位二进制数表示,所以它的二进制代码是 01 000 001。

答案:B

【例 8-2-3】 十进制数 65 的 BCD 码是:

A. 01100101　　B. 01000001　　C. 10000000　　D. 10000001

解 BCD 码用 4bit 二进制代码表示十进制数的 1 个位,所以 BCD 码是 $6_{10}=0110_2$ 和 $5_{10}=0101_2$ 的组合,即 $65_{10}=01100101_2$。

答案:A

【例 8-2-4】 十进制数字 32 的 BCD 码为:

A. 00110010　　B. 00100000　　C. 100000　　D. 00100011

解 BCD 码是用二进制数表示的十进制数,属于无权码,此题的 BCD 码是用四位二进制数表示的。

答案:A

二、算术运算

(一)基本算术运算

在数字电路中,1 位二进制数码的 0 和 1 不仅可以表示数量的大小,而且可以表示两种不同的逻辑状态。例如,可以用 1 和 0 分别表示一件事情的是和非、真和伪、有和无、好和坏,或者表示电路的通和断、电灯的亮和暗等。这种只有两种对立逻辑状态的逻辑关系称为二值逻辑。当两个二进制数码表示两个数量的大小时，它们之间可以进行数值运算，这种运算称为算术。二进制的算术运算和十进制的算术运算的规则基本相同，唯一区别是二进制运算是逢二进一，而十进制数的加法逢十进一；当然，结合信号处理上的一些硬件电路的特殊要求，还要了解二进制运算中的特殊方法。事实上，二进制数的运算都是用代码的"移位"和"相加"(相减也转换为补码相加)两种操作来实现。

1. 加减运算

(1)加法。和十进制加法规则一样，二进制的加法也是从低位开始加，逢二进一。

(2)减法。为简化逻辑运算过程，在数字电路中减法的运算是用它们的补码来完成的。

二进制的补码定义：最高位是符号位(正数为 0，负数为 1)；正数的补码与原码相同；负数的补码可以通过将原码的数值逐位求反，然后将结果加 1 实现的(即求反加一)。

例如，数 1010 的反码是 0101，而它的补码就是它的反码加 1：

$$(1010)_{补码}=0101+0001=0110$$

【例 8-2-5】 计算$(+1001)_2-(0101)_2$

解 根据二进制的运算规则可知

$$(+1001-0101)_{补}=(+1001)_{补}+(-0101)_{补}$$

```
       0 1 0 0 1
     + 1 1 0 1 1
 溢出← 1 0 0 1 0 0
         ↑   └真值
       符号位
```

因此，$+1001-0101=00100$(正数)，真值为$(4)_{10}$。

说明：在采取补码运算时，首先求出$(+1001)_2$和$(-0101)_2$的补码，它们是：

$[+1001]_{补}=\boxed{0}1001$ ——正数，符号位为0

$[0101]_{补}=\boxed{1}1011$ ——负数，符号位为1

然后两个补码相加并舍去进位，则得到与前面一样的结果。这样就把减法运算转化成了加法运算。

2. 乘除运算

(1)乘法。与十进制数的乘法相同，二进制数的乘法也是从右向左逐位操作的，下面是二进制数乘法操作的示例。

【例 8-2-6】

$$(7\times6)_{10}=(111)_2\times(110)_2=(101010)_2=(42)_{10}$$

因

```
      111
    × 110
    -----
      000
     111
    111
   ------
   101010
```

所以$(111)_2\times(110)_2=(101010)_2$

仔细考查例题中的乘法运算可以发现，它实际上是由一系列“移位”和“相加”操作组成的，即被乘数逐步左移并逐步相加即可完成乘法运算。被乘数左移的位数与乘数中取值“1”所处的位数相同，而在乘数取值“0”的位置上则不进行任何操作。这样，示例中的乘法运算步骤转变成：

①乘数第 0 位为“0”，不做任何操作；

②乘数第 1 位为“1”，乘数左移 1 位，得数 1110；

③乘数第 2 位为“1”，乘数左移 2 位，得数 11100；

④将前面两数相加：1110＋11100＝ 101010。

乘法的原义是被乘数自身相加若干次(乘数规定了相加的次数)，一个数与自身每相加一次，其值加倍，对二进制数而言，这意味着这个数向左移动一个位。从这个角度看，二进制数的乘法运算等价为“移位加”的操作就不难理解了。

(2)除法。与十进制数相同，二进制数除法运算也是从左向右操作的，下面是二进制数除法运算的一个示例。

【例 8-2-7】

$$\begin{aligned} 42 \div 6 &= (42)_{10} \div (6)_{10} \\ &= (101010)_2 \div (110)_2 = (111)_2 \\ &= (7)_{10} \end{aligned}$$

```
       0111
110 √101010
     110
     1001
      110
       110
       110
         0
```

分析可知，二进制的除法运算实际上是由一系列“移位”和“相减”操作组成的，即以被除数逐步右移并逐步和被除数相减的方式完成除法运算的。当被除数大于除数时，进行相减，完成一次比较，该位的商置 1，接着除数右移一位(减半)再和前面相减的余数比较，这样逐位进行，若被除数小于除数，则不操作，相应位的商置 0，则接着将除数减半(右移 1 位)再行比较，如此逐位进行。因为除法的本意是“求解一数(被除数)是另一数(除数)的多少倍”，这实质上是一个两个数的比较问题。上述“移位减”操作的含义是这样的：

①将除数倍增到和被除数相同的位数，先进行大数比较，求得商的高位值(0 或 1)；

②然后将除数减半(右移 1 位)，再和前面的余数比较，求得低一位的商值(0 或 1)；

③如此进行，直到除尽为止。

不难发现，乘法运算可以用加法和移位两种操作实现，而除法运算可以用减法和移位操作实现。因此，二进制数的加、减、乘、除运算都可以用加法运算电路完成，这就大大简化了运算电路的结构。

3. 微分与积分运算

在数值计算中，微分运算被转换为差分运算，积分运算则被转换为数值的逐步累积即所谓的数值积分运算，它们都可以用上述基本的算术运算来实现。

这为通过数字信号处理来实现数值信息处理提供了方便。当然，还有二进制小数的表示及运算等其他问题，这里不再作进一步介绍，读者可参阅相关计算机课程的教材。

（二）用数字电路实现数值运算

在数字系统中，数字信号的“移位”操作由移寄存器电路来实现；数字信号的“相加”则由相应的逻辑电路即所谓的加法器电路来完成。数字电子电路加法器就是根据“异或”原理设计的。图 8-2-1 是实现两个三位数（101 和 110）相加的数字系统原理图。图 8-2-1 中的数字信号分别表示这两个数以及这两个数之“和”。M_2、M_1、M_0分别表示三个加法器。C_2、C_1、C_0表示各位相加后的进位值，在电路的接法上是与前级串联，表示进位。S_2、S_1、S_0是每一位相加后的输出值，显然，这个系统的输出信号是两个输入信号之和信号的移位由数字移位寄存器来完成。

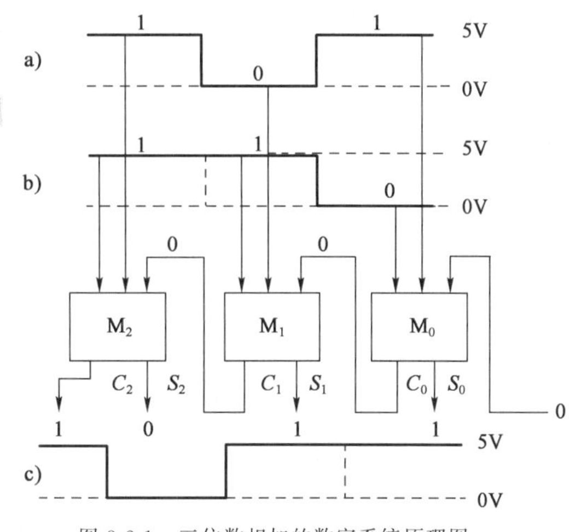

图 8-2-1 三位数相加的数字系统原理图

三、逻辑运算

当两个二进制数码表示不同的逻辑状态时，它们之间可以按照指定的某种因果关系进行逻辑运算。这种逻辑运算和算术运算有着本质的不同。下面介绍逻辑运算的各种规律。

（一）逻辑变量与逻辑函数

事物的发展和变化通常是按照一定的因果关系进行的。例如，照明电路中电灯是否能亮取决于电源是否接通和灯泡的好坏。后两者是因，前者是果。这种因果关系一般称为逻辑关系。逻辑代数正是反映这种逻辑关系的数学工具。

为了描述事物两种对立的逻辑状态，采用的是仅有两个取值的变量。这种变量称为逻辑变量。和普通代数变量一样，逻辑变量都是用字母表示。但是，它又和普通代数变量有着本质区别，研究的逻辑变量的取值只有 0 和 1 两种可能，而且这里的 0 和 1 不是表示数值大小，而是代表逻辑变量的两种对立状态。

如果以逻辑变量作为输入，以运算结果作为输出，那么当输入变量的取值确定之后，输出的取值便随之而定。因此，输出与输入之间乃是一种函数关系，这种函数关系称为逻辑函数，其逻辑关系用逻辑代数（布尔代数）讨论。下面就逻辑代数体系作一简要介绍：

1. 符号

（1）变量。逻辑变量用大写英文字母（ABC…XYZ）表示。

（2）数值。“0”和“1”表示逻辑变量的取值，“0”表示“假”（F），“1”表示“真”（T）。

（3）运算符。“＋”“×”分别表示由逻辑连接词“或”和“与”所定义的逻辑“或”和逻辑“与”运算，称为逻辑“加”和逻辑“乘”；逻辑求反运算用变量上方加一横杆表示，如$\overline{A}$、$\overline{B}$等。符号“＝”是逻辑演绎推理的演算符。和代数运算一样，逻辑“乘”运算符“×”通常不写出来。

2. 函数（表达式）

如前所述，逻辑变量表示事物或事件的状态，逻辑函数或逻辑表达式表示事物或事件之间的关系，即事物运动演化的规律性描述。逻辑函数是由逻辑变量符和运算符组成，它表述变量之间的逻辑关系，例如，C＝A＋B、D＝（A＋B）＋AB 等。

3. 逻辑函数化简

直接由逻辑变量写出的逻辑函数表达式往往不是简洁的表达式，简化处理后逼近能凸显其内在的逻辑关系，通常还可以使硬件电路结构简单。表 8-2-2 中列出了逻辑代数运算中的基本公式。

逻辑代数运算中的基本公式 表 8-2-2

范围	名称	逻辑与	逻辑或
变量与常量的关系	01 律	(1) $A\cdot 1=A$ (3) $A\cdot 0=0$	(2) $A+0=A$ (4) $A+1=1$
和普通代数相似的定律	交通律 结合律 分配律	(5) $A\cdot B=B\cdot A$ (7) $A\cdot(B\cdot C)=(A\cdot B)\cdot C$ (9) $A\cdot(B+C)=A\cdot B+A\cdot C$	(6) $A+B=B+A$ (8) $A+(B+C)=(A+B)+C$ (10) $A+(B\cdot C)=(A+B)\cdot(A+C)$
逻辑代数特殊规律	互补律 重叠律 反演律 (摩根定理)对合律	(11) $A\cdot\overline{A}=0$ (13) $A\cdot A=A$ (15) $\overline{A\cdot B}=\overline{A}+\overline{B}$ (17) $\overline{\overline{A}}=A$	(12) $A+\overline{A}=1$ (14) $A+A=A$ (16) $\overline{A+B}=\overline{A}\cdot\overline{B}$

【例 8-2-8】 对逻辑表达式的 $ABCD+\overline{A}+\overline{B}+\overline{C}+\overline{D}$ 的简化结果是：

A. 0　　B. 1　　C. ABCD　　D. $\overline{A}\ \overline{B}\ \overline{C}\ \overline{D}$

解 根据逻辑函数的摩根定理对原式进行分析：

$$ABCD+\overline{A}+\overline{B}+\overline{C}+\overline{D}=ABCD+\overline{\overline{\overline{A}+\overline{B}+\overline{C}+\overline{D}}}=ABCD+\overline{ABCD}=1$$

答案：B

【例 8-2-9】 逻辑表达式 $(A+B)(A+C)$ 的化简结果是：

A. A　　B. $A^2+AB+AC+BC$

C. $A+BC$　　D. $(A+B)(A+C)$

解 根据逻辑代数公式分析如下：

$$(A+B)(A+C)=A\cdot A+A\cdot B+A\cdot C+B\cdot C=A(1+B+C)+BC=A+BC$$

答案：C

这是常用的逻辑电路分析方法，需要熟练掌握和灵活运用。从工程的角度看，逻辑函数的运算是借助数字逻辑系统完成的。逻辑器件按照逻辑表达式的要求组合起来构成数字逻辑系统，因此，逻辑表达式的简化形式还需要考虑数字逻辑系统组建的技术因素，这种化简并不意味着“越简越好”。经验丰富的电气工程师能够恰当地处理这个问题。

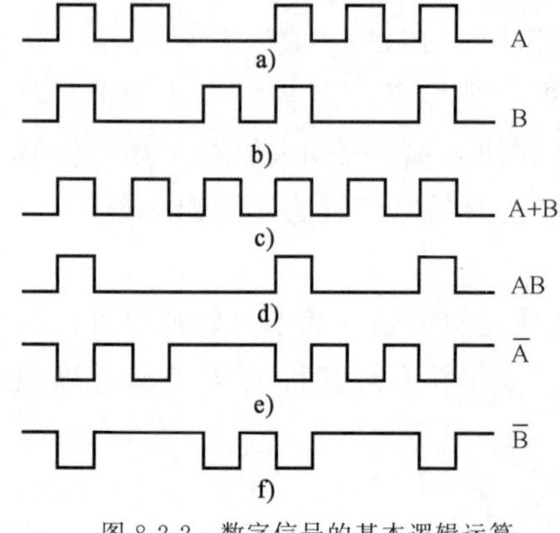

图 8-2-2 数字信号的基本逻辑运算

4. 数字信号的逻辑演算

用数字信号表示逻辑变量的取值情况，逻辑函数的演算即可以用数字信号处理的方法来实现。

图 8-2-2 说明用数字信号表示逻辑变量、逻辑函数以及实现基本逻辑演算的情况。其中的数字信号 a 和 b 分别表示逻辑变量 A 和 B 的输入情况，信号中的高位 5V 代表“真”(逻辑“I”状态)，低位 0V 代表“假”(逻辑“0”状态)；而数字信号 c、d、e、f 分别表示 $A+B$、AB、$\overline{A}$、$\overline{B}$ 则表示“或”、“与”、“非”三种简单逻辑函数的演算结果。

在数字系统中使用专门制作的各种逻辑门电路来自动、快速地完成数字信号之间按位的逻辑“与”“或”“非”演算操作，将这些基本的演算逻辑门电路组合起来组成所谓的组合逻辑系统，就可以完成任意复杂的逻辑函数的演算。有关技术细节请参阅本书第 7 章关于数字电路问题的讨论。

【例 8-2-10】 已知数字信号 A 和数字信号 B 的波形如图所示，则数字信号 $F=\overline{A+B}$的波形为：

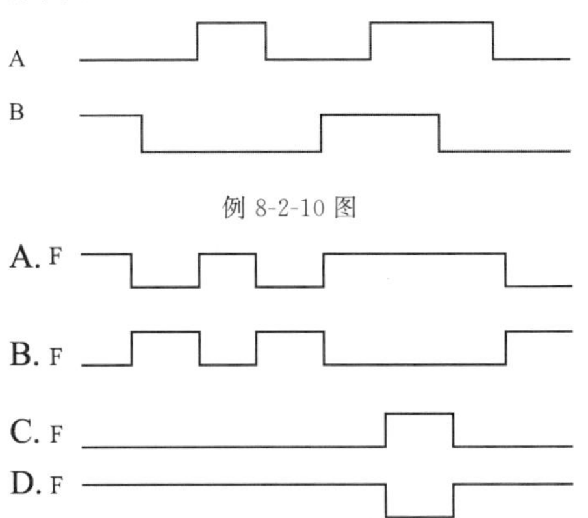

例 8-2-10 图

解 $\overline{A+B}=F$，F 是个或非关系，可以用“有 1 则 0”的口诀处理。

答案：B

【例 8-2-11】 逻辑函数 $F=f(A,B,C)$的真值表如下所示，由此可知：

例 8-2-11 表

A	B	C	F	A	B	C	F
0	0	0	0	1	0	0	0
0	0	1	1	1	0	1	0
0	1	0	1	1	1	0	0
0	1	1	0	1	1	1	0

A. $F=\overline{ABC}+B\overline{C}$　　B. $F=\overline{A}\,\overline{B}C+\overline{A}B\overline{C}$

C. $F=\overline{ABC}+\overline{A}BC$　　D. $F=A\overline{BC}+ABC$

解 从真值表到逻辑表达式的方法：首先在真值表中 F=1 的项组用“或”组合；然后每个 F=1 的项组输入变量取值，对应一个乘积项为“与”逻辑，其中输入变量取值为 1 的写原变量，取值为 0 的写反变量；最后将输出函数 F“合成”。

根据真值表可以写出逻辑表达式为：$F=\overline{A}\,\overline{B}C+\overline{A}B\overline{C}$

答案：B

（二）数字信号的符号信息处理

符号的处理主要体现为符号代码转换。在数字技术中，各种符号信息都是按照 ASCII 标准编码的。当符号被具体应用时，这些符号的标准代码往往需要转换为便于处理的其他形式，如在汉字处理中，以拼音方式从键盘输入计算机的是 ASCII 代码，在计算机内部，这个代码要转换为汉字编码（即所谓的汉字内码）才能进一步进行汉字处理。又如，在符号显示中，数字的、文字的或其他符号的 ASCII 代码都必须转换为显示装置所要求的代码形式才能在显示器中显示这些符号。

四、数字信号的存储

数字电路处理数字信号的存储问题，简单来说，就是只要将 0V 或 5V 信号电压按原来的顺序保持在一个电路中即可，这在电子电路中是容易实现的。如图 8-2-3 所示的原理电路可以确切地表示数字信号存储的方法，它由双位置开关和 5V 电源组成。开关合到电源侧，对应位置给出的是 5V 电压；开关投到接地侧，对应位置则给出 0V 电压。只要开关位置不变，信号就被永久保存。图中的开关所处的位置表示存储的是数字信号 110(即 5V、5V、0V 信号)，开关链的长度和数字信号的位数相同。数字信号中的每一位电压被用来触发对应位置上的开关动作，完成信号的存储。

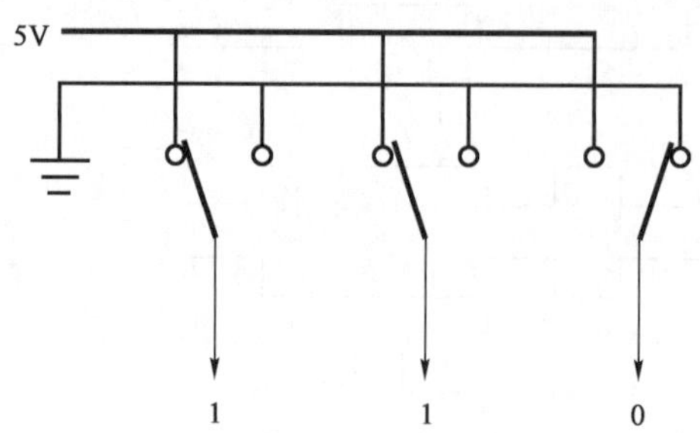

图 8-2-3　数字信号存储原理

显然，图 8-2-3 电路是一种通用的存储器设计方案，它可以存储任何数字信号。当前数字系统中普遍采用的信息存储器正是根据这种简单的方案设计制作的。便于存储是数字信号得到广泛应用的一个重要原因。相比之下，模拟信号由于是连续取值的信号，它的存储在技术上十分困难，这个问题尚未得到理想的解决方法。

五、模拟信号与数字信号的相互转换

我们已经知道模拟信号真实反映原始形式的物理信号，是人类感知外部世界的主要信息来源，也是信息处理的主要对象，而数字信号是信息的编码形式，可以用电子电路或电子计算机方便、快速地对它进行传输、存储和处理。因此，将模拟信号转换为数字信号，或者说用数字信号对模拟信号进行编码，从而将模拟信号问题转化为数字信号问题加以处理，是现代信息技术中的一项重要内容。

图 8-2-4 表示的是现代数字化信息系统的基本组成。模拟信号通过采样和模拟/数字(Analog to Digital，简记为 A/D)转换完成数字编码，数字编码信号经过处理、存储、传输后，再由数字/模拟(Digital to Analog，简记为 D/A) 转换为模拟信号的形式输出。例如，在数字化的广播系统中，连续的声音信号经过采样、A/D 变换后，以数字信号的形式发送和传输，在接收端经过 D/A 变换将数字信号还原成连续的声音信号。在控制系统中，对象状态和过程的连续信号经过采样和 A/D 变换被转换为数字信号，数字信号经过控制系统模型的运算和处理后输出数字控制信号，再经过 D/A 变换，将数字控制信号转换成模拟控制信号，完成对象的控制和调节等。

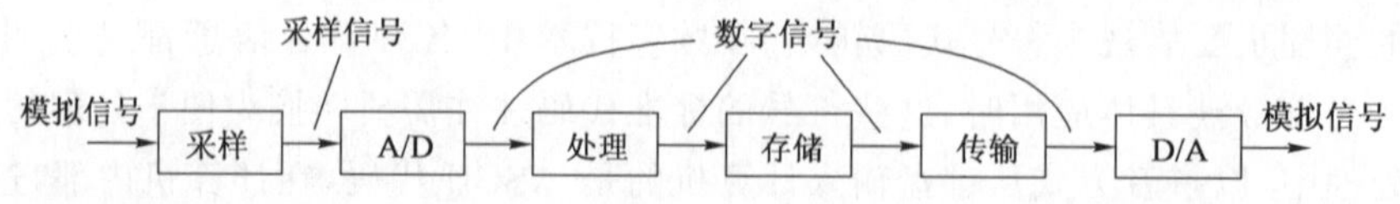

图 8-2-4　现代数字信息系统组成

(一)信号的采样与采样定理

对模拟信号进行采样可获得采样信号，采样信号是一种可连续取值的离散时间信号。采样过程在采样脉冲的控制下进行，它的基本原理如图 8-2-5a)所示。采样脉冲控制开关 k 的通断，从而将连续的模拟信号(见图 8-2-5b)转换成离散的采样信号，如图 8-2-5c)所示。采样脉冲的频率称为采样频率。从直观上看，采样频率越高，采样信号就越接近模拟信号，采样所造成的信息损失也就越小。但是，这种采样方法将占用大量的系统有效工作时间，降低系统的运行速度。从理论上讲，只要采样频率保持在被采样信号带宽（最高谐波频率）的 2 倍以上，就可以保证采样处理不会丢失原来的信息。这就是著名的采样定理。

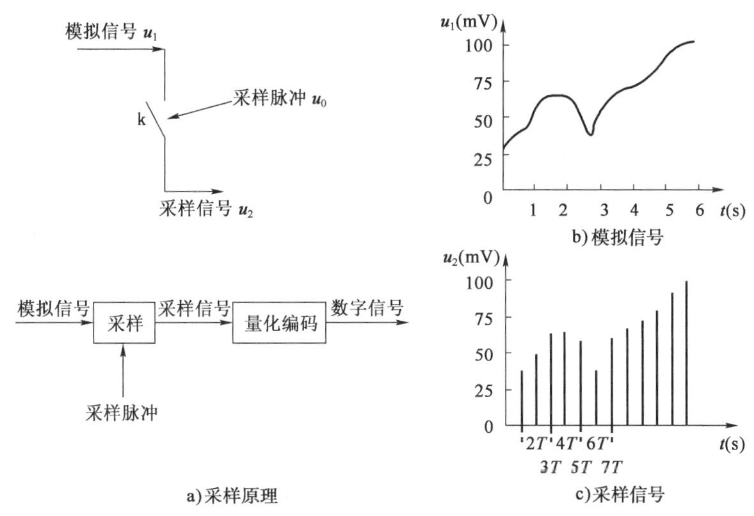

图 8-2-5 信号采样

当然，在采样之前需要对模拟信号进行预处理，包括滤波、放大等，以消除经过传感器变换或其他系统噪声带来的干扰，并增强模拟信号的幅值；在采样之后还要对离散的采样信号进行滤波处理，以保证采样后的信号不丢失有用的信息。

(二)数字/模拟转换(D/A)

D/A 转换过程和 A/D 相反，它将数字信号转换为模拟信号。从信息处理的角度讲，A/D 转换是对模拟信号进行编码，D/A 转换则是对数字信号进行解码。从技术的角度看，D/A 转换只要用简单的电阻网络即可实现，这要比 A/D 转换容易得多。

图 8-2-6 表示的是一种 4 位 D/A 转换器的原理图，它是一个由 4 个电阻构成的网络，每个电阻转换一位数字信号。电阻的阻值按二进制设置，其中 D_3 位电阻为 R、D_2 位电阻为 $2R$、D_1 位电阻为 $4R$、D_0 位电阻为 $8R$。电流/电压转换器通常用运算放放大器电路实现，它将输入电流转换为电压输出，其传递特性为 $U_A = R_A I$。电压/电流转换器输入端保持在零电位，因此，$D_3, \cdots, D_0$ 端上的信号电压就分别加到了电阻 R、$2R$、$4R$、$8R$ 上，所以，各个电阻上的电流为

$$I_3 = D_3/R, I_2 = D_2/2R, I_1 = D_1/4R, I_0 = D_0/8R$$

$$I = I_3 + I_2 + I_1 + I_0$$

$$U_A = IR$$

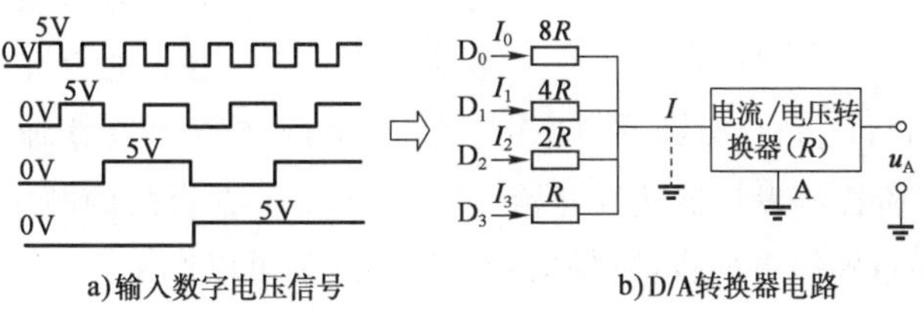

图 8-2-6 D/A 转换原理图

表 8-2-3 给出该 4 位 D/A 转换器按图8-2-6b)的顺序输入数字信号时的转换关系。从表 8-2-3中可以看出，D/A 转换过程将数字信号转换成逐级增长的阶梯形模拟信号,信号代码不同,阶梯高度也就不同。在前面关于 A/D 转换问题的讨论中,我们已经利用了 D/A 转换器作为阶梯信号发生器来产生模拟比较电压。图 8-2-7 表示的是一个 4 应数字信号的所有代码从 0000 开始,以逐 1 增长的顺序转换成模拟信号的情况。不同的代码对应不同的阶梯电压高度。

D/A 转换器中主要数据关系　　表 8-2-3

数字信号(V)				数 字 代 码				各电阻电流				电　流	模 拟 信 号
D_3	D_2	D_1	D_0	D_3	D_2	D_1	D_0	I_3	I_2	I_1	I_0	$I=I_3+I_2+I_1+I_0$	u_A
0	0	0	0	0	0	0	0	0	0	0	0	0	0
0	0	0	5	0	0	0	1	0	0	0	$5/8R$	I_0	I_0R_A
0	0	5	0	0	0	1	0	0	0	$5/4R$	0	$2I_0$	$2I_0R_A$
0	0	5	5	0	0	1	1	0	0	$5/4R$	$5/8R$	$3I_0$	$3I_0R_A$
0	5	0	0	0	1	0	0	0	$5/2R$	0	0	$4I_0$	$4I_0R_A$
0	5	0	5	0	1	0	1	0	$5/2R$	0	$5/8R$	$5I_0$	$5I_0R_A$
0	5	5	0	0	1	1	0	0	$5/2R$	$5/4R$	0	$6I_0$	$6I_0R_A$
0	5	5	5	0	1	1	1	0	$5/2R$	$5/4R$	$5/8R$	$7I_0$	$7I_0R_A$
5	0	0	0	1	0	0	0	$5/R$	0	0	0	$8I_0$	$8I_0R_A$
5	0	0	5	1	0	0	1	$5/R$	0	0	$5/8R$	$9I_0$	$9I_0R_A$
5	0	5	0	1	0	1	0	$5/R$	0	$5/4R$	0	$10I_0$	$10I_0R_A$
5	0	5	5	1	0	1	1	$5/R$	0	$5/4R$	$5/8R$	$11I_0$	$11I_0R_A$
5	5	0	0	1	1	0	0	$5/R$	$5/2R$	0	0	$12I_0$	$12I_0R_A$
5	5	0	5	1	1	0	1	$5/R$	$5/2R$	0	$5/8R$	$13I_0$	$13I_0R_A$
5	5	5	0	1	1	1	0	$5/R$	$5/2R$	$5/4R$	0	$14I_0$	$14I_0R_A$
5	5	5	5	1	1	1	1	$5/R$	$5/2R$	$5/4R$	$5/8R$	$15I_0$	$15I_0R_A$

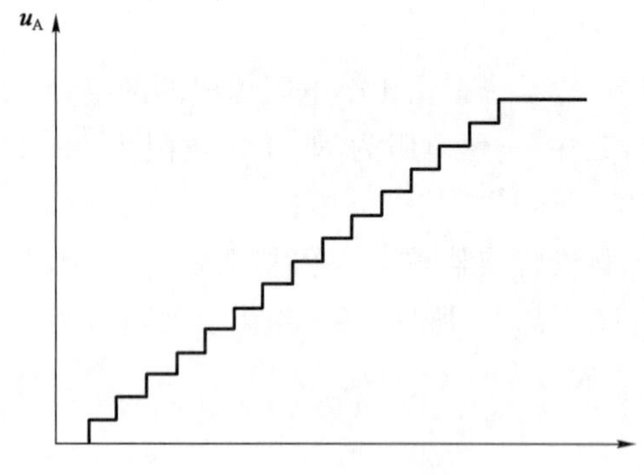

图 8-2-7　D/A 转换器输出电压波形

(三)模拟/数字转换(A/D)

采样信号在离散的采样点上或采样期间(采样脉冲宽度)里表示模拟信号的值。而 A/D 转换则对采样信号进行幅值量化处理,即用二进制代码来表示采样瞬间信号的值,或者说,用“0”、“1”代码对采样信号的值进行编码,从而将采样信号进一步转换为数字信号。

有多种方法可以用来将模拟信号转换为数字信号,图 8-2-8a)是数字电路中典型的基于逐次比较原理的 8 位 AD 转换原理图。图中的阶梯信号发生器在一个 8 位的数字信号($D_0,\cdots,D_7$,代码形式是从 0000 0000 到 1111 1111)驱动下工作,它从 0000000 开始,以每次加 1 的顺序产生 $2^8=256$ 个数字信号。相应地,阶梯波发生器从 0 开始,以每次增加一个台阶的顺序生成阶梯形式的模拟输出电压。对 8 位 A/D 转换器而言,阶梯信号发生器最多可以产生 255 个阶梯的模拟电压。不难看出,阶梯信号发生器将数字信号转换成了模拟信号,所以它实质上是一个 D/A 转换器。

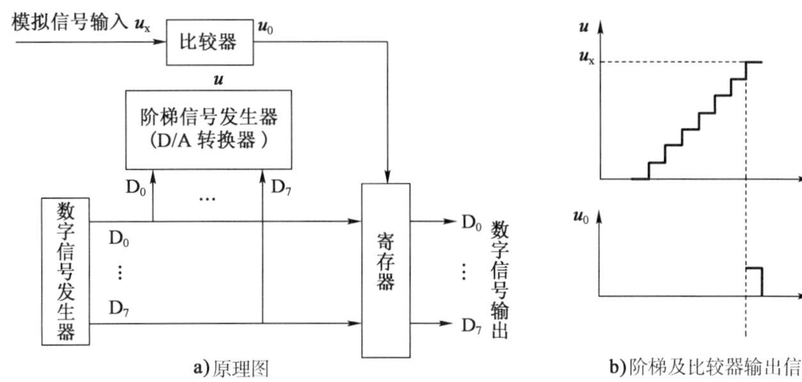

图 8-2-8 A/D 变换器工作原理

A/D 转换的主要过程叙述如下(见图 8-2-8a):数字发生器发出信号 D_0,…,D_7 按二进制计数方式从 0 开始逐次加 1 生成数字信号序列,并驱动阶梯信号发生器输出电压逐次上升一个阶梯,同时将驱动数字信号送入寄存器中暂存;阶梯信号发生器输出电压 u 在比较器上与待转换的模拟信号电压 u_x 进行比较,当 $u \geqslant u_x$ 时,比较器送出一个脉冲信号 u_0,并控制寄存器将此时的数字信号输出,变换过程至此结束。

在实际测量中,阶梯信号电压与被测电压的逐次比较过程不可能正好以整数次结束。由于系统误差和外界干扰的影响,在被测值附近会发生一个阶梯电压的差异,即有时多一个字,有时少一个字的测量误差。数字电压表在使用中所发生的最后一位数字跳动的现象也是来源于此。所以,通常以字误差表示数字电压表的测量误差。本例中一个字误差等于

$$\Delta u = \frac{5v}{2^8 - 1} = 19.61\text{mV} \approx 20\text{mV}$$

即电压表的误差字约为 20mV,所以 8 位转换器组成的 5V 量程数字电压表只能用 3 位数来表示测量值,即整数 1 位,小数 2 位。显然,由于该表无法分辨 20mV 以下的电压,所以更长位数的显示对它是没有意义的。

习　题

8-2-1 信息与消息和信号的意义不同,但三者又是互相关联的概念,信息指受信者预先不知道的新内容。下列对于信息的描述正确的是(　　)。

A. 信号用来表示信息的物理形式,消息是运载消息的工具
B. 信息用来表示消息的物理形式,信号是运载消息的工具
C. 消息用来表示信号的物理形式,信息是运载消息的工具
D. 消息用来表示信息的物理形式,信号是运载消息的工具

8-2-2 信息可以以编码的方式载入(　　)。

A. 数字信号之中　　B. 模拟信号这中
C. 离散信号之中　　D. 采样保持信号之中

8-2-3 下述信号中哪一种属于时间信号(　　)。

A. 数字信号　　B. 模拟信号
C. 数字信号和模拟信号　　D. 数字信号和采样信号

8-2-4 模拟信号是(　　)。

A. 从对象发出的原始信号

B. 从对象发出并由人的感官所接收的信号

C. 从对象发出的原始信号的采样信号

D. 从对象发出的原始信号的电模拟信号

8-2-5　下列信号中哪一种是代码信号(　　)。

A. 模拟信号　　B. 模拟信号的采样信号

C. 采样保持信号　　D. 数字信号

8-2-6　下述哪种说法是错误的(　　)。

A. 在时间域中,模拟信号是信息的表现形式,信息装载于模拟信号的大小和变化之中

B. 在频率域中,信息装载于模拟信号特定的频谱结构之中

C. 模拟信号可描述为时间的函数,在一定条件下也可以用频率函数表示

D. 信高级息装载于模拟信号的传输媒体之中

8-2-7　用传感器对某管道中流动的液体流量 $x(t)$进行测量,测量结果为 $u(t)$,用采样器对 $u(t)$采样后得到信号 $u^*(t)$,那么(　　)。

A. $x(t)$和 $u(t)$均随时间连续变化,因此均是模拟信号

B. $u^*(t)$仅在采样点上有定义,因此是离散信号

C. $u^*(t)$仅在采样点上有定义,因此是数字信号

D. $u^*(t)$是 $x(t)$的模拟信号

8-2-8　模拟信号 $u(t)$的波形图如图所示,它的时间域描述形式是(　　)。

题 8-2-8 图

A. $u(t)=2(1-e^{-10t})\cdot l(t)$

B. $u(t)=2(1-e^{-0.1t})\cdot l(t)$

C. $u(t)=[2(1-e^{-10t})-2]\cdot l(t)$

D. $u(t)=2(1-e^{-10t})\cdot l(t)-2\cdot l(t-2)$

8-2-9　周期信号中的谐波信号频率是(　　)。

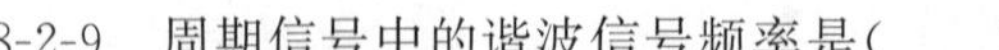

A. 固定不变的　　B. 连续变化的

C. 按周期信号频率的整倍数变化　　D. 按指数规律变化

8-2-10　非周期信号的频谱是(　　)。

A. 离散的

B. 连续的

C. 高频谐波部分是离散的,低频谐波部分是连续的

D. 有离散的有连续的,无规律可循

8-2-11　如图所示为电报信号、温度信号、触发脉冲信号和高频脉冲信号的波形,其中是连续信号的是(　　)。

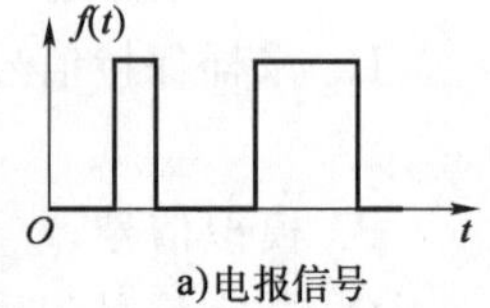

a)电报信号

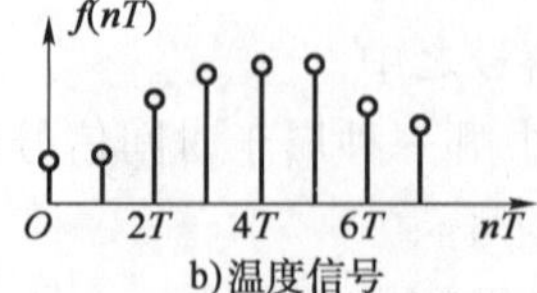

b)温度信号

题 8-2-11 图

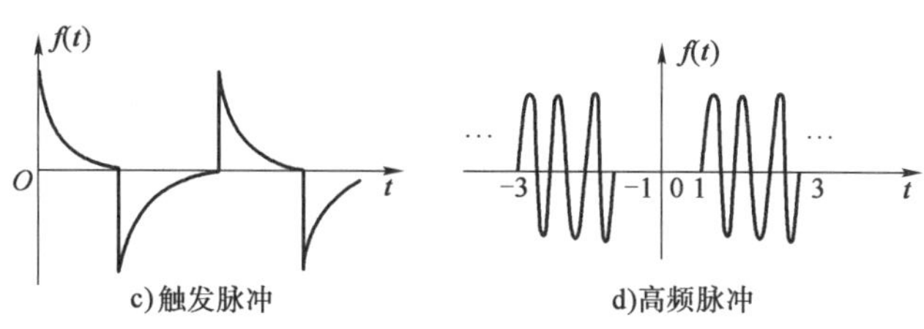

题 8-2-11 图

A. a)c)d)　　　B. b)c)d)　　　C. a)b)c)　　　D. a)b)d)

8-2-12　图 a)所示电压信号波形经电路 A 变换成图 b)波形，在经电路 B 变换成图 c)波形，那么，电路 A 和电路 B 应依次选用(　　)。

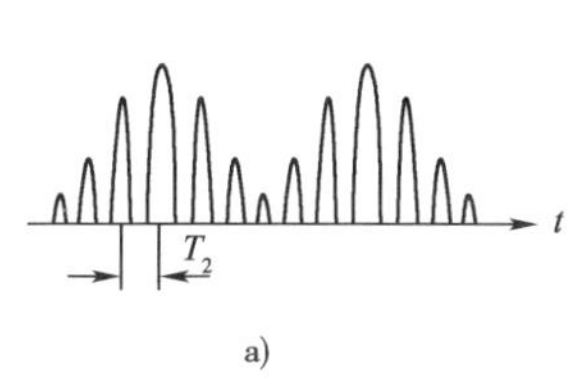

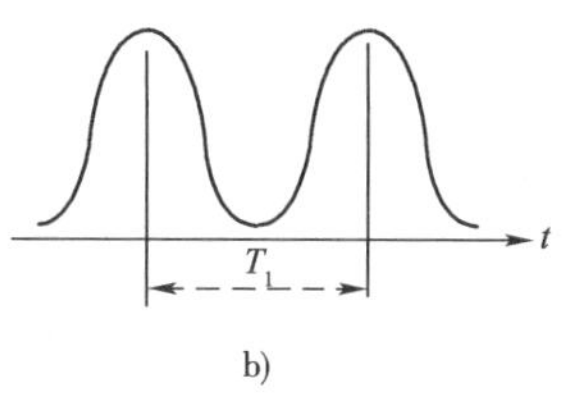

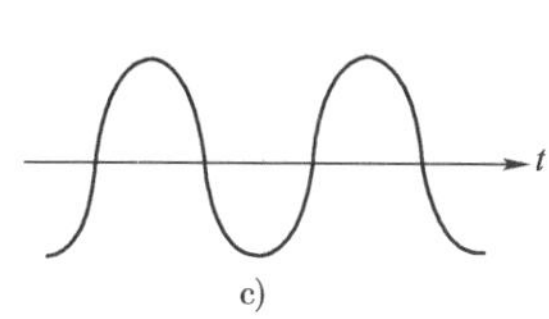

题 8-2-12 图

A. 低通滤波器和高通滤波器　　　B. 高通滤波器和低通滤波器

C. 低通滤波器和带通滤波器　　　D. 高通滤波器和带通滤波器

8-2-13　模拟信号经过(　　)，才能转化为数字信号。

A. 信号幅度的量化　　　B. 信号时间上的量化

C. 幅度和时间的量化　　　D. 抽样

8-2-14　连续时间信号与通常所说的模拟信号的关系(　　)。

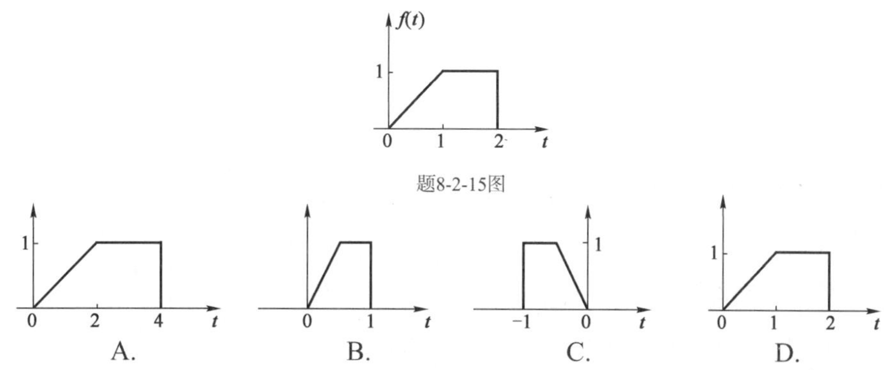

题8-2-15图

A. 完全不同　　　B. 是同一个概念

C. 不完全相同　　　D. 无法回答

8-2-15　根据如图所示信号 $f(t)$ 画出的 $f(2t)$ 波形图是(　　)。

8-2-16　单位冲激信号 $\delta(t)$ 是(　　)。

A. 奇函数　　　B. 偶函数

C. 非奇非偶函数　　　D. 奇异函数，无奇偶性

8-2-17　单位阶跃函数信号 $\varepsilon(t)$ 具有(　　)。

A. 周期性　　B. 抽样性

C. 单边性　　D. 截断性

8-2-18　单位阶跃信号 $\varepsilon(t)$ 是物理量单位跃变现象，而单位冲激信号 $\delta(t)$ 是物理量产生单位跃变(　　)的现象。

A. 速度　　B. 幅度

C. 加速度　　D. 高度

8-2-19　如图所示的周期为 T 的三角波信号，在用傅氏级数分析周期信号时，系数 a_0、a_n 和 b_n 判断正确的是(　　)。

A. 该信号是奇函数且在一个周期的平均值为零，所以傅里叶系数 a_0 和 b_n 是零

B. 该信号是偶函数且在一个周期的平均值不为零，所以傅里叶系数 a_0 和 a_n 不是零

C. 该信号是奇函数且在一个周期的平均值不为零，所以傅里叶系数 a_0 和 b_n 不是零

D. 该信号是偶函数且在一个周期的平均值为零，所以傅里叶系数 a_0 和 b_n 是零

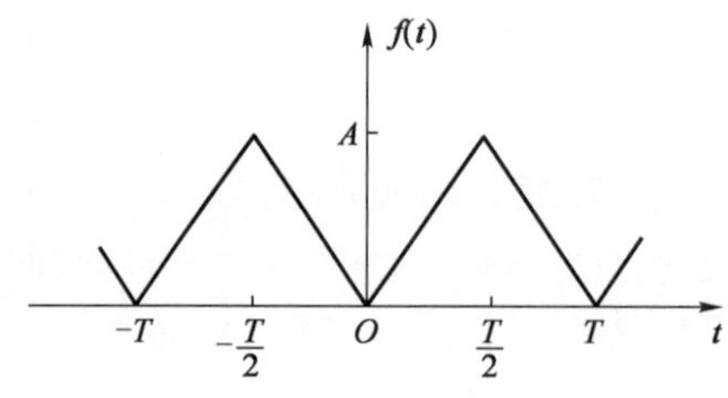

题 8-2-19 图

8-2-20　$(70)_{10}$ 的二进制数是(　　)。

A. $(0011100)_2$　　B. $(1000110)_2$

C. $(1110000)_2$　　D. $(0111001)_2$

8-2-21　将 $(10010.0101)_2$ 转换成十进制数是(　　)。

A. 36.1875　　B. 18.1875

C. 18.3125　　D. 36.3125

8-2-22　将 $(11010010.01010100)_2$ 表示成十六进制数是(　　)。

A. $(\mathrm{D2.54})_H$　　B. D2.54

C. $(\mathrm{D2.A8})_H$　　D. $(\mathrm{D2.54})_B$

8-2-23　数字信号如图所示，如果用其表示数值，那么，该数字信号表示的数量是(　　)。

A. 3 个 0 和 3 个 1

B. 一万零一十一

C. 3

0　1　0　0　1　1

题 8-2-23 图

D. 19

8-2-24　某逻辑问题的真值表见表，由此可以得到，该逻辑问题的输入输出之间的关系为(　　)。

A. $F=0+1=1$

B. $F=\overline{ABC}+ABC$

C. $F=A\overline{B}C+ABC$

D. $F=\overline{AB}+AB$

题 8-2-24 表

C A B	F
1 0 0	1
1 0 1	0
1 1 0	0
1 1 1	1

题解及参考答案

第二节

8-2-1　**解**：信息、消息与信号的关系是借助某种信号的形式传送消息，受信者可以从所得到的消息中提取信息。

答案：D

8-2-2　**解**：信息是以编码方式载入数字信号中的。

答案：A

8-2-3　**解**：模拟信号是连续的时间信号，是实际物理对象随时间变化的真实过程。

答案：B

8-2-4　**解**：同上题。

答案：D

8-2-5　**解**：模拟信号是连续的时间信号，它的采样信号是离散的时间信号，采样保持信号是采样信号的特殊形式，只有数字信号是代码信号。

答案：D

8-2-6　**解**：传输媒体是一种介质，它可以传送信号但不表示信息。

答案：D

8-2-7　**解**：由原始形态(光、热等物理量)转换而来的连续时间信号，通常是指电信号，称作模拟信号。

答案：B

8-2-8　**解**：本题可以用信号的叠加关系分析。将原图分解为指数函数和阶跃函数，将结果求和即可。

答案：D

8-2-9　**解**：周期信号中的谐波信号是由傅里叶级数分解得到的，它的频率是同期信号频率的整数倍。

答案：C

8-2-10　**解**：非周期信号的傅里叶变换形式是频率的连续函数，它的频谱是连续频谱。

答案：B

8-2-11　**解**：图示中的温度信号是采样以后的信号，$f(nt)$只是在n为整数点上有值，因此它是个离散信号。

答案:A

8-2-12 **解**:该电路是通过频率选择器,根据信号频率的不同来处理信号的。

答案:A

8-2-13 **解**:模拟信号不仅要经过抽样过程,还要在信号的幅度上进行量化才能成为数字信号。

答案:C

8-2-14 **解**:模拟信号定义为在时间和数值都连续的信号,通常指的是电信号。

答案:C

8-2-15 **解**:图 b)所示的信号是原图信号的压缩信号。

答案:B

8-2-16 **解**:单位冲激信号符合偶数特性,关于 y 轴对称。

答案:B

8-2-17 **解**:单位阶跃信号有单边性质。$\varepsilon(t)=\begin{cases}0 & t<0\\1 & t>0\end{cases}$

答案:C

8-2-18 **解**:单位中激函数和单位阶跃信号的关系为 $\delta(t)=\frac{\mathrm{d}}{\mathrm{d}t}[\varepsilon(t)]$。

答案:A

8-2-19 **解**:当函数在一个周期里的正、负面积相等时,a_0 等于零;函数关于 $f(t)$ 轴对称,为偶函数,$a_n=0$;如果函数对称于原点时,$b_n=0$。

答案:B

8-2-20 **解**:根据 $D=\sum k_i \times N^i$ 展开,进制中 $k_i=0,1$。

答案:B

8-2-21 **解**:将十进制转换为二进制数时,整数部分用除法,小数部分用乘法。

答案:C

8-2-22 **解**:将二进制转换为十六进制数时,以小数点为界,将二进制 4 位一组,左右两边分开写。注意只有十进制数的脚标才能省去。

答案:A

8-2-23 **解**:通常数字信号是二进制数。数字电路中的高电位表示“1”,低电位表示“0”。

答案:D

8-2-24 **解**:本题为数字信号中的编码问题,输入信号 CAB 相互之间是与逻辑关系,输出 F 的对应关系是或逻辑关系。

答案:B

第九章　计算机应用基础

复 习 指 导

一、考试大纲

7.7　计算机系统

计算机系统组成；计算机的发展；计算机的分类；计算机系统特点；计算机硬件系统组成；CPU；存储器；输入/输出设备及控制系统；总线；数模/模数转换；计算机软件系统组成；系统软件；操作系统；操作系统定义；操作系统特征；操作系统功能；操作系统分类；支撑软件；应用软件；计算机程序设计语言。

7.8　信息表示

信息在计算机内的表示；二进制编码；数据单位；计算机内数值数据的表示；计算机内非数值数据的表示；信息及其主要特征。

7.9　常用操作系统

Windows 发展；进程和处理器管理；存储管理；文件管理；输入/输出管理；设备管理；网络服务。

7.10　计算机网络

计算机与计算机网络；网络概念；网络功能；网络组成；网络分类；局域网；广域网；因特网；网络管理；网络安全；Windows 系统中的网络应用；信息安全；信息保密。

二、复习指导

在计算机系统这一章中要求掌握以下几部分内容。

（一）计算机基础知识

计算机的分类、计算机系统的组成（硬件和软件的组成及功能）、操作系统，在这部分中重点掌握以下内容：

（1）计算机按年代的分类；

（2）CPU 的组成及功能、存储器的种类、输入/输出设备；

（3）软件的组成；

（4）操作系统的功能。

（二）计算机程序设计语言

计算机语言的分类，发展趋势及计算机常用的高级程序设计语言。

（三）信息表示

数制、二进制、数值转换、信息的表示及存储，并要求重点掌握以下内容：

（1）信息的表示方法；

（2）数制的定义；

（3）二进制；

(4)数制的转换；
(5)非数值数据在计算机内的表示；
(6)多媒体数据在计算机内的表示。
(四)常用操作系统
Windows 的发展、操作系统管理，并要求重点掌握以下内容：
(1)进程和处理器管理；
(2)存储资源管理；
(3)文件管理；
(4)输入/输出管理；
(5)设备管理；
(6)网络服务。
(五)计算机网络
网络的功能、组成及分类、网络安全、网络应用，并要求重点掌握以下内容：
(1)网络的概念；
(2)网络的功能；
(3)网络的组成；
(4)网络的分类；
(5)TCP/IP 协议的作用；
(6)IP 地址和域名的作用；
(7)如何防止病毒的攻击；
(8)网络应用；
(9)网络管理。

第一节　计算机基础知识

一、计算机的发展

1946 年 2 月，人类历史上第一台数字电子计算机 ENIAC 诞生了，它标志着人类社会计算机时代的开始。ENIAC 由 18 000 多个电子管和 1 500 多个继电器组成，占地达 $170m^2$，重 30t，每秒钟可执行 5 000 次加法运算，应用于当时军事指挥中的弹道计算。它的严重缺陷在于不能存储程序。

为了解决存储程序问题，1946 年 6 月，著名数学家冯·诺依曼提出了“存储程序”和“程序控制”的概念，为现代计算机的体系结构奠定了理论基础。它的主要思想是：

(1)采用二进制形式表示数据和指令。

(2)计算机应包括运算器、控制器、存储器、输入设备和输出设备等五大基本部件。

(3)采用存储程序和程序控制的工作方式。

存储程序是指把解决问题的程序和需要加工处理的原始数据存入存储器中，这是计算机能够自动、连续工作的先决条件。

程序控制是指由控制器从存储器中逐条地读出指令，并发出各条指令相应的控制信号，指挥和控制计算机的各个组成部件自动、协调地执行指令所规定的操作，直至得到最终的结果，即整个信息处理过程是在程序的控制下自动实现的。因此,计算机的工作过程实际上是周而复始地取指令,执行指令的过程。

半个多世纪以来,尽管计算机技术的发展速度是惊人的,但至今广泛使用的绝大部分计算机,就其基本组成而言,仍遵循冯·诺依曼提出的这种设计思想,均属于冯·诺依曼体系的计算机。

计算机与信息处理技术的广泛应用,推动了集成电路技术与制造工艺的迅猛发展。自ENIAC诞生以来直至多年后的今天,微型计算机上使用的Pentium(奔腾)CPU芯片,集成了上亿个晶体管,而面积只有几个平方毫米,时钟工作频率可达3G以上,总功率几十瓦。1981年美国IBM公司推出的个人计算机(PC,Personal Computer),最终导致了计算机应用的社会化与家庭化。

【例9-1-1】 当前计算机的发展趋势是向多个方向发展,下面四个选项中不正确的一项是:

A. 高性能、人性化、网络化　　B. 多极化、多媒体、智能化

C. 高性能、多媒体、智能化　　D. 高集成、低噪声、低成本

答案:D

【例9-1-2】 根据冯·诺依曼结构原理,计算机的CPU是由:

A. 运算器、控制器组成　　B. 运算器、寄存器组成

C. 控制器、寄存器组成　　D. 运算器、寄存储器组成

解 CPU是分析指令和执行指令的部件,是计算机的核心。它主要是由运算器和控制器组成。

答案:A

二、现代计算机的分类

(一)按年代分类

1. 大型主机阶段

20世纪40~50年代,是第一代电子管计算机。经历了电子管数字计算机、晶体管数字计算机、集成电路数字计算机和大规模集成电路数字计算机的发展历程,计算机技术逐渐走向成熟。

2. 小型计算机阶段

20世纪60~70年代,是对大型主机进行的第一次“缩小化”,可以满足中小企业事业单位的信息处理要求,成本较低,价格可被接受。

3. 微型计算机阶段

20世纪70~80年代,是对大型主机进行的第二次“缩小化”,1976年美国苹果公司成立,1977年就推出了Apple II计算机,大获成功。1981年IBM推出IBM-PC,此后它经历了若干代的演进,占领了个人计算机市场,使得个人计算机得到了很大的普及。

4. 客户机/服务器阶段

该阶段即C/S阶段。随着1964年IBM与美国航空公司建立了第一个全球联机订票系统,把美国当时2 000多个订票的终端用电话线连接在了一起,标志着计算机进入了客户机/服务器阶段,这种模式至今仍在大量使用。在客户机/服务器网络中,服务器是网络的核心,而客户机是网络的基础,客户机依靠服务器获得所需要的网络资源,而服务器为客户机提供网络必需的资源。C/S结构的优点是能充分发挥客户端PC的处理能力,很多工作可以在客户端处理后再提交给服务器,大大减轻了服务器的压力。

5. Internet 阶段

Internet 阶段也称互联网、因特网、网际网阶段。互联网即广域网、局域网及单机按照一定的通信协议组成的国际计算机网络。互联网始于 1969 年，是在 ARPA（美国国防部研究计划署）将美国西南部的大学[UCLA（加利福尼亚大学洛杉矶分校）、StanfordResearchInstitute（史坦福大学研究学院）、UCSB（加利福尼亚大学）和 University of Utah（犹他州大学）]的四台主要的计算机连接起来。此后经历了文本到图片，到现在语音、视频等阶段，带宽越来越快，功能越来越强。互联网的特征是：全球性，交互性，成长性，即时性，多媒体性。

6. 云计算时代

从 2008 年起，云计算（Cloud Computing）概念逐渐流行起来，它正在成为一个通俗和大众化（Popular）的词语。云计算被视为“革命性的计算模型”，因为它使得超级计算能力通过互联网自由流通成为可能。企业与个人用户无需再投入昂贵的硬件购置成本，只需要通过互联网来购买或租赁计算力，用户只需为自己需要的功能付钱，同时消除传统软件在硬件、软件、专业技能方面的花费。云计算让用户脱离技术与部署上的复杂性而获得应用。云计算囊括了开发、架构、负载平衡和商业模式等，是软件业的未来模式。它基于 Web 的服务，以互联网为中心。

（二）按硬件分类

将计算机按硬件分类，分为服务器、工作站、台式机、笔记本计算机、手持设备五大类。

1. 服务器

服务器的英文名为 Server，专指某些高性能计算机，能通过网络对外提供服务。相对于普通电脑来说，稳定性、安全性、性能等方面都要求更高，因此在 CPU、芯片组、内存、磁盘系统、网络等硬件上和普通电脑有所不同。服务器是网络的节点，存储、处理网络上 80%的数据、信息，在网络中起到举足轻重的作用。它们是为客户端计算机提供各种服务的高性能的计算机，其高性能主要表现在高速度的运算能力，长时间的可靠运行，强大的外部数据吞吐能力等方面。服务器的构成与普通电脑类似，也有处理器、硬盘、内存、系统总线等，但因为它是针对具体的网络应用特别制定的，因而服务器与微机在处理能力、稳定性、可靠性、安全性、可扩展性、可管理性等方面差异很大。

2. 工作站

工作站的英文名为 Workstation，是一种以个人计算机和分布式网络计算为基础，主要面向专业应用领域，具备强大的数据运算与图形、图像处理能力，为满足工程设计、动画制作、科学研究、软件开发、金融管理、信息服务、模拟仿真等专业领域而设计开发的高性能计算机。它属于一种高档的电脑，一般拥有较大屏幕显示器和大容量的内存和硬盘，也拥有较强的信息处理功能和高性能的图形、图像处理功能以及联网功能。

3. 台式机

台式机的英文名为 Desktop，也叫桌面机，为现在非常流行的微型计算机，多数家用和办公用的机器都是台式机。台式机的性能相对较笔记本电脑要强。

4. 笔记本电脑

笔记本电脑的英文名为 Notebook Computer（简称 NB），也称手提电脑或膝上型电脑，笔记本电脑可以大体分为 4 类：

（1）商务型。商务型笔记本电脑一般可以概括为移动性强、电池续航时间长、商务软件多。

（2）时尚型。时尚型外观主要针对时尚女性。

（3）多媒体应用型。多媒体应用型笔记本电脑则有较强的图形、图像处理功能和多媒体功能，尤其是播放功能。

（4）特殊用途。

5. 手持设备

手持设备英文名为 Handhold，种类较多，如 PDA，SmartPhone，智能手机，3G 手机，Netbook，EeePC 等，它们的特点是体积小。随着 3G 时代的到来，手持设备将会获得更大的发展，其功能也会越来越强。

（三）计算机系统的特点

（1）具有强大的计算能力。所有复杂的计算问题都可以通过计算机进行计算。

（2）具有逻辑判断能力。通过判断决定程序的不同走向，从而进行管理和实施控制，应用于决策和推理领域。

（3）存储能力强大。拥有巨大的信息存储空间。

（4）计算精确。可以满足各个领域的计算精度要求。

（5）计算速度快。计算机依次进行操作所需时间可以小到纳秒（ns）计算的速度。

（6）通用性强。通过编程使用不同的软件可实现不同的应用。

（7）操作界面简单。适合不同用户使用计算机。

（8）具有互联网功能，把世界各地的计算机系统连接在一起。实现信息及软硬件资源的共享。

【例 9-1-3】 根据冯·诺依曼结构原理，计算机的硬件由：

A. 运算器、存储器、打印机组成

B. 寄存器、存储器、硬盘存储器组成

C. 运算器、控制器、存储器、I/O 设备组成

D. CPU、显示器、键盘组成

解 根据冯·诺依曼结构原理，计算机硬件是由运算器、控制器、存储器、I/O 设备组成。

答案：C

【例 9-1-4】 计算机系统拥有非常突出的特点，在下面有关计算机系统特点的四个选项中不正确的一项是：

A. 计算能力、判断能力、存储能力　　B. 精确计算能力、通俗易用

C. 价格低廉、操作方便、界面友好　　D. 联网功能、快速操作能力、通用性

解 选项 C 属于没有抓住重点，表述不完善。

答案：C

【例 9-1-5】 计算机按用途可分为：

A. 专业计算机和通用计算机　　B. 专业计算机和数字计算机

C. 通用计算机和模拟计算机　　D. 数字计算机和现代计算机

解 计算机按用途可分为专业计算机和通用计算机。专业计算机是为解决某种特殊问题而设计的计算机，针对具体问题能显示出有效、快速和经济的特性，但它的适应性较差，不适用于其他方面的应用。在导弹和火箭上使用的计算机很大部分就是专业计算机。通用计算机适应性很强，应用范围很广，如应用于科学计算、数据处理和实时控制等领域。

答案：A

（四）计算机系统的组成

计算机系统由硬件和软件两大部分组成。其中，硬件是指构成计算机系统的物理实体（或物理装置），如主板、机箱、键盘、显示器和打印机等。软件是指为运行、维护、管理和应用计算机所编制的所有程序的集合。图 9-1-1 给出了计算机硬件系统组成框图。

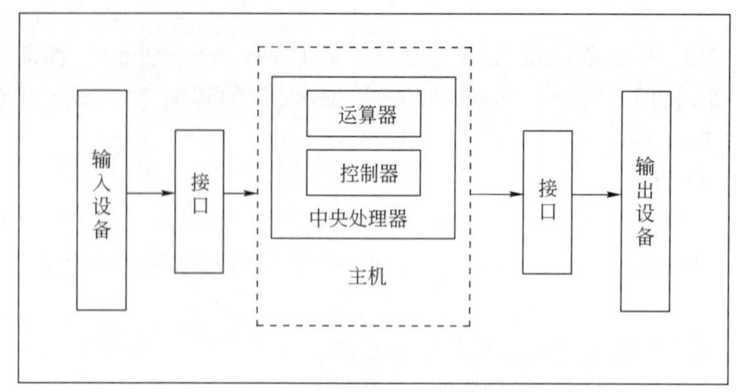

图 9-1-1 计算机硬件系统组成

1. 硬件部分

(1)输入装置。将程序和数据的信息转换成相应的电信号，让计算机能接收的装置，如键盘、鼠标、光笔、扫描仪、图形板、外存储器等。

(2)输出装置。能将计算机内部处理后的信息传递出来的设备，如显示器、打印机、绘图仪、外存储器等。

(3)存储器。计算机在处理数据的过程中或在处理数据之后把程序和数据存储起来的装置。存储器分为主存储器和辅助存储器。主存储器与中央处理器组装在一起构成主机，直接受 CPU 控制，因此也被称为内存储器，简称内存。存储器由内存、高速缓存、外存和管理这些存储器的软件组成，以字节为单位，是用来存放正在执行的程序、待处理数据及运算结果的部件。内存分为只读存储器(ROM)、随机存储器(RAM)、高速缓冲存储器(Cache)。

①只读存储器(ROM)：是一种只能读不能写入的存储器，最大特点是电源断电后信息不会丢失，经常用来存放监控和诊断程序。

②随机存储器(RAM)：可随机读出和写入信息，用来存放用户的程序和数据，关机后 RAM 中的内容自动消失，并不可恢复。

③高速缓冲存储器(Cache)：在逻辑上位于 CPU 和内存之间，其运算速度高于内存而低于 CPU，其作用是减少 CPU 的等待时间，提高 CPU 的读写速度，而不会改变内存的容量。辅助存储器也称外存储器，存储容量大，外存分为磁表面存储器和光存储器两大类。

(4)运算器。它是计算机的核心部件，对信息或数据进行加工和处理，主要由逻辑运算单元(ALU)组成，在控制器的指挥下可以完成各种算术运算、逻辑运算和其他操作。

(5)控制器。它是计算机的神经中枢和指挥中心，计算机的硬件系统由控制器控制其全部动作。运算器和控制器一起称为中央处理器。主存、运算器和控制器统称为主机。输入装置和输出装置统称为输入、输出装置。通常把输入、输出装置和外存一起称为外围设备。外存既是输入设备又是输出设备。

(6)中央处理器(CPU)。CPU 主要由运算器、控制器、寄存器等组成。运算器按控制器发出的命令来完成各种操作。控制器规定计算机执行指令的顺序，并根据指令的信息控制计算机各部分协同动作。

(7)计算机总线。在计算机系统中，各个部件之间传送信息的公共通路叫总线。总线是一种内部结构，它是 CPU、内存、输入、输出设备传递信息的公用通道，主机的各个部件通过总线相连接，外部设备通过相应的接口电路再与总线相连接，从而形成了计算机硬件系统。微型计算机是以总线结构来连接各个功能部件的。总线分为主板总线、硬盘总线及其他总线。

(8)数模/模数转换。数模转换器是将数字信号转换为模拟信号的系统，一般用低通滤波即可以实现。模数转换器是将模拟信号转换成数字信号的系统，是一个滤波、采样保持和编码的过程。模拟信号经带限滤波、采样保持电路，变为阶梯形状信号，然后通过编码器，使得阶梯状信号中的各个电平变为二进制码。

【例 9-1-6】 总线中的控制总线传输的是：

A. 程序和数据　　B. 主存储器的地址码

C. 控制信息　　D. 用户输入的数据

解 计算机的总线可以划分为数据总线、地址总线和控制总线。数据总线用来传输数据，地址总线用来传输数据地址，控制总线用来传输控制信息。

答案：C

【例 9-1-7】 微处理器与存储器以及外围设备之间的数据传送操作通过：

A. 显示器和键盘进行　　B. 总线进行

C. 输入/输出设备进行　　D. 控制命令进行

解 当要对存储器中的内容进行读写操作时，来自地址总线的存储器地址经地址译码器译码之后，选中指定的存储单元，而读写控制电路根据读写命令实施对存储器的存取操作，数据总线则用来传送写入内存储器或从内存储器读出的信息。

答案：B

2. 软件部分(见图 9-1-2)

(1)系统软件。它是生成、准备和执行其他软件所需要的一组程序，通常负责管理、监督和维护计算机各种软硬件资源。给用户提供一个友好的操作界面。

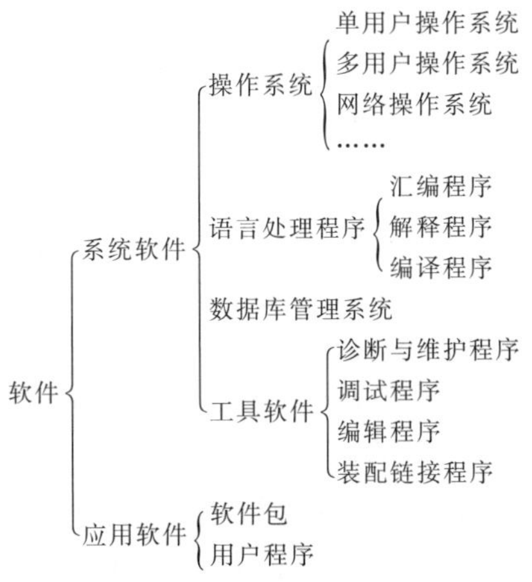

图 9-1-2　软件的组成

系统软件主要有操作系统、程序设计语言[机器语言、汇编语言、高级语言、非过程语言(不必关心问题的解法和处理过程的描述，只要说明所要完成的加工和条件，指明输入数据以及输出形式，就能得到所要的结果。如 Visual C++、Java 语言等)、智能性语言(应用于抽象问题求解、数据逻辑、公式处理、自然语言理解、专家系统和人工智能的许多领域)]。

(2)应用软件。它是用户为了解决某些特定具体问题而开发或外购的各种程序，如 Word，Excel 等。

【例 9-1-8】 在计算机内，ASSCII 码是为：

A. 数字而设置的一种编码方案

B. 汉字而设置的一种编码方案

C. 英文字母而设置的一种编码方案

D. 常用字符而设置的一种编码方案

解:ASSCII 码是"美国信息交换标准代码"的简称,是目前国际上最为流行的字符信息编码方案。在这种编码中每个字符用 7 个二进制位表示,从 0000000 到 1111111 可以给出 128 种编码,用来表示 128 个不同的常用字符。

答案:D

【例 9-1-9】 目前常用的计算机辅助设计软件是:

A. Microsoft Word　　B. Auto CAD

C. Visual BASIC　　D. Microsoft Access

解　Microsoft Word 是文字处理软件。Visual BASIC 简称 VB,是 Microsoft 公司推出的一种 Windows 应用程序开发工具。Microsoft Access 是小型数据库管理软件。Auto CAD 是专业绘图软件,主要用于工业设计中,被广泛用于民用、军事等各个领域。CAD 是 Computer Aided Design 的缩写,意思为计算机辅助设计。加上 Auto,指它可以应用于几乎所有跟绘图有关的行业,比如建筑、机械、电子、天文、物理、化工等。

答案:B

【例 9-1-10】 根据软件的功能和特点,计算机软件一般分为:

A. 系统软件和非系统软件　　B. 应用软件和非应用软件

C. 系统软件和应用软件　　D. 系统软件和管理软件

答案:C

【例 9-1-11】 计算机的软件系统是由:

A. 高级语言程序、低级语言程序构成

B. 系统软件、支撑软件、应用软件构成

C. 操作系统、专用软件构成

D. 应用软件和数据库管理系统构成

解　计算机的软件系统是由系统软件、支撑软件和应用软件构成。系统软件是负责管理、控制和维护计算机软、硬件资源的一种软件,它为应用软件提供了一个运行平台。支撑软件是支持其他软件的编写制作和维护的软件。应用软件是特定应用领域专用的软件。

答案:B

四、操作系统

(一)操作系统定义

操作系统是控制其他程序运行,管理系统资源并为用户提供操作界面的系统软件的集合。

(二)操作系统功能及特征

操作系统(Operating System,简称 OS)是一种管理电脑硬件与软件资源的程序,同时也是计算机系统的内核与基石。操作系统身负诸如管理与配置内存,决定系统资源供需的优先次序,控制输入与输出设备,操作网络与管理文件系统等基本事务。操作系统管理计算机系统的全部硬件资源,包括软件资源及数据资源,控制程序运行,改善人机界面,为其他应用软件提供支持等,使计算机系统所有资源最大限度地发挥作用,为用户提供方便的、有效的、友善的服务界面。操作系统是一个庞大的管理控制程序,大致包括五个方面的管理功能:进程与处理机管理，作业管理，存储管理，设备管理，文件管理。目前微机上常见的操作系统有DOS、OS/2、UNIX、XENIX、LINUX、Windows、Netware等。但所有的操作系统都具有并发性、共享性、虚拟性和随机性这四个基本特征。

（三）操作系统的分类

操作系统大致可分为六种类型。

1. 简单操作系统

它是计算机初期所配置的操作系统，如IBM公司的磁盘操作系统DOS/360和微型计算机的操作系统CP/M等。这类操作系统的功能主要是操作命令的执行，文件服务，支持高级程序设计语言编译程序和控制外部设备等。

2. 分时系统

它支持位于不同终端的多个用户同时使用一台计算机，彼此独立互不干扰，用户感到好像一台计算机全为他所用。

3. 实时操作系统

它是为实时计算机系统配置的操作系统。其主要特点是资源的分配和调度，首先要考虑实时性，然后才是效率。此外，实时操作系统应有较强的容错能力。

4. 网络操作系统

它是为计算机网络配置的操作系统。在其支持下，网络中的各台计算机能互相通信和共享资源。其主要特点是与网络的硬件相结合来完成网络的通信任务。

5. 分布操作系统

它是为分布计算系统配置的操作系统。它在资源管理、通信控制和操作系统的结构等方面都与其他操作系统有较大的区别。由于计算机系统的资源分布于系统的不同计算机上，操作系统对用户的资源需求不能像一般的操作系统那样等待有资源时直接分配的简单做法，而是要在系统的各台计算机上搜索，找到所需资源后才可进行分配。对于有些资源，如具有多个副本的文件，还必须考虑一致性。所谓一致性，是指若干个用户对同一个文件所同时读出的数据是一致的。为了保证一致性，操作系统须控制文件的读、写、操作，使得多个用户可同时读一个文件，而任一时刻最多只能有一个用户在修改文件。分布操作系统的通信功能类似于网络操作系统。由于分布计算机系统不像网络分布得很广，同时分布操作系统还要支持并行处理，因此它提供的通信机制和网络操作系统提供的有所不同，它要求通信速度高。分布操作系统的结构也不同于其他操作系统，它分布于系统的各台计算机上，能并行地处理用户的各种需求，有较强的容错能力。

6. 智能操作系统

现在很多智能操作系统应用在手机上，如Symbian操作系统在智能移动终端上拥有强大的应用程序以及通信能力，它有一个非常健全的核心——强大的对象导向系统、企业用标准通信传输协议以及完美的sunjava语言。Symbian认为无线通信装置除了要提供声音沟通的功能外，同时也应具有其他多种沟通方式，如触笔、键盘等。在硬件设计上，它可以提供许多不同风格的外形，像使用真实或虚拟的键盘，在软件功能上可以容纳许多功能，包括和他人互相分享信息，浏览网页，传输、接收电子信件，传真以及个人生活行程管理等。此外，Symbian操作系统在扩展性方面为制造商预留了多种接口，而且操作系统还可以细分成三种类型：Pearl、Quartz、Crystal，分别对应普通手机、智能手机、HandHeld PC场合的应用。

习　题

9-1-1　微型计算机的硬件包括(　　)。

A. 微处理器、存储器、外部设备、外围设备

B. 微处理器、RAM、MS 系统、FORTRAN 语言

C. ROM 和键盘、显示器

D. 软盘驱动器和微处理器、打印机

9-1-2　微型计算机的软件包括(　　)。

A. MS-DOS 系统、Super SAP　　B. dBASE 数据库、FORTRAN 语言

C. 机器语言和通用软件　　D. 系统软件、程序语言和通用软件

9-1-3　运算器的主要功能是完成(　　)。

A. 存储程序和数据　　B. 算术运算和逻辑运算

C. 程序计数　　D. 算术运算

9-1-4　既可做输入设备,又可做输出设备的是(　　)。

A. 显示器　　B. 打印机　　C. 硬盘　　D. 光盘

9-1-5　软件中(　　)是非系统软件。

A. DOS 系统　　B. FORTRAN 77　　C. BASIC　　D. TBSA

9-1-6　计算机的中央处理器包括(　　)。

A. 整个计算机主板　　B. CPU 的运算器部分

C. CPU 的控制器部分　　D. 运算器和控制器

9-1-7　计算机中 CPU 中央处理器的功能是(　　)。

A. 完成输入输出操作　　B. 进行数据处理

C. 协调计算机各种操作　　D. 负责各种运算和控制工作

9-1-8　在工作中,若微型计算机的电源突然中断,则只有(　　)不会丢失。

A. RAM 和 ROM 中的信息　　B. ROM 中的信息

C. RAM 中的信息　　D. RAM 中部分信息

9-1-9　在"我的电脑"窗口中,如果要整理磁盘上的碎片,应选择磁盘"属性"对话框的(　　)选项卡。

A. 常规　　B. 硬件　　C. 共享　　D. 工具

第二节　计算机程序设计语言

一、计算机语言

计算机语言(Computer Language)指用于人与计算机之间通讯的语言。计算机语言是人与计算机之间传递信息的媒介。计算机系统的最大特征是指令通过一种语言传达给机器。为了使电子计算机进行各种工作,就需要有一套用以编写计算机程序的数字、字符和语法规则,由这些字符和语法规则组成对计算机的各种指令(或各种语句),就是计算机能接受的语言。

(一)计算机语言的分类

计算机语言的种类非常的多,总的来说可以分成机器语言、汇编语言、高级语言三大类。

1. 机器语言

机器语言是用二进制代码表示的计算机能直接识别和执行的一种机器指令的集合。它是计算机的设计者通过计算机的硬件结构赋予计算机的操作功能。机器语言具有灵活、直接执行和速度快等特点。

用机器语言编写程序，编程人员要首先熟记所用计算机的全部指令代码和代码的含义。手编程序时，程序员得自己处理每条指令和每一数据的存储分配和输入输出，还得记住编程过程中每步所使用的工作单元处在何种状态。这是一件十分繁琐的工作，编写程序花费的时间往往是实际运行时间的几十倍或几百倍。而且，编出的程序全是些 0 和 1 的指令代码。直观性差，还容易出错。除了计算机生产厂家的专业人员外，绝大多数程序员已经不再去学习机器语言了。

2. 汇编语言

为了克服机器语言难读、难编、难记和易出错的缺点，人们就用与代码指令实际含义相近的英文缩写词、字母和数字等符号来取代指令代码（如用 ADD 表示运算符号"＋"的机器代码），于是就产生了汇编语言。所以说，汇编语言是一种用助记符表示的仍然面向机器的计算机语言。汇编语言亦称符号语言。汇编语言由于是采用了助记符号来编写程序，比用机器语言的二进制代码编程要方便些，在一定程度上简化了编程过程。汇编语言的特点是用符号代替了机器指令代码。而且助记符与指令代码一一对应，基本保留了机器语言的灵活性。使用汇编语言能面向机器并较好地发挥机器的特性，得到质量较高的程序。

汇编语言中由于使用了助记符号，用汇编语言编制的程序送入计算机，计算机不能像用机器语言编写的程序一样直接识别和执行，必须通过预先放入计算机的"汇编程序"的加工和翻译，才能变成能够被计算机识别和处理的二进制代码程序。用汇编语言等非机器语言书写好的符号程序称源程序，运行时汇编程序要将源程序翻译成目标程序。目标程序是机器语言程序，它一经被安置在内存的预定位置上，就能被计算机的 CPU 处理和执行。

汇编语言像机器指令一样，是硬件操作的控制信息，因而仍然是面向机器的语言，使用起来还是比较繁琐费时，通用性也差。汇编语言是低级语言。但是，汇编语言用来编制系统软件和过程控制软件，其目标程序占用内存空间少，运行速度快，有着高级语言不可替代的用途。

3. 高级语言

不论是机器语言还是汇编语言都是面向硬件具体操作的，语言对机器过分依赖，要求使用者必须对硬件结构及其工作原理都十分熟悉，这对非计算机专业人员是难以做到的，对于计算机的推广应用是不利的。计算机事业的发展，促使人们去寻求一些与人类自然语言相接近且能为计算机所接受的语意确定、规则明确、自然直观和通用易学的计算机语言。这种与自然语言相近并为计算机所接受和执行的计算机语言称高级语言。高级语言是面向用户的语言。无论何种机型的计算机，只要配备上相应的高级语言的编译或解释程序，则用该高级语言编写的程序就可以通用。

如今被广泛使用的高级语言有 BASIC、PASCAL、C、COBOL、FORTRAN、LOGO 以及 VC、VB 等。这些语言都是属于系统软件。

计算机并不能直接地接受和执行用高级语言编写的源程序，源程序在输入计算机时，通过"翻译程序"翻译成机器语言形式的目标程序，计算机才能识别和执行。这种"翻译"通常有两种方式，即编译方式和解释方式。编译方式是：事先编好一个称为编译程序的机器语言程序，作为系统软件存放在计算机内，当用户由高级语言编写的源程序输入计算机后，编译程序便把源程序整个地翻译成用机器语言表示的与之等价的目标程序，然后计算机再执行该目标程序，以完成源程序要处理的运算并取得结果。解释方式是:源程序进入计算机时,解释程序边扫描边解释并逐句输入逐句翻译,计算机一句句执行,并不产生目标程序。PASCAL、FORTRAN、COBOL 等高级语言执行编译方式;BASIC 语言则以执行解释方式为主;而 PASCAL、C 语言是能书写编译程序的高级程序设计语言。每一种高级(程序设计)语言,都有自己人为规定的专用符号、英文单词、语法规则和语句结构(书写格式)。高级语言与自然语言(英语)更接近,而与硬件功能相分离(彻底脱离了具体的指令系统),便于广大用户掌握和使用。高级语言的通用性强,兼容性好,便于移植。

(二)计算机语言的发展趋势

面向对象程序设计以及数据抽象在现代程序设计思想中占有很重要的地位,未来语言的发展将不再是一种单纯的语言标准,将会以一种完全面向对象,更易表达现实世界,更易为人编写,其使用将不再只是专业的编程人员,人们完全可以用订制真实生活中一项工作流程的简单方式来完成编程。

二、计算机程序设计语言

1. C 语言

C 语言是 Dennis Ritchie 在 20 世纪 70 年代创建的,它功能更强大且与 ALGOL 保持更连续的继承性,而 ALGOL 则是 COBOL 和 FORTRAN 的结构化继承者。C 语言被设计成一个比它的前辈更精巧、更简单的版本,它适于编写系统级的程序,比如操作系统。在此之前,操作系统是使用汇编语言编写的,而且不可移植。C 语言是第一个使得系统级代码移植成为可能的编程语言。

2. C++

C++语言是具有面向对象特性的 C 语言的继承者。面向对象编程,或称 OOP(Object Oriented Programming)是结构化编程的下一步。OOP 程序由对象组成,其中的对象是数据和函数离散集合。有许多可用的对象库存在,这使得编程简单得只需要将一些程序堆在一起。比如说,有很多的 GUI(Graphical User Interface)和数据库的库实现为对象的集合。

3. 汇编语言

汇编是第一个计算机语言。汇编语言实际上是你对计算机处理器实际运行的指令的命令形式表示法。这意味着你将与处理器的底层打交道,比如寄存器和堆栈。如果你要找的是类英语且有相关的自我说明的语言,这不是你想要的。特别注意:语言的名字叫“汇编”。把汇编语言翻译成真实的机器码的工具叫“汇编程序”。把这门语言叫做“汇编程序”这种用词不当相当普遍,因此,请从这门语言的正确称呼作为起点出发。

4. Pascal 语言

Pascal 语言是由 NicolasWirth 在 20 世纪 70 年代早期设计的,Pascal 被设计来强行使用结构化编程。最初的 Pascal 被严格设计成教学之用,最终,大量的拥护者促使它闯入了商业编程中。当 Borland 发布 IBMPC 上的 TurboPascal 时,Pascal 辉煌一时。集成的编辑器,闪电般的编译器加上低廉的价格使之变得不可抵抗,Pascal 编程成为 MS－DOS 编写小程序的首选语言。然而时日不久,C 编译器变得更快,并具有优秀的内置编辑器和调试器。Pascal 在 1990 年 Windows 开始流行时走到了尽头,Borland 放弃了 Pascal 而把目光转向了为 Windows 编写程序的 C++。TurboPascal 很快被人遗忘。

5. Java

Java 是由 Sun 最初设计用于嵌入程序的可移植性“小 C++”。在网页上运行小程序的想法着实吸引了不少人的目光，于是，这门语言迅速崛起。事实证明，Java 不仅仅适于在网页上内嵌动画，它是一门极好的完全的软件编程的小语言。“虚拟机”机制、垃圾回收以及没有指针等使它很容易成为不易崩溃且不会泄漏资源的可靠程序。

虽然不是 C_{++} 的正式续篇，Java 从 C_{++} 中借用了大量的语法。它丢弃了很多 C_{++} 的复杂功能，从而形成一门紧凑而易学的语言。不像 C_{++}，Java 强制面向对象编程，要在 Java 里写非面向对象的程序就像要在 Pascal 里写“空心粉式代码”一样困难。

6. C＃

C＃是一种精确、简单、类型安全、面向对象的语言。其是. Net 的代表性语言。什么是. Net 呢？按照微软总裁兼首席执行官 Steve Ballmer 把它定义为：. Net 代表一个集合，一个环境，它可以作为平台支持下一代 Internet 的可编程结构。

7. FORTRAN

FORTRAN 语言是世界上第一个被正式推广使用的高级语言。它是 1954 年被提出来的，1956 年开始正式使用，至今已有五十多年的历史，但仍历久不衰，它始终是数值计算领域所使用的主要语言。FORTRAN 语言是 Formula Translation 的缩写，意为“公式翻译”。它是为科学、工程问题或企事业管理中的那些能够用数学公式表达的问题而设计的，其数值计算的功能较强。

习　　题

9-2-1　根据计算机语言的发展过程，它们出现的顺序为(　　)。

A. 机器语言、汇编语言、高级语言

B. 汇编语言、机器语言、高级语言

C. 高级语言、汇编语言、机器语言

D. 机器语言、高级语言、汇编语言

9-2-2　汇编语言是(　　)。

A. 机器语言　　B. 低级语言

C. 高级语言　　D. 自然语言

第三节　信 息 表 示

一、计算机中的信息表示方法

计算机采用二进制，用 0 和 1 存储信息。

数据的存储单位有位、字节和字等。

1. 位

比特，记为 bit，是计算机最小的存储信息单位，是用 0 或 1 来表示的一个二进制位数。

2. 字节

拜特，记为 Byte，是数据存储中最常用的基本单位。8 位二进制构成一个字节，从最小的 00000000 到最大的 11111111。

3. 字符

以一个字节表示的信息称为一个字符。一个英文字符占一个字节的位置，一个中文占两个字节的位置。

4. 字

由若干个字节组成一个存储单元，称为“字”(Word)。一个存储单元中存放一条指令或一个数据。

【例 9-3-1】 计算机信息数量的单位常用 KB、MB、GB、TB 表示，它们中表示信息数量最大的一个是：

A. KB　　B. MB　　C. GB　　D. TB

解 $1KB=2^{10}B=1024B$

$1MB=2^{20}B=1024kB$

$1GB=2^{30}B=1024MB$

$1TB=2^{40}B=1024GB$

答案：D

【例 9-3-2】 计算机存储器是按字节进行编址的，一个存储单元是：

A. 8 个字节　　B. 1 个字节

C. 16 个二进制数位　　D. 32 个二进制数位

解 计算机内的存储器是由一个个存储单元组成的，每一个存储单元的容量为 8 位二进制信息，称 1 个字节。

答案：B

二、信息的表示及存储

信息是人们表示一定意义的符号的集合，可以是数字、文字、图形、图像、动画、声音等。数据是信息在计算机内部的表现形式。数据本身就是一种信息。

（一）数制

1. 数制的定义

用一种固定的数字(数码符号)和一套统一的规则来表示数值的方法，即为数制。

(1)数制的种类，如十进制、二进制、八进制、十六进制、六十进制、十二进制等。

(2)数制的规则，如 R 进制的规则是逢 R 进 1。

2. 权

权是指指数位上的数字乘上一个固定的数值。

3. 基数

十进制的基数是十，二进制的基数是二，八进制的基数是八。

进位计数制中的三个要素：数位(数字在一个数中所处的位置)、权、基数。

4. 二进制数

二进制是“逢二进一”的计数方法，计算机中的数据如文字、数字、声音、图像、动画、色彩等信息都是用二进制数来表示的。

采用二进制记数的原因，主要是由于二进制数在技术操作上的可行性、可靠性、简易性及通用性。

(1)可行性。二进制数只有 0、1 两个数码，要表示这两个状态，在物理技术上很容易实现，如电灯的亮和灭、晶体管门电路的导通和截止等。

(2)可靠性。因二进制只有两个状态，数字转移和处理抗干扰能力强，不易出错。

(3)简易性。二进制数的运算法则简单，使计算机运算器结构大大简化。

(4)通用性。因为二进制数只有 0、1 两个数码，与逻辑代数中的“真”和“假”两个值对应，从而为计算机实现逻辑运算和逻辑判断提供了方便。

(二)数制的转换

日常生活中使用的进位制很多，如一年等于十二个月(十二进制)，一斤等于十两(十进制)，一分钟等于六十秒(六十进制)等。在计算机系统中经常使用十进制、八进制、十六进制、二进制。

1. 十进制数转换二进制数

十进制数转换为二进制数步骤：

(1)将十进制整数转换为二进制整数。

(2)将十进制小数转换为二进制小数。

(3)合成一个二进制数。

【例 9-3-3】 信息与数据之间存在着固有的内在联系，信息是：

A. 由数据产生的　　B. 信息就是数据

C. 没有加工过的数据　　D. 客观地记录事物的数据

解 数据是反映客观事物属性的原始事实。信息是由原始数据经过处理加工，按特定的方式组织起来的，对人们有价值的数据的集合。

答案：A

【例 9-3-4】 把十进制数 29.125 转换为二进制数。

解 ①先将十进制整数 29 转换成二进制(除 2 取余数法)

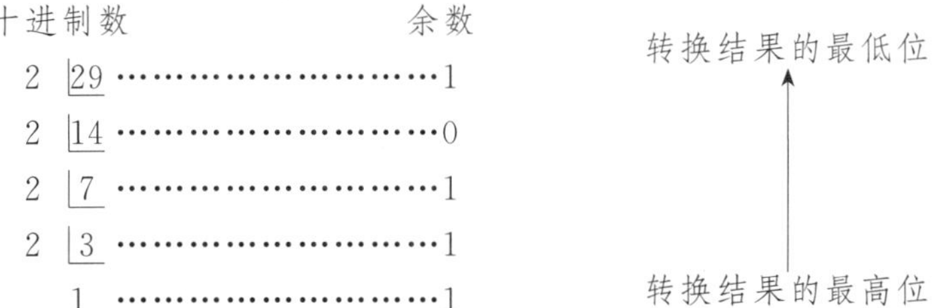

转换后结果：$(29)_{10}=(11101)_2$

②把十进制小数 0.125 转换成二进制(乘 2 取整法)

$$
\begin{array}{rl}
0.125 & \text{取整数部分} \\
\times\quad 2 & \\
\hline
0.250 & 0 \cdots\cdots \text{转换结果的最高位} \\
\times\quad 2 & \\
\hline
0.50 & 0 \\
\times\quad 2 & \\
\hline
1.0 & 1 \cdots\cdots \text{转换结果的最低位}
\end{array}
$$

转换后结果：$(0.125)_{10}=(0.001)_2$

③将整数部分与小数部分合在一起。

$$(29)_{10}+(0.125)_{10}=(11101)_2+(0.001)_2$$

$$(29.125)_{10}=(11101.001)_2$$

2. 二进制数转换成十进制数

【例 9-3-5】 将二进制数$(11101.001)_2$转换成十进制数(按权展开法)。

解 $(11101.001)_2=1\times 2^4+1\times 2^3+1\times 2^2+0\times 2^1+1\times 2^0+0\times 2^{-1}+0\times 2^{-2}+1\times 2^{-3}$

$=16+8+4+0+1+0.0+0.0+0.125$

$=(29.125)_{10}$

3. 八进制数与十六进制数

计算机中经常使用八进制数与十六进制数，因为二进制数写起来太长，不便于比较和记忆。而八进制数、十六进制数与二进制数有简单的对应规则，可方便地写成二进制数的形式。它们的对应关系如表 9-3-1、表 9-3-2 所示。

表 9-3-1

十六进制数	0	1	2	3	…	8	9	A	B	…	E	F
二进制数	0000	0001	0010	0011	…	1000	1001	1010	1011	…	1110	1111

表 9-3-2

八进制数	0	1	2	3	4	5	6	7
二进制数	000	001	010	011	100	101	110	111

例如，十进制数 345 可表示为表 9-3-3 所列的其他制数。

表 9-3-3

<table>
<tr><td>八进制数</td><td>531</td><td colspan="2">5</td><td colspan="2">3</td><td>1</td></tr>
<tr><td>二进制数</td><td>101011001</td><td colspan="2">1 0 1</td><td colspan="2">0 1 1</td><td>0 0 1</td></tr>
<tr><td>十六进制数</td><td>159</td><td>1</td><td colspan="2">5</td><td colspan="2">9</td></tr>
</table>

4. 十进制数转换为 R 进制数

对于十进制数转换为 R 进制数仍可采用除 R 取余法和乘 R 取整法。

5. R 进制数转换为十进制数

对于 R 进制数转换为十进制仍可采用按权(R^i)展开算法。

(三)非数值数据在计算机内的表示

计算机中数据的概念是广义的。计算机内除了有数值的信息之外，还有数字、字母、通用符号、控制符号等字符信息，还有逻辑信息、图形、图像、语音等信息，这些信息进入计算机都转变成 0、1 表示的编码，所以称为非数值数据。

1. 字符的表示方法

字符主要是指数字、字母、通用符号等，在计算机内它们都被转换成计算机能够识别的十进制编码形式。这些字符编码方式有很多种，国际上广泛采用的是美国国家信息交换标准代码(American Standard Code for Information Interchange)，简称 ASCII 码，如表 9-3-4 所示。

ASCII 字符编码表

表 9-3-4

	000	001	010	011	100	101	110	111
0000	NUL	DLE	SP	0	@	P	、	p
0001	SOH	DC1	!	1	A	Q	a	q
0010	STX	DC2	“	2	B	R	b	r
0011	ETX	DC3	#	3	C	S	c	s
0100	EOT	DC4	$	4	D	T	d	t
0101	ENQ	NAK	%	5	E	U	e	u
0110	ACK	SYN	&	6	F	V	f	v
0111	BEL	ETB	‘	7	G	W	g	w
1000	BS	CAN	(	8	H	X	h	x

续上表

	000	001	010	011	100	101	110	111
1001	HT	EM	)	9	I	Y	i	y
1010	LF	SUB	*	:	J	Z	j	z
1011	VT	ESC	+	;	K	]	k	{
1100	FF	FS	,	<	L	\	l	|
1101	CR	GS	—	=	M	]	m	}
1110	SO	RS	.	>	N	ˆ	n	~
1111	SI	US	/	?	O	—	o	del

ASCII 规定每个字符用 7 位二进制编码表示,表中的横坐标是第 6、5、4 位的二进制编码值,纵坐标是第 3、2、1、0 位的十进制编码值,两坐标的交点则是指定的字符,7 位二进制可以给出 128 个编码,表示 128 个常用的字符。其中 95 个编码,对应着计算机终端能输入并可以显示的 95 个字符,打印机设备也能打印这 95 个字符,如大小写各 26 个英文字母,0～9 这 10 个数字符,通用的运算符和标点符号=、—、*、/、<、>、,、{、}等。

【例 9-3-6】 查表写出字母 A,字母 1 的 ASCII 码。

解 根据字母 A 在表中的位置,行指示了 ASCII 码第 3、2、1、0 位的状态,列指示第 6、5、4 位的状态,因此字母 A 的 ASCII 码是 1000001B = 41H。同理可以查到数字 1 的 ASCII 码是 0110001B = 31H。

2. 汉字编码

我国制定了《信息交换用汉字编码字符集——基本集》(GB 2312—80)。这种编码称为国标码。在国标码的字符集中共收录了汉字和图形符 7 445 个,其中一级汉字 3 755 个,二级汉字 3 008 个,图形符号 682 个。

国标 GB 2312—80 规定,全部国标汉字及符号组成 94×94 的矩阵。在这矩阵中,每一行称为一个"区",每一列称为一个"位"。这样,就组成了 94 个区(01～94 区),每个区内有 94 个位(01～94)的汉字字符集。区码和位码简单地组合在一起(即两位区码居高位,两位位码居低位)就形成了"区位码"。区位码可唯一确定某一个汉字或汉字符号,反之,一个汉字或汉字符号都对应唯一的区位码,如汉字"玻"的区位码为"1803"(即在 18 区的第 3 位)。

所有汉字及符号的 94 个区划分成如下四个组:

(1)1～15 区为图形符号区,其中,1～9 区为标准区,10～15 区为自定义符号区。

(2)16～55 区为一级常用汉字区,共有 3 755 个汉字,该区的汉字按拼音排序。

(3)56～87 区为二级非常用汉字区,共有 3 008 个汉字,该区的汉字按部首排序。

(4)88～94 区为用户自定义汉字区。

汉字的内码是从上述区位码的基础上演变而来的。它是在计算机内部进行存储、传输所使用的汉字代码。

区码和位码的范围都在 01～94 内,如果直接用它作为内码就会与基本 ASCII 码发生冲突,因此汉字的内码采用如下的运算规定:

高位内码=区码+20H+80H

低位内码=位码+20H+80H

在上述运算规则中加 20H 应理解为基本 ASCII 的控制码;加 80H 意在把最高二进制位置"1"与基本 ASCII 码相区别,或者说是识别是否汉字的标志位。

例:将汉字“玻”的区位码转换成机内码:

高位内码$=(18)_{10}+(20)_{16}+(80)_{16}$

$=(00010010)_2+(00100000)_2+(10000000)_2$

$=(10110010)_2$

$=(B2)_{16}=B2H$

低位内码$=(3)_{10}+(20)_{16}+(80)_{16}$

$=(00000011)_2+(00100000)_2+(10000000)_2$

$=(10100011)_2$

$=(A3)_{16}=A3H$

内码=区码+20H+80H+位码+20H+80H

$=(1011001010100011)_2=B2A3H$

【例 9-3-7】 汉字的国标码是用两个字节码表示,为与 ASCII 码区别,是将两个字节的最高位:

A. 都置成 0　　B. 都置成 1

C. 分别置成 1 和 0　　D. 分别置成 0 和 1

解 ASCII 码最高位都置成 0 ,它是“美国信息交换标准代码”的简称,是目前国际上最为流行的字符信息编码方案。在这种编码中每个字符用 7 个二进制位表示。对于两个字节的国标码将两个字节的最高位都置成 1,而后由软件或硬件来对字节最高位做出判断,以区分 ASCII 码与国标码。

答案:B

(四)多媒体数据在计算机内的表示

1.多媒体技术

多媒体信息都是以数字形式而不是以模拟信号的形式存储和传输的。传播信息的媒体的种类很多,如文字、声音、图形、图像、动画等。多媒体技术是指能对多种载体(媒介)的信息和多种存储体(媒质)上的信息进行处理的技术,是一种将文字、图形、图像、视频、动画和声音等表现信息的媒体结合在一起,并通过计算机进行综合处理和控制,将多媒体各个要素进行有机组合,完成一系列随机性交互式操作的技术。

2.媒体的分类

按照国际电联的定义,媒体分为五类:

(1)感觉媒体,如图形、图像、语言、音乐等。

(2)表示媒体,如图像编码、声音编码、电报码、条形码等。

(3)显示媒体,如显示器、打印机、鼠标、摄像机等。

(4)存储媒体,如软盘、硬盘、光盘等。

(5)传输媒体,如同轴电缆、光纤、无线链路等。

3.多媒体的特性

(1)多样性。多媒体强调的是信息媒体的多样化和媒体处理方式的多样化,它将文字、声音、图形、图像甚至视频集成进入了计算机,使得信息的表现有声有色,图文并茂。

(2)交互性。其指任何计算机能对话,以便进行人工干预控制。交互性是多媒体技术的关键特征,也就是可与使用者作交互性沟通的特征,这也正是它与传统媒体的最大不同。

(3)集成性。将计算机、声像、通信技术合为一体,即把多种媒体如文本、声音、图形、图像、视频等信息有机地组织在一起,共同表达一个完整的多媒体信息。

(4)数字化。其指多媒体中各个多媒体信息都以数字形式存放在计算机中。

(5)实时性。声音、图像是与时间密切相关的,这就决定了多媒体技术必须要支持实时处理。

4. 矢量图形的表示

矢量图(vector),也叫向量图,简单地说,就是缩放不失真的图像格式。矢量图是通过多个对象的组合生成的,对其中每一个对象的记录方式,都是以数学函数来实现的,也就是说,矢量图实际上并不是相位图那样记录画面上每一点的信息,而是记录了元素形状及颜色的算法,当你打开一副矢量图的时候,软件对图像对应的函数进行运算,将运算结果(图形的形状和颜色)显示给你看。无论显示画面是大还是小,画面上的对象对应的算法是不变的,所以,即使对画面进行倍数相当大的缩放,其显示效果仍然相同(不失真)。举例来说,矢量图就好比画在质量非常好的橡胶膜上的图,不管对橡胶膜怎样的长宽等比成倍拉伸,画面依然清晰,不管你离得多么近去看,也不会看到图形的最小单位。

矢量图的好处是轮廓的形状更容易修改和控制,但是对于单独的对象,色彩上变化的实现不如位图来得方便直接。另外,支持矢量格式的应用程序也远远没有支持位图的多,很多矢量图形都需要专门设计的程序才能打开浏览和编辑。

常用的矢量绘制软件有 adobe illustrator、coreldraw、freehand、flash 等,对应的文件格式为“. ai”“. eps”“. cdr”“. fh”等,另外还有“. dwg”“. wmf”“. emf”等。

5. 位图的表示

位图(bitmap),也叫点阵图、删格图像、像素图,简单地说,就是最小单位由像素构成的图,缩放会失真。构成位图的最小单位是像素,位图就是由像素阵列的排列来实现其显示效果的,每个像素有自己的颜色信息,在对位图图像进行编辑操作的时候,可操作的对象是每个像素,可以改变图像的色相、饱和度、明度,从而改变图像的显示效果。举个例子,位图图像就好比在巨大的沙盘上画好的画,当你从远处看的时候,画面细腻多彩,但是当你靠得非常近的时候,你就能看到组成画面的每粒沙子以及每个沙粒单纯的不可变化的颜色。

位图的好处是色彩变化丰富,编辑上可以改变任何形状区域的色彩显示效果,相应的,要实现的效果越复杂,需要的像素数越多,图像文件的大小(长宽)和体积(存储空间)越大。

常用的位图绘制软件有 adobe photoshop、corel painter 等,对应的文件格式为“. psd”“tif”“. rif”等,另外还有“. jpg”“. gif”“. png”“. bmp”等。

6. 声音的表示

声音是一种连续变化的模拟量。我们可以通过“模/数”转换器对声音信号按固定的时间进行采样,把它变成数字量,一旦转变成数字形式,便可把声音存储在计算机中并进行处理了。声音是一种物理信号,计算机要对它进行处理,其前提是必须用二进制数字的编码形式来表示声音。最常用的声音信号数字化方法是取样—量化法,它分成如下三个步骤:

取样(Sampling)→量化→编码(Encoding)。

计算机中的数字声音有两种不同的表示方法。一种称为“波形声音”,通过对实际声音的波形信号进行数字化(取样和量化)处理而获得,它可表示任何种类的声音。另一种是“合成声音”,它使用符号(参数)对声音进行描述,然后通过合成(synthesize)的方法生成声音,合成语音(用声母、韵母或清音、浊音、基音频率等参数描述的语音)等。

计算机中使用最广泛的波形声音文件采用 wav 作为扩展名,称为波形文件格式(wave file format),wav 文件格式能支持多种取样频率和样本精度,并支持压缩的声音数据。

习　题

9-3-1　二进制数 10110101111 的八进制数和十进制数分别为(　　)。

A. 2657,1455　　B. 2657,1554　　C. 2657,1545　　D. 2567,1455

9-3-2　计算机能直接接收的数为(　　)。

A. 二进制　　B. 十六进制　　C. 十进制　　D. 其他进制

9-3-3　下列数据中,有可能是八进制数的是(　　)。

A. 488　　B. 317　　C. 597　　D. 189

9-3-4　信息与数据之间存在着固有的内在联系,信息是(　　)。

A. 由数据产生的　　B. 信息就是数据

C. 没有加工过的数据　　D. 客观地记录事物的数据

9-3-5　标准的 ASCII 编码采用(　　)。

A. 7 位编码,在存储时点用一个字节　　B. 8 位编码,在存储时占用一个字节

C. 16 位编码,在存储时占用两个字节　　D. 24 位编码,在存储时占用三个字节

9-3-6　由于计算机采用了多媒体技术,使计算机具有处理(　　)。

A. 文字与数据的能力　　B. 文字、图形、声音、视频和动画的能力

C. 照片与图形的能力　　D. 文互性的能力

第四节　常用操作系统

操作系统就是管理电脑硬件与软件的程序,所有的软件都是在基于操作系统程序的基础上去开发的。操作系统种类很多,有工业用的,商业用的,个人用的,涉及的范围很广,电脑常用的操作系统有以下几种。

一、常用操作系统

(一)Windows 操作系统

Windows 操作系统由微软公司开发,大多数用于我们平时的台式电脑和笔记本电脑。Windows 操作系统有着良好的用户界面和简单的操作。我们最熟悉的莫过于 Windows XP 和现在很流行的 Windows 7,还有比较新的 Windows 10。Windows 之所以取得成功,主要在于它具有以下优点:直观、高效的面向对象的图形用户界面,易学易用。Windows 是一个多任务的操作环境,它允许用户同时运行多个应用程序,或在一个程序中同时做几件事情。每个程序在屏幕上占据一块矩形区域,这个区域称为窗口,窗口是可以重叠的。用户可以移动这些窗口,或在不同的应用程序之间进行切换,并可以在程序之间进行手工和自动的数据交换和通信。虽然同一时刻计算机可以运行多个应用程序,但仅有一个是处于活动状态的,其标题栏呈现高亮颜色。一个活动的程序是指当前能够接收用户键盘输入的程序。

(二)UNIX 操作系统

UNIX 操作系统是一个强大的多用户、多任务操作系统,支持多种处理器架构,最早由 Ken Thompson、Dennis Ritchie 和 Douglas Mcllroy 于 1969 年在 AT&T 的贝尔实验室开发。

经过长期的发展和完善，目前已成长为一种主流的操作系统技术和基于这种技术的产品大家族。由于 UNIX 具有技术成熟、可靠性高、网络和数据库功能强、伸缩性突出和开放性好等特色，可满足各行各业的实际需要，特别能满足企业重要业务的需要，已经成为主要的工作站平台和重要的企业操作平台。

（三）Lillux 操作系统

Linux 继承了 UNIX 的许多特性，还加入自己的一些新的功能。Linux 是开放源代码的，免费的。谁都可以拿去做修改，然后开发出有自己特色的操作系统。做的比较好的有红旗、Ubntu、Fedora、Debian 等。这些都可以装在台式机或笔记本上。

（四）苹果操作系统

Mac OS X 是全球领先的操作系统。基于 UNIX 基础，设计简单直观，让处处创新的 mac 安全易用，兼容 mac 软件，不支持其他软件。Mac OS X 以稳定可靠著称。由于系统不兼容任何非 mac 软件，因此在开发 Snow Leopard 的过程中，Apple 工程师们只能开发 mac 系列软件。所以他们可以不断寻找可供完善、优化和提速的地方，即从简单的卸载外部驱动到安装操作系统。只专注一样，所以品质非凡。

二、操作系统管理

（一）进程和处理器管理

进程和处理器管理或称处理器调度，是操作系统资源管理功能的另一个重要内容。在一个允许多道程序同时执行的系统里，操作系统会根据一定的策略将处理器交替地分配给系统内等待运行的程序。一道等待运行的程序只有在获得了处理器后才能运行。一道程序在运行中若遇到某个事件，如启动外部设备而暂时不能继续运行下去，或一个外部事件的发生等，操作系统就要来处理相应的事件，然后将处理器重新分配。

（二）存储管理

系统的设备资源和信息资源都是操作系统根据用户需求按一定的策略来进行分配和调度的。操作系统的存储管理就负责把内存单元分配给需要内存的程序以便让它执行，在程序执行结束后将它占用的内存单元收回以便再使用。对于提供虚拟存储的计算机系统，操作系统还要与硬件配合做好页面调度工作，根据执行程序的要求分配页面，在执行中将页面调入和调出内存以及回收页面等。

（三）文件管理

文件管理是操作系统的一个重要的功能，主要是向用户提供一个文件系统。一般来说，一个文件系统向用户提供创建文件、撤销文件、读写文件、打开和关闭文件等功能。有了文件系统后，用户可按文件名存取数据而无需知道这些数据存放在哪里。这种做法不仅便于用户使用而且还有利于用户共享公共数据。此外，由于文件建立时允许创建者规定使用权限，这就可以保证数据的安全性。

（四）输入/输出管理

操作系统的人机交互功能是决定计算机系统“友善性”的一个重要因素。人机交互功能主要靠可输入输出的外部设备和相应的软件来完成。可供人机交互使用的设备主要有键盘显示、鼠标、各种模式识别设备等。与这些设备相应的软件就是操作系统提供人机交互功能的部分。人机交互部分的主要作用是控制有关设备的运行和理解并执行通过人机交互设备传来的有关的各种命令和要求。早期的人机交互设施是键盘显示器。操作员通过键盘输入命令，操作系统接到命令后立即执行并将结果通过显示器显示。输入的命令可以有不同方式，但每一条命令的解释是清楚的、唯一的。随着计算机技术的发展，操作命令也越来越多，功能也越来越强。随着模式识别，如语音识别、汉字识别等输入设备的发展，操作员和计算机在类似于自然语言或受限制的自然语言这一级上进行交互成为可能。此外，通过图形进行人机交互也吸引着人们去进行研究。这些人机交互可称为智能化的人机交互。

（五）设备管理

操作系统的设备管理功能主要是分配和回收外部设备以及控制外部设备按用户程序的要求进行操作等。对于非存储型外部设备，如打印机、显示器等，它们可以直接作为一个设备分配给一个用户程序，在使用完毕后回收以便给另一个需求的用户使用。对于存储型的外部设备，如磁盘、磁带等，则是提供存储空间给用户，用来存放文件和数据。存储性外部设备的管理与信息管理是密切结合的。

（六）网络服务

网络服务（Web Services）是指一些在网络上运行的、面向服务的、基于分布式程序的软件模块，网络服务采用 HTTP 和 XML 等互联网通用标准，使人们可以在不同的地方通过不同的终端设备访问 WEB 上的数据，如网上订票、查看订座情况。网络服务在电子商务、电子政务、公司业务流程电子化等领域有广泛的应用，被业内人士奉为互联网的下一个重点，据估计，未来网络服务将占领软件行业的半壁江山，特别是在目前 IT 领域衰退的情况下，网络服务更被认为是软件行业的一个新的增长点。

【例 9-4-1】 在下面四条有关进程特征的叙述中，其中正确的一条是：

A. 静态性、并发性、共享性、同步性

B. 动态性、并发性、共享性、异步性

C. 静态性、并发性、独立性、同步性

D. 动态性、并发性、独立性、异步性

解 进程与程序的概念是不同的，进程有以下四个特征。

动态性：进程是动态的，它由系统创建而产生，并由调度而执行。

并发性：用户程序和操作系统的管理程序等，在它们运行过程中，产生的进程在时间上是重叠的，它们同存在于内存储器中，并共同在系统中运行。

独立性：进程是一个能独立运行的基本单位，同时也是系统中独立获得资源和独立调度的基本单位，进程根据其获得的资源情况可独立地执行或暂停。

异步性：由于进程之间的相互制约，使进程具有执行的间断性。各进程按各自独立的、不可预知的速度向前推进。

答案：D

【例 9-4-2】 一幅图像的分辨率为 640×480 像素，这表示该图像中：

A. 至少由 480 个像素组成

B. 总共由 480 个像素组成

C. 每行由 640×480 个像素组成

D. 每列由 480 个像素组成

解 点阵中行数和列数的乘积称为图像的分辨率，若一个图像的点阵总共有 480 行，每行 640 个点，则该图像的分辨率为 640×480＝307 200 个像素。每一条水平线上包含 640 个像素点，共有 480 条线，即扫描列数为 640 列，行数为 480 行。

答案:D

【例 9-4-3】 操作系统的设备管理功能是对系统中的外围设备:

A. 提供相应的设备驱动程序,初始化程序和设备控制程序等

B. 直接进行操作

C. 通过人和计算机的操作系统对外围设备直接进行操作

D. 既可以由用户干预,也可以直接执行操作

解 操作系统的设备管理功能是负责分配、回收外部设备,并控制设备的运行,是人与外部设备之间的接口。

答案:C

【例 9-4-4】 操作系统中的进程与处理器管理的主要功能是:

A. 实现程序的安装、卸载

B. 提高主存储器的利用率

C. 使计算机系统中的软硬件资源得以充分利用

D. 优化外部设备的运行环境

解 进程与处理器调度负责把 CPU 的运行时间合理地分配给各个程序,以使处理器的软硬件资源得以充分的利用。

答案:C

【例 9-4-5】 操作系统的随机性指的是:

A. 操作系统的运行操作室多层次的

B. 操作系统与单个用户程序共同系统资源

C. 操作系统的运行是在一个随机的环境中进行的

D. 在计算机系统中同时存在多个操作系统,且同时进行操作

解 操作系统的运行是在一个随机的环境中进行的,也就是说,人们不能对于所运行的程序的行为以及硬件设备的情况做任何的假定,一个设备可能在任何时候向微处理器发出中断请求。人们也无法知道运行着的程序会在什么时候做了些什么事情,也无法确切的知道操作系统正处于什么样的状态之中,这就是随机性的含义。

答案:C

习　题

9-4-1 操作系统在计算机中是哪部分的接口?(　　)

A. 软件与硬件的接口　　B. 主机与外设的接口

C. 计算机与用户的接口　　D. 高级语言与机器的接口

9-4-2 运行中的 Windows 应用程序名,列在桌面任务栏的(　　)中。

A. 地址工具栏　　B. 系统区

C. 活动任务区　　D. 快捷启动工具栏

9-4-3 在“资源管理器”右窗口中,若希望显示文件的名称、类型、大小、修改时间等信息,则应该选择“查看”等菜单的(　　)命令。

A. 平铺　　B. 详细信息　　C. 图标　　D. 列表

9-4-4 Windows XP 中,操作具有(　　)的特点。

A. 先选择操作命令，再选择操作对象

B. 先选择操作对象，再选择操作命令

C. 需同时选择操作命令和操作对象

D. 允许用户任意选择

9-4-5 操作系统的功能是(　　)。

A. 管理和控制计算机系统的所有资源　　B. 管理存储器

C. 管理微处理机存储程序和数据　　D. 管理输入/输出设备

9-4-6 Windows XP 的许多应用程序的“文件”菜单中，都有“保存”和“另存为”两个命令，下列说法中正确的是(　　)。

A. “保存”命令只能用原文件名存盘，“另存为”不能用原文件名

B. “保存”命令不能用原文件名存盘，“另存为”只能用原文件名

C. “保存”命令只能用原文件名存盘，“另存为”也能用原文件名

D. “保存”和“另存为”命令都能用任意文件名存盘

9-4-7 下列说法中不正确的是(　　)。

A. 在同一台 PC 机上可以安装多个操作系统

B. 在同一台 PC 机上可以安装多个网卡

C. 在 PC 机的一个网卡上可以同时绑定多个 IP 地址

D. 一个 IP 地址可以同时绑定到多个网卡上

9-4-8 操作系统功能不包括(　　)。

A. 提供用户操作界面　　B. 管理系统资源

C. 提供应用程序接口　　D. 提供 HTML

第五节　计算机网络

一、网络的概念

计算机发展到现在，已经不再是单机使用，而是进入了计算机网络时代。网络已是无处不在。数据通信就是将数据从某端传送到另一端，达到信息交换的目的。从计算机与计算机之间的数据传送，乃至于无线广播、卫星通信等，均属于数据通信的范畴。利用通信设备联结多台计算机及外设而成的系统，就称为计算机网络(Computer Network)。

二、计算机网络的功能

计算机网络的功能主要有硬件资源共享、软件资源共享和用户间信息交换。

(一)硬件资源共享

可以在全网范围内提供对处理资源、存储资源、输入输出资源等设备的共享，使用户节省投资，也便于集中管理和均衡分担负荷。

(二)软件资源共享

允许互联网上的用户远程访问各类大型数据库，可以得到网络文件传送服务、远地进程管理服务和远程文件访问服务，从而避免软件研制上的重复劳动以及数据资源的重复存储，也便于集中管理。

（三）用户间信息交换

计算机网络为分布在各地的用户提供了强有力的通信手段。用户可以通过计算机网络传送电子邮件，发布新闻消息和进行电子商务活动。

【例 9-5-1】 计算机网络的主要功能包括：

A. 软、硬件资源共享，数据通信，提高可靠性，增强系统处理功能

B. 计算机计算功能、通信功能和网络功能

C. 信息查询功能、快速通信功能、修复系统软件功能

D. 发送电报、拨打电话、进行微波通信等功能

答案：A

三、计算机网络的组成及分类

计算机网络，通俗地讲，就是将分散的多台计算机、终端和外部设备用通信线路互联起来，彼此间实现互相通信。总的来说，计算机网络的组成基本上包括计算机、网络操作系统、传输介质以及相应的应用软件四部分。按照地理范围划分，可以把各种网络类型划分为局域网、城域网、广域网和互联网四种。

（一）计算机网络的组成

网络硬件是计算机网络系统的物质基础。要构成一个计算机网络系统，首先要将计算机及其附属硬件设备与网络中的其他计算机系统连接起来。不同的计算机网络系统，在硬件方面是有差别的。随着计算机技术和网络技术的发展，网络硬件日趋多样化，功能更加强大，更加复杂。下面是一些常见的网络硬件。

(1)主机。在网络上提供资源和服务的主机被称为服务器，使用资源和接受服务的计算机被称为客户机。

(2)传输介质。传输介质是传输数据信号的物理通道，将网络中各种设备连接起来。常用的有线传输介质有双绞线、同轴电缆、光缆等。

(3)网络互联设备。用于连接计算机与传输介质、连接网络与网络的设备，如网卡、交换机、路由器、网关等。

网络软件是实现网络功能不可缺少的软件环境。在网络系统中，网络上的每个用户，都可享有系统中的各种资源，系统必须对用户进行控制。否则，就会造成系统混乱、信息数据的破坏和丢失。为了协调系统资源，系统需要通过软件工具对网络资源进行全面的管理、调度和分配，并采取一系列的安全保密措施，防止用户不合理的数据和信息访问，以防数据和信息的破坏与丢失。网络软件主要包括网络协议和网络操作系统。

(4)网络协议。网络协议是实现计算机之间、网络之间相互识别并正确进行通信的一组标准规则，它是计算机网络工作的基础。如 TCP、IP、HTTP、FTP 协议等。

(5)网络操作系统。网络操作系统是网络系统管理和通信控制软件的集合，它负责整个网络的软、硬件资源的管理以及网络通信和任务的调度，并提供用户与网络之间的接口。目前，常用的网络操作系统有 Windows 2000 Server、Windows XP、UNIX 和 Linux 等。

从另一种角度来看，计算机网络可以分为资源子网和通信子网两个组成部分，如图 9-5-1 所示。

资源子网主要负责全网的信息处理，为网络用户提供网络服务和资源共享功能等。它主

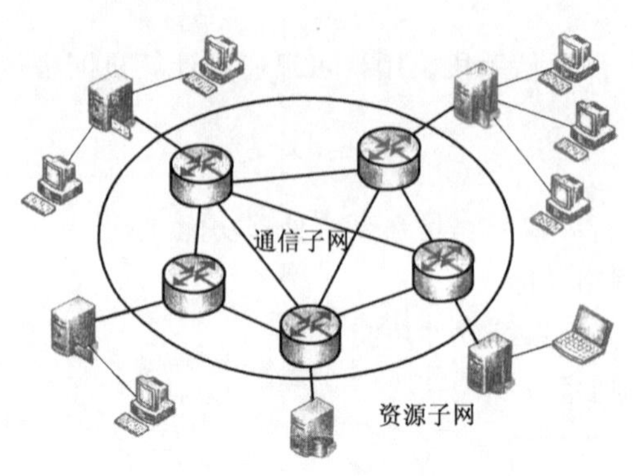

图 9-5-1 资源子网和通信子网

要包括网络中所有的主计算机、I/O 设备、终端,各种网络协议、网络软件和数据库等。

通信子网主要负责全网的数据通信,为网络用户提供数据传输、转接、加工和变换等通信处理工作。它主要包括通信线路(即传输介质)、网络连接设备(如网络接口设备、通信控制处理器、网桥、路由器、交换机、网关、调制解调器、卫星地面接收站等)、网络通信协议和通信控制软件等。

值得一提的是,资源子网和通信子网的概念是针对计算机广域网而言的,对局域网来讲,没有通信子网和资源子网之分。

(二)局域网(LAN)

LAN 就是指局域网,这是最常见、应用最广的一种网络。现在,随着整个计算机网络技术的发展和提高,局域网得到了充分的应用和普及,几乎每个单位都有自己的局域网,甚至有的家庭都有自己的小型局域网。很明显,所谓局域网,就是在局部地区范围内的网络,它所覆盖的地区范围较小。局域网在计算机数量配置上没有太多的限制,少的可以只有两台,多的可达几百台。一般来说,在企业局域网中,工作站的数量在几十到两百台左右。在网络所涉及的地理距离上,一般来说,可以是几米至 10km 以内。局域网一般位于一个建筑物或一个单位内,不存在寻径问题,不包括网络层的应用。这种网络的特点就是:联结范围窄,用户数少,配置容易,联结速率高。目前,局域网最快的速率要算现今的 10G 以太网了。IEEE 的 802 标准委员会定义了多种主要的 LAN 网:以太网(Ethernet)、令牌环网(Token Ring)、光纤分布式接口网络(FDDI)、异步传输模式网(ATM)以及最新的无线局域网(WLAN)。

(三)城域网(MAN)

这种网络的地理范围一般是一座城市,其联结距离在 10~100km 之间,采用的是 IEEE 802.6 标准。MAN 与 LAN 相比,扩展的距离更长,连接的计算机数量更多,在地理范围上可以说是 LAN 网络的延伸。在一个大型城市或都市地区,一个 MAN 网络通常联结着多个 LAN 网,如联结政府机构的 LAN、医院的 LAN、电信的 LAN、公司企业的 LAN 等。由于光纤联结的引入,使 MAN 中高速的 LAN 互联成为可能。

城域网多采用 ATM 技术做骨干网。ATM 是一个用于数据、语音、视频以及多媒体应用程序的高速网络传输方法。ATM 包括一个接口和一个协议,该协议能够在一个常规的传输信道上,在比特率不变及变化的通信量之间进行切换。ATM 也包括硬件、软件以及与 ATM 协议标准一致的介质。ATM 提供一个可伸缩的主干基础设施,以便能够适应不同规模、速度以及寻址技术的网络。ATM 的最大缺点就是成本太高,所以一般在政府城域网中应用,如邮政、银行、医院等。

(四)广域网(WAN)

这种网络也称为远程网,所覆盖的范围比城域网(MAN)更广,它一般是在不同城市之间的 LAN 或者 MAN 网络互联,地理范围可从几百公里到几千公里。因为距离较远,信息衰减比较严重,所以这种网络一般是要租用专线,通过 IMP(接口信息处理)协议和线路联结起来,构成网状结构,解决寻径问题。这种城域网因为所联结的用户多,总出口带宽有限,所以用户的终端联结速率一般较低,通常为 9.6k~45Mbit/s,如邮电部的 CHINANET、CHINAPAC 和 CHINADDN 网。

（五）互联网（Internet）

互联网又称因特网。在互联网应用如此发展的今天，它已是我们每天都要打交道的一种网络，无论是从地理范围还是从网络规模来讲它都是最大的一种网络，就是我们常说的 Web、WWW 和万维网。从地理范围来说，它可以是全球计算机的互联，这种网络最大的特点就是不定性，整个网络的计算机每时每刻随着人们网络的接入在不变地变化。当你联在互联网上的时候，你的计算机可以算是互联网的一部分，但一旦断开与互联网的联结时，你的计算机就不属于互联网了。它的优点是信息量大，传播广，无论你身处何地，只要联上互联网，就可以对任何可以联网用户发出你的信函和广告。

【例 9-5-2】 一个典型的计算机网络系统主要是由：

A. 网络硬件系统和网络软件系统组成

B. 主机和网络软件系统组成

C. 网络操作系统和若干计算机组成

D. 网络协议和网络操作系统组成

解 一个典型的计算机网络系统主要是由网络硬件系统和网络软件系统组成。网络硬件是计算机网络系统的物质基础，网络软件是实现网络功能不可缺少的软件环境。

答案：A

（六）网络体系结构与协议

1. 网络协议概念

计算机网络是由多种计算机和各类终端，通过通信线路连接起来组成的一个复合系统，要实现资源共享、数据传输、均衡负载、分布处理等网络功能，都离不开信息交换（即通信），而通信双方交流什么，怎样交流，以及何时交流，都必须遵循某种互相都能接受的一组规则，这些规则的集合称为协议（Protocol），它可以定义为在两实体间控制数据交换的规则的集合。

一般来说，网络协议主要由语法、语义和同步（定时）三个要素组成。

（1）语法。即数据与控制信息的结构或格式。例如在某个协议中，第一个字节表示源地址，第二个字节表示目的地址，其余字节为要发送的数据等。

（2）语义。定义数据格式中每一个字段的含义。例如发出何种控制信息，完成何种动作以及做出何种应答等。

（3）同步。收发双方或多方在收发时间和速度上的严格匹配，即事件实现顺序的详细说明。

由此可见，网络协议是计算机网络不可缺少的组成部分。

2. 分层原则

由于不同系统中的实体间通信的任务十分复杂，很难想象制定一个完整的规则来描述所有的问题。为了简化计算机网络设计复杂程度，一般将网络功能分成若干层，每一层关注和解决通信中的某一方面的规则。

一般来说，层次划分应遵循以下原则。

（1）每层的功能应是明确的，并且是相互独立的。当某一层具体实现方法更新时，只要保持与上、下层的接口不变，那么就不会对邻层产生影响。

（2）同一节点相邻层之间通过接口通信，层间接口必须清晰，跨越接口的信息量应尽可能少。

（3）层数应适中。若层数太少，则层间功能的划分会不明确，多种功能混杂在一层中，造成每一层的协议太复杂。若层次太多，则体系过于复杂，各层组装时的任务要变得困难。

(4)每一层都使用下层的服务，并为上层提供服务。

(5)在需要不同的通信服务时，可在一层内再设置两个或更多的子层次，当不需要该服务时，也可绕过这些子层次。

3. 网络的体系结构

所谓网络的体系结构(Architecture)，就是计算机网络各层次及其协议的集合。层次结构一般以垂直分层模型来表示。如果两个网络的体系结构不完全相同就称为异构网络。异构网络之间的通信需要相应的连接设备进行协议的转换。

网络的体系结构具有以下特点。

(1)以功能作为划分层次的基础。

(2)第 n 层的实体在实现自身定义的功能时，只能使用第 $n-1$ 层提供的服务。

(3)第 n 层向第 $n+l$ 层提供和服务不仅包含第 n 层本身的功能，还包含由下层服务提供的功能。

(4)仅在相邻层间有接口，且所提供的服务的具体实现细节对上一层完全屏蔽。

(5)不同层次根据本层数据单元格式对数据进行封装。

应该注意的是，网络体系结构中层次的划分是人为的，有多种划分的方法。每一层功能也可以有多种协议实现。因此伴随网络的发展产生了多种体系结构模型。

4. 接口和服务

接口和服务是分层体系结构中十分重要的概念。实际上，正是通过接口和服务将各个层次的协议连接为整体，完成网络通信的全部功能。

对于一个层次化的网络体系结构，每一层中活动的元素被称为实体(Entity)。实体可以是软件实体，如一个进程；也可以是硬件实体，如智能芯片等。不同系统的同一层实体称为对等实体。同一系统中的下层实体向上层实体提供服务。经常称下层实体为服务提供者，上层实体为服务用户。

服务是通过接口完成的。接口就是上层实体和下层实体交换数据的地方，被称为服务访问点(Service Access Point，SAP)。例如 n 层实体和 $n-1$ 层实体之间的接口就是 n 层实体和 $n-1$ 层实体之间交换数据的 SAP。为了找到这个 SAP，每一个 SAP 都有一个唯一的标志，称为端口(Port)或套接字(Socket)。

通过上述分析可以看出，协议和服务是两个不同的概念。协议好像是“水平方向”的，即协议是不同系统对等层实体之间的通信规则。而服务则是在“垂直方向”上的，即服务是同一系统中下层实体向上层实体通过层间的接口提供的。网络通信协议是实现不同系统对等层之间的逻辑连接，而服务则是通过接口实现同一个系统中不同层之间的物理连接，并最终通过物理介质实现不同系统之间的物理传输过程。

上下层实体之间交换的数据传输单位称为数据单元，数据单元分为三种：协议数据单元、接口数据单元和服务数据单元。

5. 开放系统互联参考模型 OSI/RM

从 20 世纪 70 年代起，世界许多著名计算机公司都纷纷推出自己的网络体系结构，如 IBM 公司的 SNA(System Network Architecture)，Digital 公司的 DNA(Digital Network Architecture)等。有了网络体系结构，满足同一体系结构的计算机系统能够很容易地互连在一起。然而，已建立的网络系统结构很不一致，互不相容，难于相互连接。为了建立一个国际统一标准的网络体系结构，国际标准化组织（International Organization for Standardization，ISO）从 1978 年 2 月开始研究开放系统互联参考模型（Open Systems Interconnection Reference Model，OSI/RM），1982 年 4 月形成国际标准草案。

所谓开放系统，是指一个系统在它和其他系统进行通信时，能够遵循 OSI 标准的系统。按 OSI 标准研制的系统，均可实现互连。OSI/RM 采用分层描述的方法，将整个网络的通信功能划分为七个层次，每层各自完成一定的功能。由低层至高层分别称为物理、数据链路层、网络层、传输层、会话层、表示层和应用层。OSI 参考模型如图 9-5-2 所示。

7	应用层
6	表示层
5	会话层
4	传输层
3	网络层
2	数据链路层
1	物理层

图 9-5-2　OSI 参考模型

OSI 参考模型包括 7 层功能及其对应的协议，每完成一个明确定义的功能集合，并按协议相互通信。每层向上层提供所需的服务，在完成本层协议时使用下层提供的服务。各层的功能是相对独立的，层间的相互作用通过层接口实现。只要保证层接口不变，那么任何一层实现技术的变更均不影响其余各层。

下面简单介绍一下各层的主要功能。

（1）物理层（Physical Layer）。物理层的功能及其特性物理层是网络通信协议的最低层，它建立在通信媒体的基础上，规定通信双方相互连接的机械、电气、功能和规程特性。物理层提供在两个物理通信实体之间的透明的位流传输，过程中的传输状态进行检测，出现故障时，即通知相关的通信实体。

关于物理上互联的问题，国际上已有许多标准可用。其中主要有美国电子工业协会（EIA）的 RS-232-C、RS-366-A、RS-449，CCITT 建议的 X. 21，IEEE 802 系列标准等。

（2）数据链路层（Data Link Layer）。数据链路层负责在数据链路上无差错地传送。数据链路层将传输的数据组织的数据链路协议数据单元（Protocol Data Unit，PDU），称为数据帧（Frame）。数据帧中包含地址、控制、数据及校验码等信息。这样，数据链路层就把一条有可能出差错的实际链路，转变成让其上一层（网络层）看起来好像是一条不出差错的链路。

数据链路层的主要作用是，确定目的节点的物理地址并实现接收方和发送方数据帧的时钟同步；通过校验、确认和重等手段，将不可靠的物理链路改造成对网络层来说是无差错的数据链路；数据链路层还要协调收发双方的数据传输速率，即进行流量控制，以防止接收方因来不及处理发送方来的高速数据而导致溢出或阻塞。

（3）网络层（Network Layer）。网络层的基本工作是接收来自源主机的报文，把它转换成报文分组或称数据包括（Packet），而后送到指定目标主机。报文分组在源主机与目标主机之间建立起的网络连接上传送，当它到达目标主机后再还原为报文。

网络层关心的是通信子网的运行控制，需要在通信子网中进行路由选择。如果同时在通信子网中出现过多的分组，会造成阻塞，因而要对其进行控制。当分组要跨越多个通信子网才能到达目的地时，还要解决网际互联的问题。此外，网络层因为要涉及不同网络之间的数据传送，所以如何表示和确定网络地址和主机地址也是网络层协议的重要内容之一。

（4）传输层（Transport Layer）。传输层为上一层（会话层）提供一个可靠的端到端的服务，实现端到端的透明数据传输服务。该层的目的是提供一种独立于通信子网的数据传输服务，即对高层隐藏通信子网的结构，使高层用户不必关心通信子网的存在。由此用统一的传输原语书写的高层软件便可运行于任何通信子网上。传输层传输信息的单位称为报文(Message)。当报文较长时,先分成几个分组(称为段),然后再交给下一层(网络层)进行传输。

传输层的具体工作是负责是建立和管理两个端点中应用程序(或进程)之间的连接,实现端到端的数据传输、差错控制和流量控制;服务访问点寻址;传输层数据在源端分段和在目的端重新装配;连接控制问题。

传输层是一个端对端,也就是主机到主机的层,负责端到端的通信。其上各层面向应用,是属于资源子网的问题;其下各层面向通信,主要解决通信子网的问题。显然,传输层是七层协议中很重要一个中间过渡层,实现了数据通信中由通信子网向资源子网的过渡,和两种不同类型问题的转换。

(5)会话层(Session Layer)。将进程之间的数据通信称为会话。会话层的主要功能是组织和同步不同的主机上各种进程间的通信,控制和管理会话过程的有效进行。会话层负责在两个会话层实体之间进行会话连接的建立和拆除。

会话层不参与具体的数据传输,但对数据传输的同步进行管理。会话层在两个不同系统互相通信的应用进程之间建立、组织和协调其交互。在会话层及以上更高层次中,数据传送的单位一般都称为报文。

(6)表示层(Presentation Layer)。表示层为上层用户提供共同需要的数据或信息语法表示变换。大多数用户间并非仅交换随机的比特数据,而是要交换诸如人名、日期、货币数量和商业凭证之类的信息。它们是通过字符、整型数、浮点数以及由简单类型组合成的各种数据结构来表示的。不同的机器采用不同的编码方法来表示这些数据类型和数据结构(如 ASCII 或 EBCDIC、反码或补码等)。为了让采用不同编码方法的计算机通信交换后能相互理解数据的值,可以采用抽象的标准方法来定义数据结构,并采用标准的编码表示形式。管理这些抽象的数据结构,并把计算机内部的表示形式,转换成网络通信中采用的标准表示形式,是由表示层来完成的。数据压缩和加密也是表示层可提供的表示变换功能。

(7)应用层(Application Layer)。应用层是开放系统互联环境中的最高层。不同的应用层为特定类型的网络应用提供访问 OSI 环境的手段。例如因特网中使用的支持 Web 应用的 HTTP 协议,支持收发电子邮件的 SMTP 协议等都属于应用层的范畴。

开放系统互联参考模型 OSI/RM 在网络技术发展中起了主导作用,促进了网络技术的发展和标准化。但是应该指出的是,OSI 参考模型只是定义了分层结构中每一层向其高层所提供的服务,并没有为准确地定义互连结构的服务和协议提供分的细节。OSI 参考模型并非具体实现的协议描述,它只是一个为制定标准而提供的概念性框架,仅仅是功能参考模型。对于学习者,通过 OSI 的七层参考模型比较容易对网络通信的功能和实现过程建立起具体形象的概念。

但是 OSI 参考模型是在其协议开发之前设计出来的。这就意味着 OSI 模型在协议实现方面存在某些不足。实际上,OSI 协议过于复杂,这也是 OSI 从未真正流行开来的原因所在。

虽然 OSI 模型和协议并未获得巨大的成功,但是 OSI 参考模型在计算机网络的发展过程中仍然起了非常重要的指导作用,作为一种参考模型和完整体系,它仍对今后计算机网络技术朝标准化、规范化方向发展具有指导意义。

【例 9-5-3】 在 OSI 参考模型中,处于数据链路层与传输层之间的是:

A. 物理层　　B. 表示层　　C. 会话层　　D. 网络层

答案:D

6. TCP/IP 体系结构

TCP/IP 是运行在 Internet 上的一个网络通信协议，实际上 TCP/IP 是一个协议集，目前已包含了 100 多个协议，TCP 和 IP 是其中的两个协议，也是最基本、最重要的两个协议，因此通常用 TCP/IP 来代表整个协议集。

TCP/IP 最早的起源可以追溯到 1969 年由美国国防部开发的 ARPANET，它是为该网络制定的网络体系结构和体系标准，其目的是为了能无缝隙地连接多个网络。TCP/IP 可用于任何互联网系统间的通信。它既能用于局域网中，也能用于广域网中。在 TCP/IP 协议出现之后，出现了 TCP/IP 参考模型。

TCP/IP 使各种单独的网络有了一个共同的可参考的网络协议，实现了不同设备间互操作。虽然 TCP/IP 不是 OSI 的标准，但由于 TCP/IP 能够用来连接异构机环境，得到了工业界很多公司的支持，而且 TCP/IP 已经成为 UNIX 实现的一部分，特别是 TCP/IP 是 Internet 的连接协议，使得它已被公认为当前的网络互联标准。

TCP/IP 协议之所以能够迅速发展，是因为它适应了世界范围内数据通信的需要。TCP/IP 协议具有以下几个特点。

(1)协议标准具有开放性，它独立于特定的计算机硬件与操作系统，可以免费使用。

(2)统一分配网络地址，使得整个 TCP/IP 设备在网络中都具有唯一的 IP 地址。

(3)实现了高层协议的标准化，能为用户提供多种可靠的服务。

在 TCP/IP 参考模型的各层中定义了不同的协议，这些分层的协议形成了一组从上到下单项依赖关系的协议栈，也称为协议簇。TCP/IP 参考模型与 TCP/IP 协议簇之间的关系如图 9-5-3 所示。

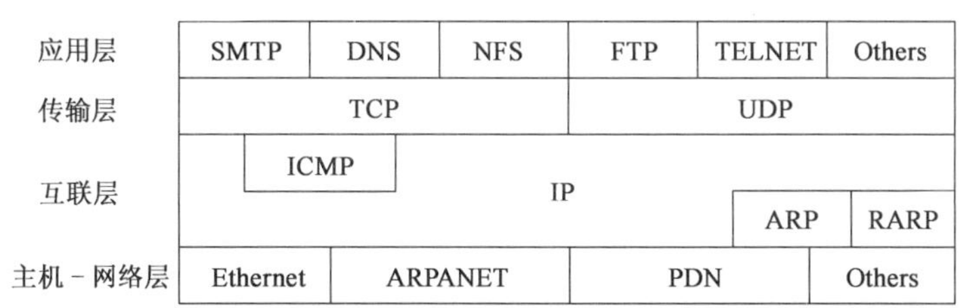

图 9-5-3　TCP/IP 参考模型与 TCP/IP 协议簇

(1)主机网络层。TCP/IP 参考模型允许主机联入网络使用多种现成的、流行的协议，如局域网协议或其他一些协议。在 TCP/IP 的主机—网络层中，它包括各种物理网协议，例如局域网的 Ethernet、Token Ring、分组交换网的 X. 25、FDDI、ISDN 等。当某种物理网被用作传送 IP 数据的通道时，就可以认为是这一层的内容。这体现了 TCP/IP 协议的兼容性与适应性。TCP/IP 还用于多种传输介质，如在 Ethernet 中可以支持同轴电缆、双绞线和光纤等。

(2)互联层。

①IP 协议。互联层的核心协议是互联网协议 IP。IP 协议的基本任务是通过互联网传输数据报，各个 IP 数据报之间是相互独立的。IP 协议是提供无连接数据服务，这是 Internet 和 Intranet 上最主要的服务。IP 并不保证正确的传递数据报。分组可能丢失、重复、延迟以及次序颠倒，系统既不能检测这些情况，也不通知发送者和接收者。一系统的 IP 数据报从一台计算机传送到另一台计算机可以通过不同的路径。

IP提供了三个基本功能：一是基本数据单元的传送，规定了通过TCP/IP网的数据的确切格式；二是IP软件执行路功能，选择传递数据的路径；三是IP包括了一些其他规则以确定主机和路由器如何处理分组、差错报文产生的处理等。

除IP协议之外，互联层还包括以下协议：互联网络控制报文协议ICMP、正向地址解析协议ARP、反向地址解析协议RARP。

②ICMP协议。ICMP协议是IP的一部分，随同IP一起使用。ICMP允许路由器向其他路由器或主机发送差错或控制报文，ICMP在两台机器上的Internet协议软件之间提供了通信。另外，ICMP还用来检测报文差错，根据ICMP协议数据单元格式规定的代码可确定差错类型。

③ARP协议。地址解析协议ARP是将IP地址转换成相应物理地址的协议。只需给出目的主机的互联网地址，它可以找出同一物理网络中任一主机的物理地址。这样，网络的物理编址可以对网络层服务透明。

④RARP协议。反向地址解析协议RARP是将物理地址转换成IP地址的协议。当节点只有自己的物理地址而没有IP地址时，则可能通过RARP协议发出广播请求，征寻自己的IP地址，这样，无IP地址的节点可通过RARP协议取得自己的IP地址。

(3)传输层。TCP/IP模型在传输层提供了两个协议，即传输控制协议TCP和用户数据报协议UDP。

①TCP协议。TCP是一种建立在IP协议之上的可靠的、面向连接的、端到端的通信协议，它保证将一台主机的字节流无差错地传送到目的主机。TCP协议将来自应用层的字节流分成多个字节段，然后将一个个的字节段传送到互联层，发送到目的主机。当互联层将接收到的字节段传送给传输层时，传输层再将多个字节还原成字节流传送到应用层。为了保障数据的可靠传输，TCP对从应用层传送来的数据进行监控管理，提供重发机制。TCP协议同时要完成流量控制功能，协调收发双方的发送与接收速度，达到正确传输的目的。

②UDP协议。UDP协议是建立在IP协议之上的不可靠的、无法连接的端到端的通信协议。它没有重发和纠错功能，不能保障数据传输的可靠性。因此UDP适用于不要求分组顺序到达的传输过程，分组传输顺序的检查与排序由应用层完成。UDP增加了多端口机制，发送方使用这种机制可以区分一台主机上的多个接收者的问题。

(4)应用层。TCP/IP模型的应用层包括了所有的高层协议，并且总是不断有新的协议加入。目前，应用层协议主要有以下几种：

①网络终端协议Telnet，用于实现互联网中的远程登录功能，它允许一台本地机器登录到远程服务器上作为服务器的终端，以共享远程服务器的所有资源和功能。

②文件传输协议FTP，用于实现互联网中交互式文件传输功能，它允许授权用户登录到文件服务器中，通过远程服务器传输文件，也可向远程服务器下载或上载文件。

③简单邮件传输协议SMTP，用于实现互联网中电子邮件传送功能，它解决如何通过一条链路把电子邮件传送到接收者。

④域名系统DNS，用于实现网络设备名到IP地址映射的网络服务，它采用层次结构的域名系统，为用户提供了高效、可靠的查询方式。

⑤简单网络管理协议SNMP，用于管理与监视网络设备，它定义了一种在工作站或微机等典型的管理平台与设备之间使用SNMP命令进行网络设备管理的标准。

⑥超文本传输协议HTTP，用于WWW(World Wide Web)服务。通过它可以将WWW服务

器中的用超文本标注语言 HTML 制作的网页传送到客户机中，用户便可以用浏览器浏览网页。

应用层协议可以分为三类：一类依赖于 TCP 协议，如网络终端协议 Telnet、简单电子邮件协议 SMTP、文件传输协议 FTP 等；另一类依赖于 UDP 协议，如简单网络管理协议 SNMP、简单文件传输协议 TFTP；再一类则既依赖于 TCP 协议，也依赖于 UDP 协议，如域名系统 DNS。

（七）IP 地址和域名

1. IP 地址

Internet 上有几百上万台主机，那么各主机是如何标志自己的呢？原来，Internet 中的每台主机都分配一个地址，叫 IP 地址。IP 地址相当于计算机主机在互联网上的门牌号码。网络上每台主机都必须拥有一个独一无二的 IP 地址，每一笔通过网络传送的信息都会清楚表明发出信息的主机及终点主机的地址，以确保传送无误。IP 地址的表示方法是以 4 组 0～255 的数字，中间用“.”符号隔开，如 198.137.240.92 是美国白宫的 IP 地址，198.116.14.34 是美国太空总署的 IP 地址等。

IP 地址是由一个 32 位的二进制数组成的号码，并将 32 位的二进制数分为 4 段，每段 8 位。IP 地址的表示方法为：nnn.hhh.hhh.hhh。IP 地址由两部分组成，即网络地址和收信主机（收信主机指网络中的计算机主机或通信设备如路由器、网关等）地址。

Internet 网委员会定义了五类地址，即 A、B、C、D、E 类地址，以适应不同网络规模的要求。每类地址规定了网络地址、收信主机地址各使用多少位，也就定义了可能有的网络数目和每个网络中可能有的收信主机数，下面以 A、B、C 三类地址为例分别定义如下：

（1）A 类地址（表 9-5-1）

表 9-5-1

1 位	7 位	24 位
0	网络地址	主机地址

A 类地址有效网络数为 126 个，每个网络主机数为 16 777 214，这类地址一般分配给具有大量主机的网络使用。

（2）B 类地址（表 9-5-2）

表 9-5-2

2 位	14 位	16 位
10	网络地址	主机地址

B 类地址有效网络数为 16 348 个，每个网络主机数为 65 534，这类地址一般分配给具有中等规模主机数的网络使用。

（3）C 类地址（表 9-5-3）

表 9-5-3

3 位	21 位	8 位
110	网络地址	主机地址

C 类地址有效网络数为 2 097 154 个，每个网络主机数为 254，这类地址一般分配给小型的局域网络使用。

【例 9-5-4】 在微机系统内，为存储器中的每一个：

A. 字节分配一个地址　　B. 字分配每一个地址
C. 双字分配一个地址　　D. 四字分配一个地址

解　计算机系统内的存储器是由一个个存储单元组成的，而每一个存储单元的容量为8位二进制信息，称为一个字节。为了对存储器进行有效的管理，给每个单元都编上一个号，也就是给存储器中的每一个字节都分配一个地址码，俗称给存储器地址“编址”。

答案：A

2. 域名

域是指局域网或互联网所涵盖的范围中，某些计算机及网络设备的集合。而域名则是指某一区域的名称，它可以用来当作互联网上一台主机的代称，而且域名要比IP地址便于记忆。一般来说，域名可以分解为三部分，分别为：

(1)主机名称。主机名称通常是按照主机所提供的服务种类来命名，如提供WWW服务的主机，其主机名称为WWW，而提供FTP服务的主机，其主机名称就会是FTP。WWW是World Wide Web的缩写，中文意思是“全球网络信息查询系统”，简称为“环球网”或“万维网”，用户可以通过“IE”等浏览器查询WWW系统中的信息。

(2)机构名称及类别。机构名称通常是指公司、政府机构的英文名称或简称，如sina为新浪网络公司，sohu为搜狐网络公司等；而类别则是指机构的性质，如com为公司，gov为政府机关，edu为教育机构等。

(3)地理名称。地理名称用以指出服务器主机的所在地，一般只有在美国以外的地区才会使用地理名称，如中国cn，日本jp，英国uk等。

(八)URL

URL(Uniform Resource Locator)用来指示某一项资源(或信息)的所在位置及访问方法，URL的格式——访问方法://主机地址/路径文件名。例如，http://www.bta.net.cn/index.htm。

1. 访问方法

它用来表示该URL所链接的网络服务性质，如“http”为www的访问方式，“ftp”为文件传输服务的访问方式等。

2. 主机地址

它用来表示该项资源所在服务器主机的域名，如www.bta.net.cn及www.sohu.com等。

3. 路径文件名

它用来表示该项资源所在服务器主机中的路径及文件名，如index.htm。

四、网络安全

目前计算机病毒及各类“黑客”软件多如牛毛，一台没有进行任何安全设置的Windows系统(不安装各种系统补丁、不安装病毒防火墙)，在Internet中很快就会被攻陷，致使人们在使用网络提供的各种高效工作方式的同时，不得不时刻提防来自计算机病毒、黑客等诸多方面的潜在威胁。所以，掌握Windows系列产品的安全防范技术十分重要，可以说这是每个计算机用户必须掌握的基本技术。各种用于网络安全防范的设置方法和工具软件，可以在很大程度上帮助用户提高计算机抵抗外来侵害的能力，能方便地检查和堵塞可能存在的各种安全漏洞。美国微软公司的Windows系列操作系统以其简便、易用的特点占据了较大的市场份额，自然也成为被攻击的主要对象。

(一)安装Windows系统补丁

对于一个新安装完毕的Windows操作系统，首先要做的事情就是立即安装系统补丁程序。

微软公司为了方便用户使用，专门开设有“Windows Update”网站，随时发布各种新系统漏洞的补丁程序。一般情况下，能够及时安装补丁程序并进行安全设置的计算机不会受到病毒的侵袭。

（二）启用 Windows 防火墙

启用 Windows 防火墙可以有效地防止来自网络中其他计算机的访问，提高系统的安全性。

（三）用户账户安全设置

通过设置适当的用户账户，禁止不必要的用户账户来加强 Windows 的安全性。

（四）设置 TCP/IP 筛选

如果计算机在使用时有非常固定的用途，如某 Web 服务器工作时仅需要对外开放用户 HTTP 联结的 TCP80 端口和用户站点维护的 FTP 端口（默认为 TCP21 端口），此时可使用 Windows 的 TCP/IP 筛选器关闭所有其他端口。

（五）使用安全系数高的密码

提高安全性的最简单有效的方法之一就是使用一个不会轻易被暴力攻击所猜到的密码。

暴力攻击就是攻击者使用一个自动化系统来尽可能快地猜测密码，以希望不久可以发现正确的密码。因此，设置密码时应使用包含特殊字符和空格，同时使用大小写字母，避免使用从字典中能找到的单词。每使你的密码长度增加一位，就会以倍数级别增加由你的密码字符所构成的组合。一般来说，小于 8 个字符的密码被认为是很容易被破解的。可以用 10 个、12 个字符作为密码，16 个当然更好了。在不会因为过长而难于键入的情况下，让你的密码尽可能的更长会更加安全。

（六）升级软件

在很多情况下，在安装部署生产性应用软件之前，对系统进行补丁测试工作是至关重要的，最终安全补丁必须安装到你的系统中。如果很长时间没有进行安全升级，可能会导致你使用的计算机非常容易成为不道德黑客的攻击目标。因此，不要把软件安装在长期没有进行安全补丁更新的计算机上。同样的情况也适用于任何基于特征码的恶意软件保护工具，诸如防病毒应用程序，如果不对它进行及时的更新，从而不能得到当前的恶意软件特征定义，防护效果会大打折扣。

（七）使用数据加密

对于那些有安全意识的计算机用户或系统管理员来说，有不同级别的数据加密范围可以使用，根据需要选择正确级别的加密通常是根据具体情况来决定的。数据加密的范围很广，从使用密码工具来逐一对文件进行加密，到文件系统加密，最后到整个磁盘加密。

（八）使用数字签名技术

数字签名的主要作用是保证信息传输的完整性，发送者的身份认证，防止交易中的抵赖发生。数字签名的应用过程是，数据源发送方使用自己的私钥对数据校验或其他与数据内容有关的变量进行加密处理，完成对数据的合法“签名”，数据接收方则利用对方的私钥来解读收到的“数字签名”，并将解读结果用于对数据完整性的检验，以确认签名的合法性。数字签名技术是在网络系统虚拟环境中确认身份的重要技术，完全可以代替现实过程中的“亲笔签字”，在技术和法律上有保证。

（九）通过备份保护你的数据

备份数据是在面对灾难的时候把损失降到最低的重要方法之一。数据冗余策略既可以包括简单、基本的定期拷贝数据到 CD 上，也包括复杂的定期自动备份到一个服务器上。

【例 9-5-5】 在对网络安全问题的解决上，采用了多项技术，下列叙述中不正确的是：

A. 加密的目的是为防止信息的非授权泄漏

B. 鉴别的目的是验明用户或信息的正身

C. 访问控制的目的是防止非法访问

D. 防火墙的目的是防止火灾的发生

答案:D

【例 9-5-6】 现在全国都在开发三网合一的系统工程,即:

A. 将电信网、计算机网、通信网合为一体

B. 将电信网、计算机网、无线电视网合为一体

C. 将电信网、计算机网、有线电视网合为一体

D. 将电信网、计算机网、电话网合为一体

解 "三网合一"是指在未来的数字信息时代,当前的数据通信网(俗称数据网、计算机网)将与电视网(含有线电视网)以及电信网合三为一,并且合并的方向是传输、接收和处理全部实现数字化。

答案:C

【例 9-5-7】 下面四个选项中,不属于数字签名技术的是:

A. 权限管理

B. 接收者能够核实发送者对报文的签名

C. 发送者事后不能对报文的签名进行抵赖

D. 接收者不能伪造对报文的签名

解 数字签名机制提供了一种鉴别方法,以解决伪造、抵赖、冒充和篡改等安全问题。接收方能够鉴别发送方所宣称的身份,发送方事后不能否认他曾经发送过数据这一事实。

答案:A

【例 9-5-8】 下列选项中,不是计算机病毒特点的是:

A. 非授权执行性、复制传播性　　B. 感染性、寄生性

C. 潜伏性、破坏性、依附性　　D. 人机共患性、细菌传播性

解 计算机病毒特点包括非授权执行性、复制传染性、依附性、寄生性、潜伏性、破坏性、隐蔽性、可触发性。

答案:D

【例 9-5-9】 为有效地防范网络中的冒充、非法访问等威胁,应采用的网络安全技术是:

A. 数据加密技术

B. 防火墙技术

C. 身份验证与鉴别技术

D. 访问控制与目录管理技术

解 防火墙技术是建立在现代通信网络技术和信息安全技术基础上的应用性安全技术,可控制和监测网络之间的数据、管理进出网络的访问行为、封堵某些禁止行为、记录通过防火墙的信息内容和活动以及对网络攻击进行监测和报警。

答案:B

五、网络服务与应用

(一)网上订票、订旅馆

在网上订购飞机票、火车票及旅馆,既方便,又节省时间。例如,在 IE 浏览器的地址栏中,输入首铁在线的网址"http://www.036.com.cn",打开网站首页,就可以在网上订票。

（二）查询公交线路

有时出门不知道如何乘车到达目的地，利用 8684 公交网，可以方便地查到最佳乘车方案。例如，在 IE 浏览器的地址栏中，输入 8684 公交网的网址"http://www.8684.cn"，打开网站首页，而后选择城市即可查询。

（三）利用 Outlook Express 进行邮件收发

Outlook Express 是 Office 组件之一，它是一个桌面信息管理系统，可以处理许多办公日常事务。使用它，可以收发电子邮件，管理邮件，安排约会，建立联系人和任务等，从而提高日常工作效率。

（四）IE 浏览器和搜索引擎

要获取网络信息，浏览器和搜索引擎是必不可少的。浏览器是用于显示网页信息的软件，目前最常用的是 Windows 自带的 Internet Explorer。搜索引擎运用特定的计算机程序搜索网络信息，并对信息进行组织和处理，为人们提供检索服务，常用的搜索引擎有百度、Google、Hao123 等。

（五）电子商务、电子政务

如利用网络购书、购物，还可以在网上查看政府的规章制度及网上申请注册填表等。

六、网络管理

（一）网络管理的概念

网络管理是指网络管理员通过网络管理程序对网络上的资源进行集中化管理的操作，包括配置管理、性能和记账管理、问题管理、操作管理和变化管理等。一台设备所支持的管理程度反映了该设备的可管理性及可操作性。

（二）网络管理软件的划分

网络管理技术是伴随着计算机、网络和通信技术的发展而发展的，两者相辅相成。从网络管理范畴来分类，可分为对网"路"的管理，即针对交换机、路由器等主干网络进行管理；对接入设备的管理，即对内部 PC、服务器、交换机等进行管理；对行为的管理，即针对用户的使用进行管理；对资产的管理，即统计 IT 软硬件的信息等。根据网管软件的发展历史，可以将其划分为三代：

第一代网管软件就是最常用的命令行方式，并结合一些简单的网络监测工具，它不仅要求使用者精通网络的原理及概念，还要求使用者了解不同厂商的不同网络设备的配置方法。

第二代网管软件有良好的图形化界面。用户无须过多了解设备的配置方法，就能图形化地对多台设备同时进行配置和监控，大大提高了工作效率。但仍然存在人为因素造成的设备功能使用不全面或不正确的问题，容易引发误操作。

第三代网管软件相对来说比较智能，是真正将网络和管理进行有机结合的软件系统，具有"自动配置"和"自动调整"功能。对网管人员来说，只要把用户情况、设备情况以及用户与网络资源之间的分配关系输入网管系统，系统就能自动地建立图形化的人员与网络的配置关系，并自动鉴别用户身份，分配用户所需的资源（如电子邮件、Web、文档服务等）。

（三）网络管理的五大功能

根据国际标准化组织定义的网络管理有五大功能：故障管理、配置管理、性能管理、安全管理、计费管理。依据网络管理软件产品功能的不同，又可细分为五类，即网络故障管理软件、网络配置管理软件、网络性能管理软件、网络服务/安全管理软件、网络计费管理软件。

1. 故障管理

故障管理是网络管理中最基本的功能之一。用户都希望有一个可靠的计算机网络。当网络中某个组成失效时，网络管理器必须迅速查找到故障并及时排除。通常不大可能迅速隔离某个故障，因为网络故障的产生原因往往相当复杂，特别是当故障由多个网络组成共同引起的。在此情况下，一般先将网络修复，然后再分析网络故障的原因。分析故障原因对于防止类似故障的再发生相当重要。网络故障管理包括故障检测、隔离和纠正三方面，应包括以下典型功能：

(1)故障监测。主动探测或被动接收网络上的各种事件信息，并识别出其中与网络和系统故障相关的内容，对其中的关键部分保持跟踪，生成网络故障事件记录。

(2)故障报警。接收故障监测模块传来的报警信息，根据报警策略驱动不同的报警程序，以报警窗口/振铃(通知一线网络管理人员)或电子邮件(通知决策管理人员)发出网络严重故障警报。

(3)故障信息管理。依靠对事件记录的分析，定义网络故障并生成故障卡片，记录排除故障的步骤和与故障相关的值班员日志，构造排错行动记录，将事件—故障—日志构成逻辑上相互关联的整体，以反映故障产生、变化、消除的整个过程的各个方面。

(4)排错支持工具。向管理人员提供一系列的实时检测工具，对被管设备的状况进行测试并记录下测试结果以供技术人员分析和排错。根据已有的排错经验和管理员对故障状态的描述给出对排错行动的提示。

(5)检索/分析故障信息。浏阅并且以关键字检索查询故障管理系统中所有的数据库记录，定期收集故障记录数据，在此基础上给出被管网络系统、被管线路设备的可靠性参数。

(6)对网络故障的检测是对网络组成部件状态监测的依据。不严重的简单故障通常被记录在？错误日志中，并不作特别处理；而严重一些的故障则需要通知网络管理器，即所谓的“警报”。一般网络管理器应根据有关信息对警报进行处理，排除故障。当故障比较复杂时，网络管理器应能执行一些诊断测试来辨别故障原因。

2.计费管理

计费管理记录网络资源的使用，目的是控制和监测网络操作的费用和代价。它对一些公共商业网络尤为重要。它可以估算出用户使用网络资源可能需要的费用和代价，以及已经使用的资源。网络管理员还可规定用户可使用的最大费用，从而控制用户过多占用和使用网络资源。这也从另一方面提高了网络的效率。另外，当用户为了一个通信目的需要使用多个网络中的资源时，计费管理应可计算总计费用。

(1)计费数据采集。计费数据采集是整个计费系统的基础，但计费数据采集往往受到采集设备硬件与软件的制约，而且也与进行计费的网络资源有关。

(2)数据管理与数据维护。计费管理人工交互性很强，虽然有很多数据维护系统自动完成，但仍然需要人为管理，包括交纳费用的输入、联网单位信息维护，以及账单样式决定等。

(3)计费政策制定。由于计费政策经常灵活变化，因此实现用户自由制定输入计费政策尤其重要。这样需要一个制定计费政策的友好人机界面和完善的实现计费政策的数据模型。

(4)政策比较与决策支持。计费管理应该提供多套计费政策的数据比较，为政策制定提供决策依据。

(5)数据分析与费用计算。利用采集的网络资源使用数据，联网用户的详细信息以及计费政策计算网络用户资源的使用情况，并计算出应交纳的费用。

(6)数据查询。提供给每个网络用户关于自身使用网络资源情况的详细信息，网络用户根据这些信息可以计算、核对自己的收费情况。

3.配置管理

配置管理同样相当重要。它初始化网络并配置网络，以使其提供网络服务。配置管理是一组对辨别、定义、控制和监视组成一个通信网络的对象所必要的相关功能,目的是为了实现某个特定功能或使网络性能达到最优。

(1)配置信息的自动获取。在一个大型网络中,需要管理的设备是比较多的,如果每个设备的配置信息都完全依靠管理人员的手工输入,工作量则相当大,而且还存在出错的可能性。对于不熟悉网络结构的人员来说,这项工作甚至无法完成,因此,一个先进的网络管理系统应该具有配置信息自动获取功能。即使在管理人员不是很熟悉网络结构和配置状况的情况下,也能通过有关的技术手段来完成对网络的配置和管理。在网络设备的配置信息中,根据获取手段大致可以分为三类:第一类是网络管理协议标准的 MIB 中定义的配置信息(包括 SNMP 和 CMIP 协议);第二类是不在网络管理协议标准中有定义,但是对设备运行比较重要的配置信息;第三类就是用于管理的一些辅助信息。

(2)自动配置、自动备份及相关技术。配置信息自动获取功能相当于从网络设备中"读"信息,相应的,在网络管理应用中还有大量"写"信息的需求。同样,根据设置手段对网络配置信息进行分类:第一类是可以通过网络管理协议标准中定义的方法(如 SNMP 中的 set 服务)进行设置的配置信息;第二类是可以通过自动登录到设备进行配置的信息;第三类就是需要修改的管理性配置信息。

(3)配置一致性检查。在一个大型网络中,由于网络设备众多,而且由于管理的原因,这些设备很可能不是由同一个管理人员进行配置的。实际上,即使是同一个管理员对设备进行的配置,也会由于各种原因导致发生配置一致性问题。因此,对整个网络的配置情况进行一致性检查是必需的。在网络的配置中,对网络正常运行影响最大的,主要是路由器端口配置和路由信息配置,因此,要进行一致性检查的也主要是这两类信息。

(4)用户操作记录功能。配置系统的安全性是整个网络管理系统安全的核心。因此,必须对用户进行的每一配置操作进行记录。在配置管理中,需要对用户操作进行记录,并保存下来。管理人员可以随时查看特定用户在特定时间内进行的特定配置操作。

4.性能管理

性能管理估价系统资源的运行状况及通信效率等系统性能。其能力包括监视和分析被管网络及其所提供服务的性能机制。性能分析的结果可能会触发某个诊断测试过程或重新配置网络以维持网络的性能。性能管理收集分析有关被管网络当前状况的数据信息,并维持和分析性能日志。一些典型的功能包括:

(1)性能监控。由用户定义被管对象及其属性。被管对象类型包括线路和路由器,被管对象属性包括流量、延迟、丢包率、CPU 利用率、温度、内存余量。对于每个被管对象,定时采集性能数据,自动生成性能报告。

(2)阈值控制。可对每一个被管对象的每一条属性设置阈值,对于特定被管对象的特定属性,可以针对不同的时间段和性能指标进行阈值设置。可通过设置阈值检查开关控制阀值检查和告警,提供相应的阈值管理和溢出告警机制。

(3)性能分析。对历史数据进行分析、统计和整理,计算性能指标,对性能状况作出判断,为网络规划提供参考。

(4)可视化的性能报告。对数据进行扫描和处理,生成性能趋势曲线,以直观的图形反映性能分析的结果。

(5)实时性能监控。提供一系列实时数据采集、分析和可视化工具,用以对流量、负载、丢包、温度、内存、延迟等网络设备和线路的性能指标进行实时检测,可任意设置数据采集间隔。

(6)网络对象性能查询。可通过列表或按关键字检索被管网络对象及其属性的性能记录。

5. 安全管理

安全性一直是网络的薄弱环节之一，而用户对网络安全的要求又相当高，因此网络安全管理非常重要。网络中主要有以下几大安全问题：

网络数据的私有性(保护网络数据不被侵入者非法获取)，授权(防止侵入者在网络上发送错误信息)，访问控制(控制对网络资源的访问)。

相应的，网络安全管理应包括对授权机制、访问控制 、加密和加密关键字的管理，另外还要维护和检查安全日志，包括网络管理过程中，存储和传输的管理及控制信息对网络的运行和管理至关重要，一旦泄密、被篡改和伪造，将给网络造成灾难性的破坏。

(1)网络管理本身的安全由以下机制来保证：

①管理员身份认证，采用基于公开密钥的证书认证机制。为提高系统效率，对于信任域内(如局域网)的用户，可以使用简单口令认证。

②管理信息存储和传输的加密与完整性。Web 浏览器和网络管理服务器之间采用安全套接字层(SSL)传输协议，对管理信息加密传输并保证其完整性；内部存储的机密信息，如登录口令等，也是经过加密的。

③网络管理用户分组管理与访问控制。网络管理系统的用户(即管理员)按任务的不同分成若干用户组，不同的用户组中有不同的权限范围，对用户的操作由访问控制检查，保证用户不能越权使用网络管理系统。

④系统日志分析、记录用户所有的操作，使系统的操作和对网络对象的修改有据可查，同时也有助于故障的跟踪与恢复。

(2)网络对象的安全管理有以下功能：

①网络资源的访问控制。通过管理路由器的访问控制链表，完成防火墙的管理功能，即从网络层和传输层控制对网络资源的访问，保护网络内部的设备和应用服务，防止外来的攻击。

②告警事件分析。接收网络对象所发出的告警事件，分析与安全相关的信息(如路由器登录信息、SNMP 认证失败信息)，实时地向管理员告警，并提供历史安全事件的检索与分析机制，及时地发现正在进行的攻击或可疑的攻击迹象。

③主机系统的安全漏洞检测。实时地监测主机系统的重要服务(如 WWW、DNS 等)的状态，提供安全监测工具，以搜索系统可能存在的安全漏洞或安全隐患，并给出弥补的措施。

(四)网络管理协议

随着网络的不断发展，规模增大，复杂性增加，简单的网络管理技术已不能适应网络迅速发展的要求。以往的网络管理系统往往是厂商在自己的网络系统中开发的专用系统，很难对其他厂商的网络系统、通信设备软件等进行管理，这种状况很不适应网络异构互联的发展趋势。20 世纪 80 年代初期 Internet 的出现和发展使人们进一步意识到了这一点。研究开发者们迅速展开了对网络管理的研究，并提出了多种网络管理方案，包括 HEMS、SGMP、CMIS/CMIP 等。

1. SNMP

简单网络管理协议 SNMP 的前身是 1987 年发布的简单网关监控协议 SGMP。SGMP 给出了监控网关 OSI 第三层路由器的直接手段，SNMP 则是在其基础上发展而来。最初，SNMP 是作为一种可提供最小网络管理功能的临时方法开发的，它具有以下两个优点：

(1)与 SNMP 相关的管理信息结构(SMI)以及管理信息库(MIB)非常简单，从而能够迅速、简便地实现。

(2)SNMP 是建立在 SGMP 基础上的，而对于 SGMP 人们积累了大量的操作经验。

SNMP 经历了两次版本升级，现在的最新版本是 SNMP－V3。在前两个版本中 SNMP 功能都得到了极大的增强，而在最新的版本中，SNMP 在安全性方面有了很大的改善，SNMP 缺乏安全性的弱点正逐渐得到克服。

2. CMIS/CMIP

公共管理信息服务/公共管理信息协议 CMIS/CMIP 是 OSI 提供的网络管理协议簇。CMIS 定义了每个网络组成部分提供的网络管理服务，这些服务在本质上是很普通的，CMIP 则是实现 CMIS 服务的协议。

OSI 网络协议旨在为所有设备在 ISO 参考模型的每一层提供一个公共网络结构，而 CMIS/CMIP 正是这样一个用于所有网络设备的完整网络管理协议簇。出于通用性的考虑，CMIS/CMIP 的功能与结构跟 SNMP 很不相同，SNMP 是按照简单和易于实现的原则设计的，而 CMIS/CMIP 则能够提供支持一个完整网络管理方案所需的功能。

3. CMOT

公共管理信息服务与协议 CMOT 是在 TCP/IP 协议簇上实现 CMIS 服务，这是一种过渡性的解决方案，直到 OSI 网络管理协议被广泛采用。

4. LMMP

局域网个人管理协议 LMMP 试图为 LAN 环境提供一个网络管理方案。LMMP 以前被称为 IEEE802 逻辑链路控制上的公共管理信息服务与协议 CMOL。由于该协议直接位于 IEEE802 逻辑链路层 LLC 上，它可以不依赖于任何特定的网络层协议进行网络传输。由于不要求任何网络层协议，LMMP 比 CMIS/CMIP 或 CMOT 都易于实现。然而没有网络层提供路由信息，LMMP 信息不能跨越路由器，从而限制了它只能在局域网中发展。但是，跨越局域网传输局限的 LMMP 信息转换代理可能会克服这一问题。

习　　题

9-5-1　因特网能提供的服务有多种，其中大多数是免费的，在下列因特网能提供的服务中，叙述错误的一条是(　　)。

A. 文件传输服务　　B. 信息搜索服务、电子邮件服务

C. 远程登录服务　　D. 网络自动连接、网络自动管理

9-5-2　用 IE 浏览上网时，要进入某一页，可在 IE 的 URL 栏中输入该网页的(　　)。

A. IP 地址或域名　　B. 只能是域名

C. 实际的文件名称　　D. 只能是 IP 地址

9-5-3　下列邮件地址格式中，正确的是(　　)。

A. 用户名@主机域名B. 主机域名@用户名

C. 用户名.主机域名D. 主机域名.用户名

9-5-4　建立计算机网线路和主要目的是(　　)。

A. 资源共享　　B. 速度快　　C. 内存增大　　D. 可靠性高

9-5-5　合法的 IP 地址是(　　)。

A. 202:196:112:50　　B. 202、196、112、50

C. 202,196,112,50　　D. 202.196.112.50

9-5-6　校园网属于(　　)。

A. 远程网　　B. 局域网　　C. 广域网　　D. 城域网

9-5-7　计算机系统安全与保护计算机系统的全部资源具有(　　)、完备性和可用性。

A. 秘密性　　B. 公开性　　C. 系统性　　D. 先进性

9-5-8　计算机病毒主要是通过(　　)传播的。

A. 硬盘　　B. 键盘　　C. 软盘　　D. 显示器

9-5-9　目前计算机病毒对计算机造成的危害主要是通过(　　)实现的。

A. 腐蚀计算机的电源　　B. 破坏计算机程序和数据

C. 破坏计算机的硬件设备　　D. 破坏计算机的软件和硬件

9-5-10　下列哪一个不能防病毒(　　)。

A. KV300　　B. KILL　　C. WPS　　D. 防病毒卡

9-5-11　计算机病毒种类繁多,按计算机病毒的类型来分,下面四条有关病毒的表述中,不属于计算机病毒的一条叙述是(　　)。

A. 文件型计算机病毒、引导区型计算病毒、混合型计算机病毒

B. 引导区型计算机病毒、宏病毒、特洛伊木马病毒

C. 蠕虫病毒、混合型计算机病毒、时间炸弹和逻辑炸弹

D. 在人畜间流行的病毒、人畜混合型病毒

9-5-12　给信息实施保密可供选择的方法有两种(　　)。

A. 给计算机系统加密,给用户个人账户加密

B. 为计算机配置杀毒软件,每天进行杀毒操作

C. 计算机系统使用正版软件,不使用盗版软件

D. 给信息加密,把信息藏起来

9-5-13　用于解域名的协议是(　　)。

A. HTTP　　B. DNS　　C. FTP　　D. SMTP

9-5-14　TCP 协议称为(　　)。

A. 网际协议　　B. 传输控制协议

C. Network 内部协议　　D. 中转控制协议

9-5-15　IP 地址能唯一地确定 Internet 上每台计算机与每个用户的(　　)。

A. 距离　　B. 费用　　C. 位置　　D. 时间

题解及参考答案

第一节

9-1-1　**解:**一个完整的计算机系统包括硬件与软件部分。硬件包括中央处理器、存储器、外部设备等。

答案:A

9-1-2　**解:**计算机的软件系统包括系统软件和应用软件两个部分,如操作系统、程序语言及通用办公软件等。

答案:D

9-1-3　**解:**运算器又称算术运算/逻辑运算部件,它的主要功能是对数据进行算术运算和

逻辑运算，是对信息或数据进行加工处理和运算的部件。

答案：B

9-1-4 **解：**可以从硬盘读出数据，也可以往硬盘上写入数据，因此它既可是输入设备，又可是输出设备。

答案：C

9-1-5 **解：**DOS 属于操作系统软件，FORTRAN 77 和 BASIC 属于程序设计语言，而 TB-SA 是应用软件。

答案：D

9-1-6 **解：**从计算机硬件系统组成，我们可以看到中央处理器包括运算器和控制器。

答案：D

9-1-7 **解：**在中央处理器中，运算器按控制器发出的指令来完成各种操作。控制器规定计算机执行指令的顺序，并根据指令的信息控制计算机各部分协同动作。

答案：D

9-1-8 **解：**ROM 是只读存储器，程序固化在芯片上，当电源断电时，上面的信息是不会丢失的。

答案：B

9-1-9 **解：**在“我的电脑”窗口中，可以实施驱动器、文件夹、文件等管理功能。当磁盘使用时间比较长，用户存放新文件、删除文件、修改文件时，都会使文件在磁盘上被分成多块不连续的碎片，碎片多了，系统读写文件的时间就会加长，降低系统性能。“属性”对话框有“常规”“工具”“共享”等选项卡。利用“常规”选项卡可设置或修改磁盘的卷标，查看磁盘容量、已使用字节和可用字节数以及清理磁盘；利用“共享”选项卡可以设置驱动器是否共享，如果选择了共享，还可以设置访问的类型：“只读”“完全”或“根据密码访问”；利用“工具”选项卡可以检查磁盘、做磁盘备份和整理磁盘碎片。

答案：D

第二节

9-2-1 **解：**计算机语言发展经历了由最初的机器语言发展到使用符号表示的汇编语言，继而开发出人们使用方便的高级语言。

答案：A

9-2-2 **解：**机器语言和汇编语言都属于计算机低级语言。

答案：B

第三节

9-3-1 **解：**二进制最后一位为 1，所对应的十进制数一定是个奇数，二进制数转为十进制数，按权展开法得到 1455。将二进制从后往前每 3 位为一组，所对应的八进制为 2657 。

答案：A

9-3-2 **解：**计算机能接收的语言为机器语言，而机器语言是由二进制编码组成的。

答案：A

9-3-3 **解：**八进制数是由 0、1、2、3、4、5、6、7 八个数码组成，采用的是逢八进一的规则。

答案:B

9-3-4 **解**:数据是信息的符号表示或称为载体,信息是数据的内涵,是对数据语义的解释。采用数据这种形势来表示信息,更加易于人们的理解和接受。

答案:A

9-3-5 **解**:在 ASCII 编码中,每个字符用 7 位二进制数表示。一个字符的 ASCII 码通常占用一个字节,由 7 位二进制数编码组成,所以 ASCII 码最多可表示 128 个不同的字符。

答案:A

9-3-6 **解**:计算机的多媒体技术,使计算机不仅具有处理文字与数字的能力,而且还有处理文字、图形、声音、视频和动画的能力,使计算机拥有了处理多媒体信息的能力。

答案:B

第四节

9-4-1 **解**:计算机操作系统是计算机的系统软件。在计算机内,操作系统管理计算机系统的各种资源,扩充硬件的功能,它提供良好的人机界面,方便用户使用计算机。它在整个计算机系统中具有承上启下的作用,是计算机与用户的接口。

答案:C

9-4-2 **解**:运行中的 Windows 应用程序名,是列在桌面任务栏的活动任务区,作用主要是方便程序打开和管理,比如可以把多个窗口最小化到任务栏中。

答案:C

9-4-3 **解**:在资源管理器查看菜单下有缩略图、平铺、图标、列表、详细信息等子菜单,如果希望查看文件的名称、类型、大小、修改时间等信息,要进入详细信息子菜单。

答案:B

9-4-4 **解**:在 Windows XP 中,要想进行操作,首先要选择操作对象。

答案:B

9-4-5 **解**:操作系统(Operating System,简称 OS)的功能为:管理计算机系统的全部硬件资源,包括软件资源及数据资源;控制程序运行;改善人机界面;为其他应用软件提供支持等,使计算机系统所有资源最大限度地发挥作用,为用户提供方便的、有效的、友善的服务界面。

答案:A

9-4-6 **解**:在 Windows 操作系统中,“保存”文件和“另存为”文件都可以使用原文件名。

答案:C

9-4-7 **解**:操作系统是管理计算机系统的各种软、硬件资源,以及提供人机交互的界面。为了使用不同的操作系统,常常在同一台 PC 机上安装多个操作系统。若某一台 PC 机连接了两个网络,便需要为该计算机配置两个 IP 地址,这两个 IP 地址可以配置在同一个网卡上,也可以配置在不同的网卡上(前提条件为该 PC 机安装多个网卡)。但一个 IP 地址却不可以同时绑定到多个网卡上。

答案:D

9-4-8 **解**:操作系统有两个重要的作用:

(1)通过资源管理,提高计算机系统的效率。操作系统是计算机系统的资源管理者,它含有对系统软、硬件资源实施管理的一组程序。其首要作用就是通过CPU管理、存储管理、设备管理和文件管理,对各种资源进行合理的分配,改善资源的共享和利用程度,最大限度地发挥计算机系统的工作效率,提高计算机系统在单位时间内处理工作的能力。

(2)改善人机界面,向用户提供友好的工作环境。操作系统不仅是计算机硬件和各种软件之间的接口,也是用户与计算机之间的接口。试想如果不安装操作系统,用户将要面对的是01代码和一些难懂的机器指令,通过按钮或开关来操作计算机,这样既笨拙又费时。安装操作系统后,用户面对的不再是笨拙的裸机,而是操作便利、服务周到的操作系统,从而明显改善了用户界面,提高了用户的工作效率。

HTML代表的意义是超文本标记语言,它是全球广域网上描述网页内容和外观的标准。所以,HTML不是由操作系统提供的。

答案:D

第五节

9-5-1 **解**:因特网能提供多种服务,其中电子邮件服务、文件传输服务、远程登录服务、WWW服务、信息搜索服务等是目前公认的有代表性的服务。

答案:D

9-5-2 **解**:当要浏览某一网页时,IP地址就等于域名。

答案:A

9-5-3 **解**:邮件地址格式,不允许把用户名放在@后面。

答案:A

9-5-4 **解**:建立网络的目的主要是数据、信息、资源共享。

答案:A

9-5-5 **解**:IP地址在数据之间是用点来分割的。

答案:D

9-5-6 **解**:局域网地域范围小,用于办公室、机关、学校、工厂等内部联网。其范围没有严格的定义,一般认为距离为0.1~25km。

答案:B

9-5-7 **解**:计算机系统安全与保护指计算机系统的全部资源具有系统性、完备性和可用性。

答案:C

9-5-8 **解**:通过使用外界被感染的软盘,如不同渠道来的系统盘,来历不明的软件、游戏盘等是最普遍的传染途径。

答案:C

9-5-9 **解**:大部分病毒在激发的时候直接破坏计算机的重要信息数据,所利用的手段有格式化磁盘、改写文件分配表和目录区、删除重要文件或者用无意义的“垃圾”数据改写文件等。引导型病毒的一般侵占方式是由病毒本身占据磁盘引导扇区,而把原来的引导区转移到其他扇区,也就是引导型病毒要覆盖一个磁盘扇区。被覆盖的扇区数据永久性丢失,无法恢复。

答案:B

9-5-10 **解**:WPS是一个应用软件,用于文档的编辑与处理。

答案:C

9-5-11 **解**:计算机病毒是破坏计算机功能或者破坏数据,影响计算机使用的一组计算机指令或者程序代码,是一种功能比较特殊的、具有破坏性的计算机程序,并非真的是医学上的病毒。

答案:D

9-5-12 **解**:给信息加密,即隐蔽信息的可读性,将可读的信息数据转换为不可读的信息数据,即密文,也称密码。这样就可以使非法者不能直接了解数据内容,从而达到给信息加密的目的。把信息藏起来,即隐蔽信息的存在性,将信息隐藏在一个容量更大的信息载体之中,形成隐秘载体,做到使非法者难于察觉出其中隐藏有某些数据,从而实现给信息加密的目的。

答案:D

9-5-13 **解**:DNS就是将各个网页的IP地址转换成人们常见的网址。

答案:B

9-5-14 **解**:TCP为Transmission Control Protocol的简写,译为传输控制协议,又名网络通信协议,是Internet最基本的协议。

答案:B

9-5-15 **解**:IP地址能唯一地确定Internet上每台计算机与每个用户的位置。

答案:C

第十章 工程经济

复习指导

一、考试大纲

9.1 资金的时间价值

资金时间价值的概念;利息及计算;实际利率和名义利率;现金流量及现金流量图;资金等值计算的常用公式及应用;复利系数表的应用。

9.2 财务效益与费用估算

项目的分类;项目计算期;财务效益与费用;营业收入;补贴收入;建设投资;建设期利息;流动资金;总成本费用;经营成本;项目评价涉及的税费;总投资形成的资产。

9.3 资金来源与融资方案

资金筹措的主要方式;资金成本;债务偿还的主要方式。

9.4 财务分析

财务评价的内容;盈利能力分析(财务净现值、财务内部收益率、项目投资回收期、总投资收益率、项目资本金净利润率);偿债能力分析(利息备付率、偿债备付率、资产负债率);财务生存能力分析;财务分析报表(项目投资现金流量表、项目资本金现金流量表、利润与利润分配表、财务计划现金流量表);基准收益率。

9.5 经济费用效益分析

经济费用和效益;社会折现率;影子价格;影子汇率;影子工资;经济净现值;经济内部收益率;经济效益费用比。

9.6 不确定性分析

盈亏平衡分析(盈亏平衡点、盈亏平衡分析图);敏感性分析(敏感度系数、临界点、敏感性分析图)。

9.7 方案经济比选

方案比选的类型;方案经济比选的方法(效益比选法、费用比选法、最低价格法);计算期不同的互斥方案的比选。

9.8 改扩建项目的经济评价特点

改扩建项目的经济评价特点。

9.9 价值工程

价值工程原理;实施步骤。

二、复习指导

(一)资金的时间价值

复习本节时应注意掌握资金时间价值的概念,熟悉现金流量和现金流量图。重点掌握资金等值计算,应会利用公式和复利系数表进行计算,掌握实际利率和名义利率的概念及计算公式。

对于资金等值计算公式,应该注意等额系列计算公式中 F、P、A 发生的时点,应用时注意它的应用条件。

应会查复利系数表,掌握$(F/P,i,n)$、$(P/F,i,n)$、$(F/A,i,n)$、$(A/F,i,n)$、$(P/A,i,n)$、$(A/P,i,n)$几个符号的含义,如$(P/A,i,n)$是表示已知 A 求 P 的等额支付现值系数。

(二)财务效益与费用估算

本节应了解项目的分类和项目的计算期,熟悉财务效益与费用所包含的内容,重点掌握建设投资的构成、建设期利息的计算、经营成本的概念、项目评价涉及的税费以及总投资形成的资产。

(三)资金来源与融资方案

本节应了解资金筹措的主要方式,掌握资金成本的概念及计算,熟悉债务偿还的主要方式。

(四)财务分析

本节应了解财务评价的内容,熟练掌握盈利能力分析的相关指标的概念和计算,重点掌握净现值、内部收益率、净年值、费用现值、费用年值、投资回收期的含义和计算方法,熟悉利用这些指标评价方案盈利能力时的判别标准。如采用净现值、净年值指标时要根据其是否大于或等于零进行判断,采用内部收益率指标要根据其是否大于或等于基准收益率进行判断等。应用时注意它们的应用条件,如内部收益率可用于单个方案自身的经济性评价,两个方案比选时就要用差额内部收益率等。熟悉偿债能力分析、财务生存能力的概念,熟悉相关财务分析报表。

(五)经济费用效益分析

本节应理解社会折现率、影子价格、影子汇率、影子工资的概念,复习时应注意经济净现值、经济内部收益率指标与财务净现值、财务内部收益率的区别。了解效益费用比的概念。掌握经济净现值、经济内部收益率、效益费用比的判别标准。

(六)不确定性分析

对于盈亏平衡分析,应熟悉固定成本、可变成本的概念,熟练掌握盈亏平衡分析的计算,了解盈亏平衡点的含义。

对于单因素敏感性分析,应了解该方法的概念、敏感度系数和临界点的含义,看懂敏感性分析图。

(七)方案经济比选

本节应熟悉独立型方案与互斥型方案的区别,掌握互斥方案比选的效益比选法、费用比选法和判别标准,了解最低价格法的概念;熟悉计算期不同的互斥方案的比选可采用的方法和指标。

(八)改扩建项目的经济评价特点

对于改扩建项目,应了解其与新建项目在经济评价上的不同特点。

(九)价值工程

应掌握价值工程的基本概念,包括价值工程中价值、功能及成本的概念,掌握价值的公式,根据公式可知提高价值的途径。

了解价值工程的实施步骤,掌握价值系数、功能系数、成本系数的计算。应掌握价值工程的核心。

本章的复习,应注重掌握相关的基本概念、基本公式和计算方法。在复习的同时,应该通过做习题训练,进一步巩固考试大纲要求掌握的内容。做习题时,应注意掌握习题考核的知识点。

第一节　资金的时间价值

一、资金时间价值的概念

随着时间的推移，资金的价值是会发生变化的。通过资金运动可以使资金增值。不同时间发生的等额资金在价值上的差别称为资金的时间价值，也称为货币的时间价值。

应该指出，资金的时间价值不是资金本身或时间产生的，而是在资金运动中产生的。把资金作为生产要素，经过生产与交换，会给投资者带来资金的增值。当然，资金的增值也不可能没有资金和时间，资金是其增值的基础，而生产与交换，需要经历一定的时间过程。

二、利息与利率

(一)利息的计算

利息是在一定时期内占用资金所付出的代价，用下式表示

利息＝目前应付(收)总金额－原来借(贷)款金额

原来的借(贷)款金额称为本金。

计算利息的时间单位称为计息周期，通常为年、季、月、周或日。

利率是一个计息周期中单位资金所产生的利息(即单位时间里所得到的利息额)与本金之比，通常用百分数表示

$$i = \frac{I}{P} \times 100\% \tag{10-1-1}$$

式中：i——利率；

P——本金；

I——单位时间所得利息。

计算利息有单利计息和复利计息两种方法。

1.单利计息

这种计息方法是指计算利息时，只考虑本金计算利息，而利息本身不再另外计算利息。

单利计息的计算公式为

$$I = P \cdot i \cdot n \tag{10-1-2}$$

$$F = P(1 + i \cdot n) \tag{10-1-3}$$

式中：I——利息；

P——本金；

i——利率；

n——计息周期；

F——本金与利息之和，简称本利和。

由于单利计息没有考虑利息本身的时间价值，在工程经济分析中的应用较少，一般只适合于不超过一年的短期投资或短期贷款。

2.复利计息

复利计息是指在计算利息时，将上一计息期产生的利息，累加到本金中去，以本利和的总

额进行计息。即不仅本金要计算利息，而且上一期利息在下一计息期中仍然要计算利息。

复利计息公式为

$$F = P(1+i)^n \tag{10-1-4}$$

式中符号含义同前。应该注意，上式中的 i 和 n 所反映的时段应该是一致的，如 i 为年利率，则 n 为计息年数；如 i 为月利率，则 n 为计息月数。

（二）实际利率与名义利率

计息期通常以一年为计算单位，但有时借贷双方也可以商定每年分几次按复利计息，这时计息周期短于一年，如按月、按季或按半年计息等。比如，设月度为计息期，每月利率为 1%，则一年要计息 12 次，1%×12=12%称为名义利率，即名义利率是周期利率与每年计息周期数的乘积。这种计息方式习惯上表述为“年利率为 12%，按月计息”。

需要注意的是，名义利率为 12%时的实际利息额比年利率为 12%时的利息额要高，比如借款 1 000 元，年利率 12%，按月计息，则第 1 年年末的本利和为

$$F = 1\,000 \times \left(1+\frac{12\%}{12}\right)^{12} = 1\,126.83\text{ 元}$$

若按年利率 12%复利计息，则第 1 年年末本利和为

$$F = 1\,000 \times (1+12\%) = 1120\text{ 元}$$

比按月计息少了 6.83 元。由此可见，一年内复利计息次数不同。其年末的本利和也不同。对于相同的名义利率，如果一年内计息次数增加，则年末的本利和也会增加。

实际利息多少可以用实际利率计算。为了避免不同语言表述方式不同可能造成的混乱，1973 年通过的国际“借贷真实性法”规定：年实际利率是一年利息额与本金之比。

例如上面的例子，年名义利率都是 12%，计息期不同，则按年计息的实际利率为

$$\text{年实际利率} = \frac{F-P}{P} = \frac{1\,120-1\,000}{1\,000} = 12\%$$

按月计息的年实际利率为

$$\text{年实际利率} = \frac{F-P}{P} = \frac{1\,126.83-1\,000}{1\,000} = 12.68\%$$

这意味着“名义利率 12%，按月计息”与按年利率 12.68%计息，两者是一致的。

设名义利率为 r，一年中的计息周期数为 m，则一个计息周期的利率为 $\frac{r}{m}$，根据复利计息公式，由名义利率求年实际利率的公式为

$$i = \left(1+\frac{r}{m}\right)^m - 1 \tag{10-1-5}$$

【例 10-1-1】 某企业向银行借款，按季度计息，年名义利率为 8%，则年实际利率为：

A. 8% B. 8.16% C. 8.24% D. 8.3%

解 利用由年名义利率求年实际利率的公式计算：

$$i = \left(1+\frac{r}{m}\right)^m - 1 = \left(1+\frac{8\%}{4}\right)^4 - 1 = 8.24\%$$

答案：C

【例 10-1-2】 某项目借款 2000 万元，借款期限 3 年，年利率为 6%，若每半年计复利一次，则实际年利率会高出名义利率多少？

A. 0.16% B. 0.25% C. 0.09% D. 0.06%

解 年实际利率为：

$$i=\left(1+\frac{r}{m}\right)^{m}-1=\left(1+\frac{6\%}{2}\right)^{2}-1=6.09\%$$

年实际利率高出名义利率：6.09%－6%＝0.09%

答案：C

三、现金流量及现金流量图

一个投资建设项目在其整个计算期内各个时间点上有货币的收入和支出，其中货币收入称现金流入(CI)，记为“＋”；货币支出称现金流出(CO)，记为“－”。

现金流入和现金流出统称为现金流量。现金流入与现金流出之差称为净现金流量，记为NCF 或(CI－CO)，即

净现金流量＝现金流入－现金流出

现金流量有三个要素：流向、大小、时间。现金流量可以用表格或图形表示。在工程经济分析中，经常用图形表示现金流量。用于表示现金流量与时间对应关系的图形称为现金流量图，如图 10-1-1 所示。

在现金流量图中，横轴是时间标度，每一格代表一个时间单位(如年、季、月等)，即一期。0 点为计算期的起始时刻，也称为零期。横轴上任意一时点 t 表示第 t 期期末，同时也是第 $t+1$ 期的期初。

各时间点上箭头向上表示现金流入，向下表示现金流出，其箭线的长短与现金流入和现金流出的大小成比例，箭头处一般要标注出现金流量的数值。

在工程经济分析中，对投资与收益发生的时间点有两种处理方法。一种是年初投资年末收益法，即将投资计入发生年的年初，收益计入发生年的年末；一种是年(期)末习惯法，即将投资和收益均计入发生年的年(期)末。两种处理方法的计算结果稍有差别，但一般不会引起本质的变化。

当实际问题的现金流量发生的时点未说明是期末还是期初时，一般可将投资画在期初，经营费用和销售收入画在期末。

借方的现金流量就是贷方的现金流出，对于借贷双方，其财务活动的现金流量图正好相反。例如，张某现在从银行贷款 10 000 元，3 年后需还本付息共 11 500 元，其现金流量图如图 10-1-2a)所示，而对于银行，该项财务活动的现金流量图如图 10-1-2b)所示。

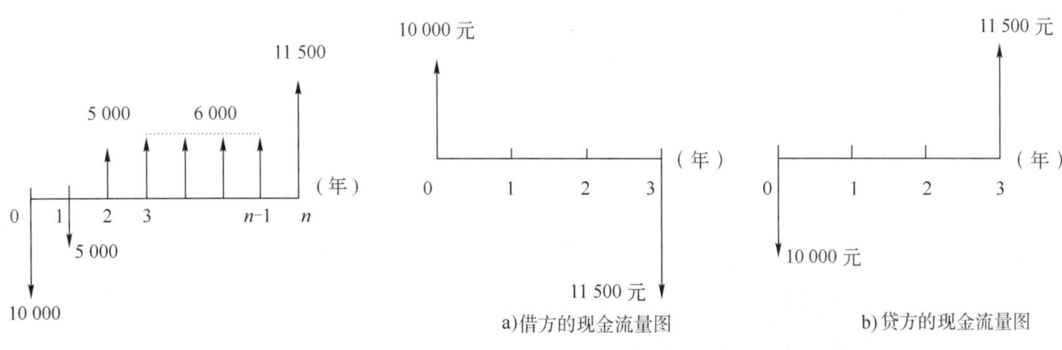

图 10-1-1　现金流量图

图 10-1-2　某项财务活动的现金流量图

四、资金等值计算的常用公式及应用

在工程经济分析中，常常需要将发生在某一时点上的资金换算到另一时点，以便进行计算分析和比较。

在不同时点上发生的资金，其绝对数额不等但价值可能相等。如果我们考虑反映资金时间价值的尺度复利率 i，将某一时点发生的资金按利率 i 换算到另一时点，则二者绝对数额不等，但它们的价值相等，这就是资金的等值。这种资金金额的换算称为资金等值计算。

若把将来某一时点的资金金额换算成该时点之前某一时点的等值金额，称之为“贴现”或“折现”，计算中所采用的反映资金时间价值尺度的参数 i 称为“贴现率”或“折现率”，折现率一般采用银行利率进行计算。

(一)一次支付系列

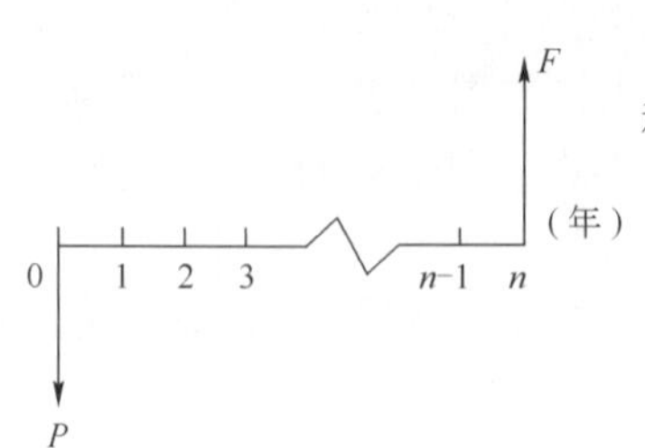

图 10-1-3　一次支付现金流量图

一次支付系列是指在期初借款 P，当借款到期时，将本利和 F 一次还清。一次支付的现金流量图如图 10-1-3 所示。

1.一次支付终值公式(已知 P 求 F)

一次支付终值公式为

$$F = P(1+i)^n \tag{10-1-6}$$

上式称为一次支付终值公式，式中 P 称为本金或现值；F 称为本利和，也称为终值或将来值；i 为利率；n 为计息期数；$(1+i)^n$ 称为一次支付终值系数(一次支付终值因子)，可用 $(F/P,i,n)$ 表示，含义为利率 i、计息期数 n，已知 P 求 F。上式可写成

$$F = P(1+i)^n = P(F/P,i,n)$$

为计算方便，可将 $(F/P,i,n)$ 按不同的利率 i 和不同的计息期数 n 制成复利系数表格以便于应用。

应用上式时应注意，期数为 n 时，P 发生在第一个计息期的期初，F 发生在第 n 期的期末。

如图 10-1-2 所示，借款 10 000 元发生在第一年年初(0 年末)，还款 11 500 元发生在第 3 年年末。

【例 10-1-3】 某工程贷款 1 000 万元，合同规定 3 年后偿还，年利率为 5%，问 3 年后应偿还贷款的本利和是多少？

解 绘出现金流量图如解图所示。

查复利系数表(参见表 10-1-1)，可得

$$(F/P,5,3)=1.158$$

3 年后本利和为

$$F=P(F/P,5,3)=1\,000\times 1.158=1\,158 \text{ 万元}$$

也可按一次支付终值公式计算，即

$$F = P(1+i)^n = 1\,000\times(1+5\%)^3 = 1\,158 \text{ 万元}$$

也即 3 年后应偿还本利和 1 158 万元。

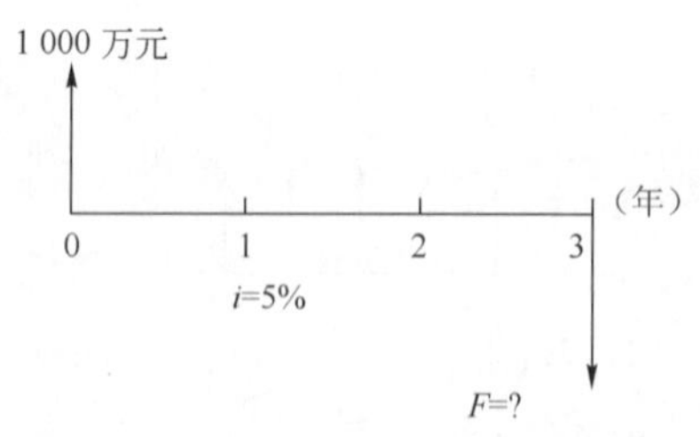

例 10-1-3 解图　某工程贷款现金流量图

2.一次支付现值公式(已知 F 求 P)

当需要将期末一次性偿还的本利和折算成现值时，即已知将来值 F 求现值 P，可由一次支付终值公式得到

$$P = \frac{F}{(1+i)^n} = F(P/F,i,n) \tag{10-1-7}$$

式中，$\frac{1}{(1+i)^n}$称为一次支付现值系数，记为$(P/F,i,n)$。

【例 10-1-4】 为了 5 年后得到 500 万元，年利率为 8%，问现在应投资多少？

解 绘出现金流量图，如解图所示。

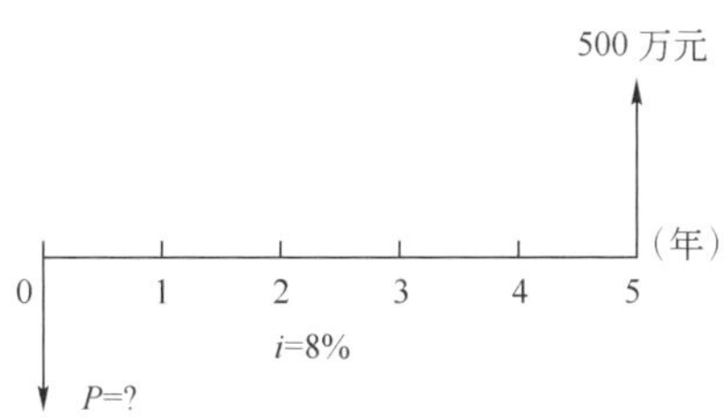

例 10-1-4 解图 现金流量图

查表可得$(P/F,8,5)=0.6806$，现在应投资额为

$$P = F(P/F,8,5) = 500 \times 0.6806 = 340.3 \text{ 万元}$$

或 $P=F/(1+i)^n= 500/(1+8\%)^5=340.3$ 万元

【例 10-1-5】 某人预计 5 年后需要一笔 50 万元的资金，现市场上正发售期限为 5 年的电力债券，年利率为 5.06%，按年复利计息，5 年末一次还本付息，若想 5 年后拿到 50 万元的本利和，他现在应该购买电力债券：

A. 30.52 万元　　B. 38.18 万元　　C. 39.06 万元　　D. 44.19 万元

解 根据一次支付现值公式(已知 F 求 P)：

$$P=\frac{F}{(1+i)^n}==\frac{50}{(1+5.06\%)^5}=39.06 \text{ 万元}$$

答案:C

(二)等额多次支付系列

等额多次支付是指所分析系统中的现金流入或现金流出在多个时点上发生，其现金流量每期均发生，且数额相等。等额多次支付情况下，共有 4 个参数：i、n、A，再加上 F 或 P。等额多次支付有 4 个等值计算公式，在各个计算公式中，i、n 均为已知。

1. 等额支付终值公式(已知 A 求 F)

假设某人连续每期期末从银行贷款，数额均为 A，连续贷款 n 期，则 n 期后应一次还贷多少？该问题的现金流量图如图 10-1-4 所示。

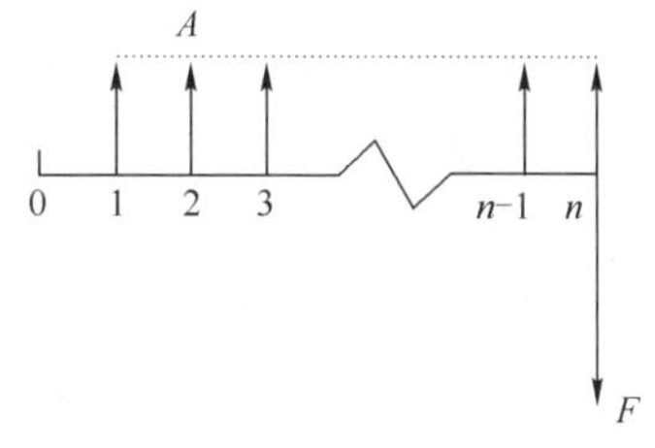

图 10-1-4 多次支付现金流量图

如图 10-1-4 所示的现金流量图，等额资金为 A，利率 i，计息期数 n，将来值为 F，计算公式为

$$F = A\left[\frac{(1+i)^n-1}{i}\right] = A(F/A,i,n) \tag{10-1-8}$$

上式称为等额支付终值公式，$\frac{(1+i)^n-1}{i}$称为等额支付终值系数，记为$(F/A,i,n)$。

【例 10-1-6】 若连续 6 年每年年末投资 1 000 万元，年复利利率 $i=5\%$，问 6 年后可得本利和多少？

解 绘出现金流量图，见解图。

根据上式，可得

$$F=A\left[\frac{(1+i)^n-1}{i}\right]$$
$$=1\,000\times\left[\frac{(1+5\%)^6-1}{5\%}\right]$$
$$=6\,802\text{ 万元}$$

例 10-1-6 解图　等额投资现金流量图

或利用复利系数表，可得

$$F=A(F/A,i,n)=1\,000\times6.802=6\,802\text{ 万元}$$

即 6 年后可得本利和 6 802 万元。

2. 等额支付偿债基金公式（已知 F 求 A）

等额支付偿债基金是指为了未来偿还一笔债务 F，每期期末预先准备的年金。

由等额支付终值公式可得

$$A=F\left[\frac{i}{(1+i)^n-1}\right]=F(A/F,i,n) \tag{10-1-9}$$

上式称为等额支付偿债基金公式，式中 $\frac{i}{(1+i)^n-1}$ 称为等额支付偿债基金系数，记为 $(A/F,i,n)$。

应用上面等额支付系列终值公式和等额支付偿债基金公式时应注意，等额支付的第一个 A 发生在第 1 期期末，最后一个 A 与 F 同时发生在第 n 期期末。

【例 10-1-7】 某企业预计 4 年后需要资金 100 万元，$i=5\%$，复利计息，问每年年末应存款多少？

解 绘出现金流量图，见解图。

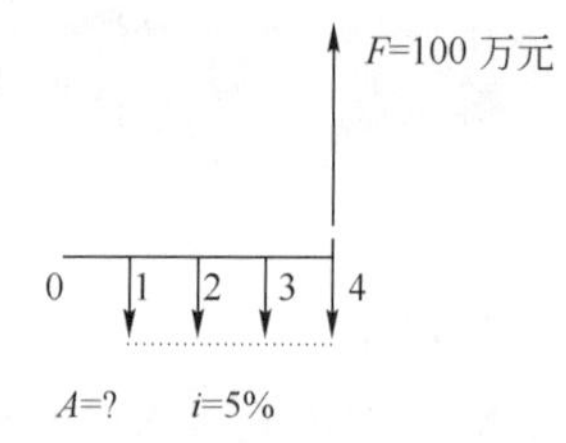

例 10-1-7 解图　某企业等额支付现金流量图

根据上面公式，可得

$$A=F\left[\frac{i}{(1+i)^n-1}\right]$$
$$=100\times\left[\frac{5\%}{(1+5\%)^4-1}\right]=23.20\text{ 万元}$$

或利用复利系数表，可得

$$A=F(A/F,i,n)=100\times0.232\,01=23.20\text{ 万元}$$

即每年年末应存款 23.20 万元。

3. 等额支付资金回收公式（已知 P 求 A）

等额支付资金回收是指以利率 i 投入一笔资金，希望今后 n 期内以每期等额 A 的方式回收，其 A 值应为多少？这类问题的现金流量图如图 10-1-5 所示。

图 10-1-5　等额支付资金回收现金流量图

等额支付资金回收公式为

$$A=P\left[\frac{i(1+i)^n}{(1+i)^n-1}\right]=P(A/P,i,n) \tag{10-1-10}$$

式中，$\frac{i(1+i)^n}{(1+i)^n-1}$ 称为等额支付资金回收系数，记为 $(A/P,i,n)$。

【例 10-1-7】 如现在投资 100 万元，预计年利率为 10%，分 5 年等额回收，每年可回收：[已知：$(A/P,10\%,5)=0.2638$，$(A/F,10\%,5)=0.1638$]

A. 16.38 万元　　B. 26.38 万元

C. 62.09 万元　　D. 75.82 万元

解　根据等额支付资金回收公式，每年可回收：

$$A=P(A/P,10\%,5)=100\times 0.2638=26.38\text{ 万元}$$

答案：B

4. 等额支付现值公式（已知 A 求 P）

每年收益（或支付）等额年金，求其现值，现金流量图如图 10-1-6 所示。

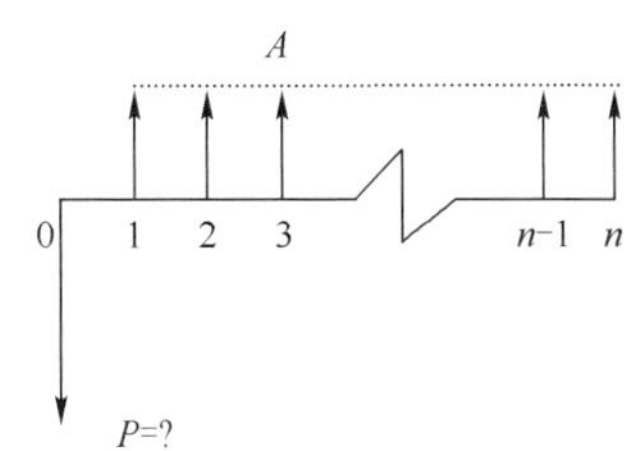

图 10-1-6　等额支付现值现金流量图

等额支付现值公式为

$$P=A\left[\frac{(1+i)^n-1}{i(1+i)^n}\right]=A(P/A,i,n) \tag{10-1-11}$$

式中 $\frac{(1+i)^n-1}{i(1+i)^n}$ 称为等额支付现值系数，记为 $(P/A,i,n)$。

应用等额支付资金回收公式和等额支付现值公式时应注意，P 发生在第 0 年年末，即第 1 期期初，A 发生在各期期末，P 和 A 不在同一时间发生。

【例 10-1-9】 某企业利用银行贷款建设，年复利率 8%，当年建成并投产，预计每年可获得净利润 100 万元，要求 10 年内收回全部贷款，问投资额应控制在多少以内？

解　绘出现金流量图，如解图所示。

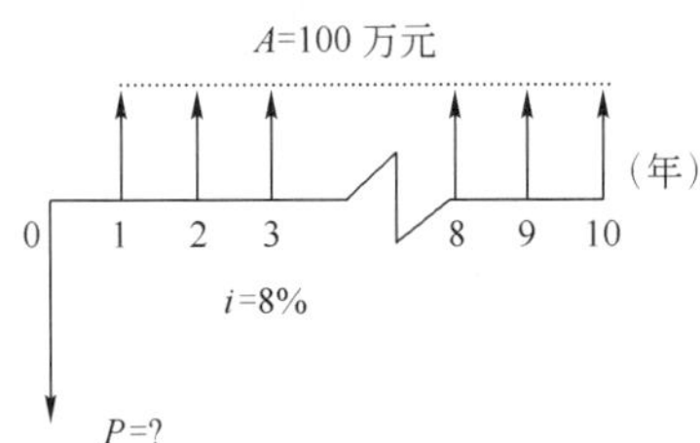

例 10-1-9 解图　等额支付现金流量图

根据上式，可得

$$P=A\left[\frac{(1+i)^n-1}{i(1+i)^n}\right]$$
$$=100\times\left[\frac{(1+8\%)^{10}-1}{8\%\times(1+8\%)^{10}}\right]=671.0\text{ 万元}$$

或利用复利系数表，可得

$$P=A(P/A,i,n)=100\times 6.710=671.0\text{ 万元}$$

即投资额应控制在 671.0 万元以内。

五、复利系数表的应用

资金等值计算时，可以利用相应的公式计算，也可以应用复利系数表进行计算。复利系数表的形式见表 10-1-1 所列。表 10-1-1 是利率为 5% 的复利系数表。

复利系数表(利率为5%)　　表10-1-1

年份 n	一次支付		等额支付			
	终值系数 $(1+i)^n$ $(F/P,i,n)$	现值系数 $\frac{1}{(1+i)^n}$ $(P/F,i,n)$	终值系数 $\frac{(1+i)^n-1}{i}$ $(F/A,i,n)$	偿债基金系数 $\frac{i}{(1+i)^n-1}$ $(A/F,i,n)$	资金回收系数 $\frac{i(1+i)^n}{(1+i)^n-1}$ $(A/P,i,n)$	现值系数 $\frac{(1+i)^n-1}{i(1+i)^n}$ $(P/A,i,n)$
1	1.050	0.952 4	1.000	1.000 00	1.050 00	0.952
2	1.103	0.907 0	2.050	0.487 80	0.537 80	1.859
3	1.158	0.868 8	3.153	0.317 21	0.367 21	2.723
4	1.216	0.827 7	4.310	0.232 01	0.282 01	3.546
5	1.276	0.783 5	5.526	0.180 97	0.230 97	4.329
6	1.340	0.746 2	6.802	0.147 02	0.197 02	5.076
7	1.407	0.710 7	8.142	0.122 82	0.172 82	5.788
8	1.477	0.676 8	9.549	0.104 72	0.154 72	6.463
9	1.551	0.644 6	11.027	0.090 69	0.140 69	7.108
10	1.629	0.613 9	12.578	0.079 50	0.129 50	7.722

【例10-1-10】 某项目建设期2年,前2年年初分别投资1 000万元和800万元,2年建成并投产,从第3年开始每年净收益300万元,项目生产期为10年,年利率为5%,试计算该项目的净现值(净现值:按设定的折现率,将项目计算期内各年的净现金流量折现到建设期初的现值之和)。

解 该项目的现金流量图如解图所示,净现值为

$$\begin{aligned}\text{NPV}&=-1\,000-800(P/F,5,1)+300(P/A,5,10)(P/F,5,2)\\&=-1\,000-800\times0.952\,4+300\times7.722\times0.907\,0\\&=339.24\ \text{万元}\end{aligned}$$

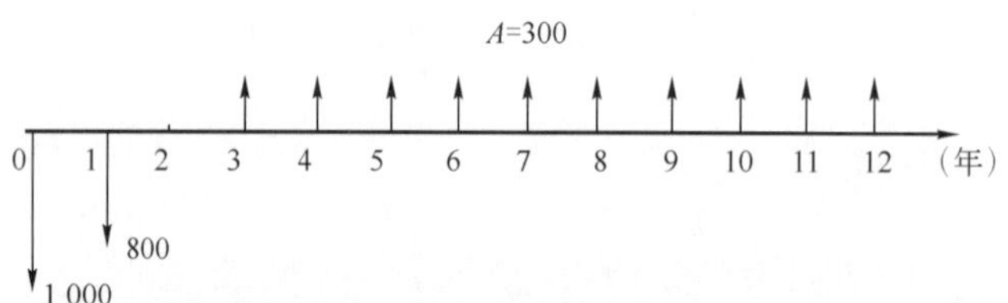

例10-1-10解图　某投资项目的现金流量图

习　题

10-1-1　某公司购买设备,有三家银行可提供贷款,甲银行年利率18%,半年计息一次;乙银行年利率17%,每月计息一次;丙银行年利率18.2%,每年计息一次。均按复利计息,若其他条件相同,公司应向(　　)。

A. 向甲银行借款　　B. 向乙银行借款
C. 向丙银行借款　　D. 向甲银行、丙银行借款都一样

10-1-2　某公司从银行贷款,年利率11%,每年年末贷款金额10万元,按复利计息,到第5年年末需偿还本利和(　　)。

A. 54.4万元　B. 55.5万元　C. 61.051万元　D. 62.278万元

10-1-3　某公司从银行贷款,年利率8%,按复利计息,借贷期限5年,每年年末偿还等额

本息 50 万元。到第 3 年年初，企业已经按期偿还 2 年本息，现在企业有较充裕资金，与银行协商，计划第 3 年年初一次偿还贷款，需还款金额为（　　）。

A. 89.2 万元　　B. 128.9 万元　　C. 150 万元　　D. 199.6 万元

10-1-4　某学生从银行贷款上学，贷款年利率 5%，上学期限 3 年，与银行约定从毕业工作的第 1 年年末开始，连续 5 年以等额本息还款方式还清全部贷款，预计该生每年还款能力为 6 000元。该学生上学期间每年年初可从银行得到等额贷款是（　　）。

A. 7 848 元　　B. 8 240 元　　C. 9 508 元　　D. 9 539 元

第二节　财务效益与费用估算

一、项目的分类与项目计算期

对建设项目可以从不同的角度进行分类，通常有以下分类方法：

(1)按项目的目标，可分为经营性项目和非经营性项目；

(2)按项目的产出属性（产品或服务），可分为公共项目和非公共项目；

(3)按项目的投资管理形式，可分为政府投资项目和企业投资项目；

(4)按项目与企业原有资产的关系，可分为新建项目和改扩建项目；

(5)按项目的融资主体，可分为新设法人项目和既有法人项目。

一个建设项目要经历若干个不同的阶段。在进行建设项目经济评价时，项目计算期是指经济评价中为进行动态分析所设定的期限，包括建设期和运营期。建设期是指项目资金正式投入开始到项目建成投产为止所需要的时间，一般按合理工期或预定的建设进度确定；运营期又分为投产期和达产期两个阶段。投产期是指项目投入生产，但生产能力尚未达到设计能力时的过渡阶段。达产期是指生产运营达到设计预期水平后的时间。运营期的长短一般取决于主要设备经济寿命。

项目计算期的长短与行业特点、主要设备经济寿命等有关。

二、财务效益与费用

财务效益与费用是对项目进行财务分析的基础，这里的财务效益与费用是指项目实施后所获得的收入和费用支出。

(一)收入

项目的收入包括营业收入和补贴收入。

1. 营业收入

营业收入是指销售产品或提供服务获得的收入。对于生产销售产品的项目，营业收入就是销售收入。销售收入是指企业向社会出售商品或提供劳务的货币收入。

$$销售收入=产品销售量\times产品单价$$

在项目经济评价中需要对营业收入进行估算，根据市场预测分析数据、产品或服务价格、各期的运营负荷（产品或服务的数量）等因素估算。

2. 补贴收入

补贴收入是企业从政府或某些国际组织得到的补贴。

对于适用增值税的经营性项目，除营业收入外，可得到的增值税返还也作为补贴收入计入财务效益；对于非经营性项目，财务效益包括可能获得的各种补贴收入。

3. 利润

利润是企业在一定期间的经营成果。

营业利润＝营业收入－营业成本－营业税金及附加－销售费用－管理费用－财务费用－资产减值损失－公允价值变动损失(＋收益)＋投资收益(－损失)

利润总额＝营业利润＋营业外收入－营业外支出

净利润＝利润总额－所得税费用＝利润总额×(1－所得税率)

【例 10-2-1】 对于国家鼓励发展的增值税的经营项目，可以获得增值税的优惠。在财务评价中，先征后返的增值税应记作项目的：

A. 补贴收入　　B. 营业收入

C. 经营成本　　D. 营业外收入

解 根据建设项目经济评价方法的有关规定，在建设项目财务评价中，对于先征后返的增值税、按销量或工作量等依据国家规定的补助定额计算并按期给予的定额补贴，以及属于财政扶持而给予的其他形式的补贴等，应按相关规定合理估算，记作补贴收入。

答案：A

(二)项目的费用支出

建设项目所支出的费用主要包括投资、成本费用和税金等。

1. 建设投资

建设投资是指项目筹建和建设期间所需的建设费用。建设投资由工程费用(包括建筑工程费、设备购置费、安装工程费)、工程建设其他费用和预备费(包括基本预备费和涨价预备费)所组成。

其中工程建设其他费用是指建设投资中除建筑工程费、设备购置费和安装工程费之外的，为保证项目顺利建成并交付使用的各项费用，包括建设用地费用、与项目建设有关的费用(如建设管理费、可行性研究费、勘察设计费等)及与项目运营有关的费用(如专利使用费、联合试运转费、生产准备费等)。

建设项目的总投资包括建设投资、建设期利息和流动资金之和。建设期利息包括银行借款和其他债务资金的利息，以及其他融资费用。流动资金是指项目运营期内长期占用并周转使用的营运资金。建设项目投资构成如图 10-2-1 所示。

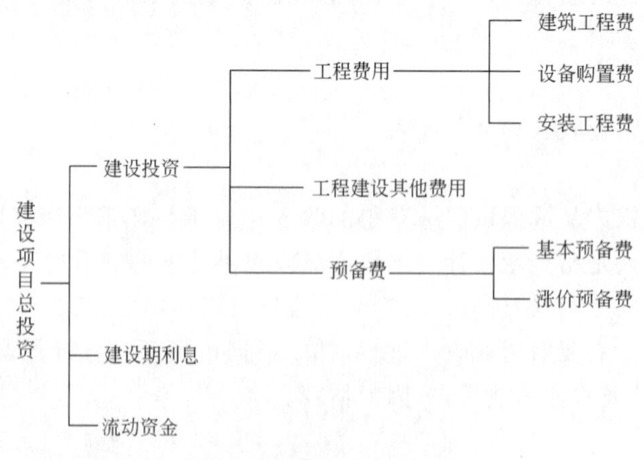

图 10-2-1　建设项目投资构成

【例 10-2-2】 在下列费用中，应列入项目建设投资的是：

A. 项目经营成本　　B. 流动资金

C. 预备费　　D. 建设期利息

解　建设项目评价中的总投资包括建设投资、建设期利息和流动资金之和。建设投资由工程费用(建筑工程费、设备购置费、安装工程费)、工程建设其他费用和预备费(基本预备费和涨价预备费)组成。

答案:C

2. 建设期利息

建设期利息是指为建设项目所筹措的债务资金在建设期内发生并按规定允许在投产后计入固定资产原值的利息,即资本化利息。估算建设期利息一般按年计算。

根据借款是在建设期各年年初发生还是在各年年内均衡发生,估算建设期利息应采用不同的计算公式。

(1)借款在建设期各年年初发生,建设期利息为

$$Q=\sum[(P_{t-1}+A_t)\cdot i] \tag{10-2-1}$$

式中:Q——建设期利息;

P_{t-1}——按单利计算时为建设期第 $t-1$ 年末借款累计,按复利计息时为建设期第 $t-1$ 年末借款本息累计;

A_t——建设期第 t 年借款额;

i——借款年利率;

t——年份。

(2)借款在建设期各年年内均衡发生,建设期利息为

$$Q=\sum\left[\left(P_{t-1}+\frac{A_t}{2}\right)\cdot i\right] \tag{10-2-2}$$

【例 10-2-3】　某新建项目,建设期为 3 年,第 1 年年初借款 500 万元,第 2 年年初借款 800 万元,第 3 年年初借款 400 万元,借款年利率 8%,按年计息,建设期内不支付利息。试问该项目的建设期利息是多少?

解　第 1 年借款利息　$Q_1=(P_{1-1}+A_1)\times i=500\times 8\%=40$ 万元

第 2 年借款利息　$Q_2=(P_{2-1}+A_2)\times i=(540+800)\times 8\%=107.2$ 万元

第 3 年借款利息　$Q_3=(P_{3-1}+A_3)\times i=(540+907.2+400)\times 8\%=147.78$ 万元

建设期利息为　$Q=Q_1+Q_2+Q_3=40+107.2+147.78=294.98$ 万元

【例 10-2-4】　某新建项目,建设期为 3 年,第 1 年借款 500 万元,第 2 年借款 800 万元,第 3 年借款 400 万元,各年借款均在年内均衡发生,借款年利率 8%,每年计息一次,建设期内按期支付利息。试问该项目的建设期利息是多少?

解　第 1 年借款利息　$Q_1=(P_{1-1}+A_1/2)\times i=500\div 2\times 8\%=20$ 万元

第 2 年借款利息　$Q_2=(P_{2-1}+A_2/2)\times i=(500+800\div 2)\times 8\%=72$ 万元

第 3 年借款利息　$Q_3=(P_{3-1}+A_3/2)\times i=(500+800+400\div 2)\times 8\%=120$ 万元

建设期利息为　$Q=Q_1+Q_2+Q_3=20+72+120=212$ 万元

【例 10-2-5】　某建设项目的建设期为 2 年,第一年贷款额为 400 万元,第二年贷款额 800 万元,贷款在年内均衡发生,贷款年利率为 6%,建设期内不支付利息,计算建设期贷款利息为:

A. 12 万元　　B. 48.72 万　　C. 60 万元　　D. 60.72 万元

解　第一年贷款利息:400/2×6%=12 万元

第二年贷款利息:(400＋800/2＋12)×6％＝48.72万元

建设期贷款利息:12＋48.72＝60.72万元

答案:D

3.流动资金

流动资金是指运营期内长期占用并周转使用的营运资金,不包括运营中需要的临时性营运资金。建设项目投资期垫支的营运资金一般默认在营业终结期(项目寿命期满)收回。营运资金垫支一般发生在投资期,垫支时做现金流出,在项目寿命期满收回时做现金流入。流动资金估算的基础是营业收入、经营成本和商业信用等。在估算营业收入和经营成本后估算流动资金。按行业或前期研究阶段的不同,估算流动资金的方法可选用扩大指标法或分项详细估算法。

(1)扩大指标法

扩大指标法是参照同类企业流动资金占营业收入或经营成本的比例,或者单位产品占用营运资金的数额估算流动资金,计算公式如下

流动资金＝年营业收入额×营业收入资金率

或　　流动资金＝年经营成本×经营成本资金率

或　　流动资金＝单位产品占用流动资金额×年产量

(2)分项详细估算法

分项详细估算法是利用流动资产与流动负债估算项目占用的流动资金。流动资产的构成要素一般包括存货、库存现金、应收账款和预付账款,流动负债的构成要素一般只考虑应付账款和预收账款。计算公式如下

流动资金＝流动资产－流动负债

流动资产＝存货＋现金＋应收账款＋预付账款

流动负债＝应付账款＋预收账款

流动资金本年增加额＝本年流动资金－上年流动资金

4.总成本费用

费用是指企业在日常活动中发生的、会导致所有者权益减少的、与向所有者分配利润无关的经济利益的总流出。成本通常是指企业为生产产品或提供服务所进行经营活动的耗费。

总成本费用是指在运营期内为生产产品或提供服务所发生的全部费用,等于经营成本与折旧费、摊销费和财务费用之和。

总成本费用可按以下两种方法计算:

(1)生产成本加期间费用估算法

总成本费用＝生产成本＋期间费用

其中　生产成本＝直接材料费＋直接燃料和动力费＋直接工资＋其他直接支出＋制造费用

期间费用＝管理费用＋营业费用＋财务费用

生产成本是企业为生产产品或提供服务而发生的各项生产费用,包括各项直接支出和制造费用。其中,直接支出包括直接材料、直接燃料和动力、直接工资、其他直接支出(如福利费);制造费用是指企业内的车间为组织和管理生产所发生的各项费用,包括车间管理人员工资、折旧费、修理费及其他制造费用(办公费、差旅费、劳保费等)。

管理费用是指企业行政管理部门为组织和管理生产经营活动而发生的各项费用,包括企业管理人员的工资、福利费及公司一级的折旧费、修理费、无形资产摊销费、长期待摊费用、其他管理费用(如办公费、差旅费、技术转让费、咨询费等)。

营业费用是指企业在销售产品和提供服务等经营过程中发生的各项费用以及专设销售机构的各项经费。

财务费用是指企业在生产经营过程中为筹集资金而发生的各项费用，包括企业生产经营期间发生的利息支出、汇兑净损失、金融机构手续费等。在项目评价中一般只考虑其中的利息支出。

(2)生产要素估算法

总成本费用＝外购原材料、燃料和动力费＋工资及福利费＋折旧费＋摊销费＋修理费＋财务费用(利息支出)＋其他费用

5.固定资产折旧

固定资产是指使用期限超过一年，单位价值在规定标准以上，并在使用过程中保持原有物质形态的资产。固定资产在使用过程中，其价值量会不断变化。

建设项目建成或者设备购置投入使用时发生并核定的固定资产完全原始价值总量，称为固定资产原值。固定资产在使用过程中会发生损耗，这种损耗称为固定资产损耗，产生的损耗，包括有形损耗和无形损耗。有形损耗也称为物理损耗，是由于使用或者自然力的作用而引起的固定资产物质上的损耗。无形损耗也称为精神损耗，是由于科学技术进步、社会劳动生产率提高而引起原来的固定资产贬值。

固定资产原值或者重置价值减去累计折旧额后的余额称为固定资产净值，它反映了固定资产现存的价值。

固定资产达到规定的使用期限或者报废清理时可以回收的价值称为固定资产残值。

固定资产折旧简称折旧，是指固定资产在使用过程中由于逐渐磨损和贬值而转移到产品中去的那部分价值。固定资产在使用过程中，虽然其实物形态不变，但是由于磨损和贬值其价值会发生变化。折旧是固定资产价值补偿的一种方式，通过从销售收入中提取折旧费对固定资产进行价值形态的补偿，提取的折旧费积累起来可以用作固定资产的更新。

在项目投产前一次性支付的无形资产的费用，如技术转让费(包括专利费、许可证费等)，在项目投产后分次摊入成本的金额，称为摊销费。摊销费是无形资产转移到成本的那部分价值。同样，摊销费也在销售收入中回收，其性质与折旧费类似，所以也可以把它列入计算折旧的栏目中，一并计算现金流量。

折旧常用的方法有年限平均法、工作量法、双倍余额递减法、年数总和法等。其中，双倍余额递减法属于加速折旧法，对企业较为有利，一方面可以避免承担固定资产无形损耗带来的风险；另一方面可以冲减企业的利润，减少同期的纳税额。各种折旧方法计算公式如下：

(1)年限平均法

$$\text{年折旧额}=\frac{\text{固定资产原值}-\text{残值}}{\text{折旧年限}} \tag{10-2-3}$$

残值与固定资产原值之比称为净残值率，将上式两边同除以固定资产原值，可以得到年折旧率，所以年折旧额也可以按以下两式计算

$$\text{年折旧率}=\frac{1-\text{预计净残值率}}{\text{折旧年限}}\times 100\% \tag{10-2-4}$$

$$\text{年折旧额}=\text{固定资产原值}\times\text{年折旧率} \tag{10-2-5}$$

按这种折旧方法计算，折旧率不变，每年折旧额也相等。

【例 10-2-6】 某企业以 15 万元购入一种测试仪器，按规定使用年限为 10 年，残值率为 3%，求各年的折旧额。

解 根据式(10-2-4)和式(10-2-5),可知

$$年折旧率=\frac{1-3\%}{10}=9.7\%$$

$$年折旧额=15\times9.7\%=1.455\ 万元$$

(2)工作量法

这种方法根据固定资产实际完成的工作量计算折旧额。一些专业设备,如汽车、机床等一般用这种方法计提折旧。工作量法分为两种,一种是按照行驶里程计算折旧,另一种是按照工作小时计算折旧。

按行驶里程计算折旧的公式如下

$$单位里程折旧额=\frac{原值\times(1-预计净产值率)}{总行驶里程} \tag{10-2-6}$$

$$年折旧额=单位里程折旧额\times年行驶里程$$

按照工作小时计算折旧的公式为

$$每工作小时折旧额=\frac{原值\times(1-预计净产值率)}{总工作小时} \tag{10-2-7}$$

$$年折旧额=每工作小时折旧额\times年工作小时$$

采用工作量法折旧,若每年的工作量不同,则每年的折旧额不等。

【例 10-2-7】 同例 10-2-5,各年该测试仪器工作小时见表,用工作量法计算各年的折旧额。

某测试仪器各年的工作小时 例 10-2-6 表

年　份	1	2	3	4	5	6	7	8	9	10	合计
工作小时	420	450	460	500	510	500	530	550	540	540	5 000

解 根据公式(10-2-7),可知

$$第\ 1\ 年折旧额=(15-15\times3\%)\times\frac{420}{5\ 000}=1.222\ 万元$$

$$第\ 2\ 年折旧额=(15-15\times3\%)\times\frac{450}{5\ 000}=1.310\ 万元$$

同样,可求得其余各年折旧额。

(3)双倍余额递减法

双倍余额递减法属于加速折旧法,是一种加快回收折旧金额的方法。此法初始年折旧额大,随着固定资产使用年数的增加,年折旧额逐年降低,但每年的折旧率是相同的。

$$年折旧率=\frac{2}{折旧年限}\times100\% \tag{10-2-8}$$

$$第\ n\ 年折旧额=第\ n\ 年固定资产净值\times年折旧率 \tag{10-2-9}$$

采用此法计算折旧额,应在固定资产折旧年限到期的前 2 年内,将固定资产净值扣除预计残值后的净额平均摊销。

【例 10-2-8】 同例 10-2-5,但用双倍余额递减法计算各年的折旧额。

解 根据公式(10-2-8)和公式(10-2-9)可得

$$年折旧率=\frac{2}{10}\times100\%=20\%$$

第 1 年折旧额＝15×20％＝3 万元

第 2 年折旧额＝(15－3)×20％＝2.4 万元

第 3 年折旧额＝$15\times(1-20\%)^2\times20\%$＝1.92 万元

……

第 8 年折旧额＝$15\times(1-20\%)^7\times20\%$＝0.629 万元

第 9 年和第 10 年的折旧额：

(固定资产净值－预计残值)÷2

＝$[15\times(1-20\%)^8-15\times3\%]\div2$

＝1.033 万元

(4)年数总和法

$$\text{年折旧率}=\frac{\text{折旧年限}-\text{已使用年限}}{\text{折旧年限}\times(\text{折旧年限}+1)\div2}\times100\% \tag{10-2-10}$$

$$\text{年折旧额}=(\text{固定资产原值}-\text{残值})\times\text{年折旧率} \tag{10-2-11}$$

年数总和法也是一种加速折旧的方法，前几种方法每年的折旧率是不变的，而采用这种方法折旧，折旧额和折旧率都是逐年减小的。

【例 10-2-9】 同例 10-2-5，但用年数总和法计算各年的折旧额。

解 根据公式(10-2-10)和公式(10-2-11)可得

第 1 年折旧率＝$\frac{10-0}{10\times(10+1)\div2}\times100\%=18.18\%$

第 1 年折旧额 ＝(15－15×3％)×18.18％＝2.645 万元

第 2 年折旧率＝$\frac{10-1}{10\times(10+1)\div2}\times100\%=16.36\%$

第 2 年折旧额＝(15－15×3％)×16.36％＝2.380 万元

同理可计算出各年的折旧率及折旧额。

各年折旧额累计之和应等于固定资产原值减去残值。

6.经营成本

经营成本是指建设项目总成本费用扣除折旧费、摊销费和财务费用以后的全部费用。

经营成本是项目评价中所使用的特定概念，是从投资方案本身考察的，在一定期间(一般为一年)内由于生产和销售产品或提供服务而实际发生的现金支出。经营成本不包括虽已经计入产品成本费用中但实际没有发生现金支出的费用项目。

经营成本与项目的融资方案无关，在完成建设投资和营业收入的估算后就可以估算经营成本，为项目融资之前的现金流量分析提供依据。

经营成本按下式计算

经营成本＝外购原材料、燃料和动力费＋工资及福利费＋修理费＋其他费用

经营成本与总成本费用之间的关系是

经营成本＝总成本费用－折旧费－摊销费－财务费用

7.固定成本和可变成本

总成本费用按成本与产量的关系可分为固定成本和可变成本。

固定成本是指产品总成本中，在一定产量范围内不随产量变动而变动的费用，如固定资产折旧费、管理费用等。固定成本一般包括折旧费、摊销费、修理费、工资、福利费(计件工资除外)及

其他费用等。通常把运营期间发生的全部利息也作为固定成本。

可变成本也称为变动成本，是指产品总成本中随产量变动而变动的费用，如产品外购原材料、燃料及动力费、计件工资等。

固定成本总额在一定时期和一定业务范围内不随产量的增加而变动。但在单位产品成本中，固定成本部分与产量的增加成反比，即产量增加，单位产品的固定成本减少。

变动成本总额随产量增加而增加，但单位产品成本中，产量增加，单位可变成本不变。

8. 机会成本和沉没成本

机会成本是指将有限资源投入某种经济活动时所放弃的投入到其他经济活动所能带来的最高收益。

沉没成本是指过去已经支出而现在已无法得到补偿的成本。

【例 10-2-10】 某项目投资中有部分资金源于银行贷款，该贷款在整个项目期间将等额偿还本息。项目预计年经营成本为 5 000 万元，年折旧费和摊销为 2 000 万元，则该项目的年总成本费用应：

A. 等于 5 000 万元　　B. 等于 7 000 万元

C. 大于 7 000 万元　　D. 在 5 000 万元与 7 000 万元之间

解 经营成本是指项目总成本费用扣除固定资产折旧费、摊销费和利息支出以后的全部费用。即，经营成本＝总成本费用－折旧费－摊销费－利息支出。本题经营成本与折旧费、摊销费之和为 7 000 万元，再加上利息支出，则该项目的年总成本费用大于 7 000 万元。

答案：C

(三)项目评价涉及的税费

项目评价涉及的税费主要包括关税、增值税、营业税、消费税、所得税、资源税、城市维护建设税和教育费附加等，有的行业还涉及土地增值税。

我国目前的工商税制分为流转税、资源税、收益税、财产税、特定行为税等几类。其中项目评价所涉及的主要税费有从销售收入中扣除的增值税、营业税及附加，计入总成本费用的房产税、土地使用税、车船使用税、印花税等，计入建设投资的引进技术、设备材料的关税和固定资产投资方向调节税等，以及从利润中扣除的所得税等。以下简述几种主要的税种。

1. 增值税

增值税是就商品生产、商品流通和劳务服务各个环节的增值额征收的一种流转税(流转税是指以商品生产、商品流通和劳务服务的流转额为征税对象的各种税，包括增值税、消费税和营业税)。增值税设基本税率、低税率和零税率三档。计税公式为

$$应纳税额＝当期销项税额－当期进项税额$$

其中

$$销项税额 = 销售额\times适用增值税率$$

销项税额是按照销售额和规定税率计算并向购买方收取的增值税额。进项税额是指纳税人购进货物或者应税劳务所支付或者负担的增值税额。准予从销项税额中抵扣的进项税额，是指从销售方取得增值税专用发票上注明的增值税额或从海关取得的完税凭证上注明的增值税额。

财务分析应按税法规定计算增值税。当采用含(增值)税价格计算销售收入和原材料、燃料动力成本时，利润和利润分配表以及现金流量表中应单列增值税科目；采用不含(增值)税价格计算时，利润表和利润分配表以及现金流量表中不包括增值税科目。

2. 营业税

营业税是对在我国境内提供应税劳务、转让无形资产、销售不动产的单位和个人，就其营业额征收的一种税。凡在我国境内从事交通运输、建筑业、金融保险业、邮电通信业、文化体育业、娱乐业、服务业、转让无形资产、销售不动产等业务，都属于营业税的征收范围。其计算公式为

$$应纳营业税税额 = 营业额 \times 适用税率$$

营业税是价内税，包含在营业收入之内。

3. 资源税

资源税是对在我国境内从事开采特定矿产品和生产盐的单位和个人征收的税种，通常按矿产的产量计征。

4. 消费税

消费税是以特定消费品为纳税对象的税种。

5. 关税

关税是以进出口应税货物为纳税对象的税种。

6. 土地增值税

土地增值税是按照转让房地产所取得的增值额征收的一种税。房地产开发项目应按规定计算土地增值税。

7. 城乡维护建设税

城乡维护建设税是对一切有经营收入的单位和个人，就其经营收入征收的一种税。城市维护建设税是一种地方附加税，目前以流转税额(包括增值税、营业税和消费税)为计税依据。

8. 教育费附加

教育费附加是向缴纳增值税、消费税、营业税的单位和个人征收的一种专项费用。

9. 企业所得税

企业所得税是企业应纳税所得额征收的税种，其计算公式为

$$应纳所得税额 = 应纳税所得额 \times 所得税税率$$

$$应纳税所得额 = 利润总额 \pm 税收项目调整项目金额$$

10. 固定资产投资方向调节税

固定资产投资方向调节税是以投资行为为征税对象的一种税。按国家规定，自 2000 年 1 月起新发生的投资额，暂停征收固定资产投资方向调节税。

在财务现金流量表中所列的“营业税及附加”，是指在项目运营期内各年销售产品或提供服务所发生的应从营业收入中缴纳的税金，包括营业税、资源税、消费税、土地增值税、城市维护建设税和教育费附加。

(四)总投资形成的资产

建设项目评价中的总投资，是指项目建设和投入运营所需要的全部投资，为建设投资、建设期利息和流动资金之和。应注意项目评价中的总投资区别于目前国家考核建设规模的总投资，后者包括建设投资和 30% 的流动资金(又称铺底流动资金)。

按现行财务会计制度的规定，固定资产是指为生产商品、提供劳务、出租或经营管理而持有的，使用寿命超过一个会计年度的有形资产。

无形资产是指企业拥有或控制的没有实物形态的可辨认非货币性资产。

其他资产，原称递延资产，是指除流动资产、长期投资、固定资产、无形资产以外的其他资

产，如长期待摊费用。

项目评价中总投资形成的资产可划分为：

1.固定资产

构成固定资产原值的费用包括：

(1)工程费用，即建筑工程费、设备购置费和安装工程费；

(2)工程建设其他费用；

(3)预备费，可含基本预备费和涨价预备费；

(4)建设期利息。

2.无形资产

构成无形资产原值的费用，主要包括技术转让费或技术使用费(含专利权和非专利技术)、商标权和商誉等。

3.其他资产

构成其他资产原值的费用，主要包括生产准备费、开办费、出国人员费、来华人员费、图纸资料翻译复制费、样品样机购置费和农业开荒费等。

建设项目经济评价中，应按有关规定将建设投资中的各分项分别形成固定资产原值、无形资产原值和其他资产原值。形成的固定资产原值可用于计算折旧费，形成的无形资产原值和其他资产原值可用于计算摊销费。建设期利息应计入固定资产原值。

总投资中的流动资金与流动负债共同构成流动资产。

习　题

10-2-1　构成建设项目的总投资的三部分费用是(　　)。

A. 工程费用、预备费、流动资金

B. 建设投资、建设期利息、流动资金

C. 建设投资、建设期利息、预备费

D. 建筑安装工程费、工程建设其他费用、预备费

10-2-2　建设项目总投资中，形成固定资产原值的费用包括(　　)。

A. 工程费用、工程建设其他费用、预备费、建设期利息

B. 工程费用、专利费、预备费、建设期利息

C. 建筑安装工程费、设备购置费、建设期利息、商标权

D. 建筑安装工程费、预备费、流动资金、技术转让费

10-2-3　某新建项目，建设期2年，第1年年初借款1 500万元，第2年年初借款1 000万元，借款按年计息，利率为7%，建设期内不支付利息，第2年借款利息为(　　)。

A. 70万元　　B. 77.35万元　　C. 175万元　　D. 182.35万元

10-2-4　某企业购置一台设备，固定资产原值为20万元，采用双倍余额递减法折旧，折旧年限为10年，则该设备第2年折旧额为(　　)。

A. 2万元　　B. 2.4万元　　C. 3.2万元　　D. 4.0万元

10-2-5　某工业企业预计今年销售收入可达8 000万元，总成本费用为8 200万元，则该企业今年可以不缴纳(　　)。

A. 企业所得税　　B. 营业税金及附加

C. 企业自有车辆的车船税　　　　D. 企业自有房产的房产税

10-2-6 在建设项目总投资中,以下应计入固定资产原值的是(　　)。

A. 建设期利息　　　　B. 外购专利权

C. 土地使用权　　　　D. 开办费

第三节　资金来源与融资方案

一、资金筹措的主要方式

一个项目的建设,需要通过融资筹集建设项目所需的资金,资金筹措方式是指项目获得资金的具体方式。按照融资主体不同,项目的融资可分为既有法人融资和新设法人融资两种融资方式;按融资的性质,可以分为权益融资和债务融资。权益融资形成项目的资本金,债务融资形成项目的债务资金。

(一)资本金筹措

项目资本金是指在建设项目总投资中,由投资者认缴的出资额,对项目来说是非债务资金,投资者按出资比例依法享有所有者权益,可转让其出资,但不得抽回。项目法人不承担资本金的任何利息和债务,没有按期还本付息的压力。股利的支付依投产后的经营状况而定,项目法人的财务负担较小。由于股利从税后利润中支付,没有抵税作用,且发行费用较高,故资金成本较高。

项目资本金(即项目权益资金)的来源和筹措方式根据融资主体的特点有不同筹措方式。

既有法人融资项目新增资本金,可通过原有股东增资扩股、吸收新股东投资、发行股票、政府投资等方式筹措;新设法人融资项目的资本金,可通过股东直接投资、发行股票、政府投资等方式筹措。

(二)债务资金筹措

债务资金是项目投资中以负债方式从金融机构、证券市场等资本市场取得的资金。债务资金的特点是:使用上有时间性限制,到期必须偿还;不管企业经营好坏,均得按期还本付息,形成企业的财务负担;资金成本一般比权益资金低;不会分散投资者对企业的控制权。

目前,我国项目债务资金的来源和筹措方式有:

1.商业银行贷款

国内商业银行贷款手续简单、成本较低,适用于有偿债能力的项目。

2.政策性银行贷款

政策性银行贷款一般期限较长,利率较低。

3.外国政府贷款

外国政府贷款在经济上有援助性质,期限长、利率低。

4.国际金融组织贷款

国际金融组织贷款,如国际货币基金组织、世界银行、亚洲开发银行等。国际金融组织有自己的贷款政策,符合该组织认为应当支持的项目才能获得贷款。

5.出口信贷

出口信贷是设备出口国政府为促进本国设备出口,鼓励本国银行向本国出口商或外国进口商(或进口方银行)提供的贷款。贷款的使用条件是购买贷款国的设备,其利率通常低于国际上商业银行的利率，但需要支付一定的附加费用(管理费、承诺费、信贷保险费等)。

6.银团贷款

银团贷款是指多家银行组成一个集团，由一家或几家银行牵头，采用同一贷款协议，按照共同约定的贷款计划，向借款人提供贷款的贷款方式。它主要适用于资金需要量大、偿债能力较强的项目。

7.企业债券

企业债券是企业以自身的财务状况和信用条件为基础，按有关法律、法规规定的条件和程序发行的、约定在一定期限内还本付息的债券。企业债券的特点是筹资对象广，但发债条件严格、手续复杂；其利率虽低于贷款利率，但发行费用较高。它适用于资金需求量大、偿债能力较强的项目。

8.国际债券

国际债券是在国际金融市场上发行的、以外国货币为面值的债券。

9.融资租赁

租赁筹资是指出租人以租赁方式将出租物租给承租人，承租人以交纳租金的方式取得租赁物的使用权，在租赁期间出租人仍保持出租物的所有权，并于租赁期满收回出租物的一种经济行为。

企业筹集资金除了受到宏观经济、法律、政策及行业特点等因素制约外，还受到企业或项目自身因素的影响，包括拟建项目的规模、拟建项目的速度、控制权、资金结构、资金成本等因素的影响。

(三)准股本资金筹措

准股本资金是一种既具有资本金性质，又具有债务资金性质的资金。主要包括优先股股票和可转换债券。

(1)优先股股票：是一种兼具资本金和债务资金性质的有价证券。从普通股股东的立场看，优先股可视同一种负债；但从债权人的立场看，优先股可视同资本金。

在项目评价中，优先股股票应视为项目资本金。

(2)可转换债券：兼有债券和股票的特性。有债权性、股权性和可转换性三个特点。在项目评价中，可转换债券应视为项目债务资金。

二、资金成本

资金成本是企业为筹措资金和使用资金而付出的代价，由资金筹集费和资金占用费所组成。资金筹集费是筹集资金过程中发生的费用，如律师费、证券印刷费、发行手续费、资信评估费等；资金占用费是使用资金过程中向提供资金者所支付的费用，如借款利息、债券利息、优先股股息、普通股股息等。

资金成本一般用资金成本率表示。资金成本率是指筹集的资金与筹资发生的各种费用等值时的贴现率。考虑了资金时间价值的资金成本率的一般计算公式为

$$\sum_{t=0}^{n}\frac{F_t-C_t}{(1+K)^n}=0 \tag{10-3-1}$$

式中：F_t——各年实际筹措资金流入额；

C_t——各年实际资金筹集费和资金占用费；

K——资金成本率；

n——资金占用期限。

若不考虑资金的时间价值，资金成本可按下式计算

$$K = \frac{D}{I - C} = \frac{D}{I(1-f)} \tag{10-3-2}$$

式中：K——资金成本；

D——资金占用费；

I——筹集资金总额；

C——资金筹集费；

f——筹资费率。

(一)各种资金来源的资金成本

1.银行借款成本

借贷、债券等的融资费用和利息支出均在缴纳所得税之前支付，因此作为股权投资者可以获得所得税抵减的好处，所得税后资金成本可根据下式计算

所得税后资金成本＝所得税前资金成本×(1－所得税税率)

借款成本主要是利息支出，在筹资的时候也有一些费用，但这些费用一般较少，进行财务评价时可以忽略不计。考虑到利息在所得税前支付，可少交一部分所得税。其资金成本计算公式为

$$K_e = R_e(1-T) \tag{10-3-3}$$

式中：K_e——借款成本；

R_e——借款利率；

T——所得税税率。

如果考虑筹资费用，计算公式为

$$K_e = \frac{R_e(1-T)}{1-f} \tag{10-3-4}$$

式中：f——筹资费率。

【例 10-3-1】 某项目从银行贷款 500 万元，年利率为 8%，在借款期间每年支付利息 2 次，所得税税率为 25%，手续费忽略不计，问该借款的资金成本是多少？

解 将名义利率折算为实际利率，即

$$R_e = \left(1 + \frac{r}{m}\right)^m - 1 = \left(1 + \frac{8\%}{2}\right)^2 - 1 = 8.16\%$$

借款资金成本 $K_e = R_e(1-T) = 8.16\% \times (1-25\%) = 6.12\%$

2.债券成本

与借款类似，企业发行债券筹集成本所支付的利息计入税前成本费用，同样可以少交一部分所得税。企业发行债券的筹资费用较高，计算其资金成本时应予以考虑。债券成本的计算公式为

$$K_b = \frac{R_b(1-T)}{B(1-f_b)} \tag{10-3-5}$$

式中：K_b——债券成本；

R_b——债券每年实际利息；

B——债券每年发行总额；

f_b——债券筹资费用率。

3.优先股资金成本

优先股是一种兼有资本金和债务资金特点的融资方式，优先股股东不参与公司经营管理，对公司无控制权。发行优先股通常不需要还本，但需要支付固定股息，股息一般高于银行贷款

利息。从债权人的立场看，优先股可视为资本金；从普通股股东的立场看，优先股可视为一种负债。在项目评价中，优先股股票应视为资本金。优先股资金成本的计算公式为

优先股资金成本＝优先股股息/（优先股发行价格－发行成本）

【例 10-3-2】 某优先股面值 100 元，发行价格 99 元，发行成本为面值的 3%，每年支付利息 1 次，固定股息率为 8%，问该优先股的资金成本是多少？

解 $$该优先股的资金成本=\frac{8}{99-3}\times 100\%=8.33\%$$

4. 普通股资金成本

普通股资金成本属于权益资金成本。其计算方法有资本资产定价模型法、税前债务成本加风险溢价法、股利增长模型法等。

（1）资本资产定价模型法

资本资产定价模型法的计算公式为

$$K_c = R_f + \beta(R_m - R_f) \tag{10-3-6}$$

式中：K_c——普通股资金成本；

R_m——市场投资组合预期收益率；

R_f——无风险投资收益率；

β——项目的投资风险系数。

（2）股利增长模型法

该模型是一种假定股票投资收益以固定的增长率递增的计算股票资金成本的方法，计算公式为

$$K_s=\frac{D_i}{P_0(1-f)}+g \tag{10-3-7}$$

式中：K_s——普通股资金成本；

D_i——第 i 期支付的股利；

P_0——普通股现值；

f——筹资费率；

g——期望股利增长率。

由于股利必须在企业税后利润中支付，因而不能抵减所得税的缴纳。

5. 保留盈余资金成本

保留盈余又称留存收益，是指企业从历年实现的利润中提取或形成的留存于企业内部的积累。保留盈余包括盈余公积和未分配利润。由于企业保留盈余资金不仅可以用来追加本企业的投资，也可把资金放入银行或者投资到别的企业。因此，使用保留盈余资金意味着要承受机会成本。

（二）扣除通货膨胀影响的资金成本

借贷资金利息等通常包含通货膨胀因素的影响，扣除通货膨胀因素影响的资金成本计算公式为

$$扣除通货膨胀因素影响的资金成本=\frac{1+未扣除通货膨胀因素影响的资金成本}{1+通货膨胀率}-1 \tag{10-3-8}$$

如果需要计算扣除所得税和扣除通货膨胀因素影响的资金成本，应当先计算扣除所得税影响的资金成本，然后再计算扣除通货膨胀因素影响的资金成本。

【例 10-3-3】 如果通货膨胀率为 2%，试计算例 10-3-1 的借款资金成本。

解 例 10-3-1 的计算结果已扣除了所得税的影响，则扣除通货膨胀因素影响的借款资金成本为

$$(1+6.12\%)\div(1+2\%)-1=4.04\%$$

(三)加权平均资金成本

项目的资金有不同来源，其成本一般是不同的。对项目进行评价时，需要计算整个融资方案的综合资金成本，一般是以各种资金所占全部资金的比重为权重，对个别资金成本进行加权计算，即加权平均资金成本，其计算公式为

$$K_w=\sum_{t=1}^{n}K_tW_t$$

式中：K_w——加权平均资金成本；

K_t——第 t 种融资的资金成本；

W_t——第 t 种融资金额占总融资金额的比重，有 $\sum W_t=1$。

【例 10-3-4】 某项目资金来源包括普通股、长期借款和短期借款，其融资金额分别为 500 万元、400 万元和 200 万元，资金成本分别为 15%、6% 和 8%。试计算该项目融资的加权平均资金成本。

解 该项目融资总金额为 500＋400＋200＝1 100 万元，其加权平均资金成本为

$$\frac{500}{1\,100}\times15\%+\frac{400}{1\,100}\times6\%+\frac{200}{1\,100}\times8\%=10.45\%$$

从以上例子可以看出，个别资金成本、税收、通货膨胀等因素会影响企业的平均资金成本。

三、债务偿还的主要方式

(一)等额利息法

等额利息法，即每期付息额相等，期中不还本金，最后一期归还本金和当期利息。

(二)等额本金法

等额本金法，即每期偿还相等的本金和相应的利息。

假定每年还款，等额本金法的计算公式为

$$A_t=\frac{I_c}{n}+I_c\cdot\left(1-\frac{t-1}{n}\right)\cdot i \tag{10-3-9}$$

式中：A_t——第 t 期的还本付息额；

I_c——还款开始的期初借款余额；

$\frac{I_c}{n}$——每年偿还的本金；

n——约定的还款期；

i——借款的年利率。

(三)等额本息法

等额本息法，即每期偿还本利额相等。

可利用等额支付资金回收公式(10-1-10)计算，即

$$A=P\left[\frac{i(1+i)^n}{(1+i)^n-1}\right]=P(A/P,i,n)$$

【例 10-3-5】 某公司向银行借款 150 万元，期限为 5 年，年利率为 8%，每年年末等额还本

付息一次(即等额本息法),到第五年末还完本息。则该公司第 2 年年末偿还的利息为:[已知:$(A/P,8\%,5)=0.2505$]

A. 9.954 万元　　B. 12 万元

C. 25.575 万元　　D. 37.575 万元

解　注意题目问的是第 2 年年末偿还的利息(不包括本金)。

等额本息法每年还款的本利和相等,根据等额支付资金回收公式(已知 P 求 A),每年年末还本付息金额为:

$$A=P\left[\frac{i(1+i)^n}{(1+i)^n-1}\right]$$

$$=P(A/P,8\%,5)=150\times0.2505=37.575 \text{ 万元}$$

则第 1 年年末偿还利息为 $150\times8\%=12$ 万元,偿还本金为 $37.575-12=25.575$ 万元

第 1 年已经偿还本金 25.575 万元,尚未偿还本金为 $150-25.575=124.425$ 万元

第 2 年年末应偿还利息为 $(150-25.575)\times8\%=9.954$ 万元

答案:A

(四)"气球法"(任意法)

"气球法",即期中任意偿还本利,到期末全部还清。

(五)一次偿付法

一次偿付法,即最后一期偿还本利。

(六)偿债基金法

偿债基金法,即每期偿还贷款利息,同时向银行存入一笔等额现金,到期末存款正好偿付贷款本金。

【例 10-3-6】　某公司向银行借款 2400 万元,期限为 6 年,年利率为 8%,每年年末付息一次,每年等额还本,到第 6 年年末还完本息。请问该公司第 4 年年末应还的本息和是:

A. 432 万元　　B. 464 万元　　C. 496 万元　　D. 592 万元

解　该公司借款的偿还方式为等额本金法。

每年应偿还的本金均为:$2400/6=400$ 万元

前 3 年已经偿还本金:$400\times3=1200$ 万元

尚未还款本金:$2400-1200=1200$ 万元

第 4 年年末应还利息为:$I_4=1200\times8\%=96$ 万元

第 4 年年末应还本息和:$A_4=400+96=496$ 万元

或按等额本金法公式计算:

$$A_t=\frac{I_c}{n}+I_c\cdot\left(1-\frac{t-1}{n}\right)\cdot i=\frac{2400}{6}+2400\times\left(1-\frac{4-1}{6}\right)\times8\%=496 \text{ 万元}$$

答案:C

习　题

10-3-1　某企业发行债券筹集资金,发行总额 500 万元,债券年利率为 5%,发行时的筹资费用率 1%,所得税税率 25%,该债券筹资成本为(　　)。

A. 3%　　B. 3.8%　　C. 5%　　D. 6%

10-3-2　某扩建项目总投资 1 000 万元，筹集资金的来源为：原有股东增资 400 万元，资金成本为 15%；银行长期借款 600 万元，年实际利率为 6%。该项目年初投资当年获利，所得税税率 25%，该项目所得税后加权平均资金成本为（　　）。

A. 7.2%　　B. 8.7%　　C. 9.6%　　D. 10.5%

10-3-3　某项目从银行贷款 500 万元，期限 5 年，年利率 5%，采取等额还本利息照付方式还本付息，每年末还本付息一次，第 2 年应付利息是（　　）万元。

A. 5　　B. 20　　C. 23　　D. 25

10-3-4　某公司发行普通股筹资 10 000 万元，筹资费率为 3%，第一年股利率为 8%，以后每年增长 6%，所得税率为 25%，则普通股资金成本为（　　）。

A. 8.25%　　B. 10.69%　　C. 14.00%　　D. 14.25%

第四节　财务分析

建设项目经济评价包括财务评价（也称财务分析）和国民经济评价（也称经济分析）。

财务评价（财务分析）是在国家现行财税制度和价格体系的前提下，从项目的角度进行经济分析，评价项目的盈利能力和借款偿还能力，评价项目在财务上的可行性。对于经营性项目，应分析项目的盈利能力、偿债能力和财务生存能力，判断项目的财务可接受性；对于非经营性项目，财务分析主要分析项目的财务生存能力。

一、财务评价的内容

（1）根据项目的性质和目标选择适当的方法。

（2）收集、预测财务分析的数据，进行财务效益和费用的估算。

（3）进行财务分析。通过编制财务报表，计算财务指标，分析项目的盈利能力、偿债能力和财务生存能力。

（4）进行不确定性分析，估计项目可能承担的风险。

二、盈利能力分析

财务分析可分为融资前分析和融资后分析，一般先进行融资前分析，在满足条件的基础上，考虑融资方案进行融资后分析。

融资前分析应以动态分析（折现现金流量分析）为主，静态分析为辅。融资前动态分析，不考虑债务融资方案，通过编制项目投资现金流量表，计算项目投资内部收益率和净现值等指标，从项目投资总获利能力的角度，考察项目方案的合理性。

根据分析的角度不同，融资前分析可选择计算所得税前指标和（或）所得税后指标。

融资前分析也可计算静态投资回收期指标，以反映收回项目投资所需要的时间。

融资后的盈利能力分析包括动态分析和静态分析，其中动态分析包括项目资本金现金流量分析和投资各方现金流量分析。项目资本金现金流量分析考虑了融资方案的影响，通过编制项目资本金现金流量表，计算项目资本金财务内部收益率，考察项目资本金的收益水平。投资各方现金流量分析通过编制投资各方现金流量表，计算投资各方的财务内部收益率指标，考察投资各方的收益水平。静态分析不考虑资金的时间价值，依据利润和利润分配表计算项目资本金净利润率和总投资收益率指标。

按照是否考虑资金的时间价值，项目经济评价指标可分为静态评价指标和动态评价指标；按照指标的性质，项目经济评价指标可分为时间性指标、价值性指标和比率性指标；国家发改委、建设部发布的《建设项目经济评价方法与参数》(第三版)按照分析的角度不同，将项目经济评价分为财务分析和经济分析，对应的指标为财务分析指标和经济分析指标。

以下介绍常用的评价指标。

(一)净现值

净现值是考察项目在计算期内盈利能力的主要动态评价指标，是采用最为普遍的指标之一。

净现值是指按行业的基准收益率或设定的折现率，将项目计算期内各年的净现金流量折现到建设期初的现值之和。基准收益率也称基准折现率，是企业或行业或投资者以动态的观点所确定的、可接受的投资项目最低标准的受益水平。

净现值的计算公式为

$$NPV=\sum_{t=0}^{n}(CI-CO)_t(1+i_c)^{-t} \tag{10-4-1}$$

式中：NPV——净现值；

CI——现金流入量；

CO——现金流出量；

$(CI-CO)_t$——第 t 年的净现金流量；

n——项目计算期；

i_c——基准收益率(折现率)。

确定基准收益率应考虑年资金费用率、机会成本、投资风险和通货膨胀等因素，一般可按下式确定：

$$i_c=(1+i_1)(1+i_2)(1+i_3)-1\approx i_1+i_2+i_3 \tag{10-4-2}$$

式中：i_1——资金费用率与机会成本中较高者；

i_2——风险贴补率；

i_3——通货膨胀率。

利用净现值指标时，首先确定一个基准收益率 i_c，然后确定计算现值的基准年，计算时将各年发生的净现金流量等值换算到基准年，最后根据计算结果进行评价。

根据净现值的计算结果进行评价，NPV≥0 表示项目的投资方案可以接受。

【例 10-4-1】 某项目寿命期为 5 年，各年投资额及收支情况见表，基准投资收益率为 10%，试用净现值指标判断该项目财务上的可行性。

某项目的现金流量表(单位：万元)　　例 10-4-1 表

年 末	0	1	2	3	4	5
投资支出	40	20				
收入			30	45	45	45
经营成本			15	20	20	20
净现金流量	−40	−20	15	25	25	25

解　绘出该项目的现金流量图，见解图。

项目方案的净现值为

$$\begin{aligned}NPV &=-40-20(P/F,10,1)+[15+25(P/A,10,3)](P/F,10,2)\\ &=-40-20\times 0.909\,1+(15+25\times 2.486\,9)\times 0.826\,4\\ &=5.59\text{ 万元}>0\end{aligned}$$

由于 NPV>0，故从盈利的角度上看，该项目可取。

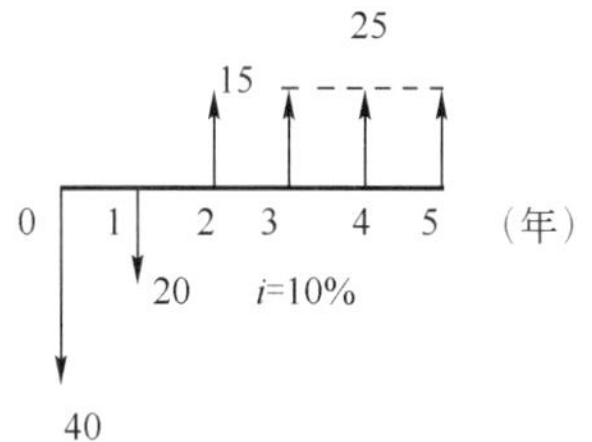

例 10-4-1 解图　某项目的现金流量图

净现值指标是最常用的动态指标之一，其优点是只要设定了收益率，可以根据 NPV 是否大于零判断方案财务上的可行性，概念清晰。对于单方案的经济评价，可以直接采用净现值指标进行评价。其缺点在于多方案比较时，该指标一是有利于投资额大的方案，二是有利于寿命期长的方案。因此，当进行投资额相差较大的方案比较，或是寿命期不等的方案比较时，可采用其他评价指标作为净现值的辅助评价指标。

净现值用于项目的财务分析时，计算时采用设定的折现率一般为基准收益率，其结果称为财务净现值，记为 FNPV；净现值用于项目的经济分析时，设定的折现率为社会折现率，其结果称为经济净现值，记为 ENPV。

(二)净年度等值(净年值)

净年度等值也可以简称净年值 NAV、等额年值 AW。它是通过资金的等值计算，将项目净现值分摊到寿命期内各年年末的等额年值。其计算公式为

$$\begin{aligned}NAV &= NPV(A/P,i_c,n)\\ &=\sum_{t=0}^{n}(CI-CO)_t(1+i_c)^{-t}(A/P,i_c,n)\end{aligned} \tag{10-4-3}$$

式中：　NPV——净现值，$NPV=\sum_{t=0}^{n}(CI-CO)_t(1+i_c)^{-t}$；

$(A/P,i_c,n)$——等额支付资金回收系数，$(A/P,i_c,n)=\dfrac{i_c(1+i_c)^n}{(1+i_c)^n-1}$；

其余符号含义同前。

对于单一方案，NAV≥0 时，表示方案在经济上可行。从等值计算公式可知，由于等额支付资金回收系数 $(A/P,i,n)$ 为正数，因此 NAV 与 NPV 符号相同，即若 NPV≥0，则 NAV 也一定不小于 0，采用 NPV 指标和 NAV 指标评价同一方案的经济性时，得出的结论是一致的。

在项目投资方案比选时，常用净年值指标作为净现值指标的补充。比如对一些寿命期不等的方案比选，采用净现值指标一般有利于寿命期长的方案，这时可采用净年值指标进行项目方案的经济评价，净年值大的方案较优。

当方案的收益相同或者收益难以直接计算时(如教育、环保、国防等项目)，进行方案比较也可以用年度费用等值 AC(费用年值)指标，其计算公式为

$$\begin{aligned}AC &= NPV(A/P,i_c,n)\\ &=\sum_{t=0}^{n}CO_t(1+i_c)^{-t}(A/P,i_c,n)\end{aligned} \tag{10-4-4}$$

采用年度费用等值指标进行方案比选时，年度费用等值小的方案较优。

如果采用基准收益率计算费用的净现值，称为费用现值。费用现值小的方案较优。

【例 10-4-2】 某项目的净现金流量见表，已知设定的折现率为 10%，试用净年值指标评价方案的可行性。

某项目的净现金流量(单位：万元)　　例 10-4-2 表

年末	0	1～10
净现金流量	−400	80

解　该项目的净年度等值为

$$\begin{aligned}NAV &= -400(A/P, 10\%, 10) + 80 \\ &= -400 \times 0.1627 + 80 \\ &= 14.92 \text{ 万元}\end{aligned}$$

由于 NAV>0，故该项目经济上可行。

(三)内部收益率 IRR

内部收益率也是考查项目在计算期内盈利能力的主要动态评价指标。内部收益率是使项目净现值为零时的折现率，其表达式为

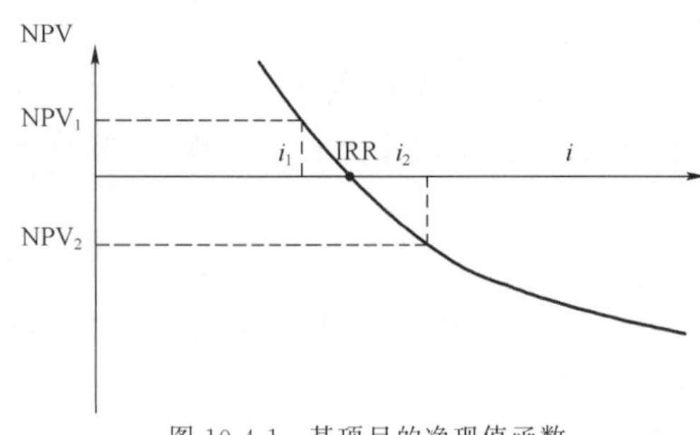

图 10-4-1　某项目的净现值函数

$$\sum_{t=0}^{n}(CI-CO)_t(1+IRR)^{-t}=0$$

式中：IRR——内部收益率；

其余符号意义同前面公式。

前面介绍净现值指标时，需要事先给出基准收益率或者设定一个折现率 i，对于一个具体的项目，采用不同的折现率 i 计算净现值 NPV，可以得出不同的 NPV 值。NPV 与 i 之间的函数关系称为净现值函数。图 10-4-1 为某项目的净现值函数，图中净现值曲线与横坐标的交点所对应的利率就是内部收益率 IRR。计算内部收益率不需要事先给定折现率。

内部收益率的经济内涵可以这样理解：资金投入项目后，通过项目各年的净收益回收投资，各年尚未回收的资金以内部收益率 IRR 为利率增值，则到项目寿命期末时，正好可以全部收回投资。

常规项目投资方案是指净现金流量除建设期初或投产期初的净现金流量为负值外，以后年份均为正值，计算期内净现金流量由负到正只变化一次，常规项目只要累计净现金流量大于零，则内部收益率就有唯一解。

采用内部收益率指标评价项目方案时，其判定准则为：设基准收益率为 i_c，若 $IRR \geqslant i_c$，则方案在经济效果上可以接受；反之，则不能接受。内部收益率用于财务分析时，称为财务内部收益率，记为 FIRR；用于经济分析时，称为经济内部收益率，记为 EIRR。

可采用线性插值试算法求得 IRR 的近似解，其计算步骤为：

(1)作出方案的现金流量图或现金流量表，列出净现值计算公式。

(2)选择一个初始的收益率代入净现值计算公式，计算净现值。若 NPV>0，说明试算的收益率较小，应增大收益率；若 NPV<0，说明试算的收益率偏大，应减小。

(3)重复步骤(2)。

(4)当试算的两个净现值的绝对值较小，且符号相反时，可用线性插值公式求得内部收益率的近似解。其计算公式为

$$IRR = i_1 + \frac{NPV_1}{NPV_1 + |NPV_2|}(i_2 - i_1) \tag{10-4-5}$$

式中：i_1——试算较小的收益率；

i_2——试算较大的收益率；

NPV_1——用 i_1 计算的净现值，$NPV_1>0$；

NPV_2——用 i_2 计算的净现值，$NPV_2<0$。

【例 10-4-3】 某项目 A 的现金流量见表，已知基准收益率 $i_c=15\%$，试用内部收益率指标判断该项目的经济性。

某项目 A 的现金流量表(单位:万元)　　例 10-4-3 表

年份	0	1	2	3	4	5
净现金流量	−120	30	40	40	40	40

解　项目 A 的净现值计算公式为

$$NPV=-120+30(P/F,i,1)+40(P/A,i,4)(P/F,i,1)$$

现在分别设 $i_1=15\%$,$i_2=18\%$,计算相应的净现值 NPV_1 和 NPV_2 如下。

$$NPV_1=-120+30\times0.8696+40\times2.8550\times0.8696=5.3963 \text{ 万元}$$

$$NPV_2=-120+30\times0.8475+40\times2.6901\times0.8475=-3.3806 \text{ 万元}$$

利用公式(10-36)可求得 IRR 的近似解

$$IRR=i_1+\frac{NPV_1}{NPV_1+|NPV_2|}(i_2-i_1)$$

$$=15\%+\frac{5.3963}{5.3963+3.3806}\times(18\%-15\%)=16.8\%$$

因为该项目 $IRR=16.8\%>i_c=15\%$,所以该项目在经济效果上可以接受。

(四)差额内部收益率

由于 IRR 并不是初始投资的收益率,实际上是未收回投资的增值率,所以在互斥方案比较排序时,不能用 IRR 进行排序和选优,而应该采用差额投资内部收益率指标。差额投资内部收益率(增量投资内部收益率)是两个方案各年净现金流量差额的现值之和等于零时的折现率,其表达式为

$$\sum_{t=0}^{n}[(CI-CO)_2-(CI-CO)_1]_t(1+\Delta IRR)^{-t}=0 \tag{10-4-6}$$

式中:$(CI-CO)_1$——投资小的方案的年净现金流量;

$(CI-CO)_2$——投资大的方案的年净现金流量;

ΔIRR——差额投资内部收益率;

n——计算期。

采用 ΔIRR 进行方案比较时,应将 ΔIRR 与基准收益率 i_c 比较,其评价准则是:

若 $\Delta IRR>i_c$,投资大的方案为优;

若 $\Delta IRR<i_c$,投资小的方案为优。

(五)动态投资回收期

动态投资回收期 T^* 是指在给定的基准收益率(基准折现率)i_c 的条件下,用项目的净收益回收总投资所需要的时间。动态投资回收期的表达式为:

$$\sum_{t=0}^{T^*}(CI-CO)_t(1+i_c)^{-t}=0 \tag{10-4-7}$$

式中:T^*——动态投资回收期;

其余符号含义同前。

【例 10-4-4】　某项目动态投资回收期刚好等于项目计算期,则以下说法中正确的是:

A. 该项目动态回收期小于基准回收期

B. 该项目净现值大于零

C. 该项目净现值小于零

D. 该项目内部收益率等于基准收益率

解　动态投资回收期 T^* 是指在给定的基准收益率(基准折现率)i_c 的条件下,用项目的

净收益回收总投资所需要的时间。动态投资回收期的表达式为：

$$\sum_{t=0}^{T^*}(\mathrm{CI}-\mathrm{CO})_t(1+i_c)^{-t}=0$$

式中，i_c 为基准收益率。

内部收益率 IRR 是使一个项目在整个计算期内各年净现金流量的现值累计为零时的利率，表达式为：

$$\sum_{t=0}^{n}(\mathrm{CI}-\mathrm{CO})_t(1+\mathrm{IRR})^{-t}=0$$

式中，n 为项目计算期。如果项目的动态投资回收期正好等于计算期，则该项目的内部收益率 IRR 等于基准收益率 i_c。

答案：D

（六）静态投资回收期

静态投资回收期指在不考虑资金时间价值的条件下，以项目的净收益（包括利润和折旧）回收全部投资所需要的时间。投资回收期通常以“年”为单位，一般从建设年开始计算。其表达式为

$$\sum_{t=0}^{P_t}(\mathrm{CI}-\mathrm{CO})_t=0 \tag{10-4-8}$$

式中： CI——现金流入量；

CO——现金流出量；

$(\mathrm{CI}-\mathrm{CO})_t$——第 t 年的净现金流量；

P_t——投资回收期。

通常按下式计算

$$P_t=\frac{\text{累计净现金流量开始}}{\text{出现正值的年份数}}-1+\frac{\text{上年累计净现金流量的绝对值}}{\text{当年净现金流量}} \tag{10-4-9}$$

计算出投资回收期 P_t 后，应与部门或行业的基准投资回收期 P_c 进行比较，当 $P_t \leqslant P_c$ 时，表明项目投资在规定的时间内可以回收，该项目在投资回收能力上是可以接受的。

【例 10-4-5】 某建设项目 A 的各年净现金流量见表，项目计算期 10 年，基准投资回收期 P_c 为 6 年。试使用投资回收期法评价项目经济上的可行性。

项目 A 的投资及各年纯收入表（单位：万元） 例 10-4-5 表

年份	0	1	2	3	4～10
净现金流量	−100	−200	−500	175	275

解 该项目的累计净现金流量表见解表。

项目 A 的累计净现金流量（单位：万元） 例 10-4-5 解表

序号	0	1	2	3	4	5	6	7	8	9	10
净现金流量	−100	−200	−500	175	275	275	275	275	275	275	275
累计净现金流量	−100	−300	−800	−625	−350	−75	200	475	750	1 025	1 300

根据上表和公式(10-4-8)，可得该项目的投资回收期为

$$P_t=6-1+\frac{|-75|}{275}=5.3\text{ 年}$$

由于 $P_t<P_c$，所以该项目的投资方案可以接受。

（七）总投资收益率(ROI)

总投资收益率表示总投资的盈利水平，是指项目达到设计能力后，正常年份的年息税前利

润或运营期内年平均息税前利润(EBIT)与项目总投资(TI)的比率。其计算公式为

$$总投资收益率=\frac{正常年份的年息税前利润或运营期内年平均息税前利润}{项目总投资}\times 100\%$$

息税前利润是指企业支付利息和缴纳所得税之前的利润。

总投资收益率高于同行业的收益率参考值,说明用总投资收益率表示的盈利能力满足要求。

(八)项目资本金净利润率

项目资本金净利润率表示项目资本金的盈利水平,是指项目达到设计能力后,正常年份的年净利润或运营期内年平均净利润与项目资本金的比率。其计算公式为

$$项目资本金净利润率=\frac{正常年份的年净利润或运营期内年平均净利润}{项目资本金}\times 100\% \quad (10\text{-}4\text{-}10)$$

如果项目资本金净利润率高于同行业的资本金净利润率参考值,说明用项目资本金净利润率表示的盈利能力满足要求。

【例 10-4-6】 某新建项目的资本金为 2 000 万元,建设投资为 4 000 万元,需要投入流动资金 700 万元,项目建设获得银行贷款 3 000 万元,年利率为 10%。项目一年建成并投产,预计达产期年利润总额为 800 万元,正常运营期每年支付银行利息 100 万元,所得税率为 25%,试计算该项目的总投资收益率和项目资本金净利润率。

解 该项目的总投资为

总投资 = 建设投资 + 建设期利息 + 流动资金

= 4 000 + 3 000 × 10% + 700 = 5 000 万元

息税前利润 = 利润总额 + 利息支出 = 800 + 100 = 900 万元

总投资收益率 = 900 ÷ 5 000 × 100% = 18%

年净利润 = 利润总额 ×(1 − 所得税率) = 800 ×(1 − 25%) = 600 万元

项目资本金净利润率 = 600 ÷ 2 000 × 100% = 30%

三、偿债能力分析和财务生存能力分析

(一)偿债能力分析

偿债能力分析是通过编制相关报表,计算利息备付率、偿债备付率和资产负债率等指标,考察财务主体的偿债能力。

1. 利息备付率

利息备付率是指在借款偿还期内的息税前利润与应付利息的比值。该指标从付息资金来源的充裕性角度,反映偿付债务利息的保障程度和支付能力。其计算公式为

$$利息备付率=\frac{息税前利润}{应付利息} \quad (10\text{-}4\text{-}11)$$

利息备付率应分年计算。利息备付率越高,利息偿付的保障程度越高,利息备付率应大于1,一般不宜低于 2,并结合债权人的要求确定。

【例 10-4-7】 某建设项目预计生产期第三年息税前利润为 200 万元,折旧与摊销为 50 万元,所得税为 25 万元,计入总成本费用的应付利息为 100 万元,则该年的利息备付率为:

A. 1.25　　B. 2　　C. 2.25　　D. 2.5

解 利息备付率=息税前利润/应付利息

式中,息税前利润=利润总额+利息支出

本题已经给出息税前利润，因此该年的利息备付率为：

$$利息备付率=息税前利润/应付利息=200/100=2$$

答案:B

2.偿债备付率

偿债备付率是指在借款偿还期内，用于计算还本付息的资金与应还本付息金额之比。该指标从还本付息资金来源的充裕性角度，反映偿付债务本息的保障程度和支付能力。其计算公式为

$$偿债备付率=\frac{用于计算还本付息的资金}{应还本付息金额} \tag{10-4-12}$$

式中用于还本付息的资金按下式计算

$$用于计算还本付息的资金=息税前利润+折旧和摊销-所得税$$

偿债备付率应分年计算。偿债备付率越高，可用于还本付息的资金保障程度越高，偿债备付率应大于1，一般不宜低于1.3，并结合债权人的要求确定。

3.资产负债率

资产负债率是指各期末负债总额同资产总额的比率，按下式计算

$$资产负债率=\frac{期末负债总额}{期末资产总额} \tag{10-4-13}$$

适度的资产负债率，表明企业经营安全、有较强的筹资能力，企业和债权人的风险较小。

【例 10-4-8】 某建设项目预计第三年息税前利润为200万元，折旧与摊销为30万元，所得税为20万元。项目生产期第三年应还本付息金额为100万元。该年的偿债备付率为：

A. 1.5　　B. 1.9　　C. 2.1　　D. 2.5

解 $偿债备付率=\frac{用于计算还本付息的资金}{应还本付息金额}$

式中，用于计算还本付息的资金=息税前利润+折旧和摊销-所得税

$偿债备付率=\frac{200+30-20}{100}=2.1$ 万元

答案:C

(二)财务生存能力分析

财务生存能力分析是通过编制财务计划现金流量表，计算项目在计算期内的净现金流量和累计盈余资金，分析项目是否有足够的净现金流量维持正常经营，实现财务的可持续性，从而判断项目在财务上的生存能力。

可通过以下两个方面具体判断项目的财务生存能力：

(1)拥有足够的经营净现金流量是财务可持续性的基本条件。

(2)各年累计盈余资金不出现负值是财务生存的必要条件。

四、财务分析报表

进行财务分析需要编制相关的财务分析报表。财务分析报表主要包括项目投资现金流量表、项目资本金现金流量表、投资各方现金流量表、利润与利润分配表、财务计划现金流量表、资产负债表和借款还本付息计划表等。

(一)项目投资现金流量表

现金流量表是反映项目计算期内各年现金收支的报表，用以计算各项静态和动态指标，进行项目的财务盈利能力分析。

项目投资现金流量表原称为全部投资现金流量表，是以项目建设所需总投资为计算基础，不考虑融资方案的影响，反映计算期内各年的现金流入和流出的财务报表。该表用于项目投资现金流量分析，通过计算项目投资内部收益率和净现值等指标来评价项目在财务上的可行性。项目投资现金流量分析属于融资前分析，排除了融资方案的影响，从项目投资总的获利能力的角度，考察项目方案设计本身的合理性。项目投资现金流量表的构成见表10-4-1。

项目投资现金流量表　　表10-4-1

序号	项　目	合计	计算期				
			1	2	3	…	n
1	现金流入						
1.1	营业收入						
1.2	补贴收入						
1.3	回收固定资产余值						
1.4	回收流动资金						
2	现金流出						
2.1	建设投资						
2.2	流动资金						
2.3	经营成本						
2.4	营业税金及附加						
2.5	维持运营投资						
3	所得税前净现金流量(1－2)						
4	累计所得税前净现金流量						
5	调整所得税						
6	所得税后净现金流量(3－5)						
7	累计所得税后净现金流量						

计算指标：项目投资财务内部收益率(%)(所得税前)，项目投资财务内部收益率(%)(所得税后)
项目投资财务净现值(所得税前)(i_c= %)，项目投资财务净现值(所得税后)(i_c= %)
项目投资回收期(所得税前)，项目投资回收期(所得税后)

表中的调整所得税为以息税前利润为基数计算的所得税。

(二)项目资本金现金流量表

项目资本金现金流量表从项目资本金出资者整体的角度，以项目资本金为计算的基础，根据拟定的融资方案和项目其他数据，确定项目各年的现金流入和现金流出，用于进行项目资本金现金流量分析。项目资本金现金流量表考虑了融资，属于融资后分析。根据项目资本金现金流量表计算的指标，可以反映项目权益投资者整体在该投资项目上的盈利能力。项目资本金现金流量表见表10-4-2。

项目资本金现金流量表　　表10-4-2

序号	项　目	合计	计算期				
			1	2	3	…	n
1	现金流入						
1.1	营业收入						
1.2	补贴收入						
1.3	回收固定资产余值						
1.4	回收流动资金						

续上表

序号	项　目	合计	计　算　期				
			1	2	3	…	n
2	现金流出						
2.1	项目资本金						
2.2	借款本金偿还						
2.3	借款利息支付						
2.4	经营成本						
2.5	营业税金及附加						
2.6	所得税						
2.7	维持运营投资						
3	净现金流量(1－2)						
计算指标：项目财务内部收益率(%)							

项目资本金现金流量分析考察的是项目资本金整体的获利能力，有时为了考察投资各方的收益，还需要编制投资各方现金流量表。

(三)投资各方现金流量表

此表是在项目融资后的财务盈利能力分析中，以项目投投资者的出资额作为计算基础。把股权投资、租赁资产支出和其他现金流出作为现金流出；而现金流入包括股利分配、资产处置收益分配、租赁费收入、技术转让收入和其他现金流入，用以计算项目投资各方的财务内部收益率和财务净现值等评价指标，反映项目投资各方可能获得的收益水平。

(四)利润与利润分配表

利润与利润分配表反映项目计算期内各年利润总额、所得税及税后利润的分配情况，用以计算投资利润率、投资利税率和资本金利润率等指标。利润与利润分配表见表 10-4-3。

利润与利润分配表　　表 10-4-3

序　号	项　目	合　计	计　算　期				
			1	2	3	…	n
1	营业收入						
2	营业税金及附加						
3	总成本费用						
4	补贴收入						
5	利润总额(1－2－3＋4)						
6	弥补以前年度亏损						
7	应纳税所得额(5－6)						
8	所得税						
9	净利润(5－8)						
10	期初未分配利润						
11	可供分配利润(9＋10)						
12	提取法定盈余公积金						
13	可供投资者分配的利润(11－12)						
14	应付优先股股利						
15	提取任意盈余公积金						
16	应付普通股股利(13－14－15)						

续上表

序号	项目	合计	计算期				
			1	2	3	…	n
17	各投资方利润分配						
	其中:××方 …						
18	未分配利润(13－14－15－17)						
19	息税前利润(利润总额＋利息支出)						
20	息税折旧摊销前利润(息税前利润＋折旧＋摊销)						

(五)财务计划现金流量表

财务计划现金流量表反映项目计算期内各年经营活动、投资活动和筹资活动的现金流入和流出,用于计算各年的累计盈余资金,分析项目是否有足够的净现金流量维持正常运营,即项目的财务生存能力。

(六)资产负债表

资产负债表反映项目计算期内各年年末资产、负债和所有者权益的增减变化及对应关系,用以考察项目的资产、负债、所有者权益的结构是否合理,通过计算资产负债率,进行偿债能力分析。

(七)借款还本付息计划表

借款还本付息计划表用于计算利息备付率和偿债备付率指标,用于偿债能力分析。

【例 10-4-9】 在进行融资前项目投资现金流量分析时,现金流量应包括:

A. 资产处置收益分配　　B. 流动资金

C. 借款本金偿还　　D. 借款利息偿还

解 融资前项目投资的现金流量包括现金流入和现金流出,其中现金流入包括营业收入、补贴收入、回收固定资产余值、回收流动资金等,现金流出包括建设投资、流动资金、经营成本和税金等。

答案:B

习　题

10-4-1 某项目第 1、2 年年初分别投资 800 万元、400 万元,第 3 年开始每年年末净收益 300 万元,项目运营期 8 年,残值 30 万元。设折现率为 10%,已知$(P/F,10\%,1)=0.909\,1$,$(P/F,10\%,2)=0.826\,4$,$(P/F,10\%,10)=0.385\,5$,$(P/A,10\%,8)=5.334\,9$。则该项目的财务净现值为(　　)。

A. 158.99 万元　B. 170.55 万元　C. 448.40 万元　D. 1 230 万元

10-4-2 已知某项目投资方案一次投资 12 000 元,预计每年净现金流量为 4 300 元,项目寿命 5 年,$(P/A,18\%,5)=3.127$,$(P/A,20\%,5)=2.991$,$(P/A,25\%,5)=2.689$,则该方案的内部收益率为(　　)。

A. <18%　B. 18%～20%　C. 20%～25%　D. >25%

10-4-3 某投资项目一次性投资 200 万元,当年投产并收益,评价该项目的财务盈利能力时,计算财务净现值选取的基准收益率为 i_c,若财务内部收益率小于 i_c,则有(　　)。

A. i_c 低于贷款利率　　B. 内部收益率低于贷款利率

C. 净现值大于零　　D. 净现值小于零

10-4-4 某小区建设一块绿地,需一次性投资 20 万元,每年维护费用 5 万元,设基准折现率 10%,绿地使用 10 年,则费用年值为(　　)万元。

A. 4.750　　B. 5　　C. 7.250　　D. 8.255

10-4-5　某项目的净现金流量见题表,则该项目的静态投资回收期为(　　)。

题 10-4-5 表

年份	1	2	3	4	5	6	7
净现金流量(万元)	−400	−100	100	200	200	200	200

A. 4.5 年　　B. 5 年　　C. 5.5 年　　D. 6 年

10-4-6　某项目建设投资 400 万元,建设期贷款利息 40 万元,流动资金 60 万元。投产后正常运营期每年净利润为 60 万元,所得税为 20 万元,利息支出为 10 万元。则该项目的总投资收益率为(　　)。

A. 19.6%　　B. 18%　　C. 16%　　D. 12%

10-4-7　某项目总投资 16 000 万元,资本金 5 000 万元。预计项目运营期总投资收益率为 20%,年利息支出为 900 万元,所得税率为 25%,则该项目的资本金净利润率为(　　)。

A. 30%　　B. 32.4%　　C. 34.5%　　D. 48%

10-4-8　某企业去年利润总额 300 万元,上缴所得税 75 万元,在成本中列支的利息 100 万元,折旧和摊销费 30 万元,还本金额 120 万元,该企业去年的偿债备付率为(　　)。

A. 1.34　　B. 1.55　　C. 1.61　　D. 2.02

10-4-9　下列关于现金流量表的表述中,正确的是(　　)。

A. 项目资本金现金流量表排除了融资方案的影响

B. 通过项目投资现金流量表计算的评价指标反映投资者各方权益投资的获利能力

C. 通过项目投资现金流量表可计算财务内部收益、财务净现值和投资回收期等评价指标

D. 通过项目资本金现金流量表进行的分析反映了项目投资总体的获利能力

10-4-10　为了从项目权益投资者整体角度考查盈利能力,应编制(　　)。

A. 项目资本金现金流量表　　B. 项目投资现金流量表

C. 借款还本付息计划表　　D. 资产负债表

第五节　经济费用效益分析

经济费用效益分析是在合理配置社会资源的前提下,分析项目投资的经济效益和对社会福利所作出的贡献,评价项目的经济合理性。经济费用效益分析强调从资源配置效率的角度分析项目的外部效果,考察项目对国民经济的贡献。

对于以下类型的项目应作经济费用效益分析:①有垄断特征的项目;②产出有公共产品特征的项目;③外部效果显著的项目;④资源开发项目;⑤涉及国家经济安全的项目;⑥受过度行政干预的项目。

一、经济费用效益分析参数

进行项目的经济费用效益分析,首先需要对项目的经济效益和费用进行识别。项目对提高社会福利和社会经济所作的贡献都记为项目的经济效益,包括项目的直接效益和间接效益;

整个社会为项目所付出的代价记为项目的经济费用。经济效益的计算应遵循支付意愿原则和接受补偿意愿原则(项目产出物的正面效果的计算遵循支付意愿原则;项目产生物的负面效果的计算遵循接受补偿意愿原则),经济费用的计算(项目投入物的经济价值计算)应遵循机会成本的原则。计算经济费用效益指标采用的参数有社会折现率、影子价格、影子汇率和影子工资等。

经济费用效益分析应按照"有无对比,增量分析"的原则,不应考虑沉没成本和已实现的效益,"转移支付"不作为经济分析中的效益和费用。

(一)社会折现率

社会折现率是社会对资金时间价值的估量,是从整个国民经济角度所要求的资金投资收益率标准。社会折现率代表社会投资所应获得的最低收益率水平,代表资金占用的机会成本,在建设项目国民经济评价中是衡量经济内部收益率的基准值,也是计算项目经济净现值、用作不同年份之间资金换算的折现率。

(二)影子价格

影子价格是计算经济费用效益分析中投入物或产出物所使用的计算价格,是社会处于某种最优状态下,能够反映社会劳动消耗、资源稀缺程度和最终产品需求状况的一种计算价格。影子价格应能够反映项目投入物和产出物的真实经济价值。

对于市场定价货物的影子价格,可按下述公式计算:

(1)可外贸货物影子价格

直接进口投入物的影子价格(到厂价)=到岸价(CIF)×影子汇率+进口费用　(10-5-1)

直接出口产出物的影子价格(出厂价)=离岸价(FOB)×影子汇率-出口费用　(10-5-2)

(2)市场定价的非外贸货物影子价格

投入物影子价格(到厂价)=市场价格+国内运杂费　(10-5-3)

产出物的影子价格(出厂价)=市场价格-国内运杂费　(10-5-4)

(三)影子汇率

影子汇率是指单位外汇的经济价值,是能正确反映国家外汇经济价值的汇率,即外汇的影子价格。建设项目国民经济评价中,项目的进口投入物、出口产出物均应采用影子汇率以正确反映外汇的真实经济价值。影子汇率换算系数是影子汇率与外汇牌价的比值。影子汇率按下式计算

影子汇率=外汇牌价×影子汇率换算系数　(10-5-5)

(四)影子工资

影子工资是指建设项目使用劳动力资源而使社会付出的代价,按下式计算

影子工资=劳动力机会成本×新增资源消耗　(10-5-6)

式中,劳动力机会成本是指劳动力在本单位使用,而不能在其他项目中使用而被迫放弃的劳动收益;新增资源消耗是指劳动力在本项目新就业或由其他就业岗位转移来本项目而发生的社会资源消耗。影子工资与财务分析中的劳动力工资之间的比值称为影子工资换算系数,影子工资可按下式计算

影子工资=财务工资×影子工资换算系数　(10-5-7)

【例 10-5-1】 某项目要从国外进口一种原材料,原始材料的 CIF(到岸价格)为 150 美元/t,美元的影子汇率为 6.5,进口费用为 240 元/t,请问这种原材料的影子价格是:

A. 735 元人民币　　B. 975 元人民币

C. 1 215 元人民币　　D. 1 710 元人民币

解 直接进口原材料的影子价格(到厂价)=到岸价(CIF)×影子汇率+进口费用

=150×6.5+240=1 215 元人民币/t

答案:C

二、经济费用效益指标

(一)经济净现值

经济净现值是指按社会折现率将项目计算期内各年的经济净效益折现到建设期初的现值之和,按下式计算

$$\mathrm{ENPV}=\sum_{t=1}^{n}(B-C)_t(1+i_s)^{-t} \tag{10-5-8}$$

式中:ENPV——经济净现值;

B——经济效益流量;

C——经济费用流量;

$(B-C)_t$——第 t 年的经济净效益流量;

n——项目计算期;

i_s——社会折现率。

经济净现值是反映项目对社会经济贡献的绝对值,是经济效益分析的主要指标。如果经济净现值等于或大于 0,则表明项目可达到符合社会折现率的效率水平,从经济资源配置的角度可以接受该项目。

(二)经济内部收益率

经济内部收益率是指项目在计算期内经济净效益流量的现值累计等于 0 时的折现率。其表达式为

$$\sum_{t=1}^{n}(B-C)_t(1+\mathrm{EIRR})^{-t}=0 \tag{10-5-9}$$

式中:EIRR——经济内部收益率;

其余符号意义同前面公式。

经济内部收益率是经济费用效益分析的辅助评价指标,如果经济内部收益率等于或者大于社会折现率,则表明项目资源配置的效率达到了可以被接受的水平。

(三)效益费用比

效益费用比是指项目在计算期内效益流量的现值与费用流量的现值之比,计算公式为

$$R_{BC}=\frac{\sum_{t=1}^{n}B_t(1+i_s)^{-t}}{\sum_{t=1}^{n}C_t(1+i_s)^{-t}} \tag{10-5-10}$$

式中:R_{BC}——效益费用比;

B_t——第 t 期的经济效益;

C_t——第 t 期的经济费用。

效益费用比也是经济费用效益分析的辅助评价指标,如果效益费用比大于 1,说明项目资源配置的经济效益达到了可以被接受的水平。

【例 10-5-2】 交通部门拟修建一条公路,预计建设期为一年,建设期初投资为 100 万元,建设后即投入使用,预计使用寿命为 10 年,每年将产生的效益为 20 万元,每年需投入保养费 8 000 元。若社会折现率为 10%,则该项目的效益费用比为:

A. 1.07　　　B. 1.17　　　C. 1.85　　　D. 1.92

解　项目建设期 1 年、使用寿命 10 年，则项目计算期为 11 年，现金流量图如解图所示：

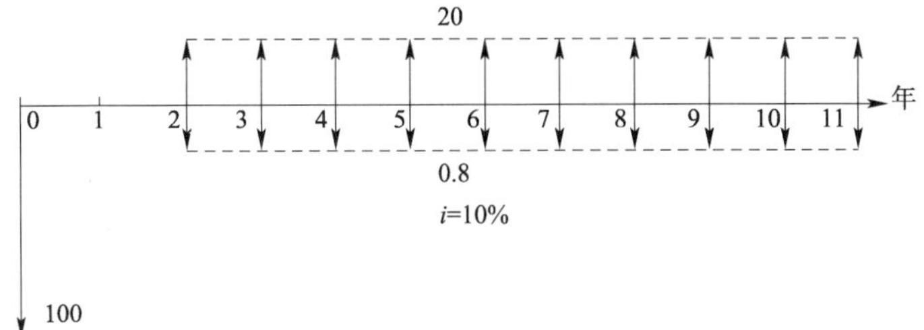

例 10-5-2 解图　现金流量图

项目计算期内效益流量的现值为：

$$B=20\times(P/A,10\%,10)\times(P/F,10\%,1)=20\times6.1446\times0.9091=111.72\text{ 万元}$$

费用流量的现值为：

$$C=0.8\times(P/A,10\%,10)\times(P/F,10\%,1)+100$$
$$=0.8\times6.1446\times0.9091+100=104.47\text{ 万元}$$

该项目的效益费用比为：

$$R_{BC}=B/C=111.72/104.47=1.07$$

答案：A

习　题

10-5-1　对建设项目进行经济费用效益分析所使用的影子价格的正确含义是(　　)。

A. 政府为保证国计民生为项目核定的指导价格

B. 使项目产出品具有竞争力的价格

C. 项目投入物和产出物的市场最低价格

D. 反映项目投入物和产出物真实经济价值的价格

10-5-2　计算经济效益净现值采用的折现率应是(　　)。

A. 企业设定的折现率　　　B. 国债平均利率

C. 社会折现率　　　D. 银行贷款利率

10-5-3　从经济资源配置的角度判断建设项目可以被接受的条件是(　　)。

A. 经济内部收益率等于或大于社会折现率

B. 财务内部收益率等于或大于社会折现率

C. 经济内部收益率等于或大于银行利率

D. 财务内部收益率等于或大于银行利率

10-5-4　某地区为减少水灾损失，拟建水利工程。项目投资预计 500 万元，计算期按无限年考虑，年维护费 20 万元。项目建设前每年平均损失 300 万元。若利率 5%，则该项目的费用效益比为(　　)。

A. 6.11　　　B. 6.67　　　C. 7.11　　　D. 7.22

第六节　不确定性分析

不确定性分析是对影响项目的不确定性因素进行分析，测算不确定性因素变化对经济评价指标的影响程度，从而判断项目可能承担的风险，为投资决策提供依据。不确定分析方法有盈亏平衡分析、敏感性分析等。

一、盈亏平衡分析

通过分析产品产量、成本和盈利之间的关系，找出项目方案在产量、单价、成本等方面的临界点，进而判断不确定因素对方案经济效果的影响程度。这个临界点称为盈亏平衡点(BEP)。盈亏平衡点是企业盈利与亏损的转折点，在该点上销售收入(扣除销售税金及附加)正好等于总成本费用，达到盈亏平衡。盈亏平衡分析就是通过计算项目达产年的盈亏平衡点，分析项目收入与成本费用的平衡关系，判断项目对产品数量变化的适应能力和抗风险能力。盈亏平衡分析只用于财务分析。

盈亏平衡分析可分为线性盈亏平衡分析和非线性盈亏平衡分析，对建设项目评价仅进行线性盈亏平衡分析。线性盈亏平衡分析的基本假定有：

(1)产量等于销售量；

(2)产量变化，单位可变成本不变，从而总成本费用是产量的线性函数；

(3)产量变化，产品售价不变，从而销售收入是产量的线性函数；

(4)按单一产品计算，生产多种产品的应换算成单一产品，不同产品的生产负荷率变化保持一致。

如果营业收入和成本费用都是按含税价格计算的，还应减去增值税。

为了便于进行盈亏平衡分析，可将项目投产后的总成本费用分为固定成本和可变成本(变动成本)两部分。固定成本指在一定生产规模限度内不随产量变动而变动的费用；可变成本是指随产品产量变动而变动的费用。总成本费用是固定成本与可变成本之和。对于线性盈亏平衡分析，收入与销售量、费用与销售量的关系可以在同一坐标图上表示出来，即盈亏平衡分析图，见图 10-6-1。

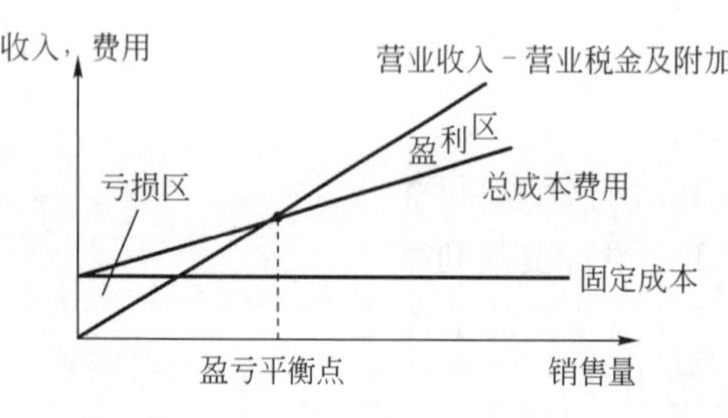

图 10-6-1　盈亏平衡分析图

图中纵坐标为销售收入和成本费用，横坐标为产品销售量。销售收入线与总成本费用线的交点称作盈亏平衡点(BEP)，该点是项目盈利与亏损的临界点。在 BEP 右边，销售收入大于总成本费用，项目盈利；在 BEP 左边，销售收入小于总成本费用，项目亏损；在 BEP 上，销售收入等于总成本费用，项目不盈不亏。盈亏平衡点对应的产量称为盈亏平衡产量。盈亏平衡点可以用产量、生产能力利用率或产品售价等表示。盈亏平衡点可采用以下公式计算

$$\mathrm{BEP}_{\text{生产能力利用率}}=\frac{\text{年固定总成本}}{\text{年营业收入}-\text{年可变成本}-\text{年营业税金及附加}}\times 100\% \qquad (10\text{-}6\text{-}1)$$

生产能力利用率是盈亏平衡产量与设计生产能力的比率。

$$\mathrm{BEP}_{\text{产量}}=\frac{\text{年固定总成本}}{\text{单位产品销售价格}-\text{单位产品可变成本}-\text{单位产品营业税金及附加}}$$

$$=\text{BEP}_{\text{生产能力利用率}}\times\text{设计生产能力} \quad (10\text{-}6\text{-}2)$$

在其他条件不变的前提下,盈亏平衡产量与年固定总成本成正比。

$$\text{BEP}_{\text{单位产品售价}}=\frac{\text{年固定总成本}}{\text{设计生产能力}}+\text{单位产品可变成本}+\text{单位产品营业税金及附加} \quad (10\text{-}6\text{-}3)$$

盈亏平衡点越低,项目盈利可能性越大,抗风险能力越强。

【例 10-6-1】 某工业项目生产的产品年设计生产能力为 200t,达产第一年销售收入为 4 000 万元,营业税金及附加为 240 万元,固定成本 1 300 万元,可变成本 1 200 万元。销售收入和成本费用均以不含税价格表示,求以生产能力利用率、产量及销售价格表示的盈亏平衡点。

解 首先计算单位产品变动成本

$$\text{BEP}_{\text{生产能力利用率}}=1\,300\div(4\,000-1\,200-240)\times100\%=50.78\%$$

$$\text{BEP}_{\text{产量}}=1\,300\div(4\,000\div200-1\,200\div200-240\div200)=101.56\text{t}$$

或

$$\text{BEP}_{\text{产量}}=200\times50.78\%=101.56\text{t}$$

$$\text{BEP}_{\text{产品售价}}=1\,300\div200+1\,200\div200+240\div200=13.7\text{ 万元}$$

计算结果表明,该项目的生产负荷达到设计能力的 50.78% 即可实现盈亏平衡,产量达到 101.56t 则可实现盈亏平衡,产品售价最低降至 13.7 万元/t 即可维持盈亏平衡。

二、敏感性分析

敏感性分析是通过测定一个或者多个不确定因素的变化所导致财务或经济评价指标的变化幅度,了解各种因素变化对实现预期目标的影响程度,从而对外部因素发生变化时项目投资方案的承受能力作出判断。通常只进行单因素敏感性分析。单因素敏感性分析在计算敏感因素对经济效果指标影响时,假定只有一个因素变动,其他因素不变。

(一)单因素敏感性分析的步骤和内容

1. 选择需要分析的不确定性因素,并设定这些因素的变动范围

对于一般工业投资项目,常从以下因素中选取需要作为敏感性分析的因素:

(1)投资额,包括固定资产投资和流动资金占用;

(2)项目建设期限、投产期限、投产时产出能力及达到设计能力所需时间;

(3)产品产量及销售量;

(4)产品价格;

(5)经营成本,特别是其中的变动成本;

(6)项目寿命期;

(7)项目寿命期的资产残值;

(8)折现率;

(9)外汇汇率。

选择需要分析的不确定因素时,应根据实际情况设定其可能的变动范围,一般选择不确定性因素变化的百分率为±5%、±10%、±15%、±20%等。

2. 确定分析指标

敏感性分析可选用前述各种评价指标,如内部收益率、净现值、投资回收期等。一般进行敏感性分析的指标应与确定性分析采用的指标一致。通常财务分析与评价中的敏感性分析必选的指标是项目投资财务内部收益率。

3. 计算各不确定性因素在不同幅度变化下，所导致的评价指标变动结果

建立起一一对应的关系，一般用图或表的形式表示。

4. 确定敏感因素，对方案的风险情况作出判断

通过计算敏感度系数和临界点，找出敏感因素，可粗略预测项目可能承担的风险。

敏感因素是指其数值变动能显著影响方案经济效果的因素。

(二)敏感性指标的计算

1. 敏感度系数

敏感度系数是指项目评价指标变化的百分率与不确定性因素变化的百分率之比。敏感度系数高，表示项目效益对该不确定性因素的敏感程度高。敏感度系数的计算公式为

$$S_{AF}=\frac{\Delta A/A}{\Delta F/F} \tag{10-6-4}$$

式中：S_{AF}——评价指标 A 对于不确定性因素 F 的敏感度系数；

$\Delta F/F$——不确定性因素 F 的变化率；

$\Delta A/A$——不确定性因素 F 发生 ΔF 变化率时，评价指标 A 的相应变化率。

$S_{AF}>0$，表示评价指标与不确定性因素同方向变化；$S_{AF}<0$，表示评价指标与不确定性因素反方向变化。S_{AF}绝对值较大者敏感度系数高，$|S_{AF}|$越大，说明评价指标 A 对不确定性因素 F 越敏感。

2. 临界点(转换值)

临界点是指不确定性因素的变化使项目由可行变为不可行的临界数值。即当不确定性因素达到某一变化率时，正好使内部收益率等于基准收益率(或者使净现值等于零)，该变化率就是临界点。

临界点的高低与计算临界点的指标的初始值有关，如果选取基准收益率为计算临界点的指标，则对于同一个项目，随着设定的基准收益率的提高，临界点就会变低；而在一定的基准收益率下，临界点越低，说明该因素对项目评价指标的影响就越大，项目对该因素就越敏感。敏感性分析的结果通常采用敏感性分析表和敏感性分析图表示。

【例 10-6-2】 某项目以内部收益率作为项目评价指标，选取投资额、产品价格和主要原材料成本作为敏感性因素对项目进行敏感性分析，计算基本方案的内部收益率为 17.5%，当投资额增加 10%时，内部收益率降为 14.5%，试计算其敏感度系数。

解 投资额增加 10%时，内部收益率的变化率为

$$\Delta A=(14.5\%-17.5\%)\div 17.5\%=-0.171$$

敏感度系数 $S_{AF}=-0.171\div 0.1=-1.71$

图 10-6-2 是单因素敏感性分析的一个例子，该例选取的分析指标为净现值 NPV，考虑投资额、产品价格、经营成本的变动(按一定百分比变动)对净现值指标的影响。

由图可以看出，本方案的净现值对产品价格最敏感，不确定性因素产品价格的临界点约为 10%，产品价格降低 10%左右，净现值将为 0，项目对三个不确定性因素的敏感程度由高到低依次为产品价格、经营成本、投资额。

【例 10-6-3】 某项目在进行敏感性分析时，得到以下结论：产品价格下降 10%，可使 NPV=0；经营成本上升 15%，NPV=0；寿命期缩短 20%，NPV=0；投资增加 25%，NPV=0。则下列因素中，最敏感的是：

A. 产品价格　　B. 经营成本　　C. 寿命期　　D. 投资

解 题目中影响因素中，产品价格变化幅度较小就使得项目净现值为零，故该因素最敏感。

答案：A

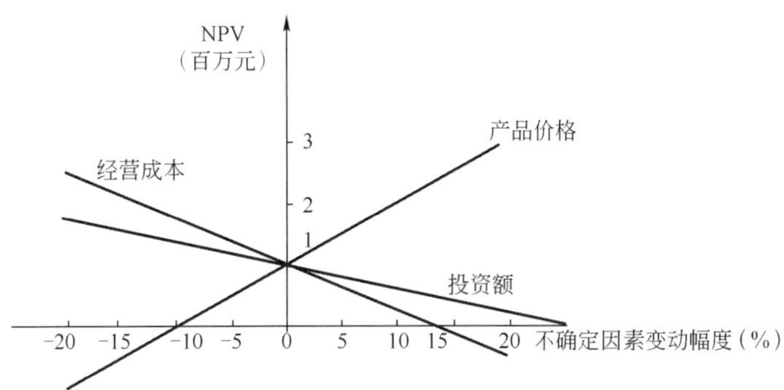

图 10-6-2 敏感性分析图

习 题

10-6-1 某项目设计生产能力为年产 5 000 台，每台销售价格 500 元，单位产品可变成本 350 元，每台产品税金 50 元，年固定成本 265 000 元，则该项目的盈亏平衡产量为(　　)。

A. 2 650 台　　B. 3 500 台　　C. 4 500 台　　D. 5 000 台

10-6-2 某企业拟投资生产一种产品，设计生产能力为 15 万件/年，单位产品可变成本 120 元，总固定成本 1 500 万元，达到设计生产能力时，保证企业不亏损的单位产品售价最低为(　　)。

A. 150 元　　B. 200 元　　C. 220 元　　D. 250 元

10-6-3 对某项目进行敏感性分析，采用的评价指标为内部收益，基本方案的内部收益率为 15%，当不确定性因素原材料价格增加 10%时，内部收益率为 13%，则原材料的敏感度系数为(　　)。

A. −1.54　　B. −1.33　　C. 1.33　　D. 1.54

10-6-4 对某项目投资方案进行单因素敏感性分析，基准收益率 15%，采用内部收益率作为评价指标，投资额、经营成本、销售收入为不确定性因素，计算其变化对 IRR 的影响见表。

不确定性因素变化对 IRR 的影响　　　　题 10-6-4 表

变化幅度	−20%	0	+20%
投资额	22.4	18.2	14
经营成本	23.2	18.2	13.2
销售收入	4.6	18.2	31.8

则敏感性因素按对评价指标影响的程度从大到小排列依次为(　　)。

A. 投资额、经营成本、销售收入　　B. 销售收入、经营成本、投资额

C. 经营成本、投资额、销售收入　　D. 销售收入、投资额、经营成

第七节　方案经济比选

方案经济比选是对不同的项目方案从技术和经济相结合的角度进行多方面分析论证，比较、择优的过程。

一、方案比选的类型

对项目方案的经济评价中除了要计算各种评价指标，分析指标是否达到了标准的要求（如$P_t \leqslant P_c$，NPV≥0，IRR≥i_c等），往往还需要对多个方案进行比选，进而从中选择较优方案。项目的备选方案根据其相互之间的关系可分为三种类型：

（一）独立型

独立型是指各个方案的现金流量是独立的，不具有相关性，任一方案的采用与否不影响是否采用其他方案的决策。其特点是具有可加性。方案采用与否取决于方案自身的经济性。

（二）互斥型

互斥型是指方案具有排他性，选择了一个方案，就不能选择另外的方案。只能在不同方案中选择其一。对于同一地域土地的利用方案、厂址选择方案、建设规模方案等都是互斥方案。

（三）混合型

混合型是指独立方案和互斥方案混合的情况。

二、方案经济比选的方法

独立方案的采用与否，取决于方案自身的经济性，可用净现值、净年值或内部收益率作为方案的评价指标，当净现值 NPV≥0，或净年值 NAW≥0，或内部收益率 IRR≥i_c 时，则方案在财务上是可行的。

对于互斥型方案，在多个方案进行比较选择时，有方案的计算期相等和计算期不等两种情况。

（一）计算期相等的方案比较

方案比选可以采用效益比选法、费用比选法和最低价格法。

1. 效益比选法

比较备选方案的效益，从中择优，具体方法有净现值法、净年值法、差额内部收益率法等。

(1)净现值法

分别计算各方案的净现值，以净现值较大的方案为优。

(2)净年值法

比较各方案的净收益的等额年值，以净年值较大的方案为优。

(3)差额投资内部收益率法

对于若干个互斥方案，可两两比较，分别计算两个方案的差额内部收益率 ΔIRR_{A-B}，若差额内部收益率 ΔIRR_{A-B}大于基准收益率 i_c，则投资大的方案较优。

差额内部收益率只反映两方案增量现金流的经济性（相对经济性），不能反映各方案自身的经济效果。

注意:互斥方案的比较,不能直接用内部收益率 IRR 进行比较。

如果选取相同的基准收益率,对于计算期相同的互斥方案,采用净现值法或差额内部收益率法,其评价结果是一致的。

2. 费用比选法

通过比较备选方案的费用现值或年值,从中择优。费用比选法包括费用现值法和费用年值法。

(1)费用现值法

计算备选方案的费用现值并进行比较,费用现值较低的方案较优。

(2)费用年值法

计算备选方案的费用年值并进行比较,费用年值较低的方案较优。

3. 最低价格(服务收费标准)法

最低价格法是在相同产品方案比选中,按净现值为 0 推算备选方案的产品价格,以最低产品价格较低的方案为优。

(二)计算期不同的互斥方案的比选

当方案的计算期不同时,不能直接采用净现值法、净现值率法、差额内部收益率等方法进行方案比较,可采用年值法、最小公倍数法或研究期法等进行方案比较。

1. 年值法

计算备选方案的等额年值,以等额年值不小于 0 且等额年值最大者为最优方案。由此可见,年值法既可用于寿命期相等的方案比较,也可用于寿命期不等的方案比较。

2. 最小公倍数法

这种方法是先求出两个方案计算期的最小公倍数,然后以最小公倍数作为方案比较的计算期(寿命期),即假定方案重复实施,将计算期不等的方案转化为计算期相等的方案,然后可采用上述计算期相等的方案比较方法进行指标计算,从中择优。

3. 研究期法

研究期法是通过研究分析,直接选取一个适当的计算期作为备选方案共同的计算期,计算各个方案在该计算期内的净现值,以净现值较大的为优。通常选取各方案中最短的计算期作为共同的计算期。

【例 10-7-1】 已知甲、乙为两个寿命期相同的互斥项目,其中乙项目投资大于甲项目。通过测算得出甲、乙两项目的内部收益率分别为 17% 和 14%,增量内部收益 ΔIRR(乙－甲)＝13%,基准收益率为 14%,以下说法中正确的是:

A. 应选择甲项目　　B. 应选择乙项目

C. 应同时选择甲、乙两个项目　　D. 甲、乙两项目均不应选择

解 两个寿命期相同的互斥项目的选优应采用增量内部收益率指标,ΔIRR(乙－甲)为 13%,小于基准收益率 14%,应选择投资较小的方案。

答案:A

习　题

10-7-1　某项目有甲乙丙丁 4 个投资方案,寿命期都是 8 年,设定的折现率为 8%,$(A/P,$

8%,8)=0.174,各方案各年的净现金流量见题表。

各方案各年的净现金流量表(单位:万元)　　　　题 10-7-1 表

年　份	0	1~8
甲	−500	92
乙	−500	90
丙	−420	76
丁	−400	77

采用年值法应选用(　　)。

A. 甲方案　　B. 乙方案　　C. 丙方案　　D. 丁方案

10-7-2　有甲乙丙丁 4 个互斥方案,投资额分别为 1 000 万元、800 万元、700 万元、600 万元,方案计算期均为 10 年,基准收益率为 15%,计算差额内部收益率结果 $\Delta IRR_{甲-乙}$、$\Delta IRR_{乙-丙}$、$\Delta IRR_{丙-丁}$分别为 14.2%、16%、15.1%,应选择(　　)。

A. 甲方案　　B. 乙方案　　C. 丙方案　　D. 丁方案

10-7-3　在几个产品相同的备选方案比选中,最低价格法是(　　)。

A. 按主要原材料推算成本,其中原材料价格较低的方案为优

B. 按净现值为 0 计算方案的产品价格,其中产品价格较低的方案为优

C. 按市场风险最低推算产品价格,其中产品价格较低的方案为优

D. 按市场需求推算产品价格,其中产品价格较低的方案为优

10-7-4　既可用于计算期相等的方案比较,也可用于计算期不等的方案比较方法是(　　)。

A. 年值法　　B. 内部收益率法

C. 投资回收期法　　D. 净现值率法

第八节　改扩建项目的经济评价特点

改扩建项目是在企业原有基础上建设的。对于新建项目,所发生的费用和收益都可归于项目;而改扩建和技改项目的费用和收益既涉及新投资部分,又涉及原有基础部分,因此对项目经济效果的评价与新建项目有所不同。

一、改扩建项目的主要特点

(1)项目的活动与既有企业有联系但在一定程度上又有区别。

(2)项目的融资主体和还款主体都是既有企业。

(3)项目一般要利用既有企业的部分或全部资产、资源,但不发生产权转移。

(4)建设期内企业生产经营与项目建设一般同时进行。

二、改扩建项目的经济评价特点

由于改扩建项目的特点,其经济评价往往比较复杂。改扩建项目经济评价主要有以下特点:

(1)需要正确识别和估算“有项目”“无项目”“现状”“新增”“增量”等五种状态(五套数据)下的资产、资源、效益和费用,“无项目”和“有项目”的计算口径和范围要一致。应遵循“有无对比”的原则。

(2)应明确界定项目的效益和费用范围。

(3)财务分析采用一般建设项目财务分析的基本原理和分析指标。一般要按项目和企业两个层次进行财务分析。

(4)应分析项目对既有企业的贡献。

(5)改扩建项目的经济费用效益分析采用一般建设项目的经济费用效益分析原理。

(6)需要根据项目目的、项目和企业两个层次的财务分析结果和经济费用效益分析结果,结合不确定性分析、风险分析结果等进行多指标投融资决策。

(7)需要合理确定计算期、原有资产利用、停产损失和沉没成本等问题。

【例 10-8-1】 以下关于改扩建项目财务分析的说法中正确的是:

A. 应以财务生存能力分析为主

B. 应以项目清偿能力分析为主

C. 应以企业层次为主进行财务分析

D. 应遵循“有无对比”原则

解 改扩建项目财务分析要进行项目层次和企业层次两个层次的分析。项目层次应进行盈利能力分析、清偿能力分析和财务生存能力分析,应遵循“有无对比”的原则。

答案:D

习　题

10-8-1 对于改扩建项目的经济评价,以下表述中正确的是(　　)。

A. 仅需要估算“有项目”、“无项目”、“增量”三种状态下的效益和费用

B. 只对项目本身进行经济性评价,不考虑对既有企业的影响

C. 财务分析一般只按项目一个层次进行财务分析

D. 需要合理确定原有资产利用、停产损失和沉没成本

10-8-2 价值工程的“价值(V)”对于产品来说,可以表示为 $V=F/C$,式中 C 是指(　　)。

A. 产品的寿命周期成本　　B. 产品的开发成本

C. 产品的制造成本　　D. 产品的销售成本

第九节　价 值 工 程

一、价值工程的基本概念

(一)价值、功能和寿命周期成本

1. 功能

功能是指产品或作业的功用和效能。它实质上也是产品或作业的使用价值。

2. 寿命周期成本

寿命周期成本是指产品或服务在寿命期内所花费的全部费用。其费用不仅包括产品生产工程中的费用,也包括使用过程中的费用和残值。

3. 价值

价值工程中的“价值”,是指产品或作业的功能与实现其功能的总成本的比值。它是对所研究的对象的功能和成本的综合评价。其表达式为

$$价值(V) = \frac{功能(F)}{成本(C)} \qquad (10\text{-}9\text{-}1)$$

这里的成本是指实现产品或作业的寿命周期成本。

(二)价值工程的定义

价值工程,也可称为价值分析,是指以产品或作业的功能分析为核心,以提高产品或作业的价值为目的,力求以最低寿命周期成本实现产品或作业使用所要求的必要功能的一项有组织的创造性活动。

价值工程是一种以提高产品和作业价值为目标的管理技术。其主要特点是:

(1)价值工程着眼于寿命周期成本,把研究的重点放在对产品的功能研究上,核心是功能分析。

(2)价值工程将保证产品功能和降低成本作为一个整体考虑。

(3)价值工程强调创新。

(4)价值工程要求将功能定量化。

(5)价值工程是一种有计划、有组织的活动。

(三)提高价值的途径

从上面价值的表达式可知,在成本不变的情况下,价值与功能成正比;功能不变的情况下,价值与成本成反比。由此可以得出提高产品或作业的 5 种主要途径:

(1)成本不变,提高功能;

(2)功能不变,降低成本;

(3)成本略有增加,功能较大幅度提高;

(4)功能略有下降,成本大幅度降低;

(5)成本降低,功能提高,则价值更高。

二、价值工程的实施步骤

价值工程活动过程一般包括准备阶段、功能分析阶段、方案创造阶段和方案实施阶段。

(一)准备阶段

(1)对象选择;

(2)组成价值工程领导小组;

(3)制订工作计划。

(二)功能分析阶段

(1)收集整理信息资料;

(2)功能系统分析;

(3)功能评价。

(三)创新阶段

(1)方案创新;

(2)方案评价;

(3)提案编写。

(四)实施阶段

(1)审批;

(2)实施与检查;

(3)成果鉴定。

三、价值工程研究对象的选择

(一)选择研究对象的原则

研究对象的选择,应选择对国计民生影响大的、需要量大的、正在研制准备投放市场的、质量功能急需改进的、市场竞争激烈的、成本高利润低的、需提高市场占有率的、改善价值有较大潜力的产品等。

(二)选择研究对象的方法

常用方法有 ABC 分析法、价值系数法、百分比法、最合适区域法等。

1. ABC 分析法

应用数理统计分析的方法选择对象。按产品零部件成本大小由高到低排列,绘出费用累计曲线,一般规律如下。

A 类部件:占部件的 5%~10%,占总成本的 70%~75%(**数量较少,但占总成本比重较大**);

B 类部件:占部件的 20%左右,占总成本的 20%左右;

C 类部件:占部件的 70%~75%,占总成本的 5%~10%(**数量较多,但占总成本比例不大**)。

通常可以把 A 类部件作为分析对象。

2. 价值系数法

(1)价值系数法的步骤

①用 01 评分法(强制确定法)或其他评分法计算功能系数。即将零件排列起来,一一进行重要性对比,重要的得 1 分,不重要的得 0 分,求出各零件得分累计分数,其功能系数按下式计算

$$功能系数(f_i)=\frac{零件得分累计}{总分} \tag{10-9-2}$$

②求出每一零件成本与各零件成本总和之比,即成本系数

$$成本系数(C_i)=\frac{零部件成本}{各零部件成本总和} \tag{10-9-3}$$

③求出各零件的价值系数

$$价值系数(V_i)=\frac{功能系数}{成本系数} \tag{10-9-4}$$

(2)计算结果存在的三种情况

①**价值系数小于 1,表明该零件相对不重要且费用偏高,应作为价值分析的对象;**

【例 10-9-1】 某产品共有五项功能 F_1、F_2、F_3、F_4、F_5,用强制确定法确定零件功能评价体系时,其功能得分分别为 3、5、4、1、2,则 F_5 的功能评价系数为:

A. 0.20　　B. 0.13　　C. 0.27　　D. 0.33

解 F_3 的功能系数为:$F_3=4/(3+5+4+1+2)=0.27$

答案:C

②价值系数大于 1,即功能系数大于成本系数,表明该零件较重要而成本偏低,是否需要提高费用视具体情况而定;

③**价值系数接近或等于 1,表明该零件重要性与成本适应,较为合理。**

表 10-9-1 给出了价值系数计算的例子,显然,该表中 D 零件的价值系数远小于 1,为 0.463,可考虑作为价值分析的对象。

价值系数计算表　　表 10-9-1

零部件代号	一对一比较结果				积分	成本(元)	功能系数 f_i	成本系数 C_i	价值系数 V_i
	A	B	C	D					
A	×	1	0	1	2	115	0.333	0.319	1.044
B	0	×	0	1	1	50	0.167	0.139	1.201
C	1	1	×	0	2	65	0.333	0.181	1.840
D	0	0	1	×	1	130	0.167	0.361	0.463
小计					6	360	1	1	

四、功能分析

功能分析是价值工程的核心。功能是某个产品或零件在整体中所担负的职能或所起的作用。功能分析的目的是用最少的成本实现同一功能。

功能分析一般有功能定义、功能整理、功能评价三个步骤。

(一)功能定义

功能定义就是用简明准确的语言表达功能的本质内容。

根据功能的不同特性,功能可以按以下标志分类:

(1)按功能的重要程度分为基本功能和辅助功能。基本功能是必不可少的功能,辅助功能属于次要功能。

(2)按功能的性质可分为使用功能和美学功能。使用功能有使用目的,如手机的通话功能;美学功能也称为外观功能,具有外观的艺术特征,如手机的造型、色彩款式等。

(3)按目的和手段功能可分为上位功能和下位功能。上位功能是目的性功能,下位功能是实现上位功能的手段性功能。这种上位与下位、目的与手段是相对的。

(4)按总体和局部,功能可分为总体功能和局部功能。总体功能体现出整体性的特征,是以局部功能为基础的。

(5)按功能的有用性可分为必要功能和不必要功能。使用功能、美学功能、基本功能、辅助功能等都是必要功能。多余功能、过剩功能都属于不必要功能。

(二)功能整理

功能整理就是要明确功能之间的逻辑关系,确定必要功能,剔除不必要功能。

功能整理有功能分析系统技术和功能卡片排列法两种方法。

功能分析系统技术的主要步骤:

(1)分析出基本功能,列在最左侧,称为上位功能,其余的是辅助功能。

(2)确定功能之间的关系,是并列关系还是上下位关系。

(3)绘出功能系统图。

(三)功能评价

功能评价主要解决功能的定量化问题,以便进行比较分析。功能评价的方法有 01 评分法、04 评分法、DARE 法等。

【例 10-9-2】 下面关于价值工程的论述中正确的是:

A. 价值工程中的价值是指成本与功能的比值

B. 价值工程中的价值是指产品消耗的必要劳动时间

C. 价值工程中的成本是指寿命周期成本,包括产品在寿命期内发生的全部费用

D. 价值工程中的成本就是产品的生产成本，它随着产品功能的增加而提高

解 根据价值工程中价值公式中成本的概念。

答案：C

习　题

10-9-1 价值工程的核心是（　　）。

A. 尽可能降低产品成本　　B. 降低成本提高产品价格

C. 功能分析　　D. 有组织的活动

10-9-2 价值工程的工作目标是（　　）。

A. 尽可能提高产品的功能　　B. 尽可能降低产品的成本

C. 提高产品价值　　D. 延长产品的寿命周期

10-9-3 某企业原采用甲工艺生产某种产品，现采用新技术乙工艺生产，不仅达到甲工艺相同的质量，而且成本降低了15%。根据价值工程原理，该企业提高产品价值的途径是（　　）。

A. 功能不变，成本降低　　B. 功能和成本都降低，但成本降幅较大

C. 功能提高，成本降低　　D. 功能提高，成本不变

10-9-4 某产品的实际成本为8 000元，该产品由多个零部件组成，其中一个零部件的实际成本为840元，功能评价系数为0.092，则该零部件的价值指数为（　　）。

A. 0.105　　B. 0.876　　C. 0.92　　D. 1.141

题解及参考答案

第一节

10-1-1 **解**：利用名义利率求实际利率公式计算、比较，或用一次支付终值公式计算、比较。

答案：C

10-1-2 **解**：已知 A，求 F，用等额支付系列终值公式计算。

答案：D

10-1-3 **解**：已知 A，求 P，用等额支付系列现值公式计算。第三年年初已经偿还2年等额本息，还有3年等额本息没有偿还。所以 $n=3$，$A=50$。

答案：B

10-1-4 **解**：可绘出现金流量图，利用资金等值计算公式，将借款和还款等值计算折算到同一年，求 A。

$A(P/A,5\%,3)(1+i)=6\,000(P/A,5\%,5)(P/F,5\%,3)$

$A\times2.723\,2\times1.05=6\,000\times4.329\,5\times0.863\,8$

或：$A(P/A,5\%,3)(F/P,5\%,4)=6\,000(P/A,5\%,5)$，$A\times2.723\,2\times1.215\,5=6\,000\times4.329\,5$

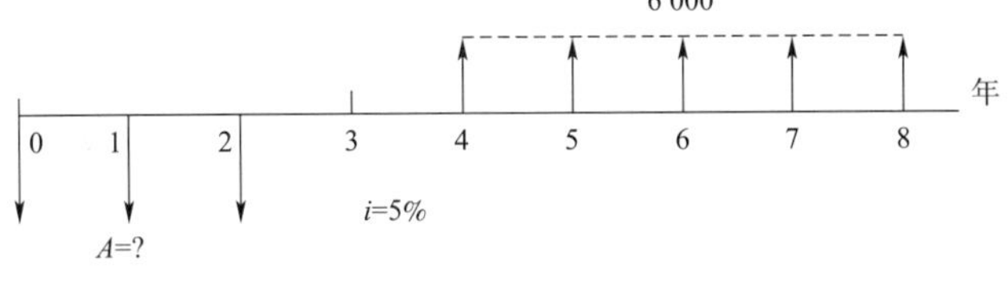

题10-1-4解图

解得:$A=7\ 848$

答案:A

第二节

10-2-1 **解:**建设项目总投资由建设投资、建设期利息、流动资金三部分构成。

答案:B

10-2-2 **解:**总投资形成的固定资产原值的费用包括工程费用、工程建设其他费用、预备费、建设期利息。

答案:A

10-2-3 **解:**按借款在年初发生的建设利息计算公式计算。

第一年借款利息:$1\ 500\times7\%=105$ 万元

第二年借款利息:$[(1\ 500+105)+1\ 000]\times7\%=182.35$ 万元

答案:D

10-2-4 **解:**用双倍余额递减法公式计算,注意计算第二年折旧额时,要用固定资产净值计算。

答案:C

10-2-5 **解:**无营业利润可以不缴纳所得税。

答案:A

10-2-6 **解:**按规定,建设期利息应计入固定资产原值。

答案:A

第三节

10-3-1 **解:**按债券筹资成本公式计算,即

$(500\times5\%)\times(1-25\%)/[500\times(1-1\%)]=38\%$

答案:B

10-3-2 **解:**权益资金成本不能抵减所得税。

$$15\%\times\frac{400}{1\ 000}+6\%\times(1-25\%)\times\frac{600}{1\ 000}=8.7\%$$

答案:B

10-3-3 **解:**等额还本则每年还本:$500/5=100$ 万元,次年以未还本金为基数计算利息。第 2 年初尚未还本金:$500-100=400$ 万元,第 2 年应还利息:$400\times5\%=20$ 万元。

答案:B

10-3-4 **解:**根据股利增长模型法,普通股资金成本为:

$$K_s=\frac{D_i}{P_0\times(1-f)}+g=\frac{10\ 000\times8\%}{10\ 000\times(1-3\%)}+6\%=14.25\%$$

由于股利必须在企业税后利润中支付,所以不能抵减所得税的缴纳。

答案:D

第四节

10-4-1 **解:**可先绘出现金流量图再计算(见解图)。注意第 1、2 年初即第 0、1 年末。

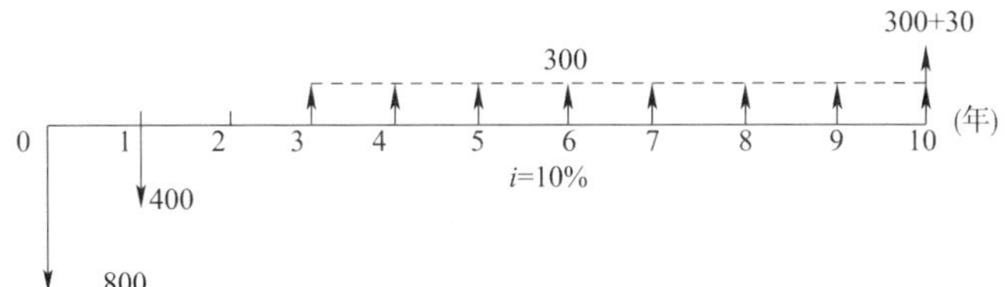

题 10-4-1 解图

$P=-800-400(P/F,10\%,1)+300(P/A,10\%,8)(P/F,10\%,2)+30(P/F,10\%,10)=170.55$

答案:B

10-4-2 **解**:用不同的等额支付系列现值系数计算净现值,根据净现值的正负判断内部收益率位于那个区间。

由 $-12000+4300\times(P/A,20\%,5)=861.3$ 元>0

$-12000+4300\times(P/A,25\%,5)=-437.3$ 元<0

可知内部收益率位于 20%～25%区间内。

答案:C

10-4-3 **解**:根据净现值函数曲线可判断。

答案:D

10-4-4 **解**:费用年值 $AC=5+20(A/P,10\%,10)=8.255$ 万元。

答案:D

10-4-5 **解**:根据静态投资回收期公式计算。

答案:B

10-4-6 **解**:项目总投资为建设投资、建设期利息和流动资金之和,计算总投资收益率要用息税前利润。

答案:B

10-4-7 **解**:先根据总投资收益率计算息税前利润,然后计算总利润、净利润,最后计算资本金净利润率。

项目总投资为建设投资、建设期利息和流动资金之和,计算总投资收益率要用息税前利润。

息税前利润$=16\,000\times20\%=3\,200$ 万元

总利润$=3\,200-900=2\,300$ 万元

净利润$=2\,300\times(1-25\%)=1\,725$ 万元

资本金净利润率$=1\,725\div5\,000\times100\%=34.5\%$

答案:C

10-4-8 **解**:按偿债备付率公式计算。

息税前利润＝利润总额＋利息支出$=300+100=400$ 万元

$$偿债备付率=\frac{400+30-75}{120+100}=1.61$$

答案:C

10-4-9 **解**:项目投资现金流量表反映了项目投资总体的获利能力,主要用来计算财务内部收益、财务净现值和投资回收期等评价指标。

答案:C

10-4-10 **解**:项目资本金现金流量表从项目权益投资者的整体角度考察盈利能力。

答案:A

第五节

10-5-1 **解**:影子价格反映项目投入物和产出物的真实经济价值。

答案:D

10-5-2 **解**:进行经济费用效益分析采用社会折现率。

答案:C

10-5-3 **解**:从国民经济效率的角度看,经济内部收益率等于或大于社会折现率,表明项目的经济盈利性达到或超过了经济效益要求。

答案:A

10-5-4 **解**:项目建成每年减少损失,视为经济效益。若 $n\to\infty$,则 $(P/A,i,n)=1/i$。按效益费用比公式计算:

$$B=300\times\frac{1}{i}=6000,c=500+20\times\frac{1}{i}=900$$

$$R_{BC}=6000/900=6.67$$

答案:B

第六节

10-6-1 **解**:用盈亏平衡分析公式计算,考虑每台产品的税金。

$$\text{盈亏平衡产量}=\frac{265000}{500-350-50}=2650\text{ 台}$$

答案:A

10-6-2 **解**:用盈亏平衡分析公式计算。

由 $15\times10^4=\dfrac{1500\times10^4}{\text{单价}-120}$,可得:单价$=220$ 元

答案:C

10-6-3 **解**:按敏感度系数公式计算。

$$\frac{\dfrac{13\%-15\%}{15\%}}{10\%}=-1.33$$

答案:B

10-6-4 **解**:变化幅度的绝对值相同时(如变化幅度为±20%),敏感性系数较大者对应的因素较敏感。

答案:B

第七节

10-7-1 **解**:甲乙方案年投资相等,但甲方案年收益较大,所以淘汰乙方案;丙乙方案比较,丙方案投资大但年收益值较小,淘汰丙方案,比较甲丁方案净年值。

答案:D

10-7-2 **解**:ΔIRR 大于基准收益率时,应选投资额较大的方案;反之,应选投资额较小的方案。

答案:B

10-7-3 **解**:最低价格法是在相同产品方案比选中,按净现值为0推算备选方案的产品价格,以最低产品价格较低的方案为优。

答案:B

10-7-4 **解**:计算期相等和计算期不等的方案比较均可以用年值法。

答案:A

第八节

10-8-1 **解**:改扩建项目的经济评价应考虑原有资产的利用、停产损失和沉没成本等问题。

答案:D

10-8-2 **解**:依据价值工程定义。

答案:A

第九节

10-9-1 **解**:价值工程的核心是功能分析。

答案:C

10-9-2 **解**:价值工程以提高价值为工作目标。

答案:C

10-9-3 **解**:质量相同,功能上没有变化。

答案:A

10-9-4 **解**:该零件的成本系数为:

该零件实际成本/所有零件实际成本=840÷8 000=0.105

该零部件的价值指数为:

V=该零件的功能评价系数/该零件的成本系数=0.092÷0.105=0.876

答案:B

第十一章 法律法规

复习指导

一、“法律法规”考试大纲

8.1 中华人民共和国建筑法

总则；建筑许可；建筑工程发包与承包；建筑工程监理；建筑安全生产管理；建筑工程质量管理；法律责任。

8.2 中华人民共和国安全生产法

总则；生产经营单位的安全生产保障；从业人员的权利和义务；安全生产的监督管理；生产安全事故的应急救援与调查处理。

8.3 中华人民共和国招标投标法

总则；招标；投标；开标；评标和中标；法律责任。

8.4 中华人民共和国合同法

一般规定；合同的订立；合同的效力；合同的履行；合同的变更和转让；合同的权利义务终止；违约责任；其他规定。

8.5 中华人民共和国行政许可法

总则；行政许可的设定；行政许可的实施机关；行政许可的实施程序；行政许可的费用。

8.6 中华人民共和国节约能源法

总则；节能管理；合理使用与节约能源；节能技术进步；激励措施；法律责任。

8.7 中华人民共和国环境保护法

总则；环境监督管理；保护和改善环境；防治环境污染和其他公害；法律责任。

8.8 建设工程勘察设计管理条例

总则；资质资格管理；建设工程勘察设计发包与承包；建设工程勘察设计文件的编制与实施；监督管理。

8.9 建设工程质量管理条例

总则；建设单位的质量责任和义务；勘察设计单位的质量责任和义务；施工单位的质量责任和义务；工程监理单位的质量责任和义务；建设工程质量保修。

8.10 建设工程安全生产管理条例

总则；建设单位的安全责任；勘察设计工程监理及其他有关单位的安全责任；施工单位的安全责任；监督管理；生产安全事故的应急救援和调查处理。

二、复习指导

与工程建设有关的法规应当是重点复习的内容，尤其是建筑法、招投标法中的内容。

法规中与设计工作有关的规定要给予特别注意。

第一节　我国法规的基本体系

按现行立法权限，我国的法规可分为五个层次。即：全国人大及其常委会通过的法律；国务院发布的行政规定；国务院各部委发布的规章制度；地方人大制定的地方法律；地方行政部门制定并发布的地方规章制度。

举例如下：

一、法律

中华人民共和国建筑法	1998 年 3 月 1 日起实施，2019 年 4 月 23 日修改
中华人民共和国安全生产法	2002 年 11 月 1 日起实施，2014 年 8 月 31 日修改
中华人民共和国招标投标法	2000 年 1 月 1 日起实施，2017 年 12 月 28 日修正
中华人民共和国合同法	1999 年 10 月 1 日起实施
中华人民共和国行政许可法	2004 年 7 月 1 日起实施
中华人民共和国节约能源法	1997 年 1 月 1 日颁布，2007 年 10 月修改，2008 年 4 月 1 日起实施修订版
中华人民共和国环境保护法	1989 年 12 月 26 日起实施，2014 年 4 月 24 日修改，2015 年 1 月 1 日起实施修订版
中华人民共和国房地产管理法	1995 年 1 月 1 日起实施，2007 年 8 月 30 日和 2009 年 8 月 27 日两次修订，2019 年 8 月 26 日第三次修订

二、行政规定

建设工程勘察设计管理条例	2000 年 9 月 25 日起实施，2017 年 10 月 7 日修改
建设工程质量管理条例	2000 年 1 月 30 日起实施，2019 年 04 月 23 日修改
建设工程安全生产管理条例	2004 年 2 月 1 日起实施

三、部门规章

建设工程勘察设计资质管理规定	2007 年 9 月 1 日起实施
工程监理企业资质管理规定	2007 年 8 月 1 日起实施
建筑企业资质管理规定	2007 年 9 月 1 日起实施

地方法律、规章不再举例。

第二节　中华人民共和国建筑法

第一章　总　　则

第一条　为了加强对建筑活动的监督管理，维护建筑市场秩序，保证建筑工程的质量和安全，促进建筑业健康发展，制定本法。

第二条　在中华人民共和国境内从事建筑活动，实施对建筑活动的监督管理，应当遵守本法。

本法所称建筑活动，是指各类房屋建筑及其附属设施的建造和与其配套的线路、管道、设备的安装活动。

第三条　建筑活动应当确保建筑工程质量和安全，符合国家的建筑工程安全标准。

第四条　国家扶持建筑业的发展，支持建筑科学技术研究，提高房屋建筑设计水平，鼓励节约能源和保护环境，提倡采用先进技术、先进设备、先进工艺、新型建筑材料和现代管理方式。

第五条　从事建筑活动应当遵守法律、法规，不得损害社会公共利益和他人的合法权益。

任何单位和个人都不得妨碍和阻挠依法进行的建筑活动。

第六条　国务院建设行政主管部门对全国的建筑活动实施统一监督管理。

第二章　建筑许可

第一节　建筑工程施工许可

第七条　建筑工程开工前，建设单位应当按照国家有关规定向工程所在地县级以上人民政府建设行政主管部门申请领取施工许可证；但是，国务院建设行政主管部门确定的限额以下的小型工程除外。

按照国务院规定的权限和程序批准开工报告的建筑工程，不再领取施工许可证。

第八条　申请领取施工许可证，应当具备下列条件：

(一)已经办理该建筑工程用地批准手续；

(二)依法应当办理建设工程规划许可证的，已经取得建设工程规划许可证；

(三)需要拆迁的，其拆迁进度符合施工要求；

(四)已经确定建筑施工企业；

(五)有满足施工需要的资金安排、施工图纸及技术资料；

(六)有保证工程质量和安全的具体措施。

建设行政主管部门应当自收到申请之日起七日内，对符合条件的申请颁发施工许可证。

第九条　建设单位应当自领取施工许可证之日起三个月内开工。因故不能按期开工的，应当向发证机关申请延期；延期以两次为限，每次不超过三个月。既不开工又不申请延期或者超过延期时限的，施工许可证自行废止。

第十条　在建的建筑工程因故中止施工的，建设单位应当自中止施工之日起一个月内，向发证机关报告，并按照规定做好建筑工程的维护管理工作。

建筑工程恢复施工时，应当向发证机关报告；中止施工满一年的工程恢复施工前，建设单位应当报发证机关核验施工许可证。

第十一条　按照国务院有关规定批准开工报告的建筑工程，因故不能按期开工或者中止施工的，应当及时向批准机关报告情况。因故不能按期开工超过六个月的，应当重新办理开工报告的批准手续。

第二节　从业资格

第十二条　从事建筑活动的建筑施工企业、勘察单位、设计单位和工程监理单位，应当具备下列条件：

(一)有符合国家规定的注册资本；

(二)有与其从事的建筑活动相适应的具有法定执业资格的专业技术人员；

(三)有从事相关建筑活动所应有的技术装备；

(四)法律、行政法规规定的其他条件。

第十三条　从事建筑活动的建筑施工企业、勘察单位、设计单位和工程监理单位，按照其拥有的注册资本、专业技术人员、技术装备和已完成的建筑工程业绩等资质条件，划分为不同的资质等级，经资质审查合格，取得相应等级的资质证书后，方可在其资质等级许可的范围内从事建筑活动。

第十四条　从事建筑活动的专业技术人员，应当依法取得相应的执业资格证书，并在执业资格证书许可的范围内从事建筑活动。

第三章　建筑工程发包与承包

第一节　一般规定

第十五条　建筑工程的发包单位与承包单位应当依法订立书面合同，明确双方的权利和义务。

发包单位和承包单位应当全面履行合同约定的义务。不按照合同约定履行义务的，依法承担违约责任。

第十六条　建筑工程发包与承包的招标投标活动，应当遵循公开、公正、平等竞争的原则，择优选择承包单位。

建筑工程的招标投标，本法没有规定的，适用有关招标投标法律的规定。

第十七条　发包单位及其工作人员在建筑工程发包中不得收受贿赂、回扣或者索取其他好处。

承包单位及其工作人员不得利用向发包单位及其工作人员行贿、提供回扣或者给予其他好处等不正当手段承揽工程。

第十八条　建筑工程造价应当按照国家有关规定，由发包单位与承包单位在合同中约定。公开招标发包的，其造价的约定，须遵守招标投标法律的规定。

发包单位应当按照合同的约定，及时拨付工程款项。

第二节　发　包

第十九条　建筑工程依法实行招标发包，对不适于招标发包的可以直接发包。

第二十条　建筑工程实行公开招标的，发包单位应当依照法定程序和方式，发布招标公告，提供载有招标工程的主要技术要求、主要的合同条款、评标的标准和方法以及开标、评标、定标的程序等内容的招标文件。

开标应当在招标文件规定的时间、地点公开进行。开标后应当按照招标文件规定的评标标准和程序对标书进行评价、比较，在具备相应资质条件的投标者中，择优选定中标者。

第二十一条　建筑工程招标的开标、评标、定标由建设单位依法组织实施，并接受有关行政主管部门的监督。

第二十二条　建筑工程实行招标发包的，发包单位应当将建筑工程发包给依法中标的承包单位。建筑工程实行直接发包的，发包单位应当将建筑工程发包给具有相应资质条件的承包单位。

第二十三条　政府及其所属部门不得滥用行政权力，限定发包单位将招标发包的建筑工程发包给指定的承包单位。

第二十四条　提倡对建筑工程实行总承包，禁止将建筑工程肢解发包。

建筑工程的发包单位可以将建筑工程的勘察、设计、施工、设备采购一并发包给一个工程总承包单位，也可以将建筑工程勘察、设计、施工、设备采购的一项或者多项发包给一个工程总承包单位；但是，不得将应当由一个承包单位完成的建筑工程肢解成若干部分发包给几个承包单位。

第二十五条　按照合同约定，建筑材料、建筑构配件和设备由工程承包单位采购的，发包单位不得指定承包单位购入用于工程的建筑材料、建筑构配件和设备或者指定生产厂、供应商。

第三节　承　　包

第二十六条　承包建筑工程的单位应当持有依法取得的资质证书，并在其资质等级许可的业务范围内承揽工程。

禁止建筑施工企业超越本企业资质等级许可的业务范围或者以任何形式用其他建筑施工企业的名义承揽工程。禁止建筑施工企业以任何形式允许其他单位或者个人使用本企业的资质证书、营业执照，以本企业的名义承揽工程。

第二十七条　大型建筑工程或者结构复杂的建筑工程，可以由两个以上的承包单位联合共同承包。共同承包的各方对承包合同的履行承担连带责任。

两个以上不同资质等级的单位实行联合共同承包的，应当按照资质等级低的单位的业务许可范围承揽工程。

第二十八条　禁止承包单位将其承包的全部建筑工程转包给他人，禁止承包单位将其承包的全部建筑工程肢解以后以分包的名义分别转包给他人。

第二十九条　建筑工程总承包单位可以将承包工程中的部分工程发包给具有相应资质条件的分包单位；但是，除总承包合同中约定的分包外，必须经建设单位认可。施工总承包的，建筑工程主体结构的施工必须由总承包单位自行完成。

建筑工程总承包单位按照总承包合同的约定对建设单位负责；分包单位按照分包合同的约定对总承包单位负责。总承包单位和分包单位就分包工程对建设单位承担连带责任。

禁止总承包单位将工程分包给不具备相应资质条件的单位。禁止分包单位将其承包的工程再分包。

第四章　建筑工程监理

第三十条　国家推行建筑工程监理制度。

国务院可以规定实行强制监理的建筑工程的范围。

第三十一条　实行监理的建筑工程，由建设单位委托具有相应资质条件的工程监理单位监理。建设单位与其委托的工程监理单位应当订立书面委托监理合同。

第三十二条　建筑工程监理应当依照法律、行政法规及有关的技术标准、设计文件和建筑工程承包合同，对承包单位在施工质量、建设工期和建设资金使用等方面，代表建设单位实施监督。

工程监理人员认为工程施工不符合工程设计要求、施工技术标准和合同约定的，有权要求建筑施工企业改正。

工程监理人员发现工程设计不符合建筑工程质量标准或者合同约定的质量要求的，应当报告建设单位要求设计单位改正。

第三十三条　实施建筑工程监理前，建设单位应当将委托的工程监理单位、监理的内容及监理权限，书面通知被监理的建筑施工企业。

第三十四条　工程监理单位应当在其资质等级许可的监理范围内，承担工程监理业务。

工程监理单位应当根据建设单位的委托，客观、公正地执行监理任务。

工程监理单位与被监理工程的承包单位以及建筑材料、建筑构配件和设备供应单位不得有隶属关系或者其他利害关系。

工程监理单位不得转让工程监理业务。

第三十五条　工程监理单位不按照委托监理合同的约定履行监理义务，对应当监督检查的项目不检查或者不按照规定检查，给建设单位造成损失的，应当承担相应的赔偿责任。

工程监理单位与承包单位串通，为承包单位谋取非法利益，给建设单位造成损失的，应当与承包单位承担连带赔偿责任。

第五章　建筑安全生产管理

第三十六条　建筑工程安全生产管理必须坚持安全第一、预防为主的方针，建立健全安全生产的责任制度和群防群治制度。

第三十七条　建筑工程设计应当符合按照国家规定制定的建筑安全规程和技术规范，保证工程的安全性能。

第三十八条　建筑施工企业在编制施工组织设计时，应当根据建筑工程的特点制定相应的安全技术措施；对专业性较强的工程项目，应当编制专项安全施工组织设计，并采取安全技术措施。

第三十九条　建筑施工企业应当在施工现场采取维护安全、防范危险、预防火灾等措施；有条件的，应当对施工现场实行封闭管理。

施工现场对毗邻的建筑物、构筑物和特殊作业环境可能造成损害的，建筑施工企业应当采取安全防护措施。

第四十条　建设单位应当向建筑施工企业提供与施工现场相关的地下管线资料，建筑施工企业应当采取措施加以保护。

第四十一条　建筑施工企业应当遵守有关环境保护和安全生产的法律、法规的规定，采取控制和处理施工现场的各种粉尘、废气、废水、固体废物以及噪声、振动对环境的污染和危害的措施。

第四十二条　有下列情形之一的，建设单位应当按照国家有关规定办理申请批准手续：

（一）需要临时占用规划批准范围以外场地的；

（二）可能损坏道路、管线、电力、邮电通讯等公共设施的；

（三）需要临时停水、停电、中断道路交通的；

（四）需要进行爆破作业的；

（五）法律、法规规定需要办理报批手续的其他情形。

第四十三条　建设行政主管部门负责建筑安全生产的管理，并依法接受劳动行政主管部门对建筑安全生产的指导和监督。

第四十四条　建筑施工企业必须依法加强对建筑安全生产的管理，执行安全生产责任制度，采取有效措施，防止伤亡和其他安全生产事故的发生。

建筑施工企业的法定代表人对本企业的安全生产负责。

第四十五条　施工现场安全由建筑施工企业负责。实行施工总承包的，由总承包单位负责。分包单位向总承包单位负责，服从总承包单位对施工现场的安全生产管理。

第四十六条　建筑施工企业应当建立健全劳动安全生产教育培训制度，加强对职工安全生产的教育培训；未经安全生产教育培训的人员，不得上岗作业。

第四十七条　建筑施工企业和作业人员在施工过程中，应当遵守有关安全生产的法律、法规和建筑行业安全规章、规程，不得违章指挥或者违章作业。作业人员有权对影响人身健康的作业程序和作业条件提出改进意见，有权获得安全生产所需的防护用品。作业人员对危及生命安全和人身健康的行为有权提出批评、检举和控告。

第四十八条　建筑施工企业应当依法为职工参加工伤保险缴纳工伤保险费。鼓励企业为从事危险作业的职工办理意外伤害保险，支付保险费。

第四十九条　涉及建筑主体和承重结构变动的装修工程，建设单位应当在施工前委托原设计单位或者具有相应资质条件的设计单位提出设计方案；没有设计方案的，不得施工。

第五十条　房屋拆除应当由具备保证安全条件的建筑施工单位承担，由建筑施工单位负责人对安全负责。

第五十一条　施工中发生事故时，建筑施工企业应当采取紧急措施减少人员伤亡和事故损失，并按照国家有关规定及时向有关部门报告。

第六章　建筑工程质量管理

第五十二条　建筑工程勘察、设计、施工的质量必须符合国家有关建筑工程安全标准的要求，具体管理办法由国务院规定。

有关建筑工程安全的国家标准不能适应确保建筑安全的要求时，应当及时修订。

第五十三条　国家对从事建筑活动的单位推行质量体系认证制度。从事建筑活动的单位根据自愿原则可以向国务院产品质量监督管理部门或者国务院产品质量监督管理部门授权的部门认可的认证机构申请质量体系认证。经认证合格的，由认证机构颁发质量体系认证证书。

第五十四条　建设单位不得以任何理由，要求建筑设计单位或者建筑施工企业在工程设计或者施工作业中，违反法律、行政法规和建筑工程质量、安全标准，降低工程质量。

建筑设计单位和建筑施工企业对建设单位违反前款规定提出的降低工程质量的要求，应当予以拒绝。

第五十五条　建筑工程实行总承包的，工程质量由工程总承包单位负责，总承包单位将建筑工程分包给其他单位的，应当对分包工程的质量与分包单位承担连带责任。分包单位应当接受总承包单位的质量管理。

第五十六条　建筑工程的勘察、设计单位必须对其勘察、设计的质量负责。勘察、设计文件应当符合有关法律、行政法规的规定和建筑工程质量、安全标准、建筑工程勘察、设计技术规范以及合同的约定。设计文件选用的建筑材料、建筑构配件和设备，应当注明其规格、型号、性能等技术指标，其质量要求必须符合国家规定的标准。

第五十七条　建筑设计单位对设计文件选用的建筑材料、建筑构配件和设备，不得指定生产厂、供应商。

第五十八条　建筑施工企业对工程的施工质量负责。

建筑施工企业必须按照工程设计图纸和施工技术标准施工，不得偷工减料。工程设计的修改由原设计单位负责，建筑施工企业不得擅自修改工程设计。

第五十九条　建筑施工企业必须按照工程设计要求、施工技术标准和合同的约定，对建筑材料、建筑构配件和设备进行检验，不合格的不得使用。

第六十条　建筑物在合理使用寿命内，必须确保地基基础工程和主体结构的质量。

建筑工程竣工时，屋顶、墙面不得留有渗漏、开裂等质量缺陷；对已发现的质量缺陷，建筑施工企业应当修复。

第六十一条　交付竣工验收的建筑工程，必须符合规定的建筑工程质量标准，有完整的工程技术经济资料和经签署的工程保修书，并具备国家规定的其他竣工条件。

建筑工程竣工经验收合格后，方可交付使用；未经验收或者验收不合格的，不得交付使用。

第六十二条　建筑工程实行质量保修制度。

建筑工程的保修范围应当包括地基基础工程、主体结构工程、屋面防水工程和其他土建工程，以及电气管线、上下水管线的安装工程，供热、供冷系统工程等项目；保修的期限应当按照保证建筑物合理寿命年限内正常使用，维护使用者合法权益的原则确定。具体的保修范围和最低保修期限由国务院规定。

第六十三条　任何单位和个人对建筑工程的质量事故、质量缺陷都有权向建设行政主管部门或者其他有关部门进行检举、控告、投诉。

第七章　法律责任

第六十四条　违反本法规定，未取得施工许可证或者开工报告未经批准擅自施工的，责令改正，对不符合开工条件的责令停止施工，可以处以罚款。

第六十五条　发包单位将工程发包给不具有相应资质条件的承包单位的，或者违反本法规定将建筑工程肢解发包的，责令改正，处以罚款。

超越本单位资质等级承揽工程的，责令停止违法行为，处以罚款，可以责令停业整顿，降低资质等级；情节严重的，吊销资质证书；有违法所得的，予以没收。

未取得资质证书承揽工程的，予以取缔，并处罚款；有违法所得的，予以没收。

以欺骗手段取得资质证书的，吊销资质证书，处以罚款；构成犯罪的，依法追究刑事责任。

第六十六条　建筑施工企业转让、出借资质证书或者以其他方式允许他人以本企业的名义承揽工程的，责令改正，没收违法所得，并处罚款，可以责令停业整顿，降低资质等级；情节严重的，吊销资质证书。对因该项承揽工程不符合规定的质量标准造成的损失，建筑施工企业与使用本企业名义的单位或者个人承担连带赔偿责任。

第六十七条　承包单位将承包的工程转包的，或者违反本法规定进行分包的，责令改正，没收违法所得，并处罚款，可以责令停业整顿，降低资质等级；情节严重的，吊销资质证书。

承包单位有前款规定的违法行为的，对因转包工程或者违法分包的工程不符合规定的质量标准造成的损失，与接受转包或者分包的单位承担连带赔偿责任。

第六十八条　在工程发包与承包中索贿、受贿、行贿，构成犯罪的，依法追究刑事责任；不构成犯罪的，分别处以罚款，没收贿赂的财物，对直接负责的主管人员和其他直接责任人员给予处分。

对在工程承包中行贿的承包单位，除依照前款规定处罚外，可以责令停业整顿，降低资质等级或者吊销资质证书。

第六十九条　工程监理单位与建设单位或者建筑施工企业串通，弄虚作假、降低工程质量的，责令改正，处以罚款，降低资质等级或者吊销资质证书；有违法所得的，予以没收；造成损失的，承担连带赔偿责任；构成犯罪的，依法追究刑事责任。

工程监理单位转让监理业务的，责令改正，没收违法所得，可以责令停业整顿，降低资质等级；情节严重的，吊销资质证书。

第七十条　违反本法规定，涉及建筑主体或者承重结构变动的装修工程擅自施工的，责令改正，处以罚款；造成损失的，承担赔偿责任；构成犯罪的，依法追究刑事责任。

第七十一条　建筑施工企业违反本法规定，对建筑安全事故隐患不采取措施予以消除的，责令改正，可以处以罚款；情节严重的，责令停业整顿，降低资质等级或者吊销资质证书；构成犯罪的，依法追究刑事责任。

建筑施工企业的管理人员违章指挥、强令职工冒险作业，因而发生重大伤亡事故或者造成其他严重后果的，依法追究刑事责任。

第七十二条　建设单位违反本法规定，要求建筑设计单位或者建筑施工企业违反建筑工程质量、安全标准，降低工程质量的，责令改正，可以处以罚款；构成犯罪的，依法追究刑事责任。

第七十三条　建筑设计单位不按照建筑工程质量、安全标准进行设计的，责令改正，处以罚款；造成工程质量事故的，责令停业整顿，降低资质等级或者吊销资质证书，没收违法所得，并处罚款；造成损失的，承担赔偿责任；构成犯罪的，依法追究刑事责任。

第七十四条　建筑施工企业在施工中偷工减料的，使用不合格的建筑材料、建筑构配件和设备的，或者有其他不按照工程设计图纸或者施工技术标准施工的行为的，责令改正，处以罚款；情节严重的，责令停业整顿，降低资质等级或者吊销资质证书；造成建筑工程质量不符合规定的质量标准的，负责返工、修理，并赔偿因此造成的损失；构成犯罪的，依法追究刑事责任。

第七十五条　建筑施工企业违反本法规定，不履行保修义务或者拖延履行保修义务的，责令改正，可以处以罚款，并对在保修期内因屋顶、墙面渗漏、开裂等质量缺陷造成的损失，承担赔偿责任。

第七十六条　本法规定的责令停业整顿、降低资质等级和吊销资质证书的行政处罚，由颁发资质证书的机关决定；其他行政处罚，由建设行政主管部门或者有关部门依照法律和国务院规定的职权范围决定。

依照本法规定被吊销资质证书的，由工商行政管理部门吊销其营业执照。

第七十七条　违反本法规定，对不具备相应资质等级条件的单位颁发该等级资质证书的，由其上级机关责令收回所发的资质证书，对直接负责的主管人员和其他直接责任人员给予行政处分；构成犯罪的，依法追究刑事责任。

第七十八条　政府及其所属部门的工作人员违反本法规定，限定发包单位将招标发包的工程发包给指定的承包单位的，由上级机关责令改正；构成犯罪的，依法追究刑事责任。

第七十九条　负责颁发建筑工程施工许可证的部门及其工作人员对不符合施工条件的建筑工程颁发施工许可证的，负责工程质量监督检查或者竣工验收的部门及其工作人员对不合格的建筑工程出具质量合格文件或者按合格工程验收的，由上级机关责令改正，对责任人员给予行政处分；构成犯罪的，依法追究刑事责任；造成损失的，由该部门承担相应的赔偿责任。

第八十条　在建筑物的合理使用寿命内，因建筑工程质量不合格受到损害的，有权向责任者要求赔偿。

第八章　附　　则

第八十一条　本法关于施工许可、建筑施工企业资质审查和建筑工程发包、承包、禁止转包，以及建筑工程监理、建筑工程安全和质量管理的规定，适用于其他专业建筑工程的建筑活动，具体办法由国务院规定。

第八十二条　建设行政主管部门和其他有关部门在对建筑活动实施监督管理中，除按照国务院有关规定收取费用外，不得收取其他费用。

第八十三条　省、自治区、直辖市人民政府确定的小型房屋建筑工程的建筑活动，参照本法执行。

依法核定作为文物保护的纪念建筑物和古建筑等的修缮，依照文物保护的有关法律规定执行。

抢险救灾及其他临时性房屋建筑和农民自建低层住宅的建筑活动，不适用本法。

第八十四条　军用房屋建筑工程建筑活动的具体管理办法，由国务院、中央军事委员会依据本法制定。

第八十五条　本法自 1998 年 3 月 1 日起施行。

【例 11-2-1】 某工程项目甲建设单位委托乙监理单位对丙施工总承包单位进行监理，有关监理单位的行为符合规定的是：

A. 在监理合同规定的范围内承揽监理业务

B. 按建设单位委托，客观公正地执行监理任务

C. 与施工单位建立隶属关系或者其他利害关系

D. 将工程监理业务转让给具有相应资质的其他监理单位

解 《中华人民共和国建筑法》第三十四条规定，工程监理单位应当根据建设单位的委托，客观、公正地执行监理任务。

选项C和D明显错误。选项A也是错误的，因为监理单位承揽监理业务的范围是根据其单位资质决定的，而不是仅仅依靠和甲方签订的合同所决定的。

答案：B

【例 11-2-2】 根据《中华人民共和国建筑法》的规定，有关工程发包的规定，下列理解错误的是：

A. 关于对建筑工程进行肢解发包的规定，属于禁止性规定

B. 可以将建筑工程的勘察、设计、施工、设备采购一并发包给一个工程总承包单位

C. 建筑工程实行直接发包的，发包单位可以将建筑工程发包给具有资质证书的承包单位

D. 提倡对建筑工程实行总承包

解 《中华人民共和国建筑法》第二十二条规定，发包单位应当将建筑工程发包给具有资质证书的承包单位。是“应当”，不是“可以”，选项A、B、D没有错误。

答案：C

【例 11-2-3】 根据《中华人民共和国建筑法》规定，施工企业矿业将部分工程分包给其他具有相应资质的分包单位施工，下列情形中不违反有关承包的禁止性规定的是：

A. 建筑施工企业超越本企业资质等级许可的业务范围或者以任何形式用其他建筑施工企业的名义承揽工程

B. 承包单位将其承包的全部建筑工程转包给他人

C. 承包单位将其承包的全部建筑工程肢解以后以分包的名义分别转包给他人

D. 两个不同资质等级的承包单位联合共同承包

解 《中华人民共和国建筑法》第二十七条规定，大型建筑工程或者结构复杂的建筑工程，可以由两个以上的承包单位联合共同承包。共同承包的各方对承包合同的履行承担连带责任。

两个以上不同资质等级的单位实行联合共同承包的，应当按照资质等级低的单位的业务许可范围承揽工程。

答案：D

【例 11-2-4】 根据《中华人民共和国建筑法》规定，某建设单位领取了施工许可证，下列情节中，可能不导致施工许可证废止的是：

A. 领取施工许可证之日起三个月内因故不能按期开工，也未申请延期

B. 领取施工许可证之日起按期开工后又中止施工

C. 向发证机关申请延期开工一次，延期之日起三个月内，因故仍不能按期开工，也未申请延期

D. 向发证机关申请延期开工两次，超过六个月因故不能按期开工，继续申请延期

解 《中华人民共和国建筑法》第九条规定，建设单位应当自领取施工许可证之日起三个月内开工。因故不能按期开工的，应当向发证机关申请延期；延期以两次为限，每次不超过三个月。既不开工又不申请延期或者超过延期时限的，施工许可证自行废止。

答案：B

【例 11-2-5】 某在建的建筑工程因故中止施工，建设单位的下列做法符合《中华人民共和国建筑法》的是：

A. 自中止施工之日起一个月内向发证机关报告

B. 自中止施工之日起半年内报发证机关核验施工许可证

C. 自中止施工之日起三个月内向发证机关申请延长施工许可证的有效期

D. 自中止施工之日起满一年，向发证机关重新申请施工许可证

解 《中华人民共和国建筑法》第十条规定，在建的建筑工程因故中止施工的，建设单位应当自中止施工之日起一个月内，向发证机关报告，并按照规定做好建筑工程的维护管理工作。

答案：A

习　题

11-2-1 施工许可证的申请者是(　　)。

A. 监理单位　　B. 设计单位　　C. 施工单位　　D. 建设单位

11-2-2 建设单位在领取开工证之后，应当在(　　)个月内开工。

A. 3　　B. 6　　C. 10　　D. 12

11-2-3 违法分包是指以下哪几种情况？(　　)

①总承包单位将建设工程分包给不具备相应资质条件的单位　②总承包单位将建设工程主体分包给其他单位　③分包单位将其承包的工程再分包的　④分包单位多于 3 个以上的

A. ①　　B. ①②③④　　C. ①②③　　D. ②③④

11-2-4 《中华人民共和国建筑法》中所指的建筑活动是(　　)。

A. 各类房屋建筑

B. 各类房屋建筑其附属设施的建造和与其配套的线路、管道、设备的安装活动

C. 在国内的所有建筑工程

D. 国内所有工程包括中国企业在境外承包的工程。

11-2-5 我国推行建筑工程监理制度的项目范围应该是(　　)。

A. 由国务院规定实行强制监理的建筑工程的范围

B. 所有工程必须强制接受监理

C. 由业主自行决定是否聘请监理

D. 只有国家投资的项目才需要监理

11-2-6 《中华人民共和国建筑法》中规定了申领开工证的必备条件，下列条件中哪项不符合建筑法的要求？(　　)

A. 已办理用地手续材料　　B. 已确定施工企业

C. 已有了方案设计图　　D. 资金已有安排

第三节　中华人民共和国安全生产法

第一章　总　　则

第一条　为了加强安全生产工作，防止和减少生产安全事故，保障人民群众生命和财产安全，促进经济社会持续健康发展，制定本法。

第二条　在中华人民共和国领域内从事生产经营活动的单位(以下统称生产经营单位)的安全生产,适用本法;有关法律、行政法规对消防安全和道路交通安全、铁路交通安全、水上交通安全、民用航空安全以及核与辐射安全、特种设备安全另有规定的,适用其规定。

第三条　安全生产工作应当以人为本,坚持安全发展,坚持安全第一、预防为主、综合治理的方针,强化和落实生产经营单位的主体责任,建立生产经营单位负责、职工参与、政府监管、行业自律和社会监督的机制。

第四条　生产经营单位必须遵守本法和其他有关安全生产的法律、法规,加强安全生产管理,建立、健全安全生产责任制和安全生产规章制度,改善安全生产条件,推进安全生产标准化建设,提高安全生产水平,确保安全生产。

第五条　生产经营单位的主要负责人对本单位的安全生产工作全面负责。

第六条　生产经营单位的从业人员有依法获得安全生产保障的权利,并应当依法履行安全生产方面的义务。

第七条　工会依法对安全生产工作进行监督。

生产经营单位的工会依法组织职工参加本单位安全生产工作的民主管理和民主监督,维护职工在安全生产方面的合法权益。生产经营单位制定或者修改有关安全生产的规章制度,应当听取工会的意见。

第八条　国务院和县级以上地方各级人民政府应当根据国民经济和社会发展规划制定安全生产规划,并组织实施。安全生产规划应当与城乡规划相衔接。

国务院和县级以上地方各级人民政府应当加强对安全生产工作的领导,支持、督促各有关部门依法履行安全生产监督管理职责,建立健全安全生产工作协调机制,及时协调、解决安全生产监督管理中存在的重大问题。

乡、镇人民政府以及街道办事处、开发区管理机构等地方人民政府的派出机关应当按照职责,加强对本行政区域内生产经营单位安全生产状况的监督检查,协助上级人民政府有关部门依法履行安全生产监督管理职责。

第九条　国务院安全生产监督管理部门依照本法,对全国安全生产工作实施综合监督管理;县级以上地方各级人民政府安全生产监督管理部门依照本法,对本行政区域内安全生产工作实施综合监督管理。

国务院有关部门依照本法和其他有关法律、行政法规的规定,在各自的职责范围内对有关行业、领域的安全生产工作实施监督管理;县级以上地方各级人民政府有关部门依照本法和其他有关法律、法规的规定,在各自的职责范围内对有关行业、领域的安全生产工作实施监督管理。

安全生产监督管理部门和对有关行业、领域的安全生产工作实施监督管理的部门,统称负有安全生产监督管理职责的部门。

第十条　国务院有关部门应当按照保障安全生产的要求,依法及时制定有关的国家标准或者行业标准,并根据科技进步和经济发展适时修订。

生产经营单位必须执行依法制定的保障安全生产的国家标准或者行业标准。

第十一条　各级人民政府及其有关部门应当采取多种形式,加强对有关安全生产的法律、法规和安全生产知识的宣传,增强全社会的安全生产意识。

第十二条　有关协会组织依照法律、行政法规和章程,为生产经营单位提供安全生产方面的信息、培训等服务,发挥自律作用,促进生产经营单位加强安全生产管理。

第十三条　依法设立的为安全生产提供技术、管理服务的机构,依照法律、行政法规和执业准则，接受生产经营单位的委托为其安全生产工作提供技术、管理服务。

生产经营单位委托前款规定的机构提供安全生产技术、管理服务的，保证安全生产的责任仍由本单位负责。

第十四条　国家实行生产安全事故责任追究制度，依照本法和有关法律、法规的规定，追究生产安全事故责任人员的法律责任。

第十五条　国家鼓励和支持安全生产科学技术研究和安全生产先进技术的推广应用，提高安全生产水平。

第十六条　国家对在改善安全生产条件、防止生产安全事故、参加抢险救护等方面取得显著成绩的单位和个人，给予奖励。

第二章　生产经营单位的安全生产保障

第十七条　生产经营单位应当具备本法和有关法律、行政法规和国家标准或者行业标准规定的安全生产条件；不具备安全生产条件的，不得从事生产经营活动。

第十八条　生产经营单位的主要负责人对本单位安全生产工作负有下列职责：

（一）建立、健全本单位安全生产责任制；

（二）组织制定本单位安全生产规章制度和操作规程；

（三）组织制定并实施本单位安全生产教育和培训计划；

（四）保证本单位安全生产投入的有效实施；

（五）督促、检查本单位的安全生产工作，及时消除生产安全事故隐患；

（六）组织制定并实施本单位的生产安全事故应急救援预案；

（七）及时、如实报告生产安全事故。

第十九条　生产经营单位的安全生产责任制应当明确各岗位的责任人员、责任范围和考核标准等内容。

生产经营单位应当建立相应的机制，加强对安全生产责任制落实情况的监督考核，保证安全生产责任制的落实。

第二十条　生产经营单位应当具备的安全生产条件所必需的资金投入，由生产经营单位的决策机构、主要负责人或者个人经营的投资人予以保证，并对由于安全生产所必需的资金投入不足导致的后果承担责任。

有关生产经营单位应当按照规定提取和使用安全生产费用，专门用于改善安全生产条件。安全生产费用在成本中据实列支。安全生产费用提取、使用和监督管理的具体办法由国务院财政部门会同国务院安全生产监督管理部门征求国务院有关部门意见后制定。

第二十一条　矿山、金属冶炼、建筑施工、道路运输单位和危险物品的生产、经营、储存单位，应当设置安全生产管理机构或者配备专职安全生产管理人员。

前款规定以外的其他生产经营单位，从业人员超过一百人的，应当设置安全生产管理机构或者配备专职安全生产管理人员；从业人员在一百人以下的，应当配备专职或者兼职的安全生产管理人员。

第二十二条　生产经营单位的安全生产管理机构以及安全生产管理人员履行下列职责：

（一）组织或者参与拟订本单位安全生产规章制度、操作规程和生产安全事故应急救援预案；

（二）组织或者参与本单位安全生产教育和培训，如实记录安全生产教育和培训情况；

（三）督促落实本单位重大危险源的安全管理措施；

（四）组织或者参与本单位应急救援演练；

（五）检查本单位的安全生产状况，及时排查生产安全事故隐患，提出改进安全生产管理的建议；

（六）制止和纠正违章指挥、强令冒险作业、违反操作规程的行为；

（七）督促落实本单位安全生产整改措施。

第二十三条　生产经营单位的安全生产管理机构以及安全生产管理人员应当恪尽职守，依法履行职责。

生产经营单位作出涉及安全生产的经营决策，应当听取安全生产管理机构以及安全生产管理人员的意见。

生产经营单位不得因安全生产管理人员依法履行职责而降低其工资、福利等待遇或者解除与其订立的劳动合同。

危险物品的生产、储存单位以及矿山、金属冶炼单位的安全生产管理人员的任免，应当告知主管的负有安全生产监督管理职责的部门。

第二十四条　生产经营单位的主要负责人和安全生产管理人员必须具备与本单位所从事的生产经营活动相应的安全生产知识和管理能力。

危险物品的生产、经营、储存单位以及矿山、金属冶炼、建筑施工、道路运输单位的主要负责人和安全生产管理人员，应当由主管的负有安全生产监督管理职责的部门对其安全生产知识和管理能力考核合格。考核不得收费。

危险物品的生产、储存单位以及矿山、金属冶炼单位应当有注册安全工程师从事安全生产管理工作。鼓励其他生产经营单位聘用注册安全工程师从事安全生产管理工作。注册安全工程师按专业分类管理，具体办法由国务院人力资源和社会保障部门、国务院安全生产监督管理部门会同国务院有关部门制定。

第二十五条　生产经营单位应当对从业人员进行安全生产教育和培训，保证从业人员具备必要的安全生产知识，熟悉有关的安全生产规章制度和安全操作规程，掌握本岗位的安全操作技能，了解事故应急处理措施，知悉自身在安全生产方面的权利和义务。未经安全生产教育和培训合格的从业人员，不得上岗作业。

生产经营单位使用被派遣劳动者的，应当将被派遣劳动者纳入本单位从业人员统一管理，对被派遣劳动者进行岗位安全操作规程和安全操作技能的教育和培训。劳务派遣单位应当对被派遣劳动者进行必要的安全生产教育和培训。

生产经营单位接收中等职业学校、高等学校学生实习的，应当对实习学生进行相应的安全生产教育和培训，提供必要的劳动防护用品。学校应当协助生产经营单位对实习学生进行安全生产教育和培训。

生产经营单位应当建立安全生产教育和培训档案，如实记录安全生产教育和培训的时间、内容、参加人员以及考核结果等情况。

第二十六条　生产经营单位采用新工艺、新技术、新材料或者使用新设备，必须了解、掌握其安全技术特性，采取有效的安全防护措施，并对从业人员进行专门的安全生产教育和培训。

第二十七条　生产经营单位的特种作业人员必须按照国家有关规定经专门的安全作业培训，取得相应资格，方可上岗作业。

特种作业人员的范围由国务院安全生产监督管理部门会同国务院有关部门确定。

第二十八条　生产经营单位新建、改建、扩建工程项目（以下统称建设项目）的安全设施，必须与主体工程同时设计、同时施工、同时投入生产和使用。安全设施投资应当纳入建设项目概算。

第二十九条　矿山、金属冶炼建设项目和用于生产、储存、装卸危险物品的建设项目，应当按照国家有关规定进行安全评价。

第三十条　建设项目安全设施的设计人、设计单位应当对安全设施设计负责。

矿山、金属冶炼建设项目和用于生产、储存、装卸危险物品的建设项目的安全设施设计应当按照国家有关规定报经有关部门审查，审查部门及其负责审查的人员对审查结果负责。

第三十一条　矿山、金属冶炼建设项目和用于生产、储存、装卸危险物品的建设项目的施工单位必须按照批准的安全设施设计施工，并对安全设施的工程质量负责。

矿山、金属冶炼建设项目和用于生产、储存危险物品的建设项目竣工投入生产或者使用前，应当由建设单位负责组织对安全设施进行验收；验收合格后，方可投入生产和使用。安全生产监督管理部门应当加强对建设单位验收活动和验收结果的监督核查。

第三十二条　生产经营单位应当在有较大危险因素的生产经营场所和有关设施、设备上，设置明显的安全警示标志。

第三十三条　安全设备的设计、制造、安装、使用、检测、维修、改造和报废，应当符合国家标准或者行业标准。

生产经营单位必须对安全设备进行经常性维护、保养，并定期检测，保证正常运转。维护、保养、检测应当作好记录，并由有关人员签字。

第三十四条　生产经营单位使用的危险物品的容器、运输工具，以及涉及人身安全、危险性较大的海洋石油开采特种设备和矿山井下特种设备，必须按照国家有关规定，由专业生产单位生产，并经具有专业资质的检测、检验机构检测、检验合格，取得安全使用证或者安全标志，方可投入使用。检测、检验机构对检测、检验结果负责。

第三十五条　国家对严重危及生产安全的工艺、设备实行淘汰制度，具体目录由国务院安全生产监督管理部门会同国务院有关部门制定并公布。法律、行政法规对目录的制定另有规定的，适用其规定。

省、自治区、直辖市人民政府可以根据本地区实际情况制定并公布具体目录，对前款规定以外的危及生产安全的工艺、设备予以淘汰。

生产经营单位不得使用应当淘汰的危及生产安全的工艺、设备。

第三十六条　生产、经营、运输、储存、使用危险物品或者处置废弃危险物品的，由有关主管部门依照有关法律、法规的规定和国家标准或者行业标准审批并实施监督管理。

生产经营单位生产、经营、运输、储存、使用危险物品或者处置废弃危险物品，必须执行有关法律、法规和国家标准或者行业标准，建立专门的安全管理制度，采取可靠的安全措施，接受有关主管部门依法实施的监督管理。

第三十七条　生产经营单位对重大危险源应当登记建档，进行定期检测、评估、监控，并制定应急预案，告知从业人员和相关人员在紧急情况下应当采取的应急措施。

生产经营单位应当按照国家有关规定将本单位重大危险源及有关安全措施、应急措施报有关地方人民政府安全生产监督管理部门和有关部门备案。

第三十八条　生产经营单位应当建立健全生产安全事故隐患排查治理制度，采取技术、管理措施，及时发现并消除事故隐患。事故隐患排查治理情况应当如实记录，并向从业人员通报。

县级以上地方各级人民政府负有安全生产监督管理职责的部门应当建立健全重大事故隐患治理督办制度，督促生产经营单位消除重大事故隐患。

第三十九条　生产、经营、储存、使用危险物品的车间、商店、仓库不得与员工宿舍在同一座建筑物内，并应当与员工宿舍保持安全距离。

生产经营场所和员工宿舍应当设有符合紧急疏散要求、标志明显、保持畅通的出口。禁止锁闭、封堵生产经营场所或者员工宿舍的出口。

第四十条　生产经营单位进行爆破、吊装以及国务院安全生产监督管理部门会同国务院有关部门规定的其他危险作业,应当安排专门人员进行现场安全管理,确保操作规程的遵守和安全措施的落实。

第四十一条　生产经营单位应当教育和督促从业人员严格执行本单位的安全生产规章制度和安全操作规程;并向从业人员如实告知作业场所和工作岗位存在的危险因素、防范措施以及事故应急措施。

第四十二条　生产经营单位必须为从业人员提供符合国家标准或者行业标准的劳动防护用品,并监督、教育从业人员按照使用规则佩戴、使用。

第四十三条　生产经营单位的安全生产管理人员应当根据本单位的生产经营特点,对安全生产状况进行经常性检查;对检查中发现的安全问题,应当立即处理;不能处理的,应当及时报告本单位有关负责人,有关负责人应当及时处理。检查及处理情况应当如实记录在案。

生产经营单位的安全生产管理人员在检查中发现重大事故隐患,依照前款规定向本单位有关负责人报告,有关负责人不及时处理的,安全生产管理人员可以向主管的负有安全生产监督管理职责的部门报告,接到报告的部门应当依法及时处理。

第四十四条　生产经营单位应当安排用于配备劳动防护用品、进行安全生产培训的经费。

第四十五条　两个以上生产经营单位在同一作业区域内进行生产经营活动,可能危及对方生产安全的,应当签订安全生产管理协议,明确各自的安全生产管理职责和应当采取的安全措施,并指定专职安全生产管理人员进行安全检查与协调。

第四十六条　生产经营单位不得将生产经营项目、场所、设备发包或者出租给不具备安全生产条件或者相应资质的单位或者个人。

生产经营项目、场所发包或者出租给其他单位的,生产经营单位应当与承包单位、承租单位签订专门的安全生产管理协议,或者在承包合同、租赁合同中约定各自的安全生产管理职责;生产经营单位对承包单位、承租单位的安全生产工作统一协调、管理,定期进行安全检查,发现安全问题的,应当及时督促整改。

第四十七条　生产经营单位发生生产安全事故时,单位的主要负责人应当立即组织抢救,并不得在事故调查处理期间擅离职守。

第四十八条　生产经营单位必须依法参加工伤保险,为从业人员缴纳保险费。

国家鼓励生产经营单位投保安全生产责任保险。

第三章　从业人员的安全生产权利义务

第四十九条　生产经营单位与从业人员订立的劳动合同,应当载明有关保障从业人员劳动安全、防止职业危害的事项,以及依法为从业人员办理工伤保险的事项。

生产经营单位不得以任何形式与从业人员订立协议,免除或者减轻其对从业人员因生产安全事故伤亡依法应承担的责任。

第五十条　生产经营单位的从业人员有权了解其作业场所和工作岗位存在的危险因素、防范措施及事故应急措施,有权对本单位的安全生产工作提出建议。

第五十一条　从业人员有权对本单位安全生产工作中存在的问题提出批评、检举、控告;有权拒绝违章指挥和强令冒险作业。

生产经营单位不得因从业人员对本单位安全生产工作提出批评、检举、控告或者拒绝违章指挥、强令冒险作业而降低其工资、福利等待遇或者解除与其订立的劳动合同。

第五十二条　从业人员发现直接危及人身安全的紧急情况时，有权停止作业或者在采取可能的应急措施后撤离作业场所。

生产经营单位不得因从业人员在前款紧急情况下停止作业或者采取紧急撤离措施而降低其工资、福利等待遇或者解除与其订立的劳动合同。

第五十三条　因生产安全事故受到损害的从业人员，除依法享有工伤保险外，依照有关民事法律尚有获得赔偿的权利的，有权向本单位提出赔偿要求。

第五十四条　从业人员在作业过程中，应当严格遵守本单位的安全生产规章制度和操作规程，服从管理，正确佩戴和使用劳动防护用品。

第五十五条　从业人员应当接受安全生产教育和培训，掌握本职工作所需的安全生产知识，提高安全生产技能，增强事故预防和应急处理能力。

第五十六条　从业人员发现事故隐患或者其他不安全因素，应当立即向现场安全生产管理人员或者本单位负责人报告；接到报告的人员应当及时予以处理。

第五十七条　工会有权对建设项目的安全设施与主体工程同时设计、同时施工、同时投入生产和使用进行监督，提出意见。

工会对生产经营单位违反安全生产法律、法规，侵犯从业人员合法权益的行为，有权要求纠正；发现生产经营单位违章指挥、强令冒险作业或者发现事故隐患时，有权提出解决的建议，生产经营单位应当及时研究答复；发现危及从业人员生命安全的情况时，有权向生产经营单位建议组织从业人员撤离危险场所，生产经营单位必须立即作出处理。

工会有权依法参加事故调查，向有关部门提出处理意见，并要求追究有关人员的责任。

第五十八条　生产经营单位使用被派遣劳动者的，被派遣劳动者享有本法规定的从业人员的权利，并应当履行本法规定的从业人员的义务。

第四章　安全生产的监督管理

第五十九条　县级以上地方各级人民政府应当根据本行政区域内的安全生产状况，组织有关部门按照职责分工，对本行政区域内容易发生重大生产安全事故的生产经营单位进行严格检查。

安全生产监督管理部门应当按照分类分级监督管理的要求，制定安全生产年度监督检查计划，并按照年度监督检查计划进行监督检查，发现事故隐患，应当及时处理。

第六十条　负有安全生产监督管理职责的部门依照有关法律、法规的规定，对涉及安全生产的事项需要审查批准（包括批准、核准、许可、注册、认证、颁发证照等，下同）或者验收的，必须严格依照有关法律、法规和国家标准或者行业标准规定的安全生产条件和程序进行审查；不符合有关法律、法规和国家标准或者行业标准规定的安全生产条件的，不得批准或者验收通过。对未依法取得批准或者验收合格的单位擅自从事有关活动的，负责行政审批的部门发现或者接到举报后应当立即予以取缔，并依法予以处理。对已经依法取得批准的单位，负责行政审批的部门发现其不再具备安全生产条件的，应当撤销原批准。

第六十一条　负有安全生产监督管理职责的部门对涉及安全生产的事项进行审查、验收，不得收取费用；不得要求接受审查、验收的单位购买其指定品牌或者指定生产、销售单位的安全设备、器材或者其他产品。

第六十二条　安全生产监督管理部门和其他负有安全生产监督管理职责的部门依法开展安全生产行政执法工作，对生产经营单位执行有关安全生产的法律、法规和国家标准或者行业标准的情况进行监督检查，行使以下职权：

（一）进入生产经营单位进行检查，调阅有关资料，向有关单位和人员了解情况；

（二）对检查中发现的安全生产违法行为，当场予以纠正或者要求限期改正；对依法应当给予行政处罚的行为，依照本法和其他有关法律、行政法规的规定作出行政处罚决定；

（三）对检查中发现的事故隐患，应当责令立即排除；重大事故隐患排除前或者排除过程中无法保证安全的，应当责令从危险区域内撤出作业人员，责令暂时停产停业或者停止使用相关设施、设备；重大事故隐患排除后，经审查同意，方可恢复生产经营和使用；

（四）对有根据认为不符合保障安全生产的国家标准或者行业标准的设施、设备、器材以及违法生产、储存、使用、经营、运输的危险物品予以查封或者扣押，对违法生产、储存、使用、经营危险物品的作业场所予以查封，并依法作出处理决定。

监督检查不得影响被检查单位的正常生产经营活动。

第六十三条　生产经营单位对负有安全生产监督管理职责的部门的监督检查人员（以下统称安全生产监督检查人员）依法履行监督检查职责，应当予以配合，不得拒绝、阻挠。

第六十四条　安全生产监督检查人员应当忠于职守，坚持原则，秉公执法。

安全生产监督检查人员执行监督检查任务时，必须出示有效的监督执法证件；对涉及被检查单位的技术秘密和业务秘密，应当为其保密。

第六十五条　安全生产监督检查人员应当将检查的时间、地点、内容、发现的问题及其处理情况，作出书面记录，并由检查人员和被检查单位的负责人签字；被检查单位的负责人拒绝签字的，检查人员应当将情况记录在案，并向负有安全生产监督管理职责的部门报告。

第六十六条　负有安全生产监督管理职责的部门在监督检查中，应当互相配合，实行联合检查；确需分别进行检查的，应当互通情况，发现存在的安全问题应当由其他有关部门进行处理的，应当及时移送其他有关部门并形成记录备查，接受移送的部门应当及时进行处理。

第六十七条　负有安全生产监督管理职责的部门依法对存在重大事故隐患的生产经营单位作出停产停业、停止施工、停止使用相关设施或者设备的决定，生产经营单位应当依法执行，及时消除事故隐患。生产经营单位拒不执行，有发生生产安全事故的现实危险的，在保证安全的前提下，经本部门主要负责人批准，负有安全生产监督管理职责的部门可以采取通知有关单位停止供电、停止供应民用爆炸物品等措施，强制生产经营单位履行决定。通知应当采用书面形式，有关单位应当予以配合。

负有安全生产监督管理职责的部门依照前款规定采取停止供电措施，除有危及生产安全的紧急情形外，应当提前二十四小时通知生产经营单位。生产经营单位依法履行行政决定、采取相应措施消除事故隐患的，负有安全生产监督管理职责的部门应当及时解除前款规定的措施。

第六十八条　监察机关依照行政监察法的规定，对负有安全生产监督管理职责的部门及其工作人员履行安全生产监督管理职责实施监察。

第六十九条　承担安全评价、认证、检测、检验的机构应当具备国家规定的资质条件，并对其作出的安全评价、认证、检测、检验的结果负责。

第七十条　负有安全生产监督管理职责的部门应当建立举报制度，公开举报电话、信箱或者电子邮件地址，受理有关安全生产的举报；受理的举报事项经调查核实后，应当形成书面材料；需要落实整改措施的，报经有关负责人签字并督促落实。

第七十一条　任何单位或者个人对事故隐患或者安全生产违法行为，均有权向负有安全生产监督管理职责的部门报告或者举报。

第七十二条　居民委员会、村民委员会发现其所在区域内的生产经营单位存在事故隐患或者安全生产违法行为时，应当向当地人民政府或者有关部门报告。

第七十三条　县级以上各级人民政府及其有关部门对报告重大事故隐患或者举报安全生产违法行为的有功人员，给予奖励。具体奖励办法由国务院安全生产监督管理部门会同国务院财政部门制定。

第七十四条　新闻、出版、广播、电影、电视等单位有进行安全生产公益宣传教育的义务，有对违反安全生产法律、法规的行为进行舆论监督的权利。

第七十五条　负有安全生产监督管理职责的部门应当建立安全生产违法行为信息库，如实记录生产经营单位的安全生产违法行为信息；对违法行为情节严重的生产经营单位，应当向社会公告，并通报行业主管部门、投资主管部门、国土资源主管部门、证券监督管理机构以及有关金融机构。

第五章　生产安全事故的应急救援与调查处理

第七十六条　国家加强生产安全事故应急能力建设，在重点行业、领域建立应急救援基地和应急救援队伍，鼓励生产经营单位和其他社会力量建立应急救援队伍，配备相应的应急救援装备和物资，提高应急救援的专业化水平。

国务院安全生产监督管理部门建立全国统一的生产安全事故应急救援信息系统，国务院有关部门建立健全相关行业、领域的生产安全事故应急救援信息系统。

第七十七条　县级以上地方各级人民政府应当组织有关部门制定本行政区域内生产安全事故应急救援预案，建立应急救援体系。

第七十八条　生产经营单位应当制定本单位生产安全事故应急救援预案，与所在地县级以上地方人民政府组织制定的生产安全事故应急救援预案相衔接，并定期组织演练。

第七十九条　危险物品的生产、经营、储存单位以及矿山、金属冶炼、城市轨道交通运营、建筑施工单位应当建立应急救援组织；生产经营规模较小的，可以不建立应急救援组织，但应当指定兼职的应急救援人员。

危险物品的生产、经营、储存、运输单位以及矿山、金属冶炼、城市轨道交通运营、建筑施工单位应当配备必要的应急救援器材、设备和物资，并进行经常性维护、保养，保证正常运转。

第八十条　生产经营单位发生生产安全事故后，事故现场有关人员应当立即报告本单位负责人。

单位负责人接到事故报告后，应当迅速采取有效措施，组织抢救，防止事故扩大，减少人员伤亡和财产损失，并按照国家有关规定立即如实报告当地负有安全生产监督管理职责的部门，不得隐瞒不报、谎报或者迟报，不得故意破坏事故现场、毁灭有关证据。

第八十一条　负有安全生产监督管理职责的部门接到事故报告后，应当立即按照国家有关规定上报事故情况。负有安全生产监督管理职责的部门和有关地方人民政府对事故情况不得隐瞒不报、谎报或者迟报。

第八十二条　有关地方人民政府和负有安全生产监督管理职责的部门的负责人接到生产安全事故报告后，应当按照生产安全事故应急救援预案的要求立即赶到事故现场，组织事故抢救。

参与事故抢救的部门和单位应当服从统一指挥，加强协同联动，采取有效的应急救援措施，并根据事故救援的需要采取警戒、疏散等措施，防止事故扩大和次生灾害的发生，减少人员伤亡和财产损失。

事故抢救过程中应当采取必要措施，避免或者减少对环境造成的危害。

任何单位和个人都应当支持、配合事故抢救，并提供一切便利条件。

第八十三条　事故调查处理应当按照科学严谨、依法依规、实事求是、注重实效的原则，及时、准确地查清事故原因，查明事故性质和责任，总结事故教训，提出整改措施，并对事故责任者提出处理意见。事故调查报告应当依法及时向社会公布。事故调查和处理的具体办法由国务院制定。

事故发生单位应当及时全面落实整改措施,负有安全生产监督管理职责的部门应当加强监督检查。

第八十四条　生产经营单位发生生产安全事故,经调查确定为责任事故的,除了应当查明事故单位的责任并依法予以追究外,还应当查明对安全生产的有关事项负有审查批准和监督职责的行政部门的责任,对有失职、渎职行为的,依照本法第八十七条的规定追究法律责任。

第八十五条　任何单位和个人不得阻挠和干涉对事故的依法调查处理。

第八十六条　县级以上地方各级人民政府安全生产监督管理部门应当定期统计分析本行政区域内发生生产安全事故的情况,并定期向社会公布。

第六章　法律责任

第八十七条　负有安全生产监督管理职责的部门的工作人员,有下列行为之一的,给予降级或者撤职的处分;构成犯罪的,依照刑法有关规定追究刑事责任:

(一)对不符合法定安全生产条件的涉及安全生产的事项予以批准或者验收通过的;

(二)发现未依法取得批准、验收的单位擅自从事有关活动或者接到举报后不予取缔或者不依法予以处理的;

(三)对已经依法取得批准的单位不履行监督管理职责,发现其不再具备安全生产条件而不撤销原批准或者发现安全生产违法行为不予查处的;

(四)在监督检查中发现重大事故隐患,不依法及时处理的。

负有安全生产监督管理职责的部门的工作人员有前款规定以外的滥用职权、玩忽职守、徇私舞弊行为的,依法给予处分;构成犯罪的,依照刑法有关规定追究刑事责任。

第八十八条　负有安全生产监督管理职责的部门,要求被审查、验收的单位购买其指定的安全设备、器材或者其他产品的,在对安全生产事项的审查、验收中收取费用的,由其上级机关或者监察机关责令改正,责令退还收取的费用;情节严重的,对直接负责的主管人员和其他直接责任人员依法给予处分。

第八十九条　承担安全评价、认证、检测、检验工作的机构,出具虚假证明的,没收违法所得;违法所得在十万元以上的,并处违法所得二倍以上五倍以下的罚款;没有违法所得或者违法所得不足十万元的,单处或者并处十万元以上二十万元以下的罚款;对其直接负责的主管人员和其他直接责任人员处二万元以上五万元以下的罚款;给他人造成损害的,与生产经营单位承担连带赔偿责任;构成犯罪的,依照刑法有关规定追究刑事责任。

对有前款违法行为的机构,吊销其相应资质。

第九十条　生产经营单位的决策机构、主要负责人或者个人经营的投资人不依照本法规定保证安全生产所必需的资金投入,致使生产经营单位不具备安全生产条件的,责令限期改正,提供必需的资金;逾期未改正的,责令生产经营单位停产停业整顿。

有前款违法行为,导致发生生产安全事故的,对生产经营单位的主要负责人给予撤职处分,对个人经营的投资人处二万元以上二十万元以下的罚款;构成犯罪的,依照刑法有关规定追究刑事责任。

第九十一条　生产经营单位的主要负责人未履行本法规定的安全生产管理职责的,责令限期改正;逾期未改正的,处二万元以上五万元以下的罚款,责令生产经营单位停产停业整顿。

生产经营单位的主要负责人有前款违法行为,导致发生生产安全事故的,给予撤职处分;构成犯罪的,依照刑法有关规定追究刑事责任。

生产经营单位的主要负责人依照前款规定受刑事处罚或者撤职处分的，自刑罚执行完毕或者受处分之日起，五年内不得担任任何生产经营单位的主要负责人；对重大、特别重大生产安全事故负有责任的，终身不得担任本行业生产经营单位的主要负责人。

第九十二条　生产经营单位的主要负责人未履行本法规定的安全生产管理职责，导致发生生产安全事故的，由安全生产监督管理部门依照下列规定处以罚款：

（一）发生一般事故的，处上一年年收入百分之三十的罚款；

（二）发生较大事故的，处上一年年收入百分之四十的罚款；

（三）发生重大事故的，处上一年年收入百分之六十的罚款；

（四）发生特别重大事故的，处上一年年收入百分之八十的罚款。

第九十三条　生产经营单位的安全生产管理人员未履行本法规定的安全生产管理职责的，责令限期改正；导致发生生产安全事故的，暂停或者撤销其与安全生产有关的资格；构成犯罪的，依照刑法有关规定追究刑事责任。

第九十四条　生产经营单位有下列行为之一的，责令限期改正，可以处五万元以下的罚款；逾期未改正的，责令停产停业整顿，并处五万元以上十万元以下的罚款，对其直接负责的主管人员和其他直接责任人员处一万元以上二万元以下的罚款：

（一）未按照规定设置安全生产管理机构或者配备安全生产管理人员的；

（二）危险物品的生产、经营、储存单位以及矿山、金属冶炼、建筑施工、道路运输单位的主要负责人和安全生产管理人员未按照规定经考核合格的；

（三）未按照规定对从业人员、被派遣劳动者、实习学生进行安全生产教育和培训，或者未按照规定如实告知有关的安全生产事项的；

（四）未如实记录安全生产教育和培训情况的；

（五）未将事故隐患排查治理情况如实记录或者未向从业人员通报的；

（六）未按照规定制定生产安全事故应急救援预案或者未定期组织演练的；

（七）特种作业人员未按照规定经专门的安全作业培训并取得相应资格，上岗作业的。

第九十五条　生产经营单位有下列行为之一的，责令停止建设或者停产停业整顿，限期改正；逾期未改正的，处五十万元以上一百万元以下的罚款，对其直接负责的主管人员和其他直接责任人员处二万元以上五万元以下的罚款；构成犯罪的，依照刑法有关规定追究刑事责任：

（一）未按照规定对矿山、金属冶炼建设项目或者用于生产、储存、装卸危险物品的建设项目进行安全评价的；

（二）矿山、金属冶炼建设项目或者用于生产、储存、装卸危险物品的建设项目没有安全设施设计或者安全设施设计未按照规定

报经有关部门审查同意的；

（三）矿山、金属冶炼建设项目或者用于生产、储存、装卸危险物品的建设项目的施工单位未按照批准的安全设施设计施工的；

（四）矿山、金属冶炼建设项目或者用于生产、储存危险物品的建设项目竣工投入生产或者使用前，安全设施未经验收合格的。

第九十六条　生产经营单位有下列行为之一的，责令限期改正，可以处五万元以下的罚款；逾期未改正的，处五万元以上二十万元以下的罚款，对其直接负责的主管人员和其他直接责任人员处一万元以上二万元以下的罚款；情节严重的，责令停产停业整顿；构成犯罪的，依照刑法有关规定追究刑事责任：

（一）未在有较大危险因素的生产经营场所和有关设施、设备上设置明显的安全警示标志的；

（二）安全设备的安装、使用、检测、改造和报废不符合国家标准或者行业标准的；

（三）未对安全设备进行经常性维护、保养和定期检测的；

（四）未为从业人员提供符合国家标准或者行业标准的劳动防护用品的；

（五）危险物品的容器、运输工具，以及涉及人身安全、危险性较大的海洋石油开采特种设备和矿山井下特种设备未经具有专业资质的机构检测、检验合格，取得安全使用证或者安全标志，投入使用的；

（六）使用应当淘汰的危及生产安全的工艺、设备的。

第九十七条　未经依法批准，擅自生产、经营、运输、储存、使用危险物品或者处置废弃危险物品的，依照有关危险物品安全管理的法律、行政法规的规定予以处罚；构成犯罪的，依照刑法有关规定追究刑事责任。

第九十八条　生产经营单位有下列行为之一的，责令限期改正，可以处十万元以下的罚款；逾期未改正的，责令停产停业整顿，并处十万元以上二十万元以下的罚款，对其直接负责的主管人员和其他直接责任人员处二万元以上五万元以下的罚款；构成犯罪的，依照刑法有关规定追究刑事责任：

（一）生产、经营、运输、储存、使用危险物品或者处置废弃危险物品，未建立专门安全管理制度、未采取可靠的安全措施的；

（二）对重大危险源未登记建档，或者未进行评估、监控，或者未制定应急预案的；

（三）进行爆破、吊装以及国务院安全生产监督管理部门会同国务院有关部门规定的其他危险作业，未安排专门人员进行现场安全管理的；

（四）未建立事故隐患排查治理制度的。

第九十九条　生产经营单位未采取措施消除事故隐患的，责令立即消除或者限期消除；生产经营单位拒不执行的，责令停产停业整顿，并处十万元以上五十万元以下的罚款，对其直接负责的主管人员和其他直接责任人员处二万元以上五万元以下的罚款。

第一百条　生产经营单位将生产经营项目、场所、设备发包或者出租给不具备安全生产条件或者相应资质的单位或者个人的，责令限期改正，没收违法所得；违法所得十万元以上的，并处违法所得二倍以上五倍以下的罚款；没有违法所得或者违法所得不足十万元的，单处或者并处十万元以上二十万元以下的罚款；对其直接负责的主管人员和其他直接责任人员处一万元以上二万元以下的罚款；导致发生生产安全事故给他人造成损害的，与承包方、承租方承担连带赔偿责任。

生产经营单位未与承包单位、承租单位签订专门的安全生产管理协议或者未在承包合同、租赁合同中明确各自的安全生产管理职责，或者未对承包单位、承租单位的安全生产统一协调、管理的，责令限期改正，可以处五万元以下的罚款，对其直接负责的主管人员和其他直接责任人员可以处一万元以下的罚款；逾期未改正的，责令停产停业整顿。

第一百零一条　两个以上生产经营单位在同一作业区域内进行可能危及对方安全生产的生产经营活动，未签订安全生产管理协议或者未指定专职安全生产管理人员进行安全检查与协调的，责令限期改正，可以处五万元以下的罚款，对其直接负责的主管人员和其他直接责任人员可以处一万元以下的罚款；逾期未改正的，责令停产停业。

第一百零二条　生产经营单位有下列行为之一的，责令限期改正，可以处五万元以下的罚款，对其直接负责的主管人员和其他直接责任人员可以处一万元以下的罚款；逾期未改正的，责令停产停业整顿；构成犯罪的，依照刑法有关规定追究刑事责任：

（一）生产、经营、储存、使用危险物品的车间、商店、仓库与员工宿舍在同一座建筑内，或者与员工宿舍的距离不符合安全要求的；

（二）生产经营场所和员工宿舍未设有符合紧急疏散需要、标志明显、保持畅通的出口，或者锁闭、封堵生产经营场所或者员工宿舍出口的。

第一百零三条　生产经营单位与从业人员订立协议，免除或者减轻其对从业人员因生产安全事故伤亡依法应承担的责任的，该协议无效；对生产经营单位的主要负责人、个人经营的投资人处二万元以上十万元以下的罚款。

第一百零四条　生产经营单位的从业人员不服从管理，违反安全生产规章制度或者操作规程的，由生产经营单位给予批评教育，依照有关规章　制度给予处分；构成犯罪的，依照刑法有关规定追究刑事责任。

第一百零五条　违反本法规定，生产经营单位拒绝、阻碍负有安全生产监督管理职责的部门依法实施监督检查的，责令改正；拒不改正的，处二万元以上二十万元以下的罚款；对其直接负责的主管人员和其他直接责任人员处一万元以上二万元以下的罚款；构成犯罪的，依照刑法有关规定追究刑事责任。

第一百零六条　生产经营单位的主要负责人在本单位发生生产安全事故时，不立即组织抢救或者在事故调查处理期间擅离职守或者逃匿的，给予降级、撤职的处分，并由安全生产监督管理部门处上一年年收入百分之六十至百分之一百的罚款；对逃匿的处十五日以下拘留；构成犯罪的，依照刑法有关规定追究刑事责任。

生产经营单位的主要负责人对生产安全事故隐瞒不报、谎报或者迟报的，依照前款规定处罚。

第一百零七条　有关地方人民政府、负有安全生产监督管理职责的部门，对生产安全事故隐瞒不报、谎报或者迟报的，对直接负责的主管人员和其他直接责任人员依法给予处分；构成犯罪的，依照刑法有关规定追究刑事责任。

第一百零八条　生产经营单位不具备本法和其他有关法律、行政法规和国家标准或者行业标准规定的安全生产条件，经停产停业整顿仍不具备安全生产条件的，予以关闭；有关部门应当依法吊销其有关证照。

第一百零九条　发生生产安全事故，对负有责任的生产经营单位除要求其依法承担相应的赔偿等责任外，由安全生产监督管理部门依照下列规定处以罚款：

（一）发生一般事故的，处二十万元以上五十万元以下的罚款；

（二）发生较大事故的，处五十万元以上一百万元以下的罚款；

（三）发生重大事故的，处一百万元以上五百万元以下的罚款；

（四）发生特别重大事故的，处五百万元以上一千万元以下的罚款；情节特别严重的，处一千万元以上二千万元以下的罚款。

第一百一十条　本法规定的行政处罚，由安全生产监督管理部门和其他负有安全生产监督管理职责的部门按照职责分工决定。予以关闭的行政处罚由负有安全生产监督管理职责的部门报请县级以上人民政府按照国务院规定的权限决定；给予拘留的行政处罚由公安机关依照治安管理处罚法的规定决定。

第一百一十一条　生产经营单位发生生产安全事故造成人员伤亡、他人财产损失的，应当依法承担赔偿责任；拒不承担或者其负责人逃匿的，由人民法院依法强制执行。

生产安全事故的责任人未依法承担赔偿责任，经人民法院依法采取执行措施后，仍不能对受害人给予足额赔偿的，应当继续履行赔偿义务；受害人发现责任人有其他财产的，可以随时请求人民法院执行。

第七章　附　　则

第一百一十二条　本法下列用语的含义：

危险物品，是指易燃易爆物品、危险化学品、放射性物品等能够危及人身安全和财产安全的物品。

重大危险源，是指长期地或者临时地生产、搬运、使用或者储存危险物品，且危险物品的数量等于或者超过临界量的单元(包括场所和设施)。

第一百一十三条　本法规定的生产安全一般事故、较大事故、重大事故、特别重大事故的划分标准由国务院规定。

国务院安全生产监督管理部门和其他负有安全生产监督管理职责的部门应当根据各自的职责分工，制定相关行业、领域重大事故隐患的判定标准。

第一百一十四条　本法自2002年11月1日起施行。

【例11-3-1】 根据《中华人民共和国安全生产法》规定，从业人员享有权利并承担义务，下列情形中属于从业人员履行义务的是：

A. 张某发现直接危及人身安全的紧急情况时禁止作业撤离现场

B. 李某发现事故隐患或者其他不安全因素，立即向现场安全生产管理人员或者本单位负责人报告

C. 王某对本单位安全生产工作中存在的问题提出批评、检举、控告

D. 赵某对本单位的安全生产工作提出建议

解 选项B属于义务，其他几个选项属于权利。

答案:B

【例11-3-2】 某生产经营单位使用危险性较大的特种设备，根据《中华人民共和国安全生产法》规定，该设备投入使用的条件不包括：

A. 该设备应由专业生产单位生产

B. 该设备应进行安全条件论证和安全评价

C. 该设备须经取得专业资质的检测、检验机构检测、检验合格

D. 该设备须取得安全使用证或者安全标志

解 《中华人民共和国安全生产法》第三十四条规定，生产经营单位使用的危险物品的容器、运输工具，以及涉及人身安全、危险性较大的海洋石油开采特种设备和矿山井下特种设备，必须按照国家有关规定，由专业生产单位生产，并经具有专业资质的检测、检验机构检测、检验合格，取得安全使用证或者安全标志，方可投入使用。检测、检验机构对检测、检验结果负责。

答案:B

【例11-3-3】 国家规定的安全生产责任制度中，对单位主要负责人、施工项目经理、专职人员与从业人员的共同规定是：

A. 报告生产安全事故

B. 确保安全生产费用有效使用

C. 进行工伤事故统计、分析和报告

D. 由有关部门考试合格

解 《中华人民共和国安全生产法》第八十条规定，生产经营单位发生生产安全事故后，事故现场有关人员应当立即报告本单位负责人。

单位负责人接到事故报告后，应当迅速采取有效措施，组织抢救，防止事故扩大，减少人员

伤亡和财产损失，并按照国家有关规定立即如实报告当地负有安全生产监督管理职责的部门，不得隐瞒不报、谎报或者迟报，不得故意破坏事故现场、毁灭有关证据。

答案：A

【例 11-3-4】 某超高层建筑施工中，一个塔吊分包商的施工人员因没有佩戴安全带加上作业疏忽而从高处坠落死亡。按我国《建筑工程安全生产管理条例》的规定，除工人本身的责任外，请问此意外的责任应：

A. 由分包商承担所有责任，总包商无需负责

B. 由总包商与分包商承担连带责任

C. 由总包商承担所有责任，分包商无需负责

D. 视分包合约的内容确定

解 《建设工程安全生产管理条例》第二十四条规定，建设工程实行施工总承包的，由总承包单位对施工现场的安全生产负总责。

总承包单位依法将建设工程分包给其他单位的，分包合同中应当明确各自的安全生产方面的权利、义务。总承包单位和分包单位对分包工程的安全生产承担连带责任。

分包单位应当服从总承包单位的安全生产管理，分包单位不服从管理导致生产安全事故的，由分包单位承担主要责任。

答案：B

【例 11-3-5】 根据《中华人民共和国安全生产法》规定，组织制定并实施本单位的生产安全事故应急救援预案的责任人是：

A. 项目负责人　　　　B. 安全生产管理人员

C. 单位主要负责人　　　　D. 主管安全的负责人

解 《中华人民共和国安全生产法》第十八条规定，生产经营单位的主要负责人对本单位安全生产工作负有下列职责：

（一）建立、健全本单位安全生产责任制；

（二）组织制定本单位安全生产规章制度和操作规程；

（三）组织制定并实施本单位安全生产教育和培训计划；

（四）保证本单位安全生产投入的有效实施；

（五）督促、检查本单位的安全生产工作，及时消除生产安全事故隐患；

（六）组织制定并实施本单位的生产安全事故应急救援预案；

（七）及时、如实报告生产安全事故。

答案：C

【例 11-3-6】 根据《建设工程安全生产管理条例》，建设工程安全生产管理应坚持的方针是：

A. 预防第一，安全为主　　　　B. 改正第一，罚款为主

C. 安全第一，预防为主　　　　D. 罚款第一，改正为主

解 《建设工程安全生产管理条例》第三条规定，建设工程安全生产管理，坚持"安全第一，预防为主"的方针。

答案：C

【例 11-3-7】 依据《中华人民共和国安全生产法》，企业应当对职工进行安全生产教育和培训，某施工总承包单位对职工进行安全生产培训，其培训的内容不包括：

A. 安全生产知识　　　　B. 安全生产规章制度

C. 安全生产管理能力　　　　D. 本岗位安全操作技能

解　《中华人民共和国安全生产法》第二十五条规定，生产经营单位应当对从业人员进行安全生产教育和培训，保证从业人员具备必要的安全生产知识，熟悉有关的安全生产规章制度和安全操作规程，掌握本岗位的安全操作技能，了解事故应急处理措施，知悉自身在安全生产方面的权利和义务。

答案：C

习　　题

11-3-1　重点工程建设项目应当坚持(　　)。

A. 安全第一的原则　　　　B. 为保证工程质量不怕牺牲

C. 确保进度不变的原则　　　　D. 投资不超过预算的原则

11-3-2　对本单位的安全生产工作全面负责的人员应当是(　　)。

A. 生产经营单位的主要负责人　　　　B. 主管安全生产工作的副手

C. 项目经理　　　　D. 专职安全员

第四节　中华人民共和国招标投标法

第一章　总　　则

第一条　为了规范招标投标活动，保护国家利益、社会公共利益和招标投标活动当事人的合法权益，提高经济效益，保证项目质量，制定本法。

第二条　在中华人民共和国境内进行招标投标活动，适用本法。

第三条　在中华人民共和国境内进行下列工程建设项目包括项目的勘察、设计、施工、监理以及与工程建设有关的重要设备、材料等的采购，必须进行招标：

(一)大型基础设施、公用事业等关系社会公共利益、公众安全的项目；

(二)全部或者部分使用国有资金投资或者国家融资的项目；

(三)使用国际组织或者外国政府贷款、援助资金的项目。

前款所列项目的具体范围和规模标准，由国务院发展计划部门会同国务院有关部门制订，报国务院批准。

法律或者国务院对必须进行招标的其他项目的范围有规定的，依照其规定。

第四条　任何单位和个人不得将依法必须进行招标的项目化整为零或者以其他任何方式规避招标。

第五条　招标投标活动应当遵循公开、公平、公正和诚实信用的原则。

第六条　依法必须进行招标的项目，其招标投标活动不受地区或者部门的限制。任何单位和个人不得违法限制或者排斥本地区、本系统以外的法人或者其他组织参加投标，不得以任何方式非法干涉招标投标活动。

第七条　招标投标活动及其当事人应当接受依法实施的监督。

有关行政监督部门依法对招标投标活动实施监督，依法查处招标投标活动中的违法行为。

对招标投标活动的行政监督及有关部门的具体职权划分，由国务院规定。

第二章　招　　标

第八条　招标人是依照本法规定提出招标项目、进行招标的法人或者其他组织。

第九条　招标项目按照国家有关规定需要履行项目审批手续的，应当先履行审批手续，取得批准。

招标人应当有进行招标项目的相应资金或者资金来源已经落实，并应当在招标文件中如实载明。

第十条　招标分为公开招标和邀请招标。

公开招标，是指招标人以招标公告的方式邀请不特定的法人或者其他组织投标。

邀请招标，是指招标人以投标邀请书的方式邀请特定的法人或者其他组织投标。

第十一条　国务院发展计划部门确定的国家重点项目和省、自治区、直辖市人民政府确定的地方重点项目不适宜公开招标的，经国务院发展计划部门或者省、自治区、直辖市人民政府批准，可以进行邀请招标。

第十二条　招标人有权自行选择招标代理机构，委托其办理招标事宜。任何单位和个人不得以任何方式为招标人指定招标代理机构。

招标人具有编制招标文件和组织评标能力的，可以自行办理招标事宜。任何单位和个人不得强制其委托招标代理机构办理招标事宜。依法必须进行招标的项目，招标人自行办理招标事宜的，应当向有关行政监督部门备案。

第十三条　招标代理机构是依法设立、从事招标代理业务并提供相关服务的社会中介组织。

招标代理机构应当具备下列条件：

(一)有从事招标代理业务的营业场所和相应资金；

(二)有能够编制招标文件和组织评标的相应专业力量；

第十四条　招标代理机构与行政机关和其他国家机关不得存在隶属关系或者其他利益关系。

第十五条　招标代理机构应当在招标人委托的范围内办理招标事宜，并遵守本法关于招标人的规定。

第十六条　招标人采用公开招标方式的，应当发布招标公告。依法必须进行招标的项目的招标公告，应当通过国家指定的报刊、信息网络或者其他媒介发布。

招标公告应当载明招标人的名称和地址、招标项目的性质、数量、实施地点和时间以及获取招标文件的办法等事项。

第十七条　招标人采用邀请招标方式的，应当向三个以上具备承担招标项目的能力、资信良好的特定的法人或者其他组织发出投标邀请书。

投标邀请书应当载明本法第十六条第二款规定的事项。

第十八条　招标人可以根据招标项目本身的要求，在招标公告或者投标邀请书中，要求潜在投标人提供有关资质证明文件和业绩情况，并对潜在投标人进行资格审查；国家对投标人的资格条件有规定的，依照其规定。

招标人不得以不合理的条件限制或者排斥潜在投标人，不得对潜在投标人实行歧视待遇。

第十九条　招标人应当根据招标项目的特点和需要编制招标文件。招标文件应当包括招标项目的技术要求、对投标人资格审查的标准、投标报价要求和评标标准等所有实质性要求和条件以及拟签订合同的主要条款。

国家对招标项目的技术、标准有规定的，招标人应当按照其规定在招标文件中提出相应要求。

招标项目需要划分标段、确定工期的，招标人应当合理划分标段、确定工期，并在招标文件中载明。

第二十条　招标文件不得要求或者标明特定的生产供应者以及含有倾向或者排斥潜在投标人的其他内容。

第二十一条　招标人根据招标项目的具体情况，可以组织潜在投标人踏勘项目现场。

第二十二条　招标人不得向他人透露已获取招标文件的潜在投标人的名称、数量以及可能影响公平竞争的有关招标投标的其他情况。

招标人设有标底的，标底必须保密。

第二十三条　招标人对已发出的招标文件进行必要的澄清或者修改的，应当在招标文件要求提交投标文件截止时间至少十五日前，以书面形式通知所有招标文件收受人。该澄清或者修改的内容为招标文件的组成部分。

第二十四条　招标人应当确定投标人编制投标文件所需要的合理时间；但是，依法必须进行招标的项目，自招标文件开始发出之日起至投标人提交投标文件截止之日止，最短不得少于二十日。

第三章　投　　标

第二十五条　投标人是响应招标、参加投标竞争的法人或者其他组织。

依法招标的科研项目允许个人参加投标的，投标的个人适用本法有关投标人的规定。

第二十六条　投标人应当具备承担招标项目的能力；国家有关规定对投标人资格条件或者招标文件对投标人资格条件有规定的，投标人应当具备规定的资格条件。

第二十七条　投标人应当按照招标文件的要求编制投标文件。投标文件应当对招标文件提出的实质性要求和条件作出响应。

招标项目属于建设施工的，投标文件的内容应当包括拟派出的项目负责人与主要技术人员的简历、业绩和拟用于完成招标项目的机械设备等。

第二十八条　投标人应当在招标文件要求提交投标文件的截止时间前，将投标文件送达投标地点。招标人收到投标文件后，应当签收保存，不得开启。投标人少于三个的，招标人应当依照本法重新招标。在招标文件要求提交投标文件的截止时间后送达的投标文件，招标人应当拒收。

第二十九条　投标人在招标文件要求提交投标文件的截止时间前，可以补充、修改或者撤回已提交的投标文件，并书面通知招标人。补充、修改的内容为投标文件的组成部分。

第三十条　投标人根据招标文件载明的项目实际情况，拟在中标后将中标项目的部分非主体、非关键性工作进行分包的，应当在投标文件中载明。

第三十一条　两个以上法人或者其他组织可以组成一个联合体，以一个投标人的身份共同投标。

联合体各方均应当具备承担招标项目的相应能力；国家有关规定或者招标文件对投标人资格条件有规定的，联合体各方均应当具备规定的相应资格条件。由同一专业的单位组成的联合体，按照资质等级较低的单位确定资质等级。

联合体各方应当签订共同投标协议，明确约定各方拟承担的工作和责任，并将共同投标协议连同投标文件一并提交招标人。联合体中标的，联合体各方应当共同与招标人签订合同，就中标项目向招标人承担连带责任。

招标人不得强制投标人组成联合体共同投标，不得限制投标人之间的竞争。

第三十二条　投标人不得相互串通投标报价，不得排挤其他投标人的公平竞争，损害招标人或者其他投标人的合法权益。

投标人不得与招标人串通投标，损害国家利益、社会公共利益或者他人的合法权益。

禁止投标人以向招标人或者评标委员会成员行贿的手段谋取中标。

第三十三条　投标人不得以低于成本的报价竞标，也不得以他人名义投标或者以其他方式弄虚作假，骗取中标。

第四章　开标、评标和中标

第三十四条　开标应当在招标文件确定的提交投标文件截止时间的同一时间公开进行；开标地点应当为招标文件中预先确定的地点。

第三十五条　开标由招标人主持，邀请所有投标人参加。

第三十六条　开标时，由投标人或者其推选的代表检查投标文件的密封情况，也可以由招标人委托的公证机构检查并公证；经确认无误后，由工作人员当众拆封，宣读投标人名称、投标价格和投标文件的其他主要内容。

招标人在招标文件要求提交投标文件的截止时间前收到的所有投标文件，开标时都应当当众予以拆封、宣读。

开标过程应当记录，并存档备查。

第三十七条　评标由招标人依法组建的评标委员会负责。

依法必须进行招标的项目，其评标委员会由招标人的代表和有关技术、经济等方面的专家组成，成员人数为五人以上单数，其中技术、经济等方面的专家不得少于成员总数的三分之二。

前款专家应当从事相关领域工作满八年并具有高级职称或者具有同等专业水平，由招标人从国务院有关部门或者省、自治区、直辖市人民政府有关部门提供的专家名册或者招标代理机构的专家库内的相关专业的专家名单中确定；一般招标项目可以采取随机抽取方式，特殊招标项目可以由招标人直接确定。

与投标人有利害关系的人不得进入相关项目的评标委员会；已经进入的应当更换。

评标委员会成员的名单在中标结果确定前应当保密。

第三十八条　招标人应当采取必要的措施，保证评标在严格保密的情况下进行。

任何单位和个人不得非法干预、影响评标的过程和结果。

第三十九条　评标委员会可以要求投标人对投标文件中含义不明确的内容作必要的澄清或者说明，但是澄清或者说明不得超出投标文件的范围或者改变投标文件的实质性内容。

第四十条　评标委员会应当按照招标文件确定的评标标准和方法，对投标文件进行评审和比较；设有标底的，应当参考标底。评标委员会完成评标后，应当向招标人提出书面评标报告，并推荐合格的中标候选人。

招标人根据评标委员会提出的书面评标报告和推荐的中标候选人确定中标人。招标人也可以授权评标委员会直接确定中标人。

国务院对特定招标项目的评标有特别规定的，从其规定。

第四十一条　中标人的投标应当符合下列条件之一：

（一）能够最大限度地满足招标文件中规定的各项综合评价标准；

（二）能够满足招标文件的实质性要求，并且经评审的投标价格最低；但是投标价格低于成本的除外。

第四十二条　评标委员会经评审，认为所有投标都不符合招标文件要求的，可以否决所有投标。

依法必须进行招标的项目的所有投标被否决的，招标人应当依照本法重新招标。

第四十三条　在确定中标人前，招标人不得与投标人就投标价格、投标方案等实质性内容进行谈判。

第四十四条　评标委员会成员应当客观、公正地履行职务，遵守职业道德，对所提出的评审意见承担个人责任。

评标委员会成员不得私下接触投标人，不得收受投标人的财物或者其他好处。

评标委员会成员和参与评标的有关工作人员不得透露对投标文件的评审和比较、中标候选人的推荐情况以及与评标有关的其他情况。

第四十五条　中标人确定后，招标人应当向中标人发出中标通知书，并同时将中标结果通知所有未中标的投标人。

中标通知书对招标人和中标人具有法律效力。中标通知书发出后，招标人改变中标结果的，或者中标人放弃中标项目的，应当依法承担法律责任。

第四十六条　招标人和中标人应当自中标通知书发出之日起三十日内，按照招标文件和中标人的投标文件订立书面合同。招标人和中标人不得再行订立背离合同实质性内容的其他协议。

招标文件要求中标人提交履约保证金的，中标人应当提交。

第四十七条　依法必须进行招标的项目，招标人应当自确定中标人之日起十五日内，向有关行政监督部门提交招标投标情况的书面报告。

第四十八条　中标人应当按照合同约定履行义务，完成中标项目。中标人不得向他人转让中标项目，也不得将中标项目肢解后分别向他人转让。

中标人按照合同约定或者经招标人同意，可以将中标项目的部分非主体、非关键性工作分包给他人完成。接受分包的人应当具备相应的资格条件，并不得再次分包。

中标人应当就分包项目向招标人负责，接受分包的人就分包项目承担连带责任。

第五章　法律责任

第四十九条　违反本法规定，必须进行招标的项目而不招标的，将必须进行招标的项目化整为零或者以其他任何方式规避招标的，责令限期改正，可以处项目合同金额千分之五以上千分之十以下的罚款；对全部或者部分使用国有资金的项目，可以暂停项目执行或者暂停资金拨付；对单位直接负责的主管人员和其他直接责任人员依法给予处分。

第五十条　招标代理机构违反本法规定，泄露应当保密的与招标投标活动有关的情况和资料的，或者与招标人、投标人串通损害国家利益、社会公共利益或者他人合法权益的，处五万元以上二十五万元以下的罚款，对单位直接负责的主管人员和其他直接责任人员处单位罚款数额百分之五以上百分之十以下的罚款；有违法所得的，并处没收违法所得；情节严重的，禁止其一年至二年内代理依法必须进行招标的项目并予以公告，直至工商机关吊销营业执照。

前款所列行为影响中标结果的，中标无效。

第五十一条　招标人以不合理的条件限制或者排斥潜在投标人的，对潜在投标人实行歧视待遇的，强制要求投标人组成联合体共同投标的，或者限制投标人之间竞争的，责令改正，可以处一万元以上五万元以下的罚款。

第五十二条　依法必须进行招标的项目的招标人向他人透露已获取招标文件的潜在投标人的名称、数量或者可能影响公平竞争的有关招标投标的其他情况的，或者泄露标底的，给予警告，可以并处一万元以上十万元以下的罚款；对单位直接负责的主管人员和其他直接责任人员依法给予处分；构成犯罪的，依法追究刑事责任。

前款所列行为影响中标结果的，中标无效。

第五十三条　投标人相互串通投标或者与招标人串通投标的，投标人以向招标人或者评标委员会成员行贿的手段谋取中标的，中标无效，处中标项目金额千分之五以上千分之十以下的罚款，对单位直接负责的主管人员和其他直接责任人员处单位罚款数额百分之五以上百分之十以下的罚款；有违法所得的，并处没收违法所得；情节严重的，取消其一年至二年内参加依法必须进行招标的项目的投标资格并予以公告，直至由工商行政管理机关吊销营业执照；构成犯罪的，依法追究刑事责任。给他人造成损失的，依法承担赔偿责任。

第五十四条　投标人以他人名义投标或者以其他方式弄虚作假，骗取中标的，中标无效，给招标人造成损失的，依法承担赔偿责任；构成犯罪的，依法追究刑事责任。

依法必须进行招标的项目的投标人有前款所列行为尚未构成犯罪的，处中标项目金额千分之五以上千分之十以下的罚款，对单位直接负责的主管人员和其他直接责任人员处单位罚款数额百分之五以上百分之十以下的罚款；有违法所得的，并处没收违法所得；情节严重的，取消其一年至三年内参加依法必须进行招标的项目的投标资格并予以公告，直至由工商行政管理机关吊销营业执照。

第五十五条　依法必须进行招标的项目，招标人违反本法规定，与投标人就投标价格、投标方案等实质性内容进行谈判的，给予警告，对单位直接负责的主管人员和其他直接责任人员依法给予处分。

前款所列行为影响中标结果的，中标无效。

第五十六条　评标委员会成员收受投标人的财物或者其他好处的，评标委员会成员或者参加评标的有关工作人员向他人透露对投标文件的评审和比较、中标候选人的推荐以及与评标有关的其他情况的，给予警告，没收收受的财物，可以并处三千元以上五万元以下的罚款，对有所列违法行为的评标委员会成员取消担任评标委员会成员的资格，不得再参加任何依法必须进行招标的项目的评标；构成犯罪的，依法追究刑事责任。

第五十七条　招标人在评标委员会依法推荐的中标候选人以外确定中标人的，依法必须进行招标的项目在所有投标被评标委员会否决后自行确定中标人的，中标无效。责令改正，可以处中标项目金额千分之五以上千分之十以下的罚款；对单位直接负责的主管人员和其他直接责任人员依法给予处分。

第五十八条　中标人将中标项目转让给他人的，将中标项目肢解后分别转让给他人的，违反本法规定将中标项目的部分主体、关键性工作分包给他人的，或者分包人再次分包的，转让、分包无效，处转让、分包项目金额千分之五以上千分之十以下的罚款；有违法所得的，并处没收违法所得；可以责令停业整顿；情节严重的，由工商行政管理机关吊销营业执照。

第五十九条　招标人与中标人不按照招标文件和中标人的投标文件订立合同的，或者招标人、中标人订立背离合同实质性内容的协议的，责令改正；可以处中标项目金额千分之五以上千分之十以下的罚款。

第六十条　中标人不履行与招标人订立的合同的，履约保证金不予退还，给招标人造成的损失超过履约保证金数额的，还应当对超过部分予以赔偿；没有提交履约保证金的，应当对招标人的损失承担赔偿责任。

中标人不按照与招标人订立的合同履行义务，情节严重的，取消其二年至五年内参加依法必须进行招标的项目的投标资格并予以公告，直至由工商行政管理机关吊销营业执照。

因不可抗力不能履行合同的，不适用前两款规定。

第六十一条　本章规定的行政处罚，由国务院规定的有关行政监督部门决定。本法已对实施行政处罚的机关作出规定的除外。

第六十二条　任何单位违反本法规定，限制或者排斥本地区、本系统以外的法人或者其他组织参加投标的，为招标人指定招标代理机构的，强制招标人委托招标代理机构办理招标事宜的，或者以其他方式干涉招标投标活动的，责令改正；对单位直接负责的主管人员和其他直接责任人员依法给予警告、记过、记大过的处分，情节较重的，依法给予降级、撤职、开除的处分。

个人利用职权进行前款违法行为的，依照前款规定追究责任。

第六十三条　对招标投标活动依法负有行政监督职责的国家机关工作人员徇私舞弊、滥用职权或者玩忽职守，构成犯罪的，依法追究刑事责任；不构成犯罪的，依法给予行政处分。

第六十四条　依法必须进行招标的项目违反本法规定，中标无效的，应当依照本法规定的中标条件从其余投标人中重新确定中标人或者依照本法重新进行招标。

第六章　附　则

第六十五条　投标人和其他利害关系人认为招标投标活动不符合本法有关规定的，有权向招标人提出异议或者依法向有关行政监督部门投诉。

第六十六条　涉及国家安全、国家秘密、抢险救灾或者属于利用扶贫资金实行以工代赈、需要使用农民工等特殊情况，不适宜进行招标的项目，按照国家有关规定可以不进行招标。

第六十七条　使用国际组织或者外国政府贷款、援助资金的项目进行招标，贷款方、资金提供方对招标投标的具体条件和程序有不同规定的，可以适用其规定，但违背中华人民共和国的社会公共利益的除外。

第六十八条　本法自2000年1月1日起施行。

【例11-4-1】 根据《中华人民共和国招标投标法》规定，某工程项目委托监理服务的招投标活动，应当遵循的原则是：

A. 公开、公平、公正、诚实信用　　B. 公开、平等、自愿、公平、诚实信用

C. 公正、科学、独立、诚实信用　　D. 全面、有效、合理、诚实信用

解　《中华人民共和国招标投标法》第五条规定，招标投标活动应当遵循公开、公平、公正和诚实信用的原则。

答案：A

【例11-4-2】 下列属于《中华人民共和国招标投标法》规定的招标方式是：

A. 公开招标和直接招标　　B. 公开招标和邀请招标

C. 公开招标和协议招标　　D. 公开招标和不公开招标

解　《中华人民共和国招标投标法》第十条规定，招标分为公开招标和邀请招标。

答案：B

【例11-4-3】 有关我国招投标的一般规定，下列理解错误的是：

A. 采用书面合同　　B. 禁止行贿受贿

C. 承包商必须有相应资质　　D. 可肢解分包

解　《中华人民共和国建筑法》第二十四条规定，提倡对建筑工程实行总承包，禁止将建筑工程肢解发包。

答案：D

【例11-4-4】 下列不属于招标人必须具备的条件是：

A. 招标人须有法可依的项目

B. 招标人有充足的专业人才

C. 招标人有与项目相应的资金来源

D. 招标人为法人或其他基本组织

解　《中华人民共和国招标投标法》第八条：招标人是依照本法规定提出招标项目、进行招标的法人或者其他组织。所以选项A、D对。

第九条：招标项目按照国家有关规定需要履行项目审批手续的，应当先履行审批手续，取

得批准。招标人应当有进行招标项目的相应资金或者资金来源已经落实，并应当在招标文件中如实载明。所以选项C对。

第十二条：……招标人具有编制招标文件和组织评标能力的，可以自行办理招标事宜。

选项B中“充足人才”和《中华人民共和国招标投标法》的第十二条表述不一致，何为充足？很难界定，所以选项B的表述不合适。

答案：B

【例11-4-5】 有关评标方法的描述，错误的是：

A. 最低投标价法适合没有特殊要求的招标项目

B. 综合评估法可用打分的方法或货币的方法评估各项标准

C. 最低投标价法通常用来恶性削价竞争，反而工程质量更为低落

D. 综合评估法适合没有特殊要求的招标项目

解 《评标委员会和评标方法暂行规定》第三十条规定，经评审的最低投标价法一般适用于具有通用技术、性能标准或者招标人对其技术、性能没有特殊要求的招标项目。所以选项A对。

第三十五条：根据综合评估法，最大限度地满足招标文件中规定的各项综合评价标准的投标，应当推荐为中标候选人。

衡量投标文件是否最大限度地满足招标文件中规定的各项评价标准，可以采取折算为货币的方法、打分的方法或者其他方法。需量化的因素及其权重应当在招标文件中明确规定。所以选项B也对。

选项D的说法和上述第三十条矛盾。

答案：D

【例11-4-6】 有关招标的叙述，错误的是：

A. 邀请招标，又称优先性招标

B. 邀请招标中，招标人应向三个以上的潜在招标人发出邀请

C. 国家重点项目应公开招标

D. 公开招标适合专业性较强的项目

解 《中华人民共和国招标投标法》第十七条规定，招标人采用邀请招标方式的，应当向三个以上具备承担招标项目的能力、资信良好的特定的法人或者其他组织发出投标邀请书。所以选项B对。

《中华人民共和国招标投标法实施条例》第八条规定，国有资金占控股或者主导地位的依法必须进行招标的项目，应当公开招标；但有下列情形之一的，可以邀请招标：

（一）技术复杂、有特殊要求或者受自然环境限制，只有少量潜在投标人可供选择；

（二）采用公开招标方式的费用占项目合同金额的比例过大。

从上述条文可见：只有在特殊情况下才能邀请招标，一般情况下均应公开招标。所以选项C对。

答案：D

【例11-4-7】 根据《中华人民共和国招标投标法》，下列工程建设项目，项目的勘察、设计、施工、监理以及与工程建设有关的重要设备、材料等的采购，按照国家有关规定可以不进行招标的是：

A. 大型基础设施、公用事业等关系社会公共利益、公众安全的项目

B. 全部或者部分使用国有资金投资或者国家融资的项目

C. 使用国际组织或者外国政府贷款、援助资金的项目

D. 利用扶贫资金实行以工代赈、需要使用农民工的项目

解 《中华人民共和国招标投标法》第三条规定，在中华人民共和国境内进行下列工程建设项目包括项目的勘察、设计、施工、监理以及与工程建设有关的重要设备、材料等的采购，必须进行招标：

(一)大型基础设施、公用事业等关系社会公共利益、公众安全的项目；

(二)全部或者部分使用国有资金投资或者国家融资的项目；

(三)使用国际组织或者外国政府贷款、援助资金的项目。

选项D不在上述法律条文必须进行招标的规定中。

答案:D

习 题

11-4-1 建设单位工程招标应具备下列哪些条件？( )

①有与招标工程相适应的经济技术管理人员；②必须是一个经济实体，注册资金不少于一百万元人民币；③有编制招标文件的能力；④有审查投标单位资质的能力；⑤具有组织开标、评标、定标的能力。

A. ①②③④⑤ B. ①②③④ C. ①②④⑤ D. ①③④⑤

11-4-2 施工招标的形式有以下哪几种？( )

①公开招标；②邀请招标；③议标；④指定招标。

A. ①② B. ①②④ C. ①④ D. ①②③

11-4-3 招标委员会的成员中，技术、经济等方面的专家不得少于( )。

A. 3人 B. 5人

C. 成员总数的2/3 D. 成员总数的1/2

11-4-4 建筑工程的评标活动应当由( )负责。

A. 建设单位 B. 市招标办公室

C. 监理单位 D. 评标委员会

11-4-5 在中华人民共和国境内进行下列工程建设项目必须要招标的条件，下面哪一条是不准确的说法？( )

A. 大型基础设施、公用事业等关系社会公共利益、公众安全的项目

B. 全部或者部分使用国有资金投资或者国家融资的项目

C. 使用国际组织或者外国政府贷款、援助资金的项目

D. 所有住宅项目

11-4-6 招标人和中标人应当自中标通知书发出之日起( )之内，按照招标文件和中标人的投标文件订立书面合同。

A. 15天 B. 30天 C. 60天 D. 90天

第五节 中华人民共和国合同法

总 则

第一章 一般规定

第一条 为了保护合同当事人的合法权益，维护社会经济秩序，促进社会主义现代化建

设,制定本法。

第二条　本法所称合同是平等主体的自然人、法人、其他组织之间设立、变更、终止民事权利义务关系的协议。

婚姻、收养、监护等有关身份关系的协议,适用其他法律的规定。

第三条　合同当事人的法律地位平等,一方不得将自己的意志强加给另一方。

第四条　当事人依法享有自愿订立合同的权利,任何单位和个人不得非法干预。

第五条　当事人应当遵循公平原则确定各方的权利和义务。

第六条　当事人行使权利、履行义务应当遵循诚实信用原则。

第七条　当事人订立、履行合同,应当遵守法律、行政法规,尊重社会公德,不得扰乱社会经济秩序,损害社会公共利益。

第八条　依法成立的合同,对当事人具有法律约束力。当事人应当按照约定履行自己的义务,不得擅自变更或者解除合同。

依法成立的合同,受法律保护。

第二章　合同的订立

第九条　当事人订立合同,应当具有相应的民事权利能力和民事行为能力。

当事人依法可以委托代理人订立合同。

第十条　当事人订立合同,有书面形式、口头形式和其他形式。

法律、行政法规规定采用书面形式的,应当采用书面形式。当事人约定采用书面形式的,应当采用书面形式。

第十一条　书面形式是指合同书、信件和数据电文(包括电报、电传、传真、电子数据交换和电子邮件)等可以有形地表现所载内容的形式。

第十二条　合同的内容由当事人约定,一般包括以下条款:

(一)当事人的名称或者姓名和住所;

(二)标的;

(三)数量;

(四)质量;

(五)价款或者报酬;

(六)履行期限、地点和方式;

(七)违约责任;

(八)解决争议的方法。

当事人可以参照各类合同的示范文本订立合同。

第十三条　当事人订立合同,采取要约、承诺方式。

第十四条　要约是希望和他人订立合同的意思表示,该意思表示应当符合下列规定:

(一)内容具体确定;

(二)表明经受要约人承诺,要约人即受该意思表示约束。

第十五条　要约邀请是希望他人向自己发出要约的意思表示。寄送的价目表、拍卖公告、招标公告、招股说明书、商业广告等为要约邀请。

商业广告的内容符合要约规定的,视为要约。

第十六条　要约到达受要约人时生效。

采用数据电文形式订立合同,收件人指定特定系统接收数据电文的,该数据电文进入该特定系统的时间，视为到达时间；未指定特定系统的，该数据电文进入收件人的任何系统的首次时间，视为到达时间。

第十七条　要约可以撤回。撤回要约的通知应当在要约到达受要约人之前或者与要约同时到达受要约人。

第十八条　要约可以撤销。撤销要约的通知应当在受要约人发出承诺通知之前到达受要约人。

第十九条　有下列情形之一的，要约不得撤销：

（一）要约人确定了承诺期限或者以其他形式明示要约不可撤销；

（二）受要约人有理由认为要约是不可撤销的，并已经为履行合同作了准备工作。

第二十条　有下列情形之一的，要约失效：

（一）拒绝要约的通知到达要约人；

（二）要约人依法撤销要约；

（三）承诺期限届满，受要约人未作出承诺；

（四）受要约人对要约的内容作出实质性变更。

第二十一条　承诺是受要约人同意要约的意思表示。

第二十二条　承诺应当以通知的方式作出，但根据交易习惯或者要约表明可以通过行为作出承诺的除外。

第二十三条　承诺应当在要约确定的期限内到达要约人。

要约没有确定承诺期限的，承诺应当依照下列规定到达：

（一）要约以对话方式作出的，应当即时作出承诺，但当事人另有约定的除外；

（二）要约以非对话方式作出的，承诺应当在合理期限内到达。

第二十四条　要约以信件或者电报作出的，承诺期限自信件载明的日期或者电报交发之日开始计算。信件未载明日期的，自投寄该信件的邮戳日期开始计算。要约以电话、传真等快速通讯方式作出的，承诺期限自要约到达受要约人时开始计算。

第二十五条　承诺生效时合同成立。

第二十六条　承诺通知到达要约人时生效。承诺不需要通知的，根据交易习惯或者要约的要求作出承诺的行为时生效。

采用数据电文形式订立合同的，承诺到达的时间适用本法第十六条第二款的规定。

第二十七条　承诺可以撤回。撤回承诺的通知应当在承诺通知到达要约人之前或者与承诺通知同时到达要约人。

第二十八条　受要约人超过承诺期限发出承诺的，除要约人及时通知受要约人该承诺有效的以外，为新要约。

第二十九条　受要约人在承诺期限内发出承诺，按照通常情形能够及时到达要约人，但因其他原因承诺到达要约人时超过承诺期限的，除要约人及时通知受要约人因承诺超过期限不接受该承诺的以外，该承诺有效。

第三十条　承诺的内容应当与要约的内容一致。受要约人对要约的内容作出实质性变更的，为新要约。有关合同标的、数量、质量、价款或者报酬、履行期限、履行地点和方式、违约责任和解决争议方法等的变更，是对要约内容的实质性变更。

第三十一条　承诺对要约的内容作出非实质性变更的，除要约人及时表示反对或者要约表明承诺不得对要约的内容作出任何变更的以外，该承诺有效，合同的内容以承诺的内容为准。

第三十二条　当事人采用合同书形式订立合同的，自双方当事人签字或者盖章时合同成立。

第三十三条　当事人采用信件、数据电文等形式订立合同的，可以在合同成立之前要求签订确认书。签订确认书时合同成立。

第三十四条　承诺生效的地点为合同成立的地点。

采用数据电文形式订立合同的，收件人的主营业地为合同成立的地点；没有主营业地的，其经常居住地为合同成立的地点。当事人另有约定的，按照其约定。

第三十五条　当事人采用合同书形式订立合同的，双方当事人签字或者盖章的地点为合同成立的地点。

第三十六条　法律、行政法规规定或者当事人约定采用书面形式订立合同，当事人未采用书面形式但一方已经履行主要义务，对方接受的，该合同成立。

第三十七条　采用合同书形式订立合同，在签字或者盖章之前，当事人一方已经履行主要义务，对方接受的，该合同成立。

第三十八条　国家根据需要下达指令性任务或者国家订货任务的，有关法人、其他组织之间应当依照有关法律、行政法规规定的权利和义务订立合同。

第三十九条　采用格式条款订立合同的，提供格式条款的一方应当遵循公平原则确定当事人之间的权利和义务，并采取合理的方式提请对方注意免除或者限制其责任的条款，按照对方的要求，对该条款予以说明。

格式条款是当事人为了重复使用而预先拟定，并在订立合同时未与对方协商的条款。

第四十条　格式条款具有本法第五十二条和第五十三条规定情形的，或者提供格式条款一方免除其责任、加重对方责任、排除对方主要权利的，该条款无效。

第四十一条　对格式条款的理解发生争议的，应当按照通常理解予以解释。对格式条款有两种以上解释的，应当作出不利于提供格式条款一方的解释。格式条款和非格式条款不一致的，应当采用非格式条款。

第四十二条　当事人在订立合同过程中有下列情形之一，给对方造成损失的，应当承担损害赔偿责任：

（一）假借订立合同，恶意进行磋商；

（二）故意隐瞒与订立合同有关的重要事实或者提供虚假情况；

（三）有其他违背诚实信用原则的行为。

第四十三条　当事人在订立合同过程中知悉的商业秘密，无论合同是否成立，不得泄露或者不正当地使用。泄露或者不正当地使用该商业秘密给对方造成损失的，应当承担损害赔偿责任。

第三章　合同的效力

第四十四条　依法成立的合同，自成立时生效。

法律、行政法规规定应当办理批准、登记等手续生效的，依照其规定。

第四十五条　当事人对合同的效力可以约定附条件。附生效条件的合同，自条件成就时生效。附解除条件的合同，自条件成就时失效。

当事人为自己的利益不正当地阻止条件成就的，视为条件已成就；不正当地促成条件成就的，视为条件不成就。

第四十六条　当事人对合同的效力可以约定附期限。附生效期限的合同，自期限届至时生效。附终止期限的合同，自期限届满时失效。

第四十七条　限制民事行为能力人订立的合同，经法定代理人追认后，该合同有效，但纯获利益的合同或者与其年龄、智力、精神健康状况相适应而订立的合同，不必经法定代理人追认。

相对人可以催告法定代理人在一个月内予以追认。法定代理人未作表示的，视为拒绝追认。合同被追认之前，善意相对人有撤销的权利。撤销应当以通知的方式作出。

第四十八条　行为人没有代理权、超越代理权或者代理权终止后以被代理人名义订立的合同，未经被代理人追认，对被代理人不发生效力，由行为人承担责任。

相对人可以催告被代理人在一个月内予以追认。被代理人未作表示的，视为拒绝追认。合同被追认之前，善意相对人有撤销的权利。撤销应当以通知的方式作出。

第四十九条　行为人没有代理权、超越代理权或者代理权终止后以被代理人名义订立合同，相对人有理由相信行为人有代理权的，该代理行为有效。

第五十条　法人或者其他组织的法定代表人、负责人超越权限订立的合同，除相对人知道或者应当知道其超越权限的以外，该代表行为有效。

第五十一条　无处分权的人处分他人财产，经权利人追认或者无处分权的人订立合同后取得处分权的，该合同有效。

第五十二条　有下列情形之一的，合同无效：

(一)一方以欺诈、胁迫的手段订立合同，损害国家利益；

(二)恶意串通，损害国家、集体或者第三人利益；

(三)以合法形式掩盖非法目的；

(四)损害社会公共利益；

(五)违反法律、行政法规的强制性规定。

第五十三条　合同中的下列免责条款无效：

(一)造成对方人身伤害的；

(二)因故意或者重大过失造成对方财产损失的。

第五十四条　下列合同，当事人一方有权请求人民法院或者仲裁机构变更或者撤销：

(一)因重大误解订立的；

(二)在订立合同时显失公平的。

一方以欺诈、胁迫的手段或者乘人之危，使对方在违背真实意思的情况下订立的合同，受损害方有权请求人民法院或者仲裁机构变更或者撤销。

当事人请求变更的，人民法院或者仲裁机构不得撤销。

第五十五条　有下列情形之一的，撤销权消灭：

(一)具有撤销权的当事人自知道或者应当知道撤销事由之日起一年内没有行使撤销权；

(二)具有撤销权的当事人知道撤销事由后明确表示或者以自己的行为放弃撤销权。

第五十六条　无效的合同或者被撤销的合同自始没有法律约束力。合同部分无效，不影响其他部分效力的，其他部分仍然有效。

第五十七条　合同无效、被撤销或者终止的，不影响合同中独立存在的有关解决争议方法的条款的效力。

第五十八条　合同无效或者被撤销后，因该合同取得的财产，应当予以返还；不能返还或者没有必要返还的，应当折价补偿。有过错的一方应当赔偿对方因此所受到的损失，双方都有过错的，应当各自承担相应的责任。

第五十九条　当事人恶意串通，损害国家、集体或者第三人利益的，因此取得的财产收归国家所有或者返还集体、第三人。

第四章　合同的履行

第六十条　当事人应当按照约定全面履行自己的义务。

当事人应当遵循诚实信用原则，根据合同的性质、目的和交易习惯履行通知、协助、保密等义务。

第六十一条　合同生效后，当事人就质量、价款或者报酬、履行地点等内容没有约定或者约定不明确的，可以协议补充；不能达成补充协议的，按照合同有关条款或者交易习惯确定。

第六十二条　当事人就有关合同内容约定不明确，依照本法第六十一条的规定仍不能确定的，适用下列规定：

（一）质量要求不明确的，按照国家标准、行业标准履行；没有国家标准、行业标准的，按照通常标准或者符合合同目的的特定标准履行。

（二）价款或者报酬不明确的，按照订立合同时履行地的市场价格履行；依法应当执行政府定价或者政府指导价的，按照规定履行。

（三）履行地点不明确，给付货币的，在接受货币一方所在地履行；交付不动产的，在不动产所在地履行；其他标的，在履行义务一方所在地履行。

（四）履行期限不明确的，债务人可以随时履行，债权人也可以随时要求履行，但应当给对方必要的准备时间。

（五）履行方式不明确的，按照有利于实现合同目的的方式履行。

（六）履行费用的负担不明确的，由履行义务一方负担。

第六十三条　执行政府定价或者政府指导价的，在合同约定的交付期限内政府价格调整时，按照交付时的价格计价。逾期交付标的物的，遇价格上涨时，按照原价格执行；价格下降时，按照新价格执行。逾期提取标的物或者逾期付款的，遇价格上涨时，按照新价格执行；价格下降时，按照原价格执行。

第六十四条　当事人约定由债务人向第三人履行债务的，债务人未向第三人履行债务或者履行债务不符合约定，应当向债权人承担违约责任。

第六十五条　当事人约定由第三人向债权人履行债务的，第三人不履行债务或者履行债务不符合约定，债务人应当向债权人承担违约责任。

第六十六条　当事人互负债务，没有先后履行顺序的，应当同时履行。一方在对方履行之前有权拒绝其履行要求。一方在对方履行债务不符合约定时，有权拒绝其相应的履行要求。

第六十七条　当事人互负债务，有先后履行顺序，先履行一方未履行的，后履行一方有权拒绝其履行要求。先履行一方履行债务不符合约定的，后履行一方有权拒绝其相应的履行要求。

第六十八条　应当先履行债务的当事人，有确切证据证明对方有下列情形之一的，可以中止履行：

（一）经营状况严重恶化；

（二）转移财产、抽逃资金，以逃避债务；

（三）丧失商业信誉；

（四）有丧失或者可能丧失履行债务能力的其他情形。

当事人没有确切证据中止履行的，应当承担违约责任。

第六十九条　当事人依照本法第六十八条的规定中止履行的，应当及时通知对方。对方提供适当担保时，应当恢复履行。中止履行后，对方在合理期限内未恢复履行能力并且未提供适当担保的，中止履行的一方可以解除合同。

第七十条　债权人分立、合并或者变更住所没有通知债务人，致使履行债务发生困难的，债务人可以中止履行或者将标的物提存。

第七十一条　债权人可以拒绝债务人提前履行债务，但提前履行不损害债权人利益的除外。

债务人提前履行债务给债权人增加的费用，由债务人负担。

第七十二条　债权人可以拒绝债务人部分履行债务，但部分履行不损害债权人利益的除外。

债务人部分履行债务给债权人增加的费用，由债务人负担。

第七十三条　因债务人怠于行使其到期债权，对债权人造成损害的，债权人可以向人民法院请求以自己的名义代位行使债务人的债权，但该债权专属于债务人自身的除外。

代位权的行使范围以债权人的债权为限。债权人行使代位权的必要费用，由债务人负担。

第七十四条　因债务人放弃其到期债权或者无偿转让财产，对债权人造成损害的，债权人可以请求人民法院撤销债务人的行为。债务人以明显不合理的低价转让财产，对债权人造成损害，并且受让人知道该情形的，债权人也可以请求人民法院撤销债务人的行为。

撤销权的行使范围以债权人的债权为限。债权人行使撤销权的必要费用，由债务人负担。

第七十五条　撤销权自债权人知道或者应当知道撤销事由之日起一年内行使。自债务人的行为发生之日起五年内没有行使撤销权的，该撤销权消灭。

第七十六条　合同生效后，当事人不得因姓名、名称的变更或者法定代表人、负责人、承办人的变动而不履行合同义务。

第五章　合同的变更和转让

第七十七条　当事人协商一致，可以变更合同。

法律、行政法规规定变更合同应当办理批准、登记等手续的，依照其规定。

第七十八条　当事人对合同变更的内容约定不明确的，推定为未变更。

第七十九条　债权人可以将合同的权利全部或者部分转让给第三人，但有下列情形之一的除外：

（一）根据合同性质不得转让；

（二）按照当事人约定不得转让；

（三）依照法律规定不得转让。

第八十条　债权人转让权利的，应当通知债务人。未经通知，该转让对债务人不发生效力。

债权人转让权利的通知不得撤销，但经受让人同意的除外。

第八十一条　债权人转让权利的，受让人取得与债权有关的从权利，但该从权利专属于债权人自身的除外。

第八十二条　债务人接到债权转让通知后，债务人对让与人的抗辩，可以向受让人主张。

第八十三条　债务人接到债权转让通知时，债务人对让与人享有债权，并且债务人的债权先于转让的债权到期或者同时到期的，债务人可以向受让人主张抵销。

第八十四条　债务人将合同的义务全部或者部分转移给第三人的，应当经债权人同意。

第八十五条　债务人转移义务的，新债务人可以主张原债务人对债权人的抗辩。

第八十六条　债务人转移义务的，新债务人应当承担与主债务有关的从债务，但该从债务专属于原债务人自身的除外。

第八十七条　法律、行政法规规定转让权利或者转移义务应当办理批准、登记等手续的，依照其规定。

第八十八条　当事人一方经对方同意，可以将自己在合同中的权利和义务一并转让给第三人。

第八十九条　权利和义务一并转让的，适用本法第七十九条、第八十一条至第八十三条、第八十五条至第八十七条的规定。

第九十条　当事人订立合同后合并的，由合并后的法人或者其他组织行使合同权利，履行合同义务。当事人订立合同后分立的，除债权人和债务人另有约定的以外，由分立的法人或者其他组织对合同的权利和义务享有连带债权，承担连带债务。

第六章　合同的权利义务终止

第九十一条　有下列情形之一的，合同的权利义务终止：

（一）债务已经按照约定履行；

（二）合同解除；

（三）债务相互抵销；

（四）债务人依法将标的物提存；

（五）债权人免除债务；

（六）债权债务同归于一人；

（七）法律规定或者当事人约定终止的其他情形。

第九十二条　合同的权利义务终止后，当事人应当遵循诚实信用原则，根据交易习惯履行通知、协助、保密等义务。

第九十三条　当事人协商一致，可以解除合同。

当事人可以约定一方解除合同的条件。解除合同的条件成就时，解除权人可以解除合同。

第九十四条　有下列情形之一的，当事人可以解除合同：

（一）因不可抗力致使不能实现合同目的；

（二）在履行期限届满之前，当事人一方明确表示或者以自己的行为表明不履行主要债务；

（三）当事人一方迟延履行主要债务，经催告后在合理期限内仍未履行；

（四）当事人一方迟延履行债务或者有其他违约行为致使不能实现合同目的；

（五）法律规定的其他情形。

第九十五条　法律规定或者当事人约定解除权行使期限，期限届满当事人不行使的，该权利消灭。

法律没有规定或者当事人没有约定解除权行使期限，经对方催告后在合理期限内不行使的，该权利消灭。

第九十六条　当事人一方依照本法第九十三条第二款、第九十四条的规定主张解除合同的，应当通知对方。合同自通知到达对方时解除。对方有异议的，可以请求人民法院或者仲裁机构确认解除合同的效力。

法律、行政法规规定解除合同应当办理批准、登记等手续的，依照其规定。

第九十七条　合同解除后，尚未履行的，终止履行；已经履行的，根据履行情况和合同性质，当事人可以要求恢复原状、采取其他补救措施，并有权要求赔偿损失。

第九十八条　合同的权利义务终止，不影响合同中结算和清理条款的效力。

第九十九条　当事人互负到期债务，该债务的标的物种类、品质相同的，任何一方可以将自己的债务与对方的债务抵销，但依照法律规定或者按照合同性质不得抵销的除外。

当事人主张抵销的，应当通知对方。通知自到达对方时生效。抵销不得附条件或者附期限。

第一百条　当事人互负债务，标的物种类、品质不相同的，经双方协商一致，也可以抵销。

第一百零一条　有下列情形之一，难以履行债务的，债务人可以将标的物提存：

(一)债权人无正当理由拒绝受领；

(二)债权人下落不明；

(三)债权人死亡未确定继承人或者丧失民事行为能力未确定监护人；

(四)法律规定的其他情形。

标的物不适于提存或者提存费用过高的，债务人依法可以拍卖或者变卖标的物，提存所得的价款。

第一百零二条　标的物提存后，除债权人下落不明的以外，债务人应当及时通知债权人或者债权人的继承人、监护人。

第一百零三条　标的物提存后，毁损、灭失的风险由债权人承担。提存期间，标的物的孳息归债权人所有。提存费用由债权人负担。

第一百零四条　债权人可以随时领取提存物，但债权人对债务人负有到期债务的，在债权人未履行债务或者提供担保之前，提存部门根据债务人的要求应当拒绝其领取提存物。

债权人领取提存物的权利，自提存之日起五年内不行使而消灭，提存物扣除提存费用后归国家所有。

第一百零五条　债权人免除债务人部分或者全部债务的，合同的权利义务部分或者全部终止。

第一百零六条　债权和债务同归于一人的，合同的权利义务终止，但涉及第三人利益的除外。

第七章　违约责任

第一百零七条　当事人一方不履行合同义务或者履行合同义务不符合约定的，应当承担继续履行、采取补救措施或者赔偿损失等违约责任。

第一百零八条　当事人一方明确表示或者以自己的行为表明不履行合同义务的，对方可以在履行期限届满之前要求其承担违约责任。

第一百零九条　当事人一方未支付价款或者报酬的，对方可以要求其支付价款或者报酬。

第一百一十条　当事人一方不履行非金钱债务或者履行非金钱债务不符合约定的，对方可以要求履行，但有下列情形之一的除外：

(一)法律上或者事实上不能履行；

(二)债务的标的不适于强制履行或者履行费用过高；

(三)债权人在合理期限内未要求履行。

第一百一十一条　质量不符合约定的，应当按照当事人的约定承担违约责任。对违约责任没有约定或者约定不明确，依照本法第六十一条的规定仍不能确定的，受损害方根据标的的性质以及损失的大小，可以合理选择要求对方承担修理、更换、重作、退货、减少价款或者报酬等违约责任。

第一百一十二条　当事人一方不履行合同义务或者履行合同义务不符合约定的，在履行义务或者采取补救措施后，对方还有其他损失的，应当赔偿损失。

第一百一十三条　当事人一方不履行合同义务或者履行合同义务不符合约定，给对方造成损失的，损失赔偿额应当相当于因违约所造成的损失，包括合同履行后可以获得的利益，但不得超过违反合同一方订立合同时预见到或者应当预见到的因违反合同可能造成的损失。

经营者对消费者提供商品或者服务有欺诈行为的，依照《中华人民共和国消费者权益保护法》的规定承担损害赔偿责任。

第一百一十四条　当事人可以约定一方违约时应当根据违约情况向对方支付一定数额的违约金，也可以约定因违约产生的损失赔偿额的计算方法。

约定的违约金低于造成的损失的，当事人可以请求人民法院或者仲裁机构予以增加；约定的违约金过分高于造成的损失的，当事人可以请求人民法院或者仲裁机构予以适当减少。

当事人就迟延履行约定违约金的，违约方支付违约金后，还应当履行债务。

第一百一十五条　当事人可以依照《中华人民共和国担保法》约定一方向对方给付定金作为债权的担保。债务人履行债务后，定金应当抵作价款或者收回。给付定金的一方不履行约定的债务的，无权要求返还定金；收受定金的一方不履行约定的债务的，应当双倍返还定金。

第一百一十六条　当事人既约定违约金，又约定定金的，一方违约时，对方可以选择适用违约金或者定金条款。

第一百一十七条　因不可抗力不能履行合同的，根据不可抗力的影响，部分或者全部免除责任，但法律另有规定的除外。当事人迟延履行后发生不可抗力的，不能免除责任。

本法所称不可抗力，是指不能预见、不能避免并不能克服的客观情况。

第一百一十八条　当事人一方因不可抗力不能履行合同的，应当及时通知对方，以减轻可能给对方造成的损失，并应当在合理期限内提供证明。

第一百一十九条　当事人一方违约后，对方应当采取适当措施防止损失的扩大；没有采取适当措施致使损失扩大的，不得就扩大的损失要求赔偿。

当事人因防止损失扩大而支出的合理费用，由违约方承担。

第一百二十条　当事人双方都违反合同的，应当各自承担相应的责任。

第一百二十一条　当事人一方因第三人的原因造成违约的，应当向对方承担违约责任。当事人一方和第三人之间的纠纷，依照法律规定或者按照约定解决。

第一百二十二条　因当事人一方的违约行为，侵害对方人身、财产权益的，受损害方有权选择依照本法要求其承担违约责任或者依照其他法律要求其承担侵权责任。

第八章　其他规定

第一百二十三条　其他法律对合同另有规定的，依照其规定。

第一百二十四条　本法分则或者其他法律没有明文规定的合同，适用本法总则的规定，并可以参照本法分则或者其他法律最相类似的规定。

第一百二十五条　当事人对合同条款的理解有争议的，应当按照合同所使用的词句、合同的有关条款、合同的目的、交易习惯以及诚实信用原则，确定该条款的真实意思。

合同文本采用两种以上文字订立并约定具有同等效力的，对各文本使用的词句推定具有相同含义。各文本使用的词句不一致的，应当根据合同的目的予以解释。

第一百二十六条　涉外合同的当事人可以选择处理合同争议所适用的法律，但法律另有规定的除外。涉外合同的当事人没有选择的，适用与合同有最密切联系的国家的法律。

在中华人民共和国境内履行的中外合资经营企业合同、中外合作经营企业合同、中外合作勘探开发自然资源合同，适用中华人民共和国法律。

第一百二十七条　工商行政管理部门和其他有关行政主管部门在各自的职权范围内，依照法律、行政法规的规定，对利用合同危害国家利益、社会公共利益的违法行为，负责监督处理；构成犯罪的，依法追究刑事责任。

第一百二十八条　当事人可以通过和解或者调解解决合同争议。

当事人不愿和解、调解或者和解、调解不成的，可以根据仲裁协议向仲裁机构申请仲裁。涉外合同的当事人可以根据仲裁协议向中国仲裁机构或者其他仲裁机构申请仲裁。当事人没有订立仲裁协议或者仲裁协议无效的，可以向人民法院起诉。当事人应当履行发生法律效力的判决、仲裁裁决、调解书；拒不履行的，对方可以请求人民法院执行。

第一百二十九条　因国际货物买卖合同和技术进出口合同争议提起诉讼或者申请仲裁的期限为四年，自当事人知道或者应当知道其权利受到侵害之日起计算。因其他合同争议提起诉讼或者申请仲裁的期限，依照有关法律的规定。

分　　则

第九章　买卖合同

第一百三十条　买卖合同是出卖人转移标的物的所有权于买受人，买受人支付价款的合同。

第一百三十一条　买卖合同的内容除依照本法第十二条的规定以外，还可以包括包装方式、检验标准和方法、结算方式、合同使用的文字及其效力等条款。

第一百三十二条　出卖的标的物，应当属于出卖人所有或者出卖人有权处分。

法律、行政法规禁止或者限制转让的标的物，依照其规定。

第一百三十三条　标的物的所有权自标的物交付时起转移，但法律另有规定或者当事人另有约定的除外。

第一百三十四条　当事人可以在买卖合同中约定买受人未履行支付价款或者其他义务的，标的物的所有权属于出卖人。

第一百三十五条　出卖人应当履行向买受人交付标的物或者交付提取标的物的单证，并转移标的物所有权的义务。

第一百三十六条　出卖人应当按照约定或者交易习惯向买受人交付提取标的物单证以外的有关单证和资料。

第一百三十七条　出卖具有知识产权的计算机软件等标的物的，除法律另有规定或者当事人另有约定的以外，该标的物的知识产权不属于买受人。

第一百三十八条　出卖人应当按照约定的期限交付标的物。约定交付期间的，出卖人可以在该交付期间内的任何时间交付。

第一百三十九条　当事人没有约定标的物的交付期限或者约定不明确的，适用本法第六十一条、第六十二条第四项的规定。

第一百四十条　标的物在订立合同之前已为买受人占有的，合同生效的时间为交付时间。

第一百四十一条　出卖人应当按照约定的地点交付标的物。

当事人没有约定交付地点或者约定不明确，依照本法第六十一条的规定仍不能确定的，适用下列规定：

（一）标的物需要运输的，出卖人应当将标的物交付给第一承运人以运交给买受人；

（二）标的物不需要运输，出卖人和买受人订立合同时知道标的物在某一地点的，出卖人应当在该地点交付标的物；不知道标的物在某一地点的，应当在出卖人订立合同时的营业地交付标的物。

第一百四十二条　标的物毁损、灭失的风险，在标的物交付之前由出卖人承担，交付之后由买受人承担，但法律另有规定或者当事人另有约定的除外。

第一百四十三条　因买受人的原因致使标的物不能按照约定的期限交付的，买受人应当自违反约定之日起承担标的物毁损、灭失的风险。

第一百四十四条　出卖人出卖交由承运人运输的在途标的物，除当事人另有约定的以外，毁损、灭失的风险自合同成立时起由买受人承担。

第一百四十五条　当事人没有约定交付地点或者约定不明确，依照本法第一百四十一条第二款第一项的规定标的物需要运输的，出卖人将标的物交付给第一承运人后，标的物毁损、灭失的风险由买受人承担。

第一百四十六条　出卖人按照约定或者依照本法第一百四十一条第二款第二项的规定将标的物置于交付地点，买受人违反约定没有收取的，标的物毁损、灭失的风险自违反约定之日起由买受人承担。

第一百四十七条　出卖人按照约定未交付有关标的物的单证和资料的，不影响标的物毁损、灭失风险的转移。

第一百四十八条　因标的物质量不符合质量要求，致使不能实现合同目的的，买受人可以拒绝接受标的物或者解除合同。买受人拒绝接受标的物或者解除合同的，标的物毁损、灭失的风险由出卖人承担。

第一百四十九条　标的物毁损、灭失的风险由买受人承担的，不影响因出卖人履行债务不符合约定，买受人要求其承担违约责任的权利。

第一百五十条　出卖人就交付的标的物，负有保证第三人不得向买受人主张任何权利的义务，但法律另有规定的除外。

第一百五十一条　买受人订立合同时知道或者应当知道第三人对买卖的标的物享有权利的，出卖人不承担本法第一百五十条规定的义务。

第一百五十二条　买受人有确切证据证明第三人可能就标的物主张权利的，可以中止支付相应的价款，但出卖人提供适当担保的除外。

第一百五十三条　出卖人应当按照约定的质量要求交付标的物。出卖人提供有关标的物质量说明的，交付的标的物应当符合该说明的质量要求。

第一百五十四条　当事人对标的物的质量要求没有约定或者约定不明确，依照本法第六十一条的规定仍不能确定的，适用本法第六十二条第一项的规定。

第一百五十五条　出卖人交付的标的物不符合质量要求的，买受人可以依照本法第一百一十一条的规定要求承担违约责任。

第一百五十六条　出卖人应当按照约定的包装方式交付标的物。对包装方式没有约定或者约定不明确，依照本法第六十一条的规定仍不能确定的，应当按照通用的方式包装，没有通用方式的，应当采取足以保护标的物的包装方式。

第一百五十七条　买受人收到标的物时应当在约定的检验期间内检验。没有约定检验期间的，应当及时检验。

第一百五十八条　当事人约定检验期间的，买受人应当在检验期间内将标的物的数量或者质量不符合约定的情形通知出卖人。买受人怠于通知的，视为标的物的数量或者质量符合约定。

当事人没有约定检验期间的，买受人应当在发现或者应当发现标的物的数量或者质量不符合约定的合理期间内通知出卖人。买受人在合理期间内未通知或者自标的物收到之日起两年内未通知出卖人的，视为标的物的数量或者质量符合约定，但对标的物有质量保证期的，适用质量保证期，不适用该两年的规定。

出卖人知道或者应当知道提供的标的物不符合约定的，买受人不受前两款规定的通知时间的限制。

第一百五十九条　买受人应当按照约定的数额支付价款。对价款没有约定或者约定不明确的，适用本法第六十一条、第六十二条第二项的规定。

第一百六十条　买受人应当按照约定的地点支付价款。对支付地点没有约定或者约定不明确，依照本法第六十一条的规定仍不能确定的，买受人应当在出卖人的营业地支付，但约定支付价款以交付标的物或者交付提取标的物单证为条件的，在交付标的物或者交付提取标的物单证的所在地支付。

第一百六十一条　买受人应当按照约定的时间支付价款。对支付时间没有约定或者约定不明确，依照本法第六十一条的规定仍不能确定的，买受人应当在收到标的物或者提取标的物单证的同时支付。

第一百六十二条　出卖人多交标的物的，买受人可以接收或者拒绝接收多交的部分。买受人接收多交部分的，按照合同的价格支付价款；买受人拒绝接收多交部分的，应当及时通知出卖人。

第一百六十三条　标的物在交付之前产生的孳息，归出卖人所有，交付之后产生的孳息，归买受人所有。

第一百六十四条　因标的物的主物不符合约定而解除合同的，解除合同的效力及于从物。因标的物的从物不符合约定被解除的，解除的效力不及于主物。

第一百六十五条　标的物为数物，其中一物不符合约定的，买受人可以就该物解除，但该物与他物分离使标的物的价值显受损害的，当事人可以就数物解除合同。

第一百六十六条　出卖人分批交付标的物的，出卖人对其中一批标的物不交付或者交付不符合约定，致使该批标的物不能实现合同目的的，买受人可以就该批标的物解除。

出卖人不交付其中一批标的物或者交付不符合约定，致使今后其他各批标的物的交付不能实现合同目的的，买受人可以就该批以及今后其他各批标的物解除。

买受人如果就其中一批标的物解除，该批标的物与其他各批标的物相互依存的，可以就已经交付和未交付的各批标的物解除。

第一百六十七条　分期付款的买受人未支付到期价款的金额达到全部价款的五分之一的，出卖人可以要求买受人支付全部价款或者解除合同。

出卖人解除合同的，可以向买受人要求支付该标的物的使用费。

第一百六十八条　凭样品买卖的当事人应当封存样品，并可以对样品质量予以说明。出卖人交付的标的物应当与样品及其说明的质量相同。

第一百六十九条　凭样品买卖的买受人不知道样品有隐蔽瑕疵的，即使交付的标的物与样品相同，出卖人交付的标的物的质量仍然应当符合同种物的通常标准。

第一百七十条　试用买卖的当事人可以约定标的物的试用期间。对试用期间没有约定或者约定不明确，依照本法第六十一条的规定仍不能确定的，由出卖人确定。

第一百七十一条　试用买卖的买受人在试用期内可以购买标的物，也可以拒绝购买。试用期间届满，买受人对是否购买标的物未作表示的，视为购买。

第一百七十二条　招标投标买卖的当事人的权利和义务以及招标投标程序等，依照有关法律、行政法规的规定。

第一百七十三条　拍卖的当事人的权利和义务以及拍卖程序等，依照有关法律、行政法规的规定。

第一百七十四条　法律对其他有偿合同有规定的，依照其规定；没有规定的，参照买卖合同的有关规定。

第一百七十五条　当事人约定易货交易，转移标的物的所有权的，参照买卖合同的有关规定。

第十章　供用电、水、气、热力合同

第一百七十六条　供用电合同是供电人向用电人供电，用电人支付电费的合同。

第一百七十七条　供用电合同的内容包括供电的方式、质量、时间，用电容量、地址、性质，计量方式，电价、电费的结算方式，供用电设施的维护责任等条款。

第一百七十八条　供用电合同的履行地点，按照当事人约定；当事人没有约定或者约定不明确的，供电设施的产权分界处为履行地点。

第一百七十九条　供电人应当按照国家规定的供电质量标准和约定安全供电。供电人未按照国家规定的供电质量标准和约定安全供电，造成用电人损失的，应当承担损害赔偿责任。

第一百八十条　供电人因供电设施计划检修、临时检修、依法限电或者用电人违法用电等原因，需要中断供电时，应当按照国家有关规定事先通知用电人。未事先通知用电人中断供电，造成用电人损失的，应当承担损害赔偿责任。

第一百八十一条　因自然灾害等原因断电，供电人应当按照国家有关规定及时抢修。未及时抢修，造成用电人损失的，应当承担损害赔偿责任。

第一百八十二条　用电人应当按照国家有关规定和当事人的约定及时交付电费。用电人逾期不交付电费的，应当按照约定支付违约金。经催告用电人在合理期限内仍不交付电费和违约金的，供电人可以按照国家规定的程序中止供电。

第一百八十三条　用电人应当按照国家有关规定和当事人的约定安全用电。用电人未按照国家有关规定和当事人的约定安全用电，造成供电人损失的，应当承担损害赔偿责任。

第一百八十四条　供用水、供用气、供用热力合同，参照供用电合同的有关规定。

第十一章　赠与合同

第一百八十五条　赠与合同是赠与人将自己的财产无偿给予受赠人，受赠人表示接受赠与的合同。

第一百八十六条　赠与人在赠与财产的权利转移之前可以撤销赠与。

具有救灾、扶贫等社会公益、道德义务性质的赠与合同或者经过公证的赠与合同，不适用前款规定。

第一百八十七条　赠与的财产依法需要办理登记等手续的，应当办理有关手续。

第一百八十八条　具有救灾、扶贫等社会公益、道德义务性质的赠与合同或者经过公证的赠与合同，赠与人不交付赠与的财产的，受赠人可以要求交付。

第一百八十九条　因赠与人故意或者重大过失致使赠与的财产毁损、灭失的，赠与人应当承担损害赔偿责任。

第一百九十条　赠与可以附义务。

赠与附义务的，受赠人应当按照约定履行义务。

第一百九十一条　赠与的财产有瑕疵的，赠与人不承担责任。附义务的赠与，赠与的财产有瑕疵的，赠与人在附义务的限度内承担与出卖人相同的责任。

赠与人故意不告知瑕疵或者保证无瑕疵，造成受赠人损失的，应当承担损害赔偿责任。

第一百九十二条　受赠人有下列情形之一的，赠与人可以撤销赠与：

（一）严重侵害赠与人或者赠与人的近亲属；

（二）对赠与人有扶养义务而不履行；

（三）不履行赠与合同约定的义务。

赠与人的撤销权，自知道或者应当知道撤销原因之日起一年内行使。

第一百九十三条　因受赠人的违法行为致使赠与人死亡或者丧失民事行为能力的，赠与人的继承人或者法定代理人可以撤销赠与。

赠与人的继承人或者法定代理人的撤销权，自知道或者应当知道撤销原因之日起六个月内行使。

第一百九十四条　撤销权人撤销赠与的，可以向受赠人要求返还赠与的财产。

第一百九十五条　赠与人的经济状况显著恶化，严重影响其生产经营或者家庭生活的，可以不再履行赠与义务。

第十二章　借款合同

第一百九十六条　借款合同是借款人向贷款人借款，到期返还借款并支付利息的合同。

第一百九十七条　借款合同采用书面形式，但自然人之间借款另有约定的除外。

借款合同的内容包括借款种类、币种、用途、数额、利率、期限和还款方式等条款。

第一百九十八条　订立借款合同，贷款人可以要求借款人提供担保。担保依照《中华人民共和国担保法》的规定。

第一百九十九条　订立借款合同，借款人应当按照贷款人的要求提供与借款有关的业务活动和财务状况的真实情况。

第二百条　借款的利息不得预先在本金中扣除。利息预先在本金中扣除的，应当按照实际借款数额返还借款并计算利息。

第二百零一条　贷款人未按照约定的日期、数额提供借款，造成借款人损失的，应当赔偿损失。

借款人未按照约定的日期、数额收取借款的，应当按照约定的日期、数额支付利息。

第二百零二条　贷款人按照约定可以检查、监督借款的使用情况。借款人应当按照约定向贷款人定期提供有关财务会计报表等资料。

第二百零三条　借款人未按照约定的借款用途使用借款的，贷款人可以停止发放借款、提前收回借款或者解除合同。

第二百零四条　办理贷款业务的金融机构贷款的利率，应当按照中国人民银行规定的贷款利率的上下限确定。

第二百零五条　借款人应当按照约定的期限支付利息。对支付利息的期限没有约定或者约定不明确，依照本法第六十一条的规定仍不能确定，借款期间不满一年的，应当在返还借款时一并支付;借款期间一年以上的,应当在每届满一年时支付,剩余期间不满一年的,应当在返还借款时一并支付。

第二百零六条　借款人应当按照约定的期限返还借款。对借款期限没有约定或者约定不明确,依照本法第六十一条的规定仍不能确定的,借款人可以随时返还;贷款人可以催告借款人在合理期限内返还。

第二百零七条　借款人未按照约定的期限返还借款的,应当按照约定或者国家有关规定支付逾期利息。

第二百零八条　借款人提前偿还借款的,除当事人另有约定的以外,应当按照实际借款的期间计算利息。

第二百零九条　借款人可以在还款期限届满之前向贷款人申请展期。贷款人同意的,可以展期。

第二百一十条　自然人之间的借款合同,自贷款人提供借款时生效。

第二百一十一条　自然人之间的借款合同对支付利息没有约定或者约定不明确的,视为不支付利息。

自然人之间的借款合同约定支付利息的,借款的利率不得违反国家有关限制借款利率的规定。

第十三章　租赁合同

第二百一十二条　租赁合同是出租人将租赁物交付承租人使用、收益,承租人支付租金的合同。

第二百一十三条　租赁合同的内容包括租赁物的名称、数量、用途、租赁期限、租金及其支付期限和方式、租赁物维修等条款。

第二百一十四条　租赁期限不得超过二十年。超过二十年的,超过部分无效。

租赁期间届满,当事人可以续订租赁合同,但约定的租赁期限自续订之日起不得超过二十年。

第二百一十五条　租赁期限六个月以上的,应当采用书面形式。当事人未采用书面形式的,视为不定期租赁。

第二百一十六条　出租人应当按照约定将租赁物交付承租人,并在租赁期间保持租赁物符合约定的用途。

第二百一十七条　承租人应当按照约定的方法使用租赁物。对租赁物的使用方法没有约定或者约定不明确,依照本法第六十一条的规定仍不能确定的,应当按照租赁物的性质使用。

第二百一十八条　承租人按照约定的方法或者租赁物的性质使用租赁物,致使租赁物受到损耗的,不承担损害赔偿责任。

第二百一十九条　承租人未按照约定的方法或者租赁物的性质使用租赁物,致使租赁物受到损失的,出租人可以解除合同并要求赔偿损失。

第二百二十条　出租人应当履行租赁物的维修义务,但当事人另有约定的除外。

第二百二十一条　承租人在租赁物需要维修时可以要求出租人在合理期限内维修。出租人未履行维修义务的,承租人可以自行维修,维修费用由出租人负担。因维修租赁物影响承租人使用的,应当相应减少租金或者延长租期。

第二百二十二条　承租人应当妥善保管租赁物,因保管不善造成租赁物毁损、灭失的,应当承担损害赔偿责任。

第二百二十三条　承租人经出租人同意，可以对租赁物进行改善或者增设他物。

承租人未经出租人同意，对租赁物进行改善或者增设他物的，出租人可以要求承租人恢复原状或者赔偿损失。

第二百二十四条　承租人经出租人同意，可以将租赁物转租给第三人。承租人转租的，承租人与出租人之间的租赁合同继续有效，第三人对租赁物造成损失的，承租人应当赔偿损失。

承租人未经出租人同意转租的，出租人可以解除合同。

第二百二十五条　在租赁期间因占有、使用租赁物获得的收益，归承租人所有，但当事人另有约定的除外。

第二百二十六条　承租人应当按照约定的期限支付租金。对支付期限没有约定或者约定不明确，依照本法第六十一条的规定仍不能确定，租赁期间不满一年的，应当在租赁期间届满时支付；租赁期间一年以上的，应当在每届满一年时支付，剩余期间不满一年的，应当在租赁期间届满时支付。

第二百二十七条　承租人无正当理由未支付或者迟延支付租金的，出租人可以要求承租人在合理期限内支付。承租人逾期不支付的，出租人可以解除合同。

第二百二十八条　因第三人主张权利，致使承租人不能对租赁物使用、收益的，承租人可以要求减少租金或者不支付租金。

第三人主张权利的，承租人应当及时通知出租人。

第二百二十九条　租赁物在租赁期间发生所有权变动的，不影响租赁合同的效力。

第二百三十条　出租人出卖租赁房屋的，应当在出卖之前的合理期限内通知承租人，承租人享有以同等条件优先购买的权利。

第二百三十一条　因不可归责于承租人的事由，致使租赁物部分或者全部毁损、灭失的，承租人可以要求减少租金或者不支付租金；因租赁物部分或者全部毁损、灭失，致使不能实现合同目的的，承租人可以解除合同。

第二百三十二条　当事人对租赁期限没有约定或者约定不明确，依照本法第六十一条的规定仍不能确定的，视为不定期租赁。当事人可以随时解除合同，但出租人解除合同应当在合理期限之前通知承租人。

第二百三十三条　租赁物危及承租人的安全或者健康的，即使承租人订立合同时明知该租赁物质量不合格，承租人仍然可以随时解除合同。

第二百三十四条　承租人在房屋租赁期间死亡的，与其生前共同居住的人可以按照原租赁合同租赁该房屋。

第二百三十五条　租赁期间届满，承租人应当返还租赁物。返还的租赁物应当符合按照约定或者租赁物的性质使用后的状态。

第二百三十六条　租赁期间届满，承租人继续使用租赁物，出租人没有提出异议的，原租赁合同继续有效，但租赁期限为不定期。

第十四章　融资租赁合同

第二百三十七条　融资租赁合同是出租人根据承租人对出卖人、租赁物的选择，向出卖人购买租赁物，提供给承租人使用，承租人支付租金的合同。

第二百三十八条　融资租赁合同的内容包括租赁物名称、数量、规格、技术性能、检验方法、租赁期限、租金构成及其支付期限和方式、币种、租赁期间届满租赁物的归属等条款。

融资租赁合同应当采用书面形式。

第二百三十九条　出租人根据承租人对出卖人、租赁物的选择订立的买卖合同，出卖人应当按照约定向承租人交付标的物，承租人享有与受领标的物有关的买受人的权利。

第二百四十条　出租人、出卖人、承租人可以约定，出卖人不履行买卖合同义务的，由承租人行使索赔的权利。承租人行使索赔权利的，出租人应当协助。

第二百四十一条　出租人根据承租人对出卖人、租赁物的选择订立的买卖合同，未经承租人同意，出租人不得变更与承租人有关的合同内容。

第二百四十二条　出租人享有租赁物的所有权。承租人破产的，租赁物不属于破产财产。

第二百四十三条　融资租赁合同的租金，除当事人另有约定的以外，应当根据购买租赁物的大部分或者全部成本以及出租人的合理利润确定。

第二百四十四条　租赁物不符合约定或者不符合使用目的的，出租人不承担责任，但承租人依赖出租人的技能确定租赁物或者出租人干预选择租赁物的除外。

第二百四十五条　出租人应当保证承租人对租赁物的占有和使用。

第二百四十六条　承租人占有租赁物期间，租赁物造成第三人的人身伤害或者财产损害的，出租人不承担责任。

第二百四十七条　承租人应当妥善保管、使用租赁物。

承租人应当履行占有租赁物期间的维修义务。

第二百四十八条　承租人应当按照约定支付租金。承租人经催告后在合理期限内仍不支付租金的，出租人可以要求支付全部租金；也可以解除合同，收回租赁物。

第二百四十九条　当事人约定租赁期间届满租赁物归承租人所有，承租人已经支付大部分租金，但无力支付剩余租金，出租人因此解除合同收回租赁物的，收回的租赁物的价值超过承租人欠付的租金以及其他费用的，承租人可以要求部分返还。

第二百五十条　出租人和承租人可以约定租赁期间届满租赁物的归属。对租赁物的归属没有约定或者约定不明确，依照本法第六十一条的规定仍不能确定的，租赁物的所有权归出租人。

第十五章　承 揽 合 同

第二百五十一条　承揽合同是承揽人按照定作人的要求完成工作，交付工作成果，定作人给付报酬的合同。

承揽包括加工、定作、修理、复制、测试、检验等工作。

第二百五十二条　承揽合同的内容包括承揽的标的、数量、质量、报酬、承揽方式、材料的提供、履行期限、验收标准和方法等条款。

第二百五十三条　承揽人应当以自己的设备、技术和劳力，完成主要工作，但当事人另有约定的除外。

承揽人将其承揽的主要工作交由第三人完成的，应当就该第三人完成的工作成果向定作人负责；未经定作人同意的，定作人也可以解除合同。

第二百五十四条　承揽人可以将其承揽的辅助工作交由第三人完成。承揽人将其承揽的辅助工作交由第三人完成的，应当就该第三人完成的工作成果向定作人负责。

第二百五十五条　承揽人提供材料的，承揽人应当按照约定选用材料，并接受定作人检验。

第二百五十六条　定作人提供材料的，定作人应当按照约定提供材料。承揽人对定作人提供的材料，应当及时检验，发现不符合约定时，应当及时通知定作人更换、补齐或者采取其他补救措施。

承揽人不得擅自更换定作人提供的材料,不得更换不需要修理的零部件。

第二百五十七条　承揽人发现定作人提供的图纸或者技术要求不合理的,应当及时通知定作人。因定作人怠于答复等原因造成承揽人损失的,应当赔偿损失。

第二百五十八条　定作人中途变更承揽工作的要求,造成承揽人损失的,应当赔偿损失。

第二百五十九条　承揽工作需要定作人协助的,定作人有协助的义务。定作人不履行协助义务致使承揽工作不能完成的,承揽人可以催告定作人在合理期限内履行义务,并可以顺延履行期限;定作人逾期不履行的,承揽人可以解除合同。

第二百六十条　承揽人在工作期间,应当接受定作人必要的监督检验。定作人不得因监督检验妨碍承揽人的正常工作。

第二百六十一条　承揽人完成工作的,应当向定作人交付工作成果,并提交必要的技术资料和有关质量证明。定作人应当验收该工作成果。

第二百六十二条　承揽人交付的工作成果不符合质量要求的,定作人可以要求承揽人承担修理、重作、减少报酬、赔偿损失等违约责任。

第二百六十三条　定作人应当按照约定的期限支付报酬。对支付报酬的期限没有约定或者约定不明确,依照本法第六十一条的规定仍不能确定的,定作人应当在承揽人交付工作成果时支付;工作成果部分交付的,定作人应当相应支付。

第二百六十四条　定作人未向承揽人支付报酬或者材料费等价款的,承揽人对完成的工作成果享有留置权,但当事人另有约定的除外。

第二百六十五条　承揽人应当妥善保管定作人提供的材料以及完成的工作成果,因保管不善造成毁损、灭失的,应当承担损害赔偿责任。

第二百六十六条　承揽人应当按照定作人的要求保守秘密,未经定作人许可,不得留存复制品或者技术资料。

第二百六十七条　共同承揽人对定作人承担连带责任,但当事人另有约定的除外。

第二百六十八条　定作人可以随时解除承揽合同,造成承揽人损失的,应当赔偿损失。

第十六章　建设工程合同

第二百六十九条　建设工程合同是承包人进行工程建设,发包人支付价款的合同。

建设工程合同包括工程勘察、设计、施工合同。

第二百七十条　建设工程合同应当采用书面形式。

第二百七十一条　建设工程的招标投标活动,应当依照有关法律的规定公开、公平、公正进行。

第二百七十二条　发包人可以与总承包人订立建设工程合同,也可以分别与勘察人、设计人、施工人订立勘察、设计、施工承包合同。发包人不得将应当由一个承包人完成的建设工程肢解成若干部分发包给几个承包人。

总承包人或者勘察、设计、施工承包人经发包人同意,可以将自己承包的部分工作交由第三人完成。第三人就其完成的工作成果与总承包人或者勘察、设计、施工承包人向发包人承担连带责任。承包人不得将其承包的全部建设工程转包给第三人或者将其承包的全部建设工程肢解以后以分包的名义分别转包给第三人。

禁止承包人将工程分包给不具备相应资质条件的单位。禁止分包单位将其承包的工程再分包。建设工程主体结构的施工必须由承包人自行完成。

第二百七十三条　国家重大建设工程合同，应当按照国家规定的程序和国家批准的投资计划、可行性研究报告等文件订立。

第二百七十四条　勘察、设计合同的内容包括提交有关基础资料和文件(包括概预算)的期限、质量要求、费用以及其他协作条件等条款。

第二百七十五条　施工合同的内容包括工程范围、建设工期、中间交工工程的开工和竣工时间、工程质量、工程造价、技术资料交付时间、材料和设备供应责任、拨款和结算、竣工验收、质量保修范围和质量保证期、双方相互协作等条款。

第二百七十六条　建设工程实行监理的，发包人应当与监理人采用书面形式订立委托监理合同。发包人与监理人的权利和义务以及法律责任，应当依照本法委托合同以及其他有关法律、行政法规的规定。

第二百七十七条　发包人在不妨碍承包人正常作业的情况下，可以随时对作业进度、质量进行检查。

第二百七十八条　隐蔽工程在隐蔽以前，承包人应当通知发包人检查。发包人没有及时检查的，承包人可以顺延工程日期，并有权要求赔偿停工、窝工等损失。

第二百七十九条　建设工程竣工后，发包人应当根据施工图纸及说明书、国家颁发的施工验收规范和质量检验标准及时进行验收。验收合格的，发包人应当按照约定支付价款，并接收该建设工程。建设工程竣工经验收合格后，方可交付使用；未经验收或者验收不合格的，不得交付使用。

第二百八十条　勘察、设计的质量不符合要求或者未按照期限提交勘察、设计文件拖延工期，造成发包人损失的，勘察人、设计人应当继续完善勘察、设计，减收或者免收勘察、设计费并赔偿损失。

第二百八十一条　因施工人的原因致使建设工程质量不符合约定的，发包人有权要求施工人在合理期限内无偿修理或者返工、改建。经过修理或者返工、改建后，造成逾期交付的，施工人应当承担违约责任。

第二百八十二条　因承包人的原因致使建设工程在合理使用期限内造成人身和财产损害的，承包人应当承担损害赔偿责任。

第二百八十三条　发包人未按照约定的时间和要求提供原材料、设备、场地、资金、技术资料的，承包人可以顺延工程日期，并有权要求赔偿停工、窝工等损失。

第二百八十四条　因发包人的原因致使工程中途停建、缓建的，发包人应当采取措施弥补或者减少损失，赔偿承包人因此造成的停工、窝工、倒运、机械设备调迁、材料和构件积压等损失和实际费用。

第二百八十五条　因发包人变更计划，提供的资料不准确，或者未按照期限提供必需的勘察、设计工作条件而造成勘察、设计的返工、停工或者修改设计，发包人应当按照勘察人、设计人实际消耗的工作量增付费用。

第二百八十六条　发包人未按照约定支付价款的，承包人可以催告发包人在合理期限内支付价款。发包人逾期不支付的，除按照建设工程的性质不宜折价、拍卖的以外，承包人可以与发包人协议将该工程折价，也可以申请人民法院将该工程依法拍卖。建设工程的价款就该工程折价或者拍卖的价款优先受偿。

第二百八十七条　本章没有规定的，适用承揽合同的有关规定。

第十七章 运输合同

第一节 一般规定

第二百八十八条 运输合同是承运人将旅客或者货物从起运地点运输到约定地点，旅客、托运人或者收货人支付票款或者运输费用的合同。

第二百八十九条 从事公共运输的承运人不得拒绝旅客、托运人通常、合理的运输要求。

第二百九十条 承运人应当在约定期间或者合理期间内将旅客、货物安全运输到约定地点。

第二百九十一条 承运人应当按照约定的或者通常的运输路线将旅客、货物运输到约定地点。

第二百九十二条 旅客、托运人或者收货人应当支付票款或者运输费用。承运人未按照约定路线或者通常路线运输增加票款或者运输费用的，旅客、托运人或者收货人可以拒绝支付增加部分的票款或者运输费用。

第二节 客运合同

第二百九十三条 客运合同自承运人向旅客交付客票时成立，但当事人另有约定或者另有交易习惯的除外。

第二百九十四条 旅客应当持有效客票乘运。旅客无票乘运、超程乘运、越级乘运或者持失效客票乘运的，应当补交票款，承运人可以按照规定加收票款。旅客不交付票款的，承运人可以拒绝运输。

第二百九十五条 旅客因自己的原因不能按照客票记载的时间乘坐的，应当在约定的时间内办理退票或者变更手续。逾期办理的，承运人可以不退票款，并不再承担运输义务。

第二百九十六条 旅客在运输中应当按照约定的限量携带行李。超过限量携带行李的，应当办理托运手续。

第二百九十七条 旅客不得随身携带或者在行李中夹带易燃、易爆、有毒、有腐蚀性、有放射性以及有可能危及运输工具上人身和财产安全的危险物品或者其他违禁物品。

旅客违反前款规定的，承运人可以将违禁物品卸下、销毁或者送交有关部门。旅客坚持携带或者夹带违禁物品的，承运人应当拒绝运输。

第二百九十八条 承运人应当向旅客及时告知有关不能正常运输的重要事由和安全运输应当注意的事项。

第二百九十九条 承运人应当按照客票载明的时间和班次运输旅客。承运人迟延运输的，应当根据旅客的要求安排改乘其他班次或者退票。

第三百条 承运人擅自变更运输工具而降低服务标准的，应当根据旅客的要求退票或者减收票款；提高服务标准的，不应当加收票款。

第三百零一条 承运人在运输过程中，应当尽力救助患有急病、分娩、遇险的旅客。

第三百零二条 承运人应当对运输过程中旅客的伤亡承担损害赔偿责任，但伤亡是旅客自身健康原因造成的或者承运人证明伤亡是旅客故意、重大过失造成的除外。

前款规定适用于按照规定免票、持优待票或者经承运人许可搭乘的无票旅客。

第三百零三条 在运输过程中旅客自带物品毁损、灭失，承运人有过错的，应当承担损害赔偿责任。

旅客托运的行李毁损、灭失的，适用货物运输的有关规定。

第三节 货运合同

第三百零四条 托运人办理货物运输,应当向承运人准确表明收货人的名称或者姓名或者凭指示的收货人,货物的名称、性质、重量、数量,收货地点等有关货物运输的必要情况。

因托运人申报不实或者遗漏重要情况,造成承运人损失的,托运人应当承担损害赔偿责任。

第三百零五条 货物运输需要办理审批、检验等手续的,托运人应当将办理完有关手续的文件提交承运人。

第三百零六条 托运人应当按照约定的方式包装货物。对包装方式没有约定或者约定不明确的,适用本法第一百五十六条的规定。

托运人违反前款规定的,承运人可以拒绝运输。

第三百零七条 托运人托运易燃、易爆、有毒、有腐蚀性、有放射性等危险物品的,应当按照国家有关危险物品运输的规定对危险物品妥善包装,作出危险物标志和标签,并将有关危险物品的名称、性质和防范措施的书面材料提交承运人。

托运人违反前款规定的,承运人可以拒绝运输,也可以采取相应措施以避免损失的发生,因此产生的费用由托运人承担。

第三百零八条 在承运人将货物交付收货人之前,托运人可以要求承运人中止运输、返还货物、变更到达地或者将货物交给其他收货人,但应当赔偿承运人因此受到的损失。

第三百零九条 货物运输到达后,承运人知道收货人的,应当及时通知收货人,收货人应当及时提货。收货人逾期提货的,应当向承运人支付保管费等费用。

第三百一十条 收货人提货时应当按照约定的期限检验货物。对检验货物的期限没有约定或者约定不明确,依照本法第六十一条的规定仍不能确定的,应当在合理期限内检验货物。收货人在约定的期限或者合理期限内对货物的数量、毁损等未提出异议的,视为承运人已经按照运输单证的记载交付的初步证据。

第三百一十一条 承运人对运输过程中货物的毁损、灭失承担损害赔偿责任,但承运人证明货物的毁损、灭失是因不可抗力、货物本身的自然性质或者合理损耗以及托运人、收货人的过错造成的,不承担损害赔偿责任。

第三百一十二条 货物的毁损、灭失的赔偿额,当事人有约定的,按照其约定;没有约定或者约定不明确,依照本法第六十一条的规定仍不能确定的,按照交付或者应当交付时货物到达地的市场价格计算。法律、行政法规对赔偿额的计算方法和赔偿限额另有规定的,依照其规定。

第三百一十三条 两个以上承运人以同一运输方式联运的,与托运人订立合同的承运人应当对全程运输承担责任。损失发生在某一运输区段的,与托运人订立合同的承运人和该区段的承运人承担连带责任。

第三百一十四条 货物在运输过程中因不可抗力灭失,未收取运费的,承运人不得要求支付运费;已收取运费的,托运人可以要求返还。

第三百一十五条 托运人或者收货人不支付运费、保管费以及其他运输费用的,承运人对相应的运输货物享有留置权,但当事人另有约定的除外。

第三百一十六条 收货人不明或者收货人无正当理由拒绝受领货物的,依照本法第一百零一条的规定,承运人可以提存货物。

第四节　多式联运合同

第三百一十七条　多式联运经营人负责履行或者组织履行多式联运合同，对全程运输享有承运人的权利，承担承运人的义务。

第三百一十八条　多式联运经营人可以与参加多式联运的各区段承运人就多式联运合同的各区段运输约定相互之间的责任，但该约定不影响多式联运经营人对全程运输承担的义务。

第三百一十九条　多式联运经营人收到托运人交付的货物时，应当签发多式联运单据。按照托运人的要求，多式联运单据可以是可转让单据，也可以是不可转让单据。

第三百二十条　因托运人托运货物时的过错造成多式联运经营人损失的，即使托运人已经转让多式联运单据，托运人仍然应当承担损害赔偿责任。

第三百二十一条　货物的毁损、灭失发生于多式联运的某一运输区段的，多式联运经营人的赔偿责任和责任限额，适用调整该区段运输方式的有关法律规定。货物毁损、灭失发生的运输区段不能确定的，依照本章规定承担损害赔偿责任。

第十八章　技 术 合 同

第一节　一 般 规 定

第三百二十二条　技术合同是当事人就技术开发、转让、咨询或者服务订立的确立相互之间权利和义务的合同。

第三百二十三条　订立技术合同，应当有利于科学技术的进步，加速科学技术成果的转化、应用和推广。

第三百二十四条　技术合同的内容由当事人约定，一般包括以下条款：

（一）项目名称；

（二）标的的内容、范围和要求；

（三）履行的计划、进度、期限、地点、地域和方式；

（四）技术情报和资料的保密；

（五）风险责任的承担；

（六）技术成果的归属和收益的分成办法；

（七）验收标准和方法；

（八）价款、报酬或者使用费及其支付方式；

（九）违约金或者损失赔偿的计算方法；

（十）解决争议的方法；

（十一）名词和术语的解释。

与履行合同有关的技术背景资料、可行性论证和技术评价报告、项目任务书和计划书、技术标准、技术规范、原始设计和工艺文件，以及其他技术文档，按照当事人的约定可以作为合同的组成部分。

技术合同涉及专利的，应当注明发明创造的名称、专利申请人和专利权人、申请日期、申请号、专利号以及专利权的有效期限。

第三百二十五条　技术合同价款、报酬或者使用费的支付方式由当事人约定，可以采取一次总算、一次总付或者一次总算、分期支付，也可以采取提成支付或者提成支付附加预付入门费的方式。

约定提成支付的，可以按照产品价格、实施专利和使用技术秘密后新增的产值、利润或者产品销售额的一定比例提成，也可以按照约定的其他方式计算。提成支付的比例可以采取固定比例、逐年递增比例或者逐年递减比例。

约定提成支付的，当事人应当在合同中约定查阅有关会计帐目的办法。

第三百二十六条　职务技术成果的使用权、转让权属于法人或者其他组织的，法人或者其他组织可以就该项职务技术成果订立技术合同。法人或者其他组织应当从使用和转让该项职务技术成果所取得的收益中提取一定比例，对完成该项职务技术成果的个人给予奖励或者报酬。法人或者其他组织订立技术合同转让职务技术成果时，职务技术成果的完成人享有以同等条件优先受让的权利。

职务技术成果是执行法人或者其他组织的工作任务，或者主要是利用法人或者其他组织的物质技术条件所完成的技术成果。

第三百二十七条　非职务技术成果的使用权、转让权属于完成技术成果的个人，完成技术成果的个人可以就该项非职务技术成果订立技术合同。

第三百二十八条　完成技术成果的个人有在有关技术成果文件上写明自己是技术成果完成者的权利和取得荣誉证书、奖励的权利。

第三百二十九条　非法垄断技术、妨碍技术进步或者侵害他人技术成果的技术合同无效。

第二节　技术开发合同

第三百三十条　技术开发合同是指当事人之间就新技术、新产品、新工艺或者新材料及其系统的研究开发所订立的合同。

技术开发合同包括委托开发合同和合作开发合同。

技术开发合同应当采用书面形式。

当事人之间就具有产业应用价值的科技成果实施转化订立的合同，参照技术开发合同的规定。

第三百三十一条　委托开发合同的委托人应当按照约定支付研究开发经费和报酬；提供技术资料、原始数据；完成协作事项；接受研究开发成果。

第三百三十二条　委托开发合同的研究开发人应当按照约定制定和实施研究开发计划；合理使用研究开发经费；按期完成研究开发工作，交付研究开发成果，提供有关的技术资料和必要的技术指导，帮助委托人掌握研究开发成果。

第三百三十三条　委托人违反约定造成研究开发工作停滞、延误或者失败的，应当承担违约责任。

第三百三十四条　研究开发人违反约定造成研究开发工作停滞、延误或者失败的，应当承担违约责任。

第三百三十五条　合作开发合同的当事人应当按照约定进行投资，包括以技术进行投资；分工参与研究开发工作；协作配合研究开发工作。

第三百三十六条　合作开发合同的当事人违反约定造成研究开发工作停滞、延误或者失败的，应当承担违约责任。

第三百三十七条　因作为技术开发合同标的的技术已经由他人公开，致使技术开发合同的履行没有意义的，当事人可以解除合同。

第三百三十八条　在技术开发合同履行过程中，因出现无法克服的技术困难，致使研究开发失败或者部分失败的，该风险责任由当事人约定。没有约定或者约定不明确，依照本法第六十一条的规定仍不能确定的，风险责任由当事人合理分担。

当事人一方发现前款规定的可能致使研究开发失败或者部分失败的情形时，应当及时通知另一方并采取适当措施减少损失。没有及时通知并采取适当措施,致使损失扩大的,应当就扩大的损失承担责任。

第三百三十九条　委托开发完成的发明创造,除当事人另有约定的以外,申请专利的权利属于研究开发人。研究开发人取得专利权的,委托人可以免费实施该专利。

研究开发人转让专利申请权的,委托人享有以同等条件优先受让的权利。

第三百四十条　合作开发完成的发明创造,除当事人另有约定的以外,申请专利的权利属于合作开发的当事人共有。当事人一方转让其共有的专利申请权的,其他各方享有以同等条件优先受让的权利。

合作开发的当事人一方声明放弃其共有的专利申请权的,可以由另一方单独申请或者由其他各方共同申请。申请人取得专利权的,放弃专利申请权的一方可以免费实施该专利。

合作开发的当事人一方不同意申请专利的,另一方或者其他各方不得申请专利。

第三百四十一条　委托开发或者合作开发完成的技术秘密成果的使用权、转让权以及利益的分配办法,由当事人约定。没有约定或者约定不明确,依照本法第六十一条的规定仍不能确定的,当事人均有使用和转让的权利,但委托开发的研究开发人不得在向委托人交付研究开发成果之前,将研究开发成果转让给第三人。

第三节　技术转让合同

第三百四十二条　技术转让合同包括专利权转让、专利申请权转让、技术秘密转让、专利实施许可合同。

技术转让合同应当采用书面形式。

第三百四十三条　技术转让合同可以约定让与人和受让人实施专利或者使用技术秘密的范围,但不得限制技术竞争和技术发展。

第三百四十四条　专利实施许可合同只在该专利权的存续期间内有效。专利权有效期限届满或者专利权被宣布无效的,专利权人不得就该专利与他人订立专利实施许可合同。

第三百四十五条　专利实施许可合同的让与人应当按照约定许可受让人实施专利,交付实施专利有关的技术资料,提供必要的技术指导。

第三百四十六条　专利实施许可合同的受让人应当按照约定实施专利,不得许可约定以外的第三人实施该专利;并按照约定支付使用费。

第三百四十七条　技术秘密转让合同的让与人应当按照约定提供技术资料,进行技术指导,保证技术的实用性、可靠性,承担保密义务。

第三百四十八条　技术秘密转让合同的受让人应当按照约定使用技术,支付使用费,承担保密义务。

第三百四十九条　技术转让合同的让与人应当保证自己是所提供的技术的合法拥有者,并保证所提供的技术完整、无误、有效,能够达到约定的目标。

第三百五十条　技术转让合同的受让人应当按照约定的范围和期限,对让与人提供的技术中尚未公开的秘密部分,承担保密义务。

第三百五十一条　让与人未按照约定转让技术的,应当返还部分或者全部使用费,并应当承担违约责任;实施专利或者使用技术秘密超越约定的范围的,违反约定擅自许可第三人实施该项专利或者使用该项技术秘密的,应当停止违约行为,承担违约责任;违反约定的保密义务的,应当承担违约责任。

第三百五十二条　受让人未按照约定支付使用费的,应当补交使用费并按照约定支付违约金；不补交使用费或者支付违约金的，应当停止实施专利或者使用技术秘密，交还技术资料，承担违约责任；实施专利或者使用技术秘密超越约定的范围的，未经让与人同意擅自许可第三人实施该专利或者使用该技术秘密的，应当停止违约行为，承担违约责任；违反约定的保密义务的，应当承担违约责任。

第三百五十三条　受让人按照约定实施专利、使用技术秘密侵害他人合法权益的，由让与人承担责任，但当事人另有约定的除外。

第三百五十四条　当事人可以按照互利的原则，在技术转让合同中约定实施专利、使用技术秘密后续改进的技术成果的分享办法。没有约定或者约定不明确，依照本法第六十一条的规定仍不能确定的，一方后续改进的技术成果，其他各方无权分享。

第三百五十五条　法律、行政法规对技术进出口合同或者专利、专利申请合同另有规定的，依照其规定。

第四节　技术咨询合同和技术服务合同

第三百五十六条　技术咨询合同包括就特定技术项目提供可行性论证、技术预测、专题技术调查、分析评价报告等合同。

技术服务合同是指当事人一方以技术知识为另一方解决特定技术问题所订立的合同，不包括建设工程合同和承揽合同。

第三百五十七条　技术咨询合同的委托人应当按照约定阐明咨询的问题，提供技术背景材料及有关技术资料、数据；接受受托人的工作成果，支付报酬。

第三百五十八条　技术咨询合同的受托人应当按照约定的期限完成咨询报告或者解答问题；提出的咨询报告应当达到约定的要求。

第三百五十九条　技术咨询合同的委托人未按照约定提供必要的资料和数据，影响工作进度和质量，不接受或者逾期接受工作成果的，支付的报酬不得追回，未支付的报酬应当支付。

技术咨询合同的受托人未按期提出咨询报告或者提出的咨询报告不符合约定的，应当承担减收或者免收报酬等违约责任。

技术咨询合同的委托人按照受托人符合约定要求的咨询报告和意见作出决策所造成的损失，由委托人承担，但当事人另有约定的除外。

第三百六十条　技术服务合同的委托人应当按照约定提供工作条件，完成配合事项；接受工作成果并支付报酬。

第三百六十一条　技术服务合同的受托人应当按照约定完成服务项目，解决技术问题，保证工作质量，并传授解决技术问题的知识。

第三百六十二条　技术服务合同的委托人不履行合同义务或者履行合同义务不符合约定，影响工作进度和质量，不接受或者逾期接受工作成果的，支付的报酬不得追回，未支付的报酬应当支付。

技术服务合同的受托人未按照合同约定完成服务工作的，应当承担免收报酬等违约责任。

第三百六十三条　在技术咨询合同、技术服务合同履行过程中，受托人利用委托人提供的技术资料和工作条件完成的新的技术成果，属于受托人。委托人利用受托人的工作成果完成的新的技术成果，属于委托人。当事人另有约定的，按照其约定。

第三百六十四条　法律、行政法规对技术中介合同、技术培训合同另有规定的，依照其规定。

第十九章 保管合同

第三百六十五条 保管合同是保管人保管寄存人交付的保管物,并返还该物的合同。

第三百六十六条 寄存人应当按照约定向保管人支付保管费。

当事人对保管费没有约定或者约定不明确,依照本法第六十一条的规定仍不能确定的,保管是无偿的。

第三百六十七条 保管合同自保管物交付时成立,但当事人另有约定的除外。

第三百六十八条 寄存人向保管人交付保管物的,保管人应当给付保管凭证,但另有交易习惯的除外。

第三百六十九条 保管人应当妥善保管保管物。

当事人可以约定保管场所或者方法。除紧急情况或者为了维护寄存人利益的以外,不得擅自改变保管场所或者方法。

第三百七十条 寄存人交付的保管物有瑕疵或者按照保管物的性质需要采取特殊保管措施的,寄存人应当将有关情况告知保管人。寄存人未告知,致使保管物受损失的,保管人不承担损害赔偿责任;保管人因此受损失的,除保管人知道或者应当知道并且未采取补救措施的以外,寄存人应当承担损害赔偿责任。

第三百七十一条 保管人不得将保管物转交第三人保管,但当事人另有约定的除外。

保管人违反前款规定,将保管物转交第三人保管,对保管物造成损失的,应当承担损害赔偿责任。

第三百七十二条 保管人不得使用或者许可第三人使用保管物,但当事人另有约定的除外。

第三百七十三条 第三人对保管物主张权利的,除依法对保管物采取保全或者执行的以外,保管人应当履行向寄存人返还保管物的义务。

第三人对保管人提起诉讼或者对保管物申请扣押的,保管人应当及时通知寄存人。

第三百七十四条 保管期间,因保管人保管不善造成保管物毁损、灭失的,保管人应当承担损害赔偿责任,但保管是无偿的,保管人证明自己没有重大过失的,不承担损害赔偿责任。

第三百七十五条 寄存人寄存货币、有价证券或者其他贵重物品的,应当向保管人声明,由保管人验收或者封存。寄存人未声明的,该物品毁损、灭失后,保管人可以按照一般物品予以赔偿。

第三百七十六条 寄存人可以随时领取保管物。

当事人对保管期间没有约定或者约定不明确的,保管人可以随时要求寄存人领取保管物;约定保管期间的,保管人无特别事由,不得要求寄存人提前领取保管物。

第三百七十七条 保管期间届满或者寄存人提前领取保管物的,保管人应当将原物及其孳息归还寄存人。

第三百七十八条 保管人保管货币的,可以返还相同种类、数量的货币。保管其他可替代物的,可以按照约定返还相同种类、品质、数量的物品。

第三百七十九条 有偿的保管合同,寄存人应当按照约定的期限向保管人支付保管费。

当事人对支付期限没有约定或者约定不明确,依照本法第六十一条的规定仍不能确定的,应当在领取保管物的同时支付。

第三百八十条 寄存人未按照约定支付保管费以及其他费用的,保管人对保管物享有留置权,但当事人另有约定的除外。

第二十章 仓储合同

第三百八十一条 仓储合同是保管人储存存货人交付的仓储物，存货人支付仓储费的合同。

第三百八十二条 仓储合同自成立时生效。

第三百八十三条 储存易燃、易爆、有毒、有腐蚀性、有放射性等危险物品或者易变质物品，存货人应当说明该物品的性质，提供有关资料。

存货人违反前款规定的，保管人可以拒收仓储物，也可以采取相应措施以避免损失的发生，因此产生的费用由存货人承担。

保管人储存易燃、易爆、有毒、有腐蚀性、有放射性等危险物品的，应当具备相应的保管条件。

第三百八十四条 保管人应当按照约定对入库仓储物进行验收。保管人验收时发现入库仓储物与约定不符合的，应当及时通知存货人。保管人验收后，发生仓储物的品种、数量、质量不符合约定的，保管人应当承担损害赔偿责任。

第三百八十五条 存货人交付仓储物的，保管人应当给付仓单。

第三百八十六条 保管人应当在仓单上签字或者盖章。仓单包括下列事项：

（一）存货人的名称或者姓名和住所；

（二）仓储物的品种、数量、质量、包装、件数和标记；

（三）仓储物的损耗标准；

（四）储存场所；

（五）储存期间；

（六）仓储费；

（七）仓储物已经办理保险的，其保险金额、期间以及保险人的名称；

（八）填发人、填发地和填发日期。

第三百八十七条 仓单是提取仓储物的凭证。存货人或者仓单持有人在仓单上背书并经保管人签字或者盖章的，可以转让提取仓储物的权利。

第三百八十八条 保管人根据存货人或者仓单持有人的要求，应当同意其检查仓储物或者提取样品。

第三百八十九条 保管人对入库仓储物发现有变质或者其他损坏的，应当及时通知存货人或者仓单持有人。

第三百九十条 保管人对入库仓储物发现有变质或者其他损坏，危及其他仓储物的安全和正常保管的，应当催告存货人或者仓单持有人作出必要的处置。因情况紧急，保管人可以作出必要的处置，但事后应当将该情况及时通知存货人或者仓单持有人。

第三百九十一条 当事人对储存期间没有约定或者约定不明确的，存货人或者仓单持有人可以随时提取仓储物，保管人也可以随时要求存货人或者仓单持有人提取仓储物，但应当给予必要的准备时间。

第三百九十二条 储存期间届满，存货人或者仓单持有人应当凭仓单提取仓储物。存货人或者仓单持有人逾期提取的，应当加收仓储费；提前提取的，不减收仓储费。

第三百九十三条 储存期间届满，存货人或者仓单持有人不提取仓储物的，保管人可以催告其在合理期限内提取，逾期不提取的，保管人可以提存仓储物。

第三百九十四条 储存期间，因保管人保管不善造成仓储物毁损、灭失的，保管人应当承担损害赔偿责任。因仓储物的性质、包装不符合约定或者超过有效储存期造成仓储物变质、损坏的,保管人不承担损害赔偿责任。

第三百九十五条　本章没有规定的,适用保管合同的有关规定。

第二十一章　委托合同

第三百九十六条　委托合同是委托人和受托人约定,由受托人处理委托人事务的合同。

第三百九十七条　委托人可以特别委托受托人处理一项或者数项事务,也可以概括委托受托人处理一切事务。

第三百九十八条　委托人应当预付处理委托事务的费用。受托人为处理委托事务垫付的必要费用,委托人应当偿还该费用及其利息。

第三百九十九条　受托人应当按照委托人的指示处理委托事务。需要变更委托人指示的,应当经委托人同意;因情况紧急,难以和委托人取得联系的,受托人应当妥善处理委托事务,但事后应当将该情况及时报告委托人。

第四百条　受托人应当亲自处理委托事务。经委托人同意,受托人可以转委托。转委托经同意的,委托人可以就委托事务直接指示转委托的第三人,受托人仅就第三人的选任及其对第三人的指示承担责任。转委托未经同意的,受托人应当对转委托的第三人的行为承担责任,但在紧急情况下受托人为维护委托人的利益需要转委托的除外。

第四百零一条　受托人应当按照委托人的要求,报告委托事务的处理情况。委托合同终止时,受托人应当报告委托事务的结果。

第四百零二条　受托人以自己的名义,在委托人的授权范围内与第三人订立的合同,第三人在订立合同时知道受托人与委托人之间的代理关系的,该合同直接约束委托人和第三人,但有确切证据证明该合同只约束受托人和第三人的除外。

第四百零三条　受托人以自己的名义与第三人订立合同时,第三人不知道受托人与委托人之间的代理关系的,受托人因第三人的原因对委托人不履行义务,受托人应当向委托人披露第三人,委托人因此可以行使受托人对第三人的权利,但第三人与受托人订立合同时如果知道该委托人就不会订立合同的除外。

受托人因委托人的原因对第三人不履行义务,受托人应当向第三人披露委托人,第三人因此可以选择受托人或者委托人作为相对人主张其权利,但第三人不得变更选定的相对人。

委托人行使受托人对第三人的权利的,第三人可以向委托人主张其对受托人的抗辩。第三人选定委托人作为其相对人的,委托人可以向第三人主张其对受托人的抗辩以及受托人对第三人的抗辩。

第四百零四条　受托人处理委托事务取得的财产,应当转交给委托人。

第四百零五条　受托人完成委托事务的,委托人应当向其支付报酬。因不可归责于受托人的事由,委托合同解除或者委托事务不能完成的,委托人应当向受托人支付相应的报酬。当事人另有约定的,按照其约定。

第四百零六条　有偿的委托合同,因受托人的过错给委托人造成损失的,委托人可以要求赔偿损失。无偿的委托合同,因受托人的故意或者重大过失给委托人造成损失的,委托人可以要求赔偿损失。

受托人超越权限给委托人造成损失的,应当赔偿损失。

第四百零七条　受托人处理委托事务时,因不可归责于自己的事由受到损失的,可以向委托人要求赔偿损失。

第四百零八条　委托人经受托人同意，可以在受托人之外委托第三人处理委托事务。因此给受托人造成损失的，受托人可以向委托人要求赔偿损失。

第四百零九条　两个以上的受托人共同处理委托事务的，对委托人承担连带责任。

第四百一十条　委托人或者受托人可以随时解除委托合同。因解除合同给对方造成损失的，除不可归责于该当事人的事由以外，应当赔偿损失。

第四百一十一条　委托人或者受托人死亡、丧失民事行为能力或者破产的，委托合同终止，但当事人另有约定或者根据委托事务的性质不宜终止的除外。

第四百一十二条　因委托人死亡、丧失民事行为能力或者破产，致使委托合同终止将损害委托人利益的，在委托人的继承人、法定代理人或者清算组织承受委托事务之前，受托人应当继续处理委托事务。

第四百一十三条　因受托人死亡、丧失民事行为能力或者破产，致使委托合同终止的，受托人的继承人、法定代理人或者清算组织应当及时通知委托人。因委托合同终止将损害委托人利益的，在委托人作出善后处理之前，受托人的继承人、法定代理人或者清算组织应当采取必要措施。

第二十二章　行纪合同

第四百一十四条　行纪合同是行纪人以自己的名义为委托人从事贸易活动，委托人支付报酬的合同。

第四百一十五条　行纪人处理委托事务支出的费用，由行纪人负担，但当事人另有约定的除外。

第四百一十六条　行纪人占有委托物的，应当妥善保管委托物。

第四百一十七条　委托物交付给行纪人时有瑕疵或者容易腐烂、变质的，经委托人同意，行纪人可以处分该物；和委托人不能及时取得联系的，行纪人可以合理处分。

第四百一十八条　行纪人低于委托人指定的价格卖出或者高于委托人指定的价格买入的，应当经委托人同意。未经委托人同意，行纪人补偿其差额的，该买卖对委托人发生效力。

行纪人高于委托人指定的价格卖出或者低于委托人指定的价格买入的，可以按照约定增加报酬。没有约定或者约定不明确，依照本法第六十一条的规定仍不能确定的，该利益属于委托人。

委托人对价格有特别指示的，行纪人不得违背该指示卖出或者买入。

第四百一十九条　行纪人卖出或者买入具有市场定价的商品，除委托人有相反的意思表示的以外，行纪人自己可以作为买受人或者出卖人。

行纪人有前款规定情形的，仍然可以要求委托人支付报酬。

第四百二十条　行纪人按照约定买入委托物，委托人应当及时受领。经行纪人催告，委托人无正当理由拒绝受领的，行纪人依照本法第一百零一条的规定可以提存委托物。

委托物不能卖出或者委托人撤回出卖，经行纪人催告，委托人不取回或者不处分该物的，行纪人依照本法第一百零一条的规定可以提存委托物。

第四百二十一条　行纪人与第三人订立合同的，行纪人对该合同直接享有权利、承担义务。

第三人不履行义务致使委托人受到损害的，行纪人应当承担损害赔偿责任，但行纪人与委托人另有约定的除外。

第四百二十二条　行纪人完成或者部分完成委托事务的，委托人应当向其支付相应的报酬。委托人逾期不支付报酬的，行纪人对委托物享有留置权，但当事人另有约定的除外。

第四百二十三条　本章没有规定的，适用委托合同的有关规定。

第二十三章　居间合同

第四百二十四条　居间合同是居间人向委托人报告订立合同的机会或者提供订立合同的

媒介服务，委托人支付报酬的合同。

第四百二十五条　居间人应当就有关订立合同的事项向委托人如实报告。

居间人故意隐瞒与订立合同有关的重要事实或者提供虚假情况，损害委托人利益的，不得要求支付报酬并应当承担损害赔偿责任。

第四百二十六条　居间人促成合同成立的，委托人应当按照约定支付报酬。对居间人的报酬没有约定或者约定不明确，依照本法第六十一条的规定仍不能确定的，根据居间人的劳务合理确定。因居间人提供订立合同的媒介服务而促成合同成立的，由该合同的当事人平均负担居间人的报酬。

居间人促成合同成立的，居间活动的费用，由居间人负担。

第四百二十七条　居间人未促成合同成立的，不得要求支付报酬，但可以要求委托人支付从事居间活动支出的必要费用。

附　　则（略）

【例 11-5-1】 根据《中华人民共和国合同法》规定，要约可以撤回和撤销。下列要约，不得撤销的是：

A. 要约到达受要约人　　B. 要约人确定了承诺期限

C. 受要约人未发出承诺通知　　D. 受要约人即将发出承诺通知

解 《中华人民共和国合同法》第十九条规定，有下列情形之一的，要约不得撤销：（一）要约人确定了承诺期限或者以其他形式明示要约不可撤销。

答案：B

【例 11-5-2】 根据《中华人民共和国合同法》规定，下列行为不属于要约邀请的是：

A. 某建设单位发布招标公告　　B. 某招标单位发出中标通知书

C. 某上市公司发出招标说明书　　D. 某商场寄送的价目表

解 《中华人民共和国合同法》第十五条规定，要约邀请是希望他人向自己发出要约的意思表示。寄送的价目表、拍卖公告、招标公告、招股说明书、商业广告等为要约邀请。商业广告的内容符合要约规定的，视为要约。

答案：B

习　　题

11-5-1　经济合同的无效与否由（　　）确认。

A. 人民政府　　B. 公安机关

C. 人民检察院　　D. 人民法院或仲裁机构

11-5-2　《中华人民共和国合同法》规定，当事人一方可向对方给付定金，给付定金的一方不履行合同的，无权请求返回定金，接受定金的一方不履行合同的应当返还定金的（　　）倍。

A. 2　　B. 5　　C. 8　　D. 10

11-5-3　当事人的（　　）即是要约邀请。

A. 招标公告　　B. 投标书　　C. 投标担保书　　D. 中标函

11-5-4　《中华人民共和国合同法》规定，签订合同的当事人应当是下列中的哪几种人？（　　）

①自然人、法人及其他组织　②不包括自然人　③只能是法人　④只能是中国公民

A. ①　　B. ①②③④　　C. ①②③　　D. ②③④

11-5-5　撤销要约时，撤销要约的通知应当在受要约人发出承诺通知前后的什么时间到

达受要约人？(　　)

A. 之前　　B. 当日　　C. 后五日　　D. 后十日

11-5-6　有关合同标的数量、质量、价款或者报酬、履行期限、履行地点和方式、违约责任和解决争议方法等的变更，是对要约内容什么性质的变更？(　　)

A. 重要性　　B. 必要性　　C. 实质性　　D. 一般性

11-5-7　签订建筑工程合同如何有效？(　　)

A. 必须同时盖章和签字才有效　　B. 签字或盖章均可有效

C. 只有盖章才有效　　D. 必须签字才有效

11-5-8　两个以上不同资质等级的单位如何联合共同承包工程？(　　)

A. 应当按照资质等级低的单位的业务许可范围承揽工程

B. 按任何一个单位的资质承包均可

C. 应当按照资质等级高的单位的业务许可范围承揽工程

D. 不允许联合承包

第六节　中华人民共和国行政许可法

第一章　总　　则

第一条　为了规范行政许可的设定和实施，保护公民、法人和其他组织的合法权益，维护公共利益和社会秩序，保障和监督行政机关有效实施行政管理，根据宪法，制定本法。

第二条　本法所称行政许可，是指行政机关根据公民、法人或者其他组织的申请，经依法审查，准予其从事特定活动的行为。

第三条　行政许可的设定和实施，适用本法。

有关行政机关对其他机关或者对其直接管理的事业单位的人事、财务、外事等事项的审批，不适用本法。

第四条　设定和实施行政许可，应当依照法定的权限、范围、条件和程序。

第五条　设定和实施行政许可，应当遵循公开、公平、公正、非歧视的原则。

有关行政许可的规定应当公布；未经公布的，不得作为实施行政许可的依据。行政许可的实施和结果，除涉及国家秘密、商业秘密或者个人隐私的外，应当公开。未经申请人同意，行政机关及其工作人员、参与专家评审等的人员不得披露申请人提交的商业秘密、未披露信息或者保密商务信息，法律另有规定或者涉及国家安全、重大社会公共利益的除外；行政机关依法公开申请人前述信息的，允许申请人在合理期限内提出异议。

符合法定条件、标准的，申请人有依法取得行政许可的平等权利，行政机关不得歧视任何人。

第六条　实施行政许可，应当遵循便民的原则，提高办事效率，提供优质服务。

第七条　公民、法人或者其他组织对行政机关实施行政许可，享有陈述权、申辩权；有权依法申请行政复议或者提起行政诉讼；其合法权益因行政机关违法实施行政许可受到损害的，有权依法要求赔偿。

第八条　公民、法人或者其他组织依法取得的行政许可受法律保护，行政机关不得擅自改变已经生效的行政许可。

行政许可所依据的法律、法规、规章修改或者废止，或者准予行政许可所依据的客观情况发生重大变化的，为了公共利益的需要，行政机关可以依法变更或者撤回已经生效的行政许可。由此给公民、法人或者其他组织造成财产损失的，行政机关应当依法给予补偿。

第九条　依法取得的行政许可，除法律、法规规定依照法定条件和程序可以转让的外，不得转让。

第十条　县级以上人民政府应当建立健全对行政机关实施行政许可的监督制度，加强对行政机关实施行政许可的监督检查。

行政机关应当对公民、法人或者其他组织从事行政许可事项的活动实施有效监督。

第二章　行政许可的设定

第十一条　设定行政许可，应当遵循经济和社会发展规律，有利于发挥公民、法人或者其他组织的积极性、主动性，维护公共利益和社会秩序，促进经济、社会和生态环境协调发展。

第十二条　下列事项可以设定行政许可：

（一）直接涉及国家安全、公共安全、经济宏观调控、生态环境保护以及直接关系人身健康、生命财产安全等特定活动，需要按照法定条件予以批准的事项；

（二）有限自然资源开发利用、公共资源配置以及直接关系公共利益的特定行业的市场准入等，需要赋予特定权利的事项；

（三）提供公众服务并且直接关系公共利益的职业、行业，需要确定具备特殊信誉、特殊条件或者特殊技能等资格、资质的事项；

（四）直接关系公共安全、人身健康、生命财产安全的重要设备、设施、产品、物品，需要按照技术标准、技术规范，通过检验、检测、检疫等方式进行审定的事项；

（五）企业或者其他组织的设立等，需要确定主体资格的事项；

（六）法律、行政法规规定可以设定行政许可的其他事项。

第十三条　本法第十二条所列事项，通过下列方式能够予以规范的，可以不设行政许可：

（一）公民、法人或者其他组织能够自主决定的；

（二）市场竞争机制能够有效调节的；

（三）行业组织或者中介机构能够自律管理的；

（四）行政机关采用事后监督等其他行政管理方式能够解决的。

第十四条　本法第十二条所列事项，法律可以设定行政许可。尚未制定法律的，行政法规可以设定行政许可。

必要时，国务院可以采用发布决定的方式设定行政许可。实施后，除临时性行政许可事项外，国务院应当及时提请全国人民代表大会及其常务委员会制定法律，或者自行制定行政法规。

第十五条　本法第十二条所列事项，尚未制定法律、行政法规的，地方性法规可以设定行政许可；尚未制定法律、行政法规和地方性法规的，因行政管理的需要，确需立即实施行政许可的，省、自治区、直辖市人民政府规章可以设定临时性的行政许可。临时性的行政许可实施满一年需要继续实施的，应当提请本级人民代表大会及其常务委员会制定地方性法规。

地方性法规和省、自治区、直辖市人民政府规章，不得设定应当由国家统一确定的公民、法人或者其他组织的资格、资质的行政许可；不得设定企业或者其他组织的设立登记及其前置性行政许可。其设定的行政许可，不得限制其他地区的个人或者企业到本地区从事生产经营和提供服务，不得限制其他地区的商品进入本地区市场。

第十六条　行政法规可以在法律设定的行政许可事项范围内，对实施该行政许可作出具体规定。

地方性法规可以在法律、行政法规设定的行政许可事项范围内，对实施该行政许可作出具体规定。

规章可以在上位法设定的行政许可事项范围内，对实施该行政许可作出具体规定。

法规、规章对实施上位法设定的行政许可作出的具体规定，不得增设行政许可；对行政许可条件作出的具体规定，不得增设违反上位法的其他条件。

第十七条　除本法第十四条、第十五条规定的外，其他规范性文件一律不得设定行政许可。

第十八条　设定行政许可，应当规定行政许可的实施机关、条件、程序、期限。

第十九条　起草法律草案、法规草案和省、自治区、直辖市人民政府规章草案，拟设定行政许可的，起草单位应当采取听证会、论证会等形式听取意见，并向制定机关说明设定该行政许可的必要性、对经济和社会可能产生的影响以及听取和采纳意见的情况。

第二十条　行政许可的设定机关应当定期对其设定的行政许可进行评价；对已设定的行政许可，认为通过本法第十三条所列方式能够解决的，应当对设定该行政许可的规定及时予以修改或者废止。

行政许可的实施机关可以对已设定的行政许可的实施情况及存在的必要性适时进行评价，并将意见报告该行政许可的设定机关。

公民、法人或者其他组织可以向行政许可的设定机关和实施机关就行政许可的设定和实施提出意见和建议。

第二十一条　省、自治区、直辖市人民政府对行政法规设定的有关经济事务的行政许可，根据本行政区域经济和社会发展情况，认为通过本法第十三条所列方式能够解决的，报国务院批准后，可以在本行政区域内停止实施该行政许可。

第三章　行政许可的实施机关

第二十二条　行政许可由具有行政许可权的行政机关在其法定职权范围内实施。

第二十三条　法律、法规授权的具有管理公共事务职能的组织，在法定授权范围内，以自己的名义实施行政许可。被授权的组织适用本法有关行政机关的规定。

第二十四条　行政机关在其法定职权范围内，依照法律、法规、规章的规定，可以委托其他行政机关实施行政许可。委托机关应当将受委托行政机关和受委托实施行政许可的内容予以公告。

委托行政机关对受委托行政机关实施行政许可的行为应当负责监督，并对该行为的后果承担法律责任。

受委托行政机关在委托范围内，以委托行政机关名义实施行政许可；不得再委托其他组织或者个人实施行政许可。

第二十五条　经国务院批准，省、自治区、直辖市人民政府根据精简、统一、效能的原则，可以决定一个行政机关行使有关行政机关的行政许可权。

第二十六条　行政许可需要行政机关内设的多个机构办理的，该行政机关应当确定一个机构统一受理行政许可申请，统一送达行政许可决定。

行政许可依法由地方人民政府两个以上部门分别实施的，本级人民政府可以确定一个部门受理行政许可申请并转告有关部门分别提出意见后统一办理，或者组织有关部门联合办理、集中办理。

第二十七条　行政机关实施行政许可，不得向申请人提出购买指定商品、接受有偿服务等不正当要求。

行政机关工作人员办理行政许可，不得索取或者收受申请人的财物，不得谋取其他利益。

第二十八条　对直接关系公共安全、人身健康、生命财产安全的设备、设施、产品、物品的检验、检测、检疫，除法律、行政法规规定由行政机关实施的外，应当逐步由符合法定条件的专业技术组织实施。专业技术组织及其有关人员对所实施的检验、检测、检疫结论承担法律责任。

第四章　行政许可的实施程序

第一节　申请与受理

第二十九条　公民、法人或者其他组织从事特定活动，依法需要取得行政许可的，应当向行政机关提出申请。申请书需要采用格式文本的，行政机关应当向申请人提供行政许可申请书格式文本。申请书格式文本中不得包含与申请行政许可事项没有直接关系的内容。

申请人可以委托代理人提出行政许可申请。但是，依法应当由申请人到行政机关办公场所提出行政许可申请的除外。

行政许可申请可以通过信函、电报、电传、传真、电子数据交换和电子邮件等方式提出。

第三十条　行政机关应当将法律、法规、规章规定的有关行政许可的事项、依据、条件、数量、程序、期限以及需要提交的全部材料的目录和申请书示范文本等在办公场所公示。

申请人要求行政机关对公示内容予以说明、解释的，行政机关应当说明、解释，提供准确、可靠的信息。

第三十一条　申请人申请行政许可，应当如实向行政机关提交有关材料和反映真实情况，并对其申请材料实质内容的真实性负责。行政机关不得要求申请人提交与其申请的行政许可事项无关的技术资料和其他材料。

行政机关及其工作人员不得以转让技术作为取得行政许可的条件；不得在实施行政许可的过程中，直接或者间接地要求转让技术。

第三十二条　行政机关对申请人提出的行政许可申请，应当根据下列情况分别作出处理：

(一)申请事项依法不需要取得行政许可的，应当即时告知申请人不受理；

(二)申请事项依法不属于本行政机关职权范围的，应当即时作出不予受理的决定，并告知申请人向有关行政机关申请；

(三)申请材料存在可以当场更正的错误的，应当允许申请人当场更正；

(四)申请材料不齐全或者不符合法定形式的，应当当场或者在五日内一次告知申请人需要补正的全部内容，逾期不告知的，自收到申请材料之日起即为受理；

(五)申请事项属于本行政机关职权范围，申请材料齐全、符合法定形式，或者申请人按照本行政机关的要求提交全部补正申请材料的，应当受理行政许可申请。

行政机关受理或者不予受理行政许可申请，应当出具加盖本行政机关专用印章和注明日期的书面凭证。

第三十三条　行政机关应当建立和完善有关制度，推行电子政务，在行政机关的网站上公布行政许可事项，方便申请人采取数据电文等方式提出行政许可申请；应当与其他行政机关共享有关行政许可信息，提高办事效率。

第二节　审查与决定

第三十四条　行政机关应当对申请人提交的申请材料进行审查。

申请人提交的申请材料齐全、符合法定形式，行政机关能够当场作出决定的，应当当场作出书面的行政许可决定。

根据法定条件和程序，需要对申请材料的实质内容进行核实的，行政机关应当指派两名以上工作人员进行核查。

第三十五条　依法应当先经下级行政机关审查后报上级行政机关决定的行政许可，下级行政机关应当在法定期限内将初步审查意见和全部申请材料直接报送上级行政机关。上级行政机关不得要求申请人重复提供申请材料。

第三十六条　行政机关对行政许可申请进行审查时，发现行政许可事项直接关系他人重大利益的，应当告知该利害关系人。申请人、利害关系人有权进行陈述和申辩。行政机关应当听取申请人、利害关系人的意见。

第三十七条　行政机关对行政许可申请进行审查后，除当场作出行政许可决定的外，应当在法定期限内按照规定程序作出行政许可决定。

第三十八条　申请人的申请符合法定条件、标准的，行政机关应当依法作出准予行政许可的书面决定。

行政机关依法作出不予行政许可的书面决定的，应当说明理由，并告知申请人享有依法申请行政复议或者提起行政诉讼的权利。

第三十九条　行政机关作出准予行政许可的决定，需要颁发行政许可证件的，应当向申请人颁发加盖本行政机关印章的下列行政许可证件：

（一）许可证、执照或者其他许可证书；

（二）资格证、资质证或者其他合格证书；

（三）行政机关的批准文件或者证明文件；

（四）法律、法规规定的其他行政许可证件。

行政机关实施检验、检测、检疫的，可以在检验、检测、检疫合格的设备、设施、产品、物品上加贴标签或者加盖检验、检测、检疫印章。

第四十条　行政机关作出的准予行政许可决定，应当予以公开，公众有权查阅。

第四十一条　法律、行政法规设定的行政许可，其适用范围没有地域限制的，申请人取得的行政许可在全国范围内有效。

第三节　期　　限

第四十二条　除可以当场作出行政许可决定的外，行政机关应当自受理行政许可申请之日起二十日内作出行政许可决定。二十日内不能作出决定的，经本行政机关负责人批准，可以延长十日，并应当将延长期限的理由告知申请人。但是，法律、法规另有规定的，依照其规定。

依照本法第二十六条的规定，行政许可采取统一办理或者联合办理、集中办理的，办理的时间不得超过四十五日；四十五日内不能办结的，经本级人民政府负责人批准，可以延长十五日，并应当将延长期限的理由告知申请人。

第四十三条　依法应当先经下级行政机关审查后报上级行政机关决定的行政许可，下级行政机关应当自其受理行政许可申请之日起二十日内审查完毕。但是，法律、法规另有规定的，依照其规定。

第四十四条　行政机关作出准予行政许可的决定，应当自作出决定之日起十日内向申请人颁发、送达行政许可证件，或者加贴标签、加盖检验、检测、检疫印章。

第四十五条　行政机关作出行政许可决定，依法需要听证、招标、拍卖、检验、检测、检疫、鉴定和专家评审的，所需时间不计算在本节规定的期限内。行政机关应当将所需时间书面告知申请人。

第四节　听　　证

第四十六条　法律、法规、规章规定实施行政许可应当听证的事项，或者行政机关认为需要听证的其他涉及公共利益的重大行政许可事项，行政机关应当向社会公告，并举行听证。

第四十七条　行政许可直接涉及申请人与他人之间重大利益关系的，行政机关在作出行政许可决定前，应当告知申请人、利害关系人享有要求听证的权利；申请人、利害关系人在被告知听证权利之日起五日内提出听证申请的，行政机关应当在二十日内组织听证。

申请人、利害关系人不承担行政机关组织听证的费用。

第四十八条　听证按照下列程序进行：

（一）行政机关应当于举行听证的七日前将举行听证的时间、地点通知申请人、利害关系人，必要时予以公告；

（二）听证应当公开举行；

（三）行政机关应当指定审查该行政许可申请的工作人员以外的人员为听证主持人，申请人、利害关系人认为主持人与该行政许可事项有直接利害关系的，有权申请回避；

（四）举行听证时，审查该行政许可申请的工作人员应当提供审查意见的证据、理由，申请人、利害关系人可以提出证据，并进行申辩和质证；

（五）听证应当制作笔录，听证笔录应当交听证参加人确认无误后签字或者盖章。

行政机关应当根据听证笔录，作出行政许可决定。

第五节　变更与延续

第四十九条　被许可人要求变更行政许可事项的，应当向作出行政许可决定的行政机关提出申请；符合法定条件、标准的，行政机关应当依法办理变更手续。

第五十条　被许可人需要延续依法取得的行政许可的有效期的，应当在该行政许可有效期届满三十日前向作出行政许可决定的行政机关提出申请。但是，法律、法规、规章另有规定的，依照其规定。

行政机关应当根据被许可人的申请，在该行政许可有效期届满前作出是否准予延续的决定；逾期未作决定的，视为准予延续。

第六节　特别规定

第五十一条　实施行政许可的程序，本节有规定的，适用本节规定；本节没有规定的，适用本章其他有关规定。

第五十二条　国务院实施行政许可的程序，适用有关法律、行政法规的规定。

第五十三条　实施本法第十二条第二项所列事项的行政许可的，行政机关应当通过招标、拍卖等公平竞争的方式作出决定。但是，法律、行政法规另有规定的，依照其规定。

行政机关通过招标、拍卖等方式作出行政许可决定的具体程序，依照有关法律、行政法规的规定。

行政机关按照招标、拍卖程序确定中标人、买受人后，应当作出准予行政许可的决定，并依法向中标人、买受人颁发行政许可证件。

行政机关违反本条规定，不采用招标、拍卖方式，或者违反招标、拍卖程序，损害申请人合法权益的，申请人可以依法申请行政复议或者提起行政诉讼。

第五十四条　实施本法第十二条第三项所列事项的行政许可，赋予公民特定资格，依法应当举行国家考试的，行政机关根据考试成绩和其他法定条件作出行政许可决定；赋予法人或者其他组织特定的资格、资质的，行政机关根据申请人的专业人员构成、技术条件、经营业绩和管理水平等的考核结果作出行政许可决定。但是，法律、行政法规另有规定的，依照其规定。

公民特定资格的考试依法由行政机关或者行业组织实施，公开举行。行政机关或者行业组织应当事先公布资格考试的报名条件、报考办法、考试科目以及考试大纲。但是，不得组织强制性的资格考试的考前培训，不得指定教材或者其他助考材料。

第五十五条　实施本法第十二条第四项所列事项的行政许可的，应当按照技术标准、技术规范依法进行检验、检测、检疫，行政机关根据检验、检测、检疫的结果作出行政许可决定。

行政机关实施检验、检测、检疫，应当自受理申请之日起五日内指派两名以上工作人员按照技术标准、技术规范进行检验、检测、检疫。不需要对检验、检测、检疫结果作进一步技术分析即可认定设备、设施、产品、物品是否符合技术标准、技术规范的，行政机关应当当场作出行政许可决定。

行政机关根据检验、检测、检疫结果，作出不予行政许可决定的，应当书面说明不予行政许可所依据的技术标准、技术规范。

第五十六条　实施本法第十二条第五项所列事项的行政许可，申请人提交的申请材料齐全、符合法定形式的，行政机关应当当场予以登记。需要对申请材料的实质内容进行核实的，行政机关依照本法第三十四条第三款的规定办理。

第五十七条　有数量限制的行政许可，两个或者两个以上申请人的申请均符合法定条件、标准的，行政机关应当根据受理行政许可申请的先后顺序作出准予行政许可的决定。但是，法律、行政法规另有规定的，依照其规定。

第五章　行政许可的费用

第五十八条　行政机关实施行政许可和对行政许可事项进行监督检查，不得收取任何费用。但是，法律、行政法规另有规定的，依照其规定。

行政机关提供行政许可申请书格式文本，不得收费。

行政机关实施行政许可所需经费应当列入本行政机关的预算，由本级财政予以保障，按照批准的预算予以核拨。

第五十九条　行政机关实施行政许可，依照法律、行政法规收取费用的，应当按照公布的法定项目和标准收费；所收取的费用必须全部上缴国库，任何机关或者个人不得以任何形式截留、挪用、私分或者变相私分。财政部门不得以任何形式向行政机关返还或者变相返还实施行政许可所收取的费用。

第六章　监督检查

第六十条　上级行政机关应当加强对下级行政机关实施行政许可的监督检查，及时纠正行政许可实施中的违法行为。

第六十一条　行政机关应当建立健全监督制度，通过核查反映被许可人从事行政许可事项活动情况的有关材料，履行监督责任。

行政机关依法对被许可人从事行政许可事项的活动进行监督检查时，应当将监督检查的情况和处理结果予以记录，由监督检查人员签字后归档。公众有权查阅行政机关监督检查记录。

行政机关应当创造条件，实现与被许可人、其他有关行政机关的计算机档案系统互联，核查被许可人从事行政许可事项活动情况。

第六十二条　行政机关可以对被许可人生产经营的产品依法进行抽样检查、检验、检测，对其生产经营场所依法进行实地检查。检查时，行政机关可以依法查阅或者要求被许可人报送有关材料；被许可人应当如实提供有关情况和材料。

行政机关根据法律、行政法规的规定，对直接关系公共安全、人身健康、生命财产安全的重要设备、设施进行定期检验。对检验合格的，行政机关应当发给相应的证明文件。

第六十三条　行政机关实施监督检查，不得妨碍被许可人正常的生产经营活动，不得索取或者收受被许可人的财物，不得谋取其他利益。

第六十四条　被许可人在作出行政许可决定的行政机关管辖区域外违法从事行政许可事项活动的，违法行为发生地的行政机关应当依法将被许可人的违法事实、处理结果抄告作出行政许可决定的行政机关。

第六十五条　个人和组织发现违法从事行政许可事项的活动，有权向行政机关举报，行政机关应当及时核实、处理。

第六十六条　被许可人未依法履行开发利用自然资源义务或者未依法履行利用公共资源义务的，行政机关应当责令限期改正；被许可人在规定期限内不改正的，行政机关应当依照有关法律、行政法规的规定予以处理。

第六十七条　取得直接关系公共利益的特定行业的市场准入行政许可的被许可人，应当按照国家规定的服务标准、资费标准和行政机关依法规定的条件，向用户提供安全、方便、稳定和价格合理的服务，并履行普遍服务的义务；未经作出行政许可决定的行政机关批准，不得擅自停业、歇业。

被许可人不履行前款规定的义务的，行政机关应当责令限期改正，或者依法采取有效措施督促其履行义务。

第六十八条　对直接关系公共安全、人身健康、生命财产安全的重要设备、设施，行政机关应当督促设计、建造、安装和使用单位建立相应的自检制度。

行政机关在监督检查时，发现直接关系公共安全、人身健康、生命财产安全的重要设备、设施存在安全隐患的，应当责令停止建造、安装和使用，并责令设计、建造、安装和使用单位立即改正。

第六十九条　有下列情形之一的，作出行政许可决定的行政机关或者其上级行政机关，根据利害关系人的请求或者依据职权，可以撤销行政许可：

（一）行政机关工作人员滥用职权、玩忽职守作出准予行政许可决定的；

（二）超越法定职权作出准予行政许可决定的；

（三）违反法定程序作出准予行政许可决定的；

（四）对不具备申请资格或者不符合法定条件的申请人准予行政许可的；

（五）依法可以撤销行政许可的其他情形。

被许可人以欺骗、贿赂等不正当手段取得行政许可的，应当予以撤销。

依照前两款的规定撤销行政许可，可能对公共利益造成重大损害的，不予撤销。

依照本条第一款的规定撤销行政许可，被许可人的合法权益受到损害的，行政机关应当依法给予赔偿。依照本条第二款的规定撤销行政许可的，被许可人基于行政许可取得的利益不受保护。

第七十条　有下列情形之一的，行政机关应当依法办理有关行政许可的注销手续：

（一）行政许可有效期届满未延续的；

（二）赋予公民特定资格的行政许可，该公民死亡或者丧失行为能力的；

（三）法人或者其他组织依法终止的；

（四）行政许可依法被撤销、撤回，或者行政许可证件依法被吊销的；

（五）因不可抗力导致行政许可事项无法实施的；

（六）法律、法规规定的应当注销行政许可的其他情形。

第七章　法律责任

第七十一条　违反本法第十七条规定设定的行政许可，有关机关应当责令设定该行政许可的机关改正，或者依法予以撤销。

第七十二条　行政机关及其工作人员违反本法的规定，有下列情形之一的，由其上级行政机关或者监察机关责令改正；情节严重的，对直接负责的主管人员和其他直接责任人员依法给予行政处分：

（一）对符合法定条件的行政许可申请不予受理的；

（二）不在办公场所公示依法应当公示的材料的；

（三）在受理、审查、决定行政许可过程中，未向申请人、利害关系人履行法定告知义务的；

（四）申请人提交的申请材料不齐全、不符合法定形式，不一次告知申请人必须补正的全部内容的；

（五）违法披露申请人提交的商业秘密、未披露信息或者保密商务信息的；

（六）以转让技术作为取得行政许可的条件，或者在实施行政许可的过程中直接或者间接地要求转让技术的；

（七）未依法说明不受理行政许可申请或者不予行政许可的理由的；

（八）依法应当举行听证而不举行听证的。

第七十三条　行政机关工作人员办理行政许可、实施监督检查，索取或者收受他人财物或者谋取其他利益，构成犯罪的，依法追究刑事责任；尚不构成犯罪的，依法给予行政处分。

第七十四条　行政机关实施行政许可，有下列情形之一的，由其上级行政机关或者监察机关责令改正，对直接负责的主管人员和其他直接责任人员依法给予行政处分；构成犯罪的，依法追究刑事责任：

（一）对不符合法定条件的申请人准予行政许可或者超越法定职权作出准予行政许可决定的；

（二）对符合法定条件的申请人不予行政许可或者不在法定期限内作出准予行政许可决定的；

（三）依法应当根据招标、拍卖结果或者考试成绩择优作出准予行政许可决定，未经招标、拍卖或者考试，或者不根据招标、拍卖结果或者考试成绩择优作出准予行政许可决定的。

第七十五条　行政机关实施行政许可，擅自收费或者不按照法定项目和标准收费的，由其上级行政机关或者监察机关责令退还非法收取的费用；对直接负责的主管人员和其他直接责任人员依法给予行政处分。

截留、挪用、私分或者变相私分实施行政许可依法收取的费用的，予以追缴；对直接负责的主管人员和其他直接责任人员依法给予行政处分；构成犯罪的，依法追究刑事责任。

第七十六条　行政机关违法实施行政许可，给当事人的合法权益造成损害的，应当依照国家赔偿法的规定给予赔偿。

第七十七条　行政机关不依法履行监督职责或者监督不力，造成严重后果的，由其上级行政机关或者监察机关责令改正，对直接负责的主管人员和其他直接责任人员依法给予行政处分；构成犯罪的，依法追究刑事责任。

第七十八条　行政许可申请人隐瞒有关情况或者提供虚假材料申请行政许可的，行政机关不予受理或者不予行政许可，并给予警告；行政许可申请属于直接关系公共安全、人身健康、生命财产安全事项的，申请人在一年内不得再次申请该行政许可。

第七十九条　被许可人以欺骗、贿赂等不正当手段取得行政许可的，行政机关应当依法给予行政处罚;取得的行政许可属于直接关系公共安全、人身健康、生命财产安全事项的,申请人在三年内不得再次申请该行政许可;构成犯罪的,依法追究刑事责任。

第八十条 被许可人有下列行为之一的,行政机关应当依法给予行政处罚;构成犯罪的,依法追究刑事责任:

(一)涂改、倒卖、出租、出借行政许可证件,或者以其他形式非法转让行政许可的;

(二)超越行政许可范围进行活动的;

(三)向负责监督检查的行政机关隐瞒有关情况、提供虚假材料或者拒绝提供反映其活动情况的真实材料的;

(四)法律、法规、规章规定的其他违法行为。

第八十一条 公民、法人或者其他组织未经行政许可,擅自从事依法应当取得行政许可的活动的,行政机关应当依法采取措施予以制止,并依法给予行政处罚;构成犯罪的,依法追究刑事责任。

第八章 附 则

第八十二条 本法规定的行政机关实施行政许可的期限以工作日计算,不含法定节假日。

第八十三条 本法自 2004 年 7 月 1 日起施行。

本法施行前有关行政许可的规定,制定机关应当依照本法规定予以清理;不符合本法规定的,自本法施行之日起停止执行。

【例 11-6-1】 根据《中华人民共和国行政许可法》的规定,除可以当场作出行政许可决定的外,行政机关应当自受理行政可之日起作出行政许可决定的时限是:

A. 5 日之内　　B. 7 日之内　　C. 15 日之内　　D. 20 日之内

解 《中华人民共和国行政许可法》第四十二条规定,除可以当场作出行政许可决定的外,行政机关应当自受理行政许可申请之日起二十日内做出行政许可决定。二十日内不能做出决定的,经本行政机关负责人批准,可以延长十日,并应当将延长期限的理由告知申请人。但是,法律、法规另有规定的,依照其规定。

答案:D

习 题

11-6-1 行政机关实施行政许可和对行政许可事项进行监督检查(　　)。

A. 不得收取任何费用　　B. 应当收取适当费用

C. 收费必须上缴　　D. 收费必须开收据

11-6-2 行政机关应当自受理行政许可申请之日起(　　)作出行政许可决定。

A. 二十日内　　B. 三十日内

C. 十五日内　　D. 四十五日之内

第七节 中华人民共和国节约能源法

第一章 总 则

第一条 为了推动全社会节约能源,提高能源利用效率,保护和改善环境,促进经济社会全面协调可持续发展，制定本法。

第二条　本法所称能源，是指煤炭、石油、天然气、生物质能和电力、热力以及其他直接或者通过加工、转换而取得有用能的各种资源。

第三条　本法所称节约能源（以下简称节能），是指加强用能管理，采取技术上可行、经济上合理以及环境和社会可以承受的措施，从能源生产到消费的各个环节，降低消耗、减少损失和污染物排放、制止浪费，有效、合理地利用能源。

第四条　节约资源是我国的基本国策。国家实施节约与开发并举、把节约放在首位的能源发展战略。

第五条　国务院和县级以上地方各级人民政府应当将节能工作纳入国民经济和社会发展规划、年度计划，并组织编制和实施节能中长期专项规划、年度节能计划。

国务院和县级以上地方各级人民政府每年向本级人民代表大会或者其常务委员会报告节能工作。

第六条　国家实行节能目标责任制和节能考核评价制度，将节能目标完成情况作为对地方人民政府及其负责人考核评价的内容。

省、自治区、直辖市人民政府每年向国务院报告节能目标责任的履行情况。

第七条　国家实行有利于节能和环境保护的产业政策，限制发展高耗能、高污染行业，发展节能环保型产业。

国务院和省、自治区、直辖市人民政府应当加强节能工作，合理调整产业结构、企业结构、产品结构和能源消费结构，推动企业降低单位产值能耗和单位产品能耗，淘汰落后的生产能力，改进能源的开发、加工、转换、输送、储存和供应，提高能源利用效率。

国家鼓励、支持开发和利用新能源、可再生能源。

第八条　国家鼓励、支持节能科学技术的研究、开发、示范和推广，促进节能技术创新与进步。

国家开展节能宣传和教育，将节能知识纳入国民教育和培训体系，普及节能科学知识，增强全民的节能意识，提倡节约型的消费方式。

第九条　任何单位和个人都应当依法履行节能义务，有权检举浪费能源的行为。

新闻媒体应当宣传节能法律、法规和政策，发挥舆论监督作用。

第十条　国务院管理节能工作的部门主管全国的节能监督管理工作。国务院有关部门在各自的职责范围内负责节能监督管理工作，并接受国务院管理节能工作的部门的指导。

县级以上地方各级人民政府管理节能工作的部门负责本行政区域内的节能监督管理工作。县级以上地方各级人民政府有关部门在各自的职责范围内负责节能监督管理工作，并接受同级管理节能工作的部门的指导。

第二章　节能管理

第十一条　国务院和县级以上地方各级人民政府应当加强对节能工作的领导，部署、协调、监督、检查、推动节能工作。

第十二条　县级以上人民政府管理节能工作的部门和有关部门应当在各自的职责范围内，加强对节能法律、法规和节能标准执行情况的监督检查，依法查处违法用能行为。

履行节能监督管理职责不得向监督管理对象收取费用。

第十三条　国务院标准化主管部门和国务院有关部门依法组织制定并适时修订有关节能的国家标准、行业标准，建立健全节能标准体系。

国务院标准化主管部门会同国务院管理节能工作的部门和国务院有关部门制定强制性的用能产品、设备能源效率标准和生产过程中耗能高的产品的单位产品能耗限额标准。

国家鼓励企业制定严于国家标准、行业标准的企业节能标准。

省、自治区、直辖市制定严于强制性国家标准、行业标准的地方节能标准,由省、自治区、直辖市人民政府报经国务院批准;本法另有规定的除外。

第十四条　建筑节能的国家标准、行业标准由国务院建设主管部门组织制定,并依照法定程序发布。

省、自治区、直辖市人民政府建设主管部门可以根据本地实际情况,制定严于国家标准或者行业标准的地方建筑节能标准,并报国务院标准化主管部门和国务院建设主管部门备案。

第十五条　国家实行固定资产投资项目节能评估和审查制度。不符合强制性节能标准的项目,建设单位不得开工建设;已经建成的,不得投入生产、使用。政府投资项目不符合强制性节能标准的,依法负责项目审批的机关不得批准建设。具体办法由国务院管理节能工作的部门会同国务院有关部门制定。

第十六条　国家对落后的耗能过高的用能产品、设备和生产工艺实行淘汰制度。淘汰的用能产品、设备、生产工艺的目录和实施办法,由国务院管理节能工作的部门会同国务院有关部门制定并公布。

生产过程中耗能高的产品的生产单位,应当执行单位产品能耗限额标准。对超过单位产品能耗限额标准用能的生产单位,由管理节能工作的部门按照国务院规定的权限责令限期治理。

对高耗能的特种设备,按照国务院的规定实行节能审查和监管。

第十七条　禁止生产、进口、销售国家明令淘汰或者不符合强制性能源效率标准的用能产品、设备;禁止使用国家明令淘汰的用能设备、生产工艺。

第十八条　国家对家用电器等使用面广、耗能量大的用能产品,实行能源效率标识管理。实行能源效率标识管理的产品目录和实施办法,由国务院管理节能工作的部门会同国务院产品质量监督部门制定并公布。

第十九条　生产者和进口商应当对列入国家能源效率标识管理产品目录的用能产品标注能源效率标识,在产品包装物上或者说明书中予以说明,并按照规定报国务院产品质量监督部门和国务院管理节能工作的部门共同授权的机构备案。

生产者和进口商应当对其标注的能源效率标识及相关信息的准确性负责。禁止销售应当标注而未标注能源效率标识的产品。

禁止伪造、冒用能源效率标识或者利用能源效率标识进行虚假宣传。

第二十条　用能产品的生产者、销售者,可以根据自愿原则,按照国家有关节能产品认证的规定,向经国务院认证认可监督管理部门认可的从事节能产品认证的机构提出节能产品认证申请;经认证合格后,取得节能产品认证证书,可以在用能产品或者其包装物上使用节能产品认证标志。

禁止使用伪造的节能产品认证标志或者冒用节能产品认证标志。

第二十一条　县级以上各级人民政府统计部门应当会同同级有关部门,建立健全能源统计制度,完善能源统计指标体系,改进和规范能源统计方法,确保能源统计数据真实、完整。

国务院统计部门会同国务院管理节能工作的部门,定期向社会公布各省、自治区、直辖市以及主要耗能行业的能源消费和节能情况等信息。

第二十二条　国家鼓励节能服务机构的发展,支持节能服务机构开展节能咨询、设计、评估、检测、审计、认证等服务。

国家支持节能服务机构开展节能知识宣传和节能技术培训，提供节能信息、节能示范和其他公益性节能服务。

第二十三条　国家鼓励行业协会在行业节能规划、节能标准的制定和实施、节能技术推广、能源消费统计、节能宣传培训和信息咨询等方面发挥作用。

第三章　合理使用与节约能源

第一节　一般规定

第二十四条　用能单位应当按照合理用能的原则，加强节能管理，制定并实施节能计划和节能技术措施，降低能源消耗。

第二十五条　用能单位应当建立节能目标责任制，对节能工作取得成绩的集体、个人给予奖励。

第二十六条　用能单位应当定期开展节能教育和岗位节能培训。

第二十七条　用能单位应当加强能源计量管理，按照规定配备和使用经依法检定合格的能源计量器具。

用能单位应当建立能源消费统计和能源利用状况分析制度，对各类能源的消费实行分类计量和统计，并确保能源消费统计数据真实、完整。

第二十八条　能源生产经营单位不得向本单位职工无偿提供能源。任何单位不得对能源消费实行包费制。

第二节　工业节能

第二十九条　国务院和省、自治区、直辖市人民政府推进能源资源优化开发利用和合理配置，推进有利于节能的行业结构调整，优化用能结构和企业布局。

第三十条　国务院管理节能工作的部门会同国务院有关部门制定电力、钢铁、有色金属、建材、石油加工、化工、煤炭等主要耗能行业的节能技术政策，推动企业节能技术改造。

第三十一条　国家鼓励工业企业采用高效、节能的电动机、锅炉、窑炉、风机、泵类等设备，采用热电联产、余热余压利用、洁净煤以及先进的用能监测和控制等技术。

第三十二条　电网企业应当按照国务院有关部门制定的节能发电调度管理的规定，安排清洁、高效和符合规定的热电联产、利用余热余压发电的机组以及其他符合资源综合利用规定的发电机组与电网并网运行，上网电价执行国家有关规定。

第三十三条　禁止新建不符合国家规定的燃煤发电机组、燃油发电机组和燃煤热电机组。

第三节　建筑节能

第三十四条　国务院建设主管部门负责全国建筑节能的监督管理工作。

县级以上地方各级人民政府建设主管部门负责本行政区域内建筑节能的监督管理工作。

县级以上地方各级人民政府建设主管部门会同同级管理节能工作的部门编制本行政区域内的建筑节能规划。建筑节能规划应当包括既有建筑节能改造计划。

第三十五条　建筑工程的建设、设计、施工和监理单位应当遵守建筑节能标准。

不符合建筑节能标准的建筑工程，建设主管部门不得批准开工建设；已经开工建设的，应当责令停止施工、限期改正；已经建成的，不得销售或者使用。

建设主管部门应当加强对在建建筑工程执行建筑节能标准情况的监督检查。

第三十六条　房地产开发企业在销售房屋时，应当向购买人明示所售房屋的节能措施、保温工程保修期等信息，在房屋买卖合同、质量保证书和使用说明书中载明，并对其真实性、准确性负责。

第三十七条　使用空调采暖、制冷的公共建筑应当实行室内温度控制制度。具体办法由国务院建设主管部门制定。

第三十八条　国家采取措施，对实行集中供热的建筑分步骤实行供热分户计量、按照用热量收费的制度。新建建筑或者对既有建筑进行节能改造，应当按照规定安装用热计量装置、室内温度调控装置和供热系统调控装置。具体办法由国务院建设主管部门会同国务院有关部门制定。

第三十九条　县级以上地方各级人民政府有关部门应当加强城市节约用电管理，严格控制公用设施和大型建筑物装饰性景观照明的能耗。

第四十条　国家鼓励在新建建筑和既有建筑节能改造中使用新型墙体材料等节能建筑材料和节能设备，安装和使用太阳能等可再生能源利用系统。

第四节　交通运输节能

第四十一条　国务院有关交通运输主管部门按照各自的职责负责全国交通运输相关领域的节能监督管理工作。

国务院有关交通运输主管部门会同国务院管理节能工作的部门分别制定相关领域的节能规划。

第四十二条　国务院及其有关部门指导、促进各种交通运输方式协调发展和有效衔接，优化交通运输结构，建设节能型综合交通运输体系。

第四十三条　县级以上地方各级人民政府应当优先发展公共交通，加大对公共交通的投入，完善公共交通服务体系，鼓励利用公共交通工具出行；鼓励使用非机动交通工具出行。

第四十四条　国务院有关交通运输主管部门应当加强交通运输组织管理，引导道路、水路、航空运输企业提高运输组织化程度和集约化水平，提高能源利用效率。

第四十五条　国家鼓励开发、生产、使用节能环保型汽车、摩托车、铁路机车车辆、船舶和其他交通运输工具，实行老旧交通运输工具的报废、更新制度。

国家鼓励开发和推广应用交通运输工具使用的清洁燃料、石油替代燃料。

第四十六条　国务院有关部门制定交通运输营运车船的燃料消耗量限值标准；不符合标准的，不得用于营运。

国务院有关交通运输主管部门应当加强对交通运输营运车船燃料消耗检测的监督管理。

第五节　公共机构节能

第四十七条　公共机构应当厉行节约，杜绝浪费，带头使用节能产品、设备，提高能源利用效率。

本法所称公共机构，是指全部或者部分使用财政性资金的国家机关、事业单位和团体组织。

第四十八条　国务院和县级以上地方各级人民政府管理机关事务工作的机构会同同级有关部门制定和组织实施本级公共机构节能规划。公共机构节能规划应当包括公共机构既有建筑节能改造计划。

第四十九条　公共机构应当制定年度节能目标和实施方案，加强能源消费计量和监测管理，向本级人民政府管理机关事务工作的机构报送上年度的能源消费状况报告。

国务院和县级以上地方各级人民政府管理机关事务工作的机构会同同级有关部门按照管理权限，制定本级公共机构的能源消耗定额，财政部门根据该定额制定能源消耗支出标准。

第五十条　公共机构应当加强本单位用能系统管理，保证用能系统的运行符合国家相关标准。

公共机构应当按照规定进行能源审计，并根据能源审计结果采取提高能源利用效率的措施。

第五十一条　公共机构采购用能产品、设备，应当优先采购列入节能产品、设备政府采购名录中的产品、设备。禁止采购国家明令淘汰的用能产品、设备。

节能产品、设备政府采购名录由省级以上人民政府的政府采购监督管理部门会同同级有关部门制定并公布。

第六节　重点用能单位节能

第五十二条　国家加强对重点用能单位的节能管理。

下列用能单位为重点用能单位：

（一）年综合能源消费总量一万吨标准煤以上的用能单位；

（二）国务院有关部门或者省、自治区、直辖市人民政府管理节能工作的部门指定的年综合能源消费总量五千吨以上不满一万吨标准煤的用能单位。

重点用能单位节能管理办法，由国务院管理节能工作的部门会同国务院有关部门制定。

第五十三条　重点用能单位应当每年向管理节能工作的部门报送上年度的能源利用状况报告。能源利用状况包括能源消费情况、能源利用效率、节能目标完成情况和节能效益分析、节能措施等内容。

第五十四条　管理节能工作的部门应当对重点用能单位报送的能源利用状况报告进行审查。对节能管理制度不健全、节能措施不落实、能源利用效率低的重点用能单位，管理节能工作的部门应当开展现场调查，组织实施用能设备能源效率检测，责令实施能源审计，并提出书面整改要求，限期整改。

第五十五条　重点用能单位应当设立能源管理岗位，在具有节能专业知识、实际经验以及中级以上技术职称的人员中聘任能源管理负责人，并报管理节能工作的部门和有关部门备案。

能源管理负责人负责组织对本单位用能状况进行分析、评价，组织编写本单位能源利用状况报告，提出本单位节能工作的改进措施并组织实施。

能源管理负责人应当接受节能培训。

第四章　节能技术进步

第五十六条　国务院管理节能工作的部门会同国务院科技主管部门发布节能技术政策大纲，指导节能技术研究、开发和推广应用。

第五十七条　县级以上各级人民政府应当把节能技术研究开发作为政府科技投入的重点领域，支持科研单位和企业开展节能技术应用研究，制定节能标准，开发节能共性和关键技术，促进节能技术创新与成果转化。

第五十八条　国务院管理节能工作的部门会同国务院有关部门制定并公布节能技术、节能产品的推广目录，引导用能单位和个人使用先进的节能技术、节能产品。

国务院管理节能工作的部门会同国务院有关部门组织实施重大节能科研项目、节能示范项目、重点节能工程。

第五十九条　县级以上各级人民政府应当按照因地制宜、多能互补、综合利用、讲求效益的原则，加强农业和农村节能工作，增加对农业和农村节能技术、节能产品推广应用的资金投入。

农业、科技等有关主管部门应当支持、推广在农业生产、农产品加工储运等方面应用节能技术和节能产品，鼓励更新和淘汰高耗能的农业机械和渔业船舶。

国家鼓励、支持在农村大力发展沼气，推广生物质能、太阳能和风能等可再生能源利用技术，按照科学规划、有序开发的原则发展小型水力发电，推广节能型的农村住宅和炉灶等，鼓励利用非耕地种植能源植物，大力发展薪炭林等能源林。

第五章　激励措施

第六十条　中央财政和省级地方财政安排节能专项资金，支持节能技术研究开发、节能技术和产品的示范与推广、重点节能工程的实施、节能宣传培训、信息服务和表彰奖励等。

第六十一条　国家对生产、使用列入本法第五十八条规定的推广目录的需要支持的节能技术、节能产品，实行税收优惠等扶持政策。

国家通过财政补贴支持节能照明器具等节能产品的推广和使用。

第六十二条　国家实行有利于节约能源资源的税收政策，健全能源矿产资源有偿使用制度，促进能源资源的节约及其开采利用水平的提高。

第六十三条　国家运用税收等政策，鼓励先进节能技术、设备的进口，控制在生产过程中耗能高、污染重的产品的出口。

第六十四条　政府采购监督管理部门会同有关部门制定节能产品、设备政府采购名录，应当优先列入取得节能产品认证证书的产品、设备。

第六十五条　国家引导金融机构增加对节能项目的信贷支持，为符合条件的节能技术研究开发、节能产品生产以及节能技术改造等项目提供优惠贷款。

国家推动和引导社会有关方面加大对节能的资金投入，加快节能技术改造。

第六十六条　国家实行有利于节能的价格政策，引导用能单位和个人节能。

国家运用财税、价格等政策，支持推广电力需求侧管理、合同能源管理、节能自愿协议等节能办法。

国家实行峰谷分时电价、季节性电价、可中断负荷电价制度，鼓励电力用户合理调整用电负荷；对钢铁、有色金属、建材、化工和其他主要耗能行业的企业，分淘汰、限制、允许和鼓励类实行差别电价政策。

第六十七条　各级人民政府对在节能管理、节能科学技术研究和推广应用中有显著成绩以及检举严重浪费能源行为的单位和个人，给予表彰和奖励。

第六章　法律责任

第六十八条　负责审批政府投资项目的机关违反本法规定，对不符合强制性节能标准的项目予以批准建设的，对直接负责的主管人员和其他直接责任人员依法给予处分。

固定资产投资项目建设单位开工建设不符合强制性节能标准的项目或者将该项目投入生产、使用的，由管理节能工作的部门责令停止建设或者停止生产、使用，限期改造；不能改造或者逾期不改造的生产性项目，由管理节能工作的部门报请本级人民政府按照国务院规定的权限责令关闭。

第六十九条　生产、进口、销售国家明令淘汰的用能产品、设备的，使用伪造的节能产品认证标志或者冒用节能产品认证标志的，依照《中华人民共和国产品质量法》的规定处罚。

第七十条　生产、进口、销售不符合强制性能源效率标准的用能产品、设备的，由产品质量监督部门责令停止生产、进口、销售，没收违法生产、进口、销售的用能产品、设备和违法所得，并处违法所得一倍以上五倍以下罚款；情节严重的，由工商行政管理部门吊销营业执照。

第七十一条　使用国家明令淘汰的用能设备或者生产工艺的，由管理节能工作的部门责令停止使用，没收国家明令淘汰的用能设备；情节严重的，可以由管理节能工作的部门提出意见，报请本级人民政府按照国务院规定的权限责令停业整顿或者关闭。

第七十二条　生产单位超过单位产品能耗限额标准用能，情节严重，经限期治理逾期不治理或者没有达到治理要求的，可以由管理节能工作的部门提出意见，报请本级人民政府按照国务院规定的权限责令停业整顿或者关闭。

第七十三条　违反本法规定，应当标注能源效率标识而未标注的，由市场监督管理部门责令改正，处三万元以上五万元以下罚款。

违反本法规定，未办理能源效率标识备案，或者使用的能源效率标识不符合规定的，由市场监督管理部门责令限期改正；逾期不改正的，处一万元以上三万元以下罚款。

伪造、冒用能源效率标识或者利用能源效率标识进行虚假宣传的，由市场监督管理部门责令改正，处五万元以上十万元以下罚款；情节严重的，由工商行政管理部门吊销营业执照。

第七十四条　用能单位未按照规定配备、使用能源计量器具的，由市场监督管理部门责令限期改正；逾期不改正的，处一万元以上五万元以下罚款。

第七十五条　瞒报、伪造、篡改能源统计资料或者编造虚假能源统计数据的，依照《中华人民共和国统计法》的规定处罚。

第七十六条　从事节能咨询、设计、评估、检测、审计、认证等服务的机构提供虚假信息的，由管理节能工作的部门责令改正，没收违法所得，并处五万元以上十万元以下罚款。

第七十七条　违反本法规定，无偿向本单位职工提供能源或者对能源消费实行包费制的，由管理节能工作的部门责令限期改正；逾期不改正的，处五万元以上二十万元以下罚款。

第七十八条　电网企业未按照本法规定安排符合规定的热电联产和利用余热余压发电的机组与电网并网运行，或者未执行国家有关上网电价规定的，由国家电力监管机构责令改正；造成发电企业经济损失的，依法承担赔偿责任。

第七十九条　建设单位违反建筑节能标准的，由建设主管部门责令改正，处二十万元以上五十万元以下罚款。

设计单位、施工单位、监理单位违反建筑节能标准的，由建设主管部门责令改正，处十万元以上五十万元以下罚款；情节严重的，由颁发资质证书的部门降低资质等级或者吊销资质证书；造成损失的，依法承担赔偿责任。

第八十条　房地产开发企业违反本法规定，在销售房屋时未向购买人明示所售房屋的节能措施、保温工程保修期等信息的，由建设主管部门责令限期改正，逾期不改正的，处三万元以上五万元以下罚款；对以上信息作虚假宣传的，由建设主管部门责令改正，处五万元以上二十万元以下罚款。

第八十一条　公共机构采购用能产品、设备，未优先采购列入节能产品、设备政府采购名录中的产品、设备，或者采购国家明令淘汰的用能产品、设备的，由政府采购监督管理部门给予警告，可以并处罚款；对直接负责的主管人员和其他直接责任人员依法给予处分，并予通报。

第八十二条　重点用能单位未按照本法规定报送能源利用状况报告或者报告内容不实的，由管理节能工作的部门责令限期改正；逾期不改正的，处一万元以上五万元以下罚款。

第八十三条　重点用能单位无正当理由拒不落实本法第五十四条规定的整改要求或者整改没有达到要求的，由管理节能工作的部门处十万元以上三十万元以下罚款。

第八十四条　重点用能单位未按照本法规定设立能源管理岗位，聘任能源管理负责人，并报管理节能工作的部门和有关部门备案的，由管理节能工作的部门责令改正；拒不改正的，处一万元以上三万元以下罚款。

第八十五条　违反本法规定，构成犯罪的，依法追究刑事责任。

第八十六条　国家工作人员在节能管理工作中滥用职权、玩忽职守、徇私舞弊，构成犯罪的，依法追究刑事责任；尚不构成犯罪的，依法给予处分。

第七章　附　　则

第八十七条　本法自2008年4月1日起施行。

习　　题

11-7-1　用能产品的生产者、销售者，提出节能产品认证申请(　　)。

A. 可以根据自愿原则　　B. 必须在产品上市前申请

C. 不贴节能标志不能生产销售　　D. 必须取得节能证书后销售

11-7-2　建筑工程的建设、设计、施工和监理单位应当遵守建筑节能标准，对于(　　)。

A. 不符合建筑节能标准的建筑工程，建设主管部门不得批准开工建设

B. 已经开工建设的除外

C. 已经售出的房屋除外

D. 不符合建筑节能标准的建筑工程必须降价出售

第八节　中华人民共和国环境保护法

第一章　总　　则

第一条　为保护和改善环境，防治污染和其他公害，保障公众健康，推进生态文明建设，促进经济社会可持续发展，制定本法。

第二条　本法所称环境，是指影响人类生存和发展的各种天然的和经过人工改造的自然因素的总体，包括大气、水、海洋、土地、矿藏、森林、草原、湿地、野生生物、自然遗迹、人文遗迹、自然保护区、风景名胜区、城市和乡村等。

第三条　本法适用于中华人民共和国领域和中华人民共和国管辖的其他海域。

第四条　保护环境是国家的基本国策。

国家采取有利于节约和循环利用资源、保护和改善环境、促进人与自然和谐的经济、技术政策和措施，使经济社会发展与环境保护相协调。

第五条　环境保护坚持保护优先、预防为主、综合治理、公众参与、损害担责的原则。

第六条　一切单位和个人都有保护环境的义务。

地方各级人民政府应当对本行政区域的环境质量负责。

企业事业单位和其他生产经营者应当防止、减少环境污染和生态破坏，对所造成的损害依法承担责任。

公民应当增强环境保护意识，采取低碳、节俭的生活方式，自觉履行环境保护义务。

第七条　国家支持环境保护科学技术研究、开发和应用，鼓励环境保护产业发展，促进环境保护信息化建设，提高环境保护科学技术水平。

第八条　各级人民政府应当加大保护和改善环境、防治污染和其他公害的财政投入，提高

财政资金的使用效益。

第九条　各级人民政府应当加强环境保护宣传和普及工作，鼓励基层群众性自治组织、社会组织、环境保护志愿者开展环境保护法律法规和环境保护知识的宣传，营造保护环境的良好风气。

教育行政部门、学校应当将环境保护知识纳入学校教育内容，培养学生的环境保护意识。

新闻媒体应当开展环境保护法律法规和环境保护知识的宣传，对环境违法行为进行舆论监督。

第十条　国务院环境保护主管部门，对全国环境保护工作实施统一监督管理；县级以上地方人民政府环境保护主管部门，对本行政区域环境保护工作实施统一监督管理。

县级以上人民政府有关部门和军队环境保护部门，依照有关法律的规定对资源保护和污染防治等环境保护工作实施监督管理。

第十一条　对保护和改善环境有显著成绩的单位和个人，由人民政府给予奖励。

第十二条　每年6月5日为环境日。

第二章　监督管理

第十三条　县级以上人民政府应当将环境保护工作纳入国民经济和社会发展规划。

国务院环境保护主管部门会同有关部门，根据国民经济和社会发展规划编制国家环境保护规划，报国务院批准并公布实施。

县级以上地方人民政府环境保护主管部门会同有关部门，根据国家环境保护规划的要求，编制本行政区域的环境保护规划，报同级人民政府批准并公布实施。

环境保护规划的内容应当包括生态保护和污染防治的目标、任务、保障措施等，并与主体功能区规划、土地利用总体规划和城乡规划等相衔接。

第十四条　国务院有关部门和省、自治区、直辖市人民政府组织制定经济、技术政策，应当充分考虑对环境的影响，听取有关方面和专家的意见。

第十五条　国务院环境保护主管部门制定国家环境质量标准。

省、自治区、直辖市人民政府对国家环境质量标准中未作规定的项目，可以制定地方环境质量标准；对国家环境质量标准中已作规定的项目，可以制定严于国家环境质量标准的地方环境质量标准。地方环境质量标准应当报国务院环境保护主管部门备案。

国家鼓励开展环境基准研究。

第十六条　国务院环境保护主管部门根据国家环境质量标准和国家经济、技术条件，制定国家污染物排放标准。

省、自治区、直辖市人民政府对国家污染物排放标准中未作规定的项目，可以制定地方污染物排放标准；对国家污染物排放标准中已作规定的项目，可以制定严于国家污染物排放标准的地方污染物排放标准。地方污染物排放标准应当报国务院环境保护主管部门备案。

第十七条　国家建立、健全环境监测制度。国务院环境保护主管部门制定监测规范，会同有关部门组织监测网络，统一规划国家环境质量监测站（点）的设置，建立监测数据共享机制，加强对环境监测的管理。

有关行业、专业等各类环境质量监测站（点）的设置应当符合法律法规规定和监测规范的要求。

监测机构应当使用符合国家标准的监测设备，遵守监测规范。监测机构及其负责人对监测数据的真实性和准确性负责。

第十八条　省级以上人民政府应当组织有关部门或者委托专业机构，对环境状况进行调查、评价，建立环境资源承载能力监测预警机制。

第十九条　编制有关开发利用规划，建设对环境有影响的项目，应当依法进行环境影响评价。

未依法进行环境影响评价的开发利用规划，不得组织实施；未依法进行环境影响评价的建设项目，不得开工建设。

第二十条　国家建立跨行政区域的重点区域、流域环境污染和生态破坏联合防治协调机制，实行统一规划、统一标准、统一监测、统一的防治措施。

前款规定以外的跨行政区域的环境污染和生态破坏的防治，由上级人民政府协调解决，或者由有关地方人民政府协商解决。

第二十一条　国家采取财政、税收、价格、政府采购等方面的政策和措施，鼓励和支持环境保护技术装备、资源综合利用和环境服务等环境保护产业的发展。

第二十二条　企业事业单位和其他生产经营者，在污染物排放符合法定要求的基础上，进一步减少污染物排放的，人民政府应当依法采取财政、税收、价格、政府采购等方面的政策和措施予以鼓励和支持。

第二十三条　企业事业单位和其他生产经营者，为改善环境，依照有关规定转产、搬迁、关闭的，人民政府应当予以支持。

第二十四条　县级以上人民政府环境保护主管部门及其委托的环境监察机构和其他负有环境保护监督管理职责的部门，有权对排放污染物的企业事业单位和其他生产经营者进行现场检查。被检查者应当如实反映情况，提供必要的资料。实施现场检查的部门、机构及其工作人员应当为被检查者保守商业秘密。

第二十五条　企业事业单位和其他生产经营者违反法律法规规定排放污染物，造成或者可能造成严重污染的，县级以上人民政府环境保护主管部门和其他负有环境保护监督管理职责的部门，可以查封、扣押造成污染物排放的设施、设备。

第二十六条　国家实行环境保护目标责任制和考核评价制度。县级以上人民政府应当将环境保护目标完成情况纳入对本级人民政府负有环境保护监督管理职责的部门及其负责人和下级人民政府及其负责人的考核内容，作为对其考核评价的重要依据。考核结果应当向社会公开。

第二十七条　县级以上人民政府应当每年向本级人民代表大会或者人民代表大会常务委员会报告环境状况和环境保护目标完成情况，对发生的重大环境事件应当及时向本级人民代表大会常务委员会报告，依法接受监督。

第三章　保护和改善环境

第二十八条　地方各级人民政府应当根据环境保护目标和治理任务，采取有效措施，改善环境质量。

未达到国家环境质量标准的重点区域、流域的有关地方人民政府，应当制定限期达标规划，并采取措施按期达标。

第二十九条　国家在重点生态功能区、生态环境敏感区和脆弱区等区域划定生态保护红线，实行严格保护。

各级人民政府对具有代表性的各种类型的自然生态系统区域，珍稀、濒危的野生动植物自然分布区域，重要的水源涵养区域，具有重大科学文化价值的地质构造、著名溶洞和化石分布区、冰川、火山、温泉等自然遗迹，以及人文遗迹、古树名木，应当采取措施予以保护，严禁破坏。

第三十条　开发利用自然资源，应当合理开发，保护生物多样性，保障生态安全，依法制定有关生态保护和恢复治理方案并予以实施。

引进外来物种以及研究、开发和利用生物技术，应当采取措施，防止对生物多样性的破坏。

第三十一条　国家建立、健全生态保护补偿制度。

国家加大对生态保护地区的财政转移支付力度。有关地方人民政府应当落实生态保护补偿资金，确保其用于生态保护补偿。

国家指导受益地区和生态保护地区人民政府通过协商或者按照市场规则进行生态保护补偿。

第三十二条　国家加强对大气、水、土壤等的保护，建立和完善相应的调查、监测、评估和修复制度。

第三十三条　各级人民政府应当加强对农业环境的保护，促进农业环境保护新技术的使用，加强对农业污染源的监测预警，统筹有关部门采取措施，防治土壤污染和土地沙化、盐渍化、贫瘠化、石漠化、地面沉降以及防治植被破坏、水土流失、水体富营养化、水源枯竭、种源灭绝等生态失调现象，推广植物病虫害的综合防治。

县级、乡级人民政府应当提高农村环境保护公共服务水平，推动农村环境综合整治。

第三十四条　国务院和沿海地方各级人民政府应当加强对海洋环境的保护。向海洋排放污染物、倾倒废弃物，进行海岸工程和海洋工程建设，应当符合法律法规规定和有关标准，防止和减少对海洋环境的污染损害。

第三十五条　城乡建设应当结合当地自然环境的特点，保护植被、水域和自然景观，加强城市园林、绿地和风景名胜区的建设与管理。

第三十六条　国家鼓励和引导公民、法人和其他组织使用有利于保护环境的产品和再生产品，减少废弃物的产生。

国家机关和使用财政资金的其他组织应当优先采购和使用节能、节水、节材等有利于保护环境的产品、设备和设施。

第三十七条　地方各级人民政府应当采取措施，组织对生活废弃物的分类处置、回收利用。

第三十八条　公民应当遵守环境保护法律法规，配合实施环境保护措施，按照规定对生活废弃物进行分类放置，减少日常生活对环境造成的损害。

第三十九条　国家建立、健全环境与健康监测、调查和风险评估制度；鼓励和组织开展环境质量对公众健康影响的研究，采取措施预防和控制与环境污染有关的疾病。

第四章　防治污染和其他公害

第四十条　国家促进清洁生产和资源循环利用。

国务院有关部门和地方各级人民政府应当采取措施，推广清洁能源的生产和使用。

企业应当优先使用清洁能源，采用资源利用率高、污染物排放量少的工艺、设备以及废弃物综合利用技术和污染物无害化处理技术，减少污染物的产生。

第四十一条　建设项目中防治污染的设施，应当与主体工程同时设计、同时施工、同时投产使用。防治污染的设施应当符合经批准的环境影响评价文件的要求，不得擅自拆除或者闲置。

第四十二条　排放污染物的企业事业单位和其他生产经营者，应当采取措施，防治在生产建设或者其他活动中产生的废气、废水、废渣、医疗废物、粉尘、恶臭气体、放射性物质以及噪声、振动、光辐射、电磁辐射等对环境的污染和危害。

排放污染物的企业事业单位，应当建立环境保护责任制度，明确单位负责人和相关人员的责任。

重点排污单位应当按照国家有关规定和监测规范安装使用监测设备，保证监测设备正常运行，保存原始监测记录。

严禁通过暗管、渗井、渗坑、灌注或者篡改、伪造监测数据，或者不正常运行防治污染设施等逃避监管的方式违法排放污染物。

第四十三条　排放污染物的企业事业单位和其他生产经营者，应当按照国家有关规定缴纳排污费。排污费应当全部专项用于环境污染防治，任何单位和个人不得截留、挤占或者挪作他用。

依照法律规定征收环境保护税的，不再征收排污费。

第四十四条　国家实行重点污染物排放总量控制制度。重点污染物排放总量控制指标由国务院下达，省、自治区、直辖市人民政府分解落实。企业事业单位在执行国家和地方污染物排放标准的同时，应当遵守分解落实到本单位的重点污染物排放总量控制指标。

对超过国家重点污染物排放总量控制指标或者未完成国家确定的环境质量目标的地区，省级以上人民政府环境保护主管部门应当暂停审批其新增重点污染物排放总量的建设项目环境影响评价文件。

第四十五条　国家依照法律规定实行排污许可管理制度。

实行排污许可管理的企业事业单位和其他生产经营者应当按照排污许可证的要求排放污染物；未取得排污许可证的，不得排放污染物。

第四十六条　国家对严重污染环境的工艺、设备和产品实行淘汰制度。任何单位和个人不得生产、销售或者转移、使用严重污染环境的工艺、设备和产品。

禁止引进不符合我国环境保护规定的技术、设备、材料和产品。

第四十七条　各级人民政府及其有关部门和企业事业单位，应当依照《中华人民共和国突发事件应对法》的规定，做好突发环境事件的风险控制、应急准备、应急处置和事后恢复等工作。

县级以上人民政府应当建立环境污染公共监测预警机制，组织制定预警方案；环境受到污染，可能影响公众健康和环境安全时，依法及时公布预警信息，启动应急措施。

企业事业单位应当按照国家有关规定制定突发环境事件应急预案，报环境保护主管部门和有关部门备案。在发生或者可能发生突发环境事件时，企业事业单位应当立即采取措施处理，及时通报可能受到危害的单位和居民，并向环境保护主管部门和有关部门报告。

突发环境事件应急处置工作结束后，有关人民政府应当立即组织评估事件造成的环境影响和损失，并及时将评估结果向社会公布。

第四十八条　生产、储存、运输、销售、使用、处置化学物品和含有放射性物质的物品，应当遵守国家有关规定，防止污染环境。

第四十九条　各级人民政府及其农业等有关部门和机构应当指导农业生产经营者科学种植和养殖，科学合理施用农药、化肥等农业投入品，科学处置农用薄膜、农作物秸秆等农业废弃物，防止农业面源污染。

禁止将不符合农用标准和环境保护标准的固体废物、废水施入农田。施用农药、化肥等农业投入品及进行灌溉，应当采取措施，防止重金属和其他有毒有害物质污染环境。

畜禽养殖场、养殖小区、定点屠宰企业等的选址、建设和管理应当符合有关法律法规规定。从事畜禽养殖和屠宰的单位和个人应当采取措施，对畜禽粪便、尸体和污水等废弃物进行科学处置，防止污染环境。

县级人民政府负责组织农村生活废弃物的处置工作。

第五十条　各级人民政府应当在财政预算中安排资金，支持农村饮用水水源地保护、生活污水和其他废弃物处理、畜禽养殖和屠宰污染防治、土壤污染防治和农村工矿污染治理等环境保护工作。

第五十一条　各级人民政府应当统筹城乡建设污水处理设施及配套管网，固体废物的收集、运输和处置等环境卫生设施，危险废物集中处置设施、场所以及其他环境保护公共设施，并保障其正常运行。

第五十二条　国家鼓励投保环境污染责任保险。

第五章　信息公开和公众参与

第五十三条　公民、法人和其他组织依法享有获取环境信息、参与和监督环境保护的权利。

各级人民政府环境保护主管部门和其他负有环境保护监督管理职责的部门，应当依法公开环境信息、完善公众参与程序，为公民、法人和其他组织参与和监督环境保护提供便利。

第五十四条　国务院环境保护主管部门统一发布国家环境质量、重点污染源监测信息及其他重大环境信息。省级以上人民政府环境保护主管部门定期发布环境状况公报。

县级以上人民政府环境保护主管部门和其他负有环境保护监督管理职责的部门，应当依法公开环境质量、环境监测、突发环境事件以及环境行政许可、行政处罚、排污费的征收和使用情况等信息。

县级以上地方人民政府环境保护主管部门和其他负有环境保护监督管理职责的部门，应当将企业事业单位和其他生产经营者的环境违法信息记入社会诚信档案，及时向社会公布违法者名单。

第五十五条　重点排污单位应当如实向社会公开其主要污染物的名称、排放方式、排放浓度和总量、超标排放情况，以及防治污染设施的建设和运行情况，接受社会监督。

第五十六条　对依法应当编制环境影响报告书的建设项目，建设单位应当在编制时向可能受影响的公众说明情况，充分征求意见。

负责审批建设项目环境影响评价文件的部门在收到建设项目环境影响报告书后，除涉及国家秘密和商业秘密的事项外，应当全文公开；发现建设项目未充分征求公众意见的，应当责成建设单位征求公众意见。

第五十七条　公民、法人和其他组织发现任何单位和个人有污染环境和破坏生态行为的，有权向环境保护主管部门或者其他负有环境保护监督管理职责的部门举报。

公民、法人和其他组织发现地方各级人民政府、县级以上人民政府环境保护主管部门和其他负有环境保护监督管理职责的部门不依法履行职责的，有权向其上级机关或者监察机关举报。

接受举报的机关应当对举报人的相关信息予以保密，保护举报人的合法权益。

第五十八条　对污染环境、破坏生态，损害社会公共利益的行为，符合下列条件的社会组织可以向人民法院提起诉讼：

（一）依法在设区的市级以上人民政府民政部门登记；

（二）专门从事环境保护公益活动连续五年以上且无违法记录。

符合前款规定的社会组织向人民法院提起诉讼，人民法院应当依法受理。

提起诉讼的社会组织不得通过诉讼牟取经济利益。

第六章　法律责任

第五十九条　企业事业单位和其他生产经营者违法排放污染物，受到罚款处罚，被责令改正，拒不改正的，依法作出处罚决定的行政机关可以自责令改正之日的次日起，按照原处罚数额按日连续处罚。

前款规定的罚款处罚，依照有关法律法规按照防治污染设施的运行成本、违法行为造成的直接损失或者违法所得等因素确定的规定执行。

地方性法规可以根据环境保护的实际需要，增加第一款规定的按日连续处罚的违法行为的种类。

第六十条　企业事业单位和其他生产经营者超过污染物排放标准或者超过重点污染物排放总量控制指标排放污染物的，县级以上人民政府环境保护主管部门可以责令其采取限制生产、停产整治等措施；情节严重的，报经有批准权的人民政府批准，责令停业、关闭。

第六十一条　建设单位未依法提交建设项目环境影响评价文件或者环境影响评价文件未经批准，擅自开工建设的，由负有环境保护监督管理职责的部门责令停止建设，处以罚款，并可以责令恢复原状。

第六十二条　违反本法规定，重点排污单位不公开或者不如实公开环境信息的，由县级以上地方人民政府环境保护主管部门责令公开，处以罚款，并予以公告。

第六十三条　企业事业单位和其他生产经营者有下列行为之一，尚不构成犯罪的，除依照有关法律法规规定予以处罚外，由县级以上人民政府环境保护主管部门或者其他有关部门将案件移送公安机关，对其直接负责的主管人员和其他直接责任人员，处十日以上十五日以下拘留；情节较轻的，处五日以上十日以下拘留：

（一）建设项目未依法进行环境影响评价，被责令停止建设，拒不执行的；

（二）违反法律规定，未取得排污许可证排放污染物，被责令停止排污，拒不执行的；

（三）通过暗管、渗井、渗坑、灌注或者篡改、伪造监测数据，或者不正常运行防治污染设施等逃避监管的方式违法排放污染物的；

（四）生产、使用国家明令禁止生产、使用的农药，被责令改正，拒不改正的。

第六十四条　因污染环境和破坏生态造成损害的，应当依照《中华人民共和国侵权责任法》的有关规定承担侵权责任。

第六十五条　环境影响评价机构、环境监测机构以及从事环境监测设备和防治污染设施维护、运营的机构，在有关环境服务活动中弄虚作假，对造成的环境污染和生态破坏负有责任的，除依照有关法律法规规定予以处罚外，还应当与造成环境污染和生态破坏的其他责任者承担连带责任。

第六十六条　提起环境损害赔偿诉讼的时效期间为三年，从当事人知道或者应当知道其受到损害时起计算。

第六十七条　上级人民政府及其环境保护主管部门应当加强对下级人民政府及其有关部门环境保护工作的监督。发现有关工作人员有违法行为，依法应当给予处分的，应当向其任免机关或者监察机关提出处分建议。

依法应当给予行政处罚，而有关环境保护主管部门不给予行政处罚的，上级人民政府环境保护主管部门可以直接作出行政处罚的决定。

第六十八条　地方各级人民政府、县级以上人民政府环境保护主管部门和其他负有环境保护监督管理职责的部门有下列行为之一的，对直接负责的主管人员和其他直接责任人员给予记过、记大过或者降级处分；造成严重后果的，给予撤职或者开除处分，其主要负责人应当引咎辞职：

（一）不符合行政许可条件准予行政许可的；

（二）对环境违法行为进行包庇的；

（三）依法应当作出责令停业、关闭的决定而未作出的；

（四）对超标排放污染物、采用逃避监管的方式排放污染物、造成环境事故以及不落实生态保护措施造成生态破坏等行为，发现或者接到举报未及时查处的；

（五）违反本法规定，查封、扣押企业事业单位和其他生产经营者的设施、设备的；

（六）篡改、伪造或者指使篡改、伪造监测数据的；

（七）应当依法公开环境信息而未公开的；

（八）将征收的排污费截留、挤占或者挪作他用的；

（九）法律法规规定的其他违法行为。

第六十九条　违反本法规定，构成犯罪的，依法追究刑事责任。

第七章　附　　则

第七十条　本法自 2015 年 1 月 1 日起施行。

【例 11-8-1】 根据《中华人民共和国环境保护法》的规定，下列关于建设项目中防治污染的设施的说法中，不正确的是：

A. 防治污染的设施，必须与主体工程同时设计、同时施工、同时投入使用

B. 防治污染的设施不得擅自拆除

C. 防治污染的设施不得擅自闲置

D. 防治污染的设施经建设行政主管部门验收合格后方可投入生产或者使用

解　选项 D，应经环保部门验收，非建设行政主管部门验收，参见《中华人民共和国环境保护法》。

第十条　国务院环境保护主管部门，对全国环境保护工作实施统一监督管理；县级以上地方人民政府环境保护主管部门，对本行政区域环境保护工作实施统一监督管理。

县级以上人民政府有关部门和军队环境保护部门，依照有关法律的规定对资源保护和污染防治等环境保护工作实施监督管理。

第四十一条　建设项目中防治污染的设施，应当与主体工程同时设计、同时施工、同时投产使用。防治污染的设施应当符合经批准的环境影响评价文件的要求，不得擅自拆除或者闲置。

（旧《中华人民共和国环境保护法》第二十六条规定，建设项目中防治污染的措施，必须与主体工程同时设计、同时施工、同时投产使用。防治污染的设施必须经原审批环境影响报告书的环境保护行政主管部门验收合格后，该建设项目方可投入生产或者使用。）

答案：D

【例 11-8-2】 建设项目对环境可能造成轻度影响的，应当编制：

A. 环境影响报告书　　　　B. 环境影响报告表

C. 环境影响分析表　　　　D. 环境影响登记表

解　见《中华人民共和国环境影响评价法》第十六条。

国家根据建设项目对环境的影响程度，对建设项目的环境影响评价实行分类管理。

建设单位应当按照下列规定组织编制环境影响报告书、环境影响报告表或者填报环境影响登记表（以下统称环境影响评价文件）：

（一）可能造成重大环境影响的，应当编制环境影响报告书，对产生的环境影响进行全面评价；

（二）可能造成轻度环境影响的，应当编制环境影响报告表，对产生的环境影响进行分析或者专项评价；

（三）对环境影响很小、不需要进行环境影响评价的，应当填报环境影响登记表。

建设项目的环境影响评价分类管理名录，由国务院环境保护行政主管部门制定并公布。

答案：B

习　题

11-8-1　按照新修订后的环境保护法的规定，下列说法正确的选项是（　　）。

A. 排污单位必须事先取得排污许可证

B. 排污单位应当事先在环保部门登记备案

C. 污染物超出排放限量的必须交罚款后才能继续使用

D. 罚款必须用于本单位的污染治理

11-8-2　建设项目防治污染的设施必须与主体工程做到几个同时，下列说法中哪个是不必要的？（　　）

A. 同时设计　　　　B. 同时施工

C. 同时投产使用　　　　D. 同时备案登记

11-8-3　建设项目未进行环境影响评价，被责令停止建设，拒不执行的（　　）。

A. 可移交公安机关拘留直接负责的主管人员

B. 交罚款后才能继续建设

C. 经县级以上领导批准后可以继续建设

D. 可向法院起诉直接责任人

第九节　中华人民共和国房地产管理法

第一章　总　　则

第一条　为了加强对城市房地产的管理，维护房地产市场秩序，保障房地产权利人的合法权益，促进房地产业的健康发展，制定本法。

第二条　在中华人民共和国城市规划区国有土地（以下简称国有土地）范围内取得房地产开发用地的土地使用权，从事房地产开发、房地产交易，实施房地产管理，应当遵守本法。

本法所称房屋，是指土地上的房屋等建筑物及构筑物。

本法所称房地产开发，是指在依据本法取得国有土地使用权的土地上进行基础设施、房屋建设的行为。

本法所称房地产交易，包括房地产转让、房地产抵押和房屋租赁。

第三条　国家依法实行国有土地有偿、有限期使用制度。但是，国家在本法规定的范围内划拨国有土地使用权的除外。

第四条　国家根据社会、经济发展水平，扶持发展居民住宅建设，逐步改善居民的居住条件。

第五条　房地产权利人应当遵守法律和行政法规，依法纳税。房地产权利人的合法权益受法律保护，任何单位和个人不得侵犯。

第六条　为了公共利益的需要，国家可以征收国有土地上单位和个人的房屋，并依法给予拆迁补偿，维护被征收人的合法权益；征收个人住宅的，还应当保障被征收人的居住条件。具体办法由国务院规定。

第七条　国务院建设行政主管部门、土地管理部门依照国务院规定的职权划分，各司其职，密切配合，管理全国房地产工作。

县级以上地方人民政府房产管理、土地管理部门的机构设置及其职权由省、自治区、直辖市人民政府确定。

第二章　房地产开发用地

第一节　土地使用权出让

第八条　土地使用权出让，是指国家将国有土地使用权(以下简称土地使用权)在一定年限内出让给土地使用者，由土地使用者向国家支付土地使用权出让金的行为。

第九条　城市规划区内的集体所有的土地，经依法征收转为国有土地后，该幅国有土地的使用权方可有偿出让，但法律另有规定的除外。

第十条　土地使用权出让，必须符合土地利用总体规划、城市规划和年度建设用地计划。

第十一条　县级以上地方人民政府出让土地使用权用于房地产开发的，须根据省级以上人民政府下达的控制指标拟订年度出让土地使用权总面积方案，按照国务院规定，报国务院或者省级人民政府批准。

第十二条　土地使用权出让，由市、县人民政府有计划、有步骤地进行。出让的每幅地块、用途、年限和其他条件，由市、县人民政府土地管理部门会同城市规划、建设、房产管理部门共同拟定方案，按照国务院规定，报经有批准权的人民政府批准后，由市、县人民政府土地管理部门实施。

直辖市的县人民政府及其有关部门行使前款规定的权限，由直辖市人民政府规定。

第十三条　土地使用权出让，可以采取拍卖、招标或者双方协议的方式。

商业、旅游、娱乐和豪华住宅用地，有条件的，必须采取拍卖、招标方式；没有条件，不能采取拍卖、招标方式的，可以采取双方协议的方式。

采取双方协议方式出让土地使用权的出让金不得低于按国家规定所确定的最低价。

第十四条　土地使用权出让最高年限由国务院规定。

第十五条　土地使用权出让，应当签订书面出让合同。

土地使用权出让合同由市、县人民政府土地管理部门与土地使用者签订。

第十六条　土地使用者必须按照出让合同约定，支付土地使用权出让金；未按照出让合同约定支付土地使用权出让金的，土地管理部门有权解除合同，并可以请求违约赔偿。

第十七条　土地使用者按照出让合同约定支付土地使用权出让金的，市、县人民政府土地管理部门必须按照出让合同约定，提供出让的土地；未按照出让合同约定提供出让的土地的，土地使用者有权解除合同，由土地管理部门返还土地使用权出让金，土地使用者并可以请求违约赔偿。

第十八条　土地使用者需要改变土地使用权出让合同约定的土地用途的，必须取得出让方和市、县人民政府城市规划行政主管部门的同意，签订土地使用权出让合同变更协议或者重新签订土地使用权出让合同，相应调整土地使用权出让金。

第十九条　土地使用权出让金应当全部上缴财政，列入预算，用于城市基础设施建设和土地开发。土地使用权出让金上缴和使用的具体办法由国务院规定。

第二十条　国家对土地使用者依法取得的土地使用权，在出让合同约定的使用年限届满前不收回；在特殊情况下，根据社会公共利益的需要，可以依照法律程序提前收回，并根据土地使用者使用土地的实际年限和开发土地的实际情况给予相应的补偿。

第二十一条　土地使用权因土地灭失而终止。

第二十二条　土地使用权出让合同约定的使用年限届满，土地使用者需要继续使用土地的，应当至迟于届满前一年申请续期，除根据社会公共利益需要收回该幅土地的，应当予以批准。经批准准予续期的，应当重新签订土地使用权出让合同，依照规定支付土地使用权出让金。

土地使用权出让合同约定的使用年限届满，土地使用者未申请续期或者虽申请续期但依照前款规定未获批准的，土地使用权由国家无偿收回。

第二节　土地使用权划拨

第二十三条　土地使用权划拨，是指县级以上人民政府依法批准，在土地使用者缴纳补偿、安置等费用后将该幅土地交付其使用，或者将土地使用权无偿交付给土地使用者使用的行为。

依照本法规定以划拨方式取得土地使用权的，除法律、行政法规另有规定外，没有使用期限的限制。

第二十四条　下列建设用地的土地使用权，确属必需的，可以由县级以上人民政府依法批准划拨：

（一）国家机关用地和军事用地；

（二）城市基础设施用地和公益事业用地；

（三）国家重点扶持的能源、交通、水利等项目用地；

（四）法律、行政法规规定的其他用地。

第三章　房地产开发

第二十五条　房地产开发必须严格执行城市规划，按照经济效益、社会效益、环境效益相统一的原则，实行全面规划、合理布局、综合开发、配套建设。

第二十六条　以出让方式取得土地使用权进行房地产开发的，必须按照土地使用权出让合同约定的土地用途、动工开发期限开发土地。超过出让合同约定的动工开发日期满一年未动工开发的，可以征收相当于土地使用权出让金百分之二十以下的土地闲置费；满二年未动工开发的，可以无偿收回土地使用权；但是，因不可抗力或者政府、政府有关部门的行为或者动工开发必需的前期工作造成动工开发迟延的除外。

第二十七条　房地产开发项目的设计、施工，必须符合国家的有关标准和规范。

房地产开发项目竣工，经验收合格后，方可交付使用。

第二十八条　依法取得的土地使用权，可以依照本法和有关法律、行政法规的规定，作价入股，合资、合作开发经营房地产。

第二十九条　国家采取税收等方面的优惠措施鼓励和扶持房地产开发企业开发建设居民住宅。

第三十条　房地产开发企业是以营利为目的，从事房地产开发和经营的企业。设立房地产开发企业，应当具备下列条件：

（一）有自己的名称和组织机构；

（二）有固定的经营场所；

（三）有符合国务院规定的注册资本；

（四）有足够的专业技术人员；

（五）法律、行政法规规定的其他条件。

设立房地产开发企业，应当向工商行政管理部门申请设立登记。工商行政管理部门对符合本法规定条件的，应当予以登记，发给营业执照；对不符合本法规定条件的，不予登记。

设立有限责任公司、股份有限公司，从事房地产开发经营的，还应当执行公司法的有关规定。

房地产开发企业在领取营业执照后的一个月内，应当到登记机关所在地的县级以上地方人民政府规定的部门备案。

第三十一条　房地产开发企业的注册资本与投资总额的比例应当符合国家有关规定。房地产开发企业分期开发房地产的，分期投资额应当与项目规模相适应，并按照土地使用权出让合同的约定，按期投入资金，用于项目建设。

第四章　房地产交易

第一节　一般规定

第三十二条　房地产转让、抵押时，房屋的所有权和该房屋占用范围内的土地使用权同时转让、抵押。

第三十三条　基准地价、标定地价和各类房屋的重置价格应当定期确定并公布。具体办法由国务院规定。

第三十四条　国家实行房地产价格评估制度。

房地产价格评估，应当遵循公正、公平、公开的原则，按照国家规定的技术标准和评估程序，以基准地价、标定地价和各类房屋的重置价格为基础，参照当地的市场价格进行评估。

第三十五条　国家实行房地产成交价格申报制度。

房地产权利人转让房地产，应当向县级以上地方人民政府规定的部门如实申报成交价，不得瞒报或者作不实的申报。

第三十六条　房地产转让、抵押，当事人应当依照本法第五章的规定办理权属登记。

第二节　房地产转让

第三十七条　房地产转让，是指房地产权利人通过买卖、赠与或者其他合法方式将其房地产转移给他人的行为。

第三十八条　下列房地产，不得转让：

（一）以出让方式取得土地使用权的，不符合本法第三十九条规定的条件的；

（二）司法机关和行政机关依法裁定、决定查封或者以其他形式限制房地产权利的；

（三）依法收回土地使用权的；

（四）共有房地产，未经其他共有人书面同意的；

（五）权属有争议的；

（六）未依法登记领取权属证书的；

（七）法律、行政法规规定禁止转让的其他情形。

第三十九条　以出让方式取得土地使用权的，转让房地产时，应当符合下列条件：

（一）按照出让合同约定已经支付全部土地使用权出让金，并取得土地使用权证书；

（二）按照出让合同约定进行投资开发，属于房屋建设工程的，完成开发投资总额的百分之二十五以上，属于成片开发土地的，形成工业用地或者其他建设用地条件。

转让房地产时房屋已经建成的，还应当持有房屋所有权证书。

第四十条　以划拨方式取得土地使用权的，转让房地产时，应当按照国务院规定，报有批准权的人民政府审批。有批准权的人民政府准予转让的，应当由受让方办理土地使用权出让手续，并依照国家有关规定缴纳土地使用权出让金。

以划拨方式取得土地使用权的，转让房地产报批时，有批准权的人民政府按照国务院规定决定可以不办理土地使用权出让手续的，转让方应当按照国务院规定将转让房地产所获收益中的土地收益上缴国家或者作其他处理。

第四十一条　房地产转让，应当签订书面转让合同，合同中应当载明土地使用权取得的方式。

第四十二条　房地产转让时，土地使用权出让合同载明的权利、义务随之转移。

第四十三条　以出让方式取得土地使用权的，转让房地产后，其土地使用权的使用年限为原土地使用权出让合同约定的使用年限减去原土地使用者已经使用年限后的剩余年限。

第四十四条　以出让方式取得土地使用权的，转让房地产后，受让人改变原土地使用权出让合同约定的土地用途的，必须取得原出让方和市、县人民政府城市规划行政主管部门的同意，签订土地使用权出让合同变更协议或者重新签订土地使用权出让合同，相应调整土地使用权出让金。

第四十五条　商品房预售，应当符合下列条件：

（一）已交付全部土地使用权出让金，取得土地使用权证书；

（二）持有建设工程规划许可证；

（三）按提供预售的商品房计算，投入开发建设的资金达到工程建设总投资的百分之二十五以上，并已经确定施工进度和竣工交付日期；

（四）向县级以上人民政府房产管理部门办理预售登记，取得商品房预售许可证明。

商品房预售人应当按照国家有关规定将预售合同报县级以上人民政府房产管理部门和土地管理部门登记备案。

商品房预售所得款项，必须用于有关的工程建设。

第四十六条　商品房预售的，商品房预购人将购买的未竣工的预售商品房再行转让的问题，由国务院规定。

第三节　房地产抵押

第四十七条　房地产抵押，是指抵押人以其合法的房地产以不转移占有的方式向抵押权人提供债务履行担保的行为。债务人不履行债务时，抵押权人有权依法以抵押的房地产拍卖所得的价款优先受偿。

第四十八条　依法取得的房屋所有权连同该房屋占用范围内的土地使用权，可以设定抵押权。

以出让方式取得的土地使用权，可以设定抵押权。

第四十九条　房地产抵押，应当凭土地使用权证书、房屋所有权证书办理。

第五十条　房地产抵押，抵押人和抵押权人应当签订书面抵押合同。

第五十一条　设定房地产抵押权的土地使用权是以划拨方式取得的，依法拍卖该房地产后，应当从拍卖所得的价款中缴纳相当于应缴纳的土地使用权出让金的款额后，抵押权人方可优先受偿。

第五十二条　房地产抵押合同签订后，土地上新增的房屋不属于抵押财产。需要拍卖该抵押的房地产时，可以依法将土地上新增的房屋与抵押财产一同拍卖，但对拍卖新增房屋所得，抵押权人无权优先受偿。

第四节　房屋租赁

第五十三条　房屋租赁，是指房屋所有权人作为出租人将其房屋出租给承租人使用，由承租人向出租人支付租金的行为。

第五十四条　房屋租赁，出租人和承租人应当签订书面租赁合同，约定租赁期限、租赁用途、租赁价格、修缮责任等条款，以及双方的其他权利和义务，并向房产管理部门登记备案。

第五十五条　住宅用房的租赁，应当执行国家和房屋所在城市人民政府规定的租赁政策。租用房屋从事生产、经营活动的，由租赁双方协商议定租金和其他租赁条款。

第五十六条　以营利为目的，房屋所有权人将以划拨方式取得使用权的国有土地上建成的房屋出租的，应当将租金中所含土地收益上缴国家。具体办法由国务院规定。

第五节　中介服务机构

第五十七条　房地产中介服务机构包括房地产咨询机构、房地产价格评估机构、房地产经纪机构等。

第五十八条　房地产中介服务机构应当具备下列条件：

（一）有自己的名称和组织机构；

（二）有固定的服务场所；

（三）有必要的财产和经费；

（四）有足够数量的专业人员；

（五）法律、行政法规规定的其他条件。

设立房地产中介服务机构，应当向工商行政管理部门申请设立登记，领取营业执照后，方可开业。

第五十九条　国家实行房地产价格评估人员资格认证制度。

第五章　房地产权属登记管理

第六十条　国家实行土地使用权和房屋所有权登记发证制度。

第六十一条　以出让或者划拨方式取得土地使用权，应当向县级以上地方人民政府土地管理部门申请登记，经县级以上地方人民政府土地管理部门核实，由同级人民政府颁发土地使用权证书。

在依法取得的房地产开发用地上建成房屋的，应当凭土地使用权证书向县级以上地方人民政府房产管理部门申请登记，由县级以上地方人民政府房产管理部门核实并颁发房屋所有权证书。

房地产转让或者变更时，应当向县级以上地方人民政府房产管理部门申请房产变更登记，并凭变更后的房屋所有权证书向同级人民政府土地管理部门申请土地使用权变更登记，经同级人民政府土地管理部门核实，由同级人民政府更换或者更改土地使用权证书。

法律另有规定的，依照有关法律的规定办理。

第六十二条　房地产抵押时，应当向县级以上地方人民政府规定的部门办理抵押登记。

因处分抵押房地产而取得土地使用权和房屋所有权的，应当依照本章规定办理过户登记。

第六十三条　经省、自治区、直辖市人民政府确定，县级以上地方人民政府由一个部门统一负责房产管理和土地管理工作的，可以制作、颁发统一的房地产权证书，依照本法第六十一条的规定，将房屋的所有权和该房屋占用范围内的土地使用权的确认和变更，分别载入房地产权证书。

第六章　法律责任

第六十四条　违反本法第十一条、第十二条的规定，擅自批准出让或者擅自出让土地使用权用于房地产开发的，由上级机关或者所在单位给予有关责任人员行政处分。

第六十五条　违反本法第三十条的规定，未取得营业执照擅自从事房地产开发业务的，由县级以上人民政府工商行政管理部门责令停止房地产开发业务活动，没收违法所得，可以并处罚款。

第六十六条　违反本法第三十九条第一款的规定转让土地使用权的，由县级以上人民政府土地管理部门没收违法所得，可以并处罚款。

第六十七条　违反本法第四十条第一款的规定转让房地产的，由县级以上人民政府土地管理部门责令缴纳土地使用权出让金，没收违法所得，可以并处罚款。

第六十八条　违反本法第四十五条第一款的规定预售商品房的，由县级以上人民政府房产管理部门责令停止预售活动，没收违法所得，可以并处罚款。

第六十九条　违反本法第五十八条的规定，未取得营业执照擅自从事房地产中介服务业务的，由县级以上人民政府工商行政管理部门责令停止房地产中介服务业务活动，没收违法所得，可以并处罚款。

第七十条　没有法律、法规的依据，向房地产开发企业收费的，上级机关应当责令退回所收取的钱款；情节严重的，由上级机关或者所在单位给予直接责任人员行政处分。

第七十一条　房产管理部门、土地管理部门工作人员玩忽职守、滥用职权，构成犯罪的，依法追究刑事责任；不构成犯罪的，给予行政处分。

房产管理部门、土地管理部门工作人员利用职务上的便利，索取他人财物，或者非法收受他人财物为他人谋取利益，构成犯罪的，依法追究刑事责任；不构成犯罪的，给予行政处分。

第七章　附　　则

第七十二条　在城市规划区外的国有土地范围内取得房地产开发用地的土地使用权，从事房地产开发、交易活动以及实施房地产管理，参照本法执行。

第七十三条　本法自1995年1月1日起施行。

第十节　建设工程勘察设计管理条例

第一章　总　　则

第一条　为了加强对建设工程勘察、设计活动的管理，保证建设工程勘察、设计质量，保护人民生命和财产安全，制定本条例。

第二条　从事建设工程勘察、设计活动，必须遵守本条例。

本条例所称建设工程勘察，是指根据建设工程的要求，查明、分析、评价建设场地的地质地理环境特征和岩土工程条件，编制建设工程勘察文件的活动。

本条例所称建设工程设计，是指根据建设工程的要求，对建设工程所需的技术、经济、资源、环境等条件进行综合分析、论证，编制建设工程设计文件的活动。

第三条　建设工程勘察、设计应当与社会、经济发展水平相适应，做到经济效益、社会效益和环境效益相统一。

第四条　从事建设工程勘察、设计活动，应当坚持先勘察、后设计、再施工的原则。

第五条　县级以上人民政府建设行政主管部门和交通、水利等有关部门应当依照本条例的规定，加强对建设工程勘察、设计活动的监督管理。

建设工程勘察、设计单位必须依法进行建设工程勘察、设计，严格执行工程建设强制性标准，并对建设工程勘察、设计的质量负责。

第六条　国家鼓励在建设工程勘察、设计活动中采用先进技术、先进工艺、先进设备、新型材料和现代管理方法。

第二章　资质资格管理

第七条　国家对从事建设工程勘察、设计活动的单位，实行资质管理制度。具体办法由国务院建设行政主管部门商国务院有关部门制定。

第八条　建设工程勘察、设计单位应当在其资质等级许可的范围内承揽建设工程勘察、设计业务。

禁止建设工程勘察、设计单位超越其资质等级许可的范围或者以其他建设工程勘察、设计单位的名义承揽建设工程勘察、设计业务。禁止建设工程勘察、设计单位允许其他单位或者个人以本单位的名义承揽建设工程勘察、设计业务。

第九条　国家对从事建设工程勘察、设计活动的专业技术人员，实行执业资格注册管理制度。

未经注册的建设工程勘察、设计人员，不得以注册执业人员的名义从事建设工程勘察、设计活动。

第十条　建设工程勘察、设计注册执业人员和其他专业技术人员只能受聘于一个建设工程勘察、设计单位；未受聘于建设工程勘察、设计单位的，不得从事建设工程的勘察、设计活动。

第十一条　建设工程勘察、设计单位资质证书和执业人员注册证书，由国务院建设行政主管部门统一制作。

第三章　建设工程勘察设计发包与承包

第十二条　建设工程勘察、设计发包依法实行招标发包或者直接发包。

第十三条　建设工程勘察、设计应当依照《中华人民共和国招标投标法》的规定，实行招标发包。

第十四条　建设工程勘察、设计方案评标，应当以投标人的业绩、信誉和勘察、设计人员的能力以及勘察、设计方案的优劣为依据，进行综合评定。

第十五条　建设工程勘察、设计的招标人应当在评标委员会推荐的候选方案中确定中标方案。但是，建设工程勘察、设计的招标人认为评标委员会推荐的候选方案不能最大限度满足招标文件规定的要求的，应当依法重新招标。

第十六条　下列建设工程的勘察、设计，经有关主管部门批准，可以直接发包：

(一)采用特定的专利或者专有技术的；

（二）建筑艺术造型有特殊要求的；

（三）国务院规定的其他建设工程的勘察、设计。

第十七条　发包方不得将建设工程勘察、设计业务发包给不具有相应勘察、设计资质等级的建设工程勘察、设计单位。

第十八条　发包方可以将整个建设工程的勘察、设计发包给一个勘察、设计单位；也可以将建设工程的勘察、设计分别发包给几个勘察、设计单位。

第十九条　除建设工程主体部分的勘察、设计外，经发包方书面同意，承包方可以将建设工程其他部分的勘察、设计再分包给其他具有相应资质等级的建设工程勘察、设计单位。

第二十条　建设工程勘察、设计单位不得将所承揽的建设工程勘察、设计转包。

第二十一条　承包方必须在建设工程勘察、设计资质证书规定的资质等级和业务范围内承揽建设工程的勘察、设计业务。

第二十二条　建设工程勘察、设计的发包方与承包方，应当执行国家规定的建设工程勘察、设计程序。

第二十三条　建设工程勘察、设计的发包方与承包方应当签订建设工程勘察、设计合同。

第二十四条　建设工程勘察、设计发包方与承包方应当执行国家有关建设工程勘察费、设计费的管理规定。

第四章　建设工程勘察设计文件的编制与实施

第二十五条　编制建设工程勘察、设计文件，应当以下列规定为依据：

（一）项目批准文件；

（二）城乡规划；

（三）工程建设强制性标准；

（四）国家规定的建设工程勘察、设计深度要求。

铁路、交通、水利等专业建设工程，还应当以专业规划的要求为依据。

第二十六条　编制建设工程勘察文件，应当真实、准确，满足建设工程规划、选址、设计、岩土治理和施工的需要。

编制方案设计文件，应当满足编制初步设计文件和控制概算的需要。

编制初步设计文件，应当满足编制施工招标文件、主要设备材料订货和编制施工图设计文件的需要。

编制施工图设计文件，应当满足设备材料采购、非标准设备制作和施工的需要，并注明建设工程合理使用年限。

第二十七条　设计文件中选用的材料、构配件、设备，应当注明其规格、型号、性能等技术指标，其质量要求必须符合国家规定的标准。

除有特殊要求的建筑材料、专用设备和工艺生产线等外，设计单位不得指定生产厂、供应商。

第二十八条　建设单位、施工单位、监理单位不得修改建设工程勘察、设计文件；确需修改建设工程勘察、设计文件的，应当由原建设工程勘察、设计单位修改。经原建设工程勘察、设计单位书面同意，建设单位也可以委托其他具有相应资质的建设工程勘察、设计单位修改。修改单位对修改的勘察、设计文件承担相应责任。

施工单位、监理单位发现建设工程勘察、设计文件不符合工程建设强制性标准、合同约定的质量要求的，应当报告建设单位，建设单位有权要求建设工程勘察、设计单位对建设工程勘察、设计文件进行补充、修改。

建设工程勘察、设计文件内容需要作重大修改的，建设单位应当报经原审批机关批准后，方可修改。

第二十九条 建设工程勘察、设计文件中规定采用的新技术、新材料，可能影响建设工程质量和安全，又没有国家技术标准的，应当由国家认可的检测机构进行试验、论证，出具检测报告，并经国务院有关部门或者省、自治区、直辖市人民政府有关部门组织的建设工程技术专家委员会审定后，方可使用。

第三十条 建设工程勘察、设计单位应当在建设工程施工前，向施工单位和监理单位说明建设工程勘察、设计意图，解释建设工程勘察、设计文件。

建设工程勘察、设计单位应当及时解决施工中出现的勘察、设计问题。

第五章 监督管理

第三十一条 国务院建设行政主管部门对全国的建设工程勘察、设计活动实施统一监督管理。国务院铁路、交通、水利等有关部门按照国务院规定的职责分工，负责对全国的有关专业建设工程勘察、设计活动的监督管理。

县级以上地方人民政府建设行政主管部门对本行政区域内的建设工程勘察、设计活动实施监督管理。县级以上地方人民政府交通、水利等有关部门在各自的职责范围内，负责对本行政区域内的有关专业建设工程勘察、设计活动的监督管理。

第三十二条 建设工程勘察、设计单位在建设工程勘察、设计资质证书规定的业务范围内跨部门、跨地区承揽勘察、设计业务的，有关地方人民政府及其所属部门不得设置障碍，不得违反国家规定收取任何费用。

第三十三条 县级以上人民政府建设行政主管部门或者交通、水利等有关部门应当对施工图设计文件中涉及公共利益、公众安全、工程建设强制性标准的内容进行审查。

施工图设计文件未经审查批准的，不得使用。

第三十四条 任何单位和个人对建设工程勘察、设计活动中的违法行为都有权检举、控告、投诉。

第六章 罚 则

第三十五条 违反本条例第八条规定的，责令停止违法行为，处合同约定的勘察费、设计费1倍以上2倍以下的罚款，有违法所得的，予以没收；可以责令停业整顿，降低资质等级；情节严重的，吊销资质证书。

未取得资质证书承揽工程的，予以取缔，依照前款规定处以罚款；有违法所得的，予以没收。

以欺骗手段取得资质证书承揽工程的，吊销资质证书，依照本条第一款规定处以罚款；有违法所得的，予以没收。

第三十六条 违反本条例规定，未经注册，擅自以注册建设工程勘察、设计人员的名义从事建设工程勘察、设计活动的，责令停止违法行为，没收违法所得，处违法所得2倍以上5倍以下罚款；给他人造成损失的，依法承担赔偿责任。

第三十七条 违反本条例规定，建设工程勘察、设计注册执业人员和其他专业技术人员未受聘于一个建设工程勘察、设计单位或者同时受聘于两个以上建设工程勘察、设计单位，从事建设工程勘察、设计活动的，责令停止违法行为，没收违法所得，处违法所得2倍以上5倍以下的罚款；情节严重的，可以责令停止执行业务或者吊销资格证书；给他人造成损失的，依法承担赔偿责任。

第三十八条　违反本条例规定，发包方将建设工程勘察、设计业务发包给不具有相应资质等级的建设工程勘察、设计单位的，责令改正，处50万元以上100万元以下的罚款。

第三十九条　违反本条例规定，建设工程勘察、设计单位将所承揽的建设工程勘察、设计转包的，责令改正，没收违法所得，处合同约定的勘察费、设计费25%以上50%以下的罚款，可以责令停业整顿，降低资质等级；情节严重的，吊销资质证书。

第四十条　违反本条例规定，勘察、设计单位未依据项目批准文件，城乡规划及专业规划，国家规定的建设工程勘察、设计深度要求编制建设工程勘察、设计文件的，责令限期改正；逾期不改正的，处10万元以上30万元以下的罚款；造成工程质量事故或者环境污染和生态破坏的，责令停业整顿，降低资质等级；情节严重的，吊销资质证书；造成损失的，依法承担赔偿责任。

第四十一条　违反本条例规定，有下列行为之一的，依照《建设工程质量管理条例》第六十三条的规定给予处罚：

(一)勘察单位未按照工程建设强制性标准进行勘察的；

(二)设计单位未根据勘察成果文件进行工程设计的；

(三)设计单位指定建筑材料、建筑构配件的生产厂、供应商的；

(四)设计单位未按照工程建设强制性标准进行设计的。

第四十二条　本条例规定的责令停业整顿、降低资质等级和吊销资质证书、资格证书的行政处罚，由颁发资质证书、资格证书的机关决定；其他行政处罚，由建设行政主管部门或者其他有关部门依据法定职权范围决定。

依照本条例规定被吊销资质证书的，由工商行政管理部门吊销其营业执照。

第四十三条　国家机关工作人员在建设工程勘察、设计活动的监督管理工作中玩忽职守、滥用职权、徇私舞弊，构成犯罪的，依法追究刑事责任；尚不构成犯罪的，依法给予行政处分。

第七章　附　　则

第四十四条　抢险救灾及其他临时性建筑和农民自建两层以下住宅的勘察、设计活动，不适用本条例。

第四十五条　军事建设工程勘察、设计的管理，按照中央军事委员会的有关规定执行。

第四十六条　本条例自公布之日起施行。

第十一节　建设工程质量管理条例

第一章　总　　则

第一条　为了加强对建设工程质量的管理，保证建设工程质量，保护人民生命和财产安全，根据《中华人民共和国建筑法》，制定本条例。

第二条　凡在中华人民共和国境内从事建设工程的新建、扩建、改建等有关活动及实施对建设工程质量监督管理的，必须遵守本条例。

本条例所称建设工程，是指土木工程、建筑工程、线路管道和设备安装工程及装修工程。

第三条　建设单位、勘察单位、设计单位、施工单位、工程监理单位依法对建设工程质量负责。

第四条　县级以上人民政府建设行政主管部门和其他有关部门应当加强对建设工程质量

的监督管理。

第五条　从事建设工程活动，必须严格执行基本建设程序，坚持先勘察、后设计、再施工的原则。

县级以上人民政府及其有关部门不得超越权限审批建设项目或者擅自简化基本建设程序。

第六条　国家鼓励采用先进的科学技术和管理方法，提高建设工程质量。

第二章　建设单位的质量责任和义务

第七条　建设单位应当将工程发包给具有相应资质等级的单位。

建设单位不得将建设工程肢解发包。

第八条　建设单位应当依法对工程建设项目的勘察、设计、施工、监理以及与工程建设有关的重要设备、材料等的采购进行招标。

第九条　建设单位必须向有关的勘察、设计、施工、工程监理等单位提供与建设工程有关的原始资料。

原始资料必须真实、准确、齐全。

第十条　建设工程发包单位，不得迫使承包方以低于成本的价格竞标，不得任意压缩合理工期。

建设单位不得明示或者暗示设计单位或者施工单位违反工程建设强制性标准，降低建设工程质量。

第十一条　施工图设计文件审查的具体办法，由国务院建设行政主管部门会同国务院其他有关部门制定。

施工图设计文件未经审查批准的，不得使用。

第十二条　实行监理的建设工程，建设单位应当委托具有相应资质等级的工程监理单位进行监理，也可以委托具有工程监理相应资质等级并与被监理工程的施工承包单位没有隶属关系或者其他利害关系的该工程的设计单位进行监理。

下列建设工程必须实行监理：

（一）国家重点建设工程；

（二）大中型公用事业工程；

（三）成片开发建设的住宅小区工程；

（四）利用外国政府或者国际组织贷款、援助资金的工程；

（五）国家规定必须实行监理的其他工程。

第十三条　建设单位在开工前，应当按照国家有关规定办理工程质量监督手续，工程质量监督手续可以与施工许可证或者开工报告合并办理。

第十四条　按照合同约定，由建设单位采购建筑材料、建筑构配件和设备的，建设单位应当保证建筑材料、建筑构配件和设备符合设计文件和合同要求。

建设单位不得明示或者暗示施工单位使用不合格的建筑材料、建筑构配件和设备。

第十五条　涉及建筑主体和承重结构变动的装修工程，建设单位应当在施工前委托原设计单位或者具有相应资质等级的设计单位提出设计方案；没有设计方案的，不得施工。

房屋建筑使用者在装修过程中，不得擅自变动房屋建筑主体和承重结构。

第十六条　建设单位收到建设工程竣工报告后，应当组织设计、施工、工程监理等有关单位进行竣工验收。

建设工程竣工验收应当具备下列条件：

（一）完成建设工程设计和合同约定的各项内容；

（二）有完整的技术档案和施工管理资料；

（三）有工程使用的主要建筑材料、建筑构配件和设备的进场试验报告；

（四）有勘察、设计、施工、工程监理等单位分别签署的质量合格文件；

（五）有施工单位签署的工程保修书。

建设工程经验收合格的，方可交付使用。

第十七条　建设单位应当严格按照国家有关档案管理的规定，及时收集、整理建设项目各环节的文件资料，建立、健全建设项目档案，并在建设工程竣工验收后，及时向建设行政主管部门或者其他有关部门移交建设项目档案。

第三章　勘察、设计单位的质量责任和义务

第十八条　从事建设工程勘察、设计的单位应当依法取得相应等级的资质证书，并在其资质等级许可的范围内承揽工程。

禁止勘察、设计单位超越其资质等级许可的范围或者以其他勘察、设计单位的名义承揽工程。禁止勘察、设计单位允许其他单位或者个人以本单位的名义承揽工程。

勘察、设计单位不得转包或者违法分包所承揽的工程。

第十九条　勘察、设计单位必须按照工程建设强制性标准进行勘察、设计，并对其勘察、设计的质量负责。

注册建筑师、注册结构工程师等注册执业人员应当在设计文件上签字，对设计文件负责。

第二十条　勘察单位提供的地质、测量、水文等勘察成果必须真实、准确。

第二十一条　设计单位应当根据勘察成果文件进行建设工程设计。

设计文件应当符合国家规定的设计深度要求，注明工程合理使用年限。

第二十二条　设计单位在设计文件中选用的建筑材料、建筑构配件和设备，应当注明规格、型号、性能等技术指标，其质量要求必须符合国家规定的标准。

除有特殊要求的建筑材料、专用设备、工艺生产线等外，设计单位不得指定生产厂、供应商。

第二十三条　设计单位应当就审查合格的施工图设计文件向施工单位作出详细说明。

第二十四条　设计单位应当参与建设工程质量事故分析，并对因设计造成的质量事故，提出相应的技术处理方案。

第四章　施工单位的质量责任和义务

第二十五条　施工单位应当依法取得相应等级的资质证书，并在其资质等级许可的范围内承揽工程。

禁止施工单位超越本单位资质等级许可的业务范围或者以其他施工单位的名义承揽工程。禁止施工单位允许其他单位或者个人以本单位的名义承揽工程。

施工单位不得转包或者违法分包工程。

第二十六条　施工单位对建设工程的施工质量负责。

施工单位应当建立质量责任制，确定工程项目的项目经理、技术负责人和施工管理负责人。

建设工程实行总承包的，总承包单位应当对全部建设工程质量负责；建设工程勘察、设计、施工、设备采购的一项或者多项实行总承包的，总承包单位应当对其承包的建设工程或者采购

的设备的质量负责。

第二十七条　总承包单位依法将建设工程分包给其他单位的，分包单位应当按照分包合同的约定对其分包工程的质量向总承包单位负责，总承包单位与分包单位对分包工程的质量承担连带责任。

第二十八条　施工单位必须按照工程设计图纸和施工技术标准施工，不得擅自修改工程设计，不得偷工减料。

施工单位在施工过程中发现设计文件和图纸有差错的，应当及时提出意见和建议。

第二十九条　施工单位必须按照工程设计要求、施工技术标准和合同约定，对建筑材料、建筑构配件、设备和商品混凝土进行检验，检验应当有书面记录和专人签字；未经检验或者检验不合格的，不得使用。

第三十条　施工单位必须建立、健全施工质量的检验制度，严格工序管理，作好隐蔽工程的质量检查和记录。隐蔽工程在隐蔽前，施工单位应当通知建设单位和建设工程质量监督机构。

第三十一条　施工人员对涉及结构安全的试块、试件以及有关材料，应当在建设单位或者工程监理单位监督下现场取样，并送具有相应资质等级的质量检测单位进行检测。

第三十二条　施工单位对施工中出现质量问题的建设工程或者竣工验收不合格的建设工程，应当负责返修。

第三十三条　施工单位应当建立、健全教育培训制度，加强对职工的教育培训；未经教育培训或者考核不合格的人员，不得上岗作业。

第五章　工程监理单位的质量责任和义务

第三十四条　工程监理单位应当依法取得相应等级的资质证书，并在其资质等级许可的范围内承担工程监理业务。

禁止工程监理单位超越本单位资质等级许可的范围或者以其他工程监理单位的名义承担工程监理业务。禁止工程监理单位允许其他单位或者个人以本单位的名义承担工程监理业务。

工程监理单位不得转让工程监理业务。

第三十五条　工程监理单位与被监理工程的施工承包单位以及建筑材料、建筑构配件和设备供应单位有隶属关系或者其他利害关系的，不得承担该项建设工程的监理业务。

第三十六条　工程监理单位应当依照法律、法规以及有关技术标准、设计文件和建设工程承包合同，代表建设单位对施工质量实施监理，并对施工质量承担监理责任。

第三十七条　工程监理单位应当选派具备相应资格的总监理工程师和监理工程师进驻施工现场。

未经监理工程师签字，建筑材料、建筑构配件和设备不得在工程上使用或者安装，施工单位不得进行下一道工序的施工。未经总监理工程师签字，建设单位不拨付工程款，不进行竣工验收。

第三十八条　监理工程师应当按照工程监理规范的要求，采取旁站、巡视和平行检验等形式，对建设工程实施监理。

第六章　建设工程质量保修

第三十九条　建设工程实行质量保修制度。

建设工程承包单位在向建设单位提交工程竣工验收报告时，应当向建设单位出具质量保修书。质量保修书中应当明确建设工程的保修范围、保修期限和保修责任等。

第四十条　在正常使用条件下，建设工程的最低保修期限为：

(一)基础设施工程、房屋建筑的地基基础工程和主体结构工程，为设计文件规定的该工程的合理使用年限；

(二)屋面防水工程、有防水要求的卫生间、房间和外墙面的防渗漏，为5年；

(三)供热与供冷系统，为2个采暖期、供冷期；

(四)电气管线、给排水管道、设备安装和装修工程，为2年。

其他项目的保修期限由发包方与承包方约定。

建设工程的保修期，自竣工验收合格之日起计算。

第四十一条　建设工程在保修范围和保修期限内发生质量问题的，施工单位应当履行保修义务，并对造成的损失承担赔偿责任。

第四十二条　建设工程在超过合理使用年限后需要继续使用的，产权所有人应当委托具有相应资质等级的勘察、设计单位鉴定，并根据鉴定结果采取加固、维修等措施，重新界定使用期。

第七章　监督管理

第四十三条　国家实行建设工程质量监督管理制度。

国务院建设行政主管部门对全国的建设工程质量实施统一监督管理。国务院铁路、交通、水利等有关部门按照国务院规定的职责分工，负责对全国的有关专业建设工程质量的监督管理。

县级以上地方人民政府建设行政主管部门对本行政区域内的建设工程质量实施监督管理。县级以上地方人民政府交通、水利等有关部门在各自的职责范围内，负责对本行政区域内的专业建设工程质量的监督管理。

第四十四条　国务院建设行政主管部门和国务院铁路、交通、水利等有关部门应当加强对有关建设工程质量的法律、法规和强制性标准执行情况的监督检查。

第四十五条　国务院发展计划部门按照国务院规定的职责，组织稽察特派员，对国家出资的重大建设项目实施监督检查。

国务院经济贸易主管部门按照国务院规定的职责，对国家重大技术改造项目实施监督检查。

第四十六条　建设工程质量监督管理，可民由建设行政主管部门或者其他有关部门委托的建设工程质量监督机构具体实施。

从事房屋建筑工程和市政基础设施工程质量监督的机构，必须按照国家有关规定经国务院建设行政主管部门或者省、自治区、直辖市人民政府建设行政主管部门考核；从事专业建设工程质量监督的机构，必须按照国家有关规定经国务院有关部门或者省、自治区、直辖市人民政府有关部门考核。经考核合格后，方可实施质量监督。

第四十七条　县级以上地方人民政府建设行政主管部门和其他有关部门应当加强对有关建设工程质量的法律、法规和强制性标准执行情况的监督检查。

第四十八条　县级以上人民政府建设行政主管部门和其他有关部门履行监督检查职责时，有权采取下列措施：

(一)要求被检查的单位提供有关工程质量的文件和资料；

(二)进入被检查单位的施工现场进行检查；

（三）发现有影响工程质量的问题时，责令改正。

第四十九条　建设单位应当自建设工程竣工验收合格之日起15日内，将建设工程竣工验收报告和规划、公安消防、环保等部门出具的认可文件或者准许使用文件报建设行政主管部门或者其他有关部门备案。

建设行政主管部门或者其他有关部门发现建设单位在竣工验收过程中有违反国家有关建设工程质量管理规定行为的，责令停止使用，重新组织竣工验收。

第五十条　有关单位和个人对县级以上人民政府建设行政主管部门和其他有关部门进行的监督检查应当支持与配合，不得拒绝或者阻碍建设工程质量监督检查人员依法执行职务。

第五十一条　供水、供电、供气、公安消防等部门或者单位不得明示或者暗示建设单位、施工单位购买其指定的生产供应单位的建筑材料、建筑构配件和设备。

第五十二条　建设工程发生质量事故，有关单位应当在24小时内向当地建设行政主管部门和其他有关部门报告。对重大质量事故，事故发生地的建设行政主管部门和其他有关部门应当按照事故类别和等级向当地人民政府和上级建设行政主管部门和其他有关部门报告。

特别重大质量事故的调查程序按照国务院有关规定办理。

第五十三条　任何单位和个人对建设工程的质量事故、质量缺陷都有权检举、控告、投诉。

第八章　罚　　则

第五十四条　违反本条例规定，建设单位将建设工程发包给不具有相应资质等级的勘察、设计、施工单位或者委托给不具有相应资质等级的工程监理单位的，责令改正，处50万元以上100万元以下的罚款。

第五十五条　违反本条例规定，建设单位将建设工程肢解发包的，责令改正，处工程合同价款0.5%以上1%以下的罚款；对全部或者部分使用国有资金的项目，并可以暂停项目执行或者暂停资金拨付。

第五十六条　违反本条例规定，建设单位有下列行为之一的，责令改正，处20万元以上50万元以下的罚款：

（一）迫使承包方以低于成本的价格竞标的；

（二）任意压缩合理工期的；

（三）明示或者暗示设计单位或者施工单位违反工程建设强制性标准，降低工程质量的；

（四）施工图设计文件未经审查或者审查不合格，擅自施工的；

（五）建设项目必须实行工程监理而未实行工程监理的；

（六）未按照国家规定办理工程质量监督手续的；

（七）明示或者暗示施工单位使用不合格的建筑材料、建筑构配件和设备的；

（八）未按照国家规定将竣工验收报告、有关认可文件或者准许使用文件报送备案的。

第五十七条　违反本条例规定，建设单位未取得施工许可证或者开工报告未经批准，擅自施工的，责令停止施工，限期改正，处工程合同价款1%以上2%以下的罚款。

第五十八条　违反本条例规定，建设单位有下列行为之一的，责令改正，处工程合同价款2%以上4%以下的罚款；造成损失的，依法承担赔偿责任：

（一）未组织竣工验收，擅自交付使用的；

（二）验收不合格，擅自交付使用的；

（三）对不合格的建设工程按照合格工程验收的。

第五十九条　违反本条例规定，建设工程竣工验收后，建设单位未向建设行政主管部门或者其他有关部门移交建设项目档案的，责令改正，处1万元以上10万元以下的罚款。

第六十条　违反本条例规定，勘察、设计、施工、工程监理单位超越本单位资质等级承揽工程的，责令停止违法行为，对勘察、设计单位或者工程监理单位处合同约定的勘察费、设计费或者监理酬金1倍以上2倍以下的罚款；对施工单位处工程合同价款2%以上4%以下的罚款，可以责令停业整顿，降低资质等级；情节严重的，吊销资质证书；有违法所得的，予以没收。

未取得资质证书承揽工程的，予以取缔，依照前款规定处以罚款；有违法所得的，予以没收。

以欺骗手段取得资质证书承揽工程的，吊销资质证书，依照本条第一款规定处以罚款；有违法所得的，予以没收。

第六十一条　违反本条例规定，勘察、设计、施工、工程监理单位允许其他单位或者个人以本单位名义承揽工程的，责令改正，没收违法所得，对勘察、设计单位和工程监理单位处合同约定的勘察费、设计费和监理酬金1倍以上2倍以下的罚款；对施工单位处工程合同价款2%以上4%以下的罚款；可以责令停业整顿，降低资质等级；情节严重的，吊销资质证书。

第六十二条　违反本条例规定，承包单位将承包的工程转包或者违法分包的，责令改正，没收违法所得，对勘察、设计单位处合同约定的勘察费、设计费25%以上50%以下的罚款；对施工单位处工程合同价款0.5%以上1%以下的罚款；可以责令停业整顿，降低资质等级；情节严重的，吊销资质证书。

工程监理单位转让工程监理业务的，责令改正，没收违法所得，处合同约定的监理酬金25%以上50%以下的罚款；可以责令停业整顿，降低资质等级；情节严重的，吊销资质证书。

第六十三条　违反本条例规定，有下列行为之一的，责令改正，处10万元以上30万元以下的罚款：

（一）勘察单位未按照工程建设强制性标准进行勘察的；

（二）设计单位未根据勘察成果文件进行工程设计的；

（三）设计单位指定建筑材料、建筑构配件的生产厂、供应商的；

（四）设计单位未按照工程建设强制性标准进行设计的。

有前款所列行为，造成重大工程质量事故的，责令停业整顿，降低资质等级；情节严重的，吊销资质证书；造成损失的，依法承担赔偿责任。

第六十四条　违反本条例规定，施工单位在施工中偷工减料的，使用不合格的建筑材料、建筑构配件和设备的，或者有不按照工程设计图纸或者施工技术标准施工的其他行为的，责令改正，处工程合同价款2%以上4%以下的罚款；造成建设工程质量不符合规定的质量标准的，负责返工、修理，并赔偿因此造成的损失；情节严重的，责令停业整顿，降低资质等级或者吊销资质证书。

第六十五条　违反本条例规定，施工单位未对建筑材料、建筑构配件、设备和商品混凝土进行检验，或者未对涉及结构安全的试块、试件以及有关材料取样检测的，责令改正，处10万元以上20万元以下的罚款；情节严重的，责令停业整顿，降低资质等级或者吊销资质证书；造成损失的，依法承担赔偿责任。

第六十六条　违反本条例规定，施工单位不履行保修义务或者拖延履行保修义务的，责令改正，处10万元以上20万元以下的罚款，并对在保修期内因质量缺陷造成的损失承担赔偿责任。

第六十七条　工程监理单位有下列行为之一的，责令改正，处50万元以上100万元以下的罚款，降低资质等级或者吊销资质证书；有违法所得的，予以没收；造成损失的，承担连带赔偿责任：

（一）与建设单位或者施工单位串通，弄虚作假、降低工程质量的；

（二）将不合格的建设工程、建筑材料、建筑构配件和设备按照合格签字的。

第六十八条　违反本条例规定，工程监理单位与被监理工程的施工承包单位以及建筑材料、建筑构配件和设备供应单位有隶属关系或者其他利害关系承担该项建设工程的监理业务的，责令改正，处5万元以上10万元以下的罚款，降低资质等级或者吊销资质证书；有违法所得的，予以没收。

第六十九条　违反本条例规定，涉及建筑主体或者承重结构变动的装修工程，没有设计方案擅自施工的，责令改正，处50万元以上100万元以下的罚款；房屋建筑使用者在装修过程中擅自变动房屋建筑主体和承重结构的，责令改正，处5万元以上10万元以下的罚款。

有前款所列行为，造成损失的，依法承担赔偿责任。

第七十条　发生重大工程质量事故隐瞒不报、谎报或者拖延报告期限的，对直接负责的主管人员和其他责任人员依法给予行政处分。

第七十一条　违反本条例规定，供水、供电、供气、公安消防等部门或者单位明示或者暗示建设单位或者施工单位购买其指定的生产供应单位的建筑材料、建筑构配件和设备的，责令改正。

第七十二条　违反本条例规定，注册建筑师、注册结构工程师、监理工程师等注册执业人员因过错造成质量事故的，责令停止执业1年；造成重大质量事故的，吊销执业资格证书，5年以内不予注册；情节特别恶劣的，终身不予注册。

第七十三条　依照本条例规定，给予单位罚款处罚的，对单位直接负责的主管人员和其他直接责任人员处单位罚款数额5%以上10%以下的罚款。

第七十四条　建设单位、设计单位、施工单位、工程监理单位违反国家规定，降低工程质量标准，造成重大安全事故，构成犯罪的，对直接责任人员依法追究刑事责任。

第七十五条　本条例规定的责令停业整顿，降低资质等级和吊销资质证书的行政处罚，由颁发资质证书的机关决定；其他行政处罚，由建设行政主管部门或者其他有关部门依照法定职权决定。

依照本条例规定被吊销资质证书的，由工商行政管理部门吊销其营业执照。

第七十六条　国家机关工作人员在建设工程质量监督管理工作中玩忽职守、滥用职权、徇私舞弊，构成犯罪的，依法追究刑事责任；尚不构成犯罪的，依法给予行政处分。

第七十七条　建设、勘察、设计、施工、工程监理单位的工作人员因调动工作、退休等原因离开该单位后，被发现在该单位工作期间违反国家有关建设工程质量管理规定，造成重大工程质量事故的，仍应当依法追究法律责任。

第九章　附　　则

第七十八条　本条例所称肢解发包，是指建设单位将应当由一个承包单位完成的建设工程分解成若干部分发包给不同的承包单位的行为。

本条例所称违法分包，是指下列行为：

（一）总承包单位将建设工程分包给不具备相应资质条件的单位的；

（二）建设工程总承包合同中未有约定，又未经建设单位认可，承包单位将其承包的部分建设工程交由其他单位完成的；

(三)施工总承包单位将建设工程主体结构的施工分包给其他单位的;

(四)分包单位将其承包的建设工程再分包的。

本条例所称转包,是指承包单位承包建设工程后,不履行合同约定的责任和义务,将其承包的全部建设工程转给他人或者将其承包的全部建设工程肢解以后以分包的名义分别转给其他单位承包的行为。

第七十九条　本条例规定的罚款和没收的违法所得,必须全部上缴国库。

第八十条　抢险救灾及其他临时性房屋建筑和农民自建低层住宅的建设活动,不适用本条例。

第八十一条　军事建设工程的管理,按照中央军事委员会的有关规定执行。

第八十二条　本条例自发布之日起施行。

附　刑法有关条款

第一百三十七条　建设单位、设计单位、施工单位、工程监理单位违反国家规定,降低工程质量标准,造成重大安全事故的,对直接责任人员处五年以下有期徒刑或者拘役,并处罚金;后果特别严重的,处五年以上十年以下有期徒刑,并处罚金。

【例 11-11-1】 根据《建设工程质量管理条例》的规定,监理单位代表建设单位对施工质量实施监理,并对施工质量承担监理责任,其监理的依据不包括:

A. 有关技术标准　　B. 设计文件

C. 工程承包合同　　D. 建设单位指令

解　《中华人民共和国建筑法》第三十二条规定,建筑工程监理应当依照法律、行政法规及有关的技术标准、设计文件和建筑工程承包合同,对承包单位在施工质量、建设工期和建设资金使用等方面,代表建设单位实施监督。

答案:D

【例 11-11-2】 有关建设单位的工程质量责任与义务,下列理解错误的是:

A. 可将一个工程的各部位分包给不同的设计或施工单位

B. 发包给具有相应资质登记的单位

C. 领取施工许可证或者开工前,办理工程质量监督手续

D. 委托具有相应资质等级的工程监理单位进行监理

解　《中华人民共和国建筑法》第二十四条规定,提倡对建筑工程实行总承包,禁止将建筑工程肢解发包。

答案:A

习　题

11-11-1　工程勘察设计单位超越其资质等级许可的范围承揽建设工程勘察设计业务的,将责令停止违法行为,处罚款额为合同约定的勘察费、设计费的多少倍?(　　)

A. 1 倍以下　　B. 1 倍以上,2 倍以下

C. 2 倍以上,5 倍以下　　D. 5 倍以上,10 倍以下

11-11-2　《建设工程质量管理条例》规定,建设单位拨付工程款必须经(　　)签字。

A. 总经理　　B. 总经济师

C. 总工程师　　D. 总监理工程师

第十二节　建设工程安全生产管理条例

第一章　总　　则

第一条　为了加强建设工程安全生产监督管理，保障人民群众生命和财产安全，根据《中华人民共和国建筑法》、《中华人民共和国安全生产法》，制定本条例。

第二条　在中华人民共和国境内从事建设工程的新建、扩建、改建和拆除等有关活动及实施对建设工程安全生产的监督管理，必须遵守本条例。

本条例所称建设工程，是指土木工程、建筑工程、线路管道和设备安装工程及装修工程。

第三条　建设工程安全生产管理，坚持安全第一、预防为主的方针。

第四条　建设单位、勘察单位、设计单位、施工单位、工程监理单位及其他与建设工程安全生产有关的单位，必须遵守安全生产法律、法规的规定，保证建设工程安全生产，依法承担建设工程安全生产责任。

第五条　国家鼓励建设工程安全生产的科学技术研究和先进技术的推广应用，推进建设工程安全生产的科学管理。

第二章　建设单位的安全责任

第六条　建设单位应当向施工单位提供施工现场及毗邻区域内供水、排水、供电、供气、供热、通信、广播电视等地下管线资料，气象和水文观测资料，相邻建筑物和构筑物、地下工程的有关资料，并保证资料的真实、准确、完整。

建设单位因建设工程需要，向有关部门或者单位查询前款规定的资料时，有关部门或者单位应当及时提供。

第七条　建设单位不得对勘察、设计、施工、工程监理等单位提出不符合建设工程安全生产法律、法规和强制性标准规定的要求，不得压缩合同约定的工期。

第八条　建设单位在编制工程概算时，应当确定建设工程安全作业环境及安全施工措施所需费用。

第九条　建设单位不得明示或者暗示施工单位购买、租赁、使用不符合安全施工要求的安全防护用具、机械设备、施工机具及配件、消防设施和器材。

第十条　建设单位在申请领取施工许可证时，应当提供建设工程有关安全施工措施的资料。

依法批准开工报告的建设工程，建设单位应当自开工报告批准之日起15日内，将保证安全施工的措施报送建设工程所在地的县级以上地方人民政府建设行政主管部门或者其他有关部门备案。

第十一条　建设单位应当将拆除工程发包给具有相应资质等级的施工单位。

建设单位应当在拆除工程施工15日前，将下列资料报送建设工程所在地的县级以上地方人民政府建设行政主管部门或者其他有关部门备案：

（一）施工单位资质等级证明；

（二）拟拆除建筑物、构筑物及可能危及毗邻建筑的说明；

（三）拆除施工组织方案；

（四）堆放、清除废弃物的措施。

实施爆破作业的，应当遵守国家有关民用爆炸物品管理的规定。

第三章　勘察、设计、工程监理及其他有关单位的安全责任

第十二条　勘察单位应当按照法律、法规和工程建设强制性标准进行勘察，提供的勘察文件应当真实、准确，满足建设工程安全生产的需要。

勘察单位在勘察作业时，应当严格执行操作规程，采取措施保证各类管线、设施和周边建筑物、构筑物的安全。

第十三条　设计单位应当按照法律、法规和工程建设强制性标准进行设计，防止因设计不合理导致生产安全事故的发生。

设计单位应当考虑施工安全操作和防护的需要，对涉及施工安全的重点部位和环节在设计文件中注明，并对防范生产安全事故提出指导意见。

采用新结构、新材料、新工艺的建设工程和特殊结构的建设工程，设计单位应当在设计中提出保障施工作业人员安全和预防生产安全事故的措施建议。

设计单位和注册建筑师等注册执业人员应当对其设计负责。

第十四条　工程监理单位应当审查施工组织设计中的安全技术措施或者专项施工方案是否符合工程建设强制性标准。

工程监理单位在实施监理过程中，发现存在安全事故隐患的，应当要求施工单位整改；情况严重的，应当要求施工单位暂时停止施工，并及时报告建设单位。施工单位拒不整改或者不停止施工的，工程监理单位应当及时向有关主管部门报告。

工程监理单位和监理工程师应当按照法律、法规和工程建设强制性标准实施监理，并对建设工程安全生产承担监理责任。

第十五条　为建设工程提供机械设备和配件的单位，应当按照安全施工的要求配备齐全有效的保险、限位等安全设施和装置。

第十六条　出租的机械设备和施工机具及配件，应当具有生产（制造）许可证、产品合格证。

出租单位　应当对出租的机械设备和施工机具及配件的安全性能进行检测，在签订租赁协议时，应当出具检测合格证明。

禁止出租检测不合格的机械设备和施工机具及配件。

第十七条　在施工现场安装、拆卸施工起重机械和整体提升脚手架、模板等自升式架设设施，必须由具有相应资质的单位承担。

安装、拆卸施工起重机械和整体提升脚手架、模板等自升式架设设施，应当编制拆装方案、制定安全施工措施，并由专业技术人员现场监督。

施工起重机械和整体提升脚手架、模板等自升式架设设施安装完毕后，安装单位应当自检，出具自检合格证明，并向施工单位进行安全使用说明，办理验收手续并签字。

第十八条　施工起重机械和整体提升脚手架、模板等自升式架设设施的使用达到国家规定的检验检测期限的，必须经具有专业资质的检验检测机构检测。经检测不合格的，不得继续使用。

第十九条　检验检测机构对检测合格的施工起重机械和整体提升脚手架、模板等自升式架设设施，应当出具安全合格证明文件，并对检测结果负责。

第四章　施工单位的安全责任

第二十条　施工单位从事建设工程的新建、扩建、改建和拆除等活动，应当具备国家规定的注册资本、专业技术人员、技术装备和安全生产等条件，依法取得相应等级的资质证书，并在其资质等级许可的范围内承揽工程。

第二十一条　施工单位主要负责人依法对本单位的安全生产工作全面负责。施工单位应当建立健全安全生产责任制度和安全生产教育培训制度，制定安全生产规章制度和操作规程，保证本单位安全生产条件所需资金的投入，对所承担的建设工程进行定期和专项安全检查，并做好安全检查记录。

施工单位的项目负责人应当由取得相应执业资格的人员担任，对建设工程项目的安全施工负责，落实安全生产责任制度、安全生产规章制度和操作规程，确保安全生产费用的有效使用，并根据工程的特点组织制定安全施工措施，消除安全事故隐患，及时、如实报告生产安全事故。

第二十二条　施工单位对列入建设工程概算的安全作业环境及安全施工措施所需费用，应当用于施工安全防护用具及设施的采购和更新、安全施工措施的落实、安全生产条件的改善，不得挪作他用。

第二十三条　施工单位应当设立安全生产管理机构，配备专职安全生产管理人员。

专职安全生产管理人员负责对安全生产进行现场监督检查。发现安全事故隐患，应当及时向项目负责人和安全生产管理机构报告；对违章指挥、违章操作的，应当立即制止。

专职安全生产管理人员的配备办法由国务院建设行政主管部门会同国务院其他有关部门制定。

第二十四条　建设工程实行施工总承包的，由总承包单位对施工现场的安全生产负总责。

总承包单位应当自行完成建设工程主体结构的施工。

总承包单位依法将建设工程分包给其他单位的，分包合同中应当明确各自的安全生产方面的权利、义务。总承包单位和分包单位对分包工程的安全生产承担连带责任。

分包单位应当服从总承包单位的安全生产管理，分包单位不服从管理导致生产安全事故的，由分包单位承担主要责任。

第二十五条　垂直运输机械作业人员、安装拆卸工、爆破作业人员、起重信号工、登高架设作业人员等特种作业人员，必须按照国家有关规定经过专门的安全作业培训，并取得特种作业操作资格证书后，方可上岗作业。

第二十六条　施工单位应当在施工组织设计中编制安全技术措施和施工现场临时用电方案，对下列达到一定规模的危险性较大的分部分项工程编制专项施工方案，并附具安全验算结果，经施工单位技术负责人、总监理工程师签字后实施，由专职安全生产管理人员进行现场监督：

（一）基坑支护与降水工程；

（二）土方开挖工程；

（三）模板工程；

（四）起重吊装工程；

（五）脚手架工程；

（六）拆除、爆破工程；

（七）国务院建设行政主管部门或者其他有关部门规定的其他危险性较大的工程。

对前款所列工程中涉及深基坑、地下暗挖工程、高大模板工程的专项施工方案，施工单位还应当组织专家进行论证、审查。

本条第一款规定的达到一定规模的危险性较大工程的标准，由国务院建设行政主管部门会同国务院其他有关部门制定。

第二十七条　建设工程施工前，施工单位负责项目管理的技术人员应当对有关安全施工的技术要求向施工作业班组、作业人员作出详细说明，并由双方签字确认。

第二十八条　施工单位应当在施工现场入口处、施工起重机械、临时用电设施、脚手架、出入通道口、楼梯口、电梯井口、孔洞口、桥梁口、隧道口、基坑边沿、爆破物及有害危险气体和液体存放处等危险部位，设置明显的安全警示标志。安全警示标志必须符合国家标准。

施工单位应当根据不同施工阶段和周围环境及季节、气候的变化，在施工现场采取相应的安全施工措施。施工现场暂时停止施工的，施工单位应当做好现场防护，所需费用由责任方承担，或者按照合同约定执行。

第二十九条　施工单位应当将施工现场的办公、生活区与作业区分开设置，并保持安全距离；办公、生活区的选址应当符合安全性要求。职工的膳食、饮水、休息场所等应当符合卫生标准。施工单位不得在尚未竣工的建筑物内设置员工集体宿舍。

施工现场临时搭建的建筑物应当符合安全使用要求。施工现场使用的装配式活动房屋应当具有产品合格证。

第三十条　施工单位对因建设工程施工可能造成损害的毗邻建筑物、构筑物和地下管线等，应当采取专项防护措施。

施工单位应当遵守有关环境保护法律、法规的规定，在施工现场采取措施，防止或者减少粉尘、废气、废水、固体废物、噪声、振动和施工照明对人和环境的危害和污染。

在城市市区内的建设工程，施工单位应当对施工现场实行封闭围挡。

第三十一条　施工单位应当在施工现场建立消防安全责任制度，确定消防安全责任人，制定用火、用电、使用易燃易爆材料等各项消防安全管理制度和操作规程，设置消防通道、消防水源，配备消防设施和灭火器材，并在施工现场入口处设置明显标志。

第三十二条　施工单位应当向作业人员提供安全防护用具和安全防护服装，并书面告知危险岗位的操作规程和违章操作的危害。

作业人员有权对施工现场的作业条件、作业程序和作业方式中存在的安全问题提出批评、检举和控告，有权拒绝违章指挥和强令冒险作业。

在施工中发生危及人身安全的紧急情况时，作业人员有权立即停止作业或者在采取必要的应急措施后撤离危险区域。

第三十三条　作业人员应当遵守安全施工的强制性标准、规章制度和操作规程，正确使用安全防护用具、机械设备等。

第三十四条　施工单位采购、租赁的安全防护用具、机械设备、施工机具及配件，应当具有生产（制造）许可证、产品合格证，并在进入施工现场前进行查验。

施工现场的安全防护用具、机械设备、施工机具及配件必须由专人管理，定期进行检查、维修和保养，建立相应的资料档案，并按照国家有关规定及时报废。

第三十五条　施工单位在使用施工起重机械和整体提升脚手架、模板等自升式架设设施前，应当组织有关单位进行验收，也可以委托具有相应资质的检验检测机构进行验收；使用承租的机械设备和施工机具及配件的，由施工总承包单位、分包单位、出租单位和安装单位共同进行验收。验收合格的方可使用。

《特种设备安全监察条例》规定的施工起重机械，在验收前应当经有相应资质的检验检测机构监督检验合格。

施工单位应当自施工起重机械和整体提升脚手架、模板等自升式架设设施验收合格之日起30日内，向建设行政主管部门或者其他有关部门登记。登记标志应当置于或者附着于该设备的显著位置。

第三十六条　施工单位的主要负责人、项目负责人、专职安全生产管理人员应当经建设行政主管部门或者其他有关部门考核合格后方可任职。

施工单位应当对管理人员和作业人员每年至少进行一次安全生产教育培训，其教育培训情况记入个人工作档案。安全生产教育培训考核不合格的人员，不得上岗。

第三十七条　作业人员进入新的岗位或者新的施工现场前，应当接受安全生产教育培训。未经教育培训或者教育培训考核不合格的人员，不得上岗作业。

施工单位在采用新技术、新工艺、新设备、新材料时，应当对作业人员进行相应的安全生产教育培训。

第三十八条　施工单位应当为施工现场从事危险作业的人员办理意外伤害保险。

意外伤害保险费由施工单位支付。实行施工总承包的，由总承包单位支付意外伤害保险费。意外伤害保险期限自建设工程开工之日起至竣工验收合格止。

第五章　监督管理

第三十九条　国务院负责安全生产监督管理的部门依照《中华人民共和国安全生产法》的规定，对全国建设工程安全生产工作实施综合监督管理。

县级以上地方人民政府负责安全生产监督管理的部门依照《中华人民共和国安全生产法》的规定，对本行政区域内建设工程安全生产工作实施综合监督管理。

第四十条　国务院建设行政主管部门对全国的建设工程安全生产实施监督管理。国务院铁路、交通、水利等有关部门按照国务院规定的职责分工，负责有关专业建设工程安全生产的监督管理。

县级以上地方人民政府建设行政主管部门对本行政区域内的建设工程安全生产实施监督管理。县级以上地方人民政府交通、水利等有关部门在各自的职责范围内，负责本行政区域内的专业建设工程安全生产的监督管理。

第四十一条　建设行政主管部门和其他有关部门应当将本条例第十条、第十一条规定的有关资料的主要内容抄送同级负责安全生产监督管理的部门。

第四十二条　建设行政主管部门在审核发放施工许可证时，应当对建设工程是否有安全施工措施进行审查，对没有安全施工措施的，不得颁发施工许可证。

建设行政主管部门或者其他有关部门对建设工程是否有安全施工措施进行审查时，不得收取费用。

第四十三条　县级以上人民政府负有建设工程安全生产监督管理职责的部门在各自的职责范围内履行安全监督检查职责时，有权采取下列措施：

（一）要求被检查单位提供有关建设工程安全生产的文件和资料；

（二）进入被检查单位施工现场进行检查；

（三）纠正施工中违反安全生产要求的行为；

（四）对检查中发现的安全事故隐患，责令立即排除；重大安全事故隐患排除前或者排除过程中无法保证安全的，责令从危险区域内撤出作业人员或者暂时停止施工。

第四十四条　建设行政主管部门或者其他有关部门可以将施工现场的监督检查委托给建设工程安全监督机构具体实施。

第四十五条　国家对严重危及施工安全的工艺、设备、材料实行淘汰制度。具体目录由国务院建设行政主管部门会同国务院其他有关部门制定并公布。

第四十六条　县级以上人民政府建设行政主管部门和其他有关部门应当及时受理对建设工程生产安全事故及安全事故隐患的检举、控告和投诉。

第六章　生产安全事故的应急救援和调查处理

第四十七条　县级以上地方人民政府建设行政主管部门应当根据本级人民政府的要求，制定本行政区域内建设工程特大生产安全事故应急救援预案。

第四十八条　施工单位应当制定本单位生产安全事故应急救援预案，建立应急救援组织或者配备应急救援人员，配备必要的应急救援器材、设备，并定期组织演练。

第四十九条　施工单位应当根据建设工程施工的特点、范围，对施工现场易发生重大事故的部位、环节进行监控，制定施工现场生产安全事故应急救援预案。实行施工总承包的，由总承包单位统一组织编制建设工程生产安全事故应急救援预案，工程总承包单位和分包单位按照应急救援预案，各自建立应急救援组织或者配备应急救援人员，配备救援器材、设备，并定期组织演练。

第五十条　施工单位发生生产安全事故，应当按照国家有关伤亡事故报告和调查处理的规定，及时、如实地向负责安全生产监督管理的部门、建设行政主管部门或者其他有关部门报告；特种设备发生事故的，还应当同时向特种设备安全监督管理部门报告。接到报告的部门应当按照国家有关规定，如实上报。

实行施工总承包的建设工程，由总承包单位负责上报事故。

第五十一条　发生生产安全事故后，施工单位应当采取措施防止事故扩大，保护事故现场。需要移动现场物品时，应当做出标记和书面记录，妥善保管有关证物。

第五十二条　建设工程生产安全事故的调查、对事故责任单位和责任人的处罚与处理，按照有关法律、法规的规定执行。

第七章　法律责任

第五十三条　违反本条例的规定，县级以上人民政府建设行政主管部门或者其他有关行政管理部门的工作人员，有下列行为之一的，给予降级或者撤职的行政处分；构成犯罪的，依照刑法有关规定追究刑事责任：

（一）对不具备安全生产条件的施工单位颁发资质证书的；

（二）对没有安全施工措施的建设工程颁发施工许可证的；

（三）发现违法行为不予查处的；

（四）不依法履行监督管理职责的其他行为。

第五十四条　违反本条例的规定，建设单位未提供建设工程安全生产作业环境及安全施工措施所需费用的，责令限期改正；逾期未改正的，责令该建设工程停止施工。

建设单位未将保证安全施工的措施或者拆除工程的有关资料报送有关部门备案的，责令限期改正，给予警告。

第五十五条　违反本条例的规定，建设单位有下列行为之一的，责令限期改正，处20万元以上50万元以下的罚款；造成重大安全事故，构成犯罪的，对直接责任人员，依照刑法有关规定追究刑事责任；造成损失的，依法承担赔偿责任：

（一）对勘察、设计、施工、工程监理等单位提出不符合安全生产法律、法规和强制性标准规定的要求的；

（二）要求施工单位压缩合同约定的工期的；

（三）将拆除工程发包给不具有相应资质等级的施工单位的。

第五十六条　违反本条例的规定，勘察单位、设计单位有下列行为之一的，责令限期改正，处10万元以上30万元以下的罚款；情节严重的，责令停业整顿，降低资质等级，直至吊销资质证书；造成重大安全事故，构成犯罪的，对直接责任人员，依照刑法有关规定追究刑事责任；造成损失的，依法承担赔偿责任：

（一）未按照法律、法规和工程建设强制性标准进行勘察、设计的；

（二）采用新结构、新材料、新工艺的建设工程和特殊结构的建设工程，设计单位未在设计中提出保障施工作业人员安全和预防生产安全事故的措施建议的。

第五十七条　违反本条例的规定，工程监理单位有下列行为之一的，责令限期改正；逾期未改正的，责令停业整顿，并处10万元以上30万元以下的罚款；情节严重的，降低资质等级，直至吊销资质证书；造成重大安全事故，构成犯罪的，对直接责任人员，依照刑法有关规定追究刑事责任；造成损失的，依法承担赔偿责任：

（一）未对施工组织设计中的安全技术措施或者专项施工方案进行审查的；

（二）发现安全事故隐患未及时要求施工单位整改或者暂时停止施工的；

（三）施工单位拒不整改或者不停止施工，未及时向有关主管部门报告的；

（四）未依照法律、法规和工程建设强制性标准实施监理的。

第五十八条　注册执业人员未执行法律、法规和工程建设强制性标准的，责令停止执业3个月以上1年以下；情节严重的，吊销执业资格证书，5年内不予注册；造成重大安全事故的，终身不予注册；构成犯罪的，依照刑法有关规定追究刑事责任。

第五十九条　违反本条例的规定，为建设工程提供机械设备和配件的单位，未按照安全施工的要求配备齐全有效的保险、限位等安全设施和装置的，责令限期改正，处合同价款1倍以上3倍以下的罚款；造成损失的，依法承担赔偿责任。

第六十条　违反本条例的规定，出租单位出租未经安全性能检测或者经检测不合格的机械设备和施工机具及配件的，责令停业整顿，并处5万元以上10万元以下的罚款；造成损失的，依法承担赔偿责任。

第六十一条　违反本条例的规定，施工起重机械和整体提升脚手架、模板等自升式架设设施安装、拆卸单位有下列行为之一的，责令限期改正，处5万元以上10万元以下的罚款；情节严重的，责令停业整顿，降低资质等级，直至吊销资质证书；造成损失的，依法承担赔偿责任：

（一）未编制拆装方案、制定安全施工措施的；

（二）未由专业技术人员现场监督的；

（三）未出具自检合格证明或者出具虚假证明的；

（四）未向施工单位进行安全使用说明，办理移交手续的。

施工起重机械和整体提升脚手架、模板等自升式架设设施安装、拆卸单位有前款规定的第（一）项、第（三）项行为，经有关部门或者单位职工提出后，对事故隐患仍不采取措施，因而发生重大伤亡事故或者造成其他严重后果，构成犯罪的，对直接责任人员，依照刑法有关规定追究刑事责任。

第六十二条　违反本条例的规定，施工单位有下列行为之一的，责令限期改正；逾期未改正的，责令停业整顿，依照《中华人民共和国安全生产法》的有关规定处以罚款；造成重大安全事故，构成犯罪的，对直接责任人员，依照刑法有关规定追究刑事责任：

（一）未设立安全生产管理机构、配备专职安全生产管理人员或者分部分项工程施工时无专职安全生产管理人员现场监督的；

（二）施工单位的主要负责人、项目负责人、专职安全生产管理人员、作业人员或者特种作业人员，未经安全教育培训或者经考核不合格即从事相关工作的；

（三）未在施工现场的危险部位设置明显的安全警示标志，或者未按照国家有关规定在施工现场设置消防通道、消防水源、配备消防设施和灭火器材的；

（四）未向作业人员提供安全防护用具和安全防护服装的；

（五）未按照规定在施工起重机械和整体提升脚手架、模板等自升式架设设施验收合格后登记的；

（六）使用国家明令淘汰、禁止使用的危及施工安全的工艺、设备、材料的。

第六十三条　违反本条例的规定，施工单位挪用列入建设工程概算的安全生产作业环境及安全施工措施所需费用的，责令限期改正，处挪用费用20%以上50%以下的罚款；造成损失的，依法承担赔偿责任。

第六十四条　违反本条例的规定，施工单位有下列行为之一的，责令限期改正；逾期未改正的，责令停业整顿，并处5万元以上10万元以下的罚款；造成重大安全事故，构成犯罪的，对直接责任人员，依照刑法有关规定追究刑事责任：

（一）施工前未对有关安全施工的技术要求作出详细说明的；

（二）未根据不同施工阶段和周围环境及季节、气候的变化，在施工现场采取相应的安全施工措施，或者在城市市区内的建设工程的施工现场未实行封闭围挡的；

（三）在尚未竣工的建筑物内设置员工集体宿舍的；

（四）施工现场临时搭建的建筑物不符合安全使用要求的；

（五）未对因建设工程施工可能造成损害的毗邻建筑物、构筑物和地下管线等采取专项防护措施的。

施工单位有前款规定第（四）项、第（五）项行为，造成损失的，依法承担赔偿责任。

第六十五条　违反本条例的规定，施工单位有下列行为之一的，责令限期改正；逾期未改正的，责令停业整顿，并处10万元以上30万元以下的罚款；情节严重的，降低资质等级，直至吊销资质证书；造成重大安全事故，构成犯罪的，对直接责任人员，依照刑法有关规定追究刑事责任；造成损失的，依法承担赔偿责任：

（一）安全防护用具、机械设备、施工机具及配件在进入施工现场前未经查验或者查验不合格即投入使用的；

（二）使用未经验收或者验收不合格的施工起重机械和整体提升脚手架、模板等自升式架设设施的；

（三）委托不具有相应资质的单位承担施工现场安装、拆卸施工起重机械和整体提升脚手架、模板等自升式架设设施的；

（四）在施工组织设计中未编制安全技术措施、施工现场临时用电方案或者专项施工方案的。

第六十六条　违反本条例的规定，施工单位的主要负责人、项目负责人未履行安全生产管理职责的，责令限期改正；逾期未改正的，责令施工单位停业整顿；造成重大安全事故、重大伤亡事故或者其他严重后果，构成犯罪的，依照刑法有关规定追究刑事责任。

作业人员不服管理、违反规章制度和操作规程冒险作业造成重大伤亡事故或者其他严重后果，构成犯罪的，依照刑法有关规定追究刑事责任。

施工单位的主要负责人、项目负责人有前款违法行为，尚不够刑事处罚的，处2万元以上20万元以下的罚款或者按照管理权限给予撤职处分；自刑罚执行完毕或者受处分之日起，5年内不得担任任何施工单位的主要负责人、项目负责人。

第六十七条　施工单位取得资质证书后，降低安全生产条件的，责令限期改正；经整改仍未达到与其资质等级相适应的安全生产条件的，责令停业整顿，降低其资质等级直至吊销资质证书。

第六十八条　本条例规定的行政处罚，由建设行政主管部门或者其他有关部门依照法定职权决定。

违反消防安全管理规定的行为，由公安消防机构依法处罚。

有关法律、行政法规对建设工程安全生产违法行为的行政处罚决定机关另有规定的，从其规定。

第八章　附　　则

第六十九条　抢险救灾和农民自建低层住宅的安全生产管理，不适用本条例。

第七十条　军事建设工程的安全生产管理，按照中央军事委员会的有关规定执行。

第七十一条　本条例自2004年2月1日起施行。

【例11-12-1】 根据《建设工程安全生产管理条例》的规定，施工单位实施爆破、起重吊装等施工时，应当安排现场的监督人员是：

A. 项目管理技术人员　　B 应急救援人员

C. 专职安全生产管理人员　　D. 专职质量管理人员

解　《中华人民共和国安全法》第四十条规定，生产经营单位进行爆破、吊装以及国务院安全生产监督管理部门会同国务院有关部门规定的其他危险作业，应当安排专门人员进行现场安全管理，确保操作规程的遵守和安全措施的落实。

答案：C

【例11-12-2】 根据《建设工程安全生产管理条例》规定，建设单位确定建设工程安全作业环境及安全施工措施所需费用的时间是：

A. 编制工程概算时　　B. 编制设计预算时

C. 编制施工预算时　　D. 编制投资估算时

解　《建设工程安全生产管理条例》第八条规定：建设单位在编制工程概算时，应当确定建设工程安全作业环境及安全施工措施所需费用。

答案：A

习　　题

11-12-1　深基坑支护与降水工程、模板工程、脚手架工程的施工专项方案必须经下列哪些人员签字后实施？（　　）

①经施工单位技术负责人；②总监理工程师；③结构设计人；④施工方法人代表。

A. ①②　　B. ①②③　　C. ①②③④　　D. ①④

11-12-2　施工现场及毗邻区域内的各种管线及地下工程的有关资料（　　）。

A. 应由建设单位向施工单位提供　　B. 施工单位必须在开工前自行查清

C. 应由监理单位提供　　D. 应由政府有关部门提供

题解及参考答案

第二节

11-2-1 **解**:《中华人民共和国建筑法》第七条规定，建筑工程开工前，建设单位应当按照国家有关规定向工程所在地县级以上人民政府建设行政主管部门申请领取施工许可证;但是，国务院建设行政主管部门确定的限额以下的小型工程除外。按照国务院规定的权限和程序批准开工报告的建筑工程，不再领取施工许可证。

答案:D

11-2-2 **解**:《中华人民共和国建筑法》第九条规定，建设单位应当自领取施工许可证之日起三个月内开工。因故不能按期开工的，应当向发证机关申请延期;延期以两次为限，每次不超过三个月。既不开工又不申请延期或者超过延期时限的，施工许可证自行废止。

答案:A

11-2-3 **解**:《建设工程质量管理条例》第七十八条规定，本条例所称违法分包，是指下列行为:

(一)总承包单位将建设工程分包给不具备相应资质条件的单位的;

(二)建设工程总承包合同中未有约定，又未经建设单位认可，承包单位将其承包的部分建设工程交由其他单位完成的;

(三)施工总承包单位将建设工程主体结构的施工分包给其他单位的;

(四)分包单位将其承包的建设工程再分包的。

答案:C

11-2-4 **解**:《中华人民共和国建筑法》第二条规定，在中华人民共和国境内从事建筑活动，实施对建筑活动的监督管理，应当遵守本法。本法所称建筑活动，是指各类房屋建筑及其附属设施的建造和与其配套的线路、管道、设备的安装活动。

答案:B

11-2-5 **解**:《中华人民共和国建筑法》第三十条规定，国家推行建筑工程监理制度。国务院可以规定实行强制监理的建筑工程的范围。

答案:A

11-2-6 **解**:见《中华人民共和国建筑法》第八条第(一)、(四)、(五)款规定，可知A、B、D项符合要求。

《中华人民共和国建筑法》第八条规定，申请领取施工许可证，应当具备下列条件:

(一)已经办理该建筑工程用地批准手续;

(二)依法应当办理建设工程规划许可证的，已经取得建设工程规划许可证;

(三)需要拆迁的，其拆迁进度符合施工要求;

(四)已经确定建筑施工企业;

(五)有满足施工需要的资金安排、施工图纸及技术资料;

(六)有保证工程质量和安全的具体措施。

建设行政主管部门应当自收到申请之日起七日内，对符合条件的申请颁发施工许可证。

答案：C

第三节

11-3-1 **解**：《中华人民共和国安全生产法》第三条规定，安全生产工作，坚持安全第一、预防为主、综合治理的方针。

答案：A

11-3-2 **解**：《中华人民共和国安全生产法》第五条规定，生产经营单位的主要负责人对本单位的安全生产工作全面负责。

答案：A

第四节

11-4-1 **解**：《中华人民共和国招标投标法》第十二条规定，招标人具有编制招标文件和组织评标能力的，可以自行办理招标事宜。任何单位和个人不得强制其委托招标代理机构办理招标事宜。

答案：D

11-4-2 **解**：《中华人民共和国招标投标法》第十条明确规定，招标分为公开招标和邀请招标。

答案：A

11-4-3 **解**：《中华人民共和国招标投标法》第三十七条规定，评委会专家组成中技术经济方面的专家不少于成员总数的三分之二。

答案：C

11-4-4 **解**：《中华人民共和国招标投标法》第三十七条规定，评标由招标人依法组建的评标委员会负责。依法必须进行招标的项目，其评标委员会由招标人的代表和有关技术、经济等方面的专家组成，成员人数为五人以上单数，其中技术、经济等方面的专家不得少于成员总数的三分之二。

答案：D

11-4-5 **解**：《中华人民共和国招标投标法》第三条规定，不是所有的住宅项目都需要监理。

《中华人民共和国招标投标法》第三条规定，在中华人民共和国境内进行下列工程建设项目包括项目的勘察、设计、施工、监理以及与工程建设有关的重要设备、材料等的采购，必须进行招标：

（一）大型基础设施、公用事业等关系社会公共利益、公众安全的项目；

（二）全部或者部分使用国有资金投资或者国家融资的项目；

（三）使用国际组织或者外国政府贷款、援助资金的项目。

前款所列项目的具体范围和规模标准，由国务院发展计划部门会同国务院有关部门制订，报国务院批准。法律或者国务院对必须进行招标的其他项目的范围有规定的，依照其规定。

答案：D

11-4-6 **解**：《中华人民共和国招标投标法》第四十六条规定，招标人和中标人应当自中标通知书发出之日起三十日内，按照招标文件和中标人的投标文件订立书面合同。招标人和中标人不得再行订立背离合同实质性内容的其他协议。

答案：B

第五节

11-5-1 **解**：《中华人民共和国合同法》第五十四条规定，下列合同，当事人一方有权请求人民法院或者仲裁机构变更或者撤销：

（一）因重大误解订立的；

（二）在订立合同时显失公平的。

一方以欺诈、胁迫的手段或者乘人之危，使对方在违背真实意思的情况下订立的合同，受损害方有权请求人民法院或者仲裁机构变更或者撤销。当事人请求变更的，人民法院或者仲裁机构不得撤销。

答案：D

11-5-2 **解**：《中华人民共和国合同法》第一百一十五条规定，当事人可以依照《中华人民共和国担保法》约定一方向对方给付定金作为债权的担保。债务人履行债务后，定金应当抵作价款或者收回。给付定金的一方不履行约定的债务的，无权要求返还定金；收受定金的一方不履行约定的债务的，应当双倍返还定金。

答案：A

11-5-3 **解**：《中华人民共和国合同法》第十五条规定，要约邀请是希望他人向自己发出要约的意思表示。寄送的价目表、拍卖公告、招标公告、招股说明书、商业广告等为要约邀请。

答案：A

11-5-4 **解**：《中华人民共和国合同法》第二条指出，合同是自然人、法人、其他组织之间的协议。

答案：A

11-5-5 **解**：《中华人民共和国合同法》第十八条规定，要约可以撤销。撤销要约的通知应当在受要约人发出承诺通知之前到达受要约人。

答案：A

11-5-6 **解**：《中华人民共和国合同法》第三十条规定，承诺的内容应当与要约的内容一致。受要约人对要约的内容作出实质性变更的，为新要约。有关合同标的、数量、质量、价款或者报酬、履行期限、履行地点和方式、违约责任和解决争议方法等的变更，是对要约内容的实质性变更。

答案：C

11-5-7 **解**：《中华人民共和国合同法》第三十二条规定，当事人采用合同书形式订立合同的，自双方当事人签字或者盖章时合同成立。

答案：B

11-5-8 **解**：《中华人民共和国建筑法》第二十七条规定，大型建筑工程或者结构复杂的建筑工程，可以由两个以上的承包单位联合共同承包。共同承包的各方对承包合同的履行承担连带责任。两个以上不同资质等级的单位实行联合共同承包的，应当按照资质等级低的单位的业务许可范围承揽工程。

答案：A

第六节

11-6-1 **解:**《中华人民共和国行政许可法》第五十八条规定,行政机关实施行政许可和对行政许可事项进行监督检查,不得收取任何费用。但是法律、行政法规另有规定的,依照其规定。

答案:A

11-6-2 **解:**《中华人民共和国行政许可法》第四十二条规定,除可以当场作出行政许可决定的外,行政机关应当自受理行政许可申请之日起二十日内作出行政许可决定。二十日内不能作出决定的,经本行政机关负责人批准,可以延长十日,并应当将延长期限的理由告知申请人。但是法律、法规另有规定的,依照其规定。

答案:A

第七节

11-7-1 **解:**《中华人民共和国节约能源法》第二十条规定,用能产品的生产者、销售者,可以根据自愿原则,按照国家有关节能产品认证的规定,向经国务院认证认可监督管理部门认可的从事节能产品认证的机构提出节能产品认证申请;经认证合格后,取得节能产品认证证书,可以在用能产品或者其包装物上使用节能产品认证标志。

答案:A

11-7-2 **解:**《中华人民共和国节约能源法》第三十五条规定,建筑工程的建设、设计、施工和监理单位应当遵守建筑节能标准。不符合建筑节能标准的建筑工程,建设主管部门不得批准开工建设;已经开工建设的,应当责令停止施工、限期改正;已经建成的,不得销售或者使用。

答案:A

第八节

11-8-1 **解:**《中华人民共和国环境保护法》第四十五条规定,国家依照法律规定实行排污许可管理制度。实行排污许可管理的企业事业单位和其他生产经营者,应当按照排污许可证的要求排放污染物;未取得排污许可证的,不得排放污染物。

答案:A

11-8-2 **解:**《中华人民共和国环境保护法》第四十一条规定,建设项目中防治污染的设施,应当与主体工程同时设计、同时施工、同时投产使用。防治污染的设施应当符合经批准的环境影响评价文件要求,不得擅自拆除或闲置。

答案:D

11-8-3 **解:**《中华人民共和国环境保护法》第六十三条规定,企业事业单位和其他生产经营者有下列行为之一,尚不构成犯罪的,除依照有关法律法规规定予以处罚外,由县级以上人民政府环境保护主管部门或者其他有关部门将案件移送公安机关,对其直接负责的主管人员和其他直接责任人员,处十日以上十五日以下拘留;情节较轻的,处五日以上十日以下拘留:

(一)建设项目未依法进行环境影响评价,被责令停止建设,拒不执行的;

……

答案:A

第十一节

11-11-1 **解:**《建设工程质量管理条例》第六十条规定,违反本条例规定,勘察、设计、施工、工程监理单位超越本单位资质等级承揽工程的,责令停止违法行为,对勘察、设计单位或者监理单位处合同约定的勘察费、设计费或者监理酬金1倍以上2倍以下的罚款;对施工单位处工程合同价款2%以上4%以下的罚款,可以责令停业整顿,降低资质等级;情节严重的,吊销资质证书;有违法所得的,予以没收。未取得资质证书承揽工程的,予以取缔,依照前款规定处以罚款;有违法所得的,予以没收。

答案:B

11-11-2 **解:**《建设工程质量管理条例》第三十七条规定,工程监理单位应当选派具备相应资格的总监理工程师和监理工程师进驻施工现场。未经监理工程师签字,建筑材料、建筑构配件和设备不得在工程上使用或者安装,施工单位不得进行下一道工序的施工。未经总监理工程师签字,建设单位不拨付工程款,不进行竣工验收。

答案:D

第十二节

11-12-1 **解:**《中华人民共和国安全生产法》第二十六条规定,施工单位应当在施工组织设计中编制安全技术措施和施工现场临时用电方案,对下列达到一定规模的危险性较大的分部分项工程编制专项施工方案,并附具安全验算结果,经施工单位技术负责人、总监理工程师签字后实施,由专职安全生产管理人员进行现场监督:

(一)基坑支护与降水工程;

(二)土方开挖工程;

(三)模板工程;

(四)起重吊装工程;

(五)脚手架工程;

(六)拆除、爆破工程。

答案:A

11-12-2 **解:**《建设工程安全生产管理条例》第六条规定,建设单位应当向施工单位提供施工现场及毗邻区域内供水、排水、供电、供气、供热、通信、广播电视等地下管线资料,气象和水文观测资料,相邻建筑物和构筑物、地下工程的有关资料,并保证资料的真实、准确、完整。

答案:A

附录一

全国勘察设计注册工程师资格考试
公共基础考试大纲

I. 工程科学基础

一、数学

1.1 空间解析几何

向量的线性运算；向量的数量积、向量积及混合积；两向量垂直、平行的条件；直线方程；平面方程；平面与平面、直线与直线、平面与直线之间的位置关系；点到平面、直线的距离；球面、母线平行于坐标轴的柱面、旋转轴为坐标轴的旋转曲面的方程；常用的二次曲面方程；空间曲线在坐标面上的投影曲线方程。

1.2 微分学

函数的有界性、单调性、周期性和奇偶性；数列极限与函数极限的定义及其性质；无穷小和无穷大的概念及其关系；无穷小的性质及无穷小的比较极限的四则运算；函数连续的概念；函数间断点及其类型；导数与微分的概念；导数的几何意义和物理意义；平面曲线的切线和法线；导数和微分的四则运算；高阶导数；微分中值定理；洛必达法则；函数的切线及法平面和切平面及法线；函数单调性的判别；函数的极值；函数曲线的凹凸性、拐点；偏导数与全微分的概念；二阶偏导数；多元函数的极值和条件极值；多元函数的最大、最小值极其简单应用。

1.3 积分学

原函数与不定积分的概念；不定积分的基本性质；基本积分公式；定积分的基本概念和性质(包括定积分中值定理)；积分上限的函数及其导数；牛顿-莱布尼兹公式；不定积分和定积分的换元积分法与分部积分法；有理函数、三角函数的有理式和简单无理函数的积分；广义积分；二重积分与三重积分的概念、性质、计算和应用；两类曲线积分的概念、性质和计算；求平面图形的面积、平面曲线的弧长和旋转体的体积。

1.4 无穷级数

数项级数的敛散性概念；收敛级数的和；级数的基本性质与级数收敛的必要条件；几何级数与 p 级数及其收敛性；正项级数敛散性的判别法；任意项级数的绝对收敛与条件收敛；幂级数及其收敛半径、收敛区间和收敛域；幂级数的和函数；函数的泰勒级数展开；函数的傅里叶系数与傅里叶级数。

1.5 常微分方程

常微分方程的基本概念；变量可分离的微分方程；齐次微分方程；一阶线性微分方程；全微分方程；可降阶的高阶微分方程；线性微分方程解的性质及解的结构定理；

二阶常系数齐次线性微分方程。

1.6 线性代数

行列式的性质及计算;行列式按行展开定理的应用;矩阵的运算;逆矩阵的概念、性质及求法;矩阵的初等变换和初等矩阵;矩阵的秩;等价矩阵的概念和性质;向量的线性表示;向量组的线性相关和线性无关;线性方程组有解的判定;线性方程组求解;矩阵的特征值和特征向量的概念与性质;相似矩阵的概念和性质;矩阵的相似对角化;二次型及其矩阵表示;合同矩阵的概念和性质;二次型的秩;惯性定理;二次型及其矩阵的正定性。

1.7 概率与数理统计

随机事件与样本空间;事件的关系与运算;概率的基本性质;古典型概率;条件概率;概率的基本公式;事件的独立性;独立重复试验;随机变量;随机变量的分布函数;离散型随机变量的概率分布;连续型随机变量的概率密度;常见随机变量的分布;随机变量的数学期望、方差、标准差及其性质;随机变量函数的数学期望;矩、协方差、相关系数及其性质;总体;个体;简单随机样本;统计量;样本均值;样本方差和样本矩;χ^2 分布;t 分布;F 分布;点估计的概念;估计量与估计值;矩估计法;最大似然估计法;估计量的评选标准;区间估计的概念;单个正态总体的均值和方差的区间估计;两个正态总体的均值差和方差比的区间估计;显著性检验;单个正态总体的均值和方差的假设检验。

二、物理学

2.1 热学

气体状态参量;平衡态;理想气体状态方程;理想气体的压强和温度的统计解释;自由度;能量按自由度均分原理;理想气体内能;平均碰撞频率和平均自由程;麦克斯韦速率分布律;方均根速率;平均速率;最概然速率;功;热量;内能;热力学第一定律及其对理想气体等值过程的应用;绝热过程;气体的摩尔热容量;循环过程;卡诺循环;热机效率;净功;制冷系数;热力学第二定律及其统计意义;可逆过程和不可逆过程。

2.2 波动学

机械波的产生和传播;一维简谐波表达式;描述波的特征量;波面,波前,波线;波的能量、能流、能流密度;波的衍射;波的干涉;驻波;自由端反射与固定端反射;声波;声强级;多普勒效应。

2.3 光学

相干光的获得;杨氏双缝干涉;光程和光程差;薄膜干涉;光疏介质;光密介质;迈克尔逊干涉仪;惠更斯-菲涅尔原理;单缝衍射;光学仪器分辨本领;衍射光栅与光谱分析;X 射线衍射;布拉格公式;自然光和偏振光;布儒斯特定律;马吕斯定律;双折射现象。

三、化学

3.1 物质的结构和物质状态

原子结构的近代概念;原子轨道和电子云;原子核外电子分布;原子和离子的电子结

构；原子结构和元素周期律；元素周期表；周期族；元素性质及氧化物及其酸碱性。离子键的特征；共价键的特征和类型；杂化轨道与分子空间构型；分子结构式；键的极性和分子的极性；分子间力与氢键；晶体与非晶体；晶体类型与物质性质。

3.2 溶液

溶液的浓度；非电解质稀溶液通性；渗透压；弱电解质溶液的解离平衡；分压定律；解离常数；同离子效应；缓冲溶液；水的离子积及溶液的 pH 值；盐类的水解及溶液的酸碱性；溶度积常数；溶度积规则。

3.3 化学反应速率及化学平衡

反应热与热化学方程式；化学反应速率；温度和反应物浓度对反应速率的影响；活化能的物理意义；催化剂；化学反应方向的判断；化学平衡的特征；化学平衡移动原理。

3.4 氧化还原反应与电化学

氧化还原的概念；氧化剂与还原剂；氧化还原电对；氧化还原反应方程式的配平；原电池的组成和符号；电极反应与电池反应；标准电极电势；电极电势的影响因素及应用；金属腐蚀与防护。

3.5 有机化学

有机物特点、分类及命名；官能团及分子构造式；同分异构；有机物的重要反应：加成、取代、消除、氧化、催化加氢、聚合反应、加聚与缩聚；基本有机物的结构、基本性质及用途：烷烃、烯烃、炔烃、芳烃、卤代烃、醇、苯酚、醛和酮、羧酸、酯；合成材料：高分子化合物、塑料、合成橡胶、合成纤维、工程塑料。

四、理论力学

4.1 静力学

平衡；刚体；力；约束及约束力；受力图；力矩；力偶及力偶矩；力系的等效和简化；力的平移定理；平面力系的简化；主矢；主矩；平面力系的平衡条件和平衡方程式；物体系统（含平面静定桁架）的平衡；摩擦力；摩擦定律；摩擦角；摩擦自锁。

4.2 运动学

点的运动方程；轨迹；速度；加速度；切向加速度和法向加速度；平动和绕定轴转动；角速度；角加速度；刚体内任一点的速度和加速度。

4.3 动力学

牛顿定律；质点的直线振动；自由振动微分方程；固有频率；周期；振幅；衰减振动；阻尼对自由振动振幅的影响——振幅衰减曲线；受迫振动；受迫振动频率；幅频特性；共振；动力学普遍定理；动量；质心；动量定理及质心运动定理；动量及质心运动守恒；动量矩；动量矩定理；动量矩守恒；刚体定轴转动微分方程；转动惯量；回转半径；平行轴定理；功；动能；势能；动能定理及机械能守恒；达朗贝尔原理；惯性力；刚体作平动和绕定轴转动（转轴垂直于刚体的对称面）时惯性力系的简化；动静法。

五、材料力学

5.1 材料在拉伸、压缩时的力学性能

低碳钢、铸铁拉伸、压缩试验的应力-应变曲线；力学性能指标。

5.2 拉伸和压缩

轴力和轴力图;杆件横截面和斜截面上的应力;强度条件;虎克定律;变形计算。

5.3 剪切和挤压

剪切和挤压的实用计算;剪切面;挤压面;剪切强度;挤压强度。

5.4 扭转

扭矩和扭矩图;圆轴扭转切应力;切应力互等定理;剪切虎克定律;圆轴扭转的强度条件;扭转角计算及刚度条件。

5.5 截面几何性质

静矩和形心;惯性矩和惯性积;平行轴公式;形心主轴及形心主惯性矩概念。

5.6 弯曲

梁的内力方程;剪力图和弯矩图;分布荷载、剪力、弯矩之间的微分关系;正应力强度条件;切应力强度条件;梁的合理截面;弯曲中心概念;求梁变形的积分法、叠加法。

5.7 应力状态

平面应力状态分析的解析法和应力圆法;主应力和最大切应力;广义虎克定律;四个常用的强度理论。

5.8 组合变形

拉/压-弯组合、弯-扭组合情况下杆件的强度校核;斜弯曲。

5.9 压杆稳定

压杆的临界荷载;欧拉公式;柔度;临界应力总图;压杆的稳定校核。

六、流体力学

6.1 流体的主要物性与流体静力学

流体的压缩性与膨胀性;流体的黏性与牛顿内摩擦定律;流体静压强及其特性;重力作用下静水压强的分布规律;作用于平面的液体总压力的计算。

6.2 流体动力学基础

以流场为对象描述流动的概念;流体运动的总流分析;恒定总流连续性方程、能量方程和动量方程的运用。

6.3 流动阻力和能量损失

沿程阻力损失和局部阻力损失;实际流体的两种流态——层流和紊流;圆管中层流运动;紊流运动的特征;减小阻力的措施。

6.4 孔口管嘴管道流动

孔口自由出流、孔口淹没出流;管嘴出流;有压管道恒定流;管道的串联和并联。

6.5 明渠恒定流

明渠均匀水流特性;产生均匀流的条件;明渠恒定非均匀流的流动状态;明渠恒定均匀流的水力计算。

6.6 渗流、井和集水廊道

土壤的渗流特性;达西定律;井和集水廊道。

6.7 相似原理和量纲分析

力学相似原理;相似准数;量纲分析法。

II. 现代技术基础

七、电气与信息

7.1 电磁学概念

电荷与电场;库仑定律;高斯定理;电流与磁场;安培环路定律;电磁感应定律;洛仑兹力。

7.2 电路知识

电路组成;电路的基本物理过程;理想电路元件及其约束关系;电路模型;欧姆定律;基尔霍夫定律;支路电流法;等效电源定理;叠加原理;正弦交流电的时间函数描述;阻抗;正弦交流电的相量描述;复数阻抗;交流电路稳态分析的相量法;交流电路功率;功率因数;三相配电电路及用电安全;电路暂态;R-C、R-L 电路暂态特性;电路频率特性;R-C、R-L 电路频率特性。

7.3 电动机与变压器

理想变压器;变压器的电压变换、电流变换和阻抗变换原理;三相异步电动机接线、启动、反转及调速方法;三相异步电动机运行特性;简单继电-接触控制电路。

7.4 信号与信息

信号;信息;信号的分类;模拟信号与信息;模拟信号描述方法;模拟信号的频谱;模拟信号增强;模拟信号滤波;模拟信号变换;数字信号与信息;数字信号的逻辑编码与逻辑演算;数字信号的数值编码与数值运算。

7.5 模拟电子技术

晶体二极管;极型晶体三极管;共射极放大电路;输入阻抗与输出阻抗;射极跟随器与阻抗变换;运算放大器;反相运算放大电路;同相运算放大电路;基于运算放大器的比较器电路;二极管单相半波整流电路;二极管单相桥式整流电路。

7.6 数字电子技术

与、或、非门的逻辑功能;简单组合逻辑电路;D 触发器;JK 触发器数字寄存器;脉冲计数器。

7.7 计算机系统

计算机系统组成;计算机的发展;计算机的分类;计算机系统特点;计算机硬件系统组成;CPU;存储器;输入/输出设备及控制系统;总线;数模/模数转换;计算机软件系统组成;系统软件;操作系统;操作系统定义;操作系统特征;操作系统功能;操作系统分类;支撑软件;应用软件;计算机程序设计语言。

7.8 信息表示

信息在计算机内的表示;二进制编码;数据单位;计算机内数值数据的表示;计算机内非数值数据的表示;信息及其主要特征。

7.9 常用操作系统

Windows 发展;进程和处理器管理;存储管理;文件管理;输入/输出管理;设备管理;网络服务。

7.10 计算机网络

计算机与计算机网络；网络概念；网络功能；网络组成；网络分类；局域网；广域网；因特网；网络管理；网络安全；Windows 系统中的网络应用；信息安全；信息保密。

III. 工程管理基础

八、法律法规

8.1 中华人民共和国建筑法

总则；建筑许可；建筑工程发包与承包；建筑工程监理；建筑安全生产管理；建筑工程质量管理；法律责任。

8.2 中华人民共和国安全生产法

总则；生产经营单位的安全生产保障；从业人员的权利和义务；安全生产的监督管理；生产安全事故的应急救援与调查处理。

8.3 中华人民共和国招标投标法

总则；招标；投标；开标；评标和中标；法律责任。

8.4 中华人民共和国合同法

一般规定；合同的订立；合同的效力；合同的履行；合同的变更和转让；合同的权利义务终止；违约责任；其他规定。

8.5 中华人民共和国行政许可法

总则；行政许可的设定；行政许可的实施机关；行政许可的实施程序；行政许可的费用。

8.6 中华人民共和国节约能源法

总则；节能管理；合理使用与节约能源；节能技术进步；激励措施；法律责任。

8.7 中华人民共和国环境保护法

总则；环境监督管理；保护和改善环境；防治环境污染和其他公害；法律责任。

8.8 建设工程勘察设计管理条例

总则；资质资格管理；建设工程勘察设计发包与承包；建设工程勘察设计文件的编制与实施；监督管理。

8.9 建设工程质量管理条例

总则；建设单位的质量责任和义务；勘察设计单位的质量责任和义务；施工单位的质量责任和义务；工程监理单位的质量责任和义务；建设工程质量保修。

8.10 建设工程安全生产管理条例

总则；建设单位的安全责任；勘察设计工程监理及其他有关单位的安全责任；施工单位的安全责任；监督管理；生产安全事故的应急救援和调查处理。

九、工程经济

9.1 资金的时间价值

资金时间价值的概念；利息及计算；实际利率和名义利率；现金流量及现金流量图；资金等值计算的常用公式及应用；复利系数表的应用。

9.2 财务效益与费用估算

项目的分类；项目计算期；财务效益与费用；营业收入；补贴收入；建设投资；建设期利息；流动资金；总成本费用；经营成本；项目评价涉及的税费；总投资形成的资产。

9.3 资金来源与融资方案

资金筹措的主要方式；资金成本；债务偿还的主要方式。

9.4 财务分析

财务评价的内容；盈利能力分析（财务净现值、财务内部收益率、项目投资回收期、总投资收益率、项目资本金净利润率）；偿债能力分析（利息备付率、偿债备付率、资产负债率）；财务生存能力分析；财务分析报表（项目投资现金流量表、项目资本金现金流量表、利润与利润分配表、财务计划现金流量表）；基准收益率。

9.5 经济费用效益分析

经济费用和效益；社会折现率；影子价格；影子汇率；影子工资；经济净现值；经济内部收益率；经济效益费用比。

9.6 不确定性分析

盈亏平衡分析（盈亏平衡点、盈亏平衡分析图）；敏感性分析（敏感度系数、临界点、敏感性分析图）。

9.7 方案经济比选

方案比选的类型；方案经济比选的方法（效益比选法、费用比选法、最低价格法）；计算期不同的互斥方案的比选。

9.8 改扩建项目经济评价特点

改扩建项目经济评价特点。

9.9 价值工程

价值工程原理；实施步骤。

附录二

全国勘察设计注册工程师资格考试
公共基础试题配置说明

I. 工程科学基础(共78题)

数学基础	24题	理论力学基础	12题
物理基础	12题	材料力学基础	12题
化学基础	10题	流体力学基础	8题

II. 现代技术基础(共28题)

电气技术基础	12题	计算机基础	10题
信号与信息基础	6题		

III. 工程管理基础(共14题)

工程经济基础	8题	法律法规	6题

注:试卷题目数量合计120题,每题1分,满分为120分。考试时间为4小时。